Springer Umweltlexikon

Springer-Verlag Berlin Heidelberg GmbH

M. BAHADIR   H. PARLAR   M. SPITELLER   (Hrsg.)

Springer
Umweltlexikon
2. Auflage

Mit einem Geleitwort der Bundesministerin
für Bildung und Forschung

Unter Mitarbeit von
D. Angerhöfer, H. D. Behr, M. Beier, U. Bilitewski, F. Berschauer, R. Böhm, T. Brasser,
W. Brewitz, U. Clausen, H.-J. Collins, M. Erhardt, T. Eikmann, W. Ernst, G. Fingerling,
W. R. Fischer, S. Gäb, M. Gernert, T. Goldhammer, S. Hartwig, H. H. Heitland,
J. Henneböhl, E. E. Hildebrand, M. Hillerbrand, B. Hock, P. Jacob, J. Klein, R. Klinkner,
D. Klockow, W. Koelzer, D. Kotzias, R. Kreuzig, G. Lach, O. Larink, R. Leithner,
K. E. Lorber, P. N. Martens, G. Mattheß, H. Menrad, G. Morscheck, K. Münnich,
H. Niessen, F.-J. Peine, W. Pestemer, R. Petzold, H. Ploss, O. Renn, J. Richter, M. Rössert,
J. Schauermann, S. Schmidt, A. Schmieder, S. Schomburg, U. Schröder, J. Schwoerbel,
M. Seym, D. Sohn, P. Spillmann, D. Strauch, H. Teichmann, H. Wamhoff, H.-E. Wichmann,
M. Wiebelt

Springer

Prof. Dr. mult. Dr. h. c. Müfit Bahadir
Technische Universität Braunschweig
Institut für Ökologische Chemie und Abfallanalytik
Hagenring 30
38106 Braunschweig

Prof. Dr. Dr. h. c. Harun Parlar
Technische Universität München
Lehrstuhl für Chemisch-Technische Analyse
und Chemische Lebensmitteltechnologie
85354 Freising-Weihenstephan

Prof. Dr. Michael Spiteller
Universität Dortmund
Institut für Umweltforschung
Otto-Hahn-Str. 6
44221 Dortmund

ISBN 978-3-642-62954-9

Die Deutsche Bibliothek – CIP-Einheitsaufnahme
Springer-Umweltlexikon / Hrsg.: Müfit Bahadir ... – Berlin ; Heidelberg ; New York ; Barcelona ; Hongkong ; London ; Mailand ; Paris ; Singapur ; Tokio : Springer, 2000
ISBN 978-3-642-62954-9   ISBN 978-3-642-56998-2 (eBook)
DOI 10.1007/978-3-642-56998-2

Einbandgestaltung: eSTUDIO CALAMAR, Pau/Girona
Satz: Appl, Wemding
SPIN: 10629254   14/3134/AG – 5 4 3 2 1 0   Gedruckt auf säurefreiem Papier

Geleitwort

Der Planet Erde ist unser Lebensraum. Wir sind auf ihn angewiesen, er ist unsere Zukunft. Wenn unser Lebensraum zerstört wird, dann wird unsere Zukunft und die unserer Kinder zerstört.

Die Menschen sind nur ein Teil dieser Welt. Tiere, Pflanzen, Luft, Wasser und Boden gehören ebenso dazu. Wir Menschen sind aber derjenige Teil des Ökosystems Erde, der am tiefgreifendsten in die Zusammenhänge dieses gemeinsamen Lebensraumes bewußt eingreifen kann. Wir stehen deshalb in der Verantwortung, diesen Lebensraum zu erhalten, um uns und unseren Nachkommen eine lebenswerte Zukunft sichern zu können. Eine chinesische Weisheit drückt diese Verpflichtung treffend aus: „Eine Generation pflanzt die Bäume, eine andere genießt den Schatten."

Umweltpolitik darf aber nicht isoliert gesehen werden. Unser Ziel muß vielmehr eine dauerhafte nachhaltige Entwicklung sein. Das Leitbild der Nachhaltigkeit bedeutet: Alle wirtschaftlichen, sozialen und ökologischen Entscheidungen und Entwicklungen müssen zukunftsverträglich sein. Sie dürfen die Zukunft nicht belasten, sondern müssen sie sichern. Wirtschaftliche Leistungsfähigkeit, soziale Gerechtigkeit und ökologische Verträglichkeit sind die drei Zielkoordinaten, um die sich Politik in Deutschland, in Europa und weltweit zu bemühen hat.

Zukunftsgestaltung hat also einen hohen Stellenwert für die Politik. Sie hat vorsorgenden Charakter und bezieht den Schutz der Lebensgrundlagen zukünftiger Generationen ein. Wir müssen unsere heutigen Entscheidungen vorsorgend treffen und unseren Kindern damit Optionen für morgen erhalten.

Diese Zukunftsgestaltung bedarf einer intensiven Vorarbeit und Begleitung von Bildung, Wissenschaft und Forschung. Durch eine integrierte Untersuchung ökonomischer, sozialer und ökologischer Wirkungszusammenhänge können wir Problemfelder eingrenzen und Lösungsmöglichkeiten entwickeln, um eine erfolgreiche Nachhaltigkeitsstrategie voranzubringen. Der Wissenschaftsrat und auch der Sachverständigenrat für Umweltfragen haben zurecht mehrfach darauf hingewiesen, daß bei der Suche nach dauerhaft umweltgerechten Lösungen integrierte Ansätze erforderlich sind.

So fehlen uns noch genügend Kenntnisse und Vorstellungen über soziale und institutionelle Innovationen, die zu einer nachhaltigen Entwicklung führen könnten. Das Verhalten der Verbraucher und Kommunen, der Betriebe und Behörden muß sich verändern. Notwendig sind ökonomische Rahmenbedingungen, damit Preise die ökologische Wahrheit sagen. Umweltbelastende Lebensstile und Konsummuster müssen für große Bevölkerungsgruppen attraktiv und bezahlbar werden.

Wir brauchen Innovationen, die langfristigerem Denken auf allen gesellschaftlichen Ebenen wieder zu mehr Geltung verhelfen. Denn zukunftsfähig können nur Wohlstands- und Gesellschaftsmodelle sowie Lebensentwürfe sein, die ein gelungenes Leben – individuell und gesellschaftlich – auch mit weniger Stoffverbrauch realisierbar werden lassen.

Eine für die Zukunft ressourcenschonende Entwicklung verlangt auch, mit der Kreislaufwirtschaft ernstzumachen. Nachsorgender Umweltschutz ist zu teuer! Er ist zu einem erheblichen Kostenfaktor geworden. Er ist auch nur unzureichend in der Lage, die Ressourcen zu schonen. Wir müssen deshalb den Aufbau von Stoffkreisläufen in der industriellen Produktion und eine ökologische Gestaltung von Produkten fördern. Zur Abfallvermeidung und zur Stärkung der Produktverantwortung sind ökonomische Anreize notwendig. Die Entwicklung und die Einführung neuer produktionsintegrierter und damit an den Ursachen der Umweltbelastung ansetzender Technologien sowie innovativer Produkte und

Dienstleistungen wird nicht nur die Umwelt entlasten, sondern kann auch zur Schaffung von zukunftsfähigen Arbeitsplätzen und damit zu mehr sozialer Sicherheit beitragen.

Moderne Verfahren der Biotechnologie beispielsweise eröffnen neue Möglichkeiten und Chancen bei der umweltfreundlichen Umweltsanierung. Sie können dazu beitragen, Schadstoffe in unbedenkliche Stoffe umzuwandeln oder durch unbedenkliche Produkte zu ersetzen.

Neben vielen anderen Maßnahmen und Gebieten, auf denen wir tätig sein müssen, kommt auch der internationalen Umweltpolitik herausragende Bedeutung zu. Wir brauchen eine größere Harmonisierung der Umweltvorschriften vor allem in der Europäischen Union auf hohem Niveau. Internationale Vereinbarungen müssen verhindern, daß mit einer Politik des Umweltdumping unserem Planeten Erde Schaden zugefügt wird.

Die vorliegende zweite Auflage des Springer-Umweltlexikons gibt einen breiten Überblick über wichtige Begriffe des Umweltschutzes und der Umwelttechnik. Sie ist damit ein wichtiges Nachschlagewerk für alle, die sich im Sinne einer zukunftsverträglichen Entwicklung engagieren möchten. Ich wünsche diesem Buch viele Leserinnen und Leser.

Bonn, im Juli 1999   EDELGARD BULMAHN
            Bundesministerin für Bildung und Forschung

Vorwort zur zweiten Auflage

Infolge der „Standortdiskussion" in Deutschland Mitte der 90er Jahre wurde im öffentlichen Diskurs ökonomischen Themen zu Lasten der ökologischen eine hohe Priorität eingeräumt. Hinzu kamen die bereits verabschiedeten oder auf den Weg gebrachten Gesetze und Verordnungen, wie z.B. das Kreislaufwirtschafts- und Abfallgesetz (KrW/AbfG) und Bundes-Bodenschutzgesetz (BBodSchG), die in der Gesellschaft den Eindruck vermitteln konnten, daß die Umwelt nunmehr in Ordnung sei und man sich neuen aktuelleren Themen widmen könne. Die Umwelt als Kostenfaktor wurde für Fehlentwicklungen auf dem Arbeitsmarkt verantwortlich gemacht. Dementsprechend fiel der Umweltschutz in Umfragen auf hintere Plätze zurück.

Dann gibt es noch die Partikularinteressen von mächtigen (Wirtschafts-)Verbänden und Lobbyisten, die das Inkrafttreten von wichtigen Verordnungen verhindern können, wie es kürzlich mit der europäischen Altautoverordnung in Brüssel demonstriert wurde. Selbst solche Instrumente des Staates, wie die Ökosteuer auf Kraftstoff- und Energieverbrauch, werden nicht primär zur Steuerung des Umweltverbrauchs, sondern zum Stopfen von Haushaltslöchern verwendet.

Daß dies nicht richtig war, wird durch die jüngsten Umweltskandale, wie das „Recycling" von Dioxin- und PCB-haltigen Altölen in Belgien zu Hühnerfutter und von kontaminierten Klärschlämmen in Frankreich zu Tiermehl, auch dem Verbraucher eindrucksvoll vor Augen geführt. An diesen zunächst scheinbar nur den Lebensmittelsektor betreffenden Beispielen wird deutlich, daß zwischen dem rechtlichen Rahmen und dem Vollzug eine große Lücke klaffen kann, und daß mit dem Beschließen von Gesetzen die Umweltprobleme noch nicht beseitigt sind. So wurden z.B. durch das KrW/AbfG viele frühere Abfälle zu Wirtschaftsgütern umdeklariert und einer geordneten Entsorgung entzogen. Auf der anderen Seite wird Recycling primär unter Gesichtspunkten der technischen Machbarkeit durchgeführt, aber die ökologischen und umwelthygienischen (Langzeit-)Aspekte bleiben unberücksichtigt. Ja, vielfach existieren nicht einmal Prüfungs- und Bewertungsinstrumente als Grundlage zur Optimierung der Recyclingprozesse und -produkte.

Das Thema Umwelt wird uns also auch im neuen Millennium beschäftigen und in Atem halten. Es ist dabei allerdings erforderlich, daß die in der Vergangenheit vornehmlich mono- bzw. intradisziplinär fokussierte Betrachtungsweise sich für die komplexen Zusammenhänge und vernetzten Strukturen in der Gesellschaft öffnet und die globalen Umweltprobleme in interdisziplinären internationalen Netzwerken diskutiert und bearbeitet werden.

In der nunmehr vorliegenden überarbeiteten zweiten Auflage des Springer-Umweltlexikons wurden die ganzheitlichen und sozioökonomischen Aspekte neu bzw. verstärkt aufgegriffen. Naturgemäß wurde der gesetzlichen Entwicklung große Aufmerksamkeit geschenkt. Neu hinzu gekommen ist ein Fachwörterbuch Englisch–Deutsch im Anhang, um das Nachschlagen bei der englischsprachigen internationalen Literatur zu erleichtern. Schließlich wurde einem vielfach geäußerten Wunsch Rechnung getragen, den Stichwörtern z.T. weiterführende Literatur zuzuordnen.

Bedanken möchten wir uns bei vielen Rezensenten und Fachkollegen, die die erste Auflage kritisch-wohlwollend besprochen und uns dabei auf wichtige fehlende Stichwörter und (leider wohl unvermeidliche) Fehler hingewiesen haben. Auch für die zweite Auflage wünschen wir uns die entsprechende Resonanz. Dank gebührt ebenfalls den alten und neuen Autoren für die konstruktive Zusammenarbeit, dem neuen Lexikon-Team im Springer-

Verlag für die erhebliche Unterstützung und natürlich unseren Familien und Lebenspartnern für die aufgebrachte Geduld und das Verständnis.

September 1999

MÜFIT BAHADIR
HARUN PARLAR
MICHAEL SPITELLER

VIII   Vorwort zur zweiten Auflage

Verlag für die erhebliche Unterstützung und natürlich unseren Familien und Lebenspartnern für die aufgebrachte Geduld und das Verständnis.

September 1999

MÜFIT BAHADIR
HARUN PARLAR
MICHAEL SPITELLER

Vorwort zur ersten Auflage

Im Januar 1990 feierte das *Chemical Abstracts Service (CAS)* ein denkwürdiges Jubiläum. In dieser weltweit vollständigsten chemischen Datenbank wurde die zehnmillionste Verbindung, *cis (+)-4,6,7,8,8a,8b-Hexahydro-6,6,8b-trimethyl-3H-naphtho[1,8-bc]furan,* der Japaner *Ken Kanematsu* und *Shigeru Nagashima* von der Kajushu Universität registriert.

Die CAS-Datenbank verzeichnet die nach deren Strukturaufklärung in der Literatur veröffentlichten chemischen Verbindungen. Die Bemühungen der synthetisch arbeitenden Chemiker sind naturgemäß darauf ausgerichtet, ein erwünschtes Präparat herzustellen und zu charakterisieren. Daher bleiben die bei vielen chemischen Prozessen gleichzeitig entstehenden Neben- und Abfallprodukte häufig unaufgeklärt. Bei der Produktion der gegenwärtig ca. 100.000 vermarkteten chemischen Verbindungen im technischen Maßstab werden 10 bis 100 Neben- und Abfallverbindungen je Zielverbindung, wenn auch nur in geringen Mengen, mitgebildet, die die Umweltqualität in Form von flüssigen und gasförmigen Emissionen und festen Abfällen beeinträchtigen können. Berücksichtigt man ferner, daß diese Verbindungen in Umweltmedien biotischen und abiotischen Umwandlungsreaktionen unterliegen, die ihrerseits mit der Bildung neuer chemischer Substanzen einhergehen, so wird die Zahl der durch Menschen verursachten, chemischen Wechselwirkungen in der Umwelt schier unüberschaubar. Hinzu kommen die zur Umwelt offenen Applikationen von Pestiziden, Lösungsmitteln u.a. sowie deren Folgeprodukten.

Es wäre jedoch falsch anzunehmen, die Umweltqualität würde allein oder hauptsächlich von der Chemischen Industrie beeinträchtigt. Es gibt praktisch keinen technischen Prozeß, der ohne Beteiligung von chemischen Reaktionen abliefe. Die Energieerzeugung etwa erfolgt durch thermische Oxidation fossiler Kohlenstoffträger, wie auch der Kfz-Verkehr von ihnen abhängt, der Bergbau und die Hüttenindustrie wenden im wesentlichen anorganisch-chemische Reaktionen an, im klassischen Maschinenbau und in der modernen EDV-Technologie sind metallurgische, d.h. anorganisch-chemische, sowie organisch-chemische Prozesse des Kühlschmierstoff- und Kunststoffeinsatzes bis hin zu Polymeradditiven und Flammschutzmitteln involviert. Diese Beispiele ließen sich fortsetzen.

Für das Verständnis der Vorgänge um die Umwelt(-qualität) gehört natürlich und in erster Linie die Beschreibung der ungestörten Systeme und deren Veränderungen. Die menschlichen Eingriffe in das Umweltgeschehen finden auch statt bei der „Optimierung" der Produktionsleistung der Ökosysteme für die menschliche Nahrungskette, etwa durch die gezielte Verarmung der Artenvielfalt in den land- und forstwirtschaftlich genutzten Flächen und der Ausweisung neuer Wohn- und Gewerbegebiete. Selbst die Verfahren der Luftreinhaltung und der Abwasserklärung sind mit Umweltbelastungen in Form von Flugstäuben, gebrauchten Filtern und kontaminierten Klärschlämmen verbunden.

Im vorliegenden *Springer-Umweltlexikon* versuchen die Herausgeber und der Verlag eine ganzheitliche Betrachtung der Umwelt unter biotischen, abiotischen und technischen sowie natürlichen und zivilisatorischen Gesichtspunkten herauszuarbeiten. Gemeinsam mit 64 Autoren werden etwa 100 Fachgebiete und Disziplinen in ca. 9.000 Stichwörtern dargestellt. Die Auswahl der Stichworte erfolgte zum einen wegen ihres Bezugs zur Umwelt. Zum anderen wurden aber zentrale Begriffe einer ansonsten für die Umwelt wichtigen Disziplin miterläutert, selbst wenn sie den unmittelbaren Bezug zur Umwelt vermissen lassen. Hierdurch soll vermieden werden, daß dieses Nachschlagewerk nur gemeinsam mit Fachlexika z.B. der Naturwissenschaften, der Technik, der Bergbaukunde, des Hüttenwesens u.a. benutzt werden könnte.

Ein so breites Gebiet, wie die Umweltwissenschaften und die Technik, die die Umwelt beeinträchtigt, kann naturgemäß kein Herausgeber allein im Detail überschauen. Hier gilt der besondere Dank den Autoren der Fachbeiträge für die Bereitschaft zur vertrauensvollen Zusammenarbeit mit den zuständigen Herausgebern und dem Verlag.

Der besondere Dank gilt auch den betreuenden Mitarbeitern im Springer-Verlag, die mit viel Engagement die Herausgeber in jeder Beziehung aktiv unterstützt haben, damit dieses Werk mit diesem Umfang fertiggestellt werden konnte.

Nicht zuletzt gilt unser Dank unseren Familien und Partnern, ohne deren verständnisvolle und geduldige Unterstützung die zusätzliche Arbeit der Erstellung eines Lexikons neben dem Hauptamt an der Universität kaum hätte erbracht werden können.

August 1994

M. BAHADIR
H. PARLAR
M. SPITELLER

Inhaltsverzeichnis

Umweltlexikon 1
Autorenverzeichnis der 1. Auflage 1337
Glossar Deutsch–Englisch 1341
Glossar Englisch–Deutsch 1399

Abkürzungsverzeichnis

AAS	Atomabsorptionsspektroskopie/-metrie
Abb.	Abbildung
Abk.	Abkürzung
abs.	absolut
Ac_2O	Acetanhydrid
alkal.	alkalisch
allg.	allgemein
Anm.	Anmerkung
anorg.	anorganisch
anschl.	anschließend
Aufl.	Auflage
asymm.	asymmetrisch
bakt.	bakteriell
Bd.	Band
ber.	berechnet
Best.	Bestimmung
best.	bestimmt
betr.	betrifft, betreffen, betreffend
bez.	bezogen
biol.	biologisch
BuOH	Butanol
bzgl.	bezüglich
bzw.	beziehungsweise
ca.	circa, ungefähr
CAS	Chemical Abstracts Services
CD	Circulardichroismus
chem.	chemisch
d	Dublett
dgl.	dergleichen, desgleichen
dest.	destillatus (destilliert)
d.h.	das heißt
dil.	dilutus (verdünnt)
diss.	dissoziiert
D, L	Konfigurationsbezeichnung
DMF	Dimethylformamid
DMSO	Dimethylsulfoxid
EU-Nr.	Stoffe und Zusatzstoffe nach Zusatzstoff-Zulassungsverordnung
Eig.	Eigenschaft
einschl.	einschließlich
entw.	entweder
entspr.	entspricht, entsprechend
et al.	et alii
etc.	et cetera
EtOH	Ethanol
evtl.	eventuell
Exp.	Experiment

exp.	experimentell
Extr.	Extrakt
fl.	flüssig
Fp.	Schmelztemperatur
FT	Fourier Transform
GC	Gaschromatographie
ggf.	gegebenenfalls
GKl.	Giftklasse/Giftklassifizierung
Gl.	Gleichung
GPC	Gelpermeationschromatographie
HAc	Essigsäure
HPLC	Hochleistungsflüssigkeitschromatographie
Hrsg.	Herausgeber
HWZ	Halbwertzeit
hygr.	hygroskopisch
i	iso
IC	Ionenchromatographie
I.E.	Internat. Einheit
Inj.	Injektion
IR	Infrarot
i.v.	intravenös
i.w.	im wesentlichen
IZ	Iodzahl
KG	Körpergewicht
konst.	konstant
konz.	konzentriert
Konz.	Konzentration
korr.	korrigiert
Kp.	Siedetemperatur
krist.	kristallisiert, kristallin
lösl.	löslich
LD_{50}	Letale Dosis (50 %)
LC_{50}	letale Konzentration (50 %)
Lsg.	Lösung
m	Multiplett
$\underline{m}$	meta
MAK	Maximale Arbeitsplatzkonzentration
max.	maximal
med.	medizinisch
MeOH	Methanol
MHK	Minimale Hemmkonzentration
MPLC	Mitteldruckflüssigkeitschromatographie
MS	Massenspektrum/Massenspektrometer
NMR	Kernmagnetische Resonanz
$\underline{o}$	ortho
o.a.	oben angegeben(e)
od.	oder
opt.	optisch
org.	organisch
ORD	Optische Rotationsdispersion
Ox.	Oxidation
$\underline{p}$	para
p.a.	pro analysi
PEG	Polyethylenglycol
pH	neg. dekadischer Logarithmus der Hydroniumionenkonzentration
ppm	Teile je Million Teile (parts per million)
p.o.	per os
prim.	primär
pur.	purus (rein)
PrOH	Propanol

q	Quartett
qual.	qualitativ
quant.	quantitativ
quart.	quartär
Red.	Reduktion
rel.	relativ
R_f	Retentionsfaktor
Rhiz.	Rhizoma (Rhizom)
R, S	Konfigurationsbez., nach CIP
R_{st}	R_{st}-Wert (Standard)
s	Singulet
s.	siehe
S.	Seite
s. a.	siehe auch
s. c.	subcutan
sek.	sekundär
s. o.	siehe oben
sog.	sogenannt
Spec.	Species
spez.	spezifisch
ssp.	Subspecies
s. u.	siehe unten
subl.	sublimatus (sublimiert)
Subl.	Sublimatus
symm.	symmetrisch
synth.	synthetisch
Synth.	Synthese
t	Triplett
Tab.	Tabelle
Temp.	Temperatur
tert.	tertiär
tgl.	täglich
THF	Tetrahydrofuran
tierexp.	tierexperimentell
Titr.	Titration
TLC	Dünnschichtchromatographie, Dünnschichtchromatogramm
TMS	Tetramethylsilan
u. a.	und andere, unter anderem
usw.	und so weiter
u. U.	unter Umständen
UV	ultraviolett
Verb.	Verbindung
Verbb.	Verbindungen
verd.	verdünnt
versch.	verschieden
vet.	veterinärmedizinisch
vgl.	vergleiche
VIS	sichtbares Licht
Vol.	Volume(n)
Vork.	Vorkommen
WHO	Weltgesundheitsorganisation
z. B.	zum Beispiel
Zers.	Zersetzung
zit.	zitiert
ZNS	Zentralnervensystem
z. T.	zum Teil
zus.	zusammen
Zus.	Zusammensetzung

Autorenverzeichnis

Daniela Angerhöfer
Lehrstuhl für Chemisch-Technische Analyse und Chemische Lebensmitteltechnologie
Technische Universität München
85354 Freising-Weihenstephan

Prof. Dr. mult. Dr. h.c. Müfit Bahadir
Institut für Ökologische Chemie und Abfallanalytik
Technische Universität Braunschweig
Hagenring 30
38106 Braunschweig

Dr. Hein Dieter Behr
Deutscher Wetterdienst
Geschäftsfeld Seeschiffahrt
Postfach 30 11 90
20304 Hamburg

Maria Beier
Melsunger Straße 21
34327 Körle

Priv.-Doz. Dr. Ursula Bilitewski
Gesellschaft für Biotechnologische Forschung – GBF –
Mascheroder Weg 1
38124 Braunschweig

Dir. Prof. Dr. Friedrich Berschauer
Pflanzenschutz Entwicklung
Pflanzenschutzzentrum Monheim
Geb. 6100
51368 Leverkusen-Bayerwerk

Prof. Dr. Reinhard Böhm
Institut für Umwelt- und Tierhygiene sowie Tiermedizin
Universität Hohenheim-460
70593 Stuttgart

Dr. Thomas Brasser
Gesellschaft für Anlagen- und Reaktorsicherheit (GRS) mbH
Fachbereich Endlagersicherheitsforschung
Theodor-Heuss-Straße 4
38122 Braunschweig

Dr. Wernt Brewitz
Gesellschaft für Anlagen- und Reaktorsicherheit (GRS) mbH
Fachbereich Endlagersicherheitsforschung
Theodor-Heuss-Straße 4
38122 Braunschweig

Dr. Uwe Clausen
Bayer AG
ZF-FGF/Gebäude Q 18
51368 Leverkusen-Bayerwerk

Prof. Dr.-Ing. Hans-Jürgen Collins
Technische Universität Braunschweig
Leichtweiß-Institut für Wasserbau
Landwirtschaftlicher Wasserbau und Abfallwirtschaft
Beethovenstraße 51 a
38106 Braunschweig

Dr. Manfred Ehrhardt
Abteilung Meereschemie
Institut für Meereskunde
Düsternbrooker Weg 20
24105 Kiel

Prof. Dr. med. Thomas Eikmann
Hygiene Institut der Justus-Liebig-Universität Gießen
Friedrichstraße 16
35385 Gießen

Prof. Dr. Wolfgang Ernst
Am Hang 16
27624 Bad Bederkesa

Dr. G. Fingerling
Lehrstuhl für Gemüsebau
TU München
85350 Freising-Weihenstephan

Prof. Dr. Walter R. Fischer
Institut für Bodenkunde
Universität Hannover
Herrenhäuserstraße 2
30419 Hannover

Prof. Dr. Siegmar Gäb
Fachbereich 9: Analytische Chemie
Bergische Universität
Gesamthochschule Wuppertal
Gaußstraße 20
42097 Wuppertal

Dr. M. Gernert
Institut für Pharmakologie
Bünterweg 17
30559 Hannover

Dr. Thomas Goldhammer
CDU/CSU-Fraktion
AG Ernährung, Landwirtschaft und Forsten
Unter den Linden 71
10117 Berlin

Prof. Dr. Sylvius Hartwig
Fachbereich 14: Sicherheitstechnik
Bergische Universität Gesamthochschule Wuppertal
Gaußstraße 20
42119 Wuppertal

Prof. Dr.-Ing. HERBERT H. HEITLAND
Brunnenstraße 27
38527 Meine-Grassel

Dipl.-Ing. JÜRGEN HENNEBÖHLE
Bayer AG Umweltforschung
Institut für Metabolismusforschung
Pflanzenschutzzentrum Monheim
Alfred-Nobel-Straße 50
40789 Leverkusen

Prof. Dr. E. E. HILDEBRAND
Institut für Bodenkunde und Waldernährungslehre
Universität Freiburg
Bertholdstraße 17
79098 Freiburg

Dr. MAX HILLERBRAND
SIEMENS AG – Bereich Energieerzeugung
KWU Ref. G 14
Freyeslebenstraße 1
91058 Erlangen

Prof. Dr. BERTHOLD HOCK
Lehrstuhl für Botanik
Fachbereich: Landwirtschaft und Gartenbau
Technische Universität München
85350 Freising-Weihenstephan

Dr. PETER JACOB
Institut für Spektrochemie und angewandte Spektroskopie (ISAS)
Postfach 10 13 52
44013 Dortmund

Prof. Dr. JOACHIM KLEIN
Lehrstuhl für Makromolekulare Chemie
Technische Universität Braunschweig
Hans-Sommer-Straße 10
38106 Braunschweig

Dr. ROMAN KLINKNER
Saarbrücker Innovations- und Technologiezentrum
Altenkesseler Straße 17
66115 Saarbrücken

Prof. Dr. DIETER KLOCKOW
Institut für Spektrochemie und angewandte Spektroskopie (ISAS)
Postfach 10 13 52
44013 Dortmund

Dipl.-Phys. WINFRIED KOELZER
Forschungszentrum Karlsruhe
Hauptabteilung Sicherheit
Postfach 36 40
76021 Karlsruhe

Dr. DIMITRIS KOTZIAS
Joint Research Centre of the EEC
Environment Institute
21020 Ispra (VA)
Italien

Priv.-Doz. Dr. ROBERT KREUZIG
Institut für Ökologische Chemie und Abfallanalytik
Technische Universität Braunschweig
Hagenring 30
38106 Braunschweig

Dr. GÜNTER LACH
c/o Handels- und Umweltschutzlaboratorium Dr. Wiertz/Eggert/Dr. Jörissen GmbH
Stenzelring 14 b
21107 Hamburg

Prof. Dr. OTTO LARINK
Zoologisches Institut
Technische Universität Braunschweig
Spielmannstraße 8
38106 Braunschweig

Prof. Dr. REINHARD LEITHNER
Institut für Wärme- und Brennstofftechnik
Technische Universität Braunschweig
Franz-Liszt-Straße 35
38106 Braunschweig

Prof. Dr.-Ing. KARL ERICH LORBER
Institut für Entsorgungs- und Deponietechnik
Montanuniversität Leoben
Peter-Tunner-Straße 15
8700 Leoben
Österreich

Prof. Dr.-Ing. P. N. MARTENS
Institut für Bergbaukunde I
RWTH Aachen
Wüllnerstraße 2
52062 Aachen

Prof. Dr. GEORG MATTHESS
Geologisch-Paläontologisches Institut und Museum der Universität Kiel
Olshausenstraße 40/60
24098 Kiel

HOLGER MENRAD
Haldensleber Straße 5
38442 Wolfsburg

Dr. G. MORSCHECK
Institut für Landschaftsbau und Abfallwirtschaft
Universität Rostock
Justus-von-Liebig-Weg 6
18051 Rostock

Dr. KAI MÜNNICH
Technische Universität Braunschweig
Leichtweiß-Institut für Wasserbau
Landwirtschaftlicher Wasserbau und Abfallwirtschaft
Beethovenstraße 51 a
38106 Braunschweig

Dr. HEINZ NIESSEN
Pannenberg 73
51469 Bergisch Gladbach

Prof. Dr. Dr. h. c. HARUN PARLAR
Lehrstuhl für Chemisch-Technische Analyse
und Chemische Lebensmitteltechnologie
Technische Universität München
85354 Freising-Weihenstephan

Prof. Dr. FRANZ-JOSEF PEINE
Juristisches Seminar der Universität Göttingen
Platz der Göttinger Sieben 6
37073 Göttingen

Prof. Dr. WILFRIED PESTEMER
Institut für ökologische Chemie
Biologische Bundesanstalt für Land- und Forstwirtschaft
Königin-Luise-Straße 19
14195 Berlin

Dr. RALF PETZOLD
Bundesministerium für Ernährung, Landwirtschaft und Forsten
Postfach 14 02 70
53107 Bonn

Dr. HARTMUT PLOSS
Sierichstraße 88
22301 Hamburg

Prof. Dr. ORTWIN RENN
Akademie für Technikfolgenabschätzung
in Baden-Württemberg
Industriestraße 5
70565 Stuttgart

Prof. Dr. JÖRG RICHTER
Institut für Geographie und Geoökologie
der Technischen Universität Carolo-Wilhelmina
Langer Kamp 19 c
38106 Braunschweig

Dr. MICHAEL RÖSSERT
Bayerisches Landesamt für Umweltschutz
86177 Augsburg

Dr. JÜRGEN SCHAUERMANN
Institut für Zoologie und Anthropologie
Abteilung Ökologie
Berliner Straße 28
37073 Göttingen

Dr. SIBYLLE SCHMIDT
Morsbroicher Straße 40
53175 Leverkusen

Dr. ANDREAS SCHMIEDER
WV Umweltschutz
Bayer AG
51368 Leverkusen-Bayerwerk

Dr. SABINE SCHOMBURG
Erfurter Straße 22
35274 Kirchhain

Dr. Uwe Schröder
Regierungspräsidium Kassel
Otto-Hahn-Straße 5
34123 Kassel

Prof. Dr. Jürgen Schwoerbel
Limnologisches Institut
Fakultät für Biologie
Universität Konstanz
Postfach 55 60
78434 Konstanz

Dr. Madeleine Seym
Pflanzenschutz Forschung
Umweltforschung, Institut für Produktinformation und Rückstandsanalytik
Bayer AG
51368 Leverkusen

Dipl.-Ing. D. Sohn
Institut für Bergbaukunde I
RWTH Aachen
Wüllnerstraße 2
52062 Aachen

Prof. Dr.-Ing. Peter Spillmann
Institut für Landschaftsbau und Abfallwirtschaft
Universität Rostock
Justus-von-Liebig-Weg 6
18051 Rostock

Prof. Dr. Michael Spiteller
Universität Dortmund
Institut für Umweltforschung
Otto-Hahn-Straße 6
44221 Dortmund

Prof. Dr. Dr. h.c. Dieter Strauch
Institut für Umwelt- und Tierhygiene sowie Tiermedizin
Universität Hohenheim-460
70593 Stuttgart

Prof. Ing. Hanns Teichmann
Primelstraße 18 b
85591 Vaterstetten bei München

Prof. Dr. Heinrich Wamhoff
Institut für Organische Chemie und Biochemie der Universität Bonn
Gerhard-Domagk-Straße 1
53121 Bonn

Prof. Dr. Dr. H.-E. Wichmann
GSF Forschungszentrum für Umwelt und Gesundheit
Institut für Epidemiologie
Ingolstädter Landstraße 1
85764 Neuherberg

Dr. Manfred Wiebelt
Institut für Weltwirtschaft
Duesternbrooker Weg 120
24105 Kiel

N$_{min}$. Anteil des mineralischen und damit leicht pflanzenverfügbaren Nitratstickstoffes im Boden, dessen Messung relativ einfach ist. Deshalb dient N$_{min}$ bei vielen >Anbauverfahren< als wichtige Richtgröße (auch als N$_{min}$-Methode bekannt) für die notwendige Höhe der >Stickstoffdüngung<, besonders um zu Beginn der Vegetation den Bodenvorrat an Nitrat festzustellen. Es wird dabei zwischen der 30-cm-, 60-cm- und 90-cm-Bodenschicht unterschieden. Die N$_{min}$-Methode stellt eine Momentaufnahme der Nitratsituation dar. Sie gibt keine Auskunft über den Stickstoffbedarf der Pflanzen sowie die Stickstoffnachlieferung aus dem Boden.
Lit: Scharpf HC, Wehrmann J (1991) Fachgerechte Stickstoffdüngung, Auswertungs- und Informationsdienst für Ernährung, Landwirtschaft und Forsten (AID) (Hrsg.) Bonn, Heft Nr. 1017 – Kohlmeyer M (1985) Pflanzenbauliche Maßnahmen zur Minderung der Nitrat-Verlagerung. In: Nieder H (Hrsg.) Nitrat im Grundwasser, VCH Verlagsgesellschaft, Weinheim, S. 65–81.

Nabenhöhe. Achsenhöhe des >Rotors< über dem Aufstellungsgrund bei >Windenergiekonvertern<. Die N. ist auch Bezugshöhe für die Nenngeschwindigkeit.

Nacarat. >Azorubin<.

Nachauflauf. Bezeichnet in der Landwirtschaft den Zeitpunkt nach dem Sichtbarwerden des Sämlings an der Bodenoberfläche; dieser wird für best. Pflanzenbehandlungen wie z. B. Düngung oder >Pestizid<behandlung genützt (Nachauflaufverfahren im Gegensatz zu Vorauflaufverfahren).

Nachbarökosysteme. >Ökosystem<, >Ökoton<.

Nachbarrecht. Diejenigen Rechtsnormen, die das Rechtsverhältnis zwischen Grundstücksnachbarn regeln. *Privatrechtlich*: §§ 906 ff. BGB; normiert sind im wesentlichen Unterlassungsansprüche bzw. Duldungspflichten und Entschädigungsansprüche bei >Emissionen<, die von einem Grundstück auf das Nachbargrundstück ausgehen. *Öffentlich-rechtlich*: Dieselben Regelungsgegenstände, freilich in Spezialgesetzen mit Blick auf spezielle Anlagen geregelt: z. B. § 14 des >Bundes-Immissionsschutzgesetzes<.

Nachbarschaftsschutz. Die Vorgaben des >Bundes-Immissionsschutzgesetzes< und der zu dessen Durchführung erlassenen Verordnungen und Verwaltungsvorschriften dienen neben dem >Schutz der Allgemeinheit< insbesondere dem Schutz der Nachbarschaft vor den von Anlagen ausgehenden schädlichen Umwelteinwirkungen und sonstigen Gefahren, erheblichen >Nachteilen< und erheblichen >Belästigungen<. Die Errichtung und der Betrieb von Anlagen, die auf Grund ihrer Beschaffenheit oder ihres Betriebs in besonderem Maß geeignet sind, schädliche Umwelteinwirkungen etc. hervorzurufen, bedürfen daher einer immissionsschutzrechtlichen Genehmigung. Der Anhang der Vierten Verordnung zur Durchführung des Bundes-Immissionsschutzgesetzes führt die entspr. Anlagenarten auf. Die Anforderungen des >Immissionsschutzes< gelten mit Einschränkung auch für nicht immissionsschutzrechtlich >genehmigungsbedürftige Anlagen<. Während in den 60iger Jahren der Schutz der Nachbarschaft noch im wesentlichen durch die Politik der hohen >Schornsteine< erreicht wurde, steht jetzt die Minimierung der >Schadstoffemissionen< entspr. dem >Stand der Technik< im Vordergrund. Gleichzeitig wird damit dem Schutz der Allgemeinheit vor großräumigen Auswirkungen der >Luftverunreinigungen<, wie z. B. >Waldsterben< und >saurer Regen< Rechnung getragen.

Nacheindicker. Dem >Faulbehälter< nachgeschalteter >Eindicker< zur >Faulschlamm<eindickung.

Nachfällung. Bei der Nachfällung werden Fällung und Flockung sowie die Abscheidung der geflockten Substanzen in einer getrennten Stufe nach der biol. Reinigungsstufe vorgenommen. Man spricht deshalb auch von einem zweistufigen Verfahren. Bei der Nachfällung werden die Fällmittel hinter der Nachklärung in ein Mischbecken dosiert, dem ein Flockungsbecken und ein zusätzliches Absetz- oder Flotationsbecken nachgeschaltet ist. Die geringe Verbreitung von Nachfällanlagen beruht hauptsächlich auf den hohen Kosten, die beim Bau der zusätzlichen Becken entstehen.
Der Hauptvorteil der Nachfällung sind die definierten Bedingungen bei der Dosierung. Die Phosphatfällung erfolgt losgelöst vom eigentlichen biol. Reinigungsprozeß und kann diesen somit kaum beeinflussen. Durch die vorhergehenden Prozesse (mechanische und biol. Behandlung) erfolgt eine weitgehende Vergleichmäßigung der Phosphorkonzentration, was die Dosierung erleichtert. Der anfallende Phosphatschlamm kann getrennt abgezogen und wiederverwendet werden, z. B. zur Düngung oder zur Konditionierung anderer Schlämme.
Lit: Abwassertechnische Vereinigung (Hrsg.) (1985–1997) ATV-Handbuch, 4. Aufl., Bd. 1–7, Verlag von Wilhelm Ernst und Sohn, Berlin München.

Nachhaltigkeit, nachhaltige Entwicklung. Der Begriff der N. stammt ursprünglich aus der Forstwirtschaft und bedeutet, daß nur so viel Holz geerntet werden darf, wie in dem jeweiligen Anbaugebiet nachwächst. Die Idee hat die sog. Brundland-Kommission übernommen. Mit dem Begriff der N. (engl. Sustainability oder sustainable development) hat sie eine Entwicklung gekennzeichnet, bei der die folgende Generation die gleichen Chancen zur wirtschaftlichen Entfaltung besitzen müsse wie die heute lebende Generation. Mit der internationalen Umweltkonferenz in Rio ist das Konzept des „Sustainable Development" dann global zu einem Leitbild für zukünftige wirtschaftliche und gesellschaftliche Entwicklung geworden. Es geht darum, die Lebenschancen der Armen zu verbessern und die Interessen nachfolgender Generationen zu wahren. Wichtigstes Anliegen der nachhaltigen Entwicklung im Umwelt- und Ressourcenschutz ist die Bekämpfung langfristiger und weltweiter Probleme wie >Treibhauseffekt<, Ausdünnung der >Ozonschicht<, Verschmutzung der Weltmeere, Abholzung der >Regenwälder<, Gefährdung der >Bodenfruchtbarkeit<, Beeinträchtigung der >Artendiversität<, zu schneller Abbau erschöpflicher Ressourcen, Raubbau an Fisch- und Wildbeständen. In der >Umwelt- und Ressourcenökonomik< hat die Idee der nachhaltigen Entwicklung zur neuen Richtung der >ökologischen Ökonomie< geführt, die sich von der konventionellen Neoklassik abheben will und fordert, daß zukünftige Generationen die Chance haben sollen, mindestens den gleichen Nutzen zu realisieren wie die heutigen Generationen. Eine Konkretisierung erfährt die Idee der nachhaltigen Umweltnutzung durch drei Managementregeln: 1. Die Abbaurate erneuerbarer Ressourcen darf die natürliche Wachstumsrate nicht überschreiten. 2. Erschöpfliche Ressourcen dürfen nur soweit verbraucht werden, wie simultan funktionsgleiche Substitute – insbesondere erneuerbare Ressourcen – geschaffen werden. 3. Schadstoffemissionen in die Umwelt dürfen die natürliche Aufnahmekapazität nicht übersteigen. Wenn auch weltweit Übereinstimmung darüber besteht, daß N. ein normatives Leitbild zur Verwirklichung einer intergenerationalen Gerechtigkeit darstellt, so ist die konkrete Ausgestaltung dieses Postulats weitgehend umstritten. Denn das, was künftigen Generationen als Erbe hinterlassen werden soll und muß, hängt maßgeblich von der individuellen und kollektiven Bewertung des Erbes ab. Vielfach wird als Erbschaft nur die Menge der natürlichen Ressourcen verstanden, die, von den heutigen Menschen genutzt, folgenden Generationen nicht mehr vollständig zur Verfügung stünden. Darüber wird leicht vergessen, daß zur Erbschaft auch die wirtschaftlichen Errungenschaften einer Volkswirtschaft gehören, die mit Hilfe von Kapital, Arbeit und Natureinsatz geschaffen worden sind. Die einseitige Fokussierung auf natürliche Ressourcen ist deshalb problematisch.

Aus diesem Grunde wird in der aktuellen Literatur N. oft in die ökologische, ökonomische und soziale Komponente gegliedert. Unter ökologischer N. wird eine Entwicklung verstanden, bei der die Naturressourcen nur in dem Maße genutzt werden, daß ihr Potential auch künftigen Generationen zur Verfügung steht. Unter dem Begriff der ökonomischen N. wird eine Entwicklung beschrieben, die wirtschaftliche Prosperität und Vollbeschäftigung auch für kommende Generationen ermöglicht. Schließlich bedeutet soziale N., daß die Grundbedürfnisse des Menschen auch in Zukunft gestillt würden und größere Verteilungskonflikte ausgeschlossen seien.

Lit: Knaus A, Renn O (1998) Den Gipfel vor Augen – Wege in eine nachhaltige Entwicklung (mit CD-ROM). Metropolis, Marburg – Kastenholz H, Erdmann KH, Wolff M (1996) Nachhaltige Entwicklung. Zukunftschancen für Mensch und Umwelt. Springer-Verlag, Berlin – Addiscott TM (1995) Entropy and sustainability. Eur J Soil Sci 46: 161–168 – Hauf V (1987) Unsere gemeinsame Zukunft. Weltkommission für Umwelt und Entwicklung. Artcolor/Eggenkamp, Hamm – Meadows DL (1972) The limits to growth. Universe Books, New York.

Nachhaltigkeitsgebot. Ausgehend von § 1 des Bundeswaldgesetzes und von § 1 Abs. 1 des >Bundesnaturschutzgesetzes< versteht man unter dem N. die Nutzung der Umwelt lediglich in dem nachwachsenden Umfang, um stetig und auf Dauer in der Menge etwa gleichbleibende Erträge zu sichern. Das Nachhaltigkeitsgebot ist die Keimzelle des >Vorsorgeprinzips<. Heute wird der Begriff „nachhaltig" überall und ohne Sinn und Verstand verwendet; er ist zum Schlagwort herabgesunken, welches ahnungslose Politiker ständig gebrauchen.

Nachklärbecken. 1. Bei der Abwasserreinigung im >Belebungsverfahren< sind >Belebungsbecken< und N. voneinander abhängige Betriebseinheiten. Von den Belebungsbecken fließt das Abwasser-Schlamm-Gemisch in das N., in dem sich der >belebte Schlamm< vom gereinigten Abwasser trennt. Der im N. abgesetzte Schlamm wird als >Rücklaufschlamm< in das Belebungsbecken zurückgeführt, während das gereinigte Abwasser abfließt. Neben dem im Belebungsbecken erzielten Reinigungsgrad ist daher der Abscheidegrad im N. von großem Einfluß auf die Ablaufbeschaffenheit der >Kläranlage<.
2. Tauchkörper: Werden dem N. aus dem >Tauchkörper< mit dem Abwasser verhältnismäßig wenig absetz-

bare Feststoffe mit einer hohen Sinkgeschwindigkeit zugeführt, so läßt sich dieses nach rein hydraulischen Grundsätzen bemessen und ausbilden.
3. >Tropfkörper<: Im Vergleich zu Belebungsanlagen werden aus Tropfkörpern und >Scheibentauchkörpern< der Nachklärung wesentlich geringere Schlammmengen mit einer normalerweise hinsichtlich der Absetzeigenschaften problemloseren Beschaffenheit zugeleitet. Die Aufgabe der Nachklärung beschränkt sich darauf, die aus der biol. Stufe anfallenden absetzbaren Stoffe **auf die** für die Einleitung in den Vorfluter zulässige Menge zu verringern.

Lit: Abwassertechnische Vereinigung (Hrsg.) (1985–1997) ATV-Handbuch, 4. Aufl., Bd. 1–7, Verlag von Wilhelm Ernst und Sohn, Berlin München.

Nachleistung. Thermische Leistung, die sich aus der >Nachwärme< im abgeschalteten >Reaktor< ergibt.

Nachlieferungspotential. >Nährstoffbilanz<.

Nachmeldung. Aufgrund des Anfang 1982 in Kraft getretenen deutschen >ChemG< sind >neue Stoffe< – vor ihrem erstmaligen >Inverkehrbringen< – (bei) der >Anmeldestelle< mitzuteilen oder anzumelden. >Altstoffe< sind von diesem Verfahren ausgenommen und unterliegen somit auch nicht der Verpflichtung (des >Herstellers< oder >Einführers<) zur >Prüfung< hinsichtlich ihrer >Gefährlichkeitsmerkmale<. Sie konnten jedoch für das EG->Inventar< (EINECS) „nachgemeldet" werden (Zeitraum: 31.03. bis 31.12. 1982). Im Gegensatz zur >Anmeldung< oder >Mitteilung< (neuer Stoffe) handelte es sich bei der N. um einen zeitlich begrenzten, einmaligen Vorgang. Die Altstoffe sind in einem zweistufigen Verfahren listenmäßig erfaßt worden: >ECOIN<, >EINECS< (s. >Inventar<, Altstoffe).
Um zu gewährleisten, daß die Stoffliste EG-weit gültig ist, hat die >EG-Kommission< mit ihrer Entscheidung vom 11.05. 1981 die Nachmeldevoraussetzungen für Altstoffe festgelegt und einen „Leitfaden für Zusatzmeldungen für EINCES-Verzeichnis" veröffentlicht. Grundbedingungen zur N. als Altstoff waren, daß der Stoff zwischen dem 01.01. 1971 und dem 18.09. 1981 im (damaligen) EG-Raum zu Handelszwecken in Verkehr gebracht worden ist und daß er heute anmelde- bzw. mitteilungspflichtig wäre. Sog. Uraltstoffe sollten somit nicht berücksichtigt werden und ebenfalls keine Stoffe, die ausschließlich im Labor verwendet wurden. Ferner waren nicht nachmeldepflichtig: Hilfsstoffe, Naturstoffe, Zubereitungen als solche, Verunreinigungen und Bestandteile von >UVCB-Stoffen< sowie >Polymere<. Jedoch konnten >Monomere<, aus denen die in § 5 Abs. 1 Nr. 1 genannten Polymerisate, Polykondensate u. Polyaddukte aufgebaut sind, stattdessen nachgemeldet werden.

Lit: Rehbinder E, Kayser D, Klein H (1985) Chemikaliengesetz, Kommentar und Rechtsvorschriften zum Chemikalienrecht, C. F. Müller-Verlag, Weinheim.

Nachrüstung. Nachträgliche Ausrüstung von Fahrzeugen mit z. B. Abgasreinigungsanlagen, >Katalysatoren<, >Flüssiggasanlagen<.

Nachsortieranlage. Anlage zur Trennung von >Wertstoffen< und nicht verwertbaren Anteilen, die bei einer >Getrenntsammlung< von Abfällen in die falschen Kammern der >Mehrkammercontainer< eingeworfen wurden, oder zur Trennung der Wertstoffe untereinander (z. B. Papier von Pappe). Eine N. besteht i. d. R. aus einem Handleseband (>Leseband<) mit oftmals vorgeschaltetem >Magnetabscheider< für Metalle.

Nachteile. Einschränkungen des persönlichen Lebensraumes oder Vermögenseinbußen. Schädliche Umwelteinwirkungen im Sinne des >Bundes-Immissionsschutzgesetzes< sind hierbei – wie bei der >Belästigung< – Nachteile, die erheblich sind. >Immissionswerte< zum Schutz vor erheblichen Nachteilen oder erheblichen Belästigungen sind in der >TA Luft< aufgeführt. Erhebliche Nachteile können sich z.B. durch den Niederschlag von >schwermetall<haltigen >Stäuben< ergeben, falls dies mit Nutzungseinschränkungen verbunden ist. Eine besondere Berücksichtigung findet in der TA Luft der Schutz vor erheblichen Nachteilen durch >Schwefeldioxid<, >Fluorwasserstoff< und anorg. gasförmige Fluorverb. im Hinblick auf besonders empfindliche Tiere, Pflanzen und Sachgüter. Anders sind Nachteile im Begriff „schwere Nachteile für das Gemeinwohl" zu verstehen, wie er im § 21 des Bundes-Immissionschutzgesetzes aufgeführt ist. Beim Auftreten schwerer Nachteile für das Gemeinwohl darf eine rechtmäßig erteilte Genehmigung widerrufen werden. Schwere Nachteile für das Gemeinwohl liegen bei Beeinträchtigung besonders wichtiger Rechtsgüter vor, z.B. wenn eine Gefahr für Leben oder Gesundheit von Personen gegeben ist.

Nachtfrost. Unter folgenden Voraussetzungen: - relativ trockene Luft, d.h. >Taupunkt< unter 0°C, -geringe Bewölkung und - schwache Luftbewegung kann sich die Luft durch nächtliche >Ausstrahlung< unter den Gefierpunkt abkühlen; diese Bedingungen sind meist im Einflußbereich eines Hochdruckgebietes erfüllt. Gefürchtet sind die Kälterückfälle des Frühjahrs im April und Mai (Eisheilige) und die Frühfröste im September und Oktober wegen ihrer schädigenden Wirkungen auf die >landwirtschaftlichen Kulturen<.

Nachversetzen. >Bruchhohlraumverfüllung<.

Nachwachsende Rohstoffe. (Syn. biogene Rohstoffe). Sammelbegriff für eine Vielzahl unterschiedlicher land- und forstwirtschaftlicher Rohstoffe. Darunter fallen u.a. Zucker, Stärke, Holz, Lignocellulose, Faserlein, pflanzliche Fette und Öle. Sie haben aufgrund der begrenzten Verfügbarkeit der fossilen Rohstoffe Erdöl, Erdgas und Kohle und vor dem Hintergrund einer anhaltenden Überschußsituation auf den Agrarmärkten zunehmend an Bedeutung für die Wirtschaft gewonnen. Ein wichtiges Ziel bei der Gewinnung von n.R. ist – zur Verbesserung ihrer Wettbewerbsfähigkeit – der möglichst weitgehende Erhalt der von den Pflanzen vorgebildeten Molekülstrukturen. Obwohl sich aus n.R. eine breite Palette von ökonomisch interessanten Produkten bzw. Zwischenprodukten gewinnen läßt (Stärke, Cellulose, Öle und Fette, Proteine sowie pharmazeutisch und biol. wirksame Stoffe), werden sie in der chem. Industrie nur zu etwa 10% eingesetzt. Produkte, die aus pflanzlichen Rohstoffen enstanden sind, gelten als Abfall oft biol. besser abbaubar als die vergleichbaren Erdölprodukte. Trotzdem müssen bei Anbau und Verwertung von Industriepflanzen ökologische Aspekte berücksichtigt werden, damit daraus resultierende Umweltbelastungen weitgehend vermieden werden. Heute gewinnt zunehmend die Bereitstellung genetisch bzw. züchterisch veränderter, sog. „maßgeschneiderter Rohstoffe", an Bedeutung. Im internationalen Sprachgebrauch werden häufig auch org. Stoffe im weitesten Sinne wie Stroh, Hausmüll, Klärschlamm und dgl. als „biomass" (>Biomasse<) den n.R. zugerechnet. Diese Stoffe werden jedoch nach der in

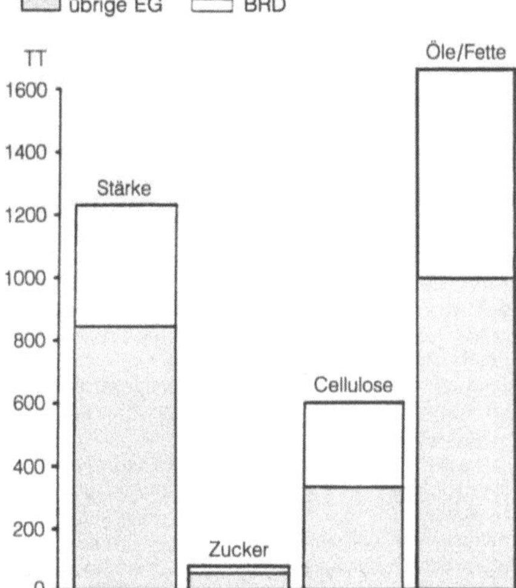

Nachwachsende Rohstoffe: Derzeitiger Verbrauch nachwachsender Rohstoffe für Chemieerzeugnisse in der EG. (aus: BMFT, 1986)

Deutschland üblichen und auch von der Bundesregierung vertretenen Auffassung nicht unter den Begriff gefaßt, ebenso wie auch die tierischen Produkte, z.B. Schurwolle, Leder, Häute und Talg nicht diesem Sammelbegriff zugeordnet werden (s. Abb.).

Lit: BMFT, Referat Öffentlichkeitsarbeit (Hrsg.) (1986) Nachwachsende Rohstoffe. BMFT, Bonn – Der Bundesminister für Ernährung, Landwirtschaft und Forsten (Hrsg.) (1990) Bericht des Bundes und der Länder über nachwachsende Rohstoffe, 2. überarbeitete Aufl., Landwirtschaftsverlag, Münster Hiltrup.

Nachwärme. Durch den Zerfall >radioaktiver Spaltprodukte< in einem >Kernreaktor< nach Abschalten des Reaktors erzeugte Wärme. Die Nachwärme beträgt in den ersten Sekunden nach dem Abschalten noch etwa 5% der Leistung vor dem Abschalten. Die Nachwärme von >Brennelementen< beträgt nach drei Jahren Abklingzeit nur noch 2 kW je Tonne >Kernbrennstoff<, d.h. etwa 1 kW je Brennelement eines >Druckwasserreaktors<.

Nachweisgrenzen. 1. chemisch: Die N. gibt den kleinsten Gehalt eines Analyten in einer Probe wieder, der sich mit 95% Wahrscheinlichkeit vom Wert „Null" unterscheidet, aber wegen mit abnehmenden Konzentrationen des Analyten zunehmenden Ungenauigkeiten nicht mehr mit einer Konzentrationsangabe beziffert werden kann. Die N. wird entsprechend der >Bestimmungsgrenze< analytisch oder mathematisch ermittelt. Die Literaturdefinitionen und die Vorgaben zur Ermittlung der N. weichen teilweise erheblich voneinander ab. Als Faustregel kann gelten, daß die N. dem 2–3fachen der Blindwertstreuung oder bei kontinuierlichen Signalverläufen wie z.B. in der >Chromatographie< dem 2–3fachen des Grundrauschens entspricht. Für die Umweltanalytik hat sich die DIN 32645 durchgesetzt, die neben der Nachweis- und der >Bestimmungsgrenze< auch die >Erfassungsgrenze< definiert. Danach sind bei der N. alpha- und beta-Fehler (falschpositive bzw. falschnegative Entscheidung) mit 5%

gleich groß, so daß die N. (als Gehalt in Konzentrationseinheiten auf der x-Achse der Kalibrierfunktion) dem kritischen Wert der Meßgröße (als Signalgröße auf der y-Achse der Kalibrierfunktion) zugeordnet werden kann.

2. radioaktiv: Auf der Basis statistischer Verfahren festgelegter Kennwert zur Beurteilung der Nachweismöglichkeit bei Kernstrahlungsmessungen. Der Zahlenwert der N. gibt an, welcher kleinste Beitrag mit dem betrachteten Meßverfahren bei vorgegebener Fehlerwahrscheinlichkeit noch nachgewiesen werden kann. Damit kann eine Entscheidung getroffen werden, ob ein Meßverfahren bestimmten Anforderungen genügt und damit für den gegebenen Meßzweck geeignet ist >Erkennungsgrenze<.

Beispiele für zu erreichende N. aus der Richtlinie für die Umweltüberwachung von Kernkraftwerken:

Gamma-Ortsdosis:	0,1 mSv/Jahr
Aerosole*:	0,4 mBq/m³
Niederschlag*:	0,05 Bq/L
Bewuchs*:	0,5 Bq/kg
pflanzliche Nahrungsmittel*:	0,2 Bq/kg
pflanzliche Nahrungsmittel, Sr-90:	0,04 Bq/kg
Milch, I-131:	0,01 Bq/L

* durch Gammaspektrometrie ermittelte Aktivität einzelner Radionuklide, Nachweisgrenze bezogen auf Co-60.

3. medizinisch: Das >Arzneimittelgesetz< verlangt, daß „ein routinemäßig durchführbares Verfahren zu beschreiben" sei, „mit dem >Rückstände< nach Art und Menge gesundheitlich nicht unbedenklicher Stoffe zuverlässig nachgewiesen werden können oder mit dem auf solche Rückstände zuverlässig rückgeschlossen werden kann (Rückstandsnachweisverfahren), und durch Unterlagen zu belegen". Demnach werden >Tierarzneimittel<, die bei lebensmittelliefernden Tieren angewendet werden sollen, nur noch dann zugelassen, wenn ein geeignetes Rückstandsnachweisverfahren, das unter anderem die routinemäßige Durchführbarkeit gewährleistet, vorgelegt wird. Für einzelne Stoffe bzw. Stoffgruppen müssen die Nachweisgrenzen der vorzulegenden Verfahren angegeben werden.

Lit: Thier H-P, Frehse H (1986) Rückstandsanalytik von Pflanzenschutzmitteln. Thieme Verlag, Stuttgart New York, 262–264 – Deutsche Forschungsgemeinschaft (1991) Statistische Beurteilung von Analysenverfahren und Analysenergebnissen. Mitteilung VI der Senatskommission für Pflanzen- und Vorratsschutzmittel, Methodensammlung der Arbeitsgruppe Analytik. 1–11 Lfg., VCH, Weinheim – DIN (1994) Nachweis-, Erfassungs- und Bestimmungsgrenze. Ermittlung unter Wiederholbedingungen. DIN 32645 – DIN 32645 (Ausgabe 1994-05) Chemische Analytik: Nachweis-, Erfassungs- und Bestimmungsgrenze; Ermittlung unter Wiederholbedingungen; Begriffe, Verfahren, Auswertung.

Nachweisverfahren, abfallrechtliches. Verfahren für den Nachweis über die Art der Abfälle, deren Menge und Beseitigung (§ 42, 43 >Kreislaufwirtschafts- und Abfallgesetz< KrW-/AbfG) bzw. für die Verwertung der Abfälle (§ 45, 46 KrW-/AbfG).

Nachweltschutz. Schonung der natürlichen, insbesondere der nicht erneuerbaren Ressourcen nicht nur der aktuellen Bedürfnisse der heute lebenden Generation wegen, sondern auch um die Interessen zukünftiger Generationen zu wahren.

Nacktamöben. Amoebina, >Protozoa< (s. Abb. S. 223).

Nacktschnecken (Gastropoda). >Mollusken< (s. Abb. S. 223).

NAD⁺, NADH. Abk. für Nicotinamid-Adenin-Dinucleotid (früher DPN = Diphosphopyridinnucleotid) ist als Cosubstrat an vielen Dehydrogenase-katalysierten Redoxreaktionen des zentralen >Stoffwechsels< beteiligt. In der reduzierten Form NADH (früher DPNH, vgl. Formel) ist es einer der wichtigsten Träger von Red.-Potential. Z.B. beginnt die Atmungskette mit der Dehydrierung von NADH, wobei die >Elekronen< stufenweise auf den Sauerstoff übertragen werden. Die freigesetzte >Energie< wird zur Protonentranslokation über die innere Mitochondrienmembran und damit für die >ATP<-Synth. genutzt.

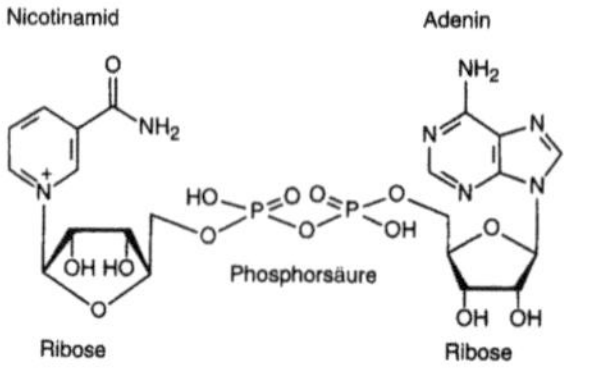

Nicotinamid — Adenin — NH_2 — O — NH_2 — HO—P=O O=P—OH — Phosphorsäure — OH HO — OH OH — Ribose — Ribose

Nicotinamid-adenin-dinucleotid=Diphospho-pyridin-nucleotid

NAD^+ = DPN^+

Nadelanalyse. Dient dem Nachweis von Nadelinhaltsstoffen (insbesondere der Makro- und Mikronährstoffe zur Ermittlung der >Nährelementversorgung<) sowie von Umweltschadstoffen in Nadelmaterial. Koniferen können als Akkumulationsindikatoren (vgl. >Monitorpflanzen<) deshalb besser als >Laubbäume< herangezogen werden, weil ihre immergrünen Blätter erst nach mehreren Jahren abgeworfen werden und somit >Schadstoffanreicherungen< über längere Zeiträume möglich sind. Diese Rückstandsanalysen geben Aufschluß über die Belastung mit >Schwefeldioxid<, >Fluorverb.<, >Schwermetallen< und >Kohlenwasserstoffen<.

Nadelbaum. Ein >Nadelblätter< tragendes Holzgewächs. Die typischen Nadelbäume gehören zur Klasse Pinopsida (Nadelhölzer) mit den rezenten Unterklassen Coniferae und Taxidae (Eiben).

Nadelblatt. Ein xeromorphes und immergrünes >Blatt< (Ausnahme: Lärche), wie es für Nadelhölzer charakteristisch ist. Die erst nach einigen Jahren abgestoßene Nadel entspr. der Blattspreite. Als anatomische Besonderheit besitzen Nadeln die Baumerkmale eines äquifacialen Blatts. Als Trockenheitsanpassung bilden aber auch >Angiospermen< Blätter von ähnlichem Habitus aus, z.B. viele Ericaceen-Bäume.

Nadelpenetration. Als Prüfmethode für die Konsistenz bituminöser Beläge dient die N. Darunter wird die Einsinktiefe verstanden, um die eine Prüfnadel unter den Bedingungen dieser Norm in das zu prüfende >Bitumen< eindringt. Die Angaben erfolgen in Zehntel Millimeter, das Maximum liegt bei 350. Das Verfahren dient primär zur Prüfung von Bitumen. Es darf auch für Zubereitungen aus Bitumen und Zubereitungen aus Steinkohlenteer-Spezialpech sowie in jüngerer Zeit für verfestigte Abfälle angewendet werden. Die N. ist nur bedingt anwendbar, wenn bituminöse Bindemittel Füllstoffe enthalten, da in Abhängigkeit von deren Korngröße und Mengenanteil mit einer geringeren Präzision der Meßergebnisse gerechnet werden muß (DIN 52010); >Kegelpenetration<.

Nadelverlust. >Kronentransparenz<.

NADP⁺, NADPH. Abk. für Nicotinamid-Adenin-Dinucleotid-Phosphat (früher TPN = Triphosphopyridinnucleotid), ist in seiner reduzierten Form NADPH (= TPNH) als Cosubstrat v.a. an reduktiven Synth. und anabolen Reaktionen beteiligt und besitzt damit eine ähnlich zentrale Bedeutung wie >NADH<. Red.-Äquivalente der >Photosynth.< werden z.B. in Form von NADPH in den >Calvin-Zyklus< eingeschleust (s. Formel).

Nicotinamid-adenin-
dinucleotid-phosphat   = Triphospho-pyridin-nucleotid
NADP⁺   =   TPN⁺

Nächtliche Ausstrahlung. Langwellige Wärmeausstrahlung der Erdoberfläche und der Atmosphäre während der Nacht, führt insbesondere bei klarem Himmel, d.h. bei verminderter >atmosphärischer Gegenstrahlung<, zu >Nachtfrost<.

„Nährboden". >Nährmedium<.

Nährelemente. Chem. >Elemente<, die für >Wachstum< und >Entwicklung< erforderlich und durch kein anderes Element ersetzbar sind. Die Massennährelemente umfassen bei der >Pflanze< >Kohlenstoff<, Wasserstoff, Sauerstoff, >Stickstoff<, >Phosphor<, >Schwefel<, >Kalium<, >Calcium< und >Magnesium< und werden in größeren Mengen benötigt. Zu den >Spurenelementen< zählen >Eisen<, >Mangan<, >Zink<, >Kupfer<, >Bor<, >Molybdän< und >Chlor<; sie müssen in geringen Mengen zur Verfügung stehen und können aber z.T. ähnlich wie bei einigen Massennährelementen bei Überangebot zu Schäden führen. >Natrium<, >Silicium< und Kobalt stellen nur für einige Pflanzen Nährelemente dar. Die Nährelemente sind in mineralischen Nährstoffen (Nährsalzen) enthalten, welche die Pflanzen in >Ionen<form aufnehmen.

Nährhumus. Bezeichnung für den Teil des >Humus<, der in relativ kurzer Zeit (Monate bis Jahre) durch Bodenorganismen umgesetzt (oxidiert, evtl. mineralisiert) werden kann, wodurch die in ihm enthaltenen Pflanzennährstoffe freigesetzt werden und in den Nährstoffkreislauf zurückkehren. Im Gegensatz dazu bezeichnet man Humusformen mit sehr viel geringerer Umsetzungsgeschwindigkeit als Dauerhumus.

Nährlösung. Wäßrige Lösung der für das Pflanzenwachstum wichtigen Nährstoffe in entsprechend ausgewogenem Verhältnis. Neben der Verwendung für Hydrokulturen werden N. hauptsächlich für >Modellversuche< benötigt, die die Reaktion von Pflanzen auf bestimmte Streßfaktoren (Nährstoffmangel, Schadstoffbelastung) betreffen. Vorteile solcher Versuche sind überschaubare Verhältnisse bei der Wechselwirkung zwischen Pflanzenwurzel und Umgebung, da die Pufferung durch den Boden nicht berücksichtigt werden muß. Dies schränkt jedoch gleichzeitig die Interpretation der erhaltenen Ergebnisse stark ein. Die mechanische Beeinflussung der Wurzel durch die feste Bodensubstanz wird oft mit inerten Feststof-fen (z.B. Glasperlen, Quarzsand) nachgebildet. >Nährmedium<.

Nährmedium. (Syn. Kulturmedium, Kultursubstrat). Lsg. (Nährlsg.) oder gelierte Lsg. („Nährboden"), die alle für das Wachstum der betreffenden Organismen erforderlichen Bestandteile enthält. N. werden zur in-vitro-Kultivierung von Organismen (oft Mikroorganismen) aber auch für >Zell-< oder >Gewebekulturen< eingesetzt. Für die Zus. der N. gelten folgende Prinzipien:
– Sämtliche für das Wachstum und/oder die Vermehrung der Organismen bzw. Zellen notwendigen Elemente müssen in verwertbarer Form enthalten sein.
– Das Medium muß eine Energiequelle enthalten, sofern die kultivierten Organsimen bzw. Pflanzenzellen nicht Energie aus Licht (Photosynth.) gewinnen können. Als Energiequelle werden sehr oft org. Verb., bevorzugt Mono- oder Disaccharide (>Kohlenhydrate<), zugesetzt. Diese Stoffe dienen dann gleichzeitig als C-Quelle für den Aufbau von >Biomasse< (Ausnahmen: >autotrophe< und phototrophe Organismen).
– Einige Ionen und andere Bestandteile müssen in bestimmten Konz. und in untereinander ausgewogenen Verhältnissen vorhanden sein, z.B. zur günstigen Einstellung von pH-Wert, Redoxpotential und Pufferung.

Die zum Wachstum von Organismen und Zellen in größerer Menge benötigten Elemente sind: C, O, H, N, S, P, K, Ca, Mg, Fe. Daneben werden in geringer Menge Spurenelemente, z.B. für die Funktion von Enzymen, benötigt (z.B. Na, Mn, Zn, Mo, Cu, Co, Ni, Se, Si). Bei anspruchsvollen Organismen oder bestimmten Zellkulturtechniken müssen zum Wachstum sog. Wachstumsfaktoren (Suppline) zugesetzt werden. Dies sind z.B. Vitamine, spezielle Aminosäuren, Purine oder Hormone bzw. Phytohormone. Die in der Mikrobiologie oder zur pflanzlichen Zellkultur eingesetzten Nährmedien enthalten oft Verfestigungsmittel (Geliermittel), wobei >Agar< wegen der sehr geringen biol. Abbaubarkeit das am häufigsten verwendete ist („Agarplatten"). Daneben werden für bestimmte Zwecke Gelatine oder anorg. Geliermittel wie Kieselsäuregele verwendet. In der Mikrobiologie sind Selektiv-Medien für die selektive Kultivierung erwünschter (bzw. zum Ausschluß unerwünschter) stoffwechselphysiologischer Gruppen von Mikroorganismen gebräuchlich, z.B. Brilliantgrün-Galle-Lactose-Bouillon (BRILA) für die Kultivierung >Coliformer<. Diese Medien enthalten selektiv wirkende Komponenten, z.B. Hemmstoffe, >Antibiotika< oder Substrate, zu deren Verwertung spezielle Enzyme der gewünschten Organismengruppe notwendig sind. In der Mikrobiologie ist der Einsatz von Differential-Medien verbreitet. Solche N. enthalten Komponenten (z.B. Farbstoffe, pH-Indikatoren) die eine optische Differenzierung von Mikroorganismen nach bestimmten stoffwechselphysiologischen Eig. ermöglichen (z.B. Fuchsin-Sulfit-Lactose-Medium nach ENDO zum Nachweis von >*Escherichia coli*<).

Nährsalze. Für die Ernährung von Pflanzen und Mikroorganismen notwendige anorganische Salze, z.B. K^+, Ca^{2+}, Fe^{3+}, NO_3^-, SO_4^{2-}, PO_4^{3-}, und Spurenelemente (DIN 4045). Sie werden z.B im >Algentest<, im >Bakterientest< und Tests zur biologischen >Abbaubarkeit< je nach Vorschrift zugegeben. Nährsalzlösungen sind schon lange bekannt, z.B. A-Z-Lösung nach

Haagland, Knopsche Nährsalzlösung etc. Wichtig ist, daß die Salze nur in geringen Konzentrationen zugegeben werden dürfen. Pflanzen haben recht unterschiedliche Bedürfnisse an Nährsalzen.

Nährstoffbedarf. Im Pflanzenbau der Gesamtbedarf der Nährstoffe, der zur Erzielung einer angestrebten Ertragshöhe sowie Produktqualität notwendig ist. Die Nährstoffgehalte von Pflanzen und -teilen können ausreichend genau entsprechenden Tabellen entnommen werden, die auf Analysedaten basieren. Durch Multiplikation mit dem Gewicht ergibt sich die Menge des N. Die Deckung des N. erfolgt teilweise über die Nährstoffnachlieferung des Bodens, der noch verbleibende N. entspricht dann dem Düngerbedarf (>Düngemittel<).

Nährstoffbilanz. Wird errechnet über den Ernteentzug der >Kulturpflanzen<, die Nährstoffnachlieferung des Bodens, mögliche Nährstoffverluste (>Auswaschung<) und die Nährstoffzufuhr durch >Düngung<. Bei >Stickstoff< spielen noch der Eintrag aus der Luft (ca. 10 bis 40 kg/ha/Jahr) und die >Denitrifikation< eine nennenswerte Rolle. N. ist Voraussetzung für eine gezielte >Düngung< im Rahmen des >Integrierten Pflanzenbaus< und der ordnungsgemäßen Landbewirtschaftung. Ziel der N. ist ein Verhältnis von Nährstoffzufuhr und -entzug von 1:1 über die >Fruchtfolge<. Voraussetzung dafür ist die Datenerfassung mit Hilfe der Schlagkartei. Dies und eine anschließende Auswertung der N. kann per EDV erfolgen. Die größten Unsicherheiten in der N. liegen bei der Abschätzung der Nachlieferung von org. Stickstoff.

Nährstoffdynamik. Nährstoffe sind im Boden unterschiedlich pflanzenverfügbar. Direkt verfügbar sind die, welche ungebunden in der >Bodenlösung< vorliegen und so durch Diffusion oder die Sickerwasserbewegung zur Wurzel gelangen, wie es z.B. für das >Nitrat< (NO_3^-) von Mineraldüngern zutrifft. Eine andere Gruppe von Nährstoffen ist nur schwach oder mäßig an Ton- und Humusteilchen gebunden. Hier läuft hauptsächlich in der Vegetationszeit ein ständiger Prozess der Festlegung und Freisetzung ab; dies ist ein wesentlicher Teil der N. Es ist zu unterscheiden zwischen Nährstoffionen, die vorwiegend aus den anorg. Bodenbestandteilen kommen (im wesentlichen K^+, Mg^{2+}, Ca^{2+}, Na^+) und denen aus der org. Substanz (NO_3^-, NH_4^+). Der anorg. Anteil der Nährstoffionen strebt nach einem Gleichgewicht der gebundenen und freien Ionen in der Bodenlösung, deshalb erfolgt entsprechend der Aufnahme der freien Ionen durch die Pflanzen die Freisetzung der gebundenen. Beim org. Anteil ist dafür v.a. die Intensität des Abbaues der org. Substanz entscheidend. Eine dritte Gruppe von Nährstoffen ist nur über einen längeren Zeitraum mobilisierbar und somit praktisch nicht verfügbar. Hierzu zählen schwer lösliche >Phosphat<- und >Sulfatformen<, die sowohl dem org. als auch dem anorg. Bereich entstammen können. Wie >Kalium<, kann auch Stickstoff als NH_4^+-Ion zwischen den Schichtpaketen der Tonminerale fixiert werden, er ist dann für Pflanzen schwer zugänglich. Die N. wird durch viele – mehr oder weniger in Wechselbeziehung stehende – Faktoren beeinflußt, wie etwa >Bodenfeuchte<, -temperatur, Wurzelwachstum, Tätigkeit der >Mikroorganismen<, >Bodenbearbeitung<, Düngungshöhe- und Zeitpunkt sowie Wirtschaftsweise. Deshalb ist die Abschätzung der Nährstoffnachlieferung schwierig. Dies hat besonders für die Stickstoffdüngung besondere Bedeutung, denn Zeitpunkt und Höhe der Stickstofffreisetzung, d.h. die Menge des löslichen Stickstoffes im Boden, sind entscheidend für die bedarfsgerechte Versorgung der Pflanze und die Vermeidung der >Nitratauswaschung<, besonders bei Vegetationsbeginn. Am schwersten kalkulierbar sind Standorte mit einem hohen Gehalt an organischer Substanz, auch Leguminosenstickstoff kann Probleme bringen. Neue Hilfsmittel zur Berechnung der N. sind Simulationsmodelle, die nicht nur die verfügbaren Nährstoffkonzentrationen im Boden, sondern auch die entwicklungsspezif. Entzüge zu berechnen gestatten. >Simulation<, >Simulationsmodell<.

Nährstoffe. 1. Boden: Sammelbezeichnung für die Stoffe, die Pflanzen zum Wachstum benötigen. Nach dem auf die gebildete Biomasse bezogenen Mengenbedarf unterscheidet man Makronährstoffe (N, P, K, Mg) von Mikronährstoffen (z.B. S, B und viele Schwermetalle). Da N. von den Pflanzen in der Regel über die Wurzeln und damit über die Bodenlösung aufgenom-

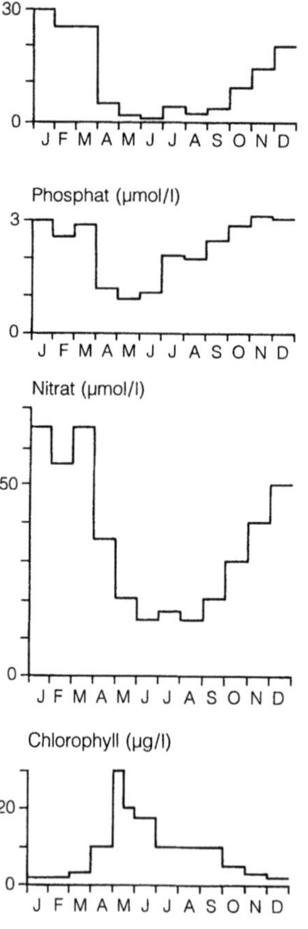

Nährstoffe: Konzentration von Nährstoffen und Chlorophyll im Jahresgang an der holländischen Küste. (Nach Brockmann et al. 1988)

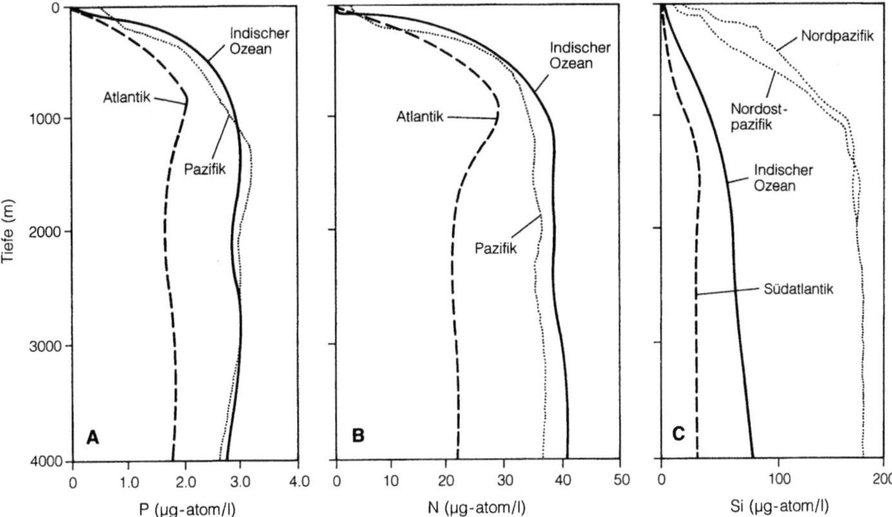

Nährstoffe: Vertikale Verteilung von Nährstoffen (als P, N und Si) im Ozean; 1 µg-atom P, N, Si = 31, 14, 28 µg

men werden, spielt neben dem Nährstoffgehalt eines Bodens v. a. deren Pflanzenverfügbarkeit eine entscheidende Rolle für den Ernährungszustand der Pflanzen. Daher kann durch entsprechende Steuerung der Bodenparameter (pH-Wert, Redoxpotential, Humuswirtschaft, Aktivität des Bodenlebens) die Ausnützung der bodeneigenen oder gedüngten Nährstoffe und damit die Ernährung der Pflanzen günstig beeinflußt werden.

2. Meerwasser: Biologisch verfügbare anorganische Verbindungen von Stickstoff (Nitrat, Nitrit, Ammonium), Phosphor (Phosphate) und Silicium (Silicate). N. sind zusammen mit verschiedenen Spurenmetallen für die pflanzliche Produktion (>Primärproduktion<) unentbehrlich. Nährstoffkonzentrationen variieren mit der Jahreszeit mit hohen Werten im Winter und niedrigen Werten während der Planktonblüte in Frühjahr (s. Abb. S.802). Eine übermäßige Zufuhr von Nährstoffen durch Flüsse kann in den küstennahen Meeresgebieten zur Überdüngung und damit zu einer Massenentwicklung von Algen führen (>Eutrophierung<). In den Ozeanen nimmt die Konzentration der Nährstoffe mit zunehmender Tiefe durch die Zersetzung absinkender und sich zersetzender Organismen zunächst zu (s. Abb. S.803). In den >Auftriebsgebieten< können Nährstoffe wieder an die Meeresoberfläche gelangen und stehen dann erneut für die Entwicklung der Primärproduktion zur Verfügung.

Nährstoffentzug. Die mit der Ernte einer >Kulturpflanze< dem Boden entzogene Menge an Nährstoffen; hängt ab vom >Nährstoffbedarf<. In der Praxis wird mit Tabellenwerten gearbeitet, die den tatsächlichen N. nur ungefähr treffen können. Die Werte müssen im Lauf der Jahre immer wieder geprüft und korrigiert werden, da sich z. B. durch die Züchtung das Verhältnis von Ernteprodukt und Erntenebenprodukt verschieben kann. So betrug um 1910 das Verhältnis von Korn: Stroh bei Getreide 2:1, heute beträgt es fast 1:1.

Nährstoffgehalt. 1. Im Boden: Die Höhe des Gehaltes der für das >Pflanzenwachstum< wichtigen Hauptnährstoffe (z.B. N, P, K, Ca) und >Spurenelemente< (z.B. Fe, Cu, B, Mn) wird mit der Bodenuntersuchung ermittelt, dadurch erhält man einen Überblick über den N. Der natürliche N. von Böden ist sehr standortabhängig, die Landwirtschaft schafft durch >Düngung< die Höhe und Ausgeglichenheit des N., die zum Erreichen des Ertragszieles notwendig ist; nach der Ernte muß der >Nährstoffentzug< durch Düngung ersetzt werden.

2. In der Pflanze: Die Zusammensetzung des N. ist genetisch festgelegt. Hier sind Veränderungen durch Züchtung möglich. Durch entsprechende N. des Bodens bzw. Düngung lassen sich die Gehalte einzelner Nährstoffe steigern, wobei die Höhe des positiven Effektes vom vorherigen Abstand zur Optimalversorgung abhängt. Der optimale Gehalt an wertgebenden Inhaltsstoffen ist gleichbedeutend mit der erreichbaren Nahrungsqualität. Letztere ist unabhängig von der Wirtschaftsweise, Bedingung ist die Bereitstellung ausreichender Nährstoffe.

Lit: Fritz D (1984) Düngung und Qualität der Nahrungspflanzen, Bayerisches Landwirtschaftl. Jahrb. 5: 709–717.

Nährstoffkonzentration in der Bodenlösung. Guter Indikator für die >Nährstoffverfügbarkeit<. Entsprechend der >Nährstoffdynamik< sinkt die N. mit abnehmender Bodenfeuchte, deshalb sind aussagefähige Werte nur bei wassergesättigtem Boden meßbar. Die N. wird in mmol angegeben.

Nährstoffmangel. Man unterscheidet zwischen latentem und akutem N. Bei latentem N. sind Mangelsymptome nicht erkennbar. Nach einer >Düngung< ist aber Ertragssteigerung und Qualitätsverbesserung festzustellen. Akuter Mangel führt zu deutlichen Wachstumsschädigungen, die je nach Nährstoff verschiedene Symptome, hauptsächlich Chlorosen (Gelbfärbung der Blätter) oder Nekrosen (Absterben von Blattmaterial),

hervorrufen. Bei der Diagnose ist zwischen jüngeren und älteren Blättern zu unterscheiden.
Lit: Finck A (1989) Dünger und Düngung, 1. korrigierter Nachdr. d. 1.Aufl., VCH, Weinheim, S. 192–194.

Nährstoffpotential im Boden. Gesamtheit aller Pflanzennährstoffe, die langfristig verfügbar werden können. So schätzt man z.B. den Stickstoffanteil in den oberen 20 cm von Mineralböden auf 0,3 bis 3 Promille, was ein Potential von 900 bis 9.000 kg N/ha bedeutet. In humusreichen Böden beträgt der Anteil bis 5 Promille (>Nährstoffentzug<, >Nährstoffdynamik<).

Nährstoffverfügbarkeit. >Nährstoffdynamik<.

Nährstoffverluste. Über >Auswaschung< und >Ammoniakemission< hinaus gibt es N. durch Abfluß des >Oberflächenwassers< von landwirtschaftlichen Nutzflächen und gasförmige Stickstoffverluste in Form der bakteriellen >Denitrifikation<. Oberflächige N. betreffen vor allem >Phosphat< und kommen bei intensiver >Weidewirtschaft< und >Ackernutzung< vor. In Einzelfällen kann auch Stickstoff, vorwiegend in organisch gebundener Form, ausgetragen werden. N. lassen sich bei der Weidewirtschaft durch gezielte Ausbringung der >Wirtschaftsdünger< und im Ackerbau durch Maßnahmen gegen die >Erosion< minimieren.

Nährstoffvorrat. >Nährstoffpotential<.

Nährstoffzufuhr. >Düngung<.

Nährwert. Physiologischer Brennwert von Lebensmitteln, d.h. der Energiegehalt der Nährstoffe, der im Organismus für den Stoffwechsel zur Erzeugung von Kraft und Wärme sowie für die Bildung und Erneuerung der Körperzellen notwendig ist (Betriebs- und Baustofflieferant). Der N. wird in Kilojoule gemessen und bewertet: 1 g Eiweiß und 1 g Kohlenhydrate haben jeweils einen N. von 17 kJ, 1 g Fett hat einen N. von 38 kJ.

Nager. >Bodenfauna<.

Nahrungskette. 1. allgemein: Durch einen gerichteten Stoff- und Energietransport charakterisierte lineare Verknüpfung von Organismen unterschiedlichen Ernährungstyps. In der allgemeinsten Form Pflanze → Pflanzenfresser (Primärkonsument) → Tierfresser (Sekundärkonsument 1) → Tierfresser (Sekundärkonsument 2) → Tierfresser (Topkonsument). Im Gewässer z.B. Alge → Daphnia → Uklei (planktonfressender Fisch) → Barsch (Raubfisch) → Hecht (größerer Raubfisch = Topkonsument). Lineare N. bestehen aus energetischen Gründen aus höchstens 5 Gliedern, und die Organismen des folgenden Gliedes sind stets größer als die des vorhergehenden; nur bei parasitischen Nahrungsketten ist der Folgekonsument kleiner als der vorausgehende. Die Richtung der Verknüpfung in einer N. kann nicht umgekehrt werden, jedoch sind die in einem Lebensraum realisierten N. stets miteinander zu >Nahrungsnetzen< vermascht (s. Abb. S.804). Mikroorganismen verknüpfen die N. miteinander, indem sie tote Organismen und gelöste org. Stoffe abbauen und a) teilweise in Bakterienbiomasse transformieren, die Nahrung für Primärkonsumenten ist, b) zu anorg. Pflanzennährstoffen mineralisieren (oxidieren). Diese allg. Darstellung gilt für aquatische und terrestrische Lebensräume.
2. aquatisch: Die Weitergabe von Substanz und Energie durch Fressen und Gefressenwerden aquatischer Organismen. Es gibt sehr viele unterschiedliche aquati-

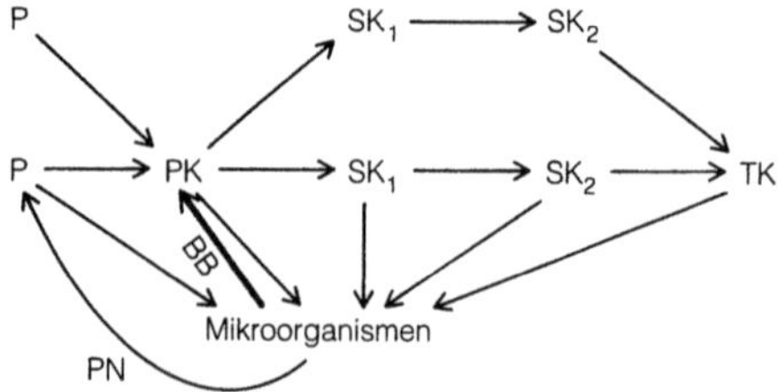

Nahrungskette: Schema der Verknüpfung von Nahrungsketten zu einem (einfachen) Nahrungsnetz. P = Primärproduzenten; PK = Primärkonsumenten; SK = Sekundärkonsumenten; TK = Topkonsumenten; BB = Bakterienbiomasse; PN = Pflanzennährstoffe

sche Nahrungsketten, welche untereinander zu >Nahrungsnetzen< verknüpft sind. Dadurch ist angedeutet, daß eine Spezies sich von einer Anzahl unterschiedlicher Beuteorganismen ernährt und selbst wieder eine von oft vielen Beutespezies der Mitglieder der nächst höheren Trophiestufe (>Trophie<) oder Stufe im >Nahrungsnetz< ist. Nimmt im Laufe seines Lebens die Größe eines Organismus etwa vom Ei über Larve zu Jungtier zum erwachsenen Tier zu, ändert sich seine Stellung innerhalb eines Nahrungsnetzes: Er entwickelt sich von Beute zum Räuber. Mit wachsender Größe des Räubers wächst oft auch die Größe der Beute, so daß ein Organismus im Laufe seiner Entwicklung Glied verschiedener Nahrungsketten sein und unterschiedliche Stufen in ihnen einnehmen kann. Marine Nahrungsketten haben selten mehr als fünf Stufen. Die untersten Glieder mariner Nahrungsketten sind einzellige Organismen wie pflanzliches >Plankton< und >Bakterien<, die obersten Glieder Raubfische, marine Säugetiere und Seevögel. Durch Absterben von Organismen, ohne gefressen zu werden, und durch den für Arterhaltung, Ernährung, Beutefang, Fortbewegung etc. erforderlichen Energieaufwand werden innerhalb eines Gliedes einer Nahrungskette Substanz und >Energie< verbraucht. Die Effizienz der Energie- und Substanzweitergabe von Stufe zu Stufe ist nur etwa 10%. Abweichungen von diesem ungefähren mittleren Wert der Effizienz haben wegen logarithmischer Abhängigkeit des Ergebnisses von ihnen erhebliche Auswirkungen bei Berechnungen über mehrere Trophiestufen und können zu groben Fehleinschätzungen führen. Eine wichtige Folge der nur etwa 10%igen Nahrungsketteneffizienz ist, daß die gesamte >Biomasse< der Räuber einer Tropiestufe nur etwa den zehnten Teil der Biomasse ihrer Beuteorganismen auf der nächst niedrigeren Trophiestufe erreicht. Dadurch wird das Massenverhältnis der obersten zur untersten Stufe einer längeren Nahrungskette sehr gering. Die tierisches Plankton fressenden Bartenwale können vor allem deshalb zu den größten marinen Lebewesen heranwachsen, weil sie oberste Glieder kurzer Nahrungsketten sind.

Lit: Steele JH (Hrsg.) (1970) Marine food chains. Oliver Boyd, Edinburgh – Cushing DH, Walsh JJ (Hrsg.) (1970) The ecology of the seas, Blackwell Scientific Publications, Oxford London Edinburgh Melbourne – Odum EP (1999) Ökologie, 3.Aufl., Thieme, Stuttgart New York.

Nahrungsmittel (>Genußmittel<). V.a. Grundnahrungsmittel werden vom Menschen wegen ihres >Nährwerts< verzehrt. Hierzu gehört Fleisch mit einem Proteingehalt von ca. 20% und einem Fettgehalt von 1,5–40%. Wegen seines Gehaltes an essentiellen Aminosäuren zählt es zu den Hauptnahrungsmitteln. Der Proteingehalt wird nur durch sehr hohe Temperaturen bei der Zubereitung beeinträchtigt. Erhitztes Fleisch ist genauso bekömmlich wie rohes Fleisch, im Hinblick aber auf die mikrobiologischen und parasitären Risiken vorzuziehen. Fisch ist sehr wasserhaltig, etwas eiweißärmer als die Muskulatur von Schlachtvieh, besitzt wie Fleisch einen hohen Gehalt an essentiellen Aminosäuren und den Vitaminen A, B und D. Der Verzehr von rohem Fisch ist wegen der mikrobiellen und parasitären Risiken nicht zu empfehlen. Hühnereier enthalten Eiweiß, Fett, Mineralstoffe, Vitamin A und B. Als ungünstig gilt der hohe Cholesteringehalt, weshalb von zu häufigem Genuß abgeraten wird. Die bakteriellen Risiken sind relativ gering, Gefährdungen treten in erster Linie durch den Befall von Eiprodukten durch Salmonellen auf. Milch stellt in ihrer Zusammensetzung ein ideales, aber auch leicht verderbliches N. dar; von den Milchprodukten sind Sauermilch, Butter und Käse aus bakteriologischer Sicht weniger bedenklich als Milch. Bei den pflanzlichen Lebensmitteln geht der Brotverbrauch zurück, der Verzehr von Gemüse und Obst steigt, was im Hinblick auf den Gehalt an Vitaminen, Mineralsubstanzen und Ballaststoffen günstig zu beurteilen ist.

Lit: Borneff J (1982) Hygiene, ein Leitfaden für Studenten und Ärzte. Georg Thieme Verlag, Stuttgart New York.

Nahrungsnetz. Die linearen >Nahrungsketten< sind vereinfachte Modellvorstellungen. In einem Lebensraum sind sie stets miteinander zu vermaschten Nahrungsbeziehungen verknüpft, die als Nahrungsnetz angesehen werden können. N. sind keine starren, sondern in Raum und Zeit dynamische Beziehungsgefüge zwischen Organismen. S.a. >Nahrungskette<.

Nahrungspyramide. Modellhafte Verknüpfung der >Nahrungsketten< mit >Biomasse< und Stoffumsatz der Organismen eines jeden Kettengliedes. An der Basis stehen die Primärproduzenten (PP) mit hoher Biomasse und hohem Umsatz. In jedem folgenden Glied sind Biomasse und Umsatz geringer. In der vertikalen Darstellung ergibt sich so eine aufrechte Pyramide aus trophischen Ebenen, die von den Ernährungstypen der Nahrungsketten besetzt sind.

Nahverkehr. >Verkehrsplanung<.

Nano (n). Vorsatz vor Maßeinheiten, die um das 10^{-9}fache verkleinert sind.

Nanogramm (ng). Masse- und Gewichtseinheit, $1\,ng = 10^{-9}\,g = 10^{-12}\,kg$.

Nanoplankton. Organismen des >Planktons< im Meer und Süßwasser mit einer Größe von 2 bis 20 µm. Hauptsächlich handelt es sich um >Phytoplankton<, heterotrophe Flagellaten und kleine >Ciliaten<. Das N. ist im Stoffhaushalt der stehenden Gewässer von großer Bedeutung, weil es die Hauptnahrung vieler filtrierender >Zooplankter<, z.B. >Cladoceren< ist, und selbst sich überwiegend (Flagellaten, Ciliaten) von Bakterien ernährt. In den tropischen Meeren ist das N. die Basis langer >Nahrungsketten<.

Naphthalin. Kleinstes kondensiertes aromatisches Ringsystem aus zwei Ringen mit $M_r = 128$, Smt. = 80°C, Sdt. = 218°C, Wasserlöslichkeit von 30 mg/L. Bildet farblose, glänzende Blättchen von cha-

rakteristischem modrigem Geruch. Hauptvorkommen ist der Steinkohlenteer, in welchem bis zu 20% vorkommen. Wird durch Verbrennung flüssiger und fester Brennstoffe bzw. Anwendung bestimmter Steinkohlenteerprodukte in die Umwelt eingetragen. Im Vergleich zu anderen >PAH< besteht geringere Tendenz zur Akkumulation: die Bioakkumulationsfaktoren liegen bei 1.000 in Belebtschlamm (5 Tage), 130 in Algen (1 Tag) und 30 in Fisch (3 Tage). N. kann biologisch und photochemisch abgebaut werden.

Naphtholorange. >Orange I<.

Naphtholrot GR. >Echtrot<.

Naphtholrot S. >Amaranth<.

NAPPO. >North American Plant Protection Organization<.

Napropamid. Wirkt als >Herbizid< und zählt zur Substanzklasse der Propionamide.
Chemische Bezeichnung: *N,N*-Diethyl-2-(1-naphthalinyloxy)propionamid
CAS-Nummer: 15299–99–7
Hersteller: Zeneca
Wirkungstyp: Selektives Herbizid. Aufnahme durch die Wurzeln, Hemmung des Wurzelwachstums.
Bevorzugte Anwendung: Gegen keimende Ungräser wie Ackerfuchsschwanz, Windhalm und Jährige Rispe in Winterraps zur Vorsaatanwendung. Einarbeitung in die Bodenoberfläche. Gegen einige zweikeimblättrige Unkräuter wie Vogelmiere, Kamille, Melde. Im Ausland auch in Kohl, Tomaten, Tabak, Erdbeeren, Wein- und Obstbau empfohlen.

Chemische und physikalische Eigenschaften:
Physikalische Beschaffenheit: Fest, farblos; techn. braun.
Schmelzpunkt: 68,5 bis 70,5°C.
Verteilungskoeffizient (log $P_{o/w}$): 3,4 bei 20°C.
Dampfdruck: $0,53 \cdot 10^{-3}$ Pa bei 25°C.
Stabilität: Keine Veränderung über 16 Stunden bei 100°C. Zers. durch Sonnenlicht. Beständig gegen Hydrolyse bei pH 4 bis 10 (9 Wochen bei 40°C).
Löslichkeit: In Wasser 70 mg/L bei 20°C.
Abbau: Rasche Ausscheidung aus dem Warmblüterorganismus (98,6% in 96 Stunden). Lichtzers. zu 2-(α-Naphthoxy)-*N*-ethyl-propionamid, 2-(α-Naphthoxy)-propionamid. 1-Napthol und 1,4-Naphthochinon, Halbwertszeit im Boden 8 bis 12 Wochen.
Toxizität: Akute orale LD_{50} für Ratten >5.000 mg/kg. Akute dermale LD_{50} für Meerschweinchen >2.000 mg/kg. Keine Reizwirkung auf Haut und Augen. Verfütterung von 50, 25 und 13 mg/kg/Tag über 13 Wochen an Ratten blieb ohne Veränderungen in Verhalten, Gewicht, Nahrungsaufnahme, Blutbild, Prothombinzeit, Transaminase- und Cholinesterase-Aktivität. Ebenso bei 40 und 16 mg/kg/Tag an Hunden. Ab 100 mg/kg/Tag Gewichtsverlust, steigender Serum-Phosphatasewert, verringerter Haemoglobinwert.
Bienentoxizität: Nicht bienengefährlich (B 3).
Fischtoxizität: LC_{50} (96 h) für Regenbogenforelle 16,6 mg/L. LC_{50} (48 h) für *Daphnia* 24 mg/L.

Vogeltoxizität: Akute orale LD_{50} für Japanische Wachtel > 56.000 mg/kg.
Wirbellosentoxizität: EC_{50} (48 h) für *Daphnia magna* 10–100 mg/L. EC_{50} (96 h) für Grünalge 1–10 mg/L.

Narasin. Ein Polyetherantibiotikum, das aus Kulturen von *Streptomyces aureofaciens* gewonnen wird. Es ist vorwiegend coccidiozid wirksam und für Masthühner als >Futterzusatzstoff< in einer Dosierung von 60 bis 70 mg/kg Futter zugelassen. Die >Wartezeit< beträgt 5 Tage.

Na-S-Batterie. (s. Abb. S. 806). Vielversprechende Batterieentwicklung, wobei die Elektroden Natrium und Schwefel fl. vorliegen müssen, was eine Betriebstemp. von etwa 300 °C erfordert (hier noch Probleme).

Naßabscheider. Aggregat zur Verringerung des Gehaltes an festen Partikeln im >Abgas< durch Abscheidung von Staubpartikeln mittels einer Waschflüssigkeit. Hierzu ist entweder das Abgas in der Flüssigkeit oder die Flüssigkeit im Abgas möglichst fein zu verteilen. Zum Einsatz gelangen die unterschiedlichsten Bauarten, wie Wirbelwäscher, >Venturiwäscher<, Rotationszerstäuber oder Wäscher mit Einbauten, z. B. Füllkörper oder Schüttstoffe, wobei Abgas und Flüssigkeit im Gleich-, Gegen- oder Kreuzstrom geführt werden. Wegen des für eine ausreichende Abscheidung ggf. erforderlichen erheblichen Energieaufwandes und der u. a. auftretenden >Abwasser<probleme werden in der Regel Naßabscheider nicht bevorzugt. Hervorragende Abscheideleistungen weisen hingegen naßarbeitende >Elektrofilter< auf.

Naßbaggergut. >Baggergut<.

Naßbeize. (Internat. Kurzbezeichnung: SS). Pflanzenschutzmittelformulierung (>Formulierung<) zur Saatgutbehandlung in Form eines wasserlöslichen Pulvers oder >Granulats<. Die Anwendung erfolgt in der Regel nach Auflösung in Wasser in speziellen Beizgeräten, in denen die Lösung auf das Saatgut gesprüht wird. Ein in der Formulierung enthaltener Farbstoff ermöglicht die optische Unterscheidung von behandeltem und unbehandeltem Saatgut und erlaubt gleichzeitig eine einfache Kontrolle der Dosierung und der Gleichmäßigkeit der Verteilung. Dieser Formuliertyp setzt wasserlösliche Wirkstoffe voraus (>Schlämmbeize<).

Naßbleichung. Prozeß der Bodenentwicklung, der durch Reduktion von Eisen(III)- und Mangan(IV)-oxiden und Wegführung der reduzierten Stufen mit dem Sickerwasser zur Bildung von gebleichten Horizonten (>Bodenhorizonte<) im Oberboden führt. Typische Böden mit N. sind Stagnogleye (>Gleye<), die sich in regenreichen Gebieten auf schwer durchlässigem, wasserstauendem Material (z. B. auf den Hochflächenlagen des Schwarzwalds) bilden. Da der pH-Wert dieser Böden meist relativ niedrig ist, werden neben Eisen und Mangan auch z. B. andere Schwermetalle mobilisiert und verlagert.

Naßdampf. Gemisch aus Flüssigkeit und Dampf desselben Stoffes, wobei beide Sättigungstemp. haben. Wird dem Naßdampf bei gleichbleibendem Druck weitere Wärme zugeführt, so bleibt die Temp. so lange konst., bis alle Flüssigkeit verdampft ist (Sattdampf); erst dann steigt die Temp. über die Sättigungstemp. (überhitzter Dampf, Heißdampf).

Naßentstauber. >Naßabscheider<.

Naßkern. Eine dunkel gefärbte, übelriechende und unregelmäßig geformte Zone mit hohem Wassergehalt im Kern und inneren Splintbereich von Baumstämmen, vor allem bei Tanne und Pappel. Der Naßkern ist im allg. von >Bakterien< besiedelt. Diese dringen meist über Totäste ein und lösen den bei Tannen üblichen stammabwärts fortschreitenden Naßkern aus; sie dringen aber auch durch Wurzelverletzungen in die Stammbasis vor und lösen den vom „Tannensterben" bekannten pathologischen Naßkern aus.

Naßkühlturm. >Kühlturm< zur Rückkühlung von Wasser, bei dem das zu kühlende Wasser mit der Kühlluft in direkten Kontakt kommt und durch Verdunstung und Erwärmung der Luft an diese Wärme abgibt. Der

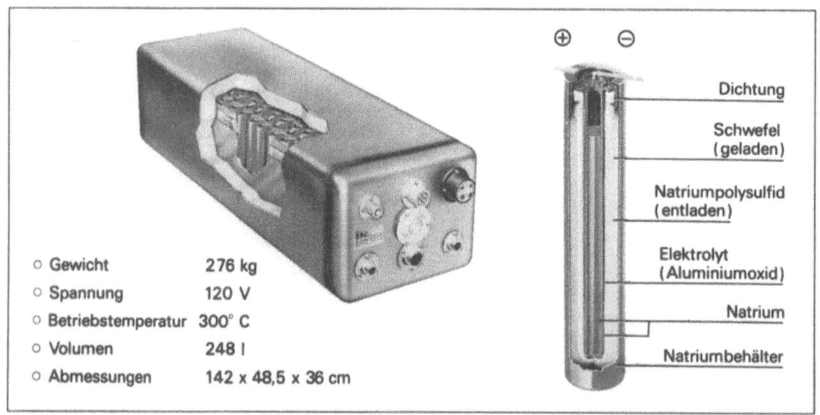

Na-S-Batterie: Natrium-Schwefel-Batterien. Links: Aufbau einer 120-V-Batterie. 360 Zellen befinden sich in einem Behälter mit besonders guter Wärmeisolation (aus: Asea Brown Boveri). Rechts: Aufbau einer einzelnen Zelle. Die Reaktionspartner befinden sich in geschmolzenem Zustand und sind durch den Festelektrolyten voneinander getrennt. Bei Stromentnahme wandern Natriumionen durch den Elektrolyten zum Schwefel

zur Kühlung erforderliche Luftzug kann durch Ventilatoren oder durch die natürliche Kaminwirkung des Kühlturmbauwerkes (Naturzug-Kühlturm) bewirkt werden. >Umlaufkühlung<, >Trockenkühlturm<.

Naßlager. Lagerung bestrahlter >Brennelemente< in Becken unter Verwendung von Flüssigkeit (in der Regel Wasser) als Kühlmittel. >Trockenlager<.

Naßoxidation. Beim Naßoxidationsverfahren wird die org. Substanz der Schlämme, je nach Oxidationsgrad, teilweise bis fast vollständig abgebaut. Das Verfahren basiert darauf, daß fast alle org. Substanzen, die in Wasser gelöst oder suspendiert sind, bei Temperaturen zwischen 100 und 374 °C oxidiert werden können, wenn genügend Sauerstoff vorhanden ist. Abweichend vom Verfahren der thermischen >Schlammkonditionierung< wird bei der Naßoxidation deshalb zusätzlich Luft zugeführt. Das Funktionsschema einer kontinuierlich arbeitenden Anlage zeigt die Abb. Nach Zerkleinerung oder Abtrennung grober und faseriger >Feststoffe< wird der Schlamm zunächst in einem Behälter zwischengelagert, dann von der Hochdruckpumpe kontinuierlich auf den Systemdruck gebracht und mit der für die Oxidation erforderlichen Luft aus dem Verdichter vermischt. Nach Vorwärmung im Doppelrohrwärmetauscher gelangt das Schlamm-Luft-Gemisch in den Reaktor, in welchem die Oxidation erfolgt. Dabei erwärmt sich das Gemisch durch exotherme Reaktion. Bei Schlämmen mit einem zu niedrigen >chem. Sauerstoffbedarf< (CSB) muß zusätzlich Sattdampf eingeblasen werden. Die Reaktionsprodukte Abgas, Wasserdampf und oxidierter Schlamm werden nach Verlassen des Reaktors im Wärmetauscher durch das frische Schlamm-Luft-Gemisch abgekühlt. Im Separator werden die Abgase vom oxidierten Schlamm getrennt und nach einer desodorierenden Reinigung abgeblasen. Der aus dem Separator austretende Schlamm wird in den folgenden Verfahrensstufen durch Absetzen und Entwässern weiter konzentriert. Der erreichte Oxidationsgrad kann aus der Differenz des CSB des unbehandelten Schlammes und des oxidierten Schlammes, bezogen auf den CSB des unbehandelten Schlammes, errechnet werden.

Lit: Abwassertechnische Vereinigung (Hrsg.) (1982–1986) Lehr- und Handbuch der Abwassertechnik, 3. Aufl., Bd. 1–7, Verlag von Wilhelm Ernst und Sohn, Berlin München.

Naßverbrennung. Auch Naßveraschung genannt; Verfahren zur Rückgewinnung von >Plutonium<-Resten aus zerkleinertem, festem, plutoniumhaltigem Abfall. Bei Temp. zwischen 230 und 270 °C erfolgt Ox. in einem konz. Schwefelsäure-Salpetersäuregemisch und Übergang des Plutoniums in die Lösung.

Natante Bodenorganismen. Sie schwimmen im Wasserfilm des Bodens. Arten der >Mikroflora< und der größte Teil der >Mikrofauna< gehören in diese Gruppe, z. B. die Einzeller.

National Ambient Air Quality Standards. Von der >Environmental Protection Agency< (EPA) vorgegebene einzuhaltende Grenzwerte der Luftqualität, insbesondere auch des Ozongehalts.

National Institute of Occupational Safety and Health (NIOSH). Das NIOSH untersteht dem US Department of Health and Human Services mit Sitz in 4676 Columbia Parkway, Cincinnati, Ohio 45226, USA. Es untersucht alle Aspekte der Arbeitssicherheit und speziell die Wirkung gefährlicher Stoffe auf den Menschen. NIOSH erarbeitet Richtwerte für Chemikalien, die den >MAK-Werten< entsprechen und veröffentlicht jährlich das „Registry of Toxic Effects of Chemical Substances", das als Datenbank abgerufen werden kann.

Lit: Neumüller OA (1985) Römpps Chemie-Lexikon, Bd. 4, 8. Aufl., Franckh'sche Verlagshandlung, Stuttgart, S. 2801.

Nationalpark. Schutzgebiet gem. § 14 des >Bundesnaturschutzgesetzes<; danach sind N. rechtsverbindlich festgesetzte und einheitlich zu schützende Gebiete, die 1) großräumig und von besonderer Eigenart sind, 2) im überwiegenden Teil ihres Gebiets die Voraussetzungen eines Naturschutzgebiets erfüllen, 3) sich in einem von Menschen nicht oder wenig beeinflußten Zustand befinden und 4) vornehmlich der Erhaltung eines möglichst artenreichen heimischen Tier- und Pflanzenbestandes dienen.

Natrium (Na). Element der Alkalimetallgruppe, das in Böden nur als einwertiges Kation vorkommt. Wegen der guten Wasserlöslichkeit der meisten Na-Verbindungen kommt es in den Böden nur dann in höherer Konzentration vor, wenn die Auswaschung durch hohe Verdunstung und geringe Niederschläge gehemmt ist (>Salzböden<). In wäßrigem Milieu (wie im Boden) hat Na eine relativ fest gebundene Hydrathülle, die es u. U. auch in sorbierter Form behält. Daher quellen viele Na-gesättigte Tonminerale stark, was in Böden zu einer erheblichen Gefügeveränderung führen kann. Das gleiche gilt für >Huminstoffe<, die ebenfalls bei hohen Na-Gehalten leichter dispergieren oder in Lösung gehen. Störungen des Bodengefüges durch zu hohe Na-Gehalte (z. B. durch Auftausalze oder Na-haltige Haushaltsabwässer) können oft durch die Zufuhr

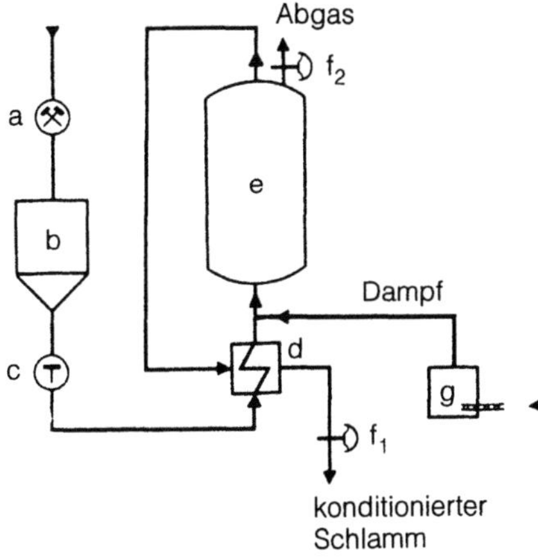

Naßoxidation: Schematische Darstellung des kontinuierlichen Naßoxidationsverfahrens (aus: Abwassertechnische Vereinigung, 1982–1986)

2 wertiger Kationen (z. B. durch >Kalkung<) rückgängig gemacht werden.

Natriumaluminiumsilikat. Ein anorg. Silikat, das als >Rieselhilfsmittel< oder Antiklumpmittel eingesetzt werden kann.

Natriumchlorid. (Kochsalz, Steinsalz). CAS-Nr. 7647–14–5. Wichtiges Natriummineral, mit der chem. Formel NaCl und der M_r 58,44, das wasserfrei in farblosen, durchsichtigen Würfeln der Dichte 2,164 kristallisiert, welche bei 808 °C schmelzen und bei 1.465 °C unter Bildung eines aus $(NaCl)_n$-Molekülen bestehenden Dampfes sieden. Reines N. zeigt in Gegenwart von feuchter Luft kein hygroskopisches Verhalten. Erst durch Beimengungen von Magnesiumchlorid wird Wasser aus der Luft angezogen. N. ist gut wasserlöslich, wobei die Löslichkeit eine sehr geringe Temperaturabhängigkeit aufweist; bei Zimmertemp. ist eine gesättigte N.-Lsg. 26 %ig. N. findet sich als Steinsalz (Halit) in mächtigen Lagern v. a. in der Norddeutschen Tiefebene, in Galizien, im Salzkammergut, an der Golfküste der Pyrenäenhalbinsel sowie in den USA. Große Mengen an N. finden sich gelöst im Meerwaser, die durchschnittlich 3 % betragen. Manche Binnenseen ohne Abfluß (Totes Meer, Great Salt Lake) enthalten recht konz. Kochsalzlsg. Gewonnen wird N. durch bergmännischen Abbau für technische Zwecke, durch Auflösen, Eindampfen und wieder Auskristallisieren für Speisesalz sowie durch Eindunsten oder Einfrieren von Meer- oder Seewasser in Salzgärten. Verwendung findet N. in der Technik als Ausgangsmaterial für die Darstellung fast aller anderen N.-Verb., wie Soda, Ätznatron, Glaubersalz, Borax u. a., für Speise- und Konservierungszwecke, als >Streusalz< zum Auftauen im Straßenverkehr usw. N. ist für alle Organismen essentiell. Zur Regulierung des osmotischen Druckes des Blutes braucht der Mensch 5 bis 10 g pro Tag. Der Mindestbedarf liegt pro Tag bei etwa 1,25 g N., wobei die Empfehlung bei 5 g liegt. Ein Mangel an N. kann zu Kopfschmerzen, Kreislaufversagen und Muskelkrämpfen führen, während bei einer Überdosis die Gefahr von Bluthochdruck besteht.

Natriumcyclamat. >Cyclamat<.

Natriumhypochlorit. NaOCl ist im Handel als Lsg. erhältlich, die etwa 150 bis 170 g/L wirksames Chlor enthält (alte Bezeichnung Chlorbleichlauge). Die Natriumhypochloritlsg. ist eine gelbgrüne, stark nach Chlor riechende Flüssigkeit, durch Hydrolyse stark alkalisch, ätzend und giftig. Sie wird zur >Chlorung< von Trink- und Abwässern, in Schwimmbädern und zur >Desinfektion< eingesetzt. Von Vorteil ist die einfache Handhabung, da die Zugabe auch kontinuierlich mittels Tropfapparaten oder Kippbecher ohne Elektroenergie möglich ist. Von Nachteil sind die höheren Kosten gegenüber Chlorgas und die begrenzte Haltbarkeit, wobei die Zersetzung durch Einwirkung von Licht, Wärme und Verunreinigungen beschleunigt wird. So beträgt der Verlust an wirksamem Chlor bei 20 °C ca. 1,1 g Cl/L · Tag. Bei geringen Spuren von Metallen, z. B. auch von Eisen, tritt ebenfalls eine rasche Zersetzung ein unter Abgabe von gasförmigem Sauerstoff.

Lit: Mutschmann J, Stimmelmayr F (1995) Taschenbuch der Wasserversorgung, Franckh'sche Verlagshandlung, Stuttgart.

Natronfeldspat. (Syn. Albit). Feldspatmineral der Formel $NaAlSi_3O_8$, das in der Natur nur selten rein vorkommt, dagegen mit >Kalkfeldspat< die lückenlose Mischkristallreihe der >Plagioklase< bildet.

Natronsalpeter. Ältester Nitratdünger, dessen Hauptbestandteil der pflanzliche Nährstoff (NO_3^-), das Anion der Salpetersäure ist und deshalb auch Salpeterdünger genannt wird. N. als Naturprodukt wird aus natürlichen Salpeterlagern v. a. in Chile gewonnen. Er ist auch als Chilesalpeter bekannt. Er enthält 20 % Nitrat. Daraus wird durch Löseverfahren der Dünger N. mit ca. 97 % $NaNO_3$ (Natriumnitrat) gewonnen. N. ist ein weißliches Salz. Er hat heute in der Praxis keine Bedeutung.

Natürliche Abfallprodukte. >Abfälle<, die in Zusammensetzung und Mobilität auch nach Produktion oder Gebrauch in ursprünglicher Form vorliegen oder aus dem natürlichen Stoffwechsel stammen, z. B. unbehandelte Holzreste oder Küchenabfälle.

Natürliche Analoga. Systeme in der Natur, in denen physikalische und chem. Prozesse ablaufen, wie sie ähnlich in Endlagersystemen (Nahfeld, Fernfeld, Biosphäre) in geologischen oder historischen Zeiträumen zu erwarten sind.

Natürlichkeitsgrad. Die Natürlichkeit eines >Ökosystems< bzw. einer >Landschaft< oder eines Landschaftsteils ist ein Kriterium für dessen Schutzwürdigkeit. Der N. ist meist nur näherungsweise zu ermitteln, da in Mitteleuropa keine ungestörten Naturlandschaften existieren, sondern nur durch den Menschen mehr oder weniger stark beeinflußte Ökosysteme bzw. naturnahe Landschaften.

Natural Brown 10. >Caramel<.

Natural Green 3. >Chlorophyll-Kupfer-Komplex<.

Natural Orange 4. >Annatto<.

Natural Red 4. >Chochenille<.

Natural Red 20. >Alkanna<.

Natural Red 26. >Färberdistel<.

Natural Red 28. >Orseille<.

Natural Yellow 6. >Safran<.

Natural Yellow 10. >Quercetin<.

Natural Yellow 13. >Kreuzbeeren<.

Natural Yellow 26. >β-Carotin<.

Natural Yellow 27. >Flavoxanthin<.

Naturdenkmal. Geschützte Einzelschöpfungen der Natur gem. § 17 des >Bundesnaturschutzgesetzes<; danach sind N. rechtsverbindlich festgesetzte Einzelschöpfungen der Natur, deren besonderer Schutz 1) aus wissenschaftlichen, naturgeschichtlichen oder landeskundlichen Gründen oder 2) wegen ihrer Seltenheit, Eigenart oder Schönheit erforderlich ist.

Naturgut(-güter). In der Natur für den Menschen nutzbare Güter wie Wasser, Luft, Bodenschätze, Tiere, Pflanzen. Die Leistungsfähigkeit der Naturgüter und die Funktionsfähigkeit des Naturhaushaltes ergeben das Naturpotential (>Naturreserven<).

Naturhaushalt. Boden, Wasser, Luft, Tier- und Pflanzenarten sowie das Wirkungsgefüge zwischen ihnen bestimmen den Naturhaushalt. [Paragraph 2 >Pflanzenschutzgesetz< (PflSchG)].

Naturkalke. Gruppe von >Kalkdüngern<, deren Ausgangsmaterial natürliche Kalkvorkommen sind: Aus vermahlenem Kalkgestein gewinnt man kohlensauren Kalk, aus kalkhaltigem Pflanzenmaterial Algenkalk, über chemische Umwandlung von Kalkgestein z.B. >Brannt- oder Löschkalk<.

Naturpark. Schutzgebiet gem § 16 des >Bundesnaturschutzgesetzes<; danach sind N. einheitlich zu entwickelnde und zu pflegende Gebiete, die 1) großräumig sind, 2) überwiegend Landschaftsschutzgebiete oder Naturschutzgebiete sind, 3) sich wegen ihrer landschaftlichen Voraussetzungen für die Erholung besonders eignen und 4) nach den Grundsätzen und Zielen der >Raumordnung< und Landesplanung für die Erholung oder den Fremdenverkehr vorgesehen sind.

Naturschutz. Aufgabe des N. ist einerseits der Schutz von ausgewählten Pflanzen- und Tierarten, andererseits besonders der Schutz von >Biotopen< und >Ökosystemen< unterschiedlicher Größe. Dazu dient die Einrichtung von Schutzgebieten mit unterschiedlichem Status: >Landschaftsschutzgebiete<, >Naturschutzgebiete<, >Nationalparks< usw. Zu den Aufgaben des N. bzw. von Naturschutzmaßnahmen zählen u.a. der ganzheitliche Schutz dieser Gebiete sowie der Schutz von Boden, Wasser und Luft als begrenzten Ressourcen durch die Aufstellung und Durchführung von Naturschutzprogrammen, die zum Erhalt der ökologischen Grundfunktionen beitragen, >geschützte Tiere<.
Lit: Plachter H (1998) Naturschutz. G. Fischer Verlag, Stuttgart.

Naturschutz- und Landschaftspflegerecht. Summe der Rechtsnormen, die den Schutz von Natur und die Pflege der Landschaft zum Gegenstand haben; Hauptgesetz ist das Gesetz über Naturschutz und Landschaftspflege (>Bundesnaturschutzgesetz<) i.d.F. der Bekanntmachung vom 12.03. 1987, BGBl. I S.889; daneben gibt es die Landesnaturschutzgesetze sowie Rechtsverordnungen und Satzungen, die sich auf diese Gesetze stützen.

Naturschutzgebiet. Schutzgebiet gem. § 13 des >Bundesnaturschutzgesetzes<; danach sind N. rechtsverbindlich festgesetzte Gebiete, in denen ein besonderer Schutz von Natur und Landschaft in ihrer Ganzheit oder in Teilen 1) zur Erhaltung von >Lebensgemeinschaften< oder >Biotopen< bestimmter wildlebender Tier- und Pflanzenarten, 2) aus wissenschaftlichen, naturgeschichtlichen oder landeskundlichen Gründen oder 3) wegen ihrer Schönheit, besonderen Eigenart oder hervorragenden Schönheit erforderlich ist.

Naturschutzmaßnahmen. >Naturschutz<.

Naturschutz-Ökonomie. Teilgebiet der Volkswirtschaftslehre, in dem Probleme des Arten- und Biotopschutzes analysiert werden. Die N.-Ö. gibt eine ökonomische Deutung der Naturschutzproblematik und erarbeitet Konzepte für staatliche Eingriffe. Sie ist der >Umwelt- und Ressourcenökonomik< thematisch verbunden.

Natururan. Uran in der Isotopenzusammensetzung, in der es in der Natur vorkommt. Natururan ist ein Gemisch aus >Uran<-238 (99,2739%), Uran-235 (0,7205%) und einem sehr geringen Prozentsatz Uran-234 (0,0056%).

Naturwald. Der Anteil von Wald im vorgeschichtlichen, vom Menschen unbeeinflußten Mitteleuropa dürfte zwischen $^2/_3$ bis $^3/_4$ der Gesamtfläche gelegen haben. Zu den natürlich waldfreien Gebieten zählen über die Waldgrenze reichende Hochlagen der Gebirge, steile Hänge, Geröllhalden, stark windbelastete Küstengebiete, Moore und Flußdeltas. Die Zusammensetzung der Waldgesellschaften wurde im Holozän durch wechselnde, nacheiszeitliche Klimaperioden beeinflußt.
In geschichtlicher Zeit hat der Mensch sehr stark sowohl die Flächenanteile der Wälder als auch ihre Zusammensetzung beeinflußt. In der BRD beträgt der aktuelle Waldanteil ca. ein Drittel der Gesamtfläche, wobei die Nadelhölzer einen Flächenanteil von ca. $^2/_3$ der Gesamtwaldfläche einnehmen. Die Verschiebung der Baumartenanteile zugunsten der Koniferen (insbesondere Fichte) begann mit der planmäßigen Forstwirtschaft im 17. Jahrhundert im Zusammenhang mit der Wiederaufforstung von Flächen, die durch hohen Holzbedarf vorindustrieller Produktionsverfahren (z. B. Glas, Metall, Bergbau) devastiert worden waren.

Naturwald: Übersicht über die nacheiszeitlichen Klimaperioden und die Waldgesellschaften in Mitteleuropa, in Anlehnung an: Arbeitskreis Standortskartierung (1996) Forstliche Standortsaufnahme. IHW-Verlag, München

Zeit (Jahre vor heute)	Kulturperiode	Klimaperiode	Waldphase
bis 10.000	Jung-Paläolithicum, Mensch als Jäger und Sammler	ausgehende Eiszeit, arktisch kontinentales Klima	nordische Tundra, Zwergsträucher, Weide, Birke
10.000 bis 5.000	Mesolithicum, Übergang zur Landwirtschaft	Praeboreal (10.000–9.000), subarktisches Landklima	Kiefern-Birkenzeit
		Boreal (9.000–8.000), trockenwarmes, kontinentales Klima	Haselzeit, Kiefer, Eichenmischwald
		Atlantikum (8.000–5.000), mediterranes Klima, Temperaturmaximum	Eichenmischwald, Fichte im Gebirge, Buche und Tanne wandern in Süddeutschland ein
5.000 bis 3.800	Neolithicum, feste Ansiedlungen, Weidewirtschaft, Feldbau	Subboreal (5.000–2.500), feucht-warmes Seeklima	
3.800 bis 2.800	Bronzezeit, Illyrer		
2.800 bis 2.000	Eisenzeit, Kelten, Germanen	Subatlantikum (2.000 bis heute), feucht-kühles Seeklima, Übergang zum gegenwärtigen Klima	Buchen-Tannen-Fichtenzeit
2.000 bis heute	Geschichtliche Zeit		Fichte dringt weiter vor

Vom Menschen unbeeinflußte Wälder gibt es daher in Mitteleuropa kaum, u. a. auch unter dem Gesichtspunkt, daß die meisten Wälder Mitteleuropas seit Beginn der Industrialisierung erheblichen >Depositionen< ausgesetzt waren und es auch heute noch sind. In neueren Nutzungskonzepten der deutschen Forstwirtschaft ist wieder eine stärkere Berücksichtigung naturnaher Baumartenverhältnisse vorgesehen, was einen bewirtschaftungsbedingten Wendepunkt der langjährigen historischen Artenverschiebung verursachen würde zugunsten des Laubholzanteils. Von einer standörtlich angepaßten Baumartenzusammensetzung wird eine verbesserte Betriebssicherheit im Hinblick auf natürliche (z.B. Windwurf) und anthropogene (z.B. Depositionen, Klimaänderung) Risiken erwartet. Darüber hinaus ermöglicht die Rückkehr zu höheren Laubholzanteilen eine stärkere Berücksichtigung von Aspekten des Naturschutzes in forstlichen Zielsystemen.

Naturzugkühlturm. >Naßkühlturm< oder >Trockenkühlturm<, der den natürlichen Zug (Kaminwirkung) des >Kühlturms< zur Abführung der Kühlluft ausnutzt. Naturzug-Naßkühltürme für eine Kühlleistung von einigen Tausend MW haben etwa 150 m Höhe und 120 m Bodendurchmesser.

NDIR. Nicht Dispersiver Infrarot Analysator zur Analyse von CO und CO_2. >Abgasanalyse.<

NEA. Nuclear Energy Agency; Kernenergie-Agentur der >OECD<.

Nebel. Sichtbare Ansammlung von Kondensations- und Sublimationsprodukten des Wasserdampfes, die in der Luft schweben und die horizontale Sichtweite auf weniger als 1.000 m herabsetzen, >Nebelklassifikationen<. Enthalten die Nebeltröpfchen neben Wasser- und Eispartikeln auch feste Bestandteile, wie z.B. Rauch und Staub, oder chem. Reaktionsprodukte, wie z.B. Photooxidantien, so spricht man von >Smog<. Der Radius von Nebeltröpfchen beträgt:

<5 µm   N.;
5–10 µm   leicht nässender N.;
10–20 µm   dichter nässender N.;
20–50 µm   stark nässender N.

Der Flüssigwassergehalt beträgt etwa 0,01 bis 0,3 g/m^3. Wegen der Tröpfchengröße erfolgt die Streuung des sichtbaren Lichtes unabhängig von seiner Wellenlänge, so daß der N. weiß erscheint (sog. Mie-Streuung). Der Smog erscheint leicht gelblich bis braun wegen des hohen Gehalts an Luftverschmutzungen.

Nebelfänger. Gerät zur passiven Sammlung von Nebelwasser. Das auf einen Niederschlagssammler aufgesetzte zylindrische Drahtgazenetz mit einer Maschenweite von 1,5 × 0,25 mm kämmt passiv den driftenden Nebel aus. Die gefangenen Nebeltröpfchen fließen an den nach unten weisenden Spitzen des Maschendrahtes in den Regensammler, in dem sie in der üblichen Weise gemessen werden. Da dieses Gerät nur qualitative Angaben über den Nebel und seine Inhaltsstoffe ermöglicht, ist es nur noch vereinzelt im Einsatz.

Nebelkammer. Gerät, das die Bahnen elektrisch geladener Teilchen sichtbar macht. Es besteht aus einer Kammer, die mit übersättigtem Dampf gefüllt ist. Durchqueren geladene Teilchen die Kammer, hinterlassen sie eine Nebelspur. Die Bahnspur ermöglicht eine Analyse der Bewegungen und Wechselwirkungen der Teilchen. >Blasenkammer<, >Funkenkammer<.

Nebelklassifikation. Einteilung der >Nebel< nach ihrer Entstehung. Man unterscheidet:

– Abkühlungsnebel mit folgenden Nebelarten: *Strahlungsnebel*: Bei windschwachen Wetterlagen kann sich die Luft durch >nächtliche Ausstrahlung< bis unter ihre >Taupunkttemperatur< abkühlen. Es bilden sich dann insbesondere im Herbst je nach Entstehungsgebiet Boden-, Tal- oder Hochnebel. *Advektionsnebel*: Sobald feuchtwarme Luftmassen über eine kalte Unterlage geführt werden, bildet sich A. N. Es bilden sich je nach Entstehungsgebiet Meernebel und Küstennebel sowie winterliche Nebel, sobald feuchtwarme Luftmassen von Süden über das winterlich ausgekühlte Festland geführt werden.

– Verdunstungsnebel: Sobald kühle Luft über warmes Wasser strömt, nimmt sie von unten Feuchtigkeit auf. Da sich die Lufttemperatur nicht ändert, ist rasch eine Wasserdampfübersättigung und damit die Nebelbildungsphase erreicht. Beispiele: Seerauch, Flußnebel.

– Mischungsnebel: Bei der turbulenten Vermischung von feuchtwarmer und kalter Luft wird die Mischluft >adiabatisch< abgekühlt und ihre >absolute Feuchte< derart erhöht, daß sich M. N. bildet, tritt meist im Bereich von >Fronten< auf; s. Tabelle S.811.

Nebeln. Hydraulische, pneumatische und thermische Zerstäubung von Behandlungsflüssigkeiten in Tropfen <50 µm und mit einem Tropfentransport ohne bzw. mit Luftunterstützung.

Nebelsammler. Gerät zur aktiven Sammlung von Nebelproben, um sie einer >Nebelwasseranalyse< unterziehen zu können. N. arbeiten mit Hilfe der Ansaugmethode, d.h. die zu untersuchende Luft wird an einer Abscheidevorrichtung (Prallfläche oder Faden) vorbeigeführt, an der sich die Nebeltröpfchen niederschlagen. Durch verschieden große Abscheidevorrichtungen kann man zu einer Fraktionierung der Nebeltröpfchen bezüglich ihrer Größe kommen. Bewährt hat sich der Nebelsammler nach WINKLER (1986). Die zu untersuchende Nebelluft wird durch zwei nebeneinander liegende, vertikal orientierte Düsen gesaugt, hinter denen sich die Prallflächen befinden, auf denen die Nebeltröpfchen, aber auch hinreichend große Aerosolpartikeln, abgeschieden werden.

Lit: Enderle KH, Jaeschke W (1988) Sammlung und chemische Analyse von Nebelwasser unter Berücksichtigung der Mikrophysik des Nebels. Berichte des Zentrums für Umweltschutz, Universität Frankfurt/Main – Winkler P (1986) Observation on fog water composition in Hamburg. In: Georgii HW (Hrsg.) Atmospheric Pollutants in Forest Areas, Reidel, Dordrecht, S. 579–587.

Nebelwasseranalyse. Chemische Analyse des durch >Nebelsammler< aufgefangenen, anthropogen verschmutzten Nebelwassers. Bestimmt werden Vorkommen und Konzentration vor allem der Elemente Aluminium, Blei, Zink und Schwefel sowie Flüssigwassergehalt, und die verschiedensten Anionen und Kationen. Die dabei eingesetzten Analysenverfahren sind u.a. Ionenchromatographie, Atomabsorptionsspektrometrie. Analysen des Nebelwassers zeigen, daß es in der Regel höhere Konzentrationen an Schadstoffen aufweist als der fallende Niederschlags. >Hangnebel<.

Lit: Enderle KH, Jaeschke W (1988) Sammlung und chemische Analyse von Nebelwasser unter Berücksichtigung der Mikrophysik des Nebels. Berichte des Zentrums für Umweltschutz, Universität Frankfurt/Main – Schmitt G (1987) Methoden und

Nebelklassifikationen

Physikalische Prozesse	Kondensation (Sublimation) von Wasserdampf infolge				Mischung
	Abkühlung durch		Zufuhr von Wasserdampf durch Verdunstung		
	Ausstrahlung	Advektion warmer Luft über kalter Unterlage	von Wasserflächen	von Niederschlag in der Luft oder am Boden	
nähere Umstände, unter denen die Prozesse eintreten – über Land	nächtliche Abkühlung des Erdbodens infolge Ausstrahlung führt zur Abkühlung zunächst der untersten Luftschichten unter den Taupunkt	Advektion feuchtwarmer Luft über eine kalte Unterlage führt zur Abkühlung der untersten Luftschichten unter den Taupunkt	–	Verdunstung von warmem Niederschlag in kalte Luft erhöht den Dampfdruck bis zum Sättigungswert	Sehr feuchte warme und kalte Luftmassen mischen sich im Bereich von Fronten durch horizontalen und/ oder vertikalen Austausch. Die Mischungstemperatur ist geringer als die Sättigungstemperatur der gemischten Dampfdrucke
– auf See	–	wie über Land	Verdunstung von relativ warmem Wasser in kalter Luft erhöht den Dampfdruck bis zum Sättigungswert	wie über Land	wie über Land
Bezeichnung des Nebels	Abkühlungsnebel		Verdunstungsnebel		Mischungsnebel
	Strahlungsnebel	Advektionsnebel	Seerauch	Niederschlagsnebel oder Frontnebel	

(Aus: Deutscher Wetterdienst (1987) Leitfäden für die Ausbildung im Deutschen Wetterdienst, Nr. 1, Allgemeine Meteorologie, 3. Aufl.)

Ergebnisse der Nebelanalyse, Ber Inst Met Geophys, Universität Frankfurt/Main – Trautner F (1988) Collection and properties of fogwater. In: Lange O, Schulze ED, Oren R (Hrsg.) Acid Rain and Forest Decline in the Fichtelgebirge, Ecological Studies, Springer, Berlin – Winkler P (1983) Der Säuregehalt von Aerosol, Nebel und Niederschlägen, VDI-Bericht 500: 141–147.

Nebeneinrichtung. Die immissionsschutzrechtliche Genehmigungserfordernis für die im Anhang der Vierten Verordnung zum >Bundes-Immissionsschutzgesetz< aufgeführten Anlagen erstreckt sich nicht nur auf alle vorgesehenen Anlagenteile und Verfahrensschritte, die zum Betrieb notwendig sind, sondern auch auf alle vorgesehenen Nebeneinrichtungen, die mit den Anlageteilen und Verfahrensschritten in einem räumlichen und betriebstechnischen Zusammenhang stehen und die für das Entstehen schädlicher Umwelteinwirkungen, die Vorsorge gegen schädliche Umwelteinwirkungen oder das Entstehen sonstiger, erheblicher >Nachteile< oder erheblicher >Belästigungen< von Bedeutung sein können. Nebeneinrichtungen sind z. B. >Halden< bei >Kraftwerken<, Lager, Transportwege, >Abgasreinigung<seinrichtungen usw. Ggf. kann eine Nebeneinrichtung eine für sich >genehmigungsbedürftige Anlage< sein.

Nebennierenrinde. Abk. NNR; bildet vor allem aus >Cholesterin< die NNR-Hormone (über 40 Corticosteroide bzw. Corticoide). Die Corticoide können nach ihren Hauptwirkungen in 3 Gruppen unterteilt werden: 1. Mineralcorticoide (z. B. Aldosteron, beeinflußt Natrium-, Kalium- und Wasserhaushalt); 2. Glucocorticoide (z. B. Cortisol, Wirkung u. a. auf Blutzuckerstoffwechsel und Blutbildung); 3. Sexualhormone.

Nebensammler. Rohrleitung oder Kanal zur Ableitung von >Abwasser<, >Regenwasser< oder >Grundwasser< von der Anfallstelle zum >Hauptsammler<.

Nebenwirkung. Mit der Anwendung von >PSM< verbundener, zumeist unerwünschter Nebeneffekt. In der Übersicht sind mögliche Nebenwirkungen bei der Anwendung von >Pflanzenschutzmitteln< zusammengestellt (s. Tabelle S. 812).

Nekromasse. = org. Totsubstanz.

Nekrophag. >Nekrophagie<.

Nekrophagie. Das Fressen von Aas. Eine Reihe von Tieren sind spezialisierte Aasfresser. Bekannt sind bei den Insekten die Familie der Aaskäfer, bei Vögeln die Aasgeier. Sie spielen eine wichtige Rolle für die rasche Beseitigung toter Tiere in der Natur. Von den nekrophagen Tieren gibt es einen gleitenden Übergang zu den >Saprophagen<.

Nekrose. (Grch. nekros = tot, abgestorben). Bezeichnet 1. in der Medizin das Absterben von Geweben oder Organteilen wegen schlechter Durchblutung oder Schäden wie z. B. durch Gifte, Hitze, Kälte, Strahlen, 2. in der Botanik ein örtlich begrenztes Absterben von Gewebe, erkennbar an meist bräunlichen, etwas einge-

Nebenwirkung: Nebenwirkung von >Pflanzenschutzmitteln<, Hauptwirkung von Pflanzenschutzmitteln >Bekämpfung von Krankheiten, Schädlingen und Unkräutern<

Mögliche Nebenwirkungen z. B. auf		
1. Bestand:		
– Kulturpflanzen	→	Entwicklung, Anfälligkeit, Resistenz, Phytotoxizität, wertgebende Inhaltsstoffe
Naturhaushalt:		
– Boden	→	Mikroflora und -fauna (Zahl, Leistungen)
	→	Rückstände (Persistenz, Nachbau, Akkumulation, „Bound Residues"), Bodenstruktur (Erosion)
– Flora	→	Ackerwildpflanzen, Resistenzbildung bei Unkräutern
– Fauna	→	Nützlinge, Schädlinge
2. Umwelt:		
– Wasser	→	Grundwasser, Oberflächenwasser, aquatische Biozönose
– Boden	→	Edaphon (s. Naturhaushalt)
– Atmosphäre	→	Abtrift (direkt, indirekt) Vielzahl von Organismen (Vögel, Insekten)
3. Verbraucher:		
– Mensch	→	Anwendung, Rückstände in Lebensmitteln
– Nutztiere	→	Rückstände in Futtermitteln
– Wildtiere	→	Direkte/indirekte Kontamination durch PSM

sunkenen Flecken, die auf Polyphenole zurückgehen. Diese entstehen nach Kontakt von Phenolderivaten der >Vakuole< mit Phenoloxidasen des Cytoplasmas, d. h. nach >Membranzerstörung<, was stets den Zelltod zur Folge hat. Oft gehen Chlorosen voraus, wenn zuerst >Chlorophyllabbau< im >Chloroplasten<, z. B. Pigmentkoox. im Rahmen der >Lipidperox.< stattfindet und diese Schäden von der >Pflanze< nicht mehr kompensiert werden können. Vergilbung ist prinzipiell reversibel, aber die Dekompartimentierung nicht. N. können von den Pflanzen nur durch Abwurf des nekrotisierten Blattes< beseitigt werden. Als Ursache für pflanzliche N. kommen v. a. unzureichende Nährstoffversorgung, >Phytopathogenbefall<, Einwirkung von Luftschadstoffen und Bodengifte in Betracht.

Nekton. Gesamtheit der Tiere im >Pelagial< des Meeres und der Süßwasserseen mit einem Schwimmvermögen, das sie unabhängig von den Wasserbewegungen macht, im Gegensatz zum >Plankton<. Im Süßwasser gehören zum N. nur die Fische, im Meer Fische, Tintenfische, Chaetognathen, Wale, Delphine.

Nemathelminthes (Schlauchwürmer). >Bodenfauna<, >Parasiten<.

Nematizid. Mittel gegen Nematoden im Boden (Fadenwürmer).

Nematoda. Fadenwürmer aus der Gruppe der Rundwürmer sind wurmförmige Tiere ohne Blutgefäßsystem und Segmentierung des Körpers. Die Haut wird regelmäßig gehäutet. Mehr als 100.000 Arten sind bisher beschrieben worden. Die meisten Arten sind freilebend im Boden. Diese fressen mit der toten org. Substanz >Bakterien< und >Pilze<. Andere Arten sind räuberisch oder stechen Pilzhyphen und höhere Pflan-

zen an. Die N. werden der >Mikrofauna< zugeordnet. Es werden >Siedlungsdichten< von mehreren Mio. pro m^2 erreicht. Die Mikroflorafresser unter den N. haben eine große Bedeutung beim Stoffabbau und im Nährstoffkreislauf (s. Abb. S. 223).

Nematomorpha (Saitenwürmer). >Parasiten<.

Nenngeschwindigkeit. >Windgeschwindigkeit<.

Neophyten. Verwilderte Pflanzenarten, die erst in jüngerer historischer Zeit, etwa seit 1500, ein Gebiet besiedelt haben, meist aufgrund von Einbürgerungen. In Mitteleuropa z. B. das Drüsige Springkraut *Impatiens glandulifera* (Heimat Himalaya, seit 1900 in ME) und Goldruten-Arten (*Solidago canadensis* und *S. gigantea* aus Nordamerika, seit 1632 bzw. 1758 in ME). Gartenpflanzen sind keine N. Vor 1500 mit dem Ackerbau aus Vorderasien eingeführte Pflanzen sind „Archaeophyten".
Lit: Lang G (1994) Quartäre Vegetationsgeschichte Europas. Gustav Fischer Verlag, Jena Stuttgart New York.

Neozoen. Tierarten, die erst seit wenigen Jahrzehnten ein Areal oder Gewässersystem besiedeln, bedingt durch Einbürgerungen oder anthropogene Veränderungen in der Umwelt, die eine Ausbreitung und Ansiedlung ermöglichen, z. B. durch Kanäle, die Flußsysteme miteinander verbinden. Beispiele sind der Waschbär (*Procyon lotor* L.), aus Nordamerika eingeführt und in ME verwildert sowie die Dreikantmuschel (*Dreissena polymorpha),* die sich etwa seit Ende des 19. Jh. aus ihrem kaspischen Heimatgebiet über Europa und Nordamerika ausbreitet. In Gewässer eingesetzte fremde Fischarten sind keine Neozoen.

Nernst'scher Verteilungssatz. Wenn sich ein Stoff zwischen zwei Phasen (z. B. eine Flüssigkeit und ein Gas oder zwei nicht mischbare Flüssigkeiten) verteilen kann, ohne daß es zu chemischen Reaktionen mit den Lösungsmitteln kommt, ist nach Einstellung des Gleichgewichts das Verhältnis der Konzentration in den beiden Phasen bei einer bestimmten Temperatur konstant und durch den Verteilungskoeffizienten bestimmt (NERNST 1981). Diese Beziehung spielt z. B. bei der Gegenstromverteilung und anderen Verfahren der Flüssig-flüssig-Extraktion eine Rolle, bei Verteilungschromatographie, Gaschromatographie, fraktionierter Kristallisation usw.
Lit: Falbe J, Regnitz M (1989) Römpp Chemie Lexikon, 9. Aufl., Georg Thieme Verlag, Stuttgart New York.

Nervengase. Gasförmige Substanzen, die als chemische Waffen und Kampfstoffe eingesetzt werden können. Typische Nervengase sind >Tabun<, >Sarin< und die Trilone; die substituierten >Phosphorsäureester< hemmen die Freisetzung des Enzyms >Cholinesterase< und unterbinden damit die Fortleitung von Nervenimpulsen.

Nervengifte. (Syn. Neurotoxine). Substanzen, die das Nervengewebe (z. T. selektiv) schädigen; führen zu fettiger Degeneration der Myelinhülle u. der weißen Substanz des Zentralnervensystems. Folgende Wirkungen werden unterschieden: narkotische (z. B. Kohlenmonoxid, Alkohol); spastische, sog. Krampfgifte (z. B. Alkaloide, Alkylphosphate); degenerative bzw. zerstörende (v. a. bakterielle Ektotoxine, aber auch >Thallium<, >Quecksilber<).

Nettoprimärproduktion. Differenz von Gesamtproduktion eines photoautotrophen Organismus/Zeit und seinem Eigenverbrauch durch >Metabolismus< innerhalb dieser Zeit. Wachstum und Zellvermehrung eines Primärproduzenten sind nur bei positiver N. möglich. Der >Kompensationspunkt< bzw. die >Kompensationsebene< bestimmen, bezogen auf die Strahlungsintensität, den Übergang von positiver zu negativer N.

Nettoproduktion. Der von einer >Biozönose< nicht verbrauchte Anteil der Bio-Bruttoproduktion, in >Agrar-Ökosystemen< der erntbare Anteil der >Bruttoproduktion<.

Netzbeutel. (Syn. Litter-bags). Beutel aus Kunststoffgaze, die mit org. Material, z. B. abgefallenem Laub, gefüllt und an der Bodenoberfläche ausgelegt oder in den Boden in bestimmten Tiefen eingegraben werden. Sie werden in der Bodenbiologie eingesetzt, um Aussagen über die Leistungen von Bodenorganismen zu ermitteln. Durch unterschiedliche Maschenweiten der N. kann einzelnen Tiergruppen in Abhängigkeit von der Größe der Zutritt ermöglicht oder verwehrt werden. Im Vergleich läßt sich dann die Bedeutung einzelner Tiergruppen für den Abbau der Streu ermitteln bzw. vom Einfluß der Mikroorganismen trennen; >Minicontainer<.

Netzflügler (Planipennia). >Insecta<.

Netzmittel. Natürlich vorkommende oder synthetische Substanz, die schon in geringen Konzentrationen zu einer Verringerung der Grenzflächenspannung und damit zu einer besseren Benetzung von mit Flüssigkeit in Berührung kommenden Feststoffen führt. Wie die grenzflächenaktiven >Emulgatoren< besitzt sie polare und unpolare Molekülanteile und verringert durch ihre Neigung, sich in Grenzflächen aufzuhalten, die Grenzflächenarbeit bei der Vergrößerung von Flüssigkeitsoberflächen. N. werden u. a. als Zusätze zu Waschmitteln, Farbstoffen, Klebern und galvanischen Bädern verwendet. In Pflanzenschutzmitteln verbessern sie die selbsttätige Benetzung von >wasserdispergierbaren Pulvern< oder >Granulaten< (>Benetzungszeit<). Bei der Applikation wäßriger Spritzbrühen können sie die Retention der auf der Pflanzenoberfläche auftreffenden Tropfen wesentlich erhöhen. Voraussetzung hierfür ist allerdings, daß die N.-Moleküle in der Lage sind, in der kurzen Zeit zwischen der Erzeugung eines Tropfens an der Düse und seinem Auftreffen auf der Pflanze an die Oberfläche zu diffundieren und sie zu besetzen. Liegt ein Tropfen auf einer Blattoberfläche, so kann der Randwinkel, den seine Kugelkalotte mit dem Blatt bildet, als Maß für die Benetzung herangezogen werden (s. Abb.). Gemessen mit derselben Flüssigkeit ergeben sich große Differenzen zwischen den verschiedenen Pflanzenarten, aber auch zwischen Blättern der gleichen Sorte in Abhängigkeit von Standort, Alter und Turgor, so daß sich in der Praxis bei der Be-

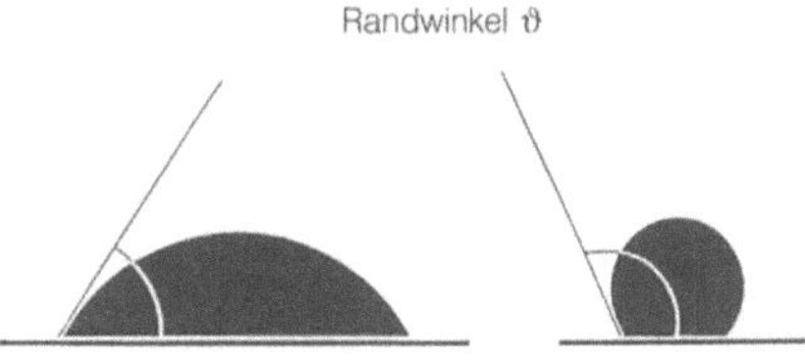

Netzmittel: Der Randwinkel als Maß für die Benetzung von Festkörperoberflächen durch Flüssigkeiten

handlung von Pflanzen mit derselben Formulierung unterschiedliche Benetzungsverhältnisse ergeben können. Schließlich besitzen bestimmte N. die Fähigkeit, durch Quellung der Cuticula das Eindringen von Wirkstoffen ins Pflanzeninnere zu erleichtern und dadurch die Wirkung zu verbessern.

Neuartige Waldschäden. Seit Beginn der 80er Jahre flächenhaft wahrgenommene Waldschäden in Mitteleuropa, zuerst bei Tanne (>Tannensterben<), später auch bei Fichte und Laubbäumen. Zu den Ursachen der neuartigen Waldschäden wurden zahlreiche Hypothesen aufgestellt und geprüft: 1. >Epidemiologische Hypothese<: Die n. W. beruhen auf der Ausbreitung primärer biotischer Pathogene. Da weder die Pathogene noch deren Vektoren nachgewiesen werden konnten, gilt diese Hypothese als falsifiziert. 2. >Versauerungshypothese<: Der Eintrag von Säuren führt im Boden zu vermehrten Verlusten von Nährelementkationen (z. B. K, Ca, Mg) sowie zur chem. Instabilität von Al-Oxiden und -hydroxiden und damit zu einer vermehrten Ausschüttung von Aluminium in die Bodenlösung (>Aluminiumtoxizität<). Die zunehmende Dominanz von Al^{3+} in der Bodenlösung führt zu einer Behinderung der apoplastischen Nährstoffaufnahme. Wurzeln erschließen dann hauptsächlich humose Bodenhorizonte, in denen das gelöste Aluminium durch Komplexbindungen an Huminstoffe maskiert ist. Dies führt zu einer Verflachung der Wurzelsysteme und damit zu einer Destabilisierung der Waldbestände. Die Versauerungshypothese konnte bislang nicht generell falsifiziert werden. Obwohl die von der Versauerungshypothese postulierten bodenchem. Prozeßketten häufig überprüft wurden und sich als weitgehend zutreffend erwiesen haben, ist der Beitrag der Bodenversauerung zur Ausprägung der n. W. immer noch unklar und umstritten. 3. >Mikrowellenhypothese<: Die >Kronentransparenz< der Bäume geht auf die zunehmende Belastung der Assimilationsorgane mit Mikrowellen (z. B. durch militärische Radaranlagen) zurück. Die These gilt als widerlegt, da die durch Mikrowellen übertragenen Energiebeträge zu gering sind, um neben einer geringfügigen Erwärmung der adsorbierenden Gewebe spezifische biochem. Reaktionen auszulösen. 4. >Radioaktivitätshypothese<: Im Einzugsbereich von Kernkraftwerken wird die Kronentransparenz der Bäume auf vermehrte Freisetzung von Radioaktivität zurückgeführt. Diese These wurde durch kleinräumige Kartierungen der Kronentransparenz in der Umgebung von Kernkraftanlagen falsifiziert. 5. >Ozonhypothese<: Die Nadel- und Blattverluste und -verfärbungen gehen auf die vielerorts nachgewiesenen steigenden Ozonbelastungen in emissionsfernen Waldgebieten zurück. Das Ozon schädigt v. a. den lichtadsorbierenden Komplex der Assimilationsorgane. Diese These ist bis heute nicht generell falsifiziert worden, obwohl in Laborexperimenten mit Ozonkonzentrationen des Freilandes kaum Schäden erzeugt werden konnten. Nachgewiesener Effekt von Ozon und anderen Photooxidantien ist eine nachlassende Stomatakontrolle in den Assimilationsorganen und daher starke Wasserverluste an strahlungsreichen Sommertagen sowie Störungen des Elektronentransfers in den lichtabsorbierenden Pigmenten. Im Zusammenspiel mit anderen Stressoren werden diese Prozesse als mitverursachende Faktoren bei den n. W. angesehen. 6. >SO_2-Hypothese<: Die Kronentransparenz der Waldbäume geht auf toxische Wirkungen erhöhter Schwefeldioxidkonzentrationen in der Luft zurück. Als großräumig wirksame Schadursache in emissionsfernen Gebieten wird diese Hypothese als weitgehend falsifiziert betrachtet. In der Nähe von Industrieanlagen mit hohen Schwefeldioxidemissionen sind solche Schäden jedoch möglich und nachgewiesen (>Rauchschäden<). 7. >Stickstoffsättigungs-Hypothese<: Ausgangspunkt der N-Sättigungshypothese ist die Annahme, daß Waldökosysteme aufgrund des weitgehenden Fehlens von lithogenem N, sowie der engen Schleusen zwischen dem reaktionsträgen N-Pool der Atmosphäre und den reaktiveren N-Verbindungen der Biosphäre einem starken Selektionsdruck für sparsamen und effektiven N-Umsatz ausgesetzt waren. Die natürlichen Schleusen sind auf der Seite des inputs die symbiontische und nichtsymbiontische N-Fixierung sowie die pyrochem. Stickoxidbildung durch Blitzschlag; auf der Seite des outputs die gasförmigen N-Verluste durch Denitrifizierung. Sowohl die bewußte als auch die unfreiwillige Öffnung dieser Schleusen durch industrielle und landwirtschaftliche Produktionsprozesse auf der Seite des inputs hat gerade bei dem N-Mangelsystem „Wald" in den letzten Jahrzehnten drastische Veränderungen der Ernährungsbedingungen bewirkt. Die Stickstoffeinträge in Waldbestände Mitteleuropas betragen zwischen 5 und 70 kg N/a/ha, wobei häufige Werte zwischen 20 und 40 kgN/a/ha liegen. Da verfügbarer Stickstoff in Waldökosystemen ein wachstumsförderndes Signal darstellt, ist mit Zuwachsanstiegen und daher mit höheren Aufnahmeraten an Neutralkationen zu rechnen. Die Waldbäume geraten dadurch in eine ernährungsphysiologische Schere: einem zunehmenden Bedarf an verfügbaren Neutralkationen stehen aufgrund der >Waldbodendrift< abnehmende Vorräte gegenüber. Inwieweit der tatsächlich beobachtete Zuwachsanstieg vieler Wälder Mittel- und Nordeuropas ausschließlich auf zunehmende Stickstoffsättigung zurückgeführt werden kann, ist jedoch nicht klar. Stickstoffdepositionen tragen auch zur >Waldbodenversauerung< bei. Das gilt u.a. dann, wenn der eingetragene Stickstoff nicht mehr assimiliert werden kann. Wird z.B. deponiertes Ammonium im Boden nitrifiziert und das Nitrat als Neutralsalz ausgewaschen, verbleiben pro mol N zwei mol Protonen im Boden zurück. Die zunehmende N-Sättigung von Waldökosystemen durch N-Depositionen ist auch aus der Sicht der Wasserwirtschaft ein Problem, da das Risiko nitratbelasteter Rohwässer aus bewaldeten Einzugsgebieten zunimmt. 8. >Ernährungshypothese<: Das Auftreten der n. W. war und ist häufig mit Nährelementmängeln verbunden. Nach der Ernährungshypothese liegen auch die primären Ursachen der Schäden in Nährelementmängeln, die hauptsächlich aufgrund natürlicher (z.B. nährelementarmes Ausgangsgestein) und nutzungsbedingter Faktoren (z.B. >Streunutzung<) entstanden sind. Die Ernährungshypothese konnte nicht generell falsifiziert werden, sie postuliert ähnliche bodenchem. Prozeßketten wie die >Versauerungshypothese< und ist auch als Teilaspekt in der >Stickstoffsättigungs-Hypothese< enthalten. Der Unterschied besteht darin, daß die treibenden Faktoren der Bodenversauerung (Deposition, Biomassenutzung, natürliche Protonenquellen) unterschiedlich gewichtet und der Einfluß hoher Säurevorräte und Säurestärken im Boden auf die Baumgesundheit unterschiedlich bewertet werden. Einige Thesen, die zu den Ursachen der n. W. geprüft wurden, konnten also trotz großer Forschungsanstrengungen nicht falsifiziert werden. Daraus wird zumeist

der Schluß gezogen, daß die n. W. eine Komplexkrankheit mit maßgeblicher Beteiligung luftgetragener Schadstoffe darstellen. Lokal kann das Gewicht der Faktoren, welche die Schäden auslösen und den Verlauf der Schädigung bestimmen, sehr verschieden sein. Lit: Eichhorn J (1994) Bäume und Wälder, Immissionen und Reaktionen. Jahresbericht Hess. Forstverein 1993, 96–111 – Flaig H, Mohr H (1996) Der überlastete Stickstoffkreislauf. Nova Acta Leopoldina 289/70, 168 S. – Hanisch B, Kilz E (1990) Waldschäden erkennen/Monitoring of Forest Damage/Reconnaître les Dommages Forestiers. Verlag Eugen Ulmer, Stuttgart, 334 S. – Heinsdorf D (1993) Analyse über neuartige Waldschäden und Schlußfolgerungen, in: Zusammenfassung der Forschungsergebnisse zur Waldschadensproblematik in den neuen Ländern. Texte >UBA< Bericht III, 201–371.

Neue Stoffe. Als *neu* werden chem. Stoffe bezeichnet, die nicht im Europäischen >Altstoffinventar< EINECS enthalten sind. Mit dem Neustoffstatus ist eine Verpflichtung zur >Anmeldung< oder >Mitteilung< nach dem >ChemG< vor dem erstmaligen >Inverkehrbringen< verbunden. Neue Stoffe, die ausschließlich als interne Zwischenprodukte verwendet werden oder in Länder, die nicht Mitglieder der EU sind, exportiert werden, unterliegen einer Mitteilungspflicht.
Der Neustoffstatus einer Chemikalie wird durch die erstmalige Anmeldung oder Mitteilung *nicht* aufgehoben; jeder weitere Hersteller oder Importeur ist innerhalb einer Frist von 10 Jahren nach der Erstanmeldung ebenfalls anmeldepflichtig.
Neue Stoffe, die nach den Vorschriften in § 5 Abs.1 ChemG von der Anmeldung *ausgenommen* sind, müssen beim Inverkehrbringen mit der Angabe „*Achtung – noch nicht vollständig geprüfter Stoff*" gekennzeichnet werden. Diese Vorschrift gilt *nicht* für neue Stoffe, die nach dem „Base Set" für Anmeldungen geprüft wurden. In diesem Falle gilt der Stoff als vollständig geprüft. Sie gilt ferner nicht für neue Zwischenprodukte, die nicht in Verkehr gebracht werden u. für neue Stoffe, die nur außerhalb der EU in Verkehr gebracht werden. Die Angabe des o.g. Kennzeichnungssatzes ist nicht abhängig von der Durchführung eines Mitteilungsverfahrens. Auch >Polymere<, die nach § 5 Abs.1 Nr.1 weniger als zwei Prozent eines neuen >Monomeren< enthalten und neue Stoffe, die nach § 5 Abs.1 Nr.2 lediglich zur Ermittlung ihrer Eigenschaften i.S. des ChemG in Verkehr gebracht werden, d.h. an Prüfinstitute abgegeben werden, müssen den Satz tragen.

Neuerrichtung. Bei der Neuerrichtung von Anlagen sind jeweils die gültigen Vorschriften zu beachten. Dies gilt auch für die wesentliche Änderung >genehmigungsbedürftiger Anlagen<, und zwar für jene Anlagenteile, auf die sich die Änderung auswirkt.

Neurotoxine. >Nervengifte<.

Neurotransmitter. Substanzen, die im Nervensystem der chem. Signal- bzw. Informationsübertragung dienen. Sie werden in der präsynaptischen Nervenzelle synthetisiert und in Vesikeln gespeichert. Beim Eintreffen eines elektrischen Nervenimpulses werden sie freigesetzt und diffundieren durch den synaptischen Spalt. An der postsynaptischen Membran werden sie durch transmitterspezifische Rezeptoren gebunden und bewirken dadurch eine Potentialänderung der Membran. Anschließend werden sie entweder durch extrazelluläre, enzymatische Spaltung oder durch Wiederaufnahme in die präsynaptischen Nervenendigungen desaktiviert. Am weitesten verbreitet sind Acetyl-

	Struktur	Wirkungsort
Acetylcholin		Zentralnervensystem, vegetative Ganglien, postganglionäre Fasern des Parasympathikus, motorische Endplatten der Skelettmuskeln
Noradrenalin		Zentrale Synapsen (v.a. im Locus coeruleus), postganglionäre Fasern des Sympathikus
Dopamin		Zentrale Synapsen des nigro-striatalen, des mesolimbischen und des tubero-infundibulären Systems
Serotonin		Zentrale Synapsen des unteren Hirnstammes, Verdauungstrakt
γ-Aminobutyrat (GABA)		Inhibitorische zentrale Synapsen
Glutaminsäure		Erregende Synapsen im Zentralnervensystem
Methionin-enkephalin	Tyr-Gly-Gly-Phe-Met	Gehirn
Leucin-enkephalin	Tyr-Gly-Gly-Phe-Leu	Gehirn

Neurotransmitter: Struktur und Wirkungsort einiger Neurotransmitter

cholin (cholinerge Übertragung) und Noradrenalin (adrenerge Übertragung). In der Regel enthalten die Synapsen nur eine Art von Transmitterstoff (s. Tabelle). Die Wirkung der Neurotransmitter hängt nicht nur von der Verb., sondern auch von der Art des Rezeptors ab.

Neuston. >Mikroorganismen<, >Algen<, >Bakterien< und >Pilze< an oder auf der Oberfläche stehender Gewässer. Das Hyponeuston besteht aus Organismen, deren Zellkörper unter Wasser ist; das Epineuston umfaßt Mikroorganismen, die auf der Oberfläche sitzen, so daß sich ihr Körper im Luftraum befindet. Durch *Chromulina smaragdina* entstehen farbige Überzüge auf der Wasseroberfläche. Die Organismen des Hyponeustons beziehen Nährstoffe und Kohlendioxid aus dem Wasser, die des Epineustons das CO_2 aus der Luft.
Lit: Valkanov RL (1968) Das Neuston, Limnologica (Berlin) 6: 381–403.

Neutralisation. Bezeichnung für die Säure-Base-Reaktion unter Salz- und Wasserbildung:

$$H^+ + X^- + M^+ + OH^- \rightleftharpoons M^+ + X^- + H_2O$$

Säure + Base $\rightleftharpoons$ Salz + Wasser
Bei gleicher Säure- wie Basenstärke reagiert das Reaktionsprodukt neutral = pH 7. Eine >biol. Abwasserreinigungsanlage< reagiert empfindlich auf den pH-Wert des eingeleiteten Abwassers. In der Regel ist ein Toleranzbereich von pH 6,5 bis 10 zulässig, sofern dieser durch >Mineralsäuren< verursacht wird. Wird dieser Bereich über- oder unterschritten, ist eine Neutralisation des >Abwassers< notwendig. Dabei spielt neben dem pH-Wert auch die >Pufferkapazität< des Abwassers eine große Rolle. Bei der Anwesenheit von Salzen bestimmter Zusammensetzung in einer wäßrigen Lsg. kann die zugegebene Säure oder Base „gepuffert" werden, d.h. sie bewirkt keine Verschiebung des pH-Wer-

tes. In einem solchen Fall kann die Verschiebung des pH-Wertes des Abwassers erst durch den Zusatz von viel höheren Mengen an entsprechender Säure (Base), als die aus dem pH-Wert errechenbare, erreicht werden.
Lit: Abwassertechnische Vereinigung (Hrsg.) (1982–1986) Lehr- und Handbuch der Abwassertechnik, 3. Aufl., Bd. 1–7, Verlag von Wilhelm Ernst und Sohn, Berlin München.

Neutrino. Elektrisch geladenes >Elementarteilchen< mit einer Masse, die nahezu Null ist. Es wird in vielen Kernreaktionen erzeugt, beispielsweise im >Betazerfall<.

Neutron. Ungeladenes >Elementarteilchen< mit einer Masse von $1{,}67482 \cdot 10^{-27}$ kg und damit geringfügig größer als die >Protonenmasse<. Das freie Neutron ist instabil und zerfällt mit einer >Halbwertszeit< von 11,5 Minuten.
Ein Neutron, dessen kinetische >Energie< einen best. Wert – häufig werden 10 eV gewählt – unterschreitet, nennt man *langsames Neutron*. Ein Neutron mit einer Energie, die größer als die eines langsamen Neutrons, jedoch kleiner als die eines schnellen Neutrons ist – im allg. der Bereich zwischen 10 und 100.000 eV –, wird als *mittelschnelles Neutron* bezeichnet. *Schnelle Neutronen* haben eine kinetische Energie von mehr als 0,1 MeV.
Neutronen, deren kinetische Energie die der thermischen Bewegung überschreitet, heißen *epithermische Neutronen*. *Thermische Neutronen* befinden sich im thermischen Gleichgewicht mit dem umgebenden Medium; sie haben bei 293,6 K eine wahrscheinlichste Neutronengeschwindigkeit von 2.200 m/s entspr. einer Energie von 0,0253 eV. Schnelle Neutronen, die z.B. bei einer Kernspaltung entstehen, werden durch Stöße mit >Moderatoratomen< auf thermische Energie abgebremst, sie werden „thermalisiert".

Prompte Neutronen werden unmittelbar (innerhalb etwa 10^{-14} s) bei der Kernspaltung emittiert. Sie machen mehr als 99% der Spaltneutronen aus. Im Gegensatz dazu werden *verzögerte Neutronen* als Folge einer radioaktiven Umwandlung von >Spaltprodukten< Sekunden bis Minuten nach der Spaltung ausgesandt. Ihr Anteil beträgt weniger als 1%.

Neutronenaktivierungsanalyse. >Aktivierungsanalyse<.

Neutronendichte. Anzahl freier >Neutronen< in einem Vol.-Element, dividiert durch dieses Vol.-Element.

Neutronenflußdichte. Produkt aus >Neutronendichte< und Neutronengeschwindigkeit, integriert über alle Bewegungsrichtungen der Teilchen. Einheit: $cm^{-2} \cdot s^{-1}$.

Neutronensonde. Die N., die in ein vorgebohrtes Loch in den Untergrund eingeführt wird, erlaubt die Best. der Feuchtigkeitsänderungen in der Wasser-ungesättigten Zone. Von einer Neutronenquelle (meist Beryllium und ein aktiver α-Strahler, wie Americium, Plutonium oder Radium) werden schnelle, energiereiche Neutronen (10 MeV bis 10 keV) in den Untergrund abgestrahlt, die von Wasserstoffkernen gebremst werden, bis sie energiearm (thermisch, 1 eV bis 0,01 eV) werden (1 eV ist die Energie, die ein Elektron oder Proton auf dem Wege zwischen zwei Orten eines elektrischen Feldes gewinnt, zwischen denen die Potentialdifferenz 1 Volt besteht). Diese thermischen Neutronen werden von Kalium-, Eisen-, Chlorid- und anderen Element-Kernen aufgefangen, wobei eine γ-Strahlung auftritt. Die induzierte γ-Strahlung oder die langsamen Neutronen werden mit einem Szintillometer gemessen. Da das Wasser die Hauptmenge des Wasserstoffes stellt, ist die gemessene Aktivität oder die Dichte thermischer Neutronen dem Wassergehalt des Untergrundes in der Bohrlochumgebung proportional.
Lit: Moser H, Rauert W (1980) Isotopenmethoden in der Hydrologie, Gebr. Borntraeger, Berlin Stuttgart.

Newton (N). Abgeleitete SI-Einheit der Kraft. Das N. ist definiert als die Kraft, die erforderlich ist, um einem Körper der Masse 1 kg die Beschleunigung 1 m/s^2 zu erteilen; Umrechnung: $1 N = 1 J/m = 1 kg \cdot m/s^2 = 0,102 kp = 10^5 dyn$.

Niacin. Sammelbezeichnung für Nicotinsäure (Pyridin-3-carbonsäure) und Nicotinsäureamid. Nicotinsäureamid findet sich in der Natur in höheren Konzentrationen in Innereien und Fleisch. In pflanzlichen Nahrungsmitteln ist der Gehalt an N. geringer. In Getreide liegt N. vorwiegend in gebundener Form als Niacytin vor, das für den Menschen unverwertbar ist. Durch Alkalien wird Nicotinsäure aus Niacytin freigesetzt. Deshalb kommt es in Zentralamerika trotz vorwiegender Ernährung durch Getreide nicht zu Mangelerscheinungen, da bei der Tortilla-Herstellung das Getreide mit Calciumhydroxid behandelt wird. Geröstete Kaffeebohnen enthalten bis zu 500 mg Nicotinsäure/kg, da während der Röstung das in der Kaffeebohne enthaltene Trigonellin zu Nicotinsäure umgesetzt wird. Eine Tasse Kaffee enthält 1 bis 2 mg Nicotinsäure. N. ist relativ stabil. Verluste ergeben sich bei der Verarbeitung von Lebensmitteln nur durch Extraktion in das Kochwasser. Nicotinsäureamid spielt im Stoffwechsel eine sehr wichtige Rolle. Wirkformen sind die Codehydrogenasen Nicotinamid-Adenin-Dinucleotid (NAD) und Nicotinamid-Adenin-Dinucleotid-Phosphat (NADP). NAD oder NADP bilden mit Dehydrogenasen Komplexe und sind somit an der Übertragung von Wasserstoff zwischen verschiedenen Enzymsystemen beteiligt. Ein Mangel an N. führt i. allg. zu Symptomen an Haut, Nervensystem und Verdauungtrakt. Die N.-Zufuhr sollte 13 bis 18 mg/Tag betragen.

Nicht limitierte Abgaskomponenten. Vom Gesetzgeber nicht einzeln genannte und zahlenmäßig begrenzte >Abgasschadstoffe<, z. B. einzelne Kohlenwasserstoff-Verb. wie polycyclische Aromaten, Aldehyde, Schwefelverb. und die nicht als Schadstoffe definierten Komponenten wie z. B. >CO_2<.
Lit: Klingenberg H, Schürmann D (1988) Nicht limitierte Automobil-Abgaskomponenten, Volkswagen AG, Forschung und Entwicklung.

Nichtadiabatische Prozesse. >Adiabatische Prozesse<.

Nicht-dispersiver Infrarot Detektor (NDIR). Entspr. den >Abgastestvorschriften< für Kraftfahrzeuge wie z. B. der >Federal Test Procedure< vorgeschriebenes und definiertes Meßgerät zur Ermittlung von Abgasbestandteilen wie >CO< und >CO_2<.

Nichteisenmetalle. Sammelbezeichnung für sämtliche Metalle außer >Eisen< bzw. für Legierungen, in denen ein anderes Metall als Eisen den größten Anteil hat. Untergruppen der Nichteisenmetalle sind die Alkali-, Erdalkali-, Edel- und Schwermetalle, wobei sich bei den letzteren weiter die >Buntmetalle<, die seltenen Metalle (Be, Ga, Ge, Hf, Th, Ti, U, Zr) und die Stahlveredler (Cr, Mn, Mo, Nb, Ta, Ti, V, W) abgrenzen lassen.

Nichtweiterverbreitung. Ziel des internationalen Vertrages über die Nichtverbreitung von >Kernwaffen< und der daraus resultierenden >Kernmaterialüberwachung< ist die rechtzeitige Entdeckung der Abzweigung von Kernmaterial für die Herstellung von Kernwaffen bzw. die Abschreckung vor einer solchen Abzweigung durch das Risiko der Entdeckung. Die entspr. Überwachungen werden in Deutschland von >EURATOM< und >IAEO< durchgeführt.

Nickel (Ni). Chem. Element (s. Tabelle unten) mit einem Anteil an der Erdkruste (obere 16 km) von

Nickel (Ni): Physikalisch-chemische Daten von Nickel

chem. Symbol	Ni
natürliche Isotope	58 (68,27%), 60 (26,1%), 61 (1,13%), 62 (3,59%), 64 (0,91%)
Atomgewicht	58,96
Ordnungszahl	28
Elektronenkonfiguration	$3 d^8 4 s^2$
Wertigkeit in Verbindungen	0,+1,+2,+4
Smp.	1.453 °C
Sdp.	2.732 °C
Dichte	8,9
Zugfestigkeit	400 N/mm² (weichgeglühtes Ni), 700–800 N/mm² (gehärtetes Ni)
wichtige Mineralien	Garnierit ((Ni,Mg)$_6$ [(OH)$_8$Si$_4$O$_{10}$]), Pentlandit (Eisennickelkies, (Ni,Fe)S), Ullmannit (NiSbS), Nickelin (Arsennickel, Rotnickelkies, NiAs), Millerit (NiS), Weißnickelkies ((Ni,Co)As$_3$), größte Vorkommen in ozeanischen Manganknollen

0,015%. Im Erdinnern befinden sich möglicherweise ebenfalls größere Nickelvorkommen; der Gesamtanteil am Erdgewicht wird auf 3% geschätzt. An der Oberfläche tritt Ni hauptsächlich an >Schwefel<, >Arsen<, Antimon oder Kieselsäure gebunden auf. In Spuren ist es auch in Sedimenten und Kohle enthalten. Der Name leitet sich ab von einem angeblich durch einen Berggeist („Nickel") verhexten Erz, aus dem sich trotz seiner rötlichen Farbe kein Kupfer gewinnen ließ. 1751 wurde bei der Untersuchung dieses Erzes ein neues Metall darin entdeckt und Nickel genannt. Reines Ni ist silberglänzend, polier-, schmied-, walz-, schweiß- und ziehbar wie Eisen, schwach ferromagnetisch, gut wärme- und stromleitend und in massiver Form sehr widerstandsfähig gegen Luft, Wasser, Alkalien, nicht oxidierende Säuren und viele org. Stoffe. Dagegen wird Ni von verd., oxidierenden Mineralsäuren vor allem bei höheren Temp. oxidiert. In feinster Verteilung ist Ni bei Raumtemp. an der Luft selbstentzündlich. Außerdem kann Nickelpulver bei höheren Temp. große Mengen an Wasserstoff aufnehmen, was bei der Verwendung als Hydrierungskatalysator (Raney-Nikkel) ausgenutzt wird. Ebenso hoch ist die Aufnahmefähigkeit für CO_2 (500 bis 800 mL CO_2/100 g Ni). Bei 50 bis 100 °C und 1 bar oder auch Temp. bis 200 °C und 180 bis 300 bar reagiert feinverteiltes Ni mit CO zu Nickeltetracarbonyl, das beim Erhitzen unter Luftabschluß wieder in Ni und CO zerfällt. Dieser sog. Mond-Prozeß bildete früher das Hauptverfahren zur Reindarstellung von Ni. In Verb. besitzt Ni meistens die Oxidationszahl + 2. Wäßrige Lsg. von Nickelsalzen und kristallwasserhaltige Salze sind grün durch das $Ni(H_2O)_6^{2+}$-Ion. Ni^{2+} bildet zahlreiche Komplexe, die kinetisch rel. labil sind und planar-quadratische (z.B. mit CN^-), tetraedrische (z.B. mit Cl^-) oder oktaedrische (mit H_2O und NH_3) Anordnung besitzen. An Aminosäuren und Serumalbumine wird es fester gebunden als >Zink< und >Kupfer<; dagegen ist die Affinität zu Sulfiden vergleichsweise gering. Verwendet wird Ni zur Stahlveredelung (korrosionsbeständiger Chromnickelstahl) und für Legierungen, Katalysatoren, Akkumulatoren, Elektrodenmaterial, Keramikwerkstoffe sowie Metallseifen. Nickelorg. Verb. werden bei Polymerisationsprozessen eingesetzt. Während Ni für Pflanzen in der Regel nicht zu den >essentiellen< Nahrungsbestandteilen gehört, ist es für Tiere ein Ultraspurenelement. Ni-Mangel führt zu Wachstumsminderung und verringerter Aktivität einiger >Enzyme< und wirkt sich auf den Kohlenhydratstoffwechsel aus. Durch Beeinflussung des Gehaltes anderer Metalle, u.a. Eisen, kann es sek. auch zur Verschlechterung der Blutbildung kommen. Mehrere nickelhaltige Proteide wurden im Blutserum versch. Säugetiere bzw. in methanogenen Archaebakterien nachgewiesen. Andere >Mikroorganismen< enthalten nickelhaltige Hydrogenasen. Der tgl. Bedarf an Ni beim Menschen liegt bei ca. 0,1 mg. Schwefelbakterien können Konz. bis zu 50 g Ni/L Medium tolerieren, und auch viele andere Bakterien sind rel. unempfindlich gegenüber hohen Nickelkonz. Andererseits verhindert ein Nickelgehalt von ca. 1% in Abwässern Fäulnisprozesse durch bakterizide und bakeriostatische Wirkung. Auch auf viele Algen wirkt Ni wachstumshemmend. Manche Pflanzen (Kiefern, Birken) könne Ni aus dem Boden heraus stark anreichern; für die meisten Pflanzen ist jedoch Ni in höheren Konz. toxisch. Auch Meerestiere können hohe Konz. an Ni enthalten, da sie es über die Nahrungskette anreichern. Für Tiere ist Ni weniger toxisch als andere Schwermetalle. Lösl. Nikkelverb. wirken magen- und darmreizend, während eine lokale Exposition zur Reizung von Haut, Augen bzw. Atemwegen führt. Eine akute Vergiftung äußert sich in Schwindel, Übelkeit und Kopfschmerzen sowie nach einer Latenzzeit von 1 bis 5 Tagen in Lungenödemen und Schäden an Leber, Niere und ZNS. Ni in Schmuck kann bei empfindlichen Personen Hautallergien auslösen. Aerosole und Stäube von Ni bzw. seinen Erzen sind carcinogen. Die Ursache der toxischen Wirkung ist wahrscheinlich im wesentlichen die Hemmung versch. Enzyme, darunter der sauren Phosphatase und der Decarboxylasen. Dabei wird Ni an die Carboxyl-, Imidazol- bzw. die Aminogruppen gebunden.

Lit: Merian E (Hrsg.) (1984) Metalle in der Umwelt, Verlag Chemie, Weinheim – Hollemann AF, Wiberg E, Wiberg N (1985) Lehrbuch der anorganischen Chemie, Walter de Gruyter, Berlin New York, S. 1152–1156 – Hock B, Elstner EF (1984) Pflanzentoxikologie, Bibliogaphisches Institut, Mannheim Wien Zürich – Kinzel H (1982) Pflanzenökologie und Mineralstoffwechsel, Ulmer, Stuttgart – Kaim W, Schwederski B (1991) Bioanorganische Chemie, Teubner, Stuttgart, S. 178–192.

Niclosamid. >Anthelminthika.<

Nicotin. 3-[N-Methyl-α-pyrrolidyl]pyridin. Die Hauptkomponente des Tabaks, ein Alkaloid.

N. wird in den Wurzeln bestimmter Nachtschattengewächse, besonders in denen der Tabakpflanze, gebildet und von dort in die Blätter transportiert. N. wirkt in kleinen Dosen anregend, in hohen Dosen dagegen wirkt es lähmend auf die Reizleitungsbahnen des vegetativen Nervensystems. 40 bis 60 mg oral aufgenommenes N. können bereits tödlich wirken. Es kommt zu einem Anstieg des Blutdrucks sowie zu einer Kontraktion der quergestreiften Muskulatur mit folgender Lähmung ähnlich wie beim Curare. N. wird bei Zufuhr durch das Rauchen von Tabakwaren als Genußmittel klassifiziert. Im Pflanzenschutz kann es als stark wirksames Insektizid eingesetzt werden.

Niederdruckpolyethylen (HDPE). >Polyethylen<.

Niedermoor. Typ des Moores, der durch einen hohen Grundwasserstand geprägt ist. Der Abbau der pflanzlichen >Biomasse< wird in erster Linie durch die Wassersättigung und den dadurch bedingten Sauerstoffmangel gehemmt, während Pflanzennährstoffe meist in ausreichender Konzentration vorhanden sind. Da durch das Grundwasser und durch eventuelle Überschwemmungen auch mineralische Stoffe angeschwemmt werden, ist der Aschegehalt der N.-Torfe erheblich höher als der von Hochmoortorfen. Bei einer Entwässerung von N.-Standorten setzt meist sofort ein rascher biologischer Humusabbau ein, wodurch der gebundene Stickstoff als Nitrat im Sickerwasser erscheint. Bei hinreichend hohen Niederschlägen und fehlenden Einträgen von mineralischen Stoffen (z.B. durch Überschwemmungen) kann sich ein N. durch Höhenwachstum des Torfkörpers zu einem >Hochmoor< entwickeln, dessen obere Bereiche dann den Kontakt zum Grundwasser verloren haben.

Niederschlag. Atmosphärische Niederschläge, die Einnahmegröße in der >hydrologischen Wasserbilanz<, entstehen bei der Abkühlung von Luftmassen mit ei-

Niederschlag: Hauptgruppen und Formen des Niederschlags

Hauptgruppen nach dem Vorgang der Niederschlagsbildung	Form des Niederschlages je nach Temperaturverhältnissen	
	Flüssiger Niederschlag	Fester Niederschlag
1. Fallender Niederschlag (Mittelbare Kondensation bzw. Sublimation in der freien Atmosphäre, Niederschlag aus Wolken)	Regen Sprühregen (Nieseln)	Schnee Hagen Griesel Reifgraupeln Frostgraupeln Eiskörner Eisnadeln
2. Abgesetzter Niederschlag (Unmittelbare Kondensation bzw. Sublimation des Wasserdampfes an oder nahe der Erdoberfläche)	Nebelniederschlag Tau Taubeschlag	Reif Rauhreif Rauhfrost Frostbeschlag Glatteis

Niederschlag: Orte und Flußgebiete mit sehr hohen Jahresniederschlägen

Ort	mm/a
Kauai, Nord-Hawaii, 1.548 m ü. NN	12.093
Tscherrapundschi, Assam	11.020
Quibdo, Kolumbien/Atrato (8-Jahresreihe)	10.734
Debundscha, Kamerunberg	10.470
Niederschlagsreiche Flußgebiete:	
Atrato (Kolumbien)	4.600–4.800
Kelani (Ceylon)	3.950
Yate (Neu-Kaledonien)	3.125
Wuri (Kamerun)	2.800
Vohitra (Madagaskar)	2.645
Japur (Kolumbien, Brasilien), Amazonas	2.500–2.750
Purus u. Jurua (Brasilien), Amazonas	2.400–2.500
Rio Magdalena/Kolumbien	2.300
Brahmaputra	2.160
Maringa, Kongo	2.150
Lopori, Kongo	2.100
Ruki u. Ulindi, Kongo	2.100
Amazonas	2.050–2.100
Lutonga, Kongo	2.050
Rio Negro (Brasilien), Amazonas	2.000

nem gegebenen Wasserdampfgehalt unter den Sättigungspunkt der Luft für Wasserdampf (Taupunkt). Der Wasserdampf kondensiert an in der Luft schwebenden Aerosolteilchen aus org. Material (wie Sporen und Pollen), aus mineralischen Stoffen (vulkanischer Staub, getrocknete Sprühteilchen der Ozeanflächen, feinkörnige Minerale) natürlicher oder anthropogener Herkunft oder aus kleinsten Eisteilchen. Durch Ausbringung von Kondensationskernen (meist Kaliumiodid-Kristalle) kann N. ausgelöst werden. Zu Niederschlägen kommt es hauptsächlich an Fronten von Tiefdruckkernen, durch aufwärtsgerichtete Konvektionsströmung einer warmen Luftmasse oder durch die adiabatische Abkühlung von Luftmassen an der Leeseite von Höhenzügen und Gebirgsschwellen. Die atmosphärischen Niederschläge werden nach dem Vorgang der Niederschlagsbildung sowie nach Form und Art ihres Auftretens unterschieden (s. Tabelle oben). Für die hydrologische Wirkung der Niederschläge ist außer der Art die >Niederschlagsdauer< und >-intensität< von Bedeutung.

Hydrologisch sind die in größeren Mengen auftretenden Formen Regen und Schnee am wichtigsten. Tau und Reif spielen in Mitteleuropa im allg. eine untergeordnete Rolle. Der mittlere Tauertrag liegt in Mittel-

europa schätzungsweise in der Größenordnung 25 bis 30 mm/a. In den Tropen werden erhebliche Tauerträge beobachtet, die z.B. an der Loango-Küste, Westafrika, in einer Nacht 3 mm erbrachten. Die Nebelniederschläge (Ablagerung von Nebeltröpfchen an Bäumen und Sträuchern) liefern auch in Mitteleuropa z.T. erhebliche Zusatzwassermengen, in den Mittelgebirgen örtlich mehr als das 3fache des normalgemessenen Niederschlags. Auf der Erdoberfläche fallen im Mittel 973 mm/a, auf die Festländer 746 mm/a, in Europa 657 mm/a und in Deutschland 768 mm/a. Die örtlichen Niederschlagshöhen und die Werte der Einzeljahre weichen von den Gebietsmittelwerten z.T. erheblich ab. Die Niederschlagshöhen sind regional außerordentlich verschieden, die höchsten Werte werden in den Tropen in Gebirgsregionen beobachtet, wo die mittleren Jahresniederschläge an einigen Stellen mehr als 10.000 mm/a betragen (s. Tabelle links). Den niederschlagsreichen Gebieten stehen die Trockengebiete im nord- und südhemisphärischen Trockengürtel (Atacama, Sahara, Kalahari, Namib, Tharr, Australische Wüste) gegenüber. Hier fallen weniger als 100 mm/a, stellenweise weniger als 20 mm/a. In semiariden und ariden Gebieten können oft mehrere Jahre hintereinander überhaupt keine Niederschläge fallen. In manchen Gebieten sind die Niederschläge gleichmäßig über das Jahr verteilt, meist aber wechseln nasse und trockene Jahreszeiten einander regelmäßig ab. Die ergiebigsten Regen fallen meistens in kürzeren Zeiträumen, in Gebieten mit kontinentalem Klima vorwiegend im Sommer. Im Mittelmeergebiet werden max. Tagesniederschläge von 400 bis 700 mm, in den Tropen sogar von mehr als 1.200 mm erreicht. Diese Spitzenwerte treten in den Taifun- und Zyklongebieten Monsunasiens, Madagaskars, Mittelamerikas und der Karibischen See und im Bereich der nord- und südpazifischen Inseln auf.

1. hydrologisch wirksamer: Unter dem wirksamen (effektiven) N. wird der Teil des N. verstanden, der >Abfluß< erzeugt, zum >Direktabfluß< beiträgt oder dem Direktabfluß entspricht. Bezogen auf den >Grundwasserhaushalt< kann als wirksamer Niederschlag der Teil des Niederschlags definiert werden, der bis zum Grundwasser versickert und die Grundwasserneubildung aus dem Niederschlag erzeugt („versickerungswirksamer Teil des Niederschlags").

2. Meßwesen: Als Niederschlags-Meßgrößen werden im allg. die >Niederschlagshöhe<, die >Niederschlagsdauer< und die >Niederschlagsintensität< (Niederschlagsstärke), beim Schnee außerdem die >Schneehö-

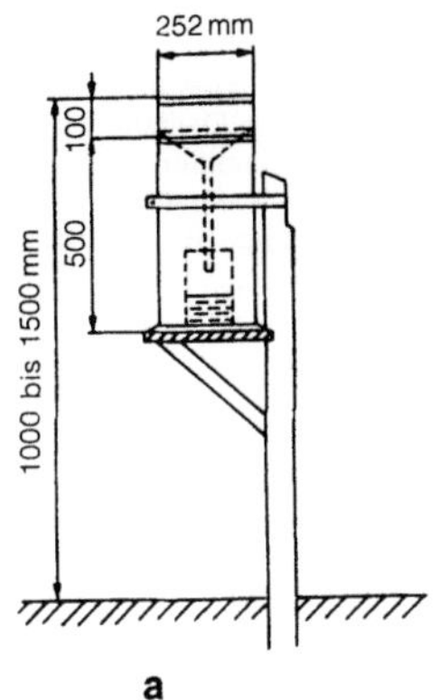
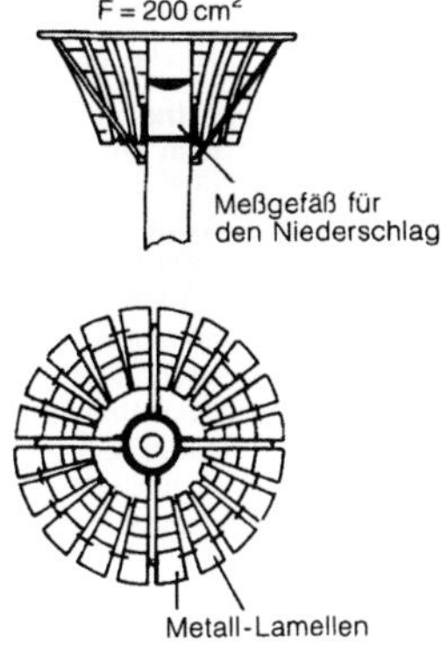
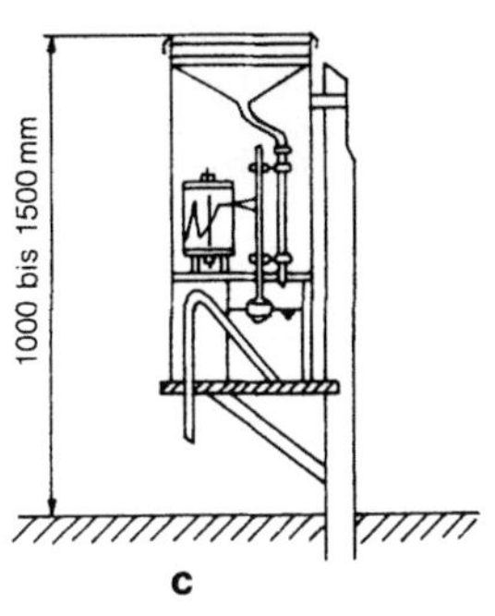

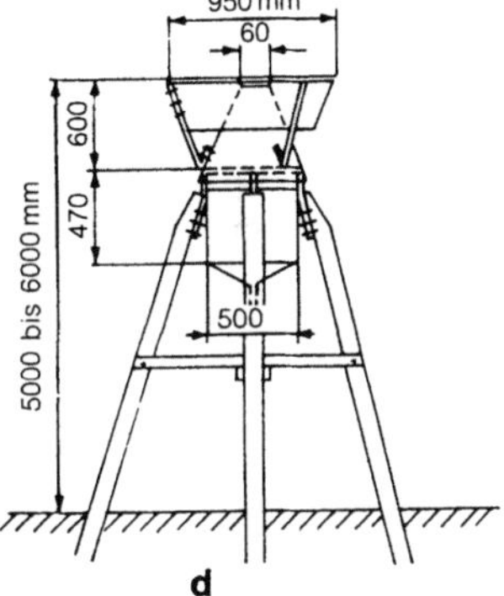

Niederschlag, Meßwesen: Einfacher Niederschlagsmesser (a), Schutztrichter (b), Niederschlagsschreiber (c) und Niederschlagssammler (Totalisator) (d) (aus: Dracos 1980, Wechmann 1964)

he<, die Schneedichte und der >Wassergleichwert< (Wasseräquivalent) der Schneedecke bestimmt. Der N. wird in Auffanggefäßen punktuell gemessen. Die flächenhafte Radar-Niederschlagsmeßmethode wird zur Bestimmung von Grenzen, Orientierung und Bewegung von Regenfeldern und – im hydrologischen Bereich – für die Hochwasservorhersage eingesetzt. In Deutschland umfaßt das Beobachtungsnetz des Deutschen Wetterdienstes 580 Klimahauptstationen, 4.460 Niederschlagsstationen und 427 Niederschlagsschreiber (Niederschlagssammler) (1992) entsprechend einer Netzdichte von 1:620 km, 1:80 km² bzw. 1:830 km². Die Punktmessungen des N. erfolgen mit Regenmessern (Regenmesser nach Hellmann (s. Abb. a); Auffangfläche 200 cm², Auffanghöhe 1 m über Boden; an windigen Orten mit einem Schutztrichter versehen; s. Abb. b), Gebirgsniederschlagsmessern (Auffangfläche 500 cm², Auffanghöhe 1,90 m), Niederschlagssammlern (Totalisatoren, s. Abb. d, die den N. über Monate, Halbjahre oder Jahre sammeln) oder mit registrierenden Geräten (Niederschlagsschreiber, s. Abb. c). Die Niederschlagsschreiber (Schreibregenmesser) liefern fortlaufende Aufzeichnungen über Niederschlagshöhe, -dauer und -intensität. Die Schneehöhe (Mächtigkeit der Schneedecke) wird mit Schneepegeln als Hand- oder Standgerät gemessen. Die >Schneedichte< und der >Wassergleichwert< der Schneedecke werden mit dem Schneeausstecher bestimmt, einem zylindrischen Entnahmegerät mit einer Ausstechfläche von 200 cm². Die Tages-, Monats- und Jahreswerte der Niederschlagsmessungen werden in Deutschland in den Meteorologischen Jahrbüchern niedergelegt, die vom Deutschen Wetterdienst herausgegeben werden. Die Auswertungen umfassen Auflistungen, Kartendarstellungen, Summenlinien (N. als Funktion der Zeit), und statistische Auswertungen längerer Zeitreihen (arithmetisches Mittel für Monate, Winter- und Sommer-Halbjahre, Jahr, den Median, die Mode, den Variationsbereich, Häufigkeitskurven und Dauerkurven).

Lit: Baumgartner A, Reiche E (1975) Die Weltwasserbilanz, Niederschlag, Verdunstung und Abfluß über Land und Meer sowie auf der Erde im Jahresdurchschnitt, Oldenbourg, München – Dracos T (1980) Hydrologie, eine Einführung für Ingenieure, Springer, Wien New York – Wechmann A (1964) Hydrologie, Oldenbourg, München Wien – Mattheß G, Ubell K (1983) Allgemeine Hydrogeologie – Grundwasserhaushalt. Gebr. Borntraeger-Verlag, Berlin Stuttgart.

Niederschlagsdauer. Zeitspanne, in der der Niederschlag gefallen ist. Sie wird in Minuten, Stunden oder Tagen angegeben.

Lit: Deutscher Normenausschuß (Hrsg.) (1994) DIN 4049, T.3: Hydrologie. Begriffe, quantitativ. Hydrol.

Niederschlagshöhe. Wasserdargebot aus atmosphärischen Niederschlägen an einem bestimmten Ort und in einer bestimmten Zeitspanne, ausgedrückt als Wasserhöhe über einer horizontalen Fläche. Die betrachtete Zeitspanne ist daher zusätzlich anzugeben (DIN 4049, T.3). Bei festen Niederschlägen wird die Schmelzwassermenge bestimmt. Der Niederschlagshöhe $P_2 = 1$ mm entspricht 1 L Wasser pro m^2 bzw. 1.000 m^3 Wasser pro km^2. Die N. wird üblicherweise in mm pro Zeiteinheit angegeben. Als wichtigste Zeiteinheit dient das Jahr. Dabei entspricht 1 mm/a = 1.000 $m^3/km^2 \cdot a = 0{,}0317$ L/s km^2.

Lit: Deutscher Normenausschuß (Hrsg.) (1994) DIN 4049, T.3: Hydrologie. Begriffe, quantitativ. Hydrol.

Niederschlagsintensität. (Niederschlagsstärke). Ist der Quotient aus Niederschlagshöhe und Zeit (DIN 4049, T.3). Nach seiner Intensität wird der Regen als schwach (< 2,5 mm/h), mäßig (2,6 bis 7,5 mm/h) oder stark (> 7,5 mm/h) bezeichnet. Dauer- oder Landregen sind über größeren Gebieten auftretende Niederschläge einer Intensität von mehr als 0,5 mm/h und einer Dauer von mehr als 6 h. Starkregen sind Niederschläge, deren Niederschlagshöhe P_i [mm] in Zusammenhang mit der Dauer des Regens t [min] mindestens

$$P_i = \sqrt[5]{t - \left(\frac{t}{24}\right)^2}$$

beträgt. Als Wolkenbruch wird ein großtropfiger Starkregen mit einer Mindestintensität von 60 mm/h bezeichnet. Starkregen treten sehr oft in Schauern auf. Diese sind kurz andauernde Niederschläge (Regen-, Niesel-, Schnee- und Graupelschauer). Der N. kommt hydrologisch eine beträchtliche Bedeutung zu. Kurze, intensive Regenfälle können oberirdisch schnell abfließen, bei Dauerniederschlägen mit geringer Intensität kann dagegen der Versickerungsanteil und damit der Beitrag zur >Grundwasserneubildung< größer sein (>Abfluß<).

Lit: Deutscher Normenausschuß (Hrsg.) (1994) DIN 4049, T.3: Hydrologie. Begriffe, quantitativ. Hydrol. – Keller R (1961) Gewässer und Wasserhaushalt des Festlandes, Haude & Spencer, Berlin.

Niedertemperaturanwendung. Die Nutzung von Wärme mit einem Temperaturniveau bis 200 °C für Warmwasserbereitung, Schwimmbaderwärmung, Beheizung und Klimatisierung von Gebäuden usw. Wärmequelle ist i. allg. die >Solarstrahlung< oder die >Umweltwärme<, die mit Hilfe eines >Solarkollektors< oder einer >Kompressionswärmepumpe< auf ein nutzbares Temperaturniveau gebracht wird.

Nifurtimox. >Antiprotozoika.<

Nikotin. >Nicotin<.

Nimorazol. >Antiprotozoika.<

NIOSH. >National Institute of Occupational Safety and Health<.

NIOSH-Nummer. Alphanumerische 9stellige Nummer, die in der 1986 Microfiche Ausgabe der Publikation von R.J. Lewis, Registry of Toxic Effects of Chemical Substances vergeben wurde. Dieses vom National Institute of Occupational Health and Science (NIOSH) herausgegebene Verzeichnis enthält 83.000 Chemikalien.

Lit: Keith LH, Walters DB (1987) Compendium of Safety Data Sheets for Research and Industrial Chemicals, VCH Verlagsgesellschaft mbH, Weinheim New York.

Niridazol. >Anthelminthika<.

Nische, ökologische. >Ökologische Nische<.

Nitrat. 1. Boden, Wasser: Anion der Salpetersäure, in dem der Stickstoff mit der höchsten Oxidationsstufe (+5) vorkommt. Zusammen mit Ammonium ist N. die wichtigste Stickstoffform für die Aufnahme durch Pflanzen. Aufgrund seiner chemischen Eigenschaften wird N. im Boden kaum adsorbiert, so daß nicht aufgenommenes N. rasch im Sickerwasser erscheint und auch das Grundwasser belasten kann. N. bildet sich beim Biomasse- und Humusabbau unter aeroben Verhältnissen; neben der Aufnahme durch Pflanzen kann N. noch durch bakterielle Reduktion unter Sauerstoffmangel (>Denitrifizierung<) im Boden verbraucht werden. Aus dem Boden wird Nitrat rasch ausgewaschen, so daß es in landwirtschaftlich stark gedüngten Gebieten zu einer erheblichen Nitratanreicherung im Grundwasser und Problemen bei der Trinkwasserversorgung kommt. Die zugelassene Höchstkonz. im Trinkwasser beträgt 50 mg/L.
2. Lebensmittel: Nitrat und Nitrit werden in erster Linie zur Farberhaltung bei Fleisch eingesetzt. Sie haben aber auch antimikrobielle Wirkung, insbesondere zusammen mit NaCl. Von Bedeutung sind sie z.B. bei nichtsterilen Fleischprodukten, besonders zur Vermeidung von Infektionen mit Clostridium botulinum. Die Wirksamkeit ist vom pH-Wert abhängig und proportional der Konzentration an HNO_2. Akute >Toxizität< ist nur bei größeren Dosen gegeben (Bildung von Methämoglobin). Mögliche Gefahren werden aber heute in der Bildung von >Nitrosaminen< gesehen, die sehr wirksame cancerogene Verbindungen sind. Zahlreiche >Tierversuche< haben gezeigt, daß das gleichzeitige Verfüttern nitrosierbarer >Amine< und Nitrit zur Entstehung von Tumoren führt. Es sind deshalb Bestrebungen im Gange, die Gesamtzufuhr an Nitrit und N. mit der Nahrung herabzusetzen. N. dienen als Stickstofflieferanten für Pflanzen. Eine starke Düngung mit N. führt zu einer Anreicherung von N., z.B. im Spinat oder in Möhren. Durch Reduktion der N. werden >Nitrite< gebildet, die toxisch wirken. Für Kleinkinder kann der Verzehr von nitratreichem Gemüse bedenklich sein. Auch ein Aufwärmen dieser Gemüsesorten sollte vermieden werden, um die Bildung von Nitriten nicht noch zu verstärken. Kaliumnitrat, Natriumnitrat, Salpeter, Natron- oder Chilesalpeter finden im Pökelsalz Verwendung.

Nitratammonifikation. Biologische Reduktion von >Nitrat< über Nitrit zu >Ammonium<: $NO_3^- \rightarrow NO_2^- \rightarrow NH_3$ durch >fakultativ< anaerobe Bakterien. Der Prozess verläuft in zwei Schritten: 1. Red. von Nitrat zu Nitrit, wobei Nitrat der terminale H-Akzeptor ist und Energie gewonnen wird. Es handelt sich dabei also um eine Nitratatmung. 2. Red. von Nitrit zu Ammonium mit Nitrit als Elektronen-Akzeptor, somit ohne Energiegewinnung.

Nitrat-Assimilation. Oder assimilatorische Nitratred. (im Gegensatz zur >Nitratatmung< der >Bakterien<) ist bei >Pflanzen< und >Pilzen< die Red. von >Nitrat< zu >Ammonium< (NH_4^+), das zur >Aminosäure<-Synth. verwendet wird. Der erste Schritt umfaßt die Umwandlung von Nitrat in >Nitrit< mit der cytoplasmatischen Nitratreduktase (einem Molybdänenzym). Die Nitritreduktase wandelt Nitrit in Ammonium um, ein 6-Elektronenschritt ohne Zwischenprodukte, wobei Elektronenlieferant bei Pilzen Pyridinnucleotide, bie Pflanzen Ferredoxin sind. Die Nitritred. erfolgt bei Pflanzen in den >Chloroplasten<.

Nitrat-Atmung. (Nitratreduktion). Verwertung des Nitrat-Sauerstoffs durch aerobe Bakterien unter anoxischen Bedingungen auf dem Wege der >Denitrifikation< sowie >fakultativ< anaeroben Mikroorganismen als >Nitratammonifikation<. In beiden Prozessen wird zunächst Nitrit gebildet, wobei Energie gewonnen wird.

Nitratauswaschung. Von den drei im Boden am häufigsten vorkommenden Stickstoffverbindungen – >Nitrat< (NO_3^-), >Ammonium< (NH_4^+) und org. gebundener >Stickstoff< – wird Nitrat von Bodenteilchen am wenigsten gebunden, ist deshalb am beweglichsten und folgt der Sickerwasserbewegung. In unseren Breiten erfolgt eine nach unten gerichtete Wasserbewegung fast ausschließlich in den Wintermonaten; während der Vegetationszeit ist dies auf überdurchschnittliche Niederschlagsereignisse beschränkt. Weiteren Einfluß auf die N. haben die Durchlässigkeit und die Wasserspeicherkapazität der Böden. Skelettreiche (Weinbau) und leichte, sandige Böden erhöhen die Gefahr der N. Ebenso wirkt sich die mengenmäßig und zeitlich nicht an das >Pflanzenwachstum< angepaßte Stickstoffdüngung und intensive Lockerung humusreicher Böden (besonders Wiesenumbruch) aus. Bei den landwirtschaftlichen Kulturen ist grundsätzlich das Risiko der N. dann gegeben, wenn es sich um Pflanzen mit geringer Wurzeltiefe und kurzer Vegetationszeit handelt. Das Risiko steigt mit der Dauer der >Brache< zwischen dem Anbau der Kulturen. Bei den Formen der Bodennutzung ist die Erhöhung der N. über >Wald<, >Grünland<, >Ackerbau< und Sonderkulturen v.a. Feldgemüsebau, Weinbau) festzustellen. Abweichungen von der Reihenfolge sind möglich. Durch angepaßte >Düngung< und >Bodenbearbeitung<, Zwischenfruchtbau im Ackerbau und Begrünung im Weinbau kann die N. verringert werden. Die Gesamthöhe der Nitratbelastung des >Grundwassers< setzt sich aus punktuellen (z.B. undichte Kanalisation, Mülldeponien) und großflächigen, diffusen Quellen zusammen. In der Landwirtschaft kann die N. standortbedingt, nicht vermeidbar, bis zu 45 kg Nitrat je ha und Jahr betragen, aber auch unter Böden ohne Düngung findet N. statt. In Deutschland ist insgesamt ein erheblicher Rückgang der N. festzustellen, da die Landwirtschaft Stickstoff gezielter einsetzt. Ein Vergleich der Bilanzsalden von 1986/87 mit denen von 1995/96 zeigt eine Reduzierung der Überschüsse um ca. 25 %. Da die Nitratgehalte der Böden auf Maßnahmen zur Reduzierung nur langsam reagieren, ist im Hinblick auf die >Düngeverordnung< mit einem weiteren Rückgang der N. zu rechnen.

Lit: Bach M, Frede HG, Lang G (1997) Entwicklung der Stickstoff-, Phosphor- und Kalium-Bilanz der Landwirtschaft in der Bundesrepublik Deutschland. Studie im Auftrag des Bundesarbeitskreises Düngung (BAD) Frankfurt a.M., Gesellschaft für Boden- und Gewässerschutz e.V., Wettenberg.

Nitratschnelltest. Methode zur raschen Abschätzung des Nährstoffbedarfs von Kulturpflanzen, in der Praxis im Getreidebau angewandt. Es wird der aktuelle Nitratgehalt (>Nitrat<) im Leitungssystem der Pflanze festgestellt. Dazu werden 0,5-cm-Stücke der Getreidehalme oberhalb des Wurzelansatzes abgeschnitten und der Saft ausgepreßt. Anhand einer Farbwertskala (daher auch Blaufärbemethode genannt) wird die Höhe des Nitratgehaltes der einzelnen Triebe bestimmt, über

die Mittelwertbildung kommt man zu einer Empfehlung für die Höhe der Stickstoffdüngung. Da diese Methode zwar eine Momentaufnahme, aber keine Vorausschätzung des Nitratbedarfes der Pflanze ermöglicht, kann sie nur in Ergänzung mit anderen Untersuchungsmethoden sinnvoll sein, wie etwa dem >N_{min}< Wert.

Lit: Scharf HC, Wehrmann J (1991) Fachgerechte Stickstoffdüngung, Auswertungs- und Informationsdienst für Ernährung, Landwirtschaft und Forsten (AID) (Hrsg.) Bonn, Heft Nr. 1017 – Poletschny H, Fabian M (1989) Vergleichende Erprobung verschiedener Stickstoffbestimmungsmethoden in Böden, Angewandte Wissenschaft, Reihe A, Heft 378, Landwirtschaftsverlag, Münster-Hiltrup.

Nitrifikanten. >Nitrifizierende Bakterien<.

Nitrifikation. Oxidation von Stickstoffverbindungen mit Hilfe von >Bakterien< zu >Nitrit< und >Nitrat< (DIN 4045). Die Nitrifikation wird durch >autotrophe Bakterien< (>Nitrifikanten<), welche >Ammonium< in Nitrit (>Nitrosomonas<) und Nitrit weiter in Nitrat (>Nitrobacter<) umwandeln, herbeigeführt. Die Nitrifikanten benötigen als Nährstoffe Ammonium und im Wasser gelöstes Kohlendioxid, um neue Zellsubstanz aufzubauen. Die Nitrifikanten wachsen im Vergleich mit den >heterotrophen<, „Belebtschlamm->Bakterien<" wesentlich langsamer. Sie können sich daher erst von einem bestimmten >Schlammalter< an in der >Belebtschlamm<-Population behaupten. Da das Schlammalter von der >BSB_5<-Schlammbelastung (B_{TS}) abhängig ist, ergibt sich daraus die Abhängigkeit der Nitrifikation von der >Schlammbelastung<. Weiterhin wird die >Wachstumsgeschwindigkeit< der Nitrifikanten von der Temperatur beeinflußt, woraus sich zusätzlich eine Temperaturabhängigkeit der Nitrifikation ergibt.

Lit: Abwassertechnische Vereinigung (Hrsg.) (1982–1986) Lehr- und Handbuch der Abwassertechnik, 3.Aufl., Bd. 1–7, Verlag von Wilhelm Ernst und Sohn, Berlin München.

Nitrifikationshemmstoff. Bei Nitrifikationshemmstoffen handelt es sich im Rahmen der >Abwasserbiologie< um solche Substanzen, die in sehr niedrigen Konzentrationen (bei >BSB<-Messungen) die >Nitrifikation< völlig unterdrücken, ohne den Abbau der Kohlenstoffverbindungen zu beeinträchtigen. Es haben sich zwei Verbindungen bewährt: Allylthioharnstoff (ATH) und 2-Chlor-6-(trichlormethyl)pyridin, die diese Bedingungen erfüllen.

Nitrifizierende Bakterien. Es muß grundsätzlich zwischen >autotropher< und >heterotropher< Nitrifikation unterschieden werden. Die autotrophen Nitrifikanten, die unter der Familie der >Nitrobacteriaceae< zusammengefaßt werden, sind zwei streng spezialisierte, nicht näher verwandte >Bakterien<gruppen. Die Vertreter der einen Gruppe oxidieren >Ammoniak< zu >Nitrit< (z.B. die Gattung >Nitrobacter<). Die dabei gewonnene Energie wird zum Wachstum genutzt. Als Hauptkohlenstoffquelle dient CO_2. Die heterotrophen Nitrifikanten, die im Gegensatz zu den autotrophen keine einheitliche Gruppe bilden, sind in der >Abwasserbiologie< von geringer Bedeutung. In Abwesenheit von Sauerstoff wird Nitrat von einer Vielzahl von Bakterien auf dem Weg der >Nitratatmung< zu Nitrit reduziert. Die weitere Reduktion von Nitrit wird von der zahlenmäßig kleineren Gruppe der denitrifizierenden Bakterien durchgeführt; Endprodukte sind N_2 und N_2O. Außerdem kann auch Ammonium auftreten, das auf anderen Stoffwechselwegen gebildet wird.

Nitrilotriessigsäure (NTA). $N(CH_2\text{-}COOH)_3$. Farblose Kristalle; Smt. 242 °C, in Wasser kaum, in heißem Alkohol gut löslich. Nitrilotriessigsäure ist ein ausgezeichneter Komplexligand, der über vier Donatorgruppen verfügt, von denen in Chelatkomplexen jedoch oft nur drei in Aktion treten. In synth. Waschmitteln ist N. (als Trinatriumsalz) zur Wasserenthärtung vorgeschlagen und zum Teil auch eingesetzt worden. Selbst der vollständige Ersatz der die >Eutrophierung< von Gewässern verursachenden >Phosphate< in Waschmitteln ist ins Auge gefaßt worden, doch steht dem Einsatz von N. entgegen, daß das >Algenwachstum< in >Abwässern< durch N. ggf. gefördert wird, daß in >Sedimenten< abgelagerte >Schwermetalle< wie Pb, Zn, Cd, Hg etc. durch N. unter Komplexbildung wieder in Lsg. gebracht werden, die toxikologischen Eigenschaften noch nicht genügend bekannt und auch technische Probleme noch zu lösen sind.

Nitritbakterien. >Nitrifizierende Bakterien<.

Nitrite. Salze der salpetrigen Säure Me^INO_2. Nitrite werden in nitrathaltigen Lebensmitteln durch Reduktion der >Nitrate< gebildet und wirken toxisch, da der Sauerstofftransport im Blut behindert wird. Übelkeit, Magenbeschwerden und Atemnot sind die Folgen. Bei Kleinkindern kann es zu lebensbedrohlichen Zuständen kommen. Natriumnitrit $NaNO_2$ wird zum Pökeln von Fleisch- und Wurstwaren verwendet. Pökelsalz besteht aus Speisesalz mit 0,5 bis 0,6 % Natriumnitrit. Aus dem Muskelfarbstoff Myoglobin wird beim Pökeln Nitrosomyoglobin gebildet. Natriumnitrit verleiht dem Fleisch eine kochbeständige rote Farbe.

Nitritvergiftung. Alimentäre Nitrat-Methämoglobinämie der Säuglinge. Voraussetzung für die >Intoxikation< ist die Umwandlung von >Nitrat< in das für Säuglinge besonders toxische >Nitrit<; dies kann auf zwei Wegen erfolgen: (a) bei mangelnder Wasser- oder Küchenhygiene kann das Nitrat bei der Zubereitung der Nahrung durch Bakterien zu Nitrit reduziert werden, welches das Kind dann mit der Nahrung aufnimmt, oder (b) Bakterien können direkt im Magen-Darm-Trakt des Säuglings die Bildung von Nitrit hervorrufen; bei der Reaktion des Nitrits mit dem >Hämoglobin< kommte es zur verstärkten Bildung von >Methämoglobin<, das den Sauerstoff in den Geweben nicht mehr abgibt. Symptome der Vergiftung sind >Cyanose<, Unwohlsein, Apathie und unregelmäßige Atmung; bei über 60 % Methämoglobin im Blut der Säuglinge kommt es zu Krämpfen, >Koma< und Tod. In Gebieten mit erhöhten Nitrat-Gehalten im Trinkwasser konnten gehäuft Fälle von Methämoglobinämie festgestellt werden. Ein weiteres wesentliches Problem (vor allem für den Erwachsenen) ist die Vorläuferrolle von Nitrat und Nitrit bei der Bildung von >krebserzeugenden< >Nitrosaminen< im menschlichen Organismus.
Lit: Borneff J (1982) Hygiene, Thieme, Stuttgart New York.

Nitroaniline. 1-Alkoxy-2-amino-4-nitrobenzol. Anilinderivate, von denen einige einen süßen Geschmack haben. Die Geschmacksintensität hängt vom organischen Rest R ab. Das 1-Propoxy-2-amino-4-nitrobenzol wurde einige Zeit als Süßstoff eingesetzt. Aus toxikologischen Gründen hat es heute keine Bedeutung mehr.

Nitrobacter. Eine der >Bakteriengattungen< mit >Nitrit< oxidierenden Arten. Die >Nitrifikation< von >Ammonium< findet stufenweise über Nitrit zu >Nitrat< statt. Dabei müssen die Ammoniumoxidierer wie >*Nitrosomonas*<-Arten mit Nitritoxidierern zusammenwirken. Diese Bindung der Ammoniumproduktion aus der Zers. ist sehr wichtig (s. a. Abb. S. 142).

Nitrosamine. Nitrosamine und Nitrosamide sind Verbindungen mit starker karzinogener Wirkung. Sie entstehen aus sekundären >Aminen<, mit Stickstoff substituierten Amiden und salpetriger Säure. Eine Bildung ist auch aus primären Aminen, aus Diaminen und aus tertiären Aminen möglich. In zahlreichen Lebensmitteln wurden N. in wechselnden Mengen nachgewiesen. Den Hauptanteil macht Dimethylnitrosamin aus, das auch am stärksten karzinogen ist. Daneben spielen Nitrosopiperidin und Nitrosopyrrolidin eine gewisse Rolle. Man hat bei Fleischwaren festgestellt, daß der Gehalt an Nitrosopyrrolidin von 1,5 µg/kg vor auf 15,4 µg nach dem Braten anstieg. Die Schätzungen der mittleren täglichen Aufnahme von N. durch den Menschen schwanken zwischen 0,1 µg Nitrosodimethylamin und 0,1 µg Nitrosopyrrolidin bis zu insgesamt 1 µg. Zu dieser exogenen Belastung kann eine endogene Belastung kommen, die sich ergibt aus einer Zufuhr von nitrosierbaren Aminen einerseits und von Nitrat andererseits mit der Nahrung. Nitrat ist in verschiedenen Gemüsen in zum Teil sehr großen Mengen und gegebenenfalls auch in Trinkwasser vorhanden. Die Mindestaufnahme pro Person und Tag wird auf 75 mg geschätzt. Nitrat wird bereits im Speichel bakteriell zu Nitrit reduziert. Damit sind die Voraussetzungen für Nitrosierungsreaktionen im sauren Milieu des Magens gegeben. Eine Hemmung von Nitrosierungen ist z. B. mit Ascorbinsäure möglich. Auch Tocopherole und verschiedene andere Lebensmittelinhaltsstoffe hemmen Nitrosierungen. Geeignete Maßnahmen zur Verminderung der exogenen und endogenen Belastung mit N. sind z. B. a) Senkung des Nitrit- und Nitratzusatzes zu Fleischwaren. Ein völliger Verzicht auf Nitrit erscheint wegen der Gefahr bakterieller Intoxikationen (Botulismus) zu riskant. b) Zusatz von Hemmstoffen (Ascorbinsäure, Tocopherole). c) Verringerung des Nitratgehaltes von Gemüsen.

Nitrose Gase. >Stickoxide<.

Nitrosocystis. >Bacteria< (s. Abb. S. 142).

Nitrosomonas. Eine Bakteriengattung mit >Ammonium< oxidierenden Arten (s. a. Abb. S. 142).

Nitrosospira. >Bacteria< (s. Abb. S. 142).

Nitrovin. Der leistungsfördernde Futterzusatzstoff (>Leistungsförderer, Wirkungen im Darm<) Nitrovin ist ein Furanderivat, das auf eine begrenzte Zahl grampositiver Bakterien wirkt, jedoch inaktiv gegenüber gramnegativen Organismen ist. Die Substanz wird in Konzentrationen von 5 bis 40 ppm über das Futter an Kälber, Schweine und Geflügel verabreicht.

NMOG. >Non-Methan-Organic Gas<.

NOAEL. No-observed-adverse-effect level (dem Sinne nach: höchste Dosis ohne erkennbare nachteilige Wirkung) bezeichnet die Dosis einer Substanz, bei der keine statistisch oder biologisch signifikanten Unterschiede in der Häufigkeit oder Stärke von nachteiligen Wirkungen zwischen einer exponierten Gruppe und einer Kontrollgruppe nachzuweisen sind. Der NOAEL wird wie der >NOEL< (im Rahmen der toxikologischen Bewertung von Substanzen) zur Abschätzung eines Dosisbereichs zugrunde gelegt, der für den Menschen als gesundheitlich unbedenklich einzustufen ist; im Unterschied zum NOEL sind (statistisch signifikante) Wirkungen bei dieser Dosis beobachtbar, sie dürfen aber nicht nachteilig sein.

NOEC. 1. Wasser: No-observed-effect concentration, Konzentration eines Stoffes oder Abwassers, bei der kein Effekt mehr beobachtet wird. Besonders wichtig für Langzeituntersuchungen. Die zu beobachtenden Effekte sind je nach eingesetzten Organismen unterschiedlich, z. B. verändertes Schwimmverhalten bei Fischen oder >Daphnien<, Verweigerung des Futters, Verlust des Chlorophylls bei Algen etc.
2. Luft: Konzentration in der Luft, bei der keine statisch oder biologisch signifikanten Unterschiede in der Häufigkeit oder Stärke von nachteiligen Wirkungen zwischen einer exponierten Gruppe und einer Kontrollgruppe nachzuweisen sind. >NOEL<, >NOAEL<.

NOEL. No-observed-effect level (dem Sinne nach: höchste Dosis ohne erkennbare Wirkungen) bezeichnet die >Dosis< einer Substanz, bei der keine statistisch oder biologisch signifikanten Unterschiede in der Häufigkeit oder Stärke von Wirkungen zwischen einer exponierten Gruppe und einer Kontrollgruppe nachzuweisen sind. In der Toxikologie ist jene Menge eines Stoffes gemeint, die bei täglicher Fütterung weder funktionelle Störungen noch strukturelle Veränderungen am Versuchstier verursacht. Diese Menge wird ausgedrückt in mg/kg Körpergewicht/Tag und auf den Menschen mit wenigstens hundertfacher Sicherheit als >ADI-Wert< (acceptable daily intake) übertragen.

Noell-Konversionsverfahren. Das N.-K. besteht aus den Hauptverfahrensstufen Pyrolyse und Flugstromvergasung (s. Abb. S.824). In Northeim wurde eine Anlage nach dem N.-K. zur Behandlung von Hausmüll und Klärschlamm genehmigt, aber wegen rückläufiger Abfallmengen nicht gebaut. Die Anlage setzt sich aus 2 parallelen Pyrolyselinien und einem Flugstrom-Vergaser zusammen und ist für eine Kapazität von 100.000 t/a ausgelegt. In Freiberg/Sachsen wurde eine Pilotanlage genehmigt und gebaut, die zur Zeit in Betrieb genommen wird.
Die Abfallvorbehandlung erfolgt in Form einer Zerkleinerung mittels einer Rotorschere auf eine Stückgröße < 40 mm. Der zerkleinerte Müll gelangt danach in einen Kontakttrockner, wo der Restwassergehalt des Feinmülls auf 10 % gesenkt wird. Mit einer Stopfschnecke wird der vorgetrocknete Feinmüll unter Sauerstoffausschluß in die Konversionstrommel befördert. Klärschlamm wird ebenfalls vor der thermischen Behandlung auf einen Restfeuchtegehalt von unter 10 % vorgetrocknet und anschließend gemahlen. Die Zugabe des Klärschlamms erfolgt zusammen mit dem Brennstaub aus der Pyrolyse direkt in die Flugstromvergasung.
Die Mengen der anfallenden Rückstände entsprechen in etwa den Mengenverhältnissen der >Thermoselect-Anlage<. Die Eisen- und NE-Metalle können direkt

verwertet werden. Analysen zum Eluatverhalten des Granulats zeigen, daß die Zuordnungskriterien der Deponieklasse I deutlich unterschritten werden und eine Verwertung als Zuschlagstoff in der Bau- und Betonindustrie möglich ist. Der bei der Entschwefelung anfallende Schwefelkuchen läßt sich relativ einfach zu verkaufsfähigem Elementarschwefel aufbereiten.
Das Synthesegas kann, wie in Northeim geplant, direkt über eine Gasturbine mit nachgeschaltetem Dampfturbosatz verstromt oder nach entsprechender Konditionierung in ein Stadtgasnetz eingespeist werden. Wie beim >Thermoselect-Verfahren< ist auch hier die stoffliche Nutzung des Synthesegases zur Herstellung von Methanol und Äthanol grundsätzlich möglich.
Neben stückigem Restabfall läßt sich die Verfahrenskombination Pyrolyse und Flugstromvergasung auch für die Behandlung von festen Sonderabfällen einsetzen. Flüssige und pastöse Abfälle können direkt ohne Vorschaltung der Pyrolysestufe behandelt werden.
Lit: Kaimer M, Schade D (Hrsg) (1999) Bewertung von thermischen Behandlungsanlagen (Planung, Genehmigung, Konzept und Betrieb), Erich Schmidt Verlag, Berlin.

Noir brillant Bn. >Brillantschwarz PN<.

Noir de carbon. >Kohlenschwarz<.

Noir de fumé. >Kohlenschwarz<.

Nomogramm. (Netztafel). Graphische Darstellung einer Gleichung mit zwei oder drei veränderlichen Parametern. Bei Eintrag der Ausgangsparameter kann das Ergebnis unmittelbar abgelesen werden. Bei mehr als drei veränderlichen Parametern sind miteinander verbundene Nomogramme im Einsatz. Z.B. erfolgt die Schornsteinhöhenbestimmung nach >TA Luft< über ein aus drei Nomogrammen bestehendes Verbundnomogramm; s. Abb. >Schornsteinhöhenbestimmung<.

Nonachlorbornane. Liegen zu ca. 8 % in technischem >Toxaphen< vor. Bisher konnten 2 N. isoliert werden, wobei das 2-*exo*,3-*endo*,5-*exo*,6-*endo*,8,8,9,10,10-Nonachlorbornan als Bestandteil der Fraktion >Toxikant A< bestimmt und mit Toxikant Ac benannt wurde. Als zweites N. konnte das mit >Toxikant C< bezeichnete 2-*exo*,3-*exo*,5,5,6-*endo*,8,9,10,10-Nonachlorbornan isoliert werden. In Umweltproben aus dem aquatischen Bereich ist oft das relativ große Signal eines N. auffällig.
Lit: Matsumara F, Howard RW, Nelson JO (1975) Chemosphere 5: 271 – Chandurkar PS, Matsumura F, Ikeda T (1978) Chemosphere 2: 123 – Chandurkar PS, Matsumura F (1979) Bull Environ Contam Toxicol 21:539 – Swackhamer DL, Charles MJ, Hites RA (1987) Anal Chem 59: 913.

Non-Methan-Organic Gas (NMOG). In der neueren USA/kalifornischen Abgasgesetzgebung für Kraftfahrzeuge wird nicht mehr der Sammelbegriff >Kohlenwasserstoffe, HC< zugrunde gelegt, sondern einige besonders smogaktive Komponenten. Dabei wird der Methananteil nicht mehr bewertet (s. Abb. S.825).

Norbixin. Die bei der Hydrolyse des >Bixins< gebildete Dicarbonsäure. N. ist eine Farbstoffkomponente des >Annatto-Extrakts<.

Norbornan. Bicyclo[2.2.1]heptan, bizyklisches Ringsystem, Grundgerüst der zu den Terpenen gehörenden Gruppe der Bornane. >Polychlorbornane< sind die Hauptbestandteile des Insektizids >Toxaphen<.

Normalanforderungen für Abwässer. Ehemalige Zusammenstellung von Richtlinien für den geforderten

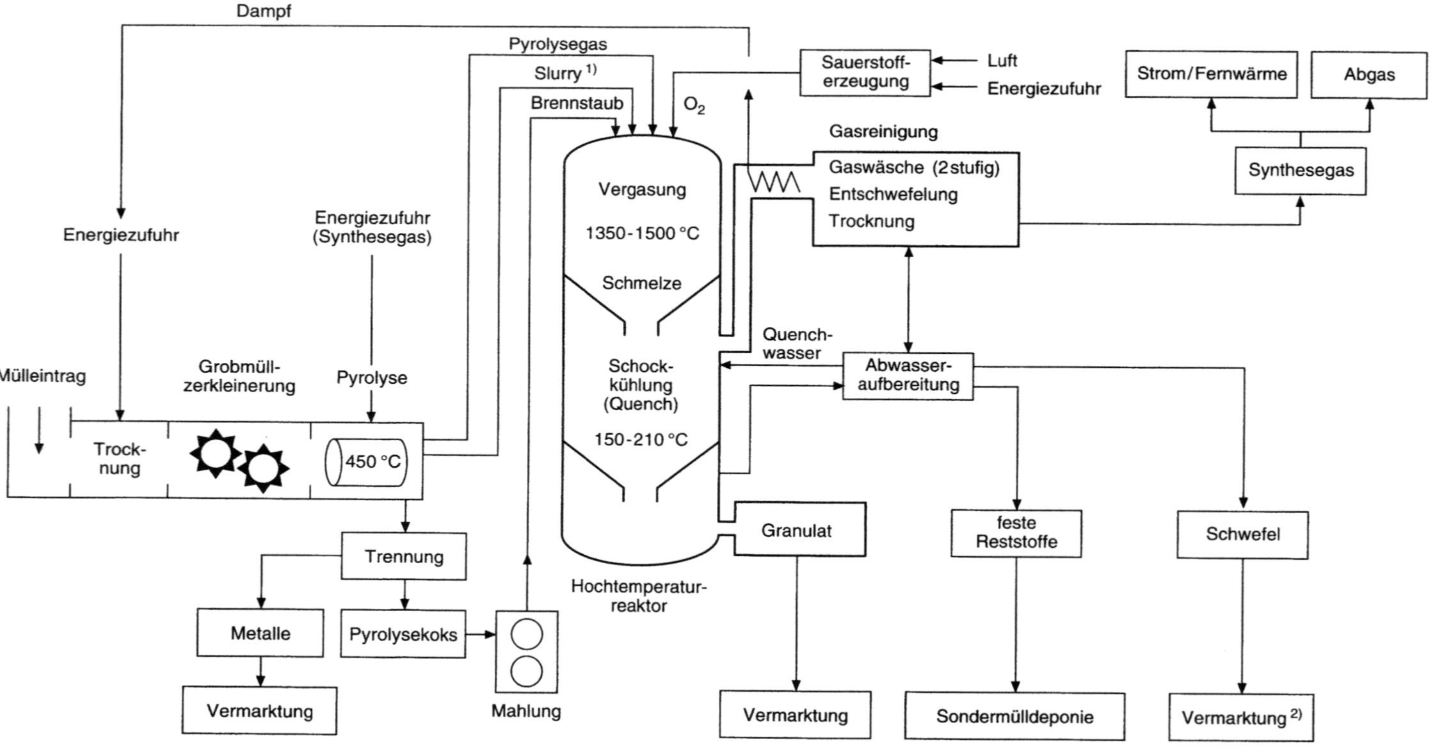

Noell-Konversionsverfahren: Vergleichende Bewertung s. >Anlagen zur thermischen Abfallbehandlung<

Definition NMOG
'Non Methan Organic Gas'

$$NMOG = NMHC \cdot RF + \sum_{n=1}^{m} Carbonyl_n \cdot RF_n$$

Carbonyle	
Formaldehyd	HCHO
Acetaldehyd	CH_3CHO
Acrolein	$CH_2=CHCHO$
Aceton	CH_3COCH_3
Propionaldehyd	CH_3CH_2CHO

Non-Methan-Organic-Gas: Definition

Reinigungsgrad bei >Abwässern< verschiedener Industriearten in Abhängigkeit vom Verfahren der >Abwasserbehandlung< bei Direkteinleitung in einen >Vorfluter< unter Berücksichtigung der Abwassermenge und der Wasserführung des Vorfluters. Heute ersetzt durch >Mindestanforderungen< in den Allgemeinen Verwaltungsvorschriften für Abwasser. >Abwassereinleitung<.

Normaldruck. Der der >Normalatmosphäre< zugrunde gelegter, auf das Meeresniveau bezogener konstanter Luftdruck von 1.013,25 hPa.

Normalperiode. Von der >Weltorganisation für Meteorologie (WMO)< festgelegter 30 jähriger Beobachtungszeitraum, für den weltweit Klimadaten sowie deren statistische Kenngrößen berechnet werden. Die letzten N. waren: 1930 bis 1960 und 1960 bis 1990. Die Daten der N. dienen zur Erstellung von Klimaatlanten sowie zur Beurteilung von Abweichungen aktueller Werte von der N.

Normalverteilung. (Syn. Gauß-Verteilung). Häufigkeitsverteilung, die die Fehlerverteilung bei einer unendlich großen Anzahl von Einzelmessungen einer Zufallsvariablen angibt. Es ist eine stetige Verteilung, deren Wahrscheinlichkeitsdichte die Form einer Gauß'-schen Glockenkurve hat. Die Verteilung ist symmetrisch zum Mittelwert μ der Grundgesamtheit (gesamte Anzahl der Meßergebnisse) und verläuft um so flacher und breiter, je größer die >Varianz< σ^2 bzw. die >Standardabweichung< s ist. Da μ und s beliebige Werte annehmen können, sind unendlich viele N. möglich. Der N. folgen die meisten Resultate der üblichen Analysenverfahren mit Ausnahme von zählenden Analysenmethoden sowie Methoden, bei denen biologische Vorgänge ausgewertet werden, wie z.B. die Keimzahlbestimmung im Trinkwasser.

Norm-Atmosphäre. Kenngrößen der Atmosphäre, derart festgelegt, daß sie einerseits den durchschnittlichen Meßwerten dieser Größen, andererseits einem eindimensionalen aerostatischen Atmosphärenmodell entsprechen; d.h. folgende Gleichungen müssen erfüllt sein:
– >statische Grundgleichung<: $\partial p = -g \varrho \partial z$,
– Zustandsgleichung eines idealen Gases: $p = \varrho$ RT.
Dabei bedeuten: p = Luftdruck, g = Erdbeschleunigung, ϱ = Dichte der Luft, z = Vertikalkomponente des Koordinatensystems, R = allgemeine Gaskonstante und T = Lufttemperatur. Festgelegt werden: - Zusammensetzung der Luft, - Werte der Vertikalverteilungen der Zustandsgrößen (Temperatur, Druck, Dichte und verwandte Kenngrößen), - Teilchengeschwindigkeit, freie Weglänge und gaskinetische Kenngrößen, - Schallgeschwindigkeit, Viskosität und Wärmeleitfähigkeit. Die N.-A. stimmt im wesentlichen mit der internationalen >Standardatmosphäre< überein.
Lit: DIN 5450, Blatt 1 (1968). Diese Norm wurde unverändert übernommen in der ISO-Norm 2533, Ausgabe 5/1975. DIN 5450, Blatt 2, enthält Angaben über die N.-A. für arktische und tropische Verhältnisse.

Normkonkretisierende Verwaltungsvorschrift. In der Rechtsprechung entwickelter Begriff zur rechtlichen Zuordnung der >TA Luft< als Verwaltungsvorschrift. Heute gegenüber dem zeitlich vorher entwickelten Begriff des >antizipierten Sachverständigengutachtens< bevorzugt gebräuchlich.

North American Plant Protection Organization (NAPPO). Pflanzenschutzorganisation für Nordamerika. Regionale Pflanzenschutzorganisation aufgrund des >Internationalen Pflanzenschutzübereinkommens<. Die >EPPO< und die NAPPO arbeiten hinsichtlich Maßnahmen zur Pflanzenquarantäne und Bekämpfungsmaßnahmen bei Quarantäneorganismen eng zusammen.

Notkühlung. Kühlsystem eines >Reaktors< zur sicheren Abführung der >Nachwärme< bei Unterbrechung der Wärmeübertragung zwischen Reaktor und betrieblicher Wärmesenke. Die Notkühlung ist so ausgelegt, daß auch bei Verlust des Reaktorkühlmittels, z.B. bei doppelendigem Bruch einer Frischdampfleitung, der Reaktor gekühlt und die Nachzerfallswärme über Wochen hinweg abgeführt werden kann. Ein sehr hohes Maß an Funktionssicherheit wird durch Mehrfachauslegung erreicht. Auf diese Weise ist die Notkühlung selbst dann sichergestellt, wenn ein Systemteil ausfällt.

Novaphos. >Phosphatdünger<.

NO$_x$. >Stickoxide<.

Noxe. (Lat. noxa = Schaden). Schädigende Substanz oder Faktor, Krankheitsursache.

NO$_x$-Messung. >Abgasanalyse<.

NO$_x$-Minderung. >Abgasentstickung<.

NRC. Nuclear Regulatory Commission, Washington, D.C.; Genehmigungs- und Aufsichtsbehörde für >kerntechnische Anlagen< in den USA.

NTA. >Nitrilotriessigsäure<.

Nucleinbase. (Lat. nucleus = Kern). In den >Nucleinsäuren< vorkommende Stickstoff-Base mit Purin- oder Pyrimidin-Ringstruktur. Die N. sind >Thymin< (nur DNA) >Adenin<, >Cytosin<, >Guanin< und Uracil (nur RNA). In der genetischen Literatur wird häufig nur der Anfangsbuchstabe der entsprechenden N. angegeben.

Nucleinsäure. (Lat. nucleus = Kern). Träger und Übermittler der genetischen Erbinformation. Sie liegen in den Zellen von >Eukaryonten< hauptsächlich im Zellkern (Nucleus), daneben in >Ribosomen< und in geringer Menge auch im Plasma, in den >Mitochondrien< und in den >Chloroplasten< vor. Man unterscheidet bei den N. zwei Typen, die sich in der Struktur v. a. durch ihre Monosaccharidkomponente unterscheiden, was schon an der Nomenklatur erkennbar ist. Es ist die >Desoxyribonucleinsäure< (DNA) und die >Ribonucleinsäure< (RNA). Beide bestehen aus Ketten – die DNA aus Doppelketten – von >Nucleotiden<, die jeweils aus einer >Nucleinbase<, einem Monosaccharid (Pentose) und einem Phosphorsäuremolekül, das in 3'- bzw. 5'-Stellung mit der Pentose verestert ist, aufgebaut ist. Die Nucleotide (Kettenglieder) werden durch Diesterbindungen der Phosphorsäure miteinander verknüpft. Die Monosaccharid-Komponente ist in der DNA >Desoxyribose< und in der RNA >Ribose<. Auf der speziellen Abfolge der Nucleinbasen (>genetischer Code<) beruht die Speicherung der genetischen Information.

Lit: Koolman J, Röhm K-H (1994) Taschenatlas der Biochemie. Georg Thieme Verlag, Stuttgart New York – Stryer L (1990) Biochemie. Spektrum der Wissenschaft Verlagsgesellschaft, Heidelberg.

Nucleosid. Die in den >Nucleinsäuren< vorkommenden Purin- und Pyrimidin-Basen mit den N-glycosidisch gebundenen Pentosen >Ribose< (>RNA<) oder >Desoxyribose< (>DNA<). Die Purinbasen gehen dabei eine 1' → 9-Bindung mit der Pentose ein; die Pyrimidinbasen eine 1' → 1-Bindung. Die Trivialnamen werden bei Purin-N. durch Anfügen der Endung *-osin* (z.B. Adenin/Adenosin) und bei Pyrimidin-N. der Endung *-idin* (z.B. Thymin/Thymidin) an den Stamm des Basennamens gebildet.

Nucleotid. Phosphorsäureester der >Nucleoside<. Dabei sind die 5'-Phosphorsäureester (Esterbindung am C5-Atom der >Ribose< bzw. >Desoxyribose<) als Bausteine der >Nucleinsäuren< (DNA und RNA), als Bestandteil von wasserstoffübertragenden Coenzymen (z.B. NAD, FAD) und als universelle biochem. Energieüberträger (>ATP<, >ADP<, >CTP<, GTP) von besonderer Bedeutung.

5'-Nucleotide. Bausteine der Nucleinsäuren, welche als Polynucleotide anzusehen sind. Jeweils eine Purin- oder Pyrimidinbase, z.B. Thymin oder Adenin, ist *N*-glykosidisch mit einem Zuckermolekül, z.B. D-Ribose oder 2-Desoxy-D-ribose, zum Nucleosid verknüpft. Die Veresterung des Zuckers des Nucleosid am 5'-C-Atom mit Phosphorsäure führt zum 5'-Nucleotid.

Zur aromaverstärkenden Wirkung werden in Nahrungsmitteln vorwiegend die 5'-Nucleotide GMP und IMP eingesetzt. Sie sind relativ hydrolysebeständig und in dem in Nahrungsmitteln üblichen pH-Bereich bis 100 °C stabil. 5'-Nucleotide intensivieren fleischähnliche Geschmacksnoten. Dieser Effekt zeigt sich in allen Lebensmitteln, die auch auf >Glutamat< ansprechen. Zusätzlich wird bei flüssigen Lebensmitteln der Eindruck höherer Viskosität erzeugt, der Eindruck von Frische wird gesteigert. In Suppen werden „body" und „mouthfeeling" verstärkt. In Kombination mit Glutamat ergeben sich synergistische Effekte. Suppen, Soßen, Fleischkonserven und Tomatensaft werden Konzentrationen zwischen 75 und 500 ppm zugesetzt. Zum Nachweis der 5'-Nucleotide werden die Extrakte auf Cellulose- und Ionenaustauschersäulen zunächst vorgereinigt. Die Trennung von IMP und GMP erfolgt dünnschicht-chromatographisch.

Nützlingsschonung. Nützlinge sind Kleinlebewesen, die einerseits wichtig für die >Bodenfruchtbarkeit< sind, z.B. Regenwürmer, andererseits in der Regel den wirtschaftlichen Schaden von Schaderregern begrenzen können. Deshalb ist N. ein wichtiger Faktor in den Konzepten des >integrierten Pflanzenschutzes< und >Pflanzenbaus<. Bis jetzt haben in der Praxis v. a. Insekten Bedeutung, es gibt auch >Pilze<, >Bakterien< und >Viren<. Zur direkten N. trägt bei: der Einsatz von >Pflanzenschutzmitteln< erst nach Erreichen der Bekämpfungsschwelle, um einen Aufbau der Nützlingspopulation zu ermöglichen (Bsp.: Marienkäfer – Blattläuse), alle Maßnahmen für einen gezielten Einsatz von Pflanzenschutzmitteln, z.B. Randbehandlung, Wahl des Zeitpunktes; soweit vorhanden, der Einsatz nützlingsschonender Pflanzenschutzmittel. Die entsprechende Prüfung von Wirkstoffen ist seit 1986 im >Pflanzenschutzgesetz< vorgeschrieben, außerdem liefert dazu die Arbeitsgruppe „Pflanzenschutzmittel und Nutzorganismen" innerhalb der internationalen Organisation für biologische Schädlingsbekämpfung (IOBC) Ergebnisse. Neben der N. ist auch die Förderung von Nützlingen entscheidend.

Nuklearer Winter. Massenhafter Kernwaffeneinsatz soll nach Modellrechnungen durch direkte und indirekte Effekte (z.B. Großflächenbrände) so große Aerosolmengen in die Atmosphäre eintragen, daß infolge stark reduzierter Sonneneinstrahlung die Oberflächentemp. der Erde so stark absinkt, daß für Monate und Jahre winterliche Bedingungen in großen Teilen der betroffenen Hemisphäre herrschen.

Nukleares Ereignis. Jedes einen Schaden verursachende Geschehnis oder jede Reihe solcher aufeinanderfolgender Geschehnisse desselben Ursprungs, sofern das Geschehnis oder die Reihe von Geschehnissen oder der Schaden von den radioaktiven Eigenschaften oder einer Verb. der radioaktiven Eigenschaften mit giftigen, explosiven oder sonstigen gefährlichen Eigenschaften von >Kernbrennstoffen< oder >radioaktiven< Erzeugnissen oder >Abfällen< oder von den von einer anderen Strahlenquelle innerhalb der >Kernanlage< ausgehenden >ionisierenden Strahlungen< herrührt oder sich daraus ergibt.

Nukleon. Gemeinsame Bezeichnung für >Proton< und >Neutron<.

Nukleonenzahl. Anzahl der >Protonen< und >Neutronen< (der >Nukleonen<) in einem >Atomkern<. Die

Nukleonenzahl des U-238 ist 238 (92 Protonen und 146 Neutronen).

Nuklid. Eine durch >Protonenzahl<, >Neutronenzahl< und den Energiezustand charakterisierte Atomart. Zustände mit einer >Lebensdauer< von weniger als 10^{-10} s werden angeregte Zustände eines Nuklids genannt. Zur Zeit sind etwa 2.770 verschiedene Nuklide bekannt, die sich auf die 112 bekannten >Elemente< verteilen. Davon sind über 2.510 Nuklide radioaktiv. >Radionuklide<.

Nuklidgenerator. Gerät zur Erzeugung kurzlebiger >radioaktiver< Substanzen durch chem. oder physikalische Abtrennung aus der langlebigen Muttersubstanz. Der am häufigsten angewendete Nuklidgenerator, speziell in der >Nuklearmedizin<, ist der Molybdän-Technetium-Generator. Ausgangssubstanz ist Mo-99, ein >Beta<-Strahler, mit einer >Halbwertszeit< von 66 Stunden. Es ist als Molybdat an eine anorg. Trägermatrix aus Al_2O_3 adsorbiert. Durch den radioaktiven Umwandlungsprozeß entsteht Tc-99m, metastabiles Technetium welches durch Aussendung eines 140 keV >Gammaquants< in den Grundzustand Tc-99 übergeht. Das Technetium-99m läßt sich mittels physiologischer Kochsalzlsg. aus dem Trägermaterial herauslösen (eluieren) und kann dem Patienten, meist in Form des Pertechnetats, appliziert werden. Da Technetium laufend durch radioaktiven Zerfall nachgebildet wird, läßt sich der Generator immer wieder eluieren. Andere Generatorsysteme sind der Tellur-Iod-Generator (Te-132, HWZ 3,2 Tage, Tochter I-132, HWZ 2,3 Stunden), der Zinn-Indium-Generator (Sn-113, HWZ 118 Tage, Tochter In-113m, HWZ 1,7 Stunden), der Cäsium-Barium-Generator (Cs-137, HWZ 30 Jahre, Tochter Ba-137m, HWZ 2,6 Minuten).

Nulleffekt. Anzahl der Impulse pro Zeiteinheit, die bei einem >Strahlungsdetektor< durch andere Ursachen als die zu messende Strahlung auftreten. Der Nulleffekt besteht im wesentlichen aus der >kosmischen Strahlung< und aus der Strahlung der >natürlichen Radionuklide< der Erde.

Nulleistungsreaktor. >Versuchsreaktor<, der bei so niedriger Leistung betrieben wird, daß ein Kühlmittel nicht erforderlich ist.

Nullwachstum. Wenn bei einer Population die Geburten- und Sterberate gleich groß sind, wird ein N. erreicht. Dann ist meist die >Kapazitäts<grenze erreicht; >Populationswachstum<.

Nullwert. >Null-Risiko<, >de minimis risk<. Er ist in den Vereinigten Staaten in der sog. „Delaney-Klausel" des Gesetzes über Nahrungsmittel, Arzneimittel und Kosmetika (Food, Drug and Cosmetics Act) enthalten, in der der Zusatz aller krebserregenden Mittel zu Lebensmitteln verboten wird. Die Ablehnung bestimmter Risiken durch Umweltchemikalien ohne den Vergleich mit anderen Risiken, ohne Kostenüberlegungen und ohne einen Vergleich mit dem Nutzen manifestiert sich z.B. in der Forderung nach Nullbelastung. Mit dem Fortschreiten der Analysetechnik zeigt sich, daß dieses Postulat angesichts einer vielfach ubiquitären Verbreitung von Stoffen nicht aufrecht erhalten werden kann. Die Nulltoleranz für karzinogene Stoffe in Lebensmitteln, in der „Delaney-Klausel" (USA) manifestiert, ist, abgesehen von wissenschaftlichen Gesichtspunkten, auch in der Anwendung unlogisch: So gibt es in den USA die Nulltoleranz für Karzinogene in Lebens-

mitteln, nicht jedoch im Trinkwasser. Die moderne analytische Chemie kennt den Wert „Null" nicht. Diese Aussage wird verständlich, wenn man sich vergegenwärtigt, daß die Nachweisgrenze in erster Näherung ein Produkt aus Probenmenge (kann sehr groß sein), Anreicherungsverfahren (kann sehr effektiv sein) und Detektionsmethode (kann sehr empfindlich sein) darstellt. Das Aufgeben des Werts „Null" als Ergebnis bedeutet, daß begrenzende methodische Vorgaben eines Analysenverfahrens nicht mehr als Begründung eines Grenzwertes genommen werden. Der Wert für die Nachweisgrenze eines Stoffes bleibt immer methodendefiniert und ist somit völlig fließend zu sehen. Als Konsequenz aus niedrigeren Nachweisgrenzen und der vorhandenen Grundbelastung der Umwelt resultiert ein zweites Faktum, der Blindwert. Es ist in vielen Fällen nicht mehr möglich, auch bei Vorliegen einer „Null"-Emission einen „Null"-Wert einer Immission zu messen, da im Regelfall eine moderne Methodik an die Grenzen der Allgegenwartskonzentration, den Nullwert oder Blindwert, leicht heranzubringen ist. Die Aussage gilt für eine Vielfalt von Stoffklassen, die in unserer technischen Zivilisation umgesetzt werden. >Polychlorbiphenyle<. >Dioxine<.

Lit: Mücke W (1985) Risikoermittlung bei Umweltchemikalien, ZFU 3: 221–245 – Ballschmiter KH (1990) Analytische Grundlagen zur Ermittlung von Grenzwerten, Seminar für Umwelt- und Gesundheitspolitiker zur Grenzwertproblematik in Deidesheim, Umwelt-Magazin Spezial, S. 7–10.

Numerische Lösung. Bezeichnet eine über mathematisch-numerische Näherungsverfahren gewonnene Lösung von komplizierten Gleichungen oder Gleichungssystemen, auch von Differentialgleichungen oder Differentialgleichungssystemen. Gegensatz: >analytische< bzw. >geschlossene< Lösung.

Nutzbare Feldkapazität (nFK). Die Wassergehaltsdifferenz eines Bodens zwischen der >Feldkapazität< und dem >permanenten Welkepunkt<. Die nFK entspricht der Wassermenge, die ein Boden gegenüber der Schwerkraft festhalten, dann aber den Pflanzen zur Verfügung stellen kann. Das in Feinporen gebundene Wasser (Totwasser) bleibt dabei unberücksichtigt. Summiert man die nFK über das durchwurzelbare Bodenvolumen auf, so erhält man die gesamte Niederschlagsmenge, die ein Boden in pflanzenverfügbarer Form speichern kann.

Nutzen. In den Wirtschaftswissenschaften die auf der subjektiven Werteinschätzung beruhende Eigenschaft eines Gutes, zur Bedürfnisbefriedigung eines Wirtschaftssubjektes beizutragen; mit Nutzen wird sowohl diese Eigenschaft als auch das Ausmaß der Bedürfnisbefriedigung bezeichnet. Im Gegensatz zum objektiven Wert gibt es beim subjektiven Wert das Problem der Meßbarkeit. Heute geht man davon aus, daß der Nutzen nicht kardinal meßbar, sondern allenfalls ordinal vergleichbar ist. Der Betrag, um den ein Nutzen größer ist als ein anderer, ist das Maß für die Präferenz, die ein Wirtschaftssubjekt dem Gut mit dem höheren Nutzen gibt. s.a. >benefit<, >Kosten-Nutzen-Analyse< und >Risiko/Nutzen-Analyse<.

Nutzenergie. Der Teil der Endenergie, der beim Verbraucher nach der letzten Umwandlung tatsächlich für den jeweiligen Nutzungszweck zur Verfügung steht. Bei dieser letzten Umwandlung wird Strom zum Beispiel zu Licht, mechanischer Energie oder Heizwärme umgewandelt.

Nutzfahrzeuge. >Lastkraftwagen<.

Nutzinhalt (V). Nutzbarer Inhalt eines >Beckens<; Vol. der Wasserfüllung in m³. Nutzbares Stauvol. in >Abwasserkanälen in m³ (Kanalstauraum).

Nutzpflanzen. Pflanzen, die der Mensch für Nahrungs-, Heil-, Genuß- und technische Zwecke nutzt. Schätzungsweise weniger als ein Viertel der vorhandenen Nutzpflanzen wird vom Menschen als Kulturpflanzen angebaut. Viele der Nutzpflanzen sind vom Menschen z.B. durch Züchtung und Pfropfung verändert, in der Regel jedoch alle, die er gezielt anbaut. Die jährlich von der Landwirtschaft erzeugten Pflanzenprodukte machen 10 bis 11 Mrd. Tonnen an Trockengewicht aus. Daraus ergibt sich aufgrund der dazu nötigen Anbaufläche, daß der Mensch durch seine Pflanzennutzung die Struktur der >Biosphäre< zu einer Kulturlandschaft verändert hat.

Nutzstrahlbündel. Das aus einer >Strahlenquelle<, z.B. einer >Röntgenröhre<, austretende Strahlenbündel. Es wird normalerweise durch Blendenanordnungen auf die notwendige Größe begrenzt. Neben der Verkleinerung der bestrahlten Fläche tritt auch eine erhebliche Verminderung der >Dosis< durch >Streustrahlung< ein.

Nutzungsgrad. Anders als der >Wirkungsgrad<, der die aufgewendete >Energie< mit der nutzbaren Energie über einen kurzen Zeitraum vergleicht, setzt man beim Nutzungsgrad beides über einen langen Zeitraum ins Verhältnis. So kann eine Ölheizung einen Wirkungsgrad von 80% haben, der bei Nennlast erreicht wird. Bei nur teilweiser Auslastung in der Übergangszeit (z.B. Sommer) treten höhere Stillstandsverluste auf, so daß sich ein Nutzungsgrad über das ganze Jahr von nur 65% ergibt.

Nutzungskosten. Zeitliche >Opportunitätskosten< der Nutzung einer erschöpflichen Ressource. Wird eine Einheit einer erschöpflichen Ressource abgebaut, so steht sie in der Zukunft nicht mehr zur Verfügung. Die N. geben den abdiskontierten Wert (>Diskontierung<) der damit verbundenen Nutzeneinbuße an. Die Existenz von N. weist Probleme der erschöpflichen Ressourcen als intertemporale >Allokation<sprobleme aus. Ein pareto-optimaler Abbaupfad einer erschöpflichen Ressource ist dadurch gekennzeichnet, daß die N. im Zeitablauf mit einer Rate wachsen, die der sozialen Diskontrate entspricht (Hotelling-Regel). Der Marktpreis einer erschöpflichen Ressource muß aus wohlfahrtstheoretischer Sicht neben den Abbaugrenzkosten auch ihre marginalen N. widerspiegeln. Grundsätzlich kann der Begriff der N. jedoch jenseits der >Ressourcenökonomik< bei allen intertemporalen Allokationsproblemen verwendet werden. In empirischen Studien werden Schätzungen von N. als Verfügbarkeitsindikatoren für erschöpfliche Ressourcen benutzt.

Lit: Siebert H (1983) Ökonomische Theorie natürlicher Ressourcen. J.C.B. Mohr, Tübingen.

Nutzwertanalyse. Die Analyse einer Menge komplexer Handlungsalternativen mit dem Zweck, die Elemente dieser Menge entsprechend den Präferenzen des Entscheidungsträgers bezüglich eines multidimensionalen Zielsystems zu ordnen. Die Abbildung dieser Ordnung erfolgt durch die Angabe der Nutzwerte (Gesamtwerte) der Alternativen. Die Nutzwertanalyse hat in den vergangenen zwei Jahrzehnten in der Bundesrepublik Deutschland im Bereich der räumlichen Planung und der Umweltbewertung eine weite Verbreitung gefunden.

Lit: Storm PC, Bunge T (1988) Handbuch der Umweltverträglichkeitsprüfung (HdUVP), Erich Schmidt Verlag.

NV-Vertrag. Nichtverbreitungsvertrag, auch Atomwaffensperrvertrag genannt.

O. >Kennbuchstabe< für die >Gefahrenbezeichnung< „>brandfördernd<".

O₂. Molekularer >Sauerstoff< im Grundzustand, d. h. rel. reaktionsträger Triplettsauerstoff, bei dem es sich um ein resonanzstabilisiertes Biradikal handelt. O_2 macht 21 Vol.-% der Luft aus und befindet sich damit im Gleichgewicht zwischen Produktion (oxigene >Photosynth.<) und Verbrauch (>Atmung< und >Verbrennung<sprozesse). Durch Anregung eines >Elektrons< kann hochreaktiver Singulett-Sauerstoff entstehen, der für viele photooxidative Schäden in >Pflanzen< verantwortlich ist.
Lit: Elstner EF (1990) Der Sauerstoff. Biochemie, Biologie, Medizin, B. I. Wissenschaftsverlag, Mannheim Wien Zürich.

OBD. >On-Board-Diagnos<.

Oberboden. Allgemeine Bezeichnung für den obersten Teil eines Bodens. Meist verwendet man den Begriff O. für den humushaltigen (Ah) oder den Bearbeitungshorizont (Ap; >Bodenhorizonte<) eines >Bodenprofils<, in dem der Hauptwurzelraum der meisten Pflanzen liegt.

Oberflächenabfluß. Wird durch Niederschläge mehr Wasser angeliefert, als der Boden aufnehmen und weiterleiten kann, oder ist der Oberboden verschlämmt, so fließt der Überschuß als Oberflächenwasser ab. Der Oberflächenabfluß ist eine der wesentlichsten Ursachen der >Erosion<.

Oberflächenbehandlungsanlagen. Anlagen, in denen die Oberfläche von Gegenständen oder Materialien z. B. aus Metall, Glas, Keramik, Kunststoff, Gummi oder Holz geschliffen, entrostet, gereinigt, befettet, entfettet, lackiert, beschichtet, entschichtet, entwickelt, phosphatiert, getrocknet oder in ähnlicher Weise behandelt wird. Je nach Anlagentyp können besondere Anforderungen an Maßnahmen zur >Luftreinhaltung< erforderlich sein. Immissionsschutzrechtlich genehmigungsbedürftig sind
1. Anlagen zur Oberflächenbehandlung von Metallen unter Verwendung von >Flußsäure< oder >Salpetersäure<, ausgenommen Chromatieranlagen,
2. Anlagen zur Oberflächenbehandlung von Stahlbaukonstruktionen, Werkstücken für Stahlbaukonstruktionen oder Blechteilen mit Strahlmitteln, ausgenommen Anlagen, die geschlossen sind und bei denen das Strahlmittel im Kreislauf gefahren wird und
3. Anlagen zum Lackieren von Gegenständen oder bahnen- oder tafelförmigen Materialien, soweit die >Lacke< org. >Lösungsmittel< enthalten und von diesen 25 Kilogramm oder mehr je Stunde eingesetzt werden.
Die Anforderungen an die Maßnahmen zur Luftreinhaltung richten sich für diese Anlagen nach den Vorgaben der >TA Luft<. Aber auch die >Emissionen< nicht >genehmigungsbedürftiger Anlagen< können besondere Maßnahmen zur Luftreinhaltung (s. hierzu auch >Holzstaub-Verordnung<) erfordern. Hohe Anforderungen gelten dabei insbesondere für die Anlagen, in denen unter Verwendung von leichtflüchtigen >Halogenkohlenwasserstoffen<, wie >Tetrachlorethen<, >Trichlorethen<, 1,1,1-Trichlorethan oder Dichlormethan, vor allem Metalloberflächen z. B. gereinigt bzw. entfettet werden. Die entspr. Anlagen unterliegen der Zweiten Verordnung zur Durchführung des >Bundes-Immissionsschutzgesetzes< (Verordnung zur Emissionsbegrenzung von leichtflüchtigen Halogenkohlen-wasserstoffen – 2. BImSchV) vom 21.04. 1986 in der Fassung vom 14.06. 1991. Die 2. BImSchV fordert u. a., die Emissionen durch Kapselung der Anlagen, Abscheiden aus der Anlagenluft und Änderung des Behandlungsprozesses soweit wie technisch möglich zu begrenzen und abgesaugtes >Abgas< einer >Abgasreinigung< zu unterziehen, wobei die abgeschiedenen, leichtflüchtigen Halogenkohlenwasserstoffe zurückzugewinnen sind. Vor Erlaß dieser Verordnung galten für die Emissionen dieser Anlagen keine Beschränkungen, da die leichtflüchtigen Halogenkohlenwasserstoffe, wie z. B. Tetrachlorethen oder Trichlorethen, als vergleichsweise harmlos angesehen wurden. Die Aufnahme einiger dieser Stoffe in die Gruppe III B „Stoffe mit begründetem Verdacht auf krebserzeugendes Potential" der >MAK-Liste<, die vermutete Beteiligung an zahlreichen schädlichen Umwelteinflüssen sowie die auf die lange Lebensdauer und hohe >Mobilität< dieser Stoffe zurückzuführende zunehmende >Kontamination< der Umwelt erforderte eine drastische Verringerung der Gesamtemission leichtflüchtiger Halogenkohlenwasserstoffe. Da Anfang der 80er Jahre ca. 70 bis 80% der insgesamt in der Bundesrepublik Deutschland jährlich verbrauchten und damit letztendlich an die Umwelt abgegebenen ca. 220.000 Tonnen an Halogenkohlenwasserstoffen im Bereich der Oberflächenbehandlungsanlagen eingesetzt wurden, galt es insbesondere, deren Emissionen zu verringern. Wegen der hohen Anforderungen der 2. BImSchV wurden in den letzten Jahren zahlreiche Verfahren zur Oberflächenreinigung auf wäßrige, halogenkohlenwasserstoff-freie Systeme umgestellt. Beschleunigt wurde dieser Umstellprozeß aber auch wegen der erforderlichen kostenintensiven Maßnahmen zum Grundwasserschutz; nahezu an jedem Standort, an dem in der Vergangenheit Halogenkohlenwasserstoffe eingesetzt wurden, waren Boden- und z. T. auch Grundwasserverunreinigungen festzustellen, da diese Stoffe aufgrund ihrer hohen Mobilität auch Betonfußböden nahezu ungehindert durchdringen; bei hohen Konz. in der Luft in Bodennähe und durch Verschütten reicherten sich die Halogenkohlenwasserstoffe langfristig im Untergrund an.

Oberflächenbelüfter. Bei allen Oberflächenbelüftern erfolgt der Sauerstoffeintrag durch die mechanische Einwirkung der Belüfter an der Wasseroberfläche. Sie erzeugen gleichzeitig Umwälzströmungen, wodurch der >belebte Schlamm< und die Schmutzstoffe des Abwassers vermischt und Schlammablagerungen verhindert werden. Zu den Walzenbelüftern zählen die Bürstenbelüfter, Stabwalzen und >Mammutrotoren<, bei denen auf einer Achse befestigte Bürsten oder Stahlstäbe beim Rotieren in das Wasser einschlagen, wodurch vor allem durch Saugwirbel hinter den Belüfterelementen ein stark turbulent bewegtes Luftblasen-Wassergemisch entsteht. Gleichzeitig wird das Wasser umgewälzt. Im Gegensatz zu den Walzenbelüftern rotieren die >Kreiselbelüfter< nicht um eine horizontale, sondern um eine vertikale Achse.
Lit: Abwassertechnische Vereinigung (Hrsg.) (1982–1986) Lehr- und Handbuch der Abwassertechnik, 3. Aufl., Bd. 1–7, Verlag von Wilhelm Ernst und Sohn, Berlin München.

Oberflächenspannung. (Grenzflächenspannung). Eine zusammenziehende Kraft, die bei Fl. in der Grenzfläche fl./gasförmig oder zwischen zwei nicht miteinander mischbaren Fl. in der Grenzfläche und tangential dazu wirkt und die Oberfläche zu verkleinern sucht. Sie ist

die Folge gegenseitiger Anziehung der Flüssigkeitsmoleküle, die für ein Molekül an der Oberfläche in einer nach innen gerichteten Kraft resultiert, weil im Gasraum oder in der angrenzenden Fl. die Nachbarmoleküle fehlen. Die Anziehung der Nachbarmoleküle in der Oberfläche bleibt erhalten. Die O. von Wasser (72,75 mN/m bei 20 °C) ist gegenüber org. Fluiden vergleichsweise hoch (z. B. Benzol 28,9 mN/m bei 20 °C).
Lit: Mattheß G (1994) Die Beschaffenheit des Grundwassers, 3. Aufl., Gebr. Borntraeger, Berlin Stuttgart.

Oberflächentemperatur. O. ist die Temperatur derjenigen Luftmasse, die unmittelbar an der Grenzfläche lagert und die kurz- und langwellige Strahlung absorbiert und selber langwellig ausstrahlt. Somit ist sowohl die Tages- als auch die Jahresschwankung der Temperatur hier am größten. Ferner beeinflussen geographische Breite, Sonnenhöhe, Himmelsbedeckung, Neigung und Exposition des Geländes, Wärmeleitfähigkeit der Unterlage und horizontale und vertikale Luftbewegungen die O. Mit zunehmendem Abstand von dieser sog. aktiven Oberfläche wird die Temperaturschwankung sowohl im Erdboden als auch in der Luft geringer. Die Abb. zeigt die vertikale Verteilung der Luft- und Bodentemperatur bei verschiedenen Bodenbedeckungen. Tagsüber herrscht bei klarem Wetter in der Luft eine kräftige Temperaturabnahme, nachts dagegen eine Zunahme mit der Höhe. >Bodenwärmehaushalt<.

Oberflächenwasser. Wasser auf dem Festland, das sich im Gegensatz zum >Grundwasser< dauernd oder zeitweilig auf der Erdoberfläche als stehende oder fließende Gewässer befindet. Oberflächenwasser wird heute zu 11 % direkt (z. B. >Bodenseefernwasserversorgung<), 6 % als Uferfiltrat und 12 % über die künstliche Grundwasseranreicherung für die Wasserversorgung herangezogen; s. >Wassermengenwirtschaft<.

Obidoxim. (Syn. Obidoximchlorid). Internationale Kurzbezeichnung für den 1964 von LÜTTRINGHAUS und HAGEDORN synthetisierten Acetylcholinesterasereak-

tivator 1,1'-(Oxydimethylen)-bis(4-formylpyridiniumchlorid)-dioxim, der unter dem Handelsnamen Toxogonin bekannt ist. Obidoxim wird bei Vergiftungen durch >Phosphorsäureinsektizide< oder Nervenkampfstoffe eingesetzt.

Lit: Mutschler E (1986) Arzneimittelwirkungen, Lehrbuch der Pharmakologie und Toxikologie, 5. Aufl., Wissenschaftliche Verlagsgesellschaft, Stuttgart – Stark I (1984) Chemie in unserer Zeit 18: 96–106.

Ochratoxin. Ein >Mykotoxin<, das von dem Pilz *Aspergillus ochraceus* gebildet wird. Vorwiegend sind Mais und Gerste kontaminiert. Die akute Toxizität (LD$_{50}$) beträgt bei der Ratte 20 mg/kg (oral). Beim Menschen kommt es durch den Verzehr zu Nierenschäden und der Bildung einer Fettleber.

Ochratoxin A. Ähnlich den >Aflatoxinen< wird das Mykotoxin Ochratoxin A (>Mykotoxine<) auch in Getreide und Mais nachgewiesen. Es ist weniger toxisch als die Aflatoxine und kann ebenfalls nicht im tierischen Organismus gebildet werden. Ochratoxin A verteilt sich zwar in allen Geweben der Tiere, Schädigungen wurden jedoch überwiegend in Leber und Niere

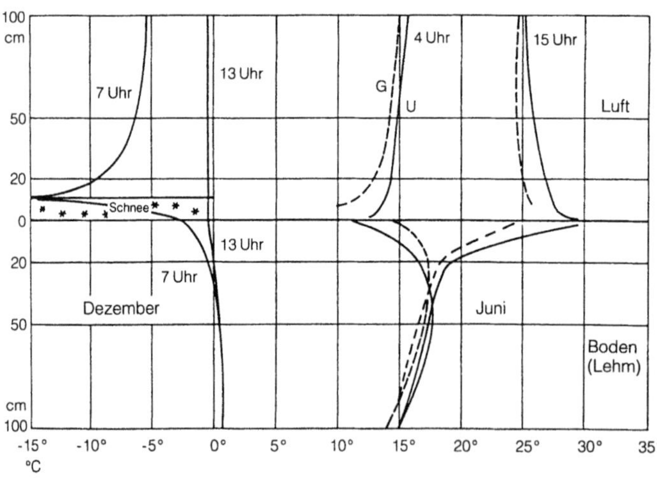

Oberflächentemperatur: Die Temperatur in und über dem Erdboden an Strahlungstagen. Links im Dezember bei Schneedecke. Rechts im Juni bei grasbedecktem (G) und unbewachsenem (U) Boden (aus: Eimern J von, Häckel H (1984) Wetter- und Klimakunde, 4. Aufl., Ulmer Verlag, Stuttgart)

von Schweinen festgestellt. Seine >Halbwertszeit< im Tier beträgt 3 bis 5 Tage.

Ocker. Junge Lagen von Eisen(III)-oxid, die sich im Kontaktbereich zwischen einem eisenhaltigen Grundwasser und der Luft hauptsächlich in >Niedermoorböden< bilden. Mineralogisch bestehen die O. meist aus schlecht kristallisiertem >Goethit< (α-FeOOH) mit einer hohen spezifischen Oberfläche und sind daher besonders zur >Sorption< von Phosphat und anderen Anionen befähigt. Aus diesem Grund tritt hier bei anspruchsvollen Kulturpflanzen (z.B. Mais) häufig ausgeprägter Phosphatmangel auf. >Eisen(III)-hydroxid, -oxid<.

OC-load (auch Sauerstofflast). Quotient aus spezifischem Sauerstoffzufuhrvermögen und der >BSB$_5$<-Raumbelastung. Auch im Deutschen als OC-load bezeichnet in kg O$_2$/kg BSB$_5$ (DIN 4045). Die Bemessung einer Belüftungsapparatur ist auf diese Verhältnisse abzustellen. Ausgangsgröße dazu ist die >Raumbelastung< (B$_R$), die angibt, welche Menge an BSB$_5$ einer Volumeneinheit des Reaktors je Zeiteinheit zugeführt wird. Je nach angestrebtem Reinigungseffekt und der dafür nötigen >Lebensgemeinschaft< ergibt sich die erforderliche Größe des Sauerstoffeintragsvermögens der Belüftungsapparatur (OC-Wert). Die Relation OC/B$_R$ (auch OC-load genannt) liegt für Systeme mit Teilreinigung (Überlastung) bei 1 bis 1,2; für Systeme mit Elimination des Plateau-BSB bei 1,5; für >nitrifizierende< Systeme bei 2,5 und für Systeme mit >Schlammstabilisierung< bei 2,8 kg Sauerstoff je kg BSB$_5$.
Lit: Hartmann L (1989) Biologische Abwasserreinigung, 2. Aufl., Springer-Verlag, Berlin Heidelberg.

Octanol-Wasser-Verteilungskoeffizient. >log P$_{o/w}$<.

Octanzahlen. Maß für die >Klopffestigkeit< von >Ottokraftstoffen<. Dabei wird zwischen >Research<- (ROZ) und >Motor<- (MOZ)-O unterschieden. Beide Kennzahlen werden im Labor mit speziellen Prüfmotoren unter definierten Bedingungen ermittelt, wobei die MOZ das strengere Verfahren darstellt. Die O. ist für die Auslegung von >Ottomotoren< wesentlich, da hohe O. hohe Verdichtung von Motoren und damit geringen >Kraftstoffverbrauch< ermöglichen, >Klopffestigkeit<. Vor dem Erlaß des Benzin-Blei-Gesetzes wurden hohe O. (z.B. in Superbenzin) vor allem durch bleihaltige Additive erzielt. In bleifreien Benzinen werden die hohen O. durch einen höheren Anteil klopffester Komponenten, z.B. Aromaten und weitere >Antiklopfmittel< (z.B. MTBE) erreicht. Die Bestimmung der O. ist nach ISO 5163 und 5164 definiert.

***Octolasion* (Lumbricidae).** >Annelida<, >Bodenfauna<, >Mull-Moder-Modell<.

ODTS. Abkürzung für das „Organic Dust Toxic Syndrome"; beschreibt ein komplexes Krankheitsgeschehen ausgehend von den Atemwegen, das durch eine Reihe von Stoffen ausgelöst werden kann. Es wird auch als Baumwollpflückerkrankheit beschrieben (Byssinose) und, obwohl eine Reihe von Mikroorganismen an der Entstehung des Krankheitsbildes beteiligt ist, ist das ODTS ein nicht-infektiöses Krankheitsbild, welches bei Beschäftigten beobachtet wurde, die hohen Konzentrationen von org. Staub ausgesetzt waren, der toxische mikrobielle Stoffwechselprodukte und Strukturbestandteile wie Endotoxine und Glucane

enthielt. Diese Expositionen gab es früher überwiegend in der Landwirtschaft. Das Krankheitsbild entsteht nach nur wenigen Stunden Latenzzeit nach der Exposition und ist durch die Symptome Schüttelfrost, Gelenkschmerzen, trockener Husten, Kopfschmerzen und Erbrechen gekennzeichnet. Das Krankheitsgeschehen kann unterschiedlich heftig sein, es werden z.B. auch nur akute Reizsymptome an den Schleimhäuten in der Literatur als ODTS beschrieben. Die klinischen Zeichen sind denen der exogen-allergischen Alveolitis sehr ähnlich, es bestehen jedoch folgende Unterschiede: Eine Sensibilisierung geht nicht voraus, auf dem Röntgenbild fehlen Infiltrate, es kommt nicht zu einer schweren Unterversorgung des Körpers mit Sauerstoff, auch nach wiederholtem Auftreten sind Spätfolgen in Form einer Fibrose wie bei der >EAA< nicht zu erwarten. Im Gegensatz zur Alveolitis mit sehr niedriger Inzidenz scheint das ODTS bei entsprechender Exposition häufig aufzutreten (Inzidenz 1%; Prävalenz bis zu 13%). Es handelt sich um eine akute Erkrankung, chronische Formen sind nicht bekannt. Es ist umstritten, daß es sich um eine rein toxische Wirkung handelt, vermutlich bestehen enge Beziehungen zur Alveolitis. Endotoxine und Mykotoxine scheinen zum Krankheitsbild wesentliches beizutragen. Die Übereinstimmung von beiden Krankheitsformen im klinischen Bild und in der Latenzzeit erklärt sich möglicherweise mit gleichen oder ähnlichen Mechanismen bei der Krankheitsentstehung, die nur zu unterschiedlichen Endzuständen führen.
Lit: Böhm R, Martens W, Bittighofer PM (1998) Aktuelle Bewertung der Luftkeimbelastung in Abfallbehandlungsanlagen. Abfall-Wirtschaft, Neues aus Forschung und Technik, M.I.C. Baeza-Verlag, Witzenhausen.

OECD-Guidelines. Prüfrichtlinien der OECD (Organisation of Economic Cooperation and Development), die im Rahmen ihres Chemikalienprüfprogrammes erarbeitet wurden, mit dem Ziel der internationalen Harmonisierung von einheitlichen Prüfmethoden. Es sind standardisierte Prüfvorschriften, die in die folgenden 4 Bereiche eingeteilt sind: 1) Physikalisch-chemische Eigenschaften, 2) Wirkungen auf biologische Systeme, 3) Abbau/Akkumulation, 4) Wirkungen auf die Gesundheit.
Lit: OECD-Guidelines for Testing of Chemicals (1981) OECD, ISBN 92-64-12221-4, Paris.

OECD-MPD. (Organisation of Economic Cooperation and Development-Minimum Pre-Marketing Set of Data). Liste von Parametern (s. Tabelle S.832), anhand derer das zu erwartende Risiko vor der Vermarktung neuer Chemikalien geschätzt werden kann. Dazu gehören Daten zur Identifikation, Produktion, Anwendung, dem physikalisch-chem. Verhalten, zur akuten und chronischen Toxizität, zur Ökotoxizität, zum >Abbau< und zur >Akkumulation<.

OECD-Screening-Test, modifizierter. Von der Europäischen Gemeinschaft vorgeschlagene Methode zur Best. der biol. >Abbaubarkeit< von Substanzen. Dabei wird soviel Prüfsubstanz, wie 5 bis 40 mg >DOC</L entspricht, in einem Nährmedium gelöst, das >Spurenelemente< und >Vitamine< enthält. Die Lsg. wird mit einer geringen Menge polyvalenter >Mikroorganismen< angeimpft und bei 20 bis 25°C im Dunkeln oder bei diffuser Beleuchtung unter Schütteln 28 Tage lang bebrütet. Der Abbau wird durch DOC-Analyse in versch. zeitlichen Abständen verfolgt. Durch Parallelversuche mit einer Kontrollsubstanz wird die Aktivität

OECD-MPD: Test-Parameter für das OECD-MPD

Identifikations- daten	Nomenklaturbezeichnung (IUPAC) Andere Bezeichnungen Strukturformel CAS-Nr. Spektren des technischen und des gereinigten Produktes Reinheitsgrad des technischen Produktes Art und Anteil der Verunreinigungen Notwendige Zusätze oder Stabilisa- toren und ihr Gewichtsanteil
Produktions- und anwendungs- bezogene Daten	Geschätzte Jahresproduktion (in t/a) Beabsichtigte Anwendung Vorschläge bezüglich Beseitigung oder Wiederverwendung Art des Transportes Empfohlene Sicherheits- und Sofort- maßnahmen
Physikalisch- chemische Daten	Schmelzpunkt Siedepunkt Relative Dichte Dampfdruck Wasserlöslichkeit Verteilungskoeffizient Hydrolyse Spektren Adsorption/Desorption Dissoziationskonstante Partikelgröße
Daten zur akuten und chronischen Toxizität	Akute Toxizität oral Akute Toxizität dermal Akute Toxizität inhalativ Hautreizung Hautsensibilisierung Augenreizung Toxizität im 14- bis 28-Tage-Test bei wiederholter Exposition Mutagenität
Daten zur Ökotoxizität	LC_{50} Fisch, 96 h Reproduktion Daphnien, 14 Tage Wachstumsinhibition Alge, 4 Tage
Daten zu Abbau und Akkumulation	Biodegradation (Leichtigkeit des Ab- baus) Bioakkumulation (n-Octanol/Was- ser-Verteilunskoeffizient, Fett und Wasserlöslichkeit, Bioabbaubarkeit)

der Bakterien überprüft bzw. der DOC-Blindwert ermittelt. Der Abbau ist definiert als die prozentuale
Abnahme des DOC bezogen auf die Prüfsubstanz:

$$D_t = (1 - \frac{C_t - C_{bl(t)}}{C_O - C_{bl(0)}}) \cdot 100$$

D_t = Abbau (%), C_O = DOC-Konzentration (mg
DOC/L) des Kulturmediums zu Beginn des Tests,
C_t = DOC-Konzentration (mg DOC/L) des Kulturmediums zum Zeitpunkt t, $C_{bl(0)}$ = DOC-Konzentration
(mg DOC/L) im Blindversuch bei Testbeginn,
$C_{bl(t)}$ = DOC-Konzentration (mg DOC/L) im Blindversuch zum Zeitpunkt t.

OECD-Standard-Umweltmodell. Umweltmodell, das
die Umwelt in vier >Kompartimente< einteilt: Luft,
Wasser, Boden und Sediment. Deren Abmessungen
sind in der Abb. wiedergegeben. Der Gehalt an org.
Kohlenstoff wird für den Boden mit 2% und für das
Sediment mit 4% angenommen. Verwendet wird dieses Modell zur Berechnung der Verteilung von Um-

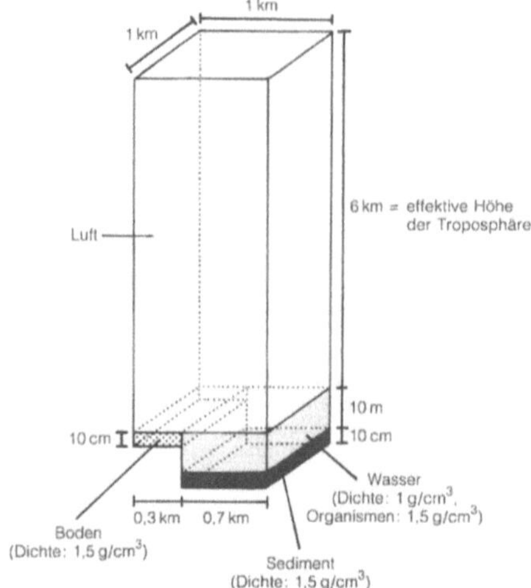

OECD-Standard-Umweltmodell: Schematische Darstellung des OECD-Standard-Umweltmodells

weltchemikalien bzw. zur Prognose ihres Verhaltens
im Rahmen von Expositionsanalysen.

Lit: Neely WB, Mackay D (1982) An evaluative model for estimating environmental fate. In: Dickson KL (Hrsg.) Modeling
the Fate of Chemicals in the Aquatic Environment, Ann Arbor
Science Publishers, Ann Arbor, S. 127.

Ödland. Ungenutztes Land, z.B. Brachflächen, d.h.
landwirtschaftliche Flächen, die nicht bestellt sind; daneben aber auch Areale, die, wie z.B. Kieskuhlen,
zum Bodenabbau genutzt werden. Allgemeiner werden Flächen, die nicht land- oder forstwirtschaftlich
genutzt werden, auch als *Unland* bezeichnet.

Öffentliches Gut. Kollektivgut (s. a. >Clubgut<, >meri-
torisches Gut<, >Mischgut<). Gewöhnlich rivalisieren
die Verbraucher um die Güter: Das, was der eine verbraucht, kann kein anderer mehr nutzen. Es gibt jedoch eine Art von Gütern, bei denen mehrere, gelegentlich beliebig viele Wirtschaftssubjekte ein Gut nutzen können, ohne sich gegenseitig bei der Nutzung zu
behindern („nichtrivalisierender Konsum"). Solche
Güter nennt man „öffentliche Güter" oder „Kollektiv-
güter". Bekannte Beispiele sind die Landesverteidigung oder ein Leuchtturm. In diesem Zusammenhang
tritt häufig ein weiteres Phänomen auf, das Versagen
des „Ausschlußprinzips": Normalerweise können alle,
die nicht bereit sind, eine Gegenleistung zu erbringen,
von der Nutzung eines Gutes ausgeschlossen werden.
Bei öffentlichen Gütern gelingt dies nur in Ausnahmefällen. So ist keine technische Lsg. denkbar, die es erlaubt, den Nichtzahlenden etwa vom Schutz einer
wirksamen Landesverteidigung oder von der Möglichkeit der Orientierung an einem Leuchtturm auszuschließen. Trifft beides zus. (nichtrivalisierender Konsum und Versagen des Ausschlußprinzips), dann handelt es sich um ein „spez. öffentliches Gut". Solche
Güter können über Märkte nicht bereitgestellt werden,
insbesondere, weil niemand ein Interesse daran hat,
seine wahren Präferenzen für ein Gut zu offenbaren,
das er auch ohne Gegenleistung uneingeschränkt nutzen kann (>„Freifahrerproblem"<). Die meisten Um-

weltgüter haben wesentliche Eigenschaften öffentlicher Güter, meist in der Variante der „spez. öffentlichen Güter". Reduzierung der >Schadstoffbelastung< der Luft kommt allen zugute, ebenso die Verringerung der Störfallwahrscheinlichkeit einer im >Störfall< luftbelastenden Anlage. Die Wirkung einer Verringerung der Belastung von Wasser und Boden bleibt zwar häufig regional begrenzt, gleichwohl kommen auch solche Umweltgüter einer meist größeren Zahl von Nutzern gleichermaßen zugute, ohne daß eine technische Lsg. denkbar wäre, einen Nichtzahler von allen Nutzungen auszuschließen. Sollen solche Güter überhaupt bereitgestellt werden, so muß der Staat tätig werden. Dabei ist es nicht erforderlich, daß er selbst die Güter produziert, er kann vielmehr auch die Privaten zwingen, diese Güter in best. Umfang bereitzustellen. Im Bereich der technischen Sicherheit und des Umweltschutzes bedient er sich dazu der Rechtsetzung, indem er z. B. durch Genehmigungsprozeduren, die an best. Beschaffenheitsanforderungen bzw. >Emissionsgrenzwerte< anknüpfen, oder durch Tätigkeitsbeschränkungen jenseits vorgegebener Belastungsgrenzwerte für eine „Mindestversorgung" mit dem öffentlichen Gut „Umwelt" sorgt.

Lit: Cornes R, Sandler T (1986) The theory of externalities, public goods, and club goods, Cambridge University Press, Cambridge – Musgrave RA, Musgrave PB (1989) Public Finance in Theory and Practice. 5. Aufl., McGraw-Hill, New York.

Öffentlichkeit, Beteiligung der. In allen Rechtsgebieten des >Umweltrechts< eingeräumte Rechtsposition für jedermann, an einschlägigen Verwaltungsverfahren der Behörden teilzuhaben, soweit spezialgesetzliche Regelungen (auch unter Rückgriff auf allg. Regelungen der >Verwaltungsverfahrensgesetze< von Bund und Ländern) dies vorgesehen haben. Im Hinblick auf spezialgesetzliche Regelungen über Art und Weise dieser Ö. ist auch der Begriff >förmliches Genehmigungsverfahren< eingeführt. Das wiederkehrende Grundmuster zur Beteiligung der Öffentlichkeit bei einem Verwaltungsverfahren, dargestellt am Beispiel eines >Genehmigungsverfahrens< nach § 10 >Bundes-Immissionsschutzgesetz – BImSchG<, ist wie folgt: 1. Öffentliche Bekanntmachung des Vorhabens durch die zuständige Behörde in ihrem Amtsblatt und außerdem in örtlichen Tageszeitungen, die im Bereich des Standortes der Anlage verbreitet sind, mit Hinweisen und Angaben über folgendes. 2. Zeitlich befristete Auslegung von Antrag und Unterlagen bei der Genehmigungsbehörde und, soweit erforderlich, bei einer geeigneten Stelle in der Nähe des Standortes zur Einsichtnahme durch jedermann. Die Unterlagen müssen Angaben über die Auswirkungen der Anlage auf die Nachbarschaft und die Allgemeinheit enthalten. 3. Möglichkeit, in der von der Behörde genannten Frist Einwendungen gegen das Vorhaben schriftlich zu erheben. 4. Erörterungstermin, auf welchem die schriftlich erhobenen Einwendungen zwischen Antragsteller(in), Einwendern, Genehmigungsbehörde und ggf. hinzugezogenen Sachverständigen erörtert werden. 5. Entscheidung (Genehmigung, modifizierende Genehmigung, Ablehnung, teilweise Ablehnung). 6. Zustellung der Entscheidung.

Öffentlichkeitsbeteiligung. Recht der Bürger, an >Genehmigungsverfahren< beteiligt zu sein; praktisch durchgehend garantiert, es sei denn, es geht um die Offenbarung von Betriebs- und >Geschäftsgeheimnissen<; siehe z. B. § 10 des >Bundesimmissionsschutzgesetzes< sowie das >Planfeststellungsrecht<.

Öko-Audit-Verordnung (EMAS-Verordnung). Gebräuchliche Kurzbezeichnung für die Verordnung (EWG) Nr. 1836/93 des Rates vom 29.06. 1993 über die freiwillige Beteiligung gewerblicher Unternehmen an einem Gemeinschaftssystem für das Umweltmanagement und die Umweltbetriebsprüfung (ABl. Nr. L 168/1). EMAS: Environmental Management and Audit Scheme. Auf nationaler Ebene sind ergänzend ergangen das Gesetz zur Ausführung der Verordnung (EWG) Nr. 1836/93 des Rates vom 29.06. 1993 über freiwillige Beteiligung gewerblicher Unternehmen an einem Gemeinschaftssystem für das Umweltmanagement und die Umweltbetriebsprüfung (Umweltauditgesetz UAG) vom 07.12. 1995 (BGBl. I S. 1591) sowie die Verordnung über das Verfahren zur Zulassung von Umweltgutachtern und Umweltgutachterorganisationen sowie zur Erteilung von Fachkenntnisbescheinigungen nach dem Umweltauditgesetz (UAG-Zulassungsverfahrensverordnung – UAGZVV) vom 18.12. 1995 (BGBl. I S. 1841), daneben die UAG-Gebührenverordnung vom 18.12. 1995 (BGBl. I S. 2014) und die UAG-Beleihungsverordnung vom 18.12. 1995 (BGBl. I S. 2013). Mit der UAG-Erweiterungsverordnung vom 03.02. 1998 (BGBl. I S. 338) ist das Gemeinschaftssystem auf weitere Betriebe erweitert worden.

Mit der Verordnung (EWG) und dem ergänzenden nationalen Gesetz ist ein System der Gemeinschaft zur Bewertung und Verbesserung des betrieblichen Umweltschutzes im Rahmen von gewerblichen Tätigkeiten und zur geeigneten Unterrichtung der Öffentlichkeit geschaffen, an dem sich Unternehmen mit gewerblichen Tätigkeiten freiwillig beteiligen können. Ziel des Systems ist die Förderung der kontinuierlichen Verbesserung des betrieblichen Umweltschutzes im Rahmen der gewerblichen Tätigkeiten durch: a) Festlegung und Umsetzung standortbezogener Umweltpolitik, -programme und -managementsysteme durch die Unternehmen; b) systematische, objektive und regelmäßige Bewertung der Leistung dieser Instrumente; c) Bereitstellung von Informationen über den betrieblichen Umweltschutz für die Öffentlichkeit. Bestehende gemeinschaftliche oder einzelstaatliche Rechtsvorschriften oder technische Normen für Umweltkontrollen sowie die Verpflichtungen der Unternehmen aus diesen Rechtsvorschriften und Normen bleiben von diesem System unberührt. Die Struktur von EMAS ist durch folgende Gliederung gekennzeichnet:

Standorte, welche die Bedingungen der Verordnung erfüllen, werden in ein Verzeichnis eingetragen, welches der Kommission einmal jährlich übermittelt wird. Mit Gesetz vom 07.12. 1995 ist die Registrierung geprüfter Standorte den Industrie- und Handelskammern und den Handwerkskammern übertragen worden (§ 32 UAG). Als Zulassungsstelle für die Zulassung als Umweltgutachter gem. § 28 UAG ist mit der Verordnung vom 18.12. 1995 die DAU – Deutsche Akkreditierungs- und Zulassungsgesellschaft für Umweltgutachter mbH –, Bonn, festgesetzt worden. Noch vor einer europäischen Regelung ist auf nationaler Ebene mit der Verordnung vom 03.02. 1998 der Anwendungsbereich des Gemeinschaftssystems für das Umweltmanagement und die Umweltbetriebsprüfung erweitert worden. Die mit der Erweiterung aufgenommenen Unternehmen können der Anlage zur Verordnung entnommen werden. Es sind Dienstleister wie Erzeuger von Strom, Gas, Dampf und Heißwasser, Energie- und

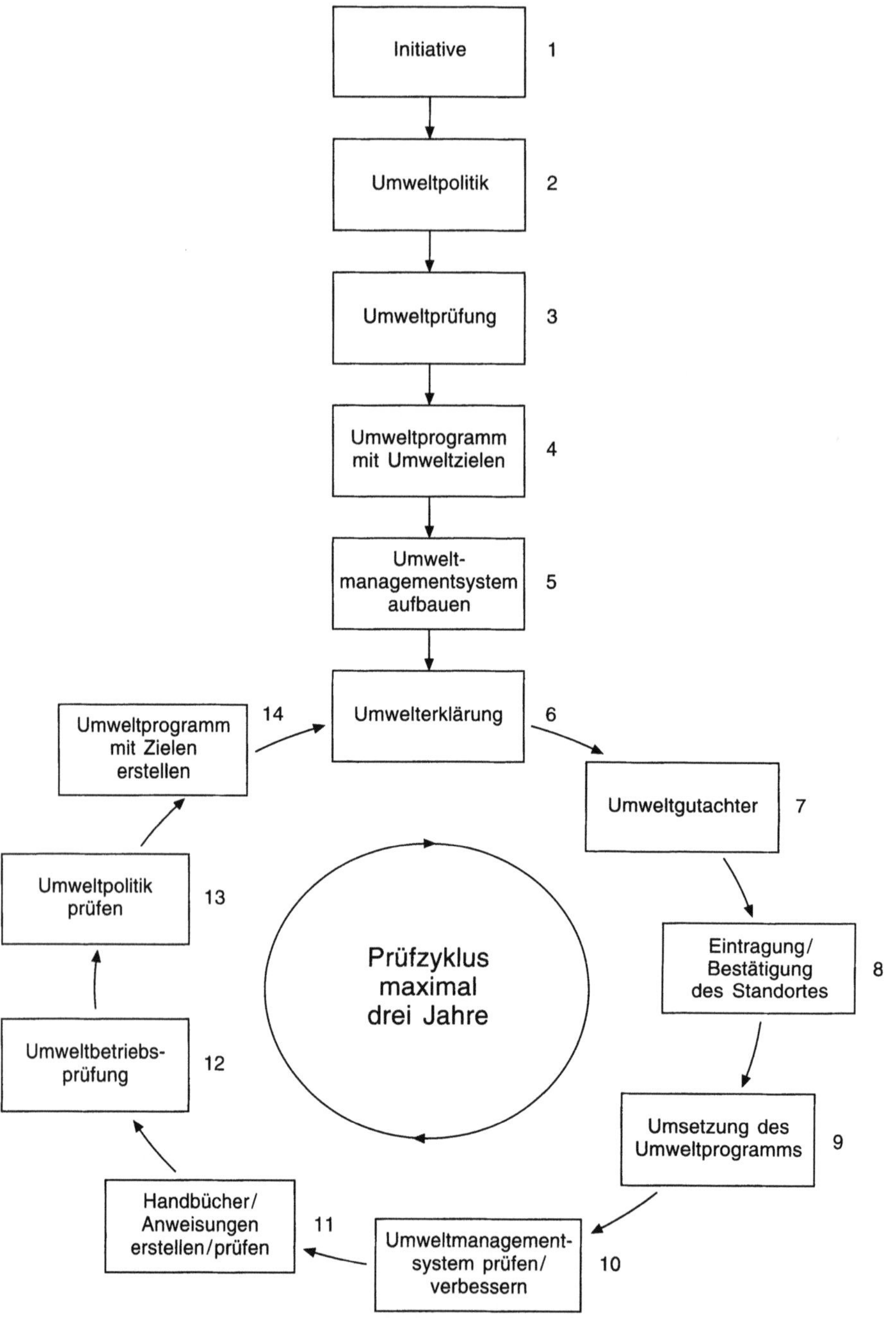

Öko-Audit-Verordnung: Ablaufschema der Öko-Audit-Verordnung (aus: „Umweltplanung, Arbeits- und Umweltschutz", Heft 198 der Hessischen Landesanstalt für Umwelt).

Wasserversorger, bestimmte Groß- und Einzelhandelsbetriebe, Unternehmen des Schienen-, Wasser- und Luftverkehrs, das Kreditgewerbe, Organisationen für technische, physikalische und chem. Untersuchungen, öffentliche Verwaltungen, das öffentliche und private Bildungswesen, Krankenhäuser, bestimmte Betriebe und technische Hilfsdienste für kulturelle Leistungen, Reinigungs- und Färbeunternehmen.

Strukturell der EMAS ähnlich ist die ISO Norm 14001 in ihrer Gliederung: „Umweltpolitik – Planung – Implementierung und Durchführung – Kontroll- und Korrekturmaßnahmen – Bewertung durch die oberste Leitung". Bei ISO 14001 fehlt im Vergleich zu EMAS – jedenfalls als eigenständiger Verfahrensschritt – die Umweltprüfung, also die Bestandsaufnahme zu Beginn. V. a. aber fehlen alle außenwirksamen Elemente von EMAS, wie Prüfung durch einen amtlich zugelassenen Umweltgutachter, die Verpflichtung zur Erstellung und Veröffentlichung einer Umwelterklärung, die Registrierung (Streichung aus dem Verzeichnis) und die Teilnahmeerklärung. Das Fehlen dieser außenwirksamen Elemente ist nicht ein bloßes quantitatives Zurückbleiben hinter EMAS, sondern es zeigt an, daß beide Systeme trotz äußerer Ähnlichkeit von grundverschiedenem Charakter sind. ISO 14001 ist ein reines marktwirtschaftliches Instrument in voller Eigenverantwortung der Unternehmen. EMAS dagegen ist ein Mischsystem, das in seinen Zielen, seiner Organisationsstruktur und bei den Kontrollen nur teilweise auf Selbstbestimmung der Unternehmen beruht, im übrigen aber unter all diesen Aspekten mehr oder weniger stark in das gemeinschaftliche und nationale Umweltverwaltungsrecht eingebunden ist. Das macht aus der Sicht des Umweltschutzes seinen Mehrwert aus, kann aber auf Dauer Akzeptanzprobleme bereiten.

Die Kommission hat aufgrund der strukturellen Übereinstimmungen die ISO Norm 14001 als der Ö-A-V. teilweise gleichwertig anerkannt. Genannt werden die Vorschriften über das Umweltprogramm, das Umweltmanagementsystem, Umweltbetriebsprüfungen und die Fortschreibung nach der Umweltbetriebsprüfung, dazu die einschlägigen Vorschriften der Anhänge A und B. Die Entscheidung ist knapp, aber unklar. So wird gesagt, daß den Anforderungen von EMAS (nur) „bestimmte" Anforderungen von ISO 14001 entsprechen. Nicht gesagt wird aber, um welche es sich handelt. Aber selbst wo auf konkrete Vorschriften verwiesen wird, gibt es viele Zweifelsfragen, die wohl oder übel der Einzelbewertung der Umweltgutachter in den einzelnen Mitgliedstaaten überlassen bleiben. Eine einheitliche, gleiche Wettbewerbsbedingungen gewährleistende Rechtsanwendung ist so nicht möglich. Eine Entscheidung über die wegen ihrer Freiwilligkeit im Wettbewerb stehenden Systeme wird die Zukunft erbringen. Derzeit ist zu vermuten, daß der Wettbewerb primär nicht nach der zu erwartenden Umweltqualität entschieden wird, sondern nach den Vorteilen, die sich die Unternehmen von der Teilnahme versprechen, und in dieser Hinsicht enthalten beide Systeme – trotz prinzipieller Ähnlichkeit – unterschiedlich attraktive Angebote. Besondere Bedeutung wird der Ö-A-V. zunehmend im Rahmen allg. Bemühungen zur Deregulierung, der Verlagerung derzeit staatlicher Aufgaben in private Verantwortlichkeiten, beizumessen sein. Ein Anfang ist mit der Novellierung der neunten >Verordnung zur Durchführung des Bundes-Immissionsschutzgesetzes< – 9. BImSchV gemacht. Danach haben die Behörden bei den im Rahmen eines immissionsschutzrechtlichen >Genehmigungsverfahrens< vom Antragsteller vorzulegenden >Antragsunterlagen< zu berücksichtigen, ob die Anlage Teil eines Standortes ist, für den Angaben in einer der Genehmigungsbehörde vorliegenden Umwelterklärung gem. Artikel 5 der Ö-A-V. enthalten sind. Über die Vorgehensweise in diesem Zusammenhang existieren in den Bundesländern derzeit unterschiedliche Vorstellungen.

Lit: Feldhaus G (1998) Wettbewerb zwischen EMAS und ISO 14001, Umweltplanungsrecht, H. 2, S. 41.

Ökoeffizienz. s. >Umwelteffizienz<.

Ökoepidemiologie. >Ökologische Chemie<.

Ökoinstitut. Im Zusammenhang mit dem Bewußtwerden der Umweltproblematik und der Notwendigkeit für ökologische Gutachten und Schadstoffanalysen entstanden aus privaten Initiativen verschiedene Institutionen in unterschiedlicher Trägerschaft, die solche Gutachten erstellen.

Ökologie. 1. allgemein: Lehre von der Beziehung der Lebewesen untereinander und mit der unbelebten Natur. Der Mensch steht *nicht* im Mittelpunkt dieser Betrachtungen, er ist vielmehr nur ein – allerdings oft wichtiger – Faktor. Da die Vielfalt der Beziehungen außerordentlich komplex ist, werden häufig nur bestimmte Teilbereiche betrachtet: >Autökologie<, >Demökologie< (Populationsökologie), >Synökologie<: oder man faßt bestimmte >Ökosysteme< zusammen: terrestrische Ö., Limnologie (Süßgewässerkunde), Meeresökologie usw. Die Pflanzen- und Tierökologie betrachten hauptsächlich die entsprechenden Lebewesen; der >Natur-< und >Landschaftsschutz< ist Zentrum der >angewandten Ö.<; allgemeine Gesetzmäßigkeiten erfaßt die >theoretische Ö.<.

2. angewandte: Teilbereich der ökologischen Wissenschaft, der eine praktische Bedeutung für den Menschen hat. Hierunter fällt der >Naturschutz< mit dem Schutz der >Lebensräume< und Lebewesen einschließlich der >Landschaftspflege< unter Einbeziehung und Anwendung des ökologischen Wissens sowie der >Umweltschutz< mit Aufbau, Erhalt und Schutz der natürlichen Ressourcen wie Nahrung, Rohstoffe, Luft und Wasser durch entsprechende Maßnahmen, aber auch der Bereich des >Pflanzen-< und >Vorratsschutzes<.

Lit: Akademie für Naturschutz und Landschaftspflege (ANL) (Hrsg.) (1991) Terminologie – Ökologie, 2. Aufl., Selbstverlag, Laufen/Ffm.

Ökologie der Hecke. Hecken sind in einer Agrarlandschaft wichtige Strukturmerkmale. Sie können diese >Landschaft< nicht nur äußerlich gliedern, sondern bilden außerordentlich vielfältige >Biotope<, je nach ihrer Lage im Landschaftsrelief, der Stellung zur Sonne, Baum- und Straucharten, die sie aufbauen, usw. Sie beeinflussen das Klima auf den zwischen ihnen liegenden Feldern und Wiesen und weisen selbst ein stark differenziertes >Mikroklima< auf. Hecken, die genügend breit angepflanzt werden, stellen eine Art doppelten Waldrand dar. Bei günstiger Strukturierung gibt es einen krautigen Saum, der von gestaffelten Sträuchern und im Zentrum oft von Bäumen als höchsten Elementen durchsetzt ist. Auf der Südseite herrschen andere Licht- und Temperaturbedingungen als auf der schattigen Nordseite. Damit ist eine Lebensmöglichkeit für zahlreiche Pflanzen- und Tierarten gegeben, die in ihrer jeweiligen >ökologischen Nische< leben. Besondere Bedingungen herrschen in den v. a.

in Schleswig-Holstein verbreiteten Wallhecken oder Knicks, in deren Innerem ein Wall aus Steinen und Boden vorhanden ist. Von den Hecken geht auch ein starker Einfluß auf die umgebenden Flächen aus. Hecken stellen einen starken Windschutz dar, der mindestens das 10 fache der Heckenhöhe umfaßt. Die Temperatur wird nachhaltig beeinflußt, die Temperatursumme steigt in Gebieten mit Heckenbewuchs deutlich an, mit der positiven Wirkung eines erhöhten Ertrags. Die Feuchtigkeit kann erhöht sein durch stärkere Taubildung und Schneeablagerung längs der Hecke. Die Lebewesen der Hecke stehen mit denen der Felder in einem Austausch. Bewegliche Arten nutzen die Hecke als Schlaf- und Brutplatz und gehen zum Beutefang oder zum Fressen auf die Flächen. Dies trifft auf Vögel und Säuger ebenso zu wie auf Insekten. Hecken können Nützlingen Schutz geben, aber auch Schädlingen wie z.B. Blattläusen ein Winterquartier. Durch die Vielfalt der Lebewelt überwiegen aber die positiven Effekte bei weitem. Hecken sind daher in der Kulturlandschaft besonders schützenswert.

Ökologiezentren. Dienen der Information der Öffentlichkeit und der Weiterbildung verschiedener Zielgruppen, z.B. Lehrer oder Verwaltungsbeamte, in Fragen der Ökologie und der Umweltproblematik. Daneben werden oft örtliche Besonderheiten dargestellt, wie bedrohte >Landschaften< oder >Biotope<, und gezielte >Naturschutzmaßnahmen< initiiert oder gefördert. Ö. entstanden in den letzten Jahren an vielen Orten, oft durch private Initiativen und getragen von Vereinen, Arbeitsgemeinschaften oder kommunalen Einrichtungen.

ökologisch. Dinge und Begriffe, die sich auf die >Ökologie< beziehen.

Ökologische Abfallentsorgung. >Abfallentsorgung< mit dem vorrangigen Ziel des biologischen und technischen >Umweltschutzes<, um schädigende Einflüsse der >Entsorgung< auf die natürlichen Lebensgrundlagen von Mensch, Tier und Pflanzen zu vermeiden.

Ökologische Ausgleichsräume. Bei Eingriffen in die Natur sind heute durch Gesetze häufig Ausgleichsmaßnahmen vorgeschrieben, z.B. beim Straßenbau durch ökologisch wertvolle Landschaftsteile. Wird dabei z.B. ein Feuchtgebiet zerstört oder durchschnitten, müssen in der Nähe neue >Feuchtbiotope< angelegt oder extensive >Grünlandflächen< geschaffen werden.

Ökologische Belastungsanalyse. In einer solchen Analyse wird die Belastbarkeitsgrenze untersucht, die in einem >Ökosystem< zu reversiblen oder irreversiblen Schäden führt. Reversibel ist eine Belastung, die nicht zu dauernden Veränderungen im Ökosytem führt, wobei ein einzelner Faktor starke oder geringe, in letzterem Fall aber mehrerere Faktoren in der Summe starke Wirkungen zeigen können: >synergistische Effekte<. Nach Beendigung der Belastung muß der alte Zustand in etwa wieder erreicht werden. Die Wirkung der Belastungsfaktoren wird auch als >Streß< bezeichnet.

Ökologische Chemie. Ö.C. ist eine interdisziplinäre Fachrichtung, die sich mit den stofflichen Konsequenzen anthropogenen Handelns chemisch auseinandersetzt und die ökologisch relevanten stofflichen Veränderungen in der Umwelt zum Gegenstand hat. Ihrem Forschungsgegenstand, den Wechselwirkungen von >Umweltchemikalien< mit Organismen, Populationen und Umweltkompartimenten (Luft, Wasser und Boden), entsprechend werden Themen aus den Fachdisziplinen Chemie, Physik, Biologie, Ökologie, Geo- und Agrarwissenschaften, Meteorologie und Ingenieurwissenschaften mitberührt. Sie entwickelt wissenschaftliche Strategien und Konzepte zur ökologischen Bewertung von Chemikalien, zur frühzeitigen Erkennung der Konsequenzen des Auftretens von industriellen Chemikalien oder anthropogen veränderten Naturstoffen und Möglichkeiten deren Vermeidung. Das >Chemikaliengesetz< war eine der Konsequenzen aus den Forschungsergebnissen der Ö.C. Der Begriff *Umweltchemie* wird synonym verwendet.

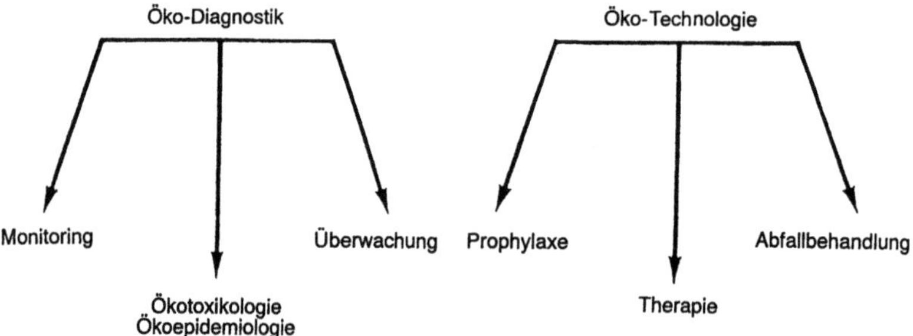

Ökologische Chemie und ihre Arbeitsfelder: Wechselwirkungen von Umweltchemikalien mit Organismen, Populationen, Umweltkompartimenten z.B.:

- Vorkommen und Produktionshöhe
- Anwendungsmuster
- Ausbreitung in der Umwelt
- Aufnahme und Akkumulation in der Umwelt
- Toxizität und Ökotoxizität
- Persistenz und Abbau
- Umwandlungsreaktionen

- Emissionsvermeidung bei der Produktion
- Vermeidung technischer Verunreinigungen
- Verbesserte Applikationstechniken
- Substitution durch umweltkompatible Produkte
- Verbesserte Abfallbehandlung
- Bodenverbesserung und Altlastensanierung

Die Arbeitsfelder der Ö.C. sind im wesentlichen in zwei Bereiche unterteilt (s. Abb. S.836): 1. Ökodiagnostik: eine deskriptive Bestandsaufnahme der chemischen Umweltqualität mit Mitteln der >Umweltanalytik< (>Monitoring<), der wirkungsbezogenen Untersuchungen in Labor- und Freilandtestsystemen (>Ökotoxikologie<), der räumlichen Zuordnung adverser Effekte in der Umwelt und deren Erkennung (Ökoepidemiologie) sowie der Überwachung der Emissions- und Immissionssituation technischer Anlagen bzw. ausgewählter Regionen; 2. Ökotechnologie: technische Verfahren der Sanierung und der Gesunderhaltung der Umwelt, also im weitesten Sinne die ökologisch kompatible Umwelttechnik. Dies ist naturgemäß am besten mit prophylaktischen Maßnahmen zu erreichen, die auch immer als erster Schritt bei Sanierungen, z.B. von kontaminierten Standorten und >Altlasten< aber auch von Bächen und Flüssen (Ökotherapie), zum Einsatz kommen. Schließlich ist eine umweltverträgliche >Abfallwirtschaft< (Vermeiden, Vermindern, Verwerten gehen vor Entsorgen) eine der wesentlichen Säulen der >Umweltpolitik<, und wurde inzwischen bundesweit zum Staatsziel erhoben.
Die Ö.C. als Fachdisziplin wurde in Deutschland durch die Gründung des Instituts für Ökologische Chemie der >GSF< durch Prof. Dr. Friedhelm Korte 1968 ins Leben gerufen. Der erste Lehrstuhl des gleichen Namens wurde 1972 an der Technischen Universität München in Freising-Weihenstephan ebenfalls von F. Korte eingerichtet. In der Folgezeit wurden an verschiedenen anderen Universitäten und Forschungseinrichtungen gleichnamige Institute gegründet, z.B. Uni Bayreuth, Duisburg, Braunschweig, FhG Schmallenberg. Auch die Chemische Industrie hat sich in ihren Forschungszentren dieses Themenkreises angenommen. Der artikulierten Interessenlage ihrer Mitglieder entsprechend hat die Gesellschaft Deutscher Chemiker 1990 eine neue Fachgruppe Umweltchemie und Ökotoxikologie gegründet, zu dessen ersten Vorsitzenden Prof. Dr. O. Hutzinger, Leiter des Lehrstuhls für Ökologische Chemie und Geochemie der Universität Bayreuth gewählt wurde.
Lit: Korte F (1992) Lehrbuch der Ökologischen Chemie, 3.Aufl., Thieme, Stuttgart.

Ökologische Indizes. Bei ökologischen Untersuchungen wird vielfach die Zahl der >Arten< und der Individuen ermittelt. Diese Zahlen allein sind vielfach zum direkten Vergleich nicht geeignet. Daher werden aus ihnen bestimmte ö.I. errechnet, die sich auf die Vielfältigkeit der Arten, die >Diversität<, und die relative zahlenmäßige Größe einer Art, die >Dominanz< beziehen. In den Diversitätsindex gehen die Zahlen der Arten und deren >Abundanzen< ein. Der Index erreicht seinen höchsten Wert, wenn die Individuenzahlen für alle Arten gleich groß sind. Der Dominanzindex berechnet sich aus der Individuenzahl der häufigsten Art und der Gesamtindividuenzahl. Neben diesen ö.I. gibt es weitere, z.B. die Evenness, die das Verhältnis des tatsächlichen Diversitätsindexes einer >Lebensgemeinschaft< = >Biozönose< zum maximal möglichen Index bei gleicher Artenzahl angibt (Shannon-Winer-Index). So wird nicht die Gesamtartenzahl, sondern die Gleichverteilung der Individuen auf die Arten berücksichtigt. Die Jaccardsche Zahl ist ein Maß für die Übereinstimmung der Artenzahl zweier Populationen bzw. >Habitate<. Die Renkonensche Zahl ist ein Maß für die Überein-

stimmung der Dominanzverhältnisse, >Dominanzidentität<.
Lit: Mühlenberg M (1993) Freilandökologie. 3.Aufl., UTB, Stuttgart.

Ökologische Modelle. Werkzeuge der theoretischen >Ökologie<. Sie werden erstellt, um die Gesetzmäßigkeiten ökologischer Prozesse mit mathematischen Methoden erfassen zu können. Ökosystemare Prozesse werden meist mit Differentialgleichungen dargestellt. Unter Festlegung definierter Parameter werden deterministische Modelle erstellt bzw. unter Einbeziehung statistischer Daten stochastische Modelle. Mit Hilfe der ö.M. ist eine >Simulation< bzw. die >Systemanalyse< ökologischer Prozesse möglich.

Ökologische Nische. Der Begriff wird in der Literatur unterschiedlich verwendet. Ursprünglich war er rein räumlich gemeint und bezog sich auf den engen Lebensbereich einer Art. Später wurde mehr die Funktion einer Art gesehen, besonders in Beziehung zu ihrer Nahrung oder zu sich selbst als Nahrungsquelle. Mit Bezug auf Elton wird der Begriff auch als „ökologische Planstelle" innerhalb einer >Nahrungskette< definiert. Heute bezeichnet man die Gesamtheit aller >abiotischen< und >biotischen Faktoren<, die auf eine Art wirken, als ihre ö.N. Der Begriff ist also nicht räumlich, sondern funktionell zu sehen.
Lit: Elton CH (1927) Animal Ecology, 1.Aufl., Methuen & Co, London.

Ökologische Ökonomie. Teilgebiet der Volkswirtschaftslehre, bei dem eine Integration der Ökonomie und Ökologie angestrebt wird (>nachhaltige Entwicklung<). Die ö.Ö. ist der >Umwelt- und Ressourcenökonomik< eng verbunden. Sie geht jedoch stärker als letztere über den Rahmen der neoklassischen Volkswirtschaftslehre hinaus und verfolgt einen interdisziplinären Ansatz.

Ökologische Planung. Sie sollte heute das Ziel sein, unter dem die verschiedenen Fachplanungen der Verwaltungen, z.B. Landesentwicklungsplan, Bebauungsplan usw., übergreifend eine optimale Sicherung und Entwicklung der Landschaft und des Naturhaushalts anstreben. Die Berücksichtigung ökologischer Gesichtspunkte kann nicht einer begrenzten Fachplanung allein überlassen werden; es sollten vielmehr die sich widersprechenden Planungsziele aus übergeordneter ökologischer Sicht zusammengeführt werden.

Ökologische Potenz. (Syn. ökologische Valenz, ökologische >Reaktionsbreite<). Fähigkeit einer Art, bei den gegebenen >biotischen< und >abiotischen< Faktoren< leben zu können, diese also zu tolerieren. Man spricht daher auch von ökologischer Toleranz. Arten mit hoher Spezialisierung, die nur geringe Abweichungen eines oder mehrerer Faktoren ertragen, heißen stenopotent oder >stenök<; Arten mit breiter Toleranz heißen eurypotent oder >euryök<.

Ökologische Rasse. >Ökotyp<.

Ökologische Reserve. >Ökologische Zellen<.

Ökologische Schranke. Wachsende >Populationen< tendieren zur Ausbreitung. Dieser Ausbreitung wird durch klimatische oder geographische Bedingungen bzw. die begrenzten Bewegungsmöglichkeiten Grenzen gesetzt. So können Meere oder hohe Gebirge aktiv oft nicht überwunden werden. Eine passive Verbreitung, wie sie z.B. bei Pflanzensamen erfolgt, ist durch Wind, Wasser oder Tiere ebenfalls nur begrenzt möglich. Bei der Überwindung der Schranken können möglicherweise >Trittstein-Biotope< eine Rolle spielen. Durch den internationalen Verkehr sind ö. S. vielfach überwunden worden, z.B. bei der Ausbreitung der Wollhandkrabbe aus China in den europäischen Flüssen.

Ökologische Steuerreform. Gegenstand und Ziel einer Überarbeitung derzeitiger Steuersysteme, um Ressourcen sparsam zu nutzen. Die Konzepte befinden sich gegenwärtig noch im Anfangsstadium. Die ö.S. soll einen ersten Schritt in Richtung >nachhaltige Entwicklung< darstellen. Sie würde eine Programmkombination aus steuer- und umweltpolitischen Mitteln beinhalten. Tätigkeiten mit negativen Umweltwirkungen würden besteuert und solche mit positiven finanziell belohnt. Die ö.S. soll fiskalisch ergiebig und im Gegensatz zu den Umweltsteuern aufkommensneutral gestaltet werden. Im Vordergrund einer ö.S. stünde eine Besteuerung der Energie. Mit dem Steueraufkommen sollten Steuerentlastungen an anderer Stelle (z.B. eine Verringerung der Lohnnebenkosten) finanziert werden. Davon erhofft man sich eine sog. „doppelte Dividende", weniger Umweltverbrauch bei gleichzeitiger Entlastung des Arbeitsmarktes.

Ökologische Technik. Technische Maßnahmen und Konstruktionen mit dem vorrangigen Ziel, schädigende Einflüsse auf die natürlichen Lebensgrundlagen von Mensch, Tier und Pflanze zu vermeiden.

Ökologische Treffsicherheit. Genauigkeit, mit der ein umweltpolitisches Ziel mit einem umweltpolitischen Instrument erreicht werden kann. Die ö.T. ist wie die >ökonomische Effizienz< und die >dynamische Anreizwirkung< zentrales Kriterium zur ökonomischen Beurteilung umweltpolitischer Instrumente (>Umwelt- und Ressourcenökonomik<).

Ökologische Toleranz. >Ökologische Potenz<.

Ökologische Valenz. >Ökologische Potenz<, >ökologische Zellen<.

Ökologische Zellen. Oft kleinflächige natürliche oder naturnahe >Biotope<, die verstreut in der >Landschaft< liegen. Ihre ökologische Bedeutung besteht darin, daß sie Restpopulationen von Pflanzen und Tieren beherbergen können, die sich von hier aus bei entsprechenden landschaftspflegerischen oder Naturschutzmaßnahmen ausbreiten können. Sie stellen damit eine *ökologische Reserve* dar.

Ökologischer Landbau. Sammelbegriff für eine Landbewirtschaftung ohne bzw. mit sehr restriktivem Einsatz von >Mineraldünger< und chem. >Pflanzenschutzmitteln< in Abgrenzung zur Landwirtschaft mit Nutzung dieser Produktionsmittel. Es gibt verschiedene Richtungen des ö.L, die nach verbindlichen Richtlinien arbeiten. In Deutschland sind folgende Anbaurichtungen am meisten verbreitet: 1. Die biol.-dynamische Wirtschaftsweise, 2. der Org.-biol. Landbau, 3. der naturnahe Anbau der >ANOG<. Daneben gibt es noch den Landbau nach Lemaire-Boucher (hauptsächlich in Frankreich), den nach Howard und Belfour (in England), dem makrobiotischen, den Mazdaznan und den veganistischen Landbau, in Deutschland ohne praktische Bedeutung. Hier gibt es sechs anerkannte Verbände des ökologischen Landbaus, die seit 1988 in

der „Arbeitsgemeinschaft der Verbände des ökologischen Landbaus in der Bundesrepublik Deutschland" (ALGÖL) zusammengeschlossen sind und die Schutzzeichen „Demeter", „Bioland", „Naturland", „Biokreis", „ANOG", „Bundesverband ökologischer Weinbau" („BÖW"), „Biokreis Ostbayern", „Bundesverband ökologischer Weinbau" („BÖW"), „Biopark", „Gää" und „Ökosiegel" führen. Seit 1972 gibt es eine international übergreifende Organisation, „International Federation of Organic Agriculture Movements (IFOAM). Das kennzeichnende Selbstverständnis dieser Richtungen ist die Auffassung des landwirtschaftlichen Betriebes als Einheit, als Organismus, in dem ein möglichst vollständiger Kreislauf der Stoffe, Kräfte und Lebensvorgänge angestrebt wird. Bei der biol.-dynamischen Wirtschaftsweise gehören dazu auch die kosmischen Kräfte. Der Landwirt soll den Kreislauf nicht durch den Gebrauch systemfremder Mittel stören, sondern die natürlichen Regulationskräfte durch den Einsatz systemkonformer Mittel und Methoden fördern. Das bedeutet neben dem erwähnten Verzicht auf bestimmte Betriebsmittel die besondere Beachtung des Bodenlebens, der Humuswirtschaft sowie vielseitige Fruchtfolgen mit Leguminosenanbau (>Leguminose<) zur Stickstoffbindung. Die ökologische Differenzierung zwischen herkömmlicher Landwirtschaft und ö.L. ist exakt nur standortabhängig und nach langjährigem Vergleich möglich. Grundsätzlich läßt sich aber sagen: Beim ö.L. ist die Artenvielfalt und i.d.R. auch die Anzahl der Einzelart größer (mehr Unkrautarten, oberirdisch mehr Insekten und Käfer), dies hängt z.T. auch mit der vielfältigeren Fruchtfolge zusammen. Bei guter Wirtschaftsweise findet man auch mehr >Regenwürmer<, dies ist eine Frage der >Bodenbearbeitung< und der Art der eingearbeiteten org. Substanz. Die >Bodenfruchtbarkeit< hängt v.a. von der langfristigen Zufuhr genügender >Nährstoffe< und leicht zersetzbarem org. Material ab. Gemessen an den >Enzymaktivitäten< und am Humusgehalt ist die Bodenfruchtbarkeit am höchsten bei Kombination von mineralischer und org. >Düngung<, es ist aber auch durch alleinige mineralische Düngung eine Erhöhung der org. Substanz möglich. Beim ö.L. sinkt langfristig im Vergleich mit herkömmlicher Wirtschaftsweise der Nährstoffgehalt des Bodens. Beim Nitratproblem (>Nitrat<) bedeutet ö.L., abgesehen vom niedrigeren Stickstoffniveau des Bodens im ö.L., im Vergleich zur Mineraldüngung keinen Vorteil, da der Alternativbetrieb gezwungen ist, durch >Leguminosen< und Wirtschaftsdünger >Stickstoff< im Boden anzusammeln, dessen Menge und Freisetzungszeit schlechter als Mineral-Stickstoff zu steuern ist. Leguminosen senken den >pH-Wert< des Bodens ab, insofern ist hier die >Kalkung< – auch in der übrigen Landwirtschaft nötig – besonders wichtig. Die exakte ökonomische Bewertung des ö.L. ist wiederum nur am Einzelfall möglich. Prinzipiell muß man von folgenden Voraussetzungen ausgehen: Ökologische Betriebe haben einen niedrigeren Aufwand für Dünge-, Pflanzenschutz- und Zukaufsfuttermittel, einen höheren für Löhne (mehr Arbeitskräfte), somit insgesamt einen höheren Unternehmensaufwand. Infolge einer Verarbeitung der Eigenerzeugnisse können sie auch höhere Kosten für Gebäude, Maschinen und Energie haben. Die Erträge liegen ca. 30% unter denen herkömmlicher Betriebe, die Wirtschaftlichkeit der ökologischen Betriebe ist derzeit durch die doppelt bis dreifach höheren Verkaufserlöse gegeben. 1998 bewirtschafteten in Deutschland ca. 7350 Betriebe rund 354.200 ha nach den Regeln des Ö. L.

Lit: Brugger G (1990) Landbau- alternativ und konventionell, Auswertungs- und Informationsdienst für Ernährung, Landwirtschaft und Forsten (AID) (Hrsg.) Bonn, Heft Nr. 1070.

Ökologisches Gleichgewicht. (Syn. biozönotisches G.) Der Gleichgewichtszustand in einer >Lebensgemeinschaft< oder einem >Ökosystem< ist nicht stabil. Seine Teile, die Größe der einzelnen Populationen, schwanken vielmehr ebenso wie die >abiotischen Faktoren<, stehen also in einem Fließgleichgewicht. Dennoch bleibt das Gesamtsystem über lange Zeiträume stabil. Eine Destabilisierung erfolgt heute aber vielfach durch den Menschen. >Gleichgewicht<.

Ökomorphose. Morphologische Veränderungen, die regelmäßig im Jahresverlauf auftreten und durch >Umweltfaktoren< hervorgerufen werden. Beispiele bietet die >Zyklomorphose< von Süßwasserorganismen.

Ökonomische Daten. Oberbegriff für Parameter wie z.B. Produktionsvolumen, Vermarktungsmenge, Import, Export.

Ökonomische Effizienz. Fähigkeit eines umweltpolitischen Instruments, ein vorgegebenes umweltpolitisches Ziel mit den geringsten volkswirtschaftlichen Kosten zu erreichen. Die ö. E. ist wie die >dynamische Anreizwirkung< und die >ökologische Treffsicherheit< zentrales Kriterium zur ökonomischen Beurteilung umweltpolitischer Instrumente (>Umwelt- und Ressourcenökonomik<).

Öko-Polo. Auf Volkswagen-Polo-Basis wurde ein Öko-Stadtfahrzeug mit 2-Zylinder-Dieselmotor und gekapselter >Schwungnutzautomatik< (Vermeidung von Wärmeverlusten und damit besserem Neustart) mit minimalem >Kraftstoffverbrauch< und Schadstoffausstoß konzipiert. (Ausgangsbasis zur Entwicklung von >Hybridfahrzeugen<).

Ökosalvatologie. Von F. Korte geprägte Bezeichnung für Ökotechnologie. >Ökologische Chemie<.

Ökosphäre. In Anlehnung an die >Atmo-<, >Litho-<, >Hydro-< und >Biosphäre< die Vorstellung, daß >Ökosysteme< ähnlich wie die Böden in der >Pedosphäre< eine quasi-kontinuierliche, kugelschalenartige Verteilung auf der Erdoberfläche zeigen, mit gegenseitiger Durchdringung von Atmo-, Litho-, Hydro- und Biosphäre.

Ökosystem. 1. allgemein: Die gesamte Lebewelt eines >Biotops< bildet die >Biozönose<. Zusammen bilden Biotop und Biozönose eine Einheit, die als Ö. bezeichnet wird. Darin stehen die ökologischen Faktoren in vielfältigen Beziehungen zueinander mit verschiedenen Regelkreisen und Rückkopplungsmöglichkeiten, die das >ökologische Gleichgewicht< bewirken. Ein Ö. ist eine konkrete Einheit mit fester Struktur und Funktion. Dazu gehören eine >Landschaft< oder ein Landschaftsteil mit den entsprechenden >Landschaftselementen<. Im Ö. gibt es verschiedene Ebenen; die chemische mit den organischen und anorganischen Stoffen, die trophischen mit den >Produzenten<, >Konsumenten< und >Destruenten<, die physiognomische mit den Lebensformen, die durch Arten- und Individuenzahlen charakterisiert werden können. Im Ö. gibt es einen Energie- und Stoffkreislauf. Alle Ö. zusammen bilden die >Ökosphäre<.

2. naturnahes: Ein >Ökosystem<, bei dem die menschlichen Eingriffe – z.B. zur Erwirtschaftung von Agrar-Produkten – gering sind. Ein naturnahes Ökosystem ist ein nahezu >geschlossenes System<, bei dem der Materie-Austausch mit der Umgebung äußerst eingeschränkt ist. Das setzt eine Minimalgröße des Ökosystems voraus, so daß die Stoffkreisläufe annähernd geschlossen sein können. Beispiele für naturnahe Ökosysteme: tropischer Regenwald und rezyklierende Subsistenz-Landwirtschaft.

3. künstliches: Im Gegensatz zu einem natürlichen oder naturnahen Ö. ein Ö., das weitgehend oder völlig vom Menschen beeinflußt od. konstruiert ist. Ein k. Ö. als Ausschnitt aus der >Ökosphäre< umfaßt dabei außer den Organismen selbst (= >Biozönose<) auch die unbelebten Ausschnitte aus der >Atmo-<, >Litho-< und >Hydrosphäre< (nach Tansley, 1935). Beispiele für künstliche Ö. sind intensiv genutzte >Agrarökosysteme<, >Stadt-Ökosysteme<, >Bioreaktoren<. Strenggenommen sind alle künstlichen Ö. keine „echten" od. eigenständigen Ökosysteme in dem Sinne, als ein Ö. ein weitgehend >geschlossenes System< ist, das im wesentlichen nur aufgrund seiner inneren engen Stoffkreisläufe und der Energie-Zufuhr von außen, genauer der Sonnenstrahlung sich entwickeln, ein >Quasi-Fließgleichgewicht< aufbauen und erhalten kann und nur einen minimalen Materieaustausch mit anderen Ö. hat. Demgegenüber ist ein künstliches Ö. als >offenes System< auf Materie-Austausch mit der Umgebung bzw. anderen Ö. sowie zusätzlicher Energiezufuhr angewiesen.

Ökosystemausschnitt. Wegen der Komplexität eines >Ökosystems< werden oft nur Teile untersucht, die dann als Ö. bezeichnet werden.

Ökotechnologie. >Ökologische Chemie<.

Ökoton. Übergangsbereich zwischen zwei >Ökosystemen<, die auch als *Nachbarökosysteme* bezeichnet werden. Im Ö. kann die Artenzahl größer sein als in den angrenzenden Ökosystemen (erhöhte >Diversität<), weil Vertreter von beiden Seiten vorkommen. Dies zeigt sich etwa an einem Waldrand, an dem z.B. mehr Vögel leben als im Waldesinneren oder auf dem Feld. Es prägt sich hier also ein *Randeffekt* aus. Der Begriff Ö. kann auch mit dem Ausdruck *Saumbiotop* umschrieben werden, der dann z.B. auch für Uferbereiche von Gewässern zutrifft.

Ökotop. (Grch. topos = Ort, Gegend). Der Begriff wird oft auf Teile einer >Landschaft< bezogen, die in sich weitgehend gleich sind, z.B. auf ein Feld innerhalb eines >Agrarökosystems<. Dafür wird auch der Begriff *Landschaftszelle* verwendet. Andere Autoren beziehen den Begriff auf den engen Lebensbereich (>Habitat<) einer Art, oder sie verwenden in synonym für >ökologische Nische<.

Ökotoxikologie. (Syn. Umwelttoxikologie). Untersucht die Wirkungen von Stoffen auf Organismen. Abbau- und Bioakkumulationsverhalten sowie akute und chronische Schadwirkungen an aquatischen und terrestrischen Organismen werden geprüft und bewertet. >Ökologische Chemie<.

Ökotyp. Morphologisch und besonders physiologisch unterschiedliche Rassen einer >Art<, die in unterschiedlichen >Lebensräumen<, oft in verschiedenen Klimazonen leben. Diese Unterschiede sind im Gegensatz zu *Modifikationen* genetisch fixiert. Im Gegensatz zu Ö. leben *ökologische Rassen* in der gleichen geographischen Region.

Ökozentrischer Umweltschutz. Schutz der Umwelt um ihrer selbst willen, also losgelöst von primär menschlich motivierten Interessen.

Ölabscheider. An Tankstellen und Wagenwaschanlagen erforderliche Einrichtung zum Schutz des >Abwassers<. >Abscheider<, >Benzinabscheider<, >Fettfang<.

Öldispergierbares Pulver. (internat. Kurzbezeichnung: OP). Pflanzenschutz- oder Schädlingsbekämpfungsmittelformulierung (>Formulierung<) in Form eines feinen Pulvers zur Anwendung als >Suspension< nach seiner Dispergierung (>Dispersion<) in Mineralöl, fettem Öl oder einer anderen org. Flüssigkeit.

Öle. Sammelbegriff für wasserunlösl., fl., org. Verb. auf der Basis von >Mineralöl< oder pflanzlichen und tierischen Ursprungs. Insbesondere bei Mineralölen treten Umweltbelastungen vielfältiger Art auf bei der Gewinnung, beim Umschlag, Transport, bei der Lagerung, Weiterverarbeitung, beim Einsatz als Brennstoff und bei der Beseitigung anfallender Reststoffe bzw. >Altöle< (s. hierzu auch >Benzin<, >Betankungsverluste<, >Lagertank<, >Raffinerie<, >Verbrennungsgase<). Mineralöle sind stark gewässerschädigend.

Ölmischbare Lösung. (Internat. Kurzbezeichnung: OL). Pflanzenschutz- oder Schädlingsbekämpfungsmittelformulierung (>Formulierung<) in Form einer Wirkstofflösung in organischen Lösungsmitteln zur Anwendung als Verdünnung in Mineralöl, fettem Öl oder einer anderen org. Flüssigkeit.

Ölmischbares Mehrphasenkonzentrat. (Internat. Kurzbezeichnung: OF). Pflanzenschutz- oder Schädlingsbekämpfungsmittelformulierung (>Formulierung<) in Form einer stabilen Wirkstoffsuspension; geeignet zur Anwendung als Verdünnung in Mineralöl, fettem Öl oder einer anderen org. Flüssigkeit.

Ölpest. Volkstümliche Bezeichnung für die sichtbaren Erscheinungsformen mariner Ölverschmutzung. Diese sind unmittelbar nach dem Austreten größerer Mengen auf See zusammenhängende Flächen schwimmenden Öls. Vor allem Seevögel sind von ihr gefährdet. Bei starkem Seegang bilden sich schwimmende und relativ feste Wasser-in-Öl-Emulsionen. Diese Emulsionen sind als „chocolate mousse" bekannt. Treiben größere Mengen schwimmenden Öls an Küsten, so treten im Flachwasser und im Strandbereich oft erhebliche Schäden an sessilen (festsitzenden) und wenig beweglichen Organismen auf. Dabei wirkt sowohl der unmittelbare Kontakt mit dem Öl durch Verkleben als auch die Aufnahme >toxischer Bestandteile< entweder direkt oder aus wäßriger Lösung. Besonders gefährdet sind Muscheln und Crustaceen. Schädigungen von Fischen sind meist gering, da sie dem Öl ausweichen können. Die Beschaffenheit der Küste und des Untergrundes und die Intensität küstennaher Wasserbewegungen beeinflussen ebenso wie die Zusammensetzung des Öls Dauer und Ausmaß der Verschmutzung (Amoco Cadiz). Besonders empfindlich sind feinsandige und schlickige Flachwassergebiete mit geringer Wellenenergie (>Wattenmeer<). Das besonders beim Trockenfallen im Gefolge von >Gezeiten< in den Untergrund eindringende Öl kann unter solchen Bedingungen über Jahre hinaus eine sekundäre Quelle der Öl-

verschmutzung sein. Eine weitere Form der Ölpest sind nach dem Verdunsten leicht siedender Bestandteile gebildete teerige Klumpen zwischen einigen mg und einigen kg Gewicht, welche von >marinen Organismen< mit der Nahrung oder an Stelle von Nahrung aufgenommen werden können. Angeschwemmt sind sie zwar unschön und ein Ärgernis für Badende, haben aber relativ geringe ökotoxikologische (>Ökotoxizität<) Bedeutung. Erhebliche Anstrengungen werden gemacht zur Reduzierung bzw. Verhinderung der Ölpest. >Mineralöle< haben für den Herkunftsort charakteristische Zusammensetzungen aus sehr vielen einzelnen Verbindungen, unter denen >Kohlenwasserstoffe< überwiegen. Es gibt eine Reihe von Verfahren zur Ermittlung der Zusammensetzung. Besonders geeignet ist die hochauflösende gaschromatographische (>Gaschromatographie<) Trennung einer großen Anzahl von Ölkomponenten mit teilweise verbindungsspezifischer Detektion. An Hand ihrer Zusammensetzung lassen sich illegal abgelassene Öle in vielen Fällen mit Proben aus Tanks vermuteter Verursacher identifizieren als Grundlage für gesetzliche Maßnahmen. Zur Überwachung von Seewegen werden auch Fernerkundungsverfahren von Flugzeugen aus eingesetzt. Für die Weitbereichserfassung dienen Seitensichtradargeräte, welche sowohl Schiffe erfassen als auch die Veränderung der Feinstruktur der Wasseroberfläche durch ausgetretenes Öl. Im Nahbereich der Verschmutzung werden IR/UV-Scanner eingesetzt. Diese sind passive Meßgeräte zur Ermittlung der durch Ölfilme veränderten Rückstrahlung der Meeresoberfläche im >ultravioletten Spektralbereich< und im >infraroten Spektralbereich< der Wärmestrahlung. Ergänzt wird diese Ausrüstung durch Kameras und seit neuestem durch passive Mikrowellenradiometer und Sensoren für Laser-induzierte >Fluoreszenz<. Durch das letzte Verfahren ist auch eine Klassifizierung von Ölen möglich.

Lit: American Petroleum Institute (Hrsg.) (1981) Proceedings, Oil Spill Conference (Prevention, Behavior, Control, Cleanup). American Petroleum Institute, 2101 L Street N. W., Washington, DC 20037, Publication No. 4334 – Gundlach ER, Marchand M (Hrsg.) (1982) Ecological Study of the Amoco Cadiz Oil Spill: Report of the NOAA-CNEXO Joint Scientific Committee – Diebel D, Hengstermann T, Reuter R, Willkomm R (1989) Laser fluorosensing of mineral oil spills. In: Lodge AE (Hrsg.) The Remote Sensing of Oil Slicks. John Wiley & Sons, London, S. 127.

Ölpreiskrise. Die durch Lieferbeschränkung oder Preisanstieg für Erdöl weltweit verursachten wirtschaftlichen Schwierigkeiten. Nach dem Zweiten Weltkrieg stieg der Energiebedarf, der überwiegend durch Erdöl gedeckt wurde, weltweit sehr stark an und verdreifachte sich zwischen 1950 und 1970. Die arabischen Ölförderländer verminderten im Anschluß an den israelisch-arabischen Krieg die Ölförderung; gegen einige Industriestaaten wurden sogar Liefersperren verhängt. Diese erste Ö. im Jahre 1973 machte die Abhängigkeit von den Ölförderländern bewußt. Im Zeitraum von wenigen Monaten stieg der Ölpreis um 400% an. Auch der Preis für Erdgas wurde erhöht. Die zweite Ö. im Jahre 1979 – bedingt durch die Revolution im Iran – mit ihrer ebenfalls drastischen Erhöhung des Ölpreises hat nochmals deutlich gezeigt, wie gefährdet die Energieversorgung eines Landes ist, wenn der Anteil des importierten Energieträgers Erdöl einen zu großen Anteil an der Energieversorgung ausmacht.

Lit: Fischer W (Hrsg.) (1992) Die Geschichte der Stromversorgung. VWEW-Verlag, Frankfurt/M – Weber R (1986) Erneuerbare Energien. Taschenlexikon, Olynthus, Oberözberg, S. 9.

Ölschlamm. Ablagerungen im Ölkreislauf von Verbrennungsmotoren, meist hervorgerufen durch Überlastung des >Motoröls< und das Zusammentreffen ungünstiger Betriebsparameter. Kann durch entspr. >Additive< im Motoröl vermieden werden.

Östradiol. (Syn. Estradiol). 1,3,5(10)-Östratrien-1,17-β-diol. Ein natürliches Hormon aus der Gruppe der Östrogene (Follikelhormone). Diese Steroidhormone kommen im Harn von Schwangeren, im Eifollikel und im Gelbkörper vor. Östradiol wirkt vor allem als Wuchsstoff, der das Wachstum der weiblichen Sexualorgane und der sek. weiblichen Geschlechtsmerkmale beeinflußt. In der Pubertät bewirkt Östradiol die Beendigung des Längenwachstums durch Schließen der Epiphysenfugen. Östradiol ist am Aufbau der Uterusschleimhaut in der Proliferationsphase beteiligt, steigert die Calcium-Resorption und die Einlagerung von Calcium in den Knochen. Östradiol hat eine schwach anabole Wirkung und vergrößert die subkutanen Fettdepots. Wegen dieser anabolen Wirkung erfolgt der Einsatz als Masthilfsmittel. Als körpereigenes Hormon stellt ein Rückstand im Fleisch beim Verzehr wahrscheinlich kein gesundheitliches Risiko dar.

Östrogene. Unter diesem Begriff werden nicht nur die im Organismus produzierten weiblichen Sexualhormone (>Östradiol<, Östron, Östriol) zusammengefaßt, sondern auch diesen in der Wirkung ähnliche Substanzen synthetischer Herkunft (Stilbene: >Diethylstilbestrol<, Hexestrol und Dienestrol) sowie in Pflanzen enthaltene Stoffe (Phytoöstrogene). Gemeinsam ist ihnen die brunstauslösende Wirkung bei weiblichen Tieren. Schon in geringen Konzentrationen rufen sie Veränderungen an Scheidenschleimhaut und Uterus hervor, was für den quantitativen Nachweis am Versuchstier genutzt wird. Ihre Wirkungen auf das Körpergewebe und damit die Nutzleistungen sind je nach Substanz, Dosis, Tierart, Geschlecht und Alter sehr verschiedener Natur.

Offene radioaktive Stoffe. Radioaktive Stoffe, die keine >umschlossenen radioaktiven Stoffe< sind.

Offenes System. Grundlegender Begriff der >Thermodynamik<, die außerdem noch >isolierte< und >geschlossene Systeme< kennt. Im Gegensatz zu diesen heißt ein System offen, wenn sowohl Energie- als auch Materieaustausch mit der Umgebung stattfinden. Das bedeutet, daß innerhalb des Systems die >Entropie< abnehmen kann, weil offene Systeme durch Stoffaustausch zum Entropieexport befähigt werden. Die Erde ist als nahezu geschlossenes System anzusprechen, weil der Materieaustausch mit dem All geringfügig ist.

Offizialberatung. >Beratung in der Landwirtschaft<.

Offset policy. >Ausgleichskonzept<.

Off-shore-/On-shore-Technik. Im >Meeresbergbau< auf >Erdöl< und >Erdgas< gebräuchliche Bezeichnung, die sich auf die Lage der technischen Einrichtungen in Bezug zur Küste (On-shore: unmittelbar an der Küste, off-shore: auf oder im Meer) bezieht.

Ohrwürmer. >Dermaptera<.

OILB. Organisation Internationale de Lutte Biologique.

Okklusion. Front, die durch die Vereinigung einer >Kalt-< mit einer >Warmfront< entsteht. Da die Kaltfront eines >Tiefdruckgebietes< rascher wandert als die vorangehende Warmfront, kommt es während seines Reifestadiums regelmäßig zur Bildung einer O. Dabei wird die zwischen beiden Fronten lagernde Warmluft räumlich mehr und mehr eingeschnürt und schließlich vom Boden abgehoben. Der Berührungspunkt von Warm- und Kaltfront, an dem die O. beginnt, wird Okklusionspunkt genannt. >Wetterkartensymbole<.

Oktachlorbornane. Hauptbestandteile des Insektizids >Toxaphen<. In reiner Form konnten bisher 4 O. isoliert werden.

Olaquindox. O. ist wie >Carbadox< ein Chinoxalin-di-N-oxid mit einer Wirkung gegen gramnegative Bakterien. Dieser antimikrobiell wirkende >Leistungsförderer< wird bei der Ferkelaufzucht und Schweinemast in Dosierungen von 15 bis 50 mg/kg >Alleinfutter< eingesetzt.

Olfaktometrie. Methode zur Best. der >Geruchsschwelle< einer zu beurteilenden Luftprobe mittels geschulter Versuchspersonen. Hierzu wird mit Hilfe eines Olfaktometers die zu beurteilende Geruchsprobe stufenweise verdünnt, bis die Riecher keinen Geruch mehr wahrnehmen. Die bis zum Erreichen der Geruchsschwelle erforderliche Verdünnung ergibt die >Geruchszahl< (Vielfaches der Geruchsschwelle). Die Olfaktometrie wird sowohl zur >Emissions-< und >Immissionsüberwachung< als auch zur Best. der Geruchsschwellen best. geruchsintensiver Verb. eingesetzt. Der Stand der Olfaktometrie ist in der >VDI-Richtlinie< 3881 (mehrere Blätter) zusammengefaßt.

Oligochaeta (Wenigborster). >Enchytraeidae<, >Lumbricidae<.

Oligomere. >Makromoleküle< mit geringem Polymerisationsgrad (u = 2 – 50).

Oligomixis. Weniger als einmal/Jahr auftretende Durchmischung eines Sees (>Mixis<); derartige Seen sind oligomiktisch. Kaltoligomiktische Seen sind in polaren Klimagebieten verbreitet, wo nicht in jedem Sommer Eisfreiheit und >Homothermie< auftritt. Warmoligomixis ist in tropischen Tieflandsgebieten ohne große tages- und jahreszeitliche Temp.-Unterschiede und somit stabiler thermischer Schichtung der Seen verbreitet.

Oligosaprobien. Zusammenstellung von in klaren Bergseen und -bächen lebenden >Mikroorganismen< (und z. T. auch höheren Organismen), die als >Leitorganismen< zur biol. Beurteilung des Verschmutzungsgrades von Gewässern dienen (>Saprobien-Index<). Für die O. stehen Bakterien: weniger als 100 pro mL Wasser, >Cyanobakterien<, >Kieselalgen<, >Grünalgen<, >Rotalgen<, >Rädertiere<, >Sprudelwürmer<, Flußperlmuscheln, Wasserflöhe, Insektenlarven, stark O_2-bedürftige Fische (z.B. Forellen). Das Wasser ist kaum verunreinigt, vollendete Oxidation, >Mineralisation<, Wasser ist klar und O_2-reich, viele Insektenlarven.

Lit: Bogenrieder H, Collatz KG, Kössel H, Osche G (1985) Lexikon der Biologie, Herder, Freiburg Basel Wien.

oligotroph. Bezeichnung für ein nährstoffarmes Gewässer, das viele Arten von >Diatomeen< und >Grünalgen< in relativ kleiner Anzahl enthält. Dieses Gewässer wird charakterisiert durch geringe Trübung, hohe Konzentration von Sauerstoff in den oberen Schichten und bei den Bodenablagerungen, die normalerweise braune Farbtöne aufweisen und nur einen geringen Gehalt an org. Substanzen haben (ISO 6107/1).

Olivine. Grün gefärbte Minerale der Zusammensetzung $(Mg,Fe)_2SiO_4$, die zur Gruppe der Inselsilicate gehören. O. kommen hauptsächlich in basischen >Magmatiten< vor.

Omethoat. Wirkt als >Insektizid< und zählt zur Substanzklasse der >Phosphorsäureester<.
Chemische Bezeichnung: *O,O*-Dimethyl-*S*-(*N*-methylcarbamoylmethyl)-monothiophosphat
CAS-Nummer: 1113–02–6
Hersteller: Bayer AG
Wirkungstyp: Systemisches Insektizid und Akarizid. Cholinesterase-Hemmstoff.
Bevorzugte Anwendung: Gegen saugende Insekten und Spinnmilben im Hopfen-, Rüben- und Zierpflanzenbau.

Chemische und physikalische Eigenschaften:
Physikalische Beschaffenheit: Gelbes Öl, lauchartiger Geruch.
Verteilungskoeffizient (log $P_{o/w}$): –0,74 bei 20 °C.
Dampfdruck: $3,3 \cdot 10^{-5}$ hPa bei 20 °C.
Stabilität: Hydrolysiert in alkal. Medium. Unter neutralen wäßrigen Bedingungen weitgehend stabil; Halbwertszeit bei pH 7 und 24 °C 611 Stunden.
Löslichkeit: In Wasser leicht lösl.
Abbau: Vermutlich Entmethylierung der Stickstoffgruppe. Desaminierung und Abbau der Seitenkette, *O*-Demethylierung. Hydrolyse. Im Säugerorganismus nach oraler Applikation rasche und vollständige Resorption. Verteilung auf Organe und Gewebe rel. gleichmäßig. Ausscheidung ebenfalls schnell (innerhalb von 48 Stunden) und fast ausschließlich renal (96 bis 97 %). Metabolismus: Größtenteils unveränderte Ausscheidung (26 bis 44 % der applizierten Radioaktivität im Urin). Hauptmetaboliten: *N*-Methylsulfinylacetamid (ca. 13 bis 15 % der applizierten Radioaktivität); *O*-desmethylierte Verb. (ca. 9,5 % der applizierten Radioaktivität).
Toxizität: Akute orale LD_{50} für Ratte ca. 30 mg/kg. Akute dermale LD_{50} für Ratte ca. 900 mg/kg. Inhalation Ratte LC_{50} ca. 0,3 mg/L (Aerosol). Bei Kaninchen nicht haut- und augenreizend.
Bienentoxizität: Bienengefährlich (B 1).
Fischtoxizität: LC_{50} (96 h) für Regenbogenforelle 9,1 mg/L.

On-Board-Diagnosis (OBD). Zusätzliche Erweiterung des >Motormanagements<, in der mögliche Unregelmäßigkeiten oder Störungen während des Betriebs eines Fahrzeugs gespeichert werden. Diese können dann bei Inspektionen abgerufen werden, um Fehler zu diagnostizieren. Hauptsächlich werden dabei abgasschadstoffrelevante Eigenschaften der Systeme überwacht, wie z. B. Umsetzungsrate des >Katalysators<, Funktion der >Abgasrückführung<. Die OBD wird vom Gesetzgeber in den meisten Ländern verlangt.

Onchocercose. Tropische Parasitenkrankheit, Erreger ist die Nematode *Onchocercus volvulus*, der von Kriebelmücken (Simuliidae) der Gattung Simulium auf den Menschen übertragen wird. Die geschlechtsreifen Würmer leben gemeinsam in Knoten des Unterhautgewebes. Die Weibchen produzieren Larven des Stadiums L_1, die versch. Gewebe, besonders des Auges (Bindehaut, Cornea, Iris, Sehnerv) befallen und zu Sehschwäche und Erblindung führen können („Flußblindheit"). Die 2. Larvenstadien halten sich vorwiegend in den peripheren Blutkapillaren der Haut auf und werden von den weiblichen Mücken beim Blutsaugen aufgenommen. Hier entwickeln sie sich zu L_3, die beim erneuten Saugen wieder in die Blutbahn des Menschen gelangen und sich nun zu geschlechtsreifen Würmern entwickeln können. Je nach dem Verbreitungsgebiet der Onchocercose kommen versch. Überträgermücken in Frage, hauptsächlich: *Simulium damnosum, S. naevei, S. dukei* in Afrika; *Simulium ochraceum* in Mexico und Guatemala (Bergland); *Simulium metallicum* in Guatemala (Tiefland) und Venezuela. Alle Mücken entwickeln sich in >Fließgewässern<, so daß die O. besonders die Bevölkerung in Flußsiedlungen befällt, was zur Verödung der fruchtbarsten Gebiete führen kann. Bekämpfung besonders über die Mückenlarven in Fließgewässern, die Partikel zur Ernährung aus dem fließenden Wasser filtrieren, so auch >Insektizide< in winzigen Mikrokapseln. Begleitend dazu chemotherapeutische Behandlung der Befallenen. In Westafrika werden so seit Jahren riesige Befallsgebiete kontrolliert und teilweise saniert.

Oniscus. >Crustacea<, >Bodenfauna<, >Mull-Moder-Modell<.

On-site-Verfahren. Behandlung vor Ort nach Entnahme des zu behandelnden Materials, z. B. eines Bodens, aus dem ursprünglichen Verband.

Ontogenese. (Grch. ontos = Sein, Wesen; genesis = Erschaffung) Bezeichnet die Individualentwicklung im Gegensatz zur >Phylogenese<.

Oomyceten. (Abteilung Oomycota). Pilzartige Organismen, die sich aufgrund besonderer Merkmale deutlich von allen anderen >Pilzgruppen< unterscheiden. Sie ähneln wegen ihrer unseptierten Hyphen und des Fehlens von Fruchtkörpern den niederen Pilzen, weisen aber eine rein diplontische Lebensweise (>Meiose< unmittelbar vor der Gametenbildung) auf. Bemerkenswert ist ihre besondere Form der Gametangiogamie (Verschmelzung von Befruchtungsschlauch und Oogonium), ihr abweichender >Zellwandbau< (>Cellulose< statt >Chitin<) und Besonderheiten bei der >Aminosäuresynthese<. Die vegetativen >Sporen< sind ggf. heterokont begeißelt. >Pigmente< werden nicht gebildet. Innerhalb der Oomyceten ist eine Progression zu beobachten: von den wasserliebenden Saprophyten der Ordnung Saprolegniales zu den landbewohnenden >phytopathogenen< Peronosporales (z. B. >Mehltau, Falscher<).

operational. (Lat. operatio = Wirken, Betätigung). Die Operationen mit bzw. die Handhabungen von Meßinstrumenten und Werkzeugen, die Wissenschaften betr. bzw. befördernd; als Haltung und Betrachtungsweise die Bedeutung des Umganges mit einer Sache mit best. Methoden, die Erfahrung betonend. Operationismus ist eine Auffassung in der modernen Wissenschaftslogik, die Beobachtungsvorrichtungen und speziell Meßinstrumente als die wesentlichen Grundlagen der naturwissenschaftlichen Forschung ansieht. Sie gipfelt in der Kritik Heideggers, daß der Mensch nicht die Technik in der Hand habe, sondern umgekehrt ihr Spielwerk sei.

Ophiotoxine. >Schlangengifte<.

Opiate. Morphin und >Alkaloide< des >Opiums< (mit morphinartiger Wirkung); im umfassenderen Sinne jedes >Betäubungsmittel< (sog. Opiode). Natürlich vorkommende Opiate sind z.B. >Morphin< und >Codein<. Die zur Abhängigkeit führenden Präparate besitzen eine euphorisierende, schmerzlindernde und beruhigende Wirkung; therapeutisch werden sie als Husten- und Schmerzmittel und zur Narkose eingesetzt; ihre Anwendung wird durch das Betäubungsmittelgesetz geregelt.

Opilionida (Weberknechte). >Arachnida<.

Opium. Wird aus den unreifen Samenkapseln des Schlafmohns *(Papaver somniferum)* als sog. Rohopium gewonnen. Opium enthält zwei Gruppen von >Alkaloiden<: Phenanthrenderivate (Morphin, Codein und Thebain) und Benzylisochinolinderivate (Papaverin, Noscapin, Narcein). >Morphin< hat eine starke, zur Sucht führende Wirkung, während die anderen Alkaloide ein deutlich geringeres Abhängigkeitspotential aufweisen und teilweise als Arzneimittel (>Codein< als Husten-dämpfendes Mittel) verwendet werden. Durch eine relativ einfache chemische Umsetzung kann aus Morphin das sechsfach stärker suchtauslösende Heroin (Diacetylmorphin) hergestellt werden.
Lit: Zankl H, Zieger G (1987) Gesundheitslehre, VCH, Weinheim.

Opportunitätskosten. (Syn. Alternativkosten). Entgangene Erträge der jeweils nächstbesten Verwendung eines Produktionsfaktors. Im Zusammenhang mit der Umweltproblematik kommt es nicht nur auf die privaten, sondern auch auf die gesellschaftlichen Opportunitätskosten der Ressourcennutzung an. Diese umfassen neben den privaten Opportunitätskosten auch die Zukunfts- oder Nutzungskosten und die negativen >externen Effekte< der Ressourcenverwendung. Nimmt man heute eine Ressource über Gebühr in Anspruch, so entgeht der Gesellschaft nicht nur die nächstbeste heutige Nutzung dieser Ressource, sondern es kann u.U. in der Zukunft zum vollständigen Ausfall der Ressource kommen. Die dadurch der zukünftigen Generation entgehenden Nutzungen stellen Opportunitätskosten der heutigen Nutzung dar. Auch die negativen >externen Effekte< erhöhen die gesellschaftlichen Opportunitätskosten: Jede umweltschädigende Ressourcenverwendung führt zum Nutzenausfall an anderer Stelle.
Lit: Leipert C (1989) Die heimlichen Kosten des Fortschritts, S. Fischer, Frankfurt/M.

Optimierungsgebot. In § 7 des >Atomgesetzes< niedergelegtes Prinzip: Die Gefahr eines Schadenseintritts ist derart konservativ einzuschätzen, daß >Gefahren< und >Risiken< praktisch ausgeschlossen sind; daraus folgt die Verpflichtung zur optimalen Anlagensicherheit.

Optische Aufheller. Es sind Fluoreszenzfarbstoffe, die UV-Licht absorbieren und längerwelliges blaues Licht emittieren. Das emittierte Licht kompensiert den Gelbstich von Wäsche, Papier u.a. und täuscht eine Bleichwirkung vor. Da die o.A. faserspez. aufziehen, werden im allg. Mischungen verschiedener Stoffe eingesetzt. Im früher verwendeten Wäscheblau wurde der Gelbstich durch Zugabe von geringen Mengen eines blauen Farbstoffs (z.B. Ultramarinblau) kompensiert. Die Wirkung ist hier aber subtraktiv, so daß ein Grauton entsteht und nicht das durch die Werbung propagierte „Weißer als Weiß" (s. Abb. unten).

Wichtigste Vertreter der optischen Aufheller sind Derivate von Stilbenen, Cumarin, Diarylpyrazolidinen und Naphthalsäureamiden (s. chem. Formeln S. 844–845). Neben dem Hauptanw.-Bereich >Waschmittel< finden optische Aufheller in der Papierindustrie, zur Herstellung von Textilien, Kunststoffen, Druckfarben sowie der Photographie Verw. Ihr Einsatz zur Lebensmittelschönung ist verboten.
Lit: Bloching H (1976) Chemische, physikalische und farbmetrische Grundlagen zur Funktion von Bleichmitteln und Weißtönern beim Waschen. In: Waschmittelchemie, Dr. A. Hüthig Verlag, Heidelberg, S. 137–154 – Claussen U (1973) Angewandte

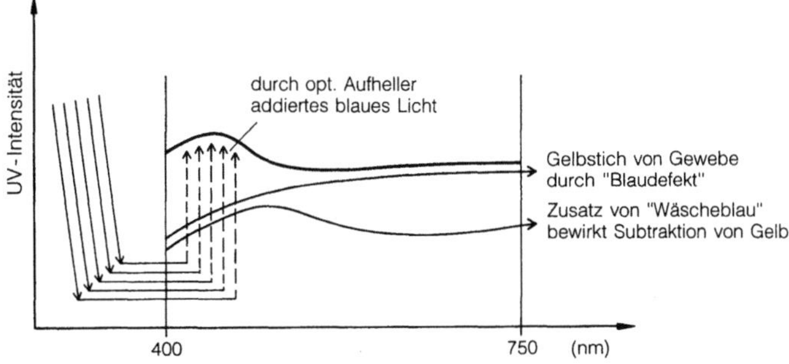

Optische Aufheller: Wirkung von optischen Aufhellern

Optische Aufheller

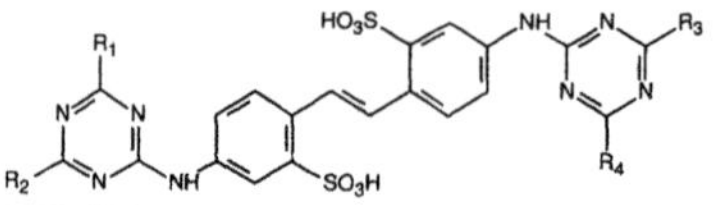

4,4'-Bis-(triazinylamino)-stilben-2,2'-disulfonsäuren

Substituenten:

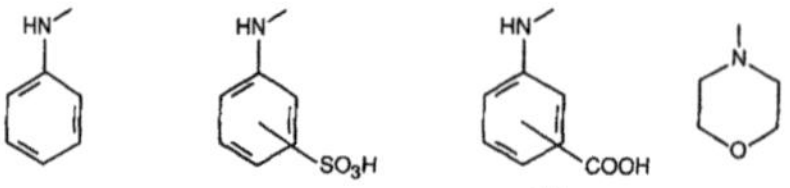

$-NH-CH_2-CH_2-SO_3H$	$-NH-CH_2-CH_2OH$	$-N(CH_3)-CH_2-CH_2OH$
$-NH(CH_2)_{2-3}OCH_3$	$-N(CH_2-CH_2OH)_2$	$-OCH_3$
-NHAlkyl	$-N(Alkyl)_2$	$-NH_2$
-Cl		

Substrate:

Leinen, Baumwolle, Viskose, Modal, Wolle, Polyamid

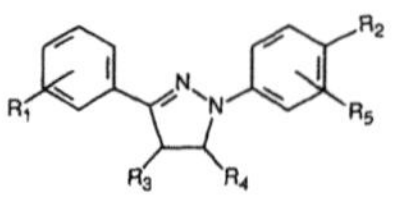

Pyrazoline

Substituenten:

R_1:	-H	-Cl	$-N<$
R_2:	-Cl	$-SO_3H$	-H
	$-SO_2NH_2$	$-SO_2NH-$	$-SO_2CH_3$
	-COOAlkyl	$-SO_2CH{=}CH_2$	$-OCH_3$
	$-COO(CH_2)_{2-3}OAlkyl$		$-SO_2CH_2CH_2OH$
	$-SO_2NH(CH_2)_3\overset{+}{N}(CH_3)_2$		
R_3, R_4:	-H	—Alkyl — 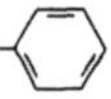	
R_5:	-H	-Cl	

Substrate:

Acetat, Triacetat, Wolle, Seide, Polyacryl (nitril), Polyamid

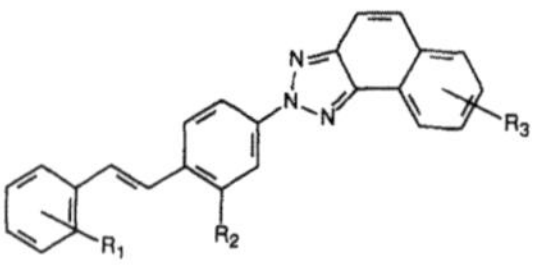

Stilbenyl-naphthotriazole

Substituenten:

R_1:	$-NHCH_3$	$-N(CH_3)_2$	-H
	-Cl		
R_2:	$-SO_3H$	$-SO_2N<$	$-SO_2OC_6H_5$
	-CN		
R_3:	-H	$-SO_3H$	$-OCH_3$

Substrate:

Leinen, Baumwolle, Viskose, Modal, Wolle, Polyamid, Seide

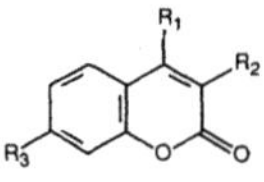

Cumarine

Substituenten:

R_1:	-H	$-CH_3$	$-CH_3COOH$
R_2:	-H	$-COOCH_3$	

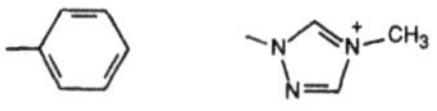

R_3:	-H	-OAlkyl	$-N(Alkyl)_2$
	$-NH-CO-CH_3$		

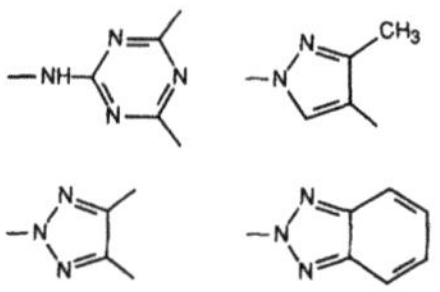

Substrate:

Acetat, Triacetat, Polyamid, Polyester, Wolle, Seide

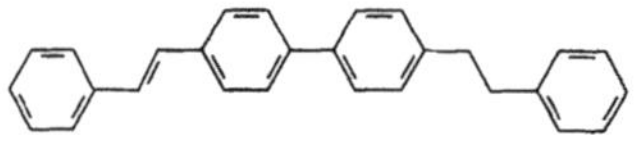

4,4'-Distyryl-biphenyle

Substituenten:

-H	$-SO_3H$	$-SO_2N(Alkyl)_2$
$-OCH_3$	-CN	-Cl
$-COOCH_3$	$-CON(Alkyl)_2$	

Substrate:

Leinen, Baumwolle, Viskose, Modal, Polyamid

Fluoreszenz: Weißtöner: Chemie uns Zeit 7: 141–147 – Zahradnik M (1982) The production and application of fluorescent brightening agents. Wiley, New York – Kramer JB (1992) Fluorescent whitening agents. In: Hutzinger O (Hrsg.) The handbook of environmental chemistry, Bd. 3, Teil F, Springer, Berlin Heidelberg New York, S. 351–366.

Optische Dicke. Dimensionslose Größe, die die Schwächung der Strahlung in einer Schicht entlang des Strahlengangs angibt; berechnet als Integral entlang des Weges s' über den >Extinktionskoeffizienten< σ_s der Atmosphäre.

$$\delta(s) = \int_{s'=0}^{s'=s} \sigma_s(s')ds'$$

Zur Schwächung tragen bei:
- Rayleigh-Streuung an den Luftmolekülen δ_R,
- Dunstextinktion an Aerosolen δ_D,
- Wasserdampfabsorption δ_W,
- Ozonabsorption δ_Z. Somit gilt für die o. D.:

$$\delta = \delta_R + \delta_D + \delta_W + \delta_Z.$$

Optische Aufheller: (Fortsetzung)

Chinolone

Substituenten:

R_1:   -H   -CH$_3$ -C$_2$H$_5$

R_2:   -H

R_3:   -Alkyl   -NHCH$_3$ -N(CH$_3$)$_2$

Substrate:

Acetat, Triacetat, Polyamid, Wolle, Seide

Bis-(benzoxazol-2-yl)-Derivate

Substituenten:

X:

R: -H   -COOAlkyl   -CH$_3$

-C(CH$_3$)$_3$

Substrate:

Acetat, Triacetat, Polyamid, Polyester, Polyvinylchlorid, Polypropylen

---

Die o. D. wie auch δ_R, δ_D, δ_W und δ_Z sind wellenlängenabhängig.

Optische Luftmasse. Die von der Sonnenstrahlung durchlaufene Luftmasse. Die relative o. L. m bei dem Sonnenhöhenwinkel γ ist ein Maß für die Verlängerung des optischen Weges, den die direkte Sonnenstrahlung durch die Atmosphäre zurücklegt, im Verhältnis zum optischen Weg bei senkrechtem Einfall ($\gamma = 90°$). Für $\gamma = 10°$ ist:

$$m = 1/\sin \gamma$$

eine Näherung mit weniger als 3 % Fehler. Für kleinere Sonnenhöhenwinkel (in Grad) gilt die Formel von KASTEN und YOUNG (1989):

$$m = 1/[\sin \gamma + a\,(\gamma + b)^{-c}]$$

mit a = 0,50572; b = 6,07995° und c = 1,6364 Werte, die bis hinab zu $\gamma = 0°$ weniger als 0,5 % Fehler haben. Weicht der aktuelle Bodendruck p vom >Normaldruck< p_0 ab, so ist eine Druckkorrektur p/p$_0$ anzubringen. Die vertikale >optische Dicke< δ der reinen und trockenen >Norm-Atmosphäre< (sog. Rayleigh-Atmosphäre) kann für $\gamma > 5°$ mit folgender Näherungsformel nach KASTEN (1980) berechnet werden:

$$\delta_{RO} = 1/(0,9\,m + 9,4).$$

Lit: Kasten F, Young AT (1989) Revised optical air mass tables and approximation formula, Applied Optics 28: 4735–4738 – Kasten F (1980) A simple parametrization of the pyrheliometric formula for determining the Linke turbidity factor, Meteor Rundsch 33: 124–127 – Kasten F (1989) Strahlungsaustausch zwischen Oberflächen und Atmosphäre, VDI Berichte 721: 131–158.

oral. Zum Mund bzw. zur Mundhöhle gehörend; durch den Mund (auch peroral, >per os<).

L-Orange 1. >Orange GGN<.

L-Orange 2. >Gelborange S<.

L-Orange 3. >β-Carotin<.

L-Orange 4. >Annatto<.

L-Orange 5. >Capsanthin<.

L-Orange 6. >Lycopin<.

L-Orange 7a. >Flavoxanthin<.

L-Orange 7b. >Lutein<.

L-Orange 7c. >Cryptoxanthin<.

L-Orange 7g. >Canthaxanthin<.

L-Orange 8. >β-Apo-8'-carotinal<.

L-Orange 9. >β-Apo-8'-carotinsäure<.

Orange ENL. >Orange RN<.

Orange GGL. >Orange GGN<.

Orange GGN. (Meta Orange Orange GGL). Dinatriumsalz der 1-(3-Sulfo-1-phenylazo)-2-hydroxy-naphthalin-6-sulfonsäure. Der Farbstoff ist leuchtend orange und kann zur Färbung von Getränken und Fischkonserven sowie bei der Herstellung von Waffeln und Kunsthonig verwendet werden. In der EG ist dieser Farbstoff jedoch seit 1977 verboten.

Orange I. (Naphtholorange, Orange S, Tropäolin 000). 1-(4-Sulfo-1-phenylazo)-4-hydroxy-naphthalin (Natriumsalz). Der orange Lebensmittelfarbstoff wird nur noch selten verwendet.

Orange RN. (Croceine orange G, Orange ENL, Ponceau 4GB). Natriumsalz der 1-(Phenylazo)-2-hydroxynaphthalin-6-sulfonsäure. Der warme Orangeton dieses Lebensmittelfarbstoffs dient zur Erzeugung von fruchtigen goldenen Farbtönen in Lebensmitteln und ist allgemein einsetzbar.

Orange S. >Orange I<.

Orcéine. >Orseille<.

Orchil. >Orseille<.

Ordnungsgemäße Landbewirtschaftung. Für das Ziel einer umweltverträglichen Landbewirtschaftung strebt man in Deutschland die Formulierung von möglichst verbindlichen Regeln an, die letztlich auch als Basis für die Rechtssprechung dienen können. In der Praxis erweist sich dies aber als sehr schwierig, weil sowohl die Standortbedingungen wie auch die Betriebsstrukturen sehr verschieden sind und es insofern auch i. d. R. mehrere Wege zur Erreichung des Zieles gibt. Es können also nicht alle Details der Pflanzen- und Tierproduktion reglementiert werden. Dies hat der Rat von Sachverständigen für Umweltfragen in seinem Sondergutachten „Umweltprobleme der Landwirtschaft" 1985 festgestellt. Deshalb haben die Agrarminister von Bund und Ländern 1987 allgemeine Grundsätze einer o. L. beschlossen, die im wesentlichen eine reich strukturierte Feldflur, den >Bodenschutz<, den Anbau standortgerechter Kulturarten und umweltgerechte Düngungs- und Pflanzenschutzmaßnahmen zum Inhalt haben. In Fachgesetzen wie z.B. >Düngemittelgesetz< oder >Pflanzenschutzgesetz< verwendet man zur näheren Beschreibung der o. L. den Begriff >gute fachliche Praxis<. Dies bedeutet, daß o. L. nach im Sinne der Umweltverträglichkeit anerkannten Regeln der Praxis, wie den Grundsätzen des >ingetrierten Pflanzenbaus< durchzuführen ist.

Ordnungsrecht. Neuerer Begriff für das überkommene Polizeirecht, also das Recht der öffentlichen Sicherheit und Ordnung. Darunter fällt als spezielles O. das gesamte Umwelt- und Gewerberecht, als generelles Recht ist es enthalten in den allgemeinen Polizeigesetzen.

Ordnungswidrigkeit. Eine O. ist ein Verstoß gegen Rechtsvorschriften oder behördliche Anordnungen, die von den Verwaltungsbehörden in einem Bußgeldverfahren durch Geldbußen geahndet werden kann. Eine O. ist i. allg. nur bei Vorsatz verfolgbar, es sei denn, daß auch Fahrlässigkeit ausdrücklich mit Geldbuße bedroht ist. Läßt ein Bundes- oder Landesgesetz die Ahndung bestimmter Verstöße durch eine Geldbuße zu, richten sich Verfolgung und Ahndung nach dem Gesetz über O. (in der Fassung vom 19.02. 1987). Welcher Verstoß als Ordnungswidrigkeitstatbestand bezeichnet wird, ist in den verschiedenen Gesetzen und Verordnungen näher präzisiert und festgeschrieben (z.B. § 62 >BImSchG<). Bei einer geringfügigen O. kann von der Durchführung eines Bußgeldverfahrens abgesehen und eine Verwarnung erteilt werden.

Ordnungswidrigkeitsbestand. >Ordnungswidrigkeit<.

Ordnungszahl. Anzahl der >Protonen< in einem >Atomkern<. Jedes chem. >Element< ist durch seine Ordnungszahl bestimmt. s.a. >Periodensystem der Elemente<.

Organdosis. Mittelwert der >Äquivalentdosis< über das Vol. eines best. Organs. Bei >Strahlung< mit geringer Reichweite und bei großvolumigen Organen wie der Lunge oder bei großflächigen Organen wie der Haut kann die Angabe der Organdosis sinnlos werden, da die für die Strahlenwirkung relevanten Dosen durch die Mittelwertbildung zu klein werden.

Organellen. Im engeren Sinn die membranumschlossenen Kompartimente des >Protoplasten<. Man unterscheidet Organellen mit einer doppelten Membranhülle (>Zellkern<, Mitochondrien und >Plastiden<) von Organellen mit einer einfachen Membranhülle (endoplasmatisches Reticulum, Dictyosomen, >Vakuole<, Lysosomen, Microbodies). Diese Organellen sind in das >Cytosol< (Grundcytoplasma) eingebettet, das noch andere Partikel (Organellen im weiteren Sinn) enthält (Ribosomen sowie Elemente des >Cytoskeletts<).

Organisch gekühlter Reaktor. >Kernreaktor<, der org. Substanzen, beispielsweise Gemische von Polyphenylen und Terphenylen, als >Kühlmittel< verwendet. Vorteil: wegen der hohen Siedetemperatur nur geringer Dampfdruck bei hohen Kühlmitteltemp. Nachteil: Strahlenunbeständigkeit des Kühlmittels.

Organisch-biologischer Landbau. Neben der >biologisch-dynamischen Wirtschaftsweise< die bedeutendste Form des >ökologischen Landbaus< in Deutschland, geht auf Dr. HANS MÜLLER (Schweiz) zurück: Betriebliches Kreislaufdenken; Streben nach einem stabilen, belebten Boden, deshalb möglichst kein Pflügen; >Düngung< durch Wirtschaftsdünger, Gründüngung, wenn notwendig Thomasmehl, Patentkali, kohlensaurer Kalk und organische Handelsdünger. >Pflanzenschutz< erfolgt einerseits vorbeugend durch Silikat-Urgesteinsmehl, Pilzkrankheiten werden mit Schachtelhalm- und Rainfarnauszügen, im Ausnahmefall auch mit Mitteln wie Netzschwefel und Kupferpräparaten; tierische Schädlinge mit Schmierseife, Brennessel u. ä., Unkraut mechanisch oder durch Abflämmen bekämpft. Die Produkte aus dem o.-b. L. werden unter dem Warennamen „Bioland" vermarktet.
Lit: Stiftung Ökologischer Landbau (Hrsg.) (1987) Rahmenrichtlinien zum ökologischen Land- und Weinbau in der Bundesrepublik Deutschland, 7. Aufl., Kaiserslautern – Steinkohl K, Heißenhuber A, Steinhauser H (1990) Abgrenzung, Bedeutung und Entwicklung des alternativen Landbaues, Bayerisches Landwirtschaftl. Jahrb. 5: 513–529.

Organische Dünger. >Dünger<.

Organische Peroxide. Verbindungen, welche die Peroxogruppe -O-O- enthalten und somit auch als alkylierte bzw. acylierte Derivate des >Wasserstoffperoxids< aufgefaßt werden können. Die Art der Gruppe R in der allg. Formel R^1-O-O-R^2 bestimmt die Stoffklasse der o.P., deren wichtigste Vertreter der Tabelle zu entnehmen sind. O.P. sind Oxidationsmittel, die im Reaktionsverlauf radikalische Zwischenprodukte bilden. Deren Stabilität bedingt eine Abnahme der Reaktivität der o.P. von den Dioxetanen über die Peroxycarbonsäuren, Hydroperoxide, Diacylperoxide bis zu den Dialkylperoxiden. Innerhalb der Stoffklassen nimmt die Reaktivität mit zunehmender Molekülgröße ab. Der metastabile Charakter der o.P. ist verantwortlich für deren Zerfall, der thermisch bzw. katalytisch beschleunigt explosionsartig ablaufen kann. Deshalb müssen Lösungsmittel, in denen sich Peroxide durch Autoxidation bilden können, vor der Destillation mit Reduktionsmitteln (z.B. Fe(II)-Salzen, $NaHSO_3$) behandelt werden. In der Atmosphäre treten o.P. als Abbauprodukte der Kohlenwasserstoffe auf. Mengenmäßig die wichtigsten sind das Methylhydroperoxid (CH_3OOH) und das Hydroxymethylhydroperoxid ($HOCH_2OOH$), das als Produkt der Reaktion zwischen natürlich emittierten Terpenen und >Ozon< beobachtet worden ist. In lebenden Organismen treten o.P. als aktive Zwischenprodukte bei bestimmten Biosynthesen auf, als Lipid-P. und nicht zuletzt als Produkte von Entgiftungsreaktionen zwischen reaktiven Sauerstoff-Spezies und besonders in der Zelle bereitgestellten Molekülen. Ein Beispiel ist die Reaktion von Histamin mit Singulett-Sauerstoff zum entsprechenden Epidioxid. Da die Peroxidation von Molekülen in lebenden Systemen zu schweren Funktionsstörungen führen kann, stellt der Organismus sog. Antioxidantien bereit, durch welche u.a. o.P. enzymatisch (>Peroxidasen<) abgebaut werden. Autoxidation bzw. Photooxigenierung ungesättigter Fettsäuren führt zur Bildung von Hydroperoxiden (>Peroxidzahl<). Deren Zerfall führt zu Aldehyden, die bei geringer Konz. das Aroma von fetthaltigen Lebensmitteln bestimmen, bei hoher Konz. als Ranzigkeit empfunden werden. Die Hemmung der Peroxidation und damit eine Konservierung von Fetten bzw. fetthaltigen Lebensmitteln wird dadurch erreicht, daß bei deren Gewinnung bzw. Herstellung natürliche Antioxidantien (Tocopherole, Vitamin E) mitisoliert oder künstlich (Ascorbinsäure, Carotinoide) zugesetzt werden. Die konservierende Wirkung des Räucherns beruht auf den antioxidativen Eig. der dabei gebildeten Phenole. Eine besondere Rolle spielen die 1,2-Dioxetane bzw. 1,2-Dioxetanone (α-Peroxylactone) der Luciferine, die unter Lichtemission zerfallen (Chemilumineszenz, Biolumineszenz, >Luciferin-Luciferase-Reaktion<). Die Herstellung der o.P. im techn. Maßstab erfolgt im wesentlichen durch Autoxidation von Kohlenwasserstoffen sowie durch Umsetzung geeigneter Edukte mit >Wasserstoffperoxid< oder anderen Peroxiden. In speziellen Verfahren werden auch Ozon und Singulett-Sauerstoff (sensibilisierte Photoxidation) zur Synthese o.P. eingesetzt. Die größte technische Bedeutung haben o.P. als Polymerisationsinitiatoren in der Kunststoffindustrie. Sie bilden durch Photolyse oder thermische Dissoziation (Start)Radikale, die die Polymerisation, Vernetzung und Härtung eines Kunststoffes in Gang setzen. Außerdem werden die o.P. als Oxidationsmittel für eine Anzahl von Synthesen sowie als Bleich- und Entfärbungsmittel eingesetzt. Zum Nachweis der o.P. eignen sich die Jodometrie, die Oxidation von Fe(II) mit anschließender Bildung von Fe(III)thiocyanat, die Bildung von Farbstoffen durch katalysierte Oxidation org. Moleküle sowie elektrochem. und auch enzymatisch fluorimetrische Methoden. Chemilumineszenzverfahren mit Luminol oder Oxalsäureestern sind nur für die einfachsten Alkyhydroperoxide anwendbar. Obwohl die o.P. sehr große Unterschiede in ihrer Re-

Organische Peroxide: Stoffklassen

1. R—O—OH
2. R_1-O—O-R_2
3. (R mit O—OH und O)
4. (mit O—OH, R_1, R_2-COOH)
5. (mit O, O, O, R_1, R_2)
6. (mit O, O, O, O, R_1, R_2)
7. (mit O—O Ring)
8. (mit O—O, R_1, R_2, R_3, R_4)
9. (mit O—O, R_1, R_2, O)

Organische Peroxide: Vorkommen und Verwendung

Stoffklassen	Allgem. Formel	Beispiel	Bedeutung in Technik und Umwelt
1. Hydroperoxide	R · O-O-H	Methylhydroperoxid	Abbauprodukt atmosphärischen Methans
2. Peroxide	R^1-O-O-R^2	Bis-(hydroxmethyl)peroxid	Produkt der Terpenozonolyse
3. Peroxycarbonsäuren		Peroxyessigsäure	Bleich- und Desinfektionsmittel
4. Hydroperoxycarbonsäuren		8-Hydroperoxyoctadec-9-ensäure	Autoxidationsprodukt der Linolsäure
5. Peroxycarbonsäureester		*tert*-Butylperbenzoat	Radikalstarter für die Polymerisation
6. Diacylperoxide		Dibenzoylperoxid	Radikalstarter für die Polymerisation
7. Epidioxide (Endoperoxide)		Histidinepidioxid	Produkt der Entgiftung von Singulett-Sauerstoff
8. 1,2-Dioxetane		Dialkoxy-1,2-Dioxetan	Chemilumineszenz beim Zerfall
9. 1,2-Dioxetanone (α-Peroxylactone)		Luciferin-dioxetanon	Biolumineszenz beim Zerfall

aktivität aufweisen, ist die Erfassung einzelner Peroxide in Gemischen erst nach chromatographischer Trennung (Dünnschicht, HPLC, GC) möglich.

Lit: Gunz DW, Hoffmann MR (1990) Atmos Environ 24 A: 1601–1633 – Kurth HH, Gäb S, Turner WV, Kettrup A (1991) Anal Chem 63: 2586–2589 – Elstner EF (1990) Der Sauerstoff: Biochemie, Biologie, Medizin, B.I. Wissenschaftliche Verlagsgesellschaft, Mannheim Wien Zürich – Belitz HD, Grosch W (1985) Lehrbuch der Lebensmitteltechnologie, Springer-Verlag, Berlin Heidelberg New York Tokyo – Vollmer G, Josst G, Schenker D, Sturm W, Vreden N (1990) Lebensmittelführer: Inhalte, Zusätze, Rückstände, Bd. 2, Thieme-Verlag, Stuttgart New York – Brandl H (1982) Praxis (Chemie) 31: 1–12, 33–39 – Winnacker K, Küchler L (1982) Chemische Technologie, 4. Aufl., Bd. 2, Carl Hanser Verlag, München Wien, S. 596–606 – Wassermann HH, Murray RW (1979) Singlet oxygen, Academic Press, New York San Francisco London – Mair RD, Hall RT (1971) Determination of o.P. by physical, chemical and colorimetric methods. In: Swern D (Hrsg.) Organic Peroxides, Bd. II, Wiley Interscience, New York London Sydney Toronto, S. 535–637 – Funk OM, Baker WJ (1985) J Liq Chromatogr 8: 663–675 – Dugan PR (1961) Anal Chem 33: 696–698 – Johnson RM, Siddiqi IW (1970) The determination of organic peroxides. In: Belcher R, Anderson DMW (Hrsg.) Monographs in Organic Functional Group Analysis IV, Pergamon Press, Oxford – Patai S (Hrsg.) (1983) The chemistry of peroxides, John Wiley & Sons, Chichester New York Brisbane Toronto Singapore – Houben-Weyl (1988) Organische Peroxo-Verbindungen. In: Kropf H (Hrsg.) Methoden der organischen Chemie, Bd. E 13, G. Thieme-Verlag, Stuttgart New York.

Organische Substanzen. Meerwasser: Bilden bei einer Konzentration von ca. 1 mg/L Meerwasser ein Kohlenstoffreservoir von ca. 10^{18} g in den Weltmeeren. Als gelöste organische Substanz (>DOC<) werden solche Stoffe bezeichnet, die ein 0,45-μ-Filter passieren. Die organischen Substanzen werden z. T. von Algen ausgeschieden; sie umfassen einfache Verbindungen verschiedener Stoffklassen (s. Tabelle) sowie höhermolekulare Stoffe wie Polysaccharide, Proteine und >Huminstoffe<. Niedermolekulare organische Substanzen können z. B. von Wirbellosen direkt verwertet werden. Höhermolekulare Stoffe sind z. T. an der Komplexierung von Metallionen beteiligt, wodurch deren Verfügbarkeit durch Organismen beeinflußt wird.

Lit: Zika RG (1981) Marine organic chemistry, Duursma EK, Darvson R (Hrsg.) Elsevier, Amsterdam, S. 307.

Organismus. Gesamtheit der funktionell verknüpften und sich gegenseitig beeinflussenden Organe oder Analoga einer Lebenseinheit. Die Bezeichnung O. ist somit auch mit der Bezeichnung Individuum eines Lebewesens gleichzusetzen (Pflanze, Tier, Mikroorganismus).

Organohalogenverbindungen, natürliche. Werden vorwiegend von marinen >Algen< und wirbellosen Tieren gebildet. Nach ihrer Abgabe in das Wasser nehmen flüchtige Stoffe (>Gase<) an den Austauschprozessen zwischen Ozean und Atmosphäre teil. Algen produzieren eine größere Anzahl einfacher Halogenverbindungen, von Wirbellosen werden u. a. solche von komplizierterer Struktur gebildet (s. Abb. S. 849). Mehr als 700 n. O. marinen Ursprungs sind bisher identifiziert worden. Über die Funktion der Stoffe ist noch wenig bekannt; als Abwehrstoffe spielen sie in der Überlebensstrategie von Meerestieren eine Rolle.

organoleptisch. Beschreibung der Eigenschaft von Wasser wie Farbe, Geschmack, Geruch und Aussehen, die durch Sinneswahrnehmung feststellbar sind (ISO 6107/5). Die Trinkwasserverordnung schreibt z. B. Geruchs- und Geschmacksuntersuchungen vor. O. Untersuchungen werden speziell im Lebensmittelbereich durchgeführt.

Organophosphorinsektizide. >Phosphorsäureester<.

Oribatida (Hornmilben). >Arachnida<, >Bodenfauna<, >Mull-Moder-Modell< (s. Abb. S. 223).

Orichello. >Orseille<.

Orientierung. Fähigkeit von Lebewesen, sich im Raum und/oder in der Zeit zurechtzufinden. Eine Rolle spielen dabei die Reize von Schwerkraft, Licht, Schall, Temperatur, elektrischen und magnetischen Feldern. Die Wahrnehmungen erfolgen von einzelnen Zellen auf unbekannte Weise oder von darauf spezialisierten Sinneszellen.

Orkan. Windstärke 12 der >Beaufort-Skala<.

Orlén. >Annatto<.

Ornidazol. >Antiprotozoika.<

Ornithologie. Vogelkunde, Wissenschaft von allen Aspekten der Morphologie, Systematik, Physiologie, Ökologie etc. der Vögel.

Orseille. (Archil, Cudbear, Lackmus, Orcéine, Oriello, Orchil, Persio, Tournesol). Ein roter Lebensmittelfarbstoff, der aus den Flechten Roccella und Orseille-Moos gewonnen wird. Es handelt sich um eine Mischung von Resorcin-Derivaten. Hauptkomponenten sind die Amino- und Hydroxy-Derivate des Orceins. Orcein kann zur Färbung von Fruchtkonserven, Spirituosen etc. eingesetzt werden, ist in der EG allerdings seit 1977 verboten.

Organische Substanzen: Bestandteile der Fraktion des gelösten organischen Kohlenstoffs (DOC) [mg/L] bei einer DOC-Konzentration von 1 mg/L

DOC		Konzentration [μg/L]
Aminosäuren	frei	10
	gebunden	50
Zucker	frei	20
	gebunden	200
Uronsäuren		18
Fettsäuren		10
Harnstoff		10
Ketone		10
Aldehyde		5
Kohlenwasserstoffe		5
Phenole		2
Sterole		0,2
Vitamine		0,006
Nicht charakterisiert		660
Gesamt		1.000

Orthogestein. Typ der >metamorphen Gesteine<, der durch Umwandlung aus einem >magmatischen Ge-

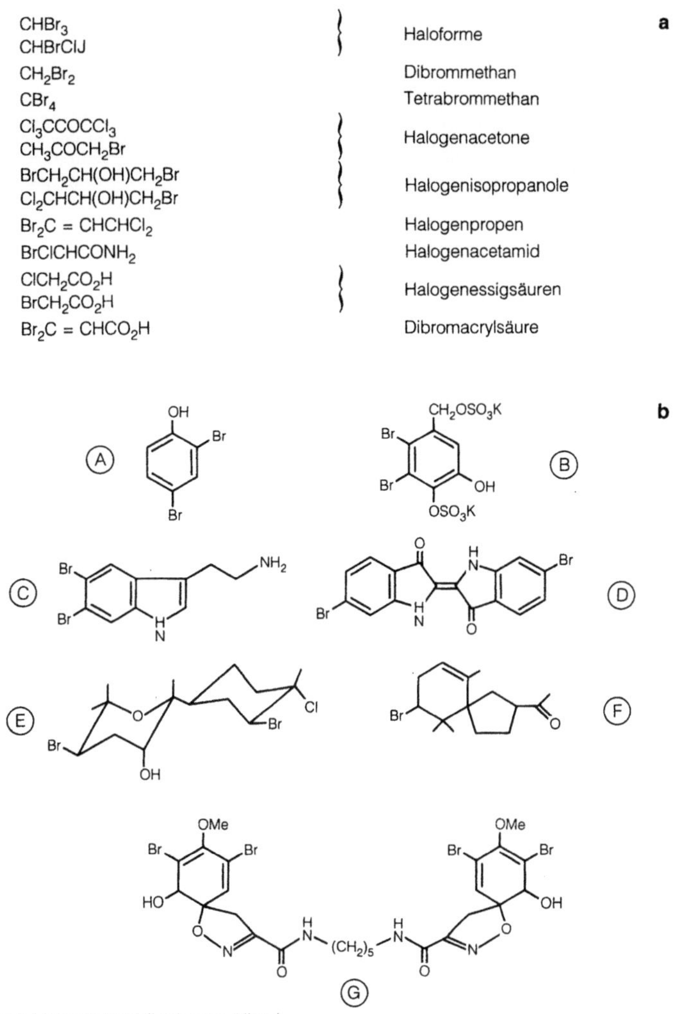

A: 2,4-Dibromphenol (*Lanice conchilega*)
B: 2,3-Dibrom-5-hydroxy-4-0-sulfatbenzylsulfat, K-salz (*Odonthalia corymbiferia, Polysiphonia lanosa*)
C: 3-(2-Amimoethyl) 5,6-dibromindol (*Polyfibrospongia maynardii*)
D: 6,6'-Dibromindigotin (*Murex brandaris, Purpura aperta*)
E: Caespitol (*Laurencia caespitosa*)
F: Spirolaurenon (*Laurencia glandulifera*)
G: Homoaerothionin (*Verongia aerophoba*)

Organohalogenverbindungen, natürliche: Natürlich vorkommende Organohalogenverbindungen, *a* aus Rotalgen (*Asparagopsis taxiformis*) und *b* aus verschiedenen Spezies (Polychaeten, Algen, Schwämme, Mollusken)

stein< entstanden ist, im Gegensatz zu >Paragestein< (aus Sedimentgesteinen).

Orthoklas. >Kalifeldspat<, wichtiges Mineral der >Feldspatgruppe< mit der Formel $KAlSi_3O_8$.

Orthophosphat. >Phosphatdünger<.

Orthophosphorsäure. (E 338). Phosphorsäure H_3PO_4 in konz. wässriger Lösung. Orthophosphorsäure dient als Träger bzw. Lösungsmittel für Antioxidantien. Au-

ßerdem dient sie als Puffersubstanz bei Fermentationen und wird zur Herstellung von Schmelzkäse, Fruchtgelees etc. verwendet. Haupteinsatzgebiet ist die Produktion von Colagetränken. Die sauren Salze, z. B. $Ca(H_2PO_4)_2 \cdot H_2O$, $Na_2H_2P_2O_7$, dienen im Backpulver zur Freisetzung von CO_2 aus $NaHCO_3$.

Ortsentwässerung. Die Aufgaben der Ortsentwässerung lassen sich zusammenfassen in die störungsfreie Ableitung von Abwässern aus dem unmittelbaren

Wohn- und Arbeitsbereich der Bewohner der Ortschaft und die Reinigung der >Abwässer< bis zu einem Grad, der Belästigungen und Gefährdungen der Umwelt ausschließt. In den Anfängen der >Abwassertechnik< beschränkte man sich auf die Ableitung der Abwässer aus den Wohngrundstücken bis zum nächsten Fluß. Damit waren die unhygienischen Zustände im unmittelbaren Wohnbereich beseitigt. Die meisten kanalisierten Städte, die nicht an wasserreichen Flüssen lagen, leiteten ihre Abwässer auf >Rieselfelder< in der Umgebung der Stadt. Später traten neben die natürlichen >biol. Abwasserreinigung<smethoden durch Bodenbehandlung die künstlich-biol. Verfahren. Die Reinigung erfolgt dabei in den >Kläranlagen< bis zu jedem geforderten Grad.

Lit: Randolf R (1975) Kanalisation und Abwasserbehandlung, 4. Aufl., VEB Verlag für Bauwesen, Berlin.

Ortsentwässerungssatzungen. Eine wichtige regulierende Wirkung haben die O., mit denen die Gemeinde für Teile des Gemeindegebietes oder auch für Teile der ihr wassergesetzlich übertragenen Abwasserbeseitigungspflicht eine sachgerechte und den örtlichen Gegebenheiten Rechnung tragende Umsetzung der von ihr für die Abwasserbeseitigung aufgestellten oder sonst einzuhaltenden Vorgaben festlegen. Die typischen O. regeln dabei die Benutzung der öffentlichen Anlage Kanalisation im Verhältnis zwischen Gemeinde und Einwohner bzw. Gewerbe/Industrie. Sie sind in der Lage, in diesem Verhältnis subjektive öffentliche Rechte (Ansprüche) des Bürgers zu begründen und die die Gemeinde betreffende wasserrechtliche Rechtslage nach außen hin zu verdeutlichen. Zunehmend werden diese jetzt durch spezielle Regelungen für die Entsorgung der nicht an einen öffentlichen Kanal angeschlossenen Bürger ergänzt. Oftmals stützen die Gemeinden sich bei der Schaffung solcher Vorgaben mehr oder weniger auf die Vorgaben sog. Mustersatzungen.

Lit: Abwassertechnische Vereinigung e. V. (Hrsg.) (1985–1997) Lehr- und Handbuch der Abwassertechnik, 4. Aufl., Band 1–7, Verlag Wilhelm Ernst und Sohn, Berlin München.

Ortssatzung. Von einer kommunalen gesetzgebenden Körperschaft (Rat) beschlossene Regelung, z. B. über die Anforderungen an gewerbliche Abwässer bei Einleitung in die gemeindliche >Kanalisation<. Ortssatzungen dürfen das geltende Bundes- oder Landesrecht nur ergänzen; bei Verstoß dagegen sind sie ungültig.

Ortstein. >Podsol<.

Ortszeit. Die auf den Meridian des Beobachtungsortes bezogene Sonnenzeit. Die Differenz Δ_O zweier O. von zwei Orten auf verschiedenen Meridianen (λ_1 und λ_2, ausgedrückt in °) lassen sich aus dem Abstand der Meridiane wie folgt berechnen:

$$\Delta_O = \mathrm{abs}(\lambda_1 - \lambda_2) \cdot 60 \ \mathrm{min}/15°.$$

Man unterscheidet: 1) wahre O. (WOZ): die nach dem wahren Sonnenstand bestimmte, auf einen Meridian bezogene O. Aufgrund der ungleichmäßigen scheinbaren Bewegung der Sonne auf der Ekliptik (scheinbare Sonnenbahn, Erdbahn) ist die WOZ für einen Meridian im Verlaufe eines wie auch mehrerer Jahre nicht konstant. 2) mittlere O. (MOZ): die nach dem mittleren Sonnenstand bestimmte, auf einen Meridian bezogene O. Man geht bei ihrer Bestimmung von einer völlig gleichmäßigen scheinbaren Sonnenbewegung auf der Ekliptik aus. Zwischen beiden Zeitangaben gilt

folgende Beziehung: wahre Ortszeit = mittlere Ortszeit + >Zeitgleichung<.

Osmoregulation. Fähigkeit vieler Lebewesen, in ihrem Inneren, d. h. in ihren Zellen und Geweben einschließlich des Blutes, den >osmotischen Druck< konstantzuhalten, auch wenn das umgebende Medium eine abweichende Konzentration besitzt. Süßwasserorganismen haben in ihrer Körperflüssigkeit eine höhere Salzkonzentration als im umgebenden Medium, sie sind >hypertonisch<. Tiere des Meeresstrandes haben oft einen niedrigeren osmotischen Druck im Inneren als das Meerwasser, sie sind hypoosmotisch. Meerestiere sind meist isoosmotisch, haben also im Inneren die gleiche Salzkonzentration wie das umgebende Meerwasser. Die Beibehaltung einer bestimmten Konzentration wird erreicht durch das Ausscheiden von Wasser bzw. durch die Aufnahme von Salzen aus dem Medium oder der Nahrung. Bei der Regulation spielen bestimmte Hormone eine Rolle.

Osmose. Bezeichnung für die einseitige Diffusion von Flüssigkeiten durch eine semipermeable Trennwand (Membran). Befinden sich z. B. beiderseits der Trennwand verschieden konzentrierte Lsg., so diffundiert das Lsg.-Mittel in die konzentriertere Lsg. hinein, bis ein Konz.-Ausgleich erreicht ist. Die semipermeable Membran ist für die gelösten Stoffe undurchlässig (viele natürliche und künstliche Membranen). Befand sich die höher konzentrierte Lsg. in einem geschlossenen System, so wird durch das Hineindiffundieren des Lsg.-Mittels allmählich ein hydrostatischer Überdruck erzeugt, der zum Zeitpunkt des Konzentrationsausgleichs sein Maximum erreicht (s. Abb.). Diesen z. B. in einer Pfefferschen Zelle manometrisch meßbaren Druck bezeichnet man als osmotischen Druck, der sich nach J. H. van't Hoff zu

$$\pi = \frac{N}{V} R T = c R T$$

ergibt (π = Osmotischer Druck, N = Anzahl Mole, V = Volumen, C = Konzentration (mol/L), R = Allgemeine Gaskonstante, T = Absolute Temperatur).

Osmotisches Potential. Der Teil des >hydraulischen< Potentials, der das Arbeitsvermögen des Wassers pro Masseneinheit aufgrund von dessen Gehalt an gelösten Stoffen im Verhältnis zu reinem Wasser beinhaltet. >Osmose<.

Osteichthyes (Knochenfische). >Vertebrata<.

„Otto Hahn". Für die Erprobung des nuklearen Schiffsantriebes gebautes Handelsschiff mit

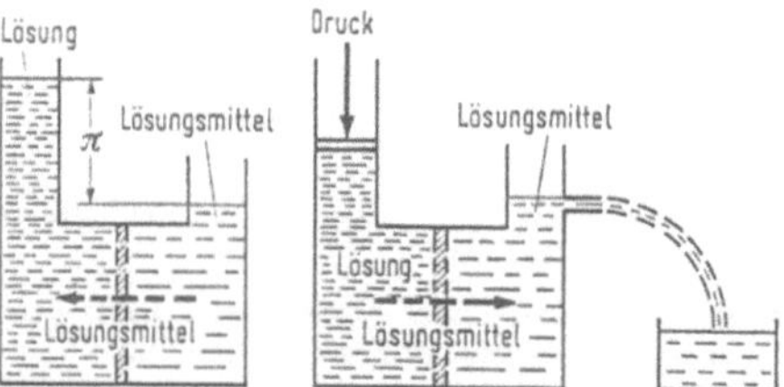

Osmose: Osmose (links) und umgekehrte Osmose (rechts) (aus: Bartholome E et al. (1972) Ullmanns Enzyklopädie der technischen Chemie, Bd. 2, 4. Aufl., Verlag Chemie, Weinheim)

16.870 BRT, Geschwindigkeit 16 kn, 11.000 Wellen-PS; als Antrieb diente ein >Druckwasserreaktor< mit 38 MWth. Erste Nuklearfahrt am 11.10.1968. Bis Ende 1978 wurden bei 126 Reisen 642.000 Seemeilen zurückgelegt und dabei 776.000 t Ladung transportiert. Die „Otto Hahn" wurde 1979 stillgelegt, die >Reaktoranlage< und alle radioaktiven Teile ausgebaut und beseitigt. Anschließend wurde das Schiff nach Einbau eines konventionellen Antriebs wieder in Dienst gestellt.

Ottokraftstoff. Kraftstoff für >Ottomotoren< im Siedebereich zwischen 25 und 210 °C. Entspr. den Erfordernissen dieser Motoren muß der O. genügend leichtflüchtige Bestandteile enthalten, um >Kaltstart< und -fahrverhalten sicherzustellen. Die Leichtflüchtigkeit der O. ist jedoch auch Ursache für nicht erwünschte >Verdampfungsemissionen< während des Betriebs und Betankens von Fahrzeugen, >Kraftstoffflüchtigkeit<. Weitere Qualitätsmerkmale der O. sind die >Octanzahlen<. Zur Sicherstellung des Betriebs enthalten hochwertige O. entspr. >Additive< u.a. zur Reinhaltung der >Gemischbildungsanlagen<, was insbesondere für die Langzeitkonstanz von >Abgasemissionen< von wichtiger Bedeutung ist. Die wesentlichen Merkmale sind in den Normen DIN EN 228 festgelegt. >Kraftstoffe<.

Lit: Fabri J, Dabelstein W, Reglitzky A (1990) Motor Fuels, Ullmanns Encyclopedia of Industrial Chemistry, Bd. A 16: 719–753 – Bamberg E, Reders K (1986) Verbesserung von Ottokraftstoffen durch Additive, Mineralöltechnik 9.

Ottomotor. Nach seinem Erfinder NIKOLAUS OTTO (1831–1891) benannte Verbrennungskraftmaschine mit zeitlich gesteuerter Fremdzündung (Funkenzündung) für den Einsatz von >Ottokraftstoffen< (>Benzin<; s. auch >Benzinbleigesetz<, >Benzol<, >Betankungsverluste<). Der Ottomotor ist das derzeit häufigste Antriebsaggregat von Kraftfahrzeugen. Sowohl der >Kraftstoffverbrauch< als auch die >Emissionen< eines Fahrzeuges werden von vielen Faktoren beeinflußt, wobei das Fahrverhalten eine wesentliche Einflußgröße darstellt. Während im Stadtverkehr aufgrund der häufig wechselnden Betriebszustände vergleichsweise hohe Kohlenmonoxid- und Kohlenwasserstoffemissionen auftreten, nehmen die Stickoxid-Emissionen mit steigender Geschwindigkeit drastisch zu. Personenkraftwagen emittieren u.a. pro kg an verbrauchtem Kraftstoff 100 bis 300 g >Kohlenmonoxid<, 10 bis 30 g unverbrannte Kohlenwasserstoffe und 5 bis 60 g >Stickoxide<, angegeben als >Stickstoffdioxid<. Kraftwagen tragen damit wesentlich zur Luftverschmutzung bei. So stammen ca. 60% der in der Bundesrepublik Deutschland freigesetzten Stickoxide und etwa 35% der Kohlenwasserstoffe aus den >Abgasen< von Kraftfahrzeugen (Summe Kfz und LKW mit Otto- und >Dieselmotor<). Durch den Einbau von >Katalysatoren< können die o.g. >Schadstoffe< in den >Abgasen< von Kfz mit Ottomotoren um ca. 90% reduziert werden. Voraussetzung für die gleichzeitige Umsetzung von einerseits zu oxidierenden Verb. (Kohlenmonoxid und Kohlenwasserstoffe) und andererseits zu reduzierenden Verb. (Stickoxide) ist die exakte Einstellung des Sauerstoffgehaltes auf einen Wert, wie er theoretisch zur vollständigen Verbrennung des Kraftstoffes benötigt wird. Hierzu wird beim sog. >Dreiwegekatalysator< über die >Lambda-Sonde< der Sauerstoffgehalt im Abgas vor dem Katalysator laufend best. und hiernach das Luft-Kraftstoff-Verhältnis im Motor eingeregelt.

Obwohl die Schadstoffemissionen von O. infolge intensiver Forschungs- und Entwicklungsarbeiten in den Jahren seit 1970 erheblich vermindert wurden, sind zur Erreichung strenger >Abgasgrenzwerte< >Abgaskontrollsysteme< erforderlich. Damit läßt sich ein Fahrzeug mit O. zum schadstoffärmsten Antriebssystem für Fahrzeuge entwickeln, allerdings nicht zum verbrauchsgünstigsten.

Lit: Bosch (Hrsg.) (1987) Autoelektrik, Autoelektronik, ISBN 3-18-419 106–0, VDI-Verlag, Düsseldorf.

Oxadixyl. Wirkt als >Fungizid< und zählt zur Substanzklasse der Oxazolidinon-Derivate.
Chemische Bezeichnung: 2-Methoxy-*N*-(2-oxo-1,3-oxazolidin-3-yl)-acet-2',6'-xylidid
CAS-Nummer: 77732–09–3
Hersteller: Novartis
Wirkungstyp: Kurativ und protektiv wirkendes Fungizid. Es tritt schnell in die Pflanze ein und wird in die unbehandelten Teile hauptsächlich akropetal, aber auch basipetal und translaminar transportiert. Mit Kontaktfungiziden ergibt sich ein synergistischer Effekt.
Bevorzugte Anwendung: Im Weinbau, bei Kartoffeln, Tabak, Hopfen, Sonnenblumen, Zitrusfrüchten, Obst und Gemüse gegen Pilze der Gruppe Peronosporales, wie Mehltau und Rost.

Chemische und physikalische Eigenschaften:
Physikalische Beschaffenheit: Farb- und geruchloser, krist. Feststoff.
Schmelzpunkt: 104 bis 105 °C.
Verteilungskoeffizient (log $P_{o/w}$): 0,732 bei 20 °C.
Dampfdruck: $3,3 \cdot 10^{-6}$ Pa bei 20 °C.
Stabilität: Unter normalen Bedingungen stabil. Eine wäßrige Lsg. von 20 mg Wirkstoff/L hatte eine Halbwertszeit von ca. 4 Jahren bei pH 5, 7 und 9, jeweils bei 23 °C.
Löslichkeit: In Wasser 0,34% bei 25 °C.
Abbau und Metabolismus: Im Boden erfolgt sehr langsamer Abbau, unter Laborbedingungen war nach 300 Tagen ungefähr die Hälfte des Wirkstoffs zu hauptsächlich polaren Verb. mit einer starken Bodenabsorption abgebaut. In Ratten wurden innerhalb 144 Stunden 81 bis 92% über Urin und Faeces eliminiert. Metaboliten sind im Boden, Pflanzen und Tier ähnlich.
Toxizität: Technisches Produkt: Akute orale LD_{50} für männliche Ratte 3.480, weibliche Ratte 1.860 mg/kg, männliche Maus 1.860, weibliche Maus 2.150 mg/kg. Akute dermale LD_{50} für Ratte und Kaninchen >2.000 mg/kg. Inhalation LC_{50} (6 Stunden) für Ratte >6 mg/L. Bei Kaninchen keine Haut- und Augenreizung. Akute intraperitoneale LD_{50} für männliche Ratte 490, weibliche Ratte 550 mg/kg. NOEL für Ratte (90 Tage) 250 mg/kg und Hund (6 Monate) 250 mg/kg.
Bienentoxizität: Eine LD_{50} konnte mit der höchstmöglichen Dosis nicht erreicht werden: Kontakt > 100 µg/Biene, oral >200 µg/Biene.
Fischtoxizität: LC_{50} (96 Stunden) für Karpfen >300 mg/L, Regenbogenforelle >320 mg/L und Bluegill Sunfish 360 mg/L.

Vogeltoxizität: Akute orale LD_{50} für Stockente >2.510 mg/kg. 8-Tage-Fütterungstest LD_{50} für Stockente >5.620 mg/kg und Japanische Wachtel >5.620 mg/kg.

Oxamyl. Wirkt als >Insektizid< und >Nematizid< und zählt zur Substanzklasse der >Carbamate<.
Chemische Bezeichnung: 2-Dimethylamino-1-(methyl-thio)-glyoxal-*O*-methylcarbamoyloxim
CAS-Nummer: 23135–22–0
Hersteller: Du Pont
Wirkungstyp: Systemisch wirkendes Kontakt-Insektizid, Akarizid und Nematizid. Aufnahme durch Blätter und Wurzeln. Transport in der Pflanze.
Bevorzugte Anwendung: Im Zierpflanzenbau, auch unter Glas, gegen saugende Insekten (Blattläuse, Blasenfüße u. a.), Blattälchen und Spinnmilben.

Chemische und physikalische Eigenschaften:
Physikalische Beschaffenheit: Krist., farblos. Knoblauchartiger, leicht schwefliger Geruch.
Schmelzpunkt: Bei 100 bis 102 °C Umwandlung in eine Kristallform, die bei 108 bis 110 °C schmilzt.
Dampfdruck: $2,3 \cdot 10^{-4}$ Pa bei 25 °C.
Stabilität: Im UV-Licht, in alkal. Medium und bei erhöhter Temp. tritt Zersetzung ein.
Löslichkeit: In Wasser 280 g/L bei 25 °C.
Abbau: Rascher Abbau im Boden, 6 Wochen nach Einarbeitung von 12 kg Wirkstoff/ha ist der WS bis zur Nachweisgrenze abgebaut. Es erfolgt Hydrolyse zum inaktiven Oximin und anschl. Konjugation mit Glucose, teilweise auch Abspaltung eines Methylrestes der Dimethylamingruppe. Bei männlichen Ratten wird ^{14}-C-markiertes Oxamyl nach oraler Aufnahme innerhalb von 72 Stunden zu 68 bis 72% wieder eliminiert, davon 48 bis 61% im Urin, 6 bis 23% in den Faeces und <0,3% in der Atemluft. Der Abbau erfolgt hauptsächlich auf zwei Wegen: Hydrolyse zu *N*-Hydroxy-*N,N*-dimethyl-1-thiooxamsäuremethylester oder enzymatische Umwandlung über *N,N*-Dimethyl-1-cyanformamid zu *N,N*-Dimethyloxamsäure.
Toxizität: Akute orale LD_{50} für Ratten 5,4 mg/kg. Akute dermale LD_{50} des 25‰igen Flüssigproduktes bei Kaninchen 2.960 mg/kg. Keine Hautreizung bei subletaler Dosierung (Meerschweinchen). Inhalationstoxizität (Zerstäubung): $LD_{50} = 0,17$ mg/L Luft für männliche und 0,12 mg/L Luft für weibliche Ratten bei einstündiger Exposition.
Bienentoxizität: Bienengefährlich (B 1).
Fischtoxizität: LC_{50} für Bluegill Sunfish 5,6 mg/L, für Goldfisch 27,5 mg/L, für Regenbogenforelle 4,2 mg/L, jeweils Wirkstoff, 96 Stunden Beobachtungsdauer.
Vogeltoxizität: Akute orale LD_{50} für Wachteln 4,18 mg/kg.

Oxathiazinondioxide. Eine Gruppe von Süßstoffen, deren Geschmack von den Resten R_1 und R_2 abhängt. Die Eigenschaften lassen in geschmacklicher und toxikologischer Sicht eine Anwendung zu.

Oxazepam. (Adumbran®). Ein Tranquilizer aus der Gruppe der Benzodiazepine, der in der Humanmedizin eingesetzt wird. Bei Tieren in Massenhaltung kann Oxazepam ebenfalls zur Ruhigstellung verabreicht werden. Bei der Schlachtung noch im Fleisch enthaltene Konzentrationen können nach dem Verzehr des Fleisches noch zu Reaktionen beim Menschen führen.

Oxidantien. >Photooxidantien<.

Oxidase. Sammelbezeichnung für eine Gruppe von >Enzymen<, die Reaktionen katalysieren, bei denen Wasserstoff oder Elektronen aus Substraten auf molekularen Sauerstoff übertragen wird (Gl. 1). Sie sind von den Oxygenasen (Mono- oder Di-), die molekularen Sauerstoff in Substrate einführen, zu unterscheiden.
1. $D\text{-}H_2 + O_2 \rightarrow D + H_2O_2$
2. Monooxygenase:
$AH + BH_2 + O_2 \rightarrow A\text{-}OH + B + H_2O$
AH Hauptsubstrat, *BH₂* Cosubstrat, z. B. $FMNH_2$, $FADH_2$, NAD(P)H)
Beispiele: Glucose-O. (GOD), L-Aminosäure-O.

Oxidation. Chem. Prozeß, bei dem einem >Atom< >Elektronen< aus der äußeren Elektronenhülle entzogen werden. Die oxidierende Wirkung eines Oxidationsmittels beruht danach auf dessen elektronenanziehender Wirkung. Ursprünglich wurde unter einer Ox. ausschließlich die chem. Vereinigung von >Elementen< oder Verb. mit >Sauerstoff< (Oxygenium) verstanden. Oxidationsprozesse spielen sowohl bei biol. Vorgängen als auch in der Technik eine außerordentlich wichtige Rolle, wie z. B. bei der >Atmung<, >Gärung<, >Verwesung<, >Korrosion<, sämtlichen >Verbrennungsvorgängen< und vielen chem. Synthesen.

Oxidationsgraben. Belebungsgraben mit >Langzeitbelebung<, jedoch ohne getrennte >Nachklärung< (DIN 4045). Der Oxidationsgraben ist ein in sich geschlossener Ringgraben, in dem das >Abwasser< umläuft. Zu- und Ablauf sind an verschiedenen Stellen des Grabens angeordnet. Böschungen und Sohle des Grabens sind gewöhnlich befestigt. Die Wassertiefe des Grabens beträgt 0,85 bis 1 m, die Sohlenbreite je nach der Abwassermenge 0,5 bis ca. 2,0 m. Die Strömungsgeschwindigkeit des Abwassers im Graben ist größer als 0,30 m/s und wird durch eine >Käfigwalze< entsprechender Größe geregelt. Die Walze sorgt gleichzeitig für die >Belüftung< des Abwassers. Oxidationsgräben werden mit einer Belastung bis zu 180 g $BSB_5/m^3 \cdot$ Tag betrieben.
Lit: Meinck F, Stooff H, Kohlschütter H (1968) Industrie-Abwässer, Gustav Fischer Verlag, Stuttgart.

Oxime. Reaktionsprodukte von Aldehyden oder Ketonen mit Hydroxylamin. Der wichtigste Vertreter ist das Cyclohexanonmonoxim, das zur Herstellung von Perlon eingesetzt wird. Das *trans*-Oxim des Perillaaldehyds hat einen süßen Geschmack. Die schlechte Löslichkeit schränkt den Einsatz als Süßstoff allerdings stark ein. Durch Variation der Substituenten läßt sich die Löslichkeit zwar verbessern, die Intensität des süßen Geschmacks nimmt jedoch ab.

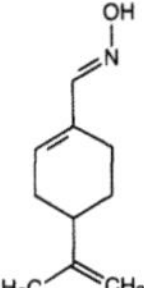

Oxisole. Stark verwitterte Böden der Tropen und Subtropen, die durch Eisen(III)-oxide rot gefärbt sind und neben diesen hauptsächlich Aluminiumoxide und >Kaolinit< enthalten. Andere Bezeichnungen für O. sind *Ferralsole* (FAO-Nomenklatur) und *Latosole*.

Oxprenolol. >Beta-Blocker<.

Oxydemeton-methyl. Wirkt als >Insektizid< und zählt zur Substanzklasse der >Phosphorsäureester<.
Chemische Bezeichnung: *S*-2-Ethylsulfinylethyl-*O,O*-dimethylthiophosphat
CAS-Nummer: 301–12–2
Hersteller: Bayer AG
Wirkungstyp: Systemisch wirkendes Insektizid mit Berührungs- und Magengift-Wirkung, Cholinesterase-Hemmstoff.
Bevorzugte Anwendung: Gegen saugende Insekten, Spinnmilben, Sägewespen, Lärchenblasenfuß an Zierpflanzen, Kern- und Steinobst, Gemüse, Rüben, Getreide. Gegen Blattläuse an Kartoffeln und Rüben, Laubholzläuse im Forst.

Chemische und physikalische Eigenschaften:
Physikalische Beschaffenheit: Gelbes Öl.
Schmelzpunkt: Unter −10 °C.
Verteilungskoeffizient (log $P_{o/w}$): −0,74 bei 20 °C.
Siedepunkt: >80 °C bei 1.013 hPa (Zers.).
Dampfdruck: $3{,}8 \cdot 10^{-5}$ hPa bei 20 °C.
Stabilität: Hydrolyse erfolgt in sauren Medium rel. langsam, im alkal. dagegen rasch.
Löslichkeit: Lösl. in Wasser und in den gebräuchlichen org. Lsg.-Mitteln.
Abbau: Ox. der Sulfoxidgruppe zur Sulfongruppe. Oxidative und hydrolytische Abspaltung der Seitenkette unter Entstehung von Dimethylphosphorsäure und Phosphorsäure.
Toxizität: Akute orale LD_{50} für Ratten 65 bis 75 mg/kg. Akute dermale LD_{50} für Ratten 250 mg/kg. Inhalationstoxizität: LC_{50} bei einstündiger Exposition 1,5 mg/L Luft (Ratten). Verfütterung von 5 mg/kg enthaltender Nahrung an Ratten ergab innerhalb von 75 Tagen keine krankhaften Symptome; 10 mg/kg führten zu Todesfällen ab 6. Tag.
Bienentoxizität: Bienengefährlich (B 1). Spritzmittel (100 g/L) B 2.
Fischtoxizität: Fischgiftig.

Oxystearin. Wird als Komplexbildner in der Lebensmittelverarbeitung eingesetzt. Oxystearin bindet wie >Ethylendiamintetraessigsäure< u. a. Metallionen und dient somit zur Verbesserung von Farbe, Textur und Aroma der Lebensmittel.

Ozeanographie. Flächenübergreifende Wissenschaft mit dem Ziel, die physikalischen, chemischen, biologischen, geologischen und meteorologischen Erscheinungen und Vorgänge im Meer und an seinen Grenzflächen zum festen Untergrund und zur >Atmosphäre< zu beschreiben und zu deuten und aus Theorie und Messungen überprüfbare Vorhersagen über künftiges Verhalten abzuleiten. Man unterscheidet biologische, chemische, und physikalische O. Die >biologische Ozeanographie< kann je nach Forschungsbereich unterteilt werden in marine Botanik, Fischereibiologie, Mikrobiologie, Planktologie und Zoologie. Auch die physikalische Ozeanographie umfaßt unterschiedliche Forschungsgebiete, welche oft von eigenständigen Arbeitsgruppen bearbeitet werden. Die folgende Einteilung ist zwar zum großen Teil dem Aufbau des Instituts für Meereskunde an der Universität Kiel entlehnt, kann aber als exemplarisch gelten. Zu den Aufgaben der *theoretischen Ozeanographie* gehört das Erstellen und die Entwicklung von Modellen sowie deren rechnerische Auswertung, welche das physikalische Verhalten des Meerwassers unter dem Einfluß äußerer Kräfte und der Gestalt des Meeresbodens und der Küsten beschreiben. Einen in diesem Zusammenhang erheblichen Einfluß haben Vorgänge in der >Atmosphäre<. Diese werden von der *marinen Meteorologie* beschrieben und gedeutet. Die Meeresphysik gewinnt mit Hilfe oft eigens entwickelter Geräte und Methoden physikalische Meßwerte als Grundlage und zur Prüfung theoretischer Vorhersagen. Sie untersucht u. a. ebenso wie *regionale Ozeanographie* physikalische Erscheinungen im Meerwasser wie Transport von Wassermassen und Wärmeenergie, Temperatur- und Salzgehaltsschichtung, interne Wellen an Grenzschichten zwischen unterschiedlichen Wasserkörpern, Austauschvorgänge sowie Wechselwirkungen mit der Atmosphäre. *Chemische Ozeanographie* und *Meereschemie* widmen sich der Entwicklung und Anwendung chemischer Meßmethoden zur Untersuchung von gelösten und partikulären Inhaltsstoffen des Meerwassers, des Untergrundes, des Oberflächenfilms sowie von Inhaltsstoffen mariner Organismen. Die atmosphärische Grenzschicht wird häufig in die Untersuchungen einbezogen. Die *marine Geologie* untersucht Gestalt und Beschaffenheit des Meeresbodens, seine Veränderungen in Raum und Zeit sowie die hierbei wirkenden Kräfte und Substanzen.
Lit: Broschüre des Instituts für Meereskunde an der Universität Kiel (1983).

Ozon. Verb. aus drei Sauerstoffatomen; enthält somit ein Sauerstoffatom mehr als „normaler" Luftsauerstoff; Chem. Formel: O_3; M_r = 48,00; Fp. = −192,7 °C; Siedepunkt = −111,9 °C; O. gibt leicht ein Sauerstoffatom ab und ist daher eines der stärksten Oxidationsmittel. In Konz. ab ca. 1 mg/m³ ist es an seinem charakteristischen Geruch erkennbar. O. ist ein natürlicher Bestandteil der >Atmosphäre<, wobei die Verteilung in der Lufthülle sehr ungleichmäßig ist. Wegen der unterschiedlichen Entstehungsmechanismen und den unterschiedlichen Auswirkungen ist deutlich zu unterscheiden zwischen 1. dem O. in der >Stratosphäre< (ca. 10 bis 50 km über der Erdoberfläche) und 2. dem O. in der >Troposphäre< (0 bis 10 km über der Erdoberfläche).
1. Ca. 90 % des O. befinden sich in der Stratosphäre, wo es durch das Einwirken kurzwelliger ultravioletter (UV-C)-Strahlung entsteht. Das in der Stratosphäre gebildete O. wird durch sichtbares und UV-Licht wie-

der photodissoziiert und absorbiert dabei den größten Teil des für das Leben auf der Erde schädlichen Anteils der ultravioletten Strahlung und übt somit eine wichtige Funktion aus. Bei einer Verringerung des Ozongehaltes in der Stratosphäre müßte u. a. mit Beeinträchtigungen des Pflanzenwachstums und einem Ansteigen von Hautkrebserkrankungen gerechnet werden. Das sehr reaktive O. wird zusätzlich durch katalytische Abbaureaktionen zerstört, wobei der >Katalysator< ein Wasserstoff (H)-, Stickstoffmonoxid (NO)-, Hydroxyl (OH)-, aber auch Chlor (Cl)- oder Brom (Br)-Radikal sein kann. Diese Katalysatoren entstehen aus auf der Erde emittierten Luftverunreinigungen natürlichen oder anthropogenen Ursprungs, die, da in der Troposphäre nur schwer abbaubar, in die Stratosphäre gelangen und dort unter Bildung reaktionsfähiger Substanzen von der energiereichen Strahlung zerlegt werden. H˙ und ˙OH entstehen aus Wasserdampf und >Methan< (CH_4), NO˙ aus Distickstoffmonoxid (N_2O) z.B. aus mikrobiellen Bodenvorgängen, aber auch Verbrennungsvorgängen, Cl˙ und Br˙ aus Chlor- und Bromverb. natürlichen, aber auch anthropogenen Ursprungs. Mitte der 70er Jahre äußerten amerikanische Wissenschaftler erstmals aufgrund von Modellrechnungen die Befürchtung, daß die auf der Erde rein anthropogen emittierten >Fluor-Chlor-Kohlenwasserstoffe< (FCKW), die, da sie kein leicht angreifbares Wasserstoffatom im Molekül enthalten, in den unteren Luftschichten nicht abgebaut werden und somit aufgrund ihrer chem. Stabilität im Laufe der Jahre bis in die Stratosphäre aufsteigen können und dort das stratosphärische Ozonniveau durch einen übermäßigen Ozonabbau stören. Die hohe Lebensdauer der FCKW, z.B. über hundert Jahren für Difluordichlormethan (CF_2Cl_2; F12), führt auch bei einem vollständigen Produktionsstopp zunächst noch zu einem Konzentrationsanstieg. Die Prognosen zur Vorhersage der Entwicklung der stratosphärischen Ozonkonz. erbrachten in der Vergangenheit immer wieder andere Ergebnisse, da aufgrund neuer Erkenntnisse weitere chem. Reaktionen zu berücksichtigen, Reaktionskonstanten zu korrigieren und auch Temperaturrückkopplungen (ein Ozonrückgang führt zu einer Temperaturänderung, die sich wiederum auf die chem. Reaktionen auswirkt) einzubeziehen waren. Insgesamt werden Gesamtozonänderungen von bis zu 10 % für die nächsten 70 Jahre geschätzt, dabei werden jedoch breitenkreisabhängig beträchtlich höhere Ozonrückgänge angenommen. Ein Ansteigen der CH_4- und Kohlendioxid-Konz. bremst nach diesen Berechnungen jedoch den Ozonabbau. Extrem ausgeprägte, nicht vorhergesagte Ozonabnahmen treten seit 1977 immer während des antarktischen Frühlings über dem Südpol auf. Die Abnahmen sind höhenabhängig und erreichen bis zu 90 %. Diskutiert werden für dieses als „Ozonloch" bezeichnetes Phänomen dynamische und chem. Ursachen.

2. Durch atmosphärische Transportvorgänge gelangt O. in Spuren auch in erdnahe Schichten. Unter dem Einfluß energiereicher UV-Strahlung stattfindende chem. Reaktionen v.a. zwischen >Stickoxiden< und >Kohlenwasserstoffen< lassen aber auch in den erdnahen Luftschichten direkt O. entstehen. Dem O. als Hauptbestandteil der >Photooxidantien< wird ein signifikanter Anteil an der Verursachung der >neuartigen Waldschäden< zugeschrieben. Hierbei ist zwischen akuten und >chron. Schadeinwirkungen< zu unterscheiden. Hohe Konz. können die >Zellmembranen< und die schützenden Kutikularwachse der Assimilationsorgane schädigen. Dies kann zu verstärkten Wasser- und Ionenverlusten und damit Nährstoffmangelerscheinungen und erhöhter Photosensibilität mit in der Folge gelben bzw. braunen Verfärbungen der Nadeln bzw. >Blätter<, >Chlorophyllabbau< und Nadel- bzw. Blattverlust führen. Chronische Wirkungen sind derzeit noch nicht umfassend zu bewerten. Während Hochdruckwetterlagen im Sommer und Herbst und insbesondere bei erhöhten Konz. best. Schadstoffe ist tagsüber die Ozonbildung am stärksten ausgeprägt, während nachts wieder ein Abbau des O. stattfindet. Insgesamt ist seit einigen Jahren ein signifikanter Anstieg der durchschnittlichen Ozonkonz. in der Troposphäre in den mittleren Breiten der gesamten Nordhemisphäre zu verzeichnen. Nach Untersuchungen am Hohenpeißenberg ergab sich von 1968 bis 1985 am Boden ein Anstieg von durchschnittlich 1,2 % pro Jahr und bis 5 km von mehr als 3 % pro Jahr. Die komplexen Reaktionen zwischen den einzelnen Schadstoffen, die sowohl zu einem Ozonaufbau (bei Einwirkung von Sonnenlicht) als auch zu einem Ozonabbau führen können, haben örtlich und zeitlich stark unterschiedliche Ozon-Konz. zur Folge. So führt ein Überschuß an >Stickstoffmonoxid< (NO), dem prim. Emissionsprodukt, zu einem Ozonabbau, während ein Überschuß an >Stickstoffdioxid (NO_2), das im Laufe der Zeit aus NO gebildet wird, die Ozonbildung begünstigt. Das Verhältnis zwischen NO_2 und NO wird wiederum von Kohlenwasserstoffen stark bestimmt. Die durchschnittlichen Ozonkonz. sind in Stadtrandbereichen und auf dem Land mit Mittelwerten zwischen 0,030 und 0,060 mg/m³ höher als in städtischen Kernbereichen mit Mittelwerten zwischen 0,010 und 0,030 mg/m³. Sehr hohe Jahresmittelwerte mit Konz. um 0,100 mg/m³ treten an den Bergstationen im bayerischen Nordalpenraum auf. Bei den Spitzenwerten sind keine derart ausgeprägten räumlichen Unterschiede festzustellen. An Tagen mit besonders intensiver Sonneneinstrahlung erreichen die max. Halbstundenmittelwerte regelmäßig Werte über 0,120 mg/m³. Z.B. wurde in Bayern im Jahr 1988 der höchste Halbstundenwert mit 0,307 mg/m³ in Augsburg/Haunstetten und im Jahr 1989 mit 0,249 mg/m³ in Tiefenbach/Altenschneeberg im Bayerischen Wald gemessen. Die wesentliche Bedeutung, die den Stickoxid- und Kohlenwasserstoffemissionen bei der Ozonbildung zugesprochen werden, lassen den Kfz-Verkehr, der beide Schadstoffgruppen in großen Mengen freisetzt, als den Hauptverursacher nennen. Tendenzen eines drastischen Emissionsrückgangs sind für diese >Emittentengruppe< im Gegensatz zu den anderen Emittentengruppen Industrie, Hausbrand und Kleingewerbe noch nicht zu erkennen, da der wachsende Fahrzeugbestand und die ansteigenden Fahrleistungen sowie die nicht vorhandenen Rückhaltetechniken für Stickoxidemissionen aus Lkw-Dieselmotoren die Emissionsminderungen durch >Katalysatoren< für mit >Ottomotoren< betriebene Fahrzeuge nahezu aufwiegen. Modellrechnungen zeigen, daß Stickoxid- und Kohlenwasserstoffred. zwischen 60 und 80 % nötig wären, um die Ozon-Spitzenwerte unter 0,120 mg/m³ halten zu können. Die >VDI-Richtlinie< 2310 Blatt 15 vom April 1987 führt zum Schutz des Menschen einen >MIK-Wert< von 0,120 mg/m³ als 1/2-Stundenmittelwert auf, unterhalb dessen Gesundheitsbeeinträchtigungen auch bei Kindern, Alten und Kranken selbst bei langfristiger Einwirkung zuverlässig vermieden würden. Auch ein kurzfristiges Überschreiten dieses Wertes (bis zu einer halben Stunde)

bis max. 0,400 mg/m^3 und nicht häufiger als einmal pro Woche ist danach mit keinem nennenswerten >Risiko< verbunden. Mit der 22. Verordnung zur Durchführung des >Bundes-Immissionsschutzgesetzes< (Verordnung über Immissionswerte – 22. BImSchV) vom 23. Mai 1994 wurde die EG-Richtlinie 92/72/EWG vom 21. Sept. 1992 über die Luftverschmutzung durch O. in nationales Recht umgesetzt. In dieser Verordnung ist ein Schwellenwert zum Schutz der menschlichen Gesundheit von 110 µg/m^3 als Mittelwert während 8 h angegeben. Des weiteren ist als Schwellenwert für die Unterrichtung der Bevölkerung über mögliche begrenzte und vorübergehende gesundheitliche Auswirkungen bei besonders empfindlichen Bevölkerungsgruppen im Fall einer kurzen >Exposition< ein Wert von 180 µg/m^3 während einer Stunde festgesetzt. Vorsorglich sollten in dieser Zeit Personen, die erfahrungsgemäß empfindlich reagieren, insbesondere ungewohnte und erhebliche körperliche Anstrengungen im Freien vermeiden. Auch wird von sportlichen Dauerleistungen zu dieser Zeit abgeraten. Unter körperlicher Belastung sind Beeinträchtigungen einzelner, sehr empfindlich reagierender Personen bei länger andauernden Ozonkonz. auch im Bereich von unter 0,180 mg/m^3 nicht auszuschließen. Für die gesamte Bevölkerung wird eine entspr. Empfehlung erst bei Werten oberhalb von 0,360 mg/m^3 ausgesprochen. Ab dieser Konz. muß mit allg. Symptomen wie Augenreizung, Atembeschwerden und körperlicher Leistungsminderung gerechnet werden. Mit der Änderung des >Bundes-Immissionsschutzgesetzes< vom 19. Juli 1995 wurde in § 40a die gesetzliche Grundlage geschaffen, für best. Fahrzeuge in best. Gebieten bei erhöhten Ozonkonzentrationen großräumige Verkehrsverbote festzusetzen. Verkehrsverbote werden ausgesprochen, wenn an mind. 3 Meßstationen, die mehr als 50 km und weniger als 250 km voneinander entfernt sind, im Stundenmittel Ozonkonzentrationen von 240 µg/m^3 erreicht werden und auf Grund der meteorologischen Erkenntnisse anzunehmen ist, daß diese Konzentrationen auch im Laufe des nächsten Tages erreicht werden. Zum Schutz der Vegetation führt die VDI-Richtlinie 2310 Blatt 6 vom April 1989 für sehr empfindliche, empfindliche und weniger empfindliche Pflanzen MIK-Werte für fünf versch. >Expositionszeiten< (0,5, 1, 2, 4 und 8 Stunden) auf. Der 8-Stunden-MIK-Wert für sehr empfindliche Pflanzen von 70 µg/m^3 ist dabei nicht weit vom höhenabhängigen Fluktuationsbereich natürlicher Ozonkonz. entfernt. Dies zeigt die Problematik der Festlegung von Grenzwerten für einen Stoff, der in vergleichsweise hohen Konz. natürlich vorkommt, aber dessen geringfügige Erhöhung durch anthropogene Einflüsse deutliche Schäden hervorrufen kann. Die >WHO< (World Health Organisation) hat zum Schutz der Vegetation vor Langzeiteinwirkungen einen Luftgüteleitwert von 60 µg/m^3 als Mittelwert für die Vegetationsperiode festgelegt. Die 22. BImSchV führt als Schwellenwerte für den Schutz der Vegetation einen Stundenmittelwert von 200 µg/m^3 und einen Tagesmittelwert von 65 µg/m^3 auf.

3. Chemie: (O$_3$) Wird durch Einwirkung von Sauerstoffatomen auf Sauerstoffmoleküle dargestellt. Die hierzu erforderlichen Sauerstoffatome erhält man auf verschiedene Weise aus molekularem Sauerstoff.

$$O + O_2 \rightleftharpoons O_3 + 106,52 \text{ KJ}$$
$$249,25 \text{ KJ} + 1/2\, O_2 \rightleftharpoons O$$
$$142,73 \text{ KJ} + 1\,1/2\, O_2 \rightleftharpoons O_3$$

Erfolgt die Spaltung der Sauerstoffmoleküle durch Zufuhr thermischer Energie, sind die O$_3$-Ausbeuten gering, da eine Erhöhung der Temperatur gleichzeitig den endothermen Zerfall des O$_3$ begünstigt. Es ist daher zweckmäßiger, die Sauerstoffatome bei niedriger Temperatur durch Zufuhr elektrischer oder optischer Energie zu erzeugen. Für Arbeiten im Labor eignet sich der „Siemens'sche Ozonisator". Dort wird beim Durchleiten von trockenem Sauerstoff oder Luft durch ein Glasrohr, in dem bei Anlegen einer genügend hohen Spannung (ca. 3.000 V) „stille" oder „dunkle" Entladungen auftreten, O$_3$ gebildet. Das den Ozonisator verlassende Gemisch enthält, wenn man von reinem Sauerstoff ausgeht, maximal 15 % O$_3$. Bei Zufuhr von Lichtenergie ist die Spaltung des Sauerstoffmoleküls nur mit entsprechend kurzwelliger UV-Strahlung (λ < 240 nm) möglich. Dies erklärt die zunehmenden O$_3$-Konzentrationen in den höheren Schichten der Atmosphäre, die der intensiven ultravioletten Strahlung des Sonnenlichts ausgesetzt sind (>Ozon in der Stratosphäre<). Reines O$_3$ ist im Gaszustand blau, im flüssigen Zustand (Sdp. –110,5 °C; d = 1,46 g cm^{-3}) violettblau und im festen Zustand (Smp. –195,5 °C) schwarzviolett. In Wasser löst es sich deutlich besser als Sauerstoff (bei 0 °C 0,494 Raumteile in einem Raumteil Wasser). Charakteristisch ist der Geruch des O$_3$ (grch. ozein = riechen), der noch bei einer Konzentration von 1 Teil O$_3$ in 40.000.000 Teilen Luft wahrnehmbar ist.

4. Pflanze: O. ist unter den Luftschadstoffen der phytotoxischste. Charakteristische chem. Grundreaktionen von biochem. Relevanz sind die Ozonspaltung olefinischer Bindungen und die Reaktion mit Thiolen. O. bildet zusammen mit NO$_2$ und PAN den oxidativen >Smog< vom Los Angeles-Typ. Sensitive Pflanzen wie Spinat, Bohnen, Rettich, Kartoffeln und Tomaten zeigen nach einstündiger Begasung mit O. bereits nach wenigen Tagen sichtbare Symptome (>Nekrosen<, Chlorosen, „Wasserflecken"). Für das Biomonitoring von O. wird häufig die ozonhypersensitive Tabaksorte Bel W3 herangezogen, die bereits auf O$_3$-Konzentrationen von 0,04 µg/l reagiert. Tiere sprechen auf niedrige Dosen noch nicht an. Ebenso wie beim SO$_2$ kann für die Ozontoxizität kein genereller, alleinverantwortlicher Mechanismus aufgezeigt werden. O. blockiert bei der >Photosynth.< den Energietransfer von den primären Lichtakzeptoren zu den Reaktionszentren, hemmt die Ribulosebisphosphat-Carboxylase und beeinflußt den Protein- und Lipidstoffwechsel. In Konz. zwischen 0,5 und 1,0 ppm hemmt O. das Wachstum von >Mikroorganismen< sowie die >Sporenkeimung<. Der Ort der prim. Ozonschädigung bei Pflanzen ist schwer lokalisierbar, doch sprechen neben der Induktion von Signalmolekülen wie Ethylen und Salicylsäure viele Befunde für >Membranen< als erstes Angriffsziel. Permeabilitätsänderungen in Blattscheiden nach Ozonbegasung deuten auf eine prim. Schädigung des Plasmalemmas hin. O. führt zu Schädigungen im Palisadenparenchym, noch bevor makroskopisch sichtbare Symptome auftreten. Es kommt zur Granulation und zu Verdichtungen im >Chloroplasten<-Stroma sowie zu Brüchen der Chloroplastenmembran, des Plasmalemmas und des >Tonoplasten< mit anschließendem Kollaps der betroffenen Zellen. Häufig werden kristalline Strukturen im Stroma der Chloroplasten neben fibrillären Figuren sichtbar, die ähnlich denen sind, die unter Dürrebedingungen oder im hypertonischen Milieu auftreten. Dieser Vergleich legt nahe, daß (z.T. re-

versible) Dehydratationen für diese subzellulären Strukturveränderungen verantwortlich sind. Nach einer längeren Begasungsdauer mit Ozon treten lichtabhängige Bleichungsreaktionen auf.

Ozonhypothese. >Neuartige Waldschäden<.

Ozon in der Stratosphäre. Obwohl in der >Stratosphäre< (Ausdehnung in mittleren Breiten: ca. 11 bis 50 km Höhe) nur ein Viertel der Luftmasse vereinigt ist, enthält sie ca. 90 % der O_3-Menge der gesamten Erdatmosphäre ($3,3 \cdot 10^{12}$ kg). Würde man das Gas in einer einzigen über der Erdoberfläche verteilten homogenen Schicht auf 1 bar bei 0 °C komprimieren, so wäre diese Schicht nur ca. 3,5 mm dick. Im Jahre 1930 stellte der englische Geophysiker S. CHAPMAN die Theorie der photochemischen Bildung und des Zerfalls von O_3 in der Stratosphäre auf. Danach entsteht O_3 durch die Anlagerung eines Sauerstoffatoms an ein Sauerstoffmolekül (Gleichung 1). Der Stoßpartner M (bevorzugt N_2, O_2) hat die Aufgabe, die freiwerdende Reaktionsenergie abzuführen. Die zur O_3-Bildung erforderlichen Sauerstoffatome entstehen im Unterschied zur >Troposphäre< (vgl. die Energie der zur Verfügung stehenden Strahlung) durch Photodissoziation des molekularen Sauerstoffs (Gleichung 2). Das entstandene O_3 kann seinerseits wieder durch Licht mit Wellenlängen unterhalb von 310 nm (Gleichung 3) oder durch Reaktion mit Sauerstoffatomen (Gleichung 4) zerstört werden.

$$O + O_2 + M \rightarrow O_3 + M \quad (1)$$

$$O_2 + h\nu \xrightarrow{\lambda < 240\,nm} 2\,O \quad (2)$$

$$O_3 + h\nu \xrightarrow{\lambda < 310\,nm} O_2 + O \quad (3)$$

$$O_3 + O \rightarrow 2\,O_2 \quad (4)$$

Da die Photolyse durch die Bildungsreaktion weitgehend umkehrbar ist, wird die absorbierte Strahlung zum größten Teil in Wärme umgewandelt. Das ist die Ursache für den Wiederanstieg der Temperatur oberhalb der >Tropopause< und somit für die stabile Schichtung der Stratosphäre. Mit Hilfe der Reaktionen 1 bis 4 (Chapman-Mechanismus) läßt sich die Gleichgewichtskonzentration des stratosphärischen Ozons folgendermaßen berechnen:

$$[O_3] = \sqrt{\frac{k_1}{k_4} \cdot [O_2]^2 \cdot [M] \cdot \frac{J_{O2}}{J_{O3}}}$$

k_1 und k_4 sind die Geschwindigkeitskonstanten der Reaktionen (1) und (4), J_{O2} und J_{O3} die Photolyseraten von O_2 und O_3. Das danach berechnete O_3-Höhenprofil besitzt ein Maximum in etwa 25 km Höhe. Vergleicht man das berechnete Profil mit gemessenen Profilen, so ergibt sich qualitativ eine befriedigende Übereinstimmung. Quantitativ gesehen besteht jedoch eine erhebliche Diskrepanz. So sind die gemessenen O_3-Dichten im Maximum niemals größer als 5 bis $6 \cdot 10^{12}$ Moleküle pro cm^3 und damit fast eine Größenordnung unter den berechneten Werten. Die Ursache für die Diskrepanz im O_3-Profil zwischen Meßwerten und theoretischer Voraussage liegt darin, daß die Chapman-Theorie auf einer reinen Sauerstoffatmosphäre beruht und den Einfluß von Spurengasen nicht berücksichtigt. Aufgrund ihrer langen Lebensdauer in der Troposphäre können >biogene< und >anthropogene Spurengase< (z.B. H_2O, N_2O, CH_4, CH_3Cl, CCl_2F_2, CCl_3F) bis in die Stratosphäre aufsteigen und dort photochemisch durch die vorhandene kurzwellige UV-Strahlung oder chemisch durch die in zunehmender Konzentration auftretenden angeregten Sauerstoffatome in Radikale (z.B. OH, NO, H, Cl) überführt werden. Wegen der extrem geringen Konzentrationen dieser Radikale nimmt man an, daß sie als homogene Katalysatoren (im Schema mit X bezeichnet) bei der O_3-Zerstörung wirken.

$$O_3 + X \rightarrow XO + O_2$$
$$XO + O \rightarrow X + O_2$$
$$\text{Nettoreaktion } O_3 + O \rightarrow 2\,O_2$$

Dabei wird der Katalysator zwar im ersten Schritt verbraucht, durch die Reaktion mit atomarem Sauerstoff aber im zweiten Schritt wieder zurückgebildet. Die Nettoreaktion entspricht der Reaktion (4) des Chapman-Mechanismus, die einen Teil des gebildeten O_3 wieder zerstört. Schon sehr kleine Mengen eines Katalysators können diesen Verlustprozeß verstärken, wenn die katalytischen Teilreaktionen schnell genug ablau-

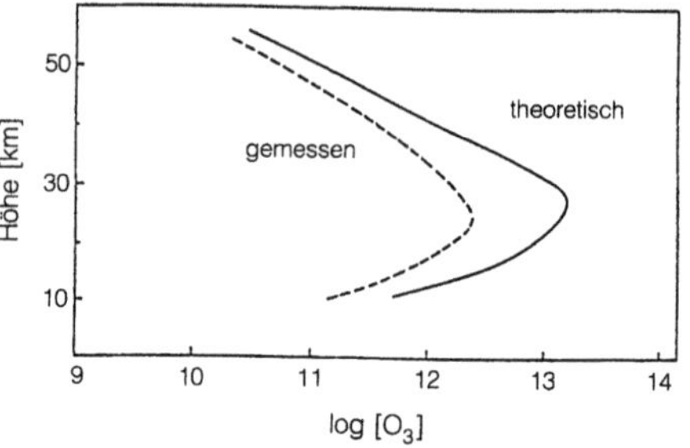

Ozon in der Stratosphäre: Ozonkonzentration in Abhängigkeit von der Höhe

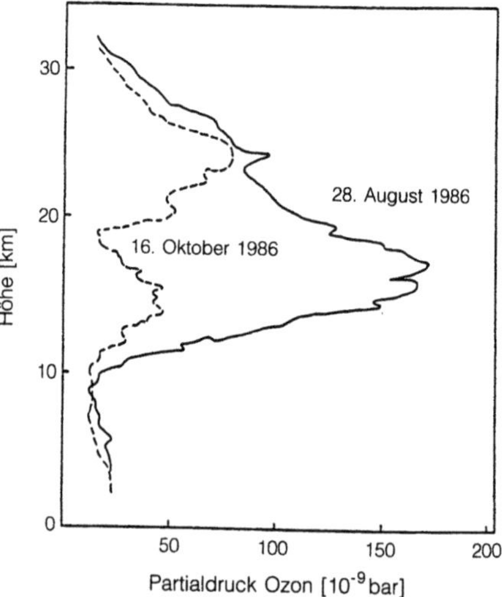

Ozon in der Stratosphäre: Ozonkonzentrationsprofil im August und Oktober 1986 über der Antarktis, Meßstation McMurdo. (Nach: Hofmann et al. 1987)

fen. Seit Anfang der 70er Jahre diskutiert man den Einfluß der Fluorchlorkohlenwasserstoffe (FCKW) auf die stratosphärische O_3-Schicht (Hypothese von Rowland und Molina). Von besonderer Bedeutung sind die in großen Mengen produzierten Verbindungen CCl_2F_2 und CCl_3F (ca. 800.000 t pro Jahr), durch die der Chloreintrag in die Stratosphäre beträchtlich erhöht wird. Die Folge davon ist ein zusätzlicher O_3-Abbau, der nach Modellrechnungen knapp 2% bis zum Jahr 2000 und knapp 4% bis zum Jahr 2100 erreicht. Ein stationärer Endzustand mit etwa 6% Reduktion der O_3-Schichtdicke wäre im übernächsten Jahrhundert zu erwarten. In der Stratosphäre über der Antarktis werden seit Ende der 70er Jahre in den Monaten September bis November (im antarktischen Frühling) drastische O_3-Verluste gemessen. Dieses sog. Ozonloch, in dem die O_3-Menge im Jahre 1987 um etwa 40% abgenommen hatte, überdeckt fast den gesamten antarktischen Kontinent. In diesem Bereich sinkt die Temperatur im Winter auf –70 bis –80 °C ab, wodurch sich aus Aerosolteilchen bestehende stratosphärische Wolken ausbilden, die kondensiertes Wasser und Salpetersäure enthalten. Es wird vermutet, daß an der Oberfläche der Aerosolteilchen im Dunkel der Polarnacht heterogene Reaktionen ablaufen, durch die aus dem Reservoirgas Chlornitrat gasförmiges Cl_2 und HOCl freigesetzt werden.

$$ClONO_2 + HCl \rightarrow Cl_2 + HNO_3$$
$$ClONO_2 + H_2O \rightarrow HOCl + HNO_3$$

Wenn nach der Polarnacht im Oktober das Sonnenlicht in diese Luftschichten einfällt, werden Cl_2 und HOCl schnell photolytisch gespalten. Damit steht der

$$Cl_2 + h\nu \rightarrow 2\,Cl$$
$$HOCl + h\nu \rightarrow OH + Cl$$

Katalysator $X = Cl$ in vergleichsweise hoher Konzentration zur Verfügung, der nun effektiv den O_3-Abbau

einleitet. Wegen der noch geringen Sauerstoffatomkonzentration erfolgt die Rückbildung der Cl-Atome aus ClO vermutlich über folgende Reaktionskette:

$$2ClO + M \rightarrow Cl_2O_2 + M$$
$$Cl_2O_2 + h\nu \rightarrow Cl + ClO_2$$
$$ClO_2 + M \rightarrow Cl + O_2 + M$$

Analoge Mechanismen sind für Br-Atome und BrO vorgeschlagen worden.

Lit: Hofmann DJ, Harder JW, Rolf SR, Rosen JM (1987) Nature 326:50

Ozon in der Troposphäre. In der >Troposphäre< sind O_3-Mischungsverhältnisse zwischen 10 und 100 ppbv typisch. Früher wurde angenommen, daß das troposphärische O_3 seinen Ursprung ausschließlich in der >Stratosphäre< hat, von wo es durch großräumige Mischungsprozesse heruntergebracht wird. Nach Reiter beträgt der Konzentrationsanteil des stratosphärischen O_3 in der planetaren Grenzschicht im Mittel etwa 10 bis 20 ppbv (ca. 20 bis 40 µg m^{-3}). Gelegentlich sind Einschübe stratosphärischer Luft bis in die unteren Schichten der Troposphäre beobachtet worden, wobei in Einzelfällen die O_3-Konzentrationen bis auf 400 ppbv angestiegen war. Seit den 70er Jahren steht diesem Mischungskonzept eine photochemische Theorie gegenüber, nach der O_3 in der Troposphäre durch Radikalreaktionen gebildet und abgebaut wird. Bei der Bildung von O_3 dürften neben NO_x und CO auch biogene und anthropogene Kohlenwasserstoffe eine wichtige Rolle spielen. In Reaktionskette A, die mit der Oxidation von CO durch OH-Radikale eingeleitet wird, stammen die zur O_3-Bildung benötigten Sauerstoffatome aus der Photolyse von Stickstoffdioxid (NO_2). Da das dabei entstehende Stickstoffmonoxid (NO) gebildetes O_3 schnell wieder verbrauchen würde, kommt es nur dann zur O_3-Produktion, wenn es ständig durch Hydroperoxyradikale (HO_2) zu NO_2 oxidiert wird. Durch die Rückbildung des Startradikals OH

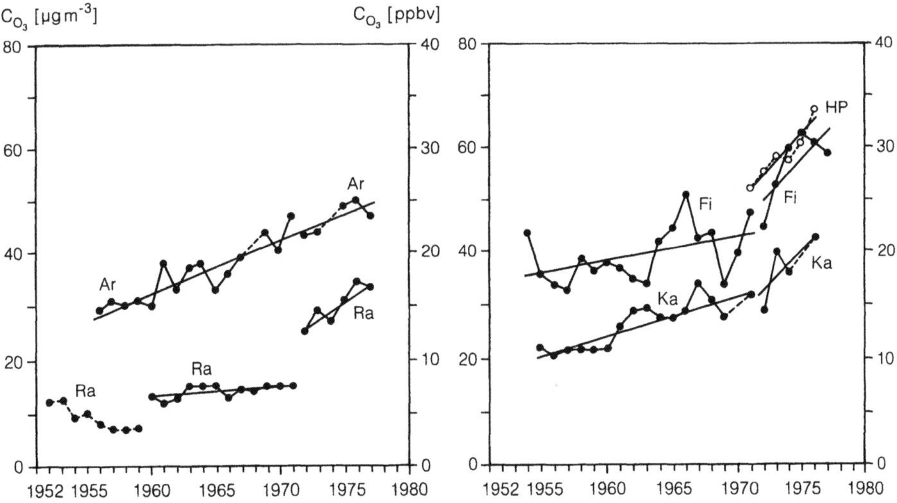

Ozon in der Troposphäre: Jahresmittel des bodennahen Ozons und Regressionsgeraden der Meßstellen Arkona (Ar), Radebeul (Ra), Fichtelberg (Fi), Kaltennordheim (Ka) und Hohenpeissenberg (HP). (Nach: Warmbt 1979; Attmannspacher/Hartmannsgruber 1984)

kann ein neuer Zyklus erfolgen, der pro verbrauchtes CO-Molekül ein Molekül O_3 liefert. Wird die Reaktionskette A durch die Oxidation reaktiver Kohlenwasserstoffatome eingeleitet, dann bewirken Alkylperoxyradikale (RO_2) die Oxidation von NO.

Reaktionskette A: $CO + OH \rightarrow H + CO_2$
$H + O_2 + M \rightarrow HO_2 + M$
$HO_2 + NO \rightarrow OH + NO_2$

$NO_2 + h\nu \xrightarrow{\lambda < 420\,nm} NO + O$
$O + O_2 + M \rightarrow O_3 + M$
Nettoreaktion: $CO + 2\,O_2 + h\nu \xrightarrow{\lambda < 420\,nm} CO_2 + O_3$

Unterhalb einer bestimmten kritischen NO_x-Konzentration überwiegt die Reaktionskette B. Diese führt zum Abbau von O_3, da die Peroxyradikale in Abwesenheit von NO entweder rekombinieren und kein O_3 produzieren oder selbst O_3 zerstören. Pro verbrauchtes CO-Molekül kann ein Molekül O_3 abgebaut werden.

Reaktionskette B: $CO + OH \rightarrow H + CO_2$
$H + O_2 + M \rightarrow HO_2 + M$
$HO_2 + O_3 \rightarrow 2\,O_2 + OH$
Nettoreaktion: $CO + O_3 \rightarrow CO_2 + O_2$

Messungen des bodennahen O_3 an verschiedenen Meßstellen in D zeigen, daß die Konzentration von den 50er Jahren bis Ende der 70er Jahre ständig zugenommen hat (s. Abb. S. 857). Der zunehmende Trend in den Jahresmittelwerten, der in erster Näherung durch Regressionsgeraden beschrieben werden kann, verläuft parallel zu den ebenfalls gestiegenen NO_x-Emissionen. Die Jahresmittelwerte werden nachhaltig von den meteorologischen Verhältnissen während der Sommermonate bestimmt. In Jahren mit trockenem und sonnenscheinreichem Sommerwetter sind die O_3-Jahresmittel deutlich höher, als wenn das Wetter in dieser Jahreszeit überwiegend kühl und regnerisch ist. Messungen der O_3-Konzentration im vorigen Jahrhundert (z. B. Observatoire de Montsouris, Paris) lassen auf eine mittlere O_3-Konzentration von etwa 10 bis 15 ppbv schließen. Das ist ein Drittel der heute in kontinentalen Luftmassen gefundenen Werte. Die damals beobachteten Wintermaxima sind im Einklang mit dem verstärkten Eintrag aus der Stratosphäre im Winter. Heutige Daten aus mittleren Breiten der Nordhemisphäre zeigen ein Maximum im Sommer, was auf eine zusätzliche photochemische Produktion hinweist, höchstwahrscheinlich bedingt durch anthropogene NO_x-Emissionen. In jüngster Zeit wird die räumliche Verteilung von O_3 mit Hilfe flugzeuggetragener Meßsysteme bestimmt. Die bei Inversionswetterlagen aufgenommenen Vertikalprofile zeigen oberhalb der Inversionsschicht nahezu homogene Verteilungen. Unterhalb der Inversionsschicht dagegen steigen die O_3-Gehalte durch den photochemisch gebildeten Anteil deutlich an (s. a. Abb. unten).

Lit: Reiter R (1977) The role of stratospheric import on tropospheric ozone concentration. Proc Joint Sympos. Ozone, Akademie der Wissenschaften der DDR, Berlin – Attmannspacher W (1976) Meteor Rdsch 29: 33 – Warmbt W (1979) Z Meteor 29:24 – Attmannspacher W, Hartmannsgruber R (1984) Meteor Rdsch 37: 193 – Volz A, Smit GJ, Kley D (1985) Klimatologie und Chemie des troposphärischen Ozons: Natürliche Bilanz und anthropogener Einfluß. AGF-Tagung „Wege und Wirkungen von Umweltchemikalien", Bonn-Bad Godesberg – Paffrath D, Renger W (1983) Messungen der räumlichen Verteilung von Spurengasen und Aerosolen in der Atmosphäre mittels fliegender in situ- und Fernmeß-Systeme. AGF-Tagung „Luftreinhaltung – Luftverschmutzung", Bonn-Bad Godesberg.

Ozonolyse. Die zu Anfang dieses Jahrhunderts von Harries gefundene und später von Criegee, Staudinger, Rieche, Bailey näher untersuchte oxidative Aufspaltung ungesättigter Verbindungen mit O_3 in Lösung gehört heute zu den Standardmethoden der organischen Chemie. Abgesehen von wenigen Ausnahmen gelingt es, eine Doppelbindung unter schonenden Bedingungen (tiefe Temperatur) quantitativ zu spalten. Da bei der Reaktion keine Verschiebung der Doppelbindung erfolgt, können anhand der erhaltenen Spaltprodukte Rückschlüsse auf die Lage der Doppelbindung in der Ausgangsverbindung gezogen werden. Welche Oxidationsprodukte man erhält (Aldehyde, Ketone, Carbonsäuren, peroxidische Produkte), hängt wesentlich von den Reaktionsbedingungen – und hier v. a. vom Lösungsmittel – ab, weiterhin von der Aufarbeitung, die hydrolytisch, reduktiv oder oxidativ vorgenommen werden kann. Nach CRIEGEE verläuft die Ozonolyse von Olefinen in drei Schritten:

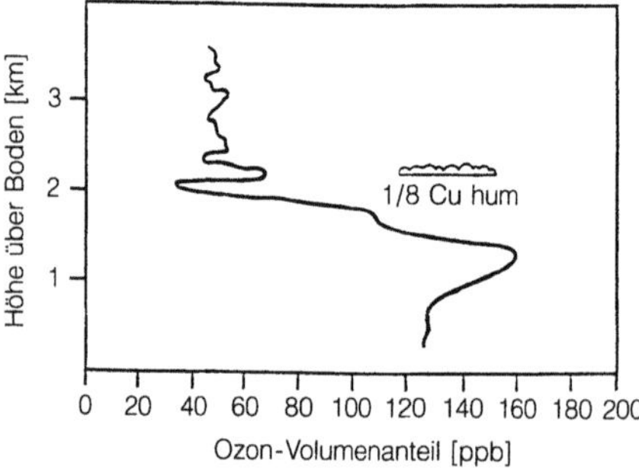

Reaktion (1) führt zum 1,2,3-Trioxolan (Primärozonid). Aufgrund ihrer geringen Stabilität zerfallen Primärozonide schon bei tiefer Temperatur in ein Carbonyloxid (C^+-O-O^-) und in eine Carbonylverbindung [Reaktion (2)]. Bei ausreichender Reaktivität der Carbonylverbindung (z. B. bei Aldehyden) kann die Cycloaddition zum oft stabilen 1,2,4-Trioxolan (Normalozonid) erfolgen [Reaktion (3)]. Die Stabilisierung des Carbonyloxids zu anderen peroxidischen Produkten hängt von seiner chemischen Umgebung ab. Abweichungen von diesem Mechanismus werden immer dann beobachtet, wenn z. B. aus sterischen Gründen die Bildung des Primärozonids nicht möglich ist. In solchen Fällen bleibt das Kohlenstoffgerüst des Olefins erhalten und es kommt zur Anlagerung von nur einem Sauerstoffatom an die Doppelbindung. Dabei entstehen nichtperoxidische Produkte, wie Epoxide, Ketone

Ozon in der Troposphäre: Ozon-Volumenanteile in Abhängigkeit von der Höhe oder Aldehyde. Neuere Arbeiten über die Ozon-Olefin-Reaktion in der Gasphase haben gezeigt, daß die Primärschritte dem von Criegee für die kondensierte Phase vorgeschlagenen Mechanismus entsprechen. Von zentraler Bedeutung ist die Chemie des Carbonyloxids (häufig auch Criegee-Intermediat genannt), das in der Gasphase als Diradikal (z.B. $R\dot{C}HO\dot{O}$) formuliert wird. Da vermutlich nur das stoßstabilisierte Carbonyloxid in der Lage ist, bimolekulare Reaktionen einzugehen, hängt die Bildung stabiler Produkte neben der chemischen Umgebung in starkem Maße vom Stabilisierungsgrad ab. Im Unterschied zur Lösung, wo das angeregte Carbonyloxid vollständig stabilisiert werden kann, zerfällt in der Gasphase ein beachtlicher Teil dieser Spezies in Abhängigkeit vom Gesamtdruck zu verschiedenen molekularen und radikalischen Produkten. Das in vielen Fällen beobachtete komplexe Reaktionsgeschehen wird z.T. auf sekundäre Radikalreaktionen zurückgeführt. Unter Berücksichtigung der kinetischen Daten sind in der >Troposphäre< v.a. die Reaktionen der Carbonyloxide mit H_2O, SO_2, NO und NO_2 von Bedeutung, bei denen die entsprechenden Aldehyde entstehen.

$$RCHOO \begin{cases} + H_2O \rightarrow RCHO + H_2O_2 \\ + SO_2 \xrightarrow{H_2O} RCHO + H_2SO_4 \\ + NO \rightarrow RCHO + NO_2 \\ + NO_2 \rightarrow RCHO + NO_3 \end{cases}$$

Die Reaktion mit H_2O verläuft vermutlich über die Stufe der 1-Hydroxyalkylhydroperoxide; diese stehen in einem pH-abhängigen Gleichgewicht mit den Aldehyden und Wasserstoffperoxid.

$$RCHOO + H_2O \rightarrow RCH(OH)OOH \rightleftharpoons RCHO + H_2O_2$$

Die Bildung von Alkylhydroperoxiden ist möglich durch den Zerfall der Carbonyloxide zu Alkylradikalen, die nachfolgend durch die Reaktionen mit molekularem Sauerstoff und Hydroperoxyradikalen in Alkylhydroperoxide (ROOH) überführt werden.

$$RCHOO \rightarrow R + \ldots$$
$$R + O_2 \rightarrow ROO$$
$$ROO + HO_2 \rightarrow ROOH + O_2$$

Lit: Criegee R (1975) Angew Chem 87: 765.

Ozonung. (Früher Ozonisierung). Zusatz von Ozon zur Luft oder zum Wasser (Aufbereitung von Trink- und Badewasser). Im Abwasserbereich bestehen Einsatzmöglichkeiten für Ozon bei der >Desinfektion< von biol. oder chem.-physikalisch vorgereinigten Abwässern wie auch zum Zwecke der chem. Oxidation von speziellen Abwässern bzw. Abwasserinhaltsstoffen. Nach den gesammelten Erfahrungen ermöglicht die Anwendung von Ozon die gewünschte Reduzierung von >Keimen< und >Viren<; die Desinfektion beliebiger Abwassermengen, z.B. des gesamten Ablaufs einer >Kläranlage<; eine zusätzliche Oxidation von anorg. und org. Abwasserinhaltsstoffen sowie die Elimination von Geruchsstoffen und gefärbten Stoffen.

Lit: Abwassertechnische Vereinigung (Hrsg.) (1982–1986) Lehr- und Handbuch der Abwassertechnik, 3.Aufl., Bd.1–7, Verlag von Wilhelm Ernst und Sohn, Berlin München.

Ozonwirkung. Ozon (O_3) ist ein starkes Oxidationsmittel von stechendem Geruch. Die Geruchsschwelle liegt bei 40 bis 50 µg m^{-3}. O_3 wird sofort wahrgenommen, die Empfindung läßt aber rasch nach; ab 100 µg/m^{-3} hält sie länger an. Die oxidativen Eigenschaften von O_3 wirken unmittelbar auf die Zellbiochemie der Lunge und des Bronchialsystems. Die Folge sind degenerative Veränderungen in den Bronchiolen und Alveolen. Längere Expositionen führen bei Tieren zu chronischer Bronchitits bzw. Bronchiolitis und zu emphysemähnlichen Veränderungen mit Beeinträchtigung der Lungenfunktion (s. Tabelle I). Von Schutzgasschweißern wurden nach einstündiger Exposition gegenüber mehr als 500 µg m^{-3} O_3 Reizungen des Atemtraktes und ein Engegefühl in der Brust angegeben. Unklar ist, ob langfristige Belastungen zu chronischen Atemwegserkrankungen führen können. Nachteilige Wir-

Ozonwirkung: Tabelle I

Konzentration [µg m^{-3}]	Symptome
40–50 (sofort)	Geruchsschwelle
200	Augenreizungen
200–400 (mehrere Stunden, z.T. über mehrere Tage)	Morphologische Veränderungen (Tier)
200 (mehrere Stunden)	Verminderung der Infektionsresistenz (Tier)
200–740 (mehrere Stunden)	beginnende Lungenfunktionsstörungen
500 (1 Stunde)	Reizungen des Atemtrakts und Engegefühl (Schweißer)

Ozonwirkung: Tabelle II, Gegenüberstellung der Grenzwerte zum Schutz der Gesundheit am Arbeitsplatz bzw. der maximalen Immissionskonzentration zum Schutz des Menschen einerseits und der vorgesehenen maximalen Immissionskonzentrationen zum Schutz der Vegetation bzw. dem Luftgüteleitwert der WHO:

Grenzwerte zum Schutz der Gesundheit					
MAK-Wert (8 h, Arbeitsplatz):	200 µg m^{-3} O_3 (100 ppb)				
MIK-Kurzzeitwert (1/2 h-Mittelwert), VDI 2310 4/87:	120 µg m^{-3} O_3 (60 ppb)				
Grenzwerte zum Schutz der Vegetation					
MIK-Werte / VDI 2310 Entwurf 8/87 (µg m^{-3} O_3):					
Resistenzgrad	0,5 h	1 h	2 h	4 h	8 h
sehr empfindlich	300	150	120	100	80
empfindlich	500	350	250	200	170
weniger empfindlich	1.000	500	400	350	300
WHO-Luftgüteleitwert (1987):	60 µg m^{-3} O_3 als Mittelwert für die Vegetationsperiode				

kungen sind ab 200 µg m^{-3} möglich; das bedeutet, daß die Spanne zwischen atmosphärischen Hintergrundkonzentrationen und Wirkungsschwellen auffallend gering ist und für Sicherheitsfaktoren wenig Spielraum bleibt. Die maximale Arbeitsplatzkonzentration beträgt seit 1958 200 µg m^{-3} (s. Tabelle II). Der Vergleich mit vorkommenden O$_3$-Konzentrationen zeigt an, wie nah die Belastung in der Umwelt an diesen Wert herankommen kann (vgl. die extrem hohen Konzentrationen des bodennahen O$_3$ im Sommer 1976 von 300 bis mehr als 500 µg m^{-3} in verschiedenen Ballungsgebieten in D). Die im VDI-Entwurf vorgesehenen maximalen Immissionskonzentrationen zum Schutz der Vegetation berücksichtigen die unterschiedliche Empfindlichkeit von Pflanzen gegenüber O$_3$. Ein Vergleich der Werte und der zugrundeliegenden Wirkungsuntersuchungen an Mensch, Tier und Pflanze zeigt, daß durch O$_3$ die Vegetation in besonderem Maße gefährdet ist.

Lit: Mücke W (1988) Zur Toxikologie von Ozon und anderen Photooxidantien. GSF-Bericht 17: 507

PA. >Polyamide<.

Paarbildung. Wechselwirkung von energiereicher elektromagnetischer Strahlung mit Materie. Ist die Energie der Strahlung größer als 1,02 MeV, besteht die Möglichkeit zur Erzeugung eines Elektron-Positron-Paares (Materialisation von Energie).

Paclobutrazol. Wirkt als >Wuchsstoff< und zählt zur Substanzklasse der Triazol-Derivate.
Chemische Bezeichnung: (2*RS*,3*RS*)-1-(4-Chlorphenyl)-4,4-dimethyl-2-(1*H*-1,2,4-triazol-1-yl)pentan-3-ol
CAS-Nummer: 76738–62–0
Hersteller: Zeneca
Wirkungstyp: Reduziert das vegetative Pflanzenwachstum und wird über die Blätter von den grünen Trieben und von den Wurzeln aufgenommen. Die von den Blättern aufgenommene Wirkstoffmenge verbleibt im Blatt, der von den Wurzeln und Trieben aufgenommene Teil wird dagegen im Xylem zur Pflanzenspitze transportiert. Der Wirkungseffekt beruht auf der Hemmung einer Synth.-Vorstufe zur Gibberellinsäure in den Meristemen an den Triebspitzen und vermindert damit die Rate der Zellteilung.
Bevorzugte Anwendung: Bei Zierpflanzen zum Stauchen, zur Hemmung des Längenwachstums und zur Steuerung des Blühtermins.

Chemische und physikalische Eigenschaften:
Physikalische Beschaffenheit: Krist., farblos.
Schmelzpunkt: 165 °C.
Dampfdruck: 10^{-4} hPa bei 20 °C.
Verteilungskoeffizient (log $P_{o/w}$): 3,2.
Stabilität: Stabil >2 Jahre bei 20 °C.
Löslichkeit: In Wasser 35 mg/L bei 20 °C.
Abbau und Metabolismus: Im Säugerorganismus erfolgt rasches Ausscheiden und keine Akkumulation im Gewebe.
Toxizität: Akute orale LD_{50} für männliche Ratte 2.000 und weibliche Ratte 1.300 mg/kg. Akute dermale LD_{50} für Ratte und Kaninchen > 1.000 mg/kg. Inhalationstoxizität: LC_{50} für männliche Ratte 160 bis 250 und weibliche Ratte 99 mg/L. Augenreizwirkung bei Kaninchen.
Bienentoxizität: Akuter oraler NOEL >0,002 mg/Biene und akuter dermaler NOEL >0,04 mg/Biene.
Fischtoxizität: LC_{50} (96 Stunden) für Regenbogenforelle 27,8 mg/L.
Vogeltoxizität: Akute orale LD_{50} für Stockente >7.900 mg/kg.

PAGE. Abk. für *P*oly*a*crylamid-*G*el-*E*lektrophorese; >Elektrophorese<, >Polyacrylamid-Gel<.

PAGIS. Performance Assessment of Geological Isolation Systems; eine im Auftrag der Kommission der Europäischen Gemeinschaften im Zeitraum 1982–1992 unter Mitwirkung nationaler Organisationen innerhalb der Europäischen Gemeinschaft durchgeführte Studie zur Bewertung der Leistungsfähigkeit geologischer Endlagersysteme. PAGIS hatte dabei die folgenden Zielsetzungen: a) Aufstellen einer untereinander abgestimmten Methodologie für Sicherheitsbewertungen unterirdischer Abfallendlager und b) Ableiten von Schlußfolgerungen hinsichtlich der Eignung verschiedener geologischer Formationen und technischer Barrieren für den Schutz gegenwärtiger und künftiger Generationen gegen die möglichen Folgen der in ihrem Gebiet angelegten Lager hochradioaktiver Abfälle (HLW).

PAH. *P*olycyclic *A*romatic *H*ydrocarbons. >PAK<.

PAH-Derivate. Neben den reinen >PAK< kommen in vielen Umweltproben auch Derivate dieser Verbindungen vor. Sie entstehen wie die PAH selbst hauptsächlich bei der unvollständigen Verbrennung bzw. Pyrolyse von organ. Material. Umweltrelevante Derivate sind vor allem die alkylierten PAH und die Nitro-PAH. Beide Derivat-Klassen zeigen gegenüber den entsprechenden reinen PAH z. T. erheblich stärkere Kanzerogenität. Alkylierte PAH werden verstärkt bei niedrigen Verbrennungstemperaturen gebildet. Nitro-PAH werden insbesonders im Abgas von Diesel-Motoren gefunden. Die kanzerogene Wirkung von z. B. 1-Nitroso-Pyren beruht auf einer enzymatischen Reduktion zu 1-Nitro-Pyren beruht auf einer enzymatischen Reduktion zu 1-Nitroso-Pyren und der anschließenden Reduktion zum Hydroxylamin. Dies kann säurekatalytisch gespalten werden und mit Guanin in Position 8 reagieren.

PAK. *P*olycyclische *a*romatische *K*ohlenwasserstoffe: Substanzklasse von aromatischen Kohlenwasserstoffen mit kondensierten Ringsystemen. Hauptvorkommen der meisten dieser Substanzen sind org. Brennstoffe sowie deren Verarbeitungsprodukte, insbes. Steinkohlenteer und dessen Produkte. Darüber hinaus werden die PAK bei zahlreichen unvollständigen Verbrennungs- bzw. Pyrolyseprozessen von org. Material gebildet (s. Abb. S. 862).
Art und Menge der entstehenden Produkte werden hauptsächlich durch die Verbrennungsbedingungen, insbesondere die Temperatur und den Sauerstoffgehalt, bestimmt. Während bei niedrigen Temperaturen hauptsächlich alkylierte PAK gebildet werden, entstehen bei höheren Temperaturen vorwiegend die reinen PAK. Bei zunehmend pyrolytischen Bedingungen (Sauerstoffdefizit) wächst die Menge der gebildeten PAK. Die Art des Ausgangsmaterials beeinflußt kaum das PAK-Profil der Abgase. Bedingt durch die Universalität der Entstehungsprozesse sind die PAK in allen Umweltkompartimenten vorhanden. Atmosphärische PAK können sowohl gasförmig als auch an Aerosole gebunden vorliegen. Während z. B. Naphthalin zu 100 % als Gas vorliegt, sind Coronen und >Dibenz-[a,h]anthracen< quantitativ an Aerosole gebunden. >Fluoranthen< und Pyren kommen in gleichen Mengen in beiden Formen vor. Wegen ihres hydrophoben Charakters werden PAK in Böden und Sedimenten sowie in tierischer und pflanzlicher Matrix angereichert. Niedermolekulare PAK können cometabolisch abgebaut umgewandelt werden. Im abiotischen Bereich tragen vor allem photochemische Reaktionen zum Abbau von PAK bei. Dagegen sind die meisten PAK mit vier oder mehr Ringen biologisch nur schwer oder nicht abbaubar. Zahlreiche PAK weisen mutagene bzw. im Tierversuch carcinogene Wirkung auf. Sie stehen daher im Verdacht, auch beim Menschen Krebs auszulösen, was durch epidemiologische Studien bestätigt wird. Die krebsauslösende Wirkung wird mit dem Vorhandensein einer sog. bay-Region korreliert. Der bay-Region benachbarte, enzymatisch gebildete Epoxide

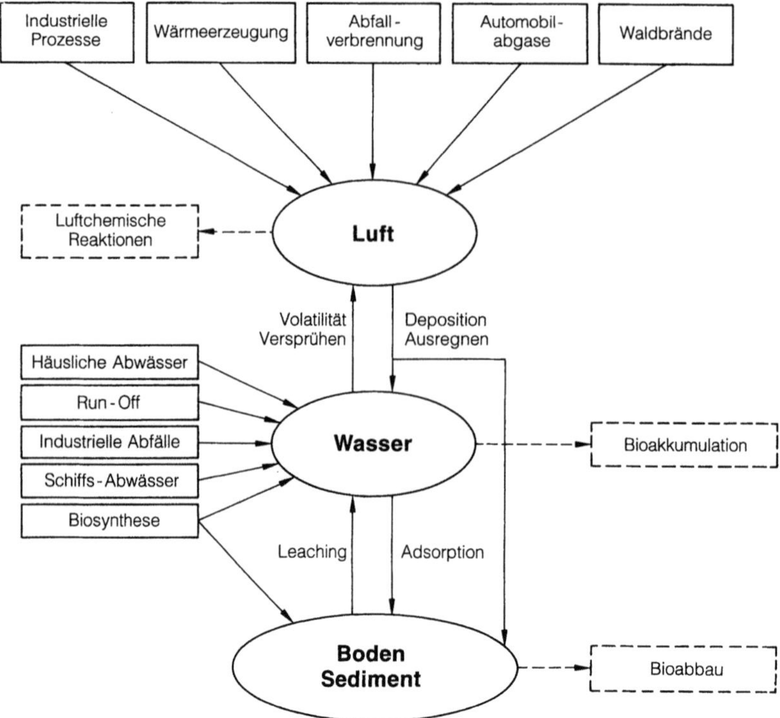

PAK: Bildung und Verteilung von PAK in der Umwelt

können nicht mehr hydrolysiert bzw. isomerisiert werden und können mit der >DNA< in Interaktion treten. Als Leitkomponente für das Auftreten von PAK wird häufig >Benzo[a]pyren< herangezogen.

Palmitinsäure. n-Hexadecansäure $CH_3(CH_2)_{14} COOH$. Diese gesättigte Fettsäure kommt in allen tierischen und pflanzlichen Fetten vor, in besonders hohen Konzentrationen in Palmöl. Die Salze der Palmitinsäure werden bei der Lebensmittelherstellung als >Rieselhilfsmittel< eingesetzt. Palmitinsäureester, z. B. Ascorbylpalmitat, finden als >Antioxidationsmittel< Verwendung.

PAMELA. Pilotanlage Mol zur Erzeugung lagerfähiger Abfälle. >Verglasungsanlage PAMELA<.

Pankreatin. Wird aus der Pankreasdrüse, meist vom Schwein, gewonnen und enthält als wesentliche Bestandteile die Proteasen Trypsin und Chymotrypsin, α-Amylase und Lipasen. In der Lebensmittelindustrie wird Pankreatin vorwiegend zur Hydrolyse von Proteinen eingesetzt.

Pantoffeltierchen (Paramecium). >Protozoa<, >Süßwasserbiologie<.

Pantothensäure. Eine zur Gruppe der B-Vitamine gehörende Verbindung, in der β-Alanin und 2,4-Dihydroxy-3,3-dimethylbutyrat säureamidartig verknüpft sind. In der Natur liegt Pantothensäure i. allg. in gebundener Form als Bestandteil des Coenzyms A und als 4'-Phosphopantethein als prosthetische Gruppe des Acyl-Car-

rier-Proteins vor. Somit ist Pantothensäure am >Intermediärstoffwechsel< der Kohlenhydrate, Fette und vieler Aminosäuren beteiligt. Pantothensäure wird mit der Nahrung aufgenommen. Sie ist besonders in Hirn, Leber, Niere, Muskel, Eigelb, Hefe und Hülsenfrüchten enthalten. Bei der Verdauung wird das mit der Nahrung aufgenommene >Coenzym A< zu Pantothensäure aufgespalten, die im Dünndarm resorbiert wird. Mangelerscheinungen gibt es in unseren Breiten selten. Die durchschnittliche Aufnahme von Pantothensäure mit der normalen Nahrung liegt bei 6 bis 12 mg/Tag, was ausreichend ist.

PAR. (photosynthetic active radiation). Die für die >Photosynthese< nutzbare Strahlung im Wellenlängenbereich von $\lambda = 400{-}700$ nm.

Parabolidkollektoren. >Solarkollektor<.

Parabolspiegel. >Hohl- und Parabolspiegel<.

Parabraunerde. Bodentyp der deutschen >Bodensystematik<, der durch Tonverlagerung innerhalb des >Bodenprofils< geprägt ist. Daraus ergibt sich als Horizontabfolge (>Bodenhorizonte<) unter dem humosen Ah- (bzw. Ap-) Horizont ein Tonauswaschungshorizont Al (l von lessiviert), dem der zugehörige Toneinwaschungshorizont Bt folgt. Diese Horizonte sind carbonatfrei. Der C-Horizont dieses Bodens besteht sehr oft aus einem carbonathaltigen Lockergestein (z.B. >Löß<, Geschiebe- oder Flußmergel). Die ökologischen Eigenschaften von junger P. sind in der Regel günstig, da das Ausgangsmaterial meist nährstoffreich ist und Luft- und Wasserhaushalt durch die entsprechende Porengrößenverteilung (viele Mittelporen) ausgeglichen sind. Bei weit entwickelten P. bekommt jedoch die Nährstoffauswaschung im Oberboden steigendes Gewicht. Weiterhin können die Grob- und Mittelporen des Bt-Horizonts durch die eingelagerten Tonteilchen weitgehend verschwunden sein, so daß in feuchteren Zeiten Wasserstau und Sauerstoffmangel auftreten (Übergang zum Pseudogley; >Gleye<). Da der Oberboden zugleich an Ton verarmt, steigt die Erosionsgefährdung deutlich an. P. aus feinkörnigen Lockersedimenten lassen sich in der Regel gut mechanisch bearbeiten und sind daher hochwertige Ackerstandorte. Wegen der meist hohen biologischen Aktivität im Oberboden und der durch den Bt-Horizont gehemmten vertikalen Wasserbewegung haben sie auch ein hohes Filtervermögen für zahlreiche Schadstoffe. Bei stärkerer Versauerung des Oberbodens wird dagegen Aluminium in austauschbare Form übergeführt, so daß dann ohne entsprechende Maßnahmen (z.B. >Kalkung<) der Pflanzenwuchs gehemmt sein kann.

Paradichlorbenzol. 1,4-Dichlorbenzol. Die Synth. erfolgt durch elektrophile Substitution aus Chlor und Benzol im Verhältnis 2:1. 1,4-Dichlorbenzol wird als Hauptprodukt neben 1,3- und 1,2-Dichlorbenzol gebildet. Der Einsatz erfolgt als Mottengift und als Geruchsübertöner im Sanitärbereich, ferner als Obstspritzmittel. P. ist auch ein wichtiges Zwischenprodukt bei org. Synthesen. Die Verbindung ist nur bedingt abbaubar. Im Boden kann ein Abbau zu Diphenolen erfolgen. Die Substanz wird über die Nahrungskette im menschlichen Fettgewebe und in Muttermilch angereichert. P. wirkt schädigend auf Nervensystem und Stoffwechsel. Bei akuter Vergiftung kommt es zur Hämolyse. Chronische Schädigungen sind Schleimhautreizungen, Abmagerung und Methämoglobinbildung. $LD_{50} = 0,5$ bis $1,6$ g/kg (Ratte, oral).

Paradigma. (Grch. $\pi\alpha\varrho\alpha\delta\varepsilon\iota\gamma\mu\alpha$ = Muster, Beispiel, Vorbild). Philosophisch im Sinne von zentralem Inhalt von Leit- oder Weltbildern gebraucht. Bedeutungsvoll für die Umweltproblematik im Zusammenhang mit dem sog. Paradigmenwechsel: in ihm vollzieht sich der Übergang von Paradigmen, die das naturwissenschaftliche und allg. Denken seit der Renaissance beherrschen und die u.a. in der klassischen Newtonschen Mechanik gipfeln, zu quantenmechanischen und thermodynamisch-entropischen der modernen Physik.

Paragesteine. Typ der >metamorphen Gesteine<, der durch Umwandlung aus einem Sedimentgestein entstanden ist.

Parallelplattenabscheider. >Lamellenabscheider<. Zur Abscheidung von Leichtstoffen, wie Öle und Fette. Eine Weiterentwicklung der einfachen Abscheider

(nach DIN 4040) sind die Parallelplattenabscheider, in deren Abscheideraum Platten mit einer Neigung von $45°$ angeordnet sind. Das Prinzip ist bei allen Systemen annähernd gleich. Durch den Einsatz mehrerer parallel angeordneter Platten werden die Abscheidefläche vergrößert und der Aufstiegsweg der einzelnen Leichtstofftröpfchen verkürzt, wodurch höhere Wirkungsgrade und kleinere Anlagendimensionen möglich sind.

Lit: Abwassertechnische Vereinigung (Hrsg.) (1982–1986) Lehr- und Handbuch der Abwassertechnik, 3. Aufl., Bd. 1–7, Verlag von Wilhelm Ernst und Sohn, Berlin München.

Parameter. (Grch. para = bei, neben, metron = Maß; Beiwert). In der Mathematik z.B. fester Wert, der notwendig ist, eine best. Funktion oder Kurve zu berechnen; so läßt sich die Funktion y = a x, die die abhängige Größe y aus der unabhängigen Größe x berechnet, nur angeben, wenn der Parameter a bekannt ist. In der Physik charakteristische Größe in einer Beziehung, z.B. zwischen Ursache und bewirktem >Fluß<; in der >Feldtheorie< eine >Zustandsgröße< wie >Leitfähigkeit<, >Diffusions-< oder >Reaktionskoeffizient<, >Permeabilität<, spez. Kapazität etc., die selber wiederum abhängig ist von anderen sog. >intensiven Zustandsgrößen< wie Konz. etc.; s.a. >Koeffizient<.

Parameterfunktion. Physikalische >Parameter< sind oft abhängig von >intensiven Zustandsgrößen<. Diese Abhängigkeit läßt sich oft durch eine Parameterfunktion ausdrücken. Sie wird entweder als explizite Funktion oder in Form von Tabellen angegeben.

Parameteroptimierung. Ein Begriff für Verfahren, näherungsweise bekannte >Parameter< einer bekannten Gl. oder eines Gl.-Systems, die das Verhalten einer Systemvariablen oder eines >Systems< beschreiben soll, anhand des gemessenen Verhaltens einer oder mehrerer Systemvariablen so zu bestimmen, daß gemessener und berechneter Verlauf möglichst gut übereinstimmen. Dafür werden Kriterien herangezogen wie etwa jenes, das die Minimierung der Summe der Abweichungsquadrate zwischen Messung und Rechnung an den Meßpunkten fordert.

Parameterschätzung. (Engl. parameter estimation). Beinhaltet statistische und numerische Verfahren, unbekannte >Parameter< in der mathematischen Beschreibung eines >Systems< aus Messungen zum Verhalten des Systems bzw. einer Systemvariablen zumindest größenordnungsmäßig korrekt zu ermitteln. Klassische Methoden wie lineare Regression gehen in ihren Anfängen bis ins 18. Jh. zurück; heute sind Statistikpakete für nahezu alle Rechnertypen erhältlich, die Parameterschätzmethoden für praktisch alle nichtlinearen Regressionen der Statistik sowie für die durch nichtlineare >Differentialgleichungen< beschreibbaren dynamischen Systeme auch großen Umfanges beinhalten. >Parameteroptimierung<.

Paraoxon. >Phosphorsäureinsektizide<, >Parathion<.

Parapause. >Diapause<.

Paraquat. Wirkt als >Herbizid< und zählt zur Substanzklasse der Bipyridylium-Derivate.
Chemische Bezeichnung: 1,1'-Dimethyl-4,4'-bipyridinium-dichlorid
Hersteller: Zeneca
Wirkungstyp: Kontaktherbizid mit rel. kurzer Wirkungsdauer für Nachauflaufverfahren. Greift in den

Photosynthese-Mechanismus ein, indem es durch Elektroneneinfang die zur Photophosphorylierung benötigte Energie entzieht.

Bevorzugte Anwendung: Zur Unkrautbekämpfung ohne Dauerwirkung vor dem Auflaufen der Kulturpflanzen (Ackerbau, Gemüsebau, Hopfen; auf abgeräumten Flächen, die kurzfristig in Nutzung genommen werden sollen). Unter Kern- und Steinobst, in Beerenobst, im Weinbau, im Forst auf Saat- und Verschulbeeten. Zur Horstbehandlung von Rasenschmiele auf Wiesen und Weiden.

Chemische und physikalische Eigenschaften:
Physikalische Beschaffenheit: Kristalle, farblos, hygroskopisch.
Schmelzpunkt: Zersetzt sich bei etwa 300 °C.
Dampfdruck: $< 1,3 \cdot 10^{-5}$ Pa bei 20 °C.
MAK: 0,1 mg/m^3. Gefahrensymbol T (giftig).
Stabilität: Quaternäre Salze sind in saurem Medium beständig, nicht im alkal. Medium Photochem. Abbau durch UV-Strahlen in wäßriger Verdünnung.
Korrosives Verhalten: Der Wirkstoff ist korrosiv gegen Metalle, die Formulierungen enthalten einen Korrosionsschutz-Zusatz.
Löslichkeit: In Wasser ca. 700 g/L bei 20 °C.
Abbau und Metabolismus: Photochem. und in Pflanzen wahrscheinlich einseitige Entmethylierung, dann Aufspaltung des betreffenden Ringes unter Entstehung von Methylamin und 1-Methyl-4-carboxy-pyridinium-Ion. Sofortige Inaktivierung nach Berührung mit dem Boden. Es erfolgt eine starke und unlösl. Bindung an Bodenbestandteile. Ein abiotischer Abbau findet im Boden nicht statt. Die Verringerung des Wirkstoffes erfolgt höchstens durch Photolyse auf der Bodenoberfläche und durch einen gewissen mikrobiellen Abbau durch enzymatische Prozesse, solange nicht alle Wirkstoffteilchen fest an Bodenpartikel gebunden sind. Die HWZ im sandigen Lehm beträgt 6,6 Jahre.
Toxizität: Akute orale LD$_{50}$ für Ratten 150 mg/kg bzw. 155 bis 203 mg/kg, für Katzen 35 mg/kg. Akute dermale LD$_{50}$ für Ratte 80–90 mg/kg. 2-Jahre-Fütterungstest >NOEL< für Ratte 25 mg/kg Futter.
P. reizt in wäßriger Lsg. Haut- und Schleimhäute, wobei besonders die Reizwirkungen am Auge ausgedehnt und schwerwiegend sind. Oral aufgenommenes P. verursacht lokale Schädigungen der Atemwege sowie eine akute tubuläre Nieren- und Leberschädigung, die zum Tode führen können.
Bienentoxizität: Nicht bienengefährlich (B 4).
Fischtoxizität: LC$_{50}$ (96 Stunden) für Regenbogenforelle 32, für Zebrabärbling 25 und Guppy 15 mg/L Ion. EC$_{50}$ (48 Stunden) für den Gewöhnlichen Wasserfloh 4 mg/L (Handelspräparat).
Vogeltoxizität: Akute orale LD$_{50}$ für Huhn 200 bis 300, für Truthahn 290 mg Ion/kg und Ente 199 mg/kg.

Pararendzina. Bodentyp der deutschen >Bodensystematik<, dessen Profil aus einem humosen (>Humus<) carbonathaltigen Ah-Horizont (>Bodenhorizonte<) und einem weitgehend unverwitterten C-Horizont aus carbonathaltigem Lockergestein besteht. Da die Verwitterung auch im Ah-Horizont noch nicht sehr weit fortgeschritten ist, enthält eine P. oft noch viele mineralische Nährstoffe. Wasser- und Lufthaushalt

werden weitgehend durch die bodenphysikalischen Eigenschaften des Ausgangsgesteins bestimmt, so daß besonders P. aus >Löß< oder Geschiebemergel (mit überwiegend Mittelporen; >Mergelgestein<) optimale Standorteigenschaften besitzen. Sie können daher als Ackerstandorte mit hohem Ertragspotential genutzt werden. P. aus gröberem Material (z.B. Flußschotter) haben dagegen v.a. Grobporen, so daß die >nutzbare Feldkapazität< gering ist und nur durch höhere Humusgehalte im Oberboden verbessert wird. Wegen der geringen Aggregatstabilität ist die Erosionsanfälligkeit jedoch meist hoch. Im Verlauf der Bodenentwicklung wandeln sich P. nach der Entkalkung des Oberbodens oft in >Parabraunerden< um. Viele der vorhandenen P. sind jedoch durch Erosion entstanden, z.B. durch Abschwemmung des entkalkten Oberbodenmaterials von Parabraunerden, wodurch der Ah-Horizont in den kalkhaltigen C-Horizont verlegt wird.

Parasiten. Lebewesen, die ganz (obligate Parasiten) oder teilweise (fakultative Parasiten), ständig (stationäre Parasiten) oder zeitweilig (temporäre Parasiten) auf Kosten einer anderen Organismenspezies (als Ektoparasiten auf der Oberfläche; Endoparasiten in tieferen Körperhöhlen, im Gewebe und Blut) leben. Für die Menschen wichtige Parasiten sind Bakterien und Viren, pflanzliche Parasiten (Phytoparasiten; Fungi), tierische Parasiten (Zooparasiten), Protozoen (Urtierchen), Helmithen (Würmer) und Arthropoden (Gliederfüßler).

Parasitismus. >Parasiten<.

Parasitoide. >Parasiten<, die ihren Wirt nach und nach abtöten, z.B. Schlupfwespen. Diese gelangen als Eier etwa in eine Raupe, leben vom Gewebe ihres Wirtes, bis dieser abstirbt, und sie selbst sich verpuppen. P. werden in der >biologischen Schädlingsbekämpfung< eingesetzt, besonders in Gewächshäusern.

Parasitose. Menschen und Tiere können an verschiedenen >Parasiten< erkranken. Die Behandlung erfolgt mit Hilfe von Antiinfektiva (Wirkung gegen Bakterien und Pilze), Ektoparasitiziden (Wirkung gegen Gliederfüßler) und Endoparasitiziden (Wirkung gegen Würmer).

Parathion. Wirkt als >Insektizid< und zählt zur Substanzklasse der >Phosphorsäureester<.
Chemische Bezeichnung: *O,O*-Diethyl-*O*-(4-nitro-phenyl)-monothiophosphat
CAS-Nummer: 56–38–2
Hersteller: Bayer AG
Wirkungstyp: Insektizid und Akarizid mit Berührungs-, Fraß- und Atemgiftwirkung. Nicht systemisch. Cholinesterase-Hemmstoff.
Bevorzugte Anwendung: Gegen beißende und saugende Insekten im Acker-, Obst-, Gemüse-, Wein-, Hopfen- und Zierpflanzenbau. Gegen Spinnmilben, Schildläuse, Heu- und Sauerwurm, Rübenfliege, Käfer, Raupen, Afterraupen, Lärchenblasenfuß u.a. Auch Gieß- und Ködermittel.

Chemische und physikalische Eigenschaften:
Physikalische Beschaffenheit: Gelbbraune Flüssigkeit.

Schmelzpunkt: 6,1 °C.
Siedepunkt: 150 °C bei 80 Pa.
Dampfdruck: 8,9 · 10^{-6} hPa bei 20 °C.
Verteilungskoeffizient (log $P_{o/w}$): 3,83 bei 20 °C.
Stabilität: Hydrolysiert im sauren Bereich (pH 1 bis 6) sehr langsam, rascher im neutralen und schnell im alkal. Medium.
Löslichkeit: In Wasser 24 mg/L bei 25 °C.
Abbau und Metabolismus: Der Abbau erfolgt auf und in der Pflanze sehr rasch. Das gleiche gilt für den Abbau im Sonnenlicht. Auf unbelebten Oberflächen ist der Abbau dagegen wesentlich langsamer. Für den Parathionabbau in einem Lehmboden bis auf 0,1 ppm werden etwa 90 d benötigt. Dabei ist die Abbaugeschwindigkeit u.a. abhängig von der Bodenfeuchtigkeit. In trockenen Böden ist die Abbaurate pro Zeiteinheit vermindert. Erfahrungsgemäß sind in Böden Parathionrückstände bis zu 16 Jahren nachweisbar.
Im Säugerorganismus schnelle und vollständige Resorption und Verteilung. Ausscheidung über Urin (86 bis 93 %), Faeces (6 bis 13 %) und Atemluft (0,07 %).
Die wichtigsten Metabolisierungsschritte sind Ox. zu Paraoxon und Hydrolyse zu *p*-Nitrophenol (Hauptmetabolit im Harn, auch beim Menschen).
Toxizität: Akute orale LD_{50} für Ratten 6 bis 15 mg/kg, Maus 12, Pferd 5, Meerschweinchen 16 bis 32 mg/kg. Für den Menschen geschätzte LD_{50} 3 bis 5 mg/kg (210 bis 350 mg bei 70 kg Gewicht). Akute dermale LD_{50} für Ratten 20 bis 60 mg/kg. Inhalationstoxizität: LC_{50} für Ratte ca. 0,05 mg/L.
Max. Arbeitsplatzkonz. (MAK) 0,1 mg/m^3 Luft (7 bis 8 Stunden Arbeitszeit). Keine Speicherung im Gewebe. Verfütterung von 10 und 25 mg/kg enthaltender Nahrung über 2 Jahre an Ratten ergab keine gesundheitliche Beeinträchtigung.
Bienentoxizität: Bienengefährlich (B 1).
Fischtoxizität: Giftig für Fische und Fischnährtiere. LC_{50} (96 Stunden) für Regenbogenforelle 1,43 mg/L, für Sonnenbarsch 0,4 mg/L und für Goldfisch 1,83 mg/L. EC_{50} (48 Stunden) für Daphnia 0,7 bis 1,4 mg/L, der NOEL für die Reproduktion beträgt 0,0003 mg/L.

Parathion-methyl. Wirkt als >Insektizid< und zählt zur Substanzklasse der >Phosphorsäureester<.
Chemische Bezeichnung: *O,O*-Dimethyl-*O*-(4-nitrophenyl)-monothiophosphat
CAS-Nummer: 298–00–0
Hersteller: Bayer AG
Wirkungstyp: Insektizides und akarizides Berührungs-, Fraß- und Atemgift. Cholinesterase-Hemmstoff.
Bevorzugte Anwendung: Gegen beißende und saugende Insekten im Wein-, Obst-, Gemüse- und Ackerbau. Ködermittel gegen Tipula-Larven auf Getreideflächen und Grünland. Stallspritzmittel (Kombination mit Permethrin).

Chemische und physikalische Eigenschaften:
Physikalische Beschaffenheit: Krist., farblos.
Schmelzpunkt: 35 bis 36 °C.
Siedepunkt: 154 °C bei 1.36 hPa.
Dampfdruck: 1,3 · 10^{-5} hPa bei 20 °C.
Verteilungskoeffizient (log $P_{o/w}$): 3,00 bei 20 °C.

Stabilität: Hydrolysiert in alkal. und saurem Medium etwa fünffach schneller als Parathion-ethyl. Isomerisiert beim Erwärmen.
Löslichkeit: In Wasser 55 bis 60 mg/L bei 25 °C.
Abbau: Wie allg. bei Thiophosphaten. Ox. zum Phosphat. Entmethylierung der Estergruppen. Hydrolyse zu Thiophosphorsäure, Phosphorsäure und 4-Nitrophenol. Nach oraler Gabe erfolgt nahezu vollständige Ausscheidung mit dem Urin innerhalb von 24 Stunden.
Toxizität: Akute orale LD_{50} für Ratten 12 bis 42 mg/kg, für Mäuse 100 bis 200 mg/kg. Akute dermale LD_{50} für Ratten (in Xylollsg.) 67 mg/kg, für Kaninchen (in Maisöl) 420 mg/kg. Rasche Aufnahme durch die Haut. Bei Verfütterung von 5 mg/kg in der Nahrung über 12 Wochen an Hunde keine Cholinesterase-Hemmung, bei 50 mg/kg deutliche Hemmung. NOEL (Ratten, 90 Tage) = 1 mg/kg. Inhalationstoxizität: LC_{50} für männliche Ratte 0,2 bis 0,26 mg/L Luft (1 Stunde).
Bienentoxizität: Bienengefährlich (B 1).
Fischtoxizität: Giftig für Fische und Fischnährtiere. LC_{50} für Karpfen 3,5 mg/L (24 Stunden).

Parenchym. 1. Bei >Tieren< das eigentliche Organgewebe der kompakten Organe,
2. bei den Plattwürmern *(Plathelminthes)* das zwischen den Organen liegende mesenchymatische Füllgewebe,
3. pflanzliches Grundgewebe. Dieses besteht aus meist regelmäßigen, lebenden >Zellen< mit nur wenig verdickten >Zellwänden<. Das Cytoplasma der pflanzlichen >Parenchymzellen< kann >Plastiden< (>Chloro-<, Leuko- oder Chromoplasten) enthalten. Der >Protoplast< umschließt in der Regel als dünner Plasmaschlauch große, zentrale >Vakuolen<, in denen reichlich Nährstoffe gespeichert sein können. Auf Grund ihrer Funktion lassen sich bei Pflanzen folgende Grundgewebearten unterscheiden: a) Assimilationsparenchym, b) Speicherparenchym, c) Leitparenchym, d) Durchlüftungsparenchym (Aerenchym).

Pareto-Optimalität. Bezeichnet allg. einen gesellschaftlichen Zustand, in dem es nicht möglich ist, die Wohlfahrt eines Individuums durch eine Veränderung der >Allokation< der Ressourcen zu erhöhen, ohne gleichzeitig die Wohlfahrt eines anderen Individuums zu verringern. Anders formuliert und auf das Problem der Bestimmung des optimalen Umweltschutzniveaus angewendet bedeutet dies, daß Umweltschutzaktivitäten so lange ausgedehnt werden sollten, bis die dadurch verursachten >Grenzvermeidungskosten< (der Verursacher) dem vermiedenen >Grenzschaden< (der Betroffenen) entsprechen. Die Struktur des Problems ist im Schaubild dargestellt. Dabei bezeichnet E die emittierte Schadstoffmenge, S(E) den zugehörigen, monetär bewerteten Umweltschaden und K(E) die mit der Emissionsvermeidung einhergehenden >Opportunitätskosten<, wobei E^0 einen unregulierten Ausgangszustand darstellt, in dem noch keinerlei Schadstoffvermeidung stattfindet und damit auch keine Vermeidungskosten K(E) anfallen. Die Geraden K'(E) und S'(E) beschreiben den Verlauf der Grenzvermeidungskosten bzw. Grenzschäden; S'(E) steigt mit jeder zusätzlich emittierten Schadstoffeinheit, K'(E) steigt mit jeder zusätzlich vermiedenen Schadstoffeinheit. Das optimale Emissionsniveau ergibt sich gerade im Schnittpunkt von Grenzvermeidungskosten K'(E) und Grenzschaden S'(E), denn hier erreicht die Summe aus Vermeidungskosten und verbleibenden Umwelt-

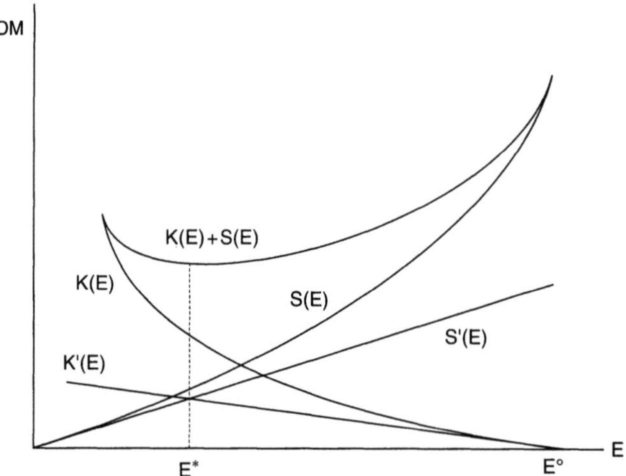

Pareto-Optimalität: Zur Bestimmung des gesellschaftlich optimalen Umweltschutzniveaus

schäden ihr Minimum. Damit ist auch das optimale Umweltschutzniveau, E°–E*, festgelegt.

Pariser Übereinkommen. >Atomhaftungs-Übereinkommen<.

Partikel. Verkehr: Als Feststoffe, – particulate matter –, definierte >Abgasemission<, hauptsächlich bei >Dieselmotoren< vorkommend und zum großen Teil aus Ruß bestehend. Die P. werden auf dem >Abgasrollenprüfstand< nach der Testprozedur für Dieselmotoren gemessen, wobei aus dem Abgasverdünnungstunnel ein Teilstrom abgeleitet und über ein spezielles Glasfaserfilter gezogen wird. Die Gewichtszunahme des Filters wird als P.-emission definiert. Weitere Quellen für P.:
– anthropogene Aktivitäten: Industrieanlagen, Deponien usw.,
– natürliche Aktivitäten: Erosion, Vulkanismus sowie Gischt, erzeugt durch Seegang.
P. treten wie folgt auf: fest, flüssig, gasförmig, und zwar in: Staub, Rauch, Nebel, Dunst. Messen von P. ist beschrieben in: VDI-Richtlinie 3491, Blatt 1 (1996).

Partikelfilter. In Abgasanlagen von >Dieselmotoren<, um die Partikel- bzw. Rußemission zu verringern. Dabei werden die Partikel an der Oberfläche der meist keramischen Filter angelagert (s. Abb. S.867). Zur Vermeidung von Betriebsstörungen müssen diese Ablagerungen von Zeit zu Zeit entfernt werden. Bei höheren Motorlasten genügt dazu die Abgastemp., nicht jedoch bei Teillast. Versch. Systeme zur Regenerierung der P. im Betrieb sind in der Entwicklung (1991). Dazu gehören elektrische oder Flammheizanlagen und Kraftstoffzusätze, die die Selbstzündungstemp. herabsetzen, >Manganadditiv<.

Pascal (Pa). Abgeleitete SI-Einheit des Druckes mit folgender Umrechnung: $1\,Pa = 1\,N/m^2 = 1\,kg/m \cdot s^2 = 7{,}5 \cdot 10^{-3}\,Torr = 10^{-5}\,bar = 7{,}5 \cdot 10^{-3}\,mm\,Hg$.

Passivrauchen. Stellt für viele Nichtraucher eine erhebliche Belästigung dar, insbesondere wenn sie mit Rauchern zusammenleben oder -arbeiten müssen. Eine Reihe von Substanzen im Tabakrauch (z.B. Stickoxide und >Aldehyde<) führen zu Reizerscheinungen an den Augen, Nase und oberen Atemwegen; das Risiko für Bronchitis und Lungenentzündungen erhöht sich bei Kleinkindern von 7% bei nichtrauchenden Müttern auf 21% bei rauchenden Müttern. Kontrovers diskutiert wird die Krebsgefährdung durch Passivrauchen. >Epidemiologische< Studien lassen z.Zt. zumindest eine statistisch signifikante Assoziation bei nichtrauchenden Ehefrauen rauchender Männer erkennen. Über das Ausmaß der Gefährdung ist derzeit jedoch keine zuverlässige Aussage möglich.

Passivsammler. Adsorptive Oberflächen von porösen >Adsorbentien< und Textilien werden durch >Diffusion< mit Luftinhaltsstoffen beladen und können so zur passiven >Luftprobenahmetechnik< eingesetzt werden. Da >Raumluftmessungen< das Belastungspotential von >Innenraumchemikalien< oft nur unzulänglich erfassen, sind Analysen von Textilien als P. zur Bewertung der >Innenraumbelastung< von besonderer Bedeutung. Ohne apparativen Aufwand können konditionierte Textilstreifen in Wohnräumen für einen best. Überwachungszeitraum exponiert werden. Dabei sind die Anreicherungsraten auf diesen Sammlern direkt von der spez. Oberfläche und Art der Textilien abhängig. Besonders Standardbaumwollgewebe nach DIN 53919 mit einer Oberfläche von ca. $1\,m^2/g$ und polaren Oberflächenverhältnissen erweisen sich als effiziente P. mit breitem Einsatzspektrum. Die passive Luftprobenahmetechnik wird dabei unmittelbar durch das >Raumklima< beeinflußt.
Lit: Gebefügi I, Kreuzig G (1989) VDI Berichte, 745, 503–510.

Paste. Streichbare, nicht frei fließende, teigartige Zubereitung, häufig in Tuben verpackt, u.a. für Körperpflege- oder Arzneimittel, Farben, Haushaltmittel. Im Pflanzenschutz werden solche >Formulierungen< auf Ölbasis (internat. Kurzbezeichnung: GS) oder auf Wasserbasis (internat. Kurzbezeichnung: PA) für spezielle Zwecke eingesetzt, z.B. als Wundverschlußmittel in der Baumchirurgie, wodurch das Eindringen von Mikroorganismen durch die Schnittflächen verhindert

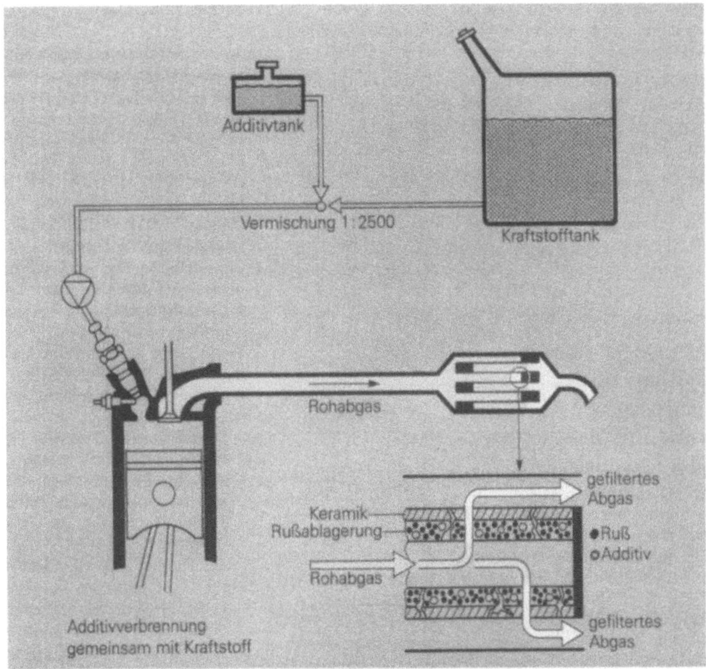

Partikelfilter: Prinzip eines Partikelfilters für Dieselmotoren mit Additivzugabe, VW-Bild

wird, oder zum Anbringen von Leimringen an Obstbäumen.

Pasteurisierung. Verfahren unter Anwendung erhöhter Temperatur in einer angemessenen Zeit, entweder zu dem Zweck, Mikroorganismen, insbesondere pathogene Keime, zu desaktivieren oder ihre Anzahl für eine bestimmte Zeit bis zu einem bestimmten Grad oder bis zu einem Wert unter der infektiösen Dosis herabzusetzen (ISO 6107/2). Die P. wird auch Teilentkeimung genannt. Es wird z.B. für 5 bis 10 min auf 75 bis 80 °C erhitzt. Bekannt ist das Verfahren z.B. für Milch.

Patent Bark. >Quercetin<.

Patent blue V. >Patentblau V<.

Patentblau AE. >Brillantblau FCF<.

Patentblau V. (Bleu patenté, Patent blue V, E 131). 5-Hydroxy-2,4-disulfo-4,4''-bis-(diethylamino)-fuchsonimonium (Calciumsalz). Ein blauer Farbstoff, der zur Färbung von Glasuren, Getränken, Zuckerwaren und Ostereiern verwendet wird. Durch Mischung mit >Tartrazin< oder >Chinolingelb< erhält man grüne Farbtöne.

Patentkali. >Kalidünger<.

pathogen. (Grch. pathos = Leid, Schmerz). Krankheitserregend. P. Wirkung kann z.B. ein chem. Wirkstoff, energiereiche Strahlung, eine Mikroorganismen-Art oder ein höherer Organismus haben.

Pathogendiagnose. Diagnose krankheitsauslösender, also pathogener Agentien (>pathogen<). Dazu bedient sich die med. Diagnostik diverser am Patienten angewandter Methoden zur vollständigen Erfassung und Beschreibung des Krankheitsbildes (Röntgen- und Ultraschalldiagnostik, Biopsie, EEG, EKG etc.). Sekundär werden zur Identifizierung und Quantifizierung der vermuteten Pathogene diverse physikalische, chem., physikochem., biochem., serologische und mikrobiologische Analysenmethoden zur Untersuchung von Ausscheidungen, Körperflüssigkeiten sowie Zell- oder Gewebeproben angewendet.

Pathogenität. (Grch. pathos = Leid, Schmerz). Eigenschaft von Stoffen, energiereichen Strahlen, Organismen sowie auch von psychisch wirkenden Faktoren, Krankheiten hervorzurufen.

Pathogenresistenz. Resistenz von Organismen gegenüber einer Infektion mit >pathogenen< Mikroorganismen (Bakterien, Pilze, >Viren<) oder deren >Toxinen<. Die P. kann durch >Mutationen< und natürliche >Selektion< oder durch gezielte >Resistenzzüchtung< ausgebildet werden (s. auch >Virusresistenz<).

Pathologie. Lehre von den anomalen und krankhaften Veränderungen und Zuständen im (menschlichen) Organismus und deren Ursachen; sie beschäftigt sich vor allem mit der Untersuchung der Entstehung und Entwicklung von Krankheiten und der durch sie bedingten Veränderungen an den Organen und deren Funktion.

Patulin. Ein durch die Pilze *Penicillium expansum* und *P. urticae* gebildetes >Mykotoxin<, das als Zellgift wirkt und in faulem Obst bzw. Fruchtsäften vorkommen kann. Die LD_{50} beträgt 35 mg/kg (Maus, oral).

Pauropoda. Wenigfüßer, >Myriopoda<.

PBB. >Polybromierte Biphenyle<.

PBDD/F. >Polybromierte Dibenzo-*p*-dioxine und Dibenzofurane<.

PBDE. >Polybromierte Diphenylether<.

PCB. Polychlorierte Biphenyle. Verbindungen der Summenformel $C_{12}H_{10-n}Cl_n$ (n = 1–10), die durch Substitution vom aromatischen Kohlenwasserstoff Biphenyl ableitbar sind. 209 Verbindungen sind bekannt. Die meisten sind unter Normalbedingungen fest. Die Eigenschaften sind im wesentlichen abhängig vom Grad der Chlorierung. Die Wasserlöslichkeit fällt mit steigendem Chlorierungsgrad. Der Einsatz erfolgt seit 1929 in Kondensatoren und Hochspannungstransformatoren. Seit 1983 dürfen PCB in der Bundesrepublik Deutschland nur noch in geschlossenen Anlagen eingesetzt werden. Auch darauf soll nach einer Übergangsfrist verzichtet werden. Technische PCB setzen sich aus einem Gemisch von homologen bzw. isomeren Formen zusammen. Der Chlorierungsgrad ist unterschiedlich. PCB sind nicht brennbar, haben hohe Sdt., hohe Viskosität und sind thermisch und chem. relativ stabil. Die Persistenz in der Umwelt ist hoch. Die Verbindungen sind stark giftig. Eine Kontamination der Umwelt mit PCB liegt heute fast überall vor. Die Emission erfolgt aus Hausmüllverbrennungsanlagen, Mülldeponien, Industriemüll- und Altölverbrennungsanlagen. Eine vollständige Verbrennung erfolgt erst bei sehr hohen Temperaturen. Bei Temperaturen von 600 bis 900 °C entstehen Chlordibenzofurane und Chlordibenzo-*p*-dioxine. PCB sind gut fettlöslich und reichern sich in der Nahrungskette an. Menschliches Fettgewebe enthält durchschnittlich 1 bis 2 mg/kg. Im Boden beträgt die PCB-Konzentration durchschnittlich 1 bis 10 ppb. Der Eintrag in Böden erfolgt durch das Düngen mit Klärschlamm. Dabei werden die PCB stark an org. Makromoleküle adsorbiert, wodurch die Aufnahme in Pflanzen eingeschränkt wird. PCB behindern bei Pflanzen das Wachstum und die Wasseraufnahme. Im Warmblüterorganismus beträgt die biologische Halbwertszeit mehr als 90 h. Die Ausscheidung erfolgt in Form polarer Metaboliten. Die Metabolisierung erfolgt durch Oxidasen der Leber (Cytochrome). Die dabei entstehenden Hydroxyderivate besitzen teilweise eine höhere akute Toxizität als die aufgenommenen PCB.

PCDD (polychlorierte Dibenzodioxine). Abk. für die Verb.-Klasse der polychlorierten Dibenzodioxine, die aus 75 teilweise hochgiftigen Vertretern besteht. Diese teilen sich in die 2 isomeren Monochlordibenzodioxine (MCDD), 10 isomeren Dichlordibenzodioxine (DCDD), 14 isomeren Trichlordibenzodioxine (TriCDD), 22 isomeren Tetrachlordibenzodioxine (TCDD), 14 isomeren Pentachlordibenzodioxine (PentaCDD), 10 isomeren Hexachlordibenzodioxine (HexaCDD), 2 isomeren Heptachlordibenzodioxine (HeptaCDD) und das Octachlordibenzodioxin.

Diese Isomeren besitzen sehr unterschiedliche chem., physikalische und toxische Eigenschaften, so daß sie nicht generalisierend beschrieben werden können.

1. Entstehung: Die polychlorierten Dibenzodioxine und Dibenzofurane sind Verb., die nicht durch gezielte Synth. hergestellt werden, sondern als teilweise unvermeidliches Nebenprodukt bei einer Vielzahl von technischen Prozessen entstehen. Die wichtigsten Quellen sind hierbei:

– Produktionsprozesse der chemischen Industrie: Für die industriellen Prozesse der Chlorchemie ergibt sich eine Liste von Reaktionen, die eine abnehmende Bildungswahrscheinlichkeit für PCDD und PCDF haben. A. Prozesse zur Herstellung von Chlorphenolen und Folgeprodukten, B. Prozesse zur Herstellung von Chlorbenzolen und substituierten Chlorbenzolen, C. Synth. aliphatischer Chlorverb., D. Prozesse mit chlorhaltigen Zwischenprodukten, E. Prozesse der anorg. Chlorchemie, F. Prozesse unter Verwendung chlorierter Katalysatoren und Solventien. Des weiteren lassen sich bei der Herstellung von Metallchloriden, wie z. B. wasserfreiem Eisen(III)-chlorid, Aluminiumchlorid, Kupfer(I)-chlorid und Kupfer(II)-chlorid, PCDD nachweisen.

– Verbrennungs- und Hochtemperaturprozesse: Bei der Verbrennung der unten aufgeführten Gemische kann es zur Bildung von PCDD und PCDF kommen. Hausmüll, fossile Brennstoffe, Holz (Waldbrände), Verbrennungskraftmaschinen sowie in Spezialfällen: >PCP<, >PVC<, Lager- und Wohnhaus-Brände.

Das Vorkommen von PCDD und PCDF in der Flugasche von Müllverbrennungsanlagen hat drei Gründe: 1. werden bereits vorhandene PCDD/PCDF bei der Verbrennung nicht zerstört, 2. entstehen PCDD/PCDF aus Vorläufern im Müll und 3. ergibt die sog. Novo-Synth. aus anderen nichtchlorierten org. Substanzen PCDD/PCDF.

Bei der Verbrennung von fossilen Brennstoffen gibt es sehr unterschiedliche Berichte über das Auftreten von PCDD/PCDF, so daß eine Entstehung nicht ausgeschlossen werden kann. Bei der Verbrennung von Holz welches sowohl unbehandelt als auch behandelt eingesetzt wurde, fand man erhöhte PCDD/PCDF-Werte. Besonders Holz, welches in Salzwasser transportiert wurde, weist beim Verbrennen erhöhte PCDD/PCDF-Werte auf.

Verbrennungskraftmaschinen erzeugen besonders dann höhere Werte an PCDD/PCDF, wenn sie mit bleifreiem Benzin betrieben werden.

Als besonders problematisch zeigen sich Flammschutzmittel aus bromierten Phenolabkömmlingen und Diphenylether, die als direkte Vostufen von PBDD/PBDF (polybromierte Dibenzodioxine und Furane) angesehen werden. Durch Pyrolyseexp. konnte das Entstehen der PBDD/PBDF direkt simuliert werden.

Vor allem >PCB<-Brände, wie z.B. Transformatoren-
brände, führen zur Bildung von PCDD/PCDF in hohen Konz.
2. Bildungsreaktionen: Die Bildung von Dioxinen erfolgt bevorzugt über Kondensationsreaktionen bei höheren Temp. und Drücken aus o-Chlorphenoxy-Deri-
vaten. Alkalische Medien begünstigen die Reaktion.

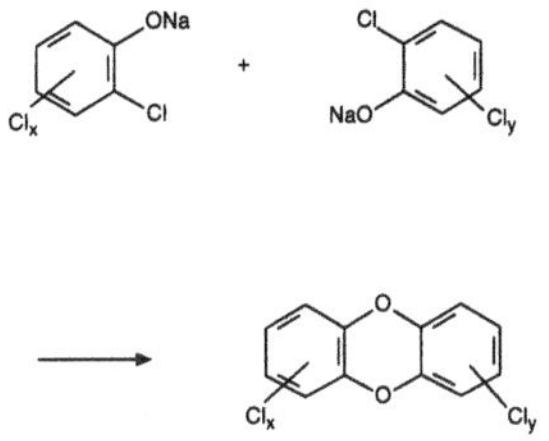

Auch über intramolekulare Cyclisierungsreaktionen
können PCDD/PCDF aus sog. Prädioxinen bzw. Prädi-
benzofuranen gebildet werden. Als Beispiel sei hier
die Cyclisierung von Polychlordiphenylether genannt.

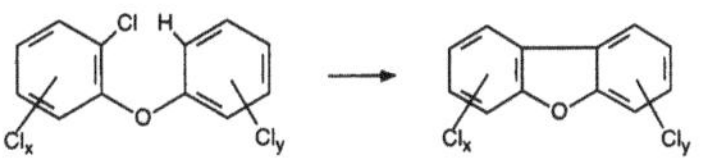

3. Vorkommen von PCDD/PCDF: Durch die Verbreitung von PCDD/PCDF über Rauchgase, Verbren-
nungs- und Produktionsrückstände kommen diese in
der Umwelt ubiquitär vor. Man kann sie in Luft, Staub,
Böden, Wasser und in versch. Organismen nachweisen.
Durch die starke >Bioakkumulation< (Dioxine werden im Fettgewebe gespeichert), d.h. die Aufnahme
über die Nahrungskette, sind sie beim Menschen ebenfalls nachweisbar.
4. Toxizität: Die humantoxischen Eig. von 2,3,7,8-
TCDD und deren Isomeren werden sehr unterschiedlich beurteilt. Aus epidemiologischen Studien ergaben
sich bisher keine zwingenden Hinweise auf die karzinogene Wirkung der Dioxine beim Menschen. 2,3,7,8-
TCDD steht aber im Verdacht, als Tumorpromotor zu
wirken.
Die Wirkungen von PCDD/PCDF beim Menschen
geht auf die Untersuchung an Störfallopfern zurück.
Die auftretenden Krankheitsbilder sind Chlorakne,
Übelkeit, Erbrechen, Kopfschmerzen, starke Muskelschmerzen, Müdigkeit, psychische Veränderungen,
Empfindlichkeit gegenüber Kälte, Erhöhung der Blut-
lipide und eine längere Prothrombinzeit.
Im Tierversuch zeigt TCDD bei Maus, Ratte, Kaninchen, Rhesusaffe und Huhn teratogene Wirkungen.
Die Mißbildungen liegen im Bereich der Nieren, Knochen, Herz- und Blutgefäßen.

PCDF (polychlorierte Dibenzofurane). Abk. für die
polychlorierten Dibenzofurane, von denen 135 Isomere existieren. Wie bei den >PCDD< gilt auch bei den
PCDF, daß die Isomeren sehr unterschiedliche chem.,
physikalische und toxische Eig. haben. Die Entstehung, Bildungsreaktionen, Toxizität und das Vorkommen sind vergleichbar mit den Daten der PCDD und
sind deshalb gemeinsam mit diesen beschrieben worden.

PCP. >Pentachlorphenol<.

PCR (Polymerase-Kettenreaktion). Engl. Abk. für Polymerase Chain Reaction; >Polymerase-Kettenreakti-
on<.

PCT. Polychlorierte Terphenyle. Chlorierte Derivate
der Diphenylbenzole. Die Synth. von PCT erfolgt
durch direkte Chlorierung von Terphenyl mit Eisenchlorid als Katalysator. Das technische Produkt stellt
ein Isomerengemisch dar. Das Terphenyl-Grundgerüst
liegt in drei isomeren Formen *(o, m, p)* vor. PCT werden teilweise zu denselben Zwecken verwendet wie
die einfachen Terphenyle, z.B. als Hochtemperatur-
schmier- und Wärmeübertragungsmittel.

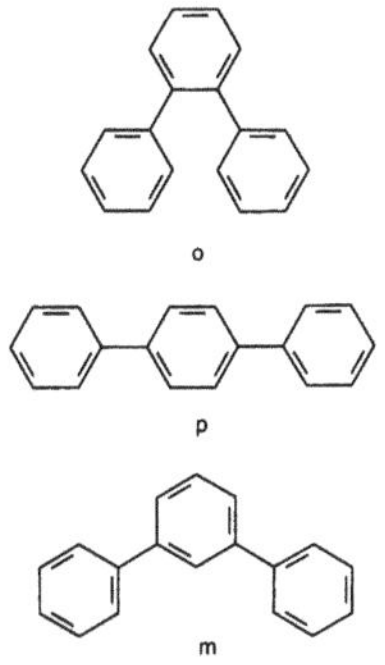

PE. >Polyethylen<.

Pedobiologie. Syn. >Bodenbiologie<.

Pedobiom. Nach Walter werden die terrestrischen Lebensräume nach ihren klimatischen Bedingungen in 9
zonale Lebensräume, die >Zonobiome<, gegliedert.
In diesen Zonen kommen vielfach Regionen mit Böden vor, die nicht diesen klimatischen Bedingungen
entsprechen, da sie unter anderen (Klima)Bedingun-
gen entstanden. Diese Bereiche werden als P. bezeichnet. Man spricht dort auch von *azonalen Böden*, auf
denen eine azonale, für die Zone an sich untypische
Vegetation wächst, da sich der Boden hier stärker auswirkt als das Klima. Beispiele sind Sandböden = Psam-
mobiome, Salzböden = Halobiome oder Sümpfe = He-
lobiome.
Lit: Walter H, Breckle S (1991) Ökologie der Erde. Bd. 1: Ökologische Grundlagen in globaler Sicht, 2. Aufl., UTB, Stuttgart.

Pedologie. >Bodenkunde<.

Pegel. Ist eine Anlage zur Messung des >Wasserstan-
des<.

Pektinasen. Enzyme, die >Pektine< spalten. Man unterscheidet zwischen Pektinasen, die den Kettenabbau
des Pektins bewirken und Pektinesterase, die die Me-
thylestergruppen hydrolysiert. Die Spaltung der Pektine durch Pektinasen erfolgt durch Hydrolyse der glykosidischen Bindungen zwischen den Galacturonsäu-
re-Einheiten oder durch Elimination unter Bildung
von 4,5-ungesättigten Abbauprodukten. Die Gewinnung der Pektinasen erfolgt im wesentlichen aus
Schimmelpilzen. Bei der Fruchtsaftherstellung dienen
Pektinasen zur Erhöhung der Saftausbeute und als
„Filtrations-Enzyme". Der Zusatz zu Konzentraten
verhindert die Gelierung.

Pektine. Bestandteile der pflanzlichen Zellwand, die
meist zusammen mit Cellulose und Hemicellulosen ei-

nen Teil der Rohfasern bzw. Ballaststoffe von Lebensmitteln darstellen. P. sind lineare Polysaccharide aus α-1,4-glykosidisch verknüpften D-Galakturonsäure-Molekülen. Die Carboxylgruppen sind z.T. mit Methanol verestert; sowohl hochveresterte P. mit einem Veresterungsgrad > 50% als auch niederveresterte P. mit einem Veresterungsgrad < 50%. P. sind Gelbildner. Niederveresterte P. bilden in Gegenwart von Calcium-Ionen oder anderen polyvalenten Kationen auch bei niedrigem Zucker- und Trockensubstanzgehalt Hauptvalenzgele. Hochveresterte P. benötigen zur Gelbildung die Anwesenheit einer Säure (pH <3,5) und einen hohen Zuckergehalt (>55%). Es werden Nebenvalenzgele gebildet. P. werden aus den Schalen von Citrusfrüchten oder aus Apfeltrester gewonnen. In kaltem Wasser bilden sich viskose Lösungen. Im alkal. Milieu und bei Temperatur-Erhöhung auch im neutralen Bereich sind P. nicht stabil. Durch Einwirkung von Basen erfolgt eine Spaltung der glykosidischen Bindungen durch β-Elimination. Der physiologische Abbau erfolgt im Gastrointestinaltrakt durch die Mikroflora. P. wirken cholesterinsenkend. Hochveresterte P. werden bei der Herstellung von Marmeladen, Gelees, Süßmassen, Fruchtpasten, Kakaogetränken etc. verwendet. Außerdem dienen sie zur Trübstabilisierung von Fruchtsäften und als feuchthaltender Zusatz zu Dauerbackwaren. Niederveresterte P. haben ebenfalls vielfältige Einsatzmöglichkeiten, z.B. zur Herstellung von Gemüsegelees oder Pastetenfüllungen, von Fleischwaren in Aspik, Fischkonserven in Gelee etc., also von zuckerfreien Gelees.

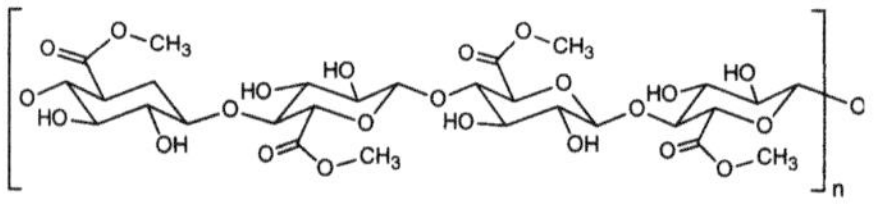

Pektinstoffe. Bilden zus. mit den >Hemicellulosen< und den Zellwandproteinen die Grundsubstanz (Matrix) der pflanzlichen >Zellwand<. Zu den chem. heterogenen P. zählen stark negativ geladene, saure >Polysaccharide< wie Galacturonane, lineare >Polymere< aus D-Galacturonsäure-Resten, deren Säuregruppen in wechselnden Anteilen als Methylester vorliegen, und Rhamnogalacturonane. Die freien, nicht veresterten Säuren bezeichnet man als Pektinsäure, die Salze als Pektate, die Methylester als Pektin. Hinzu kommen die schwach sauren Polysaccharide Arabinan, Galactan und Arabinogalactan. Die Matrixbestandteile best. die plastischen Eig. der Zellwand, die P. die Porengröße der Zellwand. Ca^{2+} bildet Querbrücken zwischen einzelnen P.. Best. Matrixfragmente, z.B. Galacturonan-Bruchstücke, können bei >Pilzinfektionen< freigesetzt werden und lösen als >Elicitoren< die >Phytoalexin<-Synth. in der Wirtspflanze aus. Auch die hypersensitive Reaktion der Wirtszelle, die zum Absterben eigener Zellen sowie zum Tod des >Parasiten< führt, wird u.a. von Galacturonan-Fragmenten ausgelöst. Eine hohe Konz. an P. findet sich in fleischigen >Früchten<, >Wurzeln<, >Blättern< und Stengeln. Die Gewinnung der Pektine erfolgt aus >Zuckerrübenschnitzeln< und Preßrückständen der Apfel- und Citrussaftherstellung durch schonende >Extraktion<, z.B. mit >Salz-<, >Milch-< oder >Zitronensäure<. P. weisen ein hohes Wasserbindungsvermögen auf und eignen sich vorzüglich als Gelierungsmittel.

Pelagial. Freiwasserzone des Meeres, der Seen und der Fließgewässer mit den Lebensgemeinschaften >Plankton< und >Nekton<. Vgl. >Benthal<.

Pelagische Organismen. Alle Organismen, einschließlich Pflanzen und Tiere, die in der mittleren und oberen Region eines Gewässers außerhalb der >litoralen< Zone leben (ISO 6107/8).

Pelargonidin. Eine Farbstoffkomponente der >Anthocyanidine<.

Pelite. >Tongesteine<.

Pellet. Kernreaktor: Mit Pellets werden gesinterte Brennstoff-Tabletten (8 bis 15 mm Durchmesser, 10 bis 15 mm Länge) bezeichnet, mit denen die >Brennstoffhüllrohre< gefüllt werden.

PELMO. >PRZM<.

Pelosol. Boden aus tonreichem Gestein (z.B. mesozoische Tongesteine und Tonmergel; >Mergelgestein<), das bei ständiger bzw. häufiger Durchfeuchtung aufweicht und dadurch einen mit P bezeichneten Horizont und den Ah-Horizont bildet (>Bodenhorizonte<). Die Profileigenschaften sind durch starkes Quellen und Schrumpfen der Tonminerale geprägt, wodurch ein grob polyedrisches bis prismatisches >Bodengefüge< mit (in der Trockenphase) sehr großen Schrumpfrissen entsteht. Die Wasserbewegung im Profil ist sehr gering, da sich die gröberen Poren bei Befeuchtung schließen. Oft kommt es dadurch zu Reduktionsprozessen und zur Rostfleckung (Übergang zum >Pseudogley<). Günstige Nutzungsformen sind meist nur Grünland oder Wald, nur bei P. aus den kalkhaltigen Tonmergeln ist z.T. auch Ackerbau sinnvoll.

Penconazol. Wirkt als >Fungizid< und zählt zur Substanzklasse der Triazol-Derivate.
Chemische Bezeichnung: 1-(2,4-Dichlor-β-propylphenethyl)-1H-1,2,4-triazol
CAS-Nummer: 66246–88–6
Hersteller: Novartis
Wirkungstyp: Systemisches Fungizid mit hauptsächlich kurativer und gewisser protektiver Wirkung. Hemmt die Ergosterol-Biosynth., wodurch die Ausbildung sek. Haustorien verhindert wird. Dringt über das Blatt ein und wird akropetal zu Blattrand und -spitze transportiert.
Bevorzugte Anwendung: Gegen Echten Mehltau an Reben sowie gegen Apfelmehltau und Schorf an Kernobst.

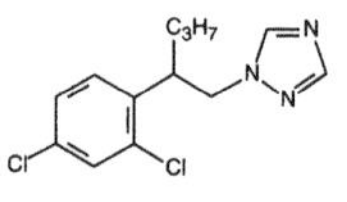

Chemische und physikalische Eigenschaften:
Physikalische Beschaffenheit: Weiße Kristalle.
Schmelzpunkt: 60°C.
Dampfdruck: $2,1 \cdot 10^{-6}$ hPa bei 20°C.
Verteilungskoeffizient (log $P_{o/w}$): 3,70 bei 20°C.
Stabilität: Hydrolysestabil bei pH 1 bis 13 und temp.-stabil bis 350°C.
Löslichkeit: In Wasser 70 mg/L bei 20°C.
Abbau und Metabolismus: Die Halbwertszeit im Boden beträgt in Abhängigkeit vom Boden mehrere Monate. Wie Studien an Ratten mit triazolmarkierter Substanz nach oraler Aufnahme zeigten, ist die Elimina-

tionsrate dosisunabhängig. Innerhalb von 24 Stunden 83% und nach 144 Stunden werden praktisch 100% der verabreichten Radioaktivität ausgeschieden.
Toxizität: Akute orale LD_{50} für Maus 2.444 mg/kg und Ratte 2.125 mg/kg. Akute dermale LD_{50} für Ratte > 3.000 mg/kg. Bei Kaninchen leichte Haut- und Augenreizung. 90-Tage-Fütterungstest ergab für Ratte NOEL 10 mg/kg Futter.
Bienentoxizität: Nicht bienengiftig.
Fischtoxizität: LC_{50} (96 Stunden) für Regenbogenforelle 1,7 bis 4,3 mg/L, für Karpfen 3,8 bis 4,6 mg/L und für Sonnenbarsch 2,1 bis 2,8 mg/L.
Vogeltoxizität: Akute orale LD_{50} für Japanische Wachtel 2.424 mg/kg, Pekingente > 3.000 mg/kg und Stockente > 1.590 mg/kg.

Pencycuron. Wirkt als >Fungizid< und zählt zur Substanzklasse der Harnstoff-Derivate.
Chemische Bezeichnung: 1-(4-Chlorbenzyl)-1-cyclopentyl-3-phenylharnstoff
CAS-Nummer: 66063–05–6
Hersteller: Bayer AG
Wirkungstyp: Nicht-systemisches, protektiv wirkendes Fungizid. Spez. Wirkung gegen Pilze aus dem Rhizoctonia solani-Komplex.
Bevorzugte Anwendung: Gegen *Rhizoctonia solani* an Pflanzkartoffeln sowie von Auflaufkrankheiten an Zierpflanzen, Baumwolle, Zuckerrüben und Gemüse.

Chemische und physikalische Eigenschaften:
Physikalische Beschaffenheit: Farblose Kristalle.
Schmelzpunkt: 129,5 °C.
Dampfdruck: $2,5 \cdot 10^{-5}$ hPa bei 100 °C.
Verteilungskoeffizient (log $P_{o/w}$): 4,68 bei 20 °C.
Stabilität: In Klimazone 2 bis 3 24 Monate lagerstabil. Hydrolysestabilität pH 4 und 25 °C beträgt 280 Tage.
Löslichkeit: In Wasser 0,4 mg/L bei 20 °C.
Abbau und Metabolismus: Orale Zugabe an Ratten ergaben 11 Metaboliten, die zus. mit unmetabolisiertem Wirkstoff über Urin und Faeces innerhalb von 3 Tagen zu 74% ausgeschieden wurden.
Prim. Metabolisierungsschritt Hydroxylierung; im Anschluß daran z. T. Konjugation; in geringen Mengen Hydrolyse an der Carbonyl-Gruppe sowie Abspaltung des Cyclopentylringes.
Toxizität: Akute orale LD_{50} für Ratte, Maus und Hund > 5.000 mg/kg, für Katze > 1.000 mg/kg. Akute perkutane LD_{50} (24 Stunden) für Ratte und Maus > 2.000 mg/kg. Inhalation LC_{50} für Ratte > 625 mg/m^3 bei 1 Stunde und für 4 Stunden > 570 mg/m^3. Fütterungsversuch über 3 Monate erbrachte NOEL für männliche Ratte 2.000 mg/kg und weibliche Ratte 400 mg/kg Futter, bei Maus 2.000 mg/kg. Bei Kaninchen keine Haut- und Augenreizung.
Bienentoxizität: Präparat: Bienen werden nicht gefährdet.
Fischtoxizität: LC_{50} für Karpfen 8,8 mg/L (96 Stunden), für Guppy 5 bis 10 mg/L (48 Stunden).
Vogeltoxizität: LD_{50} für Kanarienvogel > 1.000 mg/kg, Japanische Wachtel und Huhn > 2.500 mg/kg.

Pendimethalin. Wirkt als >Herbizid< und zählt zur Substanzklasse der Anilin-Derivate.

Chemische Bezeichnung: *N*-(1-Ethylpropyl)-2,6-dinitro-3,4-xylidin
CAS-Nummer: 40487–42–1
Hersteller: American Cyanamid
Wirkungstyp: Selektives Boden- und Blattherbizid zur Vorauflauf- und Nachauflaufanwendung. Verhindert die Keimung der Samen, zerstört die Keimlinge oder bereits aufgelaufene Pflanzen.
Bevorzugte Anwendung: Bekämpfung von Ackerfuchsschwanz, Windhalm, Einjähriger Rispe und Unkräutern, insbesondere Ackerstiefmütterchen, Ehrenpreis und Klettenlabkraut in Wintergetreide; zur Bekämpfung ein- und zweikeimblättriger Samenunkräuter in Mais und Zwiebeln. Vorauflaufverfahren unmittelbar nach der Saat bis zum Spitzen des Getreides bzw. des Maises und der Zwiebeln. Nachauflaufverfahren bei Getreide im Herbst bis zum 3-Blatt-Stadium der Unkräuter. Bei Mais ebenfalls bis zu diesem Unkrautstadium bzw. max. 2–3-Blatt-Stadium der Hühnerhirse.

Chemische und physikalische Eigenschaften:
Physikalische Beschaffenheit: Orange-gelbe, geruchlose Kristalle.
Schmelzpunkt: 56 bis 57 °C.
Dampfdruck: 1,25 mPa bei 25 °C.
Verteilungskoeffizient: (log $P_{o/w}$): $1,52 \cdot 10^5$ bei 25 °C.
Dichte: 1,19 bei 25 °C.
Stabilität: Unempfindlich gegen Säuren und Alkalien. Langsamer Abbau durch Licht.
Löslichkeit: 0,3 mg/L lösen sich in Wasser (20 °C).
Abbau und Metabolismus: In Tieren, Pflanzen und Böden wird die 4-Methylgruppe am Benzolring über die Alkoholstufe zur Carbonsäure oxidiert. Auch der Aminstickstoff wird oxidiert. Zur Erntezeit ist Getreide praktisch rückstandsfrei. Halbwertszeit im Boden 3 bis 4 Monate. Bei Ratten und Ziegen wird der größte Teil der oral aufgenommenen Substanz unverändert in Urin und Faeces ausgeschieden. Metaboliten (weniger toxisch als die Ausgangssubstanz) werden neben Urin und Faeces auch in Blut, Leber, Niere und im Fett gefunden.
Toxizität: Akute orale LD_{50} für Ratte > 5.000 mg/kg, Maus 2.899 bis 3.399 mg/kg, Hund (Beagle dog) > 5.000 mg/kg. Akute dermale LD_{50} für Kaninchen > 2.000 mg/kg. Bei Kaninchen keine Hautreizwirkung, mäßige Augenreizwirkung mit formuliertem Produkt.
Verfütterung über 18 Monate an Mäuse und über 2 Jahre an Ratten erbrachte keine pathologischen Erscheinungen bis zu 2.500 mg/kg (Maus) und 5.000 mg/ kg (Ratte). Inhalation Ratte LC_{50} > 320 mg/L.
Bienentoxizität: Bienen werden nicht gefährdet, LD_{50} > 49,8 µg techn./Biene.
Fischtoxizität: LC_{50} (96 Stunden) für Regenbogenforelle 0,14 mg/L, Bluegill 0,2 mg/L.
Vogeltoxizität: LC_{50} (8 Tage) für Japanische Wachtel 4.187 mg techn./kg Futter, Stockente 10.388 mg/kg Futter.
Wirbellosetoxizität: LC_{50} (24 h) für *Daphnia magna* 0,52 mg/L. EC_{50} für Grünalge 0,055 mg/L.

Penetration. >Nadelpenetration<.

Penetrometer. >Nadelpenetration<.

Penicillium (>Fungi<). S. Abb. S. 469.

Pentac. $C_{10}Cl_{10}$. _Bis_-(pentachloro-2,4-cyclopentadien-1-yl). Die Synth. erfolgt durch katalytische Red. von Hexachlorcyclopentadien. P. ist durch Sonnenlicht oder UV-Strahlung zerstörbar, jedoch gegen Säuren und Basen stabil. P. wurde ursprünglich als Vulkanisationsbeschleuniger eingesetzt. Die Substanz besitzt keine insektiziden Eigenschaften, sondern wirkt als Ovizid. Der Einsatz erfolgt vorwiegend als Akarizid. Die Warmblütertoxizität ist gering. LD_{50} = 3.160 mg/kg (Ratte, oral).

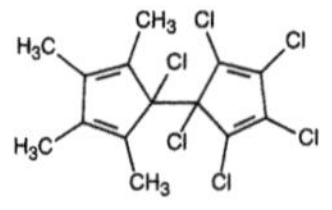

Pentachlorbenzol. C_6HCl_5. Ein chloriertes Benzolderivat, das unter normalen Bedingungen als Feststoff vorliegt. Pentachlorbenzol gelangt aus Müllverbrennungsanlagen bei der Verbrennung von Polyethylen mit den Abgasen in die Umwelt.

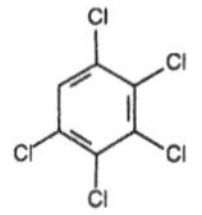

Pentachlorphenol (PCP). 1. Chemie: Wirkt als >Fungizid<, >Insektizid< und >Herbizid< und zählt zur Substanzklasse der Organochlorverb.
Chemische Bezeichnung: Pentachlorphenol
Hersteller: Dynamit Nobel
Wirkungstyp: Breite Wirkung gegen Pilze, Insekten und auch gegen Unkräuter. Es stört die oxidative Phosphorylierung in der Zelle.
Bevorzugte Anwendung: Hauptsächlich als Holzschutzmittel. Wird noch in versch. Ländern zur Kontrolle von Termiten, als Winterspritzmittel im Steinobst, als Defoliant bei Baumwolle und im begrenzten Umfang als Vorauflaufherbizid verwendet. In Deutschland als Pflanzenschutzmittel nicht mehr zugelassen.

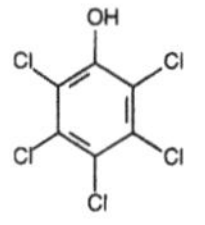

Chemische und physikalische Eigenschaften:
Physikalische Beschaffenheit: Farblose Kristalle mit einem phenolischen Geruch.
Schmelzpunkt: 191 °C.
Siedepunkt: 293,1 °C.
Dampfdruck: 16 Pa bei 100 °C.
Dichte: 1,98 g/cm³.
Verteilungskoeffizient (log $P_{o/w}$): 2,50
MAK-Wert: 0,5 mg/m³.
Stabilität: Rel. stabil und nicht hygroskopisch.
Korrosives Verhalten: Nicht korrosiv in Abwesenheit von Feuchtigkeit.
Löslichkeit: In Wasser 14 mg/L bei 20 °C.
Abbau und Metabolismus: Wird durch Sonnenlicht zu mehreren Verb. metabolisiert. In Bodensuspensionen

konnte ein vollständiger Stoffabbau in 72 Tagen festgestellt werden (Laborversuch).
In Abwasser können durch _Pseudomonas_ bis zu 200 mg/L ohne nachweisbare toxische Nebenwirkungen bei 30 °C abgebaut werden.
Im Säugerorganismus kann Pentachlorphenol über den Magen-Darm-Kanal durch Einatmen, vor allem aber durch die Haut aufgenommen werden. Innerhalb von ca. 30 Stunden werden >50 % über die Nieren als Konjugat ausgeschieden.
Toxizität: Akute orale LD_{50} für Ratte 210 mg/kg. Reizung der Augen- und Nasenschleimhaut, hautreizend. Akute dermale LD_{50} für Ratte 105 mg/kg. Im 90-Tage Test an Ratten wurde ein NOEL von 3 mg/kg/Tag ermittelt. Im chronischen Exp. mit Mäusen und Ratten konnte keine karzinogene Wirkung nachgewiesen werden.
Bei Säugern führt Pentachlorphenol zur erhöhter Temp., beschleunigter Atmung, Blutdruckanstieg, Hyperglykämie, Herzversagen. Leberschäden und Chlorakne werden auf Verunreinigung mit polychlorierten Dibenzodioxinen (PCDD) und Dibenzofuranen (PCDF) und weiteren Chloraromaten zurückgeführt.
Fischtoxizität: LC_{50} (96 Stunden) für Regenbogenforelle 52 µg/L, Sonnenbarsch 32 µg/L und Getüpfelter Gabelwels 68 µg/L. LC_{50} (48 Stunden) für _Daphnia magna_ 680 µg/L.
2. Innenräume: Trotz der hohen >Wasserdampfflüchtigkeit< und des hohen >Dampfdruckes< wurde P. wegen kostengünstiger Herstellung und breitem Wirkungsspektrum jahrzehntelang als >fungizider< >Holzschutzmittelwirkstoff< eingesetzt. Der Einsatz in >Innenräumen< führte zu gesundheitlichen Beeinträchtigungen der Bewohner und Anwender. Zahlreiche analytische Untersuchungen zeigen, daß P. aus dem Holzschutzanstrich durch >Volatilisation< freigesetzt wird und so zur >Innenraumbelastung< beiträgt. Dabei wird P. an Oberflächen >adsorptiv< angereichert. Als besonders kritisch ist eine >Kontamination< von >Hausstaub< als lungengängiges >Aerosol< anzusehen. So beträgt nach Holzschutzmittelanwendung die durchschnittliche Konz. 20 µg P./g Hausstaub. Von großer Bedeutung für die >dermale< Aufnahme von P. ist die Kontamination von Körpertextilien mit Konz. bis zu 50 µg P./g. Im technischen P. treten neben Tetrachlorphenol (4 bis 8 %), chlorierten Phenoxiphenolen (2 bis 6 %) auch >chlorierte Dibenzo-_p_-dioxine< und >-furane< im Spurenbereich auf, die die >Toxizität< des technischen Produktes mitbestimmen. Den höchsten Anteil an den chlorierten Dibenzo-_p_-dioxinen bildet Octachlordibenzo-_p_-dioxin. Das besonders toxische 2,3,7,8-Tetrachlordibenzo-_p_-dioxin konnte allerdings im technischen Produkt bei einer Nachweisgrenze von 0,05 bis 0,001 mg/kg P. nicht nachgewiesen werden. Wegen der möglichen Gesundheitsgefährdung des technischen P. einschließlich der >Begleitsubstanzen< wurde in der Bundesrepublik Deutschland 1986 die Anwendung von P. im Innenraumbereich verboten. 1987 folgte das generelle Anwendungsverbot.

Lit: Bahadir M, Klein W, Lay JP, Parlar H, Scheunert I (1992). In: Korte F (Hrsg.) Lehrbuch der Ökologischen Chemie, 3. Aufl., Thieme Verlag, Stuttgart New York, S. 295–317.

Pentamidin. >Antiprotozoika.<

Peonidin. Eine Farbstoffkomponente der >Anthocyanidine<.

Peplopause. Obergrenze der 1,5 bis 2 km mächtigen >Grundschicht< der Atmosphäre, die oft durch eine >Inversion< gebildet wird, häufig gekennzeichnet durch Inversionen mit scharf ausgeprägten Dunstobergrenzen.

Pepsin. Eine im Magensaft enthaltene Protease. Pepsin wird auf Grund seiner proteolytischen Wirkung als >Bestandteil< des verdauungsfördernden Pepsinweins und zur Herstellung von Bestandteilen diätetischer Lebensmittel eingesetzt.

Peptide. Aus Aminosäuren aufgebaute Säureamide. Man unterscheidet nach Anzahl der beteiligten Aminosäuren Di-, Tripeptide, Oligopeptide (bis zu 10 Aminosäuremoleküle) und Polypeptide (mehr als 10 Aminosäure-Einheiten). Bei linearen Peptiden steht am Kettenanfang eine Aminosäure mit freier NH_2-Gruppe, am Kettenende eine freie Carboxylgruppe. Bei cyclischen Peptiden sind diese beiden Gruppen zum Ringschluß ebenfalls in einer Peptidbindung miteinander verknüpft. Peptide sind durch ihre Aminosäuresequenz charakterisiert. Die meisten natürlich vorkommenden Peptide haben eine lineare Struktur. Viele Peptide haben eine physiologische Funktion als Hormone, Mediatoren etc., z.B. Insulin, Glukagon. Bestimmte Peptide sind an der Ausbildung des leicht bitteren Geschmacks von Käse beteiligt. Proteine sind Polypeptide.

Peptidbindung

PER. >Tetrachlorethen<.

per os. (Syn. peroral). Durch die Mundöffnung bzw. Mundhöhle (im weiteren Sinne über den Verdauungstrakt).

Perborate. Perborate sind echte Peroxo-Salze mit ringförmigem Anion. Das Dinatriumperborat ($Na_2H_4B_2O_8$) ist eine weiße, krist. Verb., die sich mäßig in Wasser löst. In alkal. Lsg. wird oberhalb von $60\,^{\circ}C$ Sauerstoff abgespalten. Durch den aktiven Sauerstoff lassen sich Perborate als Bleich- und Ox.-Mittel verwenden (s. Abb.).

$$2\,Na^+ \left[\begin{array}{c} HO\;\;O{-}O\;\;OH \\ B \quad\quad B \\ HO\;\;O{-}O\;\;OH \end{array} \right]^{2-} \xrightarrow{H_2O} 2\,H_2O_2 + 2\,Na^+ + 2\,H_2BO_3^-$$

$$H_2O_2 + OH^- \rightleftharpoons H_2O + HO_2^- \longrightarrow OH^- + [O]_{aktiv}$$

Anw.-Bereiche sind neben den >Waschmitteln< beispielsweise Fleckentferner oder Gebißreiniger. Spuren von Schwermetallen, wie sie als Verunreinigungen in Waschmitteln vorkommen, katalysieren die homolytische Perboratzersetzung auch bei niedrigen Temp., was zu einer Verschlechterung der Bleichwirkung führt. Teilweise treten erhebliche Faserschädigungen auf. Im Gegensatz zu den HO_2^--Ionen können die Hydroxylradikale die beim Waschvorgang negativ geladene Faser angreifen. Als Stabilisatoren werden z.B. Magnesiumsilikat, EDTA oder Phosphonate verwendet. Das gebildete Borat wird in den >Kläranlagen< nicht zurück gehalten und gelangt somit vollständig in die >Vorfluter<. Die gemessenen Borkonz. liegen im Zulauf zwischen 0,9 und 1,3 mg/L und im Ablauf zwischen 0,8 und 1,2 mg/L. Die Toxizität von Bor für Warmblüter ist sehr gering, die Fischtoxizität liegt bei 623 mg/L (LC_{50} Goldorfe 48 h nicht neutralisiert). Für Schilfpflanzen wird eine Gewebeschädigung bei 0,35 mg/L beobachtet. Schäden an empfindlichen Kulturpflanzen treten auf, wenn im Beregnungswasser > 0,3 mg B/L enthalten sind. Die in verschiedenen Flüssen gemessenen Borkonz. liegen zwischen 0,01 und 0,5 mg/L. Bei Kontaminationen durch Boraxbetriebe können Werte von 40 mg/L erreicht werden. Der bedarfsgerechte Einsatz von >Percarbonaten< ist dem pauschalen Einsatz von Perboraten in Vollwaschmitteln unter ökologischen Gesichtspunkten vorzuziehen.

Lit: Schöberl P, Huber L (1988) Ökologisch relevante Daten von nichttensidischen Inhaltsstoffen in Wasch- und Reinigungsmitteln, Tenside Surfactans Detergents, 25: 99–107 – Umweltbundesamt Materialien 4/79 (1979) Die Prüfung des Umweltverhaltens von Natrium-Aluminium-Silikat Zeolith A als Phosphatersatzstoff in Wasch- und Reinigungsmitteln, E. Schmidt Verlag, Berlin – Lahl U, Zeschmar-Lahl B (1988) Gewässerschutz gestern, heute, morgen, Umweltverträgliche Sauberkeit – Tagungsbericht, Stiftung Verbraucherinstitut/IMSA, Stiftung Verbraucherinstitut, Berlin.

Percarbonat. P. ist eine Additionsverb. aus Carbonat und Wasserstoffperoxid ($Na_2CO_3 \cdot 1,5\,H_2O_2$). Ähnlich wie bei >Perborat< wird in alkal. Lsg. Sauerstoff abgespalten, der bleichend wirkt. Da es sich um eine Additionsverb. und nicht um ein echtes Peroxo-Salz handelt, ist die Stabilität sehr viel geringer, was den Einsatz als >Bleichmittel< in >Waschmitteln< bisher verhindert hat. Angeboten werden P. als separat zu dosierende Fleckensalze, die z.T. portionsweise verpackt sind. Auf diese Weise können Bleichmittel dem tatsächlichen Bedarf entspr. dosiert werden.

Perchlorethylen. >Tetrachlorethen<.

percutan. (Syn. perkutan). Durch die Haut hindurch.

Peressigsäure. Veralteter Name für >Peroxyessigsäure<.

Perforatormethode. Zur Materialprüfung von >Spanplatten< und zur Abschätzung potentieller >Formaldehyd<->Emissionen< wird die Formaldehyd-Bestimmung gemäß der P. durchgeführt, deren Analysenvorschrift in der DIN EN 120 detailliert beschrieben wird. Das Prinzip dieser analytischen Bestimmung basiert auf der >Extraktion< des zu untersuchenden Materials mit siedendem Toluol und Überführung von freigesetztem Formaldehyd in demineralisiertes Wasser. Die anschließende Konzentrationsbestimmung erfolgt photometrisch nach der Acetylaceton-Methode. In einigen Laboratorien wird der Formaldehyd-Gehalt auch nach Extraktion mit demineralisiertem Wasser durchgeführt, bei der auch hydrolysierbare Anteile von Formaldehyd erfaßt werden. Hieraus resultieren deutlich höhere Gehalte, die nicht zur Klassifizierung des Materials nach >Emissionsklassen< herangezogen werden können.

Lit: DIN (1992) Bestimmung des Formaldehydgehaltes. Extraktionsverfahren genannt Perforatormethode. DIN EN 120.

Periode. >Reaktorperiode<.

Periodensystem der Elemente. (Abk. PSE). Periodisches System der chem. Elemente, die nach atomaren Gesetzmäßigkeiten und ihren davon abhängigen chem. und physikalischen Eigenschaften systematisch angeordnet sind (s. Abb. unten). Die chem. Elemente werden nach steigender Ordnungszahl in 7 horizontale, unterschiedlich lange Reihen, die Perioden, eingeordnet in der Weise, daß Elemente mit gleichen bzw. ähnlichen chem. und physikalischen Eigenschaften in Spalten (Gruppen) untereinander zu stehen kommen. Nach diesem System werden die auf die ersten beiden Elemente Wasserstoff und Helium folgenden 16 Elemente mit Z = 3 (Lithium) bis 18 (Argon) in 8 verschiedene Gruppen, die Hauptgruppen, eingeteilt, wobei sie die 2. und 3. Periode bilden. Die Elemente mit Z = 19 (Kalium) und 20 (Calcium), mit denen die 4. Periode beginnt, entsprechen in ihren Eigenschaften den Elementen der 1. und 2. Hauptgruppe, während die darauffolgenden Elemente von Z = 21 (Scandium) bis 30 (Zink) in ihren Eigenschaften von denen der Hauptgruppenelemente abweichen und deshalb in 8 Nebengruppen eingeteilt werden. Die dem Zink folgenden Elemente Z = 31 (Gallium) bis 38 (Strontium) gehören wieder zu den Hauptgruppenelementen und die Elemente von Z = 39 (Yttrium) bis 48 (Cadmium) zu den Nebengruppenelementen usw. Die auf das Lanthan in der 6. und 7. Periode folgenden Elemente von Cer bis Lutetium werden aufgrund der Ähnlichkeiten

Periodensystem der Elemente

	Ia	IIa	IIIa	IVa	Va	VIa	VIIa	VIII			Ib	IIb	IIIb	IVb	Vb	VIb	VIIb	0
1	1 **H** 1.008																	2 **He** 4.003
2	3 **Li** 6.94	4 **Be** 9.01											5 **B** 10.81	6 **C** 12.011	7 **N** 14.01	8 **O** 16.00	9 **F** 19.00	10 **Ne** 20.18
3	11 **Na** 22.99	12 **Mg** 24.31											13 **Al** 26.98	14 **Si** 28.09	15 **P** 30.97	16 **S** 32.06	17 **Cl** 35.45	18 **Ar** 39.95
4	19 **K** 39.10	20 **Ca** 40.08	21 **Sc** 44.96	22 **Ti** 47.90	23 **V** 50.94	24 **Cr** 52.00	25 **Mn** 54.94	26 **Fe** 55.85	27 **Co** 58.93	28 **Ni** 58.71	29 **Cu** 63.55	30 **Zn** 65.37	31 **Ga** 69.72	32 **Ge** 72.59	33 **As** 74.92	34 **Se** 78.96	35 **Br** 79.90	36 **Kr** 83.80
5	37 **Rb** 85.47	38 **Sr** 87.62	39 **Y** 88.91	40 **Zr** 91.22	41 **Nb** 92.91	42 **Mo** 95.94	43 **Tc** 98.91	44 **Ru** 101.07	45 **Rh** 102.91	46 **Pd** 106.4	47 **Ag** 107.87	48 **Cd** 112.40	49 **In** 114.82	50 **Sn** 118.69	51 **Sb** 121.75	52 **Te** 127.60	53 **I** 126.90	54 **Xe** 131.30
6	55 **Cs** 132.91	56 **Ba** 137.34	57 **La** 138.91	72 **Hf** 178.49	73 **Ta** 180.95	74 **W** 183.85	75 **Re** 186.2	76 **Os** 190.2	77 **Ir** 192.22	78 **Pt** 195.09	79 **Au** 196.97	80 **Hg** 200.59	81 **Tl** 204.37	82 **Pb** 207.2	83 **Bi** 208.98	84 **Po** (209)	85 **At** (210)	86 **Rn** (222)
7	87 **Fr** (223)	88 **Ra** 226.03	89 **Ac** (227)	104 **(Ku)** (261)	105 **(Ha)** (262)	106												

Lanthaniden	58 **Ce** 140.12	59 **Pr** 140.91	60 **Nd** 144.24	61 **Pm** (145)	62 **Sm** 150.4	63 **Eu** 151.96	64 **Gd** 157.25	65 **Tb** 158.93	66 **Dy** 162.50	67 **Ho** 164.93	68 **Er** 167.26	69 **Tm** 168.93	70 **Yb** 173.04	71 **Lu** 174.97
Actiniden	90 **Th** 232.04	91 **Pa** 231.04	92 **U** 238.03	93 **Np** 237.05	94 **Pu** (244)	95 **Am** (243)	96 **Cm** (247)	97 **Bk** (249)	98 **Cf** (249)	99 **Es** (254)	100 **Fm** (257)	101 **Md** (258)	102 **No** (255)	103 **Lr** (256)

(zugängliches Isotop mit der längsten Halbwertszeit)

Periodensystem: Periodensystem der chemischen Elemente

ihrer Eigenschaften mit denen des Lanthans als Lanthanide bezeichnet (gelegentlich auch Metalle der *seltenen Erden*). Nach dem Element Actinium folgt eine weitere Gruppe von Nebengruppenelementen, die die 14 Elemente von Thorium bis Lawrencium umfaßt, die als Actinide oder mit dem Actinium zusammen als Actiniumreihe bezeichnet werden. Es sind überwiegend künstlich hergestellte Elemente, sog. Transurane. In einigen Fällen ist die Verwandtschaft zu den diagonal darunterstehenden größer als die zu den direkt darunterstehenden Elementen *(Schrägbeziehung)*. Dies wird insbesondere zwischen dem ersten Element einer Hauptgruppe und dem zweiten Element der darauffolgenden Hauptgruppe beobachtet, wie z.B. Be zu Al oder B zu Si.

Lit: Cooper DG (1972) Periodensystem der Elemente, Verlag Chemie, Weinheim – Hardt HD (1987) Die periodischen Eigenschaften der chemischen Elemente, 2.Aufl., Thieme Verlag, Stuttgart.

Periodik. >Rhythmik<.

Periodizität. >Rhythmik<.

Periphyton. Überzug von meist festsitzenden >Bakterien<, >Pilzen< und >Algen< auf festen, untergetauchten Flächen im Meer und Binnengewässern. Zwischen diesen >Mikroorganismen< halten sich auch bewegliche Kleintiere wie Protozoen, Rädertiere, Nematoden, Gastrotichen u. a. auf; außerdem sind tote org. und anorg. Partikel abgelagert. Die mit P. überzogenen Unterlagen können lebende Pflanzen oder tote org. und anorg. Flächen, z. B. Steine und Holz sein. Auch lebende Wassertiere können mit P. bewachsen sein, doch produzieren viele Tiere Sekrete, um dies zu verhindern.

Lit: Wetzel RG (Hrsg.) (1983) Periphyton of freshwater ecosystems, W. Junk Publishers, The Hague Boston Lancaster – Characklis WG, Wilderer PA (Hrsg.) (1989) Structure and function of biofilms, Wiley & Sons, Chichester New York Brisbane Toronto Singapore.

perkutan. >percutan<.

Permafrostböden. Böden mit ständig gefrorenem Untergrund, die in den nördlichsten Teilen Europas, Asiens und Amerikas vorkommen. Ihre Eigenschaften sind durch eine kurze, nur den Oberboden erfassende Auftauphase und intensive >Kryoturbationen< (mechanische Umlagerungen durch Eiskristallisation und Auftauen) bestimmt, wodurch an der Oberfläche oft typische Steinanhäufungen (z. T. in der Form von Polygonnetzen) entstehen. Die mechanische Stabilität von P. ist meist gut; sie kann sich jedoch durch das Auftauen bei Wärmeeinleitung in den Unterboden drastisch verschlechtern. So können im Unterboden gegründete Bauwerke (z.B. Brücken, Pipelines) im arktischen Sommer ihre Stabilität verlieren.

Permanent Red 4B. >Litholrubin BK<.

Permanenter Welkepunkt (PWP). Zustand eines Bodens, in dem seine >Wasserspannung< so groß ist, daß Pflanzenwurzeln kein Wasser mehr aufnehmen können. Obwohl dieser Wert je nach dem Aneignungsvermögen der Pflanzen unterschiedlich sein kann, wird für den PWP allgemein ein >pF-Wert< von 4,2 (entsprechend 1,5 MPa) angenommen, der aus dem Welkepunkt von Sonnenblumen abgeleitet wurde.

Permeabilität. >Durchlässigkeit<.

Permethrin. Wirkt als >Insektizid< und zählt zur Substanzklasse der Pyrethroide.

Chemische Bezeichnung: (±)-*cis*, *trans*-3-(2,2-dichlorvinyl)-2,2-Dimethylcyclopropan-1-carbonsäure-3-phenoxybenzylester
CAS-Nummer: 52645–53–1
Hersteller: Zeneca
Wirkungstyp: Pyrethroides Insektizid. Fraß- und Berührungswirkung. Adultizide, ovizide und larvizide Eig. Geringer Repellent-Effekt.
Bevorzugte Anwendung: Gegen beißende und saugende Insekten im Gemüse-, Kernobst-, Wein- und Zierpflanzenbau. Gegen Weiße Fliege an Zierpflanzen unter Glas. Im Hygienesektor, auch gemischt mit anderen Insektiziden, gegen Stallfliegen, Küchenschaben u. a. Gegen Kleidermotten, Teppich- und Pelzkäfer.

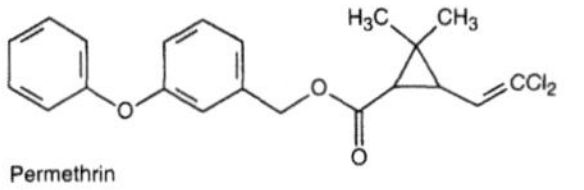

Chemische und physikalische Eigenschaften:
Physikalische Beschaffenheit: Hellbraune Flüssigkeit.
Schmelzpunkt: 34 bis 35 °C (rein).
Siedepunkt: 210 bis 220 °C bei 1.013 hPa.
Dampfdruck: 10^{-4} Pa bei 20 °C.
Verteilungskoeffizient (log $P_{o/w}$): 6,1 bei 20 °C.
Stabilität: Bei trockener, kühler Aufbewahrung ein Jahr und länger haltbar. Gegenüber natürlichem Pyrethin rel. stabil im Sonnenlicht.
Löslichkeit: In Wasser bei 20 °C etwa 0,2 mg/L.
Abbau: Im Boden und in Gewässern rascher Abbau. Behandelte Äpfel, Weintrauben und Gemüse enthielten zur Erntezeit < 1 mg/kg. Im Warmblüterorganismus Hydrolyse der Esterbindung, Hydroxylierung und Ausscheidung als Glucosid-Konjugat.
Toxizität: Die akute orale LD_{50} variiert mit dem Isomerenverhältnis, da die cis-Verb. etwas giftiger ist. Bei cis : trans = 40:60 wird die LD_{50} für Ratte, Maus, Meerschweinchen, Kaninchen mit etwa 4.000 mg/kg angegeben, bei 20:80 mit etwa 6.000 mg/kg. Akute dermale LD_{50} (Ratte) 4.000 mg/kg.
Bienentoxizität: Bienengefährlich (B 1).
Fischtoxizität: Fischgiftig. LC_{50} für Regenbogenforelle 12,5 µg/L (24 Stunden) bzw. 5,4 µg/L (48 Stunden).

Permissible exposure limit (PEL). >Threshold limit value (TLV)<.

Permissible level. Der als toxikologisch unbedenklich geltende Anteil einer Chemikalie (in ppm) in einem einzelnen Nahrungsbestandteil. Er wird berechnet, indem man das Produkt aus dem >ADI-Wert< der Chemikalie und dem menschlichen Durchschnittsgewicht (60 kg) dividiert durch die täglich verzehrte Menge an Nahrungsmitteln, die die Chemikalie als Rückstand enthalten können. Dabei muß nicht nur berücksichtigt werden, welchen Anteil an der Gesamtnahrung ein mit dem Stoff behandelter Nahrungsbestandteil stellt, sondern auch, wieviele versch. Nahrungsbestandteile durch die gleiche Chemikalie kontaminiert sein können. Je nach Verbrauchergewohnheiten können voneinander abweichende Ergebnisse resultieren. Wird beispielsweise ein >Pflanzenschutzmittel< nur für Reis benutzt, dann liegt der P.I.-Wert in Ländern, in denen Reis als Hauptnahrungsmittel dient, niedriger als in Ländern, in denen er nur gelegentlich gegessen wird.

Permitted level. Aufgrund üblicher Anbaubedingungen (>Gute fachliche Praxis<) in Nahrungsmitteln geduldete PSM-Rückstandsmengen. Diese Mengen liegen in der Regel unter den duldbaren. >Permissible level<.

peroral. >per os<.

Peroxidasen. Gruppe von Enzymen, die unter E.C. 1.11.1. der Oxidoreduktasen als Donor: Hydrogenperoxid Oxidoreduktasen klassifiziert sind. P. oxidieren ein Substrat (Donor) durch Übertragung von Wasserstoff auf >Wasserstoffperoxid< (Akzeptor). Unter P. im engeren Sinne versteht man solche, die eine Oxidation nichtspezifischer Donoren katalysieren. Von diesen wird fast ausschließlich die aus Meerrettichwurzeln gewonnene Meerrettich-P. (E.C.: 1.11.1.7., POD) verwendet. P. treten in praktisch allen aeroben Organismen auf und haben neben konstitutiven Funktionen (z.B. Ligninsynthese) zusammen mit >Katalase< die Aufgabe, den Organismus von Wasserstoffperoxid zu entgiften. Deshalb spielen der Nachweis von P. und die Bestimmung der P.-Aktivität für die Diagnose bestimmter pathologischer Prozesse unter Beteiligung reaktiver Sauerstoffspezies eine wichtige Rolle. Die P.-Aktivität kann photometrisch, fluorimetrisch, mittels kinetischer Methoden sowie durch Chemilumineszenz bestimmt werden. P. dienen als Markierung von Antigen-Antikörper-Komplexen für Immunoassays in der klinischen Diagnostik. In der Umweltanalytik sind P. als selektives Reagenz für die Bestimmung von Wasserstoffperoxid, organischen Peroxiden sowie indirekt von Oxidoreduktasen, die Wasserstoffperoxid produzieren bzw. umsetzen, verwendet worden. Dazu können P. auf verschiedenen biol. und nicht-biol. Materialien immobilisiert werden. Wegen ihrer Stabilität bei der Hitzekonservierung von Lebensmitteln wird die Aktivität der P. (als „Leitenzym") zur Beurteilung der Qualität von konservierten Lebensmitteln herangezogen.

Lit: Pütter J, Becker R (1984) Peroxidases. In: Bergmeyer HU (Hrsg.) Methods of enzymatic analysis, 3.Aufl., Bd.III, Enzymes I, Verlag Chemie, Weinheim Deerfield Florida Basel, S.286–293 – Hurn AL, Chantler SM, Colowick SP, Kaplan NO (Hrsg.) (1980) Methods in enzymology, Bd.70, Academic Press, New York, S.104–142 – Weiss R, Eichner K (1990) Haltbarmachen von Lebensmitteln, 2.Aufl., Springer-Verlag, Berlin Heidelberg New York London Paris Tokyo Hong Kong – Elstner EF (1990) Der Sauerstoff: Biochemie, Biologie, Medizin, B.I. Wissenschaftsverlag, Mannheim Wien Zürich.

Peroxidbleiche. Im industriellen Sprachgebrauch versteht man unter P. ausschließlich >Wasserstoffperoxid< (H_2O_2) und Natriumperoxid (Na_2O_2), das in wäßriger Lsg. ebenfalls H_2O_2 bildet. Die P. dient zum Entfärben bzw. Aufhellen versch. Materialien wie >Cellulose<, Altpapier, Wolle, Baumwolle, Jute, Haare oder Federn durch oxidative Zerstörung der Farbstoffe. Die Bleichwirkung beruht auf der Reaktionsfähigkeit des Hydroperoxidanions, dessen Konz. bei Temp. >50°C und pH-Werten >7 für den genannten Zweck ausreichend hoch ist.

$$H_2O_2 + OH^- \rightleftharpoons HO_2^- + H_2O$$

Als Stabilisatoren sind in der P. üblicherweise Wasserglas, Magnesiumsilicat bzw. org. Komplexbildner enthalten, um Metallionen zu binden, die H_2O_2 katalytisch zersetzen. Durch dabei auftretende Hydroxylradikale (>Sauerstoffradikale<) kann es nämlich zu einer Schädigung des Bleichgutes kommen. In besonderen Fällen, d.h. bei Vorliegen von unempfindlichem Bleichgut, können aber zur Verbesserung der Bleich-

wirkung gezielt Metallsalzkatalysatoren zugesetzt werden. P. in Haushaltswaschmitteln ist in der Regel Natriumperoxoborat, das gelöst ebenfalls H_2O_2 bildet. Doch erst bei höheren Temp. tritt ausreichende Bleichwirkung infolge o.g. Reaktion ein. >Waschmittel< für den Temp.-Bereich <50°C enthalten Bleichaktivatoren. Diese setzen sich mit H_2O_2 zu stärker oxidierender >Peroxyessigsäure< um. Da während des Bleichvorgangs mit P. – neben Natriumtetraborat – letztlich Sauerstoff (>Aktivsauerstoff<) freigesetzt wird, sind sie aus ökologischen Gründen der >Chlorbleiche<, vorzuziehen.

Lit: Stache H, Großmann H (1985) Waschmittel, Springer-Verlag, Berlin Heidelberg New York Tokyo, S.64–68 – Vollmer G, Franz M (1985) Chemische Produkte im Alltag, DTV, Georg Thieme, Stuttgart New York – Wachs B (1990) Zur aquatischen Toxizität von Inhaltsstoffen der Wasch- und Reinigungsmittel. In: Bayerische Landesanstalt für Wasserforschung, München (Hrsg.) Umweltverträglichkeit von Wasch- und Reinigungsmitteln, R.Oldenburg Verlag, München Wien, S.458–492.

Peroxide. Pflanzen: Sie entstehen in der Zelle häufig durch Einwirkung diverser Umweltschadstoffe als org. P. aus >Membranbestandteilen<, z.B. als Produkte der >Lipidperoxidation<. Dies kann zu Membranzerstörungen führen.

Peroxidzahl (POZ). Angabe der Hydroperoxidkonzentration in Fetten als mequ aktiver Sauerstoff pro kg Fett (1 mequ/kg = 0,5 mmol/kg = 8 ppm). Die Bestimmung erfolgt jodometrisch in einem Gemisch aus Eisessig und Chloroform. Empfindlicher ist die Oxidation von Fe(II) durch Hydroperoxid in Gegenwart von Thiocyanat unter Bildung eines roten Fe(III)thiocyanatokomplexes. Die P. ist ein Maß für den Grad der Autoxidation ungesättigter Fettsäuren, der von Alter und Lagerbedingungen abhängt. Der Abbau der Hydroperoxide zu flüchtigen Aldehyden führt zu ranzigem Geruch und Geschmack.

Lit: Belitz HD, Grosch W (1985) Lehrbuch der Lebensmitteltechnologie. Springer-Verlag, Berlin Heielberg New York Tokio, S.511 – Hamilton EJ, Rossell JB (1986) Analysis of Oils and Fats. Elsevier Applied Science Publishers, London New York.

Peroxyessigsäure. Farblose, stechend riechende Flüssigkeit, starkes Ox.-Mittel, haut- und augenreizend; in hochkonz. Lsg. explosiv, deshalb wird P. für Bleich- und >Desinfektionszwecke< nur selten direkt eingesetzt, vielmehr verwendet man eine sogen. „Gleichgewichts-P.", die sich aus 40% P., 40% Essigsäure, 5% H_2O_2, 14% H_2O und 1% H_2SO_4 zusammensetzt. Für best. Anwendungen kann P. aus >Essigsäure< bzw. Essigsäurederivaten und >Wasserstoffperoxid< am Einsatzort (in situ) gebildet werden, wie dies im Falle von >Waschmitteln< bei der Reaktion zwischen >Perborat< und Bleichaktivatoren, z.B. Tetraacetylethylendiamin (TAED), geschieht.

Perphosphate. Sind Additionsverb. von Diphosphaten mit Wasserstoffperoxid ($Na_4P_2O_7 \cdot 3\,H_2O_2$). Sie zeigen ein ähnliches Verhalten wie die >Percarbonate<, d.h. sie sind wenig stabil und spalten in alkal. Lsg. Sauerstoff ab. Salze der Peroxomonophosphorsäure $(HO)_2OP\text{-}OOH$ mit dem Anion PO_5^{3-} oder der Peroxodiphosphorsäure mit dem Anion $P_2O_8^{4-}$.

Persio. >Orseille<.

Persische Beeren. >Kreuzbeeren<.

Persischrot. >Eisen(III)-hydroxid, -oxid<.

Persistenz. 1. Definition: Eigenschaft von Abwasserinhaltsstoffen, von Stoffen oder Schlamm, einem biologischen Abbau zu widerstehen (ISO 6107/3). Biologische Abbautests, Hydrolyseversuche oder Photoabbautests können anzeigen, ob ein Stoff persistent zu sein scheint oder nicht. Bei der Bewertung von Stoffen ist bei wirklicher Persistenz mit Einschränkungen und/oder anderen Behandlungsmaßnahmen zu rechnen.
2. Chemikalien, Pflanzenschutzmittel: Der Begriff Persistenz ist mehrdeutig und nicht ausreichend definiert. Allgemein wird er verwendet, um auszudrücken, daß z.B. ein Pflanzenschutzmittel >PSM< die von ihm erwartete Wirkung über einen längeren Zeitraum ausübt, aber auch, um damit zu kennzeichnen, daß es in einem best. biol. Milieu nur langsam oder schwer – im Vergleich zu anderen Stoffen – abgebaut wird. Unter Persistenz eines PSM oder eines seiner Metaboliten versteht man die erkennbare Verweildauer des Stoffes als Einzelsubstanz in einem genau definierten Kompartiment der Umwelt. Die wichtigsten Kompartimente (s. Abb. links), die z.B. mit PSM bestimmungsgemäß oder unbeabsichtigt in Kontakt kommen können, sind vor allem der Boden (Pflug- oder Bearbeitungshorizont und weitere Teile des Bodenprofils bis hin zum Grundwasserleiter), aber auch Wasser und Luft sowie Pflanzen oder Tiere, wobei hier die unterschiedliche Zusammensetzung und die Eigenschaften, beeinflußt durch Klimabedingungen, die Persistenz eines PSM bestimmen. Andererseits sind es die physikalischen und chem. Eigenschaften der Substanz selbst, welche die Inaktivierungsprozesse wie Sorption, Verlust und Abbau (s. Abb. unten) eines Wirkstoffs in seiner Größenordnung beeinflussen, die insgesamt für die Persistenz in einem genau zu beschreibenden Kompartiment verantwortlich sind.

Lit: Pestemer W, Bunte D, Günther P (1988) Persistenz: Der bestimmende Faktor für das Verhalten und die Wirkung von Herbiziden im Boden. Proceedings EWRS Symposium „Factors affecting herbicidal activity and selectivity", 281–288 – Hock B, Fedtke C, Schmidt RR (1995) Herbizide – Entwicklung, Anwendung, Wirkungen, Nebenwirkungen (Kap.10, Verbleib in der Umwelt, S.279–310). Georg Thieme Verlag, Stuttgart New York.

Personendosis. >Äquivalentdosis< für Weichteilgewebe an einer für die >Strahlenexposition< repräsentativen Stelle der Körperoberfläche.

Personenkraftwagen (Pkw)/Lastkraftwagen (Lkw). Bestand 1990: Welt 560 Mio (430 Mio Pkw, 130 Mio Lkw), Deutschland 36,7 Mio (30,7 Mio Pkw, 1,4 Mio Lkw). Kfz-Anteile: Nordamerika 35%, Westeuropa 35%, Asien 15%, Osteuropa und UdSSR 5%, übrige Kontinente 10%.

Personenstraßenverkehr. Betrug 1990 in Deutschland 82,6% vom Gesamtpersonenverkehr (695 Mrd. Personenkilometer) mit steigender Tendenz. Er wird überwiegend von Pkw bestritten.

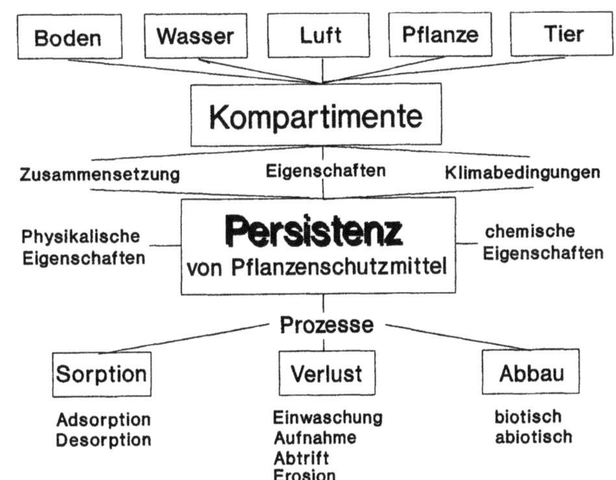

Persistenz: Wichtige Kompartimente in Agrarökosystemen

Persistenz: Wichtige, die Persistenz von Pflanzenschutzmitteln beeinflussende Faktoren und Prozesse in verschiedenen Kompartimenten der Umwelt

Perthane. 2,2-*Bis*-(*p*-ethylphenyl)-1,1-dichlorethan. Die Synth. erfolgt durch Kondensation von Dichloracetaldehyd mit Ethylbenzol. Die Warmblütertoxizität ist gering. LD_{50} = 8.170 mg/kg (Ratte, oral). Der Einsatz erfolgt auf Kulturen von Gemüse- und Zierpflanzen sowie gegen Ektoparasiten an Haustieren.

Pessimum. >Toleranzbereich<.

Pestizid. (Engl. pesticide). Aus dem Englischen übernommener Oberbegriff für Schädlingsbekämpfungsmittel. Im weitesten Sinn zählen dazu sämtliche Pflanzenschutz- und Tierhygienemittel. Im engeren Sinn werden darunter nur Mittel zur Bekämpfung von Schädlingen (pests), d.h. Insektizide, verstanden. Wegen des mehrdeutigen und oft mißverständlichen Gebrauchs sollte dieser Begriff im Deutschen vermieden werden und im Bereich der Phytomedizin allein der Begriff >Pflanzenschutzmittel< (PSM), der auch im Pflanzenschutzgesetz definiert ist (§ 2, PflSchG), verwendet werden [nach DPG-Glossar]. Auch im Englischen hat sich mittlerweile verstärkt der Begriff „plant protection products (PPP)" etabliert.

PESTLA. Modell zur Schätzung der Pestizidmobilität, bei dem der Wasserfluß durch eine Lsg. der Richard-Gleichung berechnet wird und die Adsorption der Pestizide anhand der Freundlich-Gleichung. Ein feuchtigkeits- und temperaturabhängiger Abbau ist berücksichtigt, nicht aber ein Übergang in die Gasphase. Das Modell enthält einen Satz von Boden- und Klimadaten als Standard-Szenario, in dem in der Regel nur die Halbwertzeit der Pestizide und der Adsorptionskoeffizient variabel sind, die zusammen die maximale Konz. im Sickerwasser ergeben.

Lit: Boesten JJTI (1986) Behaviour of herbicides in soil: Simulation and experimental assessment. Doctoral Thesis, Institute for Pesticide Research, Wageningen – Boesten JJTI, Linden AMA van der (1991) Modeling the influence of sorption and transformation on pesticide leaching and persistence. J Environ Qual 20: 425–435.

Pestmanagement. Jede Art von Pflanzenschutzmaßnahmen, um Schaderregerpopulationen zu manipulieren. Pestmanagement ist nicht identisch mit integriertem Pflanzenschutz, der je nach Definition (>FAO< oder >Pflanzenschutzgesetz<) mehr oder minder die Verringerung der Anwendung chemischer Pflanzenschutzmittel zum Ziel hat.

PET. >Polyethylenterephthalat<.

PET. Positronenemmissionstomographie. Untersuchungsverfahren der >Nuklearmedizin<. Mit Hilfe von PET kann das biochem. Verhalten körpereigener Stoffe, die vorher mit >radioaktiven< >Positronenstrahlern< markiert wurden, erforscht werden. Die Diagnosemöglichkeiten durch die schichtweise Erfassung der ausgestrahlten Vernichtungsquanten erstrekken sich auf die räumliche Verteilung und die physiologischen und biochem. Prozesse im lebenden Organismus.

Petroleum. >Mineralöl<.

Petunidin. Eine Farbstoffkomponente der >Anthocyanidine<.

PF. >Phenolharze<.

pF-Wert. Maßzahl für die Bindungsfestigkeit des Wassers im Boden, die als dekadischer Logarithmus der negativen >Wasserspannung< (ausgedrückt in cm) definiert ist. Ein höherer pF-Wert bedeutet eine höhere Bindungsfestigkeit, wobei man pF 1,8 bis 2,5 (−60 bis −300 cm bzw. 6 bis 30 kPa) als Grenze für die Feldkapazität und pF 4,2 (−15.000 cm bzw. 1,5 MPa) als >permanenten Welkepunkt< ansieht. Da die Bindungsenergie des Wassers in Kapillaren von deren Durchmesser abhängt, läßt sich das Porensystem eines Bodens auch über die Wassergehalte bei den zugehörigen pF-Werten charakterisieren.

Pfahlwurzel. Kommt bei >Gymnospermen< und >Dikotylen< vor, d.h. bei >Pflanzen< mit einem allorrhizen Wurzelsystem. Dieses leitet sich von der Keimwurzel ab, die sich zur Hauptwurzel weiterentwickelt. Eine Pfahlwurzel entsteht durch Wachstumsförderung der Hauptwurzel gegenüber den Seitenwurzeln. Hierdurch entsteht ein einachsiges, tiefgründiges Wurzelsystem, z.B. bei Eiche und Kiefer. Bei Flachwurzlern wie Fichte und Pappel dringen von den kräftig ausgebildeten, horizontal wachsenden Seitenwurzeln kurze Senkerwurzeln vertikal in den Boden vor. Die Hauptwurzel ist dann nur kümmerlich entwickelt.

Pfandsystem. >Mehrwegsystem<, bei dem der Käufer eines Produktes ein gewisses Entgelt für die >Verpackung< bezahlt, das ihm dann bei der Rückgabe wieder erstattet wird. Das P. bietet Anreize, Verpackungen bzw. verbrauchte Produkte nicht wegzuwerfen, sondern sie mehrfach zu verwenden. Das P. ist der sinnvollste Weg, das >Abfallaufkommen< zu reduzieren. Es wird vorwiegend bei Getränkeverpackungen eingesetzt, aber auch in anderen Bereichen (z.B. Autobatterien) kommt es zur Anwendung.

Pflanze. Ein Lebewesen, das sich im Gegensatz zum Tier i.d.R. >autotroph< ernährt und damit seine org. Substanzen auf dem Wege der >Photosynthese< aus >Kohlendioxid< und Wasser aufbaut. Da die hierfür erforderliche >Energie< dem Sonnenlicht entnommen wird, sind P. im Gegensatz zu den Tieren für eine optimale Lichtabsorption konstruiert und damit nicht beweglich, sondern mit Ausnahme kleinerer >Algen< ortsfest eingewurzelt. Grundlegende Unterschiede zwischen P. und Tier finden sich in der >Entwicklung<. Während beim Tier sämtliche Organe bereits im Embryonalzustand angelegt sind, findet bei der Pflanze über die gesamte Lebensdauer hinweg eine Neubildung von Organen in Form von >Wurzeln<, >Blättern< und >Sproßachsen< statt. Unter den vielzelligen Organisationsstufen stehen die >Pilze< gleichberechtigt neben P. und Tieren.

C₃-Pflanzen. C_3- oder Calvin-Pflanzen bilden beim ersten Schritt der photosynth. >CO_2<-Fixierung die C_3-Verb. 3-Phosphoglycerinsäure. Diese Reaktion wird durch das >Enzym< Ribulose-1,5-bisphosphat-carboxylase (RubisCo) katalysiert. 3-Phosphoglycerinsäure wird mit Hilfe von >NADPH< und >ATP< reduziert und anschließend im weiteren Verlauf des >Calvin-Zyklus< verarbeitet. Die überwiegende Mehrzahl der höheren Pflanzen sind C_3-P.

C₄-Pflanzen. Sie bilden beim ersten Schritt der photosynth. >CO_2<-Fixierung die C_4-Dicarboxylsäure Oxalacetat, das anschließend (abhängig vom Untertyp) zu Malat oder Aspartat umgesetzt wird – im Gegensatz

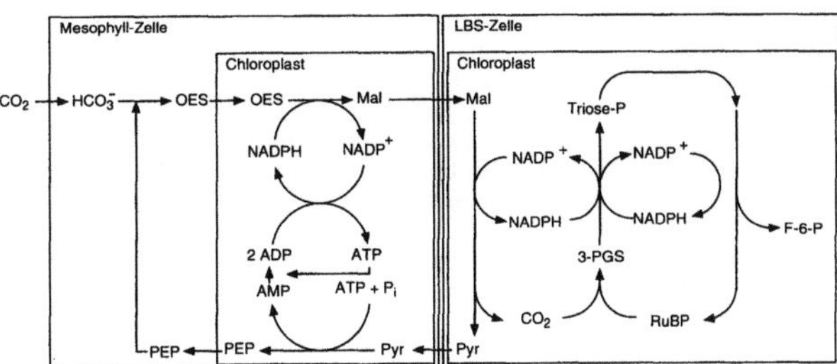

C$_4$-Pflanzen:
Der C-4-Dicarbonsäure-Zyklus bei Pflanzen mit Decarboxylierung über das NADP-Malat-Enzym (nach: Buschmann C, Grumbach K (1985) Physiologie der Photosynthese. Springer-Verlag, Berlin Heidelberg New York Tokyo)

zu den >C$_3$-Pflanzen<, bei denen das Primärprodukt der CO$_2$-Fixierung die C$_3$-Verb. 3-Phosphoglycerinsäure darstellt. Die prim. CO$_2$-Fixierungsreaktion der C$_4$-P. wird durch Phosphoenolpyruvatcarboxylase katalysiert. Hierbei handelt es sich um eine vorgeschaltete CO$_2$-Fixierung, an die sich der >Calvin-Zyklus< anschließt (s. Abb. oben). Dieser Zusatz-Mechanismus sorgt dafür, daß am Ort der endgültigen CO$_2$-Fixierung durch die RubisCo eine ausreichend hohe CO$_2$-Konz. vorliegt, so daß die >Photorespiration< verringert oder aufgehoben wird. Diese CO$_2$-Anreicherung wird durch best. biochem. und anatomische Vorrichtungen ermöglicht. Charakteristisch für C$_4$-P. ist ein Kranz aus grünen Zellen um die Leitbündelstränge der Blätter (Kranzanatomie); die Leitbündelscheidenzellen enthalten mehr >Chloroplasten< als die sie umgebenden >Mesophyllzellen<. Der C$_4$-Dicarbonsäure-Zyklus beginnt in den Mesophyllzellen (s. Abb.). Die produzierten C$_4$-Dicarbonsäuren Malat oder Aspartat gelangen in die Leitbündelscheidenzellen, wo eine Abspaltung von CO$_2$ erfolgt, das dort über den Calvin-Zyklus verstoffwechselt wird. C$_4$-P. sind unter hohen Lichtintensitäten und Temp. durch hohe Netto->Photosyntheseraten< charakterisiert, mit denen sie gewöhnlich die C$_3$-Pflanzen übertreffen. Zu den C$_4$-P. zählen der Mais, die Hirse, das >Zuckerrohr<, aber auch eine Reihe bedeutender >Unkräuter<. Sie sind durch niedrige CO$_2$-Kompensationspunkte (zwischen 0 und 10 ppm CO$_2$) sowie durch einen δ^{13}-C-Wert von -9 bis $-18‰$ charakterisiert.

Pflanzen, niedere. Üblicherweise diejenigen Pflanzen, die nicht nach dem Bauprinzip des >Kormus< (mit >Blättern<, >Sproßachse< und >Wurzeln<) aufgebaut sind, d.h. >Algen<, >Pilze<, >Flechten< und >Moose<. Eine etwas andere Einteilung stellt Kryptogamen („vermehren sich im Verborgenen", d.h. blühen nicht, also Farne und Niedere Pflanzen) den Phanerogamen (Blütenpflanzen, d.h. Spermatophyta) gegenüber.

Pflanzenanalyse. Dient der qual. und quant. Erfassung von >Pflanzeninhaltsstoffen<.

Pflanzenart. (Syn. Species). Die wichtigste taxonomische Einheit nicht nur bei Pflanzen, sondern bei sämtlichen Organismen. Eine Art ist eine Gruppe von solchen Organismen (einschließlich ihrer Vorfahren und Nachkommen), die in ihren wesentlichen Merkmalen übereinstimmen und sich fruchtbar miteinander kreuzen lassen. Eine Art unterscheidet sich von anderen Arten durch konstante erbliche Merkmale und hebt sich auf Grund reproduktiver Isolation von diesen ab. Der Artname ist zweiteilig (binäre Nomenklatur): Dem großgeschriebenen Gattungsnamen folgt kleingeschrieben der Artname, z.B. *Taraxacum officinale*.

Man kennt heute ca. 236.000 Arten von >Samenpflanzen<, ca. 15.000 >Farnpflanzen<, ca. 26.000 >Moose< und ca. 33.000 >Algen<, somit insgesamt ca. 310.000 Pflanzenarten.

Pflanzenaufnehmbarkeit. In der Pflanzenernährung gelegentlich verwendeter Begriff, um den Unterschied zur >Pflanzenverfügbarkeit< zu betonen: pflanzenaufnehmbar sind Stoffe, die sowohl in der Bodenlsg. gelöst enthalten oder in austauschbarer Form an die Bodenmatrix gebunden sind, also auch pflanzenverfügbar sind, als auch solche Stoffe, die im aktuellen Falle nicht in pflanzenverfügbarer Form vorliegen, grundsätzlich aber aufgenommen werden können: es geht also um die mögliche bzw. potentielle Aufnahme durch die Pflanze selbst.

Pflanzenbau, integrierter. Hat zum Ziel, alle Maßnahmen in der pflanzlichen Produktion auf die ökologischen und ökonomischen Anforderungen abzustimmen, um so ein standort- und umweltgerechtes, aber auch betriebswirtschaftlich erfolgreiches Produktionssystem zu verwirklichen. Dazu müssen die entsprechenden Kenntnisse im Acker- und Pflanzenbau, in der Pflanzenernährung und im >Pflanzenschutz< zusammengeführt, also „integriert" werden. Die wichtigsten Kennzeichen des i.P. sind: betriebs- und produktionsbezogene Datenerhebung (>Schlagkartei<), darauf aufbauend Betriebskontrolle, Düngerbilanzierung, Abstimmung des Einsatzes von Pflanzenschutzmitteln; landschaftsgerechte und nützlingsfördernde Gestaltung der Feldstruktur (z.B. angepaßte Schlaggröße, Belassen bzw. Neuanlage von Ackerrainen und Hekken); Verwendung von standortgerechten und resistenten Sorten; erosionshemmende Bodenbearbeitung; umweltgerechte Pflanzenernährung sowie die Prinzipien des >integrierten Pflanzenschutzes<. Der i.P. ist inzwischen weitgehend das Leitbild der pflanzenbaulichen Beratung. Die „Fördergemeinschaft Integrierter Pflanzenbau" hat die Weiterentwicklung des i.P. zum Ziel. Sie ist eine Vereinigung von Verbänden, Organisationen und Unternehmen der Landwirtschaft, der Agrarverwaltung, der Agrarwirtschaft, der landtechnischen und chemischen Industrie und der Pflanzenzucht. Als Endziel muß über den i.P. der integrierte Landbau erreicht werden, was die Einbeziehung einer artgerechten Tierhaltung und die umweltgerechte Entsorgung des dabei anfallenden >Wirtschaftsdüngers< bedeutet.

Lit: Diercks R, Heitefuss R (Hrsg.) (1990) Integrierter Landbau, BLV Verlagsgesellschaft, München – Goldhammer T (1987) Integrierter Pflanzenbau – Bestandesaufnahme und Vorschläge, Fördergemeinschaft Integrierter Pflanzenbau (FIP) (Hrsg.), Bonn, Heft 2 – NN (1987) Integrierter Pflanzenbau, Fördergemeinschaft Integrierter Pflanzenbau (FIP) (Hrsg.), Bonn, Heft 1.

Pflanzenbestand. Auch Feldbestand, umfaßt allg. eine zus.-hängende Fläche angebauter Kulturpflanzen. In der Ökologie bezeichnet man mit P. die unmittelbare Lebensstätte bzw. Bewuchsfläche, auf die sich ökologische Untersuchungen beziehen. Gelegentlich wird der Begriff auch für die Summe aller Individuen einer Population, aber auch von Mischpopulationen, in einem Raum genützt.

Pflanzenentwicklung. >Entwicklung<.

Pflanzenernährung. Befaßt sich mit der Versorgung der Pflanzen mit Nährstoffen, mit der Nährstoffaufnahme und dem Nährstofftransport sowie mit dem Nährstoffumsatz in der Pflanze. Als >photoautotrophe< Organismen benötigen Pflanzen einfache anorg. Nährstoffe wie H_2O und >CO_2< sowie >Ionen<, die als Kationen und Anionen Nährsalze bilden. Diese enthalten >Nährelemente<, die durch kein anderes chem. >Element< ersetzbar sind. Hierbei unterscheidet man Massennährelemente (Makroelemente) und >Spurenelemente< (Mikroelemente). Nur wenige Böden enthalten alle Nährelemente von Natur aus in reichlicher Menge. Außerdem werden sie mit dem Erntegut laufend in gewissen Mengen vom Acker abgeführt, so daß der Boden mehr und mehr an Nährstoffen verarmt, wenn kein Ersatz durch >Düngung< erfolgt. Anorg. Düngemittel bestehen weitgehend aus Nährsalzen. Aus einer Reihe von Düngemitteln, v. a. den org., werden die in ihnen enthaltenen Nährelemente erst im Boden durch chem. und mikrobielle Prozesse in Nährstoffe umgewandelt und damit für die Pflanze verfügbar. Zu Düngeschäden vgl. Lit.

Lit: Marschner H (1995) Mineral nutrition of higher plants, 2 nd. ed., Academic Press, London Orlando (Florida).

Pflanzenertrag. Bezeichnet die auf einen best. Zeitabschnitt (z. B. eine >Vegetationsperiode<) entfallende Zunahme der Biomasse eines Lebensraums best. Größe als Ausdruck seiner Produktivität. Meist wird der Begriff jedoch auf das Erntegut, d. h. auf die Menge best., vom Menschen angestrebter Produkte (z. B. Früchte) beschränkt. Die Tabelle (s. unten) gibt eine Übersicht über die Erntemengen und Erträge der wichtigsten Feldfrüchte in der Bundesrepublik Deutschland. Die moderne Landwirtschaft liefert

z. Zt. jährlich Pflanzenprodukte mit einer Trockenmasse von 10 bis 11×10^9 t, dies entspricht ca. 10^9 t Lebensmittel. >Biomasse<.

Pflanzenfresser. >Trophische Gruppen<.

Pflanzengesellschaft. (Syn. Phytozönose). Eine Vergesellschaftung von Pflanzen versch. Arten mit gleichen oder ähnlichen ökologischen Ansprüchen. Diese Gesellschaften entstehen nicht zufällig, sondern durch Auslese unter zahlreichen Wettbewerbsteilnehmern. Die Zus. ist konst., solange nicht Klimaänderungen, geologische Vorgänge, menschliche Eingriffe oder Zuwanderung fremder Arten neue Wettbewerbsbedingungen schaffen. Da P. die Gesamtheit der auf sie wirkenden Umweltbedingungen widerspiegeln, sind sie meist ausgezeichnete Standortanzeiger (>Indikatorpflanzen<). Die Bezeichnung P. wird meist sowohl im Sinne eines allg., durch Abstraktion gewonnene Typenbegriffs als auch im Sinne des konkreten Einzelbestandes verstanden.

Pflanzengifte. (Vgl. Abb. >Giftpflanzen<). Die >toxischen< Inhaltsstoffe von >Giftpflanzen<, i. d. R. Produkte des Sek.-Stoffwechsels, die häufig in der >Wirt-Parasit-Beziehung< eine Rolle spielen. P. dürfen nicht mit >Phytotoxinen< verwechselt werden, d. h. Giftstoffen, die gegen die Pflanze gerichtet sind.

Pflanzenhormone. (Syn. Phytohormone). Regulatoren, die von der Pflanze selbst produziert werden und in geringen Konz. pflanzenphysiologische Prozesse, insbesondere >Wachstum< und Differerenzierung, regulieren. Phytohormone bewegen sich gewöhnlich innerhalb der Pflanze von einem Synth.- zu einem Wirkort; aber es gibt wichtige Beispiele, daß Phytohormone auch bereits am Synth.-Ort wirksam werden und damit den phylogenetisch älteren Zell- und Gewebshormonen der Tiere (im Gegensatz zu den glandulären Hormonen) entsprechen. Phytohormone besitzen im Gegensatz zu den tierischen Hormonen ein breiteres Wirkungsspektrum. Die Hormonwirkung setzt die Bindung an einen Rezeptor voraus, der entweder intrazellulär oder aber an der Außenseite des Plasmalemmas lokalisiert sein kann. Die nachgeschaltete Signalkette führt 1. zu Veränderungen der Membranpermeabilität, z. B. zu Öffnung oder Verschluß von Ionenkanälen,

Pflanzenertrag: Erntemengen und Anbauflächen (weltweit) wichtiger landwirtschaftlicher Nutzpflanzen (Datensammlung der FAO: http://www.fao.org/)

Erntegut		Produktion (in 1.000 t)		Anbaufläche (in 1.000 ha)	
		1979/81	1996	1979/81	1996
Cerealien	Mais	420.210	586.813	125.511	141.008
	Weizen	437.543	585.187	234.892	230.972
	Reis	393.941	570.009	143.649	150.467
	Gerste	153.790	154.982	81.239	66.945
	Hirse (Sorghum)	65.537	67.567	44.903	47.204
Stärkeliefernde Sproß- und Wurzelknollen	Kartoffel	269.632	292.009	18.983	18.549
	Maniok	123.976	165.683	13.579	16.667
	Batate	134.254	118.426	10.868	9.140
	Yamswurzel	11.568	32.097	1.511	3.101
Zuckerliefernde Pflanzen	Zuckerrohr	761.558	1.230.689	13.599	19.453
	Zuckerrübe	272.920	264.776	9.004	7.482
Ölliefernde Pflanzen	Soja	86.111	129.108	50.616	61.903
	Kokosnuß	32.480	44.588	8.550	10.431
	Raps	11.292	30.593	11.633	21.952
	Erdnuß	18.577	30.186	18.677	22.738

oder 2. zu Änderungen der Genexpression, z.B. zur Erhöhung der Synth.-Rate von >mRNA< für best. >Enzyme<, oder 3. zu Änderungen von Enzymaktivitäten. Die wichtigsten Phytohormongruppen sind >Auxine<, >Cytokinine<, >Gibberelline<, >Abscisinsäure<, >Ethylen<. Hinzu kommen Brassinosteroide, Jasmonate und versch. Polyamine wie Putrescin und Spermidin. Breite Anwendung finden die Phytohormone und wirkungsverwandte Wachstumsregulatoren in der Land- und Forstwirtschaft sowie im Gartenbau. Nachweis und Best. von Phytohormonen erfolgen durch >Biotests<, physikalisch-chem. Analysemethoden wie z.B. GC/MS, sowie neuerdings verstärkt durch immunchemische Best.-Methoden.

Pflanzenhygiene. Eine Maßnahme des >Pflanzenschutzes<. Sie dient somit dem Ziel, die Umweltfaktoren (z.B. Standortwahl, Sortenwahl, Fruchtfolge, >Düngung<, Pflege, Ernte und Lagerung) durch gezielte Maßnahmen so zu steuern, daß die Schäden an den Kulturpflanzen durch Krankheiten und Schädlinge sowie abiotische Schadfaktoren gemindert oder weitgehend unterbunden werden. Hierzu zählen folgende Maßnahmen: 1. die Prädisposition der Pflanze gegenüber >Pflanzenkrankheiten< durch Verbesserung ihrer natürlichen Widerstandskraft zu fördern, 2. ökologische Zusammenhänge auszunutzen, die der Entwicklung von Krankheiten und Schadtieren entgegenwirken, 3. die Einschleppung, lokale Ansiedlung oder Weiterverbreitung von >Parasiten< durch Absperrungen, Ausschluß (Vermehrungsgut) oder Entseuchung auf der Basis natürlicher Antagonisten oder chem. Einwirkungen zu verhindern.
Lit: Hoffman GM, Nienhaus F, Schönbeck F, Weltzien HC, Wilbert H (1985) Lehrbuch der Phytomedizin, 2.Aufl., Verlag Paul Parey, Berlin Hamburg.

Pflanzeninhaltsstoffe. Prinzipell alle pflanzentypischen Inhaltsstoffe. Meist sind jedoch Inhaltsstoffe von Nutzpflanzen gemeint, die für pharmazeutische, technische, Nahrungs- oder Genußzwecke verwendet werden.

Pflanzenkläranlage. Der Begriff P. beinhaltet mehr als die systemspezifischen Eigenschaften eines Pflanzenbeetes, denn zu einer P. gehören nicht nur das abwasserdurchströmte Pflanzenbeet, sondern auch eine leistungsfähige Vorreinigung, Zu- und Ablaufeinrichtungen, Schächte sowie Wartungs- und Betriebseinrichtungen.
Die >Abwassertechnische Vereinigung (ATV)< hat 1989 im Hinweisblatt H 262 mit der folgenden Definition eine Einordnung der Kläranlagen mit Pflanzenbeeten getroffen: „Bei Pflanzenbeeten wird Abwasser einem mit ausgewählten Sumpfpflanzen (Helophyten) bewachsenen Bodenkörper zugeführt; dieser soll zum Zwecke der Behandlung des Abwassers vertikal oder horizontal durch- oder überströmt werden." In die Definition sind flach überstaute Beete eingeschlossen, aber keine landwirtschaftliche Nutzung, z.B. über >Rieselfelder<.
Bisher wurden P. noch nicht den allg. anerkannten Regeln der Technik (a.a.R.d.T.) zugeordnet. Die Vielfalt der eingesetzten Verfahren und einige noch nicht endgültig geklärte, betriebliche Fragestellungen (z.B. Langzeitverhalten, Winterbetrieb) erlaubten noch keine allg. gültigen Grundsätze für Bemessung, Bau und Betrieb dieser Anlagen, mit denen geforderte Ablaufwerte reproduzierbar und auf Dauer sichtbar eingehalten werden können. Der Bau einer >Kläranlage< mit Pflanzenbeeten ist deshalb bisher eine Einzelfallentscheidung geblieben. Neuere Ergebnisse belegen jedoch, daß unter Berücksichtigung von Optimierungsvorgaben systemspezifische Probleme, wie Verstopfung (Kolmation) der Beete nach längerem Betrieb und Einbußen der Reinigungsleistung während der kalten Jahreszeit gelöst werden können.
Sumpfpflanzen, wie z.B. Schilf und Binsen, dringen mit ihren Wurzeln tief in das Bodenmaterial ein. Sie tragen dadurch zur Auflockerung bei und erhalten die hydraulische Durchlässigkeit des Beetes. Besonders Schilf *(Phragmites australis)* ist in der Lage, auch nach mehreren Betriebsjahren das Pflanzenbeet durchlässig

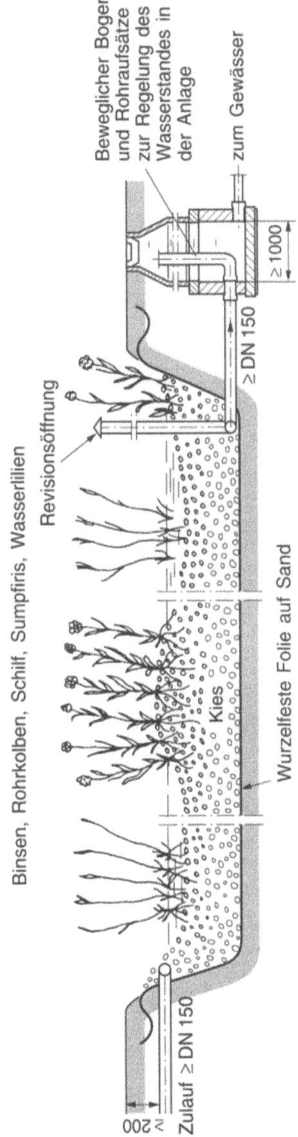

Pflanzenkläranlage: Schema einer Hydrobotanischen Anlage

zu erhalten, weil es tiefreichende, weitverzweigte Wurzeln bildet. Neben der Durchlockerung spielen auch die unterirdischen Pflanzenteile eine wichtige Rolle. Sie dienen als Aufwuchsflächen für die bakteriellen Kolonien (s. Abb. S.881).

Übergreifend und vereinfachend können die primären Abbaumechanismen, die zur Reinigung von Abwasser in Pflanzenbeeten führen, drei Gruppen zugeordnet werden. Es werden geochem.-mechanische, biol.-chem. und physikalisch-sorptive Vorgänge unterschieden. Obwohl jeder der genannten Abbauwege für die Reinigung bedeutend ist, kann das System Pflanzenbeet nur dann erfolgreich wirken, wenn sich die Mechanismen ergänzen und miteinander die Basis einer stabilen Lebensgemeinschaft bilden. Entscheidend ist daher das Zusammenwirken von >Mikroorganismen<, Bodeneigenschaften und Abwasserzusammensetzung.

Kläranlagen mit Pflanzenbeeten müssen, wie alle anderen Kläranlagen, regelmäßig gewartet werden. Neben der Überprüfung der Durchströmung und Hydraulik sowie der Durchführung und Dokumentation der vorgeschriebenen Eigenüberwachungsmessungen ist die Erhaltung einer gesunden Helophytenbepflanzung (z. B. durch Nachpflanzungen, Entfernung von Fremdpflanzen wie Springkraut oder Brennesseln sowie Mahd im Herbst mit Entfernung des Schnittguts im Frühjahr) besonders von Bedeutung.

Lit: Abwassertechnische Vereinigung e. V. (Hrsg.) (1985–1997) ATV-Handbuch, 4.Aufl., Band 1–7, Verlag Wilhelm Ernst und Sohn, Berlin München.

Pflanzenkrankheiten. Sie umfassen jede Abweichung vom normalen Verlauf physiol. Prozesse, die mit einer Herabsetzung der normalen Leistungsfähigkeit und Anpassungsfähigkeit der >Pflanze< oder ihrer Teile verbunden ist (vgl. >Pflanzenpathologie<).

Lit: Hoffmann GM, Nienhaus F, Schönbeck F, Weltzien HC, Wilbert H (1985) Lehrbuch der Phytomedizin, 2.Aufl., Verlag Paul Parey, Berlin Hamburg.

Pflanzennährstoffgruppen. Sie umfassen die Makro- und die Mikronährstoffe, je nachdem, in welchen Mengen sie benötigt werden. Sie müssen für die Pflanze verfügbar sein. Häufig verhalten sich bestimmte Makro- und Mikronährstoffe physiologisch viel ähnlicher als z. B. zwei Makro- bzw. zwei Mikronährstoffe. Unter biol. Aspekten dürfte daher eine Einteilung der Pflanzennährstoffe nach ihren biochem. Eigenschaften und physiol. Wirkungen zweckmäßiger sein.

Pflanzenökologie. (Grch. oikos = Haus; logos = Lehre). Die Wissenschaft von den Wechselwirkungen der >Pflanzen< untereinander sowie mit ihrer Umwelt. Innerhalb der Ökologie unterscheidet man 1. die *Autökologie*, d. h. die Wissenschaft von den Wechselwirkungen zwischen Individuen und ihrer Umwelt, 2. die *Populationsökologie* (= Demökologie), d. h. die Wissenschaft von den Wechselwirkungen der Individuen innerhalb einer Population sowie zwischen dieser und ihrer Umwelt, 3. *Synökologie*, d. h. die Wissenschaft von den Wechselwirkungen zwischen den in einer >Biozönose< lebenden Arten untereinander sowie mit ihrer Umwelt.

Lit: Akademie für Naturschutz und Landespflege (1991) Begriffe aus Ökologie, Umweltschutz und Landesplanung, 2.Aufl., Informationen 4, ANL, Laufen Frankfurt.

Pflanzenöle als Kraftstoff. Verschiedene P. eignen sich mehr oder weniger als Kraftstoff (s. Abb. unten). Dazu gehören neben dem heimischen >Rapsöl< eine Reihe von Ölen aus tropischen Pflanzen, z. B. Palm-, Erdnußöl. Die Eigenschaften dieser Öle machen sie in erster Linie für den Einsatz in >Dieselmotoren< geeignet, >Zündwilligkeit<. Nachteilig ist die im Vergleich zu herkömmlichem Dieselkraftstoff sehr hohe >Viskosität<, wodurch wegen der geringeren Zerstäubung während des Einspritzvorgangs die Qualität der >Verbrennung< leidet und ungünstige >Abgas- und Geruchsemissionen< erzeugt werden. Die nachteilig hohe Viskosität der P. läßt sich durch Verestern mit >MeOH< oder >EtOH< deutlich vermindern. Dadurch werden auch andere motorische Nachteile der P., wie z. B. verringerte Lebensdauer durch Verkoken von Einspritzventilen und Kolbenringen nahezu vermieden. Das für den Betrieb der meisten Motore erforderliche Verestern führt jedoch nicht zu einer Verbesserung der Abgasemissionen im Vergleich mit handelsüblichen Dieselkraftstoffen. In vielen Fällen wäre der Einsatz der wertvollen P. als Rohstoff für andere Produkte als Kraftstoffe sinnvoller, >nachwachsende Kraftstoffe<.

Lit: Fabri J, Dabelstein W, Reglitzky A (1991) Chancen alternativer Kraftstoffe unter besonderer Berücktichtigung der Umwelt-

Kennwerte verschiedener raffinierter Pflanzenöle im Vergleich zu Dieselkraftstoff

Kennwerte	Kraftstoffe				
	Sonnenblumenöl	Sojabohnenöl	Rapsöl	Rapsölmethylester	Dieselkraftstoff*
Dichte	0,924	0,923	0,920	0,880	0,830
Viskosität/40 °C (cSt)	31,0	31,2	34,4	4,5	3,7 (b. 20 °C)
Schwefel (ppm)	50	50	70	50	1500
Flammpunkt (°C)	196	220	202	150	60
Cetanzahl	33	27	40	50	53
unterer Heizwert (MJ/kg)	36,2	39,4	35,2	34	42,6
Aussehen	leicht trüb gelb	klar, dunkel, bernsteinfarbig	klar, bernsteinfarbig	klar	klar, hell
Kälteverhalten (°C)	über 0	über 0	+ 15	unter 0	– 22

* typische Werte für die BRD

Pflanzenöle als Kraftstoffe: Kennwerte von Pflanzenölen im Vergleich zu Dieselkraftstoffen (Fabri J, Dabelstein W, Reglitzky A (1990) Chancen alternativer Kraftstoffe unter dem besonderen Aspekt der Umweltverträglichkeit, Shell Technischer Dienst ISBN 0934-3601)

verträglichkeit, Shell Technischer Dienst, Deutsche Shell Hamburg, ISSN 0934-3601 – Fabri J, Dabelstein W, Reglitzky A (1990) Motor Fuels, Ullmanns Encyclopedia of Industrial Chemistry, Bd. A 16: 719–753 – Hemmerlein N, Korte V, Richter H (1991) Untersuchungen zum Einsatz von Rapsöl als Kraftstoff für Dieselmotoren. In: Entwicklungsrichtlinien in Kraftfahrzeugtechnik und Straßenverkehr, Forschungsbilanz 1991, Verlag TÜV Rheinland, Köln – Menrad H, Weidmann K, Bernhardt W W, Heilmann G, Behn U (1989) Rapsöl als Motorenkraftstoff, Mineralöltechnik 5–6.

Pflanzenpathologie. (Grch. pathos = Krankheit). (Syn. Phytopathologie). Die Lehre von Entstehung und Verlauf von >Pflanzenkrankheiten< und Pflanzenschädigungen. Dagegen umfaßt die Phytomedizin die in den einzelnen Fällen zutreffenden prophylaktischen und therapeutischen Maßnahmen. Ähnlich wie in der Human- und Veterinärmedizin unterscheidet man bei Pflanzen 1. nichtparasitäre oder physiologische Krankheiten, die auf innere oder äußere Störungen oder ungünstige Einwirkungen der Umwelt zurückzuführen sind; 2. Infektionskrankheiten, bei denen parasitische >Pilze<, >Bakterien<, >Viren< oder Viroide als Erreger in Frage kommen; 3. Beschädigungen durch Fraßtätigkeit von Tieren, Hagelschlag u. a. Die Phytopathologie als selbständige Wissenschaft ist erst Mitte des 19. Jahrhunderts von KÜHN, BERKELEY und DE BARY begründet worden.

Pflanzenphysiologie. (Grch. physis = Natur, logos = Lehre). Die Wissenschaft von den Lebensvorgängen der >Pflanze<. Demgegenüber befaßt sich die Morphologie mit dem Bau des Organismus. Die Physiologie hat die Aufgabe, Funktionen und Leistungen der Pflanze zu beschreiben und kausal zu erklären. Hierfür werden insbesondere Methoden der >Biochemie<, >Molekularbiologie< und Biophysik eingesetzt. Innerhalb der P. unterscheidet man Entwicklungsphysiologie, Stoffwechselphysiologie, Bewegungsphysiologie und Stressphysiologie.

Pflanzenproduktion. 1. Im Sinne des landwirtschaftlichen Pflanzenbaues umfaßt P. Anbau, Pflege, Ernte und Vermehrung von Kultur- bzw. Nutzpflanzen aller Art einschließlich Maßnahmen der Bodenbearbeitung, der >Düngung< und des Pflanzenschutzes; 2. im Sinne von >Biomasse<-Produktion ist der Gewinn an pflanzlicher Biomasse pro Zeit und Flächeneinheit gemeint und umfaßt die *Prim.-Produktion*, da die Sek.-Produktion zur *Konsumption* gehört. Die Produktivität dagegen bezeichnet die Produktionsleistung eines Pflanzenbestandes in org. Trockensubstanz pro Fläche und Zeiteinheit.

Pflanzenschutz. Schutz von Kulturpflanzen aller Art vor Krankheiten, tierischen Schädlingen sowie Unkräutern mit dem Ziel der Sicherung und Verbesserung der Welternten vor dem Hintergrund einer rasch ansteigenden Weltbevölkerung, vor allem in den Ländern der dritten Welt.
Zu diesem Zweck sind vielfältige >chemische< Wirkstoffe entwickelt worden gegen phytopathogene Pilze, Viren, Bakterien (>Fungizide<, >Virizide< und >Bakterizide<); gegen tierische Schädlinge („animal pests") existieren breit gefächerte >Pestizide< gegen Insekten, Würmer, Milben, Schnecken, Nagetiere (>Insektizide<, >Nematizide<, >Akarizide<, >Molluskizide<, >Rodentizide<); schließlich werden gegen konkurrierende und die Nutzpflanzen negativ beeinflussende „Unkräuter" (Blattpflanzen und Gräser) Wirkstoffe zur selektiven Zerstörung der ganzen Pflanzen oder von Pflanzenteilen eingesetzt (>Herbizide<). Zahlreiche dieser Wirkstoffe besitzen neben einer ausgeprägten Selektivität auch systemische Eigenschaften, d. h. die Wirkstoffe treten nach Applikation auf die Pflanze oder im Wurzelbereich von innen heraus in Erscheinung. Diese Maßnahmen werden flankiert durch die Verwendung von Hormonen bzw. davon abgeleiteten Stoffklassen, Pflanzenwuchsregulatoren, Insektenrepellentien bzw. -anziehenden Stoffen (>Pheromone<).
Daneben werden auch >biologische Maßnahmen< in Kombination und in steigendem Maße angewandt. Hierbei werden z. B. natürliche Feinde von Schadinsekten gezielt angezüchtet und im geeigneten Stadium freigesetzt; dazu gehören auch insektenpathogene Pilze, Bakterien, Viren und Parasiten. Bei dem Autizid- bzw. Sterile-Partner-Verfahren treten sterilisierte Männchen mit fortpflanzungsfähigen M. in Konkurrenz. – Eine weitere biologische Methode ist die Züchtung resistenter Pflanzen.
Als >integrierter Pflanzenschutz< wird nach der Definition der FAO ein Verfahren bezeichnet, bei dem alle wirtschaftlich, ökologisch und toxikologisch vertretbaren Methoden eingesetzt werden, um Schadorganismen unter der wirtschaftlichen Schadensschwelle zu halten. Hierbei wird der bewußten Ausnutzung natürlicher Begrenzungsmaßnahmen ein hoher Stellenwert eingeräumt.
Der Begriff „Pflanzenschutz" ist nicht ganz eindeutig, denn man versteht darunter: a) den Schutz von Kulturpflanzen (engl. crop protection) aller Art (Agrarpflanzen, Forstkulturen, Zierpflanzen) vor Krankheiten vielfältiger Art, tierischen Schädlingen (animal pests) und (konkurrierenden) Unkräutern; b) protektive Maßnahmen zum Erhalt (meist seltener oder aussterbender) wildwachsender Pflanzen aller Art und ihrer Biotope; c) eine gewissermaßen neue Dimension gewinnt der Begriff Pflanzenschutz als Schutz der Pflanzen vor dem Menschen und seinem Tun: Schutz der Wälder (z. B. Tropen- und Regenwälder) vor schädlichen anthropogenen Einflüssen (auch: Forstreduktionen durch Schädigung der Photosynthese durch Schwefeldioxid – SO_2 –; „saurer Regen") synergistisch zu anderen; z. B. klimatischen Faktoren (Dürrejahre), Befall durch Pilzinfektionen, bakterielle und viröse Wurzelinfektionen sowie generelle epidemische Erkrankungen.
Der Pflanzenschutz wird durch den Gesetzgeber in Deutschland (Pflanzenschutzgesetz PflSchG, Fassung vom 15.09. 1986) definiert als Schutz von Pflanzen und Pflanzenerzeugnissen (Vorratsschutz) vor Schadorganismen; Beeinflussung der Lebensvorgänge von Pflanzen durch nicht zur Ernährung bestimmte Stoffe, ... und Gefahren abzuwenden, die bei der Anwendung von Pflanzenschutzmitteln für die Gesundheit von Mensch und Tier entstehen können.
Pflanzenschädigungen sind im weitesten Sinne diejenigen Folgen von Vorgängen, welche die Pflanze zeitweilig oder dauernd beeinträchtigen und schließlich zu Ertragsminderung und -ausfall führen. Hierzu gehören z. B. >Fraßschäden< durch Insekten, Larven (Raupen), Schnecken, Vögel, Wild, Nage- u. a. Tiere; >Pflanzenkrankheiten< durch Infektionen mit Mikroorganismen, Bakterien, Pilzen, Viren, Parasiten; hierher gehört auch der pflanzenpathogene Pilzbefall (Mykotoxine, Aflatoxine, Patulin, Mutterkorn). Sodann verursachen >Unkräuter< durch Konkurrenz um Nährstoffe, Wasser, Licht und Platz enorme Schäden.

Die Menschheit hat sich schon Jahrtausende lang mit Schädlingen, die ihre Ernährung bedrohen, auseinanderzusetzen gehabt (Heuschreckenplage in Ägypten: 2.500 v. Chr., China 1.000 v. Chr.). Auch im 19. Jahrhundert vernichteten Schädlinge oft komplette Ernten: Folge davon waren Hungersnöte, die z. T. zu tiefgreifenden soziologisch-politischen Veränderungen führten (z. B. Irland 1848/49 Vernichtung der Kartoffelernte durch Pilze („Kraut- und Knollenfäule“); Mitteleuropa 1916/17 „Kohl- und Steckrübenwinter“ in den deutschen Ostgebieten während des 1. Weltkrieges; Ceylon 1868: Kaffeerost-Epidemie; USA und England 1958: Tabakblauschimmel; Niederlande 1919, USA 1930, UdSSR 1939: Ulmenkrankheit).

Nach statistischen Erhebungen vergrößert sich die Weltbevölkerung jährlich um ca. 2 % und wird bei diesem Wachstum im Jahre 2.000 die 6 Milliarden-Grenze überschritten haben. Heute sind von den lebenden 4 Milliarden Menschen ca. 700 Millionen unterernährt und 1,3 Milliarden werden nicht richtig ernährt. Je nach landwirtschaftlicher Region belaufen sich die Verluste auf über 35 % der optimalen Ernte. Der Rest wird durch Insekten, Pilzerkrankungen und Unkräuter vernichtet (Verlust 1967: z. B. 75 Milliarden US-$). Damit fällt dem Pflanzenschutz die besondere Aufgabe zu, die Ernährung von Mensch und Tier sicherzustellen und Schäden von Kulturpflanzen möglichst fernzuhalten, dabei aber die Umwelt so wenig wie möglich zu belasten.

Hierzu stehen zur Verfügung:

1) Mechanische Methoden (z. B. Schutzzäune; akustische Methoden; Jagd; Fallen; Raupenleimstreifen; mechanische Entfernung kranker Pflanzen; Aushacken von Unkräutern; Einsammeln von Schädlingen (Schnecken, Käfer)). Diese sind heutzutage in einer großräumigen Landwirtschaft kaum noch durchführbar.

2) Biologische Methoden: gezielter Einsatz von insektenpathogenen Organismen sowie Feindinsekten, z. B. Pilze, Bakterien (Bacillus thuringiensis), Viren, Parasiten, räuberische oder parasitäre Insekten (z. B. Marienkäfer, Schlupfwespen). Der Einsatz von Sporen des Bacillus thuringiensis (Bactur®, Biotrol BTB®, Thuricide®) sowie des Heliotis nuclear polyhedrosis Virus wird bereits industriell durchgeführt. Diese Methoden bedürfen jedoch wegen der Umweltauswirkungen sehr sorgfältiger, multidisziplinärer und wirtschaftlicher Planungen (z. B. Auslösung der Myxomatose-Epidemie beim Kaninchen). Die >Sterile-Partner-Technik< (Knipling, 1955), bei der sterilisierte Männchen mit normalen Männchen in Konkurrenz treten, gelingt am besten auf eng begrenzten Arealen (wie z. B. die Insel Curacao), zeigt aber ansonsten kaum durchschlagende Erfolge. In Kombination mit mechanischen (Fallen) und chemischen Methoden (>Kontaktinsektizide<) haben sich Insektenlockstoffe (>Pheromone<) als Kontrollmaßnahme (Population, Frühwarnung) und zur gezielten, artspezifischen Beseitigung von Schadinsekten in eng begrenzten Räumen bewährt (z. B. >Forstschutz, Borkenkäferfallen<). Eine weitere zukunftsträchtige biologische Methode ist die >Resistenzzüchtung<, auch unter Einsatz gentechnologischer Methoden, indem latente oder neuartige Abwehrmechanismen der Pflanze induziert werden. Von Nachteil ist hier allerdings die jahrelange Entwicklungsperiode und der rasche Zusammenbruch nach wenigen Vegetationsperioden.

3) Chemische Methoden: Den quantitativ und ökonomisch wichtigsten Beitrag zur Sicherung der Welternährung für eine stetig steigende Erdbevölkerung liefert der chemische Pflanzenschutz durch den gezielten Einsatz von Wirkstoffen (>Pflanzenschutzmittel<; engl., franz. >Pestizide, pesticides<). Diese Wirkstoffe sind dabei chemisch definierte Substanzen oder Substanzgemische, für die – ähnlich den Pharmaka – Freinamen-ähnliche (common names) Kurzbezeichnungen verwendet werden, daneben sind Handelsnamen im Gebrauch. Durch Formulierungshilfstoffe kommen sie als Spritz-, Sprüh-, Streu-, Stäube-, Beiz-, Vernebelungs- und Begasungsmittel in Anwendung, und zwar gegen phytopathogene Pilze, Viren und Bakterien (>Fungizide<, >Virizide<, >Bakterizide<); gegen tierische Schädlinge (animal pests): Insekten, Würmer, Milben, Blattläuse, Schnecken, Nagetiere (>Insektizide<, >Nematizide<, >Akarizide<, >Aphizide<, >Moluskizide<, >Rodentizide<), gegen Unkräuter und unerwünschte Schmarotzerpflanzen (>Herbizide<), Moose, Algen und Flechten (>Algizide<).

Bei den Insektiziden unterscheidet man zusätzlich >Adultizide<, >Larvizide< und >Ovizide<. Hinzu kommen >Chemosterilantien<, die in den Fortpflanzungsmechanismus eingreifen, >Juvenil-< und >Insektenhormone<, die die Metarmorphose oder die Chitin-Bildung des Schädlings verhindern; ferner >Pflanzenwuchsstoffe<, die ein hypertrophes Streckungswachstum induzieren und damit zur Zerstörung von Schadpflanzen führen können.

Pflanzenschutzmittel dürfen generell nur nach behördlicher Genehmigung in den Handel gebracht werden (>Zulassung< und >Registrierung<; in der Regel ein mehrjähriger Vorgang). Hierzu müssen „Fragebögen“ erstellt und Untersuchungsberichte vorgelegt werden (Zusammensetzung, Eignung, Anwendung, Verträglichkeit, Nebenwirkungen, Vorsichtsmaßnahmen, Umweltgefährdungen, Toxikologie, Metabolismus, Rückstandsverhalten, Abbauverhalten). Die Pflanzenschutzmittel müssen außerdem vor der amtlichen Zulassung einer gesetzlichen Prüfung bei der Biologischen Bundesanstalt für Land- und Forstwirtschaft (im Einvernehmen mit dem Bundesgesundheitsamt) unterzogen werden. Zugelassene Präparate unterliegen einer laufenden Handelskontrolle und werden durch ein Zulassungszeichen gekennzeichnet (s. Abb.).

4) Integrierter Pflanzenschutz: Internationale Organisationen der Vereinten Nationen WHO und FAO definieren den integrierten Pflanzenschutz als eine Methodik, in dem jegliche ökologisch, wirtschaftlich und toxikologisch verantwortbare Methoden angewandt werden, um Schadorganismen unterhalb der wirtschaftli-

Pflanzenschutz: Zulassungszeichen der Biologischen Bundesanstalt

chen Schadensschwelle zu halten. Dabei sollte die Ausnutzung natürlicher Begrenzungsfaktoren im Vordergrund stehen. So kann man z. B. das Gleichgewicht, in dem sich ein Schadorganismus mit seiner Umwelt befindet, in vielfacher Weise zugunsten des Menschen und ohne unerwünschte ökologische Schäden umändern, d. h. für jeden vorliegenden Schaden muß man jeweils geeignete Methoden bzw. Kombinationen aufstellen. Bei sich rasch ausbreitenden, epidemischen Pflanzenschäden stößt das jedoch auf größere Schwierigkeiten, da man den Schaden nur durch rasches Handeln in erträglichen Grenzen halten kann.

Anwendung von biologischen, kulturtechnischen, physikalischen und chemischen Maßnahmen bzw. deren Kombination zur Bekämpfung von Schadorganismen. Im Vordergrund steht dabei der gezielte und dadurch minimierte Einsatz von chemischen >Pflanzenschutzmitteln<. Dies wird erreicht durch die Beachtung wirtschaftlicher >Schadensschwellen<, womit die natürlichen Begrenzungsfaktoren zur Entfaltung kommen können. Dazu tragen alle Maßnahmen der >Nützlingsschonung< und -förderung bei. Weiter läßt sich der chemische Pflanzenschutzeinsatz senken durch: Nutzung von >Prognosemodellen< und Beachtung des Pflanzenschutzwarndienstes; Mittel, die eine gezielte Bekämpfung von Schaderregern ermöglichen; Teilflächenbehandlung (Randbehandlung, Bandspritzung) sowie alle indirekten Maßnahmen der Vorbeugung wie Sortenwahl, >Bodenbearbeitung<, >Fruchtfolge< und >Bestandesführung<, die Bestandteil des >Integrierten Pflanzenbaus< sind.

Lit: König K, Klein W, Grabler W (1988) Sachkundig im Pflanzenschutz, BLV Verlagsgesellschaft, München, S. 43–53 – Goldhammer T, Kloepfer F (1989) Düngung und Pflanzenschutz im integrierten Pflanzenbau, Kuratorium für Technik und Bauwesen in der Landwirtschaft (KTBL), Darmstadt, S. 53–96 – The Agrochemicals Handbook (1980) London, The Royal Chemical Society – Conway RA (1984) Pest and Pathogen Control, Wiley, New York – Büchel KH (1983) Chemistry of Pesticides, Wiley, New York – Metcalf RL, Elkins D (1980) Crop Protection, Mac Millan, New York – Sedlag U (1985) Biologische Schädlingsbekämpfung, Akademieverlag, Berlin – Jones FG, Jones MG (1984) Pests of Field Crops, Arnold, London – Martin H, Woodcock D (1983) The Scientific Principles of Crop Proptection, Arnold, London – Matthews GA (1984) Pest Management, Longman, Harlow – Wegeler R (1970–1982) Chemie der Pflanzenschutz- und Schädlingsbekämpfungsmittel (8 Bd.), Springer, Berlin – Fischer AP (1990) Naturstoffsynthesen im Pflanzenschutz, Nachr Chem Tech Lab 38: 732 – Schiele-Trauth U (1990) Pflanzenschutz sucht neue Wege, Nachr Chem Tech Lab 38: 1236.

Pflanzenschutz-Anwendungsverordnung. Auf das >Pflanzenschutzgesetz< gestützte Verordnung (1988); amtliche Bezeichnung: „Verordnung über Anwendungsverbote für Pflanzenschutzmittel (Pflanzenschutz-Anwendungsverordnung)". Zum Schutz der Gesundheit von Mensch und Tier (z. B. Verhinderung der Bioakkumulation) oder vor Gefahren, insbesondere für den Naturhaushalt, ist in D seit 1971 die Anwendung von Pflanzenschutzmitteln, die aus bestimmten Wirkstoffen (z. B. chlorierten Kohlenwasserstoffen) bestehen oder bestimmte andere Wirkstoffe enthalten, durch Verordnung gemäß Erfordernis vollständig verboten, eingeschränkt verboten oder beschränkt. Die Verordnung fußt auf zwei vorangegangenen Verordnungen (1971 und 1980), die mehrfach geändert worden sind; sie basiert auf dem Pflanzenschutzgesetz. Bei den in Anlage 1 und 2 (vollständige und eingeschränkte Anwendungsverbote) enthaltenen Wirkstoffen handelt es sich um Stoffe, die im Sinne des >Code

of Conduct< als „banned" oder „severely restricted" gelten. Seit 1979 dient die Verordnung auch der Umsetzung der EG-Richtlinie 79/117/EWG über das Verbot des Inverkehrbringens und der Anwendung von Pflanzenschutzmitteln, die bestimmte Wirkstoffe enthalten.

Pflanzenschutzgesetzgebung. Rechtliche Bestimmungen, die sich im engeren Sinne auf den Schutz der Pflanzen, insbesondere der Kulturpflanzen vor Schadorganismen und nicht parasitären Beeinträchtigungen beziehen. Dazu zählen Bestimmungen über die Verhütung der Ein- und Verschleppung von bestimmten Schadorganismen (Pflanzenbeschau, Pflanzenquarantäne), über die Bekämpfung bestimmter Schadorganismen, wie z. B. Feuerbrand, Kartoffelringfäule, Nelkenwickler (>Bekämpfungsverordnungen<), das Inverkehrbringen von Pflanzenschutzmitteln, Pflanzenstärkungsmitteln und Pflanzenschutzgeräten, die Anwendung von Pflanzenschutzmitteln sowie über Aufgaben der Behörden und des Pflanzenschutzdienstes. Rechtsgrundlage ist Artikel 74 GG, insbesondere Nr. 20: Schutz der Pflanzen gegen Krankheiten und Schädlinge; die P. dient auch zur Umsetzung des >Internationalen Pflanzenschutzübereinkommens< sowie der Durchführung von EG-Rechtsakten im Bereich des Pflanzenschutzes. Zentrales Gesetz ist das >Pflanzenschutzgesetz< und die darauf gestützten Verordnungen.

Pflanzenschutzgesetz (PflSchG). Amtliche Bezeichnung: „Gesetz zum Schutz der Kulturpflanzen (Pflanzenschutzgesetz-PflSchG)" vom 15.09. 1986 (BGBl. I S. 1505). Das Gesetz ist Bundesrecht, zuständiges Bundesministerium ist das >BML<; Rechtsgrundlage ist Art. 74, insbesondere Nr. 20 GG. Gegenstand des Schutzes ist die Pflanze bzw. der Pflanzenbestand. Der Schutz der Pflanzenarten ist dagegen im >BNatSchG< geregelt. *Zweck:* Schutz der Pflanzen, insbesondere der Kulturpflanzen, und Pflanzenerzeugnisse vor Schadorganismen; Schutz der Pflanzen vor nichtparasitären Beeinträchtigungen (z. B. Streusalz); Abwehr von Gefahren, die durch die Anwendung von Pflanzenschutzmitteln oder durch andere Maßnahmen des Pflanzenschutzes entstehen können; Durchführung von Rechtsakten der EG. *Inhalt:* (10 Abschnitte): Allgemeine Bestimmungen (Zweck, Begriffsbestimmungen); Pflanzenschutz (Pflanzenschutzmaßnahmen >Bekämpfungsverordnungen<), Verhinderung der Ein- und Verschleppung von Schadorganismen, Eilfälle); Anwendung von Pflanzenschutzmitteln (allgemein: >Anwendung<), Anwendungsverbote (>Pflanzenschutz-Anwendungsverordnung<); weitergehende Länderregelungen; Anwendung für Dritte; persönliche Anforderungen (>Pflanzenschutz-Sachkundeverordnung<); Verkehr mit Pflanzenschutzmitteln (>Pflanzenschutzmittelverordnung<, >SVA<); Pflanzenschutzgeräte; Pflanzenstärkungsmittel; Entschädigung, Behörden (>BBA<, >BgVV<, >UBA<, Pflanzenschutzdienst); Auskunftspflicht, Straf- und Bußgeldvorschriften; Schlußbestimmungen. *Wesentliche Änderungen zu früherem Recht:* a) Legaldefinition des Begriffs „integrierter Pflanzenschutz", b) allgemeine Norm für die Anwendung von Pflanzenschutzmitteln, c) grundsätzliches Anwendungsverbot auf Freilandflächen, die nicht landwirtschaftlich, forstwirtschaftlich oder gärtnerisch genutzt werden, sowie in oder unmittelbar an oberirdischen Gewässern und Küstengewässern, d) Sachkundeerfordernis bei berufsmäßiger Anwendung,

e) Umsetzung der auf EU-Ebene harmonisierten Zulassung, f) Eigentumsrechte an Zulassungsunterlagen, g) Selbstbedienungsverbot, h) Erklärungspflicht beim Inverkehrbringen neuer Pflanzenschutzgerätetypen, i) Listungspflicht beim Inverkehrbringen von Pflanzenstärkungsmitteln, j) Kennzeichnungspflicht bei der Ausfuhr von Pflanzenschutzmitteln. Das PflSchG regelt nicht die Herstellung und Entsorgung der Pflanzenschutzmittel sowie das Inverkehrbringen ihrer Vorprodukte. *Rechtsentwicklung:* 1. „Gesetz zum Schutz der landwirtschaftlichen Kulturpflanzen" vom 05.03. 1937 (RGBl. I S. 29), das die Bekämpfung von Krankheiten und Schädlingen, die Verhütung der Einschleppung solcher Schadorganismen aus dem Ausland sowie die einheitliche Organisation des Pflanzenschutzdienstes regelte. Dieses Gesetz wurde nach dem Zweiten Weltkrieg den Erfordernissen angepaßt durch das Änderungsgesetz vom 26.08. 1949 als „Gesetz zum Schutz der Kulturpflanzen" für die US-britische Zone und durch Verordnung vom 12.05. 1950 auch für die französische Zone. Wesentliche Änderungen: a) Erweiterung des Geltungsbereichs auf alle Kulturpflanzen, b) Zuordnung des praktischen Pflanzenschutzes an die Länder. 2. „Pflanzenschutzgesetz" vom 10.05. 1968 (BGBl. I S. 352) mit folgenden Ergänzungen: a) Einbeziehung des Schutzes von Mensch und Tier vor Gefahren, die durch die Anwendung von Pflanzenschutzmittel entstehen können, b) Aufnahme biologischer Maßnahmen, c) Verbot der gewerbsmäßigen Einfuhr und des Inverkehrbringens nicht amtlich zugelassener Mittel. Das Gesetz von 1968 wurde 1971, 1975 und 1978 geändert. Mit dem Ablösegesetz von 1986 wurden insbesondere die Regelungen zum Schutz des Naturhaushaltes verschärft. Das Gesetz vom 13. Mai 1993 regelte das Inverkehrbringen und die Anwendung von Pflanzenschutzmitteln, die vor der Einigung in der ehemaligen DDR zugelassen worden waren. Mit dem Gesetz vom 25. November 1993 wurden die erforderlichen Ermächtigungen geschaffen, um die neue Strategie bei der Pflanzenbeschau, die aufgrund des gemeinsamen Binnenmarktes in der EU eingeführt wurde, in nationales Recht umzusetzen. Das „Erste Gesetz zur Änderung des Pflanzenschutzgesetzes" aus 1998 setzt im wesentlichen die EU-Harmonisierung bei der Zulassung von Pflanzenschutzmitteln um.

Die Pflanzenschutzgesetzgebung regelt die Verwendung von Pflanzenschutzmitteln nicht abschließend (>Chemikaliengesetz<, >Gefahrstoffverordnung<, >Begasung<). Ferner besteht Bezug zum Lebensmittelrecht (>RHmV<), zum Naturschutzrecht (>BNatSchG<), zum Wasserrecht und zum Abfallrecht. Im internationalen Bereich erfolgt die materielle Vorbereitung in Gremien der >FAO< sowie der >EPPO< im überstaatlichen Bereich in der EU. Die Durchführung der rechtlichen Bestimmungen obliegt, soweit nicht besondere Regelungen getroffen sind, den Ländern.

Pflanzenschutzmittel. Chemisch definierte Substanzen oder Substanzgemische (>Formulierungen<), die gegen Pflanzenkrankheiten, verursacht durch tierische Schädlinge (animal pests), durch Viren, Bakterien und Unkräuter, eingesetzt werden (>Pflanzenschutz<). Ein Grund für die besonders rasche Ausbreitung von Pflanzenkrankheiten und Insektenbefall ist die Tatsache, daß zahlreiche Nutzpflanzen in Monokulturen angebaut werden. Ein Befall durch Schädlinge oder Unkräuter macht daher rasche, gezielte Maßnahmen zur Sicherung der Ernte erforderlich.

Zu diesem Themenkreis gehören auch die >Wachstumsregler<. In vielen Fällen werden Pflanzenschutzmittel unter Zusatz von Formulierungshilfsstoffen (Solventien, Streckmittel, Haftmittel, Emulgatoren, Netzmittel, Stabilisatoren) in die am günstigsten anzuwendende Form gebracht: Spritz-, Sprüh-, Streu-, Stäube-, Beiz-, Vernebelungs- und Begasungsmittel.

Neben der direkten Bekämpfung der Krankheiten bzw. der auslösenden Schädlinge und Unkräuter gibt es die >Bodendesinfektion<, >Saatgutbeizung< sowie den >Vorratsschutz<; dabei hat sich für einige Zweige der Landwirtschaft die Ausbringung mit Flugzeugen bzw. Hubschraubern (aviochemische Methode) bewährt.

Im einzelnen werden folgende Schadenursachen durch Pflanzenschutzmittel behandelt: Unkräuter (>Herbizide<); Insekten (>Insektizide<, >Adultizide<, >Larvizide<, >Ovizide<); Moose, Algen, Flechten (>Algizide<), Blattläuse (>Aphizide<); Milben (>Akarizide<, >Mitizide<); Pilze (>Fungizide<); Bakterien (>Bakterizide<); Viren (>Viruzide<); Nematoden (>Nematizide<); Schnecken (>Molluskizide<); Vögel (>Avizide<) und Nagetiere (>Rodentizide<). Die Wirkung dieser Biozide tritt als Kontakt-, Fraß- (Magen-) oder Inhalationsgift ein; sie wirken generell oder selektiv.

Während die vorstehend genannten Wirkstoffklassen („-zide") überwiegend zur Vernichtung der einzelnen Schädlingsgruppe führt, zielen andere Stoffklassen nicht auf den unmittelbaren Tod, wie z. B. >Chemosterilantien<, >Precocene<, >Juvenil- <und >Insektenhormone<, ferner >Keimungshemmstoffe< und >Wachstumsregulatoren<, >Fraßhemmstoffe< und >Pheromone<.

Systemische Pflanzenschutzmittel sind Stoffe, die z. B. in Pflanzen mit dem Saftstrom transportiert werden und so an den Schadorganismus gelangen (Wurzeln, Blätter usw.); einige wenige Insektizide wirken in ähnlicher Weise bei Warmblütlern, nämlich von innen heraus, z. B. gegen Ektoparasiten.

Neben den vollsynthetischen Pflanzenschutzmitteln befinden sich auch natürliche und halbsynthethische Wirkstoffe in Verwendung: Im Bereich der Insektizide die natürlichen >Pyrethrine< sowie die davon abgeleiteten >Pyrethroide<, daneben in begrenztem Maße Rotenoide und insektizide Wirkstoffe pflanzlicher Herkunft, wie z. B. Sabadilla, Ryania und Quassia. Im Bereich der Herbizide sind hier natürlich vorkommende Wachstumsregulatoren (Phytohormone) zu nennen: Auxine, Giberelline, Cytokinine und die Abscisinsäure.

In neuerer Zeit sind weitere, vielversprechende Naturstoffe mit biologischer Wirkung als Leitsubstanzen erkannt worden, zumeist mit bakteriziden, fungiziden und herbiziden Eigenschaften, wie z. B. die Antibiotika Tautomycin, Tautomycetin, Pyrrolnitrin, Strobilurin A, Oudemansin. Vom indischen Neembaum leitet sich das komplex aufgebaute Triterpen-Pestizid Azadirachtin ab, aus anderen tropischen Pflanzen das Annonin 1. Die Hoffnung auf „loch-tech"-Pestizide aus diesen Pflanzenextrakten hat sich allerdings bislang noch nicht erfüllt. *Anwendungsgebiet:* Zentraler Begriff für die Anwendung von Pflanzenschutzmitteln. Das A. umfaßt die zu schützenden Pflanzen, Pflanzenarten oder Pflanzenerzeugnisse oder den sonstigen Zweck, zu dem das Pflanzenschutzmittel angewandt werden soll, und diejenigen Schadorganismen, gegen die die Pflanzen oder Pflanzenerzeugnisse geschützt werden sollen. A. werden bei der >Zulassung von Pflanzenschutzmitteln< festgesetzt. *Zulassung von Pflanzen-*

schutzmitteln: Teil der >Pflanzenschutzgesetzgebung >Pflanzenschutzgesetz<. Pflanzenschutzmittel dürfen in der Europäischen Union nur in den Verkehr gebracht werden, wenn sie amtlich zugelassen worden sind; die Zulassung ist befristet und kann erneuert werden. Zulassungsbehörde in Deutschland ist die >BBA<. Ende 1997 waren in Deutschland 1031 Pflanzenschutzmittel (257 Wirkstoffe) zugelassen.

Lit: Büchel KH (1983) Chemistry of Pesticides, Wiley, New York – Wegler R (1970–1982) Chemie der Pflanzenschutz- und Schädlingsbekämpfungsmittel (8 Bde.), Springer, Berlin – Martin H, Woodcock D (1983), The Scientific Principles of Crop Protection, 7. Aufl., Arnold, London – Metcalf RL, Elkins D (1980), Crop Protection, Mac Millan, New York – Worthing CR (1984) Pesticide Manual, 7. Aufl. Brit. Crop Protection Council.

Pflanzenschutzmittelverordnung. Auf das >Pflanzenschutzgesetz< gestützte Verordnung (1987, 1998 neugefaßt); amtliche Bezeichnung: „Verordnung über Pflanzenschutzmittel und Pflanzenschutzgeräte (Pflanzenschutzmittelverordnung)". Die Verordnung enthält Vorschriften a) über den Antrag auf Zulassung eines Pflanzenschutzmittels, insbesondere über Art und Umfang der erforderlichen Unterlagen, b) über den >Sachverständigenausschuß<, c) über die Meldung der Wirkstoffe, die vom Hersteller, Vertriebsunternehmer oder Einführer im Geltungsbereich des Pflanzenschutzsetztes abgegeben sowie ausgeführt wurden, d) über Pflanzenschutzgeräte (Anforderungen an die Beschaffenheit der Pflanzenschutzgeräte sowie an den Inhalt der Gebrauchsanleitung, Definition Kleingeräte, Erklärungsverfahren, Prüfpflicht für bestimmte in Gebrauch befindliche Pflanzenschutzgeräte).

Pflanzenschutzmittelverzeichnis. Verzeichnis der >BBA< a) über zugelassene Pflanzenschutzmittel (7teilig) mit Angaben zu Wirkstoffnamen, Wirkstoffgehalt, Mittelnamen, Hersteller bzw. Vertriebsunternehmer, Gefahrensymbol, Wartezeit, Bienenungefährlichkeit etc., b) über erklärte Pflanzenschutzgerätetypen und anerkannte Pflanzenschutzgeräte.

Pflanzenschutzrecht. Teilgebiet des >Bundesnaturschutzgesetzes<; ab § 20 ist das Recht des Schutzes und der Pflege der wildlebenden Pflanzen geregelt. Ferner gehört zum Pflanzenschutzrecht das Gesetz zum Schutz der Kulturpflanzen (>Pflanzenschutzgesetz<) vom 15.09. 1986, BGBl. I S. 1505. Dieses Gesetz regelt spezielle Maßnahmen zum >Pflanzenschutz<, so insbesondere die Anwendung von Pflanzenschutzmitteln und den Verkehr mit Pflanzenschutzmitteln.

Pflanzenschutz-Sachkundeverordnung. Auf das >Pflanzenschutzgesetz< gestützte Verordnung (1987). Sie regelt, wie die >Sachkunde für die Anwendung von Pflanzenschutzmitteln< sowie für die Abgabe im Einzelhandel erbracht werden kann (Abschlußprüfung oder Prüfung). Die zuständige Behörde kann unter bestimmten Voraussetzungen den erfolgreichen Abschluß in einer anderen Aus-, Fort- oder Weiterbildung als Nachweis anerkennen. Die erforderlichen fachlichen Kenntnisse und Fertigkeiten erstrecken sich auf die gute fachliche Praxis im Pflanzenschutz, gehen also über die sachgerechte und bestimmungsgemäße Anwendung von Pflanzenschutzmitteln hinaus. Der Sachkundenachweis für die Abgabe von Pflanzenschutzmitteln umfaßt nicht den Nachweis der Fertigkeiten; unter bestimmten Voraussetzungen kann die >Sachkunde< nach dem Gefahrenstoffrecht als Sachkunde bei der Abgabe im Einzelhandel anerkannt werden.

Pflanzensoziologie. (Lat. socius = gemeinsam, Gefährte; Syn. Phytozönologie). Die frühere Bezeichnung für Vegetationskunde. Sie befaßt sich mit der Vegetation, d. h. der Zusammensetzung und Dynamik von Pflanzengesellschaften und ihren Beziehungen zur Umwelt. In diesem Arbeitsgebiet der Geobotanik untersucht man die Gesetzmäßigkeiten und Ursachen der immer wiederkehrenden Gruppierungen best. >Pflanzenarten< zu best. >Pflanzengesellschaften<. Die pflanzensoziologischen Einheiten werden nach besonderen Nomenklaturregeln benannt, die zwischen Gesellschaftsklassen, Ordnungen, Verbänden und Assoziationen unterscheiden.

Pflanzenstäbchen. (Internat. Kurzbezeichnung: PR). Pflanzenschutzformulierung (>Formulierung<) in Form eines wenige cm langen und wenige mm breiten wirkstoffhaltigen Stäbchens zur Anwendung überwiegend bei Topfpflanzen. Das P., das auch Düngesalze enthalten kann, wird in der Nähe des Wurzelballens in die Erde gedrückt. Enthält es z. B. einen systemischen insektiziden Wirkstoff, so wird dieser durch das Gießwasser langsam aus dem P. herausgelöst, von den Wurzeln aufgenommen und in die oberirdischen Pflanzenteile transportiert.

Pflanzenstärkungsmittel. Entsprechend der Neufassung des Pflanzenschutzgesetzes (PflSchG) vom 14. Mai 1998 werden P. gemäß § 2 Nr. 10 als Stoffe definiert, die

1. ausschließlich dazu bestimmt sind, die Widerstandsfähigkeit von Pflanzen gegen Schadorganismen zu erhöhen,
2. dazu bestimmt sind, Pflanzen vor nichtparasitären Beeinträchtigungen zu schützen,
3. für die Anwendung an abgeschnittenen Zierpflanzen außer Anbaumaterial bestimmt sind.

P. dürfen nach dem PflSchG (§ 31, 6. Abschnitt) nur in den Verkehr gebracht werden, wenn sie

1. bei bestimmungsgemäßer und sachgerechter Anwendung oder als Folge einer solchen Anwendung keine schädlichen Auswirkungen, insbesondere auf die Gesundheit von Mensch und Tier, das Grundwasser und den >Naturhaushalt< haben
2. in einer Liste (PflSchG, § 31 a) der >Biologischen Bundesanstalt< über P. aufgenommen worden sind und
3. auf den Behältnissen, äußeren Umhüllungen oder Packungsbeilagen mit den Angaben nach § 31 a Abs. 1, Satz 2 Nr. 1–5 und der Listennummer versehen sind.

Listung: Obligatorisches Verfahren vor dem Inverkehrbringen von Pflanzenstärkungsmitteln nach dem >Pflanzenschutzgesetz<. Listungsbehörde ist die >BBA<.

Pflanzenteile. Bei den >Kormophyten< die Organe >Blatt<, >Sproßachse< und >Wurzel< sowie deren Metamorphosen im vegetativen Bereich; hinzu kommen >Blüte< und >Frucht< in der reproduktiven Phase.

Pflanzentoxizität. (Syn. Phytotoxizität). Die (konz.-abhängige) Giftigkeit bzw. Schädlichkeit best. Stoffe für >Pflanzen<.
Chemikaliengesetz: Hemmung des Wachstums von Saatgut (Verringerung der Biomasse) während 14 Tagen nach einmaliger Applikation einer Substanz. Prüforganismen: Hafer (*Avena sativa*), Rübe (*Brassica*

rapa), >Primärproduzenten<. Diese Prüfung wird nach dem >Chemikaliengesetz< gemäß Stufe 1 gefordert.

Lit: Hock B, Elstner EF (Hrsg.) (1995) Schadwirkungen auf Pflanzen. Ein Lehrbuch der Pflanzentoxikologie. 3.Aufl., Spektrum Akademischer Verlag, Heidelberg Berlin Oxford – Rudolph P, Boje R (1987) Ökotoxikologie nach dem Chemikaliengesetz. In: Rippen G (Hrsg.) Handbuch Umweltchemikalien, ecomed Verlagsgesellschaft, Landsberg/Lech.

Pflanzentumore(n). Geschwulste, d.h. Anschwellungen an Pflanzenorganen, während Teratome Mißbildungen bezeichnen, d.h. Abweichungen von der normalen Gestalt. Die wichtigsten Tumortypen sind Infektionstumoren und genetische Tumoren. Aber auch abiotische Faktoren wie Frostschäden können zur Tumorbildung führen. Besonders häufig sind bei >Bäumen< Störungen der Wundheilungsreaktion zu beobachten, die von ruhenden Knospen verursacht werden und zur Holzknollenbildung führen. Intensiv untersucht sind die Infektionstumoren, unter denen man nicht-autonome Tumoren, die für ihr >Wachstum< eine ständige Anwesenheit des Pathogens erfordern, und autonome Tumoren unterscheidet, die nur während der Induktionsphase das Pathogen benötigen. Beispiele für nichtautonome Tumoren sind der Kartoffelkrebs, verursacht durch den >Pilz< *Synchytrium endobioticum*, und die Kohlhernie, die auf den parasitischen Schleimpilz *Plasmodiophora brassicae* zurückgeht. Ein autonomer Tumor ist der Wurzelhalstumor, dessen Erforschung die pflanzliche >Molekularbiologie< begründete. Die Tumorinduktion erfolgt hier durch das Bodenbakterium *Agrobacterium tumefaciens*. Auf einen Wundreiz, bei dem die Wirtspflanze phenolische Verb. wie z.B. Acetosyringon freisetzt, erfolgt eine Genübertragung (T-DNA, ein best. Abschnitt auf einem Ti-Plasmid) vom *Agrobacterium* zur höheren Pflanze. Da hierbei u.a. Phytohormongene übertragen werden, kommt es auf Grund der gesteiger-

ten Phytohormonsynth. (Auxin und Cytokinin) zur Tumorbildung. Das Tumorwachstum bleibt auch nach Übertragung auf hormonfreie Nährmedien erhalten. Ein Pflanzenkrebs ist somit ein autonomer Tumor; im Gegensatz zum Krebs der Tiere und des Menschen kommt es bei der Pflanze wegen der festen Gewebeverbände nicht zur Metastasenbildung.

Pflanzenvektoren. Überträger (Transportwirte) von >Parasiten< und >Krankheitserregern< bei >Pflanzen<. Es handelt sich meist um Tiere wie Milben, blattsaugende Insekten oder Nematoden, die Pathogene (z.B. >Viren<, Viroide, Mykoplasmen, >Bakterien<, >Pilze<) transportieren und von einem kranken auf ein gesundes Individuum übertragen können.

Pflanzenverfügbare Rückstände. >Gesamtrückstände<. Anteil der für Pflanzen im Boden verfügbare Rückstand eines >PSM< oder >Metaboliten<. Die Höhe der pflanzenverfügbaren Rückstände ist vor allem bei >Herbiziden< von Bedeutung, da dieser Bestandteil für versch. >Nebenwirkungen< (z.B. Nachbauschäden in eng gestellten Fruchtfolgen) verantwortlich ist und in Abhängigkeit von der >Sorption< und dem Feuchtigkeitsgehalt des Bodens variiert, wie es in der Abb. unten schematisiert am Beispiel des Verhaltens und Verbleibs von >Herbiziden< im Boden deutlich wird. Generell besteht zwischen der Bodenfeuchtigkeit und der Pflanzenverfügbarkeit eine Wechselbeziehung (s. Abb. S.889), die sich dadurch zeigt, daß bei höheren Niederschlägen gebundenes Herbizid (>Adsorption<) von den Bodenkolloiden desorbiert wird bzw. bei trockenem Wetter adsorbiert wird. Ist bei hoher Feuchtigkeit der Anteil an verfügbarem Herbizid groß, so besteht die Tendenz, daß ein Teil davon bei starken Niederschlägen, vor allem in wenig bindungsfähigen, humusarmen Böden, bis in die Tiefe der Kultursamen oder sogar in den Wurzelbereich von Bäumen gelangt (>Selektivität<).

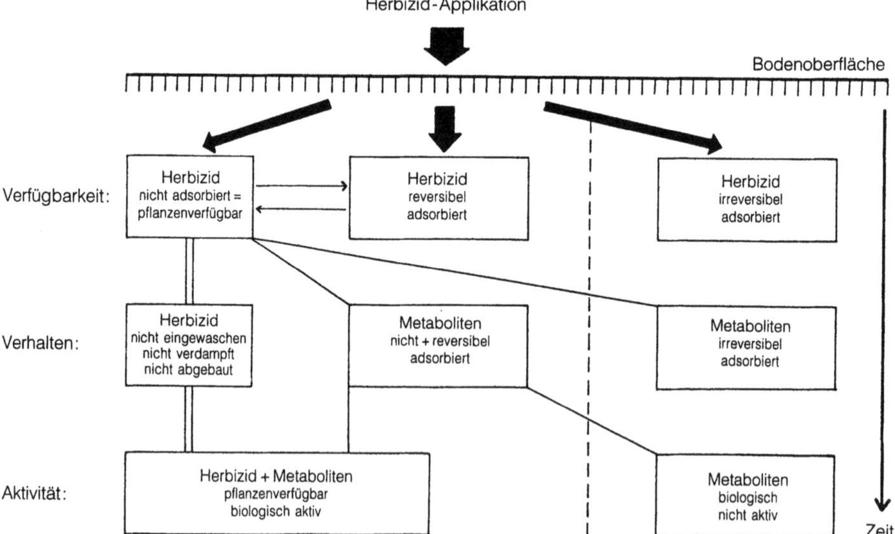

Pflanzenverfügbare Rückstände: Wichtigste Faktoren und Prozesse, die das Verhalten und die Aktivität von Herbiziden im Boden beeinflussen

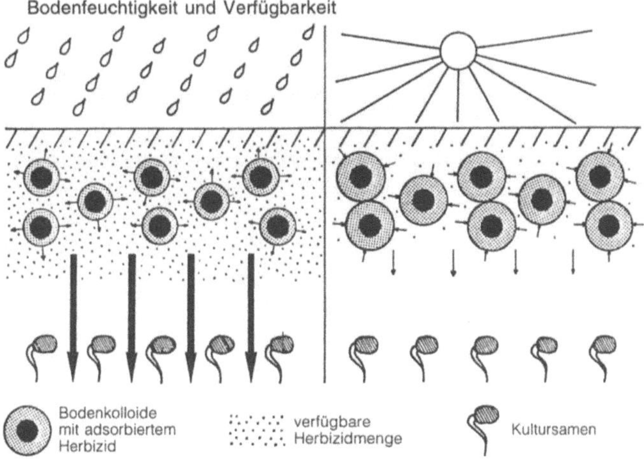

Pflanzenverfügbare Rückstände: Wechselwirkung zwischen Bodenfeuchtigkeit und Pflanzenverfügbarkeit von Herbiziden im Boden (verändert nach Stalder, pers. Mitt., 1984)

Pflanzenverfügbarkeit. Eigenschaft von Bodennährstoffen, die deren Aufnehmbarkeit durch Pflanzenwurzeln beschreibt. Meist bezeichnet man nur diejenigen Nährstoffanteile als pflanzenverfügbar, die mit der für das Pflanzenwachstum erforderlichen Geschwindigkeit aus dem Boden nachgeliefert werden können. Hierunter fallen in erster Linie die wasserlöslichen, austauschbaren oder leicht desorbierbar gebundenen Anteile. Die P. ist keine unveränderliche Eigenschaft eines Bodens, sondern schwankt im Jahresverlauf. Durch Steuerung bodenökologischer Parameter kann sie oft günstig beeinflußt werden, so z. B. durch eine Intensivierung des Bodenlebens. Zur Vorhersage des Düngerbedarfs einer Kultur versucht man, den Anteil pflanzenverfügbarer Nährstoffe durch chemische Extraktionsverfahren (Behandlung mit Wasser oder Salzlösungen, Elektroultrafiltration) näherungsweise zu bestimmen, doch gibt es hier in der Regel nur bei geringen Nährstoffgehalten statistisch brauchbare Beziehungen zum Pflanzenwachstum.

Pflanzenvielfalt. Sie ist allein auf Grund der enormen Artenzahl (ca. 236.000 >Samenpflanzen<) mit ihren zahlreichen Lebensformen wie >Bäume<, >Sträucher<, Kräuter etc. beachtlich. Aber selbst innerhalb einer >Art< findet sich wegen der genetischen Heterogenität und der versch. Umwelteinflüsse noch eine bemerkenswerte Vielfalt.

Pflanzenwuchsstoff. Eine wachstumsfördernde Substanz wie z. B. ein >Phytohormon<. Der Begriff Wuchsstoff wird vor allem für ein Hormon verwendet, wenn kein Hormontransport von einem Synth.- zu einem Wirkort erfolgt. Wuchsstoffherbizide sind synth. >Unkrautbekämpfungsmittel<, die durch übermäßig starkes >Wachstum< zum Tod der Pflanze führen.

Pflanzenzüchtung. Verfolgt das Ziel, Pflanzen mit best. Erbanlagen wie z. B. für Schädlingsresistenz oder hohe Ertragsleistungen zu erhalten oder zu verändern. Hierfür stehen die Kreuzung sowie gentechnologische Methoden zur Verfügung. Ein wichtiges Anliegen der P. ist die Überwindung natürlicher Kreuzungsbarrieren.

Z. B. lassen sich Hybride zwischen sexuell nicht kreuzbaren Sippen durch Fusion ihrer somatischen >Protoplasten< herstellen (z. B. zwischen *Vinca* und *Rauwolfia*).

Pflanzliche Öle und Fette. Gemische von >Glyceriden<, Estern des >Glycerins< mit gesättigten und ungesättigten >Fettsäuren<, die sich in größeren Mengen v. a. in Fettspeichergeweben von >Samen<, >Früchten< und Keimlingen finden. Intrazellulär werden diese Verb. in Oleosomen deponiert, >Organellen< mit einer halben Einheitsmembran als Begrenzung. Nach dem Veresterungsgrad werden die Glyceride in Mono-, Di- und Triglyceride unterteilt. Die Konsistenz hängt von der Kettenlänge und dem Sättigungsgrad der Fettsäuren ab. Die Nutzung p. F. u. Ö. erfolgt 1. für Ernährungszwecke, z. B. als Speiseöle und -fette sowie zur Margarine-Herstellung. Von besonderem Interesse sind hierbei hohe Gehalte an Linolsäure und Linolensäure, „essentiellen" ungesättigten Fettsäuren, die der Mensch nicht selbst synthetisieren kann; 2. für technische Zwecke, z. B. für Brenn- und Schmieröle, als Grundlage der Seifen- und Kerzenherstellung sowie für die kosmetische und die Lackindustrie. Wichtige fett- und öllieferende Pflanzen sind Sojabohne, Sonnenblume, Lein, Erdnuß, Baumwolle, Kokospalme, Ölpalme, Raps, Rüben u. v. a.

Pflanzliche Reststoffe. Reststoffe aus der Pflanzenproduktion werden in der Tierhaltung häufig als >Futtermittel<, Düngemittel oder Einstreu verwendet. Mit der Zunahme der einstreulosen Haltung bleiben in den landwirtschaftlichen Betrieben größere Mengen von Stroh ungenutzt, die entweder untergepflügt oder anderen Verwendungszwecken zugeführt werden. Aus der Sicht des Immissionsschutzes ist das Verbrennen des Strohs umstritten. (Gefährdung von Kleinsäugern und Mikrofauna.) Pflanzliche Reststoffe unterschiedlicher Herkunft finden bei der >Kompostherstellung< allein oder in Kombination mit Rest- und Abfallstoffen aus dem kommunalen Bereich wie z. B. >Klärschlamm< oder aus der Tierproduktion wie z. B. >Flüs-

Pflanzliche Reststoffe: Pflanzliche Reststoffe, die bei der Herstellung von organischen Düngern und/oder bei der Kompostherstellung Verwendung finden

Herkunft	Arten
Holzindustrie	Rinde, Sägemehl, Papierschlamm, Papier, Karton, Asche
Kommunaler Bereich	Küchenabfälle, Kaffeesatz
Gartengestaltung Landschaftspflege	Holzschnitt, Gartenabfälle, Laub, Rasenschnitt, Riedstreu, Schilf
Landwirtschaft und Agribusiness	Stroh, Verarbeitungs- und Reinigungsabfälle wie Schalen, Spelzen und Spindel von Hafer, Kaffeesamen, Kokosnuß, Mais, Reis, Rohkaffee, Sonnenblumen, Extraktionsrückstände von Ölsaaten wie Oliven, Rizinus und Traubenkernextraktionsschrot, Kaffee, Aufgetrocknete Preßrückstände wie Schlempe, Pülpe, Trester und Treber aus Hefen, Hopfen, Kaffee, Kartoffeln, Obst, Trauben, Gerste und Weizen Aufgearbeitete Früchte exotischer Pflanzen wie die chinesische Hanfpalme oder dem Sheabaum
Sonstiges	Torf, Champignonsubstrat

sigmist< Verwendung. Hierbei müssen insbesondere die Bestimmungen des Abfallrechts, des Tierseuchenrechts und des Wasserrechts beachtet werden. Die Reststoffe, die für die Düngerherstellung und/oder Kompostierung in Frage kommen, sind in der Tabelle oben zusammengefaßt.

Pflanzliche Zellkulturen. Gewinnt man durch Anzucht isolierter Zellen oder Zellgruppen, die aus dem Geweberverband von >Pflanzen< herausgelöst wurden, in fl. Nährmedien, die neben den erforderlichen Nährstoffen auch >Phytohormone< enthalten. Echte Einzelzellkulturen lassen sich nur über die Gewinnung von >Protoplasten< herstellen.

PflSchG. >Pflanzenschutzgesetz<.

Pflugsohle. Verdichtungszone am unteren Ende des Pflughorizonts ackerbaulich genutzter (Lehm)böden, die durch die mechanische Beanspruchung des >Bodengefüges< und das Verschmieren von Grob- und Mittelporen entsteht. Eine P. setzt dem Tiefenwachstum von Wurzeln und dem vertikalen Stofftransport einen erheblichen Widerstand entgegen. Sie begrenzt daher den effektiven Wurzelraum und zugleich den Speicherbereich für Niederschlagswasser auf den bearbeiteten Horizont (>Bodenhorizonte<), so daß die Pflanzen einerseits leicht unter Nährstoff- und Wassermangel leiden, andererseits aber Oberflächenabfluß und damit >Bodenerosion< bei Regen rascher auftreten. In gleicher Weise verschlechtert sich auch der Lufthaushalt, so daß es im Bereich der P. leicht zu Sauerstoffmangel kommt.

pH-Wert. Nach der chemischen Definition ist das pH der negative dekadische Logarithmus der Wasserstoffionenaktivität. Unter dem pH-Wert eines Bodens versteht man aus praktischen Gründen jedoch meist nicht den aktuellen pH-Wert des Bodenwassers, sondern den pH-Wert einer wäßrigen, nach einem standardisierten Verfahren hergestellten Bodensuspension. Hierfür verwendet man für stark ausgewaschene (z. B. tropische) Böden oft Wasser und für Böden mit höheren Gehalten löslicher Ionen (jüngere Böden, Ackerböden usw.) verdünnte Salzlösungen (z. B. 0,01 mol/L $CaCl_2$, früher auch 1 mol/L KCl), die bei einem Boden-Lösung-Verhältnis von 1:2,5 angesetzt werden. Nach einer Reaktionszeit von mindestens 2 h kann der pH-Wert dann mit Hilfe von Indikatoren geschätzt oder durch pH-Meter mit Glaselektroden gemessen werden. Die direkte pH-Messung im feldfeuchten Boden (z. B. im Bereich der >Rhizosphäre<) ist unter aeroben Bedingungen mit Antimon-Elektroden möglich, während sich hier Glaselektroden nach einiger Zeit irreversibel verändern. Der pH-Wert eines Bodens wird durch die Säureeinträge aus Wurzeln, Bodenorganismen und Niederschlägen einerseits und durch die aktiven Puffersysteme des Bodens andererseits bestimmt. So liegt der pH-Wert kalkhaltiger Böden im Bereich von 7 bis 8; nach dem Auswaschen der Carbonate kann er absinken und erreicht unter extremen Bedingungen in Mineralböden Werte unter 3, in Humusauflagen auch unter 2. In trockeneren Klimazonen können in >Salzböden< durch die Anreicherung von Natriumsalzen im Oberboden auch erheblich höhere pH-Werte (in Extremfällen bis über 11) auftreten. Da der pH-Wert einen großen Einfluß auf Löslichkeit und >Pflanzenverfügbarkeit< von Nähr- und Schadstoffen hat, versucht man, durch >Meliorationsmaßnahmen< einen für die jeweilige Nutzung optimalen pH einzustellen. In der Regel ist das die >Kalkung< zu saurer Böden, die in Mineralböden etwa bis pH 6,5 führen soll; in >Moorböden< ist wegen des fehlenden toxischen Aluminiums eine Erhöhung auf etwa 5 bis 5,5 ausreichend.

Phacelia. Botanisch: *Phacelia tanacetifolia* BENTH.; im Volksmund Büschelschön genannt. Stammt aus Kalifornien und wird im >Ackerbau Mitteleuropas zur Futternutzung oder Gründüngung als >Zwischenfrucht<< angebaut. P. ist schnellwüchsig und eignet sich als Folgefrucht auf alle Getreidearten. Besondere Bedeutung hat P. beim Konzept der >konservierenden Bodenbearbeitung<, da sie bei entsprechender Witterung über Winter abstirbt und so eine erosionshemmende Direktsaat z. B. von Zuckerrüben ermöglicht. Außerdem ist ein blühender Bestand von P. Nahrungsquelle für >Nützlinge<. Die Auflockerung der Landschaft durch die blaue Blüte ist ein positives Begleitmerkmal.

Phänologie. (Grch. phaino, phainein = zeigen). Lehre des Einflusses von Witterung und Klima auf die jahreszeitliche Entwicklung von Pflanzen und Tieren. Gegenstand der Beobachtung sind bei Pflanzen z. B. das Belauben im Frühjahr, das Aufblühen, das Reifen der Früchte oder der Laubfall im Herbst; bei Tieren, z. B. der Vogelzug, die Winterschlaftermine oder Entwicklungscyclen von Schadinsekten. Als Zweig des Deutschen Wetterdienstes liefert der Phänologische Beobachtungsdienst mit über 2.500 Stationen in den alten Bundesländern wichtige Unterlagen zur meteorologischen Beratung der Landwirtschaft.

phänomenologisch. (Grch. phänomenon = das Erscheinende; logos = Lehre: die Lehre von Erscheinungen betreffend). Philosophische Unterscheidung zur Lehre vom Ding an sich, z. B. in „phänomenologische Gleichungen" und „phänomenologische Koeffizienten". In der >Thermodynamik< der >irreversiblen< Prozesse spricht man die >Fließgl.< als >phänomenologische<

Gl. an, die alle in erster Näherung lineare Funktionen der thermodynamischen Kräfte X_k sind.

$$J_i = \Sigma_k L_{ik} X_k.$$

Die L_{ik} heißen phänomenologische Koeffizienten.

Phänotyp. (Grch. phaino, phainein = zeigen). Gesamtheit aller morphologischen und physiologischen Eigenschaftsausprägungen eines Individuums. Er kann daher auch als Erscheinungsbild des Individuums bezeichnet werden. Die Umweltbedingungen haben einen mehr oder weniger starken Einfluß auf die Manifestation der Erbanlagen im P. Dem P. ist der >Genotyp< gegenüberzustellen.

phänotypisch. Den >Phänotyp<, d. h. das Erscheinungsbild eines Individuums betreffend.

Phage. (Grch. phagein = fressen). Syn. für >Bakteriophage<.

Phagotrophie. Aufnahme von Nahrung in Form von organischen Partikeln durch die Zelloberfläche bei >Protozoen< und Schwämmen.

Pharmakodynamik. Als Teilgebiet der Pharmakologie befaßt sich die Pharmakodynamik mit dem Einfluß von Arzneistoffen auf den Organismus. Die wichtigsten Untersuchungen beschäftigen sich hierbei mit Dosis/Wirkungsbeziehungen, Wirkungsmechanismen, Nebenwirkungen und toxikologischen Effekten.

Pharmakognosie. (Grch. pharmakon = Heilmittel, gnosis = Kenntnis). Die Lehre von der Herkunft, dem Aussehen und der Zus. von pflanzlichen und tierischen Drogen (= Drogenkunde).
Lit: Hoppe HA (1975) Drogenkunde, Bd. 1: Angiospermen, 8. Aufl., De Gruyter, Berlin New York.

Pharmakokinetik. Lehre von dem Einfluß des Organismus auf Arzneistoffe. Sie befaßt sich unter Erstellung pharmakokinetischer Modelle am intakten Organismus mit der Kinetik der Resorption, Verteilung, Metabolisierung und Ausscheidung von (Arznei-)Substanzen mit dem Ziel, Beziehungen zur >Pharmakodynamik< herzustellen und ein optimales Dosierungsschema zu entwickeln.

PHB-Ester. Ester der *p*-Hydroxybenzoesäure. I. allg. werden die Methyl-, Ethyl- oder Propylester bzw. deren Salze als Konservierungsmittel eingesetzt. Zwar steigt die Wirksamkeit mit zunehmender Kettenlänge, die kurzkettigen Verbindungen besitzen jedoch eine bessere Löslichkeit. Die Wirksamkeit ist weitgehend pH-unabhängig. Die Ausscheidung erfolgt als *p*-Hydroxybenzoesäure, bzw. als Glycin- oder Glucuronsäurekonjugat. Der Einsatz erfolgt u. a. in Marmelade, Backwaren etc.

Phenanthren. Zur Substanzklasse der >PAH< gehörende aromatische Verbindung mit drei linear anellierten Ringen der Summenformel $C_{14}H_{10}$. Physikal. Eigenschaften: $M_r = 178$; Smt. = 101 °C; Sdt. = 330 °C; Wasserlöslichkeit ca. 1,5 mg/L; Verteilungskoeffizient Octanol/Wasser log $P_{o/w} = 4,46$. Wird als Zwischenprodukt zur Herstellung von Farbstoffen gezielt hergestellt. Große Mengen gelangen durch überwiegend anthropogene Emissionen in die Umwelt. Hauptquellen sind der Steinkohlenteer, Kerosot, Imprägnieröle, Straßenteer und Ruße. Rohöl enthält bis ca. 70 ppm. Durch zahlreiche Verbrennungs- bzw. Pyrolyseprozesse, wie Kohle-, Öl- und Müllverbrennung, wird Phen-

anthren in die Atmosphäre eingetragen. Bedingt durch biotische und abiotische Reaktionen, wie Abbau im Boden und Photooxidation mit Singulett-Sauerstoff, liegt die geschätzte Halbwertszeit unter 1 Tag. Verbunden mit der hohen Lipidlöslichkeit besteht eine starke Tendenz zur Akkumulation: Die Biokonzentrationsfaktoren liegen bei 930 für Belebtschlamm (5 Tage), 1.700 für Algen (1 Tag) und 1.750 für Fisch (3 Tage). Phenanthren kann durch Belebtschlamm zu 40 % abgebaut werden. Ebenso kann deutliche Photomineralisierung festgestellt werden. Es liegt kein kanzerogenes Potential vor. Im Ames-Test konnte keine mutagene Wirkung nachgewiesen werden.

Phenatox. Handelsname für ein Insektizid-wirksames Polychlorterpengemisch (>Toxaphen<).

Phenmedipham. Wirkt als >Herbizid< und zählt zur Substanzklasse der Biscarbamate.
Chemische Bezeichnung: Methyl-3-(3-methylcarbaniloyloxy)-carbanilat
CAS-Nummer: 13684–63–4
Hersteller: AgrEvo
Wirkungstyp: Selektives Herbizid zur Bekämpfung aufgelaufener Unkräuter. Wirkung über die Blätter. Hemmstoff der Photosynth.
Bevorzugte Anwendung: Gegen Unkräuter in Zucker- und Futterrüben sowie in Roten Beten. Bekämpft werden Ackersenf, Franzosenkraut, Gänsefuß, Hederich, Melde, Vogelmiere, Taubnessel, Kleine Brennessel u. a.

Chemische und physikalische Eigenschaften:
Physikalische Beschaffenheit: Krist., farblos.
Schmelzpunkt: 143 bis 144 °C.
Dampfdruck: $1,33 \cdot 10^{-9}$ Pa bei 25 °C.
Verteilungskoeffizient (log $P_{o/w}$): 3,59 bei pH 3,86 und 22 °C.
Stabilität: Im sauren Medium weitgehend stabil (pH 4 Halbwertszeit etwa 135 Tage), im alkal. Bereich rasche Hydrolyse (pH 9 etwa 10 Minuten).
Löslichkeit: In Wasser weniger als 10 mg/L.
Abbau: Im Boden werden innerhalb von 6 Monaten 95 % des Wirkstoffs abgebaut. Über Methyl-*N*-(3-hydroxyphenyl)-carbamat entsteht *m*-Aminophenol, das mit Bodenkomponenten Komplexe bildet. Ausscheidung im Warmblüterorganismus zu 99 % in 72 Stunden vorwiegend über den Urin. Der Abbau erfolgt hauptsächlich durch Hydrolyse und nachfolgender Acetylierung, gefolgt von Konjugierung zu Glucuroniden und etherischen Sulfaten im Urin.
Toxizität: Akute orale LD_{50} für Ratten und Mäuse mehr als 8.000 mg/kg, Meerschweinchen mehr als 4.000 mg/kg. Akute dermale LD_{50} für Ratte >4.000 und für Kaninchen >1.000 mg/kg. LD_{50} intraperitoneal für Ratte >12.500 und für Maus ca. 10.000 mg/kg. Bei Kaninchen keine Haut- und Augenreizung. In 90-Tage-Fütterungsversuchen an Ratten und Hunden waren die höchsten Dosen ohne Wirkung jeweils 200 mg/kg Futter.
Bienentoxizität: Nicht bienengefährlich (B 4).
Fischtoxizität: LC_{50} (96 h) für Regenbogenforelle 1,4–3,0 mg/L.
Vogeltoxizität: Akute orale LD_{50} für Hühnerküken >3.000 und für Wachteln 2.900 mg/kg.
Wirbellosetoxizität: EC_{50} (48 h) für *Daphnia magna* 6 mg/L. EC_{50} (96 h) für Grünalge 0,13 mg/L.

Phenole. P. sind eine Stoffklasse, in der eine oder mehrere OH-Gruppen unmittelbar am aromatischen Kern gebunden sind, die darüber hinaus weitere Substituenten enthalten können, wie z.B. Alkylgruppen und Halogene. Die Stammverbindung P. (Hydroxybenzol) wurde erstmalig von G.F.Runge 1834 aus dem Steinkohlenteer isoliert. Es bildet farblose, charakteristisch riechende Nadeln (Fp. 41 °C), die sich im Wasser mäßig lösen und dabei sauer reagieren. Eine 5 % ige wäßrige Lösung wurde früher unter dem Namen Carbolsäure als >Desinfektionsmittel< verwendet. P. ist ein wichtiges technisches Ausgangsprodukt und dient zur Herstellung von Farbstoffen, >Kunstharzen< (>Phenoplaste<) und künstlichen Gerbstoffen. Auch bei zahlreichen org. Synthesen spielt es eine wichtige Rolle. Daher sind P. in erster Linie in industriellen Abwässern zu finden. Sie gelangen aus Gaswerken, Kokereien, Raffinerien und aus der Chem. Industrie als Bestandteile ungenügend gereinigter Abwässer bzw. aus Kokereialtlasten in natürliche Gewässer. P. sind in unterschiedlichem Maße biol. abbaubar. Sie sind bakterientoxisch und haben in den meisten Fällen eine toxische Wirkung auch auf weitere Lebewesen im Wasser, sie reichern sich in Fischen an und führen so zu einem unangenehmen Geschmack. Außerdem sind P. sehr geruchsintensiv, insbesondere wenn bei der Trinkwasserchlorung halogenierte Derivate gebildet werden. Daher wurden die Trinkwassergrenzwerte für (chlorierte) P. weltweit auf ca. 1–10 µg/L festgesetzt (WHO). Zur Analytik der P. s. >Phenolindex<.

Phenolharze (PF). >Polykondensate< aus Phenolen, wie z.B. Phenol, Resorcin und Kresol, mit >Formaldehyd<. Dabei werden >duroplastische Kunststoffe< erhalten, z.B. Bakelite (Rütgers). Einsatzgebiete sind als Formmassen in der Elektrotechnik, wie z.B. Steckdosen und Stecker, und im Maschinenbau, wie z.B. Lager und Zahnräder, sowie als Schichtpreßstoffe im Bauwesen, wie z.B. Isolierplatten und Wandverkleidungen, und in der Elektrotechnik als Trägermaterialien für Leiterplatinen. Beim Einsatz in der Elektrotechnik werden die Phenolharze wegen der bestehenden erhöhten Brandgefahr mit >Flammschutzmitteln< ausgerüstet (>Epoxidharze<).

Phenolindex. Der analytische Nachweis der Phenole erfolgt nach einer vorangegangenen Derivatisierung z.B. zu einem Äther mit Hilfe der >Gaschromatographie< und unterschiedlichen Detektoren, wie z.B. die >Massenspektrometrie< (GC/MS). Hierbei ist es möglich, die verschiedenen Phenolspezies selektiv nachzuweisen. In vielen Fällen ist es aber gar nicht erforderlich, die einzelnen Substanzen getrennt zu erfassen, oder diese Bestimmungen werden durch die vorhandene Matrix gestört. In diesen Fällen wird erfolgreich der P. als >Summenparameter< bestimmt (DIN 38409 H16).

Viele Phenole reagieren mit 2,6-Dibromchinon-4-chlorimid (Gibbs Reagenz) bei pH 9,4 (Boratpuffer) zu intensiv gefärbten Indophenolen, die mit n-Butanol extrahiert und deren Extinktion photometrisch gemessen werden ($\lambda_{max} \approx 585$–655 nm). Als Kalibrierlösung kommt die Verdünnungsreihe eines in gleicher Weise hergestellten Indophenols. Bei Anwesenheit von starken Oxidationsmitteln, einiger Kationen und Sulfiden sowie mit zunehmendem Substitutionsgrad des Phenols wird diese Reaktion gestört, so daß die gefundenen Konzentrationen i.d.R. das Minimum des wahren Werts darstellen. Bei starker Matrixbelastung ist es auch möglich, die Phenole zunächst über eine Wasserdampfdestillation abzutrennen und den P. im Kondensat zu bestimmen.

Phenoplaste. >Phenolharze<.

Phenoxyessigsäure. Sie dient in Form ihrer Chlorderivate 2,4-Dichlorphenoxyessigsäure (2,4-D) und 2,4,5-Trichlorphenoxyessigsäure (2,4,5-T) als >Herbizid<. Die chlorierten Verb. wirken als synth. >Auxine<.

Phenphene. Handelsname für ein Insektizid-wirksames Polychlorterpengemisch (>Toxaphen<).

Phenylphenol, *ortho*. Eine aromatische Verbindung, die wegen der fungiziden Wirkung zur Konservierung der Schalen von Citrusfrüchten eingesetzt wird. Die Wirkung nimmt mit steigendem pH-Wert zu. Die Früchte werden in Lösungen von bis zu 2 % iger Konzentration getaucht. Auch das Verpackungsmaterial kann mit *o*-Phenylphenol imprägniert werden. Der ADI-Wert beträgt 1 mg/kg Körpergewicht. Der Einsatz ist nur in wenigen Ländern zugelassen und zwar in Höchstkonzentrationen von 10 bis 12 ppm, in Ausnahmen bis 125 ppm.

Phenylquecksilberacetat. Eine Fungizid-wirksame Quecksilberverbindung vom Typ R-Hg-X, die als Trockenbeizmittel für Saatgut sowie als Spritzmittel im Obstanbau und Reisanbau eingesetzt werden kann. Wegen der toxikologischen Wirkung von Quecksilber ist der Einsatz quecksilberhaltiger Fungizide in der Bundesrepublik Deutschland seit 1982 verboten.

Phenylquecksilberchlorid. Eine Fungizid-wirksame Quecksilberverbindung wie >Phenylquecksilberacetat<. Die schwer wasserlösliche Verbindung wurde auf Grund ihrer geringen Phytotoxizität vorwiegend zur Blattspritzung eingesetzt. Seit 1982 ist der Einsatz in der Bundesrepublik Deutschland verboten.

Pheromone. (Syn. Soziohormone; fälschlich auch als Ektohormone bezeichnet). Interindividuelle Botenstoffe (Gegensatz: intraindividuelle Botenstoffe) von Tieren, die von einem Individuum abgegeben werden und bei einem anderen Individuum der gleichen Art eine spez. Reaktion auslösen (intraspez. Koordination), z.B. ein best. Verhalten oder einen Entwicklungsprozeß. Bildungsorte sind exkretorische Drüsen. Ihre Abgabe erfolgt im Gegensatz zu den echten >Hormonen< meist willkürlich im Zusammenhang mit best. Verhaltensweisen. P. (der Ausdruck wurde 1959 von Karlson und Lüscher geprägt) sind mehr oder weniger flüchtige Duftstoffe (selten Geschmacksstoffe). Sie können z. T. in äußerst geringen Konz. wahrgenommen werden. Zu den P. zählen 1. Ethophyone, die vornehmlich bei sozialen Insekten Signale und Informationen für das Zusammenleben auslösen; 2. Torybone, Schreckstoffe, die bei Individuen der gleichen Art Reaktionen des Alarms, der Flucht oder der Abwehr auslösen; 3. Odmichnione, Spurenpheromone, mit denen best. >Arten< ihren Weg auf Nahrungssuche, Flugstrecken, Spuren zu neuen Unterkünften oder beschädigten Stellen im Nest markieren: 4. Epagone, Sexuallockstoffe in Duftdrüsen der Männchen und/oder Weibchen einer Art erzeugt, um den Geschlechtspartner anzulocken oder zu stimulieren. Diese Sexuallockstoffe sind im Rahmen der Schaderregerüberwachung von Bedeutung, da mit ihrer Hilfe (Pheromonfallen) die Präsenz eines Schädlings kontrolliert werden kann, sofern von dieser Art entsprechende Epagone bekannt sind. Am intensivsten sind P. im >integrierten Pflanzenschutz< in der Anwendung zur Insektenbekämpfung, wo bereits eine praktische Anwendung in Form von Sexuallockstoffen besteht >Attractant<.

Phloem. (Grch. phloios = Rinde, Bast). Der Siebteil des >Leitgewebes<, dient dem >Assimilattransport< und der Assimilatspeicherung. Prim. P. findet sich in den >Leitbündeln<, sek. Phloem (= >Bast< oder sek. Rinde) wird dagegen erst beim sek. Dickenwachstum angelegt. Es handelt sich z. B. bei >Bäumen< um eine ca. 3 bis 10 mm dicke Schicht, die vom >Kambium< nach außen abgegeben wird. Im P. finden sich Siebzellen bzw. >Siebröhren< mit >Geleitzellen< für den Assimilattransport, Phloemparenchymzellen für die Assimilatspeicherung und Sklerenchymzellen für die Festigung.

Phloemtransport. (Syn. Assimilattransport). Der Ferntransport der Assimilate und anderer org. >Moleküle< in den Siebzellen bzw. >Siebröhren< des >Phloems< vom Ort ihrer Produktion (Quelle) zum Ort des Verbrauchs (= Senke). Die Geschwindigkeit der Assimilatleitung beträgt ca. 20 bis 100 cm pro h. Eine Substanz, die in den Siebröhren des Phloems wandert, befindet sich im >Symplasten<. Die Beladung der Siebröhren erfolgt selektiv. Der P. wird durch das osmotische Gefälle in den Siebröhren angetrieben und erfolgt gerichtet (Druckstromtheorie): In der Nähe des Beladungsortes erhöht sich die Konz. (v. a. der >Zucker<) im Siebelement und hat den Wassereintritt durch >Osmose< zur Folge. Die damit verbundene >Turgor<erhöhung treibt den Lösungsstrom zum Ort der Konz.-Erniedrigung durch Entladung. Da der osmotische Gradient i. d. R. ganz wesentlich durch die Kohlenhydrate best. wird, wandern auch >Schadstoffe< und Krankheitserreger wie Viroide und Mycoplasmen mit den Assimilaten in deren Transportrichtung. Von der Struktur her sind die Siebelemente nicht polarisiert, und durch Umkehr der Spender- und Empfängerorte kann auch die Transportrichtung umgekehrt werden.

Phosalon. Wirkt als >Insektizid< und zählt zur Substanzklasse der org. Phosphorverbindung und Benzoxalon.
Chemische Bezeichnung: *S*-(6-Chor-2,3-dihydro-2-oxo-1,3-benzoxazol-3-ylemethyl)-*O,O*-diethyldithiophosphat
CAS-Nummer: 2310–17–0
Hersteller: Rhône-Poulenc

Wirkungstyp: Systemisch wirkendes Insektizid und Akarizid mit großer Wirkungsbreite, Cholinesterase-Hemmstoff.
Bevorzugte Anwendung: Im Obst-, Raps- und Weinbau gegen beißende und saugende Insekten, besonders gegen Spinnmilben, Blattläuse, Apfel- und Birnenblattsauger, Apfelwickler, Pfirsichtriebbohrer und Miniermotten, im Rapsanbau gegen Rapsglanzkäfer, Kohlschotenrüßler u. a.

Chemische und physikalische Eigenschaften:
Physikalische Beschaffenheit: Farblos, krist.
Schmelzpunkt: 45 bis 48 °C.
Dampfdruck: 0,01 hPa bei 25 °C.
Verteilungskoeffizient (log $P_{o/w}$): 4,37 bei 20 °C.
Stabilität: Unter Lagerbedingungen sehr stabil. Hydrolyse in stark alkal. oder saurem Medium.
Löslichkeit: In Wasser etwa 0,01 g/L bei 20 °C.
Abbau: Halbwertszeit im Boden etwa 7 Tage. Im Warmblüterorganismus Ox. zum Thiolphosphat und rasche Hydrolyse zu wasserlösl. Verbb. In Pflanzen Aufspaltung zu Chlorbenzoxazolon (das ein wasserlösl. *N*-Glucosid bildet), Formaldehyd und Diethyldithiophosphorsäure.
Toxizität: Akute orale LD_{50} für weibliche Ratten 135 mg/kg, Mäuse 180 mg/kg, Meerschweinchen 150 mg/kg. Akute dermale LD_{50} für Ratte 1.500 und für Kaninchen >1.000 mg/kg. Bei Kaninchen keine Haut- und Augenreizung.
Bienentoxizität: Nicht bienengefährlich (B 4).
Fischtoxizität: Giftig für Fische.

Phoschlor. >Trichlorfon<.

Phosdrin. Wie >Mevinphos< ein Insektizid aus der Gruppe der >Phosphorsäureester<, das auf Kulturen von Getreide, Obst, Gemüse, Kartoffeln und Rüben eingesetzt wird.

Phosgen. (Carbonylchlorid). Sauerstoff-Chlor-Verb. des Kohlenstoffs. Chem. Formel: $COCl_2$; M_r = 98,92; Fp. = −126 °C; Siedepunkt = 7,9 °C; farbloses, an muffiges Heu erinnernder Geruch. Phosgen ist ein sehr starkes Lungengift, das bereits bei einer Konz. von 20 mg/m^3 tödlich wirken kann. Wegen der geringen Warnwirkung können unbemerkt tödlich wirkende Mengen eingeatmet werden, wobei sich die ersten Vergiftungssymptome, u. a. Unwohlsein und Atemnot, erst nach Stunden äußern. Nach dem Auftreten von Lungenödemen tritt der Tod durch Ersticken oder Herzversagen auf. Phosgen findet bei zahlreichen org. Synth. Verwendung. Die >TA Luft<, die zur Beurteilung immissionsschutzrechtlich >genehmigungsbedürftiger Anlagen< heranzuziehen ist, führt Phosgen in der Klasse I der Ziffer 3.1.6 auf. Danach darf die Konz. an Phosgen im >Abgas< bei einem >Massenstrom< von 10 g/h und mehr 1 mg/m^3 nicht überschreiten. Durch >Absorption< in Abgaswäschern kann Phosgen aus >Abgasen< entfernt werden. >Belastungen< durch Phosgen in der Außenluft sind jedoch insgesamt nicht relevant.

Phosphamidon. Ein bienengefährliches Insektizid aus der Gruppe der >Phosphosäureester<, das im Ackerbau gegen beißende und saugende Insekten und gegen Spinnmilben in Kulturen von Kirschen eingesetzt wird.

$$H_3CO-\underset{\underset{S}{\|}}{P}-O-\underset{CH_3}{C}=\underset{\underset{O}{\|}}{C}-N(C_2H_5)_2$$

Phosphatabtrag. >Bodenerosion<.

Phosphatauswaschung. Verlagerung von Phosphat mit dem Sickerwasser in tiefere Bodenschichten und ins Grundwasser. Da Phosphat an vielen Bodenbestandteilen relativ fest gebunden wird, tritt nennenswerte P. nur in sehr sorptionsschwachen Böden mit hohem Sickerwasserdurchsatz (z.B. in Sandböden) oder bei stark überdüngten Standorten auf. Auch unter reduzierenden Bedingungen kann Phosphat ausgewaschen werden, da dann die zur Sorption befähigten Eisen(III)-oxide reduziert sind. Die Hauptmenge des von landwirtschaftlichen Flächen stammenden Phosphats gelangt jedoch über Oberflächenabtrag (>Bodenerosion<) in die Gewässer.

Phosphatdünger. >Mineraldünger<, deren Ausgangsmaterial natürliche Rohphosphate sind, bestehend aus verschiedenen Apatiten (Ca-Phosphate, z.B. >Dicalciumphosphat<), die aus Ablagerungen magmatischen Ursprungs oder umgewandelter tierischer Überreste gewonnen werden. Hauptlagerstätten sind in Nordafrika, USA und UdSSR. Je nach Herkunft sind die Phosphate weicherdig bis hart. Dies hat Bedeutung für die Herstellung von P., da weicherdiges Phosphat nur vermahlen werden muß, um einen pflanzenverfügbaren P. zu erhalten (so bei >Hyperphos<). Harterdige Phosphate werden chemisch mit Schwefelsäure oder Phosphorsäure aufgeschlossen; man erhält als P. Superphosphat oder Triplephosphat. Teilaufgeschlossene P. wie Novaphos werden mit geringen Mengen von Schwefelsäure hergestellt. Eine Besonderheit ist >Thomasphosphat<, das bei der Roheisenproduktion anfällt. Der P-Gehalt der P. wird in P_2O_5 angegeben. Er bewegt sich zwischen 10 und 45 %. In P. sind neben anderen Begleitstoffen auch – abhängig von der Herkunft – geringe Mengen an >Cadmium< enthalten. Wegen des Entzugs durch die Pflanzen findet durch die Phosphatdüngung aber keine Cadmiumanreicherung des Bodens statt. P. werden zur Grunddüngung eingesetzt.

Phosphate. Heißen die Salze der verschiedenen Phosphorsäuren. Bei den anorg. Phosphaten werden die von der Ortho-Phosphorsäure (H_3PO_4) abgeleiteten Salze als Phosphate im engeren Sinne verstanden.

Nach der Anzahl der ersetzten Protonen werden sie als prim. Phosphate ($Me^IH_2PO_4$), sek. Phosphate ($Me_2^IHPO_4$) und als tert. Phosphate $Me_3^IPO_4$) bezeichnet. Die sauren Phosphate sind meist wasserlöslich, während die tert. Phosphate, bis auf die Alkalisalze schwer löslich sind. Aus den prim. Phosphaten bilden sich beim Erhitzen durch Wasseraustritt kondensierte Phosphate, und zwar die meta-Phosphate (cyclo-Polyphosphate) und kettenförmige Polyphosphate. Das Vorkommen der Phosphate ist in der belebten und unbelebten Natur weit verbreitet. Über einen Kreislauf findet eine ständige Umwandlung statt.

Der menschliche Organismus enthält ca. 600 bis 700 g Phosphat, davon sind über 2/3 als Ca-Phosphate in den Knochen gebunden. Phosphate sind aber auch ein wichtiger Bestandteil der >DNA< und von energiereichen Verb. in Organismen.

Phosphate werden als Minerale in Lagerstätten abgebaut. Zu nennen ist Apatit $[Ca_5(PO_4)_3(F,Cl,OH)]$. Fast 90 % der Weltproduktion von 150 Mio. t (1984) werden zur Düngemittelherstellung verwendet. Die Futtermittelherstellung ist ein weiterer Anw.-Bereich. Der Einsatz zur Wasserenthärtung ist in den letzten Jahren stark zurückgegangen. Inzwischen sind ca. 90 % der Waschmittel phosphatfrei. Obwohl Phosphate hervorragende Wascheig. haben und tox. unbedenklich sind, mußten Ersatzstoffe gesucht werden. Da die verwendeten Phosphate in >Kläranlagen< kaum zurückgehalten werden, gelangen sie in die Oberflächengewässer und führen dort zur >Eutrophierung< (s. Tabelle).

Unter aeroben Bedingungen wird Phosphat zum großen Teil als $FePO_4$ ausgefällt. Die Phosphatkonz. sind in unbelasteten Gewässern daher sehr gering. Als Pflanzennährstoff ist Phosphat Minimumfaktor; eine Zufuhr von Phosphat führt zu einem drastischen Anstieg des Algenwachstums. Wenn die Algen absterben, kommt es bei der bakteriellen Zers. zu einem starken Sauerstoffverbrauch, und das Phosphat wird wieder freigesetzt. Unter anaeroben Bedingungen wandeln sich Fe^{3+}-Ionen in Fe^{2+}-Ionen um, die lösliche Phosphate bilden und die Phosphatmenge weiter erhöhen. Im Bodensee ist die Phosphatkonz. von 2 mg/m^3 im Jahr 1950 bis 1974 auf 85 mg/m^3 angestiegen.

Lit: Kanowski S (1986) Rahmenrezepturen von Waschmitteln und Phosphathöchstmengenverordnung, Tenside Detergents 23: 89–94.

Phosphateintrag. In Oberflächengewässer. Bei der Belastung der Meere mit Nähr- und Schadstoffen kommt auch dem P. Bedeutung zu. Die Schätzungen über den P. durch die Landwirtschaft in Deutschland belaufen sich für das Einzugsgebiet der Nordsee mit Stand 11/1994 auf 13,5 kt, 1990 waren es 17,1 kt. Dies ist eine

---

Phosphate: Phosphatbelastung der Oberflächengewässer in der Bundesrepublik Deutschland

	1975		1987		1988	
	Phosphate [t]	Anteile in %	Phosphate [t]	Anteile in %	Phosphate [t]	Anteile in %
Wasch- und Reinigungsmittel	169.000	42	45.000	17	23.000	10
Landwirtschaft (Düngung, tierische Ausscheidungen)	68.000	17	71.000	27	71.000	30
Häusliches (Fäkalien) und industrielles Abwasser	156.000	39	138.000	53	138.000	58
Andere Quellen	9.000	2	5.000	3	5.000	2
Gesamtbelastung	402.000	100	259.000	100	237.000	100

Verminderung um 21 %. Da Phosphat als Nährstoff im Boden fast keiner >Auswaschung< unterliegt, sind die Belastungen durch die Landwirtschaft vor allem auf Erosionsvorgänge (67 %) zurückzuführen, der Rest verteilt sich auf direkte Einträge (15 %), Drän- und Grundwasser (9 %) und Oberflächenabfluß 9 %. Der Rückgang des P. durch die Landwirtschaft beruht vor allem auf erosionsmindernden Anbaustrategien, gezielter Ausbringung von Wirtschafts- und mineralischen Phosphatdüngern sowie auf den die Phosphatausscheidung reduzierenden Fütterungsmaßnahmen. Agrarpolitisch wird diese Entwicklung durch die >Düngeverordnung<, >Extensivierung< sowie Flächenstillegung unterstützt. Eine weitere Minderung des P. ist zu erwarten, da die eingeleiteten Maßnahmen langsam wirken.

Lit: Bach M, Frede HG, Lang G (1997) Entwicklung der Stickstoff-, Phosphor- und Kalium-Bilanz der Landwirtschaft in der Bundesrepublik Deutschland. Studie im Auftrag des Bundesarbeitskreises Düngung (BAD) Frankfurt a.M. Gesellschaft für Boden- und Gewässerschutz e.V., Wettenberg.

Phosphatelimination. Phosphor ist in häuslichem Abwasser in Form von ortho-Phosphat (PO_4^{3-}), org. gebundenem Phosphat (org. P) und Polyphosphaten enthalten. Man kann bei Verwendung phosphatfreier Waschmittel mit rd. 2 g P pro Einwohner und Tag rechnen. Diese sind biol. und Stoffwechselursprungs. Vor gut 15 Jahren, als in Deutschland noch überwiegend phosphathaltige Waschmittel verwendet wurden, kam man auf rd. 4 g P/(E · d). Im Zulauf zu den Kläranlagen mißt man heute je nach Fremd- und Industriewasseranteilen 6 bis 12 mg/L P, davon sind rd. 10 % an Feststoffe gebunden, die in einer Vorklärung abgeschieden werden können.

Zur P. wird vorrangig die biol. P. mit anaeroben Bekken im Hauptstrom eingesetzt. I. d. R. ist zusätzlich eine Simultanfällung notwendig, um die Überwachungswerte von 2,0 bzw. 1,0 mg/L P einzuhalten. In einzelnen Fällen wird ausschließlich mit Simultanfällung gearbeitet. >Phosphatfällung<, >Phosphatstrippung<.

Lit: Abwassertechnische Vereinigung e.V. (Hrsg.) (1985–1997) ATV-Handbuch, 4.Aufl., Band 1–7, Verlag Wilhelm Ernst und Sohn, Berlin München.

Phosphatersatzstoffe. Substanzen, die an Stelle des Phosphats in >Waschmitteln< enthalten sind und dessen Wirkung übernehmen, besonders das Calcium im Wasser zu binden und so die Wascheig. zu verbessern. Folgende P. sind im Einsatz oder für den Einsatz vorgesehen:
1. >Sasil< = Zeolith A, ein Natriumaluminiumsilikat.
2. >NTA<, Nitrilotriessigsäure

```
      /CH2-COOH
N —CH2-COOH
      \CH2-COOH
```

ist in der Schweiz, Kanada u. a. Ländern seit langem in Anwendung, in Deutschland wird über die Verwendung noch diskutiert, besonders im Hinblick auf eine mögliche Schwermetallkomplexierung sowie eine indirekte >Eutrophierung< der Gewässer durch bessere Verfügbarkeit des Eisens für die Primärproduzenten.
3. Org. Phosphonsäuren bzw. Phosphonate, besonders die Hydroxoäthandiphosphorsäure. Diese Stoffe verhindern als „Additive" die Ausfällung schwer lösl. Salze, auch Calciuminkrustationen. Grundsätzliche Voraussetzung für den Einsatz von P. ist ihre Umweltverträglichkeit und ihre gute Elimination in den >Kläranlagen<.

Lit: Hamm A (1985) Gewässerökologische Prüfung von Phosphatersatzstoffen im Freiland-Teichversuch der Versuchsanlage Wielenbach der BayLWF. In: Schadstoffbelastung und Ökosystemschutz im aquatischen Bereich, R.Oldenbourg Verlag, München Wien, S.239–279 – Hamm A (Hrsg.) (1989) Auswirkungen der Phosphathöchstmengenverordnung für Waschmittel auf Kläranlagen und in Gewässern, Academie Verlag Richarz, St.Augustin – Umweltbundesamt (Hrsg.) (1979) Die Prüfung des Umweltverhaltens von Natrium-Aluminium-Silikat Zeolith A als Phosphatersatzstoff in Wasch- und Reinigungsmitteln, E.Schmidt Verlag, Berlin.

Phosphatfällung bzw. -flockung. In der Praxis erfolgt die Phosphat-Elimination in >Kläranlagen< in der Regel durch Ausflockung mit Eisen- oder Aluminiumsalzen bzw. Brantkalk oder speziellen >Flockungsmitteln<. Die Phosphate werden dabei teils physikalisch, teils chem. gebunden und anschließend sedimentiert. >Flockungen< dieser Art werden vorgenommen: Als Vorfällung durch Zugabe in den Abwasserzulauf und >Sedimentation< in den >Vorklärbecken<; als >Simultanfällung< durch Zugabe des >Flockungsmittels< in die biol. Anlage mit nachfolgender Sedimentation oder als >Nachfällung< durch Zugabe in den Ablauf der biol. Anlage und Sedimentation im >Nachklärbecken< bzw. als Flockungsfiltration durch Zugabe in den Ablauf des Nachklärbeckens und spezielle >Filtration< in feinkörnigen >Sandfiltern<. Für geforderte Ablaufwerte von maximal 1 bis 2 mg/L reicht eine der ersten drei genannten Methoden in Verbindung mit den biol. Vorgängen. Sollten Ablaufwerte von unter 0,3 mg/L gefordert sein, sind zwei Flockungen an unterschiedlicher Stelle notwendig, wobei die zweite eine Flokkungsfiltration sein wird.

Lit: Hartmann L (1989) Biologische Abwasserreinigung, 2.Aufl., Springer-Verlag, Berlin Heidelberg.

Phosphatfixierung. Besonders feste und z. T. irreversible Bindung von Phosphat an Bodenminerale, wodurch die Phosphatgleichgewichtskonzentration der Bodenlösung stark abgesenkt wird. Hierfür sind in erster Linie Eisen(III)- und Aluminiumoxide verantwortlich, bei denen Phosphat durch Ligandenaustausch in die Oberfläche eingebaut werden kann. Eine Mobilisierung dieses Phosphats ist dann nur durch eine Auflösung des Oxids möglich, bei Eisen(III)-oxiden z.B. durch Reduktion unter anaeroben Bedingungen. Die P. ist meist ein relativ langsamer Prozeß, so daß adsorbiertes Phosphat zunächst desorbierbar ist und oft erst nach Stunden bis Tagen in stabilere Bindungsformen übergeführt wird. In phosphatfixierenden Böden tritt bei Kulturpflanzen leicht Phosphatmangel auf, der am besten durch gezielte Düngung (Banddüngung) überwunden werden kann. Auch durch Änderung der Bodenbewirtschaftung (z.B. Humuswirtschaft, Gründüngung) wird versucht, die P. zu verringern oder ihre Folgen abzuschwächen.

Phosphatglasdosimeter. Meßgerät zur >Dosisbestimmung<. Der >Radiophotolumineszenzeffekt< – die Eigenschaften best. Stoffe, bei Bestrahlung mit UV-Licht Fluoreszenzlicht größerer Wellenlänge auszusenden, wenn sie vorher >ionisierender Strahlung< ausgesetzt waren – wird zur Dosisbest. benutzt. Silberaktivierte Metaphosphatgläser – Gläser aus Alkali- und Erdalkaliphosphaten mit einigen Prozenten Silbermetaphosphat – zeigen z.B. diesen Photolumineszenzeffekt. Die Intensität des Fluoreszenzlichtes ist in weiten Bereichen der eingestrahlten Dosis proportional.

Phosphatstripping. Bei der biol. Phosphat-Elimination nutzt man die Fähigkeit der >Mikroorganismen<, Phosphor in Form von Volutin-Körner (Volutin = phosphorhaltiges Reserveeiweiß) zu speichern. Diesen Effekt hatte man zuerst in Anlagen mit vorgeschalteter >Denitrifikation<sstufe beobachtet (Levon und Shapiro, 1965). Nach den bisherigen Kenntnissen ist es wichtig, daß der >Belebtschlamm< einem Wechsel zwischen streng >anaeroben< (d. h. auch ohne >Nitrat<) und >aeroben< Verhältnissen unterliegt. Während der anaeroben Phase werden die – vermutlich obligat aeroben – Bakterien motiviert, in der nachfolgenden aeroben Phase Phosphate zu speichern, die sie in einer weiteren anaeroben Phase wieder abgeben. Das Phostrip-Verfahren nutzt den biol. Prozeß der Phosphor-Anreicherung für eine nachfolgende chem. >Phosphat-Fällung< aus. Die gespeicherten Phosphate werden in einem anaeroben Becken wieder gelöst, und die dabei entstandene konzentrierte Phosphat-Lsg. chem. gefällt. Eine N-Elimination ist damit nicht verbunden.

Phosphin. Phosphin wirkt als >Insektizid< bzw. >Rodentizid<.
Chemische Bezeichnung: Phosphine.
CAS-Nummer: 7803–51–2
Hersteller: Degesch
Wirkungstyp: Atemgift, Stoffwechsel- und Nervengift.
Bevorzugte Anwendung: Begasungsmittel gegen Kornkäfer, Mehlmotten und andere Vorratsschädlinge bei Getreide in Silozellen, auf Schüttböden und in Schuten, für leere Lagerräume usw. Anwendungskonzentrat in Silos etwa 0,005 bis 0,006 Vol.%. Fraßgift in Ködermaterial gegen Mäuse und Ratten (Zinkphosphid, Calciumphosphid). Gegen Erd- und Rötelmaus im Forst.
Chemische Formel: PH_3
Chemische und physikalische Eigenschaften:
Physikalische Beschaffenheit: Farbloses, unangenehm nach faulem Fleisch riechendes, sehr giftiges Gas.
Siedepunkt: $-87,5\,°C$.
Litergewicht: 1,529 g.
Entzündungspunkt von reinem PH_3 an der Luft: $150\,°C$, Verbrennung zu Phosphorsäure. Durch Beimischung von CO_2 wird die spontane Entzündbarkeit an der Luft – hervorgerufen durch Verunreinigungen mit Diphosphin P_2H_4 – beseitigt.
Stabilität: Oxidationsmittel und Luftsauerstoff oxidieren zu Phosphorsäure.
Korrosives Verhalten: In trockenem Zustand wenig korrosiv.
Löslichkeit: In 100 mL Wasser lösen sich bei $17\,°C$ $26\ cm^3$ PH_3.
Abbau und Metabolismus: Im Warmblüterorganismus Blockade wichtiger Fermentsysteme. Nach hohen Dosen leichte Methaemoglobinbildung. Es entsteht phosphorige Säure und Phosphorsäure bzw. Phosphat.
Toxizität: Akute Inhalation bei Ratte LC_{50} (4 h) 0,026 mg/L Luft bzw. LC_{50} (30 bis 35 min) 1,47 mg/L Luft. Keine Haut- und Augenreizwirkung bei Ratte. Beim Menschen starkes Atemgift. Ab 0,01 mg/L Luft Vergiftungsgefahr.
Einatmen von 10 mg PH_3/m^3 kann innerhalb von 6 h tödlich sein bzw. 300 mL (Gas)/m^3 innerhalb einer Stunde lebensgefährlich. Keine Aufnahme durch die Haut. Chron. Vergiftungen sind nicht beobachtet worden. Maximal duldbare Arbeitsplatzkonz. (MAK) bei 8stündiger Arbeitszeit 0,1 mL/m^3 Luft.
Fischtoxizität: Giftig für Fische.

Phosphor. Wichtiger Pflanzennährstoff, dessen Gesamtgehalt in ungedüngten Böden etwa zwischen 0,02 und 0,08% liegt. Die Hauptmenge des P. liegt meist als Phosphat in anorganischer Bindung vor, doch kommt besonders in humusreichen Böden bis zur Hälfte des P. in organischer Bindung als Phosphatester vor. Vom gesamten P. ist in der Regel nur ein kleiner Teil kurzfristig für Pflanzen verfügbar; auch bei Phosphatdüngern sinkt die Verfügbarkeit des P. im Lauf der Zeit, da P. im Boden langsam in festere Bindungsformen überführt wird (>Phosphatfixierung<). In den meisten der >oligotrophen< und >mesotrophen< mitteleuropäischen Gewässer ist P. der wichtigste Mangelfaktor; eine P.-Zufuhr bewirkt daher die >Eutrophierung< dieser Systeme. Gleiches gilt für andere oligotrophe Standorte, z. B. für >Hochmoore<. Ein Eintrag von Bodenmaterial aus den meist gut mit Phosphat versorgten landwirtschaftlich genutzten Flächen in solche Ökosysteme hat daher weitreichende Auswirkungen auf deren ökologische Verhältnisse.

Phosphoreszenz. Emission eines chemisch (enzymatisch) direkt oder sensibilisiert photochemisch erzeugten Triplett-Zustandes unter Aussendung von Licht charakteristischer Wellenlänge.
Unter P. versteht man eine spezielle Form der Lumineszenz, bei der Verbindungen, die sich nach Anregung in dem elektronisch angeregten Triplett-Zustand befinden, beim Zurückfallen in den Grundzustand ihre Energie in Form von Strahlung (längerer Wellenlänge i. Vgl. zur Absorption; Stokes Regel; vgl. auch >Fluoreszenz<) abgeben. Diese Emission wird durch die >Phosphoreszenzspektroskopie< (Phosphimetrie) in speziellen Spektrophotometern i. allg. bei der Temperatur des flüssigen Stickstoffs (77 K/-196 °C) in einem Glas („EPA-Matrix" aus Diethylether, Isopentan, Ethanol = 5:5:2), in selteneren Fällen durch Messung an inerten Festkörpern adsorbiert oder in micellaren Lösungen gemessen.
Die oben erwähnten angeregten Triplettzustände werden dabei aus dem tiefsten angeregten S1-Zustand durch Änderung der Multiplizität des Kernspins (>intersystem crossing<: $\uparrow\downarrow \to \uparrow\uparrow$) erreicht, vornehmlich bei Ketonen und Aromaten nach Substitution mit schweren Atomen („heavyatom effect"). In Fällen, wo selbst S1-Zustände z. B. wegen der kurzwelligen UV-Absorption nur schwer erreichbar sind, können Triplett-Zustände indirekt durch sensibilisierte Anregung mit Hilfe von Triplett-Donoren nach dem allgemeinen Schema:

$$3D* + A0 \to 3A + + D0$$

(wobei die Energie des angeregten Tripletts beim Donor (ETD*) stets größer sein muß als die des angeregten Zustandes des Akzeptors (ETA*)) erzeugt werden.
Vor dem Abfall des jeweiligen Triplett-Zustandes in den Grundzustand muß vorher ein erneuter Multiplizitätswechsel T1 $\uparrow\uparrow \to$ S0 $\uparrow\downarrow$ stattfinden. Da dieser Übergang spin-verboten ist, liegt die Lebensdauer des Triplett-Zustandes im Bereich von 10^{-3} bis zu 10^1 Sekunden (zum Vergleich: Fluoreszenz von S1-Zuständen 10^{-7} bis 10^{-10} Sekunden). Aus diesem Grunde sind angeregte Triplett-Zustände im Vergleich mit der Geschwindigkeits-Skala chemischer Reaktionen von weitaus höherer Aktualität als die entsprechenden kurzlebigen angeregten Singulett-Zustände. Die Wellenlänge der P.-Emission ist im Vergleich zu den Absorptionsspektren stets bathochrom verschoben.

In neuerer Zeit sind auch metastabile Moleküle bekannt geworden, die durch Thermolyse zerfallen und einen Teil ihrer Bindungsenergie in Form von elektronischer Anregung am Molekül behalten. Dies kann zu P.-Emissionen oder im Falle der Gegenwart von geeigneten Akzeptormolekülen zu „Photoreaktionen ohne Licht" (photochemistry without light), d.h. zur Übertragung der Triplett-Energie auf ein anderes Molekül, führen (mit dem Resultat z.B. von Photocycloadditionen, cis-trans-Isomerisierungen oder di-π-Methan-Umlagerungen ohne vorherige UV-Bestrahlung). So werden 1,2-Dioxetane durch (2+2)-Photocycloaddition von Singulett-Sauerstoff ($^1O_2$) an Olefine als metastabile Verbindungen gebildet. Bei 80 °C zerfallen diese Moleküle mathematisch in einen Exciplex (elektronisch angeregter charge-transfer-Komplex), bestehend aus einem Grundzustands-Keton sowie einem Triplett-Keton, das zu den o.g. Folgereaktionen führen kann oder seine elektronische Energie in Form von Emission abgibt. Derartige >chemelektronische Anregungen< von Molekülen werden biochemisch, etwa durch Enzym-Katalyse, offenbar häufig erreicht. Weiteres: >Chemolumineszenz<.

Viele Stoffe weisen nach Bestrahlung und Schluß der Belichtung für einige Zeit ein sog. „Nachleuchten" auf (P. 1. Art), das von ms bis hin zu einigen Tagen andauern kann. In der Technik benutzt man die sog. Rekombinations-P. z.B. bei Leuchtplaketten und Röntgenschirmen (mittels Bariumtetracyanoplatinat, Platin-(II)-cyaninen, Uransalzen und Wolframaten) sowie bei Leuchtpigmenten, Keramik-Glasuren sowie Szintillatoren mit nachleuchtenden Stoffen in der P.-Spektroskopie.

Lit.:Turro NJ (1978), Modern Molecular Photochemistry, Benjamin/Cummings Publishing, Melo Park, USA – Turro NJ et al. (1974) Acc Chem Res 7 – Turro NJ, Lechtken P (1973), Pure Appl Chem 33: 363 – White EH, Miano JD, Watkins CJ, Breaux EJ (1974) Angew Chem 86:292 – Angew Chem Int Ed Engl 13: 229.

Phosphorsäureester. Organophosphorverbindungen, deren landwirtschaftliche Nutzbarkeit nach Ende des 2. Weltkriegs einsetzte. Es sind meist >Ester< der >Phosphorsäure< oder von >Thiophosphorsäuren<, d.h. Phosphorsäuren, in denen meist 1 oder 2 Sauerstoffatome durch >Schwefel< ersetzt sind. Viele P. zeigen neben insektizider auch >nematizide< (>Nematizide<), akarizide (>Akarizide<) oder fungizide Wirkung. Einige P. werden in der Veterinärmedizin zur Bekämpfung von Parasiten eingesetzt. Meist lassen sich die P. auf einen Grundtyp zurückführen, der charakterisiert ist durch die „Acylformel" von Schrader (1937), auf den die Entwicklung der P. wesentlich zurückgeht. Die hauptsächlichen Gruppen der P. sind, wenn O-R_3 oder S-R_3 den „Acyl"-Rest bezeichnet, >Phosphate<, >Thionophosphate<, >Thiolophosphate<, >Dithiophosphate<. R_1 und R_2 sind meist identisch, die P. liegen so als Dimethyl- oder Diethylphosphate vor (chem. Formeln s. S.898–900). Höhere Homologe (C_3H_7O- usw.) haben geringere oder keine insektizide Wirkung. Ethylester sind meist akut toxischer und weniger leicht hydrolysierbar als die Methylhomologen. Als Ester sind die P. leicht hydrolytisch spaltbar und von Pflanzen, Tieren und >Mikroorganismen< enzymatisch oder biol. abbaubar. Ihre >akute< Toxizität kann dennoch hoch sein, ihre >chronische< Toxizität ist dagegen oft weniger ausgeprägt.

Die Aufnahme von P. durch die Haut ist oft beträchtlich und erfordert große Vorsicht bei der Handhabung.

Die Labilität der Abgangsgruppe („Acyl") ist Voraussetzung für die in Insekten und Warmblüterorganismen identische Wirkung der P. als Acetylcholinesterasehemmer. Das Enzym Acetylcholinesterase katalysiert den Abbau des Transmitters >Acetylcholin< im Nervensystem. P. phosphorylieren nach Abspaltung der „Acyl"-Gruppe das Enzym irreversibel (s. Abb.). Acetylcholin kann nicht mehr abgebaut werden, was innere Acetylcholinvergiftungen mit Erbrechen, Durchfällen, Blutdrucksenkung, Krämpfen und schließlich Atemlähmung und Tod zur Folge haben kann. Zur Therapie kommen v.a. >Obidoxim< und >Pralidoxim< zur Reaktivierung der Cholinesterase und >Atropin< zur Beseitigung der Symptome in Frage. Einige Verbindungen werden im Organismus metabolisch aktiviert, da Thionophosphate leicht zum entsprechenden Phosphat oxidiert werden und diese „Oxone" biologisch aktiver und somit stärkere Acetylcholinesterasehemmer sind. Z.B. wird >Parathion< zu Paraoxon, Diazinon zu Diazoxon oxidiert. Andererseits sind die Oxone wasserlöslich und leichter hydrolysierbar. Eine Inaktivierung im Organismus findet meist durch enzymatische Hydrolyse zu nierengängigen >Derivaten< statt. Unter heutigen Gesichtspunkten kommt für die Bewertung des Metabolismus eines Phosphorsäureinsektizides v.a. der Abbauweg des „Acyl"-Restes, der nach der Hydrolyse entsteht, in Betracht. An verschiedenen Beispielen konnte gezeigt werden, daß die Insekten einen enzymatischen Entgiftungsmechanismus entwickeln, der schließlich zur >Resistenz< führt, wie z.B. bei Malathion, das in Kombination mit >DDT< in der Bekämpfung des Malariaüberträgers, der Anophelesmücke, eingesetzt wurde.

Lit: Fest C, Schmidt KJ (1977) Insektizide Phosphorsäureester. In: Büchel KH (Hrsg.) Pflanzenschutz und Schädlingsbekämpfung, 1.Aufl., Georg Thieme, Stuttgart, S.22 – Schrader G (1963) Die Entwicklung neuer insektizider Phosphorsäure-Ester, 1.Aufl., Verlag Chemie, Weinheim – Thier HP, Frehse H (1986) Rückstandsanalytik von Pflanzenschutzmitteln. In: Hulpke H, Hartkump H, Tölg G (Hrsg.) Analytische Chemie für die Praxis, 1.Aufl., Georg Thieme, Stuttgart New York – Fest C, Schmidt KJ (1970) Insektizide Phosphorsäureester. In: Wegler R (Hrsg.) Chemie der Pflanzenschutz- und Schädlingsbekämpfungsmittel. Bd.1, 1.Aufl., Springer, Berlin Heidelberg New York, S.246–453 – Industrieverband Pflanzenschutz (1982) Wirkstoffe in Pflanzenschutz- und Schädlingsbekämpfungsmitteln. Physikalisch-chemische und toxikologische Daten, 1.Aufl., Pressehaus Bintz, Offenbach – Deutsche Forschungsgemeinschaft (1988) Maximale Arbeitsplatzkonzentration und Biologische Arbeitsstofftoleranzwerte 1988. Mitteilung XXIV

Phosphorsäureester

Phosphorsäureester: Formeltabelle

Strukturformel	Internationaler Freiname	Chemischer Name	Handelspräparat (eingetragenes Warenzeichen)
a) Phosphorsäureester			
	Dichlorvos (DDVP)	*O*-(2,2-Dichlorvinyl)-*O,O*-dimethyl-phosphorsäureester	Mafu, Vapona
	Trichlorfon	*O,O*-Dimethyl-(1-hydroxy-2,2,2-trichlorethyl)-phosphorsäureester	Dipterex
b) Thionophosphorsäureester			
	Sulfotepp	*O,O,O,O*-Tetraethyl-dithionopyro-phosphorsäureester	Bladafum
	Demeton	*O,O*-Diethyl-*O*-(2-ethyl-mercaptoethyl)-thiono-phosphorsäureester	Systox
	Parathion	*O,O*-Diethyl-*O*-(4-nitro-phenyl)-thiono-phosphorsäureester	E 605, Folidol, Eftol, Thiophos
	Methylparathion	*O,O*-Dimethyl-*O*-(4-nitro-phenyl)-thiono-phosphorsäureester	Folidol-M, Metacide, ME 605
	Fenthion	*O,O*-Dimethyl-*O*-(4-methyl-mercapto-3-methyl-phenyl)-thionophosphorsäureester	Lebaycid, Baytex, Tiguvon
	Diazinon	*O,O*-Diethyl-*O*-(2-isopropyl-4-methyl-pyrimid-6yl-thiono-phosphorsäureester	Basudin, Exudin, Sarolex

der Senatskommission zur Prüfung gesundheitsschädlicher Arbeitsstoffe, VCH Verlagsgesellschaft, Weinheim – Hörath H (1987) Giftige Stoffe der Gefahrstoffverordnung, 2. Aufl., Wissenschaftliche Verlagsgesellschaft, Stuttgart – Stark I (1984) Chemie in unserer Zeit 18: 96–106 – Arndt W (1981) Diplomarbeit, Fachhochschule München – Matsumura F (1985) Toxicology of Insecticides, 2. Aufl., Plenum Press, New York London – Chambers JE (1992) Organophosphates: Chemistry, Fate, and Effects. Academic Press, San Diego – Eto M (1979) Organophosphorus pesticides: organic and biological chemistry. CRC Boca Raton – Zech R (1997) Wirkungen von Organophosphaten. Bundesamt für Zivilschutz, Bonn.

Phosphorylierung. Die Übertragung einer Phosphatgruppe auf ein geeignetes Akzeptormolekül. Dies erfolgt z. B. bei der >ATP<-Synth. durch Phosphatüber-

Phosphorsäureester: Formeltabelle

Dampfdruck [mbar bei 20 °C]	MAK [mg/m^3]	LD$_{50}$ Ratte oral akut [mg/kg KG]	Bemerkungen
$1,6 \cdot 10^{-2}$	1	62	Kontakt- und Atemgiftinsektizid, Gefahr der Hautresorption, entsteht auch im Organismus aus Trichlorfon
$> 10^{-5}$	—	630	Kontakt- und Fraßgiftinsektizid, wird auch in der Veterinärmedizin eingesetzt
$2,26 \cdot 10^{-4}$	0,2	10	Wird u.a. gegen Blatt- und Schmierläuse, Spinnmilben eingesetzt , Gefahr der Hautresorption , Oxon: Tepp
$4,8 \cdot 10^{-4}$	0,1	10	Als Pflanzenschutzmittel nicht zugelassen, systemisches Insektizid
$> 10^{-5}$	0,1 gemessen als Gesamtstaub	6,4	Kontakt-, Fraß- und Atemgift gegen beißende und saugende Insekten, bienengefährlich, hohe Warmblütertoxizität, Oxon: Paraoxon
$1,3 \cdot 10^{-5}$	—	20	Wirkung wie Parathion, jedoch leichter abbaubar, daher geringere Warmblütertoxizität, Oxon: Methylparaoxon
$4 \cdot 10^{-5}$	0,2 gemessen als Gesamtstaub	250	Kontakt- und Fraßgift mit langer Wirkungsdauer, Tiguvon wird in der Veterinärmedizin verwendet, Gefahr der Hautresorption
$1,86 \cdot 10^{-4}$	1 gemessen als Gesamtstaub	108	Kontaktgift, neben insektizider auch akarizide Wirkung, Gefahr der Hautresorption , Oxon: Diazoxon

tragung auf >ADP< im Zuge der oxidativen >Phosphorylierung<, >Photophosphorylierung< und Substratkettenphosphorylierung, zentralen Prozessen im >Stoffwechsel<. Zahlreiche Regulationsvorgänge bedienen sich der P. von Proteinen (z.B. >Enzymen<, Rezeptoren) mit Hilfe von Kinasen zur Veränderung des Aktivitätszustands.

photoautotroph. (Grch. photos = Licht; autos = selbst; tróphein = ernähren). Bezeichnet eine Ernährungsweise von Organismen, die für den Aufbau ihrer Körpersubstanz nur anorg. Stoffe benötigen und zu deren >Assimilation< das Licht als Energiequelle benutzen.

Phosphorsäureester: Formeltabelle
c) Thiolophosphorsäureester

H_3CO, H_3CS –P(=O)–NH_2	Methamidophos	*O,S*-Dimethylthiolo-phosphorsäureamid	Tamaron, Monitor

d) Dithiophosphorsäureester

(Malathion-Struktur)	Malathion	*S*-(1,2-Bis(ethoxycarbonyl)-ethyl)-*O,O*-dimethyl-dithio-phosphorsäureester	Aphisan, Karbofos

$3 \cdot 10^{-4}$	–	30	Insektizide und akarizide Wirkung

$1{,}66 \cdot 10^{-4}$	15 gemessen als Gesamtstaub	1200	Insektizide und akarizide Wirkung, geringe Warmblütertoxizität, wurde auch in Kombination mit DDT in der Malariabekämpfung gegen die Anopheles-Stechmücke angewendet

R_1, R_2 sind Alkyl-, Alkoxy-, Alkylthio- oder Aminreste; Acyl ist ein leicht abspaltbares Ion einer anorganischen oder organischen Säure oder sonstige acider Reste, z. B. Halogen-, Phenoxy-, Thiol-, Enolat- oder Mercaptidreste

Photoautotrophe Bakterien. Bakterien, die ihre Energie aus Licht beziehen und deren einzige Kohlenstoffquelle anorganisch ist (ISO 6107/7).

Photobacterium phosphoreum. (früher: *Vibrio fischeri*). Mit Hilfe dieses Bakteriums kann die Hemmwirkung von Abwässern auf die Lichtemission gemessen werden. Der >Leuchtbakterientest< ist ein >Kurzzeittest<. Als Modellorganismus dient Photobacterium phosphoreum NRRL, Stamm-Nr. 11 177, ein fakultativ anaerobes, gramnegatives Stäbchen mit polarer Begeißelung. Als marines Bakterium ist es >halophil<. Für die Messung müssen deshalb die Wasserprobe und das Verdünnungswasser aufgesalzen werden. Meßkriterium ist die bakterielle Leuchtintensität, die mit einem Luminometer erfaßt wird. Der Leuchtbakterientest kann mit frisch gezüchteten oder konservierten Bakterien durchgeführt werden. Konservierte Bakterien sind im Handel erhältlich und können bevorratet werden. Über Bezugsquellen gibt Auskunft: Normenausschuß Wasserwesen (NAW) im DIN, 10772 Berlin. Dieser >Screeningtest< ist geeignet, schnell und empfindlich unkritische Abwasser- und Wasserproben zu erkennen. (ISO 11348 Teil 1–3).

Photocyclodiene. Die chlorierten Cyclodien-Insektizide Aldrin, Dieldrin und Endrin werden durch Lichteinwirkung unter Skelett-Umlagerung photoisomerisiert und umgewandelt; dabei verändern sich ihre biologischen Eigenschaften.

Insektizid wirksame chlorierte Kohlenwasserstoffe haben eine wichtige Rolle in der Geschichte des >chemischen Pflanzenschutzes< gespielt. Aufgrund der Persistenz, geringen Abbauneigung und der ubiquitären Verteilung sowie der >Bioakkumulierung< (z.B. im Fettgewebe der Warmblüter) haben diese in der ersten Phase des chemischen Pestizid-Einsatzes sehr erfolgreichen Wirkstoffe heute ihre Bedeutung fast völlig verloren (ausgenommen einige Länder der Dritten Welt und des Subkontinents zur unerläßlichen Malaria-Bekämpfung, wie z.B. in den Südstaaten Indiens und Sri Lankas).

Die herausragenden biologischen Eigenschaften, welche zahlreiche dieser chlorierten Kohlenwasserstoffe, unter ihnen auch die Cyclodien-Insektizide, so erfolgreich machten, waren: 1. eine hohe insektizide

Aldrin

Aktivität, 2. eine niedrige Toxizität gegenüber Warmblütlern sowie 3. ein breites Wirkungsspektrum, einfache Herstellung, niedriger Preis. Zu dieser Klasse zählen auch die Cyclodien-Insektizide (nach ihrer Darstellung aus Hexachlorcyclopentadien durch Diels-Alder-Reaktion, u. a. Aldrin, Dieldrin und Endrin.

Diese hochinsektiziden Verbindungen besitzen das Grundgerüst der Tetrahydromethanoindane bzw. der Hexa- oder Octahydrodimethanophthaline. Diese im Cyclodien-Teil hochchlorierten Wirkstoffe besitzen günstige sterische Voraussetzungen, um photoinduzierte, intramolekulare Reaktionen einzugehen. Diese Photoumwandlungen werden sowohl in Lösung wie auch im festen Zustand (z. B. auch in Form dünner Filme auf Glasplatten) bereits durch >Sonneneinstrahlung< (>Insolation<) ausgelöst und besitzen daher große Bedeutung für Photoumwandlungen unter Freilandbedingungen.

Wie am Beispiel des Dieldrins exemplarisch gezeigt wird, finden dabei je nach Versuchsbedingungen (z. B. mit oder ohne Sensibilisator) intramolekulare C-C-Verknüpfungen unter Addition an die Doppelbindung (Bildung eines Halbkäfigs), Dehalogenierungen sowie Spaltung des Oxiranringes statt.

Photoumwandlungen des Dieldrins als Feststoff und in Lösung

Auch Aldrin und Endrin werden bei UV-Bestrahlung in Photoprodukte umgewandelt, wie in den folgenden Formelschemata gezeigt wird:

Photoaldrin

Endrin ergibt dabei ein Halbkäfig-Keton sowie einen pentacyclischen Aldehyd als Hauptphotoprodukte.

Die photochemische Umwandlung der Cyclodien-Insektizide führt auch zur signifikanten Veränderung der biologischen Aktivitäten: Bei manchen Cyclodienen wird die insektizide Aktivität erhöht, bei anderen vermindert sich als Folge dieser Photoumwandlungen die insektizide Wirksamkeit, während die Warmblüter-Toxizität ansteigt. Im Falle des Aldrins und Endrins beispielsweise geht als Folge dieser Photoumwandlung die insektizide Wirkung weitgehend verloren, während die ursprünglich niedrige Warmblüter-Toxizität zunimmt, was eine Umkehrung des ursprünglichen Wirkverhaltens durch abiotische Umwandlung bedeutet.

Lit.:Brooks GT (1974) Chlorinated Insecticides, Bd. I/II, Zweig G (Hrsg.), CRC Press, Cleveland – Metcalf RL (1955) Organic Insecticides, Wiley-Interscience, New York – Korte F, Klein W (1971) in „Nuclear Techniques in Environmental Pollution", Proceedings of Symposium, Salzburg 1970, IAEA, Wien – Nagl HG, Korte F (1972) Tetrahedron 28: 5445 – Büchel KH (1973) Chemistry of Pesticides, Wiley, New York – Parlar H, Herrmann M, Mansour M, Baumann R (1983) Chem Ztg 107: 45

Photodechlorierung. Methode zur Abtrennung von Substanzen zur störungsfreien gaschromatographischen Rückstandsanalytik von Polychlorterpenen (>Toxaphen<). Polychlorterpene stellen relativ photostabile Verbindungen dar. Bei der Bestrahlung von Probenextrakten mit UV-Licht der Wellenlänge 254 nm werden polychlorierte Biphenyle und chlorierte Kohlenwasserstoffinsektizide innerhalb von 2 h quantitativ photolysiert. Toxaphenkomponenten bleiben dagegen zum größten Teil erhalten und können somit im µg/kg-Bereich bestimmt werden.

Lit: Parlar H, Becker F, Müller R, Lach G (1988) Fresenius' Z Anal Chem 331: 804.

Photo-Effekt. Wechselwirkung von >Röntgen-< und >Gammastrahlung< mit Materie. Das Röntgen- oder Gammaquant überträgt seine Energie an ein Hüllelektron des >Atoms<. Das >Elektron< erhält hierbei kinetische Energie, die gleich der Energie des Quants, vermindert um die >Bindungsenergie< des Elektrons ist.

Photoeklektor. Bodenphotoeklektor. Vorrichtung in Form eines pyramidenförmigen Zeltes, Trichters oder Kastens, mit deren Hilfe die aus der überdeckten Bodenfläche schlüpfenden Insekten und Spinnen flächenbezogen erfaßt werden können. Die P. sind i. d. R. aus dunklem Stoff gefertigt und besitzen eine Öffnung, die mit einem durchscheinenden Fanggefäß verschlossen ist. Dorthin fliegen oder klettern die meisten Tiere, vom Licht *phototaktisch* gelockt. Sie werden dort in einer Fangflüssigkeit konserviert. Bringt man ähnliche Vorrichtungen an Bäumen an, so kann man die am Stamm aufwärts wandernden Tiere erfassen *(Baumphotoeklektor)*.

Photokathode. Kathode, in der >Elektronen< durch den photoelektrischen Effekt ausgelöst werden.

Photometer. Gerät zur Messung von photometrischen Größen.

Photomorphogenese. (Grch. photos = Licht; morphe = Form, Gestalt; genesis = Bildung, Entstehung). Die Steuerung der >Entwicklung< durch Licht. >Pflanzen< setzen hierfür als >Photorezeptoren< das >Phytochromsystem< und den >Blaulichtrezeptor< ein, Pilze nur den Blaulichtrezeptor.

Photon. Energiequant der elektromagnetischen Strahlung. Die >Ruhemasse< des >Photons< ist Null. Es hat keine elektrische Ladung. >Elementarteilchen<.

Photooxidantien. Bezeichnung für sek. atmosphärische >Spurengase< mit oxidierenden Eigenschaften, die aus Primärkomponenten (Vorläufern), nämlich >Stickoxiden< (NO_x) und >Kohlenwasserstoffen< unter starker Sonneneinstrahlung entstehen (s. Tabellen). Deshalb werden Jahres- und Tagesgänge der Konzentrationen von P. gemessen. Mit Maxima im Sommer (Sommersmog) bzw. am späten Nachmittag. Die Leitsubstanzen für Ph. sind >Ozon< (O_3) und Peroxyacetylnitrat (das wichtigste Peroxyacylnitrat, PAN). Früher wurde die Bildung von Iod aus Kaliumiodid in wäßriger Lsg. als Maß für die Konz. herangezogen, eine Methode, bei der auch >Wasserstoffperoxid<, org. Hydroperoxide, Peroxyradikale und NO_2 miterfaßt werden. Neben den o. a. Ph. tritt in belasteter Atmosphäre noch eine Vielzahl von >Aldehyden<, Carbonsäuren, Dicarbonsäuren, org. und anorg. >Nitraten< (Begleitsubstanzen) auf, die z. T. partikulär vorliegen. Bei >Inversionswetterlagen< kommt es zur Bildung von photochem. >Smog< (Photosmog, Los Angeles Smog), der durch verstärktes Auftreten solcher Substanzen geprägt ist. V. a. das stetig steigende Verkehrsaufkommen führt zu einer Zunahme der Vorläuferemissionen und als Folge zu häufiger auftretenden kritischen >Ozonbelastungen< von mehr als 100 ppbv ($200\,\mu g\,O_3/m^3$). Hohe

Photooxidantien: Photochemische Ozonbildung bei der Oxidation von Kohlenwasserstoffen durch Luftsauerstoff in Gegenwart katalytisch wirkender Stickoxide

RCH_3	+ OH	→	RCH_2	+	H_2O
RCH_2	+ O_2	→	RCH_2O_2		
RCH_2O_2	+ NO	→	RCH_2O	+	NO_2
RCH_2O	+ O_2	→	$RCHO$	+	HO_2
NO	+ HO_2	→	NO_2	+	OH
$2NO_2$	+ $h\nu$	→	$2NO$	+	$2O$
$2O$	+ $2O_2$	→	$2O_3$		

Daraus resultiert die Netto-Reaktion:

RCH_3	+ $4O_2$	→	$RCHO$	+	$2O_3 + H_2O$

Bildungsreaktionen von Peroxyacetylnitrat (PAN)

CH_3CHO	+ OH	→	CH_3CO	+	H_2O
CH_3CO	+ O_2	→	$CH_3C(O)O_2$		
$CH_3C(O)O_2$	+ NO_2	→	$CH_3C(O)O_2NO_2$		

Konz. an Ph. findet man meist nicht direkt im Quellbereich der Vorläufer (Ballungsgebiete), sondern in Rand- und Reinluftgebieten, die im >Abwind< der >Emissionsquellen< liegen, da es erst während des Luftmassentransportes zur Bildung der Ph. kommt (s. Abb.). Laboruntersuchungen zeigen die pflanzenschädigende Wirkung von Ph. und legen ihre Beteiligung an den neuartigen Waldschäden nahe. Daneben werden Ph. für Atemwegserkrankungen und Schleimhautreizungen verantwortlich gemacht. Andererseits tragen >Radikale< – Folgeprodukte der Ozonphotolyse – zum schnellen oxidativen Abbau praktisch aller Luftverunreinigungen bei. Die Konz. des Ozons als Leitkomponente der Ph. wird routinemäßig in Meßnetzen erfaßt, wobei die eingesetzten Monitore in den meisten Fällen die UV-Absorption des Ozons zur Konz.-Best. nutzen. Meßergebnisse werden als Kriterien für Maßnahmen auf der Basis der EU-Ozon-Richtlinie 92 und des Bundesimmissionsschutzgesetzes (BImSchG, § 40 a) herangezogen. Danach soll die Bevölkerung informiert ($>180\,\mu g/m^3$ O_3 1h-Mittelwert), gewarnt ($>360\,\mu g/m^3$ O_3), oder es sollen ab $240\,\mu g/m^3$ Verkehrsbeschränkungen eingeleitet werden. Trends der

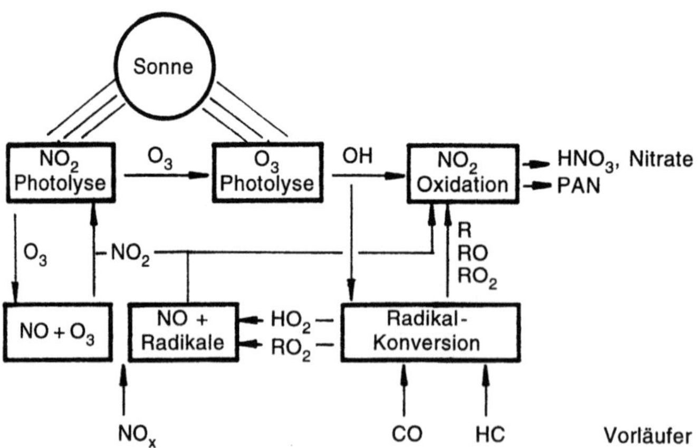

Photooxidantien: Schematischer Ablauf der Ph.-Bildung

Ph.-Konz. werden in erster Linie von Entwicklungen auf dem Energiesektor und im Verkehrsbereich beeinflußt, d. h. von der Ausschöpfung der Emissionsminderungspotentiale für NO_x und Kohlenwasserstoffe durch eine rationellere Energienutzung und andere Verkehrskonzepte.

Lit: Guderian R, Tingey DT, Rabe R (1987) Ecol Stud 52: 129–334 – Deutscher Bundestag, Referat Öffentlichkeitsarbeit (Hrsg.) (1990) Schutz der Erde: eine Bestandsaufnahme mit Vorschlägen zu einer neuen Energiepolitik, Bonn – Heintz A, Reinhardt G (1991) Chemie und Umwelt, Vieweg, Braunschweig, S. 57–66 – Ozon, BIA-Report 8/95, HVBG (Hrsg.) Umweltbundesamt, Jahresberichte.

Photoperiodizität. (Syn. Photoperiodik). Durch die sich im Jahresverlauf ändernde *Photoperiode*, den regelmäßigen Wechsel von hellen und dunklen Phasen (Tag-Nacht-Wechsel) verursachte rhythmische Lebenserscheinungen. Viele Stoffwechsel-, Wachstums- und Entwicklungsprozesse aber auch Aktivitätsphasen werden durch die Tageslänge beeinflußt. Deutlich wird dies bei Kurztags- und Langtagspflanzen, die nur unter den entsprechenden Bedingungen zur Blüte kommen können; >Rhythmik<.

Photophosphorylierung. Die lichtgetriebene >ATP<-Synth. aus >ADP< und anorg. >Phosphat< bei der >Photosynthese<. Bei der Wasserspaltung am Photosystem II und beim >Elektronentransport< sammeln sich >Protonen< im inneren >Thylakoidraum< der >Chloroplasten< an (vgl. Abb. Lichtreaktionen). Hierdurch baut sich ein elektrochem. Potential über die Thylakoidmembran hinweg auf, das „chemische" Arbeit leistet: Die angereicherten Protonen werden über einem Protonenkanal im ATP-Synthasekomplex der Thylakoidmembran wieder in den Außenraum entlassen; hierbei erfolgt die ATP-Synth.

Photorespiration. (Syn. Lichtatmung). Bezeichnet die erhöhte >O_2<-Aufnahme und >CO_2<-Abgabe im Licht unter Bedingungen des CO_2-Mangels. Der energieaufwendige Vorgang (9,5 >ATP< pro O_2) dient >C_3<-Pflanzen als Schutzmechanismus, um reaktionsfähige Sauerstoffverb. unschädlich zu machen. Die Bezeichnung P. kommt von der formalen Ähnlichkeit dieses Gaswechsels mit der >Atmung<. Sie unterscheidet sich

jedoch sowohl hinsichtlich ihrer Reaktionsfolge (photorespiratorischer C-Ox.-Zyklus, PCO-Zyklus) als auch bezüglich der beteiligten >Organellen< (>Chloroplasten<, Peroxisomen, Mitochondrien) grundsätzlich von der normalen Mitochondrienatmung. Die Schlüsselreaktion der P. ist die Umsetzung von Ribulosebisphosphat und O_2 zu Phosphoglycerat und Phosphoglykolat durch Ribulosebisphosphatcarboxylase, einem bifunktionellen >Enzym< der Chloroplasten, das in Gegenwart von CO_2 Ribulosebisphosphat zu zwei Molekülen Phosphoglycerat umsetzt (s. Abb.) und damit den photosynth. C-Red.-Zyklus (PCR-Zyklus, >Calvin-Zyklus<) einleitet (s. Formelschema unten).

Photorezeptor. (Grch. photos = Licht; recipere = aufnehmen). Ein >Pigment<, das die >Energie< des absorbierten Lichts in ein biochem. Signal umwandelt. Wichtige Beispiele bei der Pflanze sind Rezeptoren aus der >Phytochrom<-Familie, welche die >Photomorphogenese< und den Photoperiodismus steuern, sowie verschiedene Blaulichtrezeptoren, welche ebenfalls für die Photomorphogenese, aber auch für Phototropismus und Phototaxis zuständig sind.

Photosynthese. (Grch. photos = Licht; synthesis = Aufbau). Die Umwandlung von Lichtenergie in chem. >Energie<, die bei >autotrophen< >Bakterien< und >Pflanzen< der >Assimilation< des >Kohlendioxids< zum Aufbau von Kohlenhydraten dient. Dies erfolgt bei der oxygenen Ph. (Cyanobakterien, Pflanzen) nach der Bruttogleichung:

$$6\,CO_2 + 12\,H_2O \rightarrow C_6H_{12}O_6 + 6\,O_2 + 6\,H_2O$$

Die Ph. verläuft in zwei funktionell und räumlich getrennten Teilreaktionen: In der >Lichtreaktion< (Energieumwandlung), die bei Pflanzen in den >Thylakoiden< der >Chloroplasten< abläuft, werden die Energieträger der Ph., >NADPH< und >ATP<, synthetisiert; in der >Dunkelreaktion<, die im Stroma der Chloroplasten erfolgt, wird im Zuge des >Calvin-Zyklus< unter NADPH- und ATP-Verbrauch >CO_2< fixiert und auf die Stufe der Kohlenhydrate reduziert. Die Ph. ermöglicht nicht nur die Existenz der autotrophen Pflanzen, sondern indirekt auch der >heterotrophen< Organismen, da letztere Ph.-Produkte als Nahrung aufnehmen und ggf. anderen Organismen als Nahrungsquelle dienen. Autotrophe Pflanzen einschließlich der Meeresalgen entziehen der Erdatmosphäre schätzungsweise jährlich 150 bis 200 Mrd. Tonnen >Kohlenstoff< pro Jahr in Form von CO_2.

Phototaxis. Eigenschaft von Tieren und anderen frei beweglichen Organismen, sich gerichtet auf eine Lichtquelle zu (positive P.) oder von ihr fort (negative P.) zu bewegen.

phototroph. Trophiemaß zur Charakterisierung der Herkunft der Energiequellen für Lebensprozesse. Phototrophe Organismen verwenden ausschließlich Lichtenergie zur Bestreitung von Wachstum und Stoffwechsel. >PAR<. Gegensatz: >chemotroph<.

Photovoltaik. Photovoltaik ist die Technologie zur direkten Umwandlung von Lichtenergie in elektrische Energie mit Hilfe von Solarzellen. Wenn Lichtquanten (Photonen) in einer Solarzelle absorbiert werden, wird die Energie $E = h \cdot \nu$ (h = Plancksches Wirkungsquantum, ν = Frequenz) des Photons an ein Elektron des Halbleitermaterials abgegeben, das so aus seiner Bindung in der Atomhülle befreit wird und ins sog. Lei-

Photorespiration: Ribulosebisphosphatcarboxylase als bifunktionelles Enzym. Umsetzung von Ribulosebiphosphat und CO_2 zu Phosphoglycerinsäure (links) bzw. von Ribulosebiphosphat und O_2 zu Phosphoglykolat und Phosphoglycerinsäure (rechts)

tungsband des Halbleiters gelangt. Im Valenzband bleibt durch das Fehlen eines Elektrons ein sog. >Loch< mit positiver Ladung (Defektelektron) zurück, das ebenso wie das Leitungselektron frei beweglich ist und zur Leitfähigkeit beiträgt. Entscheidend für die Umwandlung von Lichtenergie in elektrische Energie ist die Möglichkeit, die erzeugten Elektronen und Defektelektronen durch ein elektrisches Feld voneinander zu trennen. Dieses innere elektrische Feld wird im allgemeinen durch gezielte Dotierung einer Solarzelle erreicht, also Hinzufügen von Verunreinigungsatomen, die die Solarzelle negativ (n)- bzw. positiv (p)-leitend machen. Im n-Gebiet der Solarzelle finden sich mehr Elektronen, im p-Gebiet mehr Defektelektronen. Zwischen dem n-Bereich und dem p-Bereich entsteht durch die Ladungstrennung eine Spannung, die in einem geschlossenen äußeren Stromkreis zu einem Strom führt; also nutzbare elektrische Energie; (s. a. Tabelle).

1839	Becquerel entdeckt den photovoltaischen Effekt
1954	Erste Silizium-Solarzelle in den Bell Laboratories
1958	Erster Satellit mit Solarzellen zur Stromversorgung
1966	CdS/Cu$_2$O-Dünnschichtzelle
1974	Erste amorphe Si-Zelle
1983	Erstes Photovoltaik-Kraftwerk mit einer Leistung von über 1 MW
1985	Erste Silizium-Solarzelle mit einem Wirkungsgrad von 20 %
1989	Erste Tandemzelle mit einem Wirkungsgrad von über 30 % unter konzentriertem Licht

Lit: Kleemann M, Meliß M (1993) Regenerative Energiequellen, 2. Aufl., Springer Verlag, Berlin – Hoffmann V (1996) Photovoltaik – Strom aus Licht. B. G. Teubner Verlagsgesellschaft, Leipzig.

Phycomyceten. (Grch. phycos = Alge; mykes = Pilz). Veraltete Bezeichnung für >niedere Pilze<. Charakteristisches Merkmal sind unseptierte >Hyphen<.

Phyllodulcin. Ein in den Blättern von Hydrangea macrophylla vorkommendes Cumarinderivat, dessen sensorische Eigenschaften denen des >Süßholzes< und der >Dihydrochalcone< entsprechend. Wegen des langsamen Eintritts der Geschmacksempfindung und deren langsamen Abfalls ist der Einsatz für Bonbons, Kaugummi o. ä. möglich.

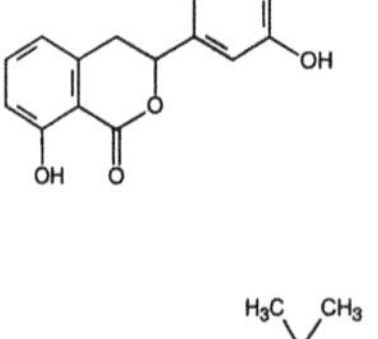

Phyllosphäre. (Grch. phyllon = Blatt; sphaira = Kugel). Umfaßt den Laubbereich von >Pflanzen< oder Pflanzenbeständen. Sie wird der Rhizosphäre gegenübergestellt.

Phylogenese (= Phylogenie). (τo $\phi \upsilon \lambda o \nu$ = Familie, Stamm, Gattung bzw. η $\phi \upsilon \lambda \eta$ = Volksstamm, Volk, Bezirk); bezeichnet die stammesgeschichtliche Entwicklung der Organismen. In der Individualentwicklung (s. >Ontogenese<) wird die P. verkürzt wiederholt. Auf diese Weise spiegelt sich die P. z. B. in den jahreszeitlichen Wachstumsstadien der annuellen Kulturpflanzen wider. Früher auch als tax(i)onomische Gruppe in Systemen des Pflanzenreiches verwendet.

Physalien. Zeaxanthin-dipalmitat. Diese Komponente des >Zeaxanthins< kommt in der Natur vor allem in den Kelchblättern von Physalis alkekengi vor und gehört zur Gruppe der >Xanthophylle< (s. chem. Formel unten).

Physikalisch-chemische Eigenschaften. Meßgrößen, die einen Stoff chemisch und physikalisch charakterisieren und mit deren Kenntnis Aussagen über sein Umweltverhalten in den drei Kompartimenten Boden, Wasser und Luft getroffen werden können. Sie sind somit eine wesentliche Voraussetzung zur Abschätzung eines chemischen Stoffes bezüglich seiner biologischen Abbaubarkeit, seiner Akkumulationsfähigkeit sowie seiner >Toxizität< und >Ökotoxizität<. Wichtige Stoffeigenschaften sind u. a. relative Molekülmasse, Dichte, >Schmelzpunkt<, Siedepunkt, Dampfdruck, Wasserlöslichkeit, Fettlöslichkeit, >n-Octanol/Wasser-Verteilungskoeffizient<, Volatilität aus wäßriger Lösung, Hydrolyse in Abhängigkeit vom >pH-Wert<, Dissoziationskonstante in Wasser, Komplexbildungsfähigkeit, photochemisches Verhalten und Reaktivität, zu deren Bestimmung mit einigen Ausnahmen internationale Prüfrichtlinien (>OECD-Guidelines<) erarbeitet worden sind.

Lit: Korte F (Hrsg.) (1987) Lehrbuch der ökologischen Chemie, Thieme Verlag, Stuttgart – OECD-Guidelines for Testing of Chemicals (1981) OECD, ISBN 92-64-12221-4, Paris.

Physikalisch-chemische Reinigungsverfahren. >Verfahren, chemisch-physikalische<.

Physikalische Kieme. Von manchen Wasserinsekten wird eine Luftblase von der Wasseroberfläche mit in die Tiefe genommen und an einem dichten Haarfilz oder unter den Flügeldecken festgehalten. Der darin enthaltene Sauerstoff wird veratmet. Ein Teil des entnommenen Sauerstoffs wird dadurch ersetzt, daß aus dem Wasser Sauerstoff in die Luftblase diffundiert, während wegen der Partialdruckunterschiede Stickstoff umgekehrt aus der Luftblase ins Wasser diffundiert. Dadurch nimmt das Volumen der Luftblase allmählich ab, und das Insekt muß an die Oberfläche, um die Luftblase zu erneuern.

Physikalische Verwitterung. Mechanische Zerkleinerung von Gesteinen und Mineralteilchen (>Verwitterung<).

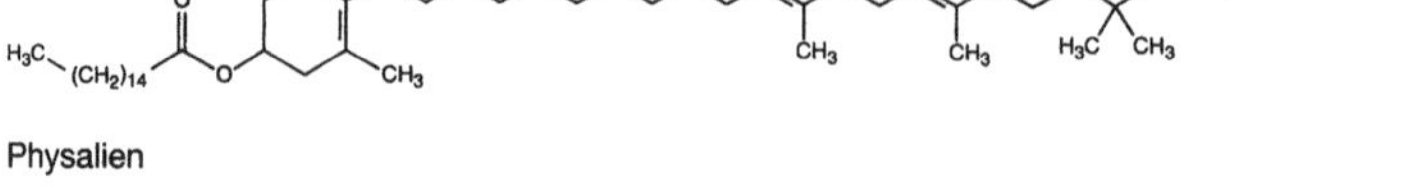

Physalien

Physikalisch-technische Bundesanstalt. Bundesbehörde in Braunschweig, Betreiberin der Atomuhr als Normzeit in D, besaß früher z.B. Zuständigkeiten nach dem >Atomgesetz< (§ 23); dafür jetzt zuständig das >Bundesamt für Strahlenschutz< in Salzgitter.

Physiologische Gründigkeit. Bodentiefe, bis zu der Pflanzenwurzeln tatsächlich in den Boden eindringen können. Bei der Bestimmung der p.G. werden neben verdichteten >Bodenhorizonten< und Festgesteinen auch z.B. Reduktionshorizonte berücksichtigt, in denen die Wurzeln wegen des Sauerstoffmangels nicht wachsen können.

Physiologische Kochsalzlösung. 0,85%ige Kochsalzlösung, die z.B. in der Mikrobiologie als Trägermaterial benutzt wird. Durch Zusatz der Lösung wird ein Platzen oder Schrumpfen der Zellen verhindert.

Phytinsäure. Hexaphosphorsäureester des Alkohols Inosit. Phytinsäure kommt in der Natur in Getreide- und Ölsamen vor. Sie bildet mit Eisen(II), Calcium, Magnesium und Zink schwer lösliche Salze. Bei einer ausgewogenen Ernährung treten jedoch keine Mangelerscheinungen dieser Mineralstoffe auf.

$X = OPO_3H_2$

Phytium. >Fungi< (s. Abb. S. 469).

Phytoalexine. (Grch. phyton = Pflanze; alexein = verteidigen). Niedermolekulare, antimikrobiell wirkende

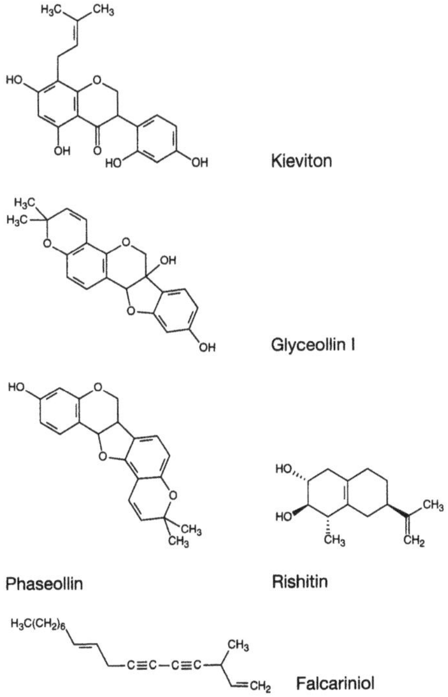

Kieviton

Glyceollin I

Phaseollin

Rishitin

Falcariniol

Phytoalexine

Verb., die von der Wirtspflanze synthetisiert werden und innerhalb best. Wirtszellen akkumulieren, nachdem der Wirt mit >Mikroorganismen< in Kontakt gekommen ist. Die Phytoalexinbildung wird durch >Elicitoren< ausgelöst; dies sind meist Abbauprodukte der pflanzlichen oder pilzlichen >Zellwand<. Häufig induzieren auch abiotische Elicitoren wie Schwermetallionen oder physikalische Faktoren wie UV-Bestrahlung die Phytoalexinsynth. Diese induzierten Abwehrstoffe wirken rel. unspez. >toxisch< auf >Bakterien<, >Pilze<, >Pflanzen< und Tiere. Sehr häufig erfolgt ein Angriff auf >Membranen<, so daß es zum >Elektrolyt-< und >Metabolit<ausfluß kommt. Eine wichtige Voraussetzung hierfür ist die lipophile Natur der P. Ihre Bildung ist lokal auf die befallenen Gewebebereiche beschränkt, ein Transport in andere Bezirke findet nicht statt, so daß auch die Abwehrreaktion streng lokalisiert bleibt. Es wird angenommen, daß Ausmaß und Geschwindigkeit der Phytoalexinbildung zus. mit weiteren Abwehrmechanismen für den >Resistenzgrad< einer Pflanzenart von Bedeutung sind. Einige P. sind für best. Pflanzenfamilien charakteristisch (s. chem. Formeln), insbesondere Isoflavonoid-Derivate (z.B. Kieviton der Bohne) und Pterocarpan-Derivate (z.B. Glyceollin I und Phaseollin) für >Leguminosen<, Phenylpropanabkömmlinge, Terpenoidabkömmlinge (z.B. Rishitin) sowie Acetylene und Polyacetylene (z.B. Falcariniol) für Solanaceae.

Lit: Elstner EF, Oßwald W, Schneider I (1996) Phytopathologie. Spektrum Akademischer Verlag, Heidelberg Berlin Oxford.

Phytochrom. (Grch. phyton = Pflanze; chroma = Farbe). (Syn. Hellrot-Dunkelrot-System). Eine Familie von >Photorezeptoren< in Cyanobakterien, >Algen<, >Moosen<, >Farnen< und >Samenpflanzen<, welche die >Photomorphogenese< und den Photoperiodismus steuern und damit eine zentrale Rolle für die >Entwicklung< der Pflanze spielen. Die Überführung in die physiol. aktive Form (= P_{730}) erfolgt mit max. Wirksamkeit im hellroten Licht, die Überführung in die inaktive Form (P_{660}) durch dunkelrotes Licht. Der Vorgang ist reversibel. Bei dem >Pigment< handelt es sich um ein dimeres Chromoproteid aus der Gruppe der Biliproteide mit einem Molekulargewicht zwischen 120 und 129 kD für das Monomer des Apoproteins. Das Formelbild zeigt ein Modell des Chromatophors. Bei der chromophoren Gruppe handelt es sich um ein offenkettiges Tetrapyrrol. Die Photokonversion be-

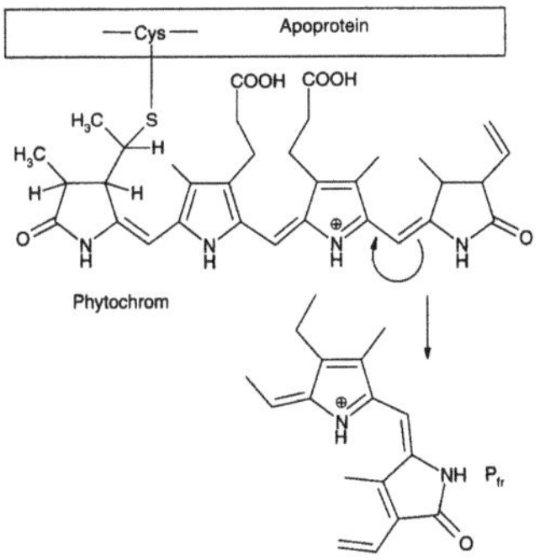

Phytochrom: Modell des Chromatophors (aus Heldt HW (1996) Pflanzenbiochemie. Spektrum Akademischer Verlag, Heidelberg Berlin Oxford)

ginnt mit einer trans-cis-Isomerisierung, gefolgt von einer Konformationsänderung des Proteins. Die Prim.-Wirkungen der extrem sensitiven Reaktion, die über G-Proteine vermittelt wird, bestehen 1. in einer Änderung von Membranpermeabilitäten, 2. in einer Änderung der Genexpression. Zumindest bei Cyanobakterien und Moosen handelt es sich beim P. um lichtregulierte Proteinkinasen. Mit Hilfe des P. beschafft sich die Pflanze Informationen über ihre Umwelt, z.B. über die Tages- und Jahreszeit, den Beschattungsgrad und bei >Samen< über die Bodentiefe.
Lit: Hock B (1984) Developmental Physiology. In: Progress in Botany, Bd. 46, Springer-Verlag, Berlin Heidelberg, S. 140–171.

Phytohormone. >Pflanzenhormone<.

Phytohygiene. Als P. läßt sich das Bemühen bezeichnen, durch vorbeugende Maßnahmen den Schutz von Pflanzen vor der Übertragung von Krankheiten zu erreichen und den Eintrag unerwünschter biotischer Komponenten in die Pflanzenbestände zu verhindern. Das Bemühen erstreckt sich sowohl auf phytopathogene Erreger, Schadinsekten als auch auf Unkräuter. Im Sinne der >Bioabfallverordnung< ist die phytohygienische Unbedenklichkeit behandelter Bioabfälle zu gewährleisten, damit keine Schäden an Pflanzen, Pflanzenerzeugnissen oder Böden durch die Verbreitung von Schadorganismen zu besorgen ist. >Bioabfallverordnung<.

Phytomedizin. Wissenschaft von den Krankheiten und Beschädigungen der Pflanzen, ihren Ursachen, Erscheinungsformen, ihrem Verlauf, ihrer Verbreitung sowie von den Maßnahmen und Mitteln zur Gesunderhaltung der Pflanzen und Bekämpfung der Schaderreger [aus DPG-Glossar].

Phytonematoden. >Nemathelminthes<, >Nematoda<.

Phytopathologie. (Grch. phyton = Pflanze; pathos = Krankheit). Vgl. >Pflanzenpathologie<, Lehre von den >Pflanzenkrankheiten< und deren Bekämpfung.

Phytophag. >Pflanzenfresser<, >herbivor<.

Phytophthora. (Grch. phyton = Pflanze; phtheirein = verderben, vernichten). Pilz-Gattung aus der Gruppe der >Oomyceten< (Ordnung *Peronosporales*) mit erheblicher >phytopathologischer< Bedeutung. Hierzu zählt z.B. der Erreger der Kraut- und Knollenfäule der Kartoffel *(Phytophthora infestans)*, der Buchenkeimlingskrankheit *(P.cactorum)*, der Wurzelfäule *(P.cambivora)* bei der Eßkastanie sowie der weitverbreitete Wurzelparasit *P.cinnamomi* an zahlreichen tropischen und subtropischen >Bäumen< und >Sträuchern<.

Phytoplankton. Pflanzliche Organismen des >Planktons<, überwiegend >Algen<, aber auch >Cyanobakterien< und andere phototrophe >Bakterien<. Das Phytoplankton leistet die >Primärproduktion< im >Pelagial< des Meeres und des Süßwassers.
Lit: Huber-Petalozzi G (1938ff) Das Phytoplankton des Süßwassers, Teile 1–8, Schweizerbart, Stuttgart – Reynolds CS (1984) The ecology of freshwater phytoplankton, Cambridge University Press, Cambridge London New York New Rochelle Melbourne Sidney.

Phytotelmen. Kleine, meist von tropischen Pflanzen gebildete Wasseransammlungen, z.B. zwischen den trichterförmig angeordneten Blättern von Bromelien oder in den Blattkannen der „fleischfressenden" *Nepenthes*-Pflanzen; in Mitteleuropa auch in den Asthöhlen an Buchenstämmen. Die P. beherbergen teilweise hochspezialisierte Organismen.

Phytotoxine. (Grch. phyton = Pflanze; toxikon = Gift). *Gegen* Pflanzen gerichtete Giftstoffe und nicht mit >Pflanzengiften< (>Toxine< aus >Pflanzen<) zu verwechseln (dieser Sprachgebrauch ist allerdings nicht konsequent, da z.B. >Mycotoxine< Giftstoffe *aus* >Pilzen< sind). Unter den Phytotoxinen (s. Abb.) findet man 1. nicht-wirtsspezifische Toxine aus >Bakterien< (z.B. das Tabtoxin von *Pseudomonas syringae* pv. *tabaci*, dem Erreger des Tabakbrandes) und Pilzen (z.B. das Fusicoccin aus *Fusicoccum amygdali*, dem Erreger der Mandel- und Pfirsichwelke). 2. Wirtsspezifische Toxine wie z.B. die AM-Toxine aus dem Pilz *Alternaria mali*, zyklische Peptide, die über >Membranzerstörungen< eine Nekrotisierung der Blattrippen verursachen.

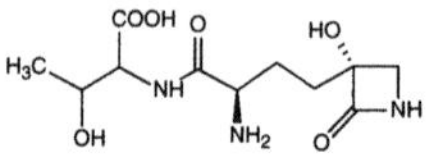

Tabtoxin

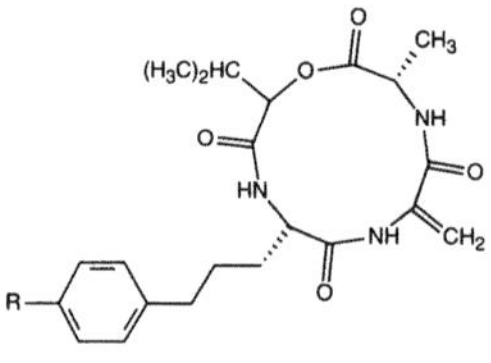

AM-Toxine
I R = OCH$_3$
II R = H
III R = OH

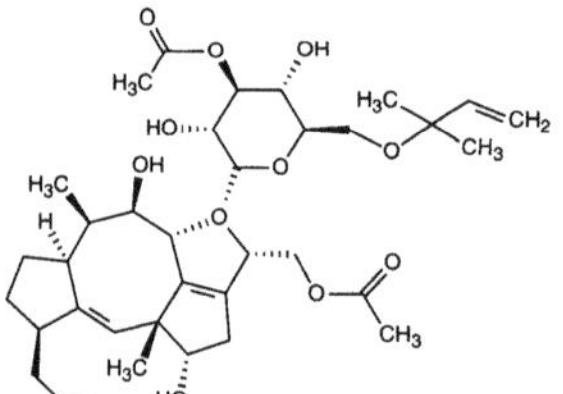

Fusicoccin

Phytotoxine

Phytotoxizität. Definition der P.: Schadwirkungen, die durch chem. Stoffe (z.B. >PSM< oder >Metaboliten<) und >Strahlen< unbeabsichtigt oder gezielt entstehen.
Schäden können entstehen:
– durch ionisierende Strahlen, pflanzentoxische Gase, anorg. und org. Schadstoffe bei Aufnahme über die Luft,
– durch anorg. und org. Schadstoffe [Agrochemikalien, >Umweltchemikalien< (>Xenobiotika<), >Schwermetalle< etc.],
– bei Aufnahme über den Boden.
Die P. ist abhängig von der Dosis.

Phytotoxizitätstests. Verträglichkeitsprüfungen von >Schadstoffen< an Pflanzen. Im aquatischen Bereich mit >Algen<: Staurastrum-, Chlorella-, Haematococcus-Test; mit >Cyanobakterien: Phormidium-Test sowie mit Moosen und anderen Makrophyten. Im terrestrischen Bereich werden Algen, Flechten, Moose und Blütenpflanzen als Testorganismen zum Wirkungsnachweis von Schadstoffen in Luft und Boden verwendet.

Lit: Arndt U, Nobel W, Schweizer B (1987) Bioindikatoren. Möglichkeiten, Grenzen und neue Erkenntnisse, Verlag Ulmer, Stuttgart.

Phytotron-Anlage. Gewächshaus mit der exp. Möglichkeit zur Simulation der natürlichen Faktoren und ihrer Dynamik eines beliebigen Klimas, besonders Licht- und Temperaturrhythmik, Feuchtigkeit, Kohlendioxidgehalt. Phyotron-Anlagen sind wichtige Anlagen für die exp. Ökologie an Pflanzen und Tieren.

Phytozönose. >Zönose<.

Picoplankton. Einzellige Organismen des >Planktons< mit Zellgrößen von 2 bis 0,2 μm; dazu gehören also auch >Bakterien<. Das P. hat eine große Bedeutung im Stoffumsatz des Meeres und der Binnengewässer, da es Grundlage einer mikrobiellen Nahrungskette ist, s. a. >microbial loop<.

Lit: Stockner JG, Anita NJ (1986) Algal picoplankton from marine and freshwaer ecosystems: a multidiscipline persepctive, Can J Fish Aquat Sci 43: 2472–2503 – Carpenter SR (Hrsg.) (1988) Complex interactions in lake communities, Springer-Verlag, New York Berlin Heidelberg London Paris Tokyo – Sommer U (Hrsg.) (1989) Plankton ecology. Succession in plankton communities, Springer-Verlag, Berlin Heidelberg New York London Paris Tokyo.

Pigment. (Lat. pigmentum = Farbe). Bezeichnet einen Farbstoff, oft in granulärer Form. In der >Biochemie< handelt es sich um einen Farbstoff mit biol. Funktion (z. B. Sehpigmente der Tiere, >Photosynthese<-Pigmente der >Pflanzen<).

Pigment Black 6 u. 7. >Kohlenschwarz<.

Pigment Blue 29. >Ultramarin<.

Pigou-Steuer. Idealtypischer ökonomischer Ansatz zur >Internalisierung externer Effekte<. Nach Arthur C. Pigou sollen die >privaten Kosten< mit den >sozialen Kosten< dadurch zur Deckung gebracht werden, daß die Verursacher negativer >externer Effekte< besteuert werden. Der Pigou-Steuersatz liegt bei den im Pareto-Optimum veranschlagten Grenzschäden. Eine vollkommene Umsetzung der P.-S. ist insbesondere wegen der bei der ökonomischen Bewertung externer Effekte auftretenden Informationsprobleme kaum möglich. Die Idee der P.-S. bildete jedoch die Grundlage bei der Entwicklung praxisnäherer Besteuerungsvarianten, insbesondere der >Emissionsabgabe< im Sinne des Standard-Preis-Ansatzes (>Umwelt- und Ressourcenökonomik<). Außerdem dient sie in der Ökosteuer-Diskussion als Leitbild.

piko (p). Vorsatz vor Maßeinheiten, die um das 10^{12}fache verkleinert sind.

Pilotballon. Unbemannter, frei fliegender Ballon, der zur Höhenwindmessung benutzt wird. Dazu wird er während des Aufstiegs mittels Windradar oder Theodolit ständig angepeilt. Aus der Veränderung von Höhen- und >Azimutwinkel< lassen sich die Horizontalwindkomponenten in der durchflogenen Schicht berechnen. >Zirkulation der Atmosphäre<.

Pilot-Konditionierungsanlage (PKA). Um die technische Machbarkeit und die atomrechtliche Genehmigungsfähigkeit der >Konditionierung< abgebrannter >Brennelemente< nachzuweisen, wird gegenwärtig am Standort >Gorleben< (Niedersachsen) eine PKA für abgebrannte Brennelemente und >radioaktive Abfälle< mit einer Jahreskapazität von 35 t Schwermetall errichtet. Hierbei handelt es sich um eine Mehrzweckanlage, in der neben Brennelementen alle Arten von radioaktiven Abfällen aus >kerntechnischen Anlagen< so konditioniert werden können, daß sie für die >Endlagerung< geeignet sind. Auf der Basis der im Januar 1990 erteilten 1. atomrechtlichen Teilgenehmigung (1. TG), welche die Errichtung der Rohbauten sowie das vorläufige positive Gesamturteil über das Anlagenkonzept enthält, wurde im Februar 1990 mit den Bauarbeiten begonnen. Im Juli 1994 wurde die 2. TG (maschinen- und elektrotechnischer Teil sowie Leittechnik) erteilt, die 3. TG wird für 1999 erwartet.

Pilus. (Pl. Pili; lat. pilus = Haar). Manche Bakterienarten weisen auf ihrer Oberfläche eine große Zahl (von 10 bis zu einigen Tausend) langer, dünner Proteinfäden auf, die einen Durchmesser von 3 bis 25 nm und eine Länge von bis zu 12 μm haben können. Diese mit Haaren zu vergleichenden Strukturen werden Pili oder Fimbrien genannt. Der Ausdruck Fimbrien bedeutet jedoch Fransen und ist daher sprachlich nicht ganz korrekt. Man findet Pili bei begeißelten und unbegeißelten Bakterienarten. Es gibt verschiedenartige Pili, die nach mehreren Klassifizierungen (nach Brinton und nach Duguid) eingeteilt werden können. Eine wichtige Klasse sind die F-Pili (F = Fertilität), die hohlen Proteinröhren gleichen und nur in Ein- oder Zweizahl pro Zelle auftreten. Über solche F-Pili können zwei Bakterienzellen in >Konjugation< treten. Mittels des F-P. wird dabei eine Konjugationsbrücke (Joch) zum Austausch von genetischen Informationen (DNA) gebildet. Zur Ausbildung solcher Pili sind nur Bakterien befähigt, die einen sog. Geschlechtsfaktor (F-Faktor) aufweisen.

Pilze. (Syn. Mycota oder >Fungi<). Sie bilden ein eigenes Organismenreich innerhalb der >Eukaryoten< mit ausschließlich >heterotrophen< Vertretern. Dennoch handelt es sich wegen des heterophyletischen Ursprungs um keine natürliche Verwandtschaftsgruppe. Zu den P. im engeren Sinn zählen die Abteilungen Oomycota und Eumycota. In der vegetativen Phase herrscht als häufigste Form die >Hyphe< vor. Daneben finden sich Sproß- und Spaltzellen, die für hefeartige P. typisch sind. Seltener treten amöboide Zellen und Plasmodien auf, wie sie im Bereich der pilzähnlichen Protisten vorkommen. >Plastiden< fehlen grundsätzlich. Die Nahrungsaufnahme erfolgt mit Ausnahme der Schleimpilze durch Absorption gelöster Verb. aus der Umgebung. Man unterscheidet >Saprophyten<, >Parasiten< und >Symbionten< (z. B. >Flechten<, >Mykorrhiza<). Die Heterogenität macht sich besonders im reproduktiven Bereich bemerkbar. Die Vermehrung erfolgt i. d. R. durch vegetative >Sporen< sowie durch Meiosporen.

Pilzgifte. >Toxische< Verb. aus den Fruchtkörpern von >Giftpilzen<.

Pilzhyphen. >Hyphe<.

Pilzkrankheiten. Werden durch parasitische >Pilze< und deren >Stoffwechselprodukte< bei Menschen, Tieren (Mykosen) sowie >Pflanzen< verursacht.

Pilzmantel. Das >Myzel<, das bei der >Ektomycorrhiza< die >Wurzeln< höherer Pflanzen dicht umspinnt.

Von dort aus dringen die >Pilzhyphen< in das umgebende Substrat sowie in die Wurzelrinde vor, wo sie das >Hartigsche Netz< bilden. Der P. dient als Speicher für Kohlenhydrate und Nährsalze. Charakteristische Pilzmäntel finden sich v.a. an den Wurzeln mykorrhizierter Waldbäume.

Pilzmücken (Mycetophilidae). >Insecta<, >Diptera<, >Bodenfauna< (s. Abb. S.218), >Mull-Moder-Modell<.

Pilztreiben. Das Abschwemmen von grauen, meist fadenförmigen Abwasserpilzen im >Vorfluter< als Zeichen starker org. Belastung infolge unzureichender >Abwasserreinigung<. Die Abwässer der Zuckerfabriken z.B. enthalten die für Fische giftigen Saponine (Schädlichkeitsgrenze etwa 5 mg/L), deren Giftwirkung aber bei einer 5- bis 6fachen Verdünnung der Diffusionsablauf- und Schnitzelpressenwässer aufhört. Die Schädlichkeit der Abwässer beruht in der Hauptsache auf ihrem Gehalt an org., leicht zersetzlichen Stoffen. Am meisten würde sich ihre Wirkung im Vorfluter durch überaus starke Wucherungen von Abwasserpilzen wie >Leptomitus< und >Sphaerotilus< mit ihren Begleiterscheinungen bemerkbar machen. Tiefgreifende Veränderungen der >Wasserflora< und >-fauna<, Pilztreiben, Verschlammung, durch die Wärme der Abwässer stark beschleunigter Sauerstoffentzug, mittelbare und unmittelbare Schädigung der Fischerei und eine schwere Beeinträchtigung des Gemeingebrauchs am Wasser wären die nachteiligen ökotoxikologischen Folgen der Abwassereinleitung.
Lit: Meinck F, Stooff H, Kohlschütter H (1968) Industrie-Abwässer, Gustav Fischer Verlag, Stuttgart.

Pinch-Effekt. Der Effekt in kontrollierten >Fusions<versuchen, daß ein durch eine Plasmasäule fließender elektrischer Strom das >Plasma< einschnürt, komprimiert und damit aufheizt.

Pindolol. >Beta-Blocker<.

Pinen, *alpha*. Hauptkomponente des >Terpentinöls<, wird durch eine katalytische Isomerisierungsreaktion in >Camphen< umgewandelt. Camphen dient als Ausgangsprodukt zur Synthese von >Toxaphen<, *alpha*-Pinen zur Darstellung von >Strobane<.

Pinselfüßer (Polyxenidae). >Myriopoda<, >Diplopoda<, >Bodenfauna<.

Pion. Kurzlebiges Elementarteilchen; Kurzform für >π-Meson<. Die Masse eines geladenen Pions ist rund 273mal so groß wie die eines >Elektrons<. Ein elektrisch neutrales Pion hat eine Masse, die das 264fache der Elektronenmasse beträgt. >Elementarteilchen<.

Pirimicarb. Wirkt als >Insektizid< und zählt zur Substanzklasse der Carbamate.
Chemische Bezeichnung: 5,6-Dimethyl-2-dimethylamino-4-pyrimidinyl-dimethylcarbamat
CAS-Nummer: 23103–98–2
Hersteller: Zeneca
Wirkungstyp: Spez. Blattlausmittel (Aphizid) mit Berührungs- und Atemgiftwirkung. Dringt in Blätter ein (nicht translozierend) und wird von den Wurzeln aufgenommen. Cholinesterase-Hemmstoff.
Bevorzugte Anwendung: Gegen Blattläuse an Kirschen, Rüben, Getreide, Gemüse, Zierpflanzen und Tabak, auch bei Resistenz gegen Phosphorsäureester. Räuchermittel unter Glas.

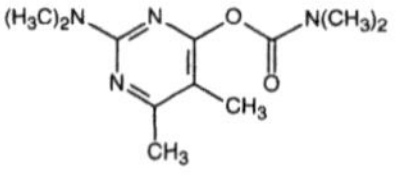

Chemische und physikalische Eigenschaften:
Physikalische Beschaffenheit: Krist., farblos.
Schmelzpunkt: 90,5 °C.
Dampfdruck: $5 \cdot 10^{-3}$ Pa bei 20 °C.
Verteilungskoeffizient (log $P_{o/w}$): 1,8 bei 20 °C.
Stabilität: Lagerbeständig unter Normalbedingungen. Wird durch starke Säuren und Alkalien hydrolysiert. In wäßriger Lsg. Abbau durch Licht.
Löslichkeit: In Wasser 0,27 g/100 mL bei 25 °C.
Abbau und Metabolismus: Nach oraler Applikation bei Ratten schnelle und nahezu vollständige Metabolisierung. Bei Verfütterung von Carbonyl-^{14}C-markiertem P. werden 50 % der Aktivität innerhalb 3 bis 6 Stunden mit der Atemluft ausgeschieden, innerhalb 48 Stunden ca. 75 % als $^{14}CO_2$. Weitere 17 bis 19 % der Aktivität werden innerhalb von 11 Tagen im Urin ausgeschieden. Im Urin wird kein unverändertes P. gefunden. Ausscheidung und Metabolisierung erfolgt bei Ratten und Hunden qual. ähnlich.
Toxizität: Akute orale LD_{50} für Ratte 147 mg/kg, Maus 107 mg/kg, Hund 100 bis 200 mg/kg. die Verfütterung von 750 mg/kg enthaltender Nahrung über 90 Tage an Ratten brachte keine Auswirkung auf Wachstum, Überlebensrate oder histopathologischen Befund. Akute dermale LD_{50} bei Ratte >500 mg/kg. Bei Kaninchen keine Haut- und Augenreizung.
Bienentoxizität: Nicht bienengefährlich (B 4 und B 3).
Fischtoxizität: Nicht fischgiftig. LC_{50} (96 h) für Regenbogenforelle 29 mg/L und Sonnenbarsch 55 mg/L.
Vogeltoxizität: Akute orale LD_{50} für Huhn 25 bis 50 mg/kg, Stockente 12,2 mg/kg und Japanische Wachtel 8,2 mg/kg.

Pirimiphos-methyl. Wirkt als >Insektizid< und zählt zur Substanzklasse der >Phosphorsäureester<.
Chemische Bezeichnung: *O,O*-Dimethyl-*O*-(2-diethylamino-6-methyl-pyrimidin-4-yl)-thio-phosphat
CAS-Nummer: 29232–93–7
Hersteller: Zeneca
Wirkungstyp: Rasch wirkendes Insektizid und Akarizid mit Berührungs- und Atemgiftwirkung. Hemmstoff der Cholinesterasen.
Bevorzugte Anwendung: Gegen Vorratsschädlinge im Getreide. Gegen Weiße Fliege an Gemüse und Zierpflanzen unter Glas. Gegen beißende und saugende Insekten an Gemüse und Zierpflanzen im Freiland.

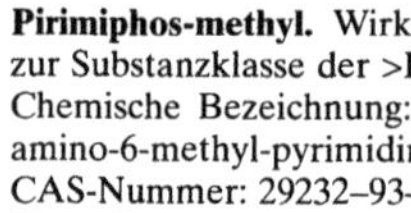

Chemische und physikalische Eigenschaften:
Physikalische Beschaffenheit: Gelbe Flüssigkeit.
Schmelzpunkt: Etwa 15 °C.
Geruch: typisch für Phosphorsäureester.
Dampfdruck: $1,4 \cdot 10^{-2}$ Pa bei 20 °C.
Verteilungskoeffizient (log $P_{o/w}$): 4,1 bei 20 °C.
Stabilität: Wird durch starke Säuren und Basen hydrolysiert.
Korrosives Verhalten: Korrodiert verzinntes Blech.
Löslichkeit: In Wasser etwa 5 mg/L bei 30 °C.

Abbau: Rasche Verdampfung. Nach 2 bis 3 Tagen sind auf Pflanzen weniger als 10%, einschließlich Abbauprodukt *O,O*-Dimethyl-*O*-(2-ethylamino-6-methyl-pyrimidin-4-yl)-thio-phosphat vorhanden. Auf eingelagertem Getreide Halbwertszeit mindestens 2 Monate. Im Boden schneller mikrobieller Abbau; DT_{50} beträgt 5–6 Tage, DT_{90} 11–35 Tage. Im Warmblüterorganismus wird als Metabolit Hydroxypyrimidin gefunden.

Toxizität: Akute orale LD_{50} für Ratten 2.050 mg/kg, akute dermale LD_{50} >2.000 mg/kg. Geringe Reizung von Haut und Augen. Keine sensibilisierende Wirkung.

Bienentoxizität: Teils bienengefährlich (B1), teils B3.

Fischtoxizität: Fischgiftig. LC_{50} (96 h) für Forelle 0,25 mg/L, für Karpfen 1,4 mg/L. Giftig für Fischnährtiere. EC_{50} (48 h) für *Daphnia* <0,1 mg/L. EC_{50} (96 h) für Grünalge 1–10 mg/L.

Vogeltoxizität: Akute orale LD_{50} für Huhn 30–60 und Wachtel ca. 140 mg/kg. 5-Tage-Fütterungstest LC_{50} Wachtel 207 und Stockente 633 mg/kg.

Plättchenköder. (Internat. Kurzbezeichnung: PB). >Fertigköder< in Plättchenform.

Plaggenesch. >Eschboden<.

Plagioklas. Gruppe von Mineralen der Mischungsreihe zwischen Albit (Natronfeldspat, $NaAlSi_3O_8$) und Anorthit (Kalkfeldspat, $CaAl_2Si_2O_8$), die mit knapp 40% am Aufbau der Erdkruste beteiligt und daher wichtige Minerale für die Bodenbildung sind (>Feldspäte<).

Planerische Konfliktbewältigung. Jede Planungsentscheidung ist nur dann rechtsmäßig, wenn sie die vorgefundenen und die durch sie selbst ausgelösten Konflikte in einer Weise bewältigt, daß das Ergebnis harmonisch ist.

Planetarische Zirkulation. >Zirkulation der Atmosphäre<.

Planfeststellung. 1. allgemein: Formalisiertes Planungsverfahren (Planfeststellungsverfahren), das mit dem Planfeststellungsbeschluß (bzw. seiner Verweigerung) endet. Geregelt in einer Vielzahl von Gesetzen, vorbildhaft in den §§ 72 bis 78 des Bundesverwaltungsverfahrensgesetzes. Das Planfeststellungsverfahren ist 3stufig: Planaufstellung (gesetzlich nicht geregelt, behördeninterner Vorgang), Anhörungsverfahren, Planfeststellungsbeschluß. Das Anhörungsverfahren ist in sich 6fach ausdifferenziert: Einreichung des Plans durch den Träger des Vorhabens bei der Anhörungsbehörde, Einholung von Stellungnahmen, Auslegung des Plans zur Einsicht, Erhebung von Einwendungen, Erörterungstermin, Zuleitung an die Planfeststellungsbehörde. Der Planfeststellungsbeschluß entfaltet Wirkungen in 4facher Hinsicht: Genehmigungs- oder Erlaubniswirkung (Zulassung des Vorhabens), >Konzentrationswirkung<, Rechtsgestaltungswirkung (Regelung sämtlicher öffentlich-rechtlicher Beziehungen zwischen dem Träger des Vorhabens und den durch den Plan Betroffenen), Ausschlußwirkung (im Falle der Unanfechtbarkeit des Planfeststellungsbeschlusses sind Ansprüche auf Unterlassung des Vorhabens, auf Beseitigung oder Änderung der Anlage oder auf Unterlassung ihrer Benutzung ausgeschlossen). Aufgrund eines Planfeststellungsverfahrens werden z.B. Fernstraßen, Eisenbahnen, Wasserstraßen, >Abfallentsorgungsanlagen< errichtet.

2. Kernkraft: Im Planfeststellungsverfahren wird die Zulässigkeit einer geplanten Anlage unter Berücksichtigung aller von ihr betroffenen öffentlichen Belange geprüft. Liegen die gesetzlichen Voraussetzungen vor, so werden durch den Planfeststellungsbeschluß die Zulässigkeit der Anlage festgestellt und alle öffentlich-rechtlichen Beziehungen zwischen dem Inhaber der Anlage und den von ihr Betroffenen abschließend geregelt. Grundlagen des Planfeststellungsverfahrens für die Errichtung und den Betrieb von Anlagen des Bundes zur Sicherstellung und zur >Endlagerung< >radioaktiver Abfälle< sind im Paragraph 9b des >Atomgesetzes< AtG geregelt. Der Planfeststellungsbeschluß ersetzt die sonst nach anderen Rechtsvorschriften erforderlichen Genehmigungen und sonstigen Maßnahmen. Die Planfeststellungsbehörde ist also nicht an die Durchführung einzelner förmlicher Genehmigungsverfahren nach versch. betroffenen Gesetzen gebunden, wohl aber an deren materielle Regelungen. Dies gilt nicht für die Zulässigkeit eines unterirdischen >Endlagers< nach den Vorschriften des Berg- und Tiefspeicherrechts. Hierüber entscheidet gemäß Paragraph 9b Abs.4 Nr.3 AtG die dafür sonst zuständige Behörde. Zuständig als atomrechtliche Planfeststellungsbehörde für die geplanten Endlager >Konrad< und >Gorleben< ist das Niedersächsische Umweltministerium. Zuständige Behörde nach dem Berg- und Tiefspeicherrecht (bergrechtliche Genehmigung) ist für die Schachtanlage Konrad das Bergamt Goslar und für den Standort Gorleben das Bergamt Celle. Beide Bergbehörden unterstehen dem Oberbergamt Clausthal-Zellerfeld.

Planfeststellungsverfahren. >Rechtsbegriff< des Verwaltungsverfahrensrechts (VwVfG) von Bund und Ländern. Errichtung und Betrieb verschiedener umweltrelevanter Anlagen sowie deren wesentliche Änderung, wie z.B. Deponien gemäß § 3 Abs.2 >Kreislaufwirtschafts- und Abfallgesetz – KrW-/AbfG<, bedürfen aufgrund jeweils spezialgesetzlicher Festsetzungen der Planfeststellung. Ist ein P. durch >Rechtsvorschrift< angeordnet, so gelten hierfür §§ 73 bis 78 der Verwaltungsverfahrensgesetze von Bund bzw. Ländern. Kern der Planfeststellung ist im Ergebnis, daß durch diese die Zulässigkeit des Vorhabens einschließlich der notwendigen Folgemaßnahmen an anderen Anlagen im Hinblick auf alle von ihm berührten Belange festgestellt wird (§ 75 VwVfG).

Plangenehmigung. Teil des Zulassungsverfahrens für >Abfallbeseitigungsanlagen< (§ 31 >Kreislaufwirtschafts- und Abfallgesetz<). Statt des aufwendigen Verfahrens der >Planfeststellung< kann das einfachere P.-Verfahren durchgeführt werden, wenn a) nur eine unbedeutende Deponie errichtet oder betrieben werden soll, b) wenn der Betrieb der bestehenden Deponie wesentlich geändert werden soll, ohne daß sich dies erheblich nachteilig auf Schutzgüter auswirkt, und c) bei Versuchsanlagen. Unwesentliche Änderungen der Deponie sind genehmigungsfrei. Im abfallrechtlichen P.-Verfahren gibt es u.a. keine >Umweltverträglichkeitsprüfung< und keine obligatorische Öffentlichkeitsbeteiligung. Das P.-Verfahren kann auf Antrag oder von Amts wegen durchgeführt werden.

Plankton. Gemeinschaft der im >Pelagial< des Meeres und der Binnengewässer schwebenden und schwimmenden Organismen, sofern sie mit den Wasserbewegungen beliebig verfrachtet werden können. Das P.

setzt sich nach den Organismengruppen zus. aus Bakterioplankton, >Phytoplankton<, >Zooplankton<. Nach der Größe der Organismen wird folgende Einteilung getroffen: Megaplankton 200 bis 20 cm, Makroplankton 20 bis 2 cm (beide nur im Meer), Mesoplankton 20 bis 0,2 mm, Mikroplankton 200 bis 20 µm, >Nanoplankton< 20 bis 2 µm, >Picoplankton< 2 bis 0,2 µm und Femtoplankton unter 0,2 µm. S. a. >Nekton<.

Planung. Dem bewußten Menschen geläufige und von ihm zum Einsatz gebrachte Denk- und Handlungsweise. P. will zukünftiges Geschehen beeinflussen oder gestalten, um ein in den Blick genommenes Ziel mit bestimmten Mitteln innerhalb eines festgelegten Zeitraums zu erreichen. Vier kennzeichnende Kategorien: Zukunftsbezogenheit, Zielorientiertheit, methodisches Vorgehen und Zeithorizont. P. ist folglich das Gegenteil einer spontanen Reaktion. Die letztere betrifft kalkuliertes Handeln, welches im Wege der Vorausschau viele Faktoren berechnet; sie enthält prognostische Elemente und ist somit zwangsläufig durch Unsicherheit gekennzeichnet.
Lit: Peine FJ (1997) Öffentliches Baurecht. 3.Aufl., Mohr Siebeck, Tübingen – Blümel: „Demokratisierung der Planung" oder Rechtsstaatliche Planung. In: Festschrift für Forsthoff, 1972, S.9ff. – Wahl: Notwendigkeit und Grenzen langfristiger Aufgabenplanung, Der Staat 1972, S.459ff.

Planung, ökologische. >Ökologische Planung<.

Planungsinstrumente. Planfeststellungsbeschluß (Rechtsnatur: Verwaltungsakt), Satzung (z.B. Bebauungsplan), Rechtsverordnung, Gesetze, Flächennutzungsplan (Rechtsnatur ist streitig, wahrscheinlich Instrument sui generis).

Plasma. Insgesamt elektrisch neutrales Gasgemisch aus >Ionen<, >Elektronen< und neutralen Teilchen. Hochtemperatur-Wasserstoffplasmen dienen als >Brennstoff< in kontrollierten >Fusions<versuchen.

Plasmamembran. (Grch. plasma = das Gebildete). Die Grenzmembran, welche die lebende >Zelle< von ihrer Umgebung abgrenzt. Sie ist als Elementarmembran ausgebildet. Bei der Pflanzenzelle grenzt die P. den >Protoplasten< gegen die >Zellwand< ab; sie wird in der Botanik als Plasmalemma (grch. plasma = das Gebildete; lemma = Schale) bezeichnet. Mit 10 nm Durchmesser ist sie die dickste der Zellmembranen; sie zeichnet sich durch einen hohen Glycoproteinanteil aus und ist Sitz von Rezeptoren, >Elektronentransportketten<, Ionenpumpen und -kanälen. Am Plasmalemma endet der exocytotische und beginnt der endocytotische Membranfluß. Am Plasmalemma findet schließlich die >Cellulosesynthese< statt.

Plasmaströmung. Gerichtete Bewegung des Endoplasmas, dem inneren Bereich des >Cytoplasmas<, und seiner darin enthaltenen >Organellen< in der lebenden >Pflanzen-< und >Pilzzelle<. Die P. ist ein aktiver, energieverbrauchender Prozeß, der besonders intensiv bei großen Zellen abläuft und ca. 0,2 bis 0,6 mm/min beträgt, aber bei Characeen bis zu 6 mm/min erreicht. Sie dient der Durchmischung des Zellinhalts. Die P. ist häufig autonomer Natur, wird aber in anderen Fällen erst durch Außenreiz ausgelöst. Die häufigsten Typen sind Rotations- und Zirkulationsströmung. Die Triebkraft liefert das Actomyosin-System, welches das Endoplasma rel. zum ortsfesten Ektoplasma verschiebt.

Plasmid. Extrachromosomale, ringförmig geschlossene DNA-Doppelstränge mit genetischen Informationen, die in vielen Bakterien enthalten sind. Durch >Konjugation< mit anderen Zellen und Methoden des >Gentransfers< wird eine Weiterverbreitung der auf dem P. enthaltenen >Gene< ermöglicht. Es kann sich z.B. um Gene für spezielle biochem. Eig. handeln, die unter bestimmten Bedingungen zu einem Selektionsvorteil führen können. Dies ist im Hinblick auf die Bildung von >Resistenzen< von besonderer Bedeutung. In der Gentechnik werden P. eingesetzt, um gezielt neue Informationen in Zellen einzuschleusen (z.B. >Ti-Plasmide<, >*Agrobacterium tumefaciens*<).

Plasmodesmen. (Grch. plasma = das Gebildete; desmos = Bindemittel). Plasmatische Zellbrücken der vielzelligen >Pflanzen< durch die >Zellwände< hindurch. Die röhrenförmigen Strukturen verbinden die >Protoplasten< nahezu aller benachbarten >Zellen< miteinander, die hierdurch zu einem >Symplasten< zus.-geschlossen sind. Eine Ausnahme bilden physiologisch isolierte Zellen wie die Schließzellen der >Stomata<. Die 30 bis 60 nm starken Röhren werden von der Plasmamembran begrenzt und außen von einem Callosemantel umhüllt. Im Inneren wird jeder P. zentral von einem Desmotubulus (Fortsatz des ER) durchzogen. P. dienen dem Austausch von gelösten Stoffen und Signalmolekülen (z.B. >Phytohormone<). Die Zellkommunikation über Plasmodesmen spielt eine wichtige Rolle für die koordinierte >Differenzierung< und >Morphogenese< der Pflanze. Bei Tierzellen sind die gap junctions die funktionellen Analoge der Plasmodesmen.

Plaste. In der früheren DDR übliche Bezeichnung für >Kunststoffe<.

Plastiden. (Grch. plastos = geformt, gebildet). Eine Gruppe pflanzeneigener Zellorganellen mit vielfältigen Funktionen. Sie werden nach außen durch eine Doppelmembran begrenzt. Die >chlorophyll-< und >carotinoidhaltigen< >Chloroplasten< dienen der >Photosynth.<; Spezialformen treten bei einigen >Algengruppen< auf. Die carotinoidhaltigen, aber chlorophyllfreien *Chromoplasten* stehen im Dienst der Tieranlockung zur Bestäubung und Samenausbreitung; die Altersformen, z.B. im Herbstlaub, bezeichnet man auch als *Gerontoplasten*. >Pigment<freie P. nennt man *Leukoplasten* (grch. leukos = weiß, ungefärbt). Hierzu zählen die *Amyloplasten* (grch. amylon = Stärke) als Reservestärke-speichernde >Organellen< sowie die *Etioplasten*, Zwischenformen der Chloroplastengenese bei Lichtabschluß. Sämtliche P. der höheren Pflanzen können aus *Proplastiden* hervorgehen, außerdem sind alle Plastidformen der Höheren Pflanze mit Ausnahme der Gerontoplasten teilbar und können sich ineinander umwandeln.

Plastik. >Kunststoffe<.

Plastron. Wenige µm dicke Gasschicht (N_2, CO_2, O_2) am Körper untergetauchter Wasserinsekten zur Verbesserung der Aufnahme von Sauerstoff aus dem Wasser, da das P. alle Tracheenöffnungen funktionell miteinander verbindet und so die >Diffusion< des O_2 verbessert. Das P. ist eine „technische" Verbesserung der physikalischen Kieme, da es sein Volumen unter Wasser nicht verringert und weniger druckanfällig ist.

Plateau. Der Teil einer >Zählrohrcharakteristik<, in dem sich die Zählrate bei Spannungsschwankungen nur geringfügig ändert.

Plathelminthes (Plattwürmer). >Turbellaria<, >Mikrofauna<, >Bodenfauna< (s. Abb. S. 223).

Platin. >Katalysator<.

Plattenbelüfter. P. sind Belüftungselemente aus gelochtem Folienmaterial, die auf eine große Faserzement-, Metall- oder glasfaserverstärkte Kunststoffplatte gespannt werden (bekannt als P. aus Folienmaterial). Die Bezeichnung Platten wird weiterhin auch für flache rechteckige Elemente aus Keramik- oder perforierter flexibler Membran mit einer Länge von 1,00 bis 1,50 m und einer Breite von 10 cm gebraucht. Die Elemente werden in einen Edelstahltrog eingespannt und auf die Luftverteilungsleitung geschraubt (s. Abb.). Ein anderes Plattenbelüftungssystem besteht aus einer Grundplatte mit den Abmessungen 0,15 × 0,45 m, auf die eine perforierte flexible Membran aufgespannt wird. Weiterhin verwendet man die Bezeichnung P. auch für 40 cm breite und 3,00 m lange Elemente aus gewebegestützter polymerer Folie.
Lit: Abwassertechnische Vereinigung e. V. (Hrsg.) (1985–1997) ATV-Handbuch, 4. Aufl., Band 1–7, Verlag Wilhelm Ernst und Sohn, Berlin München.

Plattenmodell. Vorzugsweise in der Physikalischen Chemie der Trennvorgänge und in der Gebietshydrologie benutzter Ansatz, räumlich ausgedehnte, mehr oder weniger homogene Körper oder ganze geologische Schichten als aggregierte (engl. „lumped") Speicher oder „Platten" zu betrachten und die >Flüsse< zwischen ihnen durch einfache >Algorithmen< zu beschreiben. Der Ansatz kommt, eine zeitliche Maximalauflsg. (z. B. von einem Tag) vorausgesetzt, grundsätzlich ohne >Permeabilitäten< oder >Leitfähigkeiten< aus und arbeitet nur mit Bilanzansätzen und Mischungsalgorithmen, um die Wanderung von Wasser und Stoffen in porösen Körpern zu beschreiben. Dabei werden max. Speicherkapazitäten einzelner Platten od. Schichten für die betr. Komponenten nicht über-, minimale nicht unterschritten. Trenn- und Dispersionsvorgänge werden, soweit überhaupt, durch die Wahl der Anzahl von Platten bzw. theoretischen >Böden< berücksichtigt. Andere Bezeichnungen: >Kapazitätsmodell<, >Kaskadenmodell<; s. a. >Kompartimentmodell<.

Plegicil. >Azepromazin<.

Pleistozän. Älterer geologischer Abschnitt des Quartärs, der etwa von 1,5 Mio. bis 160.000 Jahre vor heute reicht und die Günz-(Weybourne-) und die Mindel-(Elster-)Kaltzeiten einschließt. Das P. wurde früher, auch z. B. im Bereich der Reichsbodenschätzung, als *Diluvium* bezeichnet.

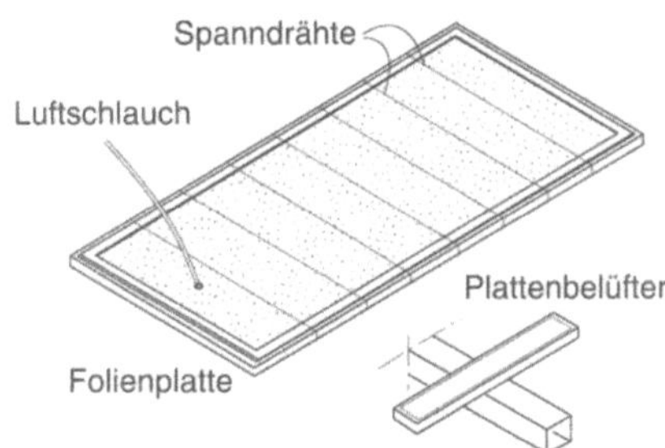

Plattenbelüfter

Pleuston. Größere Organismen über 100 μm mit oder ohne eigene Beweglichkeit auf der Wasseroberfläche, s. a. >Neuston<. Dazu gehören die vielen nicht am Grund wurzelnden Schwimmpflanzen wie Salvinia und Azolla (Farne), Pistia und die Wasserhyazinthe *Eichhornia crassipes* u. a. Die zahlreichen Tiere des P. bewegen sich auf der Wasseroberfläche. Hierher gehören viele Wanzen der Gattungen Gerris, Velia, Microvelia, auf der Meeresoberfläche Halobates und Rheumatobates, die sich alle ständig oder während der meisten Zeit ihres Lebens auf der Wasseroberfläche aufhalten. Andere Tiere, wie die Springschwänze *Podura aquatica* und Sminthurus-Arten, Käfer der Gattung Stenus sowie die Larven der Wassermilben *Hydrodroma despiciens* und von Eylais-Arten halten sich nur kurzfristig auf dem Wasser auf. Die Tragfähigkeit der Wasseroberfläche wird durch die Oberflächenspannung von etwa $80 \cdot 10^{-3}$ N · m^{-1} gewährleistet. Arten der Gattungen Velia und Stenus entspannen durch Abgabe von >Tensiden< die Wasseroberfläche und können sich so rasch fortbewegen.

Plexiglas. >Acrylglas<.

Plutonium (Pu). Pu – das 94. Element im >Periodensystem der Elemente (PSE)< – wurde 1940 von den amerikanischen Forschern SEABORG, MCMILLAN, WAHL und KENNEDY als zweites Transuran-Element in der Form des >Isotops< Plutonium-238 beim Beschuß von >Uran<-238 mit >Deuteronen< entdeckt. Heute sind 15 Pu-Isotope bekannt. Besondere Bedeutung hat wegen seiner Eig. als spaltbares Material das Isotop Pu-239 (>Halbwertszeit< 24.400 Jahre) erhalten. Die auf das 92. Element im PSE – das Uran – folgenden Elemente 93 und 94 erhielten analog dem nach dem Planeten Uranus benannten Uran ihre Namen „Neptunium" und „Plutonium" nach den auf Uranus folgenden Planeten Neptun und Pluto. In der Natur kommt Plutonium-239 in verschwindend kleinen Mengen in uranhaltigen Mineralien (Pechblende, Carnotit) – ein Atom Pu auf 1 Billion und mehr Atome Uran – vor. Durch oberirdische >Kernwaffentests< wurden bisher schätzungsweise 6 Tonnen Pu-239 in die Atmosphäre freigesetzt. Plutonium ist ein >radiotoxischer< Stoff; seine chem. Giftigkeit als Schwermetall ist demgegenüber vernachlässigbar. Die große radiotoxische Wirkung des Plutoniums kommt besonders bei der >Inhalation< feinster Pu->Aerosole< zum Tragen; Verschlucken (>Ingestion<) von Plutonium ist etwa 10.000 mal ungefährlicher, da Plutonium von der Darmschleimhaut nur zu etwa 1/100 Prozent aufgenommen wird.

Plutoniumbombe. Die erste Testbombe, die am 16.07. 1945 in der Wüste von New Mexico rund 100 km nordwestlich von Alamogordo gezündet wurde, und die Nagasaki-Bombe waren P. Waffenplutonium ist metallisches, reines Pu-239. Solches Plutonium entsteht in >Reaktoren< aus U-238, wenn die >Brennelemente< nur eine geringe Zeit (Tage, wenige Wochen) im Reaktor verbleiben und daher nur einen ganz geringen >Abbrand< erreichen. Bei einem Abbrand von 20.000 MWd/t und mehr, wie er in kommerziellen Reaktoren gegeben ist, entstehen so große Anteile anderer Plutonium-Isotope, daß die waffentechnische Verwendbarkeit stark eingeschränkt wird und die technischen Schwierigkeiten stark ansteigen. Für eine Bombe ist eine Mindestmenge an spaltbarem Material erforderlich, die für Waffenplutonium in metallischer

Form etwa 10 kg beträgt. Unter Nutzung der höchstentwickelten Waffentechnik der Kernwaffenländer sind auch geringere Pu-Mengen möglich.

Pneumonie. Lungenentzündung; überwiegend infektiös bedingt (z.B. Masern, Grippe, Keuchhusten), aber auch Folge anderer Lungenerkrankungen (z.B. Lungeninfarkt, Lungencarcinom); häufigste Todesursache unter den Infektionskrankheiten in den industrialisierten Ländern.

POC. (Particulate organic carbon). Organisch gebundener Kohlenstoff in lebenden und toten Partikeln in aquatischen und terrestrischen Lebensräumen. POC ist ein Teil des POM (particulate organic matter).

Podsol. Bodentyp, der durch den Prozeß der >Podsolierung< (Stoffverlagerung bei tiefem pH-Wert) geprägt ist. Dementsprechend tritt unter einem humosen Ah-Horizont zunächst der Auswaschungshorizont Ae (e von eluvial) auf, der durch das Fehlen von Eisen-(III)-oxiden und Huminstoffen grau gefärbt ist (>Bodenhorizonte<). Darunter folgt der Anreicherungshorizont, der bei vorwiegender Anreicherung von Huminstoffen Bh, bei Eisenoxidabscheidung Bs (s von Sesquioxid) heißt. Anschließend folgt ein C-Horizont, der oft schon aus verwittertem Material besteht (Cv). Bei weit entwickelten P. kann der B-Horizont durch die Einlagerung verfestigt werden und dann Wurzelwachstum und auch Wasserbewegung hemmen (Ortstein). P. bilden sich auf durchlässigem Gestein, das arm an puffernden Substanzen (Carbonat, Silicate) ist und daher rasch versauert. Hinzu kommt ein durch Nährstoffmangel und den tiefen pH-Wert beeinflußtes Bodenleben, wodurch die Streu unvollständig abgebaut und kaum mit dem Mineralboden vermischt wird. Als Folge davon besitzen P. in ungestörter Lage (z.B. im Wald) oft mächtige Humusauflagehorizonte mit einem >Rohhumusprofil<. Ein kühles Klima mit hohen Niederschlägen begünstigt die P.-Bildung, ebenso nährstoffarme Vegetation wie Nadelwälder. P. kommen daher häufig z.B. in Sandgebieten Norddeutschlands und in den Sandsteinzonen der Mittelgebirge (Schwarzwald) vor, jedoch können sich auch in den Alpen auf durchlässigen Kieselkalken bei sehr hohen Niederschlägen P. bilden, allerdings erst nach vollständiger Zerstörung und Auswaschung der Carbonate. Wegen der hohen Durchlässigkeit, den fehlenden Sorptionsplätzen und dem tiefen pH-Wert gehören P. zu den stark auswaschungsgefährdeten Böden. So findet sich, wie auch im humosen Oberboden, häufig ein Konzentrationsmaximum von Nähr- und Schadstoffen sowie von Mikroorganismen im B-Horizont, was auf eine entsprechend intensive Verlagerung hinweist. Eine >Kalkung< von P. zur pH-Erhöhung beschleunigt meist den Humusabbau erheblich, so daß dann bei den gut durchlüfteten Böden hohe Nitratkonzentrationen im Sickerwasser auftreten.

Podsolierung. Verlagerung von Aluminium und Eisen in gelöster Form gemeinsam mit löslichen >Huminstoffen< im Sickerwasser saurer, durchlässiger Böden (Sauerbleichung). Dabei werden u.U. auch andere, an Al- und Fe-oxiden oder Huminstoffen gebundene Stoffe verlagert und im Unterboden angereichert, z.B. Schwermetalle und Pestizide. Die P. ist der wichtigste profilprägende Prozeß der >Podsole<. Der Beginn einer P. in einem Boden läßt sich besonders empfindlich mit Hilfe der Tiefenfunktion von leicht extrahierbarem (z.B. oxalatlöslichem) Aluminium nachweisen, das

noch vor den entsprechenden Eisenformen im Profil verlagert wird.

Pökelsalz. Salz in höheren Konzentrationen hemmt sowohl die Entwicklung von Mikroorganismen als auch die Aktivität fleischeigener >Enzyme< und führt deshalb zu einer Verlängerung der Haltbarkeit. Beim Salzen erfolgt zunächst bei Zusatz bis zu ca. 5% NaCl eine Quellung des Fleisches. Höhere Konzentrationen an NaCl (10 bis 20%) führen durch Entquellung zu Endprodukten, die einen niedrigeren Wassergehalt haben als unbehandeltes Fleisch. Das Fleisch behält seine natürliche Farbe und ist meist tief dunkelrot, da die Myoglobinkonzentration durch den Wasserverlust erhöht ist. Beim Kochen tritt Farbumschlag nach graubraun ein. Die Salzung unter Zusatz von Salpeter oder Natriumnitrit (Pökelung) führt zu Produkten mit hochstabiler Farbe. Die Salzung oder Pökelung erfolgt entweder durch Einreiben der Fleischstücke mit Salz (Trockenpökelung), durch Einlegen in 15- bis 20%ige Salzlake (Naßpökelung) oder auch durch Einspritzen der Salzlake in das Adersystem (Schnellpökelung). Teilweise erfolgen Zusätze von Zuckern und Gewürzen, die Umrötung und Aromabildung günstig beeinflussen. Das Aroma gepökelter Fleischprodukte unterscheidet sich in charakteristischer Weise von dem ungepökelter Produkte. An seiner Bildung ist die Mikroflora der Pökellake beteiligt, die durch Reduktion von >Nitrat< und Nitrit auch zur Umrötung beiträgt.

poikilotherm. (Syn. wechselwarm). Tiere, deren Körpertemperatur weitgehend abhängig ist von der Umgebungstemperatur bzw. von ihrer Muskelaktivität, heißen p. Dazu gehören Fische, Amphibien, Reptilien und alle Wirbellosen. Gegensatz: >homoitherm<.

Poisson-Verteilung. Diskrete Verteilung von Meßgrößen, bei der die Wahrscheinlichkeit der möglichen Ereignisse sehr groß, die Wahrscheinlichkeit der tatsächlichen Ereignisse jedoch sehr klein ist. Sie wird daher auch als „*Verteilung der seltenen Ereignisse*" bezeichnet und ist als Grenzfall der Binominalverteilung zu betrachten. Sie wird für Lösungen und Probleme benutzt, die beim Zählen relativ seltener, zufälliger und voneinander unabhängiger Ereignisse in der Zeit-, Längen-, Flächen- oder Raumeinheit auftreten. Die P. findet u.a. Anwendung bei einer Reihe von Verfahren, bei denen sich die Ergebnisse aus der Zählung diskreter Größen ableiten lassen, wie z.B. die Zählung von Impulsraten in der Radiochemie, die Zählung von Röntgenquanten in der Röntgenspektralanalyse sowie die Zählung von Hefezellen in einer Suspension.

Die P.-V. ist eine häufig in der Populationsdynamik verwendete Verteilungsfunktion für rein zufällige räumliche Verteilungen von Individuen. Sie ist grundsätzlich für alle zufälligen Phänomene verwendbar, bei denen es um ganzzahlige Größen geht; definiert durch die Wahrscheinlichkeitsdichte-Funktion f(x):

$$f(x) = P(X = x) = e^{-\lambda}\lambda^x/x! \text{ für } x = 0,1,2,3, \ldots$$

Die beiden ersten Momente der diskreten Zufallsvariablen X, der Erwartungswert E(X) und die Varianz V(X), sind beide gleich λ:

$$E(X) = V(X) = \lambda$$

Lit: Doerffel K (1990) Statistik in der analytischen Chemie, Verlag Chemie, Weinheim – Sachs L (1992) Angewandte Statistik, 7. Aufl, Springer-Verlag, Berlin Heidelberg New York.

polar. Die Pole der Erde betreffend, aus dem Gebiet der Erdpole stammend. Wird in der Regel bei der Herkunftsbezeichnung von Luftmassen verwendet.

Polarfront. Luftmassengrenze zwischen den beiden Hauptluftmassen, der gemäßigten Luft der mittleren Breiten und der Polarluft, s. Abb. bei >Luftmasse<. P. umschließt im Idealfall in Form eines geschlossenen Frontenzuges die gesamte Hemisphäre. Der Übergang von einer Luftmasse zur anderen beträgt in der Horizontalen nur einige zehn Kilometer, so daß er auf der Wetterkarte, sowohl am Boden als auch in der Höhe als diskontinuierlich erscheint. Die Grenzzone wird daher auf den Karten als Linie gezeichnet, >Wetterkartensymbole<. Die durchschnittliche Lage der P. ändert sich mit der Jahreszeit, sie liegt im Winter bei 40 bis 50° Breite, im Sommer bei 60 bis 70° Breite. Ferner ist sie wegen des größeren Temperaturkontrastes zwischen den niederen und den höheren Breiten im Winter besser entwickelt als im Sommer. Ihre vertikale Erstreckung reicht bis in Höhen von etwa 10 km, auf ihrer äquatorwärtigen Seite befindet sich ein Starkwindband, der >Polare Strahlstrom< (Polarjet) mit Windgeschwindigkeiten von mindestens 30 m/s, nicht selten sogar von 70 bis 100 m/s. Beiderseits der P. schließt sich als Grenzfläche zwischen der >Troposphäre< und der >Stratosphäre< die >Tropopause< an. Im Bereich der P. weist die Tropopause beim Übergang von der relativ niedrigen Lage über der Polarluft zur relativ hohen Lage über der gemäßigten Luft der mittleren Breiten einen Sprung, den sog. Tropopausenbruch, auf. Durch >Zyklogenese<, die an die P. gebunden ist, wird die P. in ihrem Verlauf wie in ihrer vertikalen Form verändert; es kann sogar für Zeiträume von Wochen zu Abschnürungen von Polarluft kommen, die als sog. >Kaltlufttropfen< einige Zeit über einem Gebiet verharren und dort meist zu ergiebigen Niederschlägen führen. >Frontalzone<, >Luftmasse<.

Lit: Defant A, Defant F (1958) Physikalische Dynamik der Atmosphäre, Akademische Verlagsgesellschaft, Frankfurt/Main.

Polarluft. Luftmasse, die sich nördlich (Nordhalbkugel) bzw. südlich (Südhalbkugel) der >Polarfront< befindet. >Luftmasse<.

Polarographie. Elektrochem. Analyseverfahren zur qualitativen und quantitativen Bestimmung von gelösten Substanzen, die während des Prozesses an einer Elektrode reduziert werden. Als Kathode wird im Regelfall eine Quecksilber-Tropfelektrode geschaltet, die in die Analysenlösung eintaucht, während als Anode das am Gefäßboden befindliche Quecksilber dient. Die Spannung zwischen den beiden Elektroden wird im Verlauf der Analyse kontinuierlich erhöht. Dabei werden von einem Schreiber Strom-Spannungskurven (Polarogramme) aufgezeichnet, die die Gestalt von Stromstufen (polarographische Stufen) haben. Die Höhe dieser Stufen ist der Konzentration des elektrochemisch aktiven Stoffes proportional, während das Potential der halben Stufe, das Halbstufenpotential, von der Art des Stoffes bestimmt wird. Die Methode ist rel. empfindlich und hat zudem den Vorteil, daß sie u.a. den Bindungs- und Oxidationszustand einer Substanz mit erfaßt. Eine Reihe von umweltrelevanten toxischen Schwermetallen, wie z.B. >Arsen<, >Cadmium<, >Blei<, >Kupfer< und >Thallium<, lassen sich simultan in einem Polarogramm bestimmen. Voraussetzung zur P. von org. Substanzen ist die Gegenwart reduzierbarer Gruppen, wie z.B. die Carbonyl- und die Nitrogruppe sowie konjugierte Doppel- oder Dreifachbindungen. Die Nachweisgrenze liegt im Bereich 10^{-6} mol/L, wobei die Reproduzierbarkeit etwa $\pm 1\%$ beträgt.

Polderböden. Böden, die sich während des Trocknungsprozesses von angeschwemmtem Material bilden, so z.B. in eingedeichten Wattflächen oder Schlickdeponien. Hierbei laufen v.a. Oxidationsprozesse ab, die bei hohen Sulfidgehalten zu starker Versauerung führen können. Spezifische Probleme entstehen bei P. aus eingedeichten Seewatten durch die hohen Salzkonzentrationen, bei Hafenschlickpoldern durch die meist hohen Schadstoffkonzentrationen, die eine Umweltkontamination durch Sickerwasser befürchten lassen.

Polizeirecht. >Ordnungsrecht<.

Pollen. (Lat. pollos = Blütenstaub). P. oder Pollenkörner sind die männlichen >Gametophyten< der >Samenpflanzen< und bestehen bei den >Angiospermen< in frühen Stadien aus einer vegetativen Zelle und der von ihr umschlossenen generativen Zelle, die sich später in zwei Spermazellen (die männlichen Geschlechtszellen) teilt. Bei den >Gymnospermen< kommen noch ein oder mehrere Prothalliumzellen hinzu. Eine außerordentlich widerstandsfähige Wand aus einer äußeren Exine und einer inneren Intine dient dem Schutz des Polleninhalts, insbesondere beim Transport des P. zur Narbe. Die Wandstrukturen dienen der Pollenanalyse als Unterscheidungsmerkmale. Die Wand ist darüber hinaus Träger von Antigenen, die bei sensitiven Menschen >Allergien< (Pollinosen) hervorrufen können. Mit Pollenflug ist insbesondere bei trockener Witterung von Anfang Mai bis Ende Juni zu rechnen. Über Pollenflugwarndienste können sich empfindliche Personen über Art und Ausmaß des Auftretens best. Blütenpollen in der Luft informieren.

Pollution. Engl. Bezeichnung für (Umwelt-)Verschmutzung.

Pollux. Behälter zur direkten >Endlagerung< abgebrannter >Brennelemente<. Namensgebung in bezug auf >Castor< (Transport- und Zwischenlagerbehälter für abgebrannte Brennelemente) in Anlehnung an die Zwillingsbrüder Castor und Pollux der griechischen Sage. Das Konzept der direkten Endlagerung abgebrannter Brennelemente sieht vor, ausgediente Brennelemente zu kompaktieren, in dicht verschlossene Behälter zu verpacken und diese in den Strecken eines in einer Salzformation errichteten Endlagers sicher und von der Biosphäre getrennt zu lagern. Für die Referenzuntersuchungen wurde ein Behälter Bautyp „Pollux" entwickelt, der bis zu acht Druckwasserreaktor-Brennelemente aufnehmen kann. Er hat einen Durchmesser von ca. 1,5 m, eine Länge von ca. 5,5 m und wiegt beladen 64 Tonnen. Der Behälter ist zweischalig gebaut und gewährleistet den sicheren Einschluß der Radionuklide. Ein Innenbehälter zur Aufnahme kompaktierter Brennelemente wird, durch einen Neutronenmoderator getrennt, von einem äußeren Abschirmbehälter aus Sphäroguß umgeben und geschützt. Das P.-Behältersystem ist nach den Vorschriften des Verkehrsrechts für Typ-B(U)-Verpackungen und des Atomrechts für die Zwischenlagerung von Kernbrennstoffen ausgelegt, die Behälter sind also gleichermaßen als Transport-, Zwischenlager- und Endlagerbehälter einsetzbar; s. >Behälter<.

Polyacrylamid. >Polyacrylate<.

Polyacrylamid-Gel. Bei der Träger->Elektrophorese< als Trenngele für >Proteine<, >Nucleinsäuren< oder auch andere biol. Makromoleküle eingesetzt. Die G. werden durch radikalische oder Photo-Polymerisation aus Acrylamid und *N,N'*-Methylen-*bis*-acrylamid (als Vernetzer, Gehalte <10%) hergestellt. Bei der Photo-Polymerisation wird mit UV-Lampen bestrahlt und als Hilfsstoff oft Riboflavin (<0,01%) zugesetzt. Die Porengröße der entstehenden G. kann über größere Bereiche variieren und über das Verhältnis Acrylamid: Vernetzer gesteuert werden. Die Porengröße des Gels hat auf die Trennung von Makromolekülen verständlicherweise einen deutlichen Einfluß. Die Vorteile von P.-G. liegen in ihrer hohen chem. und thermischen Stabilität, der guten Reproduzierbarkeit der damit erzielten Ergebnisse sowie einer nur sehr geringen Adsorption der zu trennenden Stoffe an die Gelmatrix. P.-G. werden auch bei der Gelpermeationschromatographie (GPC) verwendet; sie dienen dabei in Form von Kügelchen als Molekularsieb und werden in säulenförmigen Packungen zur Trennung von Stoffen nach ihrer effektiven Molekülgröße verwendet. Solche Trenngele sind im Handel z.B. unter dem Namen „Biobeads" erhältlich.
Lit: Lottspeich F, Zorbas H (1998) Bioanalytik. Spektrum Akademischer Verlag, Heidelberg.

Polyacrylate. Sammelbezeichnung für >Polymerisate< von Acrylverbindungen, wie z.B. *Polyacrylsäureester* (Bindemittel), *Polymethacrylsäureester* (*PMMA*, organisches Glas, >Acrylglas<) und *Polyacrylnitril* (PAN, Faserstoffe). Die wasserlöslichen *Polyacrylamide* werden als Verdickungs-, Mineralsedimentations- und Papierverbesserungsmittel eingesetzt. Im Brandfall bzw. bei der Müllverbrennung bis 800°C entsteht aus dem stickstoffhaltigen PAN, -[CH₂-CH(CN)-]-, neben hohen Konzentrationen von Blausäure (HCN) auch verschiedene Cyanoarene, insbesondere 1- und 2-Naphthaline im Prozentbereich, denen eine hohe toxikologische Relevanz zukommt. Daher müssen Textilien aus PAN in brandgefährdeten Einsatzgebieten mit >Flammschutzmitteln< ausgerüstet sein.

Polyacrylharze. >Polyacrylate<.

Polyaddition. Die P. ist neben der >Polymerisation< und der >Polykondensation< eine der drei Grundreaktionstypen zum Aufbau von >Makromolekülen<. Sie erfolgt durch Verknüpfung von gleichen oder verschiedenartigen Molekülen ohne Abspaltung von niedermolekularen Verbindungen zu linearen oder vernetzten >Polymeren<. Im Gegensatz zur >Polymerisation< sind am Polymeraufbau keine C-C-Mehrfachbindungen beteiligt. Allerdings findet häufig eine Wasserstoffumlagerung statt. Bekannte Polyadditionsreaktionen sind z.B. die Bildung von >Polyurethanen< aus Di- bzw. Polyhydroxyverbindungen mit Di- bzw. Polyisocyanaten (s. Abb. dort) und >Epoxidharzen< aus Epichlorhydrin und Bisphenol A in Anwesenheit von >Alkali<, die allerdings zugleich von einer Alkalichloridabspaltung begleitet wird (s. Abb. dort). Die Vernetzung der >Polyaddukte< erfolgt durch trifunktionelle Moleküle wie z.B. Glycerin, wobei je nach Vernetzungsdichte >Elastomere< oder >duroplastische Polymere< gebildet werden.

Polyaddukte. P. sind durch >Polyadditions<-Reaktionen hergestellte Kunststoffe. Bekannte Vertreter sind

z.B. >Polyurethane< und >Epoxidharze<. Häufig als vernetzte Kunststoffe sind sie >elastisch< oder >duroplastisch< und somit einem werkstofflichen >Kunststoffrecycling< durch >Warmumformen< nicht zugänglich.

Polyamide. 1. Chemie: PA sind durch >Polyaddition< von ω-Aminosäuren oder ihren Lactamen, wie z.B. ε-Caprolactam, bzw. durch >Polykondensation< von Dicarbonsäuren mit Diaminen unter Wasserabspaltung entstandene lineare, daher >thermoplastische Kunststoffe<. PA werden nach der Zahl der C-Atome in den beim Polymeraufbau beteiligten >Monomeren< gekennzeichnet: aus Adipinsäure und Hexamethylendiamin entsteht PA 66 (Nylon):

$$[HOOC\text{-}(CH_2)_4\text{-}COOH]n + [H_2N\text{-}(CH_2)_6\text{-}NH_2]n \rightarrow$$
$$\text{-}[\text{-}OC\text{-}(CH_2)_4\text{-}CO\text{-}NH\text{-}(CH_2)_6\text{-}NH\text{-}]n + n\ H_2O$$

PA 6 (Perlon) dagegen wird aus *einem* Monomer; der ε-Aminocapronsäure, gebildet, welches sich wasserkatalysiert intermediär aus dem ε-Caprolactam bildet. PA haben eine Reihe hervorragender Eigenschaften, weshalb sie in vielen Anwendungsgebieten zum Einsatz kommen, wie z.B. Zahnräder, Ölfilter, Motoren- und Pumpengehäuse, Möbelbeschläge und chirurgische Instrumente. In diesen Anwendungsfeldern werden PA in langlebigen Produkten eingesetzt, so daß sie kein besonderes Abfallproblem darstellen, zumal PA als thermoplastische Kunststoffe durch >Warmumformen< wiederverwertet werden können. Dies setzt jedoch eine entsprechende Kennzeichnung der Produkte und die Getrenntsammlung voraus. PA lassen sich außerdem zu Spinnfasern ziehen und werden in der Textilherstellung eingesetzt. Bei der Entsorgung stellen diese gebrauchten Textilien ein größeres Problem dar, da diese Textilien in der Regel aus Mischfasern bestehen, die sich der Getrenntsammlung und dem Recycling entziehen. Als stickstoffhaltige Polymere entsteht im Brandfall aus PA hohe Konzentrationen von Blausäure (HCN) im Prozentbereich sowie weitere Schadstoffe wie Cyanoarene, nitrilsubstituierte >PAH<. Daher müssen Bauteile aus PA in brandgefährdeten Einsatzfeldern mit >Flammschutzmitteln< ausgerüstet sein.
2. Lebensmittel: PA dienen als Klärhilfsmittel bei der Herstellung von Wein oder Fruchtsäften. Trübungen durch >Pektine< und Proteine werden enzymatisch entfernt, phenolische Verbindungen durch PA, >Gelatine< oder >Polyvinylpyrrolidon<.

Polyblends. P. sind Mischungen hochpolymerer Stoffe, die erst bei der Verarbeitung, z.B. durch >Extrusion<, zusammengeführt werden. Hierdurch können bestimmte Eigenschaften der Produkte verbessert werden. Voraussetzung ist die gegenseitige Verträglichkeit der Ausgangskomponenten, z.B. PVC mit chlorierten Polyolefinen oder kautschukelastischen >Polymeren<. Sie stellen beim werkstofflichen >Kunststoffrecycling< dann ein Problem dar, wenn sortenreine Fraktionen gefordert sind (>Thermoplaste<).

Polybromierte Biphenyle (PBB). $C_{12}H_{10-n}Br_n$ (n = 1–10). Eine aus 209 Verbindungen bestehende Gruppe, in denen 1 bis 10 Wasserstoffatome des Biphenyl-Grundgerüsts durch Bromatome substituiert sind. Die Hexa- und Octabrombiphenylisomere sowie das Decabrombiphenyl werden als Flammschutzmittel eingesetzt. Die anderen Verbindungen dieser Gruppe haben kaum eine technische Bedeutung. Bei der Verbren-

Polybromierte Biphenyle: Physikalisch-chemische Daten der PBB

	M [g/mol]	Fp. [°C]	Löslichkeit in Wasser [µg/L]	Gew.-% Br
2,2',4,4',5,5'-HxBB	627,4	72	11	76,4
2,2',3,3',4,4',5,5'-OcBB	785,2	200–250	20–30	81,4
DcBB	943,1	280–386	0	84,7

nung werden bromierte Dibenzofurane gebildet. Bis 1974 in den USA hergestellt, dienten PBB vorwiegend als Flammschutzmittel z. B. in Gehäusen elektrischer Geräte, wie Fernsehgeräte oder Computer, und auch in Textilien sowie zur Isolierung elektrischer Kabel. Produktionsmengen sind nur aus den USA mit etwa 6000 t im Zeitraum 1970–1974 und 2200 t für 1975 bekannt. Die Tabelle gibt von einigen untersuchten Isomeren die physikalisch-chem. Daten wieder. Die geringe Wasserlöslichkeit und geringe Flüchtigkeit bedingen eine hohe Persistenz. PBB können photochem. dehalogeniert werden. Dieser Abbau verläuft um den Faktor 7 schneller als bei den strukturell analogen PCB. Für PBB ist die >teratogene< Wirkung nachgewiesen. Für Hexabrombiphenyl (als Firemaster BP-6) ist für Ratten ein LD_{50} von 21,5 g/kg Körpergewicht bestimmt worden. Die toxische Wirkung ist isomerenspezifisch sehr unterschiedlich, bei den zu 2,3,7,8-TeCDD isostereomeren Verbindungen jedoch signifikant höher.

Lit: Koch R (1998) Umweltchemikalien: Physik.-chem. Daten, Toxizitäten, Grenz- und Richtwerte, Umweltverhalten. VCH-Verlag, Weinheim – IARC (1978) IARC-Monographs on the evaluation of the carcinogenic risk of chemicals to humans. Vol. 18, Polychlorinated Biphenyls and Polybrominated Biphenyls, Lyon.

Polybromierte Dibenzo-*p*-dioxine und Dibenzofurane (PBDD/F). Die PBDD/F sind cyclische aromatische Ether, in denen zwei Phenyl-Ringe ggf. unterschiedlichen Bromierungsgrades über zwei orthoständige Sauerstoffatome (PBDD) bzw. einem Sauerstoffatom und einer orthoständigen C-C-Bindung (PBDF) verknüpft sind. Es gibt insgesamt 75 isomere PBDD und 135 isomere PBDF (Abb.).

Polybromierte Dibenzo-p-dioxine (PBDD) und Dibenzofurane (PBDF)

Die bromierten Dioxine und Furane werden nicht gezielt synthetisiert. Vielmehr ist die Bildung auf die häufig vorliegende Prädioxin-Struktur von >Flammschutzmitteln< zurückzuführen. In einigen der eingesetzten technischen Flammschutzmittel sind PBDD/F nachweisbar, insbesondere bei >polybromierten Diphenylethern< und 2,4,6-Tribromphenol. Bei der Verbrennung der reinen Flammschutzmittel werden höhere Konzentrationen an PBDD/F beobachtet, die bei der Zugabe zu Kunststoffen z. T. noch weiter erhöht werden. Selbst bei der Verarbeitung flammgeschützter Kunststoffe, wie z. B. der Extrusion bei etwa 200 °C, aber auch beim Recycling werden PBDD/F gebildet, die sich in Verkaufsprodukten, in Ausgasungen flammgeschützter Produkte und in der Umgebungsluft des Arbeitsplatzes nachweisen lassen. Ebenso bilden sich bei der Verarbeitung flammgeschützter Textilien PBDD/F. Im Brandschutt aus Wohnungs- und Kraftfahrzeugbränden werden PBDD/F detektiert, die sich auch an Kleidungsstücken von Feuerwehrmännern wiederfinden.

Polybromierte Dibenzo-*p*-dioxine und Dibenzofurane: Toxizitätsäquivalenzfaktoren (TEF) nach früherem Bundesgesundheitsamt (BGA) und dem internationalen System (I-TEF)

Substanz	TEF nach früherem BGA	I-TEF
2,3,7,8-TeCDD/2,3,7,8-TeBDD	1	1
1,2,3,7,8-PeCDD/1,2,3,7,8-PeBDD	0,1	0,5
1,2,3,4,7,8-HxCDD/1,2,3,4,7,8-HxBDD	0,1	0,1
1,2,3,6,7,8-HxCDD/1,2,3,6,7,8-HxBDD	0,1	0,1
1,2,3,7,8,9-HxCDD/1,2,3,7,8,9-HxBDD	0,1	0,1
1,2,3,4,6,7,8-HpCDD/1,2,3,4,6,7,8-HpBDD	0,01	0,01
OCDD/OBDD	0,001	0,001
2,3,7,8-TeCDF/2,3,7,8-TeBDF	0,1	0,1
1,2,3,7,8-PeCDF/1,2,3,7,8-PeBDF	0,1	0,05
2,3,4,7,8-PeCDF/2,3,4,7,8-PeBDF	0,1	0,5
1,2,3,4,7,8-HxCDF/1,2,3,4,7,8-HxBDF	0,1	0,1
1,2,3,6,7,8-HxCDF/1,2,3,6,7,8-HxBDF	0,1	0,1
1,2,3,7,8,9-HxCDF/1,2,3,7,8,9-HxBDF	0,1	0,1
2,3,4,7,8,9-HxCDF/2,3,4,7,8,9-HxBDF	0,1	0,1
1,2,3,4,6,7,8-HpCDF/1,2,3,4,6,7,8-HpBDF	0,01	0,01
1,2,3,4,7,8,9-HpCDF/1,2,3,4,7,8,9-HpBDF	0,01	0,01
OCDF/OBDF	0,001	0,001
andere TeCDD/TeCDF/TeBDD/TeBDF	0,01	0
andere PeCDD/PeCDF/PeBDD/PeBDF	0,01	0
andere HxCDD/HxCDF/HxBDD/HxBDF	0,01	0
andere HpCDD/HpCDF/HpBDD/HpBDF	0,001	0

Die PBDD/F sind in reiner Form farblose, kristalline, hochsiedende Feststoffe. Einige physikalisch-chem. Daten wurden aus Modellexperimenten berechnet. Allgemein ist festzustellen, daß die Schmelz- und Siedepunkte, K_{OW} und K_{OC} mit steigendem Halogenierungsgrad zunehmen, die Dampfdrücke, Wasserlöslichkeit in gleicher Weise abnehmen. Der Abbau von PBDD/F in der Umwelt geschieht überwiegend durch reduktive Debromierung mit UV-Licht, wobei es sowohl zur Bildung niedriger als auch vollständig debromierter >Kongenere< kommt. Die Debromierung findet dabei bevorzugt an den Positionen 2, 3, 7 und 8 statt, diese wiederum in der Reihenfolge 3 > 7 > 8 > 2. Die Bildung von PBDD/F aus PBDE und bromierten Phenolen durch UV-Licht ist möglich. Dabei werden allerdings überwiegend niedrig bromierte Dibenzo-p-dioxine und Dibenzofurane gebildet.

Die Aufnahme der PBDD/F in den Körper kann oral, dermal und inhalativ erfolgen. Bei Ratten wurden in Radiotracerversuchen Absorptionsraten von 40–80 % der oral, 12 % der dermal und 78 % der intratracheal (direkt in die Atemwege) verabreichten Dosis an TeBDD im Körper festgestellt. Die Hauptziele waren dabei unabhängig von der Dispositionsart nach 72 Stunden die Fäkalien (15–70 % der absorbierten Dosis), die Leber (15–30 %), das Fettgewebe (6–30 %) und die Haut (2–10 %). Im menschlichen Körper werden Halbwertzeiten für TeCDD von 7,0 Jahren, für TeBDD von 2,9–10,8 Jahren und für TeBDF von 1,1–1,9 Jahren berechnet. Trotz dieses Abbaus kann 2,3,7,8-TeBDD noch im Blut eines Chemikers, der vor 35 Jahren mehrere Gramm TeCDD und TeBDD hergestellt hat, nachgewiesen werden. Die toxikologischen Eigenschaften der PBDD/F entsprechen denen der >PCDD/F<. Daher wurden inzwischen für PBDD/F die gleichen Toxizitätsäquivalenzfaktoren (TEF) zugrunde gelegt wie bei den chlorierten Kongeneren (s. Tabelle).

Lit: Ebert J (1998) Untersuchungen zur Optimierung der Analytik der polybromierten Dibenzo-p-dioxine und Dibenzofurane. Dissertation on-line, TU Braunschweig; und weitere Literatur dort (http://www.tu-bs.de/institute/oekochem/oekochem.html).

Polybromierte Diphenylether (PBDE). Die in der Abb. dargestellten PBDE werden als technische Gemische Kunststoffen als >Flammschutzmittel< zugesetzt, überwiegend (ca. 90 %) in der Elektro- und Elektronikindustrie.

Polybromierte Diphenylether (PBDE)

Diese Stoffklasse bildet in besonderer Weise unter thermischer Belastung >polybromierte Dibenzo-p-dioxine und Dibenzofurane< (PBDD/F) (vgl. Abb.), wobei diese Bildungstendenz mit zunehmendem Bromierungsgrad abnimmt. Aus diesem Grund werden die PDPE seit dem 1. Januar 1990 von den Mitgliedsfirmen des Verbands der Chemischen Industrie (VCI) nicht mehr verwendet. Am 8. Februar 1991 stellte die EG-Kommission einen Richtlinienentwurf vor, der ein de facto Vermarktungsverbot von Penta-, Octa- und Decabromdiphenylethern fünf Jahre nach Inkrafttreten vorsieht. Die Einsatzmenge von PBDE ist nach ei-

Polybromierte Diphenylether: Bildung von PBDD und PBDF aus PBDE (nach Luijk, 1991)

Polybromierte Diphenylether: Eingesetzte Mengen von PBDE in der BRD

Jahr	eingesetzte PBDE-Mengen [Tonnen]
1985	1842
1986	1947
1987	1239
1988	1250

Quelle: (Sachstandsbericht PBDD/F, 1989)

ner Umfrage des Verbandes der Kunststofferzeugenden Industrie unter seinen Mitgliedsfirmen schon vor 1990 deutlich zurückgegangen (s. Tabelle). Allerdings wird diese Stoffklasse außerhalb der EU nach wie vor in großen Mengen produziert und in >Thermoplasten< zusammen mit Antimontrioxid als Synergist eingesetzt.

Lit: Luijk R et al. (1991) The influence of the polymer matrix on the formation of polybrominated dibenzo-p-dioxins (PBDD) and polybrominated dibenzofurans (PBDF). Chemosphere 23: 1173–1183 – Anonymus (1989) Sachstandsbericht polybromierte Dibenzo-p-dioxine und Dibenzofurane aus bromhaltigen Flammschutzmitteln. Bericht der UMK-Arbeitsgruppe „Bromhaltige Flammschutzmittel", Bonn, S. 7 f.

Polychlorbornadiene. Zu ca. 2,5 % Bestandteil des Insektizids >Toxaphen< (Summenformel $C_{10}H_{14-n}Cl_n$).
Lit: Saleh MA (1983) J Agric Food Chem 31: 748.

Polychlorbornanalkohole. Abbauprodukte von >Polychlorbornanen< in aquatischen Sedimenten (>Polychlorbornancarbonsäuren<).

Polychlorbornancarbonsäuren. Abauprodukte von >Polychlorbornanen< in aquatischen Sedimenten (>Polychlorbornanalkohole<).

Polychlorbornane. Summenformel $C_{10}H_{18-n}Cl_n$, mit 76 % Hauptbestandteile des Insektizids >Toxaphen<.

Polychlorbornene. Summenformel $C_{10}H_{16-n}Cl_n$; neben den >Polychlorbornanen< mit ca. 18 % im Insektizid >Toxaphen< enthalten. Der Nachweis von P. muß aber nicht zwangsläufig bedeuten, daß diese Dehydrohalogenierungsprodukte im Toxaphengemisch auch tatsächlich vorhanden sind. Ihre Bildung kann durchaus auch erst während des gaschromatographischen Trennungsprozesses stattfinden, da die notwendigen Temperaturbedingungen für die Trennung oberhalb der Zersetzungstemperatur (ca. 155 °C) des Toxaphens liegen.

Polychlorierte Biphenyle (PCB). In der zweiten Hälfte des 19. Jahrhunderts zum ersten Mal synthetisiert. Die sehr hohe physikochemische Stabilität dieser Verbindungsgruppe, die mit guten Wärmetransfer- und Elektroisolationseigenschaften kombiniert ist, war eine Hauptursache für die große Verbreitung dieser Chlorkohlenwasserstoffe in den industrialisierten Ländern der Welt. Ursprünglich wurden PCB als Kühlflüssigkeit und Dielektrikum für Transformatoren und Kondensatoren, als Wärmeaustauschermedium, als Schutzschicht für Holzprodukte zur Reduzierung der Entflammbarkeit und als Hydraulikflüssigkeit eingesetzt. Ab etwa 1930 fand das Substanzgemisch weitere Anwendung in der Lack- und Papierindustrie, als Additiv bei Hochdruck- und Hochtemperaturschmiermitteln sowie als Weichmacher in der Kunststoffproduktion, was die Produktionszahlen weiter steigerte. PCB wurden durch ionische Chlorierung des Biphenyls hergestellt, wonach 209 Komponenten theoretisch resultieren können. Durch Destillation des Reaktionsprodukts können PCB-Mischungen mit unterschiedlichem Chlorierungsgrad gewonnen werden. PCB-Mischungen stellen durchweg hochviskose Flüssigkeiten dar, die sehr beständig gegen Säuren, Laugen und Hitzeeinwirkung sind. Bei den PCB ist die Herstellung definierter Einzelverbindungen möglich, was eine Voraussetzung für die gaschromatographische Bestimmung einzelner PCB-Spezies ist. Zur einfacheren Benennung der Einzelsubstanzen wurde eine Nomenklatur eingeführt, nach der alle möglichen 209 PCB-Komponenten, angefangen beim 2-Chlorbiphenyl bis zum Decachlorbiphenyl, systematisch durchnumeriert werden. Auf diese Art ist jedem chloriertem Biphenyl nach dem Urheber der Nomenklatur eine sog. Ballschmiter-Zahl zwischen 1 und 209 zugeordnet.

Lit: Ballschmiter K, Schäfer W, Buchert H (1978) Fresenius' Z Anal Chem 326: 253.

Polychlorisocamphene. Zwischenprodukte beim Produktionsprozeß des Insektizids >Toxaphen<. Im ersten Schritt entstehen bei der Chlorierung von >Camphen< 8-Chlorcamphen, 10-Chlortricyclen sowie Dichlorcamphen, das sich zum Hauptprodukt 2-*exo*,10-Dichlorcamphen umlagert. Die monochlorierten Verbindungen können sich bei weiterer Chlorierung ebenfalls zu Bornanderivaten umlagern.

Lit: Anagnostopoulus ML, Parlar H, Korte F (1974) Chemosphere 2: 65.

Polyelektrolyte. P. sind polare wasserlösliche >Polymere<, die kationische oder anionische, dissoziierbare funktionelle Gruppen enthalten, wie z.B. Polyethylenimin und Poly-(diallyl-dimethyl-ammonium)chlorid als kationische, und Polyacrylsäure, partiell hydrolysiertes >Polyacrylamid<, Pektin und Alignate als anionische Polyelektrolyte. P. werden, wie auch nichtionische wasserlösliche Polymere, z.B. Polyacrylamid und Polyethylenoxid, als polymere >Flockungsmittel< bei der >Abwasserklärung< eingesetzt.

Polyester. 1. *Lineare gesättigte Polyester* sind durch >Polykondensation< von Dicarbonsäuren mit Dialkoholen (Diolen) bzw. von ω-Hydroxycarbonsäuren oder ihren Lactonen unter Wasserabspaltung entstehende >thermoplastische Kunststoffe<. Sie bilden sich gemäß der Reaktionsgleichung:

$$[\text{HOOC-R-COOH}]n + [\text{HO-R'-OH}]n \rightarrow$$
$$[\text{-OC-R-CO-O-R'-O-}]n + n\,\text{H}_2\text{O}$$

Bekannte Vertreter dieser Stoffklasse sind die aus Ethylenglykol und Terephthalsäuredimethylester hergestellten >Polyethylenterephthalate<, die zu Getränkeflaschen verarbeitet werden (Coca Cola), und die zu Fasern gesponnenen Trevira (Hoechst) und Diolen (Glanzstoff). Als thermoplastische Kunststoffe sind

die linearen gesättigten Polyester dem werkstofflichen >Kunststoffrecycling< durch >Warmumformen< grundsätzlich zugänglich, wenn auch dabei die Polymereigenschaften z.T. deutlich schlechter werden, so daß sie im gleichen Einsatzgebiet nicht wiederverwendet werden.

2. *Ungesättigte Polyesterharze (UP), vernetzte Polyester* werden ebenfalls aus Dicarbonsäuren und mehrwertigen Alkoholen unter Wasserabspaltung gebildet, wobei es sich jedoch in der Regel bei der Säurekomponente um eine ungesättigte Verbindung handelt, z.B. Maleinsäure. Die Vernetzung erfolgt beim Erhitzen (Einbrennen), insbesondere bei den, durch ungesättigte Fettsäuren (aus Leinöl), ölmodifizierten *Alkydharzen*. Alkydharze sind hochwertige Einbrennlacke. UP werden in polymerisierbaren Vinylverbindungen, in der Regel >Styrol<, gelöst, und nach Gießen bzw. Modellieren unter Einsatz von Verstärkungsmitteln wie Glasfasern nach Zusatz eines Peroxid-Katalysators (kalt)gehärtet *(Gieß- bzw. Reaktionsharze)*. Dabei entsteht durch die >Copolymerisation< eine Raumnetzstruktur von Polyester- und Polystyrolketten. Eingesetzt werden die so entstehenden >Duroplaste< als unverstärkte Gießharze zum Einbetten von elektronischen Bauteilen, und als (glasfaser)verstärkte Laminate und Formmassen in der Fahrzeugindustrie, im Boots- und Flugzeugbau, zum Behälter- und Werkzeugbau, in der Möbel- und Elektroindustrie. Bei den letzteren Anwendungsgebieten müssen die UP wegen der Brandgefahr durch >Flammschutzmittel< geschützt werden. Als duroplastische Kunststoffe können die UP nicht durch >Warmumformen< recycliert werden. Da sie darüber hinaus fast immer als >Verbundwerkstoffe< zum Einsatz kommen, stellen sie in der Abfallbeseitigung ein Problem dar.

Polyesterfasern. >Polyester<, >Kunstfasern<.

Polyesterharze. >Polyester<.

Polyethylen (PE). PE ist durch >Polymerisation< von Ethen hergestellter >thermoplastischer Kunststoff<. Die Polymerisation kann grundsätzlich bei hohem Druck radikalisch, oder bei niedrigem Druck koordinativ an heterogenen Katalysatoren erfolgen. Im ersten Fall spricht man von Hochdruck- und im letzteren Fall von Niederdruckpolyethylen, die unterschiedliche Eigenschaften aufweisen und in unterschiedlichen Einsatzgebieten verwendet werden. Dabei betragen die mittleren Molmassen 50.000 bis >1 Mio.

1. *Hochdruckpolyethylen, Polyethylen niedriger Dichte (LDPE, PE-ND)*: Wird die Polymerisation des Ethens bei hohen Drücken von ca. 15 bis $20 \cdot 10^7$ Pa (1.500 bis 2.000 bar) radikalisch mit Hilfe von Sauerstoff oder Peroxiden als Katalysator durchgeführt, werden stark verzweigte Polymere erhalten, die eine niedrige Dichte von ca. 0,91 bis 0,93 g/cm^3 aufweisen. Die Bezeichnung LDPE leitet sich aus dem Englischen *low density* (niedrige Dichte) ab. Dies ist eine Folge der Verzweigung der Molekülketten, die eine Kristallisation des Polymers z.T. verhindern. Die Kristallinität im LDPE beträgt ca. 40 bis 50%. Damit geht ein niedriger (Kristallit)-Schmelzpunkt von ca. 100 °C einher.

2. *Niederdruckpolyethylen, Polyethylen hoher Dichte (HDPE, PE-HD)*: Führt man die Polymerisation des Ethens gelöst in Dieselöl bei atmosphärischem bzw. leicht erhöhtem Druck (1 bis $10 \cdot 10^5$ Pa) und mittleren Temperaturen von 20 bis 70 °C in Anwesenheit eines heterogenen Katalysators aus Titantetrachlorid und

Aluminium- bzw. Magnesiumalkylen (Ziegler-Natta-Katalysatoren) durch, erhält man ein weitgehend unverzweigtes Polymer, das eine hohe Kristalinität ($> 90\,\%$) und daher eine höhere Dichte von 0,94 bis 0,96 g/cm^3 aufweist. Auch der Kristallitschmelzpunkt liegt mit $> 130\,°$C deutlich oberhalb von LDPE. Die Bezeichnung HDPE leitet sich aus dem Englischen *high density* (hohe Dichte) ab.

HDPE und LDPE sind die wichtigsten Massenkunststoffe überhaupt. Die weltweite Produktionskapazität beträgt über 20 Mio t/Jahr, wovon ca. 10 % in Deutschland installiert sind. Als thermoplastische Kunststoffe können PE durch Spritzguß und Extrusion in Formmassen, Rohre, Kinderspielzeug etc. sowie durch Extrusionsblasen in Folien überführt werden. Die heute gebräuchlichen Plastikbeutel bestehen praktisch ausschließlich aus PE (zu 2/3 LDPE und 1/3 HDPE). Ein erheblicher Teil des PE geht in die Verpackungsindustrie und wird zu Einwegmaterialen verarbeitet. Damit gelangt PE in großen Mengen in Abfall und die Umwelt. PE ist gegenüber Umwelteinwirkungen, wie Sonnenlicht, Mikroorganismen und hydrolytischen Prozessen im Boden außerordentlich resistent und wird in der Mülldeponie praktisch nicht abgebaut. Als reiner Kohlenwasserstoff verbrennt PE unter optimalen Bedingungen unter Bildung von CO_2 und H_2O. Bei der >Müllverbrennung< jedoch sind die Bedingungen weniger optimal, so daß aus PE und Chlordonatoren selbst anorganischen Ursprungs, wie z.B. Kochsalz oder Calciumchlorid, chlorierte Kohlenwasserstoffe gebildet werden. Bei Getrenntsammlung kann PE jedoch als thermoplastischer Kunststoff besonders einfach recycliert werden. Dies erfolgt z.B. bereits im großen Stil bei Landwirtschaftsfolien zum Bedecken und Mulchen von Frühkulturen (>Kunststoffrecycling<).

Polyethylenglykol(e) (PEG). Zur Klasse der Polyether gehörende Polyalkenglykole der allg. Formel

H-[O-CH$_2$-CH$_2$]$_n$-OH.

Techn. Herstellung durch bas. katalysierte Polyadditionen von Ethylenoxid. Sie haben Molmassen im Bereich von ca. 200–5.000.000 g/mol. Die bei Molmassen $<$ ca. 25.000 g/mol noch flüssigen Produkte werden als eigentliche Polyethylenglykole (PEG) bezeichnet, die höher molekularen festen Produkte (Schmp. ca. 65 °C) heißen Polyethylenoxide (PEO). P. sind toxikologisch unbedenklich eingestuft. Ihre biol. Abbaubarkeit ist stark Molmassen abhängig.

P. finden Verwendung u.a. als Lösungsvermittler, Bindemittel, Emulgatoren, Dispergatoren und Weichmacher, wobei Grenzflächen- und rheologische Eigenschaften wichtig sind. P. finden aber auch breite Anwendung als Zwischenprodukte für Polymersynthesen, z.B. als Polyole in >Polyurethanen<.

Polyethylenoxid (PEO). >Polyethylenglykol<.

Polyisopren. >Kautschuk<.

Polykondensate. Durch >Polykondensation< hergestellte, makromolekulare Stoffe.

Polykondensation. Die Polykondensation ist neben der >Polymerisation< und der >Polyaddition< eine der drei Grundreaktionstypen zum Aufbau von >Makromolekülen<. Sie erfolgt durch Verknüpfung von gleichen oder verschiedenartigen Molekülen unter Abspaltung eines niedermolekularen Stoffes, wie z.B. Wasser, Ammoniak oder Alkohol. Bifunktionelle Moleküle bilden kettenförmige (z.B. >Polyamide< und >Polyester<), und trifunktionelle Moleküle räumlich vernetzte Polykondensate (z.B. >Epoxidharze<, vernetzte >Polyester<). Im Gegensatz zur Polymerisation sind am Polymeraufbau keine C-C-Mehrfachbindungen beteiligt. Lineare Polykondensate sind >thermoplastisch<, während die vernetzten Polykondensate >Duroplaste< sind.

Polymerasen (DNA-, RNA-). (Syn. Kornberg-Enzym). >Enzyme<, die die Verknüpfung der >Nucleotide< – durch Bildung eines Esters zwischen dem Phosphorsäurerest des einen Nucleotids und einer OH-Gruppe der Pentose des anderen – katalysieren und so den Aufbau der >Nucleinsäuren< bewirken. Sie sind damit an der DNA- bzw. RNA-Replikation beteiligt und weisen eine hohe Aktivität auf, da sie in der Lage sind, mehr als 10.000 Nucleotide pro min zu verknüpfen. Durch die ebenfalls vorhandene Exonuclease-Aktivität der P. können diese auch am hydrolytischen Abbau von Nucleinsäure-Stücken (z.B. dem >Primer<) beteiligt sein. Die Polymerase I wurde von Kornberg als erstes DNA-synthetisierendes Enzym erkannt, weswegen die P. gelegentlich auch als „Kornberg-Enzyme" bezeichnet werden. Gemäß der üblichen Nomenklatur für >Enzyme< wären die P. als Nucleotidyltransferasen zu bezeichnen. Bei >Prokaryonten< wird oft nur eine P. gefunden. wogegen bei >Eukaryonten< drei verschiedene Typen bekannt sind (P. I, II und III).

Polymerase-Kettenreaktion (PCR). In-vitro-Verfahren zur selektiven Anreicherung von bestimmten Nucleinsäure-Fragmenten (>Nucleinsäure<) mit definierter Länge und Sequenz in einer Mischung von Nucleinsäure-Molekülen. Bei dieser Methode wird >DNA< zusammen mit einer Mischung aus den 4 Nucleotiden, zwei künstlich hergestellten Oligonucleotiden (mindestens 17 Nucleotide lang), sowie einer DNA->Polymerase< in einem definierten Temperaturprogramm inkubiert. Zunächst wird die genomische >DNA< denaturiert, z.B. durch Erhitzen auf etwa 95 °C. An die so erhaltenen Einzelstränge sollen die Oligonucleotide (Primer) durch >Hybridisierung< binden (Annealing), da sie dem 5'- bzw. 3'-Ende des zu amplifizierenden DNA-Segmentes entsprechen. Dazu muß die Reaktionsmischung auf eine Temperatur abgekühlt werden, die durch die Primer vorgegeben ist und oft bei etwa 65 °C liegt. Nach dem Annealing-Schritt wird die Temperatur wieder erhöht, und zwar auf etwa 72 °C, dem Temperatur-Optimum der Polymerase. Dadurch werden ausgehend von den Primern die zur ursprünglichen DNA komplementären DNA-Stränge synthetisiert. Im nächsten Schritt erfolgt dann wieder die Denaturierung der Doppelstränge. In diesem neuen Zyklus dienen auch die im vorhergehenden hergestellten DNA-Stränge als Matrize für die Neu-Synthese, so daß die Zahl der DNA-Sequenzen sich exponentiell vermehrt. Für die meisten Anwendungen reichen 30–35 Zyklen aus, um genügend Produkt für einen Nachweis zu erhalten. Setzt man einen der beiden Primer in deutlichem Überschuß ein, wird der zugehörige der beiden Stränge im Überschuß gebildet (asymmetrische P.-K.). Für die PCR wird heute oft anstelle der früher üblichen Polymerase aus >Escherichia coli< eine sehr hitzestabile DNA-Polymerase (Taq-Polymerase) aus *Thermus aquaticus* eingesetzt. Die Vorteile der PCR gegenüber anderen Verfahren der Genisolierung liegen in ihrer schnellen Durchführbarkeit begründet. Mittlerweile werden zur Automatisierung der Methode PCR-Automaten (Thermocycler) angeboten. Wichtig ist auch, daß die PCR mit sehr kleinen Mengen (etwa 500 ng) an genomischer >DNA< oder >RNA< auskommt. Diese Menge kann schon aus etwa 10^6 Zellen isoliert werden. Anwendungsgebiete der PCR ergeben sich u. a. bei der Isolierung, Markierung und Mutagenisierung von DNA-Fragmenten sowie bei der >DNA-Sequenzierung<, der >Gendiagnose<, dem >DNA-Fingerprinting<, dem Anlegen bestimmter >Genbanken< und beim Amplifizieren („Vervielfältigen") von DNA-Sequenzen.

Lit: Lottspeich F, Zorbas H (1998) Bioanalytik. Spektrum Akademischer Verlag, Heidelberg – Lehninger AL, Nelson DL, Cox MM (1994) Prinzipien der Biochemie. 2. Aufl., Spektrum Akademischer Verlag, Heidelberg.

Polymere (ChemG). P. ist eine nichtoffizielle Sammelbezeichnung für eine Produktgruppe, die von der Anmeldeverpflichtung für >neue Stoffe< weitgehend ausgenommen sind. Der Begriff P. ist im deutschen >ChemG< und der zugrunde liegenden 6. Änderungsrichtlinie der EG für >gefährliche Stoffe< (i. d. F. vom 18.09. 1979) nicht definiert. Durch die Übernahme der auf OECD-Ebene 1990 verabschiedeten Polymer-Definition in die 7. Änderungsrichtlinie (Verabschiedung 1992) wird eine Abgrenzung zwischen Polymeren u. niedermolekularen Stoffen möglich. Nach der >OECD<-Definition werden >Stoffe< als P. bezeichnet, die aus einem oder mehreren >Monomeren< aufgebaut und ggf. mit weiteren Reaktanden kovalent verknüpft sind. Als weitere wesentliche Kriterien sind die Molekulargewichtsverteilung und der Polymerisationsgrad zu betrachten.

P. sind im Altstoffinventar >EINECS< im Gegensatz zum amerikanischen >TSCA<-Inventar und zum japanischen >MITI<-Inventar nicht als solche aufgeführt, sondern in Form der zu ihrer Herstellung verwendeten Monomeren berücksichtigt. Nach § 5 Ab.1 Nr.1 ChemG sind Stoffe, die als Polymerisate, Polykondensate oder Polyaddukte weniger als 2 % eines neuen Monomeren in chem. gebundener Form enthalten, nicht anmeldepflichtig.

Anmeldepflichtige P. sind im Prinzip dem gleichen Prüfprogramm unterworfen wie niedermolekulare >Neustoffe< mit der Verpflichtung zur >Einstufung<, >Verpackung< und >Kennzeichnung<, sofern bei der >Prüfung< gefährliche Eig. gemäß § 3a ChemG nachgewiesen wurden. Das Prüfprogramm kann aufgrund der physikalisch-chem. Eig. des P. eingeschränkt werden. Eine neue Konzeption für die Prüfung von P. wird als Ergänzung zur 7. Änderungsrichtlinie gegenwärtig von der >EG-Kommission< erarbeitet.

Polymere in der Abwasserreinigung. Synthetische, wasserlösliche >Polymere< (Polyacrylamid, Polyamin und Polyethylenimin) werden aufgrund funktioneller, z. T. dissoziierbarer Gruppen der Makromoleküle als >Flockungsmittel< in der >Abwasserreinigung< eingesetzt.

Lit: Abwassertechnische Vereinigung (Hrsg.) (1982–1986) Lehr- und Handbuch der Abwassertechnik, 3. Aufl., Bd. 1–7, Verlag von Wilhelm Ernst und Sohn, Berlin München.

Polymerisate. Durch >Polymerisation< hergestellte, makromolekulare Stoffe.

Polymerisation. Die Polymerisation ist neben der >Polykondensation< und der >Polyaddition< eine der drei Grundreaktionstypen zum Aufbau von >Makromolekülen<.

P. können ausgelöst werden durch Initiatoren, Wärme, ionisierende Strahlung od. Licht. Je nach Initiatortyp unterscheidet man zwischen radikalischer, anionischer, kationischer oder koordinativer Polymerisation. An die Initiierung schließt sich der Aufbau des Makromoleküls durch konsekutive Additionen von Monomeren an die wachsende Kette an. Der Initiator/Katalysator ist auch für die Konstitution (Stereospezif. Polymere) der Produkte entscheidend.

Reaktionstechnisch werden unterschieden: die Polymerisation in Masse (Substanz), in der Gasphase, in Lösung, in Emulsion und in Suspension.

Produkte der P. sind >Homopolymere< und >Copolymere< vorwiegend auf der Basis von Vinylverbindungen als >Monomere<. Überwiegend handelt es sich um >Thermoplaste< wie z.B. Polyolefine, PVC, PS, aber auch um >Elastomere<, wie z.B. >Polybutadien< und seine Copolymere und um >Duroplaste<, wie z.B. PS/DVB-Harze. Die P. ist aber auch eine wichtige Basisreaktion bei der Härtung von >Lacken< oder >Klebstoffen<.

Polymixis. Mehr als zweimalige Durchmischung des Wassers eines Sees, besonders in Seen der tropischen Hochgebirge mit starker nächtlicher Abkühlung bei intensiver Windeinwirkung; ein solcher See ist polymiktisch. S. a. >Mixis<.

Polymorphismus. (Grch. polys = viel, morphe = Gestalt; Syn. Polymorphie, Vielgestaltigkeit). 1. Vorkommen von zwei oder mehr Strukturvarianten eines oder mehrerer Chromosomen in einer Population (chromosomaler P.).
2. Vorkommen von zwei oder mehr unterschiedlichen Genotypen in einer Population mit einer Häufigkeit, die nicht allein der Mutationsrate entspricht (genetischer P.).
3. Eigenschaft eines Elements, in mehreren unterschiedlichen Modifikationen (z.B. bei Schwefel) aufzutreten.

Polynom-Regression. Nichtlineare Regressionsbeziehung auf der Grundlage von Polynomansätzen, z.B. in Formen wie
1) $Y = Y(x) = a_0 + a_1x + a_2x^2 + a_3x^3 + \ldots$
2) $Y = Y(x,z) = a_0 + a_1x + a_2x^2 + a_3x^3 + \ldots b_1z + b_2z^2 + b_3z^3 + \ldots,$

die grundsätzlich in lineare Formen transformierbar sind.

Polynucleotid. >Nucleinsäuren<.

Polyolefine (PO). PO ist die Sammelbezeichnung für >(Co)Polymerisate< von Olefinen, insbesondere von Ethen (>PE<), Propen (>PP<), Buten (PB), *i*-Buten (PIB).

Polyoxyethylen-sorbitanfettsäureester. (Tweens). Wasserlösliche >Emulgatoren<, die aus >Sorbitanfettsäureestern< durch die Addition von Ethylenoxid an die freien Hydroxylgruppen gebildet werden. Der ADI-Wert beträgt 25 mg/kg Körpergewicht. Der Einsatz erfolgt zur Stabilisierung von Öl/Wasser-Emulsionen.

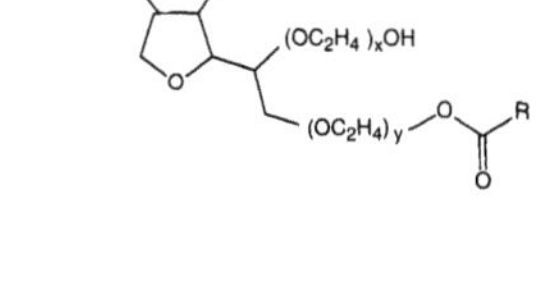

polyphag. Bezeichnung für ein Tier, das ein breites Nahrungsspektrum besitzt, sich z.B. von vielen verschiedenen Kräutern ernährt. Das Extrem bilden die pantophagen oder *omnivoren* Tiere, die besonders vielfältige Nahrung zu sich nehmen – sog. Allesfresser. Dazu gehören z.B. Schaben und Schweine, aber auch der Mensch. Gegensatz: >Monophagie<.

Polyphagie. >polyphag<.

Polyphosphate. P. sind die Salze der Polyphosphorsäure ($H_{n+2}P_nO_{3n+1}$), welche durch thermische Kondensation oberhalb von 300°C aus *ortho*-Phosphorsäure (H_3PO_4) gebildet werden. Niedermolekulare P. werden in großem Umfang als >Wasserenthärter< eingesetzt, da die Anionen mit Ca^{2+} und Mg^{2+} wasserlösliche Komplexe bilden und die Ausfällung der Härtebildner auf Faseroberflächen verhindern. Wegen der >eutrophierenden Wirkung< auf Gewässer werden >Phosphate< durch andere Komplexbildner ersetzt, z.B. >NTA<. Auch die letzteren haben sich jedoch als problematisch erwiesen, da sie im >Sediment< fixierte >Schwermetalle< remobilisieren können, und im Gegensatz zu Phosphaten in der >dritten Reinigungsstufe< einer >Kläranlage< nicht durch Fällung aus dem Abwasser eliminiert werden können.

polyploid. Die Mehrzahl der Pflanzen und Tiere hat in den Zellen einen doppelten (diploiden) >Chromosomensatz<. Jede darüber hinausgehende Vervielfachung des Chromosomensatzes wird als p. bezeichnet. Unter natürlichen Bedingungen kommen Organismen – v.a. Pflanzen – vor, die z.B. tetraploid sind, d.h. sie besitzen vier Chromosomensätze in jedem Zellkern. Häufig ist dies bei Neuzüchtungen von Kulturpflanzen nach >Genommutation<. Aber auch einzelne Zellen oder Gewebe können vermehrte Chromosomensätze haben. Solche Zellen sind oft besonders stoffwechselaktiv. Es gibt Zellen mit mehrhundertfachem Chromosomensatz. Dabei bilden sich sog. Riesenchromosomen, z.B. in Speicheldrüsen bestimmter Insekten.

Polypropylen (PP). PP ist durch >Polymerisation< von Propen in der Regel bei niedrigem Druck mit heterogenen Katalysatoren (Ziegler-Natta-Katalysator) hergestellter >thermoplastischer Kunststoff<. Besonders das isotaktische PP besitzt eine hohe Kristallinität und daher einen hohen Erweichungspunkt (>165°C), während ataktische PP wegen ungeordneter Methylreste in der Kette öl- bzw. wachsartige Produkte ergeben. PP hat ähnliche Eigenschaften wie >PE< bei einer höheren Steifigkeit und auch häufig höherer Widerstandsfähigkeit als beim letzteren. Durch >Copolymerisation< mit Ethen wird die Sprödigkeit unterhalb dem Gefrierpunkt verbessert. Ebenso wie PE wird PP durch Spritzguß, Extrusion und Extrusionsblasen verarbeitet. Die Anwendungsgebiete sind vorwiegend Formteile und Hohlkörper für technische Anwendungen, hochverstreckte Folien und Bändchen für Webzwecke, Heizkanäle, Lüfterflügel, Küchengeräte, Waschbecken und andere langlebige Produkte, weniger in Einmalartikeln. Bei >Müllbeseitigung< und >Kunststoffrecycling< verhält sich PP analog dem PE. In der deutschen Automobilindustrie sind inzwischen Versuche angelaufen, gebrauchte Stoßfänger aus PP nach Regranulation wieder zu Stoßfängern zu verarbeiten und in Neufahrzeugen einzusetzen.

Polysaccharide. Makromoleküle, die aus Monosacchariden durch Bildung intermolekularer glykosidischer Bindungen aufgebaut werden. Die wichtigsten Polysaccharide in der Natur sind >Stärke<, Glykogen und >Cellulose<. Polysaccharide sind in Wasser nicht oder nur kolloidal löslich.

Polysaprobien. Leitorganismen zur biol. Beurteilung des Verschmutzungsgrades von Gewässern, die stark mit fäulnisfähigen Substanzen angereichert sind (>Saprobien-Index<): >Bakterien<, die weit über 1 Mio. pro mL Wasser zu finden sind; u.a. >Kokken<, >Schwefelbakterien<, >Abwasserpilze<, >Cyanobakterien<, >Protozoen<, u.a. viele >Wimpertierchen<, Bachröhrenwurm (Tubifex), Zuckmückenlarven, Schlammfliegenlarven, kleine Fische. Das Wasser ist außerordentlich stark verunreinigt; es tritt eine erhebliche >Sauerstoffzehrung< auf; durch Reduktion und Spaltung sind Fäulnisprozesse existent; es bildet sich Schwefelwasserstoff; hoher Gehalt an org. Stoffen; reiche Sedimentation.

Lit: Bogenrieder H, Collatz KG, Kössel H, Osche G (1985) Lexikon der Biologie, Herder, Freiburg Basel Wien.

Polysom. >Ribosomen<, die an einem Molekül mRNA (>RNA<) fadenartig aufgereiht zu sehen sind.

Polystyrol (PS). PS wird durch radikalische oder ionische >Polymerisation< aus Styrol (Vinylbenzol) hergestellt. Neben >Polyolefinen< und >PVC< gehört PS zu den Massenkunststoffen. Weltweit werden einige Millionen t PS produziert. Als glasklarer, hochglänzender aber auch harter und spröder >thermoplastischer Kunststoff< wird PS für durchsichtige Verpackungen im Konsumbereich, als Leuchten mit Kristallglaseffekt, Schaugläser, Filmspulen, Wegwerfgeschirr etc. besonders abfallintensiv verwendet. Besonders Bedeutung kommt dem PS jedoch auch als >Schaumstoffe< (Styropor) in stoßfesten Verpackungen und Isolationsplatten zu, wobei das Schäumen mit >Treibgasen< (z.B. Alkane) durchgeführt wird. Bei der Zerstörung der geschlossenporigen Zellstruktur der Schaumstoffe beim Recycling werden die Treibgase unkontrolliert in die Atmosphäre abgegeben. Aufgrund der Produktlebensdauer bleibt das Problem der Freisetzung von >FCKW<, die früher als Treibgase Verwendung fanden, in einer Übergangszeit bestehen. Obwohl das Recyclieren der Schaumstoffe aus Verpackungen als Formblöcke bzw. Chips prinzipiell möglich ist, bereitet die Getrenntsammlung und der Transport zum Verarbeiter Probleme, da die geringe Dichte der großvolumigen Schaumstoffe die Transportkosten erheblich verteuert. Mit der Rücknahmepflicht des Verpackungsmaterials durch Verkäufer (Verpackungsverordnung) wird das Recycling von PS-Schäumen durch gesetzliche Auflagen gefördert.

Polystyrolharze. >Polystyrol<.

Polyurethane (PUR). Durch >Polyaddition< von Di- oder Polyhydroxyverbindungen, bevorzugt >Polyester-Ketten<, an Di- oder Polyisocyanate, wie z.B. Toluylen-2,4- oder Naphthylen-2,5-diisocyanate, entstehen die linearen oder vernetzten PUR (s. Formelschema S.921).
Die Eigenschaften der PUR sind in weitem Bereich variierbar. Generell steigt der Vernetzungsgrad und damit die Härte mit (a) dem Gehalt der seitenständigen OH-Gruppen, (b) dem Anteil der Triisocyanate und (c) dem Überschuß an Isocyanaten. Je nach Vernetzungsgrad sind die PUR >thermoplastisch<, >duroplastisch< oder >Elastomere<. PUR werden in elasti-

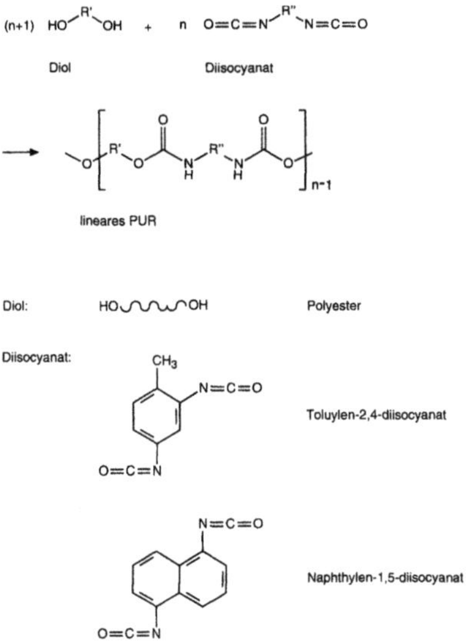

$(n+1)$ HO–R'–OH + n O=C=N–R''–N=C=O

Diol   Diisocyanat

→ lineares PUR

Diol: HO–∿∿∿–OH   Polyester

Diisocyanat: Toluylen-2,4-diisocyanat

Naphthylen-1,5-diisocyanat

Polyaddition von Diolen und Diisocyanaten zu linearen PUR

schen Fäden, z.B. Lycra (DuPont), als Lacke, Beschichtungsmaterialien und Klebstoffe, die mit Oxidhydratschichten von Metallen reagieren und daher stabile Überzüge bilden, sowie als Gieß-, Streich- und Spachtelmassen verwendet. Besonders wichtig ist der Einsatz der PUR als *Schaumstoffe*. Offenporige PUR-Schäume werden durch eine Teilreaktion zwischen zugesetztem Wasser und den Isocyanaten erreicht, die unter CO_2-Entwicklung und Bildung von Harnstoffbrücken sich zersetzen. Der mit CO_2 erzeugte Schaum wird durch Härtung fixiert. Wichtiger sind geschlossenporige Schaumstoffe, die früher mit >FCKW< als >Treibgase<, insbesondere mit F 11 (Trichlorfluormethan, $CFCl_3$) und F 12 (Dichlordifluormethan, CF_2Cl_2), hergestellt wurden. Nach Verbot der FCKW werden heute umweltverträgliche Treibgase (z.B. Alkane) verwendet. PUR werden entweder zu Blöcken geschäumt und nachträglich zu Platten geschnitten, oder das Aufschäumen erfolgt in Formteilen zu Endprodukten, wie dies beim Ausschäumen von Hohlkonstruktionen im Fahrzeug-, Möbel- und Hausbau der Fall ist. Als stickstoffhaltige Polymere entstehen im Brandfall aus PUR hohe Konzentrationen von Blausäure (HCN) im Prozentbereich sowie weitere Schadstoffe wie Cyanoarene, nitrilsubstituierte >PAH<. Daher müssen PUR in brandgefährdeten Einsatzbereichen mit >Flammschutzmitteln< ausgerüstet sein. Der Einsatz von PUR ist nicht unproblematisch. Bei nicht vollständiger Durchpolymerisation können in geschlossenen Räumen hochtoxische >Restmonomere< der Diisocyanate auftreten. Der MAK-Wert z.B. für das Toluylen-2,4- oder –1,6-diisocyanat beträgt 0,01 ppm und damit 1/50 des Formaldehyds (0,5 ppm). In Privathaushalten ist Formaldehyd auf 0,1 ppm begrenzt, was sinngemäß auch auf die Diisocyanate anzuwenden wäre. Kann man diese Regelungen im gewerblichen Bereich noch einhalten, besteht ein erhebliches Problem im Hobbybereich, wenn die Ausgangskomponenten der Reakti-

onsharze in reiner Form in Spraydosen zum Einsatz kommen. Obwohl das Recycling der Schaumstoffe als Formblöcke und Isolierschäume prinzipiell möglich ist, bereitet die Getrenntsammlung und der Transport zum Verarbeiter Probleme, da die geringe Dichte der großvolumigen Schaumstoffe die Transportkosten erheblich verteuert. Darüber hinaus werden bei der Zerstörung der geschlossenporigen Zellstruktur der Schaumstoffe beim Recycling die eingeschlossenen Treibgase unkontrolliert in die Atmosphäre abgegeben. Mit der Rücknahmepflicht von Verpackungsmaterial und/oder Altfahrzeugen/-geräten durch Verkäufer bzw. Hersteller (Verpackungsverordnung) wird das Recycling von Schaumstoffen durch gesetzliche Auflagen gefördert.

Polyvinylacetat (PVAC). Thermoplastische Polymere des Vinylacetats. Die radikal. Polymerisation kann nach Verfahren der Substanz-, Lösungs-, Suspensions- oder Emulsions-Polymerisation erfolgen. Als Handelsformen dienen Pulver, Körner, Granulate oder wäßrige Dispersionen. P. haben Molmassen von 10.000 bis 1.500.000 g/mol, der Glasübergang der amorphen Produkte liegt bei ca. 28 °C. P. sind wasserunlöslich und löslich in vielen organ. Lösungsmitteln. P. werden verwendet als Klebstoff (Komponente), Lackrohstoff, für Folien und Beschichtungen von Papier und Lebensmitteln. P. dient als Rohstoff für die Herstellung von >Polyvinylalkoholen<. Neben den Homopolymeren des >Vinylacetats< haben auch dessen >Copolymere< mit Ethylen (E/VA) u./od. Vinylchlorid (VCEVA oder VCVAC) große technische Bedeutung.

Polyvinylalkohol (PVAL). Synthese ausgehend von >Polyvinylacetat< als polymeranaloge Umesterung durch Hydrolyse (Verseifung), techn. durch alkal. katalysierte Umesterung mit Alkoholen (Methanol) in Lösung. P. im Handel als Pulver oder Granulate haben Molmassen im Bereich 20.000–100.000 g/mol und unterschiedliche Hydrolysegrade, z.B. 98–99 bzw. 87–89 Mol. %. Dadurch werden auch die thermischen Eigenschaften (T_g bzw. Schmp.) und die Löslichkeit in H_2O bzw. organ. Lösungsmitteln bestimmt. P. sind toxikologisch unbedenklich und biologisch zumindest teilweise abbaubar. P. finden vielseitige Verwendung u.a. als Schutzkolloid, Emulgator, Bindemittel, in Klebstoffen, Schlichten, Emulsionen, Verdickungsmittel in Pharmazie und Kosmetik, auch als wasserlösliche Folien oder Fasern.

Polyvinylchlorid (PVC). Ein durch Polymerisation von Vinylchlorid hergestellter hochmolekularer >Kunststoff<. PVC ist der neben Polyethylen bedeutendste Kunststoff, aus dem die unterschiedlichsten Produkte hergestellt werden, z.B. aus Hart-PVC u.a. Rohre, Rolladen, Fassadenverkleidungen, Fensterrahmen und aus mit >Weichmachern< versehenem Weich-PVC Fußbodenbeläge, Folien, Vorhänge, Tischtücher, Spielzeug etc. Bei in Deutschland hergestelltem PVC wird durch eine Intensiventgasung erreicht, daß nur noch minimale Rückstände an monomerem, eindeutig >krebserzeugenden< Vinylchlorid im fertigen Produkt enthalten sind. Zur Stabilisierung von PVC werden schwermetallhaltige Salze org. Säuren eingesetzt, wobei das in der Vergangenheit bevorzugt eingesetzte Schwermetall >Cadmium< inzwischen durch weniger >toxische< Metalle ersetzt wird. Beim Verbrennen von PVC spaltet sich >Chlorwasserstoff< ab. Im Brandfall kann das Einwirken dieser starken Säure zu beträchtlichen zusätzlichen Schäden führen. Des weiteren ist mit der Bildung polychlorierter >Dibenzo-*p*-dioxine< und >-furane< zu rechnen. >Müllverbrennungsanlagen< sind mit entspr. wirksamen >Abgasreinigung<einheiten auszurüsten.

Polyvinylpyrrolidon. Ein synth. Hydrokolloid, das wie >Gelatine< und >Polyamide< als >Klärhilfsmittel< zur Entfernung phenolischer Trübstoffe aus Fruchtsäften eingesetzt wird.

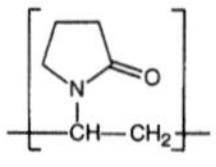

Ponceau 4R. >Brillant Ponceau 4R<.

Ponceau 6R. (Scarlet 6R, E 126). Tetranatriumsalz der 1-(4-Sulfo-1-naphthylazo)-2-hydroxy-naphthalin-3,6,8-trisulfonsäure. Der Lebensmittelfarbstoff wird zur Erzeugung himbeerroter Farbtöne, z. B. in Pudding, Marmelade, roter Grütze, Spirituosen etc. eingesetzt. In der EG ist der Einsatz jedoch seit 1977 verboten.

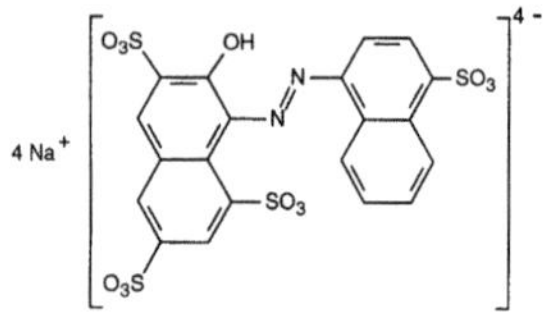

Ponceau 4GB. >Orange RN<.

Ponsol Blue. >Indanthrenblau<.

Pool-Octanzahl. Bei der Herstellung von >Ottokraftstoffen< anfallendes gesamtes Potential an >Octanzahlen<, das entspr. den Erfordernissen des Marktes in Normal- und Superqualität aufgeteilt werden muß, wobei allerdings auch die übrigen Qualitätsmerkmale der Kraftstoffe, wie z. B. Flüchtigkeit, zu beachten sind. Ist die P. für die Erfordernisse des Marktes zu gering, kann sie mit Hilfe von sauerstoffhaltigen Komponenten aufgebessert werden, da sich die octanzahlverbessernde Wirkung von Bleiverbindungen, >Benzinverbleiung<, aus Umweltgründen mehr und mehr verbietet, >Katalysator<.

Popularklage. Jedermann kann gegen jeden Staatsakt klagen; in D. gesetzlich nicht eingeführt, auf der Landesebene in Ansätzen in Bayern vorhanden.

Population. Gruppe von Individuen einer >Art<, die in einem begrenzten >Areal< lebt und sich sexuell fortpflanzen kann. Sie sind von Nachbarpopulationen oft nicht scharf und vollständig isoliert (>Isolation<). Innerhalb einer P. erfolgen Erbänderungen und findet >Evolution< statt.

Populationsdichte. Individuendichte einer Art in einem begrenzten >Areal<.

Populationsdynamik. Wissenschaftszweig der Biomathematik, der sich mit der quant. Beschreibung des Wachstums und der Veränderungen von Populationen bzw. Populationsdichten und ihren Ursachen beschäftigt. Auf >stochastischen< wie >deterministischen< Ansätzen gleichermaßen beruhend, erlangt sie vor allem in der >Ökosystem-Modellierung< zunehmende Bedeutung.

Lit: Richter O (1985) Simulation des Verhaltens ökologischer Systeme. Mathematische Methoden und Modelle, VCH Verlagsgesellschaft, Weinheim.

Populationsökologie. >Demökologie<.

Populationsstruktur. Eine >Population< besitzt zu einem bestimmten Zeitpunkt oder auch im Mittel über einen längeren Zeitraum eine bestimmte P. Diese ist bedingt durch Geburts- und Sterberate, Altersaufbau, Geschlechtsverhältnis und die >Abundanz<.

Populationswachstum. Zunahme einer >Population< in der Zeit. Das Wachstum ist abhängig von der Zuwachsrate r. Bei konstanter Zuwachsrate verläuft das P. exponentiell. Dies setzt voraus, daß die Ernährungsgrundlage der >Art< nicht begrenzt ist. Sobald hier eine Begrenzung vorliegt, ergibt sich ein logistisches Wachstum mit einer S-förmigen (sigmoiden) Kurve. Die Populationsgröße erreicht dann einen mehr oder weniger konstanten Wert K (für Kapazität); >r-Selektion< und >K-Selektion<. >Nullwachstum<.

Poren. Das nicht von fester Materie, sondern von Wasser oder Luft (bzw. Gasen) erfüllte Bodenvolumen. Da die Bodenporen unregelmäßige Gestalt haben, werden sie gewöhnlich nicht nach ihrem wahren Durchmesser, sondern nach einem „Äquivalentdurchmesser" eingeteilt, der dem Durchmesser runder Kapillaren mit gleicher Kapillarwirkung entspricht (>Wasserspannung<). Dabei unterscheidet man folgende Gruppen (s. Tabelle).

Poren: Porendurchmesser und ihre Kapillarwirkung

	Durchmesser [µm]	Wasserpotential [cm]
Weite Grobporen	>50	0–60
Enge Grobporen	50–10	60–300
Mittelporen	10–0,2	300–15.000
Feinporen	<0,2	>15.000

Das in den weiten Grobporen enthaltene Wasser fließt mit der Schwerkraft ab; das in den engeren Poren befindliche Wasser kann der Boden speichern (>Feldkapazität<). Das Wasser der Feinporen ist allerdings für die meisten Kulturpflanzen nicht mehr verfügbar, so daß nur das Wasser der Mittelporen und engen Grobporen in pflanzenverfügbarer Form gespeichert ist (>nutzbare Feldkapazität<). Das gesamte Porenvolumen eines Bodens liegt meist im Bereich zwischen 40 und 60 Vol.-%; es hängt ebenso wie die Porengrößenverteilung im wesentlichen von der Korngrößenverteilung und der Gefügeform ab. So haben Tonböden überwiegend Feinporen (abgesehen von eventuellen Schrumpfrissen) und Sandböden hauptsächlich Grobporen, während >(Löß)lehmböden< eher ausgeglichene Porengrößenverteilungen und daher in bezug auf den Luft- und Wasserhaushalt günstige ökologische Eigenschaften besitzen.

Porengrundwasserleiter. Umfassen kiesige und sandige Ablagerungen in Flußtälern, Glacialgebieten, Küstenebenen und großen tektonischen Tälern sowie Flugsande (>Lockergesteine<). Die >Durchlässigkeitsbeiwerte< liegen meist in der Größenordnung 10^{-5} bis 10^{-3} m/s (selten 10^{-2} m/s), bei den Flugsanden in der

Größenordnung 10^5 bis 10^{-4} m/s. Die Brunnenleistungen können in grobkörnigen Ablagerungen bei entsprechender Mächtigkeit 100 L/s übersteigen. Poröse >Karstgesteine< und >Kluftgrundwasserleiter< (Sandsteine, verwitterte Plutonite und Metamorphite) können örtlich die Eigenschaften eines Porengrundwasserleiters aufweisen.
Lit: Mattheß G, Ubell K (198) Allgemeine Hydrogeologie, Grundwasserhaushalt, Gebr. Borntraeger, Berlin Stuttgart.

Porenvolumen. >Hohlraumanteil<.

Porenwasser-Geschwindigkeit. Die mittlere Fließgeschwindigkeit des Wassers im Boden, die sich als Quotient aus mittlerer Niederschlags- oder Beregnungsintensität und dem wassergefüllten Porenanteil ergibt.

Porifera (Schwämme). >Süßwasserökologie<.

Porosität. >Hohlraumanteil<.

Portliner. Wärmeisolierende Auskleidung von Auspuffkanälen in >Verbrennungsmotoren<. Die dadurch erhöhte Abgastemp. ist für die >Abgasnachbehandlung< vorteilhaft und verbessert die Wirkung evtl. vorhandener >Abgasturbolader<.

Positron. >Elementarteilchen< mit der Masse eines >Elektrons<, jedoch positiver Ladung. Es ist das „Anti-Elektron". Es wird beim >Beta$^+$-Zerfall< ausgesandt und entsteht bei der >Paarbildung<.

Positronenstrahler. Der Umwandlungsprozeß mit >Positronen<emission steht in Konkurrenz zum >Elektronen<einfang. Beide Male ist die Ursache für den Umwandlungsprozeß ein >Protonen<überschuß im >Kern<. Während bei den schweren Kernen bevorzugt der Elektroneneinfang stattfindet, wandeln sich leichte Kerne über Positronenemmission um. Deshalb liegen alle Positronenstrahler im Bereich kleiner >Ordnungszahlen<. Als Positronenstrahler können z.B. gewebe- bzw. stoffwechselspez. >Atome< wie Stickstoff-13, Sauerstoff-15 und Sauerstoff-14, Fluor-18 und Kohlenstoff-11 hergestellt werden.

Potamal. Unterer Bereich der >Fließgewässer< mit hohen Sommertemp. und überwiegend feinkörnigem, sandig-schlammigem Sediment. Dementspr. ist ein reicher Bewuchs mit am Grund wurzelnden Wasserpflanzen ausgebildet. Das P. umfaßt die >Brachsen<, teilweise noch die >Barbenregion<. Eingeschwemmtes >Plankton< kann sich je nach Fließzeit vermehren, wird aber ins Meer transportiert und geht hier zugrunde.

Potasan. Ein Thiophosphorsäureester-Insektizid aus der Cumarin-Reihe.
Chemische Bezeichnung: O-4-Methyl-2-oxo-2H-1-benzopyran-7-yl)-thiophosphorsäure-diethylester $(C_{14}H_{17}O_5PS; M_r\ 328,3)$
Physikal.-chem. Eigenschaften: Weißes Pulver, Smt. 36,5 °C; LD_{50}: 19 mg/kg (Ratte, oral, akut).
Ein von G. Schrader (Bayer 1948) entwickeltes Insektizid, das nach dem 2. Weltkrieg zur Bekämpfung der Kartoffelkäfer-Plage (Cooado potato beetle) eingesetzt wurde; typ. Fraß- und Kontaktgift mit teilw. systemischer Wirkung; Potasan® wird heute durch modernere Wirksysteme ersetzt.

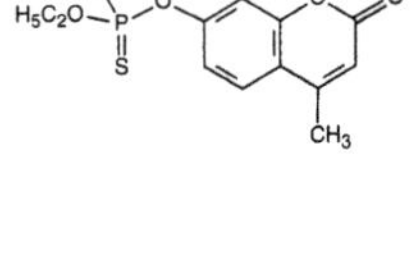

Potential. Der Begriff beruht auf einer Verallgemeinerung des Begriffs der potentiellen Energie als Energie der Lage. Ausgehend vom P. als Energie der Lage im Gravitationsfeld der Erde verfügen alle Stoffe über verschiedene Lageenergien, die sich durch das auf die Molzahl bezogene P. ausdrücken lassen: das >osmotische P.< als Ausdruck der Energie der relativen Lage der Moleküle der wäßrigen und gelösten Komponenten zueinander, das >Matrix-P.< aufgrund der relativen Lage der Wassermoleküle zur Bodenmatrix, das >chemische P.< aufgrund der Lage der verschiedenen chemischen Moleküle zueinander etc.

Potential, osmotisches. Das Bodenwasser enthält stets einen Lösungsinhalt, der das durch das >Gravitationspotential< und das >Matrixpotential< bestimmte Gesamtpotential durch das o.P. (ψ_o) (Lösungspotential) mitbeeinflußt, vor allem in den Salzböden arider Gebiete.
Lit: Scheffer F, Schachtschabel P (1989) Lehrbuch der Bodenkunde, 12. Aufl., Enke, Stuttgart.

Potenz, ökologische. >Ökologische Potenz<.

Pourpre français. >Orseille<.

POX. >Adsorbierbare Organische Halogenverbindungen<.

PP. >Polypropylen<.

ppb. Abk. für die in der >Spurenanalytik< häufig verwendete dimensionslose Konz.-Angabe „parts per billion" (engl. billion: Milliarde), die angibt, wieviel Gewichts- und Volumeneinheiten einer Substanz in einer Mrd. (10^9) Einheiten einer anderen Substanz enthalten sind; 1 ppb = 1 µg/kg = 1 ng/g. >Mischungsverhältnis<.

ppm. Abk. für die in der >Spurenanalytik< häufig verwendete dimensionslose Konz.-Angabe „parts per million", die angibt, wieviel Gewichts- und Volumeneinheiten einer Substanz in einer Mio (10^6) Einheiten einer anderen Substanz enthalten sind; 1 ppm = 1 mg/kg = 1 µg/g. >Mischungsverhältnis<.

ppt. Abk. für die in der >Spurenanalytik< häufig verwendete dimensionslose Konz.-Angabe „parts per trillion", (engl. trillion = Billion) die angibt, wieviel Gewichts- und Volumeneinheiten einer Substanz in einer Billion (10^{12}) Einheiten einer anderen Substanz enthalten sind; 1 ppt = 1 ng/kg = 1 pg/g. >Mischungsverhältnis<.

Präklusion. Ausschluß der Möglichkeit, gegen ein Vorhaben Einwendungen erheben zu können, wenn die gesetzte Frist abgelaufen ist; bedarf gesetzlicher Regelung.

Präventives Verbot. P. V. mit Erlaubnisvorbehalt soll die vorherige Kontrolle der Rechtmäßigkeit eines beabsichtigten Verhaltens ermöglichen; es ist nicht Ausdruck der generellen gesetzlichen Mißbilligung der erlaubnispflichtigen Tätigkeit und insofern zunächst nur ein „formelles" Verbot. Ergeben sich im Erlaubnisverfahren keine Versagungsgründe, so ist die Erlaubnis zu erteilen; es handelt sich um eine gebundene Erlaubnis, die bei Vorliegen der gesetzlichen Voraussetzungen erteilt werden muß und auf die ein Rechtsanspruch besteht. P. V. mit Erlaubnisvorbehalt findet sich im >Umweltrecht< außerordentlich häufig, z.B. die immissionsschutzrechtliche Anlagengenehmigung nach §§ 4 ff. des >Bundesimmissionsschutzgesetzes< oder die Transportgenehmigung nach § 49 KrW-/AbfG.

Präzision. Qualitative Bezeichnung für das Ausmaß der gegenseitigen Annäherung voneinander unabhängiger Ermittlungsergebnisse bei mehrfacher Anwendung eines festgelegten Ermittlungsverfahrens unter vorgegebenen Bedingungen.
Die „vorgegebenen Bedingungen" können sehr unterschiedlich sein. Deshalb ist man schon vor langer Zeit übereingekommen, zwei Extremfälle zu betrachten, die >Wiederholbedingungen< und die >Vergleichbedingungen<. Diese beiden extremen Bedingungen wurden inzwischen einerseits durch >Zwischenbedingungen< zwischen den Wiederhol- und Vergleichbedingungen ergänzt, andererseits durch die Hinzufügung erweiterter Vergleichbedingungen ausgeweitet.
Lit: DIN 55350-13 (Ausgabe: 1987-07) Begriffe der Qualitätssicherung und Statistik; Begriffe zur Genauigkeit von Ermittlungsverfahren und Ermittlungsergebnissen.

Präzisionssaatgut. Zucker- und Futterrüben vermehren sich aufgrund ihrer Abstammung durch mehrsamige (polykarpe) Samenknäuel, die mit dem verholzten Fruchtknoten eine Einheit bilden. Beim Rübenanbau besteht dadurch die Notwendigkeit, die Rüben nach dem Feldaufgang mit hohem Arbeitsaufwand zu vereinzeln. Die zunehmende Arbeitskräfteverknappung führt in Verbindung mit steigenden Lohnkosten zur technischen Segmentierung des Knäuels und so zum einsamigen (monogermen) Saatgut. Dieses wird durch Sieben kalibriert oder durch das Umgeben mit einer Hüllmasse pilliert und als Präzisionssaatgut bezeichnet. Heute ist das P. von auf dem Zuchtweg gewonnenem genetisch-monogermem Saatgut abgelöst, das eine deutlich höhere Keimfähigkeit besitzt.

Pralidoxim. (Pralidoximiodid, PAM, Pyridin-2-aldoxim-methyliodid). Internationaler Freiname für den Acetylcholinesterase-Reaktivator 2-(Hydroxyiminomethyl)-1-methylpyridiniumodid, der z.T. bei Vergiftungen durch >Phosphorsäureester< eingesetzt wird. Da Pralidoxim die Blut-Hirn-Schrank nicht passiert, besitzt es jedoch nicht die Möglichkeit, die gehemmte Acetylcholinesterase im Gehirn zu reaktivieren, weswegen eine Therapie mit P. unzureichend bleibt.

Lit: Mutschler E (1991) Arzneimittelwirkungen, Lehrbuch der Pharmakologie und Toxikologie, 6.Aufl., Wissenschaftliche Verlagsgesellschaft, Stuttgart – Stark I (1984) Chemie in unserer Zeit 18: 96–106.

Prandtl-Schicht. >Bodennahe Grenzschicht<.

Praziquantel. >Anthelminthika<.

Precipitation. >Fällung<.

Prednisolon. >Anthelminthika<.

Preventol. >Phenylphenol<.

Primärabbau. Abbau der Moleküle einer Substanz in dem Maß, daß z.B. dadurch eine charakteristische Eigenschaft der Substanz verlorengeht (ISO 6107/6). Es können dabei >Abbauprodukte<, >Metaboliten<, entstehen, die dann von Mikroorganismen nicht weiter mineralisiert werden.

Primärbesiedler. >Erstbesiedler<.

Primärenergie. Energierohstoffe in ihrer natürlichen Form vor jeglicher technischen Umwandlung. Das sind beispielsweise >Steinkohle<, >Braunkohle<, >Erdöl<, >Erdgas<, >Uran<, Wasser, Sonnenstrahlung.

Primärenergieverbrauch. Als Primärenergie werden die am Anfang der Energieumwandlungsketten stehenden Energieträger bezeichnet. Der gesamte P. in Deutschland betrug im Jahr 1997 insgesamt 494,6 Mio. t SKE. Der P. teilte sich folgendermaßen auf (s. Tabelle).

Primärenergieverbrauch

Mineralöl	195,4 Mio. t SKE	39,5%
Erdgas	101,8 Mio. t SKE	20,6%
Steinkohle	69,7 Mio. t SKE	14,1%
Kernenergie	63,4 Mio. t SKE	12,8%
Braunkohle	54,3 Mio. t SKE	11,0%
Wasser- und Windkraft	2,5 Mio. t SKE	0,5%
Stromaußenhandelssaldo	−0,3 Mio. t SKE	0,0%
Sonstige	7,6 Mio. t SKE	1,5%

Primärkonsumenten. >Konsumenten<, die >autotrophe< Organismen (lebende Pflanzen) fressen.

Primärkühlkreislauf. Umlaufsystem für das >Primärkühlmittel<.

Primärkühlmittel. Kühlmittel, das zum Abführen der Wärme aus der Spaltzone des >Reaktors< dient. >Sekundärkühlmittel<.

Primärlößmelioration. >Kalkung<.

Primärluft. Diejenige Luft, die unmittelbar als erste Luft zum (Brennstoff) Müll zugegeben wird, z.B. die >Rostluft< bei den Verbrennungsrosten oder die Luft durch den Düsenboden bei >Wirbelschichten<. Bei Staubfeuerungen ist es die Luft, mit der der Brennstoffstaub transportiert wird.

Primärproduktion. Die >autotrophen< Pflanzen des Meeres (>Phytoplankton<) sind befähigt, unter Nutzung der Sonnenenergie aus Kohlendioxid und Wasser bei geeigneten Temperaturen, Licht- und Nährstoffverhältnissen organische Substanz aufzubauen. In gemäßigten Breiten findet dieser Vorgang (Planktonblüte) zunächst im Frühjahr, dann wieder, in der Regel in vermindertem Umfang, im Herbst statt. Die hierbei gebildete Phytoplanktonmasse bildet die Grundlage des Lebens im Meer, indem die gebildeten Primärprodukte im trophischen Gefüge der Nahrungskette von Konsument zu Konsument weitergereicht werden (>marines Ökosystem<). Die bei der P. gebildeten organischen Stoffe stellen somit das Ausgangsmaterial für eine unabsehbare Zahl weiterer organischer Stoffe dar. Küstengebiete sind produktiver als offene Ozeane durch das Vorhandensein effektiverer >Auftriebsgebiete< und die Regenerierung von >Nährstoffen< am Boden der flachen Küstengewässer (s. Abb. S.925).

Primärproduktivität. Fähigkeit eines >Ökosystems< zur >Primärproduktion<.

Primärproduzenten. >Autotrophe Pflanzen<; >Primärproduktion<.

Primärschlamm. >Frischschlamm<. Schlamm, der ausschließlich aus dem der >Kläranlage< zufließenden >Abwasser< im ersten Reinigungsteil (>mechanische

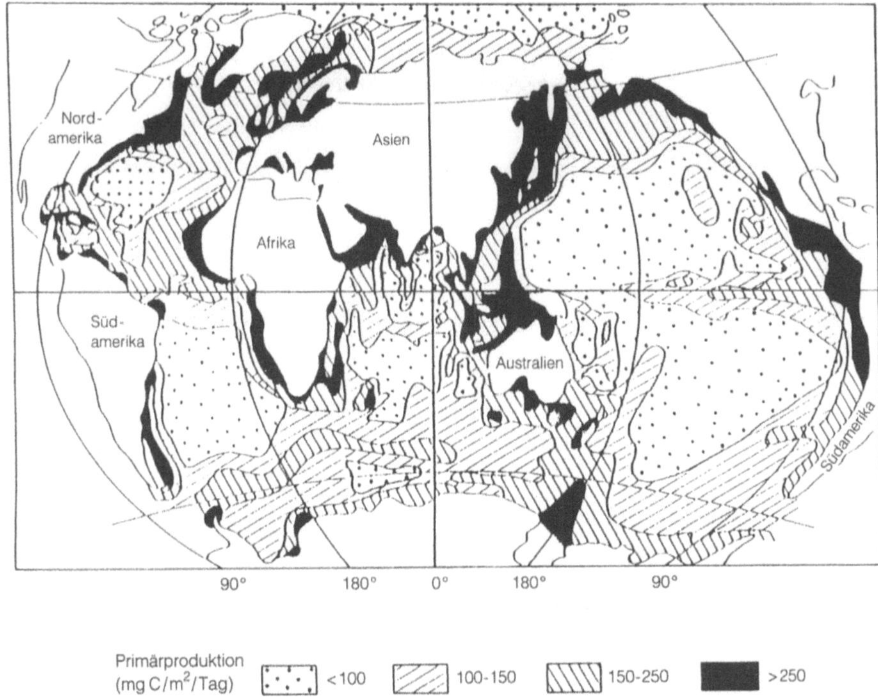

Primärproduktion: Verteilung der Primärproduktion in den Ozeanen in mg gebildeter organischer Kohlenstoff pro m² und Tag

Abwasserreinigung<) durch physikalische Verfahren abgetrennt wird (DIN 4045). Der Primärschlamm aus der >Vorklärung< weist einen hohen Wassergehalt von ca. 97,5 % (Feststoffgehalt 2,5 Gew.%) auf und läßt sich nur schwer entwässern. Er geht schnell in stinkende >Fäulnis< über und enthält >pathogene Keime< und >Wurmeier<. Dieser Schlamm muß möglichst schnell aufbereitet, d.h. >stabilisiert<, >entwässert< und ggf. >entseucht< werden.

Primär-Sequenz. >Primer<.

Primärzersetzer. (Syn. Primärdestruenten). >Lebewesen<, die frisch abgestorbene organische Masse abbauen.

Primaquin. >Antiprotozoika.<

Primatenversuche. Die Primaten stellen eine Ordnung der höheren Säugetiere (Mammalia) dar. Zu ihnen gehören die Halbaffen (Prosimiae) und die Affen (Simiae, Anthropoideae). Obwohl nach der zoologischen Systematik auch der Mensch zur Gruppe der Simiae gehört, spricht man von Primatenversuchen i. allg. nur im Zusammenhang mit Versuchen an nichtmenschlichen Primaten. Primatenversuche finden u.a. an verschiedenen Macaca-, Cebus- und Erythrocebus-Species statt. Die Versuche werden besonders im Hinblick auf ihre Übertragbarkeit auf den Menschen durchgeführt. Da der >Tierversuch< unter zunehmender öffentlicher Kritik steht, ist er seit den letzten Jahren einem verstärkten Begründungszwang ausgesetzt. So sind in

Deutschland nach der Reform des >Tierschutzgesetzes< (TSG)<, die am 01.01. 1987 in Kraft getreten ist, Experimente zur Entwicklung und Erprobung von Waffen ausnahmslos verboten und zur Entwicklung von Tabakerzeugnissen, >Waschmitteln< und >Kosmetika< nur ausnahmsweise zur Abwehr konkreter Gesundheitsgefährdungen zulässig. Außerdem sind sinnesphysiologisch niedrigerentwickelte Arten vor den höher entwickelten Primaten heranzuziehen. In formeller Hinsicht sind Versuche an Wirbeltieren genehmigungspflichtig. Primatenversuche finden so z.B. in der sog. prähumanen Phase der gesetzlichen Arzneimittelprüfung (>Arzneimittelgesetz<) für die Marktzulassung neuer Arzneistoffe statt. Hierbei wird v.a. die >Pharmakokinetik< und die >Toxikologie< des potentiellen Arzneistoffes untersucht. Innerhalb der medizinischen Grundlagenforschung an Primaten finden u.a. Untersuchungen am Zentralnervensystem, am Hormonsystem und am Herz-Kreislaufsystem statt, außerdem genetische Versuche, Untersuchungen zur Bekämpfung von Bakterienkrankheiten und Aidsforschung. Auch zur Charakterisierung der Toxizität, >Akkumulation< und >Metabolisierung< von Umweltchemikalien finden Primatenversuche statt, z.B. zur Untersuchung von Atemreizstoffen oder verschiedener Dioxine. Außerdem werden toxische >Schwermetalle< und die Hautabsorption von z.B. Duftstoffen untersucht. Zunehmende Bedeutung erlangen Versuche, die die mögliche karzinogene, mutagene und teratogene Wirkung einer Umweltchemikalie untersuchen. Schließlich finden Verhaltensversuche an Primaten statt. Zunehmend wird nach neuen Möglichkeiten gesucht, um die Anzahl der Primatenversuche zu verringern oder deren Bedingungen zu verbessern.

Lit: Korte F, Klein W, Parlar H, Scheunert I (1980) Ökologische Chemie. Grundlagen und Konzepte für die ökologische Beurteilung von Chemikalien, 1.Aufl., Georg Thieme, Stuttgart New York – Deutsche Forschungsgemeinschaft (1984) Tierexperimentelle Forschung und Tierschutz. Mitteilung der Kommission für Versuchstierforschung 3, 1.Aufl., Verlag Chemie, Weinheim – Eser A, Lutterotti M von, Sporken P (1989) Lexikon Medizin, Ethik, Recht, Herder, Freiburg Basel Wien – O'Keeffe RT, Lifshitz K (1989) J Am Coll Toxicol 8: 127–140 – Bergman H, Wichmann T, DeLong MR (1990) Science 249: 1436–1438 – Golup MS (1990) Neurotox Teratol 12: 537–571 – Roselli CE, Resko JA (1989) Biol Reprod 40: 929–934 – Flameng W, Lesaffre E, Vanhaecke J (1990) Basic Res Cardiol 85: 392–403 – Euler AR, Zurenko GE, Moe JB, Ulrich RG, Yagi Y (1990) J Clin Microbiol 28: 2285–2290 – Eichberg JW (1989) J Med Primatol 18: 204 – Harkema JR (1990) Environm Health Perspect 85: 231–238 – Witschi H (1990) Environm Health Perspect 85: 5–13 – Neubert D, Wiesmüller T, Abraham K, Krouke R, Hagenmaier H (1990) Arch Toxicol 64: 431–442 – Abraham K, Wiesmüller T, Hagenmaier H, Neubert D (1990) Chemosphere 20: 1071–1078 – Bowman RE, Tong HY, Gross ML, Monson SJ, Weerasinghe NCA (1990) Chemosphere 20: 1199–1202 – Foulkes EC (1990) Critical Rev Toxicol 20: 327–339 – Bronaugh RL, Wester RC, Bucks D, Maibach HI, Sarason R (1990) Food Chem Toxicol 28: 369–373 – Hemelrijk CK (1990) Animal Behaviour 39: 1013–1029 – Gad SC (1990) Fundam Appl Toxicol 15: 8–16 – White BL, Watson OT, Watson JA, Moyer JL (1990) Laboratory Animal Sci 40: 559–560.

Primer. (Engl. primer = Starter). Startermoleküle, die die Synth. von Makromolekülen (z.B. Glykogen) ermöglichen. Sie werden als Precursor bezeichnet, wenn sie auch in das Endprodukt mit eingehen. Bei der Nucleinsäuresynth. wird ein mind. 17 >Nucleotide< umfassendes Oligonucleotid als P. (Primär-Sequenz) bezeichnet, welches z.B. beim Beginn der DNA-Replikation als Startermolekül verwendet wird. Er paart sich mit der zu replizierenden DNA und stellt ein freies 3'-OH-Ende zur Verfügung, an dem die Polymerasen mit der Synth. der neuen Nucleotidkette beginnen können. Der P. wird durch die Angliederung von Nucleotiden, katalysiert durch die DNA-Polymerasen (>Polymerase<), in 5' → 3'-Richtung verlängert. Die DNA-Replikation erfolgt daher am Leitstrang kontinuierlich, am Folgestrang diskontinuierlich über kurze DNA-Stücke, die auch als Okazaki-Fragmente bezeichnet werden. Über P. läßt sich auch mRNA in doppelsträngige DNA kopieren. Als Enzym wird Reverse Transcriptase verwendet. P. sind essentielle Bestandteile der Reaktionsmischung für die >Polymerase-Kettenreaktion<.

Primisulfuron. Primisulfuron wirkt als >Herbizid< und zählt zur Substanzklasse der Sulfonylharnstoffe.

Chemische Bezeichnung: 2-[4,6-*bis*(Difluormethoxy)-pyrimidin-2-ylcarbamoyl-sulfamolyl]benzoesäure

CAS-Nummer: 113036–87–6 (Primisulfuron-methyl 86209–51–0)

Hersteller: Novartis

Wirkungstyp: Selektives systemisches Herbizid. Wird durch Blatt und Wurzel absorbiert und sowohl basipetal als auch akropetal in der Pflanze transportiert. Wirkt durch Hemmung der Synthese von verzweigtkettigen Aminosäuren und hemmt dadurch indirekt die Zellteilung in den Meristemen.

Bevorzugte Anwendung: Nachauflauf-Kontrolle von Ackerwinde, Problemgräsern und Wurzelunkräutern (z.B. Quecke) in Mais.

Chemische und physikalische Eigenschaften: Angaben für Primisulfuron-methyl.

Physikalische Beschaffenheit: Farblose Kristalle.

Schmelzpunkt: ca. 270 °C mit Zersetzung.

Dampfdruck: <1 nPa bei 20 °C.

Verteilungskoeffizient (log $P_{o/w}$): 1,58.

Stabilität: Bei Raumtemperatur mindestens 3 Jahre stabil.

Löslichkeit: In Wasser bei 20 °C und pH 7 70 mg/L.

Abbau und Metabolismus: Wird durch Tonmineralien im Boden wenig absorbiert, deswegen gute Beweglichkeit. Abbau im Boden erfolgt auf chem. Wege, untergeordnet auch mikrobiell. HWZ beträgt 3 bis 10 Wochen. Im Mais Metabolisierung zu 5-Hydroxyprimisulfuron und anschließende Bildung des *O*-Glucosides.

Toxizität: Primisulfuron-methyl: Akute orale LD_{50} für Ratte >5.050 mg/kg. Akute dermale LD_{50} für Ratte >2.010 mg/kg. Nicht hautreizend, leicht augenreizend bei Kaninchen. Keine Hautsensibilisierung bei Meerschweinchen. Akute Inhalation (4 h) LC_{50} für Ratte >4.810 mg/m³. In 90-Tage-Fütterungstest NOEL >10.000 mg/kg Futter.

Bienentoxizität: Primisulfuron-methyl: Nicht giftig für Honigbienen, LC_{50} (48 h Kontakt) >100 µg/Biene.

Fischtoxizität: Primisulfuron-methyl: LC_{50} für Regenbogenforelle 70 mg/L. Praktisch ungiftig für *Daphnia*, EC_{50} (48 h) 260–480 mg/L.

Vogeltoxizität: Primisulfuron-methyl: Orale LD_{50} für Japanische Wachtel 2.150 mg/kg.

Prion, Prionenerkrankungen. Abkürzung für „proteinartiges infektiöses Agens". Wurde von S.Prusiner, Univ. California, als Begriff eingeführt, um Erreger zu beschreiben, die sich durch chem. und physikalische Verfahren, die Nukleinsäuren (d.h. auch die von Bakterien oder >Viren<) modifizieren oder abbauen, nicht inaktivieren lassen, sondern nur durch Verfahren, die Proteine modifizieren oder abbauen. Diese Erreger werden als Auslöser der Scrapie-Krankheit bei Schafen, der Britischen Rinderseuche sowie der Creutzfeldt-Jakob-Krankheit beim Menschen vermutet. Das eigentliche infektiöse Agens ist ein >Protein< mit einem Molekulargewicht von 33.000–35.000 Da, das mit Zucker- und Lipidresten hoch modifiziert ist. Dieses Protein wird von jedem Organismus gebildet, gleichgültig ob er gesund oder infiziert ist. Daraus wurde geschlossen, daß es von dem Protein, das Prion-Protein (PrP) genannt wurde, zwei Formen geben muß, eine zelluläre PrP^C und eine infektiöse, die Scrapie-Form PrP^{Sc}. Die beiden Formen unterscheiden sich nicht in ihrer Aminosäuresequenz oder in Modifikationen, sondern in der dreidimensionalen Struktur. So besitzt die Scrapie-Form ausgeprägte β-Faltblatt-Elemente, die in der zellulären Form fehlen. Dadurch ist die infektiöse Form im Gegensatz zur zellulären Form schwer löslich und schwer abbaubar (s. Abb.). Die Infektiösität des Proteins soll dadurch entstehen, daß es durch Protein-Protein-Interaktionen seine Struktur dem löslichen Protein aufzwingt, so daß es zu Protein-Aggregaten kommt, die dann zu einer Schädigung der Neuronen führen. Mit dieser Theorie wurden mehrere „Dogmen" verletzt, da eine Informationsübertragung ohne Beteiligung von >Nukleinsäuren< postuliert wird und

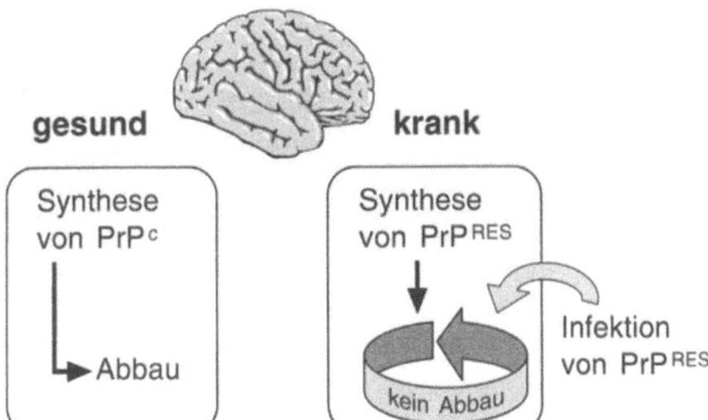

Prionenerkrankungen: Darstellung der Bildung von physiologischem PrP^C und dem in der Zelle nicht abbaubaren krankheitsauslösenden PrP^{RES}

außerdem die dreidimensionale Struktur des Proteins nicht eindeutig über seine Aminosäuresequenz vergeben zu sein scheint.

Bei folgenden Erkrankungen wird von einer Infektion mit Prionen als Ursache ausgegangen. Bovine Spongiforme Encephalopathie, Creutzfeld-Jakob-Krankheit, Scrapie, übertragbare Nerzencephalopathie. Die Tabelle faßt einige wichtige Informationen zu diesen Erkrankungen zusammen.

Prionenerkrankungen: Spongiforme Encephalopathien bei Mensch und Tier

Erkrankung	Abkürzung	Wirt
Bovine spongiforme Encephalopathie (Rinderwahn)	BSE	Rind, Oryx- und Nyala-Antilope
Cronic Wasting Discase	CWD	Schwarzwedel- und Wapiti-Hirsch
Scrapie (Traber-krankheit der Schafe)	–	Schaf, Ziege
Transmessible Nerzencephalopathie	TME	Nerz
Creutzfeld-Jacob-Krankheit	CJD	Mensch
Kuru	–	Mensch
Gerstman-Sträussler-Syndrom*	GSS	Mensch

* ist überwiegend genetisch determiniert.

Die künstliche Übertragbarkeit von einer Tierart auf die andere, speziell auf kleine Versuchstiere wie Mäuse oder Hamster, hängt vom Übertragungsweg ab. Die Tabelle zeigt dies für den BSE-Erreger exemplarisch.

Prionenerkrankungen: Die Effektivität der Übertragung des BSE-Erregers auf Mäuse in Abhängigkeit von der Art der experimentellen Infektion

Infektionsweg	Anzahl LD$_{50}$ zum Angehen der Infektion
Intrazerebral	1
Intravenös	10
Intraperitoneal	50
Subkutan	25.000
Peroral	126.000

Hinsichtlich der Übertragung von BSE-Erkrankungen über die Umwelt ist wenig bekannt, dieser Weg ist jedoch wegen der gewaltigen Verdünnungseffekte wenig wahrscheinlich, es sei denn, eine Anreicherung in geeigneten Vektoren findet statt. Die Persistenz des Scrapie-Erregers in Heumilben, wie aus Island berichtet, ist bisher experimentell nicht bestätigt worden. In den tieferen Bodenschichten kann der Erreger über drei Jahre infektionstüchtig bleiben. Nicht alle Organe infizierter bzw. erkrankter Tiere enthalten den Erreger in gleich hoher Konzentration. Die Tabelle gibt einen Überblick.

Prionenerkrankungen: Zusammenstellung von möglicherweise BSE-Erreger enthaltenen Geweben im Hinblick auf die Infektiosität im Versuchstier

Kategorie	Gewebe und Organe
1. Hohe Infektiosität	Von Rindern: Gehirn, Auge, Rückenmark, Lymphknoten aus der Wurzel des Rückenmarks, harte Hirnhaut, Hirnanhangdrüse, Schädel und Wirbelsäule, Lunge Von Schafen und Ziegen: Gehirn, Augen und Rückenmark, Lymphknoten an der Wurzel des Rückenmarks, harte Hirnhaut, Hirnhaut, Hirnanhangdrüse, Schädel und Wirbelsäule, Milz, Lunge
2. Mittlere Infektiosität	Kompletter Darm vom Duodenum bis zum Rektum, Mandeln Von Rindern und Ziegen: Milz, Plazenta, Gebärmutter, fötales Gewebe, Nebenniere, Cerebralflüssigkeit, Lymphknoten
3. Geringe Infektiosität	Leber, Pankreas, Thymus, Knochenmark, andere Knochen, Nasenschleimhaut, periphere Nerven
4. Keine festgestellte Infektiosität	Skelettmuskulatur, Herz, Nieren, Kolostrum, Milch, abgetrenntes Fett, Speicheldrüse, Speichel, Schilddrüse, Brustdrüse, Eierstock, Hoden, Samen, Knorpelgewebe, Bindegewebe, Haut, Haar, feste Blutbestandteile, Gewebeflüssigkeit, Urin, Galle, Darminhalt

Wo keine Tierarten angegeben sind, beziehen sich die Gewebe auf Rinder, Schafe und Ziegen.

Die BSE-Epidemie in Großbritannien hat ihren Ursprung in der Übertragung durch unzureichend sterilisiertes Tiermehl infolge eines insuffizierten Tierkörperbeseitigungssystems. Die Behandlung bei mindestens 133 °C und 3 bar für die Dauer von mindestens 20 Minuten im Chargenbetrieb gilt als einzig sicheres Verfahren zur thermischen Inaktivierung von BSE-Erregern. >Tierkörperbeseitigung<.

Lit: Prusiner SB (1982) Novel Proteinaceous infectious particles cause scrapie. Science, 216: 136–144 – Riesner D (1996) Prionen-Krankheiten. Chemie in unserer Zeit, 30, 66–74 (VCH, Weinheim) – Weber P, Möstl K, Weissenböck H et al. (1998) Bovine spongiforme Encephalopathie (BSE) – Verlauf und Bekämpfung. Wien, Tierärztl. Wschr 85: 175–186.

Prioritätenliste. Listen für toxikologische Standarduntersuchungen von Modellchemikalien, die sich nach Gesichtspunkten wie Produktionshöhe, Verteilungsmuster, chemische Konfiguration, z. B. homologe Abkömmlinge von Aromaten, orientieren. Die Environmental Protection Agency der USA hat 1976 ca. 650 Substanzen bzw. Substanzklassen als Priority Pollutants identifiziert und klassifiziert. Zu ihnen zählen die toxischen Schwermetalle wie Quecksilber, Blei, Cadmium sowie organische Verbindungen wie Polychlorierte Biphenyle (PCB), Polycyclische Aromaten (PAH), Dioxine, halogenierte und nitrierte Kohlenwasserstoffe. Vorhaben, für die eine >Umweltverträglichkeitsprüfung (UVP)< durchzuführen ist, sind in der sog. Prioritätenliste umschrieben, die teils zwingend durch die Bestimmung der UVP-Richtlinie in Anhang I vorgegeben sind, teils in Anhang II der Richtlinie genannt oder darüber hinaus zusätzlich aufgenommen werden. Maßgebend für die Einbeziehung der Vorhaben ist, daß sie einem immissionsschutzrechtlichen, atomrechtlichen oder abfallrechtlichen Zulassungsverfahren unterworfen sind.

Lit: Korte F (1987) Lehrbuch der Ökologischen Chemie, Thieme, Stuttgart New York – Matzke UD (1989) Umweltverträglichkeitsprüfung, Neues aus der Gesetzgebung, UWSF-Z Umweltchem Ökotox 2: 26–29.

Private Kosten. (Syn. einzelwirtschaftliche Kosten.) Kosten wirtschaftlicher Aktivität, die vom Entscheidungsträger bei der Optimierung von Ausmaß und Qualität seiner Aktivität berücksichtigt werden. Gegensatz: >Externe Kosten<.

Privatisierung im Umweltschutz. Übertragung von Aufgaben, die bisher staatliche Stellen wahrgenommen haben, auf Privatpersonen, seien es natürliche Personen oder juristische Personen des Privatrechts. Es existieren zwei Formen: die sog. formelle P.: die Aufgabe bleibt bestehen, sie wird jetzt aber von einer Privatperson erfüllt; die sog. materielle P.: es wird den Privatpersonen freigestellt, ob sie die Aufgabe erfüllen oder nicht. Die P. existiert jetzt dem Grunde genommen nach im Kreislaufwirtschaftsrecht: Nach § 11 Abs.1 KrW-/AbfG sind die Erzeuger oder Besitzer von Abfällen, die nicht verwertet werden, verpflichtet, diese nach den Grundsätzen der gemeinwohlverträglichen Abfallbeseitigung zu beseitigen, soweit in bestimmten Vorschriften des Kreislaufwirtschaftsgesetzes nichts anderes bestimmt ist; damit ist im Grunde genommen die Abfallbeseitigung privatisiert; das Gesetz sieht ferner vor, daß an die Stelle öffentlich-rechtlicher Entsorgungsträger sog. Dritte, Verbände und Selbstverwaltungskörperschaften der Wirtschaft treten können.

probabilistisch. (Lat. probabilitas = Wahrscheinlichkeit). Auf Wahrscheinlichkeiten fußend; >stochastisch<.

Probabilistische Analyse. Eine statistische Methode zur Untersuchung des erwarteten Verhaltens eines Systems, welches durch Parameter, Ereignisse und Merkmale definiert ist, deren Werte durch eine statistische Verteilung repräsentiert werden.

Probenahme. 1. Auto: Technik, um eine einwandfreie Probe aus dem zu analysierenden Abgas zu erhalten, >Abgas-Rollenprüfstand<. Man unterscheidet dabei Integralprobennahme, bei der die gesamte während einer Testfahrt entstehende Abgasmenge oder ein proportionaler Anteil davon in Auffangbehältern gesammelt werden. Bei der kontinuierlichen Probenahme wird dem Abgasvol.-Strom eine gleichbleibende Probenmenge entnommen und analysiert. Die Proportionalprobennahme arbeitet vol.- oder massenproportional, >Constant Volume Sampling<, mit veränderlicher Verdünnung des Abgasstroms.
2. Kläranlagen: Voraussetzung für eine zielgerichtete Laboruntersuchung ist eine den Aufgaben angepaßte repräsentative Probenahme. Z.B. wäßrige Proben können von Hand geschöpft oder mittels automatischer Probenehmer genommen werden.
Man unterscheidet zwischen:
- Stichprobe, die aus einer einmaligen, in kurzer Zeit geschöpften Menge besteht,
- qualifizierter Stichprobe, die aus mindestens 5 Stichproben besteht, die in einem Zeitraum von höchstens zwei Stunden im Abstand von nicht weniger als zwei Minuten genommen und gemischt werden,
- Mischproben, bestehen aus vielen Stichproben, die über eine bestimmte Zeit genommen und gemischt werden (z. B. 2 h- oder 24 h-Mischprobe).
Bei den Mischproben wird noch unterschieden zwischen:
- zeitproportionalen Proben und
- durchflußproportionalen Proben.

Lit: Abwassertechnische Vereinigung (Hrsg.) (1985–1997) ATV-Handbuch, 4.Aufl., Bd.1–7, Verlag von Wilhelm Ernst und Sohn, Berlin München.

Probenahmezeit. Die Zeit, während der mit Hilfe einer Probenahmevorrichtung zur Durchführung einer >Emissionsmessung< eine >Abgas<probe oder zur Durchführung einer >Immissionsmessung< eine Luftprobe gesammelt oder die zu bestimmende Komponente z. B. mittels >Ab-< oder >Adsorption< angereichert wird (integrierende Messung). Das für die Probe ermittelte Meßergebnis gibt dann einen Mittelwert über die Probenahmezeit wieder. Insbesondere zur hinreichend genauen Best. von in äußerst geringen Konz. vorliegenden Stoffen kann es ggf. erforderlich sein, über eine längere Zeit die zu bestimmende Substanz anzureichern. Unter Probenahmezeit kann auch die Meßzeit verstanden werden, für die jeweils ein Meßwert zu bestimmen ist, auch wenn das Meßgerät Meßdaten in wesentlich kürzeren Zeitabschnitten liefert. Aus den Einzelmeßdaten ist dann ein Mittelwert über die geforderte Probenahmezeit zu bilden.

Probenbeutel. Beim >Abgastest< von Fahrzeugen auf dem >Abgas-Rollenprüfstand< werden die zur Analyse best. Proben von Abgas und Umgebungsluft in P. gesammelt. Die Ausführung der P. ist von wesentlichem Einfluß auf das Ergebnis des Tests. Sie ist deshalb in den Testvorschriften wie z. B. der >Federal Test Procedure< festgelegt.

Probiotika. Bei den Probiotika handelt es sich um Kulturen spezifischer, primär lebender >Mikroorganismen< oder Sporen von definierter Keimzahl, die zur Stabilisierung der Darmflora der Tiere beitragen und so die unkontrollierte Vermehrung unerwünschter Keime (z.B. *E.coli*) verhindern sollen. Über diese Wirkungsweise können die Probiotika sowohl einen gesundheits-, als auch leistungsfördernden Effekt (>Leistungsförderer, Wirkungen im Darm<) bewirken.

Problemabfälle. >Sonderabfälle< unterschiedlicher Zusammensetzung, die verstreut in Siedlungen und im Gewerbe anfallen und deshalb schwierig zu erfassen und stofflich geeignet zu behandeln sind.

Problemmüll. >Problemabfälle<.

Prochloraz. Wirkt als >Fungizid< und zählt zur Substanzklasse der Imidazol-Derivate.
Chemische Bezeichnung: *N*-Propyl-*N*-[2-(2,4,6-trichlorphenoxy)-ethyl]-imidazol-1-carboxamid
CAS-Nummer: 67747–09–5
Hersteller: AgrEvo
Wirkungstyp: Präventives wie auch kuratives Fungizid. Hemmt die pilzliche Ergosterol-Biosynth. Es besitzt eine gute translaminare Aktivität. Diese lokalsystemische Wirkung erweist sich als vorteilhaft bei der Bekämpfung von Halmgrunderkrankungen, weil die applizierte Wirkstoffmenge, durch Wasseraufnahme und -transport unbeeinflußt, länger in wirksamer Konz. im Bereich der Halmbasis verbleibt.
Bevorzugte Anwendung: Gegen Krankheitserreger des Getreides im Halmgrund-, Blatt- und Ährenbereich im Getreide, z.B. Halmbruch an Winterweizen und Wintergerste, Rhizoctonia, Mehltau, Blatt- und Netzflecken, Spelzenbräune.

Chemische und physikalische Eigenschaften:
Physikalische Beschaffenheit: Farblose Kristalle.
Schmelzpunkt: 38,5 bis 41,0 °C.
Dampfdruck: $< 10^{-9}$ Pa bei 20 °C.
Verteilungskoeffizient (log $P_{o/w}$): ca. 4,4 bei 20 °C.
Stabilität: Im Wasser bei pH 7 und 20 °C stabil. Nicht stabil in konz. Säuren und Laugen, Sonnenlicht sowie längerem Erhitzen bei hohen Temp. (200 °C).
Löslichkeit: In Wasser 55 mg/L bei 25 °C.
Abbau und Metabolismus: Im Boden erfolgt Abbau zu flüchtigen Metaboliten. Der Abbau ist nicht pH-abhängig. Gute Adsorption an Bodenpartikel, geringe Auswaschungsrate.
Toxizität: Akute orale LD_{50} für Ratte 1.600 bis 2.400 mg/kg, Maus ca. 2.400 mg/kg. Akute dermale LD_{50} für Ratte >5.000 mg/kg, Kaninchen >3.000 mg/kg. Haut- und Augenreizwirkung. Im 2-Jahre-Fütterungsversuch betrug der NOEL für Hund 30 mg/kg/Tag. Inhalation Ratte LC_{50} (6 Stunden) >0,42 mg/L.
Bienentoxizität: Präparat nicht bienengefährlich.
Fischtoxizität: LC_{50} (96 Stunden) für Regenbogenforelle 1 mg/L.
Vogeltoxizität: LD_{50} für Stockente 3.132 mg/kg.

Procymidon. Wirkt als >Fungizid< und zählt zur Substanzklasse der Imide.
Chemische Bezeichung: *N*-(3,5-Dichlorphenyl)-1,2-dimethylcyclopropan-1,2-dicarboximid
CAS-Nummer: 32809–16–8
Hersteller: Sumitomo Chemical

Wirkungstyp: Präventiv und kurativ wirksames Fungizid. Aufnahme durch die Wurzeln, Transport zu Blättern und Blüten. Hemmstoff der Triglycerid-Synth. in Pilzen.
Bevorzugte Anwendung: In Deutschland gegen Botrytis im Weinbau. Im Ausland gegen *Botrytis*, *Sclerotinia* und *Monilia* auch an Salat, Zwiebeln, Gurken, Bohnen, Erdbeeren, Steinobst. Gegen Grauschimmel an Zierpflanzen (Tulpen, Gladiolen).

Chemische und physikalische Eigenschaften:
Physikalische Beschaffenheit: Krist., farblos.
Schmelzpunkt: 166 bis 166,5 °C.
Verteilungskoeffizient (log $P_{o/w}$): 2,98 bei 20 °C.
Stabilität: Stabil gegen Licht, Hitze und Feuchtigkeit.
Löslichkeit: In Wasser 4,5 mg/L bei 25 °C.
Abbau: Im Tier rasche und vollständige Ausscheidung in den Faeces und im Urin. Schnelle Metabolisierung.
Abbauwege: Ox. an einer oder beiden Methylgruppen zu den entspr. Carbonsäuren über hydroxylierte Zwischenverb. sowie Hydrolyse an der Imidverb.
Persistenz im Boden, je nach Humusgehalt, 4 bis 12 Wochen.
Toxizität: Akute orale LD_{50} für Ratten 6.800 bis 7.000 mg/kg, für Mäuse 7.800 bis 9.100 mg/kg. Dermale LD_{50} (Ratte) >5.000 mg/kg. Keine Reizwirkung auf Haut und Augen (Kaninchen). Höchste Dosis ohne Wirkung (90 Tage) bei Hunden 3.000 mg/kg, im 2-Jahres-Test an Ratten 1.000 mg/kg (männlich) und 300 mg/kg (weiblich).
Inhalation Ratte LC_{50} >1,5 mg/L.
Bienentoxizität: Nicht bienengefährlich (B 4).
Fischtoxizität: Fischgiftig. LC_{50} für Regenbogenforelle 7,2 mg/L (jeweils 96 Stunden).

Produktabgabe. Form der sog. >Umweltabgabe<; ein umweltbelastendes Produkt wird mit einer Abgabe belegt. Differenzierung zwischen Abgaben auf umweltbelastende Einsatzstoffe (Rohstoffabgabe) und Endprodukte (Güterabgabe). *Beispiel*: Altölabgabe (früher: Benzinbleiabgabe).

Produktionsmenge. Für P. chemischer Stoffe gibt es bis heute keine systematische Erfassung, wenn man von der amtlichen Statistik zu wenigen Großchemikalien absieht. Für Chemikalien mit einer Produktion von mehr als 100 t pro Jahr läßt sich die P. in D auch aus Angaben aus anderen Wirtschaftsräumen anhand folgender „Faustregeln" abschätzen: Die Produktion in D entspricht 1/3 der EG-Produktion, 1/3 der US-Produktion und 1/10 der Weltproduktion. Die im Inland verwendete Menge liegt häufig bei ca. 50 % der P. in D. Zu beachten ist, daß Daten zur P. jährlichen Schwankungen unterliegen und ihre Ermittlung i. allg. schwierig ist. Der Verband der Chemischen Industrie (VCI) hat zur Ermittlung der relevanten Stoffe des EG-Altstoffinventars mit rund 100.000 Stoffen im Jahr 1986 bei einer repräsentativen Anzahl von Mitgliedsfirmen eine Mengenerhebung durchgeführt. Das Ergebnis dieser Mengenerhebung zeigt, daß nur etwa 4.600 Stoffe im Mengenbereich über 10 t pro Jahr (ja-to) im Jahre 1985 produziert bzw. aus Staaten außerhalb der EG eingeführt wurden. Von diesen 4.600 Stoffen haben rund 1.050 Stoffe eine Import- bzw. Herstellungsmenge von mehr als 1.000 jato (312 Stoffe größer 10.000 jato, 737 Stoffe 1.000 bis 10.000 jato).

Lit: Dibbern D (1988) VCI-Altstoffliste, Chemische Industrie, Zeitschrift für Chemie, Umwelt und Wirtschaft 4: S. 1–6 – Wagner BO, Mücke W, Schenck HP (1989) Umweltkonzentrationen organischer Chemikalien. In: Rippen G (Hrsg.) Handbuch Umweltchemikalien, ecomed Verlagsgesellschaft, Landsberg/Lech.

Produktionsüberwachung. Die Überwachung immissionsschutzrechtlich >genehmigungsbedürftiger Anlagen< beschränkt sich nicht nur auf die emissionsmindernden Einrichtungen, sondern bezieht den gesamten Produktionsprozeß mit ein. Dabei ist u. a. insbesondere zu prüfen, ob die eingesetzten Stoffe, die Produktionsbedingungen und die gewonnenen Produkte mit den Vorgaben des Genehmigungsbescheides übereinstimmen.

Produzenten. Alle Organismen, die durch >Photosynthese< oder >Chemosynthese< >Biomasse< aufbauen.

Produzentenhaftung. Haftung des Herstellers eines Produkts für Schäden, die durch das Produkt verursacht werden; im Vergleich zur Haftung beliebiger Personen verschärft.

Profilanalyse, ökotoxikologische. Schnelltestverfahren zur Überprüfung der Umweltrelevanz von Chemikalien. Das Ziel ist die Identifizierung potentiell umweltgefährlicher Stoffe, die dann tiefergehend geprüft werden müssen. Die Grundlage für die Risikobewertung bildet die Annahme, daß die Umweltrelevanz von Chemikalien durch die Parameter Anwendungshöhe, Anwendungsmuster, >Abbaubarkeit<, Art und Verhalten der Umwandlungsprodukte, >Dispersion< und >Akkumulation< best. wird. Dabei werden die ersten beiden Faktoren nur statistisch erfaßt, während die übrigen im Labor geprüft werden. Zur Beschreibung des umweltrelevanten Verhaltens wurden folgende in Schnelltests zu ermittelnde Eigenschaften ausgewählt: Retention, Verteilung und Exkretion in Ratten, Bioakkumulation in Fischen und Algen, Umwandlungen, Abbau und Akkumulation in biol. aktivem Schlamm sowie Photomineralisierung. Bei der Bewertung dieser Eig. wird davon ausgegangen, daß Chemikalien, die sehr langsam abgebaut werden, generell auch in der Umwelt global verteilt und im Organismus gespeichert bzw. über Nahrungsketten angereichert werden. Umgekehrt wird angenommen, daß Verb., die schnell abgebaut werden und sich nicht anreichern, keine Gefahr für die Umwelt darstellen, es sei denn, sie wirken bereits in sehr niedriger Konz. toxisch. Im ersten Schritt der Erstellung von Profilanalysen wurden die genannten Parameter bei einer Reihe von bekannten Substanzen geprüft. Diese Referenzchemikalien gehören zu unterschiedlichen Verbindungsklassen und decken ein breites Spektrum an Anwendungsmustern und physikalisch-chem. bzw. toxischen Eig. ab. Die Testergebnisse wurden dann derart in Skalen angeordnet, daß die zu einer Substanz gehörenden Daten deren ökotoxikologisches Profil ergeben (s. Abb. S. 931). Anhand ihrer Profile wurden die Verb. dann in drei Gruppen unterteilt: positiv, negativ und unsicher bezüglich ihrer ökotoxischen Eig. Bei Substanzen der letzten Gruppe besteht die Möglichkeit, ihr Profil durch die Untersuchung zusätzlicher Parameter, wie Fisch-, Daphnien- und Bakterientoxizität sowie die Inhibition des Algen-

wachstums, zu erweitern. In die so erstellten Skalen können nun alle neu untersuchten Chemikalien eingeordnet werden, wobei sich die ökotoxikologische Relevanz der jeweiligen Substanz durch den Vergleich mit den Referenzchemikalien schätzen läßt. Ziel des Bewertungsverfahrens ist es, durch die Ausdehnung der Untersuchungen auf isomere, homologe und analoge Verb. Korrelationen zwischen Strukturen und ökologischen Profilen zu finden.

Lit: Korte F, Freitag D, Geyer H, Klein W, Kraus A, Lahaniatis E (1978) Ecotoxicologic profile analysis. A concept for establishing ecotoxicologic priority lists for chemicals, Chemosphere 1: 79–102 – Freitag D, Geyer H, Kraus A, Viswanathan R, Kotzias D, Attar A, Klein W, Korte F (1982) Ecotoxicological profile analysis VII. Screening chemicals for their environmental behaviour by comparitive evaluation, Ecotoxicol Environm Safety 6: 60–81.

Profundal. Tiefere Bodenzone eines Sees unterhalb des >Litorals<, s. a. >Benthal<. Das P. gehört zur aphotischen, >tropholytischen< Zone des Gewässers, in der keine >Primärproduktion< möglich ist. Die Besiedlung des P. hängt in erster Linie von den Sauerstoffverhältnissen am Grund, somit von dem trophischen Zustand und der Tiefe des Sees ab. Bei zeitweilig völligem Sauerstoffschwund während der >Stagnation< des Sees können nur solche Tiere existieren, die fakultativ zur >Anoxibiose< fähig sind.

Progesteron. 4-Pregnen-3,20-dion, auch als Corpus-luteum-Hormon bezeichnet. Progesteron ist ein Steroidhormon aus der Gruppe der Gestagene, die im Gelbkörper des Ovars und in der Placenta gebildet werden. Progesteron hat eine große Bedeutung für die Biosynthese der Corticosteroide und der Geschlechtshormone. Progesteron ist als sog. Schwangerschaftshormon für den Erhalt der Schwangerschaft notwendig. In der Masttierhaltung wird Progesteron als Therapeutikum und Masthilfsmittel eingesetzt. Rückstände sollten beim Verzehr nicht mehr enthalten sein, jedoch ist der Nachweis nicht einfach, da zwischen körpereigenem und zugeführtem Progesteron unterschieden werden muß.

Prognose. Vorhersage einer zukünftigen Entwicklung. Die Darstellung möglicher Umweltauswirkungen beruht auf mehr oder weniger sicheren Prognosen über das voraussichtliche Verhalten technischer Systeme und über hierdurch ausgelöste, umwelterhebliche Kausalprozesse. Grundlagen dieser Prognosen sind die Erfahrungen der Praxis sowie die Erkenntnisse von Wissenschaft und Technik. Die prognostischen Aussagen können – je nach Sachlage und Erkenntnisstand – quant. oder qual. Natur sein. Hierzu gehören Aussagen über Eintrittswahrscheinlichkeit, Art und Umfang bestimmter Umweltauswirkungen, insbesondere möglicher Schäden. Kurz, die zusammenfassende Darstellung enthält eine Gesamtabschätzung der Umweltrisiken eines Vorhabens. Im Pflanzenschutz dienen Prognosen einer möglichst frühzeitigen Voraussage über Entwicklung, Stärke der Massenvermehrung von Schädlingen und Krankheitserregern. Prognosen von

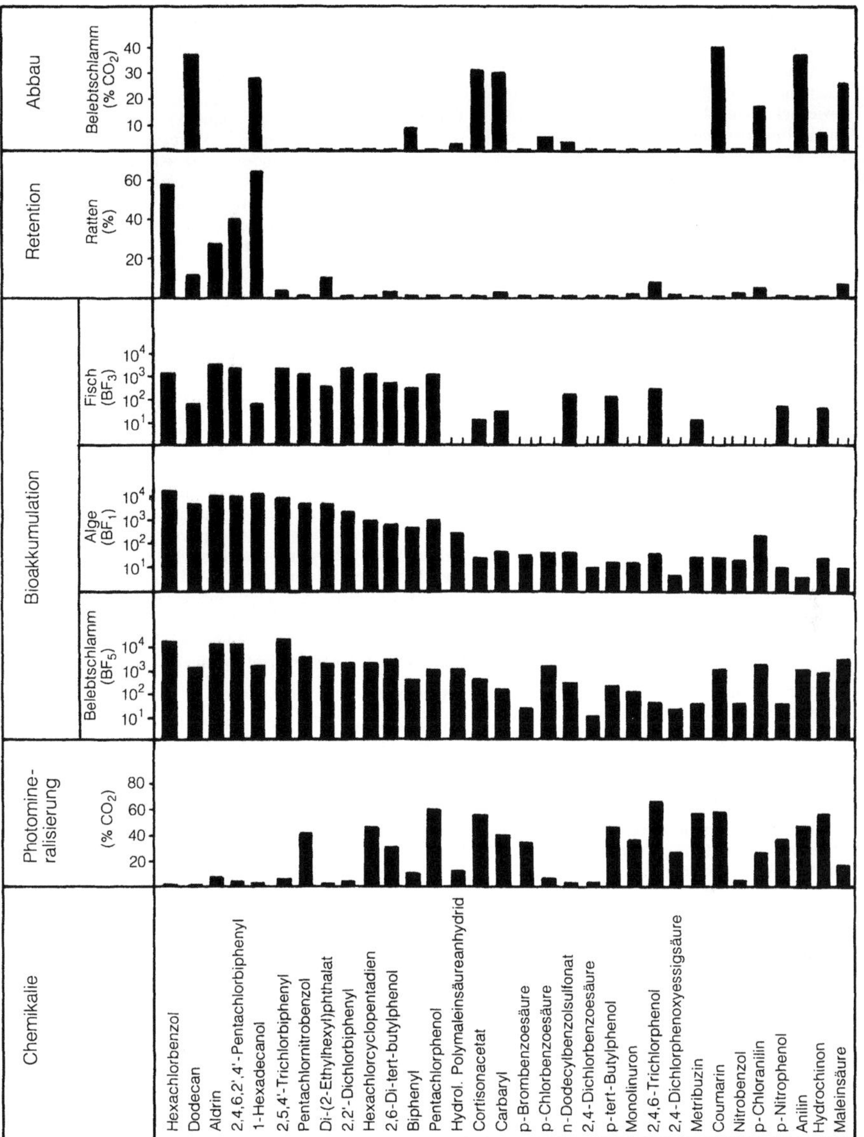

Profilanalyse, ökotoxikologische: Ökotoxikologisches Profil verschiedener Referenzchemikalien. BF_n = Bioakkumulationsfaktor im n-Tage-Test

Umweltauswirkungen sind für die Umweltverträglichkeitsprüfung von besonderer Bedeutung.

Lit: Matzke UD (1989) Umweltverträglichkeitsprüfung, Neues aus der Gesetzgebung, UWSF-Z Umweltchem Ökotox 2: 26–29.

Prognosedienst. Serviceleistung, um die weitere Entwicklung und Bekämpfungsnotwendigkeit bei Schadorganismen besser einzuschätzen. Die Prognose ist Teil des integrierten Pflanzenschutzes. Zur Zeit sind Prognosesysteme, z. T. als EDV-Dialogprogramme, für bestimmte Schadorganismen im Getreidebau, Hopfenbau, Kartoffelbau und Obst- und Gemüsebau entwickelt.

Prognosemodelle in der Landwirtschaft. Haben unter den computergestützten >Beratungsmodellen< besondere Bedeutung im >Pflanzenschutz< bei der Bekämpfung von Schaderregern, bei denen zum Zeitpunkt des Sichtbarwerdens der Krankheitssymptome ein Schaden schon eingetreten und z. T. nicht mehr rückgängig zu machen ist. Dies trifft v. a. bei >Pilzkrankheiten< zu, die sonst gebräuchlichen >Schadensschwellen< sind hier nicht anwendbar. Ziel der P. ist es, die Entwicklung des Schaderregers möglichst frühzeitig vorauszuschätzen, um ihn zielgenau und so mit minimiertem Pflanzenschutzaufwand zu treffen. Zum Aufbau von P. müssen Witterungsdaten verschiedener Art (Standortklima, Kleinklima im Pflanzenbestand, Wettervorhersage) sowie ackerbauliche Daten und Kenntnisse über die Entwicklung des Schaderregers zusammengeführt werden. Nach Art des Schaderregers fällt den Einzelfaktoren unterschiedliches Gewicht zu. Sie sind nur mit speziellen Untersuchungsmethoden zu ermitteln. Seit Jahren bewährt ist das P. für die Kraut- und Knollenfäule *(Phytophtera infestans)* der Kartoffel. Es ist eine Negativprognose, d.h. es wird die befallsfreie Zeit bestimmt und so eine vorbeugende Bekämpfung vermieden. Die agrarmeterologische Abteilung des >Deutschen Wetterdienstes< betreibt dazu einen Phytophtera-Warndienst. Im Ackerbau sind zur Zeit mehrere P. (Mehltau, Halmbruch) im Praxistest, weitere im Aufbau. Auch im Obstbau (z.B. Schorf) und im Hopfenbau (Peronospera) gibt es P. Sie sind ein wichtiger Baustein des >Integrierten Pflanzenschutzes< und >Pflanzenbaus<.

Lit: Adner A, Gerowitt B (1990) Beispiele für computergestützte Entscheidungshilfen. In: Diercks R, Heitefuss R (Hrsg.) Integrierter Landbau. BLV Verlagsgesellschaft, München, S. 215–230.

Prokaryoten. (Grch. pro = vor; karyon = Kern; Syn. Prokaryonten). Alle Organismen der prokaryotischen Organisationsstufe, d.h. ohne echten >Zellkern<. Hierzu zählen die Eubakterien, >Cyanobakterien< (früher >Blaualgen<), die Archaebakterien und die Prochlorophyten. Weitere Unterschiede zu den phylogenetisch jüngeren >Eukaryonten< ergeben sich aus dem Fehlen der übrigen >Zellorganellen< im engeren Sinn, wie z.B. Mitochondrien, >Plastiden< und ER, in der Organisation des genetischen Materials (ringförmige >DNA<, keine echten Chromosomen) sowie Unterschieden im Geißel- und >Zellwandaufbau<.

Promazin. 10-(Dimethylaminopropyl)phenothiazin. Ein Neuroleptikum aus der Gruppe der Phenothiazine, das ein ähnliches Wirkungsspektrum wie >Chlorpromazin< besitzt.

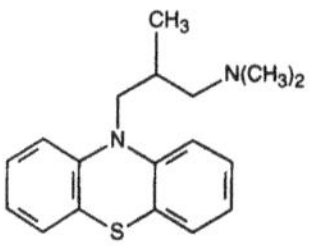

Promecarb. Ein Insektizid aus der Gruppe der >Carbamate<, das vorwiegend auf Kulturen von Kernobst, Kartoffeln, Gemüse und Rüben eingesetzt wird.

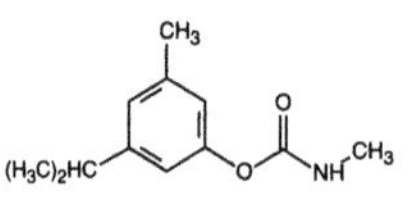

Prometryn. Ein Herbizid aus der Gruppe der Triazinderivate. Die Wirkung tritt u.a. über eine Hemmung der Photosynthese ein. Die Selektivität beruht auf der unterschiedlichen Fähigkeit der Metabolisierung in verschiedenen Pflanzen. In Mohrrüben erfolgt die Umsetzung der Methylmercaptogruppe zur Hydroxylgruppe. Der Einsatz erfolgt vorwiegend auf Kulturen von Lauch, Mohrrüben und Sellerie.

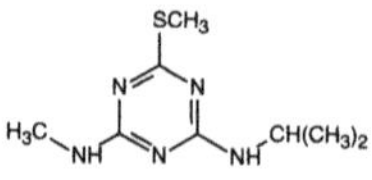

Promotor. (Syn. Aktivator-Sequenz). Viel >Adenin< und >Thymin< enthaltender (AT-reicher) DNA-Abschnitt, der an der Bindung der RNA-Polymerase (>Polymerase<) beteiligt ist und somit für den Start (Initiation) der >Transcription< eine wichtige Rolle spielt. Der P. sorgt vermutlich für die korrekte Positionierung des Enzyms an der Stelle des Transcriptionsstarts. Er liegt meist einige Basen „flußaufwärts" der codierenden Sequenz eines >Gens<.

Propan. CAS-Nr. 74–98–6. Vertreter aus der Gruppe der >Alkane< mit der Summenformel C_3H_8, einer M_r von 44,1 und einem Dampfdruck (20 °C) von 8,3 bar. Es ist ein farb- und geruchloses sowie brennbares Gas, das unterhalb –42,1 °C flüssig ist und einen Fp. von –188 °C besitzt. Es ist gut lösl. in org. Lösungsmitteln, wie Alkohol und Ether, aber praktisch unlösl. in Wasser (bei 20 °C = 65 cm³/L). P. kommt als natürlicher Bestandteil im >Erdgas< vor. Verwendung findet es als Flüssiggas, Motorentreibstoff, Kältemittel, Treibgas in Aerosolsprays sowie als Ausgangsprodukt für die Herstellung von >Ethylen< und Propylen. Die global in die Umwelt emittierte Menge wird auf jährlich ca. 1 bis 5 Mio. t geschätzt. P. zeigt eine schwach narkotische Wirkung, wobei bei Konz. über 6 % Schwindel und Übelkeit auftreten können (MAK-Wert: 1.800 mg/m³). Im >Ames-Test< ist P. nicht mutagen.

Propanolol. >Beta-Blocker<.

Propaquizafop. Wirkt als >Herbizid< und zählt zur Substanzklasse der Chinoxalin-Derivate.
Chemische Bezeichnung: 2-Isopropylidenamino-oxyethyl(R)-2-[4-(6-chlorquinoxalin-2-yloxy)phenoxyl]-propionat
CAS-Nummer: 111479-05-1
Hersteller: Novartis
Wirkungstyp: Systemisch wirkendes Nachauflauf-Grasherbizid. Wird schnell absorbiert über das Gräserblatt und in der Pflanze zu den Wurzeln, Wurzelausläufern und Rhizomen transportiert. Wirkt auf das meristematische Gewebe, wo es die Fettsäuresynth. hemmt und damit die vitalen Funktionen der Zelle zerstört.
Bevorzugte Anwendung: Kontrolle von ein- und mehrjährigen Gräsern in Kartoffeln, Raps und Zuckerrüben.

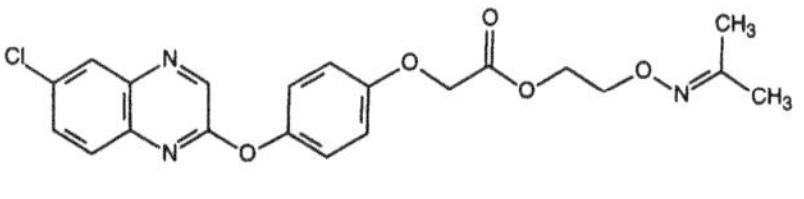

Chemische und physikalische Eigenschaften:
Physikalische Beschaffenheit: Farblose Kristalle.
Schmelzpunkt: 62 bis 64,5 °C.
Dampfdruck: 0,013 µPa bei 20 °C.
Verteilungskoeffizient (log $P_{o/w}$): 4,6 bei 20 °C und pH 7.
Stabilität: Annähernd stabil im sauren und neutralen pH-Bereich. Wird unter alkalischen Bedingungen rasch hydrolisiert. Stabil unter UV-Licht.
Löslichkeit: In Wasser 2 mg/L bei pH 7.
Toxizität: Akute orale LD_{50} für Ratte >5.000 und für Maus 3.009 mg/kg. Akute dermale LD_{50} für Ratte

>2.000 mg/kg. Inhalation LC_{50} für Ratte >2,5 mg/L Luft. Bei Kaninchen keine Haut-, geringe Augenreizwirkung.

Fischtoxizität: LC_{50} (96h) für Regenbogenforelle 1,2 mg/L (NOEL 0,48 mg/L), für Karpfen 0,19 mg/L und Blaukiemen-Sonnenbarsch 0,34 mg/L.

Vogeltoxizität: Fütterungstest LC_{50} (5 Tage) für Stockente und Wachtel >6.593 mg/kg Futter.

Wirbellose-Toxizität: LC_{50} (14 Tage) für Regenwurm >1.000 mg/kg Erde. EC_{50} (48h) für *Daphnia magna* >2,1 mg/L (NOEL 0,9 mg/L) und EC_{50} (96h) für Grünalge >2,1 mg/L (NOEL 2,1 mg/L).

Propazin. Wirkt als >Herbizid< und zählt zur Substanzklasse der Triazin-Derivate.

Chemische Bezeichnung: 2-Chlor-4,6-*bis*-(isopropylamino)-*s*-triazin

CAS-Nummer: 139–40–2

Hersteller: Novartis

Wirkungstyp: Vorauflaufherbizid zu selektivem und allg. Gebrauch, Aufnahme durch die Wurzeln. Hemmstoff der Photosynth.

Bevorzugte Anwendung: In Kombination mit anderen Mitteln als Totalherbizid zur Unkrautvernichtung auf Wegen und Plätzen und auf Nichtkulturland. Im Ausland auch selektiv gegen Gräser und breiblättrige Unkräuter in Hirse.

Chemische und physikalische Eigenschaften:
Physikalische Beschaffenheit: Krist., farblos.
Schmelzpunkt: 212 bis 214 °C.
Dampfdruck: $3,9 \cdot 10^{-8}$ hPa bei 20 °C.
Stabilität: Stabil in neutralem Medium. Wird durch Säuren und Laugen beim Erwärmen unter Entstehung von Hydroxypropazin hydrolysiert.
Löslichkeit: In Wasser 8,6 mg/L bei 20 °C.
Abbau und Metabolismus: Für den Abbau der s-Triazine in höheren Pflanzen, im Boden, in Tieren und in Mikroorganismen gibt es mehrere Möglichkeiten: Reaktionen am C-2-Substituenten, Konjugationen, *N*-Desalkylierungen, Seitenkettenabbau, Desaminierung und Ringspaltung.
Die Ringspaltung ist der letzte Schritt im Triazin-Metabolismus in der Pflanze. Sie führt von der Cyanursäure zu CO_2, Ammoniak und Wasser. Man nimmt an, daß das Molekül unter CO_2-Abspaltung in Harnstoff und Carbamidsäure gespalten wird. Die instabile Carbamidsäure zerfällt entweder zu CO_2 und Ammoniak, oder sie wird durch ATP in Carbamidsäurephosphat umgewandelt.
Die Ringspaltung verläuft in Pflanzen nur sehr langsam.
Toxizität: Akute orale LD_{50} für Ratte >7.700 mg/kg. Akute dermale LD_{50} für Ratte >3.100 mg/kg. Inhalation Ratte LC_{50} >1 mg/L. Bei Kaninchen keine Haut- und Augenreizung.
Bienentoxizität: Nicht bienengefährlich (B 4).
Fischtoxizität: LC_{50} für Regenbogenforelle 17,5 mg/L, Sonnenbarsch >100 mg/L, Goldfisch >32,0 mg/L.
Lit: Büchel KH (1983) Chemistry of Pesticides, Wiley, New York.

Propellerpumpe. Rohrschrauben- oder Propellerpumpen besitzen anstelle eines Spiral- oder Ringgehäuses einen axial angeordneten, feststehenden Leitapparat, der auch bei großen Querschnitten gegen Verstopfungen durch Textilien, Strauchwerk usw. anfällig ist. Die Verwendung ist daher auf solche Fälle zu beschränken, in denen große bis sehr große Förderströme gut vorgereinigten oder stark verdünnten >Abwassers< zu bewältigen sind. Die Pumpen werden überwiegend für Regenwasser eingesetzt. Bei Abwasserpumpen sollte man auf eine dem groben Abwasserbetrieb angepaßte robuste Konstruktion (Wandstärken) und leichte Austauschbarkeit von Teilen, die einem besonderen Verschleiß unterworfen sind, achten (Laufrad, Begrenzungsring, Schleißplatten, Dichtringe, Wellenschutzhülsen).
Lit: Abwassertechnische Vereinigung (Hrsg.) (1982–1986) Lehr- und Handbuch der Abwassertechnik, 3. Aufl., Bd. 1–7, Verlag von Wilhelm Ernst und Sohn, Berlin München.

Prophage. Die in das >Genom< einer befallenen Bakterienzelle eingebaute >Nucleinsäure< eines >Bakteriophagen<. Dabei handelt es sich um den nicht-infektiösen (latenten) Zustand eines Bakteriophagen, der so mit den Teilungen der Bakterien synchron vermehrt wird. Das Bakterium wird in diesem Zustand auch als lysogen bezeichnet (Lysogenie), da nach einer nicht festlegbaren Anzahl an Teilungen bestimmte Einflüsse (auch Umwelteinflüsse) den P. in einen infektiösen (virulenten, >Virulenz<) Zustand übergehen lassen, was eine Auflösung (Lysis) der befallenen Bakterienzelle zur Folge hat.

Propham. Wirkt als >Herbizid< und zählt zur Substanzklasse der >Carbamate<.
Chemische Bezeichnungen: Isopropyl-*N*-phenylcarbamat
CAS-Nummer: 122–42–9
Hersteller: Zeneca
Wirkungstyp: Selektives Vorauflaufherbizid: Aufnahme durch die Wurzeln. Keimhemmung bei Saatgut, Kartoffeln u. a., Hemmstoff der Photosynthese und Mitose.
Bevorzugte Anwendung: In Kombination mit anderen Herbiziden gegen Unkräuter in Zucker- und Futterrüben, Kohl, Spinat, Feld- und Kopfsalat. Keimhemmungsmittel für Speise- und Wirtschaftskartoffeln im Winterlager.

Chemische und physikalische Eigenschaften:
Physikalische Beschaffenheit: Krist., farblos.
Schmelzpunkt: 87 bis 88 °C.
Siedepunkt: Nicht destillierbar, sublimiert beim Erhitzen.
Dampfdruck: 0,007 Pa bei 20 °C.
Stabilität: Wird in saurem und basischem Medium langsam hydrolytisch gespalten. Unter normalen Lagerbedingungen stabil.
Löslichkeit: In Wasser 250 mg/L bei 20 °C.
Abbau: In Pflanze und Boden Hydrolyse der Esterbindung, Zerfall der instabilen Phenylcarbaminsäure in Anilin und CO_2. Weiterer Abbau nach Ringhydroxylierung in 4-Stellung und Glucosidierung. HWZ im Boden etwa 15 Tage bei 16 °C und 5 Tage bei 29 °C (USA).
Toxizität: Akute orale LD_{50} bei männl. Ratte 4.349, bei weiblicher Ratte 8.700 und bei Maus ca. 3.000 mg/kg.

LD$_{50}$ dermal bei Ratte >5.000 mg/kg. Inhalation Ratte LC$_{50}$ 0,21 mg/L. Bei Kaninchen keine Haut- und Augenreizung.
Bienentoxizität: Deutschland: Stäubemittel nicht bienengefährlich bei zugelassener Anwendung (B 3).
Fischtoxizität: LC$_{50}$ für Sonnenbarsch 32 mg/L, Guppy 35 mg/L (48 Stunden).

Propiconazol. Wirkt als >Fungizid< und zählt zur Substanzklasse der Triazol-Derivate.
Chemische Bezeichnung: 1-[2-(2,4-Dichlorphenyl)-4-propyl-1,3-dioxolan-2-yl-methyl]-1H-1,2,4-triazol
CAS-Nummer: 60207–90–1
Hersteller: Novartis
Wirkungstyp: Systemisches, präventiv und kurativ wirksames Fungizid. Wirkung gegen Ascomyceten, Basidiomyceten, Deuteromyceten. Hemmstoff der Ergosterol-Biosynth.
Bevorzugte Anwendung: Gegen Echten Mehltau an Gerste, Weizen und Roggen, Gelbrost an Weizen, Braunrost an Weizen und Roggen, Zwergrost und Rhynchosporium-Blattfleckenkrankheit an Gerste, *Septoria* an Weizen.

Chemische und physikalische Eigenschaften:
Physikalische Beschaffenheit: Gelbliche Flüssigkeit, geruchlos.
Siedepunkt: 180 °C bei 0,13 hPa.
Dampfdruck: 1,3 · 10^{-6} hPa bei 20 °C.
Verteilungskoeffizient (log P$_{o/w}$): 3,65 bei 20 °C.
Löslichkeit: In Wasser 110 mg/L bei 20 °C.
Abbau und Metabolismus: Bei Säugerorganismus wird P. nach einmaliger oraler Gabe schnell wieder ausgeschieden, nach 24 Stunden zu >78 %, nach 6 Tagen zu 97 %. Die Ausscheidungsprodukte sind fast alle Metaboliten von saurem Charakter. Im Boden beträgt die DT$_{50}$ 40–70 Tage unter aeroben Bedingungen.
Toxizität: Akute orale LD$_{50}$ für Ratten 1.517 mg/kg. Akute dermale LD$_{50}$ (Ratte) >4.000 mg/kg. Leichte Haut- und Augenreizung (Kaninchen). Keine Sensibilisierung (Meerschweinchen). Inhalationstoxizität LC$_{50}$ (4 h) für Ratte >5.800 mg/m³.
Bienentoxizität: Nicht bienengefährlich (B 4).
Fischtoxizität: LC$_{50}$ 20 bis 100 mg/L (5 Arten, 96 Stunden).
Wirbellosetoxizität: *Daphnia* EC$_{50}$ 4,8 mg/L.
Vogeltoxizität: Akute orale LD$_{50}$ für Japanische Wachtel 2.223 mg/kg.

Propineb. Wirkt als >Fungizid< und zählt zur Substanzklasse der Dithiocarbamate.
Chemische Bezeichnung: Zink-[N,N'-propylen-1,2-*bis*-(dithiocarbamat)]
CAS-Nummer: 9016–72–2
Hersteller: Bayer AG
Wirkungstyp: Protektiv wirksames Blattfungizid. Nebenwirkung gegen Spinnmilben.
Bevorzugte Anwendung: Gegen Fusicladium, Hopfenperonospora, Rebenperonospora, Roten Brenner, Phytophthora an Kartoffeln und Blauschimmel an Tabak.

Chemische und physikalische Eigenschaften:
Physikalische Beschaffenheit: Schwach gelbes Pulver.
Schmelzpunkt: ab etwa 160 °C Zers.
Dampfdruck: 1,6 · 10^{-6} hPa bei 20 °C.
Verteilungskoeffizient (log P$_{o/w}$): −0,26 bei 20 °C.
Stabilität: Muß trocken gelagert werden. Zersetzt sich in feuchtem, saurem und stark alkal. Medium.
Löslichkeit: Nahezu unlösl. in Wasser.
Abbau: Hauptmetabolit in Pflanzen ist Ethylenthioharnstoff, daneben Ethylenthiurammonosulfid und wahrscheinlich auch Ethylenthiuramdisulfid und Schwefel.
Schnelle und vollständige Metabolisierung in der Ratte durch Hydrolyse zu Propylenthioharnstoff (PTU) und Propylendiamin; Ox. von PTU zu Propylenharnstoff und 4-Methylimidazolin.
Toxizität: Akute orale LD$_{50}$ für Ratten >5.000 mg/kg. Akute dermale LD$_{50}$ mehr als 5.000 mg/kg. Höchste unwirksame Dosis im 2-Jahres-Fütterungsversuch an Ratten 50 mg/kg Futter. Inhalationstoxizität: LC$_{50}$ für Ratte >0,693 mg/L Luft (4 Stunden). Keine Haut- und Augenreizung bei Kaninchen.
Bienentoxizität: Nicht bienengefährlich (B 4).
Fischtoxizität: Giftig für Fische: LC$_{50}$ (96 h) für Regenbogenforelle 1,9 und Goldorfe 133 mg/L.
Wirbellosetoxizität: LC$_{50}$ (48 h) für *Daphnia* 4,7 mg/L.
Vogeltoxizität: Akute orale LD$_{50}$ für Japanische Wachtel >5.000 mg/kg.

Propionsäure. Eine gesättigte Monocarbonsäure, die in der Natur durch Propionsäuregärung gebildet wird. Technisch erfolgt die Darstellung durch Carbonylierung von Ethylen. Propionsäure wirkt fungizid gegen Schimmelpilze. Propionsäure oder Natrium- oder Calciumpropionat werden deshalb bei Backwaren zur Schimmelverhütung eingesetzt. Käse wird in 8 %ige Lösungen getaucht. Der Zusatz von Propionaten zu Mischbackhilfsmitteln verhindert das Fadenziehen z. B. bei der Herstellung von Weißbrot. Bei der Reifung von Emmentaler Käse wird Bernsteinsäure zu Propionsäure vergoren. Dabei wird Kohlendioxid freigesetzt, das die Löcher im Käse erzeugt.

$$H_5C_2\!-\!COOH$$

Proportionalzähler. Nachweisgerät für >ionisierende Strahlen<. Der Proportionalzähler liefert zur primären Ionisation proportionale Ausgangsimpulse, so daß >Alpha-< und >Betastrahlen< infolge ihrer unterschiedlichen spez. >Ionisation< getrennt nachgewiesen werden können. Der Proportionalzähler ermöglicht eine Energiebestimmung der >Strahlung<.

Propoxur. Wirkt als >Insektizid< und zählt zur Substanzklasse der Carbamate.
Chemische Bezeichnung: 2-Isopropoxyphenyl-N-methylcarbamat
CAS-Nummer: 114–26–1
Hersteller: Bayer AG

Wirkungstyp: Nichtsystemisches Insektizid mit starker Berührungsgiftwirkung. Cholinesterase-Hemmstoff.
Bevorzugte Anwendung: Gegen saugende und fressende Insekten im Obst-, Gemüse-, Acker-, Hopfen- und Zierpflanzenbau. Besonders gegen Kartoffelkäfer, Schildläuse, Blutlaus, Obstmade, Sägewespen, Kirschfruchtfliege, Laub- und Nadelholzläuse im Forst. Gegen Schädlinge im Haushalt und in Nahrungsmittelbetrieben. Gegen Ektoparasiten an Haustieren.

Chemische und physikalische Eigenschaften:
Physikalische Beschaffenheit: Krist., farblos.
Schmelzpunkt: 84 bis 87 °C.
Dampfdruck: $1{,}3 \cdot 10^{-5}$ hPa bei 20 °C.
Verteilungskoeffizient (log $P_{o/w}$): 1,56 bei 20 °C.
Stabilität: Hydrolyse in stark alkal. Medium.
Löslichkeit: Etwa 0,2 % in Wasser bei 20 °C.
Abbau: Im Organismus (Ratten) tritt Hydrolyse ein. Der phenolische Rest wird nach Hydroxylierung weiter abgebaut oder in konjugierter Form ausgeschieden. Der Carbaminsäurerest zerfällt, CO_2 wird ausgeatmet.
Toxizität: Akute orale LD_{50} für Ratten etwa 50 mg/kg. Dermale LD_{50} für Ratten >5.000 mg/kg. Inhalationstoxizität: LC_{50} mehr als 1.440 mg/m^3 bei einstündiger Versuchsdauer. Verfütterung von 250 mg/kg über 2 Jahre an Ratten ergab keine gesundheitlichen Schäden. Keine Hautreizung.
Bienentoxizität: Bienengefährlich (B 1).
Fischtoxizität: Giftig für Fischnährtiere. LC_{50} (96 h) für Blaukiemen Sonnenbarsch 6,2, Regenbogenforelle 3,7 und Goldorfe 12,4 mg/L.
Vogeltoxizität: 5-Tage-Fütterungstest LC_{50} für Japanische Wachtel 2.828 und Stockente >5.000 mg/kg Futter.
Wirbellosetoxizität: *Daphnia* EC_{50} (48 h) 0,15 mg/L.

Propylenoxid. Ein Epoxid, das dieselben Anwendungsgebiete wie >Ethylenoxid< besitzt. Lediglich die Reaktivität ist etwas geringer.

Propyzamid. Ein Bodenherbizid aus der Gruppe der Amide, das gegen mono- und dikotyle Pflanzen wirksam ist. Die Wirkung tritt durch Hemmung der Proteinbiosynthese ein. Der Einsatz erfolgt in Kulturen von Obst sowie im Nachlaufverfahren beim Anbau von Raps.

Prostigmata. >Arachnida<, >Acarina<.

Prosulfocarb. Wirkt als >Herbizid< und zählt zur Substanzklasse der Carbamate.
Chemische Bezeichnung: *S*-Benzyldipropylthiocarbamat
CAS-Nummer: 52 888–80–9
Hersteller: Zeneca

Wirkungstyp: Verhindert die Verlängerung der Fettsäureketten und hemmt somit die Bildung von Membran-Lipiden. Beeinflußt den Zellstoffwechsel.
Bevorzugte Anwendung: Vorauflauf-Herbizid in Wintergetreide gegen Gräser und breitblättrige Unkräuter, wie Klettenlabkraut, Echte Kamille, Vogelmiere, Taubnessel, Ehrenpreisarten, Stiefmütterchen, Ackerfuchsschwanz und Windhalm. Aufgrund seines rel. niedrigen Dampfdruckes braucht Prosulfocarb im Gegensatz zu EPTC nicht eingearbeitet werden. Auch Einsatz im frühen Nachauflauf möglich.

Chemische und physikalische Eigenschaften:
Physikalische Beschaffenheit: Klare, farblose Flüssigkeit.
Siedepunkt: 129 °C bei 33 Pa.
Schmelzpunkt: Technisches Produkt flockt bei –10 °C aus.
Geruch: Süß, aromatisch.
Dampfdruck: $6{,}91 \cdot 10^{-5}$ hPa bei 25,2 °C.
Verteilungskoeffizient (log $P_{o/w}$): $(4{,}45 + 0{,}8) \cdot 10^4$ bei 25 °C.
Stabilität: Stabil unter Lagerbedingungen; wird in der Wärme durch starke Säuren hydrolysiert.
Löslichkeit: In Wasser 13,2 mg/L bei 20 °C.
Abbau und Metabolismus: Im Boden erfolgt hydrolytischer Abbau und weitere Metabolisierung der entstandenen Teilstücke. DT_{50} beträgt 10–35 Tage.
In Pflanzen erfolgt der Abbau durch hydrolytische Spaltung des Moleküls, wobei der Thiolrest abgetrennt wird und Mecaptan, Kohlendioxid und Dialkylamin entsteht.
Toxizität: Akute orale LD_{50} für Ratte 1.820 bis 1.958 mg/kg. Akute dermale LD_{50} für Kaninchen >2.000 mg/kg. Geringe Haut- und Augenreizung bei Kaninchen. NOEL ergab für Ratte und Hund 1 bis 10 mg/kg/Tag. Inhalation Ratte LC_{50} (4 h) >4,72 mg/L.
Vogeltoxizität: 5-Tage-Fütterungstest >NOEL< für Stockente 3.160 und Japanische Wachtel 1.780 mg/kg.
Fischtoxizität: LC_{50} (96 h) für Blaukiemen Sonnenbarsch 4,2 und Regenbogenforelle 1,7 mg/L.
Wirbellosetoxizität: *Daphnia* EC_{50} (48 h) 1,3 mg/L.

Proteasen. (Syn. Proteinasen). Enzyme, die Proteine und Peptide spalten. Endopeptidasen spalten Proteine in Peptide von unterschiedlicher Kettenlänge. Exopeptidasen spalten die Peptidbindung am Kettenende unter Bildung von Aminosäuren. Wichtige tierische Proteasen sind >Pepsin<, Trypsin und Chymotrypsin; zu den pflanzlichen Proteasen gehören Bromelin und Papain. Industriell werden Proteasen in mikrobiellen Prozessen hergestellt oder aus pflanzlichen oder tierischen Geweben isoliert. Proteasen besitzen unterschiedliche Spaltungsspezifitäten. Der Einsatz erfolgt in der Lebensmittelindustrie, z.B. zum Weichmachen von Fleisch, zur Herstellung von Proteinhydrolysaten, bei der Käseherstellung (Labfermente), zur Verbesserung der Backeigenschaften von Mehl, zur Kältestabilisierung von Bier etc.

Proteinbiosynthese. (Syn. Translation, Proteinneogenese, Proteinanabolismus). „Übersetzung" der durch >Transcription< der DNA entstandenen Basensequenz der mRNA (>RNA<) in eine Aminosäuresequenz und damit in ein >Protein<. Die Orte der P. in der Zelle sind die >Ribosomen<, in denen die intermediär an tRNA-Moleküle (>RNA<) gebundenen Aminosäuren enzymatisch zu Oligopeptiden und Proteinen verknüpft werden. Dabei ist jede Aminosäure an ein bestimmtes tRNA-Molekül mit spezifischer Erkennungsregion gebunden. Diese als Anticodon bezeichnete Region wird durch ein Basentriplett gebildet. Die P. kann in drei Phasen gegliedert werden. Hierbei handelt es sich um den Start der Synth. (Initiation), die Kettenverlängerung der wachsenden Peptidkette (Elongation) und den Abbruch (Termination):

- Die Initiation wird durch eine Reihe von Faktoren beeinflußt, bei der Proteine selbst eine wichtige Rolle einnehmen. Die Synth. beginnt immer an einer bestimmten Startsequenz (Start-Codon) auf der mRNA; es ist das Basentriplett AUG (>genetischer Code<).
- Bei der Elongation bewegen sich die Ribosomen an der mRNA entlang und an jedes >Codon< wird die entsprechende tRNA angelagert. An der tRNA ist wiederum die dem jeweiligen Codon entsprechende Aminosäure gebunden. Die Verknüpfung der Aminosäuren zu Polypeptiden (Proteinen) erfolgt dann mit einer Peptidyl-Synthase. Bei der Elongation sind weiterhin verschiedene Faktoren, die Elongationsfaktoren genannt werden, beteiligt.
- Die Termination wird auf der mRNA durch Stop-Codons bewirkt. Die Polypeptidkette wird dann hydrolytisch von der, an der entsprechenden Stelle angelagerten tRNA abgelöst, wobei zusätzlich ein Terminationsfaktor (R-Faktor) beteiligt ist.

Lit: Stryer L (1995) Biochemistry, 4 ed, Freeman.

Proteine. (Syn. Eiweiß, Eiweißstoffe). Hochmolekulare Verb. aus Aminosäuren, die über eine Säureamidbindung (Peptidbindung) miteinander verknüpft sind. Darüberhinaus können auch Heterobausteine (Saccharide bei Glykoproteinen, >Lipide< bei Lipoproteinen, Phosphorsäure bei Phosphoproteinen, Coenzyme bei >Enzymen<) covalent gebunden sein. P. sind Bestandteile der Zellen aller Organismen, und zwar bilden sie mengenmäßig den größten Anteil aller org. Verb. im Cytoplasma und haben vielfältige Funktionen; so handelt es sich bei allen >Enzymen<, den >Antikörpern< und vielen >Hormonen< (z.B. Insulin) um P. In den Vakuolen pflanzlicher Zellen werden sie als Reservestoffe gespeichert. Zum Aufbau körpereigener P. können bei der >Proteinbiosynth.< verschiedene Quellen für Aminosäuren genutzt werden. Beim Menschen können auch P. aus der Nahrung im Verdauungstrakt mit Proteasen hydrolytisch in nutzbare Aminosäuren gespalten werden. Man teilt P. nach ihrer Molekülgestalt und Löslichkeit in Sklero-P. (Gerüst- und Faser-P.), z.B. Keratin und Kollagen, sowie in Sphäro-P. (globuläre P.), wie Albumine und Globuline ein. Bei der Struktur der P. unterscheidet man Primär-, Sekundär, Tertiär- und Quartärstruktur: Als Primärstruktur wird die Reihenfolge der Aminosäuren (Aminosäuresequenz) bezeichnet. Die räumliche Anordnung der Polypeptidketten, die Sekundärstruktur, wird durch die Ausbildung von Wasserstoffbrücken zwischen CO- und NH-Gruppen der Peptidbindungen festgelegt. Hier sind z.B. die α-Helix- und die Faltblatt (β-Keratin)-Struktur möglich. Neben Wasserstoffbrücken kann es in Proteinen durch Atom- und Ionenbindungen sowie van-der-Waalsche Kräfte zu einer charakteristi-

schen Raumanordnung der Sekundärstruktur kommen, die als Tertiärstruktur bezeichnet wird (z.B. die bestimmte räumliche Anordnung von Helixbereichen innerhalb des Myoglobins, dem roten Muskelfarbstoff). Als Quartärstruktur bezeichnet man die Aggregation mehrerer Polypeptidketten mit bestimmter Tertiärstruktur zu einem Molekül, wobei die Einzelmoleküle als Untereinheiten bezeichnet werden (z.B. beim Hämoglobin).

Protein-Sequenzierung. Analytische Ermittlung der Aminosäurabfolge (Sequenz) in einem Protein. Die P.-S. beruht wie die >DNA-Sequenzierung< auf dem Einsatz spezifischer Enzyme zur Fragmentierung des Polymers. Hier sind es spezifische Proteinasen, die Oligopeptide oder Aminosäuren stufenweise vom N-terminalen Ende der Proteine her abspalten. Die Analyse der Fragmente erfolgt dann entweder mit elektrophoretischen Analysenmethoden (>Elektrophorese<, z.B. mit >Polyacrylamidgelen< bzw. isoelektrische Fokussierung) oder durch chromatographische Verfahren (z.B. HPLC, Aminosäure-Analyzer).

Lit: Gassen HG, Martin A, Bertram S (Hrsg.) (1987) Gentechnik, 2. Aufl., Gustav Fischer, Stuttgart – Knippers R (1985) Molekulare Genetik. Georg Thieme, Stuttgart New York – Lottspeich F, Zorbas H (1998) Bioanalytik. Spektrum Akademischer Verlag, Heidelberg.

Proteom. Gesamtheit aller exprimierten Proteine in einer Zelle. Der Begriff wurde in Analogie zum >Genom< geprägt. Die im >Genom< gespeicherte Information wird von Zellen in Abhängigkeit von Umweltbedingungen, Nährstoffangebot, Zellzyklus etc. genutzt. Dementsprechend können sich Art und Menge der von der Zelle >exprimierten< >Proteine< ändern. Hinzu kommen spätere (posttranslationale) Veränderungen an den Proteinen, wie Phosphorylierungen, Glykosylierungen und Redoxreaktionen, die dem Genom nicht entnommen werden können. Durch hochauflösende Proteinanalysemethoden, wie die 2-D-Gel->elektrophorese<, versucht man, diese Informationen zu erhalten, das P. zu entschlüsseln. Im Gegensatz zum >Genom< ist es jedoch veränderlich, so daß Versuchsbedingungen sehr genau eingehalten werden müssen, um reproduzierbare Ergebnisse zu erhalten. Bei Fraktionierung einer Zelle in ihre verschiedenen Kompartimente (>Biomembran<, >Cytosol<, Kern) sind auch Aussagen über die Lokalisation bzw. Wanderung von Proteinen möglich.

Lit: Lottspeich F, Zorbas H (1998) Bioanalytik. Spektrum Akademischer Verlag, Heidelberg – Wilkins MR, Williams KL, Appel RD, Hochstrasser DF (Hrsg.) (1997) Proteome Research: New Frontiers in Functional Genomics. Springer-Verlag, Berlin Heidelberg New York Tokyo.

Proteus. >Bacteria< (s. Abb. S. 142).

Proton. >Elementarteilchen< mit einer positiven elektrischen Elementarladung und einer Masse von $1{,}67252 \cdot 10^{-27}$ kg, das entspr. dem 1.836 fachen der >Elektronen<masse. Protonen und >Neutronen< bilden zusammen den >Atomkern<. Die Zahl der Protonen im Atomkern bestimmt das chem. >Element<, dem dieses Atom zugeordnet ist.

Protonenproduktion. Die „Bildung" von Protonen = Wasserstoff-Ionen H^+; bezeichnet den Übergang von H aus Verb., meist Säuren, od. aus mehr od. weniger oberflächennahen Bindungspositionen in festen Phasen als H^+ in die Lsg., in der Protonen meistens wirksam werden.

Protonen-Pufferbereiche. Begriff aus der Bodenkunde. In Böden gibt es eine Reihe natürlicher Puffersysteme gegen die >Versauerung<, d. h. die Protonenanreicherung in der Lösungsphase. In den versch. pH-Bereichen wirken unterschiedliche Puffersysteme aufgrund heterogener physikalischer und chem. Prozesse. Entscheidend sind heterogene funktionelle Säuregruppen an den org. und anorg. Bodenaustauschern, die bei versch. pH-Werten dissoziieren. So unterscheidet man den Carbonat-Pufferbereich (pH = ca. 8.2 ... 7.2), den Bereich, in dem die sog. variablen Ladungen puffern (pH = ca. 7.5 ... 4) und den Silikat-Pufferbereich (pH = ca. 6.0 ... 4.5). Bedeutsam sind die Pufferbereiche – vor allem der Silikat-Pufferbereich – im Zusammenhang mit den Ursachen des >Waldsterbens< bzw. den sog. >neuartigen Waldschäden<.

Protonenpumpe. Eine H^+-ATPase, die unter >ATP<-Verbrauch >Protonen< über eine Zellmembran hinweg transloziert. Dieser >aktive Transport< dient dem Aufbau eines elektrochem. Gradienten, der für den >passiven Transport< anderer Substanzen durch die >Membran< hindurch genutzt wird.

Protonentransport. H^+-Transport über eine Zellmembran hinweg, erfolgt entweder 1. mit Hilfe einer >Protonenpumpe< (= H^+-ATPase) oder 2. wie bei der >Photosynth.< und der >Atmung< mit Hilfe einer >Elektronentransportkette<. Hierdurch kommt es zum Aufbau eines Protonengradienten, der für weitere Transportprozesse oder zur >ATP-Synthese< genutzt wird.

Protoplasma. (Grch. protos = der erste, plasma = Gebilde). Grundsubstanz der Zelle. Es ist ein kolloides Multikomponenten-System aus Wasser, >Proteinen<, Lipiden, >Kohlenhydraten<, Vitaminen und Mineralstoffen. Bei >Eukaryonten< wird zwischen Cyto- (Zell-) und Caryoplasma (Kernplasma) unterschieden.

Protoplast. (Grch. protos = der erste; platto, plattein = formen, bilden). Allg. der „nackte“, lebende Zellleib einer Zelle (z. B. Pflanzenzelle, Bakterienzelle). In ihm befindet sich das >Protoplasma<. Im engeren Sinne ist der P. eine Zelle nach schonender Zerstörung (Lysis) ihrer Zellwand. Dieser Begriff wird häufig für Bakterien, deren formgebender Murein-Sacculus z. B. durch Lysozym zerstört wurde, verwendet. P. sind abgerundete Zellen, die keine Zellwandbestandteile mehr enthalten. Bakterien-P. atmen oder gären wie vollständige Zellen und können auch Sporen bilden, wenn der Sporulationsvorgang vor der Lysis der Zellwand eingeleitet wurde.

Protozoen. Einzellige Tiere von einfacher bis zu hoch komplizierter Organisationsstufe, freilebend in Gewässern aller Art und im Boden. Viele parasitische Arten rufen auch beim Menschen schwere Krankheiten hervor. Das System der P. ist bis heute umstritten, LEVINE (1980) gliedert die P. in folgende 7 Stämme: Sarcomastigophora (25.000 Arten), Labyrinthomorpha (35), Apicomplexa (4.800), Microspora (800), Ascetospora (3), Myxozoa (875), Ciliophora (7.500) sowie 26 Klassen.

Lit: Hausmann K, Hülsmann N (1996) Protozoologie, Thieme-Verlag, Stuttgart New York – Grell KG (1973) Protozoology, Springer-Verlag, Berlin Heidelberg New York – Anderson OR (1987) Comparative protozoology. Ecology, Physiology, Life History, Springer-Verlag, Berlin Heidelberg New York London Paris Tokyo – Fenchel T (1987) Ecology of protozoa. The biology of free-living phagotrophic protists, Science Tech Publishers Madison Wisconsin, Springer-Verlag, Berlin Heidelberg, New York London Paris Tokyo – Laybourne-Parry J (1984) A functional biology of free- living protozoa, Croom Helm, London Sidney – Nisbet B (1984) Nutrition and feeding strategies in protozoa, Croom Helm, London Sidney.

Protura. Beintaster sind sehr kleine, ursprünglich ungeflügelte >Urinsekten< des Bodens. Lichtsinnesorgane fehlen diesen Tieren. Die P. saugen >Pilzhyphen< aus. P. werden zur >Mesofauna< des Bodens gezählt und erreichen >Siedlungsdichten< von einigen Tausend Individuen pro m^2 (s. Abb. S. 218).

Prozeßabwasser. Prozeßabwässer aus Industrie- oder speziellen Gewerbebetrieben, die durch ungelöste anorg. Stoffe belastet sind, können in der Regel mit einfachen Verfahren gereinigt werden. Schwierigkeiten treten erst dann auf, wenn die anorg. Partikel in Schwebe bleiben, wie z. B. bei manchen Tontrüben. Durch Zugabe von >Flockungshilfsmitteln< ist aber auch hier meistens eine rasche >Sedimentation< zu erreichen. Auch die >Entwässerbarkeit< der dabei anfallenden Schlämme ist i. allg. zufriedenstellend. Prozeßabwässer mit überwiegend gelösten anorg. Stoffen werden zunächst nach ihrer Wirkung unterteilt, und zwar in: 1. ätzende Schmutzwässer (>Säuren< und >Laugen<), 2. oxidierende Schmutzwässer (z. B. >Chlor<, >Wasserstoffperoxid<), 3. reduzierende Schmutzwässer (Eisen(II)-sulfat aus den Eisenbeizereien, Sulfite und Thiosulfate), 4. toxische Schmutzwässer (Kupfer-, Blei-, Quecksilber-, Cadmiumsalze), 5. mit Neutralsalzen belastete Schmutzwässer (z. B. Natriumchlorid, Calciumchlorid). In der überwiegenden Zahl der Fälle dürfen die genannten Prozeßabwässer weder unmittelbar in ein Gewässer noch in eine öffentliche >Abwasseranlage< eingeleitet werden. Sie müssen vielmehr zunächst einer prozeßspezifischen Vorbehandlung unterworfen werden, i. allg. einer oder mehrerer >chem.-physikalischer Verfahrensstufen<, wie z. B. >Neutralisation<, >Strippung<, >Reversosmose<, >Naßoxidation< bzw. >-verbrennung< u. a., bevor sie als Mischabwässer einer weiteren Reinigung, z. B. der >Turmbiologie<, zugeführt werden können.

Prozeßkontrolle. Die P. in Anlagen zur Bioabfallbehandlung ist ein wichtiger Bestandteil der Strategie zur Sicherung der seuchen- und >phytohygienischen< Unbedenklichkeit der hergestellten Produkte. Die umfassendste Regelung ist im Merkblatt Nummer 10 der Länderarbeitsgemeinschaft Abfall (LAGA M10) festgelegt. Direkte und indirekte P. sowie die Endproduktkontrolle ergänzen sich wirksam. Da eine Endproduktkontrolle allein bei so voluminösen Materialien wie Kompost mit vertretbarem Aufwand nicht statistisch abgesichert gestaltet werden kann, ist die Beurteilung der Produkthygiene nur bei validierten Verfahren möglich. Die Validierung findet durch die direkte P. statt, die indirekte P. sichert ab, daß die Daten des validierten Prozeßablaufs auch eingehalten werden. Somit ergeben sich folgende Abläufe:

1. Direkte P. mit Testorganismen in Testkörpern:
   – Prototypprüfung (Baumusterprüfung)
   – Inbetriebnahmeprüfung
2. Indirekte P. durch Aufzeichnen aller prozeßrelevanten Meßdaten, z. B. Temperatur und pH-Wert
3. Endproduktkontrolle auf ausgewählten Indikatororganismen.

Die direkte Prozeßprüfung berücksichtigt Prüforganismen, die für phytopathogene Keime, Unkrautsamen und Seuchen bzw. Tierseuchenerreger, bei denen der

Übertragungsweg über Bioabfälle relevant ist, repräsentativ sind. Die Bioabfallverordnung legt im Anhang II Einzelheiten zur gesetzlich vorgeschriebenen P. fest. >Bioabfallverordnung<.

Prüfgase. Gasgemische aus reinen Grundgasen sowie in Menge und Qualität bekannten Beimengungen. Zum Abgleichen der Analysengeräte für die Auswertung von Abgasmessungen von Motoren und Fahrzeugen sind eng spezifizierte P. erforderlich, von deren Genauigkeit des Gesamtergebnis wesentlich abhängt.

Prüfkammerverfahren. In praxisnahen Materialprüfmethoden wird die Freisetzung org. Verbindungen (z. B. >Formaldehyd<, >Holzschutzmittel<) aus >Baumaterialien< oder Werkstoffen (>Spanplatten<) in Prüfkammern mit einem Raumvolumen von $1\,m^3$ untersucht. Zur Erfassung ihres Einflusses auf die Raumluftqualität unter definierten, wirklichkeitsnahen Prüfbedingungen wird nach Einbringen des belasteten Materials ein >Luftwechsel< von $1\,h^{-1}$ realisiert, damit sich ein dynamisches Gleichgewicht zwischen der Gasphase und der abgebenden Oberfläche einstellt und nicht die >Sättigungskonzentration< der zu untersuchenden Verbindung auftritt. Zur Übertragbarkeit der Ergebnisse aus dem P. auf Prüfräume (Raumvolumen von mindestens $12\,m^3$) bzw. reale >Innenräume< (>Fallstudie<) ist zu berücksichtigen, daß diese Versuchsansätze mit hoher >Raumbeladung< ($1\,m^2/m^3$) durchgeführt werden. Durch die Bewegung der Kammerluft mittels Lüfter ist für die zu untersuchenden Verbindungen mit einem hohen Diffusionsstrom und so mit einer höheren Luftbelastung als in Innenräumen zu rechnen.

Prüfkraftstoffe. Für eine genaue Abgas- und Verbrauchsmessung ist eine möglichst enge Spezifizierung aller das Gesamtergebnis beeinflussenden Parameter Voraussetzung. Dabei sind die Kraftstoffe von großem Einfluß, P. sind deshalb in wesentlich engeren Spezifikationen, wie z. B. Dichte, Flüchtigkeit usw., definiert als dies aus wirtschaftlichen Gründen bei den Kraftstoffen auf dem Markt der Fall sein kann.

Prüfsieb. Mit Hilfe von Prüfsieben wird die Trennung eines Bodens oder partikulärer Feststoffe und Abfälle (z. B. >Flugasche<) in Körnungsgruppen vorgenommen. Die durch Siebung ermittelten Korngrößen werden nach der Lochweite der Quadratlochsiebe oder Maschenweite der Siebgewebe benannt, durch die sie zuletzt gefallen sind. Diese Weite wird als Korngröße oder Korndurchmesser bezeichnet (aus DIN 18123 – Bestimmung der Korngrößenverteilung).

Prüfung(en). Das >ChemG< schreibt für alle >neuen Stoffe< vor dem erstmaligen >Inverkehrbringen< in der EU, im Rahmen der >Anmeldung<< bzw. der >Mitteilung< neuer Stoffe, umfangreiche P. vor. Das Ziel ist die frühzeitige Erkennung von gefährlichen Eigenschaften und Wirkungen, eine Art Präventivkontrolle zum vorbeugenden Schutz für Mensch und Umwelt.
Die durchzuführenden physikalisch-chem., toxikologischen und ökotoxikologischen Prüfungen dienen nicht nur dem allg. Gesundheitsschutz und dem Schutz am Arbeitsplatz (Arbeitssicherheit), sondern sie sind auch für die evtl. Einschränkung des Inverkehrbringens bzw. der >Verwendung< (>Beschränkungen<, >Verbote<) >gefährlicher Stoffe< als auch für die Vermeidung von Umweltgefahren von grundsätzlicher Bedeutung.

Der Anmeldepflichtige (>Hersteller<, >Einführer<) muß neben Angaben über Stoffe und Stoffeig. (Identitätsmerkmale, physikalische u. chem. Eig.) und Angaben über Verwendung, Menge, Entsorgung bzw. Wiederverwendung auch Angaben über toxikologische und ökotoxikologische Eig. vorlegen (§§ 6, 7 ChemG). Der Anmelder ist weiterhin verpflichtet, Änderungen der Angaben bereits angemeldeter Stoffe (neue Erkenntnisse über Wirkungen, Änderungen der Eig., Erreichen der Mengenschwellen) der >Anmeldestelle< unverzüglich mitzuteilen (§ 16 ChemG). Die Verpflichtung, die „>Prüfnachweise<" (Versuchsprotokolle der durchgeführten Prüfungen) bereits beim Erreichen der Mengenschwellen vorzulegen, besteht nicht. Es liegt vielmehr im Ermessen der Anmeldestelle, zusätzliche Prüfnachweise über die Prüfung des Stoffes – innerhalb einer von ihr festgesetzten Frist – zu verlangen. Der *Prüfumfang* richtet sich grundsätzlich nach der Menge des Stoffes, die in der EU in den Verkehr gebracht wird. Nach der Grundprüfung zur Anmeldung (§ 6, 7 ChemG) kann die Anmeldestelle vor Erreichen folgender Mengenschwellen zusätzliche Prüfnachweise vorschreiben (*EU-Stufenplan*): Zusatzprüfung 1. Stufe (§ 9 ChemG): bei Erreichen von 100 Jahrestonnen bzw. 500 t seit Beginn der Herstellung (EU). Die Anmeldestelle kann unter best. Voraussetzungen ausgewählte Prüfungen der 1. Stufe bereits nach Erreichen von 10 jato oder 50 t insgesamt verlangen (§ 9 Abs. 2 Nr. 1 ChemG). Im Extremfall ist dies sogar unmittelbar nach Überschreitung der 1-jato-Schwelle möglich. Zusatzprüfung 2. Stufe (§ 9a ChemG): bei Erreichen von 1.000/a bzw. insgesamt 5.000 t seit Beginn der Herstellung (EU). In den *Zusatzprüfungen* der 1. und 2. Folgestufe werden weitergehende toxikologische und ökotoxikologische Untersuchungen durchgeführt, die eine abschließende >Bewertung< des Stoffes ermöglichen sollen.
Die notwendigen Prüfungen sind nach Anhang V der >EU-RL für gefährliche Stoffe< – in der Fassung vom 18. 09. 1979 (79/831/EWG) – durchzuführen. In den Kommissionsrichtlinien 84/449/EWG und 88/302/EWG, zur Anpassung an die sog. Grundrichtlinie des Ministerrats von 1967 sind sowohl die „*Prüfmethoden*" (Basis >OECD<-Prüfrichtlinien) als auch die „>Prüfvorschriften<" (detaillierte Beschreibung der Methoden) aufgeführt.
Wählt der Anmeldepflichtige andere international anerkannte Prüfmethoden (z. B wegen geringerer Zahl der eingesetzten Versuchstiere) als die in der Richtlinie vorgeschriebenen, so hat er über die von ihm verwendeten Prüfmethoden in der Anmeldung bzw. Mitteilung vollständige Angaben zu machen.
Als Prüfstellen kommen nur Laboratorien in Frage, die die Untersuchungen nach den Regeln der „>Guten Laborpraxis<" (GLP) durchführen können. Voraussetzung für die Anerkennung der Prüfnachweise ist eine GLP-Zertifizierung des Prüflabors durch eine staatliche Aufsichtsbehörde.

Prüfverfahren. Zur Bestätigung der umweltbezogenen Eigenschaften von Fahrzeugen und Motoren sind eine Reihe von P. erforderlich und von den Gesetzgebern definiert. Dazu gehören in erster Linie die Abgastests und Vorschriften zur >Geräuschmessung<. Die P. müssen in engem Zusammenhang mit den zugehörigen Grenzwerten für >Abgasschadstoffe< und Geräuschwerten gesehen werden. >Abgas-Rollenprüfstand<.

Prüfwert. Wert, bei dessen Überschreitung bzw. Unterschreitung best. Prüfkriterien in Kraft treten. Ein P. ist demnach kein >Grenzwert<. Z.B. sind in der Verordnung über die Festlegung von Konzentrationswerten für >Stickstoffdioxid<, >Ruß< und >Benzol< P. vorgegeben, bei deren Überschreitung Maßnahmen zur Verminderung oder zur Vermeidung des Entstehens schädlicher >Umwelteinwirkungen< durch >Luftverunreinigungen< zu prüfen sind.

PRZM. Computermodell zur Berechnung der Pestizidverteilung im Boden, das unter der Bezeichnung PELMO auch für die Bedingungen in Deutschland angepaßt wurde. Dabei wird eine vom Wasserfluß abhängige Pestizidwanderung angenommen und die Verteilung in tieferen Schichten durch numerische Dispersion simuliert. Darüber hinaus wird eine exponentielle Abnahme durch Abbau vorausgesetzt, wobei aber die Umwandlungsprodukte ebensowenig berücksichtigt werden wie ein Übertritt in die Gasphase. Die Redistribution des Wassers kann tgl. oder zeitabhängig sein. Durch Variation von Parametern, wie Charakteristika des Bewuchses oder Pestizidadsorption, kann das simulierte System spezifiziert werden. Die deutsche Variante des Modells unterscheidet sich von dem ursprünglichen hauptsächlich dadurch, daß ein Temperatureinfluß auf den Abbau einbezogen wurde. Außerdem wurde die Variationsbreite der Parameter eingeschränkt und statt dessen eine Reihe von Standard-Szenarios für Boden, Klima und Bewuchs eingebaut.
Lit: Carsel RF, Smith CN, Mulkey LA, Dean JD, Jowise P (1984) Users manual for the pesticide root zone model (PRZM), Release 1, EPA-600/3-84–109, Environmental Research Laboratory, Office of Research and Development, Athens, GA – Klein M (1989) Simulation des Verbleibs von Pflanzenschutzmitteln in Böden mit Computermodellen. Fraunhofer Institut für Umweltchemie und Ökotoxikologie, Schmallenberg.

PS. >Polystyrol<.

PSE. >Periodensystem der Elemente<.

Pseudogley. Bodentyp der deutschen >Bodensystematik<, der hauptsächlich durch Stauwasser geprägt ist. Dabei unterscheidet man oft zwischen primären P., die aus bereits wasserstauenden tonigen >Sedimenten< gebildet wurden, und sekundären P., die sich meist aus >Parabraunerden< durch intensive >Tonverlagerung< entwickelt haben. In der Bezeichnung der >Bodenhorizonte< kann man dies durch ein nachgestelltes g wiedergeben (z.B. Btg = Bt-Horizont mit Staunässemerkmalen). In der neueren deutschen Bodensystematik werden für den wasserstauenden Bereich jedoch die Abkürzung Sd (d = dicht) und für einen ebenfalls staubeeinflußten, aber lockeren Horizont darüber Sw (w = wasserzügig) verwendet. Charakteristisch für reinen P. ist eine >Marmorierung< im wasserstauenden Bereich, die auf Konzentrationsunterschiede an Eisen(III)- und Mangan(IV)-oxiden bei wechselnden Redoxbedingungen zurückzuführen sind. Hier treten Bleichungen durch Reduktionsprozesse v.a. im Porenbereich auf, wo Sickerwasser mit gelösten Nährstoffen und organischen Substanzen in das Profil eindringt, die Aktivität der Bodenmikroorganismen und damit die Sauerstoffzehrung verstärkt und so reduzierende Bedingungen fördert. Das dabei mobilisierte Eisen und Mangan kann mit der Befeuchtungsfront ins Aggregatinnere wandern und dort wieder oxidiert werden.

Pseudokrupp. Ohne erkennbaren Infekt auftretende Kehlkopfentzündung mit Schleimhautschwellung unmittelbar unter den Stimmbändern bei kleineren Kindern (0,5 bis 5 Jahre), in der Folge tief tönender bellender Husten sowie in- und expiratorischer Stridor mit Erstickungsangst. In den meisten Fällen kommen als Erreger >Viren<, gelegentlich auch >Bakterien< in Frage. Weiterhin werden folgende Faktoren diskutiert: 1. konstitutionelle und >Allergie<-Faktoren. 2. Klimafaktoren, Häufung in den Wintermonaten vor allem bei >Inversionswetterlagen<, bei Einbruch feuchtkalter Luftmassen und bei Durchzug von >Schlechtwetterfronten<. 3. Umweltbelastungen, die Beteiligung von >Schadstoff<-Beimengungen wie >Schwefeldioxid<, >Stickoxiden<, >Kohlenmonoxid< oder Feinstaub. Als Ergebnis einer koordinierten Studie scheinen als Voraussetzung für das Auftreten von Pseudokrupp nach Einwirkung o.g. Faktoren bzw. Schadstoffe Individualfaktoren sowie sozioökonomischer Einflüsse maßgeblich zu sein. Bei richtigem Verhalten informierter Eltern und Hinzuziehung des Arztes ist die Prognose in der Regel gut bis sehr gut.
Lit: Wichmann HE, Schlipköter W (1990) Dtsch Ärztebl 87: B1801–B1815.

Pseudomonas. Die Bakteriengattung P. gehört zu der Familie der Pseudomonadaceae. Dies sind >gramnegative<, aerobe, nicht sporenbildende stäbchenförmige Bakterien, die polar begeißelt sind und sich daher aktiv bewegen können. Die Gattung P. ist mit der Gattung >Xanthomonas< sehr eng verwandt und besitzt daher einen ähnlichen Stoffwechseltyp. Besonders erwähnenswert ist jedoch die Fähigkeit der P.-Arten, eine sehr große Zahl von org. Substraten, darunter auch hetero- und polycyclische aliphatische sowie aromatische Kohlenwasserstoffe, verwerten zu können. Dies können insbesondere die im Grundwasser und Boden vorkommenden Arten *P. putida* und *P. fluorescens*. Vertreter anderer Bakteriengattungen sind oft nicht in der Lage, solche Verb. abzubauen. Beim Menschen bewirkt *P. aeruginosa* Wundinfektionen mit Eiterbildung, wobei der Eiter durch Abgabe des Farbstoffs Pyocyanin blaugrün gefärbt wird. Manche P.-Arten haben, gleich den *Xanthomonas*-Arten, phytopathogene Wirkung. So ruft *P. syringae* den Bakterienbrand bei Kernobst hervor; *P. phaseolicola* verursacht die Fettfleckenkrankheit bei Bohnen.
Lit: Holt JG (Hrsg.) (1984) Bergey's manual of systematic bacteriology, Williams & Wilkins, Baltimore Hong Kong London Sydney.

Pseudomonas-Zellvermehrungshemmtest. Bakterientest. Als Modellorganismus dient das Bakterium Pseudomonas putida stellvertretend für heterotrophe Mikroorganismen im Süßwasser (DIN 38412 Teil 8, ISO 10712).
Der Test wird zur Erkennung von Schadwirkungen gegenüber Bakterien von Abwässern oder löslichen Stoffen eingesetzt. Getestet wird die chronische Wirkung unter festgelegten Bedingungen wie pH-Wert, Zeit der Bebrütung etc. In Abhängigkeit von der Konzentration wird die Hemmung der Vermehrungsfähigkeit gemessen.

Pseudoscorpionida. >Arachnida< (s. Abb. S.223).

psi. pounds per square inch (Druck); 1 psi = 6.894,76 Pa = ca. 69 mbar.

PSM. >Pflanzenschutzmittel<.

PSM-Resistenz. Vererbbare Widerstandsfähigkeit best. Rassen, Typen oder Stämme von Schaderregern gegenüber einem >PSM< bei praxisüblicher Dosierung, das bei der Mehrzahl der Individuen einer Population der gleichen Art normalerweise hinreichend wirkt. PSM-Resistenz gegen mehrere Wirkstoffe als Folge der Anwendung dieser Wirkstoffe durch Änderung mehrerer Gene wird als Multiresistenz bezeichnet [aus DPG-Glossar]. Die folgenden Übersichten zeigen am Beispiel der Herbizid-Resistenz die Ziele, Nutzen, Risiken und Perspektiven auf (aus: Niemann, 1988):
Allgemeine Ziele der Herbizidresistenz:
- Schließen von Indikationslücken (verbunden mit Problemlösungen bei >Persistenz<, >Phytotoxizität<, Anwendungsterminen usw.);
- Ausweitung der Indikationen für ökologisch unbedenklichere und breitenwirksame Wirkstoffe;
- Sichern des Markts für best. Wirkstoffe.
Züchtung auf Herbizid-Resistenz:
- Herbizid-Resistenz in einer Kulturpflanzenart oder -sorte genetisch verankern, die ursprünglich gegen das betreffende Herbizid empfindlich war;
- Umkehrung des bisherigen Screenings (statt neue Wirkstoffe für best. Indikationen zu suchen – für vorhandene Wirkstoffe zusätzlich Indikationen ermöglichen).
Wege der Züchtung auf Herbizid-Resistenz:
- Traditionelle Züchtungsansätze [z.B. >Diclofopmethyl< (Hafer) oder >Atrazin< (Kulturhirse und Raps)];
- in vitro Selektion [>Imidazoline< (Mais)];
- Gentransfer [>Sulfonylharnstoffe< (Mais), Glyphosat (Mais und Soja), Glufosinat (Zuckerrübe und Raps) oder Bromoxynil (Sonnenblume)]. Generell werden weltweit Gentransfer-Experimente vor allem mit Tabak, Tomate und Kartoffeln durchgeführt.
Nutzen:
- Ersatz ökologisch bedenklicher Wirkstoffe;
- weitere Zunahme der Nachauflaufbehandlungen und Abnahme der Anzahl an Behandlungen pro Kultur und Jahr;
- Schließen von Indikationslücken (z.B. bei Maisanbau in Wasserschutzgebieten, Direktsaatverfahren bei Zuckerrüben);
- neue Wirkstoffkombinationen (Tankmischungen) möglich.
Risiken:
Falls sich Komplementärangebote am Markt durchsetzten, können Sorten- und Herbizidwahl nicht mehr unabhängig voneinander erfolgen, und aus kommerziellen Gründen kann eine Konzentration auf wenige Sorten und Herbizide eintreten:
- zunehmender Einsatz breitenwirksamer Wirkstoffe;
- zunehmender Selektionsdruck auf die Unkrautflora;
- Verlust des Herbizids durch Auslaufen der amtlichen Zulassung;
- Einschränkungen beim Anbauumfang einer Sorte durch Auftreten neuer Schaderreger oder -rassen;
- unkontrollierter Gentransfer (Freisetzungsproblematik).
Perspektiven:
- Züchtung auf Herbizidresistenz ist grundsätzlich möglich aber gentechnisch z.Z. bei monokotylen Arten (z.B. Getreide) noch schwieriger als bei dikotylen (z.B. Tabak, Tomate);
- praxisreife Sorten erst in etwa 5 bis 10 Jahren verfügbar;

- denkbare Anwendungsfälle für einen praktischen Einsatz wären: Atrazinersatz im Maisanbau, Bereinigung von 00-Rapsbeständen, Unkrautbekämpfung in direktgesäten Zuckerrüben.
Lit: Niemann P (1989) Nachrichtenblatt des Deutschen Pflanzenschutzdienstes 41: 36–44.

Psychrometer. Gerät zur Bestimmung der relativen >Luftfeuchtigkeit<. Hauptbestandteile des P. sind das sog. „trockene" und das sog. „feuchte" Thermometer, >Temperatur<. Letzteres gibt aufgrund der Verdunstung Wärmeenergie ab, die zur Abkühlung des Thermometers führt. Die Verdunstung wird solange fortgeführt, bis sich ein Dampfdruckgleichgewicht zwischen dem Dampfdruck der Luft und demjenigen, der durch Verdunstung vom feuchten Thermometer entstanden ist, einstellt. Um diesen Einstellungsprozeß zu beschleunigen, wird mit einem Aspirator ein gleichmäßiger Ventilationsstrom um die beiden Thermometer erzeugt. Je geringer die Luftfeuchtigkeit, desto mehr kann vom „feuchten" Thermometer Feuchtigkeit verdunsten. Aus der Differenz der an den beiden Thermometern abgelesenen Temperaturen, der sog. psychrometrischen Differenz, lassen sich mit Hilfe der Psychrometerformel die verschiedenen >Feuchtemaße< bestimmen. Für Einzelmessungen ermittelt man die Ergebnisse aus den sog. Psychrometertafeln. Gebräuchliche Geräte: Aßmann-Aspirationspsychrometer, Schleuderpsychrometer, >Hygrometer<.
Lit: Deutscher Wetterdienst (1976) Aspirations-Psychrometer-Tafeln; Vieweg Verlagsgesellschaft, Braunschweig.

psychrophil. P. Organismen sind Lebewesen, die >Biotope< mit niedrigen Temperaturen bevorzugen. Obligat p. >Bakterien< leben in einem Temperaturbereich von ca. -10 bis $+20°C$; das Temperaturoptimum liegt bei etwa $15°C$ oder tiefer. Fakultativ psychrophile Bakterien können auch bei $0°C$ wachsen; ihr Wachstumsoptimum liegt aber bei 25 bis 30°C, das Maximum bei 35°C oder höher (>mikrobielles Wachstum<). Psychrophyten sind Pflanzen, die an kalten Standorten (z.B. Hochgebirge, Tundra) leben und eine hohe Frostresistenz aufweisen.
Lit: Bogenrieder H, Collatz KG, Kössel H, Osche G (1985) Lexikon der Biologie, Herder, Freiburg Basel Wien.

Pterygota (geflügelte Insekten). Fast alle Insektenarten sind geflügelt. Dieses Körperbaumerkmal hat sich als ein entscheidender Vorteil zur extremen Artenentwicklung in Landökosystemen bewährt. >Insecta< (s. Abb. S.218).

Puffer. Lösungen, deren pH-Wert sich bei Zugabe kleiner Mengen von Säure oder Base nicht ändert. Häufig enthalten sie ein Gemisch aus einer schwachen Säure und ihrem Salz, z.B. Essigsäure und Acetat, oder einer schwachen Base und ihrer konjugierten Säure, z.B. Ammoniak und ein Ammoniumsalz. Für biochem. Reaktionen werden dagegen meistens Zwitterionen mit sek. bzw. tertiären Aminogruppen und Carboxyl- bzw. Sulfonsäuregruppen benutzt. Durch die vorhandenen sauren bzw. basischen Gruppen können sowohl zugegebene Protonen als auch Hydroxidionen neutralisiert werden. Der jeweilige pH-Wert der Lsg. wird nach der sog. Henderson-Hasselbach-Gleichung berechnet:

$$pH = pK_S + \log \frac{[A^-]}{[HA]}.$$

Wenn die Konz. von Säure und Salz gleich groß sind, dann entspricht der pH-Wert dem pK_S-Wert.

Pufferbereiche. In der Waldbodenökologie häufig angewandtes chem. Gleichgewichtsmodell, in dem einem diskreten pH-Bereich die jeweils dominierenden Pufferreaktionen zugeordnet werden. Solche Puffersysteme sind: Carbonate/Kohlensäure (pH 8,6–6,2), Silikate/Kohlensäure (pH 6,2–5) Silikate/starke Säure (pH < 5), Al-Hydroxide/starke Säure (pH < 4,2), Fe-Hydroxide/starke Säure (pH < 3,8). Innerhalb der >Versauerungshypothese< zur Erklärung >neuartiger Waldschäden< wurde v. a. die bei pH < 4,2 mögliche Dominanz von ionarem Aluminium in der >Bodenlösung< als ursächlicher Faktor von Feinwurzelschäden diskutiert, vgl. >Aluminiumtoxizität<.
Lit: Arbeitskreis Standortskartierung (1996) Forstliche Standortsaufnahme. IHW-Verlag, München, S. 355.

Pufferkapazität. (Syn. Pufferwert β). Menge an Säure bzw. Base, die von einem >Puffer< ohne große Änderung des pH-Wertes abgefangen werden kann. Quantitativ ist das die Menge einer starken Base (in mol) die nötig ist, um den pH-Wert von 1 L Pufferlösung um eine Einheit zu erhöhen. Nach einer anderen Definition ist die Pufferkapazität der auf ein gegebenes Vol. V_0 bezogene Quotient aus der Änderung der Stoffmenge n durch Säure- bzw. Basenzugabe und der Änderung des pH-Wertes:

$$\beta = \frac{1}{V_0} \cdot \frac{dn}{dpH}.$$

Die P. hängt sowohl von der absoluten Menge an Puffersäure bzw. Salz als auch vom Mengenverhältnis beider ab. Bei einer gegebenen Gesamtkonz. ist die P. dann am größten, wenn Puffersäure und Salz in äquimolaren Mengen vorliegen. Ein natürlicher Puffer ist beispielsweise das Blut, dessen CO_2-Bindungsvermögen von seinem Vorrat an basisch puffernden Substanzen abhängt (Alkalireserve). Verschiebungen des Gleichgewichts zwischen CO_2 und HCO_3^- führen zur Azidose, bei der das Bindungsvermögen von ca. 50 % auf 10 bis 20 % sinkt, bzw. zur Alkalose.

Pufferkapazität des Bodens. Die Fähigkeit eines Bodens, die mittleren Konz. oder Konzentrationsprofile herausgegriffener materieller Komponenten oder auch der Wärme zeitlich mehr oder weniger unverändert zu halten oder dieselben nach einer Störung schnell wiederherzustellen. Speziell ist damit häufig die >spez. Speicherfähigkeit< für einzelne Ionenarten od. Wasser gemeint, die v. a. durch Austausch- od. Sorptionsprozesse an den wichtigen oberflächenaktiven Phasen eines Bodens zustandekommt, der Tonfraktion und der org. Substanz; für Wasser durch spez. Speicherung vor allem in sog. Mittelporen. Eine hohe Pufferkapazität für Wasser und Nährionen ist Ausdruck für hohe >Bodenfruchtbarkeit<.

Pufferlösungen. >Puffer<.

Pufferreaktion. Chemische Reaktion, durch die der pH-Wert eines Bodens stabilisiert werden kann. Dieses sind in erster Linie Reaktionen, die H^+-Ionen abfangen können, also einer Bodenversauerung entgegenwirken. Dabei werden in der Regel die Anionen schwacher Säuren protoniert. Entsprechend dem aktuellen pH-Wert des Bodens werden unterschiedliche P. wirksam: a) Im Bereich des Neutralpunkts die Protonierung von Carbonat zu Hydrogencarbonat, wobei Carbonatminerale aufgelöst werden. b) Bei sinkendem pH-Wert werden austauschbar gebundene Ca-Ionen aus Humaten verdrängt, ebenso Kationen, die an variablen Ladungen von Oxiden und Tonmineralen gebunden sind. c) Bei pH-Werten unterhalb etwa 5 bis 6 werden Si-O-Bindungen von Silicaten protoniert; als Folge davon werden diese Silicate zerstört. Dabei werden Aluminiumionen frei, die nun auch Kationen an der permanenten Ladung der Tonminerale (im Zwischenschichtraum) verdrängen können. d) Bei sehr tiefen pH-Werten (unter etwa 3) werden auch Aluminiumoxide protolytisch aufgelöst. Eisen(III)-oxide werden nicht in gleicher Weise gelöst, da ihr Löslichkeitsprodukt zu klein ist. Unter reduzierenden Bedingungen können Fe(III)-oxide jedoch zu Fe^{2+} reduziert werden, wobei ebenfalls Protonen aufgenommen werden. Bestimmend für die Wirksamkeit einer Pufferreaktion ist neben dem entsprechenden pH-Wert noch die Reaktionsgeschwindigkeit. Diese ist für das Austauschpuffersystem (b) sehr hoch, ebenso für das Carbonatsystem (a) in feinkörnigen >Sedimenten<, während Silicate (c) und Oxide (d) wesentlich langsamer reagieren.

Pufferungsvermögen. Fähigkeit eines Bodens, Säuren abzupuffern. Das P. wird oft auch als Säureneutralisationskapazität (SNK) bezeichnet; seine Größe hängt von der Zusammensetzung des Bodens und dem End-pH der entsprechenden Pufferreaktion ab. Quantitativ kann das P. eines (Mineral)bodens aus der Konzentration von Neutralkationen, die durch schwache (leicht protonierbare) Säuren gebunden sind, bestimmt werden. Dies ist im folgenden Schema dargestellt, wobei die eckigen Klammern für die Stoffkonzentrationen in mol/kg stehen:
Bei einer pH-Absenkung auf 7:

$$SNK = [Ca]$$

Bei einer Versauerung bis pH 5:

$$SNK = 2[CA] + 2[Mg] + [K] + [Na] + 2[Mn^{II}] + 2[Fe^{II}]$$

Bei einer Versauerung bis pH 3:

$$SNK = 2[Ca] + 2[Mg] + [K] + [Na] + 2[Mn^{II}] + 2[Fe^{II}] + 3[Al]$$

Von diesen Konzentrationen müssen noch die möglicherweise vorhandenen Anteile an Ionen abgezogen werden, die an starken Säuren (Schwefel-, Phosphor-, Salzsäure) gebunden sind. Voraussetzung für die Gültigkeit dieser Berechnungen ist allerdings, daß die Reaktionsgeschwindigkeit (bzw. die Mineraloberfläche) hinreichend groß ist und eine Gleichgewichtseinstellung gestattet. So können z. B. auch in sauren Böden über Kalkstein noch größere Kalksteinbruchstücke vorkommen, deren Auflösung langsamer vor sich geht als die Versauerung des Feinbodens.

Pufferwert (β). >Pufferkapazität<.

Pulse Air System. Verfahren zur Zugabe von >Sekundärluft< in das Abgassystem zur nachträglichen Ox. von >CO< und >HC<. Das P. kommt dabei ohne zusätzliche Luftpumpe aus, da die Unterdruckphasen zwischen den einzelnen Abgasimpulsen der Motorenzylinder zur Förderung der Luft genutzt werden. Voraussetzung dazu sind geeignete >Luftventile<. Die Luftmenge ist allerdings begrenzt.

Pulskolonne. Säulenförmiger Extraktionsapparat, in dem zwei Flüssigkeiten im Gegenstrom stoßweise („pulsend") durch Siebe („Pulsplatten" oder „Siebböden") gepreßt werden, wobei best. Elemente von der einen Flüssigkeitsphase in die andere übertreten.

Pulsreaktor. Typ eines >Forschungsreaktors<, mit dem kurze, intensive Leistungs- und Strahlungsstöße erzeugt werden können. Die >Neutronenflußdichte< ist in einem solchen Puls viel höher als sie im stationären Zustand erzielt werden könnte. Beispiel: FRMZ, Forschungsreaktor der Uni Mainz, Typ TRIGA Mark II; Pulsleistung 250 MW, Dauerleistung 0,1 MW.

Pumpe-Düse-Einspritzung. Einspritzsystem für >Dieselmotoren<, wobei für jeden Zylinder individuell eine Kombination von Einspritzpumpe und -düse im Zylinderkopf nahe am >Brennraum< vorgesehen ist. Die damit mögliche exakte Steuerung des Einspritzverlaufs führt zu verbrauchsgünstigen Motoren mit geringen >Abgasemissionswerten< ähnlich wie mit >Common Rail< (s. Abb. unten).

Pumpenkennlinie. Förderstrom Q, Förderhöhe H, Drehzahl n und Wirkungsgrad η von Kreiselpumpen sind voneinander abhängig. Es ist nicht möglich, eine dieser Größen für sich allein zu ändern. Ihre gegenseitige Abhängigkeit ist durch die sog. Kennlinien einer Pumpe gegeben. Letztere müssen durch Versuche bestimmt werden. Üblich ist die Darstellung, bei der für die konstante Drehzahl die Förderhöhe H, der Wirkungsgrad η und die Leistungsaufnahme N der Pumpe über dem Förderstrom Q aufgetragen sind. Die Kurve H in Abhängigkeit von Q wird als QH-Linie oder Drosselkurve bezeichnet; sie ist die wichtigste Pumpenkennlinie. Ist die Drosselkurve für eine bestimmte Drehzahl bekannt, so können die Drosselkurven für andere Drehzahlen auf Grund der Ähnlichkeitsgesetze errechnet werden.

Lit: Abwassertechnische Vereinigung (Hrsg.) (1982–1986) Lehr- und Handbuch der Abwassertechnik, 3. Aufl., Bd. 1–7, Verlag von Wilhelm Ernst und Sohn, Berlin München.

Pumpensumpf. Abwasserpumpen können sich mit ihrer Leistung, abgesehen von wenigen Ausnahmen, nur beschränkt dem wechselnden Zufluß zum >Pumpwerk< anpassen. Solche Ausnahmen bilden Anlagen mit regelbaren Pumpen oder >Schneckenpumpwerke<, sowie teilaufschlagbare d. h. selbstregelnde Kreiselpumpen in kleineren Anlagen. Letztere benötigen zum Betrieb keinen besonderen Wasservorrat. Normalerweise wird jedoch das >Abwasser< zunächst in einem Pumpensumpf aufgestaut. Erst wenn der Wasserspiegel die Einschaltordinate erreicht, springen die Pumpen an und saugen den Wasservorrat ab. Der Pumpensumpf wird häufig auch Wassersammelbecken oder Saugkanal genannt. Er ist gewöhnlich mit dem Einlauf verbunden und meistens vom Pumpenraum getrennt. Der erforderliche, nutzbare Pumpensumpfinhalt ist abhängig vom Zufluß, von der Pumpenleistung und der zulässigen Einschalthäufigkeit.

Lit: Abwassertechnische Vereinigung (Hrsg.) (1982–1986) Lehr- und Handbuch der Abwasserechnik, 3. Aufl., Bd. 1–7, Verlag von Wilhelm Ernst und Sohn, Berlin München.

Pumpspeicheranlage. (Syn. Pumpspeicherwerk). >Wasserkraftwerk<, bei dem Wasser aus einem Fluß oder einem Unterbecken in ein höher gelegenes Oberbecken (Speichersee) gepumpt werden kann, um es bei Bedarf in umgekehrter Richtung zur Stromerzeugung einzusetzen. Zu Zeiten geringer Stromnachfrage wird mit Hilfe einer Pumpe, die über einen Elektromotor angetrieben wird, Wasser aus einem Fluß oder vom Unterbecken in das höher gelegene Oberbecken gepumpt und dort gespeichert. Elektrische Energie wird so in potentielle Energie des Wassers (Lageenergie) umgewandelt. Zu Spitzenstromzeiten, d. h. Zeiten hohen Strombedarfs, wird das Wasser wieder in das Unterbecken abgelassen und dabei Strom erzeugt, indem eine >Turbine< einen >Generator< antreibt (s. Abb. S. 943).

Dabei liegen Turbine, Generator bzw. Elektromotor und Pumpe auf derselben Laufwelle. Dies bedeutet: Der Generator, der in Spitzenlastzeiten elektrische Energie erzeugt – angetrieben über die Turbine –, kann auch als Elektromotor eingesetzt werden, versorgt über das Stromnetz, um die Pumpen zu betätigen. Günstige Standorte für P. sind v. a. Gebiete mit großen Höhendifferenzen auf kleinem Raum (z. B.

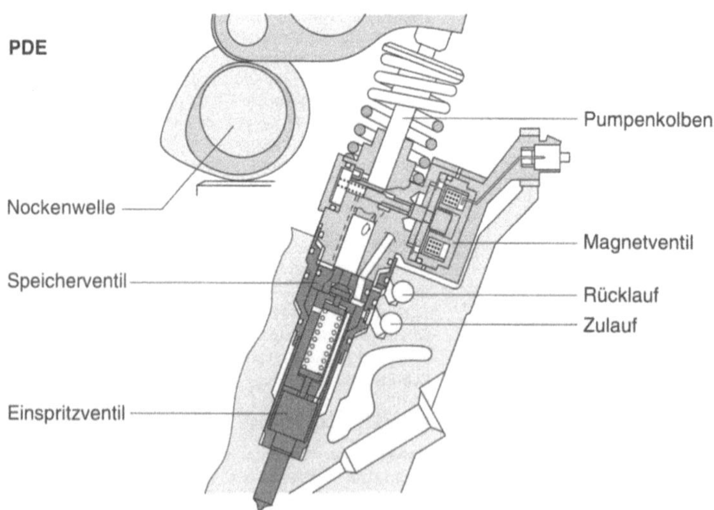

Pumpe-Düse-Einspritzung (Bosch)

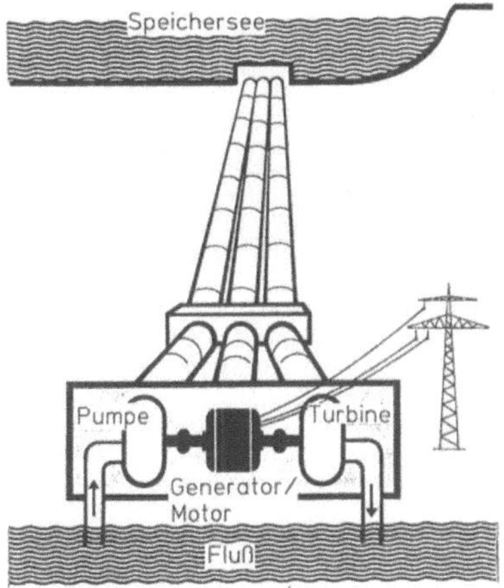

Pumpspeicheranlage: Beim Pumpspeicherkraftwerk wird Wasser zu Zeiten geringer Stromnachfrage in ein höher gelegenes Speicherbecken gepumpt. Zu Zeiten hohen Strombedarfs wird das Wasser wieder abgelassen und dabei Strom erzeugt

Steilküste), die über die nötigen Wasservorkommen verfügen. Je nach Speichermöglichkeit unterscheidet man „reine" und „gemischte" P. Bei einer „gemischten" P. besitzt das Oberbecken auch einen natürlichen Wasserzufluß. Bei den „reinen" P. hingegen wird das Oberbecken, das auf geeigneten Hochflächen meist erst künstlich geschaffen wurde, ausschließlich im Pumpbetrieb gefüllt. Die in D betriebenen P. erbringen derzeit eine elektrische Gesamtleistung von ca. 3.700 MW.

Lit: Lewis A, Gunston B, Piper A, Cook B, Hawkes N, Satchwell J (1982) Wasser. In: Dafter R (Hrsg.) Antwort-Buch der Energie. Tesslof, Hamburg, S. 14–15 – Weber R (1986) Erneuerbare Energie. Taschenlexikon, Olynthus, Oberbözberg, S. 172 – König F v, Jehle C (1997) Bau von Wasserkraftanlagen. 3. Auflage, C. F. Müller Verlag, Hüthig GmbH, Heidelberg.

Pumpversatz. >Versatzverfahren<, bei dem das Versatzgut mit wenig Wasser durch eine Rohrleitung von einer Pumpe in den zu verfüllenden Abbauhohlraum eingebracht wird.

Pumpversuch. >Durchlässigkeitsbeiwert<.

Pumpwerke. Anlaß für den Bau von Pumpwerken in Abwasseranlagen brauchen nicht nur die Höhenverhältnisse im Abflußsystem zu geben. Vielmehr können bei noch ausreichendem freien Fließgefälle wirtschaftliche Gründe für eine Pumpenförderung ausschlaggebend sein. Für Abwasserpumpwerke sind verschiedene Bezeichnungen üblich, die sich aus ihren Aufgabenschwerpunkten oder aus ihrem Standort ableiten: *Kanalisationspumpwerke* sind Abwasserpumpwerke, die innerhalb der öffentlichen >Kanalisation< fehlendes Gefälle ausgleichen oder wirtschatliche, geringe Verlegetiefen der Kanäle ermöglichen. Je nach >Entwässerung<sverfahren fördern sie entweder vorwiegend >Schmutzwasser< oder auch >Regenwasser<. *Zwischenpumpwerke* oder *Überpumpwerke* nennt man Kanalisationspumpwerke, die auf einer längeren Kanalstrecke eingefügt werden müssen, deren Gefälle nicht ausreicht. *Zubringerpumpwerke* haben als Kana-

lisationspumpwerke im wesentlichen die Überwindung von Entfernungen zur Aufgabe. Sie fördern zu einem >Klärwerk< oder einem Sammelpumpwerk. Bei Mischkanalisationen wird man den Förderstrom auf ein den Erfordernissen entsprechendes Mehrfaches der Trockenwettermenge begrenzen. *Regenwasserpumpwerke* ersetzen fehlende natürliche Vorflut für den Regenwasserabfluß beim >Trennverfahren< oder für das zum Gewässer abzugebende Mischwasser beim >Mischverfahren<. *Schmutzwasserpumpwerke* kann es eigentlich nur beim Trennverfahren geben. Aber auch solche Pumpwerke, die in Mischkanalisationen außer dem Trockenwetterabfluß noch geringe Mischwassermengen fördern, werden so bezeichnet. *Kläranlagenpumpwerke* heben das >Abwasser< auf dem Kläranlagengelände aus dem tief ankommenden Sammler hoch, so daß das erforderliche Klärgefälle geschaffen wird. *Hochwasserpumpwerke* übernehmen ihre Aufgaben nur in den kurzen Zeiten, wenn der Vorfluter Hochwasser führt. Manche müssen dann außer dem Klärwerksablauf auch den Regenwasserabfluß heben.

Lit: Abwassertechnische Vereinigung (Hrsg.) (1982–1986) Lehr- und Handbuch der Abwassertechnik, 3. Aufl., Bd. 1–7, Verlag von Wilhelm Ernst und Sohn, Berlin München.

Punktmutation. (Syn. Gen-, Codon-Mutation). Unter einer P. versteht man die Veränderung einzelner >Nucleinbasen<, beispielsweise durch >Mutagene<. Dabei können durch Mutageneinwirkung auch einzelne Basen ineinander übergeführt werden, z. B. kann Cytosin (C) durch salpetrige Säure in Uracil (U) verwandelt werden. Somit wird die spezifische Basensequenz der >Codons< verändert und die genetische Information beeinträchtigt. Als Folge einer P. kann ein „nonsense codon" entstehen, wodurch bei der >Proteinbiosynth.< an der entsprechenden Stelle der Einbau einer Aminosäure unterbleibt. Es kann ein „missense codon" entstehen, wodurch es an der Stelle zum Einbau einer falschen Aminosäure kommt. Schließlich kann durch P. ein „Stop codon" entstehen, das die Synth. des Proteins abbricht, wenn es abgelesen wird. Ein Beispiel *CGA* codiert Arginin; wird daraus *UGA*, so liegt ein „Stop codon" vor.

PUR. >Polyurethan<.

PUREX-Verfahren. Plutonium (and Uranium) Recovery by Extraction; Plutonium- und Uranrückgewinnung durch Extraktion. Verfahren zur >Wiederaufarbeitung< abgebrannten >Kernbrennstoffes< zur Trennung von >Uran< und >Plutonium< von den >Spaltprodukten< und voneinander. Nach Auflösen des bestrahlten Brennstoffes in Salpetersäure werden durch org. Lösungsmittelextraktion – als org. Lösungsmittel dient Kerosin mit ca. 30 % Tributylphosphat (TBP) – Uran und Plutonium in der org. Phase gehalten, während die Spaltprodukte in der wäßrigen, salpetersauren Phase verbleiben. Weitere Verfahrensschritte erlauben anschließend das Trennen von Uran und Plutonium voneinander.

Purine. Die wichtigsten Purinbasen für den Aufbau der Nukleinsäuren sind Adrenin und Guanin. Die sogenannten seltenen Purinbasen leiten sich hiervon durch Substitution mit Methylgruppen oder anderen Resten ab; sie kommen gehäuft in der Transfer-RNA vor. Der Abbau der Purinbasen erfolgt größtenteils zu Harnsäure mit Hilfe von Desaminasen. Die Reutilisation der Purinbasen ist möglich, außerdem können die

Purinnukleotide auf mehreren Stufen ineinander umgebaut werden. Diese Vorgänge unterliegen einer vielfachen Regulation, z.T. beruhend auf Rückkopplung. Eine Reihe von (meist genetisch bedingten) Enzymdefekten ist bekannt, die meist zur Überproduktion von Harnsäure führen.

Putzmittel. Sammelbegriff für >Reinigungs<- und Pflegemittel, die in einer unübersehbaren Vielfalt vom Backofenspray bis zum >Teppichreinigungsmittel< angeboten werden. Beim Einsatz von P. auf >Spray<- oder >Lösungsmittel<basis stellt die unmittelbare Freisetzung von Schadstoffen eine erhebliche >Innenraumbelastung< dar. Fast alle anderen P. gelangen nach Gebrauch ins >Abwasser< und können so trotz biolog. und chem. >Abwasserbehandlung< in >Kläranlagen< zur Belastung von Oberflächengewässern führen. Als umweltrelevante Schadstoffe sind insbesondere >Phosphate< und >Tenside< einzustufen. Über die Abwasserbelastung hinaus sind vor allem >Desinfektionsmittel< und Sanitärreiniger als kritisch zu beurteilen. Die zunehmende Verwendung von Desinfektionsmitteln in Privathaushalten kann die Gesundheit ständig exponierter Personen durch eine Schwächung des Immunsystems beeinträchtigen. Unter Berücksichtigung haushaltstypischer >hygienischer< Bedingungen sind übliche Reinigungsmaßnahmen als völlig ausreichend einzustufen. Aus aggressiven >Chemikalien< in Sanitärreinigern wie >Natriumhypochlorit< können bei gleichzeitiger Verwendung säurehaltiger WC-Reiniger >Chlor< freigesetzt und damit >Vergiftungsunfälle< verursacht werden.

PVAC. >Polyvinylacetat<.

PVC. >Polyvinylchlorid<.

Pyranometer. Gerät zur Messung der >Globalstrahlung< auf einer horizontalen, ebenen Fläche mit einem Gesichtsfeldwinkel von 2 π im Spektralbereich von 0,3 bis 3 μm. Stattet man P. zusätzlich mit einem sog. Schattenring aus, der ständig die >direkte Sonnenstrahlung< abschattet, so läßt sich mit diesem Gerät auch die >diffuse Sonnenstrahlung< messen. Die Globalstrahlung erzeugt in der Thermobatterie (häufig auch „Thermosäule" genannt) des P. eine Thermospannung, die mit Hilfe der durch Kalibrierung bestimmter Gerätekonstanten in Bestrahlungsstärken umgerechnet werden kann.
Lit: >Strahlungsmeßgerät<.

Pyrantel. >Anthelminthika<.

Pyrazophos. Wirkt als >Fungizid< und zählt zur Substanzklasse der Organophosphatester.
Chemische Bezeichnung: Ethyl-2-diethoxyphosphinothioyloxy-5-methylpyrazol-(1,5-α)-pyrimidin-6-carboxylat
CAS-Nummer: 13457–18–6
Hersteller: AgrEvo
Wirkungstyp: Systemisches Fungizid mit protektiver und kurativer Wirkung. Hemmt die Sporenkeimung sowie die primären und sekundären Keimhyphen. Die Koagulation des Plasmas in der Hyphenspitze führt dazu, daß kein Appressorium ausgebildet werden kann. Aufnahme erfolgt über Blatt und Stengel mit akropetalem Transport.
Bevorzugte Anwendung: Bekämpfung Echter Mehltaupilze im Gemüse-, Zierpflanzen- und Obstbau. Wirkt auch im Getreide gegen Echten Mehltau sowie in Gerste gegen Netz- und Blattflecken.

Chemische und physikalische Eigenschaften: Farblose Kristalle mit einer Dichte von 1,348 bei 25 °C.
Schmelzpunkt: 51–52 °C.
Dampfdruck: <1 mPa bei 20 °C und 0,22 mPa bei 50 °C.
Verteilungskoeffizient (log Po/w): 3,8 bei 22 °C.
Löslichkeit: In Wasser 4,2 mg/L bei 20 °C.
Stabilität: Wird durch Säuren und Alkalien hydrolysiert.
Abbau und Metabolismus: In Pflanzen erfolgt die Metabolisierung durch Abspaltung des Thiophosphorsäureesters und Bildung des β-Glukosides. HWZ in Weizenblättern beträgt 19 Tage. In Ratte schnelle Absorption des Wirkstoffes sowie schnell einsetzende, überwiegend renale Ausscheidung und nur teilweise Exkretion mit den Faeces.
Säugertoxizität: Akute orale LD_{50} für männliche Ratte 242 und weibliche Ratte 151 mg/kg. Akute dermale LD_{50} für Ratte >2.000 mg/kg. Keine Haut- und Augenreizung bei Kaninchen. Inhalation LC_{50} (4 h) für Ratte 1,22 mg/L Luft. 2-Jahre-Fütterungstest NOEL für Ratte 5 mg/kg Futter. ADI-Wert 0,004 mg/kg KGW.
Bienentoxizität: LD_{50} (24 h) Kontakt 0,25 μg/Biene.
Fischtoxizität: LC_{50} (96 h) für Karpfen 6,1 und Regenbogenforelle 0,48 mg/L.
Vogeltoxizität: Akute orale LD_{50} für Wachtel 118–480 mg/kg (techn. Produkt). Fütterungstest LC_{50} (14 d) für Stockente ca. 340 mg/kg.
Wirbellosetoxizität: EC_{50} (48 h) für *Daphnia* 0,36 μg/L im weichen Wasser. LC_{50} (14 d) für Regenwurm >1.000 mg/kg Boden. LC_{50} (72 h) für Alge 65,5 mg/L.

Pyrethrine. P. sind insektizide Inhaltstoffe einiger Chrysanthemum-Arten (Compositae), vorzugsweise *Chrys. cinerariaefolium* und *Chrys. coccineum*. Die Wirkstoffe erreichen die höchste Konz. (max. 1,3 %) in der sich entfaltenden Blüte, die nach der Ernte extrahiert wird. Früher hat man die Pflanze nach dem Trocknen auch direkt als Pulver verwendet. Der Extrakt enthält etwa 25 % Wirkstoff. Chemisch sind dies 6 optisch aktive, fl., farblose und hochsiedende Ester der (+)-*trans*-Pyrethrinsäure[1] und der (+)-*trans*-Chrysanthemumsäure[2] mit den Ketoalkoholen: (+)-Pyrethrolon[3] (+)-Jasmolon[4] und (+)-Cinerolon[5] (s. chem. Formeln S.945). Durchschnittlich enthält der Extrakt etwa 10 % Pyrethrin I (Ester aus 1 + 3), ca. 1 % Jasmolin I (Ester aus 1 + 4), ca. 3 % Cinerin I (Ester aus 1 + 5), ca. 9 % Pyrethrin II (Ester aus 2 + 3), ca. 1,1 % Jasmolin II (Ester aus 2 + 4) und ca. 3 % Cinerin II (Ester aus 2 + 5). Die Ester sind als ganzes insektizid, die Bestandteile sind wirkungslos. Die einzelnen Verb. haben ein differenziertes Wirkungsbild. P. sind Kontaktgifte; charakteristisch ist die sehr schnell eintretende Wirkung (knock-down-Effekt) und die geringe Persistenz. Letztere hängt mit der hohen Empfindlichkeit der Sz gegen Wärme, Licht und Luft zusammen und macht das Produkt für die Anw.-Bereiche Haushalt, Hygiene und Vorratsschutz besonders geeignet. Durch Zusatz von Synergisten (10 bis 20:1) läßt sich die Wirkung der P. unter definierten Umgebungsbedingungen beträchtlich steigern. Synergisten sind nicht-insektizide Verb., die den Transport der P. durch die Zellmembranen verbessern oder den enzymatischen Abbau der

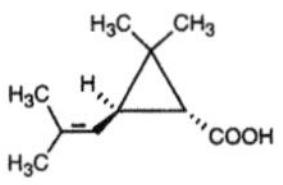

(+)-*trans*-Pyrethrinsäure (1)

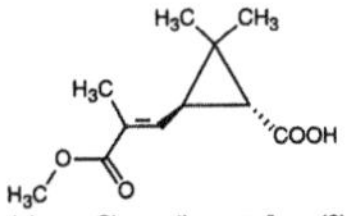

(+)-*trans*-Chrysanthemumsäure (2)

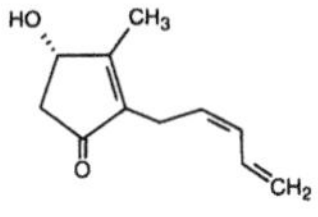

(+)-Pyrethrolon (3)

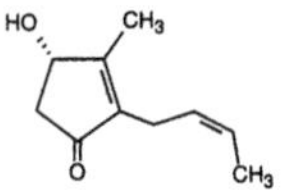

(+)-Jasmolon (4)

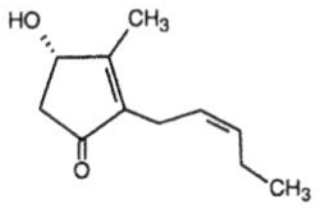

(+)-Cinerolon (5)

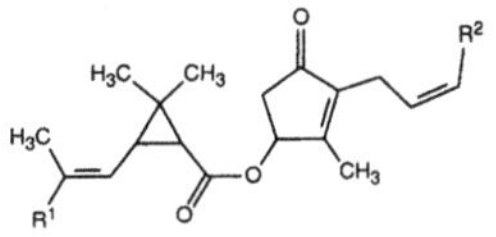

Verbindung (Komponenten s.o.)	R^1	R^2
Pyrethrin I (Ester aus 1+3)	$-CH_3$	$-CH=CH_2$
Jasmolin I (Ester aus 1+4)	$-CH_3$	$-C_2H_5$
Cinerin I (Ester aus 1+5)	$-CH_3$	$-CH_3$
Pyrethrin II (Ester aus 2+3)	$-CO\text{-}OCH_3$	$-CH=CH_2$
Jasmolin II (Ester aus 2+4)	$-CO\text{-}OCH_3$	$-C_2H_5$
Cinerin II (Ester aus 2+5)	$-CO\text{-}OCH_3$	$-CH_3$

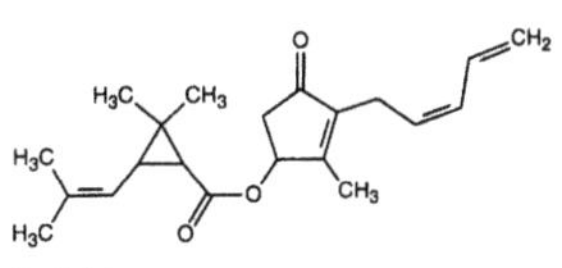

Pyrethrin I

Wst. behindern. Die sehr lipophilen P. sind Kontaktgifte, deren Wirkung auf der Lähmung des nervösen Systems beruht. Hauptanbaugebiet der wohl aus dem Transkaukasus stammenden Pflanze ist seit den 20er Jahren Kenia neben Uganda und Tansania. P. haben erhebliche wirtschaftliche Bedeutung, das Verbrauchsvol. im Jahre 1986 wird auf 43.000 kg Wst. geschätzt.

Pyrethroide. Der mit Nachdruck unternommene Versuch, die insektizide Wirkung der >Pyrethrine< durch synth. Abwandlung der Struktur photostabiler und per-

sistenter zu machen, hat zu der bedeutenden und strukturell sehr diversifizierten Wst.-Klasse der Pyrethroide geführt. Eine wichtige Rolle hat dabei die Einführung der Permethrinsäure (1) gespielt, bei der formal die beiden Methylgruppen der Chrysanthemumsäure gegen Chlor ausgetauscht sind. Es ist gelungen, die P. lichtbeständig, hochwirksam und für Warmblüter nur wenig tox. zu erhalten. Gleichzeitig konnte die Wirkung anw.-gerecht modifiziert werden, so daß heute die P. wichtige, in der Landwirtschaft genutzte Insektizide sind. Ihr Hauptanw.-Gebiet ist die Kultur der Baumwolle, neben Gemüse- und Obstbau. Etwa ein Viertel des Weltmarkts der Insektizide entfallen auf P. Sie kennzeichnet von der Wirkungsweise her eine enge Verwandschaft mit den natürlichen Pyrethrinen, sie sind Kontaktgifte, die die Reizleitung des Nervensystems stören und breit wirksam sind. Für Warmblüter und Menschen sind sie wenig tox.; die Sz werden im Magen-Darm-Trakt rasch abgebaut. Die Wirkung ist spez. vom Gesamtmolekül abhängig, und schon geringe Änderungen des molekularen Aufbaus können Minderungen bis zum Wirkungsverlust zur Folge haben. Bemerkenswert ist die Breite der Strukturvariation, innerhalb derer die insektizide Wirkung aufrecht erhalten werden kann. Von den zahlreichen, für die verschiedensten Anw.-Zwecke optimierten Produkten seien genannt: das Resmethrin als lichtempfindliches, im Bereich Haushalt und Vorratsschutz einsetzbares Insektizid kurzer Persistenz und hoher Wirksamkeit sowie

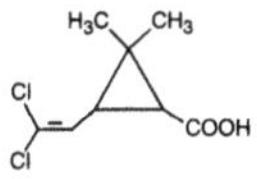

Permethrinsäure

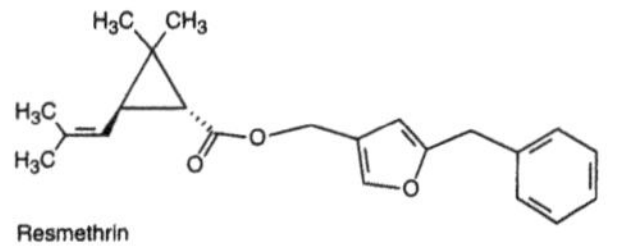

Resmethrin

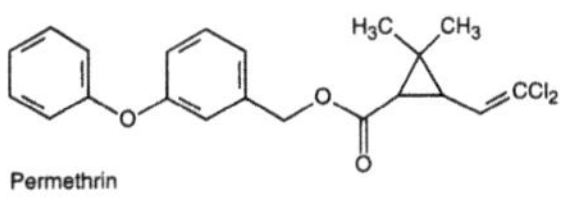

Permethrin

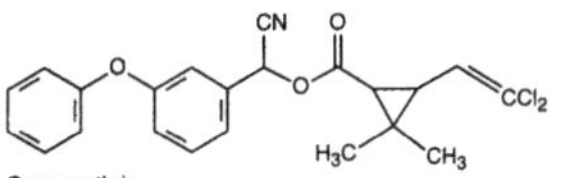

Cypermethrin

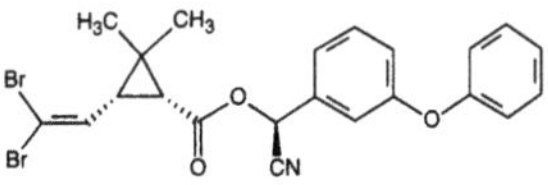

Deltamethrin

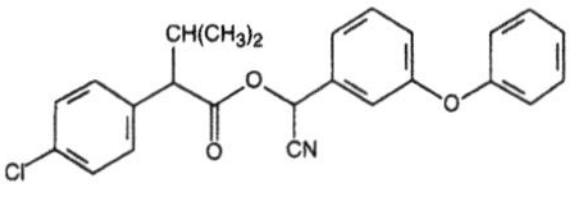

Fenvalerat

die in der Landwirtschaft breiter anwendbaren persistenteren und photostabilen Produkte Permethrin, Cypermethrin und Fenvalerat (s. chem. Formeln S. 945).

Pyrgeometer. Gerät zur Messung der Wärmestrahlung der Atmosphäre und des Erdbodens; im Gegensatz zum >Pyrradiometer< filtert das P. die kurzwellige Strahlung aus, so daß es nur im Spektralbereich 2 bis 60 μm empfindlich ist. Die Messung der Strahlung erfolgt wie beim >Pyranometer< mit Hilfe einer Thermobatterie.
Lit: s. >Strahlungsmeßgerät<.

Pyrheliometer. Gerät zur direkten Messung der >direkten Sonnenstrahlung<, bezogen auf die ebene Empfangsfläche normal zur Einstrahlungsrichtung. Durch einen geringen Gesichtsfeldwinkel von 5 bis 10° und einen Böschungswinkel von etwa 1° wird erreicht, daß nur ein geringer Anteil von der sog. Zirkumsolarstrahlung („Aureole") mit erfaßt wird. Die einfallende Strahlung wird in geschwärzten Empfangsflächen absorbiert und in Wärme umgesetzt. Die hierdurch erzeugte Temperaturerhöhung, bezogen auf den Gerätekörper, wird durch eine Thermobatterie gemessen. Fügt man in den Strahlengang verschiedenfarbige Filter ein, so lassen sich die Anteile der einzelnen Spektralbereiche an der direkten Sonnenstrahlung bestimmen und daraus die einzelnen trübenden Substanzen der Atmosphäre ermitteln. Die P. der jeweiligen nationalen Strahlungszentralen werden im Rahmen von Aktivitäten der >WMO< gemeinsam in der Weltstrahlungszentrale in Davos kalibriert und dienen damit als Standard-Instrumente innerhalb der nationalen Strahlungsmeßaktivitäten.
Lit: s. >Strahlungsmeßgerät<.

Pyridate. Wirkt als >Herbizid< und zählt zur Substanzklasse der 1,2-Diazine.
Chemische Bezeichnung: 6-Chlor-3-phenylpyridazin-4-yl-S-octylthiocarbonat
CAS-Nummer: 55512–33–9
Hersteller: Nufarm
Wirkungstyp: Nachauflauf-Herbizid, Aufnahme vorwiegend durch die Blätter, Hemmstoff der Hill-Reaktion.
Bevorzugte Anwendung: Gegen ein- und zweikeimblättrige Unkräuter, ausgenommen Quecke, in Mais. In Wintergetreide gegen zweikeimblättrige Unkräuter zur Nachauflaufanwendung/Frühjahr.

Chemische und physikalische Eigenschaften:
Physikalische Beschaffenheit: Farblos, krist. Technisches Produkt: Braune, ölige Flüssigkeit.
Schmelzpunkt: 27°C. Technisches Produkt 20 bis 25°C.
Siedepunkt: Ab 220°C bei 14 Pa.
Dampfdruck: $1 \cdot 10^{-6}$ bei 25°C.
Verteilungskoeffizient (log $P_{o/w}$): 4,01 bei 20°C.
Stabilität: Beständig in neutralem Medium. Hydrolyse durch starke Säuren und Alkalien.
Löslichkeit: Praktisch unlösl. in Wasser.
Abbau und Metabolismus: Hauptmetabolit in Tier, Pflanze und Boden ist 3-Phenyl-4-hydroxy-6-chlorpyridazin. Halbwertszeit im Tier wenige Stunden, in Pflanze und Boden einige Tage bis Wochen. Entgiftung

des Metaboliten in Pflanzen unter Bildung von Glykosiden, bei Tieren unter Bildung von Glucuronsäure-Konjugat.
Toxizität: Akute orale LD_{50} für Ratten 3.544 bis 5.993 und für Hund 3.000 mg/kg. Akute dermale LD_{50} für Kaninchen ca. 3.450 mg/kg. Höchste Dosis ohne Wirkung bei Fütterung über 27 Monate an Ratte ca. 18,0 mg/kg/Tag; über 12 Monate an Hunde 7,9 mg/kg/Tag. Reizwirkung auf die Haut.
Bienentoxizität: Nicht bienengefährlich.
Fischtoxizität: LC_{50} für Regenbogenforelle 81 mg/L, für Sonnenbarsch >100 mg/L (jeweils 96 Stunden).
Vogeltoxizität: Akute orale LD_{50} für Japanische Wachtel 1.500 mg/kg, 10 Tage alte Fasane >10.000 mg/kg.

Pyrifenox. Wirkt als >Fungizid< und zählt zur Substanzklasse der Pyridine. Der Wirkstoff besteht aus einem Gemisch aus E- und Z-Isomeren.
Chemische Bezeichnung: 2',4'-Dichlor-2-(3-pyridyl)-acetophenon-(E,Z)-O-methyloxim
CAS-Nummer: 88283–41–4
Hersteller: Novartis
Wirkungstyp: Systemisches Fungizid mit protektiver und kurativer Wirkung, das über Blatt und Wurzel aufgenommen wird. Hemmstoff der Ergosterol-Biosynthese.
Bevorzugte Anwendung: Gegen Echten Mehltau im Obst- und Weinbau sowie gegen Schorf an Kernobst und Dürrekrankheiten an Steinobst.

Chemische und physikalische Eigenschaften: Bräunlich klare Flüssigkeit mit aromatischem Geruch und einem Siedepunkt von >150°C bei 13,3 Pa.
Dampfdruck: 1,9 mPa bei 25°C.
Verteilungskoeffizient (log Po/w): 3,7 bei pH 7 und 25°C.
Löslichkeit: In Wasser 115 mg/L bei pH 7 und 20°C.
Stabilität: Stabil gegenüber Hydrolyse und UV-Licht.
Abbau und Metabolismus: Hydrolyse und Eliminierung der Oximgruppe sind die wichtigsten Metabolisierungsreaktionen in der Pflanze und im Säugerorganismus. DT_{50} liegt in der Pflanze zwischen 4 und 9 Tagen. DT_{50} im Boden beträgt 50–120 Tage.
Säugertoxizität: Akute orale LD_{50} für Ratte 2.912 und dermale LD_{50} für Ratte >5.000 mg/kg. Geringe Hautreizwirkung. Inhalation LC_{50} (4 h) für Ratte 2,05 mg/L Luft. 2-Jahre-Fütterungstest NOEL für Ratte 15 mg/kg KGW/Tag.
Bienentoxizität: Orale LD_{50} 59 μg/Biene und Kontakt LD_{50} (48 h) 70 μg/Biene.
Fischtoxizität: LC_{50} (96 h) für Regenbogenforelle 7,1 und Karpfen 12,2 mg/L.
Vogeltoxizität: Akute orale LD_{50} für Japanische Wachtel und Stockente >2.000 mg/kg.
Wirbellosetoxizität: EC_{50} (48 h) für *Daphnia* 3,6 mg/L. EC_{50} (96 d) für Alge *Scenedesmus subspicatus* 95 μg/L. LC_{50} (14 d) für Regenwurm 733 mg/kg Boden.

Pyrimethamin. >Antiprotozoika<.

Pyrimethanil. Wirkt als >Fungizid< und zählt zur Substanzklasse der Anilinopyrimidine.

Chemische Bezeichnung: N-(4,6-Dimethylpyrimidin-2-yl)anilin
CAS-Nummer: 53112–28–0
Hersteller: AgrEvo
Wirkungstyp: Lokal-systemisches Fungizid, das durch die Beeinflussung der Penetration in die epidermen Wirtszellen wirkt und dadurch die Ausscheidung zellwandauflösender Enzyme verhindert. Besitzt protektive, kurative und translaminare Wirkung. Der Transport in der Pflanze erfolgt überwiegend im Xylem akropetal.
Bevorzugte Anwendung: Kontrolle von Grauschimmel und Schorf an Wein, Obst und Gemüse. Keine Kreuzresistenz mit anderen gebräuchlichen Botryticiden. Sehr gute Wirkung auch bei niedrigen Temperaturen.

Chemische und physikalische Eigenschaften: Kristallines weißes Pulver mit einem Schmelzpunkt von 96,3 °C und einer Dichte von 1,15 g/ml bei 20 °C.
Dampfdruck: 2,2 mPa bei 25 °C.
Verteilungskoeffizient (log Po/w): 2,84.
Löslichkeit: In Wasser 121 mg/L bei 25 °C.
Abbau und Metabolismus: In der Pflanze Hydroxylierung und Bildung von Zuckerkonjugaten. Im Boden mikrobieller und photolytischer Abbau, Hauptmetabolit ist 2-Amino-4,6-dimethylpyrimidin. DT_{50} beträgt im Freiland 11 bis 35 Tage. Mäßige Bodenadsorption, der Kd-Wert liegt zwischen 4 und 23. Im Wasser ist der Wirkstoff hydrolytisch stabil. Photostabilität im Wasser beträgt DT_{50} bei pH 7 47,5 Tage. Im Säugerorganismus rasche Absorption, Metabolisierung und Ausscheidung innerhalb von 6–8 Stunden über den Urin.
Säugertoxizität: Akute orale LD_{50} für männliche Ratte 4.150 und weibliche Ratte 5.971 mg/kg. Akute dermale LD_{50} für Ratte >5.000 mg/kg. Inhalation LC_{50} (4 h) für Ratte 1,98 mg/L Luft. Keine Haut- und Augenreizwirkung bei Kaninchen. 90-Tage-Fütterungsstudie (Subchronische Toxizität) NOEL für Ratte und Hund 6,0, für Maus 15,0 mg/kg KGW/Tag. 2-Jahre-Fütterungstest (Chronische Toxizität) NOEL für Ratte 20 mg/kg KGW/Tag. ADI-Wert 0,17 mg/kg KGW.
Bienentoxizität: Orale und Kontakt LD_{50} für Honigbiene >100 µg/Biene.
Fischtoxizität: LC_{50} (96 h) für Spiegelkarpfen 35,4 und Regenbogenforelle 10,6 mg/L.
Vogeltoxizität: Akute orale LD_{50} für Stockente und Virginia Wachtel >2.000 mg/kg. 5-Tage-Fütterungstest LC_{50} für Stockente und Virginia Wachtel >5.200 mg/kg Futter.
Wirbellosetoxizität: LC_{50} (14 d) für Regenwurm 625 mg/kg Boden. NOEC für Algen <0,32 mg/L. LC_{50} (48 h) für *Daphnia* 2,9 mg/L, der NOEC liegt bei 1,5 mg/L.

Pyrodetektoren. Die folgende Abb. zeigt die Anordnung von P., die mit einem Breitbandflammenfühler mit spezieller Optik in Verbindung mit einem Flammenbewertungsprozessor mehrere Spektralbereiche aus der Flamme in Sekundenbruchteilen erfassen und Regelgrößen für die Luftzuführung und die Rostbewegung ermitteln (>Roste<).

Pyrolyse. S. >Entgasung<.

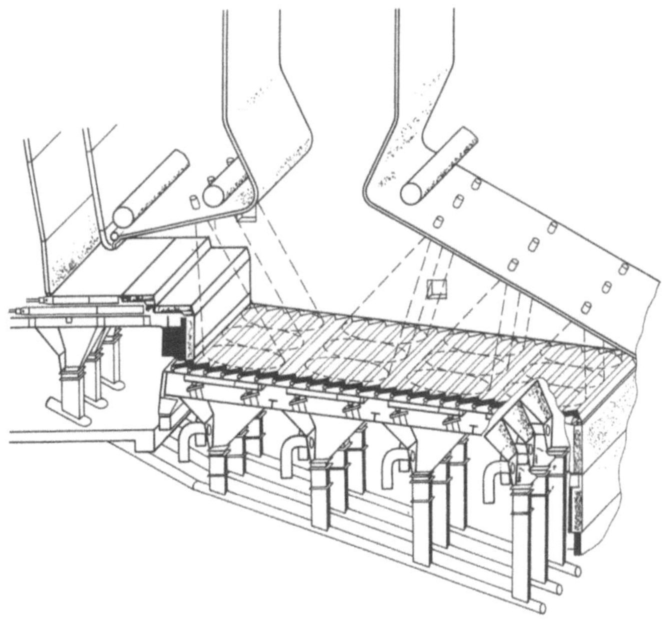

Pyrodetektoren: Modultechnik und pyrodetektorgestützte selektive Prozeßregelung (aus: Prospekt der Firma EVT Energie- und Verfahrenstechnik, Stuttgart – jetzt Tochterunternehmen der ABB-Alstom-Power)

Pyrophosphorsäure. Diphosphorsäure. Die Salze, z.B. Natriumpyrophosphat (Tetranatriumdiphosphat), werden für verschiedene Zwecke eingesetzt, z.B. als Bestandteil von Schmelzsalzen, zur Erhöhung des Wasserbindungsvermögens von Fleisch bei der Brühwurstherstellung etc.

$$2\,Na^{+}\left[O_3P{-}O{-}PO_3\right]^{2-}$$

Pyroxene. Mineralgruppe der Kettensilicate, zu denen das für die Bodenbildung wichtige Mineral Augit $(Ca,Mg,Fe,Al,Ti)_2(Si,Al)_2O_6$ gehört. An der festen Erdkruste sind P. mit etwa 10 % beteiligt und stellen daher wichtige Quellen der Nährstoffe Ca, Mg und Fe dar.

Pyrradiometer. Meßgerät zur Bestimmung der Strahlungsbilanz Q. Dazu wird die aus dem oberen und unteren Halbraum auf je eine horizontale ebene Fläche fallende Strahlungsenergie im Wellenlängenbereich von 0,3 bis 100 mm unter einem Gesichtsfeldwinkel von 2 π erfaßt. Durch eine entsprechende elektrische Schaltung kann erreicht werden, daß die von oben und unten kommenden Beiträge getrennt registriert werden. Da die P. die Beiträge von kurz- und langwelliger Strahlung als ein gemeinsames Meßsignal abliefern, müssen die kurzwelligen Komponenten, >Globalstrahlung< bzw. reflektierte Globalstrahlung, jeweils mit einem >Pyranometer< getrennt gemessen werden, um diese Beiträge zu eliminieren. Die Messung der Strahlung erfolgt mit Hilfe einer Thermobatterie.
Lit: s. >Strahlungsmeßgerät<.

Pyrviniumchlorid. >Anthelminthika<.

Qualitätsfaktor. Begriff aus der Strahlendosimetrie. Aufgrund der Feststellung, daß die Wahrscheinlichkeit >stochastischer Strahlenwirkungen< nicht nur von der Energiedosis, sondern auch von der Strahlenart abhängt, wurde zur Definition der >Äquivalentdosis< der Q. eingeführt. Der Q. berücksichtigt den Einfluß der für die verschiedenen Strahlenarten unterschiedlichen Energieverteilung im zellulären Bereich im bestrahlten Körper. Multiplikation der >Energiedosis< mit dem Q. oder effektiven Q. ergibt die >Äquivalentdosis<. Der Q. wird aus dem linearen Energieübertragungsvermögen L_∞ der Strahlung ermittelt. Der Q. kann bei üblichen Bestrahlungsbedingungen durch den effektiven Q. ersetzt werden; dadurch vereinfacht sich die Dosisberechnung. Die Werte des effektiven Q. Q_{eff} hängen von den Expositionsbedingungen und der Art und Energie der einfallenden Strahlung ab. Im Fall einer Ganzkörperbestrahlung von außen und i. allg. auch für andere Expositionsbedingungen können die folgenden Werte des effektiven Q. Q_{eff} benutzt werden.

Röntgen- und Gammastrahlung,
Betastrahlung, Elektronen, Positronen — 1
Neutronen nicht bekannter Energie — 10
Alphastrahlung — 20

Die Internationale Strahlenschutzkommission hat empfohlen, den Q. Q und den effektiven Q. Q_{eff} durch den >Strahlungs-Wichtungsfaktor< W_R zu ersetzen.

Qualitätsmanagement. Q. (Abk. QM) beinhaltet sämtliche qualitätsbezogenen Zielsetzungen und Tätigkeiten auf allen Ebenen wie z.B. Qualitätsplanung, -lenkung, -prüfung und -verbesserung. Bis 1994 war Qualitätssicherung der umfassende Oberbegriff im deutschen Sprachraum, der dann durch Q. abgelöst wurde (Nomenklatur der DGQ, Deutsche Gesellschaft für Qualität). Zertifizierbare und normkonforme Qualitätsmanagementsysteme erfüllen die >ISO 9000 ff.<. In Prüflaboratorien spielt hingegen die >Akkreditierung< nach EN 45001 bzw. ISO 17025 oder die Zulassung nach den Regeln der >Guten Laborpraxis< (GLP) eine größere Rolle.

Lit: DIN EN ISO 9001 (Ausgabe: 1994-08) Qualitätsmanagementsysteme – Modell zur Qualitätssicherung/QM-Darlegung in Design/Entwicklung, Produktion, Montage und Wartung (ISO 9001: 1994) – Masing W (Hrsg.) (1994) Handbuch Qualitätsmanagement. Carl Hanser Verlag, München, Internet: http://www.quality.de sowie http://www.analytik.de, Rubrik Akkreditierung.

Qualitätsprüfung. Feststellen, inwieweit eine Einheit die Qualitätsforderung erfüllt. Diese Feststellung kann auf einer Messung, aber auch auf einem qualitativen, visuellen oder sonstigen Ermittlungsverfahren beruhen. Eine Einheit kann ein Produkt, eine Dienstleistung oder ein sonstiger Gegenstand der Betrachtung sein. Q. ist ein allg. Begriff, der durch die Begriffe >Verifizierung< und >Validierung< enger eingegrenzt wird.

Lit: DGQ-Schrift 11-04, Begriffe zum Qualitätsmanagement. Deutsche Gesellschaft für Qualität, Frankfurt/M.

Qualitätsregelkarte. Formblatt zur graphischen Darstellung von fortlaufend anfallenden statistischen Kennwerten für eine Serie von >Stichproben< mit Eingriffsgrenzen sowie häufig auch mit Warngrenzen und einer Mittellinie zum Zweck der Qualitätslenkung mittels Überwachung eines Prozesses, z.B. anhand des Parameters der Verteilung eines Prozeßmerkmals (Definition der DGQ, Deutsche Gesellschaft für Qualität).

Q. werden gelegentlich auch als Kontrollkarten bezeichnet (englisch control chart). Sie dienen u.a. der Steuerung und dem Nachweis der Beherrschung von (Produktions- oder Analysen-) Prozessen und haben sich seit Jahrzehnten in der Praxis bewährt. Heute werden sie zunehmend softwaregestützt erstellt, z.B. in CAQ-Systemen. Es existieren verschiedene Typen von Regelkarten, wobei die Shewart-Qualitätsregelkarte die bekannteste ist.

Lit: Funk W, Dammann V, Donnevert G (1991) Qualitätssicherung in der Analytischen Chemie. WILEY-VCH, Weinheim – Mittag H-J (1993) Qualitätsregelkarten. Carl Hanser Verlag, München.

Qualitätssicherung. Bis Mitte der 90er Jahre Oberbegriff für alle qualitätsbezogenen Aktivitäten. Heute gilt >Qualitätsmanagement< als Oberbegriff und Q. bezieht sich auf Q.-Maßnahmen mit direktem Bezug auf Verfahren, Produkte oder Prozesse. Beispielsweise sind in der Umweltanalytik die Führung von >Qualitätsregelkarten< oder Teilnahme an >Ringversuchen< wichtige qualitätssichernde Maßnahmen.

Quantität. (Lat. quantitas = Größe, Anzahl, Menge, zahlenmäßige Bestimmtheit). Seit Aristoteles philosophische Kategorie. In der heutigen Physik ist die reine Quantität nur eine Zahl, die erst durch die Angabe einer Dimension zu einer echten Größe vervollständigt wird. Verwandt auch mit Quantum (lat. = wieviel), dem zentralen Begriff der Quantentheorie Max Plancks. Zusätzliche Bedeutung erfährt die Q. durch die Gegenüberstellung zum Begriff der >Intensität< in den sog. >Quantitäts-Intensitäts-Relationen<; danach ist eine Quantitäts- oder >extensive Zustandsgröße< eine Größe, die nur von der Ausdehnung der betrachteten Phase abhängt, mit dieser also zunimmt.

Quantitäts-Intensitäts-Relation. Auch kurz Q-I-Relation genannt. Eine vor allem in der Bodenkunde gängige Bezeichnung für die Beziehung zwischen einer Quantitäts- und einer Intensitätsgröße oder einer >extensiven< und einer intensiven >Zustandsgröße< bei konst. Umgebungsbedingungen, vor allem aber bei konst. Temp. Allerdings wird meistens die Konz. anstelle einer echten extensiven Größe wie Vol., Energie oder Menge verwendet. Die Q-I-Relation charakterisiert ein heterogenes System hinsichtlich der physikalischen Wechselwirkungen zwischen den Phasen. Wegen notwendig konst. Umgebungsbedingungen ist diese nur im Labor zu messen; wegen konst. Temp. wird sie auch >Isotherme< genannt. Beispiele für Q-I-Relationen sind die sog. >Wasserspannungskurven< eines Bodens oder Bodenhorizontes, genauer die Abhängigkeit des >Matrixpotentials< vom Wassergehalt; Kationenaustausch-Kurven, Sorptions- oder Desorptions-Isothermen für Anionen wie Phosphate oder nichtionische Komponenten wie best. Herbizide.

Quarantäne. Unter Q. versteht man die befristete Isolierung ansteckungsverdächtiger bzw. an bestimmten Infektionen erkrankter Personen. Es ist die wichtige Maßnahme gegen Einschleppung und Verbreitung von Infektionskrankheiten. Die Dauer der Isolierung korrespondiert heute mit der Inkubationszeit der betreffenden Erkrankung.

Quartär. Jüngste Formation der geologischen Zeiteinteilung, die etwa die letzten 1,5 Mio. Jahre und damit auch die 4 wichtigsten Eiszeiten umfaßt; sie wird noch in >Pleistozän< (Diluvium) und >Holozän< (Alluvium) unterteilt. In diesem Zeitraum wurden in Mitteleuropa die bedeutendsten Elemente der Landschaftsformen herausgearbeitet, wobei Erosion (>Bodenerosion<) sowie Bildung und Umlagerung von Lockersedimenten die wichtigsten Prozesse darstellten. Größere geologische Veränderungen traten im Q. nicht auf.

Quarz. Kristalline Modifikation des SiO_2, die in Böden die wichtigste nichtsilicatische Siliciumform darstellt. Wegen seiner hohen mechanischen und chemischen Stabilität findet sich Q. hauptsächlich in den gröberen Fraktionen des Bodens und stabilisiert hier die Grobporen. Aus dem gleichen Grund bestehen stark verwitterte Böden im mitteleuropäischen Klimabereich oft zu großen Teilen aus Q. da dessen Löslichkeit mit etwa 4 mg/L (bei 25 °C) sehr gering ist. Trotzdem kann in tropischen Böden bei hohen Sickerwasserdurchsätzen und hohen Temperaturen Q. gelöst und damit das Si verlagert werden, allerdings mit sehr geringer Geschwindigkeit. Entsprechend seiner chemischen Stabilität, der hohen Kristallqualität und der geringen spezifischen Oberfläche ist Q. in Böden kaum an Sorptionsprozessen beteiligt (>Sorption<).

Quarzit. >Metamorphes Gestein<, das zur Hauptsache aus Quarz besteht. Daher ist Q. mechanisch und chemisch sehr stabil und verwitterungsresistent. >Kluftgrundwasserleiter<, >Sandstein<.

Quasi-Fließgleichgewicht. Analog dem Quasi-Gleichgewicht ein näherungsweises >Fließgleichgewicht< oder näherungsweiser >stationärer Zustand<, bei dem Konz. bzw. Konzentrationsverteilungen näherungsweise unverändert bleiben.

Quasi-Gleichgewicht. Begriff in Annahmen etc. für näherungsweises Gleichgewicht anstelle des exakten, wenn dieses nicht ermittelt werden kann oder es auf seine genaue Beschreibung nicht ankommt.

Quasistationärer Zustand. Auch >Quasi-Fließgleichgewicht (quasi-steady-state, quasi-stationary state)<; bezeichnet einen nahezu stationären Zustand, bei dem die Energiedissipation und die Entropieproduktion in offenen Systemen nahezu dem erreichbaren Minimum entsprechen. Eine quasi-stationäre Näherung ist wesentlich wahrscheinlicher als ein echter stationärer Zustand, nicht nur weil sich die Umgebungsbedingungen dauernd zumindest geringfügig ändern können, sondern auch, weil ein stationärer Zustand dadurch leichter instabil werden könnte.

Quats. Quartäre >Ammonium<verb. Bezeichnung für org. Ammoniumverb. mit quartären Stickstoffatomen; Beispiel: $(CH_3)_4N^+ OH^-$ (Tetramethylammoniumhydroxid), Betain, Cholin. Die quartären Ammoniumverb. werden aus >Aminen<, z.B. tert. Fettaminen, durch Alkylierung hergestellt; die Hofmann-Eliminierung durch erschöpfende Methylierung quartärer Ammoniumverb. ist eine Methode der Strukturermittlung von org. Naturstoffen. Als Reagenzien und Katalysatoren erweisen sich quartäre Ammoniumverb. in Ein- und Zweiphasensystemen als synthetisch sehr nützlich. In wässrigen Lsg. sind quartäre Ammoniumverb. vollständig dissoziiert, viele haben desinfizierende, dispergierende, oberflächenaktive und oft auch – wie z.B. die Benzalkoniumchloride – pharmakologisch interessante Eigenschaften. Sie finden daher Verwendung als >Invertseifen< und >Amphotenside< in >Desinfektionsmitteln<, >Netzmitteln<, >Emulgatoren<, Textilhilfsmitteln, >Antistatika<, in der Brauereiche-

mie und Kosmetik. Für die desinfizierend und oberflächenaktiv wirkenden quartären Ammoniumverb. findet man auch die Bezeichnung Quats; Verb. wie >Deiquat<, >Paraquat< sind stark wirksame >Herbizide<.

Quecksilber (Hg). Chem. Element (s. Tabelle), dessen Anteil an der Erdkruste (oberste 16 km) auf ca. $5 \cdot 10^{-5}$ geschätzt wird. In der Natur kommt es hauptsächlich gebunden vor; in gediegener Form als in Gestein eingeschlossene Tröpfchen ist es selten. Wichtige Erzlager befinden sich in Südspanien und Italien. Das Symbol leitet sich ab von lat. hydrargyrum nach grch. hydor = Wasser und argyros = Silber. Ähnlich läßt sich die deutsche Bezeichnung auf das althochdeutsche Wort quecsilabar = lebendiges Silber zurückführen, während mercury (engl.) und mercure (franz.) auf die alchimistische Zuordnung des Quecksilbers zum „beweglichen" Gott Merkur zurückgehen. In Spuren ist Quecksilber weit verbreitet. So gelangen pro Jahr 500 bis 5.000 t durch Verwitterung und Vulkanemissionen in die Umwelt, 25.000 bis 150.000 t werden aus der Erdkruste ausgegast, 23.000 t stammen aus dem Meer und 3.800 t aus Flüssen und Gletschern. Dazu kommen 8.000 bis 38.000 t aus anthropogenen Quellen. Quecksilber ist das einzige Metall, das bei Raumtemp. flüssig ist. Im erstarrten Zustand liegt es in einer verzerrt hexagonal dichtesten Kugelpackung vor, während es im Dampf einatomig ist. Fl. Quecksilber besitzt einen starken Silberglanz und ist nur ein mäßig guter elektrischer und thermischer Leiter. Wegen seiner hohen Dichte und seiner über weite Temperaturbereiche linearen Längenausdehnung wird es zur Füllung von Thermometern verwendet. Bei Anregung durch elektrische Entladungen leuchtet es intensiv mit einem hohen Anteil von UV-Strahlung, was für Lichtquellen in der Photochemie, der Reproduktionstechnik und der Medizin ausgenutzt wird. Quecksilber ist schwach lösl. in polaren und unpolaren Lösungsmitteln; beispielsweise enthält 1 L einer gesättigten Lsg. in luftfreiem Wasser bei 25 °C $6,39 \cdot 10^{-4}$ mg Hg. Viele Metalle lösen sich in Quecksilber unter Bildung von Legierungen (Amalgame), die je nach Metallgehalt fl. bis fest sind. Manche der Amalgame, wie beispielsweise das für Zahnfüllungen verwendete Silberamalgam, sind anfangs weich und knetbar und erhärten nach einiger Zeit. Zu den Metallen, die keine Amalgame bilden, gehört >Eisen<, weshalb Quecksilber in Eisenbehältern aufbewahrt werden kann. Reines Quecksilber reagiert bei Raumtemp. an der Luft nicht, während sich auf unreinem eine dünne Oxidschicht bildet, die die

Quecksilber (Hg): Physikalisch-chemische Daten von Quecksilber

chem. Symbol	Hg
natürliche Isotope	196 (0,14 %), 198 (10,02 %), 199 (16,84 %), 200 (23,13 %), 201 (13,22 %), 202 (29,80 %), 204 (6,85 %)
Atomgewicht	200,59
Ordnungszahl	80
Elektronenkonfiguration	$5d^{10} 6s^2$
Wertigkeit in Verbindungen	0, + 1, + 2
Smp.	−38,84 °C
Sdp.	365,58 °C
Dichte	13,5939
Dampfdruck (20 °C)	1,6 mbar
wichtige Mineralien	Zinnober (HgS)

Oberflächenspannung so verändert, daß das Quecksilber beim Schütteln an der Glaswand haftet; von reinem Quecksilber dagegen werden die Glaswände nicht benetzt. Oberhalb von 300 °C entsteht mit Sauerstoff HgO, das oberhalb von 400 °C wieder zerfällt. Mit >Schwefel< und Halogenen reagiert Quecksilber leicht, nicht dagegen mit verd. Salz- und Schwefelsäure. Von heißer, konz. Schwefelsäure und verd. Salpetersäure wird es langsam angegriffen. Bei den Verb. ist die 2wertige Stufe beständiger. Während 1wertiges Hg (veraltet: Mercuro...) auch in wäßrigen Lsg. bimolekular vorliegt (Hg_2^{2+}), ist es in der 2wertigen Stufe (veraltet: Mercuri...) monomolekular (Hg^{2+}). Beide Ionen sind diamagnetisch und farblos. Hg^{2+}-Verb. sind überwiegend kovalent und in wäßrigen Lsg. kaum ionisiert. Quecksilber gehört nicht zu den >essentiellen< Nahrungsbestandteilen. Im Gegensatz zu der fl. Form sind die Dämpfe stark toxisch. Von den Verb. sind die zweiwertigen giftiger als die einwertigen; am giftigsten sind org. Quecksilberverb. wie Methyl- oder Dimethylquecksilber, die auch enzymatisch durch Methylierung von elementarem Hg oder Hg-Verb. gebildet werden können und sich aufgrund ihrer Lipophilie im ZNS anreichern. Quecksilberionen reagieren mit freien SH-Gruppen von Proteinen und sind dadurch starke Enzyminhibitoren. Akute Vergiftungen führen zu lokalen Schleimhautverätzungen, einem dunklen Saum von HgS im Zahnfleisch, Magen-Darm-Koliken und eventuell Nierenversagen. Chronische Vergiftungen äußern sich zuerst in Entzündungen der Mundschleimhaut, leichter Erregbarkeit und Händezittern und später in Konz.- und Gedächtnisschwäche und Auszehrung. Alkylquecksilber erzeugt schwere Nervenschäden, die durch Gefühllosigkeit in den Extremitäten, Verringerung des Seh-, Hör- und Sprechvermögens und Verlust der Bewegungskoordination charakterisiert sind; in schweren Fällen kommt es zu Erblindung, Koma und Tod. Da Quecksilber aus dem Körper nur sehr langsam ausgeschieden wird, dauert es sehr lange, bis die Vergiftung abklingt. Spektakuläre Fälle von Massenvergiftungen durch Hg-Verb. ereigneten sich u. a. in Japan 1953 bis 1960 durch die Anreicherung von Methylquecksilber in Nahrungsfischen (>Minamata-Krankheit<) und im Irak 1971 bis 1972 durch Backwaren aus Getreide, das mit Methylquecksilber-Fungiziden gebeizt war (>500 Tote, >6.000 Geschädigte). Schwerlösl. Quecksilberverb. wirken aufgrund ihrer eiweißfällenden Eig. bakterizid und antiseptisch und waren deshalb früher Bestandteile von Salben zur Behandlung von Hauterkrankungen. Inzwischen spielen sie in der Medizin kaum noch eine Rolle; die Benutzung zur Depigmentierung der Haut ist verboten, desgleichen der Einsatz quecksilberhaltiger >Pflanzenschutzmittel<. Verwendet wird Quecksilber für Thermometer, Barometer, Manometer, Blutdruckmesser, Gasanalysegeräte, Quecksilberdiffusionspumpen, Neonröhren, Quecksilberdampflampen, Gleichrichter, Tropfelektroden, Katalysatoren und Trockenbatterien sowie für die Herstellung von Amalgamen.

Aquatische Nahrungsketten weisen einen bis zu 1000-fachen höheren Anreicherungsfaktor als die Landnahrungsketten auf. Fische haben daher, abhängig vom Alter und der Spezies, eine entsprechend höhere Endkonzentration. Organo-Hg-Verb. zeichnen sich durch hohe Lipidlöslichkeit und gute Resorbierbarkeit im Magen und Darm aus. Anorg. Hg erlangt über eine mikrobielle Methylierung seine Lipoidlöslichkeit und dadurch die Einschleusungsmöglichkeit in die Nahrungskette. Aufgrund der relativ hohen Quecksilbergehalte in Seefischen wurden Höchstmengen von 1, neuerdings von 0,5 mg/kg festgesetzt. Die von der Weltgesundheitsorganisation (WHO) festgesetzte duldbare wöchentliche Aufnahmemenge beträgt für den Menschen (70 kg Körpergewicht) 0,35 mg.

Lit: Merian E (Hrsg.) (1984) Metalle in der Umwelt, Verlag Chemie, Weinheim – Hollemann AF, Wiberg E, Wiberg N (1985) Lehrbuch der anorganischen Chemie, Walter de Gruyter, Berlin New York, S. 1042–1053 – Hock B, Elstner EF (1984) Pflanzentoxikologie, Bibliographisches Institut, Mannheim Wien Zürich – Kaim W, Schwederski B (1991) Bioanorganische Chemie, Teubner, Stuttgart, S. 339–344 – Kaiser G, Tölg G (1980) Mercury. In: Hutzinger O (Hrsg.) The Handbook of Environmental Chemistry, Bd 3, Teil A, Springer, Berlin Heidelberg.

Quelle. 1. allgemein: Ein natürlicher, örtlich begrenzter Grundwasseraustritt, auch nach künstlicher Fassung (DIN 4049₁). Eine Grundquelle ist eine unter Wasser austretende Q. Tritt das Wasser auf größerer Erstreckung aus, spricht man von einer Quellenlinie. Quellenlinien können an tektonischen Störungen oder Schichtgrenzen geknüpft sein. Quellengruppen treten dann auf, wenn ein >Grundwasserleiter< in größerer Breite ausstreicht oder eine Häufung Wasser-führender Klüfte auftritt. Wasseraustritte, deren Schüttung keinen sichtbaren Abfluß hervorruft, können als Naßstellen oder Grundwasseraustritte in verteilter Form bezeichnet werden. Sie nehmen oft große Flächen ein. Q. können nach der >Quellschüttung<, nach der Art des >Grundwasserleiters<, nach der geologischen Struktur, nach der chem. Beschaffenheit, nach der Wassertemperatur, der Richtung der Grundwasserbewegung und der Beziehung zur Topographie klassifiziert werden. Q. mit großen Schüttungen treten in Karstgebieten und in Gebieten mit vulkanischen Gesteinen und Sandsteinen auf. Die wahrscheinlich wasserreichste Quellengruppe ist Ra's-al-Ayn („Hauptquelle"), Syrien, mit 13 Einzelquellen und einer mittleren Schüttung von 38,7 m³/s (Mai 1943 bis April 1959). Zu den großen Karstquellen gehören der Silver Spring, Florida, mit einer Maximalschüttung von 23,28 m³/s (1898), die Vaucluse-Q., Süd-Frankreich, mit 29 m³/s (4,5 bis 200 m³/s), die Q. von Peschiera, Italien, mit 17,3 m³/s (9 bis 138 m³/s), der Aachtopf, Deutschland, mit 8,53 m³/s (1,3 bis 24,1 m³/s) und die Areuse-Q., Schweiz, mit 4 m³/s (0,18 bis 100 m³/s). Zu Q. kommt es bei Verringerung der Mächtigkeit oder Breite des Grundwasserleiters (s. Abb. a bis c S. 952), weiterhin bei Abnahme der Durchlässigkeit durch Zunahme von feinkörnigem Material oder durch Abnahme der Klüftung (Abb. d, e S. 952). – Schuttquellen treten am Fuße von Bergsturzmassen und Schutthalden über schlecht durchlässigem Untergrund zutage. Sie werden durch örtlich gebildetes Grundwasser (Abb. f S. 952) oder durch unter dem Schutt verborgene Q. gespeist. – Schichtquellen entstehen an den Ausbißstellen der Grenze zwischen grundwasserleitenden und -nichtleitenden Schichten (Abb. g, h S. 952). Bei einfallenden Schichten zeigen die tiefer liegenden Q. eine höhere Schüttung (Abb. i S. 953). – Überfallquellen treten in schüssel- oder muldenförmigen Strukturen, in denen >Grundwasserleiter< über >Grundwassernichtleitern< anstehen, an den tiefsten Stellen der undurchlässigen Umrandung auf (Abb. i, j, k S. 953). – Stauquellen entstehen dort, wo Grundwassernichtleiter einen Grundwasserleiter überlagern und so das Grundwasser zum Austritt zwingen. – Verwerfungsquellen (Kluftquellen) treten an Klüften auf, an

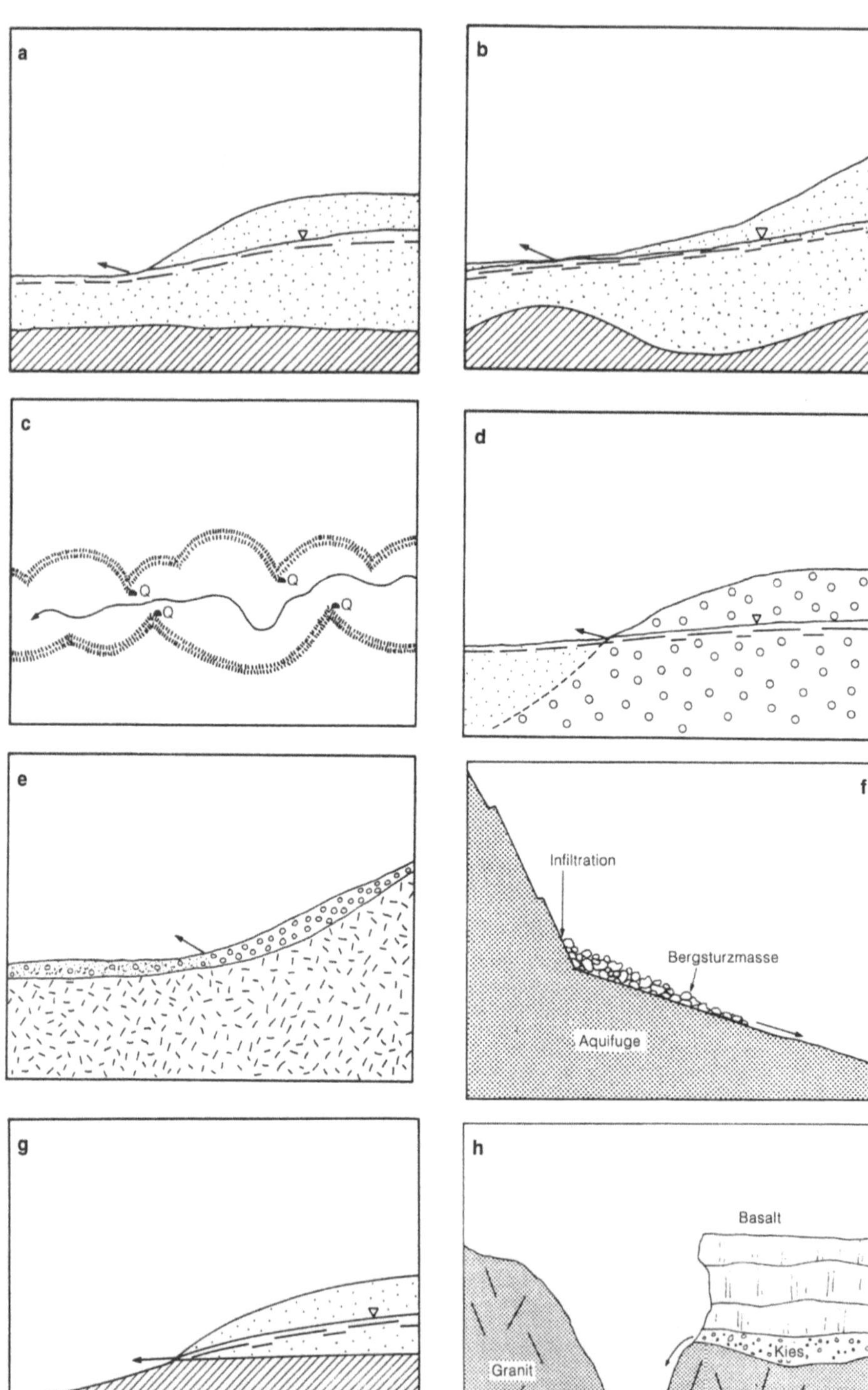
a
b
c
Q
Q
Q
d
e
f
Infiltration
Bergsturzmasse
Aquifuge
g
h
Basalt
Granit
Kies
Aquifuge

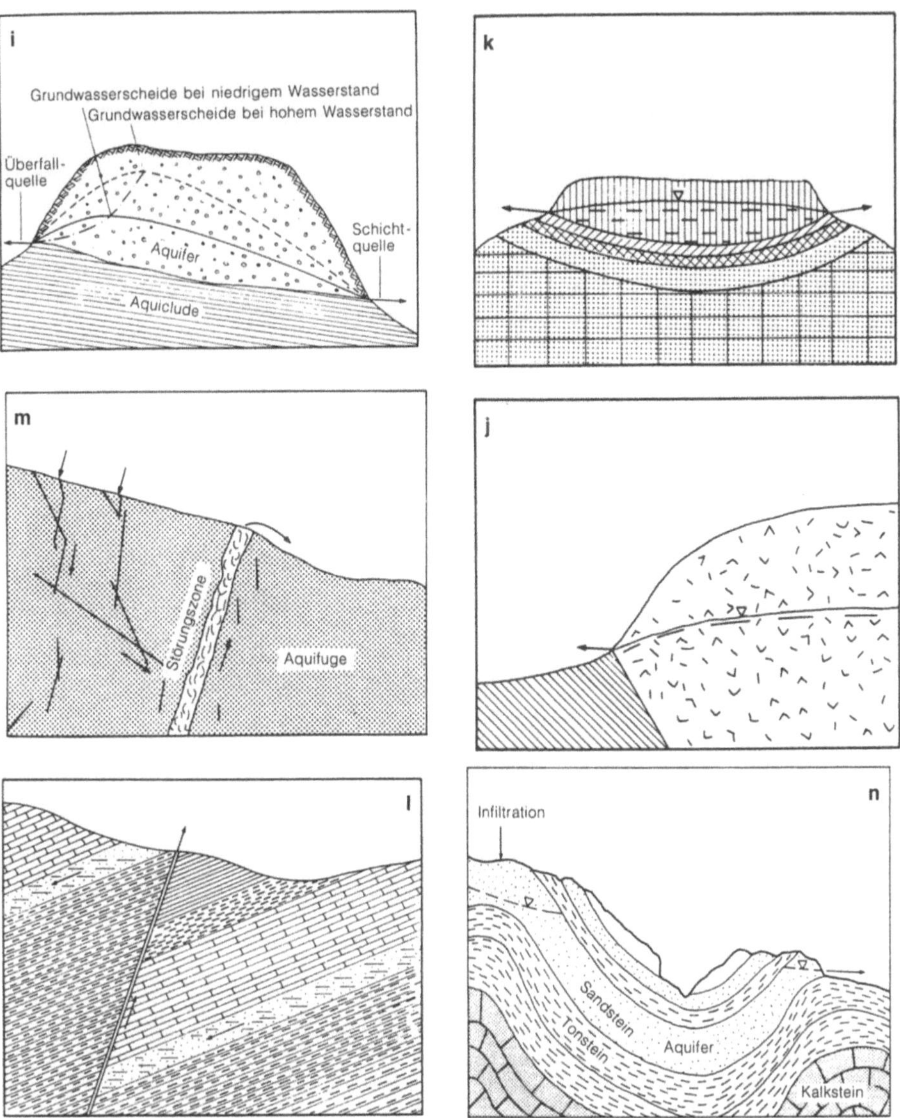

Quellen: Quellenaustritte durch Abnahme der Mächtigkeit (a, b), der Breite (c) oder der Durchlässsigkeit des Grundwasserleiters (d, e), am Ende von Schuttmassen (f), an Schichtgrenzen als Schichtquelle (g, h, i) oder Überfallquelle (i, j, k), an tektonischen Störungen (l, m) und in Faltensystemen (n)

denen durch vertikale oder horizontale Verschiebungen Grundwasserleiter an Grundwassernichtleiter anstoßen (Abb.1 oben), weiterhin an orographischen Tiefpunkten von grundwasserführenden Klüften und Hohlraumsystemen (Abb. m oben).
Nach dem Quellmechanismus wird zwischen absteigenden Q., denen das Grundwasser mit freier Grundwasseroberfläche zufließt, und aufsteigenden Q. mit gespanntem Grundwasser (Abb.l, n oben) oder mit Auftrieb durch Gase (Wasserdampf, Kohlenstoffdi-

oxid, Kohlenwasserstoffe, Stickstoff) (>Sprudelquellen<) unterschieden.
2. intermittierende: Bei i.Q. wechseln Schüttung und völliges Versiegen mehr oder weniger regelmäßig ab. Dieses Phänomen wird durch unterirdische Hohlraumsysteme mit heberartigem Mechanismus erklärt.
3. episodische (Hungerquelle): E. Q. kommen v.a. in Karstgebieten vor (>Verkarstung<). Einige dieser Q. weisen nach jahrelangem Versiegen plötzlich gewaltige >Quellschüttungen< auf.

4. submarine: S. Süßwasser-Quellen treten dort an Meeresküsten auf, wo >Grundwasserleiter<, besonders >Karstgrundwasserleiter<, anstehen und der hydrostatische Gegendruck des Meerwassers durch entsprechend hohe Grundwasserspiegellagen im Festland überwunden wird (>Süß-/Salzwasser-Grenze<).
5. Emissionsquelle: >Emissionsquelle<.
Lit: Mattheß G, Ubell K (1983) Allgemeine Hydrogeologie, Grundwasserhaushalt, Gebr. Borntraeger, Berlin Stuttgart – Keilhack K (1935) Lehrbuch der Grundwasser- und Quellenkunde, 3. Aufl., Gebr. Borntraeger-Verlag, Berlin.

Quellen. Mathematisch: Terme in >Modellen<, z.B. >Differentialgleichungen< für das Verhalten best. Phasen oder chem. Verb., die die >Kinetik< der Bildung dieser Phasen bzw. Verb. beschreiben. >Senken<.

Quellfassung. Umfassen seichte Schächte bzw. Kammern, oft in Verb. mit kurzen Stollen oder Sickersträngen. Die technische Gestaltung wird im Hinblick auf eine optimale Erfassung des Wassers von der jeweiligen geologischen Situation der >Quelle< erheblich mitbestimmt, z.B. bei Schicht- und Stauquellen von der Form und Lage der Grundwassersohle bzw. der stauenden Fläche.
Lit: Richter W, Lillich W (1975) Abriß der Hydrogeologie, Schweizerbart, Stuttgart.

Quellhöhe. Die Höhe der Quelle einer >Emission<. Sie ist ein Parameter bei der >Ausbreitungsrechnung<. Bei Emissionen kann durch thermischen Auftrieb der Luft die effektive Quellhöhe über der baulichen Kaminhöhe liegen (thermische Überhöhung).

Quellhorizont. Heute Quellenlinie (>Quellen<).

Quellkalk (Tuff). Calciumcarbonat ($CaCO_3$), das im Bereich von Grundwasseraustritten in lockeren porösen Massen abgelagert wird. Ursache ist die Übersättigung des Quellwassers mit CO_2 und eine entspr. hohe Konz. an gelöstem Calciumhydrogencarbonat $Ca(HCO_3)_2$. Beim Austritt an der Erdoberfläche tritt ein Gasaustausch mit der Atmosphäre ein, und CO_2 wird an die Luft abgegeben. Dabei zerfällt Calciumhydrogencarbonat zu Calciumcarbonat, Kohlendioxid und Wasser:

$$Ca(HCO_3)_2 \rightarrow CaCO_3 + CO_2 + H_2O$$

bis zu einem neuen Gleichgewicht von CO_2 und $Ca(HCO_3)_2$, s.a. >chem. Entkalkung<. Pflanzen, besonders Moose der Gattung Cratoneuron, können die Bildung von Q. beträchtlich verstärken, indem sie dem Quellwasser CO_2 für die Photosynth. entziehen, s.a. >biogene Entkalkung<. In dickeren Ablagerungen kann Q. zu >Travertin< erhärten.

Quellschüttung. Ausfließende Wassermenge pro Zeiteinheit. Sie wird in L/s oder m^3/s angegeben. Quellschüttungsmessungen erfassen den >Grundwasserabfluß< direkt. Die Quellschüttung wird hauptsächlich durch die Durchlässigkeit des >Grundwasserleiters<, die Größe des Einzugsgebietes und die Höhe der >Grundwasserneubildung< beeinflußt.

Quellterm. Ausdruck zur Kennzeichnung einer Information über die aktuelle oder potentielle Freisetzung von Strahlung oder radioaktivem Material aus einer vorgegebenen >Quelle<, die weitere Spezifikationen enthalten kann, wie z.B. Zusammensetzung, Anfangsmenge, Freisetzungsart und -rate.

Quellung. Volumenvergrößerung von Bodenmineralen durch Einlagerung von Wasser. Besonders leicht quellen Dreischichttonminerale mit relativ geringer Ladungsdichte (z.B. >Smectite<), die eine hohe Natriumsättigung haben. Durch die Q. verändern sich die Eigenschaften der >Tonminerale<; sie werden plastisch und bilden z.T. thixotrope (>Thixotropie<) Suspensionen. Bei der Austrocknung schrumpfen solche Tone wieder und bilden oft harte Krusten mit breiten Schrumpfrissen. Im Unterboden führt wiederholte Q. und Schrumpfung zu charakteristischen Gefügeformen, v.a. zu Polyeder- und Prismengefüge (>Bodengefüge<).

Quercetin. (Quercitron Bark, Patent Bark). 3,3',4',5,7-Pentahydroxy-flavon. Der im Pflanzenreich weit verbreitete gelbe Farbstoff kommt häufig in Rinde und Borken vor. Der Einsatz erfolgt als Pulver aus gemahlener Rinde oder als wässriger Extrakt. Quercetin ist eine Farbstoffkomponente des >Kreuzbeeren<-Extrakts.

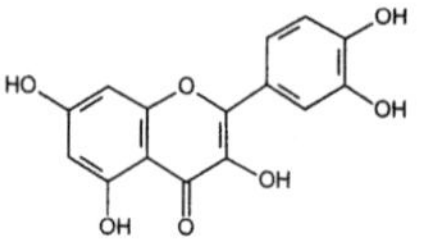

Quercitron Bark. >Quercetin<.

Quinoline Yellow. >Brillantgelb<.

Quinoxyfen. Wirkt als >Fungizid< und zählt zur Substanzklasse der Phenoxychinoline.
Chemische Bezeichnung: 5,7-Dichlor-4-chinolyl-4-fluorphenylether
CAS-Nummer: 124495–18–7
Hersteller: DowAgrosciences
Wirkungstyp: Systemisches, protektiv wirkendes Fungizid. Der Wirkstoff hemmt die Ausbildung der Haftorgane (Appressorien) gekeimter Mehltaukonidien. Dadurch sind die Mehltausporen nicht mehr infektionsfähig. Wesentliches Wirkungskriterium ist die ungewöhnlich lange Wirkung, die bis zu 10 Wochen betragen kann. Der Transport im Blattgewebe erfolgt translaminar sowie in geringerem Umfang systemisch im Saftstrom der Pflanze.
Bevorzugte Anwendung: Gegen Echten Mehltau in Weizen und Gerste, bevorzugt sind auch Kombinationen mit kurativer Wirkung wie Fenpropimorph.

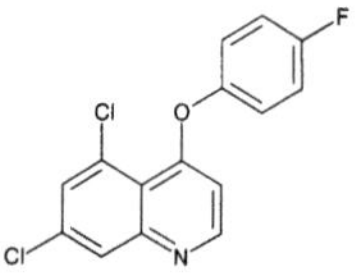

Chemische und physikalische Eigenschaften: Weißes und geruchloses Pulver mit einem Schmelzpunkt von 106–107,5 °C.
Dampfdruck: 0,12 mPa bei 25 °C.
Verteilungskoeffizient (log Po/w): 4,7.
Löslichkeit: In Wasser 47 µg/L bei 25 °C.
Abbau und Metabolismus: An der Blattoberfläche photolytischer Abbau, daneben finden hydrolytischer und enzymatischer Abbau statt. Im Boden erfolgt langsamer Abbau unter aeroben Bedingungen, DT_{50} beträgt 123 bis 454 Tage, und DT_{90} beträgt 784 bis 834 Tage. Unter anaeroben Bedingungen beträgt DT_{50}

289 Tage und DT_{90} 959 Tage. Als Hauptmetabolit entsteht 5,7-Dichlor-4-(p-fluorphenoxy)-3-hydroxychinolin. Im Wasser findet photolytischer und stark pH-abhängiger hydrolytischer Abbau statt, bei pH 7 und 9 ist der Wirkstoff hydrolytisch stabil, bei pH 4 beträgt DT_{50} 75 Tage. Als Metabolit entsteht 5,7-Dichlor-4-hydroxychinolin. Unter Licht tritt schneller Abbau innerhalb weniger Stunden ein.

Säugertoxizität: Akute orale LD_{50} für Ratte >5.000 mg/kg, akute dermale LD_{50} für Kaninchen >2.000 mg/kg. Bei Kaninchen keine Haut- und geringe Augenreizung. Inhalation LC_{50} (4 h) für Ratte >3,38 mg/L. ADI-Wert (WHO) 0,2 mg/kg KGW.

Bienentoxizität: Kontakt LD_{50} >100 µg/Biene.

Vogeltoxizität: Akute orale LC_{50} für Japanische Wachtel >2.250 mg/kg.

Fischtoxizität: LC_{50} (96 h) für Regenbogenforelle 0,27 mg/L.

Wirbellosetoxizität: LC_{50} (14 d) für Regenwurm >923 mg/kg Boden. Das Mittel ist giftig für Algen.

R. Einheitenkurzzeichen für >Röntgen<.

R- und S-Sätze. Gemäß der >Gefahrstoffverordnung unterscheidet man R-Sätze, d.h. Hinweise auf die besonderen Gefahren, und S-Sätze, d.h. Sicherheitsratschläge. Es gibt 48 R-Sätze und 53 S-Sätze, s. Tabelle S. 957.

Lit: Gefahrstoffverordnung (GefStoffV) vom 26. August 1986 BGBl. I, S. 1470, zuletzt geändert durch 3. ÄndV vom 05.06. 1991 (BGBl. I, S. 1218), Anhang I.

rad. Einheitenkurzzeichen für >Rad<.

Rad. Frühere Einheit der >Energiedosis< (Rad: radiation absorbed dose); Einheitenkurzzeichen: rd oder rad. Ein Rad entspricht der Absorption einer Strahlungsenergie von 1/100 Joule pro Kilogramm Materie. Die neue Einheit der Energiedosis ist das Joule/Kilogramm mit dem besonderen Einheitennamen >Gray<, Kurzzeichen: Gy. 1 rd = 1/100 Gy.

Radikale, freie. Als f. R. werden Moleküle oder Molekülteile (auch Atome wie H·, O· etc.) oder Ionen (R.-anionen, R.-kationen) bezeichnet, die ein oder mehrere (Di-, Tri-, Polyradikale) nicht gepaarte Elektronen enthalten, was bei Formeldarstellungen oftmals durch hochgestellte Punkte gekennzeichnet wird. Ungepaarte Elektronen bewirken einen von Null abweichenden Spin und paramagnetisches Verhalten. F. R. zeichnen sich durch eine hohe Reaktivität, d. h. eine kurze Lebensdauer aus, wenn sie nicht, wie etwa O_2, im Triplett Grundzustand vorliegen oder wie NO eine besondere Spin-Bahn-Kopplung des ungepaarten Elektrons aufweisen. Außerdem können Molekülgröße und Molekülstruktur durch Delokalisierung ungepaarter Elektronen zur Radikalstabilisierung beitragen. R. werden durch homolytische Spaltung von Molekülen erzeugt, wobei die Dissoziation der kovalenten Bindung thermisch, photolytisch, radiolytisch, durch radikalischen Angriff oder durch Übertragung eines Elektrons bei elektrischen Entladungen oder Redoxreaktionen erfolgen kann.

$$R_1\text{-}O\text{-}O\text{-}R_2 \xrightarrow{T} R_1\text{-}O\cdot + \cdot O\text{-}R_2$$
$$H\text{-}O\text{-}O\text{-}H + h\nu \; (<340\,nm) \rightarrow 2\,\dot{O}H$$
$$\cdot OH + H_2 \rightarrow H_2O + H\cdot$$
$$Fe^{2+} + H_2O_2 \rightarrow Fe^{3+} + \cdot OH + OH^-$$

Die wichtigsten und weitverbreitetsten f. R. sind die >Sauerstoffradikale<. Chlor- und Bromradikale spielen beim Ozonabbau in der Stratosphäre eine entscheidende Rolle. F. R. treten außerdem als Zwischenprodukte bei vielen biol. Reaktionen sowie auch bei Synthesen in der org. Chemie auf. Die Toxizität chlorierter KW (z. B. CCl_4) wird auf die Bildung hochreaktiver Chloralkylradikale in der Leber zurückgeführt. Auch bei Atemwegserkrankungen durch Smog und Zigarettenrauch werden Radikalmechanismen diskutiert. Radikalische Prozesse laufen häufig als Kettenreaktionen ab, die, von einem Startradikal in Gang gesetzt, oft hunderte bis tausende von Cyclen durchlaufen, bis es zum Kettenabbruch (z. B. R.-Rekombination) kommt. Ein Beispiel ist der Ozonabbau durch Cl-Radikale:

$$Cl\cdot + O_3 \rightarrow ClO\cdot + O_2$$
$$ClO\cdot + O\cdot \rightarrow Cl\cdot + O_2$$
$$O_3 + O\cdot \rightarrow 2\,O_2$$

Zur Steuerung von Verbrennungsprozessen in Motoren, die stets als Radikalkettenreaktionen ablaufen, werden dem Treibstoff sog. >Antiklopfmittel< (Tetraethylblei, *tert.*-Butylalkohol) zugesetzt. Bei deren ther-

mischer Dissoziation werden Radikale frei, die ihrerseits als Radikalfänger dienen (R.-Rekombination). Die wichtigsten Nachweismethoden für f. R. sind die Elektronenspinresonanz (ESR), Diodenlaserspektroskopie (TDLS) und Mikrowellenspektroskopie. Sehr kurzlebige f. R. werden vor ihrer analytischen Bestimmung häufig mittels R.-Fängern (spin trap) zu stabileren R. umgesetzt, z. B.

Phenyl-tert-butylnitron (PBN)

Schließlich kann auch die Chemilumineszenz, die beim Zerfall bestimmter R. auftritt, analytisch genutzt werden.

Lit: Minisci F (Hrsg.) (1989) Free radicals in synthesis and biology, Nato ASI-Series C 260, Kluwer Academic Publishers, Dordrecht Boston London – Reynolds ES, Moslen MT (1980) Free radical damage in livers. In: Pryor WA (Hrsg.) Free Radicals in Biology Bd. 4, Academic Press, New York San Francisco London, S. 49–94 – Feher J, Csomos G, Vereckei A (1987) Free radical reactions in medicine, Springer-Verlag, Berlin Heidelberg New York London Paris Tokyo – Symons M (1978) Chemical and biochemical aspects of electrospin resonance, van Nostrand Reinhold Company, New York Cincinnati Toronto London Melbourne – Letokhov VS (Hrsg.) (1986) Laser analytical spectroscopy, Adam Hilger, Bristol Boston – Carrington A (1974) Microwave spectroscopy of free radicals, Academic Press, London New York.

Radioaktive Abwässer. Der Anfall radioaktiver Abwässer im Uranbergbau, bei der Erzaufbereitung, bei der Herstellung des Kernbrennstoffs, durch den Betrieb von Kernreaktoren, bei der Aufarbeitung benutzter Brennelemente und in den Anlagen und Laboratorien für die Gewinnung von >Radioisotopen<, ferner in Krankenhäusern, in denen >Radionnuklide< für strahlentherapeutische Zwecke verwendet werden, in Forschungs- und Untersuchungslaboratorien und an anderen Stellen hat abwassertechnisch einige Probleme aufgeworfen. Ausschlaggebend ist im Hinblick auf die >radiotoxischen<, insbesondere >genetischen< Wirkungen der >Radioaktivität< v. a. die Art und Intensität der Strahlung und das biol. Verhalten der einzelnen Radionuklide.

Radioaktiv kontaminierte Wässer dürfen nur dann als Abwässer abgeleitet werden, wenn sie bestimmten Auflagen genügen, die aufgrund wasser- und atomrechtlicher Bestimmungen im Einzelfall von den Genehmigungsbehörden festgesetzt werden. Diese Auflagen umfassen i. allg.:
- Kontrolle der abgeleiteten Aktivität bzw. Aktivitätskonzentrationen;
- Einhaltung bestimmter Höchstwerte für Aktivitätskonzentrationen;
- bei kerntechnischen Anlagen zusätzlich Einhaltung bestimmter Höchstwerte der jährlich und vierteljährlich abgeleiteten Aktivität;
- Verhütung einer sonstigen Verunreinigung des Wassers.

Lit: Abwassertechnische Vereinigung e. V. (Hrsg.) (1985–1997) ATV-Handbuch der Abwassertechnik, 4. Aufl., Band 1–7, Verlag Wilhelm Ernst und Sohn, Berlin München.

Radioaktive Baustoffe. Die meisten der im Hochbau verwendeten Baustoffe enthalten nur geringste Beimengungen von >Uran< und >Thorium<, den beiden

R- und S-Sätze: Übersicht zu R- und S-Sätze

R-Sätze: Hinweise auf die besonderen Gefahren

R 1 In trockenem Zustand explosionsgefährlich.
R 2 Durch Schlag, Reibung, Feuer oder andere Zündquellen explosionsgefährlich.
R 3 Durch Schlag, Reibung, Feuer oder andere Zündquellen besonders explosionsgefährlich.
R 4 Bildet hochempfindliche explosionsgefährliche Metallverbindungen.
R 5 Beim Erwärmen explosionsfähig.
R 6 Mit und ohne Luft explosionsfähig.
R 7 Kann Brand verursachen.
R 8 Feuergefahr bei Berührung mit brennbaren Stoffen.
R 9 Explosionsgefahr bei Mischung mit brennbaren Stoffen.
R 10 Entzündlich.
R 11 Leichtentzündlich.
R 12 Hochentzündlich.
R 13 Hochentzündliches Flüssiggas.
R 14 Reagiert heftig mit Wasser.
R 15 Reagiert mit Wasser unter Bildung leicht entzündlicher Gase.
R 16 Explosionsgefährlich in Mischung mit brandfördernden Stoffen.
R 17 Selbstentzündlich an der Luft.
R 18 Bei Gebrauch Bildung explosionsfähiger/leichtentzündlicher Dampf-Luft-Gemische möglich.
R 19 Kann explosionsfähige Peroxide bilden.
R 20 Gesundheitsschädlich beim Einatmen.
R 21 Gesundheitsschädlich bei Berührung mit der Haut.
R 22 Gesundheitsschädlich beim Verschlucken.
R 23 Giftig beim Einatmen.
R 24 Giftig bei Berührung mit der Haut.
R 25 Giftig beim Verschlucken.
R 26 Sehr giftig beim Einatmen.
R 27 Sehr giftig bei Berührung mit der Haut.
R 28 Sehr giftig beim Verschlucken.
R 29 Entwickelt bei Berührung mit Wasser giftige Gase.
R 30 Kann bei Gebrauch leicht entzündlich werden.
R 31 Entwickelt bei Berührung mit Säure giftige Gase.
R 32 Entwickelt bei Berührung mit Säure sehr giftige Gase.
R 33 Gefahr kumulativer Wirkungen.
R 34 Verursacht Verätzungen.
R 35 Verursacht schwere Verätzungen.
R 36 Reizt die Augen.
R 37 Reizt die Atmungsorgane.
R 38 Reizt die Haut.
R 39 Ernste Gefahr irreversiblen Schadens.
R 40 Irreversibler Schaden möglich.
R 41 Gefahr ernster Augenschäden.
R 42 Sensibilisierung durch Einatmen möglich.
R 43 Sensibilisierung durch Hautkontakt möglich.
R 44 Explosionsgefahr bei Erhitzen unter Einschluß.
R 45 Kann Krebs erzeugen.
R 46 Kann vererbbare Schäden verursachen.
R 47 Kann Mißbildungen verursachen.
R 48 Gefahr ernster Gesundheitsschäden bei längerer Exposition.

S-Sätze: Sicherheitsratschläge

S 1 Unter Verschluß Aufbewahren.
S 2 Darf nicht in die Nähe von Kindern gelangen.
S 3 Kühl aufbewahren.
S 4 Von Wohnplätzen fernhalten.
S 5 Unter . . . aufbewahren (geeignete Flüsigkeit, vom Hersteller anzugeben).
S 6 Unter . . . aufbewahren (inertes Gas, vom Hersteller anzugeben).
S 7 Behälter dicht geschlossen halten.
S 8 Behälter trocken halten.
S 9 Behälter an einem gut gelüfteten Ort aufbewahren.
S 12 Behälter nicht gasdicht verschließen.
S 13 Von Nahrungsmitteln, Getränken und Futtermitteln fernhalten.
S 14 Von . . . fernhalten (inkompatible Substanzen, vom Hersteller anzugeben).
S 15 Vor Hitze schützen.
S 16 Von Zündquellen fernhalten, nicht rauchen.
S 17 Von brennbaren Stoffen fernhalten.
S 18 Behälter mit Vorsicht öffnen und handhaben.
S 20 Bei der Arbeit nicht essen und trinken.
S 21 Bei der Arbeit nicht rauchen.
S 22 Staub nicht einatmen.
S 23 Gas/Rauch/Dampf/Aerosol nicht einatmen (geeignete Bezeichnung(en) vom Hersteller anzugeben).
S 24 Berührung mit der Haut vermeiden.
S 25 Berührung mit den Augen vermeiden.
S 26 Bei Berührung mit den Augen gründlich mit Wasser abspülen und Arzt konsultieren.
S 27 Beschmutzte, getränkte Kleidung sofort ausziehen.
S 28 Bei Berührung mit der Haut sofort abwaschen mit viel . . . (vom Hersteller anzugeben).
S 29 Nicht in die Kanalisation gelangen lassen.
S 30 Niemals Wasser hinzugießen.
S 33 Maßnahmen gegen elektrostatische Aufladungen treffen.
S 34 Schlag und Reibung vermeiden.
S 35 Abfälle und Behälter müssen in gesicherter Weise beseitigt werden.
S 36 Bei der Arbeit geeignete Schutzkleidung tragen.
S 37 Geeignete Schutzhandschuhe tragen.
S 38 Bei unzureichender Belüftung Atemschutzgerät anlegen.
S 39 Schutzbrille/Gesichtsschutz tragen.
S 40 Fußboden und verunreinigte Gegenstände mit . . . reinigen (vom Hersteller anzugeben).
S 41 Explosionsund Brandgase nicht einatmen.
S 42 Beim Räuchern/Versprühen geeignetes Atemschutzgerät anlegen (geeignete Bezeichnung(en) vom Hersteller anzugeben).
S 43 Zum Löschen . . . (vom Hersteller anzugeben) verwenden (wenn Wasser die Gefahr erhöht, anfügen: kein Wasser verwenden).
S 44 Bei Unwohlsein ärztlichen Rat einholen (wenn möglich dieses Etikett vorzeigen).
S 45 Bei Unfall oder Unwohlsein sofort Arzt zuziehen (wenn möglich dieses Etikett vorzeigen).
S 46 Bei Verschlucken sofort ärztlichen Rat einholen und Verpackung oder Etikett vorzeigen.
S 47 Nicht bei Temperaturen über . . . °C aufbewahren (vom Hersteller anzugeben).
S 48 Feuchthalten mit . . . (geeignetes Mittel vom Hersteller anzugeben).
S 49 Nur im Originalbehälter aufbewahren.
S 50 Nicht mischen mit . . . (vom Hersteller anzugeben).
S 51 Nur in gut gelüfteten Bereichen verwenden.
S 52 Nicht großflächig für Wohnund Aufenthaltsräume zu verwenden.
S 53 Exposition vermeiden – vor Gebrauch besondere Anweisungen einholen.

in der Natur vorkommenden langlebigen Muttersubstanzen. Auch das in den Baustoffen vorhandene >Kalium-40< ist für die >Strahlenexposition< ohne Bedeutung. Der Hauptanteil der Strahlenexposition von Hausbewohnern rührt von dem aus dem Erdreich ins Haus eindringenden >Radon< her. Eine Zusammenstellung der in Baustoffen auftretenden >Aktivitäten< gibt die nachfolgende Tab. (zusammengestellt nach: Umweltpolitik, Umweltradioaktivität und Strahlenbelastung, Jahresbericht 1986, Herausgeber der Bundes-

Radioaktive Baustoffe: Natürliche radioaktive Stoffe in Baustoffen

Baustoffe	K 40 Bq/kg	Ra 226 Bq/kg	Th 232 Bq/kg
Natursteine			
Granit	600–4.000	30–500	50–200
andere Erstarrungsgesteine	<20–900	<20–200	<20–300
Tuff, Bims	500–2.000	<20–200	<30–300
Schiefer	500–1.000	30–70	40–70
Kalkstein, Marmor	<40–200	<20–<30	<20
Sandstein, Quarzit	<40–1.000	<20–<70	<20–70
Sonstige Natursteine	<40–2.000	20–50	<20–80
Mauersteine und Beton			
Ziegel, herkömmliche Art, Kalksandstein, Gasbeton	40–800	<20–80	<20–60
Leichtbetonsteine:			
Zuschlag aus Bims	500–2.000	20–200	30–300
Blähton, Blähschiefer	40–700	<20–80	<20–60
Schlacke	300–1.000	20–700	20–200
Ziegelsplitt	400–600	30–70	30–100
Schamotte	200–600	20–100	40–200
Asbestzement	<40–300	20–40	<20–40
Normalbeton	150–500	<20	<20
Leichtbeton	700–1.600	<20–90	<20–80
Portlandzement	100–700	10–50	10–40
Tonerdeschmelzzement	<40	100–200	100–200

minister für Umwelt, Naturschutz und Reaktorsicherheit) (s. Tabelle).

Radioaktive Emissionen. Das für die kerntechnische Sicherheit und den Strahlenschutz zuständige Bundesministerium veröffentlicht jährlich die Aktivitätsabgaben deutscher Kernkraftwerke. Die auf eine erzeugte elektrische Energie von 1 GWa bezogenen Emissionen aus allen Kernkraftwerken Deutschlands im Jahre 1995 sind in der Tabelle den aus internationalen Daten durch UNSCEAR ermittelten spezifischen Ableitungen gegenübergestellt. Die Daten beziehen sich auf die entsprechend der Stromerzeugung gewichteten Ableitungen aus den weltweit betriebenen Reaktortypen. Die Emissionsdaten konnten durch verbesserte Anlagentechnik deutlich reduziert werden. So waren die Emissionsraten pro GWa nach Daten von UNSCEAR im Mittel der Jahre 1980 bis 1984 gegenüber 1985 bis 1989 vier- bis fünfmal höher. Die aus den Ableitungen mit Abluft und Abwasser der deutschen Reaktoren für den ungünstigsten Punkt in der Umgebung berechneten Strahlendosen liegen bei 1 bis 4 Mikrosievert pro Jahr.

Steinkohle und Braunkohle enthalten je nach Art und Herkunft in unterschiedlichen Konzentrationen natürliche radioaktive Stoffe, die bei der Verbrennung in die Biosphäre freigesetzt werden. Aus der spezifischen Kohleaktivität, der Staubemissionsrate und dem Anreicherungsfaktor läßt sich für die Verhältnisse in Deutschland, unter Berücksichtigung des Wirkungsgrades des Kraftwerks für eine erzeugte elektrische Energie von 1 GWa, die emittierte Aktivität langlebiger alphastrahlender Aerosole auf 10^{10} Bq bei einem Steinkohlekraftwerk und auf 10^9 Bq bei einem Braunkohlekraftwerk abschätzen. Für ein Steinkohlekraftwerk ergibt sich für eine erzeugte elektrische Energie von 1 GWa am ungünstigsten Ort in der Umgebung eine effektive Dosis von 0,5 bis 2 µSv durch Inhalation der emittierten radioaktiven Stoffe. Die Dosisbeiträge durch Aufnahme radioaktiver Stoffe mit der Nahrung – relevant sind hier die >Nuklide< Blei-210 und Polo-

Radioaktive Emissionen: Normierte Aktivitätsableitungen aus Kernkraftwerken

Nuklid/ Nuklidgruppe	Aktivitätsableitungen (10^9 Bq pro GWa)	
	Deutschland 1995	Weltweit nach UNSCEAR im Mittel 1985–1989
mit Abluft		
H-3	545	30.000
C-14	177	520
I-131	0,03	2
Aerosole	0,01	4
Edelgase	5.500	330.000
mit Abwasser		
H-3	8.400	40.000
alle anderen	0,2	80

nium-210 – und durch äußere Bestrahlung betragen am ungünstigsten Ort in der Umgebung des Kraftwerks jeweils rund 50 % der Inhalationsdosis, so daß sich – normiert auf eine erzeugte elektrische Energie von 1 GWa – eine effektive Dosis von insgesamt 1 bis 4 µSv errechnet. Aufgrund der geringeren Emission radioaktiver Stoffe und einer anderen Nuklidzusammensetzung ist der entsprechende Wert für Braunkohlekraftwerke geringer.

Radioaktive industrielle Erzeugnisse. Eine Reihe der von der Industrie für Wissenschaft, Technik und private Haushalte hergestellen Gegenstände enthalten >Radioaktivität<. Darunter sind besonders zu nennen: die in Zeitmessern auf den Zifferblättern angebrachten radioaktiven >Leuchtfarben<, die in Gaslampen eingesetzten thoriumhaltigen Glühkörper und >Glühstrümpfe< mit bis zu 0,5 g >Thorium<, die für Glimmentladungsröhren, für Starter von Leuchtstoffröhren und für Glühlampen verwendeten radioaktiven Beimengungen, die Rauch- und Feuerdetektoren mit Am-241-Strahlern und die in Produkten aus >Seltenen

Erden< vorkommenden natürlichen Thorium- und >Uran<-Beimengungen. Thoriumschweißelektroden enthalten bis zu 4 Gew.-% natürliches Thorium, in optischen Linsen können bis zu 30 Gew.-% Uran bzw. Thorium sein. Die früher auf >Fliesen< und auf >Keramik< vorhandenen Uranglasuren werden bei industrieller Herstellung nicht mehr verwendet.

Radioaktive Isotope. Syn. für >Radionuklid<.

Radioaktive Markierung. Ersetzen von stabilen >Atomen< durch >radioaktive< Atome in chem. Verb. und in festen und fl. Stoffen. Diese markierten Substanzen gestatten es, im biol. und med. Bereich >Stoffwechsel<vorgänge zu untersuchen. In der Industrie werden damit Verschleißvorgänge analysiert und Stofftransporte, z.B. in Pipelines, gesteuert.

Radioaktive Stoffe. Das >Atomgesetz< definiert den r.S. folgendermaßen:
Radioaktive Stoffe sind
1. besondere spaltbare Stoffe (>Kernbrennstoffe<) in Form von
– >Plutonium<-239 und Plutonium-241,
– >Uran<-233,
– mit den >Isotopen< 235 oder 233 angereichertes Uran,
– jeder Stoff, der einen oder mehrere der vorerwähnten Stoffe enthält,
– Uran und uranhaltige Stoffe der natürlichen Isotopenmischung, die so rein sind, daß durch sie in einer geeigneten Anlage (>Reaktor<) eine sich selbst tragende >Kettenreaktion< aufrechterhalten werden kann;
2. Stoffe, die, ohne Kernbrennstoffe zu sein, >ionisierende Strahlen< spontan aussenden (sonstige r.S.).
Die >Strahlenschutzverordnung< unterteilt weiter in:
– umschlossene r.S.: r.S., die ständig von einer allseitig dichten, festen, inaktiven Hülle umschlossen oder in festen inaktiven Stoffen ständig so eingebettet sind, daß bei üblicher betriebsmäßiger Beanspruchung ein Austritt r.S. mit Sicherheit verhindert wird; eine Abmessung muß mindestens 0,2 cm betragen;
– offene r.S.: alle r.S. mit Ausnahme der umschlossenen r.S.;
– >kurzlebige Radionuklide<: r.S. mit einer >Halbwertszeit< bis zu 100 Tagen;
– >langlebige Radionuklide<: r.S. mit einer Halbwertszeit von mehr als 100 Tagen.

Radioaktive Strahlung. >Radioaktivität<.

Radioaktive Substanzen. >Radioaktive Stoffe<.

Radioaktiver Abfall. Radioaktive oder radioaktiv kontaminierte Stoffe, die nicht schadlos verwertbar sind und deshalb geordnet beseitigt werden müssen. R.A. fallen vorrangig beim Betrieb von >Kernkraftwerken< an (in der Bundesrepublik Deutschland etwa 50% des Mengenaufkommens), dazu bei der >Wiederaufarbeitung< abgebrannter >Brennelemente< (40%) und überall dort, wo mit >radioaktiven Strahlenquellen< oder >radioaktiven Stoffen< gearbeitet wird, wie in der medizinischen Anwendung (8%) und in der Forschung (2%). R.A. unterscheiden sich prinzipiell im Hinblick auf
– ihren Aggregatzustand,
– ihre radiologischen Eigenschaften (z.B. Strahlungsart),
– ihre spez. >Aktivität<, bedingt durch ihr >Nuklidinventar< und ihre Nuklidkonz. und entspr. klassifiziert in LAW, MAW, HAW,

– ihre Wärmeleistung, bedingt durch die Zerfallswärme insbesondere der >Spaltprodukte<, was aus Gründen der >Endlagerplanung< und -auslegung eine Unterteilung der Abfälle in nicht nennenswert wärmeerzeugende und wärmeerzeugende Abfälle nahegelegt hat,
– ihre >Konditionierungsart< (z.B. Zement- oder Bitumeneinbindung) und letztlich
– die wichtigen Produkteig. wie mechanische und chem. Stabilität und Löslichkeit. (vgl. auch >Abfall<).

Radioaktivität. Eigenschaft best. Stoffe, sich ohne äußere Einwirkung umzuwandeln und dabei eine charakteristische >Strahlung< auszusenden. Die R. wurde 1896 von >Becquerel< am >Uran< entdeckt. Wenn die Stoffe – genauer gesagt, die >Radionuklide< – in der Natur vorkommen, spricht man von >*natürlicher Radioaktivität*<; sind sie ein Produkt von Kernumwandlungen in >Kernreaktoren< oder Beschleunigern, so spricht man von *künstlicher Radioaktivität*. Über 2.500 Radionuklide sind heute bekannt. Kennzeichnend für jedes Radionuklid ist seine >Halbwertszeit<, das ist die Zeit, in der sich in einer vorgegebenen Menge die Hälfte der >Atomkerne< umwandelt. Es sind Halbwertszeiten von mehreren Milliarden Jahren (Uran-238, noch sehr viel langlebiger ist Tellur-128 mit einer Halbwertszeit von $7,2 \cdot 10^{24}$ Jahren) bis zu millionstel Sekunden (Po-212) bekannt. Charakteristisch ist auch die beim >Zerfall< emittierte Strahlung und ihre >Energie<; so zerfällt Radium-226 unter Aussendung von >Alphastrahlen<, während Iod-131 >Betastrahlen< emittiert.

Radioaktivität in der Umwelt, künstliche. Die >Atombombentests< der 50er und frühen 60er Jahre und im geringeren Ausmaß die friedliche Nutzung der >Kernenergie< haben seit Ende des zweiten Weltkriegs eine Reihe von künstlichen >Radionukliden< in unsere Umwelt freigesetzt, wobei die langlebigen Radionuklide >Cs-137< und >Sr-90< von besonderer Bedeutung sind. Ein gutes Maß für die Menge an >radioaktiven Stoffen<, die die Erdoberfläche erreichten, ist der Wert der >Beta-Aktivität< im Niederschlag, wie er vom deutschen Wetterdients seit 1955 erfaßt wird. Die Abb. S.960 zeigt, daß nach dem Höhepunkt im Jahre 1962/63 die mit den Niederschlägen aus der >Atmosphäre< ausgewaschene künstliche Radioaktivität im Laufe der darauffolgenden Jahre deutlich abgenommen hat. Erst 1986 wurde durch den >Reaktorunfall< in >Tschernobyl< wieder ein deutliches Maximum der Beta-Aktivität in den Niederschlägen sichtbar.

Radioaktivität in Nahrungsmitteln. In praktisch allen Nahrungsmitteln sind kleine Mengen >Radioaktivität< natürlichen oder künstlichen, anthropogenen Ursprungs enthalten. Zu den natürlichen radioaktiven Stoffen in Nahrungsmitteln zählen vor allem >Kalium-40<, >Polonium-210<, >Blei-210< sowie >Radium<-226 und >Uran<-238. Man schätzt, daß der Erwachsene in der Bundesrepublik Deutschland im Durchschnitt etwa 90 Bq K-40, 0,2 Bq Po-210 und Pb-210, 0,04 Bq Ra-226 und 0,02 Bq U-238 pro Tag mit der Nahrung aufnimmt. Dazu kommen die durch den radioaktiven >Fallout< und >Atombombentests< und des >Reaktorunfalls< in >Tschernobyl< in die >Biosphäre< gebrachten künstlichen >Radionuklide< >Cäsium<-137, Cäsium-134 und >Strontium<-90. Von die-

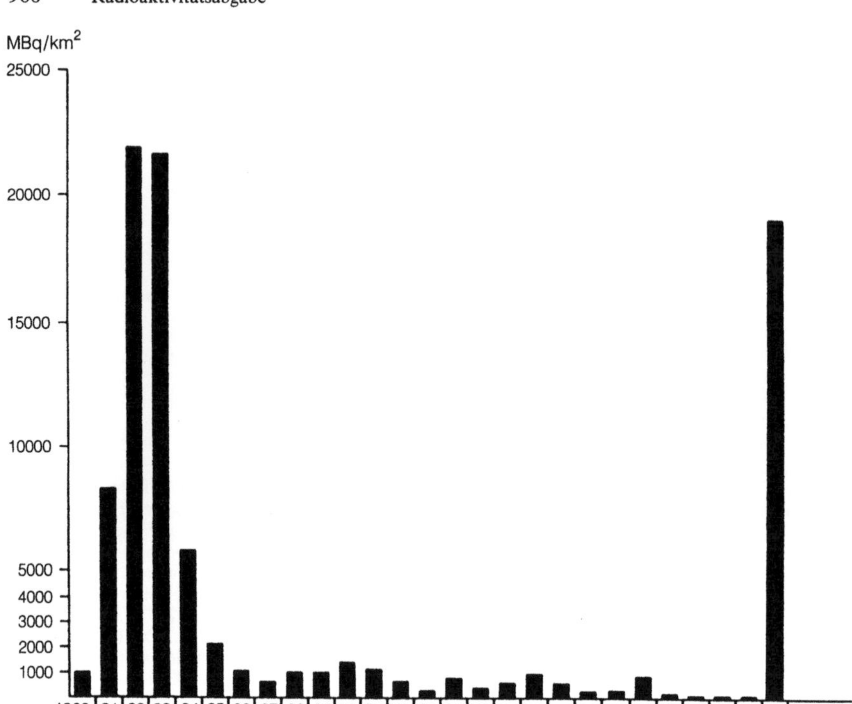

Radioaktivität in der Umwelt, künstliche: Jahresmittelwerte der Gesamt-Beta-Aktivität der Niederschläge (MBq/km²) aller Meßstellen des DWD im Zeitraum 1960 bis 1986

sen künstlichen Radionukliden werden zur Zeit (1990) ca. 3 bis 5 Bq pro Tag (praktisch nur noch Cs-137) mit der Nahrung aufgenommen.

Radioaktivitätsabgabe. Die Abgabe von >radioaktiven Stoffen< aus einer Anlage oder Einrichtung, in der mit diesen Stoffen umgegangen wird, ist durch § 45 der >Strahlenschutzverordnung< geregelt. Danach hat der Verantwortliche die Auslegung und den Betrieb der Anlage so zu planen, daß die durch Ableitung radioaktiver Stoffe aus dieser Anlage mit Luft oder Wasser bedingte >Strahlenexposition< des Menschen im Jahr 0,3 mSv >effektive Dosis< für jeden dieser beiden Pfade nicht überschritten wird. Diese Dosis wird für die ungünstigste Einwirkungsstelle unter Berücksichtigung der >Expositionspfade< und der Lebensgewohnheit von „Referenzpersonen" ermittelt. Die Dosis durch externe Strahleneinwirkung darf 1,5 mSv pro Jahr nicht überschreiten.

Radioaktivitätshypothese. >neuartige Waldschäden<.

Radioaktivitätsmessung. Umweltproben: Seit 1955 wird in der Bundesrepublik Deutschland die >Radioaktivität< natürlichen und anthropogenen Ursprungs in der Umwelt und der >Nahrungskette< überwacht. Für die einzelnen Aufgabengebiete sind zentrale Leitstellen zuständig (s. Tabelle unten).

Radioaktivitätsmessung: Aktivitätsmessung bei Umweltproben

Aufgabengebiet	Zentrale Leitstelle
Luft und Niederschlag:	Deutscher Wetterdienst, Offenbach
>Oberflächenwasser<, >Schwebstoffe<, >Sediment<	Bundesanstalt für Gewässerkunde, Koblenz
Meerwasser, Schwebstoffe, Sediment	Deutsches Hydrographisches Institut, Hamburg
Fische, Krustentiere, Schalentiere	Bundesforschungsanstalt für Fischerei, Hamburg
Milch, Milchprodukte, >Futtermittel<, >Düngemittel<	Bundesanstalt für Milchforschung, Kiel
Trinkwasser und >Grundwasser<, >Abwasser<, >Klärschlamm<, Reststoffe, >Abfälle<	Bundesgesundheitsamt, Institut für Wasser-, Boden und Lufthygiene, Berlin
Lebensmittel, Gesamtnahrung	Bundesforschungsanstalt für Ernährung, Karlsruhe
Abluft >kerntechnischer Anlagen<, Radioaktivität im Menschen, Baustoffe, Tabak, >Arzneimittel<, Bedarfsgegenstände	Bundesamt für Strahlenschutz, Institut für Strahlenhygiene, Neuherberg
>Ortsdosis<, Ortsdosisleistung, Spurenanalyse	Bundesamt für Strahlenschutz, Inst. für atmosphärische Radioaktivität, Freiburg

In einer umfangreichen Loseblattsammlung „Meßanleitung zur Überwachung der Radioaktivität der Umwelt", herausgegeben vom Arbeitskreis der Leitstellen bei der Bundesforschungsanstalt für Ernährung in Karlsruhe, sind die Methoden der Probennahme, der Messung und der Auswertung festgelegt. Weitere Literatur: Fachverband für Strahlenschutz: Empfehlungen zur Überwachung der Umweltradioaktivität, FS-78–15-AKU.

Radiochemie. Teilgebiet der Chemie, das sich mit Reaktionen, Synthesen und Analysen befaßt, bei denen Reaktionspartner radioaktiv sind. >Kernchemie<.

Radioelement. Ein Radioelement ist ein >Element<, das keine stabilen >Isotope< besitzt. Der Begriff sollte nicht in der Bedeutung „Radionuklid" benutzt werden.

Radiographie. Verwendung durchdringender >ionisierender Strahlung< zur Untersuchung von Materialien. Die Strahlung schwärzt einen hinter der durchstrahlten Materialprobe angebrachten Film. Aus den Schwärzungsunterschieden kann auf Fehlstellen oder Inhomogenitäten im Material geschlossen werden; s. a. >Autoradiographie<.

Radioimmunoassay, RIA. >Radioaktiv< markierte >Antigene<, welche in der >in-vitro<-Diagnostik zur >Hormonbest.< dienen. Als >radioaktive Markierung<ssubstanz verwendet man meist >Iod<-125, manchmal auch >Tritium< oder >Kohlenstoff-14<. Die RIAs werden mehr und mehr durch nichtradioaktive, mittels >Fluoreszenz< erkennbare Stoffe ersetzt.

Radioiod. Radioaktive Isotope des Iod.

Radioisotopengenerator. Anlage, die die beim radioaktiven >Zerfall< freigesetzte Wärme direkt in elektrische Energie umwandelt. Solche >Generatoren< arbeiten mit thermoelektrischen oder thermionischen Konvertern und haben im allg. eine Leistung von einigen Watt.

Radiokohlenstoff. >Kohlenstoff-14<.

Radiolyse. >Dissoziation< von Molekülen durch >Strahlung<. Beispiel: Wasser dissoziiert unter Strahleneinwirkung in Wasserstoff und Sauerstoff.

Radiolyse im Salzgestein. Die strahlenchem. >Zersetzung< von Stoffen bezeichnet man als Radiolyse. Eine Radiolyse von Wasser tritt beispielsweise immer ein, wenn >radioaktive Stoffe< gelöst sind oder >ionisierende< Strahlen von außen einwirken. Dabei entstehen als Reaktionsprodukte Wasserstoff und Wasserstoffperoxid. Dieser Vorgang spielt eine wichtige Rolle in wassergekühlten >Kernreaktoren<, kann aber auch bei der >Endlagerung< von >radioaktiven Abfällen< aufgrund des Wassergehaltes im Abfall selbst bzw. dem umgebenden >Wirtsgestein< von Bedeutung sein. Bei Endlagerung in einem >Salzstock< oder einer sonstigen Salzlagerstätte kann es durch Radiolyse auch zu einer sehr begrenzten >Dissoziation< des Steinsalzes in Natrium und Chlor kommen.

Radionuklid. Instabiles >Nuklid<, das spontan ohne äußere Einwirkung unter Strahlungsemission zerfällt. Über 2.500 natürliche und künstliche R. sind bekannt.
1. kosmogen: Durch Wechselwirkung der kosmischen >Strahlung< mit den >Atomkernen< der Atmosphäre entstehende R. (s. Tabelle).
2. primordial: Seit der Entstehung der Erde vorhanden (s. Tabelle).

Radionuklid: Kosmogene Radionuklide

Nuklid	Halbwertszeit	Nuklid	Halbwertszeit
H-3	12,3 a	P-32	14,3 d
Be-7	53,3 d	S-35	87,5 d
Be-10	$1,6 \cdot 10^6$ a	S-38	2,8 h
C-14	5.730 a	Cl-34m	32 min
Na-22	2,6 a	Cl-36	$3 \cdot 10^5$ a
Na-24	15 h	Cl-38	37,2 min
Mg-28	20,9 h	Cl-39	56 min
Si-31	2,6 h	Ar-39	269 a
Si-32	101 a	Kr-85	10,7 a

a = Jahr, d = Tag, h = Stunde, min = Minute

Radionuklid: primordiale Radionuklide

Nuklid	Halbwertszeit Jahre	Nuklid	Halbwertszeit Jahre
K-40	$1,3 \cdot 10^9$	La-138	$1,1 \cdot 10^{11}$
V-50	$1,4 \cdot 10^{17}$	Nd-144	$2,3 \cdot 10^{15}$
Ge-76	$1,5 \cdot 10^{21}$	Nd-150	$1,7 \cdot 10^{19}$
Se-82	$1,0 \cdot 10^{20}$	Sm-147	$1,1 \cdot 10^{11}$
Rb-87	$4,8 \cdot 10^{10}$	Sm-148	$7,0 \cdot 10^{15}$
Zr-96	$3,9 \cdot 10^{19}$	Gd-152	$1,1 \cdot 10^{14}$
Mo-100	$1,2 \cdot 10^{19}$	Lu-176	$2,6 \cdot 10^{10}$
Cd-113	$9,0 \cdot 10^{15}$	Hf-174	$2,0 \cdot 10^{15}$
Cd-119	$2,6 \cdot 10^{19}$	Ta-180	$1,2 \cdot 10^{15}$
In-115	$4,4 \cdot 10^{14}$	Re-187	$5,0 \cdot 10^{10}$
Te-123	$1,2 \cdot 10^{13}$	Os-186	$2,0 \cdot 10^{15}$
Te-128	$7,2 \cdot 10^{24}$	Pt-190	$6,5 \cdot 10^{11}$
Te-130	$2,7 \cdot 10^{21}$		

3. kurzlebig: Die >Strahlenschutzverordnung< definiert als kurzlebige R. >radioaktive Stoffe< mit einer >Halbwertszeit< bis zu 100 Tagen.

4. langlebig: Die >Strahlenschutzverordnung< definiert als langlebige R. >radioaktive Stoffe< mit einer >Halbwertszeit< von mehr als 100 Tagen.

Radionuklidlabor. Laboratorium, in dem mit offenen >radioaktiven Stoffen< umgegangen wird. In diesen Labors müssen spezielle Maßnahmen ergriffen werden, um die Beschäftigten gegen innere und/oder äußere >Strahlenexposition< und die Umwelt gegen Verschleppung von >Kontamination< und unkontrollierte Abgabe von Radioaktivität über den >Abluft<- oder >Abwasser<pfad zu schützen. Je nach Höhe der verarbeiteten >Aktivität< werden die Labors in Labortypen eingeteilt: Typ C bis zum 100fachen der Freigrenze, Typ B bis zum 100.000fachen und Typ A über dem 100.000fachen der Freigrenze. Die Anforderungen an die Laborausstattung regelt DIN 25425, Teil 1 (Mai 1984).

Radionuklidmigration. Normalerweise durch Flüssigkeits- (z.B. Grundwasser-) Strömung angetriebene Bewegung von >Radionukliden< durch verschiedene Medien bzw. Materialien, z.B. Barrierematerial, Deckgebirge, Boden etc. unter dem Einfluß physikalisch-chem. Wechselwirkungen.

Radionuklidrückhaltung. Die Ausbreitung gelöster >Radionuklide< in grundwassergesättigten Böden und Gesteinen ist zahlreichen Prozessen unterworfen. Während die >Grundwasserbewegung< und die molekulare >Diffusion< eine Bewegung und damit eine Verteilung und Verdünnung solcher Stoffe bewirken, sind eine Reihe von Mechanismen zu nennen, die der Ausbreitung solcher gelösten Stoffe entgegenwirken. Insgesamt werden diese Mechanismen heute unter dem Begriff Radionuklidrückhaltung bzw. -retention zusammengefaßt. Der früher häufig benutzte Sammelgebriff „Sorption" sollte nicht mehr verwendet werden, weil dieser oft mit >Adsorption< oder >Absorption< verwechselt wurde und somit zu Mißverständnissen geführt hat. Im wesentlichen sind folgende Mechanismen unter dem Begriff Radionuklidrückhaltung zusammengefaßt: Adsorption, Absorption, Ausfällung, Mitfällung, diadocher Einbau, Kolloidfiltration, >Ionenaustausch<.

Radionuklidsorption. >Radionuklidrückhaltung<.

Radioökologie. Die Radioökologie setzt sich mit dem Verhalten und der Auswirkung >radioaktiver Stoffe< in der >Biosphäre< auseinander. Sie umfaßt Produktion und Freisetzung, den Transport durch den abiotischen Teil der Biosphäre, die >Nahrungsketten<, die Aufnahme und Verteilung im Menschen und die Auswirkung der Strahlung auf Lebewesen.

Radiopharmakon. >Radioaktiv< markiertes >Arzneimittel<. Die Radiopharmaka unterliegen in ihrer Zulassung und in ihrer Reinheit dem >Arzneimittelgesetz<. Die Verkehrsfähigkeit regelt die Verordnung über radioaktive oder mit ionisierenden Strahlen behandelte Arzneimittel (AMRadV).

Radiophotolumineszenz. Eigenschaften best. Stoffe, bei Bestrahlung mit >ionisierender Strahlung< Fluoreszenzzentren zu bilden, die bei Anregung mit UV-Licht Licht in einem anderen Spektralbereich emittieren. Die emittierte Lichtintensität ist bei geeigneter Materialwahl der Zahl der Leuchtzentren und damit der eingestrahlten Dosis proportional. >Phosphatglasdosimeter<.

Radiosonde. Gerät zur Ermittlung der Vertikalverteilungen meteorologischer Größen in der freien Atmosphäre im. Verlaufe eines >aerologischen Aufstiegs<. In der R. sind standardmäßig folgende Meßgeräte zur Messung der folgenden meteorologischen Größen installiert: Vidie-Dose (Luftdruck), Bimetall (Lufttemperatur) und Lithiumchloridhygrometer (Luftfeuchtigkeit). In moderneren R. sind die mechanisch beweglichen Teile, d.h. Vidie-Dose und Bimetall, durch kapazitive Widerstände in einem elektrischen Schwingkreis ersetzt worden, deren Kapazität sich proportional zur Meßgröße ändert. Ein Kurzwellensender übermittelt die Meßsignale zur >aerologischen Station<. Getragen wird die R. durch einen gasgefüllten, freifliegenden Ballon. Durch ständiges Anpeilen der R. vom Boden aus lassen sich aus der Veränderung von Höhen- und Azimutwinkel die Horizontalwinde in der durchflogenen Schicht berechnen. >Pilotballon<. Dieses störanfällige Verfahren wird z.Zt. ersetzt durch Positionsbestimmungen der R. vom Satelliten aus. R. erreichen i.d.R. nach etwa 100 min Höhen von etwa 30 km, in denen der Ballon platzt.

Lit: WMO (1996) Guide to Meteorological Instruments and Methods of Observation, WMO-Nr. 8. 6. Aufl., Genf, Loseblattsammlung.

Radiotoxizität. In Anlehnung an die chem. >Toxizität< geschaffener Begriff für die Gefährdung durch >radioaktive Stoffe<. In der >Strahlenschutzverordnung< wird dieser Begriff nicht verwendet. Die Strahlenschutzverordnung berücksichtigt das >Gefährdungspotential< durch radioaktive Stoffe durch Angabe von >Freigrenzen<, abgeleiteten >Grenzwerten< der >Jahresaktivitätszufuhr< für >Inhalation< und >Ingestion< und abgeleiteten Grenzwerten der >Aktivitätskonzentration< in Luft (Tab. IV 1 der Strahlenschutzverordnung vom 30.06. 1989).

Radium (Ra). Radioaktives >Element< mit der >Kernladungszahl< 88. In der Natur kommt Ra zusammen mit >Uran< vor, das über eine Reihe von >Alpha-< und >Betaemissionen< in Rn zerfällt.

Radius, hydraulischer (R). Abflußquerschnitt in m² geteilt durch benetzten Umfang in m

$$R = \frac{A}{U} = \frac{D}{4} = [m]; \text{ (nach DIN 4044).}$$

Durch den benetzten Umfang werden in diesen Profilkennwerten nur die tatsächlich vom Wandschub betroffenen Umfangsteile erfaßt. Dagegen wird mit diesem Ansatz nicht berücksichtigt, daß der Wand-/Sohlenschub i.d.R. nicht gleichmäßig über dem benetzten Umfang verteilt ist. Vielmehr wird eine über U konstante Wandschubspannung vorausgesetzt, wie sie bei unter Druck durchströmten Rohren mit Kreisquerschnitt vorliegt.

Radon (Rn). Chem. >Element< mit der >Ordnungszahl< 86, >radioaktives< >Edelgas<. Von Bedeutung sind die beiden >Isotope< Rn-222 (>Alpha<-Strahler, HWZ 3,85 Tage) und Rn-220 (Alpha-Strahler, HWZ 55,6 Sekunden). Sie entstehen nach einem Alpha-Umwandlungsprozeß des >Radiums<. Sie gehören zur >Uran<- bzw. >Thorium<->Zerfallsreihe< und treten deshalb überall in der Natur auf. Als Edelgase können sie die uran- und thoriumhaltigen Mineralien verlassen und in die >Atmosphäre< gelangen. Nach ihrem Alphazerfall entstehen alpha- oder betastrahlende >Tochternuklide< in Form von >Polonium<-, >Bismut<- und >Blei<-Isotopen. Durch Risse und Fugen im Bereich des Kellers kann >Radon< aus dem Erdreich in die Häuser eindringen. Dort reichert es sich im Luftraum wegen der mangelnden Austauschrate mit der >Atmosphäre< an. In den letzten Jahren hat eine Reihe von Radonmeßprogrammen weltweit stattgefunden. In Deutschland liegt die durchschnittliche Konz. von Radon in Wohnungen bei ca. 40 Bq/m^3, das ist etwa das 5fache der mittleren Radonkonz. in der Außenluft. Max.-Werte von mehr als 1.000 Bq/m^3 konnten gefunden werden. Wegen der Abscheidemöglichkeiten an den Wänden liegt die Konz. der >Zerfallsprodukte< immer etwas niedriger. Radon und seine Folgeprodukte werden beim Atmen inhaliert und bestrahlen das Epithel im Bronchial- und Alveolarbereich. Die durchschnittliche >effektive Dosis< für die Bevölkerung durch das Radon in Wohnräumen beträgt etwas über 1 mSv pro Jahr. Diese >natürliche Strahlenexposition< hat sich im Verlauf der letzten 20 Jahre verdoppelt. Dies ist auf die Durchführung von Energiesparmaßnahmen (Abdichten von Fenstern und Türen) in vielen Wohnungen zurückzuführen. Bei Radonkonz. oberhalb 250 Bq/m3 empfiehlt die >Strahlenschutzkommission<, Sanierungsmaßnahmen an den Häusern durchzuführen.

Rädertierchen. >Rotatoria<; s. Abb. S. 223.

Räuber. (Syn. Prädatoren). Tiere, die eine Beute erjagen, die oft deutlich schwächer und kleiner ist als sie selbst. Sie werden auch als *Beutegreifer* bezeichnet. Die Beute wird sofort getötet.

Räuber-Beute-System. In manchen >Ökosystemen< gibt es zwischen einer Räuberpopulation (>Population<) und einer Beutepopulation ein sog. Bisystem. Die Größen der Populationen schwanken nach bestimmten mathematisch faßbaren Gesetzen, z.B. >Lotka-Volterra-Gleichung<. Bei starkem Wachstum der Beutepopulation wächst die der Räuber verzögert, bis die erste zusammenbricht, was mit der Verminderung der Räuber beantwortet wird usw. Dies läßt sich in >ökologischen Modellen< simulieren.

Räuchermittel. (Internat. Kurzbezeichnung: FU). Feste, brennbare Pflanzenschutz- oder Schädlingsbekämpfungsmittelformulierung (>Formulierung<) die nach vorschriftsmäßigem Anzünden, in der Regel mit Hilfe einer Zündschnur oder eines Zündstreifens, den Wirkstoff als Rauch abgibt. Die Räuchermischung, bestehend aus brennbarem organischem Material, meist einem Sauerstofflieferanten wie z.B. Kaliumchlorat, und die Verbrennung regulierenden anorganischen Substanzen, muß so beschaffen sein, daß ein gleichmäßiges Durchglühen ohne offene Flammenerscheinung gewährleistet ist. Für dieses Verfahren geeignete Wirkstoffe müssen bei Erwärmung durch die sich nähernde Glutzone leicht destillierbar oder sublimierbar sein, damit die Verluste durch thermische Zersetzung gering bleiben. In entsprechenden Spezifikationen muß der Hersteller neben den Grenzen für den Wirkstoffgehalt im Präparat auch solche für den Rauch angeben. R. werden u.a. eingesetzt zur Bekämpfung von Wühlmäusen in deren unterirdischen Gängen, zur Bekämpfung von Stechmücken (Räucherspirale, Mosquito coil) oder zu Pflanzenschutzzwecken in geschlossenen

Räumen, z.B. in Gewächshäusern. Sie werden meist in anwendungsfertigen Portionspackungen angeboten; die Dosierung richtet sich dabei nach dem Rauminhalt.
1. Räucherdose: (Internat. Kurzbezeichnung: FD). R. in anwendungsfertiger Dose, die bereits die zu optimalem Abbrennen notwendigen Öffnungen enthält.
2. Räucherkerze: (Internat. Kurzbezeichnung: FK). R. in Kerzenform.
3. Räucherpatrone: (Internat. Kurzbezeichnung: FP). R. verfüllt in eine Patrone. Gebräuchliche Anwendungsform zur Wühlmausbekämpfung.
4. Räucherstäbchen: (Internat. Kurzbezeichnung: FR). R. in Stäbchenform.
5. Räuchertablette: (Internat. Kurzbezeichnung: FT). R. in Tablettenform.
6. Räucherwürfel: (Internat. Kurzbezeichnung: FW). R. in Würfelform.

Räumer. Maschinelle Einrichtung in Kläranlagen zur Räumung des abgesetzten Schlammes bzw. >Schwimmschlammes<, z.B. >Band-<, Schild- oder Saugräumer (DIN 4045). Der auf dem Beckenboden abgesetzte >Schlamm< ist möglichst schnell zu entfernen, damit er nicht in >Fäulnis< gerät und aufschwimmt bzw. bei >belebtem Schlamm< an >Aktivität< verliert. Heute schiebt, soweit man nicht durch steile Gleitwände (z.B. >Emscherbecken<, >Dortmundbecken<) die Schwerkraft zum Schlammtransport ausnutzt, ein maschineller Räumer den Schlamm in >Schlammtrichter<, aus denen er entfernt wird. Die Räumvorrichtung kann verschieden ausgebildet sein. In Deutschland überwiegen bis jetzt bei Langbecken der >Vorklärung< Räumerwagen. Diese Wagen fahren auf der Beckenwand und schieben den Schlamm mit einem Bodenschild fort. Bei >Vorklärbecken< ist entweder ein zweites Schild für den >Schwimmschlamm< vorhanden oder das bestehende Bodenschild übernimmt diese Aufgabe, nachdem es bis zur Oberfläche angehoben worden ist. Eine andere Möglichkeit ist, den Schlamm mit >Bandräumern< zu räumen. An einer endlosen Kette sind Räumbalken angebracht, die den Schlamm fortschieben. In Deutschland hatte man gegen solche Einrichtungen vielfach Bedenken. Durch die zahlreichen sich im >Abwasser< bewegenden Kettenglieder befürchtete man erhöhte Unterhaltungskosten. Für >Nachklärbecken< von >Belebungsanlagen< kommen bei Langbecken i. allg. nur Bandräumer in Frage. Bei Saugräumern wird jedoch das Becken hydraulisch mehr belastet. Bei einem üblichen Rücklaufverhältnis von 0,50 beträgt die rechnerische Beschickungszunahme im Durchschnitt 25%. Obwohl entsprechende meßtechnische Untersuchungen bislang fehlen, sollten Nachklärbecken mit Saugräumern möglichst größer bemessen werden.
Lit: Abwassertechnische Vereinigung (Hrsg.) (1982–1986) Lehr- und Handbuch der Abwassertechnik, 3. Aufl., Bd. 1–7, Verlag von Wilhelm Ernst und Sohn, Berlin München.

Räumerbrücke. Bewegliche Brückenkonstruktion in Kläranlagen über einem rechteckigen oder runden >Absetzbecken<, an der das Schlammschild befestigt ist. Die Fahrgeschwindigkeit der R. wird zwischen 0,6 und 3 m/min gewählt. Mit der R. wird auch der >Schwimmschlamm< auf der Wasseroberfläche zusammengeschoben; das erfolgt durch ein zweites Schlammschild. Die Räumung des Schwimmschlammes erfolgt zur Einlaufseite. Er fließt aus einer quer über das Becken gelegten Sammelrinne in einen Schacht, von wo aus er in den >Faulraum< abgelassen wird. Wenn der Schwimmschlamm nicht auf der Rückfahrt des Räumwagens entfernt wird, gibt man der Brücke für diesen Weg eine höhere Fahrgeschwindigkeit. Für mehrere nebeneinanderliegende Becken kann eine gemeinsame R. verwendet werden. Man bringt dann an einer der Stirnseiten eine Schiebebühne an, wodurch der Wagen von Becken zu Becken umgesetzt wird. Die R. läuft in der Regel auf Schienen. Auch auf der Betonwand laufende Gummiräder werden angewendet. Das verkantungsfreie Führen der Brücke ist dann schwieriger und erfordert zusätzliche Leiträder. Die Stromzuführung zum Räumwagen erfolgt durch Schleppkabel. Das Fahrprogramm des Räumers ist heute voll automatisiert; hierzu gehört auch das Umsetzen mit der Schiebebühne.

Lit: Randolf R (1975) Kanalisation und Abwasserbehandlung, 4.Aufl., VEB Verlag für Bauwesen, Berlin.

Räumliches Auflösungsvermögen. Die mit Hilfe von Meßgeräten oder mit dem Auge erzielbare räumliche Auflösung, mit der zwei räumlich eng beieinander liegende Punkte noch als getrennt wahrgenommen werden bzw. durch Messungen zwischen ihren Zustandsgrößen unterschieden werden kann.

Raffination. Sammelbezeichnung für die Reinigung bzw. Veredelung von Rohstoffen, Nahrungsmitteln und technischen Produkten. Hierzu werden die unterschiedlichsten, dem jeweiligen Anwendungsfall angepaßten chem. oder physikalischen Verfahren eingesetzt, die eine Auf- bzw. Abtrennung best. Substanzen ermöglichen, wie z.B. >Destillation<, >Flotation<, fraktionierte Lsg., Ausnutzung unterschiedlicher Dichten, selektive chem. Umsetzung z.B. durch >Oxidation< oder >Chlorierung< etc.

Raffinerie. Eine Anlage zur Durchführung einer >Raffination<, im allg. Sprachgebrauch eine >Mineralölraffinerie<. In Mineralölraffinerien werden Rohöle unter Anwendung physikalischer, physikalisch-chem. oder chem. Verfahren z.B. zu >Heizölen<, >Otto-< und >Dieselkraftstoffen<, Flüssiggasen, >Bitumen<, Schmierfetten, >Motorenölen< und org. Einzelverb. verarbeitet. Mineralölraffinerien setzen sich aus einer großen Anzahl von Einzelanlagen und Nebeneinrichtungen zus., die sich in >Feuerungsanlagen<, >Trennanlagen<, Umwandlungsanlagen, Reinigungsanlagen, >Lagertanks< sowie Förderanlagen und Verladeeinheiten einteilen lassen. Die zahlreichen Feuerungsanlagen dienen zur Dampf- und Stromerzeugung und direkten Befeuerung, wobei ca. 8% des Rohöldurchsatzes als Eigenverbrauch verfeuert wird. Entspr. hoch ist der Schadstoffausstoß u.a. an >Schwefeloxiden< und >Stickoxiden<. In den Trennanlagen erfolgt die Auftrennung des Rohöls unter atmosphärischem Druck in den sog. Top-Rückstand (Schweres Heizöl), >Benzin-<, >Kerosin-< und Gasölfraktionen sowie einem Gas-Dampfgemisch aus niedrig siedenden >Kohlenwassestoffen<. Der Top-Rückstand kann einer Vakuum-Destillation zur Gewinnung u.a. von Destillatbitumen, Gasöl, Maschinenöl und einem Gasgemisch unterzogen werden. Die Gas-Dampfgemische beider >Destillationen< werden in einer Gastrennanlage zur Abtrennung von >Butan<, >Propan< und Leichtbenzin weiterbehandelt. In den Umwandlungsanlagen werden hochmolekulare, höher siedende Fraktionen einem thermischen, katalytischen oder hydrierenden Spaltvorgang unterzogen. Durch katalytisches Refor-

mieren wird die >Klopffestigkeit< von Benzin erhöht. In Reinigungsanlagen erfolgt u.a. die hydrierende >Entschwefelung< best. Ölfraktionen unter erhöhtem Wasserstoffdruck. Ausgetriebener >Schwefelwasserstoff< wird in einer Clausanlage zu >Schwefel< weiterverarbeitet. Die >Abgase< sämtlicher Anlagen sind wegen der Gehalte u.a. an Schwefelwasserstoff und >Mercaptanen< äußerst geruchsintensiv. Größere Mengen an Kohlenwasserstoffen werden bei den Umschlagvorgängen und der Lagerung freigesetzt. Im Hinblick auf die besondere Emissionsrelevanz von Mineralölraffinerien enthält die >TA Luft< umfangreiche Vorgaben für emissionsmindernde Maßnahmen.

Rahmen-Abwasserverwaltungsvorschrift. Aufgrund des § 7a des Wasserhaushaltsgesetzes (WHG) des Bundes müssen alle kommunalen und vergleichbaren Schmutzwässer bei der Einleitung in ein Gewässer so weit gereinigt sein, daß sie den Mindestanforderungen der Verwaltungsvorschrift entsprechen. Es sind darin nachstehende Parameter genannt:
– biochem. Sauerstoffbedarf (BSB_5)
– chem. Sauerstoffbedarf (CSB),
– Ammoniumstickstoff (NH_4-N),
– Stickstoff, gesamt,
– Phosphor, gesamt.
Es wird nach der Größe der Anlage differenziert. Während die Werte der R.-A. in der Neufassung vom 25.11.1992 in jedem Fall einzuhalten sind, können je nach den örtlichen Gegebenheiten von der Wasserbehörde zusätzlich noch schärfere Bedingungen erlassen werden.

Rainbow Scarlet 4R. >Brillant Ponceau<.

Rainout. Durch >Niederschlag< aus einer >radioaktiven Wolke< ausgewaschene >Radioaktivität<. Die Konz. der >Radionuklide< auf dem Boden ist bei einem Rainout deutlich höher als bei einem trockenen >Fallout<.

Randbedingungen. Vor allem zur Lsg. von >partiellen< Differentialgl. benötigte Bedingungen. Sie legen an einer Berandung des für die Lsg. vorgesehenen Gebietes eindeutig Bedingungen fest, entweder in Form best. >Zustands-< oder von Fluß-Größen.

Rande. >Rote Rübe<.

Randeffekt. >Ökoton<.

Randstreifenprogramme. Bei R. unterscheidet man Ackerrandstreifenprogramme und Grünlandstreifenprogramme. Es gibt eine Vielzahl von R., die sich durch ihre Zielsetzung (z.B. Artenvielfalt, Gewässerschutz) unterscheiden. Es gibt Bewirtschaftungsauflagen, in den meisten Fällen das Verbot des Einsatzes von Pflanzenschutz- und Düngemitteln. Die Breite der R. variiert von 3–20 m. Die meisten R. haben 5 jährige Laufzeit, einige 20 Jahre. Die Landwirte erhalten für Ertragsausfall und Erschwernisse der Bewirtschaftung einen finanziellen Ausgleich, der sich an den Bodenpunkten bzw. der >Ackerzahl< oder der Grünlandzahl orientiert; es ergeben sich zwischen 400–1.700 DM/ha. Die Finanzierung erfolgt durch die Länder, meist kofinanziert durch die EU (50–70%). Insgesamt werden in Deutschland jährlich für R. 30–40 Mio. aufgewendet.
R. bewirken eine Minimierung des Eintrages von Dünge- und Pflanzenschutzmitteln in Gewässer (in diesem Zusammenhang auch Gewässer-R. oder Ufer-R. ge-

nannt), den Erhalt bzw. Wiederansiedlung seltener Ackerunkräuter, unter diesem Aspekt als „Ackerwildkräuter" bezeichnet. Seltene Ackerwildkräuter sind allerdings nur auf nährstoffarmen Standorten mit entsprechenden Bodenbedingungen (z.B. kalkhaltig) zu finden; auf nährstoffreichen Böden dominieren die weitverbreiteten Unkräuter mit hoher Konkurrenzkraft. Als Begleiteffekt bieten die R. Lebensraum und Nahrung für >Insekten<, Vögel und Kleintiere.

Randtief. Kleines Tiefdruckgebiet innerhalb eines ausgedehnten Tiefdruckgebietes, das noch von mindestens einer >Isobare< des Haupttiefdruckgebietes umschlossen ist. R. zeichnen sich durch markante Wettererscheinungen, insbesondere durch Drehen und Auffrischen des Windes sowie durch Bewölkungsaufzug und Niederschläge aus. R. entwickeln sich häufig zu kräftigen Tiefdruckgebieten, wobei sie sich in ihrer weiteren Lebensgeschichte mit der ihr vorauslaufenden Mutterzyklone verwirbeln. S. Abb. bei >Hochdruckgebiet<.

Ranker. Bodentyp der deutschen >Bodensystematik<, der nur aus einem humushaltigen Ah-Horizont (>Bodenhorizonte<) und dem darunter liegenden festen, carbonatfreien Ausgangsgestein (C oder Cv) besteht. Da bei der Verwitterung des Gesteins meist u.a. Eisen(III)-oxide und >Tonminerale< gebildet werden, geht ein R. im Verlauf der Bodenentwicklung gewöhnlich in eine >Braunerde< über. Typische R. halten sich daher in Erosionspositionen, wo das Verwitterungsmaterial ständig weggeführt wird. Das Wasserspeichervermögen beim R. ist wegen der meist geringen Entwicklungstiefe und dem massiven Gesteinskörper sehr begrenzt, so daß Pflanzen oft unter Trockenheit leiden. Ein entsprechender Boden aus carbonatfreiem Lockergestein wird als *Regosol* bezeichnet.

Rapsöl als Kraftstoff. >Pflanzenöl<.

Rapsölmethylester (RME). >Biodiesel, bio-fuel<.

Rapsölmotor. Aufgrund der Eigenschaften des Rapsöls arbeiten R. nach den Dieselprinzip. Trotz Anpassung der Einspritzanlage an die ungünstig hohe >Viskosität< des Kraftstoffs sind die >Abgasemissionen< ungünstiger als bei >Dieselmotoren< für handelsüblichen Kraftstoff, insbesondere die >HC-Werte<. Für den >Kaltstart< muß das Rapsöl vorgewärmt werden. Wegen hoher Verkokung von Einspritzdüsen und Kolbenringen erreicht der R. nicht die heute üblichen Lebensdauerwerte. Deshalb wird das Rapsöl verestert, was die genannten Probleme vermindert.
Lit: Menrad H, Weidmann K, Bernhardt W, Heilmann G, Behn U (1989) Rapsöl als Motorenkraftstoff, Mineralöltechnik 5–6.

Rasen, biologischer. >Biologischer Rasen<.

Raseneisenstein. Mechanisch sehr stabile und oftmals dichte Kruste aus Eisen(III)-oxid (hauptsächlich >Goethit<), die sich meist an der Untergrenze des oxidierten (Go-)Horizonts (>Bodenhorizonte<) von Niedermoorgleyen (>Gleye<) bei sehr geringen Grundwasserschwankungen bildet. Voraussetzung für die Bildung von R. ist, daß mit dem ziehenden Grundwasser große Mengen gelöster Eisenverbindungen herangeführt und bei Luftkontakt ausgefällt werden. Daher kommen ausgedehnte R.-Zonen oft in den Moorgebieten Norddeutschlands vor, wo viel Eisen aus sauren, durchlässigen Böden stammt. Da R.-Krusten Wurzelwachstum und Wasserbewegung vollständig hemmen können, wurden sie vor einer landwirtschaftlichen Nut-

zung der Standorte oft mit großem Energieaufwand aufgebrochen. R. wurde auch technisch abgebaut und zur Eisengewinnung verhüttet, doch ist er gegenüber anderen Eisenerzen wegen des relativ geringen Eisengehalts und störender Beimengungen (z.B. Phosphat) kaum konkurrenzfähig.

Rasenmäher. >Verordnungen zur Durchführung des Bundes-Immissionsschutzgesetzes<.

Rasmussen-Bericht. Nach dem Leiter der Arbeitsgruppe, die in den USA die Reactor-Safety-Study (WASH-1400) erstellte, benannte Reaktorsicherheitsstudie. >Risikostudie<.

Ratemeter. >Mittelwertmesser<.

Rat von Sachverständigen für Umweltfragen. Vom Bundesminister für Umwelt, Naturschutz und Reaktorsicherheit berufenes Gremium von 12 Sachverständigen zur periodischen Erstellung von Umweltgutachten, zur Beratung der Bundesregierung und zur Erstellung von Gutachten zu speziellen Umweltthemen. Die zwölf Mitglieder des Rates werden für die Dauer von drei Jahren berufen. Die Mitgliedschaft ist auf die Person bezogen, wobei eine Wiederberufung höchstens zweimal möglich ist. Der Rat ist in seiner Tätigkeit unabhängig und nur an den durch den Errichtungserlaß vom 28.12. 1971 begründeten Auftrag gebunden, die jeweilige Situation der Umwelt und deren Entwicklungstendenzen darzustellen sowie Fehlentwicklungen und Möglichkeiten zu deren Behebung aufzuzeigen. Die schriftlich vorzulegenden Berichte des Gremiums werden grundsätzlich veröffentlicht, wie die Umweltgutachten sowie die Sondergutachten, wie z.B. Auto und Umwelt, die >Abwasserabgabe< Umweltprobleme des Rheins, Umweltprobleme der Nordsee, >Energie und Umwelt<, >Waldschäden< und >Luftverunreinigungen<, Umweltprobleme der >Landwirtschaft<, >Abfallwirtschaft< etc.

Raubarthropoden. Zusammenfassende Bezeichnung für räuberische >Arthropoden<, die zu ganz unterschiedlichen >Taxa< gehören können: Skorpione, Spinnen, viele Insekten wie Libellen, Marienkäfer, Laufkäfer etc. R. spielen eine Rolle als >Antagonisten< von Schädlingen, besonders in der Land- und Forstwirtschaft; >biologische Schädlingsbekämpfung<.

Raubmilben. >Raubarthropoden<, >Acarina<, >Gamasina< (s. Abb. S.223).

Rauch. In der Luft schwebende kleine Teilchen, die von Verbrennungsvorgängen herrühren (Industrie, Heide- und Waldbrand)und in der Regel eine Sichtminderung hervorrufen. Besonders in Industriegebieten führt verschmutzte Luft häufig zu Sichtweiten von weniger als 1 km. Das atmosphärische >Aerosol< in der durch Verbrennungsvorgänge hervorgerufenen Dunstschicht besteht sowohl aus sehr großen (20 bis 30 μm) als auch kleinen (0,2 bis 1,0 μm) Teilchen, wobei die Massenkonzentrationen beider Gruppen vielfach etwa gleich groß sind (etwa 1 bis 3 μm/m^3).

Rauchen. Neben dem Wirkstoff >Nicotin< enthält Zigarettenrauch >Schwermetalle< in höheren Konz. und insbesondere die üblichen Produkte einer unvollständigen Verbrennung, wie die >Krebs< auslösenden >polycyclischen aromatischen Kohlenwasserstoffe< (PAK), >Kohlenmonoxid< und sogar >Blausäure<. Untersuchungen haben die Gefährdung von Personen, die selbst nicht rauchen, aber Zigarettenrauch als sog.

passive Mitraucher ausgesetzt sind, nachgewiesen. Bei der Erfassung von Umweltbelastungen mittels >epidemiologischen< Untersuchungen sind jeweils wegen der vom Zigarettenrauch ausgehenden hohen >Belastungen<, die in vielen Fällen die sonstigen Umweltbelastungen weit übertreffen, die Rauchgewohnheiten der untersuchten Personen zu hinterfragen.

Rauchgas. Statt Rauchgas wird heute der Begriff >Abgas< verwendet.

Rauchgasentschwefelung. >Abgasentschwefelung<.

Rauchgasentstaubung. >Abgasreinigung, Müllverbrennung<, >Abgasentstaubung<, >Elektrofilter<, >Gewebefilter<.

Rauchgasentstickungssanlage. >De-NO$_x$-Anlage<.

Rauchgaswäsche. >Abgasreinigung, Müllverbrennung<, >Abgasentschwefelung<.

Rauchschaden. Waldschaden in der Nähe emittierender Industrieanlagen aufgrund direkter Schadwirkungen von Luftverunreinigungen auf pflanzliche Gewebe. Bekannt geworden sind u.a. Schäden durch SO$_2$ bei der Verbrennung schwefelhaltiger fossiler Brennstoffe (>SO$_2$-Hypothese<) sowie Schäden durch emittierte Fluoride bei Produktionsstätten, in denen Erden über 800 °C erhitzt werden (z.B. zur Aluminium-Gewinnung oder zur Herstellung von keramischen Materialien).

Rauheis. Körniger, grauweißer >Rauhreif<, ziemlich fest anhaftend. Entsteht bei Temperaturwerten von etwa –2 bis –10 °C und kälter durch sehr schnelles Anfrieren von Tröpfchen unter Einschluß von Luft, aber auch durch Sublimation. Wind begünstigt die Rauheisbildung.

Rauhfrost. Zerbrechlicher >Rauhreif<, der überwiegend aus dünnen Eisnadeln oder Eisschuppen besteht, die fast ausschließlich durch Sublimation entstehen. Hierbei muß nicht unbedingt Nebel vorhanden sein; es genügen Luftfeuchten um bzw. über 90 %. Meist wird strenger Frost (unter –8 °C) herrschen. Haftet nur sehr lose und ist zerbrechlich.

Rauhigkeitslänge. Quant. Parameter zur Charakterisierung der aerodynamischen Eigenschaften unterschiedlicher Erdoberflächen. Sie wird bestimmt durch die Gesamtheit der auf der Fläche befindlichen Hindernisse (Bauwerke jeglicher Art, Bäume und Büsche, aber auch z.B. kurz gemähtes Gras oder Wasserwellen). Die Rauhigkeit ist im allgemeinen umso größer und die durch sie verursachte Verminderung der Windgeschwindigkeit um so stärker, je höher die Hindernisse sind. Sie hängt aber auch von ihrer Form und Anordnung ab.

Rauhigkeitsparameter. Im >logarithmischen Windgesetz< enthaltener Parameter, der Ausdruck für die Unebenheit oder Rauhheit der Erdoberfläche ist, in den entsprechenden Gleichungen mit z_0 bezeichnet. Der R. ist über dem Festland etwa doppelt so groß wie über dem offenen Meer. Die Größenordnung von R. wird auf dem Festland im wesentlichen von der Vegetation und in zweiter Linie von der Orographie, d.h. der Reliefform, bestimmt, auf dem Meer beeinflußt vornehmlich der Seegang die Größenordnung von R. Einige typische Werte von z_0, s. Tabelle oben.

Rauhreif. Eisablagerung, die sich beim Gefrieren unterkühlter Nebeltröpfchen an Gegenständen bildet,

Rauhigkeitsparameter: Rauhigkeitsparameter [Nach: Möller F (1973) Einführung in die Meteorologie, Bd. 2, BI Wissenschaftsverlag Mannheim – Tetzlaff G et al (1989) Quantitative Bestimmung des klimatologisch gemittelten Windfeldes in der Umgebung von typischen Hindernissen Norddeutschlands, Ber Inst Met Klimatologie Univ Hannover 38: 251]

Beschaffenheit der Oberfläche	Rauhigkeitsparameter z_0 in cm
glatte Oberflächen	0,002
Schneeflächen, ausgedehnte Wasserflächen	0,01 bis 0,1
Sandflächen, baumarme Ebene im Winter	0,1 bis 1,0
Wiesen, landwirtschaftlich genutztes Gelände in der Wachstumszeit	0,1 bis 10
Getreidefelder mit großen Baumgruppen, einzelne Gehöfte	5,0 bis 50
Wälder, Städte	50 bis 300

deren Oberflächentemperatur geringer als 0 °C ist. Folgende Entstehungsarten von R. sind zu unterscheiden: >Klareis<, >Rauheis< und >Rauhfrost<.

Raumbeladung. Die >Innenraumbelastung< durch >Formaldehyd<->Emissionen< aus >Spanplatten< ist vom verwendeten Spanplattenmaterial (>Emissionsklassen<), der Oberflächen- und Kantenbehandlung sowie der R. abhängig. Aus einer hohen R. von 1 m^2 Spanplattenoberfläche/m^3 Raumvolumen, durch z.B. raumfüllende Regalsysteme mit unbeschichteten Spanplatten, und einem gleichzeitigen niedrigen >Luftwechsel< kann selbst bei der Verwendung von E1-Material eine erhöhte Belastung der Innenraumluft resultieren.

Raumbelastung (B$_R$). Bei biologischen Reaktoren von Kläranlagen. Quotient aus Fracht und Vol. in kg/m$^3 \cdot$ d (DIN 4045). Wird neben der Aufenthaltszeit auch die Verschmutzung des Abwassers (>BSB$_5$< des Zulaufs) berücksichtigt, so ergibt sich die >BSB-Raumbelastung< (B$_R$). Seit vielen Jahren ist es üblich, biol. Anlagen auch nach der BSB-Raumbelastung zu bemessen. Die BSB-Raumbelastung allein kann jedoch keine eindeutigen Angaben über die prozentuale BSB-Abnahme liefern. Bei gleicher Raumbelastung schwanken bei unterschiedlicher Konz. die Aufenthaltszeiten des Abwassers im >Belebungsbecken<. Die unterschiedlichen Aufenthaltszeiten führen bei gleicher BSB-Raumbelastung zu unterschiedlichen prozentualen BSB-Abnahmen. Ein konzentriertes >Abwasser< läßt sich bei gleicher Raumbelastung mit einem höheren Wirkungsgrad reinigen als ein dünnes Abwasser. Erst bei sehr hohen BSB-Belastungen (z.B. größer als 8 kg/m$^3 \cdot$ d) nähert sich die prozentuale BSB-Abnahme einem Wert, der durch die Anfangsabnahme (vorwiegend >Adsorption<) bestimmt wird und nahezu konstant bleibt. Bei Anlagen mit sehr kurzen Belüftungszeiten von 0,5 bis 1,0 h liefert daher die prozentuale BSB-Abnahme in Abhängigkeit von der BSB-Raumbelastung kennzeichnendere Werte.

Raumfiltration. Bei der Schnellfilterung von Trinkwasser arbeitet man im Vergleich zur >Langsamfilterung< mit Filtriergeschwindigkeiten, die das 100fache und mehr betragen können. Während die geringe Filtriergeschwindigkeit bei der Langsamfilterung zur Bildung einer Filterhaut an der Oberfläche führt und somit ei-

ne flächenhafte Wirkung hervorruft, erstreckt sich die Filterwirkung von Schnellfiltern bis tief in das Filterbett. Man bezeichnet Schnellfilter daher auch als Raumfilter. Ferner beruht der Filtereffekt beim >Langsamfilter< vornehmlich auf biol. Vorgängen, beim Schnellfilter hingegen überlagern sich physikalische, chem. und teilweise (z. B. bei der Entmanganung) auch biol. Einflüsse. Ein weiteres Unterscheidungsmerkmal ist die Art der Reinigung. Sie erfolgt beim Langsamfilter vorwiegend durch Abschälen des verunreinigten Filtermaterials, beim Schnellfilter jedoch durch Rückspülung. Nach der Bauweise unterscheidet man zwischen offenen und geschlossenen Schnellfiltern, die ein- oder mehrstufig betrieben werden können. Die Filteranlagen bestehen aus den Filterbehältern, dem Filterboden, dem Filtermaterial, den Zu- und Abflußleitungen, den Spül- und Entleerungssystemen sowie den Regel- und Überwachungseinheiten.
Lit: Brix J, Heyd H, Gerlach E (1963) Die Wasserversorgung, R. Oldenbourg Verlag, München Wien.

Raumgeschwindigkeit. Wesentliche Kennzahl bei der Auslegung von >Katalysatoren<, die ein Maß für die Durchströmgeschwindigkeit des Abgases darstellt, somit auch für die erforderliche Reaktionsgeschwindigkeit steht. Für hohe Umsatzraten im Katalysator, wie sie bei Fahrzeugkonzepten mit geringen >Abgasschadstoffwerten< Bedingung sind, darf die R. gewisse Werte nicht überschreiten.

Raumklima. Das in >Innenräumen< herrschende Mikroklima wird von versch. physikalischen und chem. Parametern bestimmt. Raumtemperatur und >relative Luftfeuchte< beeinflussen unmittelbar das Wohlbefinden der Bewohner. Von großer Bedeutung ist ferner die >Luftqualität<. Als merkliche >Innenraumbelastung< wird die bei wenig gelüfteten Räumen schnell steigende CO_2-Konz. angesehen. Erst nach längerer >Exposition< wirkt sich die Belastung mit >Innenraumchemikalien< aus. Als eine wesentliche Quelle ist der Einsatz von >Holzschutzmitteln< zu nennen. Durch die >Volatilität< werden Wirk- und Zusatzstoffe (>Lösungsmitteldämpfe<) freigesetzt. Auf diese Schadstofffreisetzung wirkt unmittelbar das Raumklima ein. In >Modellräumen< und in >Fallstudien< zeigt sich die Tendenz, daß die Zunahme der substanzspez. Abdampfrate von Holzschutzmittelwirkstoffen aus dem Holzschutzanstrich mit Anstieg von Temperatur, Luftfeuchte und Luftbewegung (>Luftwechsel<) einhergeht. Photochem. Reaktionen durch Tageslichteinfluß können zum Substanzabbau beitragen.

Raumkonkurrenz. Raum steht in vielen >Biotopen< nur begrenzt zur Verfügung. Daher kommt es zur R. Diese kann zwischen Individuen einer Art bestehen: *intraspezifische* >Konkurrenz<, oder zwischen Individuen verschiedener Arten: *interspezifische* Konkurrenz.

Raumluftmessung. Die Effizienz von >Luftwechsel< und die Anreicherung von Luftverunreinigungen in >Innenräumen< werden durch eine R. mittels aktiver oder passiver >Luftprobenahmetechnik< ermittelt. Anhand dieser Meßgrößen kann die >Innenraumbelastung< bewertet werden.

Raummaßstab. Bei der Modellierung bzw. Darstellung das Größenverhältnis zwischen tatsächlicher Größe und Modellgröße – im Vergleich zum Zeitmaßstab, der die zeitliche Raffung oder Dehnung des tatsächlichen Ablaufes eines beliebigen Vorganges beschreibt.

Raumordnung. Der Begriff meint die Tätigkeit zur Realisierung einer angestrebten Ordnung im Raum. Raumordnungsrecht ist dasjenige Recht, welches die angestrebte Ordnung ermöglicht. Raumordnungsrecht gibt es entsprechend dem Aufbau der Bundesrepublik für Deutschland als Ganzes, die Länder als Ganze, die Regionen und auf der lokalen Ebene. Rechtsquelle der Bundesraumordnung ist das Raumordnungsgesetz i. d. F. des Gesetzes zur Änderung des Baugesetzbuchs und zur Neuregelung des Rechts der R. vom 18. 8. 1997, BGBl. I S. 2081. Es ist ein Rahmengesetz, welches von den Landesraumordnungsgesetzen ausgefüllt wird. Gegenstand des Bundesraumordnungsgesetzes sind zum einen die Grundsätze, die die planenden Behörden zu erfüllen bzw. zu beachten haben. Das Gesetz regelt ferner die Organisation der Planung, und zwar nicht die des Bundes, weil es eine auf den Bund als Ganzen bezogene Planung nicht gibt, sondern die der Länder. – § 1 Abs. 1, 2 ROG legt die Aufgabe und die Leitvorstellungen der R. fest. Die Aufgabe ist unter Beachtung der im Gesetz genannten Leitvorstellungen zu erfüllen. Aufgabe der R. ist es, den Gesamtraum der Bundesregierung und seine Teilräume durch zusammenfassende, übergeordnete Raumordnungspläne und durch Abstimmung raumbedeutsamer Planungen und Maßnahmen zu entwickeln, zu ordnen und zu sichern. Leitvorstellung ist eine nachhaltige Raumentwicklung, die die sozialen und wirtschaftlichen Ansprüche an den Raum mit seinen ökologischen Funktionen in Einklang bringt und zu einer dauerhaften, großräumig ausgewogenen Ordnung führt; dabei ist beispielsweise zu beachten, daß die R. Rücksicht nehmen muß auf die Verflechtungen der Bundesrepublik mit dem europäischen Ausland. R. ist demnach eine inhaltlich geleitete Aufgabe.

Raumordnungsrecht. Auf dem Raumordnungsgesetz des Bundes basierendes Rechtsgebiet, welches mit Hilfe daraus abgeleiteter Gesetze der Bundesländer die Struktur des Gesamtraumes der Bundesrepublik nach bestimmten Grundsätzen entwickelt. Auf Länderebene kommt den daraus resultierenden regionalen Raumordnungsplänen mit ihren vielfältigen Festsetzungen (nur verwaltungsintern verbindlich) besondere Bedeutung zu, insbesondere als Vorgabe hinsichtlich der baulichen Nutzung der Grundstücke in den Gemeinden im Zusammenhang mit der Aufstellung von >Bauleitplänen< durch die Gemeinden im Zuge der >Bauleitplanung< (s. a. >Abstandserlaß<).

Raumordnungsverfahren. Spezielles Verfahren, welches in § 15 des Raumordnungsgesetzes vom 18. 8. 1997, BGBl. I S. 2081, geregelt ist. Das R. stellt sicher, daß raumbedeutsame Planungen und Maßnahmen in einem besonderen Verfahren untereinander und mit den Erfordernissen der >Raumordnung< abgestimmt werden. Durch das R. wird festgestellt, 1. ob raumbedeutsame Planungen und Maßnahmen mit den Erfordernissen der Raumordnung übereinstimmen und 2. wie raumbedeutsame Planungen und Maßnahmen unter dem Gesichtspunkt der Raumordnung aufeinander abgestimmt oder durchgeführt werden können (Raumverträglichkeitsprüfung). § 15 ROG regelt, unter welchen Bedingungen von einem R. abgesehen werden kann. Das nähere Recht des R. ist von den Bundesländern in ihren Landesplanungsgesetzen festzulegen; § 15 ROG enthält Aussagen, an die die Länder gebunden sind und die sie deshalb in ihre Landesplanungsgesetze zu übernehmen haben.

Raumplanung. Gesetzlich nicht existierender Begriff; er wird als Oberbegriff benutzt für die räumliche Planung der öffentlichen Hand, unabhängig davon, welche Stufe im hierarchischen Aufbau der Bundesrepublik die Planung betrifft, und auch unabhängig davon, ob es sich um den Versuch der generellen Ordnung des Raumes oder lediglich um die Durchführung einer speziellen Planung handelt. Der R. unterfallen deshalb die >Raumordnung<, die Landesplanung, die Regionalplanung und die Bauplanung auf der einen sowie die spezielle Vorhaben betreffenden >Fachplanungen< auf der anderen Seite.

Raumschiff-Ökonomie. Betrachtung der Wirtschaft als geschlossenes System (Kenneth Boulding). Da die Wirtschaft mit den begrenzten Ressourcen der Erde auskommen muß (wichtige Ausnahme: Energiezufuhr durch die Sonne), ist es nach dem Konzept der R.-Ö. nötig, sie von einer Durchflußökonomie zur Kreislaufökonomie umzugestalten. Dazu müssen insbesondere alle Schadstoffe in den Produktionsprozeß zurückgeführt werden. In seinen Arbeiten versucht Boulding, systemtheoretische und ökologische Ansätze in die Ökonomie zu integrieren. Vgl. auch >Naturschutz-Ökonomie<, >Ökologische Ökonomie<, >Umwelt- und Ressourcenökonomik<.

Raumwiderstand. Hemmt die Bewegungsmöglichkeit vieler Tiere, besonders in dichtem Pflanzenbestand. Der R. ist abhängig von der Größe der Tiere im Verhältnis zu der der Pflanzen. R. kann auch auf die gesamte Gestaltung der Bodenoberfläche bezogen werden.

Raune. >Rote Rübe<.

Rayleigh-Zahl. Dimensionslose Zahl zur Charakterisierung der >Stabilität< von strömenden flüssigen oder gasförmigen Medien. Berechnet sich aus dem Quotienten zwischen dem Produkt der Auftriebskräfte und der Wärmeadvektion einerseits und dem Produkt der viskosen Reibungskräfte und Wärmeleitung in dem betr. Medium andererseits, gemäß

$$R_a = \frac{g \, |\Delta_z T| \, \alpha d^3}{v \, k}$$

mit g = Erdbeschleunigung, $\Delta_z T$ = charakteristische Temperaturdifferenz quer zur Strömungsrichtung, in der Entfernung d vom Rand, α = Ausdehnungskoeffizient des Mediums, v = kinematische Viskosität des Mediums, k = Wärmeleitungskoeffizient des Mediums.
Lit: Huschke RE (1970) Glossary of Meteorology. American Meteorological Society (eds.) Boston, Mass.

RBMK. In lateinische Schrift übertragene Bezeichnung für einen russischen Reaktortyp: reaktor bolschoi moschtschnosti kipyaschtschij (Siede[wasser]reaktor großer Leistung). Der RBMK ist ein graphitmoderierter, leichtwassergekühlter Druckröhren-Siedewasserreaktor. Es handelt sich hierbei um einen >Siedewasserreaktor<, bei dem der Dampf nicht in einem Druckgefäß, sondern in bis zu 2000 separaten, die >Brennelemente< enthaltenden Druckröhren erzeugt wird. Die Benutzung von >Graphit< als >Moderator< führt zu einem großvolumigen Reaktorkern von 12 m Durchmesser und 7 m Höhe. Dies hat zur Folge, daß die Regelung des Reaktors neutronenphysikalisch rel. kompliziert ist und erhöhte Anforderungen an die Fahrweise der >Regelstäbe< stellt. Neben einigen kleineren Reaktorblöcken dieses Typs sind in Rußland elf und in der Ukraine

RBMK: RBMK-Reaktoren in Betrieb

Land	Standort	elektrische Leistung MW
Litauen	Ignalina	2 × 1.500
Rußland	Bilibinsk	4 × 12
	Kursk	4 × 1.000
	Smolensk	3 × 1.000
	Sosnowi Bor	4 × 1.000
Ukraine	Tschernobyl	1 × 1.000

eine RBMK-1000-Einheit und in Litauen zwei RBMK-1500-Einheiten in Betrieb. >Tschernobyl<.

RCP-Verfahren. Das RCP-V. (**R**ecycled **C**lean **P**roducts) ist ein neuartiges Kombinationsverfahren zur Behandlung von Haus- und Gewerbemüll, bestehend aus Pyrolyse, Schmelzreaktor und Gas/Sand-Wirbelschicht. Das Verfahren (s. Abb.) besteht aus Komponenten des Duotherm- und Holderbank-Schmelz-Redox-Verfahrens (beide von Roll), die zu einem neuartigen Abfallverwertungsverfahren kombiniert wurden. 1995 wurde mit dem Betreiber der Müllverbrennungsanlage Bremerhaven ein Vertrag zur Integration des RCP-V. als zusätzliche Linie mit einem Durchsatz von 6 t/h bzw. 45.000 t/a in die bestehende MVA unterzeichnet. Diese Linie hat 1997 den Probebetrieb aufgenommen.
Ziel des RCP-V. ist es, Restabfälle weitgehend rückstandsfrei in direkt verwertbare Produkte unter Nutzung der freiwerdenden Energie umzuwandeln.
Dazu wird der Abfall in einer ersten Stufe unter Luftabschluß in einen kohlenstoffreichen Pyrolysekoks und ein heizwertreiches Pyrolysegas umgesetzt. Diese Stoffe werden in einer weiteren Stufe unter Zugabe von Sauerstoff oxidiert und die entstehenden Gase in einer zirkulierenden Wirbelschicht nachverbrannt. Durch die dabei entstehenden Temperaturen schmelzen alle nichtbrennbaren Bestandteile des Abfalls.
In einer dritten Stufe werden aus der flüssigen Schlacke unter reduktiven Bedingungen mittels Elektroden Schwermetalle abgetrennt. Leichtflüchtige Schwermetalle werden in die Gasphase überführt und mit dem Filterstaub abgeschieden. Kupfer und Eisen können am Boden der Schmelzwanne als Legierung abgezogen und an die Metallindustrie abgegeben werden. Die leichtere Schlacke wird flüssig abgetrennt und in einem Wasserbad granuliert. Das Granulat kann direkt als Zumahlstoff in der Zementindustrie verwertet werden. Pro Tonne Abfall entstehen als verwertbare Produkte 205 kg Granulat, 6 kg Cu-/Fe-Legierung sowie 18 kg Schwermetallkonzentrat. Als zu entsorgende Abfälle fallen 35 kg Filterkuchen als Rückstände der sauer extrahierten Flugasche sowie Rückstände der Rauchgaswäsche an.
Es werden verschiedene Konzepte zur Abgasbehandlung und Reststoffaufarbeitung angeboten, z.B. eine Konfiguration mit Adsorbensdosierung vor dem Gewebefilter sowie eine mehrstufige Abgaswäsche mit Abwassereinleitung (in Abb. S.969 angenommen) oder auch abwasserfrei. Eine saure Extraktion von Schwermetallen (in Abb. S.969 angenommen) aus der Flugasche ermöglicht die Rückführung von Zink, Blei und Cadmium in den Stoffkreislauf.
Lit: Kaimer M, Schade D (Hrsg.) (1999) Bewertung von thermischen Behandlungsanlagen (Planung, Genehmigung, Konzept und Betrieb). Erich Schmidt Verlag, Berlin.

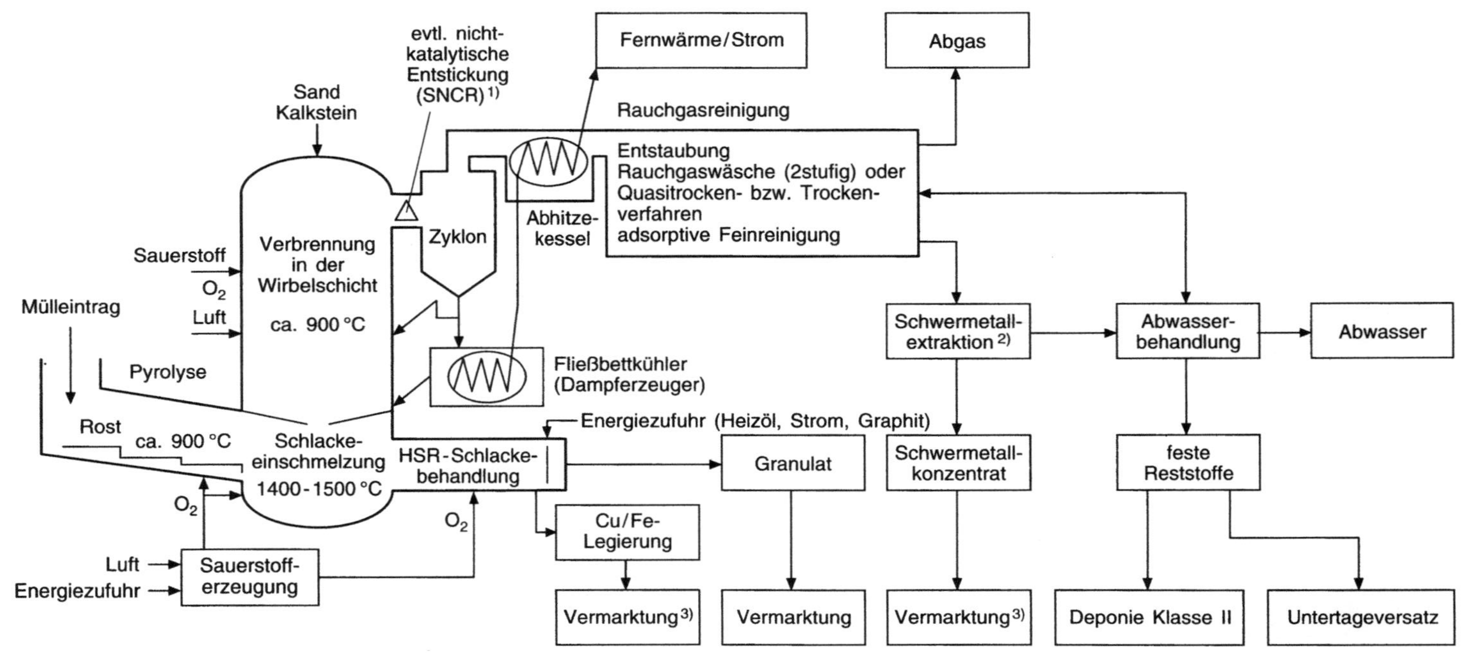

1) zur Einhaltung 17. BlmSchV keine Entstickung erforderlich   2) saure Flugaschenwäsche   3) zur Zinkproduktion

RCP-Verfahren: Prinzipschema (Konzept mit Schwermetallgewinnung); vergleichende Bewertung s. >Anlagen zur thermischen Abfallbehandlung<

REA. Rauchgasentschwefelungsanlage >Abgasentschwefelung<.

Reactor-Safety-Study. Reaktorsicherheitsstudie der USA; unter der Leitung von Prof. RASMUSSEN angefertigte Studie über Risiken durch den Betrieb von Kernkraftwerken in den USA vom Oktober 1975 (>Rasmussen-Bericht<). >Risikostudie<.

Ready biodegradability. Leichte biologische Abbaubarkeit. Wird angezeigt durch spezielle Screeningtests wie z.B. OECD-Screeningtest, geschlossener >Flaschentest<, >Sturmtest<. Diese Tests sind so stringent, daß ein Abbau in der Natur unter aeroben Bedingungen zu erwarten ist.

Reaktion. (Lat. re = zurück, agere = treiben, handeln; Rückwirkung). In der hier interessierenden Bedeutung rein chem. oder biochem. Umwandlungsvorgang mit chem. Verb.

Reaktionsbecken. R. schaltet man bei der >Wasseraufbereitung< in der Regel hinter die >Belüftungsanlagen<, um dem Wasser die notwendige Reaktionszeit zu geben. Allgemein rechnet man mit einer Reaktionszeit von etwa 1 h. Man gibt den Becken häufig einen rechteckigen Grundriß, führt das belüftete >Rohwasser< an der einen Seite des Beckens auf voller Breite unter einer >Tauchwand< (an der Sohle) ein und läßt es über einen sich ebenfalls über die ganze Beckenbreite erstreckenden Überfall an der gegenüberliegenden Beckenwand abfließen. Das Wasser durchfließt solche Becken naturgemäß nicht in einem ablösungsfreien, den ganzen Beckenquerschnitt füllenden Strom, sondern auf dem Wege des geringsten Widerstandes zwischen Eintritt und Austritt unter lebhafter Wirbelbildung; infolgedessen gelangt ein Teil des Wassers in verhältnismäßig kurzer Zeit zum Auslauf, während ein anderer länger im Becken verweilt. In der >Abwassertechnik< werden Reaktionsbecken z.B. bei der >Chlorung< oder der chem. >Schlammkonditionierung< verwendet.

Lit: Brix J, Heyd H, Gerlach E (1963) Die Wasserversorgung, R. Oldenbourg Verlag, München Wien.

Reaktionsbreite. >ökologische Potenz<.

Reaktionsdynamik. Häufig auch Reaktionskinetik. Die >Dynamik< bzw. Lehre von den Reaktionsabläufen, wobei die Reaktionsgeschwindigkeit, d.h. die Änderung der Konz. der reagierenden Verb. pro Zeiteinheit, die wichtigste Größe ist. Wie bei der – vektoriellen – >Fließgleichung< oder >phänomenologischen< Transportgleichung gibt es eine antreibende Ursache für den – skalaren – Umwandlungsfluß, d.i. die Veränderung der Konz. mit der Zeit $\partial c/\partial t$, die im einfachsten Falle eine Konz. c ist. Man spricht dann von einer linearen Reaktion oder von einer Reaktion 1. Ordnung, weil c in der ersten Potenz erscheint:

$$\partial c/\partial t = k\,c,$$

wobei k Reaktionsgeschwindigkeits-Koeffizient oder einfach >Reaktionskoeffizient< genannt wird. k hängt ab von allen >intensiven Zustandsgrößen<, vor allem von der Temperatur. Es gibt Reaktionen der verschiedensten Ordnungen und auch andere, komplexere Reaktionsgleichungen. Eine wichtige ist die sog. >Michaelis-Menten-Kinetik<.

Reaktionsgleichung. Ähnlich wie Transport- oder >Fließgl.< eine Gl., die mathematisch den Umsatz einer herausgegriffenen chem. Verb. über die Änderung ihrer Konz. c mit der Zeit $\partial c/\partial t$ in Lsg. in einem Reaktionsgefäß oder in anderen Phasen in einem >Reaktor< beschreibt; dabei wird im allg. folgender Ansatz verwendet:

$$\partial c/\partial t = k\,c^n,$$

wobei k der von den >intensiven Zustandsgrößen< abhängige >Reaktionskoeffizient<, n die >Reaktionsordnung< ist. Insbesondere liegt mit n = 1 ein >linearer< Ansatz für die Reaktion 1. Ordnung vor, wie sie u.a. auch als Abbau- oder Zers.-Gl. verwendet wird. Sind die Konz. mehrerer Stoffe oder Reaktanden als Antriebsursachen an einer Reaktion beteiligt, so gilt z.B. für die Konz. der i-ten Komponente

$$\partial c_i/\partial t = k\,c_i^{\,a} \cdot c_j^{\,b}.$$

Die Reaktionsordnung ist damit a in c_i und b in c_j, bzw. die Gesamt-Reaktionsordnung n = a + b. Es gibt aber auch völlig andere Formulierungen von Reaktionsgl. S. z.B. >Michaelis-Menten-Kinetik<.

Reaktionskette. Bezeichnung für mehrere in einem >Reaktor< nacheinander ablaufende Reaktionen

$$A + B \rightarrow C \rightarrow D \rightarrow E,$$

die durch die Bildung von einem oder mehreren Zwischenprodukten, im Schema C und D, gekennzeichnet ist. Sie kann die Beschreibung der >Reaktionsdynamik< des Gesamtprozesses erheblich komplizieren. S.a. >Kettenreaktion<.

Reaktionskinetik. Eine häufig verwendete Bezeichnung für >Reaktionsdynamik<.

Reaktionskoeffizient. (Engl. rate coefficient). Häufig auch Geschwindigkeitskonstante oder -koeffizient einer Reaktion genannt; ist der von allen >intensiven< Zustandsgrößen abhängige Koeffizient in einer >Reaktionsgl.<, die im einfachsten Falle linear in der Konz., im Prinzip aber von beliebiger Ordnung sein kann. Er ist i. allg. von der Temp. über die sog. >Arrhenius-Funktion< abhängig. >Reaktionsdynamik<, >Reaktionsgleichung.<

Reaktive Spurengase. Gasförmige Verunreinigungen der Außenluft, die als Emissionsbestandteile von Industrie, Haushalten oder durch den Verkehr verursacht werden. Ebenso zählen dazu bereits in der natürlichen Außenluft enthaltene reaktive Gase wie >Ozon< und Wasserstoffperoxid sowie andere Reaktionsprodukte aus >anthropogenen Emissionsgasen<. Den Hauptanteil der gasförmigen >Luftverunreinigungen< bilden die anthropogenen reaktiven Spurengase. Am wichtigsten sind >Schwefeldioxid< (SO_2), >Schwefelwasserstoff< (H_2S), >Kohlenmonoxid< (CO), nitrose Gase (>Stickoxide<), >Chlorwasserstoff< (HCl), >Chlor< (Cl_2), >Ammoniak< (NH_3) und zahlreiche Kohlenwasserstoffe. In der freien Atmosphäre treten als nitrose Gase praktisch nur NO und NO_2 auf, die neben Kohlenwasserstoffen und UV-Licht hauptverantwortlich für den >Los Angeles-Smogtyp< sind. Ebenso wie das SO_2, das den >London-Smogtyp< verursacht, greifen sie beim Menschen den Atemtrakt an und können zu Lungenschäden führen. >Schwefelsäure< und >Salpetersäure< greifen als Hauptbestandteile des >sauren Regens< auch die Pflanzenwelt an und können zum Waldsterben beitragen. >Kohlenmonoxid< entsteht bei der Verbrennung kohlenstoffhaltiger Substanzen, v.a. fossiler Brennstoffe, insbesondere bei ungenügender Sauerstoffzufuhr. Hauptemittenten sind der Verkehr, Haushalte und Kraftwerke. Die organisch-chemischen Luftverunreinigungen bestehen in der Regel überwiegend aus Kohlenwasserstoffen mit >Methan< als Hauptbestandteil, das z.T. aus Abgasen stammt und z.T. bei biologischen Prozessen gebildet wird. Methan gilt im üblichen Emissionsbereich unterhalb von 6 ppm als lufthygienisch unbedenklich, trägt jedoch zum Treibhauseffekt bei. Dagegen können reaktive ungesättigte Kohlenwasserstoffe bei photochemischen Reaktionen in der freien Atmosphäre unter Mitwirkung von Stickoxiden und UV-Licht zu Verbindungen oxidiert werden, die zu Pflanzenschädigungen sowie bei Mensch und Tier zu Augen- und Schleimhautentzündungen führen können.

Lit: Leithe W (1974) Die Analyse der Luft und ihrer Verunreinigungen. 2.Aufl., Wissenschaftliche Verlagsgesellschaft mbH, Stuttgart – Jaenicke R (Hrsg.) (1987) Atmosphärische Spurenstoffe. VCH Verlagsgesellschaft, Weinheim (DFG).

Reaktivität. Maß für das Abweichen eines >Reaktors< vom kritischen Zustand. Entspricht dem um 1 verminderten >Multiplikationsfaktor< und ist somit im kritischen Zustand genau 0. Ist die Reaktivität positiv, steigt die Reaktorleistung an. Bei negativer Reaktivität sinkt der Leistungspegel.

Reaktor. 1. Chemie: Reaktionsgefäß oder technische Anlagen oder Vorrichtungen, in der chem. Reaktionen ablaufen können. In der Verfahrenschemie legt man Reaktoren hinsichtlich Geometrie und Bedingungen im allg. so aus, daß die Umsatzgeschwindigkeit möglichst hoch ist. >Atmosphäre<, >Gewässer< und >Böden< sind als natürliche Reaktoren anzusprechen, Böden im Zusammenhang mit der Pflanzen- oder >Primärproduktion< als die mächtigsten Bioreaktoren überhaupt. Sie werden als Reaktoren auch als Teile von >Ökosystemen< betrachtet, nicht jedoch als selbständige Ökosysteme, weil Ökosysteme >offene< Systeme sind, die zur Entwicklung bzw. zur Erreichung von quasi-stationären Zuständen befähigt sind.
2. Kernkraftwerke: Einrichtung, mit deren Hilfe sich eine Spaltungskettenreaktion (>Kettenreaktion<) einleiten, aufrechterhalten und steuern läßt. Hauptbestandteil ist eine >Spaltzone< mit spaltbarem >Kernbrennstoff<. Ein Reaktor hat im allg. einen >Moderator<, eine >Abschirmung< und Regelvorrichtungen.

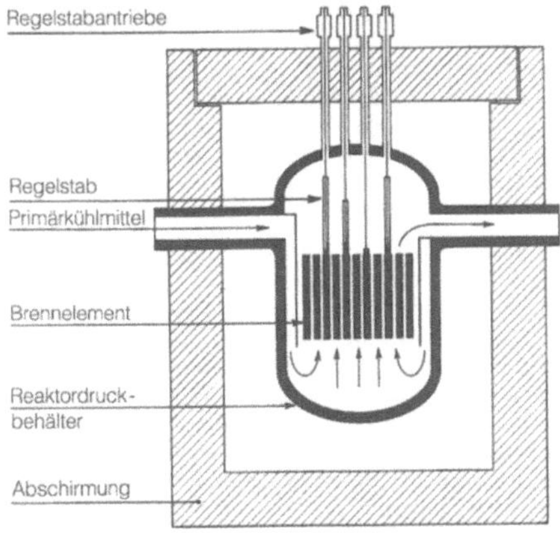

Reaktor: Prinzipieller Aufbau eines Reaktors

Reaktoren werden zu Forschungszwecken oder zur Leistungserzeugung errichtet, s. Abb.
a. *Schneller Reaktor:* Reaktor, bei dem die Spaltungen überwiegend durch >schnelle Neutronen< ausgelöst werden. Ein schneller Reaktor hat im Gegensatz zum thermischen Reaktor keinen Moderator.
b. *Thermischer Reaktor:* Kernreaktor, in dem die Spaltungskettenreaktion durch >thermische Neutronen< aufrechterhalten wird. Die meisten existierenden Reaktoren sind als thermische Reaktoren konstruiert.

Reaktordruckbehälter. Druckbehälter, der den Reaktorkern (die >Spaltzone<) mit >Primärkühlmittel< einschließt.

Reaktordruckgefäß. >Reaktordruckbehälter<.

Reaktorgift. Substanzen mit großem Neutronenabsorptionsquerschnitt, die unerwünschterweise >Neutronen< absorbieren. Eine große Neutronenabsorption haben einige der bei der >Spaltung< entstehenden >Spaltprodukte<, so z.B. Xenon-135 und Samarium-149. Die Vergiftung eines >Reaktors< durch >Spaltprodukte< kann so stark werden, daß die >Kettenreaktion< zum Erliegen kommt.

Reaktorperiode. Die Zeit T, in der die >Neutronenflußdichte< in einem >Reaktor< sich um den Faktor e = 2,718 ändert, wenn die Neutronenflußdichte exponentiell zu- oder abnimmt.

Reaktor-Risikostudie. >Risikostudie<.

Reaktorschutzsystem. Ein System, das Informationen von verschiedenen Meßeinrichtungen erhält, die die für die Sicherheit wesentlichen Betriebsgrößen eines >Kernreaktors< überwachen, und das imstande ist, automatisch eine oder mehrere Sicherheitsmaßnahmen auszulösen, um den Zustand des Reaktors in sicheren Grenzen zu halten.

Reaktorsicherheitskommission RSK. Seit 1985 bestehendes Beratergremium mit der Aufgabe, den Bundesminister für Umwelt, Naturschutz und Reaaktorsicherheit in Fragen der Sicherheit >kerntechnischer Anlagen<, insbesondere auch bei seinen Aufgaben in atomrechtlichen >Genehmigungsverfahren< zu beraten. Die Zugehörigkeit zur RSK, die aus etwa 20 Mitgliedern besteht, ist ein persönliches Ehrenamt, zu dem die Mitglieder als unabhängige und nicht an Weisungen gebundene Experten für eine Dauer von zwei Jahren berufen werden.

Reaktorsteuerung. Einstellen der >Reaktivität< zum Erreichen oder Einhalten eines gewünschten Betriebszustandes.

Reaktortypen. Im Februar 1998 waren weltweit 435 Kernkraftwerke in Betrieb und 44 in Bau. Die meisten Kernkraftwerke waren mit Leichtwasserreaktoren, das sind >Druckwasser<- und >Siedewasserreaktoren<, ausgerüstet.

Rechen. Das städtische und industrielle >Abwasser< enthält größere Mengen von groben, z.T. sperrigen >Feststoffen<. Im Zulauf der >Kläranlagen< und auch vor Regenwasserausläufen ordnet man deshalb Rechenanlagen an, um diese Stoffe zurückzuhalten und die >Faulräume< sowie die Anlagen für die >Schlammbehandlung< von diesen Stoffen freizuhalten. Man unterscheidet je nach dem Stababstand Grob- und Feinrechen. Diese Rechen wurden früher fast ausschließlich als feststehende gerade Stabrechen

Reaktortypen: Kernkraftwerke der Welt nach Reaktortypen, Stand 2/98

Reaktortyp	in Betrieb		in Bau	
	Anzahl	elektr. Brutto-Leistung MW	Anzahl	elektr. Brutto-Leistung MW
Druckwasserreaktor	252	235.472	30	27.713
Siedewasserreaktor	93	83.127	2	2.075
Gasgekühlter Reaktor	37	14.518	1	745
D_2O-moderierter Druckröhren-Reaktor	33	19.614	7	3.040
Graphit-moderierter Druckröhren-Siedewasserreaktor	18	15.048	1	1.000
Schneller Reaktor	2	750	3	1.880

für Handreinigung ausgebildet und mit einer starken Neigung in das Gerinne eingebaut, um eine größere Rechenfläche zu erzielen und die Reinigung mittels einer Harke zu erleichtern. Seit geraumer Zeit haben sich aber Rechen mit maschineller Reinigung durchgesetzt, da bei größeren Abwassermengen die Bedienung von Hand zu umständlich und zu kostspielig ist.
Lit: Abwassertechnische Vereinigung (Hrsg.) (1985–1997) ATV-Handbuch, 4.Aufl., Bd.1–7, Verlag von Wilhelm Ernst und Sohn, Berlin München.

Rechengut. Durch Rechen aus dem >Abwasser< zurückgehaltene Stoffe (DIN 4045). Das R. wird von den Rechenreinigungsmaschinen entweder direkt oder über Transportbänder in Container gefördert. Dabei ist mit einem Rechengutanfall von 5 bis 10 L/(E · a) bei 20 mm Stababstand, 2 bis 3 L/(E · a) bei 50 mm Stababstand zu rechnen. Im allg. wird das R. auf >Deponien< abgelagert. Zur Verringerung des Transportvol. oder bei einer anschließenden Verbrennung des R. empfiehlt es sich, Rechengutpressen einzusetzen. Seltener werden heute Rechengutzerkleinerer angewandt, weil das zerkleinerte R. zu Betriebsstörungen im >Faulraum< (Schwimmdecke) führen kann. Der tatsächliche Anfall von R. in der Zeiteinheit schwankt dagegen stark in Abhängigkeit von der Tageszeit und ankommenden Abwassermenge. Bei Mischkanalisation tritt zudem bei Einsetzen von Starkregen, insbesondere nach langem Trockenwetter, vor allem bei großen Kanalnetzen mit schwachem Gefälle, kurzfristig ein außerordentlich hoher Spitzenanfall an R. auf.
Lit: Abwassertechnische Vereinigung (Hrsg.) (1985–1997) ATV-Handbuch, 4.Aufl., Bd.1–7, Verlag von Wilhelm Ernst und Sohn, Berlin München.

Recht. Nach dtv-Lexikon im objektiven Sinn: Die Gesamtheit aller Vorschriften, die in bindender Weise das menschliche Gemeinschaftsleben regeln (>Rechtsnormen<); im subjektiven Sinn: Die Berechtigung, die sich im Einzelfall für eine Person aus dem objektiven R. ergibt. Umweltschutzbelange sind geregelt im öffentlichen R. (weit überwiegend) und im Privatrecht. Beide unterscheiden sich in den (Rechts-)Partnern, zwischen denen Rechtsbeziehungen zu regeln sind. Während das Privatrecht die Rechtsbeziehungen grundsätzlich gleichgeordneter Personen (natürliche und juristische) umfaßt, regelt das öffentliche R. die Rechtsverhältnisse, die durch das Wirken der staatlichen Hoheitsgewalt auf die Personen bestimmt sind. Hauptgebiete des Privatrechts sind Bürgerliches R., Handelsrecht, Teile des Arbeitsrechts u.a. Rechtsbeziehungen werden durch private Willenserklärungen, besonders durch Vertrag, begründet, privatrechtliche Streitigkeiten vor den ordentlichen Gerichten ausgetragen. Öffentliches R. wird durch allgemeine Rechtssätze (Gesetz, Verordnung, Satzung), durch öffentlich-rechtliche Verträge, durch Verwaltungsakte (Genehmigung, Erlaubnis, Anordnung u.a.) sowie durch Urteil begründet. Beispiele für öffentliches R. im Umweltschutz: Abfallrecht, Atomrecht, Bauplanungsrecht, Chemikalienrecht, Gerätesicherheitsrecht, Immissionsschutzrecht, Naturschutzrecht, Wasserrecht. – Daneben ist zu unterscheiden: materielles und formelles R. Materiell-rechtlich sind die >Rechtsvorschriften<, welche die Entstehung und Veränderung von R. regeln; formell-rechtlich werden Rechtsvorschriften über das Verfahren zur Durchführung des materiellen R. (z.B. Verwaltungsverfahren, Prozeßrecht) bezeichnet. Im Umweltrecht kommt materiell-rechtlichen Vorschriften dort besondere Bedeutung zu, wo es z.B. um konkrete Maßnahmen zur Emissionsminderung (s.a. >TA Luft<), zur Immissionsminderung (s.a. >Abstandserlaß<) oder max. Schadstofffrachten (s.a. 10.BImSchV) o.ä. geht.

Rechte, alte. Rechtsposition, die in § 15 des Wasserhaushaltsgesetzes geregelt ist; wenn bestimmte Gewässerbenutzungen, die in § 15 geregelt sind, rechtmäßig zu einem bestimmten Zeitpunkt ausgeübt wurden, dann entfällt nach neuem Recht für die weitere Benutzung der Gewässer die Pflicht, eine Erlaubnis oder eine Bewilligung einzuholen.

Rechte der Natur. Im Recht der Bundesrepublik sind Tiere und Pflanzen rechtlos. Mit Blick auf Tiere ist insoweit eine „leichte" Verbesserung eingetreten, als nach § 90a BGB Tiere keine Sachen sind; sie werden durch besondere Gesetze geschützt (z.B. durch das Tierschutzgesetz i.d.F. der Bekanntmachung vom 17.2. 1993, BGBl.I S.254); auf die Tiere sind die für Sachen geltenden Vorschriften entsprechend anzuwenden, soweit nicht etwas anderes bestimmt ist. Pflanzen sind Sachen i.S. des Öffentlichen Rechts. Es existiert eine rechtspolitische Diskussion, ob der Natur eigene Rechte eingeräumt werden sollen. Ausgangspunkt dieser Diskussion ist das Buch des Amerikaners Christopher Stone: *Should trees have standing?*

Rechteckbecken. R. werden in der Längsrichtung durchflossen. Das Verhältnis von mittlerer Wassertiefe zur Beckenlänge sollte etwa 1:20 bis 1:30 betragen; die zulässige höchste Durchflußgeschwindigkeit beträgt etwa 50 mm/s; sie wird bei normalen Beckenmaßen nicht erreicht und ist nur bei ganz flachen Becken nachprüfbar. Bei wirbelfreier, gleichmäßiger Durchströmung des Beckens wird der verfügbare Klärraum am besten ausgenutzt. Dazu bedarf es einer besonderen Ausbildung des Zulaufs und vor allem auch des Ablaufs. Grundsätzlich sind der Zu- und Abfluß auf die gesamte Beckenbreite durch eine Überfallschwelle,

Zahnschwelle oder Zuführungsstutzen gleichmäßig zu verteilen. Zur gleichmäßigen Verteilung des Zuflusses in der Wassertiefe dienen >Tauchwände< verschiedener Form, feste oder schwebende Gitterstäbe, Umkehrung der Einströmungsrichtung zur Stirnwand, besonders ausgebildete Einlaufstutzen. Die Verminderung des Durchflußquerschnittes durch Einbauten oder tiefe Tauchwände ist zu vermeiden. Der Schichtenbildung im Becken, die vor allem durch Temperaturunterschiede und Schwankungen der Dichte des Abwassers begünstigt wird und den Absetzvorgang u. U. stark stören kann, wird u. a. durch Leitbleche oder -wände zur Verteilung des Zuflusses aus den Ablauföffnungen über die ganze Beckentiefe entgegengewirkt.
Lit: Meinck F, Stooff H, Kohlschüter H (1968) Industrie-Abwässer, Gustav Fischer Verlag, Stuttgart.

Rechtsbegriff. Jeder Begriff, der in einer >Rechtsvorschrift< eine Definition erfährt. Insbesondere im Umweltschutz kommt zur begrifflichen Klarstellung im Einzelfall den R. dort besondere Bedeutung zu, wo derartige Legaldefinitionen vorliegen. Dabei ist es nichts Außergewöhnliches, daß ein und derselbe Begriff in verschiedenen Rechtsbereichen eine unterschiedliche begriffliche Bedeutung erfährt, z. B. >Stand der Technik< im Sinne des >Gerätesicherheitsgesetzes< (§ 11) oder im Sinne des >Bundes-Immissionsschutzgesetzes< (§ 3).

Recht(s)drehen. Drehen des Windes im Uhrzeigersinn (Nordhalbkugel), entgegen dem Uhrzeigersinn (Südhalbkugel). Tritt nach Durchgang einer >Front< ein. Das Gegenteil von R. ist >Rückdrehen<. Beide Ausdrücke entstammen der Seemannssprache; im Binnenland sind die Bezeichnungen Rechtsdrehen bzw. Linksdrehen mehr verbreitet.

Rechtsschutz. Die durch Gesetz eingeräumte Möglichkeit, sich gegen belastendes Handeln, sei es des Staates oder beliebiger Bürger, vor Gericht wehren zu können. In Deutschland vollständig garantiert durch Art. 19 Abs. 4 des Grundgesetzes.

Rechtsverordnung. Abstrakt-generelles Gesetz, das nicht vom Parlament, sondern von der Verwaltung (Regierung, Minister) erlassen wurde. Diese Handlungsform ist gem. Art. 80 Abs. 1 des Grundgesetzes erlaubt; im Einzelfall ist eine gesetzliche Ermächtigungsgrundlage für den Erlaß der R. notwendig. Im >Umweltrecht< eine sehr häufige Handlungsform, i. d. R. vorbehalten für die Festlegung technischer Details >Rechtsvorschrift<.

Rechtsvorschrift. Auch >Rechtsnorm<. Durch förmliche Rechtsetzung entstandenes Recht. Zu unterscheiden ist zwischen Gesetzen, erlassen von Parlamenten durch Mehrheitsentscheidungen (Bundestag, Landtag), und >Rechtsverordnungen<, erlassen durch (Bundes- oder Landes-) Regierungen aufgrund im Gesetz eingeräumter Ermächtigungen. Bei öffentlichrechtlichen Anstalten, Körperschaften und Verbänden ist auch die Satzung eine R. Für die Personen des jeweiligen Regelungsgehalts stellen R. unmittelbar rechtsverbindliche Vorschriften dar, die von jedermann im Geltungsbereich der R. zu beachten sind. Von R. zu unterscheiden, insbesondere auf einigen Gebieten des Umweltrechts, sind Verwaltungsvorschriften (z. B. >TA Luft<, >TA Lärm<, >TA Abfall<). Sie stellen keine R. dar, sondern erlangen rechtliche Wirkung erst mittelbar durch Umsetzung mittels Verwaltungsakten

(z. B. Genehmigung, Anordnung etc.). Ebensowenig stellen i. allg. >Erlasse< o. ä. rechtsverbindliche Vorgaben dar.
Abweichend von vorher Gesagtem bedeutet der Begriff „Verordnung" auf europäischer Ebene eine Rechtsvorschrift, welche unmittelbar in allen Mitgliedstaaten rechtsverbindlich ist. Demgegenüber ist die europarechtliche „Richtlinie" vor ihrer Rechtswirksamkeit zunächst in nationales Recht (Gesetz oder Rechtsverordnung) umzusetzen (s. a. z. B. >Öko-Audit-Verordnung< sowie >IVU-Richtlinie<).

Recycling. Engl.: Wiedereinbringung von Abfallstoffen in den Produktionsprozeß als Ersatz von Primärrohstoffen. Die Abfallstoffe werden direkt (z. B. >Mehrwegflasche<) oder aufbereitet (z. B. Dosenschrott zu Stahl) wiederverwendet. Eine ständige Kreislaufführung ist nicht immer möglich, da die Abfallstoffe vielfach qualitätsbeeinflussende Verunreinigungen aufweisen (z. B. bei Glas) oder die Materialeigenschaften schlechter sind als beim Ersteinsatz (z. B. Faserverkürzung bei >Altpapier<). In 1995 wurden bei Glas 78,2 % der Verkaufsverpackungen aus privaten Haushalten und Kleingewerbe einer Verwertung zugeführt. Bei Papier/Pappe waren es 86,6 %, bei Kunststoffen 57,6 %, bei Aluminium 66,9 %.
Lit: Umweltbundesamt (1977) Daten zur Umwelt. Ausgabe 1997, E. Schmidt, Berlin.

Recyclinghof. >Sammelstelle<.

Recyclingquote. Bezeichnung für die Effektivität der Trennung von >Wertstoffen< aus >Abfällen<. Sie wird ermittelt aus dem Verhältnis von Wertstoffen zu Wertstoffen plus Reststoffen. Die R. dient der Beurteilung des Erfolgs von >Getrenntsammlungen< oder >Sortieranlagen<.

Red Oil. Begriff aus der >Wiederaufarbeitung< nach dem >PUREX-Verfahren<; ölige Phase, die sich im Verdampfersumpf beim Eindampfen >TBP<-haltiger, kontaminierter, salpetersaurer Lsg. wegen der chem. Reaktionsfähigkeit der Salpetersäure mit TBP bilden kann. R. O. zerfällt bei Temp. oberhalb ca. 150 °C stark exotherm.

Redoxpotential. Elektrisches Potential, das die momentane Lage der aktiven Redoxsysteme im Gleichgewicht wiedergibt und durch das Potential einer blanken Platinelektrode repräsentiert wird. Zur Messung des R. in einem Boden werden eine Platinelektrode und eine Referenzelektrode (z. B. Ag/AgCl, Kalomel) eingestochen; die gemessene Potentialdifferenz wird dann auf die Normalwasserstoffelektrode umgerechnet und als Eh angegeben. Solche Messungen in Böden sind sehr problematisch, da einerseits beim Einstechen Stoffe (z. B. Sauerstoff in reduzierte Bereiche hinein) verschleppt werden können, andererseits bei zu trockenem Boden der Widerstand zwischen Pt- und Referenzelektrode zu groß wird. Die Gleichgewichtseinstellung zwischen Elektrode und Boden kann u. U. bis zu 30 min dauern, so daß sorgfältig auf die Konstanz der Meßwerte geachtet werden muß. Oft kann auch das wahre R. durch Extrapolation einer Eh-Zeitreihe bestimmt werden. Da das R. in einem System von der Wasserstoffionenaktivität abhängt, ist die Angabe des Eh ohne gleichzeitige Nennung des pH-Werts fast wertlos. Das R. in einem Boden ist ein Mischpotential, das von den jeweils aktiven Redoxsystemen bestimmt wird. Es reagiert empfindlich auf Veränderungen in

Redoxpotential: Markante, experimentell bestimmte Redoxpotentiale (pH 7) für wichtige Redoxreaktionen in Böden (Nach: Scheffer u. Schachtschabel 1989)

Reaktion	Eh [V]
Beginn der NO_3-Reduktion	0,45 bis 0,55
Beginn der MnO_2-Reduktion	0,40
O_2 nicht mehr nachweisbar	0,22
Beginn der Fe^{2+}-Bildung	0,15
Beginn der Sulfatreduktion	−0,05
Beginn der Methanbildung (Gärung)	−0,12
Sulfat nicht mehr nachweisbar	−0,18

der Sauerstoffversorgung der Bodenorganismen und ist daher neben dem pH-Wert ein wichtiger Parameter zur Kennzeichnung des Bodenmilieus. Bei abnehmender Sauerstoffkonzentration werden durch die Atmungsaktivität der Bodenmikroorganismen das R. abgesenkt und weitere Redoxsysteme aktiviert. Wenn auch wegen der komplexen Kinetik der sich überlagernden Prozesse aus dem Eh nicht auf ihre genaue Gleichgewichtslage geschlossen werden kann, gibt es doch typische Eh-Bereiche für die einzelnen Redoxsysteme, von denen Beispiele in der Tabelle oben aufgeführt sind.

Dabei ist jedoch zu beachten, daß das R. im Boden auf sehr engem Raum erhebliche Unterschiede aufweisen kann. So können z.B. in einem gut durchlüfteten Boden im Inneren von Aggregaten die R. deutlich tiefer liegen und damit die Möglichkeit der Denitrifikation anzeigen.

Redoxreaktion. Chem. Reaktion, bei der Elektronen von einem Reduktionsmittel auf ein Oxidationsmittel übertragen werden:

$$2 NO_3^- + 10 e^- + 12 H^+ = N_2 + 6 H_2O$$
$$2 \{CH_2O\} + 2 H_2O = 8 e^- + 2 CO_2 + 8 H^+$$

In diesem Beispiel wirken der Stickstoff des Nitrats formal als Oxidationsmittel (Elektronenakzeptor) und org. gebundener Kohlenstoff (hier als „Kohlenhydratbaustein" CH_2O dargestellt) als Elektronendonator. In Böden werden fast alle R. durch Mikroorganismen bewirkt oder ausgelöst. So verwenden aerobe Bodenmikroorganismen beim Abbau org. Substanzen zur Energiegewinnung als Elektronenakzeptor zunächst Luftsauerstoff. Wenn dessen Konzentration zu gering ist, sind viele dieser Organismen in der Lage, auch andere Stoffe zu reduzieren, so z.B. Nitrat (Reaktionsgleichung s.o.), Mangan(IV)- und Eisen(III)-oxide. So werden in der summarischen Reaktion

$$4 FeOOH + \{CH_2O\} + 8 H^+ = 4 Fe^{2+} + CO_2 + 7 H_2O$$

Elektronen vom Kohlenstoff der org. Verbindung $\{CH_2O\}$ auf das Eisen übertragen, das damit vom unlöslichen Eisen(III)-oxid in besser lösliche oder gelöste Eisen(II)-Formen umgewandelt wird. Der von den Organismen erzielbare Energiegewinn hängt dabei außer von der Art des Eisen(III)-oxids auch von der Eisen-(II)-Form ab; er ist höher, wenn das Fe^{2+} z.B. in der Form des unlöslichen Eisencarbonats $FeCO_3$ ausgefällt oder in anderer Weise aus dem Reaktionssystem entfernt wird. In völlig sauerstofffreiem Milieu kann auch Sulfat zu Sulfid reduziert werden; hier können auch Gärungsprozesse (>Gärung<) ablaufen, die formalchem. einer Disproportionierung der Kohlenstoffverbindungen entsprechen: in einem Teil der Reaktionsprodukte hat der Kohlenstoff eine höhere, im anderen

Teil eine tiefere Oxidationsstufe als im Ausgangsmaterial. Auch die Oxidation anorg. Stoffe kann durch spezialisierte Mikroorganismen katalytisch beschleunigt und z.T. zur Energiegewinnung ausgenützt werden. So wird die Oxidation gelöster Eisen(II)-Ionen durch Sauerstoff

$$4 Fe^{2+} + O_2 + 6 H_2O = 4 FeOOH + 8 H^+$$

v.a. in saurer Lösung durch Bakterien um mehrere Größenordnungen beschleunigt. Die einfache, für energetische Betrachtungen zulässige Formulierung von R. als Summenreaktionsgleichungen bedeutet nicht, daß dieser Reaktionsweg auch tatsächlich im Boden eingeschlagen wird. Vielmehr sind viele der R. im Boden sehr komplex und z.T. mit Phasenübergängen verbunden (z.B. Nitratreduktion: gelöst nach gasförmig; Eisen-, Manganoxidreduktion: fest nach gelöst oder fest nach fest), wobei die meisten der einzelnen Teilschritte noch nicht in allen Einzelheiten erforscht sind.

Reduktionskatalysator. >Katalysator< in Abgasanlagen von Fahrzeugen zur Reduzierung von >Stickoxiden<. Das dazu erforderliche Red.-Mittel ist in der Regel >CO< aus teilverbranntem >Kraftstoff< aus entspr. reichem Gemisch für >Ottomotoren<. Die mit magerer >Luftzahl< betriebenen >Dieselmotoren< benötigen für eine Red. von NO_x ein zusätzliches Red.-Mittel.

Redundanz. In der Informationstheorie Bezeichnung für das Vorhandensein von an sich überflüssigen Elementen in einer Nachricht, die keine zusätzlichen Informationen liefern, sondern lediglich die beabsichtigte Grundinformation stützen. In der Reaktortechnik werden alle sicherheitstechnisch bedeutsamen Meßwerte, z.B. die >Neutronenflußdichte< im >Reaktor<, von drei voneinander unabhängigen Meßsystemen ermittelt und nur der Wert als richtig angesehen, der von mindestens zwei Systemen gleich angezeigt wird. Auch die Mehrfachauslegung wichtiger technischer Systeme (Notkühlsystem, Notstromgeräte) wird mit R. bezeichnet.

Reduzent. (Syn. Destruent). Lebewesen, das tote org. Masse abbaut und remineralisiert. R. sind hauptsächlich Bakterien und Pilze, aber auch die >saprophagen< Tiere, die als >Detritusfresser< org. Material zerkleinern, wie der Regenwurm, und den Mikroorganismen einen besseren Zugriff ermöglichen.

Reemulgierbarkeit. Eine >Emulsion< kann beim Stehen eine zweite flüssige Phase als >Aufrahm< oder >Bodensatz< abscheiden. Als R. bezeichnet man die Fähigkeit einer solchen Phase, durch einfaches Rühren oder Schütteln des Gefäßes mit der restlichen Flüssigkeit wieder eine homogene Emulsion zu bilden (>Emulsionsqualität<).

Referenzkraftstoffe. Ähnlich wie >Prüfkraftstoffe< eng spezifizierte >Otto<- und >Dieselkraftstoffe< für exakte Tests, Prüfungen und Versuche. So werden z.B. für Klopf- und Heißstarttests spezielle R. definiert, die in der Regel der Qualität des Marktes unter Berücksichtigung der Versuchsziele entsprechen. So spielt z.B. die ungünstigste Flüchtigkeit von >Kraftstoffen< eine Rolle für das Heiß- oder Kaltverhalten und der dabei entstehenden >Abgasemissionen<.

Referenzschwelle. Wert einer Größe der >Äquivalentdosis<, der >Aktivitätszufuhr< oder der >Kontamination<, bei dessen Überschreitung best. Handlungen oder Maßnahmen erforderlich werden. >Aufzeichnungsschwelle<, >Interventionsschwelle<, >Untersuchungsschwelle<.

Reflektor. Materialschicht unmittelbar um die >Spaltzone< eines >Kernreaktors<. Der Reflektor streut >Neutronen< in die Spaltzone zurück, die sonst entweichen würden. Die reflektierten Neutronen können wiederum Spaltungen auslösen und so die Neutronenbilanz des Reaktors verbessern.

Reflexionsgrad. >Albedo<.

Reflexions-/Transmissionsgrad. Trifft Strahlung auf ein Material, so wird ein Teil von ihr reflektiert, ein anderer transmittiert und der Rest vom Material absorbiert. Man charakterisiert das Material bezüglich seiner Strahlungseigenschaften durch folgende Kennzahlen: 1) Reflexionsgrad (ϱ): Verhältnis des reflektierten zum einfallenden Strahlungsfluß, ausgedrückt in Prozent; in der Meteorologie auch mit >Albedo< bezeichnet. 2) Transmissionsgrad (τ): Verhältnis des durchgelassenen zum einfallenden Strahlungsfluß, ausgedrückt in Prozent. 3) Absorptionsgrad (α): Verhältnis des absorbierten zum einfallenden Strahlungsfluß, ausgedrückt in Prozent.
Die 3 Kennzahlen addieren sich zu 1 bzw. 100% wie folgt:

$$\varrho + \tau + \alpha = 1 \text{ oder } 100\% \text{ (Gesamtstrahlung).}$$

ϱ, τ und α sind stark abhängig von der Art, Beschaffenheit sowie Beschichtung des bestrahlten Materials (s. Tabelle) und vom Einfallswinkel der Strahlung auf das Medium. Ferner sind R. und T. in den einzelnen Spektralbereichen verschieden groß. Deshalb spricht man in der Meteorologie gern von solarem (kurzwelligem) bzw. terrestrischem (langwelligem) R. bzw. T. – So gilt bei Fensterglas für sichtbares Licht $\tau = 0{,}97$, $\varrho = 0{,}01$, $\alpha = 0{,}02$. Für das gleiche Fensterglas gilt bei infrarotem Licht $\tau = 0$, $\varrho = 0{,}06$, $\alpha = 0{,}94$. Während sichtbares Licht zu 97% durch Fensterglas durchgelassen wird, wird infrarotes Licht zu 94% absorbiert. Diesen Effekt nutzt man bei der Konstruktion von Treibhäusern aus (>Treibhauseffekt<). Der R. von Spiegeln für solartechnische Anlagen liegt je nach Material im Bereich von etwa 0,76 bis 0,93, d.h. 7 bis 24% der Strahlung werden absorbiert oder transmittiert (>Solarzellen<). Der R. von >Absorbern< liegt zwischen 0,02 und 0,14; damit werden 86 bis 98% der Strahlung absorbiert, da der T. bei nicht-transparenten Materialien Null ist (>Solarkollektor<). Die einzelnen Strahlungsflüsse sind in der Abb. dargestellt.

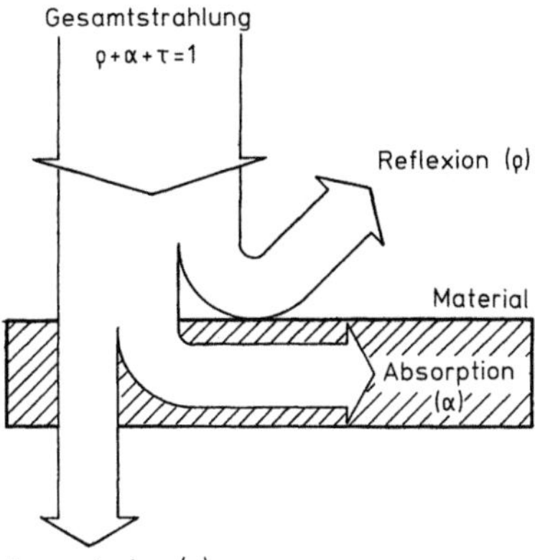

Reflexions-/Transmissionsgrad: Die Gesamtstrahlung teilt sich beim Auftreffen auf Materie – je nach Material und Wellenlänge der Strahlung – in Reflexion, Transmission und Absorption auf

Lit: DIN 1304, Teil 2, Tabelle 3, Formelzeichen für Meteorologie und Geophysik, DIN 5496: Temperaturstrahlung – Neuere Zahlenwerte in: Iqbal M (1983) An Introduction to Solar Radiation, 9, Academic Press, Toronto, pp 281–294 sowie DIN 3789, Blatt 2: Umweltmeteorologie – Klemann M, Meliß M (1988) Regenerative Energiequellen. Springer-Verlag, Berlin Heidelberg New York London Paris Tokyo.

Reflexions-/Transmissionskoeffizient. 1) Reflexionskoeffizient (ϱ) bezeichnet den Anteil der Gesamtstrahlung, die beim Auftreffen auf ein Material, z.B. auf Glas reflektiert wird. 2) Transmissionskoeffizient (τ) bezeichnet den Anteil, der durchgelassen (transmittiert) wird. Der restliche Teil der Gesamtstrahlung wird mit dem Absorptionskoeffizienten (α) absorbiert, so daß gilt:

$$\alpha + \varrho + \tau = 1 \text{ (Gesamtstrahlung).}$$

Der Reflexionskoeffizient sowie der Transmissionskoeffizient sind i. allg. vom Material, von der Beschichtung und vom Winkel sowie von der Wellenlänge bzw. der Frequenz des einfallenden Lichts abhängig (s. Tabelle unten). So ist bei Fensterglas für sichtbares Licht der R. mit 0,01 sehr klein, der T. mit 0,97 sehr groß, der Absorptionskoeffizient mit 0,02 klein. Für das gleiche Fensterglas gilt bei infrarotem Licht: $\tau = 0$, $\varrho = 0{,}06$, $\alpha = 0{,}94$. Während also sichtbares Licht zu

Reflexions-/Transmissionsgrad: Absorption, Transmission und Reflexion einiger Materialien im sichtbaren und infraroten Bereich der elektromagnetischen Strahlung. α Absorptionsgrad; τ Transmissionsgrad; ϱ Reflexionsgrad (Nach Kleemann und Meliß 1988)

Material	Bereich Sichtbares Licht			Infrarot		
	α	τ	ϱ	α	τ	ϱ
Fensterglas	0,02	0,97	0,01	0,94	0	0,06
IR-reflektierendes Glas	0,10	0,85	0,05	0,15	0,85	
In^{2}O^3 nO^{2}Z	0,20	0,79	0,01	0,16	0	0,84
Nichtselektiver Absorber (lackiertes Blech)	0,97	0	0,03	0,97	0	0,03
Selektiver Absorber (Schwarznickel)	0,88	0	0,12	0,07	0	0,93
Schwarzchrom	0,87	0	0,13	0,09	0	0,91
Aluminiumgitter	0,70	0	0,30	0,07	0	0,93

97 % durch Fensterglas durchgelassen wird, wird infrarotes Licht zu 94 % absorbiert. Der R. von Spiegeln für solartechnische Anlagen liegt je nach Material im Bereich von ca. 0,76 bis 0,93, d. h. 7 bis 24 % der Strahlung werden absorbiert oder transmittiert. Der R. von >Absorbern< liegt zwischen 0,02 und 0,14 damit werden 86 bis 98 % der Strahlung absorbiert, da der T. bei nichttransparenten Materialien Null ist (s. auch Abb. S. 975).

Lit: Kleemann M, Meliß M (1988) Regenerative Energiequellen. Springer, Berlin Heidelberg New York London Paris Tokyo.

Reformulated Gasoline. >Umweltfreundliche Kraftstoffe<.

Refraktometrie. Meßverfahren zur Bestimmung des Brechungsindexes fester oder flüssiger Stoffe, dessen Meßprinzip auf der Richtungsänderung von Lichtstrahlen beim Übertritt von einem Medium in ein anderes beruht. Der Brechungsindex ist dabei definiert als das Verhältnis der Lichtgeschwindigkeit in Luft zur Lichtgeschwindigkeit in der zu prüfenden Substanz. Das Verhältnis der Lichtgeschwindigkeiten in den beiden optischen Medien wird durch den Quotienten aus dem Sinus des Einfallwinkels (α) und dem Sinus des Brechungswinkels (β) charakterisiert (Brechungsgesetz nach SNELLIUS). Der Brechungsindex ist stoff-, konz.- und temp.-abhängig und wird in der Regel auf die D-Linie des Natriumspektrums bezogen. Er ist eine Stoffkonstante, die zur Identifizierung und Reinheitsprüfung von Flüssigkeiten und geschmolzenen Substanzen sowie zur Konz.-Bestimmung von Lösungen herangezogen werden kann.

Regelkreis. 1. allgemein: System zur Konstanthaltung eines Sollwerts durch >Rückkopplung<. Die Veränderung wird von einer Regelgröße mittels eines Fühlers gemessen, der Istwert auf den Regler übertragen, der den Sollwert der Führungsgröße mit dem Istwert vergleicht und eine Stellgröße an ein Stellglied überträgt, das die Korrektur vornimmt. Der Endzustand wird wieder von der Regelgröße als Istwert ermittelt usw. R. spielen in der Technik eine wichtige Rolle, sie existieren aber vielfältig auch in lebenden Systemen, z. B. bei der Regulierung der Körpertemperatur der Warmblüter, >homoiotherm<. Auch in >Ökosystemen< sind R. zu beobachten, deutlich z. B. bei der Regulierung von >Populationsdichten<. Diese Regelsysteme verfügen aber nicht über einen Fühler.
2. Auto: R. finden zunehmend in weiten Bereichen der Kfz-Technik Anwendung, >Elektronik< (z. B. >Lambda-Regelung< beim >Dreiwegekatalysator<, >Gemischbildung<).

Regelstab. Eine stab- oder plattenförmige Anordnung zur Regelung der Reaktivitässchwankungen eines >Kernreaktors<. Der Regelstab besteht aus neutronenabsorbierendem Material (Cadmium, Bor usw.).

Regen. >Niederschlag< in flüssiger Form. Fällt erst dann aus, wenn die kleinen schwebenden Wolkentröpfchen durch verschiedene physikalische Prozesse soweit gewachsen sind, daß sie nicht mehr von der Luftströmung getragen werden. I. d. R. ist der Tropfendurchmesser > 0,5 mm. R. fällt entweder aus reinen Wasserwolken oder aus sog. Mischwolken, wobei die aus ihnen fallenden festen Niederschläge (Schneeflocken, Graupeln oder kleine Hagelkörner) beim Fallen durch die wärmeren Luftschichten ebenfalls zu Regentropfen schmelzen; >Fallgeschwindigkeit<.

Regenauslaß, RA. >Auslaufbauwerk< von Regenwasserkanälen im >Trennsystem< (DIN 4045). Ausmündungen von Regenwasserkanälen in Gewässer sind so auszugestalten, daß aus ihnen die Niederschlagsmengen auch bei Anfall von Starkregen nicht stoßweise und mit hoher Geschwindigkeit austreten. Dieser Forderung muß vor allem auch zur Gefährdungsverhütung der Schiffahrt genügt werden. Regenkanäle sind zu diesem Zweck an den Ausmündungen trompetenartig so zu erweitern, daß nur Wassergeschwindigkeiten von 0,30 m/s, im Höchstfalle von 0,50 m/s, auftreten. Zur Erzielung einer gleichmäßigen Verteilung des ausfließenden Niederschlagswassers sind die lichten Profile der Ausmündungsbauwerke durch Leitwände aufzugliedern.

Regenbecken, RB. Sammelbegriff für Becken zur Rückhaltung und/oder Behandlung von >Regen-< und >Mischwasser< (z. B. >Regenklärbecken<, >Regenrückhaltebecken<, >Regenüberlaufbecken<) (DIN 4045).

Regenbogen. Ein R. wird durch Brechung und Reflexion des Sonnenlichtes in Regentropfen hervorgerufen. Am häufigsten wird er nach Durchzug einer >Kaltfront< oder nach einem Gewitter beobachtet, wenn die Aufheiterung des Himmels eine ungestörte Beleuchtung des Schauers durch das Sonnenlicht ermöglicht. Die Erscheinung R. ist nicht auf den Regen beschränkt, sondern kann ebenso an anderen Tropfenansammlungen, wie z. B. Spritzwasser von Brechern (Gischt), Wasserfällen oder Rasensprengern, beobachtet werden, sofern sie von der Sonne oder auch mit künstlichem parallelen Licht beleuchtet werden. Beim R. steht die Sonne (S) im Rücken des Beobachters (B), siehe Abb., oberes Teilbild. Die Bögen erscheinen

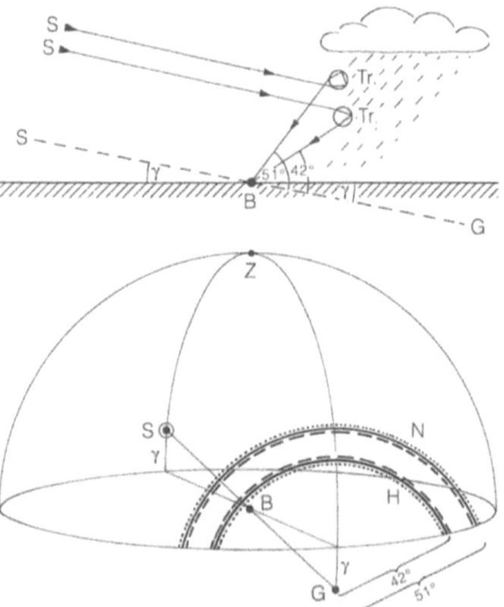

Regenbogen: Zur Entstehung von Haupt- und Nebenregenbogen. S = Sonne, Z = Zenit, G = Gegenpunkt der Sonne, γ = Sonnenhöhe, B = Beobachter, H = Hauptregenbogen, Tr = Tropfen, N = Nebenregenbogen. (Aus: Deutscher Wetterdienst (1987) Leitfäden für die Ausbildung im Deutschen Wetterdienst, Nr. 1, Allgemeine Meteorologie, 3. Aufl.)

Regenbogen

Farbe	λ in µm	H	N
rot	0,7	42,4°	50,2°
grün	0,5	↓	↑
violett	0,4	40,8°	53,6°
Dispersion (Breite des R. von rot bis violett)		1,6°	3,4°

konzentrisch um den (gedachten) Gegenpunkt (G) der Sonne, s. unteres Teilbild. Bei der Lichtbrechung in den Tropfen wird das Sonnenlicht wie in einem Glasprisma in die Spektralfarben zerlegt, so daß die Bögen i. allg. farbig erscheinen. Bei kleineren Tröpfchen, wie z. B. im Nebel, liegen die einzelnen farbigen Bögen so eng nebeneinander, daß sie sich zum weißen Nebelbogen überlagern. Weiß erscheint der Regenbogen auch, sofern die Beleuchtung der Tropfen wie z. B. beim Mondlicht sehr schwach ist, da dann das Farberkennungsvermögen des menschlichen Auges nicht mehr anspricht. Wegen der Wellenlängenabhängigkeit des Brechungsindex sind die einzelnen farbigen Bögen verschieden groß. Beim Hauptregenbogen (H) liegt der rote Saum außen, beim Nebenregenbogen (N) innen. Die beiden Bögen kehren also einander die roten Seiten zu, s. dazu Tabelle oben, Spalten H und N. Das Zwischengebiet ist verhältnismäßig dunkel, während die Gebiete innerhalb von H und außerhalb von N durch das nicht minimal abgelenkte Licht aufgehellt sind. Nur in diesen aufgehellten Gebieten sind gelegentlich ein oder mehrere sekundäre oder Interferenzbögen zu sehen, die durch Überlagerung des minimal abgelenkten mit benachbarten Lichtbündeln entstehen. Ihre Farbfolge ist die gleiche wie beim zugehörigen Primärbogen H bzw. N. Wie aus der Abb. (s. S. 976) hervorgeht, sind die Regenbögen um so ausgedehnter, je niedriger die Sonne steht. Bei Sonnenauf- oder -untergang erscheinen sie als Halbkreise um den Gegenpunkt am Horizont; allerdings ist dann die Intensität schwach. R. treten nicht auf, wenn die Sonnenhöhe größer als 42° bzw. 51° ist; d. h., in den Tropen und Subtropen kann man um die Mittagszeit keinen R. beobachten.

Lit: Dietze G (1957) Einführung in die Optik der Atmosphäre, Akademische Verlagsgesellschaft Geest & Portig, Leipzig – Schlegel K (1995) Vom Regenbogen zum Polarlicht: Leuchterscheinungen in der Atmosphäre. Spektrum-Akademischer Verlag, Heidelberg Berlin Oxford.

Regeneration. Wiederherstellung, z. B. bestimmter chem., physikalischer oder biol. Eigenschaften oder Zustände nach Erschöpfung bzw. Störung. Die Regeneration von >Ionenaustauschanlagen< erfolgt in der Kreislauftechnik in der Regel mit 8- bis 10%iger >Salzsäure< (>Kationenaustauscher<) und 4- bis 5%iger >Natronlauge< (>Anionenaustauscher<): >Schwefelsäure< kommt nur sehr selten zum Einsatz, da nur ein Äquivalent dieser Säure nutzbar ist, und eine erhöhte Sulfatlast bei der >Indirekteinleitung< vermieden werden soll. Die spezifische Beaufschlagung bei der Regeneration erfolgt bei allen >Austauscherharzen< mit ca. 5 L/L Harz · h. Anschließend wird die aufgegebene Regeneriermittelmenge mit Wasser bei gleicher spezifischer Beaufschlagung (Ansatzverfahren) bzw. beim Vol.-Strom des Verdünnungswassers (Verdünnungsverfahren, Dosierverfahren) durch das Harzbett gedrückt. Das abschließende Waschen wird mit 8 bis 10 L/L · h bei Kationenaustauschern mit Was-

ser aus dem öffentlichen Netz, bei Anionenaustauschern mit deionisiertem Wasser durchgeführt. Dabei liegt der Waschwasserbedarf beim Gleichstromverfahren bei ca. 5 Harzvolumina, bei den Gegenstromverfahren bei ca. 2,5 (Kationenaustauscher) und ca. 3,5 (Anionenaustauscher) Harzvolumina.

Lit: Abwassertechnische Vereinigung (Hrsg.) (1985–1997) ATV-Handbuch, 4. Aufl., Bd. 1–7, Verlag von Wilhelm Ernst und Sohn, Berlin München.

Regenerative Energien. >Erneuerbare Energien<.

Regenklärbecken. >Absetzbecken< für >Regenwasser< im >Trennsystem< (DIN 4045). Sofern an die Qualität des Gewässers erhöhte Anforderungen zu stellen sind, ist u. U. eine Regenwasserbehandlung angebracht. Als Beispiel sind >Vorfluter< zu nennen, die kurz nach der Einleitung von Regenwasser >Trinkwasserschutzgebiete< durchfließen oder die durch Strandbäder genutzt werden. In solchen Fällen sind Regenklärbecken anzuordnen, die ständig gefüllt sind. Die Becken sind so zu gestalten, daß die zugeführten, >absetzbaren< und aufschwimmbaren Stoffe entfernt werden können. Der Beckeninhalt soll in der Regel nicht der >Kläranlage< zugeleitet werden. In baulicher Hinsicht werden solche Regenklärbecken mit einem Klärüberlauf ausgerüstet. Dem RKB wird ein Entlastungsbauwerk vorgeschaltet, das den Zufluß zum Becken auf den Bemessungszufluß Q_{bem} begrenzt. Das Entlastungsbauwerk ist wie ein >Regenüberlauf< auszubilden. Die Oberflächenbeschickung q_A im Becken soll beim Bemessungszufluß 10 m/h nicht überschreiten. Die nutzbare Beckentiefe h_B soll ca. 2 m betragen. Möglichkeiten zum Schlammabzug und zur Reinigung sind vorzusehen.

Lit: Abwassertechnische Vereinigung (Hrsg.) (1985–1997) ATV-Handbuch, 4. Aufl., Bd. 1–7, Verlag von Wilhelm Ernst und Sohn, Berlin München.

Regenrückhaltebecken, RRB. Speicherraum für Regenabflußspitzen im >Misch-< oder >Trennsystem< (DIN 4045). Regenrückhaltebecken speichern die bei starken Regenfällen plötzlich abfließenden großen Wassermassen und geben sie langsam und gedrosselt wieder ab. Die Abflußspitzen werden dadurch erheblich abgemindert, und die anschließenden >Sammler< oder >Pumpwerke< können kleiner bemessen werden. Die Becken haben in der Regel keinen Überlauf. Das gesamte aufgespeicherte Wasservol. bleibt im Kanalnetz. Bei der konstruktiven Gestaltung der Regenrückhaltebecken muß beachtet werden, daß der durch die Speicherung bedingte Aufstau keine Mißstände im Kanalnetz hervorruft (Kellerüberflutungen und Schlammablagerungen). Bei ausreichenden Gefälleverhältnissen entleeren sich die Becken selbsttätig. Bei zu geringem Gefälle müssen Pumpen zur Entleerung des Beckens eingesetzt werden. Beim >Trennverfahren< sind offene Becken üblich, wofür vorhandene Teiche ausgenutzt oder künstliche Teiche angelegt werden. Im >Mischverfahren< soll das offene Becken nur innerhalb von >Kläranlagen< und evtl. in Außengebieten gewählt werden. Innerhalb einer Bebauung sind nur geschlossene, unterirdische Becken vorzusehen.

Regenüberlauf, RÜ. Entlastungsbauwerk für die Abwasserführung im >Mischsystem< ohne Speicherraum (DIN 4045). Regenüberläufe (s. Abb. S. 978) werden so ausgebildet, daß bei Abflüssen, die kleiner oder gleich dem kritischen Mischwasserzufluß sind, noch keine Entlastungen zum >Vorfluter< stattfinden. Sie

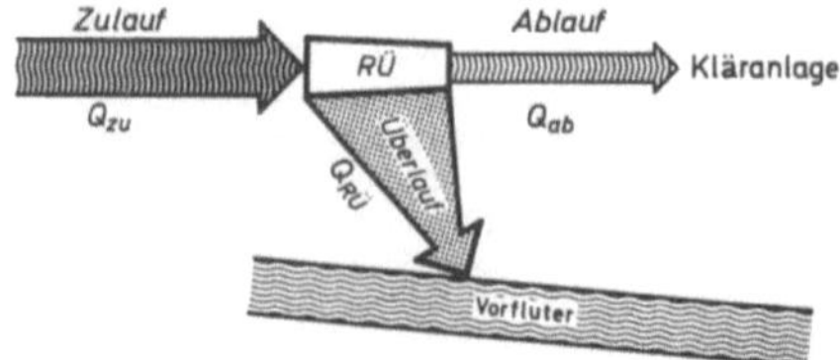

Regenüberlauf, RÜ: Wirkungsweise eines Regenüberlaufes (aus: Bretschneider H, Lecher K, Schmidt M (Hrsg.) (1982) Taschenbuch der Wasserwirtschaft, 6.Aufl., Paul Parey Verlag, Hamburg Berlin)

begrenzen daher das Mischwasser auf den kritischen Mischwasserabfluß. Der Regenüberlauf ist ein in das Leitungsnetz eingebautes Überlaufwehr. Für die Gestaltung sind die Platzverhältnisse oder die Höhendifferenz zur Kläranlage maßgebend. Man unterscheidet Regenüberläufe mit ein- oder zweiseitigem Überlaufwehr. Die Verringerung des Querschnittes vom Zulauf zum Ablauf erfordert innerhalb des Regenüberlaufes ein größeres Sohlgefälle als im Zulaufkanal, damit bei Trockenwetterabfluß kein Rückstau entsteht. Dies kann in Ausnahmefällen auch durch einen Sohlsprung erreicht werden. Die Drossel muß den Trockenwetterabfluß ohne Rückstau im Zulaufkanal abführen. Beim kritischen Mischwasserabfluß darf ein Einstau durch die Drossel höchstens bis zur Höhe der Überlaufschwelle eintreten. Diese Bedingungen gelten auch für >Pumpwerke< in Verbindung mit einem Regenüberlauf. Die Wehroberkante ist waagerecht und mindestens 5 cm über dem Scheitel der Drossel anzuord-

nen. Die Überlaufkante soll glatt und gut abgerundet sein. Bei beidseitigem Überlauf soll der Lichtraum unter dem Durchlaufgerinne über die ganze Länge mindestens 25 cm hoch sein. Die Bemessung der Regenüberläufe ist im >ATV-Arbeitsblatt< A128 angegeben.

Regenüberlaufbecken, RÜB. Speicher- bzw. Absetzraum von >Abwasserzuleitungen< im >Mischsystem< mit Becken- und/oder Klärüberlauf (DIN 4045). Regenüberlaufbecken stellen eine Kombination von >Rückhaltebecken<, Klärbecken und >Regenüberlauf< dar. Sie werden eingebaut, wenn der kritische Mischwasserabfluß nicht in vollem Umfang weitergeleitet oder nicht im >Klärwerk< behandelt werden kann oder soll. Insbesondere wird der stärker verschmutzte >Spülstoß< aufgefangen. Der Beckeninhalt wird nach Regenende zum Klärwerk weitergeleitet. Regenüberlaufbecken werden entweder als >Fangbecken< oder als >Durchlaufbecken< ausgebildet. Liegen sie im Nebenschluß, so werden sie über ein Trennbauwerk beschickt und der zum Klärwerk weitergeführte Mischwasserabfluß am Becken vorbeigeführt. Erst nach Füllung des Beckens wird das überschüssige Wasser durch den Überlauf, der die Füllhöhe des Beckens bestimmt, abgeführt. Liegen Fangbecken im Hauptschluß, wird der zum Klärwerk weitergeführte Abfluß durch das Becken hindurchgeleitet. Durchlaufbecken besitzen im Gegensatz zu Fangbecken einen Klärüberlauf, der nach Beckenfüllung vor dem Beckenüberlauf mechanisch geklärtes Mischwasser dem Vorfluter zuführt. Auch hier unterscheidet man Durchlaufbecken im Hauptschluß und im Nebenschluß. Begriffserläuterungen und Bemessungsgrundlagen sind in dem >ATV-Arbeitsblatt< A128 angegeben.

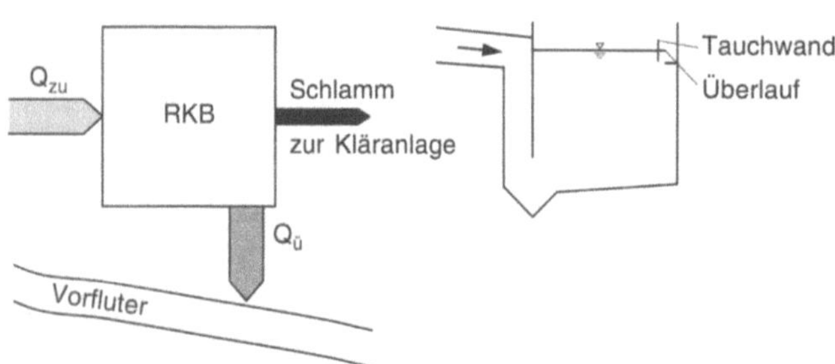

Regenüberlaufbecken, RÜB: Wirkung eines Regenwasserklärbeckens

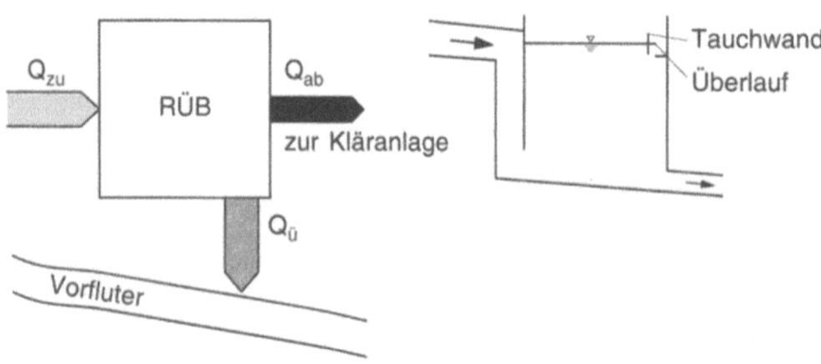

Regenüberlaufbecken, RÜB: Wirkung eines Regenüberlaufbeckens

Regenwasser, RW. Abfließender Regen (DIN 4045); flüssiger Niederschlag mit einer Tropfengröße von 0,5 bis 7 mm Durchmesser (<0,5 mm „Nieseln"). Werte zwischen 1 und 2 mm mit einer Fallgeschwindigkeit um 5 m/s treten am häufigsten auf, während Tropfen >5 mm leicht zu mehreren kleinen zerplatzen und daher selten sind. Regenwasser wäscht die Luft aus und enthält daher neben Staub, gelöstem Sauerstoff und Stickstoff auch Substanzen wie Kohlensäure, schweflige Säure, Schwefelsäure, Salpetersäure („>saurer Regen<"). Dadurch fördert er die Verwitterung von Gesteinen und wirkt als >Dünger<.

Regenwürmer. >Annelida<, s. Abb. S. 223.

Regenwurmbesatz. >Makrofauna<.

Regenwurmgänge. >Drilosphäre<.

Regionale Klimatologie. >Regionalklima<.

Regionalklima. (Syn. regionale Klimatologie). Beschreibende, klassifizierende und regionalisierende Darstellung des >Klimas< einer Region, d.h. eines funktional zusammengehörigen Gebietes, z.B. großstädtische Verdichtungsräume oder der Regionalverbände innerhalb eines Bundeslandes. Das R. ist bei vielen Angelegenheiten des Umweltschutzes von Bedeutung. >Technische Klimatologie<. So sind beispielsweise Windfeld und Temperaturschichtung steuernde Faktoren bei der Ausbreitung von Schadstoffen. Das R. selbst, das durch Aktivitäten der Menschen beeinflußt wird, ist als Teil der Umwelt zu schützen. Bereits bei der Planung von Industriestandorten, Verkehrswegen, Wohngebieten usw. können die klimatischen Bedingungen sowie die möglichen Auswirkungen darauf infolge einer Verwirklichung der Pläne berücksichtigt werden. Die Analyse des regionalen (mesoskaligen) Windfeldes ist Voraussetzung für die Untersuchung der Schadstoffausbreitung beispielsweise als Grundlage für >Luftreinhalte-< oder >Smogalarmpläne<. Im gesetzlichen Genehmigungsverfahren für Industrieanlagen werden standortbezogene klimatologische Daten zur Abschätzung der aus dem Betrieb resultierenden >Immissionen< benötigt. Im Rahmen der >Umweltverträglichkeitsprüfung< kommt klimatologischen Daten eine wichtige Bedeutung zu. Da die Dichte der vorhandenen meteorologischen Meßnetze für regional- und standortspezifische meteorologische Informationen nicht ausreicht, müssen diese Lücken bei der Beurteilung eines Bauvorhabens durch numerische Simulationsmodelle geschlossen werden. Folgende Modelle sind z.Zt. erfolgreich im Einsatz:
- FITNAH (nach: Groß G (1988/1989) Beitr Phys Atmosph 61: 219–231 und 62: 57–72): Das Modell berechnet die durch lokale anthropogene oder natürliche Einflüsse modifizierten meteorologischen Parameter (Wind, Temperatur der Atmosphäre und des Bodens, spezifische Feuchte sowie turbulente Diffusionskoeffizienten für Impuls, Wärme und Feuchte) nach Vorgabe der synoptischen, d.h. großräumigen Bedingungen. Die Modellgleichungen werden in einem dreidimensionalen Gitter gelöst. Der Gitterabstand beträgt in der Horizontalen 100 bis 1.000 m, in der Vertikalen liegt die unterste Ebene in 10 bis 20 m Höhe, nach oben hin werden die Abstände zwischen den Rechenflächen bis zur Modellobergrenze in 5.000 bis 10.000 m immer größer. Das mesoskalige Klimamodell FITNAH wird u.a. eingesetzt für:

- Untersuchungen von regionalen Klimaveränderungen durch anthropogene Eingriffe (Städtebau, Waldabholzung, Kraftwerksbau usw.),
- Untersuchungen von Kaltluftabflüssen sowie zur Untersuchung zur Abschätzung der lokalen Frostgefährdung im Obst- und Weinbau, aber auch im Straßenbau (Glätte),
- Lieferung von Eingabegrößen für Ausbreitungsmodelle.
- REWIMET (nach: Heimann D (1986) Beitr Phys Atmosph 59: 518–537): Das Modell ist in der Lage, den zeitlichen Verlauf des Wind- und Temperaturfeldes in drei Modellschichten der unteren Atmosphäre (Modellobergrenze 1 bis 4 km) für eine 24 Stunden oder noch länger andauernde charakteristische Wetterlage darzustellen. Orographie und Art der Geländenutzung gehen als wesentliche Daten in die Modellrechnung mit ein. Eine sinnvolle Anwendung des Modells ist möglich für Regionen mit einer horizontalen Erstreckung von bis zu 200 × 200 km. Der Gitterpunktsabstand sollte zwischen 2 und 10 km liegen.
- MUKLIMO (nach: Sievers U, Zdunkowski WG (1986) Beitr Phys Atmosph 59: 13–40): Das Modell simuliert die Wind- und Temperaturfelder in der Umgebung einer in einer Richtung unendlich ausgedehnten Gebäudeanordnung (z.B. Häuserreihe, Straßenschlucht). Das Untersuchungsgebiet ist in der Regel 100 × 100 m groß.
- SMOKA (nach: Rudolf B (1984). In: Air Pollution Modelling And Its Application III, Plenum Press, New York London): Das Modell simuliert die Auswirkungen warmer oder feuchter Fahnen, emittiert von Industrieanlagen, auf die Umgebungsluft der Fahne. Das Untersuchungsgebiet beträgt in x/z-Richtung 800 × 400 m.

Réglisse. >Süßholz<.

Regosol. >Ranker<.

Regressionsanalyse. Mathematisches Verfahren zur Anpassung einer Punktwolke an eine Gerade, der Regressionsgeraden mit der Gleichung $y = a + b \cdot x$. Die Berechnung der Parameter a und b erfolgt so, daß die Quadrate der Abweichungen von der Schätzgeraden minimiert werden. Dieses Verfahren ist immer dann anwendbar, wenn die bekannte Abhängigkeit zwischen zwei (oder mehreren) Variablen näher charakterisiert werden soll. Die Zahlenwerte der unabhängigen Variablen x liegen dabei bereits vor dem Versuch fest, während die der abhängigen Veränderlichen y im Versuch ermittelt werden, wobei für sie eine >Normalverteilung< Voraussetzung ist. Die Stärke des linearen Zusammenhangs wird dabei durch den Korrelationskoeffizienten beschrieben. Liegen Zusammenhänge höherer Ordnung vor, so lassen sich diese Funktionen durch eine geeignete Transformation in einer solchen Weise umformen, daß auf eine lineare Regression zurückgegriffen werden kann (nichtlineare Regression).
Lit: Sachs L (1992) Angewandte Statistik, 7.Aufl., Springer-Verlag, Berlin Heidelberg New York.

Regulation. Ein Gleichgewichtszustand biol. und ökologischer Systeme kann nur aufrechterhalten bleiben, wenn diese Systeme zur R. fähig sind (>Gleichgewicht, biologisches, ökologisches<). In einem >Regelkreis< werden Abweichungen vom Sollwert als Störungen erkannt und entsprechend kompensiert. Dabei kommt es zur negativen >Rückkopplung<. Die Störungen können intern oder extern erfolgen. Regulationen im

>Ökosystem< erfolgen oft unter drastischen Veränderungen einzelner Komponenten, z.B. dem starken Anwachsen einer Schädlingspopulation (>Gradation<), die vorübergehend zur weitgehenden Vernichtung von dessen Nahrungsgrundlage führen kann. Eine sog. „Selbstregulation" findet eigentlich nicht statt, da immer auch äußere Faktoren beteiligt sind (z.B. Klimafaktoren). Von manchen Autoren wird von Steuerung statt R. gesprochen, wenn der Mensch als Regler in das System integriert ist.

Reibung. (Syn. Reibungskraft). Die an der Grenzfläche eines in Bewegung befindlichen Körpers, Gases oder einer Flüssigkeit wirkende Kraft, sofern die angrenzende Schicht eine unterschiedliche Geschwindigkeit der Bewegungsrichtung hat. Man unterscheidet in der Meteorologie zwei Fälle:
- innere R.: In diesem Fall befindet sich beiderseits der Grenzfläche das gleiche Medium. Bei >laminarer< Strömung wird die i.R. durch die ungeordnete Molekularbewegung verursacht, bei >turbulenter< Strömung durch den turbulenten Impulsaustausch um mehrere Größenordnungen verstärkt. Letzterer Fall tritt am Rande des >Strahlstromes< auf.
- äußere R.: tritt in der Atmosphäre an der Grenzfläche Erdoberfläche/Atmosphäre auf. Die bremsende Wirkung der ä.R. bewirkt in der Reibungsschicht, deren Höhe 500 bis 1.000 m beträgt (s. Abb. bei >atmosphärische Grenzschicht<), eine Ablenkung der Strömungsrichtung aus dem isobarenparallelen Verlauf hin zu Gebieten niedrigeren Luftdrucks. Durch diesen Prozeß wird ein Auffüllen des >Tiefdruckgebietes< erreicht. Da die ä.R. über der festen Erde größer ist als auf der freien See, erfolgt das Auffüllen der Tiefdruckgebiete vornehmlich über dem Festland.

Reibungskraft. >Reibung<.

Reibungsschicht. >Atmosphärische Grenzschicht<.

Reichsbodenschätzung. Flächendeckende Erfassung der Ertragsfähigkeit der landwirtschaftlich und gärtnerisch genutzten Böden in D auf der Grundlage des Gesetzes über die R. von 1934. Die in der R. erarbeiteten Kriterien zur >Bodenbewertung< können zum großen Teil auch heute noch für die ökologische und ökonomische Beurteilung von Böden verwendet werden.

Reif. Sammelbezeichnung für Eisablagerungen von kristalliner Struktur, entstanden durch Sublimation von Wasserdampf der umgebenden Luft.

Reifen. In der Regel aus Erdölprodukten hergestellt. Umweltbelastung durch den nach heutiger Meinung harmlosen Reifenabrieb und durch >Altreifen<, für die noch kein umfassend brauchbares Wiederverwertungskonzept besteht.

Reifenabrieb. >Reifen<.

Reifengeräusch. >Geräusch<.

Reifglätte. R. entsteht durch das Festfahren oder Festtreten von Reif, der sich entweder an besonders ausgesetzten Flächen am Erdboden gebildet hat oder der von Bäumen, Leitungen o.ä. herabgefallen ist.

Reinbestand. Der Pflanzenbestand auf einer Fläche besteht aus einer Pflanzenart.

Reinhalteordnung. Handlungsform im Wasserrecht; s. § 27 des >Wasserhaushaltsgesetzes<. Danach können

die Landesregierungen oder die von ihnen bestimmten Stellen durch >Rechtsverordnung< für oberirdische Gewässer oder Gewässerteile aus Gründen des >Wohls der Allgemeinheit< R. erlassen; die R. können insbesondere vorschreiben, 1) daß bestimmte Stoffe nicht zugeführt werden dürfen, 2) daß bestimmte Stoffe, die zugeführt werden, bestimmten Mindestanforderungen genügen müssen, 3) welche sonstigen Einwirkungen abzuwehren sind, durch die die Beschaffenheit des Wassers nachteilig beeinflußt werden kann. In der Praxis ist dieses Instrument bedeutungslos.

Reinigungsgrad. Ausmaß der vorgegebenen Minderung von z.B. eines >Schadstoffes< in einem >Abgas< ohne Vorgabe eines bestimmten >Emission<skonzentrationswertes für den >Schadstoff< im gereinigten Abgas. So gibt die Verordnung zur Begrenzung der >Kohlenwasserstoffemissionen< beim Umfüllen und Lagern von Ottokraftstoffen (20. Verordnung zum >Bundes-Immissionsschutzgesetz<) vom 07.10. 1992 vor, daß bei Einsatz einer >Abgasreinigung<seinrichtung ein R. von 97 vom Hundert nicht unterschritten werden darf.

Reinigungsmittel. Sammelbezeichnung für verschiedene Produkte, die zur Reinigung von Gegenständen aus Geweben oder mit glatten Oberflächen geeignet sind. Reinigungsmittel für Textilien werden als >Waschmittel< bezeichnet. Sie unterscheiden sich nach Anwendungsbereichen wie Haushalt, Industrie, Gewerbe sowie nach dem Reinigungszweck wie Geschirrspülmittel, Fußbodenreiniger, Scheuermittel, Rohr- und WC-Reiniger, Allzweckreiniger usw. (Produktionszahlen s. Waschmittel). Allzweckreiniger enthalten a- und n-Tenside, einen >Builder<, Harnstoff, teilweise LM wir Alkohole oder Glykolether, aber auch antimikrobielle Wst. sowie Farb- und Duftstoffe. Der gesamte Wst.-Anteil liegt bei 20 bis 30%. Feste und flüssige Scheuermittel enthalten neben den >Tensiden< als wesentlichen Bestandteil eine Abrasivkomponente in Form von Quarz- oder Marmormehl. Letztere ermöglicht auch die Reinigung weicherer Oberflächen wie Kunststoffe, ohne Kratzer zu hinterlassen. Geschirrspülmittel für manuelles oder maschinelles Spülen unterscheiden sich erheblich in der Zusammensetzung. Wesentliche Bestandteile von Hand-Geschirrspülmitteln sind a- und n-Tenside mit 15 bis 30%, des weiteren sind in geringen Mengen Builder, Alkohole, Hautschutzstoffe wie oxyethlierte Fettsäuren oder -amide, Konservierungsstoffe sowie Duft- und Farbstoffe enthalten. Neben einer guten Reinigungswirkung ist die Hautverträglichkeit von großer Bedeutung. Trotz rückfettender Sz und einem mittleren pH-Wert ist eine austrocknende Wirkung nicht zu vermeiden. Bei normaler Haut ist die Verträglichkeit gut. Bei empfindlicher Haut, Neigung zu Ekzemen oder Spülmittelallergien (eine Person unter 5.000 Personen) sollten Handschuhe getragen werden.
Maschinenspülmittel sind wesentlich agressiver; durch Soda, Metasilikat, Ätznatron, Natriumtriphosphat sind sie stark alkalisch eingestellt. Da die mechanische Reinigung durch den Wasserstrahl aus den Düsen wesentlich geringer ist als die Wirkung der Bürste, muß die chem. Komponente stärker wirken. Aus diesem Grund müssen die eingesetzten n-Tenside schaumarm sein, da Schaum die mechanische Wirkung des Wassers dämpfen würde. Chlorhaltige Verb. werden eingesetzt, um stark färbende Verb. zu entfernen und Keime abzutöten. In der Maschine werden nach der Reinigung Klar-

spüler als Trocknungshilfe eingesetzt. Sie enthalten n-Tenside und ermöglichen, daß das Wasser filmartig abläuft. Ein Zusatz von Säuren neutralisiert Alkalireste auf dem Geschirr. Bei Temp. von ca. 65 °C im letzten Spülgang kann das Geschirr ohne Kalkflecken trocknen.
Lit: Vollmer G, Franz M (1985) Chemische Produkte im Alltag, Thieme Verlag, Stuttgart.

Reinigungsstufen. >Abwasserreinigung< (>biologische<, >chemische<, >mechanische<, >weitergehende<).

Reinluftbedingungen. Bei der Untersuchung von z.B. >Innenraumchemikalien< unter kontrollierten Bedingungen in >Modellräumen< ist es notwendig, äußere Faktoren wie z.B. Luftverunreinigungen mit >Umweltchemikalien< bzw. Staub als störende Interferenzen auszuschließen. Bei der Versorgung des Modellraums mit Außenluft ist es deswegen zur Einhaltung von R. erforderlich, den angesaugten Luftstrom durch Filterung über >adsorptive< Phasen wie >Aktivkohlefilter< zu reinigen. Darüber hinaus is es für Versuchszwecke in einem >Clean Room< erforderlich, Einträge von >Chemikalien< aus >Baumaterialien< zu unterbinden. Hohe Ansprüche an die R. werden auch bei biol. Arbeiten wie dem Isolieren und >Kultivieren< von >Mikroorganismen< (>Clean Bench<) und bei der Herstellung mikroelektronischer Bauteile gestellt.

Reinluftgebiete. Auch in Gebieten, in denen nur geringe >Emissionen< >anthropogen<en Ursprungs vorhanden sind, treten aufgrund von >Schadstofferntransporten< anthropogen bedingte >Immissionsbelastungen< auf. In Gebieten fernab von Ballungszentren können ggf. sogar sek. gebildete >Schadstoffe<, wie z.B. >Ozon<, in höheren Konz. auftreten. Es sollte daher nicht von Reinluftgebieten, sondern von insgesamt gering belasteten Gebieten gesprochen werden.

Reinwasser. Sammelbegriff für Wasser nach der >Wasseraufbereitung<. Wasser, das von Natur aus nicht den Anforderungen entspricht, die vom Verbraucher oder vom Material gestellt werden, muß aufbereitet werden, d.h. in den Zustand versetzt werden, der den jeweiligen Anforderungen genügt. Da die Qualität des in der Natur vorkommenden Wassers sehr unterschiedlich ist, gibt es keine allgemeingültigen Regeln für die Wasseraufbereitung.
Lit: Brix J, Heyd H, Gerlach E (1963) Die Wasserversorgung, R. Oldenbourg Verlag, München Wien.

Reisekostenansatz. Ökonomischer Ansatz zur Messung des Freizeit- und Erholungsnutzens von Naherholungsgebieten, Gewässern und Wäldern. Er basiert auf der Überlegung, daß der Freizeit- und Erholungswert mindestens so groß ist wie die tatsächlichen Aufwendungen, die ein Haushalt auf sich nimmt, um in den Genuß des öffentlichen Gutes zu gelangen. Die Nachfrage nach privaten komplementären Gütern wird tendenziell um so größer sein, je besser die Qualität des betreffenden Umweltmediums ist. Indem man die privaten Kosten bei alternativen Umweltqualitäten ermittelt, erhält man eine Nachfragefunktion für das Umweltgut. Wichtigste komplementäre Kosten sind die Reisekosten. Vor allem die Verschiedenheit der Präferenzen der Wirtschaftssubjekte und fehlende Vergleichsobjekte stellen den Reisekostenansatz vor grundlegende Probleme. Schon die Nutzenbewertung eines gegebenen Umweltmediums ist theoretisch frag-

würdig und statistisch schwierig, um so problematischer ist der Versuch, auf diese Weise alternative hypothetische Qualitätsgrade zu bewerten. Was man – bei richtiger Erfassung – als sichere Bewertungsgröße hat, sind nur die Reisekosten. Sie geben aber nur die Untergrenze des Wertes eines gegebenen Umweltmediums an.
Lit: Cansier D (1996) Umweltökonomie. 2.Aufl., Lucius & Lucius, Stuttgart.

reizend. >Gefährlichkeitsmerkmal< nach § 3a Abs.1 Nr.10 >ChemG<. Reizend sind >Stoffe< und >Zubereitungen<, die bei kurzzeitigem, länger andauerndem oder wiederholtem Kontakt mit der Haut oder Schleimhaut eine Entzündung hervorrufen können (Best. gemäß § 1 ChemGefMerkV). Stoffe und Zubereitungen werden mit dem >Gefahrensymbol< und der > Gefahrenbezeichnung< „Reizend" gekennzeichnet, wenn die Ergebnisse der Prüfungen den in >GefStoffV< Anhang I Nr.1.1 genannten Kriterien entspr. Die unter Nr.1.1.2.4.10 aufgeführten >R-Sätze< werden ebenfalls nach diesen Kriterien ausgewählt.

Reizgase. Chemisch stark reaktive Stoffe, die in bestimmten Konzentrationen Proteine denaturieren können und bei Inhalation die Atemwege schädigen. Die resultierenden Krankheitsbilder werden nicht durch die spezifischen Eigenschaften der Moleküle bestimmt, sondern hängen einerseits vom Ausmaß der Wasserlöslichkeit, andererseits von den pathophysiologischen Reaktionsmöglichkeiten der jeweiligen Abschnitte des Atemtrakts ab, s. Tabelle unten.
Lit: Forth W, Henschler D, Rummel W (1987) Pharmakologie und Toxikologie, BI Wissenschaftsverlag, Mannheim Wien Zürich.

Rekultivierung. Maßnahmen zur Wiederherstellung des ursprünglichen Zustands eines durch menschliche Eingriffe zerstörten oder auch zeitweise beeinträchtigten Gebietes. Ziel ist die Eingliederung der in Anspruch genommenen Flächen in das umliegende Landschaftsbild. Zu diesem Zweck werden häufig Deckschichten aus Oberbodenmaterial aufgebracht, wobei neben dem Nährstoffhaushalt hauptsächlich Luft- und Wasserversorgung sowie Erosionsstabilität zu beachten bzw. zu optimieren sind. Im Bergbau: Rekultivierung von >Kippen<, >Halden<, >Tagebaurestlöchern<. Für eine erfolgreiche Rekultivierung ist vor dem Eingriff das ökologische System zu erfassen: Flora, Fauna, Besiedlung, Klimawerte, Wasserhaushalt, geomorphologi-

Reizgase: Angriffsorte von Reizstoffen im Atemtrakt und am Auge in Abhängigkeit von der Wasserlöslichkeit

H_2O-Löslichkeit	Angriffsort	Stoffe
hoch	Auge Larynx Trachea	Ammoniak
		Salzsäure
		Formaldehyd
		Schwefel-kohlenstoff
		Acrolein
		Fluorgas
mittel	Bronchien Bronchiolen	Schwefeldioxid
		Chlorgas
		Brom
		R-CO-Cl
gering	Bronchiolen Alveolen Kapillaren	Ozon
		Stickstoffdioxid
		Phosgen
		Cadmiumoxid

sche Verhältnisse. Im Bergbau werden im Hinblick auf geeignete Rekultivierungsmaßnahmen Abbauverfahren und -grenzen, Form und Aufbau von Kippen oder Halden sowie >Restlochgröße< der in Anspruch genommenen Gebiete festgelegt. Die Nutzung von rekultivierten Gebieten landwirtschaftlich, forstwirtschaftlich und als Erholungsflächen stellt ebenso spez. Anforderungen an die unterschiedlichen Maßnahmen.

Rekultivierung von Deponien. Gestaltung der Oberfläche einer >Deponieabdeckung< in der Form, daß Pflanzenwachstum möglich ist. Das Ziel der R. ist die Wiedereingliederung der Deponie in das Landschaftsbild.

Lit: Kaiser W (1996) Rekultivierung von Mülldeponien. Fraunhofer IRB Verlag, Berlin.

Rekultivierungs- und Sanierungspflicht. Spezielle Form einer Umweltausgleichspflicht; geregelt z.B. in § 36 Abs.2 des Kreislaufwirtschafts- und Abfallgesetzes – Deponiekultivierungspflicht –; § 8 Abs.2 Satz 4, 2 Alt. des >Bundesnaturschutzgesetzes< – Eingriffsausgleichspflicht –; § 11 Satz 2 des Bundeswaldgesetzes – Wiederaufforstungspflicht –.

Q-I-Relation. >Quantitäts-Intensitäts-Relation<.

Relative biologische Wirksamkeit. Für einen best. lebenden Organismus oder Teil eines Organismus das Verhältnis der Energiedosis einer Referenzstrahlung (meist 200 kV Röntgenstrahlen), die eine best. biol. Wirkung erzeugt, zu der Energiedosis der betreffenden Strahlung, die die gleiche biol. Wirkung erzeugt. Der Begriff sollte nur in der Radiobiologie und nicht im Strahlenschutz verwendet werden.

Relative Dichte (D_{20}). Bezeichnet bei Feststoffen oder Flüssigkeiten das Verhältnis zwischen der Masse eines bestimmten Volumens des zu prüfenden Stoffes, gemessen bei 20 °C, und der Masse des gleichen Volumens Wasser, bestimmt bei 4 °C. Die r. D. hat keine Dimension. Die Dichte eines Stoffes ist gleich dem Quotienten aus seiner Masse und seinem Volumen. Die Dichte wird in SI-Einheiten (kg/m^3) angegeben.

Lit: Richtlinie der Kommission vom 25.April 1984 zur sechsten Anpassung der Richtlinie 67/548/EWG des Rates zur Angleichung der Rechts- und Verwaltungsvorschriften für die Einstufung, Verpackung und Kennzeichnung gefährlicher Stoffe an den technischen Fortschritt (84/449/EWG). In: Rippen (Hrsg.) Handbuch Umweltchemikalien, ecomed Verlagsgesellschaft, Landsberg/Lech.

Relative Sonnenscheindauer. Verhältnis zwischen tatsächlicher (S) und astronomischer Sonnenscheindauer (S_0) eines Ortes, ausgedrückt in Prozent. S wird durch Messungen ermittelt, S_0 ist die Zeit zwischen Sonnenauf- und -untergang.

Rem. Abk. für *r*oentgen *e*quivalent *m*en. Alte Einheit der >Äquivalentdosis<. Einheitenzeichen: rem. Diese alte Einheit gehört nicht dem SI-Einheitensystem an und ist seit dem 01.01. 1986 nicht mehr rechtsgültig. Die Äquivalentdosis von 1 rem entspr. der Energiedeposition von 100 erg pro Gramm Körpergewebe bei ionisierender Strahlung mit niedrigem LET (linear energy transfer), also >Beta<-, >Gamma<- oder >Röntgenstrahlung<. Die neue Einheit der Äquivalentdosis ist das >Sievert<, Einheitenzeichen: Sv. Umrechnung: 0,01 Sv = 1 rem.

Renaturierung. Rückführung von Standorten, die durch landwirtschaftliche oder industrielle Nutzung verändert wurden, in einen naturnahen Zustand. Häufig wird der Begriff R. auf Feuchtstandorte wie >Moore< angewendet, die durch Abtorfung oder landwirtschaftliche Nutzung (Entwässerung, Düngung, Kalkung) beeinträchtigt wurden. Hier wird z.B. versucht, durch Wasseranstau die Wiederansiedlung von Torfmoosen zu erleichtern. Bei überdüngten, ursprünglich nährstoffarmen >Hochmooren< wird auch versucht, die zugeführten Nährstoffe über die Abfuhr von Pflanzenmasse wieder zu entziehen („Aushagerung"), wofür aber erhebliche Zeiträume erforderlich sind. Die R. von Bach- und Flußläufen erfordert neben der Vermeidung von Nähr- und Schadstoffeinträgen oft auch die Entfernung von Uferbefestigungen, damit sich auch zwischen den angeschnittenen Böden und dem Wasserkörper ein (Fließ)gleichgewicht mit entsprechender Uferform und -vegetation einstellen kann.

Renaturierung Fließgewässer. Alle Maßnahmen, die zum Erreichen der Naturnähe eines Fließgewässers führen: Verbesserung der Wassergüte, Erhöhung der Strukturvielfalt im und am Gewässer, der Laufentwicklung durch Mäanderbildung sowie Schaffung bzw. Ausweitung von Überflutungsflächen. Die R. muß sich in ihren Zielen grundsätzlich an den geologischen und geomorphologischen Gegebenheiten einer Landschaft orientieren.

Lit: Friedrich G, Lacombe J (1992) Ökologische Bewertung von Fließgewässern. Gustav Fischer Verlag, Stuttgart Jena New York – Kern K (1994) Grundlagen naturnaher Gewässergestaltung. Springer-Verlag, Berlin Heidelberg New York Tokyo – Gunkel G (1996) Renaturierung kleiner Fließgewässer. Gustav Fischer Verlag, Jena Stuttgart.

Rendzina. Bodentyp der deutschen >Bodensystematik<, der nur aus einem carbonathaltigen, oft humusreichen Ah-Horizont und dem darunter liegenden festen, carbonathaltigen Ausgangsgestein (C-Horizont) besteht (>Bodenhorizonte<). Die Verwitterung des Gesteins bewirkt zunächst eine Auflösung der Carbonate, wobei die in ihnen enthaltenen Begleitminerale (z.B. Tonminerale, Eisen(III)-oxide) übrig bleiben. Daher entwickeln sich R. oft zu braunerdeähnlichen Böden mit braunen, tonreichen Horizonten („Kalksteinverwitterungslehm", >Terra fusca<). Typische R. finden sich dort, wo das Verwitterungsmaterial ständig durch Erosion (>Bodenerosion<) weggeführt wird. Das Wasserspeichervermögen einer R. ist meist relativ gering, so daß Pflanzen oft unter Trockenheit leiden. Ein entsprechender Boden aus carbonathaltigem Lokkergestein wird als >Pararendzina< bezeichnet.

Reparaturmechanismus (DNA-). >DNA-repair<.

Repellent (Abschreckstoff). Eine Substanz, die ein Tier vertreibt oder vom Fraß abhält. In der Regel sind es Substanzen, die bereits auf Distanz oder bei höchst flüchtigem Kontakt wirken. S.a. >Attractant<.

Repräsentanz. Aussage darüber, inwieweit die an einer Station gewonnenen >Klimaelemente< auf eine größere Umgebung übertragen werden können. Die Prüfung der R. der einzelnen meteorologischen Größen ist Voraussetzung für die Konstruktion von >Klimakarten<.

Lit: Gandin LS (1970) The planning of meteorological station networks. WMO-No.265, WMO Tech. Note No.111.

Repressives Verbot. Prinzipielles Verbot eines bestimmten Tuns. Möglich ist eine Befreiung vom Verbot; dies steht im pflichtgemäßen Ermessen der Behörde.

Reproduktionstoxizität. Gefahrstoffe im Arbeitsbereich können die Reproduktion vor der Empfängnis, während der Schwangerschaft und nach der Geburt beeinflussen. Gefährliche Ereignisse vor der Empfängnis können die Eierstöcke oder die weiblichen oder männlichen Gameten, die die Erbinformationen des Nachkommens enthalten, beeinflussen. Experimentelle Studien haben eine Reihe von >Mutagenen< identifiziert, die potentiell weibliche und männliche Gameten schädigen. So muß die Vorsorge bei beiden Geschlechtern ansetzen. Nach der Empfängnis, d.h. während der Schwangerschaft, bezieht sich die Exposition des Nachkommens gegenüber Schadstoffen auf die Exposition der Mutter. Die Placenta wirkt als Barriere gegen einige Stoffe, wird jedoch von vielen Gefahrstoffen durchdrungen. Spontane Fehlgeburten, Tod des Feten, Mißbildungen, Wachstumsstörungen oder funktionelle Störungen können von fetotoxischen Wirkungen herrühren. Genotoxische Wirkungen während der Schwangerschaft können Krebs im Kindesalter oder genetische Veränderungen in den Gameten des Kindes hervorrufen. Bei Menschen beziehen sich die meisten Reproduktionsstudien auf die Exposition der Mutter gegenüber Gefahrstoffen während der Schwangerschaft.
Lit: Kolb, Meyers V (1988) Teratogens, Chemicals which Cause Birth Defects, Elsevier, Amsterdam Oxford New York Tokyo.

Reptilia. >Vertebrata<.

Researchoctanzahl (ROZ). Kennzahl für das >Klopfverhalten< von >Ottomotoren<, wird nach ISO 5164 bestimmt, >Klopffestigkeit<.

Reserve, ökologische. >Ökologische Reserve<.

Resistenz. Grundsätzliche Befähigung eines Organismus, den Angriff eines potentiellen Schaderregers bis zu einem best. Grade abzuwehren oder der Wirkung eines schädigenden Agens zu widerstehen. >PSM-Resistenz<, >Antibiotikaresistenz<, >Pathogenresistenz<, >Virusresistenz<.

Resistenz *[resistance]*. Grundsätzliche Befähigung eines Organismus, den Angriff eines potentiellen Schaderregers bi zu einem bestimmten Grade abzuwehren oder der Wirkung eines schädigenden Agens zu widerstehen [aus DPG-Glossar]. >PSM-Resistenz<.

Resistenzbildung. >Resistenzzüchtung< (s. auch >Antibiotikaresistenz<, >Herbizidresistenz<, >Pathogenresistenz<, >Virusresistenz<).

Resistenzzüchtung (Pflanzen). Zum Schutz gegen Pilz-, Bakterien- oder Virusinfektionen, die u.a. an Kulturpflanzen großen wirtschaftlichen Schaden anrichten können, wird bei ökonomisch relevanten Sorten eine >Züchtung< von Resistenzfaktoren betrieben; denn gebildete Resistenzen können auch den Einsatz von umweltrelevanten Bioziden (Pestiziden) zumindest teilweise vermindern. Resistenzfaktoren können auf mehrere Arten in Kulturpflanzen eingebracht werden. Die klassische Art ist die Kreuzung mit Wildtypen der entsprechenden Pflanze, da Wildpopulationen oder primitive Sorten oft noch Resistenzgene, z.B. gegen pilzliche Pathogene aufweisen. Der Nachteil dieser Methode liegt darin, daß nicht nur das gewünschte Resistenzgen, sondern auch für den Ertrag negative >Gene< bzw. Gene für unerwünschte oder gar tox. Inhaltsstoffe eingebracht werden. Diese müssen dann durch sehr aufwendige, langandauernde Rückkreuzungen wieder eliminiert werden. Sind Resistenzen auf Me-

chanismen begründet, die auf der Ebene einzelner isolierter Zellen >exprimiert< werden (z.B. Pilztoxine, Zellmembranveränderungen), so kann man sich der „In-vivo-Selektion" bedienen. Dabei setzt man dem Kulturmedium von >Zellkulturen< der interessierenden Pflanzen Streßfaktoren (Toxine, Ionen bei mineralischem >Streß<) zu. Dann überleben in der Kultur vorwiegend die Zellen, die eine Resistenz gegen den Streßfaktor entwicklen konnten. Nach erfolgreicher Regeneration zu ganzen Pflanzen stehen genotypisch resistente Pflanzen zur Verfügung. Diese Methode beansprucht insgesamt weniger Zeit als die klassische Züchtung.

Resorcin (1,3-Dihydroxybenzol, 1,3-Benzdiol). CAS-Nr. 108–46–3. In farblosen Nadeln kristallisierender Feststoff mit folgender Struktur:

Physikal.-chem. Eigenschaften: M_r: 110,11, Dichte: 1,272, Fp.: 110 bis 113 °C, Kp.: 280 °C.
Es ist in Wasser, Alkohol, Ether und >Glycerin< gut und in >Chloroform< wenig löslich. R. zeigt eine stark bakterizide Wirkung, vergleichbar mit >Phenol<, ist jedoch weniger ätzend als dieses und weist eine geringere Giftigkeit auf. Natürlich kommt es im Holz- und Tabakrauch sowie den Schwelabwässern aus der Kohleveredelung vor. Verwendung findet es u.a. bei äußerlich zu desinfizierenden Umschlägen, Pinselungen, zur Behandlung von parasitären Haut- und Haarkrankheiten, bei der Herstellung von Farb-, Kleb-, Spreng- und Aromastoffen sowie in der Kunststoffindustrie. R. kann beim Einatmen, Verschlucken oder durch Resorption über die Haut zu Benommenheit, Krämpfen und Nierenschädigung führen.

Resorcin Gelb. >Chrysoin S<.

Resorption. Aufnahme von Stoffen durch die Haut oder Schleimhaut in die Blut- und Lymphbahn. So werden z.B. Nährstoffe über den Magen-Darm-Kanal und subcutan injizierte Arzneimittel über die Wände der serösen Höhlen resorbiert.

Respiration. (Lat. respiratio = Atemholen). Ein Synonym für aerobe >Dissimilation< (>Atmung<), bei der unter >O_2<-Aufnahme und >CO_2<-Abgabe (>Gasaustausch<) >ATP< gebildet wird. Die Messung der Respirationsrate ist ein Mittel zur Beurteilung der >Stoffwechselaktivität<, die z.B. durch Umweltschadstoffe beeinträchtigt werden kann. Sie bildet darüber hinaus die Grundlage von Keimfähigkeitstests bei Saatgut.

Respirationshemmtest. Bakterientest. Kann mit Reinkulturen von *Pseudomonas putida* oder auch mit Belebtschlamm durchgeführt werden. Gemessen wird der Sauerstoffverbrauch nach 30 min und/oder 3 h im Vergleich zu einer Kontrolle ohne Zusatz eines Stoffes oder Abwassers.

Responsible Care. Kommunikationsprogramm der chem. Industrie zur Information und Mitwirkung lokaler Bevölkerung an Standorten von chem. Anlagen. Sinn und Zweck des R.-C.-Programms ist es, die im Umkreis von chem. Anlagen wohnende Bevölkerung über die Risiken und möglichen Gefahren der jeweiligen Anlagen zu informieren und gemeinsam mit Vertretern dieser Bevölkerung Risiko-Management-Strategien zu entwerfen und zu implementieren. Auch die Einübung von Notfallschutzmaßnahmen gehört mit zum Programm. Das R.-C.-Programm wurde zunächst in den USA und Kanada als Reaktion auf die US-Gesetzgebung zur Unterrichtung der lokalen Bevölkerung (SARA, Title 3) ins Leben gerufen. Wegen ihres großen Erfolges haben auch viele europäische Firmen die Grundelemente des Programms in ihren eigenen Kommunikationskonzepten übernommen.

Ressourcen. Gesamtheit aller Faktoren, die Organismen zu ihrem Wachstum und ihrer Vermehrung in ihrer Umwelt benötigen: Energie, Nahrung und andere Stoffe, aber auch Lebensraum (Tiere) bzw. Standort (Pflanzen).

Ressourcenökonomik. >Umwelt- und Ressourcenökonomik<.

Ressourcenökonomischer Umweltschutz. Politik mit dem Ziel, Umweltressourcen im Interesse künftiger Nutzungen zu schonen; eine von mehreren möglichen Interpretationen des >Vorsorgeprinzips<.

Ressourcenpolitik. >Umwelt- und Ressourcenökonomik<.

Restabfall. Zu beseitigender, nicht wiederverwertbarer >Abfall<, der bei einer >Getrenntsammlung von Abfällen< nicht als >Wertstoff< erfaßt wurde oder aufgrund seiner Beschaffenheit nicht erfaßt werden konnte. Der R. wird dann nach einer >Abfallvorbehandlung< deponiert. Im R. sind immer noch Wertstoffe enthalten, seine Zusammensetzung ist ähnlich der des >Hausmülls<.

Restabfalltonne. Abfallbehälter (zumeist grau) in einem >Erfassungssystem< für die >Getrennte Sammlung von Abfällen<. Neben der >Biotonne< und/oder dem Wertstoffbehälter wird über die R. der nicht verwertbare >Restabfall< entsorgt.

Restanhaftung. Bei der Verwertung von Verpackungen verwendeter Begriff, der definiert, wieviel von den (ehemaligen) Inhaltsstoffen noch in der Verpackung verbleiben dürfen, damit die Verpackung noch verwertet werden kann. Die Menge der R., die in der Verpackung verbleiben kann, ist äußerst gering und teilweise nicht zu leisten. Eine Überschreitung der zulässigen R. führt zu einer Ablehnung der Verpackungsmaterialien durch den Verwertungsbetrieb.

Restchlor. Gesamtes wirksames verfügbares Chlor; >Chlor<, das nach einer Chlorung in Form von „freiem wirksamem Chlor" und/oder „gebundenem wirksamem Chlor" im Wasser verbleibt (ISO 6107/2).

Restmengenbeseitigung. Beseitigung der Abfälle, die nach Rückgewinnung der verwertbaren Stoffe (>Recycling<) verbleiben.

Restmonomere. Der Aufbau von >makromolekularen< Stoffen erfolgt aus mehr oder weniger reaktiven >Monomeren<. Da keine chem. Reaktion vollständig abläuft, bleiben nach Abbruch der >Polyreaktion< nicht abreagierte Monomere im Polymer eingeschlossen, die als R. bezeichnet werden. Als niedermolekulare Verbindungen sind R. im polymeren Werkstoff bis zu einem gewissen Grad mobil und können aus den Kunststoffen migrieren. Besonders problematisch sind diese Migrationserscheinungen dann, wenn die R. to-

xisch sind und sich in der Raumluft, wie z.B. Formaldehyd, Methylisocyanat bzw. Diisocyanate aus >Aminoplasten<, >Phenolharzen< und >Polyurethanen<, oder in Nahrungsmitteln, wie z.B. Vinylchlorid aus PVC-Verpackungen, akkumulieren können. Um dies zu verhindern, wurden speziell im Verpackungsbereich die R.-gehalte gesetzlich reguliert. So beträgt der Grenzwert für Vinylchlorid in PVC-Verpackungen im Lebensmittelbereich $C \le 1$ ppm, wobei ein Übergang in das Verpackungsgut, etwa Speiseöle oder Fette, unterhalb der Nachweisgrenze bleiben muß, und die Nachweisgrenze mit $C \le 0{,}01$ ppm definiert wird. R. sollten nicht mit monomeren >Additiven< in Kunststoffen verwechselt werden.

Restmüll. Zu entsorgender, nicht wiederverwertbarer Abfall, der bei einer >Getrenntsammlung< nicht als >Wertstoff< erfaßt wurde oder aufgrund seiner Beschaffenheit nicht erfaßt werden konnte. Der R. wird dann, ggf. nach einer Vorbehandlung (>Abfallbehandlung<), deponiert. Im R. sind immer noch Wertstoffe enthalten, seine Zusammensetzung ähnelt derjenigen des >Hausmülls<.

Restmüllbeseitigung. Beseitigung der Abfälle (>Restmüll<), die nach Rückgewinnung bzw. der Erfassung der verwertbaren Stoffe (>Recycling<) verbleiben.

Restmüllrotte. Aerobe Behandlung von >Restmüll<. Vgl. >Biologisch-mechanische Restmüllbehandlung<.

Restmülltonne. Abfallbehälter (zumeist grau) in einem >Erfassungssystem< für die getrennte Sammlung von >Hausmüll<. Neben der >Biotonne< und/oder der >Wertstofftonne< wird über die Restmülltonne der nicht verwertbare >Restmüll< entsorgt.

Restpopulationen. >Populationen<, die bei der Zerstörung von >Ökosystemen< in kleinen >Biotopen< oder Biotopresten zurückbleiben. In R. kann es zur Inzucht kommen und schon bei geringfügigen Veränderungen ökologischer Parameter zum Aussterben der betreffenden Population.

Restrisiko. 1. allgemein: Die Nicht-Erkennbarkeit von Risiken durch >Umweltchemikalien<, die Nicht-Quantifizierbarkeit sowie die Unvermeidbarkeit derselben. Dem Restrisiko werden also einerseits unbekannte, nicht abschätzbare oder auch nicht mehr quantifizierbare Risiken sowie andererseits unvermeidliche, vernachlässigbare und tolerierbare Risiken zugeordnet. Restrisiko beinhaltet auch Elemente der Zumutbarkeit und hat bei einer interdisziplinären Betrachtung zusammenfassend folgende drei Ausrichtungen:
- Restrisiko ist aus technischer Sicht die Wahrscheinlichkeit des Eintritts von Ereignissen mit tolerierbaren Schäden und von unbekannten Ereignissen;
- aus sozialwissenschaftlicher Sicht ist es die als zumutbar anzusehende Eintrittswahrscheinlichkeit eines Schadens mit einer zumutbaren Schadenshöhe;
- aus rechtlicher Sicht ist es ein Risiko, das den Staat nicht zu Schutzmaßnahmen verpflichtet.

2. juristisch: Das unterhalb des gesetzlich geforderten Sicherheitsstandards liegende und deshalb rechtlich erlaubte >Risiko<. Der Begriff hat keine eigenständige normative Bedeutung; er spiegelt lediglich die Kehrseite derjenigen Vorschriften wider, die das Maß der rechtlich gebotenen Sicherheit und damit zugleich die Größe des erlaubten Risikos normieren.

Lit: Mücke W (1985) Risikoermittlung bei Umweltchemikalien, ZFU 3: 221–245.

Restsättigung: Richtwerte für die Restsättigung an Mineralölen in natürlichen Lockergesteinen (aus: Schwille, 1971)

Bodenart	k_r-Wert (m/s)	Restsättigung nach 30 Tagen (L/m³)
Kies	$>1 \cdot 10^{-2}$	5
Sandiger Kies, kiesiger Sand	$1 \cdot 10^{-2}$ bis $1 \cdot 10^{-3}$	8
Kiesiger Sand, Grobund Mittelsand	$1 \cdot 10^{-3}$ bis $1 \cdot 10^{-4}$	15
Mittel-, Feinsand	$1 \cdot 10^{-4}$ bis $1 \cdot 10^{-5}$	25
Feinsand, schluffiger Sand	$1 \cdot 10^{-5}$ bis $1 \cdot 10^{-6}$	40

Restsättigung. Typische Drän- und Tränkungskurven einer benetzenden und einer nichtbenetzenden Flüssigkeit zeigen randliche Sättigungszonen („Restsättigung"), in denen keine Flüssigkeit durch die andere verdrängt werden kann. In porösen Lockergesteinen ist die Restsättigung für Mineralöle deutlich von der Korngröße abhängig.

Der Restsättigungswert liegt bei Chlorkohlenwasserstoffen in sehr durchlässigen Schichten im allg. bei 3 bis 5 L/m³, in schlecht durchlässigen Schichten bei 30 bis 50 L/m³ (s. Tabelle oben).

Lit: Schwille F (1971) Die Migration von Mineralöl in porösen Medien, Gas- u. Wasserf 112: 307–311, 331–339, 465–472 – Schwille F (1981) Groundwater pollution in porous media by fluids immiscible in water, Studies Environment Sci 17, Elsevier, Amsterdam Oxford New York, S. 451–463.

Reststoff. Die bei der Energieumwandlung oder bei Herstellung, Bearbeitung oder Verarbeitung von Produkten nebenbei anfallenden Stoffe wurden bisher als R. bezeichnet. Die R. können >Wertstoffe< sein bzw. Wertstoffe enthalten oder nicht verwertbar sein. Das >Kreislaufwirtschafts- und Abfallgesetz< vermeidet diesen Begriff, damit diese Stoffe sowie die bei der Nutzung von Stoffen und Erzeugnissen oder bei Dienstleistungen anfallenden beweglichen Sachen der abfallrechtlichen Überwachung unterworfen werden, auch wenn ein Entledigungswille nicht oder nur unvollkommen erkennbar ist. Maßgebend ist allein, worauf der Zweck der jeweiligen Handlung gerichtet ist, d.h. alle beweglichen Sachen, die anfallen, ohne daß ein planender Zweck hierauf gerichtet ist, sind Abfall. Hierzu gehören auch z.B. Schlacken, Lackschlämme.

Reststoffbestimmungsverordnung (RestBestV). Verordnung von 1990 zur Kennzeichnung der >besonders überwachungsbedürftigen Abfälle<. Wurde 1996 durch die >Verordnung zur Bestimmung von besonders überwachungsbedürftigen Abfällen< ersetzt.

Reststoffvermeidungspflicht. Gem. § 5 Abs. 1 Nr. 3 des >Bundesimmissionsschutzgesetzes< sind genehmigungsbedürftige Anlagen so zu errichten und zu betreiben, daß >Reststoffe< vermieden werden. Diese Verpflichtung gilt nicht absolut; an ihre Stelle tritt alternativ die Pflicht zur ordnungsgemäßen und schadlosen >Verwertung< oder, wenn dies technisch nicht möglich oder unzumutbar ist, die Beseitigungspflicht der Reststoffe als >Abfall<.

Restverschmutzung. Die im Ablauf nach einem >Abwasser<-Reinigungsprozeß< noch vorhandene Verschmutzung. Die einzelnen Reinigungsanlagen kann man nach ihrer Leistung miteinander vergleichen, wenn man in % angibt, um wieviel der Schmutzgehalt im Abfluß gegenüber dem >Rohwasser< abnimmt. Als Maßstab des Schmutzgehaltes kann z.B. der >biochem. Sauerstoffbedarf< (BSB) dienen oder der Gehalt an >Schwebstoffen< oder an >Bakterien<. Diese Vergleichszahlen sind in der Tabelle unten aufgelistet. Wenn man bei irgendeinem Verfahren den Reinigungsgrad einschätzt, muß man stets neben der theoretisch möglichen Wirkung auch die im praktischen Betriebe unvermeidlichen Schwächen mitrechnen.

Lit: Imhoff K, Imhoff KR (1990) Taschenbuch der Stadtentwässerung, 27. Aufl., R. Oldenbourg Verlag, München Wien.

Restwasser. In Mulden und Verwerfungsbereichen auf Wasserstauern anstehendes Wasser, das durch die >Entwässerung< nicht erfaßt ist. In >Tagebauen< kann sich das Restwasser standfestigkeitsmindernd auf >Böschungen< auswirken.

Retardpräparate.   >Controlled-Release-Formulierung<.

Retention. >Hohlraumanteil<.

Retentionszeit. (Lat.: retentio = Zurückhaltung). (Syn. Elutionszeit). Zeit, die eine Substanz in einem chromatographischen System benötigt, um vom Einspritzpunkt bis zur Registrierung des Peakmaximums im >Detektor< zu wandern. Die R. ist abhängig von der Strömung der mobilen Phase sowie der Löslichkeit und dem Dampfdruck der jeweiligen Komponente.

Restverschmutzung: Leistung der Reinigungsverfahren

Reinigungsverfahren	Abnahme in %		
	biochem. Sauerstoffbedarf	Schwebestoffe	Bakterien
1. Feine Siebe	5–10	5–20	10–20
2. Chlorung von Rohwasser oder abgesetztem Abwasser	15–30	–	90–95
3. Absetzbecken	25–40	40–70	25–75
4. Flockungsbecken	40–50	50–70	–
5. Chemische Fällungsbecken	50–85	70–90	40–80
6. Hochbelastete Tropfkörper	65–90	65–92	70–90
7. Schwachbelastete Tropfkörper	80–95	70–92	90–95
8. Hochbelastetes Belebungsverfahren	50–75	80	70–90
9. Schwachbelastetes Belebungsverfahren	85–95	85–95	90–98
10. Bodenfilter	90–95	85–95	95–98
11. Chlorung von biologisch gereinigtem Abwasser	–	–	98–99

Retro-Diels-Alder-Reaktion. Neben Cl- und HCl-Eliminierungen Hauptfragmentierungsreaktion bei der massenspektroskopischen Analyse von >Polychlorbornanen<.

Retrofit. >Nachrüstung<.

Retrovirus. (Pl. Retroviren; lat. virus = Gift, Saft). (Syn. Retroviridae). Familie von RNA-Viren (>Viren<) mit komplexer Innenstruktur, d.h., das >Genom< der >Viren< besteht aus einzelsträngiger >Ribonucleinsäure<. Wird eine Zelle mit einem R. infiziert, wird die RNA durch das Enzym Reverse Transcriptase, das sich ebenfalls in dem Viruspartikel befindet, in doppelsträngige >DNA< umgeschrieben. Diese wird in das Genom des Wirtes integriert und dann zusammen mit zellulären Genen wieder in RNA transcribiert. Zur Familie der R. gehören die HI-Viren Typ 1 und 2 sowie das menschliche T-Zell-Leukämie-Virus (HTLV) Typ 1 und 2 und außerdem Viren, die für eine Reihe von Tumoren und degenerativen Krankheiten in Menschen und Tieren verantwortlich sind (z.B. Rous-Sarkom-Virus bei Hühnern). Das Genom dieser RNA-Tumorviren enthält ein zusätzliches Gen, das normale Zellen in Tumorzellen transformieren kann, das Onkogen. Die Familie umfaßt alle RNA-Tumorviren in der Unterfamilie Oncovirinae, auch als Onkorna-Viren bezeichnet (Kunstwort aus onkos, grch. für Geschwulst und RNA). Weiterhin gehören die Unterklasse der Spumavirinae (z.B. „Foamy"-Virus beim Menschen) und der Lentivirinae (z.B. Slow-Virus bei Schafen) zur Familie der Retroviren.
Lit: Lehninger AL, Nelson DL, Cox MM (1994) Prinzipien der Biochemie, 2. Aufl., Spektrum Akademischer Verlag, Heidelberg.

REV. Repräsentatives Elementar-Vol.; bezeichnet das Vol., bei dessen Vergrößerung sich der Mittelwert der-

jenigen >Zustandsgröße< oder desjenigen Parameters, für die das Vol. repräsentativ ist, nicht mehr nennenswert ändert (s. Abb. unten).

Reversibel. Bei einem r. geführten Vorgang kann man zu jedem Zeitpunkt die Prozeßrichtung umkehren. Reversibilität stellt eine Idealisierung dar. R. führen lassen sich nur Prozesse, wenn diese unendlich langsam ablaufen. Ein Wärmeübergang von einem Körper (oder System) auf einen anderen kann stets nur bei geringfügig unterschiedlichen Temperaturniveaus erfolgen. Bei verschwindenden Temperaturunterschieden verschwindet auch der Wärmestrom. R. ist aber der Wärmestrom nur dann, wenn er zwischen gleichtemperierten Körpern stattfindet. In vielen angewandten Wissenschaften wird r. ohne thermodynamischen Bezug mit „umkehrbar" gleichgesetzt.
Lit: de Groot SR (1960) Thermodynamik irreversibler Prozesse. Bibliographisches Inst., Mannheim.

Reversosmose. (Syn. Umkehrosmose). Die umgekehrte Osmose, die Membranmikrofiltration sowie die Ultrafiltration sind die wichtigsten durch einen hydrostatischen Druck betriebenen Membrantrennverfahren. Sie werden oft unter dem Begriff Membranfiltration zusammengefaßt und unterscheiden sich v.a. durch ihre Trenngrenzen. Die Umkehrung der normalen >Osmose< wird durch Überwindung des osmotischen Druckes durch einen höheren Druck erzwungen. Es wird dabei z.B. reines Wasser aus einer Salzlsg. durch eine *semipermeable Membran* abgetrennt. Membranmaterialien und Membranaufbau sind bei allen Membrantrennverfahren ähnlich. Die technische Membrananordnung geschieht in sog. Modulen, wobei Platten-, Wickel-, Rohr-, Kapillar- und Hohlfaser-Module verwendet werden. Dies geschieht in großem Maßstab bei der Trinkwassergewinnung durch Meerwasserentsalzung und durch Aufbereitung von Brackwasser, bei Entgiftung und Recycling von Abwässern besonders aus galvanotechnischen Betrieben und Deponiesickerwässern, bei Entfernung von Farbstoffen aus Abwässern der Textilfärberei, beim Aufbereiten von Kesselspeisewasser, bei der Gewinnung von hochreinem Wasser, z.B. für die Elektroindustrie und klinische Labors, für die pharmazeutische und kosmetische Industrie, bei der Rückgewinnung von Silber in der photochemischen Industrie, bei der Herstellung konzentrierter wäßriger Lsg. in der pharmazeutischen Industrie und in der Nahrungsmittelindustrie.

Reynoldssche Zahl. Verhältniszahl (dimensionslos) von Trägheits- und Reibungskräften in einem strömenden Medium und bei umströmten Körpern:

$$\text{Re} = V \cdot 1 \cdot \frac{1}{k}$$

V = Strömungsgeschwindigkeit (ms^{-1}), l = Fließweg oder Breite des Gerinnes (m), k = kinematische Zähigkeit $(m^2 s^{-1})$. Bei Re > 2.300 ist eine Wasserbewegung >laminar<, darüber >turbulent<. Bei schwimmenden Wasserorganismen bedeutet Re = 1, daß die einwirkenden Reibungs- und Trägheitskräfte gleich groß sind. In diesem Fall ist l die Körperlänge und V die Schwimmgeschwindigkeit. Bei größeren schnell schwimmenden Tieren ist Re > 1.000.

Rezeptor. (Lat. recipere = aufnehmen, annehmen). Bindeprotein für >Hormone< und andere (z.B. pharmazeutisch wirksame) Verb. Rezeptoren dienen grundsätzlich der Signalverstärkung und treten 1. als

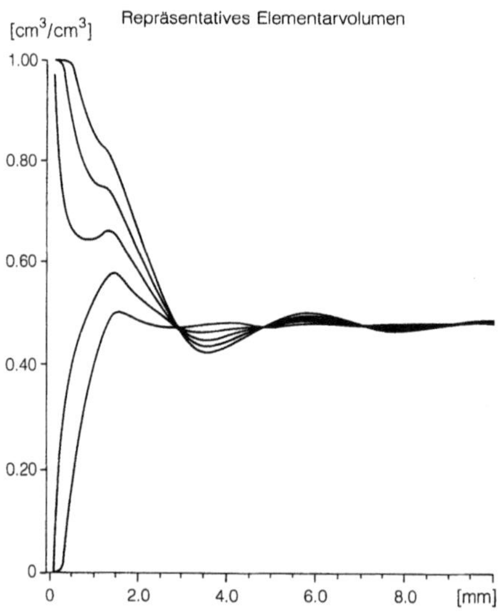

REV: REV für den Wassergehalt θ eines porösen Systems aus Glaskugeln, Durchmesser 2 mm, in regelhafter Anordnung mit maximaler Porosität; die Linien geben unterschiedliche Möglichkeiten für Veränderungen von θ mit zunehmendem Volumen r^3 an. Bei r > ≈ 2 mm variieren die Werte nicht mehr nennenswert

intrazelluläre, cytosolische R. auf (z.B. Steroidhormon-R., die durch Bindung an spez. >DNA<-Sequenzen die Genexpression regulieren) sowie 2. als membrangebundene R., insbesondere an der Zelloberfläche. Der letzten Gruppe gehören versch. Ionenkanäle sowie die G-Protein-gekoppelten und die katalytischen R. mit Tyrosinase- und Guanylat-Cyclase-Aktivität an. Die Wirkung der >Phytohormone< setzt eine Rezeptorbindung voraus.

Rhamnazin. Eine Farbkomponente des >Kreuzbeeren<-Extrakts.

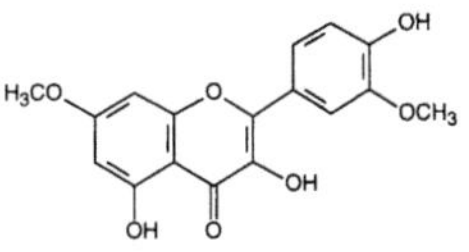

Rhamnetin. Die Hauptkomponente des >Kreuzbeeren<-Extrakts.

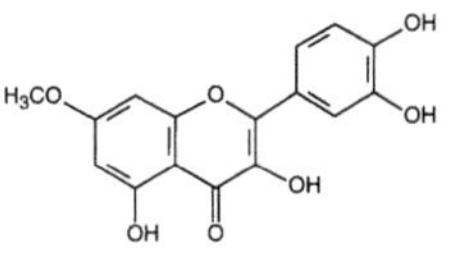

Rheinschutzkommission. 1976 wurde das Übereinkommen zum Schutz des Rheins unterzeichnet, seit 01.02. 1979 ist es in Kraft. Unterzeichner sind die Anliegerstaaten des Rheins. Es beinhaltet die Grundlage für Maßnahmen zur Beseitigung und Verringerung gefährlicher Stoffe; für einige sind bereits Grenzwerte festgelegt.

Rheokrene. Quellwasseraustritt, bei dem das Wasser auf geneigtem Hang sofort als Rinnsal abfließt. S. a. >Helokrene< und >Limnokrene<.

Rheotaxis. Einstellreaktion von frei beweglichen Tieren auf die Wasserströmung, meist gegen die Strömung gerichtet. >Taxien<.

Rhithral, Rhithron. Lebensraum und Organismenbestand eines Gebirgsbaches der >Salmonidenregion<. Die Gewässersohle ist grob steinig-kiesig, der Abfluß dementspr. turbulent und verwirbelt. Die sommerlichen Spitzentemp. liegen unter 20 °C. Die Rhithralbereiche der >Fließgewässer< sind aus klimatischen Gründen in den Tropen auf die Hochgebirge beschränkt, zu den Polen hin zu niederen Höhenlagen ausgedehnt, was von erheblicher biogeographischer Konsequenz ist.
Lit: Illies J (1961) Versuch einer allgemeinen biozönotischen Gliederung der Fließgewässer, Int Rev Ges Hydrobiol 46: 205–213.

Rhizobium. (Pl. Rhizobien, Syn. „Knöllchen-Bakterium"). Zur symbiontischen >Stickstoff-Fixierung< befähigte Bakterienart (Symbiose mit Leguminosen).

Rhizoctonia. >Fungi< (s. Abb. S. 469).

Rhizopus. >Fungi< (s. Abb. S. 469).

Rhizosphäre. Der Bereich eines Bodens, der in direktem Kontakt und Stoffaustausch mit den Pflanzenwurzeln steht. Je nach der Auslegung dieser Definition gibt es unterschiedliche Abgrenzungen des Bereichs der R. So wurde früher oft der gesamte dichter durchwurzelte Oberboden als R. bezeichnet. Nach enger gefaßten Interpretationen wird der Bodenbereich als R. bezeichnet, der bei mäßig starkem Schütteln noch an der Wurzel haftet. Mikromessungen in Wurzelnähe haben jedoch gezeigt, daß der Einfluß der Wurzel je nach den interessierenden Parametern, nach den Eigenschaften der Pflanzenwurzel und der Pufferfähigkeit des Bodens unterschiedlich weit in den Boden hinein reicht. So werden z. B. für den pH in puffernden Böden und für austauschbares Phosphat in etwa 1 bis 2 mm Entfernung von der Wurzel die Werte des unbeeinflußten Bodens erreicht, während das Redoxpotential und das austauschbare Kalium noch in 3 bis 5 mm Entfernung verändert sein können. Die hierbei auftretenden Gradienten können u. U. sehr groß sein; so wurden z. B. für das Redoxpotential Gradienten von 0,1 V/ mm, für den pH-Wert von 1 Einheit/mm gemessen. Bei der Untersuchung der R. ist zu beachten, daß die Abstandsfunktion der wichtigsten Parameter nichtlinear verläuft, daß also Mittelwerte für den gesamten Wurzelbereich nicht die wahren Verhältnisse i. d. R. wiedergeben. Die R. kann daher i. d. R. nur mit Methoden charakterisiert werden, die eine räumliche Auflösung von besser als etwa 0,5 mm haben. >Phyllosphäre<.

Rhizosphäreneffekt. Verhältnis der Keimzahlen von Bodenmikroorganismen in der Rhizosphäre von Pflanzenwurzeln (R) zu den Zahlen im wurzelfernen Boden (S). Diese R/S-Quotienten hängen von der Art der Organismen, der Pflanzenart und dem Nährstoffzustand des Bodens ab und können Werte von mehreren Hundert erreichen.

Rhizotron. >Bodenbiologie, Methoden<.

RHmV. >Rückstands-Höchstmengenverordnung<.

Rhodoxanthin. (E 161f). 3,3'-Dioxo-retro-β-carotin. Ein in der Natur zwar nur in kleinen Mengen vorkommender, aber weit verbreiteter fettlöslicher roter Farbstoff aus der Gruppe der >Xanthophylle<. Die Isolierung erfolgt aus der Eibe, *Taxus baccata* (s. chem. Formel unten).

Rhythmik. (Syn. Periodik, Periodizität). Regelmäßige Änderungen vielfältiger Lebensäußerungen bei Pflanzen, Tieren und Mikroorganismen. Die Änderungen werden durch innere (endogene) und äußere (exogene) Faktoren verursacht bzw. beeinflußt. Die auftretenden Perioden können sehr unterschiedlich lang sein. Am wichtigsten sind die >Tagesrhythmik< und die >Jahresrhythmik<, bei denen das Licht als Zeitgeber wirkt; >Photoperidodizität<, >lunare Periodik<.

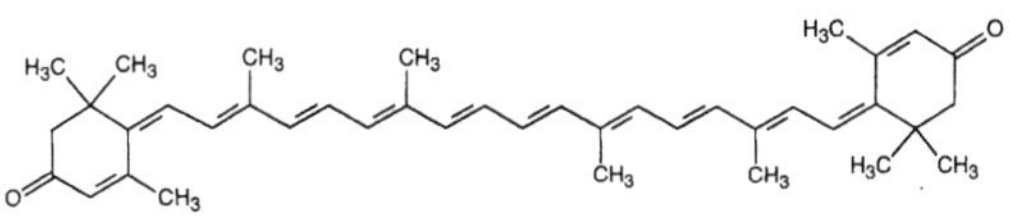

Rhodoxanthin

Riboflavin. (Lactoflavin, Vitamin B_2, E 101). 6,7-Dimethyl-9-(1'-D-ribityl)-isoalloxazin. Ein Ribitylderivat des Isoalloxazins. Riboflavin kommt in fast allen lebenden Zellen vor, bes. in Milch, Käse, Eiern, Fleisch, Fisch und Gemüse. Riboflavin hat für den Stoffwechsel in Form von Flavinmononucleotid (FMN) und Flavinadenindinucleotid (FAD) eine wichtige Bedeutung, da diese Flavinenzyme Dehydrierungsreaktionen katalysieren. Riboflavin-Mangel führt u. a. zu Wachstumsstörungen. Der Einsatz in der Lebensmittelherstellung erfolgt unter ernährungsphysiologischen Aspekten und wegen der gelben Farbe zum Färben von Teigwaren, Suppen, Soßen, Mayonnaise, Getränkepulver etc. Der ADI-Wert beträgt bis zu 1,5 mg/kg Körpergewicht.

Ribonucleinsäure (RNA). Eine bei >Eukaryonten< im Zellkern, in den >Mitochondrien<, ggf. in den >Chloroplasten<, bei allen Lebewesen in den >Ribosomen< und im >Cytoplasma< vorkommende >Nucleinsäure<. Sie liegt im Gegensatz zur >Desoxyribonucleinsäure< nicht in Form von Doppelketten, sondern als Einzelstrang vor (Ausnahmen bei >Viren<), enthält als Pentose die Ribose und bei den >Nucleinbasen< kommt anstelle von Thymin Uracil vor; beides sind Pyrimidinbasen. Man unterscheidet 3 Typen von RNA: Die >*messenger-RNA (mRNA)*<, die >*transfer-RNA (tRNA)*<: >DNA< und die >*ribosomale RNA*< (rRNA).
Lit: Karlson P (1984) Kurzes Lehrbuch der Biochemie für Mediziner und Naturwissenschaftler, 12. Aufl., Georg Thieme, Stuttgart – Stryer L (1995) Biochemistry, 4 ed., Freeman.

Ribose. Die β-D-Ribose ist die typische Zuckerkomponente der >Ribonucleinsäuren< (RNA). R. ist eine Pentose und in der RNA am C-1-Atom N-glycosidisch mit den heterocyclischen Purin- bzw. Pyrimidinbasen und am C-3- und C-5-Atom esterartig mit zwei Phosphatgruppen verknüpft. Im Gegensatz dazu enthält die >DNA< >Desoxyribose< als Zuckerkomponente.

Ribosom. Ort der >Proteinbiosynthese< in der Zelle. R. bestehen zu ca. $^2/_3$ aus >Ribonucleinsäure< (>rRNA<) und zu $^1/_3$ aus >Proteinen<. Eine einzige Zelle kann mehrere tausend R. enthalten (*E. coli* zum Beispiel 20.000), so daß sie 80 % des RNA-Gehaltes und etwa 10 % des Zell-Proteins ausmachen. R. und ihre Komponenten werden nicht über ihre Molmasse, sondern ihren Sedimentationskoeffizienten S (Svedberg-Einheiten) charakterisiert. So hat ein >eukaryontisches< R. eine Sedimentationskonstante von 80S und besteht aus einer 40S- und einer 60S-Untereinheit. Die 40S-Untereinheit enthält eine 18S-rRNA und 30–40 Proteinmoleküle, die 60S-Untereinheit enthält 3 Arten rRNA (5S, 5,8S und 28S) sowie 40–50 Proteine. Die Assoziation der rRNAs mit den ribosomalen Proteinen erfolgt im Zellkern. Von den Proteinen werden einige direkt in raum-zeitlich geordneter Folge an rRNA-Domänen gebunden, andere assoziieren dann durch weitere Wechselwirkungen mit der rRNA bzw. über Protein-Protein-Interaktionen. Das vollständige

R. hat dann Dimensionen von 20–25 nm und eine etwa globuläre Gestalt. Im Vergleich zum >cytoplasma<tischen >Eukaryonten<-R. hat ein >Prokaryonten<-R. einen Sedimentationskoeffizienten von 70S, mit einer 30S- und einer 50S-Untereinheit, die eine 16S-, 23S- und 5S-rRNA und ca. 55 Proteine enthalten. Die R. von >Mitochondrien< ähneln denen der Prokaryonten (Endosymbiontenhypothese). Die Funktion der ribosomalen Proteine ist zum großen Teil noch ungeklärt. So können wenigstens 15 der 52 *E. coli*-Proteine fehlen, ohne daß die >Translation< beeinflußt wird.
Man findet die R. vor allem bei aktiver >Proteinbiosynthese< perlenschnurartig an der mRNA aufgereiht. In diesen Polyribosomen (Polysomen) sind die einzelnen R. durch Zwischenräume von 5–15 nm voneinander getrennt, so daß die mRNA mit max. einem R. pro 80 Nucleotide besetzt ist. Die mRNA durchzieht einen Spalt zwischen den beiden Untereinheiten, in dessen Nähe auch die Bindungsstelle für die >tRNA< liegt, die für die Verlängerung der Peptidkette wichtig ist. Die R. bringen damit die für die Proteinsynthese notwendigen Komponenten räumlich zusammen und schützen außerdem die mRNA vor dem Angriff von RNAsen.
Lit: Koolman J, Röhm K-H (1994) Taschenatlas der Biochemie. Georg Thieme Verlag, Stuttgart – Bielka H, Börner T (1995) Molekulare Biologie der Zelle. Gustav Fischer Verlag, Jena Stuttgart – Voet D, Voet JG (1992) Biochemie. VCH, Weinheim.

ribosomale RNS (rRNS). >Ribonucleinsäure<. In den >Ribosomen< lokalisierte und an der DNA synthetisierte RNA, die den höchsten Anteil an der „GesamtRNA" ausmacht. Entsprechend den verschieden großen Untereinheiten der Ribosomen besteht die rRNA aus drei bis vier Typen mit unterschiedlichen Molmassen und Basensequenzen.

Ribosom-Bindungsstelle (Shine-Delgarno). (Syn. S/D-Sequenz, S-D-Sequenz, Shine-Delgarno-Sequenz). Die R. ist eine bestimmte Nucleotidsequenz innerhalb eines >mRNA<-Moleküls, die komplementär zu einer bestimmten rRNA-Sequenz innerhalb der >Ribosomen< ist. Dies ist die 16S-rRNA bei >Prokaryonten<, >Mitochondrien< und >Chloroplasten<; die 18S-rRNA bei Cytoplasmaribosomen der >Eukaryonten<. Die Bindungssequenz dient der Bindung der Ribosomen an die mRNA-Ketten. Sie umfaßt etwa 3 bis 9 Nucleotide und findet sich ungefähr 3 bis 12 Nucleotide vor einem >Codon<, das die Initiation der >Proteinbiosynthese< anzeigt (Initiations-Codon). Nach den australischen Entdeckern wird diese R. oft auch als Shine-Delgarno-Sequenz bezeichnet.

Ribozym. Dieser Begriff ist aus den Worten *Ribo*nucleinsäure und En*zym* zusammengesetzt worden. R. sind kleine RNA-Sequenzen mit enzymähnlichen Aktivitäten. Sie sind auch als sog. „interne guide-Sequenzen", die sich in eukaryontischen (>Eukrayonten<) >Transcripten< finden, dort mit mRNA (>RNA<) hybridisieren können und in Abwesenheit jeglicher Enzyme oder anderer Proteine am Spleißen von Intron-Sequenzen beteiligt sind. Eine R.-Aktivität ist erstmals am >Intron< des Protozoons Tetrahymena nachgewiesen worden.

Richtigkeit. Qualitative Bezeichnung für das Ausmaß der Annäherung des Erwartungswertes des Ermittlungsergebnisses an den Bezugswert, wobei dieser je nach Festlegung oder Vereinbarung der wahre Wert oder der richtige Wert sein kann. Ein Verfahren arbei-

tet also dann richtig, wenn keine systematischen Abweichungen vorhanden sind bzw. wenn vorhandene systematische Abweichungen z. B. rechnerisch korrigiert wurden. Zusammen mit der >Präzision< ergibt sich die >Genauigkeit< eines Verfahrens. Bei Prüfverfahren ist der Nachweis der R. Bestandteil der >Validierung<. Dazu können Referenzmaterialien mit bekanntem Ermittlungsergebnis vermessen oder das Verfahren mit einem anderen Verfahren verglichen werden, dessen R. erwiesen ist. Ist beides nicht möglich, so werden Aufstockversuche oder Laborvergleichsversuche bzw. >Ringversuche< herangezogen. Bei Konventionsverfahren gibt es keinen richtigen, sondern nur einen vereinbarten Wert, der an die Stelle des richtigen Wertes tritt.
Lit: DIN 55350-13 (Ausgabe: 1987-07) Begriffe der Qualitätssicherung und Statistik; Begriffe zur Genauigkeit von Ermittlungsverfahren und Ermittlungsergebnissen.

Richtlinie. Bezeichnung für europarechtliche Vorschriften, die – im Unterschied zur unmittelbar verbindlichen europarechtlichen Verordnung – zunächst in nationales Recht der Mitgliedsstaaten umgesetzt werden müssen, um für den einzelnen rechtliche Verbindlichkeit zu erlangen. Europarechtliche Regelungen erlangen auch im Umweltschutz zunehmend Bedeutung.

Richtlinien zur thermischen Abfallbehandlung. >Gesetze<.

Richtwerte. Sie sind im Gegensatz zu >Grenzwerten< nicht in einer Verordnung fesgelegt und haben deshalb keinen verbindlichen Charakter. R. gelten z. B. für Schwermetalle (Blei, Cadmium und Quecksilber) in und auf Lebensmitteln pflanzlicher und tierischer Herkunft. Sie werden vom Bundesgesundheitsamt veröffentlicht und basieren auf den in Deutschland gefundenen Schwermetallkonzentrationen in den Lebensmitteln. Es wird als Richtwert diejenige Konzentration festgesetzt, die z. B. von 95 % der überprüften Proben der einzelnen Nahrungsmittel nicht überschritten wird. R. haben damit keine toxikologische Begründung. Man kann allerdings ihre toxikologische Bedeutung abschätzen, indem man sie mit den von der WHO aus epidemiologischen Studien abgeleiteten, vorläufig duldbaren wöchentlichen Zufuhrmengen in Beziehung setzt.
Lit: Greim H (1990) Toxikologische Voraussetzungen für die Festlegung von Grenzwerten, Umwelt Magazin Special Grenzwerte, Seminar für Umwelt- und Gesundheitspolitiker zur Grenzwertproblematik in Deidesheim, S. 24–27.

Riechstoffe. Organische Verb. mit ausgeprägtem charakteristischem Geruch, der durch die Spezifität der Geruchsrezeptoren häufig bereits in außerordentlich geringen Konz. wahrgenommen werden kann. Sie können auf den Menschen sowohl einen angenehmen als auch einen unangenehmen Geruchseindruck ausüben. Im allg. sind R. mehr oder weniger komplexe Gemische, die natürlichen, halbsynth. oder vollsynth. Ursprungs sind und häufig auch als natürliche, naturidentische, naturähnliche und künstliche R. bezeichnet werden. Die natürlichen R. sind größtenteils pflanzlicher Herkunft und werden u. a. aus Blüten, Früchten, Blättern, Stengeln und Wurzeln isoliert. Zu den pflanzlichen R. zählen z. B. >etherische Öle<, Resinoide, Harze und Balsame. Zum geringen Teil gehören auch tierische Sekrete, wie z. B. Ambra, Moschus und Zibet, zu den natürlichen R. Halbsynth. R. sind chemisch ver-

änderte Verb., die aus Naturstoffen hergestellt werden, wie z. B. die Jonone aus Citral (aus Lemongrasöl). Zu der Gruppe der synthetischen R. gehören die aus einfachen Chemikalien hergestellten naturidentischen R., wie z. B. Geraniol und Citral, sowie in der Natur unbekannte neuartige Verb. Voraussetzung für die Geruchswahrnehmung einer Substanz ist v. a. ihre Flüchtigkeit, die durch die Art ihrer >funktionellen Gruppe<, ihrer Molekülstruktur sowie ihrer Molekularmasse charakterisiert wird. So werden Molekularmassen um 200 häufig angetroffen, während solche über 300 in der Regel sehr selten sind. Unter den bisher in der Natur nachgewiesenen und den künstlichen R. sind Alkohole, Aldehyde, Ketone, Ester und Lactone die am häufigsten vorkommenden Verbindungsklassen. Der Einsatz der R. ist sehr vielseitig. Sie finden u. a. Verwendung in der Parfümerie und Kosmetik, der Pharmaindustrie zur Geruchsmaskierung und Erhöhung der psychologischen Wirkung von Pharmazeutika, zur Aromatisierung von Nahrungs- und Genußmitteln sowie als Geruchsverbesserungsmittel für techn. Produkte, um ihnen z. B. eine charakteristische, individuelle Note zu geben.

Rieselfelder. Felder, auf denen Abwässer verrieselt oder versprüht werden. Hierbei macht man sich die Eigenschaften von biologisch aktiven Böden zunutze, als Filter zu wirken und schädliche Stoffe entweder zu binden oder abzubauen. Bei lang andauerndem Betrieb eines R. können daher erhebliche Mengen an nicht abbaubaren Schadstoffen (z. B. Schwermetalle) angereichert sein, so daß solche Böden nicht mehr zur Pflanzenproduktion geeignet sind. Hier ist stets auch eine Kontrolle des Sickerwassers erforderlich, um Überlastungen des Filtersystems Boden rechtzeitig zu erkennen. Bei größeren Ausbringungsmengen von Abwässern, die Nährstoffe und organische Substanzen enthalten (z. B. landwirtschaftliche oder Haushaltsabwässer) werden außerdem die Sauerstoffzehrung im Boden erhöht und die Durchlässigkeit verringert, so daß leicht reduzierte (anaerobe) Bereiche auftreten und das Pflanzenwachstum behindern. >Abwasserverrieselung<, >Abwasserverwertung<.
Lit: Abwassertechnische Vereinigung (Hrsg.) (1982–1986) Lehr- und Handbuch der Abwassertechnik, 3. Aufl., Bd. 1–7, Verlag von Wilhelm Ernst und Sohn, Berlin München.

Riesenkerne. Kondensationskerne mit einem Radius >1 µm, entstanden aus versprühten Meersalzen, Staubteilchen oder Verbrennungsprodukten. >Luftbeimengungen<.

Rigolen. Tiefreichendes Umgraben bzw. Wenden von Böden vor einer ackerbaulichen oder gärtnerischen Nutzung. Besonders vor dem Anlegen bestimmter Sonderkulturen (z. B. Weinbau) werden Böden 60 bis 100 cm tief rigolt, um den Boden zu mischen und so eine günstige Basis für die Nährstoff- und Wasserversorgung der Pflanzen sicherzustellen.

Rimsulfuron. Wirkt als >Herbizid< und zählt zur Substanzklasse der Sulfonylharnstoffe.
Chemische Bezeichnung: 1-(4,6-Dimethoxypyrimidin-2-yl)-3-(ethylsulfonyl-2-pyridylsulfonyl)harnstoff.
CAS-Nummer: 122931–48–0.
Hersteller: Du Pont.
Wirkungstyp: Selektives systemisches Herbizid. Hemmt die Acetolactatsynthese und blockiert damit die Synthese der Aminosäuren, was zur Hemmung der Zellteilung führt. Der dadurch ausgelöste Wachs-

tumsstillstand führt zum Absterben der Unkräuter ab den Trieb- und Wurzelspitzen.
Bevorzugte Anwendung: Gegen Gräser und Unkräuter in Mais und Kartoffeln als Nachauflaufmittel.

Chemische und physikalische Eigenschaften: Farblose Kristalle mit einem Schmelzpunkt von 176–178 °C und einem spezifischen Gewicht von 0,784 g/cm^3 bei 25 °C.
Dampfdruck: 1,5 µPa bei 25 °C.
Verteilungskoeffizient (log Po/w): 0,034 bei pH 7 und 25 °C.
Löslichkeit: In Wasser 7,3 g/L bei pH 7 und 25 °C.
Stabilität: Im alkalischen und sauren Medium schnelle Hydrolyse; DT$_{50}$ bei pH 5 4,6 d, bei pH 7 7,2 d und bei pH 9 0,3 d. Dissoziationskonstante pKa liegt bei 4,0.
Abbau und Metabolismus: Es erfolgt schnelle Metabolisierung auf chem. Wege, im geringen Maße auch mikrobiell. DT$_{50}$ beträgt im Boden 2–20 Tage, abhängig von Temperatur, pH-Wert und Feuchtigkeit.
Säugertoxizität: Akute orale LD$_{50}$ für Ratte >5.000 mg/kg und dermale LD$_{50}$ für Kaninchen >2.000 mg/kg. Leichte Augenreizwirkung bei Kaninchen. Inhalation LC$_{50}$ (4 h) für Ratte >5,4 mg/L Luft. 2-Jahre-Fütterungstest NOEL für männliche Ratte 300 und weibliche Ratte 3.000 mg/kg.
Bienentoxizität: Kontakt LD$_{50}$ >100 µg/Biene.
Fischtoxizität: LC$_{50}$ (96 h) Regenbogenforelle >390 und Karpfen >900 mg/L.
Vogeltoxizität: Akute orale LD$_{50}$ für Japanische Wachtel >2.250 und Stockente >2.000 mg/kg.
Wirbellosetoxizität: LC$_{50}$ (48 h) für *Daphnia* >360 mg/L. LC$_{50}$ (14 d) für Regenwurm >1.000 mg/kg Boden.

Ringelmann-Skala. Skala zur Best. des Grauwertes von >Abgasfahnen<. Hierzu enthält die Ringelmann-Skala sechs Felder mit in 20 %-Schritten von weiß (= 0 %) bis schwarz (= 100 %) abgestuften Grauwerten. Die Ringelmann-Skala ist in der Anlage I der Ersten Verordnung zur Durchführung des >Bundes-Immissionsschutzgesetzes< (>Kleinfeuerungsanlagenverordnung< – 1. BImSchV) in der Fassung vom 14. 03. 1997 aufgeführt und ist zur Grauwertbest. der Abgasfahnen von >Feuerungsanlagen< für feste Brennstoffe heranzuziehen. Bezüglich der >Rußzahl< des >Rauchgas<es von Ölfeuerungen s. >Bacharach-Skala<.

Ringelwürmer. >Annelida<.

Ringspalt. Raum zwischen den beiden Teilen eines Doppelcontainments (Sicherheitsbehälter), der unter Unterdruck gehalten wird. Bei Undichtigkeiten im inneren Containment in den Ringraum eindringende >radioaktive Stoffe< werden abgesaugt und entweder in das innere Containment zurückgepumpt oder gefiltert und kontrolliert über den Abluftkamin abgegeben.

Ringtonne. Älterer, seit 1925 in Deutschland eingeführter Abfallbehälter für die Umleerung in Sammelfahrzeuge. Als Mülleimer mit 35 und 50 L Inhalt nach DIN 6628 und mit 60 und 110 L Inhalt nach DIN 6629 genormt. Die R. sind zumeist aus Kunststoff, seltener noch aus Stahlblech. Mit ihnen kann eine weitgehend staubfreie Entleerung der Tonnen über die >Schüttung< an den Sammelfahrzeugen erreicht werden. Da die R. nicht über Räder verfügen, wurden sie in den letzten Jahren zunehmend gegen >Müllgroßbehälter< ausgetauscht, um insbesondere den Müllwerkern die Arbeit zu erleichtern.

Ringversuch. Vorgehensweise zur Überprüfung der Vergleichbarkeit und Zuverlässigkeit von Analysenergebnissen durch Analyse identischer Proben in verschiedenen Laboratorien (jeweils unter >Wiederholbedingungen<) und statistische Auswertung der Ergebnisse (unter >Vergleichbedingungen<). Wichtige Grundlagen enthält die ISO 5725. R. (bei geringer Teilnehmerzahl auch Laborvergleichsversuche genannt) können verschiedenen Zwecken dienen:
1. Standardisierung von Meß- und Analyseverfahren
2. Standardisierung von (Referenz-)Materialien
3. Überwachung von Laboratorien
R. der letzten Gruppe sind in der >Umweltanalytik< besonders wichtig. Vielfach ist eine Zulassung oder Anerkennung an die erfolgreiche Teilnahme an R. geknüpft.
Lit: Funk W, Dammann V, Donnevert G (1992) Qualitätssicherung in der Analytischen Chemie. WILEY-VCH, Weinheim.

Rio-Konferenz. S. >Nachhaltigkeit<, >Agenda 21<.

Risiko (risk). 1. allgemein: Die Eintrittswahrscheinlichkeit und die Größe eines Ereignisses.
Risiko = Schadenserwartungswert = Schadenshöhe × Eintrittswahrscheinlichkeit
Risiko ist ein Produkt aus zwei Faktoren. Der Schadenserwartungswert als Zahlenwertangabe und die Eintrittswahrscheinlichkeit als die Zahl von Ereignissen, die innerhalb einer Zeiteinheit einen Schaden ausmachen. Damit liegt dem Risiko die Verknüpfung von Zahlenwert × Zeiteinheit zugrunde. Demnach besteht ein gleichgroßes Risiko für ein Ereignis mit großem Schadensausmaß, aber kleiner Eintrittwahrscheinlichkeit wie für ein Ereignis mit kleinem Schadensausmaß, aber hoher Eintrittwahrscheinlichkeit. Nach der DIN-Norm aus dem Jahre 1987 heißt es: „Das Risiko, das mit einem bestimmten technischen Vorgang oder Zustand verbunden ist, wird zusammenfassend durch eine Wahrscheinlichkeitsaussage beschrieben, die die zu erwartende Häufigkeit des Eintritts eines zum Schaden führenden Ereignisses und das beim Ereigniseintritt zu erwartende Schadensausmaß berücksichtigt". Mit dem Risiko-Begriff sind ebenfalls verbunden die Begriffe >Restrisiko<, >Risikoanalyse<, >Chancen-Risiko<, >De minimis risk<, >Risk< und >Risiko-Nutzen-Analyse<.
2. juristisch: Keine Rechtsordnung kann den Nichteintritt eines R. gewährleisten, da die Garantie absoluter Sicherheit menschlich und technisch unmöglich ist. Die Aufgabe der Rechtsordnung besteht in der Begrenzung des R. auf ein Maß, das die Rechtsordnung selbst bestimmen muß.
Lit: Weise E (1981) Einleitung, Ullmanns Enzyklopädie der technischen Chemie, Bd. 6, Umweltschutz und Arbeitssicherheit, S. 51–63.

Risikoakzeptanz. Ist ein bedeutender Bestandteil der >Risikoabschätzung<. Nach Identifizierung und Abschätzung der Höhe eines Risikos erfolgt eine Bewertung der Risikoakzeptanz. Bei der Bewertung der Risikoakzeptanz spielen weniger naturwissenschaftliche als gesellschafts- und gesundheitspolitische sowie ökonomische Kriterien eine Rolle.

Risikoanalyse. Die Risikoanalyse ist die quantitative Form, das >Risiko< eines Systems oder einer Anlage festzustellen. Sie wird hier im klassisch technischen Sinne besprochen und bezieht sich nur auf den Schadensfall „Tod". Als erste Risikoanalyse für ein technisches Gesamtsystem wurde in den USA das Risiko von nuklearen Leichtwasserreaktoren untersucht (Rasmussenstudie = WASH 1400). Diese Studie diente als methodische Vorgabe für die nachfolgenden großen Techniksystemstudien wie die Deutsche Risikostudie (DRS) (Nuklear), Canvey-Island-Studie (Chemie), Rijnmond-Studie (Chemie), Battelle-Transportrisiko-Studie (Nukleartransport), Lysekill-Studie (LNG). Methodisch versucht die Risikoanalyse alle denkbaren Störfallereignisse auf ihre tatsächliche Eintrittswahrscheinlichkeit und Auswirkung auf das System und die Umgebung hin zu quantifizieren. Dabei bereitet die Vollständigkeit betrachteter Störfallereignisse und die Unvollständigkeit statistischer Ausfalldaten Probleme. Risikoanalyse ist also als vollständige >Sicherheitsanalyse< unter Hinzufügen probabilistischer Daten zu sehen. Sie umfaßt folgende Hauptschritte: Definition des Systems, auslösende Ereignisse und deren Probabilistik, Erstellen der Ereignisbäume, Systemschäden, mögliche Schadstoff-Freisetzung, Transmission, Konsequenzermittlung, Risikoquantifizierung. Risikoanalysen sind hilfreich bei Auslegungsoptimierung,

Risikoanalyse

	Risk analysis	(Risikoanalyse)
Stufe 1	Risk assessment	(>Risikobestimmung<)
	a) Risk identification	(>Risikoidentifizierung<)
	b) Risk estimation	(>Risikoabschätzung<)
Stufe 2	Risk evaluation	(>Risikobewertung<)
	a) Risk perception	(>Risikoerkenntnis<)
	b) Risk acceptance	(>Risikoakzeptanz<)

Betrieb und Wartung von Systemen, Prioritätensetzung der Sicherheit, Genehmigungsverfahren. Eine Risikoanalyse scheint die Akzeptanz einer Technologie in der Bevölkerung nicht zu beeinflussen.

Die Risikoanalyse ist ein komplexer Prozeß, der sich wie folgt in zwei Stufen aufbaut (s. Tabelle oben).

Ein weiteres Element in diesem Zusammenhang ist der Begriff Risk management (>Risikomanagement<). Die verschiedenen Begriffe werden folgendermaßen definiert:

1. Risikoanalyse: Die Bestimmung des Risikoausmaßes, auch die gesellschaftliche Bewertung von Risiken (s. Abb. unten).

2. Risikobestimmung: Die Identifizierung von Risiken sowie eine Abschätzung der Wahrscheinlichkeit und Größe des Auftretens.

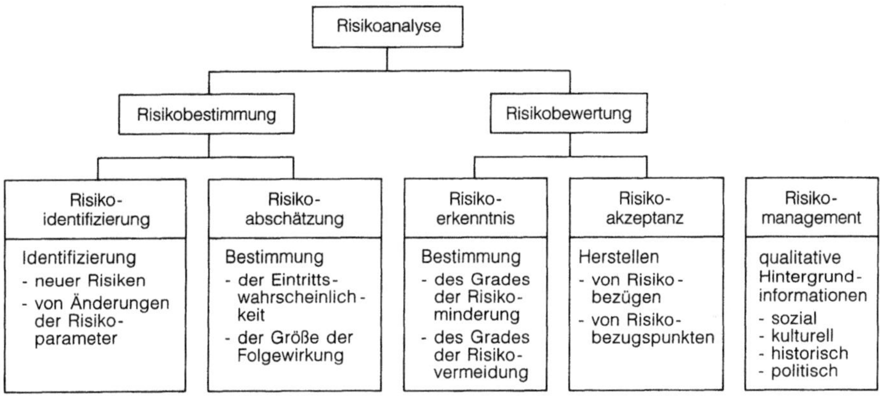

Risikoanalyse: Parameter der Risikoanalyse

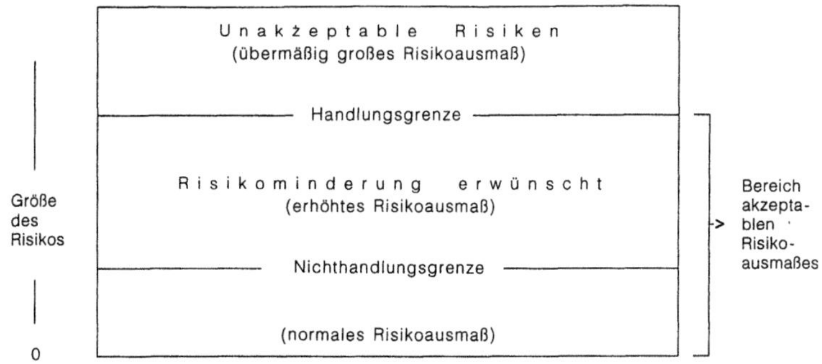

Risikoanalyse: Interessensbereiche bei der Festsetzung akzeptabler Risikoausmaße

3. Risikoidentifizierung: Die quantitative Erfassung der betreffenden Verbindung, ihrer negativen Wirkungen, Zielpopulationen und der Expositionsbedingungen.

4. Risikoabschätzung: Die quantitative Erfassung der Dosiswirkung und der Dosisreaktion einer Verbindung sowie die Verknüpfung der Wahrscheinlichkeit einer Exposition mit der Wirkungsart.

5. Risikobewertung: Das komplexe Verfahren der Wertung identifizierter Gefahrenpotentiale und abgeschätzter Risiken bezüglich derjenigen, die von der Entscheidung betroffen sind. Dieses Verfahren beinhaltet außerdem die Untersuchung der Risikoempfindung und das Abwägen zwischen erkannten (empfundenen) Risiken und erkanntem (empfundenem) Nutzen.

6. Risikoerkenntnis: Das subjektive Empfinden der Höhe eines Risikos, welches auf der subjektiven Kenntnis unterschiedlicher Risiken sowie dem moralischen oder politischen Urteil ihrer Bedeutung beruht.

7. Risikoakzeptanz: Das Festsetzen von akzeptablen Risikoniveaus. Da sie nicht unbedingt komplementär sind, müssen akzeptables und unakzeptables Risikoniveau definiert werden (s. Abb. S. 991).

8. Risikomanagement: Erstellen von Schutzstrategien der Risikopolitik, um nachteiligen Folgen von Risiken durch Umweltchemikalien begegnen zu können. Hierbei spielen auch sozioökonomische und politische Gesichtspunkte eine Rolle.

Lit: Lange S (1984) Ermittlung und Bewertung industrieller Risiken, Springer, Berlin Heidelberg – Richardson ML (Hrsg.) (1988) Risk assessment of chemicals in the environment, Royal Society of Chemistry, London – Mücke W (1985) Risikoermittlung bei Umweltchemikalien, ZFU 3:221–245 – Lange S (1984) Ermittlung und Bewertung industrieller Risiken, Springer, Berlin Heidelberg.

Risikofaktoren. Das kalkulierbare Risiko einer Person mit dem Vorliegen bestimmter Merkmale (z.B. Zigarettenrauchen, Bluthochdruck, hoher Cholesterin-Spiegel), in einem definierten Zeitraum von einer bestimmten Krankheit (z.B. Herzinfarkt) befallen zu werden. Besteht zwischen dieser Person und einer Person ohne diese Merkmale ein statistisch signifikanter Unterschied, so bezeichnet man diese Merkmale als Risikofaktoren. Je mehr von den Risikofaktoren vorliegen und je stärker sie ausgeprägt sind, desto größer ist die Wahrscheinlichkeit, an dieser bestimmten Krankheit zu erkranken. Durch Ausschaltung oder Verringerung von Risikofaktoren ist es möglich, präventiv die Krankheitshäufigkeit zu senken (s.a. >Herz-Kreislauf-Erkrankungen<).

Lit: Pflanz M (1973) Allgemeine Epidemiologie, Thieme, Stuttgart.

Risiko/Nutzen-Analyse. Der Vergleich des Risikos der Anwendung mit dem Nutzen, also eine Variante der Kosten/Nutzen-Analyse, wenn Risiko als Ausdruck für soziale Kosten verstanden wird. Risiko/Nutzen-Analysen nehmen eine zentrale Stellung auf dem Wege der Entscheidungsfindung ein und scheinen mit weit größeren Unsicherheiten behaftet zu sein als die zugrundeliegende Risikoermittlung, da hier so schwierig erfaßbare Gesichtspunkte wie die Erwartungshaltung der Öffentlichkeit, Kosten und Folgekosten für Industrie und Verbraucher usw. zu berücksichtigen sind. Ein Bereich, in dem im klassischen Sinne per Gesetz die Verkehrsfähigkeit eines chemischen Stoffes von einer fortbestehenden positiven Nutzen/Risiko-Bewertung abhängig ist, ist das Arzneimittelwesen. Das Arzneimittelgesetz von 1976 enthält dazu unbestimmte Rechtsbegriffe wie „begründeter Verdacht", „bestimmungsgemäßer Gebrauch", „schädliche Wirkung" und „vertretbares Maß". Die Bewertung ist von der Zulassungsbehörde in eigener Verantwortung durchzuführen. Dieses Prinzip der Risiko/Nutzen-Abwägung wird auch bei allen therapeutischen Maßnahmen des Arztes angewandt. Im Rahmen von Risiko/Nutzen-Analysen wird bei der überwiegenden Zahl chemischer Stoffe ein Nutzen anzuerkennen und gleichzeitig ein Risiko zu berücksichtigen sein. Die Abwägung von Nutzen und Risiko kann sich nicht nach einem abstrakten Kriterium „Gefährlichkeit" richten, selbst wenn in Gesetzen und Verordnungen Stoffe als „gefährliche Stoffe" bezeichnet werden. Konkret „gefährlich" wird ein chemischer Stoff erst in einem bestimmten Bezugssystem. Daher kann auch ein „gefährlicher Stoff" nützlich sein. Falsche Vorstellungen in der Öffentlichkeit haben bei „gefährlichen Stoffen" zu einem ähnlichen Mißverständnis geführt wie beim Gift-Begriff.

Lit: Mücke W (1985) Risikoermittlung bei Umweltchemikalien, ZFU 3: 221–245.

Risikostudie. In der Bundesrepublik Deutschland wurde in Anlehnung an die Reactor Safety Study der USA eine eigene umfassende Studie zur Bewertung des Risikos von >Kernkraftwerken< erstellt. Die Studie hatte zum Ziel, unter Berücksichtigung deutscher Verhältnisse das mit Unfällen in >Kernkraftwerken< verbundene Risiko zu ermitteln. Die erste Phase wurde im August 1979 abgeschlossen. Die ersten Risikountersuchungen hatten hauptsächlich das Ziel, das mit Unfällen in Kernkraftwerken verbundene Risiko abzuschätzen und dieses mit anderen zivilisatorischen und naturbedingten Risiken zu vergleichen. Dagegen wurden in den Arbeiten zur Phase B der deutschen Risikostudie umfangreiche Untersuchungen zum Störfallverhalten vorgenommen. Dabei wurden Störfälle in ihrem zeitlichen Verlauf, die mit ihnen verbundenen Belastungen und das Eingreifen der zur Störfallbeherrschung vorgesehenen Sicherheitssysteme eingehend analysiert. In diesen Untersuchungen ist die Bedeutung von anlageninternen Notfallmaßnahmen (Accident-Management-Maßnahmen) erkannt worden. So zeigen die Analysen, daß Kernkraftwerke in vielen Fällen auch dann noch über Sicherheitsreserven verfügen, wenn Sicherheitssysteme nicht wie vorgesehen eingreifen und sicherheitstechnische Auslegungsgrenzen überschritten werden. Diese Sicherheitsreserven können für anlageninterne Notfallmaßnahmen genutzt werden, mit denen das Risiko aus Unfällen weiter vermindert werden kann. Risikoanalysen sind geeignet, anlageninterne Notfallmaßnahmen zu identifizieren und aufzuzeigen, wieweit mit ihnen das Risiko aus Unfällen vermindert werden kann. Untersuchungen zu anlageninternen Notfallmaßnahmen bildete daher einen Schwerpunkt in den Arbeiten zur Phase B der Studie. Die „Deutsche Risikostudie Kernkraftwerke Phase B" wurde im Juni 1989 von der Gesellschaft für Reaktorsicherheit (GRS) veröffentlicht. >Risikoanalyse<.

Risikovorsorge. Rechtliche Normierung und tatsächliche Vornahme von Maßnahmen mit dem Ziel, die Wahrscheinlichkeit des Eintritts eines Risikos so weit wie möglich zu minimieren.

risk. Engl. Ausdruck für >Risiko<.

Rißwerk. Bergmännisches R. enthält alle Risse, Karten und Pläne, die zur Planung für den Betrieb sowie die behördliche, technische, wirtschaftliche und sicherheitliche Überwachung eines Bergwerks erforderlich sind. Das R. besteht aus dem Grubenbild, behördlich vorgeschriebenen Sonderrissen wie Wetterführungsplan und Plan für den Brandschutz, dem Lagerstätten- oder Flözarchiv und betrieblichen Plänen. Das Rißwerk beinhaltet u. a. Angaben zur Wiedernutzbarmachung der Oberflächen. Es wird in zwei Stücken darstellt und bei der zuständigen Behörde sowie im bergbaulichen Betrieb aufbewahrt.

RME. >Biodiesel<.

RNA. Engl. Abkürzung für *Ribonucleic acid* (heute gebräuchlicher als die dt. Abkürzung >RNS<).

RNS. Deutsche Abk. für >*Ribonucleinsäure*< (heute weniger gebräuchlich als die engl. Abk. >RNA<).

Robbensterben. Krankheitsbedingte Massenverluste freilebender Seehunde *(Phoca vitulina)* in den Jahren 1988 bis 1989, von der fast sämtliche nord- und mitteleuropäischen Populationen betroffen waren. Der Ausbruch der Seuche erfolgte wahrscheinlich im Februar 1988 im Bereich der dänischen Insel Anholt. Von dort aus verbreitete sie sich über die Nordsee bis zu den Niederlanden und den britischen Inseln, die norwegische Küste entlang und in die vordere Ostsee. Zu den höchsten Verlusten kam es in Kattegat und Skagerrak mit ca. 6.700 Totfunden sowie an der schleswig-holsteinischen Küste mit über 5.800 Totfunden. Im letzteren Fall besteht allerdings die Vermutung, daß ein Teil der toten Tiere aus entfernteren Bereichen angeschwemmt wurde. Der zeitliche Höhepunkt der Epidemie lag im September 1988 mit ca. 560 Totfunden pro Woche; danach begann die Seuche abzuklingen. Insgesamt wurden ca. 18.000 tote Seehunde registriert. Die Verluste in den einzelnen Beständen reichten von 3 bis 15 % in einigen schottischen Populationen bis zu 60 % im deutsch-niederländischen Wattenmeer. Wodurch es zu der schnellen und weiten Ausbreitung der Epidemie kam, ist nicht geklärt. Möglicherweise waren wandernde, aasfressende Vögel, wie Möwen, beteiligt. Die Mehrzahl der untersuchten Kadaver wies Lungenentzündungen, Lungenödeme und Atrophie der lymphatischen Organe auf. Als primäre Todesursache wird eine Infektion durch das Virus CDV („canine distemper virus") angenommen, das in versch. terrestrischen Carnivoren vorkommt und u. a. Störungen des >Immunsystems< bewirkt. Beschleunigt wurde der Krankheitsverlauf wahrscheinlich durch Sekundärinfektionen mit Herpes- und Picornaviren sowie durch ein Bakterium *(Bordetella bronchiseptica)*, das Lungenentzündungen auslöst. Das anhaltende öffentliche Interesse an der Katastrophe ist nicht zuletzt darauf zurückzuführen, daß anthropogene Sekundärursachen nicht auszuschließen sind. So sind die Seehunde v. a. an der deutsch-niederländischen Küste nachweislich hochgradig mit PCBs belastet, die sich auf das Hormon- und Immunsystem auswirken und die Reproduktion verringern. Auch die von menschlichen Aktivitäten ausgehenden häufigen Beunruhigungen, die zu einem Dauerstreß führen, könnten die Widerstandskräfte der Tiere beeinträchtigt haben. So wurden die höchsten Bestandseinbußen in Gebieten festgestellt, die am intensivsten touristisch genutzt und am höchsten mit Schadstoffen belastet sind. Auch ein Zusammenhang mit der besonders starken Algenblüte im Winter und Frühjahr

1988 in Kattegat, Skagerrak und Nordsee, die zu einem Massensterben von Fischen und Wirbellosen führte, kann nicht ganz ausgeschlossen werden. Und nicht zuletzt hat sich offenbar in den letzten Jahren das Keimspektrum in der Nordsee geändert. Ob bzw. in welchem Ausmaß diese Faktoren eine Rolle gespielt haben, läßt sich nicht mehr feststellen.

Lit: Dietz R, Heide-Jørgensen MP, Härkönen T (1989) Mass deaths of harbor seals (phoca vitulina) in Europe. Ambio 18: 256–264 – Heidemann G, Schwarz J (1990) Das Seehundsterben im schleswig-holsteinischen Wattenmeer 1988/89. In: Lozán JL, Lenz W, Rachor E, Waermann B, von Westernhagen H (Hrsg.) Warnsignale aus der Nordsee, Parey, Berlin Hamburg, S. 325–330 -Heide-Jørgensen MP, Härkönen T, Dietz R, Thompson PM (1992) Retrospective of the 1988 European seal epizootic, Dis Aquat Org 13: 37–62.

Rocou. >Annatto<.

Rodentizide. Mittel gegen Nagetiere.

Röhrichtgürtel. Die aus best. Pflanzengruppierungen zusammengesetzte Verlandungsvegetation am Ufer von stehenden und fließenden Gewässern. Die pflanzensoziologisch als Phragmitetea bezeichnete Vegetations-Klasse ist untergliedert in folgende Verbände (Mitteleuropa):

Phragmition: Großröhrichte in Wassertiefen bis zu 50 cm der stehenden Gewässer mit >Schilf< *(Phragmites australis)*, Rohrkolben (Typha-Arten) u. a. bestandsbildenden Pflanzen.

Magnocaricion: Großseggenriede auf höher gelegenen Standorten am Ufer stehender Gewässer, die zeitweise trocken fallen, daher meist landeinwärts hinter den Großröhrichten.

Sparganio-Glycerion fluitantis: Kleinröhrichte um die Mittelwasserlinie kleiner fließender Gewässer, auch Wiesengräben und Quellen, mit dem Glanzgras *Glycerium fluitans* und *G. plicata*, Merck *(Sium erectum)* und Brunnenkresse *(Nasturtium officinale)* und je nach geologischem Untergrund wechselnden Begleitarten.

Der R. ist für Vögel und Insekten ein wichtiger Lebens- und Schutzraum; außerdem ist er eine Pufferzone, die das Gewässer vor unmittelbaren anthropogenen Einwirkungen schützt. S. a. >Schilf<.

Lit: Oberdorfer E (1977) Süddeutsche Pflanzengesellschaften, Teil I, 2. Aufl., Gustav Fischer Verlag, Stuttgart New York – Wilmanns O (1993) Ökologische Pflanzensoziologie, 5. Aufl., Quelle & Meyer, Heidelberg.

Röntgen. Frühere Einheit der >Ionendosis<, Kurzzeichen: R. Die Ionendosis von 1 R liegt vor, wenn durch >Gamma-< oder >Röntgenstrahlung< in 1 cm³ trockener Luft unter Normalbedingungen (1,293 mg Luft) eine Ionenmenge von einer elektrostatischen Ladungseinheit erzeugt wurde. Die neue Einheit der Ionendosis ist Coulomb durch Kilogramm (C/kg). 1 R = 258 µC/kg; 1 C/kg ≃ 3.876 R.

Röntgenaufnahmen. Darstellung des lebenden menschlichen oder tierischen Körpers oder einer Sache mittels >Röntgenstrahlen<, um deren Beschaffenheit, Zustand oder Funktionen zum späteren Betrachten sichtbar zu machen.

Röntgenbehandlung. Bestrahlungen des lebenden menschlichen oder tierischen Körpers oder einer Sache mit >Röntgenstrahlen<, um deren Beschaffenheit, Zustand oder Funktionen zu beeinflussen.

Röntgendiagnostik. Zweig der >Radiologie<, der sich mit Röntgenuntersuchungen, d. h. >Röntgenaufnahmen< und >Röntgendurchleuchtungen<, zum Zweck der Diagnosestellung beschäftigt.

Röntgendiffraktometrie. Verfahren zur Ermittlung von Kristallstrukturen, bei dem Röntgenstrahlung an den Gitterebenen eines kristallinen Stoffes gestreut wird. Aus Richtung und Intensität der Beugungsreflexe lassen sich Informationen über die Elektronendichteverteilung des Stoffes gewinnen. Durch die Anwendung der Bragg-Gleichung

$$\sin \theta = n \cdot \lambda/d$$

(θ = halber Reflexionswinkel, n = Beugungsordnung = 1,2,3..., λ = Wellenlänge der Röntgenstrahlung) lassen sich die Beugungswinkel in Gitterkonstanten umrechnen, so daß bekannte Minerale in Gemischen identifiziert und bei geeigneter Kalibrierung quantitativ bestimmt werden können. Da die Minerale der Tonfraktion von Böden zu klein für eine optische Identifizierung sind, ist die R. hier oft das einzige Verfahren, mit dem solche Minerale sicher bestimmt werden können. Eine besondere Bedeutung bekommt die R. bei den Schichtsilicaten der Tonfraktion (den eigentlichen >Tonmineralen<), da deren Schichtabstand und damit die entsprechenden Gitterkonstanten von der Art der eingelagerten Zwischenschichtkationen abhängen. So können mit Hilfe der R. auch Aussagen über die mineralogischen und chemischen Eigenschaften dieser Minerale gemacht werden.

Röntgendurchleuchtungen. Durchleuchtungen des lebenden menschlichen oder tierischen Körpers oder einer Sache mit Röntgenstrahlen, um deren Beschaffenheit, Zustand oder Funktionen zum gleichzeitigen Betrachten sichtbar zu machen.

Röntgenstrahlung. Durchdringende elektromagnetische Strahlung. Die Erzeugung der R. geschieht durch Abbremsung von >Elektronen< oder schweren geladenen Teilchen. In einer Röntgenröhre werden Elektronen durch eine hohe Gleichspannung beschleunigt und auf eine Metallelektrode geschossen. Die dabei entstehende >Bremsstrahlung< nennt man R.

Röntgenverordnung. Verordnung über den Schutz vor Schäden durch Röntgenstrahlen (Röntgenverordnung – RöV) vom 8.Januar 1987. Sie regelt den Umgang, den Betrieb, die Anwendung und die Schutzvorschriften für Röntgenanlagen und für best. Elektronenbeschleuniger. BGBl. Teil I, S.114–133, 1987.

RöV. >Röntgenverordnung<.

Roggenanbau, ewiger. >Monokultur<.

Rohemission. Unbehandelte >Abgasemission< aus Motoren vor dem Eintritt in die >Abgasnachbehandlung<, z.B. mittels >Katalysator<. Hohe R. erfordern entspr. großen Aufwand für die Abgasnachbehandlung, um niedrige Emissionswerte zu erzielen.

Rohhumus. Humustyp, der durch tiefen pH-Wert, geringe Nährstoffgehalte und fehlende Vermischung der Humusteilchen mit dem Mineralboden gekennzeichnet ist (>Humus<). Die pH-Werte liegen oft zwischen 2 und 3,5, das C/N-Verhältnis oft über 30. R. besitzt in der Regel eine stabile Humusauflage mit den Horizonten L („litter", engl. für Streu) mit weitgehend unzersetzter Streu, Of (Fermentationshorizont) mit hauptsächlich Feinmaterial, aber noch erkennbaren Nadel- und Blattresten und Oh, dem humosen Auflagehorizont ohne erkennbare Pflanzenstrukturen. Der letztere

ist kaum mit dem Mineralboden (Ah-Horizont) vermischt; auch im Ah-Horizont liegen Mineralteilchen und Humusteilchen nebeneinander vor (>Bodenhorizonte<). R. bildet sich hauptsächlich in Nadelwäldern mit entsprechendem Unterwuchs (z.B. Erica) auf nährstoffarmem Ausgangsgestein; er ist die typische Humusform der >Podsole<. Die Freisetzung der in der Streu enthaltenen Nährstoffe geschieht hauptsächlich bei beginnender >Humifizierung< im Of-Horizont, wo auch sehr viele Feinwurzeln der Pflanzen zu finden sind. Daher können die freiwerdenden Nährstoffe sofort wieder aufgenommen werden und sind damit vor Auswaschung geschützt. Eine Erhöhung der biologischen Bodenaktivität, z.B. durch Düngung oder >Kalkung<, hat in der Regel einen erhöhten Humusabbau und eine Veränderung der Humuseigenschaften zur Folge.

Rohphosphat. >Phosphatdünger<.

Rohrleitungsbaurecht. Diejenige Summe von Normen, die den Bau von Leitungsanlagen (Pipelines), die den Werksbereich überschreiten, regeln; sobald >wassergefährdende Stoffe< transportiert werden sollen, ist die Genehmigung zum Bau gem. §§ 19a bis f des Wasserhaushaltsgesetzes notwendig; es gelten weitere spezifische Vorschriften, z.B. die Verordnung über brennbare Flüssigkeiten vom 27.02. 1980, BGBl. I S.229.

Rohrreiniger. >Reinigungsmittel<.

Rohrzucker. >Saccharose<.

Rohschlamm. Jener Schlamm, der aus dem ersten Absetzbecken entnommen wird. Er umfaßt den Primärschlamm sowie den mitabgesetzten, rückgeführten Sekundärschlamm (ISO 6107/6).

Rohstoffe. Unbearbeitete Erzeugnisse mineralischer, pflanzlicher oder tierischer Herkunft, die zur Weiterverarbeitung dienen. R. zur Energiegewinnung sind die >fossilen Brennstoffe<, Kohle, Erdöl und Erdgas, deren Energie gespeicherte >Sonnenenergie< ist. Außerdem die >Kernbrennstoffe< >Uran< und >Thorium<, sowie >Deuterium< und Lithium. Diese Energierohstoffe stellen im Gegensatz zu den >erneuerbaren Energien< „erschöpfbare" Energievorräte dar, d.h. in Abhängigkeit vom jeweiligen Verbrauch gehen diese Vorräte unwiederbringlich zur Neige und wachsen auch nicht nach. Die Höhe der unter den gegenwärtigen technischen und wirtschaftlichen Rahmenbedingungen sicher gewinnbaren Vorräte beträgt weltweit für Erdgas 155 Mrd. t Steinkohleeinheiten (SKE), für Erdöl 197 Mrd. t SKE, für Kohle 870 Mrd. t SKE und für Uran 5 Mrd. t SKE bei Einsatz in Leichtwasserreaktoren ohne Wiederaufarbeitung, bzw. 2.650 Mrd. t SKE bei Einsatz in Schnellen Brutreaktoren. Die Angaben zu Uran beziehen sich auf sicher gewinnbare Vorräte zu Gewinnungskosten von 130 $ pro kg Uran. Zum Vergleich: Im Jahre 1992 betrug der Weltverbrauch an Erdgas 2,5 Mrd. t SKE, Erdöl 4,4 Mrd. t SKE, Kohle 3,1 Mrd. t SKE und Uran 0,7 Mrd. t SKE.
Gegenwärtig wird praktisch ausschließlich Uran als Kernbrennstoff genutzt, so daß man über die Vorräte an Thorium relativ wenig weiß. Die Vorräte an Deuterium und Lithium als Brutstoff für >Tritium<, die für eine >Kernfusion< benötigt werden, dürften nach heutigem Kenntnisstand wahrscheinlich um den Faktor 3 größer sein als die Ressourcen an fossilen Energieträ-

gern insgesamt. Ein technisch nutzbarer Fusionsprozeß ist aber derzeit noch nicht entwickelt.

Lit: Voß A (1990) Energie: Eine knappe Ressource? In: Schmitt D, Heck H (Hrsg.) Handbuch Energie, Neske, Pfullingen – DNK-Schriften Nr. 3/1993 (1993) Energie für die Welt von morgen. Veröffentlichungen des Deutschen Nationalen Komitees des Weltenergierates DNK Düsseldorf.

Rohwasser. Auch Rohabwasser; das einer >Abwasserreinigungsanlage< zufließende >Abwasser< (DIN 4045). Unter Rohwasser versteht man allgemein solches Wasser, das durch aufgelöste oder aufgeschwemmte Beimengungen anorg. (mineralischer) oder org. Natur so verunreinigt ist, daß es zum Trinken oder für gewerbliche Zwecke nicht verwendet werden kann. Während für die Zusammensetzung von >Industrieabwasser< keine Normen genannt werden können, weist >Kommunalabwasser< überall eine ähnliche Beschaffenheit auf. Es ist im wesentlichen das aus den Haushalten stammende Küchen-, Wasch- und Toilettenabwasser, welches die >Schmutzstoffe< in die >Kanalisation< bringt. Bei >Mischkanalisationen< kommen bei Regenwetter noch die von den Straßen abgespülten Schmutzstoffe (Erde, Sand, Öl) dazu.

Rollassel (Armadillididae). >Arachnida< (s. Abb. S. 223).

Rollback-Modell. Für die Ausbreitung und Umsetzung von >Emissionen< in >Immissionen< genutztes Vorstellungsmodell, aus dem entspr. Rechenmodelle für diese Vorgänge abgeleitet sind.

Rollwiderstand. Entsteht durch Formänderungsarbeit an Rad und Fahrbahn. Er steigt mit kleinerem Raddurchmesser, zunehmender Geschwindigkeit, abnehmendem Reifenluftdruck und Kurvenfahrt. Für Luftreifen auf Beton und Asphalt beträgt er fR = 0,015, auf Schotter fR = 0,02.

Rossby-Wellen. (Syn. lange Wellen). Der mit der >Polarfront< verbundene Polarwirbel verläuft nicht kreissymetrisch um den Pol, sondern weist mehrere deutliche >Tröge< zum Äquator hin auf, s. Abb. bei >Hochdruckgebiete<. Die dem westlichen Ringstrom überlagerten Wellen, werden nach ihrem Entdecker, dem schwedischen Meteorologen C.-G. ROSSBY (1898 bis 1957), R.-W. genannt. Im Winter findet man im langjährigen Mittel in der >Troposphäre< drei solcher Wellen mit Trögen über Ostasien, dem östlichen Nordamerika und Europa bei 30° E. Im Sommer lassen sich vier nur schwach ausgebildete Tröge erkennen: 10° E, 90° E, 160° W und 70° W. ROSSBY formulierte unter Annahme einer >barotropen< und divergenzfreien Strömung eine Formel zur Berechnung der Verlagerungsgeschwindigkeit der Tröge. Sie ist gleich der zonalen Grundströmung vermindert um einen Betrag, der proportional dem Quadrat der Wellenlänge der Strömung und der meridionalen Änderung des Coriolis-Parameters, >Coriolis-Kraft<, ist. Diese Formel geht wesentlich in Rechnungen der numerischen >Wettervorhersage< ein.

Rossby-Zirkulation. Bedingt durch die breitenabhängige, unterschiedliche solare Einstrahlung bildet sich in der Atmosphäre ein horizontaler >Temperaturgradient< aus, der von den polaren und somit kalten zu den äquatorialen und somit warmen Gebieten gerichtet ist. Da dieser Gradient in allen Höhenniveaus bis zur >Tropopause< hin i.d.R. gleichsinnig äquatorwärts gerichtet ist, bedingt dies einen mit der Höhe zuneh-

menden >thermischen Wind<. Er ist in beiden Hemisphären der Erde von West nach Ost gerichtet. Da oberhalb der >Tropopause< der horizontale Temperaturgradient seine Richtung umkehrt, hat der thermische Wind in Form des >Strahlstrom<es knapp unterhalb der >Tropopause< sein Maximum. Besonders markant ist diese Erscheinung in Form des polaren Strahlstromes, der wiederum mit der >Polarfront< verknüpft ist. Der Wirbel des Strahlstromes verläuft nicht kreisförmig und konzentrisch um den Pol, sondern weist mehrere deutliche >Tröge< zum Äquator hin auf, s. Abb. bei >Frontalzone<. Diese Wellen werden nach ihrem Entdecker, dem schwedischen Meteorologen C.-G. A. Rossby (1898 bis 1957), Rossby-Wellen genannt. Anzahl und Form der Tröge in dem von West nach Ost gerichteten Ringstrom werden bestimmt durch (1) den meridionalen Temperaturgradienten, der wiederum die Windgeschwindigkeit im Strahlstrom beeinflußt, (2) die Rotationsgeschwindigkeit der Erde um ihre Achse. In diesem Fall wirkt die >Coriolis-Kraft< auf die sich bewegenden Luftmassen und führt zu einer nach rechts (Nordhalbkugel) bzw. links (Südhalbkugel) gerichteten Ablenkung der Strömung, (3) die Tatsache, daß polwärts strömende Luftmassen wegen der Konvergenz der Meridiane weniger Raum zur Verfügung haben als in ihren Herkunftsgebieten und (4) die unterschiedliche Orographie des überströmten Geländes. In diesem Zusammenhang sind insbesondere die in Nord-Südrichtung verlaufenden Gebirgszüge wie der Ural, die Appalachen, die Rocky Mountains sowie die Anden zu nennen. Im Winter findet man im langjährigen Mittel in der >Troposphäre< drei solcher Wellen mit Trögen über Ostasien, dem östlichen Nordamerika und Europa bei 30° O. Im Sommer lassen sich wegen der geringeren Strahlstromgeschwindigkeit vier nur schwach ausgebildete Tröge erkennen: 10° O, 90° O, 160° W und 70° W. Rossby formulierte 1939 unter Annahme einer >barotropen< und divergenzfreien Strömung eine Formel zur Berechnung der Verlagerungsgeschwindigkeit dieser Tröge. Sie ist gleich der zonalen Grundströmung vermindert um einen Betrag, der proportional dem Quadrat der Wellenlänge der Strömung und der meridionalen Änderung des Coriolisparameters, >Coriolis-Kraft<, ist. Diese Formel geht wesentlich in Berechnungen der numerischen >Wettervorhersage< ein.

Lit: Liljequist GH, Cehak K (1984) Allgemeine Meteorologie. 3. Auflage, F. Vieweg & Sohn, Braunschweig Wiesbaden – Palmén E, Newton CW (1969) Atmospheric circulation systems. Academic Press, New York London.

Roste. Von den 134 Feuerungen in 48 Hausmüllverbrennungsanlagen in der alten BRD sind 77 Schuberoste, 53 Walzenroste und 4 (Stufen-)Wanderroste. Großen Einfluß auf die Temperaturverteilung im Feuerraum haben neben >Gleich-<, >Gegen-< und >Mittelstromverbrennung< auch die Feuerraumwände. Sie sollen eine zu starke Abkühlung vermeiden, andererseits aber auch nicht zu Verschlackungen führen. Folgende Ausführungen sind möglich:
– Flossenrohrwände, bestiftet und bestampft (rel. starke Wärmeabfuhr),
– SiC-Taillensteine mit Verdampferrohren zur Wandkühlung,
– vollkeramische Wand.

Folgende Anforderungen sind an Roste zu stellen:
– Die Rostluft (Primärluft) soll in versch. Abschnitten getrennt geregelt, d.h. den Feuerungsverhältnissen angepaßt werden können und möglichst wenig durch

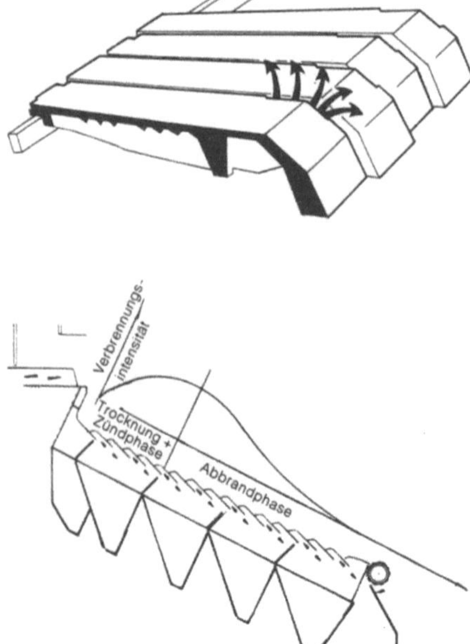

Roste: Rückschubrost

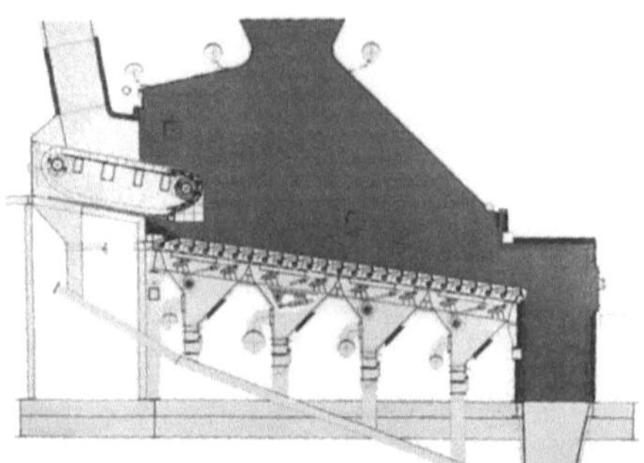

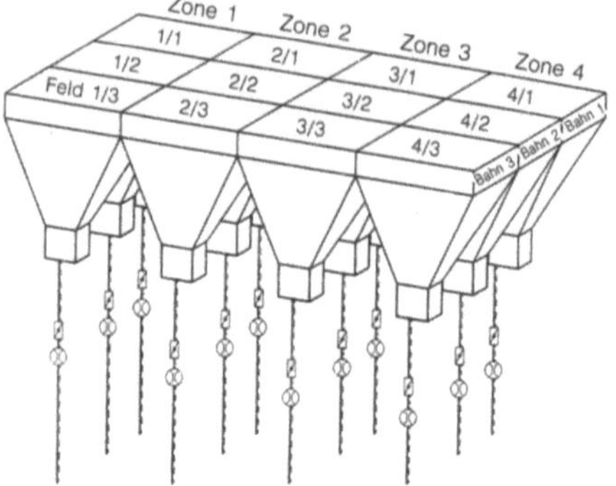

den Kühlbedarf beeinflußt werden. Dazu gehört auch, daß die Luftschlitze trotz thermischer und mechanischer Beanspruchung ihre Gestalt beibehalten und der Luftaustritt möglichst gleichmäßig erfolgt, d.h. der Druckverlust im Rost (Roststabwiderstand) muß, gegenüber dem Druckverlust der Müllschicht ausreichend hoch sein, damit Ungleichmäßigkeiten in der Müllschicht auf dem Rost sich nicht zu ungünstig auf die Rostluftverteilung auswirken (Flächen mit wenig Müll aber viel Luft).

- Die Transportgeschwindigkeit des Rostes sollte in versch. Abschnitten getrennt geregelt werden können.
- Es muß für eine ausreichende, aber gleichmäßige Schürung gesorgt werden (Roststürze schüren eher zu plötzlich).

Besondere Bedeutung kommt auch der Mülldosierung (mit Stößel oder Aufgabewanderrost), der Verhinderung von Falschlufteinbrüchen durch eine ausreichende Füllung des Aufgabetrichters (Füllstandsüberwachung, Klappe) zu. Von den versch. Rostbauarten sollen nur Rückschubrost, Vorschubrost und Walzenrost näher beschrieben werden.

Rückschubrost: Wichtigster Lieferant von Rückschubrosten ist die Firma Martin. Der Martin-Rückschubrost ist ein Schrägrost mit einer Neigung zur Horizontalen von 26°. Feste und bewegliche Roststäbe sind abwechselnd angeordnet, die beweglichen führen aufwärtsgerichtete Schürbewegungen aus. Die Hubfrequenz wird in Abhängigkeit von der Müllbeschaffenheit gesteuert, sie beträgt 0,5 bis 1 Hub pro min. Der Müll wird bereits auf dem Beschicktisch vorgetrocknet, da dieser Bereich der Flammenstrahlung ausgesetzt ist. Weitere Trocknung und Zündung finden dann

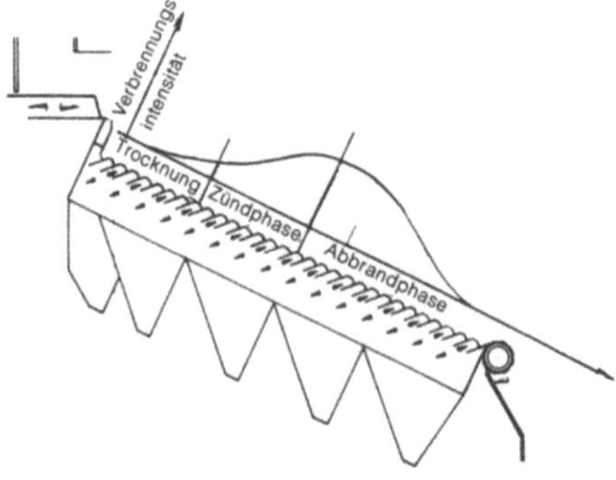

Roste: Vorschubrost

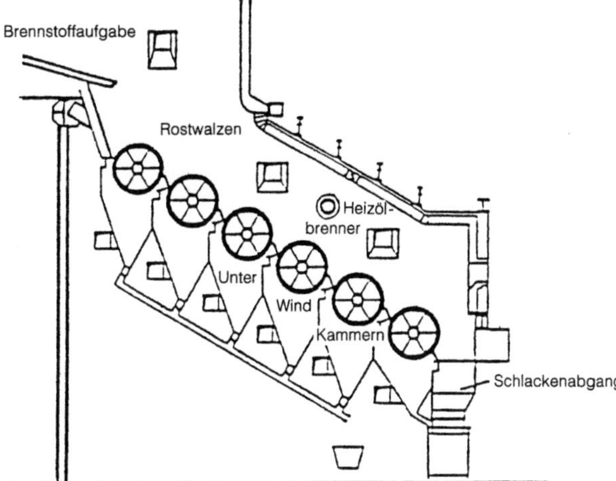

Roste: Walzenrost

im vorderen Bereich des Rostes statt. Die Verbrennungsluftzufuhr erfolgt durch Schlitze in den Roststäben, die auf diese Weise gleichzeitig gekühlt werden. Der Druckabfall beim Durchströmen des Rostes ist mit ca. 10 mbar gezielt hoch eingestellt, damit unvermeidliche Schwankungen im Druckabfall der Müllschicht den Luftstrom nur rel. wenig beeinflussen. Erkauft wird dieser Vorteil durch eine höhere Gebläseleistung (Investitions- und Betriebskosten). Durch die der natürlichen Abwärtsbewegung entgegengerichteten Schürbewegung wird immer wieder Glut in die Anfangszone des Rostes geschoben, so daß dort Trocknung und Zündung des Mülls sichergestellt sind. Deshalb eignet sich dieser Rost besonders für Müll mit niedrigem >Heizwert< (s. Abb. S. 996).

Vorschubrost: (Babcock, Steinmüller (beide jetzt zusammengeschlossen in Babcock-Borsig-Power), EVT (jetzt Teil von ABB-Alstom-Power), von Roll, K + K). Ähnlich wie der Rückschubrost besteht auch der Vorschubrost aus abwechselnd angeordneten festen und beweglichen Roststäben. Die Schürbewegungen laufen allerdings in die Richtung, in der der Müll die Feuerung passiert. Vorschubroste können in Strömungsrichtung (abwärts) geneigt (z. B. EVT 8°) oder auch horizontal sein (s. Abb. S. 996). Sehr günstig für die gezielte Luftzufuhr auch in Verbindung mit >Pyrodetektoren< und einer entspr. Regelung ist die Unterteilung des EVT-Vorschubrostes in Bahnen und Zonen. Dabei wird die Luftzufuhr zu jedem Feld einzeln gemessen und geregelt.

Roststürze: (Rostzonen mit Höhendifferenz) sind wegen der plötzlichen Mischung (getrennt regelbare Luftzufuhr wäre nötig) nicht generell zu empfehlen.

Walzenrost: Der Walzenrost wird hauptsächlich von der Deutschen Babcock AG (jetzt zusammengeschlossen in Babcock-Borsig-Power) weltweit angeboten und gebaut. Der Rost besteht aus 6 hintereinander angeordneten Walzen von 2,5 m Durchmesser, deren Breite dem Mülldurchsatz und Heizwert angepaßt wird. Die Achsen der Walzen liegen in einer um 30° zur Horizontalen in Müllströmungsrichtung abwärts geneigten Ebenen. Die Drehzahl der Walzen beträgt 1 bis 3 Umdrehungen pro Stunde und kann für jede Walze einzeln stufenlos eingestellt werden, um so den Müllfluß dem Verbrennungsablauf anzupassen. Jede Walze hat eine eigene Unterwindkammer, so daß auch die Luftzufuhr örtlich der Verbrennung angepaßt werden kann. Die Druckdifferenz über die Walzen beträgt 5 mbar, was geringe Gebläsekosten zur Folge hat. Die Walzenoberfläche weist Taschen auf, die eine ständige Wendung des Mülls gewährleisten und die zum Transport erforderlich sind. Beim Übergang von einer Walze zur nächsten wird die Müllschicht vergleichmäßigt, so daß offene Stellen, hervorgerufen durch besonders schnellen Ausbrand, wieder geschlossen werden. Der am Ende der ersten Walze befindliche Müll brennt oft schon; nach dem Abwurf auf die zweite Walze liegt er unten und stellt ein Grundfeuer dar, welches dann die Zündung des anderen Mülls sicherstellt. Der Walzenrost zeigt eine geringe Verschmutzungsneigung. Die thermische Belastung der Walzenelemente ist gering, da sie die meiste Zeit aus dem Feuer herausgedreht sind. Auch in der Brennkammer liegt die Rosttemp. nicht über 40 °C. Ein Problem ist die Abdichtung der Walzenzwischenräume, diese erfolgt heute zumeist durch eine Art Bürste aus Drahtseil, die als Abstreifer dient (s. Abb.).

Lit: 4. ZAF-Seminar: Abfallreduzierung und Restmüllentsorgung 28./29. September 1989, TU Braunschweig, ISSN 0934-9243 – Thomé-Kozmiensky KJ (1983) Müllverbrennung und Rauchgasreinigung, EF-Verlag, Berlin – Horch K (1988) Hausmüllverbrennung, Studienbaustein Abfall und Recycling, Zusatzstudium Umweltschutz, RWTH Aachen – Thomé-Kozmiensky KJ (1985) Verbrennung von Abfällen, EF-Verlag, Berlin – Hauschild W, Martin J, Muckenheim H, Schäfer C (1989) Rostfeuerungen zur Verbrennung von Hausmüll, hausmüllähnlichem Gewerbemüll und Klärschlamm, Jahrbuch der Dampferzeugertechnik, 6. Ausgabe, Kap. III, Feuerungsanlagen, Vulkan-Verlag, Essen, S. 211–237.

Rostflecken. Flecken im Boden, die in einer eisenärmeren Matrix durch höhere Konzentrationen an Eisen(III)-oxiden >Eisenoxide< braun gefärbt sind. Solche Flecken haben oft Durchmesser von einigen cm und entstehen besonders dann, wenn Eisen durch Redoxprozesse (>Redoxreaktionen<) mobilisiert und wieder ausgefällt wird. R. sind daher typisch für Böden mit Grund- oder Stauwassereinfluß, so z. B. im >Gley< (R. an Porenwänden) und >Pseudogley< (R. im Aggregatinneren). Die in R. vorkommenden Eisen(III)-

oxide sind meist Ferrihydrit und schlecht kristallisierter Goethit; im carbonatarmen Milieu kommt auch Lepidokrokit vor.

Rostluft. Die durch die >Roste< strömende Luft hat zwei Aufgaben: Kühlung der Roste und Luftzufuhr für die Verbrennung.

Rostpilze. (Syn. Uredinales). Obligat biotrophe, pflanzenparasitische Pilze, die häufig auf Getreidearten, aber auch auf anderen Wirten (Zwiebeln, Spargel, Möhren, Stachelbeeren) zu finden sind und dort Rostkrankheiten (kurz: Rost) verursachen. R. gehören taxonomisch zur Ordnung Uredinales der Klasse *Basidiomycetes* (Ständerpilze), Unterklasse der *Phragmobasidiomycetes*. Zur Ordnung der R. gehören mehrere Tausend ektoparasitische Arten, die z.T. große wirtschaftliche Schäden an Getreideernten verursachen können. Der Befall äußert sich durch charakteristische gelbe (Gelbrost), braune (Braunrost) oder schwarze Pusteln oder schwielenartige Lager und vereinzelt durch Deformationen an den befallenen Pflanzenteilen. Die Bekämpfung der R. ist schwierig, da es nur wenige, v.a. systemisch wirkende >Fungizide< gibt, und Versuche zur Ausrottung von Zwischenwirten (v.a. in den USA forciert) bislang ebenfalls keinen guten Erfolg zeigten, da von R. fakultative Wirtswechsel vollzogen und über Teleutosporen Überdauerungsformen (>Dauersporen<) ausgebildet werden können.

Lit: Hoffmann GM et al. (1976) Lehrbuch der Phytomedizin, 1.Aufl., Paul Parey, Berlin Hamburg.

Roststürze. >Roste<.

Rot 2-G. >Brillantsäurecarmin<.

L-Rot 11. >Erythrosin BS<.

L-Rot 3. >Amaranth<.

L-Rot 4. >Brillant Ponceau 4R<.

L-Rot 5. >Ponceau 6R<.

L-Rot 54. >Azorubin<.

L-Rot 6. >Scharlachrot GN<.

L-Rot 7. >Cochenille<.

Rotationskolbenmotor. >Kreiskolbenmotor<, >Wankelmotor<.

Rotatoria. Rädertierchen leben meist räuberisch im Wasserfilm des Bodens.

Rote Beete. >Rote Rübe<.

Rote Liste. Dokumentation von Pflanzen und Tieren wird nach dem Grad ihrer Gefährdung vorgenommen. Sie werden dabei klassifiziert nach: 0 = ausgestorben oder verschollen, 1 = vom Aussterben bedroht, 2 = stark gefährdet, 3 = gefährdet, 4 = potentiell gefährdet. Die r.L. werden benutzt, um für einzelne >Biotope<, Landschaftsteile oder >Landschaften< das Vorkommen entsprechender Arten festzustellen bzw. um Schutzmaßnahmen wie >Artenschutz< und >Biotopschutz< zu begründen. Die r.L. werden von den einzelnen Bundesländern bzw. bundesweit erstellt und von internationalen Organisationen zusammengefaßt.

Rote Rübe. (Rote Beete, Rande, Ranne, Rouge de betterave, Betanin, Beet Red, E 162). Aus dem Hypokotyl und der Wurzel der Roten Rübe *Beta vulgaris* ge-

wonnener tiefroter, wasserlöslicher Farbstoff. Die farbgebende Komponente ist Betanin. Der Einsatz erfolgt zur Farbgebung bei Saucen, bes. Tomatensoßen, Fleisch- und Wurstwaren, Joghurt, Fruchtgelee etc.

Rotenoide. R. sind insektizide Inhaltsstoffe aus Pflanzenwurzeln der Familie Leguminosae, vorzugsweise der Arten Derris, Lonchocarpus, Mundulea, Miletia, Neorautanenia und Tephrosia. Ein wichtiges Anbaugebiet ist Peru *(Derris elliptica)*. Die Wirksubstanzen leiten sich von dem kondensierten heterocyclischen Ringsystem (1) ab. Der wichtigste Vertreter ist das Rotenon (2), ein selektives Fraßgift mit Wirkung gegen Larven, das vorwiegend im Gartenbau, meist im Gemisch mit Pyrethrum eingesetzt wird. Seine Besonderheit ist die ausgeprägte Fischtoxizität, die in der Teichwirtschaft begrenzt Verwendung findet. Die Warmblütertoxizität ist oral gering, intraperitoneal aber hoch. Die Wirkung besteht in der Unterbrechung der Atmungskette. Die Sz sind synth. schwer zugänglich. Verwendet wird nur das Naturprodukt, welches schlecht standardisierbar ist, so daß die Aufwandmengen sehr schwanken.

Rotenon. Ein natürliches pflanzliches Insektizid, das aus den Wurzeln tropischer Papillionaceen gewonnen wird. Der Einsatz erfolgt vorwiegend auf Kulturen von Rüben, Kartoffeln, Gemüse, Obst und Wein (s. chem. Formel).

Rotifera. (Rädertiere). Den Fadenwürmern (Nematoden) nahe stehende Klasse der Nemathelminthes, meist im Wasser, seltener im Boden lebend. Ihre Körpergröße beträgt nur 0,1 bis 2 mm. Sie ernähren sich im Wasser durch Einstrudeln von Partikeln mit einem oder mehreren Wimperkränzen am Kopf. Der Schlund enthält einen Kauapparat (Mastax – wichtiges Best.-Merkmal) zur Zerkleinerung der Nahrung. Die Arten der Unterordnung Monogononta sind zweigeschlechtlich mit Weibchen und kleineren Männchen. Aus einer besamten Eizelle geht ein Dauerei hervor, aus dem ein

Weibchen entsteht, das Eier produziert, die sich ohne Besamung, also parthenogenetisch entwickeln. Später entstehen bei einer Reifeteilung haploide Männchen. Bei den Arten der Unterordnung Digononta sind nur Weibchen bekannt. Unter den Monogononta haben die „lorikaten" Rotifera einen charakteristisch geformten und strukturierten Panzer, der ein wichtiges Best.-Merkmal ist. Die R. sind eine wesentliche Gruppe des >Zooplanktons<.

Lit: Koste W (1978) Rotatoria. Die Rädertiere Mitteleuropas, 2. Aufl., Borntraeger-Verlag, Berlin Stuttgart – Ruttner-Kolisko A (1972) Rotatoria. In: Elster HJ, Ohle W (Hrsg.) Das Zooplankton der Binnengewässer, Schweizerbart, Stuttgart, S. 99–234.

Rotor. Als R. bezeichnet man i. allg. den Propeller einer Windkraftanlage. Der R. dient dazu, die vorhandene kinetische Strömungsenergie der Luft in mechanische Energie umzuwandeln. Diese kann dann zum Antrieb eines elektrischen >Generators< verwendet werden. Aus der Windrichtung gesehen gibt es für den R. zwei verschiedene Betriebsmöglichkeiten: Er kann entweder wie bei den klassischen Windmühlen vor dem Turm als „Luvläufer" (z. B. Monopteros) oder als „Leeläufer" (z. B. >Growian<) hinter dem Turm betrieben werden. Die einzelnen R.-Typen unterteilt man i. allg. in vertikale (z. B. >Darrieus<, Eole) und horizontale (z. B. >Einflügler<, Aeroman, Western-Mill) R. Weitere Kennzeichen sind die Anzahl der Flügel, z. B. Einflügler oder >Vielflügler<, der maximale R.-Wirkungsgrad, der R.-Durchmesser, die nutzbare Windgeschwindigkeit, die Drehzahl, Nennleistung und Windanpassung, s. Abb.

Lit: Heier S (1989) Nutzung der Windenergie: ein Informationspaket TÜV Rheinland, Köln, S. 17 – Künstle K, Reiter K, Riedle K (1990) Möglichkeiten und Grenzen der regenerativen Energien. VGB Kraftwerkstechnik 70, Heft 2 – Hau E (1996) Windkraftanlagen. 2. Auflage, Springer Verlag, Berlin Heidelberg New York Tokyo.

Rotte. >Aerobe< biol. >Zersetzung< fester org. Stoffe, z. B. in entwässertem >Schlamm< und/oder >Müll< (DIN 4045). Der Rotteprozeß wird im wesentlichen von zwei Faktoren bestimmt, dem Sauerstoffangebot und, da die >Mikroorganismen< ihre Nahrung nur in gelöster Form aufnehmen können, dem Wasser. In flüssigen Systemen wie dem der Abwasserreinigung nach dem >Belebtschlammverfahren< muß nur ein Faktor optimiert werden, der des Sauerstoffeintrages. Feste Systeme, wie die *Kompostierung von Abfällen*, bedingen dagegen die Bereitstellung von ausreichend Sauerstoff und Wasser. Die Schwierigkeit liegt hier in der Tatsache, daß das zur Verfügung stehende Porenvolumen beide Komponenten aufnehmen muß. Entscheidend für den Rotteprozeß ist daher die Lösung dieser Frage.

Rottedeponie. >Biochemischer Abbau< der >Abfälle< unter Zufuhr von Luftsauerstoff vor deren Verdichtung. Diese Deponien werden aerob gehalten, so daß sich keine brennbaren Gase bilden können (>Deponiegas<).

Lit: Klotter HE (1964) Die Rotte-Deponie. In: Müll-Handbuch, Kennzahl 4630. E. Schmidt Verlag, Berlin

Rottetrommel. Drehbarer Hohlzylinder, in dem >Abfälle< unter Zufuhr von Luftsauerstoff gerottet werden.

Rottezelle. Geschlossener Raum, in dem >Abfälle< unter Luftzufuhr, aber ohne Umwälzung gerottet werden.

Rouge Cochnille A. >Brillant Ponceau<.

Rouge de betterave. >Rote Rübe<.

Rouge solide E. >Echtrot E<.

ROZ. Research Octanzahl. >Octanzahlen<.

RTECS-Nummer. Alphanumerische Systemnummer des „Registry of Toxic Effects of Chemical Substances", herausgegeben von R. J. Lewis, R. T. Takten beim Department of Health and Human Services des Natio-

Technische Daten (Bandbreite)			
Achsanordnung	horizontal	horizontal	horizontal	vertikal
Anzahl der Flügel	1	2	3	2 - 3
max. Rotorwirkungsgrad	40%	45%	48%	48%
Rotordurchmesser	15 - 56 m	12 - 100 m	10 - 60 m	12 - 65 m
nutzb. Windgeschwindigkeitsbereich	5 - 20 m/s	4 - 24 m/s	3 - 30 m/s	4 - 22 m/s
Drehzahl	120 - 40 U/min	100 - 18 U/min	72 - 20 U/min	100 - 20 U/min
Nennleistung	15 - 1000 kW	30 - 3000 kW	25 - 1200 kW	30 - 4000 kW
Windanpassung	Blattverstellung	Blattverstellung	variable Drehzahl, Blattverstellung	Anfahrmotor
Stand der Technik	Serie	Serie	Serie	Prototyp
Typenbeispiele	Monopteros	Aeroman, MOD 5B	Elektromat, WKA60	Eole

Quelle: L.J. Rogers, DOE; Stand 1987

Rotor: Wesentliche Bauarten und Daten zu einzelnen Rotortypen. (Aus: Künstle et al. 1990)

nal Institute for Occupational Safety and Health (NIOSH), Cincinnati, USA.

Lit: Richtlinie der Kommission vom 25. April 1984 zur sechsten Anpassung der Richtlinie 67/548/EWG des Rates zur Angleichung der Rechts- und Verwaltungsvorschriften für die Einstufung, Verpackung und Kennzeichnung gefährlicher Stoffe an den technischen Fortschritt (84/449/EWG). In: Rippen G (Hrsg.) Handbuch Umweltchemikalien, ecomed Verlagsgesellschaft, Landsberg/Lech.

Rubinpigment BK. >Litholrubin BK<.

Rubixanthin. (E 161 d). 3-Hydroxy-γ-carotin. Ein oranger Farbstoff aus der Gruppe der >Xanthophylle<, der in verschiedenen Rosenarten, z.B. der Hagebutte *Rosa rubiginosa*, vorkommt (s. chem. Formel unten).

Ruderfüßer. >Crustacea<.

Rückdrehen. Drehen des Windes entgegengesetzt zum Uhrzeigersinn (Nordhalbkugel), im Uhrzeigersinn (Südhalbkugel). Bei Annäherung eines >Tiefdruckgebietes< erfolgt vor der >Warmfront< ein R. des Windes. Das Gegenteil von R. ist >Rechtsdrehen<. Beide Ausdrücke entstammen der Seemannssprache; im Binnenland sind die Bezeichnungen Rechtsdrehen bzw. Linksdrehen mehr verbreitet.

Rücken. (Syn. Keil). Ausläufer eines >Hochdruckgebietes<, s. Abb. bei >Hochdruckgebiet<.

Rückkopplung. Mechanismus innerhalb eines >Regelkreises<: Das Ergebnis der Wirkung eines Stellgliedes führt zur erneuten Beeinflussung des Stellgliedes. Die Beeinflussung erfolgt durch die Vergrößerung bzw. Verkleinerung der Regelgröße. Die R. ist positiv, wenn eine Vergrößerung der Regelgröße mit einer weiteren Verstärkung beantwortet wird. Wird die Vergrößerung der Regelgröße mit einer Abschwächung beantwortet, spricht man von einer negativen R.

Rückkühlanlagen. >Kühlturm< (naß; trocken; zwangsbelüftet; Naturzug) oder >Kühlteich< zur Kühlung des erwärmten >Kühlwassers< eines >Kraftwerkes< vor Rückführung in den >Kühlkreislauf< zur Reduzierung des Frischwasserverbrauchs zu Kühlzwecken.

Rücklage. Rücklage S₊ ist in der >Hydrologie< die Vergrößerung des ober- und unterirdischen Wasservorrats während der Zeiten der positiven klimatischen >Wasserbilanz< (P-ET > 0, in Mitteleuropa im Winter).

Rücklaufschlamm, RS. Der aus dem >Nachklärbecken< in das >Belebungsbecken< oder einen anderen Reaktor zurückgeführte Schlamm (DIN 4045). Der Schlammfeststoffgehalt im Belebungsbecken wird durch Entnahme von >Überschußschlamm< gesteuert. Dabei ist es üblich, den Überschußschlamm von der >Rücklaufschlammenge< abzuzweigen und direkt der >Schlammbehandlung< zuzuführen oder in den Zulauf zur >Vorklärung< einzuleiten, und zwar möglichst kontinuierlich oder in kurzen Zeitabständen. Die Rücklaufschlammenge wird über Schieber, Pumpen-

zahl und Pumpenleistung gesteuert. So kann sie der Abwasseranfallkurve angepaßt und weitgehend ein konstantes Rücklaufverhältnis eingehalten werden. Oft begnügt man sich bei kleinen Anlagen auch mit dem Einsatz einer ständig laufenden Pumpe, die dann allerdings für den Trockenwetterzufluß zu bemessen ist. Die gegenüber einer abgestuften Rücklaufschlammförderung zusätzlich verbrauchte Energie ist im Verhältnis zum Gesamtenergieaufwand der Belebungsanlage gering.

Lit: Abwassertechnische Vereinigung (Hrsg.) (1982–1986) Lehr- und Handbuch der Abwassertechnik, 3. Aufl., Bd. 1–7, Verlag von Wilhelm Ernst und Sohn, Berlin München.

Rücklaufverhältnis (RV). Verhältnis des Rücklaufschlammflusses zum Abwasserzufluß in das Belebungsbecken bzw. des Abwasserrückflusses zum Abwasserzufluß in den Tropfkörper (DIN 4045).
Belebungsbecken und Nachklärbecken bilden eine verfahrenstechnische Einheit. Sie sind durch den Massen- bzw. Volumenstrom des Rücklaufschlammes miteinander verknüpft. Das R. (RV) ist das Verhältnis des Rücklaufschlammflusses Q_{RS} zum Abwasserzufluß Q. Man kann mit einer konstanten Rücklaufschlammförderung arbeiten, dann ist RV variabel, oder mit einem konstanten R., dann ist Q_{RS} variabel und proportional Q. Es gilt:

$$RV = Q_{RS}/Q.$$

Rücknahme- und Pfandpflicht. Aufgrund von § 24 Abs. 1 des Kreislaufwirtschafts- und Abfallgesetzes durch >Rechtsverordnung< einführbares System, das den Hersteller eines Produkts verpflichtet, die Verpackung zurückzunehmen und die Rückgabe der Verpackung durch den Verbraucher mit Hilfe einer Pfandpflicht zu fördern. Bislang eingeführt durch §§ 7 ff. der Verpackungsverordnung vom 12.6.1991, BGBl. I S. 1234.

Rückseitenwetter. Wetter nach Durchzug eines >Tiefdruckgebietes< im Bereich der nachströmenden Rückseitenkaltluft; gekennzeichnet durch raschen Wechsel von starker Quellbewölkung, verbunden mit Regen-, im Winter mit Schnee- und Graupelschauern. Zwischenzeitlich folgen Zeitabschnitte mit Aufheiterungen, verbunden mit sehr guter Sicht. Mit zunehmender Entfernung von der >Front <werden die Abschnitte mit Aufheiterungen länger. S. Abb. bei >Tiefdruckgebiet<. >Vorderseitenwetter<.

Rückstände. 1. Gesamtrückstände: Restmengen, z.B. von >PSM< (einschl. ihrer Metabolite), die als Folge der Anwendung in Ernteprodukten, Nahrungs- und Futtermitteln (engerer Sinn) bzw. in der Umwelt allg. verbleiben. Im Gegensatz dazu handelt es sich bei Verunreinigungen um Stoffe, die unbeabsichtigt in die Umwelt gelangt sind.
2. Kontaminationswege: Rückstände von Arzneimitteln, >Futterzusatzstoffen<, Pestiziden, Umweltkontaminanten sowie von Reinigungs- und Desinfektionsmitteln gelangen in von Tieren stammenden Lebens-

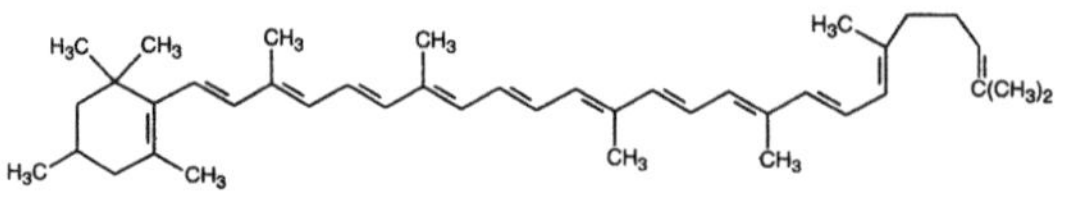

Rubixanthin

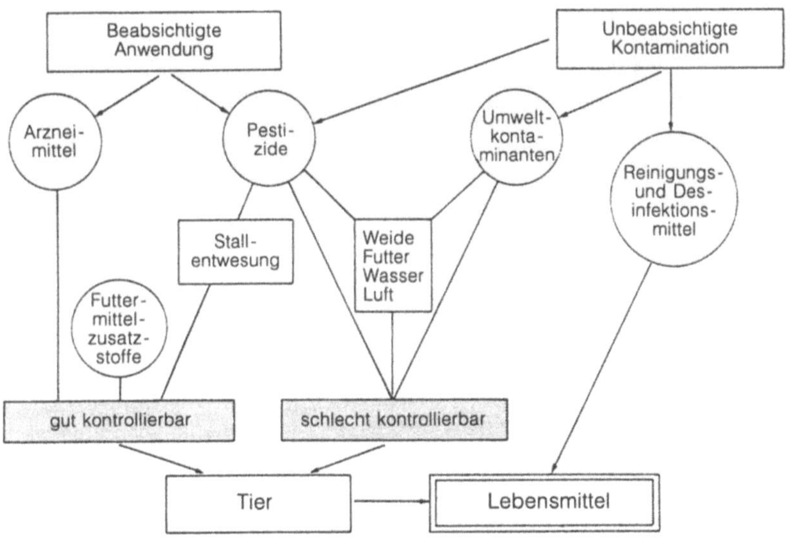

Rückstände: Kontaminationswege

mitteln über eine beabsichtigte Anwendung bzw. über eine unbeabsichtigte Kontamination (s. Abb. oben).
3. Reinigungs- und Desinfektionsmittel: Rückstände entstehen gelegentlich auch von Reinigungs- und Desinfektionsmitteln. Dies vor allem dann, wenn es nach deren Anwendung nicht zu einem sachgerechten Nachspülen mit Wasser kommt, was nicht selten bei Arbeitstischen unterlassen wird. Jodhaltige Desinfektionsmittel zur Zitzenbehandlung können als Rückstände in der Milch eine Rolle spielen, chloroformhaltige Desinfektionsmittel sollen zu solchen in Fleisch, Fett und Eiern geführt haben. Auch Nachweise von Chloroform- und Formaldehyd-Rückständen in >Futtermitteln< sollen auf Reinigungsmaßnahmen von Behältnissen zurückzuführen sein.
Lit: Großklaus D (1989) Ursachen der Kontamination in von Tieren stammenden Lebensmitteln. In: Großklaus D (Hrsg.) Rückstände in von Tieren stammenden Lebensmitteln, Paul Parey, Berlin Hamburg, S.12 – Thier H-P, Frehse H (1986) Rückstandsanalytik von Pflanzenschutzmitteln. Georg Thieme Verlag, Stuttgart New York.

Rückstand. Die bei der Weiterverarbeitung eines mineralischen Rohstoffes in der Aufbereitung anfallenden >Abgänge<, die aufgehaldet oder als >Versatzgut< wieder in die Grube eingebracht werden.

Rückstandsanalytik. Unter R. wird die analytische Erfassung von Chemikalienrückständen in niedrigen Konzentrationen (z. B. $\mu g/m^3$, $\mu g/L$, $\mu g/kg$) verstanden, die nach einer gezielten Anwendung in Luft, Boden, Pflanzen und Lebewesen zurückbleiben.

Rückstandsausscheidung. Die meisten >Tierarzneimittel< werden nach ihrer Anwendung resorbiert, im Organismus verteilt, metabolisiert und ausgeschieden. Diese Feststellung trifft nicht nur für die systemische Verabreichung, sondern auch auf die lokale Anwendung zu; lediglich die quantitativen Verhältnisse sind bei den einzelnen Anwendungsarten unterschiedlich. Bei den aufgezählten Etappen des Weges eines Arzneimittels durch den Säugetierorganismus durchqueren Tierarzneimittel eßbares Gewebe (Muskulatur, Leber, Niere usw.) bzw. werden zum Teil mit eßbaren Produkten (Milch und Eier) ausgeschieden.

Rückstandsbeurteilung. 1. Grundsätze: Was die Qualität, Wirksamkeit und Unbedenklichkeit anbetrifft, macht das >Arzneimittelgesetz< (AMG) keinen Unterschied zwischen Human- und >Tierarzneimitteln<. Bei Tierarzneimitteln, namentlich bei denjenigen, die bei lebensmittelliefernden Tieren zur Anwendung kommen, schließt das Merkmal Unbedenklichkeit das fehlende Potential ihrer Rückstände, die Gesundheit der Verbraucher von Lebensmitteln tierischer Herkunft zu gefährden, ausdrücklich ein.
2. immunpathologische Aspekte: Unter bestimmten Bedingungen können praktisch alle Arzneimittel die Rolle eines Antigens übernehmen, sofern sie entsprechende molekulare Charakteristika aufweisen und zu >Eiweiß< gebunden werden können. Arzneimittel oder ihre reaktiven Metaboliten können auch als Haptene eine Rolle spielen. Gelegentlich sind es nicht die Arzneimittel selbst, sondern bestimmte Verunreinigungen, die entweder aus der Synthese stammen oder während der Lagerung als Zerfallsprodukte entstehen, die für die antigene Eigenschaft verantwortlich sind. Unter den möglichen Formen der Hypersensitivitätsreaktionen wurde bis jetzt lediglich die unmittelbare Hypersensitivität mit Tierarzneimittelrückständen (>Rückstände<) in Verbindung gebracht. Es ist bisher davon auszugehen, daß Tierarzneimittelrückstände kaum die Rolle des sensibilisierenden Agens spielen können. Vielmehr können sie bei entsprechend sensibilisierten Individuen eine allergische Reaktion auslösen. Der gegenwärtig vorhandene sehr beschränkte Kenntnisstand hinsichtlich der Rolle von niedrigen Arzneimittelkonzentrationen in Hypersensitivitätsreaktionen vermag keine ausreichend sichere wissenschaftliche Basis für die Beurteilung von Tierarzneimittelrückständen in immunpathologischer Hinsicht zu geben.

3. mikrobiologische Aspekte: Die Grundätze der Rückstandsbeurteilung gelten für alle >Tierarzneimittel<. Bei der Bestimmung der tolerierbaren Rückstände für gewisse >Antibiotika< muß jedoch ein zusätzlicher Aspekt, ihre antimikrobielle Wirkung, auch mitberücksichtigt werden. Kurz nach Einführung der Antibiotika in der medizinischen Praxis erschienen Berichte mit zunehmender Häufigkeit in der Literatur, wonach diese bei früher sicher beherrschbaren Fällen versagten. Die Ursache des Versagens, erworbene Resistenz der Krankheitserrreger, wurde bald darauf identifiziert und der molekulare Mechanismus in der Folgezeit geklärt. Obgleich das Auftreten von resistenten Bakterienstämmen in besorgniserregendem Ausmaß im allgemeinen als Folge des therapeutischen Einsatzes, häufig der Langzeitanwendung von Antibiotika angesehen wird, ist die Rolle von niedrigen Konzentrationen dieser Substanzen in der Resistenzentwicklung unzureichend geklärt.

4. pharmakologisch-toxikologische Aspekte: Bei der Bewertung von >Tierarzneimitteln<, die bei lebensmittelliefernden Tieren zur Anwendung kommen, spielt der i. d. R. in >Tierversuchen< ermittelte No- effect-level (NEL) oder No-observable-effect-level (NOEL) eine ausschlaggebende Rolle. Gelegentlich kann hierzu die Kenntnis über die Wirkung der zu beurteilenden Pharmaka im menschlichen Organismus – vorwiegend im Falle der auch als Humanarzneimittel verwendeten Substanzen – beitragen. Aus dem NOEL und dem hypothetischen Körpergewicht eines Verbrauchers (70 kg) wird unter Verwendung eines dem jeweiligen Informationswert der zur pharmakologisch-toxikologischen Charakterisierung einer Substanz verfügbaren Daten angemessenen Sicherheitsfaktors (i. d. R. zwischen 100 und 1.000) die annehmbare Tagesdosis (ATD) oder >ADI-Wert< nach der folgenden Formel errechnet:

$$\text{ADI bzw. ATD} = \frac{\text{NOEL} \times 70}{\text{SF}}.$$

Nach dieser Gleichung ist die Höhe der ATD dem Sicherheitsfaktor umgekehrt proportional; eine unzureichende Datenbasis bzw. ihre beschränkte Aussagekraft über die biologischen Eigenschaften eines Pharmakons verlangt einen höheren Sicherheitsfaktor, der eine niedrige ATD zur Folge hat. Die ATD gibt diejenige Menge der fraglichen Arzneimittelrückstände an, die – lebenslang – täglich aufgenommen keine Gefährdung für die Gesundheit des Konsumenten mehr darstellt. Unter Zugrundelegung der angenommenen Verzehrgewohnheiten der Verbraucher von Lebensmitteln tierischer Herkunft (300 g Muskelfleisch, 100 g Leber, 50 g Niere, 50 g Fett, ein Ei bzw. ein Liter Milch) und des Rückstandsverhaltens des verabreichten Arzneimittels wird aus der ATD die >Wartezeit< abgeleitet. Die Wartezeiten beinhalten gesetzeskonform über den zur Erreichung der ATD in den aufgezählten tierischen Produkten erforderlichen Zeitraum hinaus auch eine Sicherheitsspanne. Ihre Zweckbestimmung ist es, der Variabilität im Rückstandsverhalten der Arzneimittel Rechnung zu tragen und mithin die sich daraus für den Verbraucher ergebenden gesundheitlichen Gefahrenquellen einzudämmen. Ihre Länge wird demnach von der ermittelten oder zu erwartenden Variabilität der phamakokinetischen Parameter in der Bestimmungstierart und der Aussagekraft der vorgelegten oder sonst verfügbaren Rückstandsdaten abhängen.

Lit: Somogyi A (1989) Rückstände von Tierarzneimitteln. In: Großklaus D (Hrsg.) Rückstände in von Tieren stammenden Lebensmitteln, Paul Parey, Berlin Hamburg, S. 60, 63.

Rückstandsbewertung. >Tierarzneimittel<. Was die Qualität, Wirksamkeit und Unbedenklichkeit anbetrifft, macht das >Arzneimittelgesetz< keinen Unterschied zwischen Human- und Tierarzneimitteln. Bei Tierarzneimitteln, namentlich bei denjenigen, die bei lebensmittelliefernden Tieren zur Anwendung kommen, schließt das Merkmal Unbedenklichkeit das fehlende Potential ihrer Rückstände, die Gesundheit der Verbraucher von Lebensmitteln tierischer Herkunft zu gefährden, ausdrücklich ein. Die Bewertung des gesundheitsgefährdenden Potentials von Tierarzneimittelrückständen erfolgt – wenn man von gewissen Eigenheiten, wie der spezies-spezifischen metabolischen Umwandlung im Nutztierorganismus absieht – nach denselben Grundregeln, nach denen auch andere Fremdstoffe, die gewollt oder ungewollt in unsere Nahrung gelangen, beurteilt werden. Diese Regeln sind im Rahmen der Tätigkeit internationaler (FAO, WHO, Europarat) Expertengruppen entstanden und im Laufe der Jahre immer wieder verfeinert worden. Die zu berücksichtigenden potentiellen Gesundheitsrisiken für den Verbraucher können pharmakologisch-toxikologischer, mikrobiologischer bzw. immunpathologischer Natur sein.

Rückstandsfreiheit. Bei der Beurteilung der Unbedenklichkeit von >Tierarzneimittel< stand anstelle der >Rückstandsbewertung< noch vor wenigen Jahren die Forderung der Rückstandsfreiheit. Wäre sie zu erreichen, so würde sich die Risikoabschätzung bei Tierarzneimittelrückständen erübrigen. Vielmehr müßte man lediglich die Länge der für die vollständige Elimination eines Pharmakons erforderliche Zeit bestimmen und diese als die >Wartezeit< einsetzen. Die schnell fortschreitende Entwicklung der analytischen Chemie hat in den letzten Jahren dieser, auf Rückstandsfreiheit beruhenden Risikoabwehr alter Prägung den sicheren Boden entzogen. Denn zunehmend sind Konzentrationen von Pharmaka, die noch vor wenigen Jahren weit außerhalb der Reichweite des Analytikers lagen, erfaßbar und genau meßbar geworden. Nicht die Anwesenheit der Rückstände allein, sondern ihr gesundheitsgefährdendes Potential wird es letztlich entscheiden, ob sie in eßbaren Produkten von Tieren toleriert werden können oder nicht.

Rückstands-Höchstmengenverordnung. Auf das DDT-Gesetz und das Lebensmittel- und Bedarfsgegenständegesetz gestützte Verordnung (neugefaßt 1989). Amtliche Bezeichnung: „Verordnung über Höchstmengen an Pflanzenschutz- und sonstigen Mitteln sowie anderen Schädlingsbekämpfungsmitteln in oder auf Lebensmitteln und Tabakerzeugnissen (Rückstands-Höchstmengenverordnung – RHmV)". Mit der Verordnung werden Höchstmengen festgesetzt, die beim gewerbsmäßigen Inverkehrbringen von Lebensmitteln pflanzlicher oder tierischer Herkunft sowie von Tabakerzeugnissen nicht überschritten werden dürfen. Die Höchstmengen gelten sowohl für in D als auch für in den anderen Mitgliedstaaten der EG oder in Drittländern erzeugte Produkte. Seit 1978 dient die Verordnung auch der Umsetzung von EG-Recht. Die Höchstmengen sind als Höchstgehalte in mg Wirkstoff je kg Erzeugnis festgesetzt; für nicht in der Verordnung enthaltene Wirkstoffe gilt eine Höchstmenge von

0,01 mg/kg. Die Festsetzung der Höchstmengen erfolgt nach national und international abgestimmten und akzeptierten Prinzipien (z. B. Anwendung von Sicherheitsabständen) und unter Beachtung des Minimierungsprinzips, so daß selbst bei lebenslanger Aufnahme in der festgesetzten Höhe keine gesundheitliche Gefährdung des Verbrauchers eintreten kann. Die Höchstmengen sind so bemessen, daß einerseits dem vorbeugenden Gesundheitsschutz des Verbrauchers Rechnung getragen wird, sie andererseits aber auch vom Erzeuger bzw. Weiterverarbeiter eingehalten werden können.

Rückstands-Höchstmengenverordnung. Auf das Lebensmittel- und Bedarfsgegenständegesetz gestützte Verordnung (neugefaßt 1997). Amtliche Bezeichnung: „Verordnung über Höchstmengen an Pflanzenschutz- und Schädlingsbekämpfungsmitteln, Düngemitteln und sonstigen Mitteln in oder auf Lebensmitteln und Tabakerzeugnissen (Rückstands-Höchstmengenverordnung)". Mit der Verordnung werden Höchstmengen festgesetzt, die beim gewerbsmäßigen Inverkehrbringen von Lebensmitteln pflanzlicher oder tierischer Herkunft sowie von Tabakerzeugnissen nicht überschritten werden dürfen. Die Höchstmengen gelten sowohl für in D als auch für in den anderen Mitgliedstaaten der EU oder in Drittländern erzeugte Produkte. Seit 1978 dient die Verordnung auch der Umsetzung von EG-Recht. Für den zulässigen Gehalt an Nitrat in Kopfsalat und Spinat wurden ebenfalls Höchstmengen festgesetzt. Die Höchstmengen sind in mg Wirkstoff je kg Erzeugnis festgesetzt; für nicht in der Verordnung enthaltene Wirkstoffe gilt eine Höchstmenge von 0,01 mg/kg. Die Festsetzung der Höchstmengen (s. Abb.) erfolgt nach national und international abgestimmten und akzeptierten Prinzipien (z. B. Anwendung von Sicherheitsabständen) und unter Beachtung des Minimierungsprinzips, so daß selbst bei lebenslanger Aufnahme in der festgesetzten Höhe keine gesundheitliche Gefährdung des Verbrauchers eintreten kann. Die Höchstmengen sind so bemessen, daß einerseits dem vorbeugenden Gesundheitsschutz des Verbrauchers Rechnung getragen wird, sie andererseits aber auch vom Erzeuger bzw. Weiterverarbeiter eingehalten werden können.

Rückstandsproblematik. 1. Ei: Bei bestimmten Lebensmitteln bzw. eßbaren Produkten von Tieren wie bei Eiern und bei der Milch gibt es spezifische Probleme der Rückstandsbeurteilung. Sämtliche >Tierarzneimittel<, die systemisch wirken, werden nach den allgemeinen Regeln der >Pharmakokinetik< im Organismus verteilt. Sie gelangen unter anderem auch in die Organe der Eibildung und gehen mithin in das Ei über; sie werden mit dem Ei ausgeschieden. Bei der Festsetzung der >Wartezeit< wird so verfahren, daß der >ADI-Wert< in einem Ei unter Berücksichtigung der Sicherheitsspanne nicht überschritten wird. Die Erfahrung zeigt, daß bei den meisten systemisch wirkenden Tierarzneimitteln während der meistens mehrtägigen Behandlung und eines von mehreren Faktoren abhängigen unterschiedlichen Zeitraumes danach mit dem Auftreten von Rückständen in höheren Mengen als die ADI gerechnet werden muß. Daher betragen die Wartezeiten häufig 7 bis 14 Tage. Dies bedeutet, daß die Eier während der Behandlung und für die danach folgende Periode (Wartezeit) nicht zum menschlichen Verzehr verwendet werden dürfen.
2. Milch: Ebenso wie bei der Rückstandsbeurteilung von Eiern liegt bei der Beurteilung von Rückständen in der Milch eine spezielle Problematik vor. Die Anwendung von >Tierarzneimitteln< bei laktierenden Tieren führt häufig zu Rückständen. Bei der Festsetzung der >Wartezeiten< ist eine hypothetische Verzehrsmenge von 1 L Milch pro Tag (Milch und Milchprodukte) zugrunde gelegt worden. Dementsprechend darf die Milch nicht zum menschlichen Verzehr verwendet werden, solange die >ADI< oder bei antimikrobiell wirksamen Stoffen die festgesetzte Rückstandskonzentration überschritten wird.

Rückstandsverhalten. Das Verhalten von Pflanzenschutzmitteln (PSM) in versch. Kompartimenten der Umwelt (>Persistenz<) richtet sich nach dem Zusammenwirken versch. Faktoren, wie Wirkstofftyp (z. B. physikalisch-chem. Eigenschaften), Applikationsmethode (z. B. Ausbringen als Spritzmittel, Gießmittel oder Granulat) und Witterungsbedingungen (z. B. Temperatur und Niederschläge). Hier ist vor allem der Boden hervorzuheben, der als Filter-, Puffer- und

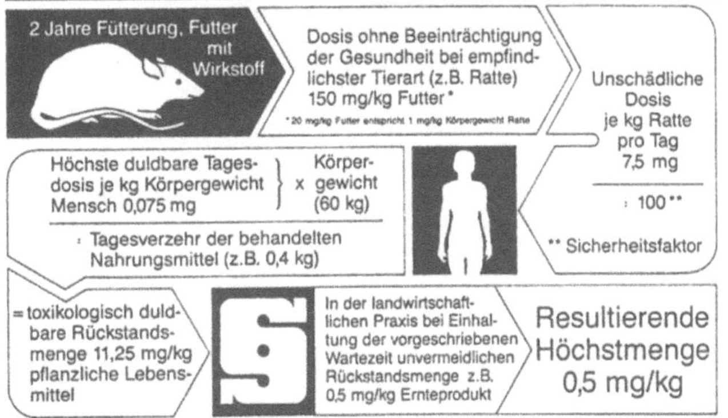

Rückstands-Höchstmengenverordnung

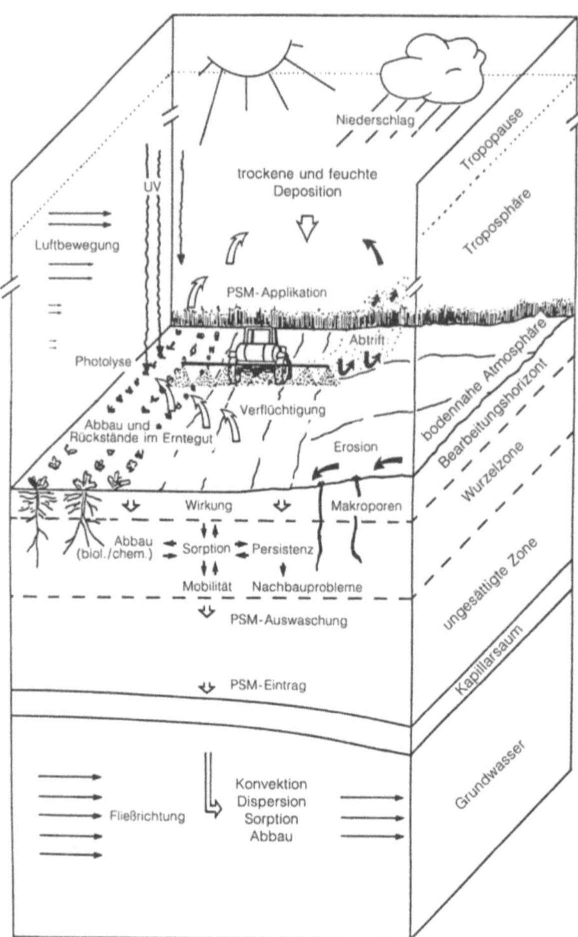

Rückstandsverhalten: PSM-Dynamik in Agrarökosystemen

Transformationssystem verstanden werden kann, indem „Schadstoffe" dem Stoffkreislauf entzogen werden und der >Naturhaushalt< entlastet wird. Das „Verschwinden" eines PSM aus einem Umweltkompartiment kann versch. Ursachen haben, die in der Abb. zusammenfassend dargestellt sind. Neben den möglichen biotischen und abiotischen >Abbauvorgängen< sind hier vor allem die Verflüchtigung (>Abtrift<) sowie das Versickerungsverhalten und auch die Festlegung bzw. das Freiwerden durch >Ad<- und >Desorption<svorgänge zu nennen. Alle Prozesse, die exemplarisch in der Abb. dargestellt sind, laufen dabei parallel ab, und die versch. Faktoren beeinflussen sich gegenseitig mehr oder weniger stark, so daß insgesamt ein dynamischer Prozeß für das Rückstandsverhalten von PSM in der Umwelt verantwortlich ist.

Lit: Thier H-P, Frehse H (1986) Rückstandsanalytik von Pflanzenschutzmitteln. Georg Thieme Verlag, Stuttgart New York – Hock B, Fedtke C, Schmidt RR (1995) Herbizide – Entwicklung, Anwendung, Wirkungen, Nebenwirkungen (Kap. 10, Verbleib in der Umwelt, S. 279–310, Kap. 11, Wirkungen in der Umwelt, 311–337). Georg Thieme Verlag, Stuttgart New York.

Rückstandsverwertung. Nutzung von >Produktionsrückständen<, z.B. Produktion von Futtermitteln aus Rübenschnitzeln.

Rührwerk. Maschinell angetriebene Rührvorrichtung in >Abwasseranlagen<, durch die Turbulenzen in einem Becken erzeugt werden, z.B. zur Verhinderung des Absetzens fester Stoffe oder zur Beschleunigung von Lösungsvorgängen. Für schwachbelastete >Belebungsanlagen<, besonders mit simultaner >Denitrifikation<, ist die Trennung von Umwälzung und >Belüftung< notwendig, um einen wirtschaftlichen Sauerstoffeintrag und eine ausreichende Umwälzströmung zur Verhinderung von Schlammablagerungen unabhängig voneinander sicherzustellen. Durch die mechanischen Umwälzeinrichtungen in Form von Paddeln, Rührern, Rohrpropellern oder Umwälzkreiseln wird im >Rund-< oder >Umlaufbecken< eine horizontale, in Rund- oder >Rechteckbecken< aber auch eine vertikale Umwälzströmung erzeugt.

Lit: Abwassertechnische Vereinigung (Hrsg.) (1982–1986) Lehr- und Handbuch der Abwassertechnik, 3. Aufl., Bd. 1–7, Verlag von Wilhelm Ernst und Sohn, Berlin München.

Rüsselkäfer (Curculionidae). >Coleoptera< (s. Abb. S. 218).

Ruheenergie. Aus der Relativitätstheorie folgt, daß zwischen Masse und Energie eine Äquivalenzbeziehung besteht. Die Energie ist gleich dem Produkt aus Masse und dem Quadrat der Lichtgeschwindigkeit: $E = mc^2$. Ruheenergie E_o ist also das Energieäquivalent eines ruhenden, d. h. nicht bewegten Teilchens. So beträgt z. B. die R. des Protons $E_{p,0} = 938{,}257$ MeV. Die R. von 1 g Masse entspricht etwa $2{,}5 \cdot 10^7$ kWh.

Ruhemasse. Die Masse eines Teilchens, das sich in Ruhe befindet. Nach der Relativitätstheorie ist die Masse geschwindigkeitsbhängig und nimmt mit wachsender Teilchengeschwindigkeit zu.

$$m = \frac{m_0}{\sqrt{1 - (m/c)^2}}$$

m = Masse, m_0 = Ruhemasse, v = Teilchengeschwindigkeit, c = Lichtgeschwindigkeit.

Ruhr. (Fluß). Rechter Zufluß zum Rhein in Nordrheinwestfalen, entspringt auf dem 674 m hohen „Kahlen Asten" im Sauerland. Länge 235 km, Einzugsgebiet 4.500 km², 76 km des Unterlaufs sind durch Ausbau schiffbar. Die Ruhr mündet bei Duisburg-Ruhrort in den Rhein. Der Fluß ist der für die Wasserwirtschaft des „Ruhrgebietes" bedeutendste Wasserlieferant. 1913 wurden der „Ruhrtalsperrenverband" für die Wassermengenwirtschaft, der „Ruhrverband" für die Reinhaltung der Ruhr und die Wassergütewirtschaft gegründet. Derzeit werden dem Fluß etwa 350 Mio. m³ Wasser pro Jahr entzogen und in angrenzende Flußgebiete abgegeben. Im Einzugsgebiet der Ruhr liegen 14 Talsperren mit 471 Mio. m³ Gesamtstauinhalt. Zur Gewährleistung der Wassergüte arbeiten 119 >Kläranlagen< im Wirkungsbereich des Ruhrverbands. Ruhrverband und Ruhrtalsperrenverein haben ihren Sitz in Essen, Kronprinzenstraße 37.
Lit: Ruhrverband u. Ruhrtalsperrenverein (Hrsg.) (1988) 1913–1988–75 Jahre im Dienst für die Ruhr, Essen.

Ruhr-Krankheit. (Syn. Dysenterie). >Amöbenruhr< und >Bakterienruhr<. Die *Amöbenruhr* (Amöbiasis) wird verursacht durch das Darmprotozoon *Entamoeba histolytica*); akute oder chronische Dickdarmerkrankung (häufig in den Tropen) mit akut blutig-schleimigem Stuhl, eventuell abwechselnd Durchfälle gefolgt von Verstopfungen, anhaltendem Stuhldrang und ziehenden Leibschmerzen, Lebervergößerung und allgemeinem körperlichen Verfall; meist ohne das Auftreten von Fieber. Die Inkubationszeit beträgt 2 bis 4 Wochen. Begünstigt wird die Übertragung durch unhygienische Zustände (kontaminiertes Trinkwasser und Nahrungsmittel) und Resistenzschwäche (z. B. schlechter Ernährungszustand) des Infizierten. Die *Bakterienruhr* wird durch die Übertragung von Bakterien der Gattung Shigella hervorgerufen. Die Erreger werden vor allem >oral< mit Wasser, Milch oder anderen Nahrungsmitteln aufgenommen; die Inkubationszeit beträgt zwischen 2 und 7 Tagen. Es kommt zu blutig-schleimigem Stuhl bei andauerndem Stuhldrang; durch die Bildung von Toxinen werden Schleimhautveränderungen am Darm bis hin zur Geschwürbildung verursacht; sekundär können Kreislaufkollaps und Beeinträchtigungen des Zentralnervensystems auftreten.

Die >Letalität< kann in schweren Fällen bei 3 bis 10 % liegen.

Rundbecken. >Absetzbecken< mit kreisförmigem Grundriß. Zumeist wird das >Abwasser< zentral eingeleitet und fließt radial zum äußeren Beckenrand. Bei einer anderen Beckenart fließt das Abwasser von Beckenrand zu Beckenrand. Hierdurch wird der Fließweg des Abwassers verlängert, jedoch lagert sich der >Schlamm< einseitig ungleichförmig ab, so daß der kreisförmig bewegte >Räumer< in seiner Arbeitsleistung ungleich und damit nachteilig beeinflußt wird. Der Schlamm wird entweder durch ein Schlammschild zur Beckenmitte geschoben und aus einem Trichter abgezogen oder durch ein am Boden bewegtes Schlammrohr mit Saugöffnungen abgezogen. Die Räumvorrichtung kann an einer Brücke hängen, die sich um den Beckenmittelpunkt dreht und durch einen Antrieb vom Beckenrand aus bewegt wird.
Lit: Abwassertechnische Vereinigung (Hrsg.) (1982–1986) Lehr- und Handbuch der Abwassertechnik, 3. Aufl., Bd. 1–7, Verlag von Wilhelm Ernst und Sohn, Berlin München.

Runderneuerung. Die R. von abgefahrenen Fahrzeugreifen stellt den Versuch eines Recyclingszweiges dar. Die dazu verwendeten Altreifen sind von unterschiedlicher Herstellung und Herkunft. Deshalb sind Qualitätseinbußen im Vergleich zu neureifen u. U. nicht immer zu vermeiden, denn das Ausgangsmaterial stammt aus unterschiedlichen Fertigungen mit dementspr. Abweichungen der Zusammensetzung. Auch sind trotz aller Überprüfungen Vorschädigungen des Reifenunterbaus nicht ganz auszuschließen.

Rundsandfang. Im Rundsandfang nach Geiger wird das Abwasser einem kreisförmigen >Trichterbecken< tangential zugeführt. Nach Durchfließen eines Zentriwinkels von über 180° gelangt das Abwasser in den Auslauf. Das Arbeitsprinzip dieses >Sandfanges< beruht auf der Tatsache, daß sich das Geschiebe in Krümmungen im Innern der Kurve bewegt. Durch die radiale Querströmung, die an der Sohle infolge der dort herabgesetzten Tangentialgeschwindigkeit des Abwassers besonders stark ist, wird der zur Sohle abgesunkene Sand in den trichterförmigen Sammelraum geschoben, in dessen Achse zumeist ein zylindrischer >Pumpensumpf< mit >Mammutpumpe< angeordnet ist. Leichte >Schwebstoffe< werden durch die im Bereich der Achse aufwärts gerichtete Querströmungswalze mitgespült, wodurch eine gewisse selektive Trennung der >Feststoffe< erreicht wird.
Lit: Abwassertechnische Vereinigung (Hrsg.) (1982–1986) Lehr- und Handbuch der Abwassertechnik, 3. Aufl., Bd. 1–7, Verlag von Wilhelm Ernst und Sohn, Berlin München.

Rundwürmer (Nemathelminthes). >Schlauchwürmer<.

Rußfalle. Zur Vermeidung hoher Rußemissionen aus >Dieselmotoren< wird versucht, in entspr. Systemen den Ruß zu sammeln, z. B. in Zyklonausscheidern. Diese Verfahren befinden sich noch in der Entwicklungsphase (1992).

Rußfilter. >Partikelfilter<.

Rußwerte. Maß für die Abgastrübung von >Dieselmotoren< durch >Schwarzrauch<. Mögliche Definitionen sind Bosch bzw. >Schwärzungszahl< oder >Hartridge-Einheiten<.

Rußzahl. >Schwärzungszahl<.

RUSTIC. Computermodell zur Berechnung der Pestizidverteilung im Boden. Es besteht aus mehreren Submodellen, von denen eines eine Variante des >PRZM-Modells< ist. Weitere Submodelle existieren für tiefere Bodenschichten und die Grundwasserzone. Im Gegensatz zum PRZM-Modell werden sowohl die Metaboliten als auch ein Übergang des Pestizids in die Gasphase berücksichtigt.

Lit: Dean JD, Huyakorn PS, Donigian DS, Voos KA, Schanz RW, Meeks YJ, Caesel RF (1989) Risk of unsaturated/saturated transport and transformation of chemical concentrations (RUSTIC), Bd. I: Theory and code verification. EPA-600/3–89/048a, Environmental Research Laboratory, Office of Research and Development, Athens, GA.

Rutil. >Titan(IV)-oxid<.

Saatgut, pilliertes. (Internat. Kurzbezeichnung: PS). Hier handelt es sich um eine Kombination aus Pflanzenschutzmittelformulierung (>Formulierung<) und Saatgut. Häufig werden in speziellen Pillierungsverfahren mehrere Schichten schalenartig auf das Saatgut aufgetragen, deren Inhaltsstoffe den Keimling vor Insektenfraß und Pilzkrankheiten schützen und ggf. mit Nährstoffen versorgen sollen. In Einzelfällen lassen sich auch >Herbizide< einbauen, die der jungen Pflanze einen unkrautfreien Hof schaffen und so ungestörtes Wachstum gewährleisten. Bei Saatgut für die Einzelkornablage, z.B. bei Zuckerrüben, wird der Prozeß so gesteuert, daß nahezu gleich große „Pillen" entstehen, die von den Sämaschinen zuverlässig auf Endabstand gelegt werden können. Generell bieten die Verfahren der technisch aufwendigen Saatgutbehandlung die Möglichkeit, Wirkstoffe so gezielt anzuwenden, daß mit kleinsten Mengen optimale Bekämpfungserfolge mit geringsten Auswirkungen auf die Umwelt erzielt werden.

Saatgutbehandlung. Hat zum Ziel, den Keimling bzw. die junge Pflanze vor Krankheiten zu schützen, die vom Saatkorn/-knolle selbst (samenbürtig), vom Boden (bodenbürtig) ausgehen oder durch Luftübertragung (luftbürtig) die junge Pflanze schädigen. Dies ist mit Beizung, Puderung, Inkrustierung oder Pillierung des Saat- bzw. Pflanzengutes durch >fungizide< (gegen Pilze) oder/und >insektizide Wirkstoffe< zu erreichen. Bei der Beizung unterscheidet man zwischen Trocken-, Feucht- und Flüssigbeize. Es werden dabei sowohl >Fungizide< als auch >Insektizide< oder Kombiprodukte verwendet. Die Feuchtbeize erfüllt die Forderung nach genauer Dosierung und guter Haftung des Wirkstoffes am besten. Die Puderung richtet sich gegen Bodenschädlinge (z.B. Drahtwürmer). Die Saatgutinkrustierung erfolgt mit öligen Substanzen und bewirkt eine gute Anreicherung des Saatgutes mit Insektiziden gegen Erdflöhe und Fritfliege. Bei der Saatgutpillierung wird das Saatkorn mit einer Pilliermasse umhüllt, die fungizide und insektizide Wirkstoffe enthält. Dies hat große Bedeutung für die Einzelkornsaat im Rübenbau. Einerseits ist dadurch gleiche Korngröße gewährleistet, andererseits wird die empfindliche junge Rübe gegen Auflaufschädlinge geschützt (z.B. Moosknopfkäfer, Springschwänze). Teilweise werden bei der S. Abschreckungswirkstoffe gegen Vogelfraß beigegeben, mit schwankendem Erfolg. Bei der S. bleibt die Ausbringung von >Pflanzenschutzmitteln< auf den Ort ihrer Wirkung beschränkt. Die Restfläche bleibt unbehandelt. Es wird z.Zt. an Pillierungen gearbeitet, aus der über längere Zeit Wirkstoffe zum richtigen Zeitpunkt freigesetzt werden, um die Pflanze z.B. auch gegen Mehltau schützen zu können. Von der Rückstandsituation her ist die S. als günstig einzustufen, da die ausgebrachte Wirkstoffmenge gering ist und sich im Verlaufe des weiteren Wachstums der Pflanzen verdünnt.

Saatgutbehandlungsmittel. >Saatgutbehandlung<.

Saatgutbeizung. >Saatgutbehandlung<.

Saatgutinkrustierung. Saatgutbehandlung mit einem Insektizid unter Zusatz von Hilfsstoffen (z.B. Dextrinlösg.), um einen relativ stabilen Insektizidschutz zu erreichen.

Saatgutpuder. (Internat. Kurzbezeichnung: DS). Auch als Trockenbeize bezeichnete Pflanzenschutzmittelformulierung (>Formulierung<) in Pulverform. Die Anwendung erfolgt unverdünnt in speziellen Beizgeräten, in denen das Pulver mit dem Saatgut gemischt wird. Die Art der Pulverdosierung in manchen Beizgeräten stellt hohe Anforderungen an die Konstanz des Schüttgewichts und an die >Fließfähigkeit<. Aus arbeitshygienischen Gründen muß die Staubbildung durch Zusatz geeigneter >Additive< reduziert werden. Ein in der Formulierung enthaltener Farbstoff ermöglicht die optische Unterscheidung von behandeltem und unbehandeltem Saatgut und erlaubt gleichzeitig eine einfache kolorimetrische Kontrolle der Dosierung. Entscheidend für die Qualität eines S. sind gute >Haftfähigkeit< und >Haftfestigkeit<, da sonst v.a. bei Verwendung pneumatischer Sämaschinen das Saatkorn nicht ausreichend geschützt ist, während andererseits das Produkt unkontrolliert in die Umwelt gelangt. Zur Verbesserung der Haftfestigkeit kann ggf. ein >Haftmittel< während des Beizvorgangs zugesetzt werden.

Saathafer. >*Avena sativa* L.<

Saatstärke. >Bestandesführung<.

Saccharaseaktivität. Maß für die biol. Aktivität von Böden. Viele >Pilze< und >Bakterien< des Bodens spalten mit diesem >Enzym< das sehr häufige pflanzliche Disaccharid >Saccharose<.

Saccharin. *o*-Benzoesäuresulfimid oder dessen Natrium- oder Calciumsalz. Saccharin ist neben >Cyclamat< z.Zt. der wichtigste synth. >Süßstoff<. Die Synthese erfolgt aus Toluol oder aus Anthranilsäuremethylester. Die Süßkraft ist 300- bis 500 mal stärker als die der >Saccharose<. In höheren Konzentrationen (0,01 bis 0,035 %) tritt ein bitterer Nachgeschmack auf. Der Einsatz erfolgt in kalorienreduzierten Lebensmitteln und in Lebensmitteln für Diabetiker.

Saccharomyces cerevisiae. In der Lebensmittelindustrie sehr weit verbreitete Kulturhefeart (>Hefe<). *S. c.* wird z.B. bei der Herstellung von Brot, Backteigen, Wein, Bier u.a. alkoholhaltigen Getränken eingesetzt. Zum Einsatz kommen häufig Stämme (Subspezies) mit definierten, für die jeweilige Lebensmittelart besonders gewünschten Eig. Für die Bierherstellung wird häufig eine Subspezies von *S. c.* verwendet, die heute auch als eigene Art geführt und dann als *Saccharomyces carlsbergensis* bezeichnet wird. *S. c.* ist zudem einer der molekulargenetisch bestuntersuchten eukaryontischen (>Eukaryonten<) Organismen. Hieran sind u.a. diverse Versuche zur >Transformation<, >Klonierung< mit verschiedenen >Vektoren< und induzierten >Mutation< durchgeführt worden.

Saccharose. (Rohrzucker, Rübenzucker). Ein nichtreduzierendes Disaccharid, in dem je ein Molekül >D-Glucose< und >D-Fructose< mit ihrer halbacetalartigen Hydroxylgruppe acetalartig verknüpft sind. Saccharose zählt als „gewöhnlicher" Zucker zu den Grundnahrungsmitteln. Saccharose wird aus Zuckerrüben und Zuckerrohr gewonnen. Bei der Verarbeitung von Lebensmitteln zeichnet sich Saccharose durch ein günstiges Verhältnis von Süßkraft und Masse aus. In höheren Konzentrationen wirkt Saccharose keimhemmend und wird u.a. zur Konservierung bei der Herstellung von Marmelade und Konfitüre eingesetzt. Aus ernährungsphysiologischer Sicht ist der Zuckerkonsum in vielen Ländern zu hoch. Deshalb wird Saccharose in einigen Lebensmitteln durch >Süßstoffe< ersetzt.

Sachkenntnis. Begriff im Gefahrstoffrecht bei der Abgabe bestimmter gefährlicher Stoffe und Zubereitungen. Um welche Stoffe und Zubereitungen es sich handelt, ist durch die >Gefahrstoffverordnung< festgelegt, desgleichen, wer die S. besitzt und auf welche Sachinhalte sich die Prüfung auf S. bezieht. S. kann unter bestimmten Voraussetzungen als Sachkunde für die Abgabe von Pflanzenschutzmitteln anerkannt werden (>Pflanzenschutz-Sachkundeverordnung<).

Sachkenntnis (Gifte). Begriff der giftrechtlichen Bestimmungen, die in den früheren Giftgesetzen/Verordnungen der (alten) Bundesländer enthalten waren. Mit Übernahme in den Geltungsbereich des >ChemG< sind sie 1986 in die >GefStoffV< gelangt (>Gifte<, >Giftgesetz<). S. ist die Voraussetzung für das >Inverkehrbringen< >giftiger< und >sehr giftiger< Stoffe und Zubereitungen, das an eine Erlaubnis- und/oder Anzeigepflicht gebunden ist. Für die >Abgabe von Giften< besitzt die S., wer die von der zuständigen Behörde durchgeführte Prüfung bestanden hat *oder* wer einen Nachweis bereits von seiner Berufsausbildung her mitbringt, z.B. (approbierte) Apotheker (nicht jedoch promovierte Chemiker), Schädlingsbekämpfer(in). Diese Nachweise sind in Teil 3 der >TRGS< 210 enthalten, die die Anforderungen beschreibt, die an die Prüfungskandidaten gestellt werden können. In Teil 4 sind die Arten und Anforderungen der S. enthalten. Sie betreffen die Kenntnisse der wesentlichen Eigenschaften >gefährlicher< Stoffe u. Zubereitungen sowie der einschlägigen Vorschriften für das >Inverkehrbringen< und den Umgang mit ihnen. Die S. gemäß § 13 GefStoffV wird künftig in § 5 der neuen „Chemikalien-Verordnung" übernommen, die von der Bundesregierung am 25.03. 1993 beschlossen worden ist (s.a. >Abgabe von Giften<).
Lit: Technische Regeln für Gefahrstoffe, TRGS 210 Sachkenntnis, Bundesarbeitsblatt, 3/1991, S.75f.

Sachkunde. Aufgrund des >Pflanzenschutzgesetzes< mit Wirkung vom 01.07. 1988 vorgeschriebene persönliche Anforderung an Anwender von Pflanzenschutzmitteln in einem Betrieb der Landwirtschaft, des Gartenbaus oder der Forstwirtschaft, wenn sie Pflanzenschutzmittel für andere – außerhalb gelegentlicher Nachbarschaftshilfe – anwenden, oder Auszubildende bei Pflanzenschutzmaßnahmen anleiten sowie an Verkäufer von Pflanzenschutzmitteln im Einzelhandel. Wie der Nachweis der S. erbracht werden kann, ist in der >Pflanzenschutz-Sachkundeverordnung< im Hinblick auf Art und Inhalt abschließend geregelt. Die Prüfungsverfahren sind nicht bundeseinheitlich geregelt, die nähere Regelung ist den Ländern überlassen. Die zuständigen Behörden der Länder können den Nachweis der S. verlangen und ggf. die Anwendung oder die Abgabe im Einzelhandel ganz oder teilweise untersagen.

Sachverständigenausschuß (SVA). Bei der >BBA< aufgrund des >Pflanzenschutzgesetzes< gebildeter Ausschuß, der vor der Entscheidung über die Zulassung und grundsätzlich vor der Rücknahme oder dem Widerruf der Zulassung eines Pflanzenschutzmittels zu hören ist. Nach der >Pflanzenschutzmittelverordnung< besteht der SVA aus 25 Mitgliedern aus den Fachbereichen Pflanzenschutz, Gesundheitsschutz, Umwelt- und Naturschutz.

Sachverständigengutachten, antizipiertes. Die Aussagen in sog. technischen Anleitungen (TA-Luft; TA-Lärm) werden von der Rechtsprechung als S. betrachtet, welches die im Gesetz vorhandenen unbestimmten Rechtsbegriffe inhaltlich klärt; Folge ist, daß regelmäßig im Einzelfall ein speziell angefertigtes S. nicht erforderlich ist; hinzuweisen ist darauf, daß die Aussagen in den Technischen Anleitungen durch Einzelfallgutachten widerlegt werden können.

Sachverständigenrat für Umweltschutz. Durch Erlaß des Bundesministers des Innern vom 28.12. 1971 eingerichteter Rat von unabhängigen Sachverständigen, abgelöst durch Erlaß des Bundesministers für Umwelt, Naturschutz und Reaktorsicherheit vom 10.08. 1990. Der Rat besteht aus 7 Mitgliedern, die für 4 Jahre berufen werden. *Aufgabe*: Alle 2 Jahre Darstellung der jeweiligen Situation der Umwelt und deren Entwicklungstendenzen sowie Aufzeigen von Fehlentwicklungen und Möglichkeiten zu deren Vermeidung oder Beseitigung. Die Gutachten werden veröffentlicht. Daneben erstellt der Rat zusätzliche Gutachten zu Einzelfragen.

Sackfilter. In der Form eines Sackes ausgebildeter >Staubfilter<.

Sättigung. Die Sättigung S_i durch eine Flüssigkeit i ist definiert als ihr Vol.-Anteil V_i am Hohlraumanteil V_h: ($S_i = V_i/V_h$).

Sättigungsdampfdruck des Wassers. Wasserdampfdruck, der sich bei Sättigung der Atmosphäre einstellt. Dieser atmosphärische Zustand ist stets dann erreicht, sobald die Luft die maximal mögliche >Feuchtigkeit< enthält. Um diesen Zustand aufrecht zu erhalten, treten aus einer Wasseroberfläche genauso viel Wassermoleküle in die Luft über, wie von der Luft in die Wasseroberfläche zurückkehren. Da die Molekülbewegungen um so stärker sind, je höher die Lufttemperatur

Sättigungsdampfdruck des Wassers

Phase	Temperaturbereich in °C	c_1	c_2	c_3
Eis	−50,9 bis 0,0	6,10714	22,44294	272,440
Wasser	−50,9 bis 0,0	6,10780	17,84362	245,425
Wasser	0,0 bis 100,9	6,10780	17,08085	234,175

ist, ist letztere direkt proportional S. Der Zusammenhang wird durch die sog. Magnus-Formel beschrieben.

$$E = c_1 \times e^{\frac{c_2 \times t}{c_3 + t}}$$

Hierin bedeuten: E = Sättigungsdampfdruck in hPa, t = Lufttemperatur in °C, c_1, c_2, c_3 = Konstanten mit folgenden Werten (s. Tabelle S. 1008).
Lit: Deutscher Wetterdienst (1976) Aspirations-Psychrometertafeln, Tafel 1, Vieweg Verlagsgesellschaft, Braunschweig.

Sättigungsdefizit. Differenz zwischen >Sättigungsdampfdruck< und gemessenem Dampfdruck. S. gibt an, wieviel Wasserdampf die Luft noch aufnehmen kann, d.h. es ist ein Maß für die potentielle Verdunstung. >Feuchte<.

Sättigungsfeuchte. Höchstmenge der absoluten >Feuchte<, die bei einer bestimmten Lufttemperatur in feuchter Luft enthalten sein kann. Bei Erreichen dieses Zustandes beträgt die relative Feuchte 100%.

Sättigungskonzentration. Max. Menge eines Stoffes, die sich bei einer bestimmten Temp. gerade noch in einem Lösungsmittel zu lösen vermag, ohne daß dabei ein Bodensatz zurückbleibt. Die S. ist abhängig vom verwendeten Lösungsmittel. Von einer S. spricht man auch bei der Aufnahme von Chemikalien durch Organismen, die dann erreicht ist, wenn ihre Aufnahme und Ausscheidung im Gleichgewichtszustand sind. Ist die S. jedoch höher als die im umgebenden Medium oder in der Nahrung, so liegt eine Anreicherung oder Akkumulation vor.
Lit: Korte F (Hrsg.) (1987) Lehrbuch der Ökologischen Chemie. Thieme Verlag, Stuttgart.

Sättigungsmischungsverhältnis. Maximal mögliches Mischungsverhältnis, >Feuchte<, das in der Luft bei Sättigung vorhanden sein kann. Es hängt wesentlich von der Lufttemperatur, in geringerem Ausmaß vom Luftdruck ab.
Lit: Deutscher Wetterdienst (1976) Aspirations-Psychrometertafeln, Tafel 6, Vieweg Verlagsgesellschaft, Braunschweig.

Sättigungstemperatur. (Syn. Taupunkttemperatur). Temperatur, bis zu der feuchte Luft abgekühlt werden muß, damit die >Sättigungsfeuchte< erreicht wird.

S-Sätze. >R- und S-Sätze<.

Säurebrillantgrün BS. >Grün S<.

Säuregelb. >Echtgelb<.

Säuregelb RS. >Chrysoin S<.

Säuregelb TS. >Chrysoin S<.

Säurekapazität. Die quant. Fähigkeit eines wäßrigen Mediums, mit Hydroxylionen zu reagieren (ISO 6107/2).

Säuren. Protonendonatoren. Bei der Herstellung von Lebensmitteln dienen Säuren als Genußsäuren mit ei-

ner Aromawirkung, z.B. >Citronensäure<, als antimikrobielle Substanzen zur Konservierung, z.B. >Benzoesäure<, sowie zu einer Vielzahl anderer Funktionen.

Säureneutralisierungskapazität (SNK). Kapazitiver Parameter zur Kennzeichnung des potentiellen Puffervermögens von Böden gegenüber Säuren. Die gesamte SNK eines Bodens errechnet sich aus der Summe der Ladungen aller Kationen, die an Anionen schwacher Säuren gebunden sind.

Säureviolett 6B. >Benzylviolett 4B<.

Safeguard-Maßnahmen. Maßnahmen zur >Kernmaterialüberwachung<. Im wesentlichen sind das Maßnahmen zur Bilanzierung, Einschließung, Umschließung und beobachtenden Überwachung. Die Maßnahmen müssen einzeln oder in Kombination eine rechtzeitige Entdeckung einer Spaltstoffabzweigung aus dem Prozeß gewährleisten.

Safener. Stoff, der einem >PSM< zugesetzt wird, damit es auf Kulturpflanzen nicht phytotoxisch wirkt. >Antidot<.

Safety. Engl. Ausdruck für Sicherheit im toxikologischen Sinn. Er wird als hohe Wahrscheinlichkeit definiert, daß der Einsatz einer Substanz unter bestimmten Bedingungen hinsichtlich Menge und Art des Einsatzes nicht schädlich ist. Der Begriff umschließt auch die verschiedenen Maßnahmen zum Schutz (der Bevölkerung) vor einem Unfall, einer Kontamination.

Safflor. >Färberdistel<.

Safflorcarmin. >Färberdistel<.

Safflower. >Färberdistel<.

Saffron. >Safran<.

Safran. (Crocin, Crocetin, Crocus). Ein gelber Farbstoff aus der Gruppe der >Carotinoide<, der aus den Narben und Griffeln von *Crocus sativus* gewonnen wird. Hauptfarbstoff ist das wasserlösliche Crocin, der Digentobioseester des Crocetins (8,8'-Diapocarotinsäure). Safran liegt als goldgelbes, aromatisch riechendes Pulver vor. Der Einsatz erfolgt i.allg. nicht wegen der farbverändernden Eigenschaften, sondern als Gewürz in Back- und Zuckerwaren, Likören und Essenzen (s. chem. Formel unten).

Safran, amerikanischer. >Färberdistel<.

Safran, indischer. >Curcuma<.

Sahara. Die größte Wüste der Erde, die sich quer durch Nordafrika vom Atlantischen Ozean bis zum Roten Meer erstreckt (arab. El Sahra: die Wüste). Die S. bedeckt ca. 8,7 Mio. km² und ist im Tibestimassiv bis zu ca. 3415 m hoch. An Stellen, an denen Grundwasser austritt, befinden sich Oasen mit Dattelpalmenkulturen. Die Bewohner der S. sind Araber

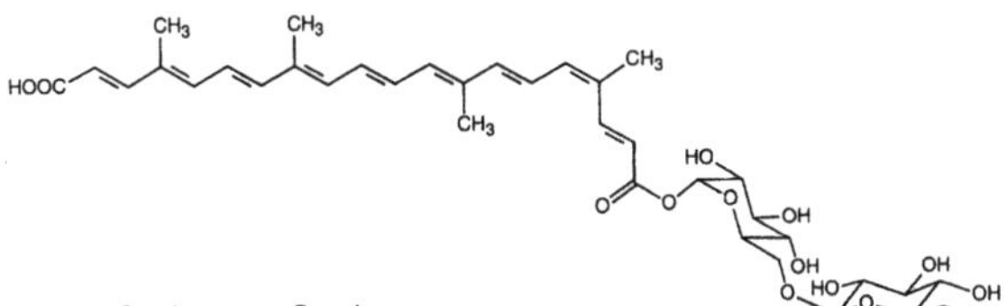

Safran: Struktur von Crocin

und Berber. Die Bedeutung der S. für die Energieversorgung liegt – neben der Förderung von Erdöl und Erdgas in der algerischen und tunesischen Wüste – in der hohen Sonnenenergieeinstrahlung von durchschnittlich 2500 kWh pro m². Wegen dieser hohen Sonneneinstrahlung und den großen zur Verfügung stehenden Flächen bestehen in der Sahara sehr günstige Voraussetzungen für eine Nutzung der >Sonnenenergie<, insbesondere in Verbindung mit >solarem< Wasserstoff.

Lit: Grawe J (1987) Neue Techniken der Energiegewinnung. Bonn Aktuell GmbH, Stuttgart, S. 50.

Saitenwürmer (Nematomorpha). >Parasiten<.

Salinität. Salzgehalt des Wassers, gibt die Gesamtmenge der im Wasser gelösten >Salze< an. Die S. ist ein wichtiger >abiotischer< Faktor. Sie wird angegeben in % oder ‰. Süßwasser hat einen Gehalt < 0,5 %, >Brackwasser< zwischen 0,5 % und 35 %, Meerwasser von etwa 35 %. In Salzseen von Trockengebieten kann die S. noch stärker ansteigen, im Toten Meer z. B. auf 300 %. Den unterschiedlichen S. sind die Lebewesen verschieden angepaßt; >euryhalin< und >stenohalin<.

Salinomycin-Natrium. S.-N., ein Ionophoren-Antibiotikum aus *Streptomyces albus*, ist als >Coccidiostatikum< für Masthühner zugelassen. Salinomycin ist für Masthühner mit 50 bis 70 mg/kg Futter und einer >Wartezeit< von 5 Tagen zugelassen.

Salmonella-Arten. Gruppe von anaeroben und fakultativ anaeroben, gramnegativen, nichtsporenbildenden Bakterien, die Darminfektionen bei Mensch und Tier verursachen können. S. werden mit dem Kot ausgeschieden und können daher in Abwasser und Abfall aus der Viehzucht vorkommen. Sie sind häufig die Ursache von Lebensmittelvergiftungen beim Menschen (ISO DIS 6107/7).

Salmoniden. Fische der Familien Salmonidae, Corgonidae und Thymallidae im Süß- und Brackwasser, die oft als biologischer Indikator für die Wasserbeschaffenheit eingesetzt werden (ISO 6107/6). Allen gemeinsam ist die „Fettflosse", ein Hautlappen zwischen Schwanz- und Rückenflosse ohne Flossenstrahlen. In stehenden Gewässern leben hautpsächlich die >Coregonen<, in >Fließgewässern< die Äschen (Thymallus) sowie Lachse, Forellen, Saiblinge, Huchen u. a. der Familie Salmonidae.

Salmonidenregion. Oberste Großregion eines >Fließgewässers< mit der >Forellenzone< und >Äschenzone< als aufeinander folgende Teilabschnitte. Die S. umfaßt im wesentlichen die Gebirgsabflüsse sowie die Oberläufe der großen Fließgewässer, im Rhein z. B. den Alpenrhein und Hochrhein. Die S. ist auch weitgehend identisch mit dem >Rhithral<. An die S. schließt sich die >Cyprinidenregion< an.

Salpetersäure. (Stickstoff(V)-Säure). Sauerstoffsäure des Stickstoffs; Chem. Formel: HNO_3; M_r = 63,01; Fp. = -41,6 °C; Siedepunkt = 84,1 Zers.; Sättigungskonz. in Luft bei 20 °C = ca. 10 g/m³. Konz. HNO_3 (69,2 % HNO_3) ist ein starkes >Oxidationsmittel<; org. Materialien und viele Metalle, wie z. B. >Kupfer<, >Quecksilber< und Silber, werden oxidiert. Eine 50 %ige HNO_3 wird zur Trennung von Gold und Silber benutzt (Scheidewasser). Ein Gemisch aus konz. HNO_3 und konz. Salzsäure (1:3 Raumteile) löst sogar Gold auf (Königswasser). Während des Oxidationsvorganges

entweicht als Reduktionsprodukt der HNO_3 rotbraunes, giftiges >Stickstoffdioxid<. Verd. HNO_3 ist eine starke Säure. Die festen Salze der HNO_3 (>Nitrate<) sind bei erhöhter Temp. ausgezeichnete Oxidationsmittel; Kaliumnitrat (Salpeter) ist der oxidierende Bestandteil von Schwarzpulver. Die großtechnische Darstellung der HNO_3 erfolgt in Deutschland fast ausschließlich durch katalytische Ammoniakverbrennung im sog. Ostwald-Verfahren. Hauptanwendungsgebiet ist die Herstellung stickstoffhaltiger >Düngemittel<. Die in den Verbrennungsabgasen enthaltenen >Stickoxide< bilden in der >Atmosphäre< mit Wasser unter Mitwirkung des Luftsauerstoffs HNO_3, die zur Bildung des sog. >sauren Regens< beiträgt.

Salzbelastung. Anreicherung von Gewässern (>Grundwasser< und >Oberflächenwasser<) mit lösl. Salzen. Die örtlich ansteigende Konz. von Salzen im Grundwasser ist in erster Linie auf die Verwendung von >Streusalz< zurückzuführen, das durch >Sickerwasser< ins Grundwasser gelangt. Die Erhöhung des Salzanteiles in Oberflächengewässern (Seen, Flüsse) ist vor allem auf >Industrieabwässer< zurückzuführen. Der Gehalt des Süßwassers der Binnengewässer an Salzen ist im natürlichen Zustand der Gewässer verhältnismäßig gering. In deutschen Flüssen und Seen beträgt der Gehalt an gelösten Stoffen, hauptsächlich >Carbonate< und >Sulfate<, etwa 200 bis 700 mg/L je nach der Wasserführung und den örtlichen Verhältnissen. Im natürlichen Grundwasser können höhere Gehalte an gelösten Substanzen je nach den Bodenschichten auftreten, die das Grundwasser durchflossen hat. Meerwasser dagegen enthält erheblich größere Mengen an gelösten Stoffen, vor allem >Chloride< und Sulfate, i. M. etwa 35.000 mg/L oder ca. 3,5 Gew.-%.

Lit: Abwassertechnische Vereinigung (Hrsg.) (1982–1986) Lehr- und Handbuch der Abwassertechnik, 3. Aufl., Bd. 1–7, Verlag von Wilhelm Ernst und Sohn, Berlin München.

Salzböden. Böden >arider Gebiete<, die höhere Konzentrationen an wasserlöslichen Salzen aufweisen. Kriterium hierfür ist die elektrische Leitfähigkeit im Sättigungsextrakt, die im Oberboden 15 mS/cm übersteigen sollte. Von großer Bedeutung sind >Solonchake<, deren pH zwischen Werten über 9 (bei vorherrschendem Natriumcarbonat) und 7 (bei Gipsböden) liegen kann. Wegen des hohen Elektrolytgehalts sind die S. meist gut aggregiert. Eine Nutzung mit Kulturpflanzen ist erst nach Auswaschung der Salze möglich. Dies erfordert i. d. R. große Wassermengen, da mindestens zeitweise ein abwärts gerichteter Sickerwasserstrom im Profil vorhanden sein muß, um das Salz bis ins Grund- oder Dränwasser fortzuführen. Bei hoch anstehendem, salzhaltigem Grundwasser und entsprechendem kapillaren Aufstieg ist eine Entsalzung oft erst nach Absenkung des Grundwasserspiegels möglich. Bei der Entsalzung von natriumreichen Böden kann das durch den hohen Salzgehalt stabilisierte Gefüge zerstört werden, da die Na-gesättigten >Tonminerale< extrem stark quellen können. Zur Abhilfe kann z. B. Gips zugesetzt werden, so daß die Na^+-Ionen durch die flokkend wirkenden Ca^{2+}-Ionen ersetzt werden.

Salzgehalt. 1. Meer: Der S. des Meeres ist die Gewichtsmenge der in 1 kg Meerwasser enthaltenen anorganischen Salze, wenn alles Bromid und Iodid durch eine äquivalente Menge Chlorid und alles Carbonat durch eine äquivalente Menge Oxid ersetzt wird; die organischen Stoffe sind als verbrannt anzusehen; der

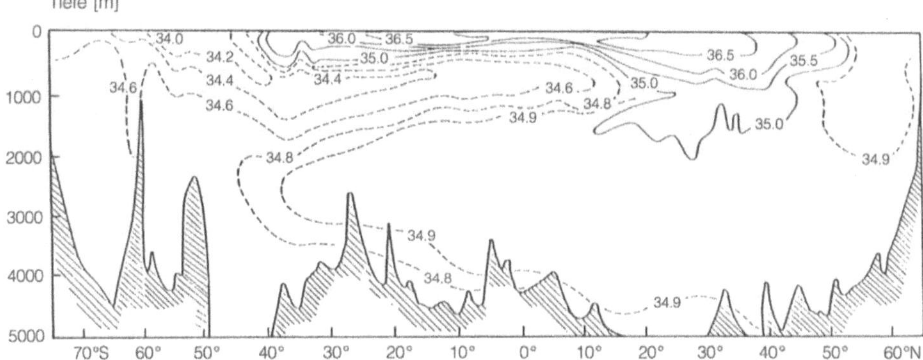

Salzgehalt: Verteilung des Salzgehaltes im westlichen Atlantik

S. wird in Promille (‰) angegeben; wegen der konstanten Zusammensetzung der Salze (>Meerwasser<) genügt es, den Salzgehalt anhand des leicht bestimmbaren Chloridgehalts nach folgender Formel zu definieren:

Salzgehalt S (‰) = 0,03 + 1,805 Cl (‰).

Räumlich und zeitlich sich einstellende Veränderungen des Salzgehalts haben verschiedene Ursachen: Verdunstung an der Oberfläche, Zufuhr von Süßwassr durch Flüsse und Regen, Eisbildung und Eisschmelze sowie Durchmischung von Wassermassen unterschiedlichen Salzgehalts (s. Abb.).

2. Böden: Konzentration eines Bodens an wasserlöslichen Salzen, v.a. Chloride, Sulfate, Carbonate und Nitrate von Natrium, Kalium, Ammonium, Calcium und Magnesium. Höhere S. kommen in Böden trockener Klimazonen vor, wenn das durch Bewässerung zugeführte, salzhaltige Wasser nicht versickern kann. Auch der kapillare Aufstieg bei hohem Grundwasserstand kann bei hoher Verdunstungsrate zur Salzanreicherung im Oberboden führen. Probleme treten hier durch das hohe osmotische Potential auf, das im Extremfall selbst salztolerante Pflanzen nicht mehr überwinden können. Die Messung des S. an Böden erfolgt oft über die elektrische Leitfähigkeit einer Bodenpaste oder eines Sättigungsextrakts, die in einem weiten Bereich linear mit dem Salzgehalt verknüpft ist; 1,5 mS/cm entsprechen dabei einem Salzgehalt von etwa 0,1 %.

Salzgesteine. (>Evaporite<). Fast alle Evaporite sind sehr wasserlöslich. Die Erhaltung von Salzlagerstätten über Jahrmillionen beruht so auf der Abwesenheit von >Kreislaufwasser<. Salzlagerstätten enthalten als Flüssigkeitseinschlüsse in feinverteilten Tonpartikeln und als interkristalline Filme ungefähr 0,5 Gewichts-% Wasser, das jedoch häufig sehr unregelmäßig verteilt ist und örtlich 5 Gewichts-% erreichen kann. Hierbei handelt es sich um primäre Lsg., die in den neugebildeten Lagerstätten eingeschlossen wurden (konnate Solen), um bei Druck- und Temperaturänderungen freigesetztes Kristallwasser und um Wasser, das bei der Konsolidation und Diagenese eingeschlossener oder benachbarter Tonschichten ausgepreßt wurde. Den internen Wässern stehen die externen Wässer gegenüber: hauptsächlich >Grundwasser<, das über hangende oder benachbarte >Grundwasserleiter< mit

den Salzgesteinen in Kontakt tritt. Die unterirdische Ablaugung des Salzes (Subrosion) führt zur Ausbildung eines Salzspiegels bzw. Salzhanges. Zu den externen Wässern tragen ferner wasserhaltige Verfüllmassen in Bergwerken und der Feuchtigkeitsgehalt der Bewetterungsluft (Kondensationssolen) bei.
Lit: Baar CA (1977) Applied salt-rock mechanics. 1.The in-situ behaviour of salt rocks, Elsevier, Amsterdam Oxford New York – Mattheß G, Ubell K (1983) Allgemeine Hydrogeologie – Grundwasserhaushalt. Gebr. Borntraeger-Verlag, Berlin Stuttgart.

Salzlauge. Bergmännischer Ausdruck für die im Salzbergbau auftretenden Wässer und Salzlösungen, die sowohl natürlicher Herkunft (Urlaugen, Restlaugen, Tageslaugen, Schachtwässer und Wetterlaugen) als auch anthropogener Herkunft (>Versatz-< bzw. Betriebslaugen, Spülversatzlsg. und Rückstandslsg.) sein können. Nach der in der Chemie üblichen Definition Lauge = Lsg. mit freien OH^--Ionen ist der Begriff Salzlauge allerdings nicht korrekt und deshalb zutreffender der Begriff „wäßrige Salzlsg." zu verwenden.

Salzsäure. Wäßrige Lösung von HCl. Der Einsatz in der Lebensmittelindustrie erfolgt zur Hydrolyse von >Stärke< und >Saccharose< sowie zur Hydrolyse von Proteinen bei der Herstellung von Würzen.

Salzsprengung. >Verwitterung<.

Salzstock. Auch Salzdom, Salzdiapir; steilwandiger Salzkörper, der durch Aufwärtsbewegung des Salzes infolge >Halokinese< entstanden ist. Im Verlauf des Salzaufstieges reißt das Salz dabei die überlagernden Deckgebirgsschichten auf, dringt in die sich bildenden Spalten und Schlote ein und erweitert diese allmählich. Aufgrund ihrer großen Verbreitung sowie großer akkumulierter Salzvol. mit günstigen hydrochem. Eigenschaften werden Salzstöcke in Deutschland als grundsätzlich geeignet für die >Endlagerung< von >radioaktiven Abfällen<, aber auch für die >Ablagerung< von chem.-toxischen Abfällen angesehen. Der Salzstock >Gorleben< wird derzeit auf seine Eignung als >Wirtsgestein< für die Endlagerung auch hochradioaktiver Abfälle hin untersucht. Das >Forschungsbergwerk Asse< ist ebenfalls in einem Salzstock angelegt.

Salzstock Gorleben. Die Standortauswahl zur Erkundung des Salzstockes Gorleben ist nach dem Inkrafttreten der 4.Novelle zum Atomgesetz von der Bundesregierung eingeleitet worden. Nach einer Vorauswahl von Salzstöcken in der Norddeutschen Tiefebene wurden drei Standorte, Wahn, Lutterloh und Lichtenhorst, benannt. Die Niedersächsische Landesregierung schlug dagegen im Februar 1977 den Standort Gorleben vor. Diesem Vorschlag stimmte die Bundesregierung zu, und im Juli 1977 beschloß die damals zuständige Physikalisch-Technische Bundesanstalt (PTB), ein >Planfeststellungsverfahren< einzuleiten. Seit 1979 wird der Salzstock Gorleben auf seine Eignung als >Endlager< für alle Arten fester und verfestigter, insbesondere auch wärmeentwickelnder >radioaktiver Abfälle< untersucht. Die aufgrund der Ergebnisse aus der geologisch/hydrogeologischen Erkundung von über Tage bewertbaren >Stofftransporten< in der geologischen Vergangenheit durch Einwirken wäßriger Lsg. lassen bislang die Eignung des Salzstocks Gorleben als >Wirtsgestein< für ein Endlager erwarten. Gegenwärtig läuft die Phase der voraussichtlich noch bis zum Jahr 2005 (Stand: 1997) dauernden untertägigen Erkundung, die sich aus dem Abteufen der beiden Schächte Gorleben 1 und 2, der Auffahrung des für die Erkundung notwendigen Grubengebäudes sowie den begleitenden wissenschaftlichen Untersuchungen zusammensetzt. Auf der Basis der sukzessive anfallenden, neuen standortspez. Erkenntnisse wird die Eignungshöffigkeitsaussage fortlaufend überprüft. Die geplanten Erkundungsmaßnahmen sind daher auch notwendige Voraussetzung für die Erstellung eines Planes Gorleben, nach dessen positivem Beschluß das Endlager seinen Betrieb aufnehmen könnte.

Samen. Verbreitungs- und Überdauerungsstadium der >Samenpflanzen< (Spermatophyta). Er entwickelt sich aus der befruchteten Samenanlage und besteht aus dem >Embryo<, dem Nährgewebe und der widerstandsfähigen Samenschale. Als Nährgewebe dient das Endosperm oder das Perisperm; häufig werden auch Organe des Embryos, meist die Kotyledonen, zur Nährstoffspeicherung herangezogen.

Samenkeimung. Die Weiterentwicklung eines fertigen >Samens<, ggf. nach Beendigung der Samenruhe. Hierbei wächst der >Embryo<. Das erste morphologisch sichtbare Kennzeichen der S. ist der Durchtritt der Keimwurzel durch die gesprengte Samen- und ggf. Fruchtschale. Diesem Vorgang geht die Wasseraufnahme durch Quellung voraus, gefolgt von Protein- und Nukleinsäuresynthese. Das weitere >Wachstum< erfordert einen Abbau der vorhandenen Reservestoffe.

Sammelentsorgungsnachweis (SEN). Gemäß § 8 der >Verordnung über Verwertungs- und Beseitigungsnachweise< erleichtert der S. das Nachweisverfahren bei Sammelchargen. Er ist dann von Bedeutung, wenn durch einzelne Entsorger gleiche Abfälle einer Vielzahl von Abfallerzeugern übernommen werden (z.B. Rückstände aus Tankstellen). Im Rahmen der Nachweisführung durch S. übernimmt der Einsammler gewissermaßen die Stellung des Abfallerzeugers.

Sammelstelle. Im Umweltbereich Bezeichnung für kommunale oder private Einrichtungen, bei denen zumeist >Wertstoffe< (z.B. >Altglas<, >Altpapier<, Styropor) oder/und >Sonderabfälle< abgegeben werden können. Personal in der S. führt i.d.R. eine weitergehende Sortierung der abgegebenen Stoffe durch. Gelegentlich werden auch >Mehrwegprodukte< gegen Pfand (z.B. Batterien) zurückgenommen.

Sammler. Kanal zur Aufnahme des aus Teilgebieten abgeleiteten >Abwassers< (z.B. >Nebensammler<, >Hauptsammler<) (DIN 4045). Die Lage der Sammler richtet sich nach dem natürlichen Gefälle. Es werden getrennte Sammler für hoch- und tiefliegende Gebiete gebaut, wenn nur im hohen Gebiet >Regenauslässe< möglich sind oder wenn aus dem tieferliegenden Gebiet gepumpt werden muß.
Lit: Imhoff K, Imhoff KR (1990) Taschenbuch der Stadtentwässerung, 27. Aufl., R. Oldenbourg Verlag, München Wien.

Sammlung, alternierend bzw. additiv. Systeme der Abfallsammlung bei der >Getrenntsammlung< von Abfällen. Bei der *alternierenden Sammlung* werden >Wertstoff<- und >Restmülltonne< im wöchentlichen Wechsel entleert, bei der *additiven Sammlung* wird die Wertstofftonne 14tägig zusätzlich zur wöchentlich entleerten Restmülltonne geleert. Die additive Sammlung benötigt ein zusätzliches Sammelfahrzeug mit Personal. Sie muß dort durchgeführt werden, wo das Volumen des Restmülls das Volumen der eingesammelten Wertstoffe sehr stark übersteigt, so daß bei alternierender Sammlung das Volumen der Restmülltonne nicht für die 14tägige Abfuhr ausreichen würde. Dies ist insbesondere bei >Biotonnen< in Wohnblockgebieten der Fall, wo gemessen am Restmüllaufkommen wenig Vegetabilien anfallen.

Sand. Korngrößenfraktion, deren Teilchendurchmesser zwischen 0,063 und 2 mm liegt. Sand ist neben >Schluff< und >Ton< eine der Hauptbodenarten (>Bodenarten<). In den meisten Böden des gemäßigthumiden Klimabereichs besteht S. überwiegend aus >Quarz< und >Feldspäten< und enthält oft auch geringere Anteile an >Glimmern<.

Sandbettfilter. Filter aus einer Sandschüttung mit Sandschichten verschiedener Körnung. Sandbettfilter können infolge hoher Temp.-Beständigkeit und Wärmekapazität zur Filterung heißer Abgase, beispielsweise >Rauchgase<, >Brandabgase< u.a. verwendet werden.

Sandböden. Böden, deren mineralische Bestandteile fast nur der Sandfraktion angehören. Dem entsprechend besitzen sie zum überwiegenden Teil Grobporen, durch die Wasser rasch versickern und Luft bis in größere Bodentiefen geleitet werden kann. Wegen des Fehlens von quellfähigen Tonen bildet sich kaum ein Aggregatgefüge (>Bodengefüge<); in den oberen Horizonten (>Bodenhorizonte<) liegt meist ein Einzelkorngefüge vor, in den unteren Horizonten, je nach Bodentyp, u.U. ein durch >Eisenoxide< und >Huminstoffe< verkittetes Kohärentgefüge. Wegen der hohen Durchlässigkeit sind S. meist stark auswaschungsgefährdet.

Sandfang. 1. allgemein: >Einrichtung< zur Trennung des Sandes und anderer mineralischer Stoffe vom >Abwasser<, z.B. Tief-, >Flach-<, >Lang-< und >Rundsandfang<, belüfteter Sandfang, Hydrozyklon (DIN 4045). Die Entsandung des Abwassers soll betriebliche Störungen ausschalten, wie z.B. Versandung von >Belüftung<sbecken und Störungen der Umwälzströmung in >Flockung<sbecken, erhöhten Verschleiß bei Rühr- und Paddelwerken, Schäden an Schlammräumanlagen, verstopfte Schlammabzugseinrichtungen und Schlammtransportleitungen, sehr häufig versandete Schlammabzugstrichter, >Emscherbrunnen< und >Faulbehälter< sowie einen allgemein höheren Materialverschleiß bei maschinellen Ausrüstungen durch Sand.

2. belüfteter: Bei den üblichen Sandfangtypen ist es schwierig, eine konstante, vom Abwasser unabhängige Fließgeschwindigkeit einzuhalten. Durch die Konstruktion des belüfteten Sandfanges konnte diese Schwierigkeit weitgehend ausgeschaltet werden. Der Durchflußquerschnitt wird beim belüfteten Sandfang so groß gewählt, daß die horizontale Fließgeschwindigkeit bei maximalem Zufluß nicht über 20 cm liegt. Die Ablagerung faulfähiger Stoffe soll durch eine gleichmäßige Umwälzspülströmung verhindert werden. Diese wird durch Einblasen von Luft an einer Sandfangbeckenseite erzeugt. Die Randgeschwindigkeit der Wasserwalze soll etwa 30 cm/s betragen. Belüftete Sandfänge werden immer mit mechanischen Räumeinrichtungen ausgerüstet. Sie entsprechen denen, die bei >Langsandfängen< üblich sind. Im allg. wird der Sand durch >Mammutpumpen<, die auf einer fahrbaren Brücke montiert sind, in eine seitliche Rinne gefördert. Das geförderte Sand-Wasser-Gemisch fließt aus dieser Rinne einem Klassierer zu, aus dem das Sandfanggut erdfeucht gewonnen wird.

Lit: Abwassertechnische Vereinigung (Hrsg.) (1982–1986) Lehr- und Handbuch der Abwassertechnik, 3. Aufl., Bd. 1–7, Verlag von Wilhelm Ernst und Sohn, Berlin München.

Sandfilter. Sandfilter werden vorwiegend mit 1 bis 3 mm Korngröße aufgebaut. Die Betthöhe liegt zwischen 0,5 bis 2 m. Die Wasserströmung kann abwärts oder aufwärts gerichtet sein. Sie beträgt 5 bis 10 m/h. Um auch tiefere Filterbereiche für die Speicherung der suspendierten Stoffe zu nutzen, wurden Mehrschichtfilter entwickelt. Abwasserfilter werden meist in offener Weise gebaut, mit einer maximalen Überstauhöhe von 1 bis 2 m. Mit den >Feststoffen< bleiben in den Poren des Filtermaterials auch >Mikroorganismen< zurück. Um die Filterkörner bildet sich ein schleimartiger Bewuchs aus >Bakterien<, Filter müssen deshalb täglich durch Rückspülen sehr wirksam gereinigt werden. Sandfilter werden auch in Wasserwerken zur Trinkwasseraufbereitung eingesetzt.

Lit: Imhoff K, Imhoff KR (1990) Taschenbuch der Stadtentwässerung, 27. Aufl., R. Oldenbourg Verlag, München Wien.

Sandsteine. >Kluftgrundwasserleiter, Sandsteine<.

Sandwaschanlage. Mit >Klassierern< oder Förderschnecken kombinierte Einrichtung zum Austrag des >Sandfanggutes< mit gleichzeitiger Spülung zum Auswaschen org. Bestandteile. Die Sandwaschanlage besteht aus einer schmalen Klassierrinne mit ansteigender Sohle. Das abgelagerte Material wird aus dem >Absetzbecken< in diese Rinne gefördert. Der Sand wird unter Harkbewegungen der unter einem Träger hintereinander montierten Kratzer an der schräg ansteigenden Sohle hochgeschoben und fällt am Ende der Klassierrinne so trocken an, daß er abgefahren werden kann. Durch die Harkbewegungen wird das org. Material aufgewirbelt und durch einen Spülstrom zum Sandfangeinlauf zurückgeführt. Der Spülstrom fließt entweder mit freiem Gefälle in die Einlaufzone des >Sandfanges< zurück oder wird unter Einsatz einer kleinen >Schneckenpumpe< oder auch Wirbelradpumpe zurückgefördert.

Lit: Abwassertechnische Vereinigung (Hrsg.) (1982–1986) Lehr- und Handbuch der Abwassertechnik, 3. Aufl., Bd. 1–7, Verlag von Wilhelm Ernst und Sohn, Berlin München.

Sanierung. 1) Durchführung technischer und administrativer Maßnahmen, durch die sichergestellt wird, daß von einer >Altlast< im Zusammenhang mit der vorhandenen oder geplanten Nutzung keine Gefahren für Leben und Gesundheit des Menschen sowie für andere Schutzgüter ausgehen. S. umfaßt sowohl Maßnahmen der >Sicherung< von Altlasten (Unterbrechung der Kontaminationspfade) als auch Maßnahmen der Dekontamination, die die Kontamination beseitigen.

2) Durchführung technischer und administrativer Maßnahmen zur Wiederherstellung und Entwicklung ökologisch vorteilhafter, nachhaltiger und möglichst dauerhafter Funktionalität von Biotopen.

Lit: Dahle TN (1995) Altlasten – Sanierungsverfahren. Fraunhofer IRB Verlag, Berlin.

Sanierungsmaßnahme. Gemäß dem Gesetz zum Schutz des Bodens sind S. technische Maßnahmen, mit denen Schadstoffe beseitigt oder vermindert werden (Dekontamination), die Ausbreitung der Schadstoffe langfristig verhindert oder vermindert werden, ohne sie zu beseitigen (>Sicherungsmaßnahmen<) und die schädlichen Veränderungen der Bodenbeschaffenheit beseitigt oder vermindert werden. Zum Einsatz kommen biolog., chem.-physikalische Verfahren. In Abhängigkeit des Schadensfalles (Schadstoff, Bodenbeschaffenheit, Grundwasserstand etc.) kann die Sanierung erfolgen, ohne daß der Boden ausgebaggert wird (in-situ-Sanierung) oder der Boden wird aufgenommen und vor Ort (on-site-Sanierung) oder in speziellen Behandlungszentren (off-site Sanierung) dekontaminiert. Die Sanierung ist abgeschlossen, wenn ein definierter Restschadstoffgehalt (Sanierungszielwerte) im Boden in Abhängigkeit von der zukünftigen Nutzung erreicht wurde.

Sanitärreiniger. Sammelbezeichnung für >Reinigungsmittel<, die im Sanitärbereich, insbesondere in Toiletten und deren Nebenräumen, Ablagerungen von Kalk- und Urinsteinen beseitigen sollen *(WC-Reiniger, Toilettenreiniger)*. Die stärker reinigend wirkenden *sauren* S. enthalten z. B. HCl, H_3PO_4, $NaHSO_4$, $H_2N\text{-}SO_3H$, $HCOOH$ u. a. organische Säuren, ggf. auch sprudelnmachendes $NaHCO_3$, während die stärker bleichend und desinfizierend wirksamen *alkalischen* S. v. a. Natrium- oder Calciumhypochlorit bzw. Chlorkalk enthalten; Parfümierung und Tensidzusätze sind üblich. Es sei darauf hingewiesen, daß beide Typen von S. *niemals zusammen* angewandt werden dürfen, da sonst Chlorgas entsteht. Eine Vielzahl von Vergiftungen geht auf die Nichtbeachtung dieser Anordnung zurück.

Saponine. In der ganzen Pflanzenwelt sehr verbreitet sind N-freie Glykoside, die wegen ihrer schaumbildenden Wirkung als S. bezeichnet werden. Bedeutung für die >Tierernährung< besitzen die S. von Rübenblättern sowie die von Luzerne und anderen Kleearten. Da sie vom gesunden Magen-Darm-Kanal praktisch nicht resorbiert werden, kommen ihre hämolytischen Eigenschaften bei oraler Aufnahme nicht zur Wirkung. Hohe Gaben von Luzernegrünmehlen sollen wegen der darin enthaltenen S. das Wachstum von Küken und die Legeleistung von Hennen beeinträchtigen. Die kultivierten Luzernesorten unterscheiden sich jedoch im Anteil und in der Zusammensetzung ihrer S. Aber auch in Rapsextraktionsschroten wurden nennenswerte, für Küken vermutlich wachstumshemmende Saponingehalte ermittelt. Beim Wiederkäuer führt man die oft zu beobachtende Blähwirkung großer Gaben von jungem Luzerne- oder Kleegrünfutter auf de-

Saprobiebereiche: Saprobiebereiche und zugeordnete Saprobieindices nach DIN 38410, Teil 2

Saprobiebereich	Saprobienindex
oligosaprob	1,0 bis 1,5
oligosaprob bis β-mesosaprob	1,5 bis 1,8
β-mesosaprob	1,8 bis 2,3
β-mesosaprob bis α-mesosaprob	2,3 bis 2,7
α-mesosaprob	2,7 bis 3,2
α-mesosaprob bis polysaprob	3,2 bis 3,5
polysaprob	3,5 bis 4,0

ren Saponingehalte zurück; möglicherweise spielen S. neben mehreren anderen Ursachen eine Rolle bei der Entstehung des „Rübenblattdurchfalls".

Saprobie. Komplementäre Größe zur >Trophie<, Summe aller >heterotrophen< Prozesse in einem Lebensraum. Heterotrophe Prozesse sind solche, bei denen org., lebende oder tote >Biomasse< zur Gewinnung von Energie und Nährstoffen abgebaut wird. Heterotroph sind daher alle >Pilze< und Tiere, die meisten >Bakterien< und teilweise viele >Algen<. Trophie und S. stehen in einem best. Verhältnis zueinander, da alles, was durch >Primärproduktion< aufgebaut wird, auch wieder abgebaut werden muß. In mit org. Resten anthropogen belasteten Gewässern ist dieses Verhältnis in Richtung S. verschoben.

Saprobiebereiche. Belastungskategorien eines Gewässers, denen best. >Saprobienindices< zugeordnet werden, entspr. DIN 38410, Teil 2 (s. Tabelle oben). Die >Indikatororganismen< des >Saprobiensystems< sind nur in best. Saprobiebereichen mit höherer Abundanz anzutreffen.
Lit: Friedrich G (1990) Eine Revision des Saprobiensystems, Zschr Wasser-Abwasser-Forsch 23: 141–152.

Saprobielle Valenz. Umfang der >Saprobiebereiche<, in denen eine Indikatorart des >Saprobiensystems< ständig existieren kann. Die S. wird durch eine 20 Punkte-Verteilung über alle Saprobiebereiche schwerpunktsmäßig angegeben, z.B. (s. Tabelle unten).
Sowohl die Eintagsfliegenlarve *Baetis alpinus* als auch die Rattenschwanzlarve sind gute >Indikatororganismen< mit einer sehr begrenzten saprobiellen Valenz in ganz unterschiedlichen Saprobiebereichen. Organismen, die in allen Saprobiebereichen mehr oder weniger gleich häufig sind, sind keine Indikatororganismen.
Lit: DIN 38410 Teil 1 (1987) Deusche Einheitsverfahren zur Wasser, Abwasser- und Schlammuntersuchung; biologisch-ökologische Gewässeruntersuchung (Gruppe M); Hinweise, Planung und Durchführung von Fließgewässeruntersuchungen (M 1) – DIN 38410 Teil 2 (1991) Deusche Einheitsverfahren zur Wasser, Abwasser- und Schlammuntersuchung; biologisch-ökologische Gewässeruntersuchung (Gruppe M); Bestimmung des Saprobienindex (M 2) – Friedrich G (1990) Eine Revision des Saprobiensystems, Zschr Wasser Abwasser-Forsch 23: 141–152.

Saprobien. Saprobier (Einzahl). Organismen des >Saprobiensystems<mit eingeschränkter >saprobieller Va-

lenz<. Sie sind daher als Indikatoren für den Saprobiengrad eines >Fließgewässers< gut geeignet.
Lit: DIN 38410 Teil 2 (1991) Deutsche Einheitsverfahren zur Wasser, Abwasser- und Schlammuntersuchung; biologisch-ökologische Gewässeruntersuchung (Gruppe M); Bestimmung des Saprobienindex (M 2) – Friedrich G (1990) Eine Revision des Saprobiensystems, Zschr Wasser Abwasser-Forsch 23: 141–152 – Gunkel G (1994) Bioindikation in aquatischen Ökosystemen, 1.Aufl. Gustav Fischer Verlag, Jena Stuttgart.

Saprobienindex. Numerische Angabe für die >Saprobiebereiche< des >Saprobiensystems<. Die Zahlen liegen zwischen 1 und 4 (s. Tabelle oben, >Saprobiebereiche<).
Lit: DIN 38410 Teil 2 (1991) Deutsche Einheitsverfahren zur Wasser, Abwasser- und Schlammuntersuchung; biologisch-ökologische Gewässeruntersuchung (Gruppe M); Bestimmung des Saprobienindex (M 2) – Friedrich G (1990) Eine Revision des Saprobiensystems, Z Wasser Abwasser-Forsch 23: 141–152.

Saprobiensystem. Klassifikation von Süßwasserorganismen nach ihrer Toleranz und ggf. Förderung gegenüber einer nicht tox. org. Belastung von >Fließgewässern<. Die im Saprobiensystem aufgelisteten Organismen gelten dementspr. als >Indikatororganismen< für die 7 >Saprobiebereiche< oligosaprob, oligo bis β-mesosaprob, β-mesosaprob, β-mesosaprob bis α-mesosaprob, α-mesosaprob und polysaprob. Das S. wurde empirisch nach Untersuchungen im Rhein um 1900 von MARSSON, LAUTERBORN und KOLKWITZ aufgestellt und durch weitere Untersuchungen an unterschiedlich belasteten Fließgewässern verfeinert. Das S. dient der >Gewässergütebeurteilung< von Fließgewässern. Seine fachgerechte Anwendung ist in DIN 38410 Teil 1 (1987) und Teil 2 (1991) festgelegt. Den Saprobiebereichen sind chem. Parameter zugeordnet, wie aus der Gütegliederung der Fließgewässer nach LAWA hervorgeht (s. Tabelle S.1015).
Lit: Sládeček V (1973) System of water quality from the biological point of view, Arch Hydrobiol Beih Ergebn Limnol 7: 1–218 – Friedrich G (1990) Eine Revision des Saprobiensystems, Zschr Wasser Abwasser-Forsch 23: 141–152 – Nagel P (1989) Bildbestimmungsschlüssel der Saprobien, 1.Aufl., Gustav Fischer Verlag, Stuttgart New York – Bayerisches Landesamt für Wasserwirtschaft (Hrsg.) (1988) Bestimmungsschlüssel für die Saprobier-DIN-Arten (Makroorganismen), Informber. Bayer. Landesamt für Wasserwirtschaft, München.

saprogen. Grch. = fäulniserregend.

Sapropel. „>Faulschlamm<"; >aerobe< >Sedimente< am Boden nährstoffreicher, meist stehender Gewässer, die durch Eisen(II)sulfid und >Huminstoffe< schwarz gefärbt sind und unangenehm riechen. Sapropel entsteht durch die >anaerobe Zersetzung< von org. Substanzen, z.B. Pflanzen- und Tierresten, bei verschiedenen >Gärungen< und der >Sulfatatmung< von >Bakterien< (anaerobe >Mineralisation<). Außer den org. Gärprodukten (z.B. >Methan<) entstehen auch CO_2, NH_3 und H_2S, das für die >Bodenfauna< giftig ist.
Lit: Bogenrieder H, Collatz KG, Kössel H, Osche G (1985) Lexikon der Biologie, Herder, Freiburg Basel Wien.

saprophag. >Detritusfresser<.

Saprobielle Valenz

Saprobiebereiche	1	1,5	2	2,5	3	3,5	4
Baetis alpinus	14	4	2	–	–	–	–
Eristalis tenax (Rattenschwanzlarve)	–	–	–	–	–	–	20

Saprobiensystem: Gütegliederung der Fließgewässer (nach LAWA)

Güte-klasse	Grad der org. Belastung	Saprobiebereich	Saprobien-index	BSB$_5$ (mg/L)	Chemische Parameter* NH$_4$-N (mg/L)	O$_2$-Minima (mg/L)
I	unbelastet bis sehr gering belastet	Oligosaprobie	1,0–<1,5	1	höchstens Spuren	>8
I–II	gering belastet	Oligosaprobie mit β-mesosaprobem Einschlag	1,5–<1,8	1–2	um 0,1	>8
II	mäßig belastet	ausgeglichene β-Mesosaprobie	1,8–<2,3	2–6	<0,3	>6
II–III	kritisch belastet	β-α-mesosaprobe Grenzzone	2,3–<2,7	5–10	<1	>4
III	stark verschmutzt	ausgeprägte α-Mesosaprobie	2,7–<3,2	7–13	0,5 bis mehrere mg/L	>2
III–IV	sehr stark verschmutzt	Polysaprobie mit α-mesosaprobem Einschlag	3,2–<3,5	10–20	mehrere mg/L	<2
IV	übermäßig verschmutzt	Polysaprobie	3,5–<4,0	>15	mehrere mg/L	<2

* Die chemischen Daten geben lediglich Anhaltswerte für häufig anzutreffende Konzentrationen.

Sarin. Zu den >Nervengasen< zählender Kampfstoff (eine org. Phosphorverbindung), wirkt toxischer als >Tabun<, inaktiviert das Enzym Acetylcholinesterase, dadurch lebensgefährliche Anhäufung von >Acetylcholin<.

Sasil. Handelsname für den als >Zeolith A< bezeichneten >Phosphatersatzstoff< in >Wasch-< und >Reinigungsmitteln< zur Verminderung der Phosphatbelastung bzw. >Eutrophierung< der Gewässer. S. ist ein feinkörniges Natriumaluminiumsilikat (NaAlSiO$_3$), das u.a. Calcium- und Magnesium-Ionen durch >Ionenaustausch< eliminiert (Wasserenthärtung). Die Menge an S. in den Waschmitteln nahm ab 1980 stark zu, 1987 wurden rund 100.000 t/a in der Bundesrepublik Deuschland (ohne die damalige DDR) verbraucht, das entspricht 1,6 kg/Einwohner und Jahr. Die Konz. in den Abwasservorflutern liegt wegen der guten Elimination des S. in den >Kläranlagen< unter 1 mg/L. Die no effective concentration (NOEC-Werte) liegt für Fische >250 mg/L (28 Tage), Daphnien >500 mg/L (18 Tage), Algen >1 mg/L (18 Tage), Bakterien >25 mg/L (3 Tage). In phosphatfreien Waschmitteln beruht die Waschleistung auf der Wirkung von Zeolith A, Polycarboxylaten und Soda.

Lit: Umweltbundesamt (Hrsg.) (1979) Die Prüfung des Umweltverhaltens von Natrium-Aluminium-Silikat, Zeolith A, als Phosphatersatzstoff in Wasch- und Reinigungsmitteln. Materialien des Umweltbundesamtes 4/79, Erich Schmidt Verlag, Berlin – Hamm A (Hrsg.) (1989) Auswirkung der Phosphathöchstmengenverordnung für Waschmittel auf Kläranlagen und in Gewässern, Academie-Verlag Richarz GmbH, St. Augustin.

Sattdampf. >Naßdampf<.

Sattdampfturbine. Dampfturbine, der Sattdampf als Arbeitsmedium zugeführt wird.

Sauerstoffanreicherung. Erhöhung der Sauerstoffkonz. im Gewässer über den 100 % Sättigungswert bei Atmosphärengleichgewicht hinaus. Eine solche Sauerstoffübersättigung kann auf natürliche Weise im Gewässer nur durch Produktion von Sauerstoff bei der Photosynth., also nur in der >euphotischen Zone< erfolgen. Sie ist wegen des Austausches mit der Atmosphäre nicht stabil. Im weiteren Sinn ist jede künstliche Erhöhung der Sauerstoffkonz. eine Anreicherung von

Sauerstoff, z.B. bei der biol. >Abwasserreinigung< oder der künstlichen >Belüftung< von Seen, s.a. >Seenrestaurierung<.

Sauerstoffaufnahme. Masse des pro Zeiteinheit von Abwasser unter Betriebsbedingungen bei einer bestimmten Sauerstoffsättigungskonzentration tatsächlich aufgenommen Sauerstoffs, angegeben in kg/h oder kg/d (DIN 4045). $O^e = a\beta OC(C^{s,o} - C^o)/C^{2,o}$.

Sauerstoffbedarf. >Biochemischer Sauerstoffbedarf<, >chemischer Sauerstoffbedarf<.

Sauerstoffbedarf, gesamter. (TOD). Gesamte Massenkonzentration an Sauerstoff, die während Hochtemperaturzersetzung einer Probe durch Oxidation von oxidierbarem Material verbraucht wird (ISO 6107/5).

Sauerstoffdefizit. Unter normalen Atmosphärenbedingungen ist bei jeder Temp. eine best. Menge Sauerstoff im Wasser gelöst, die einer Sauerstoffsättigung von 100 % entspr. Jede Verminderung dieses Sättigungswertes ist ein Sauerstoffdefizit. Ein S. kommt nie durch Temp.-Änderungen zustande, weil sich dann auch der zugehörige 100 %-Wert neu einstellt. Sauerstoffdefizite entstehen immer durch chem. und/oder biochem. Sauerstoffverbrauch. Biochem. durch aeroben (oxidativen) Abbau von toter >Biomasse< durch >Mikroorganismen< und durch >Atmung< der Organismen, chem. durch Ox. reduzierter Stoffe, z.B. >Ammonium<: für die Ox. von 1 g Ammonium-Stickstoff zu >Nitrat< werden 4,57 g Sauerstoff benötigt. Im >Hypolimnion< >eutropher< Seen tritt während der >Stagnation< regelmäßig ein beträchtliches Sauerstoffdefizit auf.

Sauerstoffeintrag. Kann in Kläranlagen oder auch Gewässern, z.B. Seen, durch natürliche Turbulenzen über die Oberfläche oder durch unterschiedliche Aggregate (Kaskaden, Rührer, Düsen etc.) erfolgen. Er kann an Kläranlagen so gesteuert werden, daß immer ein bestimmter Gehalt an Sauerstoff gewährleistet ist.

Sauerstoffgehalt. Wasser: Der gasförmige Sauerstoff (O$_2$) wird im Wasser gelöst. Die Lösungsmöglichkeit ist temperaturabhängig, sie nimmt mit steigender Temperatur ab. Bei 0 °C beträgt die Aufnahmefähigkeit etwa 14 mg/L Wasser, bei 30 °C werden nur noch maximal 7,3 mg/L gelöst. Unter bestimmten Bedingungen kann es auch zu einer *Sauerstoffübersättigung* kommen, z.B. in dichten Beständen von Wasserpflanzen, die den Sauerstoff durch >Photosynthese< bilden. Der S. ist für Wasserlebewesen oft ein begrenzender >abiotischer Faktor<. Bei Erwärmung und Sauerstoffverbrauch durch Abbauprozesse kann es zum Sauerstoffschwund kommen. Diese Prozesse werden durch >Wasserverschmutzung< und Überdüngung gefördert.

Sauerstoffgehalt im Abgas. Um zu verhindern, daß Abgase lediglich mit Luft verdünnt werden, um niedrige >Schadstoffkonzentrationen< zu erzielen, werden alle Konzentrations>grenzwerte< auf genormte S.i.A. bezogen und sind die Meßwerte auf diese Sauerstoffgehalte umzurechnen.

$$c_{Su} = c_{SM} \frac{0{,}21 - c_{O_{2n}}}{0{,}21 - c_{O_{2M}}}$$

c = m^3/m^3; S = Schadstoff; u = umgerechnet; n = Norm; O$_2$ = Sauerstoff-; M = Messung >Verbrennung<.

Sauerstoffhaltige Kraftstoffkomponenten. Versch. Alkohole, insbesondere >MeOH<, >EtOH<, und >Ether<, >MTBE< werden meist >Ottokraftstoffen< zugemischt, um das >Abgasemissionsverhalten< der Fahrzeuge zu verbessern. Dieses Verfahren beruht auf Untersuchungen in den USA und ist in einigen Regionen in den USA vorgeschrieben. Durch die S. werden insbesondere >CO<- und >HC-Emissionen< vermindert.

Lit: U.S. EPA (1987) Guidance on Estimating Motor Vehicle Emission Reductions from the Use of Alternative Fuels and Fuel Blends, July 1987, EPA-AA-TSS-PA-87-4 – Menrad H, Geffers W, Wegener R, Weidmann K (1988) Motorische Auswirkungen von sauerstoffhaltigen Komponenten in Ottokraftstoffen, Mineralöltechnik 4–5 – Nierhauve B, Giere HH (1981) Anpassungsmaßnahmen bei Ottokraftstoffen als Folge von Methanolbeimischungen, Erdöl und Kohle-Erdgas-Petrochemie, Bd. 34, Heft 11.

Sauerstoffhaushalt. Der S. ist die Bilanz aller Sauerstoff liefernden und verbrauchenden Prozesse u.a. in einem Gewässer, einschließlich der kausalen Beziehungen, welche das Gleichgewicht zwischen diesen Prozessen steuern. O$_2$-Gehalt und O$_2$-Defizit sind die meßbaren Ergebnisse dieser Bilanz. Im Wasser liegt der Sauerstoff physikalisch gelöst vor. Daneben enthält auch eine Reihe von Salzen chem. gebundenen Sauerstoff (z.B. >Nitrate<, >Sulfate<), der aber nur bei Mangel an gelöstem freiem O$_2$ unter >Reduktion< in den S. im engeren Sinne einbezogen wird.

Lit: Abwassertechnische Vereinigung (Hrsg.) (1982–1986) Lehr- und Handbuch der Abwassertechnik, 3. Aufl., Bd. 1–7, Verlag von Wilhelm Ernst und Sohn, Berlin München.

Sauerstoffkonzentration. Masse von in Abwasser oder Wasser gelöstem Sauerstoff, bezogen auf das Volumen (DIN 4045). Die Angabe erfolgt in mg/L (die Messungen erfolgen z.B. in Kläranlagen kontinuierlich, in >Fischtests< meist diskontinuierlich).

Sauerstofflast. >OC-load<.

Sauerstoffmangel. (Syn. Sauerstoffdefizit). Tritt ein durch die Oxidation von organischem Material unter Entzug des im Wasser gelösten Sauerstoffs. In Extremfällen kann in tieferen Wasserschichten der Sauerstoff vollständig aufgezehrt werden, gefolgt von der Bildung von Schwefelwasserstoff (H$_2$S; z.B. Schwarzes Meer,

Ostsee, Gotlandtief, Norwegische Fjorde, Frierfjord). Auch am Meeresboden kann unter ungünstigen Bedingungen der Sauerstoffgehalt von Sättigungskonzentrationen an der Oberfläche von ca. 6,4 mL/L bei 10 °C und 35 % Salzgehalt auf Werte von 1 bis 2 mL/L absinken (>Eutrophierung<).

Sauerstoffmessung. 1. Wasser: Bei der Bestimmung des Sauerstoffgehaltes kann man drei grundsätzlich unterschiedliche Methoden anwenden, die colorimetrische, z.B. nach Winkler, bei der eine colorimetrische Bestimmung der dem Sauerstoffgehalt äquivalenten Iodmenge erfolgt; die paramagnetische, bei der die im Gegensatz zu anderen Gasen paramagnetische Eigenschaft des Sauerstoffs verwendet wird. Dabei entsteht in einem Meßröhrchen, das sich in einem inhomogenen Magnetfeld befindet, eine Strömung unterschiedlich erwärmter Sauerstoffmoleküle, deren Wärmeenergie auf eine außen angelegte Heizwicklung übertragen wird. Die durch die Temperaturabweichung bedingte Widerstandsdifferenz zwischen dem Anfang und dem Ende des Heizdrahtes wird gemessen, sie ist dem Sauerstoffgehalt nahezu proportional. Bei der elektrochem. Sauerstoffmessung, der dritten Methode, wird die dem Sauerstoffgehalt direkt proportionale Stromstärke gemessen, die ein aus zwei geeigneten Elektroden bestehendes >galvanisches Element< liefert. 2. Abgas: Bei der >Abgasanalyse< werden die Sauerstoffanteile üblicherweise mittels magnetischer Detektoren unter der Ausnutzung der paramagnetischen Eigenschaften des Sauerstoffs ermittelt.

Sauerstoffradikale. Bezeichnung für >freie Radikale<, deren ungepaartes Elektron (ungepaarte Elektronen) am Sauerstoff lokalisiert ist (sind). Das sind, neben O und O$_2$, O$_2^-$ (Hyperoxid), ˙OH (Hydroxyl), HO$_2$ (Hydroperoxy), RO˙ (z.B. Alkoxy) und RO$_2$ (Alkylperoxy). Die Biochemie der Sauerstoffradikale ist von zentraler Bedeutung für alle aeroben Lebewesen. Atmungsvorgänge und oxidative Biosynthesen führen über S., die andererseits auch Ursache für viele pathologische Phänomene sein können. Kontrolliert werden Reaktionsabläufe mit Beteiligung von S. über aufwendige Strategien des Organismus, in deren Rahmen S. durch enzymatische (>Superoxiddismutase<, >Peroxidasen<, Katalasen) und nichtenzymatische (Vitamine A, C, E, K, Selen und Thiolverbindungen) Reaktionspartner (Scavenger) abgefangen werden. Als besonders toxisch erweist sich das OH-Radikal, das sich in wäßrigem Medium nach:

$$O_2^- + Fe^{3+} \rightarrow Fe^{2+} + O_2$$
$$H_2O_2 + Fe^{2+} \rightarrow Fe^{3+} + {}^{\cdot}OH + OH^-$$

bildet. Vergleichbare Reaktivität zeigen Alkoxyradikale, die aus Alkylhydroperoxiden entstehen. Diese S. lösen besonders bei der Lipid-Peroxidation als Startradikale Kettenreaktionen aus. Bei zahlreichen Erkrankungen wurde ein Mitwirken von S. nachgewiesen. Das macht sich allgemein in der Schädigung von Proteinen, Enzymen, Zellmembranen und schließlich Nukleinsäuren bemerkbar. Als Folge kann es zur Beeinträchtigung des Immunsystems (z.B. Entzündungen, rheumatische Arthritis), und zu neuronalen Dysfunktionen (Alzheimersche und Parkinsonsche Krankheit) kommen. Verschiedene Arten der Anämie sind geprägt durch die Biochemie der S. Darüber hinaus spielen S. bei der Pathogenese von Arteriosclerose, Hepatitis, Diabetes, Muskeldystrophie, Silicose und Asbestose eine Rolle. Atemwegserkrankungen können auf den Einfluß von S. (bzw. >Radikalbildnern<) in Smog oder Zigarettenrauch zurückgeführt werden. So konnten pro Zug Zigarettenrauch bis zu 10^{15} Radikale gemessen werden, wobei Peroxyradikale (ROO·) den wesentlichen Anteil bildeten. Sie wirken mutagen und können Lungenkrebs auslösen. Es gilt als gesichert, daß bei den durch Umwelteinflüsse ausgelösten Krebsformen ausnahmslos Effekte durch S. beitragen. S. sind die entscheidenden Agentien der photodynamischen Reaktion. Bei normaler Exposition der Haut induzieren die durch Sonnenlicht gebildeten S. Pigmentierungen (Melanin), die Licht absorbieren und als Wärme abgeben (Quencher). Besonders kurzwellige (UVB < 320 nm) bzw. intensive UV-Strahlung führt durch Zunahme der S.-Konz. zu Entzündungen (Sonnenbrand), DNA-Veränderungen, vorzeitigem Altern der Haut (Peroxidation) und Hautkrebs. Dieser Sachverhalt steht bei der Diskussion über die Auswirkungen des >Ozonlochs< im Vordergrund. Andererseits werden bei der Phototherapie auf durch >Radikalbildner< sensibilisierten Tumoren S. erzeugt, die zu dessen Zerstörung führen. Auch bei der >Lebensmittelbestrahlung< entstehen S., die in diesem Falle zur Konservierung beitragen. Die stark oxidierende und desinfizierende Wirkung der S. wird auch bei der Ozonierung von Trinkwasser sowie bei der Abwasserbehandlung durch UV-Strahlung nach H_2O_2-Zusatz genutzt. Aus der Erkenntnis, daß viele Krankheiten auf der toxischen Wirkung von S. beruhen, folgt eine umfassende Theorie, die das Altern eines Organismus auf die Abnahme der Antioxidantien-Konz. und den steigenden Einfluß der S. zurückführen. Als allgemeiner Hinweis gilt die Tatsache, daß bei Tieren ein höherer Sauerstoffumsatz pro Körpergewicht und die damit verbundene erhöhte S.-Bildung das Altern beschleunigt. Andererseits läßt sich durch zusätzliche Gabe von Antioxidantien die Lebensspanne von Tieren signifikant verlängern. Beim Menschen ist dieser Effekt nicht bewiesen, sicher ist allerdings, daß altersbedingte Gewebeveränderungen wie auch das Auftreten sog. Alterspigmente (Lipofuszine) im wesentlichen Folgen fortschreitender Lipid-Peroxidation sind. Die wichtigsten Nachweisverfahren für S. entsprechen denen anderer >freier Radikale<. Darüber hinaus sind noch die ENDOR-Technik (Electron Nuclear Double Resonance) und die Chemilumineszenz zu nennen. Die Bildung von S. in Oberflächengewässern beruht auf der Photoreduktion von gelöstem Luftsauerstoff, wobei Huminstoffe Licht absorbieren und ein Elektron auf das O_2-Molekül übertragen können. Das Hyperoxid-Radikal steht im Gleichgewicht mit dem Hydroperoxyradikal (HO_2) und dem >Wasserstoffperoxid<, das seinerseits photolytisch oder katalytisch (s. Gl. 1, 2) zu OH-Radikalen umgesetzt werden kann. In der >Atmosphärenchemie< ist das OH-Radikal das mit Abstand wichtigste Oxidationsmittel, das in Gasphasenreaktionen Spurengase in wasserlösliche Produkte überführt und dadurch deren Austrag mit dem Niederschlag beschleunigt (s. Tabelle). Da dem photochem. Bildungsprozeß (>Wasserstoffperoxid<) eine außerordentliche Reaktivität gegenübersteht, welche die aller anderen atmosphärischen Oxidantien um Größenordnungen übersteigt (s. Tabelle), liegen die maximalen Konz. von OH in der Atmosphäre nur bei ca. 10^6 cm^{-3}. Andere wichtige S. in der Atmosphäre sind das HO_2-Radikal, das Wasserstoffperoxid bildet, sowie Alkoxy- und Alkylperoxyradikale. Die Messung der OH-Radikalkonz. erfolgt durch ESR nach Umsetzung mit geeigneten Radikal-

Sauerstoffradikale: Globale Produktion verschiedener atmosphärischer Spurengase und Anteil an deren Oxidation durch OH-Radikale (in %)

Spurengas	Produktion Mt/a	Oxidation durch OH %
CO	2.800	90
CH_4	500	90
Alkane	20	90
Isopren	350	90
Terpene (α-Pinen)	480	50
NO_2	160	50
SO_2	300	30
$(CH_3)_2S$	80	90
$CFCl_3$	0,4	0

Sauerstoffradikale: Lebensdauer (τ) für Ethen; berechnet bezüglich der Reaktion mit verschiedenen atmosphärischen Radikalen bzw. Molekülen. k: Geschwindigkeitskonstante

Radikal oder Molekül	Konzentration cm^{-3}	k cm^3 s^{-1}	τ s
OH	$4{,}1 \times 10^5$	$8{,}8 \times 10^{-12}$	$2{,}5 \times 10^5$
O_3	$1{,}0 \times 10^{12}$	$1{,}9 \times 10^{-18}$	$5{,}3 \times 10^5$
NO_3	$3{,}0 \times 10^8$	$9{,}3 \times 10^{-16}$	$3{,}6 \times 10^6$
O	$2{,}5 \times 10^4$	$7{,}8 \times 10^{-13}$	$5{,}1 \times 10^7$
HO_2	$6{,}5 \times 10^8$	$1{,}7 \times 10^{-17}$	$9{,}1 \times 10^7$
CH_3O	$1{,}3 \times 10^6$	$6{,}2 \times 10^{-17}$	$1{,}4 \times 10^{10}$
$O_2(^1D)$	$2{,}0 \times 10^7$	$1{,}7 \times 10^{-17}$	$2{,}9 \times 10^9$

fängern, durch Laser-Absorptions-Spektroskopie über Absorptionsstrecken von 5 bis 10 km, und Laser-Fluoreszenz-Spektroskopie. Die wichtigsten Bestimmungsmethoden für RO_x-Radikale sind die Chemilumineszenz bzw. ESR nach Matrixisolation.

Lit: Bors W, Saran M, Tait D (Hrsg.) (1984) Oxygen radicals in chemistry and biology, Walter de Gruyter, Berlin New York – Halliwell B, Gutterridge JMC (1985) Free radicals in biology and medicine, Clarendon Press, Oxford – Feher J, Csomos G, Vereckei A (1987) Free radical reactions in medicine, Springer-Verlag, Berlin Heidelberg New York London Paris Tokyo – Rice-Evans C, Dormandy T (Hrsg.) (1988) Free radicals chemistry, pathology and medicine, The Richelieu Press, London – Hayaishi O, Niki E, Kondo M, Yoshikawa T (Hrsg.) (1989) Medical, biochemical and chemical aspects of free radicals, Bd. 1 und 2, Elsevier, Amsterdam New York Oxford Tokyo – Choudhry GG (1984) Humic substances, structural aspects and photophysical, photochemical and free radical characteristics. In: Hutzinger O (Hrsg.) Handbook of Environmental Chemistray, Bd. 1 C, S. 1–24 – Stuhl F (1985) Radikale in der reinen und verschmutzten Atmosphäre. In: Becker KH, Löbel J (Hrsg.) Atmosphärische Spurenstoffe und ihr physikalisch-chemisches Verhalten, Springer-Verlag, Berlin Heidelberg, New York Tokyo, S. 46–58.

Sauerstoffsättigungskonzentrat. Masse des in Abwasser oder Wasser lösbaren Sauerstoffs, bezogen auf das Volumen (DIN 4045), gemessen in mg/L.

Sauerstoffsonde. >Lambdasonde<.

Sauerstoffverbrauch. Masse des verbrauchten Sauerstoffs, bezogen auf die Zeit (DIN 4045), gemessen in kg/h oder kg/d. >Biochemischer Sauerstoffbedarf<.

Sauerstoffverfahren. Bei den meisten Verfahren der aeroben Abwasserreinigung wird Sauerstoff aus sauerstofffreien Gasgemischen in das Abwasser-Schlamm-Gemisch eingeführt, wobei bevorzugt gasdicht abgedeckte Ein- oder Mehrbeckenanlagen Verwendung fin-

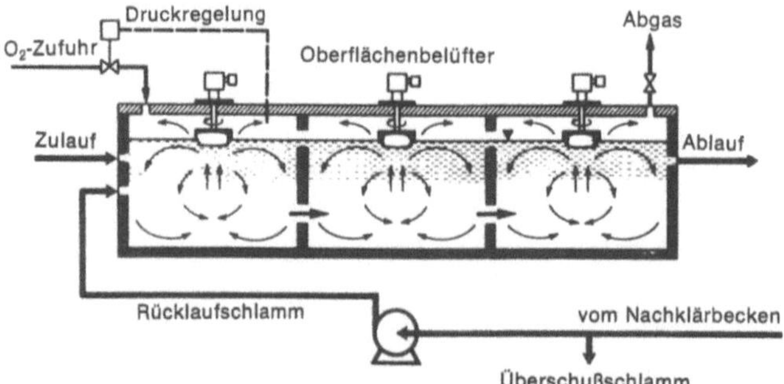

Sauerstoffverfahren: Schema einer Sauerstoffbegasungsanlage (aus: Abwassertechnische Vereinigung (Hrsg.) (1982–1986) Lehr- und Handbuch der Abwassertechnik, 3. Aufl., Bd. 1–7, Verlag v. Wilhelm Ernst u. Sohn, Berlin München)

den (s. Abb. oben). In einigen Fällen wird auch sauerstoffangereicherte Luft eingesetzt. Der Sauerstoffeintrag in das >Belebungsbecken< wird i. allg. mit den gleichen Einrichtungen wie beim herkömmlichen Verfahren vorgenommen, in einigen Fällen sind spezielle, für den optimalen Eintrag von Sauerstoff besonders konzipierte Begasungseinrichtungen entwickelt worden. Die Zufuhr an Sauerstoffgas läßt sich über die Sauerstoffmessung im Becken oder über die Druckverhältnisse im Gasraum regeln. Durch automatisch arbeitende Regeleinrichtungen wird ein optimaler Ausnutzungsgrad des Sauerstoffs erzielt. In den einzelnen Bekken wird der Sauerstoff rezirkuliert und damit mehrmals in das Abwasser-Schlamm-Gemisch eingeführt. In Mehrbeckenanlagen kann zusätzlich eine stufenweise Ausnutzung in den hintereinander geschalteten Beckeneinheiten vorgenommen werden. Der Gasstrom reichert sich, bedingt durch die biol. Abbauvorgänge im Belebungsbecken, mit Kohlendioxid an. Bei Einbeckenanlagen wird deshalb ein Teilstrom aus dem System entlassen, bei Mehrbeckenanlagen entweicht der gesamte Abgasstrom aus dem letzten Bekken in die Atmosphäre.

Sauerstoffverteilung im Gewässer. Die S. i. G. hängt von vier Faktoren ab: 1. der temp.- und druckabhängigen Löslichkeit des Sauerstoffs im Wasser, die durch das Henrysche Gesetz beschrieben wird; $C_s = K_s \cdot P_t$, C_s = Sättigungskonz., K_s = temp.-abhängiger Löslichkeitskoeffizient, P_t = Pertialdruck des Gases. 2. Dem Sauerstoffeintrag in das Gewässer durch a) die Oberfläche aus der Atmosphäre, b) Photosynthese, c) mit Zuflüssen. 3. Sauerstoffverbrauch durch Atmung und chem. Ox. 4. Die Verteilung des Sauerstoffs im Gewässer erfolgt durch Wasserbewegungen, kaum durch molekulare Diffusion. Im >See< tritt im >Profundal< und >Hypolimnion< während der >Stagnation< je nach Trophiezustand regelmäßig ein mehr oder weniger großes Sauerstoffdefizit auf, in der >euphotischen< Zone eine Übersättigung mit Sauerstoff (s. Abb. rechts). Bei der >Zirkulation< wird der Sauerstoff gleichmäßiger verteilt. In >Fließgewässern< ist wegen der stets >turbulenten< Wasserbewegung der Sauerstoff weitgehend gleichmäßig verteilt, kann aber tagesperiodische Schwankungen und im Mikrobereich auf der Stromsohle unterschiedliche Konz. aufweisen. Im >hyporheischen Interstitial< tritt im Tiefenprofil eine charakteristische Sauerstoffsprungschicht auf. Im >Grundwasser< liegt ein ständiges Sauerstoffdefizit

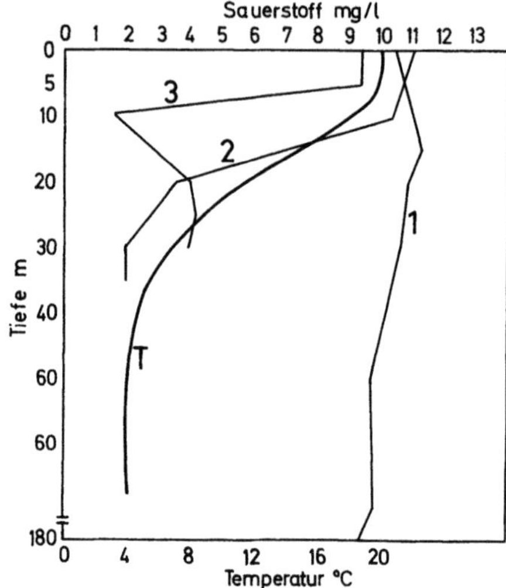

Sauerstoffverteilung im Gewässer: Vertikale Sauerstoffverteilung in Seen während der Stagnation im Sommer. 1 im oligotrophen See (orthograde Kurve), 2 im eutrophen See (klinograde Kurve), 3 heterograde Kurve mit metalimnischem O₂-Minimum. T Temperaturverlauf

vor. Im Ozean hängt die Sauerstoffverteilung stark von Zwischen-, Tiefen- und Bodenströmungen und der >Primärproduktion< in der euphotischen Zone ab.

Saughöhe, geodätische, h_s geo. Höhenunterschied zwischen dem Flüssigkeitsspiegel auf der Saugseite und der Mitte des Eintrittsquerschnittes der Pumpe in m (DIN 4044). Unter der Saughöhe H_s, gemessen in m Flüssigkeitssäule, wird der Unterdruck am Laufradeintritt der Pumpe gegenüber der freien Atmosphäre verstanden. Steht der Saugwasserspiegel unter dem Druck der freien Atmosphäre, und ist die Geschwindigkeit im Saugraum gleich Null, so ist

$$H_s = H_{sgeo} + a + H_{vs} = + \frac{v_s^2}{2g} \text{ in m.}$$

Hierin bedeuten $H_{sgeo} + a$ = geodätische Saughöhe, d. h. Höhenunterschied zwischen Saugwasserspiegel

und Laufradeintritt der Pumpe; H_{vs} = Strömungswiderstand in der Saugleitung; $\frac{v_s^2}{2g}$ = Geschwindigkeitshöhe am Saugstutzen der Pumpe. Die Saughöhe H_s darf nicht größer sein als die zulässige Saughöhe der gewählten Pumpe, weil sonst >Kavitation< auftritt. Die zulässige Saughöhe wird vom Pumpenhersteller angegeben. Sie ist abhängig von der Pumpenbauart, von der Temperatur (Dampfdruck) des Fördermediums, dessen Gehalt an gasförmigen Bestandteilen und – bei Kreiselpumpen – vom Förderstrom und von der Pumpendrehzahl.
Lit: Abwassertechnische Vereinigung (Hrsg.) (1982–1986) Lehr- und Handbuch der Abwassertechnik, 3. Aufl., Bd. 1–7, Verlag von Wilhelm Ernst und Sohn, Berlin München.

Saugmotor. Alle nicht aufgeladenen Motoren.

Saugräumer. S. in längs- und querdurchströmten Rechteckbecken erfassen den abgesetzten Schlamm durch Saugwirkung unmittelbar an der Anfallstelle, ohne ihn über längere Strecken auf deren Beckensohle zu transportieren. Becken mit S. benötigen daher keine besonderen Sammelräume für den Schlammabzug. Die Absaugung erfolgt entweder direkt durch Pumpen oder durch Hebersysteme.
S. in horizontal durchströmten Rundbecken sind ähnlich wie Räumschilder meist an kreisenden Räumerbrücken angebracht. Auch zentral angetriebene Systeme mit starrer Brücke und unter Wasser kreisenden Abzugseinrichtungen kommen zum Einsatz. Der Schlamm wird unmittelbar vom Beckenboden entnommen und nicht erst zu einem Abzugspunkt transportiert. Die Art der Räumung ist diskontinuierlich, die Rücklaufschlammförderung kontinuierlich.
Lit: Abwassertechnische Vereinigung e. V. (Hrsg.) (1985–1997) ATV-Handbuch, 4. Aufl., Band 1–7, Verlag Wilhelm Ernst und Sohn, Berlin München.

Saumbiotop. >Ökoton<.

„Saure Grubenwässer". Ökotoxische Drainage-Wässer, die bei Sulfiderz-Bergwerken, ihren Bergehalden und bei sulfidhaltigen Abraumhalden von Braunkohletagebauen auftreten können. Sie weisen neben hohen Schwermetall- und Sulfatgehalten sehr niedrige pH-Werte (pH < 3) auf. Zur Entstehung von „sauren Grubenwässern": >Mobilisierung von Schwermetallen durch Mikroorganismen<.

Saure Niederschläge. (Syn. saurer Regen, saurer Nebel). Durch menschliche Tätigkeit (Industrie, Kraftverkehr, Hausbrand usw.) gelangen große Mengen von Säuren oder säurebildenden Gasen in die Atmosphäre und dann mit den Niederschlägen wieder auf den Boden. Dies hat sich durch den Einbau wirksamer Staubfilter in den Abgasstrom von Industrieanlagen noch verstärkt, da die emittierten Stäube meist alkalisch reagieren. Entsprechend niedrig sind die pH-Werte der Niederschläge; v. a. in den ersten Phasen eines Regens werden oft pH-Werte unter 4, z. T. auch unter 3 gemessen. Noch tiefere pH-Werte (<2) kommen im Nebel vor, wenn die Säuren nicht durch große kondensierende Wassermengen verdünnt werden. Die mit den Niederschlägen auf den Boden gebrachten Säuremengen können bis zu einige $kmol \cdot ha^{-1} \cdot a^{-1}$ ausmachen und so die Versauerung und Auswaschung des Oberbodens erheblich verstärken. Dabei werden zunächst die an >variablen Ladungen< (v. a. beim >Humus<) sitzenden Neutralkationen (Ca^{2+}, Mg^{2+}) durch H^+ ersetzt und verlagert; in Mineralböden verdrängt das durch die Mineralverwitterung freigesetzte Aluminium diese Kationen von den Austauschplätzen. In schwermetallbelasteten Böden kann dadurch auch die Bindungsfestigkeit der Schwermetalle verringert werden, so daß diese verfügbar werden und z. T. bis ins Grundwasser wandern können. Die Wirkung von s. N. auf die Bodeneigenschaften kann durch entsprechende Kalkgaben gemildert oder beseitigt werden, wobei aber durch schnell reagierende Kalke (z. B. Branntkalk, Kalksteinmehl) häufig der pH-Wert zu rasch angehoben wird. Als Folge davon kann sich ein neues ökologisches Gleichgewicht nicht schnell genug einstellen, so daß die im Humus gebundenen Nähr- und Schadstoffe zu rasch freigesetzt und damit verlagert werden können. Solche Probleme treten nicht oder nur abgeschwächt auf, wenn langsam reagierende (z. B. grobkörnige) Kalke oder >Dolomite< eingesetzt werden.

Saurer Nebel. >Saure Niederschläge<.

Saurer Regen. >Saure Niederschläge<.

Saxitoxin. ($C_{10}H_{17}N_7O_4$). Hochgiftiges Neurotoxin, das in verschiedenen Muschelarten (>Mollusken<) durch Aufnahme des das Toxin produzierenden Dinoflagellaten *Gonyaulax catenella* vorkommt (>Gonyautoxin<). Beim Menschen ist die tödliche Dosis ca. 1 mg, berechnet auf 75 kg KG. Die Vergiftungssymptome treten meist innerhalb der ersten 30 min. auf: brennendes Gefühl im Gesicht, später am Körper, schließlich Taubheit, z. T. Gleichgewichtsstörung, in schweren Fällen Sehstörungen. Der Tod tritt meist innerhalb der ersten 12 h durch Atemlähmung ein.

Lit: Habermehl G (1987) Gift-Tiere und ihre Waffen, 4. Aufl., Springer, Berlin Heidelberg – Teuscher E, Lindequist U (1988) Biogene Gifte, 1. Aufl., Akademie, Berlin – Habermehl G, Krebs HC (1986) Naturwissenschaften 73: 459–470.

SBR-Anlagen. In letzter Zeit ist das Interesse an dem *Sequencing-Batch-Reactor*-Verfahren zur biol. Abwasserreinigung gestiegen. Das SBR-Verfahren ist eine Variante des Belebungsverfahrens, bei dem in einem Becken in zeitlicher Reihenfolge eine zyklische Abfolge von Phasen: Füllen, Rühren/Belüften, Absetzen, Entleeren sowie eine mögliche Stillstandsphase durchlaufen wird. Der Reaktor wird dabei als Belebungsbecken und als Sedimentationsbecken genutzt. Beim Ablauf des gereinigten Abwassers verbleibt die sedimentierte Biomasse im Reaktor. Der Anteil des ausgetauschten Reaktorvolumens kann je nach Abwasserart, Verfahrensziel, Schlammabsetzeigenschaften u. ä. variiert werden. Der Zeitabschnitt zwischen Beginn des Füllvorganges und dem Ende der Entleerungsphase wird als Zyklus bezeichnet. Die Betriebsstrategie, d. h. die Anordnung, Verteilung und die zeitliche Dauer der einzelnen Prozeßphasen innerhalb eines Zyklus, hängt von dem vorgegebenen Reinigungsziel ab.
Lit: Bever J, Stein A, Teichmann H (1994) Weitergehende Abwasserreinigung, 3. Aufl., Oldenbourg Verlag, München Wien.

Scale. Bezeichnung für die Größenordnung atmosphärischer Prozesse. Die Klassifizierung erfolgt sowohl

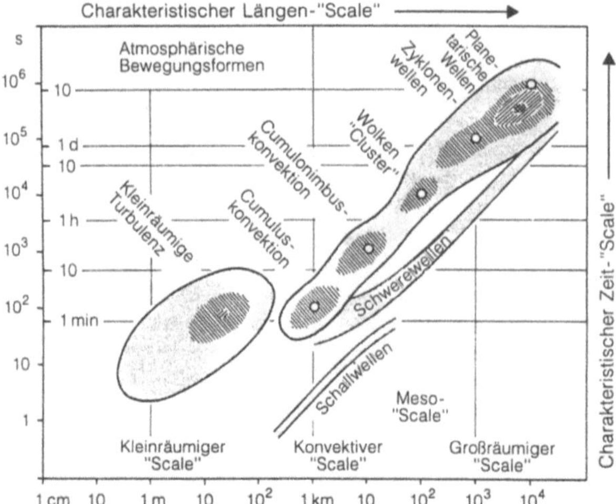

Scale: Schematische Darstellung der charakteristischen Längen- und Zeit-„Scales" für verschiedene besonders wichtige Bewegungsformen in der Atmosphäre. (Die Schattierung deutet die energetische Besetzung an; die kleinen Kreise stellen jeweils die charakteristische Geschwindigkeit 10 m/s dar.) Der rechts oben gestrichelt abgegrenzte Bereich skizziert in etwa die von den heutigen Zirkulationsmodellen explizit erfaßten Vorgänge. (Aus: Fortak H (1983) Meteorologie, 2. Aufl., C. Habel Verlagsbuchhandlung, Berlin Darmstadt)

Scale: Scale-Einteilung atmosphärischer Phänomene

horizontale Erstreckung	atmosphärische Phänomene	Scale-Definition
über 10.000 km	Allgemeine Zirkulation der Atmosphäre, Lange Wellen	Macro-Scale α
≤10.000 km	Barokline Wellen	Macro-Scale β
<2.500 km	Fronten, Tropische Zyklonen	Meso-Scale α
<250 km	Orographische Effekte, Land-See-Wind, Wolkenhaufen	Meso-Scale β
<25 km	Urbane Wärmeinsel, Interne Schwerewellen, Gewitterzellen	Meso-Scale γ
<2,5 km	Konvektion, Tornados	Micro-Scale α
<250 m	Staubteufel, Thermik	Micro-Scale β
<25 m	Kleinräumige Turbulenz	Micro-Scale γ

[Nach: Orlanski J (1975) A rational subdivision of scales for atmospheric processes, Bull Amer Meteorol Soc 56: 527–530 – Randerson D (1976) Overview of regional-scale numerical models, Bull Amer Meteorol Soc 57: 797–804].

nach der räumlichen Ausdehnung wie auch nach der zeitlichen Andauer einzelner Vorgänge. Die einzelnen Prozesse beeinflussen einander, wobei der Einfluß sowohl von den kleinskaligen zu den großskaligen Prozessen als auch umgekehrt gerichtet ist. Das Spektrum der Prozesse reicht von der molekularen Größenordnung wie z. B. Kondensationsvorgänge, in der zeitlichen Dauer von Sekunden bis zu kontinentaler Größenordnung mit charakteristischen Ablaufzeiten von Tagen; s. Abb. und Tabelle oben. Es haben sich drei Scale-Einteilungen bewährt:

– synoptischer oder großräumiger S.: alle Vorgänge, die auf >Wetterkarten< erkennbar sind, wie z. B. >Hoch<- und >Tiefdruckgebiete< sowie Rossby-Wellen; charakteristische Ausdehnungen 1.000 bis 5.000 km und Andauern 1 bis 5 Tage. Prozesse, die kleiner bzw. von kürzerer Andauer sind, werden auch subsynoptisch genannt;

– konvektiver S.: Anordnungen verschiedener Wolkenformen, sog. Wolkencluster, bis zu einzelnen Cumuluswolken. Charakteristische Ausdehnungen 1 bis 1.000 km, Andauern wenige min bis 10 Stunden;

– kleinräumiger S.: Staubtromben, Thermik und kleinräumige Turbulenz. Charakteristische Ausdehnungen < 100 m, Andauern < 10 min.

Wegen der unterschiedlichen räumlichen wie zeitlichen Größenordnungen lassen sich die o. a. meteorologischen Prozesse nicht durch ein einziges Beobachtungssystem erfassen. Die exakte mathematische Beschreibung würde ein sehr komplexes System an Gleichungen erfordern, das nur sehr schwer lösbar wäre. Man hilft sich, indem man die formelmäßige Darstellungen der kleinräumigen Vorgänge aus den großräumigen Phänomenen mit Hilfe von Parametern vornimmt, sog. Parametrisieren.

Scanner. Gerät der >Nuklearmedizin<. Der S. war eines der ersten Geräte, mit denen man die örtliche >Deposition< von >radioaktiven< Substanzen in Organen bzw. >Geweben< feststellen konnte. Mit Hilfe eines vor den >Gammastrahlen<detektor gesetzten Bleikollimators ist es möglich, Ortsauflösungen von zwei Millimetern zu erreichen. Der S. hat den Nachteil, daß er durch sein määnderndes bzw. kammartiges Abtasten des Speichergebietes rel. lange Zeit zur Auf-

nahme der örtlich gespeicherten Radioaktivität benötigt.

Scarlet 6 R. >Ponceau 6 R<.

Scarlet GN. >Scharlachrot GN<.

SCAS-Test. („Semi-continuous activated sludge method"). Für das Chemikaliengesetz in Deutschland und der EU sowie in der ISO und OECD eingeführter >Abbautest< zur Erkennung der „inherent >biodegradation<". Die Substratzugabe nach vorheriger Probenahme kann täglich, mindestens aber wöchentlich erfolgen; gemessen wird die Abnahme des >DOC< (ISO 9887).

Scavanger. Bei verbleitem >Ottokraftstoff< verwendetes >Kraftstoffadditiv<, um Ablagerungen im >Brennraum< zu verringern, die zum >Klopfen< führen. Da S. in der Regel Chlor bzw. Brom enthalten, sind sie umweltbedenklich und in Deutschland verboten.

Scenedesmus subspicatus. Zu den Grünalgen (Chlorophyceen) gehörende Algenart der Ordnung Chlorococcales, die im Süßwasserplankton vorkommt und charakteristische Aggregationsverbände bildet. Meist sind vier Zellen in einer Reihe zu einer Kolonie vereinigt. Sie sind relativ leicht zu züchten und werden deshalb bei pflanzenphysiologischen und biochemischen Untersuchungen benutzt. Unter Kulturbedingungen bilden die Zellen oft keine Kolonien, sondern bleiben einzeln liegen. Laborversuche mit Algen zur Beobachtung der Umwandlung von >Umweltchemikalien< können nicht ohne weiteres auf komplexe Freilandsysteme übertragen werden. Der Primärproduzent Scenedesmus subspicatus dient als Testorganismus bei biologischen Testverfahren u. a. zur Beurteilung des >toxikologischen< und ökotoxikologischen Wirkungspotentials neuer Stoffe innerhalb des >Chemikaliengesetzes< (Bundesgesetz zum Schutz vor gefährlichen Stoffen vom 16.09. 1980, seit dem 01.01. 1982 in Kraft getreten). Innerhalb der Stufe 1 des Chemikaliengesetzes, d. h. mehr als 100/Jahr oder 500 insgesamt, wird die Hemmung der Zellvermehrung (Wachstumstest) nach einmaliger Applikation während 72 h getest.

Lit: Gesetz zum Schutz vor gefährlichen Stoffen (Chemikaliengesetz) vom 16.09. 1980, BGBl.I (1980) S.1718 und (1986) S.1517 – Peter H, Rudolph P (1982) Anforderungen des Chemikaliengesetzes und die Einsatzmöglichkeiten aquatischer Modellökosysteme, Umweltbundesamt, Berlin – Organisation of Economic Cooperation and Development (1981) Guidelines for Testing of Chemicals, OECD, Paris – Rippen G (1987) Handbuch Umwelt-Chemikalien, Stoffdaten, Prüfverfahren, Vorschriften. Bd.1, II, III, IV, 2.Aufl., ecomed Verlagsgesellschaft, Landsberg/Lech – Korte F, Bahadir M, Klein W, Lay JP, Parlar H, Scheunert I (1987) Lehrbuch der ökologischen Chemie. Grundlagen und Konzepte für die ökologische Beurteilung von Chemikalien, 2.Aufl., Georg Thieme, Stuttgart New York.

Scenedesmus-Zellvermehrungshemmtest. Algentest. *Scenedesmus subspicatus* CHODAT ist eine meist einzellige Grünalge der Ordnung Chlorococcales, die als Stellvertreter für Primärproduzenten im Plankton des Süßwassers vorkommt (DIN 38412, Teil 9; Teil 33, ISO 8692). Der Test wird zur Erkennung von Schadwirkungen von Abwässern oder löslichen Stoffen gegenüber Algen eingesetzt. Getestet wird die Wirkung unter festgelegten Bedingungen wie Beleuchtung, Zeitdauer etc. In Abhängigkeit von der Konzentration wird die Hemmung der Biomasseproduktion gemessen. Dieser Test wird u. a. für das Chemikaliengesetz benötigt.

Schaben. >Blattodea<.

Schacht. Lotrechter oder geneigter >Grubenbau<, mit dem eine Lagerstätte von der Tagesoberfläche aus erschlossen wird.

Schachtansatzpunkt. Ort an der Erdoberfläche für den >Schacht<. Die Wahl des S. erfolgt schwerpunktmäßig unter betriebswirtschaftlichen und umweltrelevanten Gesichtspunkten der Oberfläche (Flora, Fauna) und des Gebirges.

Schachtverschluß. Wichtige >technische Barriere< im Rahmen des >Multibarrierensystems< zur Gewährung der langfristigen Sicherheit einer untertägigen Abfallentsorgung. Wesentliche Aufgabe des S. ist es, die durch den Schachtbau in ihrer Wirksamkeit lokal beeinträchtigte >geologische Barriere< wiederherzustellen und insbesondere Wasserzutritte aus dem Deckgebirge oder Schadstofffreisetzungen in das Deckgebirge zu verhindern. Besondere Anforderungen sind deshalb a) Tragfähigkeit des Gesamtsystems, b) Wartungsfreiheit und c) Gewährleistung der technischen Dichtheit. Nach derzeitigem Konzept wird ein Schachtverschluß in Verfüllelemente und Dichtelemente untergliedert, deren technische Auslegung standortspezifisch festgelegt werden muß. Die Wirksamkeit eines Dichtelements (Hauptbestandteil: Bentonit) wird gegenwärtig im Rahmen eines FE-Vorhabens am Standort Salzdetfurth in-situ getestet.

Schadeinheit. Maßzahl für die Ermittlung der Abwasserabgabe nach dem Abwasserabgabengesetz. Bei der Ermittlung der Schadeinheiten werden die Jahresabwassermenge sowie der >CSB< aus der homogenisierten Probe, >AOX<, Quecksilber, Cadmium, Blei, Chrom, Kupfer, Nickel und die Fischtoxizität berücksichtigt. Nach § 36 b der Novelle des >WHG< müssen die Länder zur Bewirtschaftung der Gewässer Pläne aufstellen, die den Nutzungserfordernissen Rechnung tragen. Die Herstellung der Beziehungen zwischen der Abgabe von Schadstoffen in ein Gewässer (>Emission<) und den Konzentrationen bzw. >Frachten< im Gewässer (>Immission<) wird daher eine wesentliche Aufgabe sein. Verständlicherweise hängt der erforderliche Grad der >Abwasserbehandlung< mit der Schädlichkeit des Abwassers zusammen, für die nach dem >Abwasserabgabengesetz< unter Zugrundelegung der Abwassermenge, der >absetzbaren Stoffe<, der oxidierbaren Stoffe und der >Toxizität< des Abwassers in Schadeinheiten eine Abgabe zu zahlen ist. In der Anlage zum § 3 des Gesetzes ist die Berechnung der Schadeinheiten festgelegt, s. Tabelle 1022.

Schaden. Im Sinne des allgemeinen Polizei- und Ordnungsrechts, aus dem auch weite Teile des Umweltrechts stammen, ist dies jede nicht unerhebliche objektive Minderung oder Beeinträchtigung von Schutzgütern durch regelwidrige äußere Einflüsse. Im zivilrechtlichen Sinne bedeutet Schaden jede Einbuße, die jemand infolge eines bestimmten Ereignisses an seinen Rechten sowie an seinem Vermögen erleidet. Die Pflicht, einem anderen Schadensersatz zu leisten, bedarf eines besonderen Rechtsgrundes (>Haftung<). s. a. >harm<, >Schadenspotential< und >hazard<. Unter dem Aspekt der Ökotoxikologie versteht man unter Schaden alle Veränderungen betroffener Systeme, die

– deutlich die üblichen Schwankungsbreiten der Populationsbestände überschreiten und

– zu langfristigen oder irreversiblen Ausfallerscheinungen führen.

Schadeinheit: Die Bewertung der Schadstoffe und Schadstoffgruppen sowie der Schwellenwerte gemäß Anlage 1 zu § 3 AbwAG

Nr.	Bewertete Schadstoffe und Schadstoffgruppen	Einer Schadeinheit entsprechen jeweils folgende volle Meßeinheiten	Schwellenwerte nach Konzentration und Jahresmenge
1	Oxidierbare Stoffe in chem. Sauerstoffbedarf (CSB)	50 kg Sauerstoff	20 mg/L und 250 kg Jahresmenge
2	Phosphor	3 kg	0,1 mg/L und 15 kg Jahresmenge
3	Stickstoff*	25 kg	5 mg/L und 125 kg Jahresmenge
4	Organische Halogenverb. als adsorbierbare organisch gebundene Halogene (AOX)	2 kg Halogen, berechnet als organisch gebundenes Chlor	100 µg/L und 10 kg Jahresmenge
5	Metalle und ihre Verb.:		
5.1	Quecksilber	20 g Metall	1 µg/L und 100 g Jahresmenge
5.2	Cadmium	100 g Metall	5 µg/L und 500 g Jahresmenge
5.3	Chrom	500 g Metall	50 µg/L und 2,5 kg Jahresmenge
5.4	Nickel	500 g Metall	50 µg/L und 2,5 kg Jahresmenge
5.5	Blei	500 g Metall	50 µg/L und 2,5 kg Jahresmenge
5.6	Kupfer	1.000 g Metall	100 µg/L und 5 kg Jahresmenge
6	Giftigkeit gegenüber Fischen	3.000 m³ Abwasser geteilt durch G_F	$G_F = 2$

* Summe aus Ammonium-, Nitrat- und Nitrit-Stickstoff

Zu den wichtigsten Aufgaben der Ökotoxikologie gehören das Erkennen des Schädigungsgrades (qualitativ und quantitativ) und die Entwicklung von Therapiemaßnahmen.
Lit: Korte F (1987) Lehrbuch der Ökologischen Chemie, Thieme, Stuttgart New York.

Schadensschwelle in der Landwirtschaft. 1. Allgemeine Definition: Befallstärke eines Schaderregers, die ab einem bestimmten Zeitpunkt Schäden verursacht, die von der Pflanze nicht mehr kompensiert werden können und Ertragsverluste verursachen.
2. Wirtschaftliche Schadenschwelle: Befallstärke eines Schaderregers, bei deren Nichtbekämpfung gleiche Kosten durch Ertragsverluste wie durch die Bekämpfungsmaßnahme entstehen würden. Damit ist einerseits ein ökonomischer Richtwert für die Notwendigkeit des Einsatzes von >Pflanzenschutzmitteln< gegeben, gleichzeitig aber auch dessen ökologische Ausrichtung, da bei Vorhandensein einer praktikablen Sch. sich eine vorbeugende Bekämpfung aus Versicherungsbestreben erübrigt. Eine Sch. ist nur für Schaderreger anzugeben, für die sich eine quantitative Beziehung zwischen dessen Entwicklungsverlauf und dem zu erwartenden Schaden aufstellen läßt. Dies ist naturgemäß für ortsfeste Schaderreger mit langsamer Entwicklung wie >Unkräuter< einfacher als für solche, die über Wind eingetragen werden und sich schnell vermehren (z.B. Mehltau und Blattläuse). In diesen Fällen muß auch eine Bekämpfungsschwelle definiert werden, die in der Regel weit vor der Sch. liegt, da oft bei Erreichen der Sch. keine wirksame Bekämpfung mehr möglich ist. Die meisten Sch. gibt es z.Zt. für Unkräuter. Sie haben sich in der Praxis bewährt, ebenso Sch. für Pilze und Insekten, wobei diese wegen der großen Bedeutung der >Witterung< und vielen Wechselwirkungen mit mehr Unsicherheit behaftet sind.
Lit: Wahmhoff W (1990) Gezielter chemischer Pflanzenschutz unter Berücksichtigung von Schadensschwellen im Ackerbau. In: Diercks R, Heitefuss R (Hrsg.) Integrierter Landbau. BLV Verlagsgesellschaft, München, S. 294–315.

Schaderreger in der Land- und Forstwirtschaft. Alle Organismen, die direkt oder indirekt das Wachstum von >Nutzpflanzen< verhindern, von den Pflanzen nicht ausgleichbare Ertragsverluste sowie Schäden an Vorräten verursachen. Die wichtigsten Sch. sind: Tierische Sch. – vor allem Insekten –, >Pilze<, >Bakterien<, >Viren<, Unkräuter und parasitierende Pflanzen. Die Schädigungspotenz der verschiedenen Sch.gruppen in der Welt ist maßgeblich von den Standortklimata abhängig, da hiervon die Anbauwürdigkeit bestimmter Kulturpflanzen, aber auch die Lebensbedingungen der Sch. beeinflußt werden.

Schadstoff. Unter dem Begriff S. wird im allg. Sprachgebrauch ein in der Umwelt vorkommener Stoff verstanden, der potentiell auf Menschen, Tiere, Pflanzen oder Materialien eine schädliche bzw. nachteilige Wirkung ausüben kann. Stoffe werden jedoch erst dann zu S., wenn sie in zu hohen Konz. bzw. zu großen Mengen einwirken. Dies gilt auch für fast alle lebensnotwendigen Stoffe, wie z.B. >Selen<, aber auch für >Kochsalz<. S. können u.a. als >Luftverunreinigungen<, Bodenverunreinigungen, Wasserverunreinigungen sowie als schädliche Inhaltsstoffe von Pflanzen und Tieren, aber auch in der Muttermilch vorkommen. S. können z.B. best. >Schwermetalle< wie >Blei<, >Cadmium< und >Quecksilber<, best. org. Verb. wie >Benzol<, >chlorierte Kohlenwasserstoffe< etc. oder gasförmige anorg. Verb. wie >Schwefeldioxid<, >Stickstoffdioxid<, >Kohlenmonoxid<, >Ozon< sein. S. können >anthropogenen<, aber auch natürlichen Ursprungs sein. S. können >akute< und/oder >chronische< Schäden hervorrufen und dabei ggf. >krebserzeugende<, >mutagene< oder >teratogene< Eigenschaften aufweisen. S. können allein oder nur in Verb. mit anderen Stoffen Schäden hervorrufen oder sich erst in der Umwelt oder im Körper von Lebewesen aus ungiftigen Stoffen bilden. Das gemeinsame Auftreten von S. kann die Wirkung einzelner Stoffe verstärken oder abschwächen (s. >Kombinationswirkungen<). Zur Beurteilung des Umweltrisikos eines S. sind dessen Eigenschaften, wie akute und chronische >Toxizität< auf best. Lebensformen, Aufnahmefähigkeit, biol. >Halbwertszeit<, >Akkumulation< in versch. Medien etc. insgesamt zu bewerten.

Schadstoff-Äquivalent. Auf eine best. Eigenschaft bezogener Vergleich zwischen unterschiedlichen Schadstoffen. Z.B. werden zur Beurteilung der >toxikologischen< Relevanz der Summe der vorhandenen Gehalte einzelner polychlorierter >Dibenzo-*p*-dioxine< oder ->furane< in einem best. Medium die Konz. der einzelnen Kongenere anhand von Faktoren, die die >Toxizität< der einzelnen Kongenere im Verhältnis zur Toxizität von 2,3,7,8-Tetrachlordibenzo-*p*-dioxin wiedergeben, umgerechnet und die für die einzelnen Substanzen erhaltenen Ergebnisse aufsummiert. Die Summe entspr. dann der Konz. an 2,3,7,8-Tetrachlordibenzo-*p*-dioxin, die die gleiche Toxizität aufweist wie die Summe der einzelnen polychlorierten Dibenzodioxine und -furane.

Schadstoffanreicherung. Durch das Sorptionsvermögen der Böden werden zugeführte Schadstoffe oft zu einem großen Teil festgehalten, was zu einer Anreicherung solcher Stoffe im oberen Teil des Bodens führen kann. Das betrifft sowohl Luftschadstoffe (>Aerosole<, Stäube, Nebel) als auch Schadstoffe, die in wäßriger Lösung in den Boden eindringen. Da nur relativ wenige dieser Stoffe eine hohe Mineralisierungsrate (mikrobieller Abbau zu anorganischen Stoffen wie CO_2, H_2O usw.) besitzen, reichern sich die meisten Schadstoffe im Lauf der Zeit im Boden an. Daher besteht, besonders bei gar nicht abbaubaren Stoffen wie Schwermetallen, die Gefahr, daß bei der Veränderung der Bodeneigenschaften (z.B. Versauerung, Staunässeeinfluß) solche Stoffe wieder mobilisiert bzw. verfügbar werden und in den biologischen Stoffkreislauf zurückkehren. Die Beseitigung von S. in Böden ist für abbaubare Stoffe z.B. dadurch möglich, daß die allgemeine biologische Aktivität verstärkt wird, um so den kometabolischen Abbau zu beschleunigen. Eine solche Intensivierung des >Bodenlebens< kann z.B. durch Biomassezufuhr (Gründüngung o.ä.) verbunden mit ausreichender Belüftung erfolgen. Bei bestimmten Verbindungsgruppen wie halogenierten Kohlenwasserstoffen wird der Abbau manchmal auch durch Kompostierung bzw. einen mehrfachen Wechsel zwischen aerobem und anaerobem Milieu gefördert, da unter Sauerstoffmangel andere Bindungen bzw. Moleülteile angegriffen werden als unter aeroben Bedingungen. Für nicht abbaubare Stoffe (z.B. Schwermetalle, Dioxine) sind derzeit nur technische Maßnahmen zur Bodensanierung wie thermische Behandlung oder Lösungsmittelextraktion wirksam, doch wird hier an der Entwicklung biologischer Verfahren gearbeitet. So können z.B. schwermetallsammelnde Pflanzen auf kontaminierten Standorten angebaut, geerntet und nach der Trocknung verbrannt werden, worauf die Schwermetalle in konzentrierterer Form deponiert oder in technische Kreisläufe zurückgeführt werden können. Aus ökologischer Sicht ist jedoch der Vermeidung von S. in Böden stets der Vorrang zu geben, da gesicherte Erkenntnisse über Langzeitwirkungen solcher Belastungen nur in wenigen Fällen vorliegen.

Schadstoffarmes Fahrzeug. Erfüllt heutige und teilweise bereits zukünftige Abgaszielwerte. >Otto-Pkw< mit >Dreiwegekatalysatoren<, >Diesel-Pkw< mit Rußfilter, >Öko-Polo<, >Alkohol-Pkw<, >Wasserstoff-Pkw<, >Elektro-Pkw<. Definition nach >Abgasgrenzwerten<.

Schadstoffe. Futtermittel: Gesundheitlich bedenkliche >Rückstände< in Lebensmitteln können durch Schadstoffe in >Futtermitteln< entstehen. Hierzu zählen das Schimmelpilzgift >Aflatoxin< B_1, dann toxische Elemente wie >Arsen<, >Blei<, Fluor und >Quecksilber<, ebenso Nitrite (>Nitrat<), >Mutterkorn<, >Alkaloide< und eine Reihe von Pflanzenschutzmitteln.

Schadstoffe im Abgas von Müllverbrennungsanlagen. (>Müllzusammensetzung<, >Abgasreinigung, Müllverbrennungsanlagen<). Typische Werte sind in den Tabellen widergegeben, s.a. S.1024.

Schadstoffeintrag. Eintrag von >Schadstoffen< aus einem best. Medium, wie z.B. Luft, in andere Medien, wie z.B. in Pflanzen, Tiere, Materialien, Böden, Meere, Seen, Flüsse, in das Grundwasser etc.

Schadstofferntransport. >Luftverunreinigungen< werden zus. mit den Luftmassen über große Entfernungen grenzüberschreitend verfrachtet. Auch fernab von potentiellen >Emittenten< treten daher Schadstoff>immissionen< und ->depositionen< auf. Voraussetzung für eine wirksame Reduzierung dieser Schadstoffbelastungen sind daher grenzüberschreitende Maßnahmen zur Verringerung der Schadstoff>emissionen<. Aufbauend auf diesen Erkenntnissen haben die europäischen Staaten im Jahr 1979 die >Genfer Luftreinhaltekonvention< über weiträumige grenzüberschreitende Luftverunreinigungen im Rahmen der Wirtschaftsvereinigung der Vereinten Nationen in Europa (>ECE<), vereinbart. Bestandteil dieses Übereinkommens ist das Bewertungs- und Monitoringprogramm EMEP (Co-operative Programme for Evaluation and Monitoring of the Long-range Transmission of Air Pollutants in Europa). Im Rahmen dieses Programms führte das Meteorologische Synthesezentrum West in Oslo >Modellrechnungen< zum grenzüberschreitenden weiträumigen Transport von >Schwefeldioxid< und partikel-

Schadstoffe im Abgas von Müllverbrennungsanlagen: Schadgas je Tonne Hausmüll

	Rohmüll in kg	Rohgas in kg	mittlere Beladungen im Rohgas in mg/m³
HCl	6–8	5–7	1.100
SO₂	2–6	1,5–2,5	400
HF	0,05–0,2	0,02–0,08	10
NOₓ	1,5–2,5	1,5–2,5	350

(Aus: Mayer-Schwinning G (1989) Grundverfahren der Rauchgasreinigung bei Müllverbrennungsanlagen, VGB Kraftwerkstechnik, Heft 1, S.53–59)

Schadstoffe im Abgas von Müllverbrennungsanlagen: Schwermetallbeladung des Rohmülls und anteilige Emissionen im Rauchgas

	Beladung im Rohmüll in g/t	Emission im Rauchgas in %
Quecksilber	2–4	>95
Cadmium	1–10	75–90
Arsen	0,2–4	75
Zink	1.000–2.000	27–40
Blei	400–1.200	30–35
Kupfer	400–600	<10
Nickel	15–85	<10
Chrom	50–250	<10

(Aus: Mayer-Schwinning G (1989) Grundverfahren der Rauchgasreinigung bei Müllverbrennungsanlagen, VGB Kraftwerkstechnik, Heft 1)

Schadstoffe im Abgas von Müllverbrennungsanlagen: Emissionen und Grenzwerte (Angaben in mg/m^3 i.N., 11 % O_2, trocken oder äquivalente Berechnung)

	TA Luft		17. BlmSchV	EG-Richtlinie			Rohgas	Reingas nach Rauchgasreinigung:		
	1974	1986	Tagesmittel (1/2 h-Mittel)	<1 t/h	1–3 t/h	>3 t/h		quasi-trocken	naß	trocken
Kohlenmonoxid	1.000	100	50 (100**)		100		50–600	100	100	10–60
Gesamtstaub	100	30	10 (30)	200	100	30	2.000–5.000	10	15	39
Org. St. als ges. C	–	20	10 (20)		20			–	–	–
gasf. Cl als HCl	100	50	10 (60)	250	100	50	600–1.500	20	10	75
gasf. F als HF	5	2	1 (4)	–	4	2	5–15	1	0,5	0,1
SO_2, SO_3 als SO_2	–	100	50 (200)	–	300	300	200–500	80	30	70
NO_x als NO_2	–	500	100 (400)	–	–	–	330	–	176	–
Cadmium		0,2	0,05		0,2					
Quecksilber		0,2	0,05		0,2		0,08–0,45			0,3
Staub Kl. I*	20	0,2		–	5	5	1,3	0,1	0,1	0,03
Staub Kl. II*	50	1	0,5	–	1	1	4,1	0,2	0,6	0,03
Staub Kl. III*	75	5		–	–	–	32,5	0,2	1	0,7
Dioxine/Furane***			0,1							

* Klasseneinteilung Staub: I: Cd, Hg, Ti und ihre Verbindungen, II: As, Co, Ni, Se, Te und i. V., III: Pb, Cr, Cu, Mn, Sn u. i. V.

** 1 Stunden-Mittelwert

*** PCDD/PCDF, Summenwert TE (NATO-GCMS) in ng/m^3

förmigem >Sulfat< durch. Zur Anwendung gelangten dabei großräumige Trajektorenmodelle unter Berücksichtigung jahreszeitlich modifizierter Schwefeldioxidemissionsangaben aus den ECE-Mitgliedsstaaten. Die Berechnungen ergaben für Deutschland (alte Bundesländer) für das Jahr 1986 bei einer Gesamtemission von 1.200 ktS (Kilo Tonnen Schwefel) einen Export von 840 ktS, einen Verbleib von 360 ktS sowie einen Import aus dem EMEP-Gebiet von 470 ktS. Da jedoch emissionsmindernde Maßnahmen in Deutschland deutlich schneller greifen als insgesamt im EMEP-Gebiet, ist der Übergang vom „Schwefelexportland" zum „Schwefelimportland" abzusehen. Neben dem Ferntransport von Schwefelverb. stellen auch der atmosphärische Transport von >Stickoxiden< und reaktiven >Kohlenwasserstoffen< sowie des Folgeproduktes >Ozon< ein europaweites Problem dar. Eine wirksame Reduzierung der Ozonkonz. in industriefernen Gebieten erfordert daher europaweite Minderungen der Stickoxidemissionen. Bezüglich des ferntransportierten Smogs s. >Smog<.

Schadstoffgrenzwerte. Auto: Im Zusammenhang mit den Testverfahren legt der Gesetzgeber S. fest. Diese müssen in engem Zusammenhang mit dem gesamten Testverfahren also >Fahrzyklus< , >Probenahme< und Analyse, >Abgasanalyse<, gesehen werden. Ein direkter Vergleich von S. aus versch. Testverfahren, wie z. B. der >Federal Test Procedure< und dem >EG-Zyklus<, ist genaugenommen nicht möglich, weil durch die unterschiedlichen Fahrzyklen versch. Motorbelastungszustände mit den zugehörigen >Abgasemissionswerten< definiert sind. Die S. werden im Zuge zunehmender Ansprüche an die Umweltqualität und entspr. den fortschreitenden technischen Möglichkeiten des Fahrzeug- und Motorenbaus im Lauf der Zeit immer weiter reduziert. Dementspr. steigt der notwendige Aufwand nicht nur in der Fahrzeugtechnik, sondern auch in der zugehörigen Abgasmeßtechnik. Auch die Herstellung von >Kraftstoffen< und >Motorölen< wird anspruchsvoller.

Lit: Schäfer F (1991) Gesetzliche Vorschriften zur Schadstoff- und Verbrauchsbegrenzung bei PKW-Verbrennungsmotoren, MTZ Motortechnische Zeitschrift 52: 346–355 – ECE 15, ECE 83, Richtlinie 70/220 bis 91/441/EWG, Abgas- und Verdampfungsemissionen von Pkw und leichten Nutzfahrzeugen – ECE 24, Richtlinie 72/306/EWG, Rauchemissionen von Dieselfahrzeugen – ECE 49, Richtlinie 88/77 bis 91/542/EWG, 13-Stufen-Test – US-Federal Register 49 CFR, Part 86, US-Abgasvorschriften für Pkw und leichte Nutzfahrzeuge – CARB Title 13, Abgasvorschriften für Kalifornien.

Schadstoff-Höchstmengenverordnung (SHmV). Amtliche Bezeichnung: „Verordnung über Höchstmengen an Schadstoffen in Lebensmitteln (Schadstoff-Höchstmengenverordnung-SHmV)". *Rechtsgrundlage*: Lebensmittel- und Bedarfsgegenständegesetz. Die Verordnung setzt höchstzulässige Gehalte für Schadstoffe (polychlorierte Biphenyle, Quecksilber) in Lebensmitteln fest, die ohne Zutun des Erzeugers der Lebensmittel durch Verunreinigungen der Luft, des Wassers, des Bodens unmittelbar oder über die Nahrungskette in die Lebensmittel gelangen und zu einer Gefährdung der menschlichen Gesundheit führen können. Das gewerbsmäßige Inverkehrbringen von Lebensmitteln, die einen überhöhten Schadstoffgehalt aufweisen, ist verboten.

Schadstoffkonzentration. >Massenkonzentration<, >Maßeinheiten<. Konz. eines >Schadstoffes< in dem jeweils betrachteten Medium, wie z.B. >Abgas<, Luft, Boden, biol. oder sonstigen Materialien.

Schadstoffmobil. Einrichtung zur >Getrenntsammlung< von besonders überwachungsbedürftigen Abfällen (>Sonderabfälle<). Meist handelt es sich um einen Lkw, der mit entsprechend ausgebildetem Personal besetzt ist, der nach festgelegtem Fahrplan bestimmte Standorte in einer Kommune anfährt und dort kleinere Mengen (oft begrenzt auf max. 25 l) Sonderabfälle aus Privathaushalten entgegennimmt. Die Sonderabfälle werden zumeist gleich bewertet und für ihre endgültige >Entsorgung< sortiert.

Schadstoff-Potential. >Schädigungspotential<.

Schadstoffwirkung auf Bodenorganismen. >Waldschadensforschung<.

Schadstufe. Relative Einstufung der Baumgesundheit im Rahmen der jährlichen >Waldschadensberichte< des Bundes und der Länder vorwiegend beruhend auf der >Kronentransparenz<. Auch >Nadel-< bzw. >Blattverfärbungen< sowie >Verzweigungsanomalien< werden berücksichtigt. Die Ansprache der Kronentransparenz erfolgt in 5%-Stufen, zur Darstellung der Werte sind folgende Einteilungen üblich:

Schadstufe	Nadel-/Blattverlust	Bezeichnung/Wertung
0	0–10%	ohne Schadmerkmale
1	11–25%	schwach geschädigt, „Warnstufe"
2	26–60%	mittelstark geschädigt
3	61–99%	stark geschädigt
4	100%	abgestorben

Die Wertung der an Einzelbäumen bestimmten Kronentransparenz als Hauptkriterium für flächenbezogene Waldschäden ist nicht unumstritten. Allerdings gibt es bislang keine Alternative für ein praktikables Monitoring der relativen Baumgesundheit und seiner Entwicklung auf der gesamten Waldfläche mit vergleichbarer Raum-/Zeitauflösung. Allgemein anerkannt ist, daß zur Ermittlung der Schadursachen i.d.R. weiterführende ökosystemare Untersuchungen mit lokalem Bezug durchgeführt werden müssen.

Schädigung. Die Einwirkung eines >Schadstoffes< kann zur Schädigung von Lebewesen, Ökosystemen oder Materialien führen. Zu unterscheiden sind >akute< und >chronische< Schädigungen. Eine akute Schädigung wird durch die kurzzeitige Einwirkung in meist höheren Konz. hervorgerufen, während fortgesetzte Einwirkungen in meist schwächeren Konz. chronische Schädigungen hervorrufen können.

Schädigungspotential. Die Ermittlung möglicher Schadwirkungen auf den Menschen und das Ökosystem. Das Schädigungspotential eines Stoffes ist sowohl von seiner Struktur als auch von der Dosis abhängig. Aus der Reaktionsfreudigkeit und der potentiellen Wirksamkeit ergibt sich die Giftigkeit einer Substanz, hinzu kommt die Dosis. Für die Ermittlung ökologischer Wirkungen werden folgende drei Schritte vorgeschlagen: eine Umweltklassifikation, die Auswahl von Rezeptoren sowie Wirkungsfeststellungen. Diese können dann mit den Expositionsfaktoren in die Risikoermittlung eingeführt werden. Zur Ermittlung des Schädigungspotentials für den Menschen kann es bei der Beziehung zwischen Dosis und Wirkung notwendig sein, die Dosis als Menge oder Konzentration auf verschiedene Weise abzuschätzen, z.B. über experimentelle Exposition, die Messung in Geweben und Körperflüssigkeiten, die Umweltexposition oder über die Arbeitsplatzexposition.
Lit: Nusch EA (1991) Ökotoxikologische Testverfahren, UWSF-Z Umweltchem Ökotox 3: 12–15 – Mücke W (1985) Risikoermittlung bei Umweltchemikalien, ZFU 3: 221–245.

Schädlingsbekämpfung. Mittelpunkt des Pflanzenschutzrechts; Pflanzen- und Vorratsschutz vor Schadorganismen und Krankheiten, § 1 Nr.1 und 2 i.V.m. § 2 Abs.1 des >Pflanzenschutzgesetzes< vom 15.09. 1986, BGBl.I S.1505.

Schäumen. Schaumbildung in >Belebungsbecken< ist häufig auf synthetische >Waschrohstoffe< im >Abwas-

ser< zurückzuführen. Zwar dürfen in Deutschland nur noch biol. abbaubare >Tenside< in den Handel gebracht werden, doch führt deren ungenügender Abbau bei hoher >Waschmittel<konz. gelegentlich trotzdem zu Schaumentwicklung. Dies gilt besonders beim Einfahren der Anlage, wenn der Schlammgehalt im Belebungsbecken gering ist. Die Schaumentwicklung geht meist zurück, wenn der Schlammgehalt im Belebungsbecken angestiegen ist. Der Schaum kann bei starker Entwicklung bis über die Beckenränder hinaus anwachsen und vom Wind fortgetragen werden. Dies führt dann nicht selten zu Belästigungen und zur Gefährdung des Fahrzeugverkehrs auf den Straßen. Zeitweiliges Schäumen des >Faulbehälters< hat primär seine Ursache in zu starker Gasentwicklung in Verbindung mit zu hoher Konsistenz des Schlammes infolge von zu hohem Trockensubstanzgehalt, erhöhtem Detergentiengehalt, erhöhter Viskosität der Flüssigphase.
Lit: Abwassertechnische Vereinigung (Hrsg.) (1982–1986) Lehr- und Handbuch der Abwassertechnik, 3.Aufl., Bd.1–7, Verlag von Wilhelm Ernst und Sohn, Berlin München.

Schalenamöbe. >Testacea< (s. Abb. S.223).

Schalenschnecken (Gastropoda). >Mull-Moder-Modell<.

Schalldämmung. >Geräuschkapselung<.

Schallkapsel. >Geräuschkapselung<.

Schallschutz. Baumaßnahmen, die mittels Wänden und Erdwällen längs von Straßen und Schienenwegen eine Entlastung der Geräuschbelastung in Wohngebieten erzielen soll. >Wohnhygiene<.

Schaltwarte. Zentrale Überwachungs- und Bedienungsstelle größerer >Kläranlagen<, in die Meßwerte gemeldet und dort angezeigt werden, so daß von dort aus die Steuerung einzelner Betriebsabläufe erfolgen kann. Im allg. dient ein Fließschema der Anlage, oft in Form eines Blindschaltbildes, zur Orientierung und Anzeige. Errichtung und Betrieb von elektrischen Schaltanlagen unterliegen den Vorschriften des >Verbandes Deutscher Elektrotechniker (VDE)< und den Bestimmungen des örtlichen >Elektrizitätsversorgungsunternehmens (EVU)<. Diese Vorschriften und Bestimmungen sind aus Gründen der Unfallverhütung und Betriebssicherheit einzuhalten.
Lit: Abwassertechnische Vereinigung (Hrsg.) (1982–1986) Lehr- und Handbuch der Abwassertechnik, 3.Aufl., Bd.1–7, Verlag von Wilhelm Ernst und Sohn, Berlin München.

Scharlachrot GN. (Escarlate GN, Scarlet GN, E 125). Das Dinatriumsalz der 2-(6-Sulfo-2,4-dimethyl-phenylazo)-1-hydroxy-naphthalin-5-sulfonsäure. Ein rötlicher Farbstoff, der zur Erzeugung von Lachsnuancen dient, z.B. bei der Herstellung von Seelachs, Zuckerwaren und Puddingpulver. In der EG ist der Einsatz seit 1977 verboten.

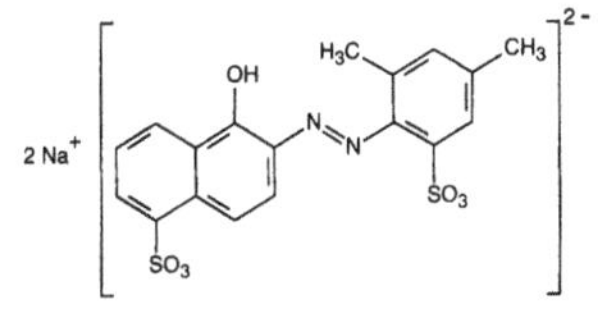

Schaumbekämpfung. Zur Bekämpfung des Schaumes in >Kläranlagen< (>Schäumen<) können beim >Belebungsverfahren< folgende Gegenmaßnahmen ergrif-

fen werden: Erhöhung des Schlammgehaltes im >Belebungsbecken<; mechanische Zerstörung des Schaumes, insbesondere mit Wasser (Sprühdüsen); Abdekken der Becken über der Wasseroberfläche, z.B. mit engmaschigem Gewebe aus Draht oder Kunststoff; Absaugen des Schaumes, Verwendung von biol. unschädlichen Schaumbekämpfungsmitteln. Auch das Schäumen des >Faulraum<inhaltes kann zu Betriebsstörungen führen. Es entsteht vor allem bei saurer >Gärung< und durch Änderung der Schlammzusammensetzung. Stärkeres Umpumpen, geringere Faulraumbelastung sowie möglichst rasche Einstellung des richtigen pH-Wertes sind als Gegenmittel anzuwenden.
Lit: Abwassertechnische Vereinigung (Hrsg.) (1982–1986) Lehrund Handbuch der Abwassertechnik, 3.Aufl., Bd.1–7, Verlag von Wilhelm Ernst und Sohn, Berlin München.

Schaumstoffe. S. allg. sind mit Hilfe von >Treibmitteln< hergestellte Feststoffe mit einer offen- oder geschlossenporigen Zellstruktur. Obwohl diese Definition auch für Schaumbetone (z.B. Ytong) oder poröse Ziegel (z.B. Poroton) zutrifft, wird der Begriff gemeinhin nur für geschäumte >Kunststoffe< verwendet. S. haben eine geringe Dichte und gute Wärmeisolationseigenschaften, weshalb sie oft in diesem Bereich eingesetzt werden (z.B. Kühlschrankbau). *Hartschaumplatten*, z.B. >PS<, >PUR< u.a. besitzen eine hohe mechanische Festigkeit und werden zum Ausschäumen von Hohlkonstruktionen und für stoßfeste Verpackungen eingesetzt. *Weichschaumkunststoffe*, z.B. >PVC<, PUR, >Kautschuk<, als elastische Materialien werden im Möbel- und. Fahrzeugbau als Polstermaterialien eingesetzt. Gemeinsam ist allen Schaumstoffen, daß bei der Herstellung gasförmige Substanzen verwendet werden. Diese können entweder durch eine chem. Reaktion im Kunststoff selbst erzeugt werden, wie die CO_2-Bildung in >PUR<, oder die Treibgase werden physikalisch in die Schmelzmasse eingebracht, z.B. Einrühren von Luft oder Einführen von niedrigsiedenden Flüssigkeiten. Nach Verbot der früher häufig verwendeten >FCKW< werden heute umweltverträgliche Treibgase verwendet. Dabei werden große Mengen von leichtflüchtigen Verbindungen (z.B. Alkane) emittiert. Der Anteil der Treibgase, die in geschlossenporigen S. eingeschlossen bleiben, migriert langsam aus dem Kunststoff. Beim Recycling von ausgeschäumten Produkten werden die restlichen Treibgase in die Luft abgegeben.

Scheibentauchkörper. S. besitzen auf einer Welle befestigte glatte, nicht strukturierte Scheiben, die teilweise in eine vom Abwasser durchflossene Wanne eintauchen und sich langsam drehen.
Der belebte Schlamm befindet sich zum einen auf der Oberfläche der sich drehenden Scheiben als biol. Rasen, der dem von Tropfkörpern ähnlich ist, und zum anderen als Suspension in der Wanne. Durch die Drehung der Scheiben erfolgt eine gute Durchmischung des Wanneninhaltes.
Die durch die drehenden Scheiben hervorgerufene Turbulenz im Abwasser hat die Aufgabe, den Schlamm in Schwebe zu halten und ihn mit dem durchfließenden Abwasser aus der Wanne auszutragen. Dazu dient auch die der Form der Walze angepaßte Beckensohle.
Bei der Walzenumdrehung folgt auf den Kontakt mit dem Abwasser beim Eintauchen jeweils eine *Belüftungsphase* oberhalb des Wasserspiegels. Der dabei

aufgenommene Sauerstoffvorrat muß zur Deckung der Zehrungsvorgänge während der *Eintauchphase* und zur Aufrechterhaltung aerober Verhältnisse in der Wanne ausreichen. Dies bedingt eine *Mindestumdrehungszahl* der Walze in Abhängigkeit von der Zehrungsgeschwindigkeit. Ein Abwaschen des biol. Schlammes auf den Scheiben muß verhindert werden, deshalb ist die *Drehgeschwindigkeit* der Scheibenart, -struktur und dem Scheibendurchmesser anzupassen.
Lit: Abwassertechnische Vereinigung (Hrsg.) (1985–1997) ATV-Handbuch, 4.Aufl., Bd.1–7, Verlag von Wilhelm Ernst und Sohn, Berlin München – Bever J, Stein A, Teichmann H (1994) Weitergehende Abwasserreinigung, 3.Aufl., Oldenbourg Verlag, München Wien.

Scheibentrockner. Dieser Trocknertyp für Klärschlamm enthält eine horizontale Welle. Sie ist jedoch hohl und senkrecht zur Welle mit kreisrunden hohlen Scheiben versehen. In den Hohlräumen dieser Scheiben zirkuliert als Wärmeträger Dampf oder Thermoöl. Die Scheiben tauchen in den etwa bis zur Welle eingefüllten, vorentwässerten Schlamm ein.
Kleine Mitnehmer am Umfang der Scheiben sorgen für Umwälzung und Längstransport des Schlammes; am Gehäuse feststehende Kratzer für die Reinhaltung der Scheiben.
Der gesamte Trockner ist abgeschlossen, und in geschlossenen Leitungen erfolgen auch Zufuhr und Abtransport des Schlammes sowie der Brüdenabzug. Dadurch ist eine gute Beherrschung des Geruchsproblems möglich.
Lit: Abwassertechnische Vereinigung e.V. (Hrsg.) (1985–1997) ATV-Handbuch, 4.Aufl., Band 1–7, Verlag Wilhelm Ernst und Sohn, Berlin München.

Scheibentropfkörper. Ältere Bezeichnung für den >Scheibentauchkörper<.

Scherungsinstabilität. Instabilität in einem Strömungsfeld, hervorgerufen durch die horizontale Windscherung. Entscheidende Voraussetzung für die Wellenbildung an der >Polarfront<.

Scherungslinie. Parallel zur Strömung verlaufende Linie, auf deren beiden Seiten unterschiedliche Strömungsgeschwindigkeiten herrschen. Am Boden erkennbar als stationäre >Front<, bildet sich in der Höhe entlang eines langgestreckten Höhentroges.

Scherungsturbulenz. Derjenige Anteil der atmosphärischen >Turbulenz<, der auf >Windscherung< beruht. Tritt vor allem in der >atmosphärischen Grenzschicht< mit ihrer hohen vertikalen Windscherung, aber auch in der freien Atmosphäre in Bereichen größerer Windscherung, z.B. in der Nähe der >Strahlströme< auf.

Scherwind. Vektorielle Differenz zwischen den Winden in zwei verschiedenen Niveaus. >Windscherung<.

Schichtlademotor. Kombination von ottomotorischen und dieselmotorischen Elementen. Motorkonzept mit Ladungsschichtung, wobei im >fetten Gemisch< die Zündung erfolgt und im >mageren Gemisch< die Hauptverbrennung. Damit werden niedriger >Kraftstoffverbrauch< und niedrige >NO_x-< und >CO-Emissionen< erreicht. Ein einfacher Ox.-Katalysator genügt häufig allein zur Red. der >HC-Emission<. Darüber hinausgehend werden luftunterstützte Einspritzsysteme, Gemisch-Einblasung, pulsierende Zündstrahlsysteme (PJC), geschichtete Abgasrückführung (MESC) u.a. vorgeschlagen. In Serie u.a. Mitsubishi-Motor, in Erprobung: diverse 2-Takt-SchM.

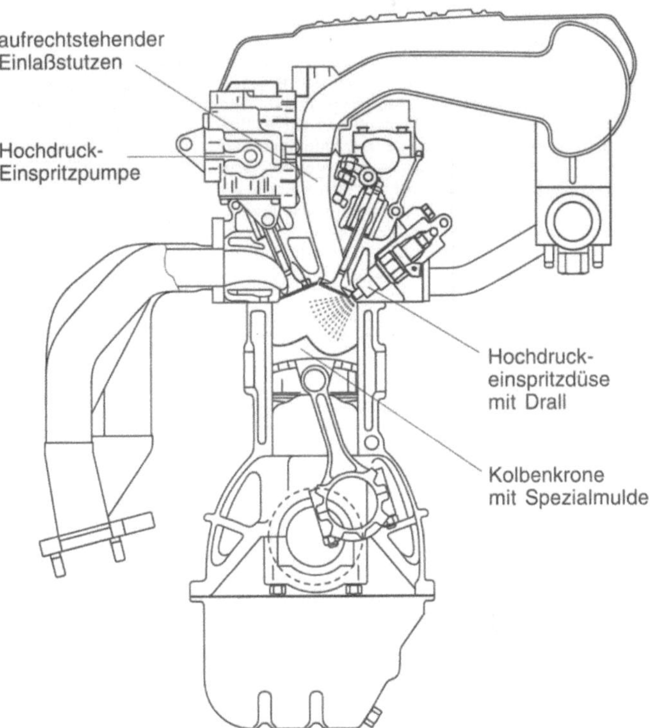

Schichtlademotor

Schichtung in Seen. Zustand eines Sees, in dem seine Wassermassen in horizontalen Schichten weitgehend stabil übereinander gelagert sind. Dazu ist Voraussetzung, daß das Wasser der Schichten eine unterschiedliche Dichte hat: das dichteste lagert am Grund, darüber liegen die Schichten mit geringerer Dichte. Aus den Volumina der Schichten und den Mittelwerten der Dichte/Schicht lassen sich die Stabilität der Schichtung bzw. die Energie für die Zerstörung der Schichtung berechnen. Die zugrundeliegenden Dichteunterschiede kommen durch die Temp. bei den thermisch geschichteten, durch die Konz. chem. Inhaltsstoffe bei chem. geschichteten Seen zustande. Die thermische Schichtung ist die weitaus häufigste, sie führt z.B. zu der charakteristischen >Sommerstagnation< in den mitteleuropäischen Seen. Die thermische Schichtung kann durch eine >Mixis< oder >Zirkulation< abgelöst werden, wenn die gesamte Wassermasse gleichmäßig temperiert ist (Homothermie). Durch interne Schwingungen können die horizontalen Schichtpakete gekippt werden, so daß im See eine >Limnokinetik<, aber keine Mixis auftritt. Auch das im See abgelagerte Sediment weist eine Schichtung auf.

Schieber. Absperrvorrichtung in Rohrleitungen. Es gibt verschiedene Bauarten wie Keilflach-, Kolben-, Membran-, Plattenschieber u.a. Der Abschlußkörper besteht aus einem Keil oder aus Platten und wird rechtwinklig zur Fließrichtung durch eine Spindel bewegt. Der Abschlußkörper befindet sich bei Offenstellung im Schieberdom und gibt den Durchflußquerschnitt völlig frei. Die Schiebergehäuse und Abschluß-

körper werden aus Grauguß und Stahlguß, die Spindeln aus Messing, Bronze oder nichtrostendem Stahl hergestellt.

Schild. 1. Biologischer Schild: Absorbermaterial rings um einen >Reaktor< oder eine radioaktive Quelle; dient zur Verringerung der Menge >ionisierender Strahlung< auf Werte, die für den Menschen ungefährlich sind.
2. Thermischer Schild: >Abschirmung< eines Reaktors zwischen >Reflektor< und biol. Schild; dient zur Herabsetzung der >Strahlenschäden< und der Bestrahlungserwärmung im Druckgefäß und im biol. Schild.

Schildkrötmilben (Uropodina). >Acarina< (s. Tabelle S. 790).

Schildräumer. In rechteckigen Absetzbecken mit horizontalem Durchfluß wird der abgesetzte Schlamm bei Einsatz von Räumbrücken mit S. diskontinuierlich geräumt. Für den Räumvorgang fährt die Räumerbrücke zur Anlaufseite des Absetzbeckens. Dort werden die Räumschilde durch Hubwerke über Seiltrommeln abgesenkt und durch das Eigengewicht auf die Beckensohle gedrückt.
Beim Räumvorgang wird das Räumschild durch die Fahrbrücke zur Einlaufseite gezogen, wobei die Abdichtung des Räumschildes zum Boden und zur Seite durch überstehende elastische Gummi- oder Kunststoffstreifen erfolgt. Um den Reibungswiderstand beim Räumvorgang zu mindern und um die Abdichtstreifen zu schonen, wird das Gewicht der Räumschilder auf Laufräder übertragen.

Die Räumung des abgesetzten, belebten Schlammes in Rundbecken geschieht durch Räumschilde, die an einer um den Mittelpunkt des Beckens kreisenden Räumerbrücke befestigt sind. Der Antrieb der Räumerbrücke erfolgt überwiegend am Beckenrand. Die Räumschilde bewirken den Abschub und ein Abfließen des Schlammes an der Beckensohle quer zur Fahrtrichtung zum mittigen Schlammtrichter. Vor dem Schlammschild staut sich dabei der Schlammspiegel leicht auf, so daß sich eine Neigung der Schlammoberfläche einstellt, die mit dem Abstellwinkel des Räumschildes den Schlammabfluß zum Schlammtrichter bewirkt. Sohlneigungen von 1:15 und steiler erleichtern den Schlammfluß zur Beckenmitte.

Lit: Abwassertechnische Vereinigung e. V. (Hrsg.) (1985–1997) ATV-Handbuch, 4. Aufl., Band 1–7, Verlag Wilhelm Ernst und Sohn, Berlin München.

Schilf. Zur Familie der Gräser, Poaceae, gehörende Pflanze mit dem wissenschaftlichen Namen *Phragmites australis* (Cav.) Trin. Die Pflanze ist weltweit verbreitet und bildet mehr oder weniger ausgedehnte Bestände am Ufer mäßig nährstoffreicher Seen, das Schilfröhricht *(Phragmitetum australis)*. Die Schilfpflanze besteht aus drei Hauptteilen: 1. dem reich verzweigten unterirdischen Sproßteil, Rhizom, der an seinen Knoten viele Wurzeln nach unten treibt, 2. dem Wasserstengel mit nur kleinen Blättern und zahlreichen Adventivwurzeln an den Knoten, 3. dem Halm mit einer Länge von gewöhnlich 0,6 bis 3 m und einer Dicke von 0,8 bis 1,5 cm und zahlreichen Knoten und Blättern, an der Spitze mit gelben bis braunroten Blütenrispen aus 2- bis 8blütigen Ährchen. Die Vermehrung erfolgt überwiegend vegetativ durch die horizontal wachsenden Rhizome und durch kriechende Wasserstengel, selten durch Samen. Blütezeit in Mitteleuropa Juli bis September. Der Schilfgürtel ist Lebensraum für eine artenreiche aquatische und terrestrische Fauna, besonders Insekten und Vögel. Die Larven und Puppen der Schilfkäfer, Gattung Donacia, stechen die

Rhizome an und entnehmen den Interzellularräumen Sauerstoff für ihre Atmung. Auch weitere Tiere, Milben, Blattläuse, Schmetterlinge, befallen das Schilf. Für Vögel ist das Röhricht vor allem Brutplatz, aber auch Schlafplatz und Ort der Nahrungssuche. In vielen Seen Mitteleuropas sind die Schilfbestände in den letzten Jahren stark zurückgegangen, s. a. >Schilfsterben<.

Lit: Rodewald-Rudescu L (1974) Das Schilfrohr, 1. Aufl., E. Schweizerbart'sche Verlagsbuchhandlung, Stuttgart.

Schilfsterben. Auffallender, großflächiger Rückgang von Schilfbeständen an mitteleuropäischen Seen. Ursachen sind: seewärtige Zerstörung der Schilffront durch Schiffsverkehr, Wind und Wellen, Treibholz, Wasserstandsschwankungen, Beweidung durch Wasservögel. Landseitige Zerstörung durch Baumaßnahmen und andere Inanspruchnahmen der Ufer. >Eutrophierung< der Seen: starke Entwicklung von Fadenalgen, besonders Cladophora, die sich als Manschetten, vom Wind angetrieben, um die Halme an der Wasserlinie legen und diese, besonders bei Wellengang, belasten und zum Abknicken bringen. Möglicherweise spielen auch Alentoxine aus Cladophora als Wachstumshemmer eine Rolle. Die Nährstoffzunahme in den eutrophierten Gewässern wirkt sich dagegen nicht nachweislich auf die Halmfestigkeit und den Wuchs der Pflanze aus. Beeinträchtigung der Bestände durch falsche „Pflegemaßnahmen" wie Grün- und Winterschnitt, wobei die Rhizome durch Verdichtung des Bodens nachhaltig geschädigt werden.

Lit: Ostendorp W (1990) Strategien zur Untersuchung des Röhrichtrückgangs. In: Sukopp H, Krauss M (Hrsg.) Ökologie, Gefährdung und Schutz der Röhrichtpflanzen, Landschaftsentwicklung und Umweltforschung, Berlin 71: 18–48 – Ostendorp W (1990) Ist die Seeneutrophierung am Schilfsterben schuld? In: Sukopp H, Krauss M (Hrsg.) Ökologie, Gefährdung und Schutz der Röhrichtpflanzen, Landschaftsentwicklung und Umweltforschung, Berlin 71: 121–140.

Schimmelpilze. Zu den Sch. zählt man in erster Linie diejenigen Pilze, die als Myzelien auf Lebens- und Fut-

---

Schlachtabfälle: Auflistung der Reststoffe, die bei der Schlachtung anfallen

Schlachttierabgang		Nebenprodukte	
genießbar	ungenießbar	aus dem Schlachttierkörper	sonstige
1	2	3	4
Zunge	Haut/Fett	Schwarten	Drüsen:
Lunge	Borsten/Haar	Fettabschnitte	Hirnanhangdrüse
Herz	Klauen	Köpfe (Schweine)	Zirbeldrüse
Leber	Hörner	Spitzbeine	Schilddrüse
Schlund	Mageninhalt	Schwänze (für den menschl. Genuß möglich)	Bauchspeicheldrüse
Luftröhre*	Darminhalt		Nebennieren
Restschlinge	Pansengeschabsel		Hoden
Bries	Darmschleim		Eierstock
Milz	Gallenblase	Knochen	Gebärmutter
Nieren	Gallenflüssigkeit	Sehnen	
Magen		Ohren (industriell verwertet)	
Därme	obligat. Konfiskate:		
Blase	Hoden		
Blut	Rute		
Euter	Scheide		
Hirn	Tragsack		
Rückenmark	Augen		
Schlachtfette	Ohrenausschnitte		
Köpfe (Rind, Kalb, Schaf)	Mandeln		
Unterfüße*			
Kopfhäute*			

* zählen bei den derzeitigen Verkehrsgewohnheiten zum ungenießbaren Abgang

termitteln wachsen, diese Substrate zersetzen, ungenießbar machen und dadurch hohe wirtschaftliche Verluste verursachen. Der Begriff Sch. stammt aus der mikrobiologischen Praxis und umfaßt keine systematisch abgegrenzte Pilzgruppe. Typische Sch. findet man bei den Zygomyceten, z.B. *Rhizopus nigricans* (Schwarzer Brotschimmel), Ascomyceten, z.B. *Aspergillus* (Gießkannenschimmel), *Penicillium* (Pinselschimmel), *Neurospora crassa* (Roter Brotschimmel), *Alternaria*. Sch. führen nicht nur zu chem. Veränderungen in Lebensmitteln und zum Verderb durch chem. Umwandlungsreaktionen, sondern sind auch wichtige Mykotoxinbildner. Hierzu zählen die cancerogenen Aflatoxine (z.B. aus *Aspergillus flavus*), >Ochratoxin A< aus *Aspergillus ochráceus*, Alternariol aus *Alternaria alternata* und viele andere. Einige Sch. können auch Erkrankungen beim Menschen hervorrufen, z.B. durch Mykosen, Mykoallergosen und Mykotoxikosen. Andererseits nutzt man Sch. großtechnisch zur Gewinnung von org. Produkten (Antibiotika, Enzyme, org. Säuren) sowie zur Herstellung von Lebensmitteln.

Lit: Reiß J (1998) Schimmelpilze, 2. Aufl. Springer-Verlag, Berlin Heidelberg New York Tokyo.

Schistosomiasis. Die durch Saugwürmer der Gattung Schistosoma hervorgerufene Tropenkrankheit >Bilharziose<.

Schlachtabfälle. Dazu zählen alle im Schlachthof anfallenden Produkte, die nicht für Ernährungszwecke und im Bereich der Heimtiernahrungsindustrie, der pharmazeutischen oder der chemischen Industrie nachgefragt werden. Ein Grund für die Einordnung ist einmal die fehlende Möglichkeit zur Gewinnung und Nutzung der Inhaltsstoffe. Das zweite Kriterium sind die fehlenden Möglichkeiten zur rentablen Verwertung unter Wahrung des Gebotes des Schutzes der Gesundheit von Mensch und Tier, was eine Verarbeitungsweise i.S. des Tierkörperbeseitigungsgesetzes nach sich zieht, mit einem anderen Ziel als der Verarbeitung zu >Tiermehl< und >Tierfett<. Welche von den in der Tabelle (s. S.1028) aufgeführten Reststoffen aus der Schlachtung ganz oder teilweise zu Abfällen werden, hängt demnach stark vom Markt für die Veredelungsprodukte sowie auch von den jeweiligen Verzehrgewohnheiten ab.

Aus der Sicht der Hygiene und der kommunalen Entsorgung sind die hohen Anteile von Blut sowie von Magen- und Darminhalt, die bei der Schlachtung ins Abwasser gelangen, als problematisch anzusehen (s. Tabelle unten) auch die Entsorgung des frischen un-

Schlachtabfälle: Anteile von Blut und Magen-Darminhalt in %, die aus gewerblichen Schlachtanlagen in das Abwasser gelangen

Schlacht- tierart	Blut	Magen- inhalt	Darm- inhalt
Rind	30 %	55 %	90 %
Schwein	30 %	85 %	40 %
Kalb	30 %	insgesamt 30 %	
Schaf	30 %	insgesamt 20 %	
Masthähnchen	zusammen 10 %		

Schlachtabfälle: Zusammenfassung der wichtigsten Gesetzesvorschriften, die die Beseitigung und Verwertung von Abfällen aus gewerblichen Schlachtanlagen regeln

Gesetzliche Vorschrift	Bundesgesetzblatt	Stelle	Inhalt
Gesetz über die Vermeidung und Entsorgung von Abfällen vom 27. August 1986 (Abfallgesetz – AbfG)	1986 I S.1410–1419	§ 1 Abs. 3 Nr. 1	Ausnahmeregelung für Tierkörperbeseitigungsrecht, Tierseuchenrecht, Fleischbeschaurecht
Gesetz über die Beseitgung von Tierkörpern, Tierkörperteilen und tierischen Erzeugnissen vom 2. September 1975 (Tierkörperbeseitigungsgesetz Tier KBG)	1975 I S.2313–2320	§ 1 § 2 § 3 § 4 § 5 § 6 § 7 § 8	Begriffsbestimmungen Sachlicher Geltungsbereich Grundsatz Verpflichtung zur Beseitigung Beseitigung von Tierkörpern Beseitigung von Tierkörperteilen Beseitigung von Erzeugnissen Ausnahmen
Fleischhygienegesetz vom 24. Februar 1987	1987 I S.649–656	§ 4 § 11	Begriffsbestimmungen Untaugliches Fleisch
Verordnung über die hygienischen Anforderungen und amtlichen Untersuchungen beim Verkehr mit Fleisch vom 30. Oktober 1986 (Fleischhygiene Verordnung)	1986 I S.1678–1720	§ 1 § 2 § 6 Anl. 1 Kap. II Kap. IV	Anwendungsbereich Begriffsbestimmungen des Fleisches Beurteilung, Kennzeichnung Fleischuntersuchung Beurteilung des Fleisches
Geflügelfleischhygienegesetz vom 15. Juli 1982	1982 I S.993–1005	§ 1 § 2 § 11 § 13	Anwendungsbereich Begriffsbestimmungen Beurteilung Besondere Verkehrsverbote
Tierseuchengesetz vom 3. April 1980 in der Fassung vom 1. Juni 1991	1980 I S.387–404, 1991 I S.461	§ 1 § 10 § 17 a, b § 20 § 26	Anwendungsbereich, Begriffsbestimmungen Anzeigepflichtige Seuchen Maßnahmen gegen ständige Gefährdung Benutzungs- und Verwertungsbeschränkungen Unschädliche Beseitigung von Tierkörpern, Tierkörperteilen und Erzeugnissen tierischer Herkunft

kompostierten Panseninhalts über den Gartenbau und die Landwirtschaft wirft Hygieneprobleme auf.

Eine Reihe von gesetzlichen Vorschriften regelt die Beseitigung und Verwertung von Abfällen aus gewerblichen Schlachtanlagen, diese sind in der Tabelle S.1029 zusammengefaßt.

Schlachthof. Von der Kommune oder privaten Eigentümern getragene Einrichtung zur Schlachtung landwirtschaftlicher Nutztiere. Einen Überblick über die Arbeitsabläufe beim Schlachten und die dabei anfallenden Abwässer gibt die Abb. (s. unten). Neben dem Abwasser ist unter dem Gesichtspunkt der Umweltbelastung die Geräuschemission während des Betriebs der Schlachteinrichtungen von Bedeutung. In der Tabelle (s. S.1031) sind die spezifischen Schmutzfrachten bei Schlacht- und Fleischverarbeitungsbetrieben zusammengefaßt. Zusätzlich muß mit einer hohen Belastung des Abwassers mit >Krankheitserregern< aus dem Magen-Darmtrakt der Schlachttiere gerechnet werden.

Schlachthofabfälle. Die Abfälle, die bei der Schlachtung von Tieren direkt oder indirekt anfallen, die nicht, wie die >Schlachtabfälle< selbst unter das Tierkörperbeseitigungsgesetz fallen, rechtlich also keine Tierkörperteile sind, werden als S. bezeichnet. Nach der derzeitigen Rechtsauffassung sind dies als primäre Reststoffe die Magen- und Darminhalte von den Schlachttieren inkl. der voluminösen Panseninhalte. Auch die beim Antransport und vorübergehender Aufstallung anfallende Einstreu sowie Mist und Kot gehören zu dieser Gruppe von Abfällen. Als sekundäre Reststoffe aus der Abwasserbehandlung fallen >Flotate< und >Fett-

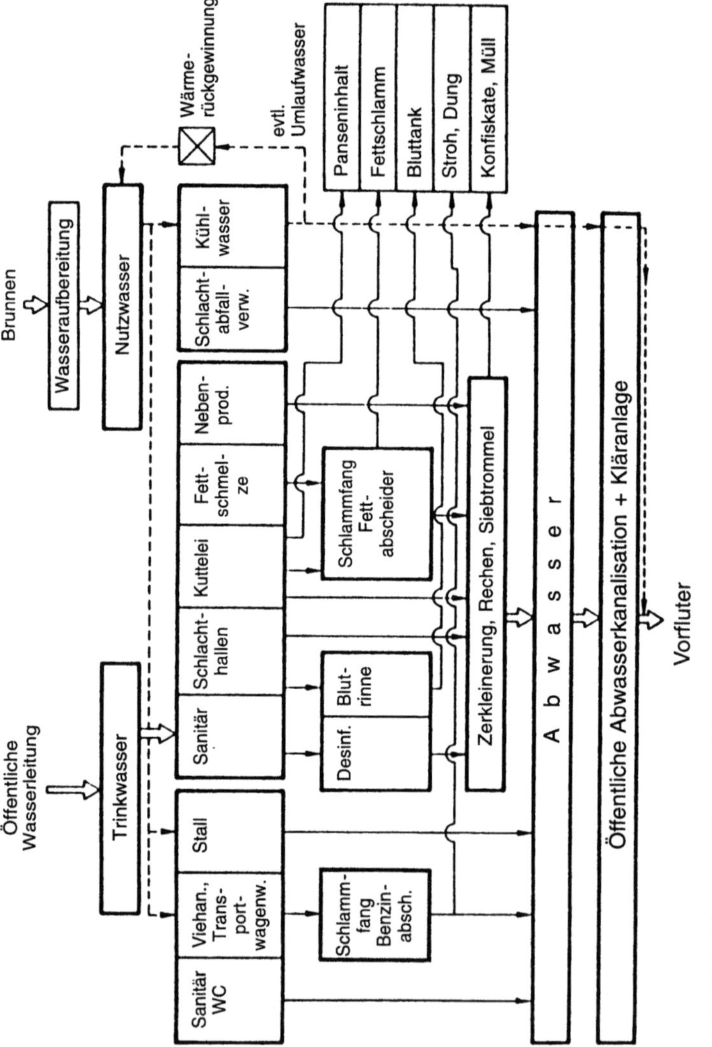

Schlachthof: Schema des Wasser- und Abwasserhaushalts eines Schlachtbetriebes

Schlachthof: Spezifische Schmutzfrachten bei Schlacht- und Fleischverarbeitungsbetrieben

Bezugseinheiten	BSB_5-Fracht (g)	CSB-Fracht (g)
Schlachtung einer Großvieheinheit (insb. Rinder)		
– mit Kuttelei	1.000–3.500	1.400–5.000
– ohne Kuttelei	900–1.300	1.250–2.000
Schlachtung einer Kleinvieheinheit (insb. Schweine)	200–350	300–600
Verarbeitung einer Großvieheinheit	1.000–1.400	1.400–2.000
Verarbeitung einer Kleinvieheinheit	300–400	400–600
Zerlegen von 1000 kg Fleisch in Zerlegebetrieben	75[1]–100[1]	100[1]–150[1]
Verarbeitung von 100 kg Schlachtgewicht in Fleischwarenfabriken[3]	700–900	1.000–1.300
Schlachtung von Federvieh, bezogen auf 1 kg Schlachtgewicht	7–20	10–40
Schleimen von 100 Schlägen Därmen[2]	9.000–26.000	13.000–28.000

BSB: Biologischer Sauerstoffbedarf, CSB: Chemischer Sauerstoffbedarf
[1] Schätzwerte
[2] zusätzliche Belastung bei Bearbeitung der Därme, ein Schlag Darm entspricht dem Darm eines Tieres
[3] Bei ausschließlicher Verarbeitung zu Brüh- und/oder Kochwurst können diese Werte 2,5- bis 3fach höher sein.

abscheiderückstände< an. Auch das Sieb- und Rechengut aus dem Abwasser des Wagenwaschplatzes und den Stallungen eines Schlachthofes (grüne Linie) gehören hierzu. Das Sieb- und Rechengut aus dem Abwasser von der Schlachtung selbst (rote Linie) wird i.d.R. an die Tierkörperbeseitigungsanstalten abgegeben. Die Eigenschaften und Beschaffenheit dieser Schlachthofabfälle sind gemäß Angaben des ATV-Merkblattes 770 in der Tabelle S.1032 zusammengefaßt.

Schlachtnebenprodukte. Schlachtnebenprodukte sind alle beim Schlachtprozeß anfallenden Tierkörperteile, für die aufgrund der Verzehrs- und Verbrauchsgewohnheiten Absatzmöglichkeiten in den Bereichen der menschlichen Ernährung, der Tiernährung, der pharmazeutischen oder sonstigen weiterverarbeitenden Industrie existieren, für die ökonomisch sinnvolle Verwertungsmöglichkeiten bestehen und die im Zuge eines nachgelagerten Verarbeitungsprozesses eine Veredelung erfahren. Sie sind von den >Konfiskaten< abzugrenzen, der Übergang zu den >Schlachtabfällen< ist fließend. Die Abb. (s. S.1033) verdeutlicht den Kreislauf der Verwertung in der Tier-, Fleisch- und Futtermittelproduktion.

Schlacke. Unter S. versteht man bei der Verbrennung von (Haus-)Müll den am Ende des >Rostes< abgeworfenen festen Rückstand. Die S. besteht, wenn sie getrennt vom Filterstaub erfaßt wird (was eine Voraussetzung für ihre Verwertung ohne großen Aufwand ist), aus überwiegend wasserunlösl. Verb. (s. Tabelle

Schlacke: Durchschnittliche Zusammensetzung der Schlacke

Hauptkomponenten	%	Spurenkomponenten	%
SiO_2	39,7	Cadmium	0,002
Al_2O_3	20	Quecksilber	<0,00003
CaO	7,3	Blei	0,2
Fe_2O_3	1,7	Zink	0,49
Sulfate	3,7	Kupfer	0,29
Wasser	25	Chrom	0,15
		Nickel	0,02
		Zinn	0,03
		Kohlenstoff	2
		Chloride (als Cl)	0,03

Aus: Fritz P et al. (1991) Rauchgasreinigung und Entsorgung als integriertes Konzept bei Müllverbrennungsanlagen, VGB Kraftwerkstechnik 3

unten). Die Löslichkeit beträgt nur ca. 1% des Trokkengewichts. Die S. wird vor einer Verwertung aufbereitet. Die Aufbereitung besteht im wesentlichen aus der Aussortierung von Eisenschrott und der Klassierung nach Korngrößen sowie der Abtrennung von grobstückigen und faserigen Anteilen. Die Verwendung solcher S. im Straßen- und Landschaftsbau oder für die Errichtung von Lärmschutzwällen ist möglich. Von GOETZ und GERWINSKI wurde festgestellt, daß bei massivem Einsatz von MVA-S. in den ersten Jahren Grenzwertüberschreitungen bei leicht lösl. Salzen auftreten können. Schwermetalle werden als unproblematisch eingeschätzt. Eine Verwendung wird aber nur z.T. praktiziert. Nach dem stat. Jahrbuch 1988 wurden 1984 1,5 Mt MVA-S. an Deponien ausgeliefert, das ist ca. die Hälfte der gesamten Menge. In Wasserschutzgebieten darf MVA-S. nicht benutzt werden. Der Dioxingehalt von MVA-S. liegt im Bereich der Nachweisgrenze. Dioxine werden auch wegen ihrer äußerst geringen Wasserlöslichkeit kaum ausgewaschen. S. kann zusammen mit der Filterasche eingeschmolzen werden – s. >Asche- und Schlackeverwertung<. Es gibt auch noch andere Prozesse, bei denen S. entsteht, z.B. bei der Eisenerzeugung im Hochofen oder bei der Verfeuerung von Kohle (insbesondere in sog. Schmelzkammerfeuerungen) in Kraftwerken.
Lit: Goetz D, Gerwinski W (1989) Beurteilung der Umweltverträglichkeit von Müllverbrennungsschlacken im Straßenbau, VGB Kraftwerkstechnik 69, Heft 5, S.504.

Schlämmbeize. (Internat. Kurzbezeichnung: WS). Pflanzenschutzmittelformulierung (>Formulierung<) zur Saatgutbehandlung in Form eines wasserdispergierbaren Pulvers oder >Granulats<. Die Anwendung erfolgt in der Regel nach Dispergierung in Wasser in hoher Konzentration in speziellen Beizgeräten, in denen die >Suspension< auf das Saatgut gesprüht wird. Ein in der Formulierung enthaltener Farbstoff ermöglicht die optische Unterscheidung von behandeltem und unbehandeltem Saatgut und erlaubt gleichzeitig eine einfache kolorimetrische Kontrolle der Dosierung und der Gleichmäßigkeit der Verteilung.

Schlafkrankheit. (Afrikanische Schlafkrankheit, syn. Trypanosomiasis). Infektionskrankheit verursacht durch Trypanosomen (Blutparasiten aus der Gattung der Flagellaten); die Übertragung der Erreger erfolgt meist durch blutsaugende Insekten (Tsetsefliegen). Nach einer Inkubationszeit von 1 bis 3 Wochen treten Fieber, Kopf- und Gliederschmerzen auf (Primärstadium); beim nachfolgenden Eintritt des Erregers in

Schlachthofabfälle: Menge und Beschaffenheit primärer und sekundärer Schlachthofabfälle gemäß ATV-M 770 (außer Fettabscheiderinhalte und Flotate). *TR* Trockenrückstand, *BSB* biol. Sauerstoffbedarf, *CSB* chem. Sauerstoffbedarf.

Art des primären (P) oder sekundären (S) Schlachthofabfalls	P/S	Menge a: je Schwein b: je Rind c: je Huhn	Beschaffenheit
Einstreu und Mist	P	a: 1,5 kg	40 % TR 0,55 % N 0,20 % P_2O_5 C/N-Verhältnis ca. 30
		b: 6,0 kg	40 % TR 0,40 % N 0,75 % P_2O_5 C/N-Verhältnis ca. 30
Kot und Harn	P	a: 0,5–0,9 kg	TR = 6–10 % oTR = 77–84 % d. TR C/N-Verhältnis 9–15 ca. 30 g/L BSB_5 Stickstoff: 6,7 g/L Kalium: 3,7 g/L Phosphor: 5,8 g/L Calzium: 4,5 g/L Magnesium: 0,8 g/L
		b: 1,9–7,5 kg	TR = 10–12 % oTR = 77–85 % d. TR C/N-Verhältnis 9–15 ca. 15 g/L BSB_5 Stickstoff: 4,7 g/L Kalium: 5,9 g/L Phosphor: 2,4 g/L Calzium: 2,5 g/L Magnesium: 0,6 g/L
Magen- und Darminhalte	P	a: Magen 0,5–1,0 L	TR = 10 % oTR = 80–84 % d. TR ca. 75 g/L CSB ca. 44 g/L BSB_5 ca. 8 g/L N_{ges}
		Darminhalt 2,5 L davon Dünndarm 0,3 L Krausen 1,5 L Fettende 0,5–1,0 L b: Darminhalt 18 L	ca. 60 g/L SB ca. 35 g/L BSB_5 ca. 8 g/L N_{ges} ca. 0,8 g/L P_{ges} TR = 8–10 % oTR = 80–87 % d. TR 15 g/L BSB_5 8 g/L N_{ges}
Panseninhalt	P	ca. 40–80 L	TR = 11–13 % oTR = 80–87 % d. TR C/N-Verhältnis 17–21 Rohprotein 105–173 g/(kg TR) Rohfett: 15–31 g/(kg TR) Rohfaser: 256–391 g/(kg TR) Stickstoff: 20–22 g/(kg TR) Phosphor: 5–6 g/(kg TR) Kalium: 4–5 g/(kg TR) Calzium: 6–8 g/(kg TR) Natrium: 9–15 g/(kg TR) Magnesium: 0,8–1 g/(kg TR)
Entwässerter Panseninhalt	P	b: 0,4–0,5 m^3/(m^3 Panseninhalt)	TR = 25–30 % oTR = 80–90 % d. TR C/N-Verhältnis 11–20 Mineralstoffe 53–103 g/(kg TR) Fett: 25–83 g/(kg TR) Eiweiß: 71–111 g/(kg TR) Rohfaser und Stickstoff: 757–825 g/(kg TR) Phosphor: 4,6 g/(kg TR) Kalium: 4,9 g/(kg TR) Calzium: 5,3 g/(kg TR) Natrium: 9,5 g/(kg TR) Magnesium: 0,8 g/(kg TR)
Siebgut und Rechengut (grüne Linie)	S	1 mm Spaltweite durchschn. 1 L/SE mit Entwässerungsvorrichtung ca. 0,5 L/SE	TR = 15 % TR = 30–35 %

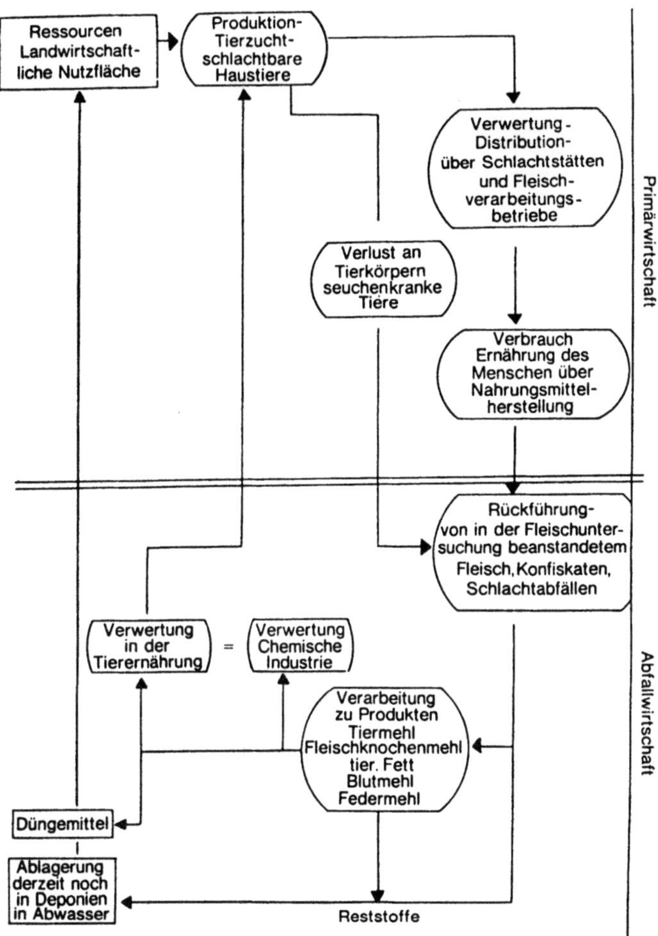

Schlachtnebenprodukte: Kreislauf der Verwertung von Schlachtnebenprodukten, Schlachtabfällen und Konfiskaten in der Tier-, Fleisch- und Futtermittelproduktion

Blut- und Lymphbahnen kommt es hauptsächlich zu Milz- und Lymphknotenschwellungen (Sekundärstadium); die eigentliche Schlafkrankheit entwickelt sich beim Eindringen des Erregers in das Zentralnervensystem (Tertiärstadium), mit dem Auftreten u. a. von Blutungen und Hirnerweichung, die zunächst zu psychischen Veränderungen (u. a. Reizbarkeit, Gedächtnisstörungen) und allmählich vor allem zu Schlafsucht, Herzrhythmus- und Sehstörungen, schließlich zu allgemeiner Abmagerung und Erschöpfung führen. Unbehandelt tritt nach Wochen bis Monaten der Tod ein.

Schlaggröße. Größe eines Feldstückes (auch Schlag genannt) im >Ackerbau<. Wird in Hektar (ha) angegeben. Die Sch. hat gemeinsam mit dem Flächenzuschnitt Einfluß auf den praktikablen und rationellen Einsatz landwirtschaftlicher Maschinen. Angestrebt wird ein Verhältnis von Länge und Breite, bei dem die Fläche des >Angewendes< klein ist. Die Schlaglänge muß arbeitswirtschaftlich eine günstige Beschickung

von z. B. Düngerstreuern und Entleerung von Erntemaschinen ermöglichen. Der Flächenzuschnitt sollte rechtwinklig sein, um Doppel- und Fehlbehandlungen zu minimieren. Bei der Technisierung der Landwirtschaft nach dem 2. Weltkrieg hat man z. T. auch im Zuge der Flurbereinigung bei der „maschinengerechten" Gestaltung der >Feldflur< überzogen. Hier hat schon seit Jahren ein Umdenken eingesetzt. Ziel ist es heute, die Feldflur im Sinne des >integrierten Pflanzenbaus< wieder mehr zu strukturieren. Die Sch. ist auch im Zusammenhang mit der Verteilung von Refugien in der Feldflur dafür entscheidend, ob Nützlinge sich dorthin zurückziehen und von dort aus einen Schlag wiederbesiedeln können. Es gibt hierzu z. Z. keine wissenschaftlich belegten Zahlen für die Sch. Grundsätzlich sind aber dafür kleine Strukturen vorteilhaft. Im Hinblick auf die >Erosion< darf die Hanglänge eines Schlages nicht zu groß sein.

Schlagkartei. Ursprünglich in landwirtschaftlichen Betrieben individuell geführte Aufzeichnungen über durchgeführte Maßnahmen auf den einzelnen Feldstücken (Schläge). Heute im Zuge der Beratung ist die Tendenz zu einer Vereinheitlichung der erfaßten Daten sowie zur Sch.-Führung per Computer. Die Sch. dient als Kontroll- und Planungsinstrument für betriebswirtschaftliche Entscheidungen, aber auch als Datengrundlage für Nährstoffbilanzen, die Strategie der Pflanzenschutzmaßnahmen und der Bodenbearbeitung. Der Wert einer Sch. steigt mit der Langfristigkeit und Güte der Eintragungen, denn dies ist Voraussetzung, um die Richtigkeit der Maßnahmen auf einem Schlag überprüfen zu können. Man nennt dies einen vertikalen Schlagvergleich. Stehen genügend gesicherte Daten mehrerer Betriebe zur Verfügung, kann man einen horizontalen Schlagvergleich durchführen, d. h. es lassen sich die Produktionsergebnisse des Einzelbetriebes vergleichend analysieren. Je nach räumlicher Streuung der Sch.-Betriebe lassen sich auch regionale Unterschiede herausarbeiten. Somit ist die Sch. ein wertvolles Instrument für ökonomische Entscheidungen im Sinne des >integrierten Pflanzenbaus<.

Schlamm. Ein aus Flüssigkeit (meist Wasser) und feinen (>hydrophilen<) Feststoffteilchen bestehendes System, das in der Natur vor allem aus Wasser und tonreichen Gesteinen, Lehm etc. gebildet wird. In der Technik ist der Schlamm-Zustand ein häufig auftretender Zustand bei >chem.-physikalischen< und >biol. Verfahren<, z.B. Bohr-, Heil-, Papier- oder >Faulschlamm< und >Klärschlamm< bei der >Wasser-< und >Abwasseraufbereitung<. Bei >Klärverfahren< wird heute besonders die durch spezielle >Belüftung<seinrichtungen geförderte Bildung von >Belebtschlamm< – das sind flockenartige, im Abwasser freischwebende >Kolonien< von >Mikroorganismen< – für den >biol. Abbau< von Verunreinigungen des Wassers praktiziert. >Belebtschlamm<, >Klärschlamm< >Primärschlamm<.

Schlamm, stabilisierter. >Schlammstabilisierung<.

Schlammabbauleistung. In der Abwasserbiologie verwendeter Begriff für abgebaute Schmutzstoffbelastung des >belebten Schlammes< pro Zeiteinheit, z. B. kg abgebauter >BSB$_5$< je kg Trockensubstanz und Tag. Diese Bedeutung der >Schlammbelastung< für die Bemessung von >Belebungsanlagen< kann auch theoretisch aus dem Zusammenhang zwischen >Wachstumsrate< und der Konz. an gelösten, abbaubaren Verunreinigungen (>Substrat<) hergeleitet werden. Die Wachstumsrate, die der >Schlammaktivität< entspricht, kann dabei durch die Schlammabbauleistung ($BT_s \cdot \eta$) ersetzt werden (s. Abb.). Der Kurvenverlauf zeigt, daß Schlammabbauleistung und Substratkonz. folgenden Zusammenhang haben: Mit steigender Substratkonz., d. h. mehr org. Nährstoffen im Abwasserschlammgemisch oder im gereinigten Ablauf, steigt die Abbauleistung des belebten Schlammes und damit die Ablaufverschmutzung.

Lit: Abwassertechnische Vereinigung (Hrsg.) (1982–1986) Lehr- und Handbuch der Abwassertechnik, 3. Aufl., Bd. 1–7, Verlag von Wilhelm Ernst und Sohn, Berlin München.

Schlammaktivität. In der Abwasserbiologie die auf die Trockensubstanz oder die org. Trockensubstanz bezogene >Sauerstoffzehrung< des >belebten Schlammes< in mg O$_2$/g TS · h oder mg O$_2$/g o.TS · h. Bei Untersuchungen im >Oxidationsgraben< stellte man fest, daß ein Sauerstoffgehalt auch unter 0,5 mg/L eine volle >biol. Reinigung< ermöglicht. Der Mindestsauerstoffgehalt im >Belebungsbecken< erscheint daher abhängig von der Schlammaktivität. Bei hoher Schlammaktivität, z.B. in hochbelasteten Anlagen, ist ein höherer Sauerstoffgehalt anzustreben, als bei geringerer Aktivität, z.B. in schwachbelasteten Anlagen oder Oxidationsgräben.

Lit: Abwassertechnische Vereinigung (Hrsg.) (1982–1986) Lehr- und Handbuch der Abwassertechnik, 3. Aufl., Bd. 1–7, Verlag von Wilhelm Ernst und Sohn, Berlin München.

Schlammalter, tTS. In der Abwasserbiologie Quotient aus der Trockenmasse im >Belebungsbecken< (kg/m^3) und der Trockenmasse des tgl. abgezogenen >Überschußschlammes< einschließlich der tgl. im Abfluß der >Nachklärung< enthaltenen abfiltrierbaren Stoffe (kg/m^3) in d (DIN 4045). Die Heranziehung des Schlammalters zur Bemessung von >Belebungsanlagen< wurde bereits um 1950 empfohlen. Es sollten dabei Belastungsbereiche vermieden werden, die zu ungünstiger Schlammbeschaffenheit (Wachstum von >fadenförmigen Mikroorganismen<) führen können. Durch Forschungsarbeiten auf dem Gebiet der kontinuierlichen >Fermentation< erhielt das >Belebungsverfahren< neue Impulse, und das Schlammalter wurde als wichtiger Parameter zur Beurteilung der Reinigungswirkung von Belebungsanlagen erkannt. Besonders für die Entfernung von langsam abbaubaren Stoffen ist das Alter der Mikroorganismen das maßgebende Kriterium. Das Schlammalter tTS (d) entspricht der mittleren Aufenthaltszeit der Mikroorganismen im Belebungsbecken und darf nicht mit der Durchflußzeit des Abwassers im Belebungsbecken verwechselt werden.

Lit: Abwassertechnische Vereinigung (Hrsg.) (1982–1986) Lehr- und Handbuch der Abwassertechnik, 3. Aufl., Bd. 1–7, Verlag von Wilhelm Ernst und Sohn, Berlin München.

Schlamm-Asche-Verfahren. Dieses Verfahren ist in der >Abwassertechnik< in verschiedenen Varianten in Betrieb. Dem Prozeß entnommene arteigene Asche wird als Filterhilfsmittel verwendet, meistens durch Beimischung zum Naßschlamm bis zum zweifachen der Schlammtrockenstoffe, gelegentlich auch als Filterhilfsschicht in der Entwässerungsmaschine. Die Durchmischung erfolgt in einem Reaktionsbehälter, aus dem meistens Vakuumfilter oder >Kammerfilterpressen<

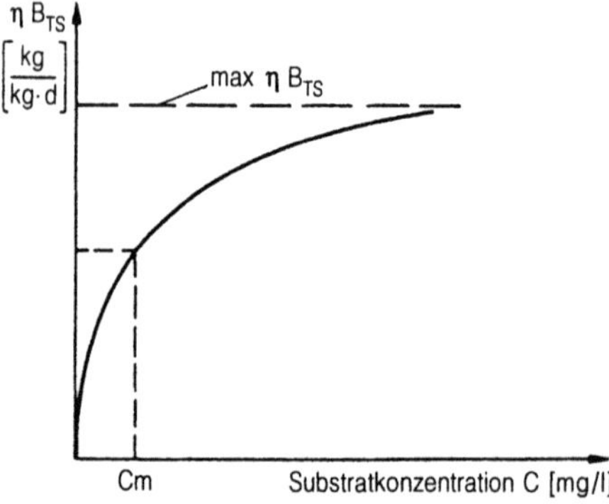

Schlammabbauleistung: Zusammenhang zwischen Schlammabbauleistung und Ablaufkonzentration (aus: Abwassertechnische Vereinigung, 1982–1986)

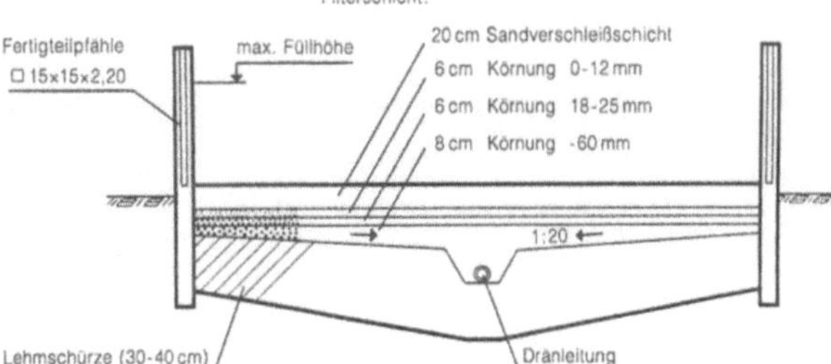

beschickt werden. Zur >Verbrennung< verwendet man in Deutschland oft >Drehetagenöfen<, aber auch >Wirbelschichtöfen<.

Lit: Abwassertechnische Vereinigung (Hrsg.) (1982–1986) Lehr- und Handbuch der Abwassertechnik, 3. Aufl., Bd. 1–7, Verlag von Wilhelm Ernst und Sohn, Berlin München.

Schlammbeet. Auch Schlammtrockenbeet oder -lagerplatz (s. Abb.). In der Abwassertechnologie Anlage zur natürlichen >Entwässerung< von >stabilisiertem Schlamm< (DIN 4045). Die Entwässerung durch >Versickerung< und Verdunstung des Wassers auf Trockenplätzen ist auch heute noch eine Methode zur Weiterbehandlung des Schlammes nach der >Faulung<. Trokkenbeete müssen mit ausgefaultem Schlamm beschickt werden. >Frischschlamm< würde das Wasser nur sehr schlecht abgeben. Er bleibt an der Luft für lange Zeit zähklebrig und entwickelt durch >Fäulnis<vorgänge unerträglichen Gestank, der neben der Anwesenheit der gelben Schlammfliegen das Kennzeichen für nicht ausgefaulten Schlamm ist.

Lit: Randolf R (1975) Kanalisation und Abwasserbehandlung, 4. Aufl., VEB Verlag für Bauwesen, Berlin.

Schlammbehandlung. Aufbereitung von >Schlamm< aus Abwasseranlagen zu dessen Verwertung oder Beseitigung, z. B. >Eindickung<, >Stabilisierung<, >Konditionierung<, >Entwässerung<, Trocknung, >Desinfektion<, >Veraschung<, >Verbrennung< (DIN 4045). Eine der wichtigsten und zugleich schwierigsten Aufgaben der >Abwassertechnik< ist die Behandlung und schadlose Beseitigung des in den >Kläranlagen< zurückgehaltenen >Klärschlammes<. Eine Kläranlage kann nur dann in vollem Umfange ihren Zweck erfüllen, wenn nicht nur das >Abwasser< ausreichend gereinigt, sondern darüber hinaus auch der Klärschlamm befriedigend behandelt und schadlos beseitigt wird. In der Tabelle (s. unten) sind die wichtigsten natürlichen

Schlammbehandlung: Übersicht über die wichtigsten Verfahren der Schlammbehandlung

Stabilisation	anaerob	Faulung in beheizten Faulbehältern oder unbeheizten Faulräumen	
Eindickung	aerob	gemeinsam oder getrennt statische Eindickung Flotationseindickung	Erreichbarer Endwassergehalt in %
Entwässerung	natürliche Verfahren	Schlammbeete, Schlammteiche, Schlammplätze	75–65
	künstliche Verfahren Statische Verfahren	Unterdruckfilter Überdruckfilter Bandfilterpressen	80–75 70–50 80–70
	Dynamische Verfahren	Zentrifugen	80–70
Trocknung (nach erfolgter Entwässerung)	Heißlufttrockung	Trockentrommel u. a.	
Verbrennung	Wirbelschichtöfen Etagenöfen Drehrohröfen Flammenkammerverfahren Verbrennung gemeinsam mit Müll		
Verfahren mit thermischer Konditionierung	Porteus-Verfahren u. a.		
Sonstige Verfahren	Kompostierung mit Müll Biologische Schlammverrottung Naßverbrennung u. a.		
Sonstige Beseitigung	Abgabe von Faulschlamm an die Landwirtschaft, Verschiffung u. a.		

und künstlichen Verfahren der Schlammbehandlung angegeben, die z. Z. angewandt werden können bzw. einen gewissen Stand der Entwicklung erreicht haben.
Lit: Abwassertechnische Vereinigung (Hrsg.) (1985–1997) ATV-Handbuch, 4. Aufl., Bd. 1–7, Verlag von Wilhelm Ernst und Sohn, Berlin München.

Schlammbelastung, B_{TS}. In der Abwassertechnologie der Quotient aus der Masse der org. Schmutzstoffe, bezogen auf Zeit und der Trockenmasse des >belebten Schlammes< in kg/kg · d (DIN 4045). Die >BSB_5<-Schlammbelastung (B_{TS}) ist in Abhängigkeit vom angestrebten Reinigungsziel wichtig für die Dimensionierung des Rauminhaltes der >Belebungsbecken<. Bei der Schlammbelastung werden die Abwasserkonz., die Durchflußzeit und der >Feststoffgehalt< (TS_R) in die Bemessung einbezogen. Neben der Schlammbelastung ist in gewissem Umfang der Feststoffgehalt noch frei wählbar. Die Zahl der beim Reinigungsprozeß beteiligten >Bakterien< wird angenähert durch das Gewicht der Trockensubstanz des belebten Schlammes TS_R von 1 m³ Nutzinhalt des Belebungsbeckens (kg/m³) erfaßt. Der prozentuale Anteil an lebenden >Mikroorganismen< ist allerdings nicht konstant, sondern hängt von dem Nährstoffverhältnis ab. Der Einfachheit halber wird dies jedoch bei den Berechnungen vernachlässigt. Das Verhältnis Nährstoff zu Bakterien bezeichnet man als Schlammbelastung B_{TS} (kg BSB_5 pro kg TS · d). Die Schlammbelastung errechnet sich aus der BSB_5-Raumbelastung und der Trockensubstanz des Schlammes

$$B_{TS} = \frac{B_R}{TS_R} \ [\text{kg } BSB_5/(\text{kg TS} \cdot \text{d})].$$

Lit: Abwassertechnische Vereinigung (Hrsg.) (1985–1997) ATV-Handbuch, 4. Aufl., Bd. 1–7, Verlag von Wilhelm Ernst und Sohn, Berlin München.

Schlammeindickung. Entzug von Schlammwasser durch natürliche oder maschinell verstärkte Schwerkrafteinwirkung, z. B. Voreindickung des Rohschlammes, Nacheindickung des stabilisierten Schlammes (DIN 4045). Bei der Entfernung der im Abwasser enthaltenen Schmutzstoffe nach den verschiedensten Reinigungsverfahren fallen diese zunächst in flüssiger Phase mit geringer Feststoffkonz. an. Für die Weiterbehandlung und Beseitigung dieser Abwasserschlämme ist die Konzentrierung der >Feststoffe< eine wichtige Voraussetzung und zumeist auch eine wirtschaftliche Maßnahme, da der Wirkungsgrad und die Durchsatzleistung der nachgeschalteten >Entwässerungs-<, >Trocknungs-< und >Verbrennungsverfahren< i. allg. umso höher sind, je höher der Feststoffgehalt des zu behandelnden Schlammes ist. Auch für die >Schlammfaulung< mit anschließender Entwässerung des Schlammes auf Trockenplätzen oder in >Schlammteichen< und bei der >landwirtschaftlichen Verwertung< der Schlämme werden möglichst hohe Feststoffgehalte angestrebt. Verfahrenstechnisch wird die Konzentrierung der Feststoffe und damit die Reduzierung des Schlammvol. durch Abtrennung des Schlammwassers zumeist durch statische Eindickung oder in besonderen Fällen auch durch >Flotation< erreicht.
Lit: Abwassertechnische Vereinigung (Hrsg.) (1982–1986) Lehr- und Handbuch der Abwassertechnik, 3. Aufl., Bd. 1–7, Verlag von Wilhelm Ernst und Sohn, Berlin München.

Schlammentwässerung. Abtrennung von >Schlammwasser< bei Schlammbehandlungsanlagen durch natürliche Verfahren, z. B. >Schlammbeete< (Trockenbeete)

oder durch maschinelle Verfahren z. B. >Bandfilter<, >Filterpressen<, >Zentrifugen<, >Vakuumfilter< (DIN A045). Definitionsgemäß versteht man unter der Schlammentwässerung die Abtrennung von Schlammwasser mit Hilfe mechanischer oder anderer äquivalenter Kräfte, die in ihrer Wirkung über das natürliche Schwerefeld im Rahmen der >Schlammeindickung< hinausgehen. Aufgrund der unterschiedlichen Bindung des im >Schlamm< enthaltenen Wassers an die >Feststoffe< beziehen sich die für den Bereich der >Entwässerung< aufzuzeigenden speziellen Grundlagen, Gesetzmäßigkeiten und verfahrenstechnischen Fragen insbesondere auf die Gruppen des >Haft-< und >Adhäsionswassers< und die des >Kapillarwassers< sowie ggf. noch auf Reste des durch eine vorhergehende >Eindickung< nicht entfernten >Zwischenraumwassers<.
Lit: Abwassertechnische Vereinigung (Hrsg.) (1982–1986) Lehr- und Handbuch der Abwassertechnik, 3. Aufl., Bd. 1–7, Verlag von Wilhelm Ernst und Sohn, Berlin München.

Schlammfaulung. >Faulung< (>anaerob<). In Kläranlagen versteht man unter dem >anaeroben Verfahren< oder kurz >Faulverfahren< den >biol. Abbau< org. Stoffe durch >Methanbakterien< in einem kontinuierlichen Vorgang. Die anaerobe Zersetzung des Rohschlammes bewirkt eine wesentliche Vol.-Abnahme. Etwa die Hälfte der im Rohschlamm enthaltenen org. Stoffe wird abgebaut. Im gut eingearbeiteten >Faulraum< entstehen dabei das >Faulgas< >Methan< (CH_4) und Kohlendioxid (CO_2) etwa im Verhältnis 70:30 sowie ein schwarzer, Eisen(II)-sulfidhaltiger Faulschlamm und das Schlammwasser mit >Ammoniak< (NH_3). Der Gesamtvorgang liefert Energie. Außerdem werden >pathogene Keime<, >Wurmeier< und Unkrautsamen weitgehend vernichtet. Von Sonderfällen abgesehen ist die Faulung das meistbenutzte Verfahren, um den Schlamm für die weitere Behandlung und endgültige Beseitigung vorzubereiten.
Lit: Abwassertechnische Vereinigung (Hrsg.) (1982–1986) Lehr- und Handbuch der Abwassertechnik, 3. Aufl., Bd. 1–7, Verlag von Wilhelm Ernst und Sohn, Berlin München.

Schlammindex, ISV. In der Abwassertechnologie Quotient aus dem Schlammvol. nach 30 min Absetzzeit und dem Trockensubstanzgehalt in mL/g (DIN 4045). Der Schlammindex ISV gibt an, wie groß das Vol. V_S von 1 g Trockensubstanz (TS_R) des >belebten Schlammes< nach einer Absetzzeit von 30 min ist. Die praktische Bestimmung geht folgendermaßen vor sich: Ein Standzylinder von 1 L Inhalt und 6 cm Durchmesser wird mit dem Abwasser-Schlamm-Gemisch aus dem >Belebungsbecken< gefüllt. Nach 30 min Absetzzeit wird das Vol. des abgesetzten, belebten Schlammes in mL/L abgelesen. Der abgesetzte belebte Schlamm wird dann getrocknet und gewogen. Das Vol. geteilt durch den Feststoffgehalt ergibt den Schlammindex ISV. Steigt der Schlammindex auf über 150 mL/g und weist der Schlamm in verstärktem Maße fadenförmige >Mikroorganismen< auf, spricht man von einem >Blähschlamm<. Für die Bildung leichter belebter Schlämme kann eine Vielzahl unterschiedlicher Fadenorganismen Ursache sein.
Lit: Abwassertechnische Vereinigung (Hrsg.) (1982–1986) Lehr- und Handbuch der Abwassertechnik, 3. Aufl., Bd. 1–7, Verlag von Wilhelm Ernst und Sohn, Berlin München.

Schlammkompostierung. Die >Kompostierung< ist ein >aerober< biol. Vorgang. >Mikroorganismen< (>Bakterien<, >Pilze<) zersetzen die org. Substanz, indem sie diese in bestimmtem Verhältnis von C und N zum Aufbau ihres Körpers verwenden. Das >C/N-Verhältnis< von Bakterien und Pilzen liegt zwischen 5 und 10:1. Die Mikroorganismen assimilieren und veratmen einen Teil des Kohlenstoffs und verbrauchen in adäquatem Verhältnis Stickstoff. Das günstigste C/N-Verhältnis des abzubauenden Rohstoffes liegt unter Berücksichtigung des >Assimilation<santeiles bei etwa 25 bis 30:1. Die >Verrottung< geht desto schneller vor sich, je näher das C/N-Verhältnis des Abfallstoffes bei diesem Wert liegt. Das C/N-Verhältnis des frischen >Klärschlamme< liegt bei 15:1, von >Belebtschlamm< bei 5 bis 8:1, von >Faulschlamm< bei 13:1; es ist gegenüber dem optimalen Wert zu eng. Andererseits erfordert die Kompostierung z.B. von >Müll< allein lange >Rotte<zeiten, weil er ein zu weites C/N-Verhältnis – 60 bis 80:1 – hat. Durch Mischung beider Stoffe können die Rottebedingungen sowohl für Schlamm als auch für Müll verbessert werden.

Lit: Abwassertechnische Vereinigung (Hrsg.) (1982–1986) Lehr- und Handbuch der Abwassertechnik, 3. Aufl., Bd. 1–7, Verlag von Wilhelm Ernst und Sohn, Berlin München.

Schlammkonditionierung. Die Bindung des >Schlammwassers< an die >Feststoffe< des >Schlammes< in Abwasseranlagen ist so stark, daß eine >Entwässerung< ohne eine vorherige Aufbereitung (>Konditionierung<) außerordentlich schwierig und bei den meisten Schlämmen sogar unmöglich ist. Die wichtigste Aufgabe der Schlammkonditionierung ist daher, eine möglichst weitgehende Lockerung dieser Bindung zu erreichen und somit eine Beschleunigung des Entwässerungsvorganges zu ermöglichen. Das Konditionierverfahren ist also nicht Selbstzweck, sondern muß stets in Verbindung mit der sich anschließenden Entwässerung gesehen werden. Eine Konditionierung kann an verschiedenen Stellen der >Kläranlage< auf unterschiedliche Art und Weise erfolgen. Es gibt Möglichkeiten, durch >Flockung< den Absetzvorgang beim Klärprozeß zu beschleunigen, durch Schlammeindikkung unter Einsatz geeigneter Hilfsmittel beim >Sedimentations-< oder >Flotation<sprozeß einen für die anschließende Entwässerung optimalen Feststoffgehalt zu erzielen.

Lit: Abwassertechnische Vereinigung (Hrsg.) (1982–1986) Lehr- und Handbuch der Abwassertechnik, 3. Aufl., Bd. 1–7, Verlag von Wilhelm Ernst und Sohn, Berlin München.

Schlammkontaktverfahren. Für die chem. >Fällung< sind in den USA für die >Abwasserbehandlung< Anlagen entwickelt worden, in denen Mischung, >Flokkung< und >Klärung<, ggf. auch >Belüftung<, in einem Aggregat zusammengefaßt sind. Dieses ist dementsprechend in verschiedene Abteilungen untergliedert und mit >Rührwerk<, u.U. auch mit >Belüftungseinrichtung< ausgestattet. Die Wirkungsweise solcher Anlagen beruht auf der innigen Mischung des Rohabwassers mit den >Fällmitteln< und dem bereits gebildeten >Schlamm< (>Rücklaufschlamm<). Der Schlamm liegt dabei als >Suspension< mit 1 bis 5 Gew.-% >Schwebstoffen< vor; die Schlammumlaufmenge beträgt das Zwei- bis Fünffache des >Rohwasser<zulaufs und muß den jeweiligen Erfordernissen entsprechend reguliert werden. Die Flockung, die durch eine Umwälzvorrichtung gefördert wird, führt zur Bildung eines rasch absinkenden Niederschlages. Die Klärung vollzieht sich durch ein „schwebendes Filter", dessen Abstand zum Wasserspiegel für das gute Arbeiten der Anlage bedeutsam ist. Darunter befindet sich die >Schlammeindick<zone. Diese sog. Schlammkontaktanlagen sind gegen Schwankungen der Abwassermenge verhältnismäßig wenig empfindlich. Unter den in Deuschland bekannten Bauarten seien hier der Accelator, Aero-Accelator, Koagulator, Cyclator und Reactivator genannt (s. Abb.).

Lit: Abwassertechnische Vereinigung (Hrsg.) (1982–1986) Lehr- und Handbuch der Abwassertechnik, 3. Aufl., Bd. 1–7, Verlag von Wilhelm Ernst und Sohn, Berlin München.

Schlammlagerplatz. S. haben grundsätzlich die gleiche Aufgabe wie >Schlammbeete<. Äußerlich unterscheiden sich diese beiden Typen im wesentlichen nur durch ihre verschiedene Beschickungshöhe. Diese liegt für S. i. allg. bei etwa 1 bis 3 m. Im Aufbau lehnen sich die S. sonst an die Schlammbeete an. Sie haben also ebenfalls Sickerschicht und Drainage. Ihre Umwehrung besteht jedoch nicht mehr aus Betonplatten, sondern in der Regel aus Erddämmen. Auch haben sie in Anbetracht der zu behandelnden erhöhten Schlammengen größere Abmessungen. Die S. sind insofern aus einer Zwangslage heraus entstanden, als es oftmals in Ermangelung von geeigneten Erweiterungsmöglichkeiten für Schlammbeete notwendig war, die angewachsenen Schlammengen auf dem nur beschränkt vorhandenen Raum zu behandeln. Infolge der größeren Beschickungshöhe werden die Schlammplätze nicht so häufig

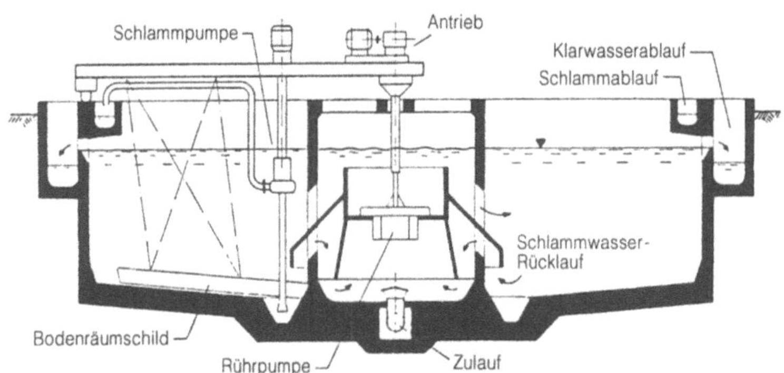

Schlammkontaktverfahren: „Cyclator" – Schlammkontakt-Anlage (aus: Meinck F, Stooff H, Kohlschütter H (1968) Industrieabwässer, Gustav Fischer Verlag, Stuttgart)

geräumt wie Schlammbeete. Das führt jeweils zu einer längeren Zwischenlagerung des anfallenden Schlammes.
Lit: Abwassertechnische Vereinigung (Hrsg.) (1978) Lehr- und Handbuch der Abwassertechnik, 2. Aufl., Bd. 3, Verlag von Wilhelm Ernst und Sohn, Berlin München.

Schlammoxidation. In der Abwassertechnologie aerober biol. Abbau der org. Stoffe im >Schlamm< durch langzeitige >Belüftung< oder chem. >Oxidation< durch Sauerstoffzufuhr. Beim >aeroben Abbau< wird ein Teil der abbaubaren org. Substanz im >Energiestoffwechsel< unter Energiegewinnung bis zu anorg. Endprodukten (CO_2, H_2O, NO_3) oxidiert. Der andere Teil wird im >Baustoffwechsel< unter Energieverbrauch zum Aufbau neuer Zellsubstanz (>Wachstum<) und zur Bildung von Reservestoffen verwendet. Da die >Mikroorganismen< stets eine Mindestmenge an Energie benötigen, nimmt bei abnehmendem Nährstoffangebot der für den Baustoffwechsel zur Verfügung stehende Anteil der org. Substanz ab. Ist der externe Nährstoffvorrat vollständig erschöpft, müssen die Organismen die gespeicherten Reservestoffe und letztlich auch körpereigene, endogene Substrate zur Energiegewinnung „veratmen" (>Grundatmung<, endogene Atmung).
Lit: Abwassertechnische Vereinigung (Hrsg.) (1982–1986) Lehr- und Handbuch der Abwassertechnik, 3. Aufl., Bd. 1–7, Verlag von Wilhelm Ernst und Sohn, Berlin München.

Schlammpasteurisierung. Thermische Behandlung des >Schlammes< aus >Abwässern< unter 100 °C, in der Regel für 30 min zwischen 60 und 70 °C, zur Verminderung oder Inaktivierung von >pathogenen Keimen<, >Viren<, parasitären Dauerformen und Pflanzensamen (DIN 4045). Durch Pasteurisierung (Teilentkeimung ohne Abtöten der Sporenbildner) des >Flüssigschlamms< kann eine beträchtliche Verringerung der Keimpopulationen und der >Parasiten< erreicht werden. Einen Anhalt über die Wirkung der Pasteurisierung bei verschiedenen Temperaturbereichen gibt die Tabelle (s. unten). Für die Abtötung von >Salmonellen< kommt man in Feld- und Laborversuchen größenordnungsmäßig zu ähnlichen Ergebnissen. Auf dieser Grundlage werden unter Berücksichtigung von Sicherheitszuschlägen folgende Richtwerte für die Reaktionsbedingungen bei der Schlammpasteurisierung empfohlen: Temperatur 65 bis 70 °C, Dauer 20 bis 30 min. Die quant. Wirkung einer Schlammpasteurisierung kann an der Reduzierung charakteristischer Populationen abgelesen werden.
Lit: Abwassertechnische Vereinigung (Hrsg.) (1982–1965) Lehr- und Handbuch der Abwassertechnik, 3. Aufl., Bd. 1–7, Verlag von Wilhelm Ernst und Sohn, Berlin München.

Schlammplätze. >Schlammbeete<.

Schlammsaugewagen. Lastkraftwagen mit Kesselaufbau und Vakuumanlage zur Entleerung von Schlammgruben, Schächten u. ä. Zur Reinigung von Trocken- und Naßschlammsinkkästen werden Saugewagen, nach dem Zweikammerverfahren arbeitend, jedoch mit zusätzlicher Pumpe für das Spülwasser eingesetzt. Während früher die Reinigung der Trockenschlammsinkkästen mit Bodenauslauf und Eimer nur mit Hilfe der Kranschlammwagen möglich war, wird heute die Reinigung nach dem Saugprinzip praktiziert, weil das Spülwasser gleichzeitig mit dem Saugvorgang nach Bedarf zugesetzt werden kann. Dadurch, daß Spülen und Saugen gleichzeitig erfolgen, wird das Wasser mit >Schlamm< wieder aufgesaugt und kann nicht durch den Bodenablauf in die >Kanalisation< abfließen.
Lit: Hösel G, Schenkel W, Schnurer H (1993) Müll-Handbuch, Loseblattsammlung. Ergänzbares Handbuch für die kommunale und industrielle Abfallwirtschaft, Erich Schmidt Verlag, Berlin.

Schlammsilo. Behälter oder Becken in Abwasseranlagen, in dem der biol. >Überschußschlamm< bei der gemeinsamen >aeroben Stabilisierung< gespeichert wird, bis eine Abfuhr oder Weiterbehandlung erfolgt. Der Schlammsilo wird i. allg. bei Langzeitbehandlungsanlagen – >Belebungs-< oder >Oxidationsgräben< – als Schlammspeicherbehälter eingesetzt, z. B. in Verbindung mit der Naßschlammabfuhr für die Landwirtschaft.

Schlammstabilisierung   **(Schlammstabilisation).** >Schlammbehandlung<. In der >Abwassertechnik< Verfahren der Schlammbehandlung u. a. zur weitgehenden Verringerung von geruchsbildenden Inhaltsstoffen, Verringerung der Schlammfeststoffe, aber auch zur Verbesserung der >Entwässerbarkeit< und Verminderung von Krankheitserregern (DIN 4045).

Schlammteich. Anlage zur Speicherung von stabilisiertem >Schlamm< in der >Abwassertechnik< (DIN 4045). Schlammteiche sind Erdbecken, in denen der ausgefaulte Schlamm entwässert. Die Teiche werden meist mit Schächten für den Abzug des Oberflächenwassers versehen. Sie werden doppelt angelegt, damit stets eine Abteilung zum Entwässern dient, während die andere beschickt wird. Die Fläche der Schlammteiche ist etwa zweimal so groß wie die von entsprechenden >Trockenbeeten<. Man braucht etwa 0,3 bis 0,5 m^2 pro Einwohner und eine Tiefe von wenigstens 3 m.
Lit: Imhoff K, Imhoff KR (1990) Taschenbuch der Stadtentwässerung, 27. Aufl., R. Oldenbourg Verlag, München Wien.

Schlammtrichter. In >Kläranlagen< die trichterförmige Vertiefung der Beckensohle an der Einlaufseite eines

Schlammpasteurisierung: Pasteurisierungseffekte

Einwirkungsdauer (in min) zur Abtötung von	bei einer Erhitzungstemperatur von (°C)					
	50	55	60	65	70	
Cysten von *Entamobea histolytica*	5					min
Eiern von *Ascaris lumbricoides*	60	7				min
Brucella abortus		60		3		min
Corynebacterium diphteria		45			4	min
Salmonella typhosa			30		4	min
Escherichia coli			60		5	min
Micrococcus pyogenes var. *aureus*					20	min
Mycobacterium tuberculosis var. *promixis*					20	min
Viren					25	min

rechteckigen oder in der Mitte eines runden >Absetzbeckens<, in die der abgesetzte >Schlamm< geschoben wird, mit dem Entnahmerohr im Trichterhals. Aus den Schlammtrichtern der Absetzbecken wird der Schlamm in der Regel mit Wasserüberdruck durch Rohrleitungen abgelassen. Dieses Verfahren arbeitet nur zufriedenstellend, wenn der Wasserdruck groß genug ist. Die Höhe des erforderlichen Druckes hängt von der Dichte, der Zähigkeit und dem Sandgehalt des Schlammes sowie von der Länge der Ablaßleitung ab. Bei >Vorklärbecken< ist eine Druckhöhe von 1,5 bis 2 m angebracht, während bei >Nachklärbecken< mit fortlaufendem Schlammabzug eine Druckhöhe von 0,5 bis 1 m ausreicht.

Lit: Abwassertechnische Vereinigung (Hrsg.) (1982–1986) Lehr- und Handbuch der Abwassertechnik, 3. Aufl., Bd. 1–7, Verlag von Wilhelm Ernst und Sohn, Berlin München.

Schlammtrockenbeete. >Schlammbeete<.

Schlammtrocknung. In >Kläranlagen< Entzug von >Schlammwasser< durch Verdampfen oder Verdunsten (DIN 4045). Will man das im entwässerten >Schlamm< enthaltene Restwasser auch noch entfernen, so muß man es verdampfen oder verdunsten. Die natürlichen Verfahren (>Schlammtrockenbeete<, >Schlammteiche< und >Schlammlagerplätze<) gehen in der Regel von flüssigem >Klärschlamm< aus. Bei ihnen finden Sedimentation der Feststoffe, Versickerung und Verdunstung des Schlammwassers gleichzeitig statt. Eine wirkungsvolle Trocknung ist dabei nur bis zu einer begrenzten Schlammtiefe möglich. Die Verfahren zur thermischen Klärschlammtrocknung bedienen sich verschiedener Arten des Wärmeüberganges. Am häufigsten wurden bisher sog. Rauchgastrockner angewandt. Hierbei kommt der zu trocknende Schlamm direkt mit den >Rauchgasen< aus einer Verbrennungsanlage in Kontakt, die mit Öl, Gas oder Abfallstoffen beheizt wird (direkte Trocknung). Das verdampfte Wasser, der sog. >Brüden<, verläßt zusammen mit den Rauchgasen den Trockner. Rauchgase und Brüden werden anschließend durch einen >Entstauber< sowie zur Beseitigung von Geruchsstoffen über eine >Nachverbrennung<seinrichtung oder einen >Wäscher< geleitet. Bei der indirekten Trocknung in Berührungstrocknern oder Verdampfern wird die Wärme über beheizte Flächen auf den zu trocknenden Schlamm übertragen. Diese Flächen beheizt man in der Regel mit Dampf. Den Brüden leitet man zur >Desodorierung< in den Brenner des Dampferzeugers, behandelt ihn in einem Wäscher oder kondensiert den Dampf. Klärschlammverdampfer kann man auch mehrstufig bauen und damit ihren Wirkungsgrad erhöhen.

Schlammumwälzung. Eine intensive Schlammumwälzung in >Faulbehältern< fördert die Gasentwicklung und gleichmäßige Durchwärmung der gesamten Schlammasse.

Hydraulisches Verfahren: Umpumpen des Faulrauminhaltes durch außenliegende Schlammumwälzpumpen (meist Kanalrad-Kreiselpumpen). Wenn die Pumpen den >Schlamm< gleichzeitig durch einen außen angeordneten Wärmetauscher drücken, wird durch zusätzliche Schlammaufheizung doppelter Nutzen erzielt.

Umwälzung und Schlammbeheizung durch Dampfstrahl: In die Schlammumwälzleitung ist eine außenliegende Wasserdampfdüse eingebaut, die den Schlamm aufheizt und durch Injektorwirkung in den >Faulraum< zurückfördert. In diesen Fällen sollte eine Umwälzpumpe als Reservemaschine vorgesehen werden,

falls die Dampfheizung ausfällt. Auch das Gaseinblasen fördert die Schlammumwälzung.

Mechanische Verfahren: >Rührwerke< mit waagerechter Achse. Dabei entsteht ein großer Kraftbedarf, da der Schlammwiderstand zu überwinden ist. Bei amerikanischen und vereinzelt auch bei deutschen Faulräumen mit flacher oder wenig geneigter Sohle findet man vielfach Rührwerke, die sich um eine lotrechte Achse drehen. Sie haben die Aufgabe, den Bodenschlamm in Bewegung zu halten. Rührwerke im oberen Faulraumbereich dienen zur Zerstörung der >Schwimmdecke<. Der Schlammmischer wird wegen seiner starken Umwälzwirkung vielfach verwendet. Während früher der Mischer 1 bis 1,5 h betrieben wurde, bewährt sich heute der durchgehende Mischerbetrieb. Damit wird eine sehr weitgehende Durchmischung und gleichmäßige >Ausfaulung< erreicht.

Lit: Abwassertechnische Vereinigung (Hrsg.) (1985–1997) ATV-Handbuch, 4. Aufl., Bd. 1–7, Verlag von Wilhelm Ernst und Sohn, Berlin München.

Schlammverbrennung. In der Endstufe von >Kläranlagen< hochthermische >Oxidation< der im >Schlamm< enthaltenen Substanzen, z. B. mit Hilfe von >Drehrohröfen<, >Etagenöfen<, >Wirbelschichtöfen< (DIN 4045). Die Schlammverbrennung wird da eingesetzt, wo aufrund der Schlammbeschaffenheit und der örtlichen Verhältnisse eine >Deponie< oder Verwertung des entwässerten Schlammes nicht möglich ist. Bei weitgehender >Entwässerung< und guter Wärmeausnutzung kann der Schlamm ohne zusätzliches Stützfeuer verbrannt werden. Für die Verbrennung von Klärschlamm verwendet man >Drehetagenöfen< oder Wirbelschichtöfen und vereinzelt auch Drehrohröfen. >Klärschlamm< kann entweder als >Frischschlamm< oder als >Faulschlamm< verbrannt werden. Er läßt sich ohne besondere Schwierigkeiten maschinell entwässern bis auf einen Wassergehalt von 60 bis 75 %, fällt dann in etwa stichfester Form an und kann so über Förderer oder Pumpen dem Ofen zugeführt werden.

Lit: Abwassertechnische Vereinigung (Hrsg.) (1982–1986) Lehr- und Handbuch der Abwassertechnik, 3. Aufl., Bd. 1–7, Verlag von Wilhelm Ernst und Sohn, Berlin München.

Schlammverwertung. >Klärschlammverwertung<. Landwirtschaftliche Nutzung von behandeltem Schlamm, z. B. zur Rekultivierung, zur Energiegewinnung (DIN 4045).

Schlammwaschung. In der Endstufe von >Kläranlagen< nimmt zusammen mit der >Koagulation< auch die Schlammwaschung im Rahmen der Schlammvorbehandlung eine besondere Stellung ein. Sie wurde in Anlehnung an die in der chem. Verfahrenstechnik vielfach angewendeten Waschprozesse entwickelt. In Amerika hat man die Schlammwaschung häufiger, in Deutschland bisher kaum angewendet. Man hat gefunden, daß dem Fäulnisgrad eines >Schlammes< bei seiner Aufbereitung größere Bedeutung zukommt. Nach den Untersuchungen verbindet sich das für eine Koagulation zugegebene >Metallsalz<, z. B. Eisen(II)-chlorid, zunächst mit dem bei der >Schlammfaulung< entstehenden >Ammoniak< und fällt damit für eine Einwirkung auf die >Kolloide< aus. Erst nach Absättigung der im Schlamm als Ammoniak und seinen Derivaten enthaltenen Stickstoffverb. kann das zugegebene Eisenchlorid als Flockungsmittel wirken.

Lit: Abwassertechnische Vereinigung (Hrsg.) (1982–1986) Lehr- und Handbuch der Abwassertechnik, 3. Aufl., Bd. 1–7, Verlag von Wilhelm Ernst und Sohn, Berlin München.

Schlangengifte. (Grch. ophis = Schlange). (Syn. Ophiotoxine). Das Rohgift ist farblos bis gelb, klar bis milchig trüb, in Kochsalzlsg. zu 95 bis 99,5 % und Wasser zu 80 bis 99,5 % löslich. Der pH-Wert liegt im Bereich von 5,5 bis 7; die Dichte beträgt 1,03 bis 1,108. Getrocknet ist das Rohgift jahrelang haltbar, während Giftlsg. auch gekühlt nicht stabil sind. Die Zusammensetzung ist zwar artspezifisch, weist aber innerhalb der Gattungen oder sogar Familien Gemeinsamkeiten auf. Charakteristische Bestandteile sind Nukleotide, freie Aminosäuren, Zucker, phosphorylierte Zucker und Lipide. Gelegentlich sind auch rel. hohe Konz. an Zinkionen enthalten. Der gewichtsmäßig größte Anteil entfällt auf verschiedene Proteine (s. Tabelle unten), die drei Gruppen zugeordnet werden: solche mit rein toxischer Aktivität (>Toxine<), solche mit rein enzymatischer Aktivität und solche ohne bekannte biol. Aktivität. Die Konz. der tox. Komponenten und die Menge des beim Biß injizierten Giftes hängen von der Schlangenart, der Jahreszeit, dem Allgemeinbefinden der Schlange und der Zeit nach dem letzten Biß ab. Bei den meisten Schlangen lassen sich ein Verteidigungs- und ein Jagdbiß unterscheiden. Bei ersterem wird weniger Gift ausgeschüttet. Die tödliche Dosis für den Menschen beträgt je nach Schlangenart 0,01 bis 10 mg/kg KG (s. Tabelle S. 1041). Die Stärke der Wirkung hängt nicht nur von der artspezifischen und individuellen Empfindlichkeit und dem Allgemeinbefin-

---

Schlangengifte: Die wichtigsten Proteine mit biologischer Aktivität in Schlangengiften

Protein	Vorkommen	Wirkungsmechanismus	Folgeerscheinungen
Neurotoxine:	Elapidae[a] Hydrophiidae[b] Crotalidae[c]		Muskellähmung, Lähmung des Atemzentrums
α-Neurotoxine		Blockierung der nicotinähnlichen Acetylcholinrezeptoren	
β-Neurotoxine		Verringerung der Freisetzung von Acetylcholin	
Dendrotoxin		Erhöhung der Menge an ausgeschütteter Transmittersubstanz	
Fasciculine		Inhibition der Acetylcholinesterase	
Cardiotoxin (= Cytotoxin = Cobramin A = DLF = „direct lytic factor")	Elapidae	Depolarisierung von erregbaren Zellen Bindung an Zellmembrane, Änderung der Permeabilität, in höherer Konz. Lockerung der gesamten Membranstruktur	Lähmung von Muskelzellen, Unterbrechung der Herzmuskelkontraktion „Lecken" der Zellen, Eindringen enzymatischer Bestandteile des Giftes, Hämolyse
Crotamin, Myotoxin, Peptid C	Crotalus	Aktivierung der Natriumkanäle	Lähmungen
Hämolysin	Elapidae, Viperidae[d] Crotalidae		Freisetzung des Hämoglobins aus den Erythrozyten
Coagulin	Crotalidae u. a.	Umwandlung von Fibrinogen zu Fibrin bzw. von Prothrombin zu Thrombin	Blutgerinnung
Anticoagulin	Elapidae, Crotalidae	Abbau bzw. Hemmung von Thromboplastin	Gerinnungshemmung
Phospholipasen, Lecithinasen	Hydrophiidae Crotalidae u. a.	Spaltung von α-Lecithin und α-Kephalin; die entstehenden Lysophosphatide wirken detergierend und führen in höheren Konz. zur Auflösung von Zellmembranen	Hämolyse
Acetylcholinesterase	Elapidae	Spaltung von Acetylcholin	
Ophio-L-Aminosäureoxidase	In allen gelbgefärbten Giften	Oxidation von L-Aminosäuren, dabei wird Wasserstoff auf O_2 übertragen und H_2O_2 gebildet	
Nukleasen		Spaltung von Nukleinsäuren an der Phosphordiesterbindung	
Hyaluronidase (Diffusionsfaktor)	Hydrophiidae u. a.	Spaltung von Hyaluronsäure und Chondroitinsulfaten, dadurch werden Haut und Bindegewebe leichter durchdringbar	Beschleunigung der Diffusion des Giftes
Proteasen		Spaltung der Peptidbindung in Proteinen und Proteiden	Lokale Nekrosen, Gewebemazerationen
Nervenwachstumsfaktor		Ermöglicht den peripheren sympathischen Neuronen das gerichtete Wachstum zum Zielorgan, außerdem allgemein wachstumsfördernd	

[a] Giftnattern und Kobras.
[b] Seeschlangen.
[c] Klapperschlangen und Grubenottern.
[d] Vipern.

Schlangengifte: Minimale tödliche Dosis einiger Schlangengifte (Aus: Habermehl 1987)

Art	Tödliche Dosis Mensch (75 kg) [mg]	Ejizierte Menge Gift pro Biß [mg]
Elapidae:		
Naja naja (Brillenschlange)	15	210
Naja bungarus (Königskobra)	12	100
Bungarus candidus (Krait)	1	5
Dendroaspis polylepis (Schwarze Mamba)	120	1.000
Viperidae:		
Vipera berus (Kreuzotter)	75	10
Vipera russellii (Russellviper)	42	70
Crotalidae:		
Bothrops neuwiedii (Urutu)	200	200
Trimeresurus gramineus (Lanzenotter)	100	14

den des Opfers ab, sondern auch davon, ob das Gift direkt in ein Blutgefäß oder nur in einen Muskel injiziert wurde. Die klin. Symptome können sehr unterschiedlich sein, je nachdem, ob die Gifte überwiegend nervenschädigende Toxine enthalten (Elapiden, Hydrophiiden) oder gewebezerstörende (Viperiden, manche Crotaliden). Sch. mit überwiegend gewebezerstörender Wirkung sind durch starke lokale Schmerzen, Ödeme, Blutungen aus der Bißstelle und Blutdruckabfall gekennzeichnet; letztere führen schließlich zu Herz- und Kreislaufversagen. Im Fall einer Heilung können Schäden durch ausgedehnte Nekrosen zurückbleiben. Dagegen sind bei Giften, die überwiegend Neurotoxine enthalten, die lokalen Symptome schwach ausgeprägt oder fehlen ganz, während systemische Effekte, wie Lähmung, Atemnot oder Koma, im Vordergrund stehen. Im Fall einer Heilung bleiben i.d.R. keine Schäden zurück.

Lit: Kini RM (ed.) (1997) Venom Phospholipase A$_2$ Enzymes: Structure, Function and Mechanisms. Wiley, Chichester – Habermehl GH (1987) Gift-Tiere und ihre Waffen. Springer, Berlin Heidelberg New York, S.126–180 – Teuscher E, Lindequist U (1987) Biogene Gifte. Fischer, Stuttgart New York, S.513–523.

Schlauchpilze (Ascomycetes). >Fungi<.

Schlauchwürmer (Nemathelminthes). >Parasiten<.

Schleimpilze (Myxomycetes). >Fungi<.

Schleuderversatz. >Versatzverfahren<, bei dem das Versatzgut von einem schnellaufenden Band in den zu versetzenden >Abbauhohlraum< geschleudert wird.

Schlick. Allg. (niederdeutsche) Bezeichnung für Schlamm = feines >Sediment<. In der Meereskunde werden mit Schlick feinkörnige hemipelagische Sedimente terrestrischen Ursprungs bezeichnet mit einem unterschiedlichen Anteil von org. Resten. Sie bedekken 73 Mio. km^2 des Meeresbodens. Je nach ihrer Farbe unterscheidet man Blauschlick mit viel org. Material und reduzierenden Bedingungen, die zur Bildung von Eisensulfid FeS$_2$ führen und die dunkle Farbe verursachen, besonders beim „Schwarzschlick". Die Ablagerungen von Blauschlick umfassen eine Fläche von 56 Mio. km^2. Rotschlick ist durch Beimengungen von roten Lateritböden gefärbt. Beim Grünschlick, dessen Ablagerungen sich über 4 Mio. km^2 ausdehnt, ist der Glauconit, ein wasserhaltiges Kalium-Eisen-Aluminium-Silikat farbgebend. Die weißen Kalkschlicke in der Umgebung von Korallenriffen enthalten 40 bis 90% Kalk. S. a. >Sedimente<.

Schlüsselfaktor. Der wichtigste >Umweltfaktor<, der für die Größe und Dynamik konkreter >Populationen< verantwortlich ist.

Schlüsseltierarten. Sie dominieren an Häufigkeit, >Biomasse< oder Funktion in den versch. taxonomischen und trophischen Gruppen in einem >Ökosystem<.

Schluff. (Syn. Silt). Korngrößenfraktion, deren Teilchendurchmesser zwischen 20 und 63 µm liegt. Schluff ist neben >Sand< und >Ton< eine der Hauptbodenarten. Mineralogisch bestehen die Schluffe im gemäßigthumiden Klimabereich vorwiegend aus >Quarz<, >Feldspäten< und >Glimmern<, wozu bei jüngeren Schluffsedimenten (z.B. >Löß<) große Mengen (bis gegen 35%) Carbonate (>Calcit<, >Dolomit<) kommen können.

Schlupf. Unterschied zwischen der Umfangsgeschwindigkeit eines angetriebenen Fahrzeugrades und der Fortbewegungsgeschwindigkeit. Bei größerer Zugbelastung (z.B. bei einem Mehrscharenpflug an einem Traktor) dreht sich das Rad rascher, so daß auf den Boden u.U. große Scherkräfte einwirken können. Vor allem bei zu nassen Lehmböden führt dies zu einer Verschmierung in der Fahrspur und zu einer Zerstörung des >Bodengefüges<, wodurch das Auftreten von Oberflächenwasser und die >Bodenerosion< gefördert werden.

Schmelzpunkt. (Syn. Festpunkt, Schmelztemperatur; Abk. Fp). Temperatur, bei der ein fester Stoff bei konst. Druck (Normaldruck 1.013 mbar) in den flüssigen Zustand übergeht. Dabei liegen die feste und die flüssige Phase bei übereinstimmendem Dampfdruck im Gleichgewicht nebeneinander vor. Bei weiterer Wärmezufuhr bleibt die Temp. zunächst konst., bis der feste Stoff vollständig geschmolzen ist. Bei homogen zusammengesetzten Stoffen ist der Sch. gleich dem Erstarrungspunkt, der exakt bestimmt werden kann. Keinen festen Schmelzpunkt besitzen amorphe Stoffe, die einen Schmelzbereich durchlaufen. Gemische aus zwei festen Stoffen haben in der Regel einen niedrigeren Schmelzpunkt als die reinen Komponenten.

Lit: Richtlinie der Kommission vom 25. April 1984 zur sechsten Anpassung der Richtlinie 67/548/EWG des Rates für die Einstufung, Verpackung und Kennzeichnung gefährlicher Stoffe an den technischen Fortschritt (84/449/EWG). In: Rippen G (Hrsg.) Handbuch Umweltchemikalien, ecomed Verlagsgesellschaft, Landsberg/Lech.

Schmelztemperatur. >Schmelzpunkt<.

Schmetterlinge. >Lepidoptera<.

Schmutzbeiwert. Bewertungszahl eines >Abwassers< nach seiner Beschaffenheit, ermittelt nach besonders festgelegten Kriterien und verwendet als Vergleichsgrundlage und Verteilungsmaßstab für Gebühren, Umlagen, Beiträge usw. Ein ausschließlich auf den >BSB$_5$< bezogener >Schmutzbeiwert< entspricht dem >Einwohnergleichwert< nach DIN 4049, Blatt 2. Es gibt im >Industrieabwasser< Verschmutzungsarten, wie z.B. >Gifte<, >Säuren<, >Salze<, die dem Gewässer schaden oder in einem gemeinsamen >Klärwerk< zusätzliche Kosten verursachen können. Deshalb wurde von WAGNER der allg. Begriff des Schmutzbeiwertes geprägt.

Lit: Abwassertechnische Vereinigung (Hrsg.) (1985–1997) ATV-Handbuch, 4. Aufl., Bd. 1–7, Verlag von Wilhelm Ernst und Sohn, Berlin München.

Schmutzwasser, SW. Durch Gebrauch verunreinigtes Wasser (DIN A045). Es besteht vorwiegend aus den Abflüssen der Haushaltungen, Büros und kleingewerblichen Betrieben (häusliches SW), dem SW aus Gewerbe- und Industriebetrieben, Krankenhäusern, Schulen, Hotels, Kasernen und dem Fremdwasser aus Hausdränagen und Grundwasser, das an undichten Stellen in die >Kanalisation< gelangt. Je nach Art und Größe der Gemeinde (Dorf, Mittelstadt, Großstadt) und den damit verbundenen unterschiedlichen Lebensgewohnheiten, Haushaltstechniken und Gewerbanteilen fallen 150 bis 300 L, i. M. 200 L Abwasser pro Einwohner und Tag an. Der >Abfluß< zeigt starke Schwankungen zwischen einem Minimum in der Nacht und einem Maximum gegen Morgen. Da sowohl die Abwassermenge als auch die Schmutzstoffkonz. etwa gleichzeitig Minimum und Maximum erreichen, ergeben sich für die Schmutzstoff-Frachten (kg/m^3 · m^3 h = kg/h) noch stärkere Unterschiede zwischen Tag und Nacht, was für den Betrieb der >Kläranlage< von großer Bedeutung ist. Neben diesen Schmutzstoffen sind im >kommunalen Abwasser< >Bakterien< (z. B. >E. coli<), >pathogene Keime<, >Viren< und >Wurmeier< enthalten.

Lit: Mudrack K, Kunst S (1985) Biologie der Abwasserreinigung, Gustav Fischer Verlag, Stuttgart New York.

Schnaken (Tipulidae). >Diptera<, >Mull-Moder-Modell< (s. Abb. S. 218).

Schnecken. >Mollusken<, >Gastropoda<.

Schneckenbekämpfung. >Molluskizide<.

Schneckenpumpe. Eignen sich besonders zur Hebung von ungereinigten Abwässern aus tiefliegenden Kanälen auf das Niveau höherliegender Hauptsammler oder Kläranlagen. Ein besonderer Vorzug ist ihre selbsttätige Anpassung an schwankende Zuflüsse. Weitere Vorteile der S. sind: die robuste Konstruktion erfordert kein Vorschalten einer Rechenanlagen; die niedrige Drehfrequenz erzeugt nur geringen Verschleiß; geringer Bauwerksaufwand; einfache Wartung, da leicht zu automatisieren; Belüftung des Abwassers beim Förderprozeß. Eine Aufteilung des Gesamtförderstromes auf mehrere parallel arbeitende Schnecken ermöglicht eine praktisch stufenlose Regelung über den gewünschten Bereich. Einzelne Pumpen werden in Abhängigkeit vom Unterwasserspiegel zu- und abgeschaltet. Als nachteilig ist die relativ geringe Förderhöhe von maximal 8 m anzusehen. Bei größeren Förderhöhen sind mehrere S. hintereinander anzuordnen.

Schneidöle. >Kühlschmierstoffe<.

Schneller Brutreaktor. >Kernreaktor<, dessen >Kettenreaktion< durch >schnelle Neutronen< aufrechterhalten wird und der mehr spaltbares Material erzeugt als er verbraucht (s. Abb. S. 1043). Der Brutstoff U-238 wird unter >Neutroneneinfang< und nachfolgende Betazerfälle in den Spaltstoff Pu-239 umgewandelt. Die >Kernspaltung< erfolgt im Interesse des Bruteffekts praktisch ausschließlich mit schnellen Neutronen. Im Gegensatz dazu arbeiten die heute eingesetzten >Leichtwasserreaktoren< (LWR) überwiegend mit abgebremsten (>thermischen) Neutronen<. Da im Brüter die Neutronen möglichst wenig abgebremst werden sollen, scheidet Wasser als Kühlmittel wegen seiner Bremswirkung aus. Alle Länder, die Schnelle Brüter entwickeln, haben sich aus technischen Gründen für das Flüssigmetall Natrium entschieden. Der Schnelle Brüter kann das >Uran< bis zu 60fach besser ausnutzen als die heutigen Leichtwasserreaktoren. Deshalb können sie die Energieversorgungslage langfristig in entscheidender Weise verbessern.

Schneller Reaktor. >Reaktor<, in dem die Spaltungskettenreaktion hauptsächlich durch >schnelle Neutronen< aufrechterhalten wird. S. R. enthalten keinen >Moderator<, da eine Geschwindigkeitsverminderung der entstehenden schnellen Spaltneutronen vermieden werden muß.

Schnellkäfer (Elateridae). >Coleoptera<, >Mull-Moder-Modell< (s. Abb. S. 218).

Schnellschluß. Das möglichst schnelle Abschalten eines >Kernreaktors<, im allg. durch schnelles Einfahren der >Abschaltstäbe<. Notfälle oder Abweichungen vom normalen Reaktorbetrieb führen dazu, daß der Reaktoroperateur oder die automatische Regeleinrichtung den Reaktorschnellschluß auslösen.

Schnellschlußventile. Armaturen, die beim Ansprechen einer Schutzeinrichtung die Dampfzufuhr zur Turbine sofort unterbinden.

Schnellspaltfaktor. Anzahl der durch sämtliche Spaltungen erzeugten >schnellen Neutronen< zur Anzahl der durch thermische Spaltungen erzeugten schnellen Neutronen.

Schnurfüßer (Iulidae). >Myriopoda<, >Mull-Moder-Modell< (s. Abb. S. 223).

Schönungsteich. Werden mit biol. oder gleichwertig gereinigtem Abwasser beschickt. Bei leistungsschwachen Gewässern oder besonders hohen Ansprüchen an die Gewässergüte sind S. ein einfaches und zuverlässiges Verfahren, um den Ablauf einer biologischen Kläranlage hinsichtlich Schwebstoffe, organischer Restbelastung, anorganischer Nährstoffe und hygienischer Beschaffenheit zu verbessern. Ihr Pufferungsvermögen bewirkt einen Konzentrationsausgleich. Sie werden i. d. R. ohne künstliche Belüftung betrieben. S. werden i. allg. mit einer Wassertiefe vom 1 bis 2 m und einer Durchflußzeit von 1 bis 5 Tagen bemessen. Kürzere Durchflußzeiten bringen vor allem durch Rückhalt der >absetzbaren Stoffe< und Konzentrationsausgleich noch eine gute Wirkung. Werden Nährstoffrückhalt und Keimzahlverminderung angestrebt, sind längere Durchflußzeiten als zwei Tage zu wählen. Soll unerwünschter Algenentwicklung entgegengewirkt werden, ist die Durchflußzeit auf zwei Tage zu beschränken. Durch günstige bauliche Gestaltung ist dafür zu sorgen, daß möglichst keine undurchströmten Zonen entstehen.

Schokoladbraun FB. (Schocolate Brown, Chocolate NS). Ein rötlichbrauner Farbstoff, der durch Kupplung diazotierter 1-Naphthylamin-4-sulfonsäure mit ei-

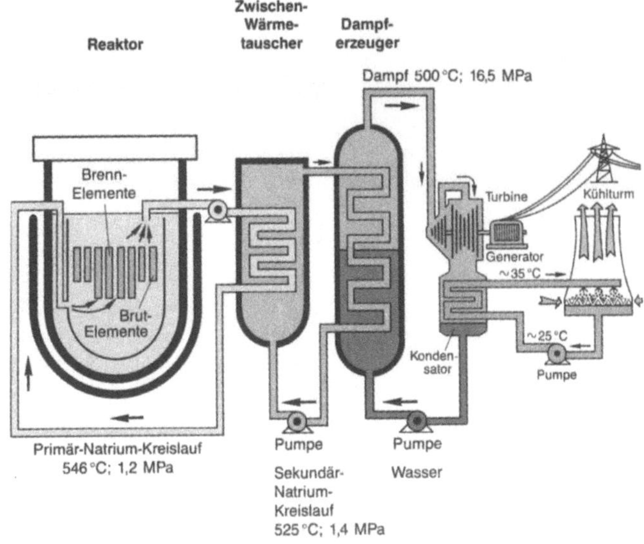

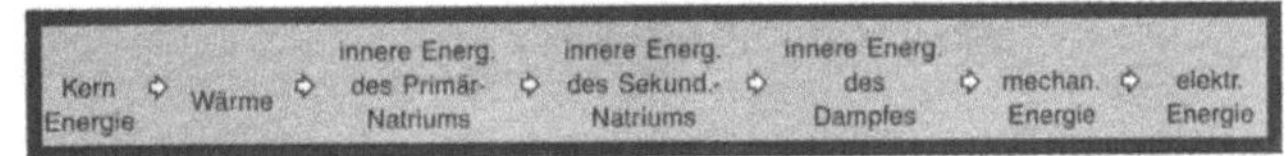

Schneller Brutreaktor: Kernkraftwerk mit Schnellem Brutreaktor (Kreisläufe)

nem Gemisch von >Morin< und >Maclurin< gebildet wird. Morin und Maclurin sind Farbkomponenten des Gelbholzes. Der Einsatz erfolgt zur Farbgebung gebackener Getreideprodukte, Kuchen etc.

Schornstein. >Abgasableitung<, >Ausbreitung<.

Schornsteinfeger. Aufgabenschwerpunkt des S. ist nicht mehr das Kehren von Kaminen, sondern die Überwachung und Überprüfung von >Kleinfeuerungsanlagen< gemäß den Vorgaben der >Kleinfeuerungsanlagenverordnung< und der jeweiligen Kehr- und Überprüfungsordnung. Bei Öl- und Gasfeuerungen sind jährlich die Temp. und der Gehalt an >Kohlendioxid< im >Abgas< zu messen und hieraus der Abgasverlust zu berechnen. Bei Ölfeuerungen ist darüber hinaus die >Rußzahl< (>Bacharach-Skala<) zu bestimmen und zu prüfen, ob das Abgas frei von Ölderivaten ist. Bei >Feuerungsanlagen für feste Brennstoffe< mit einer Nennwärmeleistung von mehr als 15 Kilowatt sind jährlich die staubförmigen >Emissionen< im Abgas zu messen und bei Einsatz von Holz zusätzlich der Gehalt an >Kohlenmonoxid<. Hierdurch soll erreicht werden, daß die Heizungsanlagen im Hinblick auf die Minimierung des Brennstoffverbrauchs und der Emissionen korrekt eingestellt sind. Die S. leisten somit einen erheblichen Beitrag zur >Energieeinsparung< und zur >Luftreinhaltung<.

Schornsteinhöhenbestimmung. Zur Best. der Schornsteinhöhe nach >TA Luft< ist das dort aufgeführte >Nomogramm< (s. Abb. S. 1044) heranzuziehen, das sich aus drei Einzelnomogrammen zusammensetzt (Verbundnomogramm). Dabei sind folgende Ausgangsparameter zu berücksichtigen:
d in Meter; Innendurchmesser des >Schornsteins<;
t in °C; >Abgastemperatur< an der Schornsteinmündung;
R in m³/h; >Abgasvolumenstrom< im Normszustand nach Abzug des Feuchtegehaltes an Wasserdampf;
Q in kg/h; >Massenstrom< des emittierten luftverunreinigenden Stoffes aus der >Emissionsquelle<;
S; Faktor für die Schornsteinhöhenbest., für S sind im Anhang B der TA Luft Werte aufgeführt.
Für t, R und Q sind jeweils die Werte einzusetzen, die sich beim bestimmungsgemäßen Betrieb unter den für die >Luftreinhaltung< ungünstigsten Betriebsbedingungen ergeben. Sind im >Abgas< mehrere luftverunreinigende Stoffe enthalten, so ist für jeden einzelnen Stoff die Schornsteinhöhe H' zu bestimmen und die sich ergebende höchste Schornsteinhöhe H' zu berücksichtigen. Die Schornsteinhöhe H' gewährleistet eine ausreichende Verdünnung und einen ungestörten Abtransport des schadstoffhaltigen Abgases mit der freien Luftströmung über ebenem, unbebautem Gelände ohne Bewuchs. Beträgt die geschlossene, vorhandene oder nach einem Bebauungsplan zulässige Bebauung oder der geschlossene Bewuchs mehr als 5% der Fläche des >Beurteilungsgebietes<, wird die Schornsteinhöhe H' um einen Zusatzbetrag J erhöht, der sich aus einem in der TA Luft aufgeführten Diagramm ergibt. Liegt der Schornstein in einem Tal oder ist die >Ausbreitung< der >Emissionen< durch Geländeerhebun-

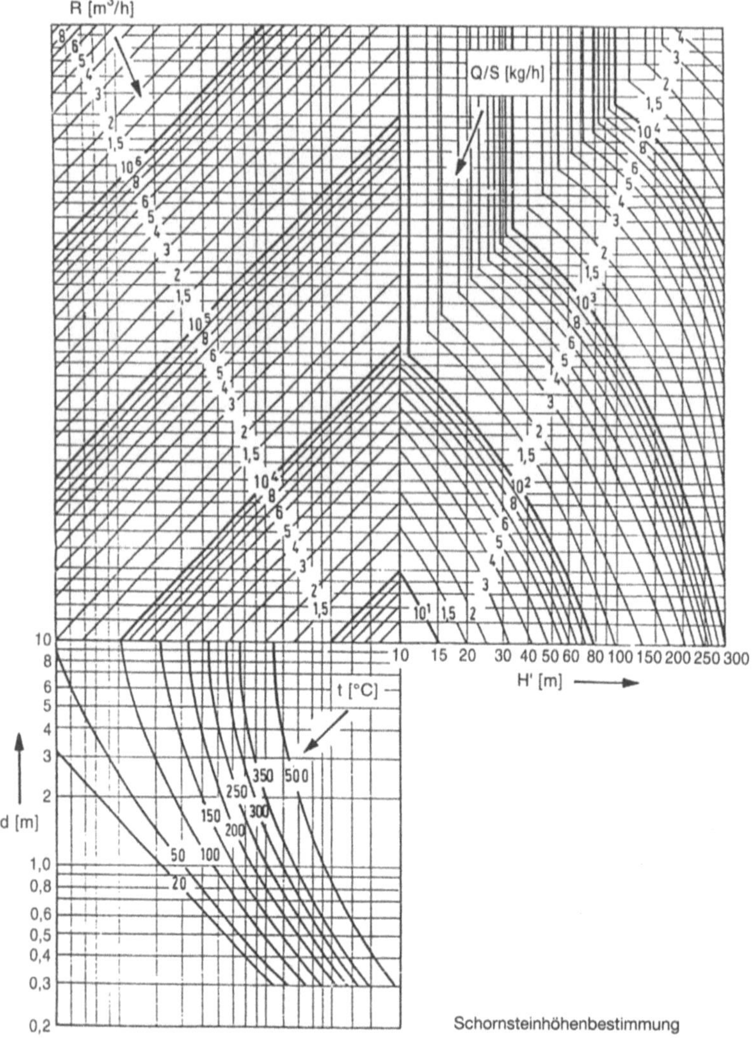

gen gestört, ist die Schornsteinhöhe nach den Vorgaben der >VDI-Richtlinie< 3781 Blatt 2 entspr. zu korrigieren. Ist der >Massenstrom< des emittierten luftverunreinigenden Stoffes so gering, daß das Nomogramm nicht anwendbar ist, soll der Schornstein mindestens eine Höhe von zehn Meter über der Flur und eine den Dachfirst um drei Meter überragende Höhe aufweisen. Bei einer Dachneigung von weniger als 20 Grad ist die Höhe des Dachfirstes unter Zugrundelegung einer Neigung von 20 Grad zu berechnen; die Schornsteinhöhe soll jedoch das Zweifache der Gebäudehöhe nicht übersteigen. Vorgaben für die Best. von Schornsteinhöhen unter Berücksichtigung unebener Geländeformen gibt die >VDI-Richtlinie< 3781 Blatt 2. Anforderungen an die Best. der Schornsteinhöhe für kleinere Feuerungen enthält die VDI-Richtlinie 3781 Blatt 4.

Schottky-Zelle. >Solarzelle<, bei der das negativ-leitende Halbleitermaterial ohne Zwischenschicht mit einer Metallschicht verbunden ist. Für die Trennung der positiven und negativen Ladungsträger, die durch Absorption von Sonnenlicht entstehen, nutzt man bei der S.-Z. das elektrische Feld am Kontakt des Halbleiters zur Metallschicht aus. Über diesen Kontakt mit dem negativ-leitenden Halbleitermaterial diffundieren aus dem Halbleiter Elektronen in die Metallschicht. Über diese Metallschicht können die freien Elektronen sehr effektiv abgeleitet werden. S.-Z. weisen daher eine besonders breite spektrale Empfindlichkeit auf. Da für die Herstellung der S.-Z. keine Hochtemperaturbehandlung nötig ist und die Möglichkeit besteht, dünne Siliciumscheiben als Ausgangsmaterial einzusetzen, sind günstige Herstellungskosten zu erwarten. Um Verluste in Form von Tunnelströmen zu verringern, wird die S.-Z. durch eine dünne Isolatorschicht zwischen Halbleiter und Metall verbessert. Derartige S.-Z. werden MIS-Zellen (*M*etal-*I*nsulator-*S*emiconductor-Zellen) oder Inversionszellen genannt. Mit diesen Zellen werden >Wirkungsgrade< von 15 % mit monokristallinem Material und von 12 bis 13 % mit polykristallinem Material erreicht.

Lit: Kleemann M, Meliß M (1993) Regenerative Energiequellen. 2. Aufl., Springer, Berlin Heidelberg New York London Paris Tokyo.

Schranke, ökologische. >Ökologische Schranke<.

Schreckstoffe. (Syn. Alarmstoffe). Absonderungen mancher Tiere zur Abwehr von Freßfeinden; z.B. Wehrsekrete, die u.a. in Hautdrüsen gebildet werden können. Sie kommen bei verschiedenen Insekten vor, aber auch bei Kröten etc. Eine Art S. ist auch die sog. Tinte der Tintenfische. Daneben werden S. abgegeben, wenn ein Tier bedroht oder verletzt wird, um Artgenossen zu warnen. Dies ist von Fischen und Insekten, z.B. Ameisen und anderen sozialen Insekten bekannt, ebenso von Säugern, wo etwa Mäuse ein Warnpheromon (>Pheromone<) zusammen mit einer kleinen Harnmenge abgeben können.

Schrott. Altmetalle, geeignet zum Einsatz als Rohstoff zur Herstellung von Metallschmelzen.

Schrottplatz. Alte Bezeichnung für >Autowrackplatz<.

Schrumpfrisse. Senkrechte Risse, die in einem tonreichen Boden bei der Austrocknung und Schrumpfung quellfähiger Tone entstehen können. Je nach dem Tongehalt, der Art der >Tonminerale< und dem >Bodengefüge< können solche Risse auch in landwirtschaftlich genutzten Böden bis gegen 10 cm breit werden und bis in über 1 m Tiefe reichen. Die Bedeutung der S. für die Wasserbewegung in einem Boden ist noch nicht vollständig geklärt, doch können bei plötzlich auftetenden starken Niederschlägen oder großen, künstlich aufgebrachten Wassermengen (>Gülle<, Abwasser) z.B. Schadstoffe oder pathogene Keime rasch bis in größere Bodentiefen, u.U. bis in Grundwassernähe, geschwemmt werden. Bei Böden mit breiten Rissen ist daher vor der Ausbringung solcher Wässer besondere Vorsicht geboten.

Schubabschaltung. Abschaltung der Kraftstoffzuführung im Schubbetrieb (bei Einspritzsystemen und >Vergasern< heute meistens elektronisch).

Schüttdichte. Masse eines Kornhaufwerks pro Volumen. Da diese Größe keine Stoffkonstante ist, sondern stark von Vorbehandlung der Probe abhängt, erfolgt die Angabe als „Schüttdichte, lose" unter den Bedingungen lockeren Einfüllens bzw. als „Schüttdichte, gestaucht" nach Verdichtung durch Aufstampfen des Meßgefäßes unter standardisierten Bedingungen.

Lit: Ashworth RdeB, Henriet J, Lovett JF, Raw GR (1970) Analysis of technical and formulated pesticides, CIPAC Handbook 1, Heffers printers, Cambridge, MT 33, S. 907.

Schüttfeld. Teilbereich einer >Deponie<. Üblicherweise entspricht ein Schüttfeld einem Bauabschnitt bzw. einer Erweiterungsfläche einer Deponie.

Schüttgutkatalysator. >Katalysator< mit Trägermaterial aus meist keramischem Schüttgut, auch Pellets genannt, S. haben sich in der Kraftfahrzeugtechnik trotz geringerer Kosten wegen ihres im Betrieb durch die Pulsationen im Abgassystem von Motoren nicht zu vermeidenden Abriebs nicht durchsetzen können.

Schüttung. In der Abfallentsorgung Bezeichnung für hydraulische Vorrichtung an einem Müllsammelfahrzeug zum Aufnehmen, Kippen und Entleeren der Abfallgefäße in das Sammelfahrzeug hinein. S. sind entweder nur für Tonnen, Müllgroßbehälter oder Container oder Müllgroßbehälter und Container (sog. Kammschüttung) eingerichtet. Die S. dienen neben der Arbeitserleichterung für das Personal der Verminderung von staubförmigen >Emissionen<. S. sind genormt in DIN 30701 ff.

Schüttvolumen. Reziproker Wert der >Schüttdichte<.

Schutt. >Bauschutt<.

Schutz. Alle Maßnahmen, die gefährdenden Veränderungen vorbeugen, sie verringern oder wieder rückgängig machen. Damit es erst gar nicht zur Abwehr einer konkreten >Gefahr< durch die Ordnungsbehörden kommen muß, hat der Gesetzgeber im Umweltrecht zahlreiche Schutzvorschriften geschaffen. Das Zulassungsrecht für Anlagen und das Arbeitssicherheitsrecht schreibt Schutzmaßnahmen gegenüber Gefahren außerhalb und innerhalb der Anlagen vor.

Schutzgebiete für Grundwasser. Die speziell für den Schutz des Grundwassers einzurichtenden >Wasserschutzgebiete< beruhen naturwissenschaftlich auf der Beobachtung, daß Schadorganismen und Schadstoffe im Untergrund Reinigungs- (Eliminierungs-) Vorgängen unterliegen, die etwaige Belastungen vermindern oder wieder aufheben können. Sie umfassen geochem. Rkt. (Lösung-Fällung, Mitfällung, pH-gesteuerte Rkt., Ox.-Reduktion, Komplexierung, Adsorption-Desorption), physikalische Vorgänge (Dispersion, Filtration, Gastransport, radioaktiver Zerfall), biochem. Vorgänge (Abbau und Umbau org. und anorg. Stoffe) und biol. Vorgänge (Eliminierung von Schadorganismen durch autochthone Grundwasserorganismen). Die stark belebte Bodenschicht trägt den Hauptteil der Reinigungarbeit. Die tieferen, weniger belebten Schichten bewirken, soweit es sich um Porengrundwasserleiter handelt, durch physikalische und chem. Vorgänge im Grundwasser die letzte Qualitätsverbesserung und den Temp.-Ausgleich. In den weiten Klüften, Spalten oder Lsg.-Hohlräumen der Festgesteine findet dagegen meist keine ausreichende Reinigung mehr statt, selbst wenn der Fließweg viele km beträgt. Hier ist allenfalls eine Verdünnung durch die hydrodynamische Dispersion zu erwarten. Die Auswirkungen nachteiliger Vorgänge hängen von örtlich und zeitlich verschiedenen Faktoren ab, wie Art, Umfang und Dauer der Verunreinigungen oder sonstigen Beeinträchtigungen, Mächtigkeit und Beschaffenheit der Deckschichten und des Grundwasserleiters, Tiefenlage und Schwankungen der Grundwasseroberfläche, Länge des Sicker- und Fließweges sowie Verweildauer eines Wasserteilchens vom Eintritt in den Untergrund bis zur Entnahme und schließlich von Klima und Jahreszeit. Weitgehend abbauresistente org. Stoffe, wie Halogenkohlenwasserstoffe, sowie anorg. Stoffe, wie Metallgifte, Kaliendlaugen, Zellstoffablaugen, und nicht-ionogene radioaktive Stoffe mit langer Halbwertszeit verlieren auch trotz großer Fließstrecke und langem Aufenthalt im Untergrund ihre schädliche Wirkung auf das Grundwasser in der Regel nicht. Sie unterliegen jedoch den obengenannten Verdünnungvorgängen. Aus diesen Überlegungen ergeben sich Hinweise auf die Bemessung des Schutzgebietes. Für sie spielt die Untergrundbeschaffenheit neben Art und Aufbau der Fassungsanlage eine wesentliche Rolle. Das Festhalten und der Abbau von Stoffen im Rahmen der Reinigungsvorgänge erfordert Raum und Zeit. Hierdurch ergibt sich die Gliederung des Schutzgebietes in drei Schutzzonen mit verschiedenen Grenzabständen von der Gewinnungsanlage. Da mit zunehmendem Grenzabstand im allg. der Fließweg und die Aufenthaltszeit im Grundwasser zunimmt, liegen die Schutzzonen in der Regel mit nach außen geringer werdenden Nutzungsbeschränkungen exzentrisch um die Gewinnungsanlagen. Zone I (Fassungsbereich) dient dem unmittelbaren Schutz der Fassungsanlage gegen jegliche Verunreinigung und Beeinträchtigung. Sie soll allseitig ab Wasserfassung, bei Quellfassungen einseitig in Richtung des ankommenden Grundwassers, im allg. 10 m betragen. Das Gelände soll durch einen Zaun gegen Betreten geschützt sein. Zone II (Engere Schutzzone) soll vor allem den Schutz gegenüber pathogenen Keimen gewährleisten. Für ihre Bemessung ist daher die Elimination von pathogenen Keimen (Bakterien und Viren) durch Absterbe-, Adsorptions- und Filtervorgänge maßgebend, die nach vorliegenden Erkenntnissen durch eine Aufenthaltszeit von mindestens 50 Tagen im Grundwasser bzw. durch die in dieser Zeit zurückgelegte Fließstrecke gegeben sind. In dieser Zone sind diejenigen Nutzungen gefährlich, die entweder mit der dauernden Anwesenheit von Menschen (z.B. Bebauung) oder mit der Zerstörung der stark belebten Bodenzone und der Deckschichten verbunden sind (z.B. Kies-, Sand-, Torf- und Tongruben). In Karstgebieten kann die 50-Tage-Linie (Zone II) stellenweise über 2 km ab Wasserfassung und bis zur Einzugsgebietsgrenze reichen. Zone III (Weitere Schutzzone) dient dem Schutz vor solchen Verunreinigungen und Beeinträchtigungen, deren Folgen durch die Reinigungswirkung des Untergrundes kaum oder nicht beseitigt werden. Ihre äußere Grenze muß daher u.U. mit der des Einzugsgebiets des Grundwassers zusammenfallen. Bei sehr großer Ausdehnung ist eine Einteilung in III-A (in 2 km Entfernung) und III-B (Rest) möglich. Die für die einzelnen Zonen als gefährlich angesehenen Stoffe und Nutzungen sind in den Richtlinien für Trinkwasserschutzgebiete niedergelegt. Die Nutzungsbeschränkungen und Auflagen nehmen von Zone III-B zu Zone I immer mehr zu.

Schutzgebiets- und Ausgleichsverordnung. In Baden-Württemberg seit dem 01.01. 1992 in Kraft befindliche VO zum Schutz des Grundwassers in Wasserschutzgebieten, um den Eintrag von Nitrat durch Beschränkungen der ordnungsgemässen Landbewirtschaftung zu reduzieren. Die VO verbietet das Aufbringen von >Jauche<, >Gülle<, >Silagesickersaft<, Abwasser, Klärschlamm, Fäkalien und ähnlichen Stoffen in den Wasserschutzzonen I und II ganzjährig, das Aufbringen von Festmist auf Ackerland, von stickstoffhaltigem Handelsdünger und die Verwendung von >Pflanzenschutzmitteln< in der Schutzzone I ebenfalls ganzjährig und den Umbruch von Dauergrünland in allen vier Wasserschutzzonen. Die Aufbringung von Gülle in den Schutzzonen III und IV, von Festmist auf Ackerland und von stickstoffhaltigem Handelsdünger in den Schutzzonen II bis IV ist zeitlich limitiert und auf die Vegetationszeit beschränkt (Aufbringungsverbot: 1. bzw. 15.Febr. bis 15.Okt. bzw. 15.Nov.). Die Verwendung von Pflanzenschutzmitteln in den Schutzzonen II–IV ist nur nach Maßgabe eines Positivkataloges erlaubt. Darüber hinaus muß die bedarfsgerechte N-

Versorgung als Risikoabschlag um 20% vermindert, die Bodenbedeckung durch Pflanzenbewuchs ausgedehnt und die Bodenbearbeitung reduziert werden. Am Ende der Vegetationszeit darf in Bodenproben, die zwischen dem 1.Nov. und 15.Dez. entnommen wurden, ein Nitrat-Bodengrenzwert von 45 kg Rein-N je Hektar nicht überschritten werden. Bei Einhaltung dieser Auflagen erhält der Landwirt für die dadurch entstehende Minderproduktion einen Pauschalausgleich von 310,– DM/ha landwirtschaftlich genutzter Fläche. Werden die Beschränkungen und Auflagen nicht eingehalten, so kann der Ausgleich reduziert oder ganz verweigert werden.

Schutzgebietsfestsetzung. Rechtsakt, aufgrund dessen verbindlich Schutzgebiete, z.B. nach § 19 des >Wasserhaushaltsgesetzes< (>Wasserschutzgebiete<) oder nach §§ 13ff. des >Bundesnaturschutzgesetzes< (>Naturschutzgebiete< etc.) festgesetzt werden; geschieht in aller Regel durch eine >Rechtsverordnung<.

Schutzmaßnahmen, Lagerung, Handhabung. In dem Standardwerk für Gefahrstoffe von KÜHN und BIRETT werden in jedem Merkblatt unter dem Punkt „Hinweise zur Sicherheit" Schutzmaßnahmen, Lagerung und Handhabung festgehalten. Die Autoren bringen dabei eine feste Ordnung aus geltenden Bestimmungen, aus Literatur und aus eigener Erfahrung gewonnene Hinweise über Raumgestaltung, Brandschutz und Nothilfeeinrichtungen, Ausstattung der Anlagen, spezielle Verhaltensweisen, Lagerung und innerbetrieblichen Transport, Umfüllarbeiten, Verhalten bei Freiwerden der Stoffe, Abfallbehandlung, persönliche Hygiene, persönliche Schutzausrüstung und Prüfröhrcheneinsatz, Beschäftigungsbeschränkungen sowie Unterweisungen. Die in Laboratorien, in chemischen Anlagen, beim Transport und bei der Lagerung gehandhabten sehr unterschiedlichen Mengen und stark abweichenden Konzentrationen gefährlicher Stoffe erfordern natürlich auch entsprechend abgestufte Maßnahmen beim Bau und bei der Ausstattung von Räumen und Geräten, bei der Bereitstellung von Hilfs- und Rettungsgeräten sowie bei den persönlichen Schutzausrüstungen.
Lit: Kühn R, Birett K (1987) Merkblätter gefährliche Arbeitsstoffe, ecomed Verlagsgesellschaft, Landsberg/Lech.

Schutzmechanismen. Mechanismen von Pflanzen und Tieren zur Abwehr von Feinden, aber auch zum Schutz vor >abiotischen Faktoren< wie Trockenheit, Kälte etc.

Schutzpflicht, staatliche. Vom Bundesverfassungsgericht entwickelte Lehre, nach der der Staat verpflichtet ist, die einzelnen von Grundrechten erfaßten Güter zu schützen (und es nicht nur zu unterlassen, in sie einzugreifen); hinsichtlich des Instrumentariums, mit dessen Hilfe der Staat seine Pflicht erfüllt, ist ihm breites Ermessen eingeräumt. Ob z.B. das Strahlenschutzvorsorgegesetz vom 19.12. 1986, BGBl. I S.2610, der Schutzpflicht des Staates genügt, Leben und Gesundheit der Bürger vor der vernichtenden Wirkung von atomaren Strahlen zu schützen, ist strittig.

Schutzwald. Wald an Hängen, dessen Hauptaufgabe im Schutz einer Landschaft vor >Bodenerosion<, Erdrutschen oder Lawinen liegt. Hierbei spielt einmal die mechanische Stabilisierung des Untergrunds oder von Schneemassen eine Rolle, v.a. aber die Regulierung des Wasserhaushalts durch Verminderung des Oberflächenabflusses oder Vermeidung wassergesättigter Zonen in Böden.

Schutzziel. 1. allgemein: Das vor nachteiligen Wirkungen zu schützende Gut (wie z.B. Mensch, Tier, Umweltkompartimente). Das Erreichen des Schutzziels kann in einer kompletten Ausschaltung der Gefährdung, in der Verringerung oder Minimierung von >Risiken< bestehen. Die menschliche Gesundheit ist nach unserer Staatsverfassung kein verhandlungsfähiges Gut. Bei anderen Schutzgütern kann durchaus Verhandlung angebracht sein, sie ist dann durch >Nutzen-Risiko-Abwägungen< zu begründen.
2. Kernkraft: Die >Endlagerung< >radioaktiver Abfälle< in tiefen geologischen Formationen soll den Schutz von Mensch und Umwelt vor der Schädigung durch >ionisierende< Strahlung dieser Abfälle gewährleisten. Um diese Schutzziele zu erreichen, sind best. Anforderungen einzuhalten (>Sicherheitskriterien<). Die für den Betrieb eines >Endlagerbergwerkes< geltenden Schutzziele werden durch das Atomgesetz und die >Strahlenschutzverordnung< vorgegeben. Für nicht radioaktive Abfälle sind Schutzziele beispielsweise im >Abfallgesetz< formuliert, wonach >Abfälle< so zu entsorgen sind, daß das >Wohl der Allgemeinheit< nicht beeinträchtigt wird. Bezogen auf eine untertägige >Ablagerung< sollen nach >TA Abfall< Abfälle dauerhaft und nachsorgefrei von der >Biosphäre< ferngehalten werden.
Lit: Henschler D (1990) Das Chaos heutiger Grenzwerte – Notwendigkeit von Ordnungsprinzipien, Vortrag anläßlich der Jahrestagung des Bundes für Lebensmittelrecht und Lebensmittelkunde in Bonn.

Schwächungskoeffizient. >Extinktionskoeffizient<.

Schwämme (Porifera). >Süßwasserökologie<, >Meer<.

Schwärzungszahl. Maß für die Abgastrübung von >Dieselmotoren< durch >Schwarzrauch<. Die S. wird üblicherweise nach einem Verfahren von Bosch gemessen, bei dem eine definierte Abgasmenge über ein Filterplättchen gezogen wird. Die Intensität der Schwärzung des Filterplättchens gilt als S. bzw. >Boschzahl<. Ein anderes Verfahren zur Messung einer S., ist von der AVL, Anstalt für Verbrennungsmotoren Prof. Dr. Hans List, entwickelt worden.
Lit: ECE 24, Richtlinie 72/306/EWG, Rauchemissionen von Dieselfahrzeugen.

Schwarz 7984. (I-Schwarz 2, E 152). Tetranatriumsalz der 2-[4-(4-Sulfo-1-phenylazo)-7-sulfo-1-naphthylazo]-1-hydroxy-7-aminonaphthalin-3,6-disulfonsäure. Der schwarze Farbstoff ist allgemein anwendbar, z.B. als Nuancierungskomponente oder zum Färben deutschen Kaviars. In der EG ist die Anwendung seit 1977 verboten.

L-Schwarz 1. >Brillantschwarz PN<.

L-Schwarz 2. >Schwarz 7984<.

L-Schwarz 3. >Kohlenschwarz<.

Schwarzbrache. Form der >Brache<, bei der die Bodenoberfläche vollständig unbewachsen und rauh gehalten wird. Bei der S. ist wegen der fehlenden Schutzwirkung der Vegetation die Erosionsanfälligkeit eines Bodens meist am höchsten, daher ist sie ein Standardzustand der Bodenoberfläche für die experimentelle Bestimmung der >Erodierbarkeit<. Ähnliche Bodenzustände kommen bei spät auflaufenden landwirtschaftlichen Kulturen (z.B. Mais) ohne Bodenschutzmaßnahmen (wie Untersaat) im Frühjahr vor.

Schwarzerde. >Chernozem<.

Schwarzrauch. Die bei der >Verbrennung< in >Dieselmotoren< infolge Rußbildung entstehende Abgastrübung. Zunehmender S. entsteht mit geringerem >Luftüberschuß< bei der Verbrennung und begrenzt somit die max. mögliche Leistungsabgabe von Dieselmotoren, >Rußwerte<.

Schwebstaub. Sammelbezeichnung für die Summe der festen Partikel (>Staub<) in der Luft. Schwebstäube gehören zu den >Aerosolen<. Die Teilchengröße der S.-Partikel reicht von etwa 0,001 bis 500 µm. Zur Beurteilung des Verhaltens von S.-Partikeln in strömenden Gasen wird deren aerodynamischer Durchmesser herangezogen. Der aerodynamische Durchmesser (d_{ae}) eines Teilchens beliebiger Form und Dichte ist nach >MAK-Liste< der Durchmesser einer Kugel mit der Dichte 1 g/cm^3, welche die gleiche Sinkgeschwindigkeit in ruhender oder laminar strömender Luft aufweist wie das zu untersuchende Teilchen. Diese Definition ist jedoch nicht für Teilchen mit einem aerodynamischen Durchmeser von unter 0,5 µm gültig. Für derart kleine Teilchen – die MAK-Liste bezeichnet diese als „Rauche" – , die keine nennenswerte Sinkgeschwindigkeit aufweisen, ist der Diffusions-Äquivalentdurchmesser (d_D) heranzuziehen. Das Verhalten von S.-Partikeln in strömenden Gasen ist vor allem bei der Abschätzung des Ausbreitungsverhaltens von >Staubemissionen< in der >Atmosphäre< und der Abschätzung der >toxikologischen< Auswirkungen auf den Menschen von ausschlaggebender Bedeutung. Die in der >TA Luft< aufgeführte Ausbreitungsrechnung (>Zusatzbelastung<) für Staub ist mit der für gasförmige >Emissionen< identisch, wenn mehr als 75 % der Korngrößenverteilung des emittierten Staubes einen aerodynamischen Durchmesser <5 µm aufweist. Bei gröberen Stäuben werden deren Ablagerungsgeschwindigkeiten bei der Ausbreitungsrechnung mitberücksichtigt (>Staubniederschläge<).
Ausschlaggebend für die toxikologische Relevanz des S. auf den Menschen ist neben der Art des S., dessen Konz. und der >Exposition<szeit insbesondere die Partikelgröße, da diese die Inhalierbarkeit und den Ort der Ablagerung eingeatmeter Partikel im Atemtrakt bestimmt. Der Ort der Ablagerung im Atemtrakt ist wiederum stark von den individuellen Gegebenheiten abhängig, wie Anatomie des Atemtraktes, Atemgewohnheiten und den von der Körperbelastung best. Atemfrequenzen und Atemströmen. Von dem gesamten einatembaren Staubanteil werden im Bereich von Nase, Rachen, Kehlkopf, im Tracheo-Bronchialbaum und in den Alveolen (Lungenbläschen) Staubanteile deponiert und der Rest wieder ausgeatmet. Unter >Feinstaub< wird alveolengängiger Staub verstanden. Die Wirkung deponierter Teilchen beruht in vielen Fällen – insbesondere bei fibrogenen Stäuben – auf einem Langzeiteffekt der im Atemtrakt deponierten

Staubmasse. Als fibrogene Stäube werden nach MAK-Liste Stäube bezeichnet, die im Alveolarraum abgelagert werden und dort mit Bindegewebsbildung einhergehende Staublungenerkrankungen auslösen, wie z.B. >Silikose< durch >Quarzstaub< oder Asbestose durch >Asbest<. Staublungenerkrankungen sind jedoch in der Regel durch hohe Staubbelastungen am Arbeitsplatz bedingt. Bei Feinstäuben, die durch thermische oder chem. Prozesse entstanden sind, stehen auch chem.-irritative und/oder chem.-toxische Wirkungen der einzelnen schädlichen Feinstaubinhaltsstoffe im Vordergrund. Die Reaktionsfähigkeit eines schädlichen Inhaltsstoffes hängt dabei insbesondere von seiner Löslichkeit und der Teilchenoberfläche ab. Als schädliche Inhaltsstoffe sind z.B. Metalle wie >Blei<, >Cadmium<, >Thallium<, >Nickel< oder >Arsen<, >polycyclische aromatische Kohlenwasserstoffe<, aber auch >Sulfate< und >Nitrate< zu nennen. Besonders gefährlich sind Asbestfasern, da diese neben der fibrogenen Wirkung auch bösartige >Tumore< (Karzinome und Mesotheliome) erzeugen können. Zur kanzerogenen Wirkung sonstiger anorg. und org. Fasern s. die Anmerkungen beim Stichwort >Fasern<.

Zum Schutz der menschlichen Gesundheit sind in der Verordnung über >Immissionswerte< (22. BImSchV; Stand 27.05. 1994) folgende >Immissionswerte< aufgeführt: arithmetischer Jahresmittelwert aus Tagesmittelwerten: 150 µg/m³; 95%-Wert der Summenhäufigkeit der während des Jahres gemessenen Tagesmittelwerte: 300 µg/m³. Des weiteren und im Zusammenhang mit der Errichtung immissionsschutzrechtlich genehmigungsbedürftiger Anlagen in der >TA Luft< für S. ein >Immissionswert< IW 1 von 0,15 mg/m³ und ein Immissionswert IW 2 von 0,30 mg/m³ aufgeführt. Überschreitungen dieser Immissionswerte treten jedoch in Deutschland (alte Bundesländer) nahezu nicht mehr auf. Insgesamt sind die S.-Konz. in den letzten Jahren nahezu gleichgeblieben. Dies kann mit dem inzwischen deutlich verlangsamten Rückgang der Staubemissionen erklärt werden; die wesentlichen Maßnahmen zur Begrenzung der Staubemissionen fanden schon in den 60er und 70er Jahren statt, da das Herausfiltern von Stäuben aus >Abgasen< wesentlich leichter durchzuführen war als die Reduzierung gasförmig vorliegender >Emissionen<. Für Blei und Cadmium als Bestandteile des S. sind in der TA Luft weitere Immissionswerte aufgeführt. Der überwiegende Teil des in der Außenluft vorhandenen S. liegt als Feinstaub vor. Die >VDI-Richtlinie< 2310 nennt zum Schutz des Menschen folgende >MIK-Werte<: 1-h-Mittelwert an bis zu drei aufeinanderfolgenden Stunden = 0,500 mg/m³, 24-h-Mittelwert als einmalige Exposition = 0,750 mg/m³, 24-h-Mittelwert an aufeinanderfolgenden Tagen = 0,150 mg/m³, Jahresmittelwert = 0,075 mg/m³.

Schwebstoffe. Ungelöste Stoffe z.B. im >Abwasser<, die annähernd die gleiche Dichte wie Wasser haben oder durch Turbulenz in Schwebe gehalten werden (DIN 4045). Schwebstoffe sind diejenigen Stoffe, die sich auch nach 2 h noch nicht abgesetzt haben. Zu ihrer Bestimmung trennt man nach 2 h die abgesetzten Stoffe von der Probe ab, filtriert das übrige Abwasser und trocknet den Filterrückstand bei 105 °C.

Lit: Abwassertechnische Vereinigung (Hrsg.) (1982–1986) Lehr- und Handbuch der Abwassertechnik, 3. Aufl., Bd. 1–7, Verlag von Wilhelm Ernst und Sohn, Berlin München.

Schwebstofffilter. Filter zur Abscheidung von trockenen >Aerosolen<.

Schwefel (S). Chem. Element (s. Tabelle unten) mit einem Anteil an der Erdkruste (oberste 16 km) von 0,048%. Schwefel kommt in der Natur sowohl elementar in großen Lagern vor (Sizilien, Polen, Irak, Lousiana, Texas, Mexiko, Peru, Chile, Japan) als auch in Form von Erzen als Sulfide (Kiese, Blenden oder Glanze) oder Sulfate. H_2S und SO_2 sind in vulkanischen Gasen enthalten. Auch in fossilen Brennstoffen ist Schwefel gebunden, und zwar in Erdgas als H_2S und in Erdöl und Kohle in versch. org. Bindungen. Das Element war bereits im Altertum bekannt. Die Bezeichnung sulfur wird aus dem Sanskrit hergeleitet von shulbari = Feind des Kupfers. Verwendet wird Schwefel für die Produktion von Schwefelsäure, die wiederum der Herstellung von >Düngemitteln< dient, sowie von Sulfiten und Hydrogensulfiten für die Celluloseindustrie. Des weiteren wird Schwefel für die Zündholzindustrie, die Vulkanisation von Kautschuk, die Kunststoffindustrie und die Herstellung von Pigmenten, Asphaltmischungen, Säureschutzanstrichen, >Pestiziden<, >Bleich<- und >Desinfektionsmitteln< genutzt. Als Nichtmetall leitet Schwefel bei Raumtemp. Wärme und Elektrizität schlecht. Durch Reiben mit einem Lederlappen wird er negativ elektrisch aufgeladen, so daß er kleine Papierschnitzel anzieht. Elementarer Schwefel zeigt zwei Arten von Allotropie: unterschiedliche Molekülgrößen S_x und bei gleicher Molekülgröße unterschiedliche krist. Anordnungen. Die bei Raumtemp. stabilste Form ist α-S, in der S_8-Ringe vorliegen. Sie zeigt das typische Schwefelgelb, krist. rhombisch und ist unlösl. in Wasser, schwer lösl. in Alkohol und leicht lösl. in CS_2 und besitzt einen höheren Dampfdruck als α-S. Unterhalb der Umwandlungstemp. ist β-S instabil; allerdings ist die Umwandlungsgeschwindigkeit unter normalen Bedingungen rel. gering, so daß monokliner Schwefel mehrere Stunden bis Tage benötigt, um vollständig in rhombische Kristalle zu zerfallen. Oberhalb von 119,6 °C schmilzt β-S zu einer hellgelben, leicht beweglichen Flüssigkeit, in der noch unveränderte S_8-Ringe (λ-S) vorliegen; beim Abkühlen erhält man wieder vollständig in CS_2 lösl. monoklinen Schwefel. Wird die Schmelze jedoch längere Zeit oberhalb des Schmelzpunktes stehen gelassen, dann stellt sich ein Gleichgewicht ein, in dem

Schwefel (S): Physikalisch-chemische Daten von Schwefel

chemisches Symbol	S
natürliche Isotope	32 (95,02%), 33 (0,75%), 34 (4,21%), 36 (0,02%)
Atomgewicht	32,066
Ordnungszahl	16
Wertigkeit in Verbindungen	−2 bis +6
Smp.	119 °C
Sdp.	444,6 °C
Dichte	2,07 (α-S), 1,96 (β-S), 2,4 (γ-S)
Mohshärte	ca. 2 (α-S)
wichtige Mineralien	Sulfide: Pyrit (FeS_2), Bleiglanz (PbS), Kupferkies ($CuFeS_2$), Zinkblende (ZnS), Zinnober (HgS), Sulfate: Gips ($CaSO_4 \cdot 2H_2O$) Anhydrit ($CaSO_4$), Bittersalz ($MgSO_4 \cdot 7H_2O$), Schwerspat ($BaSO_4$), Glaubersalz ($Na_2SO_4 \cdot 10H_2O$)

niedermolekulare Schwefelringe S_n ($n = 6$ bis 26, vor allem 6, 7, 9 und 12) vorliegen (π-Schwefel). Darüber hinaus bilden sich ketten- oder ringförmige Makromoleküle S_m ($m = 10^3$ bis 10^6; μ-S). Für eine solche Schmelze liegt der Erstarrungspunkt bei 114,5 °C, da die höhermolekularen Bestandteile für den λ-S den Erstarrungspunkt herabsetzen; die Gefrierpunktserniedrigung von ca. 5 °C entspr. einem Fremdstoffanteil von ca. 5 Mol-%. Schreckt man diese Schmelze ab, dann ist der resultierende amorphe Schwefel nur teilweise in CS_2 lösl.; die höhermolekularen Anteile bleiben als gelbes Pulver zurück. Wenn geschmolzener Schwefel noch weiter erhitzt wird, dann verschiebt sich das Gleichgewicht zur Seite des μ-S, was mit einem starken Anstieg der Viskosität oberhalb von 159 °C und einer Vertiefung der Farbe bis zu einem dunklen Rotbraun verbunden ist. Oberhalb von 187 °C wird die Schmelze durch Abnahme der mittleren Kettenlänge des μ-S wieder dünnflüssiger, und oberhalb von 400 °C liegen zusätzlich zum λ-, π- und μ-S noch kurzkettige Moleküle S_n ($n < 5$) vor. Auch im Dampf liegen dicht oberhalb des Siedepunktes hauptsächlich S_8, S_7 und S_6 vor; erst oberhalb von 700 °C überwiegt S_2. Wird siedender Schwefel langsam abgekühlt, dann durchläuft er sämtliche Phasen in umgekehrter Reihenfolge und erstarrt zu monoklinem Schwefel. Wenn man dagegen eine Schwefelschmelze von einer Temp. oberhalb des Viskositätsmaximums abschreckt, dann entsteht eine braungelbe, zäh-elastische, formbare Masse (plastischer Schwefel), die nur in Pyridin ganz lösl. ist; in CS_2 lassen sich die lösl. Anteile von λ- und π-S von den unlösl. Anteilen an μ-S trennen. Beim Stehenlassen des plastischen Schwefels führt das Auskristallisieren des λ-S zu einem allmählichen Erhärten. Weitere instabile Schwefelmodifikationen, wie die orangefarbene S_6, können aus abgeschreckten Schmelzen gewonnen oder gezielt synthetisiert werden. Schwefelpulver reagiert bereits bei mäßig erhöhter Temp. mit fast allen Metallen und Nichtmetallen. Auch von oxidierenden Säuren wird S angegriffen, nicht jedoch von Wasser und nicht oxidierenden Säuren. Mit >Wasserstoff<, >Fluor<, >Chlor< und >Brom< bilden sich außer H_2S und den einfachen Halogeniden auch kettenförmige Verb. des Typs $H\text{-}S_n\text{-}H$ (Sulfane) bzw. $X\text{-}S_n\text{-}X$. Viele Anionen, wie Sulfid, Sulfit, Phosphane, Arsane, Arsenit oder Cyanid, lassen sich unter Anlagerung von S sulfurieren. In den meisten Verb. besitzt Schwefel die Oxidationsstufe -2 oder $+6$ und liegt ionisch oder kovalent gebunden vor. In kationischer Form ist er nur mit Anionen von Supersäuren stabil. In Organismen ist Schwefel ein Bestandteil der Aminosäuren Cystein und Methionin, deren Disulfidbrücken für die Tertiärstruktur von >Eiweißen< von Bedeutung sind. Darüber hinaus ist er in Konjugaten der Schwefelsäure, in Mucopolysacchariden und im aktiven Zentrum mancher >Enzyme< (Ferredoxin, Xanthinoxidase) enthalten. Pflanzen benötigen rel. viel Schwefel, den sie als Sulfat aus dem Boden oder als SO_2 aus der Luft aufnehmen können. Ein Überschuß an SO_2 wirkt allerdings schädigend durch die Bildung von SO_3 bzw. Schwefelsäure. Elementarer Schwefel selbst ist nicht giftig, da er im Darm nicht resorbiert wird; die schwach abführende Wirkung beruht auf der Bildung geringer Mengen des stark toxischen H_2S. Auch die desinfizierende, insektizide und fungizide Wirkung von Schwefelpulver ist darauf zurückzuführen, daß er in Kontakt mit Haut oder Pflanzenoberflächen zu einem geringen Teil in H_2S bzw. SO_2 überführt wird.

Lit: Hollemann AF, Wiberg E, Wiberg N (1985) Lehrbuch der anorganischen Chemie, Walter de Gruyter, Berlin New York, S. 471–524.

Schwefelbakterien. >Bakterien<, die >Schwefelwasserstoff< zu Schwefel oxidieren. Man unterscheidet zwei Gruppen: die farblosen (Beggiatoen, Thiotrix, Thionema) und die roten Schwefelbakterien. Sie können als Nachweis des Vorhandenseins von Schwefelwasserstoff dienen. Schwefelbakterien verwerten die reduzierten Schwefelverb. (H_2S, S_x, H_2SO_3) in ihrem Stoffwechsel. Die Schwefelverb. dienen im >Energiestoffwechsel< als >Elektronendonator< (schwefeloxidierende Bakterien) und/oder als Quelle für Reduktionsäquivalente (Schwefelpurpurbakterien).

Lit: Bogenrieder H, Collatz KG, Kössel H, Osche G (1985) Lexikon der Biologie, Herder, Freiburg Basel Wien.

Schwefeldioxid. Oxid des vierwertigen >Schwefel< S. Chem. Formel: SO_2; $M_r = 64{,}06$; FP. $= -72{,}7$ °C; Sdp. $= -10{,}08$ °C. Stechend riechendes, farbloses, giftiges Gas. Großtechnisch läßt sich S. durch Rösten sulfidischer Erze wie Pyrit gewinnen. Sowohl die reduzierende als auch die oxidierende Wirkung von S. werden großtechnisch ausgenützt. Durch katalytische Oxidation von S. mit Sauerstoff entsteht SO_3, das Anhydrid der Schwefelsäure. Durch Oxidation des im Brennstoff enthaltenen >Schwefels< werden große Mengen an S. freigesetzt. Prozeßbedingte S.->Emissionen< sind deutlich geringer und treten v. a. bei der Erdöl- und Erdgasaufbereitung, der Metallerzeugung und der Chemischen Industrie auf. In den alten Ländern gingen die S.-Emissionen in den 80er Jahren stark zurück. Dies war insbesondere auf den Einsatz von >Abgasentschwefelungs<anlagen für Großfeuerungsanlagen, die Reduzierung der Schwefelgehalte im Brennstoff bzw. den Ersatz stark schwefelhaltiger Brennstoffe, wie schweres >Heizöl< und >Braunkohle<, durch flüssige und gasförmige Brennstoffe zurückzuführen. In der DDR fand hingegen noch Anfang der 80er Jahre ein starker Anstieg der S.-Emissionen statt. Erst 1987 begann ein mäßiger Rückgang durch den verminderten Einsatz heimischer Rohbraunkohle, der sich nach der Wiedervereinigung deutlich verstärkte. So ist der Rückgang von 1990 bis 1994 um 44 % im Wesentlichen auf den Rückgang in den neuen Bundesländern mit Betriebsstillegungen und einer wirtschaftlichen Umstrukturierung (stark rückläufiger Energiebedarf, Einsatz emissionsärmerer Brennstoffe und Änderung der Verbrauchsgewohnheiten der Bevölkerung) zurückzuführen. Die Verpflichtung der Bundesrepublik Deutschland im Helsinki-Protokoll (1. Protokoll), ihre jährlichen Schwefelemissionen bis 1993 um mindestens 30 % gegenüber dem Niveau von 1980 zu reduzieren konnte mit einem Rückgang von 58 % (1993 im Vergleich zu 1980) übererfüllt werden. Im Rahmen des 2. Protokolls hat sich die Bundesrepublik verpflichtet, die Emissionen bis zum Jahr 2000 auf 1,3 Mt und bis zum Jahr 2005 auf 0,99 Mt zu vermindern. In Folge des Rückgangs der S.-Emissionen ging natürlich auch die S.->Immissionsbelastung< deutlich zurück. Ausgehend von einem großräumigen Konzentrationsniveau von etwa 25 bis 50 $\mu g/m^3$ in den Jahren 1965 bis 1985 erfolgte in den alten Ländern bis Anfang der 90er Jahre ein fast flächendeckender Rückgang auf Werte unter 25 $\mu g/m^3$. Nach 1990 setzte auch in den neuen Bundesländern ein deutlicher, kontinuierlicher Rückgang der großflächigen Belastung von über 150 $\mu g/m^3$ auf Werte von kleiner 25 bis 50 $\mu g/m^3$ ein. Die Immissions-

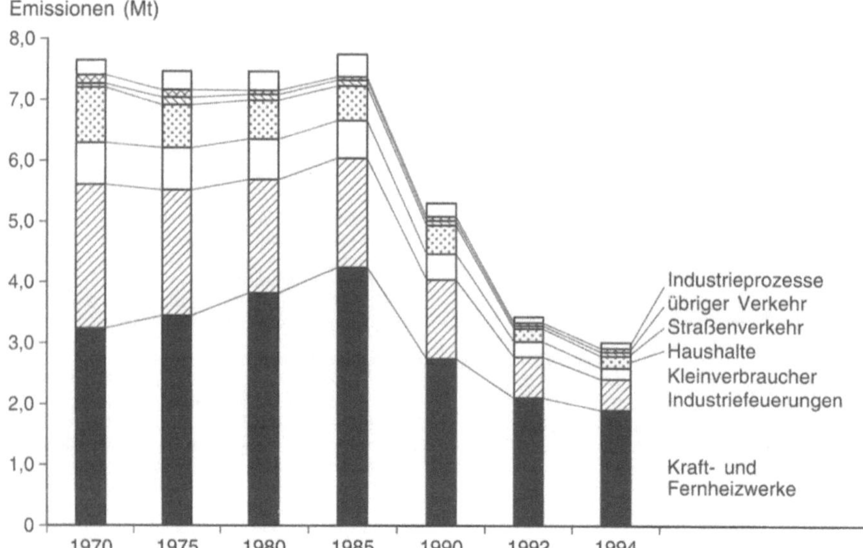

Schwefeldioxid: Entwicklung der Schwefeldioxidemissionen in Deutschland (jeweils Summe alte und neue Bundesländer) 1970 bis 1994 (aus: Daten zur Umwelt, Ausgabe 1997, Umweltbundesamt, Erich Schmidt Verlag)

werte in der >TA Luft< von 140 µg/m³ für die langfristige Belastung (IW 1) und von 400 µg/m³ für Bela-
stungsspitzen (IW 2) werden damit überall deutlich unterschritten, ebenfalls die in der 22. >Verordnung zur
Durchführung des Bundes-Immissionsschutzgesetzes<
aufgeführten >Immissionswerte< für die menschliche
Gesundheit: 80 µg/m³ Jahresmittelwert, wenn Jahresmittelwert der >Schwebstaub<belastung >150 µg/m³;
120 µg/m³ Jahresmittelwert, wenn Jahresmittelwert
der Schwebstaubbelastung <150 µg/m³; 130 µg/m³ Mittelwert des Winterhalbjahres, wenn Mittelwert der
Schwebstaubbelastung >200 µg/m³; 180 µg/m³ Mittelwert des >Winterhalbjahres<, wenn Mittelwert der
Schwebstaubbelastung <200 µg/m³; 280 µg/m³ 98%-
Wert der Summenhäufigkeit der während des Jahres
gemessenen Tagesmittelwerte, wenn 98%-Wert der
Schwebstaubbelastung >350 µg/m³; 350 µg/m³ 98%-
Wert der Summenhäufigkeit der während des Jahres
gemessenen Tagesmittelwerte, wenn 98%-Wert der
Schwebstaubbelastung >350 µg/m³. Auch die >Leit-
werte< der einschlägigen EG Richtlinie 80/779/EWG
mit 40–60 µg/m³ Jahresmittelwert bzw. 100–150 µg/m³
Tagesmittelwert sowie der >WHO< mit 50 µg/m³ Jahresmittelwert und 125 µg/m³ 24-Stundenmittelwert
werden in aller Regel unterschritten. Die Kombination
der Schadstoffbelastungen von S. mit der von
>Schwebstaub< erfolgt, da S. insbesondere mit
Schwebstaub auf die Atemwege wirkt und in höheren
Konzentrationen zu Atembeschwerden führt. Daneben reizt S. Haut und Schleimhäute. In der Vergangenheit konnte bei länger andauernden winterlichen
>Smog<perioden (sog. London-Typ-Smog) eine deutli-
che Zunahme der Erkrankungen älterer Menschen in
Verbindung mit einer erhöhten Sterblichkeit festgestellt werden. Diese Gefahr besteht bei den jetzt niedrigen S.-Belastungen nicht mehr. Die >Smog-Verord-
nungen< der Bundesländer wurden daher wieder auf-

gehoben. Bei Pflanzen baut S. Chlorophyll ab und bewirkt so das Absterben von Gewebepartien. Nadelhölzer sind besonders betroffen, da sie ihre Nadeln behalten und so Schwefel über mehrere Jahre anreichern
können. S. trägt als Säurebildner wesentlich zum >sau-
ren Regen< bei. Die verstärkt ab den 70er Jahren fest-
zustellenden neuartigen >Waldschäden< werden von
S. mitverursacht. Die gravierenden Waldschäden führten zum Erlaß der >Großfeuerungsanlagen-Verord-
nung<, die >Abgasentschwefelungs<- und >Abgasent-
stickungs<maßnahmen forderte. Gleichzeitig mit der
Großfeuerungsanlagen-Verordnung erfolgte die Abkehr von der Politik der hohen >Schornsteine< hin zu
einer Politik der >Vorsorge< mit der Forderung nach
dem >Stand der Technik< der >Emissionsminde-
rungs<maßnahmen auch bei >Altanlagen< mit Aufhebung des Bestandschutzes.

Schwefelgehalt. Der Schwefelgehalt in >Brennstoffen<
best. den Auswurf an >Schwefeloxiden< während des
Verbrennungsvorganges. Zur >Emissionsbegrenzung<
können entweder der Schwefelgehalt im Brennstoff reduziert oder >emissionsmindernde Maßnahmen< ergriffen werden. Die Dritte Verordnung zum >Bundes-
Immissionsschutzgesetz< (Verordnung über den
Schwefelgehalt von leichtem Heizöl und Dieselkraftstoff – 3.BImSchV) in der Fassung vom 14.Dezem-
ber 1987 begrenzt den Schwefelgehalt in diesen Stoffen
auf 0,20 %.

Schwefelkohlenstoff. (Kohlendisulfid). Schwefel-Koh-
lenstoffverb.; Chem. Formel: CS_2; $M_r = 76{,}14$; Fp. =
−111,5 °C; Siedepunkt = 46,3 °C; Sättigungskonz. bei
20 °C = ca. 1,26 kg/m³; farblose, lichtbrechende, wider-
wärtig aromatisch riechende Flüssigkeit. CS_2 ist ein
ausgezeichnetes Lösungsmittel für z.B. >Schwefel<,
Harze, Gummi, Fette, Kautschuk und findet vor allem
als Lösungsmittel zur Herstellung von Viscoseproduk-

ten Verwendung. Infolge der hohen Reaktivität ist nicht von einer >ökotoxikologisch< relevanten >Persistenz< auszugehen. CS_2 ist sehr giftig und kann beim Einatmen hoher Konz. tödlich wirken. Chronische Vergiftungen (nur relevant beim unmittelbaren Umgang mit CS_2) können u. a. zu Verhaltensstörungen, Lähmungen und Hirnschäden führen. Die >TA-Luft<, die zur Beurteilung immissionsschutzrechtlich >genehmigungsbedürftiger Anlagen< heranzuziehen ist, führt CS_2 in der Klasse II der Ziffer 3.1.7 auf. Danach dürfen die dieser Klasse zugeordneten Stoffe in der Summe im >Abgas< bei einem >Massenstrom< von 2 kg/h und mehr 0,10 g/m³ nicht überschreiten. Für Anlagen zur Herstellung und Verarbeitung von Viscose gelten Sonderregelungen. Bei diesen Anlagen treten Probleme hinsichtlich der >Abgasreinigung< wegen der extrem großen Abgasvol. und der geringen Beladung der Abgase der Maschinenabsaugungen auf.

Schwefelkreislauf. Der S. im Gewässer ist überwiegend durch die Tätigkeit von >Mikroorganismen< best.; rein chem. Prozesse sind von untergeordneter Bedeutung. Für den S. ist weiterhin die Verteilung von Licht und Sauerstoff im Gewässer bedeutsam. In der stabilen Ox.-Form des Sulfats SO_4^{2-} ist Schwefel in der >euphotischen Zone< vorhanden und wird von den >Primärproduzenten< als Nährstoff aufgenommen. Als org. gebundener Schwefel wird er in die tierische >Nahrungskette< eingebracht. Beim mikrobiellen Abbau toter >Biomasse< entsteht >Schwefelwasserstoff<, der chem ox., besonders aber von >Bakterien< aus der Gruppe der Sulfurikanten an der Grenze des Vorkommens von H_2S und Sauerstoff aufgenommen und oxidiert wird. Die phototrophen Chromatiaceae und Chlorobiaceae (Bakterien) ox. H_2S anaerob in Verb. mit ihrer Photosynth. in Wasserschichten, in denen H_2S und noch genügend Lichtenergie vorhanden ist, also im unteren Bereich der euphotischen Zone. Bakterien der Gruppe der Desulfurikanten reduzieren Sulfat anaerob zu H_2S. Ein beträchtlicher Teil des Schwefels wird als Sulfide im Sediment festgelegt und dem Kreislauf entzogen. Vereinfacht ergibt sich für den S. das folgende Schema (s. Abb.).

Schwefeloxide. >Schwefel< bildet Oxide in den Oxidationsstufen I bis IV. Von Bedeutung sind insbesondere das >Schwefeldioxid< (SO_2) und das Schwefeltrioxid (SO_3). Mit Wasser bilden diese die schwefelige Säure bzw. >Schwefelsäure<. Letztere ist die wichtigste

Schwefelverbindung und bedeutsamste Säure. Bei Verbrennungsprozessen entsteht aus den Schwefelverunreinigungen von Brennstoffen überwiegend Schwefeldioxid und nur untergeordnet Schwefeltrioxid. Schwefeloxidemissionen werden daher als Schwefeldioxid angegeben.

Schwefelsäure. H_2SO_4. Der Einsatz erfolgt in der Lebensmittelindustrie zur Hydrolyse von >Stärke< und >Saccharose<.

Schwefeltrioxid. >Schwefeloxide<.

Schwefelverbindungen. biogene: Der Ozean ist eine Quelle natürlicher Schwefelverbindungen. Die Hauptkomponente ist Dimethylsulfid (DMS; >Gase<) das von >Algen< aus Dimethylsulfoniumpropionat gebildet wird und aus dem Meerwasser in die Atmosphäre gelangt.

Schwefelwasserstoff. 1. Chemie: Wasserstoffverb. des >Schwefels<. Chem. Formel: H_2S; $M_r = 34,08$; Fp. = $-85,6\,°C$; Siedepunkt = $-60,2\,°C$; brennbares, farbloses, nach faulen Eiern riechendes Gas. Da die >Geruchsschwelle< von H_2S sehr niedrig ist, führen schon geringe Konz. zu >Geruchsbelästigungen<, ohne daß hierbei schon gesundheitliche Beeinträchtigungen vorliegen. Höhere Konz. führen zu Schleimhautreizungen und in schweren Fällen zu Nervenschädigungen. In vielen vulkanischen Gegenden ist H_2S ein Bestandteil der aus der Erde entweichenden Gase bzw. wichtiger Bestandteil der Schwefelquellen. H_2S wird wie >Schwefelkohlenstoff< in großen Mengen bei der Herstellung von Viscoseprodukten freigesetzt. Weitere >Emissionsschwerpunkte< sind >Kokereien< und >Raffinerien<, aber auch Fäulnis-Prozesse (faule Eier!). Die >TA Luft<, die zur Beurteilung immissionsschutzrechtlich >genehmigungsbedürftiger Anlagen< heranzuziehen ist, führt H_2S in der Klasse II der Ziffer 3.1.6 auf. Danach darf die Konz. an H_2S im >Abgas< bei einem >Massenstrom< von 50 g/h und mehr 5 mg/m³ nicht überschreiten. Für Anlagen zur Herstellung und Verarbeitung von Viscose gelten Sonderregelungen. 2. Wasser: Bei dem mikrobiellen Abbau von Proteinen entsteht S. Unter anaeroben Bedingungen ist H_2S im Gewässer beständig. An der Grenze des Vorkommens von S. und Licht wird H_2S unter anaeroben Bedingungen von >phototrophen< Bakerien ox. Unter Sauerstoffbedingungen wird S. chem. und biochem. von >Mikroorganismen< zu Schwefel und Sulfat SO_4^{2-} ox., s. a. >Schwefelkreislauf<.

Schwefelwasserstoffverfahren. Verfahren zur >Schwerwasser<gewinnung, das die negative Temp.-Abhängigkeit der Gleichgewichtskonstanten der Reaktion $H_2S + HDO \rightleftharpoons HDS + H_2O$ ausnutzt (α bei 10 °C = 2,48, α bei 100 °C = 1,92). Der bei hoher Temp. an >Deuterium< angereicherte Schwefelwasserstoff gibt bei niedriger Temp. einen Teil des Deuteriums an das Wasser ab. Im Gegenstromverfahren zwischen einer heißen und einer kalten Kolonne ergibt sich zwischen den Kolonnen eine Deuteriumanreicherung.

Schweinegülle. >Gülle<.

Schweißen. Der beim Schweißvorgang auftretende Schweißrauch zählt zu den >Feinstäuben< und ist somit lungengängig. Insgesamt stellen jedoch die durch Schweißvorgänge emittierten >Schadstoffmengen< weniger ein Umwelt- als vielmehr ein Arbeitsplatzproblem dar.

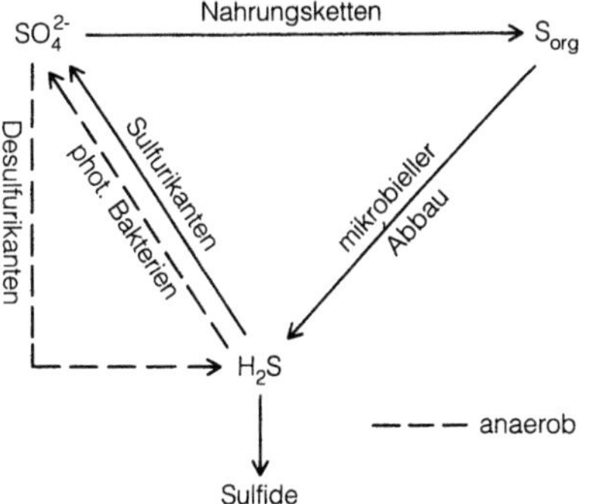

Schwefelkreislauf: Biogener, überwiegend mikrobieller Umsatz des Schwefels im Gewässer

Schwelbrennverfahren. Von Siemens. Beim Schwelbrennverfahren werden >Schwelung< (Pyrolyse) und >Verbrennung< kombiniert. Die Pyrolyse erzeugt Schwelgas und Schwelkoks und schafft damit zwei ziemlich homogene >Brennstoffe<. Um den Vorteil der Nichtzersetzung anorg. Stoffe wie Salze, Metalle, Schwermetalle, Glas etc. nicht zu verlieren, wird der Feststoff aus der Schweltrommel (Reststoff) aufbereitet, und zwar gesiebt. Der Teil mit Korngrößen > 5 mm enthält größtenteils Glas, Steine, Metalle und den Großteil der Schwermetalle etc. Dieses Inertmaterial ist durch die Behandlung in der Schweltrommel hygienisiert, enthält praktisch keine unverbrannten Anteile und kann einer Weiterverwertung bzw. Aufarbeitung zugeführt werden (ca. 10 bis 15 % der Rohmüllmasse). Der Teil mit Korngröße < 5 mm wird in einer Mühle gemahlen und dann zusammen mit dem Schwelgas bei hohen Temp. (ca. 1.300 °C) in einer Schmelzkammer verbrannt. Bei diesen Verbrennungsbedingungen werden noch vorhandene org. Verb. einschl. Dioxine und Furane zerstört. Die fl. >Schlakke< wird in einem Wasserbad abgeschreckt und ergibt ein glasartiges Granulat, das kaum Eluate (Wasser mit wasserlöslichen Substanzen) freisetzt und 8 bis 12 % der Rohmüllmasse umfaßt. Die >Abgase< werden in einem 1. >E-Filter<, Sprühtrockner, 2. E-Filter und in einer Vor- und Hauptwäsche (zur Abscheidung von Quecksilber kann TMT 15, eine 15 %ige Lsg. von Trimercapto-*s*-triazin, dem Waschwasser zugesetzt werden) gereinigt und haben sehr niedrige Emissionswerte. Die Reaktionsprodukte aus der Abgasreinigung müssen entsorgt bzw. weiterverwertet werden. Das Verfahren ist abwasserfrei. Die nicht in der Anlage selbst (z.B. für Schwel-Trommelbeheizung, Antriebe etc.) verbrauchte Energie kann als Strom und Fernwärme abgegeben werden (s. Abb.).

Lit: KWU-Umwelttechnik: Technik für den Umweltschutz. Technischer Informationsdienst: Die Schwelbrennanlage zur Hausmüllentsorgung Nr. 1, 04/88: Emission chlorsubstituierter aromatischer Verbindungen aus der Schwelbrennanlage; Nr. 2, 04/88: Stickoxidminderung beim Siemens-Schwelbrennverfahren; Nr. 3, 04/88: Die wesentlichen Unterschiede zwischen dem Siemens-Schwelbrennverfahren und dem ANDCO-TORRAX-Verfahren; Nr. 4, 04/88: Bestandteile der Schlacke und Eluierverhalten; Nr. 5, 07/88: Brenn- und Explosionsverhalten des Reststoffstaubes; Nr. 6, 10/88: Schlackefließverhalten und Abhängigkeit der Verbrennungstemperatur vom Heizwert des Hausmülls – Berwein H (1988) Ein Weg zur Lösung des Müllproblems: Die Siemens Schwelbrennanlage, Technische Mitteilungen, 81: 327–332.

Schwellendetektor. >Detektor< zum Nachweis von Neutronenstrahlung oberhalb einer best. Energie (Schwellenenergie). Schwefel ist z.B. ein solcher Schwellendetektor. Über die Reaktion S-32 (n,p) P-32 werden nur >Neutronen< mit einer Energie >2 MeV gemessen.

Schwellenwert. Höchste >Dosis< eines Fremdstoffes, bei der ein vorher gewähltes Wirkungsmerkmal bei einem bestimmten Versuchsobjekt gerade nicht mehr meßbar eintritt. Der Schwellenwert eines Stoffes hängt vom betrachteten Wirkungsparameter, von der verwendeten Meßmethode und vom untersuchten biologischen System ab. Man kann also keinen allgemeinen Schwellenwert für einen Stoff angeben. Als Schwellenwert im Sinne von Unwirksamkeit eines Stoffes gilt der >no-effect-level, NEL<, der als höchste Dosis beschrieben wird, bei der noch kein Effekt eintritt bzw. beobachtet wird. Freilich ergeben sich je nach untersuchtem Effekt und je nach untersuchtem Objekt für einen Stoff unterschiedliche NEL. Auch die Empfindlichkeit der verwendeten Meßmethode hat Einfluß auf die Höhe eines als NEL bestimmten Wertes. Aus diesen Gründen spricht man heute nicht mehr vom NEL, sondern einschränkend von einem >no-observed-effect-level, NOEL<.

Schwellenwertdosis. Kleinste Energie- oder >Äquivalentdosis<, die eine best. Wirkung hervorruft.

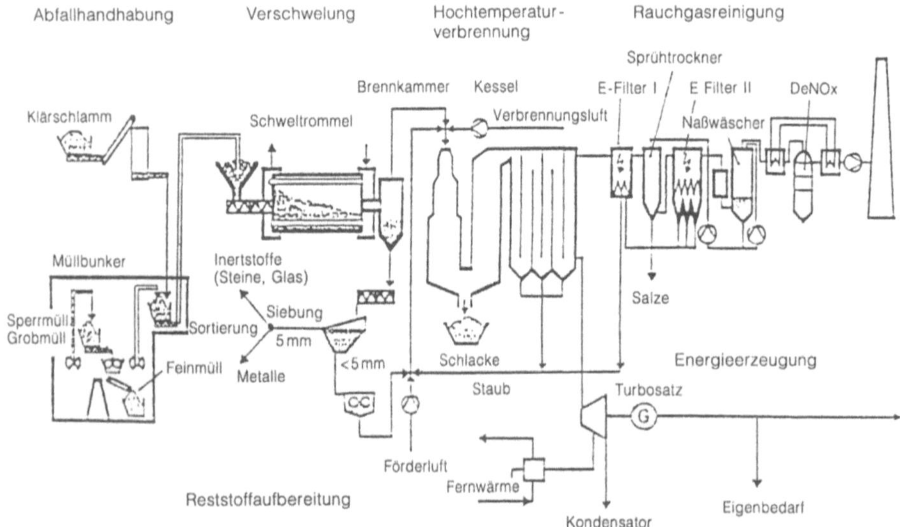

Schwelbrennverfahren

Schwelung. >Entgasung<.

Schwemmentmistung. >Entwässerungsanlage<, vor allem bei Massentierhaltungen zur Vereinfachung der Entmistung durch Abschwemmen des Tierkotes. Die Methode ist wegen der hohen Belastung des Abwassers problematisch, wenn keine landwirtschatfliche Verwertung des Abwassers möglich ist.

Schwer abbaubare Stoffe. („Inherent biodegradability"), >Abbaubarkeit<.

Schwere Gase. S.G. sind gasförmige Stoffe, deren Dichte größer als die der umgebenden Luft ist. Höhere Dichte kann durch ein größeres Molekulargewicht erreicht werden (>28,96) (für trockene Luft) oder durch tiefe Temp. Sie können als natürliche s.G. entstehen, überwiegend durch tiefere Temp. der Umgebungsluft als Kaltluftinseln, und sind Ursache für wohl definierte meterologische Phänomene, wie z.B. >Berg-Tal-Winde,< >Böenbildung,< >Inversionswetterlagen<. Zusätzlich kommt CO_2 als natürliches schweres Gas im Zusammenhang mit vulkanischen Aktivitäten vor, das in Kraterkesseln durch sein >Schwergasverhalten< zu Umweltkatastrophen geführt hat (Katastrophe am Nios-See (1985), Kamerun, mit mehreren hundert Toten). Die überwiegende Zahl sowohl von Art als auch Menge gasförmiger Stoffe in der Industrie sind technische s.G., wobei einige wichtige Grundstoffe sind, wie >Chlor< (Produktion in Deutschland über 3 Mio. t/a), >Phosgen< (1 Mio. t/a), >Schwefeldioxid< (4 Mio. t/a), Propan/Butan (4 Mio. t/a), Vinylchlorid (2 Mio. t/a). Abgesehen von der wirtschaftlichen Wichtigkeit erhalten sie ihre Bedeutung durch die Risiken, die mit dem >Schwergasverhalten< verbunden sind.

Schwerer Wasserstoff. >Deuterium<.

Schweres Wasser. Deuteriumoxid, D_2O; Wasser, das an Stelle der leichten Wasserstoffatome >Deuteriumatome< enthält. Natürliches Wasser enthält ein Deuteriumatom pro 6.500 Moleküle H_2O. D_2O hat einen niedrigen Neutronenabsorptionsquerschnitt. Es ist daher als >Moderator< in >Natururanreaktoren< verwendbar.

Schwergasunfälle. S. in der Industrie zeichnen sich durch ihre größeren Schäden im Vergleich zu anderen Unfällen mit gasförmigen Stoffen aus. Das ist bedingt durch das >Schwergasverhalten<. Bei brennbaren >Schwergasen< sind große Driftweiten der Wolke am Boden ($\geq 10^3$m) sowie verzögerte Zündung nach beendeter Freisetzung (über 30 Minuten) festgestellt worden, die zusammen mit der größeren Masse oberhalb der Zündkonz. das höhere Schadensausmaß erklären. Bei tox. Schwergasen bedingt die lange Verweildauer am Boden höhere Dosen und größere Vergiftungsgefahr. Schadenerhöhend wirkt sich die verbreitete Unkenntnis des >Schwergasverhaltens< bei Unfallfolgenbekämpfung aus.

Schwergasverhalten. S. ist das charakteristische Verhalten eines gasförmigen oder luftgetragenen Stoffes in der *Bodengrenzschicht der Atmosphäre* (>bodennahe Grenzschicht<) oder in baulichen Räumen; dessen Dichte wird erreicht durch größeres Molekulargewicht, durch tiefere Temp. und durch >Polymerisation< eines leichten Stoffes in der Gasphase (Beispiel: $n \cdot HF \rightarrow (HF)_n$). Aerosolwolken können ebenfalls S. aufweisen (z.B. NH_3-Wolken). Das S. ist dem einer Fl. vergleichbar und beinhaltet Fließen entlang oro-

graphischer Strukturen (Bodenerhebungen, Bodeneinschnitte und Neigungen des Bodens) wie Bodenrinnen oder hangabwärts, das Fließen auch gegen die Windrichtung oder Bilden von Schwergas-Seen mit oft stunden- bis zu tagelanger Lebensdauer. Das charakteristische Verhalten wird durch das höhere Gravitationspotential des schweren Gases gegenüber Luft erzeugt. Er kann zu außerordentlich großen Risiken bei >technischen Schwergasen<, aber auch bei >natürlichen Schwergasen< führen. Das S. hängt u.a. vom >Turbulenz-< zustand ab und ist üblicherweise bei $\geq 1\%$ Dichteunterschied deutlich wahrnehmbar. Der allergrößte Teil gasförmiger technischer Stoffe in unserer Industriegesellschaft sind Schwergase. Dadurch bestimmt das S. zu einem bedeutenden Teil das Risikospektrum gefährlicher Stoffe und das >Unfallrisiko< betroffener Industrien. Für die Ausbreitung gibt es eine gesonderte >VDI-Richtlinie< 3783 Blatt 2, die in grober Näherung das S. beschreibt. Größere Katastrophen der letzten Jahrzehnte mit >Gefahrstoffen< sind nur durch das S. erklärbar. Hierzu gehören Port Hudson (1970), Flixborough (1974), San Carlos (1978), Mexico City (1984), >Bhopal< (1984) mit z.T. sehr großen Sachschäden oder mehreren tausend Toten (Bhopal). Obwohl in den letzten 15 Jahren intensive Forschung betrieben wurde, sind Teile des S., die Turbulenzfragen zum Gegenstand haben, noch nicht voll verstanden.

Lit: Hartwig S (1989) Schwere Gase bei Störfallfreisetzung, VDI-Verlag, Düsseldorf.

Schwerkraftventil. Bauteil in der Entlüftung von Fahrzeug-Kraftstofftanks, um ein Auslaufen von Kraftstoff bei sich überschlagendem Fahrzeug zu vermeiden, >Kraftstoffdampf-Rückhaltesystem<.

Schwermetalle. 1. allgemein: Metalle mit einer Dichte >4,6 bzw. mit einem spez. Gewicht >5. Die Konzentrationsbereiche einiger S. in versch. Umweltbereichen sind in der Tabelle (s. S.1054 oben) angegeben. Schwermetallreiche Böden kommen dort vor, wo Erzadern an die Erdoberfläche kommen oder oberflächennah lagern, aber auch schwermetallreiche Quellwässer können zur Anreicherung führen. Die chem. Zus. hängt von der geothermalen Situation bei der Vererzung ab; die wichtigsten Mineralien sind die Sulfide. Daneben sind auch Oxide, Carbonate, Sulfate, Phosphate und Silikate von Bedeutung. Den Schwermetallgehalt von Böden sowie den wasserlösl. Anteil zeigt die untere Tabelle (s. S.1054 unten). Weitere Schwermetallquellen sind Vulkanausbrüche, Sondermüll, Industrieabwässer, Rauch und Autoabgase. Im Boden liegen die S. teils als prim. Minerale vor und teils komplexiert mit Metaboliten des Pflanzenstoffwechsel, wie >Citronen<-, >Essig<- und >Bernsteinsäure<, bzw. mit >Fulvin<- und >Huminsäuren<. Vor allem Pb, Cu und Ni befinden sich in gereiften Schwermetallböden fast vollständig als Organokomplexe in der wäßrigen Phase, während Zn nur bei niedrigem Angebot vollständig komplexiert ist. Die Stabilität der Komplexe hängt auch vom pH-Wert ab. In Organismen werden Schwermetallionen vor allem durch N-, O- und S- Funktionen makromolekularer >Elektrolyte<, wie >Peptide< und Nukleinsäuren, komplexiert. Die biol. Bedeutung der S. liegt darin, daß viele von ihnen als Enzymbestandteile für alle oder einige spez. Organismen zu den >essentiellen< Nahrungsbestandteilen gehören (s. Tabelle S.1055). In höheren Konz. wirken S. toxisch. Umweltprobleme verursachen vor

Schwermetalle: Schwermetallgehalte verschiedener Umweltmedien

	Pb	Cd	Co	Cu	Ni	Hg	Zn	Sn
Luft (ng · m^{-3})	0,6–13.200	0,5–620	0,008–37	0,036–4.900	1–120	0,09–38	0,03–16.000	1–800
Meerwasser (µg · L^{-1})	0,03	0,11	0,02	0,05–12	0,58	0,03–0,15	4,9	0,002–0,81
Grundwasser (µg · L^{-1})	<10	1	–	–	–	0,03–0,1	10	–
Boden (mg · kg^{-1})	2–200	0,06–0,35	8	30	50	0,06	10–300	1–200
Meeresfische (mg · kg^{-1})	0,001–15	0,1–3	0,006–0,05	0,7–15	0,1–4	0,128	9–80	–
Landpflanzen (mg · kg^{-1})	1–13	0,1–2,4	0,005–1	5–15	1–3	0,005–0,02	20–400	0,2–2
Gemüse (mg · kg^{-1})	0,1–0,6	0,019–0,044	0,01–4,6	4–20	0,02–4	–	2	0,2–6,8
Obst (mg · kg^{-1})	0,1–0,2	0,01–0,018	–	–	–	–	1	–
Milch (mg · kg^{-1})	0,019	0,01	–	–	–	0,0002	4	–
Fleisch (mg · kg^{-1})	0,06–0,28	0,009–0,165	–	–	–	0,006	25	–
menschl. Leber (mg · kg^{-1})	0,4–2,8	–	2–13	30	0,032–4,6	–	–	0,23–2,3
menschl. Knochen (mg · kg^{-1})	3,6–30	1,8	–	1–26	–	–	50–60	1,4

Schwermetalle: Gesamtschwermetallgehalt in mmol · kg^{-1} und wasserlöslicher Anteil (in Klammern) in µmol · kg^{-1} von verschiedenen Böden (aus Kinzel H (1982) Pflanzenökologie und Mineralstoffwechsel, Ulmer, Stuttgart)

Herkunft des Bodens	Gehalt								
	Fe	Mn	Zn	Cu	Co	Ni	Cr	Cd	Pb
Normalböden									
Brochterbeck (Podsol)	1.343	2,8 (50)	3,2 (0,2)	0,4 (0,1)	0,02	0,19 (2)	0,1 (2)	0,02 (0,1)	1,05 (1)
Brochterbeck (Rendzina)	1.387	32,7 (1)	2,6 (1,5)	0,3 (0,1)	0,27	0,66 (2)	0,37 (2)	0,02 (0,1)	0,50 (1)
Schwermetallböden									
Aliva	851	24,6 (18)	1.575 (1.300)	0,1 (1,6)	0,24	0,85 (2)	0,44 (2)	0,33 (0,1)	1,45 (5)
Blankenrode	483	13,3 (69)	1.380 (2.753)	0,7 (16)	0,23	1,07 (2)	0,08 (2)	0,52 (1,8)	13,51 (1)
Halkyn	323	7,3 (78)	621 (1.040)	0,5 (0,2)	0,01	0,01 (2)	0,07 (2)	0,71 (0,1)	241,3 (1.155)
Copper King	8.075	100,1 (22)	20 (76)	761,7 (1.574)	3,39	0,92 (2)	2,5 (2)	0,17 (0,1)	152 (82)
Tipperary	3.509	27,3 (109)	0,2 (1,5)	0,6 (0,2)	6,28	110,71 (2.061)	38,45 (19)	0,01 (0,1)	0,02 (1)

allem Hg, Cd und Pb, die in der >Nahrungskette< angereichert werden können, so daß es trotz geringer Ausgangskonz. zu starken Belastungen kommen kann. 2. Luft: In der Luft sind S. im wesentlichen an >Staub< gebunden und zählen somit zu den Staubinhaltsstoffen. Da einige der S., wie >Blei<, >Cadmium<, >Quecksilber<, >Nickel< und >Thallium< sehr >toxisch< sind und im wesentlichen das toxische Gefährdungspotential anorg. Stäube bestimmen, werden unter dem Begriff S. die toxischen Staubinhaltsstoffe subsummiert, auch wenn nicht alle S. toxisch sind und wichtige toxische Stoffe wie >Beryllium< zu den Leichtmetallen bzw. wie >Arsen< und >Selen< zu den Halbmetallen zu zählen sind. Die >TA-Luft<, die zur Beurteilung immissionsschutzrechtlich >genehmigungsbedürftiger Anlagen< heranzuziehen ist, führt in Nr. 3.1.4 für insgesamt 18 Metalle und deren Verb. eingeteilt in drei

Klassen >Emissionsbegrenzungen< von 0,2 mg/m³ bis 5 mg/m³ auf. Für >krebserzeugende Metalle< bzw. deren Verb. sind in Nr. 2.3 Emissionsbegrenzungen von 0,1 mg/m³ bis 1 mg/m³ enthalten. Für Blei, Cadmium und Thallium führt die TA-Luft >Immissionswerte< auf. Da die meisten Roh- und Brennstoffe S. zumindest in Spuren enthalten, ist jeweils zu überprüfen, inwieweit z. B. durch Anreicherungsprozesse im emittierten Staub vermehrt Metalle anzutreffen sind. In Abhängigkeit von der Prozeßtemp. können dabei leichtflüchtige Metalle bzw. Metallverb. abdampfen, im Abgasstrom wieder kondensieren und sich vor allem im Feinstaub anreichern. Hierdurch bedingte Anreicherungsprozesse sind vor allem bei Arsen, Cadmium, Blei, Thallium und Selen besonders ausgeprägt. Dabei können bei hohen Prozeßtemp. durchaus >Emissionsgrade< von 10 bis 90 % auftreten.

Schwermetalle: Vorkommen von S. in Biomolekülen

Ion	Biomoleküle	Funktion
$Fe^{2+/3+}$	Hämoglobine	O_2-Transport
	Cytochrome, Eisen-Schwefel-Proteine (z. B. Ferredoxine)	Elektronentransport
	Flavoproteine	Oxidationen, Dehydrierungen
	Nitrogenase	N_2-Fixierung
	Mycobactin, Enterobactin	Elektronentransport in Bakterien
Co^{2+}	Cobalamin-Coenzyme (Vitamin B_{12}-Gruppe)	Isomerisierungen
Cu^{2+}	Cytochrom-Oxidase, Superoxid-Dismutase, Phenol-Oxidasen	Redoxreaktionen
	Hämocyanine	O_2-Transport in einigen Mollusken und Arthropoden
	Plastocyanine	Photosynthese
Mn^{2+}	Pyruvat-Carboxylase	Carboxylierung
	Manganprotein	Photosynthese
	Arginase	Harnstoffzyklus
$Mo^{5+/6+}$	Xanthin-Oxidase, Xanthin-Dehydrogenase	Purinstoffwechsel
	Nitrogenase, Nitratreduktase	N_2-Fixierung
Ni^{2+}	Ni-Porphyrinsystem	Energiekonservierung in methanbildenden Bakterien
Zn^{2+}	Alkohol-Dehydrogenase, Carboanhydrase, Peptidase, Phosphatasen	Proteinstruktur, Substratbindung
	Insulin	Proteinstruktur

3. Böden: Fast alle bekannten stabilen, d.h. nichtradioaktiven Elemente kommen überall auf der Erde vor, wenn auch in unterschiedlicher Menge. Es ist daher verständlich, daß in allen Lebensmitteln diese Bestandteile der Erdrinde gefunden werden. Ihre Konzentration im Lebensmittel wird vom geologischen Vorkommen, vom Lebensraum der Pflanze bzw. des Tieres bzw. von anthropogenen, also künstlich durch den Mensch geschaffenen Gegebenheiten beeinflußt. Das geologische Vorkommen von >Elementen< bzw. deren Verbindungen in der Erdrinde ist sehr unterschiedlich. So sind Gegenden auf der Erde mit sehr hohen Gehalten bis hin zu sehr niedrigen Gehalten im Boden bzw. Gestein bekannt. Dieses unterschiedliche Vorkommen hat sowohl Vorteile als auch Nachteile. Handelt es sich um ein für den menschlichen oder tierischen Organismus essentielles Element, wie Selen, Kobalt oder Jod, so wird das erhöhte Angebot durch den Boden und der darauf aufbauenden Nahrungskette auch aus gesundheitlicher Sicht als positiv erachtet; handelt es sich dagegen um S., wie >Blei<, >Cadmium<, >Quecksilber< oder Thallium, so wird von einer Belastung der Nahrungskette mit Umweltchemikalien gesprochen.

4. Meerwasser: Die im Meer vorhandenen S. natürlichen Ursprungs treten in Konzentrationen von 10^{-9} bis 10^{-6} g/L auf. Metalle wie z.B. Eisen, Zink, Molybdän, Selen, Kupfer, Vanadium, Mangan, Nickel und Kobalt sind für marine Organismen lebensnotwendig. Die Anforderungen an diese Metalle sind bei verschiedenen Organismen unterschiedlich. Anthropogene Einträge von Schwermetallen durch Abfallverbrennung, Feuerungsanlagen, Bergbau und Verhüttung, Herstellung von Chemikalien und technische Prozesse können regional zu erhöhten Konzentrationen von S. führen (>Minamata-Krankheit<, >Meeresverschmutzung<). Alle Metalle, einschließlich der essentiellen, sind in entsprechend hoher Konzentration toxisch. Meerestiere können ihren Metallgehalt in gewissen Grenzen regulieren; eine besondere Rolle spielen hierbei Proteine, sog. Metallothioneine, die zur Entgiftung

von Metallen verstärkt gebildet werden. Für die Bioverfügbarkeit der S. ist deren Bindungsform (Speziation) wichtig: Die S. liegen nur z.T. als Metallionen vor; Chloro- und Carbonatokomplexe sind häufig, (z.B. Cd^{2+} zu 97% Chlorokomplex); auch Komplexe mit organischen Liganden werden gebildet (z.B. mit Kupfer); weiterhin spielen Methylierungsreaktionen durch Mikroorganismen eine Rolle, z.B. die Bildung von Methylquecksilberverbindungen; Toxizität und Anreicherungsvermögen des Methylquecksilbers sind wesentlich größer als bei anorganischen Quecksilberverbindungen.

Lit: Kaim W, Schwederski B (1991) Bioanorganische Chemie, Teubner, Stuttgart – Kinzel H (1982) Pflanzenökologie und Mineralstoffwechsel, Ulmer, Stuttgart – Merian E (Hrsg.) (1984) Metalle in der Umwelt, Verlag Chemie, Weinheim – Kirchgessner M (1987) Tierernährung, 7. Aufl., DLG, Frankfurt/M.

Schwerwasserreaktor. Mit „schwerem Wasser" (D_2O) gekühlter und/oder moderierter >Reaktor<. Beispiel: CANDU-Reaktoren; D_2O-Druckwasserreaktor Atucha, Argentinien.

Schwimmbadreaktor. >Reaktor<, in dem >Brennelemente< in ein offenes Wasserbecken, dessen Wasser als >Moderator<, >Reflektor< und >Kühlmittel< dient, eingetaucht sind. Dieser Reaktortyp wird für Forschung und Ausbildung benutzt. Der Forschungsreaktor München (FRM) in Garching, der erste Reaktor in der Bundesrepublik Deutschland, ist ein Schwimmbadreaktor.

Schwimmdecke. In der >Abwassertechnik< Schicht aus >Schwimmschlamm< im >Faulbehälter< (DIN 4045). Auf die S. im >Faulraum< ist beim zweistöckigen >Emscherbrunnen< ganz besonders zu achten. Sie ist nicht zu verwechseln mit dem Schwimmschlamm des >Absetzbeckens<. Die S. entsteht dadurch, daß Schlammteile aus dem Faulraum durch Gase aufschwimmen, dann aber nicht so weit auseinanderfallen, daß die Gasblasen wieder frei werden und die Schlammstücke absinken. Besonders bleiben Fasern, Kunststoffteile und ähnliche Stoffe an der Oberfläche.

S. entstehen bei frischem, rein häuslichem Wasser und bei gewissem gewerblichem Abwasser mit hohem Gehalt an Fett (Wollfett) und Haaren oder Faserstoffen. Man muß die S. wenigstens einmal tgl. aufbrechen.
Lit: Imhoff K, Imhoff KR (1999) Taschenbuch der Stadtentwässerung, 29. Aufl., R. Oldenbourg Verlag, München Wien.

Schwimmdeckenbildung. Die >Schwimmdecke< bildet sich auf der Schlammoberfläche in >Faulbehältern< von >Kläranlagen< durch Aufschwimmen von leichten, wenig bzw. nicht faulfähigen Ballaststoffen, wie Zweigen, Holzstücken, Faserstoffen, Haaren, Kunststoffteilchen u. a. die zu einer mehr oder weniger dicken, verfilzten Schicht zusammenwachsen und den Gasdurchtritt nach oben in die >Gashaube< erschweren. Ihre Zerstörung ist notwendig, da sie nutzbaren >Faulraum< beansprucht und durch eingeschlossene, nicht zersetzte Schlammteile den Ausfaulungsprozeß behindert. Wenn die zerbrochenen Stücke der Schwimmdecke noch schwer zersetzbare Stoffe wie Wollfett u. a. enthalten, dann ist es zweckmäßig, diese durch die Umwälzeinrichtung nach unten zu drücken, um sie dort noch auszufaulen. Letztlich sollte eine Abzugsvorrichtung eingebaut sein, mit welcher der nicht faulfähige >Schwimmschlamm< abgelassen werden kann.
Lit: Abwassertechnische Vereinigung (Hrsg.) (1985–1997) ATV-Handbuch, 4. Aufl., Bd. 1–7, Verlag von Wilhelm Ernst und Sohn, Berlin München.

Schwimmschicht. >Schwimmschlamm<.

Schwimmschlamm. Aufschwimmender Schlammanteil im >Absetzbecken<, >Eindicker<, >Faulbehälter< usw. von >Kläranlagen< (DIN 4045). Für die Entfernung des Schwimmschlammes bei Absetzbecken sind möglichst kontinuierliche Abzugseinrichtungen vorzusehen. Der Schwimmschlamm sollte auch direkt in Eindicker oder Faulbehälter gebracht und damit aus dem System entfernt werden können. Wird der Schwimmschlamm nicht fortlaufend beseitigt, so gelangen Schwimmstoffe mit in den Ablauf. Dadurch belastet man die biol. Stufe unnötigerweise, und es verstopfen sich bei >Tropfkörpern< leicht die Öffnungen des >Drehsprengers<. Der Schwimmschlamm des >Vorklärbeckens< ist nicht zu verwechseln mit der >Schwimmdecke< des Faulbehälters.
Lit: Abwassertechnische Vereinigung (Hrsg.) (1985–1997) ATV-Handbuch, 4. Aufl., Bd. 1–7, Verlag von Wilhelm Ernst und Sohn.

Schwimmschlauch. Für die Zurückhaltung, Erfassung und auch Rückgewinnung von größeren, freigesetzten Leichtstoffmengen, vor allem >Mineralölen< auf Gewässern wurden mechanische, absorptive und pneumatische Sperren entwickelt, deren Anwendung von einer Reihe grundlegender Faktoren, wie örtlicher und klimatischer Verhältnisse, Gewässergröße, Tiefe, Strömung, Wellenbildung, anfallender Menge, Dichte, Flammpunkt, Beweglichkeit usw. abhängt. Für Gewässer mit stärkerer Wellenbewegung ist die Schlauchsperre geeignet, die aus einem flexiblen, druckfesten Schlauch mit einem Durchmesser von 200 bis 400 mm besteht, an dem eine beschwerte Kielflosse von etwa 300 bis 500 mm Tiefe befestigt ist. Der Schlauch aus beschichtetem Kunststoffgewebe bis zu 450 m Länge wird mit Druckluft oder Druckgas gefüllt und paßt sich auf Grund seiner Flexibilität sehr gut der Wellenbewegung an.
Lit: Abwassertechnische Vereinigung (Hrsg.) (1982–1986) Lehr- und Handbuch der Abwassertechnik, 3. Aufl., Bd. 1–7, Verlag von Wilhelm Ernst und Sohn, Berlin München.

Schwimmstoffe. >Schwebstoffe<. Die Entfernung von Schwimm- und >Schwebstoffen< (Trübungsstoffen) spielt hauptsächlich bei der Aufbereitung von Oberflächenwasser eine Rolle. Dabei ist die richtige Wahl der Entnahmestelle von maßgeblichem Einfluß auf die Rohwasserbeschaffenheit. Grobe Schwimm- und Schwebstoffe können durch >Rechen-< oder Siebanlagen zurückgehalten werden, die vielfach in besonderen Bauwerken untergebracht sind. Je nach Art und Menge der übrigen im Rohwasser vorhandenen Schwimm- und Schwebstoffe erfolgt die weitere Aufbereitung des Wassers entweder nur durch >Sedimentation< und >Filterung< oder bei Verwendung von Chemikalien durch >Flockung<, >Fällung< und Filterung.
Lit: Brix J, Heyd H, Gerlach E (1963) Die Wasserversorgung, R. Oldenbourg Verlag, München Wien.

Schwimmunfähigkeit. Der zu messende Parameter im *Daphnienkurzzeittest* (>*Daphnia magna*<). Eine Daphnie gilt als schwimmunfähig, wenn nach Berührung des Gefäßes innerhalb einer festgelegten Zeit keine Schwimmbewegungen mehr erkennbar sind.

Schwinden. Stellen der Erdoberfläche, an denen oberirdische Gewässer im durchlässigen Untergrund ganz oder teilweise versinken (bei großen Öffnungen in Karst- und >Kluftgrundwasserleitern<) oder versikkern (bei porösen >Lockergesteinen<). Bekannt sind die großen S. der Donau zwischen Immendingen (ca. 654 m NN) und Fridingen (ca. 618 m NN), deren Wasser in der 12 km bzw. 20 km entfernten Aachquelle (475 m NN) wieder austritt.
Lit: Batsche H et al. (1970) Kombinierte Karstwasseruntersuchungen im Gebiet der Donauversickerung (Baden Württemberg) in den Jahren 1967–1969, Steir Beitr Hydrogeol 22: 5–165 – Mattheß G, Ubell K (1983) Allgemeine Hydrogeologie, Grundwasserhaushalt, Gebr. Borntraeger, Berlin Stuttgart.

Schwitzwasser. Wasser, das sich aus der Luft an kälteren Gegenständen (Wand, Rohre) abscheidet (kondensiert). Wenn Schwitzwasser nicht abgeleitet oder seine Bildung nicht verhindert wird, kann es zu erheblichen Schäden an Bauwerken kommen (s. a. >Kondenswasser<).

Schwungnutze. Herstellerbezeichnung (VW) für ein Fahrzeugkonzept, bei dem überschüssige Motor- und Bremsleistung in einem Schwunggrad gespeichert wird. >Schwungradantrieb<.

Schwungradantrieb. Ausnutzung der Rotationsenergie zum Starten des während der Fahrt abgeschalteten Motors >Öko-Polo< bzw. Beschleunigen >Gyrobus<.

Scoping-Verfahren. Element einer >Umweltverträglichkeitsprüfung<; die Umweltverträglichkeitsprüfung beginnt mit der Unterrichtung der Behörde über ein geplantes Vorhaben durch den Vorhabenträger. Anschließend stimmt die Behörde mit dem Vorhabenträger den voraussichtlichen Untersuchungsrahmen, d. h. Gegenstand, Umfang und Methode der Umweltverträglichkeitsprüfung vor Eintritt in das förmliche Verwaltungsverfahren ab; dieser zweite Schritt im Rahmen einer Umweltverträglichkeitsprüfung ist das sog. S.-V. Es ist geregelt in § 5 des Gesetzes über die Umweltverträglichkeitsprüfung vom 12. 2. 1990, BGBl. I S. 205. Am S.-V. können andere Behörden, Sachverständige, Gutachter und Dritte (betroffene Gemeinden, Bürgerinitiativen, Umweltverbände) teilnehmen.

Screeningtest. I. allg. ein einfacher und schneller Test, dessen Ergebnis je nach Fragestellung eine vorläufige

Aussage erlaubt, z. B. ob weitere Untersuchungen notwendig sind oder eine Gefährdung zu vermuten ist.

Sedimentation. Absinken von Teilchen in einem flüssigen (oder gasförmigen) Medium. Dabei ist nach dem Stokes-Gesetz die Sinkgeschwindigkeit umgekehrt proportional zum Quadrat der Teilchengröße, so daß feine Teilchen (z. B. der Tonfraktion) mit fließendem Wasser u. U. sehr weit transportiert werden können. Für Sedimente von Flüssen mit rascher Strömung gibt es daher, je nach der Strömungsgeschwindigkeit, eine Abfolge der Korngrößen, die von Kies im unmittelbaren Flußbereich bis zu Tonen in flußferneren Gebieten reicht. Bei der Bodenuntersuchung wird die S. zur Bestimmung und Abtrennung der feinen Fraktionen (Ton und Feinschluff) angewendet, während die gröberen Fraktionen wegen der zu kurzen S.-Zeiten durch Sieben gewonnen werden. Zur S.-Analyse dispergiert man Boden in Wasser, schüttelt gut auf und entnimmt nach einer berechneten Ruhezeit aus der berechneten Sinktiefe eine Probe, in der der Feststoffgehalt analytisch bestimmt wird. Da man hier bei der Berechnung der Sinkgeschwindigkeit von kugelförmigen Teilchen ausgeht, sind die Durchmesser anders geformter Teilchen (z. B. Tonmineralplättchen) als Äquivalentdurchmesser zu verstehen, d. h. Durchmesser von Kugeln, die genau so schnell sinken wie die betrachteten Bodenteilchen. Alle bodenkundlichen Korngrößenangaben beziehen sich auf solche Äquivalentdurchmesser.
1. Gewässer: Ablagerung verschiedener Partikel am Meeresboden; führt zur Bildung mariner >Sedimente<. Von Flüssen in das Meer eingetragener Gesteinsabrieb wird vorwiegend im Ufer- bzw. Küstenbereich abgelagert; ca. 10 % erreichen die Tiefsee. Beteiligt an der S. sind außerdem Komponenten äolischer, vulkanischer und glazialer Herkunft sowie biogenes Material. Letzteres setzt sich zusammen aus den kalkigen Gehäusen von Cocccolithoforiden und Foraminiferen, den Kieselsäureskeletten von Diatomeen und Radiolaren sowie phosphatischem Material von Skeletten. Reste organischen Materials erreichen ebenfalls den Meeresboden und werden von den Sedimenten inkorporiert. Die Sinkgeschwindigkeit der Partikel hängt von deren Korngröße, Dichte und Form ab; sie beträgt z. B. für feinste Tonteilchen 0,0001 cm/s, für biogene Kalkgehäuse etwa 1 cm/s. Die Sedimentationsraten liegen bei 0,4 bis 1 cm/1.000 Jahre (Pazifik) bzw. 3 bis 10 cm/1.000 Jahre (Atlantik).
2. Abwasserreinigung: Abscheidung von Feststoffen aus dem Wasser durch Schwerkraft (DIN 4046). Ablagerung von Inhaltsstoffen (DIN 4049, Teil 1). Einer der wichtigsten Prozesse im Bereich der Wasserreinigung ist die Sedimentation, also die Abtrennung fester Stoffe infolge Schwerkraft. Mit dem Sedimentationsverfahren können theoretisch alle Partikel abgeschieden werden, deren Gewicht größer als ihr Auftrieb in der umgebenden Flüssigkeit ist. Eine praktische Begrenzung ergibt sich aus der sehr geringen Geschwindigkeit, mit der dieser Absetzvorgang abläuft. Die Sedimentationsgeschwindgikeit, die von dem Dichteunterschied zwischen >Feststoff< und Flüssigkeit, dem Durchmesser des Partikels (äquivalenter Kugeldurchmesser) und der >Viskosität< der Flüssigkeit abhängig ist, begrenzt den Einsatz der Sedimentation in der Wasserreinigung im allg. auf Partikel mit Durchmessern größer als etwa 10 μm (bei angenäherter Kugelform).
Lit: Dietrich G, Kalle K, Krauss W, Siedler G (1975) Allgemeine Meereskunde. Gebr. Bornträger, Berlin Stuttgart – Hahn HH

(1987) Wassertechnologie, Fällung – Flockung, Separation, Springer-Verlag, Berlin Heidelberg.

Sedimente. 1. aquatisch: Am Grund eines Gewässers abgelagerte partikuläre Stoffe anorg. oder org. Herkunft und Natur. Org. Sedimente werden durch die Ablagerung toter Organismen gebildet. Je tiefer das Wasser, desto länger sind Sedimentationsweg und -zeit und desto geringer ist der org. Gehalt der Sedimente. Im >See< sind die vorherrschenden Sedimente >Dy< und >Gyttja<. Immer sind den org. S. auch anorg. Partikel beigemengt. Anorg. Sedimente org. Herkunft sind hauptsächlich pflanzliche und tierische Schalenreste im Meer, wo sie riesige Gebiete bedecken. Kalksedimente: Globigerinenschlamm mit 65 %, Pteropodenschlamm mit 74 % $CaCO_3$. Silikatsedimente: Diatomeenschlamm und Radiolarienschlamm mit etwa 54 % SiO_2 und nur 2,7 bzw. 4 % $CaCO_3$. Roter Tiefseeton in Tiefen über 4.000 m, hauptsächlich Lösungsrückstände des Globigerinenschlamms mit Anreicherung von Eisen und Mangan. Mehr küstennahe hemipelagische Sedimente mit reicheren org. Beimengungen sind die versch. Arten von >Schlick<. Anorg. Sedimente anorg. Herkunft sind klastische Gerölle und Schwebstoffe, die durch Flüsse, Erdrutsche, untermeerische Hangrutschungen (turbidity streams) und Staub in die Gewässer gelangen und sedimentieren. In Gebirgsbächen kommt es überwiegend zur Ablagerung solcher anorg. Sedimente, in größeren Flüssen sind auch org. Reste beigemengt.
2. marine: Die Zusammensetzung der ozeanischen S. ist von der geographischen Lage abhängig (s. Abb.). Eine weitere Typisierung basiert auf der Korngröße der Sedimente: Ton >0,004 mm, Silt 0,004 bis 0,063 mm, Sand $0,063^{-2}$ mm, Kleinkies 2 bis 4 mm, Mittelkies 4 bis 64 mm, gröberer Kies >64 mm Durchmesser. Der Gehalt an organischem Kohlenstoff liegt meist bei <1 %, in Gebieten hoher biologischer Produktivität bei einigen % (>Sedimentation<). Die Adsorption von Umweltchemikalien und Metallen aus dem Wasser erfolgt in zunehmendem Maße mit steigendem organischem Kohlenstoffgehalt und sinkender Korngröße.
Lit: Turekian KK (1985) Die Ozeane, F. Enke, Stuttgart, S. 202.

Sedimentgesteine. Die S. der Erdkruste bestehen zu ca. 77 % aus Ton-, Schluff- und Mergelgesteinen (>Grundwasserrichtleiter<, >Tongesteine<), zu ca. 15 % aus Sandsteinen, Grauwacken und Arkosen (>Kluftgrundwasserleiter Sandsteine<), wie Konglomerate, Anhydrit- und Gipsstein, Tillite und Salzgesteine treten flächen- und mengenmäßig deutlich zurück.
Lit: Wedepohl KH (1969) Handbook of Geochemistry, Bd. 1, Springer, Berlin Heidelberg New York.

See. Stehendes Gewässer auf dem Festland mit einer vertikalen Gliederung in eine >euphotische<, durchlichtete Oberschicht mit der Möglichkeit zur >Primärproduktion< im >Litoral< und >Pelagial< und einer >aphotischen< Tiefenzone ohne Primärproduktion. Je nach den klimatischen Verhältnissen kommt es im S. zu einem regelmäßigen oder unregelmäßigen Wechsel von >Stagnation< und >Mixis<. In Salzseen ist die Verdunstung größer als der >Niederschlag<, so daß es zu einer Anreicherung von Salzen kommt, die mit den Zuflüssen eingetragen werden. S. a. >Seetypen<.

Seenbelüftung. Technische Maßnahmen zur Verbesserung der Sauerstoffverhältnisse im >Hypolimnion< und >Profundal< eines Sees. Durch Einblasen von

Druckluft in das Hypolimnion kommt es 1. zu einer >Sauerstoffanreicherung< und 2. zu einer Durchmischung des Tiefenwassers. Wenn die S. gegen Ende einer >Mixis< durchgeführt wird, kann so auch diese verlängert bzw. die Dauer der >Stagnation< verkürzt werden.

Lit: Busch KH, Uhlmann D, Weise G (Hrsg.) (1989) Ingenieurökologie, 2.Aufl., Gustav Fischer Verlag, Jena – Kucklenz V, Hamm A (1988) Möglichkeiten und Erfolgsaussichten der Seenrestaurierung, 2.Aufl., Bayer. Landesamt f. Wasserforschung, München.

Seenrestaurierung. Eingriffe in einen See zur Rückführung des anthropogen veränderten Gewässers in seinen naturbedingten Zustand. Meist handelt es sich um die Verminderung der Nährstoffkonz. (1–4) und Verbesserung des Sauerstoffhaushaltes. Folgende Maßnahmen werden meistens (1,5,6) oder seltener (2,3,4) durchgeführt: 1. Ableitung von nährstoffreichem Tiefenwasser; 2. Ausbaggern von nährstoffreichem >Sediment<; 3. Abdecken des Sediments zur Verhinderung der Freisetzung von Nährstoffen; 4. chem. Phosphatfällung im See; 5. Verlängerung der >Zirkulationsperiode< durch Zwangsbelüftung; 6. Anreicherung von Sauerstoff durch >Belüftung< des >Hypolimnions<. Alle Maßnahmen der S. müssen durch solche der >Seensanierung< begleitet werden.

Lit: Sas H (Hrsg.) (1989) Lake restauration by reduction of nutrient loading. Expectations, experiences, extrapolations, Academia Verlag Richarz, St.Augustin – Busch HH, Uhlmann D, Weise G (Hrsg.) (1989) Ingenieurökologie, 2.Aufl., Gustav Fischer Verlag, Jena.

Seensanierung. Maßnahmen im Einzugsgebiet eines Sees zur Bekämpfung seiner >Eutrophierung<. Die Sanierungsmaßnahmen betreffen in erster Linie die Verminderung des Eintrags von Nährstoffen in das Gewässer durch 1. eine konsequente Phosphat- und Stickstoffrückhaltung in den >Kläranlagen< oder 2. gänzliche Fernhaltung der >Abwässer< vom See durch eine Ringleitung. Zusätzliche Maßnahmen wie Begrenzung der Felddüngung mit Stickstoff und Phosphor und Begrenzung des Phosphatgehalts in Wasch- und Reinigungsmitteln können die S. unterstützen. Mit der S. geht oft eine >Seerestaurierung< parallel; immer muß jedenfalls diese durch eine S. gestützt werden.

Seentherapie. Maßnahmen zur Verminderung der >Eutrophierung< eines Sees. Dazu gehören solche, die im Gewässer (>Seenrestaurierung<) und in seinem Einzugsgebiet (>Seensanierung<) durchgeführt werden.

Lit: Busch KH, Uhlmann D, Weise G (Hrsg.) (1989) Ingenieurökologie, 2.Aufl., Gustav Fischer Verlag, Jena – Sas H (Hrsg.) (1989) Lake restauration by reduction of nutrient loading. Expectations, experiences, extrapolations, 1.Aufl., Academie Verlag Richarz, St.Augustin.

Seesternplage. Der Seestern *Acanthaster planci* (Dornenkrone) lebt im Pazifik und im Roten Meer auf Korallenriffen von Korallen, die er verschlingt. Der Seestern erreicht einen Durchmesser von 30 cm. Durch Massenauftreten kann er große Korallenbestände vernichten und Riffe stark schädigen. Um 1960 und dann wieder zwischen 1980 und 1983 wurden solche, offenbar zyklischen Massenentwicklungen z.B. im Australischen Barrierriff festgestellt. Die Zunahme der Seesternpopulation korreliert mit starken Regenfällen auf dem Festland und erhöhtem Eintrag von org. >Schwebstoffen< ins Meer, die für die Ernährung der Seesternlarven günstig sind. Direkte menschliche Ursachen scheiden aus, aber der Mensch fördert die Seesterne durch das Sammeln von Muscheln, die direkte Feinde des Seesterns sind. Außerdem gelangen durch Abholzen und landwirtschaftliche Düngung mehr Schwebstoffe ins Riff. Geschädigte Riffe regenerieren innerhalb von 5 Jahren gut, nach 10 Jahren vollständig, mit Ausnahme der sehr langsam wachsenden kompakten Kolonien.

Seetypen. Nach ihren Eigenschaften können >Seen< unterschiedlich typisiert werden. Es können folgende S. unterschieden werden: 1. Nach ihrer Entstehung: tektonische Seen, z.B. >Maare<, Kraterseen, Grabenseen; glazial entstandene Seen, z.B. Karseen, Toteisseen, glaciale Dammseen; 2. nach ihrer geographischen Lage: Tropenseen, nördlich/südlich gemäßigte Seen, subpolare und polare Seen; 3. nach >limnologischen< Eigenschaften: oligotropher, eutropher, hypertropher Seetyp; dystropher Seetyp; 4. nach fischereilichen Gesichtspunkten: Coregonen-Seen, Zander-Seen, Blei-Seen; 5. nach Höhenlagen: Hochgebirgsseen, Bergseen, Flachlandsee; 6. nach der Häufigkeit der >Zirkulationen<: amiktische, oligomiktische, monomiktische, dimiktische, polymiktische Seen; 7. nach der Vollständigkeit der >Mixis<: holomiktische Seen, meromiktische Seen; 8. nach dem Salzgehalt: Süßwasserseen mit < 1 g/L Salze, Salzseen mit Salzkonz. bis 300 g/L unterschiedlicher Zusammensetzung, z.B. Natronseen, Kochsalzseen.

Seewind. >Auflandiger Wind<.

Segregation. (Lat. segregatio = Absonderung, Trennung). Trennung (Aufspaltung) homologer Chromosomen (bzw. >Gene<) in der Nachkommenschaft eines heterozygoten >Genotyps<. Dabei werden die Chromosomen durch die Chromosomenverteilung während der >Meiose< (Reduktionsteilung) auf verschiedene Gameten bzw. Zellen verteilt. Die S. stellt denjenigen Grundvorgang dar, der dem 2.Mendelschen Gesetz zugrundeliegt.

sehr giftig. >Gefährlichkeitsmerkmal< nach § 3a Abs.1 Nr.6 >ChemG<. Sehr giftig sind >Stoffe< und >Zubereitungen<, die in *sehr* geringer Menge bei Einatmen, Verschlucken oder Aufnahme über die Haut zum Tode führen oder akute oder chronische Gesundheitsschäden verursachen können (Best. gemäß § 1 ChemGefMerkV). Stoffe und Zubereitungen werden mit dem >Gefahrensymbol< und der >Gefahrenbezeichnung< „Sehr giftig" gekennzeichnet, wenn die Ergebnisse der Prüfungen den in >GefStoffV< Anhang I Nr.1.1 genannten Kriterien entspr. Die unter Nr.1.1.2.4.6 aufgeführten >R-Sätze< werden ebenfalls nach diesen Kriterien ausgewählt.

Seiches. Schwingungen von temp.-gleichen Wasserschichten (Isoplethen) in thermisch geschichteten Seen. Sie werden durch physikalische Kräfte erzeugt, die auf die Wasseroberfläche wirken, hauptsächlich Wind und Luftdruck. Schaukelbewegungen von Isoplethen an der Oberfläche sind Oberflächenseiches, in tieferen Schichten interne S.S. sind ein Teil der >Limnokinetik<.

Lit: Mortimer CH (1974) Lake hydrodynamics, Mitt Internat Ver Limnol 20: 124–197.

Seifen. Seifen sind die Alkalisalze der Fettsäuren und werden durch Verseifung von Fetten wie Rindertalg oder Kokosöl mit Natron- oder Kalilauge hergestellt. Die Natriumsalze ergeben die harten Seifen wie Kern-

und Feinseifen, während die Kalisalze die weicheren Schmierseifen ergeben. Aufgrund ihrer Struktur mit der langen hydrophoben Kohlenwasserstoffkette und dem polaren Carboxylanion werden die Seifen auch zu den anionischen >Tensiden< gerechnet. Für eine gute Waschwirkung sind die Seifen auf ein alkal. Milieu und weiches Wasser angewiesen, da sonst die freien Fettsäuren bzw. deren Erdalkalisalze ausfallen. Im Härtebereich 3 würden z.B. ca. 2 g Seife pro Liter benötigt, um die Erdalkalisalze auszufällen. Die gebildete Kalkseife führt auf Dauer zu Ablagerungen auf Wäsche und Waschmaschine. Werden entsprechende Enthärter wie >Zeolith< zugesetzt, so zeigt Seife ein Waschverhalten, das keineswegs schlechter ist als das phosphatfreier Vollwaschmittel. Bei Waschversuchen mit Seifen aus unterschiedlichen Fetten erwiesen sich diese z.T. als ausgesprochene Reinigungsspezialisten. Exp. mit Mischungen unterschiedlicher Seifen zeigen ein bisher nicht genutztes Entwicklungspotential für Seifen als waschaktive Sz in >Waschmitteln<. Der Zusatz von Kalkseifendispergatoren verhindert die Ausfällung der Kalkseife in hartem Wasser, gleichzeitig wird die Löslichkeit in kaltem Wasser verbessert. Kalkseifendispergatoren sind Tenside, bei denen die anionische oder ampholytische Endgruppe durch Ester, Ether, Amido- oder quart. Ammoniumverb. vergrößert ist. Da die Fettsäuren natürliche Stoffw.-Produkte auch der >Mikroorganismen< in >Kläranlagen< sind, ist ein schneller und vollständiger Abbau gegeben. Wie bei den anionischen Tensiden werden die kürzeren Ketten schneller abgebaut als die längeren.

Lit: Brüschweiler H, Schwager F, Gämerle H (1988) Seife – Waschverhalten, Wascheffekte und Abbaubarkeit, SÖFW 114: 301–307 – Linfield WM (1990) Kalkseifendispergatoren, Tenside Surf Det 27: 159–161.

sekretieren. Zur allg. Bedeutung von s. >Sekretion<. In der >Biotechnologie< wird s. auch so verwendet, daß damit der Transfer von >Proteinen< durch >Biomembranen< hindurch gemeint ist. Dabei können die Proteine
– in ein intrazelluläres Kompartiment (z.B. Vakuole, >Mitochondrium<),
– in den periplasmatischen Raum,
– in das Kulturmedium
sekretiert werden. Die Sekretion aus der Zelle heraus in das Kulturmedium wird oft auch als Export bezeichnet.

Sekretion. (Verb: sekretieren). Allg.: Absonderung biol. wichtiger Stoffe durch Drüsen oder einzelne Drüsenzellen. Die Stoffe können z.B. >Hormone<, >Enzyme<, Geruchsstoffe, Schutz- oder Abwehrstoffe, Farbstoffe, Schleimstoffe sowie Nährstoffe (z.B. die Milch aus den Milchdrüsen) sein. Erfolgt die Absonderung der Sekrete von Neurohormone bildenden Nervenzellen, so spricht man von Neuro-S. Viele Sekrete werden in den Zellen der Drüsen in Form bestimmter Proteine von den >Ribosomen< in die Zisternen des Endoplasmatischen Retikulums hinein gebildet. Im Golgi-Apparat werden dann ggf. noch Kohlenwasserstoffe angelagert und die Sekrete schließlich nach außen abgegeben. Man unterscheidet die äußere S. (exokrine S.) von der inneren S. (endokrine S.). Bei der ersten Form erfolgt die Absonderung von Sekret über Ausführungsgänge der Drüsen an die Körperoberfläche oder in Hohlorgane hinein. Bei der endokrinen S. erfolgt die Absonderung des Sekretes aus endokrinen Drüsen direkt in das Blut, die Lymphe oder den Liquor.

Sekundärenergie. Sekundärenergien werden durch Umwandlung aus >Primärenergien< erzeugt, z.B. Strom aus Gas, Kernenergie, Kohle, Öl oder Strömungsenergie des Wassers; Heizöl, Benzin u.a. aus Erdöl; Koks und Kokereigas aus Steinkohle.

Sekundärkonsumenten. Tiere, die Pflanzenfresser (>Primärkonsumenten<) fressen, also in der Regel >Räuber<.

Sekundärkühlkreis. Kühlsystem, das Wärme aus dem primären Kühlkreis übernimmt und abführt.

Sekundärkühlmittel. Kühlmittel zum Abführen der Wärme vom Keislauf des >Primärkühlmittels<.

Sekundärluft. 1. Zusätzlich zur >Primärluft< benötigte Luft (s. >Verbrennung<). Der Ausbrand der Abgase oberhalb der Rostfeuerung wird durch *Sekundärluftdüsen* unterstützt. In Blasrichtung und Eindringtiefe unterschiedliche Sekundärluftströme bewirken eine Verwirbelung der nicht ausgebrannten Abgassträhnen und liefern den erforderlichen Restsauerstoff.
2. Auto: Mittels >Sekundärluftpumpe< eingeblasene Luft im >Doppelbettkatalysator< zur >Verbrennung< der >HC-Abgasanteile<.

Sekundärluftpumpe. Elektrisch oder mechanisch angetriebene Luftpumpe >Sekundärluft<, >Man-Air-Ox-Verfahren<, >Lufteinblasung<.

Sekundärproduktion. >Energieumsatz von Bodenorganismen<.

Sekundärproduzenten. Tiere und Mikroorganismen, die aus organischer Substanz eigene Körpermasse aufbauen. Der Vorgang wird als Sekundärproduktion bezeichnet.

Sekundärrohstoffdünger. Gem. § 1 Nr.2a des Düngemittelgesetzes i.d.F. ab 1.10. 1996 sind dies: >Abwasser<, >Fäkalien<, >Klärschlamm< und ähnliche Stoffe aus >Siedlungsabfällen< und vergleichbare Stoffe aus anderen Quellen, jeweils auch weiterbehandelt und in Mischungen untereinander oder mit Stoffen wie >Düngemittel<, >Wirtschaftsdünger<, Bodenhilfsstoffe, Kultursubstrate und Pflanzenhilfsmittel, die dazu bestimmt sind, unmittelbar oder mittelbar Nutzpflanzen zugeführt zu werden, um ihr Wachstum zu fördern, ihren Ertrag zu erhöhen oder ihre Qualität zu verbessern. Werden Abfälle als Sekundärrohstoff- oder Wirtschaftsdünger auf landwirtschaftlich, forstwirtschaftlich oder gärtnerisch genutzte Böden aufgebracht, so können nach § 8 Abs.2 des >Kreislaufwirtschafts- und Abfallgesetzes< in Rechtsverordnungen für die Abgabe und die Aufbringung hinsichtlich der Schadstoffe insbesondere 1. Verbote oder Beschränkungen nach Maßgabe von Merkmalen wie Art und Beschaffenheit des Bodens, Aufbringungsort und -zeit und natürliche Standortverhältnisse sowie 2. Untersuchungen der Abfälle oder Wirtschaftsdünger oder des Bodens, Maßnahmen zur Vorbehandlung dieser Stoffe oder andere geeignete Maßnahmen bestimmt werden. Für Wirtschaftsdünger gilt dies nur, wenn das Maß der >guten fachlichen Praxis< im Sinne des § 1a des Düngemittelgesetzes überschritten wird. Die Landesregierungen können Rechtsverordnungen nach Abs.2 erlassen, wenn Bundesministerien von der Ermächtigung keinen Gebrauch machen und sie können die Ermächtigung ganz oder teilweise auf andere Behörden übertragen.

Sekundärschlamm. Aus >biol. Abwasserreinigung<-stufen (zweiter Reinigungsteil) von >Kläranlagen< entfernter >Schlamm<, z.B. >Überschußschlamm<, >Tropfkörperschlamm< (DIN 4045). Er besteht fast ausschließlich aus den im >Belebungsbecken< (Überschußschlamm) oder >Tropfkörper< (Tropfkörperschlamm) gewachsenen Organismen, die abgezogen bzw. ausgespült werden. Daneben ist noch ein geringer Anteil adsorbierter >Schwebstoffe< und >Kolloide< aus dem Abwasser enthalten. Der Wassergehalt liegt zwischen 94 bis 99 %, der org. Anteil bei den Feststoffen bei 70 %.
Lit: Mudrack K, Kunst S (1991) Biologie der Abwasserreinigung, 3.Aufl., Gustav Fischer Verlag, Stuttgart New York.

Sekundärverunreinigungen. Die Verunreinigung des Wassers durch Abbauprodukte von Organismen, deren Entwicklung durch erhöhten Gehalt des Wassers an Nährstoffen aus primärer Verunreinigung verursacht wird (DIN 4049, Teil 2). Die große Zahl der Lebensformen läßt sich in zwei große Gruppen unterteilen, nämlich in diejenigen, die aus anorg. Stoffen org. aufbauen (>autotrophe< Formen) und in solche, die von org. Substanz leben (>heterotrophe< Formen). Innerhalb der heterotrophen Formen lassen sich weiter Unterteilungen treffen in solche, die von toter org. Substanz leben (>Destruenten<), solche, die als erste Glieder einer Freßkette direkt von pflanzlichem Material leben (Primärfresser) und solche, die spätere Plätze der Freßkette einnehmen (Sekundärfresser und >Räuber<).
Lit: Hartmann L (1989) Biologische Abwasserreinigung, 2.Aufl., Springer-Verlag, Berlin Heidelberg.

Selbstbeschränkungsabkommen. Im Bereich des Wirtschaftsrechts und jetzt auch des >Umweltrechts< häufig zu beobachtendes Vorgehen von einzelnen Wirtschaftszweigen (z.B. der Automobilindustrie), Umweltbelastungen zu vermindern oder umweltschonende Maßnahmen einzuführen; Selbstbeschränkungsabkommen haben auch die Funktion, eingreifendes Handeln des Staates im Vorfeld zu verhindern.

Selbstdiagnosesystem. Während des Betriebs von Fahrzeugen auftretende Veränderungen und Mängel werden durch das S. registriert und festgehalten, sodaß sie bei entspr. Überprüfung abgerufen werden können. In einigen Fällen ist das S. auch in der Lage, die erforderlichen Nachjustierungen ohne weitere Eingriffe selbständig vorzunehmen, z.B. die Angleichung von Einspritzventilen an die im Laufe der Betriebszeit entstehende Änderung ihrer Charakteristik. Die S. sind Bestandteil moderner Mikroprozessorsysteme zur Steuerung und Regelung von >Verbrennungsmotoren< und werden vom Gesetzgeber zunehmend gefordert, z.B. On-board-diagnosis in den USA, >An-Bord-Diagnose<.

Selbsterhitzung. Bei Vorhandensein einer hohen Konz. von >Radionukliden< in einem System kann die Produktion von Zerfallswärme die Wärmeabfuhr aus dem System übersteigen. Es liegt dann Selbsterhitzung vor. Selbsterhitzung ist z.B. bei der Lagerung von >abgebrannten Brennelementen< und >hochaktiven Abfall<-Lösungen durch die Betriebskühlung zu verhindern.

Selbstregulationsvermögen. Die Fähigkeit von Einzelorganismen oder ganzen >Biozönosen< in >Ökosystemen<, innerhalb best. dynamischer Zustände, sog.

>Quasi-Fließgleichgewichte< oder >Klimaxzustände<, aufgrund vielfältiger Regelmechanismen (Abhängigkeiten der Transportparameter, enzymatische Steuerungen, Rückkopplungen etc.) zu verharren. Bei Biozönosen bleibt u.a. die Anzahl der Arten und Populationen annähernd konst. Der Begriff schließt auch die Tendenz zur Stabilisierung der Bedingungen innerhalb eines Ökosystems ein, die das System unabhängig von den Außenbedingungen zu machen scheint. S.a. >Selbstreinigungskraft<, >Homöostase<, >Stabilität<.

Selbstreinigung. Zusammenwirken von physikalischen, chem., biochem. und biol. Vorgängen in belasteten („verunreinigten") Gewässern mit dem Ergebnis der Elimination der Belastung aus dem Gewässer (nicht: Wasser!). Eine Belastung mit org., nicht tox. Stoffen fördert als 1.Schritt der S. die Vermehrung von Mikroorganismen, die diese Stoffe aufnehmen und abbauen. Bei dieser >heterotrophischen< Phase der S. wird Sauerstoff dem Wasser entzogen, aber aus der Atmosphäre durch physikalische Belüftung nachgeliefert. Durch chem. und biochem. Ox. werden die reduzierten anorg. Verb. oxidiert, z.B. >Ammonium< zu >Nitrat<, s.a. >Nitrifikation<. Ergebnis der S. ist die Mineralisierung aller org. Stoffe und die Förderung der Pflanzen im Gewässer (photoautotrophische Phase der S.). Die S. ist also stets mit einer >Eutrophierung< verbunden. In >Fließgewässern< läuft die S. stets über eine Fließstrecke ab. Hohe Temp. fördern die S. und verkürzen die Selbstreinigungsstrecke, belasten aber den Sauerstoffhaushalt während der heterotrophischen Phase stärker. Toxische Stoffe vermindern die S. Eine bloße Elimination von >Schadstoffen< aus dem Wasser und z.B. Verlagerung in das Sediment ist keine Selbstreinigung.
Lit: Uhlmann D (1988) Hydrobiologie. Ein Grundriß für Ingenieure und Naturwissenschaftler, 3.Aufl., Gustav Fischer Verlag, Stuttgart Jena.

Selbstreinigungskraft. Das Ausmaß, in dem ein >Fließgewässer< zur >Selbstreinigung< fähig ist. Die S. ist abhängig von
– der Verwirbelung des Wassers und damit Eintrag und Verteilung von Sauerstoff;
– der Abflußmenge, Tiefe und Spiegelbreite;
– der Abbaubarkeit und Toxizität der Belastungsstoffe;
– der Besiedlung.
Die Belastbarkeit eines >Vorfluters< wird entspr. dem Immissionsprinzip nach seiner S. und dem für ihn gültigen Qualitätsziel ermittelt.
Lit: Bayerische Landesanstalt für Wasserforschung (Hrsg.) (1985) Schadstoffbelastung und Ökosystemschutz im aquatischen Bereich, 1.Aufl., R. Oldenbourg-Verlag, München Wien – Bayerische Landesanstalt für Wasserforschung (Hrsg.) (1986) Bewertung der Wasserqualität und Gewässergüteanforderungen, 1.Aufl., R. Oldenbourg-Verlag, München Wien.

Selbstverpflichtung. Der Staat kann im Vorfeld der Gefahrenabwehr auf den Erlaß von Geboten und Verboten verzichten, wenn die Verursacher das erforderliche umweltschonende Verhalten freiwillig zusagen und die Einhaltung der Zusage gewährleistet ist. Eine wesentliche Voraussetzung für das Zustandekommen und den Erfolg von S. und Zusagen ist allerdings, daß der Kreis der Verursacher überschaubar ist. S. und Zusagen sind besonders geeignet zur Vermeidung und Verminderung von Belastungen durch chemische Stoffe und zur Vermeidung, Verringerung und Verwertung von Abfällen. Die Bundesregierung hat mit diesem In-

strument in einer Reihe von Fällen gute Erfahrungen gemacht, so etwa bei der Verringerung des Einsatzes von Asbest im Hochbau, von PCB, von bestimmten Waschmittelinhaltsstoffen, von Lösemitteln in Lacken sowie von FCKW in Spraydosen, bei der Entsorgung von FCKW in Kühlschränken sowie bei quecksilberhaltigen Batterien. Mit S. und Zusagen können die Verursacher eigenverantwortliches Handeln und Eigeninitiative für die Umwelt unter Beweis stellen. Die Bundesregierung macht, wo dies nicht geschieht, vom Erlaß von Ge- und Verboten Gebrauch, wie z.B. mit Verordnungen über die Rücknahme und Pfanderhebung von Getränkeverpackungen aus Kunststoff.
Lit: Bundesministerium für Umwelt, Naturschutz und Reaktorsicherheit (1990) Umweltpolitik Ziele und Lösungen Umwelt '90.

Selektion. Nach der Abstammungslehre Darwins kommt es in der Nachkommenschaft eines Elternpaares zur S., d.h. zum Absterben einiger der Nachkommen, während andere aufgrund meist geringfügiger genetisch bedingter Vorteile überleben und sich fortpflanzen können. Die Extreme sind >K-Selektion< und >r-Selektion<, die durch viele Zwischenstufen verbunden sind, man spricht auch vom r-K-Kontinuum.
1. genetisch: Der Prozeß, der den rel. Anteil der unterschiedlichen >Genotypen< innerhalb des >Gen-Pools< einer Population bestimmt. Dem Prozeß liegen dabei die unterschiedlichen Überlebens- und Reproduktionsraten einzelner Genotypen unter bestimmten äußeren Bedingungen zugrunde. Selektionsbegünstigte Individuen erhöhen dabei durch eine größere Zahl an Nachkommen ihren Anteil am >Gen-Pool< der Gesamtpopulation. Als Folge der S. erhöht oder erniedrigt sich die Häufigkeit bestimmter >Gene< von Generation zu Generation, wodurch ein gerichteter Enwicklungsprozeß zustandekommt. Im engeren Sinne wird mit S. nur derjenige Vorgang bezeichnet, der unter „natürlichen" Umweltbedingungen abläuft (natürliche S.). Dabei führt die S. innerhalb eines ökologisch definierten Areals durch eine Förderung oder Hemmung der Vitalität oder Fertilität (Fruchtbarkeit) bestimmter Phänotypen im Laufe von vielen Generationen zu einer optimalen, genetisch gesicherten Anpassung der Organismen an ihren Standort. Im weiteren Sinne kann die S. auch ein vom Menschen beeinflußter, unbeabsichtigter oder beabsichtigter, auf die Bevorzugung bestimmter Eigenschaften gerichteter Ausleseprozeß (>Züchtung<, >genetische Manipulation<) innerhalb bestimmter Population sein.
2. K-Selektion: Vgl. auch >Fitneß<. Als ein Extremfall der S. ist die K.-S. anzusehen. Sie betrifft Organismen, die nahe an der >Umweltkapazität< leben, d.h. meist unter recht konstanten Bedingungen und intensiver >Konkurrenz<, in relativ konstanten >Populationen<, mit meist langer Lebensdauer und relativ wenigen Nachkommen. Gute Beispiele bilden Großsäugetiere wie Elefanten und Wale. Gegensatz: >r-Selektion<.
3. r-Selektion: Form der Selektion bei Tieren und Pflanzen, die unter sehr variablen und unregelmäßigen Bedingungen leben. Sie besitzen eine hohe Vermehrungsrate r, der eine ebenfalls hohe Sterberate entgegenwirkt. Die Lebensdauer ist meist kurz. *r-Strategen*, d.h. Lebewesen, die zu diesem Selektionstyp gehören, können sich veränderten Umweltbedingungen kurzfristig gut anpassen, die >Populationsgrößen< schwanken stark. Beispiele bieten Kleinsäuger wie Mäuse, besonders aber auch viele >Parasiten<, z.B. Blattläuse. Gegensatz: >K-Selektion<; >Populationswachstum<.

Selektionsdruck. Ein S. wird in der Umwelt durch bestimmte selektiv wirkende Faktoren (Selektionsfaktoren) erzeugt. Der „Druck", den beispielsweise Antibiotika als Selektionsfaktoren erzeugen, geht in die Richtung, daß nicht-resistente Bakterienarten ausgemerzt werden und resistente bzw. solche, die durch >Mutation< zufällig einen Resistenzfaktor (>Antibiotikaresistenz<) entwickeln konnten, begünstigt sind und sich im Idealfall unbeeinträchtigt vermehren. Der Begriff „Druck" ist im Falle des S. als Wirkung eines Stoffes oder einer physikalischen Einwirkung (Temperatur, Strahlung) auf die umgebenden Organismen zu verstehen, wobei die >Mutationen< weiterhin mit statistischer Verteilung und unveränderter Rate auftreten; es sei denn, die Selektionsfaktoren selbst sind >mutagen<.

Selektivität. Spezifische Wirkung von >PSM< auf best. Organismen. Die Selektivität eines PSM ist keine absolute Eig. einer Verb., sondern abhängig von einer Reihe von Faktoren, die ihre selektive Wirkung ausmachen. Selektive >Herbizide< z.B. sind Verb., die zur >Unkrautbekämpfung< in Kulturpflanzenbeständen eingesetzt werden können und diese nicht oder nicht nennenswert schädigen. Zwei häufig vorkommende Selektivitätsmechanismen bei Herbiziden sind in der Abb. S.1062 oben dargestellt. Bei der physiologischen Selektivität wird die Fähigkeit einer best. Kulturpflanze genutzt, phytotoxische Verb. in der Pflanze rasch zu nicht phytotoxischen Metaboliten abzubauen oder durch Konjugatbildung zu inaktivieren (s. Abb.). Bei der positionellen Selektivität können im Boden tiefer liegende Kultursamen oder tiefwurzelnde Obstbäume durch Totalherbizide nicht geschädigt werden, sofern sie im Boden nicht zu leicht verlagert werden (>pflanzenverfügbare Rückstände<). Die verschiedenen Gründe und Faktoren für das Vorliegen einer „Physiologischen bzw. Positionellen Selektivität" sind in der Abb. (s. S.1062 unten) wiedergegeben und beeinflussen das Ausmaß der Wirkung eines Herbizids. >Spezifität<.

Selen (Se). Chem. Element (s. Tabelle S.1063) mit einem Anteil an der Erdkruste (oberste 16 km) von $9 \cdot 10^{-6}$ %. Reine Selenmineralien sind selten; die Gewinnung erfolgt hauptsächlich aus dem Anodenschlamm der elektrolytischen Kupferabscheidung sowie den Schlämmen der Cyanidlaugerei von Silber- und Golderzen. Elementares Selen tritt in mehreren allotropen Modifikationen auf. Rotes Selen ist ein lokkeres, amorphes, nichtleitendes Pulver, das durch Abschrecken von Selendampf oder Red. von seleniger Säure mit schwefeliger Säure entsteht. Durch Abschrecken einer Selenschmelze erhält man glasiges Selen, eine amorphe, spröde, rotbraune bis bleigraue Masse, die durch Verreiben in rotes Selen übergeht; diese beiden Modifikationen unterscheiden sich nur durch den Verteilungsgrad. Monoklines Selen, das S_8-Moleküle enthält, läßt sich durch Umkristallisieren des roten Pulvers aus CS_2 herstellen. Die dunkelroten Kristalle existieren in zwei versch. Formen, die sich im Achsenverhältnis unterscheiden. Eine schnelle Abscheidung bei tiefen Temp. führt zu α-Selen, während durch langsame Abscheidung bei höheren Temp. β-Selen entsteht. Durch Erwärmen auf 170 bis 180 °C wandeln sich die Kristalle allmählich in metallisches Selen um, das die stabilste Form ist. Dessen Schmelze ist rotbraun und der Dampf braungelb; im letzteren liegen Se_6-Ringe vor. Darüber hinaus existieren noch zwei schwarze Modifikationen. Metallisches (= graues) Se-

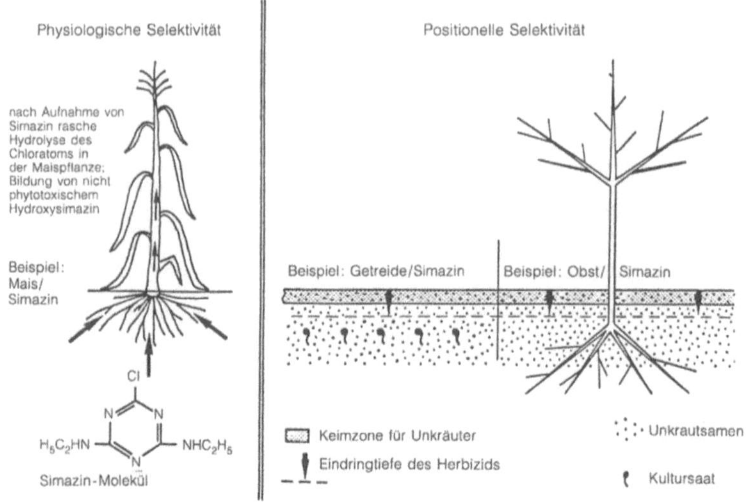

Selektivität: Beispiele für die „Physiologische und Positionelle Selektivität" von Herbiziden im Boden (verändert nach Stalder, pers. Mitt., 1984)

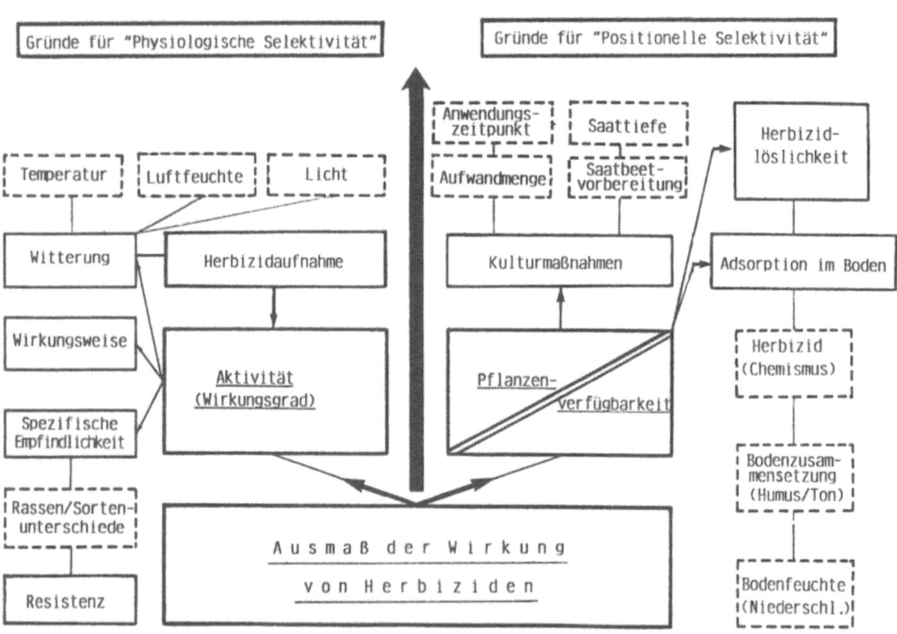

Selektivität: Ursachen und Faktoren verminderter oder erhöhter Wirkung von Herbiziden und Gründe für die „Physiologische und Positionelle Selektivität" von Herbiziden im Boden (verändert nach Stalder, pers. Mitt., 1984)

len besteht aus kettenförmigen Makromolekülen, die hexagonal kristallisieren. Es ist grauschwarz, fast unlsl. in CS_2 und im Dunkeln ein schlechter Leiter. Dagegen steigt die Leitfähigkeit bei Belichtung auf das etwa Tausendfache an (innerer Photoeffekt). Auch Störstellen bewirken eine Erhöhung der Leitfähigkeit. Selen-Cadmium-Grenzflächen besitzen einen besonders hohen Widerstand, wenn Cadmium die Anode ist (Sperrschicht), während der Widerstand bei umgekehrter Polung fast verschwindet (Sperrschicht-Gleichrichter). Beim Bestrahlen einer auf eine Selenschicht aufgedampften, lichtdurchlässigen Cadmiumschicht lädt sich

Selen (Se): Physikalisch-chemische Daten von Selen

chem. Symbol	Se
natürliche Isotope	74 (0,9 %), 76 (9 %), 77 (7,6 %) 78 (23,6 %), 80 (49,7 %), 82 (9,2 %)
Atomgewicht	78,96
Ordnungszahl	34
Wertigkeit in Verbindungen	$-2, 0, +2, +4, +6$
Smp.	60 bis 80 °C (glasiges Se), 144 °C (monoklines Se), 217 °C (metallisches Se)
Sdp.	684,9 ± 1 °C (metallisches Se)
Dichte	4,26 (rotes Se), 4,28 bis 4,36 (glasiges Se), 4,4 (monoklines β-Se), 4,48 (monoklines α-Se), 4,81 (metallisches Se)
wichtige Mineralien	Berzelianit (Cu_2Se), Tiemannit (HgSe), Naumannit (Ag_2Se), häufig vergesellschaftet mit den isomorphen Sulfiden

die Cd-Schicht positiv auf und die Se-Schicht negativ. Eine solche Anordnung verhält sich wie ein galvanisches Element. Der größte Teil der Selenproduktion (ca. 45 %) wird für zahlreiche Anwendungen in der Elektrotechnik (Fernsehkameras, Photozellen, Solarzellen, Elektrophotographie, Radar, Laser, Magnetverstärker u. a.) benötigt. Darüber hinaus dient Selen auch zum Entfärben bzw. Färben von Gläsern (Selenrubinglas), zur Herstellung von Pigmenten (Cadmiumrot und -orange), als Zusatz zu Legierungen und Schmierstoffen, als Dehydrierungsmittel bei org. Synth. und in Form von Verb. als Katalysator und Vulkanisationsbeschleuniger. Im >Pflanzenschutz< sind Selenverb. verboten. Obwohl Selen leicht bis zur Stufe +6 oxidiert werden kann, sind die Verb. der Stufe +4 am häufigsten und beständigsten. Selendioxid ist in Wasser leicht lösl. und bildet mit ihm selenige Säure. Selenite sind in Laugen und in schwachen Säuren stabil und kommen deshalb in der Natur häufiger vor. Dagegen werden die wasserlösl. Selenate aus Böden leichter ausgewaschen. Selenwasserstoff ist ca. 15 mal giftiger als Schwefelwasserstoff. Die Toxizität von Selen und seinen Verb. beruht wahrscheinlich auf der Verdrängung von Schwefel in Proteinen. Darüber hinaus wirkt es möglicherweise dadurch enzymtoxisch, daß in seiner Gegenwart nicht genug freie Sulfhydrylgruppen für oxidative Prozesse zur Verfügung stehen. Die Aufnahme von Selen geschieht in Form von Selenaten, Seleniten oder org. Selenverb. wie Selenaminosäuren, die in vielen Pflanzen die Speicherform des Selens darstellen. Der Metabolismus von Selen in Organismen läuft über die gleichen >Enzyme< wie der Schwefelstoffwechsel. Die Entgiftung erfolgt durch Umwandlung in elementares Selen oder Dimethylselenid, das nur ca. 1/500 so toxisch ist wie Selen. Selen ist >essentiell< für höhere Tiere, da es Bestandteil der Glutathionperoxidase ist, die vor allem in den Erythrocyten vorkommt und durch Beseitigung von Peroxiden die Bildung freier Radikale und Lipidperox. verhindert. Selenmangel führt zu einer erniedrigten Aktivität dieses Enzyms und als Folge davon zu Zellschädigungen und Lebernekrosen. Auch die Aktivität von Cytochrom-P-450 wird vom Selengehalt beeinflußt. In Skelett- und Herzmuskeln von Ratten wurde ein selen-

bindendes Cytochrom nachgewiesen. Nach neueren Erkenntnissen beruht auch die in einigen Gebieten Chinas verbreitete Keshan-Krankheit, eine Herzmuskelschwäche, auf Selenmangelernährung. Da Vitamin E und Selen sich in ihrer Wirkung ergänzen, kann Vitamin E einen Selenmangel teilweise kompensieren. Der tgl. Mindestbedarf an Selen soll bei 0,2 µg/g liegen, während mehr als 1 µg/g tgl. bereits zur Erkrankung führt. Symptome einer chronischen Selenbelastung sind eine gelbliche Hautfarbe, verfärbte und kariöse Zähne, brüchige Nägel, Haarausfall, Ödemneigung, arthritische und gastrointestinale Beschwerden sowie psychische Veränderungen. Akute Vergiftungen, vor allem durch Inhalation von Selendämpfen oder SeH_2, bewirken eine Reizung der Atemwege und einen metallischen Geschmack auf der Zunge, bei schwereren Vergiftungen auch Lungenödeme. Bei Tieren treten Vergiftungserscheinungen (Wachstumshemmung, Erweichung von Hörnern bzw. Hufen, Haarbzw. Federausfall) bei mehr als 5 bis 10 mg Se/g Futter auf.

Lit: Merian E (Hrsg.) (1984) Metalle in der Umwelt, Verlag Chemie, Weinheim – Hollemann AF, Wiberg E, Wiberg N (1985) Lehrbuch der anorganischen Chemie, Walter de Gruyter, Berlin New York, S. 524–531 – Hock B, Elstner EF (1984) Pflanzentoxikologie, Bibliographisches Institut, Mannheim Wien Zürich.

Semichinone. (Syn. Merichinone). Bezeichnung für merichinoide Verb. mit Radikalionen. Sie werden durch vorsichtige Oxidation von Hydrochinonen bzw. Reduktion von Chinonen hergestellt. In Organismen treten sie auf als Zwischenstufe bei Redoxreaktionen bzw. Elektronentransferprozessen, an denen Flavoenzyme (FAD, FMN, Ubichinon) beteiligt sind. Auch bei der Huminsäurebildung kommen merichinoide Zwischenstufen vor. Semichinone vom Typ des Benzosemichinons disproportionieren leicht zu Chinonen und Hydrochinonen:

Disproportionierung von Benzosemichinonen

Auf dieser Reaktion basiert die Verwendung von Hydrochinonen als Antioxidantien. Das Hydrochinon wird zuerst durch Sauerstoff zum Semichinon oxidiert, das anschließend zu Hydrochinon und Chinon weiterreagiert.

Semipalatinsk. Kernwaffentestgebiet der ehemaligen UdSSR, Kasachstan, >Kernwaffentestgebiete<.

Semistatischer Toxizitätstest. >Toxizitätstest<, bei dem der größere Teil (> 95 %) des Testmediums schubweise nach längeren Intervallen, z. B. von 12 oder 24 h erneuert wird oder bei dem die Organismen in periodischen Intervallen (üblicherweise alls 24 h) in ein neues Testmedium gleicher Konzentration wie die Ausgangslösung umgesetzt werden (ISO 6107/3). Bei leicht abbaubaren oder flüchtigen Stoffen werden z. B. ökotoxikologische Wirkungsprüfungen unter semistatischen Bedingungen durchgeführt.

Semivariogramm. Grundlegende Funktion in der >Geostatistik< für eine räumlich verteilte Größe: stellt

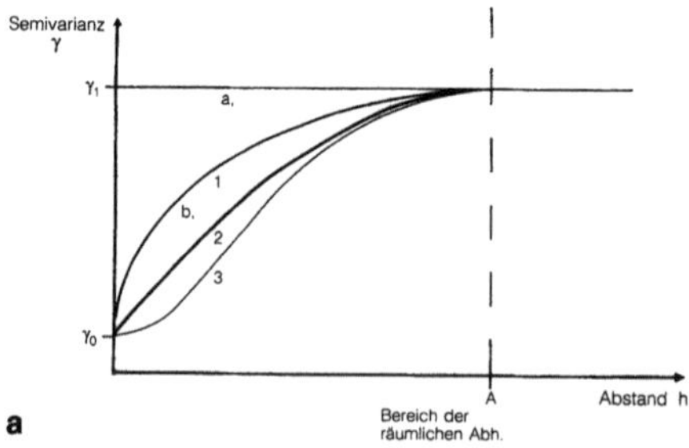

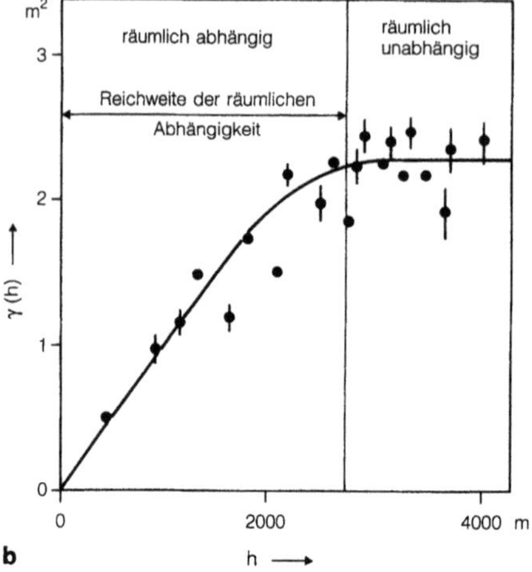

Semivariogramm: a) Unterschiedliche Semivariogramm-Modelle; b) Semivariogramm für die Grundwasser-Flurabstände in der Hisar-Farm, Nordindien. Das Variogramm weist deutlich einen Bereich auf, innerhalb dessen die Semivarianzen γ räumlich abhängig sind

die Abhängigkeit der >Semivarianz< der untersuchten Größe von der Distanz jeder Kombination zweier Meßpunkte dar. Da zur Ermittlung der räumlichen Abhängigkeit die Größe stets an vielen Meßpunkten gemessen wird, ergeben sich so viele Punkte für die Semivarianz bei unterschiedlichen Distanzen. Diese Punkteverteilungen lassen sich durch Regressionsfunktionen approximieren. Man unterscheidet je nach Regression zwischen linearen, exponentiellen, sphärischen, Gaußschen etc. Semivariogramm-Modellen (s. Abb. a oben). Bei Gaußschen und sphärischen Variogrammen läßt sich der „Bereich" (engl. range) der räumlichen Abhängigkeit durch Festlegung eines max. Abstandes klar von der räumlichen Unabhängigkeit bei größeren Distanzen trennen (s. Abb. b oben). Semivariogramm-Modelle dienen u. a. zu speziellen Interpolationen wie z. B. dem sog. >Kriging<. >Variogramm<.

Seneszenz. >Altern<.

Senfgas. Bis-(2-chlorethyl)sulfid, Kampfstoff, >Lost<.

Senken. In mathematischen >Modellen< für stoffliche Veränderungen in einem >System< die Terme, die die >Kinetik< des Verschwindens von best. Phasen bzw. Verb. beschreiben. >Quellen<.

sensibilisierend. >Gefährlichkeitsmerkmal< nach § 3a Abs. 1 Nr. 11 >ChemG<. Sensibilisierend sind >Stoffe< und >Zubereitungen<, die bei Einatmen oder Hautkontakt Überempfindlichkeitsreaktionen auslösen können, die durch das Immunsystem vermittelt sind (Best. gemäß § 1 ChemGefMerkV). Für sensibilisierende Stoffe (und Zubereitungen) gibt es *kein* eigenes >Gefahrensymbol<. Die spez. >Kennzeichnung< erfolgt bei der Sensibilisierung durch *Einatmen* mit Xn und R 42, bei der Sensibilisierung durch Hautkontakt mit Xi und R 43.

Sensitivitätsanalyse. In der vor allem mit mathematischen Simulationsmodellen arbeitenden Systemuntersuchung Verfahren, bei denen die >Modellparameter< hinsichtlich ihres rel. Einflusses auf die Veränderlichkeit best. Simulationsergebnisse untersucht werden. Von Bedeutung vor allem bei komplexeren >Modellen<, wo es neben der Richtung auf die Größenordnungen dieser Veränderungen und deren Übereinstimmung mit dem beobachteten Verhalten im untersuchten >System< ankommt.

Sensoren. Meßwertfühler, z. B. um für die Mikroprozessorsteuerung von Motoren die erforderlichen Umgebungsdaten für die Berechnung zu erfassen. Dazu gehören als wesentliche Umgebungstemp., Luftdruck, Betriebstemp. des Motors, >Kraftstoff-Luftverhältnis< >Luftzahl<, angesaugte Luftmenge, Drehzahl usw.

Sequentielle Einspritzung. Bei der mikroprozessorgesteuerten >Benzineinspritzung< für >Ottomotoren< wird hierbei für jeden Zylinder individuell in Abhängigkeit zu den Arbeitstakten der Einspritzvorgang ausgelöst, z. B. jeweils 90 Grad Kurbelwinkel vor Öffnen des betreffenden Einlaßventiel gleichzeitig, d. h. ohne Rücksicht auf den jeweiligen Arbeitstakt eines Zylinders, wird durch die S. eine exaktere Zumessung des >Kraftstoffs< und damit geringere >Rohemission< erzielt.

Lit: Bosch (Hrsg.) (1987), Autoelektrik, Autoelektronik, VDI-Verlag, Düsseldorf, ISBN 3-18-419 106–0.

Sequenzanalyse. >Sequenzierung<.

Sequenzierung. Ermittlung der Nucleotidabfolge (Sequenz) in einem Nucleinsäuremolekül (>DNA<, >RNA<) oder der Aminosäureabfolge in einem >Protein<. Zur besseren Zuordnung spricht man jedoch besser von >Protein-S.<, >DNA-S.<, RNA-S. oder Nucleinsäure-S.

Serienprüfwert. Nach den Europäischen Abgastestvorschriften zulässigen >Abgasemissionswert< für die Überprüfung von Serienfahrzeugen. Dieser ist höher als der >Typprüfwert<, um eine gewisse produktionsbedingte Serienstreuung zu tolerieren.

Serienüberwachung. Von den Gesetzgebern vorgeschriebene Überprüfung des Abgasverhaltens von Fahrzeugen. Dazu werden Stichproben bzw. vorgegebene Anteile aus der Produktion überprüft. Die ECE-Vorschrift sieht dafür weniger strenge Grenzwerte, >Serienprüfwerte<, als für die Typprüfung vor.

Sesquioxide. Metalloxide, die Metall- und Sauerstoffionen im Verhältnis 2:3 enthalten, wie Al_2O_3 und Fe_2O_3. Meist wird der Begriff S. aber für alle Oxide und Hydroxide des 3wertigen Eisens und Aluminiums verwendet, also z.B. auch für $Al(OH)_3$ und $FeOOH$. Bei der Bodenbildung treten S. hauptsächlich als Verwitterungsprodukte von Silicaten auf oder werden aus gelösten Formen abgeschieden, so daß (wegen ihrer gelbbraunen bis roten Färbung) die S. des Eisens zur Kennzeichnung von >Bodenhorizonten< verwendet werden.

Sessile Bodenorganismen. Sie sind unfähig zu eigener Fortbewegung. Dazu gehören fast alle Pflanzen und einige Tiergruppen wie z.B. die >Rädertierchen<.

Seston. Gesamtheit der anorg. und org. partikulären Stoffe in einem Gewässer. Das S. bildet durch >Sedimentation< die >Sedimente<. Auch die lebenden Organismen gehören zum S.

Setzung. Im Laufe der Liegezeit von aufgeschütteten Erdmassen zu verzeichnende Verdichtung infolge der Eigenlast und damit einhergehende Verringerung der ursprünglichen >Auflockerung< und >Absenkung< der geschütteten Oberfläche. Diese S. und die dafür beim Aufbau einer >Kippe< zu berücksichtigenden Werte sind wichtig bei der Planung ihrer Höhen und ihrer Zusammensetzung.

Seuchen. Massenauftreten von ansteckenden Infektionskrankheiten mit häufig schwerem Verlauf; es wird unterschieden zwischen Endemien (örtlich begrenzt, zeitlich nicht beschränkt; sog. Dauerverseuchung), Epidemien (örtlich und zeitlich begrenztes Auftreten) und Pandemien (zeitlich begrenztes Ausbreiten über Länder und Kontinente, z.B. sog. Grippewelle).

Seuchenbekämpfung. >Bundes-Seuchengesetz<.

Seveso II-Richtlinie. Umgangssprachliche Kurzbezeichnung für Richtlinie 96/82/EG des Rates vom 09.12.1996 zur Beherrschung der Gefahren bei schweren Unfällen mit gefährlichen Stoffen (ABl. Nr.L 10 vom 14.01.1997). Diese Richtlinie bezweckt die Verhütung schwerer Unfälle mit gefährlichen Stoffen und die Begrenzung der Unfallfolgen für Mensch und Umwelt, um auf abgestimmte und wirksame Weise in der ganzen Gemeinschaft ein hohes Schutzniveau zu gewährleisten. Die Richtlinie gilt für Betriebe, in denen gefährliche Stoffe in Mengen, die im Anhang im einzelnen aufgelistet sind, vorhanden sind oder darüber liegen. „Vorhandensein" bedeutet im Sinne der Richtlinie auch, daß diese Stoffe bei einem außer Kontrolle geratenen industriellen chem. Verfahren anfallen. Betreiber derartiger Anlagen haben ein Konzept zur Verhütung schwerer Unfälle durch geeignete Mittel, Organisation und Managementsysteme vorzusehen und dabei die in Anhang III der Richtlinie genannten Grundsätze zu berücksichtigen. Dieses Konzept hat der Betreiber zusammengefaßt in einem Sicherheitsbericht der zuständigen Behörde vorzulegen. Die Richtlinie trat im Februar 1997 in Kraft und richtet sich an die Mitgliedsstaaten. Diese haben bis Februar 1999 die erforderlichen Rechts- und Verwaltungsvorschriften zu erlassen, um der Richtlinie nachzukommen. Sollte die Bundesregierung (was in der Vergangenheit nicht selten geschah) bis zu dem genannten Termin dieser Verpflichtung nicht nachgekommen sein, so gilt die Richtlinie dort, wo sie hinreichend konkret ist, danach unmittelbar.

SHED-Test. Überprüfung der Kraftstoff-Verdampfungsemission eines Fahrzeugs mit >Ottomotor< nach der US-Vorschrift. Hierbei wurden das Fahrzeug in einem abgeschlossenen Raum der Testprozedur unterzogen und die bei der damit verbundenen Aufheizung entstehenden >HC-Emissionswerte< mittels eines >Flammenionisationsdetektors (FID)< gemessen.

Shine-Delgarno-Sequenz. >Ribosom-Bindungsstelle<.

SHmV. >Schadstoff-Höchstmengenverordnung<.

Shredder. (Engl. to shred = zerfetzen). Zerkleinerungsanlage für Holz, Karosserien o.ä. Der S. hat auf einer Achse feststehende oder bewegliche aufgehängte Hämmer, die mit hoher Geschwindigkeit in Drehung versetzt werden und so Gegenstände, die mit einer Transporteinrichtung, z.B. einem Transportband oder direkt mit einem Radlader, in den Aufgabebereich gefüllt werden, zerkleinert. Die Materialien bleiben solange im Innenraum, bis die zerkleinerten Teile durch einen Rost mit definierter Spaltbreite ausgetragen werden. Eingesetzt werden S. bei Kompostieranlagen, bei >Mechanisch-biologischen Restabfallaufbereitungsanlagen<, um grobe Teile zu zerkleinern, damit sie biologischen Abbauprozessen besser zur Verfügung stehen; bei Autoverwertungsanlagen, um Autoteile nach dem Shreddern mechanisch (Magnete, Windsichter) sortieren zu können.

Shredderabfall. Abfall aus >Shredder<anlagen. Üblicherweise wird der Begriff für die sogenannte Leichtfraktion (Kunststoffe, Glas, Textilien) verwendet, die nach dem Heraussortieren der Eisen und Nichteisenmetalle übrigbleibt und für die z.Zt. keine Verwertungskapazität zur Verfügung steht und daher deponiert werden muß. Die Automobilindustrie hat sich verpflichtet, den Anteil der zu deponierenden Stoffe von derzeit ca. 25 Gew.% (600 000 t/a in 1995) auf 5 Gew.% im Jahr 2015 zu reduzieren. Gleichzeitig soll ein flächendeckendes Rücknahme- und Verwertungssystem für Pkw aufgebaut werden. Werden die Betriebsflüssigkeiten (Öle, Bremsflüssigkeiten), die z.T. >PCB< enthalten können, vor dem Shreddern nicht ordnungsgemäß abgelassen, so können diese Stoffe mit dem S. in die Umwelt gelangen.

Sicherheit. S. ist kein wertfreier, vom gesellschaftlichen Umfeld losgelöster Begriff. Eingrenzend werden bei technischen Anlagen bei Entwurf und Planung >Grenzwerte< für >Emission< sowie sonstige inner- und außerbetrieblich erlaubte Belastung durch die Anlage – meist durch gesetzliche Auflagen wie >Bundesimmissionsschutzgesetz<, >Gefahrstoffverordnung< oder >Störfallverordnung< vorgegeben. Werden diese Grenzwerte eingehalten, so spricht man vom bestimmungsgemäßen Betrieb, die Anlage wird als sicher (>Betriebssicherheit<) angesehen. Dabei wird von einem Konsens zwischen gesetzlich vorgegebenen Grenzwerten und öffentlicher Akzeptanz der damit verbundenen möglichen Folgen ausgegangen. Diese Grenzwerte können sich durch neue wissenschaftliche Erkenntnisse und durch geänderte öffentliche Perzeption ändern, wie das im Bereich der Kernenergie wiederholt der Fall war. Anlagen können externen und internen Belastungen unterworfen sein (Flugzeugabsturz, Erdbeben, Hochwasser, Brände). Die Schwere der Belastung, innerhalb deren keine Folgeschäden auftreten, definiert den sicheren Bereich in Bezug auf die Auslegung (>Anlagensicherheit<). Diese Belastungsgrenzen sind ebenfalls offen für Definitionen.

Sicherheitsanalyse. Aufgrund der >Störfallverordnung< für die Betreiber bestimmter Anlagen bestehende Pflicht; die S. ist bei der Überwachungsbehörde zu hinterlegen; s. §§ 7 bis 9 der Störfallverordnung i. d. F. der Bekanntmachung vom 19.05.1988, BGBl. I S. 625.

1. Chemie: Sie sind das methodische, systematische Vorgehen, eine Anlage, einen Teil einer Anlage oder ein System auf ihr bestimmungsgemäßes Verhalten zu überprüfen, wobei das bestimmungsgemäße Verhalten als die sicheren Zustände definiert werden. In der S. werden alle denkbaren Einflußgrößen auf das Anlagensystem prognostisch untersucht und deren Einfluß auf das Systemverhalten sowie gefährliche Zustände bestimmt. Im Gegensatz zum historischen „trial and error"-Verfahren, bei dem zunehmende Sicherheit aus dem Lerneffekt von eingetretenen >Störfällen< resultiert, geht man heute davon aus, daß die Konsequenzen von Störfällen vorher ermittelt und eliminiert oder vermindert werden durch Erstellen einer S. Sie gibt wichtige Entscheidungskriterien für die Standortwahl (Umweltverträglichkeit), Realisation des Verfahrens (Umweltverträglichkeit, >Sicherheit<), Auswahl der Sicherheitseinrichtungen, Auswahl und Schulung der Bedienungsmannschaft, Erstellen des Betriebshandbuchs, Maßnahmen bei Störungen und Katastrophenschutzplanung. Zur Erstellung von S. werden qual. und quant. Methoden eingesetzt, je nach Anforderung an das Resultat der S. Zu ersteren gehören Checklisten-Methode, Matrizen-Methode, Ausfalleffektanalyse und Operabilitätsuntersuchungen. Zu letzteren gehören u. a. Fehlerbaumanalyse, Ereignisbaumanalyse, Markov-Analyse und Störfallablaufanalyse. Für die Fehlerbaumanalyse gibt es eine DIN-Vorschrift (DIN 25424). Die Verfahren können induktiv oder deduktiv sein und sollten die Eigenschaften systematisch, vollständig, flexibel, reproduzierbar, einfach, transparent, verständlich und dokumentativ haben. Die >Störfallverordnung< verlangt für definierte Betriebe mit >Gefahrstoffen< eine S., die zur Genehmigung des Betriebes dient. S. müssen sowohl das Verhalten technischer Strukturen als auch menschliche Einflußfaktoren berücksichtigen, wobei interne und externe Einflußgrößen berücksichtigt werden müssen. Deshalb werden üblicherweise interne und externe Bearbeiter zur Erstellung einer S. herangezogen.

2. Endlager: Berechnungen und Untersuchungen möglicher radiologischer Auswirkungen eines >Endlagers< sowohl in der Betriebs- und Stillegungsphase als auch für die Zeit nach Stillegung eines Endlagers, der sog. Nachbetriebsphase. Die Durchführung von S. ist in den >Sicherheitskriterien< gefordert und näher spezifiziert. Danach sind >Störfallszenarien< im einzelnen zu begründen und in ihren Randbedingungen festzulegen. Auf der Basis dieser Störfallbetrachtungen sind standortspez. S. nach naturwissenschaftlichen Methoden durchzuführen. Für die S. werden Teilsysteme und Ereignisabläufe im Gesamtsystem durch geeignete >Modelle< auf der Basis ausreichend konservativer Annahmen nachgebildet.

Sicherheitsbehälter. Gasdichte Umhüllung um einen >Reaktor< und Kreislauf- und Nebenanlagen, damit – auch nach einem >Störfall< – keine >radioaktiven Stoffe< unkontrolliert in die Atmosphäre und Umgebung entweichen können. Der Sicherheitsbehälter ist eine der Barrieren im >Kernkraftwerk<, die das Entweichen radioaktiver Stoffe in die Umgebung erschweren. Er umschließt den nuklearen Teil der Anlage und ist so ausgelegt, daß er bei schweren Störungen den austretenden Dampf aufnimmt, ohne zu versagen. Der Sicherheitsbehälter eines >Druckwasserreaktors< ist z. B. eine stählerne Kugel mit ca. 50 m Durchmesser und 30 mm Wanddicke. Dazu gehören schnellschließende Armaturen der herausführenden Rohrleitungen sowie Personen- und Materialschleusen. Den Behälter umgibt eine bis zu 2 m dicke Stahlbetonkuppel zum Schutz gegen äußere Einwirkungen. Die Innenwand der Kuppel ist gasdicht mit einer Stahlhaut ausgekleidet. In dem Ringraum zwischen Sicherheitsbehälter und Stahlhaut herrscht Unterdruck. Die beim Normalbetrieb aus dem Sicherheitsbehälter austretenden radioaktiven Stoffe gelangen in die Unterdruckzone und über Filter zum Abluftkamin. Im Störfall wird die Luft aus der Unterdruckzone in den Sicherheitsbehälter zurückgepumpt.

Sicherheitsbericht. >Kerntechnische Anlagen< müssen so ausgelegt sein, daß die Schutzziele des >Atomgesetzes< eingehalten werden. Dies gilt nicht nur für den Normalbetrieb und die sicherheitstechnisch unbedeutenden Betriebsstörungen, sondern auch für Stör- und Schadensfälle. Daher müssen im Sicherheitsbericht eines >Kernkraftwerkes< neben Kapiteln über Standort, detaillierter technischer Anlagenbeschreibung, radiologischer und klimatologischer Auswirkung auf die Umgebung bei bestimmungsgemäßem Betrieb insbesondere auch Angaben für Störfallauswirkungen vorhanden sein. Der Sicherheitsbericht muß im Rahmen des >Genehmigungsverfahrens< öffentlich zur Einsichtnahme ausgelegt werden. Er dient Gutachtern und Behörden als wesentliche Unterlage bei der Prüfung auf Erteilung oder Versagen einer Genehmigung.

Sicherheitsbetrachtung. Die qual. Form, die >Sicherheit< eines Systems oder einer Anlage festzustellen – quant. geschieht diese Festlegung durch die >Sicherheitsanalyse<.

Sicherheitsdatenblätter (SDB). Unter S. versteht man die Zusammenstellung aller sicherheits- und umweltrelevanten Daten zu einem chem. Produkt (>Stoff< oder >Zubereitung<) in einem festgelegten Format. Diese Zusammenstellung wird vom Lieferanten angefertigt und dem Bezieher zur Verfügung gestellt, um sachgerechte Informationen für den sicheren Umgang mit dem Produkt zu liefern und so dem Schutz des Menschen und der Umwelt zu dienen.

Die Abgabe von S. an den Kunden kann auf freiwilliger Basis erfolgen. So besteht z. B. in Deutschland zwar eine Informationspflicht des Herstellers gegenüber seinen Kunden, jedoch nur eine freiwillige Selbstverpflichtung im Rahmen des >VCI<, die sicherheitsrelevanten Daten in der Form des DIN 52900 („DIN-SDB für chemische Stoffe und Zubereitungen") genormten S. abzugeben (s. Abb. S. 1067–1069).

Eine gesetzliche Grundlage zur Abgabe von S. besteht derzeit (1992) in den EG-Mitgliedsstaaten Belgien, Großbritannien und Frankreich, in Europa ferner in Finnland, Schweden und Norwegen sowie in Österreich und der Schweiz, im nordamerikanischen Wirtschaftsraum in den USA und Kanada. In der EG ist die Kommissions-Richtlinie 91/155/EWG verabschiedet und seit dem 05.03.1991 in Kraft.

Die Umsetzung dieser Richtlinie in nationales Recht muß in allen EU-Mitgliedsstaaten bis zum 30.06.1993 erfolgen. In Deutschland wird das im Rahmen der

DIN-Sicherheitsdatenblatt

Ausgabedatum: 24. Juni 1992

Firma   Bayer AG, WV-UWS/Produktsicherheit
5090 Leverkusen 1, Telefon: (0214) 307837
Im Notfall: (0214) 303030 (Werkfeuerwehr Bayer Leverkusen)

Handelsname   BENZOL REIN

1.1 Chemische Charakterisierung:
Benzol
CAS-Nr.: 000071-43-2
1.2 Form: flüssig
1.3 Farbe: farblos
1.4 Geruch: aromatisch

---

2.   Physikalische und sicherheitstechnische Angaben   geprüft nach
2.1 Zustandsänderung: 80,1 °C
      Siedetemperatur: 5,5 °C
      Erstarrungstemperatur:
2.2 Dichte: 0,883–0,886 g/cm^3 bei 15,6 °C
                                            0,8787 g/cm^3 bei 20 °C
2.3 Dampfdruck: 100 mbar bei 20 °C
                                            200 mbar bei 38 °C
2.4 Viskosität: 0,652 mPA · s bei 20 °C
2.5 Löslichkeit in Wasser: 1,8 g/l bei 20 °C
      Verteilungskoeffizient: 10 g P Octanol/Wasser = 2.10
2.6 pH-Wert: 7 bei 1,8 g/l Wasser bei 20 °C
2.7 Flammpunkt: − 11 °C   DIN 51758
2.8 Zündtemperatur: ca. 550 °C   DIN 51794
2.9 Explosionsgrenzen: untere: 1,2 Vol.-%
                                            obere: 8,0 Vol.-%
2.10 Thermische Zersetzung: Bei Normaldruck unzersetzt destillierbar. Keine thermische Zerset-
                                            zung bei sachgemäßer Lagerung und Handhabung.
2.11 Gefährliche Zersetzungsprodukte: Keine gefährlichen Zersetzungsprodukte bei sachgemäßer Lagerung
                                            und Handhabung. Bei Brand oder thermischer Zersetzung Entwick-
                                            lung von Kohlenmonoxid, Kohlendioxid und anderen toxischen Gasen.
2.12 Gefährliche Reaktionen: Mit starken Oxidationsmitteln, konz. Mineralsäuren, Halogenen und
                                            Flüssigschwefel sind gefährliche Reaktionen möglich. Keine gefährli-
                                            che Reaktion bei bestimmungsgemäßer Verwendung.
2.13 Weitere Angaben: rel. Dampfdichte: 2,7 (Luft = 1)
                                            Umrechnungsfaktor Volumenkonzentration in Massenkonzentration:
                                            1 ppm = 3,24 mg/m^3

---

3.   Transport
GGVSee/IMDG-Code: 3.2   UN-NR.: 1114   MFAG: 312   EmS: 3   03
GGVE/GGVS: Kl. 3   Zi. 3B   RID/ADR: Kl. 3   Zi. 3B
ADNR: Kl. 3   Zi. 1A   Kat. X   ICAO/IATA-DGR: 3   1114 II
Postversand zugelassen: nein
Expressgut Deutschland zugelassen: ja bis 6 l pro Versandstück
Deklaration Land: BENZOL
Deklaration See: Benzene
Sonstige Angaben:
Feuergefährlich, Flammpunkt − 11 °C. Gesundheitsschädlich. Stark riechend.
Dämpfe betäubend. Getrennt von Nahrungs- und Genußmitteln halten.

---

4.   Vorschriften
Kennzeichnung nach Gefahrstoffverordnung vom 26.08.86, Anhang VI, und entsprechenden EG-Richtlinien:
Symbole: T, F, Gefahrenbezeichnungen: giftig, leichtentzündlich
Benzol (EG-Nr. 601-020-00-8)
R 45:   Kann Krebs erzeugen (GefStoffV Gruppe II).
R 11:   Leichtentzündlich.
R 23/24/25: Auch giftig beim Einatmen, Verschlucken und Berührung mit der Haut.
R 48:   Gefahr ernster Gesundheitsschäden bei längerer Exposition.
S 53:   Exposition vermeiden – vor Gebrauch besondere Anweisungen einholen.
S 16:   Von Zündquellen fernhalten – Nicht rauchen.
S 29:   Nicht in die Kanalisation gelangen lassen.
S 44:   Bei Unwohlsein ärztlichen Rat einholen (wenn möglich, dieses Etikett vorzeigen).

Stoff der MAK-Liste, Abschnitt III A 1
TRK-Wert: 5 ppm = 16 mg/m^3

TA-Luft (Ziff. 2.3): Klasse III

VbF: Klasse A I

DIN 52900

DIN-Sicherheitsdatenblatt

Ausgabedatum: 24. Juni 1992

Handelsname BENZOL REIN

5. Schutzmaßnahmen, Lagerung und Handhabung

5.1 Technische Schutzmaßnahmen:
Behälter dicht geschlossen halten und an einem kühlen, gut gelüfteten Ort aufbewahren. Das Produkt darf nicht in den Atembereich der Beschäftigten gelangen. Zündquellen fernhalten. Für wirksame Absaugung sorgen.

5.2 Persönliche Schutzausrüstung:
Atemschutz: Gasfilter, z. B. DIN 3181 ABEK, bei Überschreitung des MAK-Wertes.
Augenschutz: Schutzbrille
Handschutz: Geeignete Schutzhandschuhe (z. B. Strongoflex-Handschuhe) tragen.
Weitere Schutzausrüstung: Schutzkleidung tragen. (Nicht aus Gummi)

5.3 Arbeitshygiene:
Dämpfe nicht einatmen. Berührung mit der Haut und den Augen vermeiden.
Von Nahrungs- und Genußmitteln fernhalten. Vor den Pausen und bei Arbeitsende Hände waschen.
Arbeitskleidung getrennt aufbewahren. Beschmutzte, getränkte Kleidung sofort auszuziehen.

5.4 Brand- und Explosionsschutz:
Von Zündquellen fernhalten – Nicht rauchen. Explosionsschutz erforderlich.
Maßnahmen gegen elektrostatische Aufladung treffen.
Dämpfe sind schwerer als Luft, sie kriechen am Boden entlang und können bei Zündung über weite Strecken zurückschlagen.

5.5 Entsorgung:
Ungebrauchtes Material: Wenn möglich, Widerverwertung zuführen
Gebrauchtes Material: Kann unter Beachtung der örtlichen behördlichen Vorschriften in geschlossenem Behälter einer geeigneten Verbrennungsanlage zugeführt werden.
Leergut: Ungereinigte Leergebinde sind wie die Inhaltsstoffe zu behandeln.

---

6. Maßnahmen bei Unfällen und Bränden

6.1 Nach Verschütten/Auslaufen/Gasaustritt:
Schutzausrüstung (siehe Pkt. 5.2) anlegen. Zündquellen beseitigen.
Eindringen in Gewässer und Grundwasser verhindern. Bei Auslaufen in der Nähe fließender Gewässer Entnehmer und Behörden verständigen.
Mit absorbierendem Material, z. B. Sand, eindämmen. Mechanisch aufnehmen, in gekennzeichnete, verschließbare Behälter füllen.

6.2 Löschmittel:
Alle Löschmittel geeignet.
nicht geeignet: Wasservollstrahl

6.3 Erste Hilfe:
Bei Berührung mit der Haut sofort abwaschen mit viel Wasser und Seife.
Bei Verschlucken von Produkt NICHT zum Erbrechen bringen, ärztliche Hilfe erforderlich. Eis lutschen lassen. Nach Inhalation an frische Luft bringen. Auf jeden Fall Arzt hinzuziehen.
Bei Augenkontakt die Augen bei geöffneten Lidern ausreichend lange mit Wasser spülen. Dann sofort (Augen-)Arzt konsultieren.

6.4 Weitere Angaben:
Falls Produkt in die Kanalisation gelangt, sofort die zuständige Behörde informieren. Bei Brandbekämpfung Atemschutz mit unabhängiger Luftzufuhr erforderlich.

---

7. Angaben zur Toxikologie
Akute Toxizität:
LD_{50} oral, Ratte: 3400 mg/kg
LD_{50} dermal, Maus: 48 mg/kg
LC_{50} inhalativ, Ratte: 44 mg/l = 13 700 ppm, 4 h Exposition
(BUA-Stoffbericht Nr. 24)
20 000 ppm für 5–10 Min. wirken beim Menschen tödlich.

Haut- und schleimhautreizend.

Gefahr der Hautresorption.

Einatmen von Benzoldämpfen kann zu Störungen des Zentralnervensystems mit Symptomen wie Kopfschmerz, Übelkeit, Benommenheit bis zur Bewußtlosigkeit führen. Bei wiederholter und langfristiger Einwirkung ernste Gefahr irreversiblen Schadens durch Schädigung der blutbildenden Systeme, die zu schweren Veränderungen des Blutbildes (Leukämie) führen.
Gefahr des toxischen Lungenödems nach Einatmen.
Karzinogene Wirkung nach Inhalation (Lyon, IARC, 29, 93-148, 1982) und oraler Aufnahme (NTP-TR 289; NIH publ. No. 86-2545, Research Triangle Park, NC, 1986) am Nager.

DIN-Sicherheitsdatenblatt

Ausgabedatum: 24. Juni 1992

Handelsname BENZOL REIN

8. Angaben zur Ökologie
Nicht in Gewässer, Abwässer oder ins Erdreich gelangen lassen.

Biologische Abbaubarkeit, Closed bottle test.
BOD_5 (20 °C): 2,2 g O_2/g = 71 % des ThOD (adaptiert)
BOD_{20} (20 °C): 2,5 g O_2/g = 80 % des ThOD (adaptiert)

Akute Algentoxizität:
EC_{50} bei Grünalge, Chlamy. anlulosa: 460 mg/l. Prüfdauer: 3 h

Akute Bakterientoxizität:
EC_{50} bei Pseudomonas putida: 92 mg/l. Prüfdauer: 64 h

Akute Daphnientoxizität:
EC_{50} bei Wasserfloh, Daphnia magna: 200 mg/l. Prüfdauer: 48 h

Akute Fischtoxizität:
LC_{50} bei Regenbogenforelle (Salmo gairdneri): 5 mg/l. Prüfdauer: 96 h
LC_{50} bei Goldorfe (Leuciscus idus): 33 mg/l. Prüfdauer: 96 h

Wassergefährdungsklasse (WGK): 3 – stark wassergefährdend

9. Weitere Hinweise
BAYER-Lagerklasse: 3A 1

Zu beachten ist das Merkblatt M 025 „Benzol" der BG Chemie.

Sicherheitsdatenblätter (SDB): Die Angaben stützen sich auf den heutigen Stand der Kenntnisse und Erfahrungen. Das Sicherheitsdatenblatt beschreibt Produkte im Hinblick auf Sicherheitserfordernisse. Die Angaben haben nicht die Bedeutung von Eigenschaftszusicherungen.

4. Novelle zur >GefStoffV< geschehen, die in Vorbereitung ist.
Lit: DIN-Sicherheitsdatenblatt für chemische Stoffe und Zubereitungen. Formblatt und Hinweise zum Ausfüllen (DIN 52900) (1983) Normenausschuß Materialprüfung (NMP) im DIN Deutsches Institut für Normung e.V.

Sicherheitsindikatoren. Ergebnisse von Sicherheitsbewertungen in Form von Risiken, Dosen, Konzentrationen, Aktivitäten, Toxizitäten etc. Zur Reduzierung der Unsicherheiten bei der Langzeit-Sicherheitsbewertung eines Endlagersystems kann die Nutzung einer Kombination von S. in Verbindung mit >natürlichen Analoga< einen wesentlichen Beitrag leisten.

Sicherheitskriterien. Im Jahr 1983 vom zum damaligen Zeitpunkt zuständigen Bundesminister des Innern nach Beratung des Fachausschusses Brennstoffkreislauf des Länderausschusses für Atomkernenergie – basierend auf den Empfehlungen der Reaktorsicherheitskommission – den Genehmigungs- und Aufsichtsbehörden der Länder zur Sicherung des verwaltungsmäßigen Vollzugs an die Hand gegebene Kriterien für die >Endlagerung< >radioaktiver Abfälle< in einem Bergwerk. Diese Sicherheitskriterien regeln letztlich die eigentliche Endlagerung und umfassen folgende Hauptgliederungspunkte: >Schutzziele<, Maßnahmen zur Verwirklichung der Schutzziel, Standortanforderungen, Voraussetzungen für Errichtung und Betrieb eines Endlagers, Standorterkundung, Errichtung und Betrieb, Abfälle, Stillegung, Nachbetriebsphase. Wesentliches Element der Sicherheitskriterien ist die Forderung von >Sicherheitsanalysen<.

Sicherheitsratschläge. Bei der >Kennzeichnung< von >gefährlichen Stoffen< u. >Zubereitungen< sind gemäß >GefStoffV< auf dem >Warnetikett< auch sog. *S-Sätze* (engl.: safety phrases) zu berücksichtigen. Diese sollen dem Verwender praktische Hinweise zur Vermeidung von Gefahren beim Umgang geben sowie Maßnahmen beim Freiwerden der Substanz, zur Bekämpfung von Unfallfolgen und zur Durchführung der Ersten Hilfe vorschlagen. Die S. sind aus der Liste (Anhang I Nr. 1.4) auszuwählen oder der Stoffliste von Anhang VI zu entnehmen (Spalte 6). Die Auswahl erfolgt entspr. den Kriterien von Anhang I Nr. 1.1.4. Es gibt z. Z. insgesamt 53 S-Sätze und 16 Kombinationen von S-Sätzen, die in Abschnitt 1.4 von Anhang I genannt sind. Best. >R-Sätze< sind mit best. S-Sätzen verknüpft, z. B. R 45 und S 53.

Sicherung. Maßnahmen zur Unterbrechung der Ausbreitungswege (Pfade) von Schadstoffen in Altlasten. Kontamination und Schutzgut (z. B. Mensch) werden dadurch räumlich und zeitlich getrennt. Die Wirksamkeit von Sicherungsmaßnahmen ist zeitlich befristet. >Sanierung<.
Lit: Jessberger HL (Hrsg.) (1996) Sicherung von Altlasten: Berichte vom 10. Bochumer Altlasten Seminar 1994, Balkema Verlag, Rotterdam.

Sicherungsmaßnahme. Die S. umfaßt technische Maßnahmen, die eine weitere Ausbreitung von Schadstoffen über den kontaminierten Bereich hinaus verhindern. Gemäß dem Gesetz zum Schutz des Bodens ist die S. auch eine Sanierungsmaßnahme, obwohl keine Sanierung, d. h. Dekontamination im eigentlichen Sinne erfolgt. S. können z. B. eine Oberflächenabdeckung zur Verminderung der gas- und staubförmigen >Emissionen< oder aber eine vertikale Umschließung des kontaminierten Bereiches mit einer >Grundwasserabsenkung< sowie Reinigung des Wassers sein.

Sichter. In der Kompostierung und Abfallsortierung eingesetzte Geräte zur Trennung von Stoffen unterschiedlicher Dichte, Korngröße und Kornform in

Gleichgefälligkeitsklassen. Bei den Windsichtern werden die Leichtstoffe (z. B. Kunststoffe, Papier) mit Hilfe einer Luftströmung ausgetragen. Das Schwergut kann, nach einer Abtrennung des Eisens mit einem >Magnetabscheider<, mit Naßtrenngeräten weiter bearbeitet werden. Als Trennmittel wird statt der Luft Wasser eingesetzt. Damit können Nichteisenmetalle, Glas und Keramik, die nur geringe Dichteunterschiede aufweisen, voneinander getrennt werden.

Lit: Hoberg H, Julius J (1979) Geeignete Separiertechniken für kommunale Abfälle. Stuttgarter Berichte zur Abfallwirtschaft. Bd. 11. E. Schmidt, Berlin – Emberger J (1980) Rohstoffquelle Müll. Abscheidung von Sekundärrohstoffen. Technik heute 7 Christiani, Konstanz.

Sichttiefe. Tiefe eines Gewässers, in der eine weiße oder schwarzweiß in Viertelsektoren gemusterte Scheibe von 25 cm Durchmesser unter Wasser bei Beschattung gerade noch sichtbar ist. Diese Scheibe wird Secchi-Scheibe genannt, weil sie erstmals von PÈRE SECCHI 1865 im Mittelmeer verwendet wurde. Die Sichttiefe best. annähernd jene Gewässertiefe, in der noch 1 % der direkt unter der Oberfläche gemessenen Lichtintensität vorhanden ist. Sie ist daher auch ein grobes Maß für die Ausdehnung der >euphotischen Zone<.

Lit: Schwoerbel J (1987) Methoden der Hydrobiologie – Süßwasserbiologie, 3. Aufl., Gustav Fischer Verlag, Stuttgart New York.

Sick Building Syndrom (SBS). Nach Exposition in belasteten >Innenräumen< treten bei empfindlichen Personen verschiedenartige Symptome wie Müdigkeit, Kopfschmerzen, Schleimhaut- und Augenreizungen auf, die oftmals keiner spezifischen Belastung durch eine bestimmte >Innenraumchemikalie< zugeordnet werden können. Diese auftretenden Beschwerden wurden bereits 1982 von einem Expertenkommitee der World Health Organization (WHO) als SBS zusammengefaßt.

Lit: WHO (1983) Indoor air pollutants, exposure and health effects assessment. EURO Reports and Studies No. 78. Working Group Report, Copenhagen.

Sickeranlage. Bestehen aus einem oder mehreren gelochten oder geschlitzten Rohren (Sickergalerien, Sickerrohren), die geringmächtige und seichte Grundwasservorkommen erschließen. Entsprechende Anlagen sind in ariden Gebieten des Mittleren Ostens und Nordafrikas seit antiker Zeit in Nutzung (Kanat, Käris, Foggara).

Lit: Richter W, Lillich W (1975) Abriß der Hydrogeologie, Schweizerbart, Stuttgart.

Sickerbecken. Diese sind in der Abwassertechnik wie >Schlammtrockenbeete< eingerichtet, doch werden sie von dem Abwasser durchflossen (s. Abb.). Die Sickerung ist verschließbar; sie wird während des Absetzbetriebes verschlossen gehalten und erst geöffnet, wenn das Becken abgestellt ist und der >Schlamm< trocknen soll. Jedes Becken wirkt also abwechselnd als >Absetzbecken< und dann wieder als >Schlammtrockenplatz<. Zweckmäßig werden immer zwei Becken hintereinander betrieben, damit das erste Becken möglichst viel Schlamm aufnehmen kann, während das zweite noch die Klärung besorgt. Damit Zeit bleibt zum Trocknen und Ausräumen des Schlammes, sind wenigstens dreimal soviel Becken anzulegen als die Berechnung aus der Wassermenge ergibt: In der Abb. sind z. B. die Becken 3 und 4 in Betrieb, während die übrigen vier Becken leerstehen. Für Kohlenschlamm werden solche Becken 2 bis 4 m tief gemacht. Für städtischen Schlamm sind sie nur bei sehr geringer Tiefe von 0,2 bis 0,4 m möglich, weil der Schlamm sonst nicht trocknet.

Lit: Imhoff K, Imhoff KR (1985) Taschenbuch der Stadtentwässerung, 27. Aufl., R. Oldenbourg Verlag, München Wien.

Sickerwasser. 1. Hydrologie: Wasser, in der Regel aus Niederschlägen, das unter Wirkung der Schwerkraft ohne hydrostatisch meßbare Druckdifferenzen durch poriges Material strömt. Erfüllt in der wasserungesättigten Zone unregelmäßig begrenzte Bereiche und bewegt sich unter dem Einfluß der Schwerkraft vorzugsweise nach unten. Die reale Sickergeschwindigkeit in der wasserungesättigten Zone (>Wasser, unterirdisches<) ist in skelettreichen Materialien am höchsten (größenordnungsmäßig bis zu mehreren Metern oder Zehner Metern pro Tag). In Untergrundmaterialien mit hoher >Feldkapazität< bewegt sich dagegen das S. sehr langsam nach unten, wie Untersuchungen mit Tritium-markiertem S. in feinkörnigen Gesteinen (sandig-lehmige Materialien) zeigen. Bei einer Geschwindigkeit in der Größenordnung von 1 m/Jahr dauert es bei entsprechenden Flurabständen Jahre, bis die Grundwasseroberfläche erreicht ist. Das Wasser der ungesättigten Zone besitzt dann eine Altersschichtung. Neu einsickerndes Niederschlagswasser „schiebt" die unteren älteren Wasserschichten nach unten, so daß das S., das z. B. in 2 bis 3 m Tiefe Stunden oder Tage nach einem Niederschlagsereignis die Grundwasseroberfläche erreicht, „altes" Wasser aus der unmittelbar darüber befindlichen Schicht ist. Neben der vorherrschenden intergranularen Sickerbewegung können sich örtlich gewisse Wassermengen schnell durch Spalten- und Riß-Systeme bewegen.

2. Mülldeponien: S. aus Mülldeponien gehört in vielfacher Hinsicht zu den hoch belasteten Abwässern. Dies gilt sowohl für >Hausmülldeponien< als auch für Sonderabfalldeponien. Eine Besonderheit gegenüber an-

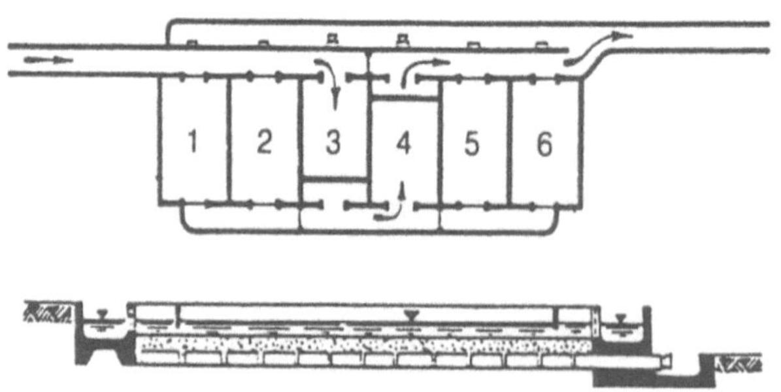

Sickerbecken (aus: Imhoff, 1985)

derem Abwasser ist, daß sich die Zusammensetzung im Laufe der Zeit verändert. Der Grund für diese Veränderung sind Milieuwechsel des anaeroben Bioreaktors „Mülldeponie". In der Phase 1 erfolgt die anaerobe Umsetzung der org. Substanz nur bis zu den niederen Fettsäuren, Alkoholen etc., die mit dem Sickerwasser ausgetragen werden und jene hohen org. Belastungen verursachen. Damit verbunden ist eine Absenkung des pH-Wertes und daraus folgend die erhöhte Löslichkeit einiger anorg. Inhaltsstoffe. Im Laufe der Jahre entwickelt sich die >Biozönose< in der Deponie weiter, bis als Endprodukte des anaeroben Abbaus CH_4 und CO_2 produziert werden. Als Folge sinkt die org. Belastung und die pH-Werte steigen an, so daß langfristig die Belastungen der Phase 2 zu beobachten sind. Bestimmte Sickerwasserinhaltsstoffe, wie beispielsweise Stickstoff, ändern sich in ihrer Konzentration im Laufe der Zeit nicht. Es muß davon ausgegangen werden, daß Sickerwasser aus Hausmülldeponien langfristig stark belastet bleibt. Modellrechnungen haben ergeben, daß z.B. für Stickstoff erst in ca. 400 Jahren mit Konzentrationen unter 100 mg N/L gerechnet werden kann.

Lit: Mattheß G, Ubell K (1983) Allgemeine Hydrogeologie, Grundwasserhaushalt, Gebr. Borntraeger, Berlin Stuttgart – Moser H, Rauert W (1980) Isotopenmethoden in der Hydrologie, Gebr. Borntraeger, Berlin Stuttgart – Scheffer F, Schachtschabel P (1989) Lehrbuch der Bodenkunde, 12.Aufl., Enke, Stuttgart – Imhoff K, Imhoff KR (1999) Taschenbuch der Stadtentwässerung, 29.Aufl., R.Oldenbourg Verlag, München Wien – Kayser R, Albers H (Hrsg.) (1988) Behandlung von Sickerwässern aus Abfalldeponien. Zentrum für Abfallforschung, TU Braunscheig, ISSN 0934-9234 – Ramke G (1991) Hydraulische Beurteilung und Dimensionierung der Basisentwässerung von Deponien fester Siedlungsabfälle. Mitteilungen des Leichtweiß-Institutes der TU Braunschweig, H. 114, ISSN 0343-1223.

Sickerwasserbehandlungsanlagen. Technische Anlagen, in denen mit biologischen, chemischen und physikalischen Verfahren umweltbelastende Stoffe aus dem >Sickerwasser< aus Abfalldeponien entfernt werden. Sie bestehen in der Regel aus einem biochemisch arbeitenden Teil, in dem leicht abbaubare organische Substanz abgebaut, Ammonium nitrifiziert und Nitrat denitrifiziert wird, und einem chemisch-physikalischen Teil, in dem die Schadstoffe und die schwer abbaubaren organischen Stoffe weitgehend entfernt werden.

Lit: Theilen U (1995) Behandlung von Sickerwasser aus Siedlungsabfalldeponien – Betriebsergebnisse und Kosten großtechnischer Behandlungsanlagen, Dissertation, Universität Hannover, Institut für Siedlungswasserwirtschaft und Abfalltechnik, Hannover.

Sickerwasserbewegung. >Sickerwasser<.

Sickerwasserkreislauf. Rückführung des >Sickerwassers< aus Abfalldeponien in den >Deponiekörper<, um den >biochemischen Abbau< im >Abfall< zu fördern.

Lit: Cord-Landwehr K (1986) Stabilisierung von Mülldeponien durch eine Sickerwasserkreislaufführung. Veröffentlichungen des Institutes für Siedlungswasserwirtschaft und Abfalltechnik der Univ. Hannover, Nr. 66.

Siebanalyse. Zur Bestimmung von Korngrößenverteilung bei Sanden, Klärschlämmen, Kohlewaschwässern etc. Man ordnet mehrere Siebe, nach abnehmender Maschenweite geordnet, untereinander an, gibt auf das oberste Sieb eine bestimmte Feststoffmenge auf, setzt den gesamten Siebsatz in eine rüttelnde Bewegung und stellt nach einer gewissen Siebzeit fest, welcher relative Anteil der ursprünglich eingewogenen Menge von den einzelnen Sieben zurückgehalten wurde. Man erhält direkt die Massenverteilungsdichtekurve des aufgegebenen dispersen Feststoffes. Die Mengenbestimmung durch Wägung ist einfach und nur mit geringen Fehlern behaftet. Die Problematik der S. liegt in dem Ermitteln der Trenngrenze des durch das Sieb ausgeführten Trennvorganges. Werden, wie allgemein üblich, die Sollmaschenweiten der verwendeten Prüfsiebe den Trenngrenzen gleichgesetzt, so muß mit außerordentlich fehlerhaften Ergebnissen gerechnet werden.

Lit: Bartholomé E, Biekert E, Hellmann H, Ley H (Hrsg.) (1972) Ullmanns Enzyklopädie der technischen Chemie, 4.Aufl., Bd.2, Verlag Chemie, Weinheim.

Siebbandpresse. S.a. >Bandfilter< zur >Entwässerung< von Schlämmen. Siebbandpressen sind kontinuierlich arbeitende Maschinen, die in vier hintereinander geschalteten Schritten den Schlamm bei steigendem Druck und wechselnder Beanspruchung entwässern. Alle Siebbandpressen arbeiten nach diesem Prinzip, z.T. mit modifizierter Bauweise für besondere Schlammeigenschaften und Betriebsabläufe.

Bei den Maschinen der „dritten Generation" ist die aktive Filterfläche durch eine weiter ausgedehnte zweite Preßzone/Scherzone nochmals um über 100% vergrößert worden.

Nach der Seih- oder Vorentwässerungszone verengt sich der Spalt zwischen den Bändern. Die stetig steigenden Druckkräfte der Preßzone werden im letzten Teil des gemeinsamen Bandweges durch einen Walkvorgang unterstützt. Hier wird durch versetzt angeordnete Druckwalzen eine Relativbewegung der Bänder gegeneinander erreicht. In begrenztem Umfang tritt im Schlamm eine Scher-Beanspruchung (Scherzone) auf.

Lit: Imhoff K, Imhoff KR (1999) Taschenbuch der Stadtentwässerung, 29.Aufl., R.Oldenbourg Verlag, München Wien – Abwassertechnische Vereinigung e.V. (Hrsg.) (1985–1997) ATV-Handbuch, 4.Aufl., Band 1–7, Verlag Wilhelm Ernst und Sohn, Berlin München.

Siebbodenkolonne. Extraktionsapparat einer Chemieanlage; Stoffaustausch wird durch eingebaute Platten (Böden) in Siebform durch Zerteilung des Stromes in „Tropfen" zur Vergrößerung der Oberfläche erhöht.

Siedepunkt. Als Standardsiedepunkt wird diejenige Temperatur bezeichnet, bei der der Dampfdruck einer Flüssigkeit bei Sättigung dem Standarddruck entspricht. Der gemessene S. hängt vom Luftdruck ab. Die Abhängigkeit kann durch die Clausius-Clapeyron-Gleichung wie folgt beschrieben werden:

$$\log p = -\frac{\Delta Hv}{2{,}3\,RT} + \text{const.}$$

Dabei ist p der Dampfdruck des Stoffes in Pascal, ΔHw seine Verdampfungswärme in J/mol × R die universelle molare Gaskonstante (R = 8,31 J/mol × K). Die Temperatur des S. (Siedetemperatur) wird entsprechend dem Umgebungsdruck bei der Messung in K eingesetzt. *Umrechnung*: Druck (kPa): 100 kPa = 1 bar = 0,1 MPa; 133 Pa = 1 mm Hg = 1 Torr. Temperatur (K): t = T-273,15; t in °C und T in K.

Lit: Richtlinie der Kommission vom 25.April 1984 zur sechsten Anpassung der Richtlinie 67/548/EWG des Rates zur Angleichung der Rechts- und Verwaltungsvorschriften für die Einstufung, Verpackung und Kennzeichnung gefährlicher Stoffe an den technischen Fortschritt (84/449/EWG). In: Rippen G (Hrsg.) Handbuch Umweltchemikalien, ecomed Verlagsgesellschaft, Landsberg/Lech.

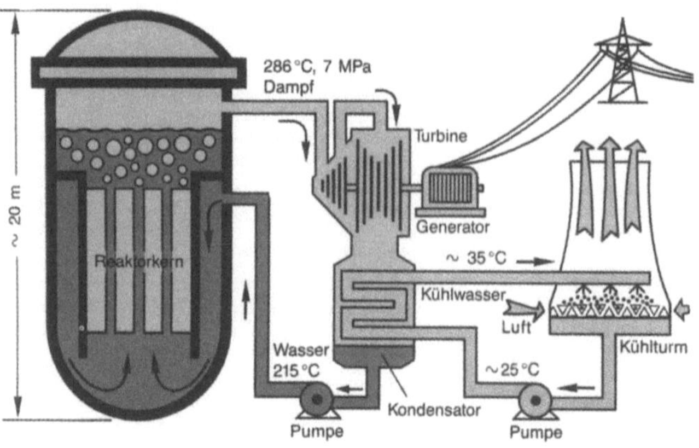

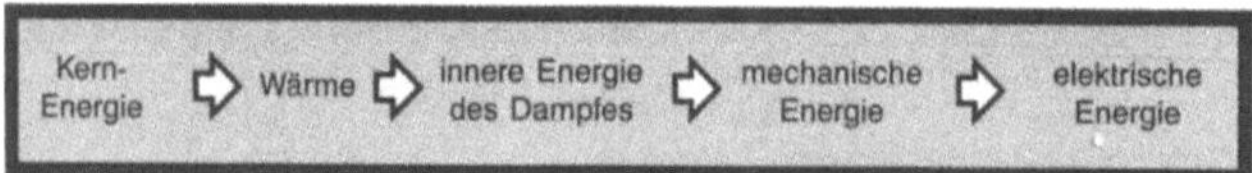

Siedewasserreaktor: Kernkraftwerk mit Siedewasserreaktor (Kreislauf)

Siedewasserreaktor. >Kernreaktor<, in dem Wasser sowohl als >Kühlmittel< als auch als >Moderator< dient und in der >Spaltzone< siedet. Der entstehende Dampf wird im allg. direkt zum Antrieb einer Turbine verwendet. Beispiel: Kernkraftwerk Krümmel, 1.316 MW (s. Abb. oben).

Siedlungsabfälle. Nach der >TA Siedlungsabfall< umfaßt der Begriff S. folgende Abfälle:
- >Hausmüll< (feste Abfälle aus privaten Haushaltungen);
- >Sperrmüll< (sperrige Abfälle, die nicht mit dem Hausmüll entsorgt werden können);
- >hausmüllähnliche Gewerbeabfälle< (in Geschäftshäusern, Gewerbe- und Industriebetrieben anfallende nicht produktionsspezifische Abfälle, die getrennt vom Hausmüll abgefahren, aber gemeinsam mit dem Hausmüll entsorgt werden);
- Garten- und Parkabfälle (pflanzliche Abfälle aus öffentlichen Parks, Grünflächen, Gärten etc.);
- Marktabfälle (Abfälle aus dem Betrieb und der Reinigung von öffentlichen Märkten);
- Straßenkehricht (Abfälle aus der Reinigung öffentlicher Straßen);
- >Bauabfälle< (gemischte Abfälle aus Bautätigkeiten);
- >Klärschlamm< (schlammige Abfälle aus der Aufbereitung von Abwässern);
- >Fäkalien< (Abfälle aus z.B. privaten Senkgruben);
- >Fäkalschlamm< (Abfälle aus >Kleinkläranlagen<);
- Rückstände aus Abwasserreinigungsanlagen und Wasserreinigungsschlämme.

Siedlungsdichten der Bodenorganismen. Beispiel s. Tab. >Mull-Moder-Modell<. Mit steigender >Biomasse< der Individuen von den >Mikroorganismen< zu den Vertretern der >Megafauna< wird die Siedlungsdichte der Arten geringer.

Siedlungswasserwirtschaft. Ingenieurwissenschaftliche Disziplin der Wasserwirtschaft im Bereich der Wohn- und Arbeitsstätten der menschlichen Gesellschaft als Teil der Gesamtwasserwirtschaft eines Raumes. Ein wesentlicher Bestandteil der Siedlungswasserwirtschaft ist die >Abwassertechnik< (DIN 4045). Der Mensch stellt besondere und mit dem Fortschreiten der Kultur und Zivilisation ständig steigende Anforderungen an Menge und Güte des Wassers. In Abhängigkeit von >Groß-< bzw. >Kleinklima<, geologischem Aufbau, >Bevölkerungsdichte<, Stand der >Industrialisierung< und der >Bodenkultur< gibt es auf der Erde Wassermangel- und Wasserüberschußgebiete. Deshalb ist eine planvolle, großräumige Siedlungswasserwirtschaft heute mehr denn je erforderlich. Sie sollte in enger Beziehung zur >Raumordnung< und >Landesplanung< stehen. Die Reinhaltung der Gewässer ist eine Aufgabe, die sich aus der Notwendigkeit ergibt, >Abwässer< und sonstige Abflüsse eines Gebietes unterzubringen, ohne die Nutzung der Gewässer für die verschiedenen Zwecke, z.B. für die Wasserversorgung oder für Sport und Erholung, zu beeinträchtigen. Die Gewässer sind die gegebenen Vorfluter für abzuleitende Abwässer und andere Abflüsse. Auch wenn Abwässer auf Landflächen gebracht werden und nur Abflüsse von dem Land in die offenen Gewässer und in das Grundwasser gelangen, bleibt die Frage der Reinhaltung der betroffenen Gewässer einschließlich des Grundwassers zu lösen.

Lit: Abwassertechnische Vereinigung (Hrsg.) (1985–1997) ATV-Handbuch, 4. Aufl., Bd. 1–7, Verlag von Wilhelm Ernst und Sohn, Berlin München – Brix J, Hey H, Gerlach E (1963) Die Wasserversorgung, R. Oldenbourg Verlag, München Wien.

Sieglerubin 6DE. >Litholrubin BK<.

SI-Einheiten. Das Internationale Einheitensystem (SI von: Le Système International d'Unités) wurde 1960 festgelegt und in der Folgezeit unter der Mitarbeit der internationalen Normungsgremien vervollkommnet. Das SI ist inzwischen in über 100 Staaten verbindlich eingeführt. In Deutschland hat der Bund gemäß Artikel 73, Nr. 4 Grundgesetz die ausschließliche Gesetzgebung über Maße und Gewichte sowie die Zeitbestimmung. Der Physikalisch-Technischen Bundesanstalt in Braunschweig wurde deren Überwachung und prakti-

sche Umsetzung als gesetzlicher Auftrag übertragen. Das SI kennt 7 Basisgrößen, für die jeweils Basiseinheiten festgelegt sind (s. Tabelle), die zugehörigen Definitionen sind in der Tabelle zusammengestellt. Aus den Basiseinheiten wurde im Verlauf der Erweiterung des physikalischen Wissens eine Vielzahl von Einheiten abgeleitet (abgeleitete Einheiten). Sie werden, ausgehend von den Basiseinheiten, als algebraische Ausdrücke unter Benutzung der mathematischen Zeichen für Multiplikation und Division dargestellt. Dabei ist für jede Größe nur eine einzige bevorzugte Einheit vorgesehen. Die Einheitenzeichen werden in steiler Schrift, i. allg. in kleinen Buchstaben dargestellt; wenn sich jedoch die Einheitenzeichen von einem Eigennamen herleiten, werden (für den ersten Buchstaben) Großbuchstaben verwendet. Auf Einheitenzeichen folgt kein Punkt. Die Einheitenzeichen bleiben im Plural unverändert. Die zu den Größen gehörigen Formelzeichen werden in schräger Schrift (kursiv) dargestellt. Für die am häufigsten gebrauchten abgeleiteten SI-Einheiten wurden eigene Namen festgelegt (s. Tabelle). Zusammen mit den SI-Basiseinheiten bilden diese ein kohärentes Einheitensystem, mit dem sich sehr leicht rechnen läßt, da die Umrechnung von Einheiten nicht erforderlich ist. Grundsätzlich könnte man überall mit den SI-Einheiten auskommen. Um allerdings recht unhandliche Zahlenwerte wie z. B. 0,000001 m zu vermeiden, wurde es gesetzlich zugelassen, durch dezimale Vorsätze Vielfache oder Teile von SI-Einheiten als neue Einheiten zu bilden (s. Tabelle).

Hinweise: Wenn an ein mit einem Vorsatzzeichen versehenes Einheitenzeichen ein Potenzexponent angefügt ist, so bedeutet dies, daß das Vielfache oder ein

SI-Einheiten: Basisgrößen und Basiseinheiten des SI

SI-Basisgrößen		SI-Basiseinheiten	
Name	Formelzeichen	Name	Einheitenzeichen
Länge	l	das Meter	m
Masse	m	das Kilogramm	kg
Zeit	t	die Sekunde	s
elektrische Stromstärke	I	das Ampere	A
thermodynamische Temperatur	T	das Kelvin	K
Stoffmenge	n	das Mol	mol
Lichtstärke	I_v	die Candela	cd

SI-Einheiten: Definitionen der SI-Basiseinheiten

Meter	Das Meter ist die Länge der Strecke, die das Licht im Vakuum während der Dauer von (1/299 792 458) Sekunden durchläuft (17. Generalkonferenz für Maß und Gewicht, 1983).
Kilogramm	Das Kilogramm ist die Masse des internationalen Kilogrammprototyps (1. Generalkonferenz für Maß und Gewicht, 1889). Dieser Internationale Kilogrammprototyp aus Platin-Iridium wird im Internationalen Büro für Maß und Gewicht unter den 1889 festgelegten Bedingungen aufbewahrt.
Sekunde	Die Sekunde ist das 9 192 631 770 fache der Periodendauer der dem Übergang zwischen den beiden Hyperfeinstrukturniveaus des Grundzustandes des Atoms des Nuklids ^{133}Cs entsprechenden Strahlung (13. Generalkonferenz für Maß und Gewicht, 1967).
Ampere	Das Ampere ist die Stärke eines konstanten elektrischen Stromes, der, durch zwei parallele, gradlinige, unendlich lange und im Vakuum im Abstand von 1 Meter voneinander angeordnete Leiter von vernachlässigbar kleinem, kreisförmigem Querschnitt fließend, zwischen diesen Leitern je 1 Meter Leiterlänge die Kraft $2 \cdot 10^{-7}$ N hervorrufen würde (9. Generalkonferenz für Maß und Gewicht, 1948).
Kelvin	Das Kelvin ist der 273,16te Teil der thermodynamischen Temperatur des Tripelpunktes des Wassers (13. Generalkonferenz für Maß und Gewicht, 1967). Anmerkungen: – Temperaturintervalle und -differenzen werden in Kelvin angegeben. – neben der thermodynamischen Temperatur (Formelzeichen T) wird auch die Celsius-Temperatur (Formelzeichen t) benutzt, die durch die Gleichung $t = T - T_0$ definiert ist, wobei $T_0 = 273{,}15$ K per definitionem ist. Die Einheit „Grad Celsius" ist gleich der Einheit „Kelvin", aber „Grad Celsius" ist ein spezieller Name anstelle von „Kelvin", wenn die Celsius-Temperatur angegeben wird. Ein Celsius-Temperaturintervall oder eine Celsius-Temperaturdifferenz dürfen auch in Grad Celsius angegeben werden.
Mol	Das Mol ist die Stoffmenge eines Systems, das aus ebenso vielen Einzelteilchen besteht, wie Atome in 0,012 Kilogramm des Kohlenstoffnuklids ^{12}C enthalten sind. Bei Benutzung des Mols müssen die Einzelteilchen spezifiziert sein und können Atome, Moleküle, Ionen, Elektronen sowie andere Teilchen oder Gruppen solcher Teilchen genau angegebener Zusammensetzung sein (14. Generalkonferenz für Maß und Gewicht, 1971).
Candela	Die Candela ist die Lichtstärke in einer bestimmten Richtung einer Strahlungsquelle, die monochromatische Strahlung der Frequenz $540 \cdot 10^{12}$ Hertz aussendet und deren Strahlstärke in dieser Richtung (1/683) Watt durch Steradiant beträgt (16. Generalkonferenz für Maß und Gewicht, 1979).

SI-Einheiten: Abgeleitete SI-Einheiten mit besonderen Einheitennamen

Größe	SI-Einheit		Beziehung zu	
	Name	Einheitenzeichen	SI-Basiseinheiten	andere SI-Einheiten
ebener Winkel	Radiant	rad	$m^1 m^{-1}$	
Raumwinkel	Steradiant	sr	$m^2 m^{-2}$	
Frequenz	Hertz	Hz	s^{-1}	
Aktivität (radioaktive)	Becquerel	Bq	s^{-1}	
Kraft	Newton	N	$m\,kg\,s^{-2}$	$= J/m$
Druck/mechanische Spannung	Pascal	Pa	$kg\,m^{-1}\,s^{-2}$	$= N/m^2$
Energie, Arbeit, Wärmemenge	Joule	J	$m^2\,kg\,s^{-2}$	$= Nm = Ws$
Leistung, Energiestrom	Watt	W	$m^2\,kg\,s^{-3}$	$= J/s$
Energiedosis	Gray	Gy	$m^2\,s^{-2}$	$= J/kg$
Äquivalentdosis	Sievert	Sv	$m^2\,s^{-2}$	$= J/kg$
elektrische Ladung	Coulomb	C	$s\,A$	
elektrische Spannung	Volt	V	$m^2\,kg\,s^{-3}\,A^{-1}$	$= W/A = J/C$
elektrische Kapazität	Farad	F	$s^4\,A^2\,m^{-2}\,kg^{-1}$	$= C/V$
elektrischer Widerstand	Ohm	Ω	$m^2\,kg\,s^{-3}\,A^{-2}$	$= V/A = 1/\Omega$
elektrischer Leitwert	Siemens	S	$s^3\,A^2\,m^{-2}\,kg^{-1}$	$= A/V$
magnetischer Fluß	Weber	Wb	$m^2\,kg\,s^{-2}\,A^{-1}$	$= V\,s$
magnetische Flußdichte	Tesla	T	$kg\,s^{-2}\,A^{-1}$	$= Wb/m^2$
Induktivität	Henry	H	$m^2\,kg\,s^{-2}\,A^{-2}$	$= Wb/A$
Celsius-Temperatur	Grad Celsius	°C	K	
Lichtstrom	Lumen	lm	$cd\,m^2\,m^{-2}$	$= cd\,sr$
Beleuchtungsstärke	Lux	lx	$cd\,m^2\,m^{-4}$	$= lm/m^2 = cd\,sr/m^2$

SI-Einheiten: SI-Vorsätze für dezimale Vielfache und Teile von Einheiten

Bedeutung	Vorsatz		Faktor als Zehnerpotenz
	Name	Zeichen	
Trillionstel	Atto . . .	a . . .	10^{-18}
Billiardstel	Femto . . .	f . . .	10^{-15}
Billionstel	Piko . . .	p . . .	10^{-12}
Milliardstel	Nano . . .	n . . .	10^{-9}
Millionstel	Mikro . . .	µ . . .	10^{-6}
Tausendstel	Milli . . .	m . . .	10^{-3}
Hundertstel	Zenti . . .	c . . .	10^{-2}
Zehntel	Dezi . . .	d . . .	10^{-1}
Zehnfache	Deka . . .	da . . .	10^{1}
Hundertfache	Hekto . . .	h . . .	10^{2}
Tausendfache	Kilo . . .	k . . .	10^{3}
Millionenfache	Mega . . .	M . . .	10^{6}
Milliardenfache	Giga . . .	G . . .	10^{9}
Billionenfache	Tera . . .	T . . .	10^{12}
Billiardenfache	Peta . . .	P . . .	10^{15}
Trillionenfache	Exa . . .	E . . .	10^{18}

Teil der Einheit in die durch den Exponenten ausgedrückte Potenz erhoben ist: z.B. $1\,cm^3 = (10^{-2}\,m)^3 = 10^{-6}\,m^3$. Zusammengesetzte Vorsätze, die durch Hintereinandersetzen mehrerer SI-Vorsätze gebildet worden sind, sind nicht zugelassen: z.B. 1 nm aber nicht; 1 mµm.

Lit: Amt für Standardisierung, Meßwesen und Warenprüfung, Deutsche Demokratische Republik, Bundesamt für Eich- und Vermessungswesen, Österreich, Eidgenössisches Amt für Maß und Gewicht, Schweiz, Physikalisch-Technische Bundesanstalt, Bundesrepublik Deutschland (Hrsg.) (1977) SI – Das Internationale Einheitensystem. Übersetzung der vom Internationalen Büro für Maß und Gewicht herausgegebenen Schrift „Le Système International d'Unités (SI)". 3.Aufl., Friedrich Vieweg & Sohn, Braunschweig.

Siel. 1. Deichschleuse mit selbsttätig arbeitenden Verschlüssen, die bei niedrigen Außenwasserständen (>Ebbe<) durch den Druck des Binnengewässers geöffnet, bei hohen Außenwasserständen (>Flut<) ähnlich wie eine Rückschlagklappe geschlossen werden. 2. In Norddeutschland, speziell im Hamburger Raum, gebräuchliche Bezeichnung von Abwasserkanälen.

Siene. >Eisen(III)-hydroxid, -oxid<.

Sievert. Einheit der >Äquivalentdosis< und der >effektiven Dosis<, Abkürzung: Sv. Die SI-Einheit 1 Sievert entspr. der >Deposition< von 1 Joule/Kilogramm bei dünn>ionisierender< >Strahlung< (>Beta<-, >Gamma<-, >Röntgenstrahlung<). Die alte Einheit war das >Rem<. Umrechnung: 100 rem = 1 Sv.

Silage. >Gärfutter<.

Silagesickersaft. >Gärfutter<.

Silicium (Si). Halbmetallisches Element (s. Tabelle) mit einem Anteil an der Erdkruste (oberste 16 km) von ca. 25,8 %. Damit ist Si das zweithäufigste Element und der wichtigste Gesteinsbildner der Erde. Dagegen kommt es in Organismen nur in Spuren vor, beispielsweise als amorphes SiO_2 zur Verstärkung in Pflanzenzellwänden (Gräser, Riedgräser, Schachtelhalme, Palmenblätter, Dornen, Stacheln, Brennesselhaare) oder als Skelette in niederen Tieren (Kieselalgen, Radiolarien, Foraminiferen, Schwämme, Napfschnecken). Wegen seiner Affinität zu Sauerstoff tritt es in der Natur nur gebunden auf. Der ursprüngliche Name des Elementes, „Kiesel", wurde ihm durch Berzelius verliehen, der erkannte, daß Si bei der Verbrennung in Kieselerde (SiO_2) übergeht. Später wurde der Name latinisiert unter Verwendung des lateinischen silex = Kiesel. Elementares Si bildet stark metallisch glänzende, harte, spröde, dunkelgraue bis schwarze Oktaeder vom Diamanttypus (α-Si). Zwei weitere Modifikationen, das tetragonale β-Si und das kubisch-innenzentrierte γ-Si, sind bei Raumtemp. nur unter sehr hohem Druck stabil. Während reinstes Si ein Isolator ist, verursachen bereits chem. nicht nachweisbare Verunreinigungen eine Verringerung des spez. elektrischen Widerstandes. Mit steigender Temp. nimmt die Leitfähigkeit zu. Durch Dotierung mit Elementen der dritten oder fünften Hauptgruppe lassen sich die Halbleitereig. gezielt

Silicium (Si): Physikalisch-chemische Daten von Silicium

chem. Symbol	Si
natürliche Isotope	28 (92,23 %), 29 (4,67 %), 30 (3,1 %)
Atomgewicht	28,0855
Ordnungszahl	14
Wertigkeit in Verbindungen	− 4, + 1, + 2, + 3, + 4
Smp.	1.412 °C
Sdp.	3.280 °C
Dichte	2,33
Mohshärte	7
wichtige Mineralien	Quarz, Orthoklas, Albit, Anorthit, Biotit, Muskovit, Lepidolith, Nephelin, Turmalin, Olivin, Augit, Hornblende, Zolithe, Asbest, Meerschaum, Talk

verbessern. Kristallines Si ist durch die Ausbildung einer passivierenden Schicht von SiO_2 sehr reaktionsträge; es löst sich praktisch nicht in Wasser und Säuren mit Ausnahme von Flußsäure, in der sich stabile SiF_6^{2-}-Komplexe bilden. Dagegen reagiert Si mit heißen Laugen zu Silikaten. Während es sich mit Fluor bereits bei Raumtemp. verbindet, reagiert es mit anderen Nichtmetallen erst bei erhöhter Temp. Mit Metallen ist es legierbar, wobei sich Silicide ergeben. In Verb. ist Si in der Regel 4wertig. Die Neigung zur Ausbildung von pπ-pπ-Bindungen ist im Gegensatz zum Kohlenstoff sehr gering, so daß ungesättigte Si-Verb. extrem instabil sind und polymerisieren. Dagegen zeigt Si eine sehr starke Neigung zur Ausbildung von dπ-pπ-Bindungen und damit zur Überschreitung der normalen Koordinationszahl 4. Die Verb. sind farblos, sofern nicht farbgebende Fremdgruppen eingebaut sind. Ähnlich wie Kohlenstoff bildet Si kettenförmige Wasserstoffverb. (Silane, allg. Formel Si_nH_{2n+1}), während die analogen Halogenverb. im Gegensatz zu den Halogenalkanen sehr hydrolyseempfindlich sind. Wichtige polymere Si-O-Verb. sind die >Silikate< und die >Silicone<. Verwendet wird Si zur Stahlveredelung, als Desoxidationsmittel, für Hartstoffe und in der Halbleitertechnik. Die biol. Bedeutung von Si ist rel. gering, da Kieselsäure und viele ihrer Salze und Kondensationsprodukte kaum wasserlösl. sind. Für viele Organismen ist es nicht >essentiell<. Bei höheren Tieren wird es offenbar in Spuren für die Ausbildung von Knochen und Bindegewebe benötigt; Si-Mangel führt zu Wachstumsstörungen. Dagegen führt ein Überschuß von lösl. Silikaten durch Beeinflussung der Phosphorylierungsprozesse zu Zellveränderungen. Ein erwachsener Mensch enthält durchschnittlich 1,4 g Si; der tgl. Bedarf von 5 bis 30 mg Si wird durch pflanzliche Nahrung gedeckt. Elementares Si zeigt keine Wirkung auf tierische Organismen. Org. Si-Verb. sind giftig, während chlorhaltige durch Hydrolyse ätzend wirken. Stäube von kristallinem und in geringerem Ausmaß auch von amorphem SiO_2 führen zur >Silikose<. Der Staub von SiO_2-haltigem Getreide soll durch die asbestähnliche Mikrofaserstruktur der Kieselsäurepartikel Speiseröhrenkrebs auslösen können.

Lit: Hollemann AF, Wiberg E, Wiberg N (1985) Lehrbuch der anorganischen Chemie, Walter de Gruyter, Berlin New York, S. 728–788 – Kaim W, Schwederski B (1991) Bioanorganische Chemie, Teubner, Stuttgart.

Silicone. S. sind lineare oder räumlich vernetzte >makromolekulare< Stoffe, in denen Siliciumatome über Sauerstoffatome miteinander verknüpft sind, und jedes Siliciumatom zusätzlich mindestens eine (Raumnetzstruktur) oder zwei Silicium-Kohlenstoff-Bindungen (linear) aufweist. Bei letzteren handelt es sich somit um *Polyorganosiloxane* der Struktur $[R_2SiO]n$. Siliconöle werden aus Di- und Trimethylchlorsilan hergestellt, Siliconfette und -pasten bestehen aus Dimethylpolysiloxanen, Siliconharze aus Methylphenylpolysiloxanen und Siliconkautschuk aus vernetzten Methylpolysiloxanen. Silicone werden in technischen Einsatzgebieten, als Elektroisolationen und Dichtungsmassen eingesetzt. Sie sind i. allg. physiologisch unbedenklich.

Silomais. Im Gegensatz zum Körnermais wird beim S. die Verwertung aller oberirdischen Pflanzenteile angestrebt. Die Lagerung und Konservierung des Erntegutes erfolgt in einem Silo. Unterstützt durch züchterische Erfolge hat der S. aufgrund seines hohen Futterertrages und der Mechanisierbarkeit der Arbeitsabläufe eine überragende Stellung unter den wirtschaftseigenen Futtermitteln und ist somit gerade für flächenarme, auf Tierhaltung angewiesene Betriebe ein bedeutender betriebswirtschaftlicher Faktor. Die darauf zurückzuführende große Ausbreitung des S. hatte anfänglich vielerorts zu Erosionsschäden geführt. Diesem Problem wird heute durch entsprechende Strategien der >Bodenbearbeitung< entgegengewirkt.

Siloxane. >Silicone<.

Silt. >Schluff<.

Simazin. Wirkt als >Herbizid< und zählt zur Substanzklasse der Triazin-Derivate.
Chemische Bezeichnung: 2-Chlor-4,6-*bis*-ethylamino-*s*-triazin
CAS-Nummer: 122–34–9
Hersteller: Novartis
Wirkungstyp: Vorauflauf-Herbizid für den allg. und selektiven Gebrauch. Aufnahme durch die Wurzeln. Hemmstoff der Photosynthese.
Bevorzugte Anwendung: Auf landwirtschaftlich nicht genutzten Flächen als Totalherbizid, häufig im Gemisch mit Aminotriazol und anderen Herbiziden. Selektiv gegen Gräser und breitblättrige Unkräuter in Mais und in tiefwurzelnden Kulturen, Spargel, Reben, Ziersträuchern, Baumschulen.

Chemische und physikalische Eigenschaften:
Physikalische Beschaffenheit: Krist., farblos; techn. mind. 97 %.
Schmelzpunkt: 225 bis 227 °C.
Verteilungskoeffizient (log $P_{o/w}$): 1,96 bei 20 °C.
Dampfdruck: $8,1 \cdot 10^{-9}$ hPa bei 20 °C.
Stabilität: Stabil in neutralem und schwach saurem und schwach alkal. Medium. Wird von stärkeren Säuren und Basen hydrolysiert.
Löslichkeit: In Wasser 5 mg/L bei 20 °C.
Abbau: In Pflanze und Boden Hydrolyse des Chloratoms zum „Hydroxysimazin", Entalkylierung der Aminosubstituenten. Wahrscheinlich anschl. Ringöffnung und Zerfall. Nachwirkungsdauer im Boden etwa 5 bis 7 Monate (nach 4 kg Spritzpulver/ha).
Toxizität: Akute orale LD_{50} für Ratten, Mäuse, Kaninchen, Hühner und Tauben >5.000 mg/kg. Akute der-

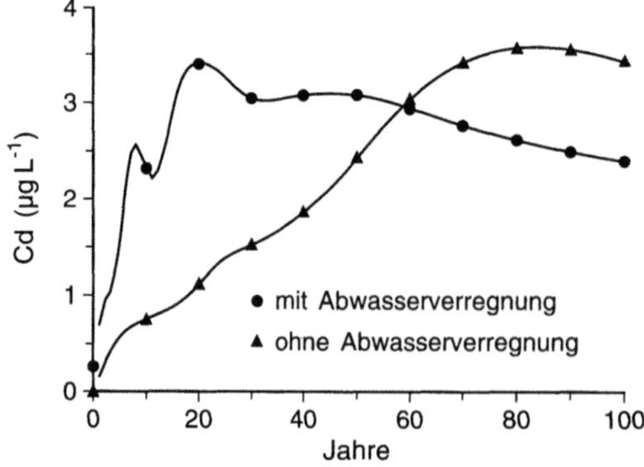

Simulation: Prognose der feldgemittelten Cadmium-Konzentration im Sickerwasser eines Sandbodens in 1,3 m Tiefe mit und ohne Abwasserverregnung ab 1990 (nach Streck T and Richter J (1997) Heavy metal displacement in a sandy soil at the field scale. II. Modeling. Journal of Environmental Quality 26, 56–62)

male LD_{50} des 80%igen Spritzpulvers für Kaninchen > 10.200 mg/kg. In 2-Jahre-Fütterungsversuchen an Ratten und Hunden waren die höchsten Dosen ohne Wirkung 100 bzw. 120 mg/kg Futter. 65 bis 97% Ausscheidung in metabolisierter Form innerhalb von 24 Stunden.
Bienentoxizität: Nicht bienengefährlich (B 4).
Fischtoxizität: Nicht fischgiftig. LC_{50} für Regenbogenforelle 56 mg/L (48 Stunden), Barsch 90 mg/L, Guppy 49 mg/L (jeweils 96 Stunden).

Simeton. Boden- und Blattherbizid der 1,3,5-Triazinreihe.
2,4-Bis-(ethylamino)-6-methoxy-1,3,5-triazin; $C_8H_{13}N_5O$; LD_{50}: 535 mg/kg (Ratte, oral, akut); pre- und post-emergence Boden- und Blattherbizid, von geringem kommerziellem Wert; Entwicklung: Geigy 1954; Handelsname: Gesadural®.

Simetryn. Herbizid aus der 1,3,5-Triazin-Reihe.
2,6-Bis-(ethylamino)-4-methylthio-1,3,5-triazin; $C_8H_{15}N_5S$; LD_{50} 535 bis 1.800 mg/kg (Ratte, oral, akut); Herbizid von geringem kommerziellem Wert; Entwicklung: Geigy 1955.

Simulation. (Lat. simulare = nachahmen). Bezeichnung für die numerische Integration von gewöhnlichen oder partiellen >Differentialgleichungen<, die die Zeit als unabhängige Variable enthalten. Stellt aufgrund der durch die Differentialgleichung vorgenommenen Modellierung den Nachvollzug der vergangenen oder auch die Prognose der zukünftigen Entwicklung des Verhaltens einzelner oder mehrerer materieller oder energetischer Komponenten einschl. Populationen in einem hydraulischen oder ökologischen >System< dar. Diese wird anhand der Darstellung der veränderlichen Felder der Konz.- und Dichteverteilungen entspr. Komponenten vorgenommen. Gilt heute nicht nur als wichtigstes Hilfsmittel zum quant. Verständnis komplexer Systeme, sondern auch zu Voraussagen zukünftiger Entwicklungen in komplexen Systemen. Als solche stark kontrovers diskutiert. >Modellsimulation<. S. Abb. oben.

Simulationssprachen. Höhere formal logische Rechnersprachen, die das Zeitverhalten von dynamischen Systemen zu untersuchen, darzustellen und zu lösen gestatten, ohne in einer komplexen, allg. Zwecken dienenden Sprache wie Fortran oder Pascal programmieren zu müssen. Das eigentliche Lösungsgeschehen über Algorithmen wird so „maskiert", der Nutzer benutzt nur sein gewohntes mathematisches Werkzeug. – Beispiele: IBM System/360 Continuous System Modeling Program, >DYNAMO<.

Simultanfällung. Um ohne wesentliche Baukosten in vorhandenen >Belebungsanlagen< von >Abwasseranlagen< eine >Phosphorelimination< durchführen zu können, wurde die Simultanfällung entwickelt. Die >Fällmittel<, meistens Aluminiumsulfat $(Al_2(O_4)_3)$ oder Eisen(III)-chlorid $(FeCl_3)$ werden bei diesem weit

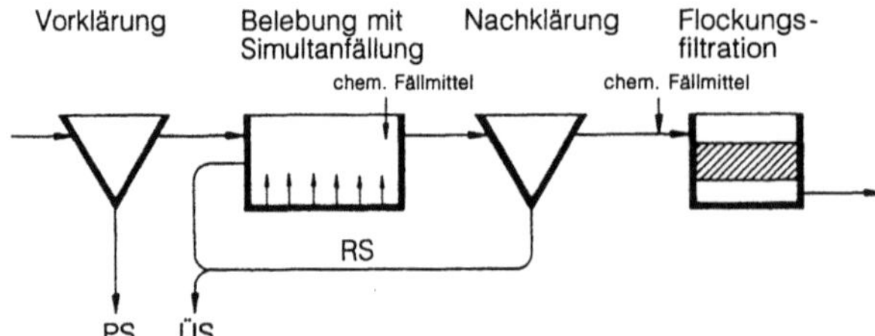

Simultanfällung: Belebungsanlage mit Simultanfällung und Flockungsfiltration (aus: Abwassertechnische Vereinigung (Hrsg.) 1985–1997)

verbreiteten Verfahren in das >Belebungsbecken< oder dessen Ablauf gegeben (s. Abb.). Bei Dosierung in die Ablaufleitung sollte diese mit einer Einrichtung zur besseren Vermischung der Fällungschemikalien mit dem strömenden Wasser ausgerüstet werden. Durch die >Schlammrückführung< wird die >Adsorption<swirkung der gebildeten >Niederschläge< zur weiteren Phosphatelimination ausgenutzt. Zudem werden die Schwankungen im Phosphatgehalt des Zulaufs ausgeglichen.

Lit: Abwassertechnische Vereinigung (Hrsg.) (1985–1997) ATV-Handbuch, 4.Aufl., Bd.1–7, Verlag von Wilhelm Ernst und Sohn, Berlin München.

Simultanreaktion. Reaktion, bei der ein Ausgangssubstrat gleichzeitig zu mehreren versch. Produkten umgesetzt oder abgebaut wird.

Sinkgeschwindigkeit. Geschwindigkeit (m/s), mit der ein Partikel in der Luft zur Erdoberfläche oder im Gewässer zum Grund absinkt. Sie ist abhängig von der Größe, Form und Dichte des Partikels. Für eine Kugel gilt:

$$S = \frac{2}{9}\, g\, r^2\, \frac{D_p - D_m}{\mu F}\ [\mathrm{m\,s^{-1}}]$$

g = Erdbeschleunigung, r = Radius der Kugel (m), D_p = Dichte des Partikels (kg/m³), D_m = Dichte des Mediums, μ = Viskosität (kg/m × s), F = Formwiderstand. Die S. von Partikeln im Gewässer ist 1. für die >Sedimentbildung< wichtig, 2. für den Stoffhaushalt des Gewässers, da während des Absinkens a) Stoffe ins Wasser gelangen, z.B. Phosphat schon in den obersten Wasserschichten, b) der Partikel durch mikrobiellen Abbau verändert wird, c) die Partikeln während ihres Absinkens gelöste Stoffe an ihren Oberflächen adsorbieren, z.B. Schwermetalle.

Sinkstoffe. Größere Stoffe im >Abwasser< oder >Gewässer<, die im Gegensatz zu >Schwebstoffen< zu Boden sinken (Steine, Kies, Sand). In Abwässerkanälen müssen stets Sand und andere Sinkstoffe mit abgeführt werden, die sich bei geringem Gefälle ablagern können und damit die Unterhaltung des Netzes erschweren. Für den Abtransport einer bestimmten Geschiebekörnung ist ein Mindestgefälle erforderlich. Bei der Abwasserreinigung werden die Sinkstoffe durch den >Sandfang< entfernt, damit der weitere Reinigungsprozeß nicht durch Ablagerungen in den >Absetzbecken< und >Faulbehältern< oder Schlammleitungen behindert wird. Sinkstoffe gelangen vor allem bei Regen in die >Kanalisation<.

Lit: Mudrack K, Kunst S (1991) Biologie der Abwasserreinigung, 3.Aufl., Gustav Fischer Verlag, Stuttgart New York.

Skalare Windgeschwindigkeit. Skalarer Anteil der Windgeschwindigkeit ohne Berücksichtigung der Windrichtung.

Skaleneffekte. (Syn. Größenkostenersparnisse). Kostenvorteile, die sich bei wachsender Produktionsmenge ergeben. Ursachen für solche Effekte sind z.B. Fixkostenverteilung, Lerneffekte, Spezialisierung, technische Vorteile wachsender Kapazitäten usw. S. treten auch im Umweltschutz auf. So kann es kosteneffizienter sein, die >Emission< einer großen als mehrerer kleiner Anlagen zu reduzieren. Diese Tatsache macht sich das >Glockenkonzept< zunutze.

SKE. >Steinkohleneinheit<.

Smectite. Gruppe aufweitbarer Dreischichtsilicatminerale, die zu den wichtigsten kationensorbierenden >Tonmineralen< der Böden gehören. Ihre Ladungsdichte ist geringer und ihre Quellfähigkeit mit Wasser ist größer als die der >Vermiculite<. Aufgrund ihrer Aufweitbarkeit können auch größere organische Moleküle (z.B. Aminosäuren, >Huminstoffe<) eingelagert werden. S., deren negative Ladung hauptsächlich aus dem isomorphen Ersatz des Siliciums in Tetraedern stammt, bezeichnet man als *Beidellite* (bzw. mit viel Fe^{2+} *Nontronite*), während S. mit oktaedrischem Ersatz *Montmorillonite* genannt werden. S. aus Böden haben meist höhere Fe- und niedrigere Mg-Gehalte als Lagerstättenminerale und daher andere Ionenaustauscheigenschaften (z.B. Quellfähigkeit, Kationenselektivität) als diese. Dies ist bei der bodenkundlichen Interpretation von >Modellversuchen< mit S. aus Lagerstätten zu berücksichtigen.

Smog. Aus dem Englischen stammende Wortkombination aus „smoke" (Rauch) und „fog" (Nebel). Anreicherung von >Luftverunreinigungen< in den unteren Luftschichten während austauscharmer Wetterlagen (>Inversion<). Während Smogperioden können die Luftverunreinigungen ein beträchtliches, gesundheitsgefährdendes Ausmaß erreichen und insbesondere zu Atembeschwerden, Schleimhautreizungen und Kreislaufstörungen führen. Gefährdet sind insbesondere alte und kranke Menschen sowie Kinder. In Abhängigkeit von der Jahreszeit und der >Schadstoffart< sind zwei Smog-Typen zu unterscheiden. Der sog. London-Typ tritt insbesondere im Winter auf und ist durch hohe >Staub-<, >Schwefeldioxid-< und ggf. >Stickoxid-< sowie >Kohlenmonoxid<-Konz. gekennzeichnet. Der sog. Los-Angeles-Typ tritt v.a. während Hochdruckwetterlagen im Sommer auf und ist durch hohe Konz. an >Photooxidantien< gekennzeichnet. An den Folgen eines London-Typ-Smogs starben z.B. während der Londoner Smog-Katastrophe im Jahr 1952 innerhalb von zwei Wochen mehrere tausend Menschen und im Ruhrgebiet im Jahr 1962 innerhalb von drei Tagen 156 Menschen. Das >Bundes-Immissionsschutzgesetz< ermächtigt daher die Landesregierungen durch Rechtsverordnung für festzulegende Gebiete, in denen während austauscharmer Wetterlagen ein starkes Anwachsen schädlicher Umwelteinwirkungen durch Luftverunreinigungen zu erwarten ist, beim Auftreten >austauscharmer Wetterlagen< den Kraftfahrzeugverkehr, den Einsatz von best. Brennstoffen sowie den Betrieb von >Anlagen< zu beschränken (>Smog-Verordnung<). In der Mehrzahl der in den letzten Jahren aufgetretenen Smogepisoden mit Auslösung eines >Smog-Alarms< waren jedoch nicht die >Emissionen< vor Ort ausschlaggebend, sondern der >Schadstofferntransport< insbesondere aus den östlichen Nachbarstaaten. Episoden mit ferntransportiertem Smog traten insbesondere während mit einer Inversion verbundenen Hochdruckwetterlagen im Winter bei Winden aus östlichen Richtungen mit nicht zu geringen Geschwindigkeiten auf. Trockene Schneedecken übten dabei einen verstärkenden Effekt aus, da hierdurch eine trockene >Deposition< von Schwefeldioxid reduziert ist. Bei westlichen Winden war die Gefahr eines Smogferntransportes wesentlich geringer, da hierbei in der Regel in der >Atmosphäre< wesentlich höhere >Turbulenzen< auftraten.

Smog-Alarm. Die von den einzelnen Landesregierungen erlassenen >Smog-Verordnungen< enthielten Auslösekriterien für eine Vorwarnstufe sowie eine 1. und

2. Alarmstufe. Beschränkungen, Fahr- und Betriebsverbote waren abgstuft erst bei Bekanntgabe der 1. und 2. Alarmstufe veranlaßt. Nach Herabsetzung der Auslöseschwellen in der Smog-Verordnung wurde in den Winterhalbjahren 1985/86 bis 1988/89 insgesamt 32 mal die Vorwarnstufe, viermal die Alarmstufe 1 und dreimal die Alarmstufe 2 ausgerufen. Damit wurden erstmals Verkehrsverbote sowie Betriebsbeschränkungen und -unterbrechungen ausgesprochen. Maßgebend für die Auslösung waren entweder die Kombination der Luftschadstoffe >Schwefeldioxid< und >Schwebstaub< oder Schwefeldioxid allein. Die einzelnen Landesregierungen hoben die Smog-Verordnungen Ende 1997 wieder auf, da durch die drastische Reduzierung insbesondere der >Schwefeldioxid<emissionen und des deutlichen Rückgangs des >Schadstofff, ferntransport<es aus den östlichen Nachbarstaaten nicht mehr mit winterlichen Smog-Situationen zu rechnen ist.

Smog-Frühwarnsystem. Zwischen den zuständigen Länderbehörden und dem >Umweltbundesamt< wurde zur Frühwarnung im Falle ferntransportierten >Smogs< ein intensiver Datenaustausch der Ergebnisse der Bundes- und Ländermeßnetze vereinbart. Eine EDV-gestützte Interpolation und grafische Darstellung der bundesweiten aktuellen >Immissionsbelastungen< durch >Schwefeldioxid< und >Staub<, flankiert durch Messungen im grenznahen Bereich, sollte dabei eine Diagnose zur weiteren Entwicklung der jeweiligen Situation ermöglichen.

Smog – gesundheitliche Risiken. Smogepisoden können zu einem Anstieg von gesundheitlichen Risiken bis hin zu der >Mortalität< führen. Der genaue Wirkmechanismus ist unbekannt, es wird davon ausgegangen, daß >Smog< für moribunde, schwerkranke und sehr alte Menschen eine zusätzliche Belastung darstellt, die vorzeitig zum Tode führen kann. Daneben zeigen sich Wirkungen auf die >Morbidität< wie vermehrte Krankenhausaufnahmen, Symptomverschlechterungen und erhöhter Medikamentenbedarf bei vorerkrankten Personen, z. B. mit Atemwegserkrankungen oder Herz-Kreislauf-Erkrankungen. Smog kann auch bei Gesunden zu Reizungen der Atemwege und Augen sowie zu leichten Veränderungen der Lungenfunktion führen. Ein erhöhter CO-Gehalt der Luft ist dabei ein Risikofaktor für Personen mit koronarer Herzkrankheit.

Smog-Verordnung. Die extremen Smogsituationen, wie sie in den 50er Jahren in London und 60er Jahren im Ruhrgebiet auftraten, gaben die Veranlassung zum Erlaß von Smog-Verordnungen (>Smog<). Diese Verordnungen hatten zunächst den Charakter von Kata-

strophenplänen. Die ab 1985 erlassenen Verordnungen zielten jedoch auf die vorsorgliche Verhinderung sehr hoher Konz. an >Luftverunreinigungen<. Demgemäß wurden aufgrund der deutlichen Verschärfung der Auslösekriterien Maßnahmen zur Vermeidung von >Emissionen< bereits bei >Immissionsbelastungen< veranlaßt, die noch nicht eindeutig gesundheitsschädlich sind. Folgerichtig kam es daher in den Winterhalbjahren ab 1985/86 bis 1988/89 wesentlich häufiger zur Bekanntgabe der Vorwarnstufe oder Auslösung eines >Smog-Alarms<. Zur Vereinheitlichung der von den Landesregierungen erlassenen Smog-Verordnungen hatte der >LAI< einen Musterentwurf erarbeitet, der jeweils an die neuen Vorgaben angepaßt wird. Der Musterentwurf, nach dem sich die Smog-Verordnungen der Länder weitgehend richteten, datiert vom September 1987. U. a. gab dieser Musterentwurf die Kriterien für das Vorliegen einer austauscharmen Wetterlage (>Inversion<) vor, nannte die Auslösekriterien für die Vorwarnstufe und die beiden Alarmstufen (s. Tabelle) sowie die dann jeweils zu ergreifenden Maßnahmen. Voraussetzung für die Auslösung von Smog-Alarm war danach das Vorliegen einer austauscharmen Wetterlage, die voraussichtlich länger als 24 h anhält, bei gleichzeitiger Überschreitung der Alarmauslösekonz. für best. >Schadstoffe< an einer best. Anzahl von Meßstellen im Smoggebiet. Zur Aufhebung der Smog-Verordnungen s. >Smog-Alarm<.

Smog-Warnung. Die Bekanntgabe der Vorwarnstufe gemäß >Smog-Verordnung< war mit dem Appell verbunden, nicht mehr Luftschadstoffe als nach den Umständen unvermeidbar hervorzurufen.

SO₂. >Schwefeloxide<.

SO₃. >Schwefeloxide<.

Sofortvollzug. Rechtsmittel gegen >Verwaltungsakte< bewirken, daß diese nicht vollzogen werden können (sog. Suspensiveffekt); wenn freilich der sofortige Vollzug eines Verwaltungsaktes notwendig erscheint, besteht die Möglichkeit, durch seine Anordnung das vom Rechtsmittel ausgehende Hemmnis im Vollzug zu überwinden.

SO₂-Hypothese. >neuartige Waldschäden<.

Solar One. Amerikanische solarthermische Versuchsanlage in der >Mojave-Wüste<, die 1982 in Betrieb genommen wurde. Die bis jetzt größte >Solarturmanlage< der Welt hat eine Spitzenleistung von 10 000 kW. Auf einer Fläche von 291.374 m² fangen 1 818 Spiegel (>Heliostate<) von je 40 m² Fläche die >Sonnenstrahlung< ein und konzentrieren diese auf die Spitze eines 90 m hohen Turms, wo ein Strahlungsempfänger (>Ab-

---

Smog-Verordnung: Auslösekriterien der Muster-Smogverordnung des LAI

Stoff	Vorwarnstufe mg/m³	Alarmstufe 1 mg/m³	Alarmstufe 2 mg/m³
Schwefeldioxid [*]	0,60	1,20	1,80
Stickstoffdioxid [*]	0,60	1,00	1,40
Kohlenmonoxid [*]	30	45	60
Summe Schwefeldioxid + 2 mal Schwebstaub [**]	1,10	1,40	1,70

Die 1. und 2. Alarmstufen werden auch dann ausgelöst, wenn die Bedingungen für die Auslösung der vorhergehenden Stufe länger als 72 Stunden anhalten.

[*]   3-Stundenmittelwert
[**] 24-Stundenmittelwert

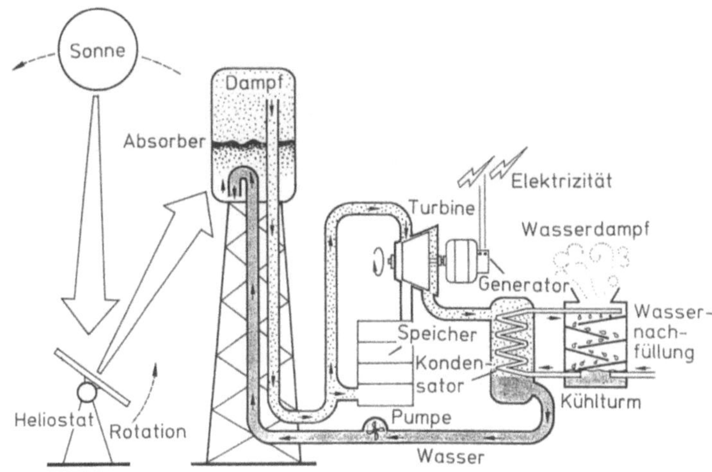

Solar One: Bei der Anlage Solar-One wird Wasser mittels Sonnenenergie direkt verdampft. Über einen konventionellen Prozeß wird der Dampf zur Stromerzeugung genutzt. (Aus: Fricke 1982)

sorber<) bis zu 1000°C aufgeheizt wird. Der Absorber ist ein Dampfkessel, der von Rohrfeldern umhüllt wird. In dem Dampfkessel wird durch den Wärmeeintrag aus Wasser Dampf erzeugt. Damit unterscheidet sich „Solar One" von anderen Solarturmanlagen, bei denen flüssiges Natrium oder Luft als Wärmeträger dient. Der heiße Dampf strömt vom Absorber in einen Dampfsammler, anschließend mit hohem Druck zur >Turbine<, die den >Generator< für die Stromerzeugung antreibt. Der aus der Turbine austretende Naßdampf wird anschließend kondensiert und wieder dem Absorber zugeführt. Ein Wärmespeicher staut die Überschußwärme auf und kann auch ohne Wärmenachlieferung vom Absorber (z.B. nachts) für ca. 4 h den Generator betreiben und Strom erzeugen.

Die Betriebserfahrungen zeigten, daß Wasser als Wärmeübertragungsmedium schlecht geeignet ist und eine Salzschmelze bei weitem vorzuziehen wäre. Für das Nachfolgeprojekt Solar-Two wurde ein Gemisch von Kaliumnitrat und Natriumnitrat gewählt und der Zubau von 108 neuen 95 m²-großen Heliostaten beschlossen. Der Receiverturm ist nun 104 m hoch. Der 1995 abgeschlossene Umbau kostete 39 Millionen $. Auch die Salzschmelze wird im heißen Tank als Wärmespeicher genutzt (s. Abb.).

Lit: Johansson T, Kelly H, Reddy A, Williams R (Hrsg.) (1993) Renewable Energy. Island Press, Washington Covelo – VDI-GET (Hrsg.) VDI-Berichte Nr. 1200 (1995) Solarthermische Kraftwerke II. VDI-Verlag, Düsseldorf – Fricke J (1982) Phys Unserer Zeit 5.

Solarabsorber. >Absorber<.

Solaranlagen. Anlagen, die einem Verbraucher die Energie der Sonne als Niedertemperaturwärme, Hochtemperaturwärme oder als Solarstrom verfügbar machen.

1) S. für die *Niedertemperaturwärme* bestehen aus Kollektoren (Flach- oder Vakuumkollektoren) und ermöglichen mit einem durchschnittlichen Nutzungsgrad von ca. 50% die Erwärmung von Brauchwasser, die Heizung von Schwimmbädern oder industrielle Niedertemperaturprozesse.

2) S. für die *Hochtemperaturwärme* bestehen aus konzentrierenden Kollektoren oder Spiegeln und liefern Prozeßwärme, die über einen konventionellen Dampfprozeß mit >Turbine< und >Generator< auch zur Stromerzeugung genutzt werden kann. Die Konzentrierung der direkten Sonnenstrahlung kann entweder im Brennpunkt eines jeden einzelnen Spiegels erfolgen (Farmkonzept) oder mit Hilfe von vielen Spiegeln über einen Empfänger (Turmkonzept).

3) S. für die *direkte Stromerzeugung* (>Photovoltaik<) bestehen aus Solarzellen, die zu Modulen zusammengeschaltet sind und den >Solargenerator< bilden. Sie werden wegen der hohen spezifischen Investitionskosten heute überwiegend für spezielle „Insel"-Anwendungen wie Bewässerungspumpen, Seezeichen, Beleuchtung, Kühlung, Fernmeldesysteme, Satellitenbetrieb usw. eingesetzt, wenn keine Verbindung zu einem elektrischen Verbundnetz besteht. Diese jetzigen Anwendungsformen dürfen aber nicht darüber hinwegtäuschen, daß Solaranlagen für die direkte Stromerzeugung das größte Potential für technische und wirtschaftliche Weiterentwicklung aufweisen.

Solarantrieb. Die direkte Nutzung von Sonnenenergie für den Fahrzeugantrieb ist nur bei extremen Leichtbaukonzepten mit stark eingeschränkter Fahrleistung möglich, wobei die Unfallsicherheit kaum den heutigen Ansprüchen genügen kann.

Solarenergie. >Sonnenenergie<.

Solarfarm. Bei einer S. wird die direkte Sonnenstrahlung mit Hilfe von vielen zylindrischen >Parabolspiegeln< auf eine Brennlinie gebündelt. Die gewonnene thermische Energie wird zur Stromerzeugung genutzt (solarthermische Anlage). Je nach Bauart sind die Parabolspiegel, die hintereinander und nebeneinander angeordnet sind, fest installiert oder werden der Sonne elektronisch gesteuert nachgeführt. In der Brennlinie der Parabolspiegel liegen Absorberrohre (>Absorber<), die die >Sonnenstrahlung< konzentrieren. In den Absorberrohren befindet sich ein Kühlmittel (Wärmeüberträgermedium) wie z.B. Öl, das bis auf

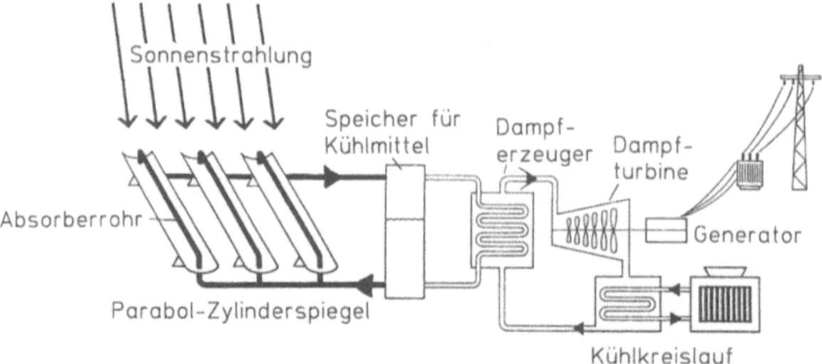

Solarfarm: Solarthermisches Kraftwerk nach dem Farmprinzip: Sonnenstrahlung wird mit Hilfe von Parabolzylinderspiegeln auf eine Brennlinie gebündelt. Die so gewonnene thermische Energie wird zur Stromerzeugung genutzt

400 °C erhitzt werden kann. Das Kühlmittel gibt über einen Wärmespeicher die aufgenommene Wärmeenergie an einen Dampferzeuger ab, der den nötigen Dampf für den Antrieb einer Dampfturbine erzeugt. Im >Generator< wird die Bewegungsenergie der >Turbine< in elektrischen Strom umgewandelt. Solarfarmen wandeln etwa 20% der eingefangenen >Sonnenenergie< in Strom um, der Rest geht auf dem langen Weg vom Parabolspiegel bis zum Generator verloren (s. Abb.).

Bekannteste Beispiele für S. sind die neun SEGS (Solar Electric Generating System)-Anlagen in der Mojave-Wüste in den USA. Zwischen 1984 und 1990 wurden 354 MW Leistung installiert. Als die staatlichen Steueranreize ausliefen und der Öl- und Gaspreis stark sank, ging die Herstellerfirma LUZ beim Bau der zehnten Anlage 1991 in Konkurs.

Lit: Neue Energiesysteme. In: Energiesysteme heute und morgen. Münchener Rückversicherungs-Gesellschaft, München, S. 46–47 (1990) – Johansson T, Kelly H, Reddy A, Williams R (Hrsg.) (1993) Renewable Energy. Island Press, Washington Covelo.

Solargenerator. Ein S., bestehend aus vielen >Solarzellen<, die zu mehreren >Solarmodulen< zusammengeschaltet sind, erzeugt mit Hilfe des Sonnenlichts elektrischen Strom (s. Abb.). Dieser kann z. B. nach Spannungsaufbereitung, d.h. nach Umwandlung der Gleichspannung des Solargenerators mittels Wechselrichter in Wechselspannung und mittels Transformator in höhere Spannung, in das elektrische Netz eingespeist werden oder von einem separaten Verbraucher genutzt werden. Im November 1997 nahm die Neue Messe München den weltgrößten dachinstallierten S. in Betrieb. Auf den Dächern der sechs nördlichen Messehallen wurden die speziell für den Einsatz in Großanlagen neuentwickelten 7.812 Solarmodule auf einer Dachfläche von über 38.000 m² installiert. Die 1-MW-Anlage soll jährlich etwa eine Mio. kWh Strom in das Stromnetz der Messe einspeisen.

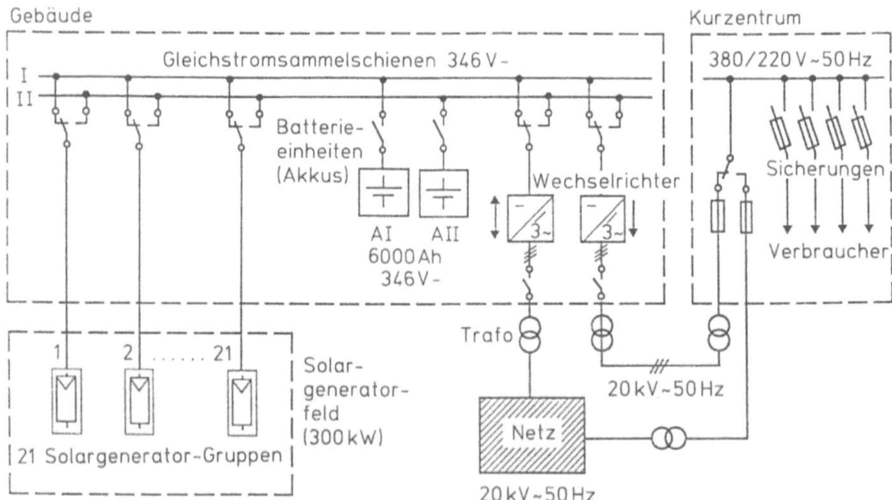

Solargenerator: Übersichtsplan der solarelektrischen Stromversorgungsanlage in Pellworm mit 21 Solargeneratorgruppen. (Nach Volkmer 1988)

Lit: Grawe J (1992) Zukunftsenergien. Verlag BONN AKTUELL, München Landsberg – Hoffmann V (1996) Photovoltaik – Strom aus Licht. B.G. Teubner Verlagsgesellschaft, Leipzig – Volkmer M (1988) Elektrische Energie aus Solarzellen, Schulinformation, Hamburg – Weber R (1986) Erneuerbare Energie. Taschenlexikon, 1. Aufl., Olynthus, Oberbözberg.

Solarhaus. Haus, das seinen Wärme- oder Strombedarf ganz oder zum überwiegenden Teil mit Sonnenenergie deckt. Das erste konsequent durchdachte S. der Welt entstand 1973 in den USA und wurde als optimales Sonnenexperimentierhaus >Solar One< berühmt. Neu an dem Gebäude war, daß die Sonnenstrahlung sowohl in Wärme als auch direkt in elektrische Energie umgewandelt wurde. 24 Sonnentafeln auf dem Dach dienten als Kollektoren zur Warmlufterzeugung und waren außerdem noch mit >Solarzellen< ausgerüstet. 50 bis 80 % des Wärme- und Strombedarfs wurden durch diese Solareinrichtung gedeckt. In Dänemark wurde 1975 das sog. „Zero-Energy-House", das Null-Energie-Haus gebaut. Diese Bezeichnung stimmte aber nicht ganz. Der Wärmebedarf wurde zwar von den Sonnenkollektoren gedeckt, aber der Strom für den Haushalt mußte vom Elektrizitätswerk bezogen werden. In D ging 1975 in Aachen das Philips-Solarhaus in Betrieb. Dieses Haus hatte eine 5mal bessere Wärmedämmung als ein konventionelles Haus. Das Gebäude war mit hochwirksamen Kollektoren ausgerüstet, die vakuumisoliert und mit selektiver Beschichtung versehen waren. Zusätzlich wurden noch Wärmepumpen installiert. In Frankreich wurde 1975 das „Solarhaus Foire de Paris 1975" entwickelt. Es war das erste S. in Europa, das außer mit Kollektoren und Solarzellen auch noch mit einem Windgenerator ausgerüstet war. 1976 wurde in England das „Autonome Solarhaus" in Betrieb genommen. Neben Sonnenkollektoren und Windgenerator als Energielieferanten wurde auch noch mit der Hauskläranlage Methangas hergestellt. 1983 wurde in München ein Solarzellenhaus vorgestellt, das mit Hilfe der Fa. Siemens auf seinem Dach nicht nur Elektrizität für den Eigenbedarf erzeugte, sondern auch Strom in das öffentliche Netz einspeisen konnte. Dazu wurde ein Stromzähler benötigt, der tagsüber rückwärts und nachts vorwärts laufen konnte. Das Elektrizitätswerk wurde in diesem Fall gewissermaßen als Speicher benutzt. Bei dem Münchner S. waren 5000 Solarzellen in das schräg nach Süden ausgerichtete Glasdach eingebaut. Inzwischen wird in Deutschland ein sog. „Null-Energie-Haus" als Serienmodell kommerziell angeboten. Da allerdings aus Kostengründen keine Speicherung des Solarstroms erfolgt, ist das Haus nicht energieautark, sondern auf den Netzverbund angewiesen. Das öffentliche Stromnetz gleicht die Ertragsschwankungen der Photovoltaikanlage aus. Für ein solches Haus muß der Käufer mit Mehrkosten von 1500 DM je Quadratmeter Wohnfläche rechnen.

Lit: Johansson T, Kelly H, Reddy A, Williams R (Hrsg.) (1993) Renewable Energy. Island Press, Washington Covelo.

Solarkollektor. Absorbiert mit Hilfe eines >Absorbers< >Solarstrahlung< und wandelt diese in Wärme um. Bei S. unterscheidet man zwischen konzentrierenden Kollektoren (>Parabolidkollektoren<) und nicht konzentrierenden >Kollektoren< (>Flachkollektoren< und >Vakuumkollektoren<) (s. Abb.). Die konzentrierenden Kollektoren können nur die direkte Solarstrahlung nutzen, die mit >Parabolspiegeln< gebündelt wird. Diffuse Strahlung kann nicht konzentriert werden. Mit konzentrierenden Kollektoren kann Wärmeenergie relativ hoher Temperaturen (größer als

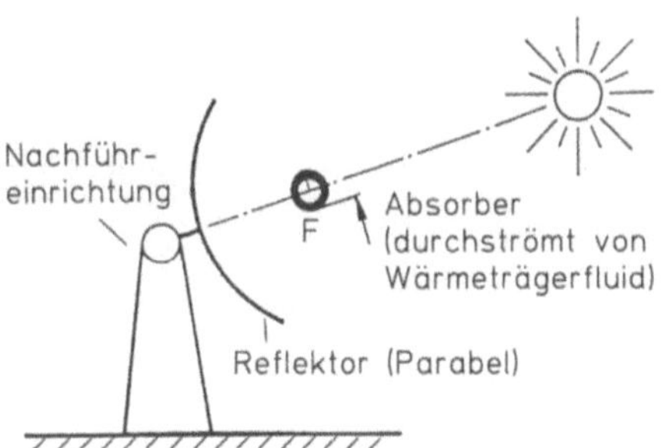

Solarkollektor: Prinzipieller Aufbau eines konzentrierenden Kollektors. (Nach Kleemann und Meliß, 1993)

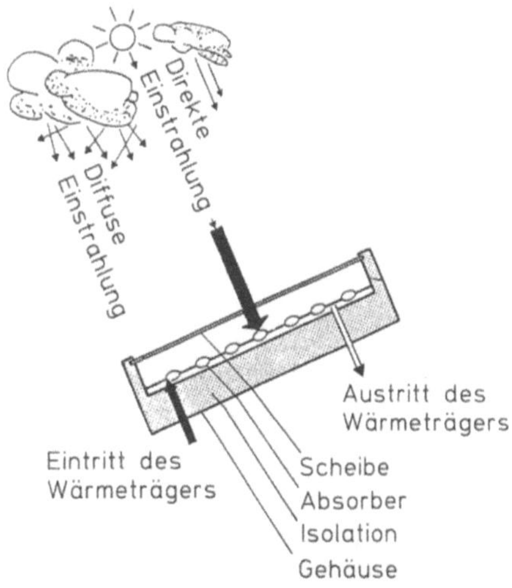

Solarkollektor: Querschnitt durch einen Flachkollektor, der die Strahlung wie ein Treibhaus einfängt. (Nach Kleemann und Meliß, 1993)

200 °C) gewonnen werden, die sich für Prozeßwärme und Erzeugung von elektrischem Strom eignet. Dafür ist aber eine Nachführung der Parabolspiegel auf die Sonne notwendig. Nicht konzentrierende Solarkollektoren liefern Wärme auf einem Temperaturniveau unter 200 °C. Der S. enthält als Kernstück einen Absorber mit Röhren, durch die ein Wärmeträgermedium (Wasser, Spezialöl oder Luft) strömt. Durch die Solarstrahlung erwärmt sich der Absorber und überträgt die Wärme an das Trägermedium, das die Wärme einem Nutzungssystem zuführt. Um Energieverluste zu vermeiden, besitzen die Flachkollektoren auf der Vorderseite meist eine für die Sonnenstrahlung durchlässige Abdeckung (z. B. Glasscheibe) und auf der Rückseite eine wärmedämmende Isolierschicht. Der Kollektor arbeitet als „Sonnenfalle", d. h. Sonnenstrahlung kann zwar durch die transparente Abdeckung einfallen, Wärmestrahlung wird aber fast nicht mehr abgegeben (>Treibhauseffekt<).

Lit: Ahlhaus O, Boldt G, Gonsior B, Klein K, Ziburske H (1981) Taschenlexikon Energie. Pädagogischer Verlag Schwann, Düsseldorf – Ankirchner H, Beinroth E, Krinninger H, Speicker H (1980) Technik und Wirtschaftlichkeit. In: Energie von der Sonne, 1. Aufl., Wenschow, München, S. 30 – Kleemann M, Meliß M (1993) Regenerative Energiequellen, 2. Aufl., Springer, Berlin Heidelberg New York London Paris Tokyo – Stoy B (1980) Wunsch-Energie Sonne, 3. Aufl., Energie-Verlag, Heidelberg, S. 571 – Weber R (1988) Laßt uns Energie vom Himmel holen!, Olynthus, Oberbözberg, S. 80 – VDI-GET, VDI-Berichte Nr. 1200 (1995) Solarthermische Kraftwerke II. VDI-Verlag, Düsseldorf.

Solarkraftwerk. Energiewandler, der >Solarenergie< in Wärmeenergie und diese mittels >Turbine< und >Generator< in elektrische Energie umwandelt. Für S. sind konzentrierende Systeme erforderlich, um ein Wärmeträgermedium wie Thermöl, Gas, Natrium usw. soweit zu erhitzen, daß mit Hilfe eines Wärmetauschers bzw. Dampferzeugers über einen konventionellen Dampfprozeß (Turbine und Generator) elektrischer Strom erzeugt werden kann. Die Konzentrierung der >Sonnenenergie< kann entweder in einzelnen Parabolzylindern erfolgen (Farmkonzept) oder durch Ausrichtung vieler Spiegel auf einen Empfänger (Turmkonzept). Für beide Anlagenkonzepte sind Projekte geplant, die sogar eine Leistungsgröße von einigen Hundert MW erreichen sollen. In südlichen Breiten wie in Spanien oder in Kalifornien lassen sich Wirkungsgrade von etwa 20% und über 2000 Lastbenutzungsstunden pro Jahr erreichen. Das erste solarthermische Kraftwerk, das elektrische Energie ins öffentliche Netz einspeiste, ist das Kraftwerk >Eurelios< in Sizilien mit einer Leistung von 1 MW.
Lit: Khartchenko N (1995) Thermische Solaranlagen. Springer Verlag, Berlin Heidelberg New York Tokyo – Stoy B (1980) Wunsch-Energie Sonne, 3. Aufl., Energie-Verlag, Heidelberg.

Solarmodul. Kleinste >photovoltaische< Einheit aus mehreren Solarzellen, die man im Handel beziehen kann. Im S. sind – je nach gewünschter elektrischer Spannung – eine Anzahl von Solarzellen in Serie geschaltet, die zum Schutz vor Witterungseinflüssen mit einer lichtdurchlässigen Glasabdeckung versehen sind. Die Rückseite des S. besteht i. allg. aus Glas oder Aluminium. Aus Edelstahl oder Aluminium besteht der seitliche Rahmen, der zur mechanischen Stabilität beiträgt und gleichzeitig Befestigungselemente enthält. Zur Kostensenkung sind Überlegungen im Gange, auf Metallrahmen und Befestigungselemente zu verzichten und die Module direkt auf Tragestrukturen Aufzukleben. Weitere Überlegungen betreffen die Anordnung der S. entweder starr ausgerichtet oder der Sonne nachführbar, wobei die Nachführung zusätzliche Kosten verursacht. Der damit erzielbare Gewinn an Energie hängt von den klimatischen Bedingungen ab. In

Mitteleuropa kann die >Sonnenenergie< durch eine zweiachsige Nachführung der S. um mehr als 30% besser genutzt werden.
Lit: Bloss WH, Pfisterer F (1989) Photovoltaik und ihre Perspektiven. In: Plenar- und Hauptvorträge des Arbeitskreises Energie, 53. Physikertagung, 13.–17. März 1989, Bonn – Weber R (1986) Erneuerbare Energie. Taschenlexikon, 1. Aufl., Olynthus, Oberbözberg.

Solarstrahlung. >Sonnenstrahlung<. Die Energie, die von der Sonne in Form von elektromagnetischen Wellen im Längenbereich von etwa 0,2 bis 2,5 μm abgestrahlt wird. Die S. ist also eine >elektromagnetische Strahlung<, deren Wellenlänge sich vom energiereichen ultravioletten bis zum energiearmen infraroten Bereich erstreckt (s. Abb. S. 1090). Beim Auftreffen auf die Erdatmosphäre besitzt die S. eine >Leistungsdichte< von etwa 1,369 kW/m^2 („Solarkonstante"). Die S. wird jedoch von der Atmosphäre teilweise reflektiert („Albedo") und absorbiert. Im Mittel treffen deshalb nur etwa 60% der S. auf die Erdoberfläche auf. Ein Teil dieser Strahlung gelangt ohne Streuung und Absorption auf die Erdoberfläche. Dieser Teil wird als >*direkte Sonnenstrahlung*< bezeichnet. Ein Teil der Strahlung erreicht die Erdoberfläche als >*diffuse Sonnenstrahlung*<. Das Verhältnis von diffuser und direkter Sonnenstrahlung hängt von der geographischen Lage, der Tages- und Jahreszeit und den meteorologischen Bedingungen ab. Im allgemeinen überwiegt der diffuse Anteil in mittleren und nördlichen Breiten, während in südlichen Breiten der direkte Anteil dominiert. Die Summe aus diffuser und direkter Solarstrahlung bezeichnet man als >*Globalstrahlung*<. Die Energie dieser Globalstrahlung ergibt sich aus 2 Werten: Zum einen aus der Leistungsdichte, die angibt, wieviel Energie pro Zeiteinheit die Sonne auf eine Fläche von einem Quadratmeter einstrahlt, (die maximale Leistungsdichte auf der Erdoberfläche beträgt ca. 1 kW/m^2); zum anderen aus der >Sonnenscheindauer<, d.h. die Anzahl von Stunden, die jedes Jahr auf eine bestimmte Fläche scheint.
Lit: Tributsh H (1979) Rückkehr zur Sonne. Safari, Berlin – Kleeman M, Meliß M (1993) Regenerative Energiequellen, 2. Aufl., Springer, Berlin Heidelberg New York London Paris Tokyo.

Solarstrom. Mit Hilfe der Sonne direkt erzeugter Strom. Die >Direktumwandlung< von >Sonnenenergie< in elektrische Energie (Strom) erfolgt z. B. durch >Solarzellen< bzw. >Solargeneratoren<. Wichtige Kenngrößen hierbei sind u. a. die Energiedichte der Sonne und der >Wirkungsgrad< der Umwandlung. Daneben kann mit Hilfe eines >Absorbers< oder >Kol-

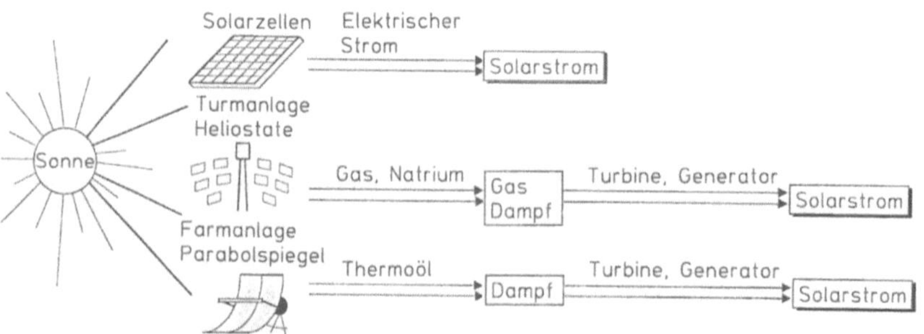

Solarstrom: Drei prinzipielle Möglichkeiten, aus Sonnenenergie Solarstrom zu erzeugen

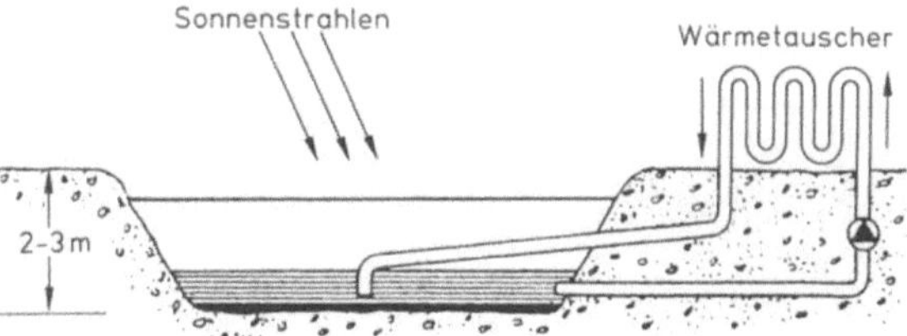

Solarteich: Im Solarteich erhitzt sich bodennahes salzreiches Wasser bis nahe zum Siedepunkt und wird anschließend zum Betrieb eines Dampfgenerators genutzt. (Nach Weber, 1986)

lektors< Sonnenenergie in Wärmeenergie zur Erhitzung von Gas oder Dampf umgewandelt werden. Mit Hilfe von >Turbinen< und >Generator< kann somit wiederum elektrische Energie erzeugt werden. Dieser indirekt erzeugte S. wird mit Hilfe von >Solarturm<- oder >Solarfarmkraftwerken< erzeugt (s. Abb.).

Lit: Künstle K, Reiter K, Riedle K (1990) Möglichkeiten und Grenzen der regenerativen Energien. VGB Kraftwerkstechnik 70, Heft 2, Erlangen.

Solarteich. Flacher Salzwasserteich, dessen schwereres bodennahes salzreiches Wasser (Sole) sich durch >Solarstrahlung< bis nahe an den Siedepunkt erhitzt. Voraussetzungen für einen S., der zugleich Kollektor und >Speicher< ist, sind starke Solarstrahlung sowie Wasser mit hoher Salzkonzentration (ca. 20% Salz) in tieferen Wasserschichten und geringerer Konzentration in flacheren Wasserschichten. Seit 1984 ist in Beit Ha Arava im Jordantal (Israel) eine Solarteichversuchsanlage in Betrieb. Ihre beiden S. sind je 2,5 m tief und haben zusammen eine Oberfläche von ca. 250 000 m². Durch die hohe Solarstrahlung wird das Wasser mit der hohen Salzkonzentration durch dunkle Absorptionsfolien am Teichgrund erhitzt und bleibt aufgrund seiner Schwere am Teichboden liegen. Die oberen Wasserschichten geringerer Salzkonzentration bilden eine Art Isolierung. Sie verhindern eine Abstrahlung der Wärme an die Wasseroberfläche und somit eine Abkühlung dieses natürlichen Wärmespeichers. Mit Hilfe von Netzen, Metallgittern oder Folien werden Störungen von außen verhindert, um das Temperaturgefälle des Wassers zu erhalten. Das bis auf ca. 85 °C erhitzte Wasser des S. wird abgepumpt und seine Wärme über einen Wärmetauscher an eine Flüssigkeit mit niedrigem Siedepunkt (z.B. Ammoniak) abgegeben. Der dabei entstehende Dampf wird zum Antrieb einer Turbine mit einem 5 MW-Generator genutzt (s. Abb.). In Israel und den USA sind weitere Solarteichanlagen mit einer Leistung von 25 MW geplant.

Lit: Grawe J (1992) Zukunftsenergien. Verlag BONN AKTUELL, München Landsberg – Neue Züricher Zeitung (25.07. 1984) Sonnenkraft am Toten Meer – Khartchenko N (1995) Thermische Solaranlagen. Springer Verlag, Berlin Heidelberg New York Tokyo.

Solarturmanlage. Bei einer S. werden Sonnenstrahlen mit Hilfe von vielen Spiegeln auf einen Turm mit Strahlungsempfänger (>Absorber<) konzentriert. Die gewonnene thermische Energie wird zur Stromerzeugung genutzt (>solarthermisches Kraftwerk<). Der Sonne nachführbare Flachspiegel (>Heliostaten<) reflektieren die „direkte" Sonnenstrahlung auf den Absorber, der sich an der Spitze des Solarturms befindet. Als Wärmeübertragungsmedien (Kühlmittel), welche die absorbierte Wärme transportieren, kommen z.B. Wasser oder flüssiges Natrium in Betracht. Sie geben die aufgenommene Wärmeenergie an einen Dampferzeuger ab, der den nötigen Dampf für den Antrieb der >Turbine< liefert. Die Bewegungsenergie der Turbine wird im >Generator< in elektrische Energie umgewandelt. Die Wärmeübertragungsmedien können die Wärmeenergie auch direkt ohne Dampferzeuger an Wärmekraftmaschinen, z.B. Kolbenmaschinen zum Antrieb von >Generatoren< abgeben (s. Abb. unten). In den 80er Jahren wurden mehrere S. als Versuchskraftwerke eingesetzt, z.B. >Solar One< in den USA. Die Erfahrungen mit S. haben gezeigt, daß eine Stromerzeugung auf diesem Wege technisch machbar ist. Trotz der überwiegend positiven Betriebsergebnisse ist ein wirtschaftlicher Einsatz von S. wegen der hohen Investitionskosten heute nicht gegeben. Außerdem ist für die Konzentrierung der Sonnenstrahlung durch Spiegel ein hoher Anteil direkter Lichtstrahlen notwendig, da diffuses Licht nicht konzentriert werden kann.

Lit: Neue Energiesysteme. In: Energiesysteme heute und morgen, Münchener Rückversicherungs-Gesellschaft, München, (1990), S.45 – VDI-GET (Hrsg.) VDI-Berichte Nr.1200 (1995) Solarthermische Kraftwerke II. VDI-Verlag, Düsseldorf.

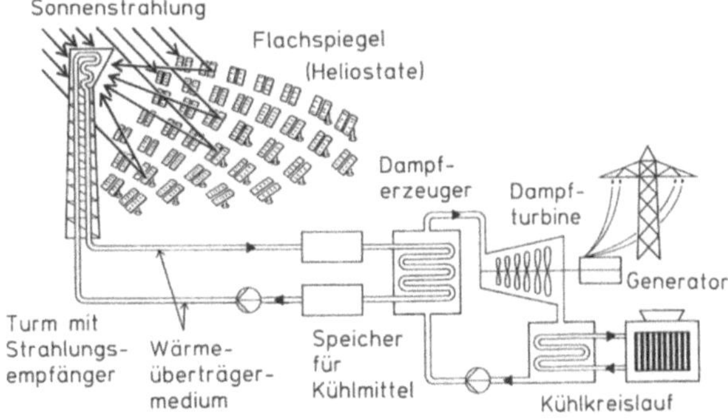

Solarturmanlage: Solarthermisches Kraftwerk nach dem Turmprinzip

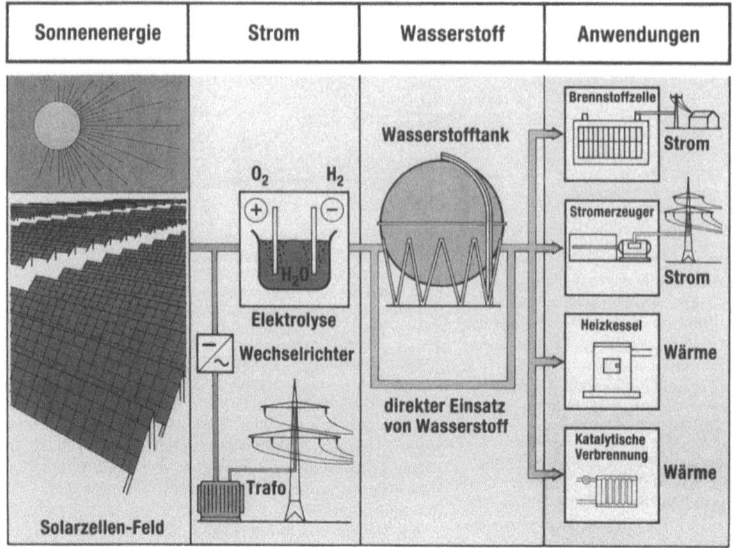

Solarwasserstoff: Solarwasserstoffprojekt in Neunburg vorm Wald. (Nach Solar-Wasserstoff-Bayern GmbH 1987)

Solarwasserstoff. Wasserstoff, der in einer mit >Solarstrom< betriebenen Elektrolyseanlage aus Wasser gewonnen wird. Damit kann >Sonnenenergie< in Form von Wasserstoff gespeichert werden. Wasserstoff selbst ist kein in der Natur vorkommender >Primärenergieträger<, sondern muß unter Energieeinsatz mittels Elektrolyse aus Wasser gewonnen werden. Bei der Elektrolyse wird Wasser durch Zuführung von elektrischer Energie in die Bestandteile Sauerstoff und Wasserstoff gespalten. Wasserstoff kann in einem speziellen Tank gespeichert werden und bei Bedarf zur Erzeugung von Strom (mittels Brennstoffzelle oder Gasmotor), zur Erzeugung von Wärme (Gasheizkessel) oder zum Antrieb von Autos (Wasserstoffautos) genutzt werden. Solarwasserstoffsysteme arbeiten heute noch nicht wirtschaftlich. Vorrangige Ziele sind deshalb die Verbesserung der Technik und die Entwicklung kostengünstiger Solarstromanlagen. Das Solarwasserstoffprojekt in Neunburg vorm Wald in Bayern erforscht die Erhöhung des Gesamtwirkungsgrades der einzelnen Systeme (s. Abb. oben). Auf einer Gesamtfläche von 50 000 m² werden Solarzellen mit ca. 5 000 m² Fläche für eine Spitzenleistung von 500 kW betrieben. Dies läßt eine jährliche Stromerzeugung von 500 000 kWh erwarten. Damit sollen rund 100 000 m³ Wasserstoff produziert werden.

Lit: Weber R (1986) Laßt uns Energie vom Himmel holen! Olynthus, Oberbözberg – Projekt Solar-Wasserstoff (1987) Solar-Wasserstoff-Bayern GmbH, München – Hoffmann V (1996) Photovoltaik – Strom aus Licht. B.G.Teubner Verlagsgesellschaft, Leipzig.

Solarzellen. Mit Hilfe von Solarzellen aus speziell behandeltem >Halbleiter<material, insbesondere aus Silicium kann >Sonnenstrahlung< direkt in elektrischen Strom umgewandelt werden. Der physikalische Vorgang dieser >direkten Umwandlung< von Licht in elektrische Energie heißt >Photovoltaik<. Bei den Siliziumsolarzellen unterscheidet man mono- und poly-(multi-)kristalline sowie amorphe S. Monokristalline S. haben mit etwa 17,5 % den höchsten energetischen >Wirkungsgrad<, sind aber in der Herstellung sehr teuer. Polykristalline Zellen sind billiger herzustellen, ihr Wirkungsgrad liegt aber niedriger (ca. 14 %). Im Hinblick auf Kostenreduzierung bei der Herstellung der S. werden große Hoffnungen auf amorphe Zellen gesetzt, die sowohl von Fertigungsverfahren als auch vom Materialverbrauch her deutlich günstiger sind, allerdings im heutigen Entwicklungsstadium einen wesentlich geringeren Wirkungsgrad (5–8 %) aufweisen. Neuerdings sind sog. >Dünnschichtsolarzellen< entwickelt worden, die aus polykristallinen bzw. auf einen Träger aufgedampften Halbleiterschichten von etwa 10 bis 50 µm Dicke bestehen. Dünnschichtsolarzellen haben trotz geringen Wirkungsgrads ein beträchtlich höheres Leistungsgewicht als andere S. und sind wesentlich billiger herzustellen.

Lit: Kleemann M, Meliß M (1993) Regenerative Energiequellen, 2.Aufl., Springer, Berlin Heidelberg New York London Paris Tokyo – Müller HM (1973) Meyers Physik Lexikon, Bibliographisches Institut, Mannheim Wien Zürich – Schuh F (1981) Enzyklopädie Naturwissenschaft und Technik, Zweiburgen, Weinheim – Hoffmann V (1996) Photovoltaik – Strom aus Licht, B.G.Teubner Verlagsgesellschaft Leipzig.

Sole. Ist im allg. Gebrauch ein Grundwasser mit >100 g/kg gelösten festen Bestandteilen, in der Mineralwasserterminologie ein >Mineralwasser< mit mindestens 14 g/kg gelösten Salzen, vorwiegend NaCl, 5,5 g/L = 240 meq Na⁺/L und 8,5 g/L = 240 meq Cl⁻/L.

Lit: Quentin KE (1969) Beurteilungsgrundsätze und Anforderungen an Mineral- und Heilwässer, Handb Lebensmittelchemie 8, 2: 1043–1056, Springer, Berlin Heidelberg New York.

Solvatation. Bezeichnung für die Anlagerung von Lösungsmittelmolekülen an gelöste >Atome<, >Moleküle<, >Ionen<, >Radikale< oder >Kolloide<. Die dabei entstehenden Produkte heißen *Solvate*. Sie werden z.T. nach dem jeweiligen Lösungsmittel benannt: Ammoniakate, Hydrate, Alkoholate. Die die gelösten Teilchen umgebende Hülle aus mehr oder weniger fest gebundenen Lösungsmittelmolekülen heißt Solvathülle. Sie ist nicht starr, sondern eher ein „fließendes" Gebilde, das sich in ständigem Austausch mit den umliegenden Lösungsmittelmolekülen befindet. Die Anzahl der von einem solvatisierten Teilchen gebundenen Lösungsmittelmoleküle bezeichnet man als Solvatationszahl. Bei Wasser als Lösungsmittel spricht man von Hydratation, Hydrate, Hydrathülle und Hydratationszahl. Die Solvatation eines Teilchens ist meist um so stärker, je kleiner es ist. Daher sind >Kationen< gewöhnlich stärker solvatisiert als >Anionen<. Die Stabilität der Solvate ist außerdem abhängig von der bei der Solvatation freiwerdenden Energie, der sog. Solvatationsenergie. Die Solvatationsenergie muß größer sein als die Gitterenergie des gelösten Stoffes. Weiterhin spielen zwischenmolekulare Kräfte zwischen Lösungsmittel und gelöstem Stoff eine Rolle: van-der-Waals-Kräfte, Wasserstoffbrückenbindungen, elektrostatische Wechselwirkungen zwischen Dipolen. Auch die Dielektrizitätskonstante nimmt Einfluß auf die Solvatation. Die Solvatation spielt eine Rolle bei allen Reaktionen in Lösungen, z.B. von Elektrolyten, bei der Flotation oder bei der Flockung von lyophilen Kolloiden.

Lit: Reichardt C (1983) Chemie in unserer Zeit 5: 139–148 – Soukup RW (1983) Chemie Unserer Zeit 4: 129–134 und 5: 163–166.

Solvatationsenergie. >Solvatation<.

Solvatationszahl. >Solvatation<.

Solvate. >Solvatation<.

Solvathülle. >Solvatation<.

Somatisch signifikante Dosis. >Dosis, somatisch signifikante<.

Somatocrinine. (Wachstumshormon-Releasing-Faktoren). Bei den Somatocrininen handelt es sich um Peptide mit 29 bis 44 >Aminosäuren<. Sie bewirken nach parenteraler Applikation einen leistungsfördernden Effekt (>Leistungsförderer, Wirkungen im Intermediärstoffwechsel<), der auf einer Steigerung der biologisch wirksamen Menge an >Wachstumshormon< beruht. Die Effekte auf die tierischen Leistungen liegen in einer Größenordnung, wie sie nach Applikation von Wachstumshormon erreicht werden. Die Somatocrine befinden sich noch in Entwicklungsstadium.

Somatostatin. Als Gegenspieler der >Somatocrinine<, die durch ihren stimulierenden Effekt auf die Bildung des Somatotropins dessen biologische Wirkung erzeugen, tritt im Organismus das S. auf. Durch Verminderung seiner Somatotropin-inhibierenden Wirkung konnten positive Effekte auf das Wachstum insbesondere bei Lämmern, aber auch bei Kälbern, Ochsen und Schweinen erzielt werden, die allerdings wegen der schwierigen Anwendung dieses Verfahrens nicht immer reproduzierbar waren. Da das S. eine Peptidstruktur (Eiweiß) aufweist, kann es durch spezifische Antikörper gehemmt werden. Deshalb wird in der Forschung versucht, praktikable Verfahren zur Hemmung dieser Substanz durch aktive oder passive Immunisierung zu entwickeln.

Sommerstagnation. Zustand der thermischen Schichtung eines >Sees< während der Sommermonate mit >Epilimnion<, >Metalimnion< und >Hypolimnion<.

Durch Abkühlung des Epilimnions und Windeinwirkung auf die Seeoberfläche geht die S. in eine Herbst- oder Winterzirkulation über, sobald die ganze Wassermasse gleichmäßig temperiert ist, s.a. >Schichtung<.

Sonde. 1. Vorrichtung, um aus dem Abgasstrom eines Motors oder Fahrzeugs einen geeigneten Anteil für eine Analyse zu entnehmen, >Probennahme<.
2. Fühler im Abgasstrom eines Motors zur Best. der Abgaszusammensetzung, >Lambdasonde<.

Sonderabfall. Dem Kreislaufwirtschafts- und Abfallgesetz unbekannter Begriff; gemeint ist in aller Regel besonders überwachungsbedürftiger >Abfall<; dieser wird in einer Rechtsverordnung nach § 41 Abs.1 oder § 41 Abs.3 Nr.1 des Kreislaufwirtschafts- und Abfallgesetzes bestimmt.

Sonderabfallbehandlungsanlagen. Technische Anlagen, in denen besonders überwachungsbedürftige Abfälle gemäß >TA Abfall<, bzw. den Bestimmungsverordnungen für überwachungsbedürftige und besonders überwachungsbedürftige Abfälle zur Verwertung, durch thermische, chemisch-physikalische oder biologische Verfahren sowie durch deren Kombination so umgewandelt werden, daß die dabei entstehenden Rückstände wiederverwertet oder ohne Risiko in Deponien abgelagert werden können. Nach Anhang C, Katalog der besonders überwachungsbedürftigen Abfälle, sind als Behandlung vorgesehen: CPB (chemisch-physikalisch und biologisch), HMV (Hausmüllverbrennungsanlage, thermisch oxidative Behandlung bei maximal 800 °C mit nachgeschalteter, hoch wirksamer Rauchgasreinigung) SAV (Sonderabfallverbrennungsanlage, thermisch-oxidative Behandlung bei Temperaturen oberhalb 1.200 °C mit nachgeschalteter, hoch wirksamer Rauchgasreinigung). Die Wahl der Behandlungsverfahren ist für die einzelnen Stoffe im Katalog angegeben. Für die chemisch-physikalische Behandlung sind getrennte Behandlungsstränge für organische und anorganische Verbindungen vorgesehen. Ziel aller Behandlungen ist die Trennung umweltbelastender Stoffe von den umweltneutralen, z.B. des Wassers aus Emulsionen, die vollständige Oxidation der Kohlenwasserstoffverbindungen, Herstellung inerter (chemisch und biochemisch nicht reaktiver) unlöslicher Stoffe wie glasförmige Schlacken zur Ablagerung auf der Erdoberfläche (>Deponie über Tage<, möglichst >Deponieklasse< 1 oder 2) und die Abtrennung unvermeidlich löslicher anorganischer Stoffe wie Chloride zu neutralen, nicht reaktiven Salzen zur geologisch stabilen, grundwasserfernen Ablagerung unter Tage (>Deponie unter Tage< z.B. in Salzstöcken. Anwendungsschwerpunkt der chemisch-physikalischen Verfahren sind Stofftrennung und Neutralisation, der thermischen Oxidation die Umwandlung v.a. der organischen Verbindungen in Kohlendioxid und Wasser. Biologische Verfahren werden z.Z. vornehmlich zum Abbau organischer Substanzen in Böden und im Grundwasser eingesetzt. >TA Abfall<.

Lit: Weidemann A, Beckmann K (1996) Organisation der Sonderabfallentsorgung. E.Schmidt Verlag, Berlin – Löffler T (1995) Sonderabfall, Fraunhofer IRB Verlag, Berlin.

Sonderabfalldeponie. >Deponieklasse< für besonders überwachungsbedürftige Abfälle mit besonders hohen Anforderungen an die technische und die >geologische Barriere< (Deponieklassen der TA Abfall). Die Überwachung der Anlieferung wird durch das >Begleitscheinverfahren< und die chem. Identifikation der zuvor angekündigten Stoffe in der Eingangskontrolle gewährleistet.

Lit: Anonymus (1994) Altlast Sonderabfalldeponie. John Wiley-VCH, New York.

Sonderkulturen. Grenzen sich von der übrigen Landwirtschaft ab durch: Standorte mit besonders günstigen klimatischen Bedingungen, spezielle Anbauverfahren mit einer in der Regel höheren Intensität und damit verbundene spezifische Anforderungen an die Ausbildung des Betriebsleiters sowie besondere Formen der Vermarktung, kapitalintensive Betriebe mit hohen Bruttoerlösen auf kleiner Fläche. Zu den S. werden gezählt: Obstbau, Weinbau, Hopfenbau, Tabakbau, Feldgemüsebau und Gemüsebau unter Glas, Zierpflanzenbau, Baumschulen und Heil- und Gewürzpflanzen. S. sind meist mehrjährig oder Dauerkulturen. Bei der hohen Bewirtschaftungsintensität dieser Flächen ist es in den vergangenen Jahren durch den Eintrag von >Nitrat< und Rückständen von >Pflanzenschutzmitteln< in das >Grundwasser<, durch Artenverarmung sowie Torfverbrauch im Gartenbau zu >Umweltbelastungen< gekommen. Hier sind in den verschiedenen Bereichen der S. Gegenmaßnahmen eingeleitet: In Gewächskulturen kann heute schon mit geschlossenen Systemen gearbeitet werden. Dadurch entfällt das Problem der Stoffausträge. Hier gibt es auch praxisreife Verfahren der biologischen >Schädlingsbekämpfung<. Im Freiland begegnet man der >Nitratauswaschung< durch eine exakte Bilanzierung der >Nährstoffzufuhr< in Verbindung mit >Bodenanalysen<. Die Weinberge werden begrünt. Bei der Schädlingsbekämpfung wird der >integrierte Pflanzenschutz< zunehmend zum Bestandteil der Anbauverfahren, d.h. mechanische Unkrautbekämpfung, selektiver Einsatz von Pflanzenschutzmitteln unter Nutzung von >Prognosemodellen<, Schonung und Einbringung von Nützlingen, Anlage von Hecken. Im Gartenbau wird >Torf< durch organische Reststoffe ersetzt.

Sondermüll. >Sonderabfall<.

Sonneneinstrahlung (Insolation). Die Strahlung der Sonne außerhalb der Erdatmosphäre läßt sich mit der Strahlung eines schwarzen Körpers bei einer Temperatur von 5.900 K vergleichen. Beim Durchtreten der Erdatmosphäre und auf dem Wege zur Erdoberfläche verschwinden große Anteile der Sonnenstrahlung durch >Absorption< und Wechselwirkung mit Materie innerhalb der Erdatmosphäre. So wird die UV-Strahlung von Wellenlängen unterhalb 300 nm durch die Ozonschicht weitgehend absorbiert (vgl. Diskussion aktueller Umweltproblematik „Ozonloch" über der Antarktis, vornehmlich nach dem antarktischen Winter auftretend). Gleichermaßen wird IR-Strahlung gewisser Wellenlängen (zwischen 600 und 2.000 nm) durch CO_2 und Wasserdampf absorbiert. Daneben existieren Streueffekte durch Dampf- und Staubteilchen sowie durch andere Moleküle, wodurch die direkte Einstrahlung aus Richtung der Sonne in ihrer Intensität vermindert wird. Hierdurch erscheint der Himmel, der in Abwesenheit dieser Streueffekte eigentlich schwarz sein sollte, in der bekannten blauen Farbe (Raleighs Gesetze). >direkte Sonnenstrahlung<, >diffuse Sonnenstrahlung<.

Unter Berücksichtigung der Jahreszeit, des atmosphärischen Weges >optische Luftmasse< und des Einstrahlungswinkels beträgt der durchschnittliche >Energiefluß< per Größeneinheit über die gesamte Oberfläche des Erdballs, Tag/Nacht, Winter/Sommer ca. 225 W/m²; unter Berücksichtigung von Höhe, Längengrad und Wolkenbildung beträgt die Energie von 100 W/m² bis zu 300 W/m², z.B. an den Erdpolen und in diversen Wüstenregionen. Aus Gründen der Vergleichbarkeit sind in der Abb. S.1087 die mittleren Jahressummen, ausgedrückt in kWh/m² dargestellt. Die Karte zeigt, daß die solare Bestrahlung (= Energie pro Fläche) sämtliche heute vorausberechenbaren Energiebedürfnisse um ein Vielfaches übersteigt. Aber aufgrund der Ausbreitung über große Flächen besteht das Hauptproblem, die Strahlung zu sammeln und in dem Menschen nützliche Energieformen (z.B. Wärme, Elektrizität) umzuwandeln, und das ganze noch auf einem ökonomisch vertretbaren Weg.

Ohne diese stetige Zufuhr von Licht (Energie) der Sonne wäre unser Planet in kürzester Zeit ein Gestirn ohne Leben. Die Lichtenergie wird auf der Erdoberfläche in Nutzarbeit (genannt „Freie Energie") umgewandelt. Hierzu gehören in erster Linie die Photosynthese, die für Mensch und Tier Nahrung schafft, sowie erneuerbare photosynthetische (fossile) Brennstoffe (Kohle, Öl, Gas) zur Energiegewinnung für den Menschen und seine Technik (Primärenergie weltweit ca. 2 × 1020 Joule/Jahr; das entspricht umgerechnet etwa 2.000 Watt pro Mensch). Aus dieser Rechnung folgt, daß die gesamte eingestrahlte Solarenergie den Verbrauch um einen Faktor von mehr als 104 übersteigt.

Zukünftige direkte Verwendungen der solaren Energie dürften auf die Erzeugung von elektrischer Kraft (z.B. photovoltaische Zellen) sowie von chem. Brennstoffen (gasförmig oder flüssig), ferner auf die Photosynthese (z.B. Ethanol aus Zuckerrohr in Brasilien; „Energy farming"), sowie auf die Photolyse von Wasser (Gewinnung von Wasserstoff als Energiequelle) gerichtet sein; das bedeutet eine enorme Herausforderung an die Forschung und Technik in den nächsten Jahrzehnten.

Die S. führt jedoch nicht nur thermische Energie der Erdoberfläche zu; durch photochem. Wechselwirkungen mit anorg. und org. Molekülen vielfältiger Art kommt es zu sog. >abiotischen Abbaureaktionen< zahlreicher natürlicher und künstlicher (anthropogener) Stoffe.

Im Bereich des täglichen Gebrauches sind solche Phänomene hinlänglich bekannt: Ausbleichen von Farben oder Zersetzung org. Materials (z.B. Gummi, Kunststoffe). Hier spielt der in der Atmosphäre vorhandene Sauerstoff (Grundzustand: Triplett-Sauerstoff $^3O_2$ = Diradikal; photoangeregter Zustand: Singulett-Sauerstoff $^1O_2$) im Zusammenwirken mit dem Sonnenlicht eine entscheidende synergistische Rolle.

In diesem Zusammenhang ist die photochem. Beeinflussung von Stoffen besonders interessant, die als Folge anthropogenen Handelns in die Umwelt (Ökosphäre) gelangt sind; hierzu zählen insbesondere gezielt ausgebrachte Wirkstoffe im Bereich des Pflanzenschutzes. Neben den biotischen Veränderungen bzw. >Metabolisierungen< ist hier auf den abiotischen Abbau unter Lichteinfluß zu verweisen, der in der Regel mit oder ohne Beteiligung von Sauerstoff ($^3O_2$, $^1O_2$) stattfindet. Abiotische Abbaureaktionen finden sowohl in der Gasphase, als Festkörperreaktion (auch Aerosole) als auch in Lösung statt. In der Gasphase (Atmosphäre) kommt es zur Wechselwirkung mit photochem. erzeugten, hochreaktiven Teilchen, wie z.B. OH, OOH, Ozon und Singulett-Sauerstoff, ferner Verunreinigungen wie NO_x und SO_2. In vielen Fällen sind

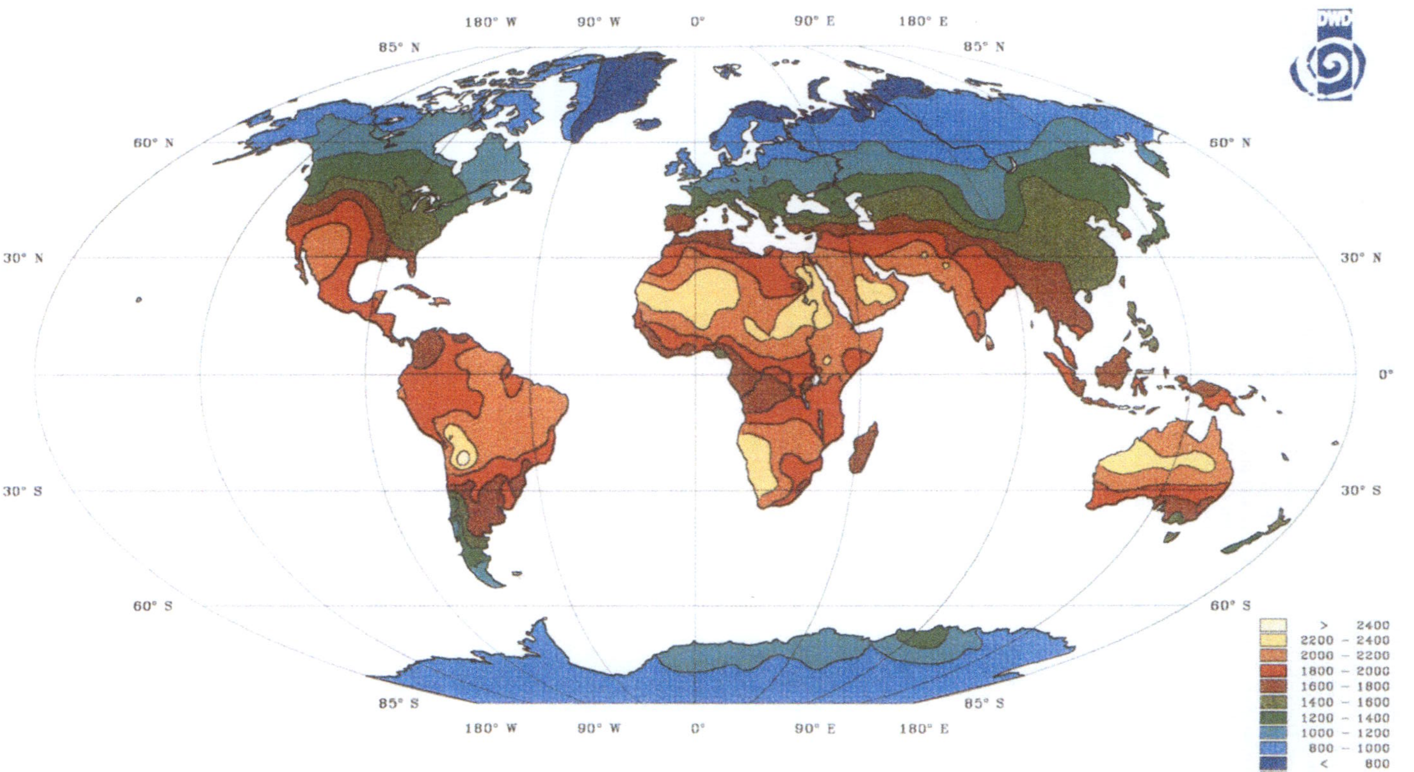

Sonneneinstrahlung: Weltkarte der >Globalstrahlung<. Dargestellt sind die mittleren Jahressummen der Zeitspanne 1981–1990, ausgedrückt in kWh/m². Nachdruck mit freundlicher Genehmigung des Deutschen Wetterdienstes, Hamburg

die Moleküle an festen Oberflächen adsorbiert (Stäube, Aerosole) und werden in Form von Festkörperphotolysen abgebaut. Besonderes Interesse gilt dem Sonnenlicht-induzierten abiotischen Photoabbau von org. Verbindungen in Lösung, und hier besonders in wäßriger Lösung. Dieser letztere Photolysetyp wirft die aktuelle Frage auf, inwieweit natürliche Oberflächengewässer (Flüsse, Seen, Talsperren, Reservoirs) und dort durch Eintrag hineingelangte Substanzen (z.B. Pflanzenschutzmittel) durch Sonneneinstrahlung abiotisch abgebaut werden. „Natürliches" (Oberflächen)Wasser enthält Huminsäuren, Fulvinsäuren, Flavonoide u.a. Naturstoffe, die als Sensibilisatoren (Photokatalysatoren) äußerst kurzlebige, jedoch hochreaktive „Photoreaktanten" im Wasser bilden, wie z.B. OH, RO_2, H_2O_2, e_{aq}^-, O_2^- usw., die zum raschen Abbau der org. Moleküle führen.

Zur Zeit wird an der Entwicklung geeigneter Testsysteme (ECETOC-Ringtests, OECD-Richtlinien usw.) intensiv gearbeitet. Parallel dazu wird der abiotische Photoabbau von wichtigen Pflanzenschutzklassen grundlagenforschungsmäßig in org. Lösungsmitteln (Pilot-Modelluntersuchungen) und in Wasser (angewandte Untersuchungen) studiert. Die Hersteller von Pflanzenschutzmitteln müssen vor der amtlichen Zulassung einen Untersuchungsbericht mit Angaben zum abiotischen Photoabbau des jeweiligen Wirkstoffs in Wasser (Kinetik für das „Verschwinden" dieses Wirkstoffes aus der Umwelt) vorlegen; s. hierzu >Pflanzenschutz<.

Lit: Coyle JD, Hill RR, Roberts DR (1982) Light, Chemical Change and Life: A Source Book in Photochemistry, The Open University Press, Milton Keynes – Korte F (1987) Lehrbuch der Ökologischen Chemie, 2.Aufl., Thieme, Stuttgart – Corrin ML (1978) J Chem Educ 55: 210 („Atmospheric Chemistry") – Hautala RR, King RB, Kutal C (1978) Solar Energy, The HUMANA Press, Clifton, NJ, USA – Hulpke H, Wilmes R (1985) Abiotic Chemical Changes in Water, SCOPE, Wiley, New York – Lotz F, Nitz S, Korte F (1979) Chemosphere 8: 301, 763 – Iqball M (1983) An Introduction to Solar Radiation. Academic Press, Toronto New York London, 390 Seiten.

Sonnenenergie. (Syn. Solarenergie). Energie, die mittels >Sonnenstrahlung< auf die Erde gebracht wird und dort Lebensvoraussetzungen schafft sowie die natürlichen Energiekreisläufe speist. S. ist die durch Kernverschmelzung (>Fusion<) freigesetzte Energie. Bei der Fusion werden auf der Sonne in jeder Sekunde einige 100 Mio. Wasserstoffatome in schwerere Heliumatome umgewandelt. Entsprechend dem Gesetz über die Äquivalenz von Masse und Energie (E = mc^2; A.Einstein) wird die Massendifferenz zwischen den Helium- und Wasserstoffatomen in Energie übergeführt. Der größte Teil dieser Energie wird als >elektromagnetische Strahlung< in den Weltraum abgestrahlt. Die gesamte Leistung beträgt ca. $3,85 \cdot 10^{23}$ kW. Etwa ein halbes Milliardstel davon erreicht die Erdoberfläche. Dies entspricht einer Energiemenge von ca. 1,53 Trillionen kWh pro Jahr ($1,53 \cdot 10^{18}$). Die Erdoberfläche selbst erreicht jedoch nur ca. die Hälfte dieser Menge ($7 \cdot 10^{17}$ kWh). Die maximale >Leistungsdichte< beträgt auf der Erdoberfläche etwa 1 kW/m^2, d.h. in Mitteleuropa steht ein Energiepotential von etwa 1.000 kWh/m^2 jährlich zur Verfügung. 1.000 kWh pro Jahr entsprechen ungefähr der Energie, die zur Beheizung eines Einfamilienhauses an ca. 4 Wintertagen aufgebracht werden muß. Das Angebot an S. ist zudem jahres- und tageszeitlichen sowie witterungsbedingten und u.a. großen geographischen Schwankungen unterworfen. An Stellen, wo die Sonne am stärksten scheint (höchste Quellstärke) – z.B. in der *Sahara* –, ist i.allg. der Energiebedarf sehr gering. Daraus resultiert für die Nutzung der Sonnenenergie ein vergleichsweise hoher >Flächenbedarf< für die Sammlung und Konzentrierung der Energie und die Notwendigkeit einer >Speicherung<, um die Ungleichzeitigkeit oder sogar Gegenläufigkeit von Sonnenenergieangebot und Energiebedarf auszugleichen. Von dem sehr großen Potential der S. läßt sich deshalb nur ein sehr kleiner Teil technisch und wirtschaftlich nutzen.

Lit: Weber R (1986) Erneuerbare Energie, Taschenlexikon, Olynthus, Oberbözberg, S.230–231.

Sonnenofen. Solaranlage mit mehreren Brennspiegeln zur Erzeugung von sehr hohen Temperaturen für wissenschaftliche Forschung (s. Abb. unten). In Odeillo in den französischen Pyrenäen wurde 1972 der bisher größte S. zur Erzeugung sehr hoher Temperaturen für spezielle Schmelzprozesse in Betrieb genommen. 63 bewegliche >Heliostaten< (Sonnenspiegel) mit je 45 m^2 Spiegelfläche reflektieren die >Sonnenstrahlung< auf einen Prabolbrennspiegel mit 2000 m^2 Spiegelfläche. Dieser >Parabolspiegel< bündelt die auftreffende Sonnenstrahlung auf einen 0,0625 m^2 großen Brennpunkt, in dem sich ein Schmelztiegel befindet. Durch diese Konzentrierung der Sonneneinstrahlung – von ca. 3000 m^2 Spiegelfläche der Heliostaten auf eine 2000 m^2 große Fläche des Parabolspiegels und dann auf einen ca. 0,0625 m^2 großen Brennpunkt – werden Temperaturen über 3800 °C erreicht. Weitere Anlagen dieser oder ähnlicher Art sind in Australien, Japan, USA, Griechenland und in der Sowjetunion in Betrieb.

Lit: Ahlhaus O, Boldt G, Gonsior B, Klein K, Ziburske H (1981) Taschenlexikon Energie. Pädagogischer Verlag Schwann, Düsseldorf – Weber R (1986) Erneuerbare Energie. Taschenlexikon, 1.Aufl., Olynthus, Oberbözberg S.232 – Feuerlein R, Näpfel H, Schäflein H (1984) bsv Physik für die Sekundarstufe I, 1.Aufl., Bayerischer Schulbuch-Verlag, München.

Sonnenscheindauer. Die Zeit eines Tages oder Jahres, an der die >direkte Sonnenstrahlung< den von der >WMO< definierten Schwellenwert von 120 W/m^2 überschreitet. Die S. wird i.allg. in Stunden gemessen. Sie ist eine meteorologische Größe und sowohl von der geographischen Lage als auch von den klimatischen Verhältnissen abhängig. Ihre maximalen Werte erreicht sie in Wüstengebieten wie z.B. in der >Sahara< mit ca. 4.000 h pro Jahr. Im Vergleich dazu beträgt die Sonnenscheindauer in Deutschland pro Jahr durchschnittlich ca. 1.600 h und in Südeuropa ca. 2.000 h;

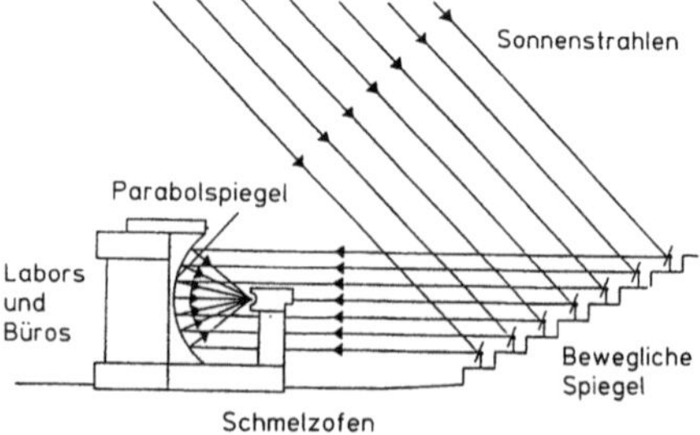

Sonnenofen: Prinzip eines Sonnenofens: Bewegliche Heliostaten reflektieren die Sonnenstrahlen auf einen Parabolspiegel, der die Strahlung weiter konzentriert. (Nach Feuerlein et al. 1984)

Sonnenscheindauer: Mittlere Jahressummen der Sonnenscheindauer. Mittel der Periode 1961–1990 (Angaben in Stunden)

Afrika		Asien	
Dakar	3.025	Bahrain	3.354
Horta/Azoren	1.795	Bombay	2.584
Kapstadt	3.094	Hong Kong	1.948
Nairobi	2.492	Jakutsk	2.231
Seychellen	2.528	Peking	2.748
Tunis	2.803	Singapur	2.022
Wadi Halfa/Sudan	3.687	Tokyo	1.811
Amerika		**Europa**	
Acapulco	2.945	Athen	2.771
Anchorage	2.061	Berlin	1.625
Buenos Aires	2.374	Lissabon	2.799
Caracas	2.612	Moskau	1.721
Los Angeles	3.254	Reykjavik	1.268
Managua	2.570	Stockholm	1.821
Mexiko City	2.212	Wien	1.771
Miami	3.154		
Montreal	2.033	**Ozeanien**	
Nassau/Bahamas	2.878	Alice Springs	3.501
New York	2.535	Darwin	3.098
Recife	2.464	Honolulu	3.036
Rio de Janeiro	2.079	Sidney	2.643

Aus: Climatological Normals (CLINO) for the Period 1961–1990 (1996) WMO/OMM-Nr. 847, Genf, Loseblattsammlung

d. h. eine >Solaranlage< mit gleicher Leistung liefert in heißen Gebieten etwa doppelt soviel Energie. Eine Auswahl von Stationsangaben enthält obenstehende Tabelle. Weitere Daten können beim Deutschen Wetterdienst, Hamburg, angefordert werden.

Lit: WMO (1996) Guide to Meteorological Instruments and Methods of Observation. WMO-Nr. 8, 6. Aufl., Genf, Loseblattsammlung – Kleemann M, Meliß M (1988) Regenerative Energiequellen, Springer, Berlin Heidelberg New York London Paris Tokyo, S. 44–45 – Weber R (1986) Erneuerbare Energie. Taschenlexikon, 1. Aufl., Olynthus, Oberbözberg, Schweiz, S. 44–45 – Climatological Normals (CLINO) for the Period 1961–1990 (1996) WMO/OMM-Nr. 847, Genf.

Sonnenstrahlung. (Syn. Solarstrahlung). Die von der Sonne emittierte Strahlung entspricht nach dem Planckschen Strahlungsgesetz angenähert der Strahlung eines etwa 5.000 bis 6.000 K heißen schwarzen Körpers. Die die Obergrenze der Erdatmosphäre erreichende S. wird als extraterrestrische S. bezeichnet,

ihr mittlerer Energiefluß als >Solarkonstante<. Der meteorologisch bedeutsame Spektralbereich der S., das sind 98 %, umfaßt den sog. kurzwelligen Bereich zwischen 0,29 und 4,0 µm mit einem Maximum bei 0,48 µm, d. h. im sichtbaren Bereich (grün). Man unterteilt die extraterrestrische S. in folgende drei Spektralbereiche (s. Tabelle unten).

Beim Durchgang durch die Atmosphäre wird die S. selektiv geschwächt, s. Abb. S. 1090. Eine vollständige Absorption erfolgt:

– unterhalb von 0,29 µm in der >Thermosphäre< oberhalb von 80 km und in der stratosphärischen >Ozonschicht< in Höhen zwischen 20 und 50 km. Dadurch werden diese Schichten zu einem lebenswichtigen Schutzschild für die Biosphäre. Eine Verminderung der Konzentration des >Ozons< in diesen Höhen durch menschliche Aktivitäten erzeugt insbesondere in den polaren Breiten das sog. >Ozonloch<, das regelmäßig im September/Oktober über der Antarktis und zeitweilig im März/April in einigen Regionen der Arktis zu beobachten ist;

– ab 1,3 µm v. a. in einzelnen Wasserdampf- und Kohlendioxidbanden. Je nach Art der Wechselwirkungen der S. in der Atmosphäre unterscheidet man >direkte Sonnenstrahlung<, >diffuse Sonnenstrahlung< und >Globalstrahlung<. S. a. >Strahlung (nicht radioaktiv)<, >Solarstrahlung<.

Lit: Foitzik L, Hinzpeter H (1958) Sonnenstrahlung und Lufttrübung, Akademische Verlagsgesellschaft Geest & Portig, Leipzig.

Sorangium. >Bacteria< (s. Abb. S. 142).

Sorbinsäure. 2,4-Hexadiencarbonsäure. In der Natur kommt das Lacton der S. als Parasorbinsäure in Vogelbeeren vor und ist giftig. S. selber hat keine toxische Wirkung, da im Säugetierorganismus der Abbau durch β-Oxidation erfolgt. Die Synthese erfolgt aus Ethanal oder aus Crotonaldehyd. S. hemmt das Wachstum von Hefen und Pilzen im pH-Bereich bis 6,5. Der Einsatz erfolgt häufig in Kombination mit >Benzoesäure< gegen den Schimmelpilzbefall von Brot oder als Konservierungsmittel in Fisch- und Fleischerzeugnissen, Getränken, Marmeladen, Gelee, Trockenfrüchten etc.

$$H_3C\diagup\!\diagdown\!\diagup\!\diagdown\!\diagup^{COOH}$$

Sorbit. Ein Hexit, der in Algen und höheren Pflanzen sowie in Kirschen, Äpfeln und Pflaumen vorkommt.

Sonnenstrahlung: Spektrale Verteilung der solaren Strahlung

Bezeichnung	Wellenlängenintervall	Bemerkungen und Anteil am Gesamtspektrum
UV-Bereich	0,10 bis 0,40 µm	Ultraviolett, 7 %
UV-C Gebiet	0,10 bis 0,28 µm	wird in der Atmosphäre absorbiert, s. u.
UV-B Gebiet	0,28 bis 0,315 µm	führt zur Erythembildung (Hautrötung) und Vitamin-D-Erzeugung in der Haut
UV-A Gebiet	0,315 bis 0,40 µm	bewirkt Pigmentierung (Bräunung) der Haut und schützt dadurch vor der UV-B-Strahlung und dem Sonnenbrand
Sichtbarer Bereich	0,40 bis 0,78 µm	Sichtbar, 42 %
A-Gebiet	0,40 bis 0,52 µm	violett bis grün
B-Gebiet	0,52 bis 0,62 µm	grün bis rot
C-Gebiet	0,62 bis 0,78 µm	rot
Infrarot-Bereich	0,78 bis 50 µm	Infrarot, 49 %
A-Gebiet	0,78 bis 1,4 µm	kurzwelliges Infrarot
B-Gebiet	1,4 bis 4,0 µm	mittelwelliges Infrarot
C-Gebiet	4,0 bis 1.000 µm	langwelliges Infrarot

Nach: DIN 5031 (1984) Strahlungsphysik im optischen Bereich und Lichttechnik, Teil 7: Benennung der Wellenlängen.

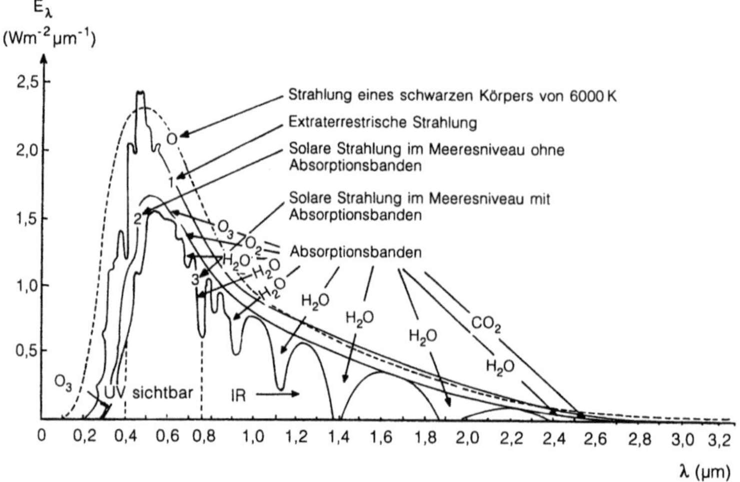

Sonnenstrahlung: Spektrale Verteilung der solaren Strahlung (aus: Campen CF, Cole AE, Condron TP, Ripley WS, Sissenwine N, Solomon I (Hrsg.) (1960) Handbook of Geophysics, rev. ed., United States Air Force, Air Research and Development Command, The Macmillan Company, New York)

Die chem. Darstellung erfolgt durch Stärkeverzuckerung und anschließende katalytische Hydrierung der gebildeten Glucose. S. wird im Dünndarm relativ langsam resorbiert und vom Organismus insulinunabhängig zu >Fructose< umgesetzt. S. kann als >Zuckeraustauschstoff< eingesetzt werden. Die Süßkraft ist nur halb so groß wie die der >Saccharose<. Weiterhin erfolgt der Einsatz als Feucht- und Frischhaltemittel, zur Verbesserung der Haltbarkeit, zur Verbesserung der Textur bestimmter Lebensmittel etc. S. kann bei der Oberflächenbehandlung von Rosinen statt Paraffin eingesetzt werden. Beim Trocknen von Milch stabilisiert S. die >Vitamine< und >Aminosäuren<.

Sorbitanfettsäureester. (Spans). Fettsäureester des Sorbitans, das durch Wasserabspaltung aus Sorbit gebildet wird. Sie dienen als Emulgatoren, zur Verzögerung der Fettreifbildung bei Schokolade und des Altbackenwerdens von Backwaren.

Sorgfaltsgebot. Grundsatz des >Wasserrechts<; gem. § 1 a Abs. 2 des >Wasserhaushaltsgesetzes< ist jedermann verpflichtet, bei Maßnahmen, mit denen Einwirkungen auf ein Gewässer verbunden sein können, die nach den Umständen erforderliche Sorgfalt anzuwenden, um eine Verunreinigung des Wassers oder eine sonstige nachteilige Veränderung seiner Eigenschaften zu verhüten und um eine mit Rücksicht auf den Wasserhaushalt gebotene sparsame Verwendung des Wassers zu erzielen.

Sorption. Bezeichnung, die in der Bodenkunde für die Bindung von gelösten (oder gasförmigen) Stoffen an Feststoffen ohne Rücksicht auf den Bindungsmechanismus verwendet wird. S. schließt daher Phänomene wie >Adsorption<, Ionenaustausch und >Chemisorption<, z. T. auch Fällung ein.

Sorptionskapazität. Gesamtzahl der zur >Sorption< eines bestimmten Stoffes oder einer Gruppe von Stoffen befähigten Positionen, bezogen auf die Bodenmasse. Bei der S. für Kationen oder Anionen spricht man oft auch von Kationen- oder Anionenaustauschkapazität.

Sorptionskoeffizient. Spez. Verteilungskoeffizient, der die Gleichgewichtskonzentrationsverteilung zwischen einer festen und einer Lösungsphase beschreibt. Gemessen wird allerdings eine mehr oder weniger gute Annäherung an ein Gleichgewicht über Schütteln der Proben bei Laborbedingungen für z. B. 24 Stunden. S. a. >Sorptionsisothermen<, >Isothermen<.

Sorptionsplätze. Positionen an der Oberfläche oder im Inneren der festen Bodensubstanz, die zur (reversiblen) Bindung gelöster Stoffe befähigt sind. Dies können einmal positive Ladungen sein, die v. a. bei tiefen pH-Werten an Eisen(III)- und Aluminiumoxiden, an >Allophanen< und den Stirnseiten von Schichtsilicaten vorkommen und Anionen binden können. Ebenso treten in Böden negative Ladungen auf, die in den Zwischenschichten der >Tonminerale<, sowie, zunehmend mit steigendem pH, an Oxiden und >Huminstoffen< lokalisiert sind und Kationen sorbieren können. Weiterhin gibt es in Böden noch S., an denen ungeladene organische Stoffe durch z. B. Ladungsübertragungskomplexe, Wasserstoffbrücken oder kovalente Bindungen festgehalten werden können. In vielen Fällen ist die Bindung der Stoffe zunächst reversibel, wandelt sich aber im Lauf der Zeit in eine irreversible Bindungsform um.

Sorptionsvermögen. Fähigkeit eines Bodens, gasförmige oder gelöste Stoffe festzuhalten. Der Begriff S. wird

– im Gegensatz zu >Sorptionskapazität< u. ä. – meist ohne Rücksicht auf die Eigenschaften des zu sorbierenden Stoffes und die Bindungsmechanismen gebraucht. Dies ist in der Regel auch gerechtfertigt, da bestimmte Bodenbestandteile wie >Huminstoffe<, >Tonminerale< sowie Eisen-, Mangan- und Aluminiumoxide allgemein ein hohes S. für ganz unterschiedliche Stoffklassen besitzen.

Sorte. Entsteht durch züchterische Arbeit (Auslese, Kreuzung, Auslösung von >Mutationen<, gentechnische Maßnahmen). Sie hat erblich bedingte, sortentypische Merkmale und Leistungseigenschaften, die sie bei ihrer Fortpflanzung beibehält. In D bilden das Sortenschutzgesetz und das Saatgutverkehrsgesetz die rechtlichen Grundlagen für das Sortenwesen. Für die Erteilung des Sortenschutzes muß die S. neu, hinreichend homogen und beständig sein. Für die Eintragung in die Sortenliste und damit für die Anerkennung als verkehrsfähiges Saatgut muß sie noch einen „landeskulturellen Wert" haben, d. h. sie muß eine Verbesserung gegenüber den vorhandenen, vergleichbaren S. darstellen. Die Entscheidung darüber trifft das Bundessortenamt mit Sitz in Hannover. Heutige S. haben gegenüber alten „Landsorten" eine erheblich höheres Leistungspotential, sind aber auch wesentlich besser mit >Resistenzen< ausgestattet.

Sortenliste (Bundes-). >Bundessortenamt<.

Sortenmischung. Es werden – in der Regel zu gleichen Anteilen – zwei oder mehr Sorten beim Anbau einer Getreideart gemischt. Wichtigster Effekt ist dabei die breitere genetische Vielfalt des Mischbestandes im Vergleich zum Reinbestand, mit der in erster Linie eine Erhöhung der >Resistenz< gegen Pilzkrankheiten und damit eine Reduzierung der chemischen Bekämpfungsmaßnahmen erreicht werden soll. In der Praxis wird dies v. a. bei Mehltau verwirklicht, weil dafür über Züchtung die meisten Resistenzgene in den Sorten vorhanden sind. Für eine S. müssen die Resistenzen der Mischungspartner sorgfältig aufeinander abgestimmt sein. Bei Verwendung als Futtergetreide stehen dazu mehr Sorten zur Verfügung als für Qualitätsgetreide, da hier die notwendigen zusätzlichen Kriterien die Auswahl einengen. Grundsätzlich sind durch S. wegen ihrer Kompensationsfähigkeit witterungsbedingter Faktoren über die Resistenzen hinaus auch positive Effekte für den Ertrag möglich, sofern die einzelnen Sorten nicht zu unterschiedlich auf die Anbaumaßnahmen reagieren.

Sortenresistenz. Genetisch verankerte Fähigkeit einer >Sorte<, die Wirkung von Schadorganismen sowie abiotischen Schad- und Streßfaktoren (z. B. Kälte, Trockenheit) zu mindern oder unwirksam zu machen. Heimische Sorten sind an die hiesigen durchschnittlichen Schwankungen der Witterung angepaßt. Die Bedeutung der S. liegt in der Resistenz gegen Pflanzenkrankheiten. In vielen Fällen gibt es auch heute noch keine direkten Bekämpfungsmöglichkeiten (z. B. Viren, Bakterien), dort ist die Züchtung einer S. die einzige Möglichkeit für einen wirtschaftlichen Anbau. Die meisten >Pilzkrankheiten< sind heute durch >Fungizide< bekämpfbar. Die S. bietet hier die Möglichkeit, die chemische Bekämpfung zu reduzieren, im Idealfall einzusparen. Beim Anbau von Kulturpflanzen ist im Vergleich zu den Wildpflanzen die Variabilität der Resistenzgene auf die in den S. vorhandenen beschränkt. Die Fähigkeit der Pilze, durch Veränderung ihres Erbguts (Mutation) eine S. zu brechen, ist groß, ebenso die Fähigkeit, selbst gegen fungizide Wirkstoffe resistent zu werden. Deshalb ist es wichtig, durch Züchtung und gezielten Wechsel der angebauten Sorten das Spektrum der Resistenz zu erweitern; dazu gehört auch die ständige Beobachtung der Entwicklung der Erregerrassen, um bei einer Veränderung rechtzeitig reagieren zu können. Man stellt dazu in ganz Europa Fallen für Pilzsporen auf. Andererseits ist ein Wechsel der eingesetzten Wirkstoffe ebenso wichtig, um die Möglichkeit der Bekämpfung zu erhalten.

Sortieranlagen. Anlagen, in denen erwünschte verwertbare Stoffe (Positiv-Entnahme) oder unerwünschte nicht verwertbare bzw. störende Stoffe (Negativ-Entnahme) aus dem >Abfall< getrennt werden. Grundsätzlich kann man zwischen Anlagen, die zum großen Teil maschinell sortieren und Anlagen, bei denen vor allem per Hand sortiert wird, unterscheiden. Die S. haben die Aufgabe, einerseits die Abfälle in verschiedene Fraktionen mechanisch zu klassieren (Herstellung von nicht sortenreinen >Wertstoffen<), und andererseits die teils mechanische, teils manuelle Gewinnung von sortenreinen Wertstoffen vorzunehmen. Bei der manuellen Sortierung ist die Belastung am Arbeitsplatz durch Staub und Gestank erheblich. Aber auf absehbare Zeit kann auf die Handsortierung nicht verzichtet werden, um vermarktungsfähige Wertstoffqualitäten zu erzielen. Der schematische Aufbau einer solchen Anlage ist in der Abb. S. 1092 skizziert.

Sotalol. >Beta-Blocker<.

SOZ. Straßenoctanzahl. >Octanzahlen<.

Soziale Kosten. (Syn. volkswirtschaftliche Kosten). Summe aus >privaten Kosten< und >externen Kosten<. Werden z. B. >Schadstoffe<, die bei der Produktion entstehen, in die Umwelt abgegeben, und führt dies zu Kosten an anderer Stelle, z. B. im Gesundheitswesen, bei der Trinkwasseraufbereitung usw., so übersteigen die volkswirtschaftlichen Kosten der Produktion die Summe der in den schadstoffemittierenden Produktionsbetrieben erfaßten einzelwirtschaftlichen Kosten. Diese Differenz nennt man „soziale Kosten" oder auch „soziale Zusatzkosten". Der Begriff der s. K. versucht also, die externen Folgewirkungen der Produktion zu erfassen. Manche Autoren gehen hier inzwischen noch weiter: Sie schließen auch die Folgewirkungen des aufwandsintensiven Lebensstils und des umweltbelastenden Konsumverhaltens ein. Erste Abschätzungen der sozialen Kosten der Produktion infolge der Umweltbelastung liegen bei über 100 Mrd. DM pro Jahr.

Lit: Kapp KW (1979) Soziale Kosten in der Marktwirtschaft, Fischer, Fankfurt/M. – Wicke L (1986) Die ökologischen Milliarden, Kösel, München – Leipert C (1989) Die heimlichen Kosten des Fortschritts, S. Fischer, Stuttgart – Musgrave RA, Musgrave PB (1989) Public Finance in Theory and Practice. 5. Aufl., McGraw-Hill, New York.

Sozialindikatoren. Meßgrößen für die Wohlfahrt in einem Lande. Das Bruttosozialprodukt ist als Wohlfahrtsmaß umstritten, u. a. deshalb, weil es die „Reparaturmaßnahmen" an der Umwelt als positive Beiträge erfaßt (s. a. >Defensivausgaben<). Unter der Zielsetzung einer „gesellschaftlichen Berichterstattung" werden als Meßgrößen für die Wohlfahrt oder die Qualität des Lebens stattdessen unterschiedliche statistische Informationen über ökonomische, gesellschaftliche und umweltbezogene Sachverhalte vorgeschlagen. Interna-

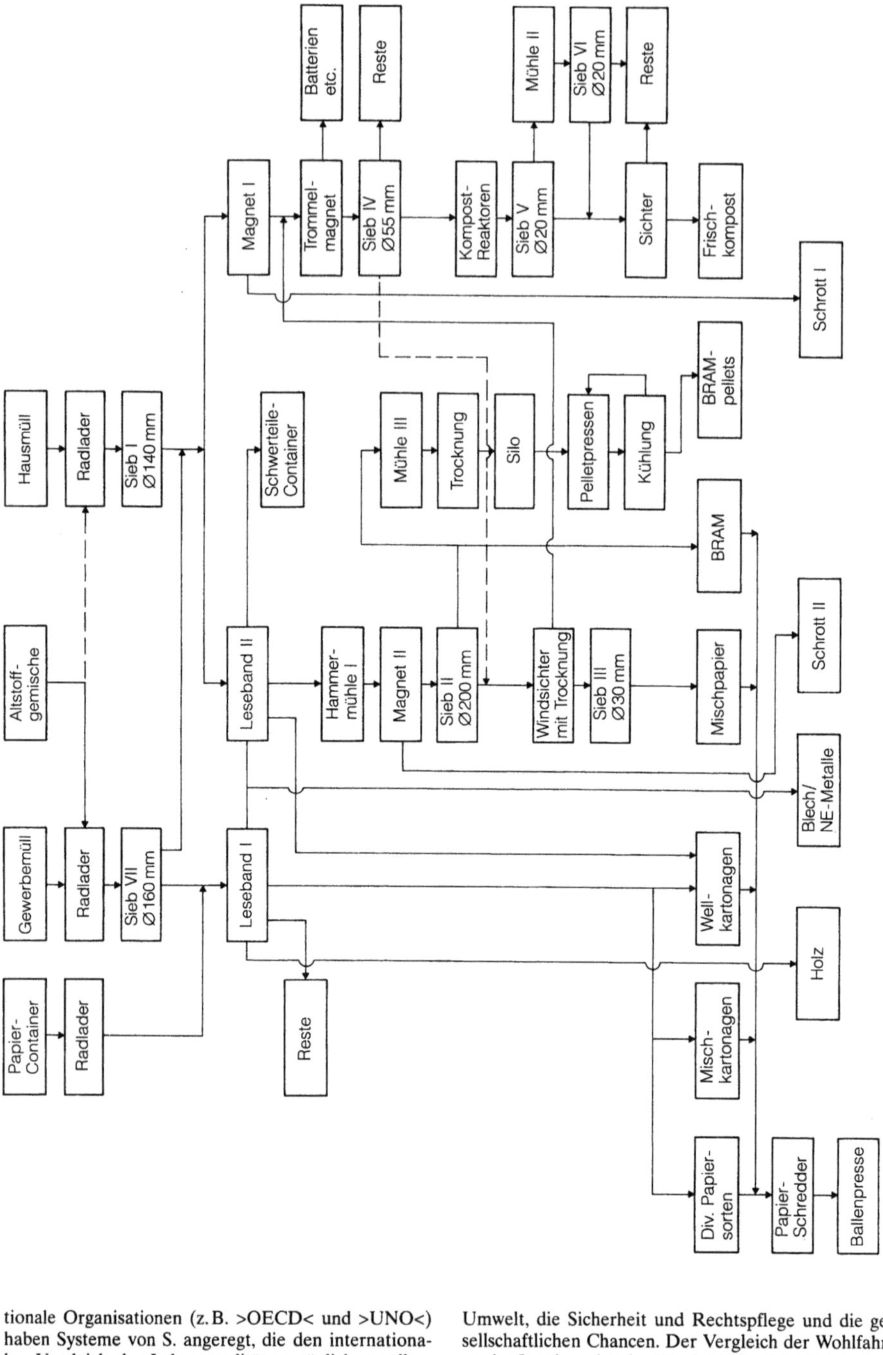

Sortieranlagen: Schematischer Aufbau einer Abfallsortieranlage (Anlage „Haus Forst") (aus: Firmenprospekt Trienikens)

tionale Organisationen (z.B. >OECD< und >UNO<) haben Systeme von S. angeregt, die den internationalen Vergleich der Lebensqualität ermöglichen sollen. In d.R. enthalten solche Systeme Informationen über die Gesundheit, über den Bildungsstand, die Arbeit und die Qualität des Arbeitslebens, die Freizeit, die ökonomische Situation, die physische und die soziale Umwelt, die Sicherheit und Rechtspflege und die gesellschaftlichen Chancen. Der Vergleich der Wohlfahrt zweier Länder oder der Vergleich der Wohlfahrt eines Landes zu unterschiedlichen Zeiten setzt neben der Verabredung über die Indikatorenlisten Verabredungen über das anzuwendende Gewichtungsschema voraus. Eine international akzeptierte aggregierte Größe

etwa in Form eines „Wohlfahrtsindex" steht jedoch bis heute aus. S. können daher gegenwärtig nur für die Beurteilung der Lage und Entwicklung auf den jeweiligen Teilgebieten herangezogen werden.
Lit: Leipert C (1978) Gesellschaftliche Berichterstattung, Springer, Berlin Heidelberg New York.

Sozialverträglichkeit. Analysiert die Beziehungen Mensch – Umwelt im Hinblick auf die räumliche Verteilung und Strukturierung der Bevölkerung, auf die friedliche oder aggressive Interaktion von Mensch und Umwelt und die Folgewirkungen der so veränderten Umwelt. In empirischen Untersuchungen werden insbesondere Fragen der räumlichen Verteilung und Strukturierung der Bevölkerung aufgegriffen. Darunter fallen z.B. Fragen nach den Ballungen der Bevölkerung (Gradient), die zudem in Beziehung gesetzt werden zur Häufigkeit von Verbrechen, Bodenpreisen, Verteilung der Bevölkerung während des Tages etc. Diese Forschungen erstrecken sich vor allem auf amerikanische Großstädte. Mit der Sozialverträglichkeitsprüfung werden die Folgen einer Sanierungsmaßnahme auf das soziale Gefüge, auf die ökonomische Situation von Be- und Anwohnern, auf Entfaltungsmöglichkeiten von betroffenen Interessengruppen, auf das psychische Wohlbefinden und ähnliche Parameter untersucht und bewertet. Auch hier müssen neben der zu sanierenden Fläche auch die jeweiligen Einwirkungsräume betrachtet werden.

Soziobiologie. >Verhaltensökologie<.

Spacer. Eine auf der >DNA< liegende Basensequenz, die zwischen zwei codierenden Sequenzen eines >Gens< oder einer Reihe von Genen liegt. Man unterscheidet dabei die S., die während der >Transcription< transcribiert, d.h. in die komplementäre RNA-Sequenz übertragen werden und als TS bezeichnet werden, von denen, die nicht transcribiert werden und als NTS bezeichnet werden. Der Begriff NTS findet meistens für solche Regionen von rRNA-Genen (>RNA<) Anwendung, die sich in der reifen rRNA der voll funktionsfähigen Ribosomen nicht wiederfinden.

Spallation. Kernumwandlung, bei der ein energiereiches Geschoßteilchen aus dem getroffenen Kern zahlreiche einzelne Teilchen (>Protonen<, >Neutronen<) herausschlägt. Zuerst als Wirkung der kosmischen Strahlung beobachtet.

Spaltausbeute. Prozentualer Anteil eines >Nuklides< an den bei der >Kernspaltung< auftretenden >Spaltprodukten<.

Spaltbarkeit. Eigenschaft eines >Nuklides<, durch irgendeinen Kernprozeß gespalten zu werden.

Spaltgas. 1. Abgas: Thermische oder katalytische Dissoziation von >MeOH< in >CO< und >Wasserstoff<, um mit diesem Gas einen >Verbrennungsmotor< zu betreiben. Im Vergleich zu MeOH ist das S. energiereicher und läßt weniger >Abgasschadstoffe< erwarten. Mehrere Konzeptfahrzeuge mit S.-Antrieb sind im Forschungsstadium, wobei die erforderliche aufwendige Regelung und die Thermodynamik bei geringen Motorlasten schwierig zu beherrschen sind.
2. Kernspaltung: Bei der >Kernspaltung< entstehende gasförmige >Spaltprodukte<, z.B. Kr-85.

Spaltgasraum. Freigelassener Raum im oberen Teil eines jeden >Brennstoffstabes< zum Auffangen des wäh-

rend des nuklearen Abbrandes entstehenden Spaltgases.

Spaltkammer. Neutronendetektor mit guter Diskriminierung gegenüber anderen Strahlenarten. In spaltbarem Material, das sich innerhalb eines Gasionisationsdetektors, z.B. einer >Ionisationskammer<, befindet, lösen die >Neutronen< Spaltungen aus. Die energiereichen >Spaltprodukte< erzeugen wegen ihrer hohen Ionisierungsdichte vom Untergrund gut unterscheidbare Spannungsimpulse.

Spaltneutron. >Neutronen<, die aus dem Spaltungsprozeß stammen und ihre ursprüngliche Energie beibehalten haben.

Spaltneutronenausbeute. Mittlere Anzahl der >Spaltneutronen< zur Anzahl der insgesamt im >Brennstoff< absorbierten Neutronen.

Spaltprodukte. >Nuklide<, die durch >Spaltung< oder nachfolgenden radioaktiven >Zerfall< der durch Spaltung direkt entstandenen Nuklide entstehen; z.B.: Kr-85, Sr-90, Cs-137.

Spaltstoff. Jeder Stoff, der sich durch >Neutronen< spalten läßt, wobei weitere Neutronen freiwerden; z.B. >Uran<-235, >Plutonium<-239.

Spaltstoffflußkontrolle. >Kernmaterialüberwachung<.

Spaltung. 1. *Spontane Spaltung*: Eigenschaft best., sehr schwerer >Atomkerne<, ohne Anregung von außen zu spalten; meist überlagert durch andere Zerfallsarten. Die >Halbwertszeit< für Spontanspaltung bei U-238 beträgt $8 \cdot 10^{15}$ Jahre, d.h., daß pro Gramm U-238 sich etwa alle 2 bis 3 Minuten ein Kern durch Spontanspaltung umwandelt. Cf-254 und Fm-256 wandeln sich fast nur durch spontane Spaltung um.
2. *Thermische Spaltung*: >Kernspaltung< durch >thermische Neutronen<.

Spaltzone. Teil des >Reaktors<, in dem die Spaltungskettenreaktion abläuft.

Spanplatten. Spanplatten enthalten neben dem Hauptbestandteil Holzspäne ca. 10% eines org. Bindemittels. Als Bindemittel kommen überwiegend >Harnstoff-Formaldehyd-Harze<, daneben >Melaminharze< (UF-Spanplatten), aber auch >Phenol-Formaldehyd-Harze< (wasserfeste PF-Spanplatten) oder Diphenylmethan-Diisocyanat-Klebstoffe (MDI-Spanplatten) zum Einsatz. Als Härter bzw. Beschleuniger finden z.B. Ammoniumchlorid bei UF-Harzen (1 bis 2,5%, bezogen auf das eingesetzte Bindemittel) bzw. Natrium- oder Kaliumcarbonate bei PF-Harzen (10 bis 20%, bezogen auf das eingesetzte Bindemittel) Verwendung. Die Freisetzung von >Formaldehyd< kann bei in >Innenräumen< eingesetzten Spanplatten auf der Basis von insbesondere UF-Harzen für Wand- oder Deckenverkleidungen sowie als Möbelbaustoff zu Reizerscheinungen führen. Zu einer Formaldehydfreisetzung führt überschüssiges, nicht abreagiertes Formaldehyd oder die Hydrolyse des Bindemittels bei Einwirkung hoher Luftfeuchtigkeit und hohen Raumtemp. Zur Vermeidung von Schleimhautreizungen und Belästigungen hat das >Bundesgesundheitsamt< eine max. zulässige Konz. von 0,1 ppm, entspr. 0,12 mg/m^3, für Formaldehyd in Innenräumen empfohlen. Auf dieser Grundlage hat der Ausschuß für Einheitliche Technische Baubestimmungen (ETB) eine „Richtlinie über die Verwendung von Spanplatten hinsichtlich der Vermeidung unzumutbarer Formaldehyd-Konz. in der Raumluft" und die „Richtlinie über die Klassifizierung von Spanplatten bezüglich der Formaldehydabgabe" ausgearbeitet, die in das Baurecht der Bundesländer übernommen wurden. Danach sind alle Spanplatten für den Baubereich (jedoch nicht für Möbel) hinsichtlich ihrer Formaldehydabgabe zu klassifizieren, zu kennzeichnen und amtlich zu überwachen. Die Spanplatten sind danach in drei >Emission<sklassen (E 1, E 2 und E 3) eingeteilt, wobei unter den festgelegten Prüfbedingungen folgende Formaldehydkonz. nicht überschritten werden dürfen: E 1 max. 0,1 ppm, E 2 max. 1 ppm und E 3 max. 2,3 ppm. Spanplatten der Emissionsklasse E 2 und 3 dürfen im Baubereich nur eingesetzt werden, wenn durch eine Oberflächen- und Kantenbehandlung der Emissionswert von 0,1 ppm unter den Prüfbedingungen ebenfalls nicht überschritten wird. Für die ürigen Anwendungszwecke und damit auch für Möbel sind die Regelungen des § 9 der >Gefahrstoffverordnung< heranzuziehen, wonach Holzwerkstoffe, neben unbeschichteten und beschichteten Spanplatten auch Faser- und Furnierplatten, nicht in den Verkehr gebracht werden dürfen, wenn die Ausgleichskonz. des Formaldehyds im Prüfraum 0,1 ppm überschreitet. Für den Einsatz von Spanplatten in Holzfeuerungsanlagen gelten besondere Vorschriften. So dürfen diese als >Brennstoff< nur in immissionsschutzrechtlich >genehmigungsbedürftigen größeren Anlagen< oder in Betrieben der Holzbearbeitung oder Holzverarbeitung eingesetzt werden, wobei die >Kleinfeuerungsanlagenverordnung< in der Fassung vom 14.03. 1997 hierfür in Abhängigkeit von der Nennwärmeleistung besonders niedrige >Emissionswerte< für >Kohlenmonoxid< vorgibt. Der Einsatz im häuslichen Bereich ist verboten, da der hohe Stickstoffanteil des Bindemittels bei dem in Kleinfeuerungsanlagen üblicherweise schlechten Ausbrand zu geruchsintensiven, stickstoffhaltigen Verbrennungsprodukten führt. Weiterhin ist auf das als Härter eingesetzte Ammoniumchlorid ein nicht unbeträchtlicher >Chlor<gehalt der Spanplatten zurückzuführen, der beim Verbrennungsprozeß zur Bildung von >polychlorierten Dibenzo-*p*-dioxinen< und >-furanen< führen kann.

Sparmobil. Extreme Leichtbauweise mit verbrauchsgünstigem Kleinmotor >Öko-Polo<.

Spatendiagnose. Verfahren zur deskriptiven Beurteilung ökologisch wichtiger Bodeneigenschaften an einem frisch ausgehobenen Bodenblock. Zu diesem Zweck wird mit einem speziellen Flachspaten ein 30 cm hoher Bodenblock entnommen und nach vorgegebenen Kriterien untersucht. Dabei werden neben Bodenart, Horizont- und Schichtgrenzen, Färbungen, aktuellem Wassergehalt usw. hauptsächlich Gefügeform und -eigenschaften sowie Wurzeln und Bodentiere berücksichtigt. Aus den Ergebnissen werden qualitative Kriterien für den allgemeinen Bodenzustand und die Bodenfruchtbarkeit abgeleitet; entsprechend werden Vorschläge für Bearbeitung und Fruchtfolge formuliert.

Speicher. Einrichtung, die das Aufbewahren von Gegenständen, von Informationen und von Energiemengen ermöglicht. Die heutige Energietechnik ist dadurch gekennzeichnet, daß das Energieangebot dem Energieverbraucherrhythmus weitestgehend angepaßt ist. So kommt man mit verhältnismäßig geringen Speicherkapazitäten in Form von >Pumpspeicherkraftwerken< aus. Regenerative Energieträger wie z.B. Sonne brauchen in wesentlich größerem Umfang als die bisherigen Energietechniken S. Gerade morgens und abends, wenn viel Energie gebraucht wird, scheint die Sonne nur schwach; der hohe Wärmebedarf im Winter fällt auf das geringe winterliche Sonnenwärmepotential.

Die wichtigsten Verfahren zur Energiespeicherung lassen sich aufgliedern in – mechanische S. (z.B. Pumpspeicherwasserkraftwerke), – Wärmespeicher (z.B. Niedertemperaturspeicherung), – direkte Speicherung (z.B. supraleitende Spule), – Akkumulatoren und Brennstoffzellen (z.B. Bleibatterie), – Wasserstofferzeugung (z.B. >Solarwasserstoffanlage<).

Während die Technik bei vielen Speichertypen wie z.B. Gerätebatterien oder Wasserstoffspeichern als ausgereift bezeichnet werden kann, ist die Situation bei den Kosten und der Wirtschaftlichkeit derzeit noch unbefriedigend.

Speicherfähigkeit. Bezeichnet die Aufnahmefähigkeit für stoffliche Komponenten in Abhängigkeit der für die Speicherung benötigten Energie. Typisches Beispiel für die Begriffseinengung auf zunächst ökonomische, später ökologische und hydraulische Bedeutung.

Speicherkoeffizient. Der Speicherkoeffizient S ist die Wassermenge, die aus einer Säule mit Einheitsgrundfläche freigesetzt wird, wenn die Druckhöhe um eine Längeneinheit verringert wird. Ein gespannter Grundwasserleiter (>Artesisches System<) wird als elastisch angesehen. Er dehnt sich aus oder verdichtet sich, und seine Porosität (>Hohlraumanteil<) ändert sich entsprechend, wenn die Druckhöhe durch das Pumpen abnimmt oder nach Pumpende wieder ansteigt. Der Speicherkoeffizient S ist so definiert durch $S = \varrho \cdot g \cdot (\beta_s + n\beta_w)$ mit der Dichte ϱ des Wassers, der vertikalen Kompressibilität des Korngerüstes β_s und des Wassers β_w, der Porosität n und der Erdbeschleunigung g.

Speicherkraftwerk. Wasserkraftwerk, bei dem der natürliche Wasserzulauf nicht kontinuierlich zur Stromerzeugung genutzt wird. S. werden in geeigneten Geländeformen durch den Bau von Talsperren errichtet. Im Gegensatz zum >Laufwasserkraftwerk< wird das zufließende Wasser nicht unmittelbar genutzt, sondern während Zeiten geringen Strombedarfs gespeichert. Bei erhöhtem Strombedarf kann dann aus dem >Speicher< mehr Wasser entnommen werden als gleichzeitig nachfließt. S. werden daher bevorzugt zur Deckung von Spitzenlast eingesetzt, d.h. ihr Einsatz erfolgt überwiegend zu Zeiten des höchsten Strombedarfs. Eine Sonderform des S. ist das >Pumpspeicherkraftwerk<.

Lit: Weber R (1982) Elektrizität. Mini-Lex der Energie, Limata, Köln – König F v, Jehle C (1997) Bau von Wasserkraftanlagen. 3. Aufl., C. F. Müller Verlag, Hüthig GmbH, Heidelberg.

Speichermenge, spezifische. Die spezifische Speichermenge S_s ist die gespeicherte Wassermenge, die aus einer Volumeneinheit Grundwasserleiter L^3 je Einheit Höhenabsenkung L frei wird. Sie ist die Summe aus dem gespeicherten Wasser $\varrho g \, (1-n)\beta_s$, das durch die Kompression des intergranularen Skeletts je Volumeneinheit und je Einheit Höhenabsenkung freigesetzt wird und dem Wasservolumen $\varrho g n \beta_w$, das durch Ausdehnung des Wassers je Volumeneinheit und je Einheit Höhenabsenkung entsteht: $S_s = \varrho \cdot g[(1-n) \cdot \beta_s + n\beta_w]$

mit der Dichte ϱ des Wassers, der vertikalen Kompressibilität des Korngerüstes des festen Mediums β_s und des Wassers β_w, der >Porosität< n und der Erdbeschleunigung g.

Speicherring. Arbeitsgerät der Hochenergiephysik. In einer ringförmigen Vakuumröhre in Magnetfeldanordnungen werden die mittels eines Teilchenbeschleunigers auf hohe Energien beschleunigten Teilchen (>Protonen<, >Elektronen<) gruppenweise gespeichert. Zur Erzielung von >Kernreaktionen< können diese Teilchengruppen gegen in umgekehrter Richtung umlaufende, ebenfalls hochenergetische Teilchengruppen gerichtet werden. Dadurch wird eine bessere Ausnutzung der Teilchenenergie bei den Zusammenstößen erreicht.

Sperrbereich. Bereich des >Kontrollbereiches<, in dem die >Ortsdosisleistung< höher als 3 mSv pro Stunde sein kann.

Sperrmüll. Abfälle aus Privathaushaltungen, die aufgrund ihrer Größe nicht in die Sammelgefäße passen (z.B. Möbel). S. wird mit speziellen Sammelfahrzeugen gesammelt, die besonders große Teile zerkleinern können. Bei der Abfuhr von S. können zwei Systeme unterschieden werden: a) die regelmäßig durchgeführte, flächendeckende Sperrmüllabfuhr, meist zweimal im Jahr, und b) die Abfuhr auf Anforderung. Hierbei benachrichtigt der Abfallerzeuger den Einsammler und erhält einen Termin für die Abfuhr.

Sperrstoffe. Abwasserinhaltsstoffe, wie z.B. Holzstükke, Textilien, Obstreste, Papier; sie gelangen besonders über Straßeneinläufe und Kanalschächte in das >Kanalisation<snetz und müssen am Einlauf zur >Kläranlage< zurückgehalten werden. Dazu bedient man sich eines >Rechens<. Als Vorreinigung für >Absetzanlagen< sind Grobrechen von 40 bis 50 mm Durchgang zu empfehlen. Der weite Stabstand hat den Vorteil, daß Kotstoffe und Papier durchgehen, also mit in den >Schlamm< der >Absetzbecken< kommen, und daß vorwiegend hygienisch unbedenkliche Sperrstoffe zurückgehalten werden und zu beseitigen sind.
Lit: Imhoff K, Imhoff KR (1990) Taschenbuch der Stadtentwässerung, 27.Aufl., R.Oldenbourg Verlag, München Wien.

Spezies. >Art<.

Spezifische Feuchte. Feuchtemaß, >Feuchte<.

Spezifische Luftmenge oder spez. Luftvolumen. Je kg bzw. t Brennstoff (Müll bei der Verbrennung) benötigte Luftmenge bzw. Luftvolumen. >Verbrennung<.

Spezifische Rauchgasmenge oder spezifisches Rauchgasvolumen. Je kg bzw. t Brennstoff (Müll bei der Verbrennung) entstehende Rauchgasmenge bzw. Rauchgasvolumen. >Verbrennung<.

Spezifische Speicherfähigkeit. Bezeichnet die in einem (Bindungs-) Energieintervall in einem Körper, Boden oder anderen >System< speicherbare Menge einer stofflichen Komponente oder der Wärme. Bei Wasser ist z.B. die sog. „nutzbare Feldkapazität" die im Boden bzw. in einer Bodenschicht gegen die Schwerkraft festgehaltene, für Pflanzen nutzbare, gespeicherte Wassermenge. Korrekt wäre die spez. Wasserspeicherfähigkeit eines Bodenausschnittes durch die Ableitung der sog. >Wasserspannungskurve< $\partial\theta/\partial\psi$, die spez. Speicherfähigkeit für eine austauschbare oder sorptionsfähige Ionenspezies oder einen Stoff i durch die

Ableitung der >Austausch-< bzw. >Sorptionsisothermen< $\partial c_B/\partial\mu_i$ des entspr. Bodens anzugeben. Die spez. Wärme ist analog die volumenbezogene Wärmekonz. pro Kelvin.

Spezifisches Risikomaterial (SRM). Im Hinblick auf die Eliminierung von Gewebeteilen bei der Schlachtung von möglicherweise BSE-infizierten, aber noch nicht erkrankten Tieren aus der Nahrungskette die den Erreger enthalten könnten, wird in Ländern mit entsprechendem Risiko das SRM, wie diese Gewebe bezeichnet werden, entfernt und verbrannt. Diese Maßnahme hat ihren Ursprung in den englischen Be-

Spezifisches Risikomaterial: Vorgeschlagene Liste von SRM, die von der menschlichen und tierischen Nahrung ausgeschlossen werden sollten außer wenn das Material aus einem BSE-freien Land stammt

Gewebe	Tierart	Alter (Monate)	Begründung
Gehirn	Rinder	>12	Infektiosität
	Schafe*	>12	Infektiosität
	Ziegen*	>12	Infektiosität
Augen	Rinder	>12	Infektiosität
	Schafe*	>12	Infektiosität
	Ziegen*	>12	Infektiosität
Harte Hirnhaut	Rinder	>12	Kontamination
	Schafe*	>12	Kontamination
	Ziegen*	>12	Kontamination
Hirnanhangdrüse	Rinder	>12	Kontamination
	Schafe*	>12	Kontamination
	Ziegen*	>12	Kontamination
Schädel	Rinder	>12	Kontamination
	Schafe*	>12	Kontamination
	Ziegen*	>12	Kontamination
Rückenmark	Rinder	>12	Infektiosität
	Schafe	>12	
	Ziegen	>12	Theoretische Reinfektion
Lymphknoten an der Wurzel des Rückenmarks	Rinder	>12	Infektiosität
	Schafe	>12	Infektiosität
	Ziegen	>12	Infektiosität
Wirbelsäule	Rinder	>12	Kontamination
	Schafe	>12	Kontamination
	Ziegen	>12	Kontamination
Milz	Schafe	alle	Infektiosität
	Ziegen	alle	Infektiosität
Darm	Rinder	alle	Infektiosität/
	Schafe	alle	Kontamination
	Ziegen	alle	Kontamination
Mandeln	Rinder	>12	Infektiosität
	Schafe	>12	Infektiosität
	Ziegen	>12	Infektiosität
Lunge	Rinder	>12	Kontamination
	Schafe	>12	Kontamination
	Ziegen	>12	Kontamination

In BSE-Ländern kann es angemessen sein, das Alter der Tiere von 12 auf 6 Monate zu senken. Zusätzlich können alle Gewebe von Rindern über 30 Monate als SRM und Knochen von Rindern unter 30 Monate, die keine klinischen Anzeichen von BSE zeigen, als akzeptabel für die menschliche Ernährung betrachtet werden.
* Aus praktischen Gründen kann die Entfernung der Köpfe von allen Schafen und Ziegen notwendig werden.

kämpfungspraktiken, zu denen auch das Entfernen des „specified bovine offal" und dessen Verbrennung gehört. Da Deutschland praktisch BSE-frei ist und über ein funktionierendes Tierkörperbeseitigungssystem verfügt, ist eine solche Maßnahme unnötig >TSE<, >Tierkörperbeseitigung<. Die in der Tabelle (S.1095) aufgeführten Gewebe können nach dem Stand des Wissens als SRM betrachtet werden.

Spezifischer Kraftstoffverbrauch. >Kraftstoffverbrauch< einer Verbrennungskraftmaschine bezogen auf die Leistungsabgabe und die Zeiteinheit. Übliche Einheiten des S. sind g/kWh, g/PSh oder g/h und sind dann auf einen best. Betriebspunkt des Motors bezogen.

Spezifischer Sauerstoffverbrauch. Sauerstoffverbrauch bezogen auf das Volumen (DIN 4045), gemessen in $kg/(m^3 \cdot d)$.

Spezifischer Schadstoffausstoß. Schadstoffausstoß einer Verbrennungskraftmaschine, bezogen auf die Leistungsabgabe und die Zeit, in einem best. Betriebspunkt, z. B. g CO/kWh.

Spezifität. In der Analytik bezeichnet S. die Fähigkeit eines Untersuchungsverfahrens, nur den gesuchten Analyten zu erfassen, wobei andere anwesende Bestandteile/Merkmale in der Probe das Analysenergebnis nicht beeinflussen. Der Nachweis der S. ist bei qualitativen und quantitativen Bestimmungsverfahren im Rahmen der >Validierung< gefordert. Der Begriff Selektivität wird teilweise in ähnlichem Sinne gebraucht, insbesondere dann, wenn mehrere Komponenten nebeneinander ohne gegenseitige Störung zu bestimmen sind.

Sphaerotilus. >Abwasserpilz<.

Spin. Der Spin (oder Drall) ist eine charakteristische Eigenschaft der >Elementarteilchen<.

Spinnen. Araneida, >Arachnida<.

Spinnentiere. Chelicerata, >Arachnida<.

Spiramycin. Ein Makrolidantibiotikum, das als Komplex aus drei Komponenten von *Streptomyces ambophaciens* gebildet wird. Es wirkt wie andere Makrolide gegen grampositive Bakterien und Kokken, gramnegative Keimarten sind meist resistent. Es ist eines der wenigen >Fütterungsantibiotika<, die auch in der humanmedizinischen Therapie begrenzt eingesetzt werden. Die Dosierung im >Alleinfutter< beträgt 20 bis 80 ppm.

Spirillum. >Bacteria< (s. Abb. S.142).

Spirophyllum. >Bacteria< (s. Abb. S.142).

Spiroxamine. Wirkt als >Fungizid< und zählt zur Substanzklasse der Dioxaspiroverbindungen.
Chemische Bezeichnung: (8-*tert*-Butyl-1,4-dioxaspiro(4,5)dec-2-ylmethyl)-ethylpropyl-amin
CAS-Nummer: 118134–30–8
Hersteller: Bayer AG
Wirkungstyp: Systemisches Fungizid mit protektiver, kurativer und eradikativer Wirkung. Der Wirkstoff dringt rasch in das Getreideblatt ein, wird akropetal bis in die Blattspitzen transportiert und somit im gesamten Blatt verteilt. Hemmstoff der Ergosterol-Biosynthese, wobei die 4 Isomere des Wirkstoffes an unterschiedlichen Stellen die katalysierenden Enzyme hemmen.

Bevorzugte Anwendung: In Weizen und Gerste gegen Echten Mehltau, wirksam aber auch gegen alle wichtigen Rostkrankheiten wie Weizenbraunrost, Gelbrost und der Zwergrost der Gerste. Dient auch zur Bekämpfung des Echten Mehltaus in Reben.

Chemische und physikalische Eigenschaften: Diastereomeren-Gemisch aus 2 Diastereomeren und den jeweils diesen Stereomeren zugeordneten 2 Enantiomeren. Das Verhältnis der Diastereomeren A und B beträgt 49–56 % und entsprechend 51–44 %.
Der technische Wirkstoff ist eine ölige, bräunliche Flüssigkeit mit einem Siedepunkt von 120 °C bei 0,067 hPa und einer Dichte von 0,930 bei 20 °C.
Dampfdruck: Für A 4,0 mPa bei 20 °C und für B 5,7 mPa bei 20 °C.
Verteilungskoeffizient (log Po/w): 1,3 bei pH 5, 2,8 bei pH 7 und 4,9 bei pH 9, jeweils bei 20 °C.
Stabilität: Hydrolytisch und photolytisch stabil. Bei pH 5–9 findet innerhalb von 30 Tagen bei 25 °C kein Abbau statt. Im Sinne der OECD-Richtlinie 113 ist das Isomer A thermisch instabil und das Isomer B thermisch stabil.
Löslichkeit: In Wasser bei pH 3 >200 g/L, bei pH 7 470/340 mg/L und bei pH 9 14/10 mg/L; jeweils für Diastereomer A und B bei 20 °C.
Abbau und Metabolismus: Der Abbauweg ist für alle Kompartimente ähnlich: Die beobachteten Metabolisierungsschritte umfassen Hydrolyse sowie Oxidationen an mehreren Stellen des Moleküls. Darüberhinaus werden Seitenketten abgebaut und in der Pflanze und im Tier verschiedene lösliche Konjugate gebildet. DT_{50} im Boden beträgt 35–64 Tage. Der Kd-Wert liegt bei 25,86 ml/g und der Koc-Wert bei 2.415 ml/g. Primäre Metabolisierungsschritte sind die Oxidation der t-Butylgruppe und Desalkylierung der Aminogruppe. Wichtigster Metabolit ist die Ketonsäure. Die Hydrolyse-DT_{50} im Wasser beträgt bei pH 2,1 und 37 °C beim Isomer A 6,4 Stunden und beim Isomer B 15,4 Stunden. Der Wirkstoff ist in Wasser photostabil. In Oberflächenwasser herrscht mikrobieller Abbau vor. Der Wirkstoff wird sehr schnell von Sedimenten adsorbiert, DT_{50} liegt im Wasser-Sediment-Test bei 13 Stunden. Bei Ratte werden 48 Stunden nach oraler Zugabe 97 % der verabreichten Wirkstoffmenge in metabolisierter Form mit Urin und Faeces im Verhältnis 1,8 : 1 wieder ausgeschieden. Die Metabolisierungsschritte sind Oxidation der *tert*-Butylgruppe über den Akohol zur Carbonsäure und Desalkylierung der Aminfunktion.
Säugertoxizität: Akute orale LD_{50} für männliche Ratte 595 und weibliche Ratte 500 mg/kg. Akute dermale LD_{50} für männliche Ratte > 1.600 und weibliche Ratte 1.068 mg/kg. Bei Kaninchen geringe Haut- und keine Augenreizung. Inhalation LC_{50} (4 h) für männliche Ratte 2.772 und weibliche Ratte 1.982 mg/m^3. Geringe Hautsensibilisierung bei Meerschweinchen. 2-Jahre-Fütterungstest NOEL für Ratte 70 (4,2–5,7 mg/kg KGW/Tag) und Maus 20 mg/kg Futter (4,5–7,8 mg/kg KGW/Tag). ADI-Wert 0,025 mg/kg KGW.
Bienentoxizität: LD_{50} Kontakt 4,2 µg/Biene und oral >100 µg/Biene.
Vogeltoxizität: Akute orale LD_{50} für Virginische Wachtel 565 mg/kg KG. 5-Tage-Fütterungstest LC_{50}

für Virginische Wachtel >5.000 und für Stockente 5.000 mg/kg Futter.
Fischtoxizität: LC_{50} (96 h) für Regenbogenforelle 18,5 mg/L.
Wirbellosetoxizität: EC_{50} (48 h) für Wasserfloh 6,1 mg/L. EC_{50} (72 h) für Grünalgen 12 µg/L. LC_{50} (14 d) für Regenwurm >1.000 mg/kg Boden.

Spitzenlastkraftwerk. >Lastbereiche<.

Splitting. Anwendung eines >PSM< zu versch. Terminen mit reduzierten Aufwandmengen zur Erhöhung der Wirksamkeit und zur Minderung der Phytotoxizität. Dabei ist die insgesamt ausgebrachte Menge pro Flächeneinheit nicht höher als bei einer einmaligen Anwendung.

Spodoptera littoralis. Innerhalb der Nachtfalter (Noctuidae, Lepidoptera) zu den Eulenfaltern gehörende nichteuropäische Schmetterlingsart, die z.B. in Ägypten an Baumwollkulturen und Sojabohnenplantagen jährlich einen großen Schaden anrichtet. Insbesondere die verschiedenen Larvenstadien von *S. l.* werden als Testorganismen zu unterschiedlichen Zwecken eingesetzt, z.B. um die Wirksamkeit verschiedener Insektizide zu untersuchen. Eine Variation des Bakterienstammes *Bacillus thuringiensis* wird im Hinblick auf biologische Schädlingsbekämpfung an *S. l.* getestet. Weiterhin werden Resistenzerscheinungen überprüft und die >Biochemie< der Pheromonbildung (>Pheromone<). Schließlich wird *S. l.* auch bei physiologischen Untersuchungen eingesetzt, z.B. bei ernährungsphysiologischen Tests.

Lit: Korte F, Klein W, Parlar H, Scheunert I (1980) Ökologische Chemie. Grundlagen und Konzepte für die ökologische Beurteilung von Chemikalien, 1.Aufl., Georg Thieme, Stuttgart New York – Gäb S, Cochrane WP, Parlar H, Korte F (1975) Z Naturforsch 30b: 239–244 – Jepson PC, Chaudhry AG, Salt DW, Ford MG, Efe E, Chowdhury ABMNU (1990) Funct Ecol 4: 339–347 – Salama HS, Saleh MR, Moawed S, Shams El-Din A (1990) J Appl Entomol 109: 194–199 – Ishaaya I, Klein M (1990) J Econ Entomol 83: 59–62 – Arsequell G, Fabrias G, Camps F (1989) Insect Biochem 19: 623–627 – Simpson SJ, Simmonds MSJ, Blaney WM, Jones JP (1990) Physiol Entomol 15: 235–242 – Zoebelein G (1976) Importance and Spread of Resistance to Insecticides. In: Wegler R (Hrsg.) Chemie der Pflanzenschutz- und Schädlingsbekämpfungsmittel, Bd.3, Springer, Berlin Heidelberg New York.

Sporen. Kleine Fortpflanzungseinheiten von Organismen, die morphologisch meist von den vegetativen Zellen differenziert sind. Sie dienen der Vermehrung und Verbreitung und sind häufig gleichzeitig Überdauerungsformen (Dauerstadien). Sie werden dann auch als >Dauersporen< bezeichnet. Bei den meisten S. – besonders bei den Dauersporen – ist der Wassergehalt stark herabgesetzt. Eine Ausnahme bilden Zoosporen, die durch Geißeln aktiv beweglich sind. Der Stoffwechsel von S. ist stark vermindert oder nicht mehr vorhanden, und im Vergleich zu vegetativen Zellen haben sie eine veränderte chem. Zusammensetzung, z.B. tritt Dipicolinsäure als typische Komponente in Bakterien-Endosporen auf. Die meisten S. haben zum Schutz vor der schädlichen UV-Strahlung der Sonne verschiedenfarbige (gelbe, grüne, graugrüne, schwarze) Pigmente eingelagert. Man unterscheidet in der Zelle (endogen) gebildete Endosporen von den außerhalb der Zelle (exogen) gebildeten Exosporen. Sporenbildende Bakterien der Familie Bacillaceae (z.B. Bacillus- und Clostridium-Arten) entwickeln pro Zelle nur eine Endospore, die sich durch besonders hohe Widerstandsfähigkeit gegen Trockenheit, Hitze und

Kälte auszeichnet. Auch viele Pilze vermögen dickwandige S. auszubilden, die zur Verbreitung durch Wind und Überdauerung ungünstiger Umweltbedingungen dienen, z.B. Konidien, die meist auf besonderen Sporenträgern (Konidienträgern) in großer Anzahl gebildet werden und eine geringere Widerstandsfähigkeit als die meisten Bakterien-Endosporen aufweisen. Es werden bei Pilzen aufgrund des Entstehungsorts oder der Funktion verschiedene Sporenarten (z.B. Basidiosporen, Ascosporen, Zygosporen, Blastosporen, Uredosporen) unterschieden, die bei der Identifizierung der Pilzgattungen bzw. -arten als wichtige taxonomische Merkmale dienen.

Sportanlagen. >Verordnungen zur Durchführung des Bundes-Immissionsschutzgesetzes<.

Spraydosen. Vollständig geschlossener druck- und bruchfester Behälter zum Erzeugen von >Aerosolen< durch Zerstäuben von Flüssigkeiten, wie z.B. Haarfestiger, Deodorants, Farben, >Lacke<, Arzneimittel und >Insektizide< mittels eines unter Druck stehenden oder verflüssigten Gases, dessen >Dampfdruck< den Atmosphärendruck bei Normaltemp. übersteigt. Im allg. arbeiten Spraydosen mit Drücken von 3 bis 4 bar, max. mit 12 bar. Der Zerstäubungsgrad, d.h. die Größe der zerstäubten Flüssigkeitströpfchen, läßt sich je nach Anwendungszweck u.a. durch Zugabe von oberflächenaktiven Substanzen, Lösungsmitteln etc. dem Anwendungszweck anpassen. Während z.B. bei Raumsprays angestrebt wird, die Wirkstoffe möglichst lange in der Luft suspendiert zu halten, sollen bei Oberflächensprays die Wirkstoffe auf eine Oberfläche aufgebracht werden; die Teilchen sind dann größer. Als Treibgase wurden in der Vergangenheit vor allem für Aerosolsprays Chlorfluormethane wie insbesondere Trichlorfluormethan und Dichlordifluormethan (>FCKW<) eingesetzt, da diese Verb. sehr stabil und damit >toxikologisch< wenig relevant sind. Aufgrund der hohen Stabilität werden sie jedoch erst in der >Stratosphäre< photolytisch abgebaut. Die bei diesen Reaktionen freigesetzten Chloratome reagieren mit >Ozon< und führen damit zu einem Abbau des als Filter für die harte UV-Strahlung wirkenden Ozons, wodurch negative Auswirkungen auf die Vegetation und eine Zunahme von Hautkrebserkrankungen befürchtet werden. Die Chlorfluormethane wurden daher durch andere Treibgase wie Pentan oder >Butan< und insbesondere Kohlendioxid aber auch durch den Einsatz von Pumpsprühdosen ersetzt.

Spreitöl. (Internat. Kurzbezeichnung: SO). >Formulierung<, die nach Applikation auf Wasser einen dünnen Oberflächenfilm bildet. Insektizide S., häufig auf Mineralölbasis, werden zur Mückenlarvenbekämpfung verwendet.

Springquelle. >Geysir<.

Springschwänze. >Collembola<.

Spritzbrühe. Meist wäßrige, aber auch ölige Verdünnung von Pflanzenschutz- oder Schädlingsbekämpfungsmitteln, anwendungsfertig zur Spritz- oder Sprühapplikation. Eine S. kann gleichzeitig mehrere >Formulierungen< und >Additive< enthalten. Physikalisch kann es sich um echte Lösungen, >Emulsionen< oder >Suspensionen< handeln.

Spritzen. Hydraulische, pneumatische oder zentrifugale Zerstäubung von Flüssigkeiten (Behandlungsflüssigkeiten) in Tropfen > 50 μm und einem Tropfentransport ohne Luftunterstützung. >Sprühen<.

Spritzfolge. Abfolge der Behandlungen eines Kulturpflanzenbestandes mit >PSM< gegen einen Schaderreger oder eine Erregergruppe, z.B. Blatt- und Ährenkrankheiten des Getreides.

Spritzguß. >Extruder<.

Spritzpulver. Eine Pulverformulierung, die nach der Dispergierung in Wasser eine anwendungs- bzw. spritzfähige Suspension ergibt. Häufig wird für diesen Formulierungstyp die englische Bezeichnung >wettable powder< verwendet. (Internationaler Code >WP<).

Sprudelquellen. (Gasführende Quellen). Unterscheiden sich durch ihre kontinuierliche >Quellschüttung< grundsätzlich von >Geysiren<, aus denen das Wasser chargenweise ausgetrieben wird. Das Gas-Wasser-Gemisch enthält Gasblasen (Kohlendioxid, Stickstoff und Kohlenwasserstoffe) und weist so gegenüber Wasser eine verminderte Wichte auf. Beispiele für Grundwasserförderung durch Kohlendioxid sind die Thermalsprudel von Bad Nauheim, Sprudel in Bad Homburg v.d.Höhe, Bad Kissingen, Bad Neuenahr und Bad Oeynhausen in Deutschland und in Karlovy Vary, CSSR, für Grundwasserförderung durch Stickstoff der Thermal-Solsprudel von Bad Kolberg, Thüringen, und für Grundwasserförderung durch Kohlenwasserstoffe die aus tonigen Kohlenwasserstoff-Wasser-Gemischen gebildeten Schlammvulkane (Makkaluben, Salsen) in vielen Erdölgewinnungsgebieten.
Lit: Keilhack K (1935) Lehrbuch der Grundwasser- und Quellenkunde, 3.Aufl., Gebr. Borntraeger, Berlin – Mattheß G, Ubell K (1983) Allgemeine Hydrogeologie, Grundwasserhaushalt, Gebr. Borntraeger, Berlin Stuttgart.

Sprühen. Hydraulische, pneumatische oder zentrifugale Zerstäubung von Flüssigkeiten (Behandlungsflüssigkeiten) in Tropfen >50 μm und einem Tropfentransport mit Luftunterstützung. >Spritzen<.

Sprungschicht. Wasserschicht im Meer und in Süßwasserseen mit einem steilen Temp.- oder chem. Gradienten zur Tiefe hin. Dementspr. unterscheidet man: Thermische S. = Thermokline = >Metalimnion<. S.a. >Sommerstagnation<; Chem. S. = Chemokline; Salzgehalts-S. = Halokline; Dichtesprungschicht generell = Pyknokline.

Spülfeld. Eingedeichte Fläche zum Absetzen von Naßbaggergut. Das hydromechanisch transportierte Sediment wird in diese Flächen eingespült, mittels Ablaufelementen (Wasserlose, Mönche) wird überstehendes Transport- und Regenwasser kontrolliert abgeführt.
Lit: Janzen et al. (1993) Nutzung von Schlick und Umweltverträglichkeit von Spülfeldern im Küstenbereich Mecklenburg-Vorpommerns: Beispiel Spülfeld Radelsee, Kreis Rostock, BMFT-Forschungsvorhaben, Bericht beim Umweltbundesamt Berlin.

Spülmittel. >Detergentien<. Zum Spülen von Geschirr, Glas, Bestecken von Hand – vorwiegend flüssige neutrale Zubereitungen aus schäumenden synthetischen >Tensiden<. Sie lösen und emulgieren fettigen Schmutz und bewirken, daß das Spülbad tropfenfrei vom Geschirr abläuft. Für Geschirrspülmaschinen werden schaumarme alkalische Reiniger mit Alkaliphosphaten, -silikaten und etwas org. Chlorbleichmittel benutzt.

Spülsaum. Material, das am Ufer von Gewässern angespült wird. Es liefert besonders Watvögeln (Limikolen) Nahrung, >Strandanwurf<.

Spülstoß. 1. Schwallspülung: Das wohl älteste Reinigungsverfahren, die Spülung der >Kanäle< mit >Abwasser<, Fluß- oder Reinwasser, wird auch heute noch häufig mit gutem und wirtschatlichem Erfolg praktiziert. Es erfordert wenig Aufwand, ist aber nur in relativ wenigen, dafür geeigneten Kanalstrecken anwendbar. Man unterscheidet zwischen der Schwallspülung und der Spülung mit beweglichen Spülgeräten. Bei der Schwallspülung bedient man sich entweder fest eingebauter Spülvorrichtungen, wie Spültüren, Absperrschieber oder aber von Fall zu Fall eingebrachter Rohrverschlüsse, z.B. Schieberplatten, Klappen und Bälle, durch die oberhalb der Absperrstelle Wasser oder Abwasser aufgestaut wird. Nach der plötzlichen Öffnung des abgesperrten Kanalquerschnittes wirbelt die Kopfwelle des aufgestauten Wassers den abgelagerten Schlamm auf, und die nachfolgenden Wassermassen tragen ihn weiter.
2. Der in >Mischwasserkanalisationen< bei Beginn des Regenabflusses auftretende schwallartige Abwasseranfall, der die bei Trockenwetterabfluß abgelagerten Stoffe abschwemmt und deshalb starke Schmutzkonzentration aufweist.
Lit: Abwassertechnische Vereinigung (Hrsg.) (1982–1986) Lehr- und Handbuch der Abwassertechnik, 3.Aufl., Bd.1–7, Verlag von Wilhelm Ernst und Sohn, Berlin München.

Spültropfkörper. Der hochbelastete >Tropfkörper< in Kläranlagen bildet in seinem Inneren keine Schlammansammlungen, da durch den starken Wasserdurchfluß alle lebende oder tote org. Substanz bis auf dünne, am Brockenmaterial haftende Bakterienhäute herausgespült wird. Man bezeichnet den hochbelasteten Tropfkörper daher auch als >Spültropfkörper<. Streng gesehen sind die Begriffe nicht identisch, weil die hohe Belastung auf dem >BSB< des aufgebrachten >Abwassers< beruht, während die Spülwirkung nur von der Wassermenge abhängt. Durch das dauernde Abspülen der Schlammstoffe finden sich im Spültropfkörper keine Makroorganismen und fast keine >Protozoen<. Die Reinigungsleistung beruht daher im wesentlichen nur auf der Bakterienarbeit. Aber auch dieser hochbelastete Tropfkörper bewirkt bis zu bestimmten Belastungsgrenzen eine volle biol. Reinigung des Abwassers.
Lit: Randolf R (1975) Kanalisation und Abwasserbehandlung, 4.Aufl., VEB Verlag für Bauwesen, Berlin.

Spülversatz. >Versatzverfahren< zum Verfüllen von Abbauhohlräumen mit Versatzgut (Spülgut), das in geschlossenen Rohrleitungen von über Tage mit hohem Wasseranteil transportiert und eingespült wird.

Spurenelemente. Als Spurenelemente werden die in Lebewesen vorkommenden chemischen Elemente bezeichnet, deren mittlere Konzentration den Wert von 50 mg je kg Körpermasse nicht überschreitet. Eisen kann geringfügig über diesem Wert liegen, es ist jedoch funktionell gesehen zu den Spurenelementen zu zählen. Die für Spurenelemente früher oft gebrauchten Bezeichnungen Mikronährstoffe und Mikroelemente sind weniger exakt und können mißdeutet werden. Essentielle Spurenelemente übernehmen im Organismus spezifische Funktionen bei bestimmten Stoffwechselvorgängen. Sie müssen mit der Nahrung zugeführt werden. Der Nachweis der Unentbehrlichkeit kann bereits dadurch erbracht werden, daß bei sehr niedriger Aufnahme des betreffenden Spurenelements allgemeine Störungen im normalen Wachstumsverlauf oder im Fortpflanzungsgeschehen auftreten, die sich durch die Zufuhr des Elements in nutritiven Mengen wieder beheben lassen, soweit noch keine irreversiblen Schädigungen eingetreten sind. Von der Vielzahl der im Körper vorkommenden Spurenelemente sind derzeit 16 als unentbehrlich erkannt. Hierzu zählen in der zeitlichen Reihenfolge des Nachweises ihrer Essentialität: Eisen, Iod, Kupfer, Mangan, Zink, Kobalt (nur Wiederkäuer und andere Herbivoren), Molybdän, Selen, Chrom, Zinn, Vanadin, Fluor, Silicium, Nickel, >Arsen<, >Blei<. Viele dieser essentiellen Spurenelemente kommen im Organismus durchschnittlich nur in Mikrogramm-Mengen je kg Körpergewicht vor (wie z.B. Chrom, Kobalt, Nickel, Molybdän, Jod u.a.). Neben diesen essentiellen Spurenelementen kommen in geringer Konzentration noch zahlreiche weitere Elemente in der >Tierernährung< und im tierischen Organismus vor, wie z.B. Lithium, Bor, Aluminium, Strontium, Brom, >Quecksilber< usw. Für sie sind bisher keine physiologischen Funktionen bekannt. Sie werden als akzidentelle Spurenelemente bzw. Begleitelemente bezeichnet. Ihr Gesamtgehalt im Körper richtet sich meist nach dem Gehalt der >Futtermittel<, aber auch nach der Kontamination der Umwelt. Die Aufnahme von Begleitelementen verdient aber in der Tierernährung insofern dennoch besondere Beachtung, als zumindest einige Begleitelemente bei überhöhter Aufnahme die Verwertung von essentiellen Spurenelementen beeinflussen und toxische Wirkungen hervorrufen können. Der Anteil der Spurenelemente an der Summe der Elemente, die im tierischen Organismus und in Pflanzen vorkommen, liegt meist unter 1%. Trotz des geringen Vorkommens sind die Spurenelemente, soweit es sich natürlich um essentielle handelt, für den Organismus äußerst bedeutsam, da sie unter anderem als Aktivatoren oder Bestandteile von >Enyzmen< entscheidend in den Ablauf der Stoffwechselreaktionen eingreifen. Für eine ausreichende Versorgung mit essentiellen Spurenelementen ist nicht allein der analytische Gehalt im aufgenommenen Futter, sondern vor allem auch die Verwertbarkeit durch den tierischen Organismus entscheidend.

Lit: Kirchgessner M (1987) Tierernährung, 7.Aufl., DLG, Frankfurt/M.

Spurengase. Die in der >Atmosphäre< in geringen Konzentrationen enthaltenen S.: Kohlendioxid (CO_2), Lachgas (N_2O), Methan (CH_4), Ozon (O_3) und die drei Phasen des Wassers beeinflussen im wesentlichen den >Treibhauseffekt der Atmosphäre<. Ferner sind als natürliche S. zu nennen: Schwefeldioxid (SO_2), Wasserstoff (H_2). Einzelheiten s. Tabelle unter >Atmosphäre<.

SSK. >Strahlenschutzkommission<.

Staatsaufgabe Umweltschutz. Es ist Pflicht des Bundes und aller seiner Untergliederungen, zugunsten des Umweltschutzes tätig zu werden, weil der Umweltschutz die Schicksalsaufgabe jedes Staates in der heutigen Zeit ist. Diese Rechtsauffassung hat nunmehr Anerkennung gefunden durch Art.20a des Grundgesetzes: Der Staat schützt auch in Verantwortung für die künftigen Generationen die natürlichen Lebensgrundlagen im Rahmen der verfassungsmäßigen Ordnung durch die Gesetzgebung und nach Maßgabe von Gesetz und Recht durch die vollziehende Gewalt und die

Rechtsprechung. Ferner haben einige Landesverfassungen den Umweltschutz ausdrücklich zur S. erklärt.

Stabdosimeter. >Füllhalterdosimeter<.

stabil. >Stabilität der Atmosphäre<.

Stabilisator. 1. allgemein: >Additiv< zur Erhöhung der Stabilität zersetzbarer Stoffe oder zur Verhinderung oder Verzögerung unerwünschter Reaktionen. Beispiele sind UV-Absorber in Kunststoffen, Antioxidantien, Puffersysteme zur pH-Regulierung oder Mikrobizide zur Verhinderung von Bakterien- oder Pilzbefall. 2. Lebensmittel: Stoffe, deren Zusatz zu Lebensmitteln deren Unveränderlichkeit bezüglich Aussehen, Geschmack und Konsistenz bewirken. Z.B. dienen Hydrokolloide als S., die das Entmischen von >Emulsionen< verhindern.

Stabilisierter Schlamm. >Schlammstabilisierung<.

Stabilität. 1. Böden und Ökosysteme: Am mechanischen, stabilen – im Gegensatz zum labilen und indifferenten – Gleichgewicht orientierte Vorstellung von stabilen bzw. quasi-stabilen Zuständen bei sog. >Quasi-Fließgleichgewichten<, die beim Boden die mechanische S. einschließen. Diese Zustände zeichnen sich dadurch aus, daß das System sich nicht spontan verändert und auf kurze Störungen von außen mit einer Tendenz zur Wiedereinstellung des Fließgleichgewichtes reagiert. Fruchtbare Böden in naturnahen >Ökosystemen< sind stabil und weisen eine konst. hohe Produktivität bzw. ein stabiles Ertragspotential auf. >Stabilitätsanalyse<, >Selbstregulationsvermögen<. 2. Atmosphäre: Zustand der Atmosphäre, in dem die vertikale Temperaturabnahme mit der Höhe geringer ist, als es der >Trockenadiabaten< entspricht. Wird ein Luftquantum, das beim Start noch die Temperatur seiner Umgebung besitzt, vertikal verschoben, so verändert es seine Temperatur stets entsprechend der >Trockenadiabaten<, d.h. um 1 K je 100 m Höhendifferenz. Wegen der geringeren vertikalen Temperaturabnahme mit der Höhe in der aktuellen Atmosphäre ist das Teilchen beim Aufsteigen immer kälter, beim Absteigen immer wärmer als seine Umgebung und hat somit das Bestreben, in seine Ausgangslage zurückzukehren. Eine stabil geschichtete Atmosphäre unterdrückt die >Konvektion<. Gegensatz: >Labilität der Atmosphäre<, s.a. >thermische Schichtung der Atmosphäre<.

Stabilität von Ökosystemen. Ökosysteme bezeichnet man als stabil, wenn sie aufgrund von kleinen Störungen von außen nur kurzfristig ihr Fließgleichgewicht (od. quasi-stationären Zustand) verlassen und nach relativ kurzer Zeit dieses wieder erreichen. Instabil werden Zustände genannt, bei denen sich kleine Störungen in unverhältnismäßig großen und zeitlich langen Veränderungen (Destabilisierungen) vom >quasi-stationären Zustand< auswirken.

Stabilitätsanalyse. Generelle Untersuchung auf >die Stabilität< einer Gleichgewichtslage, wobei es um die der untersuchten >Systeme< selber oder um die der sie beschreibenden >Modelle< geht. 1. Stabilität der Systeme, z.B. der Ökosysteme, bedeutet in erster Linie Erhalt ihrer Struktur und Funktion aufgrund ihres >Selbstregulationsvermögens<. Ökosysteme erweisen sich als stabil in der Nähe ihres sog. >Fließgleichgewichtes< oder >stationären Zustandes<, wobei in Anlehnung an mechanische, schwingungsfähige Systeme auch das Schwingen um die Ruhelage nichtmechanischer Systeme gemeint ist. 2. Bei mathematischen, durch Sätze linearer oder nichtlinearer gewöhnlicher Differentialgl. beschriebenen Systemmodellen bedeutet Stabilität ebenfalls meistens eine Eigenschaft der Systeme in Bezug auf einen Gleichgewichtszustand, wobei nichtautonome lineare Systeme im allg. keinen Gleichgewichtszustand haben; ein Gleichgewichtszustand wird stabil genannt, wenn ein Ausgangszustand in unmittelbarer Nähe eines Gleichgewichtszustandes in einer Bahn des Zustandsvektors im Zustandsraum resultiert, welche in einer anderen unmittelbaren Nähe dieses Gleichgewichtszustandes bleibt (Lyapunov-Stabilität). Der Anfangszustand kann als Störung der Gleichgewichtslage aufgefaßt werden. Ein Gleichgewichtszustand ist „asymptotisch stabil", wenn a) er stabil ist und b) der Anfangszustand innerhalb der unmittelbaren Nachbarschaft des Gleichgewichtszustandes in einer Bahn im Zustandsraum resultiert, welche mit $t \to \infty$ den Gleichgewichtszustand erreicht. 3. Die Stabilität numerischer Lsg. vor allem >partieller Dgl.< hängt zumindest bei >finite-Differenzen-Verfahren< über verfahrensabhängige >Stabilitätskriterien< von den Eigenschaftsparametern der Systeme und den gewählten Größen der Recheninkremente Δx_i und Δt.

Lit: Leslie PH (1945) On the use of matrices in certain population mathematics, Biometrika 33: 183–212 – Tansley AG (1935) The use and abuse of vegetational concepts and terms, Ecology 16: 284–307.

Stabilitätskriterien. Atmosphäre: Merkmale zur Klassifizierung der vertikalen Schichtung der Atmosphäre und der mit ihr verbundenen >Turbulenz<bedingungen. Man unterscheidet >stabile<, >indifferente< und >labile< Gleichgewichtszustände der Atmosphäre.

Stableistung. Maß für die Größe der pro Längeneinheit des >Brennstabes< erreichbaren Wärmeleistung. Sie wird in W/cm Stablänge angegeben (z.B. Biblis-A: 563 W/cm).

Stabrechen. Das städtische und industrielle Abwasser enthält größere Mengen von groben, z.T. sperrigen >Feststoffen<. Im Zulauf der >Kläranlagen< und auch vor >Regenwasserausläufen< ordnet man deshalb >Rechen<anlagen an, um diese Stoffe zurückzuhalten und die >Faulräume< sowie die Anlagen für die >Schlammbehandlung< von diesen Stoffen freizuhal-

ten. Man unterscheidet je nach dem Stababstand Grob- und Feinrechen. Diese Rechen wurden früher fast ausschließlich als feststehende gerade Stabrechen für Handreinigung ausgebildet und mit einer flachen Neigung in das Gerinne eingebaut, um eine größere Rechenfläche zu erzielen und die Reinigung mittels einer Harke zu erleichtern (s. Abb. unten). Bei neuzeitlichen >Kläranlagen< haben sich Rechen mit maschineller Reinigung durchgesetzt.

Lit: Abwassertechnische Vereinigung (Hrsg.) (1982–1986) Lehr- und Handbuch der Abwassertechnik, 3.Aufl., Bd.1–7, Verlag von Wilhelm Ernst und Sohn, Berlin München.

Stadtentwässerung. Die Gesamtheit der Bauwerke und des dort stattfindenden Betriebes zur >Entwässerung< eines städtischen Siedlungsgebietes. Ziel und Zweck der Siedlungsentwässerung (Ortsentwässerung) ist die schnelle, unschädliche, geruchlose, einwandfreie und vollkommene Abführung der >Abwässer< aller Art aus Haushalt, Gewerbe und Industrie sowie die Ableitung der Niederschlagswässer von Grundstücken und Straßen. Stets ist der Anschluß sämtlicher Grundstücke und Siedlungsflächen über ein >Kanalisation<snetz an eine zentrale Abwasserreinigungsanlage anzustreben. Das Abschwemmen in Kanalleitungen ist noch immer der hygienisch einwandfreieste und billigste Abtransport der >Fäkalien<. Durch die zusammengefaßte Ableitung in Verbindung mit einer >biol. Reinigung< der häuslichen, gewerblichen und soweit möglich auch der industriellen Abwässer werden die >Vorfluter< weitgehend entlastet.

Stadtentwicklung. >Verkehrsplanung<.

Stadtklima. Während das >Klima< in der freien, ungestörten Landschaft weitgehend von den natürlichen Gegebenheiten abhängig ist, bildet sich in Stadtlandschaften ein lokales Klima aus, in dem sowohl die natürliche Zusammensetzung der Luft, erkennbar durch erhöhte Lufttrübung, sog. städtische Dunstglocke, und durch häufigeres Auftreten von >Smog< und Schwüle, wie auch das horizontale und vertikale Temperatur- und Windprofil, sog. >städtische Wärmeinsel<, durch anthropogene Maßnahmen beeinflußt werden. Ferner zeichnet sich das S. durch vermehrte Niederschläge aus. Wasser- und Grünflächen wirken als Feuchtequellen sowie als Kühlflächen positiv auf das S.; >Anthropogene Klimabeeinflussung<.

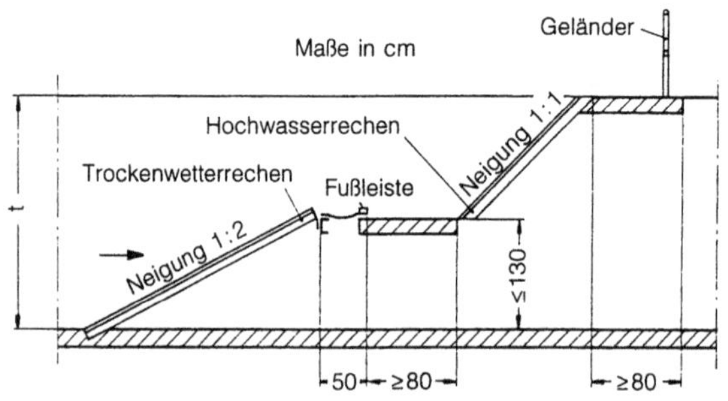
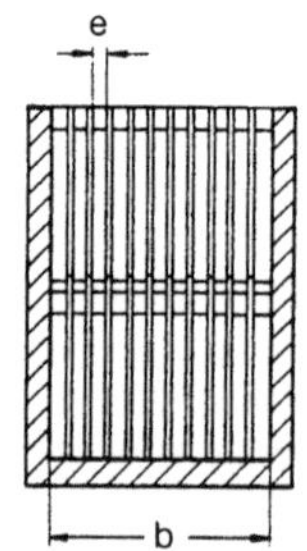

Kammerbreite   b = 40; 50; 60; 80; 100; 125; 160; 180; 200; 225; 250
Spaltweite   e = 4; 6; 8; 10
Die Kammertiefe t ist jeweils den örtlichen Verhältnissen entsprechend zu wählen

Stabrechen: Stabrechen für eine Reinigung von Hand (aus: Abwassertechnische Vereinigung, 1982–1986)

Lit: Löbel J, Schirmer H (Hrsg.) (1988) Stadtklima und Luftreinhaltung, Ein wissenschaftliches Handbuch für die Praxis in der Umweltplanung, herausgegeben von der VDI-Kommission Reinhaltung der Luft, Springer, Berlin Heidelberg – VDI-Richtlinie 3787, Blatt 2: Umweltmeteorologie, Methoden zur humanbiologischen Bewertung von Klima und Lufthygiene für die Stadt- und Regionalplanung, 1997 – Groß G et al. (1994 und 1996) ASMUS – ein numerisches Modell zur Berechnung der Strömung und der Schadstoffverteilung im Bereich einzelner Gebäude, Teil I: das Strömungsfeld; Teil II: Schadstoffausbreitung und Anwendung, Meteorologische Zeitschrift, N. F., Band 3, S. 267–274 und Band 6, 130–136.

Stadt-Ökosystem. Auffassung von einer Stadt als >Ökosystem<, wobei dieses als äußerst künstliches, offenes Ökosystem zu verstehen ist, wegen seiner nahezu vollständigen Abhängigkeit vom Informations-, Energie- und Materieaustausch mit der Umgebung, im Gegensatz zu naturnahen und nahezu geschlossenen Ökosystemen. Auf der Künstlichkeit und Anfälligkeit der technisch und sozial hochkomplexen Stadtstrukturen gründen Theorien von Kultur- bzw. Zivilisations-Zerfall und -Sukzessionen, auf dem Hintergrund des Problems der Entropieminimierung in solchen Systemen.

Städtische Grenzschicht. Der bodennahe Teil der >atmosphärischen Grenzschicht<, der im Bereich von Städten durch die Bebauung, Konzentration von Verkehr, Industrieanlagen usw. mit den damit zusammenhängenden Energieumsätzen beeinflußt, vielfach sogar gestört ist. Man unterteilt die st. G. in: 1. Stadthindernisschicht (urban canopy layer), die vom Erdboden bis zum mittleren Dachniveau reicht und sich aus unterschiedlichen Mikroklimaten zusammensetzt, die sich in Wechselwirkung mit ihrer unmittelbaren Umgebung (Gebäude, Straßen, Parkanlagen u. a.) bilden. 2. Urbane Grenzschicht (urban boundary layer), die eigentliche Stadtgrenzschicht, die sich vom Dachniveau bis zur Grenze mit der ungestörten >atmosphärischen Grenzschicht< erstreckt. An der >luv<seitigen Stadtgrenze, bezogen auf die allgemeine großräumige Strömung, setzt in Wechselwirkung mit der veränderten Oberflächenbeschaffenheit ihre Ausbildung ein. Im >Lee< der Stadt existiert sie als Stadtluftfahne (urban plume) noch mehrere hundert Meter oberhalb der hier ausgebildeten Grenzschicht des Umlandes.

Städtische Wärmeinsel. Derjenige städtische Lebensraum, der gegenüber der Umgebung eine höhere Temperatur aufweist. Die st. W. ist im Sommer bei wolkenarmen Wetterlagen mit hohem Strahlungsangebot abends und nachts durch Temperaturdifferenzen zwischen Stadtkern und Umland von bis zu 10 K als Folge der verzögerten Abkühlung der innerstädtischen Bebauung am stärksten ausgeprägt.

Stärke. (Syn. Amylum). Pflanzliches Polysaccharid aus den Komponenten >Amylose< und >Amylopektin<, durch deren Verhältnis die physikalisch-chemischen Eigenschaften wie Quellung, Verkleisterungstemperatur oder Gelbildung bestimmt werden. Amylose besteht aus α-1,4-glykosidisch verknüpften Glucoseeinheiten. Das Makromolekül ist schraubenartig aufgewunden und ergibt mit Iod eine intensiv blaue Einschlußverbindung. Amylopektin besitzt dasselbe Grundgerüst wie Amylose, jedoch weist die Kette Verzweigungen durch α-1,6-glykosidisch gebundene Glucosereste auf. Stärke ist ein pflanzlicher Reservestoff, der aus stärkehaltigen Pflanzen, z. B. Kartoffeln, Weizen, Reis, Mais oder Maniok gewonnen wird. Stärkepulver ist in kaltem Wasser unlöslich, in heißem Was-

ser oder in alkalischem Milieu bildet es einen Kleister, der beim Erkalten eine gelatineartige Konsistenz annimmt. Die Hydrolyse durch Säure oder der enzymatische Abbau verläuft über Dextrin und >Maltose< zu >Glucose<. Aus Stärke werden Sago und Stärkesirup hergestellt. Stärke wird zur Herstellung von Soßen, Puddingpulver, Backwaren etc. eingesetzt. Sie dient als Bindemittel und Konsistenzbildner, als Füllmittel für Backpulver, als Trägersubstanz für Aromen etc. Daneben wird die S. auch als nachwachsender Rohstoff in vielen Industriezweigen eingesetzt (Anstrichmittel, Emulgatoren, Gießereihilfsmittel, Klebstoffe etc.).

Stäubemittel. (Internat. Kurzbezeichnung: DP). Anwendungsfertige Pflanzenschutzmittelformulierung (>Formulierung<) in Form eines freifließenden Pulvers, geeignet zum Verstäuben mit Hilfe von Spezialgeräten oder direkt aus den Handelspackungen, die für die Kleinanwendung häufig mit Dosieröffnungen versehen sind und somit eine direkte Applikation ermöglichen. S. enthalten meist nur wenige Prozent eines oder mehrerer Wirkstoffe; der Rest besteht aus Gesteinsmehlen wie >Calcit<, >Kaolin< oder Talkum, ggf. mit Zusatz geringer Mengen hochdisperser amorpher >Kieselsäuren<, um gute Fließeigenschaften zu erzielen, die für störungsfreie Anwendung nötig sind. Der mittlere Teilchendurchmesser liegt häufig bei etwa 10 µm. S. werden bevorzugt in drei Indikationen eingesetzt: a) in ariden Gebieten, in denen die Beschaffung von Wasser zur Herstellung von >Spritzbrühen< schwierig ist, b) im Reisanbau, v. a. in Japan, mit Hilfe pneumatischer Zerstäuber und c) von Kleinanwendern mit Hilfe einfachster Geräte wie z. B. durch Zerstäuben direkt aus der mit entsprechenden Löchern versehenen Handelspackung. Der Vorteil gegenüber Wirkstoffkonzentraten, die mit Wasser zu einer Spritzbrühe verdünnt werden müssen, liegt in der Anwendungssicherheit. Der Umgang mit einem oft wesentlich toxischeren Konzentrat entfällt, die Anwendungskonzentration ist vom Hersteller bereits richtig eingestellt, und es verbleiben keine unerwünschten Reste von Spritzbrühen. Die Nachteile jedoch überwiegen. Sie liegen in einer gegenüber einer Spritzapplikation geringeren Abscheidung am Zielobjekt und einer höheren unkontrollierten Abtrift in die Umgebung, was häufig aus Gründen der biologischen Wirkung einen höheren Wirkstoffeinsatz pro Flächeneinheit erfordert. Im Reisanbau werden zur Reduzierung der Drift häufig Stäubemittel mit gröberem Kornspektrum verwendet. Generell jedoch ist der Einsatz von S. wegen des hohen abdriftenden Anteils rückläufig.

Stagnation (See). Schichtungszustand eines Sees, s. a. >Sommerstagnation<. Gegensatz: >Zirkulation<, >Mixis<.

Stahlindustrie. >Hüttenindustrie<.

Stallabluft. Die Abluft aus Ställen ist Träger von Wasserdampf, Wärme, Gasen, Staub und Mikroorganismen (>Luftkeime<). Der Wasserdampf und die Wärme haben eine geringe Bedeutung für die Umwelt. Die gasförmigen Stoffe und Luftkeime können dagegen Probleme bereiten. Hier sind es bei den gasförmigen Stoffen einmal die störenden >Geruchsemissionen< und zum anderen die schädlichen Wirkungen der Schadgase, speziell des Ammoniaks, die eine besondere Bedeutung haben. Die >Staubemissionen< können sich direkt störend auswirken oder die Ge-

Stallabluft: Wirkungen von Luftverunreinigungen im Stall und in der Stallumgebung

Art der Luftverunreinigung	Wirkungen im Stall	Wirkung in der Stallumgebung
Staub	mechanische Verunreinigungen Belastung der Atemwege und Lidbindehäute von Tier und Mensch (z. B. Farmer's Lung, Bird Breeder's Lung, lokale Entzündung) Verminderung der Resistenz gegenüber Erkrankungen der Atmungsorgane Allergisierungen Trägerfunktion für Geruchsstoffe und Mikroorganismen	mechanische Verunreinigungen Trägerfunktion für Geruchsstoffe und Mikroorganismen
Mikroorganismen	aerogene Übertragung von spezifischen Krankheitserregern auf Tier und Mensch Belastung der Atemwege und Lidbindehäute von Tier und Mensch durch saprophytäre und fakultativ pathogene Keime, Beanspruchung der Abwehrmechanismen, Verminderung der Krankheitsresistenz Beeinträchtigung der hygienischen Qualität von Tierprodukten (Milch, Eier) durch mikrobielle Kontamination	aerogene Verbreitung von spezifischen Krankheitserregern und fakultiv pathogenen Keimen: Infektionsrisiko für Tiere gleicher Art! Infektionsrisiko für Menschen? Ausbreitung von antibiotikaresistenten Bakterien
Schadgase NH_3:	Reizung der Schleimhäute der Augen und Atemwege (lokale Entzündung, Verminderung der Resistenz gegenüber Erkrankungen der Atemwege), akute Intoxikation	Luftverunreinigung („saurer Regen"), Gebäudekorrosion
H_2S:	Reizung der Schleimhäute der Augen und Atemwege, akute Intoxikation.	
CO_2:	Behinderung der Atmung, Erstickungstod akute oder chronische Intoxikation	
andere Geruchsstoffe:	Geruchsbelästigung, psychovegetative Reaktionen? Beeinträchtigung der lebensmittelhygienischen Qualität von Tierprodukten (Geruchs- und Geschmacksänderung)	Geruchsbelästigung, psychovegetative Reaktionen (Übelkeit, Kopfschmerzen, Schlafstörungen, allergische Zustände u. a.)

sundheit von Mensch und Tier durch Allergisierung, Reizung der Schleimhäute bzw. als Träger von >Krankheitserregern< schädigen. Die Tabelle (s. oben) gibt eine Übersicht über die Wirkung von Luftverunreinigungen in der Nutztierhaltung und ihre Wirkung in der Stallumgebung: D.T.W. 86: 262–265.

Stallmist. >Festmist<.

Stallmistdüngung. Das Ausfahren des Mistes erfolgt mit Stalldungstreuern. Wichtig ist seine möglichst gleichmäßige und feine Verteilung. Wenn der Dung in Klumpen in den Boden eingebracht wird, tritt eine Hemmung seiner mikrobiologischen Umsetzung ein, die Wasserbewegung kann behindert, das Wurzelwachstum beeinträchtigt werden, und das Nährstoffangebot ist ungleichmäßig. Da im Festmist 75 bis 90 % des Gesamtstickstoffs organisch gebunden sind, ist seine Wirkung nicht so stark von den Einsatzbedingungen abhängig wie bei der >Gülledüngung<. Die Wirkung kann weiter beeinflußt werden durch den Rottegrad des Mistes, den Anwendungszeitpunkt, die Einarbeitung in den Boden und die angebaute Pflanzenart. Die Stallmistdüngung soll durch Mineraldünger ergänzt werden, um das erforderliche Nährstoffverhältnis für die Pflanzen richtig einzustellen und so die höchsten Erträge zu erzielen. Stallmistgaben werden in einer Höhe von 200 bis 300 dt/ha empfohlen. Die vorübergehende Lagerung von Stallmist auf dem Feld kann gegen Vorschriften des Abfallbeseitigungs-, Wasser-, Naturschutz-, Immissionsschutz- und Landschaftspflegerechts verstoßen; auch wenn sie nur kurzfristig erfolgt. Eine Lagerung auf dem Feld als Dauerstandort

darf nur nach Bodenabdichtung und unter Folienabdeckung erfolgen. Bei Zwischenlagerung von verrottetem Stallmist auf dem Felde, bis max. 4 Wochen, ist Folienabdeckung und jährlicher Wechsel des Lagerplatzes erforderlich.
Lit: Hötzel HJ (1986) Umweltvorschriften für die Landwirtschaft, Ulmer, Stuttgart.

Stallmistrotte. Sie findet i.d.R. als Kompostierungsprozeß statt, durch den die org. Substanz ab-, um- und aufgebaut wird (s. Abb. S. 1103). In der ersten Phase werden durch mesophile Mikroorganismen Eiweiß und einfache Kohlenhydrate abgebaut, die Temperatur steigt durch exotherme mikrobielle Vorgänge auf ca. 40 °C. An ihre Stelle treten in der zweiten Phase thermophile Mikroorganismen mit dem Abbau von Zellulose und Hemizellulose, die Temperatur erreicht bereits 65 bis 75 °C. Hier liegt i.d.R. auch die Obergrenze, die durch mikrobielle Aktivität erreicht werden kann. Dennoch können gelegentlich auch durch Katalysatoren bewirkte exotherme chem. Reaktionen stattfinden, die Temperaturen bis nahe 100 °C bewirken. Wenn die leicht umsetzbaren org. Verbindungen abgebaut sind, vermindert sich in der dritten Phase die mikrobielle Aktivität der dann wieder vorherrschenden mesophilen Mikroflora, die Temperatur sinkt auf 40 bis 45 °C ab. Nun wird neben Zellulose auch Lignin abgebaut und die dabei freigesetzte Zellulose dem Zugriff durch Zellulosezersetzer zugänglich. Die Temperatur sinkt weiter bis auf die Höhe der Außentemperatur, und es tritt die vierte und letzte Abkühlungs-/Reifephase ein. Eine Besiedlung durch Makrofauna beginnt. Die Huminstoffbildung setzt sich fort, stabilere

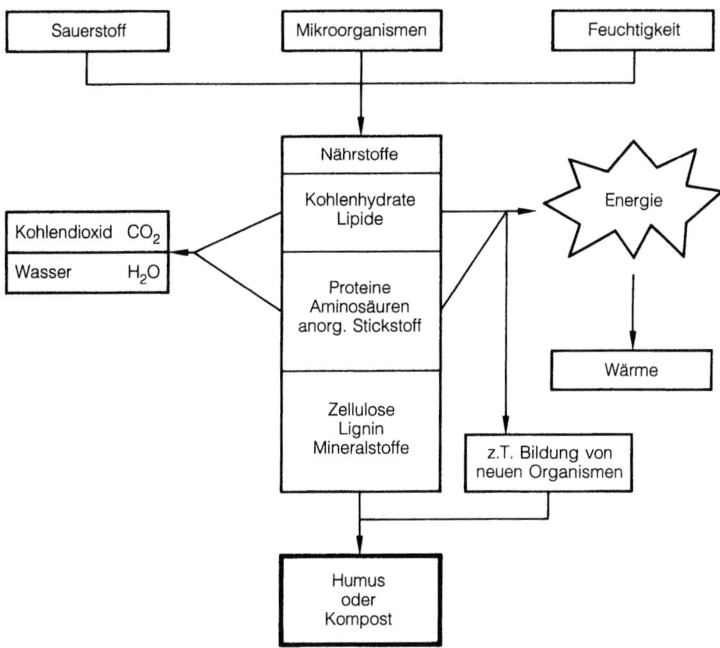

Stallmistrotte: Schema der Umsetzungsvorgänge bei der Kompostierung (aus: Gottschall R (1984) Kompostierung, CF Müller, Karlsruhe, S.102)

Fraktionen werden als Huminsäuren aufgebaut, der kompostierte Stalldünger ist nun mit optimaler Wirkung anwendbar.

Stallmistwirtschaft. Zusammenfassender Begriff für die Sammlung, Lagerung, Pflege, Ausbringung und den düngungstechnischen Einsatz von Stalldünger in der Landwirtschaft.

Stand der Technik. Legaldefinition in § 3 Abs.6 des >Bundesimmissionschutzgesetzes<, die der im Recht im übrigen anerkannten Definition entspricht: Stand der Technik ist der Entwicklungsstand fortschrittlicher Verfahren, Einrichtungen oder Betriebsweisen, der die praktische Eignung einer Maßnahme zur Begrenzung von >Emissionen< gesichert erscheinen läßt; bei der Bestimmung des Standes der Technik sind insbesondere vergleichbare Verfahren, Einrichtungen oder Betriebsweisen heranzuziehen, die mit Erfolg im Betrieb erprobt worden sind.

Standard Operating Procedure (SOP). Standard-Arbeitsanweisungen sind schriftliche Anweisungen, die die Durchführung bestimmter, immer wiederkehrender Laboruntersuchungen oder sonstiger Tätigkeiten beschreiben, die in der Regel in Prüfplänen oder Prüfrichtlinien nicht näher beschrieben sind (Chemikaliengesetz, Anhang 1 zu § 19a Abs.1). Der Begriff stammt ursprünglich aus der GLP (>Gute Laborpraxis<), hat aber eine Bedeutungserweiterung erfahren und wird heute oftmals synonym zu „Arbeitsanweisung" gebraucht. Zur Standardisierung und Dokumentation von Abläufen und Prozessen werden SOPs bzw. Arbeitsanweisungen in allen wichtigen Qualitätsmanagementsystemen (>Akkreditierung<, >Zertifizierung<; >Gute Laborpraxis<) gefordert.

Standardabweichung. Syn. mittlere quadratische Abweichung; Abk. s. Kenngröße in der beschreibenden Statistik zur numerischen Charakterisierung von Datenmengen, die z.B. bei wissenschaftlichen Untersuchungen anfallen. Sie ist die positiv genommene Quadratwurzel aus der Varianz. Die Standardabweichung s wie auch die Varianz s^2 quantifizieren die Streuung von Einzelwerten, d.h., sie kennzeichnen die Abweichung bzw. die Schwankung von Einzelwerten einer Meßreihe um deren Mittelwert. Große Werte für s bedeuten demnach eine starke Abweichung der Einzelwerte vom Mittelwert, d.h. eine starke Streuung. Kleine Werte für s bedeuten eine starke Konzentration der Einzelwerte um den Mittelwert, d.h. eine kleine Streuung.

$$s = \sqrt{\frac{\sum_{i=1}^{n} (x_i - \bar{x})^2}{n-1}}$$

Formel zur Errechnung der Standardabweichung. x_i = Einzelwerte von $i = 1$ bis n; n = Anzahl der Einzelwerte; $\bar{x}$ = arithmetisches Mittel, Mittelwert

Standardatmosphäre. (Syn. Normatmosphäre). International vereinbarte Werte der Vertikalverteilungen der einzelnen meteorologischen Größen in einer mittleren Atmosphäre. Wurde vor allem für Zwecke der Luftfahrt und für Eichungen von Meßgeräten festgelegt wurden (s. Tabelle).

Standardatmosphäre: US-Standard-Atmosphäre bis in 50 km Höhe

Höhe in gpkm	Temperatur in °C	Luftdruck in hPa	Luftdichte in kg/m³
0	+15,0	1013,2	1,226
0,5	+11,75	954,6	1,168
1	+ 8,5	898,7	1,112
2	+ 2,0	794,9	1,007
3	− 4,5	701,1	0,909
4	−11,0	616,4	0,819
5	−17,5	540,2	0,736
6	−24,0	471,8	0,660
7	−30,5	416,6	0,590
8	−37,0	356,0	0,525
9	−43,5	307,4	0,466
10	−50,0	264,4	0,413
11	−56,5	226,3	0,364
15	−56,5	120,4	0,194
20	−56,5	54,7	0,088
25	−51,5	25,1	0,039
30	−46,5	11,7	0,012
35	−36,1	5,6	0,006
40	−22,1	2,8	0,004
45	− 8,1	1,4	0,002
47	− 2,5	1,1	0,001
50	− 2,5	0,8	0,001

(Ausführliche Tabelle in: Linke F, Baur F (1970) Meteorologisches Taschenbuch, Neue Ausgabe, Teil II, Akademische Verlagsgesellschaft Geest & Portig, Leipzig)

Standardperiode. >Normalperiode< .

Standböschung. Bleibende Tagebauböschung. >Tagebau<, >Böschung<.

Standing crop. >Biomasse<, die zum Zeitpunkt einer Untersuchung pro Flächen- oder Vol.-Einheit vorhanden ist, z.B. Gras auf einer Wiese, Schilf pro m², >Phytoplankton<, >Zooplankton< oder Fische pro m³ Seevolumen etc. Der S.c. ist eine wichtige Größe im Stoffhaushalt eines Ökosystems, weil nur die jeweils vorhandene Biomasse am Stoffumsatz beteiligt ist. S.c. ist nicht identisch mit Produktion.

Standort. Dieser Begriff wird besonders in der >Pflanzensoziologie< benutzt und bezeichnet die Gesamtheit der >abiotischen< und >biotischen< Faktoren< am Wuchsort einer Art und wird vielfach synonym mit >Habitat< gebraucht. Der Ausdruck ist nicht rein räumlich bzw. geographisch zu verstehen. Die *Standortbedingungen* können sich sehr kleinräumig ändern, z.B. hinsichtlich Temperatur und >Feuchtigkeit<. Daher kann es auch innerhalb eines >Biotops< zu einer *Standortdiversität* kommen; >ökologische Nische<.

Standortfaktoren. Landwirtschaft: Für den Pflanzenbau sind >Klima<, Bodengüte und die Gestaltung der Bodenoberfläche (Hangneigung, Ebene) entscheidend. Aus der Sicht der Betriebswirtschaft kommt noch die Verkehrslage, d.h. die Entfernung zur aufnehmenden Hand für betriebseigene Produkte hinzu. Die S. entscheiden über die Anbauwürdigkeit bestimmter Kulturen, z.B. sind >Sonderkulturen< auf klimabegünstigte Standorte beschränkt und die Bewirtschaftung von >Grünland< ist auf ausreichende Niederschläge angewiesen. Auch die Bodengüte ist in diesem Sinne beschränkend, z.B. ist Kartoffelanbau auf steinigem, tonigem Boden nicht möglich. Sie ist allgemein für den Bewirtschaftungsaufwand entscheidend. Eine Hang-

neigung über 15% begrenzt die Ackernutzung. Bei über 25% Neigung ist das Land nur als extensives Grünland nutzbar. Die Verkehrslage kann z.B. für den Zuckerrübenanbau entscheidend sein. Eine zu große Entfernung zur Zuckerfabrik kann ihn unrentabel machen.

Standortklima. Klimatische Gegebenheiten eines bestimmten Standortes, z.B. von Kraftwerken, Sanatorien, Sport- und Freizeiteinrichtungen. Im Rahmen der gesetzlich geforderten >Umweltverträglichkeitsprüfungen< wird die Beeinflussung des S. durch die geplanten Baumaßnahmen untersucht. Da in der Regel aus dem Untersuchungsgebiet keine langjährigen meteorologischen Meßdaten vorliegen, muß das Gutachten auf mathematisch-physikalische Modelle abgestützt werden; Beschreibung verschiedener Modelle s. >Regionalklima<.

Standortmodell. (Engl. site model). >Modell<, das Größen best. wesentlicher oder charakteristischer Eigenschaften, Strukturen oder Prozesse eines rel. kleinen Gebietes enthält bzw. den Zusammenhang zwischen ihnen beschreibt. Das Gebiet muß im Hinblick auf Klima, Boden, Hydrologie, Geologie und anthropogene Einflüsse annähernd homogen sein und als >Standort< für best. Früchte, >Biozönosen<, Wirtschaftsformen etc. dienen. Entscheidend sind dabei die Standort-charakteristischen Randflüsse und Parameter. Prim. gelangen in Standortmodellen Wasser- und Stoff-Flüsse, aber auch energetische, monetäre oder Informationsflüsse zur Darstellung.

Standortplanung. Verwaltungsbehördliche Maßnahme zur Sicherung von Standorten für bestimmte, auf geringe Akzeptanz stoßende Maßnahmen, z.B. Atomkraftwerke, >Abfallentsorgungsanlagen<. Rechtsgrundlagen der Standortplanung sind in den Fachplanungsgesetzen (>Fachplanung<) enthalten; fehlen diese, gilt das Planungsrecht des Baugesetzbuches.

Standort-Produktivität. (Engl. site productivity). Spricht über die durch den Boden bedingte >Produktivität< oder >Bodenfruchtbarkeit< auch die anderen Einflüsse des >Standortes< auf die Produktivität an, wie Klima, Erschließung von Wasservorräten für Bewässerung, Stoffeinträge aus Umgebung, z.B. >Atmosphäre< oder See-Spray; so sind die regelmäßig hohen Agrarerträge auf küstennahen Standorten mehr auf ständig hohe Luftfeuchte als auf günstige Bodeneigenschaften zurückzuführen.

Standortuntersuchungen. Der Standort eines >Endlagers< ist so auszuwählen, daß die Einhaltung der >Schutzziele< während des Betriebs, der Stillegung und der Zeit nach der Stillegung gewährleistet werden kann. Hierzu sind standortspez. Untersuchungen vornehmlich der Bodenschätze, des >Wirtsgesteins<, des >Deckgebirges< und Nebengesteins, der >Tektonik< sowie der hydrogeologischen Verhältnisse erforderlich. Entspr. Anforderungen sind für Endlager in den >Sicherheitskriterien< und für >Untertagedeponien< in der >TA Abfall< enthalten.

Stand von Wissenschaft und Technik. In § 7 Abs.2 Nr.3 des >Atomgesetzes< verbindlich gemachter Sicherheitsstandard. Eine Anlage genügt diesem Standard, wenn Vorsorge gegen Schäden mit Hilfe von Maßnahmen getroffen wird, die nach neuesten wissenschaftlichen Erkenntnissen für erforderlich gehalten werden.

Stapelmist. >Dungbehälter<, >Festmist<.

Stapelteich. In früheren Zeiten wurden in den meisten >Zuckerfabriken< die anfallenden >Abwässer< in >Erdbecken< geleitet und dort der natürlichen >Selbstreinigung< überlassen. Der Schadstoffabbau erstreckt sich bei unbelüfteten Stapelteichen über mehrere Monate, meist bis in den Sommer des auf die Kampagne folgenden Jahres. Der Abbau erfolgt zuerst >anaerob<, d. h. durch anaerobe bzw. fakultativ anaerobe >Mikroorganismen<. Die >Kohlenhydrate<, welche die überwiegende Belastung des Zuckerfabrikabwassers darstellen, werden dabei zuerst in niedere >Fettsäuren< umgewandelt. Später bilden sich >Schwefelwasserstoff<, >Mercaptane< und >Amine<, wobei Trimethylamin vorherrscht. Im Verlauf des Abbaus wird der Schwefelwasserstoff durch sog. >phototrophe Bakterien< aufgenommen, die auf das Sonnenlicht als Energiequelle angewiesen sind. Sie vermögen nicht, wie die grünen Pflanzen, Wasser als Wasserstoffdonator zu verwenden. Die Massenentwicklung von >Purpurbakterien< in Stapelteichen verleiht dem Wasser eine orange- bis purpurrote Färbung, während der Schwefelwasserstoffgeruch verschwindet. An diese Phase schließen sich >aerobe< Abbauprozesse ohne Geruchsentwicklung an, die aber häufig mit einer Massenentwicklung von >Algen< verbunden sein können. Um die anaerobe, geruchsintensive Abbauphase möglichst früh abzuschließen, sollten Abwasserstapelteiche möglicht flach gehalten werden. Ihre Tiefe sollte etwa 1,0 bis 1,2 m betragen. Es ist zweckmäßig, den sich absetzenden bakteriellen Bodenschlamm in den Becken zu belassen, da die darin vorhandene >Mikroflora< den Abbau des Wassers begünstigt. Bei geringer Tiefe der Stapelteiche ist deren Flächenbedarf beträchtlich; darüber hinaus kann die >Geruchsemission< als belästigend empfunden werden.
Lit: Abwassertechnische Vereinigung (Hrsg.) (1982–196) Lehr- und Handbuch der Abwassertechnik, 3. Aufl., Bd. 1–7, Verlag von Wilhelm Ernst und Sohn, Berlin München.

Startkatalysator. Um beim Start eines kalten >Verbrennungsmotors< so schnell wie möglich die erforderliche Betriebstemp. des Abgasreinigungssystems zu erreichen, wird bei einigen Konzepten ein S. eingesetzt. Dieser befindet sich dann nahe am Motor und sorgt für eine rasche Umsetzung des Abgases und damit für eine schnelle Aufheizung der nachgeschalteten Katalysatorsysteme, bis diese ihre erforderliche Betriebstemperatur erreicht haben.

Start-Stop-Automatik. (S. Abb. zu >Energierückgewinnung<). Motor läuft nur, wenn Antriebsleistung benötigt wird. Bis zu 30 % Kraftstoffersparnis sind im Stadtbetrieb erreichbar >Öko-Polo<.

Statik der Atmosphäre. Teil der theoretischen >Meteorologie<, der sich mit der ruhenden Atmosphäre befaßt. In der S. d. A. werden z. B. die Luftdruckabnahme mit der Höhe, die Anwendungen der barometrischen Höhenformel, die unterschiedlichen >Stabilitätskriterien< und die Eigenschaften idealer Atmosphären behandelt. >Dynamik der Atmosphäre<.

Stationäre Wirbelschicht. >Wirbelschicht<.

Stationärer Zustand. >Stationarität<, >Fließgleichgewicht<.

Stationarität. (Lat. statio = das Stillstehen; Syn. >Fließgleichgewicht<, engl. steady state). Bezeichnet die scheinbare Unveränderlichkeit von Zuständen in komplexen, z. B. hydraulischen Systemen, bei denen trotz der zeitlich unveränderlichen Konzentrationsverteilung Transportprozesse stattfinden.

Statische Grundgleichung. Einfache Differentialgleichung, die die vertikale Abnahme des Luftdrucks innerhalb eines (unendlich) kleinen Höhenintervalls beschreibt. Der Luftdruck nimmt mit der Höhe um das Gewicht der in dem Intervall liegenden Luft ab. Für eine vertikale Säule mit 1 cm^2 Querschnitt läßt sich dieses Gewicht aus dem Produkt aus der Erdbeschleunigung (g), der Luftdichte (ϱ) und dem Höhenintervall (∂z) bestimmen. Die Luftdruckabnahme (∂p) ist deshalb:

$$\partial p = -g\varrho\partial z.$$

Statischer Toxizitätstest. (Syn. Standversuch). Abbautest. Toxizitätstest, bei dem in der Testzeit das Testmedium nicht ersetzt wird, z. B. statischer >Fischtest< oder/und >Zahn-Wellens-Abbautest< (ISO 6107/3).

Statistische Grundbegriffe. Zur Quantifizierung eines Erkrankungsrisikos werden in der >Epidemiologie< zwei grundlegende Häufigkeitsangaben verwendet, die Neuerkrankungsrate oder >Inzidenz< und die Krankheitsrate oder >Prävalenz<. Die Schätzung der Erkrankungswahrscheinlichkeit einer Person (z. B. nach Kontakt zu einer krankmachenden Substanz) kann durch das >absolute Risiko<, >relative Risiko< oder >attributive Risiko< ausgedrückt werden. Grundlegend wichtig ist auch die Auswahl der >Population< (Bevölkerungsgruppe) und der aus ihr gezogenen >Stichproben< v. a. hinsichtlich ihrer >Repräsentativität< in bezug auf die untersuchungsrelevanten Merkmale. Fehler bei der Auswahl der zu untersuchenden Personen – einschließlich der >Kontrollgruppe< – oder bei der Datenerhebung (>Zielvariable<, >Einflußvariable<, >Störvariable<) können zu >Verzerrungen< (Bias) und >Confounding< führen; Meßmethoden müssen hinsichtlich ihrer >Validität< (Gültigkeit) und >Reliabilität< (Zuverlässigkeit) überprüft werden.
1. Absolutes Risiko: Die Wahrscheinlichkeit dafür, daß ein Ereignis (Erkrankung, Tod) bei einer beliebigen Person der betrachteten Bevölkerung in einer bestimmten Zeitperiode bzw. Altersspanne eintritt.
2. Attributives Risiko: Steht für das mit einer spezifischen *Exposition* (Belastung) verbundene zusätzliche Risiko (Risikozuwachs, excess risk), an einer bestimmten Erkrankung zu erkranken bzw. zu sterben.
3. Confounding: Vermischung des Effekts von >Einflußvariablen< untereinander oder von >Einflußvariablen< und >Störvariablen< (z. B. Konkurrenz von >Immissions-< und Wettereinflüssen).
4. Einflußvariable: Ist die Größe, deren Einfluß auf die >Zielvariable< in einer Studie untersucht wird (z. B. eine Größe zur Charakterisierung des Grades der Luftverunreinigung bei der Untersuchung der Krankheitshäufigkeit bedingt durch die Luftverunreinigung).
5. Inzidenz: Die Häufigkeit des Neuauftretens einer bestimmten Krankheit oder eines Merkmals in einer bestimmten Zeiteinheit (meistens ein Jahr) bezogen auf die betrachtete >Population< (Bevölkerungsgruppe).
6. Kontrollgruppe: Eine Vergleichsgruppe, auf die möglichst alle Merkmale in gleichem Maße wie auf die betrachtete >Population< einwirken, mit Ausnahme der Größen, deren Einfluß in der Studie untersucht wird.

7. Population: Der Anteil der Bevölkerung, auf den sich die Fragestellung bezieht. Aus ihr werden die zu untersuchenden >Stichproben< gezogen. Untergruppen der Population, die hinsichtlich der zu untersuchenden Merkmale in sich homogener sind als die untersuchte Gesamtpopulation, werden als Teilpopulationen oder Schichten bezeichnet.

8. Prävalenz: Die Häufigkeit einer bestimmten Krankheit oder eines Merkmals zu einem bestimmten Zeitpunkt (Punkt-Prävalenz) oder in einer bestimmten Zeitperiode (Perioden-Prävalenz) bezogen auf die betrachtete Population (Bevölkerungsgruppe).

9. Relatives Risiko: Angabe des Risikos der Exponierten (Belasteten), an einer Krankheit zu erkranken oder zu sterben, geteilt durch das entsprechende Risiko der Nicht-Exponierten (Nicht-Belasteten).

10. Reliabilität (Zuverlässigkeit): Das Maß für die Stabilität einer Messung bei Wiederholung unter gleichbleibenden Bedingungen.

11. Repräsentativität: Die Übereinstimmung der Verteilung der untersuchungsrelevanten Merkmale einer Stichprobe in bezug auf die ausgewählte >Population<.

12. Stichproben: Diese werden nach Zufallsstichproben, geschichteten (stratifizierten) Stichproben, Klumpenstichproben (Cluster-Stichprobe) und systematischen Stichproben unterschieden. Bei der Zufallsstichprobe wird die Auswahl von Untersuchungseinheiten aus der Grundgesamtheit nach Zufallskriterien vorgenommen; bei der geschichteten Stichprobe wird von jeder Teilpopulation, entsprechend dem prozentualen Anteil der Schicht an der Grundgesamtheit, eine anteilentsprechende Zufallsstichprobe gezogen; in dem Verfahren der Klumpenstichprobe wählt man aus der Grundgesamtheit einen Teil der Gruppen (Schichten, Klumpen) zufällig aus, der dann vollständig untersucht wird; bei der systematischen Stichprobe erfolgt die Auswahl nicht zufällig, sondern nach einem vorgegebenen Schema.

13. Störvariable: Eine Größe, die möglicherweise mit der untersuchten >Einflußvariablen< assoziiert ist und zugleich die >Zielvariable< beeinflussen kann (z.B. kann eine höhere Lungenkrebsinzidenz durch vermehrten Zigarettenkonsum bedingt sein, aber eine höhere Außenluftbelastung vortäuschen).

14. Validität (Gültigkeit): Das Maß der Übereinstimmung zwischen einer Meßmethode (z.B. Fragebogen) und dem, was mit der Methode gemessen werden soll.

15. Verzerrung (Bias): Beruht auf systematischen Fehlern bei der Auswahl der zu untersuchenden Personen oder bei der Datenerhebung oder -auswertung und kann zu unechten Zusammenhängen (Artefakten) führen.

16. Zielvariable: Beschreibt die im gegebenen Zusammenhang untersuchte Wirkung (z.B. Funktionsstörungen, Erkrankungen, Schadstoffbelastungen), bei der in einer Studie überprüft wird, ob sie in einer abhängigen statistischen Beziehung zu einer bestimmten Einwirkung (z.B. Luftverunreinigung) steht.

Lit: Frentzel-Beyme R (1985) Einführung in die Epidemiologie, Wiss. Buchgesellschaft, Darmstadt. – Wichmann HE (1988) Dtsch Ärztebl 85: B-80–82.

Stau. In der Hydrologie Hebung des Wasserspiegels durch natürliche (Felsbarrieren, Sand- und Kiesschwellen) oder künstliche Hindernisse (Brücken u.ä.) oder durch >Stauanlagen<.

Stauanlagen. Stauen das Wasser eines Gewässers. Sie umfassen ein Absperrbauwerk und das zugehörige Staubecken. Je nach dem Zweck werden Talsperren, Hochwasserrückhaltebecken, Staustufen, Pumpspeicherbecken, Sedimentationsbecken, Geschiebesperren und Stauteiche (Fischteiche) unterschieden.

Lit: Olshausen HG (Hrsg.) (1991) VDI-Lexikon Bauingenieurwesen, VDI-Verlag, Düsseldorf.

Staub. 1. allgemein: Feste, in der Luft verteilte Partikel (>Schwebstaub<). Staubquellen sind industrielle Prozesse, Umschlagvorgänge, Verbrennunsprozesse etc., aber auch natürliche Vorgänge (Vulkanausbrüche). Die wesentlichen Maßnahmen zur Begrenzung der Staubemissionen fanden schon in den 60er und 70er Jahren statt, da das Herausfiltern von Stäuben aus >Abgasen< wesentlich leichter durchzuführen war als die Reduzierung gasförmig vorliegender >Emissionen<. In den letzten Jahren haben die Staubemissionen dagegen insgesamt nur geringfügig abgenommen (s. Abb. S. 1107). In Form von >Feinstaub< wird S. seit einigen Jahren wesentlich kritischer hinsichtlich seiner toxikologischen Wirkung beurteilt als in der Vergangenheit. Das Ausbreitungsverhalten von Staub in der >Atmosphäre< ist maßgebend vom aerodynamischen Durchmesser (>Schwebstaub<) der einzelnen Staubpartikel bestimmt. >Grobstäube< mit einem aerodynamischen Durchmesser von $>5\,\mu m$ weisen nennenswerte Ablagerungsgeschwindigkeiten auf und sinken als >Staubniederschlag< zu Boden. >Feinstäube< verhalten sich nahezu wie gasförmige Verb. und können über große Entfernungen transportiert werden. Durch Reaktions- und Agglomerationsprozesse unterliegt die Teilchengröße und damit das Verhalten der einzelnen Teilchen in der Atmosphäre laufend Veränderungen. Durch chem. und physikalische Vorgänge in der Atmosphäre können auch Staubteilchen aus gasförmigen Verb. gebildet werden.

2. Pflanzenschutz: Im >Pflanzenschutz< unkorrekte, aber gebräuchliche Bezeichnung für >Stäubemittel<.

Staubabscheidung. >Abgasentstaubung<.

Staubbinder. >Additiv< zur Verminderung der Staubbildung bei der Handhabung pulver- oder granulatförmiger Produkte. Durch Zusatz einer Flüssigkeit, die sich auf den Oberflächen der Partikel gut verteilt, bilden sich Flüssigkeitsbrücken zwischen den Partikeln, die die Anziehungskräfte verstärken. Häufig werden S. zur Erhöhung der Handhabungssicherheit und zur Verminderung unkontrollierter Abtrift in die Umwelt zugesetzt, u.a. bei Arzneimitteln, Farbstoffen und Pflanzenschutzmitteln (>Saatgutpuder<). Als S. geeignet sind häufig fette Öle, Mineral- oder Siliconöle, aber auch Glykolderivate oder hygroskopische Substanzen, die ihre Wirkung dadurch entfalten, daß sie für Wasseraufnahme aus der Umgebungsluft sorgen.

Staubemissionen. In Tierställen entstehen Stäube in Mengen von 3 bis 30 mg/cm² Stallfläche und Tag. Die Staubmenge hängt wesentlich von der Art der Fütterung, der Einstreu, der Aktivität der Tiere und von der Luftgeschwindigkeit im Stall ab. Die Art der gehaltenen Tiere, die Temperatur, die relative Feuchte der Stalluft und die Jahreszeit haben einen weniger starken Einfluß auf die entstehenden Staubmengen. Aufgrund der Größe der Staubpartikel wird zwischen Grob- (Durchmesser $>10\,\mu m$), Fein- (Durchmesser 0,5 bis $10\,\mu m$) und Feinststaub (Durchmesser $<0,5\,\mu$) unterschieden. Der überwiegende Teil dieser Staubpar-

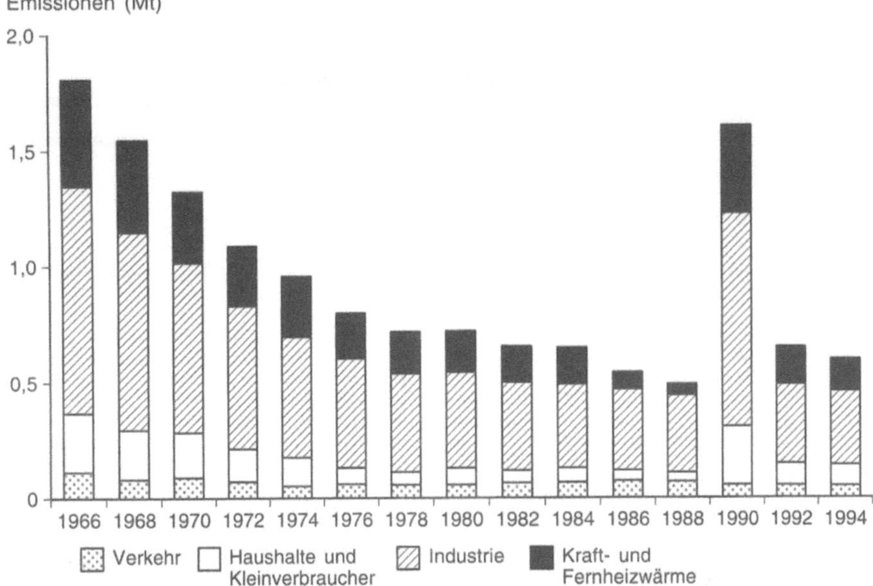

Staub: Entwicklung der Staubemissionen in den alten Bundesländern Deutschlands (aus: Umweltbundesamt (1986) Daten zur Umwelt 1986/87, Erich Schmidt Verlag, Berlin). Darstellung ab 1990 einschließlich der neuen Bundesländer (aus Statistisches Jahrbuch 1997 für die Bundesrepublik Deutschland, Verlag Metzler-Poeschel, Stuttgart)

tikel hat einen mittleren Durchmesser von unter 5 μ, ist also lungengängig. Die kleinen Teilchen (<1 μm) bestehen im wesentlichen aus Sulfaten, meist Ammoniumsulfat, die größeren sind komplex aufgebaut. Die Bedeutung des Staubs aus Tierställen liegt in seiner Transportfunktion für Geruchsstoffe und Mikroorganismen sowie in der mechanischen Verunreinigung der Ställe, der Stallumgebung und mit Bezug auf die menschliche Gesundheit in seiner Eigenschaft als potentielles Allergen.

Staubfilter. Filternder Abscheider zur >Abgasentstaubung<. Zum Einsatz gelangen überwiegend textile Filtermedien, sog. >Gewebefilter<. Vereinzelt finden Schüttschichtfilter aus körnigen Materialien und Kerzenfilter aus porösen Materialien Verwendung. Textile Filtermedien bestehen je nach Anwendungszweck und den Anforderungen an die Temperaturbeständigkeit und die chem. Beständigkeit aus den verschiedensten Materialien, wie Woll- und Baumwollfasern, >Glasfasern< sowie Chemiefasern (Nylon, Dralon, Trevira, >Teflon<, >PVC< etc.) oder Verbundwerkstoffen. An der Anströmseite baut sich aus den abgeschiedenen Staubpartikeln ein Filterkuchen, die eigentlich wirksame Filterschicht, auf. In zeitlichen Intervallen, bzw. wenn der Druckverlust zu hoch ist, ist dieser Filterkuchen durch Abreinigung z.B mittels Vibratoren oder Klopf- und Rüttelwerken und im Gegenstrom geführte Spülluft zu entfernen. Je nach den Eig. des abzureinigenden Staubes können über 1 m² Filterfläche 50 bis 200 m³/h >Abgas< abgereinigt werden. Staubfilter sind in Form von Flächenplatten, die mit Filtertuch bespannt sind, oder in Form von Schlauchfiltern angeordnet. Bei Schlauchfiltern treten die Abgase von innen

nach außen durch das Gewebe des Filters, wie z.B. bei einem Staubsauger. Staubfilter erreichen im Vergleich zu den anderen Abgasentstaubungssystemen (>Elektrofilter<, >Massenkraftabscheider<, >Naßabscheider<) die insgesamt besten Abscheidegrade. Die hohen Abscheideleistungen von Staubfiltern in Form sog. Feinst- oder Schwebstoffilter, die Partikel bis zu einer Größe von 0,1 μm erfassen, ermöglichen in vielen Fällen die Rückführung der gereinigten Abgase in die Arbeitsräume. Die extrem guten Abscheideleistungen von Staubfiltern zeigen sich auch bei deren Einsatz als Reinluftfilter in Lüftungsanlagen.

Staubinhaltsstoffe. Ausschlaggebend für die >toxikologische< Relevanz des >Schwebstaubes< und >Staubniederschlags< ist dessen Zusammensetzung, d.h. insbesondere Art und Konz. einzelner >Schadstoffe< im jeweiligen >Staub<. Auch >inerter< Staub kann zu Gesundheitsbeeinträchtigungen führen, falls seine Partikelgröße eine Ablagerung im Atemtrakt ermöglicht. Schädliche Staubinhaltsstoffe, wie best. >Schwermetalle< aber auch org. Verb. können chem.-toxische Wirkungen auslösen und potentiell auf Menschen, Tiere, Pflanzen oder Materialien schädliche bzw. nachteilige Wirkungen auslösen. Das Staubkorn selbst kann dabei aus einem Schadstoff, wie z.B. einem Schwermetalloxid bestehen oder auf seiner Oberfläche Schadstoffe adsorptiv gebunden haben und somit als Schadstoffträger fungieren (>Schwebstaub<).

Staublunge (Silikose). Quarz-, Kiesel- oder Steinstaublunge, verursacht durch – meist berufliche – Einwirkung von lungengängigem Quarzfeinstaub oder quarzhaltigem Mischstaub. Die Entstehung ist abhängig von Staubkorngröße und -dichte, >Expositionszeit<

Staublunge (Silikose): Kieselsäurehaltige Gesteine, Mineralien und Industriestäube, die zu Silikose oder Mischstaub-
pneumokoniose führen können

Gesteine und Mineralien	Industriestäube und -dämpfe
1 Quarz, Cristobalit, Tridymit, Feuerstein, Achat, Opal, Chalcedon	1 Porzellan- und Steinerzeugung
2 Granit, Quarzporphyr, Quarztrachit, Trass, Gneis	2 Feuerfeste Steine (Schamotte, Dina- u. Silicatsteine)
3 Sandstein, Quarzit, Grauwacke, Schiefer, Kieselkreide, Sand	3 Schlacken- u. Steinwolleprodukte
4 Kieselgur, Diatomeenerde	4 Glas- u. Emailleverarbeitung, Quarzglasschmelzen
5 Erzgesteine	5 Zementerzeugung
6 Kohlengesteine, Graphit	6 Kesselsteinstaub
7 Flußspat	7 Gießereistaub
8 Bauxit, Kaolin	8 Gichtgase
	9 Aerosilrauche

und persönlicher Disposition. Die fibroblastische Reaktion von Staubgemischen wird durch den Quarzgehalt bestimmt. Je höher der Gehalt an Quarz oder seinen Modifikationen Cristobalit und Tridymit im Staub ist, desto typischer ist das morphologische und klinisch röntgenologische Bild der entstehenden Staublunge. Die wichtigsten Mineralien, Gesteine und Industriestäube, die zu einer Staublunge führen können, sind in der Tabelle oben aufgelistet.

Nach allg. Auffassung beginnt die von Quarz ausgehende Histopathogenität mit der Phagocytierung der Stäube durch Alveolarmakrophagen und der darauffolgenden cytotoxischen Wirkung. Nach der >Nekrose< der geschädigten Alveolarmakrophagen werden die freigesetzten Quarzpartikeln von anderen >Makrophagen< phagocytiert, die dann wiederum geschädigt werden. Die über Lymphbahnen abgelagerten Staubkörnchen bewirken eine reaktive Wucherung der Histiocyten und kollagenen Fasern. Der Prozeß schreitet durch Bildung weiterer Granulome und Verschmelzungen sowie Gewebsschrumpfung unter Entwicklung eines kompensatorischen Emphysems fort. Das „lysosomale Konzept" wird als Grundlage der eigentlichen Ursache der Zellschädigung angesehen. Danach führt die Aufnahme von Quarz über eine Aktivierung der Phospholipase A zur Entstehung von Lysophosphatiden, die die Zellmembran aufbrechen. Der Beginn erfolgt oft schleichend (bis zu jahrzentelanger Latenz, auch nach Wegfall der Exposition) mit leichter Ermüdbarkeit, Inappetenz, Gewichtsverlust, Husten, zunehmender Atemnot und Cyanose. Die >akute Silikose< kommt nach kurzer >Exposition< bei stark quarzhaltigem Staub vor, führt schnell zu Lungenveränderungen und endet meist tödlich. Als Beurteilungsgrundlage für das Silikoserisiko am Arbeitsplatz gelten die gemessenen Quarzstaubkonzentrationen in alveolargängigem Feinstaub. Der >MAK-Wert< für quarzhaltigen Feinstaub beträgt 4 mg/m³. Bei einer Expositionszeit von ca. 35 Jahren und einer durchschnittlichen Belastung mit quarzhaltigem Feinstaub von 4,3 mg/m³ ist mit einem Risiko von 3,4% für eine Silikoseerkrankung zu rechnen. In Deutschland ist die Silikose als entschädigungspflichtige >Berufskrankheit< anerkannt.

Lit: Reichel G, Bolt HM, Hettinger Th, Selenka F, Ulmer HV, Ulmer WT (Hrsg.) (1985) Grundlagen der Arbeitsmedizin, Kohlhammer, Stuttgart Berlin Köln Mainz.

Staubniederschlag. Sammelbezeichnung für die Summe der festen Partikeln, die sich aufgrund ihrer Schwerkraft auf der Erdoberfläche niederschlagen (>Schwebstaub<, >Deposition<). Zur Best. des Staubniederschlags finden Sammelgefäße und Haftflächen

Verwendung. Zum Schutz vor Gesundheitsgefahren sind in der >TA Luft< für Staubniederschlag ein >Immissionswert< IW 1 von 0,35 g/m² × d) und ein Immissionswert IW 2 von 0,65 g/m² × d) aufgeführt (>Vorbelastung<). Die >Probenahmezeit< beträgt jeweils einen Monat. Zum Einsatz gelangen sog. Bergerhoff-Sammelgefäße. Häufig werden diese Immissionswerte allein schon durch Staubaufwirbelungen in der Landwirtschaft oder bei Baumaßnahmen ausgeschöpft. Insgesamt sind die Staubniederschlagsbelastungen in den letzten Jahren nahezu gleichgeblieben. Dies kann mit dem inzwischen deutlich verlangsamten Rückgang der Staubemissionen (>Staub<) erklärt werden. Über den Staubniederschlag werden auch >toxische< >Staubinhaltsstoffe< in Böden und Pflanzen eingebracht und finden so Eingang in die >Nahrungskette<. Für >Blei< und >Cadmium< als Bestandteile des Staubniederschlags sind daher in der TA Luft weitere Immissionswerte aufgeführt.

Staunässe. Wasser im Boden, das wegen eines Staukörpers nicht frei abfließen kann und daher auch größere Poren füllt bzw. die Wasserspannung null hat. Da die Diffusion von Sauerstoff in Wasser etwa um 4 Zehnerpotenzen kleiner ist als in Luft, tritt in biologisch aktiven Böden bei S. leicht Sauerstoffmangel auf und beeinträchtigt Bodenleben und Pflanzenwachstum. Gleichzeitig werden durch die Aktivität der Bodenmikroorganismen Mangan(IV)- und Eisen(III)-oxide reduziert und an anderer Stelle im Profil oxidativ wieder ausgefällt, so daß typische braune und graue Farbflekken nebeneinander auftreten (>Marmorierung<). Typische Böden mit S. sind >Pseudogleye<, die sich entweder aus tonreichem Ausgangsgstein oder über ein >Parabraunerdestadium< aus feinkörnigen Lockersedimenten entwickelt haben. Die Beseitigung von S. ist z.B. durch Aufbrechen des Stauhorizonts, durch Verbesserung und Stabilisierung des >Bodengefüges< oder durch >Dränung< möglich, doch tritt dann wegen des oft eingeschränkten Wurzelraumes leicht Wassermangel auf.

Stauseen. Durch Aufstau eines oder mehrerer >Fließgewässer< künstlich entstandene oder vergrößerte Seen mit folgenden Nutzungsansprüchen: Trinkwassergewinnung, Brauchwassergewinnung, Energiewirtschaft, >Hochwasserschutz<, Erholung. Der Stau erfolgt durch eine Sperre (Staumauer).

Lit: Länderarbeitsgemeinschaft Wasser LAWA (Hrsg.) (1990) Limnologie und Bedeutung ausgewählter Talsperren in der Bundesrepublik Deutschland, Woeste Druck + Verlag, Essen.

Stauwasser. In der Bodenkunde oberflächennahes, kurzfristig in nassen Jahreszeiten auftretendes

>Grundwasser<. In der Hydrologie Zustand eines Tidegewässers während des Kenterns.
Lit: DIN 4049, T.3 (Aug. 1994) Hydrologie, Begriffe z. quant. Hydrol. Deutsch. Inst. f. Normung (Hrsg.).

Steady state. Engl. für >stationärer Zustand< bzw. >Fließgleichgewicht<; s. a. >Stationarität<.

Stearigmatocystin. Ein durch *Aspergillus versicolor* und *A. nidulans* gebildetes >Mykotoxin<, das vorwiegend in Mais, Weizen und Futtermitteln vorkommt. Bei Verzehr kontaminierter Lebensmittel kann Leberkrebs induziert werden. $LD_{50} = 120$ mg/kg (Ratte, oral).

Stearyl-2-lactylat. Ein synth. >Tensid<. Die freie Stearyl-Milchsäure wirkt als W/O-Emulgator, während die Calcium- und Natriumsalze als O/W-Emulgatoren dienen. Das Natriumsalz wird oft in solchen Lebensmitteln eingesetzt, die abwechselnd gefroren und aufgetaut werden müssen.

Steiggeschwindigkeit. In der Abwassertechnik die Geschwindigkeit, mit der ein >Schwimmstoff<teilchen in einem Zylinder aufsteigt, in m/h. Beim Flockenschlamm bekommt auch die senkrecht aufwärts gerichtete Wasserbewegung Bedeutung, weil das Abwasser sich dann durch ein aus absinkenden >Flocken< bestehendes „Filter" bewegt, worin viele feinste Flocken festgehalten werden, die sich allein nicht absetzen würden. Dabei kann der Wasserzufluß sogar innerhalb des bereits abgesunkenen >Schlammes< liegen. Das Wasser wird also beim Aufsteigen durch seinen eigenen Schlamm gefiltert. Wichtig ist, daß das schwebende Flockenfilter zusammengehalten und nicht zerrissen wird. Für voluminös ausgebildeten Flockenschlamm, z. B. aus >Belebungsanlagen< oder von chem. Fällung, rechnet man mit Steiggeschwindigkeiten des Wassers von 0,5 bis 3 m/h je nach der Größe der Flocken.
Lit: Imhoff K, Imhoff KR (1990) Taschenbuch der Stadtentwässerung, 27. Aufl., R. Oldenbourg Verlag, München Wien.

Steighöhe, kapillare. Die Steighöhe wird in natürlichen porösen Medien durch die empirische Beziehung $h_c = 0{,}366/R$ (m^2/m) mit der Steighöhe H_c (m) und dem Radius R der kugeligen Partikel (m) angenähert.

Die k.S. ist abhängig von der Korngröße, Packung, Orientierung, Form und Art der Mineralkörner und der Kationenbelegung (>Kapillarsaum<).
Lit: Mattheß G, Ubell K (1983) Allgemeine Hydrogeologie, Grundwasserhaushalt, Gebr. Borntraeger, Berlin Stuttgart – Schroeder G (1968) Landwirtschatlicher Wasserbau, 4. Aufl., Springer, Berlin Heidelberg New York.

Steinkohle. Mineralisch aussehende >Kohle< mit hohem Inkohlungsgrad (C-Gehalt über 75%), zu deren Bildung aus >Braunkohle< neben einer langen geologischen Verweildauer auch erhöhte Drücke und Temp. erforderlich waren. Anthrazit, der häufig auch noch zu den Steinkohlen gerechnet wird, weist mit C-Gehalten von 92 bis 98% die höchsten Inkohlungsgrade auf. Der Gehalt an flüchtigen Bestandteilen in % der wasser- und aschefreien Substanz der Steinkohle fällt von der geringerwertigen Flammkohle (flüchtige Bestandteile 45 bis 40%) über die Gasflammkohle, Gaskohle, Fettkohle, Eßkohle, Magerkohle bis zum hochwertigen Anthrazit (flüchtige Bestandteile 10%). Die Bezeichnungen Eier-, Nuß- und Reiskohle bezeichnen Größenmaße der gebrochenen Kohle. Im Vergleich zur Braunkohle liegen bei Steinkohle neben dem deutlich höheren Kohlenstoffgehalt ein wesentlich niedrigerer Wassergehalt und deutlich höherer Heizwert vor. Steinkohlen weisen einen >Schwefel<gehalt von 0,7 bis 1,7%, einen Wassergehalt von ca. 10% und einen Aschegehalt von ca. 5 bis 20% auf. Neben den Schwefelverb. sind u. a. ggf. >Stickstoff-<, >Chlor-<, >Fluor-< und >Schwermetall<verb. ˙emissionsrelevant. In der Bundesrepublik Deutschland wurden im Jahr 1996 ca. 48 Mio Tonnen Steinkohle gefördert. Die Rohförderkohle wird in Zerkleinerungs- und Waschanlagen von Berge und Begleitmineralien befreit. Hierdurch werden Verunreinigungen, wie z.B. die schwefelhaltige Verb. Pyrit, die beim Verbrennungsprozeß zu unerwünschten >Emissionen< führen, zumindest teilweise entfernt. Die Reinkohle wird >Kraftwerken< zur Stromgewinnung zugeführt. Ca. 50% werden in >Kokereien< oder Steinkohlebrikettfabriken weiter verarbeitet. Brikettierverfahren arbeiten ohne und mit Bindemittelzusatz wie >Bitumen< oder >Sulfitablauge<. Wegen der vergleichsweise hohen Emissionen an polycyclischen aromatischen Kohlenwasserstoffen (PAK) beim Verbrennungsprozeß wird Steinkohlenteerpech seit 1976 nicht mehr als Bindemittel eingesetzt.

Steinkohleneinheit. Für Vergleiche bei der Bewertung verschiedener >Energieträger< wird die Bezugseinheit Steinkohleneinheit (SKE) verwendet. 1 kg SKE entspricht einem mit 7.000 Kilokalorien (7.000 kcal = 29,3 MJ = 8,141 kWh) festgelegten Wert und damit etwa dem Heizwert der Steinkohle, der je nach Sorte 29,3 MJ/kg (Gasflammkohle) bis 33,5 MJ/kg (Anthrazit) beträgt. Bei der vollständigen Spaltung von 1 kg U-235 werden 19 Milliarden Kilokalorien frei, d. h. 1 kg Uran-235 entspricht 2,7 Millionen kg SKE, s. Tabelle unten.

Steinkohleneinheiten verschiedener Brennstoffe

Brennstoff		Brennstoff	
1 kg Benzin	1,59 SKE	1 kg Braunkohlebrikett	0,72 SKE
1 kg Heizöl	1,52 SKE	1 m³ Stadtgas	0,60 SKE
1 m³ Erdgas	1,35 SKE	1 kg Brennholz	0,57 SKE
1 kg Anthrazit	1,14 SKE	1 kg Brenntorf	0,56 SKE
1 kg Steinkohle	1,00 SKE	1 kg Rohbraunkohle	0,34 SKE
1 kg Steinkohlekoks	0,97 SKE	1 kWh	0,123 SKE

Steinläufer *(Lithobius)*. >Myriopoda<, >Mull-Moder-Modell<.

Steinsalz. Mineral- und Gesteinsbezeichnung (chem. Sediment, auch „Halit"), chem. >Natriumchlorid< (NaCl), Hauptbestandteil von Salzstöcken.

Stellarator. Versuchsanordnung zur kontrollierten >Kernfusion<. In einem S. wird die schraubenförmige Verdrillung der Feldlinien um die Torus-Seele durch äußere Spulen erzeugt. Ein S. kommt also im Gegensatz zum >Tokamak< ohne einen Längsstrom im >Plasma< und damit ohne Transformator aus. Er kann daher im Prinzip stationär arbeiten. In einem S. wird der magnetische Käfig durch ein einziges Spulensystem erzeugt. Der Verzicht auf den ringförmigen Plasmastrom bedeutet jedoch die Aufgabe der bei den Tokamaks vorhandenen Axialsymmetrie; Plasma und Magnetspulen besitzen eine kompliziertere Form. Für ein Fusionskraftwerk könnten S. eine technisch einfachere Lösung sein als Tokamaks. Auf theoretischem Wege ist diese Frage nicht zu beantworten; sie experimentell zu entscheiden, ist das Ziel der WENDELSTEIN-Experimente des Max-Planck-Instituts für Plasmaphysik.

stenök. >euryök<.

stenohalin. >euryhalin<.

stenophag. >euryphag<.

stenotherm. >eurytherm<.

stenotop. >eurytop<.

Sterilisation. >Desinfektion<. Behandlung von Wasser mit dem Ziel, Krankheitserreger zu entfernen oder unschädlich zu machen (ISO 6107/1). S. wird auch Entkeimung genannt. Durch den Vorgang werden Materialien wie z.B. Lebensmittel von Keimen befreit, auch von ihren Dauerformen, den Sporen. Die S. kann durch verschiedene Verfahren erfolgen wie feuchte und trockene Hitze, Filtration, Bestrahlung, chemische Mittel etc. Die benötigten Zeiten sind je nach Verfahren unterschiedlich.

Steroidalkaloide. Gruppe von >Alkaloiden<, denen das Steroidgerüst, teils in abgewandelter Form, zugrunde liegt. Sie werden nach ihrem Vorkommen in mehrere Gruppen unterteilt, von denen fünf toxikologische Bedeutung besitzen (s. chem. Formeln). Im Gegensatz zu den tierischen S. liegen die pflanzlichen als Ester oder Glycoside vor. Einige dieser Verb. werden als Ausgangsstoffe für die Synthese von Steroidhormonen genutzt, während andere zur Arzneimittelherstellung dienen.

Lit: Teuscher E, Lindequist U (1987) Biogene Gifte. Fischer, Stuttgart New York – Hesse M (1978) Alkaloidchemie. Thieme, Stuttgart – Habermehl G, Hammann PE (1992) Naturstoffchemie, Springer, Berlin Heidelberg New York, S. 245–270.

Steuerermäßigung. >Euro-3/-4 Abgaswerte<.

Steuergerät. Auto: >Elektronik< (z.B. innerhalb der L-Jetronic Benzineinspritzung) wandelt die versch. mit >Sensoren< am Motor abgefühlten Einflußgrößen in elektrische Impulse um und benutzt sie als Stellgrößen.

Steuerlicher Anreiz. Um die Bevölkerung zur Anschaffung von schadstoffarmen Fahrzeugen anzuspornen, bieten einige Länder Steuerermäßigungen. Dieses Verfahren ist in der EU für solche Länder zusätzlich

Batrachotoxin

Samandarin

Solanidin

R^1 = (+)-α-Hydroxy-2-methylbuttersäure
R^2 = Acetat
R^3 = (-)-α-Methylbuttersäure

Protoveratrin A

Cyclobuxin D

vorgesehen, die strengere Abgasvorschriften als die allg., in der EU verabschiedeten einführen wollen.

Steuerstab. Steuerelement zur Veränderung der >Reaktivität< eines >Reaktors<; >Regelstab<.

Steuerung. Ein Vorgang, bei dem eine Eingangsgröße in gesetzmäßiger Weise eine Ausgangsgröße beeinflußt, ohne daß eine Rückkoppelung an die Eingangsgröße möglich ist (offener Wirkungskreis nach DIN 19226). Unter Steuern versteht man einen Eingriff in einen Prozeß, ohne daß dieser Vorgang durch Informationen beeinflußt wird, die vom Prozeß ausgehen. Kennzeichen der Steuerung ist der offene Wirkungsablauf. Durch die fehlende Rückkoppelung, die das charakteristische Merkmal der >Regelung< ist, fehl die Möglichkeit, bei Abweichungen der Ausgangsgröße den Prozeßablauf zu beeinflussen. So spricht man z. B. von einer Steuerung, wenn in der Abwassertechnik ein >Rechen< nur zeitabhängig, z. B. über eine Stelluhr, in Betrieb gesetzt wird. Unabhängig vom Schmutzanfall erfolgt die Räumung in vorgegebenen Intervallen, die empirisch ermittelt wurden. Erhöhter >Rechengut<anfall, z. B. bei Regen, wird damit nicht erfaßt. Dies läßt sich nur mit einer Regelung erreichen, die den Antrieb in Abhängigkeit von den Wasserständen vor und hinter dem Rechen schaltet. Einrichtungen zur Regelung und Steuerung eines Prozesses sind häufig miteinander verknüpft (Störgrößenaufschaltung). >Regulation<.

Lit: Abwassertechnische Vereinigung (Hrsg.) (1985–1997) ATV-Handbuch, 4. Aufl., Bd. 1–7, Verlag von Wilhelm Ernst und Sohn, Berlin München.

Steuerzeiten. Z. B. Einsatzzeitpunkt der >Einspritzung<; >Zündung<, Öffnungs- und Schließzeiten von Einlaß- und Auslaßventilen, variable S. der >Abgasemissionen<.

Stibophen. >Antiprotozoika<.

Stichprobe. In der >Abwassertechnik< meist willkürliche, einmalige Probenahme aus einem Abwasserstrom, die eine Aussage über die momentane Beschaffenheit der Probeflüssigkeit zuläßt. Zur Erfassung der Gesamtbelastung oder Belastungsschwankungen von geringer oder keiner Aussagekraft. Da die Wasserbeschaffenheit ständig wechselt, liefern einmalige Wasserproben (Stichproben) nur ein zufälliges Ergebnis. Wenn man regelmäßige Untersuchungen macht, verschiebt man deshalb die Tageszeit der Stichproben nach einem bestimmten Plan so, daß man nach einiger Zeit alle Tageszeiten erfaßt hat und so einen brauchbaren Durchschnitt erhält.

Lit: Imhoff K, Imhoff KR (1990) Taschenbuch der Stadtentwässerung, 27. Aufl., R. Oldenbourg Verlag, München Wien.

Stichprobenpläne. U. a. in der >Abwassertechnik< über einen längeren Zeitraum planmäßig festgelegte Entnahmetermine für Stichproben, um einen Mittelwert über die Beschaffenheit z. B. des >Abwasserzulaufs< zu erhalten. Ähnliches gilt bei der Beprobung von Böden, Altlasten, Abfalldeponien u. ä., wo mit Hilfe von *Stichproben* (Stichprobenplänen) die Repräsentanz und damit die Aussagekraft der gewonnenen Probe gesteigert wird.

Stickoxide. Mit Sauerstoff bilden die fünf Oxidationsstufen des Stickstoffs insgesamt neun Verb.: Distickstoffmonoxid (N_2O; Narkosemittel Lachgas), >Stickstoffmonoxid< (NO) bzw. Distickstoffdioxid (N_2O_2), Distickstofftrioxid (N_2O_3; Anhydrid der salpetrigen Säure), >Stickstoffdioxid< (NO_2) bzw. Distickstofftetroxid (N_2O_4), Distickstoffpentoxid (N_2O_5; Anhydrid der >Salpetersäure<) und Stickstoffperoxid (NO_3) bzw. Distickstoffhexoxid (N_2O_6). Stickstoffoxide zählen zu den bedeutendsten >Luftschadstoffen<. Sie werden überwiegend bei Verbrennungsprozessen aller Art freigesetzt. Hierfür ist weniger der Stickstoffgehalt des Brennstoffes maßgebend, sondern die bei den hohen Verbrennungstemp. im Verbrennungsraum stattfindenden Reaktion zwischen dem Luftstickstoff und dem Luftsauerstoff, die prim. zur Bildung von NO führt. Diese Reaktion hängt stark von den Bedingungen im Verbrennungsraum, insbesondere vom Sauerstoffpartialdruck und der Temp. ab. Über sog. prim. >Emissionsminderungsmaßnahmen< kann daher der Bildung von NO entgegengewirkt werden. Z. B. wird

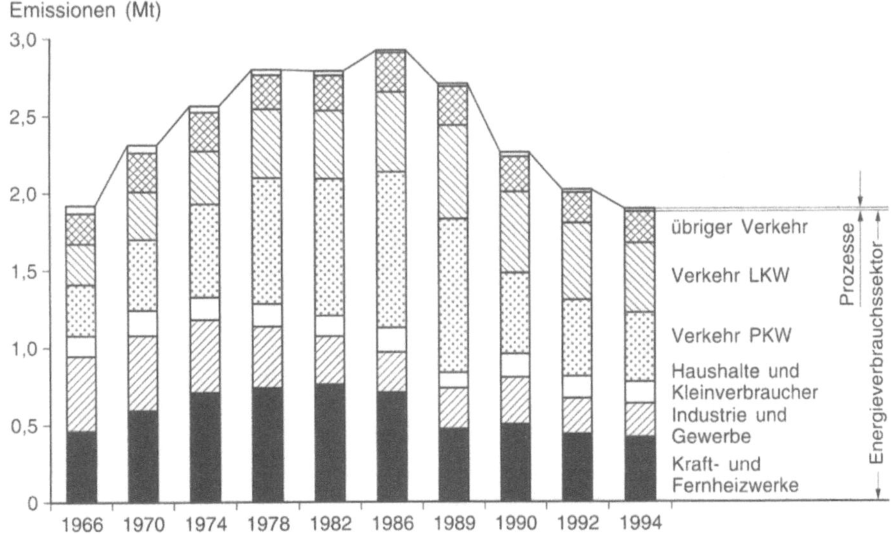

Stickoxide: Entwicklung der Stickstoffemissionen (NO_x, angegeben als NO_2) in den alten Bundesländern Deutschlands (aus: Baumbach G (1990) Luftreinhaltung, 1. Aufl., Springer-Verlag, Berlin Heidelberg. Nach: Umweltbundesamt (1989) Luftreinhaltung '88 – Tendenzen – Probleme – Lösungen. Materialien zum Vierten Immissionsschutzbericht der Bundesregierung an den Deutschen Bundestag, Erich Schmidt Verlag, Berlin). Darstellung ab 1990 einschließlich der neuen Bundesländer (aus Statistisches Jahrbuch 1997 für die Bundesrepublik Deutschland, Verlag Metzler-Poeschel, Stuttgart)

durch gestufte Zuführung von Verbrennungsluft und rasches Abkühlen der >Abgase< noch im Verbrennungsraum ein Überschuß von Sauerstoff in Temperaturbereichen, die die Bildung von NO begünstigen, vermieden. Das gebildete NO setzt sich auch bei Normaltemp. mit Luftsauerstoff zu NO_2 um. Diese Ox. verläuft jedoch so langsam, daß die Stickoxide zu ca. 95 % noch als NO emittiert werden. Sek. Emissionsminderungsmaßnahmen zur Entfernung von NO_x aus Abgasen s. >Abgasentstickung<. Vor dem Hintergrund der Auswirkungen des >sauren Regens< und der zunehmenden NO_x-Emissionen (s. Abb. S.1111) sah erstmals die >Großfeuerungsanlagen-Verordnung< aus dem Jahre 1983 Maßnahmen zur Reduzierung der NO_x->Emissionen< vor. Die Nachrüstung der >Kraftwerke< hat in den alten Bundesländern bereits zu einer Reduzierung der kraftwerksbedingten Stickoxidemissionen, angegeben als NO_2, von ca. 800.000 Tonnen im Jahr 1982 auf ca. 200.000 Tonnen im Jahr 1991 (Prognose) geführt. Die Einführung des geregelten >Dreiwege-Katalysators< für Kfz mit >Ottomotor<-Antrieb sollte die verkehrsbedingten NO_x-Emissionen verringern. Der erhoffte Rückgang ist jedoch noch nicht eingetreten, da die Verkehrsleistung insgesamt stark zugenommen hat.

Stickstoff (N). Einer der wichtigsten Pflanzennährstoffe, der in Böden in unterschiedlichen Bindungsformen und Oxidationsstufen vorkommt. Im Gegensatz zu anderen Nährstoffen ist N in Gesteinen nur in unbedeutenden Konzentrationen enthalten; der in Böden gebundene N stammt fast ausschließlich aus der biologischen Reduktion des Luftstickstoffs (Stickstofffixierung) und seinem Einbau in organische Substanzen. Die wichtigsten N-Formen in Böden sind (s. Abb. unten): 1) Organisch gebundener N mit der Oxidationsstufe −3. In den humushaltigen Oberböden macht diese Fraktion meist mehr als 95 % des Gesamt-N aus. Ein großer Teil liegt in Form von Aminosäuren vor; weiterhin sind Aminozucker und Bruchstücke von >Nukleinsäuren< von Bedeutung. Während diese Formen biologisch relativ leicht abbaubar sind, kommen

in >Huminstoffen< auch größere Mengen von heterozyklisch gebundenen N vor, der mikrobiell nur schwer verwertbar ist. 2) Auch als Ammoniumkation (NH_4^+) liegt N in der Oxidationsstufe −3 vor. Da NH_4^+ einen ähnlichen Ionenradius wie K^+ hat, verhält es sich bei Kationenaustauschprozessen wie dieses und wird von den entsprechenden >Tonmineralen< des Bodens reversibel gebunden; kaliumfixierende Minerale binden auch Ammonium besonders fest. 3) Das Nitratanion (NO_3^-) mit N der Oxidationsstufe +5 wird in Böden kaum festgehalten und wird daher leicht ausgewaschen. 4) Weiterhin kommen in Böden noch N-Verbindungen der Oxidationsstufen +3 (NO_2^-, Nitrit) und +1 (N_2O, Lachgas) vor, die zwar mengenmäßig keine Rolle spielen, deren ökologische Bedeutung aber nicht unterschätzt werden darf. 5) In der Bodenluft liegt naturgemäß auch molekularer N (N_2) mit der formalen Oxidationszahl null vor. Entsprechend dem Wertigkeitswechsel sind die Umsetzungen des N eng mit dem Redoxstatus bzw. mit dem >Redoxpotential< und dem >pH-Wert< eines Bodens verknüpft. So kann der organisch gebundene N durch Mikroorganismen bei hohen Redoxpotentialen bzw. aerobem Milieu über Zwischenstufen zu Nitrat oxidiert (nitrifiziert) werden. Bei Sauerstoffmangel hingegen kann Nitrat durch den Atmungsstoffwechsel aerober Bakterien, aber auch durch >Gärungsprozesse< reduziert (denitrifiziert) werden, wobei als Denitrifikationsprodukte wechselnde Mengen an N_2 und N_2O gebildet werden. Die reduktive Spaltung und biologische Bindung von Luftstickstoff („Stickstoff-Fixierung") erfordert sehr viel Energie, die in Form von leicht verwertbaren organischen Energieträgern wie Kohlenhydraten zur Verfügung stehen muß. Deshalb sind nur wenige Mikroorganismen zu dieser Reaktion befähigt. Die benötigte Energie wird häufig direkt durch Photosynthese gewonnen (z.B. bei blaugrünen Algen) oder, bei symbiotisch lebenden Mikroorganismen, dem Stoffwechsel der Wirtspflanze entnommen (z.B. „Knöllchenbakterien" der Leguminosen).

Stickstoffaustausch. >Nitratauswaschung<.

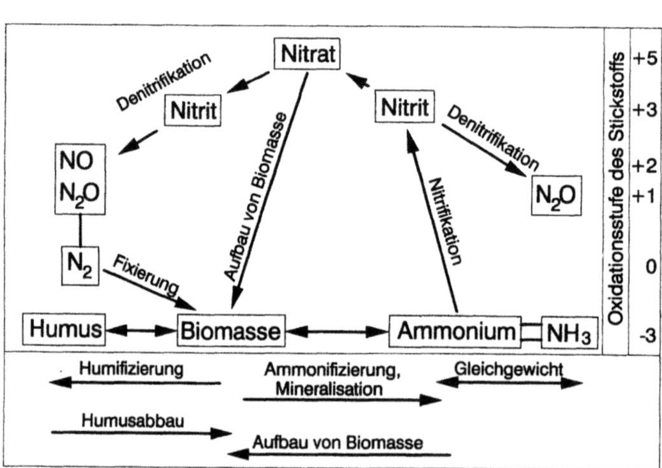

Stickstoff: Schema des Stickstoffkreislaufs im Boden. Dargestellt sind die wichtigsten Formen des Stickstoffs zusammen mit dessen Oxidationsstufen und den verbindenden Prozessen. Die im unteren Teil des Diagramms genannten Prozesse betreffen alle den Stickstoff mit der Oxidationsstufe −3

Stickstoffdioxid. Oxid des vierwertigen >Stickstoffs<. Chem. Formel: NO_2; $M_r = 46{,}01$; Fp. $= -11{,}125\,°C$; Sdp. $= 21{,}10\,°C$; braunrotes, charakteristisch riechendes, stark giftiges Gas. Wie >Stickstoffmonoxid< gehört NO_2 zu den seltenen Hauptgruppenoxiden mit ungerader >Elektronenzahl<. Energetisch ist daher die dimere Verb., das Distickstofftetroxid (N_2O_4), bevorzugt. Bei $27\,°C$ liegt Stickstoffdioxid zu $80\,\%$ als farbloses, diamagnetisches N_2O_4 vor und dissoziert bei steigender Temp. in braunrotes, paramagnetisches NO_2. Großtechnisch läßt sich NO_2 als Ausgangsprodukt der >Salpetersäure<-Herstellung nach dem Ostwald-Verfahren durch katalytische Verbrennung von >Ammoniak< mit überschüssiger Luft bei 600 bis $700\,°C$ über >Stickstoffmonoxid< als Zwischenstufe gewinnen. NO_2 ist ein starkes >Oxidationsmittel<. In hohen Konz. eingeatmetes NO_2 führt zu schweren Lungenschäden, wobei nach unmittelbaren Vergiftungserscheinungen wie Husten und Atemnot nach ca. 24 h ein Lungenödem auftreten kann, das nach einer Latenzzeit von zwei bis drei Wochen mit augenscheinlichen Erholungsphasen bei >Exposition<skonz. von über $500\ mg/m^3$ meist tödlich verläuft. Derart hohe Konz. können z.B. bei Bränden stickstoffhaltigen Materials, wie z.B. >Düngemittel< oder Nitrocellulose, unsachgemäßer Verwendung konz. Salpetersäure oder in frisch gefüllten Silos auftreten. Die gesundheitlichen Auswirkungen des in der Außenluft auftretenden NO_2 (>Emissionsquellen< s. >Stickoxide<) sind jedoch sehr schwer zu beurteilen. Unbestritten ist lediglich, daß Konz. über $1{,}8\ mg/m^3$ gesundheitsschädlich sind. Der Beweis eindeutig nachteiliger Wirkungen bei niedrigeren Konz. konnte nicht eindeutig erbracht werden. Untersuchungen in gasversorgten Häusern lassen jedoch vermuten, daß Spitzenbelastungen ab ca. $1\ mg/m^3$ zu einer Empfindlichkeitssteigerung gegenüber Infektionen führen können. Biochem. Veränderungen sind ab Konz. von $0{,}4\ mg/m^3$ zu beobachten. Ihre biol. Relevanz ist jedoch noch unklar. Im Gegensatz zu >Schwefeldioxid< (SO_2) reagieren >chronisch< Atemwegskranke auf NO_2 offensichtlich nicht deutlich empfindlicher als Gesunde. Die >VDI-Richtlinie< 2310 Blatt 12 (Juni 1985) nennt zum Schutz des Menschen folgende >MIK-Werte<: 1/2-Stunden-MIK $= 200\ \mu g/m^3$ und 24-Stunden-MIK $= 100\ \mu g/m^3$, jedoch keinen Jahres-MIK. Nach Auffassung der MIK-Kommission gibt es keinen Anhalt dafür, daß eine langfristige Beaufschlagung mit NO_2 in einer Konz. von $100\ \mu g/m^3$ für den Menschen ein definierbares Gesundheitsrisiko darstellt. Dem 24-h-Mittelwert liegt danach ein Sicherheitsfaktor von 4 bis 9 zugrunde. Zum Schutz vor Gesundheitsgefahren sind in der >TA Luft< für NO_2 ein >Immissionswert< IW 1 von $0{,}08\ mg/m^3$ und ein Immissionswert IW 2 von $0{,}20\ mg/m^3$ aufgeführt (>Vorbelastung<). Nach der Verordnung über die Festlegung von Konzentrationswerten (23.BImSchV) vom 16.12.1996 sind bei Überschreitung einer Konzentration von $160\ \mu g/m^3$ (98-Prozent-Wert aller Halbstundenmittel eines Jahres) an S. Maßnahmen zur Verminderung oder zur Vermeidung des Entstehens schädlicher >Umwelteinwirkungen> durch >Luftverunreinigungen< zu prüfen. Als Ergebnis dieser Prüfung durch die für den Immissionsschutz zuständige Behörde kann die Straßenverkehrsbehörde z.B. den Kraftfahrzeugverkehr auf bestimmten Straßen oder in best. Gebieten unter Berücksichtigung der Verkehrsbedürfnisse und der städtebaulichen Belange nach Maßgabe der verkehrsrechtlichen Vorschriften beschränken oder verbieten.

Wegen der vergleichsweise geringen gesundheitlichen Auswirkungen blieb NO_2 als Umweltfaktor lange unbeachtet. Ein ernstzunehmendes Problem stellt jedoch die Beteiligung von NO_2 an der Entstehung des >sauren Regens< dar. Bei alleiniger Einwirkung ist NO_2 für Pflanzen wesentlich ungiftiger als SO_2. In Kombination mit üblichen SO_2- und >Ozon<-Konz. sinkt die Wirkungsschwelle jedoch deutlich ab. Die >WHO< empfiehlt daher als >Richtwert< zum Schutz von Forstpflanzen einen Jahresmittelwert von max. $30\ \mu g/m^3$. Des weiteren ist die Düngewirkung der aus dem NO_2 gebildeten >Nitrite< und >Nitrate< auf natürlicherweise nährstoffarmen Böden zu bedenken, da hierdurch ein Ungleichgewicht der >Nährstoffe< zueinander entsteht und an nährstoffarme Standorte angepaßte Pflanzen bedroht werden. NO_2 greift auch Materialien, insbesondere Metalle und org. Substanzen an.

Stickstoffdünger. (Syn. N-Dünger). Enthalten als Hauptbestandteil >Stickstoff<, der für Pflanzen direkt oder nach Umwandlung aufnehmbar ist. S. liegen in beschränkten Mengen in Form des >Natronsalpeters< in natürlichen Lagerstätten vor. Heute werden die mineralischen S. aus dem Luftstickstoff (fast $80\,\%$ N) v.a. über die >Ammoniaksynthese< (Haber-Bosch-Verfahren) gewonnen. Der dafür notwendige Energieaufwand entspricht ca. dem Heizwert von 1 kg Öl. Das dabei entstehende Ammoniak wird zu vielen Arten von S. weiterverarbeitet. Es bestehen große Unterschiede hinsichtlich Wirkungsgeschwindigkeit und damit auch Wirkungsdauer. Besteht ein S. aus >Nitrat< (NO_3^-), ist er schnellwirkend, so z.B. Kalksalpeter ($15\,\%$ N). >Ammonium< (NH_4^+) ist langsamer wirkend, da es erst im Boden zu Nitrat umgewandelt wird, wie es bei Ammonsulfat ($21\,\%$ N) der Fall ist. Flüssiges Ammoniak (NH_3) enthält $82\,\%$ N und wird mit Wasser bei der Einbringung in den Boden zu Ammonium. Noch langsamer wirkt >Harnstoff< ($46\,\%$ N) oder >Kalkstickstoff<< durch Amid-N (Kopplung von Säuren und Aminogruppen). Das bei der Umwandlung von Kalkstickstoff entstehende >Dicyandiamid< wird als ein die >Nitrifikation< hemmender Stoff auch in anderen S. mit langsamer Wirkung verwendet. Es gibt viele S. mit einer Kombination der N-Formen, die bekanntesten sind Kalkammonsalpeter ($13{,}5\,\%$ NH_4^+ und $13{,}5\,\%$ NO_3^-), Ammonsulfatsalpeter ($6{,}5\,\%$ NO_3^-, $19{,}5\,\%$ NH_4^+) und die Ammonnitrat-Harnstoff-Lösung (AHL) mit $14\,\%$ Amid, $7\,\%$ Nitrat und $7\,\%$ Ammonium. Eine besondere Form der S. sind sehr langsam wirkende Dünger, die auch als Depotdünger bezeichnet werden. Hier ist N in schwer abbaubare Verbindungen eingebaut. Diese Dünger sind teuer und werden v.a. im >Gartenbau< eingesetzt. Mit der Vielfalt der S. besteht die Möglichkeit, die Düngung dem Pflanzenwuchs anzupassen.

Lit: Finck A (1989) Dünger und Düngung, 1. korrigierter Nachdr. d. 1.Aufl., VCH, Weinheim, S. 35–60.

Stickstoff-Fixierung. (Syn. N-Fixierung, Distickstoff-Fixierung, Distickstoff-Reduktion). Zur biol. Fixierung von molekularem Stickstoff (N_2) sind nur >Prokaryonten< (Bakterien, Cyanobakterien, Actinomyceten) fähig. Teils in Symbiose mit höheren Pflanzen, besonders Leguminosen, teils freilebend, reduzieren diese Mikroorganismen den sehr reaktionsträgen Stickstoff zu Ammonium. Diese N-Verb. verwerten die Organismen dann im Baustoffwechsel für den Aufbau N-haltiger org. Stoffe (z.B. Proteine). Durch die mikrobielle S.

können pro Jahr und Hektar Ackerfläche etwa 100 bis 300 kg Stickstoff „gewonnen" werden. Durch die S. wird jährlich ein Mehrfaches an Stickstoff aus der Atmosphäre gebunden als durch industrielle Verfahren (z.B. Haber-Bosch-Verfahren). Zur S. ist immer ein spezielles, sehr sauerstoffempfindliches >Enzym<, die Nitrogenase (Mo-Fe-S-Protein) erforderlich. In Spuren ist Molybdän als essentieller Bestandteil des Enzyms notwendig. Außerdem ist bei der symbiontischen S. in Leguminosen Leghämoglobin, ein Hämoglobin-Derivat, beteiligt. Die symbiontische S. wird z.B. bei Leguminosen im Wurzelbereich in sog. Wurzelknöllchen von Rhizobium-Arten (z.B. *R. phaseoli, R. lupini, R. leguminosarum*) durchgeführt. Diese auch als „Knöllchenbakterien" bezeichneten Organismen sind streng aerob und wachsen mit org. Substraten als Nährstoffen. Die mutualistische Symbiose mit den Pflanzen besteht darin, daß die Bakterien der Pflanze gebundenen Stickstoff als Ammonium zur Verfügung stellen und von der Pflanze Nährstoffe, insbesondere Kohlenhydrate, zur Verfügung gestellt bekommen. Auch bei einer Reihe anderer >dikotyler< Pflanzen, v.a. Gehölzen und Krautgewächsen (z.B. Erle, Sanddorn, Rutenstrauch) kommt eine S. vor. Daran sind in den meisten Fällen endosymbiontische Actinomyceten der Gattung Franckia beteiligt. Die genannten Pflanzen kommen u.a. als „Pioniergewächse" an stickstoffarmen Standorten vor. Auch eine Reihe von freilebenden Bakterien und Cyanobakterien ist zur S. in der Lage. Dabei sind wegen der Effizienz besonders die Azotobacter-(z.B. *A. chroococcum, A. vinelandii*) oder Azomonas-Arten (z.B. *A. agilis*) zu nennen. Stickstoff-fixierende Cyanobakterien sind z.B. bei der N-Versorgung von Reisfeldern mit einer Leistung 30 bis 50 kg · ha^{-1} · a^{-1} fixiertem Stickstoff von Bedeutung und gelten als Pioniere bei der Besiedlung karger Böden (z.B. Vulkanböden) und extremer Standorte (z.B. Antarktis). Auch bei Cyanobakterien, z.B. bei *Anabaena azollae*, existieren Symbiosen mit höheren Pflanzen, hier mit >Azolla<, einem Wasserfarn. Bei geeigneter Kulturführung kann die Azolla/Anabaena-Gemeinschaft den gesamten N-Bedarf eines Reisfeldes decken. Insgesamt ergeben sich insbesondere durch die gezielte Nutzung der symbiontischen S. in der sog. „alternativen Landwirtschaft" eine Reihe von Möglichkeiten zum umwelt-, speziell grundwasserschonenden Ersatz von Wirtschaftsdüngern (auch als „Kunstdünger" bezeichnet). >Nährstoffdynamik<.

Stickstofffreisetzung. >Nährstoffdynamik<.

Stickstoffkreislauf. Wasser: Der S. im Gewässer ist überwiegend von der Tätigkeit der Organismen best. Elementarer Stickstoff N$_2$ gelangt aus der Atmosphäre, >Ammonium< NH$_4^+$ und >Nitrat< NO$_3^-$ gelangen durch Niederschläge und Zuflüsse in die Gewässer. Nitrat und Ammonium werden von >Primärproduzenten< aufgenommen und in org. Bindung als Protein an die tierischen Konsumenten weitergegeben. Beim mikrobiellen Abbau toter pflanzlicher und tierischer >Biomasse< entsteht aus Eiweiß Ammonium (>Ammonifikation<), das entweder wieder als Pflanzennährstoff assimiliert oder chem. und biochem. bei der >Nitrifikation< über Nitrit zu Nitrat ox. wird. Unter anaeroben Bedingungen wird Nitrat entweder bei der >Denitrifikation< zu elementarem Stickstoff oder bei der >Nitratammonifikation< mikrobiell zu Ammonium reduziert. Einige >Bakterien< können N$_2$ direkt für die Proteinsynth. verwenden, z.B. >Cyanobakterien< (s. Abb.).

Stickstoffmonoxid. Oxid des zweiwertigen >Stickstoffs<; Chem. Formel: NO; M$_r$ = 30,01; Fp. = −163,6 °C; Sdp. = −151,7 °C; farbloses Gas. Wie >Stickstoffdioxid< (NO$_2$) gehört NO zu den seltenen Hauptgruppenoxiden mit ungerader >Elektronenzahl<. Im fl. und festen Zustand ist daher NO weitgehend zu N$_2$O$_2$ dimerisiert; bei Zimmertemp. liegt es als NO vor. NO ist weit weniger >toxisch< als NO$_2$. Die bei Verbrennungsprozessen freigesetzten >Stickoxide< werden überwiegend in Form des NO emittiert. An Luft reagiert NO mit Luftsauerstoff zu NO$_2$. Bei niedrigen Konz. verläuft diese Reaktion sehr langsam. Die >VDI- Richtlinie< 2310 (Sept. 1974) nennt zum Schutz des Menschen folgende >MIK-Werte<: 1/2-Stunden-MIK = 1,0 mg/m^3 und 24-Stunden-MIK = 0,5 mg/m^3, jedoch keinen Jahres-MIK. Wegen der geringen >toxikologischen< Relevanz des NO sind in der >TA Luft< seit 1983 für NO keine >Immissionswerte< mehr aufgeführt.

Stickstoffoxide. >Stickoxide<.

Stickstoffsättigungs-Hypothese. >neuartige Waldschäden<.

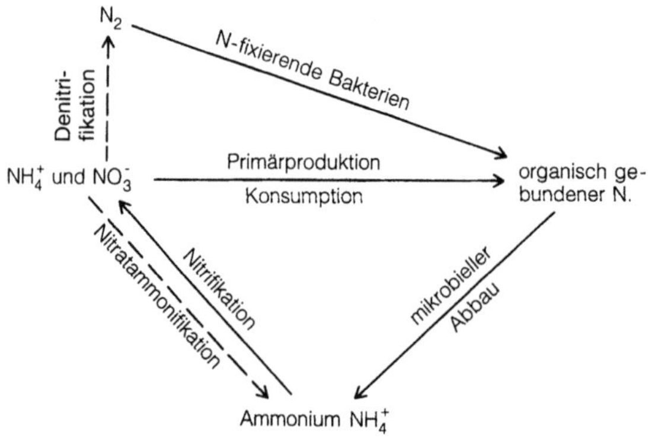

Stickstoffkreislauf: Wasser

Stickstofftrophierung. Steigerung der >Trophie< durch Zunahme der Konz. an anorg. Stickstoffverb. im Gewässer. Da auf dem Festland in aller Regel Phosphor der produktionsbegrenzende Minimumstoff (>Minimumfaktor<) ist, ist die S. von Binnengewässern die Ausnahme. Die ozeanischen Meeresgebiete sind dagegen stickstofflimitiert, doch verbleiben die vom Festland dem Meer zugeführten Nährstoffe in den Schelfgebieten und führen nicht zur >Eutrophierung< der Ozeane.

Stickstoffzyklusbakterien. Die am Stickstoffzyklus beteiligten Bakterien >Stickstoffkreislauf<; s. Abb. (ISO DIS 6107/7). In diesem Zyklus steht das Ammonium im Mittelpunkt als Produkt des Abbaus von Eiweißen und Aminosäuren. Durch die Bakterien Nitrosomonas und Nitrobacter wird es zu Nitrit und Nitrat oxidiert. Nitrat wird als Sauerstoffquelle benutzt; diesen Vorgang bezeichnet man als Nitratatmung.

Stillegung. Außerbetriebnahme einer Anlage; in zweierlei Hinsicht rechtlich bedeutsamer Akt: als Bezugspunkt für staatliche Zwangsmaßnahmen mit dem Ziel, eine Anlage außer Betrieb zu setzen (s. z.B. § 20 Abs.2 des >Bundesimmissionsschutzgesetzes<); ferner als Zeitpunkt des Beginns für Überwachungspflichten (s. z.B. § 40 Abs.1 Satz 2 des Kreislaufwirtschafts- und Abfallgesetzes).

Stillegung von Kernkraftwerken. Voraussetzung für den Beginn der Stillegungsarbeiten ist, daß >Kernbrennstoff<, >Kühlmittel< und die aktiven Betriebs-abfälle aus der Anlage entfernt sind. Dadurch wird das ursprüngliche Aktivitätsinventar weitgehend auf die in den aktivierten und kontaminierten Komponenten enthaltene Aktivität reduziert. Diese Restaktivität liegt dann überwiegend nur noch in fester Form vor und beträgt ein Jahr nach Außerbetriebnahme weniger als ein Prozent des Aktivitätsinventars einer in Betrieb befindlichen Anlage. Je nach Umständen des Einzelfalles ergeben sich drei Stillegungshauptvarianten: gesicherter Einschluß, Teilbeseitigung mit gesichertem Einschluß, totale Beseitigung. Von den in der Tabelle (S.1116) genannten Anlagen sind die Kernkraftwerke HDR und KKN bereits vollständig beseitigt.

Stimulans. Reizmittel. Meist eine chemische Substanz, die auf den gesamten Organismus einwirkt.

Stirlingmotor. Hubkolbenmotor mit äußerer kontinuierlicher Verbrennung, extrem vielstoffähig und umweltfreundlich, aber teuer. Auch als Wärmepumpe verwendbar.

stochastisch. (Neugrch. stoichima = Wette). Ein physikalisch begründeter mathematischer Ansatz zur quant. Beschreibung von Prozessen wird dann stochastisch genannt, wenn das Geschehen nicht eindeutig durch feste Ausgangsbedingungen, kausal-mechanische Ursachen und prozeßspez. Koeffizienten determiniert ist, sondern die festen Werte der prozeßbestimmenden Größen vielmehr durch Wahrscheinlichkeitsverteilungen zu ersetzen sind. Demzufolge lassen sich die Er-

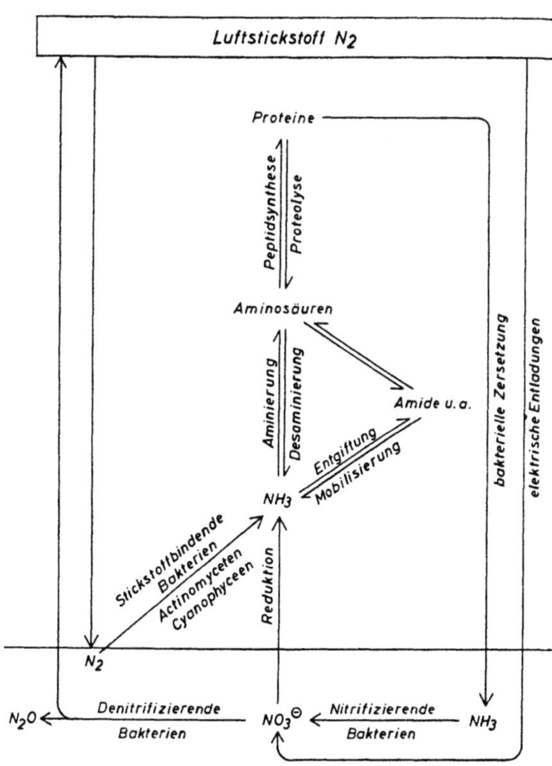

Stickstoffzyklusbakterien

Stillegung von Kernkraftwerken: Stillgelegte Kernkraftwerke in Deutschland (Stand: 10/99)

Name, Standort	Typ, Leistung (MW)	1. Kritikalität, Abschaltung
VAK Kahl	SWR 16	13.11.60 25.11.85
MZFR Leopoldshafen	D_2O-DWR 57	29.09.65 03.05.84
KKR Rheinsberg	WWER 70	06.05.66 01.06.90
KRB A Gundremmingen	SWR 250	14.08.66 13.01.77
AVR Jülich	HTR 15	26.08.66 31.12.88
KWL Lingen	SWR 268	31.01.68 05.01.77
HDR Großwelzheim	HDR 25	14.10.69 20.04.71
KWW Würgassen	SWR 670	20.10.71 26.08.94
KKN Niederaichbach	SWR 100	17.12.72 21.07.74
KGR 1 Greifswald	WWER 440	15.12.73 18.12.90
KGR 2 Greifswald	WWER 440	03.12.74 14.02.90
KNK II Leopoldshafen	SNR 21	10.10.77 23.08.91
KGR 3 Greifswald	WWER 440	06.10.78 28.02.90
KGR 4 Greifswald	WWER 440	22.07.79 02.06.90
THTR-300 Hamm-Uentrop	HTR 308	13.09.83 20.09.88
KGR 5 Greifswald	WWER 440	24.04.89 24.11.89

DWR: Druckwasserreaktor, HTR: Hochtemperaturreaktor, SWR: Siedewasserreaktor, HDR: Heißdampfreaktor, SNR: Schneller natriumgekühlter Reaktor, WWER: Druckwasserreaktor russischer Bauart

gebnisse der Prozeßbeschreibungen bzw. die Übergänge von einem Systemzustand in einen anderen auch nur als Wahrscheinlichkeitsaussagen formulieren, die allerdings oft sehr schwierig zu erhalten sind. Auswege sind oft rechenzeitaufwendige >Monte-Carlo-Simulationen<. S. a. >probabilistisch<. Gegensatz: >deterministisch<.

Stochastische Strahlenwirkung. „Stochastische" Wirkungen sind solche, bei denen die Wahrscheinlichkeit, daß sie auftreten, jedoch nicht ihr Schweregrad, als eine Funktion der Dosis betrachtet wird, ohne daß ein Schwellenwert besteht. „Nichtstochastische" Wirkungen sind solche, bei denen der Schweregrad mit der Dosis variiert und für die daher ein Schwellenwert bestehen kann. In dem für >Strahlenschutz<zwecke relevanten Dosisbereich werden vererbbare Wirkungen als stochastisch angesehen. Auch einige somatische Wirkungen sind stochastisch; hierbei wird die >Krebs<entstehung als das wichtigste somatische Strahlenrisiko bei niedrigen Dosen angesehen.

Stöchiometrie. Wissenschaftliches Teilgebiet der Chemie, das sich mit der mengenmäßigen Zusammensetzung chem. Verb. und der mathematischen Berechnung chem. Umsetzungen befaßt. Nach dem Gesetz der konst. Proportionen enthält jede Verb. ihre Bestandteile stets in einem bestimmten konst. Massenverhältnis. Vereinigen sich best. Elemente in mehr als einem best. Massenverhältnis, so bilden sie auch entsprechend viele verschiedenartige Verb. (Gesetz der multiplen Proportionen).

Stöchiometrische Verbrennung. >Verbrennung<.

Störer. Zentralbegriff des Polizei- bzw. >Ordnungsrechts<. S. ist derjenige, der im Normalfall eine Gefahr oder einen Schaden im Sinne des Polizeirechts zu beseitigen hat; an ihn hat die Polizei die Aufforderung zur Gefahrenbeseitigung zu richten (Ausnahme: in bestimmten Fällen kann auch der Nichtstörer zur Gefahrenbeseitigung verpflichtet werden). Zwei Fälle: *Handlungsstörer* und *Zustandsstörer*. Handlungsstörer ist eine Person, die eine Gefahr verursacht; geht von einer Sache eine Gefahr aus, so sind die Maßnahmen gegen den Inhaber der tatsächlichen Gewalt zu richten; der Inhaber der tatsächlichen Gewalt ist Zustandsstörer.

Störfall. Ereignisablauf, bei dessen Eintreten der Betrieb der Anlage oder die Tätigkeit aus sicherheitstechnischen Gründen nicht fortgeführt werden kann und für den die Anlage auszulegen ist oder für den bei der Tätigkeit vorsorglich Schutzvorkehrungen vorzusehen sind.
1. juristisch: Gem. § 2 der >Störfallverordnung< ist ein S. eine Störung des bestimmungsgemäßen Betriebs einer Anlage, durch die ein Stoff nach Anhang 2 zur Störfallverordnung frei wird, entsteht, in Brand gerät oder explodiert und dadurch eine Gemeingefahr hervorgerufen wird. >Verordnung zur Durchführung des Bundes-Immissionsschutzgesetzes<.
2. chemische Industrie: S. bezeichnet Sachverhalte, bei denen der bestimmungsgemäße Zustand der Anlage verlassen wird. Das Spektrum der dabei auftretenden Konsequenzen reicht von geringfügig verändertem Betriebszustand bis zur Freisetzung großer >Gefahrstoffmengen< und schweren Schäden jenseits des Betriebszaunes. In der Öffentlichkeit werden S. in der chem. Industrie als das dominierende >Risiko< wahrgenommen, obwohl in Bezug auf Umweltschäden Normalbetriebsemissionen und bestimmungsgemäßer Verbrauch von Gefahrstoffen höhere Risiken darstellen können. In der Vergangenheit sind durch spektakuläre S. angestoßen neue Sicherheitsphilosophien entstanden. Die >Seveso<-Katastrophe hat entscheidend zur Entwicklung der >Störfallverordnung< beigetragen (engl.: Seveso-directive). Heute wird versucht, die Ursache von S. vorher durch >Sicherheitsanalysen< auszuschließen anstatt im Nachhinein Anlagen zu ertüchtigen. S. mit sehr großen Konsequenzen waren u.a.: Flixborough (Zerstörung eines Chemiekomplexes, 1974), Mississauga (217.000 Evakuierte, 1979), Mexico City (Zerstörung einer petrochemischen Anlage, 1.000 Tote, 1984), >Bhopal< (4.000 Tote, 180.000 Schwerverletzte, 1984).

Störfallablaufanalyse. Die Störfallablaufanalyse ist eine methodische Untersuchung des Ablaufes eines >Störfalles<. Die Störfallablaufanalyse dient der Ermittlung physikalischer, chem. und technischer Vorgänge beim Ablauf eines Störfalles sowie der Best. der Auswirkung bezüglich Art und Menge der beim Störfall freigesetzten >Radionuklide<. Die aus der

Störfallablaufanalyse möglichen Rückschlüsse auf die Qualität des untersuchten technischen Systems initiieren in der Regel Maßnahmen zur Steigerung von Systemsicherheit und -zuverlässigkeit.

Störfalleintrittsanalyse. Methodische Analyse zur Untersuchung von Möglichkeit und Wahrscheinlichkeit des Eintritts von >Störfällen< anhand von Ereignis- und Fehlerbäumen.

Störfallkategorien. Die Vorkommnisse in >kerntechnischen Anlagen< werden entsprechend der sicherheitstechnischen Bedeutung unterschiedlichen Kategorien zugeordnet.

- Kategorie S: Dieser Kategorie sind solche Vorkommnisse zuzuordnen, die der Aufsichtsbehörde sofort gemeldet werden müssen, damit sie gegebenenfalls in kürzester Frist Prüfungen einleiten oder Maßnahmen veranlassen kann. Hierunter fallen auch die Vorkommnisse, die akute sicherheitstechnische Mängel aufzeigen.
- Kategorie E: In der Kategorie E sind solche Vorkommnisse einzustufen, die zwar keine Sofortmaßnahmen der Aufsichtsbehörde verlangen, deren Ursache aber aus Sicherheitsgründen geklärt und in angemessener Frist behoben werden muß. Dies sind z. B. Vorkommnisse, die sicherheitstechnisch potentiell – aber nicht unmittelbar – signifikant sind.
- Kategorie N: Der Kategorie N sind Vorkommnisse von allg. sicherheitstechnischer Relevanz zuzuordnen, über die die Aufsichtsbehörde informiert werden muß. Dies sind in der Regel Vorkommnisse, die über routinemäßige betriebstechnische Ereignisse hinausgehen und im Sinne der Sicherheitskriterien von Bedeutung sind (Gewährleistung eines möglichst störfallfreien und umweltverträglichen Betriebs der Anlage; ausreichend zuverlässige Vermeidung von >Störfällen< durch entsprechende Auslegung, Qualität und Fahrweise der Anlage).
- Kategorie V: Der Kategorie V sind alle Vorkommnisse in einem >Kernkraftwerk< vor Beladung mit >Kernbrennstoff< zuzuordnen, über die die Aufsichtsbehörde im Hinblick auf den späteren sicheren Betrieb der Anlage informiert werden muß.

Störfall-Szenarien. Ereignisse oder Ereignisfolgen, die aufgrund einer Verringerung der Barriereneffizienz eines >Endlagers< bzw. einer >Untertagedeponie< unter ungünstigen Voraussetzungen zu einer Freisetzung von >Schadstoffen< aus dem Deponienahbereich und nachfolgendem Transportprozeß bis in die >Biosphäre< führen können. Die gedankliche Identifizierung von Störfall-Szenarien ist eine wesentliche Grundlage der Langzeit->Sicherheitsanalyse< und basiert auf relevanten chem.-physikalischen Prozessen. Vorstellbare Ereignisse sind a) natürliche Prozesse, b) menschliche Einwirkung und c) Abfall- und Endlagereig., die einen nachteiligen Einfluß auf das Endlagersystem ausüben können. Aus diesen lassen sich wiederum Ereignisfolgen ableiten, die zu einer Schadstoffexposition in der Biosphäre führen. Den in bisherigen Analysen betrachteten Störfall-Szenarien ist gemeinsam, daß die Freisetzung aus einer Untertagedeponie an die Existenz einer fluiden Phase als Transportmedium für mobilisierte Schadstoffe gekoppelt ist.

Störfall-Verordnung. Zum Schutz von Mensch und Umwelt vor den Auswirkungen schwerer >Störfälle< bei immissionsschutzrechtlich >genehmigungsbedürftigen Anlagen< hat die Regierung der Bundesrepublik Deutschland die 12. Verordnung zum >Bundes-Immissionsschutzgesetz< (Störfall-Verordnung, 12. BImSchV) vom 27.06. 1980 mit den Novellierungen vom 31.07. 1985, 19.05. 1988, 28.08. 1991, 26.10. 1993 und 20.04. 1998 erlassen. Zum Vollzug der Störfall-Verordnung wurden die Erste Allgemeine Verwaltungsvorschrift zur 12. BImSchV vom 20.09. 1993 (am 13.10. 1993 berichtigt), die Zweite Allgemeine Verwaltungsvorschrift zur 12. BImSchV in der Fassung vom 20.09. 1993 und die Dritte Allgemeine Verwaltungsvorschrift zur 12. BImSchV vom 23.10. 1995 erlassen. Die Störfall-Verordnung zählt im Anhang I die störfallrelevanten genehmigungsbedürftigen Anlgen auf, für die ggf. besondere Anforderungen wie die Pflicht zur Erstellung einer >Sicherheitsanalyse< gelten. Sie führt im Anhang II eine Liste mit 322 Stoffen oder >Zubereitungen< für genehmigungsbedürftige Anlagen außer Lägern sowie im Anhang III eine Liste mit 33 Stoffen und Zubereitungen für Läger auf und nennt im Anhang IV Kategorien gefährlicher Stoffe und Zubereitungen. Bezüglich der Stoffe in den Anhängen II, III oder IV ist zu prüfen, ob sie im bestimmungsgemäßen Betrieb vorhanden sein oder bei einer Störung des bestimmungsgemäßen Betriebes entstehen können. Die Verordnung gilt nicht für Anlagen, in denen diese Stoffe nur in so geringen Mengen vorhanden sein oder entstehen können, daß der Eintritt eines Störfalls offensichtlich ausgeschlossen ist. Störfall im Sinne dieser Verordnung ist eine Störung des bestimmungsgemäßen Betriebs, bei der ein Stoff nach den Anhängen II, III oder IV durch Ereignisse wie größere >Emissionen<, Brände oder Explosionen sofort oder später eine ernste Gefahr hervorruft. Eine ernste Gefahr im Sinne dieser Verordnung ist eine Gefahr, bei der das Leben von Menschen bedroht oder schwerwiegende Gesundheitsbeeinträchtigungen von Menschen zu befürchten sind, die Gesundheit einer großen Zahl von Menschen beeinträchtigt werden kann oder die Umwelt, insbesondere Tiere und Pflanzen, der Boden, das Wasser, die Atmosphäre sowie Kultur- und sonstige Sachgüter geschädigt werden können, falls durch eine Veränderung ihres Bestandes oder ihrer Nutzbarkeit das >Gemeinwohl< beeinträchtigt würde. Der Anhang II der Störfall-Verordnung führt für die einzelnen Stoffe oder Zubereitungen jeweils zwei Mengenschwellen in Spalte 1 und 2 auf. Diese Mengenschwellen sind für z. B. N,N-Dimethylnitrosamin mit jeweils 1 kg identisch, für >Phosgen< 100 und 750 kg, für >Chlor< 2.000 und 20.000 kg und für >Ammoniak< 20 und 200. Danach sind bei Unterschreitung der Mengenschwelle in der Spalte 1 die Anforderungen im allg. geringer. Z.B. ist dann in der Regel die Erstellung einer Sicherheitsanalyse nicht erforderlich. Bei Überschreiten der Mengenschwelle der Spalte I und wenn die Mengenschwelle der Spalte II noch nicht erreicht ist, kann die Behörde auf Antrag den Betreiber von einzelnen Pflichten wie die Erstellung einer Sicherheitsanalyse befreien. Zum Vergleich mit der Mengenschwelle der Spalte II sind auch die Stoffmengen in anderen Anlagen desselben Betreibers zu addieren, wenn die Entfernung zwischen den einzelnen Anlagen z.B. weniger als 500 m beträgt. Die 1. StörfallVwV enthält u.a. Vorschriften, die von der zuständigen Behörde bei der Auslegung der Begriffsbestimmungen Störfall, bestimmungsgemäßer Betrieb, Stand der Sicherheitstechnik u.a. zu beachten sind. Die 2. StörfallVwV enthält insbesondere Hinweise zur Prüfung der >Sicherheitsanalyse<, während die 3. StörfallVwV insbesondere Anmerkungen zu betrieblichen Alarm- und Gefahrenabwehrplänen, zur Schulung des Personals und Information der Öffentlichkeit gibt. Vor der Novellierung der Störfall-Verordnung im Jahr 1988 unterlagen etwa 850 Industrieanlagen an ca. 100 Standorten dieser Verordnung. Allein ca. 60 % betrafen Anlagen der chem. Industrie, ca. 20 % der Mineralölindustrie, ca. 15 % Großlager und ca. 5 % sonstiges. Nach Schätzungen der betroffenen Industrieverbände erweiterte sich der Kreis der betroffenen Anlagen mit der Novellierung im Jahr 1988 auf 5.000 bis 8.000, da die Liste der störfallrelevanten Anlagen z. B. um weitere Lager und die Liste der chem. Stoffe und Stoffgruppen erheblich erweitert wurden. Diese Novellierung enthält außerdem erheblich verschärfte Anforderungen an die Meldepflicht und verpflichtet die Betreiber von >genehmigungsbedürftigen Anlagen< zum Lagern von Stoffen, ein nach Art, Menge und Lagerort gegliedertes Verzeichnis des gesamten Lagergutes zu erstellen und auf dem laufenden zu halten, um hierdurch bei einem Störfall eine Begrenzung der Auswirkungen durch eine gezieltere und schnellere Abwehr zu ermöglichen. Die Novelle vom 28.08. 1991 definiert z. T. einige Begriffe wie insbesondere den Begriff Störfall neu, erfaßt in Verb. mit der gleichzeitig geänderten Vierten Verordnung zur Durchführung des >Bundes-Immissionsschutzgesetztes< (Verordnung über genehmigungsbedürftige Anlagen – 4. BImSchV) deutlich mehr Lager, übernimmt im wesentlichen die Mengenschwellen B und C der 1. StörfallVwV unter den Bezeichnungen Spalte 1 und Spalte 2, läßt die alte Mengeschwelle A wegfallen, gibt im neuen Anhang V Vorgaben für die Mitteilungen im Störfall und verpflichtet den Betreiber, die Öffentlichkeit gemäß den Vorgaben im Anhang VI über die Sicherheitsmaßnahmen und das richtige Verhalten im Störfall zu informieren.

Störfallvorsorge. 1. juristisch: Eine Reihe von Maßnahmen, die ein Anlagenbetreiber vorzunehmen hat, insbesondere die Erfüllung von Sicherheitspflichten und Anforderungen zur Verhinderung von >Störfällen<; s. §§ 3, 4 der >Störfallverordnung<.
2. Kernkraft: Die atomrechtliche Genehmigung von >kerntechnischen Anlagen< verpflichtet den Betreiber zur Störfallvorsorge und Schutzmaßnahmen. Zusammen mit der behördlichen >Katastrophenschutzplanung< umfaßt die Störfallvorsorge alle Maßnahmen zur Minderung der Auswirkung auf die Umwelt.

Stoffe. Hierbei handelt es sich um einen *Schlüsselbegriff* beim Umweltschutz. Fast alle Erscheinungen in der Natur lassen sich auf stoffliche Grundlagen zurückführen. Daher spielt die Chemie als Lehre der Stoffe und der stofflichen Veränderungen eine wichtige Rolle. Dem trägt auch die Umweltpolitik Rechnung. Viele *Vorschriften* stellen St. in den Mittelpunkt ihrer Regelungen. Z. B. setzen >ChemG< und >GefStoffV< beim Stoffbegriff an, sie gelten aber auch für >Zubereitungen<. Der >Einstufung<, >Verpackung< und >Kennzeichnung< werden Eig. u. Wirkungen von *St.* zugrunde gelegt.
Unter dem Begriff St. werden im naturwissenschaftlichen Sprachgebrauch chem. >Elemente< und chem. Verb. zusammengefaßt. Nach den Begriffsbest. des ChemG § 3 Nr. 1 werden auch die bei der Herstellung erforderlichen >Hilfsstoffe< (z. B. Stabilisatoren oder Antioxidantien) in den Stoffbegriff integriert. Im Hinblick auf die Gesetzgebung für den Umwelt- und Verbraucherschutz sowie für die stoffbezogene Anlagen-

und Arbeitssicherheit ergeben sich folgende Einteilungen: >alte< bzw. >neue Stoffe< sowie >gefährliche Stoffe< (ChemG/GefStoffV); >Schadstoffe< im medienbezogenen Umweltschutz; >gefährliche Güter< (Beförderungsvorschriften); Druckgase und brennbare Flüssigkeiten (VO nach § 24 GewO); Lebensmittel*zusatzstoffe* und Rohstoffe für Bedarfsgegenstände (LMBG); *Wirkstoffe* als >Arzneimittel< (AMG) und für den Pflanzenschutz (PflG), als Schädlingsbekämpfungsmittel und als >Konservierungsstoffe<. >Gefährliche Stoffe< sind solche, die einem oder mehreren >Gefährlichkeitsmerkmalen< entspr. (§ 3a ChemG). Sie sind entspr. zu verpacken und zu kennzeichnen (§§ 13, 14, 15 ChemG in Verb. mit dem Leitfaden für die Einstufung und Kennzeichnung gefährlicher Stoffe und Zubereitungen gemäß Anhang I GefStoffV). Wenn sie nicht bereits in *Listen* gefährlicher St. enthalten sind (Anhang VI GefStoffV in Verbindung mit Anhang I >EG-RL für gefährliche Stoffe<), so sind sie gemäß *Kriterien* einzustufen, wobei jedoch keine Verpflichtung zur >Prüfung< von >Altstoffen< besteht. Dieses *Definitionsprinzip* ist 1979 mit der sog. 6. Änderung zur >Gefahrstoffrichtlinie von 1967< eingeführt worden.
>Verbote< und >Beschränkungen< beziehen sich beim produktbezogenen Umwelt- und Verbraucherschutz sowie bei der stoffbezogenen Anlagen- und Arbeitssicherheit meist auf die St. selbst, auch wenn es sich um Maßnahmen für Zubereitungen oder >Erzeugnisse< handelt. Z. T. auf der Grundlage der EG-RL 76/769/EWG und darüber hinaus aufgrund deutscher Rechtsverordnungen ist eine zunehmende Anzahl von St. solchen Regelungen unterworfen. In dem Maße, in dem Beschränkungsmaßnahmen verschärft werden, stellt sich die Frage nach der Substitution von gefährlichen St. durch weniger gefährliche. Mit diesem Thema, d. h. mit der Suche nach „Ersatzstoffen", befaßt sich ein Gremium des AGS (Unterausschuß VII).
1. abfiltrierbare: Konzentration der im Wasser ungelösten Stoffe, die unter bestimmten Bedingungen abfiltriert und nach einem festgelegten Trocknungsprozeß ausgewogen werden (s. DIN 38409 Teil 2). A. S. können >Sink<-, >Schweb<- und Schwimmstoffe organischer oder anorganischer Zusammensetzung sein. Sinkstoffe, die sich unter definierten Bedingungen absetzen, werden als absetzbare Stoffe bezeichnet nach DIN 4045, angegeben in mg/L. Im Rahmen des Abwasserabgabengesetzes sind a. S. ein abgabepflichtiger Parameter.
2. absetzbare: Massenkonzentration bzw. Volumenanteil der im Wasser ungelösten Stoffe, die sich unter festgelegten Bedingungen in einem Absetzbehälter im Laufe einer bestimmten Zeit absetzen (DIN 4045), angegeben in mg/L oder mL/L. Es ist sehr wichtig, den Gehalt an absetzbaren Stoffen niedrig zu halten, um Vorfluter nicht zu belasten.
3. cancerogene: (auch Krebsrisikofaktoren). Stoffe oder Stoffgemische, die beim Menschen und/oder im geeigneten Tierexperiment an der Krebsentstehung beteiligt sind. Ihre Wirkung kann sich durch Erhöhung der Krebsinzidenz, Verkürzung der Latenzzeit der Tumorentstehung, Auftreten von Krebsformen, die nicht in den jeweiligen Kontrollen beobachtet werden, sowie durch die Verschiebung des Spektrums der Krebsformen äußern. Solitärcancerogene sind Stoffe, die (u. U. schon nach einmaliger Einwirkung) als solche (direkte Cancerogene) oder nach Umwandlung im Stoffwechsel (indirekte Cancerogene) irreversibel Krebs erzeugen.

In der Regel sind Solitärcancerogene >mutagen< und binden kovalent an die DNA (gentoxisches). Im Mehrstufenmodell der >Cancerogenese< wirken Solitärcancerogene als Initiatoren. Bedingt cancerogene Stoffe zeigen demgegenüber u.a. einen nichtlinearen Dosis-Wirkungs-Verlauf, eine Reversibilität der primären Einwirkung (Initiation), die Zielgewebe. Bedingt cancerogene Stoffe sind im Modell der >Cancerogenese< als Promotoren einzustufen, die eine Vermehrung der durch Initiation veränderten Zellen auslösen; sie binden im allgemeinen nicht kovalent an die DNA (epigenetisches Cancerogen). s.a. >Cancerogene in der Umwelt<.
Lit: Kimminich O, Lersner H von, Storm PC (Hrsg.) (1984) Handwörterbuch des Umweltrechts, Bd. 1, Erich Schmidt, Berlin, Sp. 294–5 – Korte F (Hrsg.) (1987) Ökologische Chemie, 2. Aufl., Thieme, Stuttgart – Forth W, Henschler D, Rummel W (1988) Pharmakologie und Toxikologie, BI Wissenschaftsverlag, Mannheim Wien München.

Stoffeintrag. Verlagerung von Stoffen in einem >Ökosystem< bzw. zwischen Ökosystemen. Ein S. ist mit >Emission< und >Immission< verbunden. Er erfolgt z.B. durch die Luft, wenn Gase und Schwebestoffe sich absetzen oder mit Regen, Tau und Schnee niederschlagen. Dieser S. erfolgt oft großräumig. Ein S. erfolgt aber auch durch Abspülen von der Oberfläche, Auswaschung durch Niederschlag oder Verwehung durch Wind, z.B. aus Ackerland in Gewässer; >Erosion<.

Stoffluß. In jedem Lebewesen, aber auch in jedem >Ökosystem<, kommt es zu einer Stoffaufnahme, -umwandlung und -abgabe. Dadurch entsteht ein S., der in Zyklen in einem >Stoffkreislauf< erfolgt.

Stoffhaushalt. Kürzel für den Naturhaushalt der Stoffe und Elemente, die im Stoffwechsel der >Biosphäre< von Bedeutung sind. Neben dem die Biosphäre prim. konstituierenden Kohlenstoff und den >Nährstoffen< bzw. Elementen rücken heute zunehmend die durch Industrialisierung und Intensivierung der Landwirtschaft produzierten >Schadstoffe< ins Zentrum des Interesses, >Ökotoxokologie<. Generell wird unter Stoffen nicht Wasser verstanden, das Träger vieler Stoffe in Teilkreisläufen ist. Stoffhaushalt beinhaltet im Zusammenhang mit >Stoffkreisläufen< formal, z.B. auch in Form mathematischer Gleichungen oder >partieller Differentialgleichungen<, die Darstellung der Stoffflüsse einschl. der Umwandlungen, ihrer kurz- oder langfristigen, klein- oder großräumigen Bilanzen sowie ihrer Festlegung in unterschiedlichen Speichern. Zu den Stoffspeichern gehören in dieser Sichtweise sowohl die Primär- als auch die >Sekundärproduzenten< oder >Zersetzer<. Diese eher geoökologisch zu nennende, vorwiegend auf größere räumliche Einheiten wie Einzugsgebiete, Regionen oder Landschaften bezogene Sichtweise unterscheidet sich deutlich von der Auffassung von >Ökologie< z.B. als Lehre prim. von den Wechselbeziehungen der Lebewesen zu den abiotischen Gegebenheiten ihres Lebensraumes, als die Lebewesen hierbei sek., die Betrachtung der umlaufenden Stoffe prim. zu sein scheint. Sich mit dem Stoffhaushalt zu befassen bedeutet auch, auf den haushälterischen oder gelegentlich verschwenderischen Umgang der Natur mit best. Elementen bzw. Stoffen zu achten.

Stoffhaushaltsmodelle. Statistische oder Simulationsmodelle, die den Haushalt/das Regime eines oder mehrerer miteinander gekoppelter (elementarer) Stoffkreisläufe in bestimmten Kompartimenten eines beliebigen Systems, v.a. aber eines Ökosystems beschreiben. Neuerdings in der Industrie im betrieblichen Umweltschutz in der sog. Stoffstrom-Analyse zur Optimierung bzw. Effizienzsteigerung derselben eingesetzt.

Stoffkreislauf. 1. allgemein: Der Kreislauf von Energie und Stoffen, der eine Voraussetzung für das Funktionieren aller Lebensvorgänge auf der Erde ist. Mit dem Stoffkreislauf in der Umwelt befassen sich unter verschiedenen Gesichtspunkten die Ökologische Chemie und die Biogeochemie. Das Fließen von Stoffen und Energie – Transport zwischen Atmo-, Hydro- und Lithosphäre – stellt sich in globaler Betrachtung als Gleichgewicht dar, dessen Bilanz sich für einzelne Stoffe in sog. Sankey-Diagrammen veranschaulichen läßt. Letztlich bilden alle Materien der Erde – vom Rohstoff über Grundstoffe, Werkstoffe und Produkte bis zum Recycling durch Wiederverwertung oder Deponie – einen Kreislauf, der eng verflochten ist mit dem Energie- und Umweltsystem.
2. Natur: Verschiedene Stoffe und Elemente werden in den Organismen und durch deren Wirkung in den >Ökosystemen< regelmäßig auf- und abgebaut: >Stoffluß<. Von besonderer Bedeutung sind z.B. die *Kreisläufe* von C, N, P und Wasser. Die Bindung und Freisetzung, z.B. von Stickstoff, erfolgt schrittweise mit unterschiedlichen Verweilzeiten in einzelnen >Kompartimenten<. Dabei kann das Element von einer biotischen reduzierten in eine abiotische oxidierte Form übergehen sowie in bestimmten Speichern ruhen, bei N z.B. in der Luft. Durch die Einwirkung des Menschen sind globale S. heute gestört und gefährdet.
3. Wirtschaft: >Wiederverwertung< von Abfällen, die bei der Produktion anfallen und im gleichen Betrieb wieder eingesetzt werden (z.B. Metallabfälle, die wieder zu Stahl verarbeitet werden). Überbetrieblich werden Abfallstoffe über die >Abfallbörsen< anderen Betrieben zur Verwertung angeboten. Ein vollständiger S. ist nicht möglich, da Endprodukte aus dem Kreislauf in den Handel gelangen, und immer nichtverwertbare Stoffe anfallen, die entsprechend entsorgt werden müssen.

Stoffrecht. Anderer Ausdruck für >Gefahrstoffrecht<.

Stoffströme. >Asche- und Schlackeverwertung, Stoffströme<.

Stoffstrom-Management. (kurz Stoffmanagement). Im betrieblichen Umweltschutz verwendeter Begriff im Hinblick auf Techniken zur Schließung von Stoffkreisläufen (closed loops material cycling), d.h. zur Minimierung der Produktion von Abfallstoffen. Diese Techniken lassen sich formal u.a. auf eine Theorie für hierarchische Stoffstromnetze gründen, deren formale Basis Petrienetze sind. Ähnliche Techniken werden z.Zt. auch für große Systeme, z.B. für Kommunen und Regionen, vorgeschlagen.

Stoffstromwirtschaft. 1) Bewirtschaftung von Stoffen und ihren Kreisläufen, von der Entnahme aus der Natur, der chem. Umwandlung einschließlich aller >Emissionen<. Die Endlichkeit vieler Ressourcen und die Bestrebung ihrer nachhaltigen Bewirtschaftung macht es notwendig, Stoffe zu bewirtschaften und in möglichst geschlossenen Kreisläufen zu führen (Kreislaufwirtschaft). 2) Betriebliche S.: Verfolgung aller beabsichtigten und unbeabsichtigten Stoffströme vom Eintritt in den Betrieb bis zur Abgabe aus dem Betrieb als Produkt, Abfall oder Emission. 3) Regionale S.: Verfolgung aller Stoffbewegungen und -umwandlungen, die innerhalb einer definierten Region stattfinden, in die Region gelangen und aus der Region ausgetragen werden. Die S. ermöglicht die langfristige Beanspruchung der Ressourcen und die Dauerwirkung von Umweltbelastungen zu ermitteln sowie die Effektivität von Gegenmaßnahmen abzuleiten.

Lit: Bader HP, Baccini P (1996) Regionaler Stoffhaushalt. Spektrum Verlag, Heidelberg – Flatz A (1996) Von der Abfallwirtschaft zum Stoffstrommanagement. Signum-Verlag, Wien – Anonymus (1995) Umweltverträgliches Stoffstrommanagement. Economica Verlag, Bonn.

Stofftransport. >Wärmeaustausch<.

Stoffübertragung. >Wärmeaustausch<.

Stokessches Gesetz. Das Reibungsgesetz von GEORG GABRIEL STOKES (1819–1903) bezieht sich auf die Bewegung eines Körpers in einer Flüssigkeit. Dabei erzeugt er eine mit innerer Reibung verbundene Flüssigkeitsbewegung, die auf ihn als hemmende Gegenkraft wirkt. Bei einer Kugel beträgt diese $F = 6\pi\mu r v$ (μ = Viskosität, v = Geschwindigkeit). Bei der Bewegung wirken auch Trägheitskräfte auf den Körper, das Verhältnis von Reibungs- und Trägheitskräften wird durch die >Reynoldssche Zahl< angegeben. Beim Sinken eines Partikels im Wasser erreicht die >Sinkgeschwindigkeit< einen konst. Betrag, wenn sein Übergewicht gleich der bremsenden Gegenkraft der Reibung ist.

Stollen. Horizontaler >Grubenbau<, der im hügeligen Gelände von der Tagesoberfläche aus in die Lagerstätte führt.

Stoppelrübe. >*Brassica rapa* ssp. *rapa*<.

Stoßchlorung. Prozeß, bei dem als letzte Stufe der Aufbereitung relativ hohe Chlorkonzentrationen im Wasser erreicht werden; normalerweise folgt anschließend ein Entchlorungsschritt. Dieser Prozeß kann auch zur Desinfektion von Wasserreservoiren, Verteilungssystemen und Hausinstallationen eingesetzt werden (ISO 6107/6).

Strahlenbelastung, natürliche (natürliche Strahlenexposition). Seit Lebewesen auf der Erde existieren, sind sie einer Strahleneinwirkung natürlichen Ursprungs ausgesetzt. Die Komponenten dieser natürlichen Strahlenexposition sind:
1. >Terrestrische Strahlung<: Die durchschnittliche Strahlenexposition durch die terrestrische Strahlung in der Bundesrepublik Deutschland beträgt ca. 0,45 mSv pro Jahr. Alle Organe des Körpers werden etwa mit der gleichen Dosis beaufschlagt.
2. >Kosmische Strahlung<: Diese Komponente führt zu einer durchschnittlichen Strahlenexposition von 0,3 mSv pro Jahr. Auch hier sind wieder alle Organe des Körpers etwa mit der gleichen Dosis beaufschlagt.
3. Körperinnere Bestrahlung: Durch die Aufnahme von >radioaktivem< >Kalium-40< (K-40) und von in der >Atmosphäre< erzeugtem radioaktivem >Kohlenstoff-14< (C-14) mit den Nahrungsmitteln enthält der menschliche Körper etwa 10.000 Bq an radioaktiven Stoffen. Es sind dies im einzelnen: H-3 (>Tritium<) mit 20 Bq, C-14 mit ca. 4.000 Bq, K-40 mit 4.000 bis 6.000 Bq, Po-210 (>Polonium<) mit 7 Bq, Pb-210 (>Blei<) mit etwa 10 Bq, (>Radium<) Ra-226, Ra-228 mit jeweils etwa 2 Bq und (>Uran<) U-238 mit etwa 7 Bq. Die dadurch bedingte Strahlenexposition beträgt

etwa 0,25 mSv pro Jahr als >effektive Dosis<. Insgesamt bewirken diese drei Komponenten eine Gesamtexposition von ca. 1 mSv. Dazu kommt im Mittel eine effektive Dosis von etwa 1 mSv für die Bevölkerung durch die Inhalation von >Radon< (Rn) und seinen Zerfallsprodukten. Diese Strahlenexposition rührt im wesentlichen vom Aufenthalt in Häusern her. Insgesamt erhält der durchschnittliche Bundesbürger also etwa 2 mSv pro Jahr an natürlicher Strahlenexposition, wobei, wie gezeigt, mehr als die Hälfte durch inkorporierte Strahler zustandekommt.

Strahlbelüfter. Das Prinzip der Strahlbelüftung von Klärbecken beruht auf der Erkenntnis, daß mit den auf eine Wasseroberfläche auftretenden Wasserstrahlen auch Luftblasen in den Wasserkörper eingetragen werden. Günstige Sauerstoffertragswerte werden bei dieser Belüftungsart erreicht, wenn die durch die Wasserstrahlen eingeschlagenen Luftblasen möglichst tief in den Wasserkörper eindringen und dort lange verweilen. Der Sauerstoffertrag kann durch Variation von Stärke und Form des Strahles, Einstrahlwinkel, Fall- und Druckhöhe sowie Umwälzströmung im Belüftungsbecken optimiert werden. Die Sauerstoffzufuhr wird über die verstrahlte Wassermenge geregelt.

Lit: Abwassertechnische Vereinigung e.V. (Hrsg.) (1985–1997) ATV-Handbuch, 4. Aufl., Band 1–7, Verlag Wilhelm Ernst und Sohn, Berlin München.

Strahlenbiologie. Teilgebiet der >Radiologie<. Sie befaßt sich mit den Wirkungsmechanismen und Effekten von Strahlungen, insbesondere >ionisierenden Strahlungen<, auf biol. Systeme, und zwar auf subzellulärer und zellulärer Ebene sowie auf den Ebenen von Zellsystemen und Organismen. Aufgabengebiete:
- Verwendung von Strahlung zur Erforschung biol. Phänomene,
- Verwendung von Strahlung zur Aufklärung der Grundlagen des Tumorwachstums und der Strahlenbehandlung,
- Erarbeitung und Verbesserung der Grundlagen für die Abschätzung des somatischen und genetischen Risikos und Umsetzung der Ergebnisse,
- Erarbeitung und Verbesserung der Grundlagen zur Erkennung und Modifikation strahlungsbedingter Krankheiten.

Strahlenchemie. Zweig der Chemie, der sich mit der Wirkung energiereicher Strahlung (z.B. >Gamma-< oder >Neutronenstrahlen<) auf chem. Systeme befaßt.

Strahlendosis. 1. >Dosis<, 2. >Strahlenexposition<.

Strahlenexposition. 1. Baumaterial: Das zum Hausbau verwendete >Baumaterial< hat einen Einfluß auf die Strahlendosis des Menschen durch natürlich radioaktive Stoffe. Die Strahlung ist innerhalb von Gebäuden, die aus Ziegel oder Beton errichtet sind, größer als in Gebäuden aus Holz oder manchen Fertigteilelementen, da in diesem Baumaterial weniger natürliche radioaktive Stoffe enthalten sind (s. Tabelle).

Strahlenexposition: Baumaterial

Baustoff	zusätzliche effektive Dosis mSv/a
Holz	0
Kalkstein, Beton	0,12
Ziegel, Klinker	0,15
Schlackenstein, Bims	0,25

Strahlenexposition: beruflich

Bereich	kollektive Dosis Personen-Sievert
Medizin	22,35
davon	
Zahnarztpraxen	0,11
Arztpraxen	7,25
Krankenhäuser	15,39
Forschung	0,63
industrielle Radiographie	7,80
Kerntechnik	69,54
davon	
Reaktorbetrieb	23,70
andere Einrichtungen einschl. Wartung und Instandhaltung in KKW	45,84
behördliche Überwachung, Gutachter	0,98

2. Beruflich: Im Jahr 1997 wurden in Deutschland 337.631 Personen während ihrer beruflichen Tätigkeit entsprechend den Vorschriften nach Röntgen- und Strahlenschutzverordnung mit Personendosimetern überwacht. Davon waren 72 % im medizinischen Arbeitsbereich tätig. Die Summe der Jahresdosiswerte aller Überwachten betrug 82 Sv. Bei rund 85 % der überwachten Personen lagen die ermittelten Werte unter der kleinsten feststellbaren Dosis (0,2 mSv/Jahr). Bildet man einen Mittelwert nur für die Überwachten mit einer von Null verschiedenen Jahresdosis, so ergibt sich eine mittlere Jahres-Personendosis von 1,7 mSv. Die Verteilung der kollektiven beruflichen Strahlenexposition für das Jahr 1994 in den verschiedenen Tätigkeitsbereichen gibt die Tabelle wieder.
In den neuen Bundesländern wird gemäß Einigungsvertrag nach fortgeltendem Recht der ehemaligen DDR die S. durch Radon-Inhalation im Bergbau und bei anderen Tätigkeiten überwacht. 1997 wurde diese Überwachung für 2.700 Personen vorgenommen, von denen über 80 % Sanierungsarbeiten in den Betrieben der Wismut GmbH ausführten. Die Kollektivdosis der überwachten, beruflich durch Radon und Radonfolgeprodukte strahlenexponierten Personen, betrug 1997 ca. 9,5 Personen-Sv, einschließlich der Exposition durch langlebige Alphastrahler und äußere Bestrahlung. Die mittlere effektive Jahresdosis aller durch Radon beruflich exponierten Überwachten betrug 3,5 mSv. Die höchste mittlere effektive Jahresdosis erhielten die Beschäftigten in einer wissenschaftlichen Einrichtung und in einem Radium-Bad mit 6,0 mSv, gefolgt von den Beschäftigten in Wasserbetrieben mit 4,2 mSv, bei Förderung und Sanierung im Nicht-Uranbergbau mit 4,0 mSv, in Schauhöhlen und Schaubergwerken mit 3,8 mSv, in der Wismut GmbH mit 3,7 mSv und in Bergsicherungsbetrieben mit 2,4 mSv.
3. Grenzwerte nach >Strahlenschutzverordnung<: In der Strahlenschutzverordnung sind >Dosisgrenzwerte< für verschiedene Personengruppen festgelegt. Sie wurden so festgelegt, daß gesundheitsschädigende Wirkungen nicht zu erwarten sind. Für die Gruppe der beruflich strahlenexponierten Personen beträgt der Dosisgrenzwert der effektiven Dosis 50 mSv pro Jahr, für die Bevölkerung in sog. außerbetrieblichen Überwachungsbereichen 1,5 mSv pro Jahr. Der >Grenzwert< der durch die Ableitung radioaktiver Stoffe in Luft oder Wasser bedingten S. des Menschen beträgt jeweils 0,3 mSv pro Jahr. Die Euratom-Grundnormen, die bis zum Mai 2000 in nationales Recht umzusetzen sind, enthalten niedrigere Grenzwerte. Für beruflich strah-

lenexponierte Personen beträgt der Grenzwert 100 mSv in fünf aufeinanderfolgenden Jahren, aber nicht mehr als 50 mSv in einem Jahr. Der Grenzwert für die Bevölkerung beträgt 1 mSv pro Jahr.
4. Kernkraftwerke: Aus den Ergebnissen der >Emissionsüberwachung< wird die S. in der Umgebung der kerntechnischen Anlagen für die in der >Strahlenschutzverordnung< definierte Referenzperson nach dem Verfahren ermittelt, das in der „Allgemeinen Verwaltungsvorschrift zur Ermittlung der Strahlenexposition durch die Ableitung radioaktiver Stoffe aus kerntechnischen Anlagen oder Einrichtungen" festgelegt ist. Die Ergebnisse der Berechnung der S. der Bevölkerung im Jahr 1997 in der Umgebung von Kernkraftwerken durch die Ableitung radioaktiver Stoffe mit der Abluft ergaben als größten Wert der effektiven Dosis für Erwachsene 0,004 mSv beim Kernkraftwerk Philippsburg (s. Abb. S.1122); dies ist rund 1 % des Grenzwertes nach der Strahlenschutzverordnung. Der größte Wert der effektiven Dosis aus den Ableitungen radioaktiver Stoffe mit dem Abwasser aus Kernkraftwerken beträgt 0,0006 mSv (entsprechend rund 0,2 % des Dosisgrenzwertes) beim Standort der Kernkraftwerke Emsland, Neckar 1 und 2 (s. Abb. S.1123). Die S. am Unterlauf der Flüsse wurde näher betrachtet, wobei jeweils sämtliche Emittenten berücksichtigt wurden. Für das Mündungsgebiet des Neckars wurde eine effektive Dosis von etwa 0,002 mSv für Erwachsene und Kleinkinder ermittelt; am Unterlauf der Weser wurden für Erwachsene 0,0004 mSv und für Kleinkinder 0,0005 mSv berechnet; an Rhein und Main liegen die effektiven Dosen bei 0,0002 mSv, an der Donau bei 0,0004 mSv.
5. Kosmisch: Die aus dem Weltraum zur Erde gelangende >Strahlung< ist überwiegend galaktischen und nur z.T. solaren Ursprungs. Diese primäre kosmische Strahlung besteht überwiegend aus Protonen. Durch verschiedene Wechselwirkungsprozesse in den äußersten Schichten der Atmosphäre entstehen neue Strahlengruppen – Photonen, Elektronen, Positronen, Neutronen und Myonen. Die ersteren Strahlenarten bilden die „weiche" sekundäre Höhenstrahlkomponente, die Myonen die durchdringende „harte" sekundäre Höhenstrahlkomponente, die selbst in tiefen Bergwerken noch nachweisbar ist. Die Beeinflussung der primären kosmischen Strahlung durch das Magnetfeld der Erde ergibt eine Abhängigkeit der sekundären Höhenstrahlung mit der geomagnetischen Breite. Die Intensität der Höhenstrahlung ist in starkem Maße von der Höhe über dem Meeresspiegel abhängig, da ein Teil der Strahlung von der Atmosphäre absorbiert wird. Bei einer Berücksichtigung aller Komponenten der Höhenstrahlung ergibt sich eine jährliche S. von 0,27 mSv in Meereshöhe, von 1,2 mSv auf der Zugspitze und 2 mSv im 4.000 m hoch gelegenen La Paz (s. Tabelle).

Strahlenexposition: kosmisch

Ort	Einwohner Millionen	Höhe m	effektive Dosis mSv/Jahr
La Paz	1,0	3.900	2,0
Lhasa	0,3	3.600	1,7
Quito	11,0	2.840	1,1
Mexiko Stadt	17,3	2.240	0,82
Nairobi	1,2	1.660	0,58
Denver	1,6	1.610	0,57
Teheran	7,5	1.180	0,44

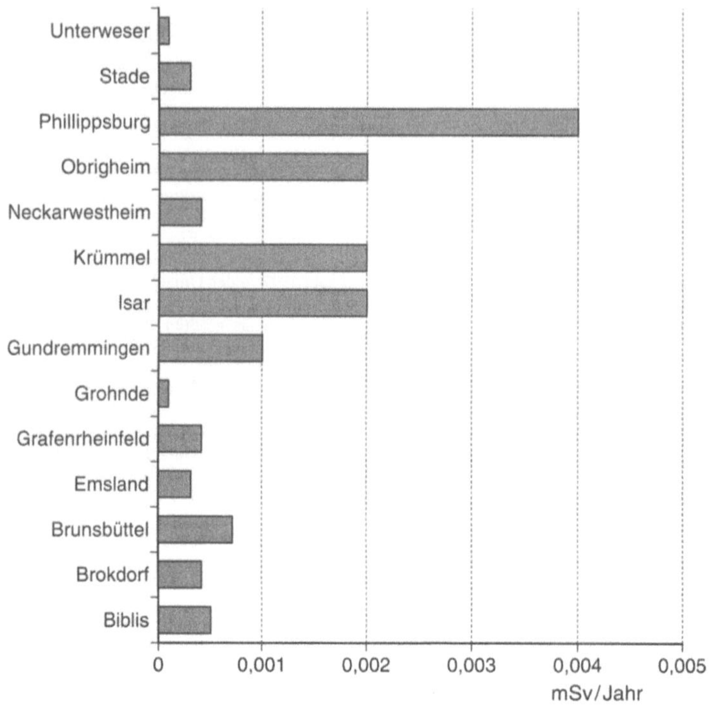

Strahlenexposition: Strahlenexposition durch Ableitung radioaktiver Stoffe aus Kernkraftwerken mit der Abluft 1997

Zur Berechnung der Höhenabhängigkeit der effektiven >Dosis< durch die kosmische Strahlung können bis zu Höhen von einigen Kilometern die folgenden Formeln benutzt werden. Mit der Formel (1) läßt sich der Beitrag der ionisierenden Komponente, mit den Formeln (2) und (3) der der Neutronenkomponente berechnen. Die Höhe h ist in Kilometer anzugeben; die Rechnung liefert als Ergebnis die Effektivdosis in mSv pro Jahr. Die Formeln berücksichtigen für die ionisierende Komponente den Abschirmfaktor der Häuser unter Berücksichtigung einer Aufenthaltszeit von 80% in Häusern.

$$E_{ion}\,(h) = 0{,}05 \cdot e^{-1{,}6 \cdot h} + 0{,}19 \cdot e^{0{,}45 \cdot h} \qquad (1)$$
$$E_n\,(h) = 0{,}03 \cdot e^{h} \qquad \text{für } h < 2 \text{ km} \qquad (2)$$
$$E_n\,(h) = 0{,}06 \cdot e^{0{,}7 \cdot h} \qquad \text{für } h > 2 \text{ km.} \qquad (3)$$

Eine erhöhte S. durch die kosmische Strahlung tritt bei Flügen in größeren Höhen auf (s. Abb.). Insbesondere die bei Überschallflügen üblichen Flughöhen um 16 km führen hier zu relativ hohen >Dosisleistungen<. British Airways gibt für ihre Concorde-Crews in Abhängigkeit von Flugrouten und Einsatzzeiten des Personals für die effektive Dosis durch kosmische Strahlung Mittelwerte von 3 bis 6 mSv pro Jahr und Maximalwerte von 10 mSv pro Jahr an. Die S. durch kosmische Strahlung der Crew von Düsenflugzeugen für die üblichen Flughöhen von 10 bis 12 km und die verschiedenen Flugrouten wird zur Zeit intensiv untersucht. Bei Flugrouten in geomagnetischen Breiten von 50 °N und mehr, Flugzeiten von 600 h und durchschnittlichen

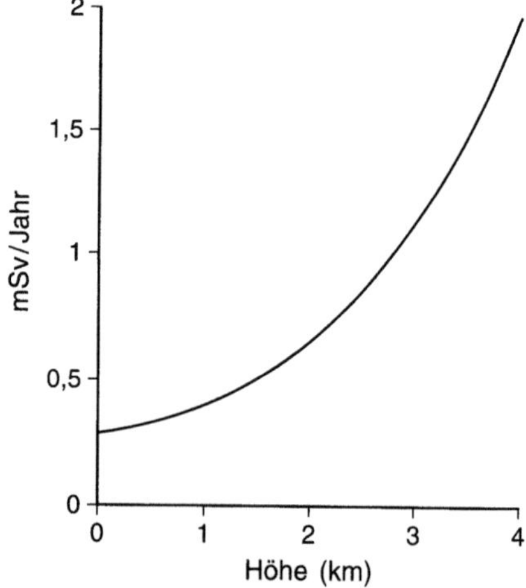

Strahlenexposition: Dosisleistung durch kosmische Strahlung, mittlere Breiten

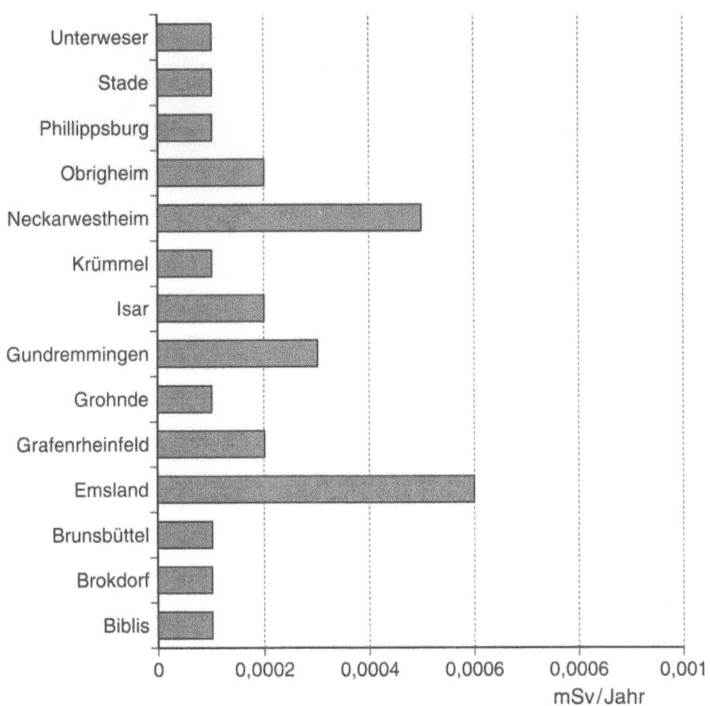

Strahlenexposition: Strahlenexposition durch Ableitung radioaktiver Stoffe aus Kernkraftwerken mit dem Abwasser 1997

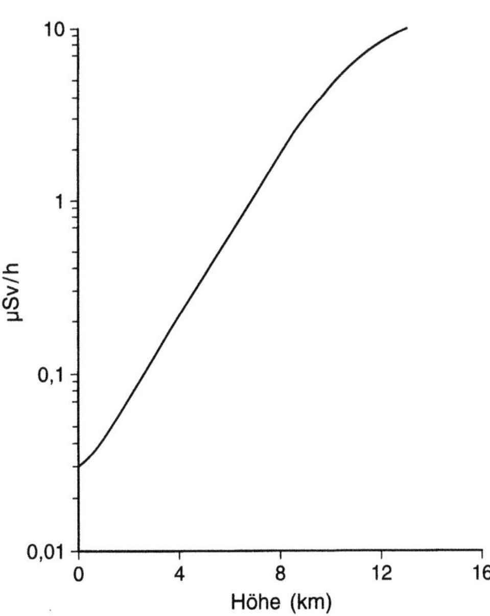

Strahlenexposition: Dosisleistung durch kosmische Strahlung, mittlere Breiten

Flughöhen von 10 km wird eine effektive Dosis von unter 3 mSv abgeschätzt, die bei durchschnittlichen Flughöhen von 12 km auf 5 mSv steigt. Für einzelne Flugstrecken können folgende Werte als Anhaltspunkt dienen:

Frankfurt – New York (8:30 h): 50 µSv
Frankfurt – Singapur   (12 h): 30 µSv
Frankfurt – Palma   (2:15 h): 3 µSv

6. Kraftwerke mit fossilem Brennstoff: Fossile Brennstoffe enthalten in unterschiedlicher Konzentration natürlich radioaktive Stoffe, die bei der Verbrennung freigesetzt werden. Unterschiedliche Feuerungstechniken führen durch die temperaturabhängige Flüchtigkeit zu stark variierenden Anreicherungen in der Flugasche. Für eine erzeugte elektrische Energie von 1 GWa beträgt die Emission an langlebigen alphastrahlenden Stoffen etwa 10 GBq bei einem Steinkohle- und 1 GBq bei einem Braunkohlekraftwerk. Die für verschiedene Kraftwerke an der ungünstigsten Einwirkungsstelle auftretende effektive Äquivalentdosis liegt im Bereich von 0,1 bis 100 Mikrosievert pro Jahr.

7. Medizin: Die mittlere effektive >Dosis< der Bevölkerung durch die medizinische Anwendung ionisierender Strahlen und radioaktiver Stoffe beträgt im Jahr ca. 1,5 mSv überwiegend durch die Röntgendiagnostik (s. Tabelle). Die Nuklearmedizin liefert aufgrund der im Vergleich zur Röntgendiagnostik niedrigeren Anwendungshäufigkeit und der z. T. niedrigen effektiven Dosis je Untersuchung einen wesentlich geringeren Beitrag zur S. der Bevölkerung. Er liegt bei weniger als einem Zehntel des Betrages der durch die Röntgendiagnostik verursachten S.

8. Natürlich: In Deutschland beträgt die natürliche S. für die meisten Einwohner 1 bis 6 mSv/Jahr mit einem mittleren Wert von 2,4 mSv/Jahr. Zur effektiven Dosis aus allen natürlichen Strahlungsquellen trägt die äußere S. mit 0,7 mSv und die innere S. mit 1,7 mSv bei. Die Dosis durch äußere Bestrahlung stammt zu etwa gleichen Anteilen von der kosmischen Strahlung, Kalium-40 und den Nukliden der Uran- und Thorium-Reihe. Die effektive Dosis durch inkorporierte Radionuklide wird zu etwa 80 % durch Radon und insbesondere seine kurzlebigen Folgeprodukte verursacht, dann folgen Kalium-40 und Polonium-210 (s. Tabelle).

9. Terrestrisch: Die terrestrische Strahlung stammt aus den natürlichen radioaktiven Stoffen, die in unterschiedlicher Konzentration überall auf der Erde vorhanden sind. Die von der terrestrischen Strahlung hervorgerufene Dosisleistung ist abhängig von den geologischen Formationen des Untergrundes und wechselt daher von Ort zu Ort. Im Mittel ergibt sich durch die terrestrische Strahlung in Deutschland eine externe Strahlendosis von 0,45 mSv pro Jahr, in einigen Gebieten Brasiliens und Indiens sind diese Werte etwa zehnmal so hoch (s. Tabellen).

10. Vergleichbarkeit natürlich/zivilisatorisch: Alle Arten ionisierender Strahlen bewirken die gleichen pri-

Strahlenexposition: Strahlenexposition durch Kraftwerke mit verschiedenen Primärenergieträgern, normiert auf die Erzeugung einer elektrischen Energie von 1 GWa

Primärenergieträger	max. effektive Dosis in der Umgebung µSv pro Jahr	dosisrelevante Nuklide
Braunkohle Steinkohle Öl	0,5 bis 2 1 bis 4 1	U-238, Th-232 und Folgeprodukte, insbesondere Ra-226, Pb-210, Po-210
Erdgas Erdwärme	0,2 bis 1 100	Radon-222 und Folgeprodukte
Kernenergie	0,1 bis 5	Spalt- und Aktivierungsprodukte

Strahlenexposition: Medizin

Untersuchungsart	effektive Dosis mSv
CT Abdomen	30
CT Thorax	20
CT Wirbelsäule	9
CT Kopf	2,5
Dickdarm	20
Arteriographie	20
Dünndarm	16
Magen	9
Harntrakt	5
Lendenwirbelsäule	2
Abdomen	1
Thorax	0,3
Zahn	0,01

Strahlenexposition: Medizin

Untersuchung	Radionuklid	Energiedosis in mGy		
		Keimdrüsen	Knochenmark	im untersuchten bzw. kritischen Organ
Schilddrüsen-Szintigraphie	Tc-99m	0,1	0,2	1 Schilddrüse
	I-131	0,05	0,2	1.000 Schilddrüse
	I-123	0,04	0,1	40 Schilddrüse
Nieren-Szintigraphie	Tc-99m	0,3	0,5	5 Nieren 18 Blasenwand
	I-131	0,25		60 Blasenwand 240 Schilddrüse
Leber-Szintigraphie	Tc-99m	0,1	0,4	5 Leber 3 Milz
	Au-198	0,2	4	60 Leber 20 Milz
Lungen-Szintigraphie	Tc-99m	0,1	3	4 Lungen
	I-131	1,3	1,5	20 Lungen

Strahlenexposition: Natürlich

Exposition durch	Jährliche effektive Dosis in mSv		
	Bestrahlung von außen	Bestrahlung von innen	Gesamt
kosmische Strahlung			
in Meereshöhe			
ionisierende Komponente	0,24		} 0,27
Neutronen	0,03		
in 1000 m Höhe			
ionisierende Komponente	0,32		} 0,4
Neutronen	0,08		
kosmogene Radionuklide		0,02	0,02
primordiale Radionuklide			
K-40	0,18	0,17	0,35
U-238-Reihe			
U-238 → Ra-226		0,02	
Rn-222 → Po-214	} 0,12	1,4	} 1,6
Pb-210 → Po-210		0,05	
Th-232-Reihe			
Th-232 → Ra-224		0,01	
Rn-220 → Tl-208	} 0,14	0,07	} 0,2
Summe	0,7	1,7	2,4

Strahlenexposition: Terrestrisch

Bundesland	Ortsdosis mGy/Jahr	Bundesland	Ortsdosis mGy/Jahr
Baden-Württemberg	0,54	Niedersachsen	0,42
Bayern	0,60	Nordrhein-Westfalen	0,52
Berlin	0,27	Rheinland-Pfalz	0,60
Brandenburg	0,25	Saarland	0,60
Bremen	0,37	Sachsen	0,50
Hamburg	0,49	Sachsen-Anhalt	0,38
Hessen	0,53	Schleswig-Holstein	0,46
Mecklenburg-Vorpommern	0,32	Thüringen	0,55

Strahlenexposition: Terrestrisch

Gebiet	mittlere effektive Dosis mSv/Jahr	max. Energiedosis im Freien mGy/Jahr
Deutschland	0,4	5
Indien: Kerala, Tamil Nadu	4	55
Brasilien: Espirito Santo	6	175
Iran: Ramsar		260

Strahlenexposition: Zivilisatorisch

Ursache der Strahlendosis	effektive Dosis in mSv/Jahr	
	Mittelwert für die Bevölkerung	typ. Wertebereich für exponierte Einzelpersonen
Zivilisation		
Medizin	1,5	0,1 bis 20
Erhöhung der natürlichen Dosis durch industrielle Tätigkeit	0,01	0,1 bis 2
Tschernobyl-Unfall	0,01	0,005 bis 0,04
Kernwaffentests	0,005	0,002 bis 0,01
Flugreisen	0,005	0,01 bis 5
Beruf	0,002	0,5 bis 5
fossile Energieträger	0,002	0,001 bis 0,01
Kernkraftwerke	0,001	0,001 bis 0,01
Industrieprodukte	0,001	0,1 bis 2
Zivilisation gesamt	1,6	0,1 bis 20

mären physikalischen Prozesse der >Ionisation< oder Anregung von Atomen oder Molekülen des bestrahlten Materials. Dies ist unabhängig davon, ob sie natürlichen oder künstlichen Ursprungs sind. Wenn die S. in der Einheit der Äquivalentdosis angegeben werden, so sind sie direkt vergleichbar, gleichgültig, ob es sich um natürliche oder künstliche, von innen oder von außen kommende S. handelt.

11. Zivilisatorisch: Den Hauptteil der zivilisatorischen S. bewirkt die medizinische Röntgenstrahlenanwendung zu diagnostischen Zwecken. Die daraus resultierende mittlere effektive Strahlendosis der Bevölkerung beträgt in Deutschland 1,5 mSv pro Jahr. Ein weiterer Beitrag zur Strahlendosis ergibt sich aus den noch bestehenden Auswirkungen der oberirdischen Kernwaffenversuche. Die Strahlendosis als Folge des weltweiten Fallouts nimmt seit der Einstellung der Kernwaffentests in der Atmosphäre ab. Sie betrug Mitte der 60er Jahre bis zu 0,2 mSv/Jahr, zur Zeit ist die Exposition geringer als 0,01 mSv pro Jahr. Flugverkehr und industrielle Strahlenanwendungen tragen mit rund 0,01 mSv pro Jahr zur mittleren jährlichen Dosis der Bevölkerung bei. Die mittlere Bevölkerungsdosis durch die friedliche Nutzung der Kernenergie beträgt

für die Einwohner im Umkreis von 3 km um ein Kernkraftwerk infolge Abgabe radioaktiver Stoffe mit der Abluft weniger als 0,001 mSv/Jahr. Der Mittelwert der gesamten zivilisatorischen S. in Deutschland beträgt rund 1,6 mSv pro Jahr (s. Tabelle).

Strahlenhygiene. Darunter versteht man Feststellungen und Maßnahmen zum Erkennen und Beurteilen biologischer Strahlenwirkungen beim Menschen, Maßnahmen zum >Strahlenschutz< und damit zusammenhängende technische Fragen der medizinischen und nichtmedizinischen Anwendung >ionisierender Strahlen< sowie Grundsätze zur Indikation für Anwendungen ionisierender Strahlen.

Strahlenkrankheit. Als Folge einer kurzzeitigen hohen >Strahlenexposition< des ganzen Körpers tritt als strahlenbedingte Schädigung die akute Strahlenkrankheit auf. Hierbei reicht in Abhängigkeit von der >Dosis< die Skala der möglichen Auswirkungen von vorübergehendem Erbrechen über Blutbildungsstörungen bis zum Tod. >Strahlenschäden, Frühsymptome<.

Strahlenmedizin. Teilgebiet der Medizin, das sich mit den biologisch/medizinischen Strahlenwirkungen und der Anwendung ionisierender Strahlen und radioaktiver Stoffe zur Diagnose und Therapie befaßt. Gegliedert in die Fachgebiete: >Strahlenbiologie<, >Röntgendiagnostik<, >Strahlentherapie<, >Nuklearmedizin<.

Strahlenphysik. Teil der Physik, der sich mit den Eigenschaften und physikalischen Wirkungen >ionisierender Strahlen< befaßt.

Strahlenschäden. 1. Biologische Strahlenschäden: Nachteilige Änderung in den biol. Eigenschaften als Folge der Einwirkung >ionisierender Strahlung<.
2. Stahlenschäden beim Menschen: Als Folge einer >Strahlenexposition< können somatische und genetische Effekte auftreten. Die somatischen Effekte treten bei der exponierten Person selbst auf, die genetischen Effekte können sich nur bei den Nachkommen manifestieren. Die somatischen Effekte können entweder stochastischer oder nichtstochastischer Art sein. >Strahlenwirkung, stochastische<, Strahlenwirkung, nichtstochastische<.
3. Frühsymptome der Strahlenschäden: Akute Strahlenschäden des Menschen werden nur nach Bestrahlungen mit sehr hohen Dosen beobachtet. Die folgende Zusammenstellung zeigt das Auftreten der einzelnen Krankheitssymptome in Abhängigkeit von der Dosis.
4. Physikalisch-chemische Strahlenschäden: Nachteilige Änderung in den physikalischen und chem. Eig. eines Materials als Folge der Einwirkung >ionisierender Strahlung<.

Strahlenschutz. Der S. befaßt sich mit dem Schutz von Einzelpersonen, deren Nachkommen und der Bevölkerung in ihrer Gesamtheit. Die schädigenden Wirkungen >ionisierender Strahlen<, gegen die der S. erforderlich ist, sind als somatische und vererbbare Wirkungen bekannt (>Strahlenwirkungen<). Das Ziel des S. ist es, schädliche nichtstochastische Strahlenwirkungen zu verhindern und die Wahrscheinlichkeit stochastischer Wirkungen auf Werte zu begrenzen, die als annehmbar betrachtet werden. Ein zusätzliches Ziel besteht darin, sicherzustellen, daß Tätigkeiten, die eine >Strahlenexposition< mit sich bringen, gerechtfertigt sind.

Strahlenschäden: Frühsymptome

0,1 bis 0,3 Gy	
Abgeschlagenheit	keine
Übelkeit, Erbrechen	keine
Kopfschmerz	keiner
Bewußtsein	klar
Körpertemperatur	normal
Prognose:	
– ohne Behandlung	sehr gut
– mit Behandlung	sehr gut

0,3 bis 1 Gy	
Abgeschlagenheit	vereinzelt leicht
Übelkeit, Erbrechen	vereinzelt (nach 2 bis 6 h)
Kopfschmerz	keiner
Bewußtsein	klar
Körpertemperatur	normal
Prognose:	
– ohne Behandlung	sehr gut
– mit Behandlung	sehr gut

1 bis 3 Gy	
Abgeschlagenheit	mäßig
Übelkeit, Erbrechen	einbis mehrmals (nach 2 bis 6 h)
Kopfschmerz	kurzzeitig
Bewußtsein	klar
Körpertemperatur	normal
Prognose:	
– ohne Behandlung	gut
– mit Behandlung	sehr gut

3 bis 6 Gy	
Abgeschlagenheit	ausgeprägt
Übelkeit, Erbrechen	mehrmals stark (nach 1/2 bis 2 h)
Kopfschmerz	ständig
Bewußtsein	klar
Körpertemperatur	normal
Prognose:	
– ohne Behandlung	unsicher
– mit Behandlung	gut

6 bis 10 Gy	
Abgeschlagenheit	stark ausgeprägt
Übelkeit, Erbrechen	häufig, stark (ab 10 min)
Kopfschmerz	ständig bohrend
Bewußtsein	getrübt
Körpertemperatur	subfebril
Prognose:	
– ohne Behandlung	geringe Überlebenschance
– mit Behandlung	unsicher

über 10 Gy	
Abgeschlagenheit	stark ausgeprägt
Übelkeit, Erbrechene	unstillbar
Kopfschmerz	quälend
Bewußtsein	benommen
Körpertemperatur	subfebril/febril
Prognose:	
– ohne Behandlung	keine Überlebenschance
– mit Behandlung	geringe Überlebenschance

Strahlenschutzbeauftragter. Der >Strahlenschutzverantwortliche< hat entsprechend den Vorschriften der >Strahlenschutzverordnung< und der >Röntgenverordnung< Strahlenschutzbeauftragte zu bestellen, soweit dies für den sicheren Betrieb der Anlage und die Beaufsichtigung der Tätigkeiten notwendig ist. Strahlenschutzbeauftragte müssen die für den >Strahlenschutz< erforderliche Fachkunde nachweisen.

Strahlenschutzkommission. Aufgabe der S. (SSK) ist die Beratung des Bundesministeriums für Umwelt, Naturschutz und Reaktorsicherheit in den Angelegenheiten des Schutzes vor Gefahren ionisierender und nicht-ionisierender Strahlen. In der S. sollen die Fachgebiete vertreten sein, die für die sachverständige Beratung des Bundesministeriums erforderlich sind. Insbesondere sollen folgende Fachgebiete vertreten sein: Strahlenmedizin, Radioökologie, Strahlenbiologie, Strahlenrisiko, Strahlenschutztechnik, Notfallschutz, nichtionisierende Strahlen. Die Mitglieder müssen die Gewähr für eine sachverständige und objektive Beratung bieten. Um eine ausgewogene Beratung sicherzustellen, soll die S. so besetzt sein, daß die gesamte Bandbreite der nach dem Stand von Wissenschaft und Technik vertretbaren Anschauungen repräsentiert ist. Die Mitglieder sind unabhängig und nicht an Weisungen gebunden. Ihre Beratungsaufträge erhält die S. i.d.R. vom zuständigen Bundesminister. Sie kann aber auch zu selbst gestellten Fragen Stellung nehmen. Darüber hinaus befaßt sie sich mit aktuellen Fragen des Strahlenschutzes. Für besondere Aufgabenbereiche werden Ausschüsse gebildet.

Strahlenschutzrecht. Summe von Vorschriften, die vor radioaktiven Strahlen schützen sollen; im wesentlichen das >Atomgesetz< i.d.F. der Bekanntmachung vom 15.07. 1985, BGBl. I S.1565, sowie die auf diesem Gesetz basierende Verordnung über den Schutz vor Schäden durch ionisierende Strahlen (>Strahlenschutzverordnung<) vom 13.10. 1976, BGBl. I S.2905; ferner das Strahlenschutzvorsorgegesetz vom 19.12. 1986, BGBl. I S.2610. Zweck des letzteren Gesetzes ist es, zum Schutze der Bevölkerung 1) die >Radioaktivität< in der Umwelt zu überwachen, 2) die >Strahlenexposition< der Menschen und die radioaktive Kontamination der Umwelt im Falle von Ereignissen mit möglichen, nicht unerheblichen radiologischen Auswirkungen unter Beachtung des Standes der Wissenschaft und unter Berücksichtigung aller Umstände durch angemessene Maßnahmen so gering wie möglich zu halten.

Strahlenschutzverantwortlicher. S. ist, wer Tätigkeiten ausführt, die nach >Atomgesetz<, >Strahlenschutzverordnung< oder >Röntgenverordnung< einer Genehmigung oder Anzeige bedürfen, oder wer radioaktive Mineralien aufsucht, gewinnt oder aufbereitet. Die dem S. auferlegten Pflichten entstehen unmittelbar mit Aufnahme der Tätigkeit.

Strahlenschutzverordnung. Die Verordnung über den Schutz vor Schäden durch >ionisierende< Strahlen, kurz Strahlenschutzverordnung, stellt das Regelwerk dar, um die Grundsätze des >Strahlenschutzes< zu erreichen: jede unnötige >Strahlenexposition< oder Kontamination von Personen, Sachgütern oder der Umgebung zu vermeiden; jede Strahlenexposition oder Kontamination von Personen, Sachgütern oder der Umwelt unter Beachtung des Standes von Wissenschaft und Technik und unter Berücksichtigung aller Umstände des Einzelfalls auch unterhalb der festgesetzten >Grenzwerte< so gering wie möglich zu halten. Die Verordnung gilt u.a. für den Umgang und Verkehr mit >radioaktiven Stoffen<, aber auch die Verwahrung von >Kernbrennstoffen< und Errichtung und Betrieb von Anlagen des Bundes zur Sicherstellung und >Endlagerung< >radioaktiver Abfälle<. Die >Dosisgrenzwerte< des § 45 stellen die in den >Sicherheitsanalysen< zugrundegelegten >Grenzwerte< für die max. zulässige >Strahlenexposition< des Menschen dar (>0,3 mSv/Jahr).

Strahlenschutzvorsorgegesetz. Die Auswirkungen des Reaktorunfalls von >Tschernobyl<, Ukraine, haben gezeigt, daß die in Deutschland geltenden Gesetze und Verordnungen auf dem Gebiet des Strahlenschutzes nur unzureichende Regelungen für den Fall eines kerntechnischen Unfalles im Ausland mit Auswirkungen auf das Gebiet der Bundesrepublik Deutschland enthielten. Das Strahlenschutzvorsorgegesetz regelt die Zuständigkeiten von Bund und Ländern für die Durchführung von Messungen, der Bewertung der Meßdaten und die Beschränkungen und Verbote bei Lebensmitteln und sonstigen Stoffen.

Strahlentherapie. Strahlenbehandlung. Im engeren Sinne wird darunter jede Behandlung von Menschen mit >ionisierenden Strahlungen< verstanden. Die meisten Strahlenbehandlungen werden bei >Krebs<erkrankungen durchgeführt.

Strahlenwirkung. Die Strahlenwirkung basiert prim. auf der Energiedeposition der >Strahlung< an >Atomen< und >Molekülen< in Form von >Ionisationen< und Anregungen. In biol. Material kann dies zur Aufspaltung von Wassermolekülen in >Radikale< führen, die dann mit ihrer erhöhten >Energie< andere Moleküle verändern können (indirekte Strahlenwirkung), oder die Anregungen und Ionisationen beeinflussen die Molekülbindungen in biol. relevanten >Makromolekülen< direkt (direkte Strahlenwirkung). Je nach Ort der Strahleneinwirkung in der >Zelle< kann dabei der Funktionsbereich und/oder der Informationsbereich der Zelle verändert werden. Dies kann zu zwei unterschiedlichen Auswirkungen der prim. Strahlenwirkung führen.

Strahlstrom. (Syn. jet stream). Schmale, sich wellenförmig um den Erdball von West nach Ost bildende Windbänder von einer Ausdehnung in der Horizontalen von mehreren 100 km und in der Vertikalen von einigen km. Der St. zeichnet sich durch große vertikale und seitliche Windscherungen und ein oder mehrere Maxima der Windgeschwindigkeit aus. Als untere Grenzgeschwindigkeit gilt ein Wert von 30 m/s, nicht selten werden Geschwindigkeiten von 70 bis 100 m/s (etwa 250 bis 360 km/h) erreicht; die Höchstwerte liegen um 170 m/s (über 600 km/h). Diese Windbänder sind eng mit dem Wettergeschehen verbunden. Zwei markante St.-Systeme treten auf jeder Hemisphäre auf, s. Abb. S.1128 und Abb. bei >Luftmasse<.
1. Polarfront-St.: Seine Achse liegt in etwa in 10 km Höhe dicht unterhalb der subtropischen >Tropopause< und ist eng mit der Lage der >Polarfront< gekoppelt, daher weist er rasche und kräftige zeitliche Änderungen hinsichtlich seiner Lage und Geschwindigkeit auf. Der Polarfront-St. umgibt als wellenförmiges, stellenweise auch unterbrochenes Starkwindband die Nordhalbkugel; seine mittlere Breitenlage schwankt zwischen 60° bis 70° Breite im Sommer und 40° bis 50° Breite im Winter, ferner nimmt seine Geschwindigkeit zum Winter hin wegen des wachsenden meridionalen Temperaturgradienten zu. Seine mittlere Lage im Nordwinter zeigt die Abb.
2. Subtropen-St.: Seine Achse liegt in etwa in 12 km Höhe dicht unterhalb der tropischen Tropopause und ist eng mit der Lage der >Subtropikfront< gekoppelt, daher weist er nur langsame, jahreszeitlich bedingte Änderungen hinsichtlich seiner Lage und Geschwindigkeit auf. Auf der Nordhalbkugel verläuft er über dem subtropischen Hochdruckgürtel etwa längs der Li-

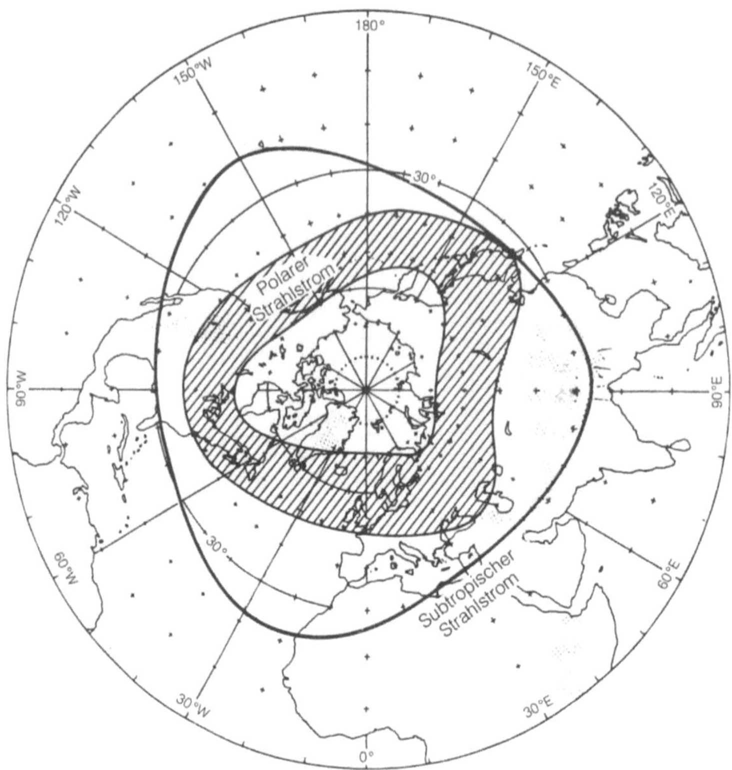

Strahlstrom: Mittlere Lage der Achse des Subtropenstrahlstroms während des Winters und Gebiet (schattiert) des häufigsten Auftretens des Polaren Strahlstromes (aus: Riehl H (1962) Jet streams of the atmosphere, Department of Atmospheric Science, Colorado State University, Fort Collins, Colorado, Technical Report No. 32 – Palmén E, Newton C W (1969) Atmospheric circulation systems, Academic Press, New York London)

nie Bermuda-Inseln – Kanarische Inseln – Nordafrika – Persischer Golf – Indien – Süd-China und über den Pazifik nach Kalifornien.

Lit: Palmén E, Newton CW (1969) Atmospheric circulation systems, Academic Press, New York London.

Strahlung. 1. nicht radioaktiv: Energiefluß in Form elektromagnetischer Wellen (Wellen-St.) oder der Fluß schneller Teilchen (Teilchen- oder Korpuskular-St.). Das elektromagnetische Strahlungsspektrum reicht von der extrem kurzwelligen kosmischen Strahlung ($\lambda \sim 10^{-15}$ m) bis zu den langen Rundfunkwellen ($\lambda \geq 10^2$ m). Von diesem Gesamtspektrum ist der Wellenlängenbereich von 0,3 bis 100 μm für die Meteorologie von Bedeutung. >Sonnenstrahlung<.
2. radioaktiv: Energieausbreitung durch Materie oder den freien Raum. In der Atomphysik ist dieser Begriff auch auf schnellbewegte Teilchen ausgedehnt worden (>Alpha-< und >Betastrahlung<, freie >Neutronen< usw.).

K-Strahlung. K-Strahlung ist die charakteristische >Röntgenstrahlung<, die beim Wiederauffüllen der K-Schale, z.B. nach einem K-Einfang oder einer >inneren Konversion< an der K-Schale (>Konversionselektron<), ausgesandt wird. Die Wiederauffüllung ei-

ner inneren Schale kann auch strahlungslos verlaufen; die freiwerdende Energie wird in diesem Fall auf ein >Elektron< einer weiter außen liegenden Schale übertragen, das die >Atomhülle< verläßt („Auger-Effekt").

X-Strahlung. Internationale Bezeichnung für >Röntgenstrahlung<.

Strahlungsbilanz. Differenz zwischen der von oben und der von unten einfallenden Strahlung. Für meteorologische Fragestellungen untersucht man:
1. Strahlungsbilanz der Erdoberfläche. Die St. Q beschreibt den gesamten, strahlungsbedingten >Bodenwärmehaushalt< der Erdoberfläche. Da die Erdoberfläche streng genommen als zweidimensionale Fläche keine Energie speichern kann, ist ihr Energiehaushalt im zeitlichen Mittel ausgeglichen $Q = 0$. Im zeitlich oder räumlich begrenzten Bereich kann Q dagegen starke Schwankungen aufweisen, die in der unterschiedlichen Bodenbeschaffenheit (Land/Wasser, bewachsen/unbewachsen, Schnee-/Eisbedeckung o. ä.) oder den Bewölkungsverhältnissen begründet sind. Ferner ändert sich Q im Tages- und Jahresverlauf sowie mit der geographischen Breite. Tagsüber ist die Bilanz meist positiv, nachts – wegen der fehlenden solaren Einstrahlung – immer negativ. Bei negativem Q

gleichen die anderen Komponenten der Bodenwärmehaushaltsgleichung die Bilanz wieder aus. Dies geschieht durch >Ausstrahlung< und durch vertikale Flüsse von fühlbarer und latenter Energie. >Strahlungsfrost<, >städtische Wärmeinsel<.

2. Strahlungsbilanz der Atmosphäre (globale Strahlungsbilanz), d.h. Energiehaushalt des Systems Erde-Atmosphäre. Setzt man den an der Obergrenze der Atmosphäre einfallenden solaren Strahlungsenergiefluß mit 100 % an, so ergibt sich im globalen jährlichen Mittel folgendes Bild (s. Abb. unten) auf dem Weg durch die Lufthülle der Erde werden 30 % der Sonnenstrahlung infolge Reflexion und Streuung in der Atmosphäre und am Erdboden wieder in den Weltraum zurückgestrahlt (sog. planetarische >Albedo<), von den verbleibenden 70 % werden 19 % von der Atmosphäre und 51 % von der Erdoberfläche absorbiert und hier in Wärme umgewandelt. Die 51 % teilen sich wie folgt auf: >direkte Sonnenstrahlung< (28 %), >diffuse Sonnenstrahlung<, entstanden durch Streuung (a) an den Wolken (16 %) und (b) in der Atmosphäre (7 %). Die langwellige (infrarote) Ausstrahlung der Erdoberfläche führt zu einem Wärmeverlust, dessen Betrag 98 % des einfallenden mittleren Strahlungsenergieflusses der Sonne entspricht. Diese terrestrische Strahlung wird zu 92 % von Wasserdampf, Kohlendioxid und anderen >Spurengasen< in der Atmosphäre absorbiert und als Wärmestrahlung der Atmosphäre zur Erdoberfläche wieder zurückgestrahlt (77 %). Ferner weist die Atmosphäre durch langwellige Ausstrahlung in den Weltenraum einen Verlust von 141 % auf. Es lassen sich somit folgende Gewinn/ Verlustrechnungen durchführen: Erdoberfläche: Da die effektive Ausstrahlung der Erdoberfläche nur 98 % − 77 % = 21 % beträgt, ist ihr effektiver Energiegewinn (positive St.) 51 % − 21 % = 30 %. Atmosphäre: Sie gewinnt im kurzwelligen Bereich 19 % und verliert im langwelligen Bereich durch eigene Ausstrahlung nach oben (141 %) und unten (92 %) insgesamt also 49 % und weist somit eine negative St. von −30 % auf. System Erde/Atmosphäre: Wegen des Energiegewinns der Erdoberfläche und des Energieverlustes der Atmosphäre weist die Erdoberfläche die höchsten Temperaturen auf. Dies erklärt die Abnahme der Lufttemperatur mit der Höhe. >Tropopause<. Der Ausgleich des effektiven Energiegewinns der Erdoberfläche von +30 % und des effektiven Energieverlustes der Atmosphäre von −30 % erfolgt durch die turbulenten Flüsse fühlbarer Wärme (Konvektion) und latenter Wärme (Verdunstung), durch die 7 bzw. 23 % vom Erdboden in die Atmosphäre transportiert werden. Auf diese Weise herrscht für das System Erde-Atmosphäre im globalen Jahresmittel ein >Strahlungsgleichgewicht<.

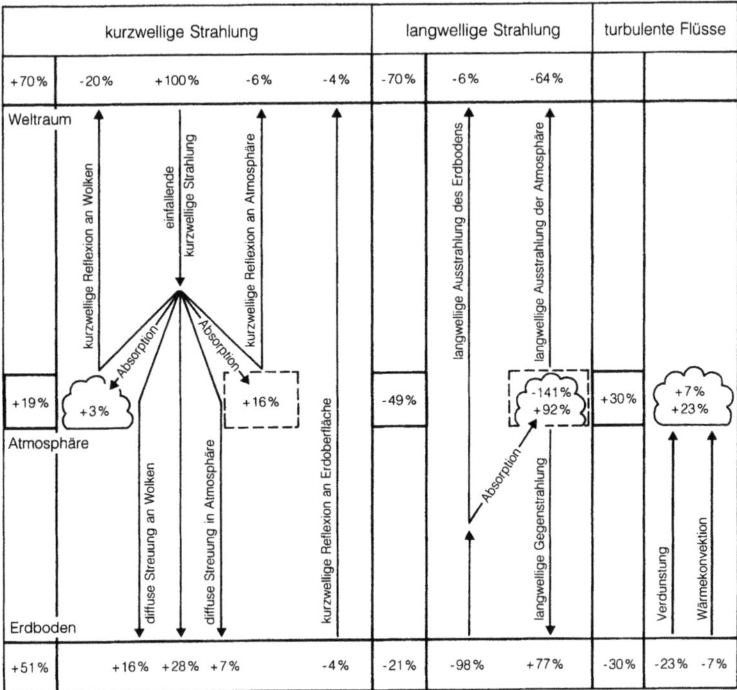

Strahlungsbilanz: Globale Jahresmittel der Energiebilanzanteile des Systems Erde- Atmosphäre, bestehend aus der Bilanz von kurzwelliger und langwelliger Strahlung sowie der ausgleichenden Bilanz von Verdunstung und Wärmekonvektion, getrennt für die Obergrenze der Atmosphäre (extraterrestrisch), die Atmosphäre als Ganzes sowie für die Erdoberfläche. Die stark umrandeten Energieflußbeträge ergänzen sich in jeder horizontalen Ebene zu Null, es herrscht somit in diesen energetisches Gleichgewicht (aus: Fortak H (1983) Meteorologie, 2. Aufl., C. Habel Verlagsbuchhandlung, Berlin Darmstadt)

Strahlungsdetektor. Gerät oder Material, in dem >Strahlung< Vorgänge auslöst, die zum Nachweis oder zur Messung der Strahlung geeignet sind. >Dosimeter<, >Geiger-Müller-Zähler<, >Proportionalzähler<, >Szintillationszähler<.

Strahlungsfrost. Entsteht bei klarem oder heiterem Wetter, indem durch nächtliche Wärmeausstrahlung, >Strahlungsbilanz<, die Temperatur der Nacht bis zur >Frost<grenze absinkt. Begünstigt wird der St. durch die Zufuhr polarer Kaltluft, die in einem >Hochdruckgebiet< oder >Zwischenhoch< zur Ruhe kommt, so daß die >Ausstrahlung< wirksam wird. Relativ trokkene, wenig bewegte Luft sowie örtliche Bedingungen (schlechte Wärmeleitfähigkeit des Erdbodens, starke Verdunstung einer Pflanzendecke, Muldenlage, Fehlen von Bäumen und Sträuchern als Ausstrahlungsschutz) fördern die Entstehung des St.

Strahlungsgleichgewicht. Energetischer Gleichgewichtszustand einer Fläche (Erdoberfläche oder Obergrenze der Atmosphäre) zwischen absorbierter und emittierter Strahlung. Über einen längeren Zeitraum herrscht im Durchschnitt für die Erde als Ganzes ein St. zwischen der absorbierten Sonnenstrahlung und der emittierten terrestrischen Strahlung, >Strahlungsbilanz<. Im Einzelfall (sowohl räumlich als auch zeitlich) treten jedoch z.T. erhebliche Abweichungen vom St. auf, die letzten Endes Ursache für die Wetter- und Klimaverhältnisse auf der Erde sind.

Strahlungsmeßgerät. Meßgerät zur Erfassung der Strahlungsintensität. Je nachdem, welche Strahlungsgröße gemessen·werden soll, unterscheidet man folgende Meßgeräte (s. a. unter den betreffenden Stichworten) (s. Tabelle links).
Lit: Coulson KC (1975) Solar and terrestrial radiation. Methods and measurements, Academic Press, New York – Fröhlich C, London J (Hrsg.) (1986) Revised instruction manual on radiation instruments and measurements, WCRP Publication Series No. 7, WMO/TD-No. 149, Genf.

Strahlungsverluste. In der >Abwassertechnik< z.B. die in der Wärmebilanz eines beheizten >Faulbehälters< eintretenden Wärmeverluste infolge Abstrahlung durch die Oberfläche des Behälters, die durch eine gu-

te Isolation weitgehend vermindert werden können. In der Wärmeschutztechnik soll die Wärmeübertagung soweit wie möglich herabgemindert werden. Bei der Wärmeübertragung unterscheidet man drei Mechanismen: Wärmeleitung, Wärmeübergang durch Konvektion und Wärmeübergang durch Strahlung.
Lit: Bartholomé E, Biekert E, Hellmann H, Ley H (Hrsg.) (1972) Ullmanns Enzyklopädie der technischen Chemie, 4. Aufl., Bd. 2, Verlag Chemie, Weinheim.

Strahlungs-Wichtungsfaktoren. Die Wahrscheinlichkeit stochastischer Strahlenwirkungen ist nicht nur von der Energiedosis abhängig, sondern auch von der Art und Energie der Strahlung, die die >Dosis< verursacht. Dies wird durch die Wichtung der Energiedosis mit einem Faktor berücksichtigt, der sich auf die Strahlenqualität bezieht. In der Vergangenheit wurde dieser Faktor von der Internationalen Strahlenschutzkommission als >Qualitätsfaktor< – so noch heute die deutsche Strahlenschutzverordnung – bezeichnet. Für Photonen- und Elektronenstrahlung hat der Strahlungs-Wichtungsfaktor unabhängig von der Energie der Strahlung den Wert 1, für Alpha-Strahlung den Wert 20. Für Neutronenstrahlung ist der Wert energieabhängig und beträgt zwischen 5 und 20.

Strandanwurf. Am Meeresufer durch Wellen oder Strömung angespültes Material. Es besteht hauptsächlich aus Teilen von Pflanzen, z. B aus beträchtlichen Mengen von Meeresalgen (Tangen), aber auch von Tieren (Muschelschalen, Kadavern) und zunehmend aus Müll. Der S. bietet einen Lebensraum für spezialisierte Tiere, die aus dem Meer oder auch vom Land eingewandert sind. Dazu gehören u. a. spezielle Strandfliegen.

Straßenabläufe. Sie dienen der Aufnahme des Oberflächenwassers von Fahrbahnen, Plätzen sowie Fuß- und Gehwegen. In Abhängigkeit von der Leistungsfähigkeit von Rinne und Ablauf und bei Berücksichtigung der für den Einzelfall maßgebenden Grundlagen, wie Bemessungsregen, Dauer, Häufigkeit, Abflußbeiwert und Sicherheitsfaktor ist die Straßenentwässerung bedarfsgerecht zu dimensionieren.
S. sind im Regelfall aus Betonfertigteilen (DIN 4052) und unter Verwendung genormter Abdeckungen herzustellen. Die Konstruktion im Einzelnen richtet sich nach der Lage im Straßenquerschnitt und der aufzunehmenden Wassermenge. Reparaturen an S. beziehen sich überwiegend auf die Abdeckung und ihr Auflager.
Lit: Abwassertechnische Vereinigung e.V. (Hrsg.) (1985–1997) ATV-Handbuch, 4. Aufl., Band 1–7, Verlag Wilhelm Ernst und Sohn, Berlin München.

Strahlungsmeßgeräte

Gerätename	Meßgröße	Spektralbereich
Albedometer	kurzwellige Albedo oder langwellige Albedo	kurzwellig oder langwellig
Bilanzmesser	Differenz zwischen der gesamten Einstrahlung aus dem oberen und derjenigen aus dem unteren Halbraum	kurz- und langwellig
Pyranometer	solare Einstrahlung aus einem Halbraum	kurzwellig
Pyrgeometer	langwellige Einstrahlung aus einem Halbraum	langwellig
Pyrheliometer	direkte Sonnenstrahlung	kurzwellig
Pyrradiometer	gesamte Einstrahlung aus einem Halbraum	kurz- und langwellig

Strahlungs-Wichtungsfaktoren

Strahlenart und Energiebereich	Strahlen-Wichtungs-faktor w_R
Photonen, alle Energien	1
Elektronen und Myonen, alle Energien	1
Neutronen, Energie < 10 keV	5
10 keV bis 100 keV	10
> 100 keV bis 2 MeV	20
> 2 MeV bis 20 MeV	10
> 20 MeV	5
Protonen, außer Rückstoß-Protonen, Energie > 2 MeV	5
Alphateilchen, Spaltbruchstücke, schwere Kerne	20

Straßenoctanzahl. Kennzahl für das >Klopfverhalten< eines >Ottomotors<, die angibt, welche Kraftstoffqualität erforderlich ist, um einen Betrieb ohne Verbrennungsklopfen sicherzustellen. Hohe S. weist auf den Bedarf von Superkraftstoff hin, zu dessen Herstellung mehr Energie als für Normalkraftstoff erforderlich ist. Die S. ist also eine konstruktive durch den Motor gegebene Größe, die auf eine erforderliche >Motor<- bzw. >Research-Octanzahl< des erforderlichen >Kraftstoffs< hinweist.

Straßenrandfauna. Straßenränder sind spezieller, gestörter Lebensraum mit besonderen Strukturmerkmalen und Eigenschaften, die als Lebensraum allg. Gesetzmäßigkeiten unterliegen. Standörtlich unterschiedlich, sind dort 10 bis 50 % aller in Mitteleuropa nachgewiesenen wirbellosen Tierarten gefunden worden. >Insecta<, >Ökosystem<.

Straßenrandvegetation. Die Pflanzenbestände an Wegen und Straßen gehören zu den ältesten unter menschlichem Einfluß entstandenen Vegetationstypen. 40 % aller Gefäßpflanzenarten Deutschlands wachsen standörtlich unterschiedlich am Straßenrand. >Straßenrandfauna<.

Straßenverkehr. Gliedert sich in den >Personenstraßenverkehr< und den >Güterstraßenverkehr<. Sein >Endenergieverbrauch< wird nahezu ausschließlich durch >Erdölprodukte< abgedeckt.

Strategie. Ergebnis von unterschiedlichen Verhaltensweisen einer Art als Antwort auf die wechselnden Umweltbedingungen, die im Sinne der >Evolution<stheorie zum Überleben der Art beiträgt. Der Erfolg der S. ist eine zufallsbedingte >Selektion<. Man spricht von *Überlebensstrategien*, die unterschiedlichen Mustern folgen; >K-Selektion< und >r-Selektion< bzw. -Strategie.

K-Strategie. >K-Selektion<.

r-Strategie. >r-Selektion<.

Stratopause. Die Obergrenze der >Stratosphäre< (s. Abb. bei >Atmosphäre<), in 47 bis 51 km Höhe gelegen, charakterisiert durch eine sprunghafte Änderung des vertikalen Temperaturgradienten, der von dem in der oberen >Stratosphäre< üblichen mittleren Betrag von +2,5 K/km rasch auf eine markante Temperaturabnahme von −2,8 K/km zurückgeht.

Stratosphäre. Dasjenige Stockwerk der >Atmosphäre< (s. Abb. dort) das oberhalb der >Tropopause< je nach Jahreszeit und geographischer Breite in einer Höhe zwischen 8 und 17 km beginnt und bis zur >Stratopause< in etwa 50 km Höhe reicht. Die St. ist in erster Linie durch ihren vertikalen Temperaturaufbau gekennzeichnet. Dieser wird durch die Absorption der UV-Strahlung in der >Ozonschicht< bestimmt, die sich in der oberen St. befindet. Da wiederum die obersten Schichten der Ozonschicht den größten Teil der eintreffenden UV-Strahlung absorbieren und somit die sich nach unten anschließenden Schichten immer weniger UV- Strahlung erhalten, liegt das Maximum der Erwärmung und damit der höchsten Stratosphärentemperatur im oberen Bereich der Ozonschicht. Diese Schicht ist das Ende der Stratosphäre und heißt darum >Stratopause<. Im Mittel weist die St. eine vertikale Dreiteilung auf:
- die Temperatur bleibt in ihr zunächst mit der Höhe in etwa konstant (11 bis 20 km),
- schwache Temperaturzunahme mit der Höhe von 1 K/km (20 bis 32 km),
- starke Temperaturzunahme mit der Höhe von 2,8 K/km (32 bis 47 km). Während an der Untergrenze der St. im >Tropopause<nbereich Temperaturen zwischen etwa −80 °C (über dem Äquator) und −45 bis 50 °C (im Sommer über den Polen) herrschen, wird an der >Stratopause< etwa 0 °C erreicht. Somit nimmt die Temperatur in der >Troposphäre< mit der Höhe ab, in der St. dagegen mit der Höhe zu. >Spurengase<, die bis in die St. vordringen, wie z. B. die >FCKW<, werden von der ultravioletten Strahlung hier chemisch umgewandelt, unter Veränderung der Chemie dieser Luftschicht. >Ozonloch<.

Stratosphärenerwärmung. Die gelegentlich im Hochwinter plötzlich auftretende Erwärmung in der oberen >Stratosphäre<, nach dem Ort ihrer Entdeckung als „Berliner Phänomen" bezeichnet.

Stratosphärische Aerosolschicht. In etwa 20 bis 25 km Höhe liegende Schicht der unteren Stratosphäre, nach ihrem Entdecker auch Junge-Schicht genannt, in der v. a. sulfatische Partikeln angereichert sind. Diese Partikeln, deren >Fallgeschwindigkeit< aufgrund ihrer Größe (0,1 bis 1 µm) sehr gering ist, bilden sich durch photochem. Prozesse aus magnetischen Gasen, die bei großen Vulkanausbrüchen in die >Stratosphäre< gelangen. Die Partikeln der st. A. bewirken Streuung und Absorption der >Sonnenstrahlung< und damit eine Beeinflussung des Strahlungshaushalts der Atmosphäre. >Trübung<, >Luftbeimengungen<.

Stratosphärische Zirkulation. Die mittleren Strömungsverhältnisse in der >Stratosphäre<. Im allgemeinen sind sie durch die mittleren Temperaturverhältnisse bedingt, die die Luftdruckverteilung und damit die mittlere Strömung bestimmen. Man kann eine Zweiteilung der st. Z. in der Vertikalen beobachten:
- untere Stratosphäre: Die gegenüber der >Troposphäre< gegensinnige Temperaturverteilung der Stratosphäre bewirkt, daß mit zunehmender Höhe die an der Obergrenze der Troposphäre zunächst bestehenden Temperaturgegensätze mehr und mehr ausgeglichen werden. Dadurch vermindert sich nicht nur die mittlere zonale Strömung, sondern es schwächen sich auch alle Luftdruckgebilde, hochreichende >Hoch<- und >Tiefdruckgebiete<, Höhenkeile und >Höhentröge< deutlich ab. Schon im 100-hPa-Niveau sind meist nur die großräumigen Strukturen der zonalen Strömung erkennbar.
- obere Stratosphäre: Hier treten markante Unterschiede im Strömungsmuster zwischen Sommer und Winter auf. Bedingt durch die relativ warme untere Stratosphäre im Polargebiet, bildet sich im Sommer hoher Luftdruck in hohen Breiten, und es entsteht bis in die mittleren Breiten hinein eine großräumige und beständige Ost-Strömung. Im Winter dagegen kühlt sich das Polargebiet in der langen Polarnacht so stark ab, daß sich in der Höhe ein markantes Polartief entwickelt, unter dessen Einfluß es fast auf der gesamten Hemisphäre zu einer kräftigen westlichen Strömung kommt, die vor allem in höheren Breiten höhere Geschwindigkeiten als im Bereich der >Tropopause< erreichen kann. Dieser gut ausgeprägte polare Wirbel kann im Hochwinter durch die plötzlich auftretende >Stratosphärenerwärmung<, sog. Berliner Phänomen, zerstört werden.

Streckmittel. Fester oder flüssiger Stoff, der einer >Zubereitung< zugesetzt wird, um deren Menge zu vergrößern, wodurch häufig die Handhabung erleichtert wird, bzw. um einen spezifizierten Gehalt wirksamer Bestandteile exakt einzustellen, ohne jedoch deren spezielle Eigenschaften wesentlich zu beeinflussen.

Streichlack. (Internat. Kurzbezeichnung: LA). >Formulierung<, i. allg. zur Schädlingsbekämpfung in Häusern und Stallungen, bei der der Wirkstoff in einen streichfähigen filmbildenden Lack eingearbeitet ist. Nach dem Aushärten ist nur der Wirkstoffanteil, der sich auf der Oberfläche befindet, bioverfügbar, der Rest befindet sich im Inneren der Lackschicht in einem Depot (>Controlled-release-Formulierung<). Wird der Wirkstoff von der Oberfläche entfernt, so diffundiert neuer Wirkstoff aus dem Inneren nach, bis das Depot erschöpft ist.

Streu. Abgestorbene, auf den Boden gefallene Pflanzenreste (Blätter, Nadeln, kleine Äste), die von Bodenorganismen mineralisiert oder humifiziert werden. Daher hat die Art der S. einen großen Einfluß auf die Eigenschaften des >Humus< und allgemein auf das Bodenleben. So fördert nährstoffreiche, leicht abbaubare S. (z. B. von Laubbäumen oder der Krautvegetation) das Bodenleben und die Bildung hochwertiger Humusformen (>Mull<), während Coniferenstreu nährstoffarm und schwer abbaubar ist und daher eher >Rohhumusformen< begünstigt. Eine S.-Schicht auf dem Boden schützt als >Mulch< die Bodenoberfläche und wirkt daher ausgleichend auf das Mikroklima und damit günstig auf das Bodenleben. Bei wenig bewachsenem Boden vermindert sie die kinetische Energie der Regentropfen und hemmt so die >Bodenerosion<.

Streuabbau. >Detritusfresser<, >Mull-Moder-Modell<, >Netzbeutel<, >Bodenbiologie<, Methoden.

Streubeutel. >Netzbeutel<.

Streunutzung. Entnahme von Streu auf Waldstandorten durch Landwirte, um Einstreumaterial für die Stallviehhaltung und org. Dünger für den Ackerbau zu gewinnen. Diese historische Form der Waldnutzung hatte bis in unser Jahrhundert hinein für die Landwirtschaft als Humus- und Nährelementquelle eine große Bedeutung und ist unter waldökologischem Aspekt als kompensationslose Ernte nährelementreicher Biomasse zu werten. Da für die S. hauptsächlich Standorte mit natürlich gehemmtem Streuabbau herangezogen wurden, verursachten die Verluste an Neutralkationen im Sinne einer Autokatalyse oft noch ungünstigere, d. h. mächtigere Humusauflagen, welche zunächst weitere S. ermöglichten. Die Nachwirkungen dieses positiven Regelkreises der Bodenversauerung und Nährelementverarmung sind auf vielen Forststandorten bis heute meßbar.

Streupulver. (Internat. Kurzbezeichnung: TP). >Formulierung< in Pulverform, i. allg. zur Rattenbekämpfung, bestehend aus einer Mischung aus Wirkstoff und Gesteinsmehlen, häufig unter Zusatz eines Hydrophobierungsmittels, damit es von der Bodenfeuchtigkeit nicht benetzt wird und seine pulverförmige Konsistenz erhalten bleibt. Das S. wird auf die Wechsel der Schädlinge, in Schlupflöcher oder auf Kotfundplätze gestreut, so daß Anteile davon an Pfoten und im Fell beim Darüberlaufen hängenbleiben. Beim Putzen nehmen die Tiere dann den Wirkstoff oral auf. Dieser Formuliertyp ist besonders gut geeignet für Wirkstoffe, die

einen schmerzlosen Tod herbeiführen, indem sie die Blutgerinnung hemmen. Die Tiere müssen hiervon kleine Mengen an mehreren aufeinanderfolgenden Tagen aufnehmen.

Streuung. Vorgang, bei dem eine Änderung der Richtung oder Energie eines einfallenden Teilchens oder >Quants< durch Stoß mit einem anderen Teilchen oder Teilchensystem verursacht wird.
1. Elastische Streuung: Streuvorgang, bei dem die Summe der kinetischen Energie vor und nach dem Stoß unverändert bleibt.
2. Unelastische Streuung: Streuvorgang, bei dem die Summe der kinetischen Energie vor und nach dem Stoß verschieden ist.

Streuweglänge. Freie Weglänge eines Teilchens zwischen zwei Streuprozesse; sie ist umgekehrt proportional der Zahl der streuenden Kerne (N) und dem Streuquerschnitt (δ_σ): $\lambda_\sigma = 1/N \pm \delta_\sigma$.

Streuwiese. Wiese, die extensiv zur Gewinnung von Einstreu in Stallungen genutzt und daher nur ein- bis zweimal im Jahr gemäht wird. Da typische S. nicht gedüngt werden, ist ihr Biomassezuwachs und damit ihr Ertrag relativ gering. Aus dem gleichen Grund finden sich hier seltene, an >eutrophen Standorten< nicht konkurrenzfähige Pflanzen- und Tierarten. Eine >Eutrophierung< durch Düngung oder anderweitige Nährstoffeinträge verändert daher eine S. nachhaltig, so daß Renaturierungs- und Aushagerungsversuche erst nach längerer Zeit Erfolg zeigen.

Streuzersetzer. >Detritusfresser<, >Mull-Moder-Modell<.

Strip-mining. >Abbauverfahren< im >Tagebaubetrieb<, bei dem der >Abbau< in Form eines langgestreckten Grabens quer zu seiner Längserstreckung fortschreitet. Der >Abraum<, der zur Freilegung des Wertminerals entfernt werden muß, wird von dem Gewinnungsgerät (Schürfkübelbagger) auf kürzestem Wege verkippt.

Strippen. Austreiben flüchtiger Inhaltsstoffe aus >Abwasser< oder >Schlamm<, z. B. durch Gasaustausch (DIN 4045). Dieses Verfahren wird namentlich in Mineralölraffinerien und in der chem. Industrie angewandt, um leicht flüchtige Bestandteile des Abwassers wie z. B. >Schwefelwasserstoff<, >Mercaptane<, >Ammoniak< sowie >org. Lösungsmittel<, auszutreiben. Auch ein >Entphenolung<sverfahren für Gaswerks- und Kokereiabwasser beruht auf der Ausstrippung. Seit langem bekannt ist die Ammoniakabtreibung aus Gaswässern. Bestimmend für den Strippeffekt sind in erster Linie die Eigenschaften der auszutreibenden Stoffe, insbesondere ihr Dampfdruck, ferner die Höhe der Kolonne und die Dauer der Verweilzeit des Abwassers in ihr. Auch die Reaktion des Abwassers kann wichtig sein; basische Stoffe müssen bei saurer Reaktion ausgetrieben werden.
Lit: Meinck F, Stooff H, Kohlschütter H (1968) Industrie-Abwässer, Gustav Fischer Verlag, Stuttgart.

StrlSchV. >Strahlenschutzverordnung<.

Strobane. Insektizid-wirksames Multikomponentengemisch polychlorierter Terpene. Ähnlich >Toxaphen<, im Gegensatz zu diesem mit einem etwas geringeren Chlorgehalt von ca. 65 %. Als Ausgangsprodukt dient bei der Strobaneherstellung ein Gemisch verschiedener Terpene (>*alpha*-Pinen<, >Camphen<).

Stromeinspeisungsgesetz. Durch das „Gesetz über die Einspeisung von Strom aus erneuerbaren Energien in das öffentliche Netz (Stromeinspeisungsgesetz)" wird seit dem 1.1.1991 die Vergütung für den in das öffentliche Stromversorgungsnetz eingespeisten Strom aus Wasserkraft, Müll, Wind und Sonnenenergie durch private Betreiber geregelt. Die Vergütung wird festgelegt als Prozentsatz der Durchschnittserlöse aus der Stromabgabe an Letztabnehmer. Nach diesem Gesetz besteht ein Anspruch privater Betreiber von Photovoltaik- und Windkraftanlagen auf Abnahme des erzeugten Stroms gegen eine Vergütung in Höhe von mindestens 90% des Durchschnittserlöses je Kilowattstunde aus der Stromabgabe der EVU an alle Letztverbraucher. Diese gesetzliche Einspeisevergütung beträgt für Einspeisungen aus Photovoltaik- und Windkraftanlagen bundesweit einheitlich ca. 17 Pf./kWh.

Stromerzeugung nach Energieträgern, Deutschland. Die Brutto-Stromerzeugung in Deutschland betrug 1997 durch die Kraftwerke der öffentlichen Versorgung, der Industrie und der Bahn insgesamt 547,2 Mrd. kWh, davon 485,0 Mrd. kWh durch die öffentliche Versorgung. Weit überwiegend beruht die öffentliche Stromversorgung auf Kernenergie (34,9%), Braunkohle (27,7%) und Steinkohle (25,3%).

Energieträger	Gesamte Elektrizitätserzeugung (Mrd. kWh)	Öffentliche Elektrizitätserzeugung (Mrd. kWh)
Kernenergie	170,4	169,1
Steinkohle	143,0	122,6
Braunkohle	139,5	134,5
Erdgas	48,0	31,2
Sonstige gasförmige Brennstoffe	10,8	2,9
Laufwasser	16,1	14,1
Pumpspeicherung	4,3	4,1
Speicherwasser	0,8	0,8
Heizöl	5,9	2,7
Wind	3,1	0,4
Biomasse, Müll, Sonne	5,3	2,6
Summe	547,2	485,0

Strontium (Sr). Chem. >Element< der >Ordnungszahl< 38, Erdalkalimetall, das sich in der Natur in kleinen Mengen als Begleiter des >Bariums< und >Calciums< findet. In der Natur kommen die stabilen >Isotope< Sr-84, 86, 87 und 88 vor. Bei der >Uranspaltung< wird das >radioaktive< Isotop Sr-90 erzeugt, das bei >Atombombenexplosionen< und bei >Reaktorunfällen< freigesetzt werden kann. Es ist ein langlebiger >Betastrahler< (>Halbwertszeit< 28,5 Jahre), sein >Tochternuklid< Y-90 ist ebenfalls ein Betastrahler. Bei >Ingestion< haben seine wasserlöslichen Verb. als Knochensucher eine besondere Bedeutung. Sr lagert sich bei Kindern und Jugendlichen im Alter des Knochenwachstums in die Knochen ein und wird praktisch nicht mehr ausgeschieden.

Strudelwürmer. >Turbellaria<.

Struktur. >Bodengefüge<.

Strukturformel. Bezeichnung für die symbolische Darstellung der Struktur eines Moleküls unter Verwendung von Elementsymbolen, Strichen, Punkten, Sonderzeichen etc.
Lit: Falbe J, Regnitz M (1989) Römpp Chemie Lexikon, 9. Aufl., Georg Thieme Verlag, Stuttgart New York.

Strukturverlust. Bodenphysikalischer Sekundäreffekt bei der chem. >Waldbodendrift<. Eine versauerungsbedingt (durch Depositionen, Biomasseentzug, standortswidrige Bestockung) nachlassende biogene Strukturbildung in lehmigen Standorten führt zu einer selektiven Verarmung verfügbarer Neutralkationen an Aggregatoberflächen, da die Nährelementaufnahme durch Wurzeln und Mikroorganismen bevorzugt in diesen Mikrokompartimenten stattfindet. Die z.T. extreme selektive Verarmung von verfügbarem Kalium an Aggregatoberflächen des Wurzelraumes erklärt den großflächigen neuartigen >Kaliummangel< auf lehmigen Standorten Südwestdeutschlands.

Strychnin. Toxisches >Alkaloid< aus dem Samen der Brechnuß *(Strychnos nux vomica);* steigert die Muskelspannung durch Hemmung der Transmittersubstanz Glycin in den inhibitorischen Neuronen im Rückenmark. Vergiftungssymptome sind allgemeine Übererregbarkeit, Unruhe, Schreckhaftigkeit, Zittern, Ziehen und Steifigkeit der Muskulatur, später Krampfanfälle wie bei Tetanus; evtl. Tod durch Ersticken (durch Zwerchfellkrampf).

Stubenfliege. >*Musca domestica*<.

Student-Test. >t-Test<.

Student-Verteilung. >t-Verteilung<.

Stufenbelüftung. Im Gegensatz zum normalen Verfahren wird hier das >Abwasser< nicht am Anfang des >Belebungsbeckens<, sondern an mehreren Stellen – teilweise sogar über die gesamte Längsseite des Bekkens verteilt – dem >belebten Schlamm< zugeführt (s. Abb. unten). Der hohe Sauerstoffverbrauch, der beim ursprünglichen Verfahren am Beckenanfang auftritt, wird jetzt auf das ganze Belebungsbecken verteilt. Ein Sauerstoffmangel wird an der kritischen Stelle, wo die leicht abbaubaren Stoffe des Abwassers mit dem >Rücklaufschlamm< zusammentreffen, selten eintre-

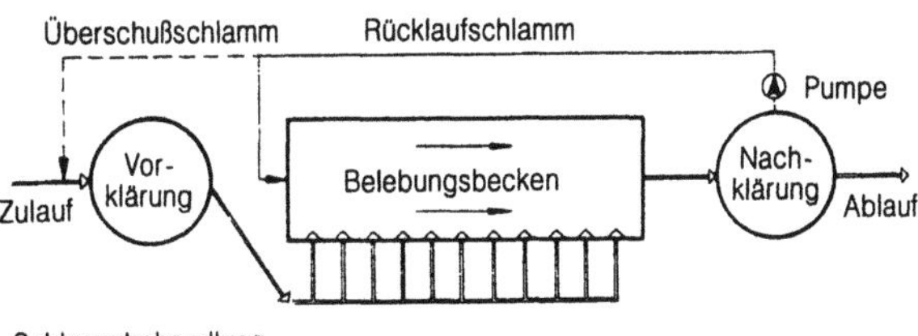

Stufenbelüftung (aus: Abwassertechnische Vereinigung, 1982–1986)

ten. So werden für die >Mikroorganismen< relativ gleichmäßige Verhältnisse geschaffen. Die Gefahr der Stoßbelastung wird verringert, weil ein Konzentrationsstoß praktisch von der ganzen Masse des belebten Schlammes aufgefangen wird. Besonders bei konzentrierten Abwässern kann sich die verteilte Abwasserzufuhr vorteilhaft auswirken. Diese Betriebsweise wird nicht empfohlen, wenn eine weitgehende >Nitrifikation< angestrebt wird.

Lit: Abwassertechnische Vereinigung (Hrsg.) (1982–1986) Lehr- und Handbuch der Abwassertechnik, 3.Aufl., Bd.1–7, Verlag von Wilhelm Ernst und Sohn, Berlin München.

Sturmtest. Wird in Deutschland und der EU für die Chemikalienprüfung sowie in der ISO und der OECD als Test für die *leichte Abbaubarkeit* (>leicht abbaubare Substanzen<) eingesetzt. Das Testgut wird mit geringer Animpfung mit CO_2-freier Luft belüftet. Die Gefäße aus Glas sollten 2 bis 5 L fassen. Die CO_2-Produktion wird üblicherweise über 28 Tage gemessen. Die Randbedingungen wie Dunkelheit oder diffuses Licht und Temperaturkonstanz sind einzuhalten. Der Stoff gilt als *leicht abbaubar*, wenn 60% abgebaut sind. Der >Abbaugrad< errechnet sich aus dem Verhältnis zwischen dem gebildeten CO_2 und der aufgrund der eingesetzten Prüfsubstanzmenge theoretisch zu erwartenden CO_2-Produktion.

Sturzversatz. >Versatzverfahren< zum Einbringen von >Versatz<, bei dem unter Ausnutzung der Schwerkraft in der geneigten Lagerung der Abbauhohlraum von einer oberen Strecke aus verfüllt wird.

Styrol. Vinylbenzol, C_6H_5-CH = CH_2, Sdp. 146 °C, wird technisch aus Benzol und Ethen durch Dehydrierung des gebildeten Ethylbenzols hergestellt. Als Ausgangssubstanz für die >Polystyrol<-Herstellung ist S. ein wichtiger Grundstoff. Auch als Lösungsmittel und >Comonomer< bei Reaktionsharzen, wie z.B. bei ungesättigten >Polyester<-Harzen sowie in >Elastomeren<, z.B. Styrol-Butadien-Kautschuk, spielt es eine wichtige Rolle. Der MAK-Wert beträgt 20 ppm.

Subakute Toxizität. (Syn. subchronische T.). Feststellung der Giftwirkung nach wiederholter Verabreichung einer Substanz. Der Zweck dieser Untersuchung ist die Feststellung einer eventuellen kumulativen Wirkung. Gleichzeitig dienen die Ergebnisse kurzfristiger Versuche zur Festlegung der Dosen für die länger dauernden Versuche. Für die subakute Toxizitätsprüfung reichen i. allg. 4 Wochen bis 3 Monate Versuchszeit an wenigstens 2 verschiedenen Säugetierarten aus. Die Versuche werden meist an Ratten, Mäusen oder Hunden durchgeführt, die die zu prüfenden Stoffe oral erhalten.

Lit: Hapke HJ (1975) Toxikologie für Veterinärmediziner, Ferdinand Enke Verlag, Stuttgart.

Subatlantikum. Abschnitt der Nacheiszeit (>Holozän<), der in Mitteleuropa etwa von 600 v.Chr. bis zur Gegenwart reicht und daher die heutigen klimatischen Standortbedingungen einschließt.

Subboreal. Abschnitt der Nacheiszeit (>Holozän<), der etwa von 2.500 bis 600 v.Chr. reicht und eine kontinentale, verglichen mit heute wärmere Phase mit trockenen Perioden umfaßt. In Mitteleuropa herrschten hier Eichen-Buchen-Fichten-Mischwälder vor; kulturgeschichtlich liegt im S. die Bronzezeit.

Subchronische Toxizität. >Subakute Toxizität<.

Sublimation. Direkter Übergang einer Substanz vom festen in den gasförmigen >Aggregatzustand<, ohne daß zwischendurch eine flüssige Phase durchlaufen wird. Die für die Umwandlung erforderliche S.-Wärme ist gleich der Summe aus der Schmelz- und Verdampfungswärme. Bei Normaldruck sind relativ wenig Substanzen sublimierbar, so z.B. Campher, Iod, Anthracen und Naphthalin, das aus diesem Grund z.B. als Mittel gegen Motten eingesetzt wird und somit leicht in die Umwelt gelangen kann. Die S. ist eine effiziente Trenn- und Reinigungsmethode unter der Voraussetzung, daß die zu reinigende Substanz einen hohen Dampfdruck besitzt, während diejenigen der Verunreinigungen relativ weit darunter liegen.

Sublimationskerne. Winzige in Wolken schwebende unterkühlte Wassertröpfchen, an denen die Sublimation des atmosphärischen Wasserdampfes erfolgen kann.

Sublitoral. An Meeresküsten der Bereich, der auch bei Niedrigwasser (Ebbe) wasserbedeckt ist, aber durch starke Wasserbewegung und viel Licht charakterisiert wird. Bei festem Untergrund wachsen im S. gemäßigter und nördlicher Zonen große Algen (Tange); >Litoral<, >Tidenhub<.

submers. Untergetaucht, z.B. submerse Pflanzen = untergetaucht lebende Wasserpflanzen.

Submersion. Ursprüngliche Bedeutung als mittelalterliche Strafe in Form des Untertauchens, des Ertränkens. Heute wird es als Synonym für eine >Strahlendosis< verwendet, die dadurch entsteht, daß eine >radioaktive< Wolke über den Strahlenexponierten hinwegzieht.

Submerskulturen. Züchtungsmethoden für Mikroorganismen vorwiegend zur Antibiotikaerzeugung. So gelingt es z.B. durch Einblasen von Luft, daß Mikroorganismen, die vornehmlich an der Oberfläche wachsen, in der gesamten Flüssigkeit, z.B. in einem Fermenter, gedeihen.

Subrosion. >Salzgestein<.

Subtropen. Beiderseits des Äquators zwischen den Wendekreisen und maximal 45° Breite gelegenen Klimazonen. Sie werden jeweils begrenzt auf ihren dem Äquator zugewandten Seiten durch die >Tropen<, auf ihren den Polgebieten zugewandten Seiten durch die >Westwinddrift<, s. Abb. bei >Zirkulation der Atmosphäre<. Die S. umfassen im wesentlichen den Wirkungsbereich der subtropischen Hochdruckgürtel, >Subtropenhoch<, mit der Wurzelzone der Passate. Durch das dynamische Absinken werden die Luftmassen erwärmt, so daß, bedingt durch Wolkenauflösung, hier überwiegend Trockenheit herrscht (randtropisch-subtropische Trockengebiete). Die S. entsprechen damit der warmgemäßigten Klimazone, die sich in die zyklonalen Winterregengebiete an den West-Seiten der Kontinente (auch Etesienklima) und die monsunalen Sommerregengebiete an den Ost-Seiten unterteilen läßt. >Luftmasse<.

Subtropenhoch. Warmes, dynamisches Hochdruckgebiet im Bereich des subtropischen Hochdruckgürtels; z.B. das >Azorenhoch<.

Subtropenstrahlstrom. In etwa 12 km Höhe und 30° geographischer Breite gelegenes Starkwindband, >Strahlstrom<, im Winter verläuft seine Achse nahezu über dem bodennahen subtropischen Hochdruckgürtel, s. Abb. bei >Strahlstrom<.

Subtropikfront. Luftmassengrenze zwischen den beiden Hauptluftmassen, der gemäßigten Luft der mittleren Breiten und der Tropikluft, s. Abb. bei >Luftmasse< und Abb. bei >Frontalzone<. Umschließt im Idealfall in Form eines geschlossenen Frontenzuges die gesamte Hemisphäre. Der Übergang von einer Luftmasse zur anderen beträgt in der Horizontalen nur einige zehn Kilometer. Im Gegensatz zur >Polarfront< ist die S. nur in der Höhe, nicht aber am Boden als Luftmassengrenze erkennbar. Ferner ist der >meridionale< Temperaturkontrast nicht so markant ausgeprägt wie bei der Polarfront, so daß an ihr keine >Zyklogenese< stattfindet. Die durchschnittliche Lage der S. ändert sich kaum mit der Jahreszeit, sie liegt bei etwa 30° geographischer Breite und weist einen überwiegend >zonalen< Verlauf auf. Nur im Bereich des indischen Subkontinents weist die S. im Winter und Frühling eine Zweiteilung auf, der nördliche Ast liegt nördlich, der südliche südlich des Himalayas. Ab Mai schwächt sich der südliche Ast immer mehr ab und verschwindet schließlich vollständig. Dann können sich Südwest-Winde in den unteren Schichten durchsetzen und als Monsun in Indien einströmen. Im Herbst bildet sich wegen der Rückverlagerung der stärksten Einstrahlung nach Süden hin dort wieder der südliche Ast der S. aus. Über dem Hochplateau von Tibet entwickelt sich dann in kurzer Zeit eine flache >Antizyklone<, deren Kaltluft über die Bergpässe küstenwärts ausfließt. Die vertikale Erstreckung der S. reicht bis in Höhen von etwa 12 km, auf ihrer äquatorwärtigen Seite befindet sich ein Starkwindband, der subtropische >Strahlstrom< (Subtropenjet), mit Windgeschwindigkeiten von bis zu 120 km/s. Beiderseits der S. schließt sich als Grenzfläche zwischen der >Troposphäre< und der >Stratosphäre< die >Tropopause< an. Im Gegensatz zur polaren Tropopause und derjenigen der mittleren Breiten ist die tropische Tropopause zweigeteilt, die untere, in 12 km gelegene, ist mit dem S. verbunden, die obere liegt, getrennt von der ersteren, in etwa 18 km Höhe, s. Tabelle bei >Luftmasse<.

Suchterkrankungen. Nach >WHO< besser >Drogenabhängigkeit< (drug dependence), kennzeichnet einen Zustand psychischer und physischer Wechselwirkungen zwischen Individuum und Droge mit drei Ausprägungen: 1. Entwicklung einer Toleranz, 2. Entwicklung einer körperlichen Abhängigkeit, 3. Entwicklung einer psychischen Abhängigkeit. Charakteristische abhängigkeitserzeugende Mittel sind z.B. Alkohol, morphinartige Schmerzmittel, Amphetamine, Cannabis (Ha-

schisch, Marihuana), Halluzinogene, >Cocain<, Heroin, LSD und Mescalin. Insgesamt ist in den letzten Jahrzehnten eine Zunahme von Suchtkrankheiten zu beobachten. Während z.B. in D 1970 nur wenige Todesfälle durch Heroinsucht bekannt wurden, ist die Anzahl an Todesfälle durch diese Abhängigkeit auf weit über 400 (meist junge Menschen) gestiegen. Die Gesamtzahl der Heroinsüchtigen in Deutschland wird inzwischen auf über 60.000 geschätzt. Der Alkoholkonsum der Gesamtpopulation ist demgegenüber seit etwa 1970 ziemlich unverändert. Man schätzt die Zahl behandlungsbedürftiger Alkoholkranker in Deutschland auf z.Zt. 1,5 Millionen.

Lit: Zankl H, Zieger G (1987) Gesundheitslehre, VCH Verlagsgesellschaft, Weinheim – Forth W, Henschler D, Rummel W (1988) Pharmakologie und Toxikologie, B.I. Wissenschaftsverlag, Mannheim Wien Zürich.

Süßholz. (Lakritze, Licorice, Réglisse). Der getrocknete Wurzelstock und die Wurzeln von Glycyrrhiza glabra-Varianten. Hauptinhaltsstoffe sind >Glycyrrhizin<, Asparagin, Harz und Zucker. Die braunschwarze Trockenmasse wird in der Lebensmittelindustrie bei der Herstellung von Lakritzbonbons und Zuckerstangen eingesetzt.

Süß-/Salzwasser-Grenze. Die Höhenlage der S.-/S.-G. in gespannten und freien >Grundwasserleitern< an Meeresküsten ist bei hydrostatischem Gleichgewicht zwischen Süß- und Salzwasser durch $h_o \cdot \varrho_o = h_o \cdot \varrho_w \cdot (h_o + h_w)$ beschrieben, mit den Höhenlagen der Grenzfläche unter Meeresspiegel h_o und des Süßwasserspiegels über dem Meeresspiegel h_w sowie den Dichten des Salz- und des Süßwassers ϱ_o und ϱ_w. Bei einer Dichte des Salz- und des Süßwassers von $\varrho = 1,026$ g/cm^3 und $\varrho_w = 1,000$ g/cm^3 gilt so $h_o = 38 h_w$ (Ghijben-Herzberg-Gleichung). Die Neigung der Süßwasseroberfläche und das Auftreten von Brackwasserquellen zeigen hydrodynamische Verhältnisse an. Die Höhe des >Grundwasserabstromes< hängt von den zeitlich unterschiedlichen Gefällsverhältnissen ab. Die Grenzfläche und die Grundwasseroberfläche sind in einem derartigen hydrodynamischen System bei homogenen Grundwasserleitern etwa parabolisch ausgebildet und in ihrer Lage und Neigung vom dynamischen Gleichgewicht zwischen Grundwasserabstrom und Meerwasserzustrom bestimmt (s. Abb.). Bei einem durch überhöhte Grundwasserförderung in Küstennähe verringerten Grundwasserabstrom kommt es zum landwärtigen Vordringen des Salzwassers (z.B. an den deutschen Nordseeküsten und den nordamerikanischen Küsten).

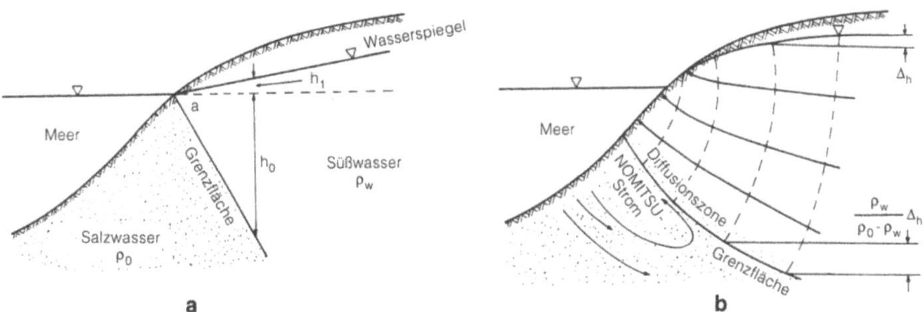

Süß-/Salzwasser-Grenze: Süß-/Salzwasser-Grenze in einem freien Grundwasserleiter an den Küsten unter hydrostatischen (a) und unter hydrodynamischen Bedingungen (b)

Durch die meerwärts gerichtete Grundwasserbewegung wird das Brackwasser an der Grenzfläche ständig mit abgeführt, während von unten Meerwasser nachströmt (Nomitsu-Strömung). Die Grenzfläche ist bei näherer Betrachtung eine 0,5 bis 2 m mächtige, auf >Diffusion< und >hydrodynamischer Dispersion< beruhende brackische Übergangszone. Süßwasser und Salzwasser verhalten sich wie zwei nicht mischbare Flüssigkeiten. Die Mächtigkeit der Übergangszone hängt von der Porosität, der Porenform, der relativen Größe der Wasserspiegelschwankungen aufgrund des Tidenhubes, der natürlichen Grundwasserneubildung und dem Grundwasserabfluß ab.

Lit: Cooper HH (1959) A hypothesis concerning the dynamic balance of fresh water and salt water in a coastal aquifer, J Geophys Res 64: 461–467 – Hubbert MK (1940) The theory of ground-water motion, J Geol 48: 785–944 – Mattheß G, Ubell K (1983) Allgemeine Hydrogeologie, Grundwasserhaushalt, Gebr. Borntraeger, Berlin Stuttgart.

Süßstoffe. Stoffe, deren Zusatz zu Lebensmitteln einen süßen Geschmack bewirkt, die aber keinen eigenen energetischen Wert besitzen. Sie dienen als >Zuckeraustauschstoffe<, z.B. >Saccharin< und >Cyclamat<.

Süßwasserbiologie. Teilgebiet der Biologie, das sich mit dem Leben im Süßwasser befaßt und somit auch ein Teilgebiet der >Hydrobiologie< ist, die aber auch das Leben im Meer einschließt. Sofern sich die S. auch mit dem biogenen Stoffumsatz befaßt, gehört sie auch zur >Limnologie<.

Süßwasserökologie. Teilgebiet der Ökologie, das die Beziehungen der Süßwasserorganismen zueinander und zu ihrer Umwelt untersucht. Dazu gehören 1. die Ansprüche der Organsimen an Temp., Sauerstoff, Salzgehalt, Säuregrad, Nährstoffe, Nahrung u.a., 2. Lebensablauf, Wachstum und Fortpflanzung der Individuen einer Population und 3. die vielfältigen Beziehungen artverschiedener Organismen zueinander, wie Räuber/Beute, Konkurrenz um Nahrung, Wirt/Parasit sowie Nahrungsbeziehungen. Dieses Grundmuster mit wissenschaftlichen Fragestellungen und den Methoden der Beobachtung, des Sammelns sowie des Freiland- und Laborexp. zu erforschen, ist Aufgabe der Süßwasserökologie bzw. jeder Ökologie in beliebigen Lebensräumen. Auf dieser Basis kommt 4. als weitere Aufgabe die qual. und quant. Erfassung der anthropogenen Einflüsse und Veränderungen auf Organismen und ihre Lebensräume hinzu mit dem Ziel der Abhilfe und des Schutzes. Süßwasserökologie ist in ihren Methoden und Fragestellungen weitgehend identisch mit der >Limnologie<, die aber den Stoff- und Energiehaushalt limnischer Ökosysteme stärker berücksichtigt.

Lit: Lampert W, Sommer W (1993) Limnoökologie, Thieme, Stuttgart New York.

Suffizienz. Unter dem Stichwort „*Suffizienzstrategie*" wird heute ein Ansatz diskutiert, der auf die Verringerung des materiellen Konsums zum Erreichen von >Nachhaltigkeit< abzielt. Viele Forderungen, die mit einem Übergang zu einem nachhaltigen Lebensstil verbunden sind, lassen sich letztlich nur über die Substitution von Material und Energie durch Information verwirklichen, sofern es nicht zu reinen Verzichtslösungen kommen soll. Daneben kommen Dienstleistungsangebote infrage, die ein bestimmtes Bedürfnis, etwa nach Mobilität, Komfort oder Zerstreuung, im virtuellen Erlebnisfeld von Internet und anderen Datennetzwerken verorten können. Es bleibt allerdings abzuwarten, ob sich die hohen Erwartungen in diese virtuellen Welten erfüllen werden.

Sukzession. Veränderung einer Pflanzengesellschaft bzw. eines >Biotops< oder >Ökosystems< im Verlauf der Zeit. Die S. kann relativ kurzfristig erfolgen, z.B. bei der Besiedlung neu entstandener Flächen wie Halden und Vulkaninseln bzw. nach einer Nutzungsänderung, z.B. Umwandlung von Ackerflächen in >Brache<. Langfristige S. erfolgen im Zuge von Klimaveränderungen, etwa nach der letzten Eiszeit, und betreffen dann weite Gebiete. Eine S. erfolgt auch beim Abbau von Laub und Holz, wenn nacheinander verschiedene Mikroorganismen und Tiere tätig werden.

Sulcotrione. Wirkt als >Herbizid< und zählt zur Substanzklasse der Triketone.
Chemische Bezeichnung: 2-(2-Chlor-4-mesylbenzoyl)-cyclohexan-1,3-dion
CAS-Nummer: 99105-77-8
Hersteller: Zeneca
Wirkungstyp: Selektives Herbizid, wird durch Blatt und im geringen Maße durch die Wurzeln absorbiert, sowohl im Xylem als auch im Phloem transportiert und in den Meristemen angereichert. Die Carotenoidpigment-Biosynthese wird unterbrochen (Bleicheffekt), was zu einer photooxidativen Chlorophyllzerstörung führt.
Bevorzugte Anwendung: Gegen Hirse und dikotyle Unkräuter im Mais als selektives Nachauflaufherbizid, unabhängig vom Entwicklungsstadium des Mais.

Chemische und physikalische Eigenschaften: Weißer Feststoff mit einem Schmelzpunkt von 139 °C und einem spezifischen Gewicht von 1,54.
Dampfdruck: 5,33 µPa bei 25 °C.
Verteilungskoeffizient (log Po/w): <0 bei 25 °C.
Stabilität: Hydrolyse- und lichtstabil. Bis 80 °C hitzestabil.
Löslichkeit: in Wasser 165 mg/L bei 25 °C und pH 7.
Abbau und Metabolismus: Im Boden erfolgt schneller mikrobieller Abbau, die DT_{50} beträgt 2–11 Tage, DT_{90} 15–36 Tage. Im Wasser beträgt der pKa-Wert 3,13 bei 23 °C. Bei Ratten erfolgt nach oraler Aufnahme schnelle Ausscheidung, hauptsächlich über den Urin.
Säugertoxizität: Akute orale LD_{50} für Ratte >5.000 mg/kg. Akute dermale LD_{50} für Ratte >4.000 mg/kg. Inhalation LC_{50} (4 h) für Ratte >1,6 mg/L Luft. Keine Haut-, aber leichte Augenreizwirkung bei Kaninchen. Starke dermale Sensibilisierung bei Meerschweinchen. 2-Jahre-Fütterungstest (Chronische Toxizität) mit techn. Wirkstoff NOEL Hund 50 mg/kg Futter/Tag.
Fischtoxizität: LC_{50} (96 h) für Spiegelkarpfen >100 mg/L und Regenbogenforelle 227 mg/L.
Vogeltoxizität: Akute orale LD_{50} für Stockente >1.350 und Wachtel >2.259 mg/kg.
Wirbellosetoxizität: EC_{50} (48 h) für *Daphnia magna* >100 mg/L. EC_{50} (96 h) für Grünalge *Selenastrum capicornutum* 3,5 mg/L. Keine Regenwurmschädigung.

Sulfadiazin. >Antiprotozoika<.

Sulfadoxin. >Antiprotozoika<.

Sulfate. Abwasser: Salzreiche >Abwässer< bestimmter Zusammensetzung greifen Beton an und wirken auf andere Werkstoffe, insbesondere Eisen, korrosionsbeschleunigend. Bei Sulfaten in Mengen über 300 mg/L SO_4^{2-}, Sulfiten und Sulfiden ist die zerstörende Wirkung auf das sog. Gipstreiben und die Bildung des Zementbazillus (Calciumsulfoaluminat) zurückzuführen. Eisensulfat wirkt durch die bei der hydrolytischen Spaltung in wässriger Lsg. sich bildende freie Schwefelsäure nachteilig auf Beton ein. Nitrate sind nur schädlich, wenn sie zusammen mit Ammoniumverb. in größeren Mengen auftreten. Daher muß beim Anschluß solcher Abwässer an die >Kanalisation< dem Mischungsverhältnis mit den städtischen Abwässern und der Konz. des Mischabwassers besondere Beachtung geschenkt werden. Bei der >Schlammfaulung< werden durch Sulfate in Mengen über 500 mg/L die Gasausbeute beeinträchtigt und der >Schwefelwasserstoff<gehalt des Gases erhöht.

Lit: Meinck F, Stooff H, Kohlschütter H (1968) Industrie-Abwässer, Gustav Fischer Verlag, Stuttgart.

Sulfitablauge. In nach dem Sulfitverfahren arbeitenden >Zellstoff-Fabriken< beim Kochen des Holzes anfallende Ablauge, die einen hohen Gehalt an org. Säuren aufweist. Bei Einleitung in ein Gewässer treten durch Schaumbildung und starke Sauerstoffzehrung Gewässerschäden auf. Bei völligem Sauerstoffschwund bildet sich >Schwefelwasserstoff<, der zu Geruchsbelästigungen führt. Die Sulfitablauge ist eine braunrot bis braungelb gefärbte, sauer reagierende Flüssigkeit (pH etwa 2,4 bis 3,9) von stechendem Geruch nach schwefliger Säure mit harzigem Beigeruch. Ihre gelösten Bestandteile bestehen zu rd. 20 % aus anorg., zu 80 % aus org. Stoffen. Von diesen entfällt der Hauptanteil (etwa 70 %) auf Verbindungen der Ligninsulfonsäure, die einen hohen >Kaliumpermanganatverbrauch< haben, biol. aber schwer abbaubar sind und demzufolge einen geringen biochemischen Sauerstoffbedarf haben. Die Papier- und Zellstoffindustrie bemüht sich um die Entwicklung und technische Erprobung neuer Verfahren, die eine Verringerung von Restabwassermenge und Schmutzstofffracht ermöglichen. In der Zellstoffherstellung sind dies: Erfassung der Kochsäuren bzw. Ablaugen mit anschließender Eindampfung und Verbrennung, Umstellung der Bleiche auf chlorfreie Verfahren. Die Durchführung von Erfassung, Eindampfung und Verbrennung mit mechanischer Restabwasserreinigung galt bisher als allgemein anerkannte Regel der Technik. Die biologische Reinigung der Restabwässer – in der Regel die Kombination anaerobe und aerobe Behandlung – ist allerdings heute Stand der Technik. In Deutschland wird für den Holzaufschluß ausschließlich das Sulfitverfahren angewendet. Darüber hinaus wird Zellstoff aus Baumwollinters (Baumwollreste an den Samenkapseln) sowie durch chemische Bleiche von Baumwolle hergestellt. Das Hauptproblem besteht in der Beseitigung der rd. 50 % „Abfallstoffe", die aus dem Holz zur Gewinnung von Zellstoff herausgelöst werden müssen. Vor allem der Ligninanteil, rd. die Hälfte der Cellulose-Begleitstoffe im Holz, wird durch Mikroorganismen nur sehr langsam abgebaut und ist dadurch einer biologischen Abwasserreinigung kaum zugänglich. Die in der 19. Abwasserverwaltungsvorschrift, Teil A, vom 18.05. 1989 gestellten Mindestanforderungen an das Einleiten des Abwassers aus der Erzeugung von Zellstoff werden in der Tabelle angegeben. Die Mindestanforderungen ge-

Sulfitablauge: Mindestanforderungen für die Abwasserinhaltsstoffe bei Zellstoffabriken der Bundesrepublik Deutschland (19. AbwasserVwV, Teil A, 18.05. 1989

CSB	70 kg/t
BSB_5	5 kg/t
AOX	1 kg/t
G_f	2 (Verdünnungsfaktor)

hen davon aus, daß allgemein anerkannte Regeln der Technik für die Zellstoffindustrie die Durchführung innerbetrieblicher Maßnahmen, in erster Linie einer weitgehenden Ablaugerfassung, in Verbindung mit einer chemisch-mechanischen und biologischen Restabwasserreinigung ist.

Die produktionsspezifischen Werte (m^3/t, kg/t) beziehen sich auf die dem wasserrechtlichen Bescheid zugrundeliegende Produktion (Zellstofffertigprodukt lufttrocken -lutro-) in 24 Stunden.

Lit: Meinck F, Stooff H, Kohlschütter H (1968) Industrie-Abwässer, Gustav Fischer Verlag, Stuttgart.

Sulfitreduzierende Clostridien. Große Gruppe grampositiver sporenbildender anaerober Bakterien. In der Natur kommen sie im Boden bzw. im Dickdarm von Mensch und Tier vor. Die meisten Spezies sind saprophytische Bodenorganismen, deren Sporen längere Zeit in Kot, Boden, Staub und Wasser überleben können. Ihr Vorkommen im Wasser kann als Hinweis für leichte oder mittlere fäkale Verunreinigung dienen. Sie sind in der Lage, Sulfite in Sulfide zu reduzieren (ISO 6107/7).

Sulfotepp. >Phosphorsäureester<.

Summenformel. Gibt Aufschluß über Art und Anzahl, nicht aber über die Bindungsweise der Atome, aus denen eine Verbindung zusammengesetzt ist. Die Summenformel soll dem Molekulargewicht entsprechen, ist also eigentlich eine Molekularformel.

Summenparameter. In der Umwelt treten chem. Substanzen selten als Einzelstoffe auf, sondern sind i. d. R. Isomeren- und Homologengruppen oder Substanzgemische mit ähnlichem Effektspektrum. Es ist in solchen Fällen sehr aufwendig und gelingt oft nicht, alle Einzelverbindungen, die zu diesen Gemischen gehören, analytisch nachzuweisen. Mit Hilfe von S. werden solche Substanzgruppen gemeinsam erfaßt. Typische S. sind >Adsorbierbare Organische Halogenverbindungen< (AOX), >Biochemischer Sauerstoffbedarf< (BSB), >Chemischer Sauerstoffbedarf< (CSB) und >TOC< (gesamter org. Kohlenstoff).

Sunset Yellow FCF. >Gelborange S<.

Superdiesel. >Dieselkraftstoff< mit besonderen Qualitätsmerkmalen, wie z. B. hohe Zündwilligkeit zur Verbesserung der >Verbrennung<, gute Kältebeständigkeit zur Sicherstellung eines problemlosen Winterbetriebs und geeigneten >Additiven< zur Reinhaltung des Einspritzsystems. Diese Eig. des S. tragen mit zur Verbesserung des Abgasverhaltens von >Dieselmotoren< bei, insbesondere zur Dauerhaltbarkeit.

Superoxiddismutasen. (Syn. SOD, E.C.1.15.1.1., Superoxid:Superoxidoxidoreduktase). Bezeichnung für eine Gruppe von Enzymen, die das Hyperoxidradikalanion (O_2^{-}, früher Superoxid) in Wasserstoffperoxid und Sauerstoff disproportionieren (dismutieren):

$$2\,O_2^{-} + 2\,H^{+} \rightarrow H_2O_2 + O_2 \;(1)$$

Das Hyperoxidradikal ist das erste Zwischenprodukt der Sauerstoffreduktion, das in biologischen Systemen enzymatisch (z. B. von Hydrochinonen), photochemisch oder bei der Radiolyse von Wasser gebildet werden kann. Es führt zum Auftreten anderer toxikologisch relevanter >Sauerstoffradikale<, wie die für die Lipidperoxidation bedeutsamen Hydroperoxiradikale:

$$O_2^{-} + H^{+} \rightleftharpoons HO_2^{\cdot} \quad (2)$$

Außerdem bilden sich hochreaktive Hydroxylradikale:

$$O_2^{-} + H_2O_2 \xrightarrow{Fe} OH^{-} + {}^{\cdot}OH + O_2 \quad (3)$$

S. besitzen demnach eine Schlüsselfunktion bei der Entgiftung reaktiver Spezies im Sauerstoffmetabolismus, indem sie die auch spontan ablaufende Reaktion (1) 10^6-fach beschleunigen. Zahlreiche Untersuchungen belegen die Bedeutung der S. (neben Peroxidasen, Katalase und nichtenzymatischen Antioxidantien wie Ascorbinsäure) für die Abwehrstrategien von Organismen gegen oxidativen Streß. Pflanzen reagieren mit erhöhter S.-Produktion auf Belastung mit >Photooxidantien<, und Zugaben von S. vermindern Schadeffekte bei Begasungsversuchen mit O_3. Alterungsprozesse können durch S. verlangsamt und pathologische Effekte ionisierender Strahlen verringert werden. In der Humanmedizin wird ihre entzündungshemmende Wirkung therapeutisch genutzt. Basis für die Bestimmung der S. ist deren Eigenschaft, Reaktionen von O_2^{-} selektiv zu hemmen. Dazu verknüpft man Hyperoxidbildungsreaktionen (z. B. enzymatische, photochemische, pulsradiolytische) mit Hyperoxidnachweisreaktionen, deren Bildungsrate ein Maß für die S.-Aktivität ist.

Lit: Elstner EF (1990) Sauerstoff; Biochemie, Biologie, Medizin. Wissenschaftsverlag, Mannheim Wien Zürich, S. 8–15 – Sies H (1986) Angew Chem 98: 1.061–1.075 – Flohe L (1984) Superoxide-dependent pathology and superoxide dismutase treatment. In: Bors W, Saran M, Tait D (Hrsg.) Oxygen-radicals in chemistry and biology. Walter de Gruyter, Berlin New York – Elstner EF, Youngman RJ, Oßwald W (1983) Superoxide dismutase. In: Bergmeyer HU (Hrsg.) Methods of enzymatic analysis. Verlag Chemie, Weinheim Deerfield Beach Florida Basel, S. 293–302.

Supralichtgelb GL. >Gelb 2G<.

Supralitoral. >Litoral<.

SUR-100. Siemens-Unterrichts-Reaktor; ein zu Unterrichtszwecken von Siemens gebauter Reaktortyp mit einer Dauerleistung von 100 Milliwatt. Der SUR-100 ist ein homogener Reaktor; die >Spaltzone< besteht aus einer Mischung von auf 20 % angereichertem >Uran< mit Polyethylen.

Suramin. >Anthelminthika<.

Surfactants. (Surface active agents). Synonym für grenzflächenaktive Stoffe wie Detergentien oder Tenside. >Netzmittel<.

Suspendieren. Einen Feststoff in einer Flüssigkeit, in der er nicht vollständig löslich ist, gleichmäßig verteilen, so daß eine >Suspension< entsteht.

Suspendierte Stoffe. >Schwebstoffe<.

Suspension. Aufschwemmung sehr kleiner, aber nicht molekularer Teilchen eines Feststoffes in einer Flüssigkeit. S. im engeren Sinne besitzen Teilchengrößen >0,1 µm, und schließen sich damit zur gröberen Seite an kolloidale Verteilungen an (>Kolloide<). Sie sind optisch trüb und trennen sich unter dem Einfluß der

Schwerkraft durch Sedimentation (>Bodensatz<). S. lassen sich durch den Einsatz von >Dispergiermitteln< sowie durch Viskositätserhöhung des Dispersionsmittels stabilisieren, durch >Flockung< destabilisieren. Die Herstellung von S. kann entweder durch Einrühren eines feinteiligen Pulvers in die Flüssigkeit oder durch Eintragen eines relativ groben Feststoffes mit anschließender Naßzerkleinerung erfolgen. Hierfür stehen spezielle technische Geräte wie Kolloid- oder Korundscheibenmühlen sowie Kugelmühlen unterschiedlicher Bauart zur Verfügung.

Suspensionskonzentrat. (Internat. Kurzbezeichnung: SC). Pflanzenschutzmittelformulierung (>Formulierung<) in Form einer stabilen Wirkstoffsuspension zur Anwendung in wäßriger Verdünnung. Neben einem oder mehreren dispergierten Wirkstoffen können weitere Wirkstoffe im Dispersionsmittel gelöst sein, das meist eine wäßrige Phase darstellt. Zur Stabilisierung enthalten S. >Dispergiermittel<, Viskositätsregulatoren (>Formulierhilfsmittel<), Frostschutzmittel und häufig Mikrobizide (>Stabilisatoren<). Die Herstellung erfolgt in der Regel durch Einrühren des grob vorzerkleinerten Wirkstoffs zusammen mit dem größten Teil der Formulierhilfsmittel in Wasser und anschließende meist mehrstufige Naßzerkleinerung in Rührwerkskugelmühlen. Vielfach werden feste und für andere Flüssigformulierungen nicht hinreichend lösliche Wirkstoffe als S. formuliert, um dem Verbraucher die Vorteile von Flüssigformulierungen anbieten zu können: Staubfreiheit bei der Handhabung und einfache und genaue Dosierung. S. sind in der Regel strukturviskos, d. h. im Ruhezustand ist die >Viskosität< hoch, um die Sedimentation der dispergierten Phase zu hemmen. Sie nimmt jedoch mit zunehmender mechanischer Beanspruchung (Scherung) ab, um ausreichende Fließfähigkeit und Entleerbarkeit der Behälter zu gewährleisten. Die Behälter von S. müssen vor der Anwendung geschüttelt werden, da sich bei der Lagerung immer ein Konzentrationsgefälle der dispergierten Phase von oben nach unten einstellt. Produkte, die nach dem Schütteln einen Bodensatz aufweisen, der nicht entleerbar ist, sind unbrauchbar. Fließverhalten und Entleerbarkeit der Behälter sind daher wichtige Qualitätskriterien, die ebenso wie Verdünnungsverhalten und Siebtest Bestandteile entsprechender Spezifikationen sind.

Lit: FAO (1987) Manual on the development and use of FAO specifications for plant protection products. FAO plant production and protection paper 85, Rom, S. 60–65.

Suspensionsstabilität. Maß für die Sedimentation anwendungsfertiger >Spritzbrühen< von Pflanzenschutzmitteln, die als >Suspensionen< appliziert werden. Sie ist in Grenzen abhängig von Wasserhärte und -temperatur. Die quantitative Bestimmung unter standardisierten Bedingungen dient der Qualitätsbeurteilung der entsprechenden Formulierungen, da die wäßrigen Spritzbrühen unter praktischen Bedingungen ausreichend homogen sein müssen (>Bodensatz<).

Suspoemulsion. Pflanzenschutzmittelformulierung (>Formulierung<) in Form einer stabilen Wirkstoffdispersion zur Anwendung in wäßriger Verdünnung. S. enthalten mindestens einen festen Wirkstoff in suspendierter und einen weiteren flüssigen oder in einem mit dem Dispersionsmittel nicht mischbaren Lösungsmittel gelösten Wirkstoff in emulgierter Form. Im äußeren Aspekt und in den Anwendungseigenschaften unterscheiden sie sich kaum von >Suspensionskonzentraten<.

Sustainability. S. >Nachhaltigkeit<.

Sustainable Development. Anderer Ausdruck dafür, daß als Fortschritt nur noch bezeichnet werden kann, was von den Bedingungen der Natur mitgetragen wird. Dieses Konzept des s.d. ist ein Leitgedanke der UN-Konferenz für Umwelt und Entwicklung in Rio de Janeiro 1992 gewesen, der in die dort verabschiedete „Rio-Deklaration" und in die >Agenda 21< Eingang gefunden hat. In der „Agenda 21", die 40 Kapitel enthält, ist normiert ein umfassendes Programm für die umweltgerechte Entwicklung auch in der Dritten Welt und für die nachhaltige Nutzung aller natürlichen Ressourcen sowie eine künftige Steigerung der Hilfe der Industriestaaten zugunsten der Entwicklungsländer auf rund 0,7 % ihres Sozialprodukts; ferner findet sich geregelt eine „Walddeklaration", mit welcher der Schutz, die Erhaltung und die ökologische Bewirtschaftung aller Arten von Wäldern gefordert wird. >Nachhaltige Entwicklung<.

SVA. >Sachverständigenausschuß<.

SWR. >Siedewasserreaktor<

Symbiose. >Endosymbiose<.

Sympatrie. Vorhandensein genetisch unterschiedlicher >Populationen< an einem Ort. S. kann nur erhalten bleiben und zur Artbildung (>Art<) führen, wenn durch Isolationsmechanismen im Sinne von Fortpflanzungsbarrieren die Populationen getrennt werden. Der Vorgang der sympatrischen Artbildung ist jedoch umstritten. Gegensatz: >Allopatrie<.

Symphyla (Zwergfüßer). >Myriopoda<.

Symphyta (Hymenoptera). >Wiesenfauna<.

synanthrop. S. sind Pflanzen und Tiere, die eng an den Menschen und die von ihm stark geprägte Umwelt angepaßt sind, da sie dort oft günstigere Lebensbedingungen finden als in natürlichen >Habitaten<. Beispiele sind Hausmaus, Silberfischchen und Stubenfliege, aber auch viele Unkräuter. Man bezeichnet diese Organismen auch als *Kulturfolger.*

Synchrongenerator. >Generator<.

Synchronisation. Ökologie: Zeitliche Übereinstimmung oder Abstimmung verschiedener Lebensvorgänge. Die S. kann durch innere Faktoren, z.B. chemische Signale, oder äußere Faktoren wie etwa Licht erfolgen. Das Licht wirkt dann als >Zeitgeber<; >Photoperiodizität< und >Rhythmik<.

Synchrotron. >Beschleuniger<, bei dem Teilchen auf einer Kreisbahn mit festem Radius umlaufen. Die Beschleunigung erfolgt durch elektrische Felder, die Führung auf der Kreisbahn durch Magnetfelder. Die Kreisbahn des Deutschen Elektronen-Synchrotrons (>DESY<) in Hamburg hat einen Durchmesser von 100 m. Die Anlage beschleunigt >Elektronen< bis auf 7,5 GeV. Je größer der Durchmesser des S. ist, desto größere Teilchenenergien können erreicht werden.

Synchrozyklotron. >Zyklotron<, bei dem die Frequenz der Beschleunigungsspannung mit der Zeit so abnimmt, daß sie sich den langsameren Umläufen der beschleunigten Teilchen genau anpaßt. Die Abnahme der Beschleunigung der Teilchen ergibt sich aus der Massenzunahme mit der Energie, wie sie die spezielle Relativitätstheorie beschreibt.

Synergismus. Eine auf dem Vorhandensein einer anderen Substanz oder eines anderen Organismus beruhende Intensitätszunahme einer Wirkung (chem. oder biol.), wobei die Kombinationswirkung stärker ist als die additive Wirkung der einzelnen Substanzen oder Organismen (ISO 6107/7).

Synergistische Wirkung eines >PSM<. Bei Kombination von z.B. >PSM< ist der Effekt größer als die Summe der Wirkungen aller einzelnen Komponenten. >Additive<-, >antagonistische< Wirkung.

Synökie. Zusammenleben zweier Arten im gleichen Bau oder Nest ohne gegenseitige Schädigung. S. kommt vor bei sozialen Insekten, wenn z.B. zwei Ameisenarten zusammenleben, oder bei anderen Insekten als Ameisen- und Termitengäste. Es gibt auch zahlreiche Insekten, die in Nestern von Vögeln und Bauen von Säugetieren wohnen.

Synökologie. Lehre von den Beziehungen zwischen einzelnen Lebensgemeinschaften (>Biozönosen<) oder auch der >Ökosysteme< untereinander. Dabei ist eine Fülle von Komponenten zu berücksichtigen: zum einen die Vielfalt der lebenden Organismen mit ihren unterschiedlichen Beziehungen, zum anderen die >abiotischen< Parameter und die große Zahl von Verknüpfung zwischen diesen verschiedenartigen Faktoren. Der unmittelbare Gegensatz ist die >Autökologie<. Man unterscheidet davon die >Populationsökologie<.

Synoptik. (Syn. synoptische Meteorologie). Teilgebiet der >Meteorologie<, das in einer großräumigen Zusammenschau (Synopsis) mit Hilfe zahlreicher >Wetterkarten< der verschiedensten Art die Wetterzustände in ihrer räumlichen Verteilung zu einem gegebenen Zeitpunkt sowie in ihrer zeitlichen Abfolge untersucht (Analyse), um daraus die zukünftige Wetterentwicklung zu erkennen. Das Ergebnis wird in Form einer >Wettervorhersage< gekleidet. Die >Weltorganisation für Meteorologie< hat verbindlich festgelegt, wie das Basismaterial für diese Arbeiten zu erstellen und zu übermitteln ist. Dabei handelt es sich im einzelnen um die weltweit zu den >synoptischen Terminen< durchgeführten >synoptischen Beobachtungen< und Messungen der relevanten meteorologischen Elemente am Boden und in der freien Atmosphäre und anschließend um ihren raschen Austausch zwischen den einzelnen nationalen Meteorologischen Diensten mit Hilfe eines globalen Fernmeldenetzes. Von den einzelnen Empfängern der Daten werden sie dann in Kartenform dargestellt. In der geschichtlichen Entwicklung der S. kann man vier Abschnitte unterscheiden:

– Isobarensynoptik: um die Jahrhundertwende bis in die 20er Jahre dieses Jahrhunderts. Im wesentlichen wurde die Luftdruckverteilung am Boden betrachtet, um zu einer Wettervorhersage zu kommen.

– Luftmassen-Synoptik (Polarfronttheorie, Luftmassenklassifikation): in den 30er und 40er Jahren dieses Jahrhunderts. Unterscheidungsmerkmale der einzelnen Luftmassen waren ihre unterschiedliche Herkunft, z.B. arktischer oder maritimer Ursprung. Mit diesem Kriterium versuchte man den Wetterablauf in einzelnen Gebieten abzuschätzen.

– Aerologische Synoptik (Strahlstrom): in den 40er bis in die 60er Jahre(n) dieses Jahrhunderts. Bei der Erstellung einer Wettervorhersage zog man erstmalig die Kenntnis des dreidimensionalen Massenfeldes heran, die man mit Hilfe der aerologischen Aufstiege gewonnen hatte. Die Vorhersagen erfolgten meist nach empirischen Verfahren.

– Theoretische Synoptik (Kinematik, theoretische Meteorologie, numerische Modelle): ab den 60er Jahren dieses Jahrhunderts. Parallel mit der Entwicklung immer leistungsfähigerer Rechner konnten mit ihrer Hilfe die physikalischen Gleichungen gelöst werden, die objektiv den augenblicklichen Zustand der Atmosphäre (diagnostische Gleichungen) und ihre zukünftige Entwicklung (prognostische Gleichungen) beschreiben.

Lit: Deutscher Wetterdienst (1990) Leitfäden für die Ausbildung im Deutschen Wetterdienst, Nr. 8, Synoptische Meteorologie, 2. Aufl., Selbstverlag, Offenbach (Main) – Liljequist GH, Cehak K (1984) Allgemeine Meteorologie, 3. Aufl., Vieweg, Braunschweig Wiesbaden.

Synoptische Analyse. Herkömmliche Methode der Durchführung einer Analyse der Wetterlage durch einen Meteorologen von Hand, deshalb auch manuelle Analyse genannt. Hierzu werden die in den nationalen Vorhersagezentralen gesammelten >synoptischen Beobachtungen< eines >synoptischen Termins< gemäß einem von der >Weltorganisation für Meteorologie< festgelegten Eintragungsschema in eine Wetterkarte eingetragen und >Isobaren< bzw. >Isohypsen< oder auch andere Liniensysteme, wie >Isothermen< oder >Isotachen<, vom Meteorologen konstruiert. Besondere Probleme bereiten Räume mit einer nicht ausreichenden Anzahl von Meldungen, wie z. B. die Ozeane. Sie müssen mit Hilfe der Analysen der vorangegangenen Termine unter Berücksichtigung der inzwischen eingetretenen Wetterentwicklung und unter Anwendung von modellhaften Vorstellungen der einzelnen Wettersysteme überbrückt werden. Besondere Aufmerksamkeit wird der Festlegung des Verlaufs der einzelnen >Fronten< (Frontenanalyse) gewidmet, da sie für die Wettervorhersage große Bedeutung haben.

Synoptische Beobachtungen. Wetterbeobachtungen, die überall nach den von der >Weltorganisation für Meteorologie< festgelegten Verfahren angestellt werden, d. h. zum gleichen Zeitpunkt, >synoptische Termine<, und auf gleiche Weise. Nach ihrer Verschlüsselung und raschen Verbreitung als Wettermeldungen sind sie für die Wetteranalyse verwendbar. Von den s. B. unterscheiden sich die Klimabeobachtungen, die nach gleicher >Ortszeit< und damit nach gleichem Sonnenstand vorgenommen werden.

Synoptische Meteorologie. >Synoptik<.

Synoptische Termine. International vereinbarte Zeiten, bezogen auf die >Weltzeit<, an denen >synoptische Beobachtungen< angestellt werden. Es wird unterschieden zwischen synoptischen *Haupt*terminen (00, 06, 12, 18 >UTC<), synoptischen *Zwischen*terminen (03, 09, 15, 21 UTC) und synoptischen *Stunden*terminen (die jeweils dazwischen liegenden stündlichen Termine).

Synoptische Wetterkarte. >Wetterkarte<, die den Wetterzustand zu einem bestimmten Zeitpunkt über einem großen Gebiet mit Hilfe der Meldungen eines meteorologischen Meß- und Beobachtungsnetzes in Form von vereinbarten Symbolen, >Wetterkartensymbole<, darstellt. S. W. sind Bodenwetterkarten sowie Karten der meteorologischen Situation in höheren Schichten (Höhenwetterkarten), im weiteren Sinne auch Radar- und Satellitenbilder. Die erste s. W. wurde von H. W. Brandes 1816 auf der Grundlage von Beobachtungen der Societas Meteorologica Palatina von 1783 gezeichnet, >Wetterstation<. Erst nach Entwicklung der Telegrafie konnten aktuelle s. W. angefertigt werden, zunächst versuchsweise auf der Londoner Weltausstellung 1851. Eine regelmäßige Veröffentlichung s. W. begann anhand telegrafischer Meldungen 1863 in Frankreich, 1865 in Österreich, 1876 in Deutschland.

Synusie. Einzelne >Biochorien< bilden zusammen eine S., z. B. die Baumstümpfe oder die Moospolster eines Waldes. Zwischen den einzelnen Biochorien oder >Konsortien< kann ein Austausch von Individuen erfolgen. Die Individuen einer Art einer S. bilden zusammen eine >Population<.

Syrphidae (Schwebfliegen). >Wiesenfauna<.

System. (Grch. systema = das aus mehreren Teilen zusammengesetzte, gegliederte und einheitlich geordnete Ganze, Gliederung, Ordnungsprinzip, Staatsform, Lehrgebäude). In der Wissenschaft häufig verwendeter Begriff: er reicht von S. als „Satz gekoppelter >Differentialgleichungen<" in der Mathematik über das thermodynamische, ökonomische, ökologische etc. S. bis zum philosophischen S. als Vereinigung grundsätzlicher Erkenntnisse zu einer org. Ganzheit, zu einer Doktrin, einem „Lehrgebäude". – In der >Thermodynamik< sind S. gedachte Ausschnitte der Wirklichkeit, bei denen man entspr. der Möglichkeit zum Energie- bzw. Stoffaustausch mit der Umgebung >offene<, >geschlossene< und >adiabatisch isolierte S.< unterscheidet (s. Abb.).

– In der >Ökologie< ist eine Reihe von Definitionen gebräuchlich, die die Spannweite der Arbeitsweisen und den unterschiedlichen Erkenntnisstand in dieser Wissenschaftsdisziplin repräsentieren: 1. Ein ökologisches S. nach Spanner, als „komplexes Ganzes" definiert, schließt ein, daß ein solches S. aus einer sinnvollen und charakteristischen Menge von Objekten besteht; zwischen den Objekten und zwischen dem S. und seiner Umgebung existieren Wechselwirkungen. 2. Ein im thermodynamischen Sinne offenes

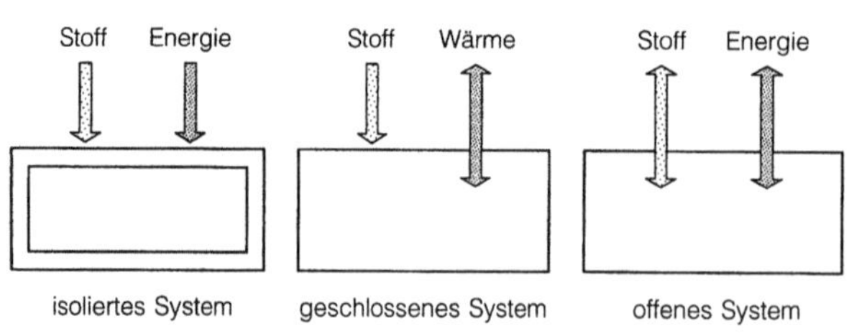

System: Isoliertes, geschlossenes und offenes System in der Thermodynamik

S., natürlich oder willkürlich abgegrenzt, dessen Grenzen auch offen für Informationen sind, muß als >Ökosystem< nach ULRICH Primär- und >Sekundärproduzenten< einschließen. Ein Ökosystem hat dann die Möglichkeit, über interne Rückkopplungen und Adaptation an mehr oder weniger unveränderliche äußere Bedingungen bzw. >Flüsse< an den Rändern einen stationären oder quasi-stationären Zustand zu erreichen, der durch minimale >Entropieproduktion< gekennzeichnet ist. 3. Ein Ökosystem als Ausschnitt aus einer realen Landschaft oder Region, in dem die „ökologischen" Charakteristika bzw. Subsysteme der Landschaft flächenmäßig rel. homogen – gleiches >Klima<, gleiche >Vegetation<, gleiche >Böden< etc. – auftreten, nennt man mit TROLL >Ökotop<. Seine „Ganzheit" oder rel. Geschlossenheit läßt sich anhand der rel. eng geschlossenen Wasser- und >Stoffkreisläufe< in ihm, aber auch anhand seiner Entwicklung darstellen. Wegen der Bedeutung des Wassers als Transportmedium werden daher v. a. Wassereinzugsgebiete als größere Ökosystem-Einheiten gewählt. Dem entspr. in der Ökonomie z. B. Verkehrs-Einzugsgebiete. – Nicht zuletzt seit HUSSERLS Phänomenologie und nicht nur in der Philosophie wird auf die Gefahren des Systemdenkens aufmerksam gemacht, die u. a. darin bestehen, die Wirklichkeit zu konstruieren und zu stilisieren, anstatt sie zu erfassen.
Lit: Schischkoff G (Hrsg.) (1961) Philosophisches Wörterbuch, 16. Aufl., Alfred Kröner, Stuttgart – Beckett P (1964) J Soil Sci 15: 9–23 – Spanner DC (1964) Introduction to thermodynamics, Academic Press, London New York – Khailov KM (1967) Yearb Soc Gen Sys Res 12: 29 – Scheffer F, Schachtschabel P (1989) Lehrbuch der Bodenkunde, 12. Aufl., Enke, Stuttgart – Troll C (1968) Ber Int Sympos Int Verein Vegetationskunde.

Systemanalyse. Befaßt sich mit der Analyse kybernetischer Systeme. Da die >Kybernetik< auch in der >Ökologie< Anwendung findet, wird versucht, >Ökosysteme< oder Teile davon mit Hilfe der S. zu analysieren. Dazu ist die Kenntnis der Teilprozesse notwendig, die oft nicht allein durch Beobachtung und Beschreibung zu erhalten ist, sondern im Experiment erarbeitet werden muß. Ziel der S. ist eine Beschreibung durch >ökologische Modelle<, die eine Prognose ermöglichen sollen, z. B. in Form von Klimamodellen, Modellen der >Stoffkreisläufe< etc.

Systematische Fehler. >Meßabweichung<.

Systemgrenze. Räumlich oder sachlich-inhaltlich aufzufassende Begrenzung eines >Systems< mit unterschiedlicher Durchlässigkeit für Materie, Energie, Information. Methodische Voraussetzung zur Behandlung von Systemen in der >Systemtheorie<.

systemisch. Mehr oder weniger gleichmäßige Ausbreitung eines Erregers (vor allem Viren) oder Transport gelöster Stoffe (>PSM<) innerhalb der ganzen Pflanze in den Leitungsbahnen. >Fungizid<, >Herbizid<, >Insektizid<.

Systemtheorie. S. stellt die theoretischen Grundlagen von Systemvorstellungen dar, die im Unterschied zum analytischen Vorgehen eher holistische (ganzheitliche) Ansätze verfolgen und anstelle von kausalanalytischen Ursachen finalistische Systemzwecke annehmen. Grundlage vieler S. sind daher die beiden – axiomatischen – Hauptsätze der >Thermodynamik<.
Lit: z. B. Churchman CW (1968) The systems approach. Delacorte Press. New York – Patten BC (ed) (1973) System Analysis and Simulation in Ecology. Academic Press, New York.

Szenarien. Sie beschreiben im Gegensatz von linear fortschreibenden Prognosen Zukunfsmöglichkeiten unter klar festgelegten Randbedingungen. Sie sind heute unerläßliche Hilfsmittel moderner Planungen.

Szintillationszähler. Nachweisgerät für >ionisierende Strahlung< durch Registrierung der Lichtblitze (Szintillationen), die durch die >Strahlung< in bestimmten Materialien, den >Szintillatoren<, erzeugt werden.

Szintillator. Substanz, bei der durch auftreffende Strahlung Lichtblitze erzeugt werden (>Fluoreszenz<). Zum Nachweis für >Gammastrahlung< eignen sich besonders NaI(TI)-Einkristalle, für >Betastrahlung< ist Anthracen oder das in Toluol gelöste Diphenyloxazol geeignet. ZnS(Ag) ist ein günstiger Szintillator zum Nachweis von >Alphastrahlung<.

T. >Kennbuchstabe< für die >Gefahrenbezeichnung< „>Giftig<".

T+. >Kennbuchstabe< für die >Gefahrenbezeichnung< „>Sehr giftig<".

2,4,5-T. Wirkt als >Herbizid< und zählt zur Substanzklasse der Phenoxycarbonsäure.
Chemische Bezeichnung: 2,4,5-Trichlorphenoxyessigsäure
CAS-Nummer: 93–76–5
Hersteller: Früher Boehringer, heute versch. ausländische Firmen
Wirkungstyp: Selektives Herbizid mit Wuchsstoffeigenschaften, translozierbar, ähnlich 2,4-D. Aufnahme durch Blätter und Wurzeln.
Bevorzugte Anwendung: Gegen holzige Pflanzen auf Nichtkulturland, zur Kulturvorbereitung, Läuterung im Forst. Im Getreidebau, auf Grünland und Rasenflächen mit niedriger Dosierung im Gemisch mit anderen Herbiziden. Wurde im Vietnamkrieg in techn. Reinheit unter dem Namen >„Agent Orange"< als Entlaubungsmittel in großem Umfang eingesetzt. Die embryotoxikologische und teratogene Wirkung von 2,4,5-T ist auf den Gehalt an 2,3,7,8-TCDD zurückzuführen, das beim Herstellungsprozeß als Verunreinigung entstehen kann und zwischen 0,1 und 30 ppm liegt. Der Gehalt an TCDD wurde später auf einen Grenzwert von 0,005 mg/kg festgesetzt. 2,4,5-T ist in Deutschland verboten.

Chemische und physikalische Eigenschaften:
Physikalische Beschaffenheit (Säure): Krist., farblos.
Schmelzpunkt: 155 °C (Säure). Triethanolaminsalz 113 bis 115 °C. Isopropylester 46 °C.
Siedepunkt: Die Säure ist nicht destillierbar.
Dampfdruck: < 0,01 mPa bei 20 °C.
Stabilität: Bis 50 °C mind. 2 Jahre stabil.
Korrosives Verhalten: Die Säure ist schwach korrosiv, die Salze und Ester sind unter Anwendungsbedingungen nicht korrosiv.
Löslichkeit: In Wasser 278 mg/L bei 20 °C. Die Alkali- und Aminsalze sind leicht lösl. in Wasser, die Ester praktisch unlösl. in Wasser, aber lösl. in Mineralölen.
Abbau: In der Pflanze Abspaltung des Essigsäurerestes, Ringhydroxylierung des entstandenen 2,4,5-Trichlorphenols, wahrscheinlich Ringöffnung und Zerfall.
Nachwirkungszeit im Boden etwa 2 Monate (nach 1,5 kg/ha). Im Säugerorganismus nach oraler Verabreichung 50% Ausscheidung im Urin innerhalb von 23 Stunden. Keine Akkumulation.
Toxizität: Akute orale LD_{50} für Ratte 500, für Maus 389, für Meerschweinchen 381 und für Hund 100 mg/kg. Akute dermale LD_{50} für Ratte > 5.000 mg/kg. Inhalationstoxizität für Ratte LC_{50} (4 Stunden) 833 mg/m³.
Augenreizwirkung bei Kaninchen, keine Hautreizwirkung. NOEL für Beagle-Hunde beträgt 60 mg/kg Futter.
Bienentoxizität: Nicht bienengefährlich (B4).
Fischtoxizität: LC_{50} (96 Stunden) für Regenbogenforelle 350 und Karpfen 355 mg/L.
Vogeltoxizität: 8-Tage-Fütterungstest für Japanische Wachtel LC_{50} 2.776 mg/kg Futter.

TA. >Technische Anleitung<.

TA Abfall. 1. allgemein: Kurzbeschreibung für die zweite Allgemeine Verwaltungsvorschrift zum Abfallgesetz. Der 1. Teil – Technische Anleitung zur Lagerung, chem.-physikalischen und biol. Behandlung und Verbrennung von besonders überwachungsbedürftigen Abfällen vom 10.04. 1994 – umfaßt neben Begriffsdefinitionen, dem Katalog der besonders überwachungsbedürftigen Abfälle, Probennahme- und Analysenverfahren sowie Anforderungen an Genehmigungsunterlagen eine Reihe von Vorschriften. In diesen werden die Zulassungen von >Entsorgungsanlagen<, die Zuordnung von Abfällen zu Entsorgungsverfahren bzw. -anlagen, Anforderungen an Personal und Dokumentationen sowie technischen Anforderungen an Behandlungsanlagen und Zwischenlager geregelt. Im Grundsatz hat die >Abfallverwertung< auch der besonders überwachungsbedürftigen Abfälle Vorrang vor jeder anderen Entsorgung. Falls die Verwertung nicht möglich ist, hat die Abfallentsorgung ohne Beeinträchtigung des >Wohles der Allgemeinheit< zu erfolgen. Um dies sicherzustellen, dürfen Sonderabfälle grundsätzlich, außer bei Ablagerungen, nicht vermischt werden. Technische Anleitung für Siedlungsabfälle s. unter >TA Siedlungsabfall<.
2. juristisch: Nach § 4 Abs.5 des Abfallgesetzes vom 11.6. 1972 (jetzt abgelöst durch das Kreislaufwirtschafts- und Abfallgesetz; dieses Gesetz enthält die dem § 4 Abs.5 entsprechende Vorschrift in § 12 Abs.2; § 4 Abs.5 war überflüssig wegen Art.84 Abs.2 des Grundgesetzes) zu erlassende Verwaltungsvorschrift, die Anforderungen an die Entsorgung von Abfällen nach dem Stand der Technik regelt; sie hat auch Verfahren der Sammlung, Behandlung, Lagerung und Ablagerung festzulegen, die i.d.R. eine umweltverträgliche Abfallentsorgung gewährleisten. Bislang sind folgende Teilelemente einer TA-Abfall erlassen: 1. Allgemeine Verwaltungsvorschrift über Anforderungen zum Schutz des Grundwassers bei der Lagerung und Ablagerung von Abfällen vom 31.1. 1990, Gemeinsames Ministerialblatt 1990, S.74 ff.; 2. Allgemeine Verwaltungsvorschrift zum Abfallgesetz, Teil I, Technische Anleitung zur Lagerung, chem./physikalischen und biolog. Behandlung und Verbrennung von besonders überwachungsbedürftigen Abfällen vom 12.3. 1991, Gemeinsames Ministerialblatt S.139; 3. Allgemeine Verwaltungsvorschrift zum Abfallgesetz (TA-Siedlungsabfall), Technische Anleitung zur Verwertung, Behandlung und sonstigen Entsorgung von Siedlungsabfällen vom 14.5. 1993, Bundesanzeiger Nr.99 a.

TA Lärm. >Rechtsbegriff<, Sechste Allgemeine Verwaltungsvorschrift zum Bundes-Immissionsschutzgesetz (Technische Anleitung zum Schutz gegen Lärm – TA Lärm) vom 26. August 1998 (GMBl. S.501), Ermächtigung in § 48 BImSchG. Diese Technische Anleitung dient dem Schutz der Allgemeinheit und der Nachbarschaft vor schädlichen Umwelteinwirkungen durch Geräusche sowie der Vorsorge gegen schädliche Umwelteinwirkungen durch Geräusche. Sie gilt für Anlagen, die als genehmigungsbedürftige oder nicht genehmigungsbedürftige Anlagen den Anforderungen des Zweiten Teils des Bundes-Immissionsschutzgesetzes (BImSchG) unterliegen, mit Ausnahme einiger dort im einzelnen genannter Anlagen.
Die TA Lärm 1998 ist Nachfolgevorschrift der TA Lärm 1968, welche noch auf der Rechtsgrundlage des § 16 der Gewerbeordnung ergangen war und nach In-

krafttreten des BImSchG ins Immissionsschutzrecht übergeleitet worden war. Im Unterschied zur TA Lärm 1968 gilt die TA Lärm 1998 jedoch auch für die nicht genehmigungsbedürftigen Anlagen. Die TA Lärm entfaltet kein unmittelbar geltendes Recht wie Gesetze und Rechtsverordnungen. Zur rechtsverbindlichen Wirksamkeit der Regelungen in der TA Lärm bedarf es deshalb stets eines behördlichen >Verwaltungsakts< zur Regelung eines Einzelfalls auf dem Gebiet des Immissionsschutzrechts (z. B. >Genehmigungsbescheid< oder >Nachträgliche Anordnung<), aber auch des Baurechts (Baugenehmigung o. ä.)

Inhaltlich kommt der TA Lärm erhebliche Bedeutung zu im Zusammenhang mit der Festsetzung von Auflagen zum Lärmemissionsverhalten von Anlagen, womit als Lärmauswirkung von deren Betrieb in benachbarten Gebieten bestimmter baulicher Nutzung im Sinne des >Bauplanungsrechts< des Bundes bestimmte, im Einzelfall behördlich festzusetzende Immissionswerte, angegeben in dB(A), nicht überschritten werden dürfen.

Die Immissionsrichtwerte für den Beurteilungspegel betragen für Immissionsorte außerhalb von Gebäuden

a) in Industriegebieten		70 dB(A)
b) in Gewerbegebieten	tags	65 dB(A)
	nachts	50 dB(A)
c) in Kerngebieten, Dorfgebieten	tags	60 dB(A)
und Mischgebieten	nachts	45 dB(A)
d) in allgemeinen Wohngebieten	tags	55 dB(A)
und Kleinsiedlungsgebieten	nachts	40 dB(A)
e) in reinen Wohngebieten	tags	50 dB(A)
	nachts	35 dB(A)
f) in Kurgebieten, für Kranken-	tags	45 dB(A)
häuser und Pflegeanstalten	nachts	35 dB(A)

Einzelne kurzzeitige Geräuschspitzen dürfen die Immissionsrichtwerte am Tage um nicht mehr als 30 dB(A) und in der Nacht um nicht mehr als 20 dB(A) überschreiten.

Die Art der vorher bezeichneten Gebiete und Einrichtungen ergibt sich aus den Festsetzungen in den Bebauungsplänen. Sonstige in Bebauungsplänen festgesetzte Gebiete und Einrichtungen sowie Gebiete und Einrichtungen, für die keine Festsetzungen bestehen, sind entsprechend der Schutzbedürftigkeit zu beurteilen. In Fällen von Gemengelagen können geeignete Zwischenwerte der für die aneinandergrenzenden Gebietskategorien geltenden Werte gebildet werden, soweit dies nach der gegenseitigen Pflicht zur Rücksichtnahme erforderlich ist. Die bei diesem Abwägungsprozeß zu berücksichtigenden Kriterien sind in der Rechtsprechung über viele Jahre entwickelt worden und in der TA Lärm 1998 für eine Fülle von Einzelfallgestaltungen nunmehr für die Verwaltung verbindlich vorgegeben worden.

TA Luft. Mit der am 01.03. 1986 in Kraft getretenen TA Luft 1986 (1. Allgemeine Verwaltungsvorschrift zum >Bundesimmissionsschutzgesetz<, Technische Anleitung zur Reinhaltung der Luft – TA Luft, vom 27.02. 1986, GMBl. S. 95) ist die Novellierung der aus dem Jahr 1974 stammenden TA Luft vorerst abgeschlossen. Die ersten Anfänge der TA Luft reichen bis in das Jahr 1964 zurück, als die erste Technische Anleitung zur Reinhaltung der Luft (TA Luft 64) nach § 16 der >Gewerbeordnung< erlassen wurde. 1974 wurde das >Bundes-Immissionsschutzgesetz< (BImSchG) beschlossen, auf dessen Grundlage die TA Luft 74 verabschiedet wurde. Sie enthielt bereits ein Instrumentari-

um, das u. a. für 40 Anlagenarten den >Stand der Technik< zur Emissionsminderung festlegte. Der Kreis der >genehmigungsbedürftigen Anlagen< war in der 4. Verordnung zur Durchführung des BImSchG (Verordnung über genehmigungsbedürftige Anlagen – 4. >BImSchV<) vom 14.02. 1975 (BGBl. I S. 499) geregelt. Bis Anfang der 80er Jahre blieben diese Vorschriften im wesentlichen unverändert. 1983 wurde der Immissionsteil der TA Luft novelliert (TA Luft 83 vom 23.02. 1983, GMBl. S. 94) und die Vorschriften zum Schutz der menschlichen Gesundheit und zum Schutz von Pflanzen und Tieren dem neuesten Kenntnisstand angepaßt. Parallel hierzu und zum Erlaß der >Großfeuerungsanlagenverordnung< (13. BImSchV) vom 22.06. 1983 (BGBl. I S. 719) sind die Arbeiten zur Neufassung auch des Emissionsteils aufgenommen worden. Nach Vorlage erster Arbeitsentwürfe durch das Umweltbundesamt und den Bundesminister des Innern sowie Beratungen und Erörterungen mit Interessenverbänden und Fachgremien wurde am 15.02. 1985 ein überarbeiteter Referentenentwurf veröffentlicht, in dem insbesondere auch das Vorsorgesanierungskonzept ausgeformt wurde, das in der Novelle zum BImSchG enthalten ist. Nach weiteren intensiven Ressortberatungen wurde die Neufassung der TA Luft von der Bundesregierung am 27.07. 1985 beschlossen. Der Bundesrat erteilte am 18.10. 1985 mit der Maßgabe von 72 Änderungen seine Zustimmung. Am 29.01. 1986 beschlossen das Bundeskabinett und am 21.02. 1986 der Bundesrat die überarbeitete Neufassung. Die novellierte TA Luft wurde am 28.02. 1986 veröffentlicht und trat am 01.03. 1986 in Kraft. Wesentliche Ziele der Neufassung der TA Luft 86 sind die Anpassung der emissionsbegrenzenden Anforderungen für alle genehmigungsbedürftigen Anlagen an den fortgeschrittenen Stand der Luftreinhaltetechnik und deren teilweise erhebliche Verschärfung, die klare Vorgabe für Entscheidungen der Genehmigungs- und Überwachungsbehörden der Länder, die Sicherstellung einer bundeseinheitlichen Genehmigungspraxis und die Schaffung von Voraussetzungen für eine umfassende Sanierung von emissionsrelevanten Altanlagen. Altanlagen haben grundsätzlich die gleiche Anforderungen zu erfüllen wie Neuanlagen. Dem Grundsatz der Verhältnismäßigkeit wird durch abgestufte Nachrüstfristen Rechnung getragen. Außerdem sollen für den Anlagenbetreiber Investitionsentscheidungen langfristig kalkulierbarer werden. Von den Regelungen der TA Luft werden praktisch alle industriellen und gewerblichen Anlagen erfaßt, das sind nach Angaben der Länder etwa 50.000 Anlagen. Diese Anlagen sind zumeist nachzurüsten oder stillzulegen. Dadurch und zusammen mit der Großfeuerungsanlagenverordnung werden Verbesserungen der Emissionssituation in folgender Größenordnung erwartet (s. Tabelle).

Die emissionsbegrenzenden Vorschriften sind in den Nummern 3 und 4 der TA Luft 1986 zusammengefaßt. Gegenüber der TA Luft 1974/1983 ergibt sich somit ei-

TA Luft

	Minderung		
	von (1982)	auf	%
Staub	700.000 t	450.000 t	35
Schwermetalle	–	–	40
Schwefeldioxid	3.000.000 t	1.100.000 t	60
Stickstoffoxide	1.300.000 t	500.000 t	60

ne Trennung des *Emissions*teils vom *Immissions*teil. Dadurch wird die Eigenständigkeit der Grundpflicht „Vorsorge gegen schädliche Umwelteinwirkungen" (§ 5 Abs. 1 Nr. 2 BImSchG) im Verhältnis zur „Gefahrenabwehr" (§ 5 Abs. 1 Nr. 1 BImSchG) betont. Die Nummer 1 der TA Luft 86 umreißt den Anwendungsbereich, und Nummer 2 enthält allg. Vorschriften zur Reinhaltung der Luft. Die >Luftreinhaltung< in D wird im wesentlichen von der TA Luft 1986 geprägt. Der Großteil der Verbesserungen ist bis 1991 erreicht worden. Bis 1994 werden auch die restlichen Minderungspotentiale ausgeschöpft sein. Besondere Bedeutung kam der Altanlagensanierung gem. Teil 4 nach der Wende in den neuen Ländern zu. Mit zeitlicher Verzögerung gelten diese Anforderungen zur Luftreinhaltung dort heute gleichermaßen. Die Anforderungen der TA Luft 86 haben Auswirkungen auch im internationalen Bereich. In Österreich und in der Schweiz sind entsprechende gesetzliche Regelungen bereits bekannt, in weiteren Ländern sind ähnliche Aktivitäten erkennbar.

Ebenso wie die >TA Lärm< ist auch die TA Luft als reine Verwaltungsvorschrift kein geltendes Recht und damit nicht unmittelbar rechtsverbindlich. Sie bindet die Verwaltung bundeseinheitlich bei der Festsetzung von emissions-/immissionsmindernden Maßnahmen in Verwaltungsakten (>Genehmigungsbescheide<, >nachträgliche Anordnungen<). Zu ihrer rechtsverbindlichen Wirksamkeit bedarf es deshalb stets eines behördlichen Verwaltungsaktes zur Regelung eines Einzelfalls der >genehmigungsbedürftigen Anlagen< nach >BImSchG<. Derartige Festsetzungen durch die Behörde unterliegen deshalb grundsätzlich verwaltungsgerichtlicher Überprüfbarkeit. Gleichwohl sind aus Gründen der Gleichbehandlung sowie der Verhältnismäßigkeit die Vorgaben der TA Luft nicht unbeachtlich. Aus der Rechtsprechung sind zur Qualifizierung der TA Luft die Begriffe >„Antizipiertes Sachverständigengutachten"< sowie >„Normenkonkretisierende Verwaltungsvorschrift"< geprägt worden. Insoweit stellen die Festsetzungen der TA Luft den >Stand der Technik< im Sinne des >BImSchG< dar, nicht aber den Stand des technisch Machbaren. Die Behörden dürfen von den Vorgaben der TA Luft, ebenso wie der TA Lärm, nach der Rechtsprechung nur bei Vorliegen eines „atypischen Falls" sowie u. U. dann abweichen, wenn die Regelungen der TA Luft „im Einzelfall offenkundig veraltet" sind. Von herausragender Bedeutung ist eine jüngste Entscheidung des Hess. VGH vom 11.02.1998, wonach der in Nr. 3.1.7 und vergleichbaren Vorschriften der TA Luft festgeschriebene Massenstromwert einen Emissionswert darstellt und damit auf das von einer Anlage nach Durchführung einer Abgasreinigung emittierende Reingas bezogen ist. Die bisherige Praxis bundesdeutscher Genehmigungsbehörden bezog die Relevanzschwellen der Massenstromwerte auf Rohgas.

TA Siedlungsabfall (TASi). Die dritte Allgemeine Verwaltungsvorschrift zum Abfallgesetz/Technische Anleitung zur Verwertung, Behandlung und sonstigen Entsorgung von Siedlungsabfällen vom 14.05. 1993 (Beilage Bundesanzeiger Nr. 99) ist am 01.06. 1993 in Kraft getreten. Sie regelt neben den Definitionen bestimmter >Abfallfraktionen< Anforderungen an die Abfallbehandlung, die technische Ausstattung von >Abfallentsorgungsanlagen< und betriebliche Anforderungen an diese Anlagen (Kontrollen, Personal, Berichtswe-

sen, Stillegung etc.) sowie die >Abfallverwertung und >Abfallbeseitigung< von >Siedlungsabfällen<.

In 11 Abschnitten werden u. a. die stoffliche Verwertung, Schadstoffentfrachtung, Anforderungen an Personal und Informationssysteme, an thermische und biologische Vorbehandlung sowie an >Deponien< und >Altanlagen< erläutert.

In der TASi werden zwei >Deponieklassen< definiert und die Annahmekriterien für die Klassen festgelegt. Deponieklasse I gilt für weitgehend >inerte Abfälle< und die Deponieklasse II für >Hausmüll<. Außerdem wird eine „Monodeponie" beschrieben, bei der i. w. nur eine einzige Abfallfraktion (z. B. Klärschlamm) gelagert werden soll, um chemische Reaktionen verschiedener Abfälle miteinander zu verhindern. Wesentlich ist, daß Abfälle vor allem wegen der strengen Vorgaben für organische Anteile kaum noch ohne Vorbehandlung abgelagert werden können. Die Anforderungen an die Abfälle bezüglich der Festigkeit, der Gehalte im Feststoff und im Eluat in Abhängigkeit von der Deponieklasse stehen im Anhang B der TASi. Die entscheidende Größe ist dabei der >Glühverlust<, der auch für die Deponieklasse II < 5 Gew.% sein muß, wodurch biologische Abfallvorbehandlungsverfahren praktisch ausscheiden. Übergangsvorschriften erlauben bei >Hausmüll<, >hausmüllähnlichem Gewerbeabfall<, >Klärschlamm< und anderen organischen Abfällen für einen Zeitraum bis 2005 Ausnahmen, wenn wegen mangelnder Behandlungskapazität die Zuordnungskriterien nicht erfüllt werden können.

TA Sonderabfall. >TA Abfall<.

Tabakrauch. Enthält eine Vielzahl von Schadstoffen, die zum Teil als >krebserzeugend< bekannt sind. Hauptsubstanzen sind: (a) Kohlenmonoxid; bei Rauchern bindet CO bis 20% des >Hämoglobins<, das damit für die Sauerstoffaufnahme entfällt; (b) >Blausäure<; (c) Teerstoffe und Ruß; diese Substanzen enthalten zahlreiche krebserzeugende Kohlenwasserstoffverbindungen (z. B. >Benzo[a]pyren<); durch Teer wird das Flimmerepithel der Atemwege und damit deren Selbstreinigung stark herabgesetzt; (d) >Nicotin<; Haupt-Alkaloid der Tabakpflanze (1 Zigarette enthält bis zu 10 mg Nikotin); es wirkt auf das vegetative Nervensystem in geringen Mengen erregend, in höheren Konzentrationen hemmt es die vegetative Synapsen. Typische durch Tabakrauch verursachte Krankheiten sind: (a) Lungenkrebs; die Tumorrate steigt in Abhängigkeit von der Anzahl der täglich gerauchten Zigaretten; starke Raucher erkranken bis zu 40mal häufiger als Nichtraucher; (b) andere Krebsarten; hauptsächlich >Krebs< der Mundhöhle, Speiseröhre und Harnblase; (c) chronische Bronchitis und Lungenemphysem (Überdehnung des Lungengewebes); (d) Magen-Darm-Geschwüre; (e) >Herz-Kreislauf-Erkrankungen<; bei starken Rauchern ist das Herzinfarktrisiko dreifach höher im Vergleich zu Nichtrauchern; typisch sind auch Durchblutungsstörungen der Beine (sog. Raucherbein); das Erkrankungsrisiko steigt mit der Anzahl der konsumierten Zigaretten steil an. Starkes Rauchen während der Schwangerschaft führt zu deutlichem Untergewicht bei den Neugeborenen; sie zeigen erhebliche Gedeihstörungen und eine besondere Krankheitsanfälligkeit. >Passivrauchen<.

Tablette. Feste Zubereitung, meist in flachzylindrischer, manchmal länglicher Form oder mit gewölbten Oberflächen, am häufigsten verwendet für Arzneimittel zur oralen Einnahme. Doch auch in anderen Bereichen werden T. als v. a. für den Endverbraucher einfache Dosiermöglichkeit zur Bereitung von Lösungen oder >Suspensionen< verwendet, z.B. für Farbstoffe oder Pflanzenschutzmittel. Neben dem Wirkstoff enthalten sie Binde- und Füllmittel, z.B. Stärke, oder Sprengmittel, die den Zerfall in wäßrigem Milieu beschleunigen und dadurch die Freisetzungsrate des Wirkstoffs beeinflussen können, sowie ggf. weitere >Additive<, z.B. Gleitmittel. Die Herstellung erfolgt ausgehend von Pulvermischungen in zwei Schritten. Zunächst wird ein >Granulat< mit konstanter Schüttdichte und guter >Fließfähigkeit< hergestellt, das auf Tablettenpressen weiterverarbeitet wird. Festigkeit, Abriebverhalten und Zerfallsgeschwindigkeit in Wasser sind die wichtigsten Qualitätskriterien. Pflanzenschutzmittel in Tablettenform (internat. Kurzbezeichnung: TB) müssen besonders schnell in Wasser zerfallen und nach leichtem Schütteln des Spritzgeräts eine homogene >Spritzbrühe< ergeben. Verpackung, Form und Farbe dieser T. sollten möglichst so gewählt werden, daß sie nicht mit Arzneimitteln verwechselt werden.

Tabun. Organischer >Phosphorsäureester<; flüssiger Kampfstoff, dringt durch Schleimhäute, Wundstellen und Augen, kann infolge Inaktivierung von Acetylcholinesterase tödlich wirken. >Nervengas<.

Tagebau. Gewinnen mineralischer Rohstoffe in einer offenen Grube.

Tagebaueinwirkungsbereich. Bereich des Tagebaus, in dem Einwirkungen durch Grundwasserabsenkung, >Bergschäden<, Staub und Lärm möglich sind.

Tagebaurestloch. Der nach dem Ende des >Tagebaus< verbleibende Geländeeinschnitt.

Tagesanlagen. Über Tage befindliche bauliche und technische Einrichtungen eines Bergwerkes wie Verwaltungsgebäude, Waschräume, Materiallager, Werkstätten, Aufbereitungsanlagen (>Aufbereitung<).

Tagesrhythmus. Eine Vielzahl von Lebenserscheinungen erfolgt im täglichen Wechsel oder mit im Tageslauf schwankender Intensität, z.B. Aktivitätsphasen oder Stoffwechselprozesse. Sie unterliegen damit einem T. oder circadianen Rhythmus. Die >Synchronisation< erfolgt hierbei durch Hell-Dunkel-Wechsel = >Photoperiodizität< im Zusammenspiel mit einer endogenen Komponente.

Tail-End. Der letzte Verfahrensabschnitt der >Wiederaufarbeitung< zur Herstellung der an die Brennelementhersteller abzugebenden Endprodukte. Endprodukte sind konz. Uranylnitratlösung sowie konz. Plutoniumnitratlösung.

Tailing. (Engl. tail = Schwanz). 1. Begriff aus der Genetik. Anfügen einer Reihe von identischen >Nucleotiden< an die Enden von Restriktionsfragmenten von >DNA<, an denen dadurch homopolymere „Schwänze" entstehen. Dies geschieht mit als terminale Transferasen oder Desoxynucleotidyl-Transferasen bezeichneten >Enzymen<. Wenn nun zwei DNA-Fragmente mit komplementären „Schwänzen" versehen sind, so lassen sie sich im Schwanzbereich durch >Hybridisierung< aneinanderfügen. Dadurch entsteht ein rekombinantes DNA-Molekül. Sind die „Schwänze" lang genug, so ist das neue Molekül >in vitro< stabil und kann ohne weiteres zur >Transformation< eines Organismus verwendet werden.

2. Bei der Erzaufbereitung mittels Flotation werden die dabei entstehenden, umweltrelevanten Abfallberge auch als „Tailings" bezeichnet.

Taldunst. In Tälern bei mangelnder Durchlüftung und geringem vertikalen Luftaustausch sich bildender Dunst. Weitere Voraussetzung für seine Bildung ist, daß bei geringer Bewölkung die Lufttemperatur durch Wärmeausstrahlung bis zum >Taupunkt< absinkt. Dies erfolgt besonders häufig im Herbst und Winter während der Vormittagsstunden.

Talnebel. Abkühlungsnebel, der in Tälern oder Mulden entsteht, da hier für die durch nächtliche Ausstrahlung sich abkühlende und kondensierende Luft keine Ausweichmöglichkeit besteht.

Talwind. Talaufwärts gerichtete Luftströmung. >Bergund Talwindzirkulation<.

Tandem-Beschleuniger. Spezielle Bauart eines >Vande-Graaff-Beschleunigers<. Es werden z.B. negative H-Ionen beschleunigt, durch Wechselwirkung mit Materie umgeladen (Abstreifen der >Elektronen<) und die >Protonen< durch nochmaliges Durchlaufen der gleichen Potentialdifferenz weiter beschleunigt.

Tandemzelle. Kombination von zwei verschiedenen >Solarzellen<, die verschiedene Wellenbereiche der >Solarstrahlung< nutzen und damit einen höheren Wirkungsgrad erreichen. Derzeit werden zwei Entwicklungslinien verfolgt:
1) Einsatz von >Dünnschichtsolarzellen< mit Wirkungsgraden von etwa 20% und günstigen Herstellungskosten. Mit einer Dünnschichtsolarzelle aus amorphem Silicium über einer aus Kupfer-Indium-Diselenid ($CuInSe_2$) wurde bereits eine T. mit 15% Wirkungsgrad hergestellt, die sowohl den sichtbaren als auch den infraroten Wellenlängenbereich der Sonnenstrahlung nutzt.
2) Entwicklung sehr effizienter T. auf der Basis monokristalliner Zellen. Charakteristische Einzelelemente sind eine >Galliumarsenid-Solarzelle< über einer Siliciumzelle. Mit dieser Kombination wurde ein Wirkungsgrad von ca. 31% erreicht. T. befinden sich noch in der Entwicklung. Insgesamt zeigen Dünnschichttandemzellen günstige Perspektiven, da eine integrierte Fertigung beider Solarzellen auf einem einzigen Substrat möglich erscheint und die Dünnschichttechnik eine interne Verschaltung der Solarzellen erlaubt. Hocheffiziente T. aus monokristallinen Zellen, wie z.B. Galliumarsenid und Silicium, erscheinen nur im Zusammenhang mit konzentrierenden optischen Elementen sinnvoll (s. Abb. S. 1146).

Lit: Bloss WH, Pfisterer F (1989) Photovoltaik und ihre Perspektiven. In Plenar- und Hauptvorträge des Arbeitskreises Energie, 53. Physikertagung Bonn, 13.–17. März 1989 – Stahl D (1989) Neuere Entwicklungen und Perspektiven der Photovoltaik. In: Energiewirtschaftliche Tagesfragen, Heft 11 – Hoffmann V (1996) Photovoltaik – Strom aus Licht. B. G. Teubner Verlagsgesellschaft, Leipzig.

Tankentlüftung. Aus der Belüfung von Fahrzeugtanks entweichende Kraftstoffdämpfe enthalten bei >Ottokraftstoffen< leichtflüchtige, auch >Benzol-Komponenten<. Wird durch das >Kraftstoffdampf-Rückhaltesystem< vermieden.

Tankmix. Verfahren zur gleichzeitigen Ausbringung mehrerer Pflanzenbehandlungsmittel bzw. flüssiger Düngemittel in einer gemeinsamen >Spritzbrühe<. Da verschiedene Mittel sich in ihren wäßrigen Verdünnun-

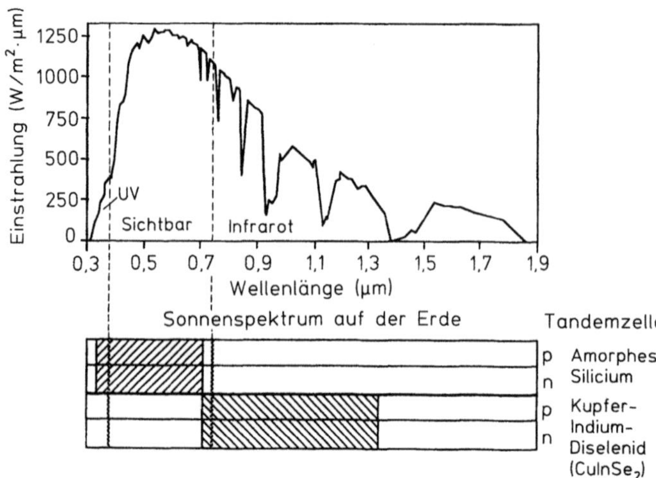

Tandemzelle: Anteile der absorbierten Sonnenstrahlung und prinzipieller Aufbau einer Tandemsolarzelle. (Aus: Stahl 1989)

gen bezüglich der biologischen Wirkung, der Pflanzenverträglichkeit und auch der physikalischen Eigenschaften gegenseitig beeinflussen können, ist eine sorgfältige Prüfung jeder Kombination vor ihrem Praxiseinsatz unbedingt erforderlich. Informationen über biologisch sinnvolle und technisch mögliche T.-Kombinationen liefert der amtliche Pflanzenschutzdienst. Sie können häufig auch den sog. Mischtabellen der Hersteller entnommen werden.

Tankmodell. Einfache Form eines >Black-box-< oder >Kompartimentmodells<, bei dem die Speicher- oder Umwandlungsfunktion meist als wichtiger als die >Leitfähigkeiten< betrachtet wird. Dabei werden auch rel. inhomogene Speicher zu quasi-homogenen „Tanks" zusammengefaßt. >Kapazitäts-< oder >Plattenmodelle<.

Tankstellen. >Betanken von Fahrzeugen<.

Tannine. Pflanzliche Gerbsäuren, die aus Galläpfeln gewonnen werden können. Hauptkomponente der Tannine ist Gallussäure (3,4,5-Trihydroxybenzoesäure), die als Glucosid gebunden ist. Tannine sind i. allg. farblose, in Wasser leicht lösliche Pulver und können Eiweiße ausfällen. Bei der Herstellung von Getränken wie Wein, Bier und Fruchtsaft dienen sie als >Klärhilfsmittel<, die von Proteinen verursachte Trübungen entfernen.

Tanzfliegen (Empididae). Räuberische T. beherrschen als Imagines den Vegetationsraum der Landökosysteme. >Diptera< (s. Abb. S. 218).

Tardigrada. Bärtierchen sind häufige Bewohner des Feuchtefilms im Boden. Dort saugen die T. zarthäutige Pflanzenzellen aus, aber auch an toten und lebenden Tieren der Mikrofauna.

Target. Materiestück, auf das man >Strahlung< auftreffen läßt, um in dieser Materie Kernumwandlungen hervorzurufen.

Tarichatoxin. >Tetrodotoxin<.

Tartrazin. (Hydrazingelb O, E 102). Trinatriumsalz der 4-(4-Sulfo-1-phenylazo)-1-(4-sulfophenyl)-5-hydroxy-pyrazolon-3-carbonsäure. Der zitronengelbe Farbstoff wird zur Färbung von Puddingpulver, Zuckerwaren, Limonaden, Speiseeis etc. eingesetzt. Außerdem können durch Kombination mit Orangetönen Eigelbnuancen erzielt werden, in Kombination mit blauen Komponenten verschiedene Grünschattierungen, und mit schwarzen und roten Komponenten ergeben sich braune Farbtöne.

Tata-Box. (Syn. Hogness-Box). Die sog. Tata-Box ist ein >Thymin-< und >Adenin<-reiches (TA-reiches; daher auch der Name) heptameres Nucleotid, das man etwa 25 >Basenpaare< vor dem Startpunkt aller eukaryontischen Transcriptionseinheiten (>Eukaryonten<) findet, wenn die >Transcription< unter Beteiligung der RNA-Polymerase II abläuft. Die Tata-Box ist vermutlich an der räumlichen Ausrichtung des Enzyms zu Beginn der Transcription beteiligt.

Tauchbrenner. Technische Vorrichtung zur Desinfektion von Klärschlamm auf Kläranlagen mittels >Pasteurisierung<. Dabei erfolgt die Wärmeerzeugung für den Wärmeaustauschraum durch einen Öl- oder Gasbrenner. Das T.-Verfahren weist keinen separaten Einwirkbehälter wie andere Pasteurisierungssysteme auf, weil die bisherigen bakteriologischen und parasitologischen Befunde zeigten, daß bei Reaktionszeiten im Wärmeaustauschraum von ca. 10 min und Temperaturen von 80 °C seuchenhygienisch einwandfreie Klärschlämme gewährleistet werden können. Wenn bei der Pasteurisierung bei 80 °C eine Mindestkontaktzeit von >10 min einzuhalten ist, kann die Nachschaltung einer Verweilstrecke beim T.-Verfahren notwendig werden, was technisch ohne weiteres möglich ist. Die Schlammabkühlung und Wärmerückgewinnung erfolgen mit zwei Wärmetauschern, wobei als Wärmeträger/Kühlmittel ein geschlossener Wasserkreislauf angeordnet ist. Unvermeidliche Komponente bei diesem Verfahren ist eine Abluftbehandlung, da die abgekühlten Verbrennungsgase den T. als wassergesättigte, geruchsbeladene Brüden verlassen. Die Behandlung kann in Kompostfiltern erfolgen. T.-Verfahren sind z.B. beim Niersverband für Schlammverbundströme von 3,5 bis 10 m³/h eingesetzt und werden mit elektronischer Steuerung und Überwachung kontinuierlich betrieben.

Tauchkörper. >Festbettreaktor< in Kläranlagen, bei dem die >Füllstoffe< zeitweilig in >Abwasser< eintauchen, z.B. >Scheibentauchkörper<, Behältertauchkörper (DIN 4045). Die heutigen Tauchkörperanlagen können als Weiterentwicklung des normalen Tauchkörpers, speziell des Walzentauchkörpers, angesehen werden. Etwa seit 1975 kombiniert man vor allem in den USA das >Belebungsverfahren< mit Festbettreaktoren zur Erhöhung des Wirkungsgrades. Die konstruktive Ausbildung dieser Tauchkörper ist sehr unterschiedlich und dient mit verschiedenartigen Anteilen sowohl als >Aufwuchsfläche< für >sessile Mikroorganismen<, als Mischer oder als Aggregat für die Sauerstoffzufuhr. Eines dieser Kombinationsverfahren ist in der Abb. schematisch dargestellt. Die eingebauten Lufttaschen am Rande der Scheibenwalze können die Luftblasen im >Belebungsbecken< auffangen. Dadurch setzt sich ohne Zufuhr weiterer Energie die Walze in Bewegung.
Lit: Abwassertechnische Vereinigung (Hrsg.) (1982–1986) Lehr- und Handbuch der Abwassertechnik, 3.Aufl., Bd. 1–7, Verlag von Wilhelm Ernst und Sohn, Berlin München.

Tauchpumpe. Auch Unterwasser(-motor)pumpe. Kreiselpumpe (meist mehrstufig) mit geringem Durchmesser und vertikaler Welle, die direkt in das Fördermedium eingetaucht wird.
Vorwiegend zur Entnahme von Grundwasser eingesetzt, aber auch in der Abwassertechnik verwendet.

Tauchstrahlbelüfter. Gerät zum Eintrag von Gasen in Flüssigkeiten, z.B. >Abwässer<, bei dem die Flüssigkeit im Kreislauf umgepumpt wird und frei durch einen Schacht in das Flüssigkeitsbecken zurückfließt. Beim Sturz durch den Schacht wird das einzutragende Gas mitgerissen und dabei in der Flüssigkeit gelöst.

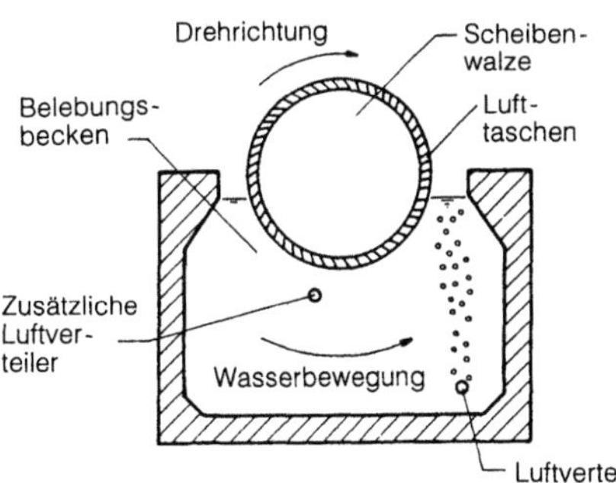

Tauchkörper: Schematische Darstellung eines kombinierten Tauchkörper- und Belebungsverfahrens (aus: Abwassertechnische Vereinigung, 1982–1986)

Sehr leistungsfähiger Belüfter mit hohem Sauerstoffeintrag und günstigem Sauerstoffertrag.

Tauchwand. In >Absetzbecken< von Kläranlagen ist in der Regel eine T. einzubauen, denn auf diese Weise herrscht sowohl an der Oberfläche als auch bis zu einer Tiefe, die etwa der Eintauchtiefe der T. entspricht, gewöhnlich fast keine Strömung. Deshalb sollte die T. oder die >Schwimmschlamm<rinne nur so tief ins Wasser reichen, daß >Schwimmstoffe< nicht unter der T. hindurch in den Ablauf gelangen. Im allg. reicht eine Eintauchtiefe von 20 cm aus. Der Abstand zur Überfallkante sollte mindestens 30 cm betragen.
Lit: Abwassertechnische Vereinigung (Hrsg.) (1982–1986) Lehr- und Handbuch der Abwassertechnik, 3.Aufl., Bd. 1–7, Verlag von Wilhelm Ernst und Sohn, Berlin München.

Taupunkt. (Syn. Taupunkttemperatur, Formelzeichen: T_d). Diejenige Temperatur, auf die ein Volumen feuchter Luft bei konstantem Druck soweit abgekühlt werden muß, bis die >Sättigungsfeuchte< erreicht ist. Die relative Feuchte beträgt dann 100 %. Der T. ist also die >Sättigungstemperatur< des aktuellen >Dampfdrucks< in bezug auf eine chemisch reine ebene Wasserfläche. Beim Zuführen weiteren Wasserdampfes bzw. beim Abkühlen unter den T. kondensiert so viel Wasserdampf in Form kleiner Wassertröpfchen (Nebel, Wolken, Tau), daß die relative Feuchtigkeit stets ihren Wert von 100 % beibehält. Die Sättigungstemperatur des aktuellen Dampfdrucks in bezug auf eine ebene Eisfläche heißt Reifpunkt.
Lit: Hofman G (1955) Die Thermodynamik der Taubildung, Ber Dtsch Wetterdienst 18.

Taupunktdifferenz. Differenz zwischen >Lufttemperatur< und >Taupunkt<. Sie ist relativ groß bei trockener Luft, klein dagegen bei hoher Luftfeuchte. Die T. wird gern als Feuchtemaß >Feuchte< verwendet, insbesondere bei aerologischen Messungen wird häufig anstelle der relativen Feuchtigkeit die T. angegeben.

Taupunkttemperatur. >Taupunkt<.

Tausendfüßer (Myriopoda). >Mull-Moder-Modell<.

Taxis. Auf eine Reizquelle hin ausgerichtete Ortsbewegung. Die Taxien sind positiv, wenn sie zur Reizquelle hin erfolgen, negativ, wenn sie von ihr fortweisen. Die Reizquelle dient der Orientierung, wobei verschiedene Mechanismen möglich sind. Eine *topische* Orientierung erfolgt, wenn die Reizquelle unmittelbar angestrebt wird, eine *phobische*, wenn wiederholt eine Schreckreaktion erfolgt und die Bewegung letztlich an der Reizquelle vorbei führt. Als Reiz können Licht (>Phototaxis<), Erdanziehung (>Geotaxis<), Wasserströmung (>Rheotaxis<) u.ä. wirken.

Taxonomie. Wissenschaftsbereich, der sich mit den Verwandschaftsbeziehungen und der Systematik der Lebewesen befaßt. Alle Lebewesen werden verschiedenen systematischen Kategorien, den *Taxa* (Sing. Taxon), zugeordnet. Die niedrigste Einheit ist die >Art<, darauf folgt die Gattung, dann die Familie, darauf Ordnung, Klasse und Stamm. Jede Art ist eindeutig bezeichnet mit Gattungs- und Artnamen: binäre Nomenklatur nach Linné. Bei artenreichen Gruppen können noch Untereinheiten, z.B. Unter- und Überfamilien gebildet werden. Ziel der modernen T. ist es, ein natürliches System zu erstellen, das die Stammesgeschichte (>Phylogenese<) der Arten widerspiegelt.

TBBP-A. >Tetrabrombisphenol-A<.

TBP. >Tributylphosphat<.

TC. >Wirkstoff, technisch<.

TCA. Natriumsalz der Trichloressigsäure. TCA wirkt herbizid auf monokotyle Pflanzen, z. B. Quecken, während Dikotyledonen kaum erfaßt werden. Die Aufnahme erfolgt im wesentlichen über Wurzeln und Rhizome. Es erfolgt die Anreicherung in den Wachstumszonen der Pflanze, was letzten Endes zum Absterben führt. Da es inzwischen zur Bekämpfung von Quecken gute Alternativen gibt, erfolgt die Anwendung von TCA seltener, da in Folgekulturen Raps und Rüben als Nutzpflanzen geschädigt werden.

2,3,7,8,-TCDD. Abk. für das symmetrische Tetrachlordibenzodioxin mit Chlorsubstituenten in 2-, 3-, 7- und 8-Stellung des Dibenzodioxin-Grundkörpers.

Das 2,3,7,8-TCDD gehört zur Gruppe der Tetrachlordibenzodioxine, die 22 Isomere umfaßt. Es ist neben dem 1,2,3,7,8-Penta-CDD das giftigste Dioxin-Isomere und hat als Seveso-Gift traurige Berühmtheit erlangt. >PCDD<.

TDE. 2,2-*Bis*-(*p*-chlorphenyl)-1,1-dichlorethan. Die Synth. erfolgt aus Dichloracetaldehyd und Chlorbenzol. TDE gehört zu den Hauptmetaboliten des >DDT<. Die Wirkung auf Insekten ist geringer als die des DDT. Lediglich gegen den Apfelblattroller und einen bestimmten Tabakschädling ist TDE wirksamer als DDT. Die Warmblütertoxizität ist geringer als die des DDT. LD_{50} = 3.400 mg/kg (Ratte, oral). TDE wird in Deutschland jedoch nicht mehr produziert.

Tebuconazole. Wirkt als >Fungizid< und zählt zur Substanzklasse der Triazol-Derivate.
Chemische Bezeichnung: α-*tert*-Butyl-α-(*p*-chlorophenethyl)-1*H*-1,2,4-triazol-1-ethanol
CAS-Nummer: 107534–96–3
Hersteller: Bayer AG
Wirkungstyp: Systemisches Fungizid mit protektiver, kurativer und eradikativer Wirkung. Wird in der Pflanze überwiegend akropetal transportiert. Hemmt die pilzliche Sterolbiosynth. an mindestens zwei Orten.
Bevorzugte Anwendung: Als Saatgutbeizmittel gegen samenbürtige Schadpilze wie Flug- und Hartbrand, Streifenkrankheit, *Fusarium*. In der Spritzanwendung im Getreidebau gegen Blatt- und Ährenkrankheiten wie Netz- und Blattfleckenkrankheiten, Rost und Mehltau. Gegen *Botrytis* und Mehltau im Weinbau.

Chemische und physikalische Eigenschaften:
Physikalische Beschaffenheit: Farblose Kristalle.
Schmelzpunkt: 104,7 °C.
Dampfdruck: 0,72 µPa bei 20 °C.
Stabilität: Das Produkt zeigt eine gute Hydrolysestabilität, die Halbwertszeit beträgt bei pH 4 bis 9 und 20 °C mehr als 1 Jahr.
Löslichkeit: In Wasser 32 mg/L bei 20 °C.
Toxizität: Akute orale LD_{50} für männliche Ratte >5.000, weibliche Ratte 3.933, für männliche Maus 1.615 und weibliche Maus 3.023 mg/kg. Akute dermale LD_{50} für Ratte >5.000 mg/kg. Inhalationstoxizität LD_{50} (4 Stunden) für Ratte >818 mg/m^3 Luft. Keine Haut- und Augenreizung bei Kaninchen. Fütterungstest 3 Monate NOEL für männliche Ratte 400 und weibliche Ratte 100 mg/kg Futter.
Bienentoxizität: Nicht bienengefährlich.
Fischtoxizität: LC_{50} (96 Stunden) für Regenbogenforelle 6,4 mg/L und Goldorfe 8,7 mg/L, ED_{50} (48 Stunden) für *Daphnia magna* 10 bis 25 mg/L (geschätzt).
Vogeltoxizität: Akute orale LD_{50} für männliche Japanische Wachtel 4.438, weibliche Japanische Wachtel 2.912, für Huhn 4.488 und für Kanarienvogel >1.000 mg/kg.

Tebufenpyrad. Wirkt als >Akarizid< und zählt zur Substanzklasse der Pyrazole.
Chemische Bezeichnung: N-(4-tert-Butylbenzyl)-4-chlor-3-ethyl-1-methylpyrazol-5-carboxamid
CAS-Nummer: 119168–77–3
Hersteller: Mitsubishi Chemical
Wirkungstyp: Nicht systemisches Akarizid mit Kontakt- und Fraßwirkung. Hemmt die mitochondriale Atmung und den Elektronentransport. Gute translaminare Wirkung. Besitzt ausgezeichnete Residual-Aktivität und ovizide Eigenschaften. Wirkung ist temperaturunabhängig.
Bevorzugte Anwendung: Kontrolle verschiedener Milben im Obst-, Wein-, Gemüse-, Hopfen- und Zierpflanzenbau.

Chemische und physikalische Eigenschaften: Farblose Kristalle mit leichtem aromatischem Geruch, einem Schmelzpunkt von 61–62 °C und einem spezifischen Gewicht von 1,02 g/cm^3.
Dampfdruck: 0,14 mPa bei 25 °C.
Verteilungskoeffizient (log Po/w): 4,61 bei 25 °C.
Stabilität: In Wasser bei 37 °C und pH 3–11 bis zu 4 Wochen stabil.
Löslichkeit: In Wasser 2,6 mg/L bei 25 °C.
Abbau und Metabolismus: In der Pflanze und in der Ratte entsteht als Metabolit N-(4-(1-Hydroxymethyl-1-methylethyl)benzyl)-4-chlor-3-(1-hydroxyethyl)-1-methylpyrazol-5-carboxamid. Im Boden beträgt der DT_{50} unter aeroben Bedingungen 20–30 Tage. Der Koc-Wert beträgt 1.380–4.930. Im Wasser beträgt der DT_{50} >28 Tage bei pH 5–9.
Säugertoxizität: Akute orale LD_{50} für männliche Ratte 595 und weibliche Ratte 997 mg/kg. Akute dermale LD_{50} für Ratte >2.000 mg/kg. Inhalation LC_{50} (4 h) für Ratte 3,01 mg/L. Keine Hautreizwirkung und geringe Augenreizwirkung bei Kaninchen.

Bienentoxizität: Akute orale LD_{50} > 100 µg/Biene.
Vogeltoxizität: Akute orale LD_{50} für Stockente und Japanische Wachtel >2.000 mg/kg.
Fischtoxizität: LC_{50} (96 h) für Blaukiemen Sonnenbarsch 93 und Regenbogenforelle 17,8 µg/L.
Wirbellosetoxizität: EC_{50} (48 h) für *Daphnia magna* 48,2 µg/L. EC_{50} (72 h) für Alge 0,54 mg/L. LC_{50} (14 d) für Regenwurm 68 mg/kg Boden.

Tebutam. Wirkt als >Herbizid< und zählt zur Substanzklasse der aromatischen Amide.
Chemische Bezeichnung: *N*-Benzyl-*N*-isopropylpivalamid
CAS-Nummer: 35256–85–0
Hersteller: Novartis
Wirkungstyp: Vorauflauf-Herbizid. Wird durch die Wurzeln aufgenommen. Hemmt die Unkrautkeimung.
Bevorzugte Anwendung: Vorsaat eingearbeitet oder Vorauflauf-Herbizid gegen Gräser und breiblättrige Unkräuter in Raps, Brassica-Gewächse, Sonnenblumen, Tomaten, Soja, Baumwolle, Tabak, Behandlung vor der Pflanzung (Tomaten, Tabak).

Chemische und physikalische Eigenschaften:
Physikalische Beschaffenheit: Leicht braune Flüssigkeit, aromatischer Geruch.
Siedepunkt: 95 °C
Dampfdruck: $8,9 \cdot 10^{-2}$ Pa bei 20 °C.
Flammpunkt: >80 °C (bei 2 % Toluol) (Pensky Martens).
Dichte: 0,97 bis 0,98 kg/L bei 20 °C.
Stabilität: Stabil gegenüber Hydrolyse bei Raumtemp., pH 7.
Löslichkeit: In Wasser 1,2 g/L bei 20 °C.
Verteilungskoeffizient (log $P_{o/w}$): 3,053 bei 20 °C.
Abbau und Metabolismus: Boden: Halbwertszeit im Boden im Freiland ca. 2 Monate. Pflanze: Rascher Abbau nach Behandlung der Pflanzen; geringe Aufnahme aus dem Boden. Tier: Gute Resorption und rasche Ausscheidung über Urin und Faeces nach oraler Gabe bei der Ratte.
Wasser: Hydrolytisch stabil.
Toxizität: Akute orale LD_{50} für Ratte 6.200 mg/kg, akute dermale LD_{50} für Kaninchen 2.000 mg/kg. Akute Inhalation LC_{50} für Ratte 21,8 mg/L Luft. T. ist leicht reizend auf Kaninchenhaut und -augen (unverdünnt).
Bienentoxizität: Akute orale LD_{50} 100 µg/Biene.
Fischtoxizität: LC_{50} für Forelle 23 mg/L, für Sonnenbarsch 18,7 mg/L (jeweils 4 Tage).
Vogeltoxizität: LC_{50} (8 Tage) für Stockente >5.000 mg techn. Produkt/kg.

Technik, allgemein anerkannte Regeln der. Verweis auf die herrschenden Anschauungen unter den Praktikern des jeweiligen Technikbereichs. Nicht die objektive Richtigkeit einer technischen Regel ist bedeutsam, sondern ihre Bekanntheit und Akzeptanz in den Kreisen der Fachleute. Die schriftliche Fixierung der Regel ist bedeutungslos. Rechtsnormen regeln i. allg. technische Probleme nicht direkt, sondern verweisen auf die außerhalb des Rechts erarbeiteten Standards; dies geschieht mit Hilfe sog. >Technikklauseln<.

Technikfolgenabschätzung (TA). Kurz TA genannt, dient dem Ziel, durch wissenschaftliche Analysen die Konsequenzen, die mit dem Einsatz von Technik für die Gesellschaft verbunden sind, zu identifizieren und zu bewerten. Es geht um eine systematische Identifizierung und Bewertung von technischen, umweltbezogenen, ökonomischen, sozialen, kulturellen und psychischen Wirkungen, die mit der Entwicklung, Produktion, Nutzung und Verwertung von Techniken einhergehen. Die Idee der TA besteht darin, im voraus die Konsequenzen technischer Handlungen antizipieren zu können und dadurch den dornenreichen Weg von Versuch und Irrtum zumindest weniger schmerzhaft zu gestalten, wenn nicht sogar vollständig zu vermeiden. Wenn auch der Anspruch auf Antizipation und Vermeidung von Irrtümern unmittelbar mit dem Auftrag der TA verbunden ist, so läßt sich dieser Anspruch nur z. T. einlösen. Das liegt v. a. an zwei Problemen: Ambivalenz und Unsicherheit. I. d. R. wird das Problem der Unsicherheit mit der Frage der Erforschung der Technikfolgen (Prognose), das der Ambivalenz mit der Bewertung verbunden. Bei genauerem Hinsehen wird aber deutlich, daß beide Problembereiche sowohl auf die Prognose als auch auf die Bewertung einwirken. Sie erschweren eine exakte Prognose der Technikfolgen und verhindern eine nachvollziehbare Bewertung der Technikfolgen über alle Parteien und Interessengruppen hinweg. Technikfolgen*forschung* bleibt auch bei der Anwendung der bestmöglichen Methodik ein unvollständiges Instrument der Zukunftsvorsorge, da Ambivalenz und Ungewißheit als unauflösliche Merkmale der Zukunft bestehen bleiben. Technikfolgen*bewertung* läßt sich ebensowenig nach intersubjektiv gültigen und verbindlichen Kriterien und Vorgehensweisen durchführen, weil auch hier Ambivalenz und Ungewißheit über normative Orientierungen einer eindeutigen Selektions- und Bewertungsregel den Riegel vorschieben. Aus diesem Grunde sollte TA diskursiv erfolgen, d. h. die Akteure, die bei der Gestaltung der Technikfolgen als „Macher" oder als „Betroffene" mitwirken und damit auch die Folgen selbst mit hervorrufen, müssen integrale Bestandteile des TA-Prozesses sein. Mit der systematischen Einbeziehung der Akteure wird nicht nur die Gültigkeit von Folgenprognosen erhöht, man kann auch bei der Abwägung von Risiken und Chancen Defizitausgleichsstrategien interaktiv entwickeln und in den Bewertungsprozeß einbeziehen. Auf diese Weise wird TA selbst ein Element einer sozial wünschenswerten Technikgestaltung.

Lit: Bullinger H-J (1994) Was ist Technikfolgenabschätzung? Einführung und Überblick. In: Bullinger H-J (Hrsg.) Technikfolgenabschätzung. Teubner, Stuttgart, S. 3–31 – Krupp H (1979) Technikfolgenabschätzung – Grundprobleme und Fallbeispiele. In: Ropohl G (Hrsg.) Maßstäbe der Technikbewertung. VDI-Verlag, Düsseldorf, S. 133–148 – Renn O (1997) Glanz und Elend technischer Prognosen. Chemie Ingenieur Technik. Hefte 1 und 2, S. 44–54.

Technikklausel. In Gesetzen enthaltene Formulierungen, mit denen auf außerrechtliche Standards verwiesen wird, z. B. >allgemein anerkannte Regeln der Technik<, >Stand der Technik<, >Stand von Wissenschaft und Technik<.

Technikrecht. Gemeint ist in der Regel technisches Sicherheitsrecht; es umfaßt die Gesamtheit der Normen, die primär den Schutz von Leben und Gesundheit, Sachgütern und Umwelt vor den Gefahren der Technik bezwecken; der Sache nach im wesentlichen Umweltschutzrecht aus anderem Blickwinkel.

Technische Anleitung Abfall. >TA Abfall<.

Technische Anleitung Siedlungsabfall. >TA Siedlungsabfall<.

Technische Anleitung (TA). Verwaltungsvorschrift, die die technische Behandlung bestimmter Stoffe regelt, z.B. von Abfällen (>TA Abfall<, >TA Siedlungsabfall<) oder der Luft (>TA Luft<). Die TA richten sich nicht an den Bürger bzw. Betreiber von Anlagen, sondern an die zuständigen Behörden. Die TA werden erst durch einen behördlichen Verwaltungsakt für die Betroffenen verbindlich. Die Betroffenen (z.B. Anlagenbetreiber) können sich freiwillig verpflichten, die TA einzuhalten, oder die Behörden nehmen sie in Genehmigungen auf bzw. erlassen sie nachträglich für bestehende Anlagen. TA werden vom Bund erlassen und können damit relativ schnell geändert und dem >Stand der Technik< angepaßt werden.

Technische Anleitung zur Reinhaltung der Luft. >TA Luft<.

Technische Barrieren. Technische Maßnahmen zur Verhinderung von unzulässigen Freisetzungen von >radioaktiven Stoffen<, wie z.B. das Abfallprodukt selbst, >Verpackung<, >Versatz-< und Verschlußmaßnahmen.

Technische Klimatologie. Vorwiegend praxisorientiertes Arbeitsgebiet der >Klimatologie<, in dem der Einfluß meteorologischer Größen auf die verschiedensten technischen Bereiche untersucht wird. Dazu werden klimatologische Erkenntnisse und Daten in allen technischen Bereichen angewandt, die mit klimaabhängigen Materialien arbeiten und in denen klimatischen Einflüssen unterliegende Prozesse ablaufen. Beispielhaft seien einige Gebiete und die in ihnen auftretenden Fragestellungen genannt:
- Bauwesen: Isolierung, Windlast, Wärmeschutz, Schlagregen;
- Elektrotechnik: Wind-, Eis- und Schneelast bei Freileitungen;
- Energiewirtschaft/Industrie: Wind- und Solarenergie, Standortwahl technischer Anlagen unter Berücksichtigung der Ausbreitung von Gasen, Abwärme und Staub;
- Klimatechnik: Heizungs- und Klimaanlagen, Wärmehaushalt von Gebäuden und Räumen;
- Materialprüfung: Beeinflussung durch Feuchte und Lufttemperatur, z.B. Beeinflussung von Schiffsladungen beim Containertransport durch verschiedene Klimazonen, (Fachbegriff: Schiffsraummeteorologie);
- Stadtplanung: Luftverunreinigung und Klimaveränderungen durch Bebauung, Veränderung der Lokalwinde;
- Verkehrswesen: Seitenwindgefahr auf Brücken, nebelgefährdete Gebiete, Frostschadensverhütung, Straßenglätte, Änderung des Wasserstandes durch Baumaßnahmen.

Da in der Regel von dem Untersuchungsgebiet keine langen Meßreihen klimatologischer Größen vorliegen, werden diese entweder durch den Einsatz von Meßzügen oder durch die zeitlich begrenzte Einrichtung von Sondermeßnetzen gewonnen und mit Hilfe von Modellen generalisiert, s.a. >Regionalklima<. Die Ergebnisse der Arbeiten der t.K. fließen im Rahmen der Zusammenarbeit mit den Verbänden der Technik (z.B. >VDI<) und den Normenausschüssen (>DIN<,

>ISO<) in allgemein gültige Richtlinien ein. S.a. >Testreferenzjahr<.

Lit: Boer W (1964) Technische Meteorologie, Edition Leipzig – Koch H (1969) Industriemeteorologie, VEB Deutscher Verlag für Grundstoffindustrie, Leipzig – Plate EJ (Hrsg.) (1982) Engineering Meteorology, Elsevier, Amsterdam Oxford New York.

Technische Regeln für Gefahrstoffe (TRGS). Die TRGS geben den Stand der sicherheitstechnischen, arbeitsmed., hygienischen sowie arbeitswissenschaftlichen Anforderungen an >Gefahrstoffe< hinsichtlich >Inverkehrbringen< und >Umgang< wieder. Sie werden vom >Ausschuß für Gefahrstoffe< (AGS) aufgestellt und von ihm der Entwicklung entspr. angepaßt.

Die TRGS werden vom Bundesminister für Arbeit und Sozialordnung im Bundesarbeitsblatt oder vom Bundesminister für Umwelt, Naturschutz und Reaktorsicherheit im Bundesgesundheitsblatt bekanntgegeben.

Die TRGS 001 informiert über Allgemeines (die TRGS im Rahmen der GefStoffV), Aufbau/Gliederung des Systems, Anwendung und Wirksamwerden der *TRGS.* Die TRGS 002 enthält eine Übersicht aller gültigen Technischen Regeln (TRGS und TRgA) zu Gefahrstoffen sowie Richtlinien des BMA und des BMU. (Die TRgA stammen noch aus der Zeit vor dem 01.10. 1986, als es die Arbeitsstoffverordnung gab, die durch die >GefStoffV< abgelöst worden ist).

Die o.g. Technischen Regeln werden wie folgt zugeordnet: *Reihe 100:* Begriffsbest., *Reihe 200:* Inverkehrbringen von >gefährlichen Stoffen<, >Zubereitungen< und >Erzeugnissen<, *Reihe 300 bis 600:* Umgang mit Gefahrstoffen, *Reihe 700:* Gesundheitliche Überwachung (noch keine TRGS aufgestellt), *Reihe 900:* Richtlinien und sonstige Bekanntmachungen des BMA oder des BMU.

Technische Regelwerke. Von Normungsorganisationen (über 200, meist privatrechtlich verfaßt) erarbeitete Anforderungen an Arbeit und Arbeitsergebnis von Technikern, z.B. DIN-Normen und VDE-Bestimmungen. Sie haben keine Gesetzeskraft und sind auch keine Verwaltungsvorschriften (Ausnahmen möglich, wenn der Staat ein Regelwerk übernimmt); sie erhalten Quasigesetzesrang durch den Verweis auf sie mit Hilfe von >Technikklauseln<.

Technische Überwachungsvereine. (TÜV). Eingetragene, von Einzelpersonen oder Interessengruppen unabhängige Vereine, deren Aufgaben laut Satzungen bestehen „in dem Zweck als Selbstverwaltungsorganisation der Wirtschaft Menschen, Umwelt und Sachgüter vor nachteiligen Auswirkungen technischer Anlagen oder Einrichtungen aller Art zu schützen". Die einzelnen TÜV waren in der Vergangenheit regional – in der Regel entspr. den Bundesländern – aufgeteilt. In den letzten Jahren haben sich jedoch einige TÜV's zusammengeschlossen und bieten ihre Leistungen inzwischen weltweit an. Dachverband ist die „Vereinigung der technischen Überwachungsvereine". Aufgabenschwerpunkte sind die Gebiete >Sicherheitstechnik<, Verkehrswesen, Umweltschutz und Energietechnik, wobei Prüf-, Meß-, Gutachter- und Überwachungstätigkeiten wahrgenommen werden. Im Bereich des >Immissionsschutzes< erstellen die TÜV Gutachten für die Errichtung immissionsschutzrechtlich >genehmigungsbedürftiger Anlagen< und führen >Emissions-< und >Immissionsmessungen< als anerkannte >Meßstelle< nach § 26 >Bundes-Immissionsschutzgesetz< durch.

Technologiefolgenabschätzung. Planmäßiges, systematisches und organisiertes Vorgehen, um technische Entwicklungen, deren Folgen auf Mensch und Umwelt sowie Alternativen hierzu unter allen relevanten Aspekten zu analysieren, sie zu bewerten und daraus Handlungs- und Gestaltungsmöglichkeiten für die Politik herzuleiten. T. kann eine wertvolle Hilfe für umwelt- und technologiepolitische Entscheidungen sein, indem sie den Kenntnisstand für Entscheidungen verbessert, politische Handlungsalternativen besser darstellt und hilft, die Diskussion zu versachlichen. Durch T. sind möglichst umfassend nicht nur die direkten, beabsichtigten Folgen, sondern auch die indirekten, meist langfristigen, teilweise kumulativ auftretenden Folgen des Technikeinsatzes zu untersuchen. In vielen Fällen sind dabei sich wiederholende („iterative"), interdisziplinär ausgerichtete Untersuchungen notwendig, um

- frühzeitig und rechtzeitig Gefährdungen/Risiken zu erkennen und zu verhindern,
- positive Folgen zu verstärken,
- Alternativen und Gestaltungsoptionen für politische Entscheidungen aufzuzeigen und
- denkbare Risiken offenzulegen,

damit eine möglichst breite Akzeptanz der Techniknutzung erzielt werden kann. S. a. >Technology Assessment<.

Lit: Bundesministerium für Umwelt, Naturschutz und Reaktorsicherheit, Umweltpolitik Ziele und Lösungen (1990) Umwelt '90.

Technology Assessment (TA). Bezeichnung für die Gesamtheit der Bestrebungen und Verfahren, die auf das Abwägen von Chancen und Risiken, Nutzen und Kosten, Vor- und Nachteilen technologischer Möglichkeiten und Neuerungen ausgerichtet sind. In einem zweiten Schritt sind vor einer wirtschaftlichen Nutzung die abgeschätzten Folgen im gesellschaftlichen Rahmen zu bewerten (Technologie- bzw. Technikbewertung). Dadurch sollen möglichst ökologisch-gesamtgesellschaftliche verantwortungsbewußte, zukunfts- und folgenorientierte Entscheidungshilfen für Politiker, Unternehmer und Praktiker geschaffen werden, die über die Nutzung von technologischen Innovationen letztlich zu entscheiden haben. Ökologische, soziale und wirtschaftliche Auswirkungen von Entscheidungen, denen eingeengte Perspektiven, Wertorientierungen und Interessenstandorte in Verbindung mit unvollständiger Information zugrunde liegen, sollen vermieden werden. TA kann sich dem eigenen Anspruch gemäß nur als multidisziplinärer (Berücksichtigung natur- und sozialwissenschaftlicher Aspekte), pluralistischer (Berücksichtigung der öffentlichen Meinung, Anhörung von Verbänden und Bürgerinitiativen) und partizipatorischer (Bürgerbeteiligung) Prozeß bewähren. Durch eine – zugleich künftigen sozialen Wandel berücksichtigende – >Technologiefolgenabschätzung< kann die Akzeptanz technologischer Entscheidungen erhöht werden.

Teer. T. ist ein dunkles oder schwarzes, flüssiges bis halbfestes Produkt, das bei der trockenen Destillation von verschiedenen organ. Brennstoffen entsteht. Je nach Herkunft werden Steinkohle-, Braunkohle-, Torf- und Holzteere unterschieden, wobei die beiden erstgenannten die größte Bedeutung haben. Zusammensetzung und Eigenschaften hängen neben dem Ausgangsstoff in entscheidendem Maße von den Temperaturen bei der Gewinnung ab. Die bei der Verkokung zwischen 900 und 1.300 °C entstehenden Hochtemperaturteere aus Steinkohle enthalten hohe Mengen an poly-

cyclischen aromatischen Verbindungen: >Naphthalin< zu 10 %, >Phenanthren< zu 5 %, >Fluoranthen< zu 3 bis 4 %, Pyren, >Acenaphthen<, >Fluoren<, >Chrysen< und >Anthracen< zu je 2 %. In Steinkohle-Tieftemperaturteeren liegen nur geringe Mengen an Polyaromaten vor. Wesentliche Bestandteile sind hier Phenole, hydrierte Aromaten sowie paraffinische und olefinische Kohlenwasserstoffe. Daneben kommen in T. auch heterocyclische Verbindungen, Aminbasen, Ketone und aliphatische Alkohole vor. Die Zahl der Einzelkomponente wird auf ca. 10.000 geschätzt. Die jährliche Teerproduktion beläuft sich z. Zt. weltweit auf 33 Mio. t. Der größte Teil wird zu aromatischen Grundstoffen der Chemie verarbeitet. Sie dienen z. B. als Ausgangsstoffe für Ruße, Kunststoffe, Farbstoffe, Pflanzenschutzmittel und Pharmazeutika. Die Destillationsrückstände der T. sind die Teerpeche. Sie enthalten neben den bereits in den T. vorliegenden hochsiedenden Komponenten auch die bei der Destillation entstehenden schwerflüchtigen Substanzen. Teerpeche finden Verwendung u. a. als Elektrodenpeche, Pechkoks oder als Korrosions- und Bautenschutzmittel. T. enthalten eine Reihe von Verbindungen, die in tierexperimentellen Untersuchungen krebsinduzierende Wirkung zeigen. Dazu gehören einige >polycyclische aromatische Kohlenwasserstoffe< (PAH), alkylierte PAH, einige Heterocyclen und 2-Naphthylamin. Unterschiedliche Fraktionen bzw. Einzelverbindungen erweisen sich als verschieden aktiv in ihrem karzinogenen Potential. Entscheidend scheint neben der absoluten Konzentration einzelner Verbindungen auch die relative Zusammensetzung einer Fraktion zu sein. Bei den reinen PAH zeigen vor allem die Verbindungen mit fünf und mehr Ringen eine starke Wirkung. Die alkylierten PAH sind bereits im niedermolekularen Bereich aktiv. Epidemiologische Studien stützen den Verdacht, daß für den Menschen bei Exposition mit T. ein Krebsrisiko besteht.

Tefluthrin. Tefluthrin wirkt als >Insektizid< und zählt zur Substanzklasse der Pyrethroide.
Chemische Bezeichnung: 2,3,5,6-Tetrafluor-4-methylbenzyl(Z)-(1RS)-cis-3-(2-chlor-3,3,3-trifluorprop-1-enyl)-2,2-dimethylcyclopropancarboxylat
CAS-Nummer: 79538–32–2
Hersteller: Zeneca
Wirkungstyp: Nicht systemisches synthetisches Pyrethroid-Insektizid, das vornehmlich über Kontakt und über die Atemwege der Schädlinge wirkt. Im Unterschied zu anderen Pyrethroiden wirkt Tefluthrin auch über den Boden, d. h. der Wirkstoff gelangt durch Diffusion in die Bodenporen.
Bevorzugte Anwendung: Kontrolle einer Vielzahl von Bodenschädlingen wie *Coleoptera, Lipidoptera* und *Diptera* in Mais, Zucker- und Futterrüben und anderen Kulturen. In Rüben besonders gegen Moosknopfkäfer, Getüpfelter Tausendfuß, Rübenspringschwanz und Saatschnellkäfer.

Chemische und physikalische Eigenschaften:
Physikalische Beschaffenheit: Farbloser Feststoff (techn. glasartige Konsistenz).

Schmelzpunkt: 44,6 °C.
Siedepunkt: 156 °C bei 133 Pa.
Dampfdruck: 80 mPA bei 20 °C.
Verteilungskoeffizient (log $P_{o/w}$): 6,5 bei 20 °C.
Stabilität: Stabil für ≥ 9 Monate bei 15 bis 20 °C und für >84 Tage bei 50 °C. Bei pH 5 bis 7 für >30 Tage hydrolysestabil; bei pH 9 in 30 Tagen 7 % Hydrolyse. In wäßriger Lsg. unter Sonnenlicht 27 bis 30 % Abbau in 31 Tagen.
Löslichkeit: In Wasser (gereinigt und gepuffert, pH 5 und 9) bei 20 °C 0,02 mg/L.
Abbau und Metabolismus: Pflanze: Es entstehen eine Vielzahl von Metaboliten über die Stufen Esterspaltung, Hydroxylierung und schließlich Konjugate mit Kohlenhydraten und Aminosäuren.
Boden: Die HWZ im Boden (tatsächlich gemessen, wahrscheinlich aber ein hoher Verlust infolge Verflüchtigung) beträgt bei 5 °C 150 Tage, bei 20 °C 24 Tage und bei 30 °C 17 Tage.
Toxizität: Akute orale LD_{50} für männliche Ratte 22, weibliche Ratte 35 mg/kg (Kornöl Träger), Maus 45 bis 46 mg/kg. Akute dermale LD_{50} für männliche Ratte 148 bis 1.480, weibliche Ratte 262 mg/kg; für Kaninchen (1,5 % Granulat) >2.000 mg/kg. Bei Kaninchen schwache Haut- und Augenreizwirkung. Bei Meerschweinchen keine dermale Sensibilisierung. Akute Inhalation LC_{50} (4 h) für Ratte 0,4 bis 0,5 mg/L Luft. Im 2-Jahre-Fütterungstest NOEL für Ratte 25 mg/kg Futter; im 1-Jahr-Fütterungstest NOEL für Hund 0,5 mg/kg Futter.
Bienentoxizität: Kontakt LD_{50} für Honigbiene 280 ng/Biene. Orale LD_{50} für Honigbiene 1,88 µg/Biene.
Fischtoxizität: LC_{50} (96 h) für Regenbogenforelle 60, Sonnenbarsch 130 ng/L.
Vogeltoxizität: Akute orale LD_{50} für Stockente 4.190, Japanische Wachtel 734 mg/kg. Subakute Fütterung LC_{50} für Stockente 2.317, Japanische Wachtel 15.000 mg/kg (5 Tage).
Wirbellosetoxizität: EC_{50} (48 h) für *Daphnia* 70 mg/L.

Teich. Künstlich angelegtes, flaches, stehendes Gewässer mit einem best. Nutzungsanspruch, z.B. Fischteich, Feuerlöschteich etc. Ein >Stausee< ist kein Teich, weil er zu tief und zu groß ist.

Teichbelüftung. Um die Reinigungsleistung von >Abwasserteichen< zu erhöhen oder den großen Flächenbedarf zu vermindern, können die natürlichen Abbauvorgänge durch künstliche >Belüftung< und Zwangsumwälzung intensiviert werden. Verwendet werden die in der >Abwassertechnik< üblichen oder speziell für Teiche entwickelten Belüfter. Art und Auslegung richten sich in erster Linie nach der Belastung und den Teichabmessungen. Die Vorschaltung eines >Absetzteiches< ist nicht unbedingt erforderlich. Bei intensiver Durchmischung und entsprechender Leistungsdichte im belüfteten Teich bilden sich neben freischwimmenden >Bakterien< und Bakterienkolonien auch >Flocken<, ähnlich dem >Belebtschlamm<, die bei guter Sauerstoffversorgung auch einen verhältnismäßig schnellen Abbau der >Schmutzstoffe< ermöglichen. Zur Abscheidung der >Schwebstoffe< ist eine Nachklärzone oder eine eigene >Nachklärung< erforderlich.

Teilchenbeschleuniger. >Beschleuniger<.

Teilflächenbehandlung. Es wird eine Pflanzenschutzmaßnahme aus ökologischen und ökonomischen Gründen nur auf einem Teil der Fläche allmählich besiedelt,

wie es besonders bei Insekten der Fall ist. Hier kann eine genaue Beobachtung des Feldstückes und eine rechtzeitige Randbehandlung eine Flächenbehandlung unnötig machen, die später bei hochgewachsenen Kulturen ohnehin nur mit zusätzlichem technischem Aufwand möglich ist. Für eine Reihe von Schadinsekten gibt es zur Bekämpfungsentscheidung eine >Schadensschwelle<, wie z.B. für den Rapsglanzkäfer. Die Methode ist allerdings nur bei genügend großer Fläche sinnvoll. Auch bei >Unkräutern< wie z.B. Disteln oder Quecken genügt bei entsprechender Ausbreitung eine Bekämpfung der Unkrautnester. Eine andere Art der T. ist die Bandspritzung, bei der in Reihenkulturen wie Rüben oder Mais das Unkraut nur in der Pflanzenreihe chemisch, zwischen der Reihe durch Maschinenhacke dagegen mechanisch bekämpft wird. Auch die Ausbringung von Granulaten gegen Bodenschädlinge wird auf die Pflanzenreihe beschränkt. Es werden so im Vergleich zur Flächenbehandlung 50 bis 70 % an Pflanzenschutzmitteln eingespart. Auch im Obstbau wird durch Reihen- oder Einzelbaumbehandlung T. praktiziert. Im weiteren Sinn gehört auch das Beizverfahren zur T.

Teilgenehmigung. Nach § 8 des >Bundes-Immissionsschutzgesetzes< kann auf Antrag eine Genehmigung, die nicht den vollen Umfang einer Genehmigung für die Errichtung und den Betrieb einer >genehmigungsbedürftigen Anlage< umfaßt, erteilt werden, wenn eine vorläufige Prüfung ergibt, daß die Genehmigungsvoraussetzungen im Hinblick auf die Errichtung und den Betrieb der gesamten Anlage vorliegen und ein berechtigtes Interesse an der Erteilung einer Teilgenehmigung besteht. Die Teilgenehmigung kann die Errichtung einer Anlage oder eines Teils einer Anlage oder die Errichtung und den Betrieb eines Teils einer Anlage betreffen.

Teilkörperdosis. Mittelwert der >Äquivalentdosis< über das Vol. eines Körperabschnittes oder eines Organs, im Falle der Haut über die kritische Fläche (1 cm^2 im Bereich der max. Äquivalentdosis in 70 Mikrometer Tiefe).

Teillast. Beim >Ottomotor< Fahren mit nur teilweise geöffneter Drosselklappe, beim >Dieselmotor< mit begrenzter Einspritzmenge. Straßenteillast: Konstantfahrt unterhalb der Maximalgeschwindigkeit.

Teiltief. Relativ kleinräumiger >Tiefausläufer< am Süd- oder Südost-Rand eines >Tiefdruckgebietes<, der meist am >Okklusion<spunkt entsteht, sich zunächst als selbständiger Wirbel abspaltet und dann ost- oder südwärts zieht, während der Hauptkern seine Bahn weiter nach Nordosten fortsetzt. s. Abb. bei >Hochdruckgebiet<. T. werden sehr häufig von markanten Witterungserscheinungen begleitet (im Sommer Gewitter, im Winter vorübergehend Niederschläge, danach bei anhaltend östlicher Strömung über Mitteleuropa Fortdauer der winterlichen Witterung). Die T.-Bildung ist vor allem an den Luftdrucktendenzen, insbesondere am Okklusionspunkt, zu erkennen.

TEKO. Das Technikum zur Komponentenerprobung wurde im >Kernforschungszentrum Karlsruhe< errichtet mit dem Ziel, die für eine industrielle >Wiederaufarbeitungsanlage< erforderlichen Komponenten und Apparate im Maßstab 1:1 mit Uranlösung (jedoch ohne Pu und mit simulierten „kalten" >Spaltprodukte<) testen zu können. Die Anlage wird seit 1982 aktiv mit

>Uran< betrieben. Zentrale Einrichtung ist der Uran-Extraktions-Zyklus, der dem 1. Extraktionszyklus einer Wiederaufarbeitungsanlage entspricht. Seine Durchsatzkapazität beträgt 4 t Uran pro Tag gegenüber 2 t pro Tag der Wiederaufarbeitungsanlage. Wichtige Versuchsprogramme im Uran-Extraktions-Zyklus sind Untersuchungen an >Pulskolonnen<, zur Extraktionsmittelwäsche und zum Betrieb der >Extraktoren<. Weitere Entwicklungen betreffen u. a. die Schere zum Zerkleinern der >Brennelemente<, die Klärung der Brennstofflösung mittels Zentrifuge bzw. Filter und die Lösungsmittelklärung.

Tektonik. Lehre vom Bau der Erdkruste und den Bewegungsvorgängen der einzelnen Krustenteile. Gemäß den >Sicherheitskriterien< soll sich der Standort eines >Endlager-Bergwerkes< durch geringe tektonische Aktivität auszeichnen und von Bereichen starker tektonischer Aktivität so weit entfernt sein, daß die Integrität des >Endlagers< durch sie nicht gefährdet wird.

Telekonnektion. Zusammenhang zwischen Wettervorgängen in zwei weit voneinander entfernten Gebieten, meist auf das gegensätzliche Verhalten des Luftdrucks oder der Temperatur bezogen. Bekannt ist auf der Nordhalbkugel die Tendenz zu einem gegensätzlichen Luftdruckverlauf zwischen Island und den Azoren, sog. Nordatlantische Oszillation (NAO). Je niedriger der Luftdruck über Island ist, desto höher ist derjenige über den Azoren, gemittelt über ein längeres Zeitintervall, und umgekehrt. Als weiteres Beispiel ist zu nennen, daß im Durchschnitt unternormale Temperaturen im Winter im Raum Ost-Kanada/Grönland mit übernormalen Temperaturen über Europa verbunden sind. In den Vordergrund der wissenschaftlichen Diskussion getreten ist die von Sir Gilbert Walker in den zwanziger Jahren entdeckte Southern Oszillation im tropischen Pazifik und Indik. Sie ist als eine Art Luftdruckschaukel zu verstehen, bei der Bodendruckvariationen in der westlichen und der östlichen Hemisphäre einander entgegengesetzt sind. Stellt man die Korrelation der mittleren monatlichen Luftdruckanomalien von Djakarta (Indonesien) mit weltweit verteilten Stationen dar, so erkennt man insbesondere in den tropischen Gebieten eine Zweiteilung der Hemisphäre. Das eine Gebiet umfaßt die Längengrade 60° O bis 180° W (positive), das andere die Längengrade 150° W bis 60° W (negative Korrelation). Diese Luftdruckanomalien sind mit den >El Niño<-Ereignissen verknüpft. So kommt es während eines El Niño zu einer Erhöhung des Luftdruckes über Südostasien und dem westlichen Pazifik, während er über dem östlichen Pazifik sinkt. Dies hat zur Folge, daß sich der Druckgegensatz über dem Pazifik abschwächt und damit die Passatwinde schwächer werden. Das Phänomen El Niño/Southern Oszillation ist unter ENSO in die Fachliteratur eingegangen.
Lit: Wallace JM, Gutzler DS (1981) Teleconnections in the Geopotential Height Field during the Northern Hemisphere Winter, Mon Wea Rev 109: 784–812.

Tellur (Te). Chem. >Element< mit der >Ordnungszahl< 52, das sich in geringen Mengen in Mineralien in der Erdkruste findet. Bei der >Uranspaltung< können Te-129 und Te-132 als >radioaktive< >Isotope< in großen Mengen auftreten. Beim radioaktiven >Fallout< ist das Te-132 (welches sich im radioaktiven Gleichgewicht mit Iod-132 befindet) meistens in großen Mengen vertreten. Wegen seiner geringen >Halb-

wertszeit< von 76 Stunden klingt es allerdings sehr rasch ab. Te-132 ist ein >Beta<->Gamma<-Kombinations>strahler<, der im menschlichen Körper nicht verstoffwechselt wird und deshalb bei >Ingestion< ohne große Bedeutung ist.

TELV. >Abgasgrenzwerte<.

Temperatur. Thermodynamische Zustandsgröße, die ein Maß für den Wärmezustand materieller Systeme ist, gemessen mit dem trockenen Thermometer. Nach DIN 1304 (1989), Formelzeichen, Teil 2, zusätzliche Formelzeichen für Meteorologie und Geophysik, Tabelle 2, verwendet man für die T., sofern sie in der SI-Einheit K ausgedrückt wird, das Formelzeichen T. Die entsprechende Celsius-Temperatur wird durch den Kleinbuchstaben t bzw durch ϑ bezeichnet. >Lufttemperatur<, >Bodentemperatur<, >virtuelle Temperatur<, >Taupunkttemperatur<, >Feuchttemperatur<.
Lit: Hansen J, Lebedeff S (1987) Global trends of measured surface air temperature, J Geophys Res 92: 13.345–13.372 – Jones PD et al. (1986) Northern hemisphere surface air temperature variations 1851–1984, J Climate Appl Meteorol 25: 161–179.

Temperaturanomalie. Wasser hat bei 3,98 °C seine größte Dichte und dehnt sich oberhalb und unterhalb dieses Temp.-Wertes aus. Im Gegensatz zu anderen Flüssigkeiten liegt der Gefrierpunkt des Wassers somit unterhalb des Dichtemaximums. Diese T. hat für Süßwasserseen große Konsequenzen, s. a. >Dichtemaximum des Wassers<.

Temperaturgradient. 1. Geophysik: Temperaturzunahme der Erdkruste von im Mittel 1 °C je 30 m Tiefe. Dieses Phänomen der geothermischen Tiefenstufe ist durch den ständigen Wärmefluß aus dem Erdinnern zur Erdoberfläche bedingt. Am Erdmittelpunkt dürfte eine Temperatur von mehreren tausend °C herrschen. Grund für diese natürliche Wärmeenergie (>Erdwärme<) ist der radioaktive Zerfall von Atomen im Erdmantel und die Abwärme heißer Magmaströmungen. Der T. gilt nicht für die obersten Schichten der Erdkruste, deren Temperatur jahreszeitlichen Schwankungen unterworfen ist.
2. Meteorologie: Temperaturabnahme der Atmosphäre bezogen auf eine bestimmte horizontale oder vertikale Entfernung. In der Meteorologie ist besonders der vertikale T. von Bedeutung. Er ist positiv definiert bei Abnahme der Temperatur mit der Höhe. Nimmt die Temperatur in einem bestimmten Höhenabschnitt in der Vertikalen zu, so spricht man von einer >Inversion<. Art und Größe des T. bestimmen die >Stabilität< der Atmosphäre. Wird ein Luftquantum vertikal verlagert, so verändert sich sein Energieinhalt, ausgedrückt durch die Temperatur. Bei der Vertikalverlagerung unterscheidet man zwischen zwei verschiedenen T.: (1) trockenadiabatischer T, d. h. das vertikal verlagerte Luftquantum ist nicht mit Wasserdampf gesättigt. In diesem Fall beträgt der T. 1 K je 100 m, (2) feuchtadiabatischer T., er ist i. d. R. kleiner als 1 K je 100 m. Sein Betrag hängt im wesentlichen von dem Wasserdampfgehalt der Atmosphäre ab. Da beim Vertikaltransport Wasserdampf kondensiert, wird Energie freigesetzt, die den T. reduziert. Somit beträgt er nur etwa 0,4 K je 100 m bei einer Umgebungsluft größer als 0 °C. Bei Temperaturen unterhalb von 0 °C nähert er sich bei zunehmend trockenerer Luft immer mehr 1 K je 100 m an. Die Änderung der Temperatur mit der Höhe wird durch die Adiabatengleichung, >Trockenadiabate<, beschrieben.

Der horizontale T. ist i.d.R. um 3 Zehnerpotenzen kleiner als der vertikale. Er wird durch >Advektion< verschieden temperierter Luftmassen aufgebaut. Besonders an >Front<en nimmt er markante Beträge an. In diesem Fall ist mit einer vertikalen Zunahme des >thermischen Wind<es zu rechnen, >barokline Instabilität<.

Lit: Lüttig G (1982) Geogene erneuerbare Energiequellen. In: Auf der Suche nach neuen Energiequellen. Universitätsbund Erlangen-Nürnberg.

Temperaturkoeffizient der Reaktivität. Beschreibt die Reaktivitätsänderungen, die bei Änderung der Betriebstemp. eines >Reaktors< eintreten. Der Koeffizient ist negativ, wenn eine Temp.-Steigerung die >Reaktivität< verringert. Negative Temp.-Koeffizienten sind wünschenswert, weil sie dazu beitragen, Leistungsexkursionen zu vermeiden.

Temperaturregel, RGT-Regel. (Syn. van't Hoffsche Regel). Besagt, daß die Reaktionsgeschwindigkeit RG (bio)chemischer Prozesse sich mit steigender Temperatur erhöht. Bei einer Erhöhung um 10 °C ergibt sich für Stoffwechselprozesse ein sog, Q_{10}-Wert von 2 bis 3, d.h. der Stoffwechsel läuft bei der höheren Temperatur mehr als doppelt so schnell ab wie bei der niedrigen Temperatur. Dies gilt aber nur für physiologische Temperaturbereiche.

Temperatursprungschicht. Syn. >Inversion<.

Temperatursummenregel. Besagt, daß bei vielen Entwicklungsprozessen das Produkt aus Temperatur und Entwicklungsdauer einen konstanten Wert besitzt. Herrscht während der Larvalentwicklung eines Insekts eine niedrige Temperatur, so dauert die Larvalzeit länger; bei hoher Temperatur läuft sie entsprechend rascher ab. Die T. gilt nicht bei sehr hohen und sehr niedrigen Temperaturen.

Tempolimit. >Geschwindigkeitsbegrenzung<.

Tenazität. (tenax = zäh, hartnäckig). Darunter wird die Widerstandsfähigkeit von Mikroorganismen gegenüber unbelebten Umweltfaktoren verstanden. Als Kenngröße für die Überlebensfähigkeit wird meist der D-Wert benutzt. Er steht für diejenige Zeit, in der eine Zehnerpotenz (90 %) der ursprünglichen Keimmenge abgetötet oder inaktiviert wird. Die Tenazität ist abhängig von der Art des Mikroorganismus und den äußeren Bedingungen, denen er ausgesetzt ist. In diesem Zusammenhang sind die Temperatur, die Feuchtigkeit, der pH-Wert sowie spezielle Schutzsubstanzen besonders wichtig. Einige $D(T_{90})$-Werte für Bakterien in >Flüssigmist< sind in der Tabelle (s. unten) zusammengefaßt, eine umfassende Darstellung ist der Speziallitaratur zu entnehmen. Einige allgemeine Hinweise zur Tenazität von Viren gibt auch die Tabelle (s. S.1155) wieder.

Lit: Mitscherlich E, Marth EH (1984) Microbial survival in the environment, Springer, Berlin Heidelberg.

Tenside. 1. allgemein: Sind >grenzflächenaktive Stoffe<, die nach Art der hydrophilen Gruppe in anionische, kationische, nichtionische und zwitterionische T. eingeteilt werden (s. Tabelle S.1156).
Mengenmäßig die bedeutendste Gruppe der Tenside sind die linearen >Alkylbenzolsulfonate< (LAS) (s. Tabelle S.1155).
Die Eigenschaften anionischer T. (a-Tenside) ergeben sich weitgehend aus der Art der hydrophilen Gruppe. So reagieren die Seifen mit der Carboxylatgruppe deutlich stärker basisch als die Sulfate und die Sulfonate. Alle sind aber mehr oder weniger härteempfindlich und auf ein alkal. Milieu angewiesen.
Nichtionische T. (n-Tenside) sind weniger härteempfindlich, sie schäumen weniger stark und zeigen auch in neutraler Lsg. eine gute Wirkung. Die Stärke der hydrophilen Wirkung ist durch die Anzahl der Sauerstofffunktionen (EO-Gruppen) gegeben. Zu den n-Tensiden zählen auch die Zuckerether, für die in letzter Zeit neue Anw.-Bereiche entwickelt wurden. Aufgrund ihrer Struktur ist mit einer guten Abbaubarkeit und geringer Toxizität zu rechnen.
Kationische T. (k-Tenside) enthalten als hydrophilen Teil als Kation meist eine quart. Ammoniumverb. Aus der positiven Ladung ergeben sich Anw. als >Wäscheweichspülmittel<, Mikrobizide, >Herbizide<, Korrosionsinhibitoren, Flotationshilfsmittel u.a.
Zwitterionische T. sind sehr hautschonend. Da ihre Herstellungskosten aber sehr hoch sind, liegt ihr Hauptanw.-Bereich in der Kosmetik.
Aufgrund der großen Mengen und des überwiegenden Einsatzes im Haushalt sind besondere Anforderungen an das ökologische und tox. Verhalten der T. zu stellen. Im Wasch- und Reinigungsmittel-Gesetz bzw. in der entspr. Verordnung sind die Abbauraten für den Primärabbau bei a- und n-Tensiden auf mind. 80 % festgelegt. Der Nachweis über den Primärabbau erfolgt als methylenblauaktive Substanzen (MBAS) bzw. bismutaktive Substanzen (BIAS) und weist bei Untersuchungen in Gewässern Unsicherheiten auf. Evtl. auftretende stabile und tox. Metaboliten sind hierbei nicht zu erfassen. Der spez. Nachweis einzelner T. in Gewässern ist sehr schwierig und auch heute noch nicht zufriedenstellend gelöst. Untersuchungen, die mit den Einzelsubstanzen nach verschiede-

Tenazität: Absterberate von Bakterien im Flüssigmist

Bakterienart	D-Wert (T_{90}-Rate) in Wochen							
	Belüfteter Flüssigmist				Unbelüfteter Flüssigmist			
	18–20 °C		6–9 °C		18–20 °C		6–9 °C	
	$\bar{x}$	Bereich	$\bar{x}$	Bereich	$\bar{x}$	Bereich	$\bar{x}$	Bereich
S. typhimurium	0,6	(0,3–1,0)	1,6	(1,0–2,5)	2,0	(1,0–3,0)	5,9	(3,0–8,0)
Y. enterocolitica	0,3		0,7	(0,5–1,0)	0,6	(0,5–1,0)	1,6	(1,0–2,5)
Staph. aureus	0,7	(0,5–1,5)	2,6	(0,5–4,0)	0,9	(0,5–3,0)	7,1	(1,5–17,0)
E. coli 0:78	0,7		0,9		1,6		1,7	
Fäkalstreptokokken	5,4	(2,5–10,5)	12,0	(6,0–20,0)	5,7	(4,0–7,0)	21,4	(12,0–40,0)

D-Wert (T_{90}-Rate)= Zeit, die für das Absterben einer Zehnerpotenz (90 %) einer Keimpopulation notwendig ist (dezimale Reduktionsrate)

Tenazität: Richtwerte über die Tenazität bei Viren (nach: Rolle M, Mayr A (1984) Medizinische Mikrobiologie, Infektions- und Seuchenlehre, Enke, Stuttgart)

Einfluß	Infektiosität (Restvirus) bleibt erhalten	
	bei behüllten Viren	bei hüllenlosen Viren
Kälte		
+4 °C	Tage bis maximal 3 Monate*	Wochen bis Jahre*
–20 °C	Wochen bis Jahre*	Monate bis Jahre
–65 °C	Jahre	Jahre
Wärme-Hitze		
22 °C	Stunden bis Tage*	Tage bis Wochen*
37 °C	Stunden bis Tage*	Stunden bis Tage*
56 °C	10 bis 60 Minuten**	10 Minuten bis Tage
80 °C	inaktiv in 1 bis 10 Minuten**	inaktiv in 1 bis 10 Minuten***
100 °C	sofortige Inaktivierung (Ausnahme: trockene Hitze an extrem trockenem Gut)	sofortige Inaktivierung (Ausnahme: trockene Hitze an extrem trockenem Gut)
saures Milieu pH 2	meist labil	meist relativ stabil
stark alkalisches Milieu pH 13	meist labil	relativ labil
Fäulnis	sehr unterschiedlich	relativ stabil
Trocknung	stabilisierend	stabilisierend
UV-Licht (Sonne)	langsame Inaktivierung	langsame Inaktivierung
ionisierende Strahlen	rasche Inaktivierung	rasche Inaktivierung
Ultraschall	stabil	stabil
organische Lösungsmittel	alle labil	alle labil
chemische Desinfektion**		
NaOH	labil	labil
Formalin	labil	relativ labil
Phenole	meist labil	meist labil
Chlor- u. Jodverbindungen	alle labil	alle labil
Detergentien	alle labil	stabil
Enzyme (Trypsin, Pepsin)	z. T. empfindlich*	meist stabil*

* abhängig von der Virusart und dem Status des Materials,
** Temperatur bzw. Wirkstoff muß bis zum Virus vordringen,
*** Parvoviren mehrere Stunden.

nen Verfahren zum Totalabbau gemacht wurden, weisen große Unterschiede auf (siehe S. 1157 obere Tabelle).
Die Abbaubarkeit steigt mit wachsender Kettenlänge des hydrophoben Teils und sinkt bei den n-Tensiden mit wachsender Zahl der EO-Bindungen. Auch im Ablauf von gut funktionierenden >Kläranlagen< sind T. nachweisbar (s. Tabelle S. 1157 Mitte).
Die durchschnittlichen Konz. in den größeren Flüssen liegen zwischen 0,016 und 0,24 mg/L. Die Tendenz bei den a-Tensiden ist rückläufig, bei den n-Tensiden auf Grund des vermehrten Verbrauchs steigend.
Aus ökologischer Sicht sind besonders die Spitzenwerte von Bedeutung, da hier Werte erreicht werden, die Organismen schädigen und zu ihrem Verschwinden führen können.
Die akute Toxizität für Fische ist hoch (LC_{50} 3 bis 10 mg/L). Für eine ökologische Beurteilung müssen aber auch chron. Effekte untersucht werden. Aussagen liefern hier Reproduktionstests oder der Mikrokosmos-Test. Effekte von Einzelsubstanzen auf die Biozönose wurden schon bei Konz. von 0,1 mg/L festgestellt (s. Tabelle S. 1157 unten).
Die akute Toxizität beim Menschen ist gering. Eher spielen Verätzungen bei Kindern eine Rolle, die durch Verschlucken von Waschmitteln entstehen. Vielfach diskutiert wird die Hautverträglichkeit, insbesondere die allergieauslösende Wirkung. T. wirken sicher entfettend und zerstörend auf den Säureschutzmantel der Haut. Bei häufiger und längerer Einwirkungszeit sind T. auch in tieferen Hautschichten nachweisbar. Inwieweit die Hautirritationen Ursache für Folgeallergien sind, ist kaum feststellbar. Zu vielfältig sind die im Haushalt vorhandenen Substanzen; Beschwerden werden statistisch nicht erfaßt.

2. Abwasser: Mit Aufkommen des Umweltschutzes in den 50er Jahren hat sich die Frage nach der Abbaubarkeit von T. in >Kläranlagen< gestellt, v. a. weil viele der seinerzeit verwendeten T. zu Schaumbelästigungen auf Seen und Flüssen führten, und auch die Frage der >Toxizität< für Fische u. a. Bewohner des Ökosystems Wasser in Betracht zu ziehen war. Ursache ist, daß der >biol. Abbau< der zunächst eingesetzten Verb. vom Typ des Tetrapropylenbenzolsulfonats („harte T.") wegen der Kettenverzweigungen im Alkylrest

Tenside: Tenside in Wasch- und Reinigungsmitteln (Mengenanteile über 1.000 t/a in der BRD 1984)

Anionische Tenside	
1. Alkylbenzolsulfonate (LAS)	87.000
2. Alkolethersulfate (FES)	20.000
3. Alkansulfonat (SAS)	16.000
4. Alkolsulfate (FAS)	10.000
5. Sulfobernsteinsäureester	2.000
6. Seifen	109.000
Summe	244.000
Nichtionische Tenside	
1. Alkoholethoxylate	50.000
2. Alkylphenolethoxylate	10.000
Kationische Tenside	
1. Alkylammoniumverbindungen	15.000
2. Imidazoliniumverbindungen	2.000
Gesamtsumme	321.000

Tenside: Übersicht über repräsentative Tensid-Typen

	Tensid-Typen	Stoff-Gruppenbezeichnung	Formel
Anion	hydrophob hydrophil	Seife	$H_3C-(CH_2)_n-COO^-\ Na^+$ $n = 9\text{-}19$
		Alkylbenzolsulfonat LAS	$\left[\,H_3C-(CH_2)_n,\ H_3C-(CH_2)_m\ \text{—C}_6H_4\text{—}SO_3\right]^-\ Na^+$ $n = 4\text{-}5$ $m = 7\text{-}9$
		Alkansulfonat SAS	$\left[\,H_3C-(CH_2)_n,\ H_3C-(CH_2)_m\ \text{CH—}SO_3\right]^-\ Na^+$ $n = 4\text{-}7$ $m = 5\text{-}10$
		Fettalkoholsulfat FAS	$H_3C-(CH_2)_n-O-SO_3^-\ Na^+$ $n = 10\text{-}14$
		Fettalkoholpolyglykolsulfat FES	$H_3C-(CH_2)_n-CH_2-O-(C_2H_4O)_m-SO_3^-\ Na^+$ $n = 10\text{-}14$ $m = 2\text{-}3$
Nichtionisch	hydrophob hydrophil	Fettalkoholpolyglykolether AEO	$H_3C-(CH_2)_n-O-(C_2H_4O)_m\cdot H$ $n = 8\text{-}18$ $m = 3\text{-}15$
		Alkylphenolpolyglykolether APEO	$H_3C-(CH_2)_n-C_6H_4-O-(C_2H_4O)_m H$ $n = 7\text{-}8$ $m = 3\text{-}15$
		Fettalkoholpolyethylenglykol-polypropylenglykolether FEP	$H_3C-(CH_2)_x-O-(C_2H_4O)_y-(CH_2\text{-}CHO)_z H$, CH_3 $x = 8\text{-}18$ $y = 2\text{-}15$ $z = 2\text{-}15$
		Fettalkylpolyglucosid	[Glucosid-Strukturformel] $n = 10\text{-}18$ $z = 3\text{-}8$
Kation	hydrophob hydrophil	Distearyldimethylammonium-chlorid QAC	$\left[CH_3(CH_2)_{17},\ CH_3,\ CH_3(CH_2)_{17},\ CH_3\ \text{N}\right]^+\ Cl^-$
		Stearyl-N-alkoxyethyl-N-methylimidazoliniumchlorid	$\left[H_3C(CH_2)_{16}\ \text{—Imidazolin—}CH_3,\ N\text{-}CH_2CH_2\text{-}O\text{-}CO\text{-}(CH_2)_{16}CH_3\right]^+\ Cl^-$
		Dodecyldimethylbenzyl-ammoniumchlorid	$\left[H_3C(CH_2)_{11}\ \text{—N}(CH_3)_2\text{—CH}_2\text{—}C_6H_5\right]^+\ Cl^-$
Zwitterion	hydrophob hydrophil	Stearyl-N-dimethylpropylcarb-oxylat	$H_3C(CH_2)_n-\text{N}^+(CH_3)_2-CH_2CH_2-COO^-$ $n = 10\text{-}13$

Tenside: Abbauraten und Toxizität verschiedener Tenside

Tensid	Primärabbau Auswahltest %MBAS, BIAS	Totalabbau Auswahltest %theor. O_2Bedarf	LC_{50} Fisch mg/L	LC_{50} Daphnien mg/L	NOEC Algen mg/L	LOC Biozönose mg/L
LAS	90–99	60–73	3–10	4–20	30–300	0,3
SAS	99	63–95	0,5–10	0,7–250	183	0,3
FAS	99	63–97	3–20	5–70	14,4–60	0,55
FAEO	99	86–89	1,7–3	1,4–60	0,3	0,3–0,7
$C_{16/18}$10–14 EO						
APEO-	6–78	5–10	2–11*	4–50*	1–50*	3,1*

* Metaboliten sind z. T. toxischer

Tenside: Tensidkonzentrationen im Zulauf und Ablauf der Kläranlage Bielefeld-Heepen (24 h Mischproben in mg/L)

	4.6.87 Zulauf	Ablauf	5.6.87 Zulauf	Ablauf	6.6.87 Zulauf	Ablauf
a-Tenside (MBAS)	6,3	0,22	5,3	0,18	6,5	0,18
n-Tenside (BIAS)	5,6	0,68	5,0	0,67	5,5	0,65
k-Tenside (BSBASS)	0,51	0,03	0,43	0,04	0,31	0,04

Tenside: Akute Toxizität von oberflächenaktiven Substanzen

Tenside	LC_{50} (Fisch) mg/L	LC_{50} (Daphnien) mg/L	NOEC* (Algen, Wachstumshemmung), mg/L
$C_{11,6}$LAS	3–10	8–20	30–300
$C_{14–18}$ α-Olefinsulfonate	2–20	5–50	10–100
Fettalkoholsulfate	3–20	5–70	60
Alkoholethersulfate	1,4–20	1–50	65
Alkansulfonate			
$C_{13–15}$ bis zu $C_{16,3}$	2–10	4–250	
$C_{15–18}$ und C_{18}	1–2	0,7–6	
Seifen			
0 °d	6,7		
5 °d	20–150		10–50
Fettalkoholpolyethylenglykolether			
$C_{9–11}$ bis $C_{14–15}$			
2–10 EO	0,25–4	2–10	4–50
10 EO	1–40	4–20	
$C_{16–18}$			
2–4 EO	100	20–100	
5–7 EO	3–30	5–200	
10–14 EO	1,7–3	4–60	
Nonylphenolpolyethylenglykolether			
2–11 EO	2–11	4–50	20–50
20–30 EO	50–100		
EO/PO Blockpolymere	100	100	
Fettalkohol EO/PO Addukte	0,5–1	0,3–1	
(> 80 % bioabbaubar)			
Distearyldimethylammoniumchlorid	1,5–40	4–100	

* NOEC = Konzentrationen ohne beobachtete Auswirkung.

nicht funktionieren konnte. Mikroorganismen bauen Kettenmoleküle i. allg. in C_2-Einheiten ab, und die T. gelangten aus dem >Abwasser< über die >Kläranlagen< nahezu unversehrt in die offenen Gewässer, aus denen die öffentliche Wasserversorgung gespeist wird. Heute sind die Schaumberge auf den Flüssen weitestgehend verschwunden, weil die neuen, auch als „weiche T." bezeichneten Verb. mit linearen (unverzweigten) Seitenketten (LAS) zu mehr als 80% abbaubar sind (Forderung des Detergentien-Gesetzes von 1961). Im Gesetz vom 20.08. 1975 (BGBl. S. 2255–2257) und in der zugehörigen Durchführungsverordnung (Waschmittel-VO) soll die Abbaurate von 80% auch für nichtionische T. gelten. Die Bestimmungen der biol. Abbaubarkeit der T. steht in engem Zusammenhang mit der Ermittlung anderer Kenndaten von Wasser und Abwasser, inbes. mit der des >biochem.< und >chem. Sauerstoffbedarfs<.

Lit: Guhle W, Gode P (1989) Concentrations between Lethal and Chronic/Biocenotic Effect Concentrations of Surfactans, Tenside Detergents 26: 282–287 – Kästner W (1990) Sicherheit von Tensiden in Konsumentenprodukten, SÖFW 116: 3–9.

Tentaculata. Ursprüngliche, meist marin lebende Tiergruppe; unter diesen Bryozoa, Moostiere.

Tepp. >Phosphorsäureester<.

Teppichreiniger. >Teppichreinigungsmittel<.

Teppichreinigungsmittel. Neben speziellen Flecken-sprays, die ausschließlich zur kleinflächigen Behand-lung vorgesehen sind, werden Trockenpulver und Pro-dukte zur Naßschaum-Shampoonierung angeboten, die >Tenside< wie Natriumdodecylsulfat, >Alkohole< und feingemahlene >Schaumstoffe<, Holzmehl oder anorg. Materialien zum Schutz der Teppichfasern bein-halten. Bei diesen Reinigungstechniken werden mit dem Staub auch an Partikel gebundene >Innenraum-chemikalien< und >Mikroorganismen< aufgewirbelt, welche >allergische< Reaktionen verstärken können. Amerikanische Wissenschaftler beschreiben ferner den Zusammenhang zwischen der Naßshampoonie-rung und dem bei Kindern unter 5 Jahren auftretenden Kawasaki-Fieber. Als Ursache für diese Erkrankung wird die Überempfindlichkeit gegenüber anionischen >Detergenzien< oder anderen Shampoo-Inhaltsstoffen angesehen. >Reinigungsmittel<.

Tera (T). Vorsatz vor Maßeinheiten, die um das 10^{12} fa-che vergrößert sind.

Teratogenität. Wie für die Prüfung auf >Karzinogeni-tät< und Mutagenität (Erbgutschädigung) stehen In-vi-vo- und In-vitro-Verfahren für die Prüfung auf terato-gene Eigenschaften einer Testsubstanz zur Verfügung. Hier gilt es, fruchtschädigende Wirkungen und Em-bryopathien ebenso wie Fertilitätsstörungen (>Fertili-tät<) festzustellen. Zu den In-vitro-Verfahren zählen die Verwendung von inkubierten isolierten befruchte-ten Eizellen oder Embryonal- bzw. Fetalstadien und Kulturen von Körperteilen von Säugetieren. In letzter Zeit wird versucht, Hühnerembryonen aus bebrüteten Hühnereiern und Hühnerembryozellen für teratogene Untersuchungen einzusetzen. Nach wie vor im Vorder-grund stehen hierfür jedoch noch die In-vivo-Tests, d.h. der Ganztierversuch. Er ist im Verdachtsfall allen anderen In-vitro-Verfahren vorzuziehen und wird an trächtigen Tieren verschiedener Spezies (Kaninchen, Ratten) von der Paarung an durchgeführt.

Lit: Stötzer H (1989) Grundlagen der Arzneimittel-Toxikologie, Fischer, Stuttgart New York.

Terbufos. Wirkt als >Insektizid< und zählt zur Sub-stanzklasse der Phosphorverbindungen.
Chemische Bezeichnung: *S-tert*-Butylthiomethyl-*O,O*-diethyl-dithiophosphat
CAS-Nummer: 13071–79–9
Hersteller: Cyanamid
Wirkungstyp: Systemisch wirkendes Insektizid mit Fraß- und Berührungswirkung. Wird über die Wurzeln der Pflanze aufgenommen und akropetal transportiert. Hemmt die Cholinesterase.
Bevorzugte Anwendung: Gegen Moosknopfkäfer und Rübenfliege an Zucker- und Futterrüben. Allg. gegen unter- und oberirdische Schädlinge an Rüben, Mais u.a. Kulturen.

Chemische und physikalische Eigenschaften:
Physikalische Beschaffenheit: Schwach rötliche Flüs-sigkeit mit mercaptanartigem Geruch.
Schmelzpunkt: –29,2 °C.
Siedepunkt: 69 °C bei 1,33 Pa.
Verteilungskoeffizient (log $P_{o/w}$): 595 bei 22 °C.
Dampfdruck: $3,5 \cdot 10^{-2}$ Pa bei 26 °C.

Flammpunkt: 88 °C.
Stabilität: Stabil für mehr als 2 Jahre bei Raumtempe-ratur. Zersetzt sich bei längerem Erhitzen über 120 °C. In Gegenwart von starken Basen und Säuren findet Hydrolyse statt.
Löslichkeit: In Wasser 4,5 mg/L bei 27 °C.
Abbau: In Pflanzen, Tieren und im Boden mikrobiol., oxidativer und hydrolytischer Abbau. Keine Anreiche-rung. Im Boden beträgt die HWZ 29–39 Tage (Frei-land). Als Metaboliten entstehen die oxidativen Zwi-schenstufen Terbufos-Sulfoxid und -Sulfon, Hauptme-tabolit ist 3,5-Dichlor-2,4-difluorphenylharnstoff.
Toxizität: Hemmstoff der Cholinesterasen. Akute LD_{50} Ratte 1,6 mg/kg. Maus 5,0 mg/kg. Akute dermale LD_{50} Ratte 9,8 mg/kg, Kaninchen 1,0 mg/kg. Bei Verfütte-rung von 1 mg/kg (WS) in der täglichen Nahrung über 24 Monate an Ratten keine Veränderung. Reizstoff für Haut und Augen. Akute Inhalation LC_{50} (4 h) für Ratte 1,7 µg/L.
Bienentoxizität: Nicht bienengefährlich bei zugelasse-ner Anwendung (B 3).
Fischtoxizität: LC_{50} (96 Stunden) für Forelle 10 µg/L, für Bluegill 4 µg/L.
Vogeltoxizität: Akute orale LD_{50} für Wachtel 28,6 mg/kg.
Wirbellosetoxizität: Giftig für Fischnährtiere. LC_{50} (48 h) für *Daphnia magna* 0,31 mg/L. LC_{50} (96 h) für Grünalge 2,1 mg/L.

Terbutryn. Wirkt als >Herbizid< und zählt zur Sub-stanzklasse der Triazin-Derivate.
Chemische Bezeichnung: 4-Ethylamino-2-*tert*-butyl-amino-6-methylthio-*S*-triazin
CAS-Nummer: 886–50–0
Hersteller: Novartis
Wirkungstyp: Bodenherbizid. Aufnahme durch die Wurzeln. Hemmstoff der Photosynthese.
Bevorzugte Anwendung: Als selektives Vorauflauf-Herbizid in Wintergetreide, Kartoffeln und Erbsen ge-gen Ackerfuchsschwanz, Windhalm u.a., auch breit-blättrige Unkräuter. Gegen Hirsearten in Mais.

Chemische und physikalische Eigenschaften:
Physikalische Beschaffenheit: Krist., farblos.
Schmelzpunkt: 104 bis 105 °C.
Siedepunkt: 274 °C bei 1.013 hPa.
Verteilungskoeffizient (log $P_{o/w}$): 3,48 bei 20 °C.
Dampfdruck: $1,3 \cdot 10^{-6}$ hPa bei 20 °C.
Stabilität: Stabil unter Normalbedingungen. Die Me-thylthiogruppe hydrolysiert in Gegenwart starker Säu-ren oder Alkalien.
Löslichkeit: In Wasser 58 mg/L bei 20 °C.
Abbau: Vermutlich wie bei anderen Mercaptotriazinen Ox. zum Sulfoxid und Sulfon, Hydrolyse zur Hydroxy-verb., Entalkylierung der Aminogruppen, Abspaltung der Aminoreste und Ringöffnung. Nachwirkungsdauer im Boden etwa 3 Monate (nach 4 kg/ha). Bei Ratten nach oraler Verabreichung 73 bis 85 % Ausscheidung innerhalb von 24 Stunden in metabolisierter Form in den Faeces.
Toxizität: Akute orale LD_{50} für Ratten 2.980 mg/kg, für Mäuse 5.000 mg/kg. Akute dermale LD_{50} für Ka-ninchen >10.200 mg/kg. In 3- bzw. 6-Monate-Fütte-

rungsversuchen an Ratten und Hunden waren die höchsten Dosen ohne Wirkung 400 bzw. 1.000 mg/kg Futter. Inhalationstoxizität: LC_{50} für Ratte >8 mg/L Luft (4 Stunden, 80%ige Formulierung).
Bienentoxizität: Nicht bienengefährlich (B4). LD_{50} (oral und Kontakt) >100 µg/Biene.
Fischtoxizität: LC_{50} für Regenbogenforelle 3 mg/L, Blauer Sonnenbarsch 4 mg/L, Karpfen 4 mg/L, Barsch 4 mg/L (96 Stunden).
Vogeltoxizität: Akute orale LD_{50} für Huhn 4.000 mg/kg und Stockente >4.640 mg/kg.
Wirbellosetoxizität: EC_{50} (48 h) für *Daphnia* 2,66 mg/L..

Terbutylazin. Wirkt als >Herbizid< und zählt zur Substanzklasse der Chlor-Triazine.
Chemische Bezeichnung: 2-Chlor-4-*tert*-butylamino-6-ethylamino-*s*-triazin
CAS-Nummer: 5915–41–3
Hersteller: Novartis
Wirkungstyp: Herbizid für selektive und allg. Anwendung. Wirkung über Blatt und Boden. Hemmstoff der Photosynth. und anderer fermentativer Prozesse in der Pflanze.
Bevorzugte Anwendung: Selektiv gegen Unkräuter in Kartoffeln und Mais und gegen zweikeimblättrige Unkräuter in Winter- und Sommergetreide (ausgenommen Roggen). Im Gemisch mit weiteren Herbiziden (Vorox u.a.) auf Nichtkulturland, Wegen, Plätzen, Gleisanlagen.

Chemische und physikalische Eigenschaften:
Physikalische Beschaffenheit: Krist., farblos.
Schmelzpunkt: 177 bis 179 °C.
Verteilungskoeffizient (log $P_{o/w}$): 3,04 bei 20 °C.
Dampfdruck: $1,5 \cdot 10^{-6}$ hPa bei 20 °C.
Stabilität: Stabil in neutralem, schwach saurem und schwach alkal. Medium. Wird durch Säuren und Laugen beim Erwärmen hydrolysiert.
Löslichkeit: In Wasser 8,5 mg/L bei 20 °C.
Abbau: Chlortriazine werden im Boden mikrobiell durch Dealkylierung der Seitenketten, Hydroxylierung und schließlich durch Ringspaltung abgebaut. Im Säugerorganismus wird T. nach oraler Gabe rasch absorbiert. Innerhalb von 24 Stunden Ausscheidung von 80 bis 84 %, etwa zu gleichen Teilen renal und über die Faeces. Während der Passage wird Terbutylazin vollständig metabolisiert, hauptsächlich durch Ox. der *tert*-Butylgruppe bis zur Carbonsäure, durch oxidative Dealkylierung der Aminogruppen und durch Reaktion des Chlors mit endogenen Thiolreagenzien.
Toxizität: Akute orale LD_{50} für Ratten 2.160 mg/kg. Akute dermale LD_{50} für Kaninchen > 3.000 mg/kg. Höchste Dosis ohne Wirkung bei Verabreichung an Ratten über 90 Tage etwa 5 mg/kg/Tag. Inhalationstoxizität: LC_{50} für Ratte > 3,51 mg/L Luft (4 Stunden). Bei Kaninchen keine Haut- und Augenreizung.
Bienentoxizität: Nicht bienengefährlich LD_{50} (oral und Kontakt) >100 µg/Biene.
Fischtoxizität: LC_{50} (96 Stunden) für Goldfisch 9,4 mg/L, für Regenbogenforelle 4,6 mg/L und für Sonnenbarsch 52 mg/L.

Vogeltoxizität: Akute orale LD_{50} für Stockente und Wachtel >1.000 mg/kg. 8-Tage-Fütterungstest LC_{50} für Stockente und Wachtel >5.620 mg/kg.
Wirbellosetoxizität: EC_{50} (48 h) für *Daphnia* 21,2 mg/L. LC_{50} (7 d) für Regenwurm 210–1.000 mg/kg Boden.

Termiten (Isoptera). In der gemäßigten Klimazone findet man holzfressende T. nur als Kulturfolger in Holzbauten z.B. der Seehäfen. >Insecta<.

Terpentinöl. Wird durch Wasserdampfdestillation aus dem Harzsaft verschiedener Pinusarten gewonnen. Hauptbestandteil des T. sind zu 80 bis 90 % >*alpha*- und *beta*-Pinen<.

Terpolymerisation. >Copolymerisation<.

Terra fusca. Boden, der sich aus Verwitterungsrückständen von Kalk- oder Gipsgestein bildet und dessen Verbraunungshorizont (Bv-Horizont; >Bodenhorizonte<) durch Eisen(III)-oxide braun leuchtend gefärbt ist. Die T.f. wird daher auch als „Kalkstein-Braunlehm" bezeichnet. Da das Ausgangsgestein oft nur 5 % nichtcarbonatische Bestandteile enthält, müssen bei der Bodenbildung sehr große Kalksteinmengen aufgelöst werden, so daß sich eine T.f. sehr langsam entwickelt. Meist ist sie sehr tonreich (>60 %) und daher auch plastisch. Oft enthält sie ausreichende Mengen an Pflanzennährstoffen; ihre nutzbare Wasserkapazität ist aber wegen des hohen Totwasseranteils nicht sehr groß.

Terrestrische Strahlung. 1. Geophysik: In der Erdkruste befinden sich sehr langlebige >radioaktive< >Nuklide< (>Uran<-238 mit einer >Halbwertszeit< von 4 Mrd. Jahren, >Thorium<-232 mit 14 Mrd. Jahren und >Kalium<-40 mit etwa 1 Mrd. Jahren). Die beim >Zerfall< ausgesendete durchdringende >Gammastrahlung< kann zu einer >Strahlenexposition< der Bevölkerung führen. Bei den Sedimentgesteinen des süddeutschen Raums und der norddeutschen Tiefebene liegen die >Expositionen< bei 0,3 mSv pro Jahr, in den Urgesteinen des Schwarzwaldes und des Bayerischen Waldes können sie mehr als 1 mSv pro Jahr erreichen. Im Durchschnitt führt in Deutschland die terrestrische Komponente zu einer Strahlenexposition von etwa 0,5 mSv (>natürliche Strahlenexposition<). >Extraterrestrische Stahlung<.
2. Meteorologie: Die von der Sonne ausgehende solare Strahlung erreicht als >extraterrestrische Strahlung< die – fiktive – Obergrenze der Atmosphäre. Die zugehörige spektrale Energieverteilung entnehme man der Abb. bei >extraterrestrische Strahlung<. Beim Durchgang durch die Atmosphäre erfährt die kurzwellige Strahlung verschiedene Streu- und Absorptionsprozesse an sichtbaren (Wolken, Wassertröpfchen, Dunst, >Aerosole<) und nicht sichtbaren (Wasserdampf, Kohlendioxid) >Luftbeimengungen<. Anschließend wird die kurzwellige Strahlung an der Erdoberfläche reflektiert und absorbiert. Die Beschaffenheit der Erdoberfläche, d.h. feste Erde mit den verschiedensten Vegetationsformen, Meere, Eis usw., bestimmt den Grad der Reflexion und Absorption, >Reflexionsgrad<. Diese Prozesse innerhalb der Atmosphäre sowie an ihrer Untergrenze bestimmen wiederum die >Strahlungsbilanz<. Die absorbierte kurzwellige Strahlung wird als langwellige Wärmestrahlung, t.S. genannt, wieder ausgestrahlt, >Ausstrahlung<. Sie berechnet sich nach dem Stefan-Boltzmann-Gesetz:

$$E = \sigma T_B{}^4 \cdot [\text{W m}^{-2}]$$

wobei $\sigma = 5{,}67 \cdot 10^{-8}$ Wm^{-2}K^{-4} und T$_B$: Temperatur der strahlenden Erdoberfläche in K. >Wärmestrahlung der Atmosphäre<, >extraterrestrische Strahlung<, >Ausstrahlung<.
Lit: VDI 3789, Blatt 2: Umweltmeteorologie.

terrikol. Im Boden lebend.

Territorium. Wohnbereich eines individuellen Tieres. T. kommen besonders bei Wirbeltieren vor. Sie können unterschiedliche, im Jahresverlauf wechselnde Größe besitzen, z. B. in Abhängigkeit vom Nahrungsangebot. Territorial sind männl. und/oder weibl. Tiere. Gegen das gleiche Geschlecht werden die T. oft verteidigt. Vielfach können sich nur die Besitzer von T. fortpflanzen, z. B. der Platzhirsch. Dadurch sind T. für die >Populationsdynamik< von Bedeutung.

Terry-Report. (Smoking and Health, Publ. 1103, Washington: US. Dept. Health, Educ. Welfare 1964). Danach kann als gesichert gelten, daß der Zigarettenverbrauch zu statistisch signifikant erhöhtem Auftreten von Lungenkrebs führt, im Bereich von Kehlkopf, Mundhöhle, und Speiseröhre bilden sich weit häufiger Tumoren als bei Nichtrauchern. >Tabakrauch<.

F-Test. Mathematische Methode zur Prüfung der Ungleichheit oder Gleichheit von zwei >Varianzen< (σ_1^2 und σ_2^2), die aus zwei unabhängigen, normalverteilten Meßreihen ermittelt wurden. Die Prüfgröße ist dabei definiert als der Quotient aus beiden Stichprobenvarianzen, wobei die größere Varianz σ_1^2 im Zähler steht, damit die Prüfgröße immer größer als Eins ist.

t-Test. (Syn. Student-Test). Mathematische Methode zum Vergleich zweier Mittelwerte bei gleichen oder ungleichen >Varianzen< von ausreißerfreien Meßserien aus vergleichbaren Probenmaterialien. Voraussetzung ist dabei, daß die Grundgesamtheiten (gesamte Anzahl der Meßwerte) eine >Normalverteilung< aufweisen.

Testacea (beschalte Amöben). >Protozoa<, >Mull-Moder-Modell< (s. Abb. S. 223).

Testgas. >Eichgas<, >Prüfgas<.

Testorganismus. Organismen, mit deren Hilfe bestimmte >Umweltfaktoren< oder Umweltzustände überprüft und quantifiziert werden. Häufig eingeschränkt benutzt für Organismen, die bei (öko)toxikologischen Tests verwendet werden, >Bioindikatoren<, >Indikatororganismen<, >Indikatorpflanzen<, >Lemna-minor-Test<, >ökologische Chemie<, >Ökotoxikologie<, >Toxizität<, >Toxizitätstests<.

Testosteron. Δ^4-Androsten-17β-ol-3-on. Ein männliches Geschlechtshormon, das eine androgene Wirkung (>Androgene<) besitzt. T. verursacht die Entwicklung der primären und sekundären Geschlechtsmerkmale. Wegen der anabolen Wirksamkeit des Steroidhormons wird T. u. a. als Masthilfsmittel bei der Schlachttierhaltung eingesetzt. Zum Verzehr bestimmtes Fleisch darf keine Rückstände von T. enthalten. Unter den männlichen Sexualhormonen kommt dem T. die größte Bedeutung zu. Die biologische Wirkung von T. läßt sich in einer Förderung der sekundären männlichen Geschlechtsmerkmale und in der Aufrechterhaltung der Funktion von Nebenhoden, Samenblasen und Prostata ablesen. T. prägt infolge seiner anabolen Wirkungsrichtung auf Skelett und Muskulatur (>Anabolika<) den männlichen Habitus. T. fördert die Eiweißsynthe-

se, den Aufbau des Knochengewebes und im geringen Maße die Natrium- und Wasserretention.

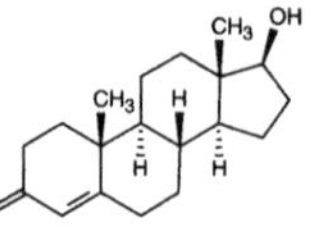

Testreferenzjahr. (Abk.: TRY, stammend von der englischen Bezeichnung, da im englischen Sprachraum zuerst entwickelt: *test reference year*). Datensätze ausgewählter meteorologischer Elemente für jede Stunde eines Jahres für verschiedene Regionen eines Landes. Die betreffenden Regionen wurden unter dem Gesichtspunkt eines ähnlichen >Klimas< abgegrenzt. Das T. beinhaltet den charakteristischen >Witterung<sverlauf eines durchschnittlichen Jahres und ist so konzipiert, daß die Jahresmittelwerte der einzelnen Wetterelemente an den Repräsentanzstationen der jeweiligen Region mit den Mittelwerten übereinstimmen, die auf den vieljährigen Datenreihen basieren. Für Deutschland wurden die entsprechenden TRY-Datensätze beim >Deutschen Wetterdienst< (DWD) entwickelt. Diese zyklischen Datensätze für ein komplettes Jahr wurden primär für die Heizungs-, Lüftungs- und Klimatechnik entwickelt, da die wirtschaftliche Auslegung von heiz- und raumlufttechnischen Anlagen u. a. von den meteorologischen Randbedingungen am jeweiligen Standort abhängig ist. Somit liefern zur Simulation des Betriebes von Heizungs-, Lüftungs- und Klimaanlagen und des thermischen Verhaltens von Gebäuden die TRY die geeignete klimatologische Randbedingung. Die TRY-Daten können darüber hinaus für die Simulation anderer technischer und nichttechnischer Systeme verwendet werden, die in vergleichbarer Weise von meteorologischen Elementen abhängen, z. B. für Fragen zur Anwendung der Solarenergie. Da seit der deutschen Vereinigung im Jahre 1990 nur noch das Altbundesgebiet durch TRY abgedeckt war, mußte das Konzept der TRY überarbeitet werden. Dazu wurde bewußt darauf verzichtet, die alten T. lediglich auf die neuen Bundesländer auszudehnen. Stattdessen wurden wiederum unter der Federführung des DWD neue T. für das gesamte Bundesgebiet nach dem zwischenzeitlich vorangeschrittenen Stand der Wissenschaft und Technik erstellt. Dazu wurde die der Auswahl von einzelnen Witterungsabschnitten zugrunde liegende Großwetterlagenklassifikation für die aktuellere Periode von 1961 bis 1990 durchgeführt. Eine bedeutsame Neuerung stellt die erstmalige Bestimmung der Strahlungsgrößen aus Meßdaten dar. Da für die direkte und diffuse >Sonnenstrahlung<, die >terrestrische Strahlung< und die >atmosphärische Gegenstrahlung< bei der Erstellung der alten TRY keine verwendbaren Meßdaten vorlagen, wurden diese Größen seinerzeit mit einem empirischen Verfahren berechnet. Zwischenzeitlich ist das Strahlungsmeßnetz des DWD so ausgebaut worden, daß für die neuen TRY an vielen Repräsentanzstationen für die meisten verwendeten Witterungsabschnitte Meßdaten vorliegen. Für die verbleibenden Lücken in den Strahlungsdaten konnte nunmehr ein Berechnungsverfahren verwendet werden, das gegenüber dem Verfahren für die alten TRY deutlich besser ist. Insofern ist die Qualität der Strahlungsdaten in den neuen TRY verbessert worden. Gegenüber dem bisherigen TRY wurde im neuen TRY bei der Auswahl der Klimaelemente auf die stündlichen Daten der Niederschlagshöhe verzichtet. Diese beiden Elemente sind für die eingangs beschriebenen Anwendungszwecke der Heizungs- und Klimatechnik von vernachlässigbarer Bedeutung. Andererseits enthalten die neuen TRY zusätzlich zur relativen >Feuchte< auch den Wasserdampfgehalt der Luft, der in der Meteorologie als Mischungsverhältnis bezeichnet wird. Um die räumliche Variabilität der meteorologischen Elemente in Deutschland hinreichend genau zu erfassen, betreibt der DWD einerseits ein Klimameßnetz mit ca. 600 über das ganze Bundesgebiet verteilten Stationen. Andererseits bedeutet eine große Anzahl von TRY-Datensätzen für die Anwender einen gewichtigen Kostenfaktor. So gab es bei den alten TRY Kundenwünsche nach nur einem einzigen für das ganze Bundesgebiet repräsentativen TRY. Tatsächlich war das Altbundesgebiet in 12 TRY-Regionen eingeteilt. Zur Lösung des Spannungsverhältnisses zwischen der Klimavariabilität in Deutschland und einer Kostenminimierung wurde vorgegeben, das Bundesgebiet möglichst nur in 15 TRY-Zonen aufzuteilen. Hierbei ist zu beachten, daß einzelne >Klimaelemente< in den Regionen, die große Höhenunterschiede aufweisen, mit höhenabhängigen Korrekturfaktoren zu versehen sind. Auch für andere Regionen Europas liegen TRYs vor. Auskünfte in allen Fragen zu den TRYs erteilt der Deutsche Wetterdienst in Offenbach am Main.

Lit: Blümel K et al. (1986) Entwicklung von Testreferenzjahren (TRY) für Klimaregionen der Bundesrepublik Deutschland, BMFT-Forschungsbericht T-86–051, Vertrieb durch: Fachinformationszentrum Karlsruhe, 76344 Eggenstein-Leopoldshafen – Christoffer J, Hollan E (im Druck) Die Testreferenzjahre von Deutschland für mittlere und extreme Witterungsverhältnisse. Berichte des Deutschen Wetterdienstes, Offenbach.

Teststäbchen. Werden für u. a. *Feldtests* als Such- oder Vortests zur qualitativen oder halbquantitativen Bestimmung von Ionen oder Verbindungen eingesetzt, z. B. Nitrit-, Nitrat-, Sulfationen. Auf einem Träger (z. B. Kunststoff-Folien) sind eine oder auch mehrere Zonen zu sehen, die mit Zusätzen imprägniert sind. Nach dem Eintauchen in das wäßrige Milieu werden die Zonen mit einer Farbskala verglichen.

Testzyklus. >Fahrzyklus<.

Tetrabrombisphenol-A (TBBP-A). Bei der Umsetzung von Epichlorhydrin mit Bisphenol-A in Gegenwart von Alkali werden durch eine >Polykondensation<s-reaktion die >Epoxidharze< gebildet. So lag es nahe, anstelle des Bisphenol-A dessen Tetrabrom-Derivat (s. Abb.) einzusetzen und hierdurch das >Flammschutzmittel< kovalent in die Polymerhauptkette (Polymerrückgrat) einzubauen. Hierdurch wird die Migrationsneigung additiver Flammschutzmittel signifikant vermindert. Bei >Thermoplasten< und sonstigen Kunststoffen, in denen die Kondensation eines Bisphenols nicht möglich ist, wird das TBBP-A auch als monomeres >Additiv< eingearbeitet. Es ist unter den Handelsnamen Saytech RB-100, Dead Sea FR-1524, DOW-TBBA und Firemaster BP4A erhältlich. Weltweit wurden 1993 über 60.000 Tonnen TBBP-A verwendet.

Wie in verschiedenen Verbrennungsexperimenten gezeigt wurde, stellt TBBP-A in Kunststoffen einen unergiebigen Precursor für die PBDD/F-Bildung dar, im Gegensatz zu PBDE, aus denen im Brandfall in größeren Konzentrationen die PBDD/F gebildet werden. Dies ist in erster Linie darauf zurückzuführen, daß in TBBP-A die beiden aromatischen Kerne durch einen quartären Kohlenstoff voneinander getrennt sind und es darüber hinaus durch den Einbau in das Polymerrückgrat zu einer starken sterischen Hinderung kommt. Daher sind die PBDD/F-Bildungsraten bei der Verwendung des TBBP-A als Additiv höher als in Epoxidharzen. Es werden nur >Kongenere< mit 1-4-Bromsubstituenten gebildet, wobei es nicht zur Bildung der besonders toxischen 2,3,7,8-Isomere kommt. Daher wird diese Substanz bzgl. ihrer PBDD/F-Bildung zu den weniger umweltgefährdenden Flammschutzmitteln gerechnet.

Allerdings wurde das TBBP-A in Umweltproben nachgewiesen, was auf dessen Verwendung als monomeres Additiv zurückgeführt werden dürfte. Es ist fischtoxisch und hat aufgrund eines log K_{OW} = 4,5 das Potential zur Bioakkumulation. In Umweltproben liegt auch der dimethylierte Metabolit vor. Dieser ist stärker lipophil und reichert sich somit bevorzugt im Fettgewebe an.

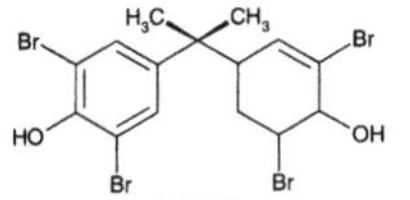

H₃C   CH₃
Br   Br
HO   OH
Br   Br
TBBP-A

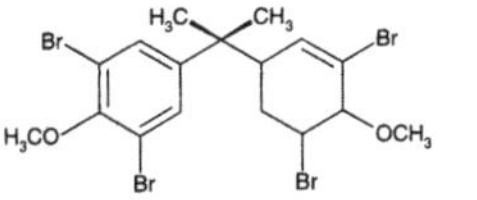

H₃C   CH₃
Br   Br
H₃CO   OCH₃
Br   Br
Me-TBBP-A

Lit: Watanabe I et al. (1983) Identification of the flame retardant tetrabromo bisphenol-A in the river sediment and the mussel collected in Osaka. Bull. Environ. Contam. Toxicol. 31: 48–52 – Zier B (1992) Bildung und Verhalten halogenierter Dibenzo-p-dioxine und Dibenzofurane bei thermischen Prozessen. Dissertation, TU München.

Tetrachlorbenzol. $C_6H_2Cl_4$. Ein aromatischer >Chlorkohlenwasserstoff<, in dem vier H-Atome des Benzolringes durch Chlor substituiert sind. Es liegen drei Isomere vor: 1,2,3,4-, 1,2,3,5- und 1,2,4,5-Tetrachlorbenzol. Tetrachlorbenzol dient als Zwischenstufe bei versch. org. Synthesen, z.B. bei der Synthese von 2,4,5-Trichlorphenol. Unter Normalbedingungen liegen alle drei Isomere als Feststoff vor. 1,2,4,5-Tetrachlorbenzol ist biologisch nur schwer abbaubar. LD_{50} = 1,2 bis 3,9 mg/kg (Ratte, oral). Tetrachlorbenzol wird auch in Müllverbrennungsanlagen durch Verbrennung von Polyethylen gebildet und gelangt mit dem Abgas in die Umwelt.

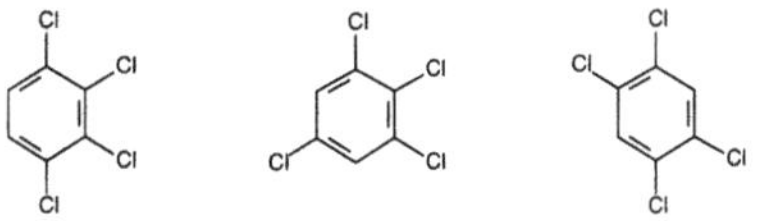

Cl   Cl   Cl
Cl   Cl   Cl
Cl   Cl   Cl
Cl   Cl   Cl
1,2,3,4-   1,2,3,5-   1,2,4,5-Tetrachlorbenzol

Tetrachlorbornane. Wurden als Modellsubstanzen zum besseren Verständnis des Verhaltens von höherchlorierten >Polychlorbornanen< eingesetzt.
Lit: Parlar H, Gäb S, Michna A, Korte F (1976) Chemosphere 5: 217.

Tetrachlorethen. (PER, Perchlorethylen, Perchlorethen). >Chlorkohlenwasserstoff-Verb.<;

$M_r = 165,8$;   Fp. $= -23,5\,°C$;   Siedepunkt $= 121,1\,°C$; Dichte $= 1,62$ g/cm³; Sättigungskonz. in der Luft bei $20\,°C = 127$ g/m³;   MAK-Wert $= 345$ mg/m³;   farblose, ätherisch riechende Flüssigkeit mit ausgezeichneten fettlösenden Eig. PER ist nicht brennbar, zersetzt sich jedoch bei hohen Temp. unter Bildung u. a. von >Phosgen< und >Chlor<. >Chronische< Aufnahme von PER in hohen Konz. kann zu Leber- und Nierenschäden sowie nervösen Störungen führen. In Exp. mit Mäusen, jedoch nicht mit Ratten, wurde eine carcinogene Wirkung nachgewiesen. PER ist daher in der >MAK-Liste< (Stand 1999) in der Kategorie 2 der krebserzeugenden Arbeitsstoffe (Hinweise aus Tierversuchen oder epidemiologischen Untersuchungen auf einen nennenswerten Beitrag zum Krebsrisiko) aufgeführt. Wegen seiner universellen Eigenschaften wie sehr gutes Fettlösungsmittel, Unbrennbarkeit und günstiger Preis galt PER viele Jahre als das optimale Lösungs- und Reinigungsmittel insbesondere in der >Chemischen Reinigung<, >Extraktion< und in >Oberflächenbehandlungsanlagen<. Für 1982 wurde der Gesamtverbrauch in der Bundesrepublik Deutschland zu 70.000 t/a abgeschätzt. Ein großer Teil der verbrauchten Menge wird jedoch letztendlich an die Umwelt abgegeben. Die hohe >Mobilität< – PER durchdringt sogar nahezu ungehindert >Beton< – führt dazu, daß zwischen >Atmosphäre<, >Gewässer< und Böden ein leichter Übergang stattfindet und damit eine weitverbreitete >Kontamination< gegeben ist, die auch durch die lange Lebensdauer von PER und den chlorhaltigen org. Zersetzungsprodukten in Boden und >Grundwasser< begünstigt wird. So sind zahlreiche Grundwasserverunreinigungen bekannt geworden. Die >Halbwertszeit< in der Atmosphäre beträgt einige Monate. Auch im Zusammenhang mit den festgestellten >Waldschäden< wurde eine Beteiligung von PER diskutiert. Ziel der Umweltschutzgesetzgebung wie der Verordnung zur >Emissionsbegrenzung< von leichtflüchtigen >Halogenkohlenwasserstoffen< ist daher die drastische Einschränkung des Verbrauchs an PER wie insgesamt der Halogenkohlenwasserstoffe durch Minimierung der >Emissionen<, aber vor allem durch Verzicht auf deren Verwendung durch Einsatz von Reinigungssystemen auf der Basis von Wasser (s. hierzu auch >Chemische Reinigung< und >Oberflächenbehandlungsanlagen<). Die durchschnittliche PER-Belastung ländlicher Gebiete erreicht weniger als 1 µg/m³, die von Ballungsgebieten ca. 2 bis 5 µg/m³. Die >TA Luft<, die zur Beurteilung immissionsschutzrechtlich >genehmigungsbedürftiger Anlagen< heranzuziehen ist, ordnet PER wegen des begründeten Verdachts auf ein krebserzeugendes Potential der Klasse I der Ziffer 3.1.7 zu. In der Summe dürfen die in dieser Klasse aufgeführten Stoffe bei einem >Massenstrom< von 0,1 kg/h und mehr im >Abgas< eine Konz. von 20 mg/m³ nicht überschreiten.

Tetrachlorkohlenstoff (Tetrachlormethan, Kohlenstofftetrachlorid). CCl_4. Tetrachlorkohlenstoff ist ein Halogenmethan, das unter Normalbedingungen als farblose, süßlich riechende Flüssigkeit vorliegt. Tetrachlorkohlenstoff hat kein natürliches Vorkommen. Die Synth. erfolgt durch Chlorierung chlorhaltiger org. Rückstände (Rückstands-Chlorolyse) oder aus Chlor und Schwefelkohlenstoff am Eisenkontakt. Tetrachlor-

kohlenstoff dient als unentflammbares Extraktions- und Lösungsmittel, z. B. für Fette, Öle und Harze, als Reinigungs- und Desinfektionsmittel, als Bestandteil von Fleckentfernern und als Füllstoff in Tetra-Feuerlöschern. Die Anwendung in diesen Bereichen ist heute jedoch weitgehend eingeschränkt. Die Produktion von Tetrachlorkohlenstoff soll bis zum Jahr 2000 eingestellt werden. Wichtig ist immer noch der Einsatz für chem. Synthesen, z. B. als Ausgangsprodukt für die Herstellung von >Fluorchlorkohlenwasserstoffen<. Tetrachlorkohlenstoff ist schwer abbaubar. Er wirkt auf Warmblüter narkotisch wie z. B. Chloroform (>Trichlormethan<), hat jedoch eine stark leberschädigende Wirkung. Teilweise wird die Substanz unverändert ausgeschieden. Ein Teil wird zu >Trichlormethan< und Kohlendioxid metabolisiert. $LD_{50} = 2,8$ g/kg (Ratte, oral). >CKW<.

Tetradifon. Ein Akarizid, das auf Kulturen von Wein und Obst gegen Spinnmilben eingesetzt wird.

Tetraethylblei. An entspr., von >Methan< abgeleitete Kohlenwasserstoffgruppe zur leichteren Löslichkeit im Kraftstoff gebundenes Blei zur Verbesserung der >Klopffestigkeit<. >Benzinverbleiung<.

Tetraiodthyronin. >Thyroxin<.

Tetramethylblei. An entspr. >Alkane< zur leichteren Lösbarkeit im >Kraftstoff< gebundenes >Blei< zur Verbesserung der >Klopffestigkeit<. >Benzinverbleiung<.

Tetrasul. Ein Akarizid, das auf Kulturen von Gurken und Tomaten eingesetzt wird.

Tetrodotoxin. (Syn. Tarichatoxin, Maculotoxin). Chinazolinalkaloid. Das Toxin kommt in sehr verschiedenen Tiergruppen in unterschiedlichen Geweben angereichert vor. Nachgewiesen wurde es beispielsweise in Ovarien, Testes, Leber und Eingeweiden von Fischen mehrerer Familien (Tetraodontidae, Diodontidae, Molidae, Triodontidae), in der Haut von Stummelfußfröschen (Atelopus), in den Speicheldrüsen des Tintenfisches *Hapalochlaena maculata*, in Meeresschnecken (Charonia u. a.) und in Seesternen (Astropecten). Bei den Fischen variiert der Gehalt an Toxin und damit die Giftigkeit mit dem Fortpflanzungszyklus; am höchsten ist sie kurz vor der Eiablage. Wahrscheinlich wird es durch diese Organismen nicht selbst synthetisiert, sondern mit der Nahrung aufgenommen bzw. durch im Körper der Tiere lebende Bakterien produziert. Die Fähigkeit zur Biosynthese von T. wurde bisher bei mehreren Bakterienarten (Alteromonas sp., mehreren Stämmen der Vibrionaceae, evtl. auch marinen Pseudomonasarten) nachgewiesen, die teils frei im Wasser leben und teils (Vibrio sp.) aus dem Darm der als giftig bekannten Krabbe *Atergatis floridus* isoliert wurden. Das reine Toxin bildet farblose Kristalle der Molmasse 319,28, die sich oberhalb von 220 °C ohne Zersetzung dunkel färben und kaum löslich in Wasser,

Ether oder Alkohol, aber gut löslich in verdünnter Essigsäure sind. Der LD_{50}-Wert (Maus, s.c.) beträgt 8 µg/kg. Zu Vergiftungen des Menschen kommt es hauptsächlich durch unvorsichtige Zubereitung bzw. übermäßigen Genuß von Kugelfischen (Fugu), die in Japan als Delikatesse gelten und nur in speziellen Restaurants von lizenzierten Köchen zubereitet werden dürfen. Obwohl Erhitzen das Toxin zerstört, wird der Genuß des rohen Fisches von vielen Fuguliebhabern vorgezogen, und zwar nicht nur wegen seines Geschmacks, sondern auch wegen der prickelnden Wirkung des Giftes, das in sehr geringer Konz. auch in den Muskeln vorkommt. T. ist ein Nervengift, das selektiv den Na^+-Transport durch die Zellmembran blokkiert und dadurch die Ausbildung von Aktionspotentialen verhindert. Der Tod tritt durch Atemlähmung ein. Zusätzlich wurden eine lokalanästhetische Wirkung und ein direkter Einfluß auf das Herz nachgewiesen.

Struktur des Tetrodotoxins

Lit: Mebs D (1989) Gifte im Riff. Wiss Verlagsgesell, Stuttgart – Teuscher E, Lindequist U (1987) Biogene Gifte. Fischer, Stuttgart New York, S. 71–76.

Textur. 1) In der >Röntgendiffraktometrie< Bezeichnung für die gleichmäßige Orientierung gestreckter (z.B. nadel- oder blättchenförmiger) Teilchen, durch die die Intensitäten der Röntgenreflexe verändert werden. 2) In der Bodenkunde Bezeichnung für die Korngrößenzusammensetzung einer Bodenprobe (>Bodenart<).

Thallium (Tl). Tl ist ein metallisches Element der 3. Hauptgruppe des >Periodensystems< mit der >Ordnungszahl< 81, dem relativen Atomgewicht 204,37 und besteht aus den natürlichen >Isotopen< ^{203}Tl (29,5 %) und ^{205}Tl (70,5 %). Tl hat große Ähnlichkeit mit >Blei<. An frischen Schnittflächen weißglänzend, läuft es an Luft sofort grau an. Schmelz- (Fp. 303 °C) und Siedepunkt (Sdp. 1.457 °C) sind vergleichsweise niedrig. Wegen seiner hohen Dichte (11,8 g/cm³) zählt Tl zu den >Schwermetallen<. Tl ist ein seltenes Element, das zwar an vielen Stellen vorkommt, aber nur in jeweils sehr geringen Konz. Vielfach findet es sich in Pyriten und Zinkblenden. Beim Rösten dieser >Sulfide< in den >Schwefelsäure<fabriken gelangt es in den Bleikammerschlamm und in den >Flugstaub<. In seinen Verb. ist Tl ein- und dreiwertig, wobei die einwertigen Verb. stabiler und damit häufiger sind. Tl wird u.a. zur Herstellung optischer Gläser und in Speziallegierungen (früher auch als Rattengift) eingesetzt, hat aber insgesamt keine große technische Bedeutung. Tl und seine Verb. inaktivieren im Organismus lebenswichtige Ferment-Sulfhydrilgruppen und können so zu schweren schleichenden Vergiftungen führen. Diese Vergiftungen äußern sich u.a. durch Haarausfall, Übelkeit, Lähmungen, Nervenschwund, Sehstörungen und Psychosen. Zu besonderen >Belastungen< durch Anreicherung von Tl kam es in der Vergangenheit in der Umgebung von Zementwerken, falls die eingesetzten Rohstoffe Tl enthielten. Wegen seiner hohen Flüchtig-

keit reicherte sich Tl im Flugstaub an. Durch Rückführung der abgeschiedenen Stäube in das Ofensystem wurde ein Kreislaufprozess ausgelöst, der zu extrem hohen Tl-Gehalten im Staub führte. Bei störungsbedingten Freisetzungen dieses >Staubes< kam es zu intensiven Belastungen in der Umgebung. Die >TA Luft<, die zur Beurteilung immissionsschutzrechtlich >genehmigungsbedürftiger Anlagen< heranzuziehen ist, führt Tl und seine Verb., angegeben als Tl, in der Klasse I der Ziffer 3.1.4 auf. In der Summe dürfen die in dieser Klasse aufgeführten Stoffe >Cadmium<, >Quecksilber< und Tl sowie deren Verb., angegeben jeweils als Element, bei einem >Massenstrom< von 1 g/h und mehr im >Abgas< eine Konz. von 0,2 mg/m³ nicht überschreiten.

Thaumatine. Proteine aus den Früchten von *Thaumatococcus danielli*, die einen süßen Geschmack besitzen und deshalb evtl. als >Süßstoffe< eingesetzt werden können.

Theoretische Meteorologie. (Ältere Bezeichnung: dynamische Meteorologie). Formulierung der physikalischen Zusammenhänge in der >Meteorologie< in mathematisch-physikalischen Gleichungen aufgrund allgemeingültiger Prinzipien und Gesetze, soweit die meteorologischen Vorgänge der mathematischen Darstellung zugänglich sind. Die th. M. ist deshalb kein eigener Teil der Meteorologie, sondern vielmehr eine Methode oder Arbeitsweise, die in vielen Teilgebieten der Meteorologie angewendet werden kann.
Lit: Defant A, Defant F (1958) Physikalische Dynamik der Atmosphäre, Akademische Verlagsgesellschaft, Frankfurt/Main.

Theoretische Ökologie. In diesem Teilbereich der >Ökologie< werden aufgrund von experimentellen Befunden bzw. Beobachtungen Theorien gebildet und diese mit mathematischen Methoden in Form von >Modellen< dargestellt.

Theoretischer Abbaugrad. >Abbaugrad<.

Thermalquellen. Quellen, deren Wässer definitionsgemäß eine Mindest-Wassertemp. von 20 °C aufweisen. Die erhöhten Temp. sind vor allem auf eine Erwärmung durch den irdischen Wärmestrom auf tiefreichenden Wanderwegen zurückzuführen. Sie sind häufig Verwerfungsquellen (>Quellen<), die in Quellen- oder Thermenlinien angeordnet sind (z.B. sind Teplice und Karlovy Vary an ein Bruchliniensystem am Südrand des Erzgebirges und Baden-Baden an ein Nebenspaltensystem des Oberrheingrabens geknüpft).
Lit: Michel G (1997) Mineral- und Thermalwasser – Allgemeine Balneogeologie. Gebr. Bornträger, Berlin Stuttgart.

Thermalwasser. Natürliches Grundwasser, das eine Temp. von über 20 °C aufweist.

Thermik. >Konvektive< Vertikalbewegung von Luftteilchen (Aufwind), hervorgerufen durch die starke Erwärmung des Bodens und der bodennahen Luftschichten durch die Sonneneinstrahlung. Die Ausbildung der T. wird wesentlich von der Bodenbeschaffenheit und der Bodenneigung beeinflußt. Über schnell aufheizbarem Untergrund (Sand, trockene Erde, Getreidefelder, Felsen, Häuser) wird die Luft rascher erwärmt als z.B. über Wiesen, Wäldern und Gewässern. Es bilden sich Warmluftblasen (Thermikblasen) mit einem Durchmesser von 200 bis 500 m, die sich bei genügendem Auftrieb vom Boden abheben und anfangs mit einer Geschwindigkeit von etwa 3 bis 5 m/s so lange aufsteigen, bis sie infolge >adiabatischer< Abkühlung und seitlicher Vermischung die Temperatur der Umgebungsluft angenommen haben. Der ersten Thermikblase folgt kurz darauf die nächste. Da sie im allgemeinen eine größere Auftriebsgeschwindigkeit hat, erreicht sie bald die Schleppe ihrer Vorgängerin. Der sich auf diese Weise bildende T.-Schlauch mit aufsteigender Luft wird gern von Segelfliegern zur Gewinnung von Höhe ausgenutzt. Ist die aufsteigende Luft noch nicht mit Wasserdampf gesättigt, so daß noch keine Wolkenbildung einsetzt, spricht man von Blauthermik. Bei ausreichender Luftfeuchtigkeit und >labiler< Schichtung bildet sich bei Erreichen des Kondensationsniveaus Thermikbewölkung (Cumuluswolken), auch kann es zu Wärmegewittern kommen. >Land- und Seewindzirkulation<, >Berg- und Talwindzirkulation<.

Thermionische Umwandlung. Die Umwandlung von Wärme in Elektrizität durch Ausdampfen von >Elektronen< aus einer heißen Metallfläche und Kondensation auf einer kühleren Oberfläche. Mechanisch bewegte Teile sind nicht erforderlich.

Thermionischer Detektor (TID). In der >GC< spezifischer Detektor für phosphor- und stickstoffhaltige Verbindungen, der auch als P-N-Detektor (PND oder NPD) bezeichnet wird. Er besteht aus einer auf einen Platindraht aufgeschmolzenen Alkalisalzperle (meistens einer Rubidiumverb.), die zwischen der Austrittsöffnung der Trennsäule und einer Kollektorelektrode (Anode) angebracht ist. Zwischen Salzperle und Elektrode liegt ein Potential von – 130 V. Das Alkalisalz wird über den Trägerdraht elektrisch beheizt. Zusätzlich wird durch die Zuführung eines schwachen H_2-Stromes eine reduzierende Atmosphäre geschaffen. Unter diesen Bedingungen bildet sich an der Oberfläche der Salzperle ein heißes Plasma aus (600 bis 800°C), in dem eine selektive Ionisierung der P- und N-haltigen Verb. im Gasstrom erfolgt. Der genaue Mechanismus ist nicht geklärt. Wahrscheinlich findet eine thermische Pyrolyse der P- und N-Verb. statt, deren Produkte mit den Alkaliatomen reagieren und dabei PO_2^- bzw. CN^--Ionen bilden. Diese verlieren anschließend ihr Elektron an der Kollektorelektrode, während die gleichzeitig gebildeten Alkalisalzionen über das negative Potential der Salzquelle entladen werden. Diese Änderung des Stromflusses wird als Detektorsignal registriert. In der Rückstandsanalytik ist der TID neben dem >ECD< der zweitwichtigste Detektor, da viele Pestizide Stickstoff in ihrem Molekül enthalten. Weiterhin wird die gesamte Gruppe der >Phosphorsäureester< erfaßt. Seine Nachweisgrenze liegt bei 10^{-13} g/s, wobei der lineare Meßbereich ca. 4 Zehnerpotenzen beträgt.

Thermische Abfallbehandlung. Unter t.A. versteht man alle Verfahren, bei denen der Abfall mit Wärme behandelt wird. Die Temp. des Abfalls wird dabei unter teilweisem oder vollständigem Luftabschluß (>Entgasung<, >Verschwelung<, >Verkokung<, >Pyrolyse<, >Vergasung<) oder unter Luftzufuhr (>Verbrennung<, >MVA<) max. bis 900°C (1.200°C) erhöht, und dadurch werden physikalische und chem. Reaktionen erzielt. Ziele sind: Zerstörung z.T. toxischer org. Bestandteile des Abfalls. Reduzierung des Vol. und der Masse des Abfalls (bei Verbrennung Vol.- und Massereduzierung um 80 bzw. 60% (mit Schlackeverwertung 80%) und Deponierung der Reststoffe ohne Schaden

für Menschen und Umwelt. Verwertung des Energieinhalts des Abfalls.

Lit:4.ZAF-Seminar: Abfallreduzierung und Restmüllentsorgung 28./29. September 1989, TU Braunschweig, ISSN 0934-9243 – Kaimer M, Schade D (Hrsg.) (1999) Bewerten von thermischen Abfallbehandlungsanlagen. E.Schmidt Verlag, Berlin – 13.ZAF-Seminar (Sept. 1998) Stoffstromspezifische Abfallbehandlung im Hinblick auf thermische Verfahren. TU Braunschweid – 11.DVV-Kolloquium (Sept. 1998) Stoffliche und thermische Verwertung von Abfällen in industriellen Hochtemperaturprozessen. TU Braunschweig – Thomé-Kozmiensky KI (Hrsg.) (1994) Thermische Abfallbehandlung. EF-Verlag für Energie- und Umwelttechnik, Berlin.

Thermische Belastung. Die Belastung der Gewässer mit >Abwärme<, insbesondere aus >Kraftwerken< und Industrieanlagen. Sie verursacht einen schnelleren Ablauf der Abbauprozesse und kann bei dem mit >Abwasser< stark belasteten Gewässern zu Sauerstoffmangel und Schädigung der Wasserqualität führen. Auswirkungen auf Fischbestand und Trinkwasserversorgung sind möglich. Für die großen Flußsysteme existieren sog. >Wärmelastpläne<, die eine Überhitzung der Flüsse durch übermäßige Einleitung von >Kühlwässern< aus Großkraftwerken verhindern sollen. Hierbei sind Maximaltemperaturen von 26 bis 28°C im Gespräch. Die Temperaturerhöhung eines Wassers von 10 auf 28°C hat eine Verringerung der Sauerstofflöslichkeit um 29% zur Folge. Weiterhin bewirkt die höhere Temperatur eine gesteigerte Stoffwechseldynamik, d.h. sowohl Auf- wie Abbauprozesse werden beschleunigt und zwar um den Faktor 2 bis 3 bei einer Temperaturstufe von 10 K. Für hocheutrophe Gewässer mit einer bereits angespannten Sauerstoffbilanz besteht die Gefahr des Überganges in die polytrophe Stufe als Folge der Wärmebelastung.

Lit: Bretschneider H, Lecher K, Schmidt M (1982) Taschenbuch der Wasserwirtschaft, 6.Aufl., Verlag Paul Parey, Hamburg Berlin.

Thermische Säule. In einigen >Forschungsreaktoren< vorhandenes Bauteil zur Erzeugung >thermischer Neutronen< für Versuchszwecke. Sie besteht aus einer großen Anhäufung von >Moderator<substanz (häufig >Graphit<) neben der Spaltzone oder dem >Reflektor< des >Reaktors<. Aus dem Reaktor austretende Neutronen dringen in die thermische Säule ein und werden dort abgebremst. Der Anteil thermischer Neutronen am Gesamtneutronenspektrum wird dadurch stark erhöht.

Thermische Schichtung der Atmosphäre. Die t.S. der Atmosphäre wird durch ihren vertikalen Temperaturgradienten bestimmt. Man unterscheidet drei Formen der t.S.:
– >Stabile< Schichtung: Das Temperaturprofil ist so beschaffen, daß ein aus seiner ursprünglichen Lage vertikal ausgelenktes Luftquantum stets eine rücktreibende Kraft erfährt, da es kälter und damit schwerer (bei Auslenkung nach oben) bzw. wärmer und damit leichter (bei Auslenkung nach unten) als seine neue Umgebung ist; auch: thermische Stabilität.
– Labile Schichtung: Das Temperaturprofil ist so beschaffen, daß ein aus seiner ursprünglichen Lage vertikal nach oben oder unten ausgelenktes Luftquantum wärmer als die Umgebung ist und damit Auftriebskräfte erfährt, die es noch weiter aus seiner Ursprungslage zu entfernen trachten; auch: thermische Instabilität.
– Neutrale Schichtung: Das Temperaturprofil ist so beschaffen, daß ein aus seiner ursprünglichen Lage

vertikal ausgelenktes Luftquantum stets dieselbe Temperatur aufweist wie seine Umgebung, so daß es weder rücktreibende noch die Auslenkung verstärkende Auftriebskräfte erfährt.

Thermische Turbulenz. Derjenige Anteil der atmosphärischen >Turbulenz<, der durch eine gegenüber der Luft wärmere Erdoberfläche ausgelöst wird. Das Spektrum der Bewegungsvorgänge der th.T., s. Abb. bei >Scale<, reicht von Größenordnungen von weniger als 1 m, wie z.B. aufsteigende Warmluftblasen über erhitzten Gegenständen, bis zu einigen 100 m, wie z.B. großräumige Konvektion mit der Bildung von Cumulus- und Cumulonimbusbewölkung und darüber hinaus bis hin zu Cloudclustern. Die Vorgänge der th.T. werden unter dem Begriff >Konvektion< zusammengefaßt, sofern man die Auswirkungen der unterschiedlichen Temperaturverhältnisse am Boden betonen will.

Thermische Windgleichung. Mathematische Beziehung zwischen der Änderung des >geostrophischen Windes< mit der Höhe in Abhängigkeit vom Verlauf der Isothermen innerhalb einer Druckfläche.

$$\frac{\partial V_g}{\partial z} = -\frac{g}{fT_v}\, \nabla_p T_v \times k$$

Dabei bedeuten: V_g = geostrophischer Wind, g = Erdbeschleunigung, $f = 2\,\omega \sin \varphi$, >Coriolis<-Parameter der Erde, $\omega = 7{,}292\,10^{-5}\,s^{-1}$, Winkelgeschwindigkeit der Erde, φ = geographische Breite, T_v = >virtuelle Temperatur<, $\partial V_g/\partial z$ = vertikale Scherung des geostrophischen Windes, $\nabla_p T_v$ = Gradient der virtuellen Temperatur auf der betreffenden Druckfläche.
Man erkennt, daß die Windrichtung mit der Höhe gleich bleibt, wenn >Isobaren< (bzw. >Isohypsen<) und >Isothermen< parallel verlaufen ($\nabla_p T_v = 0$); sind aber die Isothermen so angeordnet, daß die wärmere Luft im Bereich des höheren, die kältere dagegen im Bereich des niedrigeren Luftdruck liegt, so nimmt der Wind mit der Höhe zu; im entgegengesetzten Fall nimmt er ab. Kreuzen sich Isobaren (bzw. Isohypsen) und Isothermen in der Weise, daß der Wind in ein kälteres Gebiet weht (Warmluft>advektion<), so dreht der Wind mit der Höhe nach rechts, weht der Wind dagegen in ein wärmeres Gebiet (Kaltluftadvektion), so dreht der Wind mit der Höhe nach links. Wegen des in nahezu der gesamten >Troposphäre< gleichsinnigen horizontalen Temperaturgradienten ist die th.W. Ursache für die Ausbildung des polaren >Strahlstromes<.

Thermischer Brutreaktor. >Brutreaktor<, in dem die Spaltungskettenreaktion durch >thermische Neutronen< aufrechterhalten wird. Thermische Brutreaktoren wandeln nicht spaltbares Th-232 in spaltbares U-233 um.

Thermischer Wind. Gibt den Betrag an, um den sich der >geostrophische Wind< aufgrund des horizontalen Temperaturgradienten ($\nabla_p T_v$) mit der Höhe ändert.

Thermischer Wirkungskomplex. Die durch >Lufttemperatur<, Luft>feuchte<, >Windgeschwindigkeit<, kurz- und langwelliger >Strahlung< gesteuerte Wärmeabgabe des Menschen. Bei Behinderung der Wärmeabgabe trotz angepaßter Bekleidung tritt Wärmebelastung ein, bei starkem Wärmeentzug Kältereiz. Das thermische Milieu wird durch sog. Komplexgrößen, Indizes oder Klimasummenmaße, besser noch durch Wärmehaushaltsmodelle beschrieben; >gefühlte Temperatur<, >Klima-Michel<.

Thermisches Gleichgewicht. Endzustand in einem abgeschlossenen thermischen System, der sich nach einiger Zeit von selbst einstellt, sobald sich die ursprünglich vorhandenen Temperaturunterschiede durch gegenseitige Wechselwirkungen (Wärmeleitung, Wärmeaustausch) völlig ausgeglichen haben. In der >Atmosphäre< würde th.G. herrschen, wenn die Flächen gleicher Temperatur und diejenigen gleichen Drucks parallel zueinander verlaufen würden. Die Natur ist stets bestrebt, das th.G. herzustellen. Dies geschieht insbesondere durch die in verschiedenen Größenordnungen ablaufende atmosphärische >Turbulenz<. Durch die regional und saisonal unterschiedlichen Strahlungsvorgänge (>Sonnenstrahlung<, langwellige >Ausstrahlung<) sind dagegen Wärmequellen und Wärmesenken vorhanden, die einen vollständigen Ausgleich der Temperaturgegensätze in der Atmosphäre verhindern.

Thermodynamik. T., oft vereinfachend mit „Wärmelehre" gleichgesetzt, ist die Wissenschaft von den alle realen Vorgänge begleitenden Wärmeerscheinungen. Die Grundlage dieser axiomatischen Wissenschaft bilden ihre zwei Hauptsätze, die keinerlei Interpretation durch Vorstellungen zu den mikroskopischen Bewegungsvorgängen bedürfen. Heute wird v.a. unterschieden in die engere T. der >reversiblen< Prozesse (auch Gleichgewichtst. oder Thermostatik), die sich im wesentlichen mit erdachten reversiblen Prozessen beschäftigt und v.a. Aussagen zur Effektivität von Energieumwandlungen erlaubt, und die T. der irreversiblen Prozesse (in der Anwendung auf physikalische Phänomene auch Rationale T.), deren Aussagen sowohl in der Physik als auch in der Biologie wesentlich weiter reichen, aber auch umstrittener sind.
Lit: Müller I (1973) Thermodynamik – Die Grundlagen der Materialtheorie. Bertelsmann Universitätsverlag, Düsseldorf – Prigogine I (1967) Introduction to thermodynamics of irreversible processes. Wiley Intersc. Publ. – Prigogine I (1969) Structure, dissipation and life. Theoretical Physics and Biology, 23–52, North Holland Publ. Co., Amsterdam.

Thermodynamisches Diagramm. Diagramm-Papier für die Auswertung >aerologischer Aufstiege<, entwickelt von dem deutschen Meteorologen G. STÜVE (1888 bis 1935). Auf der Abszisse ist in linearem Maßstab die Temperatur, auf der Ordinate in einer exponentieller Skala der nach oben hin abnehmende Luftdruck aufgetragen. In den meisten t.D. sind die >Trockenadiabaten<, die >Feucht- oder Sättigungsadiabaten< sowie die Isolinien des >Sättigungsmischungsverhältnisses <eingetragen. Aus den in das t.D. eingetragenen Vertikalverteilungen der Temperatur und der Taupunktdifferenz sowie der Horizontalwinde des aerologischen Aufstiegs lassen sich Energiebetrachtungen über die von der Radiosonde durchflogenen Luftmasse durchführen. Das t.D. ist ein bewährtes Hilfsmittel zur Abschätzung der Eintrittswahrscheinlichkeiten von sich ausbildender Bewölkung sowie von Gewittern oder >Böen<.

Thermokline. >Sprungschicht<.

Thermolumineszenzdosimeter. Radiothermolumineszenz ist die Eigenschaft eines Kristalls, bei Erwärmung Licht auszusenden, wenn dieser vorher >ionisierender Strahlung< ausgesetzt war. In weiten Bereichen ist die emittierte Lichtmenge der eingestrahlten Dosis proportional. Man nutzt zur Dosisbestimmung z.B. den Radiothermolumineszenzeffekt von Calcium- oder Lithiumfluorid.

Thermonukleare Reaktion. >Kernreaktion<, bei der die beteiligten Teilchen die für die Reaktion erforderliche Reaktionsenergie aus der thermischen Bewegung beziehen. Der Begriff bezieht sich gewöhnlich auf >Kernfusionsreaktoren<.

Thermopause. Obergrenze der >Thermosphäre<, s. Abb. bei >Atmosphäre<.

thermophil. Wärmeliebend.

Thermoplaste. Nichtvernetzte, meist lineare >Kunststoffe<, die bei höheren Temperaturen reversibel weich und formbar werden. Im Gegensatz zu >Duroplasten< kann dieser Prozeß der >Warmumformung< z.B. durch >Extrusion< mehrfach wiederholt werden. Daher sind thermoplastische Kunststoffe dem werkstofflichen >Kunststoffrecycling< prinzipiell zugänglich. Schwierigkeiten treten jedoch dadurch auf, daß mit jeder thermischen Behandlung eine gewisse Schädigung mit Verschlechterung der Polymereigenschaften einhergeht. Auch die Getrenntsammlung unterschiedlicher Kunststoffe bereitet Probleme, insbesondere dann, wenn die T. als >Polyblends< bzw. in Form von >Verbundwerkstoffen< zum Einsatz kommen. Typische T. sind die >Polyolefine<, >Polystyrol<, >Polyvinylchlorid<, >Polyamide< sowie lineare >Polyester< und >Polyurethane< (>Kunststoffe<).

Thermoreaktor. Abgasreinigungssystem von Verbrennungsmotoren, insbesondere >Ottomotoren<. Der T. befindet sich bei diesen Systemen unmittelbar am Motor und setzt in seiner Brennkammer bei hohen Temp. >CO< und >HC< durch Ox. um. Im Vergleich zu >Katalysatorsystemen< ist dabei der erforderliche sehr hohe Betriebstemp. und der in den meisten Fällen damit verbundene höhere >Kraftstoffverbrauch< nachteilig. Man unterscheidet sog. magere Reaktoren, für die das >Kraftstoff-Luftgemisch< des Motors entspr. Luftüberschuß für die nachträgliche Ox. enthalten muß, und sog. fette Reaktoren mit Kraftstoffüberschuß im Gemisch und einer zusätzlich erforderlichen Luftpumpe, >Sekundärluftpumpe<, die die erforderliche Verbrennungsluft nach dem Auslaßventil des Motors einbringt. Der T. hat sich jedoch bei hohen Ansprüchen an die Abgasreinigung gegenüber dem Katalysator nicht durchsetzen können.

Thermoregulation. Warmblütige (>homoiotherme<) Tiere besitzen einen Mechanismus, um ihre Körpertemperatur auf einem Wert konstant zu halten, der meist deutlich über der Umgebungstemperatur liegt. Dieser Mechanismus arbeitet nach dem Prinzip des >Regelkreises<. In Verbindung mit einer Wärmeisolierung durch Pelz und/oder Fett bzw. der Möglichkeit zur Kühlung und Wärmeabgabe wird damit die Temperatur auch bei stark schwankenden Außentemperaturen konstantgehalten. Bei Tieren im Winterschlaf wird der Sollwert herabgesetzt, z.B. beim Igel, oder die T. wird ausgeschaltet, wie bei Fledermäusen. Auch wechselwarme >poikilotherme< Tiere sowie Pflanzen können z.T. eine gewisse T. durchführen. Eine Abkühlung wird z.B. durch Erzeugung von Verdunstungskälte erreicht, eine Erwärmung durch Muskelaktivität wie bei Bienen im Bienenstock.

Thermoselect-Verfahren. Das T.-V. (s. Abb.) stellt als kombiniertes, unterbrechungsloses Ent- und Vergasungsverfahren mit integrierter Direkteinschmelzung eine relativ junge Entwicklung im Bereich der thermischen Abfallbehandlung dar. Erste Versuche erfolgten

1989, und bereits 1992 konnte eine großtechnische Pilotanlage (4,2 t/h) in Fondotoce (Italien) in Betrieb genommen werden. Seit 1994 besitzt die Anlage eine Dauerbetriebsgenehmigung.

1994 entschieden sich der Abfallentsorgungsverband Ansbach und 1995 die Stadt und der Landkreis Karlsruhe für den Bau einer T.-Anlage mit einer Kapazität von 100.000 bzw. 225.000 t/a. Die Karlsruher Anlage befindet sich im Bau und soll Anfang 1999 ihren regulären Betrieb aufnehmen. Der Bau der Anlage in Ansbach ist dagegen wegen fehlender Auslastung noch nicht sicher.

Die T.-Anlagen sollen modular aufgebaut werden, wobei eine Reaktorlinie für einen Restabfalldurchsatz von ca. 10 t/h ausgelegt ist. Für die einzusetzenden Abfälle ist, bis auf Sperrmüll, keine Vorbehandlung vorgesehen. Die besten Voraussetzungen für die Ent- und Vergasung bestehen allerdings beim Einsatz einer zerkleinerten und gut durchmischten Abfallfraktion, weshalb eine Abfallvorbehandlung – wie bei der Karlsruher Anlage vorgesehen – von Vorteil ist. Der angelieferte Abfall wird in einer Presse auf ca. 10 % seines Ursprungsvolumens verdichtet und anschließend in den Entgasungskanal befördert. Zuvor kann Klärschlamm zugegeben werden.

Beim T.-V. ist, neben den festen und flüssigen Reststoffen, insbesondere das durch Vergasung mit reinem Sauerstoff gewonnene Synthesegas in einer Menge von ca. 890 m^3 je Tonne eingesetzten Restabfalls zu nennen, das sowohl intern als auch extern in Gasmotoren, Zündstrahlmotoren, Gasturbinen etc. energetisch verwertet werden kann. Das Synthesegas kann prinzipiell auch zur Synthese von z.B. Methanol oder Kohlenwasserstoffen verwendet werden.

An der bisherigen Anlage fallen bezogen auf den Restabfall-Input ca. 26 Gew.-% als Granulatmischung (Mineralstoff/Metallegierung) an. Der Mineralstoff ist nach Abtrennung direkt verwertbar, die Metallegierung kann metallurgisch verwertet werden. Aus der abgasseitigen Reinigung fallen weiter ca. 2 Gew.-% Feststoffe (Metallfällungsprodukt der Prozeßwasserreinigung und Schwefelkuchen aus der Rohgasreinigung, Mineralstoff/Quenche) an, die mit einem vertretbaren Aufwand aufbereitet werden können. Das Mischsalz aus der Prozeßwasserreinigung (ca. 1 Gew.-%) kann entweder aufbereitet bzw. verwertet oder muß als Sonderabfall deponiert werden.

Lit: Kaimer M, Schade D (Hrsg.) (1999) Bewertung von thermischen Behandlungsanlagen (Planung, Genehmigung, Konzept und Betrieb). Erich Schmidt Verlag, Berlin.

Thermosiphonanlage. >Solaranlage<, die Wasser in einem >Speicher< im Naturumlauf, d.h. ohne Pumpen mit Hilfe eines >Sonnenkollektors< erwärmt. Eine T. besteht i. allg. aus einem Sonnenkollektor, Kaltwasserzulauf, einem Warmwasserablauf und einem Speicher. Dem Kollektor wird kaltes Wasser zugeführt und durch die vom Kollektor absorbierte >Solarstrahlung< erwärmt. Das erwärmte Wasser, das aufgrund seiner geringeren Dichte leichter ist als kaltes Wasser, steigt nach oben und fließt in den Speicher. Von dort kann es nun vom Verbraucher z.B. als Warmwasser genutzt werden. Dem Speicher wird dann, um den „Wasservorrat" konstant zu halten, wieder Kaltwasser zugeführt, das dann wiederum in den Kollektor abläuft, so lange bis Temperaturausgleich herrscht, d.h. die Temperatur im Kollektor ist gleich der im Speicher. Bei Abnahme von warmem Wasser und Zufluß kalten Wassers be-

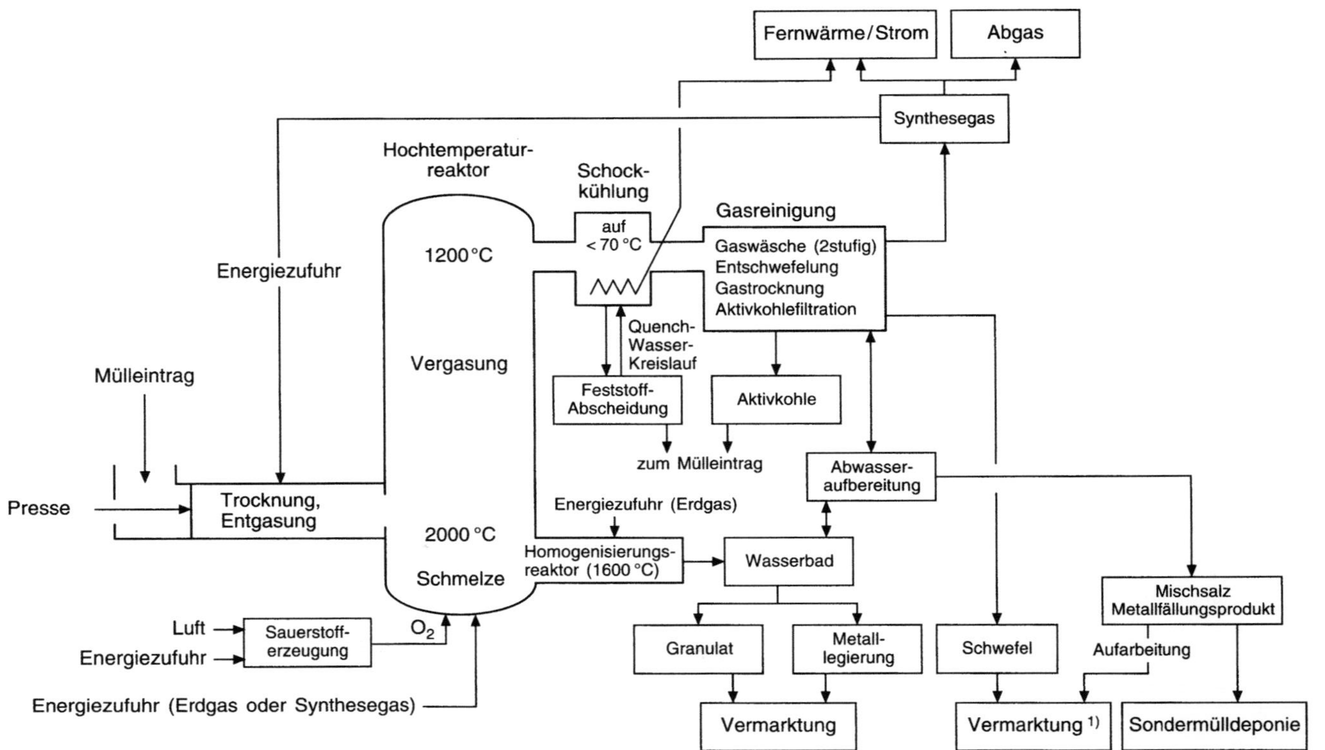

Thermoselect-Verfahren: Prinzipschema. Vergleichende Bewertung s. >Anlagen zur thermischen Abfallbehandlung<

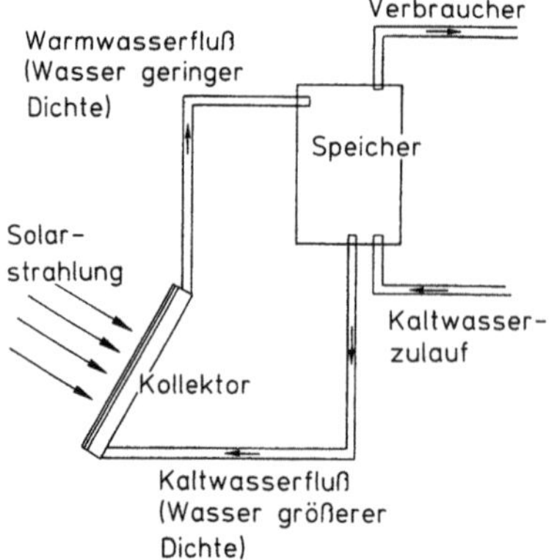

Thermosiphonanlage: Mit Hilfe eines Solarkollektors wird kaltes Wasser erwärmt und fließt dann ohne Hilfe von Pumpen in einen Speicher. (Aus: Mini-Lex der Energie 1985)

ginnt wieder der Naturumlauf. Die Temperatur des warmen Wassers hängt nur von der >Sonneneinstrahlung< ab und ist nicht regelbar (s. Abb.).

T. werden überwiegend im Niedertemperaturbereich eingesetzt. Sie besitzen sowohl preisliche als auch systematische Vorteile gegenüber Solaranlagen mit erzwungenem Wärmekreislauf. Dadurch, daß keine Kosten für eine Pumpe entstehen, hofft man auf weitere wirtschaftliche Verbesserungen dieser Anlage. Besonders in Südeuropa sind schon zahlreiche T. in privaten Haushalten installiert.

Lit: BMFT – Referat Öffentlichkeitsarbeit (Hrsg.) (1992) Erneuerbare Energien. BMFT Bonn – Khartchenko N (1995) Thermische Solaranlagen. Springer-Verlag, Berlin Heidelberg.

Thermosphäre. Das sich an die >Mesosphäre< anschließende Stockwerk der Atmosphäre, beginnend in 80 bis 85 km Höhe und bis etwa 500 bis 1.000 km Höhe reichend, s. Abb. bei >Atmosphäre<. In der Th. steigt die Temperatur von etwa $-90\,°C$ an der Untergrenze bis zu etwa $+1.000\,°C$ an ihrer Obergrenze, der >Thermopause<, an. Die Bezeichnung Th. bezieht sich auf eine Einteilung der Atmosphäre aufgrund der Temperaturverteilung. Ihr Höhenbereich fällt weitgehend zusammen mit dem der Ionosphäre. Die Erforschung dieser Schicht wird deshalb überwiegend von der Ionosphärenforschung betrieben.

Thiabendazol. TBZ, 2-(4-Thiazolyl)-benzimidazol; $C_{10}H_7N_3S$ (M_r 202,2); farbl. Kristalle, Smt. 304–305 °C; prakt. unlösl. in Wasser; Handelsformulierung: 60 % wettable powder; LD_{50}: 3.300 mg/kg (Ratte, oral, akut); Entwicklung: Merck & Co. 1960; Handelsnamen: Mertect®, Tecto®, Thibenzol®. Thiabendazol hat als systemisch wirkendes Fungizid mit breitem Wirkungsspektrum in der Landwirtschaft weite Anwendung gefunden: z.B. zur Behandlung von Samen, bei Ziersträuchern, als Blattfungizid, im Zuckerrübenanbau, an Grasflächen sowie nach der Ernte im Citrusbau; ferner Einsatz in der Human- und Veterinärmedizin: z.B. Hemmung von Schimmelpilzen (Aflatoxin-Produktion).

Thiamin. (Vitamin B_1). Ein Vitamin, das einen Pyrimidin- und einen Thiazolrest besitzt. In tierischen Geweben liegt T. überwiegend als Coenzym im Pyrophosphorsäureester vor. In Pflanzen liegt T. überwiegend frei vor. Bei der Herstellung und Verarbeitung von Lebensmitteln wird T. leicht durch Abspaltung des Pyrimidinrestes inaktiviert. Im Getreide befindet sich das T. vorwiegend in der Aleuronschicht und im Keim. In Regionen mit überwiegender Ernährung durch Reis kommt es häufig zu T.-Mangelzuständen (Beri-Beri-Krankheit). Die tägliche T.-Zufuhr sollte 1,1 bis 1,5 mg/Tag betragen.

2-(4-Thiazolyl)-benzimidazol. (Thiabendazol). Ein Benzimidazol-Derivat, das wegen seiner fungistatischen Wirkung vor allem gegen Schimmelpilze, z.B. *Penicillium digitatum* und *P. italicum* im Bananen- und Citrusfruchtanbau eingesetzt wird. Die Aufnahme erfolgt durch Wurzeln und Blätter der Pflanzen. Wachsemulsionen, die 0,1 bis 0,45 % Thiabendazol enthalten, dienen zur Oberflächenbehandlung der Früchte. Der Rückstandstoleranzwert beträgt für Äpfel, Birnen und Citrusfrüchte 10 ppm, für Bananen 3 ppm. Der ADI-Wert beträgt 0,05 mg/kg Körpergewicht.

Thifensulfuron. Wirkt als >Herbizid< und zählt zur Substanzklasse der Sulfonyl-Harnstoffe.

Chemische Bezeichnung: Methyl-3-[3-(4-methoxy-6-methyl-1,3,5-triazin-2-yl)-harnstoffsulfonyl]-thiophen-2-carboxylat

Hersteller: Du Pont

Wirkungstyp: Selektives systemisches Herbizid, das über die Wurzeln und Blätter absorbiert und sowohl akropetal wie auch basipetal in der Pflanze transportiert wird. Es hemmt die Synth. essentieller Aminosäuren, was zur Inhibierung der Zellteilung führt. Es kommt zum Wachstumsstillstand, die Unkräuter sterben von den Trieb- und Wurzelspitzen ab.

Bevorzugte Anwendung: Gegen zweikeimblättrige Unkräuter im Winter- und Sommergetreide im Vor- und Nachauflauf. Üblicherweise in Kombination mit >Metsulfuron-methyl<.

Chemische und physikalische Eigenschaften:

Physikalische Beschaffenheit: Weiße und geruchlose Kristalle.

Schmelzpunkt: 186 °C.

Spezifisches Gewicht: 1,49.

Dissoziationskonstante: pKa 4,0 bei 25 °C.

Dampfdruck: 0,17 mPa bei 25 °C.

Verteilungskoeffizient (log $P_{o/w}$): 0,027 bei 25 °C.

Stabilität: In wäßrigen Lsg. unter Lichteinfluß stabil.

Löslichkeit: In Wasser 24 mg/L bei pH 4, 260 mg/L bei pH 5 und 2.400 mg/L bei pH 6, jeweils bei 25 °C.
Abbau und Metabolismus: Im Boden erfolgt chem. Hydrolyse und hauptsächlich mikrobieller Abbau. Die Halbwertszeit beträgt bei pH 8 und 30 °C nur wenige Stunden. Beim Abbau am Boden betrug die Halbwertszeit bei natürlichem Sonnenlicht 6 bis 12 Tage, die Kontrolle ohne Licht lag nur unwesentlich höher (14 Tage). In Pflanzen erfolgt innerhalb weniger Tage völliger Abbau, tolerante Kulturpflanzen wie Getreide bauen den Wirkstoff durch Hydrolyse innerhalb von 24 Stunden fast völlig ab. Die Halbwertszeit beträgt in Weizen und Sojabohnen 3 bis 4 bzw. 5 bis 6 Stunden. Im Säugerorganismus werden 70 bis 75 % des unumgesetzten Wirkstoffs über Urin und Faeces ausgeschieden. Hydrolyse der *O*-Carbomethoxygruppe, *O*-Demethylierung des heterocyclischen Ringes und Hydrolyse der Sulfonylharnstoffbrücke sind die prim. Abbaumechanismen.
Toxizität: Akute orale LD_{50} für Ratte >5.000 mg/kg. Akute dermale LD_{50} für Kaninchen >2.000 mg/kg. Keine Haut-, geringe Augenreizung. Akute Inhalation LC_{50} für Ratte >7,9 mg/L Luft, 90-Tage-Fütterungstest NOEL für Ratte 100, Maus 7.500 und Hund 1.500 mg/kg Futter.
Fischtoxizität: LC_{50} (96 Stunden) Regenbogenforelle und Blauer Sonnenbarsch >100 mg/L. LC_{50} (48 Stunden) *Daphnia* 1.000 mg/L.
Bienentoxizität: Das Produkt ist nicht bienengefährlich LD_{50} >12,5 µg/Biene.
Vogeltoxizität: Akute orale LD_{50} für Stockente >2.510 mg/kg. 8-Tage-Fütterungstest LC_{50} für Stockente und Japanische Wachtel >5.620 mg/kg Futter.

***Thiobacillus* (Bacteria).** >Bacteria<.

Thiodan. Handelsname für >Endosulfan<.

Thiophanat-methyl. Wirkt als >Fungizid< und zählt nach seiner Umwandlung in der Umwelt zur Substanzklasse der Benzimidazole.
Chemische Bezeichnung: Dimethyl-4,4'-(*O*-phenylen)-*bis*-3-thioallophanat
CAS-Nummer: 23564–05–8
Hersteller: Nippon Soda, Elf Atochem
Wirkungstyp: Systemisches Fungizid mit protektiver und kurativer Wirkung. Aufnahme erfolgt über das Blatt und die Wurzel. Greift in das Stoffwechselgeschehen der Pilze ein. Primärer Wirkort ist in der Mitose.
Bevorzugte Anwendung: Gegen Halmbruchkrankheit in Wintergetreide, Ährenmehltau an Weizen und Lagerfäule an Kernobst.

Chemische und physikalische Eigenschaften: Farblose Kristalle mit einem Schmelzpunkt von 172 °C unter Zersetzung.
Dampfdruck: <0,01 mPa bei 20 °C.
Verteilungskoeffizient (log Po/w): 1,5.
Löslichkeit: In Wasser 3,5 mg/L bei 20 °C.
Stabilität: In neutraler wäßriger Lösung bei Raumtemperatur stabil. In alkalischer Lösung erfolgt Zersetzung; DT_{50} beträgt bei pH 9 und 22 °C 24,5 h.
Abbau und Metabolismus: In wäßriger Lösung entsteht in Pflanzen, im Boden und in Tieren sowie unter Lichteinfluß (UV), durch Cyclisierung sehr schnell >Carbendazim<, das wie dort beschrieben abgebaut wird.
Säugertoxizität: Akute orale LD_{50} für männliche Ratte 7.500 und weibliche Ratte 6.640 mg/kg. Akute dermale LD_{50} für Ratte >10.000 mg/kg. Bei Kaninchen geringe Haut- und Augenreizung. Inhalation LC_{50} (4 h) für Ratte 1,7 mg/L Luft. 2-Jahre-Fütterungstest NOEL für Ratte und Maus 160 mg/kg Futter und Hund 50 mg/kg Futter. ADI-Wert 0,02 mg/kg KGW.
Bienentoxizität: Nicht bienengiftig; LD_{50} (topical) >100 µg/Biene.
Fischtoxizität: LC_{50} (48 h) für Regenbogenforelle 7,8 und Karpfen 11 mg/L.
Vogeltoxizität: Akute orale und dermale LD_{50} für Japanische Wachtel >5.000 mg/kg.
Wirbellosetoxizität: EC_{50} (48 h) für *Daphnia* 20,2 mg/L. EC_{50} (96 h) für Alge 0,8 mg/L.

Thioschwefelsäure. Das Natriumsalz der Thioschwefelsäure $H_2S_2O_3$ wird als >Komplexbildner< eingesetzt.

Thiospirillum. >Bacteria< (s. Abb. S. 142).

Thiram (TMTD). Wirkt als >Fungizid< und zählt zur Substanzklasse der Thiuram-Derivate.
Chemische Bezeichnung: Tetramethyl-thiuram-disulfid
CAS-Nummer: 137–26–8
Hersteller: Bayer AG
Wirkungstyp: Protektiv wirksames Blattfungizid und Beizmittel. Greift in das Benztraubensäure-Dehydrogenase-System ein und verbindet sich mit Dithio-Gruppen oder Liponsäure-Dehydrogenase.
Bevorzugte Anwendung: Gegen pilzliche Erkrankungen an Kernobst (Schorf) und Erdbeeren (Botrytis). Gegen *Botrytis cinerea* an Endivien und Kopfsalat unter Glas. Schutz von Rübensaatgut. Behandlung von Mais gegen Fasanenfraß. Wildverbißmittel.

Chemische und physikalische Eigenschaften:
Physikalische Beschaffenheit: Krist., farblos.
Schmelzpunkt: 155 bis 156 °C.
Stabilität: Zersetzlich in saurem Medium.
Löslichkeit: In Wasser 18 mg/L bei 20 °C.
Abbau: Hauptmetabolit in Pflanzen ist Ethylenthioharnstoff, daneben Ethylenthiurammonosulfid und Schwefel. In humushaltigem Sandboden beträgt die HWZ ca. 7 Tage bei pH 3 und 35 Tage bei pH 7. Im Wiederkäuer erfolgt die Metabolisierung in stärkerem Maße durch die Pansenmikroorganismen. Abbau zu Carbondisulfid, Hydrogensulfid und Dimethylamin.
Toxizität: Akute orale LD_{50} für Ratten 865 mg/kg, Kaninchen 210 mg/kg. Verfütterung von 500 mg/kg enthaltender Nahrung an Ratten über 65 Wochen verursachte keine gesundheitlichen Schäden. Dermale LD_{50} für Ratte >1.000 mg/kg. Inhalationstoxizität: LC_{50} für Ratte >0,3 bis 1,0 mg/L Luft (4 Stunden). Reizwirkung auf Haut, Augen und Schleimhäute der Atemwege.
Bienentoxizität: Nicht bienengefährlich. LD_{50} (Kontakt) >12,6 µg/Biene und oral >7,9 µg/Biene.
Fischtoxizität: LC_{50} (48 Stunden) für Regenbogenforelle 0,13 mg/L, für Karpfen 4 mg/L und für Sonnenbarsch 0,23 mg/L.
Vogeltoxizität: Akute orale LD_{50} für Amsel >100 mg/kg.

Thixotropie. Eigenschaft wasserreicher Gele, in Ruhe eine hohe Viskosität zu haben, bei mechanischer Belastung (z.B. Rühren) aber flüssig zu werden. In Tonböden kann dieser Effekt ebenfalls auftreten, wenn die >Tonminerale< (meist >Smectite<) in Ruhe eine stabile, wassererfüllte Kartenhausstruktur (Kante-Fläche-Verbindungen) bilden. Diese Struktur kann bei mechanischen Störungen (z.B. durch die Auflast von Bauwerken) zusammenbrechen, so daß der Boden eine breiartige Konsistenz erhält und zu fließen beginnt. Bei längeren Ruhephasen kann sich die Struktur auch wieder stabilisieren.

Thomaskalk. >Kalkdünger<.

Thorium (Th). Natürliches radioaktives >Element< mit der >Kernladungszahl< 90. Das >Isotop< Th-232 läßt sich durch Neutronenbestrahlung in spaltbares >Uran<-233 umwandeln.

THORP. Thermal Oxide Reprocessing Plant, Sellafield, England; >Wiederaufarbeitungsanlage< für oxidische >Brennelemente< mit einem max. Jahresdurchsatz von 1.200 t Uran. Am Standort Sellafield (früher Windscale), Lake District, ist seit 1964 auch eine Anlage zur Wiederaufarbeitung von Magnox- und AGR-Brennelementen aus britischen Reaktoren in Betrieb.

Threshold Limit Value (TLV). Engl. Ausdruck für maximale Arbeitsplatzkonzentration. Es handelt sich hierbei um einen zeitlich gewichteten Mittelwert für einen normalen 8-Stunden-Arbeitstag und eine 40-Stunden-Woche, der fast alle Arbeitnehmer wiederholt täglich ohne Nebenwirkungen ausgesetzt sein können. Dieser Wert ist vergleichbar mit dem deutschen MAK-Wert (*Maximale Arbeitsplatz Konzentration*). Da der TLV zeitlich gewichtet ist, wird er auch Threshold Limit Value-Time Weighted Average (TLV/TWA) genannt. Der TLV/STEL (Short Term Exposure Limit) gilt als maximal zulässige Konzentration, die zu keinem Zeitpunkt innerhalb einer 8 Stunden (Arbeitstag) dauernden Expositionszeit überschritten werden darf und läßt sich mit Einschränkung mit den Spitzenbegrenzungen für den MAK-Wert vergleichen.

THTR-300. Thorium-Hochtemperaturreaktor in Hamm-Uentrop/Lippe, >Hochtemperaturreaktor< mit einer elektrischen Bruttoleistung von 308 MW, nukleare Inbetriebnahme am 13.09. 1983. Im November 1988 endgültig abgeschaltet. Die Stillegungsarbeiten haben begonnen.

Thymin. Wie >Cytosin< und >Uracil< eine monocyclische Pyrimidin-Base, und gehört neben anderen Purin- und Pyrimidinbasen, dem Zucker Desoxyribose und Phosphorsäure zu den typischen Bausteinen der >DNA<. T. wird nur in der DNA gefunden; in der >Ribonucleinsäure< enspricht ihr die Base >Uracil<. Im Gegensatz dazu kommen alle anderen Purin- und Pyrimidinbasen in beiden Nucleinsäuretypen vor. Durch UV-Bestrahlung, die eine >mutagene< Wirkung haben kann, kommt es bei T. in der DNA leicht zu einer Dimerenbildung (>Mutation<). Hierfür existieren jedoch natürliche Reparaturmechanismen (>DNA-repair<).

Thyreostatika. Stoffe, die die Hormonbildung bzw. -freisetzung in der Schilddrüse hemmen und deshalb in der Medizin zur Behandlung einer Schilddrüsenüberfunktion (Hyperthyreose) eingesetzt werden. Die Wirkung kann an versch. Stellen des Hormonstoffwechsels ansetzen. Man unterscheidet folgende Möglichkeiten: 1) Kompetitive Hemmung der Aufnahme von I^- in die Schilddrüse, 2) Blockierung der Peroxidasen, die I^- in I_2 überführen, 3) Konkurrenz mit dem Tyrosinrest um das I_2, 4) Blockierung der Kopplung von Iod-Tyrosinen, 5) Verringerung der Aktivität der Proteasen, die Thyroxin bzw. Triiodthyroxin freisetzen, 6) Zerstörung eines Teils des Schilddrüsengewebes (z.B. durch $^{137}I^-$). Um eine Kropfbildung durch erhöhte Thyreotropinabgabe zu verhindern, werden meistens gleichzeitig geringe Dosen von Schilddrüsenhormon und Vitamin A gegeben. Thiouracile wurden früher auch für die Rindermast benutzt, da sie zu vermehrter Wasserbildung im Gewebe führen. Inzwischen ist der Einsatz von T. als Masthilfsmittel in Deutschland verboten (s. Formelschema S. 1171).

Thyroxin. (Syn. Tetraiodthyronin). Natürliches (nur in der L-Form) gebildetes Haupthormon der Schilddrüse. Zusammen mit dem Triiodthyronin steuert es den Sauerstoffverbrauch und die Wärmeproduktion des Organismus und über den Kohlenhydrat-, Eiweiß- und Fettstoffwechsel auch das Wachstum und die körperliche Entwicklung.

Tiabendazol. >Anthelminthika<.

TIC. („Total inorganic carbon"). Der gesamte anorg. gebundene, in Wasser gelöste oder suspendierte Kohlenstoff (ISO 6107/7). Zur Bestimmung des TIC wird das CO_2 aus saurer Lösung ausgetrieben, es erfolgt eine Ermittlung aus TC („total carbon") und >TOC<.

Tide. Biolog. Aspekte: >Gezeitenzone<, >Litoral<, >Tidenhub<.

Tidenhub. Unterschied zwischen Hochwasser und Niedrigwasser des Meeres. Das Steigen des Wassers vom Niedrigwasser zum Hochwasser nennt man *Flut*, das Fallen vom Hochwasser zum Niedrigwasser *Ebbe*. Der gesamte Vorgang, bestehend aus einer Flut und der nachfolgenden Ebbe, heißt *Tide*. Ursache für das zweimalige Heben und Senken des Wasserspiegels pro Tag ist das Zusammenwirken von Anziehungskräften (nach dem Gravitationsgesetz) zwischen Erde und Mond sowie zwischen Erde und Sonne und Fliehkräften (aufgrund der Erdrotation). Die Resultante aus Anziehungskräften und Fliehkräften sind die Gezeitenkräfte. Deshalb nennt man diese periodischen Bewegungen des Weltmeeres die *Gezeiten* des Meeres. Beträgt der T. – bedingt durch besondere Küstenformen, z.B. zum Meer weit offene Buchten – mehrere Meter, so kann die Gezeitenenergie, d.h. die Bewegungsenergie des Meeres, in einem speziellen >Gezeitenkraftwerk< zur Stromerzeugung genutzt werden.
Lit: Grag TJ, Gashus OK (Hrsg.) (1970) Tidal Power. Proceedings of an International Conference on the Utilization of Tidal Power, Nova Scotia Technical College, Halifax, Canada.

Tiefausläufer. Von einem >Tiefdruckgebiet< ausgehende Ausbuchtung der >Isobaren<, die durch eine >Front< gekennzeichnet ist, s. Abb. bei >Hochdruckgebiet<.

Tiefbau. Gewinnen mineralischer Rohstoffe in Abbauräumen, die im Gegensatz zum >Tagebau< unter der Erdoberfläche liegen. Der Zugang zur Lagerstätte er-

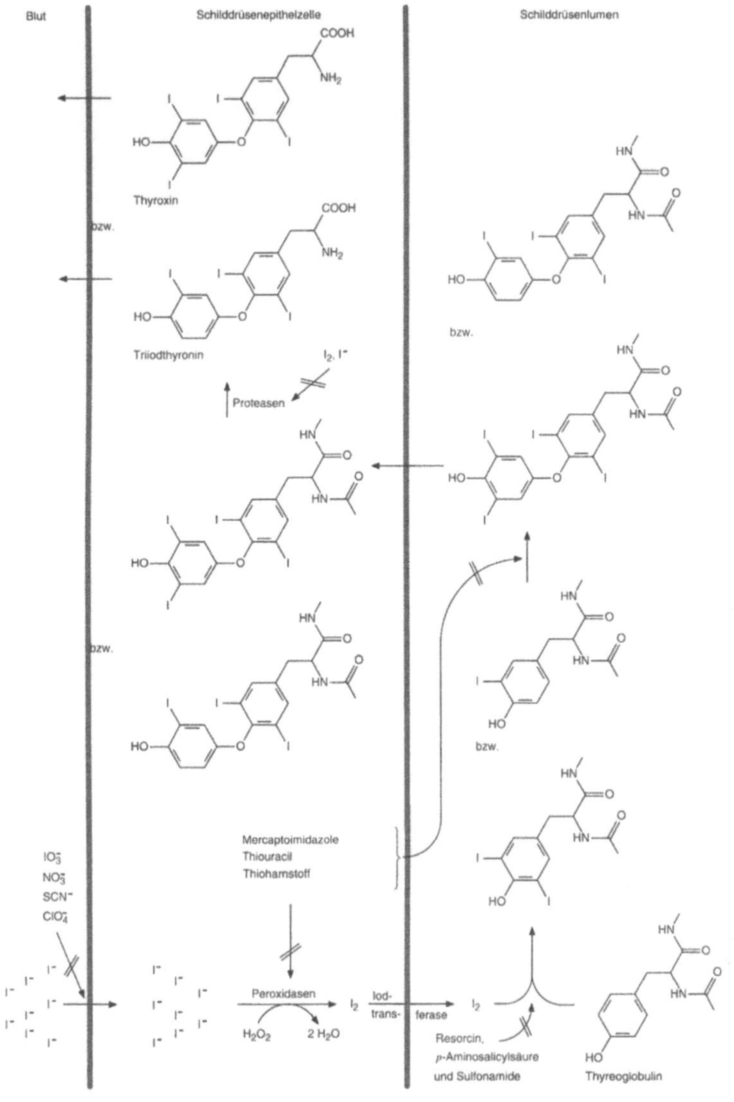

Thyreostatika: Schema der Schilddrüsentätigkeit und ihrer Hemmung

folgt über Schächte (>Schacht<) oder >Stollen<. >Aufschluß<.

Tiefbohrungen. Bohrungen, die mehr als 50 m in den Boden eindringen. Ab 100 m fällt das Herstellen von Tiefbohrungen unter Aufsicht der >Bergbehörde<.

Tiefbrunnen. T. werden mit Unterwasserpumpen betrieben, die das Wasser über eine Brunnenleitung zu Tage fördern (s. Abb. S. 1172). Sie erlauben die Grundwasserförderung bei Absenkung des Grundwasserspiegels über 7 bis 8 m hinaus (Absenkungsgrenze bei Kreisel- und Kolbenpumpen).
Lit: Prinz H (1982) Abriß der Ingenieurgeologie, Enke, Stuttgart.

Tiefdruckfurche. >Tiefdruckrinne<.

Tiefdruckgebiet. (Engl.: „low-pressure-area"). (Syn. Tief, Zyklone). Gebiet relativ niedrigen Luftdrucks, dessen Zentrum (Tiefkern) den niedrigsten Druckwert aufweist und in der Wetterkarte durch T oder L gekennzeichnet und von mindestens einer Isobare umschlossen ist. T. sind zyklonal rotierende Luftwirbel unterschiedlicher horizontaler Ausdehnung (0,5 bis 4 km) und Intensität mit vertikaler, meist leicht geneigter Achse, die >Luftmassen< unterschiedlicher Temperatur in ihre Strömung einbeziehen und dabei fast die gesamte >Troposphäre< erfassen. In den Boden>wetterkarten< werden die unterschiedlichen Luftmassen

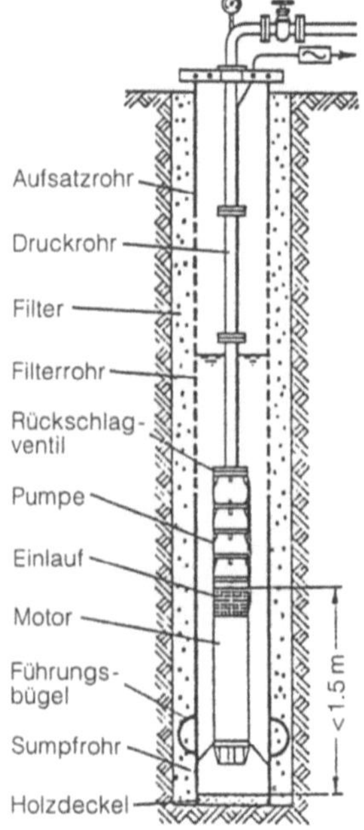

Tiefbrunnen: Aufbau eines Tiefbrunnens mit Unterwasser-
pumpe (nach: Schulze/Simmer, 1978; in: Prinz, 1982)

ren Schichten der Atmosphäre, in der Regel im 300-hPa-Niveau, führt auf der ostwärtigen Seite (Vorderseite) eines Höhen>troges< zu einer großräumigen aufwärts gerichteten Luftbewegung (Hebungen), die vor allem an den Fronten des T. stattfinden und mit Wolken- und Niederschlagsbildung verbunden sind. >Vorderseitenwetter<, >Warmfront<, >Rückseitenwetter<, s. Abb. (b) S. 1173. Die Aufwärtsbewegung erfaßt die gesamte Atmosphäre unterhalb des Niveaus maximaler horizontaler Divergenz. Da das T. sich anfangs auf der freien See ostwärts bewegt, führt die dort geringe Reibung des Bodenwindes mit dem Untergrund nur zu einer schwachen Ablenkung des >geostrophischen Windes< zum tieferen Druck hin. Die Folge ist, daß der Bodenluftdruck im Innern des T. weiter fällt, da die Divergenz in der Höhe die Konvergenz am Boden überwiegt. In diesem Entwicklungsstadium bleibt das T. an Umfang und Intensität nahezu erhalten, wird aber von der Strömung der höheren Schichten mitgeführt, wobei es seinerseits das Feld der Höhenströmung verformt. Eine Kompensation des bodennahen Massendefizits kann im weiteren Verlauf der Entwicklungsgeschichte des T. durch zwei Prozesse erfolgen, die einzeln wie auch gemeinsam wirken:

– Abnahme der Massendivergenz in der Höhe durch die angesprochene Umformung der Höhenströmung. In diesem Fall kann das T. bereits auf der freien See verharren, es wird stationär, und sein Kerndruck steigt, sog. Auffüllen des T.
– Zunahme der Massenkonvergenz am Boden durch erhöhte Bodenreibung, d.h. beim Übergang des T. von der freien See auf das Festland. Die Zunahme der Bodenkonvergenz erreicht zunächst die gleiche Größenordnung wie die Höhendivergenz, so daß der Bodenluftdruckfall aufhört. Später wird die Höhendivergenz überkompensiert, so daß der Kerndruck des T. steigt, bis es in der Bodenwetterkarte nicht mehr erkennbar ist.

Tiefdruckrinne. (Syn. Tiefdruckfurche). Langgestreckte Zone tiefen Luftdrucks, die nicht von Isobaren durchquert wird und meist zwei oder mehre Tiefdruckgebiete verbindet, s. Abb. bei >Hochdruckgebiet<.

durch >Kalt< bzw. >Warmfronten< gegeneinander abgegrenzt. Da die Luftmassen in der Höhe wegen der stärkeren horizontalen Vermischungsprozesse nicht in jedem Fall klar erkennbar sind, unterbleibt in der Regel hier ihre graphische Darstellung. Ausbildung, Intensivierung und Auffüllen eines T., >Zyklogenese<, werden durch folgende Prozesse gesteuert, die anfangs gleich-, später gegensinnig wirken, s. Abb. (a) unten. Die Divergenz der Luftströmung in den höhe-

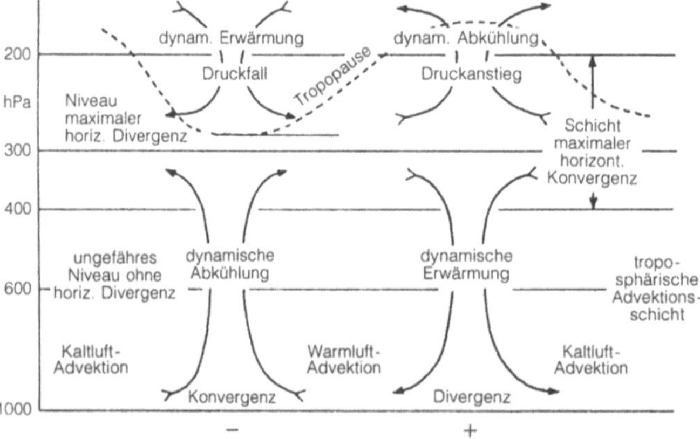

Tiefdruckgebiet a: Vertikale Massenflüsse im Tiefdruckgebiet (links) und Hochdruckgebiet (rechts) (aus: Möller F (1973) Einführung in die Meteorologie, Bd. 2, BI-Wissenschaftsverlag, Mannheim)

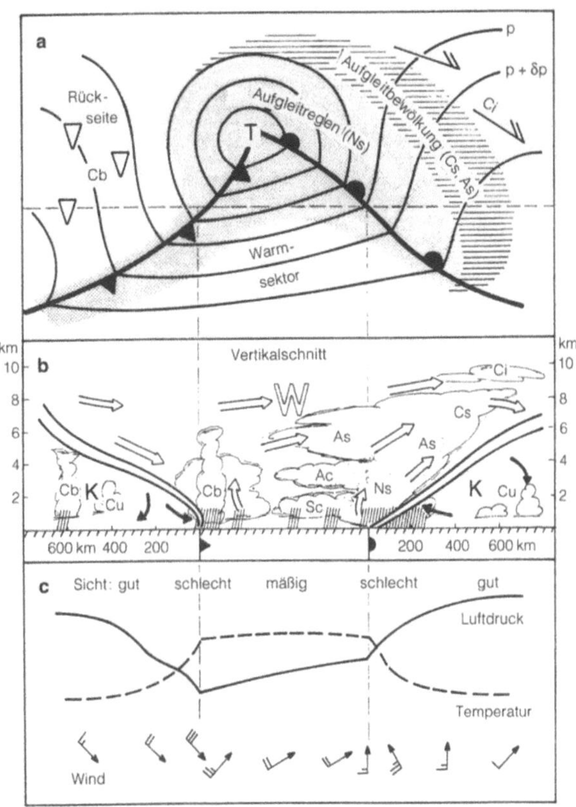

Tiefdruckgebiet b: a) Bodenkarte: Isobaren, Fronten, Bewölkung und Hydrometeore, b) Vertikalschnitt: Frontalzonen, Bewölkungsverteilung und Windkomponenten relativ zur Verlagerung des Tiefs, c) zeitlicher Verlauf meteorologischer Parameter beim Durchgang eines Tiefs (aus: Deutscher Wetterdienst (1987) Leitfäden für die Ausbildung im Deutschen Wetterdienst, Nr. 1, Allgemeine Meteorologie, 3. Aufl., Selbstverlag, Offenbach/Main)

b

Tiefdrucksystem. Umfangreiches Gebiet tiefen Luftdrucks, in dem sich meist ein nahezu stationäres Zentraltief als Schwerpunkt (Mutter>zyklone<) und mehrere Randstörungen (Tochterzyklonen) in unterschiedlichen Entwicklungsstadien befinden; die Randstörungen wandern zyklonal um das Zentraltief herum.

Tiefendosis, relative. Verhältnis einer >Energiedosis< in einer best. Tiefe innerhalb eines Körpers zu der Energiedosis an einem Bezugspunkt des Körpers auf dem Zentralstrahl. Bei >Röntgen-< oder >Gammastrahlung< hängt die Lokalisierung des Bezugspunktes von der Energie der >Strahlung< ab. Er liegt bei niedrigen Energien an der Oberfläche, bei hohen Energien an der Stelle des Höchstwertes der Energiedosis.

Tiefsandfang. Das >Abwasser< wird in einen zumeist zylindrischen Behälter geleitet und durchströmt diesen vertikal von unten nach oben. Hierbei sinken diejenigen Stoffe zur Trichterspitze ab, deren Sinkgeschwindigkeit größer ist als die aufwärts gerichtete Wasserbewegung. Für vertikal durchströmte Tiefsandfänge gilt nach durchgeführten Grundsatzversuchen die Absetzgleichung auch bei turbulenten Strömungverhältnissen. Beim Tiefsandfang wird angestrebt, die Strömungsgeschwindigkeit des aufsteigenden Wasserstromes unabhängig von der Zuflußmenge dadurch konstant zu halten, daß die Querschnittsfläche durch konzentrische Tauchzylinder in Zonen unterteilt wird. Bei minimalem Abwasserzufluß wird nur die äußere Ringzone durchflossen, mit steigendem Zufluß treten die übrigen Ringzonen nacheinander in Funktion.

Lit: Abwassertechnische Vereinigung (Hrsg.) (1982–1986) Lehr- und Handbuch der Abwassertechnik, 3. Aufl., Bd. 1–7, Verlag von Wilhelm Ernst und Sohn, Berlin München.

Tieftemperaturverkokung. >Entgasung<.

Tiefversenkung. >Aquiferspeicherung<.

Tierarzneimittel. Bei den T. handelt es sich um therapeutisch und prophylaktisch bei Tieren eingesetzte pharmakologisch wirksame Substanzen. Sie unterliegen der Zulassungspflicht beim Bundesgesundheitsamt nach den arzneimittelrechtlichen Vorschriften (>Arzneimittelzulassung<). Sofern sie bei Tieren eingesetzt werden, die der Lebensmittelgewinnung dienen, sehen diese Vorschriften zusätzlich nach einer eingehenden toxikologischen Prüfung die Festsetzung von sog. >Wartezeiten< vor. Die folgende Zusammenstellung gibt einen Überblick über die wichtigsten in Deutschland vertriebenen T. (s. Tabelle S. 1174).

Tierernährung. Jeder tierische Organismus hat einen ständigen Verbrauch an Nährstoffen und Energie, die mit der Nahrung zugeführt werden müssen. Dieser Stoff- und Energiewechsel ist Kriterium für alle Le-

Tierarzneimittel

Tierarzneimittel	Hersteller	Indikation
Ivomec	Merck, Sharp & Dohme	Wurmerkrankungen
Terramycin	Pfizer	Bakt. Infektionen
Tiguvon	Bayer	Läusebefall
Tiamulin	TAD	Bakt. Infektionen
Baytril	Bayer	Bakt. Infektionen
Ventipulmin	Boehringer Ingelheim	Bronchialerkrankungen
Tardomyocel	Bayer	Bakt. Infektionen
Mastalone	Pfizer	Bakt. Infektionen
Chlortetracyclin	Belapharm	Bakt. Infektionen
Benestermycin	Boehringer Ingelheim	Bakt. Infektionen
Flubenol	Janssen	Wurmerkrankungen
Stapenor	Bayer	Bakt. Infektionen

Tierfett: Fettsäuremuster (prozentuale Anteile) pflanzlicher und tierischer Öle und Fette

Fettsäuren	Kokosfett	Sojaöl	Tierfett	Knochenfett
8:0 Caprylsäure	8			
10:0 Caprinsäure	7			
12:0 Laurinsäure	48			
14:0 Myristinsäure	17		2	3
16:0 Palmitinsäure	9	8	26	19
16:1 Palmitoleinsäure			3	3
18:0 Stearinsäure	2	4	16	16
18:1 Ölsäure	7	28	42	47
18:2 Linolsäure	1	53	7	8
18:3 Linolensäure		6		1

bensvorgänge. Die Pflanzen bilden aus anorg. Grundstoffen ihre org. Substanzen: Zucker, Stärke, >Eiweiß< und Fett. Das Tier dagegen kann von anorg. Verbindungen allein nicht leben. Es muß hochmolekulare Nähr- und Wirkstoffgruppen zugeführt bekommen. Damit erst kann der tierische Organismus Körpersubstanzen aufbauen und erneuern und Produkte wie Milch, Fleisch und Eier bilden. Dieser Zusammenhang zwischen der Nahrung und den Lebensäußerungen ist der Bereich der Ernährung. Die Grundlagen der Ernährung reichen aber von der Chemie und Biochemie bis zur Anatomie, Physiologie und Mikrobiologie.

Lit: Kirchgessner M (1987) Tierernährung, 7. Aufl., DLG, Frankfurt/M.

Tierfett. Dieser Begriff wird häufig für die in >Tierkörperbeseitigungsanstalten< (TBA) oder entsprechenden Spezialbetrieben gewonnenen Fette für die Tierernährung oder die industrielle Verwertung allein benutzt. Dies ist aber nur ca. 1 % des bei der Schlachtung der Tiere anfallenden Fettgewebes. Der überwiegende Anteil des erschlachteten Fettes wird indirekt nach industrieller Aufarbeitung oder direkt für die menschliche Ernährung genutzt. Von dem industriell verarbeiteten Fett mit Lebensmittelqualität werden vom Rind dann 10 % und beim Schwein nur 1 % als technisches Fett benutzt. Von den TBA in Deutschland werden jährlich ca. 150.000 t Fett produziert (Stand 1985). Davon gehen rund 40 % in die chemische Industrie, der Rest wird in Mischfutterbetrieben verarbeitet und zur Tierernährung nutzbar gemacht. Das Fettsäuremuster des Tierfetts (Tierkörperfett) ist im Vergleich mit einigen anderen Fettarten in der Tabelle unten wiedergegeben. Zu Qualitätseinbußen kann es bei in TBA gewonnenen Fetten durch Verunreinigungen mit Polymeren, wie Polyethylen, aus in das Sammelgut gelangenden Plastikmaterialien kommen. Für technische Fette darf hier ein Gehalt von 2 % und für die Mischfutterherstellung von 5 % nicht überschritten werden (s. Tabelle).

Tierhaltung. Die Haltung landwirtschaftlicher Nutztiere dient der Erzeugung von Nahrungsmitteln tierischer

Tierimpfstoffe: Beziehung zwischen Seuchengeschehen und dem Einsatz aktiver und passiver Schutzimpfungen (nach Mayr et al. 1984)

Verfahren	Impfstoffart	Anwendung
aktive Schutzimpfung	Vaccinen aus inaktivierten Erregern	1. bei epidemisch auftretenden Seuchen, die nicht bodenständig sind und laufend neu in ein Gebiet eingeschleppt werden
	Spalt-Vaccinen	2. als Prophylaxe in seuchenfreien Ländern und seuchenfreien Zeiten 3. zum Schutz von Einzeltieren
	Toxoidimpfstoffe	4. als Zwischenstufe in einem Eradikationsprogramm 5. in allen Fällen, in denen gleiche Wirksamkeit wie mit Lebendimpfstoffen erzielt wird 6. bei allen Seuchen, die zu persistierenden Verlaufsformen führen
	Lebendvaccinen	1. wenn keine Impfstoffe aus inaktivierten Erregern verfügbar oder wirksam sind 2. bei enzootischer Verseuchung 3. als Notimpfung in verseuchten Beständen 4. als erste Stufe in einem Eradikationsprogramm 5. bei der Massentierhaltung mit der Auflage, Tiere nur zur Schlachtung abzugeben
passive Schutzimpfung	Immunserum Gammaglobuline	1. zum schnellen und kurzfristigen Schutz von Einzeltieren bei drohender Seuchengefahr 2. zum schnellen Schutz während der Neugeborenenphase 3. bei angeborener Immundefizienz 4. als Immuntherapie 5. als Simultanmethode
	sekretorische Antikörper-Präparate	zur schnellen lokalen, passiven Immunisierung der Schleimhäute

Herkunft. Neben Fleisch, Milch, Eiern und Wolle fallen dabei Nebenprodukte an wie Häute, Borsten, Federn und Knochen. Ein Nebenziel der Produktion können auch Leistungen anderer Art sein wie Landschaftspflege durch Schafe. Die wichtigsten Aspekte der Tierhaltung sind Züchtung, Fütterung (>Tierernährung<) sowie Unterbringung, Haltung und Pflege der Tiere.

Tierimpfstoffe. Impfungen sind für die Bekämpfung von Infektionskrankheiten der Nutz- und Heimtiere ein wichtiger Faktor. Die Impfprophylaxe wird in der landwirtschaftlichen Nutztierhaltung in dem Maße an Bedeutung zunehmen, in dem die Akzeptanz des Medikamenteneinsatzes als prophylaktische Maßnahme in der Öffentlichkeit schwindet. Zur Tierseuchenbekämpfung wird allerdings EU-weit eine restriktive Impfpolitik betrieben, der kostenintensiven Keulung der Tiere wird bei den meisten Seuchen der Vorrang gegeben. Es muß grundsätzlich zwischen aktiven Schutzimpfungen und passiven Schutzimpfungen, bei denen die fertigen Antikörper gegeben werden, unterschieden werden. Eine Übersicht ist in der Tabelle unten gegeben. Die aktive Immunisierung ist in der Tiermedizin von sehr viel größerer Bedeutung als die passive. Die Abb. gibt eine Übersicht über die Anwendungsgebiete. Grundsätzlich ist zwischen Lebend- und Totimpfstoffen zu unterscheiden. Eine Impfung kann

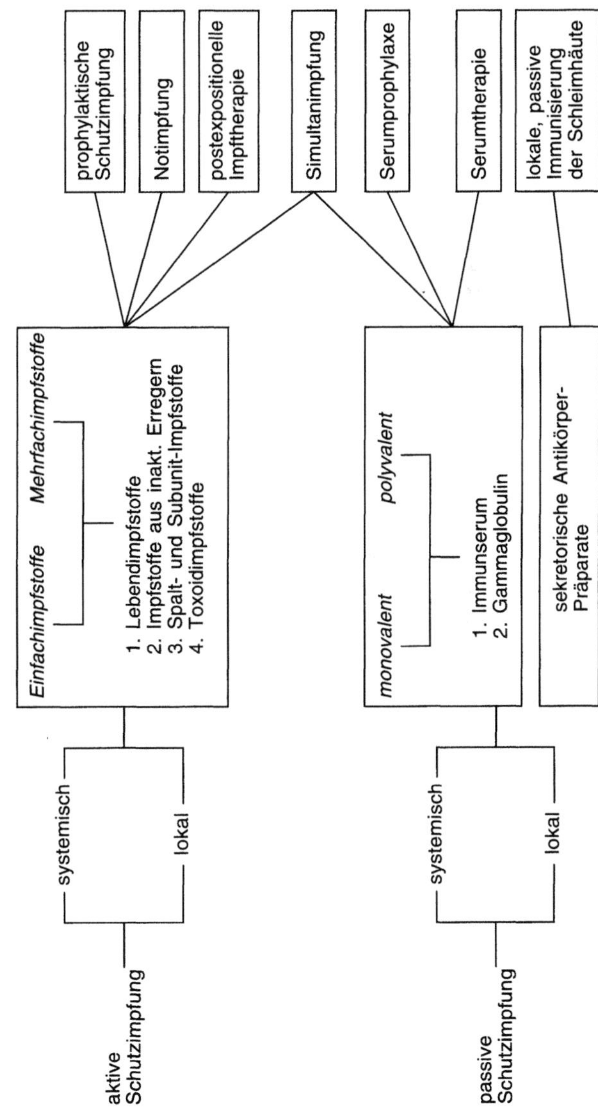

Tierimpfstoffe: Aktive und passive Schutzimpfung in Therapie und Prophylaxe (nach Mayr et al. 1984)

sich gegen einen oder gegen mehrere Erreger richten, demnach gibt es Einfachimpfstoffe (monovalente Vaccinen) oder Mehrfachimpfstoffe (bi-tri-etc.-valente Vaccinen). Der Entwicklungstrend bei Lebendimpfstoffen geht hin zu gentechnisch veränderten Organismen, insbesondere zu „Carrierimpfstoffen". Bei den Totimpfstoffen sind es DNA-Vaccinen, die zukünftig eine große Bedeutung haben werden. Neben den erregerspezifischen Bestandteilen enthalten Totimpfstoffe zur Verbesserung der Immunantwort Adjuvantien und Konservierungsstoffe sowie ggf. Emulgatoren und andere Hilfsstoffe.

Lit: Mayr A, Eißner G, Mayr-Bibrack B (1984) Handbuch der Schutzimpfungen in der Tiermedizin. Verlag Paul Parey, Berlin Hamburg.

Tierische Erzeugnisse. Allgemein alle Erzeugnisse, die überwiegend aus tierischen Rohstoffen hergestellt worden sind. Im Sinne des Tierkörperbeseitigungsrechtes werden zubereitetes Fleisch sowie Erzeugnisse, die von Tieren stammen, insbesondere Eier und Milch, deren sich der Besitzer entledigen will oder deren Beseitigung zur Wahrung der durch das Gesetz vorgegebenen Grundsätze geboten ist, als tierische Erzeugnisse bezeichnet. Tierische >Exkremente< gelten nicht als Erzeugnis.

Tierische Reststoffe. Reststoffe aus der Tierproduktion fallen in verschiedenen Produktionsebenen an. Eine grobe Einteilung der Reststoffe in zwei Gruppen ist möglich. Eine Gruppe bilden die Reststoffe aus der Aufzucht und Haltung der Tiere. Diese sind im wesentlichen die tot geborenen und gestorbenen Tiere und beim Geflügel die Brütereiabfälle einerseits, sowie die tierischen >Exkremente< andererseits. Die andere Gruppe bilden die Reststoffe aus der Schlachtung und Verarbeitung der landw. Nutztiere. Bei den Reststoffen aus der Schlachtung ist eine Einteilung in primäre und sekundäre Reststoffe möglich.

Die primären Reststoffe sind >Schlachtabfälle<, Schlachtnebenprodukte und >Konfiskate<.

Die sekundären Reststoffe sind das bei der Abwasserreinigung anfallende Rechen- oder Siebgut, Fett aus Fettabscheidern sowie Flotate.

Eine mögliche Umweltbelastung durch die Reststoffe kann durch >Geruchsemissionen<, die Gefährdung von Mensch und Tier durch >Krankheitserreger< sowie durch eine Bedrohung von Boden, Wasser und Luft durch schädliche Inhaltsstoffe bei unsachgemäßer Lagerung und Handhabung erfolgen.

Tierische Zellkultur. >Zellkultur<.

Tierkadaver. Körper von getöten oder gefallenen Tieren, die mehr oder weniger stark in Zersetzung übergegangen sind (Kadavergeruch). Im öffentlichen und privaten Interesse ist eine schnelle Beseitigung gefallener bzw. getöter Tiere notwendig; s. a. >Tierkörperbeseitigung<.

Tierkörperbeseitigung. Die T. ist ein Instrument der Tierseuchenbekämpfung und des öffentlichen Gesund-

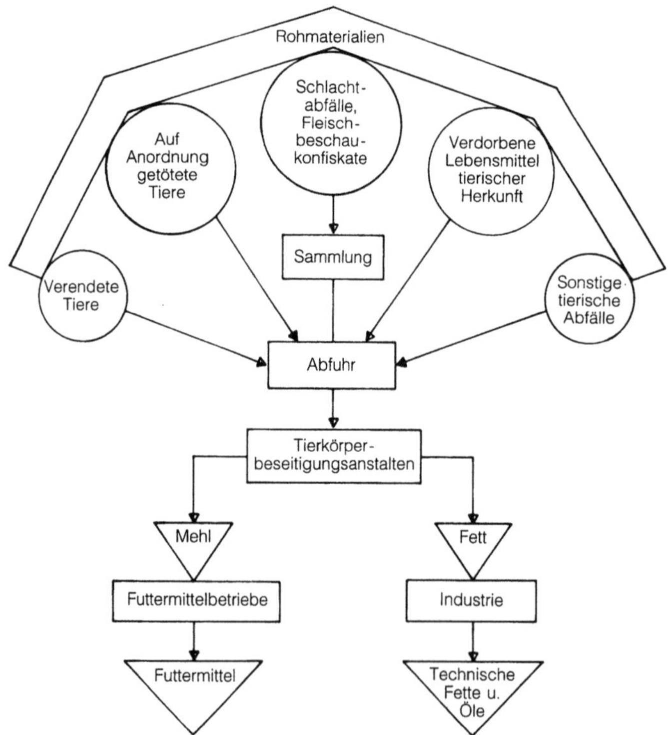

Tierkörperbeseitigung: Organisation der Tierkörperbeseitigung

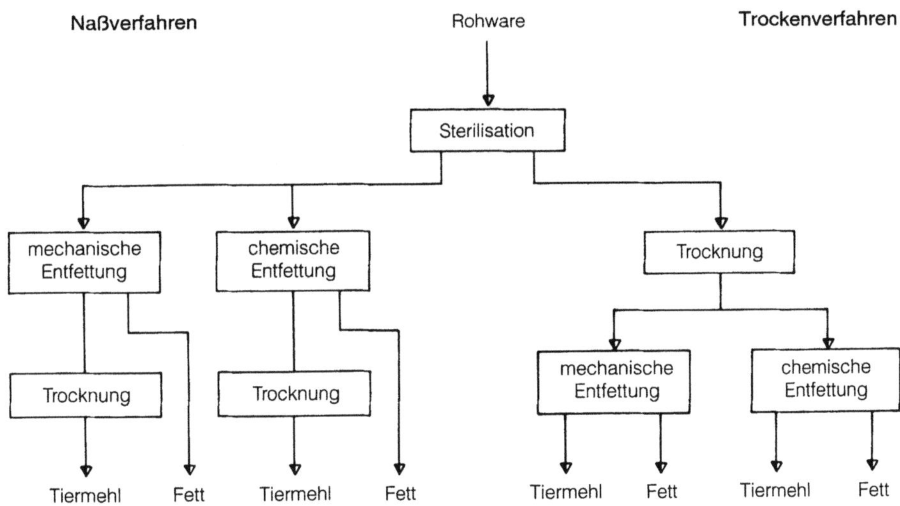

Tierkörperbeseitigung: Verfahrensmöglichkeiten bei der Tierkörperbeseitigung

heitswesens. Ihre gesetzliche Grundlage ist das T.-Gesetz (BGBl. 1975 I S.2313). Demnach gilt folgender Grundsatz: Tierkörper, Tierkörperteile und Erzeugnisse sind so zu beseitigen, daß 1. die Gesundheit von Mensch und Tier nicht durch Erreger übertragbarer Krankheiten oder toxischer Stoffe gefährdet, 2. Gewässer, Boden, Futtermittel durch Erreger übertragbarer Krankheiten oder toxischer Stoffe nicht verunreinigt, 3. schädliche Umwelteinwirkungen im Sinne des Bundes-Immissionsschutzgesetzes nicht herbeigeführt, 4. die öffentliche Sicherheit und Ordnung sonst nicht gefährdet oder gestört werden.

Bei der Beseitigung in >T.-Anstalten< dürfen Erzeugnisse zum Genuß für Menschen nicht gewonnen werden. Die klassische Aufgabe der T. besteht somit darin, die Ausbreitung von Tierseuchen und die Übertragung von Infektionskrankheiten der Tiere auf den Menschen (>Zoonosen<) zu verhindern. Die Organisation der T. ist schematisch in der Abb. (s. S.1176) dargestellt. Eine Übersicht über die Verfahrensmöglichkeiten bei der T. gibt die Abb. oben. Der zentrale Punkt ist die Sterilisation in der T.-Anstalt, die in der Bundesrepublik Deutschland mittels eines thermischen Verfahren unter indirekter Wärmezufuhr erfolgt. Das Material ist hierzu bis zum Zerfall der Weichteile zu erhitzen und anschließend mindestens 20 min lang auf 133 °C und $3 \cdot 10^5$ Pa zu halten. Das zweite wichtige Organisationsprinzip einer T.-Anstalt ist die Trennung zwischen reiner und unreiner Seite (s. Abb. S.1038). Ergänzt werden die Hygienemaßnahmen durch die Vorschrift zur Behandlung der Abwässer usw. Einzelheiten dazu sind in der T.-Anstalten-Verordnung (BGBl. 1976 I S.2587) und den entsprechenden Ausführungshinweisen festgelegt.

Tierkörperfett. >Tierfett<.

Tiermehl. In diesem Zusammenhang sind zwei Produkte auseinanderzuhalten, einmal das Tiermehl/ Fleischmehl und zum anderen das Fleischknochenmehl. Daneben werden noch eine Reihe anderer Mehle tierischen Ursprungs erzeugt. Zu den durchschnittli-

chen Jahresmengen für die Bundesrepublik Deutschland (Stand 1985) s. Tabelle unten.

Die Zusammensetzung der Produkte ist der Tabelle unten zu entnehmen. Die Problematik des Tiermehls/ Fleischmehls bzw. des Fleischknochenmehls liegt einmal in der Möglichkeit der Rekontamination mit Krankheitserregern, i.d.R. Salmonellen, während der Lagerung des zunächst sterilen Produkts bei unzureichenden Hygienemaßnahmen, und in der Rückstandsproblematik, hervorgerufen durch den Verarbeitungsprozeß selbst (z.B. Extraktionsverfahren) oder durch entsprechend belastete Rohstoffe.

Tiermehl: Durchschnittliche Jahresmengen an Tiermehl

Menge	Art bzw. Herkunft
210.000 t	Tiermehl/Fleischmehl
180.000 t	Fleischknochenmehl
13.000 t	Blutmehl
12.000 t	Federmehl

Tiermehl: Zusammensetzung von Tiermehl und Fleischknochenmehl (Mittelwerte)

Produkte	Tiermehl	Fleischknochenmehl
Nährstoffe		
Rohprotein	55,0 %	40 %
Rohfett	12,5 %	9,0 %
Wasser	5,0 %	5,0 %
Essentielle Aminosäuren		
Methionin, Cystin	1,6 %	0,9 %
Lysin	3,3 %	1,9 %
Mineralstoffe		
Phosphor	2,8 %	8,0 %
Calcium	4,5 %	15,0 %
Salz	1,0 %	0,5 %
Asche	17,0 %	41,8 %

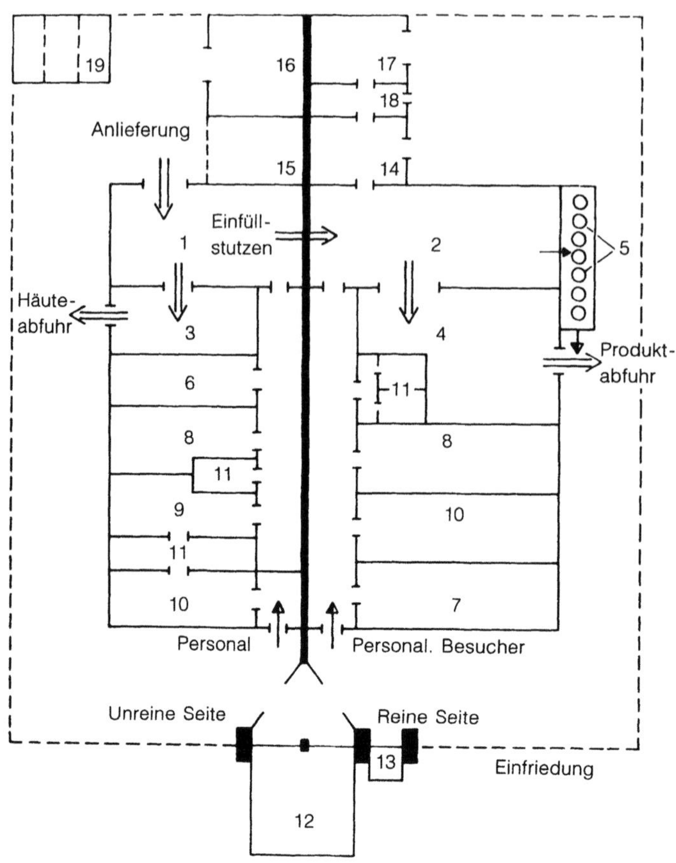

1 Rohmaterial
2 Behandeln
3 Häute
4 Produktlager
5 Silos
6 Tierarzt
7 Büro
8 Aufenthaltsraum
9 Arbeitskleidung
10 Umkleideraum

11 WC + Dusche
12 Durchfahrbecken (Reifendesinfektion)
13 Desinfektionsmatte (Schuhe)
14 Energiestation
15 Wagenwaschplatz
16 Garagen Sammelfahrzeuge
17 Garagen Bewohner Produkttransport-
fahrzeuge
18 Werkstatt
19 Dunglage

Tierkörperbeseitigung: Skizze einer Tierkörperbeseitigungsanstalt mit idealer Trennung in „unreine" und „reine" Seite

Tierökologie. (Syn. Zooökologie). Der Teilbereich der >Ökologie<, bei dem eine Tierart oder die Tiere eines Lebensraumes im Zentrum der wissenschaftlichen Betrachtung stehen.

Tierschutz. >Geschützte Tiere<.

Tierschutzgesetz. Zweck dieses Gesetzes vom 22.08. 1986 ist es, aus der Verantwortung des Menschen für das Tier als Mitgeschöpf dessen Leben und Wohlbefinden zu schützen. Niemand darf einem Tier ohne vernünftigen Grund, Schmerzen, Leid oder Schäden zufü-
gen. Wer ein Tier hält, betreut oder zu betreuen hat, muß das Tier seiner Art und seinen Bedürfnissen entsprechend angemessen ernähren, pflegen und verhaltensgerecht unterbringen und darf die Möglichkeit des Tieres zu artgemäßer Bewegung nicht so einschränken, daß ihm Schmerzen oder vermeidbare Leiden oder Schäden zugefügt werden. Ein Wirbeltier darf nur unter Betäubung oder sonst, soweit nach den gegebenen Umständen zumutbar, nur unter Vermeidung von Schmerzen getötet werden. Ein Wirbeltier töten darf nur, wer die dazu notwendigen Kenntnisse und Fähig-

keiten hat. An einem Wirbeltier darf ohne Betäubung ein mit Schmerzen verbundener Eingriff nicht vorgenommen werden. Die Betäubung eines warmblütigen Wirbeltieres ist von einem Tierarzt vorzunehmen. Im Rahmen des Tierschutzgesetzes sind auch >Tierversuche< geregelt.

Tierschutzrecht. Die Summe von Normen, die den Schutz der Tiere vor menschlichen Handlungsweisen zum Gegenstand hat; im wesentlichen: >Tierschutzgesetz< i.d.F. der Bekanntmachung vom 18.08.1986, BGBl.I S.1319 (§ 1: Zweck dieses Gesetzes ist es, aus der Verantwortung des Menschen für das Tier als Mitgeschöpf dessen Leben und Wohlbefinden zu schützen. Niemand darf einem Tier ohne vernünftigen Grund Schmerzen, Leiden oder Schäden zufügen.) und die Artenschutzbestimmungen (>Artenschutz<) gem. §§ 20ff. des >Bundesnaturschutzgesetzes<.

Tierseuchen. Als Seuche wird die Anhäufung des Auftretens einer gefährlichen Infektionskrankheit in einem bestimmten Gebiet über einen bestimmten Zeitraum angesehen. Die Lehre von den Ursachen und der Verbreitung der Tierseuchen (TS) wird als Epizootologie bezeichnet. Die TS lassen sich nach ihrer Entstehung und Ausbreitung in drei große Gruppen mit folgenden Merkmalen einteilen:
- *Enzootien*: An ein bestimmtes Gebiet (Land, Klimabereich) gebunden, ohne zeitliche Begrenzung, geringe Ausbreitungstendenz über größere Entfernungen
- *Epizootien*: Stärkere Häufung bestimmter Infektionskrankheiten in einem größeren Gebiet, zeitliche und räumliche Begrenzung
- *Panzootien*: Ausbreitung von Epizootien ohne örtliche Begrenzung (Seuchenzug) über Länder bzw. Kontinente

Für bestimmte TS besteht eine Anzeigepflicht, für andere eine Meldepflicht.
Folgende Kenndaten der Seuchenstatistik sind zur Charakterisierung des Krankheitsgeschehens üblich:

$$\text{Morbidität:} \quad \frac{\text{Zahl der erkrankten Tiere im Zeitraum x}}{\text{Gesamttierzahl im Zeitraum x}}$$

$$\text{Mortalität:} \quad \frac{\text{Zahl der gestorbenen Tiere im Zeitraum x}}{\text{Gesamttierzahl im Zeitraum x}}$$

$$\text{Letalität:} \quad \frac{\text{Zahl der gestorbenen Tiere}}{\text{Zahl der erkrankten Tiere}}$$

Tierversuche. T. im Sinne des >Tierschutzgesetzes< sind Eingriffe oder Behandlungen an Tieren zu Versuchszwecken, die mit Schmerzen, Leiden oder Schäden für die Tiere verbunden sein können. T. dürfen nur durchgeführt werden, soweit sie zu einem der folgenden Zwecke unerläßlich sind: 1. Vorbeugen, Erkennen oder Behandeln von Krankheiten, Leiden, Körperschäden oder körperlichen Beschwerden oder Erkennen oder Beeinflussen physiologischer Zustände oder Funktionen bei Mensch oder Tier. 2. Erkennen von Umweltgefährdungen. 3. Prüfung von Stoffen oder Produkten auf ihre Unbedenklichkeit für die Gesundheit von Mensch oder Tier oder auf ihre Wirksamkeit gegen tierische Schädlinge. 4. Grundlagenforschung. Bei der Entscheidung, ob T. unerläßlich sind, ist insbesondere der jeweilige Stand der wissenschaftlichen Erkenntnisse zugrunde zu legen und zu prüfen, ob der verfolgte Zweck nicht durch andere Methoden oder Verfahren erreicht werden kann. Versuche an Wirbeltieren dürfen nur durchgeführt werden, wenn die zu erwartenden Schmerzen, Leiden oder Schäden der Versuchstiere ethisch vertretbar sind. T. zur Entwicklung oder Erprobung von Waffen, Munition und dazugehörigem Gerät sind verboten. Ebenso sind T. zur Entwicklung von Tabakerzeugnissen, Waschmitteln und dekorativen Kosmetika grundsätzlich verboten. Wer Versuche an Wirbeltieren durchführen will, bedarf der Genehmigung des Versuchsvorhabens durch die zuständige Landesbehörde.

Timolol. >Beta-Blocker<.

Tinidazol. >Antiprotozoika<.

Tinktur. Alkoholischer Extrakt, meist aus >Drogen<.

Ti-Plasmid. In Bakterien der Art *Agrobacterium tumefaciens* auftretendes, übertragbares „Tumor induzierendes" >Plasmid<, das in den damit infizierten Pflanzen Wucherungen, z.B. tumoröse >Wurzelhalsgallen<, hervorrufen kann. Im Tumorgewebe der befallenen Pflanzen kann meist ein Segment des Ti-Plasmids nachgewiesen werden, das als T-DNA bezeichnet wird und gentechnisch für die >Insertion< von fremden >Genen< in Pflanzen (>transgene Pflanzen<) genutzt werden kann. Mit Ti-Plasmiden lassen sich derzeit nur >dikotyle Pflanzen< transfizieren, also keine Getreidearten, die bedeutende Vertreter der >monokotylen Pflanzen< und bedeutende Wirtschaftsgüter darstellen.

Tipulidae (Schnaken). Langbeinige, große Schnaken repräsentieren als Larven saprophage Mücken, die in nährstoffreichen Böden bedeutsam sind. >Diptera<, >Mull-Moder-Modell<.

Titandioxidindustrie. >Verordnungen zur Durchführung des Bundes-Immissionsschutzgesetzes<.

Titan(IV)oxid. (Anatas, Rutil, Titanweiß, Titan White, E 171) TiO_2: Ein weißer Farbstoff, der aus Ilmenit gewonnen wird. Der Einsatz erfolgt zur Oberflächenbehandlung von Süßwaren und zum Färben von Verpackungsmaterial.

Titanweiß. >Titan(IV)oxid<.

TL$_m$ (median tolerance limit, LC$_{50}$). Konzentration einer Substanz im Wasser, bei der nach einer festgelegten >Expositionsdauer< (bei aquat. Organismen häufig 96 h) voraussichtlich 50% einer definierten experimentellen Tierpopulation sterben; übliche Einheiten sind: mg/L (= ppm) und µg/L (= ppb).

TLV. >Threshold Limit Value<.

TOC. („Total organic carbon"). Der gesamte org. Kohlenstoff (ISO 6107/2). Die Messung des TOC gibt einen Hinweis auf den Gehalt an org. Inhaltsstoffen. Es handelt sich um einen *Summenparameter*. Die Oxidation des Kohlenstoffs der org. Stoffe zu Kohlenstoffdioxid ist als Meßprinzip gewählt. Der Kohlenstoffdioxidgehalt wird mittels Infrarotspektrometrie, Acidimetrie, Coulometrie etc. bestimmt. Anorg. gebundener Kohlenstoff muß ausgetrieben werden, oder er wird aus der Differenz (TOC) = (TC)-(TIC) ermittelt.

Tochter- und Enkelnuklide. >Zerfallsreihe<.

Tocopherole. (Vitamin E). Derivate des Tocols und Tocotrienols, die die gleiche biologische Aktivität wie α-Tocopherol aufweisen. T. sind Chromanderivate, die in 2-Stellung eine isoprenoide Seitenkette besitzen.

Sie haben eine antioxidative Wirkung und können Sauerstoffradikale abfangen. Pflanzliche Öle, z. B. Weizenkeimöl, besitzen einen hohen Gehalt an T.

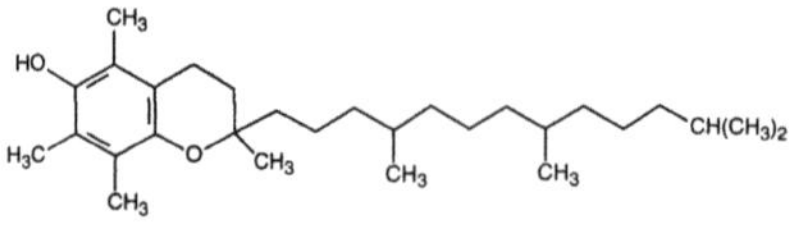

Todesursachen. Die Todesursachenstatistik zeigt vollkommen unselektiert für eine definierte >Population< Verschiebungen im Krankheitsgeschehen (über längere Zeiträume) an. Die Regeln für die Signierung der Todesursachen (ICD = Internationale Krankheiten Klassifikation) sowie die statistische Bearbeitung des Datenmaterials sind international einheitlich festgelegt. Die Zuverlässigkeit der Daten hängt im wesentlichen von den Angaben in der Todesursachenbescheinigung ab; die Aussagen werden aber auch durch langfristige Trends (z.B. bessere Diagnostik, höhere durchschnittliche Lebenserwartung) beeinflußt. An erster Stelle der Todesursachen stehen z. Z. mit ca. 35 bis 40 % die >Herz-Kreislauf-Erkrankungen<, gefolgt von >Krebserkrankungen< (ca. 20 bis 25 %), Gefäßkrankheiten des Zentralnervensystems (ca. 15 %) und >Unfälle< (ca. 5 %).
Lit: Pflanz M (1973) Allgemeine Epidemiologie, Thieme, Stuttgart. – Steuer W (1982) Sozialhygiene, Thieme, Stuttgart. – Frentzel-Beyme R (1985) Einführung in die Epidemiologie, Wiss. Buchgesellschaft, Darmstadt.

Tokamak. Versuchsanordnung zur kontrollierten >Kernfusion<. In einem T. schließen zwei sich überlagernde Magnetfelder das >Plasma< ein: zum einen das toroidale Feld, das durch äußere Spulen erzeugt wird, und zum anderen das Feld eines im Plasma fließenden Stroms. Im kombinierten Feld laufen die Feldlinien dann schraubenförmig um die Seele des Torus. Auf diese Weise wird die zum Einschluß des Plasmas nötige Verdrillung der Feldlinien und der Aufbau magnetischer Flächen erreicht. Außer dem durch die äußeren Feldspulen erzeugten Toroidalfeld und dem durch den Strom im Plasma erzeugten Feld benötigt der T. noch ein drittes, vertikales Feld (Poloidalfeld), das die Lage des Stromes im Plasmagefäß fixiert. Obwohl der Strom im Plasma vorwiegend benötigt wird, um das einschließende Magnetfeld zu erzeugen, hat er noch als zweite Funktion für eine wirksame Anfangsheizung des Plasmas zu sorgen. Der Plasmastrom wird normalerweise durch eine Transformatorspule induziert. Wegen des Transformators arbeitet ein T. nicht kontinuierlich, sondern gepulst. Da jedoch ein Kraftwerk aus technischen Gründen kaum gepulst betrieben werden sollte, werden Methoden untersucht, einen kontinuierlichen Strom – z. B. durch Hochfrequenzwellen – zu erzeugen. Die Fusionsforschungsanlage JET ist nach dem T.-Prinzip gebaut. Auch der Fusionsreaktor >ITER< wird nach diesem Prinzip geplant.

Tolclofos-methyl. Wirkt als >Fungizid< und zählt zur Substanzklasse der Organophosphatester.
Chemische Bezeichnung: *O*-2,6-Dichlor-*p*-tolyl-*O*,*O*-dimethylphosphorthioat
CAS-Nummer: 57018–04–9
Hersteller: Sumitomo
Wirkungstyp: Nicht-systemisches Kontaktfungizid. Hemmt die Phospholipidsynthese.

Bevorzugte Anwendung: Saat- und Bodenfungizid gegen bodenbürtige Krankheiten an Kartoffeln, Zuckerrüben, Gemüse und Zierpflanzen.

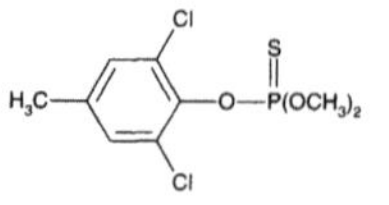

Chemische und physikalische Eigenschaften: Farblose Kristalle mit einem Schmelzpunkt von 78–80 °C.
Dampfdruck: 57 mPa bei 20 °C.
Verteilungskoeffizient (log Po/w): 4,56 bei 25 °C.
Löslichkeit: In Wasser 1,1 mg/L bei 25 °C.
Stabilität: Zersetzt sich im alkalischen und sauren Medium.
Abbau und Metabolismus: Abbau erfolgt über Demethylierung und Hydrolyse zu 2,5-Dichlorkresol. Durch photolytischen Abbau beträgt die HWZ in Wasser 44 d und an der Bodenoberfläche <2 d, einschließlich Verdampfungsverlust. Im Säugerorganismus erfolgt schnelle Metabolisierung durch oxidative Desulfurierung, Ausscheidung innerhalb weniger Tage über Faeces und Urin.
Säugertoxizität: Akute orale und dermale LD_{50} für Ratte >5.000 mg/kg. Inhalation LC_{50} (4 h) für Ratte >3.320 mg/m^3 Luft. ADI-Wert 0,07 mg/kg KGW.
Fischtoxizität: LC_{50} (96 h) für Karpfen 2,13 mg/L.
Vogeltoxizität: Akute orale LD_{50} für Stockente und Japanische Wachtel >5.000 mg/kg.

Toleranzbereich. Bereich der Lebensfähigkeit einer Art in Abhängigkeit von einzelnen oder einer Kombination mehrerer >Umweltfaktoren<. Ein Optimum geht beiderseits in einen Pessimumbereich über, in dem die Bedingungen gerade noch ausreichend sind, in dem z.B. minimale bzw. maximale Konzentrationen den T. eingrenzen.

Toleranzen. Zulässige Höchstmengen von >Pestiziden< in Lebensmitteln. Sie werden von der >FAO< und >WHO< vorgeschlagen und dann auf nationaler Ebene jeweils für die Stufen Ernte, Transport, Verkauf, Zubereitung und Verzehr festgelegt. Die Werte orientieren sich einerseits an der realen Situation, d. h. an den Rückständen, die bei vorschriftsmäßiger Anwendung der Pestizide zu erwarten sind. Andererseits müssen sie so festgelegt werden, daß der ADI-Wert nicht überschritten wird. Wenn die in der Praxis erreichbaren minimalen Rückstandswerte mit den aus toxikol. Daten abgeleiteten p.l.-Werten (>„permissible level"<) nicht in Einklang zu bringen sind, dann werden sog. praktische Rückstandsgrenzen empfohlen, die von den unvermeidbaren Sekundärrückständen ausgehen, d. h. von den Gehalten, die nicht aus der direkten Anwendung stammen.

Tolerierbarer Abtrag. Jährlicher Bodenabtrag durch >Bodenerosion< in t/ha, der aus landwirtschaftlicher Sicht langfristig gerade noch für vertretbar gehalten wird. Bei der Bemessung des t. A. muß berücksichtigt werden, daß ein Bodenverlust von 15 t/ha einer Absenkung der Bodenoberfläche um etwa 1 mm entspricht. So wird die Höhe des t. A. meist von der Entwicklungstiefe und der Durchwurzelbarkeit des Bodens abhängig gemacht; bei flachgründigen Böden wird etwa 1 t/ha×a angesetzt, bei sehr tiefgründigen 10 t/ha×a. Da die Ackerzahl der >Bodenbewertung< (Reichsbodenschätzung) mit der Entwicklungs- und Durchwurzelungstiefe eines Bodens korreliert ist, kann als grober Anhalt für den tolerierbaren Abtrag (in t/ha×a) auch ein Wert verwendet werden, der sich aus der Division der Ackerzahl durch 8 ergibt.

Tollkirsche. >*Atropa belladonna*<.

Toluol. (Methylbenzol). Leichtentzündlicher, gesundheitsschädlicher >aromatischer Kohlenwasserstoff<; Chem. Formel: $C_6H_6\text{-}CH_3$; $M_r = 92{,}14$; Fp. $= -95\,°C$; Siedepunkt $= 111\,°C$; Dichte $= 0{,}87$ g/cm^3; Sättigungskonz. in der Luft bei $20\,°C =$ ca. 110 g/m^3; MAK-Wert $= 380$ mg/m^3; farblose, lichtbrechende, nach >Benzol< riechende Flüssigkeit. >Chronische< >Expositionen< gegenüber höheren Dosen zeigen sich u. a. in Degenerationserscheinungen von Leber, Niere und Gehirn. Toluol schädigt das blutbildende System erst bei wesentlich höheren Konz. als Benzol. Die biol. >Halbwertszeit< beträgt ca. 7 h. Wegen seiner Flüchtigkeit und Wasserlöslichkeit weist Toluol eine hohe >Mobilität< auf. Dennoch reichert sich Toluol in Umweltmedien nicht an, da es biol. leicht abbaubar ist. Toluol ist Ausgangsstoff für zahlreiche org. Produkte, Zusatz für hochwertige Treibstoffe und vor allem Lösungsmittel für zahlreiche Anwendungsgebiete. >Emissionen< an Toluol treten bei chem. Verfahren, durch Verdampfen toluolhaltiger Lsg. aber auch bei Verbrennungsvorgängen auf, da bei der unvollständigen Verbrennung von org. Materialien neben zahlreichen weiteren org. Verb. auch Toluol gebildet wird. Die durchschnittliche Toluolbelastung ländlicher Gebiete erreicht 1 bis 10 µg/m^3, die von Ballungsgebieten 10 bis 70 µg/m^3, wobei jeweils deutlich der Einfluß des Kfz-Verkehrs und lokaler Lösungsmittelemittenten zu erkennen ist. Im allg. ist die >Belastung< durch Toluol etwa doppelt so hoch wie die durch Benzol. Dieses Verhältnis ist typisch für durch den Kfz-Verkehr bedingten Belastungen. Die >TA Luft<, die zur Beurteilung immissionsschutzrechtlich >genehmigungsbedürftiger Anlagen< heranzuziehen ist, führt Toluol in der Klasse II der Ziffer 3.1.7 auf. In der Summe dürfen die in dieser Klasse aufgeführten Stoffe bei einem >Massenstrom< von 2 kg/h und mehr im >Abgas< eine Konz. von 0,10 g/m^3 nicht überschreiten. Die Emissionen an Toluol können drastisch gesenkt werden, z.B. durch den Einsatz von >Ottomotoren< mit >Dreiwegekatalysator<, die Optimierung von Verbrennungsvorgängen, das Vermeiden von >Betankungsverlusten< beim Umschlag toluolhaltiger, org. Flüssigkeiten und durch >Abgasreinigung< mittels Nachverbrennung und >Adsorption<.

Tolylfluanid. Wirkt als >Fungizid< und zählt zur Substanzklasse der Anilin-Derivate.
Chemische Bezeichnung: *N*, *N*-Dimethyl-*N'*-(4-tolyl)-*N'*-(dichlorfluomethylthio)-sulfamid
CAS-Nummer: 737–27–1
Hersteller: Bayer AG
Wirkungstyp: Vorwiegend protektiv wirkendes Blattfungizid mit akarizider Nebenwirkung.
Bevorzugte Anwendung: Gegen Schorf an Kernobst (bei regelmäßiger Spritzfolge auch befallsmindernde Wirkung gegen Apfelmehltau und Spinnmilben).

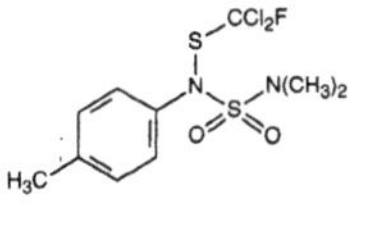

Chemische und physikalische Eigenschaften:
Physikalische Beschaffenheit: Krist., farblos.
Schmelzpunkt: 95 bis 97 °C.
Verteilungskoeffizient (log $P_{o/w}$): 3,90 bei 20 °C.
Dampfdruck: $1{,}6 \cdot 10^{-6}$ bei 20 °C.
Stabilität: Wird in alkal. Medium gespalten.
Löslichkeit: In Wasser 0,9 mg/L bei 20 °C.
Abbau und Metabolismus: Schnelle und fast vollständige Metabolisierung; nach Abspaltung des Fluordichlormethylsulfonylrestes wird das gebildete Dimethylaminosulfotoluidid zur Carboxylverb. oxidiert, die dann überwiegend renal ausgeschieden wird. Im Boden beträgt die HWZ ca. 3–6 Wochen. Im Wasser schnelle Hydrolyse zu Dimethylaminosulfotoluidid, das weiter hydroxyliert und konjugiert wird. DT_{50} beträgt bei pH 4 ca. 12 Tage, bei pH 7 ca. 29 Stunden und bei pH 9 <10 Minuten.
Toxizität: Akute orale LD_{50} für Ratte >5.000 mg/kg. Meerschweinchen 250 bis 500 mg/kg. Akute dermale LD_{50} für Ratte >5.000 mg/kg. Inhalationstoxizität: LC_{50} Ratte >408 mg/m^3 (1 Stunde) bzw. 265 mg/m^3 (4 Stunden). Verfütterung von tgl. 100, 1.000 und 10.000 mg/kg an Ratten über 3 Monate veränderten Aussehen und Verhalten, Blut- und Urinstatus und Organfunktionen nicht pathologisch.
Bienentoxizität: Nicht bienengefährlich (B 4).
Fischtoxizität: Giftig für Fische. LC_{50} für Goldfisch, 1,0 mg/L, für Rotauge 0,25 mg/L, für Goldorfe 0,1 mg/L, jeweils 96 Stunden Versuchsdauer.
Vogeltoxizität: Akute orale LD_{50} für Kanarienvogel >1.000 mg/kg. 5-Tage-Fütterungstest LC_{50} für Japanische Wachtel >5.000 mg/kg.
Wirbellosetoxizität: EC_{50} (48 h) für *Daphnia* 0,57 mg/L.

Ton. Korngrößenfraktion der mineralischen Komponente von Böden mit Äquivalentdurchmessern unter 2 µm. Im Gegensatz zu den gröberen Fraktionen, die durch Sieben unterteilt werden können, muß die Tonfraktion durch Sedimentation gewonnen werden, die in der Regel durch Zentrifugation beschleunigt wird. Aus diesem Grund ist der tatsächliche Durchmesser der Tonteilchen nicht bekannt. Selektiert werden vielmehr solche Teilchen, die in Wasser langsamer sinken als kugelförmige Teilchen von 2 µm Durchmesser (>Sedimentation<). Die typischen Minerale dieser Fraktion werden als >Tonminerale< bezeichnet.

Tongesteine. (Pelite und pelitische Gesteine). Als Pelite (Tone) werden unabhängig vom Mineralbestand Gesteine bezeichnet, deren Kornzus. zu mehr als 50 % aus Teilchen <2 µm besteht. Pelitische Gesteine enthalten über 10 % Körner <2 µm. Nach diagenetischer Verfestigung bilden sie die Ton-, Schluff- und Mergelsteine. Aufgrund ihrer Feinkörnigkeit besitzen sie nur eine geringe >Durchlässigkeit< und wirken hydrologisch als >Grundwassernichtleiter< (>Aquicluden<) und >Grundwasserhemmer< (>Aquitarden<). Die Porosität (>Hohlraumanteil<) der Tongesteine nimmt als Folge von mechanischer Druckwirkung mit wachsender Überdeckungstiefe von 50 bis 90 % in frisch abgelagerten Sedimenten auf 20 bis 25 % bis in 800 m Tiefe und auf ca. 5 bis 7 % bis in 3.000 m Tiefe ab. Bei noch höherer Überlagerungsmächtigkeit werden Porositäten um und unter 1 % gemessen. Die zunehmende Verdichtung beruht auf der Austreibung des Porenwassers und der Verformung der Mineralkörner. Die >Gesteinsdurchlässigkeit< von Tongesteinen liegt im allg. deutlich unter 10^{-8} m/s, meist in der Größenordnung

10^{-10} bis 10^{-12} m/s, die >Gebirgsdurchlässigkeiten< erreichen durch das Vorhandensein von >Trennfugen< Werte in der Größenordnung von 10^{-8} bis 10^{-7} m/s. Für die hydrologische Wirksamkeit der T. als Sperrschichten ist das Vorhandensein wasserwegsamer Trennfugen von Bedeutung, wie sie bei tektonischer Beanspruchung oder unter dem Einfluß der oberflächennahen Entspannung auftreten, weiterhin das Quellungsverhalten gegenüber dem auf Trennfugen eindringenden Wasser (quellfähige Tone können Trennfugen praktisch abdichten), ferner das mechanische Verhalten gegenüber tektonischen Bewegungen. Bei plastischer Verformung der Gesteine entstehen keine offenen Trennfugen. Neben dem auf hydraulischen Potentialunterschieden beruhenden Wasser- und Stofftransport findet auch eine auf Konzentrationsunterschieden beruhende Wasser- und Stoffbewegung in pelitischen Schichten statt (>Diffusion<).
Lit: Mattheß G, Ubell K (1983) Allgemeine Hydrogeologie – Grundwasserhaushalt. Gebr. Borntraeger-Verlag, Berlin Stuttgart.

Ton-Humus-Komplexe. Unstöchiometrisch zusammengesetzte Verbindungen aus >Tonmineralteilchen< und >Huminstoffen<, die meist auch durch intensive Ultraschallbehandlung mit chemischen Dispergierungshilfsmitteln nicht getrennt werden können. Als Folge davon enthalten in tonigen, humosen Böden oft auch die Mineralfraktionen mit Dichten über 2 g/cm^3 erhebliche Anteile an organisch gebundenem Kohlenstoff und sind dunkel gefärbt. Entsprechend der uneinheitlichen chemischen Struktur der Huminstoffe wie auch der Tonminerale werden bei der Bildung von T. verschiedene Bindungsmechanismen betätigt. So spielen Ionenbindungen ebenso eine Rolle wie Wasserstoffbrücken- und Kovalenzbindungen; auch Chargetransfer-Bindungen werden vermutet. Wahrscheinlich ist durch diese festen Bindungen die organische Komponente der T. mikrobiell schwerer abbaubar als die nicht an Minerale gebundenen Huminstoffe, so daß durch die Bildung von T. langfristig ein höherer Humusgehalt im Boden stabilisiert wird. Böden, die viel T. enthalten, haben oft auch ein stabiles Krümel- oder Subpolyedergefüge (>Bodengefüge<) und ein hohes Sorptionsvermögen für Kationen und organische Stoffe.

Tonminerale. Sammelbezeichnung für Minerale, die in der Tonfraktion von Böden gefunden werden, im engeren Sinn Schichtsilicate; im weiteren Sinn gehören auch z. B. Al- und Fe-Oxide zu den T.

Tonmineralzerstörung. Beschleunigter protolytischer Abbau von Schichtsilikaten bei starker Bodenversauerung. Die T. führt zu einem sekundären Quarzwachstum und treibt bei extremer Versauerung einen Prozeß der „chem. Versandung" an, vgl. >Versauerungshypothese<.

Tonoplast. (Grch. tonos = Spannung; plastos = geformt, gebildet). Eine >Membran<, welche die >Vakuole< von Pflanzenzellen umgibt und damit den >Zellsaft< mit seinen z. T. >toxischen< Inhaltsstoffen vom >Cytosol< abgrenzt. Der Tonoplast enthält ähnlich wie das >Plasmalemma< zahlreiche Translokatoren wie z. B. Ionenpumpen und Carrier. Die Gesamtkonz. aller im Zellsaft gelösten Stoffe in Verb. mit der selektiv permeablen Tonoplastenmembran ist für den osmotischen Wassereinstrom in die Vakuole und damit für den Aufbau des >Turgordrucks< Voraussetzung.

Dieser hydrostatische Druck preßt den Plasmaschlauch gegen die >Zellwand<, die hierdurch elastisch gedehnt wird, bis der Gegendruck der gedehnten Wand (= Wanddruck) den Turgordruck voll kompensiert. Hieraus resultiert die Festigkeit unverholzter Gewebe.

Tonverlagerung. Transport von Tonteilchen mit dem Sickerwasser in tiefere Zonen des Bodenprofils, wobei vor allem Teilchen unter 0,2 μm Durchmesser (Feinton) betroffen sind. Dieser Prozeß wird auch als >Lessivierung< bezeichnet; er führt zur Bildung von >Parabraunerden< mit einem Tonauswaschungshorizont (Al-Horizont; >Bodenhorizonte<) im oberen Teil des Profils und einem Tonanreicherungshorizont (Bt-Horizont) darunter. Außer den >Tonmineralen< werden auch z. B. feine Humusteilchen verlagert, so daß der Bt-Horizont meist auch gegenüber dem Al-Horizont erhöhte Huminstoffgehalte aufweist. Ursache für die T. ist die Dispergierung der Tonteilchen bzw. Aufhebung der Flockung im Al-Horizont. Dies kann z. B. durch Verringerung der Salzkonzentration in der Bodenlösung geschehen. Da Calcium als 2 wertiges Kation die Flockung der Tonminerale bewirkt, setzt die T. eine Entkalkung des Oberbodens verbunden mit einer pH-Absenkung voraus. Bei sehr tiefen pH-Werten (z. B. <4,5) können die Tonminerale durch austauschbares Aluminium geflockt werden, so daß intensive T. nur im pH-Bereich zwischen etwa 6,5 und 5 abläuft. Die Abscheidung der Tonminerale im Unterboden erfolgt in der Regel ungefähr an der Entkalkungsgrenze, wo die Konzentrationen 2 wertiger Kationen (Ca^{2+}, Mg^{2+}) wieder über den Flockungsschwellenwert ansteigt. Da die meisten dieser Tonminerale blättchenförmig sind, lagern sie sich in paralleler Orientierung an den Porenwänden ab und bilden glänzende Überzüge („Tonhäutchen", „Toncutane").

Top down-Ansatz. Ökonomischer Ansatz zur Bestimmung der gesamtwirtschaftlichen Kosten von Umweltschutzaktivitäten. Im Gegensatz zum >Bottom up-Ansatz< beruht der Top down-Ansatz nicht auf der Analyse konkreter technologischer Vermeidungsoptionen, sondern auf der Modellierung der prinzipiellen gesamtwirtschaftlichen Zusammenhänge zwischen wirtschaftlicher Aktivität und Umweltbelastung. Die generelle Vorgehensweise aller Top down-Schätzungen besteht darin, zunächst ein „business as usual"-Szenario zu berechnen, das die zukünftige Entwicklung von Sozialprodukt und Emissionen unter Fortschreibung des Status quo darstellt. In einem zweiten Schritt werden dann umweltpolitische Maßnahmen, wie etwa die Erhebung einer >Emissionsabgabe< oder eine >Emissionsauflage<, in das Modell eingeführt und einer erneuten Simulation zugrunde gelegt, deren Zeitpfade dann mit dem „business as usual"-Szenario verglichen werden. Die hierbei festgestellten Unterschiede in der jeweiligen Entwicklung des Sozialprodukts lassen sich als gesamtwirtschaftliche Kosten der Schadstoffvermeidung interpretieren. Letztere sind in Top down-Modellen typischerweise abhängig von den angestrebten Reduzierungszielen im Verhältnis zum jeweiligen „business as usual"-Szenario sowie den im Modell enthaltenen Vermeidungs- bzw. Substitutionsmöglichkeiten, wobei in der langfristigen Perspektive insbesondere die Existenz einer möglichen „backstop"-Technologie von großer Bedeutung ist. Top down-Schätzungen erfordern im Vergleich zum Bottom up-Ansatz ein wesentlich höheres Maß an Informationen. Denn während sich der Bottom up-Ansatz auf eine partialanalytische Betrachtung technologisch determinierter Vermeidungskosten beschränkt, sind bei Top down-Schätzungen alle relevanten Verflechtungen in die Analyse einzubeziehen. Hierzu kommen i.d.R. nur >Input-Output-Analysen< oder empirische >allgemeine Gleichgewichtsanalysen< von erheblicher Komplexität in Betracht. Dabei ist insbesondere zu beachten, daß die Erhebung einer Energieabgabe oder ähnlich weitreichende umweltpolitische Maßnahmen häufig auch mit signifikanten außenwirtschaftlichen Effekten verbunden sind, so daß eine Modellierung der binnenwirtschaftlichen Verflechtungen allein nicht ausreicht, um zu einer realistischen Schätzung der gesamtwirtschaftlichen Kosten zu gelangen. In diesem Fall sind multiregionale Modelle erforderlich, bei denen die Handelsbeziehungen zwischen verschiedenen Modellregionen explizit berücksichtigt werden.

Lit: Michaelis P (1996) Ein ökonomischer Orientierungsrahmen für die Umweltpolitik. Institut für Weltwirtschaft, Kiel.

Top-down-Kontrolle. Eingriff in die Struktur und Dynamik von meist aquatischen Lebensgemeinschaften durch Einsatz von Räubern zum Schutz oder zur Dezimierung von Organismengruppen. Z.B. Verminderung von Phytoplankton in Seen durch Förderung der algenfressenden >Daphnien<. Dies kann durch Einsatz von Raubfischen geschehen, die die Zooplankton fressenden „Friedfische" dezimieren. Das Phytoplankton könnte auch durch eine Erniedrigung der Nährstoffkonzentrationen im Wasser dezimiert werden: das wäre eine >bottom-up-Kontrolle<.

Torf. Humusform mit mehr als 30% organischer Substanz, die durch Hemmung des Streuabbaus bei Wässersättigung durch Sauerstoffmangel (>Niedermoor-T.<, im Grundwasserbereich) oder durch Sauerstoff- und Nährstoffmangel (>Hochmoor-T.<, beeinflußt durch Niederschlagswasser) gebildet wurde. Unter aeroben Bedingungen und mit ausreichend Nährstoffen wird T. rasch mikrobiell abgebaut (mineralisiert), wobei die in ihm enthaltenen Pflanzennährstoffe in den Biokreislauf zurückgeführt werden. Bei der Einarbeitung in den Boden wird dabei das Bodenleben erheblich gefördert. Weiterhin haben die meisten T. eine große Sorptionsfähigkeit für Kationen und organische Stoffe und werden als Filtermasse eingesetzt. Aus diesen Gründen wurden v. a. Hochmoor-T. großflächig abgebaut und z.B. zu nährstoffangereicherten Pflanzsubstraten verarbeitet. Folgen sind die Trockenlegung und Zerstörung weiterer Moorlandschaften.

Tortuosität. Zur >Kontinuität< in dem Sinne entgegengesetzter Begriff, daß unter Kontinuität die Durchgängigkeit eines Porensystems, unter Tortuosität die „Verwickeltheit" desselben als die wesentliche charakteristische Strukturgröße verstanden wird. Unterschiedliche Strukturmodelle bedingen unterschiedliche Interpretationen des Begriffs.

Totalherbizid. Die Anwendung des jeweiligen Herbizid-Typs richtet sich stets nach dem beabsichtigten Ziel (z.B. Unkraut) und die Zweckbestimmung (z.B. Blatt-, Bodenherbizide; systemisch/nichtsystemisch). Totalherbizide werden zur unspezifischen Beseitigung von Vegetation aller Art eingesetzt: vom landwirtschaftlichen Einsatz (z.B. Beseitigung von Unkräutern, >Defoliantien<) über die Freihaltung industriell genutzter Flächen und von Eisenbahnkörpern und Verkehrswegen aller Art vom unerwünschten Pflanzenbewuchs bis hin zu militärischen Einsätzen zur Entlaubung von Wäldern in Kriegszonen (z.B. „Agent Orange, Blue and White", eingesetzt im Vietnamkrieg 1962–1971; Einsatz von Totalherbiziden bei Grenzanlagen, wie z.B. entlang der Berliner Mauer). In der Regel wird dabei eine Langzeitwirkung des Herbizids bevorzugt, um eine Wiederholung der Behandlung in kurzen Intervallen zu vermeiden.

In der Landwirtschaft setzt man Totalherbizide mit sehr kurzer Wirkungsdauer nur vor und nach dem Aufwachsen der Ernte ein. Daneben finden sog. >Semitotal-Herbizide< als Untergruppe der Totalherbizide Verwendung: Diese sollten eine hohe, aber unspezifische Wirkung gegen Unkräuter aller Art besitzen, aber praktisch keine Wirksamkeit gegen Holzgewächse (z.B. Obst- und Weinbau sowie in tropischen Kulturen und Plantagen mit Citrusfrüchten, Bananen, Kaffee, Kakao, Palmen und Tee). Ein weiteres Anwendungsgebiet sind Wälder und Baumschulen. Hierzu verwendet man heutzutage am meisten und am wirtschaftlichsten >selektive Herbizide< mit hoher Aktivität gegen die Hauptunkrautarten bei guter Tolerierung durch die Nutzpflanzen. Häufig lassen sich die vielfältig auftretenden Unkrautarten nicht mit einem einzigen Wirkstoff bekämpfen. In solchen Fällen werden Wirkstoffkombinationen im Bereich der Boden- und Blatt-Herbizide mit dem Ziel verwendet, die Entstehung von Unkräutern von vornherein zu verhindern oder bereits entstandene Unkräuter rasch zu vernichten. Bei den enorm breiten Einsatzgebieten der Herbizide ist eine scharfe Trennung zwischen Total- und selektiven Herbiziden nicht immer möglich.

Einige in Anwendung befindliche Totalherbizide sind: Natriumchlorat (Unkraut-Ex®), Schwefelsäure, Natriumborat, Glufosinate-Ammonium (Basta®), Harnstoffe (Monuron, TCA, Urox®; Diuron; Karbutylate), 2,4,5-Trichlorphenoxyessigsäure (2,4,5-T), Heterocyclen, wie z.B. Amitrole (Weedazole®), Pyrimidine: Bromatcil, Isocil, Terbacik; 1,3,5-Triazine: Simazine, Prometon, Sebumeton, Hexazinone; Arsen-Verbindungen wie Kakodylsäure (u. Natriumsalz; Phytar®). Zahlreiche Totalherbizide sind wegen ihrer hohen Toxizität in ihrer Verwendung stark eingeschränkt oder wurden inzwischen vom Markt genommen.

Lit.:Büchel KH (1983), Chemistry of Pesticides, Wiley, New York – Wegler R (1970, 1977, 1982), Chemie der Pflanzenschutz- und Schädlingsbekämpfungsmittel, Springer, Berlin.

Toteisseen. Seen späteiszeitlicher Entstehung in der Eiszerfallslandschaft. Mehr oder weniger große Eisblöcke bleiben beim Rückgang des Gletschers zurück und werden von Schotter überdeckt. Nach ihrem Abschmelzen bleiben Vertiefungen zurück, die sich bleibend mit Wasser füllen, sofern sie unter dem Grundwasserspiegel liegen. Besonders verbreitet in Oberbayern, z.B. die Seen um Seeon, Eckstätt sowie die Osterseen bei Iffeldorf.

Totipotenz. >Gewebekulturen<.

Totsubstanzfresser. >Saprophage<.

Totwasser. Bereich in einem >Fließgewässer<, in dem die gerichtete Wasserströmung in ein Mosaik von Lee-Bereichen mit verminderter Wasserbewegung zerlegt wird. Dies ist allg. auf der Sohle des Gewässers der Fall, wo Totwasserräume hinter jedem Geröll entstehen. Die Mächtigkeit der sohlennahen Totwasserzone hängt von der Sohlenrauhigkeit, also der Korngröße des Sohlenmaterials ab; bei Sandablagerungen ist sie

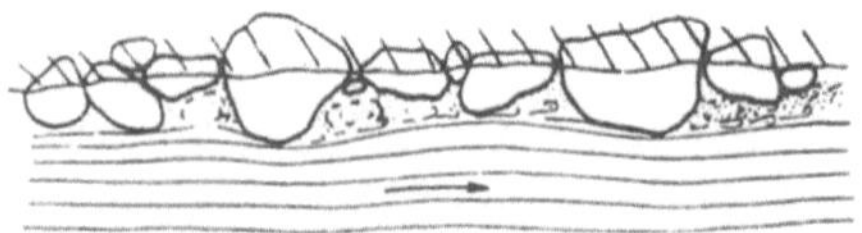

Totwasser: Totwasserbereich an der Stromsohle eines Baches

verschwindend klein, aber für >Mikroorganismen< von großer Bedeutung. Das T. ist ein wichtiger Lebensraum in Fließgewässern mit mehreren Funktionen: Schutzbereich gegen Strömung, Übergangsbereich in das >hyporheische Interstitial<, Bereich mit dem größten Stoffumsatz im Fließgewässer (s. Abb.).

Tourismus. Allgemein versteht man heute unter T. das mit der modernen Industriegesellschaft verbundene, besonders durch den technischen Fortschritt der Verkehrsmittel beförderte und durch die Ausdehnung von Freizeit, Lebensalter, Bildung und Konsum ebenso ermöglichte wie durch organisierte Reiseangebote erleichterte, primär auf die Freizeit bezogene Reiseverhalten zunehmend größerer Bevölkerungsgruppen (vgl. Brockhaus, 19. Aufl. 1993). Der T. als solcher hat eine in sich abgeschlossene rechtliche Regelung bislang nirgendwo auf der Welt gefunden; rechtlich normiert sind lediglich Teile des T., z. B. im Bürgerlichen Gesetzbuch das Reisevertragsrecht. Unter Umweltschutzgesichtspunkten ist der T. bedeutungsvoll, weil er an der zunehmenden Umweltzerstörung einen großen Anteil hat, z. B. durch die Erschließung von Ferienparks, Zubetonieren von Küstenstränden, Ausbau von Straßen und Flughäfen auf Kosten der Wälder, Ressourcen- und Energieverbrauch, Produktion von Abfall, Lärmbelastung und Luftverschmutzung. Deshalb wird alternativ zum „normalen" T. ein „sanfter" T. gefordert, der die pessimistische und partiell elitäre Verurteilung des normalen bzw. Massent. überwindet. Dieser sanfte T. ist rechtlich zu fördern beispielsweise dadurch, daß bestimmte Gebiete von Bebauung, sei es Wohnbebauung, seien es Verkehrsbauten, freigehalten werden; solche Bauverbote können beispielsweise ausgesprochen werden durch Festsetzungen, die auf der Grundlage des Bundes-Naturschutzgesetzes möglich sind: z. B. Naturparks, Landschaftsschutzgebiete.

Tournesol. >Orseille<.

Toxakil. Handelsname für ein Insektizid-wirksames Polychlorterpengemisch (>Toxaphen<).

Toxaphen. Insektizid-wirksames Multikomponentengemisch. Es besteht aus einem Isomerengemisch polychlorierter C_{10}-Terpene, wobei >Polychlorbornane< den Hauptanteil darstellen. Aufgrund des ermittelten Chlorgehalts von 67 bis 69 % errechnet sich ein mittlere Summenformel $C_{10}H_{10}Cl_8$ und ein mittleres Molekulargewicht von 414 g/mol. T. ist ein unangenehm riechender, gelblicher, hochviskoser Stoff. Da sich T. aus mindestens 202 Einzelkomponenten zusammensetzt, existiert kein klar definierter Schmelzpunkt, sondern es werden Schmelzpunktintervalle von 65 bis 95 °C angegeben. Ab einer Temperatur von 155 °C beginnt sich T. unter Chlorwasserstoffabspaltung zu zersetzen. Die Behandlung mit Laugen sowie die Bestrahlung mit kurzwelligem UV-Licht erzeugen ebenfalls Dehydrochlorierungsprodukte. T. ist in den meisten organischen Lösungsmitteln gut löslich. Im Vergleich zu anderen Vertretern der Chlorkohlenwasserstoffinsektizide besitzt T. auch eine relativ gute Wasserlöslichkeit. T. wurde im Jahr 1945 von der Firma Hercules Powder Comp. als Insektizid patentiert und eingeführt. Als Ausgangssubstanz für die Synthese dient das zur Gruppe der bizyklischen Terpene gehörende >Camphen<. Dieses wird über eine katalytische Isomerisierungsreaktion aus >alpha-Pinen< gewonnen, einer Hauptkomponente des >Terpentinöls<. Die Herstellung erfolgt durch 8stündiges Einleiten von Chlor in eine 20 %ige Lösung von technischem Camphen in Tetrachlorkohlenstoff unter UV-Bestrahlung. Als erster Reaktionsschritt erfolgt durch die Chlorierung der Doppelbindung des Camphens die Bildung von 2-*exo*,10->Dichlorbornan<, wobei eine Gerüstumlagerung im Sinne einer >Wagner-Meerwein-Umlagerung< stattfindet. Das 2-*exo*,10-Dichlorbornan dient dann als Ausgangsverbindung für die nunmehr unspezifisch verlaufende weitere Chlorierung zu höhersubstituierten Derivaten. Bisher konnten mit Hilfe der Kopplung Gaschromatographie/Massenspektrometrie 202 Einzelkomponenten im Gemisch charakterisiert und nachgewiesen werden. Mit einem gemeinsamen Anteil von über 50 % dominieren hierbei die Hepta- und Oktachlorisomeren. Bis heute konnten ca. 30 T.-Komponenten isoliert und identifiziert werden. Die Hauptanwendungsprofile von T. liegen im Agrarbereich, insbesondere in der Anwendung als Insektizid im Baumwollanbau. Weitere Einsatzgebiete sind die Anwendung als Rodentizid gegen Nagetiere und Feldmäuse sowie die Bekämpfung von Ektoparasiten. T. wirkt in erster Linie als Fraßgift. Durch Umkristallisation aus Methanol kann technisches >Toxaphen< in einen öligen und in einen kristallinen Bestandteil getrennt werden, die sich physikalisch wie chemisch voneinander unterscheiden. Beide Bestandteile zeigen im Toxizitätstest an verschiedenen Insektenspezies unterschiedliche Wirkungen. So ist der kristalline Anteil unwirksam gegenüber Senfkäfern, wobei die ölige Fraktion Wirkung zeigt. Andererseits liegt die Fliegentoxizität des kristallinen Toxaphens um den Faktor 2 höher als die des Rückstands. Nach Rekombination ergibt die Mischung wieder dasselbe Wirkungsspektrum wie das technische Toxaphen.

Toxic Concentration Low (TC$_{Lo}$). Niedrigste angegebene Konzentration einer Substanz in der Luft, die nach gegebener >Expositions-Dauer< irgendeine >toxische< Wirkung im Menschen bzw. eine >cancerogene<, neoplastigene oder teratogene Wirkung in Mensch oder Tier verursacht; Einheiten sind: mg/L, mg/m^3 oder ppmv.
Lit: Rippen G (1990) Handbuch Umweltchemikalien, ecomed, Landsberg

Toxic Dose Low (TCL$_0$). Die niedrigste auf angegebene Weise applizierte Dosis einer Substanz, für die bei gegebener Einwirkungsdauer irgendeine toxische Wirkung im Menschen oder Tier angegeben wurde. Einheit: mg/kg KG.
Lit: Rippen G (1990) Handbuch Umweltchemikalien, ecomed, Landsberg

Toxikant A. Aus dem technischen >Toxaphen< isolierte Fraktion, die einen Anteil von 2 bis 6 % am Gesamtgemisch besitzt und sich aus den 3 Bornanderivaten 2,2,5-*endo*,6-*exo*,8,8,9,10-Oktachlorbornan, 2,2,5-*endo*,6-*exo*,8,9,9,10-Oktachlorbornan und 2-*exo*,3-*endo*,5-*exo*6-*endo*,8,8,9,10,10-Nonachlorbornan zusammensetzt.

Toxikant B. Hauptkomponente im technischen >Toxaphen<, konnte als 2,2,5-*endo*,6-*exo*,8,9,10-Heptachlorbornan mit ca. 3% Anteil am Gesamtgemisch isoliert und identifiziert werden.

Toxikant C. Hauptkomponente im technischen >Toxaphen<, konnte als 2-*exo*,3-*exo*,5,5,5-*endo*,8,9,10,10-Nonachlorbornan mit ca. 3% Anteil am Gesamtgemisch isoliert und identifiziert werden.

Toxikologie. Lehre der toxischen Wirkungen von Stoffen auf den menschlichen Organismus; allg. Lehre von den schädlichen Wirkungen chem. Substanzen auf lebende Organismen. Die T. hat einerseits die qualitative Aufgabe, gefährliche Stoffeigenschaften zu erkennen und zu beschreiben, andererseits quantitative Aussagen zu machen, unter welchen Expositionsbedingungen mit Schädigungen der Gesundheit des Menschen zu rechnen ist. Wirkungen und ihre Intensität sind dosisabhängig; mit toxischen Wirkungen ist dann zu rechnen, wenn Chemikalien oder ihre Metaboliten in ausreichender Menge und über einen ausreichenden Zeitraum in den für die >Toxizität< empfindlichen Zielorganen vorliegen. Um die Gesundheitsgefährlichkeit einer Chemikalie abschätzen zu können, müssen neben den toxischen Wirkungen die zugrundeliegenden Mechanismen, der Expositionsweg, die Toxikokinetik, die Expositionshöhe und -dauer, die Dosis-Wirkungsbeziehung und die Empfindlichkeit der exponierten Person bekannt sein. Toxische Wirkungen und Wirkungsmechanismen dienen der Charakterisierung der kritischen Eigenschaften eines Stoffes. Dabei ist es für die Abschätzung des Risikos entscheidend, ob eine reversible oder irreversible Wirkung vorliegt. Bei Stoffen mit reversibler Wirkung besteht bei einer Exposition unterhalb einer Schwellendosis kein Risiko, während bei irreversibel wirkenden Stoffen jede Exposition mit einem bestimmten Risiko verbunden ist.

Lit: Forth W, Henschler D, Rummel W (Hrsg.) (1988) Pharmakologie und Toxikologie. BI Wissenschaftsverlag, Mannheim Wien Zürich – Greim H (1996) Toxikologie. VCH Verlag, Weinheim.

Toxikose. Durch exogen oder endogen gebildete >toxische< Substanzen verursachte Erkrankung (= Vergiftung) beim Menschen; z. B. Säuglings- oder Schwangerschaftstoxikose.

Toxin. (Grch. toxikon = Pfeilgift). Ein von bestimmten Organismen, z. B. Bakterien (Bakterio-T.), Pilzen (My-ko-T.), Pflanzen (Phyto-T.) oder Tieren (Zoo-T.), gebildeter, somit „natürlicher" Giftstoff, der auf bestimmte Zielorganismen einwirkt und dort zu Schädigungen führt. T. stehen wegen ihres „natürlichen" Ursprungs im Gegensatz zu >Dioxinen<, >Lindan< etc., die üblicherweise als Gift bezeichnet werden. T. haben keine einheitliche chem. Struktur. Bei den Bakterio-T. unterscheidet man Endo-T. und Exo-T. Endo-T. werden erst beim Auflösen der sie produzierenden Bakterienzellen (Lysis) freigesetzt und damit wirksam. Oft sind diese T.-Typen Lipopolysaccharide (z. B. *Salmonella*-T.). Exo-T. sind meist Proteine, die in ein Medium, z. B. in ein Lebensmittel oder nach Aufnahme der Bakterien in den Körper, abgeschieden werden. Die Bakterienzellen bleiben dabei intakt. Der Angriffsort von Exo-T. ist oft der Darm. Daher werden solche T. auch als Entero-T. bezeichnet, z. B. das Entero-T. von *Clostridium perfringens*. Eine Ausnahme bei den bakteriellen Exo-Toxin-Bildnern ist >*Clostridium botulinum*< mit der Bildung von Neuro-T., die auf das Nervensystem wirken. Aufgrund ihrer Proteinstruktur sind die Exo-T. zumeist hitzelabil (Ausnahme bei >*Escherichia coli*<). Bei den von Pilzen gebildeten Myko-T. findet man eine große Heterogenität der Substanzklassen. Myko-T. weisen z. T. eine sehr starke >Toxizität< auf. Als Beispiel sind die z. B. von *Aspergillus flavus* und *A. parasiticus* gebildeten >Aflatoxine< zu nennen, die bei Ingestion über längere Zeit stark cancerogen wirken (Leber- und Nierenkrebs) und außerordentlich hitzebeständig sind.

Lit: Brandis H, Otte HJ (1984) Lehrbuch der medizinischen Mikrobiologie, 5. Aufl., Gustav Fischer Verlag, Stuttgart.

toxisch. Giftig.

Toxische Eigenschaften. Negative Effekte, >Toxizität<.

Toxizität. Giftigkeit bzw. Ausmaß der gesundheitsschädigenden Wirkung einer Substanz. Unterschieden werden in Abhängigkeit von der Häufigkeit, der Zufuhr, >Dosis< und Wirkungscharakteristik: >akute<, >subakute< und >chronische T.<, >mutagene<, >teratogene< und >cancerogene< Eigenschaften, >Cancerogenese<.

1. akut: Die Prüfung auf akute T., die am Ganztier bei mehreren Tierarten und an beiden Geschlechtern durchgeführt wird, erstreckt sich vor allem auf die Ermittlung der LD_{50}. Darüber hinaus soll sie über den

---

Toxikologie: Aufgabengebiete der Toxikologie

Teilgebiet (Auswahl)	Aufgaben
Arzneimitteltoxikologie	Vorklinische Prüfung neuer Arzneimittel auf Verträglichkeit, schädliche Nebenwirkungen bei bestimmungsgemäßem Gebrauch, Folgen von Überdosierungen (akute Vergiftung), tierexperimentelle Aufklärung von erstmals beim Menschen aufgedeckten Nebenwirkungen
Gewerbetoxikologie	Akute und chronische Vergiftungen durch Arbeitsstoffe, Schutz- und Verhütungsmaßnahmen, Aufstellung von Toleranzgrenzen (MAK-, BAT-Werte), Berufskrebs
Klinische Toxikologie	Diagnose und Therapie akuter Vergiftungen, Auskunft an Ärzte, Behandlungsvorschläge in Notfällen, Giftstoffregister, Vergiftungsstatistik
Nahrungsmitteltoxikologie	Schadwirkungen natürlicher und synthetischer Nahrungsbestandteile (Farbstoffe, Konservierungsmittel, Füllstoffe, Emulgatoren, Schönungsmittel; Mykotoxine), Verunreinigungen im Trinkwasser
Toxikologie von Luftverunreinigungen	Analyse und Wirkungsermittlung von Schadstoffen in der Atmosphäre, Aufstellung von Toleranzgrenzen (MIK-Werten), Begründung restriktiver Maßnahmen
Umwelttoxikologie	Schadwirkungen chem. Stoffe auf Ökosysteme (Luft, Boden, Wasser, Pflanzen, Tiere) und Rückwirkungen auf den Menschen, Empfehlung von Präventivmaßnahmen

Wirkungsmechanismus und über die Todesursache Auskunft geben. Zur Bestimmung der akuten T. zählt die Feststellung der mittleren letalen Dosis (LD_{50}). Sie erfolgt nach einmaliger Verabreichung und meist nach Applikationsformen und erfordert im allgemeinen eine Nachbeobachtung von zwei bis drei Wochen: Unter LD_{50} wird die Dosis verstanden, bei der voraussichtlich 50 % der Versuchstiere sterben. Die LD_{50}-Bestimmung erlaubt u.a. Rückschlüsse auf das Vergiftungspotential einer chemischen Substanz, deren Einteilung in verschiedene Giftklassen und auf die Bioverfügbarkeit.
2. subakut, subchronisch und chronisch: Zur Bestimmung der subakuten, subchronischen und chronischen T. bedarf es einer täglichen Verabreichung der fraglichen Substanz. Das Ziel solcher Untersuchungen ist vor allem die Ermittlung kumulativer Eigenschaften der Testsubstanz, der niedrigsten Dosis, die keinerlei Effekte mehr auslöst, und die Ermittlung des Schwellenwertes. Hierzu werden in der Regel zwei Tierarten und beide Geschlechter benötigt. Die Versuchsdauer bei der subchronischen T.-Prüfung beträgt im allgemeinen bis zu 6 Monate (häufig 90-Tage-Versuch mit Ratten und Mäusen), bei der chronischen 3 Monate bis zu 2 Jahren und länger (18 Monate bei Mäusen, 30 bei Ratten, 12 Monate bei Hunden und darüber). Während der Versuchsdauer sind vor allem sehr sorgfältig der klinische Befund zu protokollieren und das Verhalten hinsichtlich jeder Normabweichung festzuhalten. Ferner sind die Gewichtsentwicklung sowie die Futter- und Wasseraufnahme, darüber hinaus die Befunde chemisch-physiologischer, pathologisch-anatomischer und histologischer Untersuchungen zu ermitteln. Am Ende des Versuchs steht die Tötung aller Tiere und deren gründliche Aufarbeitung.
Lit: Stötzer H (1989) Grundlagen der Arzneimittel-Toxikologie, Fischer, Stuttgart New York.

Toxizitätstest. >Biotest<. Test, bei dem eine Substanz in bestimmten Konzentrationen mit Organismen zusammengebracht wird, im ihre toxische Wirkung auf die Organismen zu untersuchen (ISO 6107/3).

Toxon 63. Handelsname für ein Insektizid-wirksames Polychlorterpengemisch (>Toxaphen<).

Toxoplasmose. Durch den einzelligen, parasitischen Erreger *Toxoplasma gondii*, Klasse der Apicomplexa, hervorgerufene Infektionskrankheit. Als Wirte kommen neben dem Menschen auch alle anderen Säugetiere und viele Vogelarten in Frage. Die Toxoplasmen werden meist durch Verzehr von rohem infiziertem Fleisch, selten durch den Kontakt mit Tieren, z.B. Katzen, auf den Menschen übertragen. Den vielfach verdächtigten Hunden kommt keine Bedeutung für die Übertragung zu. Die T. verläuft beim Erwachsenen meist symptomlos oder seltener als Hirnhaut-, Gehirnod. Rückenmarksentzündung. Gravierende Erscheinungen treten bei Feten und Kleinkindern auf. Da Toxoplasmen placentagängig sind, kann eine Infektion bei Schwangeren zum Abort oder zu schweren Geburtsfehlern führen, wobei eine Bevorzugung der Toxoplasmen für das Gehirn und die Augen ausgeprägt ist. Die Therapie der T. erfolgt i.allg. mit dem Antimalarikum >Pyrimethamin< in Kombination mit >Sulfadiazin< oder anderen Sulfonamiden.
Lit: Frank W (1976) Parasitologie, 1.Aufl., Ulmer, Stuttgart – Gross U (ed.) (1996) Toxoplasma gondii. Springer, Berlin – Gültig K (1989) Diplomarbeit, Universität Hohenheim, Stuttgart – Darcy F (1990) Parasitol Res 76: 473–478 – Smith YE (1993)

Toxoplasmosis. Proceedings of the NATO Advanced Research Workshop on Toxoplasmosis, Fontevraud, France, 28.06.–02.07.1992; NATO ASI Series Advanced Science Institute Series H Vol.78, Springer, New York.

Tracer. Zur >Markierung< von Substanzen zugesetztes >Radionuklid<, um Mischungs-, Verteilungs- und Transportvorgänge mittels der vom Tracer emittierten >Strahlung< untersuchen zu können.

Trachee. (Grch. tracheia = Luftröhre). 1. Eine röhrenoder sackartige Einstülpung der Körperhaut von landbewohnenden Arthropoden. Die Gesamtheit der T. bildet das Atmungssystem.
2. Gefäß, ein röhrenförmiger Bestandteil der >Leitgewebe< vorwiegend von >Angiospermen< für den Ferntransport von Wasser und darin gelösten >Mineralsalzen<. Es handelt sich stets um weitlumige Zellelemente (Tracheenglieder), deren Protoplast durch Autolyse verschwindet und deren Querwände ganz oder teilweise aufgelöst sind. An den Längswänden finden sich zahlreiche Hoftüpfel ohne Torus. Besondere Wandverstärkungen verhindern das Kollabieren unter der starken Saugspannung des Transpirationssogs.

Tracheide. (Grch. tracheia = Luftröhre; eidos = ähnlich wie). Röhrenförmige, rel. enge Einzelzelle des >Xylems< von Farnpflanzen und >Samenpflanzen<, die dem Wasser- und Mineralsalztransport sowie der Festigung dient. Den dickwandigen und verholzten Einzelzellen, deren Längswände mit Hoftüpfeln ausgestattet sind, fehlen im funktionsfähigen Zustand die >Protoplasten<. Übereinanderstehende T. sind durch schrägstehende Querwände miteinander verbunden; echte Perforationen wie bei den >Tracheen< treten nicht auf.

Trägerstoff. Sammelbezeichnung für feste anorganische oder organische >Formulierhilfsmittel< in Pulver- oder >Granulatform<, die Wirkstoffe adsorptiv auf ihrer Oberfläche „tragen" und damit deren Verteilung bewirken. Als Beispiele seien >Kaolin< oder Talkum für >Stäubemittel< oder >wasserdispergierbare Pulver<, >Bims<, >Sepiolith< oder gebrochene Maiskolben für >Granulate< genannt.

Tränengas. >Reizgase<.

Tragant. (E 413). Ein Pflanzengummi, das aus den Leguminosen *Astragalus gummifer* LABILLARDIERE oder anderen Astragalus-Arten gewonnen wird. Tragant ist ein Polysaccharid, das aus D-Galacturonsäure, L-Arabinose, D-Galaktose, D-Fructose und D-Xylose aufgebaut ist. Tragant bildet in Wasser viskose Lösungen, die säurestabil sind und kann somit zur Konsistenzveränderung in sauren Lösungsmitteln eingesetzt werden.

Tragfähigkeit. Oder >Belastbarkeit<. (Engl. carrying capacity). Maß für die max. Populationsdichte einer Art in einem >Ökosystem<, bei deren Überschreitung das Ökosystem nachhaltig gestört wird; auch als >Parameter< in >populationsdynamischen< Ansätzen verwendet, z.B. in der >Verhulst-Pearl-Gleichung<.

Tranquilizer. Von dieser erst verhältnismäßig kurze Zeit gebräuchlichen Gruppe von Pharmaka erhofft man sich bedeutende Anwendungsmöglichkeiten in der tierischen Produktion. Sie wirken beruhigend und entspannend, ohne, wie viele Sedativa und Narkotika, ausgeprägte temporäre Ausfallserscheinungen hervorzurufen. Abgesehen von den im klinisch-veterinärmedizinischen Bereich gegebenen Indikationen ist ein Einsatz im Futter vor dem Transport, vor Impfungen und sonstigen Behandlungen sowie bei Streßzuständen, Kannibalismus und ganz allgemein zur Beruhigung und damit Leistungsförderung vorgeschlagen und z.T. auch untersucht worden.

Transcript. Das durch >Transcription< der >DNA< gebildete RNA-Produkt eines >Gens<. Die als primäres T. entstehende >RNA< muß in vielen Fällen noch weiter modifiziert oder prozessiert werden, damit die entsprechende „reife", voll funktionsfähige >messenger-RNA< (mRNA), >ribosomale RNA< (rRNA) oder >transfer-RNA< (tRNA) entsteht. Diese modifizierten RNA-Typen werden dann als sekundäres T. bezeichnet.

Transcription. (Lat. trans = hinüber, scribere = schreiben; als Verb: transcribieren). Biosynth. der einzelsträngigen >RNA< an der als Matrize dienenden >DNA<. Die Synth. erfolgt in der Zelle nach dem Prinzip der Komplementarität der >Nucleinbasen< (>Basenpaar<), wobei in der doppelsträngigen DNA nur ein Strang, der sog. codogene Strang, als Matrize dient. Der Name des Vorgangs rührt daher, daß die genetische Information der DNA sozusagen in die entspr. „Zeichenfolge" (Basensequenz) der RNA „umgeschrieben" wird. Die T. kann in die Phasen der Initiation (Start der T.), Elongation (durch eine DNA-abhängige RNA-Polymerase katalysierte Verlängerung der RNA-Kette) und Termination (Abbruch der Kettenverlängerung, codiert durch eine Signalsequenz auf der DNA) unterteilt werden.
Lit: Stryer L (1990) Biochemie, Spektrum der Wissenschaft Verlagsgesellschaft, Heidelberg.

Transduktion. (Lat. transducere = (hin)überführen; Verb: transduzieren). Bei Bakterien die Übertragung von >DNA< aus einer Spender- in eine Empfänger-Zelle (Transduktante) durch >Bakteriophagen< (Bakterienviren). Im allg. werden dabei nur kleine DNA-Stücke und damit genetisch determinierte Eig. übertragen. Diese Art der Übertragung von Eig. ist bei vielen Bakteriengattungen nachgewiesen worden (>*Pseudomonas*<, >*Bacillus*<, >*Escherichia*<, >*Salmonella*<, >*Staphylococcus*<). Prinzipiell ist es so, daß nicht alle Bakteriophagen zur T. befähigt sind, und sich nicht in alle Bakterienarten DNA durch T. einbringen läßt. Es werden zwei Arten der T. unterschieden:
– *Die unspezifische T.:* Hierbei wird eine beliebige DNA-Sequenz der Spender-Zelle, die für den Bakteriophagen die Wirts-Zelle ist, übertragen. Dafür wird die zu übertagende DNA vorher zusätzlich in das Phagen-Genom eingebaut. Das Virus verliert hierbei oft – aber auch bei der spezifischen T. – die Fähigkeit zur Lysis der Wirts-Zelle.
– *Die spezifische T.:* Es werden nur bestimmte DNA-Sequenzen übertragen. Vor der Übertragung findet ein Austausch einiger Phagengene durch Wirtsgene statt.

Transfektion. (Verb: transfizieren). Die >Transformation< höherer, eukaryontischer Zellen (>Eukaryonten<) mit freier („nackter") DNA.

Transferfaktor. Mit Hilfe von T. kann der Übergang von >radioaktiven< Stoffen aus dem Boden zur >Pflanze< berechnet werden. Der T. ist dabei das Verhältnis von Bq/kg der trockenen Bodensubstanz zu Bq/kg Frischsubstanz der Pflanze. Bei den Pflanzen wird unterschieden zwischen pflanzlichen Nahrungsprodukten inklusive der Blattgemüse und Weidepflanzen, die besonders beim Übergang von Radioaktivität in tierische Nahrungsmittel eine Rolle spielen. Die T. sind tabelliert in Anhang 6 der allg. Verwaltungsvorschrift zu § 45 >Strahlenschutzverordnung< vom 21. Februar 1990 (Bundesanzeiger, Jahrgang 42, Nummer 64 a). Weitere T. gibt es für das Aufnehmen von radioaktiv kontaminiertem Wasser bei der Viehtränke. Sie sind als T. von aufgenommenem Wasser in die Milch und als Transferfaktoren von aufgenommenem Wasser in das Fleisch ebenfalls in der o.a. Verwaltungsvorschrift tabelliert.

Transferfunktion. (Lat. transferre = hinüberbringen, übertragen); >Übertragungsfunktion<.

Transferfunktions-Modelle. Modelle, deren wesentlicher Inhalt >Transferfunktionen< sind. Durch Transferfunktionen lassen sich im allg. Zeitreihen von Input und Output eines Modellkompartimentes oder einer >black box< miteinander verknüpfen, ohne daß etwas über die Struktur oder Details des Systems bekannt ist.

Transfer-Gen. (Lat. transferre = (hin)übertragen). Ein spezielles >Gen<, daß am Transfer eines >Plasmids< von einem „Spender-Bakterium" auf ein „Empfänger-Bakterium" beteiligt ist. Die tumorinduzierenden >Ti-Plasmide< enthalten analoge Gene, die den Transfer der Plasmid-DNA in das >Genom< der infizierten Wirtspflanze bewirken.

Transferkoeffizient. Symbol z.B. φ_{ij} oder L_{ij}, auch als Transfer- oder Flußrate bezeichnet; beschreibt in meistens zeitlich und räumlich nur grob auflösenden ökologischen >Kompartimentmodellen< den Übergang einer Komponente von einem Kompartiment i in ein anderes Kompartiment j (s. Abb. S. 1188), häufig über einen Ansatz, bei dem der z.B. über ein Jahr gemittelte >Fluß< F_{ij} (Dimension Masse od. Individuen pro Zeit) proportional der Konz. C_i der fraglichen Komponente im Donator-Kompartiment i gesetzt wird:

$$F_{ij} = L_{ij} \cdot C_i.$$

Die Dimension der L_{ij} ist hier Zeit^{-1}. Es sind aber auch andere Ansätze gebräuchlich, z.B. der allgemeinere:

$$F_{ij} = L_{ij} \cdot \Delta C_{ij} = L_{ij} \cdot (C_i - C_j)$$

Welcher Ansatz letztlich zutrifft, hängt von vielen Umständen ab und kann häufig nur durch Messungen ermittelt werden. Eine begriffliche Ähnlichkeit besteht zur sog. >Transferfunktion< der Regelungstechnik, die der Berechnung eines Ausgangssignals aus dem Eingangssignal dient, aber nur bei >linearen< >Systemen< korrekt verwendet werden kann.

transfer-RNA (tRNA). Einer der drei RNA-Typen, der an der >Proteinbiosynthese< aus >DNA< beteiligt ist. Die tRNA stellt das Adapter-Molekül zwischen dem Nucleotid-Triplett auf der DNA (>Codon<) und der zugehörigen Aminosäure dar. Sie besteht aus einer 75–85 Basen langen Polynucleotidkette, die eine charakteristische Sekundärstruktur annimmt. Die Nucleotidsequenz jeder tRNA kann in Form eines Kleeblatts geschrieben werden. Jede tRNA repräsentiert nur eine Aminosäure, die mit der Ribose der letzten tRNA-Base (immer Adenin) kovalent verknüpft ist. Die Spezifität für eine Aminosäure erhält die tRNA über das Anticodon, das ist die Abfolge dreier Nucleotide, die komplementär zum >Codon< der Aminosäure ist. Das Beladen der tRNA mit ihrer Aminosäure führt zur Aminoacyl-tRNA und wird von Aminoacyl-

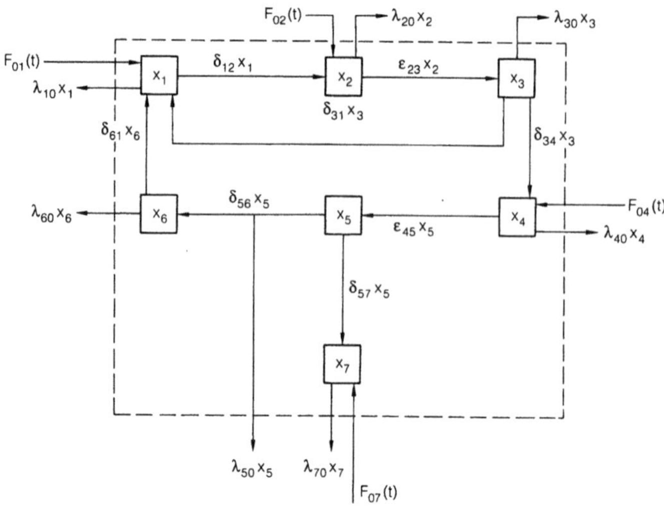

Transferkoeffizient: 7-Kompartiment-Modell mit den „Kompartiment-Konzentrationen" x_i, den Übergangs- oder Transferkoeffizienten δ_{ij}, ε_{ij} und λ_{ij} und den Flüssen F_{ij} zwischen den Kompartimenten i und j

tRNA-Synthetasen katalysiert. Entsprechend der Zahl der natürlichen Aminosäuren gibt es mindestens 20 verschiedene dieser Enzyme. Wird nach Beladung der tRNA mit der zugehörigen Aminosäure dies noch chemisch verändert, wird diese veränderte Form ins Protein eingebaut. Die Erkennung zwischen dem Codon der >mRNA< und dem Anticodon der tRNA wird durch die >Ribosomen< kontrolliert.

Lit: Lewin B (1991) Gene. VCH, Weinheim.

Transformation. (Lat. transformare = umformen; Verb: transformieren).

1. *Genetik, Mikrobiologie:* Bei Bakterien (Prokaryonten) können >Gene< auch ohne jeden Zellkontakt und auch ohne >Vektor< übertragen werden. Diese als T. bezeichnete Genübertragung wird durch freie („nackte"), lösl. >DNA< eines sog. „Spender-Bakteriums" verursacht. Die DNA wird entweder von der Zelle freigesetzt oder daraus extrahiert und dann von Zellen des „Empfängerbakteriums" aufgenommen. Diese Form der Eigenschaftenübertragung bei Bakterien ist die am längsten bekannte und historisch wichtigste. Avery, Mac Leod und Mc Carty entdeckten 1944 bei Untersuchungen an Bakterien in der DNA das „transformierende Prinzip". Zellen, die DNA aufnehmen können, werden als kompetent bezeichnet. Einige Arten sind von Natur aus kompetent (z.B. *Bacillus*- oder *Diplococcus*-Arten), andere müssen durch spezielle Behandlung für die Aufnahme von DNA durch die Zellmembran vorbereitet werden (z.B. >*Escherichia coli*<). Nach dem Eindringen in die Empfänger-Zelle kann die aufgenommene DNA entweder mit der Wirts-DNA rekombinieren, oder sie wird unabhängig als >Plasmid< repliziert. Die T. ist oft ein wesentlicher Schritt bei der Durchführung gentechnischer Experimente. Die T. bei >Eukaryonten< wird – unglücklicherweise – als >Transfektion< bezeichnet. Bei eukaryontischen Zellen vesteht man nämlich unter T. den Übergang einer Zelle vom Normal- in den Tumorzustand, bei dem eine „unbegrenzte" Zellvermehrung auftritt.

2. *Biochemie:* Als T. – oft auch Bio-T. genannt – wird die gezielte Umwandlung natürlicher oder auch synth. Substanzen in zumeist „wertvollere" Produkte durch enzymatische Reaktionen in intakten Zellen bezeichnet.

transgen. Ein höherer Organismus (Tier, Pflanze), der durch Einbringen, z.B. mittels >Transfektion<, von Fremd-DNA neue genetische Informationen besitzt, die dann zumeist auch im >Phänotyp< zur Ausprägung kommen. Dabei sind in der Gentechnik v.a. die in die Keimbahn eingebrachten und damit vererbbaren t. Eigenschaften wichtig (>transgene Maus<, >transgene Pflanze<).

Lit: Glick BR, Pasternak JJ (1995) Molekulare Biotechnologie, Spektrum Akademischer Verlag, Heidelberg.

Transgene Maus. Eine t.M. hat durch >Transfektion< oder andere Methoden des >Gentransfers<, d.h. durch das stabile Einbringen von Fremd-DNA in das >Genom<, neue Eig. erhalten. Bei Mäusen wurden z.B. durch Injektion von Plasmiden in den Zellkern einer befruchteten Eizelle und deren Implantation in eine scheinschwangere Maus erfolgreich Nachkommen erzeugt, bei denen die tansfizierten (durch Transfektion erzeugten) >Gene< exprimiert wurden. Die übertragenen Gene waren dabei u.a. das Wachstumshormon der Ratte. In manchen dieser transgenen Mäuse lag die Konz. an Wachstumshormonen daraufhin mehrere Hundert mal über dem Normalwert für Mäuse. Diese Tiere wurden fast doppelt so groß wie ihre Artgenossen.

Lit: Primrose SB (1990) Biotechnologie: Grundlagen, Anwendungen, Perspektiven, Spektrum der Wissenschaft Verlagsgesellschaft mbH, Heidelberg.

Transgene Pflanze. Bei einer t.P. wurde durch >Transfektion< oder andere Methoden des >Gentransfers< Fremd-DNA stabil in das >Genom< der Pflanze integriert, um ihr damit neue Eig. zu verleihen. Der direkte Transfer wird hier auch als „biolistische" Übertragung bezeichnet. Man will damit allg. eine Verbesserung von Nutzpflanzen erreichen, wobei erhöhter Ertrag, klimatische Toleranz, Resistenz gegenüber Schädlingen, Resistenz gegenüber Herbiziden, Wachstum auf nährstoffarmen Böden und Düngemittelunabhängigkeit im Vordergrund stehen. Zum Einbringen von Fremd-DNA in Pflanzen sind vor allem Pflanzen-Viren (>Virus<; z.B. Gemini-Virus, Caulimo-Virus) und >Ti-Plasmide<, z.B. von >*Agrobacterium tumefaciens*< geeignet. Dieses phytopathogene Bakterium ruft an der infizierten und damit t.P. sog. >Wurzelhalsgallen< hervor; s. unter >Ti-Plasmid<.

Lit: Glick BR, Pasternak JJ (1995) Molekulare Biotechnologie, Spektrum Akademischer Verlag, Heidelberg.

Transienten. Jede wesentliche Abweichung der Betriebsparameter eines >Kernkraftwerkes< (u.a. Leistung, Druck, Temp., Kühlmitteldurchsatz) von den Sollwerten, die zu einem Ungleichgewicht zwischen Wärmeerzeugung und Wärmeabfuhr im >Reaktor< führen kann, soweit diese Abweichung nicht durch Lecks in Leitungen oder Behältern bedingt ist.

Translation. >Proteinbiosynthese<.

Translokation. Begriff wird im Zusammenhang mit dem Stofftransport in der Pflanze verwendet. Die Translokation von systemischen >PSM< erfolgt hauptsächlich in den Leitungsbahnen (Phloem, Xylem) der Pflanzen.

Transmission. Vorgang, der die Ausbreitung von Abgasen im Luftraum als Bindeglied zwischen >Emission< und >Immission< beschreibt. Wichtigste Einflußgröße ist der Wind; seine Richtung und Intensität bestimmt die belasteten Areale und die Verdünnung der Abgase. Die Windrichtung ist an vielen Orten charakteristisch für bestimmte >Wetterlagen< und weist Abhängigkeiten von der Jahreszeit, u.U. auch vom Tagesverlauf auf. Weitere Einflüsse haben u.a. die >Quellhöhe<, Topographie, Bebauung, Bewuchs und die Lufttemperatur (Ausbildung von Inversionsschichten). Hinzu kommt die Umwandlung von Schadstoffen (z.B. >Photooxidation<) unter bestimmten meteorologischen Bedingungen.

Lit: Beck E, Schmidt P (1988) Hygiene, Ferdinand Enke, Stuttgart. Lahmann E (1990) Luftverunreinigung – Luftreinhaltung, Parey, Berlin Hamburg.

Transmissionsgrad. >Reflexionsgrad<.

Transmissivität. Die Transmissivität T eines gespannten homogenen >Grundwasserleiters< mit der Mächtigkeit M und dem >Durchlässigkeitsbeiwert< k_f ist definiert durch $k_f \cdot M$. Bei freiem >Grundwasser< ist die Transmissivität T das Produkt des Durchlässigkeitsbeiwertes k_f des homogenen Grundwasserleiters und der mittleren wassergesättigten Mächtigkeit H_m: $(T = k_f \cdot H_m)$. Bei geschichteten Gesteinen ist die Transmissivität die Summe der Transmissivitäten der Einzelschichten.

Transmutation. Umwandlung von langlebigen Aktiniden in stabile oder kurzlebige Isotope durch Neutroneneinfang oder in kurzlebige >Spaltprodukte< durch >Kernspaltung< der schweren Elemente. Ziel derartiger technischer Konzepte ist es, die in den Abfällen enthaltenen langlebigen Aktinide zu beseitigen und damit die langfristigen Sicherheitsprobleme geologischer >Endlager< zu reduzieren. Erforderlich sind dafür Anlagen, in denen zuerst die Aktiniden vom restlichen radioaktiven Abfallinventar getrennt werden, und Reaktoren, in denen anschließend die eigentliche Transmutation durchgeführt wird. Bisherige Überlegungen haben ergeben, daß durch die Handhabung der Abfälle weitere >radioaktive Abfälle< entstehen und eine vollständige Transmutation der Aktiniden nicht gewährleistet ist, so daß diese Technik letztlich keine nennenswerten Vorteile bringt, da ein Teil der radioaktiven Abfälle nach wie vor ein extrem langfristiges >Abklingverhalten< aufweisen würde.

Transpiration. (Lat. transpirare = ausatmen). Die Abgabe von Wasserdampf an die >Atmosphäre<. Sie erfolgt bei >Pflanzen< regulierbar durch >Stomata< (stomatäre Transpiration); hinzu kommt die nicht-regulierbare cuticuläre Transpiration. Ursache der Transpiration ist die Saugspannung der Außenluft; sie ergibt sich aus dem >Wasserpotential<gradienten zwischen Atmosphäre und der Pflanze bzw. dem Boden. Die Transpiration treibt den Transport von Wasser und den darin gelösten Mineralsalzen in den >Xylem<bahnen. Der >Energieverlust< beim Übergang des Wassers von der fl. in die Gasphase führt zur Kühlung und schützt somit die Pflanze vor Überhitzung.

Transpirationskoeffizient. Maßstab für die pro kg Trockenmasse in der Vegetationszeit verbrauchte Wassermenge. Er liegt bei Kulturpflanzen in der Regel zwischen 300 bis 900 L/kg.

Transport. (Lat. transportare = hinübertragen, allg. „Überbringung" von Menschen, Gütern, Stoffen, Energien über kürzere oder längere Entfernungen mit Hilfe eines Transportmediums über ein Leitungssystem). Bei den natürlichen >Stoffkreisläufen< übernimmt meist Wasser die Rolle des Transportmediums oder Vektors, in industriebedingten Kreisläufen spielen u.a. „luftgetragene" >Schadstoffe< eine wesentliche Rolle. Transportprozesse sind v.a. bei materiellen Kreisläufen nicht nur in der Natur von großer Bedeutung, da sie generell mit hoher Energie->dissipation< verbunden sind. Technisch bewerkstelligte >Ferntransporte< führen – wie alle Energieumwandlungen aus fossilen >Energieträgern< – zu entspr. hohen Energieverlusten und sind die Ursache der wichtigsten Umweltschäden: CO_2-, Treibhausgase- und Abgas-Problematik.
kongruenter: Ein materieller >Fluß< in Richtung seines Konz.- bzw. chem. Potentialgefälles, im Unterschied zum >inkongruenten T.<, der aufgrund des sog. >aktiven T.< zustandekommt. Inkongruenter T. kann durch die Kopplung der Flüsse versch. Teilchen ermöglicht werden.

Transport radioaktiver Stoffe. Der Transport >radioaktiver Stoffe< auf öffentlichen Verkehrswegen bedarf der Genehmigung. Je nach Art und Menge der transportierten radioaktiven Stoffe müssen best. Verpackungsvorschriften beachtet werden. Die sog. Typ-B-Verpackung muß entspr. international vereinbarter Regelungen folgenden Tests standhalten:
- freier Fall aus 9 m Höhe auf ein mit einer Stahlplatte armiertes Betonfundament,
- freier Fall aus 1,2 m Höhe auf einen Dorn,
- Feuertest bei 800 °C über 30 min im Anschluß an die Fallversuche,
- Untertauchen in Wasser über 8 h bei Wassertiefe größer als 90 cm.
In den USA, England und Deutschland wurde diese Art von Behältern in speziellen Versuchsreihen noch höheren Belastungen ausgesetzt, ohne daß die Behälter undicht wurden:

– Fall aus 600 m Höhe auf harten Wüstenboden (ergibt eine max. Aufprallgeschwindigkeit von 400 km/h),
– Zusammenprall von Brennelementtransporter und Lokomotive (rel. Geschwindigkeit 130 km/h).

Transportgenehmigung (TG). Genehmigung für den Transport von Abfällen nach § 49 des >Kreislaufwirtschafts- und Abfallgesetzes< (KrW-AbfG). Die Durchführung ist in der Verordnung zur Transportgenehmigung (Transportgenehmigungsverordnung TgV) geregelt. Danach dürfen Abfälle zur Beseitigung gewerbsmäßig nur mit einer TG eingesammelt oder bewegt werden. Dies gilt nicht für die öffentlich-rechtlichen und privaten Entsorgungsträger (§ 15, 17 und 18 KrW-/AbfG) sowie die beauftragten Dritten (§ 16 KrW-AbfG), für Bauschutt, Erdaushub, Straßenaufbruch, soweit diese nicht durch Schadstoffe verunreinigt sind, und für den Werksverkehr. Fahrzeuge, die auf öffentlichen Straßen Abfälle mit einer TG befördern, sind mit zwei weißen Warntafeln mit der Aufschrift „A" zu versehen.

Transportgleichung. Eine in der Physik und Physikal. Chemie, aber auch in den entspr. technischen Disziplinen verwendete >partielle Differentialgleichung<, die die Ausbreitung von Wärme und Stoffen in gasförmigen, flüssigen, festen und porösen >Systemen< beschreibt, z.B. in der einfachsten Form als eindimensionale Wärmeleitungs- oder Diffusionsgleichung:

$$\partial c/\partial t = D \cdot \partial^2 c/\partial z^2,$$

wobei D die Bedeutung eines Wärmeleitungs- bzw. >Diffusions-< oder >Dispersionskoeffizienten< hat, der von den Umgebungsbedingungen wie Temp., Druck, Konz. oder Dichte etc. abhängt, beim Dispersionskoeffizienten aber auch vom Transportweg. – Die Transportgleichung in dieser Form ist immer eine Kombination einer sog. lokalen >Bilanz-< oder >Kontinuitätsgleichung< mit einer >Fließgleichung<.

Transportkoeffizient. >Transport-Parameter<.

Transportkopplung. Bedeutet im allg., daß der Potentialgradient einer jeden stofflichen oder energetischen Komponente grundsätzlich zu jedem >Fluß< einer anderen Komponente einen Beitrag liefert. So transportiert jeder Materiestrom stets auch Wärmeenergie, und es bedingt der Potentialgradient eines gelösten Stoffes in der Lsg. eines porösen Mediums einen Wasserfluß im Medium. Z.B. läßt sich der gekoppelte Transport von gelöster Komponente und Wasser durch ein poröses >System< mit folgendem >Fließgleichungspaar< beschreiben:

Wasser: $J_w = L_{ww}\,\partial\psi/\partial z + L_{ws}\,\partial\mu/\partial z$
Gelöstes: $J_s = L_{sw}\,\partial\psi/\partial z + L_{ss}\,\partial\mu/\partial z,$

wobei die >phänomenologischen< >Transportkoeffizienten< oder -parameter L_{ij} einerseits die verallgemeinerten >Leitfähigkeiten< L_{ii} und andererseits die Kopplungskoeffizienten L_{ij}, $\partial\psi/\partial z$ und $\partial\mu/\partial z$ die eindimensionalen Potentialgradienten von Wasser und gelöstem Stoff sind. Die L_{ij} sind nicht unabhängig voneinander, sondern über die sog. Onsager'schen Reziprozitätsziehungen miteinander verknüpft.

Transportoptimierung. Teil des Operation research. Im Bereich der Müllabfuhr die Optimierung von Tourenplänen bei der Sammlung, um Fahrwege und Leerzeiten der Sammelmannschaften zu verringern. Insbesondere umfaßt die T. Überlegungen, lange Anfahrzeiten,

d.h. Leerzeiten für die Sammelmannschaften zu Entsorgungseinrichtungen durch die Einrichtungen von >Müllumschlagstationen< zu verkürzen oder diese Leerzeiten zu vermeiden, indem die Sammelmannschaft ein zweites Fahrzeug belädt.

Transportparameter. Zusammenfassender Ausdruck für die in >Transportgleichung< auftretenden >Leitfä-

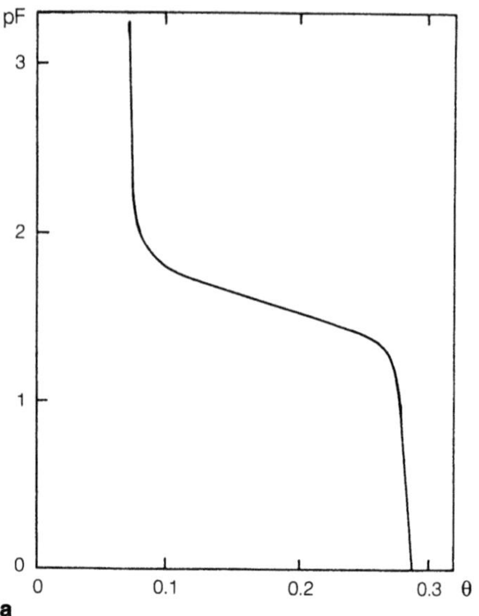

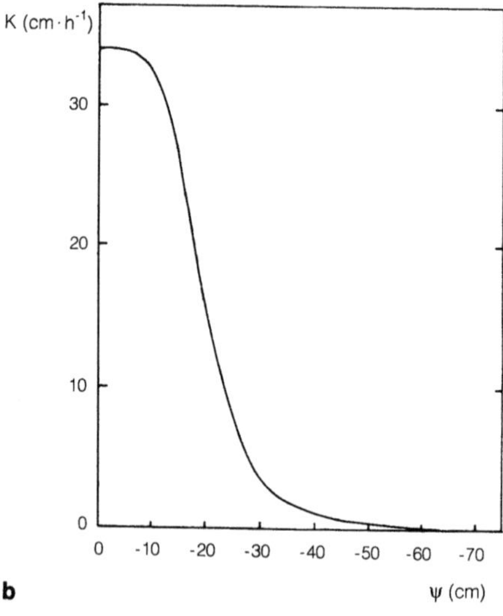

Transportparameter: Typische Transportparameter für einen Sandbodenhorizont: a) die sog. Wasserspannungskurve, die die Abhängigkeit der Bindungsstärke des Wassers (pF = log des negativen Matrixpotentials ψ) vom Wassergehalt θ angibt, b) die Abhängigkeit der hydraulischen Leitfähigkeit K vom Matrixpotential ψ

higkeits-<, >Diffusions-< oder >Dispersionskoeffizienten<. Dabei ist der Diffusionskoeffizient oder die Diffusivität D definiert als Quotient aus >Leitfähigkeit< L oder K und >spez. Speicherkapazität< C oder B, die hydraulische Diffusivität D_{hydr} also durch den Quotienten aus hydraulischer Leitfähigkeit und spez. hydraulischer Speicherfähigkeit: $D_{hydr} = K/C$. $C = \partial\theta/\partial\psi$ ist die Ableitung der sog. >Wasserspannungskurve< (s. Abb.) in ihrer entlogarithmierten Form. Die >Parameter< bzw. >Koeffizienten< sind nie konst., sondern von den sog. >intensiven Zustandsgrößen< abhängig. Die hydraulische Leitfähigkeit K ist in >Böden< und porösen >Systemen< hochgradig nicht-linear von der Feuchte θ bzw. vom >Matrixpotential< ψ des Wassers abhängig; man spricht dann von der >Parameterfunktion< $k(\theta)$ bzw. $k(\psi_m)$; Beispiel s. Abb. >hydraulische Fließgleichung< oder >Wassertransportgleichung<.

Transport-Unfall-Informations- und Hilfeleistungs-System (TUIS). TUIS ist eine freiwillige Einrichtung der Chemischen Industrie, die 1982 vom VCI gegründet wurde, um bei Unfällen mit >Gefahrgut< auf öffentlichen Verkehrswegen den offiziellen Einsatzkräften fachkundige Hilfe zukommen zu lassen. Sie steht den zuständigen Behörden auf Anforderung zur Verfügung, wenn die regulären Möglichkeiten ausgeschöpft sind, um Unfallfolgen zu begrenzen. Das VCI-Angebot gilt auch grenzüberschreitend, d. h. international. TUIS sind z. Zt. ca. 200 Firmen (Werke) angeschlossen, seit Herbst 1990 auch auf dem Gebiet der ehemaligen DDR. Ihre Standorte sind im TUIS-Handbuch angegeben, das auch ein Verzeichnis der wichtigsten Produkte enthält, die dort jeweils hergestellt werden. Insgesamt sechs Werkfeuerwehren (in den alten Bundesländern) und zwei weitere nehmen eine Rufbereitschaft „rund um die Uhr" wahr, davon zwei auch international.

Oberstes Prinzip beim VCI ist die Herstellerverantwortung für die Produkte der chem. Industrie. TUIS tritt auch in Aktion, wenn der >Hersteller< nicht zu identifizieren (weil die Ladungspapiere fehlen oder vernichtet sind) oder nicht ansprechbar ist (außerhalb der regulären Dienstzeit) oder wenn eine schnelle Hilfeleistung vor Ort aus räumlichen Gründen nicht möglich ist. TUIS basiert auf dem Prinzip der Gegenseitigkeit.

Die öffentlichen Dienste für die Gefahrenabwehr und die Deutsche Bundesbahn können in solchen Situationen die chem. Industrie im Rahmen des TUIS einschalten, um bei Schadensfällen Menschen, Umwelt und Sachwerte schützen zu helfen.

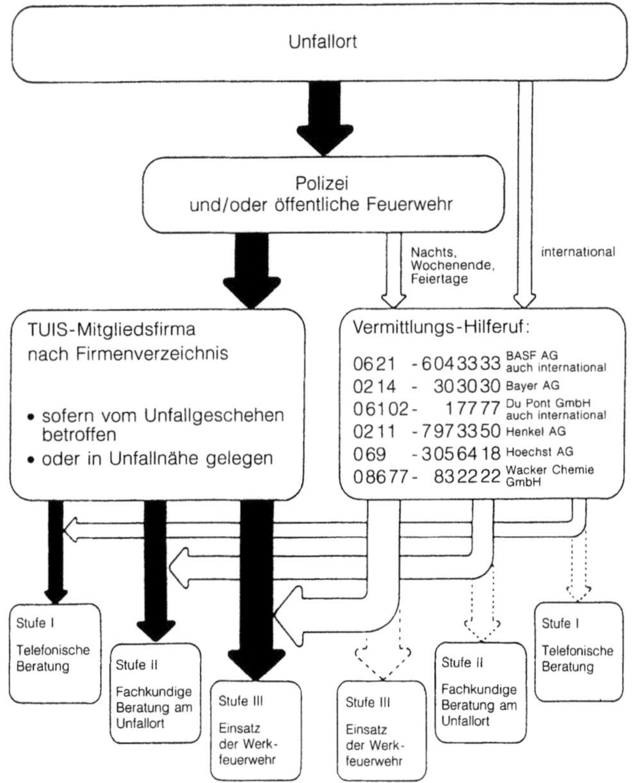

Transport-Unfall-Informations- und Hilfeleistungs-System: Unfall-Notruf-Schema von TUIS

Die TUIS-Hilfeleistung erfolgt ausschließlich auf Anforderung der von den Länder-Innenministerien autorisierten Behörden, z.B. Regierungspräsidium, (Wasserschutz)polizei, Feuerwehr-Leitstellen, Katastrophenamt und der Wasser- und Schiffahrtsverwaltung des Bundes sowie der Deutschen Bundesbahn.

Je nach Erfordernis erfolgt die Hilfeleistung in drei Kategorien: 1.Telefonische Beratung, 2.Beratung am Unfallort, 3.Technische Hilfe am Unfallort. Die telefonische Beratung erfolgt unentgeltlich, in allen anderen Fällen gegen Ersatz der Selbstkosten.

Seit April 1983 ist TUIS auch bei der Deutschen Bundesbahn eingeführt. Dafür ist das System in die Bahnbetriebsunfall-Vorschrift (BUVO) aufgenommen worden, so daß bei Bahn-Unfällen mit chem. Produkten die Unfallmeldestelle der Deutschen Bundesbahn sofort die nächste TUIS-Mitgliedsfirma ansprechen kann, wenn dies die Lage erfordert (s. Abb. S.1191).

Transportverpackung. Im Sinne der >Verpackungsverordnung<: >Verpackungen<, die überwiegend dazu dienen, den Transport von Waren zu erleichtern oder Waren auf dem Transport vor Schäden zu bewahren, oder die aus Gründen der Transportsicherheit verwendet werden und üblicherweise beim Vertreiber anfallen.

Transurane Elemente. Chem. Element im >Periodensystem<, dessen >Kernladungszahl< größer als 92, der des >Urans<, ist. Mit Ausnahme des in sehr geringen Mengen Anfang der 70er Jahre entdeckten natürlichen >Plutonium<-Isotopes Pu-244 (>Halbwertszeit< rund 80 Mio. Jahre) und Pu-239 (ständige Neubildung in uranhaltigen Gesteinen durch Neutroneneinfang in U-238 durch die Neutronen aus der Spontanspaltung des U-238) müssen alle t.E. künstlich hergestellt werden. Transurane Elemente s. Tabelle unten.

Für die Elemente mit den Ordnungszahlen 110 bis 112 wurden noch keine Namen vergeben.

Trauermücken (Sciaridae). Von einigen Dutzend Familien und einigen Hundert Arten der Zweiflügler haben wenige Arten unter den saprophagen Larven hohe Siedlungsdichten und Biomassen in Landökosystemen. Die Trauermücke *Ctenosciara hyalipennis* siedelt mit bis zu 15.000 Imagines pro m² in nährstoffarmen Wäldern. >Diptera<, >Mull-Moder-Modell< (s. Abb. S.218).

Transurane Elemente: Namen der transuranen Elemente nach den Festlegungen der IUPAC 08. 1997

Element-Name	Element-Kurzzeichen	Ordnungszahl
Neptunium	Np	93
Plutonium	Pu	94
Americium	Am	95
Curium	Cm	96
Berkelium	Bk	97
Californium	Cf	98
Einsteinium	Es	99
Fermium	Fm	100
Mendelevium	Md	101
Nobelium	No	102
Lawrencium	Lr	103
Rutherfordium	Rf	104
Dubrium	Db	105
Seaborgium	Sg	106
Borium	Bh	107
Hassium	Hs	108
Meitnerium	Mt	109

Travertin. Durch >chem.< und >biol. Entkalkung< von Quellwasser entstandenes Gestein aus überwiegend Calciumcarbonat ($CaCO_3$) mit klüftiger Struktur infolge der Pflanzenreste, die bei der Entstehung im >Quellkalk< eingeschlossen wurden. T. entsteht nur in geologischen Kalkgebieten und wird hier oft als Baustoff verwendet, z.B. in der Schwäbischen Alb.

Treibgase. Substanzen zur Erzeugung von >Aerosolen< z.B. mittels >Spraydosen< aber auch zum Schäumen von >Kunststoffen<. Treibgase sind z.B. >Fluorchlorkohlenwasserstoffe<, >Propan<, >Butan< und >Kohlendioxid<. In der Vergangenheit kamen insbesondere für kosmetische Sprays Fluorchlorkohlenwasserstoffe wegen deren äußerst geringen >Toxizität<, Unbrennbarkeit und guten Handhabbarkeit zum Einsatz. Im Hinblick auf die Auswirkungen dieser Stoffe auf die >Ozon<schicht wird zwischenzeitlich auf den Einsatz von Fluorchlorkohlenwasserstoffen bis auf wenige Ausnahmen (insbesondere med. Bereich) verzichtet.

Treibhauseffekt. (Syn. Glashauseffekt). Führt zu einer allmählichen Erwärmung der >Atmosphäre< und in letzter Konsequenz zu einer Änderung des >Klimas<. Ursache ist die vermehrte >Emission< von >CO_2< und >Methan<, aber auch von N_2O, O_3 und FCKW in die Atmosphäre, durch vermehrte menschliche Aktivitäten, >Klimabeeinflussung, anthropogene< und durch Änderung der Bodennutzung, z.B. durch vermehrte Viehhaltung. Diese Konzentrationsänderung bewirkt eine Störung des folgenden, natürlichen Prozesses: Die Atmosphäre einschließlich ihrer natürlichen und anthropogenen >Luftbeimengungen< läßt zwar die vom Weltenraum einfallende solare Strahlung vollständig passieren, die von unten kommende langwellige Wärmestrahlung der einzelnen Luftschichten sowie des Erdbodens kann dagegen nur zu einem reduzierten Anteil die Atmosphäre nach oben hin verlassen. Ursache dafür ist das Absorptionsverhalten der Luftbeimengungen im langwelligen Bereich, s. dazu die Abb. beim Stichwort >Sonnenstrahlung<, das die einzelnen Absorptionsbanden aufzeigt. Die zahlenmäßigen Anteile der einzelnen Strahlungsflüsse kann der Abb. bei >Strahlungsbilanz< entnommen werden. Da Glas ein ähnliches Transmissions- und Absorptionsverhalten aufweist wie die Atmosphäre, spielt der T. in Treibhäusern eine wichtige Rolle. Durch die Akkumulation der Strahlungsenergie in der Atmosphäre erfolgt ihre Erwärmung, so daß sich im globalen Mittel eine Lufttemperatur am Boden von etwa $+15\,°C$ einstellt. Dieser Prozeß wird als „natürlicher T." bezeichnet. Bei seinem Fehlen würde sich eine Temperatur von etwa $-18\,°C$ einstellen, bei der auf der Erde kein Leben möglich wäre. Eine Störung des natürlichen T. liegt stets dann vor, sobald die Konzentration der Luftbeimengungen durch verschiedene Prozesse verändert, i.d.R. erhöht wird. Dies wiederum reduziert die langwellige Ausstrahlung in den Weltenraum mit der Konsequenz der Temperaturzunahme der Atmosphäre. In diesem Prozeß sind die Wirkungen der einzelnen Treibhausgase an der Abschirmung der langwelligen Ausstrahlung verschieden groß. Sie hängen in erster Näherung nicht von der Konzentration der Gase, sondern von ihrer chem. Struktur ab. Einzelheiten dazu, s. die Tabelle bei >Atmosphäre<.

Treibstoff. >Kraftstoff<.

Treibzeug. Auf dem Wasser schwimmendes Treibgut verschiedener Art wie Holz, Buschzeug, Schilf, Gras, Tang, Tierleichen, Flaschen, Kisten, Matratzen u. a.

Trenbolon. Ein Steroidhormon mit östrogener Wirkung, das als Masthilfsmittel eingesetzt wird.

Trennanlage. Anlage zur >Isotopentrennung<. >Diffusionstrennverfahren<, >Trenndüsenverfahren<, >Gaszentrifugenverfahren<.

Trenndüsenverfahren. Verfahren zur >Isotopen<trennung, speziell zur Trennung der >Uran<isotope. Durch die Expansion des Gasstrahls in einer gekrümmten Düse bewirken die Zentrifugalkräfte eine Trennung der leichten von der schweren Komponente (s. Abb. unten).

Trennfaktor. Der T. ist der Quotient aus dem Verhältnis der >Isotopenhäufigkeit< eines bestimmten >Isotops< zu der Summe der Isotopenhäufigkeiten anderer Isotope nach einem Trennungsprozeß und diesem Verhältnis vor dem Trennungsprozeß.

Trennfugen. Aus >Festgesteinen< aufgebaute Gebirge sind durch Trennfugen, wie Spalten, Klüfte, Schicht-, Schieferungs- und Abkühlungsfugen und Lösungshohlräume in geschlossene Gesteinsblöcke unterschiedlicher Form und Größe zerlegt.

Trennfugendurchlässigkeit. >Durchlässigkeit<.

Trennsystem. Kanalnetz, das im >Trennverfahren< betrieben wird (DIN 4045). Die getrennte Ableitung des >Schmutz-< und >Regenwassers< hat den Vorteil, daß die beiden Abwasserarten ihrer unterschiedlichen Qualität und Quantität entsprechend abgeleitet und behandelt werden können. Dies setzt allerdings voraus, daß die Planunterlagen für die Grundstücksentwässerung und deren Anschluß an das Kanalnetz vor Inbetriebnahme sorgfältig überprüft werden.
Lit: Abwassertechnische Vereinigung (Hrsg.) (1982–1986) Lehrund Handbuch der Abwassertechnik, 3. Aufl., Bd. 1–7, Verlag von Wilhelm Ernst und Sohn, Berlin München.

Trennungsgebot. Gebräuchliche Kurzbezeichnung für die Festsetzungen des § 50 des >Bundes-Immissionsschutzgesetzes<, wonach bei raumbedeutsamen Planungen oder Maßnahmen die für eine bestimmte Nutzung vorgesehenen Flächen einander so zuzuordnen sind, daß schädliche Umwelteinwirkungen auf die ausschließlich oder überwiegend dem Wohnen dienenden Gebiete sowie auf sonstige schutzbedürftige Gebiete soweit wie möglich vermieden werden. Damit stellt diese Forderung gleichzeitig ein wichtiges Bindeglied zum >Bauplanungsrecht< sowie zum >Raumordnungsrecht< dar.

Trennverfahren. Getrenntes Ableiten von >Schmutz-< und >Regenwasser< (DIN 4045). Das häusliche, gewerbliche und industrielle Schmutzwasser wird im Schmutzwasserkanal, der Regenabfluß und gezielt eingeleitetes unverschmutztes Wasser wie z.B. Bach-, Quell-, Brunnen-, Kühl-, Drän- oder Grundwasser davon getrennt im Regenwasserkanal abgeleitet. Während das Schmutzwasser dem >Klärwerk< zugeführt und dort gereinigt wird, kann das Regenwasser in natürliche oder künstliche >Vorfluter< eingeleitet werden. Dabei ist zu prüfen, ob vorher eine Behandlung notwendig ist. Beim Regenabfluß im Trennverfahren ist der >BSB$_5$< niedrig, die abfiltrierbaren Stoffe sind dagegen in der Regel sehr hoch, wie die Abfluß- und Verschmutzungsmessungen in städtischen Wohngebieten mit kleineren Gewerbegebieten (Mischgebieten) zeigen.
Lit: Abwassertechnische Vereinigung (Hrsg.) (1982–1986) Lehrund Handbuch der Abwassertechnik, 3. Auflage, Bd. 1–7, Verlag von Wilhelm Ernst und Sohn, Berlin München.

Trennwandverfahren. >Diffusionstrennverfahren<.

Tri. >Trichlorethylen<.

Triadimefon. Wirkt als >Fungizid< und zählt zur Substanzklasse der Triazol-Derivate.
Chemische Bezeichnung: 1-(4-Chlorphenoxy)-3,3-dimethyl-1-(1H-1,2,4-triazol-1-yl)-butanon
CAS-Nummer: 43121–43–3
Hersteller: Bayer AG
Wirkungstyp: Systemisch wirkendes Fungizid. Hemmt die Ergosterolbiosynth. Strukturen und Funktionen werden durch den verringerten Gehalt an Ergosterin beeinflußt. Die Entwicklung von Appressorien, Haustorien sowie das Myzelwachstum und die Sporenbildung werden gehemmt bzw. gestört. Das Produkt hat eine zuzügliche Wirkung über die Gasphase.
Bevorzugte Anwendung: Gegen Echten Mehltau, Blattfleckenkrankheiten und Rostkrankheiten an Getreide. In Kernobst, Hopfen, Reben, Kaffee, Soja, Tabak, Zuckerrohr, Zuckerrüben, Zierpflanzen u. a. gegen eine Vielzahl fungizider Krankheiten.

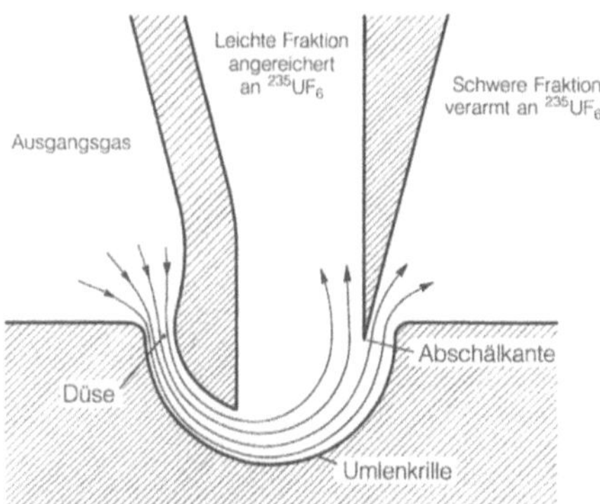

Trenndüsenverfahren: Trenndüse

Chemische und physikalische Eigenschaften:
Physikalische Beschaffenheit: Farblose Kristalle.
Schmelzpunkt: 82,3 °C (reiner Wirkstoff).
Verteilungskoeffizient (log $P_{o/w}$): 3,18 bei 20 °C.
Dampfdruck: $<10^{-5}$ hPa bei 20 °C.
Stabilität: Hydrolysestabilität bei 22 °C; Halbwertszeit bei pH 3 bis 9 >1 Jahr.

Löslichkeit: In Wasser 0,07 g/L bei 20 °C.
Abbau und Metabolismus: Verhalten im Säugerorganismus: Ausscheidung innerhalb von 2 bis 3 Tagen zu 83 bis 96 % in unveränderter Form über Darm und Niere, aber auch Metabolisierung in der Leber, meist zu Triadimenol und Konjugatbildung mit Glucuronsäure. Halbwertszeit im Blutplasma: 2,5 Stunden – Halbwertszeit im Boden – sandiger Lehm: Triadimefon 18 Tage; Triadimenol 110 bis 375 Tage – Lehm: Triadimefon 6 Tage; Triadimenol 240 bis 270 Tage.
Toxizität: Technischer Wirkstoff: Akute orale LD_{50} für Ratte 750 bis 1.200 mg/kg, Maus 730 bis 1.150 mg/kg, männliche Kaninchen 250 bis 500 mg/kg und weibliche Kaninchen ca. 500 mg/kg. Akute dermale LD_{50} für Ratte >5.000 mg/kg. Inhalationstoxizität: LC_{50} (4 Stunden) für Ratte > 480 mg/m^3. Bei Kaninchen keine Augen- und Hautreizwirkung. 2-Jahre-Fütterungsversuch >NOEL< männliche Ratte 500 mg, weibliche Ratte 50 mg, Maus und Hund 330 mg/kg Futter.
Bienentoxizität: Der Wirkstoff ist nicht bienengefährlich.
Fischtoxizität: LC_{50} (48 Stunden) für Karpfen 7,6 mg/L. LC_{50} (96 Stunden) für Blaukiemen-Sonnenbarsch 11 mg/L, Goldorfe 13,8 mg/L und Regenbogenforelle 14 bis 17,6 mg/L.
Vogeltoxizität: LD_{50} für Kanarienvogel >1.000 mg/kg, Japanische Wachtel 1.750 bis 2.500 mg/kg, Stockente >4.000 mg/kg und Huhn ca. 5.000 mg/kg.

Triadimenol. Wirkt als >Fungizid< und zählt zur Substanzklasse der Triazol-Derivate.
Chemische Bezeichnung: 1-(4-Chlorphenoxy)-3,3-dimethyl-1-(1*H*-1,2,4-triazol-1-yl)-butan-2-ol
CAS-Nummer: 55219–65–3
Hersteller: Bayer AG
Wirkungstyp: Systemisches Fungizid mit protektiver und kurativer Wirkung. Hemmstoff der Ergosterol-Biosynth. u. a. enzymatischer Prozesse in phytopathogenen Pilzen.
Bevorzugte Anwendung: Getreide-Beizmittel und Spritzmittel, oft in Kombination gegen Steinbrand, Flugbrand, Stengelbrand, Schneeschimmel, Echten Mehltau, Blattflecken, Braun- und Zwergrost. Auch in Gemüse, Beeren-, Kern- und Steinobst, Reben, Hopfen, Tabak und Zuckerrüben.

Chemische und physikalische Eigenschaften:
Physikalische Beschaffenheit: Farblos, krist.
Schmelzpunkt: 112 °C. Techn. Wirkstoff 118 bis 130 °C.
Verteilungskoeffizient (log $P_{o/w}$): A-Isomeres (*RS+SR*) 3,08, B-Isomeres (*RR+SS*) 3,28.
Dampfdruck: A-Isomeres: $4,1 \cdot 10^{-10}$; B-Isomeres: $2,4 \cdot 10^{-9}$ (hPa bei 20 °C).
Stabilität: Nach 16monatiger Lagerung in saurem (pH 3), neutralem und alkal. (pH 10) Medium kein Wirkstoffabbau.
Löslichkeit: In Wasser 95 mg/L bei 20 °C.
Abbau und Metabolismus: Aus Triadimenol, das gleichzeitig ein Abbauprodukt von Triadimefon darstellt, entstehen β-Hydroxycarbonsäure-Verb. Das Auftreten von *p*-Chlorphenol weist auf eine hydrolytische Spaltung hin. Die Metabolisierung der einzelnen

Triadimenol-Enantiomeren verläuft mit unterschiedlicher Geschwindigkeit.
Bei Ratte nach oraler Gabe Ausscheidung etwa im gleichen Maße über Urin und Faeces. Metabolisierung vor allem durch Hydroxylierung und Ox.
Toxizität: Akute orale LD_{50} für Ratte 700 bis 1.500, Maus ca. 1.300 mg/kg. Akute dermale LD_{50} für Ratte >5.000 mg/kg. Bei Kaninchen keine prim. Haut- und Augenreizung.
Inhalationstoxizität LC_{50} (4 Stunden) für Ratte >954 mg/m^3. 3-Monate-Fütterungstest NOEL für Ratte und Hund 600 mg/kg Futter. 2-Jahre-Fütterungstest NOEL für Ratte und Maus 125 mg/kg Futter.
Bienentoxizität: Produkt nicht bienengefährlich (B 4).
Fischtoxizität: LC_{50} (96 Stunden) für Regenbogenforelle 14 bis 23,5 mg/L, Goldorfe 17,4 mg/L, Sonnenbarsch 15 mg/L und Goldfisch 10 bis 50 mg/L.
Vogeltoxizität: Akute orale LD_{50} für Japanische Wachtel >10.000 mg/kg, Huhn 2.000 mg/kg und Kanarienvogel 1.000 mg/kg.

Triallat. Wirkt als >Herbizid< und zählt zur Substanzklasse der Carbamate.
Chemische Bezeichnung: *N,N*-Diisopropyl-2,3,3-trichlorallyl-thiolcarbamat
CAS-Nummer: 2302–17–5
Hersteller: Monsanto
Wirkungstyp: Selektives Vorauflauf-Herbizid. Wirkt auf die Zellteilung. Aufnahme durch die Koleoptile.
Bevorzugte Anwendung: Gegen Flughafer, Windhalm und Ackerfuchsschwanz in Sommergerste und Sommerweizen, gegen Ackerfuchsschwanz und Windhalm in Wintergerste, Winterroggen und Winterraps, gegen Flughafer in Beta-Rüben und Erbsen.

Chemische und physikalische Eigenschaften:
Physikalische Beschaffenheit: Farblos, krist. (rein). Ölige Flüssigkeit (techn.).
Schmelzpunkt: 29 bis 30 °C.
Siedepunkt: 117 °C bei 40 mPa.
Verteilungskoeffizient (log $P_{o/w}$): 4,55 bei 20 °C.
Dampfdruck: 16 mPa bei 25 °C.
Stabilität: Stabil unter Normalbedingungen. Hydrolyse durch starke Säuren und Alkalien.
Löslichkeit: In Wasser 4 mg/L bei 20 °C.
Abbau: Thiolcarbamate werden im Boden hydrolytisch unter Entstehung von Dialkylamin, CO_2 und Mercaptanrest gespalten. Letzterer verwandelt sich unter Austausch der Sulfhydrylgruppe (Transthiolation) in den entspr. Alkohol. Nachwirkungsdauer im Boden etwa 6 Monate (nach 3,5 kg/ha). Bei Ratten erfolgt nach oraler Aufnahme schnelle Absorption und innerhalb von 72 Stunden Ausscheidung über Urin (42–52 %) und Faeces (33–46 %).
Toxizität: Akute orale LD_{50} für Ratte 1.100 mg/kg. Akute dermale LD_{50} für Kaninchen 8.200 mg/kg. LC_{50} Inhalation Ratte >5,3 mg/L. Nicht haut- und augenreizend bei Kaninchen. Im 2-Jahre-Fütterungsversuch für Ratten >NOEL< 200 mg/kg Futter.
Bienentoxizität: Nicht bienengefährlich.
Fischtoxizität: LC_{50} (96 Stunden) für *Salmo gairdneri* 1,2 mg/L und für *Lepomis macrochirus* 1,3 mg/L.
Vogeltoxizität: Akute orale LD_{50} für Japanische Wachtel >2.251 mg/kg. 8-Tage-Fütterungstest LC_{50} für

Stockente und japanische Wachtel >5.000 mg/kg Futter.
Wirbellosetoxizität: EC_{50} (48 h) für *Daphnia* 0,43 mg/kg.

Trias. Geologische Formation des Mesozoikums, die etwa von 225 bis 195 Mio. Jahren v. Chr. reicht. In Mitteleuropa („Germanische Trias") wird die Trias nach zunehmendem Alter in Keuper, Muschelkalk und Buntsandstein unterteilt; in den Alpen unterscheidet man 6 Abteilungen.

Triasulfuron. Wirkt als >Herbizid< und zählt zur Substanzklasse der Sulfonylharnstoffe.
Chemische Bezeichnung: 1-(2-(2-Chlorethoxy)phenyl-sulfonyl)-3-(4-methoxy-6-methyl-1,3,5-triazin-)2-yl)-harnstoff
CAS-Nummer: 82097–50–5
Hersteller: Novartis
Wirkungstyp: Selektives Vor- und Nachauflauf-Herbizid. Die Aufnahme erfolgt über Blatt und Boden. Hemmt die Biosynthese der essentiellen Aminosäuren Valin und Isoleucin, was zur Verhinderung der Zellteilung und somit zum Wachstumsstop führt. Die Selektivität wird durch die unterschiedliche Metabolisierungsgeschwindigkeit in den Pflanzen hervorgerufen.
Bevorzugte Anwendung: Gegen breitblättrige Unkräuter im Winter- und Sommergetreide.

Chemische und physikalische Eigenschaften: Farblose Kristalle mit einem Schmelzpunkt von 178,1 °C (unter Zersetzung) und einer Dichte von 1,5 g/cm³.
Dampfdruck: <2,0 µPa bei 25 °C.
Verteilungskoeffizient (log Po/w): 1,1 bei pH 5, −0,59 bei pH 6,9 und −1,8 bei pH 9, jeweils bei 25 °C.
Löslichkeit: In Wasser 32 mg/L bei pH 5 und 815 mg/L bei pH 7, jeweils bei 25 °C.
Stabilität: Unter wäßrigen Bedingungen findet Hydrolyse statt, die sehr stark vom pH-Wert abhängig ist: DT_{50} beträgt bei pH 1 8,2 h, bei pH 7 3,1 y und bei pH 10 4,7 h.
Abbau und Metabolismus: In der Pflanze erfolgt Hydroxylierung und anschließend Konjugation mit Glukose. Das Abbauverhalten im Boden ist sehr stark vom Bodentyp, dem pH-Wert und besonders von der Temperatur und der Bodenfeuchtigkeit abhängig. Im Säugerorganismus erfolgt das Ausscheiden hauptsächlich über den Urin in nicht-metabolisierter Form.
Säugertoxizität: Akute orale LD_{50} für Ratte und Maus >5.000 mg/kg. Akute dermale LD_{50} für Ratte >2.000 mg/kg. Bei Kaninchen geringe Haut-, keine Augenreizung. Inhalation LC_{50} (4 h) für Ratte >5,18 mg/L Luft. 2-Jahre-Fütterungstest NOEL für Ratte 32,1 mg/kg KGW/Tag und Maus 1,2 mg/kg KGW/Tag. ADI-Wert 0,012 mg/kg KGW.
Bienentoxizität: Nicht bienengiftig. Akute und Kontakt LD_{50} >100 µg/Biene.
Fischtoxizität: LC_{50} (96 h) für Regenbogenforelle und Karpfen >100 mg/L.
Vogeltoxizität: Akute orale LD_{50} für Wachtel und Ente >2.150 mg/kg.
Wirbellosetoxizität: EC_{50} (96 h) für *Daphnia* >100 mg/L. LC_{50} (14 d) für Regenwurm >1000 mg/kg Boden. EC_{50} (14 d) für Alge *Selenastrum* 35 µg/L.

Tribenuron-methyl. Wirkt als >Herbizid< und zählt zur Substanzklasse der Sulfonylharnstoffe.
Chemische Bezeichnung: 2-[4-Methoxy-6-methyl-1,3,5-triazin-2-yl(methyl)-carbamoylsulfamoyl]benzoesäure
CAS-Nummer: 101200–48–0 (Tribenuron: 106040–48–6)
Hersteller: Du Pont
Wirkungstyp: Systemisches Nachauflauf-Herbizid. Wird über die Blätter und zum Teil über die Wurzeln aufgenommen. Die Translokation in der Pflanze erfolgt sowohl basipetal als auch akropetal innerhalb weniger Stunden.
Der Wirkstoff hemmt das Acetolacetat-Synthese-Enzym, wodurch die Biosynthese der essientiellen Aminosäuren Valin und Isoleucin gestört und somit indirekt eine Störung der Zellteilung verursacht wird. Nach einer raschen Hemmung der Vegetationspunkte beginnt ein Absterbeprozeß, der sich über bis zu zwei Wochen erstrecken kann.
Bevorzugte Anwendung: Selektives Nachauflaufherbizid gegen breitblättrige Unkräuter im Sommer- und Wintergetreide.

Chemische und physikalische Eigenschaften:
Physikalische Beschaffenheit: Farblose Kristalle.
Schmelzpunkt: 141 °C.
Dampfdruck: 0,036 mPa bei 25 °C.
Verteilungskoeffizient (log $P_{o/w}$): 0,36 bei pH 7.
Stabilität: Stabil bei 45 °C. Hydrolysestabil bei 45 °C und pH 8 bis 10, aber schneller Abbau bei pH <7 oder pH >12. Relativ instabil in den meisten organischen Lösungsmitteln. Lichtstabil.
Löslichkeit: In Wasser bei 25 °C 28 mg/L (pH 5) und 280 mg/L (pH 6).
Abbau und Metabolismus: Im Boden Hydrolyse und direkter mikrobieller Abbau. HWZ beträgt 1 bis 7 Tage.
Toxizität: Akute orale LD_{50} für Ratte >5.000 mg/kg. Akute Inhalation LC_{50} (4 Stunden) für Ratte >5,0 mg/L Luft. Akute dermale LD_{50} für Kaninchen >2.000 mg/kg. Bei Kaninchen nicht hautreizend, leicht augenreizend (bei 1-tägiger Dosierung reversibel). Sensibilisierung der Haut (Meerschweinchen). In 90-Tage-Fütterungstests war der NOEL für Ratte 100, für Maus 500 und für Hund 500 mg/kg Futter. Nicht teratogen für Ratte bei 20 mg/kg/Tag.
Bienentoxizität: LD_{50} für Honigbiene >100 µg/Biene.
Fischtoxizität: LC_{50} (96 Stunden) für Blaukiemen-Sonnenbarsch und Regenbogenforelle >1.000 mg/L. LC_{50} (48 Stunden) für *Daphnia* >729 mg/L.
Vogeltoxizität: Akute orale LD_{50} für Japanische Wachtel >2.250 mg/kg. 8-Tage-Fütterungstest LC_{50} für Japanische Wachtel und Stockente >5.620 mg/kg.

Tributylphosphat. In der Wiederaufarbeitung beim >PUREX-Verfahren< als org. Extraktionsmittel zur U- und Pu-Extraktion aus der >Kernbrennstofflsg. eingesetzt. Im PUREX-Verfahren wird TBP auf 15 bis 40 % mit >Kerosin< verdünnt.

Tricalciumphosphat. $[Ca_3(PO_4)_2]_3$. Der Einsatz erfolgt als Antiklump- und >Rieselhilfsmittel<.

Tricarbonsäurecyclus. >Zitronensäurezyklus<.

Trichlorbenzol. $C_6H_3Cl_3$. Ein aromatischer >Chlorkohlenwasserstoff<, in dem drei H-Atome des Benzols durch Chlor substituiert sind. Es liegen drei Isomere vor: 1,2,3-, 1,2,4- und 1,3,5-T. Der Einsatz erfolgt als Lösungsmittel und als Zwischenprodukt für chem. Synth. 1,2,4-T. hat kein natürliches Vorkommen und wird als Lösungsmittel, Termitengift und als Zwischenprodukt bei der Herbizidsynth. eingesetzt. 1,2,4-T. ist schwer abbaubar. Im menschlichen Fettgewebe wurden 2 bis 15 µg/kg Fett gefunden, in Muttermilch 4 µg/kg. Die Ausscheidung erfolgt nach einer Metabolisierung über eine Epoxidbildung zu Trichlorphenolen. Auch eine reduktive Dechlorierung im Darm kann stattfinden. 1,2,4-T. wirkt schädigend auf Schleimhäute, Leber und Nieren. LD_{50} = 750 mg/kg (Ratte, oral). 1,3,5-T. hat ebenfalls kein natürliches Vorkommen, kann aber durch natürlichen bakteriellen Abbau von >Lindan< entstehen. Der technische Einsatz erfolgt als Zwischenprodukt bei org. Synth. und in Isolatorflüssigkeiten für Transformatoren. Es ist schwer entflammbar. Im menschlichen Organismus wurden 8 bis 20 µg/kg in Fett nachgewiesen, in Muttermilch 3 µg/kg. Der Abbau im Organismus erfolgt durch Ox. zum Arenoxid und anschließende Hydrolyse zu 2,4,6-Trichlorphenol oder nach Konjugation mit Glutathion zum Thioether. 1,3,5-T. wirkt schleimhautreizend. LD_{50} = 1,8 bis 3,4 g/kg (Ratte, oral). Infolge seiner Flüchtigkeit gelangt 1,3,5-T. in die Atmosphäre und reagiert dort mit Hydroxylradikalen.

1,2,3-Trichlorbenzol   1,3,5-Trichlorbenzol   1,2,4-Trichlorbenzol

Trichlorbornane. Werden als Modellsubstanzen zum besseren Verständnis des Verhaltens von höherchlorierten >Polychlorbornanen< eingesetzt.
Lit: Parlar H, Gäb S, Michna A, Korte F (1976) Chemosphere 5: 217.

Trichlorethan. 1,1,1-Trichlorethan (Methylchloroform) und 1,1,2-Trichlorethan. Im folgenden wird nur 1,1,1-Trichlorethan betrachtet, da 1,1,2-Trichlorethan wegen seiner deutlich höheren >Toxizität< (u. a. besteht der begründete Verdacht auf ein >krebserregendes< Potential) keine große technische Bedeutung aufweist. >Chlorkohlenwasserstoff-Verb.<; Chem. Formel: CCl_3-CH_3; M_r = 133,40; Fp. = -30,4 °C; Siedepunkt = 74,1 °C; Dichte = 1,34 g/cm³; Sättigungskonz. in der Luft bei 20 °C = ca. 700 g/m³; MAK-Wert = 1.100 mg/m³ (Stand 1999); farblose Flüssigkeit mit >chloroform<ähnlichem Geruch. T. zersetzt sich bei hohen Temp. u.a. unter Bildung von >Phosgen< und >Chlor<. In hohen Konz. eingeatmetes T. kann zu Rauschzuständen führen. T. wird in ähnlich hohem Umfang wie >Tetrachlorethen< wegen seiner guten fettlösenden Eig. insbesondere als Reinigungs- und Lösungsmittel (z.B. Kaltreiniger, Korrekturflüssigkeit) eingesetzt. Wie bei Tetrachlorethen wird letztendlich ein großer Teil der verbrauchten Menge an die Umwelt abgegeben und weist dort eine hohe >Mobilität< auf. Bodenverunreinigungen können zu Grundwasserverunreinigungen führen. Die >Halbwertszeit< in der >Atmosphäre< wird mit 2 bis 3 Jahren angegeben. T. erreicht damit die >Stratosphäre< und trägt dort zum

Abbau des >Ozons< bei. Die Verordnung zum Verbot von best., die Ozonschicht abbauenden Halogenkohlenwasserstoffen (FCKW-Halon-Verbots-Verordnung) vom 06.05. 1991 schränkt daher auch den Einsatz von T. drastisch ein.

Trichlorethylen (Trichlorethen, Tri). $ClCH = CCl_2$. Ein nicht natürlich vorkommender Vertreter der >Chlorkohlenwasserstoffe< aus der Gruppe der Chlorethene. Der Einsatz erfolgt als Reinigungs- und Lösungsmittel sowie als Zwischenprodukt für wichtige chem. Synthesen. Unter Normalbedingungen ist T. flüssig. Das technische Produkt enthält Verunreinigungen und Stabilisatoren, z.B. Amine und Phenole. T. ist leicht flüchtig und besitzt ein gutes Eindringungsvermögen in den Untergrund. Auch Betonböden können durchdrungen werden. Aufgrund dieser Eigenschaften gelangt fast die gesamte Produktionsmenge früher oder später in die Umwelt. T. gefährdet das Grundwasser und konnte in Konzentrationen von 0,1 bis 64 µg/kg Frischmasse in Lebensmitteln nachgewiesen werden. Im menschlichen Fettgewebe wurden bis zu 32 µg/kg gefunden. T. wird unverändert ausgeatmet. Nur ca. 20 % werden zu Trichlorethanol und Trichloressigsäure abgebaut. LD_{50} = 4,9 bis 7,2 g/kg (Ratte, oral).

Trichlorfon. Wirkt als >Insektizid< und zählt zur Substanzklasse der >Phosphorsäureester<.
Chemische Bezeichnung: *O,O*-Dimethyl-(2,2,2-trichlor-1-hydroxyethyl)-phosphonat
CAS-Nummer: 52–68–6
Hersteller: Bayer AG
Wirkungstyp: Nicht systemisches Insektizid mit Berührungs- und Fraßgiftwirkung. Cholinesterase-Hemmstoff
Bevorzugte Anwendung: Gegen beißende Insekten im Wein- und Ackerbau, an Ziergehölzen und im Forst. Gegen Fliegen im Haushalt und in Stallungen. Gegen Ameisen.

Chemische und physikalische Eigenschaften:
Physikalische Beschaffenheit: Krist., farblos.
Schmelzpunkt: 83 bis 84 °C.
Verteilungskoeffizient (log $P_{o/w}$): 0,43 bei 20 °C.
Dampfdruck: $2.7 \cdot 10^{-6}$ hPa bei 20 °C.
Geruch: Charakter. Eigengeruch, schwach.
Stabilität: In saurer, wäßriger Lsg. langsame Zersetzung. Alkalien wandeln rasch zu >Dichlorvos< um, das anschl. hydrolysiert wird.
Korrosives Verhalten: Leicht korrosive Wirkung auf Metalle.
Löslichkeit: In Wasser 154 g/L bei 25 °C.
Abbau: Im Pflanzengewebe entsteht durch Salzsäureabspaltung Dichlorvos, das wahrscheinlich hydrolytisch zu Phosphorsäure und Dichlorvinylalkohol bzw. Dichloracetaldehyd gespalten wird. Im Boden hohe Mobilität mit schneller Metabolisierung zu Dichlorethanol, Dichloressigsäure und Trichloressigsäure. Im Säugerorganismus erfolgt schnelle Metabolisierung zu Dichloressigsäureglucuronid.

Toxizität: Akute orale LD_{50} für Ratten 450 bis 630 mg/kg. Akute dermale LD_{50} für Ratten >2.000 mg/kg. 500 mg/kg im Futter verursachen bei Ratten über 1 Jahr keine Schäden. Inhalationstoxizität: LC_{50} für männliche Ratte > 1,3 mg/L Luft (4 Stunden). Bei Kaninchen nicht haut-, aber augenreizend.
Bienentoxizität: Nicht bienengefährlich (B 4).
Fischtoxizität: LC_{50} (96 h) für Regenbogenforelle 0,7 und Goldorfe 0,52 mg/L. EC_{50} (48 h) für *Daphnia* 0,96 µg/L.

Trichlormethan (Chloroform). $CHCl_3$. Ein unter Normalbedingungen flüssiger >Chlorkohlenwasserstoff< aus der Gruppe der Halogenmethane. Sdt. = 61,2 °C. Die technische Darstellung erfolgt durch Methanchlorierung. Das technische Produkt enthält versch. Verunreinigungen, z.B. 1,1-Dichlorethan, 1,2-Dichlorethan, Dichlorethen, Dichlormethan und >Tetrachlorkohlenstoff<. Der Einsatz erfolgt u.a. als Lösungsmittel, Kühlmittel und als wichtiges Zwischenprodukt für chem. Synth. Früher wurde Chloroform auch als Narkosemittel eingesetzt. T. wird in einigen technischen Prozessen, z.B. bei der Chlorbleiche von Papier und beim Verbrennungsvorgang in Ottomotoren freigesetzt. Ein Teil des in der Atmosphäre befindlichen T. wird aus dem Ozean freigesetzt. Unter Einfluß von Licht und Sauerstoff erfolgt der Abbau zu Kohlendioxid, Chlorwasserstoff und äußerst giftigem Phosgen. Der photochem. Abbau erfolgt auch in der Troposphäre. Ein biologischer Abbau erfolgt nicht in nennenswertem Umfang. Die Belastung des menschlichen Organismus erfolgt durch die Aufnahme über Trinkwasser, Luft, Nahrung und Haut. Die Ausscheidung erfolgt über die Lunge und den Urin. Bei höherer und chronischer Belastung treten Leberschäden auf. $LD_{50} =$ 300 mg/kg (Ratte, oral). T. wirkt carcinogen.

Trichlorphenoxyessigsäure. > 2,4,5-T<.

Trichlorphon. >Trichlorfon<.

Trichobilharziose. >Badeallergie<.

Trichoderma. >Fungi< (s. Abb. S. 469).

Trichogramma. Eine Gattung von Schlupfwespen, die in der >biologischen Schädlingsbekämpfung< als Nützling eingesetzt wird. Praxiserprobt ist die Bekämpfung des Maiszünslers durch die Art *T. evanescens.* Der Maiszünsler legt Eier auf die Blattunterseite der Maispflanze. Die daraus schlüpfenden Larven bohren sich in den Maisstengel und bringen diesen zum Abknicken. Zur Bekämpfung werden die T.-Eier mit den schlupfbereiten Nützlingen zu Beginn des Maiszünslerflugs mittels Kartonrähmchen oder Kapseln in ausreichender Zahl (für Körner- und Silomais bis 100.000/ha) gleichmäßig im Bestand verteilt. Nach dem Schlupf von T. legt diese ihr Eier in die des Maiszünslers ab. Die geschlüpften T.-Larven ernähren sich vom Eiinhalt des Maiszünslers, verpuppen sich in der Eihülle. Die daraus entstandenen Schlupfwespen befallen dann wieder die Gelege des Maiszünslers. Ein Entwicklungszyklus dauert ca. 10 Tage. Zur Praxisanwendung wird eine Massenvermehrung von T. über die Eier der Getreidemotte durchgeführt. Die Ausbringung von T. muß z.Zt. noch von Hand erfolgen. Der Bekämpfungserfolg ist bei guten Bedingungen dem von >Insektiziden< gleich. Die Kosten liegen höher, wegen der fehlenden Nebenwirkungen ist diese Methode aber vorrangig einzusetzen. T. ist sehr wirtsspezifisch. Im Obstbau läßt sich der Apfel- und Apfelschalenwickler mit *T. dendromili* bekämpfen.

Trichoptera. Sie sind als landlebende >Saprophage< in der Waldstreu mit der Art *Enoicyla pusilla* vertreten.

Trichterbecken. >Dortmundbecken<. Die Sohle von >Absetzbecken< in >Kläranlagen< ist in Trichter aufgeteilt, aus deren Spitzen tgl. >Schlamm< abgelassen wird, ohne den Betrieb zu unterbrechen. Die ganzen Becken können nach Abzug des Schlammraumes als benutzbar berechnet werden. Die Trichterbecken werden gewöhnlich mit aufsteigender Wasserbewegung betrieben.
Lit: Imhoff K, Imhoff KR (1990) Taschenbuch der Stadtentwässerung, 27. Aufl., R. Oldenbourg Verlag, München Wien.

Trichterspinnen (Agelenidae). In menschlichen Behausungen trägt z.B. die große, nachtaktive Art *Tegenaria domestica* wesentlich zur Freihaltung von anderen Arthropoden bei. *Coelotes*-Arten, in kurzen Trichtern an sich zersetzendem Holz in Wäldern, stellen die Hälfte der Biomasse aller Spinnen (ca. 100 Arten). >Arachnida<.

Tridemorph. Wirkt als >Fungizid< und zählt zur Substanzklasse der Morpholin-Derivate.
Chemische Bezeichnung: 2,6-Dimethyl-4-tridecylmorpholin
CAS-Nummer: 81412–43–3
Hersteller: BASF
Wirkungstyp: Systemisch wirkendes Fungizid mit lang anhaltender, auch kurativer Wirkung. Aufnahme durch Blätter und Wurzeln. Hemmt die Ergosterolbiosynthese.
Bevorzugte Anwendung: Gegen Echten Mehltau *(Erysiphe graminis)*, besonders bei Sommergerste, Sommerweizen und Wintergerste.

Chemische und physikalische Eigenschaften:
Physikalische Beschaffenheit: Farblose ölige Flüssigkeit mit schwachem aminartigem Geruch.
Verteilungskoeffizient (log $P_{o/w}$): 4,20 bei pH 7 und 22 °C.
Siedepunkt: 134 °C bei 67 Pa.
Dampfdruck: $6,4 \cdot 10^{-3}$ Pa bei 20 °C.
Stabilität: Kälte- und hitzestabil. Halbwertszeit bei UV-Bestrahlung einer 20 mg/kg enthaltenden wäßrigen Lsg. 16,5 Stunden.
Löslichkeit: In Wasser 11,7 mg/L bei 20 °C.
Abbau und Metabolismus: Metabolisierung erfolgt in der Pflanze über Oxidation der 4-Alkylseitenkette und Spaltung des Morpholinringes. DT_{50} im Boden beträgt im Freiland 14–34 Tage. Bei Ratten erfolgt nach oraler Applikation radioaktiv markierter Substanz schnelle Absorption; die Ausscheidung ist nach 2 Tagen nahezu vollständig.
Toxizität: Akute orale LD_{50} für Ratte 558 mg/kg. Akute dermale LD_{50} für Ratte >4.000 mg/kg. Starke Haut- und Augenreizwirkung bei Kaninchen. 90 Tage Fütterung von Hunden mit 200, 400, 800 mg/kg Futter ohne krankhafte Veränderungen, ebenso 10, 30, 90 mg/kg Futter an Ratten über 2 Jahre.
Bienentoxizität: Nicht bienengefährlich (B 4).
Fischtoxizität: Fischgiftig. LC_{50} für Guppy 3,5 mg/L (96 Stunden). EC_{50} für *Daphnia* 1,3 mg/L.

Trietazine. Kombinationsherbizid aus der 1,3,5-Triazin-Reihe.
Chemische Bezeichnung: 2-Ethylamino-4-diethylamino-6-chlor-1,3,5-triazin, $C_9H_{16}ClN_5$; LD_{50}: 2.830, 4.000 mg/kg (Ratte, oral, akut); seit 1972 als Komponente eines Kombinationsherbizids (mit >Linuron<, >Simazin<); Entwicklung: Geigy 1960; Handelsnamen: Gesafloc®.

Triflumuron. Wirkt als >Insektizid< und zählt zur Substanzklasse der Benzoylharnstoffe.
Chemische Bezeichnung: 1-(2-Chlorbenzoyl)-3-(4-trifluormethoxy-phenyl)harnstoff
CAS-Nummer: 64628–44–0
Hersteller: Bayer AG
Wirkungstyp: Insektizid mit überwiegender Fraßwirkung. Hemmt die Chitinsynthese, was zur Störung des Häutungsvorganges bei den Insekten führt.
Bevorzugte Anwendung: Gegen beißende und saugende Insekten im Obst- und Zierpflanzenbau sowie im Forst.

Chemische und physikalische Eigenschaften: Farbloses Pulver mit einem Schmelzpunkt von 195 °C und einem spezifischen Gewicht von 1,445 bei 20 °C.
Dampfdruck: 40 nPa bei 20 °C.
Verteilungskoeffizient (log Po/w): 4,91 bei 20 °C.
Löslichkeit: In Wasser 25 µg/L bei 20 °C.
Stabilität: Hydrolysestabil im neutralen Medium. In saurer Lösung DT_{50} <6 Monate, in alkalischer Lösung DT_{50} 42 Stunden.
Abbau und Metabolismus: Neben hydrolytischem Abbau findet speziell im Boden mikrobieller Abbau statt.
Säugertoxizität: Akute orale und dermale LD_{50} für Ratte >5.000 mg/kg. Inhalation LC_{50} (4 h) für Ratte >0,12 mg/L (Aerosol) und >1,6 mg/L (Staub). 2-Jahre-Fütterungstest NOEL für Ratte 20 mg/kg Futter.
ADI-Wert 7,2 µg/kg KGW.
Bienentoxizität: Bienentoxisch.
Fischtoxizität: LC_{50} (96 h) für Karpfen >100 mg/L und Regenbogenforelle >320 mg/L.
Vogeltoxizität: Akute orale LD_{50} für Japanische Wachtel >5.000 mg/kg.
Wirbellosetoxizität: LC_{50} (48 h) für *Daphnia* 0,225 mg/L. EC_{50} (96 h) für Grünalge >25 mg/L. LC_{50} (14 d) für Regenwurm >1.000 mg/kg Boden.

Trifluralin. Wirkt als >Herbizid< und zählt zur Substanzklasse der Dinitroanilin-Derivate.
Chemische Bezeichnung: 2,6-Dinitro-4-trifluormethyl-*N,N*-dipropylanilin
CAS-Nummer: 1528–09–8
Hersteller: Dow Agrosciences
Wirkungstyp: Selektives Vorauflauf-Bodenherbizid. Einfluß auf Keimung der Saat. Wirkt als Entkoppler des Elektronentransportes aufgrund von lipophiler Membranakkumulation.

Bevorzugte Anwendung: Gegen Gräser und breitblättrige Unkräuter in Raps, Wintergerste, Winterweizen, Kohlrüben, Tomaten, Kohl, Karotten, Baumwolle, Sojabohnen u. a.

Chemische und physikalische Eigenschaften:
Physikalische Beschaffenheit: Krist., gelb-orange.
Schmelzpunkt: 48,5 bis 49 °C.
Siedepunkt: 96,2 °C bei 0,24 hPa.
Verteilungskoeffizient (log $P_{o/w}$): 5,07 bei 20 °C.
Dampfdruck: 0,0137 Pa bei 25 °C.
Stabilität: Weitgehend stabil. Wird zersetzt durch UV-Strahlung.
Löslichkeit: In Wasser unter 0,1 mg/L bei 27 °C.
Abbau: In Böden, Pflanzen und Tieren geschieht Dealkylierung der Aminogruppe, Red. der Nitrogruppen zu Aminogruppen, z.T. Ox. der Trifluormethyl- zur Carboxylgruppe. Anschließend Zerfall in kleinere Bruchstücke. Nachwirkungsdauer im Boden 6 bis 8 Monate (nach 2,5 kg/ha). Bei Ratten nach oraler Verabreichung Ausscheidung innerhalb von 72 h etwa 70% über Urin und 15% über Faeces als unveränderter Wirkstoff und als monodesalkylierte Aminoverbindung.
Toxizität: Akute orale LD_{50} für Ratten >10.000 mg/kg, >2.000 mg/kg für Hunde, Kaninchen, Küken. 2.000 mg/kg, auf die Haut von Kaninchen aufgebracht, verursachten keine Reizung. Zweijährige Verfütterung von 2.000 mg/kg wurde von Ratten ohne Schäden vertragen, ebenso 1.000 mg/kg von Hunden über 2 Jahre.
Bienentoxizität: Nicht bienengefährlich (B 3).
Fischtoxiziät: Fischgiftig. LC_{50} für Regenbogenforelle 41, Sonnenbarsch 89 und Keilfleckbarbe 600 µg/L bei 96 Stunden.
Vogeltoxizität: Akute orale LD_{50} für Japanische Wachtel >2.000 mg/kg. 5-Tage-Fütterungstest LC_{50} für Japanische Wachtel und Stockente >5.000 mg/kg.
Wirbellosetoxizität: EC_{50} (48 h) für *Daphnia* 0,56 mg/L. >NOEL< für *Daphnia* 51 µg/L (21 d).

Triflusulfuron-methyl. Wirkt als >Herbizid< und zählt zur Substanzklasse der Sulfonylharnstoffe.
Chemische Bezeichnung: Methyl-2-(4-dimethylamino-6-(2,2,2-trifluorethoxy)-1,3,5-triazin-2-ylcarbamoylsulfamoyl)-m-toluat
CAS-Nummer: 126535–15–7
Hersteller: Du Pont
Wirkungstyp: Systemisches Herbizid. Nach Aufnahme über die Blätter und Wurzeln wird das Acetolactat-Synthese-Enzym gehemmt, was zu einer Störung der Biosynthese der essentiellen Aminosäuren führt. Die Toleranz zu Zuckerrüben ergibt sich aus der sehr schnellen (DT_{50} 1 h) Metabolisierung in dieser Pflanze.
Bevorzugte Anwendung: Gegen Unkräuter in Zucker- und Futterrüben.

Chemische und physikalische Eigenschaften: Weißes kristallines Pulver mit einem Schmelzpunkt von 152 °C und einem spezifischen Gewicht von 1,45 g/cm³.

Dampfdruck: 13,3 mPa bei 25 °C.

Verteilungskoeffizient (log Po/w): 9,2 25 °C.

Löslichkeit: In Wasser 110 mg/L bei pH 7 und 25 °C.

Stabilität: Hydrolyse-HWZ 3,7 Tage bei pH 5, 32 Tage bei pH 7 und 36 Tage bei pH 9; jeweils bei 25 °C.

Abbau und Metabolismus: Im alkalischen Bereich überwiegend mikrobieller Abbau, ansonsten chem. Hydrolyse. DT_{50} beträgt im Boden ca. 3–6 Tage. Im Säugerorganismus werden innerhalb von 5 Tagen >95 % über den Urin ausgeschieden.

Säugertoxizität: ´ Akute orale LD_{50} für Ratte >5.000 mg/kg und dermale LD_{50} >2.000 mg/kg. Inhalation LC_{50} (4 h) für Ratte 6,1 mg/L Luft. 2-Jahre-Fütterungstest >NOEL< für weibliche Ratte 100 mg/kg Futter. ADI-Wert 0,05 mg/kg KGW.

Bienentoxizität: Kontakt LD_{50} >25 µg/Biene.

Fischtoxizität: LC_{50} (96 h) für Forelle 730 mg/L.

Vogeltoxizität: Akute orale LD_{50} für Stockente und Japanische Wachtel 2.250 mg/kg. LC_{50} (8 d) für Stockente >5.620 mg/kg.

Wirbellosetoxizität: LC_{50} (48 h) für *Daphnia* >1.200 mg/L. EC_{50} (120 h) für Grünalge 0,62 mg/L. LC_{50} (14 d) für Regenwurm >1.000 mg/kg Boden.

TRIGA. Abkürzung für: Training, Research and Isotope Production Reactor der General Atomic.

TRIGA HD II. Der TRIGA-MARK I-Reaktor des *Deutschen Krebsforschungszentrums* in Heidelberg (>DKFZ<) hat eine thermische Leistung von 250 kW. >Forschungsreaktoren<.

Trimmstab. Trimmstäbe dienen zur Kompensation der >Überschußreaktivität< eines frisch beladenen >Reaktors< und zur Einflußnahme auf die >Neutronen<flußverteilung.

Trinkwasser. An T. werden in physikalischer, chem. und biol. Hinsicht hohe Anforderungen gestellt (>Trinkwasserverordnung<). Das Wasser soll appetitlich – auch nach der Herkunft – klar, durchsichtig, farblos, geruchlos und von gleichbleibender Temp. sein. Die Temp. soll in Mitteleuropa möglichst zwischen 8 und 12 °C liegen. In Gebieten mit höheren oder tieferen mittleren Jahrestemp. müssen höhere oder niedrigere Werte akzeptiert werden (DIN 2000, DIN 2001).

Trinkwasseraufbereitung. Die zentralen Wasserversorgungseinrichtungen bereiten erforderlichenfalls das Rohwasser (natürliches oder angereichertes >Grundwasser<, Uferfiltrat, Fluß- und Seewasser) vor der Nutzung auf. Üblich sind die Enteisenung, etwa durch Ox. mittels Belüftens und Filterung von ausgeflocktem Eisenhydroxid oder durch Kationenaustausch; die Entmanganung durch Ox. und Kationenaustausch, die Entsäuerung etwa durch Kalk- oder MgO-Zusatz, durch Neutralisation oder durch Anionenaustauscher; die Enthärtung durch Fällverfahren oder durch Austauschverfahren mittels anorg. oder org. Austauscher; die Teil- oder Vollsalzung, etwa durch Austauscher, durch Elektrodialyse oder durch umgekehrte Osmose.

Lit: Hässelbarth U (1987) Zusatzstoffe bei der Trinkwasseraufbereitung. In: Aurand K et al. (Hrsg.) Die Trinkwasserverordnung – Einführung und Erläuterungen für Wasserversorgungsunternehmen und Überwachungsbehörden. 2. Aufl., Schmidt, Berlin, S. 389–413 – Sontheimer H (1983) Aufbereitung von ver-

unreinigten Grundwässern im Wasserwerk, DVGW-Schr R 36: 117–131, Eschborn.

Trinkwasserschutzgebiet. >Wasserschutzgebiet<.

Trinkwasserverordnung. In der T. (Verordnung über Trinkwasser und Wasser für Lebensmittelbetriebe) vom 12.12. 1990 (BMJFG 1990; BGBl., I., S.2613) sind die Anforderungen an Trinkwasser festgelegt. Danach dürfen in 100 cm³ Trinkwasser weder *Escherichia coli* noch coliforme Bakterien (als Indikatoren für fäkale Verschmutzung) und nur Koloniezahlen <100/cm³ Wasser vorkommen (Bebrütungstemp. von 20 ± 2 °C bzw. 36 ± 1 °C). Die Untersuchungen können auf Fäkal-Streptokokken und Sulfit-reduzierende Sporen-bildende Anaerobier (Clostridien) ausgedehnt werden. Die Grenzwerte der chem. Daten (s. Tabelle S.1200) in der T. von 12.12. 1990 (BMJFG 1990) berücksichtigen verschiedene Gesichtspunkte. Neben gesundheitsschädlichen Stoffen, wie Arsen, Cadmium und Blei, deren Konz. so niedrig wie möglich zu halten ist, wurden für andere Stoffe wegen der von ihnen ausgehenden geschmacklichen und farblichen Beeinträchtigungen oder technischen Schäden (z. B. Korrosion oder Verkrustungen in den Rohrleitungen) Grenzwerte festgelegt, z. B. für Eisen, Mangan und Zink. Dementsprechend sind die Vorschriften für einzelne Stoffgruppen unterschiedlich restriktiv. In Trinkwasser dürfen die in der Tabelle mit * gekennzeichneten Grenzwerte für Arsen, Blei Cadmium, Chrom, Cyanid, Fluorid, Nickel, Nitrat, Nitrit, Quecksilber, polycyclische aromatische Kohlenwasserstoffe, org. Chlorverb., chem. Stoffe zur Pflanzenbehandlung und Schädlingsbekämpfung (Pestizide) sowie polychlorierte und polybromierte Biphenyle und Terphenyle nicht überschritten werden. Nach § 2 Abs.2 T. darf das Trinkwasser anders als die hier durch * gekennzeichneten Stoffe und radioaktive Stoffe nicht in Konz. enthalten, die geeignet sind, die menschliche Gesundheit zu schädigen. Generell soll die Konz. von chem. Stoffen, die das Trinkwasser verunreinigen oder die Beschaffenheit des Trinkwassers nachteilig beeinflussen können, so niedrig gehalten werden, wie dies nach dem Stand der Technik mit vertretbarem Aufwand unter Berücksichtigung der Umstände des Einzelfalles möglich ist. Über die genannten Stoffe hinaus kann der Umfang der Grenzwertfestlegung durch Rechtsverordnung der Länderregierungen auf die Gesamtheit der in der Tabelle genannten Grenzwerte ausgedehnt werden, um einer nachteiligen Beeinflussung des Trinkwassers vorzubeugen und eine einwandfreie Beschaffenheit des Trinkwassers sicherzustellen. Die zuständige Behörde kann im Einzelfall Abweichungen von den mit * gekennzeichneten Grenzwerten bis zu einer von ihr festzusetzenden Höhe für eine befristete Zeit zulassen, wenn dadurch die menschliche Gesundheit nicht gefährdet wird und die Trinkwasserversorgung nicht auf andere Weise mit vertretbarem Aufwand sichergestellt werden kann. Bei den übrigen Grenzwerten sind abweichende Regelungen möglich, soweit dies aufgrund regionaler Gegebenheiten erforderlich ist. Die Aufnahme radioaktiver Stoffe mit dem Trinkwasser trägt zu den übrigen Strahleneinwirkungen auf den Menschen bei. Die Gesundheitsgefährdung durch die ionisierende Wirkung der von radioaktiven Stoffen (Radionukliden) ausgehenden Strahlung auf den Organismus wird durch § 2 Abs.2 der T. in Verb. mit den geltenden Strahlenschutzbestimmungen (EG 1980b, Amtsbl. EG, Rechtsvorschr. Nr. L246/1–72; Int.

Trinkwasserverordnung: Grenzwerte (höchstzulässige Gehalte) der Wasserinhaltsstoffe in der Bundesrepublik Deutschland (Trinkwasser-Verordnung 1990) (in mg/L)

Inhaltsstoff	Maximalgehalt (mg/mL)	Inhaltsstoff	Maximalgehalt (mg/mL)
Al	0,2	NH_4^+	0,5
Sb	0,1	As	0,04*
Ba	1	Pb	0,04
B	1	Ca^{2+}	400
Cd	0,005*	Cl^-	250
Cr	0,05	CN^-	0,05*
Fe	0,2	F^-	1,5
K^+	12[2]	Mg^{2+}	50[3]
Mn	0,05*[1]	Na^+	150
Ni	0,05*	NO_2^-	0,1*
NO_3^-	50*	P(ber. als PO_4^{3-})	6,7
SO_4^{2-}	240[4]	Se	0,01
Hg	0,001*	Ag	0,01
Zn	5		
Org. Cl-Verb.		Oberflächen-	
– 1,1,1-Trichlorethan	0,01	aktive Stoffe	0,2
Trichlorethen		Anionische	
Tetrachlorethen		Detergentien	
Dichlormethan		Nichtion. Deterg.	
– Tetrachlorkohlenstoff	0,003*		
Polycycl. aromat.		Pestizide	
Kohlenwasserst.	0,0002*	insgesamt	0,0005*
	(gesamt C)	einzelne Substanz	0,0001*
polybromierte Biphenyle		Phenol. Verbdg (als Phenol)	0,0005[5]
und Terphenyle			
insgesamt	0,0005		
einzelne Substanz	0,0001		
Leitfähigkeit (25 °C)			
µS/cm	2000	Oxidierbarkeit (O_2)	5
pH	< 6,5 > 9,5	Temperatur °C	25

1) Kurzzeitige Überschreitungen bleiben außer Betracht.
2) Ausgenommen mit geogenen Gehalten bis 50 mg/L.
3) Ausgenommen mit geogenen Gehalten bis 120 mg/L.
4) Ausgenommen mit geogenen Gehalten bis 500 mg/L.
5) Ausgenommen natürliche Phenole, die nicht mit Chlor reagieren.

Comm. Radiol. Protect. (ICRP) Publ. 30, 1979, 1980) berücksichtigt. Diese fordern, jede Strahlenexposition so niedrig wie vernünftigerweise erreichbar zu halten (Minimierungs-Gebot).

Tripelpunkt. Temp., bei der die festen, fl. und gasförmigen Phasen eines chem. einheitlichen Stoffes miteinander im Gleichgewicht stehen. Der T. des Wassers ist z. B. 0,0100 °C und 611 Pa. >Dreiphasenpunkt<.
Lit: Wedler G (1985) Lehrbuch der Physikalischen Chemie, 2. Aufl., VCH Verlag, Weinheim.

Triphosphorsäure. Das Natriumsalz der Triphosphorsäure ($H_5P_3O_{10}$) wird als >Komplexbildner< eingesetzt.

Triplephosphat. >Phosphatdünger<.

Tritium. Radioaktives >Isotop< des Wasserstoffs mit zwei >Neutronen< und einem >Proton< im Kern. Tritium wird z. B. zur Herstellung von Leuchtfarben, als Indikator in Tracer-Versuchen und als >Brennstoff< in kontrollierten >Fusionsversuchen< verwendet. Tritium ist ein Betastrahler ($E_\beta$max: 18 keV) mit einer >Halbwertszeit< von 12,323 Jahren.

Tritiumverpressung. Eine Methode zur >Endlagerung< von Tritium. Dabei werden tritiumhaltige Abwässer unter hohem Druck in poröse Gesteinsschichten des tiefen Untergrundes verpreßt. Das Tritium, das bei dieser Methode keine Verbindung mit Oberflächenwasser hat, zerfällt dort.

Triton. >Atomkern< des >Tritiums<.

Trittschäden. Schäden, die durch häufiges Betreten einer Bodenfläche entstehen. Hiervon sind v. a. >Bodenvegetation< und >Bodengefüge< betroffen. Einmal werden durch die Trittbelastung die bodendeckenden Pflanzen geschädigt, so daß deren erosionshemmende und schützende Funktion ausfällt. Zum anderen wird in den Trittspuren der Boden verdichtet, so daß sich ein Plattengefüge bilden kann und die Versickerung des Regenwassers erheblich verlangsamt wird. Als Folge davon entstehen Erosionsrinnen, die sich unter ungünstigen Bedingungen (hohe Niederschläge, leicht erodierbarer Boden) metertief eingraben können. Besonders gravierende Folgen haben T. im Hochgebirge, da hier die Regeneration auch kleiner Schäden wegen des langsamen Pflanzenwachstums lange Zeiträume beansprucht, während die >Bodenerosion< durch die hohen Niederschlagsmengen stark beschleunigt wird. Ausgedehnte T. sind daher einerseits auf vielbegangenen Wanderwegen, andererseits an Hängen mit hohem Weideviehbesatz zu finden.

Trittstein-Biotope. Oft kleine, inselartige >Lebensräume<, die bei der Ausbreitung von Tieren und Pflanzen als Zwischenstationen dienen, >ökologische Schranke<, >ökologische Zellen<.

TRK-Wert. Die Technische Richtkonzentration (TRK) eines gefährlichen Stoffes ist diejenige Konzentration als Gas, Dampf oder Schwebstoff in der Luft, die nach dem Stand der Technik erreicht werden kann (§ 15 Abs. 6 GefStoffV) und die als Anhalt für die zu treffenden Schutzmaßnahmen und die meßtechnische Überwachung am Arbeitsplatz heranzuziehen ist. TRK werden nur für solche gefährlichen Stoffe benannt, für die z.Z. keine toxikologisch-arbeitsmedizinisch begründeten maximalen Arbeitsplatzkonzentrationen (>MAK-Werte<) aufgestellt werden können. Die Einhaltung der TRK am Arbeitsplatz soll das Risiko einer Beeinträchtigung der Gesundheit vermindern, vermag dieses jedoch nicht vollständig auszuschließen. Die TRK orientiert sich an den technischen Gegebenheiten und den Möglichkeiten der technischen Prophylaxe unter Heranziehung arbeitsmedizinischer Erfahrungen im Umgang mit dem gefährlichen Stoff und toxikologischer Erkenntnisse. TRK bedürfen der steten Anpassung an den Stand der technischen Entwicklung und der analytischen Möglichkeiten sowie der Überprüfung nach dem Stand der arbeitsmedizinischen und toxikologischen Kenntnisse. TRK-Werte werden aufgestellt für krebserzeugende Stoffe (Anhang II, Nr. 1 GefStoffV) und für krebsverdächtige Stoffe, für die kein MAK-Wert besteht (Abschnitt III B der MAK-Werte-Liste, TRGS 900). TRK-Werte sind Schichtmittelwerte bei in der Regel täglich 8stündiger Exposition und bei Einhaltung einer durchschnittlischen Wochenarbeitszeit von 40 Stunden (in Vierschichtbetrieben 42 Stunden je Woche im Durchschnitt von 4 aufeinanderfolgenden Wochen). Die TRK-Werte werden ebenso wie die MAK-Werte jährlich aktualisiert und von der Deutschen Forschungsgemeinschaft veröffentlicht.

Lit: Deutsche Forschungsgemeinschaft (1990) Maximale Arbeitsplatzkonzentration und biologische Arbeitsstofftoleranzwerte, VCH Verlagsgesellschaft, Weinheim.

Trockenadiabate. Kurve in einem >thermodynamischen Diagramm<, die thermodynamische Zustände gleicher >Entropie< verbindet.

$$\frac{T}{T_0} = \left(\frac{p}{p_0}\right)^{\frac{R_L}{c_p}}$$

Dabei bedeuten: T_0 bzw. T = >absolute Temperatur< am Boden (Index: 0) bzw. in einer beliebigen Höhe, p_0 bzw. p = Luftdruck am Boden (Index: 0) bzw. in der gleichen Höhe wie T, c_p = spezifische Wärmekapazität bei konstantem Druck, R_L = Gaskonstante für trockene Luft, die Konstante $k = R_L/c_p$ hat einen Wert von 0,2857. Die o.a. Gleichung ist die Poissonsche Gleichung oder Adiabatengleichung. Sie beschreibt die sog. trockenadiabatischen Prozesse, d.s. Prozesse, die nicht nur ohne Wärmeaustausch mit der Umgebung, sondern darüber hinaus ohne >Kondensation< ablaufen. Berücksichtigt man dagegen die Kondensation, so spricht man von feuchtadiabatischen Prozessen, >Feuchtadiabate<. Die zugehörige Adiabatengleichung unterscheidet sich von derjenigen für die trockenadiabatischen Prozesse dadurch, daß der Exponent nicht k, sondern βk lautet. Folgt ein Luftteilchen der T., so erfährt es bei Abwärts- bzw. Aufwärtsbewegung eine Temperaturzu- bzw. -abnahme von 1 K je 100 m Höhenunterschied (trockenadiabatischer Temperaturgradient); Gegensatz: feuchtadiabatischer Temperaturgradient, seine Größe wird durch den Faktor β bestimmt. Dieser beträgt bei Temperaturen über 0 °C zwischen 0,6 und 0,3 und nimmt für negative Temperaturen zu bis auf 0,999 bei −70 °C. Daraus resultiert ein feuchtadiabatischer Temperaturgradient von 0,4 K je 100 m Höhenunterschied bei hohen Lufttemperaturen,

der sich bei tiefen Temperaturen dem trockenadiabatischen Wert von 1 K je 100 m Höhenunterschied annähert. Trockenadiabatischen Prozesse entstehen in der Atmosphäre bei Vertikalbewegungen eines Luftquantums infolge >Turbulenz<, >Konvektion<, >Auf-< und >Absteigen< bzw. >Absinken<.

Trockenbeize. Ältere Bezeichnung für >Saatgutpuder< mit überwiegend fungizider Wirkung.

Trockenbiotop. (Syn. Trockenstandort). Oft kleinflächige >Biotope<, die aufgrund der Boden- bzw. Untergrundverhältnisse Feuchtigkeit nicht speichern können und die sich durch einen chrarkteristischen, oft geringen >xerophilen< Pflanzenbewuchs auszeichnen. T. sind oft Felsen, Magerrasen, Dünen o.ä. Eine spezielle Form sind die *Trockenrasen*, die durch trockenresistente und wärmeliebende Pflanzen ausgezeichnet sind. Sie lassen sich in Mitteleuropa >pflanzensoziologisch< in zwei Formen unterteilen: in einen subkontinentalen und einen submediterranen Trockenrasen.

Trockenfilter. Es handelt sich um nicht versenkte Filterkörper, d.h. um Filterschichten, bei denen das Wasser über die Sandfläche wie bei den Tropfkörpern gesprüht wird. In einigen Ländern, besonders in Holland, benützt man solche Filter zur Aufbereitung von klarem Grundwasser, das sowohl Mangan als auch Ammoniak enthält. Die Luftbewegung durch den Sand wird dadurch beschleunigt, daß die Luft auf der Unterseite des Bodens mit einer Luftpumpe oder einer Strahldüse abgesaugt wird. Im Sand entwickeln sich Stickstoffbakterien, die den Ammoniakstickstoff in Nitratstickstoff umwandeln. Die Trockenfilter verschmutzen langsam und müssen gereinigt werden, wenn man bemerkt, daß sich auf der Sandoberfläche Wasserlachen bilden. Das ist ein Anzeichen, daß die Luft nicht in die Filterschicht eindringen kann; von diesem Zeitpunkt an kann keine Oxidation von Mangan und Ammoniak mehr stattfinden.

Trockenkühlturm. >Kühlturm< zur Rückkühlung von Wasser, bei dem kein direkter Kontakt zwischen dem zu kühlenden Wasser und dem Kühlmedium Luft besteht. Das erwärmte Wasser wird, ähnlich wie in einem Kraftfahrzeugkühler, von Luft gekühlt und wieder zum Kondensator geleitet.

Trockenlager. Lagerung >bestrahlter Brennelemente< ohne Verwendung von Wasser als >Kühlmittel<.

Trockenperiode. Der Begriff T. wurde von MAURER (1979) wie folgt definiert: 1. Eine T. beginnt, wenn an zwei aufeinander folgenden Tagen nicht mehr als 0,5 mm Niederschlag fällt und dieser Niederschlag höchstens gleich der potentiellen Verdunstung ist. 2. Während einer T. darf die Tagessumme des Niederschlags höchstens 0,5 mm betragen, bzw. an zwei aufeinanderfolgenden Tagen dürfen maximal 3,0 mm Niederschlag fallen. Auch an solchen Tagen muß die potentielle Verdunstung stets größer als der Niederschlag sein. 3. Eine T. hat eine Mindestdauer von 5 Tagen, in denen ein klimatologisches Wasserdefizit (potentielle Verdunstung minus Niederschlag) von höchstens 10 mm auftritt.

Lit: Maurer HJ (1979) Klimatologische Trockenperioden 1951 bis 1970 sowie 1959 und 1965. In: Keller R et al. (Hrsg.) Hydrologischer Atlas der Bundesrepublik Deutschland, Verlag H. Boldt, Boppardt.

Trockenrasen. >Trockenbiotop<.

Trockenschlamm: Durchschnittliche Zusammensetzung verschiedener Abwasserschlämme nach HUSEMANN und PANNIER in % Trockenmasse

% in der Trockenmasse	flüssiger Faulschlamm	stichfester Faulschlamm aus Trockenbeeten	Faulschlamm künstlich entwässert	Faulschlamm getrocknet bei höheren Temperaturen (100°)
Glühverlust	41,4 bis 62,5	37,5 bis 58,0	37,4 bis 49,3	31,8 bis 49,6
organische Masse (C-Gehalt × 1,74)	36,6 bis 56,6	30,3 bis 50,1	37,7 bis 43,9	25,6 bis 28,4
Ges.-C/N	4,6 bis 9,2	8,1 bis 11,0	8,0 bis 10	7,4 bis 11,3
Ges.-N	2,45 bis 6,57	2,18 bis 2,67	2,29 bis 2,52	2,01 bis 2,18
Ges.-P_2O_5	2,27 bis 4,63	1,93 bis 3,50	3,92 bis 4,14	2,06 bis 3,88
Ges.-K_2O	0,23 bis 0,68	0,19 bis 0,43	0,15 bis 0,16	0,13 bis 0,36
Ges.-CaO	6,59 bis 13,11	7,69 bis 11,93	13,03 bis 16,42	8,27 bis 12,22
Ges.-Na_2O	0,19 bis 0,61	0,09 bis 0,43	0,22 bis 0,26	0,13 bis 0,25
Ges.-Fe_2O_3	6,6 bis 8,1	6,8 bis 7,6	7,7 bis 9,4	7,0 bis 8,2
Trockensubstanz in %	1,5 bis 9,5	23,3 bis 45,7	24,8 bis 29,5	72,4 bis 92,2
Wassergehalt in %	90,5 bis 98,5	54,3 bis 76,7	70,5 bis 75,2	7,8 bis 27,6

Trockenschlamm. Durch thermische Trocknung bei höheren Temperaturen werden Streubarkeit und Transportwürdigkeit der >Klärschlämme< zwar erhöht und die pathogenen Keime und Organismen vernichtet, jedoch ist diese Trocknung mit Ammoniakverlusten und hohem Energieaufwand verknüpft. Die Ammoniakverluste bedeuten eine nicht unerhebliche Verringerung der Wachstumsförderung von Pflanzen. Je höher der Gehalt des Trockenschlamms an Ammonium- u. a. löslichen, aus dem Eiweißabbau stammenden Stickstoffverb. ist, umso besser ist seine Düngewirkung (s. Tabelle oben).
Lit: Abwassertechnische Vereinigung (Hrsg.) (1982–196) Lehr- und Handbuch der Abwassertechnik, 3. Aufl., Bd. 1–7, Verlag von Wilhelm Ernst und Sohn, Berlin München.

Trockenverfahren. Verfahren zur >Abgasentschwefelung< mittels in fester Form vorliegender >Sorbentien<.

Trockenwetterabfluß. Oberirdischer Abfluß in >Fließgewässern< aus Quellschüttung und durch diffusen Eintrag während längerer Trockenwetterperioden. Die chem. Inhaltsstoffe des T. stammen überwiegend aus der Gesteinsverwitterung. Der T. wird auch Basisabfluß genannt; s. a. >Abflußganglinie<.

Trocknung. Die Austreibung chem. und/oder physikalisch gebundenen Wassers durch Erhitzung.

Trocknungszone. >Verbrennung<.

Trog. Der Begriff T. wird für zwei verschiedene meteorologische Erscheinungen verwendet:
1. Am Boden: Gebiet tiefen Luftdrucks auf der Südwestseite eines Tiefdruckzentrums, bildet sich aus, sobald das Tief noch nicht zu lange okkludiert ist und seine Wanderung sich verlangsamt. Der aus hochreichender Kaltluft bestehende T. folgt meist in einem räumlichen Abstand von 400 bis 600 km und einem zeitlichen Abstand von 12 bis 20 Stunden hinter der >Kaltfront<. Tröge zeichnen sich durch lebhafte Schauertätigkeit und starke bis stürmische Winde aus, die in den Gebieten des T. mit dem geringsten Luftdruck, der T.-Achse oder T.-Linie (in Abb. durch eine gestrichelte Linie markiert), am kräftigsten ausgeprägt sind. In der Abb. unten treten beispielsweise an der Nordspitze Schottlands Windgeschwindigkeiten von 50 bis 70 Knoten (1 Knoten = 1 Seemeile/Stunde) auf. Die Gefährlichkeit des Troges liegt nicht so sehr in den hohen Windgeschwindigkeiten in seiner Achse, sondern in der

scheinbaren Wetterberuhigung nach Durchgang der >Okklusion<. Ein Fehlen des Druckanstiegs nach Durchgang der Okklusion deutet in der Regel darauf hin, daß mit einem Trog zu rechnen ist.
2. In der Strömung der freien Atmosphäre: als hochreichendes Druckgebilde ist der Höhen-T. in der überwiegend westlichen Strömung als zyklonales Wellental zu erkennen. >Rossby-Wellen<, s. rechte Abb. bei >Zirkulation< (S.1324). Man unterscheidet zwischen dem schnell wandernden Kurzwellen- und dem langsamer wandernden Langwellentrog, die am Boden mit >Tiefdruckgebieten< verbunden sind, >Zyklogenese<. Verharrt ein T. für längere Zeit über einem Gebiet, sog. quasistationärer Höhentrog, so bestimmt er oft für län-

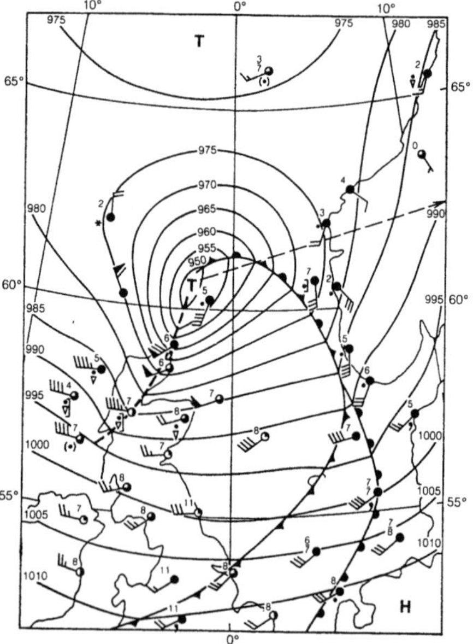

Trog: Trog-Orkan bei den Orkneys, Mitte Januar (aus: Rodewald M (1984) Die Faxfibel, Leitfaden der praktischen Seewetterkunde, Selbstverlag des Deutschen Wetterdienstes, Seewetteramt Hamburg)

gere Zeit die Witterung eines größeren Gebietes, auffälligste Wettererscheinungen sind z. T. langanhaltende Niederschläge.

Trogwetterlage. Zusammenfassende Bezeichnung für alle bei einem >Trog< auftretenden Wettererscheinungen.

Trommelrechen. Der Trommelrechen findet ausschließlich zur Zurückhaltung grober Schmutzstoffe Verwendung. Er besteht aus runden Stäben, die in radialer Richtung und ringförmiger Anordnung auf einer Trommel befestigt sind. Auf einer parallel zur Trommelachse angeordneten Walze sind Schneidezähne befestigt, welche einerseits zwischen die Rechenstäbe und andererseits zwischen die Aussparungen eines feststehenden Kammes hindurchgreifen. Der Trommelrechen und die Schneidewalze werden durch einen Elektromotor im gleichen Drehsinn angetrieben, wobei die Schneidezähne die Trommel zwischen den Rechenstäben gründlich reinigen und das mitgenommene >Rechengut< beim Durchgang durch den festen Kamm dann solange zerkleinern, bis es zwischen den Kammlücken hindurchgeht.

Lit: Abwassertechnische Vereinigung (Hrsg.) (1982–1986) Lehr- und Handbuch der Abwassertechnik, 3. Aufl., Bd. 1–7, Verlag von Wilhelm Ernst und Sohn, Berlin München.

Tropäolin 0. >Chrysoin S<.

Tropäolin 000. >Orange I<.

Tropen. Breitenzone der Erde innerhalb der Wendekreise zwischen 23,5° nördlicher und südlicher Breite. In den T. liegen die Jahresmitteltemperaturen meist über 24 °C. Man beobachtet hier keine markanten Jahreszeiten, da die Jahresschwankungen der Lufttemperatur sehr gering, ihre Tagesschwankungen infolge nächtlicher Abkühlung dagegen sehr groß sind; man spricht deshalb auch von Tageszeitenklima. Regionale Unterschiede in den T. weist dagegen der Niederschlag auf, deshalb wird er gern zur Charakterisierung des Klimas herangezogen: innere Tropen, zwischen 10°S und 10°N: doppelte Regenzeit im Jahr, ohne ausgeprägte Trockenzeit, mit Maxima nach den Tag- und Nachtgleichen, sog. immerfeuchte T., äußere Tropen, zwischen 10°S bzw. 10°N und den Wendekreisen: einmalige sommerliche Regenzeit mit zunehmend ausgeprägter Trockenzeit, sog. wechselfeuchte T. oder Randtropen. >Tropenkrankheiten<, >Tropenwald<.

Tropenkrankheiten. Infektionskrankheiten, die durch bestimmte in den Tropen vorkommende Erreger oder Überträger hervorgerufen werden (z. B. >Malaria<, Gelbfieber, >Amöbenruhr<, >Schlafkrankheit<); im weiteren Sinne auch Krankheiten, die an bestimmte Klima-, Umwelt- oder sozioökonomische Faktoren gebunden sind (z. B. Mangelernährung, Tuberkulose, Poliomyelitis).

Tropentiere. Tropische Lebensräume mit vielen Pflanzenarten haben die Entwicklung der höchsten Tierartenzahlen ermöglicht. Pflanzenfressende Rüsselkäfer stellen z. B. die artenreichste Familie im Tierreich. Der Prozeß der Phytophagie herrscht, auch durch den Beitrag von Wirbeltieren, im tropischen Biom vor.

Tropenwald. Die Waldgebiete des immergrünen tropischen Regenwaldes zwischen den Wendekreisen nördlich und südlich des Äquators, die ca. 30 Mio. km², das sind 20% der festen Erdoberfläche, umfassen. Der T. zeichnet sich durch ein immerfeuchtes Klima

mit keinen wesentlichen >Temperaturschwankungen< aus. Das Jahresmittel beträgt gleichbleibend ca. 24 °C bei einer >Luftfeuchtigkeit< von meist über 90%. Der Vegetationstyp des T. herrscht in den Wäldern des >Amazonasbeckens<, des Kongobeckens und der indomalayischen Inselwelt vor. Es handelt sich um Gebiete mit extrem großer Artenvielfalt (bis zu 100 Baumarten pro Hektar) bei gleichzeitiger großer Diversität, d. h. wenig Individuen einer >Art< pro Fläche. Rund 40 bis 50% aller auf der Erde vorkommenden Tier- und Pflanzenarten werden hier gefunden. Die Nettoprimärproduktion (NPP), also der >Biomassezuwachs< des T. liegt mit ca. 30 t pro Hektar sehr hoch (zum Vergleich: unsere heimischen Buchenwälder haben eine NPP von ca. 13,5 t/ha). Die extremen Strahlungsbedingungen dieser Zone im Kronenbereich (bis 60 m Baumhöhe ist möglich) bei gleichzeitigem Lichtmangel am Boden bedingen eine starke Streckung der Vegetation und das häufige Auftreten von Epiphyten wie Bromeliaceen, Orchideen und >Farnen<. Der Laubfall und Neuaustrieb der Pflanzen erfolgt nicht klimatisch bedingt, sondern in endogenen Rhythmen, weshalb bei tropischen Hölzern meist keine Jahresringe, sondern nur periodische Zuwachssteigerungszonen gefunden werden. Stickstoffbindende >Bakterien< und >Mykorrhizapilze< ermöglichen eine direkte >Nährstoffzufuhr< für die höheren Pflanzen. Dadurch kommt es zu einem „Nährstoffkurzschluß", die Böden des T. sind extrem nährstoffarm, der Großteil der Nährstoffe des T. ist in der Biomasse fixiert. Dies hat zur Folge, daß Böden, die nicht von Vegetation festgehalten werden, durch die hohen Niederschläge sofort ausgewaschen werden. Durch Rodung, größtenteils Brandrodung, werden Anbauflächen für Kulturpflanzen geschaffen, die aber aufgrund der starken Auswaschung nur max. 2 bis 4 Jahre fruchtbar sind und dann aufgegeben werden müssen. Die sich selbst überlassenen Flächen bilden eine sehr viel artenärmere Sek.-Vegetation aus. Aber auch durch die Edelholzgewinnung (von Arten, die besonders gut gegen Fäulnis imprägniert sind wie z. B. Mahagoni und Teakholz) werden große Flächen zerstört; aufgrund der o. g. Diversität müssen für nur wenig Bäume erhebliche Flächen für den Zu- und Abtransport gerodet werden. Außerdem werden große Flächen als Weideland für Rinderherden abgeholzt. Diese Faktoren haben eine Ausrottung von Tier- und Pflanzenarten zur Folge (nach Schätzungen im Mittel täglich eine Art). Aber auch global hat aufgrund des hohen CO_2-Umsatzes, der hier stattfindet, der T. als Kohlendioxidsenke Bedeutung. Die Rodung trägt somit zum globalen CO_2-Anstieg bei, der zur globalen Erwärmung führt. Bei einer anhaltenden Rodung von derzeit ca. 20 ha pro Minute wird der tropische Regenwald in etwa 20 Jahren verschwunden sein.

Tropfen. Die Durchmesser von Wolken-, Nebel-, Sprühregen- und Regentropfen sowie ihre Entstehung sind in der Tabelle aufgeführt. Die Tropfengrößenverteilungen weisen je nach Entstehungsart der Tropfen verschiedene Häufigkeitsverteilungen auf, die aus dem Flüssigwassergehalt abgeschätzt wird. Folgende Durchmesser treten am häufigsten auf:
- Wolkentröpfchen: 0,01 mm,
- Regentropfen in den Tropen: 2,7 und 1,5 mm (sekundäres Maximum),
- Regentropfen in den mittleren Breiten: 1,3 mm; s. a. Tabelle.

Tropfen: Durchmesser der Tropfen und ihre Entstehung

Tropfenart	Durchmesser [mm]	Entstehung
Wolkentröpfchen	<0,01 bis 0,02	in der Wolke schwebende Tröpfchen
Nebeltröpfchen	0,01 bis 0,10	nässender Nebel
Sprühregentropfen	0,10 bis 0,50	niedrige Schichtwolken-Regentropfen bei Landregen
	0,50 bis 5	Schneeflocken, Graupel- und Hagelkörner, die beim Fallen schmelzen
Regentropfen beim Schauer	4 bis 8	größere Graupel- und Hagelkörner, die beim Fallen schmelzen

Ihre >Fallgeschwindigkeit< ist direkt proportional zu ihrem Durchmesser.

Lit: Chylek P (1978) Extinction and liquid water content in fogs and clouds, J Atm Sci 35: 296–300.

Tropfkörper. In T. als >Festbettreaktoren< wird das >Abwasser< durch >Mikroorganismen< gereinigt, die sich als >biol. Rasen< auf dem >Füllmaterial< ansiedeln. Das über dem T. verregnete Wasser durchströmt das Füllmaterial von oben nach unten, die für die Sauerstoffversorgung notwendige Luft von unten nach oben bzw. umgekehrt. Als Füllmaterial konventioneller T. für die Behandlung häuslichen oder gleichartigen Abwassers dienen Stein- oder Schlackenbrocken der Körnung 40 bis 80 mm, für die Stützschicht über dem Hohlboden ist die Korngröße 80 bis 150 mm (s. Abb. unten). Die Anforderungen an Beschaffenheit, Prüfung und Einbringen der Brockenfüllung sind in DIN 19557 zusammengefaßt. Der Körnung 40 bis 80 mm entsprechen volumenbezogene Oberflächen von 90 bis 96 m^2/m^3 und Hohlraumanteile von 40 bis 60 Vol.-%. Kunststoff-Füllelemente, die insbesondere für die biol. Teilreinigung höher konzentrierter Abwässer mit wesentlichen gewerblichen Anteilen in wachsendem Maße zur Anwendung kommen, können größere spezifische Oberflächen bis über 200 m^2/m^3 und Hohlraumanteile bis zu etwa 95 Vol.-% haben. Für die Bemessung des T.-Vol. ist unter Berücksichtigung des angestrebten Reinigungsgrades die >BSB$_5$<-Raumbelastung (B$_R$) in kg/m$^3 \cdot$ d maßgebend. Tropfkörperhöhen zwischen 2,80 und 4,20 m haben sich allgemein bewährt.

Trophie. Trophie ist die Intensität der photoautotrophen (pflanzlichen) Produktion in Gewässern, s.a. >Primärproduktion<. T. ist ein zentraler Begriff in der >Limnologie< und Ozeanologie, weil nur durch >Photosynth.< Strahlungsenergie direkt in lebende >Biomasse< gespeichert werden kann. Dies ist die Grundlage des gesamten Energiehaushaltes der Lebensgemeinschaften in Gewässern. Die T. kann durch erhöhte Nährstoffkonz. und Strahlungsenergie gesteigert werden, s.a. >Eutrophierung<. Der komplementäre Begriff ist die >Saprobie< als Summe der >heterotrophen< biol. Prozesse, bei denen die in Biomasse gespeicherte Energie freigesetzt und neu verwendet wird oder als Wärme verloren geht. Eine Zwischenstellung nehmen die chemoautotrophen Organismen ein.

Trophische Ebene. (Syn. Trophieebene, Trophienstufen). Nach ihrer Ernährungsweise werden alle Lebewesen verschiedenen t.E. zugeordnet: den >Produzenten<, den >Konsumenten< und den >Destruenten< (>Reduzenten<). Die Produzenten ernähren sich >autotroph<, die anderen >heterotroph<. Die Gruppen werden z.T. noch weiter unterteilt, z.B. >Sekundärkonsumenten<. Die verschiedenen t.E. sind in der >Nahrungskette< bzw. im >Nahrungsnetz< miteinander verbunden.

Trophische Struktur der Bodenfauna. Tiere ernähren sich von lebender und toter pflanzlicher und tierischer Substanz. Es gibt Pflanzenfresser, die >Phytophagen<, Tierfesser und >Parasiten<, die >Zoophagen< und Totsubstanzfresser, die >Saprophagen<. Außerdem gibt es viele Arten der Allesfresser, die Pantophagen. Die meisten Tierarten sind sehr speziell in den Nahrungsansprüchen. Daher gibt es eine Einteilung in Untergruppen der Ernährungsformen, z.B. Blattfresser, Wurzelfresser, Bakterienfresser usw. Besonders beeinflußt wird die >Mikroflora< des Bodens durch das >grazing<der >Mikro-< und >Mesofauna<. Diese Weidetätigkeit der Bodentiere auf den Mikroflorarasen ist unabdingbar notwendig für die Existenz und Regeneration der >Bakterien< und >Pilze<.

Lit: Petersen H, Luxton M (1982) A comparative analysis of soil fauna populations and their role in decomposition processes, Oikos 39: 287–388 – Swift MJ, Heal OW, Anderson JM (1979) Decomposition in terrestrial ecosystems, Studies in Biology 5, Blackwell Scientific Publication, Oxford London.

Trophogene Zone. Oberste, durchlichtete Schicht eines Gewässers mit phototropher Produktion, s.a. >Trophie<. Die Mächtigkeit der t.Z. hängt von der Transmission des Lichtes ab, die durch das Lambert-Beersche Gesetz beschrieben wird:

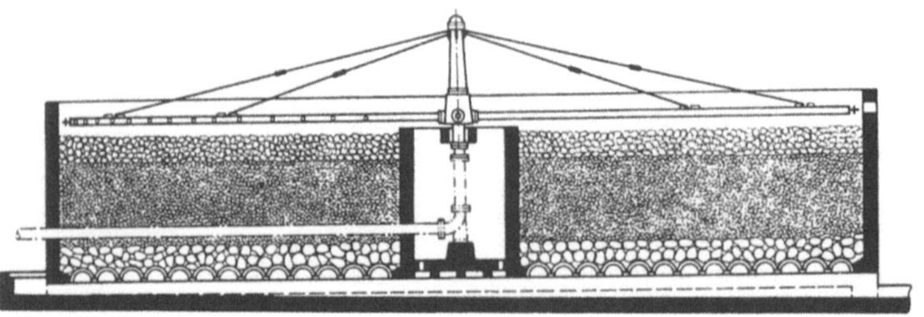

Tropfkörper: Schnitt durch einen Tropfkörper (aus: Bretschneider H, Lecher K, Schmidt M (Hrsg.) (1982) Taschenbuch der Wasserwirtschaft, 6. Aufl., Verlag Paul Parey, Hamburg Berlin)

$$I_z = I'_o \cdot e^{-\varepsilon z}$$

I_z = Lichtintensität in der Tiefe z, I'_o = Intensität unmittelbar unter der Wasseroberfläche, ε_z = wellenlängenspez. Extinktionskoeffizient. Unterhalb der trophogenen Zone liegt die >tropholytische Zone<. Die trophogene Zone hat nichts mit dem >Epilimnion< zu tun, entspricht aber weitgehend der >euphotischen< Zone.

Tropholytische Zone. Tiefenregion eines Gewässers mit überwiegendem Abbau auch der in der >trophogenen Zone< produzierten >Biomasse<. Keine >Primärproduktion< möglich.

Tropismen. >Taxis<.

Tropopause. Obergrenze der >Troposphäre<, charakterisiert durch eine sprunghafte Änderung des vertikalen Temperaturgradienten, der von dem in der Troposphäre üblichen mittleren Betrag von –6,5 K/km plötzlich auf eine leichte Temperaturzunahme, eine Isothermie bzw. nur geringe Temperaturabnahme von 2 K/km oder weniger zurückgeht. Angaben über Höhe und Lage der T. siehe Abb. bei >Luftmasse<. Im allg. gilt, daß die T. um so höher liegt, je wärmer im Mittel die Troposphäre ist. Dies wiederum bedingt wegen des sich in der Troposphäre mit der Höhe fortsetzenden Temperaturrückganges, daß die T. um so kälter ist, je höher sie liegt. Umgekehrt ist über einer kalten Troposphäre immer eine niedrige T. mit relativ hohen Temperaturen (bis etwa –45 °C) anzutreffen. Die >Weltorganisation für Meteorologie< hat für die Praxis eine verbindliche Definition zur Festlegung der T. herausgegeben. Danach liegt die T. in derjenigen Höhe, von der ab erstmalig der Temperaturabfall auf 2 K/km oder weniger zurückgeht. Falls darüber der mittlere Temperaturabfall innerhalb eines Höhenintervalls von 1 km wieder größer als 3 K/km wird, wird eine zweite T. definiert, sobald das erste Kriterium (Abfall um 2 K/km oder weniger) erneut erfüllt ist. Global gesehen, bildet die T. nicht immer eine einheitliche Fläche; es können „Brüche" und auch „blättrige Strukturen" vorkommen. Typisch ist ein T.-Bruch an der Grenze zwischen zwei Luftmassen mit stark unterschiedlichen Temperaturen, meist im Bereich der Polarfront und eines gut ausgeprägten Strahlstromes. Hier endet im allg. die hoch liegende T. der subtropischen Warmluft und es setzt – meist etwas überlappend – die über der Polarluft relativ niedrig liegende polare T. ein. In Bereich der Brüche erfolgt der vertikale Fluß des stratosphärischen >Ozons< in die Troposphäre.

Troposphäre. Das unterste Stockwerk der Atmosphäre, in dem sich im wesentlichen das Wetter abspielt, nach oben hin begrenzt durch die >Tropopause<. An den Polen reicht die T. 8 km, am Äquator etwa 17 km hoch. >Atmosphäre<, >Luftmasse<. Die T. umfaßt etwa drei Viertel der Atmosphärenmasse, so daß in ihr fast der gesamte Wasserdampf der Atmosphäre enthalten ist. Auch Niederschläge und sonstige mit dem Wasserdampfgehalt in Verbindung stehenden Wettererscheinungen sind deshalb auf die T. beschränkt. Der vorhandene vertikale >Temperaturgradient< begün-

stigt eine intensive vertikale Durchmischung der T. und damit eine Vielfalt von Wettererscheinungen. Häufig wird die unterste Schicht der T., in der der Einfluß der Erdoberfläche eine besondere Rolle spielt, als gesonderte Schicht betrachtet, s. >atmosphärische Grenzschicht<.

Trübung. Die extraterrestrische >Sonnenstrahlung< I_0 wird innerhalb der Atmosphäre durch verschiedene Streu- und Absorptionsprozesse geschwächt. Für den Fall, daß man sich nur für die gesamte Extinktion interessiert, der die Sonnenstrahlung in der Atmosphäre unterworfen ist, ist der >Linke-Trübungsfaktor< T_L das geeignete Extinktionsmaß. Er gibt die >optische Dicke< einer getrübten und feuchten Atmosphäre als Vielfaches der reinen und trockenen Atmosphäre an. Die an der Erdoberfläche empfangene direkte Sonnenstrahlung I läßt sich dann folgendermaßen beschreiben:

$$I = I_0\, e^{-T_L \delta_{RO}\, m\, p/p_0}$$

Die noch nicht erläuterten Symbole bedeuten: δ_{RO} = vertikale >optische Dicke< der reinen und trockenen >Norm-Atmosphäre< (sog. Rayleigh-Atmosphäre) einschließlich Ozonabsorption, m = relative >optische Luftmasse< p/p_0 = Druckkorrektur zur Reduktion der relativen Luftmasse der >Norm-Atmosphäre< mit dem Bodenluftdruck p_0 (s. Tabelle bei >Standardatmosphäre<). Für den Linke-Trübungsfaktor T_L kann man folgende Richtwerte benutzen (s. Tabelle rechts). Im Mittel zeigt T_L in Deutschland folgenden Jahresgang (s. Tabelle unten).
Lit: Kasten F (1989) Strahlungsaustausch zwischen Oberflächen und Atmosphäre, VDI Berichte Nr. 721: 131–158.

Trübungsmessung. Messung der Lichtdurchlässigkeit oder des Streulichtes zur Bestimmung des Schwebstoffgehalts (DIN 4049, Teil 1). Bezeichnung für optische Meßverfahren, bei denen die bei der Streuung von eingestrahltem Licht in Untersuchungsflüssigkeiten abgestrahlten Streulicht- oder >Fluoreszenzstrahlung<santeile oder die >Extinktion< des Durchlichtes gemessen werden. Als Maßzahl für die Trübung, die sog. Trübungszahl, definiert DIN 53490 „das Verhältnis des Streulichtstromes, der von der Probe in einem Raumwinkel von 80° um die Achse des einfallenden Strahles nach vorn ausgesandt wird, zu dem nahezu rechtwinklig auf die Probe auffallenden Primärlichtstrom". Die Trübungsmessung spielt vor allem in der Trink- und Abwassertechnologie, bei der Untersuchung von Getränken, bei Nachweis und Bestimmung von >Mikrobiziden< und bei den sog. Trübungstitrationen eine Rolle.

Trübung: Werte des Linke-Trübungsfaktors für verschiedene Luftmassen

Luftmasse	T_L
sehr reine frische Kaltluft	2
reine Kaltluft	3
gealterte oder feuchtwarme Luft	4 bis 6
verunreinigte Luft	>6

Trübung: Jahresgang des Linke-Trübungsfaktors in Deutschland

Monat	J	F	M	A	M	J	J	A	S	O	N	D
T_L	3,8	4,2	4,8	5,2	5,4	6,4	6,3	6,1	5,5	4,3	3,7	3,6

Trypanosomiasis. >Schlafkrankheit<.

Tschernobyl. Am Standort Tschernobyl, 130 km nordwestlich von Kiew, sind zwischen 1977 und 1983 vier Reaktorblöcke vom Typ >RBMK<-1000 in Betrieb gegangen. Im Block 4 ereignete sich am 26. 04. 1986 der bisher schwerste Unfall bei der friedlichen Nutzung der Kernenergie. Der Unfall im >Kernkraftwerk< von Tschernobyl ist zwar im wesentlichen auf eine Kette von falschen Entscheidungen und verbotenen Eingriffen der Bedienungsmannschaft zurückzuführen, letztlich sind aber das unzureichende Reaktorsicherheitskonzept für das Eintreten des Unfalls und das Fehlen eines druckfesten, die Reaktoranlage umschließenden >Sicherheitsbehälters< für die Freisetzung der großen Mengen an >radioaktiven Stoffen< mit verantwortlich. Der Reaktorunfall entwickelte sich während eines Experimentes mit dem Turbinen-Generatorsatz der Kraftwerksanlage. Durch eine ganze Reihe von Bedienungsfehlern, bis hin zu der Überbrückung von Abschaltsignalen, kam es zu einem starken Leistungsanstieg – bis zum 100fachen der Nennleistung. Durch die Überhitzung des >Brennstoffes< barsten >Brennstabgruppen<, es kam zu einer heftigen Brennstoff/Wasser-Reaktion mit stoßartigem Druckaufbau und Zerstörung des >Reaktorgebäudes<. Große Teile des >Graphit<moderators und der Anlage wurden in Brand gesetzt. Während dieser Zerstörungsphase wurden schätzungsweise acht Tonnen radioaktiven Brennstoffes aus dem Kern in das Gebäude und die Umgebung geschleudert. Durch die unmittelbar einsetzende Brandbekämpfung gelang es, die Brände außerhalb des Reaktorgebäudes und am Maschinenhaus in 4 Stunden zu löschen. Um den Brand des >Moderator<graphits zu ersticken und die Unfallfolgen einzudämmen, wurde der Block 4 in den folgenden Tagen aus der Luft mit insgesamt 5.000 t Blei, Sand und Lehm zugeschüttet. Bis November 1986 wurde der Reaktorblock Tschernobyl 4 unter meterdickem Beton „begraben". Die Freisetzung radioaktiver >Spaltprodukte< aus dem zerstörten Reaktor erstreckte sich über insgesamt 10 Tage. Aufgrund der thermischen Auftriebseffekte und der lokalen Wetterbedingungen erfolgte die Freisetzung, insbesondere die der leichtflüchtigen *Spaltprodukte* wie >Iod< und >Cäsium<, bis in große Höhen (1.500 m und darüber). Dies führte zu einer Verteilung der in die Atmosphäre freigesetzten >Aktivität< von $4 \cdot 10^{18}$ Bq über weite Teile Europas. Die am 26. April freigesetzten radioaktiven Stoffe gelangten aufgrund der vorherrschenden Windrichtung nach Nordwesten und erreichten am 28. April Schweden. Der dort gemessene Aktivitätsanstieg der Luft war im Westen der erste Hinweis auf den Unfall. Aufgrund der Wetterverhältnisse gelangte die Aktivitätsemission des 27. April über Polen und die vom 29. und 30. April über den Balkan nach Mitteleuropa. Am 29. April erreichte die radioaktive Wolke das Gebiet der Bundesrepublik Deutschland. Das Kraftwerkspersonal und insbesondere das zur Brandbekämpfung eingesetzte Personal waren sehr stark betroffen. Die Dosiswerte betrugen bis zu 16 Gy. 203 Personen mit akutem Strahlensyndrom wurden in Kliniken behandelt. 31 Personen starben infolge Verbrennungen und Strahlenüberexposition. Die >Strahlenexposition< in der 4 km westlich vom Standort gelegenen Stadt Pripyat mit 45.000 Einwohnern erreichte am Tag nach dem Unfall bis zu 6 mSv/h. Die Bevölkerung wurde daraufhin evakuiert. In den nächsten Tagen wurden dann weitere 90.000 Personen aus der 30-km-Zone um den Standort evakuiert. Eine Wiederbesiedlung der 10-km-Zone ist nicht beabsichtigt, die landwirtschaftliche Nutzung der 10- bis 30-km-Zone wird vom Erfolg von >Dekontamination<sprogrammen und dem Ergebnis radiologischer Untersuchungen abhängig gemacht.

Durch meteorologische Einflüsse bedingt, sind die aus der radioaktiven Wolke abgelagerten Aktivitätsmengen in den Regionen Deutschlands sehr unterschiedlich – im Norden und Westen deutlich geringer als im Süden und Südosten. Die Strahlenexposition in den Folgejahren ist wesentlich geringer als im ersten Jahr nach dem Unfall, da die Effekte der Oberflächenkontamination, die direkt (z. B. über Gemüse) oder indirekt (z. B. über Milch und Fleisch) zur Strahlenexposition beitrugen, entfallen. Die Strahlenexposition in

Tschernobyl: Effektivdosen im ersten Jahr und in den 50 Folgejahren nach dem Tschernobyl-Unfall, berechnet aus Meßdaten aus dem Raum Karlsruhe

Expositionsart	effektive Dosis im 1. Jahr		gesamte effektive Dosis für die nach dem Unfall folgenden 50 Jahre
	Kind	Erwachsene	Erwachsene
externe Dosis	0,02 mSv	0,02 mSv	0,12 mSv
Inhalationsdosis	0,03 mSv	0,02 mSv	0,02 mSv
Ingestionsdosis	0,08 mSv	0,04 mSv	0,10 mSv
Summe	0,14 mSv	0,08 mSv	0,24 mSv

Tschernobyl: Mittlere Werte der effektiven Dosis in verschiedenen Gebieten der Bundesrepublik Deutschland nach Berechnung der Strahlenschutzkommission durch den Tschernobyl-Unfall für Personen, die zum Zeitpunkt des Unfalls Kinder waren

Gebiet	effektive Dosis im 1. Jahr	gesamte effektive Dosis für die nach dem Unfall folgenden 50 Jahre
	mSv	mSv
Bereiche des Voralpengebiets	1,2	3,8
Bundesgebiet südlich der Donau	0,6	1,9
Bundesgebiet nördlich der Donau	0,2	0,6

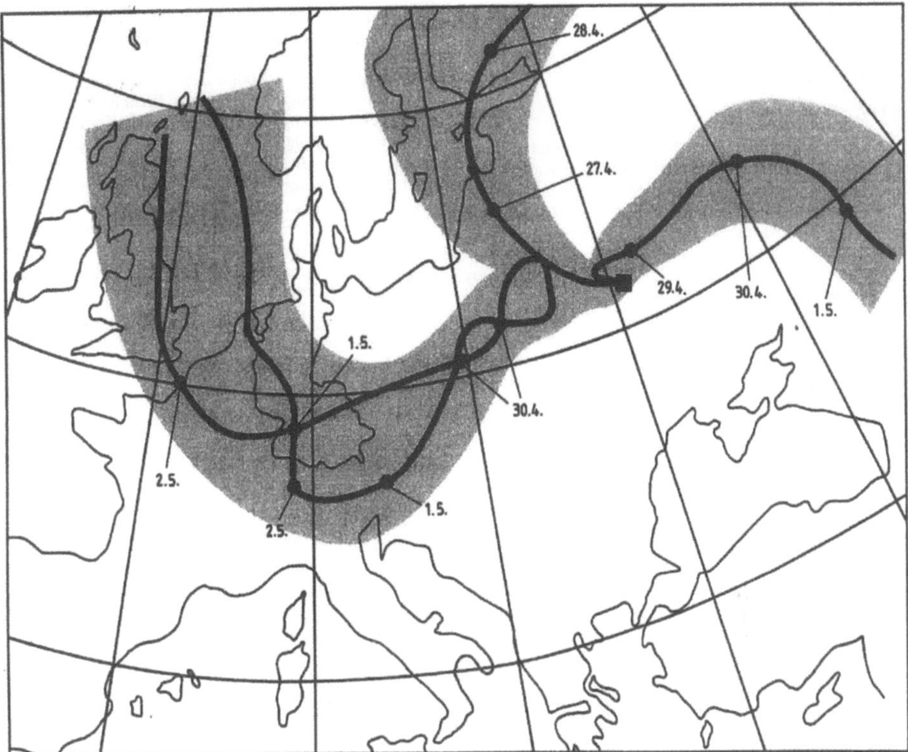

Tschernobyl: Transport der radioaktiven Stoffe nach dem Tschernobyl-Unfall aufgrund der Wetterbedingungen

Deutschland betrug für Kleinkinder, für die sich gegenüber Erwachsenen generell höhere Dosiswerte errechnen, für das Jahr des Unfalls zwischen 0,2 mSv in Gebieten nördlich der Donau und 1,2 mSv für Bereiche des Voralpengebiets. Berechnet man die entsprechenden Dosiswerte für die nächsten 50 Jahre, so ergibt sich ein Gesamtbetrag von 0,6 mSv bzw. 3,8 mSv. Für Einzelpersonen mit extremen Lebens- und Verzehrgewohnheiten können sich maximale Dosiswerte bis zum Zwei- oder Dreifachen dieser Werte ergeben.

Tschernosem. >Chernozem<.

Tse-Tse-Fliege. Insekt der Gattung Glossina, Trypanosomenüberträger. Die Trypanosomen sind parasitäre Flagellaten, welche die vor allem in Afrika verbreitete Schlafkrankheit hervorrufen.

Tubifex. Artenreiche Gattung der Gliederwürmer (Annelida) in der Familie Tubificidae der Klasse Oligochaeta, Wenigborster. Die Würmer stecken meist mit dem Vorderteil im >Sediment<, das ihnen als Nahrung dient, während das Hinterende ins Wasser ragt und pendelnde Bewegungen ausführt. Je geringer der Sauerstoffgehalt des Wassers ist, desto länger ist der frei ins Wasser ragende Teil des Wurms. T. ist im >Saprobiensystem< ein >Indikatororganismus< für polysaprobe bis α-mesosaprobe Belastung der >Fließgewässer<, weil er 1. von der org. Anreicherung des Sedimens profitiert und somit eine hohe Besiedlungsdichte

erreicht, und 2. wegen seines sehr sauerstoffaffinen Hämoglobins und der Fähigkeit zur >Anoxibiose< die schlechten Sauerstoffverhältnisse toleriert. Unter der Bezeichnung >Tubificiden< verbergen sich meist mehrere Arten der Gattung Tubifex und Limnodrilus. Auch in der Bodenfauna der Seen ist T. oft dominierend, wenn das Sediment feinkörnig und reich an org. Resten ist. S. a. >Anoxibiose<.

Lit: Zahner R (1964) Beziehungen zwischen dem Auftreten der Tubificiden und der Zufuhr der organischen Stoffe im Bodensee, Int Res Ges Hydrobiol 49: 417–454 – Wachs B (1967) Die Oligochaetenfauna der Fließgewässer unter besonderer Berücksichtigung der Beziehungen zwischen der Tubificiden-Besiedlung und dem Substrat, Arch Hydrobiol 63: 310–386.

Tubificiden. (Schlammröhrenwürmer). Gruppe von Ringelwürmern, die meist im Süßwasser leben. Die T. werden wenige Zentimeter lang und besitzen Blut mit Hämoglobin. Sie leben im weichen Untergrund und bilden aus Schleim und Schlamm Röhren, in denen sie mit dem Vorderende voran stecken. Manche können sehr geringe Sauerstoffgehalte ertragen und auch in stark verschmutzten Gewässern leben. Bekannt ist die Gattung >Tubifex<, die als Futter für Aquarienfische dient.

Tuchfilter. Anderer Name für >Gewebefilter<.

Tümpel. Kleine flache Gewässer, die nicht das ganze Jahr über Wasser enthalten, sondern periodisch austrocknen. Typische Wasserpflanzen fehlen daher. Tiere im T. können sich rasch fortpflanzen, ggf. in Überdauerungsstadien eintreten, oder sie verlassen das Gewässer am Ende der Larvalentwicklung wie z. B. Mücken. Der Ausdruck T. wird oft pauschal und ungenau für kleine stehende Gewässer benutzt.

TÜV. >Technischer Überwachungsverein<.

Tullasche Rheinkorrektur. JOHANN GOTTFRIED TULLA (1770–1828) erhielt 1800 vom Großherzog Karl-Friedrich den Auftrag, ein Hochwasserschutzprogramm für den oberen Rhein auszuarbeiten. 1825 begründete Tulla in einer Denkschrift „Über die Rektifikation des Rheins von seinem Austritt aus der Schweiz bis in seinen Eintritt in das Großherzogtum Hessen" seinen Plan, den vielfach verzweigten Strom in ein enges Abflußbett zurückzudrängen. Am 15. 4. 1840 wurde das Projekt nach seinen Plänen in Angriff genommen. 1852 war die Hälfte der 240 km langen Strecke bewältigt, 1876 das Unternehmen vollendet: Der Strom war in ein 300 m breites Bett eingezwängt, die 5 bis 6 km breiten Überschwemmungsflächen trockengelegt und nutzbar. Die Folgen waren: Eintiefung des Flußbettes durch verstärkte Erosion, Senkung des Grundwasserspiegels, Versteppung großer Flächen der Oberrheinebene. Spätere Maßnahmen betrafen die Regulierung des Rheins als Schiffahrtsstraße zwischen Mannheim und Kehl in den Jahren 1912 und 1925 durch MAX HONSELL, den Bau des Rhein-Seiten-Kanals (Grand Canal d'Alsace) mit zahlreichen Großkraftwerken und schließlich die „Schlingenlösung" zur Sicherung der Wassermenge im Restrhein und Verbesserung der Grundwasserverhältnisse.

Tumor. Geschwulst; allg. jede örtlich umschriebene Schwellung von Körpergeweben. Unterschieden werden: (a) gewebliche Neubildung mit Überschußwachstum von körpereigenem Gewebe (gut- oder bösartiger T.), >Krebs<; (b) entzündlich bedingte Organschwellung (z. B. Milztumor); (c) Schwellung bedingt durch Abszeß, Luftansammlung, Erguß usw.

Tumorvirus. (Pl. Tumorviren; Syn. onkogener Virus). Besitzt neben den charakteristischen Eigenschaften eines >Virus< die Fähigkeit, normale Zellen in Tumorzellen zu überführen. Er erreicht dies durch Integration des aktiven Virus->Genoms< in die infizierte Zelle, wobei bei DNA-Viren die „Virus-DNA" direkt an die DNA der befallenen Zelle gebunden werden kann. Bei RNA-Viren muß zuvor die „Virus-RNA" mittels einer reversen Transcriptase in eine entsprechend codierte DNA umgesetzt werden. Die so integrierten Gene werden dann von der Zelle konstitutiv exprimiert. Gene, die Eigenschaften kodieren, die Zellen in einen tumorigenen Zustand transferieren, werden Onkogene genannt. Ihre Produkte bewirken in der Regulation der Zelle eine Veränderung, die das Wachstumsverhalten der Zelle völlig umkrempelt. Beispiele für Tumorviren sind der Herpes-simplex-Virus (Herpes-Erreger; beim Menschen zwar infektiös, aber nicht tumorerregend) und der Epstein-Barr-Virus, sowie eine Reihe von Leukämie-Viren (AMV, FeLV, MLV). Papova- und Adenoviren wurden aus einer Reihe von Säugetieren isoliert und führen nicht gewebespezifisch, v. a. bei neugeborenen Nagetieren, zu Tumoren.

Lit: Doerfler W, Böhm P (1993) Virusstrategies, VCH, Weinheim – Lehninger AL, Nelson DL, Cox MM (1994) Prinzipien der Biochemie, 2. Aufl., Spektrum Akademischer Verlag, Heidelberg.

Tunicata (Manteltiere). Urchordatiere im Meer. >Chordata<.

Tunnelerosion. Besondere Form der >Bodenerosion<, bei der im Boden durch die Stauwirkung einer verdichteten Bodenzone wassergesättigte Bedingungen auftreten. Dabei wird der Boden zähflüssig, kann innerhalb des >Bodenprofils< hangabwärts fließen und am Unterhang als Schlammstrom durch die Bodenoberfläche austreten. Als Folge davon bilden sich im Boden Hohlräume mit einem Durchmesser von einigen Zentimetern bis Dezimetern („Tunnel"), die dann einstürzen. Die T. hat auf landwirtschaftlich genutzten Flächen im mitteleuropäischen Raum eher geringe Bedeutung; sie kann aber unter ungünstigen Bedingungen (sandig-lehmige Böden mit massiver >Pflugsohle<, mittlere Hangneigung) zu erheblichen Schäden führen.

Turbellaria. Räuberische Plattwürmer der >Mikrofauna<. Diese treten v. a. in feuchten Böden häufig auf (s. Abb. S. 223).

Turbine. Strömungskraftmaschine, die die potentielle und kinetische Energie von Wasser, Dampf oder Gas nutzt, um eine Drehbewegung zu erzeugen. Alle T. arbeiten nach dem gleichen Prinzip: Unter Druck strömt Wasser, Dampf oder Gas über die Flügel eines Propellers oder Laufrades und versetzt so eine Achse in Drehung. Die Art, wie die kinetische und potentielle Energie entzogen und den Flügeln oder Schaufeln zugeführt wird, bestimmt Bauweise und Typenbezeichnung der T. Das Wort „Turbine" bildete der französische Ingenieur Claude Burdin nach dem lateinischen Wort „turbo": Kreisel. Einem seiner Schüler schreibt man das Verdienst zu, 1827 die erste praktisch verwendbare *Wasserturbine* gebaut zu haben, die bei einer Fallhöhe von 1,4 m etwa 6000 W leistete. 1838 erbrachte eine T. die in St. Blasien im Schwarzwald gebaut wurde, bereits eine Leistung von 45 kW. Damit konnte man aus hochgelegenen Seen oder künstlichen Stauseen eine Rohrleitung zu einer tiefenstehenden Turbine führen, die dann einen mit ihr gekoppelten >Generator< antrieb. Derartige >Wasserkraftwerke< liefern nach wie vor einen Teil der benötigten elektrischen Energie in aller Welt. Heute spielt aber nicht mehr die Wasserturbine, sondern die *Dampfturbine* die größte Rolle bei der Erzeugung von elektrischem Strom, wobei der Dampf durch Verbrennung von Kohle, Öl, Gas oder durch Spaltung schwerer Atomkerne (Kernenergie) erzeugt wird. Während bei einer Wasserturbine ein einziges Laufrad genügt, um dem Wasser fast die gesamte Energie zu entziehen, werden bei einer Dampfturbine dazu mehrere Stufen benötigt. Bei jeder Stufe verliert der Dampf, der ursprünglich einen sehr hohen Druck hat, ein wenig davon, bis er schließlich nach der letzten Stufe völlig entspannt die Turbine verläßt. Bei modernen Dampfturbinen strömt deshalb sehr heißer Dampf unter hohem Druck erst durch den Hochdruckteil der T. Hier tragen die Räder nur sehr kurze, dicke Schaufeln, die bei dem hohen Druck zur Kraftübertragung genügen. Es folgt der Mitteldruckteil, wo die Schaufeln schon größer sind, und schließlich der Niederdruckteil, mit Schaufeln bis zu mehreren Metern Länge.

Dampf ist – physikalisch gesehen – Wasser im gasförmigen Aggregatzustand. Von daher war es nicht weit zu dem Gedanken, auch andere Gase für Turbinen zu verwenden. In der *Gasturbine* wird Luft am Einlaß von einem Ventilator angesaugt und komprimiert, die Beimischung von Brennstoff und die Verbrennung erfolgen in der Brennkammer, und ihre Energie geben die Gase beim Durchströmen der eigentlichen T. ab. Gasturbinen spielen heute eine sehr große Rolle in der Luftfahrt und in der Elektrizitätsversorgung, wobei sie sowohl zur Abdeckung kurzzeitiger Stromspitzen als auch zum Dauerbetrieb eingesetzt werden.

Turbinenbelüfter. Bei den Turbinenbelüftern in der Abwassertechnik erfolgt eine Aufteilung von Luftzufuhr und Umwälzung bzw. Grenzflächenerneuerung auf zwei Vorrichtungen. Dabei wird die Druckluft durch einen Belüftungsring über der Beckensohle grobblasig in das >Abwasser< eingeführt. Über den Luftaustrittsöffnungen rotiert an senkrechter Welle ein Rührkreisel, der die Blasen im Abwasser fein verteilt und für eine gute Umwälzung des Beckeninhaltes sorgt. In unterschiedlichen Ausführungen kann ein zweiter Rotor in halber Beckenhöhe (System Dorr) oder dicht unter der Wasseroberfläche (System Pfaudler-Permuttit) angeordnet werden. Die O_2-Zufuhr hängt von der Luftmenge, dem Durchmesser des Rotors und seiner Umfangsgeschwindigkeit ab und kann im Betrieb durch Änderungen der Luftmenge und der Rotor-Drehzahl gesteuert werden.

Lit: Abwassertechnische Vereinigung (Hrsg.) (1982–1986) Lehr- und Handbuch der Abwassertechnik, 3. Aufl., Bd. 1–7, Verlag von Wilhelm Ernst und Sohn, Berlin München.

Turboaufladung. Ausnutzung der Abgasenergie durch >Turbolader< zur Erhöhung der Ladungsdichte; damit Leistungserhöhung, Abgasschadstoff- und Verbrauchsminderung (s. Abb.).

Turbolader. Abgasturbine treibt den auf gleicher Welle sitzenden Turboverdichter an, wobei im Gleichgewicht Leistungsgleichheit besteht. Die sonst nutzlose Abgasenergie wird somit z. T. zurückgewonnen.

turbulent. >Turbulenz der Atmosphäre<.

Turbulente Flüsse. Transporte insbesondere von Wärme, Wasserdampf und anderen Luftbeimengungen sowie von Impuls, gesteuert einerseits durch die >Turbulenz< der Atmosphäre andererseits vom Gefälle der Eigenschaften bzw. Beimengungen im Ausgangszustand. Am häufigsten werden die t. F. in der >atmosphärischen Grenzschicht< untersucht. Hier sind die t. F. nicht einheitlich gerichtet. Während der Fluß des Impulses immer nach unten vor sich geht, sind die

Flüsse der Wärme und des Wasserdampfes solange nach oben orientiert, wie der Boden wärmer und feuchter ist als die darüberliegende Luft.

Lit: Kraus H (1970) Die Energieumsätze in der bodennahen Atmosphäre, Ber Deutsch Wetterdienst 117.

Turbulente Grenzschicht. >Atmosphärische Grenzschicht<.

Turbulente Strömung. Flechtströmung, die bei >Reynoldszahlen< über 2.300 ausgebildet ist, also in allen frei fließenden Gewässern. Die Konsequenz ist eine vollständige Verwirbelung des Wassers mit entspr. Transport von gelösten und partikulären Inhaltsstoffen.

Turbulenz der Atmosphäre. Zustand der Atmosphäre, bei dem die Luftbewegung unregelmäßige und scheinbar zufällige Fluktuationen aufweist, so daß man den Bewegungszustand sinnvoll nur durch gemittelte Größen sowie ihre Variation in Raum und Zeit beschreiben kann. Tritt in der Atmosphäre stets und in ganz verschiedenen Größenordnungen auf. Man kennt heute ein fast lückenloses Turbulenzspektrum, das von der molekularen Dissipation bis zu den langen Wellen reicht, s. Abb. und Tabelle bei >Scale<. Eine wichtige Eigenschaft turbulenter Luftströmung ist, daß sie Wärme und atmosphärische Beimengungen wirkungsvoller im Raum verteilt als die gleichförmige >laminare Strömung<. In der >atmosphärischen Grenzschicht< wird die T. wesentlich durch die vertikale Temperaturschichtung und die >Windscherung< gesteuert. Man unterscheidet folgende Fälle von T. in der Grenzschicht: - in der konvektiven Grenzschicht: Sie ist dadurch gekennzeichnet, daß über einer wärmeren oder feuchteren, bodennahen Schicht eine kältere oder trockenere Luftmasse liegt. Bei stationären Bedingungen ist die Turbulenzintensität eine Funktion der turbulenten Wärmeflüsse an der Oberfläche, die wiederum von der strahlungsbedingten Erwärmung des Erdbodens abhängen. Die aufsteigenden Wirbel, die einen ausgeprägten Tagesgang aufweisen, führen zu einer guten Durchmischung.

– In der neutralen Grenzschicht: Im Fall einer >adiabatischen< Schichtung der atmosphärischen Grenz-

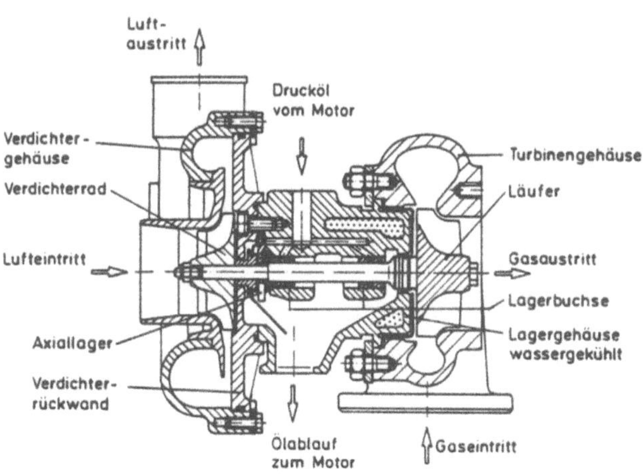

Turboaufladung: Aufbau eines Abgasturboladers

schicht existieren keine Auftriebseffekte, Wärme- oder Feuchteflüsse. In diesem Fall wird das Turbulenzverhalten nur durch die Windscherung bestimmt. Somit mischen sich die Eigenschaften der Grenzschicht – im Gegensatz zum konvektiven Fall – nur allmählich mit denen der freien Atmosphäre.
– In der stabilen Grenzschicht: Sie ist dadurch gekennzeichnet, daß über einer kühleren Luftmasse bzw. kühlerem Untergrund wärmere Luftmassen aufliegen. Diese Situation entsteht durch Energieverlust durch nächtliche >Ausstrahlung< oder durch >Advektion< von Warmluft. Wegen des positiven Temperaturgradienten können Vertikalbewegungen nur durch Aufwendung von Energie erhalten werden. Somit erfassen vertikale Austauschvorgänge nur viel flachere Schichten als im >konvektiven <oder >labilen< Fall, das sind einige 10 bis 100 m gegenüber bis zu 2,5 km. >austauscharme Wetterlage<.
Lit: Geiger R (1961) Das Klima der bodennahen Luftschicht, 4. Aufl., Vieweg Verlag, Braunschweig.

Turgor. (Lat. turgere = anschwellen; Syn. Turgordruck, Turgeszenz). Der durch >Osmose< bedingte Druck der pflanzlichen >Vakuole< mit dem angrenzenden Plasmaschlauch auf die >Zellwand<. Der Turgordruck steht im Gleichgewicht mit dem entgegengerichteten Wand- und Gewebedruck und bedingt dadurch die mechanische Stabilität unverholzter Pflanzenteile. Der Turgordruck liefert darüber hinaus die treibende Kraft für das >Streckenwachstum<.

Turmbiologie. Mit der T. und dem Biohochreaktor sind von den Firmen Bayer bzw. Hoechst zwei Modifikationen des Belebungsverfahrens entwickelt worden, die sich besonders gut für Abwässer der chemischen Industrie eignen. Die spezifischen und gemeinsamen Merkmale bestehen in einer geschlossenen Bauweise des Klärsystems mit vertikaler Durchströmung, wobei Behälterhöhen von 12 bis 30 m gebaut werden. Durch die hohe Flüssigkeitssäule ergibt sich, begünstigt durch die eingesetzten Injektor-Belüfter, eine intensive O_2-Ausnutzung von mehr als 65 % und sehr gute Sauerstoffertragswerte. Dies bedingt gleichzeitig eine geringe Abluftmenge, die dann verhältnismäßig leicht zu handhaben ist. Die Abkehr von großen, geruchsstoffabgebenden Wasserflächen, wie bei konventionellen Bauweisen, führt bei diesen Systemen bei günstigem Oberflächen-Volumenverhältnis zu einer erheblichen Verminderung von Geruchsemissionen. Die Injektor-Belüfter, die an der Sohle der hohen Behälter installiert sind, verhalten sich geräuscharm. Infolge der Hochbauweise der zumeist in Stahl gebauten Behälter ist der Flächenbedarf gleichfalls gering.
Lit: Abwassertechnische Vereinigung (Hrsg.) (1982–1986) Lehr- und Handbuch der Abwassertechnik,. 3. Aufl., Bd. 1–7, Verlag von Wilhelm Ernst und Sohn, Berlin München.

Turmeric. >Curcuma<.

Turmtropfkörper. Die mit dem Übergang vom schwachbelasteten zum >Spültropfkörper< vollzogene Entwicklung der Abwasserreinigung hat sich mit dem Einsatz von Turmtropfkörpern, insbesondere zur Teilreinigung für in höheren Konz. org. verschmutzter gewerblicher Abwässer, konsequent fortgesetzt. Die größere Tropfkörperhöhe von 5 bis 20 m führt zu einer auf kleinerem Querschnitt zusammengefaßten Spül-

kraft des Abwassrs. Da die Aufenthaltzeit des Abwassers annähernd proportional zur Tropfkörperhöhe wächst, müßten von sehr hohen Tropfkörpern gesteigerte Leistungen zu erwarten sein, soweit Verstopfungssicherheit und Sauerstoffzufuhr gewährleistet bleiben.
Lit: Abwassertechnische Vereinigung (Hrsg.) (1982–1986) Lehr- und Handbuch der Abwassertechnik, 3. Aufl., Bd. 1–7, Verlag von Wilhelm Ernst und Sohn, Berlin München.

Turnover. Umsatz von anorg. und org. Stoffen durch Organismen in einem Lebensraum; z. B. Phosphor, der von Organismen aufgenommen und org. gebunden wird, nach deren Tod durch >Autolyse< und mikrobiellen Abbau frei wird und erneut von lebenden Organismen genutzt wird. Der T. kann rasch oder langsam sein, was u. a. von der Temp. und der Organismendichte abhängt und für den Stoffhaushalt eines Lebensraums von großer Bedeutung ist. Mit geringen Nährstoffmengen kann bei hohem T. eine beträchtliche >Biomasse< erzeugt werden, wie das im Ozean und in vielen Binnengewässern der Fall ist. Auf dem Land ist der T. viel langsamer, weil Landpflanzen (Holzgewächse!) Biomasse speichern und dem T. entziehen.

Tweens. >Polyoxyethylen-sorbitansäureester<.

Tylosin. T. ist ein Makrolidantibiotikum, das von Streptomyces fradiae gebildet wird. Es besteht aus vier Fraktionen: T., Desmycosin, Macrocin und Relomycin. T. wirkt gegen viele grampositive Bakterien, die meisten Mycoplasmen sowie einige gramnegative Bakterien. T. wird sowohl als >Leistungsförderer< als auch als Therapeutikum in der Veterinärmedizin eingesetzt. T. wird nur beim Schwein angewendet. Ferkel erhalten bis zu einem Höchstalter von 4 Monaten 10 bis 40 mg/kg >Alleinfutter<, Schweine bis zu 6 Monaten Höchstalter 5 bis 20 mg/kg Alleinfutter.

Typhus. Bezeichnung für verschiedene Fiebererkrankungen; spez. Typhus abdominalis, syn. Unterleibstyphus. Erreger ist *Salmonella typhi*; die Übertragung erfolgt normalerweise durch die >orale< Aufnahme der Bakterien mit Nahrungsmitteln, Wasser und Milch. Die Inkubationszeit beträgt zwischen 3 und 60 Tagen (im Mittel 10 Tage). Die Krankheit beginnt i. allg. mit Mattigkeit, Kopfschmerzen, Durstgefühl und wird von einem langsamen treppenförmigen Fieberanstieg begleitet. Nach einer Woche treten bei langandauerndem (evtl. mehrere Wochen) hohe Fieber u. a. Bewußtseinstrübung, blutig-borkige Schleimhautbeläge, Milzschwellung, erbsbreiartige Stühle wechselnd mit Verstopfung auf; die Rekonvaleszenz erfolgt nur sehr langsam mit stufenweiser Entfieberung. Die Erkrankung ist gemäß Bundesseuchengesetz meldepflichtig (auch bei Verdacht und Dauerausscheidern); sie hinterläßt eine Jahre andauernde, aber nicht lebenslängliche Immunität.

Typprüfwert. Für die Zulassung eines neuen Fahrzeugtypes nach den Richtlinien der EU erforderliche >Abgasgrenzwerte<. Diese sind strenger als die >Serienprüfwerte<.

Typzulassung. Teil der >Allgemeinen Betriebserlaubnis< von Fahrzeugen, der die Erfüllung der Abgasvorschriften bestätigt.

UBA. >Umweltbundesamt<.

Ubichinone. (Lat. ubique = überall; Syn. Coenzyme Q). Gruppe von in Spuren weit verbreiteten, fettlöslichen Coenzymen mit einem 2,3-Dimethoxy-5-methyl-1,4-benzochinon-Grundgerüst und einer variablen Seitenkette mit 6 bis 10 Dihydroisopren-Einheiten. Sie dienen als Elektronenüberträger in der >Atmungskette<. Im Gegensatz zu den meisten anderen Coenzymen können Ubichinone unabhängig von Vitaminvorstufen in der Zelle direkt synthetisiert werden.

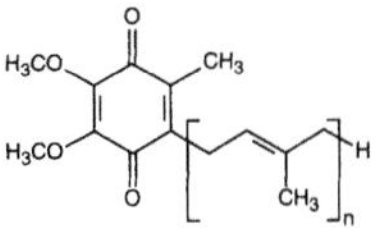

(n = 6-10)

Ubiquisten. Tiere und Pflanzen, die nicht spezialisiert sind und in vielen verschiedenen Biotopen leben können. Sie haben also eine breite >ökologische Potenz< und sind >euryök<.

Ubiquitär. (Lat.: überall verbreitet). Bezeichnung für Stoffe, die global verteilt sind und somit überall, auch in den abgelegensten Gebieten, nachgewiesen werden können. Zu ihnen gehören u. a. einige >Xenobiotika<, die eine hohe Persistenz aufweisen.

über Tage, übertägig. Räumliche Angabe aus dem bergmännischen Sprachgebrauch, im Sinn etwa „an der Erdoberfläche".

Überbandmagnet. >Magnetabscheider<. Kurzes Förderband, in dessen Mittelteil ein kräftiger Magnet stationär angeordnet ist.

Überdüngung. 1. juristisch: Aufbringen von Dünger auf landwirtschaftlich genutzte Flächen über den „üblichen Umfang" hinaus; nach einigen Landeswassergesetzen genehmigungspflichtig, z.B. nach § 13 Abs. 1 Nr. 5 des Landeswassergesetzes von Baden-Württemberg sowie nach § 25 Abs. 1 Nr. 3 des Landeswassergesetzes von Rheinland-Pfalz.
2. ökologisch: Übermäßig hohe Düngergaben bei landwirtschaftlichen Kulturen, deren Höhe nicht durch entsprechende Erträge gerechtfertigt ist oder die sogar Ertragsdepressionen zur Folge haben. Im ökologischen Sinn bedenklich wird eine Überdüngung dadurch, daß die Gleichgewichtskonzentration der meisten Nährstoffe in der Bodenlösung entsprechend einer Sättigungsfunktion und damit bei hohem Düngungsniveau überproportional zunimmt. In gleichem Maße steigt die Auswaschungsgefährdung, so daß überdüngte Standorte erhebliche Einflüsse auf ihre Umgebung ausüben können.

Überflutung. Wasserfluß über eine sonst trockene Bodenfläche. Dabei wird die Zufuhr von Luftsauerstoff in den Boden gehemmt, so daß bei hoher biologischer Aktivität nach einiger Zeit Sauerstoffmangel und Anaerobie im Boden auftreten können. Bei kurzfristigen Überflutungen dagegen (ebenso bei Überflutungsbewässerung) wird die Aktivität der aeroben Bodenorganismen durch die Wasser- und Nährstoffzufuhr eher angeregt, so daß ein intensiver Nährstoffkreislauf und relativ geringe Humusgehalte die Folge sind.

Überhitzung. Die Erhitzung eines >Sattdampfes< zu >Heißdampf<. In >Kraftwerken< wird dieses Verfahren zur Verbesserung des Wirkungsgrades und zur Verringerung der Kondensation in den Turbinen angewandt.

Überkorn. Teilchen eines >Kornhaufwerks< mit Durchmessern oberhalb eines spezifizierten Grenzwerts.

Überkritische Masse. >Brennstoffmenge<, deren effektiver >Multiplikationsfaktor< über 1 liegt.

Überkritischer Reaktor. >Kernreaktor<, bei dem der effektive >Multiplikationsfaktor< größer als 1 ist. Die Reaktorleistung steigt daher ständig an.

Überlaufschwelle. Auch Ablaufrinne.
Die Ü. dient in der Abwassertechnik zum Abführen des Abwassers aus z.B. Absetz- oder Regenbecken. Sie kann aus Beton, Stahlbeton oder Klinkermauerwerk hergestellt werden. Sie ist für einseitig wirkenden vollen Wasserdruck von jeder Seite zu bemessen. Beton und Stahlbeton sind ohne Verputz oder Estrich herzustellen. Die Schwellenkrone ist in ihrer ganzen Länge waagerecht und glatt auszuführen. Die Verwendung von vorgefertigten Halbschalen hat sich bewährt. Unter bestimmten Voraussetzungen empfiehlt es sich, die Schwellenkrone höhenverstellbar auszubilden.

Überlassungspflicht. >Rechtsbegriff<. Nach § 13 KrW-/AbfG sind Erzeuger oder Besitzer von Abfällen aus privaten Haushaltungen verpflichtet, diese den nach Landesrecht zur Entsorgung verpflichteten juristischen Personen (öffentlich-rechtliche Entsorgungsträger) zu überlassen, soweit sie zu einer Verwertung nicht in der Lage sind oder diese nicht beabsichtigen. Für verschiedene dort näher bezeichnete Abfälle gelten Ausnahmen von dieser grundsätzlichen Überlassungspflicht.

Überlebensfunktion. In diskreten >populationsdynamischen< Modellen eine Funktion, die die >Überlebenswahrscheinlichkeit< in Abhängigkeit z.B. vom Alter beschreibt. >Überlebensverteilung<.
Lit: Richter O, Söndgerath D (1990) Parameter Estimation in Ecology – The Link between Data and Models, VCH Verlagsgesellschaft, Weinheim.

Überlebensrate. Der prozentuale Anteil einer >Population<, der im Verhältnis zur Ausgangsgröße zu einem bestimmten Zeitpunkt noch am Leben ist.

Überlebensverteilung. Verteilungsfunktion, die die Wahrscheinlichkeit für das Überleben einer Population in Abhängigkeit vom Alter, meist getrennt für die beiden Geschlechter, beschreibt.
Lit: Richter O, Söndgerath D (1990) Parameter Estimation in Ecology – The Link between Data and Models, VCH Verlagsgesellschaft, Weinheim.

Überschußreaktivität. Größerer >Reaktivitäts<wert, als zur Erreichung der >Kritikalität< erforderlich ist. Überschußreaktivität wird in einem >Reaktor< eingebaut (durch Verwendung von zusätzlichem >Brennstoff<), um den >Abbrand< und die Ansammlung von >Spaltproduktgiften< während des Betriebes auszugleichen.

Überschußschlamm. Der bei biol. Verfahren der Abwassertechnik bei der Abwasserreinigung gebildete Zuwachs an >belebtem Schlamm<, der entfernt wird (DIN 4045). Durch die ständige Vermehrung der Organismen wächst der Schlammgehalt laufend an. Das Verfahren würde zum Erliegen kommen, wenn nicht kontinuierlich oder in kurzen Abständen der Schlammzuwachs (Überschußschlamm) aus dem Prozeß abgezogen würde. Die Menge des abgepumpten Überschußschlammes beträgt 5 L/E·d. Bei einem normalen >häuslichen Abwasser< mit 200 L/E · d macht der Überschußschlamm 2,5 % der tgl. Wassermenge aus. Während man 30 % der durchfließenden Abwassermenge als >Rücklaufschlamm< umpumpt, ist das Verhältnis des Überschußschlammes zum Rücklaufschlamm 1 : 12.

Lit: Imhoff K, Imhoff KR (1999) Taschenbuch der Stadtentwässerung, 29. Aufl., R. Oldenbourg Verlag, München Wien.

Überschwemmungsschutz. Da kurzfristige Regenabschnitte mit Intensitäten über 1.000 L/s ha vorkommen, die weit über die Bemessungsannahmen des Kanalnetzes der Abwasserableitung („Berechnungsregen") hinausgehen, kommen aus Niederschlagsabflüssen immer auch – seltene – Überschwemmungen/Überflutungen mit oberirdischem Spitzenabfluß über die Straßen, dem natürlichen Gefälle folgend, vor. Daraus können sich bei abgesenkten Randsteinen (Garagenzufahrt, Straßentiefpunkte) Ausuferungen auf tiefer liegenden Grundstücksflächen ergeben, die vorhersehbar sind.

Diese „Überschwemmungswege" sollten daher festgestellt und so eingerichtet werden, daß bei solchen Ereignissen keine größeren Schäden entstehen können. Dies geschieht z. B. durch eine Wasserführung durch Oberflächengefälle immer „vom Bauwerk weg" und durch geeignete Rückstau-Sicherungen, je nach dem Gewicht der übersehbaren Schadensmöglichkeiten in Kellern, Souterrain-Wohnungen und betrieblichen Anlagen.

Nach der neuen – jetzt europäischen – Normsetzung ist zukünftig der Bemessungsnachweis für die vorgegebene Wahrscheinlichkeit des Vorkommens solcher Überschwemmungen/Überflutungen zu führen.

Übertragung. Überbrückung des räumlichen und/oder zeitlichen Abstandes zwischen zwei Wirten durch einen nicht selbständig beweglichen Krankheitserreger durch direkte Berührung der Wirte oder die Propagationsorgane, im allgemeinen aber mit Hilfe eines Transportmittels (Luftströmung, Wasser, Vektoren, landwirtschaftliche Geräte u. a.).

Übertragungsfunktion. In der Kybernetik (Regelungstheorie) und verwandten Wissenschaften verwendeter Begriff, mit dem einem beliebigen Input ein beliebiger Output zugeordnet werden kann. Für ein >lineares System< läßt sich mathematisch die Output-Funktion $X_{out}(t)$ für ein beliebiges Input-Signal $X_{in}(t)$ in Abhängigkeit von der Impuls-Antwort-Funktion f(t') als sog. Faltungsintegral ausdrücken:

$$X_{out}(t) = \int_0^t X_{in}(t\text{-}t') \, f(t') \, dt'$$

Neuerdings wird z. B. in der Hydrologie wieder versucht, die Ü. als Ansatz zur Lsg. von Stofftransport-Problemen in >Böden< und ungesättigten Zonen zu verwenden.

Überwachung, staatliche. Den zuständigen Behörden obliegt die Aufgabe, die Einhaltung der gesetzlichen Vorschriften durch den Bürger sicherzustellen; diese Tätigkeit nennt man staatliche Überwachung. Die Behörden können sich zur Erfüllung ihrer Aufgabe der Mittel bedienen, die die Gesetze bereitstellen. Die

Überwachung ist insoweit eine vorbereitende Tätigkeit, als sie die Tatbestände aufzudecken hat, deren Beseitigung mit Hilfe des Verwaltungsrechts (insbesondere des >Gefahrenabwehrrechts<) anzuordnen ist. Im Bereich des >Umweltrechts< gibt es eine große Zahl von Überwachungstatbeständen; siehe z. B. § 41 des >Kreislaufwirtschafts- und Abfallgesetzes<, Überwachung der Entsorgung durch die zuständige Behörde.

Überwachungsbedürftige Anlage. >Rechtsbegriff< des >Gerätesicherheitsrechts<.

Überwachungsbereich. Strahlenschutzbereich, für den festgelegte Dosisgrenzwerte gelten, und der einer Überwachung nach festgelegten Vorschriften unterliegt. Die >Strahlenschutzverordnung< unterscheidet zwei Überwachungsbereiche:

– betrieblicher Ü.: ein nicht zum >Kontrollbereich< gehörender, durch die Anwendung >ionisierender Strahlen< oder radioaktiver Stoffe entstehender betrieblicher Bereich, in dem Personen bei dauerndem Aufenthalt im Kalenderjahr mehr als 1/10 der >Grenzwerte< für beruflich strahlenexponierte Personen erhalten können (z. B. mehr als 5 mSv >effektive Dosis<);

– außerbetrieblicher Ü.: ein unmittelbar an den Kontrollbereich oder an den betrieblichen Ü. anschließender Bereich, in dem Personen bei dauerndem Aufenthalt im Kalenderjahr höhere Körperdosen als die in § 45 der Strahlenschutzverordnung genannten Werte erhalten können:

effektive Dosis	0,3 mSv/Jahr,
Keimdrüsen, Gebärmutter,	
rotes Knochemark	0,3 mSv/Jahr,
Knochenoberfläche, Haut	1,8 mSv/Jahr,
alle anderen Organe, Gewebe	0,9 mSv/Jahr.

Überwachungswert. Nach dem >Abwasserabgabengesetz< in der Neufassung vom 5. März 1987 ist die im Abwasser einzuhaltende Konzentration von >Schadstoffen< und Schadstoffgruppen, durch behördlichen Bescheid im Rahmen des Wasserrechtsverfahrens festgelegt und entspricht i. d. R. den >Mindestanforderungen<, die in den >Abwasserverwaltungsvorschriften< festgelegt sind. Die Ü. sind die Grundlage für die Ermittlung der >Abwasserabgabe<.

Die bei der Berechnung der Abwasserabgabe zugrunde gelegte Schadstofffracht wird aus dem Produkt der jeweiligen Ü. und der Jahresschmutzwassermenge ermittelt. Die Festlegung der Ü. erfolgt im Regelfall in der Einleitungserlaubnis, also durch die zuständige Wasserbehörde. Der Einleiter ist allerdings berechtigt, bei dem Verwaltungsverfahren zur Erteilung der Erlaubnis mitzuwirken. Liegt keine Erlaubnis vor, so ist der Einleiter verpflichtet, gemäß § 6, Abs. 1 AbwAG die Ü. zu erklären.

Enthält der Bescheid keine Angaben über die Jahresschmutzwassermengen, so wird diese nach Ablauf des Veranlagungsjahres von der Festsetzungsbehörde geschätzt, wobei sie sich auf Angaben des Einleiters wie z. B. Messungen des Abwasserabflusses, Jahreswasserbezug oder spez. Wasserverbrauch, abstützt.

Werden im wasserrechtlichen Bescheid für einen Abgabeparameter mehrere, auf verschiedene Probenahmezeiträume bezogene Ü. festgelegt, so ist der Berechnung der >Schadeinheiten< der Ü. zugrunde zu legen, der für den längsten Probenahmezeitraum gilt (§ 4 Abs. 1 AbwAG). Diese Regelung wurde getroffen, um möglichst sachgerecht die eingeleitete Jahresschmutzfracht zu ermitteln.

Lit: Abwassertechnische Vereinigung e.V. (Hrsg.) (1985–1997) ATV-Handbuch, 4.Aufl., Band 1–7, Verlag Wilhelm Ernst und Sohn, Berlin München.

Überweidung. Problem bei Flächen mit zu hohem Tierbesatz, meist durch zu viel Vieh verursacht. Durch starken Fraß und durch Trittschäden, die bei Haustieren viel stärker als bei Wildtieren sind, kommt es zu einer Zerstörung der Vegetation und letztlich auch des Bodens. Oft bleiben einige Pflanzen übrig, die nicht gefressen werden können, z.B. Disteln und Dornsträucher. Die Folgen der Ü. sind zuerst Versteppung mit Freilegen des Bodens, in der Folge >Erosionsschäden< und schließlich völliger Vegetationsverlust. Das Problem der Ü. ist besonders in den subtropischen Trokkenzonen zu beobachten, z.B. im Sahel, wo es daher zur Ausweitung der Wüste, zur sog. >Desertifikation< kommt.

Überwinterung. >Hibernation<.

Uferfiltration. Natürlicher Vorgang im Uferbereich eines Flusses, bei dem Flußwasser durch die Lückenräume der Sande und Kiese in den angrenzenden Grundwasserkörper eintritt. Die Sand- und Kiesschichten wirken dabei wie ein Langsamfilter, sie halten Partikel zurück, und beim langsamen Durchströmen des Filters werden org. Stoffe durch >Mikroorganismen< abgebaut, so daß eine Reinigung des Flußwassers eintritt. Das Uferfiltrat wird so zu Grundwasser. Uferfiltriertes Grundwasser wird unbeabsichtigt und vorsätzlich in erheblichem Umfang für die Wasserversorgung genutzt, wobei Auflagen hinsichtlich der Entfernung der Entnahme von Uferfiltrat vom Fluß und der entnommenen Wassermenge beachtet werden müssen. Der Anteil der U. an der gesamten Wasserversorgung Deutschlands beträgt etwa 10%.

Lit: Bundesministerium des Innern (Hrsg.) (1975) Uferfiltration, Bericht des BMI-Fachausschusses „Wasserversorgung und Uferfiltration", Bonn.

Ufergehölze. Strauch- und Baumvegetation besonders entlang der >Fließgewässer<. Sie besteht hauptsächlich aus Schwarzerle *(Alnus glutinosa)*, Strauch- und Baumweiden *(Salix alba, S. fragilis)* und Esche *(Fraxinus excelsior)*, hat aber je nach Höhenlage eine unterschiedliche Zus. Die U. haben folgende wichtige Bedeutung für das Fließgewässer und sollen bei Regulierungsmaßnahmen erhalten bzw. bei Renaturierungsmaßnahmen wiederbelebt werden:

- Schutzzone des Gewässers gegen direkte anthropogene Einwirkungen, z.B. landwirtschaftliche Maßnahmen wie Düngung und >Pestizidanwendungen<.
- Schutz- und Lebensraum für Fließwasserinsekten, die sich nach dem Schlüpfen verbergen, in der Dämmerung schwärmen, sich paaren und ihre Gelege befestigen können.
- Partielle Beschattung des Gewässers und damit größere Artenvielfalt auf der Stromsohle.
- Wichtige Quelle für den Nahrungseintrag in das Gewässer: Fallaub.
- Festigung des Uferstreifens gegen Erosion; die Wurzeln im Wasser bieten den Fischen Unterstände bei Hochwaser und erhöhter Abflußgeschwindigkeit.

Die genannen Gehölze sind mit Ausnahme der Esche Weichhölzer mit einer hohen Überflutungstoleranz. Landeinwärts schließt sich eine Hartholzvegetation an, z.B. Eschen-Hainbuchenwald. Dem Ufergehölz

vorgelagert ist oft eine Krautvegetation aus Bach- oder Kleinröhrichten.

Uferspeicherung. (>Abfluß<). Der Verlauf des Basis oder Grundwasserabflusses während einer Hochwasserwelle wird durch die Uferspeicherung beeinflußt. Bei ansteigendem Wasserstand im Vorfluter nimmt das Grundwassergefälle und damit der Grundwasserabfluß ab und hört schließlich bei höheren Flußwasserständen ganz auf. Steigt der Wasserstand noch weiter, so kann vorübergehend ein landwärtiger Gradient entstehen, der Vorfluter speist in das Grundwasser ein, und im Uferbereich wird bis zum neuerlichen Abfallen der Wasserstände eine bestimmte Wassermenge aus dem Fluß gespeichert („Uferspeicherung"). Das aus dem Fluß stammende Seihwasser oder Uferfiltrat tritt als negativer Grundwasserabfluß in Erscheinung.

UF-Harze. UF-Harze sind, wie auch die >Melaminharze<, bekannte Vertreter der >Aminoplaste<, die jedoch weniger hitze- und hydrolysebeständig sind als die MF-Harze. Sie bilden sich durch >Polykondensation< eines Addukts aus Harnstoff mit zwei Mol Formaldehyd, dem Dimethylolharnstoff, bei höheren Temperaturen (ca. 140 bis 150°C). Über härtbare Zwischenstufen erfolgt die Bildung von räumlich vernetzten, daher >duroplastischen Kunststoffen<. Die Bezeichnung UF leitet sich aus Urea (= Harnstoff) ab. Die Einsatzgebiete sind analog zu MF-Harzen Schichtpreßstoffe, Elektroschalter und -sockel, Schraubkappen u.a. Als Bindemittel in >Spanplatten< können UF-Harze Formaldehyd freisetzen, wenn die Polykondensation nicht zu Ende geführt wurde. Wie bei allen stickstoffhaltigen Kunststoffen wird bei der Verbrennung von UF-Harzen Blausäure (HCN) in höheren Konzentrationen gebildet, worauf in Privathaushalten besonders geachtet werden muß.

ULEV. >Abgasgrenzwerte<.

Ultimate biodegradation. Vollständiger Abbau; ist dann gegeben, wenn der Stoff zu Kohlenstoffdioxid (CO_2), Wasser, Mineralsalzen und einer neuen Biomasse zerlegt worden ist. Er wird auch als Mineralisation bezeichnet.

Ultrafiltration. Die U., ein der >Reversosmose< verwandtes physikalisches Verfahren, kommt in steigendem Maße auch für die Trennung von Dispersionen und echten Emulsionen aus Wasser und hochmolekularen Ölen, Fetten, Emulgatoren usw. zur Anwendung. Bei dem mechanisch-dynamischen Filtrationsvorgang wird die zu trennende Emulsion nach ihrer Feinstsiebung mit einer Geschwindigkeit von etwa 3–5 m/s und einem Druck von 1,2–2,5 bar an semipermeablen Membranen mit einer Porengröße von etwa 100 Å vorbeigeführt. Dabei passieren die kleineren Wassermoleküle und die gelösten anorg. Salzmoleküle die Membranen, während die Makromoleküle, v.a. die Öle und auch die gebundenen Emulgatoren fast vollständig zurückgehalten werden, ohne die Membranfläche wie bei statischen Filtern zu belegen.

Lit: Abwassertechnische Vereinigung e.V. (Hrsg.) (1985–1997) ATV-Handbuch, 4.Aufl., Band 1–7, Verlag Wilhelm Ernst und Sohn, Berlin München.

Ultramarin. $Na_8(Al_6Si_6O_{24})S_2$, ein Polysulfid von Natriumaluminiumsilikat. Natürlich kommt Ultramarin als Lapislazuli vor. Der Einsatz erfolgt zum Bläuen von Zucker und in Ostereierfarben.

Ultraschall. Schallwellen mit Frequenzen über 20 kHz, die oberhalb der menschlichen Hörgrenze liegen. Sie werden erzeugt mit Hilfe von Pfeifen (Galtonpfeife) oder piezoelektrischen und magnetostriktiven Schallgebern, die von elektrischen Schwingkreisen erregt werden. Die Wellen unterliegen den Gesetzen der Akustik. Anwendungen findet U. u. a. zur Nachrichtenübermittlung unter Wasser bis zu 15 km, zur Werkstoffprüfung, zum Entgasen von Flüssigkeiten, zur Herstellung von Emulsionen, zur Sterilisierung von Milch und anderen Nahrungsmitteln sowie in der Medizin zur U.-Diagnostik und U.-Therapie. Einige Tiere wie z. B. Fledermäuse können U. erzeugen und ihn im Bereich bis 70 kHz hören.

Ultraschallbad. Ein ultraschallerregtes Flüssigkeitsbad, das u. a. zur Entgasung von Flüssigkeiten, Herstellung sehr feiner Dispersionen und zur Reinigung schwer zugänglicher Oberflächen kompliziert geformter Gegenstände dient.

ULV-Lösung. (Internat. Kurzbezeichnung: UL). Pflanzenschutzmittelformulierung (>Formulierung<) in Form einer homogenen Wirkstofflösung, anwendungsfertig und speziell entwickelt zur Ausbringung im >ULV-Verfahren<. Wichtige Qualitätskriterien für erfolgreiche Ausbringung sind die >Viskosität<, an deren Konstanz hohe Anforderungen zu stellen sind, und die Flüchtigkeit der verwendeten Lösungsmittel.

ULV-Suspension. (Internat. Kurzbezeichnung: SU). Pflanzenschutzmittelformulierung (>Formulierung<) in Form einer stabilen Wirkstoffsuspension, anwendungsfertig und speziell entwickelt zur Ausbringung im >ULV-Verfahren<. Wichtige Qualitätskriterien für erfolgreiche Ausbringung sind die >Viskosität<, an deren Konstanz hohe Anforderungen zu stellen sind, und die Flüchtigkeit des Dispersionsmittels.

ULV-Verfahren („ultra low volume"). Spezielle Applikationsverfahren für Pflanzenschutzmittel, bei denen die pro Hektar ausgebrachte Spritzbrühenmenge (>Spritzbrühe<) definitionsgemäß <20 L für Bäume und Büsche beträgt. Diese Verfahren, für die anwendungsfertige Formulierungen (>ULV-Lösung<, >ULV-Suspension<) angeboten werden, machen Spezialgeräte erforderlich. Um eine gleichmäßige Wirkstoffverteilung zu erreichen, müssen kleinere Tropfen erzeugt werden, deren Durchmesser in der Regel um 50 µm liegen. Im Vergleich zu größeren Tropfen erfolgt deren Abscheidung bevorzugt an kleinen bzw. sich bewegenden Zielobjekten wie den Extremitäten fliegender Insekten oder den Stengeln von Pflanzen, während große Blattflächen häufig umströmt, unter günstigen Bedingungen jedoch an der Unterseite stärker beaufschlagt werden. Auch das Eindringen des Spritznebels in dichte Pflanzenbestände kann günstiger sein als bei konventioneller Applikation. Wegen ihrer geringen Sedimentationsgeschwindigkeit unterliegen kleine Tropfen jedoch einer starken Abtrift durch Wind oder Thermik, so daß bei ungünstigen Applikationsbedingungen oder bei der Behandlung zu kleiner Parzellen relativ hohe Anteile der ausgebrachten Wirkstoffe in die Umwelt außerhalb der Zielfäche gelangen können. Dem Vorteil des geringen zu transportierenden und zu handhabenden Volumens stehen daher Nachteile gegenüber, die eine sorgfältige Abwägung aller Parameter sowie eine exakte Kalibrierung der Geräte für die jeweilige Formulierung erforderlich machen. In der Praxis beschränkt sich die Anwendung im wesentli-

chen auf die Bekämpfung adulter Insekten im Forst, von Schwärmen wie bei Heuschrecken oder auf die Anwendung in landwirtschaftlichen Großkulturen unter Anpassung an die jeweiligen meteorologischen Bedingungen. So ist z. B. die Anwendung auf Baumwollfeldern nur in den frühen Morgenstunden vor dem Einsetzen thermischer Aufwinde möglich. Gleichmäßiger seitlicher Wind kann für den Tropfentransport ausgenutzt werden („drift spraying"). Die größte Bedeutung besitzt die ULV-Technik für die *Flugzeugapplikation*, da im Vergleich zur konventionellen Anwendung sehr viel größere Flächen ohne Zwischenlandung behandelt werden können. Die Versprühung kann durch feine Flachstrahldüsen erfolgen, deren Ausrichtung zur Flugrichtung die Tropfengröße zusätzlich beeinflußt: Schräg nach vorn gestellte Düsen erzeugen ein feineres Tropfenspektrum als nach hinten gerichtete. Alternativ werden Rotationsdüsen verwendet, wobei die Tropfen von einem rotierenden Drahtkorb abgeschleudert werden, dessen Rotationsgeschwindigkeit wiederum die Tropfengröße beeinflußt. Für die Applikation vom Boden aus haben sich nur kleine batteriegetriebene Handgeräte in bestimmten Gegenden, z. B. in einigen Ländern Afrikas, durchgesetzt. Eine das anwendungsfertige Mittel enthaltende Flasche wird auf das Gerät aufgeschraubt, so daß bei der Anwendung die Flüssigkeit durch eine die Dosierung regelnde Lochblende auf eine rotierende Scheibe tropft, von der sie in Form kleiner Tropfen abgeschleudert wird. Die geringe Spritzbrühenmenge bedingt häufig hohe Wirkstoffkonzentrationen in den Formulierungen. Insbesondere bei toxischen Wirkstoffen muß daher durch geeignete Verpackungen und Geräte, durch Schulung des Personals und das Tragen persönlicher Schutzausrüstungen sichergestellt werden, daß der Kontakt mit den Formulierungen bei der Handhabung und bei der Reinigung der Geräte weitestgehend reduziert wird.

Umbra. >Eisen(III)-hydroxid, -oxid<.

Umfüllen und Lagern von Ottokraftstoffen. >Verordnungen zur Durchführung des Bundes-Immissionsschutzgesetzes<.

Umgangsgenehmigung. Im Paragraphen 3 der >Strahlenschutzverordnung< von 1989 wird geregelt, daß „wer mit sonstigen radioaktiven Stoffen umgeht, oder kernbrennstoffhaltige Abfälle lagert, bearbeitet oder beseitigt", der Genehmigung bedarf. Die Umgangsgenehmigung, welche von den Landesbehörden ausgestellt wird, ist an best. Voraussetzungen gebunden. Daneben gibt es nach Paragraph 4 der StrlSchV noch den genehmigungsfreien Umgang.

Umgebungsüberwachung. Überwachung der Umgebung einer Anlage auf Schadstoffe, Lärm u. a. unter Berücksichtigung definierter Meßorte, z. B.: Anlagengrenze, Siedlungszonen u. a. Die Überwachung kann auch durch selbsttätig registrierende und alarmgebende Meßstationen erfolgen. Betreiber >kerntechnischer Anlagen< sind zur Umgebungsüberwachung verpflichtet.

Umgebungswärme. >Umweltwärme<.

Umkehrosmose. >Reversosmose<.

Umkippen eines Gewässers. Journalistische, unwissenschaftlich saloppe Bezeichnung für den Übergang eines mit org. abbaubaren Stoffen belasteten Gewässers vom ökologischen Gleichgewicht in einen Zustand, in dem mikrobielle Abbauprozesse im gesamten Gewässer überwiegen und Sauerstoffmangel herrscht. Fische und viele andere Tiere können nur noch sehr eingeschränkt leben, so daß mit dem „Umkippen" eines Gewässers immer auch die falsche Vorstellung verbunden ist, das Gewässer sei „biol. tot"; tatsächlich wimmelt es von mikrobiellem Leben. Der Ausdruck sollte vermieden werden, da er wie ein „Plastikwort" (U. PÖRKSEN) beliebig (falsch) verwendbar und daher nichtssagend ist.

Definition: Unterschreiten eines Mindestgehaltes an gelöstem Sauerstoff in einem Gewässer, das eine (nicht umkehrbare) Veränderung der >Biozönose< zur Folge hat, die durch eine starke Zunahme anaerober Abbauprozesse gekennzeichnet ist. Ursache des Umkippens ist die >Eutrophierung< des Gewässers. Ohne menschliche Eingriffe nimmt der Gehalt an org. Substanzen eines Sees normalerweise zu. Dieser Vorgang erstreckt sich über sehr lange Zeit. Durch Zufuhr von Abwässern und Wasser, in dem ausgeschwemmte Düngemittel gelöst sind, kann die Eutrophierung u.U. stark beschleunigt werden; der See altert dann wesentlich schneller. Das Überangebot an Nährstoffen führt vor allem zu einem vermehrten >Algenwachstum<. Die Algen sammeln sich in einer oberflächennahen Schicht und absorbieren dort das Sonnenlicht in so starkem Maße, daß in darunter liegenden Schichten >autotroph< lebende Organismen absterben. Bei ihrer Zersetzung wird Sauerstoff verbraucht, so daß schließlich auch die in tieferen Schichten lebenden Tiere und >heterotrophe< Organismen eingehen.

Umlaufbecken. Ringförmiges >Belebungsbecken< zur >aeroben Abwasserbehandlung<, dem ein >Nachklärbecken< nachgeschaltet ist (DIN 4045). Ein Umlaufbecken besteht aus einem in sich geschlossenen, langgestreckten Kanal. Die Kanalbreite richtet sich nach den üblichen Rotorlängen der Belüfter zwischen 3 und 9 m. Beckentiefen bis zu 4 m sind möglich, s.a. >Mischbecken<. Die Kenndaten der verwendeten Belüfter werden nur wenig beeinflußt. Eine weitere Steigerung sowohl der Sauerstoffzufuhr als auch des Sauerstoffertrages wird durch die Anordnung von schräg geneigten Leitschildern erzielt, welche das vom >Mammutrotor< abströmende, mit Blasen angereicherte >Belebtschlamm<-Wasser-Gemisch in die Tiefe umlenken. Im Gegensatz zum Verhalten der Plattenwalzen in Längsbecken erlauben die hydraulischen Verhältnisse in Umlaufanlagen eine Steigerung der optimalen Umfangsgeschwindigkeit von 2,4 auf 3,7 m/s; dabei bleibt der Sauerstoffertrag über dem Eintauchtiefenbereich konstant erhalten.

Lit: Abwassertechnische Vereinigung (Hrsg.) (1985–1997) ATV-Handbuch, 4.Aufl., Bd.1–7, Verlag von Wilhelm Ernst und Sohn, Berlin München.

Umlaufkühlung. Im Kreislauf geführtes Kühlmedium (Wasser) zur Wärmeabfuhr. Die Wärmeabgabe erfolgt dabei über einen >Kühlturm<.

UMPLIS. (Informations- und Dokumentationssystem Umwelt). Umfassendes Datenbanksystem des >UBA< mit den Schwerpunkten Forschungsinformation, Literaturinformation, Umweltbibliothek und Umweltfakten. Die Angaben über Forschungsvorhaben werden periodisch in Form des Umweltforschungskatalogs UFOKAT veröffentlicht. Die umweltrelevante, technisch-wissenschaftliche Fachliteratur ist in der Umweltliteraturdatenbank ULIDAT gespeichert; die Literaturzitate betreffen die Umweltbereiche Luft, Wasser, Boden, Abfall, Lärm/Erschütterung, Umweltchemikalien/Schadstoffe, Natur und Landschaft/Räumliche Entwicklung, Umweltaspekte der Land- und Forstwirtschaft/Nahrungsmittel, Strahlung, Umweltaspekte von Energie und Rohstoffen, Umweltökonomie, Ökologie, Umweltpolitik, Umweltrecht sowie Umwelterziehung. Diese Datenbank wird entgeltpflichtig im Online-Zugriff angeboten. Fakten zu Umweltchemikalien, Chemieanlagen und Störfällen beinhaltet die Stoffdatenbank >INFUCHS<, die Bestandteil von UMPLIS ist. Die im UMPLIS gesammelten Fakten und Informationen sind daneben u.a. Grundlage für das „Verwerter-Handbuch", „Recycling-Handbuch" und das „Handbuch Abscheidung gasförmiger Luftverunreinigungen".

Umrechnung Aktivität in Dosis. Mit der Angabe der >Aktivität< in >Becquerel< bezieht man sich nur auf die Zahl der Umwandlungsprozesse in einem >Radioaktivität< enthaltenden Stoff. Diese Angabe sagt nichts über die zu erwartende >Strahlenexposition< aus. Es kann aber durch teilweise sehr komplizierte Berechnungsverfahren aus der Aktivität auf die >Dosis< umgerechnet werden. Hierbei ist zwischen externer Strahleneinwirkung und >Inkorporation< von radioaktiven Stoffen und damit interner Strahleneinwirkung zu unterscheiden. Für externe Strahleneinwirkung gilt: Je nach Art des Strahlers und je nach geometrischer Anordnung des Strahlers hat man es mit unterschiedlichen Berechnungsformeln zu tun. Als Beispiele seien hier angegeben: Berechnung der Dosis für einen externen, punktförmigen >Gammastrahler<, wie er oft in Form von Präparaten vorliegt. Die Dosis ergibt sich aus der Formel:

$$H = \Gamma_H A\, t/r^2.$$

Dabei bedeutet: A = Aktivität in GBq, t = Aufenthaltszeit im Strahlenfeld in h, r = Abstand in m zur Strahlenquelle, H = Äquivalentdosis in Luft in mSv, Γ_H = Dosisleistungskonstante in mSv h/GBq m². Die Werte von Γ_H hängen von der Art des Strahlers ab: Γ_H = 0,35 für Co-60, = 0,088 für Cs-137, = 0,124 für Ir-192, = 0,039 für Mo-99. Für flächenförmige Verteilung der Aktivität läßt sich die Dosis direkt in Form der effektiven Dosis berechnen. Die >Dosisfaktoren< hierfür sind aufgelistet in: „Bekanntmachung der Dosisfaktoren, Bundesanzeiger, Jahrgang 41, Nr.185a vom 30.09.1989, Teil I". Bei der Aufnahme radioaktiver Stoffe in den Körper durch >Inhalation< oder >Ingestion< läßt sich ebenfalls die >effektive Dosis< bestimmen, die während der Verweildauer der >Radionuklide< im Körper erzeugt wird. Auch hier wird mittels Dosisfaktoren umgerechnet. Diese Dosisfaktoren sind in der oben genannten „Bekanntmachung" Teil II und Teil III für Erwachsene und Kleinkinder angegeben. Als ein Beispiel sei hier angeführt: Bei Ingestion von >Cäsium-137< ergibt sich eine effektive Dosis von 0,013 µSv pro zugeführtem Bq beim Erwachsenen, beim einjährigen Kind 0,0093 µSv pro Bq.

Umsatz. (Engl. turnover). Maß für den Umfang stofflicher Veränderungen pro Zeiteinheit, meistens ökonomisch, als Gesamtmenge der in einem best. Zeitraum in einer Region abgesetzten Waren oder erbrachten Leistungen, oder ökologisch, im Zusammenhang mit biol. Primär-Produktionsprozessen gebraucht, z.B. als Bruttoproduktion pro Zeit- und Flächeneinheit.

Umschlossene radioaktive Stoffe. >Radioaktive Stoffe<, die ständig von einer allseitig dichten, festen, inaktiven Hülle umschlossen oder in festen inaktiven Stoffen ständig so eingebettet sind, daß bei üblicher betriebsmäßiger Beanspruchung ein Austritt radioaktiver Stoffe mit Sicherheit verhindert wird; eine Abmessung muß mindestens 0,2 cm betragen; s. a. >offene r. S.<.

Umverpackung. Im Sinne der >Verpackungsverordnung< >Verpackungen<, die als zusätzliche Verpackungen um >Verkaufsverpackungen< verwendet werden und weder aus Gründen der Hygiene, der Haltbarkeit oder des Schutzes der Ware vor Beschädigungen oder Verschmutzung für die Abgabe an den Endverbraucher erforderlich sind.

Umwälzbecken. Aus betriebstechnischen Gründen werden in der Abwassertechnik vorwiegend Umwälzbecken gebaut, bei denen die Luft zumeist aus tiefliegenden >Belüftern< an der Längsseite des Beckens oder in seiner Mittelachse eingeblasen wird. Diese Art der Luftzufuhr wird durch eine oder mehrere Wasserwalzen mit einer Umwälzströmung in der Querschnittsebene des Beckens erzeugt. Eine Ausrundung der Ecken und der Einbau von Leitwänden begünstigen die Umwälzbewegung. Selbst bei geringer Luftzufuhr von 0,5 bis 1,0 Nm^3/m$^3 \cdot$ h (Kubikmeter Luft unter Normaldruck je Kubikmeter Wasser pro Stunde) reicht die Strömungsgeschwindigkeit gewöhnlich aus, um die Schlammflocken in der Schwebe zu halten und Schlammablagerungen zu vermeiden. Die eingeblasene Luftmenge richtet sich hier fast ausschließlich nach dem erforderlichen Sauerstoffbedarf des >belebten Schlammes<. Insbesondere bei geringer Verschmutzung des >Abwassers< kann daher im Umwälzbecken aus hydraulischen Gründen der Energieaufwand kleiner gehalten werden als im >Furchenbecken<. Je nach der benötigten Luftmenge können die Belüfter parallel (Längsband) oder senkrecht zur Beckenwand (Breitband) angeordnet werden. Mit der Breitbandordnung der Belüfter, deren Länge etwa das 0,25- bis 0,3 fache der Beckenbreite betragen soll, wird ein wesentlicher Teil des Beckeninhaltes unmittelbar von dem Luftblasenschleier erfaßt. Lichte Abstände der Belüfter von 0,20 bis 0,60 m sind gebräuchlich.

Lit: Abwassertechnische Vereiniging (Hrsg.) (1982–1986) Lehr- und Handbuch der Abwassertechnik, 3. Aufl., Bd. 1–7, Verlag von Wilhelm Ernst und Sohn, Berlin München.

Umwandlung. 1. allgemein: Bezeichnung für einen Prozeß des Übergangs, z. B. eines Elementes von einer chem. Verb. oder physikalischen Phase in eine andere, dessen Zeitabhängigkeit quant. durch eine physikalisch-chem. >Reaktionsgl.< beschrieben wird. Neben >Transportvorgängen< der zweite Grundtyp von physischen Vorgängen überhaupt.

2. radioaktive: Eine spontane >Kernumwandlung<, bei der Teilchen emittiert werden oder ein Hüllenelektron eingefangen wird oder eine spontane >Spaltung< eines Kerns eintritt.

Umwelt. Der Begriff wurde 1921 durch v. Uexküll als ein zentraler Ausdruck der >Ökologie< eingeführt. Die U. umfaßt die Gesamtheit aller direkt und indirekt auf einen Organismus, eine >Population< oder eine >Biozönose< einwirkenden >abiotischen< und >biotischen Faktoren< mit all ihren Wechselwirkungen. Man kann auch Teilbereiche betrachten, z. B. die sog. *psychische U.* d. h. den Bereich der Sinneswahrnehmungen eines Tieres. Die *minimale U.* umfaßt die mindestens notwendigen >ökologischen Faktoren<. Am umfassendsten ist die *kosmische U.*, die auch alle Wirkungen der Himmelskörper einbezieht. Im allgemeinen Sprachgebrauch wird der Begriff oft auf die U. des Menschen eingeengt und betrifft dann die Rückwirkungen des menschlichen Tuns auf diese U.; >Umweltverschmutzung<.

Umweltabgaben. Umweltpolitisches Instrument, das einerseits umweltbelastende Aktivitäten verteuern und damit zum sparsamen Umgang mit Umweltgütern anregen soll und andererseits die Finanzierung staatlicher Sanierungs- oder Umweltschutzvorhaben ermöglichen soll. Bei extremer Dominanz der Finanzierungsfunktion gelangt man zum >Gemeinlastprinzip<, bei dem alle, nicht nur die Schadensverursacher, mit einer Abgabe belegt werden. Die Dominanz der Lenkungsfunktion führt zu einer vollständigen umweltfreundlichen Anpassung und so allerdings auch zu einem Abgabenaufkommen von Null, falls die Bemessungsgrundlage auf Null sinkt. Man unterscheidet >Emissionsabgaben< (wie im >Abwasserabgaben<-Gesetz oder bei der geplanten CO$_2$-Abgabe), Technologieabgaben und Abgaben auf Produkte. Entscheidend für die >ökologische Treffsicherheit< von Abgaben sind die Tarifgestaltung und die Dynamisierung. Steht die Lenkungsfunktion im Vordergrund, so muß der Tarif hinreichend hoch sein. Außer der absoluten Höhe ist der Tarifverlauf zu bestimmen; hier stehen der lineare, der progressive und der degressive Verlaufstyp zur Auswahl. Ökologisch besonders wirksam ist ein progressiver Verlauf, der ab einem bestimmten Punkt prohibitive Wirkung hat, nämlich dann, wenn die Abgabe über den Vermeidungskosten liegt. Bei dynamischen Abgaben wird der erwartete Ertragsstrom immer kleiner, so daß es sich lohnt, nach Alternativen Ausschau zu halten oder zumindest Rückhaltetechnologien einzusetzen. Da eine U. Substitutionsprozesse auslöst, verringert sich automatisch deren Bemessungsgrundlage und führt so zu geringeren Einnahmen der öffentlichen Hand. Sind Finanzierungseffekte gewünscht, so kann das Aufkommen durch eine Dynamisierung der Abgabe trotz schrumpfender Bemessungsgrundlage zu konstanten Einnahmen führen. Grundsätzlich erfüllen U. die Beurteilungskriterien >ökonomische Effizienz< und >Marktkonformität<. Die angestrebte Umweltqualität wird kostenminimal erreicht: Jedes Unternehmen vergleicht seine Vermeidungskosten mit den Emissionskosten, die durch die Höhe des Abgabensatzes bestimmt sind. Unternehmen mit niedrigeren Vermeidungskosten werden ihre Emissionen stärker reduzieren als Unternehmen mit hohen Vermeidungskosten. Darüber hinaus besteht auch eine >dynamische Anreizwirkung<, denn jede weitere Emissionsminderung führt zu Kosteneinsparungen. Die Schwierigkeit für die Politik liegt u. a. darin, den Abgabensatz zu bestimmen, der einen bestimmten, vorher festgelegten >Umweltstandard< induziert. Zudem bedarf das Instrument der regionalen Differenzierung, um auf die Umweltprobleme einzelner Regionen besser reagieren zu können. Und schließlich handelt es sich bei U. um spezielle Verbrauchssteuern, die regressiv wirken. Die Regressionsthese stützt sich empirisch darauf, daß bei niedrigen Einkommen der Anteil der Konsumausgaben höher ist als bei höheren Einkommen. Bei Anhebung der speziellen Verbrauchssteuern werden deshalb niedrige Einkommen relativ stärker belastet. Obwohl der Verteilungseffekt ökologisch wenig relevant ist, hat er erhebliche ökonomische und politische Bedeutung.

Lit: Wicke L (1982) Umweltökonomie. Vahlen, München – Endres A (1994) Umweltökonomie. Wissenschaftliche Buchgesellschaft, Darmstadt.

Umweltanalytik. Eine zuverlässige Analytik von Schadstoffen und Umweltchemikalien ist für die Beurteilung von Belastungssituationen notwendig. Spezifität, Richtigkeit und Präzision der analytischen Methoden sind von besonderer Bedeutung, wenn die Ergebnisse als Entscheidungsgrundlage bei gesetzlichen Verordnungen dienen. Konzentrationen von Schadstoffen sind in marinen Proben um Größenordnungen kleiner als solche des limnischen Bereichs. Eine Stoffanreicherung ist daher i. allg. notwendig vor dem Einsatz instrumenteller Analytik, wie z. B. Atomabsorptionsspektrometrie und Inversvoltametrie (Metalle), sowie von hochauflösender multidimensionaler Gaschromatographie und Massenspektrometrie.

Umwelt-Audit. System zur Bewertung und Verbesserung des betrieblichen Umweltschutzes im Rahmen von gewerblichen Tätigkeiten und zur geeigneten Unterrichtung der Öffentlichkeit; die Teilnahme eines Unternehmens an einem U.-A. ist freiwillig; Rechtsgrundlagen: Verordnung (EWG) Nr. 1836/93 des Rates über die freiwillige Beteiligung gewerblicher Unternehmen an einem Gemeinschaftssystem für das Umweltmanagement und die Umweltbetriebsprüfung, vom 29. 6. 1993, ABl. EG Nr. L 168, S. 1; die Verordnung wird ergänzt durch das Bundesgesetz zur Ausführung der Verordnung (EWG) Nr. 1836/93 (U.-A.-Gesetz) vom 7. Dezember 1995, BGBl. I S. 1591; auf dieses Gesetz gestützt sind folgende Rechtsverordnungen ergangen: Verordnung über das Verfahren zur Zulassung von Umweltgutachtern und Umweltgutachterorganisationen sowie zur Erteilung von Fachkenntnisbescheinigungen nach dem U.-A.-Gesetz vom 18. 12. 1995, BGBl. I S. 1841; Verordnung über die Beleihung der Zulassungsstelle nach dem U.-A.-Gesetz vom 18. 12. 1995, BGBl. I S. 2013, Verordnung über Gebühren und Auslagen für Amtshandlungen der Zulassungsstelle und des Widerspruchsausschusses bei der Durchführung des U.-A.-Gesetzes vom 18. 12. 1995, BGBl. I S. 2014.

Umweltauflagen. (Syn. direkte staatliche Eingriffe; command-and-control.) Gebote oder Verbote in Form von direkten Verhaltensvorschriften (Emissions-, Produkt- und Technologiestandards sowie Vorschriften über Einsatzstoffe, Produktionsmengen und Ansiedlungsmöglichkeiten), die relativ schnell wirksam und meist zielgenau sind. Da i. d. R. die Auflagen für bestimmte technische Einheiten (z. B. Kraftwerk, Auto) gelten, kann allerdings die Umweltbelastung trotz schärferer Vorschriften zunehmen, wenn infolge von Wachstumsprozessen mehr technische Anlagen betrieben werden. Ebenso sind räumliche Ballungen der Verschmutzung („hot spots") durch Auflagen nur bedingt kontrollierbar. Insgesamt ist die >ökologische Treffsicherheit< von Auflagen also nicht so groß, wie dies auf den ersten Blick erscheint. Auflagen sind wegen der mangelnden Differenzierbarkeit nach den individuellen Vermeidungskosten ökonomisch ineffizient. Bei generell gültigen Auflagen werden auch überdurchschnittlich teure Reinigungsanstrengungen verlangt (>Ökonomische Effizienz<). Die Belastung ist wegen der unterschiedlichen betrieblichen Grenzko-

sten ungleich verteilt, so daß es zu Wettbewerbsverzerrungen und Verteilungsungerechtigkeiten kommt. Die >dynamische Anreizwirkung<, nach neuen umweltverträglichen Lösungen zu suchen, fehlt völlig.

Umweltbundesamt (UBA). Durch Gesetz vom 22. 07. 1974 (BGBl. I S. 1505) errichtete selbständige Bundesoberbehörde, seit 1986 im Geschäftsbereich des >Bundesministers für Umwelt, Naturschutz und Reaktorsicherheit< (BMU). *Sitz:* Berlin; *Aufgaben:* Verwaltungsaufgaben auf dem Gebiet der Umwelt und der gesundheitlichen Belange des Umweltschutzes, insbesondere wissenschaftliche Unterstützung bei Regelungen zum >Immissionsschutz< Bodenschutz, der Abfall- und Wasserwirtschaft; Aufbau und Führung eines Informationssystems zur Umweltplanung sowie einer zentralen Umweltdokumentation; Öffentlichkeitsarbeit; Unterstützung bei der Forschung und bei der Umweltverträglichkeitsprüfung von Maßnahmen des Bundes.

Umweltchemie. >Ökologische Chemie<.

Umwelteffizienz (Ökoeffizienz). Mit dem Begriff der U. ist der Einsatz von technischen Verfahren gemeint, bei denen ein gegebener Nutzen in Form eines Produktes oder einer Dienstleistung mit einem geringeren Verbrauch an Umweltressourcen (Verbrauch von Rohstoffen und Nutzung der Umwelt als Senke) verbunden ist. Ähnlich wie die Erhöhung der Arbeitsproduktivität die Leistung pro Arbeitsstunde in den letzten Jahrzehnten dramatisch hat ansteigen lassen, so soll auch die U. die Produktivität der natürlichen Ressourcen steigern. Im Hinblick auf umweltschonende Technologien kann man zwischen *nachgeschalteten* (additiven) und *vorsorgenden* (integrierten) Techniken unterscheiden. Bei der nachgeschalteten Technik handelt es sich um einen Schutz der Umwelt, der durch Reparatur und Korrektur der negativen Auswirkungen entsteht. Diese sogenannten „end-of-pipe-Technologien" verändern den Produktionsprozeß nicht wesentlich. Auftretende Emissionen werden durch nachgeschaltete Anlagen ausgefiltert oder zurückgehalten. Vorsorgende Technologien gehen über die Ent- und Nachsorgung hinaus. Die schwefelfreie Zellstoffproduktion, der Ersatz von FCKW's als Kühlmittel und lösungsmittelfreie Farben sind Beispiele für neue, vorsorgende Verfahren und Produkte. I. d. R. ist die Verbesserung der U. mit Kosteneinsparungen verbunden. Aus diesem Grunde ist auch nicht mit einer Verschlechterung der Wettbewerbssituation zu rechnen.

Umwelteinwirkungen. Im allg. Sprachgebrauch Überbegriff für sämtliche >anthropogenen< physikalischen, chem. und technischen Eingriffe in den >Naturhaushalt< mit Auswirkungen auf Atmosphäre, Boden, Wasser, Nahrungsmittel, Pflanzen, Tiere und Menschen. Das >Bundes-Immissionsschutzgesetz< definiert im § 3 den Begriff schädliche Umwelteinwirkungen als >Immissionen<, die nach Art, Ausmaß oder Dauer geeignet sind, Gefahren, erhebliche >Nachteile< oder erhebliche >Belästigungen< für die Allgemeinheit oder die Nachbarschaft herbeizuführen. Nach § 1 ist es u. a. Zweck dieses Gesetzes, dem Entstehen schädlicher Umwelteinwirkungen vorzubeugen.

Umweltfaktoren. Auf alle Organismen wirken sowohl Phänomene der belebten >Umwelt<, die >abiotischen Faktoren<, als auch die der unbelebten Natur, die >abiotischen Faktoren<, ein. Die vielfältigen Einflüsse können sich in ihrer Wirkung verstärken, z.B. hohe Temperatur und Trockenheit, oder abschwächen. Einzelne U. können aber auch als begrenzende >Schlüsselfaktoren< wirken und dann die Rolle eines „master Factor" spielen. Im ökophysiologischen Experiment wird oft die Wirkung eines einzelnen U. geprüft; >Autökologie<.

Umweltforschung, marine. Dient der Erstellung wissenschaftlicher Grundlagen zur Beurteilung der durch Eintrag anthropogener Stoffe in das Meer (>Meeresverschmutzung<) entstehenden Belastungssituation. Hierzu notwendige Untersuchungen umfassen a) Entwicklung und Einsatz von analytischen Methoden (>Umweltanalytik<) zur Bestimmung von Schadstoffkonzentrationen in Wasser, Meeresorganismen, Sedimenten und Luft; b) Ermittlung des Bioakkumulationsverhaltens (>Bioakkumulation<) an verschiedenen Meeresorganismen; c) Ermittlung des Sorptionsverhaltens bei >Sedimenten< und partikulären Stoffen; d) Ermittlung der Abbauraten unter >abiotischen< und biologischen Bedingungen und der hierbei entstehenden Produkte; e) Feststellung von Auswirkungen auf marine Organismen im Sinne akuter und chronischer toxischer Wirkungen bei Einzelorganismen und Lebensgemeinschaften; f) Entwicklung von Modellen für die Voraussage z.B. von Ausbreitungs- und Verteilungsvorgängen. Die genannten Untersuchungen bieten auch die Grundlagen für die Entwicklung von Methoden zur effizienten Überwachung der Meeresverschmutzung.

Umweltfreundliche Kraftstoffe. Die Umweltbelastung aus Abgasemissionen und Kraftstoff-Verdampfungsverlusten von Fahrzeugen hängen auch von bestimmten Kraftstoffeigenschaften ab. Zur Erforschung dieser Zusammenhänge wurden umfangreiche Untersuchungsprogramme durchgeführt, >Auto-Oil-Program<. Umweltfreundliche Ottokraftstoffe sind i.d.R. im Gehalt von Aromaten (Benzol) und Alkenen (Olefinen) reduziert, während sauerstoffhaltige Komponenten, >MTBE<, zur Verbesserung der motorischen Verbrennung beigemengt werden. Außerdem wird die Flüchtigkeit (Siedeverlauf und Dampfdruck) mit dem Ziel der Senkung von Verdampfungsverlusten verringert. Alle diese Maßnahmen zielen hauptsächlich auf die Senkung der >Smog<entwicklung in den USA (>Reformulated Gasoline<). Katalysatoren reagieren oft empfindlich auf den Schwefelgehalt. Zur Reinhaltung der Gemischbildungseinrichtung (Einspritzsysteme) und damit zur Beständigkeit des motorischen Verhaltens über längere Betriebszeiten sind zusätzlich geeignete >Kraftstoff-Additive< erforderlich.
Umweltfreundliche Dieselkraftstoffe, wie sie aus mehreren europäischen Untersuchungen entwickelt worden sind, zeichnen sich durch höhere Zündwilligkeit, >Cetanzahl<, verringerten Gehalt an Zweikernigen Aromaten und Schwefel aus. Außerdem sorgen auch hier geeignete >Kraftstoff-Additive< für die Langzeitstabilität der Abgaswerte.

Lit: Decker G u.a. (1996) Das Ozonbildungspotential unterschiedlicher Fahrzeug- und Kraftstoffkonzepte. ATZ 98, 5, S.280–287 – Lange W, Reglitzky A, Gairing M, Hüttebräucker D-H, Kemmler R (1995) Einfluß von Ottokraftstoffkomponenten auf die Abgasemission von Daimler-Benz PKW-Motoren. MTZ 56, 5, S.264–271 – Hildebrand B-U, Jain G (1996) Anforderungen an Kraftstoffqualität und Abgasverhalten. MTZ 57, 9, S.500–505.

umweltgefährlich. >Gefährlichkeitsmerkmal< nach § 3a Abs.1 Nr.16 >ChemG<. Umweltgefährlich sind >Stoffe< oder >Zubereitungen<, die selbst oder deren Umwandlungsprodukte geeignet sind, die Beschaffenheit des Naturhaushalts, von Wasser, Boden oder Luft, Klima, Tieren, Pflanzen oder >Mikroorganismen< derart zu verändern, daß dadurch sofort oder später Gefahren für die Umwelt herbeigeführt werden können (ChemG § 3a Abs.2). – In § 1 ChemGefMerkV ist dieses Gefährlichkeitsmerkmal noch nicht enthalten.
Als >Kennbuchstabe< ist „*N*" vorgesehen (s. EG-RL für Gef. Stoffe, 7.Änderung), zunächst nur für die aquatische Umwelt, dto. Symbol.
Im sog. Kennzeichnungsleitfaden der EG (Anhang V zur RL 91/325/EWG) sind >Einstufungs-< und >Kennzeichnung<svorschriften für umweltgefährliche Stoffe enthalten, die sich an der Giftigkeit für Wasserorganismen (Fische, Daphnien, Algen), der >Abbaubarkeit< und der Möglichkeit zur Anreicherung in biol. Material orientieren.

Umweltgefährlichkeit von Chemikalien. Die Umweltgefährlichkeit eines Stoffes ist im >Chemikaliengesetz< definiert: „Umweltgefährlich sind Stoffe oder Zubereitungen, die selbst oder deren Umwandlungsprodukte geeignet sind, die Beschaffenheit des Naturhaushalts, von Wasser, Boden oder Luft, Klima, Tieren, Pflanzen oder Mikroorganismen derart zu verändern, daß dadurch sofort oder später Gefahren für die Umwelt herbeigeführt werden können." Nach der Definition des >Umweltbundesamtes< (1984) ist die Gefährlichkeit eines Stoffes abhängig von der Wahrscheinlichkeit, mit der biologische oder andere Systeme dem Stoff ausgesetzt sind und seiner Fähigkeit, allein oder im Zusammenwirken mit anderen Stoffen diese Systeme zu beeinträchtigen oder zu schädigen. Voraussetzung dafür ist, daß der Stoff in die Umwelt gelangen kann, dort für Organismen verfügbar ist und die schädigenden Wirkungen auf Organismen bewiesen werden können.

Lit: Neufasung des ChemG vom 14.März 1990 [BGBl.I, Nr.13, S.495] – Chemikaliengesetz Heft 9, Grundzüge der Bewertung von Neuen Stoffen nach dem ChemG, UBA Texte 28/90, 12, 1990.

Umweltgesetze. >Umweltrecht<.

Umweltgesetzgebung. >Umweltrecht<.

Umweltgutachten. In regelmäßigen Abständen veröffentlichtes Gutachten des >Rates von Sachverständigen für Umweltfragen<.

Umwelthaftung. 1. allgemein: Idealtypischer Ansatz zur >Internalisierung externer Effekte<. Danach bestimmt der Gesetzgeber, unter welchen Voraussetzungen der Verursacher eines externen Effektes die Geschädigten kompensieren muß. Man unterscheidet zwischen Verschuldenshaftung, bei der ein schuldhaftes Verhalten nachgewiesen werden muß, und der strengeren Gefährdungshaftung, bei der (auch ohne schuldhaftes Verhalten) der Produzent für die Folgen seiner Aktivität haftet. Für die Gefährdungshaftung läßt sich in Analogie zum >Coase-Theorem< zeigen, daß die mit der Schadensersatzpflicht einhergehende Internalisierung unter einer Reihe von vereinfachenden Annahmen stets zu einem optimalen Niveau an Umweltschutzaktiväen führt. Indes gilt auch hier, daß eine vollständige Internalisierung externer Effekte vom Umwelthaftungsrecht nicht erwartet werden kann. Dazu wäre erforderlich, daß sich Verursacher, Opfer und Schadensumfang stets zweifelsfrei und kostenlos identifizieren lassen. Dies ist in der Praxis häufig nicht möglich. Jedoch kann die Anreizwirkung durch entsprechende Ausgestaltung des Haftungsrechts, z.B. durch problemadäquate Wahl der Haftungsregeln und Beweislastverteilung, durch verbesserte Meßmethoden oder durch verbesserte Wirkungsforschung erhöht werden.

2. juristisch: Nach § 1 des Gesetzes für die U. – >Umwelthaftungsgesetz< (UmweltHG) vom 10.12.1990 ist der Inhaber einer in Anhang 1 des Gesetzes genannten Anlage, wenn durch von dieser ausgehende Umwirkungen jemand getötet, sein Körper oder seine Gesundheit verletzt oder eine Sache beschädigt wird, verpflichtet, dem Geschädigten den daraus entstandenen Schaden zu ersetzen. Ist eine Anlage nach den Gegebenheiten des Einzelfalls geeignet, den entstandenen Schaden zu verursachen, so wird gem. § 6 UmweltHG vermutet, daß der Schaden durch diese Anlage verursacht ist. Diese Ursachenvermutung findet keine Anwendung, wenn die Anlage bestimmungsgemäß betrieben wurde. Ein bestimmungsgemäßer Betrieb liegt vor, wenn die besonderen Betriebspflichten eingehalten worden sind und auch keine Störung des Betriebs vorliegt. Besondere Betriebspflichten sind solche, die sich aus verwaltungsrechtlichen Zulassungen, Auflagen, und vollziehbaren Anordnungen und Rechtsvorschriften ergeben, soweit sie die Verhinderung von solchen Umwelteinwirkungen bezwecken, die für die Verursachung des Schadens in Betracht kommen. Besondere Bedeutung kommt in diesem Zusammenhang Kontrollen zur Überwachung besonderer Betriebspflichten zu. Gegenüber Inhabern derartiger Anlagen besteht ein besonderer Auskunftsanspruch. Da es sich bei den in Anhang 1 zu § 1 UmweltHG genannten Anlagen um >genehmigungsbedürftige Anlagen< nach BImSchG handelt, kommt den behördlichen Bescheiden für Errichtung, Betrieb bzw. >wesentliche Änderung< sowie >nachträglichen Anordnungen< mit den darin getroffenen Festsetzungen (einschließlich etwaiger zugehöriger Text- und Zeichnungsunterlagen) besondere Bedeutung zu.

Umwelthaftungsgesetz. Erlassen am 10.12.1990, BGBl. I S.2634. Das Gesetz regelt die Anlagenhaftung bei Umwelteinwirkungen. Der Haftungstatbestand lautet: Wird durch eine Umwelteinwirkung, die von einer im Anhang 1 genannten Anlage ausgeht, jemand getötet, sein Körper oder seine Gesundheit verletzt oder eine Sache beschädigt, so ist der Inhaber der Anlage verpflichtet, dem Geschädigten den daraus entstehenden Schaden zu ersetzen. Im Anhang 1 werden insgesamt 96 Anlagen aufgeführt, die den Bereichen Wärmeerzeugung, Bergbau, Energie, Steine und Erden, Glas, Keramik, Baustoffe, Stahl, Eisen und sonstige Metalle einschließlich Verarbeitung, chem. Erzeugnisse, Arzneimittel, Mineralölraffination und Weiterverarbeitung, Oberflächenbehandlung mit org. Stoffen, Herstellung von bahnförmigen Materialien aus Kunststoffen, sonstige Verarbeitung von Harzen und Kunststoffen, Holz, Zellstoff, Nahrungs-, Genuß- und Futtermittel, landwirtschaftliche Erzeugnisse, Abfälle und Reststoffe, Lagerung, Be- und Entladen von Stoffen, sowie sonstigen Bereichen zuzurechnen sind. Kennzeichnend für das Umwelthaftungsgesetz ist die in § 6 geregelte Ursachenvermutung. Bedeutungsvoll sind auch die in § 15 geregelten Haftungshöchstgrenzen; der Ersatzpflichtige haftet für Tötung, Körper- und Gesundheitsverletzung insgesamt nur bis zu einem

Höchstbetrag von 160 Mio.DM und für Sachbeschädigungen ebenfalls insgesamt nur bis zu einem Höchstbetrag von 160 Mio.DM.

Umwelthygiene. Teil des Faches >Hygiene<, der die Beziehungen zwischen der Gesundheit einerseits und der Umwelt (z.B. Wasser, Boden, Luft, Nahrung, Strahlung, Lärm, Kleidung, Wohnung und Arbeit) andererseits behandelt. Ferner zählen die Bekämpfung von >Seuchen< sowie die Verhütung von >Intoxikationen< und Abnutzungskrankheiten dazu.

Umweltinformation. Im Rahmen der >Umweltverträglichkeitsprüfung (UVP)< ist unter dem Begriff Information das Ausgangsmaterial in Form von präzise beschriebenen Eigenschaften zur Kennzeichnung von Sachverhalten (Raumeigenschaften) zu verstehen. Zur Kennzeichnung eines Biotops gehört z.B. das Wissen über vorkommende Arten und ihren Seltenheitsgrad sowie über Art und Intensität der Nutzungseinflüsse, über Bodenverhältnisse, Wasserhaushalt, Lokalklima und andere natürliche und anthropogen bedingte Faktoren in dem betreffenden Geländeausschnitt. Aus dieser verwirrenden Informationsmenge über (komplexe) Sachverhalte müssen gezielt die für die Fragestellung relevanten Informationen ausgewählt werden. Dazu können >Umweltinformationssysteme< beitragen. Für die umweltpolitische Ziel- und Prioritätensetzung und die Erfolgskontrolle umweltpolitischer Maßnahmen werden aktuelle Informationen über Stand und Entwicklung des Umweltzustandes benötigt. Erforderlich sind vor allem Einzeldaten und Zeitreihen über
- den Zustand der Umwelt (Immissions-, Wirkungsdaten),
- Belastungen der Umwelt und ihnen zugrundeliegende Ursachen (Emissions-, Ressourcenverbrauchs-, Produktionsdaten),
- Aktivitäten und Aufwendungen zur Vermeidung und Verminderung von Umweltbelastungen sowie zur Verbesserung des Umweltzustandes (Maßnahmedaten, Daten über Kosten der Umweltbelastung und Nutzen der Umweltverbesserung)
sowohl für Deutschland insgesamt einschließlich grenzüberschreitende Umweltbelastungen als auch für die Bundesländer und Regionen. Der derzeitige Bestand an repräsentativen und flächendeckenden Informationen zum Zustand der Umwelt in Deutschland ist unzureichend. Verfügbar sind Informationen für die einzelnen Umweltmedien und Sektoren, die oft nicht vergleichbar und unterschiedlich weit entwickelt sind.

Umweltinformationsgesetz. Gesetz zur Umsetzung der Richtlinie 90/313/EWG des Rats vom 07.06.1990 über den freien Zugang zu Informationen über die Umwelt – Umweltinformationsgesetz (UIG) – vom 08.07.1994 (BGBl. I S.1490). Zweck des Gesetzes ist es, den freien Zugang zu den bei den Behörden vorhandenen Informationen über die Umwelt sowie die Verbreitung dieser Informationen zu gewährleisten und die grundlegenden Voraussetzungen festzulegen, unter denen derartige Informationen zugänglich gemacht werden sollen. Im Sinne des Gesetzes ist Behörde jede Stelle bei Bund, Ländern, Gemeinden und Gemeindeverbänden, die Aufgaben des Umweltschutzes wahrzunehmen hat. Jeder hat Anspruch auf freien Zugang zu diesen Informationen. Die Behörde kann auf Antrag Auskunft erteilen, Akteneinsicht gewähren oder Informationsträger in sonstiger Weise zur Verfügung stellen. Jedoch muß der Antrag hinreichend bestimmt sein und insbesondere erkennen lassen, auf welche Informationen er gerichtet ist. Für Amtshandlungen aufgrund dieses Gesetzes werden Gebühren und Auslagen erhoben.

Umweltinformationsrecht. Recht der Bürger, über bestimmte, die Umwelt betreffende Informationen Auskunft zu erhalten; dieses Recht ist eingeräumt durch das Umweltinformationsgesetz vom 8.7.1994, BGBl. I S.1490; das Recht, Informationen über die Umwelt zu erhalten, gilt für Behörden des Bundes, der Länder, der Gemeinden und Gemeindeverbände sowie der sonstigen juristischen Personen des öffentlichen Rechts und für die natürlichen oder juristischen Personen des privaten Rechts, soweit diese öffentliche Aufgaben im Bereich des Umweltschutzes wahrnehmen und der Aufsicht von Behörden unterstellt sind.

Umweltinformationssysteme. Dienen der Erfassung und Koordinierung von Umweltinformationen. Die Errichtung eines europäischen Umweltinformationssystems wurde von der EG-Kommission im Zusammenhang mit der Gründung einer Europäischen Umweltagentur für 1990 beabsichtigt. Im Hinblick auf die wachsende Bedeutung globaler Umweltprobleme wie Klimaveränderungen und Ozonschichtzerstörung ist eine Intensivierung der deutschen Beteiligung an den weltweit angelegten Informationssystemen der Vereinten Nationen erforderlich. Die Verbesserung der Umweltdatenbasis konzentriert sich auf folgende Schwerpunkte:
- die Intensivierung des Datenflusses zwischen dem Bund und den Ländern, die im Rahmen ihrer Vollzugskompetenz Umweltdaten erheben,
- die Erweiterung der amtlichen Umweltstatistik und
- der Ausbau der Umweltinformationssysteme des Bundes.

In Zusammenarbeit von Bund und Ländern sind verstärkte Anstrengungen im Gange, zu den wesentlichen Umweltaspekten vergleichbare Daten verfügbar zu machen:
- Im Rahmen der Umweltministerkonferenz haben sich Bund und Länder auf einen bundeseinheitlichen „Grunddatenkatalog" von Informationen zur Beschreibung der Umweltsituation geeinigt. Die praktische Ausfüllung des Katalogs ist angelaufen.
- Im Bereich der Waldschadenserhebung wurde ein bundeseinheitlich koordiniertes Erhebungs- und Auswertungsverfahren eingeführt. Vor allem hierzu sind ab 1990 Untersuchungen der Waldschäden vorgesehen.
- Für die Erstellung eines Bodeninformationssystems liegt ein zwischen Bund und Ländern abgestimmtes Konzept vor, dessen Umsetzung derzeit im Rahmen von Forschungs- und Entwicklungsprogrammen erprobt wird.
- Die beim Bund und in verschiedenen Bundesländern laufenden Aktivitäten zur Erfassung und Aufbereitung umweltrelevanter Gefahrstoffdaten sind arbeitsteilig zu koordinieren.

Der Bund verfügt über eine Vielzahl von Informationssystemen und -einrichtungen, die Umweltinformationen bereitstellen und deren Ausbau und Koordinierung verstärkt vorangetrieben wird. Von zentraler Bedeutung ist das bereichsübergreifend angelegte Informations- und Dokumentationssystem Umwelt UMPLIS, das vom Bundesumweltamt geführt wird. Es enthält Daten zum Zustand der Umwelt, und zwar zur Luftbelastung, zur Gewässerbelastung, zu Abfallfragen, zu Umweltschäden an Denkmälern und zu Ge-

fahrstoffen. Erstellung von Trendaussagen über die Entwicklung von stofflichen Belastungen ist eine Aufgabe der vom Bundesumweltamt geführten >Umweltprobenbank<, bei der repräsentative Umweltproben zum Zweck einer Analyse der Belastungssituation in späteren Jahren tiefgekühlt gelagert werden. Darüber hinaus wird beim Bundesumweltamt in Zusammenarbeit von Bund und Ländern das bundesweite Smog-Frühwarnsystem betrieben. Die Bewertung der Gefährlichkeit von Chemikalien und die Quantifizierung von Risiken erfordern die Verfügbarkeit differenzierter Stoff- und Systemdaten. Sowohl die Vielzahl als auch die Komplexität der Daten machen den Aufbau von Datenbanken und Informationssystemen erforderlich. Dabei sollten Stoffdatenbanken, Umweltdatenbanken und Gesundheitsdatenbanken (Mortalitäts- und Morbiditätsdaten) weiterentwickelt werden. Datenbanken sind darüber hinaus Grundlage für die Entscheidungsmodelle für die Risikobewertung.

Umweltkapazität. Maximal mögliche Populationsgröße einer >Art< in einem >Lebensraum<, die abhängig ist von den >Umweltfaktoren< wie Nahrung, Raum, Nistmöglichkeiten, Verstecke usw. Sie geht als Größe K in die >Selektion< ein. Ihr Wert ist nicht zu allen Zeiten gleich groß, sondern kann z.B. mit der Jahreszeit schwanken. Der Begriff U. wird auch auf >Biozönosen< eines >Biotops< angewendet.

Umweltkataster. Dokumentationen zur raumbezogenen Erfassung von Umfang und Intensität von >Umweltschäden<. U. dienen dann als Planungsgrundlagen zur Bekämpfung und Beseitigung solcher Schäden.

Umweltkompartiment. Nicht scharf umrissener Begriff für einen Teil eines >Ökosystems<.

Umweltlizenzen. >Emissionszertifikate<.

Umweltnutzungslizenzen. >Emissionszertifikate<.

Umweltökonomik. >Umwelt- und Ressourcenökonomik<.

Umweltökonomische Gesamtrechnung. Versuch, die Volkswirtschaftliche Gesamtrechnung (VGR) um Umweltaspekte zu erweitern. Darstellungsgegenstand sind die Interdependenzen zwischen Wirtschaft und natürlicher Umwelt. Auf eine vollständige Darstellung der natürlichen Umwelt wird dabei verzichtet. Vielmehr liegt der Schwerpunkt der Beschreibung von wirtschaftlichen Aktivitäten und den damit verbundenen Umweltnutzungen während einer Berichtsperiode (Stromrechnung) sowie der gesamtwirtschaftlichen Vermögensrechnung (Bestandsrechnung), die neben dem produzierten Sachvermögen auch das nichtproduzierte Naturvermögen einbezieht. Bei der Darstellung des Naturvermögens wird die natürliche Umwelt allerdings nur insoweit abgebildet, als es für die Analyse der ökonomischen Umweltnutzungen und -belastungen notwendig erscheint. Schwerpunktmäßig können dabei folgende Teilaspekte des ökonomisch-ökologischen Wirkungszusammenhangs dargestellt werden: (1) Ausweisung und entsprechende Aggregation der staatlichen und privaten Ausgaben zur Verhinderung von Umweltbelastungen aufgrund wirtschaftlicher Aktivitäten. (2) Darstellung der Umweltbelastungen infolge tatsächlich eintretender unerwünschter Begleitwirkungen der wirtschaftlichen Aktivitäten (z.B. Ressourcenentnahme und Emissionen). (3) Erfassung der Beeinträchtigungen des Umweltkapitalstocks infolge einer Verschlechterung der Umweltsituation in den unterschiedlichen Bereichen. (4) Bewertung der Umweltverschlechterung über den Schadenskostenansatz oder den Schadensvermeidungskostenansatz (>Bewertungsverfahren<). Verschiedentlich wird gefordert, mit Hilfe derartiger Informationen eine Sozialproduktgröße (Ökosozialprodukt) zu berechnen, bei der spezifische Umweltwirkungen, wie etwa die Ressourcenerschöpfung und Aufwendungen zur Beseitigung von Umweltschäden (>Defensivausgaben<) vom Sozialprodukt abgezogen werden (s. a. >Sozialindikatoren; Wohlfahrtsindikatoren<).

Lit: United Nations (1993) Integrated Environmental and Economic Accounting. Handbook of National Accounting. Studies in Methods, Series F, No. 61. Department of Economic and Social Information and Policy Analysis, New York – Stahmer C (1996) Ökologie und Volkswirtschaftliche Gesamtrechnungen. In: Siebert H (Hrsg.) Elemente einer rationalen Umweltpolitik. J. C. B. Mohr, Tübingen.

Umweltplanung. Ihre wesentliche Aufgabe besteht darin, den Einsatz der Einzelinstrumente des Umweltschutzes zu steuern (Koordination der Instrumente des >Luftrechts<, des >Wasserrechts< etc.), damit das gesetzlich vorhandene Potential zur Lösung von Umweltkonflikten ausgeschöpft wird und nicht alles Wesentliche administrativen Einzelentscheidungen überlassen bleibt.

Umweltpolitik. >Umwelt- und Ressourcenökonomik<.

Umweltprivatrecht. Die Summe von Normen des Privatrechts, die einen Bezug zur Umwelt (gemeint ist: zum >Umweltschutz<) haben; im wesentlichen das private >Nachbarrecht< (§§ 906 ff. BGB) und das Haftungsrecht.

Umweltprobenbank. Diese Einrichtung gibt es seit Mitte der 70er Jahre in verschiedenen Ländern wie Deutschland, USA, Kanada und Japan. Es sind Umweltarchive, in denen regelmäßig repäsentative Human- und Umweltproben aus ökologisch-geographisch gut definierten Bereichen gesammelt werden und so gut konserviert werden, daß keine Veränderungen auftreten können. Das bedeutet, daß diese Einrichtungen Lagerräume haben müssen, in den die Proben bei Temperaturen < 80 °C aufgehoben werden können. Diese Proben dienen zur Ermittlung der Konzentration chem. Stoffe z. B. in Blut, Leber und Fettgewebe des Menschen oder von Tieren sowie Bestimmungen in Böden, Bäumen, aquatischen Organismen etc. Neben der Bestimmung von Metallen und metallorg. Verbindungen werden auch org. Stoffe analysiert. Die eingelagerten Materialien dienen u. a. auch zur Dokumentation der Verbesserung der analytischen Methoden und zur Erkennung der Trends der Aufnahme und Anreicherung der Stoffe. Es werden Analysenmethoden für den Spurenbereich eingesetzt. In Deutschland beteiligen sich verschiedene Institutionen an dieser Aufgabe.

Umweltqualität. Beschaffenheit und Bewertung der stofflichen Umwelt. Hierbei finden die unterschiedliche, unmittelbare Bedeutung der Umweltkompartimente Wasser, Boden, Luft sowie Lebensmittel und Wohnumwelt für den Menschen Beachtung. s. a. >Environmental Quality Objection (EQO)<. Bei substanzbezogener Betrachtungsweise soll für bereits in Anwendung befindliche Chemikalien die langfristige Bilanz ihres Verhaltens in der Umwelt aufgestellt werden. Dazu gehören angewandte Mengen, Anwendungsmuster, Transport innerhalb von und zwischen Umweltbereichen, Abbaubarkeit und eventuelle Anreicherung. Diese Bilanz liefert die Abbau- bzw. Eliminationskapazität der Umwelt und erlaubt damit, Veränderungen der stofflichen Umweltqualität langfristig vorauszusagen. Als Charakteristikum anthropogener, lokaler Veränderungen der stofflichen Umweltqualität ist der direkte Einfluß des Menschen durch Herstellung, Anwendung oder Emission von Chemikalien auf begrenzten oder begrenzbaren Flächen zu sehen. Regionale Veränderungen der stofflichen Umweltqualität sind, abgesehen von gewissen Veränderungen durch die Landwirtschaft (Kulturlandschaft), generell unerwünscht.

Lit: Korte F (1987) Lehrbuch der Ökologischen Chemie, Thieme, Stuttgart New York.

Umweltqualitätsziel(e) (QZ). Immissionsbezogene Ziele einer gesetzlich, politisch-programmatisch oder fachlich-wissenschaftlich definierten Qualität der Umwelt bzw. Teilen davon. Sie dienen als Maßstäbe (Bezugspunkte) für jegliche Bewertungsschritte. Neben den objektiv beschreibbaren Veränderungen der Umweltsituation sind es diese Ziele, von denen es abhängt, wie ein Projekt oder eine Planung aus der Sicht der Umwelt bewertet und letztlich eingestuft wird. Als Maßstab können z. B. folgende strategische Ziele dienen: a) Beibehaltung des Status-quo der Umweltqualität. b) Definierte Schutzzwecke oder Umweltqualitätsziele für bestimmte Räume insgesamt oder für bestimmte Umweltmedien (z. B. eine bestimmte Gewässergüte) im Gemeindegebiet. c) Gesetze und Verordnungen mit Grenzwerten (z. B. >TA Luft<). d) Politische Zielaussagen und Erklärungen allgemeinen und unverbindlichen Charakters. e) Orientierung an der Umweltvorsorge (Berücksichtigung auch des empfindlichsten Bereichs). f) Ökologische Orientierung (Berücksichtigung der Folgen für andere Umweltbereiche).

Lit: Hübler KH, Otto-Zimmermann K (1989) Bewertung der Umweltverträglichkeit: Bewertungsmaßstäbe und Bewertungsverfahren für die Umweltverträglichkeitsprüfung, Eberhard Blottner Verlag, Taunusstein.

Umweltradioaktivität. >Terrestrische Strahlung<, >natürliche Strahlenexposition<, >künstliche Radioaktivität in der Umwelt<, >Radon<. In unserer Umwelt finden wir eine Reihe >radioaktiver< Stoffe natürlichen und künstlichen Ursprungs. Zu den am häufigsten vorkommenden natürlichen radioaktiven Stoffen gehören: das >Uran< und das >Thorium< und ihre Folgeprodukte in Mineralien der Erdkruste, das Radon als Folgeprodukt des Uran- und Thoriumzerfalls, das aus dem Erdboden in die Atemluft gelangen kann und sich in Häusern anreichert, das natürliche, radioaktive >Kalium-40<, das zu 0,01 % im natürlichen >Isotopengemisch< des Kaliums vorkommt. Zusätzlich werden ständig durch die >kosmische Strahlung< in der Erdatmosphäre neue radioaktive Stoffe erzeugt (>Tritium<, >Kohlenstoff-14<, >Beryllium-7<, u. a.). Dazu kommen künstliche radioaktive Stoffe, welche durch die >Atombombentests< bzw. das Reaktorunglück von >Tschernobyl< in unsere Umwelt gelangt sind. Hier sind besonders zu erwähnen das >Radionuklid< >Cäsium-137< und das von den Atombombentests herrührende >Strontium-90<.

Umweltrecht. Die Summe der Rechtsnormen öffentlichen und privaten Rechts, die unmittelbar oder mittelbar den Schutz der Umwelt zum Ziel haben. Kein

>Rechtsbegriff<, sondern Querschnittsdisziplin. Daraus folgt, daß der Begriff U. nicht letztgültig abzugrenzen ist, sondern jeweils auf der Basis von Zweckmäßigkeit und Praktikabilität definiert und verstanden wird. Zu den Kernbereichen des U. zählen zumindest das >Abfallrecht<, das >Immissionsschutzrecht<, das >Wasserrecht<, das >Naturschutzrecht<. Aber auch das >Bauplanungsrecht<, das >Raumordnungsrecht<, das >Atomrecht< und andere Rechtsgebiete sind stark umweltrechtlich ausgerichtet. Das U. im weiteren Sinne umfaßt das gesamte Vorschriftenwesen, dessen Ziel ein umfassender, einheitlicher und wirksamer Umweltschutz ist: Rechtsnormen (Gesetze und Rechtsverordnungen), Verwaltungsvorschriften, Technische Regeln, Rechtsprechung. Das derzeitige U. ist – historisch bedingt – auf eine Vielzahl einzelner, nicht näher als U. bezeichneter Rechtsgebiete heterogen verteilt. Es liegt somit in der Willkür jedes Einzelnen, was er unter U. verstanden wissen will. Dementsprechend heterogen stellt sich die verfügbare Literatur zum U. dar. Vor diesem Hintergrund gibt es seit geraumer Zeit von verschiedenen Seiten Bemühungen, die derzeit von Heterogenität gekennzeichnete Rechts- und Begriffslage durch ein umfassendes >Umweltgesetzbuch< zu ersetzen. Erste Arbeitsentwürfe liegen vor. Es ist jedoch nicht absehbar, wann ein umfassendes >Umweltgesetzbuch< rechtsverbindlich für jedermann zur Verfügung steht. U. wird zunehmend auch durch europarechtliche Vorgaben zum U. geprägt, die in nationalem Recht zu berücksichtigen sind.

Umweltschutz. 1. allgemein: Die Ganzheitlichkeit aller Maßnahmen, die notwendig sind, um Menschen eine Basis zu sichern, die für ihre Gesundheit und ihre Überlebensmöglichkeit unter menschenwürdigen Bedingungen erforderlich sind. Daneben sind die Maßnahmen so zu gestalten, daß der langfristige Erhalt der natürlichen Lebensgrundlagen gewährleistet bleibt und bereits entstandene Schäden oder Nachteile durch menschliche Eingriffe beseitigt werden. Umweltschutz wird heute in Deutschland als Staatsaufgabe begriffen. Die Ziele der staatlichen Umweltpolitik sind Schutz und Erhaltung
– von Leben und Gesundheit des Menschen als oberste Verpflichtung jeden staatlichen Handelns,
– von Tieren, Pflanzen, Ökosystemen als natürlichen Existenzgrundlagen des Menschen, wie auch um ihrer selbst willen,
– von Luft, Wasser, Boden, Klima als den natürlichen Ressourcen für vielfältige Nutzungsansprüche des Menschen,
– von Sachgütern als kulturellen und wirtschaftlichen Werten des einzelnen und der Gemeinschaft.
Lange Zeit umfaßte Umweltschutz zwei im politischen und administrativen Bereich weitgehend getrennte Teilbereiche:
a) Schutz des Wohlbefindens und der Gesundheit des Menschen vor Beeinträchtigungen durch direkte Wirkung von Schadstoffen in Atemluft, Trinkwasser und Nahrungsmitteln oder durch Lärm.
b) Schutz der natürlichen Umwelt, also der Ökosysteme im weiteren Sinne, vor Schäden durch menschliche Eingriffe oder stoffliche Belastungen.
Entsprechend der unmittelbaren Betroffenheit des Menschen im ersten Fall hatte dieser Teilbereich zunächst vorrangige Bedeutung, was angesichts der hygienischen Probleme der Trinkwasserversorgung im 19.Jh. und der in der Bundesrepublik noch in den 50er Jahren hohen Luftverunreinigungen in industrialisierten Ballungsgebieten verständlich ist. Hier war der technologische Umweltschutz gefragt, zu dem Abwasserreinigung, Trinkwasseraufbereitung, Luftreinhaltung und Lärmschutz zählen. Der ökologische Umweltschutz gewann erst Bedeutung, als sich in den 60er Jahren die Erkenntnis von der Endlichkeit der Ressourcen und von den Vernetzungen im globalen Energie- und Stoffhaushalt sowie im gesamten Naturhaushalt durchsetzte. Aus ökologischer Sicht ist das Vorsorgeprinzip Handlungsprinzip der Umweltpolitik von besonderer Bedeutung. Während es die Aufgabe des klassischen Umweltschutzes ist, entstandene Schäden zu beseitigen und vorhandene Belastungen zu mindern, versucht die moderne, vorsorgende Umweltpolitik, das Auftreten von Umweltbelastungen von vornherein zu verhindern oder zumindest soweit wie möglich zu vermeiden. >Integrierter Umweltschutz<.
2. anthropozentrischer: Der Zweck des Umweltschutzes besteht nach diesem Ansatz im Schutz der Lebensgrundlagen des Menschen; es geht bei dieser Variante des Umweltschutzes nicht um den Schutz der Umwelt um ihrer selbst willen.
3. Kosten: Der durch Maßnahmen im Zusammenhang mit dem Umweltschutz verursachte, bewertete Güter- und Leistungsverbrauch einer gegebenen Abrechnungsperiode. Dazu gehören diejenigen Kosten, die Gegenstand des betrieblichen Rechnungswesens sind, wie Gemeinkostenumlagen, anteilige Verwaltungskosten und kalkulatorische Kostenbestandteile, z.B. Abschreibungen für Umweltschutzeinrichtungen. Seit etwa zwei Jahrzehnten gewinnen die Umweltschutzkosten bei Staat und Unternehmungen an Gewicht. Eine solche Tendenz wird u.a. durch den wachsenden Anteil der Umweltschutzkosten am Bruttosozialprodukt ausgedrückt, der sich schon in der ersten Hälfte der 70er Jahre über 1% belief. Entsprechend einer Einteilung bei den Umweltschutzinvestitionen können auch die Umweltschutzkosten in produktions- und produktbezogene Bestandteile differenziert werden. Letztere fallen für Maßnahmen an, die durch die Umwelteinwirkung beim Gebrauch oder Verbrauch der Erzeugnisse nötig werden. Um aus den Umweltschutzkosten weitere Schlußfolgerungen ziehen zu können, müssen sie stärker differenziert werden. Dazu bietet sich eine Zuordnung zu den Umweltschutzbereichen Abfallbeseitigung, Gewässerschutz, Lärmschutz und Luftreinhaltung an.

Lit: Umweltpolitik. Bilanz des Bundesministers für Umwelt, Naturschutz und Reaktorsicherheit (1987) Bonn, S.11 – Bick H (1989) Ökologie, Fischer, Stuttgart, S.266–267 – Stölzle W (1990) Erfassung von Umweltschutzkosten, Umweltpol Umweltrecht 4: 379–412.

Umweltschutzbeauftragter. Von einem Betrieb zur Wahrnehmung von Umweltschutzaufgaben bestellte Person. Die Umweltschutzvorschriften kennen jedoch den Begriff Umweltschutzbeauftragter nicht, sondern unterscheiden nach den in den einzelnen Umweltgesetzen verankterten Aufgabenbereichen. So fordert das >Bundes-Immissionsschutzgesetz< von den >Betreibern< best. >genehmigungsbedürftiger Anlagen< die Bestellung eines >Immissionsschutzbeauftragten<. Das >Abfallgesetz< fordert von den Betreibern best. ortsfester Abfallbehandlungsanlagen und abfallerzeugender Anlagen die Bestellung eines >Betriebsbeauftragten für Abfall<.

Umweltschutzgesetze. >Umweltrecht<.

Umweltschutzingenieur. Umweltbezogene Ingenieurstudiengänge können sowohl an Fachhochschulen als auch an Universitäten absolviert werden. Versch. Studienrichtungen wie z.B. ökologische Chemie, physikalische Chemie, Maschinenbau, Bauingenieurwesen etc. können mit dem Schwerpunkt Umweltschutz abgelegt werden. Das Studium Umweltschutz wird auch als Aufbaustudium angeboten. Der Studienführer Umweltschutz des >UBA< gibt hierzu einen Überblick über die umweltbezogenen beruflichen Ausbildungsmöglichkeiten.

Umweltschutzkosten. Das gesamte Bruttoanlagevermögen für Umweltschutz erreichte nach Untersuchungen des >UBA< 1994 (in Preisen von 1991) 99 Mrd. DM (56 % >Luftreinhaltung<, 29 % >Gewässerschutz<, 5 % >Lärmbekämpfung< und 9 % >Abfallbeseitigung<). Bei der öffentlichen Hand erreichte das Bruttoanlagevermögen für Umweltschutz 1994 insgesamt 279 Mrd. DM, davon allein 92 % für Gewässerschutzmaßnahmen (< 0 % Luftreinhaltung, 2 % Lärmbekämpfung und 7 % Abfallbeseitigung).
Für Umweltinvestitionen gab das produzierende Gewerbe 1992 6,3 Mrd. DM aus und hatte umweltschutzbezogene Betriebsausgaben von 12,8 Mrd. DM. Im gleichen Jahr hatten staatliche Stellen Aufwendungen von 12,7 Mrd. DM für Investitionen und 11,8 Mrd. DM für Betriebsausgaben. Insgesamt erreichten damit die Ausgaben des produzierenden Gewerbes und des Staates 1992 1,54 % vom Bruttosozialprodukt. Umweltinvestitionen umfassen hierbei neben Ausgaben für Sachanlagen bzw. Teilen von Sachanlagen, die dem Umweltschutz dienen, auch produktbezogene Umweltinvestitionen für die Produktion von Erzeugnissen, die bei ihrer Verwendung eine geringere Umweltbelastung hervorrufen. Durch Steuerbegünstigungen, Zuschüsse und zinsverbilligte Darlehen werden Umweltinvestitionen insgesamt gefördert.

Umweltschutzpapier. 1. Bezeichnung für Recyclingpapier, nicht immer zutreffend; 2. Papier aus umweltfreundlicher Produktion, z.B. ungebleicht, recyclinggeeignet, geringe Umweltbelastung durch das Herstellungsverfahren.

Umweltschutzrecht. >Umweltrecht<.

Umweltschutztechnik. Technische Maßnahmen zur umweltschonenden Produktion, Vermeidung des Entstehens von >Emissionen< und >Abfällen<, >Abgas-< und >Abwasserreinigung<, zum >Energiesparen< etc. S.a. >umweltfreundliche Technologie<.

Umweltschwankungen. Periodische oder unregelmäßige Veränderungen >ökologischer Faktoren< mit entsprechenden Folgen für große Gebiete, in der Regel für mehrere >Ökosysteme<. Sie können natürlich oder durch den Menschen verursacht sein, z.B. Klimaschwankungen.

Umweltstabilisierung. Ziel vieler >Umweltschutzmaßnahmen<. Dahinter steht der Gedanke, daß die natürliche >Umwelt< in den >Ökosystemen< mit ihrer Fähigkeit zur Selbstregulierung durch die Einwirkung des Menschen zerstört wird und damit diese Regulationsfähigkeit verloren geht. Eine Stabilisierung, d.h. hier eine Beendigung der >Umweltzerstörung<, ist dann nur durch den Menschen möglich. Dies wird deutlich im urbanen Bereich; >Umweltveränderung<.

Umweltstandards. Quantifizierbare Einzelziele der angestrebten Umweltqualität. Sie können in drei Kategorien eingeteilt werden: a) Gesetzlicher Umweltstandard (>Grenzwert<); z.B. Grenzwert aus der Großfeuerungsanlagenverordnung. b) Politisch-programmatischer Umweltstandard (>Programmwert<); z.B. Gewässergüteklassen nach dem Saprobiensystem. c) Wissenschaftlich-fachlicher Umweltstandard (>Diskussionswert<, >Richtwert< u.a.); z.B. Minimalareale zur Erhaltung bestimmter Biotoptypen.

Umweltsteuer. Vom Bundesumweltminister diskutierte Kraftfahrzeugsteuer, wonach nicht mehr der Hubraum des Motors, sondern die umweltrelevanten Eigenschaften wie >Abgas-< und >Geräuschemissionen<, der >Kraftstoffverbrauch<, die Leistung und das Gewicht des Fahrzeugs besteuert werden sollen.

Umwelttelefon. Zahlreiche Kommunen und Ministerien haben ein Umwelttelefon eingerichtet, als Ansprechstelle für Fragen, Beschwerden und Anregungen von Bürgern zu Umweltschutzbelangen.

Umwelttoxikologie. >Ökotoxikolgie<.

Umweltüberwachung. Gesamtheit der Maßnahmen zur Überwachung der >Umweltmedien< zum frühzeitigen Erkennen von >Umweltschäden<. Der Umweltüberwachung dienen u.a. die >Luftmeßnetze< des Bundes und der Länder, >Wirkungskataster<-Untersuchungen, >epidemiologische< Untersuchungen, >Gewässergüte<messungen, Bodenuntersuchungen, >Arten-< und >Biotop<erfassungen und im weitesten Sinne auch Untersuchungen zu den Spurenstoffen in der >Stratosphäre<.

Umwelt- und Ressourcenökonomik. Teilgebiet der Wirtschaftswissenschaft, das sich mit den Interdependenzen zwischen Wirtschaft und Natur auseinandersetzt und die ökonomisch relevanten Veränderungen in der Natur untersucht. Ausgangspunkt ist die Einsicht, daß die Natur grundlegende ökonomische Funktionen erfüllt. Sie liefert erschöpfliche Ressourcen (wie die traditionellen Energieträger Öl, Kohle und Erdgas sowie mineralische Rohstoffe) und erneuerbare Ressourcen (wie Holz, Pflanzen, Wild und Fische) für die Produktion und den Konsum und sie nimmt Schadstoffe auf und assimiliert diese. Untersuchungsgegenstand der Umweltökonomik ist das Phänomen der >externen Effekte<. Danach liegt die Ursache des Umweltproblems darin, daß der Betreiber einer umweltschädigenden Aktivität bei Dritten >Opportunitätskosten< verursacht, die er bei der Entscheidung über die Qualität und das Ausmaß seiner Aktivität nicht berücksichtigt. Werden externe Effekte verursacht, so erreicht der Marktmechanismus keine volkswirtschaftlich optimale >Allokation< der knappen Ressourcen (>Marktversagen<). Durch >Internalisierung externer Effekte< soll die Fähigkeit des Marktsystems, volkswirtschaftlich optimale Gleichgewichte zu erzeugen, dadurch wiederhergestellt werden, daß die externen Effekte bewertet (>Bewertungsverfahren<) und dem >Verursacherprinzip< entsprechend den Betreibern umweltschädigender Aktivitäten angelastet werden. Dabei unterscheidet man drei idealtypische Internalisierungsstrategien: die Zuweisung von Eigentumsrechten, die es Schädigern und Geschädigten erlauben, das jeweilige Ausmaß an Umweltbelastung durch private Verhandlungen über entsprechende Kompensationszahlungen festzulegen (>Coase-Theorem<); haftungsrechtliche Ansätze, bei denen der Gesetzgeber explizit bestimmt, unter welchen Voraussetzungen der Verursacher eines externen Effektes die Geschädigten kompensieren muß (>Umwelthaftung<); und die >Pigou-Steuer<-Lösung, wonach die Verursacher von Umweltschäden mit einer Steuer zu belegen sind, die gerade dem Grenzschaden im Optimum entspricht. Wegen der Schwierigkeiten, eine vollständige Internalisierung externer Effekte praktisch durchzuführen, untersucht die Umweltökonomik sog. standardorientierte Instrumente. Dabei wird auf die anspruchsvolle Zielsetzung einer umfassenden Internalisierung verzichtet. Stattdessen wird hier lediglich die Realisierung eines politisch vorgegebenen und nicht notwendigerweise optimalen Umweltstandards verfolgt. Dabei sind zwei Entscheidungen zu treffen: Zunächst ist das anzustrebende Niveau an Umweltschutz im jeweiligen Einzelfall festzulegen; dies erfordert eine Erfassung und Bewertung der Nutzen und Kosten umweltentlastender Maßnahmen, die in der Praxis mit zahlreichen Abgrenzungs-, Informations- und Bewertungsproblemen verbunden ist (>Bewertungsverfahren<, >Kosten-Nutzen-Analyse<). Anschließend ist eine Entscheidung darüber zu treffen, durch welche konkreten Instrumente diese >Umweltstandards< realisiert werden sollen. Als standardorientierte Instrumente gelten >Umweltauflagen<, >Umweltabgaben< und >Umweltzertifikate<. Weil die Umweltschäden bei Abgaben und Zertifikaten über einen preisanalogen Hebel gesteuert werden, werden diese als „marktorientierte Instrumente" (>Marktkonformität<) bezeichnet. Die Umweltökonomik untersucht die Eignung standardorientierter Instrumente mit Hilfe verschiedener Kriterien. Damit werden Informationen darüber gewonnen, welche Instrumente bei spezifischen Umweltproblemen vorrangig eingesetzt werden sollen. Zentrale umweltökonomische Beurteilungskriterien sind die >ökonomische Effizienz<, die >dynamische Anreizwirkung< und die >ökologische Treffsicherheit<. Außerdem spielen die Kriterien der Wettbewerbsneutralität, politischen Akzeptanz und Administrierbarkeit eine wichtige Rolle bei der ökonomischen Bewertung umweltpolitischer Instrumente. Die Analyse ergibt, daß es kein ideales umweltpolitisches Instrument gibt, das bezüglich aller Beurteilungskriterien überlegen ist. Allerdings weisen die marktorientierten Instrumente, insbesondere bezüglich der Effizienz und der dynamischen Anreizwirkung Vorteile auf. Die Ressourcenökonomik beschäftigt sich vorwiegend mit der Natur als Rohstofflieferant. Untersuchungsgegenstand ist das intertemporale Allokationsproblem: Wie kann der Tatsache Rechnung getragen werden, daß die gegenwärtige Nutzung natürlicher Ressourcen deren Nutzungsmöglichkeiten in der Zukunft beeinflußt? Es geht also darum, Konzepte für eine aus anthropozentrischer Sicht effiziente intertemporale Allokation erschöpflicher und regenerierbarer Ressourcen zu entwickeln. Die erschöpflichen Ressourcen sind dadurch charakterisiert, daß ihr Gesamtbestand in dem für menschliche Planungen relevanten Zeitraum vorgegeben ist. Die Nutzung heute schließt eine zukünftige Nutzung aus. Hier konkurrieren Gegenwart und Zukunft vollständig um die Nutzung der Ressourcen. Für bestimmte erschöpfliche Ressourcen, z.B. Metalle, kann die zeitliche Nutzungskonkurrenz jedoch durch >Recycling< abgemildert werden. In der Ressourcenökonomik wird ein optimaler Abbaupfad angestrebt, der dadurch charakterisiert ist, daß der Net-

togrenznutzen aus der Ressource im Laufe der Zeit mit einer Rate wächst, die der sozialen Diskontrate entspricht (Hotelling-Regel). Es zeigt sich, daß in der Realität der unkorrigierte marktwirtschaftliche Abbaupfad vom optimalen (bzw. wirtschaftspolitisch erwünschten) Pfad abweicht. Um die Möglichkeiten staatlicher Korrekturen auszuleuchten, untersucht die Ressourcenökonomik eine Reihe von ressourcenpolitischen Instrumenten. Insbesondere werden die Allokations- und Verteilungswirkungen von mengen-, zins-, steuer-, eigentums- und informationspolitischen Maßnahmen analysiert. Erneuerbare Ressourcen vermehren sich in dem für die menschliche Planung relevanten Zeitraum. Die Wachstumsrate des Bestandes hängt von vielen Determinanten ab, insb. von der Größe des Bestandes selbst. Der Zusammenhang zwischen gegenwärtiger Nutzung und zukünftiger Nutzungsmöglichkeit ist daher bei erneuerbaren Ressourcen komplexer als bei erschöpflichen. Der Frage nach dem optimalen und gleichgewichtigen „Abbaupfad" in der Ökonomik erschöpflicher Ressourcen entspricht in der Ökonomik erneuerbarer Ressourcen die Frage nach dem optimalen „Erntepfad". Im Vordergrund der Betrachtung stehen hierbei bio-ökonomische Gleichgewichte, bei denen in jedem Zeitpunkt eine dem Regenerationszuwachs des Bestandes entsprechende Menge geerntet wird. Bei dieser Lösung bleibt der Ressourcenbestand auf Dauer unangetastet. Es muß jedoch darauf hingewiesen werden, daß durchaus ökonomische Gleichgewichte (und sogar Optima) denkbar sind, die die Bedingung der Bestandserhaltung nicht erfüllen. Hier ergibt sich also das (womöglich kontraintuitive) Phänomen der optimalen Ausrottung einer erneuerbaren Ressource. Diese Überlegungen führen zum Konzept der >nachhaltigen Entwicklung<, das seit Ende der achtziger Jahre eine dominierende Rolle in der Ressourcenökonomik und weit über diese hinaus spielt.

Lit: Endres A, Querner I (1993) Die Ökonomie natürlicher Ressourcen. Wissenschaftliche Buchgesellschaft, Darmstadt – Endres A (1994) Umweltökonomie. Wissenschaftliche Buchgesellschaft, Darmstadt – Siebert H (1983) Ökonomische Theorie natürlicher Ressourcen. J. C. B. Mohr, Tübingen.

Umweltveränderung. Folge von >Umweltschwankungen< oder >Umweltzerstörungen<. Ein Beispiel dafür ist der Anstieg des CO_2-Gehalts in der Luft als Ursache für den >Treibhauseffekt<.

Umweltverbände. Zusammenschlüsse von Bürgern, die an Umweltfragen interessiert sind, z.B. >BUND<. Die wachsenden Mitgliederzahlen der Umweltverbände dokumentieren, daß immer mehr Bürger aktiv an Lösungsmöglichkeiten für Umweltprobleme, an der Planung umweltbedeutsamer Maßnahmen und bei der Vermittlung konkreter Verhaltensalternativen mitarbeiten möchten. Dabei ist zu unterscheiden zwischen Umweltverbänden, die an einer konstruktiven Mitarbeit zur gemeinsamen Lsg. drängender Umweltprobleme interessiert sind, und (oft regionalen) Umweltverbänden, die nur zum Zweck der Verhinderung einer umweltbedeutsamen Maßnahme an einem best. Ort gegründet wurden. Ein Verzeichnis der regionalen und überregionalen Umweltverbände ist beim >UBA< erhältlich.

Umweltverschmutzung. Folge der negativen Beeinflussung unserer >Umwelt< durch den Menschen. Der Begriff wird oft eingegrenzt auf die Belastungen, die der Gesundheit des Menschen schaden.

Umweltverträglichkeitsprüfung (UVP). 1. juristisch: Unselbständiger Teil verwaltungsbehördlicher Verfahren, die der Entscheidung über die Zulässigkeit von Vorhaben dienen. Die U. umfaßt die Ermittlung, Beschreibung und Bewertung der Auswirkungen eines Vorhabens auf 1) Menschen, Tiere und Pflanzen, Boden, Wasser, Luft, Klima und Landschaft, einschließlich der jeweiligen Wechselwirkungen, 2) Kultur- und sonstige Sachgüter (s. § 2 Abs. 1 des Gesetzes über die U. vom 12.02. 1990, BGBl. I S. 205). Der U. unterliegen bestimmte Vorhaben; sie werden in einer Anlage zum Gesetz aufgeführt. Der Anwendungsbereich des Gesetzes ist wesentlich schmaler als häufig angenommen; eine U. findet z. B. bei fast allen Vorhaben, die Kommunen durchführen, nicht statt.
2. Gesetzgebung: Der Bundestag hat mit Datum vom 12.02. 1990 das Gesetz zur Umsetzung der Richtlinie des Rates vom 27.06. 1985 über die UVP bei bestimmten öffentlichen und privaten Projekten beschlossen. Es soll dadurch sichergestellt werden, daß Umweltvorsorge nach einheitlichen Grundsätzen durchgeführt wird. Auswirkungen auf die Umwelt sollen frühzeitig ermittelt und bewertet werden. Aufgeführt werden u. a. Abwasserreinigungsanlagen, Bundesfernstraßen, Bundeswasserstraßen, Industrieanlagen der verschiedensten Zweige.

Umweltverwaltungsrecht. Derjenige Teil des >Umweltrechts<, der als Verwaltungsrecht (also nicht als Verfassungsrecht oder Privatrecht) zu qualifizieren ist; das ist der wesentliche Teil des Umweltrechts.

Umweltvölkerrecht. Derjenige Teil des Völkerrechts (das ist im wesentlichen das Recht, welches die Rechtsbeziehungen zwischen den Staaten regelt), der einen Bezug zu Umwelt hat, z. B. Regelungen über grenzüberschreitende Luftverschmutzungen.

Umweltwärme. (Syn. Umgebungswärme). Die in der Luft, im Grund- und Oberflächenwasser und im Boden gespeicherte >Sonnenenergie<. Seit Ende der 70er Jahre wird die U. mittels >Solarabsorber< oder >Wärmepumpen< technisch genutzt. Die U. kann z. B. zur Raumheizung und Warmwasserbereitung genutzt werden. Als Wärmequellen kommen in Frage: *Grundwasser*, das eine fast konstante Temperatur von ca. 7 bis 10 °C hat und sich somit als günstige, über das ganze Jahr gleichbleibende Wärmequelle eignet; *Oberflächenwasser* (Fluß- und Seewasser), dessen Nutzung jedoch auf Objekte in unmittelbarer Nähe begrenzt ist; außerdem ist die Temperatur kleinerer Gewässer relativ stark von der Jahreszeit abhängig; *Luft*, die immer als Wärmequelle zur Verfügung steht (lediglich bei Temperaturen unter 0 °C können Probleme auftreten); *Erdreich*, dessen Wärme entweder mit vertikalen Tiefensonden oder mit horizontal verlegten Röhrensystemen dem Boden entzogen werden kann.
Lit: Weber R (1986) Erneuerbare Energie. Taschenlexikon, 1. Aufl., Olynthus, Oberbözberg – BMWI – Öffentlichkeitsarbeit (Hrsg.) (1994) Erneuerbare Energien verstärkt nutzen, 2. Auflage.

Umweltzeichen. 1977 haben der Bundesminister des Innern und das >Umweltbundesamt< das Umweltzeichen zur Kennzeichnung umweltfreundlicher Produkte geschaffen. Gekennzeichnet durch den >blauen Engel<, das Umweltsymbol der Vereinten Nationen, kann sich der Verbraucher beim Einkauf für Produkte entscheiden, die im Vergleich zu konkurrierenden Erzeugnissen geringere >Umweltbelastungen< verursa-

chen. Die Kriterien werden im Rahmen von Expertenanhörungen ausgearbeitet und von einer unabhängigen Jury beschlossen. Zeitlich befristete Zeichennutzungsverträge sind von den >Herstellern< mit dem Deutschen Institut für Gütesicherung und Kennzeichnung e. V. (RAL) abzuschließen. Das Umweltzeichen kann u. a. für folgende Produktgruppen erworben werden: Recyclingpapier, schadstoffarme Lacke, blei- und chromatarme Korrosionsschutzmittel, lärmarme Motor-Rasenmäher, Staubsauger sowie Altglas-Container, lärm- und emissionsarme Omnibusse und Lkw, emissionsarme Ölzerstäubungsbrenner, Gas-Spezialheizkessel, Gas-Gebläsebrenner-Kessel-Kombinationen, Kombi-Wasserheizer sowie Umlauf-Wasserheizer, emissionsarme und energiesparende Ölbrenner-Kessel-Einheiten, formaldehydarme Werkstoffe für den Innenausbau, runderneuerte Reifen etc. Bei zahlreichen Produktgruppen hat das Umweltzeichen zu deutlichen Nachfrageverschiebungen geführt und damit seine >ökologische< und ökonomische Bedeutung dokumentiert. Viele Produktgruppen, für die in der Vergangenheit das Umweltzeichen vergeben wurde, sind zwischenzeitlich selbstverständlicher Standart wie z. B. >FCKW<-freie >Spraydosen<, >asbest<freie Bodenbeläge, asbestfreie Bremsbeläge etc.

Umweltzertifikate. Umweltpolitisches Instrument zur marktkonformen Beeinflussung der Umweltbelastung. Ausgangspunkt ist die politische Fixierung der Gesamtemission einer Region. Der Staat verbrieft sodann die Rechte auf >Emission< je eines Teils dieser Gesamtemission in Form von Emissionszertifikaten. Nur wer solche Zertifikate besitzt, darf in dem dadurch festgelegten Umfang >Schadstoffe< emittieren. Die Zertifikate können verkauft (z. B. versteigert) oder ohne Gegenleistung an die bisherigen >Emittenten< abgegeben werden. Sie können befristet oder unbefristet sein. Die Zertifikate sind frei handelbar. Von Unterschieden in der technischen Ausgestaltung abgesehen, ist bei U. die >ökologische Treffsicherheit< hoch, die >ökonomische Effizienz< sichergestellt und die >dynamische Anreizwirkung< gegeben. Das Umweltqualitätsziel wird erreicht, da die absolute Emissionsmenge beschränkt ist. Die Steuerung erfolgt durch die Festlegung der Regionen, in denen freier Zertifikatshandel möglich ist (s. a. >Glockenkonzept<, >Ausgleichskonzept<). Das globale Steuerungsinstrument ist die Verknappung durch automatische Entwertung bzw. Befristung oder durch Ankauf von Lizenzen durch den Staat. Problematisch ist die Kontrolle, ob den tatsächlichen Emissionen eines Unternehmens eine entsprechende Menge an Lizenzen entspricht. Es ist sichergestellt, daß der ökologische Standard zu minimalen >sozialen Kosten< erreicht wird; da die Lizenzpreise im Idealfall reine Knappheitspreise sind, findet eine optimale >Allokation< statt. Die Allokationswirkungen sind im Totalmodell (>Allgemeine Gleichgewichtsanalyse<) sogar noch besser als bei >Umweltabgaben<, da hier keine öffentlichen Einnahmen erzielt werden, deren Verausgabung allokationsverzerrend wirkt. Auch die >dynamische Anreizwirkung< ist gegeben. Die Anregung von Such- und Entdeckungsprozessen hängt aber ausschließlich vom aktuellen und dem erwarteten Lizenzkurs ab. Werden die Zertifikate nicht automatisch abgewertet oder staatlich aufgekauft, führt eine verbesserte Umweltschutztechnologie zu einer geringeren Inanspruchnahme der Umwelt und so zu einer Entknappung. Da hierdurch der Lizenzkurs sinkt, ver-

ringert sich allerdings die dynamische Anreizwirkung. Andererseits ergibt sich ein Vorzug im Zusammenhang mit dem Wirtschaftswachstum: Wachstum bedeutet i.d.R., daß die Beanspruchung der Umwelt steigt; dies führt automatisch zu einer Verknappung und zu Preissteigerungen auf den Zertifikatsmärkten, so daß Wachstum nur bei gleichzeitig verbessertem Umweltschutz möglich ist. Gegen den Einsatz von U. werden, je nach technischer Ausgestaltung, versch. wettbewerbspolitische Bedenken erhoben. Werden z.B. die Zertifikate frei an die Altemittenten vergeben, so bedeutet dies eine Marktzutrittsbarriere für alle Unternehmen, die ebenfalls diesen Schadstoff emittieren müssen. Durch geeignete Ausgestaltung der Zertifikate und das Halten einer staatlichen Zertifikat-Reserve für Neuansiedlungen wären die von dem Zertifikatansatz ausgehenden Wettbewerbsbeschränkungen jedoch zu begrenzen.
Lit: Endres A (1994) Umweltökonomie. Wissenschaftliche Buchgesellschaft, Darmstadt.

Unbestimmter Rechtsbegriff. In Verwaltungsgesetzen häufig verwendete Kategorie von Begriffen, die der gerichtlichen Interpretation offenstehen, z.B. öffentliche Sicherheit, Eignung, Befähigung.

Unden. Ein bienengefährliches Insektizid aus der Gruppe der Carbamate, das saugende und fressende Insekten als Kontakt- und Fraßgift erfaßt. Die Wirkungsdauer ist relativ kurz. Der Abbau im Warmblüterorganismus erfolgt schnell. Unden wird auf Kulturen von Gemüse, Obst, Getreide, Kartoffeln und Rüben eingesetzt. Wegen der schnellen Abbaubarkeit ist der Einsatz auch im Haus, in Nahrungsmittelbetrieben und gegen Ektoparasiten auf Haustieren möglich.

Unfälle. Insbesondere Straßenverkehrsunfälle stellen für die jüngere Bevölkerung (überwiegend für das männliche Geschlecht) eine herausragende >Todesursache< dar. Bei den 15- bis 24jährigen war der Verkehrsunfall 1986 mit über 40% Haupttodesursache, bei den 5- bis 14jährigen liegt der Anteil zwischen 21 und 28%.
Lit: Eimeren W van (1989) Zukunftsperspektiven des öffentlichen Gesundheitsdienstes Baden-Württemberg (Gutachten).

Unfall, größter anzunehmender. >GAU<.

Unfall, radioaktiver. Ereignisablauf, der für eine oder mehrere Personen eine >Strahlenexposition< zur Folge haben kann, die den in der Strahlenschutzverordnung festgelegten Grenzwert übersteigt, z.B. mehr als 50 mSv effektive Dosis.

Unfallquote. Bezogene Zahl von Unfällen, z.B. auf die Verkehrsleistung oder Bevölkerungszahl.

Unfallrisiko. Bezeichnet das >Risiko< (= stochastisches Produkt aus Schaden mal dessen Eintrittswahrscheinlichkeit), das durch nicht vorhergesehene Ereignisabläufe besteht. In bezug auf die Umwelt sind damit >Emissionen< von Schadstoffen aus einer Anlage bezeichnet, die nicht durch den bestimmungsgemäßen Normalbetrieb mit üblicherweise hohen Kurzzeitemissionen entstehen. In der Öffentlichkeit wird bei Schadstoffemissionen das Unfallrisiko stärker wahrgenommen als Normalbetriebemissionen, oder der Normalgebrauch von Schadstoffen durch Verbraucher, obwohl letztere meist das größere Risiko darstellen. Für technische Anlagen mit ausgewählten gefährlichen Stoffen soll das Unfallrisiko durch die >Störfallverordnung< kontrolliert werden.

Unfallverhütung. Maßnahmen durch aktive und passive >Fahrzeugsicherheit< zur Vermeidung von Unfällen und zur Minderung ihrer Folgen.

Ungeregelter Katalysator. (U.-Kat.). Unrichtige volkstümliche Bezeichnung für ein Motorsystem mit ungeregelter >Gemischbildung< und >Katalysator<. Wird für >bedingt schadstoffarme Fahrzeugkonzepte< eingesetzt.

Ungras. >Unkraut< aus der Familie der Gräser (Poaceae).

Unit-World. Standard-Umweltmodell, das die Umwelt in sechs >Kompartimente< einteilt: Luft, Wasser, Boden, Sediment, suspendiertes Sediment und Gesamt-

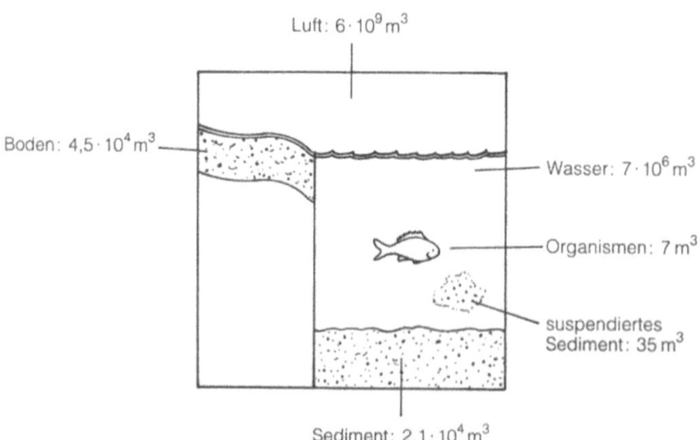

Unit-World: Schematische Darstellung der Unit-World

heit der Organismen (in der Regel angegeben als Fische). Die Vol. der einzelnen Kompartimente (s. Abb. S. 1226) wurden willkürlich festgelegt, sind aber bezüglich ihres Verhältnisses zueinander den realen Verhältnissen angepaßt. Verwendet wird dieses Modell zur Berechnung der Verteilung von Umweltchemikalien bzw. zur Prognose ihres Verhaltens im Rahmen von Expositionsanalysen.

Universalindikator. Bezeichnung für Indikatoren, die über einen weiten pH-Bereich ständig wechselnde Farbumschläge zeigen. Sie setzen sich allg. zus. aus einer Mischung verschiedener org. Farbstoffindikatoren und können in Form von Lösungen oder Teststäbchen eingesetzt werden. U. eignen sich zur raschen Orientierung des >pH-Wertes< innerhalb eines großen Bereiches, wobei ihre Meßgenauigkeit bedeutend geringer ist als bei Verwendung einfacher Indikatoren. Ein U. besteht z.B. aus bestimmten Mischungsverhältnissen von Methylrot, Phenolphthalein, Thymolblau und Bromthymolblau, die Farbumschläge von rot (pH 3) über orange, gelb, grün, blau bis violett (pH 10) zeigen.

Unkraut. Pflanzen, die dort, wo sie auftreten, mehr schaden als nützen. Unkräuter lassen sich nach ihrer Lebensdauer gliedern: *annuell* = einjährig: Entwicklung im Normalfall im Laufe eines Jahres nach der Keimung mit dem Tod nach der Samenbildung abgeschlossen (Beispiel: Flughafer). Winterannuelle Pflanzen keimen bevorzugt im Herbst und beenden ihre Entwicklung im Laufe des nächsten Jahres (Beispiel: Windhalm). In Sommertracht überwinternde Arten können mehr oder weniger während des ganzen Jahres keimen, blühen und fruchten. Einjährige Unkräuter werden häufig als Samenunkräuter bezeichnet. Bei Verwendung dieses Begriffes ist nicht zu vergessen, daß der Begriff Samenpflanzen in der Botanik zur Unterscheidung von sporenbildenden Pflanzen dient. *bienn* = zweijährig: Entwicklung über zwei Vegetationsperioden, dann nach der Samenbildung Tod. Bienne Pflanzen können bei Verhinderung der Samenbildung, beispielsweise durch Abschneiden der Blütenstände, zu mehrjährigen Pflanzen werden (Beispiel: Wiesenkerbel). *perenn* = mehrjährig: Mehrjährige Entwicklung wird mit dem Tod nach der Samenbildung abgeschlossen. Mehrmals generative Phase im Laufe der mehrjährigen vegetativen Entwicklung möglich, wobei ältere Pflanzenteile meist im Laufe der Zeit absterben (Beispiel: Quecke). Die Grenze zwischen Wachstum und vegetativer Vermehrung ist in diesen Fällen fließend. Ausdauernde Unkräuter werden häufig wenig zutreffend als Wurzelunkräuter bezeichnet. Kulturpflanzen können zu Unkräutern werden, wenn generative oder vegetative Vermehrungseinheiten nicht vollständig geerntet werden (Ernteverluste, Aussamen von Schosserrüben), im Boden überdauern, in nachfolgenden Kulturen auflaufen und dann teilweise schwierig zu bekämpfen sind (Unkrautrüben, Ausfallgetreide und -raps, Kartoffeldurchwuchs). (Aus DPG-Glossar.)

Lit: Börner H (1995) Unkrautbekämpfung. Fischer-Verlag, Jena.

Unkrautbekämpfung. Verminderung der Verunkrautung durch Acker- und Wiesenunkräuter (>Unkraut<, >Selektivität<) auf eine Stärke, bei welcher der Schaden geringer ist als der Nutzen, wobei die Aufwendungen die zu erwartenden augenblicklichen und langfristigen Wertverluste nicht überschreiten dürfen (>Schadensschwelle<). Unkrautbekämpfung ist demnach

nicht unbedingt gleichbedeutend mit vollständiger Unkrautvernichtung. Es handelt sich vielmehr darum, unerwünschten Pflanzenwuchs als Konkurrent um Wasser, Nährstoffe und Licht bei der Produktion von Nutzpflanzen mit Hilfe biologisch und wirtschaftlich gerechtfertigter Mittel unter Kontrolle zu bringen. Die wichtigsten Methoden oder Verfahren der Unkrautbekämpfung sind:

- Vorbeugende Maßnahmen (z.B. Auswahl des für Klima, Standort, Absatz und Rentabilität zweckmäßigsten Bodennutzungs- und Fruchtfolgesystems).
- Mechanische Verfahren (Pflügen, Fräsen, Grubbern, Eggen, Hacken, Jäten und sonstige Verfahren wie Abmähen, Abdecken durch Mulchen, Abdunkeln mit schwarzen Folien oder Überfluten wie im Reisanbau).

Die mechanischen Verfahren, d.h. die verschiedenen Phasen und Arbeitsvorgänge bei der Nutzpflanzenproduktion, die Bearbeitung und Pflege des Bodens als Grundlage des Pflanzenbaus, sind von alters her die wichtigsten Maßnahmen zur Unkrautbekämpfung.

- Physikalische Verfahren (z.B. durch Gamma-, UHF-, Laser- oder Wärmestrahlung).
- Biologische Verfahren, bei denen bezweckt wird, durch Verwendung anderer pflanzlicher oder tierischer Organismen, d.h. mit Hilfe von >Antagonisten<, bestimmte Unkrautarten in ihrer Entwicklung und Vermehrungsfähigkeit zu hemmen bzw. zu bekämpfen.
- Chem. Verfahren: Die chem. Unkrautbekämpfung ist der jüngste Zweig des chem. Pflanzenschutzes, obwohl bereits um die Jahrhundertwende versch. Chemikalien (Kupfer- und Eisensulfat, Schwefelsäure oder Natriumchlorat) zur selektiven Unkrautbekämpfung verwendet wurden. Diese „anorganischen >Herbizide<" haben auch heute noch eine – wenn auch beschränkte – Bedeutung. Erste Versuche zur Verwendung von „Organischen Herbiziden< wurden 1932/33 in Frankreich mit den sog. Gelbspritzmitteln (Dinitrophenol-Derivate) durchgeführt. 1941 wurden die wuchsstoffähnlichen Substanzen wie > 2,4-D< und >MCPA< entwickelt. Nach dem 2. Weltkrieg lief dann die industrielle Produktion an. Die explosionsartige Entwicklung setzte etwa 1950 ein, bedingt durch die Änderung der sozialen Struktur (Urbanisation) und des schwindenden Arbeitskräftepotentials in der Landwirtschaft, aber auch durch Änderung der Anbaumethoden (z.B. Rein-Kulturen, Fruchtfolgegestaltung). Heute stehen in der Bundesrepublik Deutschland rund 130 herbizide Wirkstoffe mit einigen hundert Handelsprodukten für zahlreiche Anwendungsgebiete zur Verfügung, wobei das Hauptanwendungsgebiet auf landwirtschaftlich genutzten Flächen liegt.

Lit: Hock B, Fedtke C, Schmidt RR (1995) Herbizide – Entwicklung, Anwendung, Wirkungen, Nebenwirkungen (Kap.1, Pflanzenbau und Pflanzenschutz, S.1–21). Georg Thieme Verlag, Stuttgart New York – Börner H (1995) Unkrautbekämpfung. Fischer-Verlag, Jena.

Unkrautbekämpfungsmittel. Sie lassen sich in physikalische (z.B. Abflammen), biol. (z.B. durch Nutzung phytophager Insekten) und chem. (>Herbizide<) Bekämpfungsmittel unterteilen. Bei den Herbiziden unterscheidet man Totalherbizide, die den gesamten Pflanzenwuchs vernichten (z.B. >Paraquat< und >Glyphosat<), und Selektivherbizide, die nur best. >Pflanzengruppen< angreifen (z.B. > 2,4-D< gegen dikotyle Unkräuter im Rasen, Tordon gegen >Ungräser< im

Getreide, Asulam gegen Adlerfarn). Nach der Art der Aufnahme und der Applikation trennt man Blatt- und Bodenherbizide, nach dem Zeitpunkt der Ausbringung >Vorlauf<herbizide und >Nachlauf<herbizide. Nach der Wirkungsweise wird zwischen Kontaktherbiziden, die als Ätzmittel die Pflanzengewebe am Ort des Auftreffens zerstören (z.B. Paraquat), und systemischen Herbiziden unterschieden, die nach Aufnahme über >Wurzel< oder >Blatt< und Transport über die Leitungsbahnen den >Stoffwechsel< (z.B. >Atrazin< als >Photosynth.-Hemmer< oder das >Wachstum< (z.B. 2,4-D) stören.

Unkrautbesatz. Die Bestandsdichte von >Unkräutern< auf einem begrenzten Gebiet.

Unkrautdruck. Belastung pflanzlicher Kulturen durch >Unkräuter<. Die Schadwirkungen kommen nicht nur durch zusätzlichen >Nährstoff-< und Lichtentzug, sondern auch durch allelopathische Effekte zustande.

Unkrautflora. Die Gesamtheit aller Unkräuter-Pflanzenarten eines Gebietes.

Unkrautpotential. Die Ausbildung einer >Unkrautflora< in einem Gebiet unter gegenwärtigen Umweltbedingungen, wenn der Mensch nicht eingreifen würde.

Unland. >Ödland<.

UN-Nummer. In der unteren Hälfte der >Warntafel< von Tankfahrzeugen ist die dem >Stoff< oder einer Stoffgruppe best. Eig. von einer UN-Expertenkommission zugeordnete *Stoff-Nummer* (offizielle Bezeichnung) aufgeführt. Diese vierstellige Zahl wird international benutzt, um auf Unfallmerkblättern und Warntafeln, die beim Transport mitgeführt werden müssen, das >Gefahrgut< eindeutig zu identifiziren (z.B. Nummer zur >Kennzeichnung< des Stoffes *Natrium*: 1428).
In steigendem Maße werden in internationalen und nationalen Vorschriften die darin enthaltenen Rechtsnormen für Gefahrgüter an die *UN-Liste* angeglichen. Die dort festgelegte Nummer wird in der Praxis oft als Definitionshilfe für chem. Stoffe verwendet, neben den offiziellen UN-Bezeichnungen.
In der „List of Dangerous Goods most commonly carried" sind Stoffe oder >Erzeugnisse< in aufsteigender Reihenfolge aufgelistet und hinsichtlich ihrer >Gefahrenklassen< und Verpackungsgruppen aufgeführt. Die Zahlen unter 1.000 sind explosiven Gütern vorbehalten. Die anderen chem. Stoffe (und Gegenstände) folgen (ab 1001) in alphabetischer Reihenfolge. (s. Abb. Bedeutung der >Warntafel<-Kennziffern).
Lit: Kühn R, Birett K (1991) Gefahrgut-Schlüssel, 14.Ausg., ecomed, Landsberg/Lech – Hommel G (1987) Handbuch der gefährlichen Güter, Springer, Heidelberg.

unter Tage, untertägig. Räumliche Angabe aus dem bergmännischen Sprachgebrauch, im Sinn etwa „unterhalb der Erdoberfläche".

Unterboden. Allgemeine Bezeichnung für den Teil des Bodens, der zwischen dem Oberboden (dem bearbeiteten oder durchwurzelten Horizont) und dem Untergrund (Ausgangsgestein) liegt.

Untergrundspeicher. Anlage zur unterirdischen behälterlosen Speicherung von Gasen, Flüssigkeiten und festen Stoffen mit Ausnahme von Wasser. >Kaverne<.

Unterhangbereich. Bereich eines Hanges mit abnehmender Hangneigung, wo die >Sedimentation< des

oberhalb erodierten Bodenmaterials beginnt (>Bodenerosion<).

Unterkorn. Teilchen eines >Kornhaufwerks< mit Durchmessern unterhalb eines spezifizierten Grenzwerts.

Unterkritische Anordnung. Anordnung aus >Spaltstoff< und evtl. >Moderator<, deren >Multiplikationsfaktor< unter 1 liegt und in der somit keine >Kettenreaktion< aufrechterhalten werden kann.

Unterkritische Masse. >Spaltstoff<menge, die in ihrer Menge unzureichend oder in der Geometrie so angeordnet ist, daß sich in ihr eine >Kettenreaktion< nicht aufrechterhalten kann.

Untersaat. Eine Anbauform der >Zwischenfrucht<, sie wird zusammen mit der Hauptfrucht (Deckfrucht) oder nach deren Auflauf ausgesät. Ursprünglicher Zweck der U. ist die Futtergewinnung. Man sät dazu Klee, Gras bzw. Kleegras-Gemische, also niedrige, gegen Schatten unempfindliche Pflanzen in Winter- oder Sommergetreide. U. verlängert die Vegetationszeit. Nach der Ernte der Deckfrucht ist die U. sofort voll entwickelt. Diesem Vorteil stehen die Nachteile des wenig kontrollierbaren Wachstums der U. Sie kann vertrocknen oder zum Wasserkonkurrenten der Deckfrucht werden, deren Ernte durch üppiges Wachstum der U. auch erschwert werden kann. U. bringt auch die Gefahr der >Verunkrautung< mit sich. Heute wird die U. gegen >Erosion< v.a. im Maisanbau eingesetzt. Von ökologischer Bedeutung ist auch der positive Effekt der U. für Nützlinge. Bestrebungen, mittels U. gezielt Unkräuter zu bekämpfen, sind bisher wenig erfolgreich.

Unterschutzstellung. Rechtsakt, der bewirkt, daß bestimmte Gebiete dem normalen Rechtsverkehr entzogen und entsprechend dem gesetzlich festgelegten Umfang geschützt werden, z.B. >Wasserschutzgebiet< (nach § 19 des >Wasserhaushaltsgesetzes<), >Naturschutzgebiet< (nach § 13 des >Bundesnaturschutzgesetzes<).

Untersuchungsgebiete. U. sind Gebiete, in denen Luftverunreinigungen auftreten oder zu erwarten sind und die wegen der Häufigkeit und Dauer ihres Auftretens, ihrer hohen Konzentrationen oder der Gefahr des Zusammenwirkens verschiedener Luftverunreinigungen in besonderem Maße schädliche Umwelteinwirkungen hervorrufen können. Die für diese Gebiete zuständigen Behörden haben Art und Umfang bestimmter Luftverunreinigungen in der Atmosphäre, die schädliche Umwelteinwirkungen hervorrufen können, fortlaufend festzustellen sowie die für ihre Entstehung und Ausbreitung bedeutsamen Umstände zu untersuchen. Ziel dieser Feststellungen und Untersuchungen ist die Ermittlung des Standes und der Entwicklung der Luftverunreinigung im Bundesgebiet und die Schaffung von Grundlagen für Abhilfe- und Vorsorgemaßnahmen (§ 44 >BImSchG<). Die Untersuchungsgebiete werden durch Rechtsverordnung der jeweiligen Landesregierung festgesetzt. In Nordrhein-Westfalen z.B. existieren die Untersuchungsgebiete Rheinschiene Süd und Mitte sowie Ruhrgebiet West, Mitte und Ost. In Hessen sind die vier U. Untermain, Rhein-Main, Wetzlar und Kassel festgelegt.

Untersuchungsschwelle. Wert der >Äquivalentdosis< oder der >Aktivitätszufuhr<, bei dessen Überschrei-

tung Untersuchungen über die Wirksamkeit von
>Strahlenschutz<maßnahmen erforderlich sind. Die
Höhe des Wertes richtet sich nach der jeweiligen Be-
triebs- oder Anwendungsart. >Interventionsschwelle<.

Untertagedeponie. Im Sinne der >TA Abfall< eine
>Deponie<, in der >Abfälle< vollständig im Salzge-
stein eingeschlossen werden. Im erweiterten Sinne jedes Bergwerk und jede >Kaverne<, die für eine unterirdische >Ablagerung< von Abfällen genutzt werden;
s. a. >Endlager-Bergwerk< und >Endlager-Kaverne<.

Unterwasserboden. Bezeichnung für rezente (junge)
Unterwassersedimente, die darauf hinweisen soll, daß
solche Sedimente Prozessen ähnlich denen der Bodenbildung unterworfen sind. Oft werden mit U. daher nur
solche Sedimente bezeichnet, die als (Unterwasser)-
pflanzenstandort dienen und Kontakt mit einem weitgehend ungeschichteten Wasserkörper haben, also in
Flüssen und flachen Seen vorkommen. Hier laufen in
der Regel v. a. >Redoxprozesse< ab, da der Sauerstoff
durch das Wasser nur langsam nachdiffundieren kann,
während die mikrobiologische Aktivität wegen der
wasser- und meist nährstoffreichen Sedimente oft hoch
ist. Die Dynamik der meisten Nähr- und Schadstoffe in
U. wird durch Redoxprozesse gesteuert. So bildet sich
z. B. bei sauerstoffhaltigem Wasserkörper an der Oberfläche des U. eine Eisen(III)-oxid-haltige Schicht, die
als Sperrschicht für Phosphat wirken kann und die
>Eutrophierung< des Gewässers begrenzt. Bei einer
verstärkten Sauerstoffzehrung und Reduktion dieser
Eisenoxide gelangen dann große Phosphatmengen in
den Wasserkörper und verursachen dort z. B. verstärktes Algenwachstum und andere Veränderungen. Durch
die Redoxprozesse bildet sich in einem U. ein Profil,
das bei sauerstoffhaltigem Wasserkörper aus einem
oxidierten (Eisen(III)-oxid-haltigen oder sulfidfreien)
Horizont und einem reduzierten Horizont besteht, in
dem Sulfid-Schwefel vorkommt (>Bodenhorizonte<).
Die Nomenklatur der U. ist noch uneinheitlich. Dies
liegt z. T. daran, daß die prägenden Prozesse rasch ablaufen und daher auf Änderungen im Standortmilieu
schnell reagieren. Außerdem werden die U., v. a. durch
menschlichen Eingriff, sehr stark und nicht reproduzierbar verändert. So schafft z. B. das Ausbaggern eines „verschlammten" Flusses ökologisch eine völlig
neue Situation, die sich erst nach einer gewissen Zeit
stabilisiert. In den meisten Fällen wird zwischen *Gyttja*
(feinkörnige U. mit z. T. aerobem Milieu), *Dy* (saure,
humusreiche U.) und *Sapropel* (Faulschlammböden)
unterschieden, doch reicht diese Abstufung meist nicht
aus, um die ökologischen Standortunterschiede eindeutig zu beschreiben. Im Ökosystem eines Gewässers
haben U. wichtige Funktionen. So speichern sie Nähr-
und Schadstoffe, die über den Wasserkörper eingetragen werden. Bei Veränderung des Redoxmilieus können solche Stoffe auch wieder an das Wasser abgegeben und damit in andere Bereiche des Ökosystems
transportiert werden. In belüfteten Gewässern mit aerobem Stoffwechsel und entsprechend hohen Nitratkonzentrationen kann Nitrat an der Grenze zum reduzierten Bereich reduziert (denitrifiziert) werden, wodurch einerseits die Stickstoffbelastung des Gewässers
vermindert, andererseits der N_2O-Austrag in die Atmosphäre erhöht werden kann. Die Funktion untergetaucht (submers) lebender Wasserpflanzen ist nicht
ganz geklärt, doch wird angenommen, daß Nähr- und
Schadstoffe über die Wurzeln der Wasserpflanzen aus
dem U. in den Sproß und damit in den Wasserkörper

gelangen können. Vermutlich kommt dies jedoch nur
bei sehr großem Konzentrationsunterschied zwischen
Porenwasser des U. und Wasserkörper zum Tragen. In
der Regel haben jedoch mit Wasserpflanzen bewachse-
ne Flüsse, deren Sohle durch U. gebildet wird, eine hohe Selbstreinigungskraft, so daß die Konzentration von
Nähr- und Schadstoffen im Wasserkörper exponentiell
mit der Fließstrecke abnimmt.

Unterwasserpflanzen. Sproßpflanzen, die im Grund eines Gewässers festhaften und mit Sproß und Blättern
die Wasseroberfläche nicht oder gerade noch erreichen
oder mit ihren Blütenständen überragen. Zu diesen
submersen Makrophyten gehören im Süßwasser die
>Armleuchteralgen< (Charophyta) und viele Blüten-
pflanzen, z. B. die Seerosengewächse (Nymphaeaceae),
Laichkräuter (Potamogetonaceae), Nixenkräuter (Na-
jadaceae), viele aquatische Hahnenfußarten (Ranun-
culus, Untergattung Batrachium), Tausendblatt (My-
riophyllum), Hornkraut (Ceratophyllum) u. a. Im Meer
gehören die Großalgen z. B. der Gattungen Fucus und
Laminaria sowie die Seegräser dazu. Bei diesen handelt es sich um Blütenpflanzen aus den Familien Potamogetonaceae und Hydrocharitaceae, im Nordatlantik
Arten der Gattung Zostera, im Mittelmeer Posidonia.

Unverbleites Benzin. >Bleifreier Kraftstoff<.

Uperisation. Ultrahocherhitzung. Ein Verfahren zur
Herstellung von hitzesterilisierter Milch („H-Milch").
Milch wird vorerhitzt, dann durch Dampfinjektion bis
zu 170 °C erhitzt. Der dabei entstandene Druck wird
auf Atmosphärendruck entspannt. Dabei verdampft
das zugeführte Wasser und die Milch kühlt sich auf
80 °C ab. Nach weiterer Kühlung und Abfüllung in
aseptische Tüten ist die H-Milch ca. 3 Monate haltbar.

Uracil. Wie >Thymin< und >Cytosin< eine monocyclische Pyrimidin-Base, gehört neben anderen Purin- und
Pyrimidinbasen, dem Zucker Ribose und Phosphorsäure zu den typischen Bausteinen der >Ribonuclein-
säuren<. U. wird nur in der RNA gefunden; in der
>DNA< entspricht ihr die Base >Thymin<. Im Gegen-
satz dazu kommen alle anderen Purin- und Pyrimidinbasen in beiden Nucleinsäuretypen vor.

Uran (U). Natürliches radioaktives >Element< der
>Kernladungszahl< 92. Die in der Natur vorkommen-
den >Isotope< sind das spaltbare U-235 (0,7205 % des
natürlichen U), das mit >thermischen Neutronen<
nicht spaltbare U-238 (99,2739 % des natürlichen U)
und das U-234, ein Folgeprodukt des radioaktiven
>Zerfalls< des U-238 (0,0056 %). >Abgereichertes
Uran<; >Angereichertes Uran<.

Uranglasur. Bereits kurz nach der Entdeckung des
>Urans< im Jahre 1789 durch Klaproth wurde über
die Möglichkeit der Färbung von Porzellan durch Auftragen von Uran und anschließendes Brennen berichtet. In den darauffolgenden Jahrzehnten und Jahrhun-
derten hat die Verwendung von Uranverb. als farbgebende Substanz auf >Keramiken< und Porzellan sehr
weite Verbreitung gefunden. Je nach den Brennbedin-
gungen und den Beimengungen können recht unterschiedliche Farbtöne von Braunschwarz über Rot bis

zu Gelb und Grün erzeugt werden. Die häufigste auf Uran basierende Farbe ist ein Orangerot, das leicht in Ocker übergeht. Bei Aufglasuren und bei Lüsterglasuren können diese aufgetragenen Farben von den Gegenständen teilweise abgerieben werden und durch bei der Nahrungsbereitung verwendete >Säuren< wie >Essig<- oder >Zitronensäure< angelöst werden. Auf industriell hergestellten Gebrauchsgegenständen und >Fliesen< findet man heute keine Uranglasuren mehr. In einem Bericht des Bundesgesundheitsamtes (H. Schmier, Uran in keramischen Gegenständen, STH-Bericht 12/1981, Seite 135) kommt der Autor zur Auffassung, daß man bei bereits verlegten Fliesen aus Strahlenschutzgründen in Wohnungen diese Fliesen nicht zu entfernen braucht. In der gleichen Arbeit wird allerdings auch berichtet, daß bei einem täglichen Aufenthalt von 1 Stunde in der Mitte eines Raumes von 3×4 m, der bis zu einer Höhe von 2 m mit uranhaltigen Fliesen (2 mg Uran pro cm^2) belegt ist, mit einer Hautdosis durch die >Betastrahlung< von 5 mSv pro Jahr zu rechnen ist. Die durch die >Gammastrahlung< hervorgerufene >Dosis< ist kleiner als 1 % der natürlichen >Strahlenexposition<. Uranhaltige Glasuren findet man heute immer noch auf von „Hobbykeramikern" in südlichen Ländern hergestellten Gegenständen, die meist durch ihre orangerote Farbgebung auffallen.

Uranhexafluorid (UF$_6$). UF$_6$ ist das Prozeßmedium bei allen >Trennverfahren< zur Urananreicherung. Wesentlich ist hierbei, daß Fluor ein Reinelement ist und damit allein die Massenunterschiede von U-235 und U-238 den Trennvorgang bestimmen.

Uranvorräte. Aus geologischen, technischen und wirtschaftlichen Gründen ist eine mengenmäßige Bestandsaufnahme der globalen Energierohstoffe und -potentiale nur begrenzt möglich, da durch fortschreitenden geowissenschaftlichen Kenntnisstand und verbesserte Explorations- und Gewinnungsmethoden ständig neue Lagerstätten entdeckt und bestehende intensiver genutzt werden. In einer Bilanz der globalen Lagerstätten muß zwischen Ressourcen und Vorräten unterschieden werden. Unter Ressourcen versteht man die vermutete Gesamtmenge aller Energielagerstätten und unter Vorräten den Teil, der mit den gegenwärtigen Gewinnungsmethoden wirtschaftlich nutzbar gemacht werden kann. V. a. von den Energiepreisen hängt es ab, ob und wann eine Lagerstätte wirtschaftlich erschließbar ist. Neben dem technischen Fortschritt bei Explorations- und Gewinnungsverfahren sind also auch die Energiepreise für die Erschließung und Nutzbarmachung von Energierohstoffen maßgeblich.
Die U. der Welt entsprechen bei einem Einsatz in Leichtwasserreaktoren einem Äquivalent von 291 Mrd. t SKE. Die Lagerstätten mit dem größten Anteil an diesen Vorräten befinden sich in Afrika (37,6 %), Australien (18,8 %), Asien (17,1 %) und Nordamerika (17 %). In Ost-Europa und den GUS-Staaten lagern 5,5 %, in Mittel- und Südamerika 3,4 % und in Europa 0,6 % der gesamten Uranvorräte der Welt.

Uranylnitrat. Endprodukt der >Wiederaufarbeitung<, UO$_2$(NO$_3$)$_2$, saure Uransalzlösung; Vorprodukt des durch >Konversion< zu gewinnenden UF$_6$, das wiederum nach Anreicherung und Überführung in UO$_2$ als >Kernbrennstoff< in >Brennelementen< eingesetzt wird.

Urcu. >Annatto<.

Urin. >Harn<.

Urinsekten. >Apterygota<, (s. Abb. S. 218).

Urinsekten. >Collembola<.

Uropodina (Schildkrötmilben). >Acarina<, (s. Tabelle S. 790).

Urtierchen. >Protozoen<.

Urtiere. >Protozoen<.

Urwald. Wald mit einer natürlichen, vom Menschen noch unbeeinflußten Vegetation in allen waldtragenden Vegetationszonen. Die hervorstechendsten Merkmale gegenüber Wirtschaftswäldern sind viele tote Stämme und die auf ihnen angesiedelte üppige >Mikroflora<. Hinzu kommt eine hohe Heterogenität des Unterwuchses aufgrund der wechselnden Lichtverhältnisse unter einem heterogenen Kronendach von versch. alten Bäumen.

US-Test. In den USA verbindlicher Abgastest von Fahrzeugen, >Federal Test Procedure<.

UT1. >Weltzeit< .

UTC. Abk. für: *U*niversal *T*ime *C*oordinated = koordinierte >Weltzeit<.

U,V,C,B-Stoffe. Akronym für „Substances of *U*nknown or *V*ariable composition, *C*omplex reaction products and *B*iological materials". Von den ca. 100.000 >Altstoffen< des EG-Inventars >EINECS< gehören ca. 18.000 dieser Kategorie an. Sie werden als „schlecht definiert" bezeichnet, weil sie nicht mittels vollständiger Struktur- und bestimmter Summenformel dargestellt werden können. Nach dem Vorbild des amerikanischen Altstoffinventars sind derartige Stoffgemische als „Klasse-II-Stoffe" bei der EG-Altstofferfassung berücksichtigt worden.
Sie sind somit keine >Zubereitungen< und fallen ebenfalls unter den Begriff >Stoffe< nach § 3 Nr. 1 >ChemG<, Art. 2 Abs. 1 a) der EG-RL für gefährliche Stoffe (Fassung 78/831/EWG) wie die „wohldefinierten". Als >neue Stoffe< unterliegen sie der Verpflichtung einer >Prüfung< und >Anmeldung< oder >Mitteilung< wie die chemisch einheitlichen Verbindungen.

UVPG. >Gesetz über die Umweltverträglichkeitsprüfung<.

UV-Strahlung. Abk. für Ultraviolettstrahlung. Bereich der unsichtbaren ionisierenden Strahlung aus dem Spektrum der elektromagnetischen Wellen von der Sichtbarkeitsgrenze des violetten Lichtes bei etwa 400 nm bis in den Wellenlängenbereich der weichen Röntgenstrahlung bei ca. 10 nm. Im Hinblick auf seine biol. Wirkung wird die UV-Strahlung in 3 Bereiche unterteilt (s. Tabelle). Es gibt jedoch keine einheitliche Abgrenzung; häufig wird 380 statt 400 nm, 315 statt 320 nm oder 30 statt 10 nm angegeben. Der Bereich unterhalb von 180 nm wird als Vakuum-UV bezeichnet, da die Strahlung in diesem Bereich von der Luft so stark absorbiert wird, daß ein Arbeiten in diesem Wellenlängenbereich nur im Vakuum möglich ist. UV-Strahlung wird von allen sehr heißen Körpern mit Temp. über 2.500 °C emittiert. Eine natürliche Quelle dafür ist die Sonne, wobei deren UV-Anteil fast vollständig von der Ozonschicht der Atmosphäre absorbiert wird. Da die Ozonwerte in den Tropen global

UV-Strahlung: Wellenlängenbereich und biologische Wirkungen der UV-Strahlung

Bezeichnung der UV-Strahlung	Wellenlängenbereich (in nm)	Biologische Wirkung	
		geringere Dosis	höhere Dosis
UV-A	380–315	Bräunung der Haut	
UV-B	315–280	Anregung von: Stoffwechsel, Kreislauf und Drüsenfunktion, Vitamin D-Synthese	Sonnenbrand, Bindehautentzündung, Hautkrebs, Netzhautablösung
UV-C	280–100	Zellzerstörende Wirkung	Bakterizid, keimabtötend

am niedrigsten sind, ist hier auch die bodennahe UV-Strahlung am stärksten. Eine Abnahme der Ozonschicht um 1 % erhöht die effektive UV-B-Strahlungsdosis um 2 %. Da die Ozonwerte jahreszeitlich schwanken, gibt es entsprechende Änderungen in der bodennahen UV-Strahlungsintensität. UV-Strahlung kann künstlich durch Quecksilberdampflampen erzeugt werden. Gasentladungslampen emittieren ebenfalls UV-Strahlung, die in Leuchtstoffröhren mittels Fluoreszenz für Beleuchtungszwecke nutzbar gemacht werden kann. UV-Strahlung ist sehr energiereich, dringt sehr viel tiefer in Materie ein und besitzt eine stärkere biol. Wirkung als sichtbares Licht. Gewöhnliches Glas absorbiert UV-Strahlung unterhalb von 350 nm vollständig, während Quarz bis ca. 180 nm und Flußspat bis 100 nm durchlässig ist.

V

VAK. Versuchsatomkraftwerk Kahl/Main, >Siedewasserreaktor< mit einer elektrischen Bruttoleistung von 16 MW, nukleare Inbetriebnahme am 13.11. 1960, erstes >Kernkraftwerk< in der Bundesrepublik Deutschland, Ende November 1985 endgültig außer Betrieb genommen; kumulierte Stromerzeugung: 2,1 TWh.

Vakuolen. >Zellsaft<-gefüllte, nicht-plasmatische Kompartimente von Pflanzenzellen, die durch eine Einheitsmembran vom >Cytosol< getrennt sind. Bei der ausdifferenzierten Pflanzenzelle findet sich häufig eine große, zentrale V., die ca. 95 % des gesamten Zellvol. erreicht. Bei anderen >Zellen< kommen mehrere kleine Vakuolen vor, deren Gesamtheit man als Vakuom bezeichnet. V. dienen bei Pflanzenzellen der Aufrechterhaltung des >Turgors< sowie als Speicherkompartimente, u. a. für Proteine, Exkrete, >Nährstoffe< und Abwehrstoffe. Bei im Süßwasser lebenden Einzellern ohne feste Zellwand treten pulsierende (kontraktile) V. auf, die der aktiven Sekretion von Wasser dienen.

Vakuumentwässerung. Die V. in der >Abwassertechnik< (auch >Vakuumfiltration<) oder >Saugfiltration< basiert auf einer filtratseitigen Absaugung, die meist durch Wasserringpumpen oder, in kleineren Anlagen, Wasserstrahlpumpen bewirkt wird. Der Zulauf und die Filterkuchenbildung sowie die evtl. Wasch- und Entwässerungsstufen können daher offen und leicht zugänglich betrieben werden, was die Durchführung des Verfahrens wesentlich erleichtert. Besonders vorteilhaft ist die Möglichkeit, den Filterkuchen mit relativ einfachen Vorrichtungen vom Filtermittel abnehmen zu können. Nachteilig ist u. U. die Begrenzung des Druckunterschiedes zwischen Trübe und Filtratraum auf theoretisch max. 10^5 Pa, der in der Praxis wegen der zunehmenden Verdampfung der Flüssigkeit noch erheblich unterschritten wird.

Lit: Bartholomé E, Biekert E, Hellmann H, Ley H (Hrsg.) (1972) Ullmanns Enzyklopädie der technischen Chemie, 4. Aufl., Bd. 2, Verlag Chemie, Weinheim.

Vakuumfilter. Vakuumfilter, auch >Saugfilter< genannt, sind in der >Abwassertechnik< wichtige Unterdruckanlagen zur >Schlammentwässerung<. In der Praxis verwendet man überwiegend sog. Drehfilter, die mit ihrem unteren Teil in einen mit >Klärschlamm< gefüllten Filtertrog eintauchen. Die sich langsam drehende Trommel, deren durchlochter Mantel mit einem Filtertuch oder einem feinen Drahtgewebe, dem sog. Filtermedium, umgeben ist und in deren Innerem ein Unterdruck herrscht, saugt mittels einer Unterdruckpumpe beim Durchgang durch den Filtertrog >flüssigen Schlamm< an. Das Filtrat wird abgesaugt, während die Schlammfeststoffe mit dem restlichen Schlammwasser auf dem Filtertuch haften bleiben und als Filterkuchen abgenommen werden können.

Lit: Abwassertechnische Vereinigung (Hrsg.) (1982–1986) Lehr- und Handbuch der Abwassertechnik, 3. Aufl., Bd. 1–7, Verlag von Wilhelm Ernst und Sohn, Berlin München.

Vakuumkollektor. Spezieller nichtkonzentrierender >Solarkollektor<, dessen >Absorber< in eine fast luftfreie Glasröhre eingeschmolzen wurde (s. Abb.). Diese konstruktive Maßnahme bedingt zwar erhöhte Kosten, verringert aber thermische Verluste, insbesondere >Konvektionsverluste<. Zusammen mit einer selektiven Beschichtung des Absorbers kann ein V. über die Wärmeträgerflüssigkeit Nutzwärme relativ hoher Temperatur (ca. 100 °C) abgeben.

Lit: Fasold J (1986) Die Nutzung regenerativer Energieträger. Energie-Verlag, Heidelberg – Khartchenko N (1995) Thermische Solaranlagen. Springer Verlag, Berlin Heidelberg New York Tokyo.

Vakuumrotationsverdampfer. Apparatur zum schonenden Abdestillieren von Lösungsmitteln, deren Siedetemperaturen bei dem erreichbaren Unterdruck bis zu 100 °C unter ihrem Normalwert liegen können. Der Kolben mit der zu destillierenden Flüssigkeit wird während des Vorgangs kontinuierlich gedreht, so daß sich der Kolbeninhalt dauernd in Bewegung befindet und nicht festsetzen kann. Der Vorteil des V. liegt zum einen in der schnelleren Destillation infolge der besseren Wärmeübertragung vom Heizbad auf die Flüssigkeit und zum anderen darin, daß sich Vakuumdestillationen weitgehend ohne Verspritzen und ohne Schaumbildung durchführen lassen.

Valenz, ökologische. >ökologische Potenz<.

Validierung. (Lat. validus = stark, gültig, wirksam, einflußreich, gesund). Verfahren, mit dem die Gültigkeit eines >Modelles<, einer Hypothese, einer Theorie etc. innerhalb eines best. Gültigkeitsbereiches geprüft bzw. festgestellt wird; s. a. >Verifizierung<.

Validierung. Bestätigen aufgrund einer Untersuchung und durch Führung eines Nachweises, daß die besonderen Forderungen für einen speziellen vorgesehenen Gebrauch erfüllt worden sind (DIN ISO 8402). Es handelt sich also um einen Eignungsnachweis. Validierungsforderungen werden im Rahmen von Qualitätsmanagementsystemen (s. >Qualitätsmanagement<) gestellt an Prozesse, (Prüf)verfahren, Produkte, Geräte und zunehmend an Software und EDV-Anlagen. Wichtige Elemente der V. von Analysenverfahren sind >Genauigkeit< bzw. >Meßunsicherheit<, >Richtigkeit<, >Präzision<, Linearität bzw. Arbeitsbereich, >Spezifität<, >Robustheit<, >Nachweis-< und >Bestimmungsgrenze<.

Lit: DGQ-Schrift 11-04, Begriffe zum Qualitätsmanagement. Deutsche Gesellschaft für Qualität, Frankfurt/M.

VA-Mykorrhiza. (= vesikulär-arbuskuläre >Mykorrhiza<). Der häufigste Mykorrhizatyp. Hierbei handelt es sich um eine Endomykorrhizaform, bei der durch intrazelluläres >Wachstum< neben den >Pilzhyphen<

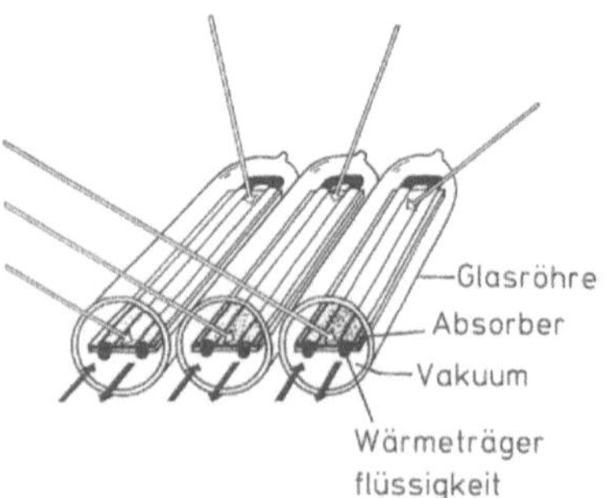

Vakuumkollektor: Bei einem Vakuumkollektor ist der Absorber zur Verringerung von Wärmeverlusten in eine fast luftfreie Glasröhre eingeschmolzen

folgende Strukturen auftreten: die bläschenförmigen Vesikel, die vorwiegend der Stoffspeicherung dienen, und die stark verzweigten, bäumchenartigen Arbuskel mit großer Oberfläche, deren Funktion im intensiven Austausch zwischen Myco- und Phytobiont liegt. An der VA-M. sind 7 Pilzgattungen (darunter *Glomus*) mit insgesamt 148 Arten, alle aus der Ordnung Glomales (Zygomycotina), beteiligt. Sie sind geographisch ubiquitär verbreitet und kommen nahezu in allen Familien der >Kormophyten< vor. Wirtschaftlich und ökologisch interessant ist die VA-M. v. a. wegen ihrer positiven Effekte auf Wasser- und Nährstoffaufnahme des Wirtes und damit auf das >Wachstum<, sowie wegen ihres Schutzes vor pathogenen Bodenmikroorganismen.

Vanadium (V). (Vanadin). V ist ein metallisches Element der 5. Nebengruppe des >Periodensystems der Elemente< mit der >Ordnungszahl< 23 und dem relativen Atomgewicht 50,9414. V besteht aus den natürlichen >Isotopen< ^{50}V (0,24 %) und ^{51}V (99,76 %). V, das eine große Ähnlichkeit mit >Titan< aufweist, hat einen hohen Schmelz- (Fp. 1.715 °C) und Siedepunkt (Sdp. ca. 3.000 °C). Wegen seiner hohen Dichte von 6,0 g/cm^3 zählt V zu den >Schwermetallen<. V ist in reinem Zustand stahlgrau, dehnbar und geschmeidig, verunreinigt jedoch sehr hart und spröde. An der Luft bleibt V wochenlang blank. Nichtoxidierenden Säuren widersteht V infolge Passivierung durch einen dünnen Oxidfilm. Spuren von V finden sich in zahlreichen Eisenerzen sowie Gesteinen. In seinen Verb. ist V zwei-, drei-, vier- und fünfwertig, wobei die fünfwertigen Verb. am häufigsten und beständigsten sind. Technisch wird durch Red. von V- und Eisenoxid mit Kohle das ca. 50%ige Ferrovanadin gewonnen, das als Zusatz zur Herstellung eines harten, zähen, schlagfesten und schmiedbaren Spezialstahls (Vanadinstahl) Verwendung findet. Vanadinpentoxid kommt daneben in keramischen Werkstoffen und als >Katalysator< zum Einsatz. V ist zwar essentielles >Spurenelement< für einige niedere Organismen, für den Menschen jedoch giftig. V-Staub und V-Verb. reizen die Augen sowie oberen Atemwege und führen bei längeren Einwirkungen zu Lungenerkrankungen. Der >MAK-Wert< (Stand 1999) beträgt für Vanadinpentoxid, gemessen als >Feinstaub<, 0,05 mg/m^3. >Emissionen< an V treten wegen des V-Gehaltes von Erzen und >fossilen Brennstoffen< ggf. bei der Metallgewinnung und der Energieerzeugung auf. Die >TA Luft<, die zur Beurteilung immissionsschutzrechtlich >genehmigungsbedürftiger Anlagen< heranzuziehen ist, führt V und seine Verb., angegeben als V, in der Klasse III der Ziffer 3.1.4 auf. In der Summe dürfen die in dieser Klasse aufgeführten 12 Elemente bzw. Stoffgruppen sowie deren Verb., angegeben jeweils als Element bzw. Stoffgruppe, bei einem >Massenstrom< von 25 g/h und mehr im >Abgas< eine Konz. von 5 mg/m^3 nicht überschreiten.

Van-de-Graaff-Generator. Maschine zur Erzeugung sehr hoher Gleichspannungen, die zur Beschleunigung geladener Teilchen auf hohe Energien (bis 12 MeV) dient. Durch ein nichtleitendes endloses Band werden elektrische Ladungen auf eine isolierte Hohlkugel transportiert, die sich dadurch auf sehr hohe Spannung auflädt.

Vanille. Die nicht völlig reife fermentierte Kapselfrucht der Orchidee *Vanilla planifolia*. Der charakteristische Vanillegeschmack und -geruch wird durch den Gehalt an >Vanillin< und Piperonal verursacht. Vanille wird für Süßspeisen, Liköre etc. verwendet. Inzwischen wird häufig synth. Vanillin verwendet.

Vanillin. 3-Methoxy-4-hydroxy-benzaldehyd. Es kommt als Glucosid in >Vanille<schoten, Ananas, Baumrinden, Spargelsprossen u. a. vor. V. ist als Vanillinzucker im Handel und wird für Backwaren, Speiseeis, Likör, Süßspeisen etc. eingesetzt.

Vapoton. Handelsname für ein Insektizid-wirksames Polychlorterpengemisch (>Toxaphen<).

Variabilität. (Lat. variare = bunt machen, verändern). Angesprochen wird damit die Veränderlichkeit best. Merkmale, Eig. oder physikalischer >Zustandsgrößen< in Abhängigkeit von Raum und Zeit; Grundaspekt der Vielfalt und zeitlichen Veränderlichkeit in heterogenen >Systemen<, deren Verhalten im allg. weit schwieriger zu verstehen und zu beschreiben ist als das von homogenen Systemen. Im biol. Sinne Veränderlichkeit der Abkömmlinge derselben Eltern, der Angehörigen der gleichen Art oder Rasse. In Vorstellungen zur natürlichen Auslese und der Entstehung der Arten nach DARWIN. Grundvoraussetzung für dessen Prinzip des „Überlebens des Zweckmäßigsten".

Variable Ladungen. Ladungen, die sich an der Oberfläche fester Bodenbestandteile durch Protonensorption (positive Ladungen) oder Protonenabspaltung (negative Ladungen) bilden und die daher vom pH-Wert des Bodens abhängig sind. Wichtige Träger positiver v. L. sind z. B. Eisen(III)- und Aluminiumoxide sowie die Stirnflächen der Schichtsilicate bei tiefem pH-Wert. Negative v. L. kommen an denselben Mineralgruppen bei hohem pH-Wert vor, hauptsächlich aber durch Dissoziation saurer Gruppen der >Huminstoffe<, die so einen großen Beitrag zur Kationenaustauschkapazität eines Bodens liefern. Diese Besonderheit der v. L. bedingt, daß an ihnen gebundene Ionen bei einer pH-Veränderung u. U. freigesetzt werden können. So ist die Protonierung variabler Ladungen ein wichtiger Prozeß der Säurepufferung eines Bodens, bei dem die bislang gebundenen Kationen freigesetzt werden und verlagert werden können.

Varianz. Maß zur Charakterisierung der Streuung oder Variabilität der Verteilung einer statistischen Grundgesamtheit (gesamte Anzahl der Meßwerte) um ein arithmetisches Mittel. Sie ist definiert als Summe der Abweichungsquadrate aller Meßwerte einer Verteilung von ihrem arithmetischen Mittel, dividiert durch die um 1 verminderte Anzahl der Messungen. Die Wurzel der V. ist die >Standardabweichung<.

Varianzanalyse. Streuungszerlegung: mathematisch-statistisches Verfahren zur quantitativen Untersuchung von Einflußgrößen auf Versuchsergebnisse. Gegenstand der Untersuchung ist dabei die >Varianz<, der ein Meßwert unterworfen ist mit dem Ziel, die einzelnen Ursachen, die zu der beobachteten Varianz geführt haben, zu analysieren. Dabei können die Ursachen einerseits aufgrund der Fehlerhaftigkeit aller Versuchsergebnisse rein zufälliger Natur sein, andererseits dem

Einfluß von Parametern wie z.B. die Reaktionstemp. auf die Reaktionsgeschwindigkeit oder Ausbeute entsprechen. Durch Zerlegung der Gesamtvarianz in die den Einflüssen entspr. Anteile, kann eine Unterscheidung von zufälligen und signifikanten Abhängigkeiten zwischen Prüfgrößen und Faktoren getroffen werden.

Variationskoeffizient. Oder Variabilitätskoeffizient VK. Häufig verwendeter, von K. PEARSON eingeführter Begriff der Statistik. Er ist ein rel., prozentuales Maß der Streuung einer Zufallsvariablen als Quotient aus der Standardabweichung $\sigma = \sqrt{Varianz}$ und dem arithmetischen Mittelwert $\mu(X) = (\Sigma_i z_i X_i)/n$ oder Erwartungswert $E(X) = X \int f(X) dX$ einer kontinuierlich verteilten Zufallsvariablen X, multipliziert mit 100:

$$VK = 100 \cdot \sqrt{V(X)}/E(X) = 100 \cdot \sigma/\mu(X), >Varianz<.$$

Variogramm. Kürzel für >Semivariogramm<.

VC. >Vinylchlorid<.

VDA. >Verband Deutscher Automobilhersteller<.

VDI-Richtlinie 3783. Die Richtlinie beschreibt, wie die Ausbreitung von Schadstoffen in Luft berechnet werden soll. Sie ist in zwei Teile aufgeteilt, wobei Blatt 1 Anweisungen für luftgetragene >Spurenstoffe<, Blatt 2 für >schwere Gase< gibt. Genereller Grundgedanke dieser Richtlinie ist, die Ausbreitungsrechnung so zu vereinfachen, daß sie bei Genehmigungsverfahren für technische Anlagen mit >Schadstoffemissionen< auch für Laien anwend- und nachvollziehbar ist. Für die Spurenstoffausbreitung wird von stationären Emissions- und Wetterbedingungen ausgegangen und das Ausbreitungsverhalten durch eine hochparametrische e-Funktion (Gaußmodell) beschrieben. Die Vereinfachungen in der Ausbreitungsmodellierung führt zu größeren fehlerhaften Ergebnissen, die im Fall von Blatt 1 hauptsächlich >Inversionssituation<, den extremen Nahbereich und nichtstationäre >Emissionen< betreffen. Für Blatt 2 (Schwergasausbreitung) werden die Ergebnisse von Windkanalschwergasausbreitungen in Tabellenform bzw. Kurvendiagramm vorgegeben, mit deren Hilfe sich max. Zündweiten von brennbaren Schwergaswolken ermitteln lassen sollen. Die zugrunde liegenden Modellvorstellungen betreffen unstrukturiertes ebenes Ausbreitungsterrain. Deswegen sind die Ergebnisse für strukturiertes Gelände oft stark fehlerbehaftet und nur eingeschränkt verwertbar. Es ist zu erwarten, daß VDI-3783 Blatt 2 erweitert oder verbessert wird.

VDI-Richtlinien. Vom Verein Deutscher Ingenieure e.V. veröffentlichte Richtlinien über den >Stand der Technik< und der Wissenschaft zu den unterschiedlichsten Gebieten. Von den einzelnen VDI-Kommissionen, wie der >VDI-Kommission Reinhaltung der Luft< werden die VDI-Richtlinien eigenverantwortlich erarbeitet. In zahlreichen Rechts- und Verwaltungsvorschriften wie in der >TA-Luft< werden VDI-Richtlinien verbindlich vorgeschrieben. Die einzeln erhältlichen VDI-Richtlinien sind in nach Fachgebieten geordneten Handbüchern zusammengefaßt.

VDI-Richtlinien – Schweine/Hühner. Die beiden Richtlinien des Vereins Deutscher Ingenieure -VDI- zur Emissionsminderung in der Tierhaltung, VDI 3471 Schweine und VDI 3472 Hühner, verstehen sich als „antizipiertes Sachverständigengutachten". Ihnen wird wie z.B. den DIN-Vorschriften die untere Stufe der „Verbindlichkeit" zugewiesen. Sie sind weder gesetzliche Regeln noch Verwaltungsvorschriften, werden aber nach einem definierten Verabschiedungsverfahren als „anerkannte Regeln der Technik" den behördlichen Entscheidungen zugrunde gelegt. VDI 3471 Schweine und VDI 3472 Hühner kennzeichnen Ursachen für Entstehung, Art und Konzentration der Emissionen aus den Tierhaltungen sowie Maßnahmen zur Verminderung von Emissionen und Immissionen, um daraus den notwendigen Abstand zwischen Stallanlagen und Wohnbebauung ermitteln zu können. Die Bewertung der Hauptfaktoren Mistlagerung, Entmistung, Abluftaustritt, Sommerluftrate nach DIN 18910, Austrittgeschwindigkeit bei größter Luftrate und senkrecht über Dach, Abzüge für besondere Futtermittel mit geringem bzw. starkem Eigengeruch erfolgt nach einem Punktesystem. Die Betriebsgröße wird durch Umrechnung der Tierplatzzahlen auf >Großvieheinheiten< (GV) ermittelt. Anhand einer Graphik wird dann auf der Basis der Bestandsgröße in GV und der errechneten Punktezahl der Mindestabstand von Ställen zur geschlossenen Wohnbebauung festgelegt. Dabei können besondere Standorteinflüsse wie Berg-, Hang-, Tallagen, Gewässer- und Waldnähe zu einem Zu- oder Abschlag von Punkten führen.

Vegetation. (Lat. vegetare = beleben, wachsen). Gesamtheit der >Pflanzengesellschaften< eines best. Gebietes (im Gegensatz zur >Flora<, der Gesamtheit aller >Pflanzen*arten*< eines Gebietes).

Vegetationsende. Bezeichnet den Zeitraum, in dem der Übergang von der >Vegetationsperiode< zur Phase der >Vegetationsruhe< erfolgt.

Vegetationskegel. (Syn. Vegetationspunkt). Bezeichnet bei den höheren >Pflanzen< den Sproßscheitel, der das >Apikalmeristem< der Sproßspitze enthält. Hiervon leiten sich entweder direkt oder indirekt sämtliche Gewebe des >Sprosses< ab. Bei >Wasserpflanzen< bildet der V. oft einen deutlichen Kegel, bei den meisten Landpflanzen dagegen eine flach gewölbte Kuppe. Die äußeren Zellen des V. (Tunica-Gewebe) vermehren sich nur durch >Zellteilungen<, die zur Bildung von >Zellwänden< senkrecht zur Zelloberfläche führen (antikline Teilungen). Diese umhüllen einen inneren Gewebebereich, das Corpus, das sich durch Zellteilungen parallel und senkrecht zur Oberfläche des Vegetationspunktes vergrößert. An den apikalen Bereich schließt sich ohne sichtbare Grenze die Determinationszone an, eine 0,02 bis 0,08 mm große Zone der Organogenese unterhalb des Sproßscheitels. Hier kommt es zur Ausbildung der Blattanlagen, aus denen später die >Blätter< und in ihren Achseln die Achselknospen entstehen. Beim Eintritt in die reproduktive Phase, der häufig photoperiodisch gesteuert ist, werden die Blütenanlagen produziert. Bei den >Wurzeln< ist die apikale Organisation völlig verschieden gestaltet: hier bedeckt eine >Wurzelhaube< das Apikalmeristem. Verzweigungen (Seitenwurzeln) entstehen endogen in beträchtlicher Entfernung von der Wurzelspitze.

Vegetationsperiode. (Syn. Vegetationsdauer oder Vegetationszeit). Die Zeitspanne, in der die Pflanzen eines best. Gebietes mit Jahreszeitenklima wachsen, blühen und fruchten. In diesem Fall alternieren V. und >Vegetationsruhe<.

Vegetationsruhe. Die Zeitspanne, die bei Pflanzen auf die >Vegetationsperiode< folgt. Hier finden praktisch keine >Entwicklungsprozesse< statt.

Vegetationszeit. >Vegetationsperiode<.

Vektor. (Lat. vector = Träger; Syn. Überträger). 1. In der Medizin (Pathologie) ist der V. ein Organismus, der den Transport eines Krankheitserregers von einem Wirtsorganismus zum nächsten durchführt. Dies geschieht entweder auf rein mechanischem Wege durch Biß, Stich bzw. Exkrementabsonderung, oder über die Rolle als Zwischenwirt. Ist der V. Zwischenwirt, so macht der Erreger in ihm während seines Transports einen Teil seines Entwicklungscyclus durch. Krankheiten, die mittels V. übertragen werden, werden auch „transmissive Krankheiten" genannt. V. im Bereich der Human- und Veterinärpathologie sind z.B. Mükken (*Anopheles*-Arten, V. für malariaerregende *Plasmodien*), Zecken (V. für Enzephalitiserreger), Läuse, Flöhe und Fliegen. Als übertragene >Pathogene< kommen z.B. Viren, Pilze, Bakterien, darunter auch Mykoplasmen, und Protozoen vor.
2. In der Gentechnik wird der Begriff V. (Klonierungs-V.) im Sinne eines Überträgersystems für >Gene< gebraucht. Hier sind die Transportsysteme zumeist >Plasmide< oder >Bakteriophagen<, mit denen man Fremd-DNA zur Synthese von bestimmten Proteinen, darunter auch Enzyme, in Bakterien überträgt. Dabei wird das interessierende DNA-Stück mit dem Code für das zu synthetisierende Protein zunächst in die V.-DNA integriert und dann beides in den Empfängerorganismus – oft >*Escherichia coli*< – eingeschleust. In >Bioreaktoren< produzieren dann die gentechnisch veränderten Bakterien neben den üblichen Metaboliten das neue Protein (z.B. Humaninsulin).

Vektormittel. Eine Mittelung des Windes ist auf zweierlei Weise möglich:
- die vektorielle Mittelung, d.h. die Vektoraddition der einzelnen Winde: $v_M = v_1 + v_2$ liefert eine Angabe über die mittlere Windrichtung,
- die skalare Mittelung, d.h. die Addition der Absolutbeträge der einzelnen Winde: $v_M = 1/2 \cdot [abs(v_1) + abs(v_2)]$, liefert eine Angabe über die mittlere Windgeschwindigkeit. Je nach Fragestellung wird eine der beiden Mittelbildungen gewählt.

Ventilatorkühlturm. >Kühlturm< mit Ventilator zur Abführung der >Kühlluft<. Gegenüber dem >Naturzugkühlturm< hat der Ventilatorkühlturm den Vorteil der geringeren Bauhöhe und den Nachteil der höheren Betriebskosten. >Umlaufkühlung<.

Venturi-Kanal. Wird zur Messung der Durchflußmenge in Freispiegelgerinnen oder -leitungen eingesetzt. Bei Meßgerinnen, die nach dem Venturi-Prinzip arbeiten, wird durch Einbauten in das Gerinne ein bestimmtes Strömungsverhalten (Fließwechsel) erzwungen. Durch Eichung der Meßstrecke werden die Querschnittsgeometrie und die gerinnespezifischen Beiwerte erfaßt. Nach Kenntnis dieser Werte kann die Durchflußmenge direkt ermittelt werden. Die Durchflußmengenmessung wird also auf eine Wasserstandsmessung zurückgeführt, für die Geräte vom Schwimmer bis hin zum Echolot eingesetzt werden können. Man beschränkt sich jedoch nicht auf Wasserstandsaufzeichnungen, sondern kombiniert mit dem Gerät die rechnerische Auswertung, die mit der Messung gleichzeitig vorgenommen wird.
Lit: Abwassertechnische Vereinigung (Hrsg.) (1982–1986) Lehr- und Handbuch der Abwassertechnik, 3.Aufl., Bd.1–7, Verlag von Wilhelm Ernst und Sohn, Berlin München.

Verantwortliche Erklärung (VE). Gemäß § 3 der >Verordnung über Verwertungs- und Beseitigungsnachweise< Teil des Entsorgungsnachweises. In der VE hat der Abfallerzeuger bestimmte Angaben zur Abfallherkunft und insbesondere zu Art und Zusammensetzung der Abfälle zu machen.

Verband Deutscher Automobilhersteller (VDA). Dachverband der deutschen Fahrzeughersteller.

Verbandsklage. Durch Gesetz bestimmten Interessenverbänden einzuräumende Möglichkeit, gegen Verwaltungsentscheidungen klagen zu können; liegt außerhalb des Rechtsschutzsystems Deutschlands, das >Rechtsschutz< den durch eine staatliche Maßnahme möglicherweise Verletzten einräumt. V. im >Umweltrecht< ist bestimmten Verbänden eingeräumt durch die Landesnaturschutzgesetze in Bremen, Hessen, Schleswig-Holstein und Berlin sowie dem Saarland. Diese Einrichtung wird in ihrer praktischen Bedeutung weit überschätzt; es gibt im Prinzip keine die Umwelt beeinträchtigende Maßnahme von größerem Ausmaß, die nicht gerichtlich auf ihre Rechtmäßigkeit hin überprüft wird. Aus diesem Grunde ist die Einführung einer V. mit dem Ziel, überhaupt Rechtsschutz zu ermöglichen, überflüssig; die bisherigen Erfahrungen zeigen, daß dem >Umweltschutz< durch eine Verschärfung des materiellen Rechts mehr gedient ist.

Verbot, gesetzliches. In Gesetzen ausgesprochenes Verbot, bestimmte Handlungen vorzunehmen. Im >Umweltrecht< außerordentlich bedeutsam: Praktisch ist jede umweltbelastende Tätigkeit erst dann möglich, wenn sie behördlich erlaubt wird.

Verbote (Chemikalien). § 17 >ChemG< sieht u.a. eine Ermächtigung der Bundesregierung für Rechtsverordnungen vor, bestimmte >Stoffe<, >Zubereitungen< und Stoffe in >Erzeugnissen< zu verbieten oder zu beschränken. Die Maßnahmen können sich beziehen auf die Herstellung, das Inverkehrbringen und/oder das Verwenden. Darüber hinaus können Herstellungs- und Verwendungsverfahren verboten werden, bei denen bestimmte gefährliche Stoffe anfallen. Solche Maßnahmen sollen dem Schutz von Mensch und Umwelt dienen, wenn den von solchen Stoffen ausgehenden Gefahren durch entsprechende >Einstufung<, >Verpackung< und >Kennzeichnung< allein nicht begegnet werden kann. Der Anwendungsbereich erstreckt sich außer auf die >gefährlichen< Stoffe gemäß § 3a ChemG auch auf >Gefahrstoffe< nach § 19 sowie neuerdings auf Stoffe, bei denen ein Gefahrenverdacht besteht.
>Beschränkungen< und V. für Chemikalien sind nur durch Verordnungen der Bundesregierung möglich, die mit der EU-Kommission abzustimmen sind. Es ist zu unterscheiden zwischen einem V. des >Inverkehrbringens< (durch Aufnahme in § 9 >GefStoffV<) *und* dem Erlaß spezieller Verbotsverordnungen. Letztere können sich auch auf das >Herstellen< und >Verwenden< (Umgang) beziehen. Beispiele für V. nach § 9 GefStoffV beziehen sich u.a. auf asbest- und formaldehydhaltige Produkte sowie auf Verunreinigungen mit bestimmten (insgesamt acht verschiedenen) polychlorierten Dibenzo-*p*-dioxinen und Dibenzofuranen. Die an Grenzwerte gebundenen V. gelten *nicht* für die Abgabe als Zwischenprodukt und zur Entsorgung sowie für die Forschung und Prüfung. Die Grenzwerte sollen verschärft und die Anzahl der Verbindun-

gen soll erhöht und auf polybromierte ausgedehnt werden.

Daneben gibt es inzwischen eine Reihe spezieller Verordnungen nach § 17 ChemG (s. Tabelle „Rechtsverordnungen zum >ChemG<"). Außer Teeröle sind davon folgende Stoffe und Gruppen betroffen: Polychlorierte Diphenyle und Terphenyle sowie monomeres Vinylchlorid (als Treibgas); Pentachlorphenol; FCKW und Halone sowie bestimmte Chloraliphaten (7 Fluorchlor-, 3 bromhaltige Chlor- und/oder Fluorkohlenwasserstoffe sowie Tetrachlormethan; 1,2-Dichlor-, 1,1,1-Trichlor-, 1,1,2,2- und 1,1,1,2-Tetrachlor-, Pentachlorethan).

Diese deutschen Rechtsverordnungen sind im Zusammenhang mit der >Beschränkungsrichtlinie< 76/769/EWG zu sehen. Daher sind sie über die >EU-Kommission< mit den anderen Mitgliedsstaaten abzustimmen. Dabei stellt sich auch die Frage nach >Ersatzstoffen<, für die es im deutschen Gefahrstoffrecht ein Substitutionsgebot (nach § 16 Abs. 2 GefStoffV) gibt.

Weitere Aspekte zum Thema V. und Beschränkungen sind bei der >Beförderung gefährlicher Güter< (z.B. Zusammenladeverbot) und im grenzüberschreitenden Warenverkehr angesiedelt (Ausfuhr, Einfuhr).

Die Chemikalien-Verbotsverordnung – ChemVerbotsV in der Fassung der Bekanntmachung vom 19.07. 1996 (BGBl. I S. 1151, zuletzt geändert durch Verordnung vom 22.12. 1998, BGBl. I S. 3956) faßt die chemikalienrechtlichen Verordnungen und Beschränkungen des Inverkehrbringens gefährlicher Stoffe in einem einheitlichen Regelwerk zusammen. Stoffe und Zubereitungen, die in Spalte 1 des Anhangs bezeichnet sind, sowie Stoffe, Zubereitungen und Erzeugnisse, die diese freisetzen können oder enthalten, dürfen in dem in Spalte 2 des Anhangs zur ChemVerbotsV genannten Umfang nicht inverkehrgebracht werden.

Lit: Pohle H (1991) Chemische Industrie; Umweltschutz, Arbeitssicherheit, Anlagensicherheit. VCH Verlagsgesellschaft, Weinheim – UBA (1990) Verbote und Beschränkungen. In: Grundzüge der Bewertung von Neuen Stoffen nach dem Chemikaliengesetz. UBA-Texte 28.

Verbraunung. Braunfärbung des Bodens durch die Neubildung von Eisen(III)-oxid (hauptsächlich >Goethit<) neben anderen Oxiden und >Tonmineralen< bei der Verwitterung von Silicatmineralen. Die V. setzt erst bei pH-Werten unterhalb des Neutralpunkts ein und damit erst nach der Verwitterung der evtl. vorhandenen Carbonate; sie ist der prägende Prozeß im Bv-Horizont der Braunerden (>Bodenhorizonte<).

Verbreitung. Vorkommen der Pflanzen- und Tierarten auf der Erde oder in einem >Ökosystem< oder >Biotop<. Das Ausmaß der V. ist sehr unterschiedlich: >Endemit< und >Ubiquist<. Die V. ist durch die speziellen ökologischen Anforderungen einer >Art< bedingt und ist das Ergebnis einer >Ausbreitung<; >Migration<.

Verbrennung. Bei der V. erfolgt eine möglichst vollständige Ox. vor allem der org. aber auch sonstiger oxidierbarer Stoffe nach der Summenreaktionsgleichung v. a. zu CO_2, H_2O und SO_2. (Verbrennungsrechnung s. Lit.).

$$C_m H_n S_p O_q N_r + (m + \frac{n}{4} + p - \frac{q}{2}) \cdot O_2$$

$$\rightarrow m \cdot CO_2 + \frac{n}{4} \cdot H_2O + p \cdot SO_2 + \frac{r}{2} \cdot N_2$$

Hieraus folgt

$$1 \text{ kg Brennstoff} + \frac{(m + \frac{n}{4} + p - \frac{q}{2}) \cdot M_{O2}}{M} \text{ kg } O_2$$

$$\rightarrow \frac{m \cdot M_{CO_2}}{M} \text{ kg } CO_2 + \frac{n \cdot M_{H_2O}}{2 \cdot M} \text{ kg } H_2O$$

$$+ \frac{p \cdot M_{SO_2}}{M} \text{ kg } SO_2 + \frac{r \cdot M_{N_2}}{2 \cdot M} \text{ kg } N_2$$

Hierbei ist

$$M = m \cdot M_c + \frac{n}{2} \cdot M_{H2} + p \cdot M_s + \frac{q}{2} \cdot M_{O2} + \frac{r}{2} \cdot M_{N2}$$

die molare Masse des Brennstoffs $C_m H_n S_p O_q N_r$ und

$$\gamma_c = \frac{m}{M} \cdot M_c, \ \gamma_{H2} = \frac{n}{2M} \cdot M_{H2}, \ \gamma_s = \frac{p}{M} \cdot M_s,$$

$$\gamma_{O2} = \frac{q}{2M} \cdot M_{O2} \text{ und } \gamma_{N2} = \frac{r}{2M} \cdot M_{N2}$$

sind die Massenanteile des >Brennstoffs<. Die für die Berechnung des Sauerstoffbedarfs und der >Abgase< wesentlichen Molanteile erhält man aus den Gewichtsanteilen durch Division mit der jeweiligen molaren Masse, z. B.

$$\frac{m}{M} = \frac{\gamma_c}{M_c}, \frac{n}{2M} = \frac{\gamma_{H_2}}{M_{H_2}} \text{ etc.}$$

Der Luftbedarf für die >stöchiometrische Verbrennung<, bei der genau so viel Sauerstoff vorhanden ist wie zur V. benötigt wird, d.h. in den Abgasen und in der Asche oder Schlacke sind kein Sauerstoff aber auch keine oxidierbaren Gase oder Stoffe (Unverbranntes) enthalten, kann einfach aus dem Sauerstoffbedarf und dem Massenanteil des Sauerstoffs in der Luft von ca. 23 % (>Luftzusammensetzung<) berechnet werden:

$$\frac{M_{O_2}}{0,23} \left(\frac{m}{M} + \frac{n}{4M} + \frac{p}{M} - \frac{q}{2M} \right) =$$

μ_{LOT} (kg trockene Luft bei stöchiometrischer Verbrennung je kg Brennstoff)

Es ist wichtig, daß an jedem Ort zu jeder Zeit ausreichend Sauerstoff vorhanden ist. Zu wenig Sauerstoff führt

– zu unvollständiger V. (CO im Abgas bzw. unverbrannter Brennstoff in der >Flugasche< bzw. >Schlacke<)

– und zu geringerer Wärmefreisetzung, d. h. niedrigeren Verbrennungstemp.

Da besonders bei festen Brennstoffen nicht von einer idealen Durchmischung von Luft und Brennstoff ausgegangen werden kann, ist ein Luftverhältnis größer als 1 (i. allg. bei >Müllverbrennungsanlagen< heute ca. 1,4 bis 2) bzw. ein Luftüberschuß von ca. 40 bis 100 % erforderlich. Dies führt zu einem entspr. Sauerstoffgehalt im Abgas von 6 bis 10 % O_2. Das Luftverhältnis ist definiert zu

$$\lambda = \frac{\mu_{LT}}{\mu_{LOT}} = \frac{\mu_L}{\mu_{LO}}$$

$$\frac{\text{kg (trockene oder feuchte) Luft je kg Brennstoff}}{\text{kg (trockene oder feuchte) Luft je kg Brennstoff bei stchiometrischer V.}}$$

Der Luftüberschuß in Prozent ist

$$(\lambda - 1) \cdot 100$$

und der Zusammenhang zwischen O_2-Gehalt im Abgas und Luftüberschuß ist annähernd

$$\lambda \approx \frac{21}{21 - O_2 - \text{Volumen\%}}$$

Aus der Summenreaktionsgleichung läßt sich auch die >Rauchgasmenge< und Rauchgaszusammensetzung berechnen. Dabei sind noch der Luftüberschuß, der Wasserdampf und die mitfliegende Asche zu berücksichtigen. Es ergeben sich für Hausmüll folgende Werte:
– spez. Luftbedarf bei üblichen Luftüberschüssen ca. 5 m³ (i.N.) Luft/kg Hausmüll,
– spez. Rauchgasvol. bei üblichen Luftüberschüssen ca. 5,5 m³ (i.N.) Rauchgas/kg Hausmüll.
Bei Luftüberschuß sinkt die >adiabate Verbrennungstemp.< ebenfalls. Bei sehr hohem Luftüberschuß kann dies auch zu einer unvollständigen V. führen. In gewissem Umfang kann die Verminderung der adiabaten Verbrennungstemp. bei höherem Luftüberschuß ausgeglichen werden durch eine erhöhte Lufttemp. Es gibt daher einen optimalen Bereich des O_2-Gehaltes im Abgas, der eine möglichst vollständige V. gewährleistet und natürlich anlagen- und müllspez. ist (ca. 6 bis 10% O_2 im Abgas). Bei der V. sind insbesondere auch entscheidend eine gleichmäßig regelbare Müllaufgabe (Stößel, Zuteilerrost), ein entspr. regelbarer Transport mit Durchmischung durch die Verbrennungszonen, die (nicht exakt abgrenzbar) folgendermaßen eingeteilt werden können:
Trocknungszone: Trocknung des Mülls durch Wärmezufuhr durch Strahlung und Konvektion der heißen Feuerraumgase. Trocknungsbrüden müssen mit Sicherheit eine Temperaturzone von mindestens 800 °C durchziehen, um eine Schadstofffreiheit und Geruchslosigkeit der Gase zu erreichen. Nach der 17. BImSchV und der EG-Richtlinie '89/369/EWG müssen i. allg. die Abgase bei guter Durchmischung nach der letzten Verbrennungsluftzuführung mindestens 2 s lang bei mindestens 850 °C (1.200 °C bei Sondermüll) und > 6% O_2 verweilen. U.U. sind Zusatzbrenner mit Öl oder Gas erforderlich.
Wandlungszone (>Entgasung<, >Schwelung<): In der Wandlungs- oder Durchwärmzone wird der Müll bis zum Zünden erwärmt. Dabei entweichen Schwelgase, die bereits bei einer Temp. von ca. 250 °C zünden, während die Zündtemp. des festen Kohlenstoffs bei etwa 750 °C liegt.
Durchbrandzone (V. der flüchtigen Bestandteile): Bei weiterer Erwärmung werden alle flüchtigen Bestandteile frei und verbrennen. Die Müllschicht zündet durch, wobei im Müll-Brennstoffbett die örtliche Zündtemp. von 400 °C überschritten wird. Bei niedrigen Müllheizwerten muß die Zündung und V. durch eine Stützfeuerung gewährleistet werden.

Verbrennung: Primäre Massenströme je Tonne Hausmüll [Aus: Mayer-Schwinning G (1989) Grundverfaren der Rauchgasreinigung bei Müllverbrennungsanlagen, VGB Kraftwerkstechnik, Heft 1, S. 53–59]

	Einheit	Schwankungsbereich	Mittelwerte
Rauchgas	m³	5.000–5.500	5.250
Wasserdampf	m³	700–1.100	900

Bezüglich Flugasche und Schlacke, s. >Asche- und Schlackeverwertung<.

Abbrand (Verbrennung des Kohlenstoffes): Die Mülltemp. steigt weiter auf über 750 °C. In diesem Bereich ist eine erhöhte Luftzugabe notwendig, um einerseits den festen Kohlenstoff zu verbrennen und andererseits die Roststäbe zu kühlen. Um die Rückstände möglichst gering zu halten, muß das noch brennbare Bestandteile enthaltende Material möglichst lange in einer Zone hoher Temp., die jedoch unter dem Schlackenschmelzpunkt liegen muß, verbleiben. Die für die Berechnung von Feuerungen entwickelten Modellvorstellungen sind wegen der heterogenen Brennstoffzus. bei der Müllverbrennung noch komplexer.
Lit: 4. ZAF-Seminar: Abfallreduzierung und Restmüllentsorgung 28./29. September 1989, TU Braunschweig, ISSN 0934-9243 – Brandt F (1981) FDBR-Fachbuch Nr. 1: Brennstoffe und Verbrennungsrechnung, Vulkan-Verlag, Essen – Schumacher A, Waldmann H et al. (1972) Wärme- und Strömungstechnik im Dampferzeugerbau, Ergänzungsband zum Jahrbuch der Dampferzeugertechnik 1972/73, Vulkan-Verlag, Essen, ISBN 38027-24763.

Verbrennung auf See. Zur Entsorgung >chlorierter Kohlenwasserstoffe< wurden seit 1969 insgesamt sechs Verbrennungsschiffe in der Nordsee eingesetzt, die von 1969 bis 1985 insgesamt ca. 1.200.000 t verbrannten. Die Verbrennungsprodukte, wie >Chlorwasserstoff< und >Schwermetalle<, gelangten dabei direkt ohne >Abgasreinigung< in die >Atmosphäre<. Die Vertragsstaaten der Oslo- und London-Übereinkommen zur Verhütung der Meeresverschmutzung gaben besondere Richtlinien und Verordnungen im Hinblick auf die Anforderungen an die Verbrennung von Abfällen auf See heraus. Danach war die Verbrennung von >Abfällen< auf See nur für Abfälle zugelassen, für die es keine Behandlungsmöglichkeiten an Land gab, wobei ein Zerstörungsgrad von mindestens 99,9% festgelegt wurde. Abfälle aus Deutschland werden auf See nicht mehr verbrannt. Die in der Vergangenheit deart entsorgten Abfälle werden nunmehr speziellen Verbrennungsanlagen zur Rückgewinnung von Chlorwasserstoff oder >Sonderabfallverbrennungsanlagen< zugeführt.

Verbrennungsanlagen. >Müllverbrennungsanlagen<.

Verbrennungsgase. Bei einem Verbrennungsprozess freigesetzte >Abgase<. Verbrennungsgase enthalten a) Verb., die sich aus der vollständigen >Oxidation< des >Brennstoffs< ergeben, wie >Kohlendioxid< aus >Kohlenstoff< und Wasser aus >Wasserstoff< sowie beim Vorliegen von Verunreinigungen >Schwefeloxide< aus >Schwefel<, >Stickoxide< aus >Stickstoff<, >Chlorwasserstoff< aus >Chlor<, >Fluorwasserstoff< aus >Fluor< sowie Feststoffe und Schwermetallverb. aus mineralischen Bestandteilen des Brennstoffs, b) Verb., die bei einem unvollständigen Ausbrand der Brennstoffe freigesetzt werden, wie prim. Abbauprodukte und aus diesen neu – sekundär – gebildeten Stoffe, wie z.B. >Kohlenmonoxid<, >Formaldehyd<, org. Säuren, >Phenole<, >Benzol< und weitere einkernige >Aromaten<, >PAK<, >polychlorierte Dibenzo-*p*-dioxine< und >-furane< sowie zahlreiche weitere org. Verb., und c) Verb., die aus thermischen Nebenreaktionen der Luftbestandteile gebildet werden, wie Stickoxide aus der Umsetzung des Luftsauerstoffs mit dem Luftstickstoff. Die komplexen Reaktionen bei den hohen Verbrennungstemp. führen bei jedem Verbrennungsprozess zur Bildung unzähliger Verb. im Verbrennungsraum. Insbesondere bei kleineren >Feuerungsanlagen< und hier vor allem bei >Haushaltsfeuerungen<

sowie bei Verbrennungskraftmaschinen ist der weitgehende Ausbrand org. Verb. nicht gewährleistet, so daß im >Abgas< weitaus mehr org. Verb. anzutreffen sind als bei den verbrennungsoptimierten >Großfeuerungsanlagen<.

Verbrennungsmotor. Nahezu ausschließlicher Antrieb für Straßenfahrzeuge, auch für Schienen- und Wasserfahrzeuge. Man unterscheidet konventionelle Antriebe, >Dieselmotor<, >Ottomotor< mit >konventionellen Kraftstoffe< und >alternative Antriebe< mit z. T. >alternative Kraftstoffen<. Umweltbelastung durch >Abgasschadstoffe< und >Geräusch<.

Verbundmaterial. Verpackungs- oder anderes Material, das aus mindestens 2 verschiedenen Grundstoffen (z.B. >Kunststoff< und Pappe) besteht, die oft nur mit hohem technischen Aufwand trennbar sind. Sehr stark verbreitet im Bereich der >Einwegverpackungen< von Getränken.

Verbundwerkstoffe. V. sind aus mehreren Lagen aufgebaute Schichtstoffe bzw. Laminate. Sie bestehen oft aus dem Verbund Glas-Kunststoffolie-Glas, wie z.B. Verbundglasscheibe im Fahrzeugbau, Papier-Kunststoffolie, wie z.B. bei Milchverpackungen, oder auch Metall-Kunststoff und Kunststoff-(A)-Kunststoff-(B), wie im Fahrzeugbau. Durch die Laminatstruktur werden Verbesserungen bestimmter Eigenschaften erreicht, wie bessere Festigkeiten bzw. Resistenz gegenüber Feuchtigkeit. Der Nachteil von Verbundwerkstoffen ist die schlechte Trennbarkeit in Einzelkomponenten. Kaschiertes Papier kann als Altpapier nicht mehr recycliert werden. PVC-Überzüge auf Metallen erzeugen beim Umschmelzen zur Metallrückgewinnung in hohen Konzentrationen >Dioxine<, was erhebliche Probleme beim Kupferrecycling aus Kabelmaterialien verursacht hat (>Kabelverschwelung<). Gleiches gilt bei der Eisenschrott-Verwertung. Aus Gründen der besseren Rückführung in den >Sekundärstoffkreislauf< wird z.Zt. insbesondere in der Automobilindustrie versucht, die erwünschten Eigenschaften durch chemisch einheitliche Werkstoffe zu erreichen.

Verdampfungsemission. >Emission< von >Kraftstoffen< in die >Atmosphäre< beim Transport, Umschlagen und Betanken sowie beim Betrieb des Fahrzeugs. Wegen des Siedeverlaufs, d. h. hoher Anteil niedrigsiedender Bestandteile, insbesondere für >Ottokraftstoffe< von Bedeutung, >Kraftstoffdampf-Rückhaltesystem<, >SHED-Test<. Die V. ist wegen ihres Anteils an >Benzol< und wegen ihres Einflusses auf die mögliche >Smogbildung< von Bedeutung.

Verdampfungstest. >SHED-Test<.

Verdauung, auch extraintestinal. Die heterotrophen Tiere gewinnen durch enzymatische Hydrolyse, die V., die Grundbausteine der hochmolekularen Nährstoffe. Die V. erfolgt teils intrazellulär (Niedere Wirbellose, z.B. Protozoa auch bei der Immunabwehr), extrazellulär in Darmsystemen und auch extraintestinal (Arachnida).

Verdichtung. 1. Auto: Beim Zweitaktmotor der 1. Arbeitstakt, beim Viertaktmotor der 2. Arbeitstakt. Die Verdichtungsarbeit muß von der im 2. bzw. 3. Takt gewonnenen Expansionsarbeit gedeckt werden. Kennzahl: Verdichtungsverhältnis = (Hubraum + Kompressionsraum)/Kompressionsraum (>Ottomotoren< 8 bis 12, >Dieselmotoren< 20 bis 25), best. Prozeßwirkungs-

grad. Hohe V. beim Ottomotor: höhere >HC-< und >NO_x-Emissionen<, jedoch geringerer >Kraftstoffverbrauch< und höherer Mitteldruck und damit höhere Leistung.
2. Boden: >Bodenverdichtung<.

Verdickungsmittel. Sammelbegriff für Hydrokolloide, die als Quellmittel, Bindemittel, Dickungsmittel wirken. Sie bilden jedoch kein elastisches und formstabiles Gel.

Verdopplungszeit. Die Zeit, in der sich der >Spaltstoffeinsatz< eines >Brutreaktors< verdoppelt. Je nach Brutreaktorkonzeption ergeben sich Verdopplungszeiten von 8 bis 20 Jahren.

Verdrängung. 1. Lebewesen können einander aus bestimmten >Lebensräumen< verdrängen. Durch >Umweltveränderungen< kann die >Art< A begünstigt werden und den Platz einer Art B einnehmen, die diesen Bedingungen nicht oder schlechter gewachsen ist. Dies kann sowohl kurzfristig erfolgen als auch in geologischen Zeiträumen. Eine V. vieler Arten ist durch den Menschen erfolgt, meist um bestimmte >Ressourcen< selbst zu nutzen, z.B. um Weidegründe zu schaffen.
2. Der Begriff der V. wird auch in der Züchtung benutzt, z.B. wenn bei einer Haustierrasse in einem bestimmten Gebiet durch gezielte Kreuzung ein unerwünschtes Merkmal verdrängt wird.

Verdünnungsluft. >Constant Volume Sampling<.

Verdünnungstunnel. Bestandteil der Abgasanlage auf einem >Abgas-Rollenprüfstand<, in dem Abgas des zu prüfenden Fahrzeugmotors entspr. der >Constant Volume Sampling (CVS)-Vorschrift< mit der Umgebungsluft verdünnt wird, bevor eine Abgasprobe entnommen wird.

Verdünnungsverhältnis. Mengenverhältnis eines Abwasserzuflusses zu einer bestimmten Wasserführung, falls nicht anders angegeben, zum langjährigen mittleren Niedrigwasser (MNQ) des aufnehmenden >Vorfluters< (DIN 4049, Blatt 2). Früher wurde für die Entlastung der Mischwasserkanäle in der Regel ein bestimmtes Verdünnungsverhältnis, z.B. 1 Teil >Schmutzwasser< und 4 Teile >Regenwasser<, festgelegt. Da das Regenwasser besonders zu Beginn eines >Regens< eine größere Menge an Schmutzstoffen in die >Kanalisation< einschwemmt, ist die Verdünnung jedoch sehr fragwürdig, da das Gewässer an den Einleitungsstellen der >Regenüberläufe< stark mit Schmutzstoffen belastet wird. Besonders unangenehm ist, daß >Fäkalien< und >Schwimmstoffe< über die Regenüberläufe in die offenen Gewässer gelangen und noch weit unterhalb der Einleitungsstelle an der Wasseroberfläche zu erkennen sind. Tauchwände vor den Regenüberlaufbecken haben sich zum Zurückhalten der Schwimmstoffe nicht bewährt.
Lit: Randolf R (1975) Kanalisation und Abwasserbehandlung, 4. Aufl., VEB Verlag für Bauwesen, Berlin.

Verdünnung im Vorfluter. Die Verschmutzung eines Flusses ist besonders groß, wenn niedrige Wasserstände bei hohen Sommertemperaturen auftreten. Bei größerer Wasserführung sind die Verhältnisse meistens günstiger, weil dann mehr Verdünnungswasser für eingeleitete Abwässer zur Verfügung steht. Durch künstliche Anreicherung der Wasserführung eines Flusses während der natürlichen Niedrigwasserführung kann die >Selbstreinigung< im Fluß dadurch gefördert werden, daß im Oberlauf überschüssiges Wasser, z. B. Hochwasser, durch Talsperren aufgefangen, gespeichert und bei niedriger Wasserführung in den Unterlauf abgelassen wird. Das Zuschußwasser kann auch anderen Flußsystemen entnommen werden.

Lit: Abwassertechnische Vereinigung (Hrsg.) (1982–1986) Lehr- und Handbuch der Abwassertechnik, 3. Aufl., Bd. 1–7, Verlag von Wilhelm Ernst und Sohn, Berlin München.

Verdunstung. Die V. ist ein physikalischer Prozeß, bei dem Wasser unterhalb des Siedepunktes aus dem fl. oder festen Zustand in den gasförmigen Zustand (Wasserdampf) übergeht. Die hierfür erforderliche Energie (je cm^3 Wasser bei 0°C 2.500,8 Joule, bei 100°C 2.262,8 Joule) wird von der Sonne zugestrahlt (an der Erdoberfläche im Mittel $13,4 \cdot 10^{-2}$ J/cm$^2 \cdot$ s (11.640 J/cm$^2 \cdot$ d). Dieser Wert sinkt jedoch durch Absorption und Reflektion in der Atmosphäre im Mittel auf $7,5 \cdot 10^{-2}$ J/cm$^2 \cdot$ s (6.490 J/cm$^2 \cdot$ d) ab. Geographische Breite, Höhe, Exposition, Art der Oberfläche und Jahres- und Tageszeiten führen zu örtlichen und zeitlichen Abweichungen von diesem Mittelwert: von mehr als 2.900 Joule pro cm^2 und Tag in heißen, trockenen Wüstengebieten bis weniger als 400 Joule pro cm^2 und Tag in wolkenreichen Polarregionen. Der Anteil, der davon für die Evaporation und Transpiration zur Verfügung steht, variiert mit dem Typ der verdunstenden Oberfläche. Frischgefallener Schnee reflektiert ca. 90% der Energie, langliegender Schnee ca. 50% und eine freie Wasserfläche nur 5 bis 15%. Hellfarbige Gesteinsoberflächen können 40 bis 50% der Energie reflektieren. Dagegen reflektiert eine dichte, dunkelfarbige Vegetation nur 10 bis 25% der eingestrahlten Energie. Die Gesamtverdunstung (>Wasserbilanz<) umfaßt Evaporation und Transpiration (Pflanzenverdunstung). Die Evaporation ist ein rein physikalischer, kinetischer Prozeß, der durch den Wärmehaushalt des Wasserkörpers oder der Schnee- bzw. Eisdecke und den Luftaustausch über der verdunstenden Fläche bestimmt ist. Am bedeutendsten ist die Evaporation von den freien Wasserflächen der Meere, Seen und Fließgewässer (Seeverdunstung), daneben tritt sie auf den feuchten Landflächen der Erde auf. Die Evaporation von Infiltrationswasser aus dem unbewachsenen Boden wird Bodenverdunstung, diejenige von Eis und Schnee ohne fl. Zwischenphase Sublimation genannt. Die Interzeptions-Verdunstung ist die unmittelbare Evaporation von der Oberfläche oberirdischer Pflanzenorgane (Kronendach des Waldes und die übrige Vegetation). Sie ergibt sich als Differenz aus Freilandniederschlag minus Niederschlag unter dem Kronendach der Bäume minus Stammabfluß. Interzeptions-V. und Stammabfluß sind von Art und Alter der Bäume, von der Bestandsdichte und von der Jahreszeit abhängig. Anthropogene Evaporationsanteile sind die Oberflächenverdunstung von anthropogenen Versiegelungsflächen (Dächer, Straßen) und die Brauchwasser-Verdunstung in Industrie- und Siedlungsgebieten (ca. 10 bis 15% des gesamten Brauchwassers). Die Transpiration (Pflanzenverdunstung) ist die Abgabe von Wasserdampf in die Atmosphäre durch die Pflanzen. Der Prozeß umfaßt die Wasseraufnahme aus dem Boden, den Transport im Gefäßsystem der Pflanzen und das Verdampfen des Wassers aus den Spaltöffnungen der Blätter. Die Transpiration wird von Sonnenscheindauer und -einstrahlung, Temp., Luftfeuchtigkeit, Windbewegung, Verfügbarkeit des Wassers (Niederschlagshöhe,

Tiefe des Grundwasserspiegels), und Wasserbeschaffenheit beeinflußt. Der von der Pflanze nutzbare Wasservorrat im Untergrund wird an Grundwasser-fernen Standorten durch den permanenten Welkepunkt (>Wasserspannung<) begrenzt. Die Pflanzen entziehen dem unterirdischen Wasservorrat im allg. mehr Wasser als die direkte Bodenevaporation. Die Evaporation, die durch das Vorkommen von Rissen und Spalten sowie durch den kapillaren Aufstieg des Bodenwassers begünstigt wird, ist nämlich bei Sandböden nur im obersten Meter, bei Lehmböden nur in den obersten 3 Metern wirksam. Demgegenüber können Pflanzenwurzeln (Luzerne, Weinreben) Kapillar- und Grundwasser aus mehreren Zehner Metern Tiefe fördern. Die Höhe der Transpiration hängt demnach in besonderem Maße vom Wasserbedarf der einzelnen Pflanzenarten ab. Dabei ist eine deutliche Zunahme der Transpirationshöhe mit wachsender Biomassenproduktion und der Intensivierung der Landwirtschaft zu beobachten (s. Tabelle unten).

Mit zunehmendem Grundwasserflurabstand können immer weniger Pflanzenarten Grundwasser und Kapillarsaum erreichen, so daß der rel. Anteil der Transpiration an der Evapotranspiration abnimmt, bis schließlich das Grundwasser außerhalb der Reichweite auch tiefwurzelnder Pflanzen liegt. Dieser „Grenzflurabstand" weist für verschiedene Boden- und Pflanzenarten unterschiedliche Werte auf. Allg. errechnet er sich aus der Summe der kapillaren >Steighöhe< und der Wurzeltiefe, die von Art · und Entwicklungszustand der Pflanzen und von den Bodeneigenschaften abhängig ist (s. Tabelle S. 1240).

Die Transpiration aus dem Grundwasser ist bei manchen Pflanzenbeständen und Untergrundbedingungen so bedeutend, daß sie Tagesschwankungen des Grund-

Verdunstung: Wurzeltiefen und Transpirationshöhen verschiedener Pflanzen (aus: Mattheß G, Ubell K, 1983; nach: Koehne, 1948 (1), Schroeder, 1968 (2) und Wundt, 1953 (3))

Pflanzenarten	Häufige Wurzeltiefen		Transpirationshöhe je Vegetationsperiode	
	(1) m	(2) m	(3) mm/a	(4) Mittel mm/a
Grasflächen-Weiden			184–272	228
Roggen	2,0	1,94		
Weizen	2,6	1,86	132–278	205
Gerste	2,5	2,21		
Hafer		2,47	60–165	107
Mais				
Erbse	1,5	2,09		
Bohne	1,5	1,68		
Kleegewächse			194–248	221
Rotklee	3,7			
Luzerne	10–12			
Hackfrüchte			162–176	169
Kartoffeln	2,5			
Kohlrübe	1,5			
Zuckerrübe	3,7			
Laubhölzer				161
Ulme	2,5			
Linde	3,0			
Eiche	1,5			
Kiefer	3,0			
Fichte	2,0			
Nadelhölzer				167

Verdunstung: Wurzeltiefe einjähriger Kulturpflanzen, kapillare Steighöhe und Grenzflurabstände bei verschiedenen Bodenarten (aus: Mattheß G, Ubell K, 1983; nach: Renger et al., 1974, Rausch, 1977)

Bodenart	Wurzeltiefe m	Kapillare Steighöhe* m	Grenzflurabstand m
kiesiger Sand	0,5	0,7	1,2
Mittelsand	0,6	0,9	1,5
Feinsand	0,6	1,7	2,3
lehmiger Sand	0,7	2,3	3,0
sandiger Lehm	0,8	1,3	2,1
sandig-toniger Lehm	0,8	0,9	1,7
schluffiger Ton (hohe Lagerungsdichte)	0,6	0,8	1,4
schluffiger Ton (mittl. Lagerungsdichte)	0,8	1,6	2,4
toniger Schluff, Löß (mittl. Lagerungsdichte)	1,2	2,6	3,8
toniger Schluff (hohe Lagerungsdichte)	1,0	2,2	3,2

* Wasserspannung Untergrenze Wurzelraum = 10^4 cm WS, kapillare Aufstiegsrate = 0,2 mm/d.

wasserspiegels (Größenordnung einige cm) und des oberirdischen Abflusses hervorruft. Diese Erscheinung wird charakteristischerweise durch die ökologische Gruppe der Phreatophyten („Brunnenpflanzen") hervorgerufen, die ihr Wurzelsystem im Kapillarsaum oder im Grundwasser entwickeln.

1. aktuelle: Die a. (effektive, wirkliche, reale) V. ist die tatsächliche Verdunstungshöhe, die sich über einer Landfläche bei gegebenen meteorologischen Bedingungen und aufgrund des jeweils verfügbaren Wassers ergibt.

2. potentielle: Die p. (größtmögliche) V. ist die unter den gegebenen meteorologischen Bedingungen größtmögliche >Verdunstungshöhe<, wenn keine Begrenzung im Wassernachschub herrscht. Die aktuelle Verdunstung einer freien Wasseroberfläche ist demnach gleichzeitig die potentielle Verdunstung dieser Wasserfläche.

3. Meßwesen: Die potentielle >Evaporation< (>Verdunstung, potentielle<) kann direkt mit Geräten gemessen werden, bei denen das Wasser von feuchten Oberflächen an Papierkörpern (Atmometer), auf feuchten porösen Keramikkörpern (Evaporometer) oder von offenen Wasserflächen (Evaporimeter, Wildsche Waage, Verdunstungskessel oder -tanks) verdunstet. Die Transpiration kann durch Messung des Massenverlustes abgepflückter Blätter mit Präzisionswaagen in den ersten zwei Minuten nach dem Abpflücken oder mit großen Tanks, in denen Kulturpflanzen wachsen, aus der erforderlichen Wasserzufuhr bestimmt werden. Bei geringen Grundwasserflurabständen ergibt sich die Transpiration aus der Analyse der tgl. Grundwasserspiegelschwankungen näherungsweise als Produkt aus der maximalen Geschwindigkeit des Spiegelanstiegs und dem nutzbaren Hohlraumanteil. Zur Messung der Bodenverdunstung und der Evapotranspiration dienen >Lysimeter<. Die Gesamtverdunstung (Gebietsverdunstung) größerer Gebiete kann nicht direkt gemessen werden. Sie ergibt sich nach der Wasserhaushaltsgleichung als Differenz von >Gebietsniederschlag< und >Gebietsabfluß<. Rechnerisch kann die >Gebietsverdunstung< mit Hilfe theoretischer und empirischer Beziehungen näherungsweise bestimmt werden. Zur Bestimmung einer potentiellen Gebietsverdunstung (Evapotranspiration) wird die empirische Gleichung von Haude (1955, 1959) eingesetzt: $ET = 0,75f(e_o-e_a)$, mit der potentiellen Evapotranspiration in mm/d, dem mittäglichen Sättigungsdefizit (e_o-e_a) (mbar), gemessen um 14.00 in 2 m Höhe, und den Monatskoeffizienten f (= 0,26; 0,26; 0,33; 0,39; 0,39; 0,37; 0,35; 0,33; 0,31; 0,26; 0,26; 0,26). Aus der potentiellen Verdunstung (Verdunstungsanspruch der Luft unter bestimmten Voraussetzungen) wird die aktuelle Verdunstung unter Berücksichtigung des Wärme- und Wasserhaushaltes des verdunstenden Körpers und des Wasserverbrauches der Pflanzen abgeschätzt. Der Zusammenhang zwischen Lufttemperatur und Verdunstung wird in zahlreichen Gleichungen genutzt. Am bekanntesten ist die statistisch begründete Gleichung von THORNTHWAITE (1948), mit der die monatliche potentielle Verdunstung aus den monatlichen Mitteltemperaturen bei bekannter geographischer Breite der Station berechnet werden kann:

$$ET_p = 1,6 \left(\frac{10\,t}{I}\right)^a$$

mit der potentiellen Evapotranspiration ET_p für einen Monat mit 30 Tagen und 12 Stunden tgl. Sonnenschein (cm), der mittleren monatlichen Lufttemperatur t (°C), dem Wärmeindex I (Summe der 12 Monatswerte von $(t/5)^{1,514}$) und dem empirischen Exponenten

$$a = 6,75 \cdot 10^{-7} \cdot I^3 - 7,71 \cdot 10^{-5} \cdot I^2 + 1,792 \cdot 10^{-2} \cdot I + 0,49239.$$

Die so errechnete potentielle Evapotranspiration ist auf die wirkliche Monatslänge (28 bis 31 Tage) und die mittlere mögliche Sonnenscheindauer nach der geographischen Breite (Tageslängen) zu korrigieren. Das Penman-Verfahren zur Bestimmung der tgl. potentiellen Verdunstung einer freien Wasserfläche und für die tgl. potentielle Evapotranspiration beruht auf der Energiebilanz. Die mittlere tgl. potentielle Verdunstung einer freien Wasseroberfläche (E_o) errechnet sich bei gleicher Wasser- und Lufttemp. aus:

$$E_o = \frac{\Delta H_o - \gamma E_a}{\Delta + \gamma}$$

mit der Strahlungsbilanz (Wärmevorrat) H_o, dem Dampftransport E_a, der Steigung Δ der Sättigungs-Dampfdruckkurve bei der absoluten Temp. t (K) und der Psychrometerkonstanten γ (= 0,65 mbar/°C).

Lit: Davis SN, De Wiest RJM (1967) Hydrogeology, 2. Aufl., Wiley, New York London Syndey – Mattheß G, Ubell K (1983) Allgemeine Hdrogeologie, Grundwasserhaushalt, Gebr. Borntraeger, Berlin Stuttgart – Deutscher Normenausschuß (Hrsg.) (1994) DIN 4049, T3: Hydrologie. Begriffe z. quant. Hydrol. – Penman HL (1948) Natural evaporation from open water, bare soil and grass. Proc Roy Soc (A) 193, London – Penman HL (1963) Vegetation and hydrology, Commonwealth Bur Soils Techn Communication 53, Farnham Royal, Bucksh – Thornthwaite CW (1948) An approach towards a rational classification of climate, Geogr Rev 38:55–94, New York.

Vererdung. Nachhaltige Veränderung der Gefügeeigenschaften von >Torfen< im Verlauf des oxidativen (aeroben) Abbaus, z.B. durch Trockenlegung der Standorte. Bei ackerbaulicher Nutzung führt die V. zunächst zu einer kurzfristigen Verbesserung der ökologischen Bodeneigenschaften und damit zu einer Erhöhung der Ertragsfähigkeit. Nach relativ kurzer Zeit (einige Jahre bis Jahrzehnte) verringert sich bei intensiver Nutzung die Bodenfruchtbarkeit dann drastisch (>Bodendegradierung<); dies ist durch einfache landwirtschaftliche Maßnahmen praktisch nicht mehr rückgängig zu machen.

Verfahren. Gemeint ist normalerweise das Verwaltungsverfahren; das ist die nach außen wirkende Tätigkeit der Behörden, die auf die Prüfung der Voraussetzungen, die Vorbereitung und den Erlaß eines >Verwaltungsaktes< oder auf den Abschluß eines öffentlich-rechtlichen Vertrags gerichtet ist. Man unterscheidet ein „allgemeines" oder besser: nichtförmliches Verwaltungsverfahren und besondere Verwaltungsverfahren; die besonderen Verwaltungsverfahren werden unterteilt in förmliche Verwaltungsverfahren und >Planfeststellungsverfahren<.

Verfahrensbeschleunigung. In jüngerer Zeit zu beobachtende Tendenz des Gesetzgebers, durch bestimmte rechtliche Regeln eine Beschleunigung insbesondere von Genehmigungsverfahren zu erreichen, weil diese Genehmigungsverfahren nach Ansicht des Gesetzgebers zu lange dauern und dem Standort Deutschland schaden. Instrumente zur V.: jede Form von Fristsetzung; die materielle Präklusion verspätet vorgetragener Belange (der verspätet vorgetragene Belang darf von der Behörde nicht berücksichtigt werden); Streichung von Gerichtsinstanzen, so daß der Rechtsschutz insgesamt weniger Instanzen besitzt als früher. Ein Beispiel aus dem Planfeststellungsrecht: § 71 d des Verwaltungsverfahrensgesetzes: Sind in einem Genehmigungsverfahren Träger öffentlicher Belange zu beteiligen, soll die zuständige Behörde diese, soweit sachlich möglich und geboten, insbesondere auf Verlangen des Antragstellers, gleichzeitig und unter Fristsetzung zur Stellungnahme anfordern (Sternverfahren). Äußerungen nach Ablauf der Frist werden nicht mehr berücksichtigt, es sei denn, die vorgebrachten Belange sind der Genehmigungsbehörde bereits bekannt oder hätte ihr bekannt sein müssen oder sind für die Rechtmäßigkeit der Entscheidung von Bedeutung.

Verfahrensoptimierung. Verfahrensoptimierungen sind nicht nur unter dem Gesichtspunkt der Wirtschaftlichkeit zu sehen, sondern letztendlich immer mehr unter dem Aspekt der Minimierung der Umweltauswirkungen durch Minimierung der >Emissionen<, der >Abfälle< sowie des >Abwassers<.

Verflüchtigung. >Abtrift<.

verfügbar. Bezeichnung für den Anteil von Nähr- oder Schadstoffen des Bodens, der in kurzer Zeit durch Pflanzen aufgenommen werden kann. Hierzu gehören z.B. wasserlösliche, austauschbare und leicht desorbierbare Anteile. Bei der chemischen >Bodenuntersuchung< nähert man den v. Anteil durch verschiedene Extraktionsverfahren (z.B. mit Wasser oder Salzlösungen unterschiedlicher Konzentration) an, berücksichtigt hierbei jedoch meist nicht das spezielle Aneignungsvermögen der verschiedenen Pflanzenarten. Die Verfügbarkeit von Stoffen hängt auch wesentlich von den Bodeneigenschaften ab. So werden z.B. die im >Humus< gespeicherten Nährstoffe durch Humusabbau im aeroben Milieu verfügbar, während Eisen und Mangan dagegen unter reduktiven Bedingungen in Lösung gehen und aufgenommen werden können.

Verfügbarkeit. Maß für die Fähigkeit eins >Kraftwerkes<, eines Blockes oder eines Anlagenteiles, die betriebliche Funktion zu erfüllen. Es sind Zeit- und Arbeitsverfügbarkeit zu unterscheiden:
– *Zeitverfügbarkeit* ist das Verhältnis der Verfügbarkeitszeit (Betriebs- und Reservezeit) zur Kalenderzeit. Die Zeitverfügbarkeit kennzeichnet die Zuverlässigkeit einer Anlage.
– *Arbeitsverfügbarkeit* ist das Verhältnis der verfügbaren Arbeit zur theoretisch möglichen Arbeit in der Berichtsspanne. Kennzeichnet die Zuverlässigkeit der Anlage summarisch unter Berücksichtigung aller Voll- und Teilausfälle. >Kernkraftwerke, Verfügbarkeit<.

Vergärung. (Syn.: Faulung). Anaerober Abbau bzw. Umwandlung von org. Substanzen. Vergoren werden nativ org. Substanzen mit dem Ziel der Gewinnung von Biogas (Methan) und Stabilisierung des Feststoffs. Die V. kann gesteuert in Anlagen zur Bioabfall- oder Restmüllbehandlung bzw. ungesteuert in Abfalldeponien stattfinden. Die Vergärung von Klärschlamm wird als >Faulung< bezeichnet.
Lit: Schön M (1994) Verfahren zur Vergärung organischer Rückstände in der Abfallwirtschaft. Erich Schmidt Verlag, Berlin.

Vergaser. Gemischbildungseinrichtung für >Ottomotoren<. Dabei wird der in einem >Venturisystem< erzeugte Unterdruck der vom Motor angesaugten Verbrennungsluft zur Zumessung des >Kraftstoffs< benutzt. Wegen der Massenträgheit des Kraftstoffs treten dabei Verzögerungen auf, die durch zusätzliche Einrichtungen am V. ausgeglichen werden müssen. Somit kann dieses mechanische System allen Erfordernissen einer hochwertigen Gemischbildung nur schwer entsprechen, zumal wenn dazu noch die Kosten mit einer >Zentraleinspritzung<, verglichen werden. Die hohen Ansprüche an die Gemischbildung für moderne Fahrzeug- und Motorkonzepte bezüglich Abgasqualität und >Kraftstoffverbrauch< können demnach kaum noch mit V. erfüllt werden, insbesondere bei größeren und schwereren Fahrzeugen.

Vergasung. Darunter versteht man die möglichst vollständige Umsetzung der org. Bestandteile mit Vergasungsmitteln, wie Wasserdampf, CO_2, O_2 oder Gemischen davon zu gasförmigen Produkten (heterogene Reaktionen). Bei der V. mit Wasserdampf reagiert der Kohlenstoff über die heterogene Wassergasreaktion ($C + H_2O = CO + H_2$), wobei sich ein Gemisch aus Kohlenmonoxid und Wasserstoff bildet. Die Wärmezufuhr für die >endothermen Reaktionen< kann über die Heizflächen oder Wärmeträger (>allotherm<) oder durch Teilverbrennung (>autotherm<, Sauerstoff- oder Luftzufuhr) erfolgen. Die Müllvergasung wird heute praktisch nicht angewandt, außer in Kombination mit der Entgasung bzw. Pyrolyse, >Thermo-Select-Verfahren< bzw. >Noell-Konversionsverfahren<.
Lit: Reimann DO (1991) (Hrsg.) Handbuch zur Planung von Abfallbehandlungsanlagen, EF-Verlag für Energie- und Umwelttechnik GmbH, Berlin – Thomé-Kozmiensky KJ (1994) Thermische Abfallbehandlung. EF-Verlag für Energie- und Umwelttechnik, Berlin.

Vergiftung. 1. >Toxizität<.
2. Reaktor: Beim Betrieb des >Reaktors< entstehen >Spaltprodukte<, von denen einige einen großen Einfangquerschnitt für >Neutronen< aufweisen (z.B. Xe-135). Um den Reaktor auf seiner Leistungsstufe zu halten, muß die Regeleinrichtung zur Kompensation

des Reaktivitätsäquivalentes der >Reaktorgifte< verstellt werden. Reaktorgifte (z.B. Borsäurelösung) werden in wassermoderierte Reaktoren zur Notabschaltung eingespritzt. Bei >Druckwasserreaktoren< wird Borsäurelösung zur Kompensation von >Überschußreaktivität< verwendet.

Vergilbung. (Grch. chloros = gelbgrün, bleich; Syn. Chlorose). Eine gelblich bis weiße Aufhellung von >Blättern<, >Nadeln< und Trieben, die auf einer ungenügenden >Chlorophyllbildung< oder häufiger auf einer >Pigmentbleichung< beruht. Häufigste Ursachen sind 1. >Nährstoffmangel<, insbesondere von >Mg<, >Fe< und >Mn<; in diesem Fall sind die Chlorosen reversibel, 2. >Immissionseinwirkungen< wie z.B. durch >SO$_2$<, >O$_3$< u.a. >Photooxidantien<, >NO$_x$<, aber auch >Ethylen<; hieraus entwickeln sich häufig >Nekrosen<, gefolgt von >Blattfall<, 3. >Phytopathogenbefall<, z.B. durch >Viren< und Viroide.

Verglasung. Die bei der >Wiederaufarbeitung< anfallenden hochaktiven >Spaltproduktlösungen< müssen in ein endlagerfähiges Produkt überführt werden. Als geeignete Methode hierfür hat sich die V. erwiesen. Beim französischen AVM-Verfahren wird die flüssige hochaktive Abfallösung auf hohe Temperaturen erhitzt. Dabei verdampft die Flüssigkeit, und das entstandene Granulat wird unter Zugabe von Glasfritte bei 1.000 °C zu Glas geschmolzen. Dieses Verfahren wird großtechnisch in der französischen Wiederaufarbeitungsanlage La Hague genutzt. Bei dem im Forschungszentrum Karlsruhe entwickelten Verfahren wird die flüssige hochaktive Abfallösung unmittelbar einer 1.150 °C heißen Glasschmelze zugegeben; die Flüssigkeit verdampft und die radioaktiven Feststoffe sind homogen in die Glasschmelze eingelagert. Bei beiden Verfahren wird die Glasschmelze in 1,3 m hohe 150-l-Stahlbehälter, die etwa 400 kg Glasprodukt aufnehmen, abgefüllt. Die Wärmeproduktion eines solchen Behälters beträgt aufgrund des radioaktiven Zerfalls der Inhaltsstoffe 1,5 bis 2 kW.
Auch nicht nukleare Abfälle wie z.B. >Asche<, >Filterstaub< oder >Schlacke< kann zusammen mit Quarz, Altglas etc. eingeschmolzen und verglast werden; s. >Asche- und Schlackeverwertung<.

Verglasungsanlage PAMELA. Auf dem Gelände der >Wiederaufarbeitungsanlage< EUROCHEMIC in Mol/Belgien wurde im Oktober 1985 die „*Pilotanlage Mol zur Erzeugung lagerfähiger Abfälle*" (PAMELA) in Betrieb genommen. Kennzeichnend für das PAMELA-Verfahren ist, daß die Spaltproduktlösung in einem keramischen Schmelzofen gleichzeitig eingedampft, denitriert, getrocknet, kalziniert und mit Glasfritte zu einem homogenen Glas verschmolzen wird.

Verglasungseinrichtung Karlsruhe. Auf dem Gelände der Wiederaufarbeitungsanlage Karlsruhe im Bau befindliche Anlage zur Verglasung der dort lagernden 80 m³ flüssigen hochaktiven Abfallösung. Dieser Abfall stammt aus dem Betrieb der Wiederaufarbeitungsanlage Karlsruhe, in der zwischen 1971 und 1990 insgesamt 208 t abgebrannte Kernbrennstoffe wiederaufgearbeitet wurden. Diese 80 m³ Spaltproduktlösung enthalten etwa 8 t Feststoffe, darunter 504 kg Uran und 16,5 kg Plutonium. Die Gesamtaktivität dieses flüssigen hochaktiven Abfalls beträgt zur Zeit etwa 10^{18} Becquerel. Der Glasschmelzofen der Einrichtung wird elektrisch beheizt und hält das Schmelzbad eines speziellen Bor-Silikat-Glases auf einer Temperatur von etwa 1.150 °C. Diesem Schmelzbad wird der flüssige Abfall zugeführt; dabei verdampft die flüssige Komponente, und die radioaktiven Feststoffe werden in die Glasschmelze eingelagert. Diese die Radioaktivität enthaltende Schmelze wird in 1,3 m hohe 150-l-Stahlbehälter abgefüllt. Nach Abkühlung werden die Behälter gasdicht verschweißt. Mit dieser Verfestigung ist eine Volumenreduzierung von 80 m³ auf knapp 20 m³ verbunden.

Vergleichbedingungen. Bestehen in der Anwendung eines festgelegten Ermittlungsverfahrens am identischen Objekt durch verschiedene Beobachter mit verschiedenen Geräteausrüstungen zu unterschiedlichen Zeitpunkten an verschiedenen Orten (in verschiedenen Labors). Typische V. liegen bei >Ringversuchen< vor. Bei erweiterten V. ist das Ermittlungsverfahren nicht festgelegt. Der Gegenbegriff zu V. sind >Wiederholbedingungen<.
Lit: DGQ-Schrift 11-04, Begriffe zum Qualitätsmanagement. Deutsche Gesellschaft für Qualität, Frankfurt.

Vergraben, oberflächennahes. Oberflächennahes Vergraben von schwach >radioaktiven Abfällen< ist in einigen Ländern seit den frühesten Tagen der >Kernenergienutzung< praktiziert worden. Dabei wurden die Abfälle mit oder ohne vorherige >Konditionierung< bzw. Verpackung in flachen Gräben eingegraben. Diese frühen Konzepte werden heute als grundsätzlich veraltet angesehen und deshalb werden fortschrittlichere Konzepte untersucht und/oder implementiert. Das Konzept des oberflächennahen Vergrabens in ingenieurmäßig erstellten Bauwerken, erstmals Anfang der 70er Jahre in Frankreich (Centre de la Manche) für schwach- und mittelradioaktive, kurzlebige Abfälle eingerichtet, ist heute in allen Ländern, die oberflächennahes Vergraben praktizieren oder vorsehen, Bestandteil der jeweiligen >Entsorgungskonzepte< (innerhalb der Europäischen Gemeinschaft sind das im wesentlichen Großbritannien, Frankreich, Belgien und Spanien). Das Prinzip, dem dieses Konzept unterliegt, beinhaltet im wesentlichen die Isolation des radioaktiven Abfalls von der Umwelt unter kontrollierten Bedingungen für einen Zeitraum, der ein natürliches Abklingen der >Radioaktivität< erlaubt.

C/N-Verhältnis. 1. Boden: Verhältnis von Kohlenstoff zu Stickstoff im organischen Material des Bodens (>Humus<). Es ist abhängig von der Leistungsfähigkeit der >Mikroorganismen<, die wiederum Stickstoff zum Aufbau von eigenen Eiweißen benötigen. Ist das Verhältnis kleiner als 20:1, so steht genügend Stickstoff zur Verfügung, und es erfolgt eine Mineralisierung der organischen Stickstoffverbindungen, die dann von den Pflanzen aufgenommen werden können. Da gleichzeitig durch die mikrobiellen Atmungsprozesse Kohlendioxid (CO$_2$) entsteht, das dem Boden entweicht, sinkt das C/N-Verhältnis ohne Zufuhr neuer organischer Substanz. Extrem hohe Werte von etwa 50:1 weisen Hochmoore auf. Im Ackerboden finden sich Werte von etwa 10:1 bis 20:1.
2. Abwasser: Mengenverhältnis von Kohlenstoff zu Stickstoff eines Abfallmaterials (z.B. >Klärschlamm<, >Müll<). Das C/N-Verhältnis ist der Kennwert für die Beurteilung von >Abfallstoffen< zur Kompostierung. Der C. ist zugleich ein Kennwert für die >Nährstoffversorgung< der >Mikroorganismen< während des >Verrottungsvorganges<. So kann z.B. am Abbau von

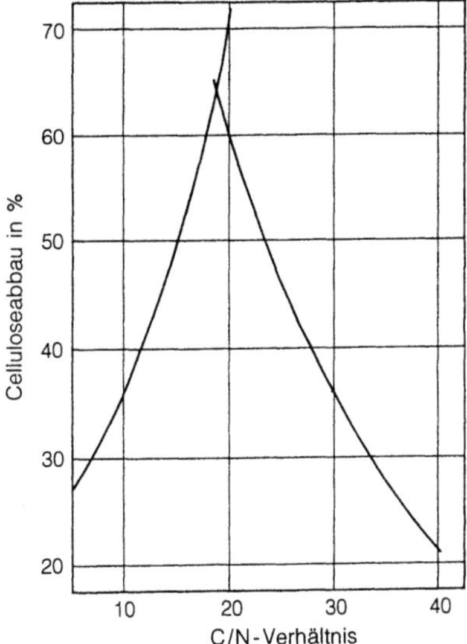

C/N-Verhältnis: Celluloseabbau in Abhängigkeit vom C/N-Verhältnis (aus: Hösel, Schenkel, Schnurer, 1993)

>Cellulose< der Einfluß des C/N-Verhältnisses gezeigt werden (s. Abb.). Die höchsten Abbauraten ließen sich bei einem Verhältnis von ca. 20 erzielen. Höhere C/N-Verhältnisse führen zu einer Verlängerung der >Lag-Phase<. Es muß jedoch gesagt werden, daß sich das C/N-Verhältnis im wesentlichen auf die >Rottezeit< auswirkt, eine Verhinderung der aeroben Tätigkeit der Mikroorganismen tritt nicht ein.

Lit: Hösel G, Schenkel W, Schnurer H (1993) Müll-Handbuch, Ergänzbares Handbuch für die kommunale und industrielle Abfallwirtschaft, Erich Schmidt Verlag, Berlin.

Verhältnismäßigkeitsgrundsatz. Außerordentlich wichtiger Rechtsgrundsatz, der die gesamte Staatstätigkeit inhaltlich beschränkt. Der Grundsatz der Verhältnismäßigkeit hat Verfassungsrang; im einzelnen ist er ausdifferenziert in 3 Teilelemente:
1) Grundsatz der Geeignetheit, d.h. der Einsatz eines vom Staat eingesetzten Mittels muß zur Erreichung des vom Staat verfolgten Zwecks geeignet sein;
2) Grundsatz der Notwendigkeit, d.h. der Einsatz des Mittels muß zur Erreichung des Zwecks notwendig (erforderlich) sein.
3) Grundsatz der Verhältnismäßigkeit im engeren Sinne, d.h. der Eingriff bzw. die Beeinträchtigung, die der Eingriff für den einzelnen bedeutet, und der mit dem Eingriff verfolgte Zweck müssen in einem recht gewichteten und wohl abgewogenem Verhältnis zueinander stehen (häufig Angemessenheit oder Zumutbarkeit genannt).

Verhaltensforschung. Wissenschaftszweig, der das tierische und menschliche Verhalten mit naturwissenschaftlichen Methoden erforscht. Die V. reicht von physiologischen Untersuchungen unter Einbeziehung der postembryonalen Entwicklung und neurobiologischen Aspekten bis zur Soziologie. Dabei stehen vergleichende Betrachtungen im Mittelpunkt des Interesses, wodurch auch >evolution<sbiologische Aspekte

einbezogen werden. Durch die Kenntnis der Anpassung von Verhaltensweisen werden auch phylogenetische Aussagen erwartet.

Verhaltensökologie. (Syn. Ethoökologie, Ökoethologie). Untersucht die Anpassungs- und Variationsmöglichkeiten im Verhalten der Tiere, die ihnen ein Überleben unter den wechselnden Lebensbedingungen ermöglichen. Dabei werden auch die >Strategien< deutlich, die im Laufe der >Evolution< eine Verbesserung der Anpassung ermöglichen. Ein Teilbereich der V. ist die >Soziobiologie<, die sich mit Entstehung, Struktur und Funktion sozialer Gemeinschaften im Tierreich beschäftigt.

Verhaltensresistenz. >Resistenz<.

Verifizierung. Oder Verifikation. (Lat. verificare = die Wahrheit, das Zutreffen – einer Annahme, einer Hypothese, eines Modells, einer Theorie – erweisen, beweisen). Verifizierung kann sowohl empirisch als auch durch bündigen logischen Beweis erfolgen, letzteres vor allem dann, wenn es sich um mathematische >Modelle< oder Theoreme handelt. Bedeutung liegt in der letztlich philosophisch begründeten Haltung, daß das z.B. jeder Theorie anhaftende hypothetische Element etwas Vorläufiges, Unsicheres, bloß Wahrscheinliches enthalte, das ständig nach Verifizierung verlange. Gegenteil: >Falsifizierung<.

Verifizierung. Bestätigen aufgrund einer Untersuchung und durch Führung eines Nachweises, daß die festgelegten Forderungen erfüllt worden sind (DIN ISO 8402). Festgelegte Forderungen können z.B. in einer Spezifikation festgelegt sein. Eine V. ist noch keine >Validierung<, da zur Eignung für einen speziellen vorgesehenen Gebrauch möglicherweise (zusätzliche) Forderungen erfüllt sein müssen, die nicht festgelegt, aber möglicherweise erwartet worden sind.

Lit: DGQ-Schrift 11-04, Begriffe zum Qualitätsmanagement. Deutsche Gesellschaft für Qualität, Frankfurt.

Verinselung. >Mindestareal<.

Verjüngung. Eine Aufhebung der >Alterung< von >Zellen<, >Geweben< oder >Organismen<. Nach der Verjüngungshypothese schalten Sexualprozesse (Karyogamie in Verb. mit >Meiose<) durch eine Reorganisation der lebenden Substanz Alterungsprozesse aus. Z.B. lassen sich alternde >Pilzkulturen< wieder auffrischen, wenn über die aus einem Sexualprozeß hervorgehenden Meiosporen neue Kulturen angelegt werden. Im Produktionsgartenbau ist Verjüngung die Bezeichnung für einen stärkeren Schnitt in den bereits verholzten >Sproß<, bei dem alte und dicke Triebe entfernt werden und somit das >Wachstum< neuer junger Triebe gefördert wird. Verjüngung bezeichnet in der Vegetationskunde (Populationskunde) den Ersatz für den Ausfall von Individuen einer Altersklasse durch Individuen der nächstjüngeren Altersklasse, z.B. bei Holzgewächsen.

Verkarstung. Erweiterung der Poren- und Trennfugensysteme, erfolgt durch das fließende Wasser in lösl. Anhydrit-, Gips-, Kalk- und Dolomitgesteinen. Die Löslichkeit ist in reinem Wasser bei Sulfatgesteinen beträchtlich höher als diejenige von Karbonatgesteinen. Das für die Löslichkeit der Karbonate in Gegenwart von freiem Kohlenstoffdioxid gültige Gleichgewichtssystem wird in vereinfachter Form durch die Beziehungen

$$xCaCO_3 + xH_2O + (x + y)CO_2 \rightleftharpoons$$
$$xCa^{2+} + 2xHCO_3^- + yCO_2 \text{ und}$$
$$y = K_T \cdot x^3$$

erfaßt, mit K_T als Temperatur-abhängigem Proportionalitätsfaktor. Das zur Karbonatlsg. benötigte freie CO_2 stammt, außer aus der Atmosphäre, v. a. aus der anaeroben und aeroben biol. Umsetzung org. Substanzen (Humusstoffe) im Boden. Bei der Mischung zweier Grundwässer mit unterschiedlichen HCO_3^--Gehalten, die sich jeweils im Kalk-Kohlensäure-Gleichgewicht befinden, entstehen kalkaggressive Mischwässer, die wesentlich zur Kalklsg. und V. beitragen können („Mischungskorrosion"). Die großen CO_2-Mengen in der >Grundluft<, die in humid-tropischen Klimabereichen als Folge der üppigen Vegetation und des durch die Feuchtigkeit begünstigten Abbaus der org. Substanzen wirksam sind, führen zur intensivsten V. In ariden und polaren Gebieten dagegen ist dieser Prozeß nicht oder nur sehr langsam möglich. Die hier beobachteten Karsterscheinungen entstanden in früheren geologischen Epochen bei entsprechenden Klimaverhältnissen (Paläokarst).

Lit: Bögli A (1978) Karsthydrographie und physische Speläologie, Springer, Berlin Heidelberg New York – Mattheß G, Ubell K (1983) Allgemeine Hydrogeologie – Grundwasserhaushalt. Gebr. Borntraeger Verlag, Berlin Stuttgart – Zötl JG (1974) Karsthydrogeologie. Springer Verlag, Wien New York.

Verkaufsverpackung. Im Sinne der >Verpackungsverordnung< >Verpackungen<, die üblicherweise vom Endverbraucher zum Transport oder bis zum Verbrauch oder Gebrauch der Waren verwendet werden. V. sind damit auch Einweggeschirr und Einwegbesteck. V. die sowohl als >Transportverpackung< als auch als V. verwendet werden, gelten als V.

Verkehr. 1. allgemein: Auswirkungen auf die Umwelt bestehen v. a. durch die Transportaktivitäten, aber auch durch den Ausbau und die Erhaltung der Verkehrsinfrastruktur. Bei der Verkehrsinfrastruktur zeigen sich die Effekte in erster Linie durch (a) übermäßige >Flächennutzung<, (b) Zerschneidung von >Lebensräumen< mit der Folge des Artenrückgangs, (c) Versiegelung, Verdichtung und Schadstoffeintrag in Böden, (d) Auswirkungen auf das regionale >Kleinklima< und (e) negative Beeinflussung des Landschaftsbilds. Umwelteffekte bei den Transportvorgängen sind hauptsächlich (a) Schadstoffeinträge in Wasser, Boden und Luft, (b) Verkehrslärm und Erschütterungen, sowie (c) Unfallfolgen beim Transport gefährlicher Güter.

2. Luftverkehr: Der Einfluß des Flugverkehrs auf die Luftverunreinigung in Bodennähe wird i. allg. überschätzt; die Fläche von Flughäfen ist relativ groß, die Flugzeuge gewinnen beim Start schnell an Höhe, und die Häufigkeit von Starts und Landungen ist im Vergleich zum Verkehrsfluß auf den Straßen nur gering. Der Zubringerverkehr im Flughafenbereich hat i. d. R. einen höheren Anteil an der >Immissionsbelastung< als der Flugverkehr selbst. Wesentliche Schadstoffe bei den Flugzeugabgasen sind Stickoxide und >Kohlenwasserstoffe<. Von erheblich größerer Bedeutung für die Bevölkerung ist der Fluglärm mit seinen hohen Pegelspitzen einzustufen. Bei dauernder Einwirkung birgt der Fluglärm ein wesentliches Gesundheitsrisiko in sich, da durch ihn u. a. Blutdrucksteigerungen ausgelöst werden können (>Lärm<). In Deutschland fühlen sich zwischen 3 und 6 Mio. Menschen durch Fluglärm beeinträchtigt. Als besondere Belastung werden von der Bevölkerung die Tiefflüge von strahlgetriebenen Kampfflugzeugen bei militärischen Übungen empfunden.

3. Schienenverkehr: Früher trugen die kohlebefeuerten Lokomotiven erheblich zur Luftverunreinigung bei; die Umstellung auf Diesel- und v. a. elektrischen Betrieb läßt den S. als Emissionsquelle immer unbedeutender werden. Durch Streckenstillegungen und den damit verbundenen Rückzug der Bahn aus den ländlichen Gebieten ist die Zahl der durch Schienenverkehrslärm Betroffenen in der Bundesrepublik Deutschland im Vergleich zum Flugzeug- und Straßenverkehr deutlich geringer, trotzdem fühlen sich 1 bis 2 Mio. Personen durch diesen Lärm belästigt.

4. Straßenverkehr: Der Bestand an Kraftfahrzeugen in Deutschland nimmt ständig zu; für das Jahr 2000 wird der Bestand auf 31,5 Mio. Fahrzeuge (Pkw und Kombi) geschätzt. Die >Emissionen< des Kraftfahrzeugverkehrs tragen dominierend zur Belastung durch Stickoxide, Kohlenmonoxid, leichtflüchtige org. Verbindungen (z. B. >Benzol<, >Toluol<) und – in abnehmender Bedeutung – >Blei<- und Bleiverbindungen bei; hinzu kommen die Partikel-Emissionen aus Dieselfahrzeugen als Träger cancerogener Substanzen. Von besonderer Bedeutung ist weiterhin die Bildung von sog. sekundären Luftschadstoffen, wie der >Photooxidantien<; die bekannteste Substanz dieser Schadstoffgruppe ist das >Ozon<. Die Gefährdung der menschlichen Gesundheit durch Kfz-Abgase konzentriert sich im wesentlichen auf die Innenstadtbereiche (dort v. a. auf die Hauptverkehrsstraßen) und den Kraftfahrzeug-Innenraum. Erschwerend kommt hinzu, daß die Emissionen den menschlichen Atembereich direkt in relativ hohen Konzentrationen erreichen. Der Straßenverkehrslärm ist die bedeutendste Lärmquelle in Deutschland; nahezu die Hälfte aller Bundesbürger fühlt sich durch diesen Lärm belästigt. Hinsichtlich des Belästigungsgrades stehen die Motor- und Kleinkrafträder an erster Stelle. Trotz vieler Verbesserungen an Fahrzeugen und Straßen (z. B. Lärmschutzwände) ist es wegen der weitergehenden Zunahme von Kraftfahrzeugen nicht gelungen, das Lärmniveau zu senken.

5. Verkehrsemissionen: Bei den verkehrsbedingten Schadstoffeinträgen stehen die >Emissionen< in die Luft – besonders die des >Straßenverkehrs< – an erster Stelle. Hierbei sind besonders zu nennen: Kohlenmonoxid, Stickoxide (sekundär >Ozon<), org. Verbindungen (z. B. Benzol, Toluol), Dieselabgas-Partikel, Blei- und Bleiverbindungen und >Schwefeldioxid<. V. a. durch den Schiffahrtsverkehr kann es weiterhin zur Verunreinigung von Gewässern kommen; auch die Kontamination von Boden und Grundwasser spielen eine Rolle.

6. Wirkung auf den Menschen: Die >Verkehrsemissionen< tragen in erheblichen Maße (auch im Vergleich zu anderen Quellgruppen) zur Gefährdung der menschlichen Gesundheit bei. Von besonderer Bedeutung sind dabei die >cancerogenen< Substanzen >Benzol< (>Leukämie<) und >Dieselabgase< (Lungenkrebs). In >epidemiologischen< Untersuchungen konnte bei Kindern in einem stark verkehrsbelasteten Innenstadtbereich eine doppelt so hohe Benzol-Konzentration im Blut im Vergleich zu Kindern aus einem ländlichen Bereich nachgewiesen werden. Die Dieselabgase stehen bei der Risikoeinschätzung von cancerogenen >Luftschadstoffen< – aufgrund ihrer vorkommenden relativ hohen Konzentration und ihrer cancerogenen Potenz – inzwischen an erster Stelle. >Blei<

(und seine Verbindungen) und Kohlenmonoxid haben durch die gesetzlich vorgeschriebenen Minderungsmaßnahmen nicht mehr die gesundheitliche Relevanz früherer Zeiten. Zunehmend im Vordergrund stehen die sog. sekundären Luftschadstoffe, wie die >Photooxidantien<; als bekanntester Vertreter ist das >Ozon< zu nennen. Ozon führt nicht nur zu einer Beeinträchtigung des Wohlbefindens und der Leistungsfähigkeit, sondern auch zu erheblichen Reizwirkungen der oberen Atemwege. Trotz der Einführung von schadstoffarmen Personenkraftwagen muß aufgrund des immer noch zunehmenden Kfz-Bestandes und der Beförderungsfälle mit einer weiteren Zunahme der gesundheitlichen Belastung durch Verkehrsemissionen in den nächsten Jahren gerechnet werden.

Lit: Der Rat von Sachverständigen für Umweltfragen (1987) Umweltgutachten 1987, Kohlhammer, Stuttgart Mainz – Lahmann E (1990) Luftverunreinigung – Luftreinhaltung, Parey, Berlin Hamburg.

Verkehrslärm. Belastung in Wohngebieten durch V. soll durch Schutzmaßnahmen wie z. B. >Schallschutz<, >Geschwindigkeitsbeschränkung< und Verlegen von Vekehrsschwerpunkten gemindert werden. >Verordnungen zur Durchführung des Bundes-Immissionsschutzgesetzes<.

Verkehrslärmschutzrecht. Summe der Rechtsregeln, die den Schutz der Anlieger von Verkehrswegen (Straßen, Eisenbahnen, Straßenbahnen) zum Gegenstand haben. Wichtigste Rechtsquellen: §§ 41 bis 43 des >Bundesimmissionsschutzgesetzes< sowie die 16. Verordnung zur Durchführung des Bundesimmissionschutzgesetzes (Verkehrslärmschutzverordnung) vom 12. 06. 1990, BGBl. I S. 1036. Für die sog. alten Straßen, das sind diejenigen, die vor Inkrafttreten der beiden zuvor genannten Gesetze bereits existierten, gibt es kein eigenes Gesetz; die Rechtsprechung wendet die Grenzwerte, die in der 16. Verordnung enthalten sind, aber auch auf die alten Straßen an.

Verkehrsleitsysteme. >Verkehrstechnik<.

Verkehrsplanung. Wesentlicher Teil einer Stadtentwicklungsplanung mit Berücksichtigung des Nahverkehrs und der Anbindung an >Fernverkehr<, die Anbindung von Wohnbereichen an den Stadtkern und die Arbeitsstätten. Die V. sollte neben dem reibungsfreien Ablauf ohne Stau auch den abgas- und geräuscharmen Verkehrsverlauf bei geringem Energieeinsatz zum Ziel haben. >Flächenhafte Verkehrsberuhigung<.

Verkehrssicherungspflicht. Wer einen Verkehr (Straßenverkehr, aber auch Baugrube usw.) eröffnet oder den öffentlichen Verkehr auf dem seiner Verfügung unterstehenden Grundstück duldet, hat die allgemeine Rechtspflicht, die nötigen Vorkehrungen zum Schutze Dritter zu schaffen, d. h. für einen verkehrssicheren Zustand zu sorgen. Für die Einhaltung der Verkehrssicherungspflicht ist der Verfügungsberechtigte verantwortlich.

Lit: Creifelds C (1990). In: Meyer-Gossner (Hrsg.) Rechtswörterbuch, Verlag C. H. Beck, München.

Verkehrstechnik. Technische Einrichtungen zur Leitung der Verkehrströme. Dazu gehören entspr. Einrichtungen im Fahrzeug, die dem Fahrer die notwendigen Informationen für die günstigste Reisestrecke und Parkmöglichkeiten vermittelt, >Elektronik<, Wolfsburger Welle. Die V. schließt auch entspr. Leitsysteme

an den Straßen ein, die verkehrsabhängige erforderliche Vorschläge machen oder Anweisungen geben. Viele Systeme der V., insbesondere in der fahrzeugbezogenen V. sind noch im Forschungs- bzw. Entwicklungsstadium.

Verkehrswege-Schallschutzmaßnahmen. >Verordnungen zur Durchführung des Bundes-Immissionsschutzgesetzes<.

Verklappung. Entsorgung von flüssigen und festen >Abfällen< durch Einrühren oder Versenken im Meer. Grundlage für die V. in die Nordsee ist das Oslo-Übereinkommen der Nordseeanrainerstaaten vom 15. 02. 1972. Ein analoges London-Übereinkommen regelt die V. weltweit. Es werden vornehmlich >Industrieabfälle< (7,8 Mio t), >Klärschlämme< (8,2 Mio t) und >Baggergut< (101,6 Mio t; jeweils 1982) in die Nordsee verklappt. Seit 1990 werden aus Deutschland nur noch Baggergut aus Seehäfen (Bremen, Hamburg etc.) verklappt, während für die übrigen Abfallarten, wie z. B. für >Dünnsäure<, die Genehmigung ausgelaufen ist. Daneben werden jedoch als verkehrstechnische Maßnahmen eine Verlagerung der >Sedimente< in den >Ästuarien< aus den Fahrrinnen in die Nahbereiche vorgenommen (ca. 35 Mio t/a), was jedoch nicht als V. bezeichnet wird. Mit den Industrieabfällen und dem Baggergut gelangen hohe Konz. von >toxischen< >Schwermetallen< und >persistenten< org. Verb. in die Meere und können dort >ökotoxikologische< Probleme verursachen. Sowohl direkte Schädigung von Meerestieren, z. B. wegen >Fischtoxizität<, als auch indirekte Schäden des >Ökosystems< Meer durch übermäßige Nährstoffzufuhr und Wachstumsförderung für einzelne Arten, z. B. der >Algen< mit >Algenblüte<, wurden in der Nordsee und anderen Meeren bereits festgestellt.

Lit: Behörde für Strom- und Hafenbau (Hrsg.) Fachseminar Baggergut – Ergebnisse aus dem Baggergutuntersuchungsprogramm, Hamburg 1984, ISSN 0177-1191.

Verkokung. >Entgasung<.

Verkrautung. Massenwachstum von untergetauchten und nicht untergetauchten Pflanzen in fließenden Gewässern oder Gräben, seltener in stehenden Gewässern, verursacht meist durch hohe Nährstoffkonz. Maßnahmen zur Entkrautung eines Gewässers sind ökologisch bedenklich, da entweder die Pflanzen mechanisch entfernt oder durch >Herbizide< im Gewässer chem. bekämpft werden: beides schädigt auch viele andere Organismen. Entkrautungsmaßnahmen sind jedoch erforderlich, um den Abfluß in einem >Fließgewässer< zu gewährleisten. In diesem Fall sind >Schutzziele< abzuwägen.

Verlagerung. Ausdruck für Bewegung, >Transport< von Stoffen mit natürlichen Verlagerungsmedien Wasser und Luft; in der Geologie und Hydrologie verwendet, um v. a. die konvektive Stoffbewegung mit dem >Oberflächen-<, >Sicker-< oder >Grundwasser< in die >Gewässer< durch die >Böden< oder im Grundwasser/Aquifer zu charakterisieren.

Verlandung. Verminderung der Wassertiefe eines flachen Sees durch >Sedimentation< und fortschreitendes Pflanzenwachstum. Dieses kann sich auf die gesamte Seefläche ausdehnen, sobald der Seegrund die Untergrenze der >euphotischen Zone< erreicht. Der Endzustand der Verlandung ist je nach Niederschlagshöhe und Untergrund (Boden, Grundwasser) ein Wald oder eine Wiese, ein Flach- oder ein Hochmoor, s. a. >Moore<. In >ariden< Klimagebieten kann ein See auch durch Verdunstung (Tschad-See) und künstlichen Wasserentzug (Aralsee) verlanden bzw. austrocknen.

Verlustenergie. Diejenige Energiemenge, die bei der Umwandlung, dem Transport und dem Endverbrauch für die Nutzung verlorengeht.

Vermiculit. Tonminerale mit Dreischichtsilicatstruktur, die einen relativ hohen isomorphen Ersatz und damit eine hohe Schichtladung (1,2 bis 1,8 Ladungen pro Formeleinheit) haben und daher wichtige Kationenaustauscher des Bodens sind. In Böden bilden sich V. meist durch Verwitterung aus >Biotiten<.

Verordnungen. Sie werden auf der Grundlage eines Gesetzes zur Durchführung einzelner Gesetzesanforderungen erlassen. Die jeweilige Ermächtigung hierzu ist im Gesetzestext konkret genannt. So sind auf der Grundlage des >Bundes-Immissionsschutzgesetzes< insgesamt 28 >Verordnungen zur Durchführung des Bundes-Immissionsschutzgesetzes< (Luftreinhaltung und Lärmschutz) erlassen worden (Stand Sept. 1999).

Verordnung über Abfallwirtschaftskonzepte und Abfallbilanzen (Abfallwirtschaftskonzept- und -bilanzverordnung – AbfKoBiV). Teil des untergesetzlichen Regelwerkes zum >Kreislaufwirtschafts- und Abfallgesetz<, verabschiedet am 13.09. 1996, in Kraft getreten am 7.10. 1996. Die Verordnung regelt die Form und den Inhalt von >Abfallwirtschaftskonzepten< und >Abfallbilanzen<. Es wird u. a. festgelegt, welche Abfälle in welcher Form in den Unterlagen beschrieben werden müssen. Es müssen die Anfallstellen der Abfälle, der Verbleib und damit der Entsorgungsweg dargestellt werden. In der Anlage 1 sind die jeweiligen Formblätter dargestellt sowie in der Anlage 2 die Abfälle, für die die Verordnung nicht gültig ist.
Lit: Kaminski R, Konzak O (1997) Das untergesetzliche Regelwerk zum Kreislaufwirtschafts- und Abfallgesetz – Verordnungen und Verwaltungsvorschriften. Abfallwirtschaft in Forschung und Praxis, Bd. 95, E. Schmidt, Berlin – Hösel G, Bilitewski B, Schenkel W, Schnurer H (Hrsg.) (1997) Müll-Handbuch, Kap. 0443, E. Schmidt, Berlin.

Verordnung über Verwertungs- und Beseitigungsnachweise (Nachweisverordnung – NachwV). Teil des untergesetzlichen Regelwerkes zum >Kreislaufwirtschafts- und Abfallgesetz<. Am 07.10. 1996 in Kraft getreten als Ersatz für die Abfall- und Reststoffüberwachungs-Verordnung. Sie enthält Vorgaben für die Nachweise, welche bei der >Abfallentsorgung< kraft Gesetzes oder kraft behördlicher Anordnung zu führen sind. Sie dienen der Überwachung der Abfallentsorgung.
Lit: Kaminski R, Konzak O (1997) Das untergesetzliche Regelwerk zum Kreislaufwirtschafts- und Abfallgesetz – Verordnungen und Verwaltungsvorschriften. Abfallwirtschaft in Forschung und Praxis, Bd. 95, E. Schmidt, Berlin – Hösel G, Bilitewski B, Schenkel W, Schnurer H (Hrsg.) (1997) Müll-Handbuch, Kap. 0437, E. Schmidt, Berlin.

Verordnung zur Bestimmung von besonders überwachungsbedürftigen Abfällen (Bestimmungsverordnung besonders überwachungsbedürftiger Abfälle – BestbüAbfV). Teil des untergesetzlichen Regelwerkes zum >Kreislaufwirtschafts- und Abfallgesetz<. Am 07.10. 1996 in Kraft getreten als Ersatz für die Abfallbestimmungs-Verordnung und die Reststoffbestimmungsverordnung. Diese Verordnungen sind jedoch im Übergang bis zum 31.12. 1998 weiterhin gültig. Die BestbüAbfV bestimmt, welche Abfälle als >besonders

überwachungsbedürftige Abfälle< einzustufen sind. Dazu werden in zwei Anlagen Abfallarten benannt, die sich aufgrund von branchen- oder prozeßspezifischen Eigenschaften unterscheiden. Diesen Abfallarten wird eine sechsstellige Kennziffer zugeordnet.
Lit: Kaminski R, Konzak O (1997) Das untergesetzliche Regelwerk zum Kreislaufwirtschafts- und Abfallgesetz – Verordnungen und Verwaltungsvorschriften. Abfallwirtschaft in Forschung und Praxis, Bd. 95, E. Schmidt, Berlin – Hösel G, Bilitewski B, Schenkel W, Schnurer H (Hrsg.) (1997) Müll-Handbuch, Kap. 0431, E. Schmidt, Berlin.

Verordnung zur Bestimmung von überwachungsbedürftigen Abfällen zur Verwertung (Bestimmungsverordnung überwachungsbedürftiger Abfälle zur Verwertung – BestüVAbfV). Teil des untergesetzlichen Regelwerkes zum >Kreislaufwirtschafts- und Abfallgesetz<, verabschiedet am 10.09. 1996. Die Verordnung tritt erst am 01.01. 1999 in Kraft. In den früheren Regelwerken gab es den Begriff der überwachungsbedürftigen Abfälle zur Verwertung im Abfallrecht nicht. In der Anlage der BestüVabfV werden die überwachungsbedürftigen verwertbaren Abfälle genannt, denen ein sechsstelliger >Abfallschlüssel< zugeordnet wird. Die Einteilung erfolgt aufgrund von branchen- oder prozeßspezifischen Eigenschaften. In der BestüVAbfV wird nicht bestimmt, welche Stoffe oder Gegenstände überwachungsbedürftige Abfälle sind, sondern nur welche Abfälle zur Verwertung als überwachungsbedürftig eingestuft werden.
Lit: Kaminski R, Konzak O (1997) Das untergesetzliche Regelwerk zum Kreislaufwirtschafts- und Abfallgesetz – Verordnungen und Verwaltungsvorschriften. Abfallwirtschaft in Forschung und Praxis, Bd. 95, E. Schmidt, Berlin – Hösel G, Bilitewski B, Schenkel W, Schnurer H (Hrsg.) (1997) Müll-Handbuch, Kap. 0434, E. Schmidt, Berlin.

Verordnungen zur Durchführung des Bundes-Immissionsschutzgesetzes – BImSchG. Zweck des BImSchG ist es, Menschen, Tiere und Pflanzen, den Boden, das Wasser, die Atmosphäre sowie Kultur- und sonstige Sachgüter vor schädlichen Umwelteinwirkungen und, soweit es sich um >genehmigungsbedürftige Anlagen< handelt, auch vor Gefahren, erheblichen Nachteilen und erheblichen Belästigungen, die auf andere Weise herbeigeführt werden, zu schützen und dem Entstehen schädlicher Umwelteinwirkungen vorzubeugen. Die vorgenannten Begriffe und Schutzziele bleiben im Gesetz selbst jedoch abstrakt, unbestimmt, unkonkret. Zur Konkretisierung dienen Rechtsverordnungen und Verwaltungsvorschriften, die an verschiedensten Stellen des Gesetzes ihre Ermächtigung finden und von der Bundesregierung erlassen werden („normkonkretisierende Verwaltungsvorschrift"). Mit dem Stand vom November 1998 sind bisher 28 Durchführungsverordnungen zum >BImSchG< von der Bundesregierung erlassen worden. Es sind dies:

– Erste Verordnung zur Durchführung des Bundes-Immissionsschutzgesetzes (Verordnung über Kleinfeuerungsanlagen – 1. BImSchV) *in der Fassung vom 14. März 1997*

– Zweite Verordnung zur Durchführung des Bundes-Immissionsschutzgesetzes (Verordnung zur Emissionsbegrenzung von leichtflüchtigen Halogenkohlenwasserstoffen – 2. BImSchV) *vom 10. Dezember 1990*

– Dritte Verordnung zur Durchführung des Bundes-Immissionsschutzgesetzes (Verordnung über Schwefelgehalt von leichtem Heizöl und Dieselkraftstoff – 3. BImSchV) *vom 15. Januar 1975*

- Vierte Verordnung zur Durchführung des Bundes-Immissionsschutzgesetzes (Verordnung über genehmigungsbedürftige Anlagen – 4. BImSchV) *in der Fassung vom 14. März 1997*
- Fünfte Verordnung zur Durchführung des Bundes-Immissionsschutzgesetzes (Verordnung über Immissionsschutz- und Störfallbeauftragte – 5. BImSchV) *vom 30. Juli 1993*
- Sechste Verordnung zur Durchführung des Bundes-Immissionsschutzgesetzes (Verordnung über Fachkunde und Zuverlässigkeit der Immissionsschutzbeauftragten – 6. BImSchV) *vom 12. April 1975*
- Siebente Verordnung zur Durchführung des Bundes-Immissionsschutzgesetzes (Verordnung zur Auswurfbegrenzung von Holzstaub – 7. BImSchV) *vom 18. Dezember 1975*
- Achte Verordnung zur Durchführung des Bundes-Immissionsschutzgesetzes (Rasenmäherlärm-Verordnung – 8. BImSchV) *in der Fassung vom 13. Juli 1992*
- Neunte Verordnung zur Durchführung des Bundes-Immissionsschutzgesetzes (Verordnung über das Genehmigungsverfahren – 9. BImSchV) *in der Fassung vom 29. Mai 1992*
- Zehnte Verordnung zur Durchführung des Bundes-Immissionsschutzgesetzes (Verordnung über die Beschaffenheit und die Auszeichnung der Qualitäten von Kraftstoffen – 10. BImSchV) *vom 13. Dezember 1993*
- Elfte Verordnung zur Durchführung des Bundes-Immissionsschutzgesetzes (Emissionserklärungsverordnung – 11. BImSchV) *vom 12. Dezember 1991*
- Zwölfte Verordnung zur Durchführung des Bundes-Immissionsschutzgesetzes (Störfall-Verordnung – 12. BImSchV) *in der Fassung vom 20. September 1991*
- Dreizehnte Verordnung zur Durchführung des Bundes-Immissionsschutzgesetzes (Verordnung über Großfeuerungsanlagen – 13. BImSchV) *vom 22. Juni 1983*
- Vierzehnte Verordnung zur Durchführung des Bundes-Immissionsschutzgesetzes (Verordnung über Anlagen der Landesverteidigung – 14. BImSchV) *vom 9. April 1986*
- Fünfzehnte Verordnung zur Durchführung des Bundes-Immissionsschutzgesetzes (Baumaschinenlärm-Verordnung – 15. BImSchV) *vom 10. November 1986*
- Sechzehnte Verordnung zur Durchführung des Bundes-Immissionsschutzgesetzes (Verkehrslärmschutzverordnung – 16. BImSchV) *vom 12. Juni 1990*
- Siebzehnte Verordnung zur Durchführung des Bundes-Immissionsschutzgesetzes (Verordnung über Verbrennungsanlagen für Abfälle und ähnliche brennbare Stoffe – 17. BImSchV) *vom 23. November 1990*
- Achtzehnte Verordnung zur Durchführung des Bundes-Immissionsschutzgesetzes (Sportanlagenlärmschutzverordnung – 18. BImSchV) *vom 18. Juli 1991*
- Neunzehnte Verordnung zur Durchführung des Bundes-Immissionsschutzgesetzes (Verordnung über Chlor- und Bromverbindungen als Kraftstoffzusatz – 19. BImSchV) *vom 17. Januar 1992*
- Zwanzigste Verordnung zur Durchführung des Bundes-Immissionsschutzgesetzes (Verordnung zur Begrenzung der Kohlenwasserstoffemissionen beim Umfüllen und Lagern von Ottokraftstoffen – 20. BImSchV) *vom 7. Oktober 1992*

- Einundzwanzigste Verordnung zur Durchführung des Bundes-Immissionsschutzgesetzes (Verordnung zur Begrenzung der Kohlenwasserstoffemissionen bei der Betankung von Kraftfahrzeugen – 21. BImSchV) *vom 7. Oktober 1992*
- Zweiundzwanzigste Verordnung zur Durchführung des Bundes-Immissionsschutzgesetzes (Verordnung über Immissionswerte – 22. BImSchV) *vom 26. Oktober 1993*
- Dreiundzwanzigste Verordnung zur Durchführung des Bundes-Immissionsschutzgesetzes (Verordnung über die Festlegung von Konzentrationswerten – 23. BImSchV) *vom 16. Dezember 1996*
- Vierundzwanzigste Verordnung zur Durchführung des Bundes-Immissionsschutzgesetzes (Verkehrswege-Schallschutzmaßnahmenverordnung – 24. BImSchV) *vom 4. Februar 1997*
- Fünfundzwanzigste Verordnung zur Durchführung des Bundes-Immissionsschutzgesetzes (Verordnung zur Begrenzung von Emissionen aus der Titandioxid-Industrie – 25. BImSchV) *vom 8. November 1996*
- Sechsundzwanzigste Verordnung zur Durchführung des Bundes-Immissionsschutzgesetzes (Verordnung über elektromagnetische Felder – 26. BImSchV) *vom 16. Dezember 1996*
- Siebenundzwanzigste Verordnung zur Durchführung des Bundes-Immissionsschutzgesetzes (Verordnung über Anlagen zur Feuerbestattung – 27. BImSchV) *vom 19. März 1997*
- Achtundzwanzigste Verordnung zur Durchführung des Bundes-Immissionsschutzgesetzes (Verordnung über Emissionsgrenzwerte für Verbrennungsmotoren – 28. BImSchV) *vom 11. November 1998*

Verordnungen zur thermischen Abfallbehandlung. >Gesetze<.

Verpackung. Im Sinne der >Verpackungsverordnung<: Erzeugnisse und Bestandteile von Erzeugnissen aus Materialien jeder Art, die dazu dienen, Waren ganz oder teilweise zu umhüllen oder zusammenzuhalten, um sie transport-, lager- oder verkaufsfähig zu machen. Siehe auch >Transportverpackung<, >Verkaufsverpackung<, >Umverpackung<.

Verpackung (Chemikalien). Aus der Zielsetzung des >ChemG< (Schutz des Menschen und der Umwelt) ergibt sich u.a. die Verpflichtung zur >Einstufung<, V. und >Kennzeichnung< gefährlicher Stoffe und Zubereitungen (§§ 13, 14). Sie gilt für neue und alte >Stoffe< und geht auf die Richtlinie 67/548/EWG vom 27.06. 1967 zurück. Seinerzeit wurde mit der Angleichung der Rechts- und Verwaltungsvorschriften u.a. für die V. gefährlicher Stoffe begonnen. Später kamen entsprechende Vorschriften für >Zubereitungen< hinzu, die (mit Ausnahme der RL 88/379/EWG) in deutsches Recht umgesetzt worden sind (s. >EG-RL für gefährliche Stoffe< und >EG-RL für gefährliche Zubereitungen<).
Die V. hat die Aufgabe, ein Freiwerden gefährlicher Stoffe und die damit verbundene Gefährdung des Menschen und seiner Umwelt zu vermeiden. Sie muß daher den zu erwartenden Beanspruchungen standhalten und aus Werkstoffen hergestellt werden, die weder angegriffen werden noch eine gefährliche Reaktion oder Verbindung mit dem Stoff oder der Zubereitung eingehen sowie so beschaffen sein, daß vom Inhalt nichts ungewollt nach außen gelangen kann. Zur V. ge-

hören die Umhüllung sowie Behältnisse wie Kisten, Kanister, Flaschen, Kartons, Fässer, Trommeln u. ä. Die Form oder die Bezeichnung von Behältnissen, in denen >Gefahrstoffe< verpackt sind, dürfen nicht mit denen von Lebensmitteln verwechselt werden und keine verharmlosenden Aufschriften tragen (>Kennzeichnung<).

In § 3 >GefStoffV<, der nur sehr allg. Bestimmungen enthält, wird weiterhin auf die Vorschriften über die >Beförderung< >gefährlicher Güter< hingewiesen. Ihre Beachtung genügt für die Erfüllung des Gefahrstoffrechts hinsichtlich der V. Deren weitere Funktion ist in der Möglichkeit zu sehen, Gefahrstoffe und Gefahrgüter vorschriftsmäßig zu kennzeichnen: >Warnetiketten< oder >Gefahrzettel< auf Gebinden sowie >Warntafeln< auf Fahrzeugen mit bestimmten Gefahrgütern. Im Gegensatz zum Gewerberecht enthält das Transportrecht spezielle Vorschriften für die V. Mit Ausnahme des Luftverkehrs ergeben sich aus den Rechtsverordnungen für die einzelnen Verkehrsträger besondere Anforderungen: Durchführung von Bauartprüfungen und Zulassung von V. Es gibt drei Leistungsklassen und drei stoffbezogene Verpackungsgruppen. Diese Einstufung der Gefahrgüter – entsprechend ihrem Gefahrenpotential – ist in den „UN-Empfehlungen" enthalten, zusammen mit den >Gefahrenklassen<, deren Stoffliste nach den UN->Stoffnummern< geordnet ist.

Die >Verpackungsverordnung< vom 12.06.1991 sieht eine Rücknahmeverpflichtung für bestimmte V. (mit gestaffelter Terminsetzung) vor. Sie unterscheidet zwischen >Transport-V.< (01.12.1991), >Umverpackungen< (01.01.1992) und schadstoff*freien* >Verkaufs-V.< (ab 01.01.1993). Für schadstoff*haltige* Verkaufsverpackungen wird z. Z. in Bonn eine weitere Rechtsverordnung zum Abfallgesetz von 1986 vorbereitet.

Lit: Goebel W (1988) Gefahrstoff-ABC, ecomed, Landsberg/Lech – Kitzinger G, Beekhuizen S, Lorenz G (1991) Gefahrstoffverordnung, Kommentar und Rechtsvorschriften zum Gefahrstoffrecht, Werner-Verlag, Düsseldorf.

Verpackungspflicht. Rechtspflicht aufgrund von § 9 Abs. 1 des >Chemikaliengesetzes<. Die Art der Verpackung richtet sich nach § 3 der >Gefahrstoffverordnung<.

Verpackungsverordnung (VerpackV). Regelt die Vermeidung, Verwertung und Rücknahme von >Verpackungen<. Die Verpackungen sollen so umweltverträglich wie möglich hergestellt werden. Abfälle aus Verpackungen sollen reduziert werden, indem die Verpackungen soweit wie technisch und wirtschaftlich möglich wiederbefüllt werden können; falls dies nicht möglich ist, sollen sie stofflich verwertet werden. Durch die V. wird denjenigen, die Verpackungen in den Verkehr bringen, eine Rücknahmepflicht auferlegt. Um eine Rücknahme zu gewährleisten, können sich die Vertreiber von Verpackungen sogenannter Dritter bedienen. Zudem werden Bestimmungen zum Schutz von >Mehrwegsystemen< definiert sowie Vorgaben gemacht, welche Mengen an Verpackungen nach dem Gebrauch gefaßt und einer Wiederverwertung zugeführt werden müssen.

Verpressen in Speichergesteinen. >Aquiferspeicherung<.

Verregnung. >Abwasserverregnung<.

Verregnungsanlage. Einrichtung, die der >landwirtschaftlichen Verwertung< von >Abwasser< dient. Der Verregnung geht i. allg. eine >mechanisch-biol. Abwasserreinigung< voraus. In Deutschland bestehen aus hygienischen Gründen Bedenken; Verregnungsanlagen werden nicht mehr betrieben, s. a. >Abwasserverregnung<.

Verriegelung. I. d. R. automatische Vorrichtung, um z. B. die >Beschickung< einer Anlage mit Einsatzstoffen bei Störungen oder Nichteinhaltung von emissionsbegrenzenden Forderungen sofort zu unterbrechen.

Verrieselungsanlage. Die Verrieselung des Abwassers auf Landflächen ist die natürlichste Abwasserreinigung und zugleich ein guter Schutz des Gewässers vor Abwasserschmutz. Das Land kann Abwasser besonders gut in trockener Sommerzeit aufnehmen, also gerade dann, wenn das Gewässer wenig Wasser führt und die Verschmutzung durch Abwasser am lästigsten ist. Es ist auch erwünscht, dem Boden die durch die menschlichen Nahrungsmittel entzogenen Stoffe wieder zuzuführen. Leider scheitert die Verrieselung von Abwasser meist an den Kosten, dem Flächenbedarf oder an nachteiligen Abwasserinhaltsstoffen.

Für die *Dungstoffe des Abwassers* gelten nach Erfahrungen des Ruhrverbandes die Werte in der Tabelle in g/(E · d):

Verrieselungsanlage

	Phosphor (P)	Stickstoff (N)	Kalium (K)	org. Kohlenstoff (TOC)
rohes Abwasser	2,8	13	5,0	50
biol. gereinigtes Abwasser	1,7	9	4,7	7,5
Faulschlamm	1,1	2	0,3	8,5

Vollständig verwerten kann man die Stoffe durch „weiträumige Landbewässerung", denn nach landwirtschaftlichen Regeln sind große Flächen nötig, wenn der im Abwasser enthaltene Stickstoff nutzbringend untergebracht werden soll.

Die Planung einer Bewässerungsanlage ist v. a. eine *landwirtschaftliche* Aufgabe.

Die Felder können nur ein beschränktes Maß von Abwasser ertragen, besonders wenn die Regenhöhe größer ist als 600 mm jährlich. Die Aufnahmefähigkeit wird größer, wenn mehr Grünland eingerichtet, also die Viehhaltung vergrößert wird. Man rechnet im Durchschnitt auf das gesamte für die Bewässerung zu erschließende Gelände 150 mm Abwasser jährlich, das sind 1.500 m³/ha · a = 4,1 m³/ha · a. Bei einer städtischen Abwassermenge von 150 L/E · d) kommen dann 4,1 · 1.000 : 150 = rd. 30 Einwohner auf 1 ha.

Als *Vorklärung* werden in den Richtlinien „Absetzbeken von ausreichender Klärdauer" vorgeschrieben. Dabei ist wohl an 1,5 bis 2 h zu denken.

Beim *Verrieseln* wird die Hangrieselung angewandt (s. Abb.) und bei schlechtem Gefälle Furchenrieselung (s. Abb.). Man braucht dabei viele Gräben. Diese erschweren die Bestellung des Landes, und man hat auch große Wasserverluste. Dennoch ist das Verrieseln bei kleinen Anlagen besser als Verregnen, und es wird im Winter bei allen Anlagen angewandt.

Gegen die Übertragung von Krankheitserregern und *Wurmeiern* auf Menschen und Tiere schreiben die

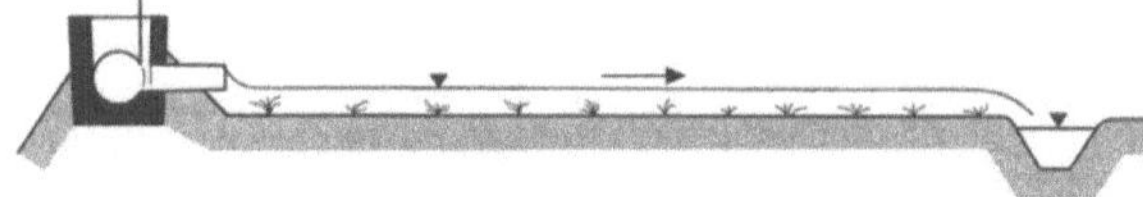

Verrieselungsanlage: Hangrieselung

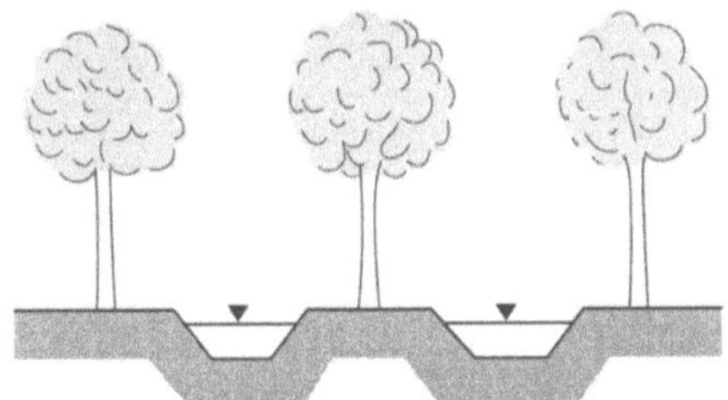

Verrieselungsanlage: Furchenrieselung

Richtlinien vor, daß vor Siedlungen, Hauptverkehrsstraßen, Bahnanlagen, Obst- und Gemüsegärten Schutzstreifen anzulegen sind. Futterflächen und Grünland dürfen eine Woche vor der Ernte oder Beweidung nicht mehr bewässert werden. Speisekartoffeln dürfen nach der Blüte nicht mehr gedüngt werden. Zu Gemüse ist das Abwasser nur als Vorratsdüngung zu geben, also nur zu den Zeiten, wo die Flächen keine Pflanzen tragen.

In der Stadt Braunschweig werden biol. vorgereinigte, kommunale Abwässer bis in die Gegenwart auf >Rieselfeldern< verregnet bzw. verrieselt, bzw. von Bauern zur Bewässerung der Kulturen genutzt. Dies ist nur durch eine strenge >Indirekteinleiter<überwachung möglich. Frühere Rieselfelder (z.B. Berlin-Marienfelde) sind oft Sanierungsflächen.

Lit: Randolf R (1985) Kanalisation und Abwasserbehandlung, 4.Aufl., VEB Verlag für Bauwesen, Berlin – Imhoff K, Imhoff KR (1998) Taschenbuch der Stadtentwässerung. 29.Aufl., R.Oldenbourg Verlag, München Wien.

Versalzung. Anreicherung von löslichen Salzen im Oberboden. Eine langfristige V. kann auftreten, wenn die Salze nicht mit dem Sickerwasser abgeführt werden können, weil bei hoher Verdunstungsrate und geringen Niederschlägen der Sickerwasserstrom im Boden nicht bis in das Grundwasser reicht. Dies gilt auch für künstliche Bewässerungen, so daß auch geringe Salzkonzentrationen im Bewässerungswasser langfristig zu einer V. führen können. Abhilfe schaffen so hohe Wassergaben, daß mindestens kurzfristig ein bis ins Grundwasser reichender Sickerwasserstrom erzeugt wird. Durch intensive und andauernde V. bilden sich >Salzböden<, deren ökologische Eigenschaften weitgehend durch den hohen >Salzgehalt< bestimmt werden.

Versatz. Im >Tiefbau< Begriff für das Verfüllen bergmännisch hergestellter Hohlräume. Man unterscheidet Eigenversatz, bei dem das Versatzgut im Betrieb selbst anfällt, und Fremdversatz, bei dem das Versatzgut dem zu versetzenden Abbauhohlraum von anderen Stellen aus zugeführt werden muß. Nach dem Ausmaß der Verfüllung von Abbauhohlräumen unterscheidet man Vollversatz bei vollständiger Verfüllung des Hohlraumes und Teilversatz bei partieller Verfüllung.

Versatzbau. >Abbauverfahren< im >Tiefabau<, bei dem für das überlagernde Gebirge durch Verfüllung des verlassenen Abbauhohlraumes mit >Versatz< ein neues Auflager geschaffen wird und dadurch eine möglichst geringe >Absenkung< erreicht werden soll.

Versauerung. Absenkung des pH-Werts eines Bodens durch die Bildung oder den Eintrag von Säuren. Wichtige Säurequellen in Böden sind: a) *Kohlendioxid* der Bodenluft, das mit Wasser Kohlensäure bildet. Während der natürliche Kohlendioxidgehalt der Atmosphäre etwa 0,03 % beträgt, erreicht der CO_2-Gehalt der Bodenluft durch die Atmung der Bodenorganismen in biologisch sehr aktiven Böden bis zu 10 %. b) *Organische Säuren*, die beim Streu- und Humusabbau gebildet werden und z.T. eine erhebliche Säurestärke besitzen können. Darüber hinaus sind sie meist imstande, zahlreiche mehrwertige Kationen (besonders der Schwermetalle) komplex zu binden. c) *Aluminium*, das durch die Spaltung des Wassers nach $Al^{3+} + H_2O = AlOH^{2+} + H^+$ als starke Säure wirkt. d) *Wurzelausscheidungen*. Pflanzenwurzeln scheiden besonders dann Säuren bzw. H^+ aus, wenn sie mehr Kationen als Anionen aufnehmen und daher einen positiven Ladungsüberschuß ausgleichen müssen. So sinkt der pH-Wert der >Rhizosphäre< vieler Pflanzen besonders stark bei hohen Kalium- und Ammoniumgehalten des Bodens. e) *Oxidationsprozesse*. Bei der Oxidation von z.B. Fe^{2+}, FeS_2 oder NH_4^+ werden Säuren gebildet bzw. Protonen frei, die v.a. bei der Verwitterung pyrithaltiger Gesteine zu sehr tiefen pH-Werten führen können. Die V. der Böden ist ein natürlicher, für die Bodenentwicklung wichtiger Prozeß, der zur Mineralverwitterung führt und damit auch die in den Gesteinen enthaltenen Nähr- und Schadstoffe freisetzt. Durch die Tätigkeit des Menschen kommen zu den natürlichen Säurequellen allerdings noch die sauren Luftverunreinigungen (SO_2, H_2SO_4, HNO_3) hinzu, die die V. erheblich beschleunigen und die Auswaschung fördern. Da diese Stoffe zunächst nur in der obersten Bodenzone wirksam werden, können hier sehr tiefe pH-Werte (in Humusauflagen bis unter 2) entstehen und die ökologischen Verhältnisse gravierend verändern. Zu den Folgen einer starken V. in Mineralböden gehört die Freisetzung von Aluminiumkationen, die einerseits Schäden an Pflanzen verursachen, andererseits andere Kationen (z.B. Ca^{2+}, Mg^{2+}, K^+) von den Austauscherplätzen verdrängen und so ihre Auswaschung fördern können. Durch >Kalkung< kann eine übermäßige V. mit ihren schädlichen Folgen zurückgedrängt werden. Bei Waldböden werden hierfür oft schwerlösliche Carbonatminerale (z.B. >Dolomit<, CaMg-$(CO_3)_2$) verwendet, da bei zu rascher pH-Anhebung durch den beschleunigten Humusabbau Stickstoffverbindungen und Schadstoffe mobilisiert werden und ins Grundwasser gelangen können.

Versauerungshypothese. >Neuartige Waldschäden<.

Verschlämmung. Veränderung der Oberfläche bestimmter Böden bei oberflächlich auftretendem freien Wasser oder bei mechanischer Beanspruchung durch Regentropfen, durch welche die für die Versickerung verantwortlichen Poren durch feines Bodenmaterial verstopft werden. Dabei wird die Versickerungsrate des Bodens drastisch verringert, so daß der oberflächlich abfließende Teil des Regenwassers erheblich zunimmt und die Erosionsgefahr entsprechend steigt. Die V. ist besonders hoch bei lehmigen Böden und geringer Gefügestabilität (>Bodengefüge<); sie wird durch den direkten Aufprall der Regentropfen auf ungeschützten Boden noch verstärkt. Zur Verminderung können daher die Gefügestabilität erhöht (z.B. Zwischenfrucht, Untersaat) angebaut oder Mulchschichten (>Mulch<) aufgebracht werden.

Verschlechterungsverbot. Rechtspolitisches Handlungsprinzip im >Umweltrecht<, manchmal auch Bestandsschutzprinzip genannt; seine Anwendung soll eine weitere Verschlechterung der Umwelt verhindern und zumindest den Status quo zu wahren helfen, deshalb Bestandsschutz. Partielle Normierung in § 8 des >Bundesnaturschutzgesetzes<. Danach sind vermeidbare Eingriffe in Natur und Landschaft zu unterlassen, unvermeidbare Eingriffe auszugleichen und unvermeidbare, nicht hinreichend ausgleichbare Eingriffe zu untersagen, wenn die Belange des Naturschutzes und der Landschaftspflege bei Abwägung aller Anforderungen an Natur und Landschaft im Rang vorgehen.

Verschmutzungsfall. Die Verordnung über >Immissionswerte< (22. Verordnung zum >Bundes-Immissionsschutzgesetz<) vom 26.10.1993 (Stand 27.05.1994) führt im Zusammenhang mit der Vorgabe von >Schwellenwerten< für die >Ozon<konzentration in der Luft den Begriff V. im Sinne von hohen >Luftschadstoffbelastungen< ein.

Verschulden. Voraussetzung für die Haftung nach Bürgerlichem Recht (Ausnahme: Gefährdungshaftung) und nach Strafrecht; das Kriterium ist erfüllt, wenn vorsätzliches oder fahrlässiges Handeln gegeben ist.

Verschuldungshaftung. Sie besagt, daß derjenige, der einen anderen schädigt und dies rechtswidrig (fahrlässig und vorsätzlich) herbeiführt, dem anderen für den daraus entstandenen Schaden verantwortlich ist. Voraussetzung für das Verschulden ist die Zurechnungsfähigkeit. Der Schuldner kann auch ohne Verschulden haften, wie z.B. bei Gewährleistungspflichten; s.a. >Haftung<.
Lit: Gasser V (1989) Umwelthaftungsrecht – Tendenzen in der Rechtsprechung und Gesetzgebung für die Haftung bei Umweltbeeinträchtigungen, UWSF-Z. Umweltchem. Ökotox., Bd.1, S.38–40 – Creifelds C (1990) In: Lutz Meyer-Gossner (Hrsg.) Rechtswörterbuch, Verlag C.H. Beck, München.

Versickerung. 1. Einbringen von Abwasser in den Untergrund ohne landwirtschaftliche Nutzung, z.B. durch einen Sickerschacht, eine Sickerleitung, einen Sandfiltergraben oder durch Untergrundverrieselung (DIN 4261).
2. Unter Versinkung versteht man das allmähliche Eindringen von Wasser in den Untergrund. Dabei erreicht das Wasser durch weite Hohlräume (z.B. Spalten oder Schwalglöcher) sehr schnell die Grundwasseroberfläche. Versickerung und Versinkung gehen im wesentlichen unmittelbar nach Regenfällen oder während der Schneeschmelze vor sich. Die anfallenden Wassermengen sind damit jahreszeitlichen Schwankungen unterworfen. Daneben gibt es, unabhängig von Niederschlägen und Verdunstung, eine Versickerung und Versinkung aus stehenden und fließenden Gewässern. Da diese ununterbrochen wirksam ist, können die dabei dem Untergrund zugeführten Wassermengen je Flächeneinheit erheblich größer sein als bei der Niederschlagsversickerung.
Lit: Brix J, Heyd H, Gerlach F (1963) Die Wasserversorgung, R. Oldenbourg Verlag, München Wien.

Versteppung. Langfristige Veränderung der ökologischen Standortseigenschaften, wobei durch vermehrte trockene Phasen die Bodenfruchtbarkeit abnimmt. Die Vegetation ändert sich für potentielle Waldstandorte hin zu Steppenvegetation (lockere Buschvegetation mit Gräsern aus trockenresistenten Pflanzenarten). Ursache für eine V. kann ein Klimawechsel sein; ähnliche Effekte werden aber auch durch Verlust der Wasserspeicherung der Böden z.B. durch Erosion hervorgerufen.

Versuchsanlagen. Für bestimmte immissionsschutzrechtlich >genehmigungsbedürftige Anlagen<, die ausschließlich oder überwiegend der Entwicklung und Erprobung neuer Verfahren, Einsatzstoffe, Brennstoffe oder Erzeugnisse dienen, wird ein vereinfachtes >Genehmigungsverfahren< durchgeführt, wenn die Genehmigung für einen Zeitraum von höchstens drei Jahren nach Inbetriebnahme der Anlage erteilt werden soll; dieser Zeitraum kann auf Antrag bis zu einem weiteren Jahr verlängert werden (4. Verordnung zum BImSchG, Stand 20.04.1998).

Versuchsbelebtschlammanlage. (Husmann-Apparat, auch häufig 31-Laboranlage genannt). Wurde zu Beginn der 60er Jahre entwickelt, um die Abbaubarkeit neuer, sog. weicher Detergentien in Wasch- und Reinigungsmitteln zu verfolgen. Die Verweilzeit im Belüftungsgefäß beträgt durchschnittlich 3 h, kann aber beliebig verändert werden (s. Abb. S.1251). Die Anlagen werden für die in der Detergenzienverordnung sowie die von der OECD, EU und ISO geforderten Prüfung von Stoffen für den >Confirmatory-Test< (auch Bestätigungstest, Simulationstest, „active cludge simulation test") und den sog. *Coupled-units-Test*, wie auch die unterschiedlichsten Parameter untersucht werden, wie z.B. >DOC<, Einzelstoffbestimmungen, Bestimmung anionaktiver und nichtionischer Tenside oder auch >Biotest<.

Versuchsreaktor. >Kernreaktor<, der speziell für die Prüfung von Materialien und Reaktorkomponenten unter den >Neutronen-< und >Gammaflüssen< und Temp.-Bedingungen eines normalen Reaktorbetriebes ausgelegt ist.

Vert acide brillante BS. >Grün S<.

Vert solid FCF. >Echtgrün<.

Vertebrata (Wirbeltiere). Wirbeltiere haben mit hohem Organisationsgrad alle Lebensräume sehr erfolgreich erschlossen. Durch die einseitige Dominanz des Menschen im Management der Ökosysteme sind die meisten Arten vom Aussterben bedroht.

F-Verteilung. Statistische Prüfverteilung zum Vergleich zweier >Varianzen<, die aus unabhängigen Meßreihen ermittelt wurden und eine >Normalverteilung< aufweisen. Dabei wird eine Aussage darüber getroffen, ob Unterschiede zwischen den zwei Varianzen mehr als nur zufällig sind. Mit derartigen Tests wird z.B. die Gleichmäßigkeit eines Vorgangs untersucht, wobei kleinbleibende >Varianzen< auf geringe Schwankungen einer Meßgröße hinweisen.

t-Verteilung. (Syn. Student-Verteilung). Statistische Prüfverteilung, die die Fehlerverteilung bei kleinen

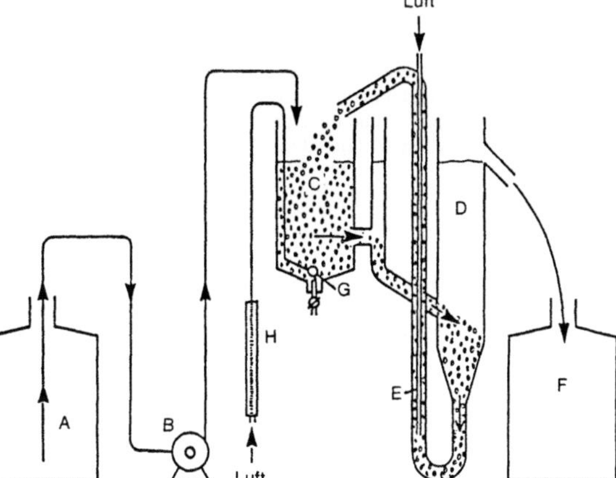

Versuchsbelebtschlammanlage: Schema
einer Laborversuchsanlage
zur Simulierung des Kläranlagenbele-
bungsverfahrens (*OECD-confirma-
tory*-Testanordnung).
A Vorratsgefäß, *B* Dosiereinrichtung,
C Belebungsgefäß (Inhalt 3 L),
D, Absetzgefäß, *E* Mammutpumpe,
F Sammelgefäß, *G* Fritte,
H Strömungsmesser

und mittleren Stichprobenmengen angibt und die bei großen Stichprobenmengen (n → ∞) in die >Normalverteilung< übergeht. Die t-Verteilung berücksichtigt dabei die zusätzliche Unsicherheit durch Einbeziehung eines Korrekturfaktors, wodurch eine modifizierte symmetrische Häufigkeitsverteilung entsteht, dessen Maximum mit dem der >Normalverteilung< übereinstimmt. Hauptanwendungsgebiet der t-Verteilung ist der Vergleich von Mittelwerten. Sie ist dabei unabhängig von der >Standardabweichung< σ der Grundgesamtheiten (gesamte Anzahl der Meßergebnisse) und erlaubt bei unbekanntem σ eine Schätzung des Mittelwertes μ der Grundgesamtheiten bei normalverteilten Stichprobenmittelwerten.

Lit: Doerffel K (1984) Statistik in der analytischen Chemie. Verlag Chemie, Weinheim.

Verteilungskoeffizient (P). Verhältnis der Gleichgewichtskonzentrationen einer gelösten Substanz in einem Zweiphasensystem aus zwei weitgehend unmischbaren Lösungsmitteln. Im Falle von *n*-Octanol und Wasser ergibt sich:

$$P_{o/w} = \frac{C_{Octanol}}{C_{Wasser}}$$

Der Verteilungskoeffizient ($P_{o/w}$) ist somit der Quotient zweier Konzentrationen. Er wird gewöhnlich in Form seines Zehnerlogarithmus (log $P_{o/w}$) angegeben.

Lit: Richtlinie der Kommission vom 25. April 1984 zur sechsten Anpassung der Richtlinie 67/548/EWG des Rates zur Angleichung der Rechts- und Verwaltungsvorschriften für die Einstufung, Verpackung und Kennzeichnung gefährlicher Stoffe an den technischen Fortschritt (84/449/EWG). In: Rippen G (Hrsg.) Handbuch Umweltchemikalien, ecomed Verlagsgesellschaft, Landsberg/Lech.

Verteilungsmuster. >Bodenorganismen< werden weitgehend durch den Vorrat und die Strukturierung der toten org. Substanz best. In >Moder< und >Rohhumus< beschränkt sich der Siedlungsraum der Organismen auf eine Schichtdicke von wenigen Zentimetern und die absterbenden Wurzeln. In nährstoffreichen Böden mit größeren Mengen org. Substanz in der >Drilosphäre< können zahlreiche Arten darüber hinaus auch tiefer im oberen Mineralboden existieren. Nur einige Arten leben im ungestörten Mineralboden.

Verticillium. >Fungi< (s. Abb. S. 469).

Vertikalwanderung. Tageszeitliche Ortsveränderung von Wasserorganismen zwischen der Oberfläche und tieferen Wasserschichten. V. führen im See viele Vertreter des >Zooplanktons< aus, besonders Blattfußkrebse (>Cladoceren<), Hüpferlinge (>Copepoden<) und Rädertiere sowie die Larven einiger Büschelmücken der Gattung Chaoborus. Zeitgeber für die V. ist die Tagesperiodik des Lichts, ihr Ausmaß hängt von der Intensität des Lichts (bewölkter/klarer Himmel) und den optischen Eig. des Gewässers, z. B. Trübung oder Braunfärbung bei >dystrophen< Seen ab. Außerdem können nahe verwandte Tierarten eine ganz unterschiedliche V. zeigen: im Bodensse-Obersee wandert *Daphnia galeata* kaum, *D. hyalina* führt dagegen ausgedehnte V. während der >Sommerstagnation< des Sees durch. Im Meer umfaßt die V. der großen Copepoden der Gattung Calanus einen Tiefenbereich von 300 m und ist für den Transport lebender >Biomasse< in die Tiefe von größter Bedeutung. Auch viele Bodentiere im Ufer- und Tiefenbereich von Seen und in Fließgewässern führen einen tagesperiodischen Ortswechsel durch.

Vertisol. Tonreicher Boden mit einem hohen Anteil an quellfähigen Tonmineralen (oft >Smectiten<), dessen Profil durch einen mächtigen dunklen, humosen Horizont (>Bodenhorizonte<) gekennzeichnet ist. V. entstehen bei ausgeprägtem Wechsel zwischen feuchten und trockenen Phasen: Bei Trockenheit bilden sich breite und tiefreichende Schrumpfrisse, durch die humoses Oberbodenmaterial in tiefere Bodenbereiche fallen kann. Bei der Wiederbefeuchtung schließen sich die Risse wieder und erschweren so den Luftzutritt und damit den raschen Humusabbau. Außerdem bewirkt der Quellungsdruck der Tonminerale eine Vermischung des humosen Bodenmaterials mit dem übrigen Unterboden. Wegen der Klimaabhängigkeit kommen V. v. a. in tropischen Bereichen vor, doch gibt es auch im mitteleuropäischen Raum Böden mit ähnlichen Eigenschaften. Die landwirtschaftliche Nutzung der V. wirft trotz der meist hohen Nährstoffgehalte Probleme auf, da die Böden im trockenen Zustand sehr hart und damit schwer zu bearbeiten sind, im feuchten Zustand aber sehr leicht verschmieren.

Vertrauensschutzprinzip. Staatsrechtliche Maxime, die der Staat bei seinem Handeln beachten muß. Wenn beim Bürger Vertrauen im Hinblick auf ein bestimmtes staatliches Handeln entstanden ist und er auf der Grundlage des Vertrauens Vermögenspositionen getroffen hat, dann muß der Staat sich in einer Weise verhalten, die das Vermögen nicht entwertet, oder er muß Entschädigung zahlen. Problematisch und streitbefangen ist, unter welchen Voraussetzungen Vertrauensschutz entsteht.

Verunreinigung. Zahlreiche >Emissionen< von problematischen >Schadstoffen< sind auf Verunreinigungen von Einsatzstoffen (s. z.B. >Hüttenindustrie<) oder Brennstoffen (s. z.B. >Verbrennungsgase<) zurückzuführen. Für zahlreiche Schadstoffe stellen Verunreinigungen die Hauptemissionsquelle dar.

Verunstaltungsschutz. Teilweise landesrechtlich begründete Pflicht, die beim Bauen Rücksichtnahme auf Landschaftsbild und >Naturdenkmäler< gebietet; siehe z.B. § 13 der Landesbauordnung von Baden-Württemberg.

Verursacher. Ist nach dem Chemikaliengesetz derjenige, der das Risiko durch Herstellung oder Vertrieb einer Ware verursacht. Er trägt die Verantwortung für die Sicherheit eines Produktes, nicht der Anwender oder Verbraucher des Erzeugnisses und auch nicht der Staat; s.a. >Verursacherprinzip<.

Verursacherprinzip. Besagt nach dem >Chemikaliengesetz<, daß grundsätzlich derjenige die Verantwortung für die Sicherheit eines Produktes trägt, der das Risiko durch Herstellung oder Vertrieb der Ware verursacht. Dieser >Verursacher< ist verantwortlich, nicht der Anwender oder Verbraucher des Erzeugnisses, auch nicht der Staat. Darum sieht das Gesetz keine Zulassung vor, sondern nur eine Anmeldung bei einer Behörde, die die Verantwortung voll und ganz beim Verursacher beläßt, dem Staat aber Eingriffsmöglichkeiten gibt. In der Praxis stößt die Verwirklichung des Verursacherprinzips jedoch auf viele Schwierigkeiten und Widerstände; zum einen ist häufig der Kreis der Verursacher nur schwer abzugrenzen, zum anderen bestehen Möglichkeiten, auferlegte Belastungen zum Ausgleich von verursachten Umweltschäden auf nicht zum Kreis der Verursacher Gehörende abzuwälzen. Die Anwendung des Verursacherprinzips ist der entscheidende Anstoß für ökologisch wirksame und zugleich ökonomisch effiziente Maßnahmen. Auf diese Weise werden Eigeninitiative und Kreativität für umweltschonende und zugleich kostengünstige Techniken mobilisiert. Die öffentliche Hand sollte grundsätzlich nur dann mit den Kosten für die Beseitigung von Umweltschäden belastet werden, wenn der Verursacher nicht oder nicht mehr festgestellt werden kann oder wenn akute Notstände beseitigt werden müssen und dies mit Instrumenten, die mit dem Verursacherprinzip im Einklang stehen, nicht rasch genug erreicht werden kann.

Verwaltungsakt. Wichtigste Handlungsform der Verwaltung; mit seiner Hilfe wird der abstrakt-generell formulierte Gesetzesbefehl in eine konkret-individuelle Handlungs- oder Unterlassungsverpflichtung für den einzelnen Bürger verwandelt. Die einzelnen Tatbestandselemente sind in § 35 des Bundesverwaltungsverfahrensgesetzes formuliert: V. ist jede Verfügung, Entscheidung oder andere hoheitliche Maßnahme, die eine Behörde zur Regelung eines Einzelfalles auf dem Gebiete des öffentlichen Rechts trifft und die auf unmittelbare Rechtswirkung nach außen gerichtet ist.

Verwaltungsverfahrensrecht. Allgemein im >Verwaltungsverfahrensgesetz< (VwVfG) vom 25.05.1976 (BGBl. I S.1253) sowie den (fast wortgleichen) Verwaltungsverfahrensgesetzen der Bundesländer enthaltene Festsetzungen über die öffentlich-rechtliche Verwaltungtätigkeit der Behörden, die von diesen zu beachten sind, soweit nicht Rechtsvorschriften des Bundes bzw. der Länder inhaltsgleiche oder entgegenstehende Bestimmungen enthalten (s.a. >Begründungsgebot<, >Bestimmtheitsgebot<, >Planfeststellungsverfahren<).

Verwaltungsvorschriften. Verwaltungsvorschriften werden auf der Grundlage eines Gesetzes oder einer >Verordnung< erlassen. Die jeweilige Ermächtigung hierzu ist im Gesetzestext jeweils konkret genannt. So ist die Ermächtigung zum Erlaß der Ersten Allgemeinen Verwaltungsvorschrift zur Durchführung des >Bundes-Immissionsschutzgesetzes< (Technische Anleitung zur Reinhaltung der Luft – >TA Luft<) dem § 48 des Bundes-Immissionsschutzgesetzes zu entnehmen.

Verwaltungsvorschriften zur thermischen Abfallbehandlung. >Gesetze<.

Verweilzeit. (V. des Abgases im Brennraum). Mindestzeit, die das >Abgas< im Brennraum bzw. der Nachbrennkammer einer >Müllverbrennungsanlage< einer best. >Mindesttemperatur< bei einem best. >Mindestvolumengehalt< an Sauerstoff ausgesetzt sein muß. So fordert die Verordnung über >Verbrennungsanlagen<

Verweilzeit (Erneuerungszeit) des Wassers

Verweilzeiten (Durchschnittswerte)

Gewässer	Verweilzeit in Jahren
Weltmeer	2.676
Eis	8.000
Tiefes Grundwasser	5.000
Aktives Grundwasser	330
Seen	7
Bodenfeuchte	1
Flüsse	0,031
Atmosphäre	0,025

Verweilzeit (Erneuerungszeit) des Wassers: Für einige Seen in Deutschland

See	Verweilzeit in Jahren
Bodensee-Obersee	4,3
Bodensee-Untersee	0,075
Federsee	0,16
Feldsee	0,53
Titisee	1,23
Mindelsee	1,3
Schleinsee	2,11
Ammersee	2,7
Chiemsee	1,26
Kochelsee	0,12
Königssee	2,35
Starnberger See	21
Tegernsee	1,28
Dümmer	0,1–0,2
Steinhuder Meer	2,3
Gmünder Maar	~8
Laacher See	~68
Pulvermaar	~69
Ulmener Maar	1,1
Großer Plöner See	8–10

für >Abfälle< (17. Verordnung zur Durchführung des >Bundes-Immissionsschutzgesetzes<) vom 23.11.1990 (Stand 23.02.1999) auch unter ungünstigen Bedingungen eine V. von 2 Sekunden. Bei dieser Festlegung ging der Gesetzgeber davon aus, daß diese V. zu fordern ist, um einen ausreichenden Ausbrand der >Abgase< zur Zerstörung org. >Schadstoff<komponenten im Abgas und damit zur Minimierung der >Emissionen< an insbesondere polychlorierten >Dibenzodioxinen< und >-furanen< zu erreichen.

Verweilzeit (Erneuerungszeit) des Wassers. Aufenthaltsdauer des Wassers in einem Gewässer, in der Atmosphäre und in wasserführenden Gesteinsschichten. Die V. ist ein theoretischer Wert, der für einen See aus der Zuflußmenge, dem Wasservol. des Gewässers, der Verdunstung und der Abflußmenge berechnet wird.

Die V. für unterschiedliche Gewässertypen und einige mitteleuropäische Seen sind den Tabellen S.1252 zu entnehmen. Die V. in einem Gewässer ist für seinen Stoffhaushalt von Bedeutung: je länger das Wasser in einem See verbleibt, desto nachhaltiger sind seine chem. und partikulären Inhaltsstoffe und Organismen am Stoffumsatz beteiligt. Aus diesem Grunde sind Fließgewässer überwiegend Transportsysteme mit nur geringfügigem Stoffumsatz. Für die >Eutrophierung< eines Gewässers ist die V. daher ein Schlüsselfaktor.

Verwenden. (Anwendung). V. im Sinne von § 3 Nr.10 >ChemG< ist das Gebrauchen, Verbrauchen, Lagern, Aufbewahren, Be- und Verarbeiten, Abfüllen, Umfüllen, Mischen, Vernichten und das „innerbetriebliche" Befördern – nicht jedoch die >Beförderung< außerhalb der Werksgrenzen (>Gefahrgut-Vorschriften<).

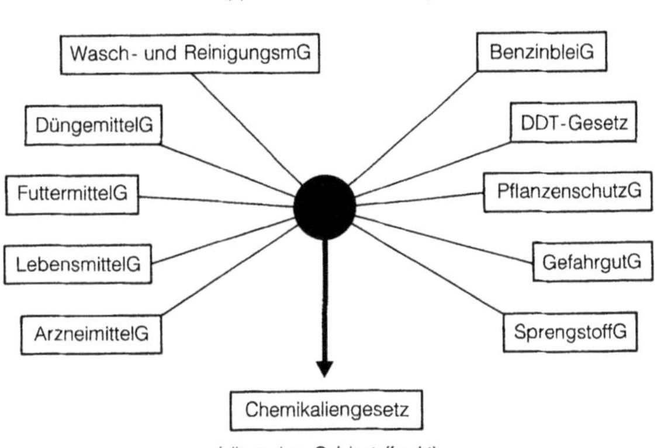

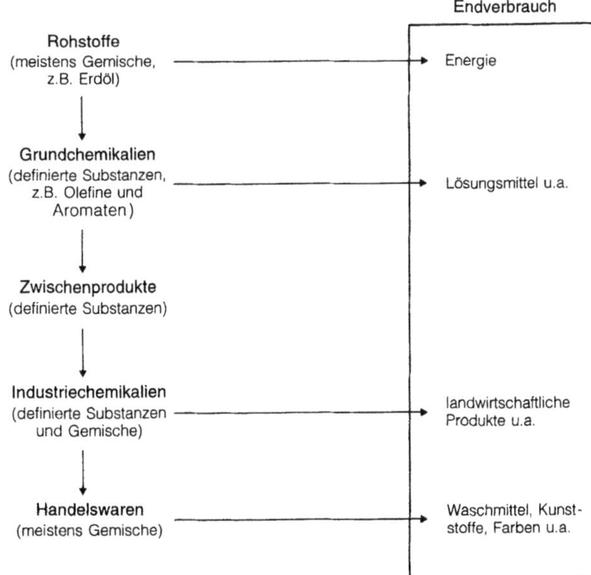

Verwenden: (obere Abb.) Gefahrstoffrecht – allgemeine und sepzielle Regelungen; (untere Abb.) Stufen der Anwendungsmuster von Chemikalien

Im Verhältnis zum „Herstellen" (>Hersteller<, § 3, Nr. 7) kann es zu Überschneidungen kommen, z. B. beim Mischen). Das stört aber nicht weiter, weil eine genaue Abgrenzung meist nicht erforderlich ist. Beide Begriffe stehen gleichrangig nebeneinander; gemäß § 15 Abs. 2 >GefStoffV< gilt als Sammelbezeichnung „>Umgang<" (mit >Gefahrstoffen<).

Die Bestimmungen über das V. von Chemikalien sind im produktbezogenen Umwelt- und Verbraucherschutz sowie im stoffbezogenen Arbeitsschutz verstreut enthalten. Beim Gefahrstoffrecht ist zu unterscheiden zwischen den anwendungs- und stoffbezogenen Regelwerken. Zur erstgenannten Kategorie gehören z. B. die Gesetze über >Arznei<-, >Dünge<-, >Futter<-, >Pflanzenschutz<-, >Wasch-< und >Reinigungsmittel< sowie >Lebensmittel< und Bedarfsgegenstände (s. Abb. S. 1253). Das ChemG und die GefStoffV beruhen im wesentlichen auf den Eig. der Stoffe, unabhängig von ihrer Anwendung. Dennoch ist für die Bewertung des Risikos von Interesse, welche „bestimmungsgemäße" V. vorgesehen ist. Ihre Kenntnis ist eine (wesentliche) Voraussetzung für die Erarbeitung von Schutzmaßnahmen. Für einige Einsatzgebiete, die von den o. g. Spezialgesetzen nicht erfaßt werden, gibt es >EG-Richtlinien für Zubereitungen<, z. B. für Lösemittel, Oberflächenbehandlungs- und Schädlingsbekämpfungsmittel. Sie enthalten Gemeinschaftsregeln für die >Einstufung<, >Verpackung< und >Kennzeichnung<, ihnen entspr. Vorschriften der GefStoffV (Ausnahme Biozide). Die >EG-Beschränkungsrichtlinie< (76/769/EWG) regelt das >Inverkehrbringen< und das V. gewisser >gefährlicher< Stoffe und Zubereitungen. § 17 ChemG sieht eine Ermächtigung der Bundesregierung vor, durch Rechtsverordnung best. Stoffe, >Zubereitungen< und Stoffe in >Erzeugnissen< zu verbieten oder zumindest zu beschränken. Die daraus resultierenden Maßnahmen können sich auch auf das V. beziehen, bei dem best. gefährliche Stoffe anfallen. Im >Ausschuß für Gefahrstoffe< befaßt sich der UA VII mit V.-beschränkungen und mit der Auswahl und Einführung von >Ersatzstoffen< (>Beschränkungen<, >Verbote<).

Zu den Pflichten des >Herstellers< und >Einführers< von Chemikalien gehören u. a. eine sachgerechte Einstufung, Verpackung und Kennzeichnung gefährlicher Stoffe, Zubereitungen und (best.) Erzeugnisse. Das gilt nicht nur für das Inverkehrbringen (2. Abschnitt der GefStoffV), sondern auch (nach § 23) bei ihrem innerbetrieblichen V., bei dem allerdings einige Erleichterungen möglich sind.

Best. Angaben zur Verwendung sind für >neue Stoffe< bei deren >Anmeldung< und >Mitteilung< (nach den §§ 4, 6 u. 7 bzw. nach § 16a oder b ChemG) zu machen. Hierbei handelt es sich im wesentlichen um Verwendungsart und -zweck sowie um die erwartete Wirkung bei der bestimmungsgemäßen Verwendung. Die „Bereiche" sind zu unterscheiden – jeweils geschlossenes oder offenes System – nach Industrie, Landwirtschaft und Gewerbe sowie sonstige „Öffentlichkeit" (jeweils in %). Ferner sind anzugeben die Vermarktungsformen (Stoff als solcher oder in Zubereitung) und die Beschaffenheit der Zubereitung sowie der voraussichtliche max. Gehalt des Stoffes darin. Auch diese Angaben sind für eine >Bewertung< der neuen Stoffe im Hinblick auf die Schutzziele des ChemG wichtig. Das ist auch für die Beurteilung einer möglichen Gefährdung von Mensch und Umwelt durch >Altstoffe< von großer Bedeutung. Im sog. Grunddatensatz der *VCI*-

Arbeiten ist unter dem Stichwort „Verwendungsbereich" anzugeben: Zwischenprodukt, gewerblicher Einsatz oder Konsumprodukt. Gemeinsam mit der Produktionshöhe stellt das „Anwendungsmuster" ein wichtiges Kriterium zur Expositionsanalyse von Umweltchemikalien dar. Das sog. *use pattern* ist definiert als die quant. Erfassung der Einsatzbereiche von Einzelstoffen im Endverbrauch. Je nach Art der Nutzung (>Lösungsmittel<, >Waschmittel<, Kunststoffe u. a.) ergeben sich versch. Stufen (s. Abb.), die zu unterschiedlichen Ausgangspunkten für die Verteilung der Stoffe in der Umwelt führen.

Lit: Rehbinder E, Kayser D, Klein H (1985) Chemikaliengesetz – Kommentar und Rechtsvorschriften zum Chemikalienrecht, C. F. Müller Juristischer Verlag, Heidelberg – Pohle H (1991) Chemische Industrie – Umweltschutz, Arbeitsschutz, Anlagensicherheit, VCH Verlagsgesellschaft, Weinheim.

Verwertungsnachweis (VN). Für alle, in der >Reststoffbestimmungsverordnung< aufgeführten Reststoffe wird ein VN benötigt. Außerdem wird für bestimmte – dort nicht verzeichnete – verwertbare Reststoffe (z. B.: Nicht verunreinigter Bauschutt (Abfallschlüsselnummer ASN 31409), Straßenaufbruch (ASN 31410) oder Erdaushub (ASN 31411)), die zur Verwertung zu einer Verwertung(sanlage) gebracht werden. In einigen Bundesländern ein VN gefordert. Dieser entspricht im Aufbau dem >Entsorgungsnachweis< (zutreffendes ist auf dem Formblatt anzukreuzen). Die Handhabung ist regional unterschiedlich.

Verwitterung. Zerstörung oder Veränderung von Stoffen unter dem Einfluß von klimatischen oder chemischen Faktoren. Als Prozesse der *physikalischen V.* unterscheidet man meist: a) *Druckentlastung:* Durch die allmähliche Abtragung von Boden- und Gesteinsschichten dehnen sich die darunter liegenden Gesteine aus und bekommen Risse und Klüfte. b) *Temperatursprengung:* Bei der Erwärmung und Abkühlung von Gesteinen (z. B. Tag-Nacht-Periodik, Regenfälle auf sonnenerhitzte Gesteine) verändert sich deren Temperatur nicht gleichmäßig, so daß, entsprechend dem thermischen Ausdehnungskoeffizienten, mechanische Spannungen auftreten und zu Rissen im Festgestein führen. Den gleichen Effekt haben unterschiedliche thermische Ausdehnungskoeffizienten in einem körnigen Gestein (z. B. >Granit<). c) *Frostsprengung:* Da das Volumen des Wassers beim Gefrieren zunimmt, können bei der Eisbildung in feinen Gesteinsrissen erhebliche Drücke entstehen, die die Risse erweitern. d) *Salzsprengung:* Ähnlich wie bei der Frostsprengung kann sich das Volumen bei der Auskristallisation gelöster Salze vergrößern, wodurch Kräfte auf das Gestein ausgeübt werden können. Gleiches gilt für die Bildung von Hydraten aus wasserärmeren oder wasserfreien Phasen. Durch die physikalische V. werden Gesteins- oder Mineralverbände aufgetrennt und von Rissen durchzogen oder in kleinere Einheiten aufgeteilt. Durch die verringerte Korngröße wird zum einen der Transport mit Wasser oder Wind erleichtert, zum anderen werden größere, frische Oberflächen geschaffen und so die chemische V. begünstigt. Die *chemische V.* besteht aus zahlreichen Einzelprozessen, die oft in Gruppen zusammengefaßt werden: a) *Auflösung von Mineralen* mit nicht zu geringer Wasserlöslichkeit. Im gemäßigt-humiden Klimabereich betrifft dies alle wasserlöslichen Salze, aber auch z. B. >Gips<, der ohne chemische Veränderung langsam aufgelöst und wegtransportiert wird. b) *Hydrolyse:* Die Verbindungen sehr schwacher Säuren oder Basen können mit Wasser reagieren, H^+ bzw. OH^- aufnehmen und so neue Phasen bilden. c) *Protolyse* (Säureverwitterung) von Verbindungen schwacher Säuren, wobei die Anionen dieser Säuren durch die Einwirkung stärkerer Säuren protoniert werden. Dies betrifft in kalkhaltigen Böden zunächst die Carbonatminerale (z.B. Calcit, Dolomit), die unter Umwandlung des Carbonats zu Hydrogencarbonat gelöst werden. Bei zunehmender Säurekonzentration (>Versauerung<) werden auch die Kieselsäureanionen der Silicatminerale protoniert, so daß sich auch solche Minerale langsam auflösen oder in andere, unter solchen Bedingungen stabilere umwandeln. d) *Oxidation:* Minerale, die in sauerstofffreiem Milieu gebildet wurden (z.B. Sulfide, Minerale magmatischer Gesteine) und oxidierbare Elemente enthalten (z.B. Fe, Mn, S), werden bei der Oxidation solcher Ionen durch Luftsauerstoff instabil.

Obwohl die meisten der chemischen V.-Prozesse sich durch chemische Reaktionsgleichungen beschreiben lassen, sind viele dieser Reaktionen entweder von Bodenorganismen direkt ausgelöst (z.B. durch Ausscheidungen) oder doch mittelbar beeinflußt (z.B. durch mikrobielle Veränderung des Redoxpotentials), so daß die chemische Verwitterung in einem belebten Boden meist rascher abläuft als im Ausgangsgestein. Als Faustregel gilt, daß unter den gegenwärtigen Klimabedingungen z.B. die Entkalkungstiefe in Lößböden durch die Carbonatverwitterung jährlich um 1 mm nach unten wandert. Ergebnis der chemischen V. ist neben der Abpufferung von Säuren und der Neubildung von >Bodenmineralen< die Freisetzung bzw. Mobilisierung von Pflanzennährstoffen, die dann entweder von Pflanzen aufgenommen oder ausgewaschen werden können. Die langsame, gleichmäßige V. der aus dem Gestein stammenden Minerale ist daher zur Aufrechthaltung günstiger ökologischer Bedingungen wichtig. Dabei muß allerdings berücksichtigt werden, daß Pflanzenentzug wie auch Auswaschung den Gesamtnährstoffvorrat eines Bodens verringern und die landwirtschaftliche Nutzung daher nur mit vollständiger Nährstoffrückführung (bzw. Zusatzdüngung) zeitlich unbegrenzt betrieben werden kann.

verzögert-kritisch. Gleichwertig mit >kritisch<. Man benutzt den Begriff, um zu betonen, daß die verzögerten >Neutronen< notwendig sind, um den kritischen Zustand zu erreichen.

Verzweigungsanomalien. Änderungen der Kronenarchitektur von Bäumen bei Waldschäden mit komplexen Ursachen. Bei Fichte wurde das Herabhängen von Zweigen zweiter und höherer Ordnung häufig als schadbedingtes >Lamettasyndrom< bezeichnet, tatsächlich handelt es sich jedoch dabei um einen natürlichen Verzweigungstyp. Dagegen sind >Ersatztriebe<, die sich bei der Alterung oder Schwächung der Bäume an der Hauptachse der Äste bilden, eher als V. aufzufassen. Bei Buche treten im Verlauf der >Kronenverlichtung< fächer- oder spießartig verzweigte Äste mit verlängerten, unverzweigten Langtrieben auf. Im Extremfall sind nur noch die Enden der krallenartig gekrümmten Zweige belaubt. V. sind neben der >Kronentransparenz< und der >Blattverfärbung< ein wichtiges Kriterium zur Ermittlung okular sichtbarer >Waldschäden<.

Veterinärbehörde. Sammelbegriff für Dienststellen der öffentlichen Verwaltung, die tierärztliche Aufgaben wahrnehmen. Diese Aufgaben sind: Tierseuchenbekämpfung, Überwachung der Gewinnung, Herstellung und des Verkehrs mit vom Tier stammenden Lebensmitteln, Tierschutz und Veterinärhygiene.

Auf Bundesebene ist in Deutschland die Veterinärbehörde im Ministerium für Ernährung, Landwirtschaft und Forsten sowie im Ministerium für Jugend, Familie, Frauen und Gesundheit vertreten. Auf Länderebene variieren die Organisationsstrukturen und deren Einbindung in die ministeriellen Zuständigkeiten stark. Auf der mittleren Verwaltungsebene sind sie in der Regel in den Regierungspräsidien bzw. Bezirksregierungen vertreten. Die Veterinärämter (als Sonder- bzw. untere Verwaltungsbehörde) sind je nach Bundesland in staatlicher oder kommunaler Trägerschaft. Die Fleischbeschauämter sind immer Bestandteil der Kommunalbehörde.

VE-Wasser. Abk. für vollentsalztes Wasser; durch >Destillation< oder >Ionenaustausch<verfahren gewonnenes demineralisiertes (entsalztes) Wasser für pharmazeutische, chem., med. oder technische Zwecke.

Vibrio Fischeri. Ehem. für >*Photobacterium phosphoreum*<.

Vibrio-Arten. Gram-negative, aerobe und fakultativ anaerob frei bewegliche Bakterien, die in natürlichen Wässern vorkommen. Pathogene Formen, die von Menschen und anderen Trägern freigesetzt werden, sind *V. cholerne*, *V. El tor*, und *V. parahaemolyticus* (ISO 6107/3).

VICKSI. Van-de-Graaff-Isochron-Cyclotron-Kombination für Schwere Ionen; Forschungsgerät des >HMI, Berlin<.

Vielflügler. (Syn. Widerstandsläufer, Langsamläufer). >Windenergieanlage< mit mehr als drei Rotorblättern (>Rotor<) auf horizontaler Achse. Ein V. besitzt, bedingt durch seine große Windangriffsfläche (viele Flügel), ein sehr hohes Anlaufmoment; d.h. er läuft schon bei sehr viel geringeren Windgeschwindigkeiten an als

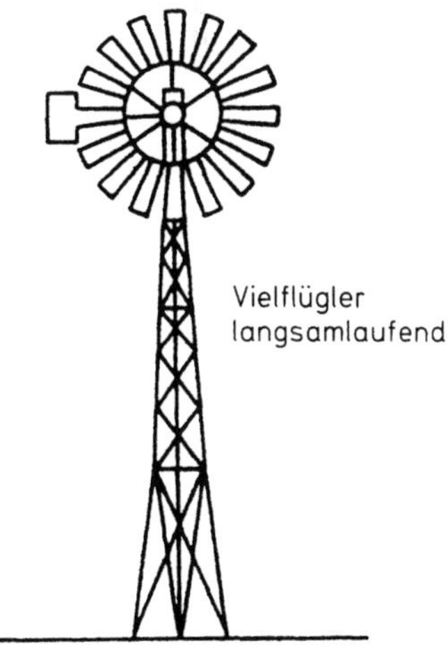

Vielflügler: Die „Western-Mill" ist der bekannteste langsamlaufende Vielflügler (aus: Grawe 1987)

>Einflügler< oder Schnelläufer. Beim V. werden bei höherer Windgeschwindigkeit die Flügel nicht mehr glatt umströmt, und es entstehen Turbulenzen. Aufgrund dieser Eigenart ist die Anwendungsmöglichkeit des V. auf kleinere Leistungen (bis zu 30 kW) beschränkt. Die V.-Windanlage eignet sich deshalb für die Aufgaben der klassischen Windmühlen, d.h. zur Umsetzung von Windenergie in mechanische Arbeit bei niedriger Drehzahl. Der bekannteste V., die „Western-Mill" („Western-Mühle"), dient noch heute auf abgelegenen Farmen in den USA zum Pumpen von Wasser (s. Abb. S. 1255).

Lit: Hau E (1996) Windkraftanlagen. 2. Aufl., Springer Verlag, Berlin Heidelberg New York Tokyo – Fasholz J (1986) Die Nutzung regenerativer Energieträger. Energie-Verlag, Heidelberg, S. 96 – Grawe J (1987) Neue Techniken der Energiegewinnung. Bonn Aktuell, Stuttgart – Kleemann M, Meliß M (1993) Regenerative Energiequellen, 2. Aufl. Springer, Berlin Heidelberg New York London Paris Tokyo, S. 224–225.

Vielkanalanalysator. >Impulshöhenanalysator<, der die Impulse energieproportionaler Detektoren entsprechend der Amplitude und damit der Strahlenenergie sortiert und im entsprechenden Kanal registriert. Vielkanalanalysatoren besitzen bis zu 4.096 Kanäle.

Vierradantrieb. >Allradantrieb<.

Viertaktmotor. Er enthält die vier Arbeitstakte Ansaugen, Verdichten, Expandieren und Ausschieben, die auf zwei Kurbelwellenumdrehungen verteilt sind.

Viktoriascharlach 4R. >Brillant Ponceau 4R<.

Vinclozolin. Wirkt als >Fungizid< und zählt zur Substanzklasse der Oxazolidin-Derivate.
Chemische Bezeichnung: (*RS*)-3-(3,5-Dichlorphenyl)-5-methyl-5-vinyl-1,3-oxazolidin-2,4-dion
CAS-Nummer: 50471–44–8
Hersteller: BASF
Wirkungstyp: Kontaktfungizid. Hemmt die Sporenkeimung.
Bevorzugte Anwendung: Spez. Botrytismittel im Wein-, Raps-, Gemüse- und Zierpflanzenbau sowie bei Erdbeeren. Gegen Alternaria-Blattfleckenkrankheit an Chinakohl. Gegen *Sclerotinia* an Raps, Bohnen und Salat. Gegen *Monilia laxa* an Kirschen, gegen Rapskrebs an Winterraps.

Chemische und physikalische Eigenschaften:
Physikalische Beschaffenheit: Krist., farblos, schwach aromatischer Geruch.
Schmelzpunkt: 108 °C.
Verteilungskoeffizient (log $P_{o/w}$): 3,03 bei ca. pH 7 und 22 °C.
Dampfdruck: $1{,}27 \cdot 10^{-4}$ Pa bei 20 °C.
Stabilität: In wäßrigem und schwach saurem Medium stabil. In 0,1 n NaOH sind nach 1,4 Stunden 20 %, nach 3,8 Stunden 50 % Wirkstoff hydrolysiert.
Löslichkeit: In Wasser 3,4 mg/L bei 20 °C.
Abbau und Metabolismus: Bei der alkal. Hydrolyse spalten der Wirkstoff und seine bisher bekannten Metaboliten 3,5-Dichloranilin ab. Als Primärmetaboliten kommen hauptsächlich 3,5-Dichlorphenyl-carbamin-

säure-(1-carboxy-1-methyl)-allylester und *N*-(3,5-Dichlorphenyl)-2-hydroxy-2-methyl-3-butensäureamid in Betracht. Sie liegen in der Pflanze nicht in freier Form, sondern konjugiert an Pflanzeninhaltsstoffen vor. 3,5-Dichloranilin tritt in der Pflanze ebenfalls nicht in freier Form und im Boden nur in Spuren auf. Bei Ratten findet man 6 Tage nach oraler Applikation der radioaktiv markierten Substanz im Verdauungstrakt und in der Leber < 1 % der Aktivität. Die Ausscheidung erfolgt zu etwa gleichen Teilen über Faeces und Urin. Hauptmetabolit ist *N*-(3,5-Dichlorphenyl)-2-methyl-2,3,4-trihydroxybutansäure-amid.
Toxizität: Akute orale LD_{50} für Ratte > 10.000 mg/kg, akute dermale LD_{50} für Ratte > 2.500/kg. Beim 90-Tage-Fütterungsversuch an Ratten sind 450 mg/kg und an Hunden 300 mg/kg Wirkstoff toleriert worden. Mäßige Hautreizung (Kaninchen), geringe Schleimhautreizung (Kaninchen). Inhalationstoxizität: LC_{50} für Ratte > 29,1 mg/L Luft (4 Stunden).
Bienentoxizität: Nicht bienengefährlich (B 4).
Fischtoxizität: LC_{50} (96 Stunden) für Forelle ca. 26 mg/L. EC_{50} (48 h) für *Daphnia* 4 mg/L.
Vogeltoxizität: Akute orale LD_{50} für Wachtel > 2.510 mg/kg. Nicht regenwurmtoxisch.

Vinylacetat. Essigsäurevinylester. $H_3C\text{-}CO\text{-}O\text{-}CH\text{=}CH_2$. Farblose, süßlich riechende Flüssigkeit, Schmp. – 93 °C, Sdp. 73 °C, Zündtemp. 425 °C, Explosionsgrenzen in Luft 2,6–13,4 %. Die Dämpfe wirken betäubend und verursachen starke Reizung der Augen. Kontakt mit der Flüssigkeit führt zu Reizung der Augen und der Haut, MAK 35 mg/m³ bzw. 10 ppm. V.-Monomer (VAM) als Ausgangsstoff für die Polymerisation zu >PVAC< wird heute vorzugsweise aus Ethylen, Essigsäure und Sauerstoff an Pd-Katalysatoren gewonnen. Neben der Homopolymerisation zu PVAC findet VAM Verwendung zur >Copolymerisation< (Ethylen, Vinylchlorid).

Vinylchlorid. $H_2C = CHCl$. Ein halogenierter Kohlenwasserstoff, dessen Synth. aus Ethylen durch Addition von Chlor zu 1,2-Dichlorethan und anschließende HCl-Abspaltung erfolgt. Vinylchlorid ist unter Normalbedingungen gasförmig (Sdt. = – 14 °C). Vinylchlorid ist reaktionsträge, da das sp^2-hybridisierte C-Atom, an dem das Cl-Atom gebunden ist, eine hohe Elektronegativität besitzt und somit die Elektronegativitätsdifferenz zwischen Chlor- und Kohlenstoff-Atom geringer ist als bei anderen Alkylhalogeniden. Durch die geringere Polarität der C-Cl-Bindung wird der Angriff nucleophiler Reagenzien erschwert. Vinylchlorid ist ein wichtiger Ausgangsstoff für die Kunststoffproduktion. Das durch radikalische Polymerisation von Vinylchlorid gewonnene Polyvinylchlorid (PVC) gehört zu den mengenmäßig wichtigsten Kunststoffen. Vinylchlorid kann auch mit Vinylacetat, Vinylethern oder Acrylnitril copolymerisiert werden. Vinylchlorid wirkt carcinogen. Bei chronischer Exposition tritt die „Vinylchlorid-Krankheit" auf. Dabei wird die Durchblutung besonders der Finger gestört, die Fingerendglieder sterben ab, schließlich treten Hämangiosarkome in der Leber auf. Deshalb sind bei der Verarbeitung des Vinylchlorid besondere Vorsichtsmaßnahmen einzuhalten.

Violaxanthin. (E 161 e). Zeaxanthindiepoxid. Der gelbe, fettlösliche Farbstoff aus der Gruppe der >Xanthophylle< kommt in Blütenblättern, grünen Blättern und Früchten fast aller Pflanzen vor. Die Isolierung erfolgt aus den Blättern des gelben Stiefmütterchens *Viola tricolor*.

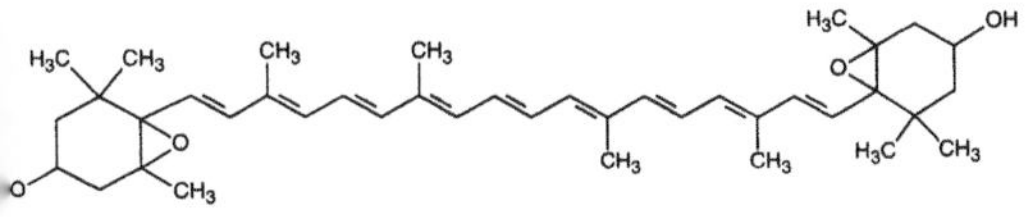

Violet 6B. >Benzylviolett 4B<.

Virginiamycin. Ein >Antibiotikum<, gebildet aus *Streptomyces virginiae* und vorwiegend gegen grampositive Bakterien wirksam. In der Humanmedizin wird es zur lokalen Therapie verwendet. Es wird auch als >Leistungsförderer< in Dosierungen von 20 bis 80 ppm im >Alleinfutter< eingesetzt.

Virion. (Lat. virus = Gift, Saft). Das komplette, infektiöse ("reife") Viruspartikel. Es ist das wichtigste extrazelluläre Produkt einer Virusreplikation. Die Bezeichnung >Virus< ist von der Bedeutung her umfassender, wird aber oft synonym zur Bezeichnung Virion verwendet.

Virizid. (Lat. caedere = töten). Chem. Agentien, die aufgrund ihrer spez. biol. Aktivität in der Lage sind, Viren (>Virus<) zu zerstören oder zu blockieren. V. werden v. a. im klin. und mikrobiol. Bereich als Desinfektionsmittel eingesetzt (z. B. Desderman der Schülke & Mayr GmbH: wirksam gegen HIV-, HB-, Polio-, Rota-, Adeno- und Vaccinia-Viren; Wirkstoff: 2,3,4,5-Tetrabrom-6-methylphenol).

Viroid. (Grch. oides = ähnlich; Pl. Viroide). Klasse virusähnlicher Krankheitserreger (>Pathogene<), die im Gegensatz zu den >Viren< auch außerhalb von Wirtszellen kein Protein enthalten. V. bestehen aus einem ungewöhnlich kleinen Molekül >Ribonucleinsäure< und sind als die kleinsten vermehrungsfähigen Einheiten anzusehen. Ein ringförmiges, spiralig verdrilltes RNA-Molekül aus nur 359 Nucleotiden ist als V. der Spindelknollensucht bei Kartoffeln gefunden worden. V.-bedingte Krankheiten sind bislang nur bei Pflanzen eindeutig nachgewiesen worden. Man vermutet jedoch, daß einige sehr langsam verlaufende Krankheiten von Tieren (z. B. die Scarpie bei Schafen) und Menschen (Jakob-Kreutzfeldsche Basalganglien-Degeneration) auf V.-Infektionen zurückzuführen sind.

Virologie. Lehre von den Viren und Viruskrankheiten.

Virtuelle Temperatur. (Formelzeichen: T_v). Diejenige Temperatur, die trockene Luft annehmen muß, damit sie bei gleichem Druck die gleiche Dichte hat wie feuchte Luft mit der spezifischen >Feuchtigkeit< s. Die v. T. ist immer etwas höher (um den sog. virtuellen Temperaturzuschlag) als die tatsächliche Temperatur (T) der Luft:

$$T_v = T \cdot (1 + 0,604 \cdot s).$$

Bei Berechnungen, bei denen die Luftdichte verwendet wird, kann man die Luft als trocken ansehen, wenn man anstelle der tatsächlichen Temperatur die v. T. verwendet. Dadurch berücksichtigt man die Wirkung des Wasserdampfes auf die Luftdichte. Man kann dann auch in der allgemeinen Zustandsgleichung für das Gas die Gaskonstante für die trockene Luft verwenden.

Virulenz. 1. allgemein: Fähigkeit eines Stammes eines Schadorganismus (>Pathogen<), die Abwehr eines Wirtes (z. B. Kulturpflanze) zu überwinden und eine Krankheit hervorzurufen. Bei einer Schadorganismusart können sowohl virulente als auch avirulente Stämme vorkommen. Das Verhältnis von Anfälligkeit des Wirtes zur Virulenz des Pathogens dient zur Beurteilung der >Resistenz< des Wirtes.
2. Mikroorganismen: Summe aller Faktoren, die einen >pathogenen< Mikroorganismus befähigen, in einen Fremdorganismus einzudringen (Invasionsvermögen), sich in ihm zu vermehren und durch seine >Toxizität< eine Krankheit oder Krankheitssymptome auszulösen. Den Gegensatz zu den virulenten stellen die latenten Formen der entsprechenden Mikroorganismenarten dar.

Virus. (Lat. virus = Gift, Saft; Pl.: Viren). Die Bezeichnung V. (Gift) wurde ursprünglich für krankheitserregende Agentien gebraucht, über die wenig bekannt war. Der Begriff blieb schließlich an der 1892 von IWANOWSKI entdeckten Erregergruppe hängen, deren Vertreter die üblichen Bakterienfilter zu passieren vermochten und daher "filtrierbare Viren" oder einfach Viren genannt wurden. Viren sind >Nucleinsäuren<, die in für sie geeigneten Wirtszellen repliziert werden, im Wirt Krankheiten auslösen und alle genetischen Informationen enthalten, die für die Steuerung ihrer Replikation erforderlich sind. Zudem enthalten sie die Informationen über Funktionen, die für die Ausbildung von >Virionen< und für das Ausschleusen der Virionen aus der Wirtszelle notwendig sind. Nach Fertigstellung der Virionen werden diese aus der Wirtszelle ausgeschieden. Außerhalb von Wirtszellen kommen Viren nicht als nackte Nucleinsäure vor (>Virion<), sondern sind zum Schutz von einer Proteinhülle, auch Capsid genannt, umgeben. Die Einheit von Capsid und Nucleinsäure wird auch Nucleocapsid genannt. Außerdem können manche Virionen noch mit Hüllmembranen ausgestattet sein. Virionen sind zumeist sphärische (Durchmesser von 20 bis 300 nm) oder fadenförmige Partikel mit einer Wendel-Struktur (Durchmesser von 10 bis 20 nm, Länge von 100 bis 2.000 nm). Ein V. besitzt nur einen Typ an Nucleinsäure, entweder >DNA< oder >RNA<. Viren haben keinen eigenen Stoffwechsel und sind bei der Replikation auf die Syntheseleistung der Wirtszellen angewiesen, die sie befallen und infolgedessen schädigen oder zumindest in der Funktion beeinträchtigen. Die drei letztgenannten Punkte (nur ein Nucleinsäure-Typ, kein eigener Stoffwechsel, Fremdreplikation) führen zu der Aussage, daß Viren nach der heute gültigen Definition *keine* Lebewesen darstellen. Viren sind allg. recht unempfindlich gegen >Antibiotika<; zu ihrer Bekämpfung setzt man >Virizide< ein.

Lit: Balows A (1991) Manual of Clinical Microbiology. 5. Ausg., Am. Soc. for Microbiology, Washington.

Virusresistenz (Pflanzen). Gegen Pflanzen-Viren, die an Kulturpflanzen Krankheiten mit nachfolgend erheblicher Ertragseinbuße verursachen können, gibt es bislang wenig kausale Therapien zur >Resistenzbildung<. Bisher mußte man sich auf die Vernichtung von infizierten Pflanzen (Vermeidung der Ausbreitung) und die Bekämpfung der >Vektoren< dieser Viren (Blattläuse u. a. saugende Insekten) beschränken. Neuerdings wurde beim Anbau von Citrusarten in Brasilien und Israel beobachtet, daß Pflanzen, die man mit nicht oder schwach virulenten (>Virulenz<) Virus-Stämmen behandelt hatte, oft nur verringerte Symptome zeigen, wenn sie später durch virulente

Stämme desselben Virus befallen wurden. Diesen Effekt, der mit der Immunisierung (>Impfung<) beim Menschen in seiner Auswirkung – jedoch *nicht* im Mechanismus – vergleichbar ist und auf Hüllproteine der Viren zurückgeführt werden kann, wird als „cross protection" bezeichnet. Es gab durch diese Erkenntnisse auch Erfolge mit der Übertragung von Virushüllproteinen in Kulturpflanzen, woraufhin es dort zu einer V. kam. Als erfolgreiche Beispiele dieser Methode können Tabak und Tomaten erwähnt werden.

Lit: Nelson R et al. (1988) BioTechnology 6: 403–410.

Viscose. >Kunstfaser<.

Viscoseseide. >Kunstfaser<.

Viskosität. Auch als Zähigkeit oder innere Reibung bezeichnete Eigenschaft von Flüssigkeiten, aber auch von Gasen und sogar von Festkörpern, der laminaren Verschiebung zweier benachbarter Schichten einen Widerstand entgegenzusetzen (DIN 1342 Teil 2). Die Definition als Zusammenhang zwischen Schubspannung τ und Schergefälle S geht auf NEWTON (1687) zurück: $\eta = \tau/S = \tau/(dv/dx)$, worin v die Differenzgeschwindigkeit der beiden Schichten und x deren Abstand bedeuten. Die Maßeinheit dieser absoluten oder dynamischen V. ist die Pascalsekunde: 1 Pa s $= 1\,\text{N s mm}^{-2}$ (früher Centipoise: 1 Pa s $= 10^3$ cP). Sie wird meist in Kugelfall- oder Rotationsviskosimetern bestimmt. Mißt man die V. in Auslauf- oder Kapillarviskosimetern, z.B. im Auslaufbecher nach DIN 53211, so geht das Eigengewicht der Flüssigkeit in das Ergebnis ein, und man erhält die sog. kinematische V. ν als Viskositäts-Dichte-Verhältnis: $\nu = \eta/\varrho$ mit der Maßeinheit m^2/s (früher Centistokes: 1 cSt $= 10^{-6}\,\text{m}^2/\text{s}$). Die V. ist abhängig von der Temperatur, die stets angegeben werden muß. In der Definition von Newton ist sie unabhängig von der angelegten Schubspannung; Flüssigkeiten, die diese Bedingung erfüllen, bezeichnet man deshalb als „Newton'sche Flüssigkeiten". Bei nicht-Newton'schen Flüssigkeiten nimmt die V. bei steigender Schubspannung zu (Dilatanz) oder ab (Strukturviskosität). Bei strukturviskosen Systemen beobachtet man häufig auch eine meist reversible Abhängigkeit von der Zeitdauer der Scherung, so daß die bei zunehmender und abnehmender Scherung gemessenen scheinbaren V. voneinander abweichen (Hysterese). Diese Erscheinung bezeichnet man als *Thixotropie* (DIN 13342). In diesen Fällen muß bei einer Viskositätsmessung auch die Vorbehandlung der Probe berücksichtigt werden. In der Praxis spielt die V. eine große Rolle bei allen Strömungs- und Transportvorgängen von Flüssigkeiten und Gasen, z.B. bei Dosiervorgängen durch Lochblenden oder Düsen, beim Verhalten von Schmierstoffen und auch bei allen Sedimentationsvorgängen disperser Systeme. Nach dem Stokes-Gesetz, das die Sedimentationsgeschwindigkeit v kugelförmiger Teilchen beschreibt, ist v der Viskosität η umgekehrt proportional:

$$v = \frac{k}{6\,\pi\,\eta\,r}.$$

Vitaler Umweltschutz. Ist dadurch gekennzeichnet, daß er unmittelbar auf den Schutz von Tieren und Pflanzen als Elemente der Umwelt gerichtet ist.

Vitamine. Als V. werden lebensnotwendige organische Stoffe bezeichnet, die in kleinsten Mengen außerordentliche Aktivität besitzen und die allen höheren Lebewesen mit der Nahrung zugeführt werden müssen. Diese klassische Definition gilt heute nur noch mit gewissen Einschränkungen. Man fand nämlich, daß bestimmte V. nicht mit der Nahrung zugeführt werden müssen, weil sie im Verdauungstrakt von Mikroorganismen synthetisiert oder im Stoffwechsel aus Vorstufen (Provitaminen) gebildet werden können. Weiterhin kann die Wirkung bestimmter V. zum Teil auch durch andere Substanzen hervorgerufen werden, jedoch ist ein völliger Ersatz der Vitaminwirkung nicht möglich. Man wird deshalb besser so definieren, daß ein V. oder seine Vorstufen aus dem Verdauungstrakt absorbiert werden müssen. Völliger Mangel an einem V. führt zu spezifischen Krankheitsbildern, die als Avitaminosen bezeichnet werden. Unter praktischen Ernährungsverhältnissen sind sie jedoch selten, hier kommt es meist nur zu ungenügender Vitaminzufuhr, die zu den Erscheinungen einer Hypovitaminose führt. Hypovitaminosen sind wenig spezifisch und damit für alle V. etwa ähnlich. Bei jungen Tieren äußern sich Hypovitaminosen in Wachstumsstörungen und verminderter Resistenz gegen Infektionskrankheiten. Bei ausgewachsenen Tieren ist die Leistungsfähigkeit eingeschränkt und die Reproduktionsleistung vermindert. Bei einigen V., z.B. Vitamin A und D, kommt es bei zu hoher Zufuhr zu krankhaften Erscheinungen, die als Hypervitaminosen bezeichnet werden. Die V. werden üblicherweise nach ihrer Löslichkeit in fettlösliche und wasserlösliche V. eingeteilt. Damit ist gleichzeitig auch die unterschiedliche Wirkungsweise einzelner V. gekennzeichnet. Während den fettlöslichen V. hochspezifische Funktionen für die Ausbildung und Aufrechterhaltung bestimmter Gewebestrukturen zukommen, greifen die wasserlöslichen V. als Bestandteile von >Enzymen< in die verschiedensten Stoffwechselprozesse ein. Im Hinblick auf die praktische >Tierernährung< ist es von Bedeutung, daß der Bedarf des Wiederkäuers an wasserlöslichen V. durch die Zufuhr und die Synthese dieser V. durch die Mikroorganismen des Pansens im allgemeinen gedeckt ist. Somit muß der Wiederkäuer nur die fettlöslichen V. oder ihre Provitamine ausschließlich mit dem Futter erhalten.

Lit: Kirchgessner M (1987) Tierernährung, 7.Aufl., DLG, Frankfurt/M.

in vitro. (Lat. vitrum = Glas). Als in vitro werden biol. Vorgänge oder auch wissenschaftliche Experimente bezeichnet, die mit biol. Materilien außerhalb des Organismus im „Reagenzglas" durchgeführt werden. Die Bez. „Reagenzglas" steht dabei allerdings im übertragenen Sinne für Reaktionsgefäß. Der Gegensatz ist >in vivo<.

in vivo. (Lat. vivus = lebend, lebendig). Als in vivo werden biol. Vorgänge oder auch wissenschaftliche Experimente bezeichnet, die am oder im lebenden Organismus durchgeführt werden. Der Gegensatz ist >in vitro<.

Vogeltoxizität. Beschreibt die Giftwirkung von natürlichen oder synthetischen Substanzen, z.B. auch von Umweltgiften, auf Vögel. Als Warmblütler reagieren Vögel auf viele Substanzen empfindlicher als >poikilotherme< Tiere.

Void-Effekt. Das Entstehen von Dampf- oder der Eintrag von Gasblasen in den Moderator und/oder das Kühlmittel eines Kernreaktors beeinflussen die Kritikalität des Reaktors. Der V.-E. kann durch die Auslegung des Reaktorkerns entscheidend beeinflußt werden. Da es z. B. bei einem thermischen Reaktor ein optimales Verhältnis von Moderator- zu Brennstoffvolumen gibt, liegt bei einem übermoderierten Reaktor ein V.-E. mit positivem Koeffizienten vor; eine Erhöhung des Dampfblasenanteils vergrößert den Neutronenmultiplikationsfaktor und damit die Reaktorleistung. Umgekehrt liegen die Verhältnisse bei einem infolge der Kernauslegung untermoderierten Reaktor; hier verringert die Erhöhung des Dampfblasenanteils den Neutronenmultiplikationsfaktor und somit die Reaktorleistung. Ein hinsichtlich Dampfblasen- und Gaseintrag inhärent sicherer Reaktor muß daher immer leicht untermoderiert sein; er besitzt einen negativen Void-Koeffizienten.

Volatilisation. Während die potentielle Verflüchtigung von Verbindungen als >Volatilität< bezeichnet wird, wird unter V. die tatsächliche Verflüchtigung von z. B. >Lösungsmitteln< oder >Holzschutzmitteln< verstanden, die von verschiedenen Parametern, wie z. B. Temperatur, Luftfeuchte, Luftbewegung, Oberflächeneigenschaften beeinflußt wird.

Volatilität. Der durch >Diffusion< bedingte Übertritt eines Stoffes aus der festen bzw. fl. Phase in die >Gasphase< wird als V. oder Flüchtigkeit bezeichnet. Als Maß für die V. wird die Volatilitätsrate oder Massenflußdichte mit

$$F = k \cdot \Delta c$$

für F: Massenflußdichte in Masse pro Zeit- und Flächeneinheit, Δc: Konz.-Differenz zwischen fester bzw. fl. Phase und Gasphase, k: Gesamttransferkoeffizient definiert. Exp. ist die Volatilitätsrate erst für wenige Stoffe ermittelt worden. Eine wesentliche Rolle für die V. spielen die Henry-Konstante und der substanzspez. >Dampfdruck<.

Vollast. Beim >Ottomotor< Fahren mit voll geöffneter Drosselklappe, beim >Dieselmotor< Fahren mit max. Einspritzmenge, wodurch bei Konstantfahrt auf ebener Strecke die max. Fahrzeuggeschwindigkeit erreicht wird. Die Leistungsgrenze ist beim Ottomotor durch >Klopfen<, beim Dieselmotor durch Rußen bestimmt.

Vollastanreicherung. Beim >Ottomotor< Fahren bei Vollast mit >fettem Gemisch<, dadurch höhere Leistung, aber schlechtere Verbrauchs- und Abgaswerte.

Volldünger. >Mehrnährstoffdünger<.

Vollständiger biologischer Abbau. >Biologischer Abbau<, der zur vollständigen Mineralisation führt (ISO 6107/6).

Vollzugsdefizit. Liegt im Bereich der Verwaltung des >Umweltrechts< vor, wenn ein im Gesetz formuliertes Handlungsprogramm nicht in die Praxis umgesetzt wird; häufig zu beobachten im Bereich des >Wasserrechts<.

Volumenfluß. Anstelle der Masse wird bei der Ermittlung des >Flusses< bzw. der >Flußdichte< als Menge pro Flächen- und Zeiteinheit vor allem bei inkompressiblen Flüssigkeiten das Vol. der materiellen Menge verwendet, häufig nur, weil es leichter ermittelt werden kann. Dimension als Kürzungsergebnis die einer Geschwindigkeit: $cm^3/(cm^2 s) = cm/s$.

Vomitoxin. Ein >Mykotoxin<, das von den Pilzen *Fusarium roseum* und *F. graminearum* gebildet wird. Der Pilz befällt Futtermittel und Getreide. Nach dem Ver-

zehr kontaminierter Getreideprodukte kommt es zum Erbrechen.

Vorabraum. Teil des >Abraums<, der gewonnen werden muß, bevor mit dem >Abbau< einer >Lagerstätte< begonnen werden kann. Der V. muß außerhalb des betreffenden Tagebaus verkippt werden. >Kippe<.

Vorabsiebung. Siebung von Abfällen oder >Wertstoffen< vor einer Abfallbehandlung. Bei einer >Rotte< werden mit einem groben Sieb sehr große, schlecht biologisch umsetzbare Teile (z. B. Wurzeln) herausgeholt und zerkleinert. Bei der >Kompostierung< werden zusätzlich z. B. größere Kunststoffolien, die nicht kompostierbar sind, durch Absieben entfernt.

Vorauflaufverfahren. Anwendung von >Herbiziden< in der Zeit zwischen Aussaat und dem Auflaufen der Nutzpflanzen, wodurch der Unkrautbewuchs ohne Schaden für die Kulturpflanze von vornherein unterdrückt wird.

Vorausleistungsverordnung. >Endlagervorausleistungsverordnung<.

Voraussagbarkeit. Begriff der Wissenschaftstheorie; aus einer Theorie abgeleitete Aussage über den zukünftigen Zustand oder die zukünftige Entwicklung eines Sachverhaltes, auf den sich die betreffende Theorie bezieht. s. a. >Prognose<.

Vorbehalt nachträglicher Anforderungen. In Gesetzen formulierte Möglichkeit der Verwaltung, auch nach Inbetriebnahme einer Anlage weitere Anforderungen an den Betrieb zu stellen; siehe z. B. § 17 Abs. 1 des >Bundes-Immissionsschutzgesetzes<.

Vorbehandlung. 1. >MVA<: Um eine möglichst gleichmäßig ablaufende Rkt. zu erhalten, und nur dadurch sind gleichmäßige Produkte (Abgasströme, Reststoffströme) aber auch eine gleichmäßigere Auslastung, Luftzufuhr etc. zu erwarten, ist es im allg. nötig, einen inhomogenen Abfall vorzubehandeln, d. h.: – vorzusortieren, – zu zerkleinern, – zu homogenisieren und – evtl. zu trocknen. Dies schafft die Voraussetzungen dafür, daß alle Teile in etwa dem gleichen Zeitintervall die nötige Temp. zum Zünden erreichen, die Durchmischung ausreichend erfolgen kann und die Oberfläche groß genug ist. Vor allem können dadurch auch so unliebsame Erscheinungen wie explodierende Behälter, Stichflammen und über den Rost polternde große Gegenstände vermieden werden. Für die Zerkleinerung können z. B. Rotorscheren, Shredder oder Mühlen verwendet werden, zur Homogenisierung (Umschichten mit dem Hallenkran ist kaum ausreichend) und Trocknung beheizte rotierende Trommeln (im Extremfall: Pyrolyse- bzw. Schweltrommeln) oder Wirbelschichttrockner.
2. Abfälle: >Abfallvorbehandlung<; a. biochemisch: >biochemischer Abbau<; b. thermisch: >Abfallbehandlung, thermische<; c. Verfestigung: >Abfallverfestigung<; d. Verglasung: >Abfallverglasung<.

Vorbelastung. 1. Luft: Nach >TA Luft< ist im Rahmen eines immissionsschutzrechtlichen >Genehmigungsverfahrens< u. a. zu prüfen, ob die von der Anlage ausgehenden >Luftverunreinigungen< schädliche >Umwelt-

einwirkungen< für die Allgemeinheit und die Nachbarschaft hervorrufen können. Hierzu ist für Anlagen, deren >Emissionen< an >Schadstoffen<, für die in der TA Luft >Immissionswerte< aufgeführt sind und die best. in der TA Luft vorgegebene >Massenströme< (kg/h) voraussichtlich überschreiten werden, die Vorbelastung dieser Schadstoffe für die >Beurteilungsflächen< des >Beurteilungsgebietes< (Einwirkungsbereich der Anlage) meßtechnisch zu ermitteln. Durch Addition der rechnerisch ermittelten >Zusatzbelastung< zu der ermittelten Vorbelastung ergibt sich die >Gesamtbelastung<. Die Vorbelastung wird dabei in Form der >Immissionskenngrößen< I 1 V und I 2 V angegeben. Meßplan und Auswerteverfahren der Kenngrößen für die Vorbelastung sind in der TA Luft vorgegeben (s. >Kenngrößen< und >Meßstellen<).
2. Wasser: Berücksichtigung von V. ist Prinzip bei der Berechnung der >Abwasserabgabe< nach dem >Abwasserabgabengesetz<. Die Höhe der zu leistenden Abgabe, die entsprechend der Belastung des Abwassers errechnet wird, wird um die V. des Abwassers verringert, so daß allein die vom Einleiter selbst verursachte Verschmutzung die Basis für die Abgabenhöhe liefert.

Vorbelüftung. *1. Abwasser:* Das V. des >Abwassers< in >Kläranlagen< kann z.B. im >Fettfang< vorgenommen werden oder in einem belüfteten >Sandfang<. Das Abwasser wird aufgefrischt, >Schwefelwasserstoff< wird ausgetrieben, manche Fetteile werden von den Schlammteilen abgetrennt und das Wasser läßt sich dann besser in >Absetzbecken< behandeln. Die Wirkung wird schon bei 3 min Durchflußzeit erkennbar. Man trifft aber auch Lüftungszeiten bis zu 30 min namentlich bei fauligem Abwasser an. Der Luftbedarf bei 30 min Durchflußzeit ist etwa 0,75 m^3 auf 1 m^3 Abwasser. Verstärkt wird die Wirkung durch Chlor oder Eisenchlorid oder durch Rückführen von Schlamm wie beim >Belebungsverfahren< oder beim >Flokkungsverfahren<.
2. Verbrennung: Bei Feuerungen bedeutet V. einen dreimaligen Luftwechsel in der Brennkammer zum Abtransport explosiver Gasgemische und Vermeidung von Explosionen beim erstmaligen Zünden.
Lit: Brix J, Heyd H, Gerlach F (1963) Die Wasserversorgung, R. Oldenbourg Verlag, München Wien.

Vorbescheid. Auf Antrag erlassene behördliche Entscheidung nach § 9 >Bundes-Immissionsschutzgesetz< über einzelne Genehmigungsvoraussetzungen sowie über den Standort der Anlage, sofern die Auswirkungen der geplanten Anlage ausreichend beurteilt werden können und ein berechtigtes Interesse an der Erteilung eines Vorbescheides besteht.

Vorderseitenwetter. Wetter auf der Vorderseite eines >Tiefdruckgebietes< im Bereich der Vorderseitenkaltluft; gekennzeichnet durch das abklingende Schönwetter und aufziehende Bewölkung, deren Untergrenze allmählich absinkt und aus der schließlich zum Teil länger anhaltende Niederschläge fallen. S. Abb. bei >Tiefdruckgebiet<. >Rückseitenwetter<.

Voreindicker. Dem >Faulbehälter< oder anderen Behandlungsstufen von >Kläranlagen< vorgeschalteter >Eindicker< zur >Frischschlamm<eindickung.

Vorflut. Wassermenge eines Gewässers, in das ein >Fließgewässer< mündet. Das aufnehmende Gewässer ist der >Vorfluter<. Auch >Abwässer< gelangen in einen Vorfluter.

Vorfluter. Flüsse oder wasserführende Gräben, die das Wasser von Quellen, Drainagen oder oberflächlich abfließendes Wasser aufnehmen und wegführen. Im V. scheiden sich (falls die Strömungsgeschwindigkeit nicht besonders groß ist) oft erodiertes Bodenmaterial und auch gelöste Nähr- und Schadstoffe ab, so daß die entsprechenden Austräge aus den Böden eine Veränderung der Gewässerökologie, meist eine >Eutrophierung<, bewirken.

Vorgewende. Teilfläche des Ackers, die jeweils an seinem Ende zum Wenden der Bearbeitungsgeräte benötigt wird. V. ist ein kritischer Bereich im >Ackerbau<: Durch häufigeres Befahren und Wendevorgänge oft schlechteres >Bodengefüge<, dadurch Störung des Nährstoff- und Wasserhaushaltes, in hängigem Gelände verstärkte >Erosionsgefahr<. Am V. treten bei Saat, >Düngung< und >Pflanzenschutz< oft Fehlstellen oder Überlappungen auf. Vermeidung oder Verminderung der Probleme ist durch Kombination von Arbeitsgängen, Breitreifen, abschaltbare Teilbreiten bei Saat-, Dünge- und Pflanzenschutzgeräten möglich.

Vorkammer. Bei kleinvol. >Dieselmotoren<, aber auch bei >Schichtlademotoren< übliche Anordnung zur besseren Verbrennungsführung. Damit weniger Abgasschadstoffe, insbesondere >NO$_x$< als bei >direkter Einspritzung<.

Vorklärbecken. >Absetzbecken< zur mechanischen Reinigung des >Abwassers< vor einer biol. Stufe.

Vorklärschlamm. >Primärschlamm<, >Frischschlamm<.

Vorlösung. (Internat. Kurzbezeichnung: TK). Im Pflanzenschutz gebräuchliche Bezeichnung für eine Wirkstofflösung, die nicht als solche angewendet, sondern zur industriellen Herstellung von >Formulierungen<, z.B. von >emulgierbaren Konzentraten< oder von >Granulaten< verwendet wird.

Vormischung. (Internat. Kurzbezeichnung: TK). Im Pflanzenschutz gebräuchliche Bezeichnung für eine pulverförmige Mischung aus Wirkstoff und weiteren >Formulierhilfsmitteln<, die nicht als solche angewendet, sondern zur industriellen Herstellung von >Formulierungen<, z.B. von >wasserdispergierbaren Pulvern< oder von >Granulaten< verwendet wird.

Vorpreßverfahren. Verfahren zur Herstellung von unterirdischen Kanälen, bei dem von einer Preßgruppe aus mit hydraulischen Pressen Beton- oder Stahlrohre in ihre endgültige Lage gepreßt werden, und anschließend das Erdreich aus dem Rohrinnern herausgeholt wird. Bei der leichten Horizontal-Preßlage erfolgt das Verdrängen des Bodens durch statisches Einpressen eines mit einem Rammschuh ausgerüsteten Druckgestänges. Diese Anlagen werden hydraulisch oder pneumatisch angetrieben. Da hierbei relativ große Druckkräfte notwendig sind, ist ein entsprechendes Pressenwiderlager in der Startbaugrube zu installieren. Es sind Durchpressungen in fast allen Bodenarten (Bodenklassen 1 bis 5 nach DIN 18300) möglich, mit Ausnahme von harten, nicht verdrängungsfähigen Böden und Fels. Grundsätzlich eignen sich alle wasserführenden Bodenschichten sowie plastische >Tone< und >Lehme< für dieses Verfahren, Schwierigkeiten treten bei größeren Einlagerungen auf.
Lit: Abwassertechnische Vereinigung (Hrsg.) (1982–1986) Lehr- und Handbuch der Abwassertechnik, 3.Aufl., Bd.1–7, Verlag von Wilhelm Ernst und Sohn, Berlin München.

Vorratsdüngung. In größeren Zeitabständen durchgeführte Düngung mit dem Mehrfachen der Menge, die zur Deckung des jährlichen Nährstoffbedarfs der Pflanzen erforderlich ist. Ziel einer V. ist es, den Kulturpflanzen unter geringem technischen Aufwand die erforderlichen Nährstoffe langfristig bereitzustellen. Für eine V. kommen nur solche Düngestoffe infrage, die in dem zu düngenden Boden rasch festgelegt und nur langsam wieder nachgeliefert werden. So kann in kaliumfixierenden Böden Kalium als V. gegeben werden, ebenso in manchen eisenoxidhaltigen Böden Phosphatdünger. Bei dem in weiten Bereichen Deutschlands sehr hohen Düngerniveau bzw. Nährstoffvorrat im Boden ist jedoch die Zweckmäßigkeit einer V. fraglich.

Vorsorge. (>Vorsorgeprinzip<). Das Bemühen, dem Entstehen schädlicher >Umwelteinwirkungen< vorzubeugen; nicht so viel >Belastung< wie zulässig, sondern so wenig Belastung wie möglich. Nach § 5 des >Bundes-Immissionsschutzgesetzes< sind >genehmigungsbedürftige Anlagen< so zu errichten und zu betreiben, daß u. a. Vorsorge gegen schädliche Umwelteinwirkungen getroffen wird, insbesondere durch die dem >Stand der Technik< entspr. Maßnahmen zur >Emissionsbegrenzung<. Mit der Novellierung der >TA Luft< vom 27.02. 1986 wurde erstmals vorgegeben, durch >nachträgliche Anordnungen< zur Vorsorge gegen schädliche Umwelteinwirkungen den Stand der Technik zur Begrenzung von >Emissionen< bei allen immissionsschutzrechtlich >genehmigungsbedürftigen Altanlagen< zu fordern. Vor Erlaß der novellierten TA Luft konnten nachträgliche Anordnungen nur getroffen werden, falls die Allgemeinheit oder die Nachbarschaft nachweislich vor schädlichen Umwelteinwirkungen oder sonstigen Gefahren, erheblichen >Nachteilen< oder erheblichen >Belästigungen< nicht ausreichend geschützt war.

Vorsorgeprinzip. Rechtspolitisches Prinzip im >Umweltrecht<, über dessen Inhalt Unklarheit herrscht. Als Minimalkonsens hat sich bislang herausgeschält, daß Umweltgefahren und Umweltschäden soweit wie möglich vermieden werden und gar nicht erst zum Entstehen kommen sollen; mit diesem Inhalt bewirkt das V. eine Erweiterung weg von der bloß repressiven Schadensbeseitigung hin zu einer präventiven bzw. vorsorgenden Umweltpolitik. Es geht im wesentlichen um Gefahrenvorsorge und >Ressourcenvorsorge<. Handlungsmittel für eine Umweltvorsorge dieser Qualität sind u. a. Planungsmaßnahmen; mit dieser Form von >Umweltschutz< sind alle heute gebräuchlichen Technologien unvereinbar, die sich als Ausdruck passiven Umweltschutzes darstellen (End-of-the-pipe-Technologien, Einbau von Lärmschutzfenstern etc.).

Vorzeitiger Baubeginn. Teil des >Kreislaufwirtschafts- und Abfallgesetzes< (§ 33). Der v.B. kann vor Abschluß des >Planfeststellungs<- oder des >Plangenehmigungsverfahrens< von der zuständigen Behörde unter dem Vorbehalt des Widerrufes für einen Zeitraum von sechs Monaten genehmigt werden, wenn a) mit einer Entscheidung zugunsten des Trägers des Vorhabens gerechnet werden kann, b) an dem vorzeitigen Beginn ein öffentliches Interesse besteht und c) der Träger des Vorhabens sich verpflichtet, alle bis zur Entscheidung durch die Ausführung verursachten Schäden zu ersetzen und, falls das Vorhaben nicht planfestgestellt oder genehmigt wird, den früheren Zustand wiederherzustellen. Die Frist von sechs Monaten kann maximal um weitere sechs Monate verlängert werden. Der v.B. kann z.B. im Rahmen einer Planfeststellung für eine neue Deponie genehmigt werden, wenn durch Klagen von Einwendern vor Gericht eine zeitliche Verzögerung erfolgt, es jedoch absehbar ist, daß eine Abweisung der Klage erfolgen wird.

Vorzugstemperatur. (Syn. Temperaturpräferendum). Der Temperaturbereich, in dem sich ein Tier bevorzugt aufhält, wenn ihm eine Wahlmöglichkeit geboten wird. Die V. ist damit ein Bereich in einem Temperaturgradienten (>Gradient<) und kann mit einer sog. Temperaturorgel ermittelt werden.

Vulkanisation. V. im engeren Sinne ist die Behandlung von natürlichen und synthetischen >Kautschuken< mit Schwefel, Schwefelverbindungen, Peroxiden und anderen Radikalbildnern, wobei eine Vernetzung der linearen >Makromoleküle< über die in ihnen enthaltenen ungesättigten Bindungen erfolgt. Man erhält dabei unlösliche >Elastomere<. Bei der Nutzung von nachwachsenden Rohstoffen für technische Zwecke, insbesondere von heimischen pflanzlichen Ölen, wie Rapsöl, spielt die V. zur Eigenschaftsverbesserung eine entscheidende Rolle. Sogenannte geschwefelte Raps- und Rüböle als biologische abbaubare Stoffe können persistente Mineralöle als >Kühlschmierstoffe< substituieren.

VX. Organischer Phosphorsäureester, US-amerikanischer Armeecodename für Kampfstoff, der als Acetylcholinesterase-Hemmer und >Nervengift< wesentlich wirksamer ist als >Tabun< oder >Sarin<. VX können als binäre chemische Waffen eingesetzt werden.

WAA. >Wiederaufarbeitungsanlage<.

Wachse. 1. allgemein: Lipophile Substanzen aus langkettigen Alkanen, >Alkoholen< sowie >Estern< langkettiger, geradzahliger >Fettsäuren< mit aliphatischen Alkoholen von ausgeprägt hydrophobem Charakter. Wachse dienen als >Transpirations-< und UV-Schutz. Bei >Pflanzen< werden Wachse auf oder in der >Cuticula< abgelagert und finden sich als Lamellen im >Kork<. Zur Wachsgewinnung eignen sich nur wenige Pflanzen, z.B. die Wachspalme *(Ceroxylon alpinum)*, wo am Stamm und den Blattstielen ein Palmenwachs in bis zu 5 mm dicker Kruste ausgeschieden wird, die Carnaubapalme *(Copernicia prunivera)* mit Wachs an Blättern und Jojoba-Samen von *Simmondsia chinensis*.
2. technisch: W. ist die Sammelbezeichnung für natürliche und synthetische, >thermoplastische< Stoffe, die bei Raumtemperatur fest sind, aber oberhalb von 40 °C zu niedrigviskosen Flüssigkeiten erweichen, z.B. Bienenwachs, Kerzenwachs, PE-Wachse. Neben den aus Braunkohle gewonnenen Montanwachsen spielen aus Erdöl gewonnene Paraffine technisch eine wichtige Rolle. Sie werden u.a. bei der >Formulierung< von >Pestiziden< in offener Applikation eingesetzt. *Wachspapier* erhält man durch Auftragen von W. aus der Schmelze.

Wachstum. Irreversible Substanz- und Vol.-Zunahme von >Zellen<, >Geweben< und >Organismen<, die durch Zellvergrößerung und/oder >Zellteilung< bedingt ist. Bei höheren >Pflanzen< beschränkt sich das Wachstum auf die >Meristeme< und deren unmittelbare Umgebung. Man unterscheidet >Streckungswachstum<, das zum Längenwachstum führt, und Flächenwachstum.

Wachstumshormone. Das Somatotropin (Wachstumshormon) nimmt eine Schlüsselstellung bei der hormonalen Regulierung des Wachstums und der Milchbildung ein. Das Somatotropin steigert die Proteinsynthese, hemmt den Körperproteinabbau, fördert den Körperfettabbau und hemmt die Körperfettsynthese. Die erwünschten Wirkungen des Somatotropins lassen sich grundsätzlich über die direkte Zufuhr von Somatotropinen oder über einer Erhöhung der Menge an körpereigenen Somatotropinen erreichen. Letzteres ist durch Verabreichung von >Somatocrininen< oder durch Hemmung der biologischen Wirkung des körpereigenen >Somatostatins< möglich. Die Somatotropine aller landwirtschaftlichen Nutztiere können heute durch gentechnologisch-fermentationstechnologische Verfahren in ausreichenden Mengen zur Verfügung gestellt werden. Da Somatotropine eine Eiweißstruktur aufweisen, die im Darm enzymatisch inaktiviert wird, kann die erwünschte Wirkung nur bei parenteraler Applikation erzielt werden. Der Abbau der Somatotropine bei oraler Aufnahme sowie eine enge artspezifische Wirkung lassen für den Menschen keine Rückstandsproblematik (>Rückstände<) aufkommen. Durch den Einsatz von tierspezifischen exogenen Somatotropinen können fleischreichere Schlachtkörper erzielt werden. Ihr Hauptanwendungsgebiet ist z.Zt. aber in der Milchproduktion zu sehen. Wie ein mittlerweile sehr umfangreiches Versuchsmaterial zeigt, kann die Milchleistung des Rindes in der Applikationsphase um ca. 10 bis 20 % gesteigert werden. Auswirkungen auf die Gehalte an Milchinhaltsstoffen sind nur bei nicht sachgerechtem Einsatz des Somatotropins zu erwarten, z.B. bei vorzeitigem Behandlungsbeginn, wenn sich die Tiere noch in negativer Energiebilanz befinden. Die Anwendung des Somatotropins, das bisher noch nicht zugelassen ist, müßte durch den Tierarzt erfolgen, der im Abstand von ca. 4 Wochen geeignete Depotformen implantiert (also 6 bis 7 pro Laktation), die den Wirkstoff kontinuierlich freisetzen.

Lit: Greife HA, Berschauer F (1988) Übers. Tierernährg. 16: 27–78.

Wachstumskurve (-rate). Wachstum wird in der Ökologie in zweifacher Hinsicht verwendet: Wachstum eines Einzelorganismus sowie Wachstum einer Population von Organismen. Die Wachstumskurve drückt dann den Längen- oder Gewichtszuwachs oder aber die Zunahme der Anzahl von Mitgliedern einer Population in der Zeit aus (s. Abb. unten). Die Wachstumsrate ist die Zunahme innerhalb einer best. Zeit, z.B. pro Tag, Stunde oder Jahr. Theoretisch gibt es auch ein „Null-Wachstum" und eine negative Wachstumskurve.

Wachstumsmodelle. Mathematische >Modelle<, die das >Wachstum< von Populationen im allg. unter vereinfachenden Bedingungen und Annahmen beschreiben. Bekannt sind vor allem Modelle für unbehindertes exponentielles Wachstum (s. Abb. S. 1263):

$$\partial N/\partial t = rN,$$

mit N = Populationsdichte, r = Wachstumskoeffizient oder Malthus-Parameter, logistische Modelle für begrenztes Wachstum mit der ökologischen Kapazität bzw. Besatzdichte K des Gebietes für die betreffende Population,

$$\partial N/\partial t = r N (1 - N/K),$$

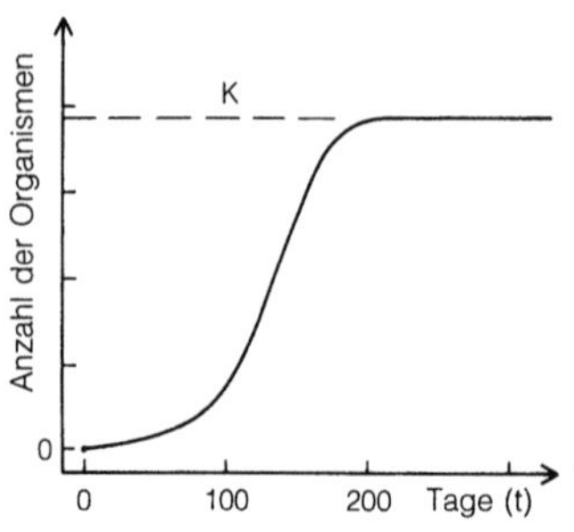

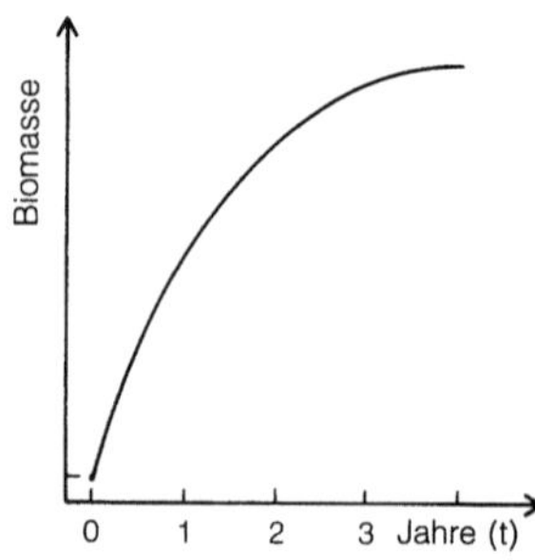

Wachstumskurve (-rate): Wachstumskurven als Zellvermehrung einer Population (links) und Massenzuwachs eines Organismus (rechts: Fisch). K = Umweltkapazität

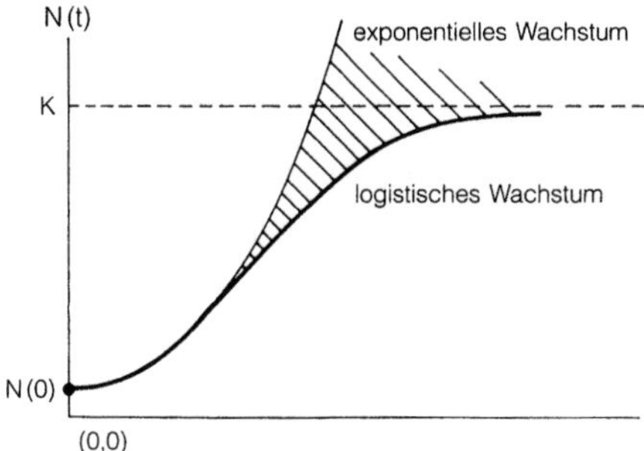

Wachstumsmodelle: Exponentielles und logistisches Wachstum; N = Populationsdichte, K = ökologische Kapazität bzw. Besatzdichte des Gebietes für die betreffende Population

für >Räuber-Beute-Beziehungen< nach Lotka und Volterra, für verzögertes Wachstum mikrobieller oder pflanzlicher Populationen aufgrund von zeitlich begrenzten Hemmungen, für konkurrierende Nutzung derselben Ressourcen etc. Komplexere Wachstumsmodelle arbeiten mit geschlechtsspez. Altersstrukturen, Differenzierung nach Lebensphasen etc.

Wachstumsphasen. Bei >Substratzufuhr< in >Kläranlagen< vermehren sich die >Bakterien< des >belebten Schlammes<. Im >Standversuch< können nacheinander die logarithmische Wachstumsphase bei Nährstoffüberangebot, die abnehmende Wachstumsphase bei begrenztem Angebot und die Phase der >endogenen Atmung< mit >Reservestoffen< oder der eigenen Zellsubstanz als Nahrungsquelle unterschieden werden. Das Verhältnis von Nährstoffangebot zu belebtem Schlamm bestimmt die Stoffvorgänge und damit die Wachstumsphasen und den Sauerstoffverbrauch. Wird ein Gemisch aus >Abwasser< und belebtem Schlamm belüftet, so kann man generell folgende Phasen des Wachstums der >Mikroorganismen< und des Sauerstoffverbrauchs unterscheiden (s. Abb. unten): a) Die *exponentielle* oder *logarithmische Phase*: Nachdem in der Anlaufphase die zum Abbau des Substrates erforderlichen >Enzyme< gebildet worden sind, beginnt die exponentielle Phase. Nährstoffe werden hier im Überschuß angeboten, so daß das Wachstum durch eine konstante maximale Teilungsrate bestimmt wird. b) Die *stationäre Phase*: Diese Phase stellt sich ein,

wenn die Zellzahl nicht mehr zunimmt. In dieser Wachstumsphase werden die Stoffwechselvorgänge durch das verminderte Nährstoffangebot begrenzt. c) Die *Absterbe-Phase*: In dieser Phase nimmt die Zellzahl durch Absterben der Bakterien ab. Ursache dafür kann der totale Verbrauch der Nährstoffe und der Speicherstoffe, eine Anhäufung von tox. Stoffwechselprodukten (z. B. Säuren), >Autolyse< u. a. sein.
Lit: Abwassertechnische Vereinigung (Hrsg.) (1982–1986) Lehr- und Handbuch der Abwassertechnik, 3. Aufl., Bd. 1–7, Verlag von Wilhelm Ernst und Sohn, Berlin München.

Wachstumsregler. Stoff, der Lebensvorgänge von Pflanzen beeinflußt, ohne ihrer Ernährung zu dienen. >Pflanzenschutzmittel<.

Wackersdorf. Gemeinde im Landkreis Schwandorf/ Oberpfalz (Bayern) und Standort einer ursprünglich dort geplanten und im Bau begonnenen >Wiederaufarbeitungsanlage< für abgebrannte Brennelemente (WAW). Nachdem im Jahre 1977 zwölf Energieversorgungsunternehmen die Deutsche Gesellschaft für >Wiederaufarbeitung< von Kernbrennstoffen mbH (DWK) als gemeinsames Tochterunternehmen gegründet haben, erklärte 1980 die bayerische Staatsregierung ihre Bereitschaft, einen geeigneten Standort für eine Wiederaufarbeitungsanlage in Bayern bereitzustellen. Nach besonderen >Sicherheitskriterien< des Freistaates Bayern und des Bundesministers des Innern ermittelte die DWK drei aus ihrer Sicht geeignete Standortflächen im Landkreis Schwandorf. Am 18.02. 1982 beantragte sie die Einleitung der entsprechenden >Raumordnungsverfahren<, die am 17.09. 1982 durch die Regierung der Oberpfalz abgeschlossen wurden. Den atomrechtlichen Genehmigungsantrag gemäß § 7 >Atomgesetz< stellte die DWK am 28.10. 1982. Im weiteren Verlauf des Verfahrens wurden die Antragsunterlagen öffentlich ausgelegt und Anfang 1984 der Erörterungstermin durchgeführt. Die >Reaktorsicherheitskommission< RSK hat am 17.10. 1984 nach Beratung des Sicherheitskonzeptes eine Empfehlung verabschiedet und darin die Überzeugung zum Ausdruck gebracht, daß mit den geplanten Abgaben radioaktiver Stoffe mit Abluft und Abwasser die Dosisgrenzwerte der >Strahlenschutzverordnung< beim späteren Betrieb der Anlage eingehalten werden können. Auf der Grundlage landesplanerischer Beurteilung hat die DWK am 04.02. 1985 dann beschlossen, eine Wiederaufarbeitungsanlage für abgebrannte Brennelemente am Standort Wackersdorf zu bauen und zur Wahrnehmung der Aufgaben vor Ort die Tochtergesellschaft DWK-Wiederaufarbeitungsanlage Wackersdorf GmbH

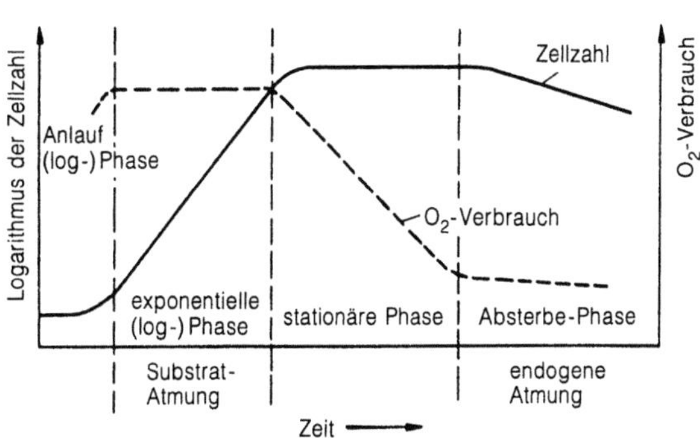

Wachstumsphasen: Wachstumskurve einer Bakterienkultur und Sauerstoffverbrauch (aus: Abwassertechnische Vereinigung, 1982–1986)

(DWW) gegründet. Nach Vorliegen der ersten Teilerrichtungsgenehmigung im September 1985 wurde Ende 1985 mit dem Bau der Anlage begonnen, die für einen Jahresdurchsatz von 350 Tonnen Schwermetall (Uran und Plutonium) – bezogen auf frische >Brennelemente< – konzipiert gewesen ist. An >radioaktiven Abfällen< für eine >Endlagerung< wären bei diesem Durchsatz pro Jahr etwa 450 HAW-Glaskokillen, 2.000 Fässer à 400 L MAW-Gebinde und 1.200 LAW-Gebinde (Beton- und Stahlcontainer) angefallen (siehe >Klassifikation, radioaktive Stoffe<).

Nach Aufheben der ersten Teilerrichtungsgenehmigung durch den Münchener Bayerischen Verwaltungsgerichtshof am 02.04.1987 haben die deutsche Veba und die französische Cogéma in einem „Memorandum of Understanding" am 03.04.1989 ihre Absicht bekundet, vom Jahre 1999 an auf dem Gebiet des >Brennstoffkreislaufs<, insbesondere der Wiederaufarbeitung, zusammenzuarbeiten. Diese Absichtserklärungen standen dabei unter dem ausdrücklichen Vorbehalt der Zustimmung beider Regierungen. Da ein französisches Angebot über Wiederaufarbeitungsdienstleistungen eine deutsche Wiederaufarbeitungsanlage ausschloß, wurde von deutscher Seite schließlich am 06.06.1989 der Beschluß zur Einstellung sämtlicher Arbeiten an der WAW gefaßt. Nach DWK-Angaben wurden bis zu diesem Zeitpunkt 2,6 Mrd. DM für diese Wiederaufarbeitungsanlage ausgegeben, davon 2,2 Mrd. DM für Planungs- und Ingenieurarbeiten und 0,4 Mrd. DM für bereits abgewickelte Baumaßnahmen. In der Zwischenzeit ist das betreffende Gelände in einen allgemeinen Industriestandort umgewandelt worden.

Wärmeaustausch. Weit verbreitete Bezeichnung für Wärmeübertragung oder Wärmetransport; bei diesem Vorgang wird Wärme von einem (gasförmigen, flüssigen oder festen) Medium (Stoff) mit höherer Temperatur auf ein anderes Medium mit tieferer Temperatur übertragen. Dabei spielen folgende Vorgänge eine Rolle: Leitung, Konvektion und Strahlung; den beiden ersten Vorgängen entspricht beim Stofftransport die Diffusion und die Konvektion, d.h. diese Vorgänge lassen sich durch analoge Differentialgleichungen beschreiben. Die Apparate für die Wärmeübertragung spielen in allen Bereichen der Technik eine große Rolle, angefangen in der eigenen Wohnung, z.B. mit den Heizkörpern (Rekuperative Wärmeüberträger), weil das heißere Medium (Wasser) von dem aufzuwärmenden Medium (Raumluft) durch eine feste Wand getrennt ist, bis hin zu den Kraftwerken zur Stromerzeugung. Wärmeüberträger werden nach verschiedenen Gesichtspunkten eingeteilt:

1. Art der Wärmeübertragung:
Rekuperatoren: mit fester Trennwand zwischen den Medien;
Regeneratoren: mit zwischen den Medien kontinuierlich (z.B. im Kreis) strömendem Gas oder Flüssigkeit (dabei werden auch noch gleichzeitig zwei Rekuperatoren benutzt);
Rotierende feste Speichermasse bzw. *diskontinuierlich wärmeübertragende Speichermasse:* z.B. im Herd heiß gemachte Steine, mittels derer im Mittelalter das Badewasser erwärmt wurde oder zwei Speichermassen, die durch Ventile abwechselnd vom aufzuheizenden und abzukühlenden Medium durchströmt werden.
2. Nach der Art der Stromführung: Gegenstrom (einzige Möglichkeit bei geringen Temperaturdifferenzen der beiden Medien), Kreuzstrom und Gleichstrom.

3. Nach dem Aggregatzustand der beteiligten Medien und dem Zweck der Wärmeübertragung, z.B. Speisewasservorwärmer, Verdampfer, Dampfüberhitzer, Kondensator, Rauchgas-Luftvorwärmer etc.
4. Nach der Konstruktion, d.h. der Bauart; z.B. Rohrbündel-, Platten-, Rippenrohr-Wärmeüberträger etc.
5. Nach dem Material der Heizflächen; z.B. keramischer Wärmeüberträger, Glasröhrenluftvorwärmer etc.

Lit: Verfahrenstechnische Gesellschaft im VDI (Hrsg.) (1997) VDI-Wärmeatlas, Springer Verlag, Berlin Heidelberg – Baehr HD, Stephan K (1994) Wärme- und Stoffübertragung, Springer Verlag, Berlin Heidelberg – Brandt F (1985) Wärmeübertragung in Dampferzeugern und Wärmeaustauschern. FDBR-Fachbuchreihe 2, Vulkan Verlag, Essen.

Wärmedämmung. Seit den Ölkrisen in den 70er Jahren werden in öffentlichen und privaten Gebäuden verstärkt bauliche Maßnahmen zur Minimierung von Wärmeverlusten an die Außenluft durchgeführt. Hiermit werden org. und mineralische Wärmedämmstoffe (>Baumaterialien<) in >Innenräumen< verbaut. Zu den org. Wärmedämmstoffen zählen neben natürlichen Materialien wie Kork, Kokos, Cellulosewolle, Holzfaserplatten u.a. auch >Schaumstoffe<. Sofern diese Materialien chem. Bindemittel beinhalten, beeinflussen sie infolge der Freisetzung flüchtiger org. Komponenten, wie z.B. >Formaldehyd<, unmittelbar das >Raumklima<. Insbesondere im Falle von Hausbränden werden >toxische< Gase emittiert. Mineralische Wärmedämmstoffe (>Mineralwolle<) sind hauptsächlich bei der Vearbeitung als kritisch zu bewerten, da feine, lungengängige Fasern freigesetzt werden, die als >cancerogen< einzustufen sind. Darüber hinaus reduziert die W. den >Luftwechsel< und kann so zu einer gesundheitsgefährdenden Anreicherung von >Innenraumchemikalien< führen.

Wärmeentwicklung. >Abklingverhalten<.

Wärmehaushalt. Teilenergiehaushalt eines beliebigen Systems, einer Region, eines >Ökosystems<, der sich allein auf die Komponente Wärme beschränkt; bei jedem realen Prozeß entsteht grundsätzlich und unvermeidbar Wärme. Bei Umwandlungen von Nicht-Wärmeenergieformen ineinander ist der entstehende Wärmeanteil ein Maß für Verluste und damit auch für die Effizienz des betr. Vorganges.

Wärmeinsel. >Städtische Wärmeinsel<.

Wärmelastplan. Plan, nach dem die Wärmebelastung (von Gewässern) innerhalb bestimmter Grenzen gehalten werden soll, die gewährleisten, daß das biol. Gleichgewicht erhalten bleibt. Welche Temperaturen dabei noch zulässig sind, hängt von der jeweiligen Flora und Fauna ab. Die Einleitungstemperatur wie auch die pro Zeiteinheit einzuleitende Abwärme werden von der Wasserbehörde aufgrund von Wärmelastplänen festgelegt. Oft wird hierbei auch die zulässige Aufwärmung des >Vorfluters< limitiert, damit die >Biozönose< des Vorfluters nicht geschädigt wird und die Nutzungen der Unterlieger nicht über ein bestimmtes Maß beeinträchtigt werden. Nur in Ausnahmefällen darf Kühlwasser in die öffentlichen Abwasseranlagen eingeleitet werden; dabei kann es wegen erhöhter Temperatur im Sammler zu Fäulniserscheinungen kommen.

Lit: Bretschneider H, Lecher K, Schmidt M (1993) Taschenbuch der Wasserwirtschaft, 7. Aufl., Verlag Paul Parey, Hamburg Berlin.

Wärmeleitfähigkeitsdetektor (WLD). Ein in der >GC< verwendeter universeller >Detektor<, der bevorzugt bei Restgasanalysen Verwendung findet. Sein Meßprinzip beruht darauf, daß die Konz. einer getrennten Komponente im Trägergas in differentieller Meßweise, d. h. mit Hilfe einer Vergleichszelle indirekt über die Wärmeleitfähigkeit des Gemisches aus Trägergas und getrennter Komponente rel. zum reinen Trägergas bestimmt wird. Die dabei registrierten Signale sind proportional der Konz. der getrennten Komponenten. Die Nachweisgrenze ist abhängig von der Konstanz des Trägergasflusses, der Brückenspannung und der Zelltemp. und liegt im Bereich 10^{-10} g/s, wobei der lineare Meßbereich ca. 4 Zehnerpotenzen beträgt.
Lit: Oehme M (1982) Gas-Chromatographische Detektoren. A. Hüthig Verlag, Heidelberg.

Wärmepumpe. Anlage zur Nutzbarmachung von >Abwärme< oder Umgebungswärme mittels eines „umgekehrt arbeitenden Kühlschrankes“, bei dem durch Zufuhr zusätzlicher Energie die Temp. des Wärmeträgers angehoben und damit nutzbar gemacht wird. Die insgesamt erhaltene Energie liegt deutlich über der eingesetzten Energie. Der Antrieb erfolgt über Elektro-, Gas- oder Dieselmotoren. Da Gas- und Dieselmotoren erhebliche >Emissionen< an >Schadstoffen< freisetzen, sind entspr. >Emissionsminderungsmaßnahmen< erforderlich.

Wärmestrahlung der Atmosphäre. >Atmosphärische Gegenstrahlung<. Teilkomponente des >Strahlung<shaushalts der Atmosphäre. Die Atmosphäre, ihre >Luftbeimengungen<, v. a. Wasserdampf, Kohlendioxid, Staub, wie auch die Wolken strahlen entsprechend dem Stefan-Boltzmann-Gesetz mit einer Bestrahlungsstärke von:

$$A = \sigma T^4 \; [\text{Wm}^{-2}]$$

wobei: $\sigma = 5{,}67 \cdot 10^{-8}$ Wm^{-2}K^{-4}, T = Temperatur der strahlenden Oberfläche in K. Die W. stammt zum überwiegenden Teil aus den untersten Schichten der Atmosphäre, da sich hier v. a. Wasserdampf und Staub konzentrieren. Nur zu einem kleinen Teil wird sie am Erdboden reflektiert, der größte Teil dagegen absorbiert. Wegen der größeren Lufttrübung im Bereich der Großstädte herrscht hier eine stärkere W., somit heben sich die Städte nachts als sog. >städtische Wärmeinseln<, von der sie umgebenden Landschaft ab. >Strahlung (nicht radioaktiv)<, >Stadtklima<.
Lit: DIN 5496 (1971) Temperaturstrahlung.

Wärmetauscher. >Wärmeaustausch<.

Wärmetransport. >Wärmeaustausch<.

Wärmeüberträger. >Wärmeaustausch<.

Wärmeübertragung. >Wärmeaustausch<.

Wäscher. Gerät zur Naßabscheidung von Gasinhaltsstoffen (Staub, Geruchsstoffe usw.).

Wagner-Meerwein-Umlagerung. Gerüstumlagerungen an Kohlenwasserstoffen, die zuerst an Terpenen untersucht wurden und dort von besonderer Bedeutung sind. Sie können dort als 1,2-Alkylumordnungen betrachtet werden. So erfolgt bei der Darstellung des Insektizids >Toxaphen< als erster Reaktionsschritt die Chlorierung der Doppelbindung des >Camphens< unter Bildung von 2-*exo*,10->Dichlorbornan<, wobei eine Gerüstumlagerung im Sinne einer Wagner-Meerwein-Umlagerung stattfindet.

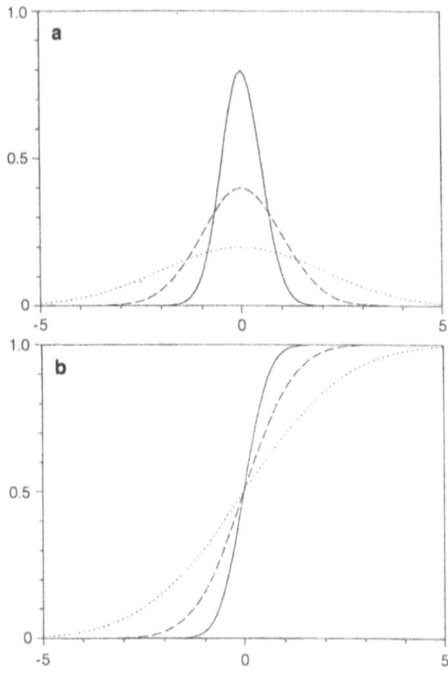

Wahrscheinlichkeitsdichte: Wahrscheinlichkeitsfunktionen (a) und Dichtefunktionen (b) für normal verteilte Zufallsvariablen mit $\mu = 0$ und $\sigma = 0{,}5$ (aus: Richter O, Söndgerath D (1990) Parameter estimation in ecology – The link between data and models, VCH Verlagsgesellschaft, Weinheim)

Wahrscheinlichkeitsdichte. Dichtefunktion oder umgangssprachlich auch einfach Verteilung einer Zufallsvariablen: In einer Verteilungsfunktion $F(x) = P(X \leq x)$ einer kontinuierlich verteilten Zufallsvariablen X

$$F(X) = \int_{-\infty}^{x} f(t)\, dt,$$

die nicht-negative Funktion f(t), die, zwischen $-\infty$ und $+\infty$ integriert, 1 ergibt; definitionsgemäß ist $f(x) = dF(x)/dx$ (s. Abb.).

Wahrscheinlichkeitsfunktion. Als generalisierender Ausdruck für versch. Wahrscheinlichkeits-Verteilungs-Funktionen wie >Binomial-Verteilung<, >Exponential-Verteilung<, etc. verwendet oder aber auch für die generelle Definition einer „likelihood-function“.
Lit: Richter O, Söndgerath D (1990) Parameter estimation in ecology – The link between data and models, VCH Verlagsgesellschaft, Weinheim.

WAK. >Wiederaufarbeitungsanlage Karlsruhe<.

Wald. 1. botanisch: Eine durch dichtstehende >Bäume< charakterisierte natürliche oder halbnatürliche Pflanzengemeinschaft einschl. deren Anwuchs- bzw. Verjüngungsphasen, zu der ein spezieller Unterwuchs und eine spezielle Fauna gehören. Im rechtlichen Sinn ist Wald jede mit Forstpflanzen bestockte Grundfläche, wobei mit dem Wald verbundene oder ihm dienende baumfreie Flächen (z. B. Waldwege, Waldwie-

sen, Holzlagerplätze, Wasserflächen) ebenfalls zum Wald zählen. Wesentliche Eig. des Waldes sind seine ausgleichende klimatische Wirkung, seine Funktion als Wasser- und >Nährstoffspeicher< sowie seine Filterwirkung für Staub- und Giftstoffe. Ca. 33 % der Landfläche der Erde sind von Wald bedeckt; davon entfallen 80 % auf den >tropischen Regenwald< und den borealen Nadelwald. Der Wald dient neben der Holzproduktion und seiner Funktion als Lebensraum des Wildes insbesondere auch als Schutzwald und als Erholungsraum.
2. juristisch: Gem. § 2 Abs. 1, 2 des Gesetzes zur Erhaltung des Waldes und zur Förderung der Forstwirtschaft (Bundeswaldgesetz) vom 02.05. 1975, BGBl. I S.1037, ist W. jede mit Forstpflanzen bestockte Grundfläche; als W. gelten auch kahlgeschlagene oder verlichtete Grundflächen, Waldwege, Waldeinteilungs- und -sicherungsstreifen, Waldblößen und Lichtungen, Waldwiesen, Wildäsungsplätze, Holzlagerplätze sowie weitere mit dem W. verbundene und ihm dienende Flächen; in der Flur oder in bebautem Gebiet gelegene kleinere Flächen, die mit einzelnen Baumgruppen, Baumreihen oder mit Hecken bestockt oder als Baumschulen verwendet werden, sind nicht W. im Sinne des Bundeswaldgesetzes.

Waldbau. Die planmäßige Begründung, Erziehung, Pflege und Verjüngung von Wäldern zur Erreichung der Betriebs- und Wirtschaftsziele, Schutzfunktionen und Sozialleistungen. Ein extremes Ziel ist eine Bewirtschaftung des Waldes ausschließlich zur Holzproduktion, wobei mit neuzeitlichen forsttechnischen Methoden möglichst viel Holz erzeugt werden soll. Naturnaher Wald dagegen genügt sowohl den wirtschaftlichen Bedürfnissen als auch den sozialen Ansprüchen der Allgemeinheit (Wirtschaft- und Wohlfahrtswald). Dabei werden eine naturnahe Baumartenmischung, ein gesundes Beziehungsgefüge des Waldes und seine natürliche Erneuerung angestrebt. Waldbauliche Maßnahmen sollen innerhalb der ökologisch bedingten Grenzen der reversiblen Prozesse bleiben, so daß keine Verschlechterung der Standorte und der Fähigkeit zur Selbsterhaltung der Wald-Lebensgemeinschaft entstehen.

Waldbodendrift. Chem. Veränderungen von Waldbodenflächen in Richtung einer Abnahme der >Säureneutralisierungskapazität<. Überprüfbar ist die aus Depositionsdaten und Biomasseentzügen postulierte chem. W. für einen Zeitraum, der durch vergleichbare wiederholte chem. Analysen abgedeckt wird (i.d.R. einige Jahre bis Jahrzehnte). In vielen Untersuchungen in Mittel- und Nordeuropa, in denen auf archiviertes Bodenmaterial oder auf ältere Analysenergebnisse mit rekonstruierbarem Raumbezug zurückgegriffen werden konnte, zeigten sich deutliche Tendenzen der chem. Nivellierung von Waldböden auf dem Niveau einer niedrigen Bodenreaktion bzw. bei geringer >Basensättigung<. D.h. die Versauerungsprozesse auf silikatischen Standorten waren um so deutlicher, je günstiger die Ausgangslage war. Die chem. W. verursacht auch bodenphysikalische Sekundäreffekte, wie z.B. einen >Strukturverlust< aufgrund geringerer biogener Aggregatneubildungsraten oder einer irreversiblen >Tonmineralzerstörung< bei sehr hoher Protonenaktivität.
Lit: Veerhoff M, Roscher S, Brümmer G (1996) Ausmaß und ökologische Gefahren der Versauerung von Böden unter Wald. Berichte UBA 1/96.

Waldbodenverformung. Bei Holzernte und Waldpflege werden Waldböden vermehrt mit schweren Maschinen befahren. Dabei werden im Boden die Gegenkräfte für den Fahrzeugantrieb mobilisiert, indem sowohl das Grobporenvolumen reduziert und aufgrund vermehrter Kornkontakte die Schwerwiderstände erhöht werden als auch dadurch, daß der Boden insgesamt in viskose Fließbewegung versetzt wird. In verformten Böden ist u.a. der Gashaushalt beeinträchtigt, da sowohl das Volumen als auch die Kontinuität luftgefüllter Grobporen ($\varnothing$ 10 bis >1.000 µm) an der Bodenoberfläche drastisch abnehmen (vgl. >Bodenluft<). Die W., die sich ökologisch besonders gravierend aus-

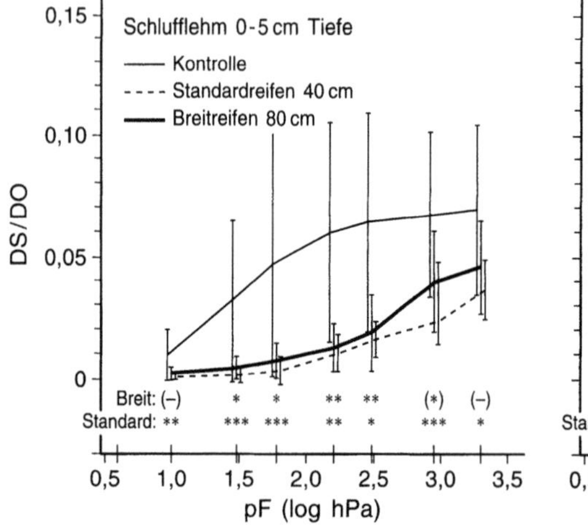

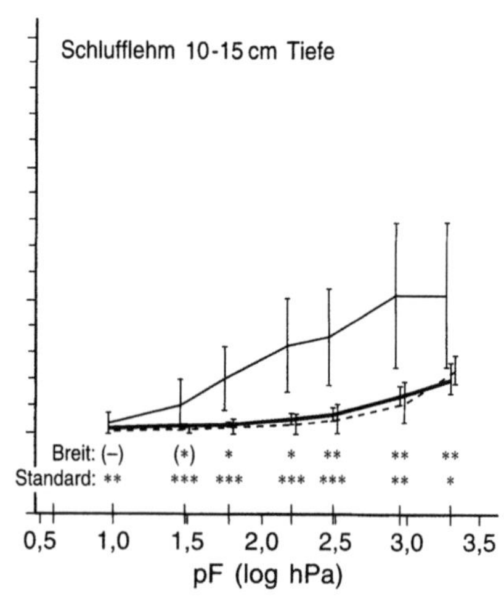

Waldbodenverformung: Relative scheinbare Gasdiffusion (Ds/D0) in 0–5 und 10–15 cm Bodentiefe in einer 10 Jahre alten Fahrspur auf Schlufflehm bei Wasserspannungen zwischen pF 0.5 und 3.5

wirkt, wenn nasse Böden befahren werden, ist feldbodenkundlich auch noch Jahre bis Jahrzehnte nach der Befahrung an einer veränderten Bodenstruktur sowie häufig auch an sekundären Redoximorpie-Merkmalen (Rostflecken, Bleichzonen) erkennbar.

Lit: Arbeitskreis Standortskartierung (1996) Forstliche Standortsaufnahme. IHW-Verlag, München – Hildebrand EE (1996) Forstliche Bodenbewirtschaftung, in: Handbuch der Bodenkunde. Ecomed Verlag, Landsberg.

Waldbodenversauerung. >Waldbodendrift<, >Versauerungshypothese<.

Waldböden. Böden, die sich unter ständiger Bewaldung gebildet haben. Sie unterscheiden sich v. a. in folgenden Punkten von landwirtschaftlich genutzten Böden: a) Durch das Fehlen einer mechanischen Bodenbearbeitung bildet sich ein natürlicher Humushorizont (Ah-Horizont), der oft nicht sehr mächtig ist und allmählich in die darunter liegenden >Bodenhorizonte< übergeht. b) Entsprechend den ökologischen Standorteigenschaften können sich unterschiedliche Humusauflagen bilden, die bei landwirtschaftlicher Nutzung fehlen. c) W. werden in der Regel nicht gekalkt oder gedüngt, so daß bei sauren Böden die tiefsten pH-Werte im Oberboden zu finden sind, ebenso die Zonen geringerer Nährstoffkonzentrationen. Entsprechend hoch können die Austräge an Säuren und Metall-Huminstoff-Komplexen sein und die Gewässer belasten.

Waldernährung. Forschungs- und Lehrgebiet der Forstwissenschaft, das sich mit den Wechselwirkungen zwischen Standortsfaktoren und Nährelementkreislauf in Waldbeständen befaßt. Im Zusammenhang mit den >neuartigen Waldschäden< in Mitteleuropa sind häufig Ernährungsstörungen festgestellt worden. Weit verbreitet sind vor allem Unterversorgungen mit Magnesium und Kalium. In Mitteleuropa gibt es großräumige Areale mit chronischem >Magnesiummangel< und >Kaliummangel<. Während früher in Mitteleuropa aufgrund intensiver Biomassenutzung (z.B. >Streunutzung<) Stickstoffmangel in Forststandorten verbreitet war, bestehen heute eher Probleme einer zunehmenden Stickstoffsättigung (vgl. >Stickstoffsättigungs-Hypothese<) der Standorte aufgrund der Depositionen von Ammonium und/oder Nitrat. Dadurch werden großflächig die Ernährungsbedingungen von Wäldern, die aufgrund ihrer Entwicklungsgeschichte eher als N-Mangel verwaltende Systeme angesehen werden können, drastisch verändert.

Lit: Hüttl F (1991) Die Nährelementversorgung geschädigter Wälder in Europa und Nordamerika. Freiburger Bodenkundl. Abhandlg. 28.

Waldfauna. >Bodenfauna<, >Mull-Moder-Modell<.

Lit: Ellenberg H, Mayer R, Schauermann J (1986) Ökosystemforschung, Ergebnisse des Solling-Projektes 1966–1986. Ulmer Verlag, Stuttgart.

Waldkalkung. Ausbringung karbonatischer (Kalke oder Dolomite) Gesteinsmehle auf Forststandorten zur Verbesserung bodenchem. Regelfunktionen wie z.B. der Funktion als Wurzelraum, der Filterfunktion oder der >Waldernährung<. Nachdem zahlreiche Forschungsprogramme zur Kausalanalyse der >neuartigen Waldschäden< die Hypothese einer in den letzten Jahrzehnten beschleunigten >Waldbodendrift< bestätigt haben, werden in Deutschland und Nordeuropa flächenhaft W. durchgeführt. Je nach dem primären Ziel der Kalkung werden unterschieden: Meliorations-

kalkung (zur Verbesserung eines unbefriedigenden Zustandes), Kompensationskalkung (zum Aufhalten der durch saure Depositionen und durch Biomassenutzung angetriebenen >Waldbodendrift<), Restaurationskalkung (zur Herstellung eines bekannten bodenchem. oder bodenbiol. Referenzzustandes) bzw. Bodenschutzkalkung (wenn generell die Erhaltung und Sicherung unverzichtbarer Bodenfunktionen, z.B. in einem bewaldeten Wassereinzugsgebiet, im Vordergrund stehen). Diese Begriffe unterscheiden primäre Ziele der Kalkung, jedoch nicht die tatsächlichen Wirkungen. W. haben neben erwünschten und nachgewiesenen Wirkungen (mittel- bis langfristige Verbesserung bodenchem., bodenbiol. und bodenphysikalischer Bedingungen) auch unerwünschte Nebenwirkungen, wie z.B. eine kurzzeitig erhöhte Streu- und Stickstoffmineralisation bis zur Erreichung eines chem. bzw. biol. Gleichgewichtes. Die minimal möglichen Behandlungseinheiten praktischer Kalkungsmaßnahmen (1– 2 ha) können unter Umständen größer sein als die Flächenausdehnung seltener azidophiler Biotope, so daß die Kalkungsmaßnahmen lokal mit Naturschutzzielen konkurrieren können. Das Nutzen-/Risiko-Verhältnis von Kalkungen muß daher immer standortsindividuell mit dem Nutzen-/Risiko-Verhältnis von Alternativen (z.B. sonstige Düngungen) oder mit dem des Nichtstuns abgewogen werden.

Lit: Hildebrand EE (1996) Forstliche Bodenbewirtschaftung, in: Handbuch der Bodenkunde. Ecomed Verlag, Landsberg.

Waldökosystem. Ökosysteme sind dreidimensionale Ausschnitte aus der Biosphäre, die durch spezielle Strukturen, Energie- und Stoffflüsse gekennzeichnet sind. In Anlehnung an Ulrich (1994) kann man W. beschreiben durch einen Satz von Zustandsvariablen, die in Zeit und Raum variieren, sowie durch eine definitorisch, d.h. durch Zweckmäßigkeitsüberlegungen festgelegte Umgebung.

Die Zustandsvariablen eines W. sind:
– Arten und Anzahl der Primärproduzenten (v.a. Bäume und Bodenvegetation);
– Arten und Anzahl der Konsumenten (Herbivoren, Carnivoren, Pathogene) und Zersetzer;
– Menge und Art der abgestorbenen org. Substanz (Humus);
– >Bodenlösung< mit gelöstem Ionenpool;
– >Bodenluft< als blind endende Ausstülpung der Atmosphäre mit einer Grenzfläche zur Bodenlösung; die auf verschiedenen Skalenebenen selbstähnlich („fraktal") ist. In der Bodenluft findet die O_2-Versorgung und die CO_2-Entsorgung für aerobe Atmungsprozesse statt.
– Menge und Zusammensetzung der austauschbar gebundenen Ionen, die mit der Bodenlösung in einem Lösungs(un)gleichgewicht stehen.

Die Umgebung von W. – z.B. im Hinblick auf Stoffbilanzen – kann man folgendermaßen definieren:
– Atmosphäre, welche die wirksamen Komponenten Wärme, Feuchte, Stoffpool und mechanische Wirkungen beinhaltet. Die Grenze zur Zustandsvariablen „Bodenluft" ist identisch mit der Bodenoberfläche. Diffusive und konvektive Gastransporte an der Bodenoberfläche sind damit aus der Sicht des W. Randflüsse.
– Die mineralisch gebundenen Ionen, die durch Verwitterung in austauschbare Ionen übergehen können. Aufgrund der geringeren Wechselwirkung primärer Minerale mit anderen Stoffpools des W. wer-

den sie zur Umgebung gerechnet. Die Verwitterung, die z. B. silikatisch gebundene Ionen in austauschbare Ionen überführt, stellt aus dieser Sicht einen input in das W. dar. Die Größe der Grenzfläche zwischen dem W. und der Umgebung „Minerale" variiert mit dem Maßstab der Betrachtung, d. h. sie ist ebenfalls „fraktal".
– Das Sickerwasser und die darin gelösten Stoffe unterhalb des Wurzelraumes. Die hier transportierten Stoffe sind aus der Sicht des W. Stoffexporte.
– Benachbarte Ökosysteme. Diese beginnen dann, wenn die Zustandsvariablen die zuvor für ein spezifisches W. definierte Bandbreite der raum-/zeitlichen Varianz überschreiten.
Aufgrund der vielfältigen und häufig rückgekoppelten Beziehungen (Stoff- und Energieflüsse) zwischen Organismen und Stoffpools in einem W., bezeichnet man diese häufig als komplex und will damit ausdrücken, daß Bewertungen und Manipulationen immer aufgrund von unvollständigem Wissen vorgenommen werden müssen.
Charakteristisch für (Wald)Ökosysteme ist jedoch eine ordnende, strukturelle Hierarchie (z. B. Organelle, Zelle, Gewebe, Organ, Genotyp, Population, Biozönose, Ökosystem), auf der eine Prozeßhierarchie aufbaut.
Ulrich (1994) schlägt daher die Anwendung der Hierarchitätstheorie vor, um das Prozeßgefüge in Waldökosystemen durchschaubarer zu machen. In der Abb. sind beispielhaft die Hierarchieebenen dargestellt, die für W. bedeutsam sind. Dabei muß man natürlich beachten, daß mit abnehmender Hierarchie immer mehr parallele Subsysteme existieren, die aus Gründen der Übersichtlichkeit nicht alle dargestellt sind.
Zu W. trifft die Hierarchitätstheorie folgende Aussagen:
– Es besteht eine enge Beziehung zwischen Kompartimentgröße und Prozeßdauer, d. h. schnelle Prozesse laufen auf kleiner, langsame Prozesse auf großer Raumskala ab. So dauern z. B. physiol. Reaktionen auf zellulärer Ebene Sekunden bis Minuten, während der Stoffkreislauf einen Bilanzzeitraum von Monaten bis Jahren und einen Raumbezug von mehreren 100 m^2 hat (vgl. Abb.).

– Im Zustand des Fließgleichgewichtes aller Stoff- und Energieflüsse (quasi-stationärer Zustand des W.) gibt die höhere Hierarchieebene die Ordnungsparameter für die nächste untere Ebene vor. So bestimmt z. B die Menge der umlaufenden Nährelemente und des verfügbaren Wassers den Rahmen, in dem Biomasse gebildet werden kann, die Biomasse ist ihrerseits Ordnungsparameter für die Bildung bestimmter Pflanzenorgane wie Wurzeln, Blätter etc.
– Die parallelen Systeme einer Hierarchieebene sind in beschränktem Umfang zur Selbstregelung befähigt. Da sie aber gleichzeitig Subsysteme der nächst höheren Hierarchieebene sind, ist die Bandbreite der Selbstregelung durch die Ordnungsparameter der höheren Ebene vorgegeben. So gibt z. B. die Rate der Silikatverwitterung den Rahmen vor, wie hoch die Netto-Säurebelastung in einem W. langfristig sein darf, wenn keine Abnahme der Bodenreaktion und damit eine systemverändernde chem. Drift stattfinden soll. Zwischen den parallelen Subsystemen bestehen i. d. R. nur schwache Kopplungen. So ist z. B. die Prozeßebene „Organbildung" der Ordnungsparameter sowohl für die Assimilation in den Blättern als auch für die Mineralisierung der Streu im Boden (vgl. Abb.). Beide Prozesse, die von „oben" gesteuert werden, sind untereinander kaum direkt vernetzt.
– Es findet auch eine Informationsverarbeitung von unteren nach übergeordneten Hierarchieebenen statt. Solche Informationen sind „Signale". So signalisiert z. B. ein Assimilatmangel, daß die Organbildung eingeschränkt werden muß. Ist dieses Signal so stark, daß es nicht durch kompensatorische Auswege gefiltert werden kann, bekommt es die Funktion eines Ordnungsparameters. Diesen Vorgang bezeichnet man als Hierarchiebruch. Hierarchiebrüche sind also kennzeichnend für Instabilitäten und Gleichgewichtsferne der Ökosyteme. I. d. R. signalisieren Hierarchiebrüche, daß das Ökosystem einem neuen Gleichgewichtszustand zustrebt.
– Über mehrere hierarchische Ebenen laufende Rückkopplungen können Rückkopplungsschleifen bilden.
>Neuartige Waldschäden< sind, wenn sie aufgrund der bewußten oder unfreiwilligen Veränderung primärer Standortsfaktoren entstehen, aus der Sicht der Hierar-

Waldökosystem: Vorschlag einer Prozeßhierarchie in Wäldern. (Aus: Ulrich (1994) Process hierarchy in forest ecosystems. Wiley-Liss., Inc., 353-397.)

	Prozeß	Kompartiment	Muster	Prozeßdauer
+ 4	Evolution	Kontinente	Arten	Jahrtausende
+ 3	Sukzession	Landschaft	Waldgesellschaft	
+ 2	Systemerneuerung	Ökosystem	Persistenz	Jahrhundert(e)
+ 1	Bestandsentwicklung	Bestand	Altersklasse	
0	Stoffkreislauf	Baumgruppe	Stoffbilanz	Jahr
– 1	Organbildung	Baum	Belaubung Verzweigung	
– 2	Assimilation	Blatt	C-Allokation	Stunden
– 2	Mineralisierung	Bodenaggregat	Chemie der Bodenlösung	
– 3	chem. Reaktionen	Zelle Mineral	(bio)chem. Muster	Minuten

chitätstheorie Hierarchiebrüche, die oft mehrere Systemebenen umfassen. Je mehr Ebenen ein Hierarchiebruch umfaßt, um so dramatischer sind die Veränderungen im Ökosystem. Wenn man z. B. eine extreme Ozonwirkung auf das lichtabsorbierende und -verarbeitende Pigmentsystem in Waldbäumen annimmt (>Ozonhypothese<), dann wären filterresistente Signale der zellulären Ebene der neue, d. h. durch Umweltbelastungen unfreiwillig installierte Ordnungsparameter für die gesamte Waldökosystementwicklung auf der Raum-/Zeitskala von Quadratkilometern und Jahren bis Jahrzehnten.

Die >Versauerungshypothese< postuliert, daß die interne und externe Säureproduktion im W. die mittel- bis langfristigen Puffermöglichkeiten (vgl. >Pufferbereiche<) im Boden übersteigen und damit eine Abnahme der Bodenreaktion herbeiführen. In stabilen W. auf nicht carbonatischen Standorten hat die Silikatverwitterung den Charakter eines Ordnungsparameters für die maximale Netto-Säurebildung in nachgeordneten Prozeßebenen. Die >Versauerungshypothese< unterstellt, daß in den letzten Jahrzehnten Säureeinträge aus der Deposition sowie die Säureproduktion aufgrund von Biomasseentzügen zu einer Übersteuerung des Ordnungsparameters der Silikatverwitterung geführt haben. Die abnehmende Bodenreaktion und die daran gekoppelten Prozesse (vgl. >Waldbodendrift<) gewinnen an Signalstärke für übergeordnete Prozeßebenen und führen schließlich einen Hierarchiebruch herbei. Die >neuartigen Waldschäden< werden aus der Sicht der >Versauerungshypothese< als Anpassungsreaktionen der W. an veränderte bodenchem. Prozeßmuster angesehen (vgl. >Aluminiumtoxizität<, >Humusdisintegration<, >Strukturverlust<). Auch bei der >Ernährungshypothese< oder der >Stickstoffsättigungs-Hypothese< wird im Sinne der Prozeßhierarchie postuliert, daß bodenchem. Signale (z. B. >Magnesiummangel<, >Kaliummangel<, >montane Vergilbung<) von höheren Systemebenen nicht nachhaltig gefiltert werden können und daher Anpassungsreaktionen erzwingen. Die Hierarchitätstheorie ermöglicht es also, zu skalenübergreifenden Aussagen zu kommen, wenn die Filtermechanismen zwischen den Hierarchieebenen quantifiziert werden können. Bei reduktionistischen Forschungsansätzen, wie sie z. B. auf niedrigerer Hierarchieebene notwendig sind, können Signale verfolgt und die Wirksamkeit der Filtermechanismen geprüft werden.

Lit: Allen TFH, Starr T (1982) Hierarchy. Perspectives for ecological complexity. The University of Chicago Press. Chicago London – O'Neill RV, DeAngelis DL, Waide JB, Allen TFH (1986) A hierarchical concept of ecosystems. Princeton, New Jersey – Simon HA (1962) The architecture of complexity. Proc. Am. Phil. Soc. 106: 467–482 – Ulrich B (1994) Process hierarchy in forest ecosystems: an integrative ecosystem theory. In: Effects of Acid Rain on Forest Processes. Wiley-Liss., Inc. S. 10–50.

Waldrandstufe. Geländestufe, die dadurch entsteht, daß in hängigem Gelände bei Ackernutzung in der Regel >Bodenerosion< auftritt, unter Wald dagegen nicht. Befindet sich die Acker-Wald-Grenze langfristig an derselben Stelle, so wird der beackerte Boden entsprechend gegenüber dem Waldboden eingetieft, und es entsteht eine oft über 1 m hohe Waldrandstufe.

Waldschadensbericht. Seit 1984 erstellen die Bundesländer W., die auf einer flächenrepräsentativen Einschätzung der >Kronentransparenz<, der >Nadel- bzw. Blattvergilbung< sowie von >Verzweigungsan-omalien< beruhen. Zur Zeit wird in der BRD auf der Basis des EU-weiten Grundnetzes (16 × 16-km-Raster) der Waldzustand jährlich erhoben, die dichteren länderspezifischen Netze (i. d. R. 4 × 4-km-Raster) werden in unterschiedlichen, mehrjährigen Zyklen aktiviert. Da die vorwiegend auf der >Kronentransparenz< beruhende Schadansprache keine sichere Ursachenanalyse zuläßt, werden zusätzlich zu den Kriterien der Kronenansprache auch Daten zur Waldernährung (vgl. >Ernährungsbonitur<, >Level I-Flächen<), zum chem. Waldbodenzustand (vgl. >Bodenzustandserhebung im Wald, BZE<), und zur Deposition (vgl. >Level II-Flächen<) mitgeteilt.

Waldschadensforschung. Verfolgt die Ursachen und Zusammenhänge der >„neuartigen" Waldschäden<, die nach etwa 1980 großflächig auftraten. Zusammenfassend wurde folgendes Ergebnis erzielt: Ursache der „neuartigen Waldschäden" ist nicht die toxische Wirkung eines einzelnen Schadstoffs, sondern eine Vielzahl von natürlichen und anthropogenen Einflußfaktoren, die in der Summe und an verschiedenen Standorten mit unterschiedlichem Gewicht zusammenwirken. Eine zentrale Rolle spielen dabei anthropogene Luftverunreinigungen.

Waldsterben. >Waldschäden, neuartige<.

Waldvegetation. Ohne wesentlichen Einfluß des Menschen würden als Landökosysteme, nach regionalen Klimata und Bodenbedingungen unterschiedlich, fast nur Waldökosysteme existieren. >Mull-Moder-Modell<.

Lit: Ellenberg H (1996) Vegetation Mitteleuropas. 5. Aufl., Ulmer Verlag, Stuttgart.

Wale. Meeressäugetiere der Ordnung Cetacea mit einer vollkommenen Anpassung an das Leben im Wasser: stromlinienförmiger Körper, Rückbildung der hinteren Gliedmaßen, Umbildung der vorderen zu Flossen. Ihre Körpergröße liegt zwischen 1,5 und 30 m, die W. sind damit die größten Säugetiere, die jemals gelebt haben. Die meisten der 83 Arten sind Hochseebewohner, einige wenige leben in Seen und Flüssen. Die W. stammen von Paarhufern ab und sind schon im frühen Tertiär vor 50 Mio. Jahren ins Wasser gegangen, wie ein kürzlich entdecktes Fossil aus dem Eozän *(Ambulocetes natans)* mit noch 4 Beinen zeigt. Die Ordnung der W. umfaßt die Zahlwale (Odontoceti) mit 73 Arten, zu denen die Delphine gehören, und die Bartenwale (Mysticeti) mit 10 Arten. Diese filtrieren mit einem Siebapparat im Mundraum riesige Mengen Meeresplankton, hauptsächlich den Krill (Krebs *Euphausia superba* u. a.) aus dem Wasser ab. W. produzieren Lautäußerungen für die Orientierung und das Sozialverhalten. Zahnw. erzeugen und nehmen wahr Ultraschall von 20–150 kHz, Bartenw. laute Tonfolgen im niedrigen Frequenzbereich von etwa 100 Hz, die eine Kommunikation bis 100 km weit ermöglichen. Gelegentlich stranden W., was wahrscheinlich mit dem Versagen der Ultraschallorientierung im Flachwasser zusammenhängt. Seit 1946 ist die Internationale Walfangkommission tätig zum Schutz der durch den W. fang besonders bedrohten Bartenw. Die meisten Länder haben sich den internationalen Vereinbarungen angeschlossen.

Wandlungszone. >Verbrennung<.

Wankelmotor. Fällt in die Kategorie der >Kreiselkolbenmotoren< und fand zu Zeiten mäßiger Verbrauchs-

und Schadstoffanforderungen weite Verbreitung. Vorteile: einfache und kompakte Bauweise; Nachteile: schwierige gasseitige Abdichtung und schlechte >Verbrennung<. Umkehrung der Kinematik ermöglicht freie >Brennraumgestaltung<.

Warfarin. Wirkt als >Rodentizid< und zählt zur Substanzklasse der Coumarine. Das als Rodentizid verwendete Warfarin besteht aus dem Racemat. Basierend auf die Prothrombinzeit ist das $(-)(S)$-Isomere 5,5mal wirksamer als das $(+)(R)$-Isomere. Bezogen auf die Mortalität innerhalb von 10 Tagen ist das $(-)(S)$-Isomere 8,5mal wirksamer als das $(+)(R)$-Isomer.
Chemische Bezeichnung: (RS)-4-Hydroxy-3-(3-oxo-1-phenylbutyl)-coumarin
CAS-Nummer: 81–81–2
Hersteller: Chemoswed
Wirkungstyp: Hemmt die Bildung von Prothrombin durch Ersetzen des Vitamin K im Komplex; dadurch verminderte Gerinnungsfähigkeit des Blutes (Antikoagulans). Für die tödliche Dosis ist die mehrmalige Aufnahme notwendig.
Bevorzugte Anwendung: Bekämpfung von Ratten und Mäusen. Warfarin ist besonders sicher in der Anwendung, da der Wirkstoff mehrfach aufgenommen werden muß. Dadurch können unbeabsichtigte Vergiftungen von Mensch, Haus- und Wildtieren durch primäre oder sekundäre Köderaufnahme weitgehend ausgeschlossen werden.

Chemische und physikalische Eigenschaften: Farblose Kristalle mit einem Schmelzpunkt von 161 °C.
Dampfdruck: 9 Pa bei 21,5 °C.
Verteilungskoeffizient (log Po/w): 6,0 bei pH 7 und 20°.
Löslichkeit: In Wasser 17 mg/L bei 20°.
Stabilität: Weitgehend stabil, auch gegen starke Säuren.
Abbau und Metabolismus: In der Leber von Säugern wird der Wirkstoff metabolisiert. Metaboliten sind 4-, 6-, 7- und 8-Hydroxywarfarin und ein intramolekulares Kondensationsprodukt. Innerhalb von 5 Stunden werden ca. 10 % über die Galle und innerhalb von 14 Tagen 90 % über Urin und Faeces ausgeschieden.
Säugertoxizität: Akute orale LD_{50} für männliche Ratte 323, weibliche Ratte 58, Maus 374, Kaninchen 800, Meerschweinchen 182 und Hund 200 mg/kg. Bei Kaninchen keine Haut- und Augenreizwirkung. Inhalation LC_{50} (4 h) für Ratte < 0,32 mg/L Luft. 90-Tage-Fütterungstest NOEL für Ratte 0,077 mg/kg KGW/Tag.
Vogeltoxizität: Akute orale LD_{50} für Huhn 942 mg/kg.

Warme Werkstatt. Werkstatt zur Instandsetzung von radioaktiv kontaminierten Komponenten aus >Kontrollbereichen<. Ausstattung konventionell, jedoch nach >Strahlenschutz<gesichtspunkten abgestufte Arbeitsbereiche entsprechend der Zuordnung zu Strahlenschutzzonen.

Warmfront. >Front<, nach deren Durchzug Erwärmung erfolgt. Im Gegensatz zu der Artenvielfalt der >Kaltfront<, läßt sich bei der W. fast ausschließlich der Typ der stabilen Aufgleitfront beobachten. Bei der W. gleitet die vordringende Warmluft wegen der etwas höheren frontsenkrechten Geschwindigkeit auf die langsam zurückweichende Kaltluft entlang einer schrägen keilförmigen Aufgleitfläche auf; s. Abb. bei >Tiefdruckgebiet<. Wegen der geringen Neigung der Aufgleitfläche (Frontfläche) von 1:100 überdeckt sie ein Fläche von 500 bis 1.000 km Breite. Die Hebungsprozesse sind durch eine stabile, in der Regel sich verdichtende und dabei niedriger werdende Aufzugsbewölkung (>Wolken<) gekennzeichnet:
– weit vor der Front in großer Höhe: >Cirrus< (Ci), anfangs mit faseriger oder hakenförmiger Struktur, die später in geschlossenen Cirrostratus (Cs) übergeht und dabei geringere Höhen erreicht,
– in der mittleren Atmosphäre: >Altostratus< (As), in denen neben Eiskristallen auch Wolkentröpfchen vorhanden sind,
– in dem vertikal mächtiger werdenden und dabei sich in geringere Höhen ausweitenden Altostratus wachsen Anzahl und Durchmesser der Wolkentropfen und führen schließlich zur Niederschlagsbildung und Umwandlung des Altostratus in >Nimbostratus< (Ns) s. Tabelle bei >Tropfen<. Der Regen setzt etwa 100 km vor der Warmfront ein und hält dann, je nach Verlagerungsgeschwindigkeit der W., oft 6 bis 12 Stunden an, bis die W. am Boden durchgegangen ist.
Der Durchgang der W. ist neben den o.a. Bewölkungs- und Niederschlagsverhältnissen vor allem charakterisiert durch eine Winddrehung, sog. >Rechtdrehen< des Windes, meist aus dem Richtungssektor SO über S nach SW (wobei die Winddrehung nicht so markant ist wie beim Durchgang der >Kaltfront<), nur noch geringerem Luftdruckfall, Anstieg der Lufttemperaturen und eine Sichtminderung, s. Abb. bei >Tiefdruckgebiet<, >Vorderseitenwetter<. In den >Wetterkarten< ist die W. durch das „Halbkreis"-Symbol bzw. durch eine rote Linie gekennzeichnet., s. Abb. bei >Wetterkartensymbol<. Fast jede W. geht aus einer >Kaltfront< hervor. Der Übergang erfolgt an der Achse eines – wenn auch schwachen – >Hochdruckkeiles<.

Warmsektor. In einem >Tiefdruckgebiet< ein großer, mit Warmluft gefüllter Bereich, der von der >Warmfront< und der >Kaltfront< begrenzt wird. Da die >Kaltfront< in der Regel rascher wandert als die >Warmfront<, wird bei der Weiterentwicklung des >Tiefdruckgebietes< der W. zunehmend schmäler. Sobald sich beide >Fronten< in der >Okklusion< vereinigt haben, und die Warmluft vom Boden verdrängt wird, verschwindet der W. dort. s. Abb. bei >Tiefdruckgebiet<.

Warmumformen. Umformen durch Wärmezufuhr, d.h. in erster Linie eine Verarbeitungstechnik für >thermoplastische Kunststoffe<. Beim werkstofflichen >Kunststoffrecycling< spielt das W. eine herausragende Rolle, da diese Kunststoffe durch Regranulieren in der Kälte und dem Umschmelzen in >Extrudern<, Kalandern oder beheizten Pressen in neue Produkte umgewandelt werden können. Bei >Duroplasten<, die nicht mehr aufgeschmolzen werden können, ist ein Recycling durch W. nicht möglich. Allerdings können granulierte Duroplaste als >Füllstoffe< beim W. von Thermoplasten zugesetzt und dadurch in den Sekundärstoffkreislauf eingeschleust werden.

Warndienst. Aufgabe des Pflanzenschutzdienstes in den Ländern. Sie gehört zu den Aufgaben, zu denen sich Deutschland durch Zustimmung zum >Internationalen Pflanzenschutzübereinkommen< verpflichtet hat. Der W. ermittelt durch Erhebungen und Beobachtungen das Auftreten von Schadorganismen, schätzt die Gefährdung der Kulturpflanzen und gibt Empfehlungen an die Praxis, ob und wann eine Bekämpfung notwendig ist. Die Mitteilung erfolgt über schriftliche Benachrichtigung, Telefondienst, Btx, Presse oder Rundfunk. Die Beachtung des W. gehört zur Berücksichtigung der Grundsätze des integrierten Pflanzenschutzes bei der Anwendung von Pflanzenschutzmitteln nach guter fachlicher Praxis.

Warnetikett. >Gefährliche Stoffe< und >Zubereitungen< i.S. des >ChemG< sind gemäß § 14 *kennzeichnungspflichtig.* Die wichtigsten >Kennzeichnungsvorschriften< sind in der >GefStoffV< und in deren Anhang I aufgeführt. Folgende Angaben sind auf der >Verpackung< anzugeben: die Stoffbezeichnung (gemäß Anhang I oder international anerkannter Nomenklatur) oder die Bezeichnung der Zubereitung sowie deren gefährliche Inhaltsstoffe, die >Gefahrensymbole< mit den entspr. >Gefahrenbezeichnungen<, Hinweise auf besondere Gefahren und Sicherheitsratschläge, d.h. die >R- und S-Sätze< sowie Name und Anschrift des >Herstellers< oder >Einführers< des Stoffes oder der Zubereitung (§ 4 GefStoffV).

Warntafel. Fahrzeuge, die >gefährliche Güter< befördern, sind besonders zu kennzeichnen. Beim Transport auf der Straße ist bei Überschreiten best. Mengen an Gefahrgut das Anbringen von schwarz umrandeten, orangefarbenen Tafeln erforderlich (Lkw vorne und hinten). Bei Tankfahrzeugen, Fahrzeugen mit Aufsetztank und Containern, die best. Gefahrgüter befördern, enthält die W. zusätzlich Kennzeichnungs-Nummern. Das gleiche ist bei Eisenbahnkesselwagen der Fall, wo sie seitlich anzubringen sind.
Die Nummer in der oberen Hälfte der W. deutet auf die Gefahr hin, die vom beförderten Stoff ausgehen kann (>Gefahr-Nr.<), während die „untere" Zahl der >Kennzeichnung< des Gefahrguts gemäß UN-Stoffliste dient (Stoff-Nr. bzw. >UN-Nummer<) (s. Abb.).
Flugzeuge mit gefährlichen Gütern sind nicht besonders gekennzeichnet. Binnen- und Seeschiffe werden blau oder rot markiert, wenn sie best. Stoffe bzw. (nicht entgaste) Tankfahrzeuge befördern. Die Kennzeichnung mit >Gefahrzetteln< beschränkt sich bei den drei letztgenannten Fahrzeugarten auf die in ihnen enthaltenen Versandstücke.
Lit: Kühn R, Birett K (1989) Gefahrgut-Schlüssel, ecomed, Landsberg.

Wartezeit. Die Festsetzung von W. aufgrund der arzneimittel- und futtermittelrechtlichen Vorschriften bildet eine wesentliche Grundlage der Maßnahmen zur Abwehr gesundheitlicher Gefahren durch >Rückstände< pharmakologisch wirksamer Substanzen. Unter „Wartezeit" ist die Zeit zwischen letzter Anwendung eines >Tierarzneimittels< oder >Futterzusatzstoffes< beim Tier und dem Zeitpunkt der Lebensmittelgewinnung (Fleisch, Milch, Eier, Fisch) zu verstehen. In dieser Zeit muß entweder der Rückstand im Lebensmittel auf eine Menge reduziert sein, die bei dem Verbraucher gesundheitlich unbedenklich ist, oder der Rückstand ist in dieser Zeit aus dem Lebensmittel eliminiert, zumindest analytisch nicht mehr nachweisbar. Die angegebenen W. sind verbindlich einzuhalten, und Verstöße werden sowohl nach den arzneimittelrechtlichen (>Arzneimittelgesetz<) als auch nach den fleischhygienischen und den lebensmittelrechtlichen Vorschriften (>Fleischhygienegesetz<) geahndet.

Wasch- und Reinigungsmittel. Gem. § 2 Abs. 1 des Gesetzes über die Umweltverträglichkeit von Wasch- und Reinigungsmitteln i.d.F. der Bekanntmachung vom 05.03. 1987, BGBl. I S.875, sind Wasch- und Reinigungsmittel Erzeugnisse, die zur Reinigung bestimmt sind oder bestimmungsgemäß die Reinigung unterstützen und erfahrungsgemäß nach Gebrauch in Gewässer gelangen können. Als Wasch- und Reinigungsmittel gelten auch Erzeugnisse, die grenzflächenaktive Stoffe oder organische Lösemittel enthalten und vom Verbraucher aufgrund der Art und Weise der Produktdarbietung unmittelbar zur Reinigung verwendet werden können und erfahrungsgemäß auch verwendet werden und die nach Gebrauch in Gewässer gelangen können.

Waschaktive Substanz. >Detergentien<, >Tenside<.

Waschkonservierer. Produkte, die durch >Tenside< reinigend wirken, aber durch den Zusatz verschiedener Wachse eine pflegende Komponente enthalten. Die Wachse ziehen nach Trocknung auf die Oberfläche (z.B. Autolack, Fußböden) auf und bilden einen Schutzfilm.

Waschmittel. Produkte verschiedenster Rezeptur zur Reinigung von Geweben im Zusammenhang mit Wasser. Alle Waschmittel enthalten als eigentliche waschaktive Sz anionische bzw. nichtionische >Tenside<. Hauptanw.-Bereich sind nach den Produktionszahlen (s. Tabelle S.1272 oben) die Vollwaschmittel für den Haushalt.
Bei den angegebenen Tonnagen ist zu berücksichtigen, daß einige Wasch- und Reinigungsmittel zum großen Teil aus Wasser bestehen.
Der gesamte Waschmittelverbrauch betrug 1950 ca. 400.000 t in der BRD und stieg auf ca. 1,6 Mio. t im Jahr 1987, wobei der Verbrauch in den letzten Jahren

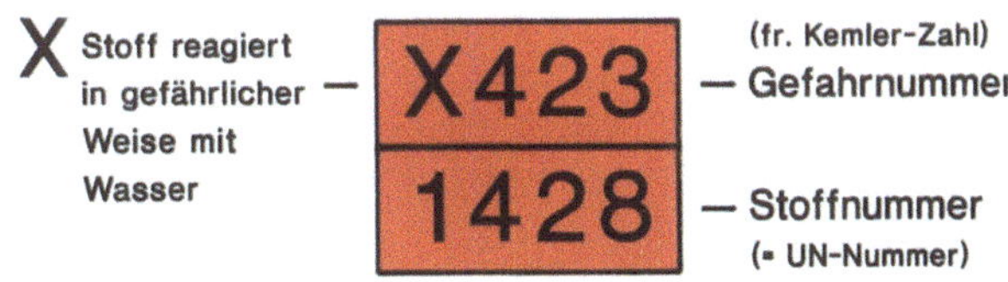

Warntafel: Bedeutung der Warntafel-Kennziffern

Warntafel hier mit Kennziffern für den Stoff <u>Natrium</u>.

stagnierte. In diesen Jahren hat sich auch die Zus. der Waschmittel erheblich geändert (s. Tabelle unten). Ursprüngliche Tenside waren die >Seife<. 1959 war der überwiegende Teil durch das schwer abbaubare synth. Tensid Tetrapropylenbenzolsulfonat (TPS) ersetzt, das dann in den 60er Jahren durch besser abbaubare Tenside wie die linearen >Alkylbenzolsulfonate< (LAS), Alkansulfonate (SAS) oder Fettalkoholsulfate (FAS) ersetzt. Verändert hat sich auch das Waschverhalten. Mit dem nennenswerten Einsatz der Waschmaschine in den späten 50er Jahren wurde häufiger bei geringerer Verschmutzung gewaschen. Der vermehrte Gebrauch synth. und farbiger Textilien machte geringere Waschtemp. möglich. Der Anteil der Kochwäsche sank von 50% 1970 auf 20% 1986 zurück, der Anteil von Synth.-Fasern stieg auf knapp 50% (s. Tabelle S. 1273–1274). Ihre ökologische Relevanz ergibt sich aus den z.T. sehr großen Produktionsmengen (s. Tabelle S. 1275 oben) und der Tatsache, daß sie bei bestimmungsgemäßem Gebrauch vollständig ins Abwasser gelangen und dies belasten. Wichtige Einsatzkriterien für die Tenside sind neben dem Preis die biol. >Abbaubarkeit< und ihre Toxizität gegenüber Wasserorganismen.

Die Härtebildner des Wassers müssen beim Waschvorgang durch sog. Builder oder Gerüststoffe entfernt werden, da viele Tenside härteempfindlich sind und bei höheren Temp. Kesselstein an den Heizschlangen gebildet wird. Bis 1984 (Phosphathöchstmengen-Verordnung) wurden hauptsächlich >Phosphate< eingesetzt, die die Härtebildner des Wassers in Form löslicher Komplexe binden. Sie unterstützen die Waschwirkung bei hydrophilen Verschmutzungen und haben dispergierende Eigenschaften. Die gelösten Schmutzteilchen lagern sich nicht wieder auf der Wäsche ab, wodurch der Vergrauung entgegengewirkt wird. Da die Phosphate eutrophierend wirken, mußten Ersatzstoffe gefunden werden. Natriumcitrat ist sehr gut abbaubar und zeigt eine sehr geringe Toxizität. Das Komplexierungsvermögen ist aber gering und nimmt mit steigender Temperatur ab. Da größere Mengen eingesetzt werden müssen, nimmt auch die Belastung der >Kläranlagen< zu. Der Einsatz von Natriumnitrilotriacetat (NTA) wurde von der Industrie freiwillig eingeschränkt. Es ist zwar relativ gut abbaubar, erschwert aber die Abtrennung der Schwermetalle in der Kläranlage und mobilisiert die Schwermetalle aus den Flußsedimenten. >EDTA< ist ein starker Komplexbildner und wird in geringen Mengen als Stabilisator für die >Bleichmittel< zugesetzt. EDTA wird biologisch kaum abgebaut und gelangt somit vollständig in die Gewässer. Wie der Ruhrverband zeigen konnte, kann EDTA ins Trinkwasser durchschlagen. Möglicherweise kommen damit auch mobilisierte Schwermetalle mit ins Trinkwasser. Als Ionenaustauscher für die Härtebildner wirkt Natriumaluminiumsilikat (>Zeolith<). Das ökologische Verhalten von Zeolith als möglichem Phosphatersatzstoff wurde vom Umweltbundesamt in einer umfangreichen Studie geprüft. Einschränkungen wurden nicht gemacht. In bezug auf das Waschverhal-

Waschmittel: Produktionsmengen von Wasch- und Reinigungsmitteln (Statistisches Bundesamt 1987)

	Produktionsmenge
Vollwaschmittel (Haushalt)	567.867 t
Vollwaschmittel (Gewerbe)	5.836 t
Hauptwaschmittel bis 60 °C (Haushalt)	137.833 t
Hauptwaschmittel bis 60 °C (Gewerbe)	6.858 t
Spezial- und Feinwaschmittel	83.551 t
Wäscheweichspülmittel	303.208 t
Handgeschirrspülmittel	152.787 t
Maschinengeschirrspülmittel	95.821 t
andere Haushaltsreiniger auf der Basis von grenzflächenaktiven Verbindungen	98.888 t
Scheuermittel	38.314 t
Herdputzmittel	1.089 t
Rohr- und WC-Reiniger	61.853 t
sonstige Putzund Reinigungsmittel	37.514 t
Autowaschmittel	6.871 t

Waschmittel: Veränderungen der Waschmittelrezepturen von 1907 bis 1987

Bestandteile %	1907	1925	1953	1959	1964	1970	1973	1983	1987
Seife	32,0	44,0	4,0	–	3,5	3,5	3,0	3,0	4,5
Soda	24,0	16,0	12,0	–	–	–	–	–	40,0
Na-Silikat	3,0	3,0	7,0	4,5	4,0	3,0	3,0	4,5	3,5
Mg-Silikat	–	–	2,5	2,5	2,0	2,0	2,0	0,5	–
Perborattetrahydrat	9,0	9,0	6,0	7,0	16,0	27,0	25,0	22,0	20,0*
Na-Sulfat	–	–	3,5	38,0	4,5	4,0	3,5	4,0	4,5
Pyrophosphat	–	–	10,0	23,0	–	–	–	–	–
Triphosphat	–	–	–	–	43,0	40,0	39,0	24,0	–
Zeolith A	–	–	–	–	–	–	–	18,0	25,0
TPS	–	–	–	13,0	–	–	–	–	–
LAS	–	–	–	–	14,0	6,5	6,0	8,0	7,0
Fettalkoholsulfat	–	–	–	2,0	–	–	–	–	–
Nichtionische Tenside	–	–	–	–	2,5	2,5	3,0	3,0	5,0
EDTA	–	–	–	–	–	0,2	0,2	–	–
Phosphonat	–	–	–	–	–	–	–	0,2	0,2
optische Aufheller	–	–	++	++	++	++	++	++	++
Vergrauungsinhibitoren Cellulosederivate	–	–	–	1,5	1,5	1,5	1,5	1,0	1,0
Polycarboxylate	–	–	–	–	–	–	–	1,0	4,0
TAED (Aktivator)	–	–	–	–	–	–	–	1,5	2,0
Duftstoffe	–	–	–	–	++	++	++	++	++
Enzyme	–	–	–	–	–	++	++	++	++
Wasser	Rest	Rest	Rest	Rest	Rest	Rest	Rest	Rest	Rest

* als Perboratmonohydrat; + = enthalten

Waschmittel: Rahmenrezeptur von Waschmitteln (a = Voll-, b = Fein-, c = Flüssigwaschmittel)

Wirkstoff	Anteil in %	Formel	Bezeichnung (Kürzel)
Tenside (Anion-Tensid)	**a)** 5 bis 10	$H_3C-(CH_2)_n$ und $H_3C-(CH_2)_m$ an Alkylbenzol-SO_3^- Na^+; $n = 4\text{-}5$, $m = 7\text{-}9$	Alkylbenzolsulfonat
	b) 5 bis 15 **c)** 20 bis 30		LAS
		$H_3C-(CH_2)_n$ und $H_3C-(CH_2)_m$ an SO_3^- Na^+; $n = 4\text{-}7$, $m = 5\text{-}10$	Alkansulfonat
(Nichtionogenes Tensid	**a)** 1 bis 5	$H_3C-(CH_2)_n-O-(C_2H_4O)_m\cdot H$; $n = 8\text{-}18$, $m = 3\text{-}15$	SAS Fettalkoholpoly-glykolether
	b) 1 bis 5 **c)** 10 bis 15		AED
Builder Enthärter	**a)** 0 bis 30 **b)** 0 bis 30	Zeolith-Struktur $-O-Si-O-Al-O-$ mit $2\,Na^+$ $\xrightarrow{Ca^{2+}}$ Ca^{2+} $+\,2\,Na^+$; $Na_2O \bullet Al_2O_3 \bullet 2\,SiO_2$	Zeolith Natiumaluminium-silikat (Sasil®)
	c) – **a)** 0 bis 40	$[O-P(O)_2-O-P(O)_2-O-P(O)_2-O]^{5-}$ $5\,Na^+$ $\xrightarrow{Ca^{2+}}$ $[\ldots]^{3-}$ $3\,Na^+$ (Ca)	Pentanatriumtri-phosphat
	b) 0 bis 40 **c)** –		
Komplexbildner	**a)** 0 bis 4	$NaOOC-CH_2$, $NaOOC-CH_2$ an $N-CH_2-CH_2-N$ an $CH_2-COONa$, $CH_2-COONa$	Ethylendiamintetra-acetat (EDTA)
	b) – **c)** – **a)** 0 bis 2 **b)** –	$HO-P(O)(OH)-C(CH_3)(OH)-P(O)(OH)-OH$; 1-Hydroxyethan-1,1-diphosphonsäure (HEDP)	Phosphonate 1-Hydroxyethan-1, 1-diphosphonsäure (HEDP)
	c) –	$N(CH_2-PO_3H_2)_3$; Aminotrimethylenphosphonsäure (ATMP)	Aminotrimethylen-phosphonsäure (ATMP)
Bleichmittel mit Aktivator	**a)** 15 bis 35	$2\,Na^+$ $\left[\,HO-B(O-O)_2B-OH\,\right]^{2-}$	Natriumperborat
	b) – **c)** – **a)** 0 bis 4	H_3C-CO, H_3C-CO an $N-CH_2-CH_2-N$ an $CO-CH_3$, $CO-CH_3$	Tetraacetylethylen-diamin (TAED)
	b) – **c)** –		

Waschmittel (Fortsetzung): Rahmenrezeptur von Waschmitteln

Wirkstoff	Anteil in %	Formel	Bezeichnung (Kürzel)
optische Aufheller	**a)** 0,1 bis 0,3		Na-Percarbonat
	b) 0,1 bis 0,3		4,4'Bis(triazinyl-amino)stilben-2,2'disulfonsäuren
Vergrauungs-inhibitoren	**c)** 0,1 bis 0,3 **a)** 0,5 bis 1,5		Carboxymethylcellu-lose
	b) 0,5 bis 1,5 **c)** –		Polycarboxylate
Schauminhibitor	**a)** 1 bis 5 **b)** 1 bis 5		Seife
Stabilisatoren	**c)** 10 bis 20 **a,b,c)** 2 bis 10		Builder Magnesiumsilikat
Korrosions-inhibitor	**c)** 2 bis 10 **a,b)** 2 bis 7		Alkohole
Parfüme	**a)** **b)** 0,05 bis 0,3 **c)**		
Enzyme	**a)** **b)** 0 bis 1 **c)**		Proteasen Amylasen Lipasen
Stellmittel	**a)** **b)** 0 bis 20 **c)** Wasser		Natriumsulfat Natriumchlorid
Farbstoffe	0 bis 0,001		

ten sind aber Nachteile vorhanden. Der Ionenaustausch erfolgt relativ langsam, das Schmutztragevermögen ist geringer und die Waschunterstützung bei hydrophilem Schmutz fehlt. Phosphonate sind ebenfalls starke Komplexbildner, sie binden auch Schwermetalle und werden in unterstöchiometrischen Mengen als Bleichmittelstabilisatoren eingesetzt. Sie zeigen ein gutes Schmutztrage- und Primärwaschvermögen. Sie sind aber biol. schwer abbaubar, und es besteht die Gefahr der Schwermetallremobilisierung. Der Einsatz der Phosphonate ist bis zur Klärung der offenen Fragen von der Industrie freiwillig eingeschränkt worden.

>Optische Aufheller< oder Weißtöner sollen den Grauschleier bei weißer Wäsche überdecken. Sie ziehen reversibel auf die Fasern auf. Bei farbigen Textilien macht sich kaum ein Effekt bemerkbar, Pastelltöne neigen z.T. zu Farbverfälschungen. In der >Kläranlage< werden sie nicht abgebaut, sondern über den >Klärschlamm< ausgefällt. Eine Anreicherung im Boden und eine Hautsensibilisierung werden diskutiert.

>Bleichmittel< sollen farbige Verschmutzungen oxidativ entfernen. Ein gebräuchliches Bleichmittel ist >Perborat<, das oberhalb von 60 °C aktiven Sauerstoff abgespaltet. Das gebildete Borat gelangt als anorg., lösliche Verbindung vollständig in die >Vorfluter<. Um eine Bleichwirkung auch bei niedrigen Temp. zu erreichen, werden Aktivatoren (z.B. Tetraacetylethylendiamin, TAED) zugesetzt, die bei pH-Werten von 9 bis 11 mit dem vorhandenen H_2O_2 org. Persäuren bilden. Die direkte Bleiche mit Persäure wird aufgrund mangelnder Lagerstabilität nicht angewendet (s. chem. Formel unten).

Waschmittel: Produktion von Waschmittelinhaltsstoffen in der BRD 1986

Tenside	ca.	382.500 t
Natriumsulfat	ca.	110.000 t
Trinatriumpentaphosphat	ca.	105.000 t
Zeolith A	ca.	100.000 t
Natriumperborat	ca.	100.000 t
Silikate	ca.	60.000 t
Soda	ca.	40.000 t
Polycarboxylate	ca.	15.000 t
Carboxymethylcellulose (CMC)	ca.	10.000 t
Tetraacetylethylendiamin (TAED)	ca.	5.000 t
Enzyme	ca.	2.000 t
Ethylendiamintetraacetat (EDTA)	ca.	1.000 t
Optische Aufheller	ca.	1.000 t
Phosphonate	ca.	800 t
Nitrilotriacetat (NTA)	ca.	100 t

Angesichts des hohen Anteils an farbiger Wäsche mit häufig nur geringer Verschmutzung wäre die getrennte Dosierung des Bleichmittels nach dem Baukastensystem (s. u.) ökologisch sinnvoll. Dann wäre auch der verstärkte Einsatz von >Percarbonat< möglich, das in den Waschmittelrezepturen eine unzureichende Lagerstabilität aufweist. Bei einem bedarfsgerechten Einsatz spielt die zusätzliche Salzbelastung durch das entstehende Natriumcarbonat sicher keine Rolle.

Eiweiß-Verschmutzungen lassen sich durch Einweichen bei niedriger Waschtemp. am leichtesten entfernen. Die Verkürzung der Waschzeit (keine Vorwäsche), das schnellere Aufheizen der Waschflotte sowie die denaturierende Wirkung der Bleichmittel wirken sich hier negativ aus. Als Abhilfe werden proteolytische Enzyme eingesetzt, die mit Hilfe verschiedener Bakterienstämme (z. B. *Bacillus subtilis*) gewonnen werden. Sie müssen alkalistabil, temp.-unempfindlich und stabil gegenüber den anderen Waschmittelbestandteilen sein. Die Enzyme müssen in Prills oder Granulaten eingeschlossen werden, da sonst tox. Probleme z. B. durch das Einatmen von enzymhaltigen Waschmittelstaub entstehen. Stärkehaltige Verschmutzungen lassen sich durch Amylasen entfernen. Gentechnologische Verfahren ermöglichen inzwischen auch die Herstellung von Lipasen in entspr. Mengen gegen fetthaltige Verschmutzungen.

Um den abgelösten Schmutz in der Schwebe zu halten, werden Carboxymethylcellulosen oder Polycarboxylate als Vergrauungsinhibitoren zugesetzt. Sie vermindern die Vergrauung sowie Inkrustationen. Alle sind wenig bis nicht abbaubar und werden weitgehend über den Klärschlamm eliminiert. Über langfristige Anreicherungen im Boden liegen keine ausreichenden Erkenntnisse vor. Für Polycarboxylate als Co-Polymerisate aus Acrylsäure und Maleinsäure liegen Toxizitätsuntersuchungen vor. Der niedrigste NOEC-Wert im Daphnien Reproduktionstest (21 d) liegt bei 1,3 mg/L, die Warmblütertoxizität liegt bei über 5.000 mg/kg (LD_{50} Ratte oral). Eine mutagene bzw. teratogene Wirkung wurde nicht gefunden. Als Füllstoff und Rieselhilfe wurden bis zu 30 % Natriumsulfat zugesetzt, das die Salzbelastung der Gewässer erhöhte. Durch veränderte Herstellungsverfahren kann inzwischen weitgehend auf Sulfate verzichtet werden, wodurch auch der Verpackungsaufwand vermindert wird. Eine weitere Vol.-Red. wird durch die Waschmittelkonzentrate erreicht. Veränderungen bei der Sprühtrocknung ergeben Pulver mit höherem Raumgewicht.

Da letztlich alle Waschmittelbestandteile das Abwasser bzw. die Gewässer belasten, sollte bei umweltbewußtem Waschen der möglichst sparsame Gebrauch der Chemikalien im Vordergrund stehen. Einen Beitrag liefert ein Baukastensystem, bei dem nach dem tatsächlichen Bedarf dosiert wird. Grundbaustein wäre ein Basiswaschmittel mit möglichst gut abbaubaren, wenig toxischen Tensiden und mit geringem Zusatz an phosphatfreien Buildern für den Härtebereich 1, da bis auf den Enthärter alle anderen Bestandteile in der Dosierung nur vom Verschmutzungsgrad abhängen. Bei höheren Härtegraden wird separat ein Enthärter (z. B. >Zeolith< und Methylcellulosen) in entsprechender Dosierung dazugegeben. Ein Zusatz von Bleichmitteln ist nur bei weißer Wäsche mit entspr. Verschmutzungen nötig. Natriumpercarbonat ohne Zusatz von EDTA wäre hier geeignet. Waschmaschinen mit einem Einweichprogramm würden ohne Mehraufwand von Wasser und bei sparsamem Einsatz von Chemikalien für gute Waschergebnisse sorgen. Der Einsatz von Enzymen wäre weitgehend überflüssig. Die Entwicklung von Waschmaschinen mit automatischer Dosierung der verschiedenen Komponenten ist aufgrund des hohen Preises ökologisch wenig relevant.

Mit dem vorgeschlagenen Baukastensystem lassen sich jährlich ca. 28.000 t Perborat, 10.000 t a-Tenside, 7.000 t Silikate, 5.500 t n-Tenside, 3.000 t Seife, 2.000 t TAED, 400 t Enzyme und 260 t optische Aufheller einsparen. Für eine umfassende ökologische Beurteilung müssen aber alle Schritte vom Rohstoff bis zur vollständigen Beseitigung der Abfälle berücksichtigt werden. Die Tabelle unten gibt einen Überblick über die zu beachtenden Bereiche.

Lit: Dietz F (1987) Neue Meßergebnisse über die Belastung von Trinkwasser mit EDTA, gwf 128: 286–288 – Umweltbundesamt Materialien 4/79 (1979) Die Prüfung des Umweltverhaltens von Natrium-Aluminium-Silikat Zeolith A als Phosphatersatzstoff in Wasch- und Reinigungsmitteln, E. Schmidt Verlag, Berlin - Fachgruppe Wasserchemie d. GDCh (1990) Stellungnahme

Waschmittel: Mögliche ökologische Auswirkungen des Gebrauchs von Waschmitteln

Rohstoffe	Herstellung	Anwendung	Entsorgung
Begrenzte Ressourcen Abhängigkeit von Märkten	Energieeinsatz gefährliche Produktionsverfahren	Verbraucherverhalten	Verpackung Abwasserbelastung
Konkurrenz mit Nahrungsproduktion	gefährliche Abfallstoffe		biologische Abbaubarkeit
	Schutz d. Belegschaft in den Betrieben	toxikologische Fragestellungen	Verbleib in der Umwelt: Oberflächengewässer, Grundwasser, Deponie, Klärschlamm, Nahrungskette, Auswirkungen i. d. Umwelt

zur Umweltverträglichkeit von Polycarboxilaten, GDCh, München – Huber L (1987) Waschen und Wasserhärte – Ökologische Aspekte, SÖFW 113: 393–397.

Waschmittelgesetz. Nachdem es Ende der 50er Jahre aufgrund des vermehrten Einsatzes des schwer abbaubaren anionischen >Tensids< Tetrapropylenbenzolsulfonat (TPS) zu großen Schaumbergen auf Flüssen und >Kläranlagen< gekommen war, wurde 1961 das erste Detergentiengesetz erlassen. In der entspr. Verordnung vom Dezember 1962 wurde für die anionischen Tenside eine Abbaurate von 80% festgelegt. Für nichtionische und kationische Tenside wurden mangels geeigneter Meßmethoden keine Abbauraten festgelegt.
Abgelöst wurde das Detergentiengesetz 1975 vom „Gesetz über die Umweltverträglichkeit von Wasch- und Reinigungsmitteln" (BGBl. I S.2255) in der Fassung vom 19.12.1986 (BGBl. I S.2615). Ziel des Gesetzes ist es, daß nur „Wasch- und Reinigungsmittel in den Verkehr gebracht werden, die bei bestimmungsgemäßem Gebrauch jede vermeidbare Beeinträchtigung der Beschaffenheit der Gewässer, insbesondere im Hinblick auf die Trinkwasserversorgung gewährleisten, und eine Beeinträchtigung des Betriebes von Abwasseranlagen unterbleibt" (§ 1).
In der ersten Änderung des Waschmittelgesetzes erfolgte eine wesentliche Ausweitung des Anwendungsbereiches. Als „Wasch- und Reinigungsmittel im Sinne dieses Gesetzes gelten alle Erzeugnisse, die zur Reinigung bestimmt sind oder bestimmungsgemäß die Reinigung unterstützen und erfahrungsgemäß nach Gebrauch in Gewässer gelangen" (§ 2). Da in dieser Formulierung der Reinigungsprozeß nicht mehr an Wasser gebunden ist, sind auch Reinigungsmittel auf Lösungsmittelbasis einbezogen. Ab 1986 schließt das Gesetz auch Stoffe ein, die zwar nicht reinigend wirken, aber auf Oberflächen aufgebracht werden und bei einer einmaligen Reinigung wieder abgelöst werden. Dazu gehören Weichspüler, Wäscheappreturen, aber auch Erzeugnisse der industriellen Anw. wie Textilbehandlungsmittel. Bereits 1975 wurden im Gesetz auch die Phosphathöchstmengen festgeschrieben, die in der Verordnung (PHöchstMengV vom 04.06.1980 BGBl. I S.664) für die verschiedenen Produkte aufgeführt sind. Inzwischen sind aber rund 90% der Waschmittel phosphatfrei.
Ferner wird im Gesetz eine Beschriftung der Verpackung mit den wichtigsten Inhaltsstoffen, eine Dosierempfehlung nach den Härtegraden des Wassers sowie die Angabe der Reichweite bzw. Ergiebigkeit pro Kilogramm gefordert (§ 7). Dem Umweltbundesamt müssen die Rahmenrezepturen mitgeteilt werden, wobei der Gesetzgeber unter Rahmenrezeptur die Angabe der Inhaltsstoffe nach Art und Menge unter Berücksichtigung von produktions- und rohstoffbedingten Schwankungen versteht. Obwohl im Waschmittelgesetz neben den grenzflächenaktiven Stoffen Phosphate, Perborate und andere ergänzende Bestandteile angesprochen werden, wird in der entspr. Verordnung (vom 30.01.1977 BGBl. I S.244 i.d. Fassung vom 04.06.1986 BGBl. I S.851) nur die >Abbaubarkeit< anionischer und nichtionischer Tenside geregelt, nicht aber die Abbaubarkeit der weiteren Bestandteile in Wasch- und Reinigungsmitteln. Es werden die Nachweisverfahren für die Tenside angegeben sowie eine exakte Beschreibung der standardisierten Verfahren zur Best. der Abbauraten.
Lit: Verordnung über die Höchstmengen für Phosphate in Wasch- und Reinigungsmitteln (1980) (PHöchstMengV) vom 04.06.1980, Bundesgesetzblatt I, S.664–665 – Dritte Verordnung zu Änderung der Verordnung über die Abbaubarkeit anionischer und nichtionischer grenzflächenaktiver Stoffe in Wasch- und Reinigungsmitteln (1986) Bundesgesetzblatt I, S.851.

Waschrohstoffe. Ist ein nicht eindeutig abgegrenzter Begriff, unter dem einerseits die verschiedenen Komponenten von >Waschmitteln< wie >Tenside<, >Builder<, >Bleichmittel< usw. verstanden werden. Andererseits bezieht sich der Begriff auch auf die Rohstoffe, aus denen die einzelnen Komponenten hergestellt werden. In bezug auf die Tenside sind das hauptsächlich Erdöl und Erdgas, aber auch Fette und Öle. Eine ökologische Beurteilung der Verw. der verschiedenen Rohstoffe ist äußerst schwierig. Einerseits ist die Verw. von regenerativen Quellen wie Fette und Öle auch in Bezug auf den Treibhauseffekt zu begrüßen. In die Betrachtung müssen andererseits auch die sozialen Probleme durch den Massenanbau in den meist unterentwickelten Ländern mit einbezogen werden, da die für die Tenside wichtigen $C_{12/14}$-Kettenlängen vorwiegend in Kokosöl und Palmenöl enthalten sind.

Washcoat. >Katalysator<.

Washingtoner Artenschutzübereinkommen. 1973 abgeschlossenes Abkommen, das „den internationalen Handel mit gefährdeten >Arten< freilebender Tiere und Pflanzen" betrifft. Durch diesen Vertrag sollen bedrohte Arten geschützt und ihr Aussterben verhindert werden. In entsprechenden Listen mit einem Umfang von mehr als 30 Seiten sind alle Arten aufgeführt, wobei nach dem Grad der Gefährdung drei Kategorien unterschieden werden. Die Regelungen wurden in der BRD 1975 durch ein Gesetz übernommen, das später durch ergänzende Vorschriften der BRD und der EG präzisiert wurde. Danach ist nicht nur der Handel mit bestimmten lebenden Tieren und Pflanzen verboten oder eingeschränkt, sondern auch der Handel mit Produkten und Teilen dieser Lebewesen.

Washout. Bezeichnung für ausgewaschene >Radioaktivität<, wenn eine >radioaktive< Wolke durch ein >Niederschlagsgebiet< zieht (>Rainout<).

Wasser. Eine Verb. von 2 Wasserstoffatomen (Atommasse 1,00797) und einem Sauerstoffatom (Atommasse 15,9994). Die Masse des Wassermoleküls beträgt 18,01534, sein Radius 138 pm. Die Wasserstoffkerne sind zu den Elektronen und zum Sauerstoffkern asymmetrisch angeordnet. Die mittleren Positionen der beiden Wasserstoffkerne und der beiden Elektronenpaare bilden einen Tetraeder, in dessen Zentrum sich der Sauerstoffkern befindet (s. Abb. unten). Die Geraden, die die beiden Wasserstoffatome mit dem Zentrum

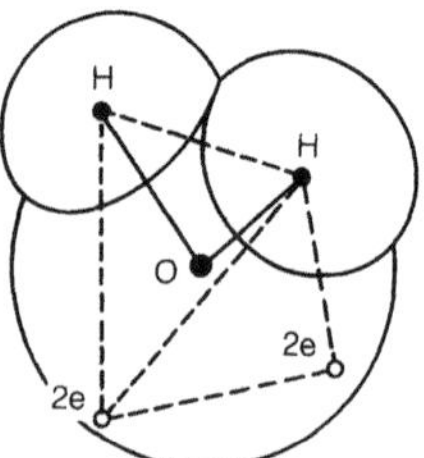

Wasser: Modell eines Wassermoleküls

des Sauerstoffatoms verbinden, haben eine Länge von 96 pm und bilden einen Winkel von 104°. Im Wassermolekül sind 4 Elektronen soweit wie möglich vom Sauerstoffkern und den Wasserstoffkernen entfernt und werden noch vom Sauerstoffkern angezogen. Von den anderen 6 Elektronen bilden 4 die homöopolaren Bindungen zwischen dem Sauerstoffkern und den Wasserstoffkernen, während die 2 restlichen nahe am Sauerstoffkern bleiben. Durch diese asymmetrische Anordnung der Schwerpunkte der positiven und negativen Ladungen ist das Wassermolekül ein Dipol, dessen Dipolmoment μ (Ladung $e \times$ Abstand l) = 1,84 Debye vergleichsweise hoch ist. Dies ist die Ursache für die gegenüber anderen Fl. viel größeren Kohäsionskräfte. Im W. treten neben Einzelmolekülen tetraedrisch angeordnete Molekülgruppen („Cluster") unterschiedlicher Größe (bei 0 °C im Mittel 90, bei 70 °C etwa 25 Wassermoleküle; nach anderen Beobachtungen bei 0 °C ca. 650, bzw. bei 100 °C ca. 74 Moleküle) und nicht tetaedrisch angeordnete dimere bis hexamere Molekülaggregate auf. Die unterschiedliche Packung der Wassermoleküle in Abhängigkeit von der Temp. erklärt das anomale Verhalten des W. (z. B. größte Dichte bei 3,98 °C). Die Tendenz zur Wasserstoffbrückenbindung, die hohe Dielektrizitätskonstante (78,25 bei 25 °C) und der Dipol-Charakter des W. erklärt die ungewöhnliche Lösefähigkeit des Wassers.

1. juveniles: J. W. wird bei der Primärentgasung der Magmen freigesetzt (>Wasserkreislauf, geologischer<).

2. unterirdisches: Hydrologisch ist das unterirdische Wasser der W.-ungesättigten und der Grundwasser-(W.-gesättigten) Zone zuzuordnen (s. Abb. unten). Die >Grundwasseroberfläche< liegt in porösen Gesteinen im unteren Teil des >Kapillarsaumes<, in dem bereits W.-gesättigte Verhältnisse gegeben sind. In der W.-ungesättigten Zone kommen feste Untergrundmaterialien, W. in Form von >Adsorptionswasser<, >Kapillarwasser<, >Sickerwasser< und >Grundluft< zusammen vor, in der Grundwasserzone feste Untergrundmaterialien und >Grundwasser<. Neben diesen Formen des u. W. ist das W. in Einzelhohlräumen und das chem. im Gestein gebundene oder in Magmen gelöste W. zu nennen. Unterhalb des zusammenhängenden Grundwasserkörpers kommt W. in Einzelhohlräumen verschiedener Größen vor. Es kann sich um isolierte Klüfte und Porenräume handeln, daneben aber um Wassereinschlüsse, wie sie in vielen Kristallen vor-

kommen. Derartige Einschlüsse nehmen nicht am hydrologischen >Wasserkreislauf< teil. W. ist als Hydratwasser in zahlreichen Mineralen enthalten und wird bei der Verwitterung und der Metamorphose als Hydratwasser gebunden oder freigesetzt. Als Beispiel: Bindung bei Umwandlung von Anhydrit $CaSO_4$ in Gips $CaSO_4 \cdot 2H_2O$ und von Kali-Feldspat $KAlSi_3O_8$ in Kaolinit $Al_2Si_2O_5(OH)_4$ Beim umgekehrten Prozeß werden erhebliche Wassermengen freigesetzt, z. B. bei der Umwandlung von 1 m³ Gips in Anhydrit 0,486 m³. Die als Hydratwasser in der Erdkruste gebundene Wassermenge beträgt nach KALLE (1943) insgesamt $25,4 \cdot 10^{27}$ g und nach BAUMGARTNER u. REICHEL (1975) $3,6 \cdot 10^{16}$ g. In erumpierenden Magmen sind Wassergehalte bis zu 0,9 Gewichts-% bekannt, die deutlich unter der Löslichkeit von W. in Magmen liegen, wie sie bei Laboruntersuchungen bestimmt werden. Die Löslichkeit hängt von Temp. und W.- bzw. Gesamtdruck, weniger vom Chemismus der Schmelzen ab. Das W. in den Magmen stammt nach ^{18}O-Analysen z. T. aus dem Wasserkreislauf, z. T. aus der Aufschmelzung von kristallwasserhaltigen Silikaten (Muskovit, Biotit, Amphibol, Chlorit) in Subduktionszonen (Plattentektonik).

3. vadoses: >Kreislaufwasser<.

Lit: Mattheß G (1990) Die Beschaffenheit des Grundwassers, 2. Aufl., Gebr. Borntraeger, Berlin Stuttgart – Baumgartner A, Reichel E (1975) Die Welt-Wasserbilanz. Oldenbourg, München Wien – Kalle K (1943) Der Stoffhaushalt des Meeres. Akad.-Verlag, Leipzig – Mattheß G, Ubell K (1983) Allgemeine Hydrogeologie, Grundwasserhaushalt, Gebr. Borntraeger, Berlin Stuttgart.

Wasseräquivalent der Schneedecke. Das W. ist das Wasser (fest, flüssig, gasförmig), das in der Schneedecke gebunden ist, ausgedrückt als Wasserhöhe über einer horizontalen Fläche.

Lit: Deutscher Normenausschuß (Hrsg.) (1994) DIN 4049, T.3: Hydrologie. Begriffe zur quantitativ. Hydrol.

Wasseraufbereitung. Wasser wird bei seinem Kreislauf in der Natur in bakteriologischer, biol., chem. und physikalischer Hinsicht vielfach verändert. Hierdurch ist es häufig als >Trinkwasser< oder für industrielle und gewerbliche Zwecke nicht brauchbar, wenn nicht sogar schädlich. Es muß daher je nach dem beabsichtigten Verwendungszweck aufbereitet werden. Trinkwasser als das wichtigste und durch keinen anderen Stoff ersetzbare Lebensmittel unterliegt den Bestimmungen des >Lebensmittelgesetzes<. An das von der Industrie, dem Gewerbe und dem Haushalt zur Zubereitung von Lebensmitteln und zur Reinigung von damit in Berührung kommenden Geräten und Gefäßen sowie zur Körperpflege verwendete Wasser sind die gleichen Anforderungen zu stellen wie an das Trinkwasser. Um aber von vornherein eine Qualitätsminderung des Wassers auszuschließen, beginnt die Wasseraufbereitung im weitesten Sinne bereits mit der Bildung von >Schutzgebieten< für Grundwasser- und Quellwassergewinnungsanlagen sowie für Trinkwassertalsperren und endet am Zapfhahn des Verbrauchers.

Lit: Brix J, Heyd H, Gerlach F (1963) Die Wasserversorgung, R. Oldenbourg Verlag, München Wien.

Wasseraufbereitungstechnik. Die wesentlichen Methoden der Wasseraufbereitung sind: Absieben mit Grob- oder Feinrechen bzw. Mikrosieben (Anwendung bei Oberflächenwasser), Absetzen im >Sandfang< und im >Absetzbecken< (Oberflächenwasser), u. U. durch Zugabe von >Flockungsmitteln<, chem. Bindung, z. B. von Kohlensäure an Kalk, Belüften durch Rieseler,

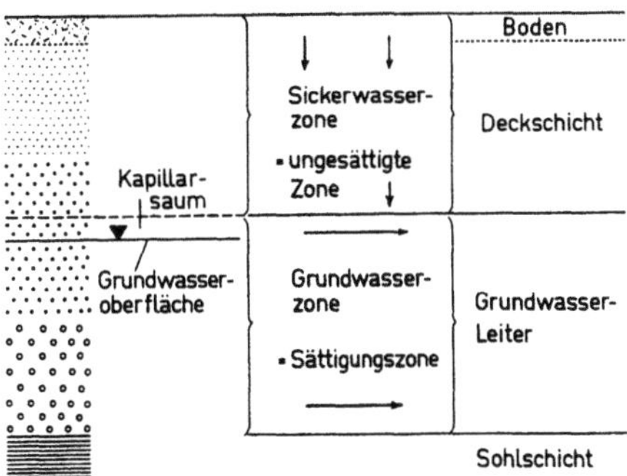

Wasser, unterirdisches: Hydrologische Gliederung des unterirdischen Wassers

Verdüsung oder Lufteinpressung zur Sauerstoffanreicherung und Oxidation löslicher Verb. in ausfällbaren Verb. (Eisen, Mangan) sowie zur Entsäuerung, Filtration über Schnell- oder Langsamfilter, >Desinfektion< durch >Chlorung<, >Ozonbehandlung< u.a., Beseitigung von Geruchs- und Geschmacksstoffen mit >Aktivkohle< (Schönung), chem. Stabilisierung durch Phosphatzugabe.

Lit: Dahlhaus C, Damrath H (1987) Wasserversorgung, 9. Aufl., B. G. Teubner, Stuttgart.

Wasseraufnahme. Bezeichnet Aufnahme und Transport von Wasser. Der Vorgang erfolgt bei der Pflanze passiv, prinzipiell durch die gesamte Oberfläche der Pflanze, einem >Wasserpotential<-Gradienten folgend. Da >Sproßachse< und >Blätter< normalerweise nur zeitweilig benetzt und die >Diffusionswiderstände< wegen der Cutinisierung rel. hoch sind, wird das Wasser vorwiegend über die >Wurzel< aufgenommen, insbesondere über die >Wurzelhaare<, die sich zwischen Bodenpartikeln und Luftblasen hindurchdrängen und so mit den kapillaren Wassersträngen in Berührung kommen, sowie über die >Mykorrhiza<. Die aufgenommene Wassermenge hängt von der absorbierenden Oberfläche, dem Wasserpotential-Gradienten und den Transportwiderständen ab.

Wasserbau. Gesamtheit der baulichen Maßnahmen zur Veränderung stehender und fließender Gewässer mit dem Ziel best. Nutzungen:
- >Hochwasserschutz< an Küsten und im Binnenland, z.B. Dämme und Durchlaßschleusen;
- Nutzung von Fließgewässern als Schiffahrtsstraßen; Uferbefestigung, Sohlensicherung, Einhalten der Mindestwassertiefe durch Ausbaggern von >Sediment<;
- Stauhaltungen in Fließgewässern zur Nutzung der Wasserkraft: Stauwehre und Turbinenbauwerke, Schleusen für die Schiffahrt;
- Stauhaltungen von Seen als Wasserspeicher für die Wasserversorgung und die Wasserkraftnutzung: Staumauern, Grundablaß; Turbinenbauwerke, Pumpstationen, bauliche Maßnahmen zur Beileitung von oberirdisch fließendem Wasser, s.a. >Schluchsee<.

Der heute mit Recht geförderte biol. bzw. ökologische W. berücksichtigt die Qualitätsziele der (möglichst) naturnahen Gewässer und beachtet z.B. bei der Ufersicherung gewässertypische Bepflanzungen als „Lebendverbau". Die >Renaturierung< der Gewässer ist ein gemeinsames Anliegen von Ökologie und W. mit dem Ziel der Rückführung eines Gewässers in einen naturnahen Zustand.

Lit: Bundesanstalt für Gewässerkunde Koblenz (Hrsg.) (1965) Der biologische Wasserbau an den Bundeswasserstraßen, 1. Aufl., Verlag Eugen Ulmer, Stuttgart – Vischer D, Huber A (1978) Wasserbau. Hydrologische Grundlagen. Elemente des Wasserbaus, 1. Aufl., Springer-Verlag, Berlin Heidelberg New York – Lange G, Lecher K (Hrsg.) (1993) Gewässerregelung, Gewässerpflege. Naturnaher Ausbau und Pflege von Fließgewässern, 3. Aufl., Parey, Hamburg Berlin – Kern K (1994) Grundlagen naturnaher Gewässergestaltung. 1. Aufl., Springer-Verlag, Berlin Heidelberg New York Tokyo – Hütte M (1999) Ökologie und Wasserbau, 1. Aufl., Parey Buchverlag, Berlin.

Wasserbedarf. Hängt von Struktur und Entwicklungsstand ab. In ländlichen Gemeinden Mitteleuropas beträgt der spezifische Wasserbedarf (einschl. Kleingewerbe) 100 bis 120 L/E · d, in Entwicklungsländern bis zu 20 bis 30 L/E · d, in mitteleuropäischen Großstädten kann der spezifische Wasserbedarf bis zu 250 L/E · d und in Metropolen bis zu 600 L/E · d (New York 600, Moskau 600, Paris 500) betragen. Für die Industrieländer Europas und Nordamerikas wird für die nächsten 20 bis 30 Jahre mit einer Zunahme auf 400 bis 1.000 L/E · d gerechnet. Für Deutschland wird ein Anstieg des W. von 27,0 Mrd. m^3 im Bezugsjahr 1969 auf 73,2 Mrd. m^3 bis zum Jahr 2000 vorausgesagt. Die prognostizierte Gesamtwasserbedarfszunahme beträgt für Deutschland durchschnittlich 5,5 % pro Jahr, ohne Berücksichtigung der Elektrizitätswerke 1,4 % pro Jahr. Der W. wird in Deutschland (1991) durch Grundwasser aus Brunnen und Quellen (73,5 %), Uferfiltrat und angereichertes Grundwasser (15,1 %) sowie durch Wasser aus Seen, Flüssen und Talsperren gedeckt. Träger der Wasserförderung und Versorgungsanlagen sind neben den öffentlichen Wasserwerken die Industrie und die Landwirtschaft.

Lit: Mattheß G, Ubell K (1983) Allgemeine Hydrogeologie, Grundwasserhaushalt, Gebr. Borntraeger, Berlin Stuttgart.

Wasserbelastung. Die Beschaffenheit natürlichen Wassers wird durch die jedem Vorkommen spezifischen Inhaltsstoffe bestimmt; seine Zusammensetzung durch deren Art und Menge. Für die Wasserversorgung sind vor allem die chem. und die biol.-bakteriologische Beschaffenheit von Bedeutung. Von den physikalischen Faktoren spielen die >Schwimm-< und >Schwebstoffe< sowie die Temperatur eine wichtige Rolle.

Lit: Brix J, Heyd H, Gerlach E (1963) Die Wasserversorgung, R. Oldenbourg Verlag, München Wien.

Wasserbilanz. 1. Definition: Die mengenmäßige Erfassung des Wasserkreislaufes, nämlich der Zustands- und Ortsänderungen des Wassers durch Niederschlag, Abfluß, Verdunstung, Rücklage und Aufbrauch (DIN 4049).
Die hydrologische W. in Deutschland wird durch folgende Hauptzahlen erfaßt (s. Tabelle unten).
Der >Grundwasserabfluß< macht mit 210 mm/a einen bedeutenden Anteil (81 %) des in oberirdischen Gewässern meßbaren Abflusses von 260 mm/a aus. Die örtlichen Werte streuen dabei je nach den örtlichen Niederschlagshöhen und Untergrundverhältnissen (Art und Verbreitung von >Grundwasserleitern<) erheblich. Der >Grundwasserabstrom< wird für das Gesamtgebiet von Deutschland auf 5 mm/a geschätzt.
2. hydrologischer Gesamtkreislauf: Am Wasserkreislauf der Erde nehmen pro Jahr nach BAUMGARTNER u. REICHEL (1975) und BUDYKO u. SOKOLOV (1978) $496,1 \cdot 10^3$ bzw. $577 \cdot 10^3$ km^3 teil (s. Tabelle S. 1279 oben). Vom gesamten Wasserumsatz entfallen etwa 22 % bzw. 20,6 % auf die Landflächen ($148,9 \cdot 10^6$ km^2), der weit überwiegende Teil auf die Weltmeere ($361,1 \cdot 10^6$ km^2).
Die Jahresbilanz des Wasserkreislaufes für die ganze Erde setzt Konstanz des Klimas, der mittleren Meeresspiegelhöhe und der Wasservorräte voraus, ferner daß

Wasserbilanz: Hauptzahlen der Wasserbilanz in Deutschland für die internationale Standardperiode 1931–1960 (nach: Liebscher, 1993)

	mm/a
Niederschlag	768
Verdunstung	503
Abfluß von der Fläche der Bundesrepublik	265
Zufluß von Oberliegern	194

Wasserbilanz: Weltwasserbilanz (nach: Baumgartner, Reichel, 1975 (1) und Budyko, Sokolov, 1978 (2))

	(1) Wassermengen 10^3 km³/a	(1) Wasserhöhen mm/a	(2) Wassermengen 10^3 km³/a	(2) Wasserhöhen mm/a
Niederschlag				
Meer	385,0	1.066	458	1.270
Land	111,1	746	119	800
Erde	496,1	973	577	1.130
Verdunstung				
Meer	424,7	1.176	505	1.400
Land	71,4	480	72	485
Erde	496,1	973	577	1.130
Abfluß				
Festland	39,7	266	47	315

Wasserbilanz: Flächen, Wassermengen und -höhen der Kontinente und Ozeane

Gebiet Region	Fläche (10^6 km²)	Wassermengen (10^3 km³)			Wasserhöhen (mm)			% von P +	
		P	E	R	P	E	R	E	R
Europa	10,0	6,6	3,8	2,8	657	375	282	57	43
Asien	44,1	30,7	18,5	12,2	696	420	276	60	40
Afrika	29,8	20,7	17,3	3,4	696	582	114	84	16
Australien	8,9	7,1	4,7	2,4	803	534	269	67	33
(ohne Inseln)	(7,6)	(3,4)	(3,2)	(0,2)	(447)	(420)	(27)	(94)	(6)
Nordamerika	24,1	15,6	9,7	5,9	645	403	242	62	38
Südamerika	17,9	28,0	16,9	11,1	1.564	946	618	60	40
Antarktis	14,1	2,4	0,4	2,0	169	28	141	17	83
Festland	148,9	111,1	71,4	39,7	746	480	266	64	36
Nordpolarmeer	8,5	0,8	0,4	0,4	97	53	+44	55	45
Atlantik	98,0	74,6	111,1	−36,5	761	1.133	−372	149	−49
Ind. Ozean	77,7	81,0	100,5	−19,5	1.043	1.294	−251	124	−24
Pazifik	176,9	228,5	212,6	15,9	1.292	1.202	+90	93	7
Weltmeer	361,1	385,0	424,7	−39,7	1.066	1.176	−110	110	−10
Erde	510,0	496,1	496,1	0	973	973	0	110	0

P = Gesamtniederschlag, E = Verdunstung, R = globaler Abfluß

die mittlere jährliche Verdunstung auf der gesamten Erdoberfläche dem mittleren jährlichen Niederschlag entspricht. Die Bilanz von Niederschlag und Verdunstung über dem Meer (P_S, ET_S) und dem Festland (P_L, ET_L) lautet

$$ET_T = ET_S + ET_L = P_T = P_S + P_L$$

wobei ET_T die Gesamtverdunstung und P_T den Gesamtniederschlag auf der Erde bedeuten. Die Differenz zwischen dem Niederschlag P_L auf dem Festland und der Verdunstung vom Festland ET_L, bzw. zwischen der Verdunstung vom Weltmeer ET_S und dem Niederschlag auf dem Meer P_S ergibt den globalen Abfluß R, der ober- und unterirdisch vom Festland zum Meer fließt:

$$P_L - ET_L = ET_S - P_S = R$$

In der W. der Festländer der Erde erweist sich Europa als ein Kontinent mit etwas unterdurchschnittlichen Werten des Niederschlags und der Verdunstung und geringfügig gegenüber dem Durchschnitt erhöhtem Abfluß (s. Tabelle Mitte).
3. klimatische: Die k.W. ist die Differenz von >Niederschlag< P und >Verdunstung< ET. Sie verdeutlicht den Einfluß des zeitlichen klimatischen Ablaufes auf die Wasserbilanz für einen Ort und ein Zeitintervall. Positive Werte dieser Differenz zeigen einen Wasserüberschuß, negative ein Wasserdefizit an. Die k.W. wird aus den gemessenen Klimadaten tgl., für einen Zeit-

raum von 10 Tagen (Dekadensumme), eines Monats, eines Jahres oder einer Jahresreihe berechnet. Bei der Aufstellung der k.W. wird wegen der Schwierigkeiten bei der quantitativen Bestimmung der aktuellen Verdunstung die potentielle Verdunstung ET angewendet, die möglichst mit Hilfe des Verfahrens von PENMAN (1954) bestimmt wird (>Verdunstung<). Die potentiellen Evapotranspirationswerte in den einzelnen Klimabereichen unterscheiden sich außerordentlich (>Wasserhaushalt<, Klimazonen). Überwiegt die Summe des Niederschlages gegenüber der potentiellen Verdunstung, so wird angenommen, daß die aktuelle Verdunstung der potentiellen Verdunstung entspricht.
4. Klimazonen: Der Wasserhaushalt wird außer durch die Hauptkomponenten Niederschlag, Verdunstung und Abfluß durch die mittlere Jahrestemperatur mitbestimmt. Diese klimatischen Größen steuern die Bodenbedeckung – Wüste, Grünland, Wald. Die Wasserbilanzstruktur der verschiedenen Klimazonen läßt sich durch die Niederschlagsmenge charakterisieren, die zum Abfluß beiträgt. Dabei zeigt eine Abnahme des Abflußkoeffizienten R/P von Werten um 0,6 in den humiden Bereichen auf Werte von < 0,01 in den vollariden Wüstengebieten die rel. zunehmende Bedeutung der Verdunstung an (s. Tabelle S. 1280).

Lit: De Haar U, Keller R, Liebscher HJ, Richter W, Schirmer H (1979) (Hrsg.) Hydrologischer Atlas der Bundesrepublik Deutschland, Boldt, Boppardt – Mattheß G, Ubell K (1983) Allgemeine Hydrogeologie, Grundwasserhaushalt, Gebr. Borntraeger, Berlin Stuttgart – Schumacher M, Fischer P (1977) Ab-

Wasserbilanz: Indices der Wasserbilanz und Mittelwerte des Niederschlages P, des Abflusses R und der Verdunstung ET der natürlichen Hauptklimazonen (nach: Alyushinskaya, 1978)

Natürliche Zonen	Abflußkoeffizienten	Mittelwerte der Wasserbilanzkomponenten in den verschiedenen Zonen (mm)															
		Arktis und Subarktis			Gemäßigte Zonen			Subtropen und Tropen			Subäquatoriale Zonen			Äquatoriale Zonen		
		P	R	ET	P	R	ET	P	R	ET	P	R	ET	P	R	ET
Tundra und Waldtundra*	0,55	400	220	180												
Taiga*	0,43				700	300	400									
Mischwälder der gemäßigten Breiten	0,34				1.000	350	650									
Ständig humide immergrüne Wälder	0,40–0,55							1.500	650	850	2.300	1.200	1.100	2.300	1.200	1.100
Humid-wechselfeuchte Wälder	0,30–0,45							1.100	350	750	1.750	750	1.000			
Savannen, Wälder, Waldsteppen, Prärien	0,20–0,30							800	200	600	1.200	300	900			
Trockensavannen und Steppen	0,08–0,12				460	60	400	650	50	670	700	70	630			
Halbwüsten und Wüsten	<0,03				300	10	300	400	5	400						

flußbilanz der Oberflächengewässer für das Gesamtgebiet Deutschlands, Deutsch Gewässerk Mitteil 21: 7–15 – Baumgartner A, Reiche E (1975) Die Weltwasserbilanz, Niederschlag, Verdunstung und Abfluß über Land und Meer sowie auf der Erde im Jahresdurchschnitt, Oldenbourg, München – Budyko MI, Sokolov AA (1977) Water balance of the earth. Studies a. reports in hydrology 25: 586–591, Paris: UNESCO – Mather JR (1954) The measurements of potential evapotranspiration, Publ Climatology 7 – Mattheß G, Ubell K (1983) Allgemeine Hydrogeologie, Grundwasserhaushalt, Gebr. Borntraeger, Berlin Stuttgart – Alyushinskaya NM (1978) Water balance of natural zones. Studies a. reports in hydrology 25: 498–505, Paris: UNESCO.

Wasserblüte. >Algenblüte<.

Wasserdampfdruck. Partialdruck des im atmosphärischen Gasgemisch enthaltenen Wasserdampfes. Sobald die Luft mit Wasserdampf gesättigt ist, ist der W. gleich dem >Sättigungsdampfdruck<. In diesem Fall kann die Luft keinen weiteren Wasserdampf mehr aufnehmen, er kondensiert dann zu Tropfen und Wolken- oder Nebelbildung setzt ein.

Wasserdargebot. Das W. eines Gebietes setzt sich aus dem Niederschlagsdargebot (>Niederschlag<) und dem Wasserzufluß aus Oberliegergebieten (>Abfluß<) und den Wasserverlusten (>Verdunstung<) zusammen. Eine wasserwirtschaftliche Nutzung des W. berücksichtigt Gesichtspunkte der Wasserqualität und der Ökologie. Einen wesentlichen Teil des W. bildet das >Grundwasserdargebot<.
Lit: Baumgartner A, Liebscher HJ (1990) Allgemeine Hydrologie, Quantitative Hydrologie, Gebr. Borntraeger, Berlin Stuttgart – Matthess G, Ubell K (1983) Allgemeine Hydrogeologie, Grundwasserhaushalt, Gebr. Borntraeger, Berlin Stuttgart.

Wasserdispergierbares Granulat. (Internat. Kurzbezeichnung: WG). Pflanzenschutzmittelformulierung (>Formulierung<) in Form eines staubarmen >Granulats< zur Spritzapplikation in wäßriger Verdünnung. Nach Eintrag in den Spritztank muß das W. innerhalb weniger Minuten zerfallen und wie ein >wasserdispergierbares Pulver< eine ausreichend feine, homogene und störungsfrei ausspritzbare >Suspension< bilden. Die Vorteile gegenüber pulverförmigen Zubereitungsformen liegen im Ansetzten der >Spritzbrühen<: Gute >Fließfähigkeit< und geringe Wandhaftung der Partikeln gewährleisten schnelle und vollständige Entleerung der Packungen, die höhere und konstante >Schüttdichte< bedingt geringere Packungsgrößen und volumetrische Dosierbarkeit von Teilmengen einer Packung, und die weitgehende Staubfreiheit verhindert nahezu völlig den Kontakt des Anwenders mit dem Produkt und dessen unerwünschte Abtrift in die Umwelt. W. besitzen eine prinzipiell ähnliche Zusammensetzung wie wasserdispergierbare Pulver und werden durch Granulieren pulverförmiger Vormischungen oder durch Granuliersprühtrocknung wäßriger Suspensionen hergestellt. Da die Anwendung nicht in fester Form erfolgt, können sie ein im Vergleich zu Granulaten breiteres Partikelspektrum aufweisen; dadurch bedingte partielle Entmischungen nach Partikelgrößen während des Transports sind für die Handhabung unbedeutend. Vor einer analytischen Überprüfung der Qualität kommt einer sorgfältigen Probenteilung größte Bedeutung zu. Wichtige Qualitätskriterien sind Stäubeverhalten, Dispergierverhalten in Wasser und Schüttvolumen, deren Bestimmung im Labor unter standardisierten Bedingungen erfolgt. W. stellen eine unter den Aspekten des Umwelt- und Anwenderschutzes weiterentwickelte Form wasserdispergierbarer Pulver dar.
Lit: Biologische Bundesanstalt für Land- und Forstwirtschaft (1988) Richtlinien für die amtliche Prüfung von Pflanzenschutzmitteln, Teil III2–1/1, Aco Druck, Braunschweig.

Wasserdispergierbares Pulver. (Internat. Kurzbezeichnung: WP). Pflanzenschutzmittelformulierung (>Formulierung<) in Form eines feinteiligen Pulvers zur Spritzapplikation in wäßriger >Suspension<. Es enthält neben dem Wirkstoff üblicherweise >Netz-< und >Dispergiermittel<, Gesteinsmehle wie >Calcit< und >Kaolin< als Streckmittel und ggf. weitere >Additive<. Die Herstellung erfolgt durch intensives Mischen aller Bestandteile, gleichzeitige oder anschließende Vorzerkleinerung, Feinmahlung mit Hilfe von mechanischen oder von Luftstrahlmühlen und Nachmischen, falls beim Mahlvorgang Entmischungen auftreten. Bei festen Wirkstoffen kann deren Gehalt bis zu 90 %, bei flüssigen bis zu 50 % betragen, wobei im letzteren Fall große Mengen hochdisperser amorpher >Kieselsäuren< zugesetzt werden, die die Flüssigkeit adsorbieren, so daß eine mahlbare Pulvermischung entsteht. Wichtige Qualitätskriterien sind schnelle, selbsttätige Benetzung durch Wasser (>Benetzungszeit<), gute Stabilität der entstehenden >Suspension< (>Suspensionsstabilität<) und die Abwesenheit grober Teilchen, die den Spritzvorgang stören können. W. werden häufig in wasserlösliche Beutel aus Polyvinylalkohol eingeschweißt, die als Ganzes in den Tank des Spritzgeräts gegeben werden, um den Kontakt des Anwenders mit dem Produkt zu verringern und die unkontrollierte Abtrift von Staub in die Umwelt beim Ansetzen der >Spritzbrühe< zu vermeiden.

Wassereinspritzung. Zur Verringerung der >Abgasemission< von >Verbrennungsmotoren< ist in vielen Fällen die W. untersucht worden. Die damit erzielte Senkung der Verbrennungstemp. führt zwar meist zur Minderung der >NO_x-Emissionen<, gleichzeitig jedoch wegen des ungünstigeren Verbrennungsablaufs zu erhöhten >HC-< und >Kraftstoffverbrauch<swerten.

Wasserenthärter. >Additiv< zur Vermeidung der Folgen der Härte des Wassers. Es sind Stoffe, die die Härtebildner, die gelösten Calcium- und Magnesiumionen, zu binden vermögen. Früher wurde in Waschmitteln meist Natriumcarbonat (Soda) verwendet, wodurch Calcium teilweise als Carbonat ausgefällt wurde. Wesentlich effektiver und in geringeren Konzentrationen wirksam sind Polyphosphate wie Pentanatriumtriphosphat oder Phosphonsäuren wie Aminotris(methylenphosphonsäure), sowie Polycarbonsäuren wie Ethylendiamintetraessigsäure oder Nitrilotriessigsäure. Schließlich können in Wasser unlösliche, aber dispergierbare Stoffe mit hoher Ionenaustauschkapazität wie Natriumzeolith verwendet werden. Dieses auch in der Natur vorkommende Natriumaluminiumsilikat vermag die Härtebildner durch Natriumionen zu ersetzen. W. werden vor allem in Waschmitteln und zur Vermeidung von Kesselstein bei der Wassererhitzung eingesetzt. Aber auch die Qualität von >Emulsionen< oder >Suspensionen< kann durch sehr hartes Wasser beeinträchtigt werden, so daß der Einsatz von W. bei der Bereitung von >Spritzbrühen< für Pflanzenschutzmittel geboten erscheint. Wegen der Gewässereutrophierung sollte die Verwendung phosphathaltiger W. überall dort unterbleiben, wo sie nach bestimmungsgemäßem Gebrauch in die Kanalisation gelangen und die Kläranlagen nicht über die Möglichkeit der Phosphatfällung verfügen.

Wasserenthärtung. Mögliche Verfahren sind: 1. >Ionenaustauscher<, 2. >Fällungsverfahren<, 3. Destillation, 4. Threshold-Effekt. Zu 4.: Kettenförmige Polyphosphate sind in der Lage, die Ausfällung der Härtebildner des Wassers zu verzögern. Eine Ausfällung erfolgt dann nicht in krist. Form, sondern in flockigamorpher Form. Diese flockigen Ausfällungen führen

nicht zur Bildung von Kesselstein oder zu Inkrustationen auf der Wäsche. Dieser sogenannte Threshold-Effekt vergrößert das Schmutztragevermögen der Waschlösung. Eingesetzt wurde vorwiegend Pentanatriumtriphosphat, das Ca^{2+}-Ionen komplex bindet. Inzwischen haben sich die >Zeolithe<, die als Ionenaustauscher fungieren, durchgesetzt.

Wasserfassung. Bauliche Anlage zur Gewinnung von Grundwasser, wie >Brunnen<, >Quellfassungen<, Sickerleitungen (>Sickeranlagen<) und >Wasserstollen< (DIN 4046).

Wasserflöhe. W. sind Organismen aus der Gruppe der Blattflußkrebse, Phyllopoda, Cladocera, mit einer 2-lappigen Schale. I.e.S. versteht man unter W. die Arten der Gattung Daphnia. W. leben mit vielen Arten hauptsächlich im Süßwasser, wenige Arten und Gattungen auch im Meer. Die meisten W. vermehren sich durch Parthenogenese, indem aus unbesamten Eiern immer wieder unbefruchtete Weibchen hervorgehen. Auf diese Weise kann im Frühjahr ein Gewässer rasch mit einer großen Zahl von W. aus >Dauereiern< besiedelt werden. Dauereier entstehen aus besamten Eiern, wenn zu bestimmten Zeiten auch Männchen auftreten; aus ihnen gehen nur Weibchen hervor. W. bilden den Hauptteil des >Zooplanktons< in Seen und ernähren sich im >Pelagial< von kleinsten Organismen des >Planktons<, die sie aus dem Wasser mit engmaschigen Filtern an den Beinen abfiltrieren. Eine für die Praxis wichtige Art ist >Daphnia magna<.
Lit: Sommer U (1994) Planktologie. Springer-Verlag, Berlin Heidelberg New York Tokyo.

Wassergasreaktion. >Vergasung<.

Wassergehalt. Gehalt einer Bodenprobe an freiem Wasser, wozu Kristallwasser und chemisch gebundenes Wasser nicht gerechnet werden. Der W. wird als Gewichtsverlust beim Trocknen einer Probe bei 105 °C bestimmt. Das Ergebnis wird entweder auf die Masse der trockenen Probe bezogen (gravimetrischer Wassergehalt) oder in das Wasservolumen umgerechnet und auf das Gesamtvolumen der Probe bezogen als volumetrischer Wassergehalt angegeben. Die Angabe des W. in Prozent der Gesamtprobe (vor der Trocknung) ist für Böden meist nicht üblich; lediglich die W. von sehr wasserreichen Proben (Schlämmen) werden so dargestellt.

Wassergüte. Streng genommen ist die W. ein Kennzeichen für die Eignung eines ober- oder unterirdischen Wassers für einen best. Zweck, z.B. Trinkwasserversorgung, Trinkwasseraufbereitung, Grundwasseranreicherung, Kühlwasser. Für diesen Gebrauch muß das Wasser best. Anforderungen erfüllen, eine best. Güte haben. Im weiteren Sinn wird W. oft fälschlich im Sinne von >Gewässergüte< gebraucht.

Wassergütewirtschaft. Gesamtheit der Maßnahmen in der Wasserwirtschaft zur Aufrechterhaltung und Garantierung der Wasserqualität für die unterschiedlichen Nutzungsansprüche. Dazu gehören:
- die >Abwasserreinigung<,
- die Rohwasseraufbereitung,
- eine geordnete Entsorgung des Abwassers,
- Schutz der Oberflächengewässer und des Grundwassers vor Verunreinigung,
- Aufstellen und Einhalten von Gütezielen, z.B. Trinkwasserverordnung,

– Zusammenarbeiten der Wasserwirtschaft mit Limnologen zur Erarbeitung und Formulierung der Güteziele und Aufstellung geeigneter Maßnahmen zu ihrer Realisierung, z.B. Phosphathöchstmengenverordnung in >Wasch- und Reinigungsmitteln< zur Bekämpfung der >Eutrophierung<.
Der Wassergütewirtschaft steht die >Wassermengenwirtschaft< zur Seite.

Wasserhärte. >Härte des Wassers<.

Wasserhaltevermögen. Bezeichnung für die aufsummierte >Feldkapazität< eines gesamten Bodenprofils einschließlich einer Humusauflage.

Wasserhaltung. Im >untertägigen< >Bergbau< und >Tagebau< Einrichtungen, die dazu dienen, eindringendes Wasser zu sammeln, zu klären und abzufördern.

Wasserhaushalt. (Syn. Wasserwirtschaft). 1. allgemein: Die haushälterische Bewirtschaftung des in der Natur vorkommenden Wassers nach Menge und Güte. Gegenstand des Wasserhaushaltsrechts ist die Benutzung des Wassers durch Verminderung seiner Menge oder Beeinträchtigung seiner Qualität.
Der Wasserhaushalt der Erde oder eines Teilgebietes ist ein Prozeß, in dem Niederschlag (N), Verdunstung (V) und Abfluß (A) sowie ggf. die Rücklage (R) folgendermaßen miteinander verknüpft sind:

$$N = V + A \pm R$$

Die Wasserhaushaltungsgleichung gibt die Verteilung des Niederschlags auf die Teilgrößen wieder. Die jeweiligen Wassermengen können in Volumina (Q) oder Schichthöhen (mm/m^2) angegeben werden. Für Meer und Festland gelten folgende Werte (s. Tabelle). Auf dem Festland ist N > V. Der Überschuß von 39.700 km^3/Jahr fließt als oberirdischer und unterirdischer Abfluß dem Meer zu und gleicht dessen Wasserdefizit aus. Der festländische Gebietsabfluß A = N − V ± R ist von der Niederschlags- und Verdunstungshöhe sowie dem Oberflächenrelief eines Areals abhängig. Dementspr. gibt es 3 Haupttypen von Abflußgebieten:
– exorheische Gebiete mit einem Wasserexport; in regenreichen humiden Klimaten;
– endorheische Gebiete mit einem in diesem Gebiet verbleibenden Abfluß: in semiariden Klimaten mit wenig N und hoher V.;
– arheische Gebiete ohne Abfluß, da zu wenig N: in extrem ariden Klimaten, Wüsten.
Die Rücklage ist als Schnee und Eis festgelegtes Wasser. Im Winter wird in entspr. Gebieten der Abfluß durch R. vermindert, zu anderen Zeiten durch Abschmelzen ergänzt bzw. es tritt A ohne N auf. Die >Wasserwirtschaft< greift nicht in den W. ein, da alles

Brauchwasser dem W. zurückgegeben wird. Der W. ist ein Kreisprozess mit der Sonnenenergie, die das Wasser zum Verdunsten bringt, als Motor. 40mal pro Jahr, d.h. alle 9,1 Tage erneuert sich das gesamte Wasser in der Atmosphäre durch Verdunstung und Niederschlag.
2. anthropogene Einflüsse: Der W. wird in vielfältiger Weise vom Menschen beeinflußt. Durch Ausbringen von Kondensationskeimen in den Wolken wird z.B. die regionale Niederschlagsverteilung verändert und durch Ausbringen monomolekularer Fluidfilme (Cetylalkohole, Öle, Wachse) auf See- oder Talsperrenoberflächen die >Verdunstung< in ariden Gebieten herabgesetzt. Der Abflußvorgang wird durch Hoch- und Niedrigwasserregulierung, durch Talsperren und Gewässerausbau, durch Eindeichung und durch den Wasserverbrauch der privaten Haushalte und der Industrie verändert. Die Urbanisierung macht sich durch eine Erhöhung des Energie- und Wasserverbrauches, durch Beschleunigung des oberirdischen >Abflusses< und Herabsetzung der >Grundwasserneubildung< infolge der Versiegelung der Landoberfläche und der Regenwasser-Kanalisation, durch Erhöhung des Abwasseranfalles und der Hochwasserspitzen, sowie durch Veränderung des Kleinklimas bemerkbar (Beispiele u.a. aus Deutschland, Holland, Schweden, den USA und der GUS bekannt). Die Grundwasserentnahmen durch gemeindliche und gewerbliche Wasserwerke, bei großflächigen und örtlichen Absenkungen bei Bau- und bergbaulichen Sümpfungsmaßnahmen sowie bei der landwirtschaftlichen Meliorisation durch Entwässerung und Vorflutregelung greifen unmittelbar in den Grundwasserhaushalt ein. Die Grundwasserneubildung wird durch >Infiltration< von Überschußwassermengen bei der landwirtschaftlichen Bewässerung und Beregnung und bei künstlicher >Grundwasseranreicherung< und >Uferfiltration< erhöht.

Lit: Baumgartner A, Reichel E (1975) Die Wasserbilanz – Niederschlag, Verdunstung und Abfluß über Land und Meer sowie auf der Erde im Jahresdurchschnitt, 1. Aufl., Oldenbourg, München – Berthelot RM (1979) Socioeconomic aspects of urban hydrology. Studies a. reports in hydrology 27, Paris: UNESCO – Matheß G, Ubell K (1983) Allgemeine Hydrogeologie, Grundwasserhaushalt, Gebr. Borntraeger, Berlin Stuttgart – McPherson MB (1974) Hydrological effect of urbanization. Studies a. reports in hydrology 18, Paris: UNESCO – Rodda JC, Downing RA, Law FM (1976) Systematic hydrology, Newnes-Butterworths, London Boston.

Wasserhaushaltsgesetz (WHG). Rahmengesetz des Bundes von 1986. Das WHG regelt die Bewirtschaftung aller oberirdischen Gewässer, der Küstengewässer und des Grundwassers. Grundsätzlich hat jede nachteilige Beeinflussung eines Gewässers zu unterbleiben (§ 1a), und jede Benutzung muß behördlich erlaubt werden (§ 2). Die Benutzungsarten werden in § 3 geregelt; es sind: Entnehmen, Ableiten, Aufstauen und Absenken von Wasser, sowie das Einleiten und Einbringen von Stoffen in Gewässer. Es besteht jedoch kein Rechtsanspruch auf eine Erlaubnis; sie ist nach § 6 zu versagen, wenn eine Beeinträchtigung des >Wohls der Allgemeinheit< durch die Nutzung des Wassers, insbesondere des Trinkwassers, zu erwarten ist. An das Einleiten von >Abwasser<, werden besondere Anforderungen gestellt (§ 7a), die durch Verwaltungsvorschriften festgelegt werden und den >anerkannten Regeln der Technik< entsprechen. Die Bewilligung eines Vorhabens kann nach § 9 nur in einem Verfahren mit Öffentlichkeitsbeteiligung erteilt werden, dies dürfte in

Wasserhaushalt: Wasserhaushalt von Weltmeer und Festland (Zahlen von BAUMGARTNER & REICHEL, 1975)

	Meer	Land
Areal [km$^2 \cdot 10^6$]	361,1	148,9
N [mm m^{-2} a^{-1}]	1.066	746
N [km^3 a^{-1}]	385.000	111.100
V [mm a^{-1}]	1.176	480
V [km^3 m^{-2} a^{-1}]	424.700	71.400
N-V [mm m^{-2} a^{-1}]	-110	266
N-V [km^3 a^{-1}]	-39.700	39.700

etwa einem Planfeststellungsverfahren entsprechen. Nach § 15 können alte Wasserrecht bis auf wenige Ausnahmen nur gegen Entschädigung eingeschränkt oder aufgehoben werden. In § 19 ist geregelt, daß zur Sicherstellung der Trinkwasserversorgung >Wasserschutzgebiete< festgelegt werden können. In § 19a werden besondere Vorschriften für den Umgang mit >wassergefährdenden Stoffen< festgelegt. § 22 regelt die Schadensersatzpflicht, wenn Schäden entstehen, die direkt oder durch eine Anlage in ein Gewässer eingebracht oder eingeleitete Stoffe hervorgerufen werden.

Wasserhygiene. 1. allgemein: Wasser ist unentbehrlich für das Leben von Mensch, Tier und Pflanze. Alle biol. Vorgänge sind direkt oder indirekt an das Vorhandensein von Wasser gebunden, die biochem. Rektionen in der Zelle laufen in wäßriger Phase ab. Störungen des Wasserhaushaltes beeinflussen unmittelbar die biochem. Reaktionen. Der tägliche Bedarf des Erwachsenen an Trinkwasser beträgt ca. 2 L. Der Gesamtwasserbedarf pro Einwohner hängt von der Infrastruktur ab: auf dem Land (Gemeinde bis 5000 Einwohner) liegt er bei 50 L/Tag, in Großstädten bei 120 bis 300 L/Tag. In der Bundesrepublik Deutschland betrug der Gesamtwasserbedarf 1988/89 etwa 42 Mrd. m^3. Der größte Teil (26 Mrd. m^3) wird als Kühlwasser in Wärmekraftwerken verwendet, auf die Wasserversorgung entfallen nur 5 Mrd. m^3. Grundwasser von natürlicher Beschaffenheit ist i.d.R. die beste Grundlage für die Trinkwassergewinnung, zur Zeit ist jedoch eine zunehmende Qualitätsverschlechterung des nutzbaren Wasservorrats durch Schadstoffbelastungen zu beobachten, die örtlich bereits zu Problemen führt. Das Trinkwasser wurde 1988/1989 als unterirdisches Wasser zu 63,3% aus Grundwasser, 11,6% aus Quellwasser, 10,0% aus angereichertem Grundwasser gewonnen. Oberirdisches Wasser wurde zu 5,1% aus Uferfiltrat, 8,9% aus See- und Talsperrenwasser und 1,1% aus Flußwasser zur Trinkwassergewinnung verwendet. Die Sicherung des jeweiligen Wassereinzugsgebietes wird durch die sog. Schutzzonen gewährleistet. Die Größe der Schutzzone hängt von der Art der Wasserentnahmemenge ab. Die Anforderungen an Trinkwasser sind in der DIN 2000 bzw. 2001 (als Empfehlungen nach den Regeln der Technik), in der >Trinkwasserverordnung< und der EG-Richtlinie zusammengestellt. 2. Wasserinhaltsstoffe: Jedes Wasser, v.a. Oberflächenwasser, kann durch Schadstoffe kontaminiert sein. Die größte Belastung entsteht durch die Einleitung von Abwässern aus Industrie, Haushalt und Landwirtschaft (Beeinträchtigung der biol. Selbstreinigung) oder von mikrobiell kontaminierten Abwässern, z.B. aus Schlachthöfen. Weiterhin sind anorg. Wasserinhaltsstoffe zu berücksichtigen, die durch die geologische Beschaffenheit des Bodens bestimmt werden (Härtebildner und andere Mineralien). Die biol. >Gewässergüte< der Fließgewässer wird nach einem siebenstufigen Beurteilungsraster von der Länderarbeitsgemeinschaft Wasser (LAWA) bewertet. Die von der Länderarbeitsgemeinschaft Wasser herausgegebene Gewässergütekarte unterscheidet folgende Güteklassen:
I: unbelastet bis gering belastet (reines, annähernd sauerstoffgesättigtes, nährstoffarmes Wasser mit geringem Bakteriengehalt)
I–II: gering belastet (Wasser mit geringer anorg. oder org. Nährstoffzufuhr)
II: mäßig belastet (Wasser mit mäßiger Verunreinigung und Sauerstoffzehrung)

II–III: kritisch belastet (Wasser, dessen Belastung mit org. sauerstoffzehrenden Stoffen einen kritischen Zustand bewirkt, Fischsterben infolge Sauerstoffzehrung möglich)
III: stark verschmutzt (Wasser mit starker org. Verschmutzung, meist niedriger Sauerstoffgehalt, örtlich Faulschlammablagerungen, mit periodischem Fischsterben ist zu rechnen)
III–IV: sehr stark verschmutzt (Wasser mi weitgehend eingeschränkten Lebensbedingungen durch sehr starke Verschmutzung mit org., sauerstoffzehrenden Stoffen, oft durch toxische Einflüsse verstärkt, Fische nicht auf Dauer und nur örtlich begrenzt anzutreffen)
IV: übermäßig verschmutzt (Wasser mit übermäßiger Verschmutzung durch org., sauerstoffzehrende Abwässer, Fäulnisprozesse herrschen vor, Fische fehlen). Das für Trinkwasser verwendete Oberflächenwasser soll den Anforderungen der >Güteklasse I< oder >Güteklasse II< entsprechen. Allerdings kann auch Rohwasser geringerer Güteklasse durch leistungsfähige Aufbereitungsanlagen zu Trinkwasser verarbeitet werden. Problematisch ist die Belastung des Rohwassers mit schwer abbaubaren org. Stoffen und nichtzersetzungsfähigen Mineralien sowie die Beeinträchtigung durch Geruch und Geschmack. Grenzwerte für chem. Stoffe in Trinkwasser (auch für solche nach der Aufarbeitung) sind in der >TrinkwV< festgelegt.
Lit: Beck G, Schmidt P (1996) Hygiene – Umweltmedizin, Enke, Stuttgart – Borneff J (1982) Hygiene, Thieme, Stuttgart New York. – Umweltbundesamt (1989) Daten zur Umwelt 1988/89, Schmidt, Berlin.

Wasserkapazität. >Feldkapazität<.

Wasserkraftwerk. Ein W. nutzt die potentielle Energie des aufgestauten Wassers zur Erzeugung elektrischer Energie. Die potentielle Energie des Wassers wird dabei mittels einer >Turbine< (Wasserturbine) in Rotationsenergie umgewandelt, die zur Stromerzeugung mit Hilfe eines >Generators< benutzt wird. Die Leistung eines W. nimmt direkt mit der Fallhöhe zu. Man unterscheidet folgende W.:
1) Niederdruck-W. (Fallhöhe kleiner als 15 m): Solche Anlagen werden an Flüssen errichtet, daher auch Fluß-, oder >Laufwasserkraftwerk< genannt und als Grundlastkraftwerk betrieben. Der Generator und die Turbine sind hier im Staudamm selbst untergebracht. Eine Sonderform ist das >Gezeitenkraftwerk<.
2) Mitteldruck-W. (Fallhöhe von 15 bis 50 m): Mitteldruck-W. dienen i.allg. als Grundlast- oder Mittellastkraftwerk und werden an Talsperren errichtet.
3) Hochdruck-W. (Fallhöhe bis zu 2000 m): Derartige Kraftwerke werden an Talsperren im Hochgebirge errichtet und als Spitzenlastkraftwerk oder auch als >Pumpspeicherkraftwerk< verwendet. Der Wirkungsgrad von W. kann bis zu 95% betragen. Anlagen unter 10 MW Leistung werden als Klein-W. bezeichnet, von 10 bis 100 MW Leistung als Mittel-W. und über 100 MW als Groß-W. In D gibt es einige Hundert W. mit einem Anteil von etwa 5% an der gesamten Stromerzeugung. Die restlichen 95% werden über Wärmekraftwerke mit Dampfturbinen erzeugt, wobei der Dampf durch die Verbrennung von Kohle, Öl oder Gas oder durch Spaltung schwerer Atomkerne (Kernenergie) erzeugt wird.

Wasserkreislauf. 1. Bilanzgleichungen: Die >Wasserbilanz< ist die mengenmäßige Erfassung von Komponenten des W. und der Vorratsänderung des Wassers in einem Betrachtungsgebiet während einer Betrachtungszeitspanne (DIN 4049, T.1). Der Wasserhaushalt für ein bestimmtes Zeitintervall (Monat, Jahr, Jahresreihe) wird – bezogen auf die Fläche des Untersuchungsgebietes A – durch fünf Hauptkreislaufkomponenten erfaßt:

$$P = R + ET + (S_+ - S_-)$$

mit dem Gebietsniederschlag P (auf das Gebiet fallender >Niederschlag<), der Gebietsabflußhöhe R (aus dem Gebiet ober- und unterirdisch abfließende Wassermenge = Q/A; >Abfluß<), der Gebietsverdunstung ET (Verdunstung aus dem Gebiet), der >Rücklage< S_+ (Vergrößerung des ober- und unterirdischen Wasservorrates des Gebietes) und dem >Aufbrauch< S_- (Verminderung des ober- und unterirdischen Wasservorrates des Gebietes). Außer Niederschlag, Abfluß und der Verdunstung werden alle anderen Wasserhaushaltsgrößen durch die Vorratsänderung $S_\pm = S_+ - S_-$ berücksichtigt. In längeren Zeiträumen gleichen sich Rücklage und Aufbrauch aus, so daß die Vorratsänderung vernachlässigt werden kann. Die Wasserbilanzgleichung eines Flußgebietes im langjährigen Mittel vereinfacht sich zu P = R + ET. In den humiden Gebieten ist die Differenz Niederschlag minus Verdunstung ständig positiv und erzeugt einen Abfluß, in ariden Gebieten zeigen neg. Differenzwerte abflußlose Zeiten an. Eine erweiterte Bilanzgleichung berücksichtigt das >unterirdische Wasser<

$$P = R_S + R_U + R_{G-} + R_{G+} + ET + (S_\pm)$$

wobei oberirdischer Abfluß R_S, unterirdischer Abfluß (>Grundwasserabfluß<, grundwasserbürtiger Abfluß) R_U, Grundwasserzustrom R_G, >Grundwasserabstrom< R_{G-} und Vorratsänderung S berücksichtigt werden.
2. geologischer: Die am Kreislauf teilnehmende Wassermenge ist über geologische Zeiten hinweg nicht konstant: 97 % des beweglichen Wassers wurde im Laufe der Erdgeschichte durch die primäre Entgasung der Magmen aus dem Erdinneren freigesetzt. Die gegenwärtige Freisetzungsrate wird auf 0,37 km³/a (GARRELS u. MACKENZIE, 1971) geschätzt. Dem hydrologischen W. werden Wassermengen auf geologische Zeiten durch Festlegung von Wasser in neugebildeten Verwitterungsmineralen und im Porenraum neu abgelagerter Sedimente entzogen. Bei der Tiefenmetamorphose und im Bereich der Verschluckungszonen (Plattentektonik) wird dieses Wasser in die magmatischen Schmelzen einbezogen und kann nach geologischen Zeitintervallen bei der Abkühlung der Magmen wieder freigesetzt werden (geologischer Wasserkreislauf). Eine größenordnungsmäßige Abschätzung der Bindungsrate von Wasser in Verwitterungsmineralen ergibt 0,77 km³/a (Größenordnung der Entgasungsrate). Hinzu kommt eine im jährlich neu abgelagerten Sedi-

mentvol. (1,5 km³) langfristig eingeschlossene Wassermenge von 0,015 km³/a.
3. hydrologischer: Das irdische Wasser nimmt am h. W. teil, der >Verdunstung<, >Niederschlag<, oberirdischen >Abfluß<, >Infiltration<, unterirdischer >Abfluß< und >Grundwasserabstrom< umfaßt. Für geologisch kurze Zeiten ist davon auszugehen, daß das Klima, die mittlere Meeresspiegelhöhe und die Gesamtmenge des an diesem hydrologischen Kreislauf teilnehmenden Wassers konstant sind. Die an diesem Vorgang teilnehmenden Wasserarten und ihre Mengenanteile gehen aus den Tabellen unten hervor.
Der W. beginnt mit der Verdunstung von Meerwasser, setzt sich mit dem landwärtigen Transport des Wasserdampfes fort, der kondensiert als Niederschlag auf die Festländer fällt und von dort als oberirdischer und unterirdischer Abfluß wieder ins Meer zurückkehrt. Neben diesem globalen Kreislauf treten kürzere Kreisläufe auf (z.B. fällt der größere Teil des verdunsteten Wassers wieder als Niederschlag ins Meer und ein Teil des auf dem Festland verdunsteten Wassers fällt dort als Niederschlag und verdunstet erneut). Die Verweilzeiten des Wassers in den einzelnen Teilbereichen des W. sind unterschiedlich (s. Tabelle S. 1285).
Die Antriebsenergie für den W. ist die Sonnenwärme, die das Wasser verdunsten läßt und die feuchte Luft erwärmt. Etwa ein Drittel der Sonnenenergie, die dauernd auf die Erde gelangt, wird bei der Verdunstung

Wasserkreislauf: Verteilung des Wasservorrats der Erde (nach: Nace, 1960 (1) und Baumgartner, Reichel, 1975 (2))

Erscheinungsform	Menge km³	
	(1)	(2)
Ozeane	1.320.000.000	1.348.000.000
Salzwasserseen und Binnenmeere	104.000	100.000
Summe Salzwasser	1.320.104.000	1.384.100.000
Eis u. Firnschnee der Polar- u. Hochgebirgsgebiete	30.000.000	27.820.000
Wasser der Atmosphäre	12.900	13.000
Süßwasserseen	125.000	125.000
Wasserläufe	1.250	1.000
Bodenfeuchtigkeit	67.000	61.000
Grundwasser (bis 800 m Tiefe)	4.200.000	3.550.000
Grundwasser (> 800 m Tiefe)	4.200.000	4.450.000
Summe Süßwasser	38.606.150	36.020.000
Summe Süß- und Salzwasser	1.358.710.150	1.384.120.000

Wasserkreislauf: Zusammensetzung der Hydrosphäre (nach: Garrels, MacKenzie, 1971)

	Gesamtmasse 10^{20} g	Gesamtvolumen 10^9 km³	Anteil %
Ozeane	13.700	1,37	79,65
Porenwasser in Sedimenten (einschl. Grundwasser)	3.300	0,33	19,19
Eis	200	0,02	1,16
Flüsse, Seen	0,3	0,0003	0,002
Atmosphäre	0,13	0,000013	0,0008
Insgesamt	17.200	1,72	100

Wasserkreislauf, hydrologischer: Verweilzeiten im Wasserkreislauf (nach: Nace, 1967)

Erscheinungsform	Verweilzeit in Jahren
Ozeane	40.000
Gletscher, Eis der Polar- u. Hochgebirgsgebiete	10.000
Grundwasser bis 4.000 m Tiefe	5.000
Süßwasserseen	100
Salzwasserseen und Binnenmeere	100
Bodenfeuchte	1
Wasserläufe (mittlerer unverzüglicher Inhalt)	1
Wasser der Atmosphäre	0,1

von Wasser verbraucht. Bei den Niederschlägen wird ein Teil der verbrauchten Energie, die latente Verdunstungswärme, wieder abgegeben.

Lit: Garrels RM, MacKenzie FT (1971) Evolution of sedimentary rocks, Norton, New York – Mattheß G, Ubell K (1983) Allgemeine Hydrogeologie, Grundwasserhaushalt, Gebr. Borntraeger, Berlin Stuttgart – Baumgartner A, Reichel E (1975) Weltwasserbilanz, Oldenbourg, München Wien – Nace RL (1960) Water management, agriculture and groundwater supplies. U.S.Geol Surv Circ 415, Washington, DC – Nace RL (1967) Water resources: a global problem with local roots, Environment Sci Techn 1: 550–560, Easton, Pa – Deutsch. Inst. f. Normung (Hrsg.) (1992) DIN 4049, T.1. Hydrologie, Grundbegriffe – Dracos Th (1980) Hydrologie, eine Einführung für Ingenieure. Springer-Verlag, Wien New York – Wechmann A (1964) Hydrologie. Oldenbourg-Verlag, München Wien.

Wasserleitfähigkeit. Maß für die Geschwindigkeit, mit der sich Wasser unter dem Einfluß einer gegebenen Potentialdifferenz in einem Boden bewegen kann. Meist wird hierunter das Wasservolumen verstanden, das in der Zeiteinheit durch die Flächeneinheit hindurchtritt, und als kf-Wert mit der Dimension cm/s angegeben. Dabei unterscheidet man die *gesättigte* W., bei der alle Poren mit Wasser gefüllt sind, von der *ungesättigten*, bei der die größeren Poren Luft führen und der für den Wassertransport wirksame Fließquerschnitt entsprechend verkleinert ist. Daher wird die W. im Boden mit abnehmendem Wassergehalt kleiner. Da nach der Gleichung von Hagen-Poiseuille der Porenradius mit der 4.Potenz in die transportierte Wassermenge eingeht, nehmen die Feinporen des Bodens kaum an der Wasserbewegung teil. Aus dem gleichen Grund haben Tonböden (abgesehen von Schrumpfrissen) eine sehr viel geringere gesättigte W. als z.B. Sandböden (z.B. 10^{-4} gegenüber 10^{-2} cm/s). Ungesättigte Fließbedingungen sind unter Freilandbedingungen sehr viel häufiger als gesättigte und daher auch für die Wasserversorgung der Pflanzen besonders wichtig. Dabei spielt die Porenkontinuität eine große Rolle, so daß bei Wasserspannungen über pF2 Schluffböden (z.B. aus Löß) die höchsten ungesättigten W. haben und die Pflanzen am besten mit Wasser versorgen können. Die Bestimmung der gesättigten W. im Labor erfolgt durch Perkolation von Wasser durch ungestörte Bodenproben im Stechzylinder. Die hierfür angewandte Druckdifferenz soll möglichst klein sein, um Verschlämmung in der Probe zu vermeiden. Da die W. durch Makroporen (z.B. Regenwurmgänge) erheblich verändert wird, ist meist eine größere Anzahl (10 bis 20) Stechzylinder zu untersuchen. Die ungesättigte W. läßt sich ebenfalls durch Stechzylinderversuche bestimmen. Oft wird sie jedoch auch aus der Veränderung der im Boden gemessenen Wasserspannungsgradienten berechnet.

Wasserleitungsbahn. >Xylem<.

wasserlöslich. Bezeichnung für Stoffe, deren Löslichkeit in Wasser einige Gramm pro Liter oder mehr beträgt. In Böden werden w. Stoffe mit dem Sickerwasser weggeführt, bleiben also nur dann im Boden erhalten, wenn die Wasserbilanz negativ, die Verdunstungsrate also höher als die Niederschlagsintensität ist.

Wasserlösliches Granulat. (Internat. Kurzbezeichnung: SG). Pflanzenschutzmittelformulierung (>Formulierung<) in Form eines staubarmen >Granulats< zur Spritzapplikation in wäßriger Verdünnung, in der die enthaltenen Wirkstoffe echt gelöst sind. Es kann wasserunlösliche >Formulierhilfsmittel< enthalten, die in der anwendungsfertigen >Spritzbrühe< in dispergierter Form vorliegen. Zusammensetzung, Eigenschaften und Herstellung sind ähnlich wie bei >wasserdispergierbaren Granulaten<.

Wasserlösliches Konzentrat. (Internat. Kurzbezeichnung: SL). Pflanzenschutzmittelformulierung (>Formulierung<) in Form einer homogenen Flüssigkeit zur Spritzapplikation in wäßriger Verdünnung, in der die enthaltenen Wirkstoffe echt gelöst sind. Es kann wasserunlösliche >Formulierhilfsmittel< enthalten, die in der anwendungsfertigen >Spritzbrühe< eine >Emulsion< bilden. Zusammensetzung und Eigenschaften sind ähnlich wie bei >emulgierbaren Konzentraten<.

Wasserlösliches Pulver. (Internat. Kurzbezeichnung: SP). Pflanzenschutzmittelformulierung (>Formulierung<) in Form eines feinteiligen Pulvers zur Spritzapplikation in wäßriger Verdünnung, in der die enthaltenen Wirkstoffe echt gelöst sind. Es kann wasserunlösliche >Formulierhilfsmittel< enthalten, die in der anwendungsfertigen >Spritzbrühe< in dispergierter Form vorliegen. Zusammensetzung, Eigenschaften und Herstellung sind ähnlich wie bei >wasserdispergierbaren Pulvern<.

Wasserlöslichkeit. Die W. einer Substanz wird durch ihre Massensättigungskonzentration in Wasser bei einer bestimmten Temperatur angegeben. Die Wasserlöslichkeit wird in Masseneinheiten pro Lösungsvolumen angegeben. Die SI-Einheit ist kg/m^3 oder g/L.

Lit: Richtlinie der Kommission vom 25.April 1984 zur sechsten Anpassung der Richtlinie 67/548/EWG des Rates zur Angleichung der Rechts- und Verwaltungsvorschriften für die Einstufung, Verpackung und Kennzeichnung gefährlicher Stoffe an den technischen Fortschritt (84/449/EWG). In: Rippen G (Hrsg.) Handbuch Umweltchemikalien, ecomed Verlagsgesellschaft, Landsberg/Lech.

Wassermengenwirtschaft. Im Gegensatz zur >Wassergütewirtschaft< hat die W. die Aufgabe, die mengenmäßige Verteilung des Wassers für die Wasserwirtschaft sicherzustellen. Dazu gehören:
- die Feststellung des Wasserbedarfs;
- Bereitstellung des Wassers in ausreichender Menge durch Förderung von Grundwasser, Uferfiltrat, angereichertem Grundwasser, Verwendung von Quellwasser und direkte Förderung von Oberflächenwasser aus natürlichen Gewässern und Stauseen;
- Wasserentsorgung und Rückgabe in den Wasserhaushalt.

Der Wassermengenwirtschaft steht die >Wassergütewirtschaft< zur Seite.

Wasserpflanzen. (Syn. Hydrophyten). Alle nicht zum >Plankton< zählenden, ausdauernden >Pflanzen<, deren Überdauerungsorgane in der kalten Jahreszeit im Wasser untergetaucht sind.

Wasserpotential ψ. Eine thermodynamische Größe, die Auskunft über den >Energiezustand< des Wassers und damit über die Richtung des Wasserflusses gibt. Das Wasserpotential repräsentiert die freie >Enthalpie< pro Einheitsvol. Wasser in einer Lsg., bezogen auf den Standardzustand von reinem Wasser, und wird in Druckeinheiten (meist in Pa oder bar) angegeben. Das Wasserpotential erniedrigt sich durch gelöste Stoffe und erhöht sich durch Druck sowie durch Erhöhung der Lage:

$$\psi = p - \pi + g \times h \times \varrho H_2 O,$$

wobei p = Druck, π = Konz.-Potential der gelösten und osmotisch aktiven Stoffe, g = Gravitationskonstante, h = Höhe, $\varrho H_2 O$ = Dichte ist.

Wasserrecht. Die Summe der Normen, die die Benutzung des Wassers regeln. Zwei große Gruppen 1) Recht der Wasserstraßen, das die Summe der Normen beinhaltet, die Herstellung, Nutzung und Beendigung der Nutzung eines Gewässers für die Schiffahrt regeln; normiert im Bundeswasserstraßengesetz vom 02.04. 1968, BGBl. II S.173; 2) Wasserhaushaltsrecht; geregelt im Gesetz zur Ordnung des Wasserhaushalts (>Wasserhaushaltsgesetz<) i.d.F. der Bekanntmachung vom 29.09. 1986, BGBl. I S.1529, und in den dieses Gesetz ausfüllenden Landeswassergesetzen; nachgewiesen z.B bei Peine FJ (1990) Wasserhaushaltsrecht. In: Achterberq Püttner (Hrsg.) Besonderes Verwaltungsrecht, Bd.1, S.580f. Von Bedeutung ist ferner das Abwasserabgabengesetz und die es ausfüllenden Landesgesetze; >Abwasserabgabe<.

Wasserrübe. >*Brassica rapa* ssp. *rapa*<.

Wasserrückhaltebecken. >Regenrückhaltebecken< werden sowohl beim >Misch-< als auch beim >Trennverfahren< eingesetzt. Sie speichern bei starken Regenfällen einen Teil der ankommenden großen Wassermassen auf und geben sie langsam wieder an den Entwässerungskanal, an ein >Pumpwerk< oder an ein nicht genügend leistungsfähiges Gewässer ab. Diese können durch die Abminderung der Abflußspitzen entlastet oder von vornherein kleiner bemessen werden. Rückhaltebecken müssen nicht in der Nähe von >Vorflutern< liegen. Sie besitzen in der Regel nur den Ablauf ins Netz und keinen Überlauf. Die Verminderung der in der Zeiteinheit abfließenden Wassermengen wird lediglich durch Verlängerung der Abflußzeit erreicht. Für den Fall, daß die bei der Bemessung zugrunde gelegte Regenhäufigkeit (n) überschritten wird, also ein sog. Katastrophenregen auftritt, sollen Regenrückhaltebecken mit Notüberläufen ausgestattet werden.

Lit: Abwassertechnische Vereinigung (Hrsg.) (1982–1986) Lehr- und Handbuch der Abwassertechnik, 3.Aufl., Bd.1–7, Verlag von Wilhelm Ernst und Sohn, Berlin München.

Wasserscheide. Grenze zwischen den Einzugsgebieten zweier Flüsse. Da die Bäche und kleineren Flüsse oft auch durch das Sickerwasser der Böden gespeist werden, ist bei entsprechenden Transportuntersuchungen auch die W. des Bodenwassers innerhalb benachbarter Böden zu berücksichtigen, die durchaus anders als die oberirdische W. liegen kann. Weiterhin kann man in Böden eine horizontale W. definieren, oberhalb derer sich das Sickerwasser durch Pflanzenentzug und kapillaren Aufstieg zeitweise in aufsteigender Richtung bewegt, unterhalb derer der Sickerwasserstrom nur abwärts gerichtet ist. Die Tiefenlage dieser W. ist von großer Bedeutung für Stoffbilanzierungen, da nur die mobilen Stoffe unterhalb der horizontalen W. das >Bodenprofil< vollständig verlassen.

Wasserschutzauflage. Sind die in >Wasserschutzgebieten< festgelegten Nutzungsbeschränkungen. Z.B. dürfen bestimmte Pflanzenschutzmittel in >Wasser-< und >Heilquellenschutzgebieten<, auf Anordnung der zuständigen Behörden auch außerhalb von Wasser- und Heilquellenschutzgebieten in abgegrenzten Gebieten (Einzugsgebieten von Trinkwassergewinnungsanlagen, Heilquellen), nicht oder nur eingeschränkt angewendet werden. In entsprechender Weise ist der Umbruch von Dauergrünland, die Ausbringung von Festmist oder von Handelsdüngern je nach Schutzzone verboten.

Lit: Schutzgebiets- und Ausgleichs-Verordnung – SchALVO vom 27.11. 1987, GBl.22, S.742; Pflanzenschutz-Anwendungsverordnung vom 27.07. 1988, BGBl.I, S.1196.

Wasserschutzgebiete. Nach § 19 des Gesetzes zur Ordnung des Wasserhaushaltes (WHG) vom 27.07. 1957 (BGBl.I S.1110), in der Fassung vom 16.10. 1976 (BGBl.I S.3017) zuletzt geändert durch Gesetz vom 25.07. 1986 (BGBl.I S.1165), können zum Wohl der Allgemeinheit Wasserschutzgebiete festgesetzt werden. Durch sie soll die Wasserversorgung vor nachteiligen Einwirkungen geschützt werden. Diese Regelung in einem Rahmengesetz des Bundes ist in den verschiedenen Landeswassergesetzen berücksichtigt. Die Festsetzung von Trinkwasserschutzgebieten legt die vom Deutschen Verein des Gas- und Wasserfaches (DVGW) und von der Länderarbeitsgemeinschaft Wasser (LAWA) erarbeiteten Arbeitsblätter W 101 „Schutzgebiete für >Grundwasser<", Trinkwassertalsperren (W 102) und Seen (W 103) zugrunde.

Wasserschutzgebietsauflage. (W-Auflage). Seit 1988 schutzzonenunabhängige Kennzeichnungsauflage der >BBA< bei der Zulassung von Pflanzenschutzmitteln zum Schutz des Trinkwassers und besonders empfindlicher Grundwasservorkommen. Die Auflage richtet sich an den Anwender. Gemäß Auflage soll die Anwendung der so gekennzeichneten Pflanzenschutzmittel in Zuflußbereichen (Einzugsgebieten) von Grund- und Quellwassergewinnungsanlagen, Heilquellen und Trinkwassertalsperren sowie sonstigen grundwasserempfindlichen Bereichen nicht erfolgen.

Wasserschutzzone. >Wasserschutzgebiete<.

Wasserspannung. Das Wasser in der ungesättigten Zone steht unter Unterdruck. Dieser negative hydrostatische Druck wird als W. (Saugspannung) bezeichnet und mit Tensiometern (porösen Zellen aus Keramik oder Sintermetall verbunden mit Manometern) gemessen. Die W. wird in der Bodenkunde üblicherweise als pF-Wert in lg cm Wassersäule angegeben. Bei abnehmendem Wassergehalt steigt die W. Die Beziehung zwischen Wassergehalt und W., die Wasserspannungskurve (pF-Kurve, Bodenwassercharakteristik) hängt von Porengrößenverteilung, >Porosität<, Gefüge und Gehalt an org. Substanz ab (s. Abb. S.1287). Die Wasserspannungskurve ist für Be- und Entwässerung durch die gegensätzliche Wirkung von Porenengpässen, unterschiedliche Lufteinschlüsse sowie Veränderungen der Benetzbarkeit verschieden (Hystereseeffekt).

Lit: Scheffer F, Schachtschabel P (1989) Lehrbuch der Bodenkunde, 12.Aufl., Enke, Stuttgart.

Wasserspeicherkapazität. >Feldkapazität<.

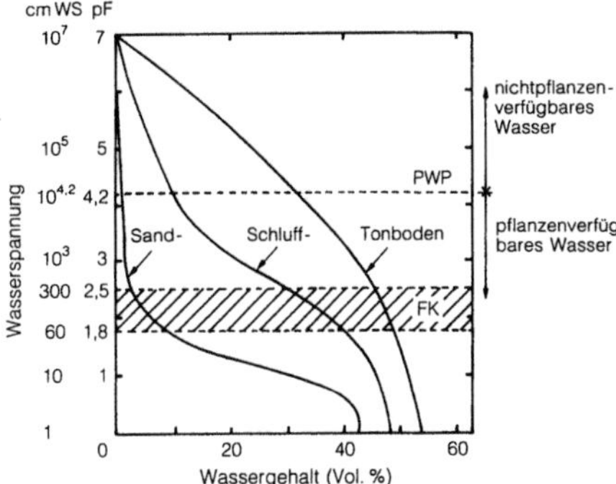

Wasserspannung: Beziehung zwischen Wasserspannung und Wassergehalt (pF-Kurven) bei einem Sandboden, einem tonigen Schluffboden (Lößboden) und einem Tonboden (A-Horizonte). PWP = Permanenter Welkepunkt, FK = Feldkapazität (1 cm WS = 0,9807 mbar)

Wasserstockwerk. Wasserführende Gebirgsschicht, die durch wasserundurchlässige Gesteinsschichten von anderen wasserführenden Schichten getrennt ist.

Wasserstoffbombe. >Kernwaffe<, die die Energiefreisetzung von >Kernfusion<sreaktionen ausnutzt. Es dürfte sich um die Reaktionen $^6Li(n,\alpha)^3H + 4,8$ MeV und $^3H(d,n)^4He + 17,6$ MeV handeln. Zur Zündung, d.h. zum Erreichen der zur Fusion erforderlichen Temp., wird eine >Atombombe< benutzt. Die mit Wasserstoffbomben erreichbare Explosionsstärke übertrifft die der Atombomben bei weitem, das Zerstörungsäquivalent erreicht einige Megatonnen TNT-(Trinitrotoluol) Äquivalent.

Wasserstoff als Kraftstoff. Wird häufig als möglicher Kraftstoff zum Antrieb von Fahrzeugen in der Zukunft angesehen (s. Abb. unten). Vorteilhaft erscheint der nahezu unbeschränkte Vorrat und die fehlende >CO_2-Emission<, wodurch eine Entlastung des >Treibhauseffekts< erwartet wird. Eine wirtschaftliche großtechnische Herstellung ist jedoch noch nicht in Aussicht. Das Mitführen von W. im Fahrzeug bereitet große Probleme. Als Kraftstoff für >Verbrennungsmotoren< bereitet W. ebenfalls Probleme, besonders wenn Motoren mit hohem Wirkungsgrad angestrebt werden. Auch ist die >NO_x-Emission< von >Wasserstoffmotoren< nicht zu vernachlässigen. Möglicherweise ist W. in Verb. mit der >Brennstoffzelle< besser zu nutzen als im Hubkolbenmotor.

Lit: VDI (1987 und 1989) VDI-Berichte 602 und 725 Wasserstoff-Energietechnik I und II, VDI-Verlag, Düsseldorf – (1989) Wasserstoffantrieb in der Erprobung, Verlag TÜV Rheinland, Köln, ISBN 3-88585-660-3 – (1976 bis 1991) Entwicklungslinien in Kraftfahrzeugtechnik und Straßenverkehr, Forschungsbilanz(en) 1976 bis 1991, Statusseminare des Bundesministers für Forschung und Technologie (BMFT) Verlag TÜV Rheinland, Köln.

Wasserstoff als speicherbarer Energieträger. s. >Solarwasserstoff<.

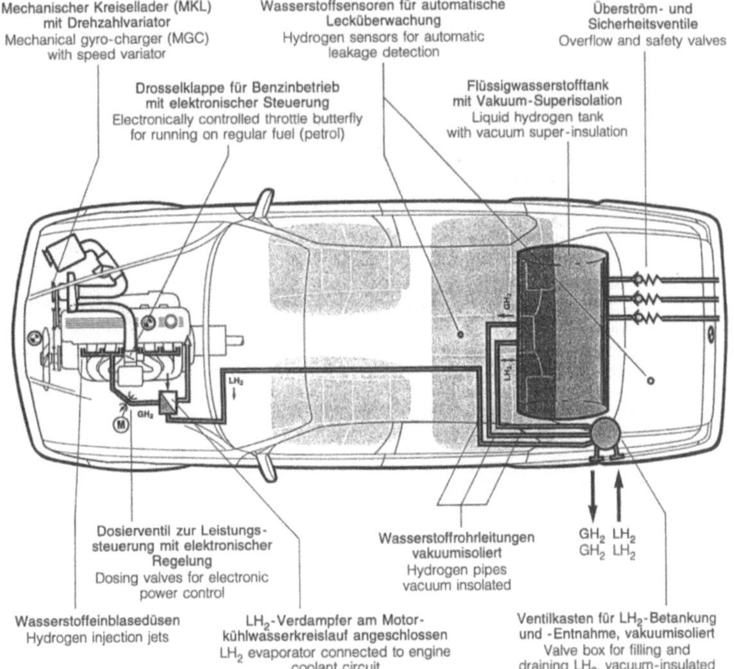

Wasserstoff als Kraftstoff: Prinzip eines Fahrzeugs mit Wasserstoffantrieb, BMW-Bild

Wasserstoffmotor. Ein Hubkolbenmotor für Wasserstoff, aufgrund der Eigenschaften des Kraftstoffs als >Ottomotor< ausgelegt, erfordert Anpassungsmaßnahmen an die hohe Zündwilligkeit des Kraftstoffs. Da eine direkte Einspritzung in den >Brennraum< bis heute (1994) noch nicht technisch brauchbar realisiert werden konnte, erfordert die externe Gemischbildung Wassereinspritzung oder andere geeignete Maßnahmen zur Vermeidung von Selbstzündungen. Die hohe Zündwilligkeit schränkt auch die Leistungsausbeute des W. stark ein. Der thermische Wirkungsgrad des W. erreicht nicht die Werte anderer Motorkonzepte. Zwar sind die >CO< und >HC-Abgasemissionen< sehr gering, die >NO_x-Werte< jedoch nicht, >Wasserstoff als Kraftstoff<.

Lit: VDI (1987 und 1989) VDI-Berichte 602 und 725 Wasserstoff-Energietechnik I und II, VDI-Verlag, Düsseldorf – NN (1989) Wasserstoffantrieb in der Erprobung, Verlag TÜV Rheinland, Köln, ISBN 3-88585-660-3.

Wasserstoffperoxid. (H_2O_2, veraltete Bez.: Wasserstoffsuperoxid). Wasserstoffperoxid ist eine klare, mit Wasser mischbare Flüssigkeit, die als 30 bis 70%ige wäßrige Lsg. in den Handel kommt. In hohen Konz. wirkt es stark ätzend auf Haut und Schleimhäute, in geringeren Konz. desinfizierend. Allerdings wird eine Munddesinfektion mit 3%iger Lsg. nicht mehr empfohlen. Der >MAK-Wert< beträgt 1,4 mg/m³. W. fördert die Verbrennung, in hohen Konz. ist es explosiv. Es zersetzt sich, besonders schnell an katalytisch wirksamen Oberflächen, über radikalische Zwischenprodukte zu Wasser und Sauerstoff. Diese Radikale sind besonders starke Ox.-Mittel und führen zu der typischen Bleichwirkung von W. (>Peroxidbleiche<). W. entsteht praktisch bei allen Verbrennungvorgängen, auch bei den physiologisch kontrolliert ablaufenden Ox.-Prozessen in pflanzlichem und tierischem >Gewebe<. In bestrahlten Lebensmitteln (>Lebensmittelbestrahlung<) tritt es als Radiolyseprodukt des Wassers auf. Als industrielles Produkt wird es für technische Zwecke vielfach als Ox.-Mittel eingesetzt, aber auch zu anderen Stoffen weiterverarbeitet (s. unter Herstellung und Verwendung). W. ist in der belebten und unbelebten Natur weit verbreitet. Es ist an Redoxvorgängen in Oberflächengewässern beteiligt (vgl. Abb.) und spielt eine wichtige Rolle in der >Atmosphärenchemie<.

1. W. im biol. Geschehen: W. ist im Zellgewebe ein wichtiges Zwischenprodukt des Sauerstoffmetabolismus bei >Atmungsvorgängen< und zahlreichen, von Oxidoreduktasen enzymatisch gesteuerten Redoxprozessen, wobei in den meisten Fällen dem ersten Red.-Schritt des Sauerstoffs zum Hyperoxid-Radikal in Gegenwart von Superoxiddismutase eine Disproportionierung zu W. und Sauerstoff folgt. Da W. – außer in spezialisierten >Zellen< – eine stark >toxische Wirkung< zeigt, muß es durch Katalase zersetzt bzw. durch versch. Peroxidasen schnell abgebaut werden. Die Toxizität von W. beruht auf der Bildung von Hydroxyl-Radikalen aus der durch Metallionen katalysierten Reaktion (Fenton-Typ) zwischen W. und dem Hyperoxid-Radikal.

$$O_2^- + H_2O_2 \xrightarrow{Fe^{2+},\ Cu^{2+}} O_2 + OH^- + {}^\cdot OH$$

Hydroxyl-Radikale zerstören biol. Strukturen, indem sie Proteine, Lipide und Nukleinsäuren oxidieren und fragmentieren. Damit lassen sich Schäden von W. (>oxidativer Streß<) auf >Pflanzen< erklären, aber

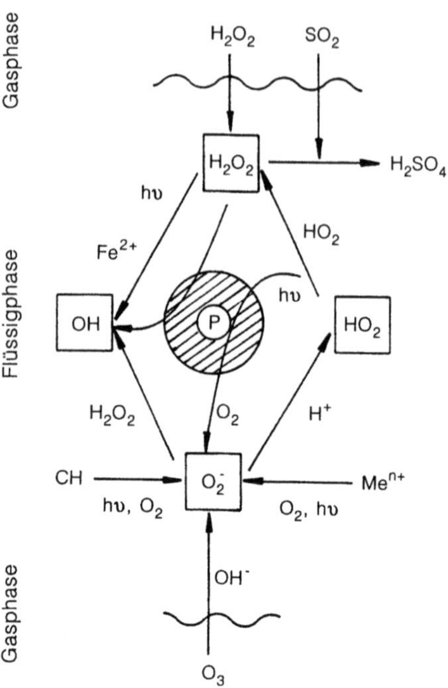

Wasserstoffperoxid: Schematische Darstellung wichtiger Reaktionen von Sauerstoffradikalen und Wasserstoffperoxid in der flüssigen Phase. P: Partikeln, die den Zerfall von W. katalysieren oder durch Photoreduktion von Sauerstoff W. bilden (oxidische Halbleiter). CH, Me^{n+}: Chromophore und Metallionen, die durch Photoreduktion W. bilden

auch Erkrankungen des Menschen, die z.B. durch >Asbest< und Steinstaub hervorgerufen werden. Dabei reagiert das im Gewebe vorhandene W. mit dem mineralisch gebundenen Eisen ebenfalls unter Bildung von Hydroxyl-Radikalen.

2. W. in der Wasserchemie: In Oberflächengewässern kommt es bei Sonneneinstrahlung zur Bildung von W. Es handelt sich um eine photochem. Red. von Luftsauerstoff, wobei im wesentlichen >Huminstoffe< Licht absorbieren und Anregungsenergie oder ein >Elektron< auf den gelösten Sauerstoff übertragen. Das im letztgenannten Fall gebildete Hyperoxid-Radikal (O_2^-) reagiert weiter zum W. Dabei können je nach Huminstoffkonz., Lichtintensität (wellenlängenabhängig) und Abbaugeschwindigkeit W.-Konz. bis zu 10 µM auftreten. W. trägt direkt oder als Quelle von Hydroxyl-Radikalen zum Abbau von Verunreinigungen in Oberflächengewässern bei. Dieser Effekt wird zur >Wasseraufbereitung< und >Entkeimung< genutzt.

3. W. in der Atmosphärenchemie: In der >Troposphäre< tritt W. in Konz. bis zu 5 ppbv (= 7,5 µg/m³) auf. Wegen der photochem. gesteuerten Bildungsmechanismen (s. Abb.) findet man eine Abhängigkeit der Konz. von der Tages- und Jahreszeit, von der Höhe und der geographischen Breite. Das gilt auch für W.-Konz. in der atmosphärischen Flüssigphase (Wolken-, Nebel-, Regenwasser), in der Konz. bis zu 200 µM gemessen

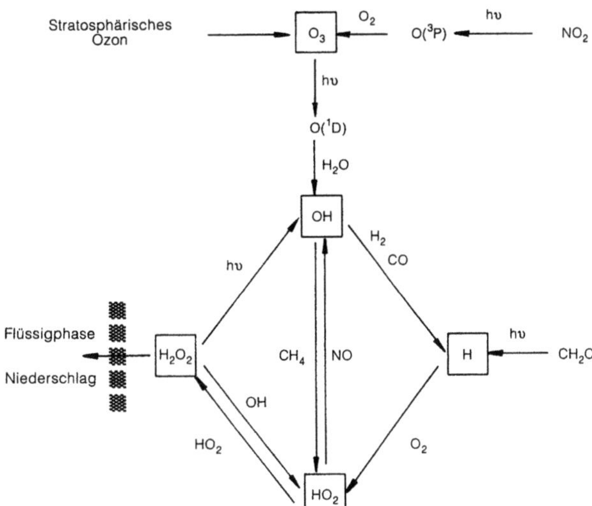

Wasserstoffperoxid in der Atmosphärenchemie: Schematische Darstellung der wichtigsten Reaktionen, die zur Bildung und zum Verlust von W. (H_2O_2) in der atmosphärischen Gasphase führen. hv: Photolysereaktionen

wurden. Der wichtigste Bildungsmechanismus des atmosphärischen (hier troposphärischen) W. geht von der Photolyse des >Ozons< aus (s. Abb. oben).

$$O_3 + h\nu\ (< 320\ nm) \rightarrow O\cdot + O_2$$

Der angeregte (s-)Sauerstoff reagiert mit atmosphärischem Wasserdampf zu Hydroxyl-Radikalen:

$$O\cdot + H_2O \rightarrow 2\,OH$$

Diese reagieren mit nahezu allen atmosphärischen Spurenstoffen und sorgen durch deren oxidativen Abbau und Überführung in wasserlösl. Produkte zu einem beschleunigten Austrag aus der Atmosphäre. Eine wichtige Reaktion ist die Umsetzung mit >Kohlenmonoxid< (CO), bei der sich Hydroperoxy-Radikale bilden:

$$CO + \cdot OH \rightarrow CO_2 + H\cdot$$
$$\cdot H + O_2 \rightarrow HO_2\cdot$$

die ebenfalls zum Abbau atmosphärischer Spurenstoffe beitragen. >Methan< ist ein anderes Molekül, dessen Abbau in mehreren Schritten unter Konversion von OH in HO_2-Radikale erfolgt. In unbelasteter, NO_x-armer Atmosphäre führt die Disproportionierung der Hydroperoxy-Radikale zum W.:

$$HO_2 + HO_2 \rightarrow H_2O_2 + O_2$$

W. ist auch ein Produkt der Reaktion zwischen ungesättigten biogenen >Kohlenwasserstoffen< (Isopren und >Terpene<) und Ozon. Es ist noch nicht geklärt, ob es sich dabei um einen wesentlichen Beitrag zum W.-Budget in >Waldbeständen< handelt. Mögliche toxische Wirkungen von troposphärischem W. auf Pflanzen werden derzeit diskutiert. Bedeutende Senken für W. sind die Reaktion mit dem Hydroxyl-Radikal, die Photolyse, die zur Bildung von Hydroxyl-Radikalen führt, sowie die trockene und nasse Deposition. Der Austrag des W. aus der Atmosphäre durch Niederschläge ist begünstigt durch seine außerordentlich hohe Wasserlöslichkeit ($K_H(20\,°C) = 10^5$ M/Latm). In der atmosphärischen Flüssigphase ist bei pH-Werten <5 W. das effizienteste Ox.-Mittel für gelöstes SO_2,

das durch die dabei gebildete >Schwefelsäure< direkt zum >sauren Regen< beiträgt (s. Abb.). In stark saurem Wolkenwasser (pH < 2,5) ist W. auch wesentlich an der Ox. von >Nitrit< zu >Nitrat< beteiligt. Eine weitere wichtige Reaktion ist die OH-Radikalbildung durch die Umsetzung mit photoreduzierten Metallionen. Ein heterogener Bildungsmechanismus für atmosphärisches W. beruht auf der Photored. von O_2 bzw. der Photoox. von H_2O an Partikeln mit Halbleitereigenschaften, wie z.B. TiO_2 und ZnO. Konversionsreaktionen von SO_2 und NO_2 zu den entspr. starken Säuren unter Beteiligung von W. können sich auch an der Oberfläche von Eis- und Schneekristallen abspielen. Dies kann zu einem Säureschock bei der Schneeschmelze führen. Durch die Verknüpfung der wichtigsten homogenen und heterogenen Ox.-Reaktionen erhält W. eine bedeutende Funktion als analytisch leicht faßbarer Indikator für das Ox.-Potential der Atmosphäre. Dieser Aspekt gewinnt insofern noch an Gewicht, als das im Schnee der polaren Gebiete deponierte W. ein konserviertes, metastabiles Zwischenprodukt darstellt, das einen zum Zeitpunkt des Niederschlags ablaufenden dynamischen Prozeß hochreaktiver atmosphärischer Komponenten (>Radikale<) archiviert. Untersuchungen von Eisbohrkernen zeigen Variationen der W.-Konz. als Funktion der Ortskoordinaten, der Jahreszeit (s. Abb. S.1290) sowie der klimatischen und meteorologischen Bedingungen z.T. zurück bis zu einigen tausend Jahren v.Chr. Die Interpretation der Resultate ist zum gegenwärtigen Zeitpunkt jedoch noch sehr spekulativ.

4. Herstellung und Verwendung von W.: W. wird fast ausschließlich nach dem Anthrachinon-Verfahren (AO-Verfahren) hergestellt. Daneben spielen das Isopropanol-Verfahren und die elektrolytische Synth. nur eine untergeordnete Rolle. Der überwiegende Teil der W.-Produktion geht in die Herstellung von >Bleichmitteln< (>Peroxidbleiche<), von denen insbesondere Na-Peroxoborat in >Waschmitteln< eingesetzt wird. Außerdem von Bedeutung sind die Synth.-Produkte Percarbamid® (Harnstoffperoxohydrat, als Haarbleichmittel) und >Peroxyessigsäure< zum Bleichen und Desin-

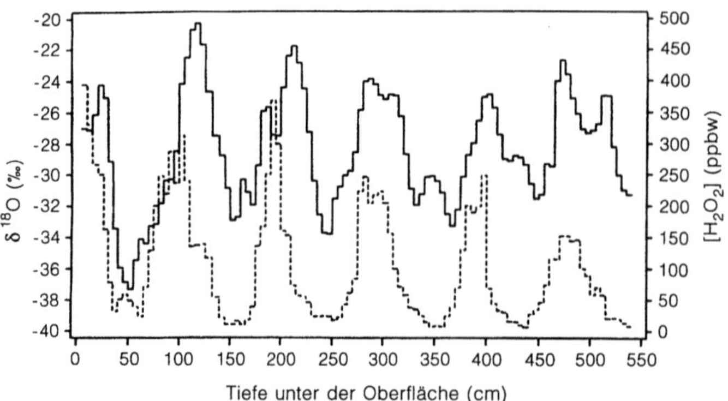

Wasserstoffperoxid in der Atmosphärenchemie: Konzentrationsprofil von Wasserstoffperoxid (- - -) in Oberflächenschnee der Station Dye 3 Grönland. Das $^{18}O/^{16}O$-Verhältnis (– – –) ist ein Temperaturindikator, d. h. Maxima bedeuten Sommer

fizieren. Eine Vielzahl org. Peroxide wird industriell mit W. als Ausgangsprodukt synthetisiert. Wegen seiner Eigenschaften als preiswertes, effizientes Ox.-Mittel, das praktisch keine ökologischen Nebenwirkungen zeigt, ergaben sich für W. in den letzten Jahren im Umweltschutzbereich neue Einsatzschwerpunkte. Hervorzuheben sind die Behandlung von >Abwässern<, Bleichen von Zellstoff und Altpapier (Deinking) sowie die >Rauchgasreinigung< von >Kraftwerken< und Müllverbrennungsanlagen, wobei neben der Entschwefelung und Entstickung auch eine deutliche Minderung der >Dioxinemission< erzielt wird. Darüber hinaus wird W. in großem Maßstab in Bergbau und Metallurgie u. a. bei der Gewinnung von >Uran<, Gold, Vanadium und >Mangan< sowie in der Galvanotechnik und Elektronik zum Beizen, Reinigen und Passivieren verwendet.

Lit: Welzbacher U (1990) Neue Datenblätter für gefährliche Arbeitsstoffe nach der Gefahrstoffverordnung, Bd. 4, Weka Fachverlag GmbH, Augsburg – Elstner EF (1990) Der Sauerstoff: Biochemie, Biologie, Medizin, B. I. Wissenschaftsverlag, Mannheim Wien Zürich – Stauffer BH, Neftel A (1988) What have we learned from the ice cores about the atmospheric changes in the concentrations of nitrous oxide, hydrogen peroxide, and other trace species? In: Rowland FS, Isaksen ISA (Hrsg.) The Changing Atmosphere, John Wiley & Sons, Chichester New York Brisbane Toronto Singapore, S. 63–77 – Winnacker K, Küchler R (1982) Chemische Technologie, Bd. 2, Carl Hanser Verlag, München Wien, S. 563–606 – Weigert W (1978) Wasserstoffperoxid und seine Derivate, Dr. A. Hüthig Verlag, Heidelberg – Eilbeck WJ, Mattock G (1987) Chemical processs in wastewater treatment, Ellis Horwood Ltd. Publishers, Chichester, S. 137–146, 197–198 – Schumb WC, Satterfield CN, Wentworth RL (1955) Hydrogen peroxide, Reinhold, New York.

Wasserstollen. Bergmännische Stollen oder speziell zur Wasserfassung gebaute Anlagen, die durch Abmauerung an bestimmten Stellen die Möglichkeit bieten, das zufließende Grundwasser im Stollen zu speichern und – wie in einer Talsperre – zu Zeiten hohen Wasserverbrauchs geregelt abzugeben (Beispiel: Wiesbadener Wasserstollen).

Lit: Richter W, Lillich W (1975) Abriß der Hydrogeologie, Schweizerbart, Stuttgart.

Wasserstraßen. Natürliche oder künstliche (Kanäle), zum Zweck des Gütertransports ausgebaute oder geschaffene (Fließ-)Gewässer. Schiffahrtskanäle dienen der Verb. von Stromsystemen oder Meeren, z. B. Rhein-Main-Donau-Kanal, Suez-Kanal, Panama-Kanal, Nord-Ostsee-Kanal.

Wassertransport. Bezeichnet 1. den Ferntransport des Wassers aus der >Wurzel< zu den Orten des Wasserverbrauchs über die >Xylem<-Leitbahnen. Der Wassertransport, der über weite Strecken der Schwerkraft entgegen verläuft, erfolgt in den meisten Fällen passiv durch den >Transpirationssog<, der einem >Wasserpotential<-Gradienten entspricht, in Spezialfällen, z. B. bei vielen >Laubbäumen< vor der Belaubung, jedoch mit Hilfe des Wurzeldrucks. 2. Hinzu kommt der Mittelstreckentransport im übrigen Gewebebereich, z. B. >Parenchymen< der >Wurzel< und der >Sproßachse< sowie 3. der Kurzstreckentransport durch das >Plasmalemma< sowie innerhalb der >Zelle< (z. B. in die >Vakuole<).

Wassertransportgleichung. Als W. bezeichnet man die partielle Differentialgleichung, die den Transport von Wasser durch ein Substrat oder den Boden beschreibt. Sie stellt eine Kombination der sog. >Kontinuitätsgleichung< mit der scheinbar linearen Wasserfließgleichung dar. Sie unterscheidet sich von anderen entsprechenden Transportgleichungen durch die hochgradige Abhängigkeit des Transportkoeffizienten (od. ungesättigte Wasserleitfähigkeit) vom Wassergehalt. Außerdem ist der antreibende Gradient stets eine Kombination aus zumindest dem Matrixpotential- und dem Gravitationspotential-Gradienten.

Wasserverbrauch. Wasserverbrauch (Wasserabnahme) ist der tatsächliche (gemessene) oder geschätzte Wasserbezug der Anschlußnehmer. Auf jeden einzelnen Einwohner entfällt ein bestimmter Anteil des allgemeinen öffentlichen Wasserverbrauchs seiner Wohngemeinde, der in den Statistiken meist als solcher ausgewiesen wird, soweit er sich überhaupt erfassen läßt (Verwaltungsgebäude, Kasernen u. dgl.). Gewisse, allerdings meist nicht erhebliche Mengen entziehen sich der Erfassung, besonders bei Entnahme aus den Straßenhydranten, z. B. für Straßenreinigung, Bauarbeiten; es sei denn, die Entnahme erfolgt durch Hydrantenstandrohr mit Wasserzähler. Der Feuerlöschbedarf wird meist geschätzt. Der Wasserverbrauch der Indu-

Wasserverbrauch: Mittelwerte des Einheits-Wasserverbrauchs

Nr.	Verbraucher	Einheit	L
1	Haushalt einschl. Kleingewerbe		
1.1	*Haushalt, Wohngebäude*		
1.1.1	alte Ein- und Zweifamilienhäuser, einfachste Bauart	L/Ed	65
1.1.2	einfache Mehrfamilien-WG, Baujahr vor 1940	L/Ed	90
1.1.3	mehrgeschossige WG, mit Sozialwohnungen, Bj. vor 1960	L/Ed	120
1.1.4	neuere Einfamilien-Reihenhäuser, mehrgeschossige WG	L/Ed	150
1.1.5	Appartementhäuser und WG mit Komfortwohnungen	L/Ed	180
1.1.6	Ein- und Zweifamilienhäuser in guter Wohnlage	L/Ed	200
1.1.7	moderne Villen in bester Wohnlage	L/Ed	275
1.1.8	WG in Landorten, je nach Alter und Ausstattung entsprechend den WG-Gruppen 7 bis 7		
1.2	*Kleingewerbe*		
1.2.1	Bäcker, 1 A/200 E	L/Ad	150
1.2.2	Konditor, 1 A/1.000 E	L/Ad	200
1.2.3	Flaschner, 1 A/300 E	L/Ad	250
1.2.4	Friseur, 1 A/300 bis 600 E	L/Ad	250
1.2.5	sonst. gewerbliche Betriebe, nichtschmutzend	L/Ad	50
1.2.6	sonst. gewerbliche Betriebe, stark schmutzend	L/Ad	250
1.2.7	Restaurants, Kantinen	L/(G+A) · d	50
1.3	*Landwirtschaft*		
1.3.1	Großvieh	L/GV · d	50
1.3.2	Großvieh, Schwemmentmistung, einstreulos	L/GV · d	60
1.3.3	Großvieh, Schwemmentmistung, mit Einstreu	L/GV · d	75
1.3.4	Großvieh, Güllewirtschaft	L/GV · d	150
1.3.5	Kleinvieh = 1/5 Großvieh		
1.3.6	Milchsammelstelle, je L Milch	L/L	1,5
1.3.7	Erwerbsgärten	L/m^2	0,8
1.3.8	intensive landwirtschafltiche Beregnung, Gemüseland	L/m^2	1,0
2	Industrie einschl. Großgewerbe		
2.1	*Industrie*		
2.1.1	Steinkohle	L/kg	25
2.1.2	Steinkohlen-Koks	L/kg	40
2.1.3	Gas	L/m^3	10
2.1.4	Stahl	L/kg	50
2.1.5	Mineralöl	L/kg	30
2.1.6	Zellwolle	L/kg	200
2.1.7	Zeitungspapier	L/kg	70
2.1.8	Kunstfasern	L/kg	700
2.1.9	Zement	L/kg	0,5
2.1.10	Früchte- und Gemüsekonserven	L/kg	20
2.1.11	Plastikmaterial	L/kg	500
2.2	*Großgewerbe*	L/L	4
2.2.1	Molkerei, je L Milch		
2.2.2	Brauerei, je L Bier ohne Kühlung	L/L	3
2.2.3	Brauerei, je L Bier mit Kühlung	L/L	15
2.2.4	Brennerei, je L Maische	L/L	4
2.2.5	Zuckerfabrik	L/kg	30
2.2.6	Wäscherei, je kg Trockenwäsche	L/kg	40
2.2.7	Kaufhaus, ohne Restaurant	L/Ad	100
	Kaufhaus, mit Restaurant, zusätzlich nach 1.2.7	L/(G + S) · d	50
2.2.8	Hotel, Luxus, A:G $\geq$ 1	L/(G + A) · d	400
	Hotel, mittel, A:G $\cong$ 0,5	L/(G + A · d	250
	Hotel, einfach, A:G $\cong$ 0,25	L/(G + A) · d	200

strie hängt wesentlich davon ab, ob Betriebswasser mehrfach, d. h. im Keislauf, verwendet wird. Eingehende Erhebungen über den tatsächlichen Verbrauch sind erforderlich (s. Tabelle links).

Lit: Brix J, Heyd H, Gerlach E (1963) Die Wasserversorgung, R. Oldenbourg Verlag, München Wien – Dahlhaus C, Damrath H (1987) Wasserversorgung, 9. Aufl., B. G. Teubner, Stuttart.

Wasserverlust. >Physiologisches< und >ökologisches< Problem der Landpflanzen und >terrestrischen< Tiere. Starker W. ist tödlich. Daher haben diese Lebewesen Schutzvorrichtungen entwickelt, die die Verdunstung herabsetzen. Bei höheren Pflanzen wird Wasserdampf zu einem großen Teil über die >Spaltöffnungen< abgegeben. Diese werden bei verdunstungsgefährdeten Pflanzen zahlenmäßig reduziert, oder die Verdunstung wird z. B. durch Einsenken der Spaltöffnungen, Einrollen der Blätter oder einen Haarfilz herabgesetzt. Die Tiere können durch wasserundurchlässige Schichten geschützt sein, wie viele >Arthropoden<, oder sie weichen ungünstigen Zeiten mit hoher Sonneneinstrahlung und großer Trockenheit durch Veränderung ihrer >Aktivitätsrhythmen< aus, z. B. in kühlere Tageszeiten, wenn auch die >Luftfeuchtigkeit< ansteigt.

Wasserverschmutzung. Verschmutzte Gewässer können schon grobsinnlich Kennzeichen der Verschmutzung zeigen. Genauere Bestimmungen mit Hilfe von physikalischen, chem. und biol. Verfahren geben aber erst den vollen Einblick über die Art, den Umfang und die Herkunft der Verschmutzung. >Schwimmstoffe<, Ölschichten und dgl. auf der Wasseroberfläche können aus den leichten, ungelösten Teilen von Abwässern bestehen, wenn die Abwässer ungereinigt oder nicht ausreichend gereinigt abgeleitet werden. Schaum kann sich auf dem Wasserspiegel unterhalb der Einleitung von unbehandelten Industrieabwässern z. B. von >Papierfabriken< bilden, oder wenn synthetische >Waschmittel< in stärkerem Umfang in das Gewässer gelangen. Die Farbe des verschmutzten Wassers kann je nach Art der eingeleiteten >Schmutzstoffe<, z. B. aus Industriebetrieben, verschieden sein. Die Temperatur des Wassers kann durch eingeleitete Abwässer erhöht sein, was ungünstige Wirkungen für die Fauna und Flora im Flußlauf zur Folge hat. Die Trübung eines Wassers kann oft als Anhaltspunkt für den Grad der Verschmutzung angesehen werden, allerdings kann auch eine natürliche Trübung im Flußwasser vorliegen, wenn z. B. bei Hochwasser lehmhaltige Bestandteile mit dem Flußwasser abgeführt werden. Die >Lebensgemeinschaften< in Gewässern setzen sich aus verschiedenen Arten von Organismen zusammen, je nach dem Grad der Verschmutzung und der Zusammensetzung der im Wasser enthaltenen Schmutzstoffe.

Lit: Abwassertechnische Vereinigung (Hrsg.) (1982–1986) Lehr- und Handbuch der Abwassertechnik, 3. Aufl., Bd. 1–7, Verlag von Wilhelm Ernst und Sohn, Berlin München.

Wasserversorgung. Maßnahmen, die der Bereitstellung von Trink- und Brauchwasser in qual. und quant. ausreichender Weise dienen bzw. diese sicherstellen. Diese Aufgabe wird von der >Wassermengenwirtschaft< und der >Wassergütewirtschaft< geleistet.

Wasserwegsamkeit. >Durchlässigkeit<.

Wasserwerk. Bei zentraler Wasserversorgung wird das Wasser von den Gewinnungsstellen dem Wasserwerk zugeführt, dort zu >Reinwasser< aufbereitet, in Behältern gespeichert und in die Verteilungsanlagen (Rohrnetz) gefördert. An geeigneten Stellen des Netzes sind ggf. weitere Speicherbehälter zum verbrauchsabhängigen Mengen- oder Druckausgleich erforderlich. Der Betriebsdruck im Leitungsnetz soll im Normalfall an der höchsten Zapfstelle im Versorgungsgebiet einen noch ausreichenden Fließdruck, im Brandfall an Straßenhydranten den nötigen Löschwasserdruck gewährleisten. Hochhäuser benötigen besondere Druckerhöhungsanlagen.

Wasserwirtschaft. Zielbewußte Ordnung aller menschlichen Einwirkungen auf das ober- und unterirdische Wasser (DIN 4046). Wasserwirtschaft beinhaltet die Umverteilung des natürlichen Wasserdargebotes in Zeit und Raum gemäß den Bedürfnissen der Gesellschaft nach Wassermenge und Wassergüte. Hierbei handelt es sich um Maßnahmen der Wassernutzung z.B. Trinkwasser, Bewässerung, Wasserkraft oder um Schutz vor dem Wasser z.B. Hochwasser, Vernässung von Böden.
Lit: Bretschneider H, Lecher K, Schmidt M (Hrsg.) (1993) Taschenbuch der Wasserwirtschaft, 7.Aufl., Verlag Paul Parey, Hamburg Berlin.

Water borne diseases. Durch >Viren<, >Bakterien< und tierische >Parasiten< hervorgerufene Krankheiten, in deren Epidemiologie Gewässer eine entscheidende Rolle spielen. Von Tieren beim Menschen hervorgerufene W. sind z.B. die >Bilharziose< oder >Schistosomiasis<; die >Onchocercose<; die durch Saugwürmer (Trematoden) erzeugte Fasciolopsiasis, Opisthorchiasis und Paragonimiasis; die durch den Fischbandwurm erregte Diphyllobothriasis sowie durch Fadenwürmer hervorgerufene Filariasis. Alle diese Parasiten entwickeln sich entweder über Zwischenwirte in einem Gewässer und werden mit dem Wasser oder durch Verzehr dieser Zwischenwirte vom Menschen aufgenommen; oder die Parasiten werden von Mücken, die sich ihrerseits im Wasser entwickeln, auf den Menschen übertragen. Letzteres gilt für die Onchocercose, Wucheriasis und Malaria. Viren und Bakterien werden direkt mit dem Trinkwasser oder beim Baden aufgenommen.
Lit: Piekarski G (1975) Medizinische Parasitologie in Tafeln, 2.Aufl., Springer, Berlin Heidelberg New York – Dönges J (1980) Parasitologie, 1.Aufl., G.Thieme, Stuttgart – Tischler W (1982) Grundriß der Humanparasitologie, 3.Aufl., Gustav Fischer, Stuttgart New York – Mehlhorn H, Piekarski G (1989) Grundriß der Parasitenkunde, 3.Aufl., Gustav Fischer, Stuttgart New York.

Wattenmeer. Das von den Helder in den Niederlanden bis Esbjerg in Dänemark reichende, aufgrund der >Gezeiten< zweimal täglich zu großen Teilen trockenfallende, bis zu 30 km breite Flachwassergebiet am südlichen und südöstlichen Rand der Nordsee. Ein weit verzweigtes System von tieferen Rinnen, Priele, transportieren mit dem auflaufenden Wasser bei Flut und dem ablaufenden Wasser bei Ebbe große Mengen an Sand und Schlick, einem Gemisch aus feinem Sand und Ton mit einem hohen Anteil an organischem Material. Der Transport von Schwebstoffen wird erleichtert durch die hohen Stromgeschwindigkeiten von ca. 1 m/s unter normalen Bedingungen und bis zu 4 m/s bei Stürmen. Mit der offenen See sind die Priele durch sog. Seegats verbunden. Ein ständiger Wechsel von Ablagerung und >Erosion< sorgt an vielen Stellen für rasche Veränderungen der Bodentopographie. In v.a. durch >Buschlahnungen< beruhigten Wasser-

gebieten werden außerordentlich hohe Sedimentationsgeschwindigkeiten von 1 bis 2 mm/Tag erreicht. Die >Sedimente< bestehen zu ca. 90% aus Sand mit Korngrößen zwischen 0,05 und 0,5 mm. Höchstens 1% hat Korngrößen über 0,5 mm. Die im Schlick enthaltenen organischen Stoffe ernähren eine reiche Mikrobenflora. Wird durch mikrobiellen Stoffwechsel der im Porenwasser des sedimentierten Schlicks gelöste Sauerstoff aufgezehrt, so wird durch mikrobielle Reduktion des Sulfations >Schwefelwasserstoff< gebildet. Dieser verbindet sich mit gelösten Eisenverbindungen zu unlöslichem, schwarzem >Eisensulfid<. Dieses gibt zusammen mit dem hohen Gehalt an organischer Substanz dem Schlick seine oft dunkle, manchmal blauschwarze Färbung. Die Oberfläche und die der Oberfläche nahen Schichten des Sandes und des Schlicks beherbergen eine Fülle von Würmern, Muscheln, Schnecken und Krebsen. Diese wiederum sind Nahrung für See- und Strandvögel. Der Wechsel von Ebbe und Flut, der Schutz durch vorgelagerte Nehrungsinseln und seine reiche >Flora< und >Fauna< machen das Wattenmeer zu einem idealen Ort für den Aufwuchs bestimmter Arten von Jungfischen. Zu ihnen gehören Scholle, Seezunge, Hering, Sprotte und Aal.
Lit: Landelijke Vereniging to Behoud van de Wattenzee, Harlingen – Vereniging tot Behoud van Naturmonumenten in Nederland's-Graveland (1976) (Hrsg.) Wattenmeer, ein Naturraum der Niederlande, Deutschlands und Dänemarks, Karl Wachholtz Verlag, Neumünster.

Wattfauna. Die W. repräsentiert einen Ausschnitt der spez. Lebensformen des Meeres. Die vielen Tierarten sind in besonderem Maße an die nährstoffreichen und teilweise sauerstoffarmen Teillebensräume angepaßt. Der Lebensraum spiegelt in besonderer Weise über die Anbindung der Flüsse auch die Umweltbelastungen der terrestrischen Ökosysteme wider. >Wattenmeer<, >*Arenicola marina*<.

WC-Reiniger. >Paradichlorbenzol<.

Weberknechte. Opilionida, >Arachnida<.

Wechsellagerungsminerale. >Tonminerale< (Schichtsilicate), die aus Kristallschichten unterschiedlichen Mineraltyps zusammengesetzt sind und auch in ihrem mineralogischen und chemischen Verhalten eine Zwischenstellung einnehmen. In Böden sind W. relativ häufig. So kommen z.B. W. aus abwechselnd kaliumreicheren Illitschichten und kaliumärmeren Montmorillonitschichten vor, deren Verhältnis sich je nach den Kaliumkonzentrationen der Bodenlösung langfristig verändern kann.

Wechseltierchen (Amöben). Bei der mikroskopischen Betrachtung einer Belebtschlamm-Probe fallen die *Protozoen*, z.B. W., wesentlich stärker als die morphologisch eintönigen >Bakterien< auf. Trotzdem ist ihr Anteil am Reinigungsprozeß gegenüber den Bakterien nur gering. Da sie sich vorwiegend von Bakterien und feinsten suspendierten Schmutzteilchen ernähren, tragen sie im wesentlichen zu einer Verminderung der Trübung des gereinigten Abwassers bei.
W. sind zwischen 10 μm bis 3 mm groß und ändern ihre Gestalt, indem sie sich „fließend" fortbewegen. Die unbeschalten Formen sind entweder kompakt oder mit langen Auswüchsen (Scheinfüßchen) versehen. Einige Formen haben eine Schale ausgebildet, aus der nur die Scheinfüßchen herausragen. Die nackten W. treten massenhaft in der Einarbeitungsphase und in

hochbelasteten Anlagen auf. Beschalte W. findet man eher in schwach belasteten Kläranlagen.

Lit: Abwassertechnische Vereinigung e.V. (Hrsg.) (1985–1997) ATV-Handbuch, 4.Aufl., Band 1–7. Verlag Wilhelm Ernst und Sohn, Berlin München.

Wechseltropfkörper. Ihre Anwendung in Kläranlagen kann dann sinnvoll und zweckmäßig sein, wenn das >Abwasser< sehr stark org. verschmutzt ist oder durch seine Zusammensetzung leicht eine schnelle Verschlammung von >Tropfkörpern< verursachen kann. In diesen Fällen würden einstufige schwachbelastete Tropfkörper durch den Bedarf an großem Tropfkörpervol. zu hohen Baukosten führen, während einstufige hochbelastete Tropfkörper sehr hohe Betriebskosten durch große Rücklaufwassermengen erfordern, die notwendig werden, um bei Einhaltung der zulässigen >BSB<-Belastung die erforderliche Oberflächenbeschickung und Spülwirkung zu erreichen. Bei einer Wechseltropfkörperanlage kann man trotz hoher BSB-Raumbelastung auf die Mindestoberflächenbeschickung von 0,8 m³/m² · h und damit auf die großen Rücklaufwassermengen verzichten. Die erste Tropfkörperstufe wird ohne genügende Spülwirkung sehr hoch belastet, so daß sie im Dauerbetrieb verschlammen und sich verstopfen würde. Bevor dieser Zustand eintritt, wird die Reihenfolge der Stufen geändert und der bisher als erste Stufe eingesetzte Tropfkörper als zweite Stufe betrieben. Dadurch wird die Belastung des bisher in der ersten Stufe stark überbelasteten Tropfkörpers herabgesetzt, der nun wie ein üblicher schwachbelasteter Tropfkörper den >biol. Rasen< und >Schlamm< reduzieren und abbauen kann.

Lit: Abwassertechnische Vereinigung (Hrsg.) (1982–1986) Lehr- und Handbuch der Abwassertechnik, 3.Aufl., Bd.1–7, Verlag von Wilhelm Ernst und Sohn, Berlin München.

Wechselwirkung. Mit W. bezeichnet man den Einfluß eines physikalischen Körpers auf einen anderen. Häufig bezeichnet man auch die Kopplung zwischen einem Feld und seiner Quelle als W. Es gibt W. verschiedenster Art, z.B. Gravitationswechselwirkung, elektromagnetische W., schwache W., starke W.

1. Schwache W.: W. zwischen >Elementarteilchen<, bei der die Parität nicht erhalten bleibt, z.B. >Betazerfall<.

2. Starke W.: Neben der elektromagnetischen und der schwachen W. die dritte bekannte W. zwischen Elementarteilchen. Sie bewirkt u.a. die zusammenhaltenden Kräfte der >Nukleonen< im >Atomkern<. Die starke W. verhält sich zur elektromagnetischen, zur schwachen und zur Gravitationswechselwirkung wie $1:10^{-3}:10^{-15}:10^{-40}$.

Wechselwirkung Vegetations- und Bodenzone. Der saisonale Rhythmus von Primär- und Sekundärproduktion im Ökosystem ist durch intensive Transport- und Austauschprozesse bei höheren Pflanzen und Tieren zwischen den Kompartimenten gekennzeichnet. Die meisten Tierarten durchlaufen im Boden die Entwicklungsphasen und besiedeln den Vegetationsraum als geschlechtsreife Stadien. >Ökosystem<.

Weglänge, mittlere freie. Die von einem Teilchen (>Photon<, >Atom< und >Molekül<) zwischen aufeinanderfolgenden Stößen zurückgelegte mittlere Weglänge.

Wegwerfspritzen. >Einwegspritzen<.

Wegwerfverpackungen. >Einwegverpackungen<.

Weibull-Verteilung. Spezielle Überlebens-Wahrscheinlichkeits-Verteilung für Populationen, deren Individuen z.B. alle gleich alt sind oder eine hohe Jugendsterblichkeit und hohes Alter der Überlebenden haben. Die Verteilungsfunktion F(t) und die Dichtefunktion f(t) lauten:

$$F(t) = 1 - e^{-\alpha t^{\beta}}$$
$$f(t) = \alpha\beta\, t^{\beta-1}\, e^{-\alpha t^{\beta}}.$$

Lit: Richter O, Söndgerath D (1990) Parameter estimation in exology – The link between data and models, VCH Verlagsgesellschaft, Weinheim.

Weichmacher. Flüssige oder feste, indifferente org. Substanzen mit geringem Dampfdruck, die beim Zusatz zu polymeren Feststoffen aufgrund ihres Löse- und Quellvermögens die Einfriertemperatur (Glasübergangstemperatur) erniedrigen.

W. finden in großen Mengen Anwendung in >thermoplastischen Kunststoffen< (z.B. PVC), Lacken, Anstrich- und Beschichtungsmitteln, Dichtungsmassen, Kautschuk-Artikeln und Klebstoffen. Ein Nachteil der physikalischen Beimischung ist die Neigung der W. zur Wanderung oder >Migration< auf der Basis von Diffusions- und Dampfdruckeigenschaften. Dadurch werden die W. an das umgebene Medium (Verpackungsgut, Atmosphäre) abgegeben (>Kunststoffausdünstungen<). Die W.-Migration spielt besonders für die Unbedenklichkeit von Lebensmittelverpackungen eine Rolle. W. sind chemisch betrachtet überwiegend esterartiger Natur, z.B. auf der Basis von Phthalsäure, >Adipinsäure< oder Phosphorsäure.

Weich-PVC. >PVC<.

Weichspüler. >Weichspülmittel<.

Weichspülmittel. Sind flüssige Produkte auf der Basis von kationischen >Tensiden<, die dem letzten Spülbad zugegeben werden und auf die Fasern aufziehen. Sie verhindern die Trockenstarre, wenn bei unbewegter Luft getrocknet wird. Sie erleichtern das Bügeln, vermindern bei synth. Textilien die elektrostatische Aufladung und speziell bei Baumwolle die Saugfähigkeit, was besonders bei Handtüchern und Unterwäsche nachteilig ist. Weitere z.T. an der Nachweisgrenze liegende Effekte sollen die Verkürzung der Trockenzeit, geringeres Knittern und geringerer Wäscheverschleiß sein. W. umhüllen die Fasern als eine Art Gleitfilm, verringern den Reibungswiderstand und lassen die Fasern damit glatter und flexibler erscheinen. Die Wäsche wird dadurch flauschig und weich. Wirksubstanzen sind quartäre Ammoniumverb. Von derzeit geringer Bedeutung für die Weichspüler sind die >Amphotenside<, die neben einer Amino- bzw. Ammonium- eine Carboxyl- oder Sulfonsäuregruppe enthalten (Betaine, Sultaine = Sulfobetaine). >Kationenside< (Kationics) finden als >Avivagemittel< in Weichspülmitteln Anwendung. Die adsorbierte Wirkstoffmenge liegt bei 1,5 bis 2,5 g/kg Wäsche. Sie wird im nächsten Waschgang wieder abgelöst und durch Bildung eines Neutralsalzes mit den a-Tensiden inaktiviert. Bei einem Verbrauch von 23.000 t für 1987 in der BRD erhöht sich auch der Verbrauch der a-Tenside um den entsprechenden Betrag. In dem Maße, in dem die Seife durch a-Tenside ersetzt wurde, erschien der Einsatz der Weichspüler notwendig. Bei Verw. von Seife erzeugen die restlichen Kalkseifen einen durchaus zufriedenstellenden Weichheitsgrad der Wäsche.

K-Tenside sind in das neue >Wasch- und Reinigungs-mittel-Gesetz< mit einbezogen, aber in der Tensidverordnung (BGBl.I vom 11.06. 1986, S.851) ist für k-Tenside keine Abbaunorm angegeben. Da sie bereits bei der Wäsche die Neutralsalze bilden, ist die grenzflächenaktive Wirkung schon im >Abwasser< nicht mehr nachweisbar, ohne daß tatsächlich ein Abbau erfolgt ist. Die Neutralsalze werden durch Adsorption an den >Klärschlamm< ausgefällt, dabei wird ein Gehalt in der Größenordnung von 1% in der Klärschlamm-Trockensz. erreicht. Untersuchungen über den Totalabbau sind spärlich. Der Screening-Test ist auf Grund der antimikrobiellen Eigenschaften der k-Tenside ungeeignet. Auch beim Confirmatory-Test muß wegen der hohen Toxizität die sonst übliche Konz. von 10 auf 1 mg/L herabgesetzt werden. Beim Einsatz von reinen k-Tensiden wird der Primärabbau mit 94% und der Totalabbau mit 108% im Coupled-Unit-Test angegeben. Umweltrelevante Untersuchungen über das Verhalten der gebildeten Neutralsalze im Klärschlamm fehlen. Mögliche Anreicherungen auf Böden, die mit Klärschlämmen gedüngt werden, sind widersprüchlich.

Weichteilgewebe. Für dosimetrische Zwecke gilt als Weichteilgewebe ein homogenes Material der Zusammensetzung (nach Massengehalt) von 10,1% Wasserstoff, 11,1% Kohlenstoff, 2,6% Stickstoff und 76,2% Sauerstoff.

Weichtiere. >Mollusken<, >Gastropoda<.

Weinsäure. Dihydroxybernsteinsäure. Eine im Pflanzenreich weit verbreitete Hydroxycarbonsäure, die in freier Form oder als Salz (Tartrat) vorkommt. Das saure Kaliumtartrat bildet den sog. Weinstein. W. wird bei der Oxidation von Maleinsäure gebildet. W. und Weinstein werden wegen des sauren Geschmacks als Säuerungsmittel wie z.B. >Citronensäure< bei der Herstellung von Limonade, Backwaren, Obsterzeugnissen etc. eingesetzt.

Weißrauch. >Emission< von >Dieselmotoren<, wenn die >Verbrennung< bei zu geringer >Brennraumtemperatur< abläuft, z.B. nach Start des kalten Motors oder im Leerlauf. Dabei ist der W. in der Regel von deutlichem Geruch begleitet. W. besteht aus teil- und unverbrannten Kraftstoffbestandteilen und kann durch >Kraftstoffe< mit hoher Zündwilligkeit, >Cetanzahl<, >Zündbeschleuniger< reduziert werden. W. wird teilweise auch als >Blaurauch< bezeichnet.

Weißtöner. >Optische Aufheller<.

Weiterbetrieb. Betrieb einer Anlage trotz Nichteinhaltung von emissionsbegrenzenden Anforderungen. Die Verordnung über >Verbrennungsanlagen< für >Abfälle< (17.Verordnung zur Durchführung des >Bundes-Immissionsschutzgesetzes<) vom 23.11. 1990 (Stand 23.02. 1999) läßt für best. Störungen den W. für eine best. Zeit zu.

Weitergehende Abwasserreinigung. >Abwasserreinigung, weitergehende<.

Welken. Erschlaffen von Pflanzenorganen. Es beruht auf dem Nachlassen des >Turgors< und tritt dann auf, wenn die Wasserabgabe größer ist als der Wassernachschub. Als Ursachen kommen verminderte Wasseraufnahme, behinderte Wasserleitung und erhöhte Wasserabgabe in Frage, aber auch ein Zusammenbruch des Turgors durch >Membranschädigungen<. Auslösende Faktoren sind neben Wassermangel entweder abiotische >Streßbedingungen< (z.B. Frostschäden) oder Krankheitserreger (z.B. durch Produktion von Welketoxinen). Der permanente Welkepunkt, ab dem ein irreversibles W. erfolgt, wird durch Austrocknung des Bodens unter ein best. Wasserpotential erreicht. Bei landwirtschaftlichen >Nutzpflanzen< geht man von >Wasserpotentialen< von −1.500.000 Pa aus. Feuchtigkeitsangepaßte Kräuter erreichen diesen Zustand bereits bei −700.000 bis −800.000 Pa, versch. Holzpflanzen dagegen erst bei −2.000.000 bis −3.000.000 Pa Bodenwasserpotential.

Welkepunkt, permanenter. Der PWP ist derjenige Wassergehalt eines Bodens, bei dem der Wasserverlust durch Transpiration einer Pflanze nicht mehr durch Nachlieferung ersetzt wird, so daß diese welkt. Das >Matrixpotential< entspricht bei diesem Zustand für die meisten Pflanzen $1,5 \cdot 10^4$ cm WS bzw. pF 4,2. Dieser Wert wird daher konventionell als allgemeingültig angenommen.
Lit: Scheffer F, Schachtschabel P (1989) Lehrbuch der Bodenkunde, 12.Aufl., Enke, Stuttgart.

Wellenstadium. Diejenige Phase bei der Entwicklung eines >Tiefdruckgebietes<, in der sich an einer >Front< eine >Frontalwelle< (s. Abb. bei >Hochdruckgebiet<) gebildet hat, erkennbar an der Verdikkung oder Ausweitung des frontalen Wolken- und Niederschlagsfeldes, (s. Abb. bei >Zyklogenese<). Dynamisch stabile Wellen ziehen, gesteuert durch die Höhenströmung, >Westwinddrift<, nahezu unverändert an der Front entlang und führen nur zu einer kurzzeitigen Wetterverschlechterung. Dynamisch instabile Wellen entwickeln sich dagegen entsprechend zu einem kräftigen Tief.

Wellenstörung. Zusammenfassende Bezeichnung für >Frontalwellen< und >-zyklonen<.

Weltklimaprogramm. Von der >Weltorganisation für Meteorologie< 1979 beschlossenes, langfristig angelegtes wissenschaftliches Programm, in dem der menschliche Einfluß auf das >Klima< sowie die Abhängigkeit der Volkswirtschaften vom Klima untersucht werden sollen. Die eigentlichen Aktivitäten werden von den nationalen Institutionen getragen. In Deutschland sind dies in der Regel die >Großforschungseinrichtungen<, aber auch Universitätsinstitute und der >Deutsche Wetterdienst<, gefördert im allg. vom >BMFT<. Ergebnisse von Vorhaben werden regelmäßig von der >WMO< veröffentlicht. Das W. umfaßt folgende Teilbereiche:
1. Weltklimadatenprogramm (engl.: *World Climate Data Programme*, WCDP), Ziel: Einrichtung von Datenbanken, die auch Bereiche wie z.B. Ozeanographie, Hydrologie, Geophysik, Biologie und Medizin mit umfassen. Mit Hilfe der Datensätze erhofft, man rechtzeitig Klimaveränderungen erkennen zu können.
2. Weltklimaanwendungsprogramm (engl.: *World Climate Applications Programme*, WCAP), Ziel: Anwendung klimatologischer Erkenntnisse auf die verschiedenen Bereiche der Volkswirtschaft.
3. Weltklimaauswirkungsprogramm (engl.: *World Climate Impact-Studies Programme*, WCIP), Ziel: Unter-

suchung der Abhängigkeit sozioökonomischer Systeme von Klimaveränderungen.

4. Weltklimaforschungsprogramm (engl.: *World Climate Research Programme*, WCRP), Ziel: Abschätzung von Klimaveränderungen und >anthropogenen Klimabeeinflussungen< unter Einbeziehung des gesamten >Klimasystems< mit Hilfe numerischer Klimamodelle.

Lit: Houghton JT, Jenkins GJ, Ephraums JJ (1990) Climate Change, The Intergovernmental Panel on Climate Change Scientific Assessment, Cambridge University Press, Cambridge New York Port Chester Melbourne Sidney – Jäger J, Ferguson HL (1991) Climate Change: Science, Impacts and Policy, Proceedings of the second world climate conference, Cambridge University Press, New York.

Weltorganisation für Meteorologie. (Abk.: WMO). Aus der 1873 in Wien gegründeten Internationalen Meteorologischen Organisation hervorgegangene, auf einer Direktorenkonferenz in Washington 1947 beschlossene und am 23. März 1950 in Kraft gesetzte Sonderorganisation der Vereinten Nationen. Der WMO gehören nahezu alle Mitgliedstaaten der Vereinten Nationen sowie einige Hoheitsgebiete an. Die WMO nimmt grundsätzlich keine Stellung zu Territorialfragen. Sitz der Organisation: Genf, Schweiz. Ständige Vertreter bei der WMO sind die Präsidenten der einzelnen nationalen Wetterdienste. Aufgaben und Ziele:
- Förderung der internationalen Zusammenarbeit einschließlich verschiedener Ausbildungsprogramme auf den Gebieten Meteorologie und Hydrologie,
- Schaffung eines weltumspannenden Netzes von >Wetterstationen< und >Wettersatelliten<,
- Standardisierung der Beobachtungen und Meßverfahren,
- Förderung des raschen Austausches von meteorologischen Informationen, um sie den einzelnen nationalen Wetterdiensten für ihre Arbeiten zur Verfügung zu stellen,
- Förderung von wissenschaftlich-technischen Programmen, z.B. >Weltklimaprogramm<.

Zur Durchsetzung dieser Ziele bedient sich die WMO folgender Organisationsformen:
- Sekretariat in Genf unter Leitung eines Generalsekretärs,
- Exekutivrat (36 Mitglieder) tagt jährlich,
- Meteorologischer Weltkongreß (Generalversammlung) tagt alle 4 Jahre,
- 6 Regionalverbände (Region VI: Europa),
- 8 Fachkommissionen, in denen technische und wissenschaftliche Fragen behandelt werden.

Die internationale Verbreitung und Vertiefung des Wissens erfolgt im Rahmen von Konferenzen und Arbeitsgruppen. Jede Kommission veröffentlicht ihre Ergebnisse in entsprechenden Publikationen.

Weltzeit. Zeitskala, auf die u.a. die nationalen Wetterdienste ihre meisten meteorologischen Messungen und >Wetterbeobachtungen< beziehen, >synoptische Termine<; Ausnahmen: Zeitangaben in >Ortszeit<. Die W. ist bezogen auf den momentanen Nullmeridian, auch als Meridian von Greenwich bezeichnet. Dabei werden die Stunden, um Mitternacht beginnend, von 0 Uhr bis 24 Uhr UT1 (mittlere Sonnenzeit des Nullmeridians: Universal Time 1, Weltzeit 1) gezählt. Das Zeitmaß UT1 wird durch die tägliche Umdrehung der Erde um ihre Achse bestimmt. Im Gegensatz dazu wächst die von Atomuhren erzeugte sehr gleichförmige >UTC< gegenwärtig schneller als die wegen der veränderlichen Umdrehungsgeschwindigkeit der Erde (>Zeitgleichung<) ungleichförmige UT1. Durch das Einfügen von Schaltsekunden in die Skala der UTC wird jedoch dafür gesorgt, daß die Zeitsignale der UTC auf keinen Fall mehr als 0,9 s von denjenigen der UT1 abweichen. Ist keine Spezifikation zwischen UT1 und UTC möglich, wird die Bezeichnung UT (Universal Time, Weltzeit) verwendet.

Wenigborster. Oligochaeta, >Annelida<.

Wenigfüßer. Pauropoda, >Myriopoda<.

Werkskläranlage. Anlage zur Vor- oder endgültigen Behandlung des in Betrieben anfallenden gewerblichen oder industriellen Abwassers, z.B.

1) Betriebskläranlage einer landwirtschaftlichen Schlachtzentrale: Es handelt sich um eine konventionelle >Belebungsanlage< mit getrennter >anaerober Schlammstabilisierung<. Der Anlage werden die Abwässer der Versandschlachterei und ggf. die einer benachbarten Molkerei zugeführt (maximale Milchanlieferung 68.000 kg/d; Verarbeitung zu Trinkmilch und Butter).

2) Beriebskläranlage in der Fischindustrie: Je nach Produktion treten erhebliche Schwankungen bei den Schmutzfrachten aus den verschiedenen Produktionszweigen auf. Mit dem >Flotationsverfahren< läßt sich eine erhebliche Reduzierung der org. Schmutzfrachten erreichen. Der Einbau von Flotationsanlagen zur Vorbehandlung des >Abwassers< in den einzelnen Fischbetrieben wird empfohlen, insbesondere dann, wenn eine Trennung von Fäkal- und Betriebsabwasser möglich ist als Voraussetzung für eine Verwertung des Flotats in der Fischmehlindustrie. Auch im Hinblick auf die Vermeidung von Ablagerungen wie Fette u.a. in der >Kanalisation< und möglichen >Geruchsemissionen< ist eine Vorbehandlung am Ort des Abwasseranfalles die beste Lösung.

3) Betriebskläranlage für die Getränke- und Gärungsindustrie: Für die Vorbehandlung werden mechanische, chem. und biol. Verfahren angewendet. In >Sedimentationsanlagen< sind lange Absetzzeiten wegen der Probleme durch ein Anfaulen der Abwässer zu vermeiden, lediglich bei der Gemüse- und teilweise Obstverarbeitung sind Anlagen zur Sedimentation von Erd- und Sandresten zweckmäßig. Zur Beseitigung von >Schwebestoffen< mit Teilchengrößen unter 1 mm kommen >Filter<, >Filterpressen< und >Drehfilter< zur Anwendung. Für die >Neutralisation< ist zu unterscheiden, ob es sich um >Mineralsäuren< oder um org. Säuren handelt.

Lit: Abwassertechnische Vereinigung (Hrsg.) (1982–1986) Lehr- und Handbuch der Abwassertechnik, 3. Aufl., Bd. 1–7, Verlag von Wilhelm Ernst und Sohn, Berlin München.

Wertstoffe. (Syn. Altstoff). Bestandteile von Abfällen, die durch eine >Getrenntsammlung< oder durch eine >Abfallsortierung< dem Abfall entnommen und einer stofflichen Verwertung zugeführt werden (z.B. >Altglas<, >Altpapier<).

Wertstofftonne. >Grüne Tonne<.

Wespen. >Hymenoptera<.

Westlage. Großwetterlage der zonalen Zirkulationsform, >zonale Wetterlage<, s. Abb. bei >Zirkulation<, typisch für das Klima Mitteleuropas. Je nach Lage des >Azorenhochkeils< und des Islandtiefs wird entweder das gesamte Mitteleuropa oder nur Teile davon vom >Westwetter< beeinflußt.

Westwetter. Unbeständiges Wetter, verursacht durch eine Serie von durchziehenden >Tiefausläufern< unter Einbeziehung von Meeresluft. Gekennzeichnet durch lebhafte, oft stürmische Winde aus westlichen Richtungen und einen Wechsel zwischen starker Bewölkung mit teils länger anhaltenden, >Vorderseitenwetter<, teils schauerartigen Niederschlägen, >Rückseitenwetter<, und halb- bis ganztägigen Aufheiterungen, >Zwischenhoch<. Typisch für milde Witterungsabschnitte im Winter bzw. kühle im Sommer.

Westwinddrift. Kräftige von West nach Ost gerichtete, in der mittleren >Troposphäre< auftretende, Luftströmung, s. rechte Abb. bei >Zirkulation<, >zonaler Grundstrom<, in beiden Hemisphären, resultierend einerseits aus dem Luftdruckgefälle zwischen dem subtropischen Hochdruckgürtel, >Subtropen<, und der subpolaren >Tiefdruckrinne< und andererseits aus der >Coriolis-Kraft<, s. Abb. bei >Zirkulation der Atmosphäre<. Liegt im Durchschnitt zwischen 35° und 60° Breite. Im Grenzbereich zwischen der Kaltluft der polaren und Warmluft der subtropischen Breiten bilden sich die Tiefdruckgebiete, >Zyklogenese<, die mit der W. ostwärts wandern und somit Witterung und Klima der von ihnen berührten Regionen beeinflussen.

Westwindzone. Außertropische Zone mit vorherrschenden Westwinden.

Wettable-powder. (Engl.: benetzbares Pulver) >Wasserdispergierbares Pulver<.

Wetter. Kurzbezeichnung für den physikalischen Zustand der Atmosphäre zu einem bestimmten Zeitpunkt und an einem Ort, gekennzeichnet durch die einzelnen meteorologischen Elemente und ihr Zusammenwirken, z.B. Wolkenbildung durch Abkühlung feuchter Luft infolge Vertikalbewegung. Spielt sich im wesentlichen in der >Troposphäre< ab. >Witterung<, >Klima<.

Wetterbeeinflussung. >Klimabeeinflussung, Anthropogene<.

Wetterbeobachtung. Feststellen des Zustandes der Atmosphäre zu einem bestimmten Zeitpunkt an einem bestimmten Ort, >Wetterstation<, durch Messen bzw. Augenbeobachtungen. Damit die W. vergleichbar sind, müssen sie zu gleichen Terminen, >synoptische Termine<, und mit möglichst gleichartigen Instrumenten durchgeführt werden. Es ist Aufgabe der >WMO<, allgemein verbindliche Richtlinien für die W. festzulegen. Üblicherweise werden beobachtet bzw. gemessen: >Windrichtung< und >-geschwindigkeit<, >Luft-< und >Taupunkttemperatur<, Bodenluftdruck, Gesamtbedeckungsgrad des Himmels sowie Art und Menge der einzelnen Wolken in den verschiedenen Höhen und ferner besondere meteorologische Erscheinungen zum oder nahe beim Beobachtungszeitpunkt. Die W. werden nach einem von der >WMO< festgelegten Verfahren verschlüsselt und dann über Telekommunikationskanäle sofort allen nationalen >Wetterdiensten< zur Verfügung gestellt.

Lit: WMO (1996) Guide to Meteorological Instruments and Methods of Observation, WMO-Nr. 8, 6. Aufl., Genf, Loseblattsammlung.

Wetterbericht. Berichte der nationalen >Wetterdienste< über die aktuelle >Wetterlage< einschließlich der Angabe von >Wetterbeobachtungen< sowie über das im Verlaufe von ein bis zwei Tagen zu erwartende Wetter, wird mehrfach täglich neu herausgegeben. Die Verbreitung erfolgt über die Rundfunk- und Fernsehanstalten, die gedruckte Presse >Wetterkarte<, sowie die Ansagedienste verschiedener Telefongesellschaften. Neuerdings erfolgt die Verbreitung der W. auch über verschiedene Adressen im Internet. Diese Entwicklung ist noch nicht abgeschlossen s. z.B. http://www.dwd.de. Je nach Empfängerkreis sind die W. sehr allgemein gehalten, wie z.B. im Rundfunk, oder beschränken sich bei einem ausgewählten Empfängerkreis auf das Ansprechen bestimmter einzelner Wetterelemente, wie z.B. W. für die Landwirtschaft mit der Vorhersage von Niederschlag und Extremtemperaturen. Bei Bedarf wird vor für die Empfänger typische Gefahren gewarnt, >Wetterwarndienst<, wie z.B. Nachtfrost oder Sturm.

Wetterdienst. (Syn. meteorologischer Dienst). Gesamtheit der staatlich organisierten Dienste, die sich mit der Messung, Registrierung, Verarbeitung und Veröffentlichung von >Wetterbeobachtungen< befassen. Ziel ist:
- Erstellung einer >Wettervorhersage<,
- wissenschaftlichen Ausdeutung der einzelnen meteorologischen Elemente für amtliche Gutachten und Auskünfte sowie für klimatische Untersuchungen, wie z.B. >Klimakarten und -tabellen<.

In Deutschland ist für die meteorologische Versorgung der Bevölkerung aufgrund von gesetzlichen Bestimmungen der >Deutsche Wetterdienst< zuständig.

Wetterkarte. Karten, in denen für ein größeres Gebiet die >Wetterlage< eines bestimmten Zeitpunktes dargestellt ist, s. Abb. S. 1297. Je nach dem ausgewählten Bezugszeitpunkt unterscheidet man zwischen aktuellen und Vorhersagekarten. Letztere werden routinemäßig für Zeitpunkte angefertigt, die ein bis fünf Tage in der Zukunft liegen. Dargestellt werden entweder die >Wetterbeobachtungen< nach einem festgelegten Symbolschema oder Linien gleicher meteorologischer Verhältnisse, >Isolinien<, bzw. beides gleichzeitig. Je nach Fragestellung und Empfängerkreis fertigt man verschiedene Karten an. Die klassische Form der W. sind die sog. Bodenwetterkarten, s. Abb. S. 1298 und linke Abb. bei >Zirkulation<, die die meteorologische Situation am Boden darstellen. Ferner werden für verschiedene Höhenschichten die sog. Höhenwetterkarten, s. Abb. bei >Zirkulation<, angefertigt. Diese sind v.a. für den Flugverkehr von Bedeutung. Die fertigen W. werden von den nationalen >Wetterdiensten< sowohl intern verbreitet als auch in gedruckter Form täglich an die Öffentlichkeit abgegeben. Neuerdings wird auch eine Auswahl von W. im Internet veröffentlicht s. http://www.dwd.de. Die erste deutsche W. wurde 1876 von der damaligen Deutschen Seewarte, Hamburg, veröffentlicht. Zur Zeit sind innerhalb Deutschlands folgende W. regelmäßig erhältlich: tägliches Amtsblatt des >Deutschen Wetterdienstes<, Offenbach/Main und tägliches Amtsblatt des Instituts für Meteorologie der Freien Universität Berlin, Berlin-Steglitz.

Wetterkartensymbol. Zeichen, die für bestimmte Wettererscheinungen (s. Tabelle S. 1300) und >Fronten< (s. Abb. S. 1300) in >Wetterkarten< verwendet werden. Für ihren einheitlichen Gebrauch sorgen Beschlüsse der >Weltorganisation für Meteorologie<. In der Wetterkarte benutzte Wetterkartensymbole, a) Darstellung der >Windgeschwindigkeiten<, Bft = Beaufort

Wettermeldungen von Dienstag, dem 13. April 1999 06 UTC

Europa und angrenzende Mittelmeerländer

Station	Wetter	Wind	km/h	Max Vtag	Min Na.	RR 24h mm
Adana	leicht bew.	N	4	19	9	16
Ajaccio	wolkig	W	31	16	7	14
Algier	leicht bew.	still		25	8	.
Amsterdam	Schauer	WNW	43	11	7	3
Angmagssal.	wolkenlos	still		-6	-15	.
Ankara	leicht bew.	still		13	-1	.
Archangelsk	wolkig	NW	18	3	-8	0.0
Luxor	wolkenlos	N	5	36	15	.
Athen	leicht bew.	WNW	9	20	12	.
Barcelona	leicht bew.	NW	15	19	11	2
Belgrad	wolkig	S	14	17	9	X
Bergen	Regen	WNW	7	8	3	2
Bordeaux	stark bew.	WNW	15	14	8	16
Breslau	wolkig	SE	7	13	3	.
Brest	wolkig	NW	22	11	7	3
Brünn	Regen	still		15	6	0.0
Brüssel	stark bew.	W	25	13	6	9
Budapest	Regen	ESE	4	16	8	1
Bukarest	leicht bew.	SE	7	19	6	.
Cagliari	Regen	NW	39	18	11	3
Catania	wolkig	W	15	24	8	.
Damaskus	leicht bew.	WSW	14	26	10	.
Danzig-Hel	stark bew.	S	14	9	6	0.0
Dublin	stark bew.	W	32	12	3	1
Eilat	wolkenlos	NNE	15	33	17	.
Funchal/Mad.	leicht bew.	NNE	50	22	16	.
Genf	Schauer	WSW	13	9	5	15
Glasgow	stark bew.	SSE	11	13	1	0.8
Godthab	bedeckt	SSE	8	2	-3	.
Haparanda	leicht bew.	NE	4	3	-10	.
Helsinki	wolkig	E	14	6	-3	.
Heraklion	leicht bew.	S	9	18	11	.
Hirschberg	leicht bew.	still		12	1	.
Innsbruck	bedeckt	uml	4	16	4	5
Istanbul	leicht bew.	SSW	11	17	10	.
Jan Mayen	leicht bew.	N	50	-2	-3	0.1
Jerusalem	stark bew.	W	22	17	10	.
Kairo	wolkenlos	NNW	2	25	13	.
Kiew	leicht bew.	W	4	15	4	0.1
Kischinew	bedeckt	still		16	9	1
Allenstein	bedeckt	S	7	10	5	.
Konstanza	wolkenlos	W	11	18	11	0.3
Kopenhagen	stark bew.	S	17	7	3	2
Lajes/Azoren	stark bew.	E	18	18	15	.
Larnaca	leicht bew.	SSW	13	22	9	8
Linkoping	bedeckt	SSE	15	4	2	4
Lissabon	leicht bew.	N	11	20	11	.
Locarno	wolkig	NNE	9	15	7	15
London	leicht bew.	WNW	13	12	5	3
Luqa/Malta	leicht bew.	SW	9	19	11	.
Luxemburg	stark bew.	WNW	11	10	5	13
Madrid	wolkenlos	NE	11	23	8	.
Malaga	leicht bew.	NW	21	22	13	.
Minsk	leicht bew.	SSW	7	9	3	1
Moskau	bedeckt	WSW	7	13	7	3
Murmansk	leicht bew.	S	4	-3	-9	1
Narvik	leicht bew.	E	32	4	-3	.
Ponza-In.	stark bew.	WSW	42	14	11	.
Nizza	leicht bew.	E	8	18	11	.
Odessa	wolkig	NNW	7	18	9	0.0
Oslo	Schneefall	NNE	18	3	-2	9
Ostende	wolkig	WNW	40	13	7	1
Palma/Mall.	leicht bew.	NE	9	19	10	.
Paris	wolkig	NNW	22	14	7	9
Poprad/Tatra	Regen	S	4	11	3	0.2
Prag	stark bew.	SSW	11	12	4	.
Reval	Schauer	E	14	4	0	1
Reykjavik	stark bew.	N	26	-3	-6	X
Rhodos	wolkig	S	8	18	14	.
Riga	leicht bew.	SSE	14	8	4	0.0
Rom	wolkig	WSW	30	16	10	.
Rovaniemi	leicht bew.	ENE	14	1	-9	0.0
St.Petersburg	leicht bew.	E	4	4	-2	4
Shannon	wolkig	NW	40	12	5	2
Simferopol	wolkenlos	SW	11	17	7	.
Sofia	leicht bew.	still		13	5	0.0
Sotchi	Schauer	WNW	11	17	10	4
Svalbard	leicht bew.	ESE	14	-12	-19	.
Szeged	wolkig	SSE	11	17	6	0.0
Tamanrasset	leicht bew.	still		32	14	.
Tarvisio	stark bew.	W	2	9	2	30
Tel Aviv-B.G.	wolkig	SSW	15	23	13	.
Thessaloniki	leicht bew.	still		21	9	.
Thorshavn	wolkig	NW	35	5	-4	0.0
Tiflis	leicht bew.	still		21	10	.
Toulouse	stark bew.	W	26	12	8	3
Trabzon	Schauer	S	24	18	10	16
Tripolis	Nebel	S	9	30	12	.
Tunis	wolkig	SSW	15	21	9	.
Uppsala	Regen	E	13	6	1	3
Varna	leicht bew.	W	7	20	11	.
Venedig	wolkig	still		15	9	3
Warschau	leicht bew.	SSE	14	11	4	.
Wien	Regen	NW	4	15	7	1
Wilna	wolkig	SSE	11	8	3	0.0
Zürich	Regen	WSW	18	9	5	6

Asien ohne Mittelmeeranrainer

Station	Wetter	Wind	km/h	Max Vtag	Min Na.	RR 24h mm
Alma-Ata	leicht bew.	NNE	4	14	6	.
Ashabad	wolkenlos	E	22	23	9	.
Bahrain	wolkig	SSE	17	30	21	.
Bangkok	Regen	S	22	33	27	1
Bombay	wolkig	WSW	11	32	24	.
Chengdu	stark bew.	NE	14	27	19	0.2
Chiang Mai	leicht bew.	SW	11	36	26	.
Da Nang	stark bew.	WNW	4	33	25	0.7
Ranchi/Ind.	wolkenlos	NW	22	39	24	.
Dickson	Schneefall	N	25	-25	-29	.
Dubai	wolkenlos	uml	2	28	18	.
Fukuoka	stark bew.	W	28	19	12	2
Haikou	wolkig	NNE	14	32	25	.
Hongkong	leicht bew.	E	29	27	23	0.0
Irkutsk	leicht bew.	N	7	14	-1	.
Jakutsk	leicht bew.	SSW	18	-2	-21	.
Jeddah	wolkenlos	NNW	11	36	22	.
Jekaterinbg	Regen	WSW	4	8	5	0.0
Kalkutta	wolkig	SE	5	36	26	.
Kamtschatka	leicht bew.	N	4	1	-14	.
Karachi	wolkenlos	NE	4	36		.
Kuala Lumpur	leicht bew.	W	11	36	25	.
Kunming	wolkenlos	SSW	7	30	15	.
Lhasa	leicht bew.	still		24	4	.
Madras	leicht bew.	WNW	9	41	28	.
Nagpur	wolkenlos	NW	18	45	27	.
N.Delhi	wolkenlos	WSW	8	39	23	.
NovajaSemlja	leicht bew.	E	11	-8	-19	.
Novosibirsk	bedeckt	SSW	29	5	0	.
Ochotsk	wolkenlos	S	11	-1	-19	.
Ojmjakon	leicht bew.	N	7	-10	-38	.
Osaka	stark bew.	W	28	21	15	8
Peking	leicht bew.	SW	18	17	5	.
Phuket	leicht bew.	SW	15	32	26	2
Pyongyang	stark bew.	NNW	29	10	6	13
Riad	wolkenlos	SW	15	34	22	.
Saigon	leicht bew.	NW	11	33	25	12
Samarkand	leicht bew.	E	7	17	7	.
Sapporo	Schauer	ESE	13	17	9	0.5
Semipalatinsk	wolkenlos	NE	7	14	-3	0.3
Seoul	wolkig	W	14	14	5	20
Shanghai	leicht bew.	NW	22	19	8	.
Singapur	wolkig	ENE	13	34	26	0.1
Taschkent	leicht bew.	S	7	20	8	.
Teheran	leicht bew.	SSE	11			.
Tiksi	leicht bew.	still		-23	-32	.
Tokio	leicht bew.	SW	31	20	15	0.0
Ulan-Bator	leicht bew.	WSW	18	11	-3	.
Urumtschi	leicht bew.	NE	7	16		.
Werchojansk	leicht bew.	NE	11	-9	-30	.
Wladiwostok	Schneefall	N	54	9	2	23
Wuhan	stark bew.	ENE	7	25	15	.
Xining	leicht bew.	ESE	7	17	1	.
Yangon	leicht bew.	WSW	4	35	26	.

Afrika ohne Mittelmeeranrainer

Station	Wetter	Wind	km/h	Max Vtag	Min Na.	RR 24h mm
Abidjan	leicht bew.	WSW	11	34	28	.
Addis Abeba	leicht bew.	WSW	7	27	9	.
Agadez	leicht bew.	ENE	15	40	24	.
Antanarivo	wolkig	S	18	28	14	.
Ascension	leicht bew.	ESE	21	31	26	.
Bamako	wolkenlos	SSW	11	42	18	.
Casablanca	wolkig	E	4	22	15	.
Dakar	wolkenlos	N	26	25	20	.
Daressalaam	leicht bew.	S	18	32	23	.
Duala	Gewitter	still		27	24	.
Durban				27	21	.
Johannesbg.				22	12	.
Kapstadt				37	16	.
Entebbe/Ug.	leicht bew.	SSE	11		21	.
L.Palmas/Kan.	wolkenlos	NNE	30	25	18	.
Odienne/Elf.	leicht bew.			37	24	0.2
Lusaka	wolkig	E	21	26	17	.
Mauritius/Pl	wolkig	SSW	26	31	21	0.0
Mombasa	leicht bew.	S	22	33	24	.
Nairobi	wolkig	still			14	.
Ndjamena	leicht bew.	NE	11	43	25	.
N.Amsterdam	Regen	W	31	22	18	8
Niamey	leicht bew.	SW	11	43	24	.
Ouagadougou					43	.
Pr.Edward-I.	leicht bew.	NW	18	15	6	0.0
Seychellen	leicht bew.	NE	8	30	25	.
Upington				35	27	.

Nord- und Mittelamerika

Station	Wetter	Wind	km/h	Max Vtag	Min Na.	RR 24h mm
Acapulco				30	19	.
Anchorage	Schneefall	still		3		1
Atlanta				19	14	.
Barbados				30	25	.
Barrow	wolkenlos	NNE	13	-21	-27	.
Belize	leicht bew.	still		31	25	.
Bermuda				23	16	0.0
Calgary	leicht bew.	NNE	15	17	-1	.
Charleston	wolkenlos	NE	13	27	14	.
Chicago	leicht bew.	WNW	8	11	1	.
Churchill	wolkenlos	SSE	30	10	-6	0.5
Dallas				24	14	.
Denver	leicht bew.	N	13	19	-1	.
Eureka/Can	leicht bew.	W	9	-26	-34	.
Ft.Smith/Can	leicht bew.	S	5	16	1	0.0
Gander	Schauer	ESE	30	8	0	0.0
Guadeloupe	leicht bew.	still		31	22	.
Halifax	Schneefall	N	42	7	1	23
Kingston	leicht bew.	N	9	31	23	.
Los Angeles	wolkenlos	W	24	14	7	1
Mexico				24	15	.
Miami	wolkenlos	NW	21	33	21	.
Minneapolis	leicht bew.	E	5	13	0	.
Montreal	leicht bew.	NNW	15	11	-1	.
Nashville/Ten.				16	9	.
Nassau	wolkenlos	W	8	30	22	.
New Orleans				27	19	.
New York	wolkenlos	WNW	24	12	3	3
Phoenix	leicht bew.	SW	9	26	11	.
San Antonio				24	18	.
St.Louis	leicht bew.	ESE	9	16	4	.
Salt Lake City	wolkenlos	still		14	2	.
S.Francisco	leicht bew.	SW	15	14	9	.
San Juan	wolkenlos	S	8	29	23	.
Seattle	leicht bew.	WSW	9	13	7	0.5
Toronto	wolkenlos	NNW	15	10	0	.
Vancouver	leicht bew.	WNW	37	13	7	9
Winnipeg	wolkenlos	S	15	16	-2	.
Yakutat	leicht bew.	ESE	9	3	0	12

Südamerika

Station	Wetter	Wind	km/h	Max Vtag	Min Na.	RR 24h mm
Antofagasta	wolkig	ENE	4	19	13	.
Asuncion	leicht bew.	S	13	23	22	48
Belem	leicht bew.	E	5	32	23	43
Buenos Aires	Nebel	W	8	20	14	0.7
Caracas	wolkenlos	ESE	4	29	22	23
Cayenne	wolkig	SW	4	28	23	20
Com.Rivad.				22	14	.
Cordoba	leicht bew.	NNE	13	23	13	.
Cuzco/Peru	bedeckt	still		21		.
Iquitos	wolkig	still		33		.
La Paz	leicht bew.	ENE	8		3	.
Lima	wolkig	S	11	25	19	.
Manaus				33	21	.
Mendoza	leicht bew.	still		23	9	.
Montevideo	leicht bew.	WNW	9	20	17	6
Mt.Pleasant	leicht bew.	N	50	11	7	.
PuertoMontt	wolkig	still		17	10	1
Recife	wolkig	WSW	15	31	27	0.7
Salta/Arg.	bedeckt	NNW	8	21	15	0.0
Santiago/Ch.	leicht bew.	NNW	2	26	4	.
Sao Paulo	leicht bew.			27	18	.

Südostasien, Australien, Ozeanien und Antarktis

Station	Wetter	Wind	km/h	Max Vtag	Min Na.	RR 24h mm
Alice Springs	leicht bew.	E	17	30		.
Ambon/Mol.	wolkig	SSW	9	32	25	0.6
Ammund-Scot				-58	-61	.
Bali				32	26	.
Brisbane	leicht bew.	E	13	24	15	0.2
Brunei	wolkig	WNW	21	32	24	5
Darwin	leicht bew.	ESE	15	33	25	0.2
Davao/Phil.	Gewitter	ENE	7	33	24	0.9
Djakarta	stark bew.	W	30	32	25	.
Dunedin				12		1
Neumayer	Schneefall	E	18	-22	-29	.
Hobart	wolkig	NNE	2	15	12	1
Honiara/Sal.				31	23	0.1
Honolulu	leicht bew.	NE	17	27	19	0.5
Kuching/Bo.	stark bew.	N	4	28	24	0.9
Makassar/Cel.	leicht bew.	NW	11		23	.
Manila	stark bew.	W	40	33	26	.
McMurdo				-26	-34	.
McQuarie-In	leicht bew.	W	41	7	5	4
Medan/Sum.	leicht bew.	ESE	5	34	25	3
Nandi/Fiji	nach Gewitt	ENE	11	30	23	4
Noumea/N.Kal	wolkig	ESE	30	28	22	3
Pago Pago	wolkig	ESE	17	31	24	.
Palemberg/S.	wolkig	WNW	9	33	24	0.5
Perth	leicht bew.	ENE	30	33	20	.
Ponape/Karo.	leicht bew.	ENE	24	31	21	7
Rapa/DeBass.		S	8	26	21	1
Sydney	leicht bew.	ENE	15		13	0.2
Tahiti	leicht bew.	E	4	31	24	0.4
Yap-Insel				24		0.0

Wetterkarte: Wettermeldungen vom Dienstag, den 13. April 1999, 00 UTC, Amtsblatt des Deutschen Wetterdienstes, Nr. 102, Jahrgang 1999, Nachdruck mit freundlicher Genehmigung des Deutschen Wetterdienstes, Offenbach/Main

>Beaufort-Skala<; b) Darstellung verschiedener meteorologischer Erscheinungen (Auswahl).

Wetterlage. Zusammenfassende Bezeichnung für den Zustand der wichtigsten meteorologischen Elemente (Luftdruck, Boden- und Höhenwinde, Bewölkung, Niederschlag, Lufttemperatur und Feuchtigkeit) in einem räumlich begrenzten Gebiet während eines höchstens eintägigen Zeitraumes. Die W. wird in der Wetterkarte graphisch dargestellt und in ihr auch textlich beschrieben.

Wetterlage, austauscharme. >austauscharme Wetterlage<.

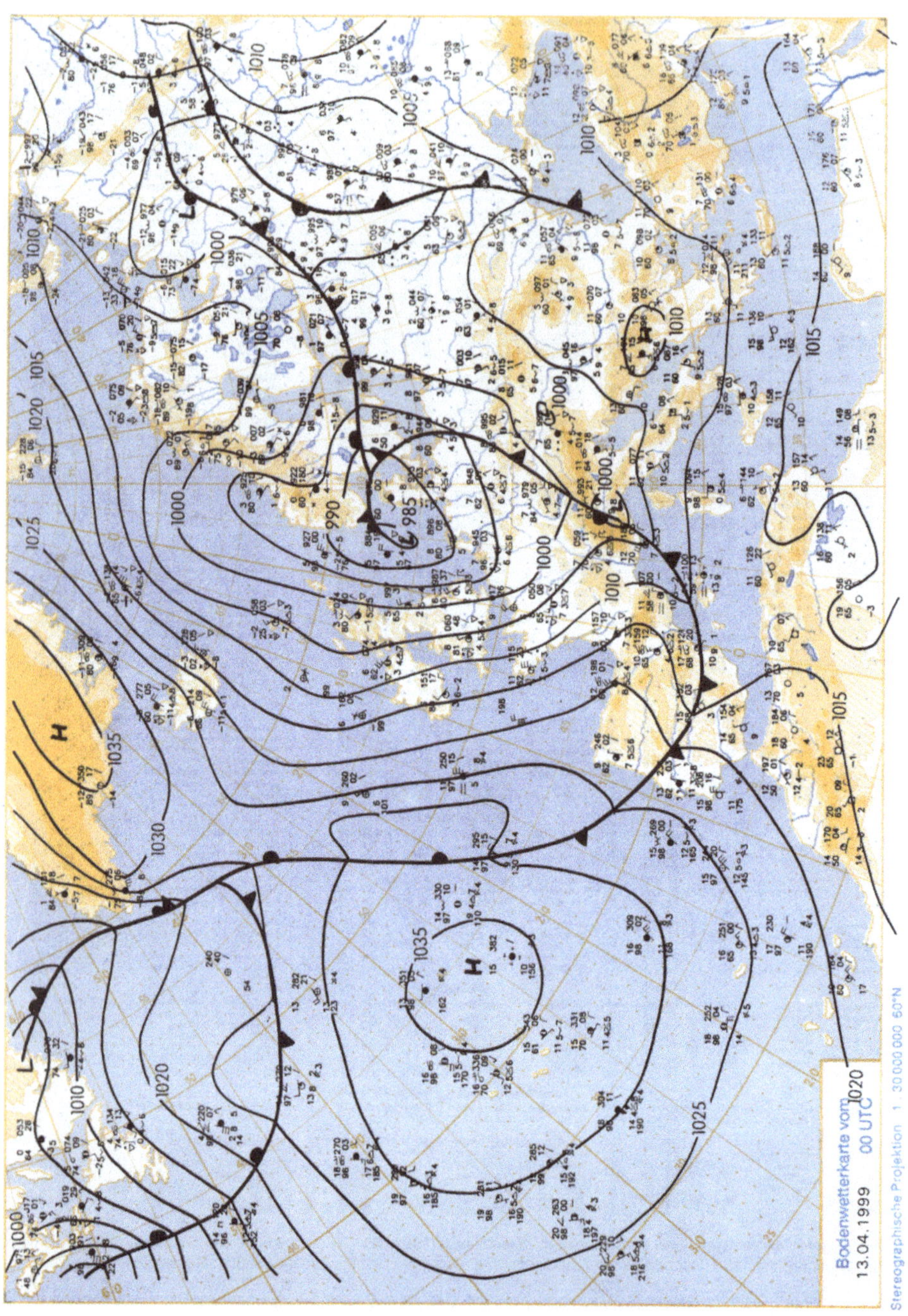

Wetterkarte: Bodenwetterkarte vom Dienstag, den 13. April 1999, OO UTC, Amtsblatt des Deutschen Wetterdienstes, Nr. 102, Jahrgang 1999. Nachdruck mit freundlicher Genehmigung des Deutschen Wetterdienstes, Offenbach/M.

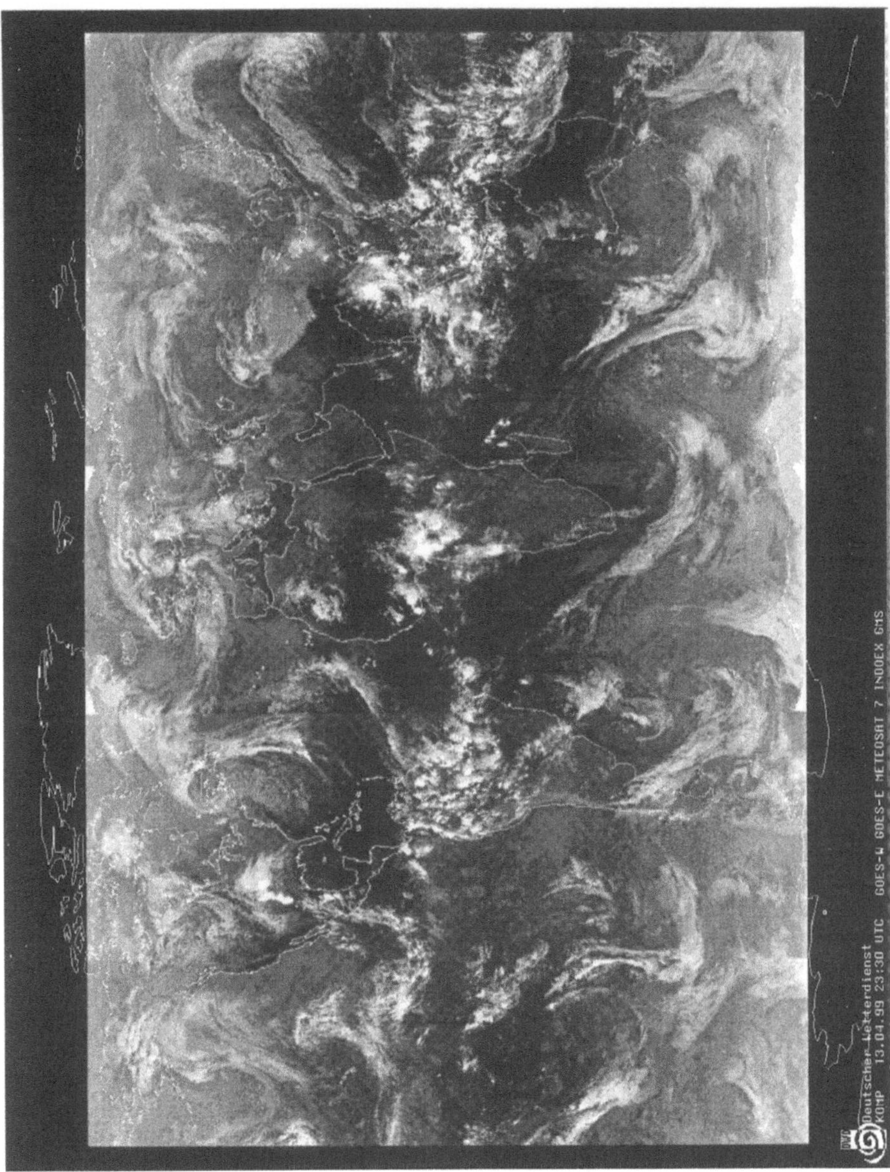

Wetterkarte: Satellitenkomposit-Bild für den 13. 04. 1999 23:30 UTC, erstellt aus den Daten der geostationären Satelliten GOES-West, GOES-Ost, METEOSAT 7, INDOEX und GMS. Positionen der Satelliten s. >METEOSAT<. Amtsblatt des Deutschen Wetterdienstes, Beilage 56, Jahrgang 1999. Nachdruck mit freundlicher Genehmigung des Deutschen Wetterdienstes, Offenbach/M.

Wetterschiff. Für meteorologische Messungen ausgerüstetes Schiff an fester Position. Hauptaufgabe des W. ist die Durchführung und Verbreitung meteorologischer und aerologischer Messungen und Beobachtungen. Im Bereich des Nordatlantiks sind z. Zt. vier W. auf ständiger Position. >Wetterstation<, >aerologische Station<.

Wetterstation. Meteorologische Station, die regelmäßig meteorologische Messungen und >Wetterbeobachtungen< entsprechend den von der >Weltorganisation für Meteorologie< festgelegten Regeln durchführt und diese als Wettermeldungen verschlüsselt absetzt. Das erste internationale Netz von W. wurde 1780 von der von Kurfürst Karl Theodor von der

Wetterkartensymbol

a)

	Bft	Knoten
○	0	< 1
○	1	1 bis 3
○	2	4 bis 6
○	3	7 bis 10
○	4	11 bis 15
○	5	16 bis 21
○	6	22 bis 27
○	7	28 bis 33
○	8	34 bis 40
○	9	41 bis 47
○	10	48 bis 55
○	11	56 bis 63
○	12	≥ 64

b)

Sprühregen	,
Graupel	△
Nebel	≡
Regenschauer	▽
Gewitter	R
Regen	●
Hagel	▲
Schneetreiben	⊹
Schneeschauer	*▽
Schnee	*
diesig	=
Wetterleuchten	⟨

Pfalz gestifteten Pfälzischen Meteorologischen Gesellschaft errichtet. In der Zeit 1781 bis 1792 wurden Beobachtungen aus insgesamt 39 Staaten (von Nordamerika bis nach Rußland) gesammelt und in den sog. Mannheimer Ephemeriden veröffentlicht. Die systematische weltweite Errichtung von Netzen mit W. erfolgte erst in der Mitte und in der zweiten Hälfte des vorigen Jahrhunderts als sich nationale Wetterdienste etablierten und Beobachtungsnetze einrichteten. Die Entwicklung der geographischen Verteilung der W. zeigt die Abb. S. 1301. Der Deutsche Wetterdienst unterhält zur Zeit in Deutschland etwa 150 W., weltweit sind es etwa 9.200 W. Von diesen sind etwa ein Drittel rund um die Uhr mit hauptamtlichem Personal besetzt. Parallel mit der Verbesserung der Meßtechnik wird angestrebt, neue, nur mit automatischen Meßwertgebern ausgerüstete Stationen einzurichten und bisher bemannte entsprechend umzurüsten.

Wettervorhersage. Aussage über das zu erwartende Wetter eines bestimmten Raumes. Nach der Gültigkeit der W. unterscheidet man:

– Kurzfristvorhersagen, Vorhersage für 24 bis 36 Stunden,
– Mittelfristvorhersagen, Vorhersage bis zu 10 Tagen,
– Langfristvorhersagen, Vorhersagen für 1 Monat bis zu einer Jahreszeit.

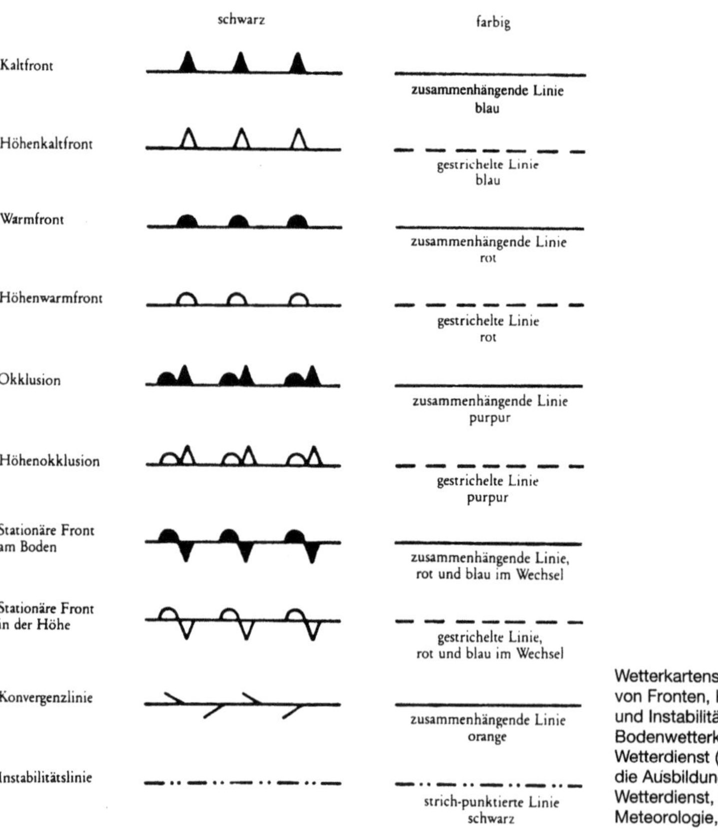

Wetterkartensymbol: Darstellung von Fronten, Konvergenz- und Instabilitätslinien in der Bodenwetterkarte. Aus: Deutscher Wetterdienst (1987) Leitfäden für die Ausbildung im Deutschen Wetterdienst, Nr. 1, Allgemeine Meteorologie, 3. Aufl.

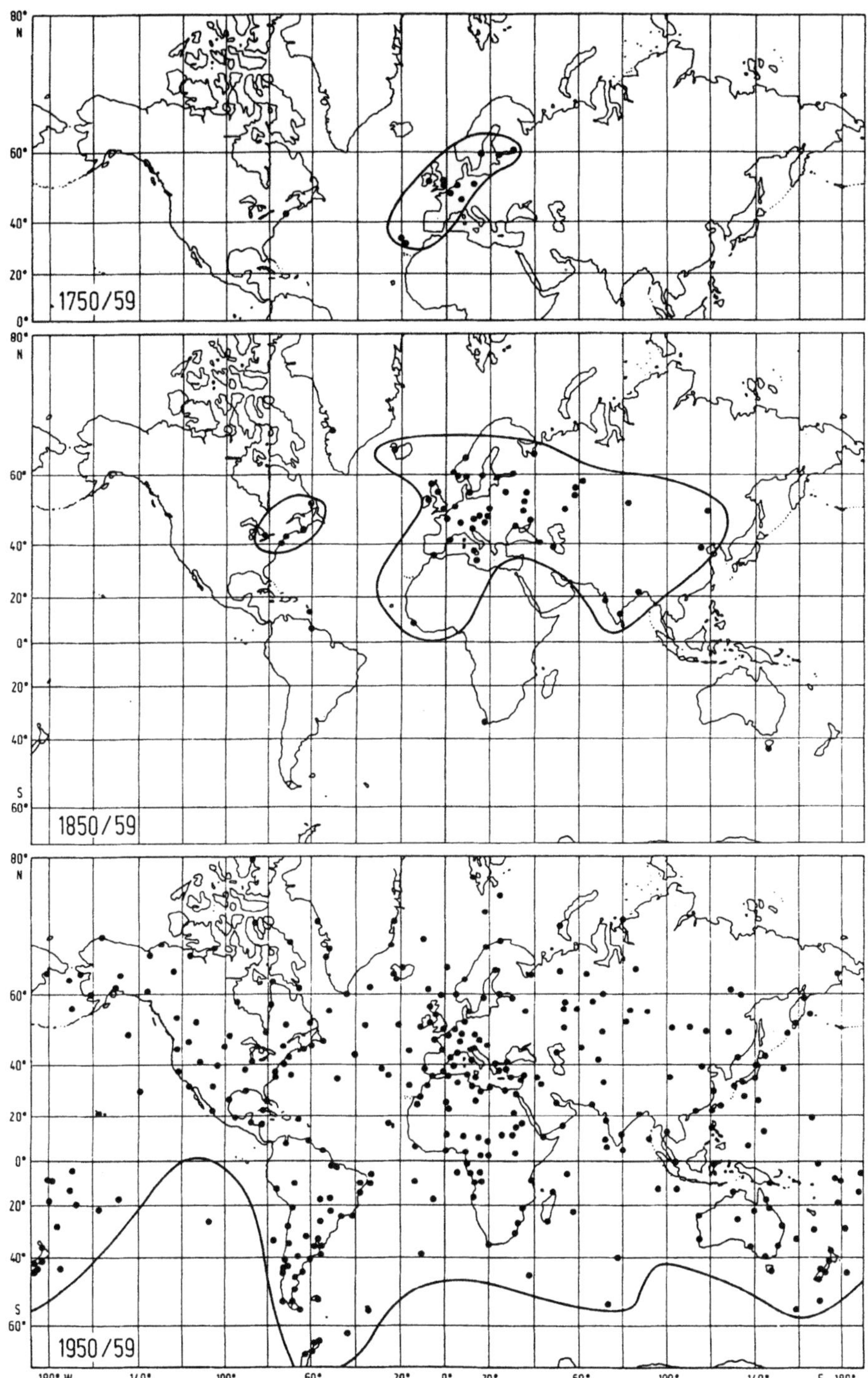

Wetterstation: Zunahme der Anzahl der Wetterstationen im Verlaufe der Jahrhunderte. Die Linien begrenzen diejenigen Gebiete, für die jeweils eine vertretbare synoptische Analyse angefertigt werden konnte (aus: Hellwege KH, Madelung O (Gesamt-Hrsg.) (1987) Landolt-Börnstein, Zahlenwerte und Funktionen aus Naturwissenschaft und Technik, Gruppe V: Geophysik und Weltraumforschung, Bd. 4, Meteorologie (Hrsg.: Fischer G) Teilband c1: Klimatologie, Teil 1, Springer, Berlin Heidelberg New York London Paris Tokyo)

Routinemäßig werden an die Öffentlichkeit nur Kurzfristvorhersagen abgegeben. Basis der W. ist die numerische Wettervorhersage, in der durch numerische Integration geeigneter mathematisch-physikalischer Vorhersagegleichungen die zukünftigen horizontalen und vertikalen Verteilungen der einzelnen meteorologischen Größen berechnet werden. Die Ergebnisse werden in Vorhersagekarten dargestellt. Aufgabe des Meteorologen in den einzelnen Vorhersagezentralen ist es, diese Kartensätze zu interpretieren und die für die Öffentlichkeit bedeutenden Wetterereignisse in Form einer W. mitzuteilen.

Wetterwarndienst. Wichtigster Teil des Wettervorhersagedienstes, der vor bestimmten meteorologischen Ereignissen warnt, damit vom Empfänger vorbeugende Maßnahmen gegen Wetterschäden ergriffen werden können. Je nach Art der Warnung erfolgt sie gezielt an den einzelnen Kunden, meist im Rahmen eines Abonnements, oder über Rundfunk an die gesamte Öffentlichkeit.

WHG. >Wasserhaushaltsgesetz<.

WHO. >World Health Organization<.

Wichtungsfaktor. Der W. beschreibt den Anteil des >Strahlenrisikos<, das sich aus dem bestrahlten Gewebe für das Gesamtrisiko der bestrahlten Person ergibt. Zur Berechnung der effektiven >Dosis< werden entsprechend den Vorschriften der Strahlenschutzverordnung die einzelnen Organdosiswerte nach Multiplikation mit dem jeweiligen W. addiert. Diese W. der Strahlenschutzverordnung unterscheiden sich von den von der Internationalen Strahlenschutzkommission im Jahre 1990 vorgeschlagenen und in die >Euratom<-Grundnormen übernommenen Werten der >Gewebe-Wichtungsfaktoren<, die bereits neuere Erkenntnisse über die Strahlenempfindlichkeit enthalten (s. Tabelle unten).

Widerruf. In § 49 des Verwaltungsverfahrensgesetzes (und auch in anderen Gesetzen) vorgesehene Handlungsmöglichkeit einer Behörde, bei der es um Aufhebung eines rechtmäßigen >Verwaltungsaktes< geht; die Aufhebung ist davon abhängig, ob der Verwaltungsakt begünstigend oder belastend ist.

Widerrufsvorbehalt. Sog. Nebenbestimmung zu einem >Verwaltungsakt<. Die ihn erlassende Behörde darf ihn erlassen mit dem Vorbehalt, den Verwaltungsakt zu widerrufen; s. § 36 Abs. 2 Nr. 3 des Bundesverwaltungsverfahrensgesetzes.

Widerspruchsverfahren. Rechtsmittel, mit dem der Adressat eines >Verwaltungsaktes< oder ein durch den Verwaltungsakt belasteter Dritter sich gegen den Verwaltungsakt oder den Nichterlaß eines beantragten Verwaltungsaktes wehren kann. Gesetzlich geregelt in §§ 68 ff. der Verwaltungsgerichtsordnung. Diese Möglichkeit entfällt dann, wenn sie gesetzlich ausgeschlossen wurde. Nach erfolgloser Durchführung eines W. kann eine Klage gegen den belastenden Verwaltungsakt vor dem Verwaltungsgericht erfolgen.

Widerstandsläufer. >Vielflügler<.

Wiederaufarbeitung. Anwendung chem. Verfahren, um aus >Kernbrennstoff< nach seiner Nutzung im >Reaktor< (>abgebrannter Kernbrennstoff<) die Wertstoffe – das noch vorhandene >Uran< und den neu entstandenen >Spaltstoff< >Plutonium< – von den >Spaltprodukten<, den >radioaktiven Abfällen<, zu trennen. Großtechnisch mehrjährig erprobt ist zur Wiederaufarbeitung das >PUREX-Verfahren<. Ein ausgedientes >Brennelement< hat – wenn man vom Strukturmaterial absieht – folgende Zusammensetzung: ca. 95 % Uran, ca. 4 % Spaltprodukte (Abfall), ca. 1 % Plutonium, außerdem >Transurane<. Das zurückgewonnene Uran und das Plutonium können nach entsprechender chem. Bearbeitung wieder als Brennstoff in einem Kernkraftwerk eingesetzt werden. Die in einer Wiederaufarbeitungsanlage mit einem Jahresdurchsatz von 350 t jährlich zurückgewinnbaren Kernbrennstoffe entsprechen bei Einsatz in den heute üblichen >Leichtwasserreaktoren< der Energiemenge von ca. 10 Mio. t Steinkohle. Durch den Wiederaufarbeitungsprozeß wird der hochaktive Abfall (Spaltprodukte) abgetrennt und danach in eine Form gebracht, die eine sichere Endlagerung gewährleistet.

Wiederaufarbeitungsanlage Karlsruhe (WAK). Die Wiederaufarbeitungsanlage Karlsruhe war ausgelegt auf einen Durchsatz von 200 kg UO_2 pro Tag – max. 35 t Uran bei 200 Betriebstagen pro Jahr – mit einer Anreicherung bis 3 % U-235-Äquivalent. Der Aufschluß der >Brennelemente< (Hüllen aus Edelstahl oder Zirkonlegierungen) erfolgt im >Chop-leach-Verfahren<, die U/Pu-Trennung im zweizyklischen >PUREX-Verfahren< mit 30 % >TBP< in *n*-Dodecan. Seit der heißen Inbetriebnahme der Anlage im Jahr 1971 wurden bis zum Ende des Auflösebetriebs 1990 rund 200 t bestrahlter Kernbrennstoff aufgearbeitet und über 1 t Plutonium abgetrennt. Das gesamte in der WAK abgetrennte Plutonium entspricht bei 70 % spaltbarem Anteil dem Energieeinhalt von 1,5 Mio. t Steinkohle. Der bei der Wiederaufarbeitung angefallene hochaktive, fl. Abfall mit einem Vol. von 80 m³ wird auf dem WAK-Gelände in Behältern gelagert.

Wiederaufarbeitungsanlagen, weltweit. Weltweit sind elf W. in Betrieb. Zwei große, kommerziell betriebene Anlagen für die Wiederaufarbeitung von abgebrannten Brennelementen aus Leichtwasserreaktoren mit Durchsätzen von 1.800 und 1.200 t Uran pro Jahr befinden sich in La Hague, Frankreich und Sellafield, England.

Wiederbesiedlung. Nach Verödung eines Lebensraums eintretende erneute Ansiedelung von einheimischen Organismen. Die W. kann auf natürlichem Wege erfolgen, z.B. nach einem starken Hochwasser im Gebirgsbach oder zeitweiser Austrocknung eines Fließgewässerabschnitts oder von Kiesgruben und Baggerseen durch Anflug und Zuwanderung. Die W. kann auch durch Besatz mit Organismen in Gang gesetzt oder ge-

Wichtungsfaktor

Gewebe oder Organ	Wichtungsfaktor
Brust	0,15
Keimdrüsen	0,25
rotes Knochenmark	0,12
Knochenoberfläche	0,03
Lunge	0,12
Schilddrüse	0,03
Blase, Bauchspeicheldrüse, oberer Dickdarm, unterer Dickdarm, Gebärmutter, Gehirn, Leber, Magen, Milz, Nebenniere, Thymus (nur die jeweils fünf am stärksten exponierten Organe werden berücksichtigt)	je 0,06

Wiederaufarbeitungsanlagen, weltweit: Zivile Wiederaufarbeitungsanlagen

Land	Standort	Kapazität t U/a	Inbetriebnahme bzw. Betriebsdauer
B	Mol	80	1966–1974
D	Karlsruhe	35	1971–1990
F	Marcoule, UP 1	400	1958
	La Hague, UP 2	900	1967–1974
	La Hague, UP 2-400	400	1976–1990
	La Hague, UP 2-800	800	1990
	La Hague, UP 3	1.000	1990
GB	Windscale	1.000	1956–1962
	Sellafield, Magnox	1.500	1964
	Dounreay	8	1980
	Sellafield, THORP	1.200	1994
I	Rotondella	5	1968
Ind	Trombay	60	1965
	Tarapur	100	1977
J	Tokai Mura	210	1977
	Rokkashomura	800	1995
RUS	Tscheljabinsk	400	1978
	Krasnojarsk	1.500	Im Bau
USA	West Valley	300	1966–1972

fördert werden. In diesem Fall ist genau zu entscheiden, welche Organismen natürlicherweise den betreffenden Lebensraum besiedeln. Fischbesatz ist keine Wiederbesiedlung, wenn er nur aus wirtschaftlichen Gründen vorgenommen wird. Auch der Einsatz einzelner Organismenarten ist keine W., sondern eine Einbürgerung.

Wiederholbedingungen (repeatability conditions). Bestehen in der wiederholten Anwendung eines festgelegten Ermittlungsverfahrens am identischen Objekt durch denselben Beobachter in kurzen Zeitabständen mit derselben Geräteausrüstung am selben Ort (im selben Labor). Die unter W. ermittelte >Präzision< ist die geringstmögliche Streuung und wird als Wiederholpräzision bezeichnet. Der Gegenbegriff zu W. sind >Vergleichsbedingungen<.
Lit: DGQ-Schrift 11-04, Begriffe zum Qualitätsmanagement. Deutsche Gesellschaft für Qualität, Frankfurt/M.

Wiedernutzbarmachung. Ordnungsgemäße Gestaltung der vom Bergbau in Anspruch genommenen Fläche unter Beachtung des öffentlichen Interesses. >Rekultivierung<.

Wiederverwertung. >Abfallverwertung<.

Wiese. Pflanzenformation und >Lebensraum<, in dem Gräser vorherrschen und Gehölzpflanzen allenfalls in geringerer Menge vorkommen. Natürliche W. existieren in Mitteleuropa nur in höheren Gebirgslagen, als Salzwiesen in Strandnähe oder kleinflächig in Gewässernähe. Zu unterscheiden sind die Flächen, die vorwiegend Süßgräser tragen, von solchen, die viele Sauergräser wie z.B. Seggen enthalten. Die Gesamtheit der so bewachsenen Flächen wird auch als >Grünland< bezeichnet. Es entsteht und besteht heute weitgehend durch den Eingriff des Menschen in Form der einmaligen oder mehrmaligen Mahd, deren Ertrag bei intensiver Nutzung durch Aussaat und Düngung verbessert wird. Dadurch verarmen die Wiesen mehr und

mehr und werden zu „Grasäckern" mit ganz wenigen Pflanzenarten. Sie bieten nur wenigen Tieren Lebensmöglichkeiten, ganz im Gegensatz zu einer bunten Gebirgswiese, die neben den Gräsern auch viele Kräuter und Stauden enthält und damit eine Lebensgrundlage für viele Tiere bildet.

Wiesenfauna. Tierpopulationen zahlreicher Arten aus natürlichen Offenland-Ökosystemen und Wäldern besiedeln die Wiesen, je nach Bewirtschaftungsweise, in unterschiedlicher Zusammensetzung. >Wiese<.
Lit: Curry JP (1994) Grassland Invertebrates. Chapman & Hall, London, 1–437.

Wiesenvegetation. Die Vegetation der Wiesen wird, in Abhängigkeit von der Bewirtschaftungsweise, von unterschiedlichen Artenzusammensetzungen der natürlichen Offenlandsysteme repräsentiert. >Wiese<.
Lit: >Waldvegetation<.

Wigner-Effekt. Durch Bestrahlung – überwiegend durch >schnelle Neutronen< – hervorgerufene Veränderung der Gitterstruktur von >Graphit<.

Wigner-Energie. Gespeicherte Energie im bestrahlten >Graphit< eines Graphitreaktors. Die auf Zwischengitterplätzen sitzenden Graphitatome bewirken diese Energiespeicherung (>Wigner-Effekt<). Bei Graphittemp. über 250 °C rekombinieren diese Fehlstellen. Dabei wird Energie, die Wigner-Energie, frei.

Wildbachverbauung. Wasserbauliche Maßnahmen an steilen, geschiebeführenden Bächen („Wildbäche") mit dem Ziel, die Erosion im Oberlauf und die Ablagerung von Material im Unterlauf sowie die Überschwemmungsgefahr zu vermindern oder ganz zu unterbinden. Maßnahmen gegen die Erosion und den Materialtransport sind Sperren im Bachbett, oft mehrere hintereinander als Sperrentreppe, Fixieren des Bachbetts mit Schalen, Leitwerken und Grundschwellen sowie eine Stabilisierung der Hänge durch Bepflanzen und/oder Entwässerung. Maßnahmen gegen die Ablagerung im Unterlauf: Erhöhung der Schleppkraft des Wassers durch Laufbegradigung des Baches, Verringerung des Gerinnequerschnitts und Bau von Staudämmen (Hochwasserschutz) sowie Einbau eines Geschiebesammlers.
Lit: Vischer D, Huber A (1978) Wasserbau. Hydrologische Grundlagen Elemente des Wasserbaus, Nutz- und Wasserschutzbauten, 1. Aufl., Springer, Berlin Heidelberg New York – Lange G, Lecher K (1993) Gewässerregelung, Gewässerpflege, Naturnaher Ausbau und Unterhaltung von Fließgewässern, 3. Aufl., Parey, Hamburg Berlin.

Wildkraut. >Unkraut<.

Wildkrautflora. >Unkrautflora<.

Wildpflanzen. In der freien Natur wildwachsende, einheimische Pflanzen.

Wimpertierchen. Ciliata, >Protozoa<.

Wind. Die Luftbewegung (Wind) wird durch verschiedene auf die Luftpartikel wirkende Beschleunigungskräfte verursacht. Hierzu gehören die >Druckgradient-<, >Coriolis-<, >Zentrifugal-< und >Reibungskraft<, die unterschiedlich stark wirken. Der Wind ist eine vektorielle Größe, die sich aus >Windrichtung< und ->geschwindigkeit <(Betrag) zusammensetzt, >Windvektor<. In der Meteorologie wird üblicherweise geschrieben:

$$v = u\,i + v\,j + w\,k$$

wobei u, v und w die skalaren Beträge der Windkomponenten in zonaler, meridionaler bzw. vertikaler Richtung sind. w ist in der Regel 2 Größenordnungen kleiner als u und v. Die Einheitsvektoren i, j und k weisen nach Osten, Norden bzw. aufwärts.

Lit: Hellwege KH, Madelung O (1987) (Hrsg.) Landolt-Börnstein, Zahlenwerte und Funktionen aus Naturwissenschaft und Technik, Gruppe V, Bd. 4, Teilbd. a: Thermodynamische und dynamische Strukturen der globalen Atmosphäre, Springer, Berlin Heidelberg New York London Paris Tokyo.

Winddruck. Druckkraft des Windes auf die Einheit der angeströmten Fläche:

$$w = c \cdot \varrho \cdot v^2/2$$

(ϱ = Luftdichte, v = mittlere Windgeschwindigkeit, c = Widerstandsbeiwert, abhängig von Reynolds-Zahl und Flächenform). Bei der Abschätzung der mechanischen Beanspruchung von Bauwerken ist der W. eine wichtige Einflußgröße.

Lit: Christoffer J, Ulbricht-Eissing M (1989) Die bodennahen Windverhältnisse in der Bundesrepublik Deutschland, 2. Aufl., Ber Deut Wetterdienst 147 – Grauthoff M (1991) Windenergie in Nordwestdeutschland: Nutzungsmöglichkeiten und landschaftsökologische Einpassung von Windkraftanlagen. Europäische Hochschulschriften, Reihe 42, Ökologie, Umwelt und Landschaftspflege, Band 6. Peter-Lang-Verlag, Frankfurt/M. – Traup S, Kruse B (1996) Wind und Windenergiepotentiale, Winddaten für Windenergienutzer. Deutscher Wetterdienst, Offenbach am Main.

Windenergieanlage. (Syn. Windenergiekonverter). Windmühle oder Windrad, das einen >Generator< zur Stromerzeugung antreibt. Die kinetische Energie des Windes wird schon seit sehr langer Zeit mit Hilfe von Windmühlen genutzt. Es ist bekannt, daß es solche Anlagen bereits im Altertum bei den Persern und Griechen gegeben hat. In Holland wurden die ersten Windmühlen um 1100 nach Christus gebaut. Mit ihnen wurde bis zu Erfindung der Dampfmaschine der größte Teil des Energiebedarfs gedeckt, wobei sie u. a. auch zum Antrieb von Entwässerungspumpen genutzt wurden. Heute steht die Gewinnung von elektrischer Energie im Vordergrund, d. h. die Windenergie wird zum Antrieb von Generatoren genutzt. Zwei Typen von W. erscheinen heute für die energetische Nutzung der Windenergie besonders geeignet: Einerseits die *Horizontalachsenmaschinen*, zu denen >Growian< gehört, und die je nach Anzahl der Rotorblätter als >Einflügler< oder >Vielflügler< bezeichnet werden, und andererseits die *Vertikalachsenmaschinen* nach dem Prinzip des >Darrieus-Rotors<. Der Energiein-

halt des Windes nimmt mit der 3. Potenz seiner Geschwindigkeit zu. Leistet also eine W. bei einer Windgeschwindigkeit von 20 km/h 100 kW, so kann die gleiche Anlage bei einer Windgeschwindigkeit von 40 km/ h theoretisch 800 kW leisten. Eine W. kann die Windenergie nicht zu 100 % nutzen. Ein Teil der Energie, die die Anlage dem Wind entzieht, gibt sie ihm auch wieder zurück, indem die Turbinenblätter die Luft auf ihrer Rückseite verdrängen. Der theoretisch höchste Wirkungsgrade beträgt deshalb knapp 60 % Energieverluste durch Reibung in den Lagern des Propellers, im Getriebe zwischen Propeller und Generator sowie bei der Umwandlung der mechanischen in elektrische Energie im Generator führen dazu, daß ca. 40 % der Windenergie in Strom umgesetzt werden. Als untere Grenze einer technisch und wirtschaftlich sinnvollen Nutzung der Windenergie durch eine W. gilt eine über das ganze Jahr gemittelte Windgeschwindigkeit von 4 bis 5 m/s (ca. 16 km/h) gemessen in 10 m Höhe über Grund. Derartige Windgeschwindigkeiten treten in Deutschland hauptsächlich am Meer und im Gebirge auf.

Windenergiekonverter. >Windenergieanlage<.

Winderosion. Bodenabtrag durch Wind (früher auch als Deflation bezeichnet). Die Erosionsanfälligkeit gegenüber Wind ist besonders hoch bei spezifisch leichtem, trockenem, nicht aggregiertem Bodenmaterial, so daß einerseits entwässerte organische Böden (z. B. >Niedermoorböden<, geringe Dichte), andererseits >Mineralkörner< im >Schluffbereich< ohne Bindemittel (fehlende Aggregierung) leicht verblasen werden. Maßnahmen zum Schutz vor W. verringern entweder die Windgeschwindigkeit unmittelbar an der Bodenoberfläche (durch Pflanzenbedeckung oder >Mulch<, aber auch durch Feldgehölze usw.), fördern die Aggregierung der Böden (z. B. indirekt durch Förderung des Bodenlebens) oder verhindern die vollständige Austrocknung der Bodenoberfläche.

Windgeschwindigkeit. Die Auswahl der für die Angabe der Größenordnung der W. erforderliche Einheit wird nicht einheitlich gehandhabt. Nach DIN 1304, Teil 2 ist als Einheit stets m/s zu verwenden. Die >WMO< empfiehlt gleichberechtigt m/s und Knoten (1 kn = 1 Seemeile/Stunde). Im >Deutschen Wetterdienst< wird der an Land gemessene Wind in m/s ausgedrückt, bei Sturm- und Orkanwarnungen wird dagegen km/h verwendet; andere nationale >Wetterdienste< verwenden aber durchgehend nur m/s. Da auf

Windgeschwindigkeit: Beziehungen zwischen Beaufortgraden und Windgeschwindigkeit

Beaufortgrad		Windgeschwindigkeit		
		m/s	km/h	Knoten
0	Windstille	0,0 bis 0,2	< 1	< 1
1	leiser Zug	0,3 bis 1,5	1 bis 5	1 bis 3
2	leichter Wind	1,6 bis 3,3	6 bis 11	4 bis 6
3	schwacher Wind	3,4 bis 5,4	12 bis 19	7 bis 10
4	mäßiger Wind	5,5 bis 7,9	20 bis 28	11 bis 15
5	frischer Wind	8,0 bis 10,7	29 bis 38	16 bis 21
6	starker Wind	10,8 bis 13,8	39 bis 49	22 bis 27
7	harter steifer Wind	13,9 bis 17,1	50 bis 61	28 bis 33
8	stürmischer Wind	17,2 bis 20,7	62 bis 74	34 bis 40
9	Sturm	20,8 bis 24,4	75 bis 88	41 bis 47
10	starker Sturm	24,5 bis 28,4	89 bis 102	48 bis 55
11	heftiger starker Sturm	28,5 bis 32,6	103 bis 117	56 bis 63
12	Orkan	32,7 und mehr	118 und mehr	64 und mehr

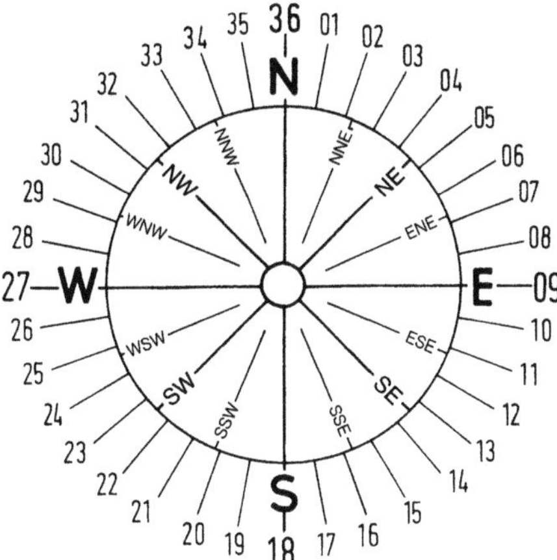

Windgeschwindigkeit: Verschiedene Formen der Angabe der Windrichtungen (oben) und Windgeschwindigkeiten (unten) (aus: Deutscher Wetterdienst (1982) Vorschriften und Betriebsunterlagen Nr. 2, Wetterschlüsselhandbuch, 3. Ausgabe, Loseblattsammlung)

See die W. i.d.R. nur geschätzt wird, wird nicht die Windgeschwindigkeit, sondern nur die Windstärke, ausgedrückt in der >Beaufort-Skala<, angegeben. Alle Skalen s. Tabelle und Abb.

Lit: WMO (1996) Guide to Meteorological Instruments and Methods of Observation, WMO-Nr. 8, 6. Aufl., Genf, Loseblattsammlung.

Windmesser. >Anemometer<.

Windrichtung. Richtung, aus der der Wind weht, s. obere Abb. bei >Windgeschwindigkeit<. In den >Wetterberichten< wird die W. in der Regel in der 32 teiligen Skala, d. h. N, NNE, NE, usw. angegeben; gemessene W. werden dagegen auf die 360° Skala bezogen.

Windscherung. Das Aneinandervorbeigleiten zweier unmittelbar benachbarter Luftmassen mit unterschiedlichen Geschwindigkeiten oder Richtungen. Die W. kann sowohl in der Horizontalen wie in der Vertikalen auftreten. Die Trennungslinie zwischen beiden Strömungen wird als >Scherungslinie< bezeichnet.

Windschutzstreifen. Haben zum Ziel, die Windgeschwindigkeit herabzusetzen und so vor Winderosion zu schützen. Dazu können speziell dazu angelegte Pflanzungen oder vorhandene Hecken dienen. Für eine Schutzfunktion gibt es Voraussetzungen: Der W. sollte im rechten Winkel zur Windrichtung stehen, eine mittlere Höhe von 7 m haben, die W. einen Abstand von ca. 100 m. Der W. muß durchlässig sein, aber wegen Düsenwirkung keine Öffnung haben. Die Schutzzone beträgt ca. Höhe des W. mal 15. Für einen effektiven Schutz sind flächendeckende Maßnahmen notwendig.

Windspirale. (Syn. Ekman-Spirale), >Ekman-Schicht<.

Windstärke. Windstärkenskala nach >Beaufort<. Die Stärkebereiche sind nach der Windwirkung auf Objekte in Bodennähe oder auf eine größere Wasseroberfläche festgelegt. Den einzelnen W. sind bestimmte Geschwindigkeitsbereiche zugeordnet; s. Tabelle zu >Windgeschwindigkeit<.

Windvektor. Darstellung des >Windes< durch einen Vektor, wobei die Länge des Vektors die >Windgeschwindigkeit<, seine Richtung die Richtung angibt, in die der Wind weht (während ein >Wind< nach der Richtung bezeichnet wird, aus der er kommt).

Winkelpresse. Spezielle Bauart einer >Bandpresse< in Kläranlagen. Durch die abgewinkelte Bandführung sollen die Scherkräfte erhöht werden, so daß ein höherer Feststoffgehalt im entwässerten >Schlamm< erreicht werden kann (s. a. >Siebbandpresse<, >Bandfilter<).

Winterperiode. Best. >Schadstoffkonzentrationen< wie >Schwebstaub< oder >Schwefeldioxid< können im W. in der Außenluft höhere Werte als in der Sommerperiode erreichen. Die Verordnung über >Immissionswerte< (22. Verordnung zum >Bundes-Immissionsschutzgesetz<) vom 26.10.1993 (Stand 27.05.1994) enthält daher für die W. höhere >Immissionswerte< für >Schwefeldioxid< und >Schwebstaub<. Als Bezugszeitraum für die W. ist dabei die Periode vom 1. Oktober eines Jahres bis zum 31. März des darauffolgenden Jahres definiert.

Wirbelkammer. Spezielle Vorkammergestaltung bei >Dieselmotoren<, wobei durch tangentiale Einspritzung intensive Wirbelbildung zwecks besserer >Gemischaufbereitung< und schnellerer >Verbrennung< erzeugt wird. Damit weniger Abgasschadstoffe, insbesondere >NO_x<, als bei >direkter Einspritzung<.

Wirbelschicht. In einer Wirbelschichtbrennkammer befinden sich über 90% inerte Partikel (Quarzsand, Kalk, Asche etc.) und nur wenige % Brennstoff. Hat die Wirbelschicht eine definierte Oberfläche, was bei kleineren Leerraumgeschwindigkeiten (Volumenstrom/Querschnitt ohne Berücksichtigung von Partikeln) der Fall ist, spricht man von einer *stationären* W. Die W. zeigt Eig. wie eine Flüssigkeit, d. h. die Oberfläche ist immer horizontal, sie fließt aus Öffnungen aus, und leichtere Teile schwimmen auf, schwerere sinken zu Boden. Bei Erhöhung der Leerraumgeschwindigkeit vergrößern sich die Abstände zwischen den Partikeln, die W. dehnt sich aus, die Gasgeschwindigkeit zwischen den Partikeln bleibt gleich, auch der Druckverlust bleibt gleich und entspr. dem Gewicht des Bettmaterials, vermindert um den Auftrieb. Gas-Feststoffwirbelschichten sind nicht homogen, sondern zeigen Blasen, die für eine gute Durchmischung in axialer (nicht aber in radialer) Richtung sorgen. Will man eine gute Durchmischung auch in radialer Richtung erreichen, muß bei stationären W. für eine interne Rezirkulation durch Einbauten bzw. entspr. Anströmung gesorgt werden. Wird die Leerraumgeschwindigkeit weiter erhöht und überschreitet die Sinkgeschwindigkeit, so werden Partikel ausgetragen, fallen teilweise in Strähnen wieder zurück, und es kommt zu einer intensiven axialen und radialen Durchmischung. Außerdem muß über einen Zyklon das mitfliegende Bettmaterial abgeschieden und in die W. rezirkuliert werden – man spricht dann von einer *zirkulierenden* W. Die Partikeldurchmesser stationärer atmosphärischer W. liegen zwischen 2 und 3 mm, die Partikeldurchmesser zirkulierender atmosphärischer W. zwischen 0,1 und 0,3 mm (beide bei atmosphärischem Druck). Weltweit sind zahlreiche stationäre und zirkulierende Wirbelschichtanlagen bei atmosphärischem Druck zur Verbrennung von Schlämmen, Holzabfällen u. a. Abfällen – auch aufbereitetem bzw. sogar unaufbereitetem

Hausmüll in Betrieb. Einen Überblick über Anlagen europäischer Hersteller gibt LEITHNER, R. (1989). In Japan sind etwa 40 Anlagen in Betrieb. Der Vorteil der Wirbelschichtanlagen ist die Möglichkeit, feste, pastöse, fl. und gasförmige Abfälle in fast beliebiger Kombination mit guter Schadstoffeinbindung (SO_2, HCl, HF) durch Kalkstein und niedriger NO_x-Entstehung (wegen der gleichmäßig niedrigen Verbrennungstemp. von weniger als 900°C) zu verbrennen. Die Abb. (a) zeigt das Fließschema einer stationären atmosphärischen W.-Abfallverbrennungsanlage einer Papierfabrik mit 22 t/h, 64 bar, 480°C Naturumlauf Dampferzeuger zur Verbrennung von Klärschlamm, >BRAM< (Brennstoff aus Müll) und Rinde. Die CO-

Meßwerte liegen bei einem Grundpegel von ca. 300 mg/m^3 (i. N. trocken, 11 % O_2) und können bei ungünstigen Verbrennungsbedingungen auf 2.700 mg/m^3 steigen. Der Entschwefelungsgrad liegt zwischen 65 und 75 % bei Ca/S-Verhältnissen von 1 bis 5, abhängig von der Luftzuführung und den Brennstoffen. Die HCl-Konz: im Reingas beträgt 40 bis 180 mg/m^3, HF liegt unterhalb der Nachweisgrenze, NO_x zwischen 260 bis 300 mg/m^3. Zirkulierende atmosphärische W. bringen wegen der besseren Durchmischung bessere Voraussetzungen für die Emissionsminderung und die Ausnutzung der Additive. Die Abb. (b) (s. unten) zeigt das Fließschema einer zirkulierenden atmosphärischen W. zur Verbrennung von zerkleinerten Holzabfällen.

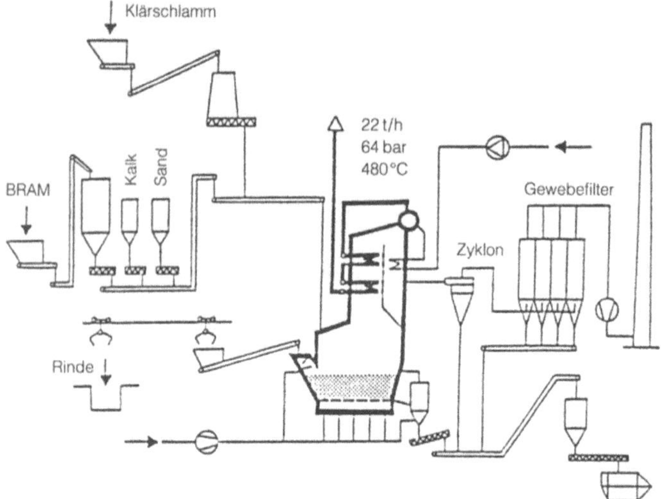

Wirbelschicht: a) Stationäre atmosphärische Wirbelschicht für Klärschlamm, >BRAM< und Rinde

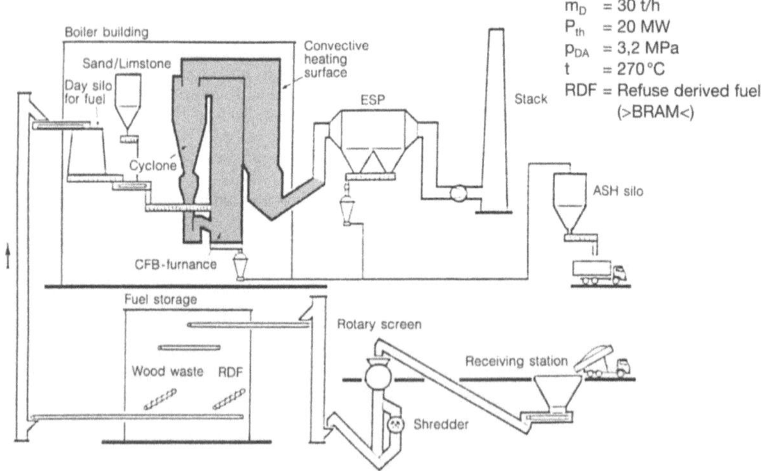

Wirbelschicht: b) Zirkulierende atmosphärische Wirbelschicht für Holzabfälle

Der Dampferzeuger hat einen Durchsatz von 30 t/h, einen Frischdampfdruck von 32 bar und eine Frischdampftemperatur von 270 °C. Im allg. wird der Müll für Wirbelschichtanlagen zumindest zerkleinert werden müssen.

Lit: 4. ZAF-Seminar: Abfallreduzierung und Restmüllentsorgung 28./29. September 1989, TU Braunschweig, ISSN 0934-9243 – Leithner R (1989) Einfluß unterschiedlicher Wirbelschichtfeuerungssyteme auf Auslegung, Konstruktion und Betriebsweise der Dampferzeuger, VGB-Kraftwerkstechnik 69: 675–701 – Heinrich F (1988) Versuche zur Müllverbrennung in der Wirbelschicht, VGB-Kraftwerkstechnik 68: 1152–1160 – Vater C (1987) Stand und Entwicklung der Wirbelschichtfeuerung, VDI-Bericht Nr. 637.

Wirkstoff, Rein-. >Aktivsubstanz<. (Internationaler Code: >AI<). Biologisch aktive Substanz, die durch den >common name< definiert ist. Häufig wird auch die englische Bezeichnung active ingredient (a.i.) verwendet.

Wirkstoff, technisch. (Internationaler Code: >TC<). Biologisch aktives Material, das beim technischen Herstellungsprozeß entsteht und neben dem reinen Wirkstoff herstellungsbedingte Verunreinigungen enthält. Der technische Wirkstoff enthält in einigen Fällen auch neben den Verunreinigungen >Additive<.

Wirkung, antagonistische. >Antagonismus<.

Wirkungsgrad. 1. biologisch: Verhältnis der Abnahme der organischen Verschmutzung zur zugeführten organischen Verschmutzung in der biologischen Abwasserreinigung (DIN 4045). Es werden Zuläufe und Abläufe z. B. als >CSB< und/oder >BSB< und/oder >DOC<, bezogen auf die Wassermenge, gemessen.
2. technisch: Der Wirkungsgrad einer Maschine bezeichnet das Verhältnis von abgegebener Nutzleistung zur aufgewendeten Leistung. Der Wirkungsgrad bezieht sich auf einen best. Betriebspunkt, z. B. den Volllastbetrieb.

Wirkungsquerschnitt. Maß für die Wahrscheinlichkeit des Auftretens einer Reaktion. Der Wirkungsquerschnitt stellt die scheinbare Fläche dar, die ein Zielkern einem ankommenden Teilchen bietet. Der Wirkungsquerschnitt wird in Flächeneinheiten angegeben. Häufig werden Wirkungsquerschnitte noch in der bis Ende 1977 zulässigen Einheit Barn (Einheitenkurzzeichen: b) angegeben. $1 b = 10^{-28} m^2$.

Wirkungsspektrum. (= Aktionsspektrum). Gibt die rel. >Quantenwirksamkeit< als Funktion der Wellenlänge für lichtabhängige physiol. oder biochem. Prozesse wie >Photosynthese<, >Photomorphogenese< und Phototropismus an. Für die Erstellung eines Wirkungsspektrums werden bei möglichst vielen Wellenlängen Response-Kurven für versch. Quantenstromdichten aufgenommen (>Dosis-Effekt-Kurven<), anschl. wird für eine Response (z. B. 50 % Samenkeimung) die rel. Quantenwirksamkeit ermittelt.

Wirkungsverlängerung. >Controlled-release-Formulierung<.

Wirt-Parasit-Beziehung. Ist z. B. bei einer Pflanze kompatibel, wenn der >Parasit< die >Pflanze< erfolgreich befällt und schädigt. Wird das Pathogen während der Infektion von der Wirtspflanze abgetötet, spricht man von einer inkompatiblen W.-P.-B. oder von Wirt-Resistenz. Höhere Pflanzen können aber von der Mehrzahl der bekannten >Mikroorganismen< nicht befallen werden, sie sind keine Wirte. Man nennt diese Tatsache Nicht-Wirt-Resistenz.

Lit: Elstner EF, Oßwald W, Schneider I (1996) Phytopathologie. Spektrum Akademischer Verlag, Heidelberg Berlin Oxford.

Wirtschaftliche Vertretbarkeit. Gem. § 17 Abs. 2 des >Bundes-Immissionsschutzgesetzes< alter Fassung konnte eine nachträgliche Anordnung an den Betreiber einer Anlage nur dann gerichtet werden, wenn die Kosten, die die Umsetzung der nachträglichen Anordnung verursachen, wirtschaftlich vertretbar waren. Über die Interpretation des Begriffs herrschte großer Streit, deshalb ist heute nachträgliche Anordnung nur erlaubt, wenn sie verhältnismäßig ist.

Wirtschaftsdünger. Gem. Düngemittelgesetz vom 15. 11. 1977 (i. d. F. v. 27. 9. 1994, BGBl. I S. 2705) § 1 Nr. 2, sind W. tierische Ausscheidungen, >Gülle<, >Jauche<, >Stallmist<, Stroh sowie ähnliche Nebenerzeugnisse aus der landwirtschaftlichen Produktion. Sie sind von der Vorschrift des § 2 – Zulassung von Düngemitteltypen – ausgenommen, auch in Gemischen mit Bodenhilfsstoffen, Kultursubstraten, Pflanzenhilfsmitteln, Torf oder Wasser.

Lit: Wirtschaftsdünger (1991), Sonderausgabe d. Zeitschr. „Förderungsdienst", Wien.

Wirtsgestein. Ein Gesteinskörper in einer geologischen Formation, deren Beschaffenheit, wie z. B. Lage, Gesteinsart, Volumen, hydrogeologische Eigenschaften, die Errichtung und den Betrieb eines >Endlager-Bergwerkes<, einer >Endlager-Kaverne< bzw. einer >Untertagedeponie< zuläßt.

Wischtests. Zur Feststellung einer auf Festkörperoberflächen vorhandenen >radioaktiven Kontamination< dienen neben direkten Messungen W. Bei diesem einfach zu handhabenden Test durch Abwischen, z. B. mittels Papiervlies, gelangt ein Teil der auf der Oberfläche haftenden Kontamination auf das Papier und kann ausgemessen werden. W. werden auch für rückstandsanalytische Untersuchungen von Oberflächenkontaminationen z. B. in >Innenräumen< angewendet. Um auf Oberflächen niedergeschlagene semivolatile >Innenraumchemikalien< oder Schadstoffe nach Bränden zu erfassen, werden definierte Oberflächen mittels trockenem oder mit org. Lösungsmitteln befeuchteten Papiervlies abgewischt. Nach einer Soxhlet-Extraktion der Tücher werden die erhaltenen Analysenlösungen mittels GC/MS-Screening- oder gezielter Einzelstoff-Analyse untersucht.

Witterung. Der allgemeine, durchschnittliche oder auch vorherrschende Charakter des Wetterablaufs eines bestimmten Zeitraums; dieser kann von einigen Tagen bis zu ganzen Jahreszeiten reichen. Im Unterschied dazu s. >Wetter< und Klima.

Witterungsperiode. Zeitraum von mindestens 3 Tagen, in dem die Witterung eines Ortes oder einer Region gleich bleibt. Dies können Zeitspannen mit durchgehenden Trocken- oder Niederschlagstagen oder von >zyklonalen< oder >antizyklonalen< Tagen sein. Die Dauer der W. wird durch die vorherrschende >Großwetterlage< bestimmt.

WLD. >Wärmeleitfähigkeitsdetektor<.

WMO. >Weltorganisation für Meteorologie<.

Wohl der Allgemeinheit. Im öffentlichen Recht ständig verwendete Generalklausel; ihr Inhalt ist unklar und positiv wohl kaum zu bestimmen. Ausgeschlossen wird durch diese Klausel ein ausschließlich im Individualinteresse liegendes Handeln.

Wohnbereiche. Besonders schutzbedürftige Gebiete, in denen Abgas- und Geräuschbelastungen sowie Unfallgefahren minimiert werden sollten, teilweise durch Verkehrsvorschriften, die ein Fahren nur mit Schrittgeschwindigkeit zulassen und den Fußgängern Vorrang lassen.

Wohnhygiene. Teilgebiet der >Hygiene<, welches sich mit den Wechselwirkungen zwischen dem Menschen und seiner Wohnumwelt befaßt. Sie beschäftigt sich mit allen Faktoren, die das physische und psychische Wohlbefinden in einer Wohnung bedingen, insbesondere mit dem >Wärme- und Feuchtigkeitsschutz<, dem >Schallschutz< und der >Beleuchtung<. Von aktuellem Interesse ist die Vermeidung von >Innenraumbelastungen< u.a. durch >Formaldehyd<, >Holzschutzmittel<, >Radon< oder andere schädigende Einflüsse.
1. Beleuchtung: (natürliche und künstliche) hat einen wichtigen Einfluß auf das Wohlbefinden des Menschen. Intensität und spektrale Zusammensetzung müssen physiol. Kriterien entsprechen, wie Gleichmäßigkeit, Lichteinfallsrichtung (bei Schreibarbeiten von links), Blendfreiheit (Blendung durch direkte Sonneneinstrahlung) und Schattigkeit (notwendig für räumliches Sehen). Zu geringe Beleuchtungsstärken wirken bedrückend auf den Menschen, mindern die Arbeitslust und führen häufig zu schneller Ermüdung. Zu hohe Beleuchtungswerte verringern den Erholungswert eines Raumes.
2. Schallschutz: Ziel baulicher Maßnahmen zur Erzielung eines ausreichenden S. sollten Lautstärken zwischen 30 bis 35 dB bei Tag und Nacht im Wohnbereich sein. In Wohnungen können häufig Lautstärken zwischen 30 bis 90 dB als Wohnungs- oder Nachbarschaftslärm gemessen werden. Dadurch kann es zu psychischen und psychosomatischen Reaktionen insbe-

sondere bei lärmsensiblen Personen kommen; so verringern beispielsweise schon Lautstärken zwischen 30 bis 40 dB durch akustische Reizung des sympathischen Nervensystems die Schlaftiefe und führen zum Gefühl des Unausgeschlafenseins.
3. Wärme- und Feuchtigkeitsschutz: Grundlage zum Erreichen von Behaglichkeit als thermisches Wohlbefinden des Menschen (Gleichgewicht zwischen Wärmehaushalt des Menschen und Raumklima). Wichtige Faktoren sind Temperatur der Kleidungsoberfläche, Lufttemperatur des Raumes, Temperatur der raumbegrenzenden Flächen, Luftfeuchtigkeit und Luftbewegung. Da die Wandtemperatur entscheidend die Wärmeabgabe (durch Strahlung) beim Menschen beeinflußt, sollte ein Gleichgewicht zwischen Luft- und Wandtemperatur angestrebt werden; sie wird bei etwa 20 °C und bei 30 bis 70 % relativer Feuchtigkeit als behaglich empfunden.
Lit: Beck, G, Schmidt P (1996) Hygiene – Umweltmedizin, Enke, Stuttgart.

Wolfsburger Welle. In Wolfsburg erprobtes >Verkehrsleitsystem<, wobei dem Pkw-Fahrer graphisch aufbereitete Informationen angezeigt werden, um ihm ein Mitfließen im Verkehr ohne „Stop and Go" zu ermöglichen.

Wolfsspinnen (Lycosidae). W. leben mit vielen Arten als Laufjäger auf warmen, hellen Böden. *Pirata piraticus* und andere Arten erschließen auch die Oberflächen von Süßgewässern als Lebensraum (s. Abb. S.223). >Arachnida<, >Bodenfauna<.

Wolken. Sichtbare, in der Luft schwebende Ansammlung von Kondensationsprodukten des Wasserdampfes, d.s. Wassertröpfchen mit einem Durchmesser von ≤0,01 mm und/oder Eiskristalle. Die Wolkenbildung setzt voraus: Abkühlung der feuchten Luft unter die >Taupunkttemperatur< und eine ausreichende Anzahl von >Kondensationskernen<, an die sich die Wasserdampfmoleküle bei der Kondensation anlagern können. Die Abkühlung der Luft erfolgt durch Vertikalbe-

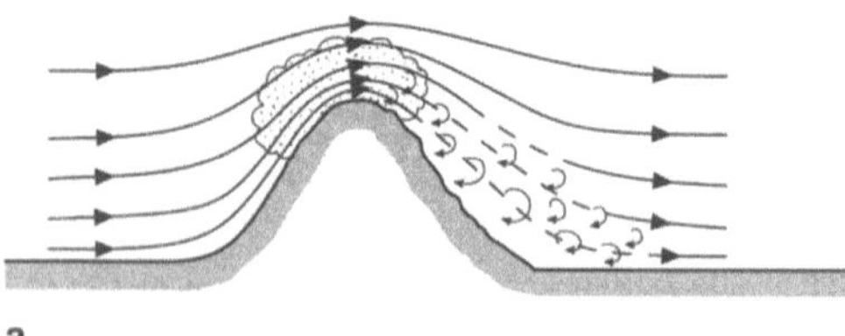

a

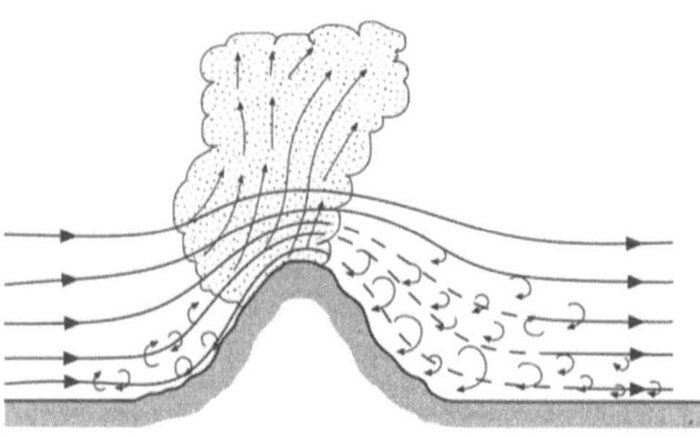

b

Wolken: Wolkenbildung durch erzwungene Hebung der Luft beim Überströmen einer Bergkette (nach Liljequist 1974). Bei sehr stabiler Schichtung (a) reicht die entstehende Bewölkung nicht über das Hebungsniveau hinaus. Bei schwacher Stabilität bzw. bei bereits vorhandener Labilität (b) kann hochreichende Labilisierung mit stark konvektiver Bewölkung und entsprechend ergiebigen Niederschlägen die Folge sein. Hierauf beruht ein zusätzlicher, topographisch-dynamischer Beitrag zum sommerlichen Gewittermaximum in Gebirgen, wie z.B. den Alpen

Wolkenklassifikation

Name/Abkürzung	Symbol	Beschreibung
Cirrus (Ci)		isolierte, weiße oder überwiegend weiße Wolken in Form zarter Fäden, Flecken oder schmaler Bänder.
Cirrocumulus (Cc)		dünne, weiße Flecken, Felder oder Schichten von Wolken ohne Eigenschatten, zusammengesetzt aus sehr kleinen Elementen in Form von Körnern, Rippeln, mehr oder weniger regelmäßig angeordnet. Die meisten Wolkenteile haben eine Breite von weniger als 1°.
Cirrostratus (Cs)		durchscheinender, weißlicher Wolkenschleier von faserigem, haarähnlichem oder glattem Aussehen. Ruft i. a. Haloerscheinungen hervor.
Altocumulus (Ac)		weiße oder graue Flecken, Felder oder Schichten von Wolken, in Form von schuppenartigen Teilen, Ballen oder Walzen. Die mehr oder weniger regelmäßig angeordneten Wolkenteile haben gewöhnlich eine Breite von 1° bis 5°.
Altostratus (As)		graue Wolkenfelder oder -schichten, stellenweise so dünn, daß die Sonne schwach wie durch Mattglas zu erkennen ist. Es treten keine Haloerscheinungen auf.
Nimbostratus (Ns)		graue Wolkenschicht, so dicht, daß die Sonne nicht durchscheinen kann.
Stratocumulus (Sc)		graue und/oder weißliche Flecken, Felder oder Schichten von Wolken, aus mosaikförmigen Schollen, Ballen oder Walzen bestehend von nicht faseriger Struktur. Die mehr oder weniger regelmäßig angeordneten kleineren Wolkenteile haben eine Breite von mehr als 5°.
Stratus (St)		eine durchgehend graue Wolkenschicht mit ziemlich einheitlicher Untergrenze, aus der Sprühregen oder Schneegriesel fallen können.
Cumuls (Cu)		isolierte, dichte und scharf abgegrenzte Wolken. Entwickeln sich in der Vertikalen in Form von Kuppeln oder Türmen, im oberen Teil oft wie Blumenkohl aussehend. Von der Sonne beschienene Teile meist leuchtend weiß, Untergrenze dagegen verhältnismäßig dunkel.
Cumulonimbus (Cb)		dichte Wolke von beträchtlicher Ausdehnung in Form eines hohen Berges oder mächtigen Turmes. Wenigstens der oberste Abschnitt weist glatte Formen auf oder ist faserig und fast immer abgeflacht. Dieser Teil breitet sich vielfach amboßförmig oder wie ein großer Federbusch aus.

Aus: Das Autorenteam des Seewetteramtes (1999) Seewetter, Hamburg.

wegungen, d. s. Hebungen an orographischen Hindernissen s. Abb. oder Aufgleiten an >Fronten< (s. dazu Abb. auf S. 1308), durch >Konvektion< oder durch turbulente Mischungsvorgänge. Die Abkühlung der Luft erfolgt zunächst entlang der >Trockenadiabate< bis 100% relative Feuchte erreicht ist und dann – unter geringerer Temperaturabnahme mit der Höhe – entlang der Feuchtadiabaten. Wird die Lufttemperatur von –12°C unterschritten, so bilden sich unter Mitwirkung von Gefrierkernen Eiskristalle, d. h. die Wasserwolke verwandelt sich über eine Mischwolke zu einer Eiswolke ($T \leq -35°C$). Je nach Höhe und äußerem Erscheinungsbild werden die W. klassifiziert, s. Tabelle oben.

Wool Green BS. >Grün S<.

Wool Violet 5 BN. >Benzylviolett 4B<.

World Health Organization (WHO). Weltgesundheitsorganisation, Sonderorganisation der Vereinten Nationen, 1948 gegründet. *Sitz:* Genf. *Ziele:* Förderung des Gesundheitsdienstes in den Mitgliedstaaten, Bekämpfung von Epidemien und Krankheiten, Förderung der Hygiene. *Organe:* Vollversammlung, Executivrat, Sekretariat.

World Wildlife Fund (WWF). Große internationale Naturschutzorganisation, die sich durch intensive Betreuung von Naturschutzprojekten in Industrie- und Entwicklungsländern und durch Kauf von Flächen zur Sicherstellung des Schutzes auszeichnet.

Wuchsform. Pflanzen lassen sich durch charakteristische äußere Merkmale zu W. zusammenfassen, die nicht >taxonomisch< bedingt sind, z. B. Bäume, Sträucher, Kräuter.

Wuchshemmung. Erfolgt 1. durch abiotische Faktoren wie z. B. >Wachstumsregulatoren<, >Nährstoffmangel<, ungünstige >Temperaturen< oder hohe Lichtintensitäten, 2. durch Pathogenbefall, z. B. durch >Viren<, Viroide, Mycoplasmen.

Wuchsstoff. Synthetisierter Wirkstoff (Auxinanaloge), der in die Wachstumsprozesse übersteigernd eingreift und dabei als >Herbizid< (chemisches Unkrautbekämpfungsmittel) Pflanzen (>Unkräuter<) zum Absterben bringt.

Wühlmäuse (Microtidae). W. sind wichtige Glieder der Nahrungskette im Boden, die in Kulturen auch als Wurzelfresser bedeutsam sein können. Die Wühltätigkeit (>Bioturbation<) beeinflußt die physikalisch-chem. Eigenschaften des Bodens. Wasserhaushalt und Belüftung werden begünstigt. >Bodenfauna<, >Vertebrata<.

Wurzel. Grundorgan der höheren >Pflanzen< (>Kormophyten<), das sich meist in der Erde befindet, den >Sproß< im Substrat verankert, Wasser und >Nähr-

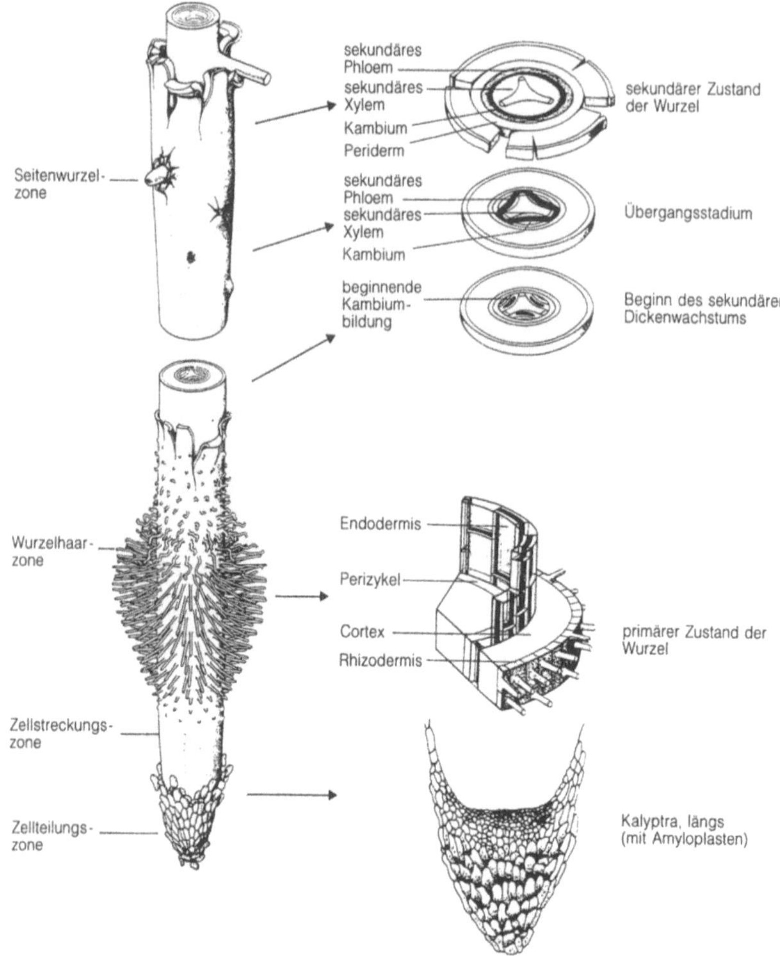

Wurzel (nach Braune W, Leman A, Taubert H (1987) Pflanzenanatomisches Praktikum I. 5. Aufl., Gustav Fischer Verlag, Stuttgart New York)

stoffe< aufnimmt und an den Sproß weiterleitet sowie >Reservestoffe< speichert. Je nach ihrer Funktion werden W. als Anker-, Nähr- oder Speicherwurzeln bezeichnet; oft erfüllt eine W. auch mehrere dieser Funktionen gleichzeitig. Wichtige Merkmale der W. im Unterschied zum Sproß sind völlige Blattlosigkeit, Fehlen von >Stomata<, Schutz des Wurzelvegetationspunktes durch eine >Wurzelhaube<, Besitz von >Wurzelhaaren<, radiale >Leitbündel<, endogene Bildung von Seitenwurzeln sowie in den meisten Fällen die Ausbildung einer >Mykorrhiza< (s. Abb.). An der wachsenden W. können vier aufeinanderfolgende Regionen unterschieden werden. Der von der Wurzelhaube umschlossene Vegetationspunkt besteht aus einem Wurzelmeristen, wo durch >Zellteilung< fortgesetzt embryonale Zellen entstehen, so daß der Vegetationspunkt ständig weiter in den Boden vordringt. Die Streckungszone schließt daran an; hier erfolgt die Um-

wandlung der Embryonalzellen in Dauerzellen unter gleichzeitigem Streckungswachstum. In der Zone der Wurzelhaare kommt es zur Ausdifferenzierung aller Zellen; die Rhizodermis, eine einschichtige, aus dünnwandigen Zellen bestehende >Epidermis< der W., bildet die Wurzelhaare. Später wird sie durch die Exodermis ersetzt, deren >Zellwände< vorkorken und ein Kutisgewebe bilden, in das unregelmäßig dünnwandige Durchlaßzellen eingestreut sind. In älteren Wurzelteilen kommt es bei >Gymnospermen< und >Dikotylen< schließlich zum sek. Dickenwachstum.

Wurzelfresser (Rhizophage). An der lebenden Wurzelkrone der Pflanzen fressen viele Arten der Bodentiere wie z.B. Fadenwürmer, Larven von Schnell- und Rüsselkäfern, Schmetterlingen, Fliegen und Mücken sowie Wühlmäuse. >Wurzel<, >Bodenfauna<, >Mull-Moder-Modell<.

Wurzelfüßer. Rhizopoda, >Protozoa<.

Wurzelhaar. Eine dünnwandige, schlauchförmige Ausstülpung der Wurzelepidermis, die meist nur einige Tage überdauert. W. dienen wegen der enormen Oberflächenvergrößerung der >Wurzel< hauptsächlich der Wasser- und >Nährsalzaufnahme< aus dem Boden. Bei Reispflanzen schätzt man eine tgl. Neubildung von 100 Mio. W.; eine Pflanze kommt auf 10 bis 15×10^9 W.

Wurzelhaar-Krankheit. (Syn. hairy root desease). Tumorartige Wucherung bei zweikeimblättrigen Pflanzen (>Dikotyledonen<). Sie äußert sich in der Proliferation (wucherungsartige Gewebevermehrung) von wurzelartigem Gewebe im Stammbereich der infizierten Pflanzen. Ähnlich wie bei den >Wurzelhalsgallen< handelt es sich hier um eine durch Bakterien der Gattung Agrobacterium verursachte Erkrankung. Manche Stämme der Art *Agrobacterium rhizogenes* enthalten ein Ri-Plasmid, das als Ursache für die W. erkannt worden ist.

Wurzelhalsgalle (crown gall). Durch >*Agrobacterium tumefaciens*< verursachter Pflanzentumor, der Wurzelhalsgalle, Wurzelkropf oder Pflanzenkrebs genannt wird. W. werden durch das >Ti-Plasmid< des Bakteriums verursacht. Die Tumoren treten vorwiegend im Stammbereich von zweikeimblättrigen Pflanzen (>Dikotyledonen<) auf und unterscheiden sich nach der Art des tumorinduzierenden Plasmids (Ti-Plasmid) in den Octopin-Typ und den Nopalin-Typ. Octopin und Nopalin sind Derivate der Aminosäure Arginin, die in normalen Zellen nicht auftreten, aber von >Agrobacterium< als alleinige Quelle von Stickstoff, Kohlenstoff und Energie genutzt werden können. Aus dem Gewebe der W. lassen sich vollständige Pflanzen regenerieren.

Wurzelhaube. (Grch. kalyptra = Decke, Deckel; Syn. Kalyptra). Kappe aus parenchymatischen Dauerzellen, die an der Spitze der wachsenden >Wurzel< den Schutz des empfindlichen meristematischen Gewebes übernimmt. Die Mittellamellen der äußeren Wurzelzellen verschleimen mit der Zeit und erleichtern hierdurch der Wurzel das Vordringen im Boden. In den zentralen Zellen der W. (Statenchym) befinden sich große bewegliche Amyloplasten mit Statolithenstärke, die eine gravitrope Orientierung der Wurzel ermöglichen.

Wurzelherbizid. Über die Wurzeln der Unkräuter wirkendes >Herbizid<.

Wurzelknöllchen. An den >Wurzeln< versch. Pflanzenarten auftretende lokale Wucherungen, in denen symbiotische >Bakterien< leben, molekularen >Stickstoff< fixieren und die reduzierten Stickstoffverb. an ihre Wirtspflanze weitergeben. Wirtschaftlich interessant sind v. a. die W. der >Leguminosen< mit Vertretern der Gattung Rhizobium und nahe Verwandte, gramnegativen Bakterien. Die Stickstoffbindung dieses RL-Systems (Rhizobien/Leguminosen) ist erheblich; z. B. können Lupinen im Lauf einer >Vegetationsperiode< bis zu 200 kg N/ha binden. Andere Typen von W. finden sich bei Nicht-Leguminosen, z. B. Betulaceae, Casuarinaceae, Eleagnaceae und vielen anderen, die mit dem >Actinomyceten< Frankia eine >Symbiose< eingehen (Actinorhiza).

Wurzelraum. >Rhizosphäre<.

Wurzeltiefe. >Durchwurzelungstiefe<.

Wurzelzersetzer. >Wurzel<, >Bodenfauna<, >Mull-Moder-Modell<, >Trophische Struktur<.

WWER. In lateinische Schrift übertragene Bezeichnung für den russischen Bautyp des Druckwasserreaktors: woda wodyanoi energetichesky reactor (Wasser-Wasser-Leistungsreaktor).

WWF. >World Wildlife Fund<.

Xanthan. Ein von >Xanthomonas<-Arten gebildetes Polysaccharid mit anionischem Charakter, das enzymatisch nur schwer abbaubar ist und industriell (biotechnisch) für verschiedene Industriezweige produziert wird. X. bestehen aus Ketten von β-(1→ 4)-verknüpfter Glucose, in denen etwa jeder zweite Glucoserest eine Seitenkette aus einfach acetylierter Mannose, Glucuronsäure und Mannose trägt. Bei etwa der Hälfte der Seitenketten ist zusätzlich Pyruvat (Brenztraubensäure) in der Ketalform an die endständige Mannose gebunden. Verwendung findet X. in der Lebensmittelindustrie als Verdickungsmittel und Stabilisator für Puddinge, Creme-Speisen, Suppen etc. (Zusatzstoff mit der Nummer E 415, allg. zugelassen, Zusätze bis zu 20 g/kg). Weitere Einsatzgebiete von X. sind beispielsweise Kosmetika, Anstrichmittel, Sprengstoffe, Erdölförderung und Bohrhilfsmittel.

Xanthomonas. (Grch. xanthos = gelb, monas = Einheit). Die Bakteriengattung X. gehört zu der Familie der Pseudomonadaceae. Es sind >gramnegative<, aerobe, stäbchenförmige, polar begeißelte Bakterien, die phytopathogen sind und im Zellinneren meistens gelbe Pigmente, vorwiegend bromhaltige Polyene bilden. Die Gattung X. ist mit der Gattung >Pseudomonas<, die ebenfalls einige phytopathogene Vertreter aufweist, sehr eng verwandt. *X. campestris* (Pathovarietät *phaseoli*) ist der Erreger des Bohnenbrandes. Aufgrund der pektinolytischen Aktivität mancher Arten, kann X. auch verschiedene Weichfäulen bei Gemüse oder Obst hervorrufen. Bestimmte Stämme von *X. campestris* bilden das enzymatisch schwer abbaubare, extrazelluläre Polysaccharid >Xanthan<, dessen Produktion biotechnisch in großem Maße durchgeführt wird.

Lit: Holt JG (Hrsg.) (1984) Bergey's Manual of systematic bacteriology. Williams & Wilkins. Baltimore Hong Kong London Sydney – Swings JG, Civerolo EL (1993) Xanthomonas, Chapman & Hall, London.

Xanthophylle. Gelbe Farbstoffe aus der Gruppe der >Carotinoide<. In Xanthophyll-Molekülen tragen die Ringe der Carotine Hydroxylgruppen in *p*-Stellung zur langen Kette des Carotingerüsts. Xanthophylle verursachen die gelbe Blattfärbung nach der Zerstörung des >Chlorophylls< im Herbst. Zu den Xanthophyllen zählt auch eine Reihe von Lebensmittelfarbstoffen, wie z. B. >Violaxanthin< und >Lutein<.

Xenobiotika. (Grch. xenos = fremd). Naturfremde Stoffe, die synth. hergestellt oder als Folge menschlicher Tätigkeit in der Umwelt entstehen und aufgrund ihrer Struktur und biologischen Eigenschaften der Biosphäre fremd sind. Zu den X. gehören z. B. die meisten >Pestide<, >Lebensmittelzusatzstoffe<, >Immissionen< und Pharmaka.

Xenonvergiftung. Verminderung der >Reaktivität< eines >Reaktors<, verursacht durch den >Neutroneneinfang< im >Spaltprodukt< Xe-135. Der Anstieg der Xe-135-Konz. nach dem Abschalten des Reaktors, das Maximum wird nach etwa 12 h erreicht, kann bewirken, daß der Reaktor erst nach Abklingen der Xe-135-Konz. (>Halbwertszeit< des Xe-135 9,13 h) wieder angefahren werden kann.

xeromorph. >xerophil<.

xerophil. Bezeichnung für Pflanzen und Tiere, die an Trockenheit durch verschiedene *xeromorphe* Strukturen und/oder Mechanismen angepaßt sind. Gegensatz: >hygrophil<.

Xerophilie. >xerophil<.

Xi. >Kennbuchstabe< für die >Gefahrenbezeichnung< „>Reizend<".

Xn. >Kennbuchstabe< für die >Gefahrenbezeichnung< „>Mindergiftig<" (gesundheitsschädlich).

Xylem. (Grch. xylon = Holz; Syn. Holzteil). Derjenige Teil des pflanzlichen >Leitgewebes<, in dem Wasser und darin gelöste >Nährsalze< aus der >Wurzel< in den >Sproß< transportiert werden. Zusätzlich dient das Xylem der Festigung und der >Assimilatspeicherung<. Die wasserleitenden Elemente sind >Tracheiden< und (bei >Angiospermen<) >Tracheen<, die im funktionsfähigen Zustand tote, >Protoplasma<-freie Zellen sind und zusätzlich der Festigung dienen. Hinzu kommen Xylemparenchymzellen für die Stoffspeicherung sowie sklerenchymatische Elemente. Während des prim. >Wachstums< bildet das prim. Xylem zus. mit dem prim. >Phloem< die >Leitbündel<, beim sek. Wachstum wird das sek. Xylem vom hohlzylinderförmigen >Kambium< der >Sproßachse< und der >Wurzel< in Form periodischer Zuwächse (>Jahresringe<) nach innen abgegeben.

Xylene Light Yellow 2G. >Gelb 2G<.

Xylit. Ein fünfwertiger Alkohol (Pentit), der durch Reduktion der Pentose Xylose gebildet wird. Der Einsatz erfolgt als >Zuckeraustauschstoff<.

Xylole. (Dimethylbenzol). Leichtentzündliche, gesundheitsschädliche, >aromatische Kohlenwasserstoffe<; entspr. der Stellung der beiden Methylgruppen am Benzolkern gibt es insgesamt drei isomere Xylole: *o*-Xylol (1,2-Dimethylbenzol), *m*-Xylol (1,3-Dimethylbenzol) und *p*-Xylol (1,4-Dimethylbenzol). Chem. Formeln: $C_6H_4(CH_3)_2$; M_r = 106,17; Fp. *o*-Xylol = –25,2 °C, *m*-Xylol = –47,9 °C, *p*-Xylol = 13,3 °C; Siedepunkt *o*-Xylol = 144 °C, *m*-Xylol = 139 °C, *p*-Xylol = 138 °C; Dichte = 0,86 g/cm³; Sättigungskonz. in der Luft bei 20 °C = ca. 30 g/m³; >MAK-Wert< = 440 mg/m³; farblose, stark lichtbrechende, nach >Benzol< riechende Flüssigkeit. >Chronische< >Expositionen< beruflich exponierter Personen gegenüber höheren Dosen zeigen sich u. a. in Blutbildveränderungen sowie funktionellen Änderungen des Herz-Kreislauf-Systems. Die Xylole schädigen das blutbildende System erst bei wesentlich höheren Konz. als Benzol. Im Vergleich zu Benzol und >Toluol< ist die neurotoxische Wirkung jedoch stärker ausgeprägt. Das Einatmen hoher Konz. hat häufig eine narkotische Wirkung. Wie das Toluol sind Xylole biol. leicht abbaubar und weisen wegen ihrer >Flüchtigkeit< und Wasserlöslichkeit eine hohe >Mobilität< auf. Die Xylole sind Ausgangsstoffe für zahlreiche org. Produkte, Zusatz für hochwertige Treibstoffe und vor allem >Lösungsmittel< für zahlreiche Anwendungsgebiete. >Emissionen< an Xylolen treten bei chem. Verfahren, durch Verdampfen xylolhaltiger Lsg. aber auch bei Verbrennungsvorgängen auf, da bei der unvollständigen >Verbrennung< von org. Materialien neben zahlreichen weiteren org. Verb. auch Xylole gebildet werden. Die durchschnittliche Xylolsummenbelastung ländlicher Gebiete erreicht 1 bis 10 µg/m³, die von Ballungsgebieten 10 bis 70 µg/

m³, wobei jeweils deutlich der Einfluß des Kfz-Verkehrs und lokaler Lösungsmittelemittenten zu erkennen ist. Im allg. ist die >Belastung< durch Xylole (Summe) ähnlich hoch wie die Belastung durch Toluol und in etwa ca. doppelt so hoch wie die durch Benzol. Diese Verhältnisse sind typisch für durch den Kfz-Verkehr bedingte Belastungen. Die >TA Luft<, die zur Beurteilung immissionsschutzrechtlich >genehmigungsbedürftiger Anlagen< heranzuziehen ist, führt die Xylole in der Klasse II der Ziffer 3.1.7 auf. In der Summe dürfen die in dieser Klasse aufgeführten Stoffe bei einem >Massenstrom< von 2 kg/h und mehr im >Abgas< eine Konz. von 0,10 g/m³ nicht überschreiten. Die Emissionen an Xylolen können drastisch gesenkt werden, z.B. durch den Einsatz von >Ottomotoren< mit >Katalysator<, die Optimierung von Verbrennungsvorgängen, das Vermeiden von >Betankungsverlusten< beim Umschlag xylolhaltiger org. Flüssigkeiten und durch >Abgasreinigung< mittels Nachverbrennung und >Adsorption<.

Y

Yardstick-Konzept. Verfahren zur Bewertung des >Gefahrenpotentials< von Chemikalien, das darauf beruht, daß umweltrelevante Daten der Substanzen durch mathematische Operationen zusammengefaßt und der resultierende Wert mit dem einer sog. Bewertungschemikalie verglichen wird. Im ersten Schritt der Prüfung werden für eine Reihe von Verb., deren >ökotoxikologisches Verhalten< bekannt ist (Bewertungschemikalien) die Testergebnisse aus den Bereichen physikalisch-chem. Eigenschaften, >Abbaubarkeit<, >Akkumulationsfähigkeit< sowie ökotoxikologische und humantoxische Eig. zusammengestellt. Dabei werden die Testdaten für jeden Parameter nach steigenden Werten auf einer Skala angeordnet (s. Abb.), die linear oder logarithmisch unterteilt werden kann. Diese Skalen werden als Yardsticks I bezeichnet. Da sich je nach Art der Parameter bzw. Testergebnisse unterschiedliche Zahlenbereiche und Einteilungen ergeben, so daß die Yardsticks I nicht direkt vergleichbar sind, wird ihnen allen gemeinsam ein Einstufungsyardstick unterlegt (s. Abb. unten), der von 0 bis 100 reicht. Die Yardsticks I werden nun in Prüfungsgruppen eingeteilt (Yardsticks II), denen je nach Umweltrelevanz der enthaltenen Eig. ein Wichtungsfaktor zugeordnet wird, mit dem jeweils alle zugehörigen Yardsticks I multipliziert werden. Die Yardsticks II lassen sich als Matrizen auffassen, bei denen die Zeilen aus den Yardsticks I bestehen und die Spalten aus den einzelnen Testergebnissen. Damit läßt sich für jede Matrix eine Determinante D berechnen. Die Determinanten der einzelnen Prüfungsgruppen können wiederum als Komponenten eines Zeilenvektors (Bewertungsvektor) zusammengefaßt werden. Dieser Bewertungsvektor ist eine Funktion der Yardsticks I und der Yardsticks II und damit sowohl von den eingegangenen Einzeldaten abhängig als auch von deren Reihenfolge in den Yardsticks I bzw. von deren Anordnung in den Yardsticks II. Die Einstufung von neu getesteten Chemikalien erfolgt zuerst auf der Ebene der Yardsticks I, indem der Wert jedes geprüften Parameters in die entspr. Skala eingefügt wird. Durch die Eingliederung ändert sich der Wert des betroffenen Yardsticks I (s. Abb.

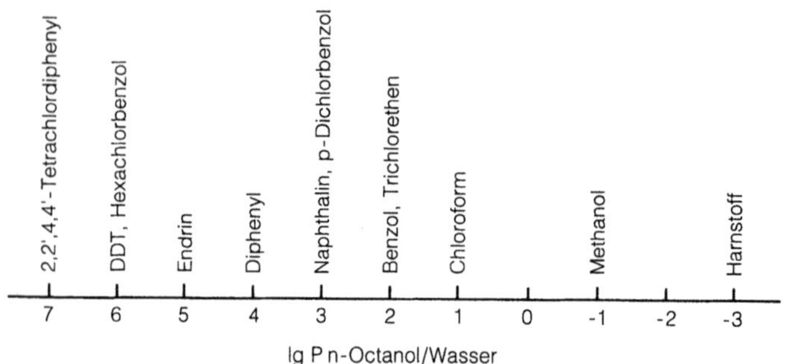

Yardstick-Konzept: Bildung einer Skala aus den möglichen Ergebnissen der einzelnen Tests (Yardstick I, hier am Beispiel des *n*-Octanol/Wasser-Verteilungskoeffizienten) und Zuordnung von Referenzsubstanzen zu den einzelnen Werten. In diesem Fall müssen für die Werte 0 und –2 noch Verbindungen gefunden werden

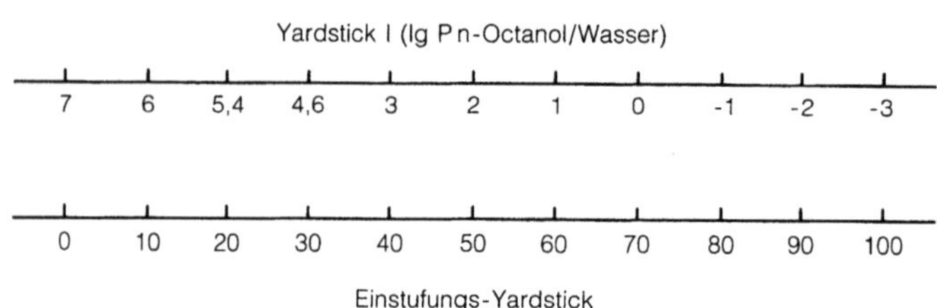

Yardstick-Konzept: Unterlegung der Yardsticks I mit einem Einstufungs-Yardstick

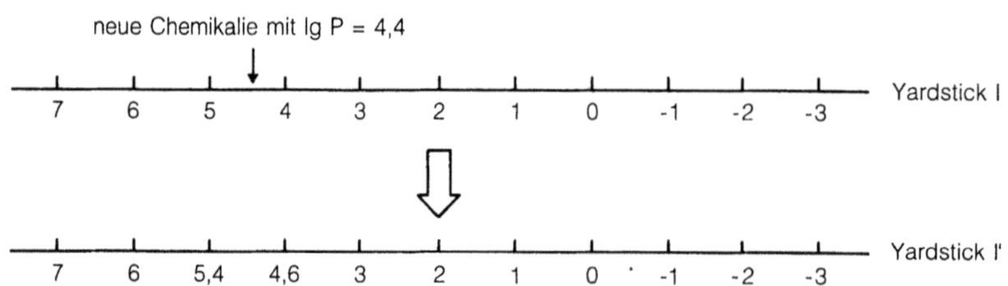

Yardstick-Konzept: Einfügung der Testdaten neugeprüfter Substanzen in einen Yardstick I

S. 1314 Mitte), der dann als Yardstick I' bezeichnet wird. Anschl. wird in der übergeordneten Prüfungsgruppe die zugehörige Zeile der Matrix gegen die neue ausgetauscht, so daß man eine Matrix II' mit einer Determinante II' erhält. Daraus ergibt sich ein Bewertungsvektor A', der noch mit zwei weiteren Beurteilungsgrößen verknüpft wird, die die vermarktete Menge und die Anwendungen der Chemikalie repräsentieren. Insgesamt erhält man so den Bewertungsvektor der neuen Chemikalie A*, der im Endverfahren mit dem Vektor A der Bewertungschemikalie verglichen wird. Dazu wird die Differenz A* – A gebildet und anhand einer weiteren Skala (Yardstick III) mit den Prüfgrößen x_1 und x_2 verglichen. x_1 und x_2 sind Toleranzgrößen, die international festgelegt werden sollten. Es bedeutet

$|\Delta A| = x_1$: Einstufung als umweltgefährlich
$|\Delta A| = x_2$: Einstufung als umweltverdächtig
$|\Delta A| > x_2$: solange Betrachtung als potentiell umweltgefährlich, bis ggf. neue Erkenntnisse eine Änderung der Einstufung notwendig machen.

Lit: Schmidt-Bleek F, Haberland W (1979) Zur Bewertung von Umweltchemikalien, Zeitschrift für Umweltpolitik 2: 127–143.

Yellow 2G. >Gelb 2G<.

Yellow cake. Uranerzkonzentrat mit 70 bis 80% >Uran<; chem. Form meist Ammoniumdiuranat $(NH_4)_2U_2O_7$. Der Name rührt von der gelben Farbe des Produktes her.

Yellow T. >Chrysoin S<.

Yousho-Krankheit. In Japan trat 1968 durch eine *Intoxikation* durch Polychloriertes Biphenyl (>PCB<) die sog. Yousho(Reisöl)-Krankheit auf, von der ca. 14.000 Personen betroffen waren. Die Ursache war Reisöl, das mit 430 mg PCB/L, weiterhin mit chlorierten Quaterphenylen und auch mit chlorierten >Dibenzofuranen< kontaminiert war. Die täglich aufgenommenen Dosen lagen bei ca. 160 µg/kg Körpergewicht über einen Zeitraum von 20 bis 190 Tagen. Je nach Schwere der Erkrankung traten Hautveränderungen, Ausschläge (Chlorakne), Dunkelfärbung der Haut, Leber-, Milz- und Nierenschäden auf.

2π-Zähler. >Strahlungsdetektor<, der es ermöglicht, über einen Raumwinkel von 2π die Strahlung einer radioaktiven Quelle halbkugelförmig zu erfassen, z.B. Kontamination auf einer Oberfläche.

4π-Zähler. >Strahlungsdetektor<, der es ermöglicht, über den vollen Raumwinkel von 4π die Strahlung einer radioaktiven Quelle kugelförmig zu erfassen.

Zählrohr. >Geiger-Müller-Zähler<, >Proportionalzähler<.

Zahlungsbereitschaft. (für Umweltqualität). Betrag, den ein Individuum aus seinem gegebenen Einkommen für die Bereitstellung >öffentlicher Güter< zu zahlen bereit wäre. Anwendung findet die Zahlungsbereitschaftsanalyse bei der Ermittlung der Präferenzen für öffentliche Güter, für die Abschätzung der Verteilungswirkungen öffentlicher Leistungen, im Rahmen von >Kosten-Nutzen-Analysen< öffentlicher Ausgaben, bei der Bewertung von Umweltgütern, z.B. zur Abschätzung der Schadenskosten von Umweltnutzungen in der >Umwelt- und Ressourcenökonomik< u.a. Da die Zahlungsbereitschaftsanalyse wahrscheinlich die tatsächliche Z. systematisch unterschätzt (>Freifahrerproblem<), wird statt der Z. auch der Betrag ermittelt, den das Individuum als Kompensation für den Nutzenentgang bei Wegfall der öffentlichen Leistung akzeptieren würde.

Zahnschwelle. Gezahnte Überlaufschwelle an Ablaufrinnen von >Absetzbecken< in der Abwassertechnik, bestehend aus einer Vielzahl von Dreieckswehren zur gleichmäßigen Abnahme des Abwassers, die nachträglich und höhenverstellbar an die Betonkonstruktion der Rinnen montiert wird und spätere Nacheinstellung zum Ausgleich von Setzungen ermöglicht.

Zahn-Wellens-Standtest. Für das Chemikaliengesetz in Deutschland und der EU sowie bei ISO und OECD eingesetzte >Abbautests< zur Erkennung der >„inherent biodegradability"< ISO 9888. In einem einige Liter fassenden Glasgefäß wird Belebtschlamm zusammen mit dem zu untersuchenden Gut und Mineralsalzen ständig gerührt und belüftet, möglichst bei 20–25 °C im Dunkeln über gewöhnlich 28 Tage. Es wird in filtrierten Proben mehrmals der >DOC< oder >CSB< gemessen. Bei einem Abbau von 70 % wird von „inherent biodegradation" gesprochen.

Zearalenon. >Fusariotoxin<. Das >Mykotoxin< Zearalenon und seine Derivate werden von Pilzen der Gattung Fusarium gebildet. Diese Pilze kommen sowohl im Boden als auch auf einer Vielzahl von Pflanzen, wie Getreide oder Mais, vor. Obwohl seit langen Jahren bekannt ist, daß diese Pilze Toxine bilden können, ist deren Erforschung noch nicht weit fortgeschritten. Zearalenon ist ein Phytohormon und hat bei Tieren neben einer anabolen hauptsächlich eine östrogene Wirkung (>Anabolika<). Für die Lebensmittelproduktion ist von Bedeutung, daß über Zearalonon-kontaminiertes Futter das Mykotoxin in die Gewebe von Schweinen und Hühnern eingelagert wird; ebenso ist

ein Übergang in die Milch von Rindern und Schafen möglich. Da östrogene Stoffe in der Nahrung zu Thrombosen, Embolien und teratogenen Effekten (>Teratogenität<) führen können, werden diese Fusarientoxine zur Zeit von vielen Forschungsgruppen intensiv untersucht.

Zeaxanthin. Ein gelber Farbstoff, der in Pflanzen weit verbreitet ist. Im >Physalien< liegt der Ester des Zeaxanthins vor. Die techn. Herstellung kann fermentativ oder synthetisch erfolgen (s. chem. Formel unten).

Zebrabärbling. >Brachydanio rerio<, >Brachydanio-rerio-Fischtest<.

Zeigerarten. Zeigerpflanzen oder Zeigertiere sind Lebewesen, die best. Standortverhältnisse anzeigen, weil sie (unter Konkurrenzdruck) besonders an diese Lebensbedingungen angepaßt sind. >Arten< mit einem recht engen Toleranzbereich gegenüber Umweltfaktoren lassen sich besonders gut als Z. oder Standortindikatoren benützen, denn sie zeigen eine ganz best. Qualität an. Sind Grenzen dieser Art erst einmal durch genaue Messungen erfaßt, läßt sich später die Qualität dieses Standorts mit Hilfe der Z. ansprechen, ohne daß sämtliche aufwendigen Messungen wiederholt werden müssen. In der Land- und >Forstwirtschaft< bedient man sich solcher Arten, um Aussagen über das lokale Klima, die Bodenverhältnisse und etwaige Fehler in der Nutzung zu erhalten. In der Umweltforschung nutzt man einzelne Arten, um >Schadstoffeinwirkungen< zu identifizieren, denn einzelne Arten reagieren mit Verschwinden oder Vermehrung, was zu einer Verschiebung der Artenzusammensetzung führt.

Zeitgeber. Notwendige Faktoren, um eine endogene >Rhythmik< mit äußeren Bedingungen (>abiotische Faktoren<) zu synchronisieren. Dabei spielt das >Licht< eine besonders wichtige Rolle. Für den >Tagesrhythmus< wirken der Hell-dunkel-Wechsel oder die Temperatur, für den >Jahresrhythmus< die relative Tageslänge, für eine >lunare Periodik< das Mondlicht und/oder die Gezeiten als Z.

Zeitgleichung. Unterschied zwischen der >wahren< und >mittleren Zeit< eines Ortes (WOZ) bzw. (MOZ) für jeweils 12 Uhr >UT< eines Tages. Die Z. schwankt im Verlaufe des Jahres zwischen –14 min (Mitte Februar) und +16 min (Ende Oktober), (s. Abb. S. 1317); >Weltzeit<. Da die Z. darüber hinaus einen säkularen Trend aufweist, werden Tabellen der Z. jährlich im „Nautischen Jahrbuch" veröffentlicht, herausgegeben vom Bundesamt für Seeschiffahrt und Hydrographie (bis 01.07. 1990: Deutsches Hydrographisches Institut), Hamburg.

Zeitmaßstab. In Simulationsmodellen das Verhältnis zwischen Simulations- und tatsächlichem Verlauf eines Prozesses, eines Geschehens. Generell ist der Zeitmaßstab einfacher >Modelle< größer als der komplexer.

Zeitverfügbarkeit. Verhältnis der Verfügbarkeitszeit (Betriebs- und Reservezeit) zur Kalenderzeit. Kenn-

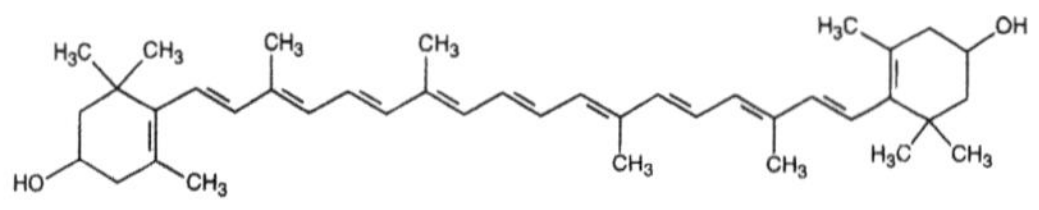

Zeaxanthin

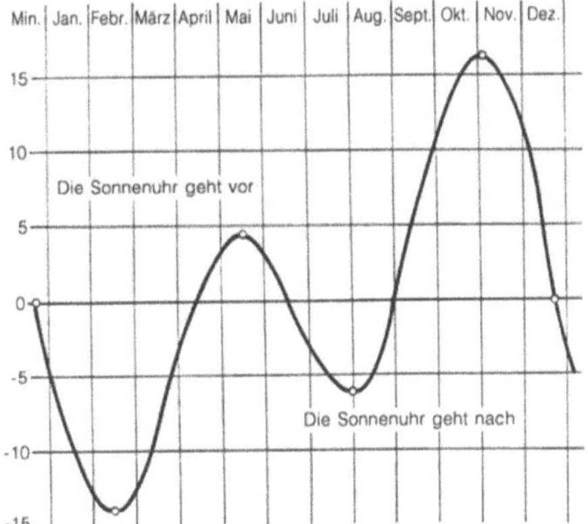

Zeitgleichung: Jahresverlauf der Zeitgleichung (aus: Deutscher Wetterdienst (1987) Leitfäden für die Ausbildung im Deutschen Wetterdienst, Nr. 1, Allgemeine Meteorologie, 3. Aufl., Offenbach/Main)

zeichnet die Zuverlässigkeit einer Anlage ohne Berücksichtigung von Minderleistungen während der Betriebszeit. >Arbeitsverfügbarkeit<.

Zelle. (Lat. cellula = Kammer). Grundelement aller lebendigen Systeme und damit die kleinste selbständige Bau- und Funktionseinheit eines Organismus. Nicht zellulär gebaute Organisationsformen wie z. B. >Viroide< und >Viren< zählen somit nicht zu den Lebewesen, auch wenn sie sich hiervon ableiten. Z. können nur aus vorhandenen Zellen hervorgehen. Die einfachsten >Organismen< bestehen aus einer einzigen Z. (= Einzeller) und zählen damit zur Organisationsstufe der Protisten, zu der sowohl die >Prokaryoten< als auch die phylogenetisch jüngeren >eukaryotischen< Einzeller gehören. Erst bei den Vielzellern läßt sich eine deutliche Unterscheidung von >Pflanzen<, Tieren und >Pilzen< vornehmen; s. Abb. rechts.

Zellenfilter. Das Waschen und eine getrennte Gewinnung der verschiedenen Filtrate aus den einzelnen Behandlungsstufen von Kläranlagen wird in Zellen- oder auch Trommelfiltern erleichtert. Bei ihnen ist die Filterfläche in flache, geschlossene Zellen unterteilt, die mit gesonderten Leitungen filtratseitig an die Vakuumpumpe(n) angeschlossen sind. In den Zellen befinden sich i. allg. durchlöcherte Zelleneinlagen, die z. B. auf der Filterkuchenseite Rillen zum Abfluß und auf der Vakuumseite Kanäle zum Zusammenführen des Filtrats tragen. Auf der Zelleneinlage liegt ein Unterlagsgewebe zur Unterstützung des eigentlichen Filtermittels. Während das Unterlagsgewebe für jede Zelle getrennt befestigt wird, ist das eigentliche Filtertuch möglichst nur einmal am Trommelumfang zu fixieren. Die mit der Trommel umlaufenden Filtratrohre werden über eine Gleitdichtung mit den stationären Leitungen zu den Vorlagen und Pumpen verbunden. Diese Dichtungen sind zugleich als Steuerorgane ausgebildet, um die gewünschten Behandlungsstufen auf die verschiedenen Sektoren der Trommel zu verteilen. Durch die Steuerung lassen sich beliebige Filtrationsabläufe einrichten, ein unbestrittener Vorteil des Zellenfilters.

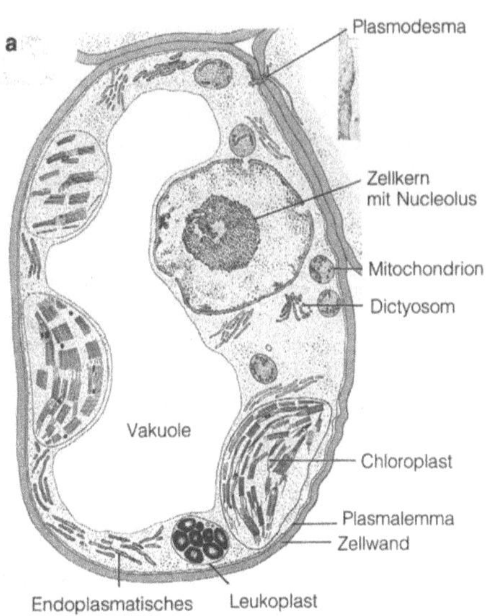

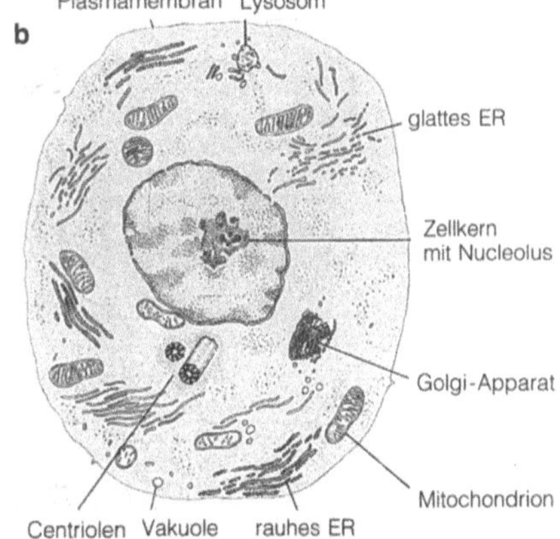

Zelle: Modell einer Pflanzenzelle (a) und einer Tierzelle (b) (aus: Keeton WT Gould JL (1986) Biological Science, 4. Aufl., W. W. Norton Comp., New York London)

Lit: Bartholomé E, Biekert E, Hellmann H, Ley H (Hrsg.) (1972) Ullmanns Enzyklopädie der technischen Chemie, 4. Aufl., Bd. 2, Verlag Chemie, Weinheim.

Zellfusion. (Syn. Zellhybridisierung). Als Z. bezeichnet man die Bildung vegetativer, eukaryontischer (>Eukaryonten<) Hybridzellen (Hybriden, Zellchimären) durch Kerntransplantation oder Verschmelzung zweier verschiedener Zellen (s. auch >Hybridisierung<, >Hybridom<). Es können zur direkten Übertragung von in Bakterien klonierter Fremd-DNA auch die Bakterien-Protoplasten mit eukaryontischen Zellen fusioniert werden, wobei aber mitunter eine tox.

Wirkung durch die ebenfalls übertragene chromosomale Bakterien-DNA aufritt.

Zellhybridisierung. Syn. für >Zellfusion<; s. auch >Hybridisierung<.

Zellinie. >Zellkultur<.

Zellkern. Ein Zellorganell der >eukaryotischen< Zelle, enthält den Hauptanteil der genetischen Information in Form der chromosomalen >DNA<. Hier erfolgt die Speicherung, Reproduktion und Expression der genetischen Information. Während der Interphase zwischen zwei Kernteilungen sowie in ausdifferenzierten Zellen lassen sich nur wenige Strukturen erkennen: das Chromatin, die Nucleoli, das Kernplasma und die Kernmembran. Bei der Kernteilung bilden sich durch Kondensation des Chromatins die Chromosomen als Transportformen aus. Kernteilungen erfolgen durch >Mitose< und >Meiose<.

Zellkultur (tierische). Population einheitlicher pflanzlicher bzw. tierischer Zellen, die >in vitro< unter definierten Inkubations- und Nährstoff-Bedingungen in oder auf Kulturmedien vermehrt werden. Z. werden beispielsweise angelegt, da viele molekulargenetische Untersuchungen nicht bzw. nur sehr schwer an intakten Pflanzen oder Tieren durchgeführt werden können. Der prinzipielle Vorgang des Anlegens einer Z. soll für tierische Zellen umrissen werden. Ein zu untersuchendes Gewebe wird durch mechanisches Zerkleinern und Enzymbehandlung, z.B. mit Trypsin, in einzelne Zellen zerlegt und diese in ein geeignetes fl. >Nährmedium< überführt. Fast immer ist der Zusatz eines tierischen Serums erforderlich, damit die Zellen nicht absterben. Die sich durch mitotische Teilungen vermehrenden Zellen werden nun als Primärkultur bezeichnet. Hier weisen die Zellen noch viele morphologische und biochem. Merkmale auf, die sie auch im Zellverband des Organismus auszeichneten. Die Teilungsaktivität der Zellen endet häufig, wenn sie die Wand des Kulturgefäßes mit einer einlagigen Zellschicht bedeckt haben (monolayer). Zellen der Primärkultur werden dann auf frische Kulturmedien überimpft (Sekundärkultur). Durch weiteres Überimpfen entstehen dann weitere Zell-Generationen, bei denen meistens ein bestimmter, gut wachsender Zelltyp selektiert wird, der nur noch geringe Ähnlichkeit mit den Zellen des Ausgangsgewebes aufweist. Solche über viele Generationen übertragbaren Z. nennt man auch Zellstämme. Nach etwa 50 Generationen sterben die Zellen eines menschlichen Zellstammes ab. Dabei sind die Gründe für die Alterung isolierter Zellen weitgehend unbekannt. Manchmal treten während solcher, über viele Generationen gehenden, Z. Zellen auf, die sich durch besonders hohe Teilungsaktivität, morphologische Besonderheiten und „unbegrenzte" Kultivierbarkeit („immortalisierte" Zellen) auszeichnen. Diese Zellen werden auch als Zellinie bezeichnet. Krebszellen lassen sich sehr oft als „unbegrenzt" kultivierbare Zellinie halten. Sie dienen dann auch zur Produktion komplexer Proteine, wie >monoklonaler Antikörper< (>Hybriden<).

Lit: Morgan SJ, Darling DC (1993) Kultur tierischer Zellen. Spektrum Akad. Verlag, Heidelberg – Adams RPL (1983) Cell culture for biochemistry, Elsevier Publishers, Amsterdam – Freshney RI (1984) Animal Cell Culture: A practical approach, IRL Press, Oxford – Lindl T, Bauer J (1994) Zell- und Gewebekultur, Gustav Fischer, Stuttgart.

Zellorganellen. >Organellen<.

Zellsaft. Der wäßrige, in der Regel saure Inhalt der >Vakuole<, deren Gesamtkonz. weit über der des >Cytosols< liegt. Zu den Vakuoleninhaltsstoffen zählen anorg. >Ionen<, org. >Säuren< und eine große Zahl sek. Pflanzenstoffe, die u.a. als Speicherstoffe, Exkrete, Abwehrstoffe und >Pigmente< eine Rolle spielen. Der Import dieser Stoffe in die Vakuole erfordert Konz.-Arbeit, an der >aktiver Transport< mit Hilfe der H$^+$-ATPasen beteiligt ist.

Zellspezifische Expression. (Syn. differentielle Genexpression). Da Zellen eines Organismus oder innerhalb von Organen (>Eukaryonten<) nur eine begrenzte Zahl unterschiedlicher Funktionen ausprägen müssen, jedoch in jeder Zelle die gesamte Erbinformation enthalten ist, muß es zur zellspezifischen >Expression< von >Genen< kommen, d.h. eine bestimmte Anzahl von Genen muß „angeschaltet", andere können oder müssen „abgeschaltet" sein. Dieser auch als differentielle Genaktivierung bezeichneter Regelungsmechanismus ist gerade bei Eukaryonten bisher wenig aufgeklärt. Er setzt auf verschiedenen Ebenen an, wobei der Transcriptionskontrolle wohl die wichtigste Rolle zukommt.

Zellstamm. >Zellkultur<.

Zellstoffherstellung. Zellstoff ist technische >Cellulose<, die durch >Aufschluß< von Holz, Stroh und anderen Faserstoffen gewonnen wird. Cellulose ist ein wasserunlösl. >Polysaccharid< aus 500 bis 5.000 kettenförmig in 1.4-Stellung miteinander verknüpften β-Glucosemolekülen. Cellulose ist nicht nur das häufigste und bedeutendste >Biopolymer< in der Natur, sondern die bei weitem häufigste org. Verb., da nahezu alle Pflanzenzellwände durch Cellulose ihre Festigkeit erhalten. >Holz< enthält ca. 40 bis 50 % Cellulose, 20 bis 30 % >Lignin<, einen aus Phenylderivaten aufgebauten hochmolekularen Stoff, sowie weitere Bestandteile, wie u.a. kurzkettige Celluloseeinheiten – früher als Hemicellulosen bezeichnet –, >Eiweiß<moleküle, >ätherische Öle< und >Mineralstoffe<. Für minderwertige Cellulose, wie z.B. zur Herstellung von Zeitungspapier, genügt eine rein mechanische Zerkleinerung des Holzes bis zur Faserfreilegung. Höherwertiger Zellstoff ist jedoch nur über einen chem. Aufschluß zu gewinnen, bei dem Lignin und die weiteren Holzbestandteile weitgehend herausgelöst werden. Der so gewonnene Zellstoff wird zur Papierherstellung, Gewinnung von >Kunstfasern<, wie Zellwolle, Viscose, Rayon sowie Cellulosederivaten wie Nitrocellulose und Celluloseester eingesetzt. Zum Einsatz kommen u.a. der >Sulfit-< und der >Sulfat<aufschluß (in Deutschland nicht im Einsatz) sowie ein Verfahren auf der Grundlage org. Lösungsmittel. Beim Sulfitaufschluß, dem in Deutschland nahezu ausschließlich eingesetzten Verfahren, werden in der Kocherei die Hackschnitzel mit z.B. Calcium- oder Magnesiumbisulfit unter Druck gekocht. Beim sauren Bisulfitverfahren wird zusätzlich >Schwefeldioxid< zugesetzt. Nach Abtrennung des Kochgutes wird die Ligninsulfonsäure enthaltende verbrauchte Kochsäure (Ablauge) eingedampft und zus. mit Rinde und Holzstäuben zur Dampfgewinnung verbrannt. Beim Magnesiumbisulfitverfahren enthalten die >Abgase< Magnesiumoxid und >Schwefeldioxid<, die aus dem Abgas ausgewaschen und zur Herstellung neuer Kochsäure eingesetzt werden. Calciumbisulfit ist hingegen durch Umsetzung von Schwefeldioxid mit >Kalk< bzw. Kalkstein jeweils neu herzustellen. Das abgetrennte Kochgut wird einer mehrstufigen Wäsche unterworfen und anschließend mit >Chlor< oder Chlorverb. oder >Wasserstoffperoxid< gebleicht. Da die >Chlorbleiche< zur Bildung von >polychlorierten Dibenzo-*p*-dioxinen< und >-furanen< führt, wird verstärkt chlorfrei gebleicht. Neben der Laugenverbrennung sind insbesondere die Bereiche Kocherei, Stoffwäsche, Bleicherei, Ablaugeneindampfung und Laugenverbrennung emissionsrelevant, wobei hier vor allem auch diffuse >Emissionen< an Schwefeldioxid sowie Chlorverb. und >Geruchsemissionen< auftreten. Durch Kapselung der Anlagen mit Abgaserfassung und basischer >Abgaswäsche< lassen sich die Emissionen minimieren. Beim sog. Sulfataufschluß wird zerkleinertes Holz mit Alkalilaugen, wie z. B. einer Mischung aus >Natronlauge<, Natriumsulfid, Natriumcarbonat und Natriumsulfat, unter Druck erhitzt. Dieses Verfahren ist auch für harzreiche, minderwertige Hölzer und Holzabfälle geeignet, wobei ein Zellstoff von hoher Festigkeit erhalten wird. Beim sog. Organocellverfahren auf der Basis von org. >Lösungsmitteln< und Natronlauge entfallen Emissionen an Schwefeldioxid. In geschlossenen Anlagen sind hier die Lösungsmittelgemische im Kreislauf zu fahren.

Zellteilung. (Syn. Cytokinese). Erfolgt meist im Zusammenhang mit der >Mitose<, aus der zwei erbgleiche Tochterzellen hervorgehen und welche die Grundlage der vegetativen Vermehrung, des >Wachstums< und der Wundheilung ist, oder der >Meiose<, die zu vier erbungleichen Tochterzellen (= Gonen) führt und einen grundlegenden Teilprozeß des Sexualvorgangs darstellt. Bei der Tierzelle kommt es bei der Zellteilung zur Durchschnürung der Mutterzelle, bei >Pflanzen-< und >Pilzzellen< bildet sich zwischen den beiden Tochterzellen eine Zellplatte aus, die Vorläuferin der künftigen >Zellwand<. Bei freien Zellbildungen wird ein vielkerniger >Protoplast< in viele >Zellen< unterteilt, z. B. beim nukleären Endosperm von >Angiospermen<, das sich in ein zelluläres Endosperm umwandelt. Z. werden hormonell gesteuert. Bei der Pflanze spielen >Cytokinine< und >Gibberelline< die Hauptrolle. Die Zellteilungsrate ist für einzelne Zelltypen sehr unterschiedlich.

Zellteilungswachstum. Neben der Zunahme der Zellgröße eine entscheidende Voraussetzung für das >Wachstum< der >Gewebe< und Organe.

Zellwand. Bei >Bakterien<, >Pflanzen< und >Pilzen< das formgebende Außenskelett, welches dem >Turgor< entgegenwirkt und die >Zelle< in einem mechanisch-osmotischen Gleichgewicht hält. Die Z. ist für Wasser und >Nährstoffe< und selbst für größere >Moleküle< frei permeabel; die eigentliche Grenzschicht der Zelle zu ihrer Umgebung ist die >Plasmamembran<. Die Z. baut sich auf 1. bei Eubakterien und >Cyanobakterien< aus einer Peptidoglycan-Schicht (Murein-Sacculus), 2. bei Pflanzen aus einem >Cellulosegerüst<, das in einer Matrix aus >Pektinstoffen<, >Hemicellulosen< und Zellwandproteinen eingebettet ist, 3. bei Pilzen aus einem >Chitin-<, Cellulose- oder Glucangerüst unter Beteiligung von Proteinen und Glycoproteinen. Tierische Zellen besitzen keine Z. und beanspruchen deshalb eine isoosmotische Umgebung; in Gegenwart hypotonischer Lsg. kommt es zum Platzen der Z.

Zementherstellung. In den alten Bundesländern Deutschlands sind etwa 70 Zementwerke in Betrieb. Die mittlere Kapazität eines Ofens liegt bei etwa 1.200 t/d. Anlagen zur Herstellung von Zementen sind immissionsschutzrechtlich genehmigungsbedürftig. Zement entsteht durch Brennen einer Mischung von >kalk-< und >ton<reichen Materialien bei Temp. von 1.400 bis 1.450 °C zu Klinker, der unter Zugabe von Calciumsulfat und Hüttensand oder Traß zum Endprodukt Zement vermahlen wird. Die zu brennenden Materialien werden im richtigen Mischungsverhältnis unter gleichzeitigem Trocknen zu Rohmehl gemahlen. Beim hauptsächlich in der Bundesrepublik Deutschland eingesetzten Trockenverfahren wird das Rohmehl über meist vierstufige >Zyklon<vorwärmer im direkten Kontakt mit dem Abgas im Gegenstromprinzip dem >Drehrohrofen< zugeführt, wobei es sich bis zum Eintritt in den Ofen auf etwa 800 °C erwärmt. Daneben wird in Drehöfen mit Rostvorwärmer mit Wasser zu Pellets verformtes Rohmehl eingesetzt. Als Brennstoffe kommen schwere >Heizöle<, aber auch Ersatzbrennstoffe wie >Altöle< und >Altreifen< zum Einsatz, bei letzterem wird neben dem Brennwert des Gummis der Stahlanteil von Stahlgürtelreifen als durchaus erwünschter Eisenoxidanteil eingebunden. In den Altölen evtl. enthaltene >polychlorierte Kohlenwasserstoffe< werden wegen der hohen Temp. im Zementdrehrohrofen, der langen Verweilzeit und der oxidierenden Ofenatmosphäre nahezu vollständig zerstört. Über Roh- und Brennmaterialien eingebrachte Schwefelanteile werden zu einem hohen Prozentsatz im Zementklinker eingebunden. Aus Qualitätsgründen ist ein best. Schwefelanteil im Zementklinker sogar erforderlich. Emissionsrelevant sind insbesondere die Rohmaterialgewinnung, die Herstellung des Rohmehls, die Kühlung des heißen Klinkers und vor allem der Brennvorgang. Durch Kapselung, Absaugung staubbeladener Luft und Reinigung über >Gewebefilter< lassen sich die >Staubemissionen< reduzieren. In den Drehrohrofenabgasen sind produktspez. und brennstoffspez. >Luftschadstoff<komponenten (>Verbrennungsgase<) enthalten. Zur >Staubabscheidung< sind Zementöfen mit >Elektrofiltern< ausgerüstet. Die Beigabe der abgeschiedenen Stäube zum Rohmehl kann zur Anreicherung von >Schwermetallen< im >Abgas< führen (>Thallium<). Um dies zu vermeiden, werden abgeschiedene Stäube bei der Zementvermahlung zugegeben. Nach >TA Luft< sind die Maßnahmen zur Minderung der (hohen) >Emissionen< an >Stickoxiden< im Abgas durch feuerungstechnische Maßnahmen oder andere dem >Stand der Technik< entspr. Maßnahmen auszuschöpfen. Problematisch ist die Zugabe org. belasteten Materials, wie z. B. von >Abfällen</>Reststoffen< aus >Gießereien< zus. mit dem Rohmehl, da bei der Erwärmung des Rohmehls bis auf 800 °C bis zum Ofeneintritt org. Verb. ausgetrieben und damit emittiert werden, ohne in der heißen >Brennzone< des Drehrohrofens verbrannt zu werden. Org. belastete Materialien sind daher unmittelbar im Bereich der heißen Brennzone aufzugeben.

Zenti (c). Vorsatz vor Maßeinheiten, die um das 1.000 fache verkleinert sind.

Zentrale Kommission für die biologische Sicherheit. Kommission, der bestimmte Aufgaben im Bereich des >Gentechnikrechts< obliegen; sie wird eingerichtet beim >Bundesgesundheitsamt<. Die Zusammensetzung ergibt sich aus § 4 Abs. 1 Satz 1 des >Gentechnikgesetzes< vom 20.06. 1990, BGBl. I S. 1080, ihre Aufgaben bestimmt § 5 des vorgenannten Gesetzes.

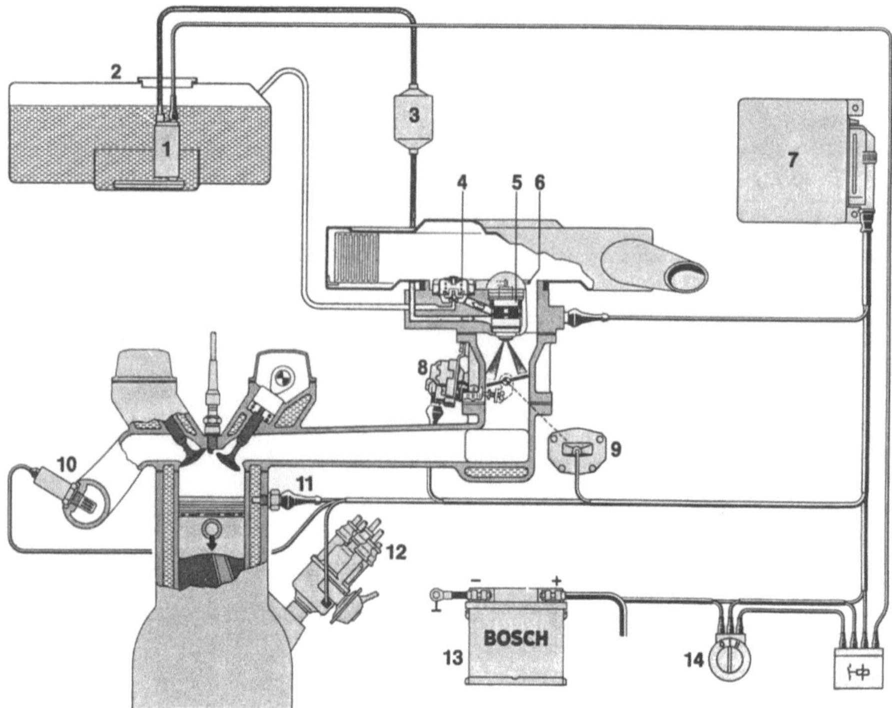

Zentraleinspritzung: Schema einer Zentraleinspritzung *1* Elektrokraftstoffpumpe, *2* Kraftstoffbehälter, *3* Kraftstoffilter, *4* Druckregler, *5* Einspritzventil, *6* Lufttemperaturfühler, *7* Steuergerät, *8* Drosselklappenstellmotor, *9* Drosselklappenpotentiometer, *10* Lambda-Sonde, *11* Motortemperaturfühler, *12* Zündverteiler, *13* Batterie, *14* Zünd-Start-Schalter (Bosch (Hrsg.) (1987) Autoelektrik, Autoelektronik, VDI-Verlag, Düsseldorf)

Zentraleinspritzung. Gemischbildungsystem für >Ottomotoren< mit einer zentral für alle Zylinder gemeinsam wirkenden Einspritzdüse (s. Abb.). Die Z. stellt eine kostengünstige Lösung der Motorsteuerung mit geringen >Abgasemissionen< bei günstigen >Kraftstoffverbrauchswerten< dar.

Zentralkläranlage. >Kläranlage< zur gemeinsamen Behandlung des gesamten >Abwassers< eines Ortes oder mehrerer Ortsteile anstelle der Behandlung in Einzelkläranlagen (>Kleinkläranlagen<).

Zentralzylinder. Der innere, von der Wurzelrinde und der Endodermis als innerem Abschlußgewebe umschlossene Teil der >Wurzel<, in dem die Festigungs- und Leitelemente zus.-gefaßt sind. Diese Konstruktion verleiht der Wurzel eine hohe Zugfestigkeit bei max. Biegsamkeit.

Zentrifugalkraft. Scheinkraft, die bei gekrümmten Luftbahnen auf die Luftteilchen wirkt. Nur oberhalb der >atmosphärischen Grenzschicht< anzutreffen.

Zentrifuge. >Gaszentrifugenverfahren<.

Zeolithe. Ist eine Bezeichnung für eine weitverbreitete Gruppe von krist. wasserunl. Silikaten. Die Kristallgitter bauen sich aus SiO_4- und AlO_4-Tetraedern auf, die über Sauerstoffbrücken verknüpft sind. Zum Ausgleich der negativen Ladungen der AlO_4-Tetraeder sind positive Ionen, z.B. Na^+-Ionen, eingelagert, die in den Hohlräumen beweglich sind. Sie lassen sich gegen andere Ionen, z.B. Ca^{2+}-Ionen, austauschen.

Verwendung finden Zeolithe als >Ionenaustauscher< in >Wasch-< und >Reinigungsmitteln<, Trocknungsmittel im Bereich niedriger Partialdrücke, Katalysatoren in der Mineralöltechnik oder in besonderen Fällen als Flammschutzmittel.

Zeranol. Ein Steroidhormon mit östrogener Wirkung, das als Masthilfsmittel eingesetzt wird. Rückstände dürfen in Fleisch, das zum Verzehr bestimmt ist, nicht enthalten sein.

Zerfall. Die spontane Umwandlung eines >Nuklides< in ein anderes Nuklid oder in einen anderen Energiezustand desselben Nuklides. Jeder Zerfallsprozeß hat eine best. >Halbwertszeit<.

Zerfallsenergie. Die bei einem Kernzerfall freigesetzte Energie.

Zerfallskoeffizient. Vorzugsweise gebraucht für physikalischen Zerfall: s.a. >Zerfall<, >Abbaukoeffizient<.

Zerfallskonstante. Die Zerfallskonstante λ eines radioaktiven >Nuklids< ist gleich dem Reziprokwert der mittleren >Lebensdauer< τ. Zwischen der Zerfallskonstanten λ, der mittleren Lebensdauer τ und der >Halbwertszeit< T bestehen folgende Beziehungen:

$$\lambda = \tau^{-1} = T^{-1} \cdot \ln 2.$$

Zerfallsreihe. In einer Zerfallsreihe >radioaktiver Stoffe< entsteht als Zerfallsprodukt eines Ausgangsnuklides (>Mutternuklides<) zunächst das Tochternuklid und daraus durch Zerfall das Enkelnuklid. Beispiel: Radium-226 (Mutter) $\rightarrow$ Radon-222 (Tochter) $\rightarrow$ Polonium-218 (Enkel) $\rightarrow$ Blei-214 (Urenkel) $\rightarrow$ Bismut-214 (Ururenkel) $\rightarrow$ ..

Zersetzung. Chemische oder biologische Umwandlung von Mineralen oder Biomasse unter Zerstörung der äußeren Struktur und Bildung kleinerer Teilchen bzw. organischer Feinsubstanz häufig mit negativer Wertung. >Ökologisch< aber in dem Sinne positiv, daß ohne Zersetzung kein Aufbau und >Wachstum< möglich ist.

Zersetzungsgrad. Empirisches Maß für die Umwandlung bzw. >Humifizierung< der Streu. In den Humusprofilen terrestrischer Böden wird in erster Linie der Anteil an humifizierter Feinsubstanz berücksichtigt. So ist der Z. für die Humuskomponente des Ah-Horizonts sowie für den Humifizierten Auflagehorizont (Oh) sehr hoch, während L- und Of-Horizonte geringere Z. aufweisen (>Bodenhorizonte<). Der Z. von >Torfen< wird meist über den Gehalt an wasserlöslichen organischen Verbindungen geschätzt und in einer zehnstufigen Skala ausgedrückt (v. Post-Skala). Zu diesem Zweck wird eine nasse Torfprobe mit der Hand gepreßt. Bei nahezu farblosem Preßwasser spricht man von einem geringen Zersetzungsgrad, während ein brauner, trüber Preßsaft einen hohen Z. kennzeichnet.

Zerstörunsfreie Prüfung. Prüfung zum Nachweis verborgener Fehler in Materialien mit Methoden, die die Prüflinge nicht beschädigen oder zerstören. Häufig werden >Röntgenstrahlung<, >Gammastrahlung< oder >Ultraschall< verwendet.

Zertifikatslösung. Vorgeschlagenes Instrument zur Lösung von Umweltkonflikten; die ordnungsrechtliche Feinsteuerung soll durch ökonomische Anreize ersetzt werden. Im einzelnen ist noch vieles streitig, die Z. ist bislang nicht geltendes Recht. >Umweltzertifikate<.

Zertifizierung. Ist eine Maßnahme durch einen unparteiischen Dritten, daß angemessenes Vertrauen besteht, daß ein ordnungsgemäß bezeichnetes Erzeugnis, Verfahren oder eine ordnungsgemäß bezeichnete Dienstleistung in Übereinstimmung mit einer bestimmten Norm oder einem bestimmen normativen Dokument ist (EN 45011/12/13, Abschnitt 2.1). Neben der Z. von Produkten und Personal hat insbesondere die Z. von Qualitätsmanagementsystemen nach den internationalen Standards ISO 9003, 9002 und insbesondere ISO 9001 in den letzten Jahren starke Bedeutung erlangt. Damit soll die Qualitätsfähigkeit eines Lieferanten gegenüber Kunden oder potentiellen Kunden belegt werden.
Lit: DIN EN ISO 9001 (Ausgabe: 1994-08) Qualitätsmanagementsysteme – Modell zur Qualitätssicherung/QM-Darlegung in Design/Entwicklung, Produktion, Montage und Wartung (ISO 9001: 1994) – Masing W (Hrsg.) Handbuch Qualitätsmanagement. Carl Hanser Verlag, München – Internet: http://www.quality.de sowie http://www.analytik.de, Rubrik Zertifizierung.

Zetanzahl. >Cetanzahl<.

ZEV. >Abgasgrenzwerte<.

Ziel(e). Angestrebte Situation. Ziele sind Leitlinien zweckrationaler Handlungen. Ziele enthalten somit stets eine normative Dimension. Sie geben an, welche Handlungswirkungen beabsichtigt und erwünscht sind. s. a. >Umweltqualitätsziel<, >Environmental Quality Objection (EQO)< und >Schutzziel<.

Zielwert. Zur Verbesserung der lufthygienischen Situation können Z. vorgegeben werden, die deutlich unter den festgelegten >Immissionswerten< bzw. >Grenzwerten< liegen. So hat der >Länderausschuß für Immissionsschutz< für krebserzeugende Stoffe Z. vorgegeben, denen ein akzeptables mittleres Pro-Kopf-Risiko bei homogenen >Exposition<sbedingungen für die ganze Lebenszeit zugrundeliegt. Diese Z. können aber derzeit nicht als verbindliche >Immissionswerte< eingeführt werden, da hierzu insbesondere bei den verkehrsbedingten >Emissionen< noch deutlich weitergehende emissionsreduzierende Anforderungen erforderlich sind.

Zigaretten. >Tabakrauch<.

Zigerli-Verfahren. Nach dem Z.-V. wird dem Abwasser Abfallasbest zugesetzt, der im Wasser Flocken bildet. Diese sind ein guter Haftstoff für >Bakterien< und bieten Kontaktflächen für die >Mikroorganismen< des >belebten Schlammes<. Die Zugabe von Haftflächen kann zweckmäßig sein, wenn das gewerbliche Abwasser frei von >Schwebstoffen< ist. Die Einarbeitungzeit einer derartigen Anlage kann u. U. dadurch verkürzt werden. Abfallasbest wird heute durch andere Haftstoffe oder Aufwuchskörper ersetzt.
Lit: Abwassertechnische Vereinigung (Hrsg.) (1982–1986) Lehr- und Handbuch der Abwassertechnik, 3. Aufl., Bd. 1–7, Verlag von Wilhelm Ernst und Sohn, Berlin München.

Zineb. Ein Fungizid aus der Gruppe der Alkylenbisdithiocarbamate wie >Maneb<. >Mancoceb< ist die Komplexverbindung von Zineb mit Maneb.

Zink (Zn). Chem. Element (s. Tabelle S. 1322) mit einem Anteil an der Erdkruste (obere 16 km) von 0,012 %, das in der Natur nur gebunden auftritt. Wichtige Lagerstätten befinden sich in Kanada, den USA, Australien, der ehemaligen UdSSR, Peru, Südafrika, Japan und Polen. Zn ist ein bläulichweißes, an blanken Oberflächen stark glänzendes Metall, das in der hexagonal dichtesten Kugelpackung krist. Bei Normaltemp. ist es spröde, zwischen 100 und 150 °C dagegen walz- und ziehbar und oberhalb von 200 °C wieder so spröde, daß es zu Pulver vermahlen werden kann. In Verb. ist Zn streng zweiwertig. An feuchter, CO_2-haltiger Luft bildet es allmählich eine graue, wasserunlösl., aber säurelösl., passivierende Schicht aus basischem Zinkcarbonat ($4ZnO \cdot CO_2 \cdot 4H_2O$), die nicht abblättert, da sie den gleichen Ausdehnungskoeffizienten besitzt wie Zn. Die Verzinkung von Stahl dient deshalb als Korro-

Zink (Zn): Physikalisch-chemische Daten von Zink

chem. Symbol	Zn
natürliche Isotope	64 (48,6 %), 66 (27,9 %), 67 (4,1 %), 68 (18,8 %), 70 (0,6 %)
Atomgewicht	65,39
Ordnungszahl	30
Elektronenkonfiguration	$3\,d^{10}\,4\,s^2$
Wertigkeit in Verbindungen	+2
Smp.	419,505 °C
Sdp.	907 °C
Dichte	7,13
Zugfestigkeit	30–40 N/mm² (gegossenes Zn), 140–150 N/mm² (gepreßtes Zn), 120–140 N/mm² (gewalztes Zn)
Mohshärte	2,5
Brinellhärte	300–450 N/mm²
wichtige Mineralien	Galmei (Zinkspat, $ZnCO_3$), Zinkblende (ZnS), Hemimorphit (Kieselzinkerz, $Zn_4(OH)_2[Si_2O_7]\cdot H_2O$), Franklinit $((Zn,Mn)Fe_2O_4)$, Willemit $(Zn_2[SiO_4])$, Zinkit (Rotzinkerz, ZnO) meistens vergesellschaftet mit Blei und Cadmium

sionsschutz, obwohl Zn unedler ist als >Eisen<. Dagegen wirkt Weißrost, ein in Gegenwart von Feuchtigkeit gebildetes, lockeres Oxidationsprodukt von Zn, nicht passivierend. Pulverförmiges Zn reagiert mit Wasser bereits bei Raumtemp. Mit Laugen (pH > 12,5) bilden sich Zinkate. Zn reagiert außerdem mit Säuren, versch. Salzen, Tetrachlormethan, Chloroform u. a., nicht aber mit Alkohol, Aceton, Ether, H_2S und trockenem CO_2, Cl_2 oder NH_3. Die meisten Verb. sind farblos. Mit vielen Metallen ist Zn legierbar. Die wichtigste Legierung ist Messing. Verwendet wird Zn außerdem für Druckplatten und galvanische Elemente sowie als Reduktionsmittel in der Metallurgie und Ausgangsstoff für Zinkverb. (Pigmente, Metallseifen u. a). Zn ist für Bakterien, Pflanzen und Tiere ein >essentieller< Nahrungsbestandteil. Der tgl. Bedarf liegt beim Menschen bei ca. 22 mg; Kinder, Schwangere und Stillende benötigen mehr, ältere Menschen weniger. Die Aufnahme erfolgt in der Regel ausreichend über Fleisch, Fisch, Milch und Getreideprodukte. Zn ist Bestandteil von über 200 >Enzymen< (z.B. Superoxiddismutase, Carboanhydrase, Carboxypeptidase A, versch. Alkoholdehydrogenasen und alkal. Phosphatasen) und bewirkt die Aktivierung weiterer Enzyme (Oxidoreduktasen, Polymerasen der Nukleinsäuresynth.) Darüber hinaus wirkt es auf die Synth., Sekretion oder Funktion versch. >Hormone< und ist notwendig für die Stabilisierung von Biomembranen sowie für die Wundheilung. Zinkmangel bewirkt beim Menschen den Verlust der Geschmacksempfindung und Appetitmangel und bei Kindern Störungen des Immunsystems. Größere Mengen von Zn-Salzen führen äußerlich zu Verätzungen und innerlich zu Entzündungen der Verdauungsorgane; die Aufnahme von mehr als 3 g wirkt innerhalb weniger Stunden letal. Akute Symptome bei oraler Aufnahme sind Schwindel, Erbrechen, Durchfall und Koliken; sek. kann es zu Leber- und Nierenfunktionsstörungen kommen. Inhalation von Zn- bzw. ZnO-Dämpfen bewirkt das sog. Gießfieber mit Übelkeit, Kopf- und Muskelschmerzen,

Reizhusten, Erbrechen, Schweißausbrüchen, Abgeschlagenheit und Fieber. Diese Symptome klingen nach 1 bis 2 Tagen ohne bleibende Schäden ab.

Lit: Merian E (Hrsg.) (1984) Metalle in der Umwelt, Verlag Chemie, Weinheim – Hollemann AF, Wiberg E, Wiberg N (1985) Lehrbuch der anorganischen Chemie, Walter de Gruyter, Berlin New York, S. 1034–1041 – Hock B, Elstner EF (1984) Pflanzentoxikologie, Bibliogaphisches Institut, Mannheim Wien Zürich – Kinzel H (1982) Pflanzenökologie und Mineralstoffwechsel, Ulmer, Stuttgart – Kaim W, Schwederski B (1991) Bioanorganische Chemie, Teubner, Stuttgart, S. 247–267 – Vahrenkamp H (1988) Zink, ein langweiliges Element? Chemie in unserer Zeit 22 (3), S. 73–84.

Zink-Bacitracin. Ein Polypeptidantibiotikum mit einem Zinkgehalt von 12 bis 20 %. Es wirkt vorwiegend gegen grampositive Bakterien und wird hauptsächlich als >Leistungsförderer< (20 bis 100 ppm im >Alleinfutter<) eingesetzt. Daneben wird es vereinzelt in der Veterinär- und Humantherapie lokal angewendet.

Zinn (Sn, Stannum). Chem. Element der IV. Hauptgruppe und 5. Periode des >Periodensystems<, mit der Ordnungszahl 50, rel. Atommasse 118,69, Fp. 232 °C sowie einem Kp. von 2.270 °C. Es ist ein Schwermetall, das in zwei Modifikationen vorkommt: der weißen (β-Sn) mit einer Dichte von 9,29, die sich unterhalb von 13,2 °C in die halbmetallische graue (α-Sn) Modifikation mit einer Dichte von 5,76 umwandelt. Sn ist mit 2 mg/kg in der Erdkruste enthalten. Im Boden werden Konz. von 1 bis 20 mg/kg gefunden, während zinnbelastete Standorte bis zu 800 mg/kg aufweisen. Die jährliche Weltproduktion wird auf ca. 225.000 t geschätzt. Es findet u. a. Verwendung als rostschützender Überzug von Eisenblechen und Konservendosen sowie als Legierungsbestandteil. Lebensmittel aus verzinnten Dosen enthalten durchschnittlich einen Zinngehalt von 20 bis 50 mg/kg. Als gesundheitsschädlich eingestuft sind Konz. über 250 mg/kg, die leicht in Nahrung von unlackierten Konservendosen vorzufinden sind. Als >Fungizide<, >Insektizide<, >Akarizide< und >Bakterizide< sowie als PVC- und PCB-Hitzestabilisatoren werden Organozinn-Verb. eingesetzt. Der >MAK-Wert< für anorg. Sn-Verb. liegt bei 2 mg/m³ und für org. Sn-Verb. bei 0,1 mg/m³, wobei keine Ergebnisse für eine >teratogene< oder >karzinogene< Wirkung vorliegen.

Zinophos. Ein Nematizid, das vorwiegend auf Gemüsekulturen eingesetzt wird.

$$H_5C_2O-\overset{\displaystyle S}{\underset{\displaystyle OC_2H_5}{P}}-O-\text{(Pyrazinyl)}$$

Ziram. Ein >Fungizid< aus der Gruppe der Dialkyldithiocarbamate. Die Wirkung tritt wie bei >Ferbam< durch Bildung des entsprechenden Anions ein.
Chemische Bezeichnung: Zink-*bis*-(dimethyl-dithiocarbamat)
CAS-Nummer: 137–30–4
Hersteller: FMC
Wirkungstyp: Protektiv wirksames Fungizid. Repellent gegen Vögel, Hasen, Kaninchen.
Bevorzugte Anwendung: Breites Wirkungsspektrum gegen Pilzbefall im Obst-, Wein-, Gemüse- und Zierpflanzenbau. Gegen Wildverbiß durch Hasen, gegen Krähen- und Fasanenfraß bei Mais und Getreide, gegen Knospenfraß von Schadvögeln.

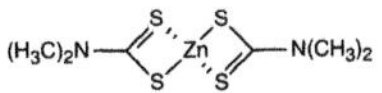

Chemische und physikalische Eigenschaften:
Physikalische Beschaffenheit: Weißes Pulver.
Schmelzpunkt: 246 °C.
Verteilungskoeffizient (log $P_{O/W}$): < –2,5 (berechnet).
Stabilität: Zersetzung unter UV-Licht und in alkalischen Medien.
Korrosives Verhalten: Korrosiv zu Kupfer und Eisen.
Löslichkeit: In Wasser bei 25 °C 65 mg/L.
Abbau und Metabolismus: Pflanze: Hauptmetabolit in Pflanzen ist Ethylenthioharnstoff, daneben Ethylenthiouram-monosulfid und wahrscheinlich auch Ethylenthiouram-disulfid und Schwefel.
Säugerorganismus: Nach oraler Appl. bei Ratten schnelle Ausscheidung über Urin und Faeces. Hauptmetaboliten sind Dimethyldithiocarbaminsäure, Dimethylamin und Schwefelkohlenstoff.
Toxizität: Akute orale LD_{50} für Ratte 1.400, Meerschweinchen 100 bis 150, Kaninchen 100 bis 300 mg/kg. Akute dermale LD_{50} für Ratte >2.000 mg/kg. Intraperitoneale LD_{50} für Ratte, Meerschweinchen, Kaninchen 5 bis 73, Maus 17 mg/kg. Reizwirkung auf Haut und Schleimhäute. 2-Jahre-Fütterungstest NOEL für Ratte 250 mg/kg Futter (>12,5 mg/kg/Tag).
Bienentoxizität: Nicht bienengefährlich. Kontakt LD_{50} 46,7 µg/Biene; orale LD_{50} >2.000 µg/Biene.
Fischtoxizität: LC_{50} (5 h) für Goldfisch (*Carassius auratus*) und *Tilapia melanopleura* 5 bis 10 mg/L. 1 mg/L soll für den Goldfisch in 24 h tödlich sein, 0,5 mg/L in 48 h.

Zirkadianer Rhythmus. >Biorhythmus<.

Zirkaloy. Legierung auf der Basis von Zirkon und Zinn, die als Werktoff für >Brennstabhüllen< verwendet wird.

Zirkondioxidsonde. >Lambdasonde<.

Zirkulation. Geschlossene ringförmige Luftbewegung, tritt in ganz verschiedenen Größenordnungen, >Scales<, auf, z.B. >Berg- und Talwind-< oder >Land- und Seewindzirkulation<. Im planetarischen Maßstab erfolgt die Z. zwischen >Hoch- <und >Tiefdruckgebieten< und wird hier meist als allgemeine >Zirkulation der Atmosphäre<bezeichnet (s. Abb. S. 1324).

Zirkulation der Atmosphäre. (Syn. planetarische Zirkulation). Gesamtheit aller großräumigen Luftbewegungen auf der Erde. Durch die regional unterschiedliche Gesamt>strahlungsbilanz< erfolgt eine entsprechend differenzierte Erwärmung der Atmosphäre. Die daraus resultierenden Luftdruckverteilungen (>Tiefdruckrinne< in der Nähe des Äquators, >Hochdruckgebiete< in den polaren Breiten) erzeugen Luftströmungen, die unter Einwirkung der Erdrotation (>Coriolis-Kraft<) zur Z.d.A. führen. Bei einer ruhenden, nur mit Wasser bedeckten Erde würde sich theoretisch in Bodennähe ein zum Äquator, in höheren Schichten ein zu den Polen setzender Massenfluß (Wind) ergeben. Dieser Kreislauf wird durch folgende Prozesse stark modifiziert:
– Coriolis-Kraft der rotierenden Erde,
– unterschiedliche Erwärmung der Erdoberfläche und der unmittelbar über ihr lagernden Luftschichten in Abhängigkeit von der geographischen Breite und der Land-Meer-Verteilung,

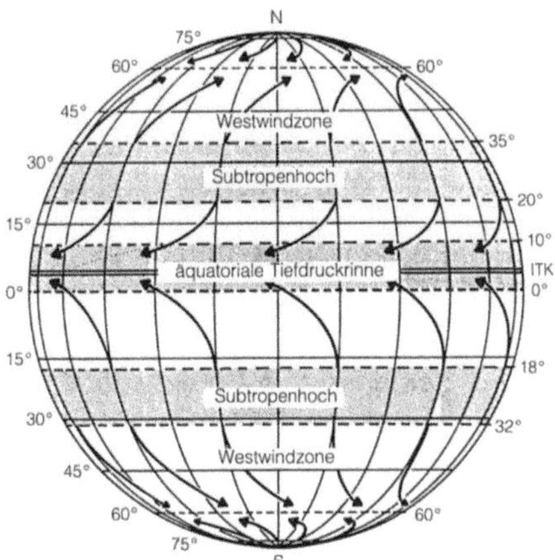

Zirkulation der Atmosphäre: Großräumige bodennahe Windsysteme, wie sie sich aus dem Ferrelschen Drei-Zellen-Schema der Vertikalzirkulation unter Zuhilfenahme des Einflusses der ablenkenden Kraft der Erdrotation ergeben. Qualitativ wird hierdurch die Konvergenz der Passate im Gebiet der Innertropischen Konvergenz (ITK) und der Konvergenz der Windsysteme mit starken horizontalen Scherungen in den wetteraktiven Gebieten der Nord- und Südhalbkugel erklärt (aus: Fortak H (1983) Meteorologie, 2. Aufl., C. Habel Verlagsbuchhandlung, Berlin Darmstadt)

– unterschiedliche Reibungskräfte, je nach Art des Untergrundes.
In der freien Atmosphäre zwischen 3 km und der >Tropopause< wird die durch die Erwärmung der Atmosphäre erzeugte potentielle Energie im Bereich der mittleren Breiten durch die >Rossby-Wellen< in Bewegungsenergie (kinetische Energie) umgewandelt. Die an diesen sog. >langen Wellen< sich bildenden Tiefdruckgebiete wandern mit der >Westwinddrift< ostwärts. Ihre Bewegungsenergie holen sie aus der kinetischen Energie. Insgesamt bildet sich folgende mittlere Luftdruckverteilung aus:
– äquatoriale Tiefdruckrinne,
– subtropische Hochdruckgürtel, >Subtropenhoch< (bei 30 °N und 30 °S),
– Westwindzone (>Westwinddrift<) mit wandernden Druckgebilden in den mittleren Breiten zwischen 35 °N bis 60 °N bzw. 35 °S bis 60 °S, zu den Polen hin begrenzt durch die subpolare Tiefdruckrinne,
– polare Hochdruckgebiete.
Das daraus resultierende bodennahe Windsystem ist in der Abb. dargestellt.
Lit: Liljequist GH, Cehak K (1984) Allgemeine Meteorologie, 3. Aufl., Vieweg, Braunschweig Wiesbaden – Palmén E, Newton CW (1969) Atmospheric circulation systems, Academic Press, New York London.

Zirkulation in Seen. >Mixis<.

Zirkulierende Wirbelschicht. >Wirbelschicht<.

Zirkumpolarkarte. >Wetterkarte<, die eine Hemisphäre oder zumindest den größten Teil von ihr in stereographischer Projektion darstellt, und den Pol als Mittelpunkt aufweist. Wird für die hemisphärische Wetteranalyse verwendet.

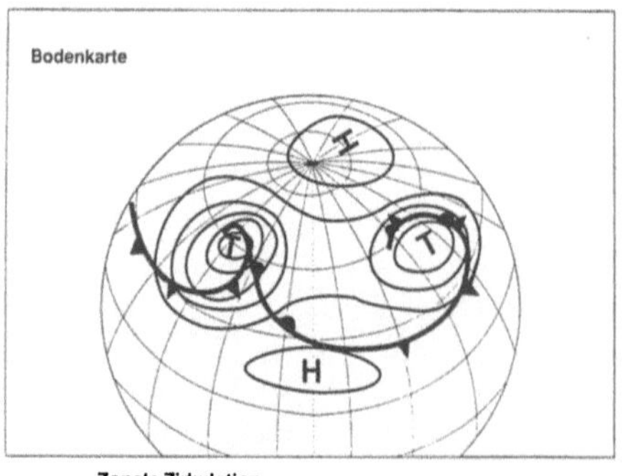

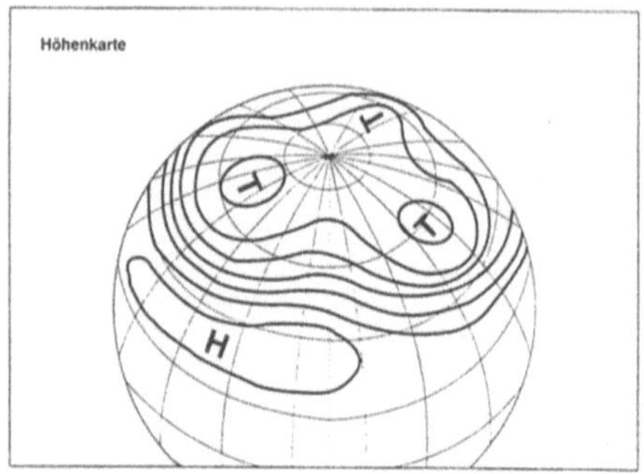

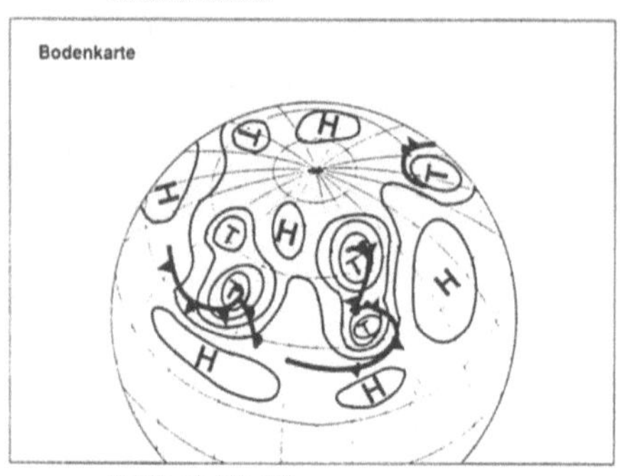

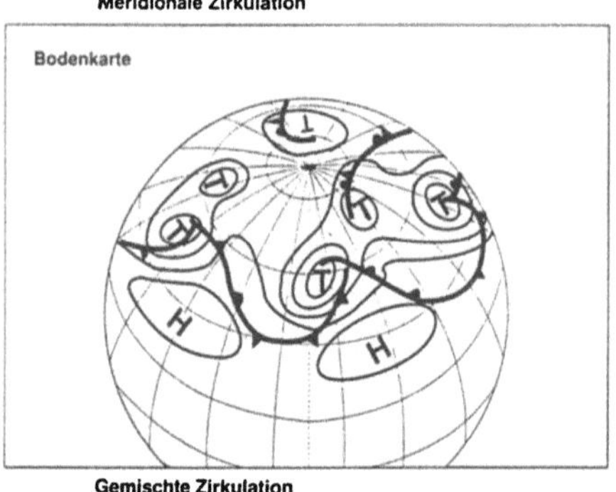

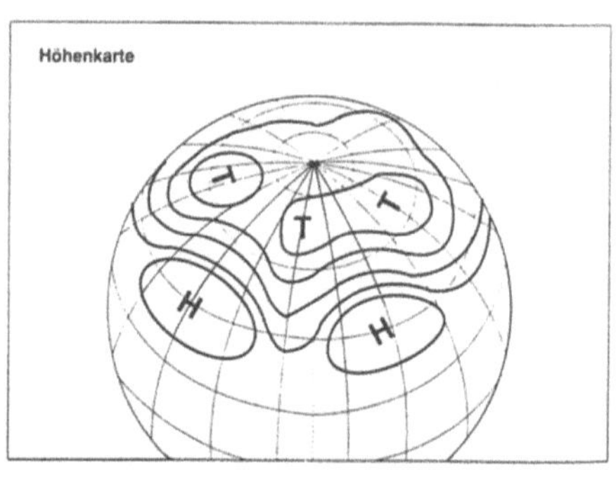

Zirkulation: Verschiedene Formen der atmosphärischen Zirkulation in den Boden- und Höhenkarten (aus: Das Autorenteam des Seewetteramtes (1989) Seewetter, 4. Aufl., Hamburg)

Zisterne. Anlage zum Auffangen und Speichern von Niederschlägen in Gebieten ohne anderweitiges geeignetes Wasser. Zur Anlage gehören Auffangflächen (Dächer, geringdurchlässige Bodenflächen etc.), Zuleitungen ggf. mit zwischengeschalteten Filteranlagen und Speicherbehälter. Das bakteriell belastete Zisternenwasser ist bei der Nutzung als Trinkwasser für den Menschen in der Regel abzukochen.

Zitronensäure. >Citronensäure<.

Zitronensäurezyklus. (Syn. Citratcyclus, Tricarbonsäurerecyclus, Krebszyklus). Der Z. wurde 1937 im wesentlichen durch H.A. Krebs und F. Knoop formuliert und bezeichnet das Stoffwechselschema (>Stoffwechsel<) des oxidativen (>Oxidation<) Endabbaus der >Nah-

rungsstoffe< im tierischen und pflanzlichen Organismus sowie bei aeroben >Mikroorganismen<. Der Zitronensäurezyklus findet bei >Eukaryonten< in den >Mitochondrien< statt und ist für die Oxidation von ca. 2/3 der gesamten Kohlenstoffverbindungen bei den Zellen höherer Lebewesen verantwortlich. Wesentlich dabei ist der resultierende Energiegewinn, der mit dem Abbau der jeweils 2 Kohlenstoffatome umfassenden Bruchstücke verbunden ist, die dem Fettstoffwechsel, dem Eiweiß- und dem Kohlenhydratabbau (>Eiweiß, Kohlenhydrate<) entstammen. Die Bruchstücke treten als sog. „aktivierte Essigsäure", d.h. als >Acetyl-CoA< (Acetyl-Coenzym A), in den Zyklus ein. Das Coenzym A (= CoASH) ist eine prosthetische Gruppe, welche als aktives Zentrum eine

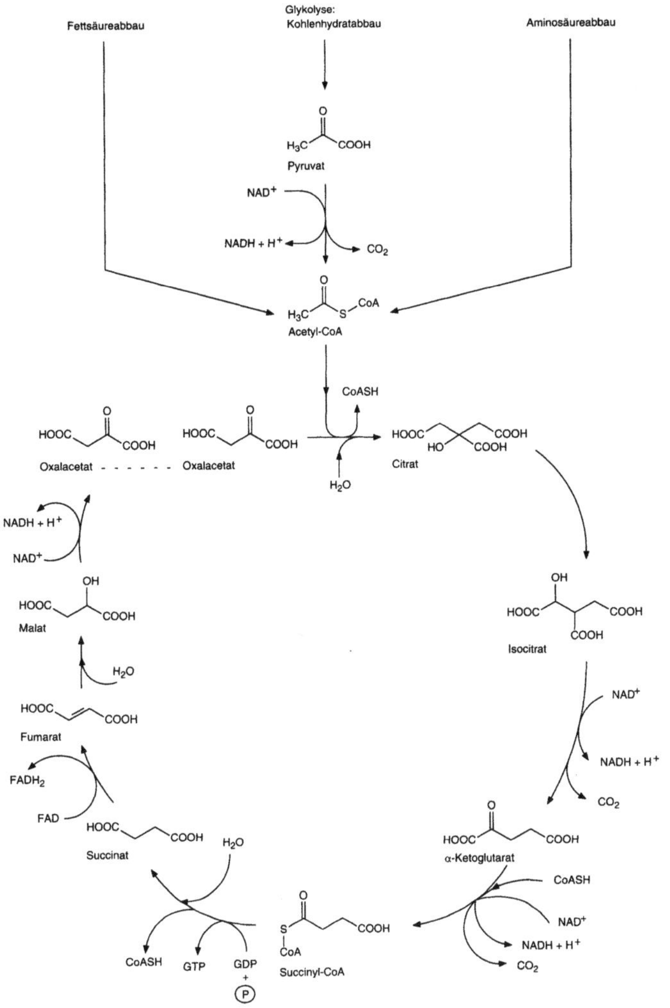

Fettsäureabbau

Glykolyse:
Kohlenhydratabbau

Aminosäureabbau

H_3C—COOH
Pyruvat

NAD^+

$NADH + H^+$ — CO_2

H_3C—S—CoA
Acetyl-CoA

CoASH

H_2O

HOOC—COOH
Oxalacetat - - - - - - Oxalacetat

HOOC—COOH / HO—COOH
Citrat

OH
HOOC—COOH
Isocitrat

NAD^+

$NADH + H^+$

CO_2

$NADH + H^+$
NAD^+

OH
HOOC—COOH
Malat

HOOC—COOH
α-Ketoglutarat

H_2O

CoASH

NAD^+

$NADH + H^+$

CO_2

HOOC—COOH
Fumarat

$FADH_2$

FAD

HOOC—COOH
Succinat

H_2O

S—CoA—COOH
Succinyl-CoA

CoASH GTP GDP
+
(P)

Schema des Zitronensäurezyklus (Nach: Alberts et al., 1987)

terminale SH-Gruppe besitzt und somit einen Acetylrest binden und auf andere Molekülgruppen übertragen kann. Acetyl-CoA entsteht z.B. bei der Metabolisierung von Pyruvat aus dem Glucoseabbau. Der Z. beginnt mit der Kondensierung von Acetyl-CoA mit der Vier-Kohlenstoff-Verbindung Oxalacetat zu der Sechs-Kohlenstoff-Verbindung Zitronensäure bzw. deren Ion Citrat. Darauf folgt eine Reihe von enzymatisch katalysierten Reaktionen, durch die 2 der 6 Kohlenstoffe des Citrats zu CO_2 oxidiert werden, wobei Oxalacetat wieder zurückgewonnen wird und der Zyklus somit geschlossen ist. Jeder Durchlauf des Z. bildet zwei CO_2-Moleküle, die dann die Zelle verlassen. Die Namen der Intermediärprodukte sind eingeführte Trivialnamen und entsprechen nicht den IUPAC-Regeln. Die bei der Oxidation der C-H- und C-C-Bindungen von Citrat freiwerdende Energie wird im Verlauf

des Z. auf verschiedene Weise eingefangen. Auf einer Stufe des Zyklus wird eine energiereiche Phosphatbindung (>Phosphat<) erzeugt. Seiner Entstehung geht die Bildung von Succinyl-CoA voraus. Diese Verbindung enthält eine energiereiche Thioesterbindung, deren Spaltung Energie für den Übergang von GDP (Guanosin-di-phosphat) zu GTP (Guanosin-tri-phosphat) unter formaler Aufnahme eines HPO_3-Restes bereit hält. Obwohl diese Reaktion GTP und nicht >ATP< (Adenosin-tri-phosphat) erzeugt, sind alle Nucleosid-tri-phosphate durch Austauschreaktionen energetisch äquivalent. An vier Stellen des Z. werden je $2H^+ + 2e^-$ freigesetzt, die die Elektronentransportmoleküle >NAD$<^+$ (Nicotinamid-Adenin-Dinucleotid) und FAD (Flavin-Adenin-Dinucleotid) in deren reduzierte Formen überführen. In jeder Runde des Zyklus werden so drei Moleküle NAD(H + H^+) und ein Molekül FAD(H_2) gebildet, letzteres bei der Dehydrierung von Succinat zu Fumarat. Die Elektronentransportmoleküle gehen dann in die >Atmungskette< ein, wo sie molekularen >Sauerstoff< zu Wasser reduzieren. Die zusätzlichen Sauerstoffatome, die nötig sind, um während des Z. CO_2 zu bilden, werden dadurch beigesteuert, daß pro Umlauf drei Moleküle Wasser eingeschleust und gespalten werden. Gegenüber dem Energiegewinn der Atmungskette fallen die bei der „Verbrennung" der Acetylgruppe erzielten Energiegewinne kaum ins Gewicht, eher schon die Bildung der energiereichen Phosphatbindung beim Übergang von GDP zu GTP. Der Z. selbst verläuft mit einer geringen positiven >Energiebilanz<. Die Bedeutung des Z. liegt darin, daß er den stark exotherm verlaufenden Abbau der Acetylgruppe in eine Folge enzymatisch gesteuerter reversibler Reaktionen zerlegt. Die einzelnen Energiestufen arbeiten so mit genügend kleinen Energieumsätzen, wodurch eine maximale Ausnutzung der zur Verfügung stehenden chemischen Energie erreicht wird. Neben seiner Funktion als terminaler Oxidationsprozeß der >Nährstoffe< liefert der Z. wichtige Vorstufen für verschiedene Biosynthesen, z.B. entstehen durch Aminierung der Säuren mit 4 oder 5 Kohlenstoffatomen wichtige >Aminosäuren< wie Asparaginsäure, Glutaminsäure usw.. Schließlich ist der Z. die Basis für die technische Gewinnung von Zitronen-, Oxal-, Itacon-, Bernstein-, Fumar- und Apfelsäure aus Kulturen von Pilzarten wie z.B. Aspergillus in der Biotechnologie und Fermentation.

Lit: Alberts B, Bray D, Lewis J, Raff M, Roberts K, Watson JD (1987) Molekularbiologie der Zelle, VCH, Weinheim – Karlson P (1988) Kurzes Lehrbuch der Biochemie für Mediziner und Naturwissenschaftler, 13.Aufl., Georg Thieme, Stuttgart New York. Und 12.Aufl. (1984) – Lehninger AL (1983) Biochemie, 2.Aufl., VCH, Weinheim – Lehninger AL (1982) Principles of Biochemistry, Worth Publishers, New York – Krebs HA (1970) Perspect Biol Med 14: 154–170 – Schlegel HG (1985) Allgemeine Mikrobiologie, 6.Aufl., Georg Thieme, Stuttgart New York.

Zitterspinnen (Pholcidae). *Pholcus phalangioides* z.B. trägt als Besiedler menschlicher Behausungen wesentlich zur Abwehr anderer Arthropoden bei. >Arachnida<.

Zivilisationskrankheit. Krankheiten, die hauptsächlich oder ausschließlich durch direkte Zivilisationswirkungen bedingt sind. Viele davon beruhen auf Fehlverhalten, z.B. falschen Ernährungsgewohnheiten, Bewegungsmangel u.ä., und werden daher auch als *Verhaltenskrankheiten* bezeichnet. >Herz-Kreislauf-Erkrankungen< stehen an erster Stelle, gefolgt von Krebserkrankungen. Zu den Z. zählen auch solche, die auf dem Mißbrauch von Alkohol, Nikotin und anderen Rauschmitteln beruhen. Von großer Bedeutung ist auch der Streß, der durch Überlastung bei der Arbeit, die Folgen der Überbevölkerung wie Wohnraummangel und hohe Verkehrsdichte sowie durch Reizüberflutung bedingt sein kann. Von zunehmender Bedeutung sind >allergische Erkrankungen<, die z.T. auf >Schadstoffe< zurückzuführen sind.

Zivilisatorische Strahlenexposition. Unter diesem Begriff werden die durch künstliche >Strahlenquellen< hervorgerufenen >Dosen< zusammengefaßt. Durch technische Anwendung von Strahlenquellen, durch beruflichen Umgang mit Strahlern, durch Forschung mit >radioaktiv< markierten Substanzen, durch die >Freisetzung< von großen Mengen an Radioaktivität bei >Atombombentests< und bei der Reaktorkatastrophe von >Tschernobyl< wird eine, wenn auch kleine Dosis in der Allgemeinbevölkerung hervorgerufen. Diese Dosis beträgt im Durchschnitt für Deutschland etwas weniger als 0,1 mSv pro Jahr. Fast die gesamte zivilisatorische Strahlenexposition rührt von der med. Strahlenanwendung her. Den Hauptanteil hierbei verursacht die >Röntgendiagnostik<. So muß der Durchschnittspatient pro Thoraxaufnahme mit einer >effektiven Dosis< zwischen 0,1 und 1 mSv rechnen, bei einer Beckenübersichtsaufnahme erhöht sich der Dosiswert etwa um den Faktor 5. Die durch den hohen med. Standard in unserem Land bedingten häufigen röntgendiagnostischen Maßnahmen schlagen sich für den Durchschnitt der Bevölkerung in dem hohen mittleren Wert der zivilisatorischen >Strahlenexposition< von 1 bis 1,5 mSv pro Jahr nieder.

Zönose. >Gemeinschaft< von verschiedenen Organismen, die voneinander abhängig sind. Z. werden nach verschiedenen Kriterien unterschieden und entsprechend benannt: Die Gemeinschaft aller >Lebewesen< eines >Biotops< ist die >Biozönose<. Alle Pflanzen bilden die *Phytozönose*, alle Tiere die *Zoozönose*, alle Mikroorganismen die *Mikrobiozönose*. Weiterhin kann nach >taxonomischen< Gruppen unterschieden werden, z.B. Ornithozönose: die Vögel eines Lebensraumes. Auch die Art des Biotops kann zur Charakterisierung genutzt werden.

zonal. Bezeichnung für diejenige Art der Verteilung einer meteorologischen Größe, die parallel zu einem Breitenkreis konstant ist; Gegensatz: >meridional<.

Zonale Tiefdruckrinne. Bereich niedrigen Luftdrucks, meist Verbindung zwischen zwei >Tiefdruckgebieten<, s. Abb. bei >Hochdruckgebiet<.

Zonale Wetterlage. Wetterlage, bei der die großräumigen Strömungen in der freien Atmosphäre >zonal< verlaufen und dadurch einen horizontalen Luftmassenaustausch zwischen Gebieten verschiedener geographischer Länge bewirken. Am Boden ergibt sich folgende typische Luftdruckverteilung (s. Abb. bei >Zirkulation<): an der Nordseite des subtropischen >Hochdruckgebietes< ziehen, geführt von den starken Westwinden in der Höhe, in rascher Folge >Tiefdruckgebiete< mit ihren >Fronten< vom Atlantik nach Europa. Das daraus resultierende Wetter schwankt rasch zwischen heiteren und regnerisch-windigen Abschnitten. >Westlage<. Gegensatz: >meridionale Wetterlage<.

Zonaler Grundstrom. Als Teil der > Zirkulation der Atmosphäre< umschließt der z.G. in der freien Atmosphäre als ausgeprägte westliche Strömung die gesamte Hemisphäre. Der z.G. entsteht als Folge des >meridionalen< Temperaturgefälles, das sich durch die unterschiedliche Erwärmung der Atmosphäre durch die zum Äquator hin zunehmende solare >Einstrahlung< ausbildet. Entsprechend den ausgeprägten jährlichen Temperaturschwankungen in den polaren und dem geringeren Jahresgang der Temperatur in den tropischen Breiten, ist der z.G. im Winter wesentlich stärker ausgebildet als im Sommer. Der z.G. steuert die >Zugbahn< und Zuggeschwindigkeit der >Tiefdruckgebiete<.

Zonaler Index. Maß für den mittleren zonalen >geostrophischen< Wind zwischen zwei Breitenkreisen. Da die Stärke des geostrophischen Windes von der räumlichen Neigung derjenigen Druckfläche bestimmt wird, auf die er bezogen ist, ist die Neigung dieser Fläche ein Maß für den z.I., der gern zur Charakterisierung der >Zirkulation< der freien Atmosphäre benutzt.

Zonierung. Zahlreiche >abiotische Faktoren< treten in Form von >Gradienten< auf. Diese werden oft in einzelne Abschnitte oder Zonen unterteilt, womit sich eine Z. ergeben kann. Sie ist u. a. abhängig von den geographischen und geomorphologischen Gegebenheiten: Z. der Klimabereiche in Abhängigkeit von der geographischen Breite, vertikale Z. im Gebirge und im Meer. Eine Z. kann aber auch im einzelnen >Biotop< auftreten, besonders deutlich im Felslitoral (>Litoral<) und in der Ufervegetation von Seen.

Zonobiome. Nach Walter wird die kontinentale Oberfläche in neun Z. oder zonale (Groß)lebensräume eingeteilt, die durch ihre Klimaverhältnisse charakterisiert sind. Es sind dies: ZB I: Äquatoriales Z., ZB II: Tropisches Z., ZB III: Subtropisch-arides Z., ZB IV: Winterfeuchtes Z. = Mediterranes Z., ZB V: Warmtemperiertes Z., ZB VI: Typisch gemäßigtes Z. = Nemorales Z., ZB VII: Arid – gemäßigtes Z. = kontinentales Z., ZB VIII: Kalt-gemäßigtes Z. = Boreales Z., ZB IX: Arktisches bzw. Antarktisches Z. Den Z. entsprechen bestimmte Boden- und Vegetationszonen.
Lit: Walter H, Breckle S (1991) Ökologie der Erde. Bd. 1: Ökologische Grundlagen in globaler Sicht. 2. Aufl., Fischer Verlag, Stuttgart.

Zoobenthos. Gesamtheit der Tiere, die ständig oder zeitweilig den Grund der Gewässer zwichen dem Ufer- bzw. Küstenbereich und der größten Tiefe besiedeln. Sie leben auf oder im >Sediment<. In Gebirgsbächen gehören alle Tiere mit Ausnahme der >Salmoniden< zum Z. Die Lebensweise dieser Organismen ist benthisch, im Gegensatz zur pelagischen Lebensweise des >Planktons< und >Nektons<. S. a. >Benthal<.

Zoogloenfilm. Schleimschicht mit Bakterien, Protozoen und Pilzen, die die benetzte Oberfläche eines biologischen Filters, eines Langsamfilters oder die inneren Kanalrohrwände bedeckt (ISO 6107/3).

Zoologie. (Syn. Tierkunde). Wissenschaft von den Tieren. In zahlreichen Unterdisziplinen beschäftigt sich die Z. mit allen Aspekten der Tierwelt, vom äußeren Bau über die >Systematik< und >Physiologie< bis hin zur >Verhaltenskunde< und zur >Tierökologie<.

Zoonosen. Krankheiten und Infektionen, die auf natürliche Weise zwischen Wirbeltieren und Menschen übertragen werden. Es kommen sowohl Bakterien, Pil-

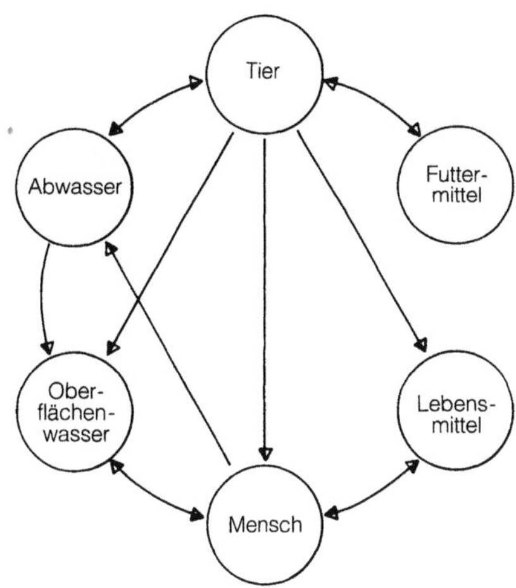

Zoonosen: Vereinfachte Darstellung der wichtigsten Infektketten für Enteritissalmonellen

ze und Parasiten als auch bestimmte Viren als Erreger von Zoonosen in Frage. In der Tabelle unten ist eine Auswahl der wichtigsten Zoonosen zusammengefaßt. Die Abb. zeigt eine vereinfachte Darstellung der Infektkette für Enteritissalmonellen, die in Deutschland die für den Menschen bedeutsamste Gruppe von Zoonosenerregern sind.

Zoophage. Räuber oder >Parasiten<. Im Boden sind viele Arten der >Protozoen<, >Turbellarien<, >Fadenwürmer<, Pseudoskorpione, Webespinnen, >Milben<, >Hundertfüßer<, >Doppelschwänze<, >Springschwänze<, Laufkäfer, Kurzflügelkäfer, Schnellkäfer, Weichkäfer und >Zweiflügler< als Räuber von Bedeutung.

Zooplankton. Tiere des >Plankton<. Sie spielen in Seen und im Meer eine wichtige Rolle als >Konsumenten<. Das Z. setzt sich aus Vertretern vieler Tierstämme zusammen. Von besonderer Bedeutung sind im Süßwasser >Protozoen< und Kleinkrebse, im Meer auch bestimmte Schnecken, Pfeilwürmer und die Larven vieler festsitzender Tiere. Bedeutsam sind in den südlichen Meeren die Leuchtgarnelen, die als Krill direkt oder indirekt die Lebensgrundlage der großen

Zoonosen: Zusammenstellung einiger wichtiger Zoonosen

Hervorgerufen durch			
Bakterien	Pilze	Viren	Parasiten
Salmonellosen	Trichophytie	Frühsommer-Meningoencephalitis	Malaria
Campylobacter-Infektionen	Mikrosporie	Gelbfieber	Schlafkrankheit
Enterale Yersiniose	Kryptokokkose	Lassa-Fieber	Toxoplasmose
Brucellose		Influenza (Schweineinfluenza)	Amöbiasis
Listeriose		Lymphocytäre Choriomeningitis	Bilharziose
Tuberkulose		Metzgerpapillome	Rinderbandwurm
Leptospirose		Newcastle-Krankheit	Schweinebandwurm
Lyme-Disease		Tierpocken	Echinokokkose
Rotlauf		Tollwut	Medinawurm-Infektion
Milzbrand			Trichinose
Psittacose/Ornithose			
Q-Fieber			

antarktischen Wirbeltiere Wale, Robben, Pinguine und Fische bilden.

Zoozönose. >Zönose<.

Zubereitung. 1. juristisch: Grundbegriff des >Chemikalienrechts<; gem. § 3 Nr. 2 und 4 des >Chemikaliengesetzes< ist eine Z. ein Gemisch, ein Gemenge oder eine Lösung von Stoffen, nicht weiter be- oder verarbeitet, einschließlich der Verunreinigungen und der für die Vermarktung erforderlichen Hilfsstoffe.
Die ursprüngliche Definition, daß Z. gezielt durch die Operationen Vermischen, Vermengen oder Lösen hergestellt werden, wurde mit der Gesetzänderung am 01.08. 1990 fallengelassen. Zur besseren Harmonisierung mit dem EG-Recht lehnt sie sich eng an Art. 2 Abs. 1 b der >Gefahrstoffrichtlinie< (67/548/EWG) an. Das macht die Abgrenzung von >Stoffen< mit Verunreinigungen manchmal schwierig. *Nicht* als Z. gelten Stoffgemische, die herstellungsbedingt entstandene, nicht vollständig abgetrennte Nebenprodukte oder Verunreinigungen enthalten, die durch Ausgangsprodukte eingeschleppt wurden. Ebenfalls sind komplizierte Gemische chem. Stoffe, die häufig isoliert werden, *keine* Z. i. S. des ChemG. Hierbei ist eine eindeutige Charakterisierung aller Bestandteile u. der Zus. häufig nicht möglich. Viele Z. lassen sich durch geeignete physikalische Methoden in ihre Bestandteile zerlegen, was jedoch kein Kriterium für diese Produktgruppe ist. >Polymere< mit Additiven (Pigmente, Stabilisatoren, Weichmacher) und Mischungen versch. Polymere (sog. blends) gelten als Z., nicht jedoch ungemischte u. additivfreie Polymere, auch wenn sie aus versch. >Monomeren< hergestellt werden.
Nicht zu den Z. gehören sog. >UVCB-Stoffe<, bei denen es sich um Reaktionsgemische handelt, die chem. nicht einheitlich sind. Weil sie sich (daher) keinem best. Stoff zuordnen lassen, werden sie insgesamt als ein Stoff angesehen und chemikalienrechtlich so behandelt: Erfassung als >Altstoffe< (s. EINECS, Leitfaden für die Nachmeldung zum EG-Inventar) und Pflichten für >neue Stoffe< (>Prüfung<, >Mitteilung<, >Anmeldung<).
Der Begriff Z. spielt in der Chemikaliengesetzgebung und im gesamten Gefahrstoffrecht eine Rolle. Er gehört zu den drei Kategorien von Produkten, die beiden anderen sind Stoffe und >Erzeugnisse<. Die Abgrenzung zwischen Z. und Stoffen ist manchmal schwierig und zwischen Z. und Erzeugnissen u. U. problematisch. Sie entscheidet letztendlich darüber, welche Vorschriften anzuwenden sind.
Enthält eine Z. *Neustoffe*, so ist sie vor dem erstmaligen >Inverkehrbringen< anzumelden oder zumindest mitzuteilen. Gemäß ChemG (§§ 4, 16a) sind alle neuen Stoffe prüf- u. meldepflichtig, auch wenn sie nur in Z. auf den Markt kommen. Diese Verpflichtung entsteht nicht nur aufgrund eigener Herstellung, sondern auch bei ihrer >Einfuhr< aus Drittländern. – Die Erfassung von *Altstoffen* für das EG-Inventar ist auf der Grundlage von Stoffen, d. h. im Hinblick auf die Komponenten und nicht die Z. selbst erfolgt. Die meisten Z. bestehen ausschließlich oder überwiegend aus Altstoffen.
Z. unterliegen weiterhin den chemikalienrechtlichen Vorschriften zur >Einstufung<, >Verpackung< und >Kennzeichnung<. >Gefährliche< Z. sind zu kennzeichnen, was wiederum ihre Einstufung voraussetzt. Diese wird selten durch Prüfungen ermittelt, zumindest nicht in toxikologischer Hinsicht. Letztere wird in den weitaus meisten Fällen aufgrund des Gehaltes von Z. an *gefährlichen Stoffen* (Inhaltsstoffe, „gefahrauslösende" Komponenten) vorgenommen. S. Leitfaden für die Einstufung u. Kennzeichnung gefährlicher Stoffe und Z. (>Gef-StoffV< Anhang I).
Die weitaus meisten Produkte der Chem. Industrie sind Z. Den ca. 100.000 Altstoffen in der EG entspr. schätzungsweise über eine Mio. Z. Angesichts dieser sehr großen Zahl und im Hinblick auf die beschränkten Prüfungskapazitäten – vom Tierschutz ganz abgesehen – ist es unmöglich, *alle* Z. (echt) zu prüfen. Dem tragen auch die >EG-RL für gefährliche Z.< Rechnung, die sich mit der Einstufung, Verpackung und Kennzeichnung befassen. Die zur Ermittlung kennzeichnungspflichtiger Z. entwickelten *Berechnungsverfahren* sind im Rahmen der Allgemeinen Zubereitungsrichtlinie (88/379/EWG) vereinfacht worden. Hinsichtlich der Konz. gefährlicher Inhaltsstoffe in Z. wird unterschieden zwischen *allg.* und *stoffbezogenen* >Grenzwerten<.
Eine besondere Rolle spielen Z. bei >Beschränkung<smaßnahmen, die sich in erster Linie nach best. Stoffen richten, die darin enthalten sein können (s. EG-RL 76/769/EWG, die das Inverkehrbringen und >Verwenden< best. Gefahrstoffe beschränken). Hierbei spielen nicht nur absichtlich eingesetzte Komponenten eine Rolle, sondern auch *Verunreinigungen* durch best. *Stoffe*, die als problematisch angesehen werden und daher zu best. Maßnahmen Anlaß geben können.
2. technisch: Oberbegriff für anwendungsfertige Mischungen verschiedener Stoffe, z. B. Anstrichfarben, Arznei-, Desinfektions-, Pflanzenschutz- oder Waschmittel. Vorschriften zur Klassifizierung, Verpackung und Kennzeichnung gefährlicher Z. regelt die Zubereitungsrichtlinie, sofern einzelne Anwendungsgebiete wie Pflanzenschutz- und Arzneimittel nicht ausdrücklich ausgenommen sind, da für sie andere gesetzliche Bestimmungen gelten.
Lit: Rehbinder E, Kayser D, Klein H (1985) Chemikaliengesetz, C. F. Müller, Juristischer Verlag, Heidelberg – Schauer W, Quellmalz E (1989) Die Kennzeichnung von gefährlichen Stoffen u. Zubereitungen, VCH Verlagsgesellschaft, Weinheim.

Zucker. Eigentlich die umgangssprachliche Bezeichnung für das Disaccharid Saccharose, das hauptsächlich aus Zuckerrüben und Zuckerrohr gewonnen wird. Daneben werden aber auch andere kristalline, wasserlösl., meist süß schmeckende >Kohlenhydrate< aus der Reihe der Mono- und Oligosaccharide als Z. bezeichnet (z. B. Fructose, Glucose, Maltose, Lactose).

Zuckeraustauschstoffe. Verbindungen, die als Süßungsmittel verwendet werden, deren Metabolisierung jedoch insulinunabhängig verläuft, z. B. >Sorbit<, >Xylit<, >Mannit<, >Fructose<.

Zuckerester. Ester von Kohlenhydraten mit Fettsäuren. Die Synth. erfolgt durch Umesterung der Fettsäuremethylester mit den entsprechenden Kohlenhydraten. Im allg. werden Mono- und Di-Fettsäureester von >Saccharose< oder >Glucose< verwendet. Die Monoester werden zur Herstellung von W/O- und O/W-Emulsionen eingesetzt, die Diester zur Bildung von W/O-Emulsionen.

Zuckerfabriken. Anlagen zur Herstellung oder >Raffination< von >Zucker< unter Verwendung von >Zuckerrüben< oder Rohzucker sind immissionsschutzrechtlich >genehmigungsbedürftige Anlagen<. Ca. 60

Zuckerfabriken in Deutschland (alte Bundesländer) stellen jährlich ca. 2,5 bis 3 Mio t Zucker her. Die Produktion erfolgt nach der Ernte der Zuckerrüben ausschließlich in den Monaten September bis Dezember. Nach der Rübenwäsche zur Entfernung von Erde und Sand und der Abtrennung des Krautes werden die Rüben und Rübenschwänze zu Rübenschnitzeln zerkleinert. Durch biochem. bzw. >anaerobe< >Abbau<reaktionen mit >Faulgas<bildung können Geruchsstoffe, wie z.B. >Schwefelwasserstoff< und >Ammoniak<, freigesetzt werden. >Geruchsbelästigungen< treten dabei insbesondere im Bereich der >Schlammteiche< auf, in denen der Schlamm aus der Rübenwäsche abgelagert wird. Die Saftgewinnung erfolgt durch >Extraktion< (in der Zuckerindustrie mit >Diffusion< bezeichnet) mit Wasser bei ca. 70 °C. Die Saftreinigung erfolgt durch Filtration, >Kalk-< sowie >Kohlendioxidbehandlung< zur >Fällung< bzw. >Flockung< best. >Anionen< sowie hochmolekularer Nichtzuckerstoffe wie >Pektine< und >Eiweiß<stoffe. Nach Eindampfen des Dünnsafts wird der Zucker in einer mehrstufigen Verdampfungskristallisation gewonnen. Die extrahierten Rübenschnitzel sowie ggf. weitere Rückstände werden in einer Trockentrommelanlage einer thermischen Entwässerung unterzogen. Bei den einzelnen Stufen können Geruchsbelästigungen auftreten, bei der Trocknungsanlage daneben >Staubemissionen< sowie brennstoffspez. >Abgase<. Durch Vermeidung biochem. Zersetzungsreaktionen, weitgehend geschlossene Prozeßführung sowie Erfassung und Reinigung staubbeladener Abgase, Reduzierung der Trockentrommeleintrittstemp., Einsatz geeigneter Brennstoffe, werden die >Emissionen< minimiert.

Zuckerrohr. >Nachwachsende Rohstoffe<.

Zuckerrüben. >Nachwachsende Rohstoffe<.

Zuckmücken. Arten der Familie Chironomidae der Insektenordnung Diptera, Zweiflügler. Fast alle Z. entwickeln sich im Süßwasser, Arten der Gattung Clunio im Gezeitenbereich der Meere, einige sind terrestrisch, wenige Arten leben in Binnensalzgewässern. Die Weibchen der aquatischen Arten legen die Eier in das Wasser, die Larven leben benthisch auf oder im >Sediment<, einige in Pflanzen. Das letzte Larvenstadium verpuppt sich, aus der Puppe schlüpfen die geflügelten Insekten. Die Männchen haben behaarte Fühler, die Weibchen nicht. Die Z. sind die artenreichste und ökologisch vielseitigste Familie der Mücken (Unterordnung Nematocera). Sie sind in der Regel auch dominierend in der Bodenfauna der stehenden Gewässer, oft auch der >Fließgewässer<. Daher spielen sie als „Fischnährtiere" und im Stoffumsatz der Gewässer eine wichtige Rolle. Eine Bekämpfung der Z. ist nicht erforderlich, da die Weibchen kein Blut saugen und keinerlei Krankheiten übertragen.
Lit: Thienemann A (1954) Chironomus, 1. Aufl., Schweizerbart'sche Verlagsbuchhandlung, Stuttgart – Wiederholm E (Hrsg.) (1983–1989) Chironomidae of the holarctic region – keys and diagnoses, part 1 larvae, Ent Scand Suppl 19: 1–457, part 2 pupae, Ent Scand Suppl 28: 1–482, part 3 adult males, Ent Scand Suppl 34: 1–532.

Züchtung. Allg. die gezielte Veränderung der phänotypischen Eigenschaften von Pflanzen (Pflanzen-Z.) oder Tieren (Tier-Z.). Die damit verbundenen Veränderungen im >Genom< der Organismen waren angesichts der historischen Entwicklung des Begriffs zunächst unbekannt und unwichtig. Schon in der Domestikation von Wild- zu Haustieren, mehrere tausend Jahre v.Chr., kann der Anfang der Tier-Z. gesehen werden. Die Z. verfolgt in den meisten Fällen das Ziel der >Selektion< wirtschaftlich relevanter, ertrags- oder qualitätssteigernder sowie -erhaltender (>Resistenz-Z.<) Eigenschaften. Noch bis in die Neuzeit erfolgte die Z. vorwiegend nach empirischen Gesichtspunkten, wobei die treibenden Kräfte für Veränderungen im Zusammenspiel von >Mutation< (natürliche oder induzierte), >Selektion< (natürliche und durch den Menschen) und Migration und der damit verbundenen >genetischen< Variabilität der Organismen liegen. Besonders mit MENDEL kamen durch Kreuzungstechniken neue und theoretisch belegte Aspekte in die Z. In der klassischen Z. werden die gesetzten Zuchtziele durch Kreuzungen und/oder Rückkreuzungen von Arten oder Sorten mit auffälligen, gewünschten Eigenschaften und anschließender Selektion erreicht. In der modernen Z. haben zur Erreichung der typischen Ziele alle gängigen Methoden der Gentechnik Einzug gehalten, so daß hier eine Trennung vom Begriff der >genetischen Manipulation< („genetic engineering") nicht mehr zu sehen ist.

Zündbeschleuniger. In vielen Fällen Bestandteil von Hochwertigen >Dieselkraftstoffen<, >Superdiesel<. Durch Z. wird der Verbrennungsbeginn im Motor erleichtert, was zur Verminderung der >Abgasemissionen< führt, insbesondere auch zur Senkung des >Blau<- bzw. >Weißrauchs<.

Zündstrahlmotor. Ein Gas-Diesel-Motor, wobei durch einen sich selbst entzündenden Dieselöl-Zündstrahl das schwer entflammbare Gas gezündet wird. Wird auch als Diesel-Alkoholmotor möglich (>Alkoholmotor<).

Zündung. Man unterscheidet zwischen Fremdzündung beim >Otto-< und Selbstzündung beim >Dieselmotor<. Hohe >Octanzahl< charakterisiert zündunwillige, hohe Cetanzahl zündwillige >Kraftstoffe<. Das Zündverhalten entscheidet mit über die erreichbare Abgasqualität. >Dieselkraftstoff<, >Ottokraftstoff<.

Zündverzug. Zeitdauer bis zum ersten Einsetzen der Entflammung. Klopffeste >Otto-Motoren< haben im allg. einen langen Zündverzug. Lange Verzüge führen beim >Dieselmotor< zu hohen Verbrennungsdrücken und lautem Geräusch (Dieselnageln) >Zündwilligkeit<.

Zündwilligkeit. Wesentliche Eigenschaften von >Dieselkraftstoffen<, die die leichte Entflammbarkeit im Motor kennzeichnet. Die Z. wird als >Cetanzahl< bzw. als Zündverzug zwischen Einspritzbeginn und Verbrennungsbeginn definiert. Eine hohe Z. ist Voraussetzung für eine umweltfreundliche >Verbrennung< im >Dieselmotor< mit geringen >Schadstoff- und Geräuschemissionen<.

Zündzeitpunkt. Beim >Ottomotor< überspringen des Zündfunkens. Früher ZZP: im allg. Verbrauchsverbesserung; später ZZP: Erhöhung der Abgastemp. und damit auch der Abgasqualität (Senkung von >HC< und >NO_x<). Bei Aufladung: höhere Leistung.

Zufällige Fehler. S. >Meßabweichung<.

Zufallsverteilung. Exakte Verteilungsfunktion einer Zufallsvariablen; Z. nennt man die Verteilung von diskreten oder stetigen Zufallsvariablen.

Zufuhr. >Aktivitätszufuhr<.

Zugbahn. (Syn. Zugstraße). Weg, den ein >Tief<- oder >Hochdruckgebiet< bei seiner horizontalen Verlagerung zurückgelegt hat. Ein Forschungszweig der >Synoptik< beschäftigt sich damit, für ausgewählte Druckgebilde für die einzelnen Jahreszeiten typische Z. herauszufinden. Bekannt sind die Z. der in die Nordsee ziehenden Sturmtiefs oder der sog. Fünf-b-Tiefs (Definition nach VAN BEBBER (1841 bis 1909)). Letztere transportieren feuchtwarme Mittelmeerluft über Ungarn und Polen nach Norddeutschland, dies führt hier im Winter zu langanhaltenden Schneefällen.

Zugstraße. >Zugbahn<.

Zulassung. Anderer Begriff für >Erlaubnis< oder >Genehmigung<.

Zulassung von Abfallbeseitigungsanlagen. Die Zulassung (Errichtung und Betrieb) von ortsfesten Abfallbeseitigungsanlagen wird in den §§ 30–36 des >Kreislaufwirtschafts- und Abfallgesetzes< geregelt. Die wesentlichen Schritte sind dabei die Verfahren der Planfeststellung und -genehmigung. Ohne diese Schritte ist eine Abfallentsorgungsanlage illegal. Auch eine zulassungsfähige, aber nicht zugelassene Anlage kann untersagt werden. Die Zuständigkeit für die Durchführung der Planfeststellungs- und Genehmigungsverfahren ist auf Länderebene geregelt.

Zulassung von Abfallentsorgungsanlagen. Teil des >Abfallgesetzes< (§ 7). Regelt das Zulassungsverfahren für ortsfeste >Abfallentsorgungsanlagen<, wesentliche Änderungen an diesen Anlagen oder ihres Betriebes. Grundsätzlich bedürfen derartige Anlagen ein >Planfeststellungsverfahren<; in wenigen im Gesetz definierten Ausnahmen kann ein vereinfachtes Verfahren, das >Plangenehmigungsverfahren<, zum Einsatz kommen.

Zulaufeinrichtungen. Die Zulaufkonstruktion einer Kläranlage soll das Abwasser gleichmäßig über den Beckenquerschnitt – bei Rechteckbecken vor Kopf, bei Rundbecken radial vom Mittelbauwerk aus – verteilen und höhenmäßig entsprechend seiner Dichte einordnen. Kurzschlußströmungen – sowohl zum Ablauf als auch zum Schlammabzug – und Turbulenzen sind zu vermeiden. Die kinetische Energie des zufließenden Abwassers soll gezielt in potentielle Energie zur Vergleichmäßigung des Zulaufs umgewandelt werden.
Lit: Abwassertechnische Vereinigung e. V. (Hrsg.) (1985–1997) ATV-Handbuch, 4. Aufl., Band 1–7, Verlag Wilhelm Ernst und Sohn, Berlin München.

Zuordnung der Abfälle. >Abfallarten<.

Zusatzbelastung. Im Rahmen von immissionsschutzrechtlichen >Genehmigungsverfahren< rechnerisch ermittelte >Immissionsbelastung< der zu genehmigenden Anlage im Einwirkungsbereich. Die Zusatzbelastung wird dabei in Form der >Immissionskenngrößen< I 1 Z und I 2 Z angegeben. Das Berechnungsverfahren ist im Anhang C der >TA-Luft< aufgeführt. Hierbei handelt es sich um das sog. Gaußsche >Ausbreitungsmodell<. Durch Addition der Zusatzbelastung zu der meßtechnisch ermittelten >Vorbelastung< ergibt sich die >Gesamtbelastung<.

Zusatzbrenner. Zur Gewährleistung eines ausreichenden Ausbrandes der >Abgase< von >Müllverbren-

nungsanlagen< sind diese mit Z. ausgerüstet, die während des >Anfahrens< und bei drohender Unterschreitung der >Mindesttemperatur< z. B. mit Erdgas, Flüssiggas oder Heizöl EL betrieben werden.

Zusatzstoff. Wird >PSM< als Haft- und Netzmittel zugesetzt, um deren Eigenschaften oder Wirkungen zu verändern. Nach dem Pflanzenschutzgesetz zulassungspflichtig. >Formulierung<.

Zustand, angeregter. >Angeregter Zustand<.

Zustandsdiagramm des Wassers. Stellt die Stabilitätsfelder der drei Aggregatzustände Eis, Wasser und Wasserdampf für einen gewählten Druck dar. Am >Tripelpunkt< sind alle drei Phasen vorhanden, entlang der Kurve des Sättigungsdampfdruckes jeweils die Phasen Eis/Wasserdampf oder Wasser/Wasserdampf (s. Abb. unten).

Zustandsgröße. Größe, die den Zustand eines >Systems< – nicht nur im Gleichgewicht – charakterisiert; s. >homogenes< und >heterogenes System<. Man unterscheidet zwischen sog. intensiven Zustandsgrößen wie Druck, Temp., Konz. und Dichte, die nicht von der Ausdehnung des Systems abhängen, und extensiven Zustandsgrößen als von der Ausdehnung des Systems abhängigen Größen: Vol., Masse, Energie. In Nicht-Gleichgewichts-Systemen spricht man eher von orts- und zeitabhängig variierenden >Zustandsvariablen<.

Zustandshaftung. Der Inhaber der tatsächlichen Gewalt über eine Sache haftet für die von der Sache ausgehenden Gefahren oder verursachten Schäden.

Zustandsstörer. Ihn trifft die >Zustandshaftung<.

Zustandsstufe. Kennzahl der landwirtschaftlichen >Bodenbewertung<, die den Entwicklungszustand eines Bodens berücksichtigt. Je ungünstiger ein Boden für die landwirtschaftliche Nutzung ist, desto höher ist seine Z. Für Ackerböden reicht die Bewertung von 7 (rohes Gestein) über 3 (nährstoffreicher, humoser, tiefgründiger Boden mit optimalen physikalischen Eigenschaften) bis 1 (extrem entwickelter Boden, z. B. >Pod-

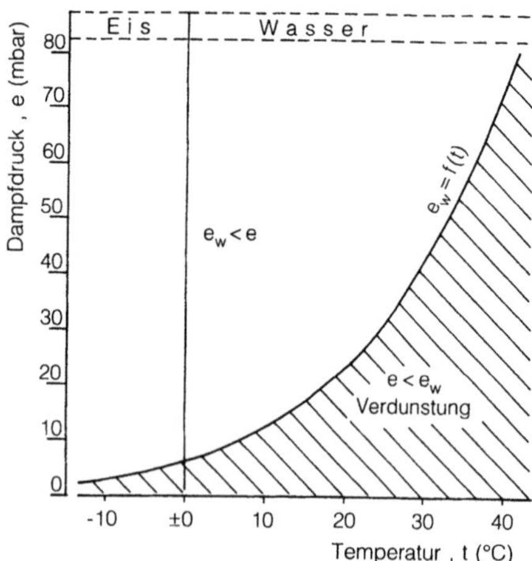

Zustandsdiagramm des Wassers: Zustandsdiagramm des Wassers bei 1 bar Druck

sol<). Bei Grünland unterscheidet man nur 5 Stufen (III-I-III), wobei der Wasserhaushalt eine entscheidende Rolle spielt.

Zustandsvariable. Für >Zustandsgröße< in Nicht-Gleichgewichts-Systemen verwendeter Begriff.

Zustandsvektor. Vektor aller Zustandsvariablen im Zustandsraum.

Zweckverbände. Abwasserzweckverbände sind Zusammenschlüsse von abwasserbeseitigungspflichtigen Gemeinden zur gemeinschaftlichen Wahrnehmung der Aufgaben zur Abwasserentsorgung. Die Verbände sind von den sonstigen Haushalten einer Gemeinde abgetrennt und können durch Gebühren und Beiträge eine kostendeckende Haushaltsführung sicherstellen. Z. sind eigene Rechtspersönlichkeiten. >Abwasserverband<.

Zweiflügler. >Diptera<.

Zweipunktfällung. Bei der Z. in der Abwasserreinigung werden zwei Fällungsverfahren kombiniert. Dies geschieht z. B., um zwei verschiedene Fällmittel einzusetzen, u. a. Kalk in der Vorfällung und Eisen in der Simultanfällung. Aber auch bei nur einem Fällmittel ergeben sich Vorteile, weil erfahrungsgemäß der Gesamtwirkungsgrad bei der Z. größer ist als bei der Dosierung der gleichen Fällmittelmenge an einer Stelle. Ist eine Wirkungsgradverbesserung nicht erforderlich, können u. U. Fällmittel eingespart werden.
Nachteilig ist, daß beim Einsatz von zwei verschiedenen Fällmitteln auch zwei unterschiedliche Lager- und Dosiereinrichtungen installiert werden müssen.
Lit: Abwassertechnische Vereinigung e. V. (Hrsg.) (1985–1997) ATV-Handbuch, 4. Aufl., Band 1–7, Verlag Wilhelm Ernst und Sohn, Berlin München.

Zweistoffbetrieb. Betrieb eines >Verbrennungsmotors< mit zwei >Kraftstoffen< über unterschiedliche Gemischbildungseinrichtungen. Hierbei werden in der Regel Kraftstoffe eingesetzt, die sich nicht vermischen lassen oder die in unterschiedlichem Verhältnis zueinander in Abhängigkeit der Betriebsverhältnis des Motors zugeführt werden. Z. für >Ottomotoren< wurde z. B. mit >Ottokraftstoff< und einer >MeOH-Wassermischung< erprobt, um die >Klopffestigkeit< bei hohen Leistungsanforderungen zu erhöhen und die

>NO$_x$-Emission< zu senken. Für >Dieselmotoren< ist Z. mit >Dieselkraftstoff< und >Flüssiggas< im Einsatz, um die Ruß- und NO$_x$-Emissionen zu senken.

Zweistufiges Verfahren. Bei der >biol. Abwasserreinigung< in bestimmten Fällen durchgeführte Aufteilung des Reaktorraumes (>Belebungsbecken<, >Tropfkörper<) in zwei getrennte Reaktoren, die hintereinander durchflossen werden, mit jeweils zwischengeschaltetem >Absetzbecken<. Insbesondere bei biol. schwer abbaubaren Abwasserinhaltsstoffen von Vorteil, weil nach der Elimination der leichter abbaubaren Stoffe im ersten Reaktor nunmehr im zweiten Becken infolge Nährstoffmangels auch die schwerer abbaubaren Substrate angegriffen werden. Häufige Anwendung findet das zweistufige Verfahren bei Kläranlagenerweiterungen; überlastete einstufige Anlagen lassen sich durch Vor- und Nachschalten einer zweiten Stufe sehr einfach und betriebssicher sanieren. Jede der in den einzelnen Stufen arbeitenden angepaßten Mischbiozoenose benötigt eine ihren Lebensbedingungen entsprechende Betriebsweise, beim >Belebungsverfahren< u. a. einen eigenen Schlammkreislauf. Mögliche Kombinationen von Tropfkörpern (TK) und Belebungsbecken (BB) unter Zuschaltung von >Vorklärbecken< (VK), >Zwischenklärbecken< (ZK) und >Nachklärbecken< (NK) sind: 1. VK-BB-ZK-BB-NK, 2. BB-ZK-BB-NK, 3. VK-BB-ZK-TK-NK, 4. BB-ZK-TK-NK, 5. VK-TK-ZK-BB-NK, 6. VK-TK-BB-NK, 7. VK-TK-ZK-TK-NK.
Lit: Abwassertechnische Vereinigung (Hrsg.) (1985–1997) ATV-Handbuch, 4. Aufl., Bd. 1–7, Verlag von Wilhelm Ernst und Sohn, Berlin München.

Zweitaktmotor. 1. Takt: Verdichten; 2. Takt: Expandieren. Gaswechsel am Ende des 2. Taktes und zu Beginn des 1. Taktes; entweder durch Kurbelkastenspülung oder durch Spülgebläse. Gegenüber Viertaktmotor bei gleicher Motordrehzahl theoretische Verdoppelung der Leistung. Zusätzliche Ventile verbessern Verbrauch und Abgasqualität. Zukunftskonzepte: Benzindirekteinspritzung, Hochaufladung, Gemischeinblasung, Kurbelschleifenmotor; s. Abb. unten.

Zweitanmelder. Nachantragsteller. Antragsteller, z. B. hinsichtlich Zulassung eines Pflanzenschutz- oder Arzneimittels, der auf die Unterlagen (Prüfnachweise) ei-

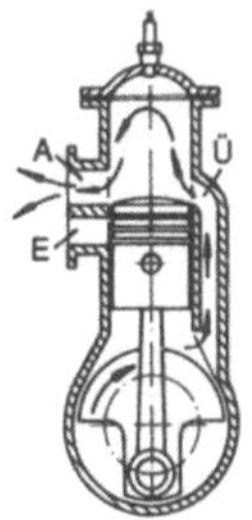

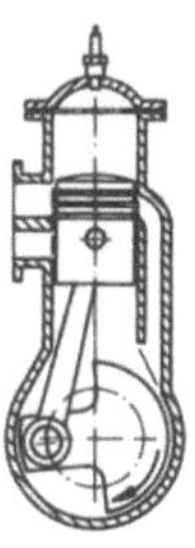
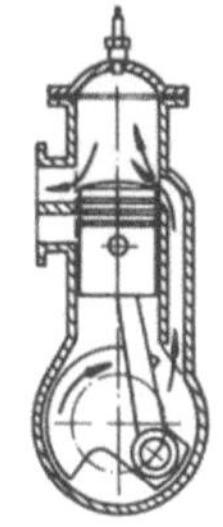

Vorteile:
- kein Ventiltrieb
- doppelte Zündfrequenz
  - hohe Leistung
  - Laufruhe

Nachteile:
- Kraftstoff und Öl im Abgas
- niedrige Standzeit

Lösung:
- Gemisch-Direkteinspritzung
- Fremdaufladung oder getrennter Vorverdichtungsraum
- Keramik

Zweitaktmotor

nes Vorantragstellers mit und ohne dessen Zustimmung zurückgreift. Arzneimittel-, Chemikalien- und Pflanzenschutzgesetz enthalten Regelungen, wie zu verfahren ist, wenn der Zweitanmelder ohne Zustimmung auf Unterlagen zurückgreift. Die Regelung dient dem Schutz des Eigentums, der Erhaltung der Innovation und dem Tierschutz (Vermeidung unnötiger Tierversuche).

Zweite Reinigungsstufe. Hierunter versteht man biol. Verfahren zur Elimination gelöster, halbgelöster und sehr feindispergierter org. Stoffe. Dazu werden >Tropfkörper< und ihre Varianten sowie die je nach ihrer Auslegung recht unterschiedlichen >Belebungsverfahren< oder Kombinationen von Tropfkörper- und Belebungsverfahren angewandt.

Zweitraffinat. Wiederaufbereitetes >Motoröl<. Bei diesem Recyclingszweig kommt es auf die Qualität der Ausgangsprodukte an, da nicht sorgfältig getrennte Altöle anderer Provenienz, wie z.B. >Hydraulik- und Transformatorenöle< u.U. unerwünschte Bestandteile wie >Dioxine< enthalten können.

Zweiwegekatalysator. Volkstümliche Bezeichnung für >Ox.-Katalysator<, da dieser senkend auf >CO< und >HC< wirkt.

Zwergfüßer. >Arachnida< (s. Abb. S.223).

Zwischenabfluß. Der Teil des >Abflusses<, der dem Vorfluter unterirdisch mit nur geringer Verzögerung zufließt (DIN 4049, T.3). Er vollzieht sich in Erdoberflächen-nahen Bodenschichten, wenn sich kurzzeitig seichte, schwebende Grundwasserkörper ausbilden, oberhalb der geschlossenen Grundwasseroberfläche, häufig über bevorzugte Bahnen, wie Pflugsohlen, Wühlgänge von Tieren und Wurzelzonen.
Lit: Deutscher Normenausschuß (Hrsg.) (1994) DIN 4049, T.3 Hydrologie. Begriffe zur quantitativ. Hydrol. – Mattheß G, Ubell K (1983) Allgemeine Hydrogeologie, Grundwasserhaushalt, Gebr. Borntraeger, Berlin Stuttgart.

Zwischenbedingungen. Bestehen in der Anwendung eines festgelegten Ermittlungsverfahrens am identischen Objekt durch denselben oder verschiedene Beobachter mit derselben oder verschiedenen Geräteausrüstungen in kurzen oder nicht näher festgelegten Zeitabständen am selben Ort (im selben Labor). Es ist jeweils anzugeben, welche der unterschiedlichen Einzelbedingungen zutreffen. S.a. >Präzision<.
Lit: DGQ-Schrift 11-04, Begriffe zum Qualitätsmanagement. Deutsche Gesellschaft für Qualität.

Zwischenfrucht. Wird zwischen zwei Hauptfrüchten zur Futtergewinnung, Gründüngung sowie zum Schutz vor >Erosion< oder >Nitratauswaschung< angebaut und dient in jedem Fall als Auflockerung der >Fruchtfolge<. Abhängig von der Vegetationsdauer der Hauptfrüchte und den Wachstumsansprüchen der Z. gibt es einen Sommeranbau (sog. Stoppelsaat) und Winteranbau von Z. Zur Auswahl stehen viele Arten wie z.B. Stoppelrüben, Ölrettich, Lupinen, Kleearten, Futtergemenge oder >Phacelia<. Z. kann zum Wasserkonkurrenten der Hauptfrucht werden. Deshalb ist ihr Anbau nicht überall möglich. Eine Besonderheit ist die >Nematodenbekämpfung< durch spezielle Sorten von Ölrettich.

Zwischenhoch. Gebiet relativ hohen Luftdrucks zwischen zwei >Tiefdruckgebieten<, s. Abb. bei >Hochdruckgebiet<. Im Z. werden die anfänglichen Schauer durch kurzzeitige Aufheiterungen abgelöst. Danach folgt bald der Wolkenaufzug des nächsten >Tiefdruckgebietes<.

Zwischenklärung. Abtrennung des >Schlammes< vom teilgereinigten Abwasser nach der 1.Stufe in einer zweistufigen >biol. Abwasserreinigungsanlage<. Nach Durchlaufen einer mechanischen Reinigungsstufe gelangt das Abwasser in die erste >Belebungsstufe<, die sog. >biol. Vorstufe<. In einer Zwischenklärung wird das Abwasser von dem >belebten Schlamm< getrennt und durchläuft danach die >biol. Hauptstufe<. Der biol. Vorstufe wird der >Überschußschlamm< aus der >Nachklärung< sowie der >Rücklaufschlamm< aus der Zwischenklärung zugeführt.

Zwischenlagerung ausgedienter Brennelemente. Bis zur Verarbeitung in einer >Wiederaufarbeitungsanlage< oder bis zur >direkten Endlagerung< müssen ausgediente >Brennelemente< für eine Übergangszeit innerhalb oder außerhalb der >Kernkraftwerke< zwischengelagert werden. Die in Deutschland in Betrieb befindlichen Zwischenlager in >Gorleben< und Ahaus haben eine Kapazität für jeweils 1.500 t ausgediente Brennelemente. Bei dieser Form der Zwischenlagerung werden die Brennelemente in spezielle Transport-/Lagerbehälter verpackt.

Zwischenstoffwechsel. >Intermediärstoffwechsel<.

Zyanose. >Cyanose<.

Zygomyceten. (Grch. zygos = Joch; mykes = Pilz). Eine Klasse der >niederen Pilze< mit unseptierten >Hyphen<. Bei der Sexualentwicklung verschmelzen ganze Geschlechtsorgane (Gametangien) unter Ausbildung einer jochförmigen Struktur miteinander; hieraus entwickelt sich eine ausdauernde Zygote (= Zygospore). Zu den *Zygomycetes* zählt die Ordnung *Mucorales* mit versch. biotechnologisch genutzten >Schimmelpilzen<, die *Glomales* mit den >VA-Mykorrhizapilzen<, die *Entomophthorales* mit >Parasiten< auf Fliegen und schließlich die *Zoopagales* mit Parasiten auf Nematoden.

Zygorhynchus. >Fungi< (s. Abb. S.469).

Zygote. (Grch. zygos = Brücke, Steg, Joch). >Diploide< Zelle, die bei der geschlechtlichen Fortpflanzung aus der Verschmelzung zweier >haploider< >Gameten< und deren Kernen hervorgeht. Die Z. kann nach ihrer Entstehung in ein Dauerstadium überführt werden, z.B. Coenzygoten bei Zygomyceten, oder sich zu einem fertigen >Organismus< entwickeln. Dabei wird bei vielen Mehrzellern ein Embryonalstadium durchlaufen.

Zyklogenese. Entstehungsprozeß von >Tiefdruckgebieten<, erfolgt an der >Polarfront<. Je nach dem Temperatur- und Strömungszustand innerhalb der Luftmassen beiderseits der >Polarfront< nimmt diese Grenzfläche bei einer bestimmten Neigung einen Gleichgewichtszustand ein, der durch eine besonders starke Erwärmung innerhalb einer Luftmasse oder durch die Änderung der Strömung gestört werden kann. In diesem Falle wird die Grenzfläche in Schwingungen versetzt. Wegen der geringen Neigung der Grenzfläche können sich die wellenförmigen Ausbuchtungen an der >Polarfront< jedoch fast nur in horizontaler Richtung ausbilden. Ihre kinetische Energie schöpft die Z. im wesentlichen aus der vertikalen Windscherung. Riehl (1948) zeigte, daß die Massen-

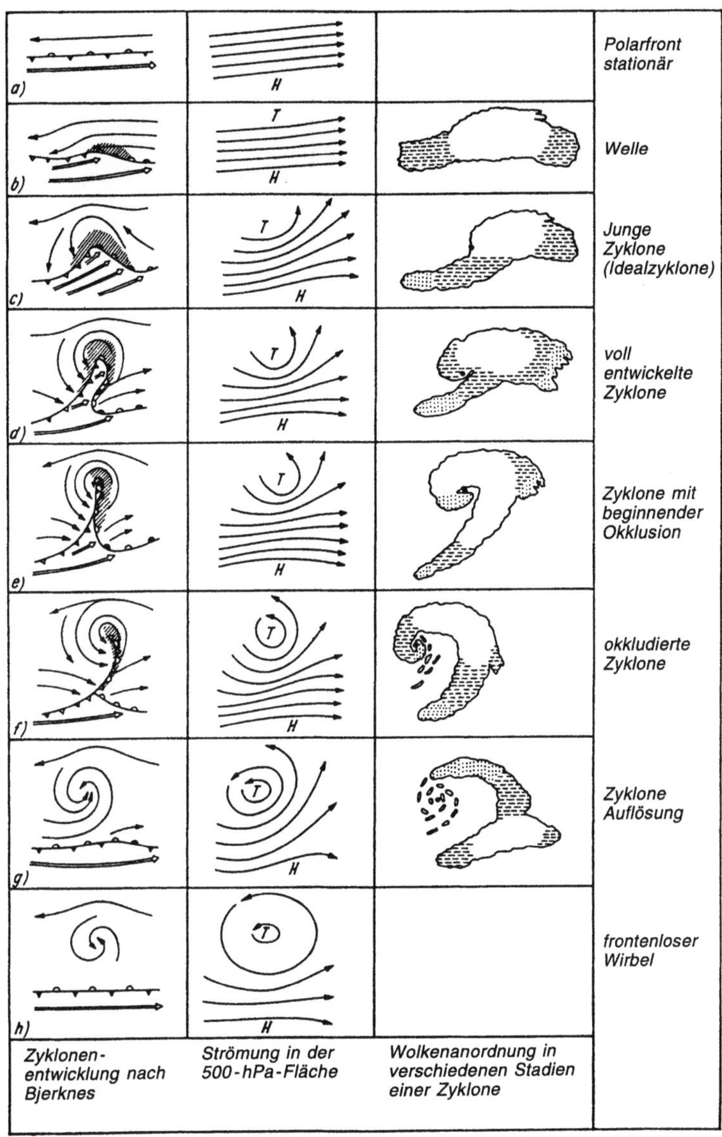

Zyklogenese: Entwicklung einer Zyklone mit Strömung in der 500-hPa-Fläche und zugehörige Wolkenanordnung. (Aus: Scharnow U, Berth W, Keller W (1990) Maritime Wetterkunde, Transpress Verlagsgesellschaft, Berlin)

konvergenz in den unteren Schichten überkompensiert wird durch die Massendivergenz in höheren Schichten, in der Regel in etwa 5 km Höhe. Die daraus resultierende aufwärtsgerichtete Vertikalbewegung führt zum Druckfall im Kern des >Tiefdruckgebietes< und zur Wolkenbildung. Erlischt diese Vertikalbewegung oder dreht sich ihr Vorzeichen um, so füllt sich das >Tiefdruckgebiet< auf. Die Abb. zeigt, wie aus diesen Wellen sich Tiefdruckgebiete entwickeln können. Alle dünnen doppelten Pfeile geben die Strömung in der Warmluft und die stark ausgezogenen die Strömung in der Kaltluft an.

Lit: Riehl H (1948) Jet Stream in the Upper Troposphere and Cyclone Formation, Trans Amer Geophys Un 29: 175–187.

Zyklomorphose. (cyclomorphosis). Charakteristische, im Generationszyklus auftretende Gestaltänderungen bei Populationen von Süßwasserorganismen, erstmals von R.Lauterborn an dem Dinoflagellat *Ceratium hirundinella* und dem Rädertier *Keratella cochlearis*

(1893, 1903) genauer untersucht. Einige *Daphnia*-Arten haben im Sommer einen lang ausgezogenen Kopf („Helm") und sind bei niedriger Wassertemperatur rundköpfig. Diese „gehelmten" Wasserflöhe sind vor Fischfraß besser geschützt als die rundköpfigen Frühjahrs- und Herbsttiere.

Zyklon. Für kleine Abwassermengen (unter 25 m³/h) sind für die Abscheidung von Sand und >Sinkstoffen< mit wesentlich höherem spezifischen Gewicht als Wasser auch Z. geeignet. Sie bestehen aus einem kurzen zylindrischen Teil und einem nach unten verlaufenden Konus, der in eine verstellbare Düse ausläuft. Durch tangentiale Einführung des Abwassers unter einem Druck von 3,5 bis 7,0 bar wird eine Wirbelströmung erzeugt, in der Zentrifugalkräfte die schweren Sinkstoffe an die Wandung drängen. An dieser bewegen sie sich in Spiralen nach unten, um schließlich mit dem Unterlauf hinausgetragen zu werden. Das von schweren Sinkstoffen freie Abwasser vollzieht in der Konusspitze eine Umkehr der allgemeinen Strömungsrichtung und steigt zur Überlaufdüse auf, durch die es aus dem Gerät austritt (s. Abb.).
Z. in ähnlicher Form werden zur Staubabscheidung aus Gasen verwendet.

Lit: Meinck F, Stooff H, Kohlschütter H (1968) Industrie-Abwässer, Gustav Fischer Verlag, Stuttgart – VDI-Richtlinie 3676 Massenkraftabscheider.

zyklonal. Bezeichnung für eine Luftströmung, die um ein Gebiet niedrigeren Luftdrucks herum gerichtet ist. Die Strömungsrichtung ist auf der Nordhalbkugel entgegengesetzt, auf der Südhalbkugel im Uhrzeigersinn gerichtet. Im übertragenden Sinn wird diese Bezeichnung auch für eine >Großwetterlage< mit Überwiegen des Tiefdruckeinflusses verwendet, d. h. Vorherrschen wolkenreichen und zu Niederschlägen neigenden Wetters. Gegensatz: >antizyklonal<.

Zyklone. >Tiefdruckgebiet<.

Zyklonenfamilie. Serie von mehreren (3 bis 5) >Zyklonen< in verschiedenen Entwicklungsstadien, die an ei-

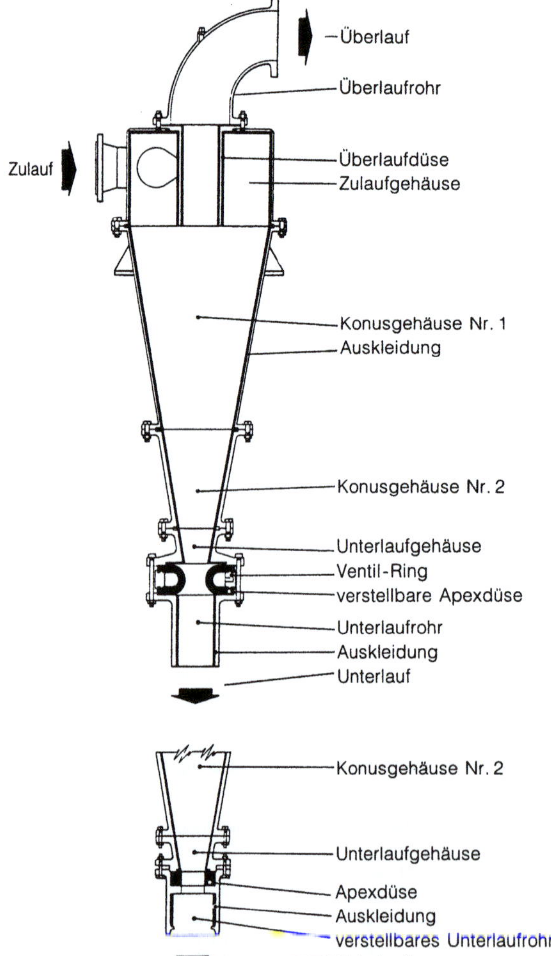

Zyklon: Schnitt durch einen Zyklonabscheider Bauart Dorr Oliver (aus: Meinck F, Stooff H, Kohlschütter H, 1968)

nem durchgehenden Frontenzug, der Kaltfront der ersten, teilokkludierten Zyklone, hintereinander aufgereiht sind, wobei die folgende jeweils weiter südlich liegt als die vorangehende. Dadurch weisen die einzelnen Glieder der Z. eine vorherrschende Verlagerungsrichtung von SW noch NO auf, so daß in breitem Strom Warmluft nordostwärts transportiert wird. Erst nach Durchgang des letzten Gliedes der Z. erfolgt ein Ausbruch von hochreichender Polarluft südwärts.

Zyklotron. >Teilchenbeschleuniger<, in dem geladene Teilchen wiederholt ein elektrisches Beschleunigungsfeld durchlaufen, während sie sich spiralförmig von ihrer Quelle im Zentrum der Maschine nach außen bewegen. Die Teilchen werden von einem starken Magneten in der Spiralenebene gehalten. Ein Zyklotron ist nicht geeignet zur Beschleunigung von >Elektronen<. Wegen der relativistischen Massenzunahme mit wachsender Geschwindigkeit ist die mit einem Zyklotron erreichbare Maximalenergie auf etwa 10 MeV für >Protonen< und 20 MeV für >Deuteronen< begrenzt.

Zylinderabschaltung. Maßnahme zur Verbesserung des >Teillastverhaltens< (gewählter Kennfeldpunkt verbleibt im optimalen Betriebsbereich).

Lit: Heitland H, Hiller H, Menrad H (1989) Möglichkeiten und Potentiale neuer Kraftstoffe und Antriebe im Verkehr, Gutachten für die Enquete Kommission „Vorsorge zum Schutz der Erdatmosphäre" des deutschen Bundestages, Oktober 1989 – Pischinger F (1983) Verbrennungsmotoren, Band I u. II, Vorlesungsumdruck, Lehrstuhl für Angewandte Thermodynamik, 5. Aufl., RWTH Aachen, Aachen – Seiffert U, Walzer P (1989) Automobiltechnik der Zukunft, VDI-Verlag GmbH, Düsseldorf –

Robert Bosch GmbH (1976) Kraftfahrtechnisches Handbuch, 18. Aufl., Stuttgart.

Zyste(n). >Dauerstadien<.

Zytostatika. Stoffe, die in der Lage sind, die Zellteilung, vor allem die >Mitose<, und damit die Vermehrung der Zellen zu hemmen. Ziel der Anwendung von Z. ist es, insbesondere Tumorzellen, die sich wesentlich schneller vermehren als normale Körperzellen, selektiv in der Ausbreitung zu behindern. Dies wird z. B. bei der Chemotherapie von Tumoren ausgenutzt. Die Therapie mit Z. steht jedoch vor dem grundsätzlichen Problem, daß die Unterschiede zwischen normalen und Tumorzellen nur selten groß genug sind, um eine wirklich selektive Hemmung zu erreichen. Deshalb sind oft gravierende Nebenwirkungen der Z. auf normale Zellen die Folge. Folgende Gruppen der Z. werden eingesetzt.

1. *alkylierend wirkende Stoffe:* z. B. Cyclophosphamid, Thio-TEPA, *N*-Lost. Sie werden v. a. bei Leukämie oder Lymphsarkomen angewendet.

2. *sog. Antimetaboliten:* Wirkstoffe, die mit unentbehrlichen Stoffen des normalen Stoffwechsels der Nucleinsäuresynth. „verwechselt" werden und so eine Zellvermehrung unmöglich machen, z. B. Aminopterin, 6-Mercaptopurin. Sie weisen eine starke Wirkung bei Krebs der blutbildenden Organe, aber auch intensive Nebenwirkungen auf.

3. *Mitosegifte:* z. B. Colchicin, Vinblastin, Demecolcin. Diese Stoffe hemmen allg. die Zellteilung während der Mitose.

Daniela Angerhöfer
Analytische Chemie
Fachbereich 19
Universität Gesamthochschule Kassel
Heinrich-Plett-Straße 40
34109 Kassel

Prof. Dr. Dr. Müfit Bahadir
Institut für Ökologische Chemie und Abfallanalytik
Technische Universität Braunschweig
Hagenring 30
38106 Braunschweig

Dr. Hein Dieter Behr
Deutscher Wetterdienst, Seewetteramt
Postfach 30 11 90
20304 Hamburg

Maria Beier
Melsunger Straße 21
34327 Körle

Dir. Prof. Dr. Friedrich Berschauer
Pflanzenschutz Entwicklung
Pflanzenschutzzentrum Monheim
Geb. 6100
51368 Leverkusen-Bayerwerk

Prof. Dr. Reinhard Böhm
Institut für Umwelt- und Tierhygiene
sowie Tiermedizin
Universität Hohenheim-460
70593 Stuttgart

Dr. Ulrich Borchers
Rheinisch-Westfälisches Institut für Wasserchemie
und Wassertechnologie GmbH (IWW)
Moritzstraße 26
45476 Mülheim an der Ruhr

Dr. Thomas Brasser
GSF-Forschungszentrum
für Umwelt und Gesundheit, GmbH
Institut für Tieflagerung
Theodor-Heuss-Straße 4
38122 Braunschweig

Dr. Wernt Brewitz
GSF – Forschungszentrum
für Umwelt und Gesundheit, GmbH
Institut für Tieflagerung
Theodor-Heuss-Straße 4
38122 Braunschweig

Dr. Uwe Clausen
Bayer AG
ZF-FGF/Gebäude Q 18
51368 Leverkusen-Bayerwerk

Prof. Dr.-Ing. Hans-Jürgen Collins
Technische Universität Braunschweig
Leichtweiss-Institut für Wasserbau
Landwirtschaftlicher Wasserbau
und Abfallwirtschaft
Beethovenstraße 31 a
38106 Braunschweig

Dr. Manfred Ehrhardt
Abteilung Meereschemie
Institut für Meereskunde
Düsternbrooker Weg 20
24105 Kiel

Univ.-Prof. Dr. med. Thomas Eikmann
Hygiene Institut
der Justus-Liebig-Universität Gießen
Friedrichstraße 16
35385 Gießen

Prof. Dr. Wolfgang Ernst
Am Hang 16
27624 Bederkesa

Michael Feiss
Institut für Bergbaukunde I.
RWTH
Wüllnerstraße 2
52062 Aachen

Gerda Fingerling
Analytische Chemie
Fachbereich 19
Universität Gesamthochschule Kassel
Heinrich-Plett-Straße 40
34109 Kassel

Prof. Dr. Walter R. Fischer
Institut für Bodenkunde
Universität Hannover
Herrenhäuserstraße 2
30419 Hannover

Prof. Dr. Siegmar Gäb
Bergische Universität
Gesamthochschule Wuppertal
Fachbereich 9: Analytische Chemie
Gaußstraße 20
42097 Wuppertal

Autorenverzeichnis der 1. Auflage

Manuela Gernert
Am Ziegenberg 15
34513 Waldeck

Dr. Thomas Goldhammer
CDU/CSU-Fraktion
AG Ernährung, Landwirtschaft und Forsten
Bundeshaus AH 714
Görrestraße
53113 Bonn

Dr. Brigitte Hamburger
Südallee 43
40593 Düsseldorf

Prof. Dr. Sylvius Hartwig
Bergische Universität
Gesamthochschule Wuppertal
Fachbereich 14: Sicherheitstechnik
Gaußstraße 20
42097 Wuppertal

Prof. Dr.-Ing. Herbert H. Heitland
Waldhof 3 A
38446 Wolfsburg

Dipl.-Ing. Jürgen Henneböhle
Analytische Chemie
Universität Gesamthochschule Kassel
Heinrich-Plett-Straße 40
34109 Kassel

Dr. Max Hillerbrand
SIEMENS AG – Bereich Energieerzeugung
KWU Ref PK 11
Freyeslebenstraße 1
91058 Erlangen

Prof. Dr. Bertold Hock
Technische Universität München (Weihenstephan)
Lehrstuhl für Botanik
Fachbereich: Landwirtschaft und Gartenbau
85350 Freising

Dr. Peter Jacob
Institut für Spektrochemie
Postfach 10 13 52
44013 Dortmund

Prof. Dr. Dieter Klockow
Institut für Spektrochemie
Postfach 10 13 52
44013 Dortmund

Dipl.-Phys. Winfried Koelzer
Kernforschungszentrum Karlsruhe
Hauptabteilung Sicherheit
Postfach 36 40
76021 Karlsruhe

Dr.-Ing. Gerald Kollmann
Von-der-Recke-Straße 131 b
58300 Wetter

Dr. Dimitris Kotzias
Joint Research Centre of the EEC
Environment Institute
21020 Ispra (Va)
Italien

Dr. Robert Kreuzig
Institut für Ökologische Chemie und Abfallanalytik
Technische Universität Braunschweig
Hagenring 30
38106 Braunschweig

Prof. Dr. Wolfgang Krüger
Bergische Universität
Gesamthochschule Wuppertal
Fachbereich 14: Sicherheitstechnik
Gaußstraße 20
42097 Wuppertal

Dr. Günter Lach
c/o Handels- und Umweltschutzlaboratorium
Dr. Wiertz/Eggert/Dr. Jörissen
Stenzelring 14 b
21107 Hamburg

Prof. Dr. Otto Larink
Zoologisches Institut
Technische Universität Braunschweig
Pockelsstraße 10 a
38092 Braunschweig

Prof. Dr. Reinhard Leithner
Institut für Wärme- und Brennstofftechnik
Technische Universität Braunschweig
Franz-Liszt-Straße 35
38106 Braunschweig

Prof. Dr.-Ing. Karl Erich Lorber
Montanuniversität Leoben
Institut für Entsorgungs- und Deponietechnik
Peter-Tunner-Straße 15
8700 Leoben
Österreich

Dr. Werner Löster
GSF-Forschungszentrum
Ingolstädter Landstraße 1
85764 Oberschleißheim

Dr. Hans W. Marquart
Katterbachstraße 94
51467 Bergisch Gladbach

Prof. Dr. Georg Matthess
Geologisch-Paläontologisches Institut
und Museum der Universität Kiel
Olshausenstraße 40/60
24098 Kiel

Prof. Dr. Michael Matthies
Universität Osnabrück
Institut für Umweltsystemforschung
Albrechtstraße 28
49069 Osnabrück

Holger Menrad
Haldensleber Straße 5
38442 Wolfsburg

Dr. Heinz J. Niessen
Pannenberg 73
51469 Bergisch Gladbach

Prof. Dr. HARUN PARLAR
Lehrstuhl für Chemisch-Technische Analyse
und Chemische Lebensmitteltechnologie
Technische Universität München
85354 Freising-Weihenstephan

Prof. Dr. FRANZ-JOSEPH PEINE
Freie Universität Berlin
Fachbereich: Rechtswissenschaft
Van't-Hoff Straße 8
14159 Berlin

Prof. Dr. WILFRIED PESTEMER
Biologische Bundesanstalt
für Land- und Forstwirtschaft
Institut für ökologische Chemie
Königin-Luise-Straße 19
14195 Berlin

Dr. RALF PETZOLD
Bundesministerium für Ernährung,
Landwirtschaft und Forsten
Postfach 14 02 70
53107 Bonn

Dr. HARTMUT PLOSS
Sierichstraße 88
22301 Hamburg

Prof. Dr. ERNST-ULRICH REUTHER
Institut für Bergbaukunde I.
RWTH
Wüllnerstraße 2
52062 Aachen

Prof. Dr. JÖRG RICHTER
Fallersleber Straße 14
38154 Königslutter

Dr. MICHAEL RÖSSERT
Bayerisches Landesamt für Umweltschutz
Echinger Straße 12 b
85716 Unterschleißheim

Dr. JÜRGEN SCHAUERMANN
II. Zoologisches Institut
Abteilung Ökologie
Berliner Straße 28
37073 Göttingen

Dr. ANDREAS SCHMIEDER
WV Umweltschutz
Bayer AG
51368 Leverkusen-Bayerwerk

Dr. SABINE SCHOMBURG
Erfurter Straße 22
35274 Kirchhain

Dr. MANFRED SCHÖN
Bayer AG
Werksverwaltung Leverkusen
Umweltschutz, Geb. D 8
51368 Leverkusen-Bayerwerk

Prof. Dr. JÜRGEN SCHWOERBEL
Universität Konstanz
Fakultät für Biologie
Limnologisches Institut
Postfach 55 60
78434 Konstanz

Dr. MADELEINE SEYM
Institut für Metabolismusforschung
und Rückstandsanalytik
Bayer AG
Geschäftsbereich Pflanzenschutz
Pflanzenschutzzentrum Monheim
51368 Leverkusen

Dr.-Ing. PETER SPILLMANN
Technische Universität Braunschweig
Leichtweiss-Institut für Wasserbau
Landwirtschaftlicher Wasserbau
und Abfallwirtschaft
Beethovenstraße 51 a
38106 Braunschweig

Prof. Dr. MICHAEL SPITELLER
Universität Kassel
Fachbereiche Landwirtschaft und Biologie/Chemie
Fachgebiet Agrarchemie und Ökologische Chemie
Nordbahnhofstraße 1 a
37213 Witzenhausen

Prof. Dr. Dr. h. c. DIETER STRAUCH
Institut für Umwelt- und Tierhygiene
sowie Tiermedizin
Universität Hohenheim – 460
70593 Stuttgart

Prof. Ing. HANNS TEICHMANN
Universität der Bundeswehr München
Fakultät für Bauingenieur- und
Vermessungswesen
Werner-Heisenberg-Weg 39
85579 Neubiberg

KRISTINA VOIGT
GSF-Forschungszentrum für Umwelt
und Gesundheit GmbH
Projektgruppe Umweltgefährdungspotentiale
von Chemikalien
Ingolstädter Landstraße 1
85758 Neuherberg

Prof. Dr. HEINRICH WAMHOFF
Institut für Organische Chemie
und Biochemie
der Universität Bonn
Gerhard-Domagk-Straße 1
53121 Bonn

Prof. Dr. Dr. H.-ERICH WICHMANN
Bergische Universität
Gesamthochschule Wuppertal
Fachbereich 14: Sicherheitstechnik
Gaußstraße 20
42097 Wuppertal

Glossar Deutsch–Englisch

Unter Mitarbeit von Michaela Hesse und Cordula Köpk

Abbau degradation
Abbaubarkeit degradability
Abbau, Bergbau mining
Abbaugeschwindigkeit degradation rate
Abbaugrad degradation rate; degradation limit
Abbaukante ribside; working boundary
Abbaukoeffizient decomposition coefficient; degradation coefficient
Abbauleistung degradation efficiency
Abbauprodukte degradation products
Abbaurichtung direction of mining; layout of faces; mining direction (advance)
Abbauverfahren mining method
Abbauverluste mining losses
Abbrand, Kernreaktoren burn-up
Abbrand, Verbrennung combustion
Abdeckelemente für Klärwerksbecken roofing systems for wastewater tanks
Abdeckerei rendering plant
Abfahrvorgang finishing process
Abfall waste
Abfallanalyse waste analysis
Abfallarten waste groups
Abfallaufbereitung waste reprocessing
Abfallaufkommen waste generation
Abfallaufkommen, radioaktiv arisings of radioactive waste; amount of radioactive waste
Abfallbeauftragter waste commissioner
Abfallbeförderung waste conveyance; waste transportation
Abfallbegleitschein waste-accompanying document; (customs) bond note
Abfallbehälter waste container
Abfallbehandlung waste treatment
Abfallbehandlung, radioaktiv radioactive waste treatment
Abfallbeize spent pickling liquor
Abfallberater waste management consultant
Abfallbeseitigung waste disposal
Abfallbeseitigungsanlage waste disposal plant; waste disposal facility
Abfallbeseitigungsgesetz (AbfG) waste disposal act
Abfallbeseitigungspflicht obligation of waste disposal
Abfallbesitzer waste owner
Abfallbestimmungsverordnung waste classification rule
Abfallbezeichnung waste designation
Abfallbilanz waste balance
Abfallbörse waste stock exchange
Abfallentsorgung waste disposal
Abfallentsorgungsanlage waste disposal facility
Abfallentsorgungspläne waste disposal plans

Abfallfraktion waste fraction
Abfallgebühren waste fee
Abfallgesetz (AbfG) waste disposal act
Abfallkataster waste register
Abfallkonzept waste concept
Abfallmengen waste quantitiy
Abfallrecht waste law
Abfallsäure spent acid; waste acid
Abfallschlüssel waste designation; waste code
Abfallstoffe waste substances; waste
Abfallumschlagstation waste transfer station
Abfall- und Reststoffüberwachungs-Verordnung (AbfRestÜberwV) waste and residual control rule
Abfallverbringung transfer of waste
Abfallverfestigung waste solidification
Abfallverglasung waste glazing; vitrification
Abfallvermeidung waste avoidance
Abfallverwertung waste treatment; waste utilization
Abfallverwertung, radioaktiv utilization of radioactive waste; radioactive waste utilization
Abfallvolumen waste volume
Abfallvorbehandlung waste pretreatment
Abfallwirtschaft waste management
Abfallwirtschaftskonzept waste management concept
Abfallwirtschaftsplan general waste plan; waste management plan
Abfallwirtschaftsprogramm waste management program
Abfluß run-off; effluent; outflow; discharge
Abflußganglinie hydrograph
Abflußhöhe depth of runoff
Abflußmeßwesen run-off measuring
Abflußspende discharge per unit area
Abflußsumme cumulative run-off
Abgabe tax; duty; charge; rate
Abgabe, Gift supply of poisons
Abgänge tailings; refuse; discard; reject; residue
Abgas waste gas; exhaust gas
Abgasableitung discharge of waste gas; waste gas removal
Abgasanalyse exhaust gas analysis
Abgasausbreitung emission distribution
Abgasbestandteile exhaust gas components
Abgasentgiftung exhaust gas purification
Abgasentschwefelung waste gas desulphurization
Abgasentstaubung waste gas dedusting; waste gas dust removal
Abgasentstickung (DeNO$_x$) nitrogen oxides removal
Abgasgeruch exhaust smell
Abgasgrenzwerte waste gas limit values; exhaust emission standards
Abgasgroßversuch large-scale emission test program

Abgaskontrollsysteme   exhaust control systems
Abgasmeßverfahren   exhaust gas measurement procedures
Abgasnachbehandlung   exhaust gas after-treatment
Abgas-Prüfverfahren   emission test procedure
Abgasreinigung   waste gas cleaning; waste gas dust removal
Abgasreinigung, Müllverbrennung   flue gas scrubbing
Abgasreinigung, radioaktiv   gaseous-effluent filtration; radioactive waste gas purification
Abgasreinigungssystem   exhaust gas purification system
Abgasrichtlinien   emission guidelines
Abgas-Rollenprüfstand   emission test stand
Abgasrückführung   exhaust gas recirculation
Abgasschadstoff   exhaust gas pollutants
Abgassonden   exhaust probes
Abgassonderuntersuchung   special emission test; exhaust-emission check
Abgastemperatur   waste gas temperature
Abgastest   emission test
Abgasturbolader   exhaust turbocharger
Abgasvolumenstrom   waste gas volume flow
Abgaszusammensetzung   flue gas composition
Abgereichertes Uran   depleted uranium
Abiose   abiosis
abiotisch   abiotic
Abiotische Faktoren   abiotic factors
Abiotische Krankheitsursachen   causes of abiotic diseases
Abklinganlage   fuel cooling installation
Abklingbecken   spent fuel storage pond
Abklingverhalten   cooling behavior
Abklingzeit   decay time
Abkühlung   cooling
Abkühlungsgröße   cooling power
Abkühlungsnebel   fog caused by cooling
Ablagerung   disposal
Ablandiger Wind   land breeze; off-shore breeze
Ablauge   discharge
Abluft   waste air; exhaust air
Abluftpfad, radioaktiv   radioactive exhaust air pathway
Abluftreinigung   waste air purification
Abortanlagen   lavatory; privy
Abraumbeschaffenheit   nature of overburden; structure of overburden; overburden composition
Abraumhalde   overburden dump; spoil bank
Abraumkippe   overburden dump; spoil bank
Abraumsalz   waste salt
Abrieb   abrasion
Abschaltreaktivität   shutdown reactivity
Abschaltstab   shutdown rod
Abscheider   separator
Abschirmung   shielding
Abscisinsäure   abscisic acid
Abscission   abscission
Absenktrichter   drawdown cone
Absenkung   lowering; subsidence; settlement
Absenkungsfaktor   lowering factor
Absetzbare Stoffe   settleable solids
Absetzbecken   sedimentation tank; settling tank
Absetzgeschwindigkeit   settling velocity
Absetzteich   sedimentation pond
Absinken   descent
Absinkinversion   inversion caused by descent
Absolute Feuchte   absolute humidity
Absoluter Nullpunkt   absolute zero

Absolute Temperatur   absolute temperature
Absorber   absorber; solar receiver
Absorberstab   absorber rod
Absorber, Strahlung   radiation absorber
Absorption   absorption
Absperrorgan   stop contrivance
Absprachen   arrangements
Abstandserlaß   distance decree
Abstandsgeschwindigkeit   field velocity; actual velocity
Abstandsverordnung   distance decree
Abtrift   spray; drift
Abundanz   abundance
Abwägung   consideration
Abwägung, juristisch   weighing up
Abwärme   waste heat
Abwärme, Kernkraft   nuclear waste heat
Abwasser   waste water
Abwasserabgabe   wastewater charges
Abwasserabgabengesetz   wastewater charges act
Abwasserableitung   wastewater transportation
Abwasseranalyse   wastewater analysis
Abwasseranlage   wastewater treatment plant
Abwasseraufbereitung   wastewater treatment
Abwasserbehandlung   wastewater treatment
Abwasserberegnung   spray irrigation of sewage
Abwasserbeseitigung   waste water disposal
Abwasserbiologie   wastewater biology
Abwassereinleitung, Mindestanforderungen   minimum requirements for sewage discharge
Abwasserfahne   sewage slick
Abwasserfischteich   sewage fish pond
Abwassergebühr   effluent charge
Abwasserkanal   sewer; drain
Abwasserkontrollstation   sewage monitoring
Abwasserlast   wastewater load
Abwasserlastplan   wastewater load plan
Abwasserpfad, radioaktiv   radioactive liquid effluent pathway
Abwasserpilz   sewage fungus
Abwasserreinigung   wastewater treatment
Abwasserrückstände   residues from waste water
Abwassersammler   intercepting sewer
Abwassertechnik   wastewater engineering
Abwassertechnische Vereinigung   Association of Wastewater Engineers
Abwasserteich   wastewater lagoon
Abwasserverband   Association for Sewage Purification
Abwasserverregnung   spray irrigation of sewage
Abwasserverrieselung   broad irrigation of sewage
Abwasserverwaltungsvorschrift   wastewater administration rule
Abwasserverwertung, landwirtschaftliche   agricultural utilization of wastewater
Abwehrmechanismen   defence mechanisms
Abwind   sinking air; katabatic wind
Acarina   mites
Acetat-Mevalonat-Weg   acetate-mevalonate pathway
Acetylcholin   acetylcholine
Acetylsalicylsäure   acetylsalicylic acid
Ackerbau   agriculture
Ackerbaubetrieb   crop farm
Ackerbohne   field bean
Ackerfauna   farmland fauna; field fauna
Ackerkrume   tilled soil; arable layer
Ackerland   arable land
Ackerschätzungsrahmen   arable land rating scheme

Ackervegetation vegetation of farmlands; field vegetation; farmland vegetation
Ackerzahl soil fertility number
Acrania (Schädellose) acraniates
Acrylglas acrylic glass
Acrylharze acrylic resins
Actinomyceten actinomycetes
Actinomycine actinomycins
Adaptation adaption
Additiv additive
Additive Wirkung cumulative effects
Adhäsion adhesion
Adiabate adiabate
Adiabatenpapier adiabatic chart
Adiabate Verbrennungstemperatur adabatic combustion temperature
adiabatisch adiabatic
Adiabatische Prozesse adibatic process
Adiabatischer Temperaturgradient adibatic lapse rate
Adipinsäure adipic acid
Adrenolytika adrenolytics
Adsorbierbare Organische Halogenverbindungen (AOX) adsorbable organic halogen compounds
Adsorption adsorption
Adsorptionsisotherme adsorption isotherms
Adsorptionswasser adsorption water
Adultizid adulticide
Advektion advection
Advektionsnebel advection fog
Advektionswetterlage advectic weather type
aerob aerobic
Aerobier aerobic organism
Aerob-thermophile Behandlung aerobic-thermophilic treatment
Aerodynamik aerodynamics
Aerologie aerology
Aerologischer Aufstieg upper-air observation
Aerologische Station aerological station
Aerosol aerosol
Aerosoldose aerosol dispenser
Aestuar estuary
Aetiologie etiology
Agelenidae (Trichterspinnen) Agelenidae (funnel-web spiders)
Ageostrophischer Wind ageostrophic wind (geostrophic departure)
Agglomeration agglomeration
Aggregatzustand aggregate state; physical state of matter
Agnatha (Kieferlose) Agnatha (agnathic, jawless)
Agrarfabrik agricultural factory
Agrarlandschaft agricultural landscape
Agrarmeteorologie agrometeorology
Agrar-Ökosystem agroecosystem
Agrarpolitik agricultural policy
Agrarrecht agricultural law
Agrarstruktur agrarian structure
Agrobiozönose agrobiocoenosis; agrocoenosis
Aitken-Kerne Aitken nuclei
Akarizide acaricides; miticides
Akklimatisation acclimatization
Akkreditierung accreditation
Akkumulation accumulation
Aktionsraum home range
Aktivator-Sequenz activator sequence
Aktiver Lärmschutz active noise reduction
Aktiver Transport active transport

Aktivierung activation
Aktivierungsanalyse activation analysis
Aktivität activity
Aktivitätenverhältnis activity ratio
Aktivitätsdichte activity density; activity abundance
Aktivitätsdominanz activity dominance
Aktivitätskoeffizient activity coefficient
Aktivitätskonzentration activity concentration
Aktivitätskurve activity curve
Aktivitätsmuster pattern of activity; activity pattern
Aktivitätsrhythmus rhythm of activity; activity rhythm
Aktivitätszufuhr activity intake
Aktivkohle activated carbon
Aktivkohlebehälter carbon canister; activated-carbon canister
Aktivsauerstoff active (available) oxygen
Aktivsubstanz (AS) active ingredient
Akute Säugetiertoxizität acute mammal toxicity
Akute Toxizität acute toxicity
Akzeptanz acceptance
Alarmstufen alarm steps; stage of alert
Albedo albedo
Albedometer albedometer
Albit albite
Algen algae
Algenblüte algae blooms
Algenbürtige Schadstoffe noxious substances of algae/algal origin
Algenmehl algae/algal meal
Algentest algae test
Algentoxizität algea toxicity
Alginate alginate
Alginsäuren alginic acid
Algizid algicide
Algorithmus algorithm
Alizarinblau alizarin blue
Alkalifeldspäte alkali feldspars
Alkanna alkanet
Alkazid-Verfahren Alkazid process
Alkoholkraftstoff alcohol fuel
Alkoholmotor alcohol engine
Alkoholsensor alcohol probe
Alkydharze alkyd resins
Alkylbenzolsulfonate alkylbenzene sulfonates
Alleinfuttermittel complete fodder
Allel allele
Allelopathie allelopathy
Allergie allergy
Allergische Kontaktdermatitis allergic contact dermatitis
Allerödzeit alleroed period
Allgemeine Betriebserlaubnis general operation license
Allgemeine Gleichgewichtsanalyse general equilibrium analysis
Allmenderessource common property resource
Allochthon allochthonous
Allokation allocation
Allolobophora (Lumbricidae) endogeic/endogenous lumbricids (Allolobophora (Lumbricidae))
Allopathie allopathy
Allopatrie allopatry
Allophane allophanes
Allosterie allosterism
allotherm allothermal
Allradantrieb four-wheel drive
Alphateilchen alpha particle

Alphazerfall alpha decay
Altablagerung abandoned waste disposal site
Altanlage existing plant
Altanlagensanierung modernization of existing plants
Altarm old branch; old bed
Altauto old car
Altern ageing (= aging)
Alternative Antriebe alternative drive (train)
Altersklassen age classes
Alterspyramide age pyramid
Altersstruktur age structure
Alterung aging (= ageing)
Alterungsbeständigkeit ageing resistance
Alterungsprozesse ageing and senescence processes
Altglas waste glass
Altlast contaminated site
Altlastenbewertung assessment of hazardous waste sites
Altöl spent oil
Altpapier waste paper
Altreifen used tires
Altsalze waste salts
Altstandort contaminated site
Altstoffbörse stock exchange for scrap material
Altstoffe existing chemicals
Aluminiumtoxizität aluminum toxicity
Amalgam aus Zahnfüllungen amalgam of dental filling
Amaranth amaranth
Amazonas Amazon
Amensalismus amensalism
Aminoplaste amino resins
Aminosäuren amino acids
Amixis amictic
Ammoniak ammonia
Ammoniakemissionen ammonia emission
Ammonifikation ammonification
Ammoniumsulfatsalpeter ammonium sulfate nitrate
Ammoniumverbindungen ammonium compounds
Amöben amoeba
Amöbendysenterie amoebic dysentery
Amöbenruhr amoebic dysentery
Amphibia (Lurche) amphibian
Amphibole amphiboles
Amylasen amylases
Amylopektin amylopectin
Amylose amylose
Anabiose anabiosis
Anabolika anabolics
Anabolismus anabolism
anaerob anaerobic
Anaerobe Abwasserbehandlung anaerobic wastewater treament
Anaerobe Vergärung anaerobic fermentation
Anaerobie anaerobic state
Anaerobier anaerobic organism
Analytische Lösung analytical solution
Anämie anaemia
Anatas anatase
Anbauintensität cultivation intensity
Anbausystem arable system
Anbauverfahren cultivation method; cultivation technique
Anbauverhältnis crop ratio
An-Bord-Diagnose on-board diagnosis
Änderung, wesentliche major (material) modification

Androgene androgens
Anemometer anemometer
Anerkennung acknowledgement
Anfahrvorgang starting process
Angereichertes Uran enriched uranium
Angiospermen angiosperms
Anhörung hearing
Anhydritgestein anhydrite rocks
Anionenaustauscher anion exchanger
Anisotropie anisotropy
Anlage plant
Anlagenbetreiber plant operator
Anlagenbetreiberpflichten duties of plant's owner
Anlagengenehmigung, atomrechtliche license procedure under the nuclear energy act
Anlagenkatalog facilities catalogue
Anlagensicherheit plant safety
Anlagen zur thermischen Abfallbehandlung waste incineration plant
Anlieferungserklärung delivery declaration
Anmeldepflicht duty to notify
Anmeldestelle registration center
Anmeldung registration
Anmoor humus-rich wetland soil
Annahmeerklärung acceptance declaration
Annatto annatto
Annelida annelids
Anorganische Dünger inorganic fertilizers
Anoxibiose (Anaerobiose) anoxibiosis, anaerobic catabolism
anoxisch anoxic
Anözische Arten anecic species
Anpassung acclimatization
Anreicherung enrichment
Anreicherungsketten enrichment chains
Ansaugluftvorwärmung intake air heating
Anschlußrecht right of connection
Anschlußzwang legal requirement for connection
Anschwemmfilter precoat filter
Anspringtemperatur light off temperature; starting temperature
Ansteckung infection
Anstellwinkel incidence angle
Antagonismus antagonism
Antagonist antagonist
Antagonistische Wirkung von PSM antagonistic effects of pesticides
Anthelminthika anthelmintics
Anthracen anthracene
Anthropogen anthropogenic
Antiadrenergika antiadrenergics
Antibiose antibiosis
Antibiotika antibiotics
Antidot antidote
Antigen antigen
Antiklopfmittel antiknock additive
Antikoinzidenzschaltung anticoincidence circuit
Antikörper antibody
Antimaterie antimatter
Antimon (Sb) antimony (Sb)
Antioxidantien antioxidants
Antiparasitika antiparasitica
Antiphytopathogene anti-phytopathogens
Antiprotozoika antiprotozoica
Antivirus antiviral (agent)
Antizipiertes Sachverständigengutachten anticipated expert opinion
antizyklonal anticyclonal

Antizyklone anticyclone
Antragsunterlagen licensing documents; application documents
Anwendung application; use
Anwendung, Pflanzenschutzmittel pesticide use; pesticides application
Anwendungsmuster application pattern; use pattern
Anwendungsverbote, -beschränkungen ban; restriction of use; application bans; restrictions
Anwurf jetsam
Anzeigepflicht obligation to report
Äpfelsäure malic acid
Aphizide aphicides
aphotische Zone aphotic zone
Apoplast apoplast
Apoptose apoptosis
Appetenzverhalten appetitive behaviour
Applikation application
aquatisch aquatic
Aquicluden aquiclude
Aquiferspeicherung aquifer storage
Aquifugen aquifuge
Aquitarde aquitard
Äquivalentdosis dose equivalent; equivalent dose
Äquivalenttemperatur equivalent temperature
Arachnida arachnids
Araneida araneids
Arbeitsgemeinschaft für Umweltfragen (AGU) Panel on Environmental Issues
Arbeitsmedizin occupational medicine
Arbeitsschutz occupational safety
Arbeitsstätten-Verordnung working site regulation
Arbeitsstoff-Verordnung occupational substances regulation
Arborizid arboricide
Areal area; range
Arealkurve species-area curve
Arenicola marina (Wattwurm) lobworm
Arides Klima arid climate
Arktikfront arctic front
Arktikluft arctic air
Armleuchteralgen charophytes
Aromastoffe aromas
Aromastoffe, Lebensmittel flavours
Aromaverstärker flavour enhancer
Arsen (As) arsenic (As)
Arsenate arsenates
Arsenik white arsenic; arsenic trioxide
Arsenite (Arsenate (III)) arsenites
Art species
Artendichte species density
Artendiversität species diversity
Artenfehlbetrag species deficiency
Artenhäufigkeit species frequency; abundance
Artenidentität species identity
Artenliste species list; list of species
Artenreichtum species richness
Artenschutz protection of species
Artenspektrum species composition
Artensukzession succession of species
Artenzahlen der Bodentiere species numbers of soil fauna
Artesisches System artesian system
artgerecht genuine
Arthropoda arthropods
Arzneimittelgesetz drugs law
Arzneimittelmißbrauch drug abuse; drug misuse
Arzneimittelrecht medical preparations law

Arzneimittelzulassung drug registration
Asbest asbestos
Asbestfreie Bremsbeläge asbestos-free brakes
Asbestzement asbestos cement
Asche ash
Ascheabscheidung ash precipitation
Äschenregion salmen region
Asche- und Schlackeverwertung ash utilization; slag utilization
Aschezusammensetzung ash composition
Ascomyceten ascomycetes
Ascorbinsäure ascorbic acid
Aspektwechsel aspect changing
Asseln woodlice
Assimilate assimilates
Assimilation assimilation
Assimilationsrate assimilation rate
Assimilattransport assimilate transport
Asthma asthma
asymbiotisch asymbiotic
Asymbiotische Stickstoffbindung asymbiotic nitrogen fixation
Atemwegserkrankungen durch Umwelteinflüsse respiratory tract disease influenced by environment
atmogen atmogenic
Atmosphäre atmosphere
Atmosphärische Gegenstrahlung atmospheric radiation
Atmosphärische Grenzschicht atmospheric boundary layer
Atmosphärisches Fenster atmospheric window
Atmosphärische Turbulenz atmospheric turbulence
Atmung respiration
Atmungsaktivität respiration activity
Atmungskette respiration chain
Atom atom
Atomabsorptionsspektroskopie atomic absorption spectroscopy
Atombombe atom(ic) bomb; nuclear weapon
Atombombentest nuclear bomb test
Atomgesetz (AtG) Atomic Energy Act
Atomgewicht atomic weight
Atomhaftungsübereinkommen Convention on Nuclear Accident Liability
Atomkern atomic nucleus
Atommüll radioactive waste
Atomreaktor nuclear reactor
Atomrechtliche Verfahrensverodnung (AtVfV) Nuclear Licensing Procedure Ordinance
Atomuhr atomic clock
ätzend corrosive
Auenböden fluvisols
Auenlandschaft fluvial landscape
Aue, Talaue flood plain
Aufbaufaktor buildup factor
Aufbereitung, Bergbau processing, mining
Aufbereitungsanlage für Abfälle processing facility for waste
Aufbrauch operating capacity
Aufbringungsverbot prohibition of application on agricultural land
Aufenthaltszeit residence time
Aufforstung forestation
Aufhellungsmittel brightening agents
Aufladung super charging
Auflage condition imposition
Auflagehumus humus layer
Auflandiger Wind sea breeze

Auflaufen emergence
Auflockerung loosening
Auflockerungszone zone of disintegration; disintegration zone
Auflöser dissolver
Aufnahmepfade intake paths
Aufpunkt most unfavourable point of exposure
Aufsalzung increase in salinity
Aufschluß development; exposure; ingress; opening (out, up); digestion
Aufschlußfigur mode of entry
Aufsicht supervision
Aufsteigen ascent
Auftaumittel defrosting (salts)
Auftriebsgebiete upwelling areas
Aufwandmenge application rate
Aufwärmung der Atmosphäre greenhouse effect
Aufwind rising air; anabatic wind
Aufwindkraftwerk solar chimney power plant; up wind power station
Aufwuchs (bio)fouling
Aufzeichnungsschwelle recording level
Augenreizung eye irritation
Ausbiß outcrop(ping); crop(ping); exposure; showings; take-out; basset
Ausblasbare Organische Halogenverbindungen (POX) purgable organic halogen compounds
Ausbreitung dispersion
Ausbreitung, biologische dispersion
Ausbreitungsrechnungen dispersion calculations
Ausbreitungstypen type of dispersion; dispersion types
Ausbringungstechnik application technique
Ausbringungsverluste application losses
ausfällbares Wasser precipitable water
Ausfällung precipitation
Ausfaulung digestion
Ausfließverhalten pourability
Ausflockung flocculation
Ausfuhr (Chemikalien) export (chemicals)
Ausgangsgestein parent rock
Ausgangsmaterial source material
Ausgleichbecken equalizing tank
Ausgleichsanspruch right of contribution
Ausgleichskonzept offset policy
Auslaufbauwerk outlet structure
Auslaugrate leaching rate
Auslaugresistenz leaching stability
Auslegung, öffentliche presentation of documents for public inspection
Auslegungsstörfall design-basis accident
Ausleseverfahren extraction methods for soil animals; selection process
Auslöseschwelle trigger threshold
Ausnutzungsdauer utilization period
Auspuffgeräusch exhaust noise
Ausreißer outlier
Aussalzeffekt salting-out effect
Ausschuß für Gefahrstoffe (AGS) Committee on Dangerous Substances
Außenkippe external spoil heap; outside dump
Aussolverfahren leaching method
Ausstrahlung terrestrial surface radiation
Austausch exchange
Austauscharme Wetterlage poor-exchange weather situation
Austauschazidität exchange acidity
Austauschbedingungen exchange conditions

Austauscher ion exchanger
Austauscherharze ion exchange resins
Austauschisothermen exchange isotherms
Austauschkapazität ion exchange capacity
Austrocknungs-Koeffizient drainage coefficient
Auswaschung leaching
Autoabgas automotive exhaust gas; car-exhaust gas
autochthon authochtonous
Autofluoroskop autofluoroscope
Autogas liquid petroleum gas
Autokatalyse autocatalysis
Autökologie autecology
Autolyse autolysis
Auto-Oil-Program Auto-Oil-Program; motor-oil-program
Autoradiographie autoradiography
Autoradiolyse autoradiolysis
Autosom autosome
autotherm autothermal
autotroph autotrophic
Autotrophe Bakterien autotrophic bacteria
Autoverwertung car recycling
Autowrack car wreck
Autowrackplatz scrap yard for automobiles
Autoxidation autoxidation
Auxotrophie auxotrophy
Avizid avicide
AVM-Verfahren AVM process
Azidität acidity
azidophil acidophilic
Azorenhoch azores high
Azorubin fast red
Azospirillum Azospirillum

Bach creek
Bacharach-Skala Bacharach scale
Bachflohkrebse gammarids
Bachröhrichte brook reed
Background-Aerosol background aerosol
Backhefe (baker's) yeast; barm
Badeallergie skin lesions (dermatosis) caused by cercaria
Badegewässer recreational water; body of water used for swimming
Baggergut dredged material
Bahngeschwindigkeit interstitial velocity
Bakterien bacteria
Bakterienfilter bacterial filter
Bakterienfresser bacteriophagous; bacteriophage
Bakterientest bacteria test
Bakterientoxine bacterial toxins
Bakteriologie bacteriology
Bakteriophage bacteriophage
Bakteriostatikum bacteriostatica
Bakterizide bactericides
Bandbelüftungssysteme band aeration systems
Bandfilterpressen band filter press
Bandpresse belt press
Bandräumer flight scraper
Bandtrockner belt conveyor dryer
Barbenregion carp region
Barberfalle pitfall trap
Barisches Windgesetz baric-wind law (Buys Ballot's law)
Barn barn
Barogramm barogram
Barograph barograph
Barokline Instabilität baroclinic instability

Baroklinie baroclinity
Baroklinität baroclinity
Barometer barometer
barotrop barotropic
Barriere barrier
Bärtierchen tardigrades
Bartlett-Test Bartlett test
Baryon baryon
Basalt basalt
Basen, Boden soil, bases
Basenkapazität alkalinity
Basenneutralisationskapazität capacity of base neutralization; neutralizing capacity
Basenpaar (bp) base pair
basenreich rich in bases
Basensättigung base saturation
Basenverhältnis base ratio
Basidiomyceten basidiomycetes
Basisabdichtung liner; basic sealing; combined basic sealing
Basisabfluß base flow
Bast secondary phloem; inner bark
Batch-Verfahren batch process
Batterien batteries
Bauabfall building waste
Baugenehmigung building permit
Baugesetzbuch Building Code
Bauleitplanung general local planing
Baumaschinen construction machines
Baumaterialien building materials
Baumschutzsatzung tree protection statute
Baumsterben forest disease
Baumüll building(-site) rubble; building(-site) refuse
Baunutzungsverordnung Building Use Ordinance
Bauplanungsrecht Building Planning Act
Baurecht planning and building laws
Bauschutt building rubble
Bauschuttrecycling recycling of building rubble
Baustellenabfälle construction site wastes
Bauteileprüfung component examination
Bazillen bacillus
Bdelloidea (Rädertierchen) Bdelloidea (rotifers)
Beaufort-Skala Beaufort wind scale
Beckenarten tank types; pond types
Beckett-Isotherme Beckett isotherm
Bedarfsgegenständerecht consumer articles law
bedingt schadstoffarm partly pollutant-reduced
Bedürfnisprüfung necessity checking
Beförderung conveyance; transportation
Begasung fumigation
Begleitschein covering bill
Begleitsubstanzen by-products
Begrenzender Faktor limiting factor
Begründungsgebot order to provide reasons; reasons are required
Behälter container
Behälterdeponie container landfill
Beintaster proturans
Beizereiabwässer spickling wastes
Beizmittel dresser agent
Bekämpfungsverordnungen regulations on combatting harmful organisms
Bekanntmachung bulletin
Belastbarkeit maximum capacity
Belästigung nuisance
Belastung impact; load
Belastungsgebiet region with pollutions; polluted region

Belebter Schlamm acivated sludge
Belebungsanlage acivated sludge plant
Belebungsverfahren activated sludge process
Beleuchtungsmesser luxmeter
Belüftung aeration
Belüftung, kombinierte combined aeration
Benard-Zellen Benard cell
Benchmark-Konzept Benchmark concept
Benefit benefit
Benetzungswärme heat of wetting
Benetzungszeit wetting time
Benfuracarb benfuracarb
Bentazon bentazone; bentazon; bendioxide
Benthal benthal; benthic zone
Benthische Zone benthos;benthic zone
Benthon benthon
Benthos benthos
Bentonite bentonite
Benzin petrol; gasoline; fuel
Benzinabscheider petrol separator
Benzinbleigesetz petrol-lead law
Benzineinspritzung gasoline injection
Benzinqualitätsverordnung gasoline-quality guidelines
Benzinverbleiung leaded gasoline
Benzoeharz benzoin; gum benzoin
Benzoesäure benzoic acid
Benzol benzene
Beratergremien (Altstoffe) Advisory Commissions for Existing Chemicals
Beratung in der Landwirtschaft agricultural extension; agricultural consultation
Beratungsmodelle in der Landwirtschaft extension programs; agricultural consultation models
Bergbach mountain brook
Bergbau mining
Bergbehörde mine inspectorate; mining authority
Berge dirt
Bergerhoff-Verfahren Bergerhoff procedure
Bergewirtschaft refuse utilization
Bergfeste pillar; post cramp
Bergrecht mining law
Bergrechtliche Genehmigung licensing by mining law
Bergschaden mining damage
Berg- und Talwindzirkulation mountain and valley wind circulation
Bergwald alpine forest
Bericht des Immissionsschutzbeauftragten report of pollution control officer
Berlese Apparatur Berlese extractor
Bernsteinsäure succinic acid
Bernsteinsäureanhydrid succinic anhydride
Berstschutz burst protection
Beruflich strahlenexponierte Personen occupationally exposed persons
Berufsgenossenschaften professional/trade associations
Berufskrankheiten occupational diseases
Beschalte Amöben testate amebas
Beschichtung coating
Beschickung charging
Beschleuniger accelerator
Beschränkung (ChemG) restriction
Beschränkungsrichtlinie (EG) restriction regulation
Besiedlungsdichte abundance
Besonders überwachungsbedürftiger Abfall hazardous waste

Besorgnisgrundsatz principle of anxiety
Bestandesaufbau conformation of stand
Bestandesdeposition bulk deposition throughfall
Bestandesdichte population density
Bestandsaufnahme stock-taking
Bestandsdichte stock density
Bestandsschutz bezüglich Umweltqualität maintenance of environmental quality
Bestäubung pollination
Bestimmtheitsgebot certainty order
Bestimmungsgemäßer Betrieb specified normal operation
Bestimmungsgrenze determination limit
Bestockung tillering
Bestrahlung irradiation
Bestrahlungsstärke irradiation intensity
Beta-Agonist beta-agonist
Beta-Blocker betablocker
Betankungsverluste fill up loss
Betankung von Kraftfahrzeugen refuelling of cars
Betastrahlung beta radiation; beta rays
Betateilchen beta particle
Betatron betatron
Betazerfall beta decay
Beteiligung der Öffentlichkeit public participation
Beteiligungsrecht participation rights
Betriebsbeauftragter, Abwasser company officer for wastewater
Betriebsbeauftragter, Immissionsschutz company officer for immission control
Betriebsbeauftragter, Umweltschutz company officer for environmental protection
Betriebshandbuch operating manual
Betriebsplan operation schedule
Betriebssicherheit operating safety
Betriebsstörungen breakdown; stoppage; operation disturbance
Betriebswasser process water
Beurteilungsflächen assessment surfaces
Beurteilungsgebiet assessment area
Beurteilungsspielraum free estimation
Bevölkerungsaufbau population structure
Bewegungsgleichung equation of motion; motion equation
Beweislast burden of proof
Beweislastumkehr reversal of the burden of proof
Bewertung (Chemikalien) evaluation, assessment
Bewertung der natürlichen Radioaktivität assessment of natural radioactivity
Bewertungsstellen (ChemG) assessment department
Bewertungsverfahren evaluation method; assessment method
Bewilligung permission
Bezugsgrößen reference values
Biene bee
Bienengefährlichkeit hazard for bees
Bienenschutzverordnung regulation to protect bees
Bienenwachs beeswax
Bilanzgleichung, lokale local balance equation
Bilanzierung accountancy; material balancing
Bilge bilge
Bilharziose bilharziosis
Bindungsenergie binding energy; bond energy
Binnenfischerei inland fishery
Binomialverteilung binominal distribution
Bioabfall biowaste
Bioabfallverordnung biowaste ordinance
Bioaerosole bioaerosols

Bioakkumulation bioaccumulation
Bioakkumulationsfaktor bioaccumulation factor
Bioalkohol bioalcohol
Biochemie biochemistry
Biochemischer Sauerstoffbedarf (BSB) biochemical oxygen demand (BOD)
Biochor biochore
Biochorion minor habitat; microbiocenosis
Biodiesel (RME) bio-diesel; bio-fuel
Biodiversität biodiversity
Biofilter biofilter
Biofiltration biofiltration
Biofloc-Verfahren „biofloc" process
Biogas biogas
biogen biogenic
biogene Amine biogenic amines
biogene Belüftung biogenic aeration
biogene Entkalkung biological decalcification
Biogeochemischer Kreislauf biogeochemical cycle
Biohalogenierung biohalogenation
Bioindikator bioindicator
Biokatalysator biocatalyst
Biokonzentration bioconcentration
Biokonzentrationsfaktor BCF bioconcentration factor BCF
Bio-Kraftstoff biofuel
Biologisch-dynamische Wirtschaftsweise (BDW) biological-dynamical agriculture
Biologische Abbaubarkeit biodegradation
Biologische Abfallbehandlung biological waste treatment
Biologische Abwasserreinigung biological wastewater treatment
Biologische Aktivität biological activity
Biologische Bundesanstalt für Land- und Forstwirtschaft (BBA) Federal Biological Research Centre for Agriculture and Forestry
Biologische Halbwertzeit (T1) biological half-life
Biologische Membran biological membrane
Biologischer Abbau biodegradation
Biologischer Arbeitsstofftoleranzwert (BAT) biological working materials tolerance value; biological tolerance value for working materials
Biologischer Katalysator biocatalyst
Biologischer Pflanzenschutz biological plant protection
Biologischer Rasen fixed biological film
Biologischer Sauerstoffbedarf biological oxygen demand
Biologischer Wasserbau biological hydraulic engineering
Biologische Schädlings- und Unkrautbekämpfung biological pest and weed control
Biologische Selbstreinigung biological self-purification
Biologisches Gleichgewicht biotic balance
Biologische Umsatzleistung biologic(al) efficiency
Biologische Verfügbarkeit bioavailability
Biologische Verwitterung biological weathering
Biologische Waffen biological weapons
Biologische Zeit biologic time
Biologisch-mechanische Restmüllbehandlung biological mechanical waste treatment
Biolumineszenz bioluminescence
Biomagnifikation biomagnification
Biomanipulation biomanipulation
Biomasse biomass
Biome biome

Biomembranen biomembranes
Biometeorologie biometeorology
Biomonitoring biomonitoring
Biopräzipitation bioprecipitation
Bioproduktion bioproduction
Bioreaktor bioreactor
Biorhythmus biorhythm
Biosensor biosensor
Biosorption biosorption
Biosphäre biosphere
Biosphärenreservat reserve of biosphere
Biota biota
Biotechnischer Pflanzenschutz biotechnological plant protection
Biotechnologie biotechnology; bio-engineering
Biotest biotest
biotisch biotic
Biotische Interaktionen biotic interactions
Biotit biotite
Biotonne bio-bin
Biotop biotope; habitat
Biotopbindung habitat preference
Biotopmanagment biotope management
Biotopschutz biotope protection
Biotopvernetzung habitat connectivity
Biotopwechsel habitat shift
Biotransformation biotransformation
Bioturbation bioturbation
Bioverfügbarkeit bioavailability
Biowäscher biowasher; biological gas scrubber
Biozide biocides
Biozidrichtlinie biocides directive
Biozönose biocenosis
Biozönose des Abwassers biocenosis of wastewater
Bittere Mandeln bitter almonds
Bitterstoffe bitter principles
Black-box-Modell black box model
Blähschlamm bulking sludge
Blasenkammer bubble chamber
Blastomere blastomere
Blastozyste blastocyte
Blasversatz pneumatic stowing; packing
Blattdüngung foliar fertilization
Blattfall leaf abscission; leaf fall
Blattkäfer (Chrysomelidae) leaf beetles (Chrysomelidae)
Blattläuse aphids
Blattnekrosen leaf necroses
Blattodea cockroaches
Blattschäden leaf damage
Blattverfärbung leaf discolouration
Blattverlust leaf loss
Blaualgen blue-green algae; cyanobacteria
Blauer Engel „blue angel"
Blaulichtrezeptor blue-light receptor
Blaurauch blue smoke
Blausäure hydrogen cyanide
Blausucht cyanosis
Bleiakkumulator lead battery
Bleiarsenat (PbHAsO4) lead(II)tetraoxoarsenate(V)
Bleibatterie lead battery
Bleibende Härte permanent hardness
Bleichmittel bleaching agent
Bleifreies Benzin unleaded petrol; unleaded fuel
Blei (Pb) lead (Pb)
Blei-Tetraethyl tetraethyl lead
Blei-Tetramethyl tetramethyl lead
Blindprobe blank sample

Blindversuch blank experiment
Blindwert blank reading (value measure)
Blockdiagramm block diagram
Blockheizkraftwerk combined heat and power station
Blockierendes Hoch blocking high
Blockköder block bait
Blüten flowers
Bö gust
Boden soil
Bodenabtrag soil erosion
Bodenaktivität soil activity
Bodenalgen soil algae
Bodenanalyse soil analysis
Bodenanzeiger soil indicator
Bodenart texture; soil type
Bodenatmung soil respiration
Bodenazidität soil acidity
Bodenbakterien soil bacteria
Bodenbearbeitung soil tillage
Bodenbeläge floor covering
Bodenbelastung soil load; soil pollution
Bodenbewertung soil evaluation; soil rating
Bodenbildung soil formation
Bodenbiologie soil biology
Bodenbiomasse soil biomass
Bodenbiota biota of the soil; soil biota
Bodenbiozönose soil biocenosis
Bodencatena soil catena
Bodendegradation soil degradation
Bodendegradierung soil degradation
Bodendichte soil density; bulk density
Bodeneigenschaften soil properties
Bodenentseuchung soil sanitation
Bodenentwicklung soil development; soil formation
Bodenerosion soil erosion
Bodenfalle soil trap
Bodenfauna soil fauna
Bodenfeuchte soil humidity
Bodenfilter soil filter
Bodenfiltration soil (land) filtration
Bodenflora soil flora
Bodenfracht soil load; sediment load; sediment run-off
Bodenfruchtbarkeit soil fertility
Bodenfruchtbarkeitsniveau state of soil fertility
Bodengefüge soil structure
Bodengesellschaft soil community
Bodenhafter soil-clinging animals
Bodenhilfsstoffe soil auxiliary agents; soil aids
Bodenhorizonte soil horizons
Bodenhygiene soil hygiene
Bodeninsekten soil insects
Bodeninversion surface inversion
Bodenkarte soil map
Bodenkataster soil register
Bodenklassifikation soil classification
Bodenkriecher soil-crawling animals; earth-crawlers
Bodenkultur soil management
Bodenkunde soil science; pedology
Bodenlebewesen soil-living creature; soil inhabitant
Bodenlockerung soil loosening
Bodenlösung soil solution
Bodenluft soil air; soil atmosphere
Bodenmikroorganismen soil microorganisms
Bodenmineral soil mineral
Bodenmüdigkeit soil degradation
Bodennahe Grenzschicht surface (boundary) layer

Bodennährstoffvorrat   soil-nutrient ressources
Bodennebel   ground fog
Bodennutzung   soil use
Bodenorganismen   soil organisms
Bodenparameter   soil parameter
Bodenpilze   soil fungi
Bodenproben   soil samples
Bodenproduktion   soil production; site production
Bodenprofil   soil profile
Bodenrauhigkeit   surface roughness
Bodenreaktion   soil reaction
Bodenreibung   surface friction
Bodensatz   sediment
Bodensäule   soil column; soil monolith
Bodenschleimpilze   myxomycetes of soil; soil myxo-mycetes
Bodenschutz   soil protection
Bodenschutzgesetz   Law of soil protection; soil-protection law
Bodenschutzkonzeption   strategy for soil protection; soil-protection strategy
Bodenschutzrecht   soil protection law
Bodenschwimmer   soil-swimming animals
Bodensee   Lake Constance
Bodenseefernwasserversorgung   long-distance water supply from Lake Constance
Bodenstickstoff   soil nitrogen
Bodenstörung und Fauna   disturbance of soil, effects of animals
Bodenstrahlung   ground radiation
Bodenstruktur   soil structure
Bodensystematik   soil taxonomy
Bodentemperatur   surface temperature
Bodentextur   soil texture
Bodentiere   soil animals; soil fauna
Bodentyp   soil type
Bodenuntersuchung   soil investigation; soil analysis
Bodenverbesserung   soil amendment; melioration
Bodenverdichtung   soil compaction
Bodenversalzung   soil salinization
Bodenversauerung   soil acidification
Bodenviren   soil viruses
Bodenwanne   bottom containment
Bodenwärmehaushalt   surface-heat budget
Bodenwärmestrom   surface-heat flux
Bodenwasser   soil water
Bodenwirbeltiere   soil vertebrates
Bodenwühler   soil burrowers
Bodenzahl   soil fertility number
Bodenzone   soil zone
Bodenzoologie   soil zoology
Bodenzustandserhebung im Wald (BZE)   forest-soil inventory
Bogenrechen   curved screen
Bohnerwachs   floor wax
Bohrlochlagerung   drill-hole disposal
Bohrlochbergbau   borehole-mining
Bor (B)   boron
Borke   bark
Borkenkäfer   bark beetle
Borosilikatglas   borosilicate glass; pyrex glass
Borsäure   boric acid
Borzähler   boron counter
Böschung   slope; embankment
Böschungsstandfestigkeit   slope stability
Boschzahl   Bosch number
Bottom-up Ansatz   bottom-up approach
bottom up Kontrolle   bottom up control

Botulinumtoxin   botulinus; botulism toxins
Botulismus   botulism
Brache   fallow land
Brachland   fallow land
Brachydanio-rerio-Fischtest   Brachydanio-rerio fish test
Brackwasser   brackish water
Brackwasserquelle   brackish spring
Branchiotremata (Eichelwürmer, Flügelkiemer)   acorn worms; pterobranch
brandfördernd   ignitable
Brandrodung   burn-clearing
Brandschutz   fire protection
Branntkalk   burned lime
Brasilien-Alkoholprogramm   Brazilean alcohol pro-gram
Brassicol   brassicol
Brassinosteroide   brassino steroids
Brauchwasser   process water
Brauerei-Emissionen   brewery waste gases
Braunerde   brown earth; FAO: cambisol
Braunkohle   brown coal (lignite)
Breitbandbelüftung   „Inka“ type aeration
Bremsbelag   brake lining
Bremsflüssigkeit   brake fluid
Brennelemente   fuel elements
Brennelemente, abgebrannte   spent fuel elements
Brennraum   combustion chamber
Brennstab   fuel rod
Brennstoff   fuel
Brennstoff aus Müll (BRAM)   refuse derived fuel (RDF)
Brennstoffhülle   cladding
Brennstoff, keramischer   ceramic (nuclear) fuel
Brennstoffkreislauf   nuclear fuel cycle
Brennstoffvergleich   fuel comparison
Brennstoffzelle   fuel cell
Brennverlauf   trace of combustion; course of com-bustion
Bringsystem   drop-off-system
Bronchialkarzinom   bronchial carcinoma; bronchial cancer
Bronchitis   bronchitis
Bruchbau   caving
Bruchwald   swamp forest; paludal forest
Brüden   exhaust vapours
Brundland-Report   Brundland report
Brunnen   well
Brunnenfilter   well screen
Brunnengalerien   rows of wells
Brunnenleistung   well yield
Brüsseler Beschlüsse   Brussels resolution
Brüten   breeding
Brutfaktor   breeding ratio
Brutgewinn   breeding gain
Brutpflege   parental care
Brutreaktor   breeding reactor
Brutstoff   fertile material
Bruttoproduktion   gros production
Brutverhältnis   breeding ratio
Brutvogel   breeding bird
Bündelsammlung   bundle collection
Bundesamt für Naturschutz   Federal Agency for Conservation
Bundesamt für Strahlenschutz   Federal Agency for Radiological Protection
Bundesanstalt für Gewässerkunde   Federal Institute of Hydrology

Bundes-Immissionsschutzgesetz Federal Pollution Control Act
Bundesministerium für Umwelt, Naturschutz und Reaktorsicherheit (BMU) Federal Ministry for Environment, Nature Conservation and Reactor Safety
Bundesnaturschutzgesetz (BNatSchG) Federal Act on Nature Conservation
Bundes-Seuchengesetz (BSeuchG) Federal Epidemic Act
Bundessortenamt Federal Office of Plant Varieties
Bundesumweltgesetzbuch Federal Code of Environmental Law
Bundesverband Bürgerinitiativen Umweltschutz e.V (BBU) Federal Union of Environmental Civic Action Groups
Buttersäure butyric acid
Butylhydroxytoluol (BHT) butylated hydroxytoluene
Byssinose byssinosis

C3-Pflanzen C3 plants
C4-Pflanzen C4 plants
Cadmium (Cd) cadmium
Caelifera shot-horned grasshoppers
California-Test California test
Calvin-Zyklus Calvin cycle
Camphenchlorierung camphene chlorination
cancerogen cancerogenic
Cancerogene in der Umwelt environmental cancerogens
Cancerogenese carcinogenesis
Cancerogenität cancerogenicity
Candela candela
Carabidae (Laufkäfer) ground beetles
Carabiden carabids
Carbamate carbamates
Carbaryl carbaryl
Carbofloc-Verfahren „Carbofloc"-process
carcinogen cancerogenic
Carcinogenese carcinogenesis
Carcinogenität carcinogenity
Carcinogenität von Antimon antimon cancerogenicity
Carcinom carcinoma
Cardiotoxin cardiotoxin
Carmoisin B azorubin
Carnaubawachs carnauba wax
Carotin carotene
Carotinoide carotinoids
Carrier carrier
Cäsium (Cs) Caesium; Cesium
Cellulase cellulase
Cercarien cercaria
Cerenkov-Strahlung Cerenkov radiation
Cetanindex cetane index
Cetanzahl cetane number
Characeen charophytes
Chelate chelate
Chelicerata chelicerates
Chemietoiletten chemical toilets
Chemikaliengesetz (ChemG) Chemicals Act
Chemikalientanker chemical tanker
Chemilumineszensdetektor (CLD) chemiluminescense detector
Chemiosmotische Hypothese chemiosmotic hypothesis
Chemische Abwasserbehandlung chemical wastewater treatment
Chemische Entkalkung chemical decalcification

Chemische Ökologie chemical ecology
Chemische Reinigung chemical cleaning
Chemischer Sauerstoffbedarf (CSB) chemical oxygen demand (COD)
Chemisches Potential chemical potential
Chemische Unkrautbekämpfung chemical weed control
Chemische Verwitterung chemical weathering
Chemisch-physikalische Verfahren der Abwasserbehandlung chemical-physical wastewater treatment methods
Chemoautotrophie chemoautotrophy
Chemokline chemocline
Chemolithotrophe Bakterien chemolithotrophic bacteria
Chemosterilisation chemosterilization
Chemosynthese chemosynthesis
Chemotherapeutika chemotherapeutics
Chemotherapie chemotherapy
Chernozem FAO: phaeozem; chernozem
Chilopoda chilopods
Chimäre chimera
Chimäres Gen chimeric gene
Chinin quinine
Chi-Quadrat-Verteilung chi-square distribution
Chironomiden chironomids
Chloraceton chloroacetone
Chlorakne chloracne
Chlorbiphenyle polychlorinated biphenyls
Chlor (Cl) chlorine (Cl)
Chloridabkommen chloride agreement
Chloridazon chloridazone; pyrazone; PCA
Chloridbelastung chloride load
Chlorkautschuk chlorinated rubber
Chlorkohlenwasserstoffe (CKW) chlorinated hydrocarbons
Chloroform-Fumigationsmethode chloroform fumigation method
Chlorophos chlorofos
Chlorophyll chlorophyll
Chloroplasten chloroplasts
Chlorung chlorination
Chlorwasserstoff hydrochloric acid
Cholera cholera
Cholin choline
Cholinesterase cholinesterase
Cholinesterasehemmer cholinesterase inhibitor
Chondrichthyes (Knorpelfische) cartilaginous fishes
Chondromyces chondromyces
Chop-leach-Verfahren chop-leach process
Chordata (Chordatiere) chordates
Chromatographie chromatography
Chrom (Cr) chromium
Chromosom chromosome
Chromosomenaberration chromosomal aberration
Chromosomenanalyse chromosome analysis
Chromosomendeletion chromosomal deletion
Chromosomenkartierung chromosomal mapping
chronisch chronic
Chronischer Test long term test; chronic test
Chronische Toxizität long term toxicity; chronic toxicity
chronisch schädigend chronically damaging
Chrysen chrysene
Ciguatera-Fischvergiftung Ciguatera fish poisoning
Ciliaten ciliophora; ciliates
Circadianer Rhythmus circadian rhythm
Citranaxanthin citranaxanthin

Citratcyclus citric acid cycle; citrate cycle
Citronensäure citric acid
Cladoceren cladocera; water fleas
Clubgut club good; club property
C, M, T-Stoffe C-, M-, T-substances
C/N-Verhältnis C/N ratio
Coccidiose coccidiosis
Coccidiostatika coccidiostatics
Cochenille cochineal
Coffein caffeine; coffein(e)
Coleoptera beetles
Colibakterien coliform bacteria
Coliforme Organismen coliform organisms
Colititer coli titer
CO-Messung CO measurement
Cometabolischer Abbau von PSM cometabolic degradation of pesticides
Cometabolismus cometabolism
Comprex-Aufladung Comprex supercharging
Coning coning
Constant-level-balloon constant-level balloon
Containment containment
Controlled-Release-Formulierung controlled release formulation
Copepoda copepods
Copolymerisate copolymers
Copolymerisation copolymerization
Coprecipitation coprecipitation
Coregonen coregonids
Coriolis-Kraft Coriolis force
Coroxon coroxon
Crustacea crustaceans
CSB COD
Cumasina-Verfahren „Cumasina"-process
Curculionidae (Rüsselkäfer) weevil
Curcuma curcuma; turmeric; Indian safron
Cutane Aufnahme cutaneous intake
Cuticula cuticle
CW-Wert CW-value
Cyanobakterien cyanobacteria
Cyanose cyanosis
Cyanwasserstoff hydrogen cyanide
Cyprinidenregion cyprinid zone
Cytoplasma cytoplasm
Cytoskelett cytoskeleton
Cytostatika anticancer drugs; cytostatics
Cytotoxizität cytotoxicity

Dachabsorber roof-mounted absorber
Dämmerung dawn; dusk
Dampfblasenkoeffizient void coefficient
Dampfdichte gas density
Dampfdruck vapor pressure
Dampf-Flüssigkeits-Verhältnis vapor-liquid-ratio
Daphnien-Reproduktionstest daphnia reproduction test
Daphnien-Test daphnia test
Darcys Gesetz Darcy's law
Darmflora gut flora
Datierung, radioaktive radioactive dating
Dauerausscheider chronic carrier
Dauerei dormant egg
Dauererprobung endurance test
Dauerfrostböden permafrost soils
Dauergrünland permanent grassland
Dauerhumus stable humus
Dauerspore permanent spore
Dauerstadien dormant stages

Dazomet dazomet
DDT-Auswirkung DDT effects
Deckgebirge overlying rock; overburden
Deckschicht surface formation
Deckungsgrad cover extent
Deckungsvorsorge financial security
Defensivausgaben defensive expenditures
Defoliantien defoliants
Degradation degradation
Deich dam; embankment; dike
Deka deca
Dekantieren decanting
Dekantierzentrifuge decanting centrifuge
Dekontamination decontamination
Dekontaminationsfaktor decontamination factor
Deletion deletion
Deletionsmutante deletion mutant; loss mutant
Demeter-Qualität Demeter quality
Demographie demography
Demökologie population ecology
Denaturantien denaturants
Denaturierung denaturation
Dendrobaena (Lumbricidae) Dendrobaena
Denitrierung denitrification
Denitrifikation denitrification
Denitrifikationsgeschwindigkeit denitrifaction rate
Denitrifikationsleistung denitrifaction capacity
Denkmalschutzrecht law of the protection of historical and natural monuments
DeNOx-Anlage DeNOx plant
DeNOx-Katalysator DeNOx catalyst
Deponie landfill
Deponieabdeckung landfill cover system; final cover
Deponieabdichtung landfill sealing; liner system for landfill
Deponieeingangsbereich landfill entrance area
Deponieentwässerung leachate collection system; landfill drainage
Deponiefolie flexible membrane liner (FML); sealing; geo-membrane
Deponiegas landfill gas; landfill gas emission
Deponie, geordnete waste dispoal site; landfill; waste tip
Deponieklassen landfill category
Deponierückbau landfill reconstruction
Deponiesickerwasser landfill leachate
Deponiesimulationsreaktor (DSR) landfill simulation reactor
Deposition deposition
Depotcontainer recyclables container
Derivate derivatives
Dermaptera common earwig
Dermatitis dermatitis
Desertifikation desertification
Desinfektion disinfection
Desinfektionsmittel desinfectants
Desoxyribonucleinsäure (DNS) desoxyribonucleic acid (DNA)
Desoxyribose desoxyribose
Destruenten destruents
Detektor detector
Detergentien detergents
deterministisch deterministic
Deterministische Analyse deterministic analysis
Detoxifikation detoxification
Detritivoren detritivores
Detritus detritus
Detritusfresser detritus feeder

Deutsche Bodenkundliche Gesellschaft (DBG)　German Soil-Science Society
Deutsche Einheitsverfahren zur Wasser-, Abwasser- und Schlammuntersuchung (DEV)　German Standard Methods for the Analysis of Water, Wastewater and Sludge
Deutsche Phytomedizinische Gesellschaft (DPG)　German Phytomedical Society
Deutscher Wetterdienst　German Weather Service
Deutsches Atomforum　German Atomic Industrial Forum
Deutsches Institut für Normung (DIN)　German Institute for Standardization
Deutsches Meteorologisches Jahrbuch　German Meteorological Almanac
Dezentrale Abwasserbeseitigung　decentralized wastewater purification
Diabatische Prozesse　diabatic process
Diagenese　diagenesis
Diagnosesystem　diagnosis/diagnostic system
Diagrammpapier　aerogram; thermodynamic diagram
Diallat　diallat
Dialyse　dialysis
Diapause　diapause
Diätfuttermittel　diet fodder
Diatomeen　diatoms
Dibbelsaat　dibbling
Dicamba　dicamba
Dichte　density
Dichtemaximum　maximum density
Dichteströmung　density current
Dichtstoffe　sealing materials
Dickungsmittel　thickener; viscosifier
Dicyandiamid　cyanoguanidine
DI-Dieselmotor　direct-injection diesel engine
Diesel-Gasmotor　diesel-gas engine
Dieselkraftstoff　diesel fuel
Dieselmotor　diesel motor
Dieselöl　diesel fuel
Differentialgleichung　differential equation
Differentialgleichung, partielle　partial differential equation
Differentielle Genexpression　differential gene expression
Differenzengleichung　difference equation
Diffuse Quelle　diffuse source
Diffuse Sonnenstrahlung　diffuse solar radiation
Diffusion　diffusion
Diffusionskoeffizient　diffusion coefficient
Diffusionssammler　diffusion sampler
Diffusionstrennverfahren　gaseous-diffusion isotope-separation process
Diffusionswasser　diffusion water
Digitale Diesel Electronic　digital diesel electronics
Dihydrochalkone　dihydrochalcones
Dikotyledonen　dicotyledons
Dikotylen　dicotyledons
Dikotyle Pflanze　dicotyledon plants
Dimiktischer See　dimictic lake
Dimixis　dimictic
DIN　DIN (German Industrial Norms)
DIN-Normen　DIN standards
DI-Ottomotor　direct-injection gasoline engine
diploid　diploid
Diplopoda　diplopods
Diplura　diplurans
Diptera　dipterans
Direktabfluß　direct runoff

Direkte Einspritzung　direct injection
Direkte Endlagerung　direct disposal
Direkteinleiter　direct discharger
Direktendlagerung　direct disposal
Direkte Sonnenstrahlung　direct solar radiation
Direkte Umwandlung　direct energy conversion
Direktfällung　direct precipitation
Direktsaat　direct drilling
Direktstrahlung　direct radiation
Diskontierung　discounting
Disparlur　disparlur
Dispergierbares Konzentrat　dispersible concentrate
Dispergierbarkeit　dispersibility
Dispergiermittel　dispersant
Dispersion, hydrodynamische　hydrodynamic dispersion
Dispersionskoeffizient　dispersion coefficient
Dispersionslänge　dispersion length; dispersivity
Dispersionsmittel　dispersant; dispersing agent
Dispersion, technisch　technical dispersion
Dispersivität　dispersivity
Disposition　disposition
Dissimilation　dissimilation
Dissipation　dissipation
Dissoziation　dissociation
Distickstoffoxid　dinitrogen oxide
Divergenz　divergence
Diversität　diversity
DNS　DNA
DNS-bindende Proteine　DNA-binding proteins
DNS-Sequenzierung　DNA-sequencing
DNS-Synthese　DNA-synthesis
Dobson-Einheit　Dobson unit
Dodekan　dodecane
Dolomit　dolomite
Dolomitgestein　dolomite rocks
dominant　dominant
Dominanz　dominance
Dominanzidentität　dominance identity
Domodiagnostik　indoor analysis
Doppelbettkatalysator　double bed catalyst
Doppelfüßer　diplopods
Doppelhelix　double helix
Doppelschwänze　diplurans
Dopplereffekt　Doppler effect
Dormanz　dormancy
Dortmundbecken, -brunnen　Dortmund tank (upflow settling tank)
Dosenbarometer　aneroid barometer
Dosieranlage　feeding plant
Dosimeter　dosemeter; dosimeter
Dosimetrie　dosimetry
Dosis　dose
Dosisaufbaufaktor　dose-buildup factor
Dosis-Effekt-Kurve　dose-effect curve
Dosisfaktor　dose factor
Dosisgrenzwerte　dose limits
Dosisleistung　dose rate
Dosis-Wirkungs-Beziehung　dose-effect relationship
Dränage　drainage
Dränung　drainage
Dränwürdigkeit　suitability for drainage
Drehfilter　rotating filter
Drehrohrofen　rotating kiln
Drehsprenger　rotary distributor
Drehzahlbegrenzer　engine speed limitation
Dreifelderwirtschaft　three-year rotation; three-field system

Dreikantmuschel   zebra mussel
Drei-Liter-Auto   three-liter-fuel-consumption car
Dreiphasenpunkt   triple point
Dreiwegekatalysator   three-way catalyst
Dreizehn-Stufen-Test   thirteen-step test
Drift, genetische   genetic drift
Drilosphäre   drillosphere
Drittelmix   1/3 Mix (European driving cycle)
Dritte Reinigungsstufe   advanced wastewater treatment
Drittschutz   protection of a third party
Drogen   drugs
Druck   pressure
Druckbehälter   pressure vessel
Druckfeld   pressure field
Druckfilter   pressure filter
Druckfläche   pressure topography
Druckgradientkraft   pressure gradient
Druckröhrenreaktor   pressure tube reactor
Druckschwankungen   pressure oscillation; pressure wave
Druckwasserreaktor   pressurized water reactor
DT   disappearance time
Düker   inverted syphon
Duldung   toleration
Dung   manure; dung
Dungbehälter   manure stores/containers
Düngebedarf   fertilizer requirements
Düngeeinheit   dung unit
Düngemittel   fertilizer
Düngemittelgesetz   fertilizer act
Dünger   fertilizer
Düngerbedarf   fertilizer needs/requirements
Düngergabe   amount of fertilizer
Düngerschäden   fertilizer injury
Düngervoranschlag   fertilizer-requirement determination
Düngesalze   fertilizer
Dungspeicher   dung stores
Dungstoffe   manure constituents
Düngung   fertilization
Dunkelreaktionen   dark reactions
Dünnsäure   spent acid
Dünnsäurerückführung   spent acid recirculation
Dünnsäureverklappung   sea dumping of spent acid
Dünnschichtsolarzelle   thin-film solar cell
Dunst   haze
Dunstglocke   haze layer
Durchbrandzone   burn through zone
Durchbruchskurve   breakthrough curve
Durchflußzeit   flow-through time; flow-through rate
Durchlässigkeit   permeability
Durchlässigkeitsbeiwert   hydraulic conductivity
Durchlaufbecken (DB)   rain watertank with overflow for settled combined sewage and tank overflow
Durchmischung   mixing
Durchsickerung   percolation
Durchwurzelungstiefe   rooting depth
Duroplaste   thermosetting resin; duromers
Düseneffekt   canalyzing the wind; wind-jet effect
Dynamik   dynamics
Dynamik der Atmosphäre   atmospheric dynamics
dynamisch   dynamic
Dynamische Abkühlung   dynamic cooling
Dynamische Anreizwirkung   dynamic efficiency
Dynamische Erwärmung   dynamic warming
Dynamischer Toxizitätstest   flow-through toxicity test; dynamic toxicity test

Dynamisierungsklausel   dynamic clause
Dynamitfischerei   dynamite fishing
Dystrophe Seen   dystrophic lakes

ECE-Konvention Luftreinhaltung   ECE-convention
Echtgelb   fast yellow
Eckeneffekt   bending the wind; corner effect
edaphisch   edaphic
Edaphon   edaphic organisms
Effektive Ausstrahlung   net terrestrial surface radiation; effective radiation
Effektive Dosis   effective dose
Effektive Konzentration (EC$_1$/EC$_{50}$)   effective concentration
Eichgas   calibration gas
Eigenberge/Eigenversatz   own filling
Eigendiagnosesystem   selfdiagnosis system
Eigenkontrolle   in-house monitoring
Eigenüberwachung   self-control
Eignungsprüfung   physical-fitness test; suitability test
Einäscherungsanlage   crematorium
Einbau, hochverdichtet   waste filling
Einblastiefe   diffuser depth
Einbohrlochmethoden   single-well methods
Eindampfen   evaporation; vaporisation
Eindeichung   dyking; embankment; inning; dyke construction building
Eindicker   thickener
Eindickzeit   thickening time
Eindringtiefe   penetration layer/depth
Einfehlerkriterium   single-failure criterion
Einflügler   single-blade wind-energy converter
Einfuhr (Chemikalien)   import (chemicals)
Eingriff in Natur und Landschaft   encroachment into nature and landscape
Einheitliche Europäische Akte   European single act
Einlagerungsgestein   host rock
Einlaufbauwerk   inlet structure
Einleitung   discharge (introduction)
Einsammlungs- und Beförderungsgenehmigung   collection and transportation license
Einschmelzen   smelting
Einspritzventil   injection valve
Einstellreaktion   taxis; tropism
Einstrahlung   (solar) insolation
Einstufung (Chemikalien)   classification; ranking
Eintritt   entry
Eintrittspfade   entry route
Einwanderung   immigration
Einwegbehälter   disposable container
Einwegflaschen   non-returnable bottle
Einwegspritzen   disposable syringes
Einwegsystem   disposable system
Einwegverpackung   disposable packing
Einwendungen   objections
Einwirkungsbereich   area of settlement; zone of affected overburden; affected area
Einwirkungswinkel   limit of draw
Einwohnergleichwert (EGW)   inhabitant equivalent
Einwohnerwert (EW)   total number of inhabitants and population equivalent
Einzelfuttermittel   individual fodder
Einzeller   protozoa; protista; unicellular organism
Einzugsgebiet   topographic catchment area
Eiproduktion   egg production
Eisenbakterien   iron bacteria
Eisenerzbergwerk Konrad   iron-ore mine Konrad
Eisen (Fe)   iron

Eisenia fetida (Mistwurm) brandling
Eisenphosphatkreislauf iron phosphate cycle
Eispunkt freezing point
Eiweiß protein
Ejektorbelüftung jet aeration
Eklektor eclector; emergence trap
Eklogit eclogite
Ekman-Schicht Ekman layer
Ekman-Spirale Ekman spiral
Ektoderm ectoderm
Ektomykorrhiza ectomycorrhiza
Ektoparasit ectoparasite
Ektosymbiont ectosymbiont
Ektotoxine ectotoxins
Ekzem eczema
Ekzema vulgare eczema vulgare
Elaste elastomers
Elastomere elastomers
Elateridae (Drahtwürmer, Schnellkäfer) wireworm
Elektrodialyse electrodialysis
Elektrofilter electrostatic filter; electrostatic precipi-
tator
Elektrolyse electrolysis
Elektrolyt electrolyte
Elektromagnetische Felder electromagnetic fields
Elektromagnetische Isotopentrennung electromag-
netic isotope separation
Elektromagnetische Strahlung electromagnetic ra-
diation
Elektron electron
Elektronenbestrahlung electron irridation
Elektroneneinfang electron capture
Elektronengleichgewicht electron equilibrium
Elektronentransport electron transport
Elektronenvolt electron volt
Elektronik electronics
Elektronikschrott electronic wastes; WEEE
Elektronische Einspritzung electronic injection
Elektronische Zündung electronic ignition
Elektrophorese electrophoresis
Element element
Elementarladung elementary charge
Elementarteilchen elementary particle
Element, künstliches man-made element
Elicitor elicitor
Elimination elimination
El Nino-Ereignis El Nino event
Elutionszeit elution time
Emanation emanation
EMBL-Datenbank EMBL-data base
Embryo embryo
Embryologie embryology
Emergenz emergence
Emigration emigration
Emission emission
Emissionsabgabe emission tax
Emissionsauflage emission quantity limits
Emissionsbegrenzung emission limit
Emissionserklärung emission declaration
Emissionsfaktoren emission factors
Emissionsgrad emission degree
Emissionsgrenzwerte emission limit values
Emissionskataster emission register
Emissionskenngrößen emission reference values
Emissionskennzahlen emission index
Emissionsklasse emission levels
Emissionslizenzen emission licenses
Emissionsmeßdaten measured emission data

Emissionsmessung emission measurement
Emissionsmeßverfahren emission-measuring method
Emissionsminderung emission reduction
Emissionsminderungstechnik emission reduction
techniques
Emissionsquelle emission source
Emissionsstandards emission standards
Emissionsüberwachung emission monitoring
Emissionsverzicht emission waiving
Emissionswerte emission values
Emissionszertifikate emission certificates
Emscherbecken Imhofftank
Emscherbrunnen Imhofftank
Emulgator emulsifier
Emulgierbares Konzentrat emulsifiable concentrate
Emulsion emulsion
Emulsionsqualität emulsion quality
Encystierung (Einkapselung) encystment
Endböschung slope; embankment
Endemismus endemism
Endenergie end-use energy
Endenergieverbrauch total energy consumption
Endlager final storage
Endlager-Bergwerk mine repository; final repository
mine
endlagerfähig suitable for final disposal
Endlager-Kaverne final repository; final disposal ca-
vern
Endlagerung final disposal
Endlagerung, direkte direct disposal
Endlagerung, in kristallinen Gesteinen final disposal
in crystalline rocks
Endlagervorausleistungsverordnung repository fi-
nancing ordinance
Endlaugen final liquor (spent liquor)
Endofauna infauna
Endogäische Bodenorganismen endogeic soil organ-
isms (in the upper soil)
Endogene Atmung endogeneous respiration
Endogener Sauerstoffverbrauch endogeneous oxy-
gen consumption
Endomykorrhiza endomycorrhiza
Endoparasit endoparasite
endoplasmatisch endoplasmatic
Endosymbiont endosymbiont
endotherm endothermal
Endotoxine endotoxins
Endwirt final host; definite host
Energie energy
Energiebedarf energy requirement
Energiebilanz energy balance
Energiedosis absorbed energy dose
Energiedosisleistung absorbed dose rate
Energieeinheiten units of energy; energy units
Energieeinsparung energy saving
Energiefluß im Ökosystem energy flow within eco-
system
Energiehaushalt energy regime/balance
Energieketten energy chains
Energierecht energy laws
Energiereserven energy reserves
Energierückgewinnung energy recovery
Energiesparen energy saving
Energieträger energy sources
Energieumsatz durch Tiere turnover of energy by
animals; energy turnover by animals
Energieumsatz von Bodenorganismen energy turn-
over of soil organisms

Energieumwandlung energy conversion
Energy-Farming energy farming
Engpaßleistung maximum electric capacity
Ensifera bush crickets
Enterobacteriaceae enterobacteriaceae
Enterobakterien enterobacteria
Enterotoxine enterotoxins
Enteroviren enteroviruses
Entgasung pyrolysis
Entgiftung detoxification
Enthalpie enthalpy
Enthärtung des Trinkwassers softening of drinking water
Entkeimung sterilization
Entkeimungsmittel sterilizing agent
Entlastungskanal relief sewer
Entmistung manure removal
Entomologie entomology
entomophag insectivorous
Entphenolung dephenolizing
Entropie entropy
Entropieproduktion entropy production
Entsalzung desalination
Entschäumer antifoaming agent; defoamer; foam inhibitor
Entschwefelung desulphurization
Entseuchung disinfection; sanitation
Entsorgen disposal
Entsorgung disposal
Entsorgungskonzept disposal concept
Entsorgungsnachweis disposal evidence
Entsorgungsvorsorge disposal precaution
Entspannungsflotation dissolved air flotation
Entstaubung dust removal; dedustion
Entstickung nitrogen oxide removal
Entwässerung, Bergbau dewatering; draining; mining drainage
Entwässerung, Boden soil dehydration; soil drainage
Entwässerung, Schlamm sludge dehydration (dewatering)
Entwässerungsschicht drainage bed
Entwicklung development
Entwicklungsstadien developmental stages
entzündlich combustible
E-Nummer E-number
Enzym enzyme
Enzymaktivität enzyme activity
Enzyme-linked Immunosorbent Assay enzyme-linked immunosorbent assay
Epidemiologie epidemiology
Epidemiologische Hypothese epidemiological hypothesis
Epidermis epidermis
Epidot epidote
Epifauna epifauna
Epigäische Tierarten epigeic animals
Epilimnion epilimnion
Epiphyten epiphytes
Episit predator
Episitismus episitism; predation
Episom episome
Epizoen epizoa
Epoxidharze (EP) epoxy resins
erbgutverändernd mutagenic
Erdbebensicherheit earthquake safety; aseismic design
Erdbecken earth basin
Erdbodenthermometer surface thermometer

Erdgas als Kraftstoff natural gas as fuel
Erdöl petroleum; crude oil
Erdwärme geothermal energy
Erfassungsgrenze detection limit; identification limit
Erfassungssystem acqusition system
Ergänzungsfuttermittel fodder supplement
Ergebnisunsicherheit uncertainty of result
Ergiebigkeitsziffer yield index
Ergotalkaloide ergot alkaloids
Ergußgesteine effusion rocks
Erkennungsgrenze recognition limit
Erlaß decree
Erlaubnis permit
Erlaubnisvorbehalt permit with reservation
Erlaubnis, wasserrechtlich revocable permit granting a water right
Ermessen estimation; discretion
Ermüdungsfestigkeit resistance to fatigue; fatigue strength
Ernährung nutrition
Ernährungserhebung (forest) nutrition survey
Ernährungshypothese nutrient (deficiency) hypothesis; nutrition hypothesis
Erneuerbare Energien renewable energy
Erntefaktor energy ratio
Erodierbarkeit erodibility
Eröffnungskontrolle opening control
Erörterungstermin date for discussion
Erosion erosion
Erosionskartierung erosion mapping
Erosivität erosivity
ERP-Luftreinhaltungsprogramm ERP clean air programme
Ersatzstoffe substitute substances
Ersatztriebe proventitious shoots; epicormic shoots
Erstbesiedler pioneer species
Erste Hilfe first aid
Erste Reinigungsstufe mechanical wastewater treatment
Ertragsniveau relative level of output; output level
Ertragspotential cropping capacity; yield capacity
Ertragssicherheit yield stability
Ertragssteigerung yield increase
Erucasäure erucic acid
Erzeugnisse products
Eschboden FAO: anthrosol
Essentielle Nahrungsbestandteile essential food ingredients
Essigsäure acetic acid
Ester ester
Esteröle ester oils
Etagenofen floor kiln
Ethanal ethanal; acetaldehyde
Etherische Öle essential oils
Ethologie ethology
Ethoökologie behavioral ecology
Ethylen ethylene
Eukaryoten eukaryotes
EU-Kommission EU Commission
Eulitoral eulittoral (zone)
EU-Ministerrat EU Ministerial Council
EU-Norm EU standard
EU-Organe EU institutions
euphotische Zone euphotic zone
Euratom-Grundnormen Euratom basic safety standards
Euro 2/3 Abgaswerte Euro 2/3 emission targets

Euronorm (EN)   European standard
Europäische Abgasnormen   European emission standards
Europäischer Abfall-Katalog (EAK)   European Waste Catalogue (EWC)
Europäischer Fahrzyklus   European driving cycle
Europäischer Gerichtshof (EuGH)   European Court (EuGH)
Europäischer Rat (ER)   European Council (ER)
Europäisches Parlament (EP)   European Parliament (EP)
Europäische Union   European Union
Europarat   European Council
Europa-Test   European emission test
Eurosuper   European premium fuel (gasoline)
Euryhalin   euryhaline
euryök   euryoecious
euryphag   euryphagous
eurytherm   eurythermous
eurytop   eurytopic
eutroph   eutrophic
Eutrophierung   eutrophication
Evakuierungspläne   evacuation plan
Evaporation   evaporation
Evapotranspiration   evapotranspiration
Evolution   evolution
EWG-Nummer   EEC number
Exkremente   excrements
Exogen allergische Alveolitis (EAA)   Exogenic Allergic Alveolitis
Exogene Atmung   exogeneous respiration
Exon   exon
exotherm   exothermal
Experimentierkanal   experimental beamhole; experimental loop
Explizites numerisches Lösungsverfahren   explicit numerical solution
explosionsgefährlich   explosive
Explosionsgefährliche Stoffe   explosive substances
Exponentialverteilung   exponential distribution
Exponentielles Wachstum   exponential growth
Exposition   exposition
Expositionsanalyse   exposure analysis
Expositionsdauer   exposure time
Expositionspfade   exposure route
Exposure   exposure
Expression   expression
exprimieren   to express
Ex-situ-Verfahren   ex-situ technologies
Exsudation   exudation
Extensive Größe   extensive state variable
Extensivierung in der Landwirtschaft   extensive agriculture
Externe Kosten   external costs
Externer Effekt   externality; external effect
Extinktion   extinction
Extinktionskoeffizient   extinction coefficient
Extrahierbare Organische Halogenverbindungen (EOX)   extractable organic halogen compounds (EOX)
Extraktion   extraction
Extraktionsmethoden   extraction methods
Extraktor   extractor
Extraterrestrische/terrestrische Strahlung   extraterrestrial/terrestrial radiation
Extruder   extruder
Extrusion   extrusion
Exzenterschneckenpumpe   mono-pump

Fabrikationsabwasser   industrial wastewater
Fachkunde   professional knowledge
Fachplanung   project planning
Fadenwürmer   nematodes
Fahrverhalten   driveability; driving performance
Fahrzeuglärm   vehicle noise
Fahrzeugsicherheit   vehicle safety
Fahrzyklus   driving cycle
Fäkalien   faeces
Fäkalschlammbehandlung   f(a)ecal sludge treatment
Fäkalschlämme   fecal matter
Fäkalstreptokokken   faecal streptococci
Fakultativ aerobe Bakterien   facultative aerobic bacteria
Fakultativ anaerobe Bakterien   facultative anaerobic bacteria
Fallgeschwindigkeit   velocity-of-fall; fall velocity
Fallout   fallout
Fallstudie   case study
Fällung   precipitation
Fällungsverfahren   coagulation process
Falsifizierung   falsification
Fangbecken   discharged storm-water tank
Fangmethoden   catching methods
Färberdistel   safflower; bastard saffron
Farne   ferns
Fasern   fibers
Fassung   water intake
Fassungsbereich   intake area
Faulbehälter   digester
Faulgas   biogas
Fäulnis   putrefaction
Faulschlamm   digested sludge; sapropel
Faulturm   digester
Faulung   digestion
Faulung, thermophile   termophilic digestion
Fauna   fauna
Federmehl   feathermeal
Fehler   error; failure
Feinddruck   predator pressure
Feingranulat   fine granule
Feinporen   fine pores
Feinstaub   dust
Feinwurzeln   fine roots
Feld   field
Feldgehölz   hedge trees
Feldgemüsebau   field vegetable farming
Feldgraswirtschaft   ley farming
Feldgröße   field variable
Feldhecke   hedgerow; hedge trees
Feldkapazität   field capacity; water capacity
Feldspat   feldspar
Femtoplankton   femtoplankton
Fensterreiniger   window-cleaning agents
Ferment   ferment; enzyme
Fermentation   fermentation
Fermenter   fermentor
Ferntransport   long distance transport
Fernwärme   municipal heat distribution
Fertigköder   bait ready for use
Fertilität   fertility
Festbettreaktor   fixed-film/bed reactor
Feste   support pillar
Festenbau   breast stoping; pillar working
Festgesteine   solid rocks
Festigungsgewebe   mechanical tissues
Festmist   solid manure
Festpunkt   fixed point

Feststoffabtrennung   separation of solids
Feststoffe   solid material
Feststoffe, absetzbare   suspendable solids
Fettabscheiderrückstände   grease trap residues
Fettalkoholsulfonate   fatty alcohol sulfonates
Fettes Gemisch   rich mixture
Fettfang   grease trap
Fettsäuren   fatty acids
Feuchtadiabate   wet adiabat; saturation adiabat
Feuchtbeize   solution for seed treatment
Feuchte   humidity
Feuchteorgel   humidity-gradient apparatus
Feuchtigkeit   humidity
Feuchttemperatur   wet-bulb temperature
Feuer als ökologischer Faktor   fire as ecological factor
Feuerbestattung   crematorium; cremation
Filmdosimeter   film dosemeter; film dosimeter
Filter   filter
Filterfunktion   filter function
Filtergeschwindigkeit   Darcy velocity
Filterkerzen   diffuser
Filterkuchen   filter cake
Filterstaub   fly ash
Filterwiderstand   head loss of a filter; well loss
Filterwirkung   filtering action; filtering effect
Filtration   filtration
Fingerhut   fox glove
Fischgiftigkeit   fish toxicity
Fischöle   fish oils
Fischsterben   fish mortality
Fischtest   fish test
Fitneß   fitness
Fixierung   fixation
Flächenbedarf   surface requirement
Flächenbelastung (B_A)   solids loading
Flächenbeschickung   surface-overflow rate
Flächenertrag   yield per unit (area)
Flächenhafte Verkehrsberuhigung   areal traffic control
Flachkollektoren   solar collector
Flachsandfang   detritor
Flagellata   Flagellata; flagellates
Flammenionisationsdetektor   flame ionization detector
Flammenphotometrie   flame photometry
Flammenspektroskopie   flame spectroscopy
Flammpunkt   flash point
Flammpunkt von Kraftstoffen   inflamation temperature of fuels; ignition temperature of fuels
Flammschutzmittel   flame retardants
Flaschentest, geschlossener   closed-bottle test
Flechtbinse   Scirpus lacustris; (common) club-rush; (great) bulrush
Flechten   lichens
Fleckentfernungsmittel   stain removers
Fleischhygienegesetz   meat-hygiene law
Fleischhygiene-Verordnung   meat-hygiene regulation
Fleisch-Verordnung   meat regulation
Fliege   fly
Fliehkraftabscheider   cyclone
Fließfähigkeit   flowability
Fließgewässer   running waters; streams
Fließgleichgewicht   flow equilibrium; steady state
Fließgleichung   flow equation
Fließversatz   gravity filling; controlled gravity stowing; slushing
Flockung   coagulation; flocculation

Flockungsfiltration   flocculation filtration
Flockungshilfsmittel   flocculants; flocculating agent
Flockungsmittel   coagulant
Flora   flora
Flotate   flotates
Flotation   flotation
Flottenverbrauch   fleet-fuel consumption
Flüchtigkeit   volatility
Flugasche   fly ash
Fluglärm   aircraft noise
Flugzeitanalysator   time-of-flight analyzer
Flugzeugabsturzsicherheit   aircraft impact safety; plane-crash safety
Fluktuation   fluctuation
Fluoranthen   fluoranthene
Fluorchlorkohlenwasserstoffe (FCKW)   chlorofluorocarbons (CFC)
Fluoren   fluorene
Fluoreszenz   fluorescence
Fluor (F)   fluorine (F)
Fluorwasserstoff   hydrogen fluoride
Flurbereinigung   reparcelling of land
Flußbegradigung   river straightening
Flußbelüftung   instream aeration
Flußdichte   flux density
Flüssigdünger   liquid fertilizer
Flüssiggas   liquid petroleum gas
Flüssigmist   slurry; liquid manure
Flüssigschlamm   liquid sludge
Flüssigszintillationszähler   liquid scintillation counter
Flüssigwasserstoff   liquid hydrogen
Flußkläranlage   river clarifying plant
Flußkrebse   crayfish
Flußperlmuschel   freshwater pearl mussel
Flußsäure   hydrofluoric acid
Fodente Bodenorganismen   crawling soil animals
fokussieren   to focus
Folgeäquivalentdosis   consecutive dose equivalent
folgeschadensicher   fail-safe
Folien   films; foils
Forellenregion   trout region
Formaldehyd   formaldehyde
formell-rechtlich   formal; standard legal practice
förmliches Genehmigungsverfahren   formal licensing procedure
Formulierhilfsmittel   formulation aid
Formulierung   formulation
Formulierungen, Mischbarkeit   formulation miscibility
Formulierungshilfsstoff   formulation aid
Formulierungsmittel   formulation aid
Formulierungsspezifikation   formulation specification
Formulierungstyp   formulation type
Forschungsbergwerk Asse   Asse research mine
Forschungsreaktor   research reactor
Forschungsschiffe   research ships
Forst   forest
Forstrecht   forest law
Forstschäden   forest damage
Forstwirtschaft   forest management forestry
Fortluft   ex-vent air
Fortpflanzung   reproduction
Fortschritt   advance
fossil   fossil
Fraktionierung   fractionation
Frankia   nodular-root bacterium
Fraßaktivität   feeding activity
Fraßbilder, Fensterfraß   feeding pattern

Fraßdruck   grazing pressure
Freie Energie   free energy
freier Zugang zu Umweltinformationen   free access to environmental information
Freifahrerproblem   free-rider problem
Freilanddeposition   field deposition
Freilandgemüsebau   field vegetable farming
Freiraumschutz   protection of not colonized territory from uncontrolled settlement
Freisetzung in die Umwelt   release into the environment
Freisetzungskategorien   release categories
Freizeitgestaltung   leisure organization time
Fremdberge   outside waste; imported dirt; excess (alien) filling
Fremdstoffe, Lebensmittel   impurities; food additives
Fremdwasser   infiltration water
Freundlich-Isotherme   Freundlich isotherm
Frischschlamm   raw sludge
Frischwasserkühlung   freshwater cooling
Front   front
Frontalwelle   frontal wave
Frontalzone   frontal zone
Frontalzyklone   frontal cyclone
Frontensymbole   frontal-contour symbols
Frost   frost
Frostböden   cryosols
Frosteindringtiefe   frost line
Frostpunkt   frost point
Frostresistenz   frost resistance
Frostschäden   frost damage; frost injury
Frostschutzmittel   antifreeze
Frostsprengung   frost cracks
Frosttag   frost day
Froude-Zahl   Froud's number
Fruchtart   crop (type)
Fruchtbarkeit   fertility
Früchte   fruits
Fruchtfolge   crop rotation
fruchtschädigend   teratogenic
Fruchtzucker   fruit sugar
Frühjahrszirkulation   spring overturn
Fuel Economy   fuel economy
Fugazität   fugacity
Fugazitätsmodelle   fugacity models
Füllhalterdosimeter   pen dosemeter; pen dosimeter
Füllkörperkolonne   packed column
Füllstoffe   fillers; extenders
Fulvinsäuren   fulvic acid
Fumarsäure   fumaric acid
Fungi   fungi
Fungizide   fungicides
Funkenkammer   spark chamber
Funktionelle Gruppe   functional group
Funktionsdiagnostik   function diagnosis; function diagnostics
Fusarium   fusarium
Fusion   fusion
Fusionsprotein   fusion protein
Fußbodenreinigungsmittel   floor-cleaning agents
Futteradditive   feed additives
Futterbaubetrieb   forage-growing farm
Futterleguminosen   fodder legumes
Futtermittel   fodder
Futtermittelgesetz (FMG)   fodder law
Futtermittel, mikrobiologischer Verderb   microbial fodder spoilage
Futtermittelverordnung   fodder regulation

Fütterungsantibiotika   fodder antibiotics
Fütterungsarzneimittel   medicated feed
Futterverwertung   feed utilization
Futterzusatzstoffe   feed additives
Fuzzy   fuzzy
F-Verteilung   F-distribution

Galläpfel   galls
Galvanikabwasser   plating shop waste
Gamet   gamete
Gammakamera   gamma camera
Gammaquant   gamma quantum
Gammastrahlung   gamma radiation; gamma rays
Ganzkörperdosis   body dose
Ganzkörperexposition   total body exposure
Ganzkörperzähler   body counter
Gapon-Gleichung   Gapon equation
Gärfutter   silage
Gärsaft   silage juice
Gartenkresse-Test   garden cress test
Gärung   fermentation
Gärungsalkohol   fermentation ethyl alcohol
Gasbehälter   gasholder
Gasdichte   gas density
Gasdiffusionsverfahren   gaseous-diffusion process
Gasdurchflußzähler   gas-flow counter
Gas   gas
Gaserzeugendes Produkt   gas-generating product
Gasmotor   gas engine
Gasohol   gasohol
Gaspendelung   gas recirculation
Gasrückführungssysteme   gas return system
Gasspürgeräte   gas detector
Gastropoda   gastropods
Gasturbine   gas turbine
Gasverstärkung   gas amplification
Gasverwertung   gas utilization
Gaswechsel   gas exchange
Gaszentrifugenverfahren   gas centrifuge process
Gattung   genus
Gauß-Verteilung   Gauß distribution
Gebietsabfluß   depth of runoff
Gebietsmodell   regional model
Gebietsniederschlag   depth of precipitation
Gebietsverdunstung   evapotranspiration over area
Gebirge   rock mass; strata
Gebirgsdurchlässigkeit   permeability of formation
Gebirgsmechanik   rock mechanics
Gebirgsschlag   rock burst
Gebrauchsanleitung   instructions for use manual
Gebundene Rückstände   bound residues; non-extractable residues
Geburtenrate   natality; birth rate
Geest   geest
Gefahr   danger
Gefährdete Tiere   endangered animals
Gefährdung   hazard
Gefährdungshaftung   hazard liability
Gefahrenabwehr   averting dangers
Gefahrenbezeichnung   danger designation
Gefahrenhinweise   danger warnings
Gefahr(en)klassen   danger classification
Gefahrensymbole   danger symbols
Gefahrerforschungseingriff   first examination to estimate possibly threatening dangers
Gefahrgut-Vorschriften   dangerous-goods regulation
gefährlich   dangerous; hazardous
Gefährliche Güter   dangerous/hazardous goods

Gefährliche Stoffe   dangerous/hazardous substances
Gefährliche Zubereitungen   dangerous/hazardous formulations
Gefährlichkeitsmerkmale   risk characteristics
Gefahrnummer   danger number
Gefahrstoffe   dangerous/hazardous substances
Gefahrstoffrecht   legislation on hazardous substances
Gefahrstoffverordnung   ordinance on dangerous/hazardous substances
Gefahrsymbole   danger board
Gefahrzettel   danger label
Gefrierender Regen   freezing rain
Gefrierkerne   ice nuclei
Gefügebildung   aggregate formation
Gefügestabilität   aggregate stability
Gefühlte Temperatur   wind-chill temperature
Gegenstromverbrennung   counterflow combustion
Geiger-Müller-Zähler   Geiger-Mueller counter
Geigerzähler   GM counter; Geiger counter
Geißeltierchen   flagellates
Geländeklima   topoclimate
Geländeklimakartierung   topoclimate mapping
Geländeklimatologie   topoclimatology
Gelatine   gelatine
Gelber Sack   Yellow bag
Gelbildner   gelatinizer; gelatinizing agent
Gelborange S   sunset yellow
Gelbstoffe   yellow matter
Geleitzelle   companion cell
Gelöste organische Stoffe   dissolved organic matter (DOC)
Gemeinlastprinzip   public-pays principle
Gemischanreicherung   fuel enrichment
Gemischaufbereitung   fuel preparation
Gemischbildung   air-fuel mixture formation
Gemüsebau   vegetable farming
Gen   gene
Genanalyse   gene analysis
Genauigkeit   accuracy
Gen-Austausch   gene exchange
Genbank   gene bank
Genbibliothek   gene library
Gendiagnose   gene diagnosis
Genehmigung   permit
Genehmigungsantrag   application for a licence; licence application
Genehmigungsbedürftige Anlage   facilities subject to licensing; licensing requiring facilities
Genehmigungsbehörde   licensing authority
Genehmigungsbescheid   licensing notification
Genehmigungspflicht   obligation to obtain a licence
Genehmigungsverfahren   licensing proceedings
Generationswechsel   alternation of generations
Generationszeit   generation time
Generator   generator
Generatorleistung   generator performance
Genetik   genetics
Genetische Beratung   genetic advice
Genetische Manipulation   genetic manipulation
Genetischer Code   genetic code
Genetische Variabilität   genetic variability
Genfamilie   gene family
Genfer Luftreinhaltekonvention   Geneva clean-air convention
Genfluß   gene flow; genetic flow
Genkartierung   gene mapping
Genklonierung   gene cloning; DNA cloning
Genom   genome

Genomanalyse   genome analysis
Genomgröße   genome size
Genotyp   genotype
Gen-Pool   gene pool
Genpotential   gene potential
Genprodukt   gene product
Gensonde   gene probe; DNA probe
Gentechnikrecht   genetic engineering law
Gentechnologie   genetic engineering
Gentherapie   gene therapy
Gentoxizität   gene toxicity
Gentransfer   gene transfer
Gen-Übertragung   gene transfer
Genußmittel   stimulants; luxuries; luxury food(staffs)
Genußmittelrecht   law of semi-luxury foods and tobacco
Genußwert   enjoyment value
Geoakkumulation   geoaccumulation
Geobotanik   geobotany; phytogeography
Geochemischer Hintergrund   geochemical background
geogen   geogenic
Geohydrologie   geohydrology
Geologische Barrieren   geological barriers
Geoökologie   geoecology
Geordnete Deponie   controlled dump; sanitary landfill
Geostatistik   geostatistics
Geostrophischer Wind   geostrophic wind
Geotaxis   geotaxis
Geotechnische Barrieren   geotechnical barriers
Geothermie   geothermal energy
Geothermische Tiefenstufe   geothermal gradient
Gerätesicherheitsgesetz   Appliance Safety Act
Geräuschkapselung   noise box
Geräuschmessung   noise measurement
Geräuschvorschriften   noise regulations
Geregelte Gemischbildung   controlled air-fuel mixture
Geregelter Katalysator   adjusted catalyst; regulated catalyst
Geregelter Vergaser (G-Kat)   controlled carburetor; regulated carburetor
Geruchsbekämpfung   odour removal
Geruchsbelästigung   odour nuisance; olfactory nuisance
Geruchsemissionen   odour emission
Geruchsintensive Stoffe   odour-intensive substances
Geruchsschwelle   threshold odour
Geruchszahl   odour quotient
Geruchverschluß   odour seal; odour trap
Gerüststoffe   supporting substances
Gesamtbelastung   total pollution
Gesamtkeimzahl   colony count
Gesamtplanung   master scheduling; master plan
Gesamtrückstände   total residues
Geschiebe   bed load; bed material
Geschlossene Lösung   closed (form) solution
Geschlossene Systeme   closed system
Geschmacksverstärker   flavour enhancer
Geschmackswandler   flavour modifier
Geschützte Tiere   protected animals; registered animals
Geschützte und gefährdete Pflanzen   protected and endangered plants
Geschwindigkeit   speed; velocity
Geschwindigkeitsbeschränkung   speed limitation; speed limit

Gesetze, Verordnungen, Richtlinien und Verwaltungsvorschriften   laws, decrees, guidelines and administrative regulations
Gesetzliche Bestimmungen   legal requirements
Gesetzlich limitierte Flüchtigkeit   official (fuel) volatility limits
Gesetzlich limitierte Schadstoffe   legally limited pollutants
Gestaltungswirkung   effect of organization
Gestattungswirkung   effect of permission
Gesteinsdurchlässigkeit   permeability of rock
Gesteinsmehle   rock flour
Gesundheit   health
Gesundheitsrecht   law of health
Gesundheitsrisiko   health risk
Gesundheitswesen   health service
Getreideeinheit   grain equivalent
Getreidefruchtfolge   grain crop rotation
Getrennte Stabilisierung   separate stabilisation
Getrenntsammlung von Abfällen   seperate collecting of wastes
Getriebe   gear
Getriebe-Management   gearbox management
Gewässer   water bodies; water; inshore waters
Gewässerbelastung   water pollution
Gewässerbenutzungen   use of inshore waters
Gewässerbett   river bed
Gewässererwärmung   water warming
Gewässereutrophierung   water eutrophication
Gewässergüte   water quality
Gewässergüteklassen   water quality classes
Gewässergütezustand   water quality status
Gewässerkunde   hydrology
Gewässerpflege   water maintenance
Gewässerrandstreifen   waterfront zone
Gewässerregulierung   water regulation
Gewässersanierung   water sanitation
Gewässerschutz   water protection
Gewässerschutzrecht   law of the protection of inshore waters
Gewässertypen   types of surface water
Gewässerüberwachung   water monitoring
Gewässerunterhaltung   maintenance of inshore waters
Gewässerverschmutzung, Gewässerbelastung   water pollution
Gewebe   tissue
Gewebekultur   tissue culture
Gewebe-Wichtungsfaktor   tissue weighting factor
Gewerbeabfall   industrial waste
Gewerbeabfallkataster   register for industrial waste
Gewerbeaufsicht   supervision of trade
Gewerbeaufsichtsämter   factory inspectorates
Gewerbemüll   industrial waste
Gewerbeordnung (GewO)   industrial (trade) laws
Gewerberecht   commercial law; industrial law; trade and industrial law
Geysir   geyser
Gezeitenkraftwerk   tidal-power plant
Gezeitenzone   tidal zone
Gibberelline   gibberellins
Gießereiabgase   foundry waste gases
Gift   poison
Giftgesetz   Poisons Act
giftig   poisonous; toxic
Giftmüll   toxic waste; hazardous waste
Giftpflanzen   poisonous plants
Giftpilze   poisonous fungi

Gips   gypsum
Gipsgestein   gypsum rocks
G-Kat-Plakette   exhaust gas emission plaquette; exhaust gas emission disc/sticker
Glasdosimeter   glass dosemeter; glass dosimeter
Glasfaser   fiberglass; glass fiber
Glasfaserverstärkte Kunststoffe (GFK)   fiberglass-reinforced plastics
Glashütten   glass works
Glazialrelikte   glacial relicts
Gleichgewicht   equilibrium
Gleichrichter   rectifier
Gleichstromverbrennung   parallel flow combustion
Gleitmittel   lubricants; slipping agents
Gley   gleysol; gley
Gliederfüßer   arthropods
Glimmer   mica
Globale Umweltprobleme   global environmental problems
Globalstrahlung   global (solar) radiation
Glockenkonzept („bubble policy")   bubble policy
Glove Box   glovebox
Glühstrumpf   incandescent mantle
Glühverlust   ignition loss
Glycyrrhizin   glycyrrhizine; glycyrrhinic acid
Gneis   gneiss
Goethit   goethite
Goldorfe   golden orfe
Golgi-Apparat   Golgi apparatus
Grabenaufschluß   box-cut method of opening up
Grabenerosion   rift erosion; gully erosion
Gradation   gradation
Gradient   gradient
Gradientwind   gradient wind
Gramfärbung   gram stain
gramnegativ   gram-negative
grampositiv   gram-positive
Grandlur   grandlure
Granit   granite
Granulat   granule
Granulosevirus   granulosis virus
Graskarpfen   grass carp
GRAS-Liste   GRAS list
Graupel   grain
Gravitationsfilter   gravitational filter
Gravitationspotential   gravitation potential
Grazing   grazing
Greenwich mean time   Greenwich mean time
Greiferrechen   automatic rake screen
Grenzflächenaktive Stoffe   surfactants
Grenznutzen   marginal benefit
Grenzschaden   marginal damage
Grenzschicht   boundary layer
Grenzvermeidungskosten   marginal abatement costs
Grenzwerte   limit value
Griesel   grains of ice
Grobblasige Belüftung   coarse bubble aeration
Grobporen   coarse pores
Großfeuerungsanlagen   large-scale firing plants; power plant firing system
Großfeuerungsanlagen-Verordnung   large-scale firing plants ordinance
Großforschungseinrichtungen   national laboratory
Größter anzunehmender Unfall (GAU)   maximum credible accident (MCA)
Großvieheinheit (GV)   large animal unit
Großwetterlage   large-scale weather pattern
Grubenbau   opening working; underground working

Grubenfeld (mining) claim
Grubengas mine gas
Grubenwasser mine (pit) water
Grünalgen green algae
Grunddüngung basic dressing
Grundlastkraftwerke baseload power plants
Grundluft ground air
Grundrecht auf Umweltschutz principle of environmental protection
Grundschicht boundary layer
Grundschleppnetzfischerei bottom trawling
Grundstücksentwässerung premises drainage
Gründüngung green manuring
Grundwasser groundwater
Grundwasserabfluß groundwater runoff
Grundwasserabsenkung groundwater recession
Grundwasserabstrom subsurface groundwater runoff
Grundwasseranreicherung artificial groundwater recharge
Grundwasserbeschaffenheit ground water quality
Grundwasserdargebot groundwater yield
Grundwassererwärmung heating of groundwater
Grundwasser, freies unconfined groundwater
Grundwasserganglinie groundwater hydrograph
Grundwasser, gespanntes confined groundwater
Grundwassergleiche groundwater contour
Grundwasserhemmer aquitard
Grundwasserleiter aquifer
Grundwassermeßstelle groundwater gauging station; groundwater-measuring station
Grundwassermodell groundwater model
Grundwasserneubildung groundwater recharge
Grundwassernichtleiter impermeable rocks
Grundwasserpegel ground water gauging station; groundwater gauge
Grundwasserraum groundwater reservoir
Grundwasserschutz groundwater protection
Grundwasserspiegel groundwater table
Grundwasserspiegelschwankungen fluctuations of groundwater table; groundwater table fluctuations
Grundwasserstand piezometric head; groundwater level
Grundwasserströmung groundwater flow
Grundwasserzustrom groundwater inflow
Grüne Revolution Green Revolution
Grüner Punkt system of the „green dot"
Grüne Tonne Green bin
Grünland grassland; meadowland
Grünlandnutzung grassland farming
Grünlandumbruch breaking up of grassland; grassland disintegration
Grünmasse green material
Grünsalz iron sulfate
Gruppenkläranlage central sewage treatment plant
GSF-Forschungszentrum für Umwelt und Gesundheit GSF National Research Center for Environment and Health
Guanin guanine
Guano guano
Guazatin guazatine; guazatine acetate
Gülle liquid manure; (manure) slurry
Gülleausbringung slurry distribution
Güllebank manure/slurry bank
Güllebehälter slurry store; slurry container
Güllebehandlung slurry treatment
Gülledüngung fertilization with slurry
Güllegaben slurry dosage

Gülle-Homogenisierung slurry; liquid manure; manure homogenization
Güllenährstoffe slurry nutrients
Gülleprobe slurry sample
Güllespeicher slurry storage
Gum-Bildung gum formation
Gummi rubber
Gummi arabicum gum arabic
Gute fachliche Praxis Good Agricultural Practice
Gute Laborpraxis (GLP) good laboratory practice
Güterstraßenverkehr freight road traffic
Gütestandard quality standard
Gymnospermen gymnosperms
Gyrobus gyrobus
Gyttja gyttja

Haarfärbemittel hair dyes
Haarmücken (Bibionidae) bibionids
Habitat habitat
Hackfrucht root crop
Häcksler straw cutter
Hafenschlick dregded sludge
Haftfestigkeit adhesive strength
Haftmittel adhesive
Haftung liability
Haftungskonvention liability convention
Haftungsregelungen regularization of reponsibility
Hagel hail
Halbleiterzähler semiconductor counter
Halbwertsdicke half-value layer
Halbwertszeit half-life
Halde heap; dump
Haldenbegrünung greening/planting of heaps/dumps
Halogenzähler halogen-counter tubes
Halokinese halokinesis
halophil halophilous
Halophyten halophytes
Hämatit hematite
Hämoglobin haemoglobin
Hämolyse haemolysis
Hämophilie haemophilia
Handelsdünger commercial fertilizer
Handelsname trade name
Handlung action
Handschuhkasten glovebox
Hanf hemp
Hangklima slope climate
Hangmoor moor on hill slope
Hangnebel slope fog
Hangzone, warme warmed slope zone
haploid haploid
Hapten hapten
Harkenrechen rake screen
Harm injury; harm; damage
Harn urine
Harnstoff urea
Härte des Wassers hardness of water; water hardness
Härtegrad degree of hardness
Hartigsches Netz Hartig net
Hartridge Hartridge method
Harze resins
Haschisch (Marihuana) hashish
Hauptsammler main collector
Hausanschlüsse house connection
Hausbrand domestic heating
Haushaltsabwasser domestic sewage
Haushaltschemikalien household chemicals
Haushaltsfeuerungen domestic heating appliances

Häusliche Abwässer domestic sewage
Hausmüll household waste
Hausmüllähnlicher Gewerbeabfall household-like commercial waste
Hausmüllanalyse household waste analysis
Hausmüllzusammensetzung household waste composition
Hausstaub domestic dust
Haustiere domestic animal; pets
Hautcarcinom skin carcinoma
Hautflügler hymenopterans
Hautkrebs skin cancer
Hautreizung skin irritation
Hautsensibilisierung skin sensibilization
HC-Messung HC measurement
HDPE (Niederdruckpolyethylen) HDPE (high-density polyethylene)
Hedonischer Preisansatz hedonic pricing
Hefe yeast
Heilpflanzen medical herbs
Heilquellenschutzgebiete protection zones for medical waters; mineral-spring nature reserve
Heimtiere pet
heiß hot = highly radioactive
Heißes Laboratorium hot-cell laboratory
Heiße Zelle hot cell
heißwasserlöslich soluble in hot water
Heizkraftwerk heating-power station
Heizöl heating oil
Heliostaten heliostat
Helix pomatia (Weinbergschnecke) Bourgogne snail
Helokrene helocrene
Hemicellulasen hemicellulases
Hemicellulose hemicellulose
Hemmhof inhibition zone
Hemmstoffe inhibitors
Hemmstoffkonzentration, minimale (MHK) minimum inhibitor concentration (MIC)
Hemmstofftest inhibition test
Henry-Gesetz Henry law
Henry-Koeffizient Henry coefficient
Henry-Konstante Henry constant
Henry-Verteilungssatz Henry partition coefficient
herbivor herbivorous
Herbizide herbicides
Herbizidresistenz herbicide resistance
Hersteller manufacturer
Herzglykoside cardiac glycoside
Herz-Kreislauf-Erkrankungen cardiovascular diseases
Heteroauxin heteroauxin
Heterocyclen heterocyclic compounds; heterocycles
Heterogener Reaktor heterogeneous reactor
Heterogene Systeme heterogeneous systems
Heterosis heterosis
Heterosom heterosome
Heterosphäre heterosphere
heterotroph heterothrophic
Heterotrophe Bakterien heterotrophic bacteria
Heterotrophie heterotrophy
heterozygot heterocygotic
Heterozygot heterocygote; heterozygote
Hexachlorbenzol (HCB) hexachlorobenzene
Hexachlorcyclohexan (HCH) hexachlorocyclohexane; lindane
Hibernation (Überwinterung) wintering; hibernation (overwintering)
Hilfsstoffe auxiliary substances

Hill-Reaktion Hill reaction
Himmelsstrahlung diffuse sky radiation
Hintergrundstrahlung background radiation
Hirschhornsalz sal volatile
Histon histone
HLB-Wert HLB value; hydrophilic lipophilic balance
Hoch anticyclone (high-pressure area)
Hochdruckbrücke high-pressure ridge
Hochdruckgebiet anticyclone (high-pressure area)
Hochdruckkeil high-pressure ridge
Hochdruckpolyethylen low-density polyethylene
Hochdruckrücken high pressure ridge
Hochdruckspülgeräte jet cleaning device
hochentzündlich highly combustible; highly inflammable
Hochmoor moor
Höchstmenge (MRL) maximum residue limit
Höchstmengen maximum quantities
Höchstmengenverordnung ordinance of maximum residue limit; maximum-residue limit ordinance
Hochtemperaturkollektoren high-temperature solar collector
Hochtemperaturreaktor high-temperature reactor
Hochtemperaturverkokung high-temperature pyrolysis
Hochwasser peak discharge; flood
Hochwasserschutz flood protection
Hodogramm hodograph
Höhenpotential hydraulic potential
Höhenstrahlung cosmic radiation
Höhenströmung upper-level winds
Höhentrog upper-level trough
Hohe-See-Einbringungsverordnung high sea discharge act
Hohlraumanteil porosity
Hohlraumverfüllung backfilling of voids
Hohl- und Parabolspiegel parabolic concave mirror
Holomixis holomixis
Holozän holocene
Holsystem pick-up-system
Holz wood
Holzschutzmittel wood protectants
Holzstaub wood dust
Holzstaub-Verordnung wood dust regulation
Homogener Reaktor homogeneous reactor
Homogene Systeme homogeneous systems
Homogenisierung von Abfällen wastes homogenization
homoiotherm homoiothermic
Homöopathie homoeopathy
Homosphäre homosphere
homozygot homocygotic
Horizontalsicht surface visibility
Horizont horizon
Hormoncocktail hormone cocktail
Hormone hormones
Hornblende Hornblende
Hornmehl horn meal
Hornmilben (Oribatida) horny mites (oribatids)
Hornmist horn manure
Hospitalismus hospitalism
Humanökologie human ecology
Humides Klima humid climate
Humifizierung humification
Humine humins
Huminsäurefraktionierung humic acid fractionation
Huminsäureisolierung humic acid isolation
Huminsäuren humic acids

Huminstoffalterung   aging of humic substances
Huminstoffe   humic substances
Humus   humus
Hundertfüßer   centipedes
Hüttenindustrie   metallurgical industry
Hüttenkalk   slag lime
Hybrid   hybrid
Hybridisierung   hybridization
Hybridmais   hybrid corn
Hybridom   hybridoma
Hybridzelle   hybrid solar cell
Hydraulic Fracturing   hydraulic fracturing
Hydrauliköl   hydraulic fluid
Hydraulische Fließgleichung   hydraulic flow equation
Hydraulisches Potential   hydraulic potential
Hydrid   hydride
Hydrobiologie   hydrobiology
Hydrodynamische Bewegungsgleichungen   hydrodynamic equation of motion
Hydrogeologie   hydrogeology
Hydrologie   hydrology
Hydrolyse   hydrolysis
Hydrolysierbarer Stickstoff   hydrolyzable nitrogen
Hydrometeor   hydrometeor
hydrophil   hydrophilic
hydrophob   hydrophobic
Hydrosphäre   hydrosphere
Hydrostatisches Gleichgewicht   hydrostatic equilibrium
Hydroxidschlamm   hydroxide sludge
Hygiene   hygiene
Hygienisierung   disinfection; sanitation
Hygrometer   hygrometer
hygrophil   hygrophilous; hygrophilic
Hygrophile Bodenorganismen   hygrophilous soil organisms
hygrophob   hygrophobic
Hymenoptera   hymenopters
Hyperonen   hyperon
Hyperparasit   hyperparasite
Hyperphos   hyperphosphate
Hypersensitivität   hypersensitivity
hypertonisch   hypertonic
hypertroph   hypertrophic
Hypertrophierung   hypertrophication
Hyphe   hypha
Hypolimnion   hypolimnion
Hyporheal, Hyporheon   hyporheic zone
Hyporheisches Interstitial   hyporheic interstitial
hypotonisch   hypotonic
Hysterese   hysteresis

ICAO-Standardatmosphäre   ICAO standard atmosphere
Identifikationsmerkmale   identification characteristics
Idiosynkrasie   idiosyncrasy
Imhoff-Trichter   „Imhoff"-cone
Immigration   immigration
Immission   immission
Immissionsbelastung   pollution
Immissionsdosis   immission dose
Immissionsgrenzwerte   immission limit values
Immissionskataster   pollution register
Immissionskenngrößen   pollution parameters
Immissionsmeßnetz   field of measuring for immission; immission-measuring field
Immissionsmessung   immission measuring

Immissionsminderung   pollutant input reduction
Immissionsprognose   immission forecasting
Immissionsrate   immission rate
Immissionsrichtwerte   pollution control standard
Immissionsschäden   immission damage
Immissionsschutzbericht   pollution-control report
Immissionsüberwachung   pollution monitoring
Immissionswerte   pollution values
Immobilisiertes Enzym   immobilized enzyme
Immobilisierung   immobilization
Immunglobuline (Ig)   immunoglobulins
Immunität   immunity
Immunoassay   immunoassay
Immunofluoreszenz   immunofluorescence
Immunologie   immunology
Immunsystem   immunosystem
Impfung   vaccination
Implantate   implants
Implizites Lösungsverfahren   implicit solution technique
Impulshöhenanalyse   pulse-height analysis
Inaktivierung   inactivation
Indanthrenblau   indanthrene blue
Indikatororganismen   indicator species
Indikatorpflanzen   indicator plants
Indirekteinleiter   indirect discharger
Indirekteinleitung   indirect discharge
Individualhygiene   individual hygiene
Industrie-Abwasser   industrial wastewater
Industriemelanismus   industrial melanism
Industriemüll   industrial waste
Industrieschneefall   industrial snowfall
Induzierte Radioaktivität   induced radioactivity
inert   inert
Inertgas   inert gas
Infauna   infauna
Infektion   infection
Infiltration   infiltration
Informationssysteme   information systems
Informelles Verwaltungshandeln   informal administrative action
Infrarotfenster   infrared window
Infrarotstrahlung   infrared radiation
Ingenieurbiologie   bio-engineering
Ingestion   ingestion
Inhalation   inhalation
Inhalationsgift   inhalation toxicant
Inhalationstoxikologie   inhalation toxicology
Inhalative Aufnahme   inhalative intake
inhärent sicher   inherently safe
Inherent biodegradability   inherent biodegradability
Inhibitor   inhibitor
Injektionsbrunnen   injection well
Inkorporation   incorporation
Inlandsbeseitigung   domestic disposal
Innenkippe   inside dump; internal spoil heap
Innenraum   indoor
Innenraumbelastung   indoor contamination; indoor pollution
Innenraumchemikalien   indoor chemicals
Innenraumgrenzwerte   maximum indoor value
Innere Uhr   biological clock
Innere Umwandlung   internal conversion
Input-Output-Analyse   I-O-A; input-output analysis
Insecta (Insekten)   insects
Insektenlockstoffe   insect attractants
Insektizide   insecticides

Inseln islands
Insertion insertion
In-site-Verfahren in-site process
In-situ-Verfahren in-situ method
In-situ-Verfestigung in-situ consolidation
Instandhaltung maintenance
Instationärer Motorbetrieb instationary engine operation
Integrierter Landbau, integrierte Pflanzenproduktion integrated agriculture; integrated plant production
Integrierter Pflanzenschutz integrated plant protection; integrated pest management (IPM)
Integrierte Umweltplanung integrated environmental planning
Intensität intensity
Intensität in der Landwirtschaft farming intensity
Intensitätsmaß intensity value
Intensive Größe intensive state variable
Intensivkultur intensive crop
Interaktionen zwischen Organismen interactions between organisms
Intermediärstoffwechsel intermediary metabolism
Internalisierung externer Effekte internalization of externalities; internalization of external effects
Internationale Organisation für Biologische Bekämpfung schädlicher Tiere und Pflanzen (IOBC) International Organization for Biological Control
Internationales Biologisches Programm International Biological Program
Internationales Pflanzenschutzübereinkommen International Plant Protection Convention; International Pesticide Agreement
Internationale Strahlenschutzkommission International Commission on Radiological Protection
Interspezifische Konkurrenz interspecific competition
Intersystem crossing intersystem crossing
Intervention intervention
Interventionsschwelle intervention limit
Interzellularen intercellular
Interzeption interception
Interzeptionsdeposition interception
Interzeptionswasser interception
Intoxikation intoxication
Intraspezifische Konkurrenz intraspecific competition
Intron intron
Inventar (Altstoffe) existing chemicals inventory
Inverkehrbringen marketing
Inversion inversion
Inversionsnebel inversion fog
Inversionswetterlage inversion situation/weather
Invertseife invert soap
Invertzucker invert sugar
In-vitro-Fertilisation in-vitro fertilization
Iod-131 iodine-131
Iodfilter iodine filter
Ion ion
Ionenaufnahme ion uptake
Ionenaustausch ion exchange
Ionenaustauscher ion exchanger
Ionenhaushalt ion states; ion balance
Ionisation ionization
Ionisationskammer ionization chamber
Ionisierende Strahlung ionizing radiation
Ionosphäre ionosphere
Irreversibel irreversible

Isentrope isentrope
isentropisch isentropic
Isobare isobaric
Isobare Fläche constant-pressure level; isobaric surface
Isodosenkurve isodose curve
Isodrin isodrine
Isoelektrischer Punkt isoelectrical point
Isoenzyme isoenzymes
Isohelien isohel
Isohyeten isohyet
Isohypsen isohypse; contour line
Isolation, ökologische ecological isolation
Isolierte Systeme isolated systems
Isolinien isoline; isopleth
Isomere isomer
Isopoda (Asseln) isopod (wood louse)
Isoptera (Termiten) termites
Isopyren isopyr
Isotachen isotach
Isothermen isotherm
Isotone isoton; isotonic
Isotonische Lösungen isoosmotic solution; isotonic solution
Isotope isotope
Isotopenanreicherung isotope enrichment
Isotopenaustausch isotope exchange
Isotopenhäufigkeit isotope abundance
Isotopenlaboratorium isotope laboratory
Isotopentrennung isotope separation
Isotopenverdünnungsanalyse isotope dilution analysis
Isotropie isotropism; isotropy
Isozyme isozymes
IVU-Richtlinie IVU guideline

Jahresaktivitätszufuhr, Grenzwert annual limit of intake; annual intake limit
Jahresrhythmus seasonal periodicity
Jahresring year ring
Japan-Test Japanese test procedure
Jauche slurry
JAZ-Werte annual intake values
Johannisbrotkernmehl carob meal
Jute jute
Juveniles Wasser juvenile water
Juvenilhormon juvenile hormone

Käfer beetles
Käfigwalze cage rotor
Kalidünger potash fertilizer
Kaliendlauge alkaline potassium effluent
Kalifeldspat orthoclase
Kalimagnesia potassium magnesia
Kalisalz potash
Kaliumfixierung potassium fixation
Kalium (K) potassium
Kaliummangel potassium deficiency
Kaliumpermanganatverbrauch potassium permanganate consumption
Kaliumsulfat potassium sulfate
Kalk lime
Kalkammonsalpeter nitro-chalk
Kalkbedarf lime requirement
Kalkbehandlung lime treatment
Kalkdünger lime fertilizer
Kalkgesteine limestone
Kalk-Kohlensäure-Gleichgewicht carbonate balance

Kalksalpeter nitrocalcite
Kalkspat calcite
Kalkstickstoff calcium cyanamide; lime nitrogen
Kalkulierbarkeit calculability
Kalkung liming
Kalkwerk lime plant
Kallus callus
Kalorie calorie
Kältehoch anticyclone with cold air
Kälteresistenz cold resistance
Kältestabilität cold stability
Kaltfront cold front
Kaltluftbildung cold-air production; cold-air accumulation
Kaltlufthaut cold-air skin; cold-air layer
Kaltstart cold start
Kambium cambium
Kammerfilterpresse filter press
Kampfstoffe warfare agents
Kanalbauwerke drainage structures
Kanalfernauge television system for sewers
Kanalisation sewerage system
Kanalisierung river canalization
kanzerogen cancerogenic
Kanzerogenese cancerogenesis
Kapazität, biologische biological capacity
Kapazitätsmaß capacity value
Kapazitätsmodelle capacity/storage models
Kapazität, spezifische specific capacity
Kapillarelektrophorese capillary electrophoresis
Kapillarer Aufstieg capillary rise
Kapillarpotential capillary potential
Kapillarsaum capillary fringe
Kapillarwasser capillary water
Kapselgranulat capsule granule
Kapselsuspension capsule suspension
Kapselung enclosure
Karamel caramel
Karbonatgesteine carbonate rocks
Karenzzeit waiting period
Karmin carmin
Karsee cirque lake
Karst karst
Karstgrundwasserleiter karstic aquifer
Karstwasser Karst water
Karyogamie karyogamy
Karzinogenese carcinogenesis
Karzinom carcinoma; cancer
Kaskade, biologische biological cascade
Kaskadenmodelle cascade models
katabolisch catabolic
Katabolische Stoffwechselwege catabolic metabolism pathways
Katabolismus catabolism
Katalase catalase
Katalysator catalyst
Katalysator-Diesel diesel with catalyst
Katalysatorschäden catalyst damage
Katalysatorträger catalyst support
Katalysatorvergiftung catalyst poisoning
Katalyse catalysis
Kataster (land) register
Katastrophenschutzpläne emergency plan
Kation cation
Kationenaustausch cation exchange
Kaulbarsch-Flunder-Region ruffe zone
Kausalität causality
Kautschuk rubber

Kaverne cavern
Kavernenlagerung disposal in caverns
Kegelpenetration cone penetration
Keil ridge
Keimaerosol microbial aerosol
Keime, pathogene pathogenic germs
Keimfreiheit sterility
Keimgehalt bacterial content
Keimschlauch germ tube
Keimverschleppung spreading of pathogens
Keimzahl bacterial count
Keimzahlbestimmung bacterial count determination
Keimzelle germ
K-Einfang K-capture
Kellerassel (Porcellio scaber) wood louse
Kellerentwässerung basement drainage
Kelthane dicofol
Kennbuchstaben code letters
Kennfeldsteuerung engine-map control
Kenngrößen parameters
Kennzeichnung marking; labeling
Kennzeichnungspflicht duty of marking/labeling
Keramische Motorteile ceramic engine parts
Keramischer Katalysator ceramic catalyst
Kern atomic nucleus; core
Kernanlage nuclear plant
Kernbrennstoff nuclear fuel
Kernbrennstoffkreislauf nuclear fuel cycle
Kernchemie nuclear chemistry
Kernenergie nuclear energy
Kernfusion nuclear fusion
Kernkraftwerk nuclear power plant
Kernladungszahl atomic number
Kernmaterial nuclear material
Kernmaterialüberwachung nuclear-material safeguards
Kernreaktor nuclear reactor
Kernreaktor-Fernüberwachungssystem remote monitoring of nuclear power plants
Kernschmelzen core melt
Kernspaltung nuclear fission
Kernspindel nuclear spindle
Kerntechnische Anlage plant for nuclear rechnology
Kernzähler nuclei counter
Kerosin kerosene
Kesselstäube boiler-room ash
Kessenerbürste „Kessener“-brush
Kettenräumer chain desludger
Kettenreaktion nuclear chain reaction
Keuper Keuper formation
Kieselalgen diatoms
Kieselgur kieselgur; silica; diatomite
Kieselsäuren silicic acids
Kinematische Zähigkeit kinematic viscosity
Kinetik kinetics
Kippe dump; tipple; tipping site; spoil bank
Klagebefugnis right of action
Kläranlage sewage treatment plant
Klareis glaze; clear ice
Klären clarification process
Klärgas digester gas
Klärgasverwertung digester gas utilization
Klärhilfsmittel aid for sewage treatment
Klärschlammentseuchung sludge sterilization
Klärschlammverordnung ordinance on sewage sludge
Klärschlammverwertung sludge utilization
Klärung clarification process
Klarwasserstadium clear-water phase

Klärwerk sewage treatment plant
Klassifikation classification
Kleber binder; sticker; adhesive
Klebstoffe adhesives
Kleineinleitungen discharge of little sewage
Kleinkläranlage small-scale sewage treatment plant
Kleinklima microclimate
Kletterrechen climbing screen
Klima climate
Klimaanlage air condition
Klimabeeinflussung, anthropogene climate modification by man
Klimadiagramm climatic diagram; climogram
Klimaelemente climatic elements
Klimafaktoren climatic factor
Klimaformel climatic formula
Klimaforschungsprogramm climate research program
Klimakarten climatic map
Klimaklassifikation climatic classification
Klimaschutzrecht climate protection law
Klimaschwankung climatic cycle
Klimasystem climatic system
Klimatabelle climatic table; climatogram
Klimatologie climatology
Klimax climax
Klimaxgesellschaft climax community
Klinikabfall hospital sector waste; medical waste
Klon clon
Klopfbremse knock restrictor
Klopfen knock
Klopffestigkeit knock resistance
Kluftgrundwasserleiter fractured aquifer; fissure aquifer
Kluftvolumen porosity in fissured rocks; fissure porosity
K-Meson kaon
Knochenmehl bone meal
Knochensucher bone seeker
Knöllchenbakterien nodule bacteria
Koagulation coagulation
Koaleszenz coalescence
Köcherfliegen caddis fly
Kochsalz common salt
Köderkonzentrat bait concentrate
Köderstreifen-Test bait-lamina-test; bait-strip-test
Kodifikation des Umweltrechts codification of environmental laws
Koevolution coevolution
Kofermentation cofermentation
Kohäsion cohesion
Kohäsive Enden cohesive end
Kohle coal
Kohlebehälter carbon canister; coal canister
Kohlekraftwerk coal power plant
Kohlendioxid carbon dioxide
Kohlenhydrate carbohydrates
Kohlenmonoxid carbon monoxide
Kohlenschwarz carbon black
Kohlenstoff carbon
Kohlenstoff-Kreislauf carbon cycle
Kohlenstoff-Stickstoffverhältnis (C/N-Verhältnis) carbon/nitrogen relation; carbon/nitrogen ratio
Kohlenwaschwässer coal washing water
Kohlenwasserstoffe hydrocarbons
Kohlenwasserstoffemissionen hydrocarbon emissions
Kohlenwasserstoff-Index (KW-IR) hydrocarbon index

Kohleveredlung enrichment; refinement of coal; coal refinement
Kohleverflüssigung hydrogenation of coal
Kohlevergasung gasification of coal
Koinzidenz coincidence
Koinzidenzschaltung coincidence circuit
Kokain cocaine
Kokerei coke plant
Kokille canister
Kokon cocoon
Kollektiv-Äquivalentdosis collective-dose equivalent
Kollektivgut social good; public good
Kollektor collector
Kollektorsystem collector system
Kolloide colloids
Kolluvium colluvium
Koloniezahl colony count
Kolonne column
Koma coma
Kombinationsabdichtungen combination sealing; composite seal
Kombinationsformulierung composite formulation
Kombinationswirkung combination effect
Kommensalismus commensalism
Kommission Reinhaltung der Luft (KRdL) im VDI und DIN Clean Air Commission (KRdL) in VDI (Association of German Engineers) and DIN (German Industrial Standards)
kommunale Abfallentsorgung municipal waste disposal
Kommunales Abwasser municipal wastewater
Kompaktanlage package plant
Kompaktlager compact store
Kompaktor compactor
Kompart(i)ment compartment
Kompartimentierung compartmentalization
Kompartimentmodelle compartment models
Kompensationsebene compensation layer
Kompensationsprinzip principle of compensation
Kompensationszone compensation zone
Kompetitionsansatz competition approach
Komplexbildner complexing agents
Komplexdünger complex fertilizer
Komplexe complexes
Kompost compost
Kompostbewohner compost living organisms; compost inhabitant
Kompostfilter compost filter
Kompostierung composting
Kompostierungsanlage composting plant
Kompostierungsverfahren composting techniques
Kompostpräparat compost starter
Komposttonne compost bin
Kompressionswärmepumpe compressive-heat pump
Kompressionszone compaction zone
Kondensation condensation
Kondensationsbecken pressure-suppression pool
Kondensationskern condensation nucleus
Kondenswasser condensation water
Konditionierung conditioning
Konditionierungsmittel conditioning agent
Konfiskate confiscated material
Konidie conidium
Konjugate conjugates
Konjugation conjugation
Konkordanz-Analyse concordance analysis
Konkretionen concretions
Konkurrenz competition

Konkurrenzmodell competition model
Konnex connection
Konnex, biozönotischer biocenotic connection
Konrad, Schachtanlage Konrad mine
Konsens consensus
Konsequenzenanalyse analysis of consequences
Konsequenzminderung risk reduction
Konservierung preservation; preservation; conservation
Konservierungsstoffe preservatives
Konsortium consortium
Konsument consumer
Konsumption consumption
Konsumption, biologische biological consumption
Konsumptionsterm consumption term
Kontaktherbizid contact herbicide
Kontaktstabilisation contact stabilization
Kontaminanten contaminants
Kontamination contamination
Kontaminationsprüfung contamination monitoring
Kontaminiertes Erdreich contaminated soil
Kontingenter Bewertungsansatz contingent valuation; contingent evaluation
Kontinuität continuity
Kontinuitätsgleichung continuity equation
Kontrollbereich controlled area
Kontrolle control
Kontrollierte Wirkstofffreisetzung controlled release of active ingredient
Kontrollkarte control chart
Konturpflügen contour-ploughing
Konvektion convection
Konvektionsverlust convection loss
konventionelle Antriebe conventional drive
Konvergenz convergence
Konversion conversion
Konversionselektron conversion electron
Konversionskoeffizient, innerer internal conversion coefficient
Konverterreaktor converter reactor
Konvertierung conversion
Konzentration concentration
Konzentrationsprofil concentration profile
Konzentrationswirkung concentration effect
Konzentrations-Wirkungs-Beziehung concentration-effect relationship
Kooperationsprinzip principle of cooperation
Kopplungskoeffizient coupling coefficient
Koprophagie coprophagy
Korallenriff coral reef
Kork cork
Kormophyten cormophytes
Körnerköder grain bait
Korngrößenverteilung particle-size distribution
Koronarinsuffizienz coronary insufficiency
Körperbelastung body burden
Körperdosis individual dose
Körperreinigung, Körperpflege personal hygiene
Korrelationsanalyse correlation analysis
Korrosion corrosion
Kosmetika cosmetics
Kosmische Strahlung cosmic radiation
Kosten-Nutzen-Analyse cost-benefit analysis
Kostenverordnung cost ordinance
Kostenwirksamkeitsanalyse (KWA) cost-effectiveness analysis
Kot feces
Kraftstoff-Additive fuel additives

Kraftstoffdampf-Rückhaltesystem fuel-vapor storage system
Kraftstoffe fuels
Kraftstoff-Flüchtigkeit fuel volatility
Kraftstoff-Luftverhältnis air-fuel-ratio
Kraftstofftank fuel tank
Kraftstoffverbrauch fuel consumption
Kraftstoffverunreinigung fuel soil; fuel impurity
Kraftstoffzerstäubung fuel disintegration
Kraftstoffzusätze fuel additives
Kraft-Wärme-Kopplung cogeneration
Kraftwerksleistung in Deuschland generation capacity in Germany
Krählwerk rabble rake
Krankenhausabfälle hospital sector waste; medical waste
Krankheitserreger pathogen
Krankheitsstatistik disease statistics
Krautige Pflanzen herbaceous plants
Krebs cancer
Krebsbekämpfung cancer aid
Krebse crustaceans
Krebserkrankungen cancer disease
krebserzeugend carcinogenic
Kreide cretacious formation
Kreiselbelüfter impeller aeration
Kreiskolbenmotor rotary engine
Kreislauf der Stoffe matter/material cycle
Kreislaufwasser vadose water; meteoric water
Kreislaufwirtschafts- und Abfallgesetz recycling and waste management act
Krematorium crematorium
krenobiont (-phil, -xen) crenobiotic
Kresoxim-methyl kresoxime-methyl
Kreuzresistenz cross resistance
Kriebelmücken blackflies
kristallin crystalline
Kristallisation crystallization
Kriterium criterion
Kritikalität criticality
Kritikalitätssicherheit criticality safety
Kritikalitätsstörfall criticality incident
kritisch critical
Kritische Größe critical dimension
Kritische Masse critical mass
Kritisches Experiment criticality experiment
Kronentransparenz crown transparency
Kronenverlichtung crown thinning
Krümelgefüge crumb structure
Krusten crusts
Kryal, Kryon cryal
Kryosphäre cryosphere
Kryoturbation cryoturbation
K-Selektion K-selection
K-Strahlung K-series radiation
K-Strategie K-strategy
Kugelhaufenreaktor pebble-bed reactor
Kugelspringschwänze (Sminthuridae) sminthurids
Kühlmittel coolant
Kühlschmierstoffe cooling lubricants; cutting oils
Kühlteich cooling pond
Kühlturm cooling tower
Kühlungsarten cooling systems
Kühlwasser cooling water
Kultur culture
Kulturlandschaft cultural landscape
Kulturmedium culture medium
Kumulation cumulation

Kunstdünger inorganic fertilizer
Kunstfasern artificial fibers; man-made fibers; synthetic fibers
Kunstharze synthetic resins
Kunsthorn casein plastics
Kunstleder artificial leather
Kunstseide artificial silk; rayon
Kunststoffabbau polymer degradation
Kunststoffadditive polymer additives
Kunststoffausdünstungen plastics perspiration (odour)
Kunststoffbestandteile polymer constituents
Kunststoffdichtungsbahn flexible-membrane liner (FML); sealing; geo-membrane; laminate; heat-sealed synthetic foil; plastic sheet
Kunststoffe polymers; plastics
Kunststoffe, faserverstärkte plastics, fiber-reinforced
Kunststoff-Füllelemente plastic packing
Kunststoffolien polymer films
Kunststoffrecycling polymer recycling
Kupfer (Cu) copper
Kupfersulfat copper sulfate
Kurbelgehäuseabgase crankcase emissions
Kurbelgehäuseentlüfung crankcase ventilation
Kurzflügelkäfer (Staphylinidae) staphylinid beetles
Kurztag short day
Kurzwellige Strahlung short-wave radiation
Kurzzeitausbreitung short-term dispersion
Kurzzeittest short term test
Küstennebel coastal fog
Kybernetik cybernetics

labil labile
Labilisierung labilization
Labilität der Atmosphäre labilization of the atmosphere; atmospheric lability (instability)
Laborkategorien laboratory categories
Lachgas laughing gas; dinitrogen oxide
Lachsfische salmonids
Lack paint
Lackschlamm paint mud
Lactatmethoden lactate extraction methods
Lagerstabilität storage stability
Lagerstätte deposit
Lagertank storing tank; storage tank
Lagerungsdichte bulk density
LAI (Länderausschuß für Immissionsschutz) Intergovernemental Commission for Immission Protection
Lakritze liquorice; licorice
Lambdafenster lambda window
Lambdasonde lambda probe
Lamellenabscheider lamella separator
Lamettasyndrom bei Fichte tinsel syndrom
laminar laminar
Laminare Grenzschicht laminar boundary layer
Laminare Strömung laminar flow
Landbau agriculture
Länderarbeitsgemeinschaft Abfall (LAGA) Intergovernmental Working Pool for Waste
Landessammelstelle State collecting facility
Landlungenschnecken land snails
Landschaft landscape
Landschaftselemente landscape elements
Landschaftsgliederung landscape organization
Landschaftshaushalt landscape energetics
Landschaftsökologie landscape ecology
Landschaftspflege landscape management

Landschaftspflegerecht landscape management law
Landschaftsplanung landscape planning
Landschaftsschutzgebiet landscape protection areas
Landsenkung land subsidence
Land- und Seewindzirkulation land- and sea-breeze circulation
Landverdunstung evapotranspiration over area
Landwirtschaft agriculture
Landwirtschaftliche Kulturen agricultural cultivation
Landwirtschaftliche Nutztiere farm animals
Lange Wellen long wave
Langmuir-Isotherme Langmuir isotherm
Langsamfilter slow sand filter
Langsamläufer low-speed wind-energy converter
Langsandfang grit channel
Langtag long day
Langwellige Strahlung long-wave radiation
Langzeitausbreitungsfaktor long-term dispersion factor
Langzeitauto long endurance car
Langzeitbelebung extended aeration
Langzeittest long-term test
Langzeitverhalten long endurance behaviour; long-term behaviour
Lärm noise
Lärmemission noise emission
Lärmschutzrecht law of protection from noise
Larven larvae
Larvizid larvicides
Lastbereiche load ranges
Lastkraftwagen truck
Latentwärmespeicher storage of latent heat; latent-heat storage
Latenzzeit latent period
Lateralabfluß lateral drainage
Latex latex
Laubbaum deciduous tree
Laubblatt leaf
Laubwurm (Regenwurm) earthworm
Laufkäfer (Carabidae) ground beetles
Laufwasserkraftwerk run-of-river hydroelectric power plant; hydroelectric power plant
Laugung leaching; lixiviation
Lavaschlacke lava slag
LAWA (Länderarbeitsgemeinschaft Wasser und Abwasser) Intergovernmental Working Pool for Water and Wastewater
LDPE (Hochdruckpolyethylen) LDPE (low-density polyethylene)
Leaching leaching
Lebendverbauung biogenic aggregate formation
Lebensdauer, mittlere mean life (span)
Lebensfähige Bakterien viable bacteria
Lebensformen life forms; guilds
Lebensgemeinschaft life community; community of organisms (biocenosis)
Lebensmittel food
Lebensmittelbestrahlung food irradiation
Lebensmittelfarben food colorants
Lebensmittelgesetz food law
Lebensmittelhygiene food hygiene
Lebensmittelkontamination foodstuff contamination
Lebensmittelrecht foodstuff act
Lebensmittelvergiftung food poisoning
Lebensmittelzusatzstoffe foodstuff additives; food additives
Lebensmittelzusatzstoffe food additives

Lebensqualität   quality of life
Lebensraum   biotope; habitat
Lee   lee; lee side
Leelage   leeside
Leerlauf   neutral gear
Legionellen   legionelle
Leguminosen   legumes
Lehm   loam
Leicht abbaubare Substanzen   readily degradable substances
leichtentzündlich   easily combustible; highly inflammable
Leichtlauföl   fuel economy oil
Leichtmetalle   light-weight metals; light metals
Leichtstaub   flue-dust; light dust
Leichtwasserreaktor   light-water reactor
Leistungsdichte   power density
Leistungsfaktor   power factor
Leistung, spezifische   specific power
Leistungsreaktor   power reactor
Leitbündel   vascular bundle
Leitfähigkeit   conductivity
Leitformen   key species
Leitgewebe   vascular tissue
Leitnuklid   tracer nuclide
Leitpflanzen   vascular plants
Leitsysteme   traffic-control systems
Leitungsverluste   transmission losses
Leitwert   guide value
Lemna-minor-Test   Lemna-minor-test; duckweed test
Lentizellen   lenticells
Lepidoptera (Schmetterlinge)   butterflies
Leseband   picking belt conveyer
Lessivierung   lessivation
Letale Dosis   lethal dose (LD)
Letalität   lethality
Leuchtbakterientest   luminescent bacteria test
Leuchtfarben   fluorescent colors
Leukämie   leukaemia
Level I-Fläche   level I plot
Level II-Fläche   level II plot
Libelle   dragon fly
Licht als ökologischer Faktor   light as ecological factor
Lichtreaktionen   light reactions
Lichtrückenreflex   dorsal light response
Lichtschutzmittel   UV-stabilizer
Ligninabbau   lignin degradation
Limitation   limitation
Limitierende Faktoren   limiting factors
Limitierte Abgaskomponenten   limited emission components
Limnokinetik   limnokinetics
Limnologie   limnology
Limonoide   limonoids
Lindan   lindane
Lindoxverfahren   „Lindox"-process
linear   linear
Linearbeschleuniger   linear accelerator
Lineare Freie Energie-Beziehung   linear free energy relationship
Linearer Energieübertrag   linear energy transfer
Linker   linker
Linke-Trübungsfaktor   Linke-turbidity factor
Lipid   lipid
Lipidmembran   lipid membrane
Lipidperoxidation   lipid peroxidation
Lipophile Stoffe   lipophilic substances

Lipophilie   lipophilia
Listung   notification
Lithobius (Chilopoda)   centipedes
lithogen   lithogenic
Lithosphäre   lithosphere
Lithothelmen   lithothelms
Lithotrophie   lithotrophy
Litoral   littoral
Litoralzone   littoral zone
Lockergesteine   unconsolidated rocks
Lockstoffe   attractants
Logarithmisches Windgesetz   logarithmic wind profile
Logistische Wachstumsfunktion   logistic growth function
Lokale Agenda 21   Local Agenda 21
Lokale Bilanz   local balance; local regime
Lokales Gleichgewicht   local equilibrium
Lokalisationsdiagnostik   localization diagnosis
Lokalklima   local climate
Löschkalk   slaked lime; hydralime
Löschmittel   extinguishing agent
Löslichkeit   solubility
Löß   loess
Lößlehm   loess loam
Lösung, antiseptische   antiseptic solution
Lösung, echte   true solution
Lösung, gesättigte   saturated solution
Lösungsenthalpie   enthalpie of dissolution
Lösungsmittel   solvent
Lösungsmitteldampf   solvent vapour
Lösungsmittelextraktion   liquid extraction
Lösungspotential   osmotic potential
Lösungsvermittler   solutizer
Lösungswärme   heat of dissolution
Lösung, übersättigte   supersaturated solution
Lotka-Volterra-Gleichung   Lotka-Volterra equation
Lückenindikation   minor crop use
Luftbeimengungen   air constituents
Luftbelastung   air load; air pollution
Luftdruck   (air) pressure
Luftdruckgradient   (air) pressure gradient
Luftdruckschreiber   barograph
Luftdrucktendenz   pressure tendency; barometric tendency
Lufteinblasung   air injection
Luftelektrizität   air electricity; atmospheric electricity
Luftfeuchtigkeit   humidity
Lufthygiene   air hygiene
Luftkeimbelastung   exposure to microbial aerosols; airborne microbes, exposure to
Luftkeime   aerogenic microorganisms; airborne microbes
Luftmangel   air shortage; oxygen deficiency
Luftmasse   air mass
Luftmengenmesser   air-quantity meter
Luftprobenahmetechnik   air sampling technique
Luftqualitätskriterien   air quality criteria
Luftreinhalteabgabe   clean-air tax
Luftreinhaltepläne   clean-air plans
Luftreinhalteprogramm   clean-air programme
Luftreinhaltung   air pollution control
Luftreinhaltungsrecht   clean air act
Luftschadstoffe   air pollutants
Luftstrahlsieb   air stream strainer
Lufttemperatur   air temperature
Luftüberschuß   excess air
Luftventil   air valve
Luftverhältnis   air ratio

Luftverschmutzung   air pollution
Luftverunreinigungen   air pollution
Luftwechsel   air exchange
Luftwiderstand   air drag
Luftzahl   (relative) air-fuel-ratio
Luftzusammensetzung   air composition
Lumbricidae   lumbricids
Lumbricus (Lumbricidae)   earthworms
Lumen   lumen
Lunare Periodik   lunar periodicity
Lungenfibrose   pulmonary fibrosis
Lungenkrebs   pulmonary carcinoma; lung cancer
Lungenödem   pulmonary edema
Lutein   lutein
Luv   luff
Luvlage   windward
Lux   lux
Lycopin   lycopene
Lymphozyten   lymphocytes
Lysimeter   lysimeter
Lysimeter-Anlagen   lysimeter station

Maar   maar lakes
Mächtigkeit   thickness
Maclurin   morin; Natural Yellow 8
Mageres Gemisch   lean mixture
Magermotor   lean engine
Magmatische Gesteine   magmatic rocks
Magmatite   magmatite
Magnesiummangel   magnesium deficiency
Magnetabscheider   magnetic separator
Magnetische Linse   magnetic lens
Magnox-Reaktor   magnox reactor
Makrofauna des Bodens   soil macrofauna
Makrogranulat   macrogranule
Makroklima   macroclimate
Makromoleküle   macromolecules
Makrophyten   macrophytes
MAK-Wert (maximale Arbeitsplatzkonzentration)   TLV (maximum workplace concentration)
Malabsorption   malabsorption
Malzamylasen   malt amylases
Mammutpumpe   mammoth pump
Mammutrotor   mammoth rotor
Management im Naturschutz   nature conservation management
Manganadditiv   manganese additive
Mangan (Mn)   manganese
Mangelstandorte   deficient sites
Mangrovenwälder   mangrove forests
Manipulator   manipulator
Mannit   mannitol
Manometrischer Respirometertest   manometric respirometer test
Marginalverteilung   marginal distribution
Markierung   labelling
Markierungsverfahren   tracing methods
Marktkonformität   market-based instruments
Marktversagen   market failure
Marmorierung   marble-like; marbling
Maßeinheiten   measuring units
Massenbilanz   mass balance
Massendefekt   mass defect
Massenfluß   mass flow
Massenkonzentration   mass concentration
Massenkraftabscheider   gravity-operated deduster; gravity-operated separator
Massenstrom   mass stream

Massentierhaltung   battery farming
Massenverhältnis   mass ratio
Massenzahl   mass number
Masthilfsmittel   fattening elements; fattening substances
Mastix   mastic
Materialbilanzen   material balances
Materialkreislauf   material cycle
Matrix   matrix
Matrixpotential   matrix potential
Maulwurfsgrille (Gryllotalpa gryllotalpa)   mole cricket
Maulwurf (Talpa europaea)   mole
Maximale Immissionskonzentration (MIK)   maximum imission concentration
Mechanisch-biologische Restabfallbehandlungsanlage (MBA bzw. MBRA)   mechanical biological residual waste treatment facility
Mechanische Abfallvorbehandlung   mechanical waste pre-treatment
Mechanische Abwasserbehandlung   mechanical wastewater treatment
Mechanische Klärstufe   mechanical treatment process
mechanistisch   mechanistic
Mecoprop   mecoprop
Medikamentenmißbrauch   drug abuse/misuse
Meer   sea; ocean
Meeresbergbau   ocean mining
Meereseinleitung   waste disposal into the sea
Meeresenergie   oceanic energy
Meeresfauna   marine animals
Meeresgebiete   oceanic areas
Meeresschutzkonventionen   conventions for the protection of marine pollution
Meeresschwinde   seawater sink
Meeresströmungen   ocean currents
Meeresverschmutzung   marine pollution
Meeresversenkung   waste disposal on the ocean floor
Meerwasser   seawater
Meerwasserentsalzung   sea water desalting; desalination of sea-water
Meerwasserintrusion   seawater intrusion
Megafauna des Bodens   soil megafauna
Mehltau, Echter   mildew
Mehrbereichsöl   multigrade oil
Mehrkammerbehälter   multi-compartment bin
Mehrkammercontainer   multi-compartment container
Mehrkammergrube   multi-compartment septic tank
Mehrnährstoffdünger   compound fertilizer
Mehrphasenfluß   multiphase flow
Mehrphasenkonzentrat zur Saatgutbehandlung   flowable concentrate; multiphase concentrate
Mehrschichtfilter   multi-layered filter; mixed media filter
Mehrventiltechnik   multivalve technique
Mehrwegflasche   returnable bottle
Mehrwegprodukte   returnable products
Mehrwegsystem   returnable system
Meiose   meiosis
Melaminharz (MF)   melamine resins; urea melamine formaldehyde
Membran   membrane
Membranfiltration (Ultrafiltration)   membrane filtration
Membranpermeabilität   membrane permeability
Membranzerstörung   membrane destruction
Mengenelemente   macro elements
Mepacrin   mepacrine; quinacrine

Mergelsteine marlstones
Meridionale Wetterlage meridional weather type
Meristem meristem
Meritorisches Gut merit good
Meromixis meromixis
Mesoderm mesoderm
Mesofauna des Bodens soil mesofauna
Mesoklima mesoclimate
Mesokosmen mesocosms
Meson mesons
Mesopause mesopause
Mesophile Faulung mesophilic digestion
Mesophyll mesophyll
Mesosaprobien mesosaprobic organisms
Mesosphäre mesosphere
mesotroph mesptrophic
Mesotrophes Wasser mesotrophic water
Meßabweichung deviation of measurement; measurement deviation
Meßfehler error of measurement; measurement error
Meßhäufigkeit measuring frequency
Meßhöhe measuring height
Meßinstitute measuring institutes
Meßobjekte measuring objects
Meßöffnung measuring hole; measurement aperture
Meßstationen measuring stations
Meßstellen measuring institutes
Meßunsicherheit uncertainty of measurement; measurement uncertainty
Meßverfahren für Abgas measurement procedure (exhaust gas)
Meßzeitraum measuring period
Metabolismus metabolism
Metabolit metabolite
Metallhütten metallurgical plants
Metallhydrid metal hydride
Metallkatalysator metal catalyst
Metallothionein metallothionein
Metallsalze metal salts
Metallverarbeitung metal processing
Metamitron metamitron
Metamorphe Gesteine metamorphic rocks
Metamorphite metamorphites
Metamorphose metamorphosis
Metastase metastasis
Meteorologie meteorology
Meteorologische Daten meteorological data
Meteorologische Gesellschaften meteorological society
Meteorologischer Dienst meteorological service
Meteorologisches Jahrbuch meteorological almanac
Methämoglobin methaemoglobin
Methämoglobinämie methaemoglobinaemie
Methan methane
Methanbakterien methanogenic bacteria
Methanerzeugung methane production
Methangärung methane fermentation
Methanol methanol
Methoxyquecksilberchlorid methoxy mercur chloride
Methylenblauprobe methylene blue test
Methylquecksilber methyl mercury
Michaelis-Menten-Gleichung M.-M. equation
Miete heap; pit
Migration migration
Mikroarthropoden microarthropods
Mikrobarometer microbarometer
Mikroben microbes
Mikrobielle Biomasse microbial biomass

Mikrobieller Abbau microbial degradation
Mikrobieller Befall microbial infection
Mikrobiozönose microbiocoenosis
Mikroemulsion microemulsion
Mikrofauna des Bodens soil microfauna
Mikrofilamente microfilaments
Mikrofiltration microfiltration
Mikroflora microflora
Mikrogranulat microgranule
Mikrohabitat microhabitat
Mikrokapsel microcapsule
Mikrokatalysator microcatalyst
Mikroklima microclimate
Mikrokosmen microcosms
Mikromorphologie des Bodens soil micromorphology
Mikroorganismen microorganisms
Mikrosieb microstrainer
Mikrotubuli microtubules
Mikroverkapselung micro-encapsulation
Mikrowellenhypothese microwave hypothesis
Milben mites
Milchsäure lactic acid
Milchsäureester lactic acid esters
30-Millirem-Konzept 30-millirem strategy
mindergiftig less poisonous
Mindestanforderung minimum requirement
Mindestareal minimal area; minimum area
Mindesttemperatur minimum temperature
Mindestvolumengehalt minimum volume concentration; minimum volume content
Mineraldünger mineral fertilizer
Mineralfasern mineral fibres
Mineralisation mineralization
Mineralisationspotential mineralization potential
Mineralisierung mineralization
Mineralöl (mineral) oil
Mineralstoffe mineral nutrients
Mineralwasser mineral water
Minicontainer minicontainer
Minimalbodenbearbeitung minimum tillage
Minimierung minimization
Minimierungsgebot rule of minimization
Minimumfaktor minimum factor
Minimumgesetz Liebig's law of the minimum
Mischbecken mixing basin
Mischfuttermittel mixed feeds
Mischgut mixed goods
Mischkraftstoffe mixed fuels
Mischpolymerisation heteropolymerisation; copolymerisation
Mischprobe composite sample
Mischsystem combined sewer system
Mischungsverhältnis mixing ratio
Mischungsweglänge mixing length; mixing distance
Mischverfahren combined sewer system
Mischwald mixed forest
Mischwasserbehandlung combined sewage treatment
Mistbank manure bank
Mistwurm (Eisenia fetida) brandling
Mitfällung coprecipitation
Mitochondrium mitochondria
Mitose mitosis
Mitteilungen reports
Mitteilungspflicht obligation to register/report
Mittelblasige Belüftung medium bubble aeration
Mitteleuropäische Sommerzeit Central European Summer Time

Mitteleuropäische Zeit Central European Time
Mittelstromverbrennung meanflow combustion
Mittlere quadratische Abweichung mean square deviation
Mobilisierung mobilization
Mobilisierung von Schwermetallen durch Mikroorganismen mobilization of heavy metals by microorganisms
Mobilität mobility
Modellierung modeling
Modellraum model room
Modellsimulation model simulation
Modellversuch model experiment
Moder mould
Moderator moderator
Mohnopumpe mohno pump
Mojave-Wüste Mojave desert
Molekularbewegung, Brown'sche Brown's molecular movement
Molekularbiologie molecular biology
Molekulare Genetik molecular genetics
Molekulargewicht molecular weight
Molkereiabwasser dairy wastes
Mollusken molluscs
Molluskizide molluscicides
Molybdän (Mo) molybdenum
Monalid monalide
Monitor monitor
Monitoring monitoring
Monitororganismen monitor organisms
Monod-Gleichung Monod equation
Monoklonaler Antikörper monoclonal antibody
Monokotyledonen monocotyledons
Monokotyle Pflanze monocotyledons
Monokultur single-crop farming; monoculture
Monomere monomers
Monomixis monomixis
Mononatriumglutamat glutamate
monophag monophagous
Monophagie monophagy
Monotonne mono-bin
montane Vergilbung mountainous yellowing; high altitude disease
Monte-Carlo-Simulation Monte Carlo simulation
Montmorillonit montmorillonite
Monuron monuron
Moor bog; moor
Moos moss
Moosmilben (Oribatida) moss mites (oribatids)
Morbidität morbidity
Morphin morphine
Morphogenese morphogenesis
Mortalität mortality
Moskito mosquito
Motorenfamilie engine family
Motorgeräusch engine noise
Motorkapselung engine box
Motormanagement engine management
Motoroctanzahl (MOZ) motor octane number
Motoröl engine oil
MR-Verfahren multi-recycling process
Mücke mosquito
Mudde peat deposits; silt deposits
Mulchen mulching
Mulchsaat mulch seed
Mull garden peat
Müll waste; refuse; rubbish; garbage
Müllabfuhr waste removal

Mülldeponie landfill; sanitary landfill; waste dump; waste disposal site
Mülldreieck waste triangle
Müllgebühr waste fee
Müllgroßbehälter (MGB) large-sized waste container
Müllheizwert waste heating value
Müll-Klärschlamm-Kompost mixed waste sludge compost
Müllkompost waste compost
Mull-Moder-Modell mull-moder model
Müllsäcke waste bags
Müllsickerwasser waste leachate
Müllsortierung waste sorting
Mülltonne waste can; waste bin
Müllumschlaganlage refuse transfer station
Mülluntersuchung waste investigation
Müllverbrennung waste incineration; trash burning
Müllverbrennungsanlagen waste incineration plant
Müllverdichtung landfill compaction; waste compaction
Müllvergasung waste gasification
Müllvolumen waste volume
Müllzusammensetzung waste composition
Multibarrierensystem multibarrier system
Multiple lineare Regression multiple linear regression
Multiplikationsfaktor multiplication factor
Multi-Service-Transportsystem (MSTS) multi-service-transportation-system
Muschelkalk Muschelkalk
Muschelvergiftungen shellfish poisoning
Mutagen mutagen
Mutagenese mutagenesis
Mutagenität mutagenity
Mutante mutant
Mutation mutation
Mutationsrate mutation rate
Mutterkorn ergot
Muttermilch mother's milk
Mycel mycel
mycetophag mycetophagous
Mycetophilidae (Pilzmücken) fungus gnats
Myclobutanil myclobutanil
Mycoherbizid mycoherbicide
Mykorrhiza mycorrhiza
Mykotoxine mycotoxins
Mykotoxinkontamination mycotoxin contamination
Myxobakterien myxobacteria

Nabenhöhe hub height
Nachauflauf post-emergence
Nachbarökosysteme adjacent ecosystem
Nachbarrecht neighbour rights
Nachbarschaftsschutz protection of neighbours
Nacheindicker post thickener
Nachfällung post precipitation
Nachhaltigkeit, nachhaltige Entwicklung sustainability, sustainable development
Nachhaltigkeitsgebot rule of sustainability
Nachklärbecken final clarifier
Nachmeldung subsequent registering
Nachrüstung retrofitting
Nachsortieranlage post-sorting facility
Nachteile disadvantages
Nachtfrost night frost
Nächtliche Ausstrahlung nocturnal (radiation) emission

nachträgliche Anordnung subsequent directive
Nachwachsende Rohstoffe renewable resources
Nachwärme afterheat
Nachweisgrenzen detection limits
Nachweisverfahren, abfallrechtliches declaration procedure for waste
Nachweltschutz protection of the posteriority
Nacktamöben naked amebas
Nacktschnecken (Gastropoda) slugs
Nadelanalyse needle analysis
Nadelbaum conifer (tree)
Nadelblatt needle
Nadelpenetration needle penetration
Nadelverlust needle loss
Nager rodent
Nährboden nutrient agar
Nährelemente nutrient elements
Nährhumus active humus
Nährlösung nutritive solution; nutrient solution
Nährmedium nutritive medium
Nährsalze nutrient salts
Nährstoffbedarf nutrient needs; nutrient demand
Nährstoffbilanz nutrient balance
Nährstoffdynamik nutrient dynamics
Nährstoffe, Meerwasser seawater (oceanic) nutrients
Nährstoffentzug nutrient withdrawal
Nährstoffgehalt nutrient content
Nährstoffkonzentration in der Bodenlösung nutrient concentration in soil solution
Nährstoffmangel nutrient deficiency
Nährstoffpotential im Boden nutrient potential in soil
Nährstoffverfügbarkeit nutrient availability
Nährstoffverluste loss of nutrients; nutrient loss
Nährstoffvorrat nutrient reserve
Nährstoffzufuhr nutrient supply
Nahrungskette food chain
Nahrungsnetz trophic food web
Nahrungspyramide trophic pyramid
Nährwert food value; nutritional value
Nahverkehr local traffic
Naphthalin naphthalene
Na-S-Batterie sodium/sulphur battery
Naßabscheider wet scrubber
Naßbleichung reductive bleaching
Naßdampf wet steam; saturated steam
Naßentstauber wet dust remover
Naßkern wet core
Naßkühlturm wet cooling tower
Naßoxidation wet oxidation
Natante Bodenorganismen swimming soil organisms
Nationalpark national park
Natrium (Na) sodium
Natronfeldspat plagioclase
Natronsalpeter sodium nitrate
Naturdenkmal natural monument
Naturgut(-güter) natural substance(s)
Naturhaushalt ecosystem
Natürliche Abfallprodukte native wastes; natural wastes
Natürliche Analoga natural analogues
Natürlichkeitsgrad range of naturalness; degree of naturalness
Naturpark nature reserve
Naturschutz nature conservation
Naturschutzgebiet nature conservation area
Naturschutzmaßnahmen nature conservation arrangement/measures

Naturschutz-Ökonomie conservation economics
Naturschutz- und Landschaftspflegerecht law of nature conservation and protection of landscape
Natururan naturally occuring uranium
Naturwald natural woodland
N-Dünger nitrogenous fertilizer; nitrogen fertilizer
Nebel fog
Nebelfänger passive fog sampler
Nebelkammer cloud chamber
Nebelklassifikationen fog classification
Nebeln fogging; mist spraying
Nebelsammler fog sampler
Nebelwasseranalyse fog-water analysis
Nebeneinrichtung by-equipment; supplementary equipment
Nebennierenrinde adrenal cortex
Nebensammler subsidiary sewer
Nebenwirkung side effect
Nekromasse dead organic matter
Nekrophag necrophagous
Nekrophagie necrophagy
Nekrose necrosis
Nemathelminthes (Schlauchwürmer) nemathelminths
Nematizid nematicide
Neophyten Neophytes
Neozoen Neozoa
Nernst-Verteilungssatz Nernst partition coefficient
Nervengase nerve gases
Nervengifte nerve poisons
Nettoprimärproduktion net productivity; apparent productivity
Nettoproduktion net production
Netzbeutel litter-bag
Netzflügler (Planipennia) Planipennia
Netzmittel wetting agent
Neuartige Waldschäden novel forest decline
Neuerrichtung new construction
Neue Stoffe new substances
Neurodermitis neurodermitis
Neurotoxine neurotoxins
Neurotransmitter neurotransmitter
Neutralisation neutralization
Neutronenaktivierungsanalyse neutron activation analysis
Neutronendichte neutron density
Neutronenflußdichte neutron flow density
Neutronensonde neutron probe
Nichtadiabatische Prozesse diabatic process; non-adiabatic process
Nicht-dispersiver Infrarot Detektor (NDIR) non-dispersive infrared detector
Nichteisenmetalle nonferrous metals
Nicht limitierte Abgaskomponenten non-limited emission components
Niederdruckpolyethylen (HDPE) high density polyethylene
Niedermoor low moor
Niederschlag precipitation
Niederschlagsdauer duration of precipitation
Niederschlagshöhe precipitation
Niederschlagsintensität precipitation intensity
Niedertemperaturanwendung low-temperature application
Nikotin nicotine
Nitratammonifikation nitrate ammonification
Nitrat-Assimilation nitrate assimilation
Nitrat-Atmung nitrate respiration

Nitratauswaschung   nitrate leaching
Nitrifikanten   nitrifying bacteria
Nitrifikation   nitrification
Nitrifikationshemmstoff   nitrification inhibitor
Nitrifizierende Bakterien   nitrifying bacteria; Nitrobacteriacea
Nitrilotriessigsäure (NTA)   nitrilotriacetic acid
Nitritbakterien   Nitrobacteriacea
Nitrite   nitrites
Nitritvergiftung   nitrites poisoning/intoxination
Nitroaniline   nitroanilines
Nitrobacter   nitrobacters
Nitrosamine   nitrosamines
Nitrose Gase   nitrogen oxides
Nitrosomonas   nitrosomonas
Noell-Konversionsverfahren   Noell conversion process
Nomogramm   nomogramme
Non-Methan-Organic-Gas (NMOG)   Non-Methane-Organic-Gas (NMOG)
Normalanforderungen für Abwässer   standard requirements for wastewater
Normaldruck   standard pressure
Normalperiode   international standard period (of normals)
Normalverteilung   normal distribution
Norm-Atmosphäre   standard atmosphere
normkonkretisierende Verwaltungsvorschrift   administrative regulation specifying standards
Notkühlung   emergency cooling
Noxe   noxious agent
NO_x-Messung NO_x measurement
Nucleinbase   nucleic base
Nucleinsäure   nucleic acid
Nucleosid   nucleoside
Nucleotid   nucleotide
Nukleon   nucleon
Nukleonenzahl   nucleon number
Nuklid   nuclide
Nuklidgenerator   nuclide generator
Nulleffekt   background counting rate
Nulleistungsreaktor   zero power reactor
Nullwachstum   zero growth
Nullwert   zero value
Numerische Lösung   numerical solution
Nutzbare Feldkapazität (nFK)   available field capacity; available water capacity
Nutzen   utility
Nutzenergie   useful energy
Nutzfahrzeuge   commercial vehicle
Nutzinhalt (V)   working capacity
Nutzpflanzen   crops
Nutzstrahlbündel   useful beam
Nutzungsgrad   utilization ratio
Nutzungskosten   user costs; utilization costs
Nutzungsszenarios   utilization scenarios
Nutzwertanalyse   benefit analysis
NV-Vertrag   Non-proliferation Treaty

Oberboden   topsoil
Oberflächenabfluß   surface drainage
Oberflächenbehandlungsanlagen   surface treatment facilities
Oberflächenbelüfter   surface aerator
Oberflächenspannung   surface tension
Oberflächentemperatur   surface temperature
Oberflächenwasser   surface water
Ocker   ochre; ocher

Octanol-Wasser-Verteilungskoeffizient   octanol/water partition coefficient
Octanzahl   octane number
Octolasion (Lumbricidae)   endogenic earthworms
Ödland   wasteland
OECD-Standard-Umweltmodell   OECD Unit World Model
Offene radioaktive Stoffe   unsealed radioactive sources
Offenes System   open system
Öffentlichkeitsbeteiligung   public participation
Offizialberatung   agricultural advisory service
Off-site-Verfahren   off-site technologies
Ohrwürmer   earwigs
Okklusion   occlusion; occluded front
Öko-Audit-Verordnung   environmental management and audit scheme
Ökoeffizienz   eco-efficiency
Ökoepidemiologie   eco-epidemiology
Ökoinstitut   environmental institute
Ökologie   ecology
Ökologie der Hecke   ecology of hedges
Ökologiezentren   environmental centers
ökologisch   ecological
Ökologische Abfallentsorgung   ecological waste disposal
Ökologische Ausgleichsräume   ecological compensation areas
Ökologische Belastungsanalyse   ecological stress analysis
Ökologische Chemie   environmental chemistry; ecological chemistry
Ökologische Indices   ecological indices
Ökologische Modelle   ecological models
Ökologische Nische   ecological niche
Ökologische Ökonomie   ecological economics
Ökologische Planung   ecological planning
Ökologische Potenz   ecological potency
Ökologische Rasse   ecological race
Ökologische Reserve   ecological reservoir
Ökologischer Landbau   organic agriculture
ökologische Schranke   ecological barrier
Ökologisches Gleichgewicht   ecological equilibrium
Ökologische Steuerreform   ecological tax reform
Ökologische Technik   ecological technology
Ökologische Toleranz   ecological tolerance
Ökologische Treffsicherheit   ecological effectiveness
Ökologische Valenz   ecological valency
Ökologische Zellen   ecological reservoir
Ökomorphose   ecomorphosis
Ökonomische Daten   economic data
Ökonomische Effizienz   economic efficiency
Ökosalvatologie   eco-salvatology
Ökosphäre   ecosphere
Ökosystem   ecosystem
Ökosystem, künstliches   artificial ecosystem
Ökosystem, naturnahes   natural ecosystem
Ökoton   ecotone
Ökotop   ecotope
Ökotoxikologie   ecotoxicology
Ökotyp   ecotype
Ökozentrischer Umweltschutz   ecocentric environmental protection
Ölabscheider   oil separator
Öldispergierbares Pulver   oil-dispersible powder
Öle   oils
Olfaktometrie   olfactometry

Oligomere oligomers
Oligomixis oligomixis; oligomictic
Oligosaprobien oligosaprobic organisms
oligotroph oligotrophic
Ölmischbare Lösung oil-miscible liquid
Ölmischbares Mehrphasenkonzentrat oil-miscible flowable concentrate
Ölpest oil spill
Ölpreiskrise oilprice crisis
Ölschlamm oil sludge
Onchocercose onchocercosis
Oniscus wood louse
On-site-Verfahren on-site technologies
Ontogenese ontogeny
Oomyceten oomycetes
operational operational
Opiate opiates
Opilionida (Weberknechte) harvestmen
Opium opium
Opportunitätskosten opportunity costs
Optimierungsgebot precept of optimal conditions
Optische Aufheller fluorescent whitening agents
Optische Dicke optical thickness
Optische Luftmasse optical air mass
orale Aufnahme oral intake
Ordnungsgemäße Landbewirtschaftung good agricultural practice
Ordnungsrecht police law
Ordnungswidrigkeit infringement
Ordnungszahl atomic number
Organdosis organ dose
Organellen organelles
Organische Dünger organic manuring/manure
Organische Peroxide organic peroxides
Organische Substanzen organic substances
Organismus organism
Organohalogenverbindungen, natürliche native halogenated organic compounds
organoleptisch organoleptic
Oribatida (Hornmilben) oribatids (horny mites)
Orientierung orientation
Orkan hurricane
Ornithologie ornithology
Orthogestein orthorocks
Orthoklas Orthoclase
Orthoklas orthoclase
Orthophosphorsäure orthophosphoric acid
Ortsentwässerung town drainage
Ortstein ortstein; hardpan
Ortszeit local time
Osmoregulation osmoregulation
Osmose osmosis
Osmotisches Potential osmotic potential
Osteichthyes (Knochenfische) bony fishes
Östradiol oestradiol
Östrogene oestrogens
Ottokraftstoff gasoline
Ottomotor gasoline engine
Oxidantien oxidants
Oxidase oxidase
Oxidation oxidation
Oxidationsgraben oxidation ditch
Ozeanographie oceanography
Ozon ozone
Ozonhypothese ozone hypothesis
Ozonolyse ozonolysis
Ozonung ozonization
Ozonwirkung ozone effect

Paarbildung pair production; pair formation
Pantoffeltierchen (Paramecium) slipper animalcule (Paramecium)
Pantothensäure pantothenic acid
Parabolidkollektor paraboloidal collector
Parabolspiegel parabolic mirror
Parabraunerde FAO: alisol, luvisol, etc.
Paradichlorbenzol paradichloro benzene
Paradigma paradigm
Paragesteine pararocks
Parallelplattenabscheider parallel-plate interceptor
Parameter parameter
Parameterfunktion parameter function
Parameteroptimierung parameter optimization
Parameterschätzung parameter estimation
Parapause parapause
Pararendzina FAO: leptosol, regosol, phaeozem
Parasiten parasites
Parasitismus parasitism
Parasitoide parasitoids
Parasitose parasitosis
Parenchym parenchyma
Pareto-Optimalität Pareto optimum
Pariser Übereinkommen Paris Convention
Partikel particulates
Partikelfilter particulate filters; particle filters
Passivrauchen passive smoking
Passivsammler passive sampler
Paste paste
Pasteurisierung pasteurization
pathogen pathogenic
Pathogendiagnose pathogen diagnosis
Pathogenität pathogenicity
Pathogenresistenz resistance to pathogens
Pathologie pathology
PCR (Polymerase-Kettenreaktion) PCR (polymerase chain reaction)
Pedobiologie pedobiology
Pedobiom pedobiome
Pedologie pedology; soil science
Pegel gauging station
Pektinasen pectinases
Pektine pectines
Pektinstoffe pectic substances; pectins
Pelagial pelagial
Pelagische Organismen pelagic organisms
Penetration penetration
Penetrometer penetrometer
Pepsin pepsin
Peptide peptides
percutan percutaneous
Peressigsäure per(oxy)acetic acid
Perforatormethode perforator method
Periode period
Periodensystem periodic system
Periodik periodicity
Periodizität periodicity
Periphyton periphyton
perkutan per cutanous
Permafrostböden permafrost soils
Permanenter Welkepunkt (PWP) permanent wilting point
Permeabilität permeability
Peroxidasen peroxidases
Peroxidbleiche peroxide bleach(ing)
Peroxide peroxides
Peroxidzahl (POZ) peroxide number
Peroxyessigsäure peroxyacetic acid

Persistenz persistence
Personendosis individual dose
Personenkraftwagen (Pkw)/Lastkraftwagen (Lkw) passenger cars/trucks
Personenstraßenverkehr passenger car traffic
Pestizid pesticide
Pestmanagement pest management
Petroleum petroleum
Pfahlwurzel tap root
Pfandsystem deposit system
Pflanze plant
Pflanzenanalyse plant analysis
Pflanzenart plant species
Pflanzenaufnahme plant uptake
Pflanzenbau, integrierter integrated plant cult
Pflanzenbestand plant population
Pflanzenentwicklung plant development
Pflanzenernährung plant nutrition
Pflanzenertrag plant yield
Pflanzenfresser herbivores
Pflanzengesellschaft plant association
Pflanzengifte plant poisons/toxins
Pflanzenhormone plant hormones
Pflanzenhygiene plant hygiene
Pflanzeninhaltsstoffe plant compounds
Pflanzenkläranlage emergency hydrophyte treatment system
Pflanzenkrankheiten plant diseases
Pflanzennährstoffgruppen plant nutrient groups
Pflanzen, niedere plant, lower
Pflanzenökologie plant ecology
Pflanzenöle als Kraftstoff vegetable oils as fuel
Pflanzenpathologie plant pathology
Pflanzenphysiologie plant physiology
Pflanzenproduktion plant production
Pflanzenschutz plant protection
Pflanzenschutz-Anwendungsverordnung pesticides application decree
Pflanzenschutzgesetzgebung pesticide legislation
Pflanzenschutzmittelverordnung pesticides decree
Pflanzenschutzmittelverzeichnis pesticide register
Pflanzenschutzrecht plants protection law
Pflanzensoziologie plant sociology
Pflanzenstäbchen plant rodlet
Pflanzenstärkungsmittel plant-strengthening agents; plant-health improvers
Pflanzenteile plant parts
Pflanzentoxizität plant toxicity; phytotoxicity
Pflanzentumore(n) plant tumors
Pflanzenvektoren plant vectors
Pflanzenverfügbare Rückstände plant available residues
Pflanzenverfügbarkeit availability to plants
Pflanzenvielfalt plant diversity
Pflanzenwuchsstoff plant growth factor
Pflanzenzüchtung plant breeding; plant cultivation
Pflanzliche Öle und Fette plant-derived oils and fats
Pflanzliche Reststoffe residues from plants
Pflanzliche Zellkulturen plant cell cultures
Pflugsohle plough layer
pF-Wert pF value
Phacelia California bluebell
Phage phage
Phagotrophie phagotrophy
Phänologie phenology
phänomenologisch phenomenologic(al)
Phänotyp phenotype
phänotypisch phenotypical

Pharmakodynamik pharmacodynamics
Pharmakognosie pharmacognosy
Pharmakokinetik pharmacokinetics
Phenole phenols
Phenolharze (PF) phenolic resins
Phenolindex phenol index
Phenoplaste phenolic resins
Phenoxyessigsäure phenoxyacetic acid
Phenylquecksilberacetat phenyl mercury acetate
Pheromon pheromone
Phloem phloem
Phloemtransport phloem transport
Phosphatabtrag phosphate depletion
Phosphatauswaschung phosphate leaching
Phosphatdünger phosphate fertilizer
Phosphat phosphate
Phosphateintrag phosphate influx
Phosphatelimination phosphate elimination
Phosphatersatzstoffe phosphate substitutes
Phosphatfällung phosphate precipitation
Phosphatfixierung phosphate fixation
Phosphatglasdosimeter phosphate glass dosemeter; phosphate glass dosimeter
Phosphatstripping phosphate stripping
Phosphor phosphorus
Phosphoreszenz phosphorescence
Phosphorsäureester phosphoric esters; organophosphates
Phosphorylierung phosphorylation
photoautotroph photoautotrophic
Photo-Effekt photo effect
Photoeklektor photoeclector
Photokathode photo cathode
Photometer photometer
Photomorphogenese photomorphogenesis
Photon photon
Photooxidantien photochemical oxidants
Photoperiodizität photoperiodicity
Photophosphorylierung photophosphorylation
Photorespiration photorespiration
Photorezeptor photoreceptor
Photosynthese photosynthesis
Phototaxis phototaxis
phototroph phototroph
Phototrophe Bakterien phototrophic bacteria
Photovoltaik photovoltaics
pH-Wert pH value
Phycomyceten phycomycetes
Phyllosphäre phyllosphere
Phylogenese phylogeny
Physikalisch-chemische Eigenschaften physical-chemical properties; physicochemical properties
Physikalische Kieme physical gill
Physikalische Verwitterung physical weathering
Physikalisch-technische Bundesanstalt Federal Institute for Metrology
Physiologische Gründigkeit physicological root(ing) depth
Physiologische Kochsalzlösung physiological saline; normal saline
Phytinsäure phytic acid; myo-inositol hexaphosphate
Phytohormon phytohormone
Phytohygiene phytohygiene
Phytomedizin phytomedicine
Phytonematoden phytophagous nematodes
Phytopathologie phytopathology
Phytophag phytophagous; multivorous

Phytophthora phytophthora
Phytoplankton phytoplankton
Phytotelmen phytotelmata
Phytotoxine phytotoxins
Phytotoxizität phytotoxicity
Phytotron-Anlage phytotron
Phytozönose phytocoenosis
Pigment pigment
Pigou-Steuer Pigou tax
Pilotballon pilot balloon
Pilot-Konditionierungsanlage pilot conditioning plant
Pilus pilus
Pilze fungi
Pilzgifte fungal toxins
Pilzhyphen fungal hyphae
Pilzkrankheiten fungal diseases
Pilzmantel fungal mantle
Pilzmücken (Mycetophilidae) fungus gnats
Pilztreiben floating masses of sewage fungi
Pinselfüßer (Polyxenidae) pselaphognaths
Plaggenesch FAO: anthrosol
Plagioklas plagioclase
Planerische Konfliktbewältigung coping with conflicts with planning means
Planetarische Zirkulation planetary circulation
Planfeststellung assessment of the plan
Planfeststellung plan approval
Planfeststellungsverfahren planning procedure
Plangenehmigung approval of a master plan
Plankton plankton
Planung planning
Planungsinstrumente planning instruments
Plasma plasma
Plasmamembran plasma membrane
Plasmaströmung plasma circulation
Plasmid plasmide
Plasmodesmen Plasmodesms; plasmodesmata
Plaste resins; plastics
Plastiden plastids
Plastik plastics
Plastron plastron
Plathelminthes (Plattwürmer) flatworms
Platin platinum
Plättchenköder plate bait; bait pellets
Plattenbelüfter plate aerator; plate diffuser
Plattenmodell plate model
Pleistozän pleistocene
Pleuston pleuston
Plutoniumbombe plutonium bomb; plutonium weapon
Plutonium (Pu) plutonium
p-Meson pion
Pneumonie pneumonia
Podsol podsol
Podsolierung podsolization
poikilotherm poikilothermal
Poisson-Verteilung Poisson partition
Pökelsalz pickling salt
polar polar
Polarfront polar front
Polarluft polar air
Polarographie polarography
Polderböden polder soils
Pollen pollen
Polyacrylamid-Gel polyacrylamide gel
Polyacrylate polyacrylates
Polyacrylharze polyacrylic resins

Polyaddition polyaddition
Polyaddukte polyadducts
Polybromierte Biphenyle (PBB) polybrominated biphenyls
Polybromierte Dibenzo-p-dioxine und Dibenzofurane (PBDD/F) polybrominated dibenzo-p-dioxins and dibenzofurans
Polybromierte Diphenylether (PBDE) polybrominated diphenyl ethers
polychlorierte Dibenzodioxine (PCDD) polychlorinated dibenzodioxins
polychlorierte Dibenzofurane (PCDF) polychlorinated dibenzofuranes
Polyelektrolyte polyelectrolytes
Polyester polyester
Polyesterfasern polyester fibers
Polyesterharze polyester resins
Polykondensate polycondensates
Polykondensation polycondensation
Polymerase polymerase
Polymerase-Kettenreaktion (PCR) polymerase chain reaction
Polymere polymers
Polymere in der Abwasserreinigung polymers for sewage treatment
Polymerisate polymers
Polymerisation polymerization
Polymixis polymixis
Polymorphismus polymorphism
Polynom-Regression polynomial regression
Polynucleotid polynucleotide
Polyolefine (PO) polyolefins
polyphag polyphagous; multivorous
Polyphagie polyphagy
polyploid polyploid
Polypropylen (PP) polypropylene
Polysaccharide polysaccharides
Polysaprobien polysaprobic organisms
Polysom polysome
Polystyrolharze polystyrene resins
Polystyrol (PS) polystyrene
Polyurethane (PUR) polyurethanes
Ponceau 6R Ponceau dye
Pool-Octanzahl pool octane number
Popularklage popular action
Population population
Populationsdichte population density
Populationsdynamik population dynamics
Populationsökologie population ecology; demecology
Populationsstruktur population structure
Populationswachstum population growth
Poren pores
Porengrundwasserleiter porous aquifer
Porenvolumen pore volume
Porenwasser-Geschwindigkeit pore water velocity
Porifera (Schwämme) sponges
Porosität porosity
Positronenstrahler positron emitter
Potential potential
Potential, osmotisches osmotic potential
Präklusion foreclosure
Prandtl-Schicht Prandtl layer
Präventives Verbot preventive prohibition
Präzision precision
Präzisionssaatgut precision sowing seed
Primärabbau primary degradation
Primärbesiedler pioneer organisms

Primärenergie primary energy
Primärenergieverbrauch primary energy consumption
Primärkonsumenten primary consumers
Primärkühlkreislauf primary cooling circuit
Primärkühlmittel primary coolant
Primärlößmelioration original loess melioration
Primärluft primary air
Primärproduktion primary production
Primärproduktivität primary productivity
Primärproduzenten primary producers
Primärschlamm primary sludge
Primär-Sequenz primary sequence
Primärzersetzer primary decomposers
Primatenversuch primate test
Primer primer
Prion prion
Prioritätenliste priority list
Private Kosten private costs
Privatisierung im Umweltschutz privatization of environmental protection
probabilistisch probabilistic
Probabilistische Analyse probabilistic analysis
Probenahme sampling
Probenahmezeit sampling time
Probenbeutel sample bag
Probiotika probiotics
Problemabfälle hazardous waste
Produktabgabe product contribution
Produktionsmenge production volume
Produktionsüberwachung production monitoring
Produzenten producers
Produzentenhaftung producer's liability
Profilanalyse, ökotoxikologische ecotoxicological profile analysis
Progesteron progesterone
Prognose prognosis
Prognosedienst service for prognosis; prognosis service
Prognosemodelle in der Landwirtschaft forecast model of the agriculture
Prokaryoten prokaryotes
Promotor promotor
Propellerpumpe vane-type pump
Prophage prophage
Proportionalzähler proportional counter
Proteasen proteases
Proteinbiosynthese protein biosynthesis
Proteine proteins
Protein-Sequenzierung protein sequencing
Proteom proteom
Proteus Proteus
Proton proton
Protonenproduktion proton production
Protonen-Pufferbereiche proton buffer regions
Protonenpumpe proton pump
Protonentransport proton transport
Protoplasma protoplasma
Protoplast protoplast
Protozoen protozoa
Protura proturans
Prozeßabwasser process water
Prozeßkontrolle process supervision
Prüfgase test gases
Prüfkammerverfahren test chamber method
Prüfkraftstoffe test fuels
Prüfsieb test sieve
Prüfung(en) inspections

Prüfverfahren test procedures
Prüfwert test(ing) value
Pseudogley pseudogley
Pseudokrupp pseudocroup
Pseudomonas pseudomonas
Pseudomonas-Zellvermehrungshemmtest Pseudomonas cell multiplication inhibition test
Pseudoscorpionida false scorpion
PSM-Resistenz pesticide resistance
Psychrometer psychrometer
psychrophil psychrophilic
Pterygota (geflügelte Insekten) pterygote insects
Puffer buffer
Pufferbereiche buffer ranges
Pufferkapazität buffering capacity; buffer capacity
Pufferkapazität des Bodens buffer capacity of soil
Pufferreaktion buffer reaction
Pufferungsvermögen buffering capacity
Pulskolonne pulse column
Pulsreaktor pulsed reactor
Pumpenkennlinie pump characteristics
Pumpensumpf pumping pit
Pumpspeicheranlage pumped-storage plant
Pumpversuch pumping test
Pumpwerke pumping stations
Punktmutation point mutation
Purine purines
Putzmittel cleaning agents
Pyranometer pyranometer
Pyrethroide pyrethroids
Pyrgeometer pyrgeometer
Pyrheliometer pyheliometer
Pyridate pyridates
Pyrodetektor pyro detector
Pyrolyse pyrolysis
Pyrophosphorsäure pyrophosphoric acid
Pyrradiometer pyrradiometer
Pyrviniumchlorid pyrvinium chloride

Q-I-Relation Q-I relation
Qualitätsfaktor quality factor
Qualitätsmanagement quality management
Qualitätsprüfung quality inspection
Qualitätsregelkarte control chart
Qualitätssicherung quality factor
Quantität quantity
Quantitäts-Intensitäts-Relation quantity-intensity relationship
Quarantäne quarantine
Quartär quaternary
Quarz quartz
Quarzit quartzite
Quasi-Fließgleichgewicht quasi-flow equilibrium
Quasi-Gleichgewicht quasi equilibrium
Quasistationärer Zustand quasi-stationary state
Quats quaternary ammonium compounds
Quecksilber (Hg) mercury (Hg)
Quelle spring
Quelle, episodische episodic spring
Quelle, intermittierende intermittant spring
Quellen, mathematisch sources, mathematically
Quelle, submarine submarine spring
Quellfassung tapping of a spring
Quellhorizont spring horizon
Quellkalk (Tuff) tufa
Quellschüttung spring discharge; spring capacity
Quellterm source term
Quellung swelling

Rädertierchen rotifers
Radikale, freie free radicals
Radioaktive Abwässer radioactive wastewater
Radioaktive Baustoffe radioactive building materials
Radioaktive Emissionen radioactive emissions
Radioaktive industrielle Erzeugnisse radioactive industrial products
Radioaktive Isotope radioactive isotopes
Radioaktive Markierung radioactive tracing; radioactive labeling
Radioaktiver Abfall radioactive waste
Radioaktive Stoffe radioactive material
Radioaktive Strahlung radioactive radiation
Radioaktive Substanzen radioactive substances
Radioaktivität radioactivity
Radioaktivität in der Umwelt, künstliche artificial radioactivity in the environment; artificial environmental radioactivity
Radioaktivität in Nahrungsmitteln radioactivity in food
Radioaktivitätsabgabe emission of radioactivity; radioactive emission
Radioaktivitätshypothese radioactivity hypothesis
Radioaktivitätsmessung monitoring of radioactivity
Radiochemie radiochemistry
Radioelement radioelement
Radiographie radiography
Radioisotopengenerator radioisotope generator
Radiokohlenstoff radiocarbon
Radiolyse radiolysis
Radiolyse im Salzgestein salt rock radiolysis
Radionuklid radionuclide
Radionuklidlabor radionuclide laboratory
Radionuklidmigration radionuclide migration
Radionuklidrückhaltung radionuclide retention
Radionuklidsorption sorption of radionuclides
Radioökologie radioecology
Radiopharmakon radioactive labeled drugs
Radiophotolumineszenz radiophotoluminescence
Radiosonde radiosonde
Radiotoxizität radiotoxicity
Radius, hydraulischer (R) hydraulic mean radius
Raffination refining
Raffinerie refinery
Rahmen-Abasserverwaltungsvorschrift general effluent standard
Randbedingungen boundary conditions
Randeffekt edge effect
Randstreifenprogramm border strip program; shoulder program
Randtief secondary low
Ranker FAO: leptosol
Rapsöl als Kraftstoff rape oil as fuel
Rapsölmethylester (RME) rapeseed-oil methyl ester
Rapsölmotor rape-oil engine
Raseneisenstein hard iron-rich concretions
Rasenmäher lawn mowers
Rasmussen-Bericht Rasmussen report
Rat von Sachverständigen für Umweltfragen Expert Council on Environmental Issues
Raubarthropoden predatory arthropods
Räuber predator
Räuber-Beute-System predator-prey system
Raubmilben predatory mites
Rauch smoke
Räucherdose smoke tin; smoke box
Räucherkerze smoke candle
Räuchermittel smoke generator fumigant

Räucherpatrone smoke cartridge
Räucherstäbchen smoke rodlet; smoke sticks
Räuchertablette smoke tablet
Räucherwürfel smoke pellet
Rauchgas flue gas
Rauchgasentschwefelung flue gas desulphurization (FGD)
Rauchschaden smoke damage
Rauheis rime ice
Rauhfrost hard rime
Rauhigkeitslänge roughness length
Rauhigkeitsparameter roughness parameter
Rauhreif rime
Raumbeladung indoor load
Raumbelastung space loading
Räumer scraper
Räumerbrücke scraper bridge
Raumfiltration volume filtration
Raumgeschwindigkeit space speed
Raumklima indoor climate
Raumkonkurrenz spatial competition
Räumliches Auflösungsvermögen spatial resolution power
Raumluftmessung indoor-air analysis
Raummaßstab spatial scale
Raumordnung area planning
Raumordnungsrecht Regional Planning Act
Raumordnungsverfahren area planning procedure
Raumplanung area planning
Raumschiff-Ökonomie spaceship economics
Raumwiderstand impediment to movement; spatial resistance
Rayleigh-Zahl Rayleigh number
Reaktion reaction
Reaktionsbecken reaction tank
Reaktionsbreite tolerance range; ecological plasticity
Reaktionsdynamik reaction dynamics
Reaktionsgleichung reaction equation
Reaktionskette reaction chain
Reaktionskinetik reaction kinetics
Reaktionskoeffizient reaction coefficient
Reaktive Spurengase reactive trace gases
Reaktivität reactivity
Reaktor reactor
Reaktordruckbehälter reactor pressure vessel
Reaktordruckgefäß reactor pressure vessel
Reaktorgift reactor poison
Reaktorperiode reactor period
Reaktor-Risikostudie Reactor-Safety-Study
Reaktorschutzsystem reactor protection system
Reaktorsicherheitskommission (RSK) Reactor Safety Commission
Reaktortypen reactor lines
Rechen screen
Rechengut screenings
Recht law
Rechte, alte historical rights
Rechteckbecken rectangular tank
Rechte der Natur rights of nature
Rechtsbegriff legal term
Recht(s)drehen veering
Rechtsschutz legal remedy
Rechtsverordnung legal ordinance; decree; law
Rechtsvorschrift legal regulation
Recycling recycling
Recyclinghof recycling station
Recyclingquote recycling quota
Redoxpotential redox potential

Redoxreaktion   redox reaction
Reduktionskatalysator   reduction catalyst
Redundanz   redundancy
Reduzent   reducer
Reemulgierbarkeit   re-emulsifiability
Referenzkraftstoffe   reference fuels
Referenzschwelle   reference threshold
Reflektor   reflector
Reflexions-/Transmissionsgrad   reflectivity; transmissivity
Refraktometrie   refractometry
Regelkreis   feedback control system
Regelstab   control rod
Regen   rain
Regenauslaß   storm-water outfall structure
Regenbecken   storm-water tank
Regenbogen   rainbow
Regeneration   regeneration
Regenerative Energien   renewable energy
Regeninhaltsstoffe   rainwater trace substances
Regenklärbecken   storm-water sedimentation tank
Regenrückhaltebecken   storm-water retention tank
Regenüberlaufbecken   storm-water overflow tank
Regenüberlauf   storm-water overflow
Regenwasser   storm water; rain water
Regenwurm   lumbricid; earthworm
Regenwurmbesatz   lumbricids density; earthworm density
Regenwurmgänge   earthworm pores/holes
Regionale Klimatologie   regional climatology
Regionalklima   regional climate
Regosol   FAO: regosol, arenosol
Regressionsananlyse   regression analysis
Regulation   regulation; feedback mechanism
Reibung   friction
Reibungskraft   friction force
Reibungsschicht   friction layer
Reichsbodenschätzung   German soil fertility evaluation
Reif   rime
Reifen   tyres
Reifenabrieb   tyre abrasion
Reifengeräusch   tyre noise
Reifglätte   slippery frost
Reinhalteordnung   cleanness statute
Reinigungsgrad   cleaning capacity
Reinigungsmittel   cleaning materials
Reinigungsstufen   purification stages
Reinigungs- und Pflegemittel   cleansing agents
Reinigung von Wäsche und Kleidung   clothes washing and cleaning
Reinluftbedingungen   clean-air conditions
Reinluftgebiete   area of pure air; clean-air areas
Reinwasser   clear water
Reisekostenansatz   travel-cost approach
reizend   irritating
Reizgase   irritating gases
Rekultivierung   recultivation; reclamation; surface reinstatement
Rekultivierungs- und Sanierungspflicht   recultivation and redevelopment duty
Rekultivierung von Deponien   landfill recultivation
Relative biologische Wirksamkeit   relative biological effectiveness
Relative Dichte (D$_{20}$)   relative density
Relative Sonnenscheindauer   relative sunshine duration
Renaturierung   renaturation

Renaturierung Fließgewässer   river restoration
Rendzina   rendzina
Reparaturmechanismus   repair mechanism
Repellent   repellent
Repräsentanz   representativity
Repressives Verbot   repressive prohibition
Reproduktionstoxizität   reproduction toxicity
Researchoctanzahl (ROZ)   research octane number
Resistenz   resistance
Resistenzbildung   resistance development
Resistenzzüchtung   resistance breeding
Resorcin (1,3-Dihydroxybenzol, 1,3-Benzdiol)   resorcinol (1,3-dihydroxybenzene)
Resorption   absorption; resorption
Respiration   respiration
Respirationshemmtest   respiration inhibition test
Ressourcen   resources
Ressourcenökonomik   resource economics
Ressourcenökonomischer Umweltschutz   resource economical environmental protection
Ressourcenpolitik   natural resources policy
Restabfall   residual waste
Restabfalltonne   residual waste bin
Restanhaftung   contamination
Restchlor   residual chlorine
Restmonomere   residual monomers
Restmüll   residual waste
Restmüllbeseitigung   residual waste disposal
Restmüllrotte   residual waste composting
Restmülltonne   residual waste barrel
Restpopulationen   remaining population
Restrisiko   residual risk; remaining risk
Restsättigung   residual saturation
Reststoff   residual material
Restverschmutzung   residual pollution
Restwasser   inherent moisture; final water content; residual water
Retardpräparate   retarder; controlled release drug formulations
Retention   retention
Retentionszeit   retention time
Reversibel   reversible
Reversosmose   reverse osmosis
Reynolds'sche Zahl   Reynolds number
Rezeptor   receptor
Rheotaxis   rheotaxis
Rhizobium   Rhizobium
Rhizosphäre   rhizosphere
Rhizosphäreneffekt   rhizosphere effect
Rhythmik   rhythmics
Ribosom   ribosome
Ribosom-Bindungsstelle (Shine-Dalgarno)   ribosome binding site
Ribozym   ribocym
Richtigkeit   trueness; accuracy
Richtlinie   guideline
Richtwerte   guide value
Riechstoffe   odourants
Rieselfelder   sewage farm; sewage fields
Riesenkerne   giant nuclei; coarse particles
Rigolen   deep ploughing
Ringelmann-Skala   Ringelmann scale
Ringelwürmer   annelids; ringed worms
Ringspalt   annulus
Ringtonne   round garbage can
Ringversuch   interlaboratory test
Risikoakzeptanz   risk acceptance
Risikoanalyse   risk analysis

Risikofaktoren risk factors
Risiko/Nutzen-Analyse risk-benefit analysis
Risiko (risk) risk
Risikostudie risk analysis
Risikovorsorge risk provision
Rißwerk cracking; fissuring; crack; break; cleft; cleavage
Robbensterben seal epidemic; seal epizootic
Rodentizide rodenticide
Rohemission raw emissions
Rohhumus raw humus
Röhrichtgürtel reed belt
Rohrleitungsbaurecht construction law for supply pipes
Rohschlamm raw sludge
Rohstoffe raw materials
Rohwasser raw sewage
Rollwiderstand resistance of rolling friction; rolling resistance
Röntgen roentgen
Röntgenaufnahmen X-ray
Röntgenbehandlung X-ray treatment
Röntgendiagnostik X-ray diagnostics
Röntgendiffraktometrie X-ray diffraction
Röntgendurchleuchtungen fluoroscopy
Röntgenstrahlung X-rays
Röntgenverordnung X-ray Protection Ordinance
Rossby-Zirkulation Rossby circulation; Rossby regime
Rost grate
Rostflecken rusty concretions; iron oxide concretions
Rostluft grate air
Rostpilz rust fungus
Roststürze grate steps
Rotationskolbenmotor rotary engine
Rotatoria rotifers
Rote Liste red data book
Rotenoide rotenoide
Rote Rübe beet roots; red beets
Rotor rotor
Rotte rotting process; composting
Rottedeponie composting landfill; compost dump; compost tip
Rottetrommel composting cylinder; composting drum
Rottezelle composting cell
Rubixanthin ruby xanthine
Rückdrehen backing
Rücken ridge
Rückkopplung feedback
Rückkühlanlagen recirculation cooling systems
Rücklage reserve
Rücklaufschlamm return sludge
Rücklaufverhältnis reflux ratio
Rücknahme- und Pfandpflicht withdrawal and pledge duty
Rückseitenwetter rear conditions
Rückstand residue
Rückstandsanalytik residue analysis
Rückstandsausscheidung residue excretion
Rückstandsbeurteilung residue assessment
Rückstandsbewertung residue evaluation
Rückstandsfreiheit free of residues
Rückstandsproblematik residue problems
Rückstandsverhalten residue behaviour
Rückstandsverwertung residue utilization; residue recycling
Ruderfüßer copepods

Ruheenergie rest energy
Ruhemasse rest mass
Ruhr-Krankheit dysentery
Rührwerk stirring device
Rundbecken circular tank
Runderneuerung retread (tyre)
Rundsandfang circular degritter
R- und S-Sätze risk and safety instructions
Rüsselkäfer (Curculionidae) weevil
Rußfalle soot trap
Rußfilter soot filter
Rußwert soot value
Rußzahl soot number

Saatgutbehandlung seed treatment
Saatgutbehandlungsmittel seed-dressing agents
Saatgutbeizung seed dressing
Saatgutinkrustierung seed incrustation
Saatgut, pilliertes seed coated with pesticide
Saatgutpuder seed powder
Saatstärke seed rate
Saccharose saccharose; sucrose
Sachkenntnis expertise
Sachkunde subject knowledge
Sachverständigenausschuß (SVA) advisory committee on pesticides
Sachverständigengutachten, antizipiertes anticipated expert opinion
Sachverständigenrat für Umweltschutz Council of Environmental Protection; Environmental Protection Council
Sackfilter bag filter
Safeguard-Maßnahmen safeguards measures
Safran saffron
Saitenwürmer (Nematomorpha) threadworms; horsehair worms
Salinität salinity
Salmonella-Arten salmonella species
Salmonide salmonids
Salmoniden salmonid fishes
Salmonidenregion salmonid region
Salpetersäure nitric acid
Salzbelastung salt load
Salzböden saline soils
Salzgehalt salt content; salinity
Salzgestein salt rock
Salzlauge salt brine
Salzsäure hydrochloric acid
Salzstock salt dome
Salzstock Gorleben Gorleben salt dome
Samen seed
Samenkeimung seed germination
Sammelentsorgungsnachweis evidence for collective disposal
Sammelstelle collection station
Sammler intercepting sewer
Sammlung, alternierend bzw. additiv collection, alternating or additive
Sand sand
Sandbettfilter sand-bed filter
Sandböden sandy soils
Sandfang grit chamber
Sandfang, belüfteter aerated grit removal tank
Sandfilter sand filter
Sandsteine sandstone
Sandwaschanlage grit washer
Sanierung remedial action; reclamation; redevelopment

Sanierungsmaßnahme   remedial action
Sanitärreiniger   sanitary detergents
Saprobie   saprobity
Saprobiebereiche   saprobic classification
Saprobielle Valenz   saprobic valency
Saprobien   saprobic organisms
Saprobienindex   saprobic index
Saprobiensystem   saprobic system
Sapropel   digested sludge
saprophag   saprophagous
Sattdampf   saturated steam
Sattdampfturbine   saturated-steam turbine
Sättigung   saturation
Sättigungsdampfdruck des Wassers   saturation vapor pressure of water
Sättigungsdefizit   saturation deficit
Sättigungsfeuchte   saturation humidity
Sättigungskonzentration   saturation concentration
Sättigungsmischungsverhältnis   saturation mixing ratio
Sättigungstemperatur   saturation temperature
Sauerstoffanreicherung   oxygen enrichment
Sauerstoffaufnahme   oxygen intake
Sauerstoffbedarf   oxygen demand
Sauerstoffdefizit   oxygen deficiency
Sauerstoffeintrag   oxygen input
Sauerstoffgehalt, Wasser   oxygen content of water
Sauerstoffhaushalt   oxygen balance
Sauerstoffkonzentration   oxygen concentration
Sauerstofflast   oxygen load
Sauerstoffmangel   oxygen deficiency
Sauerstoffmessung   oxygen measurement
Sauerstoffradikale   oxygen radicals
Sauerstoffsättigungskonzentration   oxygen saturation concentration
Sauerstoffsonde   oxygen probe
Sauerstoffverbrauch   oxygen consumption
Sauerstoffverfahren   pure oxygen aeration
Sauerstoffverteilung   oxygen distribution
Saughöhe, geodätische   geodatic suction height
Saugmotor   suction engine
Saumbiotop   ecotone
Säure   acid
Säurekapazität   acidity
Säureneutralisierungskapazität (SNK)   acid neutralization capacity (ANC)
Saure Niederschläge   acid precipitation
Saurer Nebel   acid fog
Saurer Regen   acid rain
Scale   scale
Scanner   scanner
Scavanger   scavenger
Scenedesmus-Zellvermehrungshemmtest   Scenedesmus cell-multiplication test
Schaben   cockroaches
Schacht   shaft
Schachtansatzpunkt   shaft site; collar
Schachtverschluß   shaft sealing
Schadeinheit   pollution unit
Schaden   damage
Schaderreger in der Land- und Forstwirtschaft   pathogenes in agriculture and forestry
Schädigung   damage
Schädigungspotential   damage potential
Schädlingsbekämpfung   pest control
Schadstoff   pollutant; contaminant
Schadstoffanreicherung   contaminant accumulation; pollutant accumulation

Schadstoff-Äquivalent   pollutant equivalent
Schadstoffarmes Fahrzeug   low-pollution car
Schadstoffeintrag   pollutant deposition; pollutant entry
Schadstofferntransport   long-distance transport of pollutants
Schadstoffgrenzwerte   emission targets
Schadstoff-Höchstmengenverordnung (SHmV)   regulation of maximum limits of pollutants; maximum pollutants levels, regulation on
Schadstoffkonzentration   pollutant concentration
Schadstoffmobil   vehicle for collection of hazardous waste
Schadstoff-Potential   pollution potential
Schadstufe   damage class
Schalenamöbe   testate amoebas
Schalenschnecken (Gastropoda)   gastropods
Schalldämmung   silencing
Schallkapsel   noise box
Schallschutz   noise protection
Schaltwarte   panel room
Schaumbekämpfung   foam control
Schäumen   foaming
Schaumstoffe   foams; foamed plastics
Scheibentauchkörper   rotating biological contactor
Scheibentropfkörper   rotating biological trickling filter
Scherungsinstabilität   shearing instability
Scherungslinie   shear line
Scherungsturbulenz   shear turbulence
Scherwind   shear wind
Schichtlademotor   stratified charge engine
Schichtung in Seen   stratification in lakes
Schieber   slide valve
Schild   shield
Schildkrötmilben (Uropodina)   mites
Schildräumer   sludge scraper
Schilf   reed
Schilfsterben   reed death
Schimmelpilze   mildew fungi; moulds
Schistosomiasis   schistosomiasis
Schlachtabfälle   wastes from slaughter; slaughter wastes
Schlachthof   slaughterhouse; abbatoir
Schlachthofabfälle   slaughterhouse offal; slaughterhouse waste
Schlachtnebenprodukte   byproducts from slaughter; slaughter byproducts
Schlacke   slag
Schlafkrankheit   sleeping sickness; trypanosomiasis
Schlaggröße   field dimension
Schlamm   sewage sludge
Schlammabbauleistung   sludge treatment capacity
Schlammaktivität   sludge activity
Schlammalter   sludge age
Schlamm-Asche-Verfahren   sludge-ash process
Schlammbeet   sludge basin
Schlammbehandlung   sludge treatment
Schlammbelastung   sludge loading
Schlammeindickung   sludge thickening
Schlammentwässerung   sludge dewatering
Schlammfaulung   sludge digestion
Schlammindex   sludge volume index
Schlammkompostierung   sludge composting
Schlammkonditionierung   sludge conditioning
Schlammkontaktverfahren   contact stabilization of sludge
Schlammlagerplatz   sludge lagoon

Schlammoxidation   aerobic digestion of sludge
Schlammpasteurisierung   sludge pasteurization
Schlammplätze   sludge lagoons
Schlammsaugewagen   vacuum cesspool cleaner
Schlammsilo   sludge silo
Schlamm, stabilisierter   stabilized sludge
Schlammstabilisierung   sludge stabilization
Schlammteich   sludge lagoon
Schlammtrichter   sludge hopper
Schlammtrockenbeete   sludge basin
Schlammtrocknung   sludge drying
Schlammumwälzung   sludge circulation
Schlammverbrennung   sludge incineration
Schlammverwertung   sludge utilization
Schlammwaschung   sludge elutriation
Schlangengifte   snake venoms
Schlauchpilze (Ascomycetes)   ascomycetes
Schlauchwürmer (Nemathelminthes)   roundworms
Schleimpilze (Myxomycetes)   slime fungi
Schleuderversatz   slinger stowing
Schlick   mud
Schluff   silt
Schlupf   slippage
Schlüsselfaktor   key factor
Schlüsseltierarten   key species of animals
Schmelzpunkt   melting point
Schmelztemperatur   melting temperature
Schmetterling   butterfly
Schmutzbeiwert   pollution index
Schmutzwasser   wastewater
Schnake (Tipulidae)   crane-fly
Schnecke   snail; slug
Schneckenbekämpfung   snail control
Schneckenpumpe   screw pump
Schneidöle   cutting fluid; cutting lubricant
Schneller Brutreaktor   fast-breeder reactor
Schneller Reaktor   fast reactor
Schnellkäfer (Elateridae)   elaterids; wireworms
Schnellschluß   scram
Schnellspaltfaktor   fast-fission factor
Schnurfüßer (Iulidae)   diplopodes
Schönungsteich   polishing pond
Schornstein   smokestack; chimney
Schornsteinfeger   chimney sweeper
Schornsteinhöhenbestimmung   stack-height determination
Schranke, ökologische   ecological barrier
Schreckstoffe   alarm pheromones
Schrott   scrap; junk
Schrottplatz   scrap yard
Schrumpfrisse   shrinking cracks
Schubabschaltung   thrust shut-off device; thrust shut-off switch
Schutt   building rubble
Schüttdichte   bulk density
Schüttgutkatalysator   pellet catalyst
Schüttung   dumping chute
Schüttvolumen   bulk volume
Schutz   protection
Schutzgebiete für Grundwasser   groundwater protection areas
Schutzgebietsfestsetzung   establishing of protected territories
Schutzgebiets- und Ausgleichsverordnung   ordinance on water protection and financial equalization/compensation
Schutzmaßnahmen   protective mesures
Schutzmechanismen   protective mechanisms

Schutzpflicht, staatliche   protection duties of the state
Schutzwald   protected forest
Schutzziel   protection target
Schutzziel   safety requirements
Schwämme (Porifera)   sponges
Schwarzbrache   bare fallow (land)
Schwarzerde   FAO: phaeozem, chernozem; black earth
Schwarzrauch   black smoke
Schwärzungszahl   soot emission number
Schwebstaub   suspended particulate matter; suspended particulates
Schwebstoffe   suspended solids
Schwebstoffilter   particulate filter
Schwefelbakerien   sulphur bacteria
Schwefelgehalt   sulphur content
Schwefelkohlenstoff   carbon disulphide
Schwefelkreislauf   sulphur cycle
Schwefel (S)   sulphur
Schwefelsäure   sulphuric acid
Schwefelverbindungen, biogene   biogenic sulphur compounds
Schwefelwasserstoff   hydrogen sulphide
Schwefelwasserstoffverfahren   hydrogen sulfide process
Schweinegülle   pig slurry
Schweißen   to weld
Schwelbrennverfahren   combined pyrolysis/combustion process
Schwellendetektor   threshold detector
Schwellenwert   threshold value
Schwellenwertdosis   treshold dose
Schwelung   pyrolysis
Schwemmentmistung   flush-method of manure removal
Schwer abbaubare Stoffe   less degradable substances; persistent substances
Schwere Gase   heavy gases
Schwerer Wasserstoff   heavy hydrogen; deuterium
Schweres Wasser   heavy water
Schwergasunfälle   heavy gas accidents
Schwergasverhalten   heavy gas behaviour
Schwerkraftventil   gravity valve
Schwermetalle   heavy metals
Schwerwasserreaktor   heavy-water reactor
Schwimmbadreaktor   swimming-pool reactor
Schwimmdecke   scum layer
Schwimmdeckenbildung   formation of scum layer
Schwimmschicht   floating layer
Schwimmschlamm   floating sludge
Schwimmschlauch   floating tube
Schwimmstoffe   floating solids
Schwimmunfähigkeit   immobilization (of daphnia magna)
Schwinden   sink
Schwitzwasser   condensation water
Schwungnutze   flywheel-driver system
Schwungradantrieb   flywheel drive (train)
Scoping-Verfahren   scoping procedure
Screeningtest   screening test
Sedimentation   sedimentation
Sedimentgesteine   sedimentary rocks
See   lake
Seenbelüftung   hypolymnic aeration
Seenrestaurierung   lake restoration
Seensanierung   lake sanitation
Seentherapie   lake therapy
Seesternplage   sea star plague

Seetypen lake type
Seewind seabreeze
Segregation segregation
sehr giftig highly poisonous/toxic
Seifen soaps
sekretieren to secrete
Sekretion secretion
Sekundärenergie secondary energy
Sekundärkonsumenten secondary consumers
Sekundärkühlkreis secondary cooling loop
Sekundärkühlmittel secondary coolant
Sekundärluft secondary air
Sekundärluftpumpe secondary-air pump
Sekundärproduktion secondary production
Sekundärproduzenten secondary producers
Sekundärrohstoffdünger secondary raw material fertilizer
Sekundärschlamm secondary sludge
Sekundärverunreinigungen secondary contamination
Selbstbeschränkungsabkommen self-restriction agreement
Selbstdiagnosesystem self-diagnosis system
Selbsterhitzung self-heating
Selbstregulationsvermögen self-regulation power
Selbstreinigung self-purification
Selbstreinigungskraft self-purification power
Selbstverpflichtung personal obligation
Selektion selection
Selektionsdruck selection pressure
Selektivität selectivity
Selen (Se) selenium
Semichinone semiquinones
Semistatischer Toxizitätstest semistatic toxicity test
Semivariogramm semivariogram
Seneszenz senescence
Senfgas mustard gas
Senken sinks
sensibilisierend sensitizing
Sensitivitätsanalyse sensitivity analysis
Sensoren sensors
Sequentielle Einspritzung sequential injection
Sequenzanalyse sequence analysis
Sequenzierung sequencing
Serienprüfwert production test result
Serienüberwachung production surveillance
Sesquioxide sesquioxide
Sessile Bodenorganismen sessile soil organisms
Setzung settlement
Seuchen epidemics
Seuchenbekämpfung controlling epidemics
Shine-Delgarno-Sequenz Shine-Delgarno-sequence
Shredderabfall shredder waste
Sicherheit safety
Sicherheitsanalyse safety analysis/assessment
Sicherheitsbehälter containment
Sicherheitsbericht safety report
Sicherheitsbetrachtung safety assessment
Sicherheitsdatenblätter (SDB) safety data sheets (SDB)
Sicherheitsindikatoren safety indicators
Sicherheitskriterien safety criteria
Sicherheitsratschläge safety advice
Sicherung safeguarding; containment technology
Sicherungsmaßnahme containment technology
Sichter classifier
Sichttiefe secchi disc transparency; visible depth
Sickeranlage infiltration gallery
Sickerbecken percolation basin

Sickerwasser percolating water; seepage water
Sickerwasserbehandlungsanlage leachate treatment plant
Sickerwasserbewegung seepage water flow
Sickerwasserkreislauf leachate circulation
Sickerwasser, Mülldeponien landfill sepage
Siebanalyse sieve analysis
Siebbandpresse belt press
Siebbodenkolonne perforated-plate column
Siedepunkt boiling point
Siedewasserreaktor boiling-water reactor
Siedlungsabfälle municipal solid waste
Siedlungsdichten der Bodenorganismen abundance of soil organisms
Siedlungswasserwirtschaft sanitary engineering
SI-Einheiten SI units
Siel dike lock; sewer
Silage silage
Silagesickersaft silage juice; silage seepage
Silicium (Si) silicon
Silomais corn maize
Siloxane siloxanes
Simazin simazine
Simulation simulation
Simulationssprachen simulation languages
Simultanfällung simultaneous precipitation
Simultanreaktion simultaneous reaction
Sinkgeschwindigkeit settling velocity
Sinkstoffe settleable solids
Skalare Windgeschwindigkeit scalar wind velocity
Skaleneffekte economies of scale
Smog smog
Smog-Alarm smog alarm
Smog-Frühwarnsystem smog warning system
Smog-Verordnung smog decree
Smog-Warnung smog warning
Sofortvollzug immediate execution
Solarabsorber solar collector
Solaranlage solar energy plant
Solarantrieb solar drive
Solarenergie solar energy
Solarfarm solar farm
Solargenerator solar generator
Solarhaus solar house
Solarkollektor solar collector
Solarkonstante solar constant
Solarkraftwerk solar power plant
Solarmodul solar cell module
Solarstrahlung solar radiation
Solarstrom photovoltaic power
Solarteich solar pond
Solarturmanlage solar tower power plant
Solarwasserstoff solar hydrogen
Solarzellen solar cells
Sole brine
Solvatation solvatation
Sommerstagnation summer stratification; summer stagnation
Sonde probe
Sonderabfall hazardous waste
Sonderabfallbehandlungsanlage hazardous waste treatment plant
Sonderabfalldeponie hazardous waste dump
Sonderkulturen special crops
Sonnenbrand sunburn
Sonneneinstrahlung solar influx
Sonnenenergie solar energy
Sonnenofen solar furnace

Sonnenscheindauer insolation duration
Sonnenstrahlung solar radiation
Sorbinsäure sorbic acid
Sorgfaltsgebot rule of diligence
Sorption sorption
Sorptionskapazität sorption capacity
Sorptionskoeffizient sorption coefficient
Sorptionsplätze sorption places
Sorptionsvermögen sorption capacity
Sorte variety
Sortenmischung variety mixture
Sortenresistenz variety resistance
Sortieranlagen sorting plant
Soziale Kosten social costs
Sozialindikatoren, Wohlfahrtsindikatoren social indicators
Sozialverträglichkeit social acceptability
Soziobiologie sociobiology
Spaltausbeute fission yield
Spaltbarkeit fissionability
Spaltgas, Abgas crack gas
Spaltgas, Kernspaltung fission (product) gas
Spaltgasraum fission gas plenum
Spaltkammer fission chamber
Spaltneutron fission neutron
Spaltneutronenausbeute fission neutron yield
Spaltprodukte fission products
Spaltstoff fissile material
Spaltstoffflußkontrolle nuclear safeguards
Spaltung fission
Spaltzone core
Spanplatten chipboard
Sparmobil economic automobile
Spatendiagnose spade diagnosis
Speicher energy-storage facility
Speicherfähigkeit storage capacity
Speicherkoeffizient storage coefficient
Speicherkraftwerk reservoir power plant
Speichermenge, spezifische specific storage
Speicherring storage ring
Sperrbereich restricted (access) area
Sperrmüll bulky waste
Sperrstoffe clogging constituents
Spezies species
Spezifische Feuchte specific humidity
Spezifische Luftmenge oder spez. Luftvolumen specific air mass, specific air volume
Spezifischer Kraftstoffverbrauch specific fuel consumption
Spezifischer Sauerstoffverbrauch specific oxygen consumption
Spezifischer Schadstoffausstoß specific emission
Spezifische Speicherfähigkeit specific storage capacity
Spezifisches Risikomaterial specified risk material
Spezifität specificity
Sphaerotilus sphaerotilus; sewage fungus
Spinne spider
Spitzenlastkraftwerk peak-load power plant
Sporen spores
Sportanlagen sport facilities
Spraydose spray can
Spreitöl spreading oil
Springquelle geyser
Springschwänze collembola
Spritzbrühe spray solution
Spritzen spraying
Spritzfolge pesticide spray sequence

Spritzguß injection moulding
Spritzpulver spraying powder; spray powder
Sprudelquellen mineral spring
Sprühen spray
Sprungschicht thermocline; chemocline
Spülfeld dredged material disposal site
Spülmittel detergent
Spülsaum drift line
Spülstoß storm surge
Spültropfkörper high-rate trickling filter
Spülversatz hydraulic flushing; stowing
Spurenelemente trace elements
Spurengase trace gases
S-Sätze safety instructions
Staatsaufgabe Umweltschutz state duty of environmental protection
Stabdosimeter pen dosemeter; pen dosimeter
stabil stable
Stabilisator stabilizer
Stabilisierter Schlamm digested sludge
Stabilität stability
Stabilitätsanalyse stability analysis
Stabilitätskriterien, Atmosphäre criterion of the stability of the atmosphere; stability criteria, atmosphere
Stabilität von Ökosystemen stability of ecosystems
Stableistung rod power
Stabrechen bar screen
Stadtentwässerung sewarage
Stadtentwicklung city development
Städtische Grenzschicht urban boundary layer
Städtische Wärmeinsel urban heat area; urban warm area
Stadtklima urban climate
Stadt-Ökosystem urban ecosystem
Stagnation (See) stratification
Stahlindustrie steel industry
Stallabluft waste air from animal house
Stallmist solid manure
Stallmistdüngung fertilization with solid manure
Stallmistrotte solid manure composting
Stallmistwirtschaft solid manure management
Standardabweichung standard deviation
Standardatmosphäre standard atmosphere
Standard Operating Procedure (SOP) standard operating procedure
Standardperiode (international) standard period
Standböschung slope
Stand der Technik state of the art
Standort site; habitat
Standortfaktoren conditions of location; site-related factors
Standortklima local climate
Standortmodell site model
Standortplanung location planning
Standort-Produktivität site productivity
Standortuntersuchungen site investigations
Stand von Wissenschaft und Technik state of the art in science and technology
Stapelmist staple manure
Stapelteich storage pond
Stärke starch
Starkniederschlag cloudburst
Startkatalysator start catalyst; start catalysator
Start-Stop-Automatik stop-and-go automatic
Statik der Atmosphäre static stability of the atmosphere
Stationärer Zustand stationary state

Stationäre Wirbelschicht   stationary fluidized bed
Stationarität   stationarity; stationariness
Statische Grundgleichung   static equation
Statischer Toxizitätstest   static toxicity test
Statistische Grundbegriffe   statistic terms
  Absolutes Risiko   absolute risk
  Attributives Risiko   attributable risk
  Confounding   confounding
  Einflußvariable   influence variable
  Inzidenz   incidence
  Kontrollgruppe   reference group
  Population   population
  Prävalenz   prevalence
  Relatives Risiko   relative risk
  Reliabilität (Zuverlässigkeit)   reliability
  Repräsentativität   representative sample
  Stichproben   sample
  Störvariable   inervening variable
  Validität (Gültigkeit)   validity
  Verzerrung (Bias)   bias
  Zielvariable   independent variable
Stau   raised level
Stauanlagen   dam; reservoir
Staub   dust
Staubabscheidung   dust separation
Staubbinder   dust collector
Staubemissionen   dust emission
Stäubemittel   dusting agent; dustable powder
Staubfilter   dust filter
Staubinhaltsstoffe   dust contents
Staublunge (Silikose)   pneumoconiosis
Staubniederschlag   dust deposit
Staunässe   stagnating water; stagnant water
Stauseen   man-made lakes; reservois
Stauwasser   slack water; stagnant water
Steiggeschwindigkeit   upflow velocity
Steighöhe, kapillare   capillary rise
Steinkohle   hard coal
Steinkohleneinheit   coal equivalent
Steinläufer (Lithobius)   millipede
Steinsalz   rock salt; halite
Stellarator   stellarator
stenök   stenoecious
stenophag   stenophagous
stenotherm   stenothermous; stenothermical
stenotop   stenotopic
Sterilisation   sterilization
Steroidalkaloide   steroid alkaloids
Steuerermäßigung   tax allowance
Steuergerät   control unit
Steuerlicher Anreiz   tax incentive
Steuerstab   control rod
Steuerung   control
Steuerzeiten   time control; control times
Stichprobe   grab sample
Stichprobenpläne   sampling plans
Stickoxide   nitrogen oxide
Stickstoffdioxid   nitrogen dioxide
Stickstoffdünger   nitrogen(ous) fertilizer
Stickstoff-Fixierung   nitrogen fixation
Stickstoffkreislauf   nitrogen cycle
Stickstoffmonoxid   nitrogen monoxide
Stickstoff (N)   nitrogen
Stickstoffoxide   nitrogen oxides
Stickstoffsättigungs-Hypothese   nitrogen-saturation hypothesis
Stickstofftrophierung   nitrogen trophication
Stickstoffzyklusbakterien   nitrogen-cycle bacteria

Stillegung   shutting down
Stillegung von Kernkraftwerken   decommissioning of nuclear power plants
Stimulans   stimulant
Stirlingmotor   Stirling engine
stochastisch   stochastic
Stochastische Strahlenwirkung   stochastic radiation effect
Stöchiometrie   stoichiometry
Stöchiometrische Verbrennung   stochiometric combustion
Stoffe   substances
Stoffe, abfiltrierbare   filterable solids
Stoffe, absetzbare   suspendable (suspended) solids
Stoffe, cancerogene   cancerogenic substances
Stoffeintrag   matter influx
Stofffluß   material flow
Stoffhaushalt   matter/material regime
Stoffhaushaltsmodelle   matter regime models
Stoffkreislauf   substance cycle
Stoffkreislauf, Wirtschaft   material cycle
Stoffrecht   substances law
Stoffstrom-Management   matter stream management
Stoffstromwirtschaft   material flow management
Stokes'sches Gesetz   Stokes' Law
Stollen   adit; entry; tunnel; gallery; drift; free level
Störer   disturber
Störfall   incident; accident; breakdown
Störfallablaufanalyse   accident event tree; accident analysis
Störfall, chemische Industrie   chemical accidents
Störfalleintrittsanalyse   accident occurrence analysis
Störfallkategorien   accident categories
Störfall-Szenarien   altered evolution scenarios; accident scenarios
Störfall-Verordnung   directive on major industrial trouble; industrial accidents directives
Störfallvorsorge, Kernkraft   (nuclear) accident prevention
Stoßchlorung   superchlorination
Strahlenbelastung, natürliche (natürliche Strahlenexposition)   natural radiation exposure
Strahlenbiologie   radiation biology; radiobiology
Strahlenchemie   radiation chemistry
Strahlendosis   radiation dose
Strahlenexposition   radiation exposure
Strahlenhygiene   radiation hygiene
Strahlenkrankheit   radiation sickness
Strahlenmedizin   radiation medicine
Strahlenphysik   radiation physics
Strahlenschäden   radiation injury; radiation damage
Strahlenschutz   radiation protection
Strahlenschutzbeauftragter   radiation protection officer
Strahlenschutzkommission   Commission on Radiological Protection
Strahlenschutzrecht   radiation protection law
Strahlenschutzverantwortlicher   radiation protection officer
Strahlenschutzverordnung   radiation protection ordinance
Strahlenschutzvorsorgegesetz   Radiation Protection Provisions Act
Strahlentherapie   radiation therapy; radiotherapy
Strahlenwirkung   radiation effect
Strahlstrom   jet stream
Strahlung   radiation
Strahlung, radioaktiv   ionizing radiation

Strahlungsbilanz   net total radiation
Strahlungsdetektor   radiation detector
Strahlungsfrost   radiation fog
Strahlungsgleichgewicht   radiation equilibrium
Strahlungsmeßgerät   radiometer
Strahlungsverluste   heat loss by radiation
Strahlungs-Wichtungsfaktor   radiation weighting factor
Straßenoctanzahl   road octane number
Straßenrandfauna   road side animals
Straßenrandvegetation   road side vegetation
Straßenverkehr   road traffic
Strategie   strategy
Stratosphärenerwärmung   stratospheric warming up
Stratosphärische Aerosolschicht   stratospheric aerosol layer
Stratosphärische Zirkulation   stratospheric circulation
Streckmittel   inert agent
Streichlack   lacquer
Streu   plant litter
Streuabbau   litter decomposition
Streubeutel   litter bag
Streunutzung   litter raking
Streupulver   tracking powder
Streuung   scattering
Streuweglänge   mean free path for scattering; mean free scattering path
Streuwiese   meadow
Streuzersetzer   decomposer
Strudelwürmer   turbellarians
Strukturformel   structural formula
Strukturverlust   loss of structure; structure loss
Student-Verteilung   Student's distribution
Stufenbelüftung   step aeration
Sturmtest   „Sturm" test
Sturzversatz   gravity stowing
Styrol   styrene
Subakute Toxizität   subacute toxicity
Sublimation   sublimation
Sublimationskerne   nucleus of sublimation; sublimation nuclei
Sublitoral   sublittoral (zone)
submers   submerge
Submersion   submersion
Submerskulturen   submerge culture
Subrosion   subrosion
Subtropen   subtropical regions; subtropics
Subtropenhoch   subtropical high
Subtropenstrahlstrom   subtropical jet stream
Subtropikfront   subtropic(al) front
Suchterkrankungen   addiction diseases
Suffizienz   sufficient
Sukzession   succession
Sulfitablauge   spent sulphite liquor
Sulfitreduzierende Clostridien   sulphite reducing bacteria
Summenformel   empirical formula
Summenparameter   sum parameter; group parameter
Superdiesel   super diesel fuel
Superoxiddismutasen   superoxide dismutases
Supralitoral   supralittoral; spray zone
Surfactants   surface active agents; surfactants
Suspendieren   to suspend
Suspendierte Stoffe   suspended matter
Suspension   suspension
Suspensionskonzentrat   suspension concentrate
Suspensionsstabilität   suspension stability

Suspoemulsion   suspo-emulsion
Süßholz   licorice (US); liquorice (GB)
Süß-/Salzwasser-Grenze   freshwater/salt water boundary
Süßstoffe   sweeteners
Süßwasserbiologie   freshwater biology
Süßwasserökologie   freshwater ecology
Symbiose   symbiosis
Symphyla (Zwergfüßer)   symphylans
Symphyta (Hymenoptera)   sawflies
synanthrop   synanthropic
Synchrongenerator   synchronous generator
Synchronisation   synchronization
Synchrotron   synchrotron
Synchrozyklotron   synchrocyclotron
Synergismus   synergism
Synergistische Wirkung   synergistic effect
Synökie   inquilinism
Synökologie   synecology
Synoptik   synoptic
Synoptische Analyse   synoptic analysis
Synoptische Beobachtungen   synoptic (weather) observation
Synoptische Meteorologie   synoptic meteorology
Synoptische Termine   synoptic (weather) observation date
Synoptische Wetterkarte   synoptic weather chart
Synusie   synusia
Syrphidae (Schwebfliegen)   hoverflies
System   system
Systemanalyse   system analysis
Systematische Fehler   systematic error
Systemgrenze   system boundary
systemisch   systemic
Systemtheorie   systems theory
Szenarien   scenarios
Szintillationszähler   scintillation counter
Szintillator   scintillator

TA   technical instruction
TA Abfall   Technical Instruction on Waste
Tabakrauch   tabacco smoke
Tablette   tablet
Tagebau   open-pit mining
Tagebaurestloch   worked-out open cut
Tagesanlagen   surface installation
Tagesrhythmus   diurnal rhythm
TA Lärm   Technical Instruction for Noise Reduction
Taldunst   valley haze
Talnebel   valley fog
TA Luft   Technical Instruction on Air (Clean Air Act)
Talwind   valley wind
Tandem-Beschleuniger   tandem accelerator
Tandemzelle   tandem solar cell
Tankentlüftung   tank ventilation
Tankmix   tank mix
Tankmodell   tank model
Tankstellen   gas station
TA Siedlungsabfall (TASi)   Technical Instruction on Municipal Waste
TA Sonderabfall   Technical Instruction on Hazardous Waste
Tauchbrenner   submerged-combustion burner
Tauchkörper   biological contactor
Tauchpumpe   submerged pump; submergible pump
Tauchstrahlbelüfter   jet aerator
Tauchwand   scum board

Taupunkt dew point
Taupunktdifferenz dew-point spread
Taupunkttemperatur dew-point temperature
Tausendfüßer (Myriopoda) myriapods
Taxis taxis
Taxonomie taxonomy
Technikfolgenabschätzung technology assessment
Technikklausel technical clause
Technikrecht technical law
Technische Anleitung (TA) technical instruction
Technische Anleitung zur Reinhaltung der Luft (TA Luft) Clean Air Act
Technische Barrieren technical barriers
Technische Klimatologie technical climatology
Technische Regeln für Gefahrstoffe (TRGS) Technical Rules for Dangerous Substances
Technische Überwachungsvereine Association for Technical Inspection
Technologiefolgenabschätzung technology assessment
Teer tar
Teich pond
Teichbelüftung pond aeration
Teilchenbeschleuniger particle accelerator
Teilgenehmigung partial authorization
Teilkörperdosis partial body dose
Teillast part(ial) load
Teiltief secondary low
Tektonik tectonics
Telekonnektion teleconnection
Tellur (Te) Tellurium
Temperatur temperature
Temperaturanomalie temperature anomaly
Temperaturgradient temperature gradient
Temperaturkoeffizient der Reaktivität temperature coefficient of reactivity
Temperaturregel, RGT-Regel van't Hoff's rule
Temperatursprungschicht temperature inversion
Tempolimit speed limit
Tenazität microbial tenacity
Tenside surface active agents; surfactants
Tentaculata bryozoan
Teppichreiniger carpet cleaner
Teppichreinigungsmittel carpet-cleaning agents
Teratogenität teratogenity
Termiten (Isoptera) termites
Terpentinöl terpentine oil
Terpolymerisation terpolymerization
Terrestrische Strahlung terrestrial radiation; terrestrial (surface) radiation
terrikol terricolous
Territorium territory
Testgas test gas
Testorganismus test organism
Testosteron testosterone
Testreferenzjahr test reference year
Teststäbchen test sticks
Testzyklus test cycle
Textur texture
Theoretische Meteorologie theoretical meteorology
Theoretische Ökologie theoretical ecology
Theoretischer Abbaugrad theoretical degradation
Thermalquellen thermal spring
Thermalwasser thermal water
Thermik thermals
Thermionischer Detektor (TID) thermionic detector
Thermionische Umwandlung thermionic conversion

Thermische Abfallbehandlung thermal waste treatment
Thermische Belastung thermal load
Thermischer Brutreaktor thermal breeder reactor
Thermischer Wind thermal wind
Thermischer Wirkungskomplex thermal efficacy
Thermische Säule thermal column
Thermische Schichtung der Atmosphäre thermal stratification of the atmosphere
Thermisches Gleichgewicht thermal equilibrium
Thermische Turbulenz thermal turbulence
Thermische Windgleichung thermal wind equation
Thermodynamik thermodynamics
Thermodynamisches Diagramm thermodynamic diagram
Thermokline thermocline
Thermolumineszenzdosimeter thermoluminescent dosemeter; thermoluminescent dosimeter
Thermonukleare Reaktion thermonuclear reactor
Thermopause thermopause
thermophil thermophilic
Thermoplaste thermoplastics
Thermoreaktor thermo reactor
Thermoregulation thermoregulation
Thermoselect-Verfahren Thermoselect Process
Thermosiphonanlage thermosiphon solar-power plant
Thermosphäre thermosphere
Thiospirillum Thiospirillum
Thixotropie thixotropy
Thomaskalk Thomas lime
Thymin thymine
Thyreostatika antithyroid agents; antithyroid drugs
Tide tide
Tidenhub tide range
Tiefausläufer frontal trough
Tiefbau underground mining; deep mining
Tiefbohrungen deep hole
Tiefbrunnen deep well
Tiefdruckfurche trough area
Tiefdruckgebiet low
Tiefdruckrinne low-pressure zone
Tiefdrucksystem system of low pressure; low-pressure system
Tiefendosis, relative relative depth dose
Tiefsandfang deep sand trap
Tiefseeversenkung deep-sea dumping
Tieftemperaturverkokung low-temperature pyrolysis
Tierarzneimittel veterinary medicines
Tierernährung animal nutrition
Tierfett animal fat
Tierhaltung animal husbandry
Tierimpfstoffe animal vaccines
Tierische Erzeugnisse animal products
Tierische Reststoffe animal residues
Tierische Zellkultur animal cell culture
Tierkadaver animal carcass
Tierkörperbeseitigung rendering
Tiermast animal fodder
Tiermehl meat and bone meal
Tierökologie animal ecology; zooecology
Tierschutz animals protection
Tierschutzgesetz animal protection law
Tierschutzrecht animal protection law
Tierseuchen epizootic diseases
Tierversuche animal experiments
Tinktur tincture
Titandioxidindustrie titanium dioxide industry

Tochter- und Enkelnuklide daughter nuclides
Todesursachen cause of death
Toleranzbereich tolerance
Toleranzen tolerances
Tolerierbarer Abtrag tolerable erosion
Tollkirsche deadly nightshade
Toluol toluene
Ton clay
Tongesteine pelites
Ton-Humus-Komplexe clay-humus complexes
Tonminerale clay minerals
Tonmineralzerstörung clay-mineral decomposition
Tonoplast tonoplast
Tonverlagerung clay migration; lessivation
Top down-Ansatz top-down approach
Top-down Kontrolle top-down control
Torf peat
Tortuosität tortuosity
Toteisseen kettle lakes
Totipotenz totipotency
Totsubstanzfresser detritivores
Tourismus tourism
Toxikologie toxicology
Toxikose toxicosis
toxisch toxic
Toxische Eigenschaften toxic characteristics
Toxizität toxicity
Toxizitätstest toxicity test
Toxoplasmose toxoplasmosis
Trachee trachea
Tracheide tracheid
Tragant tragacanth gum
Trägerstoff carrier
Tragfähigkeit carrying capacity
Trajektorie trajectory
Tränengas tear gases
Tranquilizer tranquil(l)izers
Transcription transcription
Transduktion transduction
Transfektion transfection
Transferfaktor transfer factor
Transferfunktion transfer function
Transferfunktions-Modelle transfer function models
Transferkoeffizient transfer coefficient
Transformation transformation
transgen transgenic
Transgene Maus transgenic mouse
Transgene Pflanze transgenic plant
Transiente transient
Translation translation
Translokation translocation
Transmission transmission
Transmissionsgrad transmission coefficient
Transmissivität transmissivity
Transmutation transmutation
Transpiration transpiration
Transpirationskoeffizient transpiration coefficient
Transport transport
Transportgenehmigung (TG) transport authorization
Transportgleichung transport equation
Transportkoeffizient transport coefficient
Transport, kongruenter congruent transport
Transportkopplung transport coupling
Transportoptimierung transport optimization
Transportparameter transport parameter
Transport radioaktiver Stoffe transport of radioactive material

Transport-Unfall-Informations- und Hilfeleistungs-System (TUIS) Transport-Accident Information and Assistance System
Transurane Elemente transuranium elements
Trauermücken (Sciaridae) sciarids
Travertin travertine
Treibgase propellants
Treibhauseffekt greenhouse effect
Treibstoff fuel
Treibzeug driftings
Trennanlage separation plant
Trenndüsenverfahren separation-nozzle process
Trennfaktor separation factor
Trennfugen nonporous voids
Trennfugendurchlässigkeit permeability due to non-porous voids
Trennsystem separation system
Trennungsgebot separation order
Trennverfahren separation system
Trennwandverfahren gaseous-diffusion separation process
Trias Trias
Trichlorfon trichlorfon; metriphonate
Trichlormethan (Chloroform) chloroform
Trichlorphon trichlorophon; metriphonate
Trichoptera caddis-flies
Trichterbecken hopper-bottom tank
Trichterspinnen (Agelenidae) funnel-web spiders
Trimmstab shim rod
Trinkwasser drinking water
Trinkwasseraufbereitung drinking-water treatment
Trinkwasserschutzgebiet protection area for drinking water; drinking-water protection area
Trinkwasserverordnung drinking-water regulation
Tripelpunkt triple point
Triphosphorsäure triphosphoric acid
Trittschäden track compaction
Trittstein-Biotope stepping-stone habitat
TRK-Wert admissible requiring monitoring value
Trockenadiabate dry adiabate
Trockenbeize dry seed treatment agent
Trockenbiotop arid habitat
Trockenfilter dry filter
Trockenkühlturm dry-cooling tower
Trockenlager dry storage
Trockenperiode dry season
Trockenrasen arid grassland
Trockenschlamm dry sludge
Trockenverfahren dry-unit operations
Trockenwetterabfluß dry-season flow
Trocknung drying
Trocknungszone drying zone
Trog trough
Trogwetterlage trough situation
Trommelrechen drum screen
Tropen tropics
Tropenkrankheiten tropical disease
Tropentiere tropical species of animals; tropical animal species
Tropenwald tropic(al) forest
Tropfen droplet
Tropfkörper trickling filter
Trophie trophy
Trophische Ebene trophic level
Trophische Struktur der Bodenfauna trophic groups of soil fauna; trophic soil-fauna structure
Trophogene Zone trophogeneus/trophogenic layer
Tropholytische Zone tropholytic layer

Tropopause tropopause
Troposphäre troposphere
Trübung turbidity
Trübungsmessung turbitimetry
Tschernobyl Chernobyl
Tschernosem chernozem
Tse-Tse-Fliege Tse-Tse fly
Tubificiden tubificidae
Tuchfilter fabric filter
Tumor tumor
Tumorvirus tumor virus
Tümpel pond
Tunicata (Manteltiere) tunicates
Tunnelerosion tunnel erosion
Turbellaria flatworms
Turbine turbine
Turbinenbelüfter turbine aerator
Turboaufladung turbo charging
Turbolader turbo charger
turbulent turbulent
Turbulente Flüsse turbulent flux
Turbulente Grenzschicht turbulent boundary layer
Turbulente Strömung turbulent flow
Turbulenz der Atmosphäre turbulence of the atmosphere; atmospheric turbulence
Turgor turgor
Turmbiologie tower-biology
Turmtropfkörper tower type trickling filter
Turnover turnover
TÜV Association for Technical Inspection
t-Verteilung t-distribution
Typhus typhus
Typprüfwert certification test value
Typzulassung type certification

Überbandmagnet overhead magnetic separator
Überdüngung over fertilizing; excessive fertilization
Überflutung flooding
Überhitzung superheating
Überkorn oversize material
Überkritische Masse supercritical mass
Überkritischer Reaktor supercritical reactor
Überlaufschwelle overflow sill
Überlebensfunktion survival function
Überlebensrate survival rate
Überlebensverteilung survival distribution
Überschußreaktivität excess reactivity
Überschußschlamm excess sludge
Überschwemmungsschutz flood(ing) protection
über Tage, übertägig open cut; open-pit
Übertragung transfer
Übertragungsfunktion transfer function
überwachungsbedürftige Anlage facility requiring monitoring
Überwachungsbereich surveillance area; supervised area
Überwachung, staatliche governmental supervision
Überwachungswert control value
Überweidung overgrazing
Überwinterung hibernation
Ubichinone ubiquinones
Ubiquisten ubiquists
ubiquitär ubiquitous
Uferfiltration seepage
Ufergehölze riparian vegetation
Uferspeicherung bank storage
UF-Harze urea formaldehyde resins

U-Kat catalyst without air/fuel mixture control system
Ultimate biodegradation ultimate biodegradation
Ultramarin ultramarine
Ultraschall ultrasonic
Ultraschallbad ultrasonic bath
ULV-Lösung ultralow-volume liquid/solution
ULV-Suspension ultralow-volume suspension
ULV-Verfahren ultralow-volume procedure
Umbra umber
Umfüllen und Lagern von Ottokraftstoffen transfer and storage of LPG substances
Umgangsgenehmigung handling license
Umgebungsüberwachung environmental monitoring
Umgebungswärme environmental thermal energy
Umkehrosmose reverse osmosis
Umkippen eines Gewässers population turnover
Umlaufbecken acivated sludge tank with circulating flow
Umlaufkühlung circulation cooling
Umrechnung Aktivität in Dosis activity-dose conversion
Umsatz turnover
Umschlossene radioaktive Stoffe sealed radioactive substances
Umverpackung display packaging
Umwälzbecken spiral-flow tank
Umwandlung conversion; transformation
Umwandlung, radioaktive radioactive decay
Umwelt environment
Umweltabgabe environmental charges
Umweltanalytik environmental analysis
Umwelt-Audit environmental audit
Umweltauflagen environmental regulations
Umweltbundesamt (UBA) Federal Environmental Agency
Umweltchemie environmental chemistry
Umwelteinwirkungen environmental effects
Umweltfaktoren environmental factors
Umweltforschung environmental research
Umweltfreundliche Kraftstoffe environmentally friendly fuels
umweltgefährlich environmentally dangerous
Umweltgefährlichkeit von Chemikalien environmental hazards of chemicals
Umweltgutachten environmental expert opinion
Umwelthaftung environmental liability
Umwelthaftungsgesetz environmental liability law
Umwelthygiene environmental hygiene
Umweltinformation environmental information
Umweltinformationsgesetz Environmental Information Act
Umweltinformationssysteme environmental information systems
Umweltkapazität environmental capacity; carrying capacity
Umweltkataster environmental register
Umweltkompartiment environmental compartment
Umweltlizenzen environmental licences
Umweltnutzungslizenzen environmental use/utilization licences
Umweltökonomik environmental economics
Umweltökonomische Gesamtrechnung environmental and economic accounting
Umweltplanung environmental planning
Umweltpolitik environmental policy
Umweltprivatrecht environmental private law
Umweltproben environmental samples

Umweltprobenbank environmental samples bank
Umweltqualität environmental quality
Umweltqualitätsziel(e) (QZ) environmental quality target(s)
Umweltradioaktivität environmental radioactivity
Umweltrecht environmental law
Umweltschutz environmental protection
Umweltschutzbeauftragter environmental protection officer
Umweltschutzgesetze pollution control law
Umweltschutzingenieur environmental protection engineer
Umweltschutzkosten environmental protection costs; environmental protection investment
Umweltschutzpapier recycling paper
Umweltschutzrecht Pollution Control Act; environmental protection law
Umweltschutztechnik environmental protection technology
Umweltschwankungen environmental fluctuations
Umweltstabilisierung environmental stabilization
Umweltstandards environmental standards
Umweltsteuer environmental tax
Umwelttelefon environmental telephone
Umwelttoxikologie environmental toxicology
Umweltüberwachung environmental surveillance/monitoring
Umwelt- und Ressourcenökonomik environmental and resource economics
Umweltveränderung environmental alteration
Umweltverbände environmental groups
Umweltverschmutzung environmental pollution
Umweltverträglichkeitsprüfung (UVP) Environmental Impact Assessment/Analysis (UVP); environmental amicability check
Umweltverwaltungsrecht environmental administrative law
Umweltvölkerrecht environmental law of nations
Umweltzeichen environmental label
Umweltzertifikate emission permits; environmental certificates
Unbestimmter Rechtsbegriff undefined legal term
Unfälle accidents
Unfall, größter anzunehmender worst case accident
Unfallquote accident quote
Unfall, radioaktiver nuclear accident
Unfallrisiko accident risk
Unfallverhütung accident prevention
Ungeregelter Katalysator uncontrolled/unregulated catalyst
Ungras grass weed
Unit-World unit world
Universalindikator universal indicator
Unkraut weed
Unkrautbekämpfung weed control
Unkrautbekämpfungsmittel herbicide
Unkrautbesatz weed covering
Unkrautdruck weed pressure
Unkrautflora weed flora
Unkrautpotential weed potential
Unland barren land
Unterboden subsoil
Untergrundspeicher subterranean storage
Unterhangbereich downslope
Unterkorn undersize material
Unterkritische Anordnung subcritical assembly
Unterkritische Masse subcritical mass
Untersaat underseed

Unterschutzstellung protection
Untersuchungsgebiete inspection areas
Untersuchungsschwelle investigation level/threshold
Untertagedeponie underground disposal facility
unter Tage, untertägig underground
Unterwasserboden underwater soil; subaquatic soil; sediment
Unterwasserpflanzen submerged macrophytes
Unverbleites Benzin unleaded gasoline
Uperisation uperization
Uran, abgereichertes depleted uranium
Uran, angereichertes enriched uranium
Uranglasur uranium glaze
Uran (U) uranium
Uranvorräte uranium reserves
Urin urine
Urinsekten apterygotes
Urtierchen protozoa
Urwald primeval forest
UVPG Environmental Impact Inspection Act
UV-Strahlung UV radiation

Vakuolen vacuoles
Vakuumentwässerung drainage by vacuum
Vakuumfilter vacuum filter
Vakuumkollektor vacuum tube solar collector
Vakuumrotationsverdampfer vacuum rotation evaporizer
Valenz, ökologische ecological valency
Validierung validation
VA-Mykorrhiza VA mycorrhiza (VAM)
Vanadium (V) vanadium (V)
Van-de-Graaff-Generator Van de Graaff generator
Vanille vanilla
Variabilität variability
Variable Ladungen variable charges
Varianz variance
Varianzanalyse analysis of variance
Variationskoeffizient variation coefficient
Variogramm variogram
Vegetation vegetation
Vegetationsende end of the vegetation; vegetation end
Vegetationskegel vegetation point
Vegetationsperiode vegetation period
Vegetationsruhe vegetation rest
Vegetationszeit vegetation period
Vektor vector
Vektormittel vector average
Ventilatorkühlturm forced-draft cooling tower
Venturi-Kanal venturi flume
Verantwortliche Erklärung (VE) responsible declaration
Verband Deutscher Automobilhersteller (VDA) Federation of German Motorcar/Automobile Manufacturers
Verbandsklage association action
Verbote prohibitions
Verbot, gesetzliches legal prohibition
Verbraunung browning
Verbreitung distribution
Verbrennung combustion; incineration
Verbrennung auf See incineration on sea
Verbrennungsgase flue gases
Verbrennungsmotor internal combustion engine
Verbundmaterial composite material
Verbundwerkstoffe composites; composite materials
Verdampfungsemission evaporation emission

Verdampfungstest   evaporation emission test
Verdauung   digestion
Verdichtung, Auto   compression
Verdickungsmittel   thickeners; thickening agents
Verdopplungszeit   doubling time
Verdrängung   replacement
Verdünnung im Vorfluter   dilution in receiving water
Verdünnungsluft   dilution air
Verdünnungstunnel   dilution tunnel
Verdünnungsverhältnis   dilution ratio
Verdunstung   evapotranspiration
Vererdung   peat humification
Verfahren   proceeding; process
Verfahrensbeschleunigung   summary proceedings
Verfahrensoptimierung   process optimization
Verflüchtigung   volatilization
Verfügbar   available
Verfügbarkeit   availability
Vergärung   fermentation
Vergaser   carburetor
Vergasung   gasification
Vergiftung   poisoning; intoxication
Vergilbung   yellowing
Verglasung   vitrification
Vergleichbedingungen   reproducibility/comparable conditions
Vergraben, oberflächennahes   shallow land burial
Verhaltensforschung   ethology; behavioral science
Verhaltensökologie   etho-ecology; behavioral ecology
Verhaltensresistenz   behavioral resistance
Verhältnismäßigkeitsgrundsatz   principle of proportionality
Verifizierung   verification
Verinselung   isolation of habitats and populations
Verjüngung   juvenilization
Verkarstung   karst formation
Verkaufsverpackung   retail packaging
Verkehr   traffic
Verkehrslärm   traffic noise
Verkehrslärmschutzrecht   traffic noise protection law
Verkehrsleitsysteme   traffic control systems
Verkehrsplanung   traffic planning
Verkehrssicherungspflicht   obligation to safeguard traffic
Verkehrstechnik   traffic technique
Verkehrswege – Schallschutzmaßnahmen   traffic routes and noise abatement measures
Verklappung   dumping from barges; sea dumping
Verkokung   pyrolysis
Verkrautung   weediness
Verlagerung   displacement
Verlandung   aggradation
Verlustenergie   energy loss
Vermiculit   vermiculite
Verordnungen   regulations
Verordnungen zur Durchführung des Bundes-Immissionsschutzgesetzes   Ordinance on Implementation of the Federal Pollution Control Act
Verordnung für Kleinfeuerungsanlagen   Ordinance on Small Firing Facilities
Verordnung über Abfallwirtschaftskonzepte und Abfallbilanzen   waste management concept and waste balance rule
Verordnung über Verwertungs- und Beseitigungsnachweise   waste recovery and disposal evidence rule
Verordnung zur Bestimmung von besonders überwachungsbedürftigen Abfällen   hazardous waste classification rule

Verordnung zur Bestimmung von überwachungsbedürftigen Abfällen zur Verwertung   wastes for recovery classification rule
Verpackung   packaging
Verpackungspflicht   packing duty
Verpackungsverordnung (VerpackV)   packaging rule
Verpressen in Speichergesteinen   injection into reservoir rocks
Verregnung   spray irrigation of sewage
Verregnungsanlage   spray irrigation plant
Verriegelung   locking
Verrieselungsanlage   irrigation system
Versalzung   salting
Versatz   stowing; packing
Versatzbau   filled stoping
Versauerung   acidification
Versauerungshypothese   acidification hypothesis
Verschlämmung   pudding; surficial destruction of soil structure; dispersion
Verschlechterungsverbot   prohibition of deterioration
Verschmutzungsfall   high pollution index
Verschuldungshaftung   debt liability
Versickerung   percolation
Versteppung   landscape degradation towards steppe
Versuchsanlagen   pilot plants
Versuchsbelebtschlammanlage   activated sludge stimulation/pilot plant
Versuchsreaktor   test reactor
Verteilungskoeffizient (P)   partition coefficient
Verteilungsmuster   dispersion
Vertikalwanderung   vertical migration
Vertrauensschutzprinzip   confidence protection principle
Verunreinigung   contamination; pollution
Verunstaltungsschutz   disfigurement protection
Verursacher   causer
Verursacherprinzip   causer-pays principle
Verwaltungsverfahrensrecht   Administrative Procedure Act
Verwaltungsvorschriften   administrative regulations
Verweilzeit   residence time
Verweilzeit (Erneuerungszeit) des Wassers   retention time of water
Verwenden   use; utilization
Verwitterung   weathering
verzögert-kritisch   delayed critical
Verzweigungsanomalien   branching anomalies
Veterinärbehörde   veterinary authority
VE-Wasser   demineralized water
Vibrio-Arten   vibrio species
Vielflügler   multiblade wind-energy converter
Vielkanalanalysator   multichannel analyser
Vierradantrieb   four-wheel drive
Viertaktmotor   four-stroke engine
Virion   virion
Virizid   viricide
Viroid   viroid
Virologie   virology
Virtuelle Temperatur   virtual temperature
Virulenz   virulence
Virus   virus
Virusresistenz (Pflanzen)   resistance to viruses
Viscose   viscose
Viscoseseide   viscose fibers
Viskosität   viscosity
Vitaler Umweltschutz   vital environmental protection
Vitamine   vitamins
Vogeltoxizität   bird toxicity

Void-Effekt void effect
Volatilisation volatilization
Volatilität volatility
Volldünger complete fertilizer
Volllast full load
Volllastanreicherung rich mixture for full load; full-load enrichment
Vollständiger biologischer Abbau complete biological degradation
Volumenfluß volumetric flux
Vomitoxin vomitoxin
Vorabraum advance (preliminary); stripping
Vorabsiebung pre-sieving
Vorauflaufverfahren pre-emergence treatment
Vorausleistungsverordnung (pre)financing ordinance
Voraussagbarkeit predictability
Vorbehandlung pretreatment
Vorbelastung preliminary air pollution
Vorbelüftung pre-aeration
Vorbescheid preliminary decision
Vorderseitenwetter frontal weather
Voreindicker pre-thickener
Vorfluter water receiving
Vorgewende headland
Vorkammer prechamber
Vorklärbecken primary settling tank
Vorklärschlamm primary sludge
Vorlösung technical concentrate
Vormischung technical mixture
Vorpreßverfahren thrust boring
Vorratsdüngung stock fertilization
Vorsorge prevention
Vorsorgeprinzip precautionary principle
Vorzeitiger Baubeginn premature start of construction
Vorzugstemperatur preferred temperature
Vulkanisation vulcanization

Wachse waxes
Wachstum growth
Wachstumshormone growth hormones
Wachstumskurve (-rate) growth curve (-rate)
Wachstumsmodelle growth models
Wachstumsphasen growth phases
Wachstumsregler growth regulator
Wagner-Meerwein-Umlagerung Wagner-Meerwein rearrangement
Wahrscheinlichkeitsdichte probability density
Wahrscheinlichkeitsfunktion probability function
Wald forest
Waldbau forestry
Waldböden forest soils; range soils
Waldbodendrift forest-soil drift
Waldbodenverformung forest-soil compaction
Waldbodenversauerung forest-soil acidification
Waldernährung forest nutrition
Waldfauna animals of forests; forest animals
Waldkalkung forest-soil liming
Waldökosystem forest ecosystem
Waldrandstufe forest-edge terrace
Waldschadensbericht forest-damage report; forest-decline report
Waldschadensforschung forest-decline research
Waldsterben dying of forests; forest decline
Waldvegetation vegetation of forests; forest vegetation
Wale whales
Wandlungszone converter zone

Wankelmotor Wankel engine
Warfarin warfarin
Wärmeaustausch heat exchange
Wärmedämmung heat insulation
Wärmeentwicklung heat production
Wärmehaushalt heat regime/balance
Wärmeinsel heated area
Wärmelastplan thermal load scheme
Wärmeleitfähigkeitsdetektor (WLD) thermal-conductivity detector
Wärmepumpe heat pump
Wärmestrahlung der Atmosphäre atmospheric radiation; atmospheric thermal radiation
Warme Werkstatt hot (radioactive) workshop
Warmfront warmfront
Warmsektor warm sector
Warndienst monitoring service
Warnetikett warning label
Warntafel warning sign; danger board
Wartezeit waiting time
Waschaktive Substanz detergents
Wäscher washer; scrubber
Waschmittel detergent; washing agent
Waschmittelgesetz detergents law
Waschrohstoffe detergent base material
Wasch- und Reinigungsmittel washing and cleaning agents
Washingtoner Artenschutzübereinkommen Washington species-protection protocol
Wasser water
Wasseräquivalent der Schneedecke water equivalent of snow cover
Wasseraufbereitung water treatment
Wasseraufbereitungstechnik technical water treatment
Wasseraufnahme water intake/uptake
Wasserbau hydraulic engineering
Wasserbedarf water demand
Wasserbelastung water pollution/load
Wasserbilanz water balance
Wasserbilanz, hydrologischer Gesamtkreislauf water balance, total hydrological cycle
Wasserbilanz, klimatische climatical water balance
Wasserdampfdruck water vapor pressure; vapor pressure
Wasserdargebot water supply
Wasserdispergierbares Granulat water dispersable granules
Wasserdispergierbares Pulver wettable powder
Wassereinspritzung water injection
Wasserenthärter water softener
Wasserenthärtung softening of water
Wasserfassung water intake
Wasserflöhe water fleas
Wassergasreaktion water gas
Wassergehalt water content
Wassergüte water quality
Wassergütewirtschaft water quality management
Wasserhaltevermögen water holding capacity
Wasserhaltung (water) drainage
Wasserhärte hardness of water
Wasserhaushalt water utilization; water management
Wasserhaushaltsgesetz water resources policy act
Wasserhygiene water hygiene
Wasser, juveniles juvenile water
Wasserkapazität water capacity
Wasserkraftwerk hydroelectric plant

Wasserkreislauf, Bilanzgleichungen water cycle, water balance equations
Wasserkreislauf, geologischer geological water cycle
Wasserkreislauf, hydrologischer hydrologic(al) water cycle
Wasserleitfähigkeit water conductivity
Wasserleitungsbahn water conducting element; water conductor
wasserlöslich water soluble
Wasserlösliches Granulat water-soluble granules
Wasserlösliches Konzentrat water-soluble concentrate
Wasserlösliches Pulver water-soluble powder
Wasserlöslichkeit water solubility
Wassermengenwirschaft water management
Wasserpflanzen water plants
Wasserpotential water potential
Wasserrecht water legislation
Wasserrückhaltebecken water retention tank
Wasserscheide watershed
Wasserschutzauflage water-protection impost
Wasserschutzgebiete water-protection area
Wasserschutzzone water-protection zone
Wasserspannung water tension
Wasserspeicherkapazität water-holding capacity; field capacity
Wasserstoff als Kraftstoff hydrogen fuel
Wasserstoffbombe hydrogen weapon/bomb
Wasserstoffmotor hydrogen-fueled engine
Wasserstoffperoxid hydrogen peroxide
Wasserstollen water gallery
Wasserstraßen navigable waterways
Wassertransport water transport
Wassertransportgleichung water-transport equation
Wasser, unterirdisches subsurface water; underground water
Wasser, vadoses vadose water
Wasserverbrauch water consumption
Wasserverlust water loss
Wasserverschmutzung water pollution
Wasserversorgung water supply
Wasserwegsamkeit permeability
Wasserwerk waterworks
Wasserwirtschaft water management
Wattfauna fauna of mud flat; mudflat fauna
Weberknechte harvestmen
Wechsellagerungsminerale interlayer minerals
Wechseltierchen (Amöben) amoeba
Wechseltropfkörper alternating double filters
Wechselwirkung Vegetations- und Bodenzone interdependence between vegetation and soil layer
Weglänge, mittlere freie mean free path
Wegwerfspritzen non-returnable syringes
Wegwerfverpackungen non-returnalbe packaging
Weibull-Verteilung Weibull distribution
Weichmacher plasticizer
Weich-PVC plastified PVC
Weichspüler fabric softener
Weichspülmittel softening agents
Weichteilgewebe soft tissue
Weinsäure tartaric acid
Weißrauch white smoke
Weiterbetrieb go on process operation; continued operation
Weitergehende Abwasserreinigung advanced waste-water treatment
Welken wilting
Wellenstadium wave stage

Wellenstörung wave disturbance
Weltklimaprogramm World Climate Program
Weltorganisation für Meteorologie World Organization of Meteorology
Weltzeit universal time
Wenigborster oligochetes
Wenigfüßer pauropods
Werkskläranlage industrial sewage treatment plant
Wertstoffe recyclable materials
Wertstofftonne bin for recyclable material
Wespe wasp
Westlage westerly flow
Westwetter westerly weather
Westwinddrift westerly flow
Westwindzone westerly belt (westerlies)
Wetter weather
Wetterbeeinflussung weather modification
Wetterbeobachtung weather observation
Wetterbericht weather bulletin
Wetterdienst weather service
Wetterkarte weather map; weather chart
Wetterkartensymbol meteorological symbol
Wetterlage general synoptic situation; weather situation
Wetterlage, austauscharme poor exchange weather situation
Wetterschiff weather-patrol ship; ocean-station vessel
Wetterstation weather station
Wettervorhersage weather forecast
Wetterwarndienst weather warning service
Wichtungsfaktor weighting factor
Widerruf cancellation; revocation
Widerspruchsverfahren objection proceed
Widerstandsläufer multi-blade wind-energy converter
Wiederaufarbeitung reprocessing
Wiederaufarbeitungsanlage Karlsruhe (WAK) Karlsruhe Reprocessing Plant
Wiederaufarbeitungsanlagen, weltweit world-wide reprocessing plants
Wiederbesiedlung recolonization
Wiederholbedingungen repeat(ability) conditions
Wiedernutzbarmachung reclamation; surface reinstatement
Wiederverwertung recycling
Wiese meadow
Wiesenfauna fauna of meadows; meadow fauna
Wiesenvegetation vegetation of meadows; meadow vegetation
Wigner-Effekt Wigner effect
Wigner-Energie Wigner energy
Wildbachverbauung mountain-stream hydraulic engineering
Wildkraut weed
Wildkrautflora weed flora
Wildpflanzen wild plants
Wimpertierchen ciliates
Wind wind
Winddruck wind pressure
Windenergieanlage wind-energy converter
Windenergiekonverter wind-energy converter
Winderosion wind erosion
Windgeschwindigkeit wind velocity
Windmesser anemometer
Windrichtung wind direction
Windscherung wind shear
Windschutzstreifen shelter belt; wind-break
Windspirale wind velocity profile

Windstärke wind force
Windvektor wind vector
Winterperiode winter time
Wintersmog winter smog
Wirbelkammer swirl chamber; vortex chamber
Wirbelschicht fluidized bed
Wirkstoff active ingredient
Wirkung effect
Wirkungsgrad efficiency
Wirkungsquerschnitt cross section
Wirkungsspektrum action spectrum
Wirkungsverlängerung prolongation of activity
Wirt-Parasit-Beziehung host-parasite relation
Wirtschaftsdünger farm animal manure
Wirtsgestein host rock
Wischtest wiping test
Witterung weather
Witterungsperiode weather period
Wohl der Allgemeinheit public welfare
Wohnbereiche residential areas
Wohnhygiene living-hygiene
Wolfsspinnen (Lycosidae) wolf spider
Wolken clouds
Wuchsform growth form
Wuchshemmung growth inhibition
Wuchsstoff growth substance
Wühlmäuse (Microtidae) voles; black water rats
Wurzel root
Wurzelfresser (Rhizophage) root-eater (rhizophage)
Wurzelfüßer rhizopods
Wurzelhaar root hair
Wurzelhaar-Krankheit root hair disease
Wurzelhalsgalle (crown gall) crown gall
Wurzelhaube root cap
Wurzelherbizid root herbicide
Wurzelknöllchen root nodule
Wurzelraum rhizosphere
Wurzeltiefe root depth
Wurzelzersetzer decomposers of roots; root decomposers

Xenonvergiftung xenon poisoning
xeromorph xeromorphic
xerophil xerophilous
Xerophilie xerophily
X-Strahlung X-ray
Xylem xylem
Xylole Xylene

Yardstick-Konzept yardstick concept
Yousho-Krankheit Yousho disease

2π-Zähler 2π-geometry counter
4π-Zähler 4π-geometry counter
Zählrohr counting tube; counter
Zahlungsbereitschaft willingness to pay
Zahnschwelle dentated sill
Zahn-Wellens-Standtest Zahn-Wellens test
Zeigerarten monitor species
Zeitgeber synchronizer
Zeitgleichung equation of time; time equation
Zeitmaßstab temporal scale; time scale
Zeitverfügbarkeit availability factor
Zelle cell
Zellenfilter suction filter
Zellfusion cell fusion
Zellhybridisierung cell hybridization
Zellinie cell line

Zellkern cell nucleus
Zellkultur cell culture
Zellorganellen cell organelles
Zellsaft cell sap
Zellspezifische Expression cell specific expression
Zellstamm strain
Zellstoffherstellung pulp production
Zellteilung cell division
Zellteilungswachstum cell-division growth
Zellwand cell wall
Zementherstellung cement production
Zentraleinspritzung central injection
Zentralkläranlage central sewage treatment plant
Zentralzylinder central cylinder
Zentrifugalkraft centrifugal force
Zeolithe zeolites
Zerfall decay
Zerfallsenergie decay energy
Zerfallskoeffizient decomposition; decay coefficient
Zerfallskonstante decay constant
Zerfallsreihe decay series
Zersetzung decomposition
Zersetzungsgrad degree of decomposition
Zerstörunsfreie Prüfung non-destructive test
Zertifizierung certification
Zetanzahl cetane number
Zielwert aim value
Zigaretten cigarettes
Zinn (Sn, Stannum) tin
Zirkadianer Rhythmus circadian rhythm
Zirkondioxidsonde zirconium dioxide probe
Zirkulation circulation
Zirkulation der Atmosphäre atmospheric circulation
Zirkulation in Seen circulation (in lakes)
Zirkulierende Wirbelschicht circulating fluidized bed
Zirkumpolarkarte circumpolar weather map
Zisterne cistern
Zitronensäurezyklus citric acid cycle
Zitterspinnen (Pholcidae) spiders
Zivilisationskrankheit civilization disease
Zivilisatorische Strahlenexposition irradiation exposure caused by civilization
zonal zonal
Zonaler Grundstrom zonal current
Zonaler Index zonal index
Zonale Tiefdruckrinne zonal trough of low pressure
Zonale Wetterlage zonal weather type/condition
Zonierung zonation/zoning
Zonobiome zonobiome
Zönose coenosis; community
Zoobenthos zoobenthos
Zoologie zoology
Zoonosen zoonoses
Zoophage carnivorous animals
Zooplankton zooplankton
Zoozönose zoocoenosis
Zubereitung formulation
Züchtung breeding; cultivation
Zucker sugar
Zuckeraustauschstoffe sugar substitutes
Zuckerester sugar esters
Zuckerfabriken sugar factories
Zuckerrohr sugar cane
Zuckerrüben sugar beet
Zuckmücken chironomids; midges; lake flies
Zufällige Fehler random error
Zufallsverteilung random distribution

Zufuhr intake
Zugbahn track
Zugstraße track
Zulassungskriterien licensing criteria
Zulassungsverfahren licensing procedure
Zündbeschleuniger ignition improver
Zündstrahlmotor engine with torch ignition
Zündung ignition
Zündverzug ignition delay
Zündwilligkeit ignition performance
Zündzeitpunkt ignition timing
Zuordnung der Abfälle waste classification
Zusatzbelastung der Luft additional air pollution
Zusatzbrenner auxiliary burner
Zusatzstoff additive
Zustand, angeregter excited state
Zustandsdiagramm des Wassers state diagram of water
Zustandsgröße state variable
Zustandsstufe soil development level
Zustandsvariable state variable
Zustandsvektor state vector
Zweiflügler two-winged flies
Zweistoffbetrieb dual-fuel operation
Zweistufiges Verfahren two-stage process

Zweitaktmotor two-stroke engine
Zweitanmelder third-party applicant
Zweite Reinigungsstufe second purification step
Zweitraffinat recycled raffinate
Zweiwegekatalysator dual-way catalyst
Zwergfüßer Symphyla
Zwischenabfluß interflow
Zwischenbedingungen intermediate conditions
Zwischenfrucht catch crop
Zwischenhoch high-pressure ridge
Zwischenklärung intermediate settling
Zwischenlagerung ausgedienter Brennelemente interim spent fuel storage
Zyanose cyanosis
Zygomyceten zygomycetes
Zygote cygote
Zyklogenese cyclogenesis
Zyklomorphose cyclomorphosis
Zyklon cyclone
zyklonal cyclonic
Zyklonenfamilie family of lows; cyclone familiy
Zyklotron cyclotron
Zylinderabschaltung cylinder shutoff device
Zyste(n) cyst(s)
Zytostatika cytostatic drug

Glossar Englisch–Deutsch

Unter Mitarbeit von Michaela Hesse und Cordula Köpk

abandoned waste disposal site Altablagerung
abbatoir Schlachthof
abiosis Abiose
abiotic abiotisch
abrasion Abrieb
abscisic acid Abscisinsäure
abscission Abscission
absolute humidity absolute Feuchte
absolute temperature absolute Temperatur
absolute zero absoluter Nullpunkt
absorbed dose rate Energiedosisleistung
absorbed energy dose Energiedosis
absorber Absorber
absorber rod Absorberstab
absorption Absorption; Resorption
abundance Abundanz; Besiedlungsdichte
abundance of soil organisms Siedlungsdichten der Bodenorganismen
acaricides Akarizide
accelerator Beschleuniger
acceptance Akzeptanz
acceptance declaration Annahmeerklärung
accident Störfall; Unfall
accidental breakdown Störfall
accident analysis Störfallablaufanalyse
accident categories Störfallkategorien
accident event tree Störfallablaufanalyse
accident, nuclear Unfall, radioaktiver
accident occurrence analysis Störfalleintrittsanalyse
accident prevention Unfallverhütung
accident quote Unfallquote
accident risk Unfallrisiko
accident scenarios Störfall-Szenarien
acclimatization Akklimatisation; Anpassung
accountancy Bilanzierung
accreditation Akkreditierung
accumulation Akkumulation
accuracy Genauigkeit; Richtigkeit
acetaldehyde Acetaldehyd; Ethanal
acetate-mevalonate pathway Acetat-Mevalonat-Weg
acetic acid Essigsäure
acetylcholine Acetylcholin
acetylsalicylic acid Acetylsalicylsäure
acid fog Saurer Nebel
acidification Versauerung
acidification hypothesis Versauerungshypothese
acidity Azidität; Säurekapazität
acid neutralization capacity (ANC) Säureneutralisierungskapazität (SNK)
acidophilic azidophil
acid precipitation Saure Niederschläge
acid rain Saurer Regen

acid Säure
acivated sludge Belebter Schlamm
acivated sludge plant Belebungsanlage
acivated sludge tank with circulating flow Umlaufbecken
acknowledgement Anerkennung
acorn worms Branchiotremata (Eichelwürmer, Flügelkiemer)
acqusition system Erfassungssystem
acraniates Acrania (Schädellose)
acrylic glass Acrylglas
acrylic resins Acrylharze
actinomycetes Actinomyceten
actinomycins Actinomycine
action Handlung
action spectrum Wirkungsspekrum
activated carbon Aktivkohle
activated-carbon canister Aktivkohlebehälter
activated sludge process Belebungsverfahren
activated sludge stimulation/pilot plant Versuchsbelebtschlammanlage
activation Aktivierung
activation analysis Aktivierungsanalyse
activator sequence Aktivator-Sequenz
active (available) oxygen Aktivsauerstoff
active humus Nährhumus
active ingredient Aktivsubstanz (AS); Wirkstoff
active noise reduction Aktiver Lärmschutz
active transport Aktiver Transport
activity Aktivität
activity abundance Aktivitätsdichte
activity coefficient Aktivitätskoeffizient
activity concentration Aktivitätskonzentration
activity curve Aktivitätskurve
activity density Aktivitätsdichte
activity dominance Aktivitätsdominanz
activity-dose conversion Umrechnung Aktivität in Dosis
activity intake Aktivitätszufuhr
activity pattern Aktivitätsmuster
activity ratio Aktivitätenverhältnis
activity rhythm Aktivitätsrhythmus
actual velocity Abstandsgeschwindigkeit
acute mammal toxicity akute Säugetiertoxizität
acute toxicity akute Toxizität
adaption Adaptation
addiction diseases Suchterkrankungen
additional air pollution Zusatzbelastung (der Luft)
additive Zusatzstoff; Additiv
adhesion Adhäsion
adhesive Haftmittel; Kleber; Klebstoffe
adhesive strength Haftfestigkeit

adiabate Adiabate
adiabatic adiabatisch
adiabatic chart Adiabatenpapier
adiabatic combustion temperature Adiabate Verbrennungstemperatur
adibatic lapse rate adiabatischer Temperaturgradient
adibatic process adiabatische Prozesse
adipic acid Adipinsäure
adit Stollen
adjacent ecosystem Nachbarökosysteme
adjusted catalyst geregelter Katalysator
Administrative Procedure Act Verwaltungsverfahrensrecht
administrative regulations Verwaltungsvorschriften
administrative regulation specifying standards normkonkretisierende Verwaltungsvorschrift
admissible requiring monitoring value TRK-Wert
adrenal cortex Nebennierenrinde
adrenolytics Adrenolytika
adsorbable organic halogen compounds Adsorbierbare Organische Halogenverbindungen (AOX)
adsorption Adsorption
adsorption isotherms Adsorptionsisotherme
adsorption water Adsorptionswasser
adulticide Adultizid
advance Fortschritt; Vorabraum
advanced wastewater treatment weitergehende Abwasserreinigung; Dritte Reinigungsstufe
advectic weather type Advektionswetterlage
advection Advektion
advection fog Advektionsnebel
Advisory Commissions (existing chemicals) Beratergremien (Altstoffe)
advisory committee on pesticides Sachverständigenausschuß (SVA)
aerated grit removal tank Sandfang, belüfteter
aeration Belüftung
aerobic aerob
aerobic digestion of sludge Schlammoxidation
aerobic organism Aerobier
aerobic-thermophilic treatment aerob-thermophile Behandlung
aerodynamics Aerodynamik
aerogenic microorganisms Luftkeime
aerogram Diagrammpapier
aerological station aerologische Station
aerology Aerologie
aerosol Aerosol
aerosol dispenser Aerosoldose
affected area Einwirkungsbereich
afterheat Nachwärme
age classes Altersklassen
ageing (= aging) Altern
ageing and senescence processes Alterungsprozesse
ageing resistance Alterungsbeständigkeit
Agelenidae (funnel-web spiders) Agelenidae (Trichterspinnen)
ageostrophic wind (geostrophic departure) Ageostrophischer Wind
age pyramid Alterspyramide
age structure Altersstruktur
agglomeration Agglomeration
aggradation Verlandung
aggregate formation Gefügebildung
aggregate stability Gefügestabilität
aggregate state Aggregatzustand
aging (= ageing) Alterung
aging of humic substances Huminstoffalterung

Agnatha (agnathic, jawless) Agnatha (Kieferlose)
agrarian structure Agrarstruktur
agricultural advisory service Offizialberatung
agricultural consultation Beratung in der Landwirtschaft
agricultural consultation models Beratungsmodelle in der Landwirtschaft
agricultural cultivation landwirtschaftliche Kulturen
agricultural extension Beratung in der Landwirtschaft
agricultural factory Agrarfabrik
agricultural landscape Agrarlandschaft
agricultural law Agrarrecht
agricultural policy Agrarpolitik
agricultural utilization of wastewater Abwasserverwertung, landwirtschaftliche
agriculture Ackerbau; Landbau; Landwirtschaft
agrobiocoenosis Agrobiozönose
agrocoenosis Agrobiozönose
agroecosystem Agrar-Ökosystem
agrometeorology Agrarmeteorologie
aid for sewage treatment Klärhilfsmittel
aim value Zielwert
airborne microbes Luftkeime
airborne microbes, exposure to Luftkeimbelastung
air composition Luftzusammensetzung
air condition Klimaanlage
air constituents Luftbeimengungen
aircraft impact safety Flugzeugabsturzsicherheit
aircraft noise Fluglärm
air electricity Luftelektrizität
air exchange Luftwechsel
air-fuel mixture formation Gemischbildung
air-fuel-ratio Kraftstoff-Luftverhältnis
air hygiene Lufthygiene
air injection Lufteinblasung
air load Luftbelastung
air mass Luftmasse
air pollutants Luftschadstoffe
air pollution Luftverunreinigungen; Luftbelastung; Luftverschmutzung
air pollution control Luftreinhaltung
(air) pressure Luftdruck
(air) pressure gradient Luftdruckgradient
air quality criteria Luftqualitätskriterien
air-quantity meter Luftmengenmesser
air ratio Luftverhältnis
air sampling technique Luftprobenahmetechnik
air shortage Luftmangel
air stream strainer Luftstrahlsieb
air temperature Lufttemperatur
air valve Luftventil
Aitken nuclei Aitken-Kerne
alarm pheromones Schreckstoffe
alarm steps Alarmstufen
albedo Albedo
albedometer Albedometer
albite Albit
alcohol engine Alkoholmotor
alcohol fuel Alkoholkraftstoff
alcohol probe Alkoholsensor
algae Algen
algae/algal meal Algenmehl
algae blooms Algenblüte
algae test Algentest
algea toxicity Algentoxizität
algicide Algizid
alginate Alginate

alginic acid Alginsäuren
algorithm Algorithmus
alisol Parabraunerde
alizarin blue Alizarinblau
alkali feldspars Alkalifeldspäte
alkaline potassium effluent Kaliendlauge
alkalinity Basenkapazität
alkanet Alkanna
Alkazid process Alkazid-Verfahren
alkylbenzene sulfonates Alkylbenzolsulfonate
allele Allel
allelopathy Allelopathie
allergic contact dermatitis Allergische Kontaktdermatitis
allergy Allergie
alleroed period Allerödzeit
allocation Allokation
allochthonous Allochthon
allopathy Allopathie
allopatry Allopatrie
allophanes Allophane
allosterism Allosterie
allothermal allotherm
alpha decay Alphazerfall
alpha particle Alphateilchen
alpine forest Bergwald
altered evolution scenarios Störfall-Szenarien
alternating double filters Wechseltropfkörper
alternation of generations Generationswechsel
alternative drive (train) Alternative Antriebe
aluminum toxicity Aluminiumtoxizität
amalgam of dental filling Amalgam aus Zahnfüllungen
amaranth Amaranth
Amazon Amazonas
amensalism Amensalismus
amictic Amixis
amino acids Aminosäuren
amino resins Aminoplaste
ammonia Ammoniak
ammonia emission Ammoniakemissionen
ammonification Ammonifikation
ammonium compounds Ammoniumverbindungen
ammonium sulphate nitrate Ammoniumsulfatsalpeter
amoeba Amöben; Wechseltierchen (Amöben)
amoebic dysentery Amöbendysenterie; Amöbenruhr
amount of fertilizer Düngergabe
amount of radioactive waste Abfallaufkommen, radioaktiv
amphibian Amphibia (Lurche)
amphiboles Amphibole
amylases Amylasen
amylopectin Amylopektin
amylose Amylose
anabatic wind Aufwind
anabiosis Anabiose
anabolics Anabolika
anabolism Anabolismus
anaemia Anämie
anaerobic fermentation anaerobe Vergärung
anaerobic anaerob
anaerobic organism Anaerobier
anaerobic state Anaerobie
anaerobic wastewater treatment anaerobe Abwasserbehandlung
analysis of consequences Konsequenzenanalyse
analysis of variance Varianzanalyse

analytical solution analytische Lösung
anatase Anatas
androgens Androgene
anecic species anözische Arten
anemometer Windmesser; Anemometer
aneroid barometer Dosenbarometer
angiosperms Angiospermen
anhydrite rocks Anhydritgestein
animal carcass Tierkadaver
animal cell culture tierische Zellkultur
animal ecology Tierökologie
animal experiments Tierversuche
animal fat Tierfett
animal fodder Tiermast
animal husbandry Tierhaltung
animal nutrition Tierernährung
animal products tierische Erzeugnisse
animal protection law Tierschutzrecht; Tierschutzgesetz
animal residues tierische Reststoffe
animals of forests Waldfauna
animals' protection Tierschutz
animal vaccines Tierimpfstoffe
anion exchanger Anionenaustauscher
anisotropy Anisotropie
annatto Annatto
annelids Ringelwürmer; Annelida
annual intake limit Jahresaktivitätszufuhr, Grenzwert
annual intake values JAZ-Werte
annual limit of intake Jahresaktivitätszufuhr, Grenzwert
annulus Ringspalt
anoxibiosis, anaerobic catabolism Anoxibiose (Anaerobiose)
anoxic anoxisch
antagonism Antagonismus
antagonist Antagonist
antagonistic effects of pesticides antagonistische Wirkung von PSM
anthelmintics Anthelminthika
anthracene Anthracen
anthropogenic Anthropogen
anthrosol Plaggenesch; Eschboden
antiadrenergics Antiadrenergika
antibiosis Antibiose
antibiotics Antibiotika
antibody Antikörper
anticancer drugs Cytostatika
anticipated expert opinion antizipiertes Sachverständigengutachten
anticoincidence circuit Antikoinzidenzschaltung
anticyclonal antizyklonal
anticyclone Antizyklone; Hochdruckgebiet; Hoch
anticyclone with cold air Kältehoch
antidote Antidot
antifoaming agent Entschäumer
antifreeze Frostschutzmittel
antigen Antigen
antiknock additive Antiklopfmittel
antimatter Antimaterie
antimon cancerogenicity Carcinogenität von Antimon
antimony (Sb) Antimon (Sb)
antioxidants Antioxidantien
antiparasitica Antiparasitika
anti-phytopathogens Antiphytopathogene
antiprotozoica Antiprotozoika
antiseptic solution Lösung, antiseptische

antithyroid agents/drugs Thyreostatika
antiviral (agent) Antivirus
aphicides Aphizide
aphids Blattläuse
aphotic zone aphotische Zone
apoplast Apoplast
apoptosis Apoptose
apparent productivity Nettoprimärproduktion
appetitive behaviour Appetenzverhalten
Appliance Safety Act Gerätesicherheitsgesetz
application Applikation; Anwendung
application bans Anwendungsverbote, -beschränkungen
application documents Antragsunterlagen
application for a licence Genehmigungsantrag
application losses Ausbringungsverluste
application pattern Anwendungsmuster
application rate Aufwandmenge
application technique Ausbringungstechnik
approval of a master plan Plangenehmigung
apterygotes Urinsekten
aquatic aquatisch
aquiclude Aquicluden
aquifer Grundwasserleiter
aquifer storage Aquiferspeicherung
aquifuge Aquifugen
aquitard Aquitarde; Grundwasserhemmer
arable land Ackerland
arable land rating scheme Ackerschätzungsrahmen
arable layer Ackerkrume
arable system Anbausystem
arachnids Arachnida
araneids Araneida
arboricide Arborizid
arctic air Arktikluft
arctic front Arktikfront
area Areal
areal traffic control flächenhafte Verkehrsberuhigung
area of pure air Reinluftgebiete
area of settlement Einwirkungsbereich
area planning Raumordnung; Raumplanung
area planning procedure Raumordnungsverfahren
arid climate Arides Klima
arid grassland Trockenrasen
arid habitat Trockenbiotop
arisings of radioactive waste Abfallaufkommen, radioaktiv
aromas Aromastoffe
arrangements Absprachen
arsenates Arsenate
arsenic (As) Arsen (As)
arsenic trioxide Arsenik
arsenites Arsenite (Arsenate (III))
artesian system Artesisches System
arthropods Arthropoda; Gliederfüßer
artificial ecosystem Ökosystem, künstliches
artificial environmental radioactivity Radioaktivität in der Umwelt, künstliche
artificial fibers Kunstfasern
artificial groundwater recharge Grundwasseranreicherung
artificial leather Kunstleder
artificial radioactivity in the environment Radioaktivität in der Umwelt, künstliche
artificial silk Kunstseide
asbestos Asbest
asbestos cement Asbestzement

asbestos-free brakes asbestfreie Bremsbeläge
ascent Aufsteigen
ascomycetes Ascomyceten; Schlauchpilze (Ascomycetes)
ascorbic acid Ascorbinsäure
aseismic design Erdbebensicherheit
ash Asche
ash composition Aschezusammensetzung
ash precipitation Ascheabscheidung
ash utilization Asche- und Schlackeverwertung
aspect changing Aspektwechsel
Asse research mine Forschungsbergwerk Asse
assessment area Beurteilungsgebiet
assessment departments (Chemicals Act) Bewertungsstellen (ChemG)
assessment method Bewertungsverfahren
assessment of hazardous waste sites Altlastenbewertung
assessment of natural radioactivity Bewertung der natürlichen Radioaktivität
assessment of the plan Planfeststellung
assessment surfaces Beurteilungsflächen
assimilates Assimilate
assimilate transport Assimilattransport
assimilation Assimilation
assimilation rate Assimilationsrate
association action Verbandsklage
Association for Sewage Purification Abwasserverband
Association for Technical Inspection Technische Überwachungsvereine (TÜV)
Association of Wastewater Engineers Abwassertechnische Vereinigung (ATV)
asthma Asthma
asymbiotic asymbiotisch
asymbiotic nitrogen fixation asymbiotische Stickstoffbindung
atmogenic atmogen
atmosphere Atmosphäre
atmospheric boundary layer atmosphärische Grenzschicht
atmospheric circulation Zirkulation der Atmosphäre
atmospheric dynamics Dynamik der Atmosphäre
atmospheric electricity Luftelektrizität
atmospheric lability (instability) Labilität der Atmosphäre
atmospheric radiation Wärmestrahlung der Atmosphäre; atmosphärische Gegenstrahlung
atmospheric thermal radiation Wärmestrahlung der Atmosphäre
atmospheric turbulence atmosphärische Turbulenz; Turbulenz der Atmosphäre
atmospheric window atmosphärisches Fenster
atom Atom
atomic absorption spectroscopy Atomabsorptionsspektroskopie
atom(ic) bomb Atombombe
atomic clock Atomuhr
Atomic Energy Act Atomgesetz (AtG)
atomic nucleus Atomkern; Kern
atomic number Ordnungszahl; Kernladungszahl
atomic weight Atomgewicht
attractants Lockstoffe
autecology Autökologie
authochtonous autochthon
autocatalysis Autokatalyse
autofluoroscope Autofluoroskop
autolysis Autolyse

automatic rake screen   Greiferrechen
automotive exhaust gas   Autoabgas
autoradiography   Autoradiographie
autoradiolysis   Autoradiolyse
autosome   Autosom
autothermal   autotherm
autotrophic   autotroph
autotrophic bacteria   autotrophe Bakterien
autoxidation   Autoxidation
auxiliary burner   Zusatzbrenner
auxiliary substances   Hilfsstoffe
auxotrophy   Auxotrophie
availability   Verfügbarkeit
availability factor   Zeitverfügbarkeit
availability to plants   Pflanzenverfügbarkeit
available field capacity   nutzbare Feldkapazität (nFK)
available water capacity   nutzbare Feldkapazität (nFK)
averting dangers   Gefahrenabwehr
avicide   Avizid
AVM process   AVM-Verfahren
azores high   Azorenhoch
azorubin   Carmoisin B
Azospirillum   Azospirillum

Bacharach scale   Bacharach-Skala
bacillus   Bazillen
backfilling of voids   Hohlraumverfüllung
background aerosol   Background-Aerosol
background counting rate   Nulleffekt
background radiation   Hintergrundstrahlung
backing   Rückdrehen
bacteria   Bakterien
bacterial content   Keimgehalt
bacterial count   Keimzahl
bacterial count determination   Keimzahlbestimmung
bacterial filter   Bakterienfilter
bacterial toxins   Bakterientoxine
bacteria test   Bakterientest
bactericides   Bakterizide
bacteriology   Bakteriologie
bacteriophage   Bakteriophage; Bakterienfresser
bacteriophagous   Bakterienfresser
bacteriostatica   Bakteriostatikum
bag filter   Sackfilter
bait concentrate   Köderkonzentrat
bait-lamina-test   Köderstreifen-Test
bait pellets   Plättchenköder
bait ready for use   Fertigköder
bait-strip-test   Köderstreifen-Test
(baker's) yeast   Backhefe
ban   Anwendungsverbote, -beschränkungen
band aeration systems   Bandbelüftungssysteme
band filter press   Bandfilterpressen
bank storage   Uferspeicherung
bare fallow (land)   Schwarzbrache
baric-wind law (Buys Ballot's law)   barisches Windgesetz
bark   Borke
bark beetle   Borkenkäfer
barm   Backhefe
barn   Barn
baroclinic instability   Barokline Instabilität
baroclinity   Baroklinie; Baroklinität
barogram   Barogramm
barograph   Luftdruckschreiber; Barograph
barometer   Barometer

barometric tendency   Luftdrucktendenz
barotropic   barotrop
barren land   Unland
barrier   Barriere
bar screen   Stabrechen
Bartlett test   Bartlett-Test
baryon   Baryon
basalt   Basalt
base flow   Basisabfluß
baseload power plants   Grundlastkraftwerke
basement drainage   Kellerentwässerung
base pair   Basenpaar (bp)
base ratio   Basenverhältnis
base saturation   Basensättigung
basic dressing   Grunddüngung
basic sealing   Basisabdichtung
basidiomycetes   Basidiomyceten
basset   Ausbiß
bastard saffron   Färberdistel
batch process   Batch-Verfahren
batteries   Batterien
battery farming   Massentierhaltung
Bdelloidea (rotifers)   Bdelloidea (Rädertierchen)
Beaufort wind scale   Beaufort-Skala
Beckett isotherm   Beckett-Isotherme
bed load   Geschiebe
bed material   Geschiebe
bee   Biene
beeswax   Bienenwachs
beetles   Käfer; Coleoptera
beet roots   Rote Rübe
behavioral ecology   Ethoökologie; Verhaltensökologie
behavioral resistance   Verhaltensresistenz
behavioral science   Verhaltensforschung
belt conveyor dryer   Bandtrockner
belt press   Bandpresse; Siebbandpresse
Benard cell   Benard-Zellen
Benchmark concept   Benchmark-Konzept
bending the wind   Eckeneffekt
bendioxide   Bentazon
benefit   Benefit
benefit analysis   Nutzwertanalyse
benfuracarb   Benfuracarb
bentazon   Bentazon
bentazone   Bentazon
benthal   Benthal
benthic zone   Benthal; benthische Zone
benthon   Benthon
benthos   benthische Zone; Benthos
bentonite   Bentonit
benzene   Benzol
benzoic acid   Benzoesäure
benzoin   Benzoeharz
Bergerhoff procedure   Bergerhoff-Verfahren
Berlese extractor   Berlese Apparatur
beta-agonist   Beta-Agonist
betablocker   Beta-Blocker
beta decay   Betazerfall
beta particle   Betateilchen
beta radiation   Betastrahlung
beta rays   Betastrahlung
betatron   Betatron
bibionids   Haarmücken (Bibionidae)
bilge   Bilge
bilharziosis   Bilharziose
binder   Kleber
binding energy   Bindungsenergie

bin for recyclable material Wertstofftonne
binominal distribution Binomialverteilung
bioaccumulation Bioakkumulation
bioaccumulation factor Bioakkumulationsfaktor
bioaerosols Bioaerosole
bioalcohol Bioalkohol
bioavailability Bioverfügbarkeit; biologische Verfügbarkeit
bio-bin Biotonne
biocatalyst Biokatalysator; biologischer Katalysator
biocenosis Biozönose
biocenosis of wastewater Biozönose des Abwassers
biocenotic connection Konnex, biozönotischer
biochemical oxygen demand (BOD) Biochemischer Sauerstoffbedarf (BSB)
biochemistry Biochemie
biochore Biochor
biocides Biozide
biocides directive Biozidrichtlinie
bioconcentration Biokonzentration
bioconcentration factor BCF Biokonzentrationsfaktor BCF
biodegradation biologischer Abbau; biologische Abbaubarkeit
bio-diesel Biodiesel (RME)
biodiversity Biodiversität
bio-engineering Biotechnologie; Ingenieurbiologie
biofilter Biofilter
biofiltration Biofiltration
„biofloc" process Biofloc-Verfahren
(bio)fouling Aufwuchs
biofuel Biodiesel (RME); Bio-Kraftstoff
biogas Biogas; Faulgas
biogenic biogen
biogenic aeration biogene Belüftung
biogenic aggregate formation Lebendverbauung
biogenic amines biogene Amine
biogeochemical cycle biogeochemischer Kreislauf
biohalogenation Biohalogenierung
bioindicator Bioindikator
biological activity biologische Aktivität
biological capacity Kapazität, biologische
biological cascade Kaskade, biologische
biological clock Innere Uhr
biological consumption Konsumption, biologische
biological contactor Tauchkörper
biological decalcification biogene Entkalkung
biological-dynamical agriculture biologisch-dynamische Wirtschaftsweise (BDW)
biologic(al) efficiency biologische Umsatzleistung
biological gas scrubber Biowäscher
biological half-life biologische Halbwertzeit (T1)
biological hydraulic engineering biologischer Wasserbau
biological mechanical waste treatment biologisch-mechanische Restmüllbehandlung
biological membrane Biologische Membran
biological oxygen demand biologischer Sauerstoffbedarf
biological pest and weed control biologische Schädlings- und Unkrautbekämpfung
biological plant protection biologischer Pflanzenschutz
biological self-purification biologische Selbstreinigung
biological time biologische Zeit
biological tolerance value for working materials Biologischer Arbeitsstofftoleranzwert (BAT)

biological waste treatment biologische Abfallbehandlung
biological wastewater treatment biologische Abwasserreinigung
biological weapons biologische Waffen
biological weathering biologische Verwitterung
biological working materials tolerance value Biologischer Arbeitsstofftoleranzwert (BAT)
bioluminescence Biolumineszenz
biomagnification Biomagnifikation
biomanipulation Biomanipulation
biomass Biomasse
biome Biome
biometeorology Biometeorologie
biomonitoring Biomonitoring
bioprecipitation Biopräzipitation
bioproduction Bioproduktion
bioreactor Bioreaktor
biorhythm Biorhythmus
biosensor Biosensor
biosorption Biosorption
biosphere Biosphäre
biota Biota
biota of the soil Bodenbiota
biotechnological plant protection biotechnischer Pflanzenschutz
biotechnology Biotechnologie
biotest Biotest
biotic biotisch
biotic balance biologisches Gleichgewicht
biotic interactions biotische Interaktionen
biotite Biotit
biotope Lebensraum; Biotop
biotope management Biotopmanagment
biotope protection Biotopschutz
biotransformation Biotransformation
biowasher Biowäscher
biowaste Bioabfall
biowaste ordinance Bioabfallverordnung
bird toxicity Vogeltoxizität
bitter almonds bittere Mandeln
bitter principles Bitterstoffe
black box model Black-box-Modell
black earth Schwarzerde
blackflies Kriebelmücken
black smoke Schwarzrauch
black water rats Wühlmäuse (Microtidae)
blank experiment Blindversuch
blank reading (value measure) Blindwert
blank sample Blindprobe
blastocyte Blastozyste
bleaching agent Bleichmittel
block bait Blockköder
block diagram Blockdiagramm
blocking high Blockierendes Hoch
„blue angel" Blauer Engel
blue-green algae Blaualgen
blue-light receptor Blaulichtrezeptor
blue smoke Blaurauch
BOD BSB
body burden Körperbelastung
body counter Ganzkörperzähler
body dose Ganzkörperdosis
body of water used for swimming Badegewässer
bog Moor
boiler-room ash Kesselstäube
boiling point Siedepunkt
boiling-water reactor Siedewasserreaktor

bond energy Bindungsenergie
bone meal Knochenmehl
bone seeker Knochensucher
bony fishes Osteichthyes (Knochenfische)
border strip program Randstreifenprogramm
borehole-mining Bohrlochbergbau
boric acid Borsäure
boron Bor (B)
boron counter Borzähler
borosilicate glass Borosilikatglas
Bosch number Boschzahl
bottom containment Bodenwanne
bottom trawling Grundschleppnetzfischerei
bottom-up approach Bottom-up Ansatz
bottom up contról bottom up Kontrolle
botulinus Botulinumtoxin
botulism Botulismus
botulism toxins Botulinumtoxin
boundary conditions Randbedingungen
boundary layer Grundschicht; Grenzschicht
bound residues Gebundene Rückstände
Bourgogne snail Helix pomatia (Weinbergschnecke)
box-cut method of opening up Grabenaufschluß
Brachydanio-rerio fish test Brachydanio-rerio-Fischtest
brackish spring Brackwasserquelle
brackish water Brackwasser
brake fluid Bremsflüssigkeit
brake lining Bremsbelag
branching anomalies Verzweigungsanomalien
brandling Mistwurm (Eisenia fetida); Eisenia fetida (Mistwurm)
brassino steroids Brassinosteroide
Brazilean alcohol program Brasilien-Alkoholprogramm
break Rißwerk
breakdown Betriebsstörungen; Störfall
breaking up of grassland Grünlandumbruch
breakthrough curve Durchbruchskurve
breast stoping Festenbau
breeding Züchtung; Brüten
breeding bird Brutvogel
breeding gain Brutgewinn
breeding ratio Brutverhältnis; Brutfaktor
breeding reactor Brutreaktor
brewery waste gases Brauerei-Emissionen
brightening agents Aufhellungsmittel
brine Sole
broad irrigation of sewage Abwasserverrieselung
bronchial cancer Bronchialkarzinom
bronchial carcinoma Bronchialkarzinom
bronchitis Bronchitis
brook reed Bachröhrichte
brown coal (lignite) Braunkohle
brown earth Braunerde
browning Verbraunung
Brown's molecular movement Molekularbewegung, Brown'sche
Brundland report Brundland-Report
Brussels resolution Brüsseler Beschlüsse
bryozoan Tentaculata
bubble chamber Blasenkammer
bubble policy Glockenkonzept („bubble policy")
buffer Puffer
buffer capacity Pufferkapazität
buffer capacity of soil Pufferkapazität des Bodens
buffering capacity Pufferkapazität; Pufferungsvermögen

buffer ranges Pufferbereiche
buffer reaction Pufferreaktion
Building Code Baugesetzbuch
building materials Baumaterialien
building permit Baugenehmigung
Building Planning Act Bauplanungsrecht
building rubble Schutt; Bauschutt
building(-site) refuse Baumüll
building(-site) rubble Baumüll
Building Use Ordinance Baunutzungsverordnung
building waste Bauabfall
buildup factor Aufbaufaktor
bulk density Schüttdichte; Lagerungsdichte; Bodendichte
bulk deposition throughfall Bestandesdeposition
bulking sludge Blähschlamm
bulk volume Schüttvolumen
bulky waste Sperrmüll
bulletin Bekanntmachung
bundle collection Bündelsammlung
burden of proof Beweislast
burn-clearing Brandrodung
burned lime Branntkalk
burn through zone Durchbrandzone
burn-up Abbrand, Kernreaktoren
burrowing animals of soil Bodenwühler
burst protection Berstschutz
bush crickets Ensifera
butterfly Schmetterling; Lepidoptera
butylated hydroxytoluene (BHT) Butylhydroxytoluol
butyric acid Buttersäure
by-equipment Nebeneinrichtung
by-products Begleitsubstanzen
byproducts from slaughter Schlachtnebenprodukte
byssinosis Byssinose

C3 plants C3-Pflanzen
C4 plants C4-Pflanzen
caddis fly Köcherfliegen; Trichoptera
Caesium Cäsium (Cs)
caffeine Coffein
cage rotor Käfigwalze
calcite Kalkspat
calcium cyanamide Kalkstickstoff
calculability Kalkulierbarkeit
calibration gas Eichgas
California bluebell Phacelia
California test California-Test
callus Kallus
calorie Kalorie
Calvin cycle Calvin-Zyklus
cambisol Braunerde
cambium Kambium
camphene chlorination Camphenchlorierung
canalyzing the wind Düseneffekt
cancellation Widerruf
cancer Karzinom; Krebs
cancer aid Krebsbekämpfung
cancer disease Krebserkrankungen
cancerogenesis Kanzerogenese
cancerogenic carcinogen; kanzerogen; cancerogen
cancerogenicity Cancerogenität
cancerogenic substances Stoffe, cancerogene
candela Candela
canister Kokille
capacity of base neutralization Basenneutralisationskapazität
capacity/storage models Kapazitätsmodelle

capacity value Kapazitätsmaß
capillary electrophoresis Kapillarelektrophorese
capillary fringe Kapillarsaum
capillary potential Kapillarpotential
capillary rise Steighöhe, kapillare; kapillarer Aufstieg
capillary water Kapillarwasser
capsule granule Kapselgranulat
capsule suspension Kapselsuspension
carabids Carabiden
caramel Karamel
carbamates Carbamate
carbaryl Carbaryl
„Carbofloc"-process Carbofloc-Verfahren
carbohydrates Kohlenhydrate
carbon Kohlenstoff
carbonate balance Kalk-Kohlensäure-Gleichgewicht
carbonate rocks Karbonatgesteine
carbon black Kohlenschwarz
carbon canister Kohlebehälter; Aktivkohlebehälter
carbon cycle Kohlenstoff-Kreislauf
carbon dioxide Kohlendioxid
carbon disulphide Schwefelkohlenstoff
carbon monoxide Kohlenmonoxid
carbon/nitrogen ratio Kohlenstoff-Stickstoffverhältnis (C/N-Verhältnis)
carbon/nitrogen relation Kohlenstoff-Stickstoffverhältnis (C/N-Verhältnis)
carburetor Vergaser
carcinogenesis Karzinogenese; Cancerogenese; Carcinogenese
carcinogenic krebserzeugend
carcinogenity Carcinogenität
carcinoma Carcinom
cardiac glycoside Herzglykoside
cardiotoxin Cardiotoxin
cardiovascular diseases Herz-Kreislauf-Erkrankungen
car-exhaust gas Autoabgas
carmin Karmin
carnauba wax Carnaubawachs
carnivorous animals Zoophage
carob meal Johannisbrotkernmehl
carotene Carotin
carotinoids Carotinoide
carpet cleaner Teppichreiniger
carpet-cleaning agents Teppichreinigungsmittel
carp region Barbenregion
car recycling Autoverwertung
carrier Trägerstoff; Carrier
carrying capacity Umweltkapazität; Tragfähigkeit
cartilaginous fishes Chondrichthyes (Knorpelfische)
car wreck Autowrack
cascade models Kaskadenmodelle
casein plastics Kunsthorn
case study Fallstudie
catabolic katabolisch
catabolic metabolism pathways katabolische Stoffwechselwege
catabolism Katabolismus
catalase Katalase
catalysis Katalyse
catalyst Katalysator
catalyst damage Katalysatorschäden
catalyst poisoning Katalysatorvergiftung
catalyst support Katalysatorträger
catalyst without air/fuel mixture control system U-Kat

catch crop Zwischenfrucht
catching methods Fangmethoden
cation exchange Kationenaustausch
cation Kation
causality Kausalität
cause of death Todesursachen
causer Verursacher
causer-pays principle Verursacherprinzip
causes of abiotic diseases abiotische Krankheitsursachen
cavern Kaverne
caving Bruchbau
cell Zelle
cell culture Zellkultur
cell division Zellteilung
cell-division growth Zellteilungswachstum
cell fusion Zellfusion
cell hybridization Zellhybridisierung
cell line Zellinie
cell nucleus Zellkern
cell organelles Zellorganellen
cell sap Zellsaft
cell specific expression zellspezifische Expression
cellulase Cellulase
cell wall Zellwand
cement production Zementherstellung
centipedes Hundertfüßer; Lithobius (Chilopoda)
central cylinder Zentralzylinder
Central European Summer Time Mitteleuropäische Sommerzeit
Central European Time Mitteleuropäische Zeit
central injection Zentraleinspritzung
central sewage treatment plant Gruppenkläranlage; Zentralkläranlage
centrifugal force Zentrifugalkraft
ceramic catalyst keramischer Katalysator
ceramic engine parts keramische Motorteile
ceramic (nuclear) fuel Brennstoff, keramischer
cercaria Cercarien
Cerenkov radiation Cerenkov-Strahlung
certainty order Bestimmtheitsgebot
certification Zertifizierung
certification test value Typprüfwert
Cesium Cäsium (Cs)
cetane index Cetanindex
cetane number Zetanzahl; Cetanzahl
chain desludger Kettenräumer
charge Abgabe
charging Beschickung
charophytes Armleuchteralgen; Characeen
chelate Chelate
chelicerates Chelicerata
chemical accidents Störfall, chemische Industrie
chemical cleaning chemische Reinigung
chemical decalcification chemische Entkalkung
chemical ecology chemische Ökologie
chemical oxygen demand (COD) chemischer Sauerstoffbedarf (CSB)
chemical-physical wastewater treatment methods chemisch-physikalische Verfahren der Abwasserbehandlung
chemical potential chemisches Potential
Chemicals Act Chemikaliengesetz (ChemG)
chemical tanker Chemikalientanker
chemical toilets Chemietoiletten
chemical wastewater treatment chemische Abwasserbehandlung
chemical weathering chemische Verwitterung

chemical weed control chemische Unkrautbekämpfung

chemiluminescense detectore Chemilumineszensdetektor (CLD)

chemiosmotic hypothesis chemiosmotische Hypothese

chemoautotrophy Chemoautotrophie

chemocline Sprungschicht; Chemokline

chemolithotrophic bacteria chemolithotrophe Bakterien

chemosterilization Chemosterilisation

chemosynthesis Chemosynthese

chemotherapeutics Chemotherapeutika

chemotherapy Chemotherapie

Chernobyl Tschernobyl

chernozem Tschernosem; Chernozem

chilopods Chilopoda

chimera Chimäre

chimeric gene chimäres Gen

chimney Schornstein

chimney sweeper Schornsteinfeger

chipboard Spanplatten

chironomids Chironomiden; Zuckmücken

chi-square distribution Chi-Quadrat-Verteilung

chloracne Chlorakne

chloridazone Chloridazon

chloride agreement Chloridabkommen

chloride load Chloridbelastung

chlorinated hydrocarbons Chlorkohlenwasserstoffe (CKW)

chlorinated rubber Chlorkautschuk

chlorination Chlorung

chlorine (Cl) Chlor (Cl)

chloroacetone Chloraceton

chlorofluorocarbons (CFC) Fluorchlorkohlenwasserstoffe (FCKW)

chloroform Trichlormethan (Chloroform)

chloroform fumigation method Chloroform-Fumigationsmethode

chlorofos Chlorophos

chlorophyll Chlorophyll

chloroplasts Chloroplasten

cholera Cholera

choline Cholin

cholinesterase Cholinesterase

cholinesterase inhibitor Cholinesterasehemmer

chondromyces Chondromyces

chop-leach process Chop-leach-Verfahren

chordates Chordata (Chordatiere)

chromatography Chromatographie

chromium Chrom (Cr)

chromosomal aberration Chromosomenaberration

chromosomal deletion Chromosomendeletion

chromosomal mapping Chromosomenkartierung

chromosome Chromosom

chromosome analysis Chromosomenanalyse

chronic chronisch

chronically damaging chronisch schädigend

chronic carrier Dauerausscheider

chronic test Chronischer Test

chronic toxicity Chronische Toxizität

chrysene Chrysen

cigarettes Zigaretten

Ciguatera fish poisoning Ciguatera-Fischvergiftung

ciliates Wimpertierchen; Ciliaten

ciliophora Ciliaten

circadian rhythm Zirkadianer Rhythmus; Circadianer Rhythmus

circular degritter Rundsandfang

circular tank Rundbecken

circulating fluidized bed zirkulierende Wirbelschicht

circulation Zirkulation

circulation cooling Umlaufkühlung

circulation (in lakes) Zirkulation in Seen

circumpolar weather map Zirkumpolarkarte

cirque lake Karsee

cistern Zisterne

citrate cycle Citratcyclus

citric acid Citronensäure

citric acid cycle Citratcyclus; Zitronensäurezyklus

city development Stadtentwicklung

civilization disease Zivilisationskrankheit

cladding Brennstoffhülle

cladocera Cladoceren

clarification process Klärung; Klären

classification Einstufung (Chemikalien)

classification Klassifikation

classifier Sichter

clay Ton

clay-humus complexes Ton-Humus-Komplexe

clay migration Tonverlagerung

clay-mineral decomposition Tonmineralzerstörung

clay minerals Tonminerale

Clean Air Act Technische Anleitung zur Reinhaltung der Luft (TA Luft)

clean air act Luftreinhaltungsrecht

clean-air areas Reinluftgebiete

Clean Air Commission (KRdL) in VDI (Association of German Engineers) and DIN (German Industrial Standards) Kommission Reinhaltung der Luft (KRdL) im VDI und DIN

clean-air conditions Reinluftbedingungen

clean-air plans Luftreinhaltepläne

clean-air programme Luftreinhalteprogramm

clean-air tax Luftreinhalteabgabe

cleaning agents Putzmittel; Reinigungsmittel

cleaning capacity Reinigungsgrad

cleaning materials Reinigungsmittel; Putzmittel

cleanness statute Reinhalteordnung

cleansing agents Reinigungs- und Pflegemittel

clear ice Klareis

clear water Reinwasser

clear-water phase Klarwasserstadium

cleavage Rißwerk

cleft Rißwerk

climate Klima

climate modification by man Klimabeeinflussung, anthropogene

climate protection law Klimaschutzrecht

climate research program Klimaforschungsprogramm

climatical water balance Wasserbilanz, klimatische

climatic classification Klimaklassifikation

climatic cycle Klimaschwankung

climatic diagram Klimadiagramm

climatic elements Klimaelemente

climatic factor Klimafaktoren

climatic formula Klimaformel

climatic map Klimakarten

climatic system Klimasystem

climatic table Klimatabelle

climatogram Klimatabelle

climatology Klimatologie

climax Klimax

climax community Klimaxgesellschaft

climbing screen Kletterrechen

climogram Klimadiagramm
clogging constituents Sperrstoffe
clon Klon
closed-bottle test Flaschentest, geschlossener
closed (form) solution Geschlossene Lösung
closed system geschlossene Systeme
clothes washing and cleaning Reinigung von Wäsche und Kleidung
cloudburst Starkniederschlag
cloud chamber Nebelkammer
clouds Wolken
club good Clubgut
club property Clubgut
C-, M-, T-substances C, M, T-Stoffe
C/N ratio C/N-Verhältnis
coagulant Flockungsmittel
coagulation Koagulation; Flockung
coagulation process Fällungsverfahren
coal Kohle
coal canister Kohlebehälter
coal equivalent Steinkohleneinheit
coalescence Koaleszenz
coal power plant Kohlekraftwerk
coal refinement Kohleveredlung
coal washing water Kohlenwaschwässer
coarse bubble aeration grobblasige Belüftung
coarse particles Riesenkerne
coarse pores Grobporen
coastal fog Küstennebel
coating Beschichtung
cocaine Kokain
coccidiosis Coccidiose
coccidiostatics Coccidiostatika
cochineal Cochenille
cockroaches Blattodea; Schaben
cocoon Kokon
COD CSB
code letters Kennbuchstaben
codification of environmental laws Kodifikation des Umweltrechts
coenosis Zönose
coevolution Koevolution
cofermentation Kofermentation
coffein(e) Coffein
cogeneration Kraft-Wärme-Kopplung
cohesion Kohäsion
cohesive end kohäsive Enden
coincidence Koinzidenz
coincidence circuit Koinzidenzschaltung
coke plant Kokerei
cold-air accumulation Kaltluftbildung
cold-air layer Kaltlufthaut
cold-air production Kaltluftbildung
cold-air skin Kaltlufthaut
cold front Kaltfront
cold resistance Kälteresistenz
cold stability Kältestabilität
cold start Kaltstart
coliform bacteria Colibakterien
coliform organisms Coliforme Organismen
coli titer Colititer
collar Schachtansatzpunkt
collection, alternating or additive Sammlung, alternierend bzw. additiv
collection and transportation license Einsammlungs- und Beförderungsgenehmigung
collection station Sammelstelle
collective-dose equivalent Kollektiv-Äquivalentdosis

collector Kollektor
collector system Kollektorsystem
collembola Springschwänze
colloids Kolloide
colluvium Kolluvium
colony count Koloniezahl; Gesamtkeimzahl
column Kolonne
coma Koma
combination effect Kombinationswirkung
combination sealing Kombinationsabdichtungen
combined aeration Belüftung, kombinierte
combined basic sealing Basisabdichtung
combined heat and power station Blockheizkraftwerk
combined pyrolysis/combustion process Schwelbrennverfahren
combined sewage treatment Mischwasserbehandlung
combined sewer system Mischsystem; Mischverfahren
combustible entzündlich
combustion Verbrennung; Abbrand
combustion chamber Brennraum
CO measurement CO-Messung
cometabolic degradation of pesticides cometabolischer Abbau von PSM
cometabolism Cometabolismus
commensalism Kommensalismus
commercial fertilizer Handelsdünger
commercial law Gewerberecht
Commission on Radiological Protection Strahlenschutzkommission
Committee on Dangerous Substances Ausschuß für Gefahrstoffe (AGS)
(common) club-rush Flechtbinse
common earwig Dermaptera
common property resource Allmenderessource
common salt Kochsalz
community Zönose
community of organisms (biocenosis) Lebensgemeinschaft
compaction zone Kompressionszone
compactor Kompaktor
compact store Kompaktlager
companion cell Geleitzelle
company officer for environmental protection Betriebsbeauftragter für Umweltschutz
company officer for wastewater Betriebsbeauftragter für Abwasser
company officer Betriebsbeauftragter
company officer for immission control Betriebsbeauftragter für Immissionsschutz
compartment Kompart(i)ment
compartmentalization Kompartimentierung
compartment models Kompartimentmodelle
compensation layer Kompensationsebene
compensation zone Kompensationszone
competition Konkurrenz
competition approach Kompetitionsansatz
competition model Konkurrenzmodell
complete biological degradation vollständiger biologischer Abbau
complete fertilizer Volldünger
complete fodder Alleinfuttermittel
complexes Komplexe
complex fertilizer Komplexdünger
complexing agents Komplexbildner
component examination Bauteileprüfung
composite formulation Kombinationsformulierung

composite material Verbundmaterial; Verbundwerkstoffe
composites Verbundwerkstoffe
composite sample Mischprobe
composite seal Kombinationsabdichtungen
compost Kompost
compost bin Komposttonne
compost dump Rottedeponie
compost filter Kompostfilter
composting Kompostierung; Rotte
composting cell Rottezelle
composting cylinder Rottetrommel
composting drum Rottetrommel
composting landfill Rottedeponie
composting plant Kompostierungsanlage
composting techniques Kompostierungsverfahren
compost inhabitant Kompostbewohner
compost living organisms Kompostbewohner
compost starter Kompostpräparat
compost tip Rottedeponie
compound fertilizer Mehrnährstoffdünger
compression Verdichtung, Auto
compressive-heat pump Kompressionswärmepumpe
Comprex supercharging Comprex-Aufladung
concentration Konzentration
concentration effect Konzentrationswirkung
concentration-effect relationship Konzentrations-Wirkungs-Beziehung
concentration profile Konzentrationsprofil
concordance analysis Konkordanz-Analyse
concretions Konkretionen
condensation Kondensation
condensation nucleus Kondensationskern
condensation water Schwitzwasser; Kondenswasser
condition imposition Auflage
conditioning Konditionierung
conditioning agent Konditionierungsmittel
conditions of location Standortfaktoren
conductivity Leitfähigkeit
cone penetration Kegelpenetration
confidence protection principle Vertrauensschutzprinzip
confined groundwater Grundwasser, gespanntes
confiscated material Konfiskate
conformation of stand Bestandesaufbau
conidium Konidie
conifer (tree) Nadelbaum
coning Coning
conjugates Konjugate
conjugation Konjugation
connection Konnex
consecutive dose equivalent Folgeäquivalentdosis
consensus Konsens
conservation Konservierung
conservation economics Naturschutz-Ökonomie
consideration Abwägung
consortium Konsortium
constant-level balloon Constant-level-balloon
constant-pressure level Isobare Fläche
construction law for supply pipes Rohrleitungsbaurecht
construction machines Baumaschinen
construction site wastes Baustellenabfälle
consumer Konsument
consumer articles law Bedarfsgegenständerecht
consumption Konsumption
consumption term Konsumptionsterm
contact herbicide Kontaktherbizid

contact stabilization Kontaktstabilisation; Schlammkontaktverfahren
container Behälter
container landfill Behälterdeponie
containment Containment; Sicherheitsbehälter
containment technology Sicherungsmaßnahme; Sicherung
contaminant accumulation Schadstoffanreicherung
contaminants Schadstoffe; Kontaminanten
contaminated site Altlast; Altstandort
contaminated soil Kontaminiertes Erdreich
contamination Kontamination; Verunreinigung; Restanhaftung
contamination monitoring Kontaminationsprüfung
contingent evaluation kontingenter Bewertungsansatz
contingent valuation kontingenter Bewertungsansatz
continued operation Weiterbetrieb
continuity Kontinuität
continuity equation Kontinuitätsgleichung
contour line Isohypsen
contour-ploughing Konturpflügen
control Kontrolle; Steuerung
control chart Qualitätsregelkarte; Kontrollkarte
controlled air-fuel mixture geregelte Gemischbildung
controlled area Kontrollbereich
controlled carburetor geregelter Vergaser (G-Kat)
controlled dump geordnete Deponie
controlled gravity stowing Fließversatz
controlled release formulation Controlled-Release-Formulierung
controlled release of active ingredient kontrollierte Wirkstofffreisetzung
controlling epidemics Seuchenbekämpfung
control rod Regelstab; Steuerstab
control times Steuerzeiten
control unit Steuergerät
control value Überwachungswert
convection Konvektion
convection loss Konvektionsverlust
conventional drive konventionelle Antriebe
Convention on Nuclear Accident Liability Atomhaftungsübereinkommen
conventions for the protection of marine pollution Meeresschutzkonventionen
convergence Konvergenz
conversion Konversion; Konvertierung; Umwandlung
conversion electron Konversionselektron
converter reactor Konverterreaktor
converter zone Wandlungszone
conveyance Beförderung
coolant Kühlmittel
cooling Abkühlung
cooling behavior Abklingverhalten
cooling lubricants Kühlschmierstoffe
cooling pond Kühlteich
cooling power Abkühlungsgröße
cooling systems Kühlungsarten; Kühlsysteme
cooling tower Kühlturm
cooling water Kühlwasser
copepods Copepoda; Ruderfüßer
coping with conflicts with planning means Planerische Konfliktbewältigung
copolymerization Copolymerisation; Mischpolymerisation
copolymers Copolymerisate
copper Kupfer (Cu)

copper sulphate Kupfersulfat
coprecipitation Coprecipitation; Mitfällung
coprophagy Koprophagie
coral reef Korallenriff
core Spaltzone; Kern
coregonids Coregonen
core melt Kernschmelzen
Coriolis force Coriolis-Kraft
cork Kork
cormophytes Kormophyten
corner effect Eckeneffekt
corn maize Silomais
coronary insufficiency Koronarinsuffizienz
coroxon Coroxon
correlation analysis Korrelationsanalyse
corrosion Korrosion
corrosive ätzend
cosmetics Kosmetika
cosmic radiation kosmische Strahlung; Höhenstrahlung
cost-benefit analysis Kosten-Nutzen-Analyse
cost-effectiveness analysis Kostenwirksamkeitsanalyse (KWA)
cost ordinance Kostenverordnung
Council of Environmental Protection Sachverständigenrat für Umweltschutz
counter Zählrohr
counterflow combustion Gegenstromverbrennung
counting tube Zählrohr
coupling coefficient Kopplungskoeffizient
course of combustion Brennverlauf
cover extent Deckungsgrad
covering bill Begleitschein
crack Rißwerk
crack gas Spaltgas, Abgas
cracking Rißwerk
crane-fly Schnake (Tipulidae)
crankcase emissions Kurbelgehäuseabgase
crankcase ventilation Kurbelgehäuseentlüfung
crawling soil animals fodente Bodenorganismen
crayfish Flußkrebse
creek Bach
cremation Feuerbestattung
crematorium Krematorium; Feuerbestattung; Einäscherungsanlage
crenobiotic krenobiont (-phil, -xen)
cretacious formation Kreide
criterion Kriterium
criterion of the stability of the atmosphere Stabilitätskriterien, Atmosphäre
critical kritisch
critical dimension Kritische Größe
criticality Kritikalität
criticality experiment kritisches Experiment
criticality incident Kritikalitätsstörfall
criticality safety Kritikalitätssicherheit
critical mass kritische Masse
crop farm Ackerbaubetrieb
crop(ping) Ausbiß
cropping capacity Ertragspotential
crop ratio Anbauverhältnis
crop rotation Fruchtfolge
crops Nutzpflanzen
crop (type) Fruchtart
cross resistance Kreuzresistenz
cross section Wirkungsquerschnitt
crown gall Wurzelhalsgalle (crown gall)
crown thinning Kronenverlichtung

crown transparency Kronentransparenz
crude oil Erdöl
crumb structure Krümelgefüge
crustaceans Krebse; Crustacea
crusts Krusten
cryal Kryal, Kryon
cryosols Frostböden
cryosphere Kryosphäre
cryoturbation Kryoturbation
crystalline kristallin
crystallization Kristallisation
cultivation Züchtung
cultivation intensity Anbauintensität
cultivation method Anbauverfahren
cultivation technique Anbauverfahren
cultural landscape Kulturlandschaft
culture Kultur
culture medium Kulturmedium
„Cumasina"-process Cumasina-Verfahren
cumulation Kumulation
cumulative effects additive Wirkung
cumulative run-off Abflußsumme
curcuma Curcuma
curved screen Bogenrechen
(customs) bond note Abfallbegleitschein
cutaneous intake cutane Aufnahme
cuticle Cuticula
cutting fluid/solution/oil Schneidöle
CW-value CW-Wert
cyanobacteria Blaualgen; Cyanobakterien
cyanoguanidine Dicyandiamid
cyanosis Blausucht; Cyanose; Zyanose
cybernetics Kybernetik
cyclogenesis Zyklogenese
cyclomorphosis Zyklomorphose
cyclone Fliehkraftabscheider; Zyklon
cyclone familiy Zyklonenfamilie
cyclonic zyklonal
cyclotron Zyklotron
cygote Zygote
cylinder shutoff device Zylinderabschaltung
cyprinid zone Cyprinidenregion
cyst(s) Zyste(n)
cytoplasm Cytoplasma
cytoskeleton Cytoskelett
cytostatic drug Zytostatika
cytostatics Cytostatika
cytotoxicity Cytotoxizität

dairy wastes Molkereiabwasser
dam Deich; Stauanlagen
damage Schädigung; Schaden; Harm
damage class Schadstufe
damage potential Schädigungspotential
danger Gefahr
danger board Gefahrsymbole; Warntafel
danger classification Gefahr(en)klassen
danger designation Gefahrenbezeichnung
danger label Gefahrzettel
danger number Gefahrnummer
dangerous gefährlich
dangerous formulation Gefährliche Zubereitungen
dangerous goods Gefährliche Güter
dangerous-goods regulation Gefahrgut-Vorschriften
dangerous substances Gefahrstoffe; Gefährliche Stoffe
danger symbols Gefahrensymbole
danger warnings Gefahrenhinweise

daphnia reproduction test Daphnien-Reproduktionstest
daphnia test Daphnien-Test
Darcy's law Darcys Gesetz
Darcy velocity Filtergeschwindigkeit
dark reactions Dunkelreaktionen
date for discussion Erörterungstermin
daughter nuclides Tochter- und Enkelnuklide
dawn Dämmerung
dazomet Dazomet
DDT effects DDT-Auswirkung
deadly nightshade Tollkirsche
dead organic matter Nekromasse
debt liability Verschuldungshaftung
deca Deka
decanting Dekantieren
decanting centrifuge Dekantierzentrifuge
decay Zerfall
decay coefficient Zerfallskoeffizient
decay constant Zerfallskonstante
decay energy Zerfallsenergie
decay series Zerfallsreihe
decay time Abklingzeit
deciduous tree Laubbaum
declaration procedure for waste Nachweisverfahren, abfallrechtliches
decommissioning of nuclear power plants Stillegung von Kernkraftwerken
decomposer Streuzersetzer
decomposers of roots Wurzelzersetzer
decomposition Zerfallskoeffizient; Zersetzung; Streuabbau
decomposition coefficient Abbaukoeffizient
decontamination Dekontamination
decontamination factor Dekontaminationsfaktor
decree Erlaß; Rechtsverordnung
dedustion Entstaubung
deep hole Tiefbohrungen
deep mining Tiefbau
deep ploughing Rigolen
deep sand trap Tiefsandfang
deep-sea dumping Tiefseeversenkung
deep well Tiefbrunnen
defence mechanisms Abwehrmechanismen
defensive expenditures Defensivausgaben
deficient sites Mangelstandorte
definite host Endwirt
defoamer Entschäumer
defoliants Defoliantien
defrosting (salts) Auftaumittel
degradability Abbaubarkeit
degradation Abbau; Degradation
degradation coefficient Abbaukoeffizient
degradation efficiency Abbauleistung
degradation limit Abbaugrad
degradation products Abbauprodukte
degradation rate Abbaugeschwindigkeit; Abbaugrad
degree of decomposition Zersetzungsgrad
degree of hardness Härtegrad
degree of naturalness Natürlichkeitsgrad
delayed critical verzögert-kritisch
deletion Deletion
deletion mutant Deletionsmutante
delivery declaration Anlieferungserklärung
demecology Populationsökologie
Demeter quality Demeter-Qualität
demineralized water VE-Wasser
demography Demographie

denaturants Denaturantien
denaturation Denaturierung
Dendrobaena Dendrobaena (Lumbricidae)
denitrifaction capacity Denitrifikationsleistung
denitrifaction rate Denitrifikationsgeschwindigkeit
denitrification Denitrierung; Denitrifikation
DeNO$_x$ catalyst DeNOx-Katalysator
DeNO$_x$ plant DeNOx-Anlage
density Dichte
density current Dichteströmung
dentated sill Zahnschwelle
dephenolizing Entphenolung
depleted uranium abgereichertes Uran
deposit Lagerstätte
deposition Deposition
deposit system Pfandsystem
depth dose Tiefendosis
depth of precipitation Gebietsniederschlag
depth of runoff Abflußhöhe; Gebietsabfluß
derivatives Derivate
dermatitis Dermatitis
desalination Entsalzung
desalination of sea-water Meerwasserentsalzung
descent Absinken
desertification Desertifikation
design-basis accident Auslegungsstörfall
desinfectants Desinfektionsmittel
desoxyribonucleic acid (DNA) Desoxyribonucleinsäure (DNS)
desoxyribose Desoxyribose
destruents Destruenten
desulphurization Entschwefelung
detection limit Erfassungsgrenze; Nachweisgrenze
detector Detektor
detergent Spülmittel; Waschmittel; waschaktive Substanz; Detergentien
detergent base material Waschrohstoffe
detergents law Waschmittelgesetz
deterministic deterministisch
deterministic analysis deterministische Analyse
detoxification Entgiftung; Detoxifikation
detritivores Detritivoren; Totsubstanzfresser
detritor Flachsandfang
detritus Detritus
detritus feeder Detritusfresser
development Entwicklung; Aufschluß
developmental stages Entwicklungsstadien
deviation of measurement Meßabweichung
dewatering Entwässerung, Bergbau
dew point Taupunkt
dew-point spread Taupunktdifferenz
dew-point temperature Taupunkttemperatur
diabatic process diabatische Prozesse; nichtadiabatische Prozesse
diagenesis Diagenese
diagnosis/diagnostic system Diagnosesystem
diallat Diallat
dialysis Dialyse
diapause Diapause
diatomite Kieselgur
diatoms Diatomeen; Kieselalgen
dibbling Dibbelsaat
dicamba Dicamba
dicofol Kelthane
dicotyledon plants Dikotyle Pflanze
dicotyledons Dikotyledonen; Dikotyle
diesel fuel Dieselkraftstoff; Dieselöl
diesel-gas engine Diesel-Gasmotor

diesel motor Dieselmotor
diesel with catalyst Katalysator-Diesel
diet fodder Diätfuttermittel
difference equation Differenzengleichung
differential equation Differentialgleichung
differential gene expression differentielle Genexpression
diffuser Filterkerzen
diffuser depth Einblastiefe
diffuse sky radiation Himmelsstrahlung
diffuse solar radiation diffuse Sonnenstrahlung
diffuse source diffuse Quelle
diffusion Diffusion
diffusion coefficient Diffusionskoeffizient
diffusion sampler Diffusionssammler
diffusion water Diffusionswasser
digested sludge Sapropel; stabilisierter Schlamm; Faulschlamm
digester Faulturm; Faulbehälter
digester gas Klärgas
digester gas utilization Gasverwertung; Klärgasverwertung
digestion Ausfaulung; Verdauung; Schlammfaulung; Faulung; Aufschluß
digital diesel electronics digitale Diesel Electronic
dihydrochalcones Dihydrochalkone
dike Deich
dike lock Siel
dilution air Verdünnungsluft
dilution in receiving water Verdünnung im Vorfluter
dilution ratio Verdünnungsverhältnis
dilution tunnel Verdünnungstunnel
dimictic Dimixis
dimictic lake Dimiktischer See
DIN (German Industrial Norms) DIN
dinitrogen oxide Distickstoffoxid; Lachgas
DIN standards DIN-Normen
diploid diploid
diplopodes Schnurfüßer (Iulidae)
diplopods Doppelfüßer; Diplopoda
diplurans Doppelschwänze; Diplura
dipterans Diptera
direct discharger Direkteinleiter
direct disposal direkte Endlagerung; Endlagerung; Direktendlagerung
direct drilling Direktsaat
direct energy conversion direkte Umwandlung
direct injection direkte Einspritzung
direct-injection diesel engine DI-Dieselmotor
direct-injection gasoline engine DI-Ottomotor
direction of mining Abbaurichtung
directive on major industrial trouble Störfall-Verordnung
direct precipitation Direktfällung
direct radiation Direktstrahlung
direct runoff Direktabfluß
direct solar radiation direkte Sonnenstrahlung
dirt Berge
disadvantages Nachteile
disappearance time DT
discard Abgänge
discharge Ablauge; Abfluß
discharged storm-water tank Fangbecken
discharge (introduction) Einleitung
discharge of little sewage Kleineinleitungen
discharge of waste gas Abgasableitung
discharge per unit area Abflußspende
discounting Diskontierung

discretion Ermessen
disease statistics Krankheitsstatistik
disfigurement protection Verunstaltungsschutz
disinfection Hygienisierung; Desinfektion
disintegration zone Auflockerungszone
disparlur Disparlur
dispersant Dispersionsmittel; Dispergiermittel
dispersibility Dispergierbarkeit
dispersible concentrate dispergierbares Konzentrat
dispersing agent Dispersionsmittel
dispersion Dispersion
dispersion Verteilungsmuster; Verschlämmung; Ausbreitung; Ausbreitung, biologische
dispersion calculations Ausbreitungsrechnungen
dispersion coefficient Dispersionskoeffizient
dispersion length Dispersionslänge
dispersion types Ausbreitungstypen
dispersivity Dispersionslänge; Dispersivität
displacement Verlagerung
display packaging Umverpackung
disposable container Einwegbehälter
disposable packing Einwegverpackung
disposable syringes Einwegspritzen
disposable system Einwegsystem
disposal Entsorgung; Entsorgen; Ablagerung
disposal concept Entsorgungskonzept
disposal evidence Entsorgungsnachweis
disposal in caverns Kavernenlagerung
disposal precaution Entsorgungsvorsorge
disposition Disposition
dissimilation Dissimilation
dissipation Dissipation
dissociation Dissoziation
dissolved air flotation Entspannungsflotation
dissolved organic matter (DOC) Gelöste organische Stoffe (DOM)
dissolver Auflöser
distance decree Abstandsverordnung
distribution Verbreitung
disturbance of soil, effects of animals Bodenstörung und Fauna
disturber Störer
diurnal rhythm Tagesrhythmus
divergence Divergenz
diversity Diversität
DNA DNS
DNA-binding proteins DNS-bindende Proteine
DNA cloning Genklonierung
DNA probe Gensonde
DNA-sequencing DNS-Sequenzierung
DNA-synthesis DNS-Synthese
Dobson unit Dobson-Einheit
dodecane Dodekan
dolomite Dolomit
dolomite rocks Dolomitgestein
domestic animal Haustiere
domestic disposal Inlandsbeseitigung
domestic dust Hausstaub
domestic heating Hausbrand
domestic heating appliances Haushaltsfeuerungen
domestic sewage Haushaltsabwasser; häusliche Abwässer
dominance Dominanz
dominance identity Dominanzidentität
dominant dominant
Doppler effect Dopplereffekt
dormancy Dormanz (Tiere)
dormant egg Dauerei

dormant stages Dauerstadien
dorsal light response Lichtrückenreflex
Dortmund tank (upflow settling tank) Dortmund-brunnen/-becken
dose Dosis
dose-buildup factor Dosisaufbaufaktor
dose-effect curve Dosis-Effekt-Kurve
dose-effect relationship Dosis-Wirkungs-Beziehung
dose equivalent Äquivalentdosis
dose factor Dosisfaktor
dose limits Dosisgrenzwerte
dosemeter Dosimeter
dose rate Dosisleistung
dosimeter Dosimeter
dosimetry Dosimetrie
double bed catalyst Doppelbettkatalysator
double helix Doppelhelix
doubling time Verdopplungszeit
downslope Unterhangbereich
dragon fly Libelle
drain Abwasserkanal
drainage Dränage; Dränung; Entwässerung
drainage bed Entwässerungsschicht
drainage by vacuum Vakuumentwässerung
drainage coefficient Austrocknungs-Koeffizient
drainage structures Kanalbauwerke
draining Entwässerung, Bergbau
drawdown cone Absenktrichter
dredged material Baggergut
dredged material disposal site Spülfeld
dregded sludge Hafenschlick
dresser agent Beizmittel
drift Abtrift; Stollen
driftings Treibzeug
drift line Spülsaum
drill-hole disposal Bohrlochlagerung
drillosphere Drilosphäre
drinking water Trinkwasser
drinking-water protection area Trinkwasserschutzgebiet
drinking-water regulation Trinkwasserverordnung
drinking-water treatment Trinkwasseraufbereitung
driveability Fahrverhalten
driving cycle Fahrzyklus
driving performance Fahrverhalten
droplet Tropfen
drop-off-system Bringsystem
drug abuse Medikamentenmißbrauch; Arzneimittel-mißbrauch
drug misuse Arzneimittelmißbrauch
drug registration Arzneimittelzulassung
drugs Drogen
drugs law Arzneimittelgesetz
drum screen Trommelrechen
dry adiabate Trockenadiabate
dry-cooling tower Trockenkühlturm
dry filter Trockenfilter
drying Trocknung
drying zone Trocknungszone
dry season Trockenperiode
dry-season flow Trockenwetterabfluß
dry seed treatment agent Trockenbeize
dry sludge Trockenschlamm
dry storage Trockenlager
dry-unit operations Trockenverfahren
dual-fuel operation Zweistoffbetrieb
dual-way catalyst Zweiwegekatalysator
duckweed test Lemna-minor-Test

dump Kippe; Halde
dumping chute Schüttung
dumping from barges Verklappung
dung Dung
dung stores Dungspeicher
dung unit Düngeeinheit
duration of precipitation Niederschlagsdauer
duromers Duroplaste
dusk Dämmerung
dust Staub; Feinstaub
dustable powder Stäubemittel
dust collector Staubbinder
dust contents Staubinhaltsstoffe
dust deposit Staubniederschlag
dust emission Staubemissionen
dust filter Staubfilter
dusting agent Stäubemittel
dust removal Entstaubung
dust separation Staubabscheidung
duties of plant's owner Anlagenbetreiberpflichten
duty Abgabe
duty of marking/labeling Kennzeichnungspflicht
duty to notify Anmeldepflicht
dying of forests Waldsterben
dyke construction building Eindeichung
dyking Eindeichung
dynamic dynamisch
dynamic clause Dynamisierungsklausel
dynamic cooling Dynamische Abkühlung
dynamic efficiency Dynamische Anreizwirkung
dynamics Dynamik
dynamic toxicity test Dynamischer Toxizitätstest
dynamic warming Dynamische Erwärmung
dynamite fishing Dynamitfischerei
dysentery Ruhr-Krankheit
dystrophic lakes Dystrophe Seen

earth basin Erdbecken
earth-crawlers Bodenkriecher
earthquake safety Erdbebensicherheit
earthworm Lumbricus (Lumbricidae); Regenwurm; Laubwurm (Regenwürmer)
earthworm density Regenwurmbesatz
earthworm pores/holes Regenwurmgänge
earwigs Ohrwürmer
easily combustible leichtentzündlich
ECE-convention ECE-Konvention Luftreinhaltung
eclector Eklektor
eclogite Eklogit
ecocentric environmental protection ökozentrischer Umweltschutz
eco-efficiency Ökoeffizienz
eco-epidemiology Ökoepidemiologie
ecological ökologisch
ecological barrier Schranke, ökologische; ökologische Schranke
ecological chemistry Ökologische Chemie
ecological compensation areas ökologische Ausgleichsräume
ecological economics ökologische Ökonomie
ecological effectiveness ökologische Treffsicherheit
ecological equilibrium ökologisches Gleichgewicht
ecological indices ökologische Indices
ecological isolation Isolation, ökologische
ecological models ökologische Modelle
ecological niche ökologische Nische
ecological planning ökologische Planung
ecological plasticity Reaktionsbreite

ecological potency   ökologische Potenz
ecological race   Ökologische Rasse
ecological reservoir   ökologische Zellen; ökologische Reserve
ecological stress analysis   ökologische Belastungsanalyse
ecological tax reform   ökologische Steuerreform
ecological technology   ökologische Technik
ecological tolerance   ökologische Toleranz
ecological valency   Valenz, ökologische; ökologische Valenz
ecological waste disposal   ökologische Abfallentsorgung
ecology   Ökologie
ecology of hedges   Ökologie der Hecke
ecomorphosis   Ökomorphose
economic automobile   Sparmobil
economic data   ökonomische Daten
economic efficiency   ökonomische Effizienz
economies of scale   Skaleneffekte
eco-salvatology   Ökosalvatologie
ecosphere   Ökosphäre
ecosystem   Naturhaushalt; Ökosystem
ecotone   Ökoton; Saumbiotop
ecotope   Ökotop
ecotoxicological profile analysis   Profilanalyse, ökotoxikologische
ecotoxicology   Ökotoxikologie
ecotype   Ökotyp
ectoderm   Ektoderm
ectomycorrhiza   Ektomykorrhiza
ectoparasite   Ektoparasit
ectosymbiont   Ektosymbiont
ectotoxins   Ektotoxine
eczema   Ekzem
eczema vulgare   Ekzema vulgare
edaphic   edaphisch
edaphic organisms   Edaphon
edge effect   Randeffekt
EEC number   EWG-Nummer
effect   Wirkung; Wirkungsgrad
effective concentration   effektive Konzentration (EC_1/EC_{50})
effective dose   effektive Dosis (ED)
effective radiation   effektive Ausstrahlung
effect of organization   Gestaltungswirkung
effect of permission   Gestattungswirkung
efficiency   Wirkungsgrad, technisch
effluent   Abfluß
effluent charge   Abwassergebühr
effusion rocks   Ergußgesteine
egg production   Eiproduktion
Ekman layer   Ekman-Schicht
Ekman spiral   Ekman-Spirale
elastomers   Elastomere; Elaste
elaterids   Schnellkäfer (Elateridae)
electrodialysis   Elektrodialyse
electrolysis   Elektrolyse
electrolyte   Elektrolyt
electromagnetic fields   elektromagnetische Felder
electromagnetic isotope separation   elektromagnetische Isotopentrennung
electromagnetic radiation   elektromagnetische Strahlung
electron   Elektron
electron capture   Elektroneneinfang
electron equilibrium   Elektronengleichgewicht
electronic ignition   elektronische Zündung

electronic injection   elektronische Einspritzung
electronics   Elektronik
electronic wastes   Elektronikschrott
electron irridation   Elektronenbestrahlung
electron transport   Elektronentransport
electron volt   Elektronenvolt
electrophoresis   Elektrophorese
electrostatic filter   Elektrofilter
electrostatic precipitator   Elektrofilter
element   Element
elementary charge   Elementarladung
elementary particle   Elementarteilchen
elicitor   Elicitor
elimination   Elimination
El Nino event   El Nino-Ereignis
elution time   Elutionszeit
emanation   Emanation
embankment   Deich; Böschung; Endböschung; Eindeichung
EMBL-data base   EMBL-Datenbank
embryo   Embryo
embryology   Embryologie
emergence   Emergenz; Auflaufen
emergence trap   Eklektor
emergency cooling   Notkühlung
emergency hydrophyte treatment system   Pflanzenkläranlage
emergency plan   Katastrophenschutzpläne
emigration   Emigration
emission   Emission
emission certificates   Emissionszertifikate
emission declaration   Emissionserklärung
emission degree   Emissionsgrad
emission distribution   Abgasausbreitung
emission factors   Emissionsfaktoren
emission guidelines   Abgasrichtlinien
emission index   Emissionskennzahlen
emission levels   Emissionsklasse
emission licenses   Emissionslizenzen
emission limit   Emissionsbegrenzung
emission limit values   Emissionsgrenzwerte
emission measurement   Emissionsmessung
emission-measuring method   Emissionsmeßverfahren
emission monitoring   Emissionsüberwachung
emission of radioactivity   Radioaktivitätsabgabe
emission permits   Umweltzertifikate
emission quantity limits   Emissionsauflage
emission reduction   Emissionsminderung
emission reduction techniques   Emissionsminderungstechnik
emission reference values   Emissionskenngrößen
emission register   Emissionskataster
emissions of radioactive material   radioaktive Emissionen
emission source   Emissionsquelle
emission standards   Emissionsstandards
emission targets   Schadstoffgrenzwerte
emission tax   Emissionsabgabe
emission test   Abgastest
emission test procedure   Abgas-Prüfverfahren
emission test stand   Abgas-Rollenprüfstand
emission values   Abgasgrenzwerte; Emissionswerte
emission waiving   Emissionsverzicht
empirical formula   Summenformel
emulsifiable concentrate   emulgierbares Konzentrat
emulsifier   Emulgator
emulsion   Emulsion
emulsion quality   Emulsionsqualität

enclosure Kapselung
encroachment into nature and landscape Eingriff in Natur und Landschaft
encystment Encystierung (Einkapselung)
endangered animals gefährdete Tiere
endemism Endemismus
end of the vegetation Vegetationsende
endogeic/endogenous lumbricids (Allolobophora (Lumbricidae)) Allolobophora (Lumbricidae)
endogeic soil organisms (in the upper soil) endogäische Bodenorganismen
endogeneous oxygen consumption Endogener Sauerstoffverbrauch
endogeneous respiration endogene Atmung
endogenic earthworms Octolasion (Lumbricidae)
endomycorrhiza Endomykorrhiza
endoparasite Endoparasit
endoplasmatic endoplasmatisch
endosymbiont Endosymbiont
endothermal endotherm
endotoxins Endotoxine
endurance test Dauererprobung
end-use energy Endenergie
energy Energie
energy balance Energiebilanz
energy chains Energieketten
energy conversion Energieumwandlung
energy farming Energy-Farming
energy flow within ecosystem Energiefluß im Ökosystem
energy laws Energierecht
energy loss Verlustenergie
energy ratio Erntefaktor
energy recovery Energierückgewinnung
energy regime/balance Energiehaushalt
energy requirement Energiebedarf
energy reserves Energiereserven
energy saving Energieeinsparung; Energiesparen
energy sources Energieträger
energy-storage facility Speicher
energy turnover by animals Energieumsatz durch Tiere
energy turnover of soil organisms Energieumsatz von Bodenorganismen
energy units Energieeinheiten
engine box Motorkapselung
engine family Motorenfamilie
engine management Motormanagement
engine-map control Kennfeldsteuerung
engine noise Motorgeräusch
engine oil Motoröl
engine speed limitation Drehzahlbegrenzer
engine with torch ignition Zündstrahlmotor
enjoyment value Genußwert
enriched uranium angereichertes Uran
enrichment Anreicherung; Kohleveredlung
enrichment chains Anreicherungsketten
enterobacteria Enterobakterien
enterobacteriaceae Enterobacteriaceae
enterotoxins Enterotoxine
enteroviruses Enteroviren
enthalpie of dissolution Lösungsenthalpie
enthalpy Enthalpie
entomology Entomologie
entropy Entropie
entropy production Entropieproduktion
entry Eintritt; Stollen
entry route Eintrittspfade

E-number E-Nummer
environment Umwelt
environmental administrative law Umweltverwaltungsrecht
environmental alteration Umweltveränderung
environmental amicability check Umweltverträglichkeitsprüfung
environmental analysis Umweltanalytik
environmental and economic accounting umweltökonomische Gesamtrechnung
environmental and resource economics Umwelt- und Ressourcenökonomik
environmental audit Umwelt-Audit
environmental cancerogens Cancerogene in der Umwelt
environmental capacity Umweltkapazität
environmental centers Ökologiezentren
environmental certificates Umweltzertifikate
environmental charges Umweltabgabe
environmental chemistry Umweltchemie; Ökologische Chemie
environmental compartment Umweltkompartiment
environmental economics Umweltökonomik
environmental effects Umwelteinwirkungen
environmental expert opinion Umweltgutachten
environmental factor ökologischer Faktor; Umweltfaktoren
environmental fluctuations Umweltschwankungen
environmental groups Umweltverbände
environmental hazards of chemicals Umweltgefährlichkeit von Chemikalien
environmental hygiene Umwelthygiene
Environmental Impact Assessment (UVP) Umweltverträglichkeitsprüfung (UVP)
Environmental Impact Assessment Act Gesetz über die Umweltverträglichkeitsprüfung (UVPG)
environmental information Umweltinformation
Environmental Information Act Umweltinformationsgesetz
environmental information system Umweltinformationssystem
environmental institute Ökoinstitut
environmental label Umweltzeichen
environmental law Umweltrecht
environmental law of nations Umweltvölkerrecht
environmental liability Umwelthaftung
environmental liability law Umwelthaftungsgesetz
environmental licences Umweltlizenzen
environmentally dangerous umweltgefährlich
environmentally friendly fuels umweltfreundliche Kraftstoffe
environmental management and audit scheme Öko-Audit-Verordnung
environmental monitoring Umgebungsüberwachung
environmental planning Umweltplanung
environmental policy Umweltpolitik
environmental pollution Umweltverschmutzung
environmental private law Umweltprivatrecht
environmental protection Umweltschutz
environmental protection costs Umweltschutzkosten
Environmental Protection Council Sachverständigenrat für Umweltschutz
environmental protection engineer Umweltschutzingenieur
environmental protection investment Umweltschutzkosten
environmental protection law Umweltschutzrecht

environmental protection officer Umweltschutzbeauftragter

environmental protection technology Umweltschutztechnik

environmental quality Umweltqualität

environmental quality target(s) Umweltqualitätsziel(e) (QZ)

environmental radioactivity Umweltradioaktivität

environmental register Umweltkataster

environmental regulations Umweltauflagen

environmental research Umweltforschung

environmental samples Umweltproben

environmental sampling bank Umweltprobenbank

environmental stabilization Umweltstabilisierung

environmental standards Umweltstandards

environmental surveillance/monitoring Umweltüberwachung

environmental tax Umweltsteuer

environmental telephone Umwelttelefon

environmental thermal energy Umgebungswärme

environmental toxicology Umwelttoxikologie

environmental use/utilization licences Umweltnutzungslizenzen

enzyme Ferment; Enzym

enzyme activity Enzymaktivität

enzyme-linked immunosorbent assay enzyme-linked Immunosorbent Assay

epicormic shoots Ersatztriebe

epidemics Seuchen

epidemiological hypothesis epidemiologische Hypothese

epidemiology Epidemiologie

epidermis Epidermis

epidote Epidot

epifauna Epifauna

epigeic animals epigäische Tierarten

epilimnion Epilimnion

epiphytes Epiphyten

episitism Episitismus

episodic spring Quelle, episodische

episome Episom

epizoa Epizoen

epizootic diseases Tierseuchen

epoxy resins Epoxidharze (EP)

equalizing tank Ausgleichbecken

equation of motion Bewegungsgleichungen

equation of time Zeitgleichung

equilibrium Gleichgewicht

equivalent dose Äquivalentdosis

equivalent temperature Äquivalenttemperatur

ergot Mutterkorn

ergot alkaloids Ergotalkaloide

erodibility Erodierbarkeit

erosion Erosion

erosion mapping Erosionskartierung

erosivity Erosivität

ERP clean air programme ERP-Luftreinhaltungsprogramm

error Fehler

error of measurement Meßfehler

erucic acid Erucasäure

essential food ingredients essentielle Nahrungsbestandteile

essential oils etherische Öle

establishing of protected territories Schutzgebietsfestsetzung

ester Ester

ester oils Esteröle

estimation Ermessen

estuary Aestuar

ethanal Ethanal; Acetaldehyd

etho-ecology Verhaltensökologie

ethology Verhaltensforschung; Ethologie

ethylene Ethylen

etiology Aetiologie

EU Commission EU-Kommission

EU institutions EU-Organe

eukaryotes Eukaryoten

eulittoral (zone) Eulitoral

EU Ministerial Council EU-Ministerrat

euphotic zone euphotische Zone

Euratom basic safety standards Euratom-Grundnormen

Euro 2/3 emission targets Euro 2/3 Abgaswerte

European Core Inventory ECOIN

European Council (ER) Europäischer Rat (ER)

European Court (EuGH) Europäischer Gerichtshof (EuGH)

European driving cycle Europäischer Fahrzyklus

European emission standards Europäische Abgasnormen

European emission test Europa-Test

European Parliament (EP) Europäisches Parlament (EP)

European premium fuel (gasoline) Eurosuper

European single act Einheitliche Europäische Akte

European standard Euronorm (EN)

European Waste Catalogue EWC Europäischer Abfall-Katalog (EAK)

euryhaline Euryhalin

euryoecious euryök

euryphagous euryphag

eurythermous eurytherm

eurytopic eurytop

EU standard EU-Norm

eutrophic eutroph

eutrophication Eutrophierung

evacuation plan Evakuierungspläne

evaluation Bewertung (Chemikalien)

evaluation method Bewertungsverfahren

evaporation Evaporation; Eindampfen

evaporation emission Verdampfungsemission

evaporation emission test Verdampfungstest

evapotranspiration Evapotranspiration; Verdunstung

evapotranspiration over area Landverdunstung; Gebietsverdunstung

evidence for collective disposal Sammelentsorgungsnachweis

evolution Evolution

EWC EAK

excess air Luftüberschuß

excess (alien) filling Fremdberge

excessive fertilization Überdüngung

excess reactivity Überschußreaktivität

excess sludge Überschußschlamm

exchange Austausch

exchange acidity Austauschazidität

exchange conditions Austauschbedingungen

exchange isotherms Austauschisothermen

excited state Zustand, angeregter

excrements Exkremente

exhaust air Abluft

exhaust control systems Abgaskontrollsysteme

exhaust-emission check Abgassonderuntersuchung (ASU)

exhaust emission standards Abgasgrenzwerte

exhaust gas   Abgas
exhaust gas after-treatment   Abgasnachbehandlung
exhaust gas analysis   Abgasanalyse
exhaust gas components   Abgasbestandteile
exhaust gas emission disc/sticker   G-Kat-Plakette
exhaust gas emission plaquette   G-Kat-Plakette
exhaust gas measurement procedures   Abgasmeßverfahren
exhaust gas pollutants   Abgasschadstoffe
exhaust gas purification   Abgasentgiftung
exhaust gas purification system   Abgasreinigungssystem
exhaust gas recirculation   Abgasrückführung
exhaust noise   Auspuffgeräusch
exhaust probes   Abgassonden
exhaust smell   Abgasgeruch
exhaust turbocharger   Abgasturbolader
exhaust vapours   Brüden
existing chemicals   Altstoffe
existing plant   Altanlage
exogeneous respiration   exogene Atmung
Exogenic Allergic Alveolitis   exogen allergische Alveolitis (EAA)
exon   Exon
exothermal   exotherm
experimental beamhole   Experimentierkanal
experimental loop   Experimentierkanal
Expert Council on Environmental Issues   Rat von Sachverständigen für Umweltfragen
expertise   Sachkenntnis
explicit numerical solution   explizites numerisches Lösungsverfahren
explosive   explosionsgefährlich
explosive substances   explosionsgefährliche Stoffe
exponential distribution   Exponentialverteilung
exponential growth   exponentielles Wachstum
export (chemicals)   Ausfuhr (Chemikalien)
exposition   Exposition
exposure   Exposure; Ausbiß; Aufschluß
exposure analysis   Expositionsanalyse
exposure route   Expositionspfade
exposure time   Expositionsdauer
exposure to microbial aerosols   Luftkeimbelastung
expression   Expression
ex-situ technologies   ex-situ-Verfahren
extended aeration   Langzeitbelebung
extenders   Füllstoffe
extension programs   Beratungsmodelle in der Landwirtschaft
extensive agriculture   Extensivierung in der Landwirtschaft
extensive state variable   extensive Größe
external costs   externe Kosten
external effect   externer Effekt
externality   externer Effekt
external spoil heap   Außenkippe
extinction   Extinktion
extinction coefficient   Extinktionskoeffizient
extinguishing agent   Löschmittel
extractable organic halogen compounds (EOX)   Extrahierbare Organische Halogenverbindungen (EOX)
extraction methods   Extraktionsmethoden
extraction methods for soil animals   Ausleseverfahren
extractor   Extraktor
extraterrestrial/terrestrial radiation   Extraterrestrische/terrestrische Strahlung
extruder   Extruder

extrusion   Extrusion
exudation   Exsudation
ex-vent air   Fortluft
eye irritation   Augenreizung

fabric filter   Tuchfilter
fabric softener   Weichspüler
facilities catalogue   Anlagenkatalog
facilities subject to licensing   Genehmigungsbedürftige Anlage
facility requiring monitoring   überwachungsbedürftige Anlage
factory inspectorates   Gewerbeaufsichtsämter
facultative aerobic bacteria   fakultativ aerobe Bakterien
facultative anaerobic bacteria   fakultativ anaerobe Bakterien
f(a)ecal sludge treatment   Fäkalschlammbehandlung
faecal streptococci   Fäkalstreptokokken
faeces   Fäkalien
fail-safe   folgeschadensicher
failure   Fehler
fallout   Fallout
fallow land   Brachland; Brache
fall velocity   Fallgeschwindigkeit
false scorpion   Pseudoscorpionida
falsification   Falsifizierung
family of lows   Zyklonenfamilie
farm animal manure   Wirtschaftsdünger
farm animals   landwirtschaftliche Nutztiere
farming intensity   Intensität in der Landwirtschaft
farmland fauna   Ackerfauna
farmland vegetation   Ackervegetation
fast-breeder reactor   Schneller Brutreaktor
fast-fission factor   Schnellspaltfaktor
fast reactor   Schneller Reaktor
fast red   Azorubin
fast yellow   Echtgelb
fatigue strength   Ermüdungsfestigkeit
fattening elements   Masthilfsmittel
fattening substances   Masthilfsmittel
fatty acids   Fettsäuren
fatty alcohol sulphonates   Fettalkoholsulfonate
fauna   Fauna
fauna of meadows   Wiesenfauna
fauna of mud flat   Wattfauna
F-distribution   F-Verteilung
feathermeal   Federmehl
fecal matter   Fäkalschlämme
feces   Kot
Federal Act on Nature Conservation   Bundesnaturschutzgesetz (BNatSchG)
Federal Agency for Radiological Protection   Bundesamt für Strahlenschutz
Federal Agency for Conservation   Bundesamt für Naturschutz
Federal Biological Research Centre for Agriculture and Forestry   Biologische Bundesanstalt für Land- und Forstwirtschaft (BBA)
Federal Code of Environmental Law   Bundesumweltgesetzbuch
Federal Environmental Agency   Umweltbundesamt (UBA)
Federal Epidemic Act   Bundes-Seuchengesetz (BSeuchG)
Federal Institute of Hydrology   Bundesanstalt für Gewässerkunde

Federal Institute of Metrology Physikalisch-technische Bundesanstalt

Federal Ministry for Environment, Nature Conservation and Reactor Safety Bundesministerium für Umwelt, Naturschutz und Reaktorsicherheit (BMU)

Federal Office of Plant Varieties Bundessortenamt

Federal Pollution Control Act Bundes-Immissionsschutzgesetz (BImSchG)

Federal Union of Environmental Civic Action Groups Bundesverband Bürgerinitiativen Umweltschutz e.V (BBU)

Federation of German Motorcar/Automobile Manufacturers Verband Deutscher Automobilhersteller (VDA)

feed additives Futterzusatzstoffe; Futteradditive

feedback Rückkopplung

feedback control system Regelkreis

feedback mechanism Regulation

feeding activity Fraßaktivität

feeding pattern Fraßbilder, Fensterfraß

feeding plant Dosieranlage

feed utilization Futterverwertung

feldspar Feldspat

femtoplankton Femtoplankton

ferment Ferment

fermentation Fermentation; Vergärung; Gärung

fermentation ethyl alcohol Gärungsalkohol

fermentor Fermenter

ferns Farne

fertile material Brutstoff

fertility Fertilität; Fruchtbarkeit

fertilization Düngung

fertilization with slurry Gülledüngung

fertilization with solid manure Stallmistdüngung

fertilizer Düngesalze; Düngemittel; Dünger

fertilizer act Düngemittelgesetz

fertilizer injury Düngerschäden

fertilizer needs/requirements Düngerbedarf

fertilizer-requirement determination Düngervoranschlag

fertilizer requirements Düngebedarf

fiberglass Glasfaser

fiberglass-reinforced plastics Glasfaserverstärkte Kunststoffe (GFK)

fibers Fasern

field Feld

field bean Ackerbohne

field capacity Wasserspeicherkapazität; Feldkapazität

field deposition Freilanddeposition

field dimension Schlaggröße

field fauna Ackerfauna

field of measuring for immission Immissionsmeßnetz

field variable Feldgröße

field vegetable farming Freilandgemüsebau; Feldgemüsebau

field vegetation Ackervegetation

field velocity Abstandsgeschwindigkeit

filled stoping Versatzbau

fillers Füllstoffe

fill up loss Betankungsverluste

film dosimeter/dosemeter Filmdosimeter

films Folien

filter Filter

filter cake Filterkuchen

filter function Filterfunktion

filtering action Filterwirkung

filtering effect Filterwirkung

filter press Kammerfilterpresse

filtration Filtration

final clarifier Nachklärbecken

final cover Deponieabdeckung

final disposal Endlagerung

final disposal cavern Endlagerkaverne

final disposal in crystalline rocks Endlagerung in kristallinen Gesteinen

final host Endwirt

final liquor (spent liquor) Endlaugen

final repository Endlager

final repository mine Endlager-Bergwerk

final storage Endlager

final water content Restwasser

financial security Deckungsvorsorge

fine granule Feingranulat

fine pores Feinporen

fine roots Feinwurzeln

finishing process Abfahrvorgang

fire as ecological factor Feuer als ökologischer Faktor

fire protection Brandschutz

first aid Erste Hilfe

first examination to estimate possibly threatening dangers Gefahrerforschungseingriff

fish mortality Fischsterben

fish oils Fischöle

fish test Fischtest

fish toxicity Fischgiftigkeit

fissile material Spaltstoff

fission Spaltung

fissionability Spaltbarkeit

fission chamber Spaltkammer

fission gas plenum Spaltgasraum

fission neutron Spaltneutron

fission neutron yield Spaltneutronenausbeute

fission products Spaltprodukte

fission (product) gas Spaltgas, Kernspaltung

fission yield Spaltausbeute

fissure aquifer Kluftgrundwasserleiter

fissure porosity Kluftvolumen

fissuring Rißwerk

fitness Fitneß

fixation Fixierung

fixed biological film Biologischer Rasen

fixed-film/bed reactor Festbettreaktor

fixed point Festpunkt

flagellates Geißeltierchen; Flagellata

flame ionization detector Flammenionisationsdetektor

flame retardants Flammschutzmittel

flame spectroscopy Flammenspektroskopie

flash point Flammpunkt

flatworms Turbellaria; Plathelminthes (Plattwürmer)

flavour enhancer Geschmacksverstärker; Aromaverstärker

flavour modifier Geschmackswandler

flavours Aromastoffe, Lebensmittel

fleet-fuel consumption Flottenverbrauch

flexible membrane liner (FML) Deponiefolie; Kunststoffdichtungsbahn

fly Fliege

flight scraper Bandräumer

floating layer Schwimmschicht

floating masses of sewage fungi Pilztreiben

floating sludge Schwimmschlamm

floating solids Schwimmstoffe

floating tube Schwimmschlauch

flocculants Flockungshilfsmittel
flocculating agent Flockungshilfsmittel
flocculation Ausflockung
flocculation filtration Flockungsfiltration
flood Hochwasser
flooding Überflutung
flood(ing) protection Überschwemmungsschutz
flood plain Aue, Talaue
flood protection Hochwasserschutz
floor-cleaning agents Fußbodenreinigungsmittel
floor covering Bodenbeläge
floor kiln Etagenofen
floor wax Bohnerwachs
flora Flora
flotates Flotate
flotation Flotation
flowability Fließfähigkeit
flowable concentrate Mehrphasenkonzentrat zur Saatgutbehandlung
flow equation Fließgleichung
flow equilibrium Fließgleichgewicht
flowers Blüten
flow-through rate Durchflußzeit
flow-through time Durchflußzeit
flow-through toxicity test Dynamischer Toxizitätstest
fluctuation Fluktuation
fluctuations of groundwater table Grundwasserspiegelschwankungen
flue-dust Leichtstaub
flue gas Rauchgas; Verbrennungsgas
flue gas composition Abgaszusammensetzung
flue gas desulphurization (FGD) Rauchgasentschwefelung
flue gas scrubbing Abgasreinigung, Müllverbrennung
fluidized bed Wirbelschicht
fluoranthene Fluoranthen
fluorene Fluoren
fluorescence Fluoreszenz
fluorescent colors Leuchtfarben
fluorescent whitening agents Optische Aufheller
fluorine (F) Fluor (F)
fluoroscopy Röntgendurchleuchtungen
flush-method of manure removal Schwemmentmistung
fluvial landscape Auenlandschaft
fluvisols Auenböden
flux density Flußdichte
fly ash Flugasche; Filterstaub
flywheel-driver system Schwungnutze
flywheel drive (train) Schwungradantrieb
foam control Schaumbekämpfung
foamed plastics Schaumstoffe
foaming Schäumen
foam inhibitor Entschäumer
foams Schaumstoffe
fodder Futtermittel
fodder antibiotics Fütterungsantibiotika
fodder law Futtermittelgesetz (FMG)
fodder legumes Futterleguminosen
fodder regulation Futtermittelverordnung
fodder supplement Ergänzungsfuttermittel
fog Nebel
fog caused by cooling Abkühlungsnebel
fog classification Nebelklassifikationen
fogging Nebeln
fog sampler Nebelsammler
fog-water analysis Nebelwasseranalyse
foils Folien

foliar fertilization Blattdüngung
food Lebensmittel
food additives Lebensmittelzusatzstoffe; Fremdstoffe, Lebensmittel
food chain Nahrungskette
food colorants Lebensmittelfarben
food hygiene Lebensmittelhygiene
food irradiation Lebensmittelbestrahlung
food law Lebensmittelgesetz
food poisoning Lebensmittelvergiftung
food value Nährwert
foodstuff act Lebensmittelrecht
foodstuff additives Lebensmittelzusatzstoffe
foodstuff contamination Lebensmittelkontamination
forage-growing farm Futterbaubetrieb
forced-draft cooling tower Ventilatorkühlturm
forecast model of the agriculture Prognosemodelle in der Landwirtschaft
foreclosure Präklusion
forest Wald; Forst
forest animals Waldfauna
forestation Aufforstung
forest damage Forstschäden
forest-damage/-decline report Waldschadensbericht
forest decline Waldsterben
forest-decline research Waldschadensforschung
forest disease Baumsterben
forest ecosystem Waldökosystem
forest-edge terrace Waldrandstufe
forest law Forstrecht
forest management Forstwirtschaft
forest nutrition Waldernährung
(forest) nutrition survey Ernährungserhebung
forestry Waldbau
forest-soil acidification Waldbodenversauerung
forest-soil compaction Waldbodenverformung
forest-soil drift Waldbodendrift
forest-soil inventory Bodenzustandserhebung im Wald (BZE)
forest-soil liming Waldkalkung
forest soils Waldböden
forest vegetation Waldvegetation
formal formell-rechtlich
formaldehyde Formaldehyd
formal licensing procedure förmliches Genehmigungsverfahren
formation of scum layer Schwimmdeckenbildung
formulation Zubereitung; Formulierung
formulation aid Formulierungshilfsstoff; Formulierhilfsmittel; Formulierungsmittel
formulation miscibility Formulierungen, Mischbarkeit
formulation specification Formulierungsspezifikation
formulation type Formulierungstyp
fossil fossil
foundry waste gases Gießereiabgase
four-stroke engine Viertaktmotor
four-wheel drive Vierradantrieb; Allradantrieb
fox glove Fingerhut
fractionation Fraktionierung
fractured aquifer Kluftgrundwasserleiter
free access to environmental information freier Zugang zu Umweltinformationen
free energy freie Energie
free estimation Beurteilungsspielraum
free level Stollen
free radicals Radikale, freie

free residues Rückstandsfreiheit
free-rider problem Freifahrerproblem
freezing point Eispunkt
freezing rain gefrierender Regen
freight road traffic Güterstraßenverkehr
freshwater biology Süßwasserbiologie
freshwater cooling Frischwasserkühlung
freshwater ecology Süßwasserökologie
freshwater pearl mussel Flußperlmuschel
freshwater/salt water boundary Süß-/Salzwasser-Grenze
Freundlich isotherm Freundlich-Isotherme
friction Reibung
friction force Reibungskraft
friction layer Reibungsschicht
front Front
frontal-contour symbols Frontensymbole
frontal cyclone Frontalzyklone
frontal trough Tiefausläufer
frontal wave Frontalwelle
frontal weather Vorderseitenwetter
frontal zone Frontalzone
frost Frost
frost cracks Frostsprengung
frost damage Frostschäden
frost day Frosttag
frost injury Frostschäden
frost line Frosteindringtiefe
frost point Frostpunkt
frost resistance Frostresistenz
Froud's number Froude-Zahl
fruits Früchte
fruit sugar Fruchtzucker
fuel Brennstoff; Benzin; Treibstoff; Kraftstoff
fuel additives Kraftstoffzusätze; Kraftstoff-Additive
fuel cell Brennstoffzelle
fuel comparison Brennstoffvergleich
fuel consumption Kraftstoffverbrauch
fuel cooling installation Abklinganlage
fuel disintegration Kraftstoffzerstäubung
fuel economy Fuel Economy
fuel economy oil Leichtlauföl
fuel elements Brennelemente
fuel enrichment Gemischanreicherung
fuel impurity Kraftstoffverunreinigung
fuel preparation Gemischaufbereitung
fuel rod Brennstab
fuel soil Kraftstoffverunreinigung
fuel tank Kraftstofftank
fuel-vapor storage system Kraftstoffdampf-Rückhaltesystem
fuel volatility Kraftstoff-Flüchtigkeit
fugacity Fugazität
fugacity models Fugazitätsmodelle
full load Volllast
full-load enrichment Vollastanreicherung
fulvic acid Fulvinsäuren
fumaric acid Fumarsäure
fumigant Räuchermittel
fumigation Begasung
functional group funktionelle Gruppe
function diagnosis/diagnostics Funktionsdiagnostik
fungal diseases Pilzkrankheiten
fungal hyphae Pilzhyphen
fungal mantle Pilzmantel
fungal toxins Pilzgifte
fungi Pilze; Fungi
fungicides Fungizide

fungus gnats Mycetophilidae (Pilzmücken); Pilzmücken (Mycetophilidae)
funnel-web spiders Trichterspinnen (Agelenidae)
fusarium Fusarium
fusion Fusion
fusion protein Fusionsprotein

gallery Stollen
galls Galläpfel
gamete Gamet
gamma camera Gammakamera
gamma quantum Gammaquant
gamma radiation Gammastrahlung
gamma rays Gammastrahlung
gammarids Bachflohkrebse
Gapon equation Gapon-Gleichung
garbage Müll
garden cress test Gartenkresse-Test
garden peat Mull
gas Gas
gas amplification Gasverstärkung
gas centrifuge process Gaszentrifugenverfahren
gas density Gasdichte; Dampfdichte
gas detector Gasspürgeräte
gas engine Gasmotor
gaseous-diffusion isotope-separation process Diffusionstrennverfahren
gaseous-diffusion process Gasdiffusionsverfahren
gaseous-diffusion separation process Trennwandverfahren
gaseous-effluent filtration Abgasreinigung, radioaktiv
gas exchange Gaswechsel
gas-flow counter Gasdurchflußzähler
gas-generating product gaserzeugendes Produkt
gasholder Gasbehälter
gasification Vergasung
gasification of coal Kohlevergasung
gasohol Gasohol
gasoline Ottokraftstoff; Benzin
gasoline engine Ottomotor
gasoline injection Benzineinspritzung
gasoline-quality guidelines Benzinqualitätsverordnung
gas recirculation Gaspendelung
gas return system Gasrückführungssysteme
gas station Tankstellen
gastropods Schalenschnecken (Gastropoda); Gastropoda
gas turbine Gasturbine
gauging station Pegel
Gauß distribution Gauß-Verteilung
gear Getriebe
gearbox management Getriebe-Management
geest Geest
Geiger counter Geigerzähler
Geiger-Mueller counter Geiger-Müller-Zähler
gelatine Gelatine
gelatinizer Gelbildner
gelatinizing agent Gelbildner
gene Gen
gene anlysis Genanalyse
gene bank Genbank
gene cloning Genklonierung
gene diagnosis Gendiagnose
gene exchange Gen-Austausch
gene family Genfamilie
gene flow Genfluß

gene library Genbibliothek
gene mapping Genkartierung
gene pool Gen-Pool
gene potential Genpotential
gene probe Gensonde
gene product Genprodukt
general effluent standard Rahmen-Abasserverwaltungsvorschrift
general equilibrium analysis allgemeine Gleichgewichtsanalyse
general local planing Bauleitplanung
general operation license allgemeine Betriebserlaubnis
general synoptic situation Wetterlage
general waste plan Abfallwirtschaftsplan
generation capacity in Germany Kraftwerksleistung in Deuschland
generation time Generationszeit
generator Generator
generator performance Generatorleistung
gene therapy Gentherapie
genetic advice genetische Beratung
genetically engineered organism GVO
genetic code genetischer Code
genetic drift Drift, genetische
genetic engineering Gentechnologie
genetic engineering law Gentechnikrecht
genetic flow Genfluß
genetic manipulation genetische Manipulation
genetics Genetik
genetic variability Genetische Variabilität
gene toxicity Gentoxizität
gene transfer Gen-Übertragung; Gentransfer
Geneva clean-air convention Genfer Luftreinhaltekonvention
genome Genom
genome analysis Genomanalyse
genome size Genomgröße
genotype Genotyp
genuine artgerecht
genus Gattung
geoaccumulation Geoakkumulation
geobotany Geobotanik
geochemical background geochemischer Hintergrund
geodatic suction height Saughöhe, geodätische
geoecology Geoökologie
geogenic geogen
geohydrology Geohydrologie
geological barriers geologische Barrieren
geological water cycle Wasserkreislauf, geologischer
geo-membrane Kunststoffdichtungsbahn; Deponiefolie
2π-geometry counter 2π-Zähler
4π-geometry counter 4π-Zähler
geostatistics Geostatistik
geostrophic wind geostrophischer Wind
geotaxis Geotaxis
geotechnical barriers geotechnische Barrieren
geothermal energy Geothermie; Erdwärme
geothermal gradient Geothermische Tiefenstufe
germ Keimzelle
German Atomic Industrial Forum Deutsches Atomforum
German Institute for Standardization Deutsches Institut für Normung (DIN)
German Meteorological Almanac Deutsches Meteorologisches Jahrbuch

German Phytomedical Society Deutsche Phytomedizinische Gesellschaft (DPG)
German Soil Fertility Evaluation Reichsbodenschätzung
German Soil-Science Society Deutsche Bodenkundliche Gesellschaft (DBG)
German Standard Methods for the Analysis of Water, Wastewater and Sludge Deutsche Einheitsverfahren zur Wasser-, Abwasser- und Schlammuntersuchung (DEV)
German Weather Service Deutscher Wetterdienst
germ tube Keimschlauch
geyser Geysir; Springquelle
giant nuclei Riesenkerne
gibberellins Gibberelline
glacio relicts Glazialrelikte
glass dosemeter Glasdosimeter
glass dosimeter Glasdosimeter
glass fibers Glasfasern
glass works Glashütten
glaze Klareis
gley Gley
gleysol Gley
global environmental problems Globale Umweltprobleme
global (solar) radiation Globalstrahlung
glovebox Glove Box; Handschuhkasten
glutamate Mononatriumglutamat
glycyrrhinic acid; glycyrrhizine Glycyrrhizin
GM counter Geigerzähler
gneiss Gneis
goethite Goethit
golden orfe Goldorfe
Golgi apparatus Golgi-Apparat
Good Agricultural Practice Ordnungsgemäße Landbewirtschaftung; Gute fachliche Praxis
good laboratory practice Gute Laborpraxis (GLP)
go on process operation Weiterbetrieb
Gorleben salt dome Salzstock Gorleben
governmental supervision Überwachung, staatliche
grab sample Stichprobe
gradation Gradation
gradient Gradient
gradient wind Gradientwind
grain Graupel
grain bait Körnerköder
grain crop rotation Getreidefruchtfolge
grain equivalent Getreideeinheit
grains of ice Griesel
gram-negative gramnegativ
gram-positive grampositiv
gram stain Gramfärbung
grandlure Grandlur
granite Granit
granule Granulat
granulosis virus Granulosevirus
GRAS list GRAS-Liste
grass carp Graskarpfen
grassland Grünland
grassland disintegration Grünlandumbruch
grassland farming Grünlandnutzung
grass weed Ungras
grate Rost
grate air Rostluft
grate steps Roststürze
gravitational filter Gravitationsfilter
gravitation potential Gravitationspotential
gravity filling Fließversatz

gravity-operated deduster Massenkraftabscheider
gravity-operated separator Massenkraftabscheider
gravity stowing Sturzversatz
gravity valve Schwerkraftventil
grazing Grazing
grazing pressure Fraßdruck
grease trap Fettfang
grease trap residues Fettabscheiderrückstände
(great) bulrush Flechtbinse
green algae Grünalgen
Green bin Grüne Tonne
greenhouse effect Treibhauseffekt
greening/planting of heaps/dumps Haldenbegrünung
green manuring Gründüngung
green material Grünmasse
Green Revolution Grüne Revolution
Greenwich Mean Time Greenwich Mean Time
grit chamber Sandfang
grit channel Langsandfang
grit washer Sandwaschanlage
gros production Bruttoproduktion
ground air Grundluft
ground beetles Laufkäfer (Carabidae); Carabidae (Laufkäfer)
ground fog Bodennebel
ground radiation Bodenstrahlung
groundwater Grundwasser
groundwater contour Grundwassergleiche
groundwater flow Grundwasserströmung
groundwater gauge Grundwasserpegel
ground water gauging station Grundwassermeßstelle; Grundwasserpegel
groundwater hydrograph Grundwasserganglinie
groundwater inflow Grundwasserzustrom
groundwater level Grundwasserstand
groundwater-measuring station Grundwassermeßstelle
groundwater model Grundwassermodell
groundwater protection Grundwasserschutz
groundwater protection areas Schutzgebiete für Grundwasser
ground water quality Grundwasserbeschaffenheit
groundwater recession Grundwasserabsenkung
groundwater recharge Grundwasserneubildung
groundwater reservoir Grundwasserraum
groundwater runoff Grundwasserabfluß
groundwater table Grundwasserspiegel
groundwater table fluctuations Grundwasserspiegelschwankungen
groundwater yield Grundwasserdargebot
group parameter Summenparameter
growth Wachstum
growth curve (-rate) Wachstumskurve (-rate)
growth form Wuchsform
growth hormones Wachstumshormone
growth inhibition Wuchshemmung
growth models Wachstumsmodelle
growth phases Wachstumsphasen
growth regulator Wachstumsregler
growth substance Wuchsstoff
GSF National Research Center for Environment and Health GSF-Forschungszentrum für Umwelt und Gesundheit
guanine Guanin
guano Guano
guazatine; guazatine acetate Guazatin
guideline Richtlinie
guide value Richtwerte; Leitwert

guilds Lebensformen
gully erosion Grabenerosion
gum arabic Gummi arabicum
gum benzoin Benzoeharz
gum formation Gum-Bildung
gust Bö
gut flora Darmflora
gymnosperms Gymnospermen
gypsum Gips
gypsum rocks Gipsgestein
gyrobus Gyrobus
gyttja Gyttja

habitat Standort; Biotop; Habitat; Lebensraum
habitat connectivity Biotopvernetzung
habitat preference Biotopbindung
habitat shift Biotopwechsel
haemoglobin Hämoglobin
haemolysis Hämolyse
haemophilia Hämophilie
hail Hagel
hair dyes Haarfärbemittel
half-life Halbwertszeit
half-value layer Halbwertsdicke
halite Steinsalz
halogen-counter tubes Halogenzähler
halokinesis Halokinese
halophilous halophil
halophytes Halophyten
handling license Umgangsgenehmigung
haploid haploid
hapten Hapten
hard coal Steinkohle
hard iron-rich concretions Raseneisenstein
hardness of water Wasserhärte; Härte des Wassers
hardpan Ortstein
hard rime Rauhfrost
harm Harm
Hartig net Hartigsches Netz
Hartridge method Hartridge
harvestmen Weberknechte (Opilionida)
hashish Haschisch (Marihuana)
hazard Gefährdung
hazard for bees Bienengefährlichkeit
hazard liability Gefährdungshaftung
hazardous gefährlich
hazardous waste besonders überwachungsbedürftiger Abfall; Giftmüll; Problemabfälle; Sonderabfall
hazardous waste classification rule Verordnung zur Bestimmung von besonders überwachungsbedürftigen Abfällen
hazardous waste dump Sonderabfalldeponie
hazardous waste treatment plant Sonderabfallbehandlungsanlage
haze Dunst
haze layer Dunstglocke
HC measurement HC-Messung
HDPE (high-density polyethylene) HDPE (Niederdruckpolyethylen)
headland Vorgewende
head loss of a filter Filterwiderstand
health Gesundheit
health risk Gesundheitsrisiko
health service Gesundheitswesen
heap Halde; Miete
hearing Anhörung
heated area Wärmeinsel
heat exchange Wärmeaustausch

heating of groundwater Grundwassererwärmung
heating oil Heizöl
heating-power station Heizkraftwerk
heat insulation Wärmedämmung
heat loss by radiation Strahlungsverluste
heat of dissolution Lösungswärme
heat of wetting Benetzungswärme
heat production Wärmeentwicklung
heat pump Wärmepumpe
heat regime/balance Wärmehaushalt
heat-sealed synthetic foil Kunststoffdichtungsbahn
heavy gas accidents Schwergasunfälle
heavy gas behaviour Schwergasverhalten
heavy gases Schwere Gase
heavy hydrogen Schwerer Wasserstoff
heavy metals Schwermetalle
heavy water Schweres Wasser
heavy-water reactor Schwerwasserreaktor
hedgerow Feldhecke
hedge trees Feldhecke; Feldgehölz
hedonic pricing Hedonischer Preisansatz
heliostat Heliostaten
helocrene Helokrene
hematite Hämatit
hemicellulases Hemicellulasen
hemicellulose Hemicellulose
hemp Hanf
Henry coefficient Henry-Koeffizient
Henry constant Henry-Konstante
Henry law Henry-Gesetz
Henry partition coefficient Henry-Verteilungssatz
herbaceous plants krautige Pflanzen
herbicide Herbizid; Unkrautbekämpfungsmittel
herbicide resistance Herbizidresistenz
herbivores Pflanzenfresser
herbivorous herbivor
heteroauxin Heteroauxin
heterocyclic compounds Heterocyclen
heterocygote Heterozygot
heterocygotic Heterozygot
heterogeneous reactor heterogener Reaktor
heterogeneous systems heterogene Systeme
heteropolymerisation Mischpolymerisation
heterosis Heterosis
heterosome Heterosom
heterosphere Heterosphäre
heterothrophic heterotroph
heterotrophic bacteria Heterotrophe Bakterien
heterotrophy Heterotrophie
hexachlorobenzene Hexachlorbenzol (HCB)
hexachlorocyclohexane Hexachlorcyclohexan (HCH)
hibernation Überwinterung
high altitude disease montane Vergilbung
high density polyethylene Niederdruckpolyethylen (HDPE)
highly combustible hochentzündlich
highly inflammable leichtentzündlich; hochentzündlich
highly poisonous sehr giftig
high pollution index Verschmutzungsfall
high pressure ridge Hochdruckkeil; Zwischenhoch; Hochdruckbrücke
high-rate trickling filter Spültropfkörper
high sea discharge act Hohe-See-Einbringungsverordnung
high-temperature pyrolysis Hochtemperaturverkokung

high-temperature reactor Hochtemperaturreaktor
high-temperature solar collector Hochtemperaturkollektoren
Hill reaction Hill-Reaktion
histone Histon
historical rights Rechte, alte
HLB value HLB-Wert
hodograph Hodogramm
holocene Holozän
holomixis Holomixis
home range Aktionsraum
homocygotic homozygot
homoeopathy Homöopathie
homogeneous reactor homogener Reaktor
homogeneous systems homogene Systeme
homoiothermic homoiotherm
homosphere Homosphäre
hopper-bottom tank Trichterbecken
horizon Horizont
hormone Hormon
hormone cocktail Hormoncocktail
Hornblende Hornblende
horn manure Hornmist
horn meal Hornmehl
horny mites (oribatids) Hornmilben (Oribatida)
horsehair worms Saitenwürmer (Nematomorpha)
hospitalism Hospitalismus
hospital sector waste Krankenhausabfälle; Klinikabfall
host-parasite relation Wirt-Parasit-Beziehung
host rock Einlagerungsgestein; Wirtsgestein
hot cell Heiße Zelle
hot-cell laboratory Heißes Laboratorium
hot = highly radioactive heiß
hot (radioactive) workshop Warme Werkstatt
house connection Hausanschlüsse
household chemicals Haushaltschemikalien
household-like commercial waste Hausmüllähnlicher Gewerbeabfall
household waste Hausmüll
household waste analysis Hausmüllanalyse
household waste composition Hausmüllzusammensetzung
hoverflies Syrphidae (Schwebfliegen)
hub height Nabenhöhe
human ecology Humanökologie
humic acid fractionation Huminsäurefraktionierung
humic acid isolation Huminsäureisolierung
humic acids Huminsäuren
humic substances Huminstoffe
humid climate humides Klima
humidity Feuchte; Feuchtigkeit; Luftfeuchtigkeit
humidity-gradient apparatus Feuchteorgel
humification Humifizierung
humins Humine
humus Humus
humus layer Auflagehumus
humus-rich wetland soil Anmoor
hurricane Orkan
hybrid Hybrid
hybrid corn Hybridmais
hybridization Hybridisierung
hybridoma Hybridom
hybrid solar cell Hybridzelle
hydralime Löschkalk
hydraulic conductivity Durchlässigkeitsbeiwert
hydraulic engineering Wasserbau

hydraulic flow equation hydraulische Fließgleichung
hydraulic fluid Hydrauliköl
hydraulic flushing Spülversatz
hydraulic fracturing Hydraulic Fracturing
hydraulic mean radius Radius, hydraulischer (R)
hydraulic potential hydraulisches Potential; Höhenpotential
hydride Hydrid
hydrobiology Hydrobiologie
hydrocarbon emissions Kohlenwasserstoffemissionen
hydrocarbon index Kohlenwasserstoff-Index (KW-IR)
hydrocarbons Kohlenwasserstoffe
hydrochloric acid Salzsäure; Chlorwasserstoff
hydrodynamic dispersion Dispersion, hydrodynamische
hydrodynamic equation of motion hydrodynamische Bewegungsgleichungen
hydroelectric plant Wasserkraftwerk
hydroelectric power plant Laufwasserkraftwerk
hydrofluoric acid Flußsäure
hydrogenation of coal Kohleverflüssigung
hydrogen cyanide Cyanwasserstoff; Blausäure
hydrogen fluoride Fluorwasserstoff
hydrogen fuel Wasserstoff als Kraftstoff
hydrogen-fueled engine Wasserstoffmotor
hydrogen peroxide Wasserstoffperoxid
hydrogen sulphide process Schwefelwasserstoffverfahren
hydrogen sulphide Schwefelwasserstoff
hydrogen weapon/bomb Wasserstoffbombe
hydrogeology Hydrogeologie
hydrograph Abflußganglinie
hydrologic(al) water cycle Wasserkreislauf, hydrologischer
hydrology Hydrologie; Gewässerkunde
hydrolysis Hydrolyse
hydrolyzable nitrogen hydrolysierbarer Stickstoff
hydrometeor Hydrometeore
hydrophilic hydrophil
hydrophilic lipophilic balance HLB-Wert
hydrophobic hydrophob
hydrosphere Hydrosphäre
hydrostatic equilibrium hydrostatisches Gleichgewicht
hydroxide sludge Hydroxidschlamm
hygiene Hygiene
hygrometer Hygrometer
hygrophilic hygrophil
hygrophilous hygrophil
hygrophilous soil organisms Hygrophile Bodenorganismen
hygrophobic hygrophob
hymenopterans Hautflügler
hymenopters Hymenoptera
hyperon Hyperonen
hyperparasite Hyperparasit
hyperphosphate Hyperphos
hypersensitivity Hypersensitivität
hypertonic hypertonisch
hypertrophic hypertroph
hypertrophication Hypertrophierung
hypha Hyphe
hypolimnion Hypolimnion
hypolymnic aeration Seenbelüftung
hyporheic interstitial hyporheisches Interstitial
hyporheic zone Hyporheal, Hyporheon

hypotonic hypotonisch
hysteresis Hysterese

ICAO standard atmosphere ICAO-Standardatmosphäre
ice nuclei Gefrierkerne
identification characteristics Identifikationsmerkmale
identification limit Erfassungsgrenze
identifying; marking (chemicals) Kennzeichnung (Chemikalien)
idiosyncrasy Idiosynkrasie
ignitable brandfördernd
ignition Zündung
ignition delay Zündverzug
ignition improver Zündbeschleuniger
ignition loss Glühverlust
ignition performance Zündwilligkeit
ignition temperature of fuels Flammpunkt von Kraftstoffen
ignition timing Zündzeitpunkt
„Imhoff"-cone Imhoff-Trichter
Imhofftank Emscherbrunnen; Emscherbecken
immediate execution Sofortvollzug
immigration Einwanderung; Immigration
immission Immission
immission damage Immissionsschäden
immission dose Immissionsdosis
immission forecasting Immissionsprognose
immission limit values Immissionsgrenzwerte
immission measuring Immissionsmessung
Immission-measuring field Immissionsmeßnetz
immission rate Immissionsrate
immobilization Immobilisierung
immobilization (of daphnia magna) Schwimmunfähigkeit
immobilized enzyme immobilisiertes Enzym
immunity Immunität
immunoassay Immunoassay
immunofluorescence Immunofluoreszenz
immunoglobulins Immunglobuline (Ig)
immunology Immunologie
immunosystem Immunsystem
impact Belastung
impediment to movement Raumwiderstand
impeller aeration Kreiselbelüfter
impermeable rocks Grundwassernichtleiter
implants Implantate
implicit solution technique implizites Lösungsverfahren
import (chemicals) Einfuhr (Chemikalien)
imported dirt Fremdberge
impurities Fremdstoffe, Lebensmittel
inactivation Inaktivierung
incandescent mantle Glühstrumpf
incidence angle Anstellwinkel
incident Störfall
incineration Verbrennung
incineration on sea Verbrennung auf See
incorporation Inkorporation
increase in salinity Aufsalzung
indanthrene blue Indanthrenblau
Indian safron Curcuma
indicator plants Indikatorpflanzen
indicator species Indikatororganismen
indirect discharge Indirekteinleitung
indirect discharger Indirekteinleiter
individual dose Körperdosis; Personendosis

individual fodder Einzelfuttermittel
individual hygiene Individualhygiene
indoor Innenraum
indoor-air analysis Raumluftmessung
indoor analysis Domodiagnostik
indoor chemicals Innenraumchemikalien
indoor climate Raumklima
indoor contamination Innenraumbelastung
indoor load Raumbeladung
induced radioactivity induzierte Radioaktivität
industrial accidents directives Störfall-Verordnung
industrial law Gewerberecht
industrial melanism Industriemelanismus
industrial sewage treatment plant Werkskläranlage
industrial snowfall Industrieschneefall
industrial (trade) laws Gewerbeordnung (GewO)
industrial waste Gewerbemüll; Gewerbeabfall; Industriemüll
industrial wastewater Fabrikationsabwasser; Industrie-Abwasser
inert inert
inert agent Streckmittel
inert gas Inertgas
infauna Infauna; Endofauna
infection Ansteckung; Infektion
infiltration Infiltration
infiltration gallery Sickeranlage
infiltration water Fremdwasser
inflamation temperature of fuels Flammpunkt von Kraftstoffen
informal administrative action Informelles Verwaltungshandeln
information systems Informationssysteme
infrared radiation Infrarotstrahlung
infrared window Infrarotfenster
infringement Ordnungswidrigkeit
ingestion Ingestion
ingress Aufschluß
inhabitant equivalent Einwohnergleichwert (EGW)
inhalation Inhalation
inhalation toxicant Inhalationsgift
inhalation toxicology Inhalationstoxikologie
inhalative intake inhalative Aufnahme
inherent biodegradability inherent biodegradability
inherently safe inhärent sicher
inherent moisture Restwasser
inhibition test Hemmstofftest
inhibition zone Hemmhof
inhibitor Inhibitor
inhibitors Hemmstoffe
in-house monitoring Eigenkontrolle
injection into reservoir rocks Verpressen in Speichergesteinen
injection moulding Spritzguß
injection valve Einspritzventil
injection well Injektionsbrunnen
injury Harm
„Inka" type aeration Breitbandbelüftung
inland fishery Binnenfischerei
inlet structure Einlaufbauwerk
inner bark Bast
inning Eindeichung
inorganic fertilizer Kunstdünger; anorganischer Dünger
input-output analysis Input-Output-Analyse
inquilinism Synökie
insect attractants Insektenlockstoffe
insecticides Insektizide

insectivorous entomophag
insects Insecta (Insekten)
insertion Insertion
inshore waters Gewässer
inside dump Innenkippe
in-site process In-site-Verfahren
in-situ consolidation In-situ-Verfestigung
in-situ method In-situ-Verfahren
insolation duration Sonnenscheindauer
inspection areas Untersuchungsgebiete
inspections Prüfung(en)
instationary engine operation instationärer Motorbetrieb
instream aeration Flußbelüftung
instructions for use manual Gebrauchsanleitung
intake Zufuhr
intake air heating Ansaugluftvorwärmung
intake area Fassungsbereich
integrated agriculture integrierter Landbau, integrierte Pflanzenproduktion
integrated environmental planning integrierte Umweltplanung
integrated plant cultivation Pflanzenbau, integrierter
integrated plant production integrierter Landbau, integrierte Pflanzenproduktion
integrated plant protection integrierter Pflanzenschutz
intensity Intensität
intensity value Intensitätsmaß
intensive crop Intensivkultur
intensive state variable intensive Größe
interactions between organisms Interaktionen zwischen Organismen
intercellular Interzellularen
intercepting sewer Abwassersammler; Sammler
interception Interzeptionsdeposition; Interzeption; Interzeptionswasser
interdependence between vegetation and soil layer Wechselwirkung Vegetations- und Bodenzone
interflow Zwischenabfluß
Intergovernemental Commission for Immission Protection LAI (Länderausschuß für Immissionsschutz)
Intergovernmental Working Pool for Waste Länderarbeitsgemeinschaft Abfall (LAGA)
Intergovernmental Working Pool for Water and Wastewater Länderarbeitsgemeinschaft Wasser und Abwasser (LAWA)
interim spent fuel storage Zwischenlagerung ausgedienter Brennelemente
interlaboratory test Ringversuch
interlayer minerals Wechsellagerungsminerale
intermediary metabolism Intermediärstoffwechsel
intermediate conditions Zwischenbedingungen
intermediate settling Zwischenklärung
intermittant spring Quelle, intermittierende
internal combustion engine Verbrennungsmotor
internal conversion Innere Umwandlung
internal conversion coefficient Konversionskoeffizient, innerer
internalization of external effects Internalisierung externer Effekte
internalization of externalities Internalisierung externer Effekte
internal spoil heap Innenkippe
International Biological Program Internationales Biologisches Programm

International Commission on Radiological Protection Internationale Strahlenschutzkommission
International Organization for Biological Control Internationale Organisation für Biologische Bekämpfung schädlicher Tiere und Pflanzen (IOBC)
International Pesticide Agreement Internationales Pflanzenschutzübereinkommen
International Plant Protection Convention Internationales Pflanzenschutzübereinkommen
(international) standard period Standardperiode
international standard period (of normals) Normalperiode
interspecific competition interspezifische Konkurrenz
interstitial velocity Bahngeschwindigkeit
intersystem crossing intersystem crossing
intervention Intervention
intervention limit Interventionsschwelle
intoxication Intoxikation; Vergiftung
intraspecific competition Intraspezifische Konkurrenz
intron Intron
inventory (existing chemicals) Inventar (Altstoffe)
inversion Inversion
inversion caused by descent Absinkinversion
inversion fog Inversionsnebel
inversion situation/weather Inversionswetterlage
inverted syphon Düker
invert soap Invertseife
invert sugar Invertzucker
investigation level/threshold Untersuchungsschwelle
in-vitro fertilization In-vitro-Fertilisation
I-O-A Input-Output-Analyse
iodine-131 Iod-131
iodine filter Iodfilter
ion balance Ionenhaushalt
ion exchange Ionenaustausch
ion exchange capacity Austauschkapazität
ion exchanger Austauscher; Ionenaustauscher
ion exchange resins Austauscherharze
ionization Ionisation
ionization chamber Ionisationskammer
ionizing radiation Strahlung; ionisierende Strahlung
ionosphere Ionosphäre
ion Ion
ion states Ionenhaushalt
ion uptake Ionenaufnahme
iron Eisen (Fe)
iron bacteria Eisenbakterien
iron-ore mine Konrad Eisenerzbergwerk Konrad
iron oxide concretions Rostflecken
iron phosphate cycle Eisenphosphatkreislauf
iron sulphate Grünsalz
irradiation Bestrahlung
irradiation exposure caused by civilization zivilisatorische Strahlenexposition
irradiation intensity Bestrahlungsstärke
irreversible Irreversibel
irrigation system Verrieselungsanlage
irritating reizend
irritating gases Reizgase
isentrope Isentrope
isentropic isentropisch
islands Inseln
isobaric Isobare
isobaric surface Isobare Fläche
isodose curve Isodosenkurve
isodrine Isodrin

isoelectrical point Isoelektrischer Punkt
isoenzymes Isoenzyme
isohel Isohelien
isohyet Isohyeten
isohypse Isohypsen
isolated systems isolierte Systeme
isolation of habitats and populations Verinselung
isoline Isolinien
isomer Isomere
isoosmotic solution isotonische Lösungen
isopleth Isolinien
isopod (wood louse) Isopoda (Asseln)
isopyr Isopyren
isotach Isotachen
isotherm Isothermen
isotonic Isotone
isotonic solution Isotonische Lösungen
isotope Isotope
isotope abundance Isotopenhäufigkeit
isotope dilution analysis Isotopenverdünnungsanalyse
isotope enrichment Isotopenanreicherung
isotope exchange Isotopenaustausch
isotope laboratory Isotopenlaboratorium
isotope separation Isotopentrennung
isotropism Isotropie
isotropy Isotropie
isozymes Isozyme
IVU guideline IVU-Richtlinie

Japanese test procedure Japan-Test
jet aeration Ejektorbelüftung
jet aerator Tauchstrahlbelüfter
jet cleaning device Hochdruckspülgeräte
jetsam Anwurf
jet stream Strahlstrom
junk Schrott
jute Jute
juvenile hormone Juvenilhormon
juvenile water Wasser; juveniles Wasser
juvenilization Verjüngung

kaon K-Meson
Karlsruhe Reprocessing Plant Wiederaufarbeitungsanlage Karlsruhe (WAK)
karst Karst
karst formation Verkarstung
karstic aquifer Karstgrundwasserleiter
Karst water Karstwasser
karyogamy Karyogamie
katabatic wind Abwind
K-capture K-Einfang
kerosene Kerosin
„Kessener“-brush Kessenerbürste
kettle lakes Toteisseen
Keuper formation Keuper
key factor Schlüsselfaktor
key species Leitformen
key species of animals Schlüsseltierarten
kieselgur Kieselgur
kinematic viscosity kinematische Zähigkeit
kinetics Kinetik
knock Klopfen
knock resistance Klopffestigkeit
knock restrictor Klopfbremse
Konrad mine Konrad, Schachtanlage
kresoxime-methyl Kresoxim-methyl
K-selection K-Selektion

K-series radiation   K-Strahlung
K-strategy   K-Strategie

labelling   Kennzeichnung; Markierung
labile   labil
labilization   Labilisierung
labilization of the atmosphere   Labilität der Atmosphäre
laboratory categories   Laborkategorien
lacquer   Streichlack
lactate extraction methods   Lactatmethoden
lactic acid   Milchsäure
lactic acid esters   Milchsäureester
lake   See
Lake Constance   Bodensee
lake flies   Zuckmücken
lake restoration   Seenrestaurierung
lake sanitation   Seensanierung
lake therapy   Seentherapie
lake type   Seetypen
lambda probe   Lambdasonde
lambda window   Lambdafenster
lamella separator   Lamellenabscheider
laminar   laminar
laminar boundary layer   laminare Grenzschicht
laminar flow   laminare Strömung
laminate   Kunststoffdichtungsbahn
land- and sea-breeze circulation   Land- und Seewindzirkulation
land breeze   ablandiger Wind
landfill   Deponie; Mülldeponie
landfill category   Deponieklassen
landfill compaction   Müllverdichtung
landfill cover system   Deponieabdeckung
landfill drainage   Deponieentwässerung
landfill entrance area   Deponieeingangsbereich
landfill gas (emission)   Deponiegas
landfill leachate   Deponiesickerwasser
landfill reconstruction   Deponierückbau
landfill recultivation   Rekultivierung von Deponien
landfill sealing   Deponieabdichtung
landfill sepage   Sickerwasser, Mülldeponien
landfill simulation reactor   Deponiesimulationsreaktor (DSR)
(land) register   Kataster
landscape   Landschaft
landscape degradation towards steppe   Versteppung
landscape ecology   Landschaftsökologie
landscape elements   Landschaftselemente
landscape energetics   Landschaftshaushalt
landscape management   Landschaftspflege
landscape management law   Landschaftspflegerecht
landscape organization   Landschaftsgliederung
landscape planning   Landschaftsplanung
landscape protection areas   Landschaftsschutzgebiet
land snails   Landlungenschnecken
land subsidence   Landsenkung
Langmuir isotherm   Langmuir-Isotherme
large animal unit   Großvieheinheit (GV)
large-scale emission test program   Abgasgroßversuch
large-scale firing   Großfeuerungsanlagen
large-scale firing plants ordinance   Großfeuerungsanlagen-Verordnung
large-scale weather pattern   Großwetterlage
large-sized waste container   Müllgroßbehälter (MGB)
larvae   Larven
larvicides   Larvizid
latent-heat storage   Latentwärmespeicher

latent period   Latenzzeit
lateral drainage   Lateralabfluß
latex   Latex
laughing gas   Lachgas
lava slag   Lavaschlacke
lavatory   Abortanlagen
law   Recht; Rechtsverordnung
lawn mowers   Rasenmäher
law of health   Gesundheitsrecht
law of nature conservation and protection of landscape   Naturschutz- und Landschaftspflegerecht
law of protection from noise   Lärmschutzrecht
law of semi-luxury foods and tobacco   Genußmittelrecht
Law of soil protection   Bodenschutzgesetz
law of the protection of historical and natural monuments   Denkmalschutzrecht
law of the protection of inshore waters   Gewässerschutzrecht
laws, decrees, guidelines and administrative regulations   Gesetze, Verordnungen, Richtlinien und Verwaltungsvorschriften
layout of faces   Abbaurichtung
LDPE (low-density polyethylene)   LDPE (Hochdruckpolyethylen)
leachate circulation   Sickerwasserkreislauf
leachate collection system   Deponieentwässerung
leachate treatment plant   Sickerwasserbehandlungsanlage
leaching   Leaching; Auswaschung; Laugung
leaching method   Aussolverfahren
leaching rate   Auslaugrate
leaching stability   Auslaugresistenz
lead (Pb)   Blei (Pb)
lead battery   Bleibatterie; Bleiakkumulator
leaded gasoline   Benzinverbleiung
lead(II)tetraoxoarsenate(V)   Bleiarsenat (PbHAsO4)
leaf   Laubblatt
leaf abscission   Blattfall
leaf beetles (Chrysomelidae)   Blattkäfer (Chrysomelidae)
leaf damage   Blattschäden
leaf discolouration   Blattverfärbung
leaf fall   Blattfall
leaf loss   Blattverlust
leaf necroses   Blattnekrosen
lean engine   Magermotor
lean mixture   Mageres Gemisch
lee   Lee
lee side   Leelage; Lee
legally limited pollutants   gesetzlich limitierte Schadstoffe
legal ordinance   Rechtsverordnung
legal prohibition   Verbot, gesetzliches
legal regulation   Rechtsvorschrift
legal remedy   Rechtsschutz
legal requirement for connection   Anschlußzwang
legal requirements   Gesetzliche Bestimmungen
legal term   Rechtsbegriff
legionelle   Legionellen
legislation on hazardous substances   Gefahrstoffrecht
legumes   Leguminosen
leisure organization time   Freizeitgestaltung
Lemna-minor-test   Lemna-minor-Test
lenticells   Lentizellen
leptosol   Ranker
leptosol, regosol, phaeozem   Pararendzina
less degradable substances   schwer abbaubare Stoffe

lessivation Lessivierung; Tonverlagerung
less poisonous mindergiftig
lethal dose (LD) letale Dosis
lethality Letalität
leukaemia Leukämie
level II plot Level II-Fläche
level I plot Level I-Fläche
ley farming Feldgraswirtschaft
liability Haftung
liability convention Haftungskonvention
licence application Genehmigungsantrag
license procedure under the nuclear energy act Anlagengenehmigung, atomrechtliche
licensing authority Genehmigungsbehörde
licensing by mining law bergrechtliche Genehmigung
licensing criteria Zulassungskriterien
licensing documents Antragsunterlagen
licensing notification Genehmigungsbescheid
licensing procedure Zulassungsverfahren, Zulassungsverfahren; Genehmigungsverfahren
licensing requiring facilities Genehmigungsbedürftige Anlage
lichens Flechten
licorice Lakritze
Liebig's law of the minimum Minimumgesetz
life community Lebensgemeinschaft
life forms Lebensformen
light as ecological factor Licht als ökologischer Faktor
light dust Leichtstaub
light metals Leichtmetalle
light off temperature Anspringtemperatur
light reactions Lichtreaktionen
light-water reactor Leichtwasserreaktor
light-weight metals Leichtmetalle
lignin degradation Ligninabbau
lime Kalk
lime fertilizer Kalkdünger
lime plant Kalkwerk
lime requirement Kalkbedarf
limestone Kalkgesteine
lime treatment Kalkbehandlung
liming Kalkung
limitation Limitation
limited emission components limitierte Abgaskomponenten
limiting factor begrenzender Faktor; limitierender Faktor
limit of draw Einwirkungswinkel
limit value Grenzwerte
limnokinetics Limnokinetik
limnology Limnologie
limonoids Limonoide
lindane Lindan; Hexachlorcyclohexan (HCH)
„Lindox"-process Lindoxverfahren
linear linear
linear accelerator Linearbeschleuniger
linear energy transfer linearer Energieübertrag
linear free energy relationship lineare freie Energie-Beziehung
liner Basisabdichtung
liner system for landfill Deponieabdichtung
linker Linker
Linke-turbidity factor Linke-Trübungsfaktor
lipid Lipid
lipid membrane Lipidmembran
lipid peroxidation Lipidperoxidation
lipophilia Lipophilie

lipophilic substances lipophile Stoffe
liquid extraction Lösungsmittelextraktion
liquid fertilizer Flüssigdünger
liquid hydrogen Flüssigwasserstoff
liquid manure Flüssigmist; Gülle-Homogenisierung; Gülle
liquid petroleum gas Autogas; Flüssiggas
liquid scintillation counter Flüssigszintillationszähler
liquid sludge Flüssigschlamm
liquorice Lakritze; Süßholz
list of species Artenliste
lithogenic lithogen
lithosphere Lithosphäre
lithothelms Lithothelmen
lithotrophy Lithotrophie
litter bag Netzbeutel; Streubeutel
litter raking Streunutzung
littoral Litoral
littoral zone Litoralzone
living-hygiene Wohnhygiene
lixiviation Laugung
load Belastung
load ranges Lastbereiche
loam Lehm
lobworm Arenicola marina (Wattwurm)
Local Agenda 21 Lokale Agenda 21
local balance lokale Bilanz
local balance equation Bilanzgleichung, lokale
local climate Standortklima; Lokalklima
local equilibrium lokales Gleichgewicht
localization diagnosis Lokalisationsdiagnostik
local regime lokale Bilanz
local time Ortszeit
local traffic Nahverkehr
location planning Standortplanung
locking Verriegelung
loess Löß
loess loam Lößlehm
logarithmic wind profile logarithmisches Windgesetz
logistic growth function logistische Wachstumsfunktion
long day Langtag
long distance transport Ferntransport
long-distance transport of pollutants Schadstofferntransport
long-distance water supply from Lake Constance Bodenseefernwasserversorgung
long endurance behaviour Langzeitverhalten
long endurance car Langzeitauto
long-term behaviour Langzeitverhalten
long-term dispersion factor Langzeitausbreitungsfaktor
long term test Langzeittest; chronischer Test
long term toxicity chronische Toxizität
long wave Lange Wellen
long-wave radiation langwellige Strahlung
loosening Auflockerung
loss mutant Deletionsmutante
loss of nutrients Nährstoffverluste
loss of structure Strukturverlust
Lotka-Volterra equation Lotka-Volterra-Gleichung
low Tiefdruckgebiet
low-density polyethylene Hochdruckpolyethylen
lowering Absenkung
lowering factor Absenkungsfaktor
low moor Niedermoor
low-pollution car schadstoffarmes Fahrzeug
low-pressure system Tiefdrucksystem

low-pressure zone Tiefdruckrinne
low-speed wind-energy converter Langsamläufer
low-temperature application Niedertemperaturanwendung
low-temperature pyrolysis Tieftemperaturverkokung
lubricants Gleitmittel
luff Luv
lumbricids Regenwürmer; Lumbricidae
lumbricids density Regenwurmbesatz
lumen Lumen
luminescent bacteria test Leuchtbakterientest
lunar periodicity lunare Periodik
lung cancer Lungenkrebs
lutein Lutein
luvisol Parabraunerde
lux Lux
luxmeter Beleuchtungsmesser
luxuries Genußmittel
luxury food(staffs) Genußmittel
lycopene Lycopin
lymphocytes Lymphozyten
lysimeter Lysimeter
lysimeter station Lysimeter-Anlagen

maar lakes Maar
macroclimate Makroklima
macro elements Mengenelemente
macrogranule Makrogranulat
macromolecules Makromoleküle
macrophytes Makrophyten
magmatic rocks magmatische Gesteine
magmatite Magmatite
magnesium deficiency Magnesiummangel
magnetic lens magnetische Linse
magnetic separator Magnetabscheider
magnox reactor Magnox-Reaktor
main collector Hauptsammler
maintenance Instandhaltung
maintenance of environmental quality Bestandsschutz bezüglich Umweltqualität
maintenance of inshore waters Gewässerunterhaltung
major (material) modification Änderung, wesentliche
malabsorption Malabsorption
malic acid Äpfelsäure
malt amylases Malzamylasen
mammoth pump Mammutpumpe
mammoth rotor Mammutrotor
manganese Mangan (Mn)
manganese additive Manganadditiv
mangrove forests Mangrovenwälder
manipulator Manipulator
man-made element Element, künstliches
man-made fibers Kunstfasern
man-made lakes Stauseen
mannitol Mannit
manometric respirometer test manometrischer Respirometertest
manufacturer Hersteller
manure Dung
manure bank Mistbank
manure constituents Dungstoffe
manure homogenization Gülle-Homogenisierung
manure removal Entmistung
(manure) slurry Gülle
manure/slurry bank Güllebank
manure stores/containers Dungbehälter

marble-like; marbling Marmorierung
marginal abatement costs Grenzvermeidungskosten
marginal benefit Grenznutzen
marginal damage Grenzschaden
marginal distribution Marginalverteilung
marine animals Meeresfauna
marine pollution Meeresverschmutzung
market-based instruments Marktkonformität
market failure Marktversagen
marketing Inverkehrbringen
marlstones Mergelsteine
mass balance Massenbilanz
mass concentration Massenkonzentration
mass defect Massendefekt
mass flow Massenfluß
mass number Massenzahl
mass ratio Massenverhältnis
mass stream Massenstrom
master scheduling Gesamtplanung
mastic Mastix
material balances Materialbilanzen
material balancing Bilanzierung
material cycle Materialkreislauf; Stoffkreislauf
material flow Stofffluß
material flow management Stoffstromwirtschaft
matrix Matrix
matrix potential Matrixpotential
matter influx Stoffeintrag
matter/material cycle Kreislauf der Stoffe
matter/material regime Stoffhaushalt
matter regime models Stoffhaushaltsmodelle
matter stream management Stoffstrom-Management
maximum credible accident (MCA) Größter anzunehmender Unfall (GAU)
maximum density Dichtemaximum
maximum capacity Belastbarkeit; Engpaßleistung
maximum imission concentration Maximale Immissionskonzentration (MIK)
maximum indoor value Innenraumgrenzwerte
maximum pollutants levels, regulation on Schadstoff-Höchstmengenverordnung (SHmV)
maximum quantities Höchstmengen
maximum residue limit Höchstmenge (MRL)
maximum-residue limit ordinance Höchstmengenverordnung
maximum workplace concentration MAK-Wert (Maximale Arbeitsplatzkonzentration)
meadow Wiese; Streuwiese
meadow fauna Wiesenfauna
meadowland Grünland
meadow vegetation Wiesenvegetation
meanflow combustion Mittelstromverbrennung
mean free path Weglänge, mittlere freie
mean free path for scattering Streuweglänge
mean free scattering path Streuweglänge
mean life (span) Lebensdauer, mittlere
mean square deviation mittlere quadratische Abweichung
measured emission data Emissionsmeßdaten
measurement aperture Meßöffnung
measurement deviation Meßabweichung
measurement error Meßfehler
measurement procedure (exhaust gas) Meßverfahren für Abgas
measurement uncertainty Meßunsicherheit
measuring frequency Meßhäufigkeit
measuring height Meßhöhe

measuring hole Meßöffnung
measuring institutes Meßinstitute; Meßstellen
measuring objects Meßobjekte
measuring period Meßzeitraum
measuring stations Meßstationen
measuring units Maßeinheiten
meat and bone meal Tiermehl
meat-hygiene law Fleischhygienegesetz
meat-hygiene regulation Fleischhygiene-Verordnung
meat regulation Fleisch-Verordnung
mechanical biological residual waste treatment facility Mechanisch-biologische Restabfallbehandlungsanlage (MBA bzw. MBRA)
mechanical tissues Festigungsgewebe
mechanical treatment process mechanische Klärstufe
mechanical waste pre-treatment mechanische Abfallvorbehandlung
mechanical wastewater treatment mechanische Abwasserbehandlung; erste Reinigungsstufe
mechanistic mechanistisch
mecoprop Mecoprop
medical herbs Heilpflanzen
medical preparations law Arzneimittelrecht
medicated feed Fütterungsarzneimittel
medium bubble aeration mittelblasige Belüftung
meiosis Meiose
melamine resins Melaminharz (MF)
melioration Bodenverbesserung
melting point Schmelzpunkt
melting temperature Schmelztemperatur
membrane Membran
membrane destruction Membranzerstörung
membrane filtration Membranfiltration (Ultrafiltration)
membrane permeability Membranpermeabilität
mepacrine Mepacrin
mercury (Hg) Quecksilber (Hg)
meridional weather type meridionale Wetterlage
meristem Meristem
merit good Meritorisches Gut
meromixis Meromixis
mesoclimate Mesoklima
mesocosms Mesokosmen
mesoderm Mesoderm
mesons Meson
mesopause Mesopause
mesophilic digestion mesophile Faulung
mesophyll Mesophyll
mesosaprobic organisms Mesosaprobien
mesosphere Mesosphäre
mesotrophic water mesotrophes Wasser
mesotrophy mesotroph
metabolism Metabolismus
metabolite Metabolit
metal catalyst Metallkatalysator
metal hydride Metallhydrid
metallothionein Metallothionein
metallurgical industry Hüttenindustrie
metallurgical plants Metallhütten
metal processing Metallverarbeitung
metal salts Metallsalze
metamitron Metamitron
metamorphic rocks metamorphe Gesteine
metamorphites Metamorphite
metamorphosis Metamorphose
metastasis Metastase
meteoric water Kreislaufwasser
meteorological almanac meteorologisches Jahrbuch

meteorological data meteorologische Daten
meteorological service meteorologischer Dienst
meteorological society meteorologische Gesellschaften
meteorological symbol Wetterkartensymbol
meteorology Meteorologie
methaemoglobin Methämoglobin
methaemoglobinaemie Methämoglobinämie
methane Methan
methane fermentation Methangärung
methane production Methanerzeugung
methanogenic bacteria Methanbakterien
methanol Methanol
methoxy mercur chloride Methoxyquecksilberchlorid
methylene blue test Methylenblauprobe
methyl mercury Methylquecksilber
metriphonate Trichlorphon; Trichlorfon
mica Glimmer
microarthropods Mikroarthropoden
microbarometer Mikrobarometer
microbes Mikroben
microbial aerosol Keimaerosol
microbial biomass mikrobielle Biomasse
microbial degradation mikrobieller Abbau
microbial infection mikrobieller Befall
microbial loop microbial loop
microbial tenacity Tenazität
microbiocenosis Biochorion; Mikrobiozönose
microcapsule Mikrokapsel
microcatalyst Mikrokatalysator
microclimate Kleinklima; Mikroklima
microcosms Mikrokosmen
microemulsion Mikroemulsion
micro-encapsulation Mikroverkapselung
microfilaments Mikrofilamente
microfiltration Mikrofiltration
microflora Mikroflora
microgranule Mikrogranulat
microhabitat Mikrohabitat
microorganisms Mikroorganismen
microstrainer Mikrosieb
microtubules Mikrotubuli
microwave hypothesis Mikrowellenhypothese
midges Zuckmücken
migration Migration
mildew Mehltau, Echter
mildew fungi Schimmelpilze
millipede Steinläufer (Lithobius)
30-millirem strategy 30-Millirem-Konzept
mine gas Grubengas
mine inspectorate Bergbehörde
mine (pit) water Grubenwasser
mineral fertilizer Mineraldünger
mineral fibers Mineralfasern
mineralization Humus; Mineralisation; Mineralisierung
mineralization potential Mineralisationspotential
mineral nutrients Mineralstoffe
(mineral) oil Mineralöl
mineral spring Sprudelquellen
mineral-spring nature reserve Heilquellenschutzgebiete
mineral water Mineralwasser
mine repository Endlager-Bergwerk
minicontainer Minicontainer
minimal/minimum area Mindestareal
minimization Minimierung
minimum factor Minimumfaktor

minimum inhibitor concentration (MIC) minimale Hemmstoffkonzentration (MHK)
minimum requirement Mindestanforderung
minimum requirements for sewage discharge Abwassereinleitung, Mindestanforderungen
minimum temperature Mindesttemperatur
minimum tillage Minimalbodenbearbeitung
minimum volume concentration/content Mindestvolumengehalt
mining Bergbau; Abbau
mining authority Bergbehörde
(mining) claim Grubenfeld
mining damage Bergschaden
mining direction (advance) Abbaurichtung
mining law Bergrecht
mining losses Abbauverluste
mining method Abbauverfahren
minor crop use Lückenindikation
minor habitat Biochorion; Mikrobiozönose
mist spraying Nebeln
mites Schildkrötmilben (Uropodina); Acarina; Milben
miticides Akarizide
mitochondria Mitochondrium
mitosis Mitose
1/3 Mix (European driving cycle) Drittelmix
mixed feeds Mischfuttermittel
mixed forest Mischwald
mixed fuels Mischkraftstoffe
mixed goods Mischgut
mixed media filter Mehrschichtfilter
mixed waste sludge compost Müll-Klärschlamm-Kompost
mixing Durchmischung
mixing basin Mischbecken
mixing distance Mischungsweglänge
mixing length Mischungsweglänge
mixing ratio Mischungsverhältnis
M.-M. equation Michaelis-Menten-Gleichung
mobility Mobilität
mobilization Mobilisierung
mobilization of heavy metals by microorganisms Mobilisierung von Schwermetallen durch Mikroorganismen
model experiment Modellversuch
modeling Modellierung
model room Modellraum
model simulation Modellsimulation
mode of entry Aufschlußfigur
moderator Moderator
modernization of existing plants Altanlagensanierung
mohno pump Mohnopumpe
Mojave desert Mojave-Wüste
mole Maulwurf (Talpa europaea)
mole cricket Maulwurfsgrille (Gryllotalpa gryllotalpa)
molecular biology Molekularbiologie
molecular genetics molekulare Genetik
molecular weight Molekulargewicht
molluscicides Molluskizide
molluscs Mollusken
molybdenum Molybdän (Mo)
monalide Monalid
monitor Monitor
monitoring Monitoring
monitoring of radioactivity Radioaktivitätsmessung
monitoring service Warndienst

monitor organisms Monitororganismen
monitor species Zeigerarten
mono-bin Monotonne
monoclonal antibody monoklonaler Antikörper
monocotyledons monokotyle Pflanze; Monokotyledonen
monoculture Monokultur
Monod equation Monod-Gleichung
monomers Monomere
monomixis Monomixis
monophagous monophag
monophagy Monophagie
mono-pump Exzenterschneckenpumpe
Monte Carlo simulation Monte-Carlo-Simulation
montmorillonite Montmorillonit
monuron Monuron
moor Hochmoor
moor on hill slope Hangmoor
morbidity Morbidität
morin Maclurin
morphine Morphin
morphogenesis Morphogenese
mortality Mortalität
mosquito Moskito; Mücken
moss Moos
moss mites (oribatids) Moosmilben (Oribatida)
most unfavourable point of exposure Aufpunkt
mother's milk Muttermilch
motion equation Bewegungsgleichung
motor octane number Motoroctanzahl (MOZ)
motor-oil-program Auto-Oil-Program
mould Moder
moulds Schimmelpilze
mountain and valley wind circulation Berg- und Talwindzirkulation
mountain brook Bergbach
mountainous yellowing montane Vergilbung
mountain-stream hydraulic engineering Wildbachverbauung
mud Schlick
mudflat fauna Wattfauna
mulching Mulchen
mulch seed Mulchsaat
mull-moder model Mull-Moder-Modell
multibarrier system Multibarrierensystem
multiblade wind-energy converter Widerstandsläufer; Vielflügler
multichannel analyser Vielkanalanalysator
multi-compartment bin Mehrkammerbehälter
multi-compartment container Mehrkammercontainer
multi-compartment septic tank Mehrkammergrube
multigrade oil Mehrbereichsöl
multi-layered filter Mehrschichtfilter
multiphase concentrate Mehrphasenkonzentrat zur Saatgutbehandlung
multiphase flow Mehrphasenfluß
multiple linear regression multiple lineare Regression
multiplication factor Multiplikationsfaktor
multi-recycling process MR-Verfahren
multi-service-transportation-system Multi-Service-Transportsystem (MSTS)
multivalve technique Mehrventiltechnik
multivorous polyphag; Phytophag
municipal heat distribution Fernwärme
municipal solid waste Siedlungsabfälle
municipal waste disposal kommunale Abfallentsorgung

municipal wastewater kommunales Abwasser
Muschelkalk Muschelkalk
mustard gas Senfgas
mutagen Mutagen
mutagenesis Mutagenese
mutagenic erbgutverändernd
mutagenity Mutagenität
mutant Mutante
mutation Mutation
mutation rate Mutationsrate
mycel Mycel
mycetophagous mycetophag
myclobutanil Myclobutanil
mycoherbicide Mycoherbizid
mycorrhiza Mykorrhiza
mycotoxin contamination Mykotoxinkontamination
mycotoxin Mykotoxin
myo-inositol hexaphosphate Phytinsäure
myriapods Tausendfüßer (Myriopoda)
myxobacteria Myxobakterien
myxomycetes of soil Bodenschleimpilze

naked amebas Nacktamöben
naphthalene Naphthalin
natality Geburtenrate
national laboratory Großforschungseinrichtung
national park Nationalpark
native halogenated organic compounds Organohalogenverbindungen, natürliche
native wastes natürliche Abfallprodukte
natural analogues natürliche Analoga
natural ecosystem Ökosystem, naturnahes
natural gas as fuel Erdgas als Kraftstoff
naturally occuring uranium Natururan
natural monument Naturdenkmal
natural radiation exposure Strahlenbelastung, natürliche (natürliche Strahlenexposition)
natural resources policy Ressourcenpolitik
natural substance(s) Naturgut(-güter)
natural wastes natürliche Abfallprodukte
natural woodland Naturwald
Natural Yellow 8 Maclurin
nature conservation Naturschutz
nature conservation area Naturschutzgebiet
nature conservation arrangement/measures Naturschutzmaßnahmen
nature conservation management Management im Naturschutz
nature of overburden Abraumbeschaffenheit
nature reserve Naturpark
navigable waterways Wasserstraßen
necessity checking Bedürfnisprüfung
necrophagous Nekrophag
necrophagy Nekrophagie
necrosis Nekrose
needle Nadelblatt
needle analysis Nadelanalyse
needle loss Nadelverlust
needle penetration Nadelpenetration
neighbour rights Nachbarrecht
nemathelminths Nemathelminthes (Schlauchwürmer)
nematicide Nematizid
nematodes Fadenwürmer
Neophytes Neophyten
Neozoa Neozoen
Nernst partition coefficient Nernst-Verteilungssatz
nerve gases Nervengase
nerve poisons Nervengifte

net production Nettoproduktion
net productivity Nettoprimärproduktion
net terrestrial surface radiation effektive Ausstrahlung
net total radiation Strahlungsbilanz
neurodermitis Neurodermitis
neurotoxins Neurotoxine
neurotransmitter Neurotransmitter
neutral gear Leerlauf
neutralization Neutralisation
neutralizing capacity Basenneutralisationskapazität
neutron activation analysis Neutronenaktivierungsanalyse
neutron density Neutronendichte
neutron flow density Neutronenflußdichte
neutron probe Neutronensonde
new construction Neuerrichtung
new substances Neue Stoffe
nicotine Nikotin
night frost Nachtfrost
nitrate ammonification Nitratammonifikation
nitrate assimilation Nitrat-Assimilation
nitrate leaching Nitratauswaschung
nitrate respiration Nitrat-Atmung
nitric acid Salpetersäure
nitrification Nitrifikation
nitrification inhibitor Nitrifikationshemmstoff
nitrifying bacteria Nitrifikanten; nitrifizierende Bakterien
nitrilotriacetic acid Nitrilotriessigsäure (NTA)
nitrites Nitrite
nitrites poisoning Nitritvergiftung
nitroanilines Nitroaniline
Nitrobacteriacea Nitritbakterien; nitrifizierende Bakterien
nitrobacters Nitrobacter
nitro-calcite Kalksalpeter
nitro-chalk Kalkammonsalpeter
nitrogen Stickstoff (N)
nitrogen cycle Stickstoffkreislauf
nitrogen-cycle bacteria Stickstoffzyklusbakterien
nitrogen dioxide Stickstoffdioxid; NO_2
nitrogen fixation Stickstoff-Fixierung
nitrogen monoxide Stickstoffmonoxid NO
nitrogen(ous) fertilizer N-Dünger; Stickstoffdünger
nitrogen oxides Stickstoffoxide; Nitrose Gase
nitrogen oxides removal Abgasentstickung (DeNOx); Entstickung
nitrogen-saturation hypothesis Stickstoffsättigungs-Hypothese
nitrogen trophication Stickstofftrophierung
nitrosamines Nitrosamine
nitrosomonas Nitrosomonas
nocturnal (radiation) emission nächtliche Ausstrahlung
nodular-root bacterium Frankia
nodule bacteria Knöllchenbakterien
Noell conversion process Noell-Konversionsverfahren
noise Lärm
noise box Geräuschkapselung; Schallkapsel
noise emission Lärmemission
noise measurement Geräuschmessung
noise protection Schallschutz
noise regulations Geräuschvorschriften
nomogramme Nomogramm
non-adiabatic process nichtadiabatische Prozesse
non-destructive test zerstörungsfreie Prüfung

non-dispersive infrared detector   nicht-dispersiver Infrarot Detektor (NDIR)
non-extractable residues   gebundene Rückstände
nonferrous metals   Nichteisenmetalle
non-limited emission components   nicht limitierte Abgaskomponenten
Non-Methane-Organic-Gas (NMOG)   Non-Methan-Organic-Gas (NMOG)
nonporous voids   Trennfugen
non-print source   diffuse Quelle
Non-proliferation Treaty   NV-Vertrag
non-returnable bottle   Einwegflaschen
non-returnable syringes   Wegwerfspritzen
non-returnalbe packaging   Wegwerfverpackungen
normal distribution   Normalverteilung
normal saline   physiologische Kochsalzlösung
notification   Listung
novel forest decline   neuartige Waldschäden
noxious agent   Noxe
noxious substances of algae/algal origin   algenbürtige Schadstoffe
NO_x measurement NO_x-Messung
(nuclear) accident prevention   Störfallvorsorge, Kernkraft
nuclear bomb test   Atombombentest
nuclear chain reaction   Kettenreaktion
nuclear chemistry   Kernchemie
nuclear energy   Kernenergie
nuclear fission   Kernspaltung
nuclear fuel   Kernbrennstoff
nuclear fuel cycle   Brennstoffkreislauf; Kernbrennstoffkreislauf
nuclear fusion   Kernfusion
Nuclear Licensing Procedure Ordinance   Atomrechtliche Verfahrensverodnung (AtVfV)
nuclear material   Kernmaterial
nuclear-material safeguards   Kernmaterialüberwachung
nuclear plant   Kernanlage
nuclear power plant   Kernkraftwerk
nuclear reactor   Kernreaktor; Atomreaktor
nuclear safeguards   Spaltstoffflußkontrolle
nuclear spindle   Kernspindel
nuclear waste heat   Abwärme, Kernkraft
nuclear weapon   Atombombe
nucleic acid   Nucleinsäure
nucleic base   Nucleinbase
nuclei counter   Kernzähler
nucleon   Nukleon
nucleon number   Nukleonenzahl
nucleoside   Nucleosid
nucleotide   Nucleotid
nucleus of sublimation   Sublimationskerne
nuclide   Nuklid
nuclide generator   Nuklidgenerator
nuisance   Belästigung
numerical solution   numerische Lösung
nutrient agar   Nährboden
nutrient availability   Nährstoffverfügbarkeit
nutrient balance   Nährstoffbilanz
nutrient concentration in soil solution   Nährstoffkonzentration in der Bodenlösung
nutrient content   Nährstoffgehalt
nutrient deficiency   Nährstoffmangel
nutrient (deficiency) hypothesis   Ernährungshypothese
nutrient demand   Nährstoffbedarf
nutrient dynamics   Nährstoffdynamik

nutrient elements   Nährelemente
nutrient loss   Nährstoffverluste
nutrient needs   Nährstoffbedarf
nutrient potential in soil   Nährstoffpotential im Boden
nutrient reserve   Nährstoffvorrat
nutrient salts   Nährsalze
nutrient solution   Nährlösung
nutrient supply   Nährstoffzufuhr
nutrient withdrawal   Nährstoffentzug
nutrition   Ernährung
nutritional value   Nährwert
nutritive medium   Nährmedium
nutritive solution   Nährlösung

objection proceed   Widerspruchsverfahren
objections   Einwendungen
obligation of waste disposal   Abfallbeseitigungspflicht
obligation to obtain a licence   Genehmigungspflicht
obligation to register   Mitteilungspflicht
obligation to report   Anzeigepflicht
obligation to safeguard traffic   Verkehrssicherungspflicht
occlusion   Okklusion
occupational diseases   Berufskrankheiten
occupationally exposed persons   beruflich strahlenexponierte Personen
occupational medicine   Arbeitsmedizin
occupational safety   Arbeitsschutz
occupational substances regulation   Arbeitsstoff-Verordnung
ocean   Meer
ocean currents   Meeresströmungen
oceanic areas   Meeresgebiete
oceanic energy   Meeresenergie
ocean mining   Meeresbergbau
oceanography   Ozeanographie
ocean-station vessel   Wetterschiff
ocher   Ocker
ochre   Ocker
octane number   Octanzahl
octanol/water partition coefficient   Octanol-Wasser-Verteilungskoeffizient
odourants   Riechstoffe
odour emission   Geruchsemissionen
odour-intensive substances   geruchsintensive Stoffe
odour nuisance   Geruchsbelästigung
odour quotient   Geruchszahl
odour removal   Geruchsbekämpfung
odour seal/trap   Geruchverschluß
OECD Unit World Model   OECD-Standard-Umweltmodell
oestradiol   Östradiol
oestrogens   Östrogene
official (fuel) volatility limits   gesetzlich limitierte Flüchtigkeit
offset policy   Ausgleichskonzept
off-shore breeze   ablandiger Wind
off-site technologies   Off-site-Verfahren
oil-dispersible powder   öldispergierbares Pulver
oil-miscible flowable concentrate   ölmischbares Mehrphasenkonzentrat
oil-miscible liquid   ölmischbare Lösung
oilprice crisis   Ölpreiskrise
oils   Öle
oil separator   Ölabscheider
oil sludge   Ölschlamm
oil spill   Ölpest

old bed/branch Altarm
old car Altauto
olfactometry Olfaktometrie
olfactory nuisance Geruchsbelästigung
oligochetes Wenigborster
oligomers Oligomere
oligomictic Oligomixis
oligosaprobic organisms Oligosaprobien
oligotrophic oligotroph
on-board diagnosis An-Bord-Diagnose
onchocercosis Onchocercose
on-site technologies On-site-Verfahren
ontogeny Ontogenese
oomycetes Oomyceten
opening control Eröffnungskontrolle
opening (out, up) Aufschluß
opening working Grubenbau
open-pit/-cut über Tage; übertägig
open-pit mining Tagebau
open system offenes System
operating capacity Aufbrauch
operating manual Betriebshandbuch
operating safety Betriebssicherheit
operational operational
operation disturbance Betriebsstörungen
operation schedule Betriebsplan
opiates Opiate
opium Opium
opportunity costs Opportunitätskosten
optical air mass optische Luftmasse
optical thickness optische Dicke
oral intake orale Aufnahme
order to provide reasons Begründungsgebot
Ordinance of Maximum Residue Limit Höchstmengenverordnung
Ordinance on Dangerous Substances Gefahrstoffverordnung
Ordinance on Implementation of the Federal Pollution Control Act Verordnungen zur Durchführung des Bundes-Immissionsschutzgesetzes
Ordinance on Sewage Sludge Klärschlammverordnung
Ordinance on Small Firing Facilities Verordnung für Kleinfeuerungsanlagen
Ordinance on Water Protection and Financial Equalization/Compensation Schutzgebiets- und Ausgleichsverordnung
organ dose Organdosis
organelles Organellen
organic agriculture ökologischer Landbau
organic manuring/manure organische Dünger
organic peroxides organische Peroxide
organic substances organische Substanzen
organism Organismus
organoleptic organoleptisch
organophosphates Phosphorsäureester
oribatids (horny mites) Oribatida (Hornmilben)
orientation Orientierung
original loess melioration Primärlößmelioration
ornithology Ornithologie
orthoclase Orthoklas; Kalifeldspat
orthophosphoric acid Orthophosphorsäure
orthorocks Orthogestein
ortstein Ortstein
osmoregulation Osmoregulation
osmosis Osmose
osmotic potential osmotisches Potential; Potential; Lösungspotential

outcrop(ping) Ausbiß
outflow Abfluß
outlet structure Auslaufbauwerk
outlier Ausreißer
output level Ertragsniveau
outside dump Außenkippe
outside waste Fremdberge
overburden composition Abraumbeschaffenheit
overburden dump Abraumhalde; Abraumkippe
over fertilizing Überdüngung
overflow sill Überlaufschwelle
overgrazing Überweidung
overhead magnetic separator Überbandmagnet
overlying rock Deckgebirge
oversize material Überkorn
own filling Eigenberge; Eigenversatz
oxidants Oxidantien
oxidase Oxidase
oxidation Oxidation
oxidation ditch Oxidationsgraben
oxygen balance Sauerstoffhaushalt
oxygen concentration Sauerstoffkonzentration
oxygen consumption Sauerstoffverbrauch
oxygen content Sauerstoffgehalt
oxygen deficiency Sauerstoffdefizit; Sauerstoffmangel
oxygen demand Sauerstoffbedarf
oxygen distribution Sauerstoffverteilung
oxygen enrichment Sauerstoffanreicherung
oxygen input Sauerstoffeintrag
oxygen intake Sauerstoffaufnahme
oxygen load Sauerstofflast
oxygen measurement Sauerstoffmessung
oxygen probe Sauerstoffsonde
oxygen radicals Sauerstoffradikale
oxygen saturation concentration Sauerstoffsättigungskonzentration
ozone Ozon
ozone effect Ozonwirkung
ozone hypothesis Ozonhypothese
ozonization Ozonung
ozonolysis Ozonolyse

package plant Kompaktanlage
packaging Verpackung
packaging rule Verpackungsverordnung (VerpackV)
packed column Füllkörperkolonne
packing Versatz; Blasversatz
packing duty Verpackungspflicht
paint Lack
paint mud Lackschlamm
pair formation Paarbildung
pair production Paarbildung
paludal forest Bruchwald
Panel on Environmental Issues Arbeitsgemeinschaft für Umweltfragen (AGU)
panel room Schaltwarte
pantothenic acid Pantothensäure
parabolic concave mirror Hohl- und Parabolspiegel
parabolic mirror Parabolspiegel
paraboloidal collector Parabolidkollektor
paradichloro benzene Paradichlorbenzol
paradigm Paradigma
parallel flow combustion Gleichstromverbrennung
parallel-plate interceptor Parallelplattenabscheider
parameter Parameter
parameter estimation Parameterschätzung
parameter function Parameterfunktion

parameter optimization Parameteroptimierung
parameters Kenngrößen
parapause Parapause
pararocks Paragesteine
parasites Parasiten
parasitism Parasitismus
parasitoids Parasitoide
parasitosis Parasitose
parenchyma Parenchym
parental care Brutpflege
parent rock Ausgangsgestein
Pareto optimum Pareto-Optimalität
Paris Convention Pariser Übereinkommen
partial authorization Teilgenehmigung
partial body dose Teilkörperdosis
partial differential equation Differentialgleichung, partielle
part(ial) load Teillast
participation rights Beteiligungsrecht
particle accelerator Teilchenbeschleuniger
particle filters Partikelfilter
particle-size distribution Korngrößenverteilung
particulate filter Schwebstofffilter; Partikelfilter
particulates Partikel
partition coefficient Verteilungskoeffizient (P)
partly pollutant-reduced bedingt schadstoffarm
passenger cars/ trucks Personenkraftwagen (Pkw)/ Lastkraftwagen (Lkw)
passenger car traffic Personenstraßenverkehr
passive fog sampler Nebelfänger
passive sampler Passivsammler
passive smoking Passivrauchen
paste Paste
pasteurization Pasteurisierung
pathogen Krankheitserreger
pathogen diagnosis Pathogendiagnose
pathogenes in agriculture and forestry Schaderreger in der Land- und Forstwirtschaft
pathogenic pathogen
pathogenic germs Keime, pathogene
pathogenicity Pathogenität
pathology Pathologie
pauropods Wenigfüßer
PCR (polymerase chain reaction) PCR (Polymerase-Kettenreaktion)
peak discharge Hochwasser
peak-load power plant Spitzenlastkraftwerk
peat Torf
peat deposits Mudde
peat humification Vererdung
pebble-bed reactor Kugelhaufenreaktor
pectic substances Pektinstoffe
pectinases Pektinasen
pectines Pektine; Pektinstoffe
pedobiology Pedobiologie
pedobiome Pedobiom
pedology Bodenkunde; Pedologie
pelagial Pelagial
pelagic organisms pelagische Organismen
pelites Tongesteine
pellet catalyst Schüttgutkatalysator
pen dosemeter/dosimeter Füllhalterdosimeter; Stabdosimeter
penetration Penetration
penetration layer/depth Eindringtiefe
penetrometer Penetrometer
pepsin Pepsin
peptides Peptide

percolating water Sickerwasser
percolation Durchsickerung; Versickerung
percolation basin Sickerbecken
percutaneous/per cutaneous percutan
perforated-plate column Siebbodenkolonne
perforator method Perforatormethode
period Periode
periodicity Periodik; Periodizität
periodic system Periodensystem
periphyton Periphyton
permafrost soils Permafrostböden; Dauerfrostböden
permanent grassland Dauergrünland
permanent hardness bleibende Härte
permanent spore Dauerspore
permanent wilting point permanenter Welkepunkt (PWP)
permeability Permeabilität; Wasserwegsamkeit; Durchlässigkeit
permeability due to nonporous voids Trennfugendurchlässigkeit
permeability of formation Gebirgsdurchlässigkeit
permeability of rock Gesteinsdurchlässigkeit
permission Bewilligung
permit Erlaubnis; Genehmigung
permit with reservation Erlaubnisvorbehalt
peroxidases Peroxidasen
peroxide bleach(ing) Peroxidbleiche
peroxide number Peroxidzahl (POZ)
peroxides Peroxide
peroxyacetic acid Peroxyessigsäure
per(oxy)acetic acid Peressigsäure
persistence Persistenz
persistent substances schwer abbaubare Stoffe
personal hygiene Körperreinigung, Körperpflege
personal obligation Selbstverpflichtung
pest control Schädlingsbekämpfung
pesticide Pestizid
pesticide application Anwendung, Pflanzenschutzmittel
pesticide legislation Pflanzenschutzgesetzgebung
pesticide register Pflanzenschutzmittelverzeichnis
pesticide resistance PSM-Resistenz
pesticide spray sequence Spritzfolge
pesticides application decree Pflanzenschutz-Anwendungsverordnung
pesticides decree Pflanzenschutz-Anwendungsverordnung; Pflanzenschutzmittelverordnung
pest management Pestmanagement
pet Heimtiere; Haustiere
petrol Benzin
petroleum Petroleum; Erdöl
petrol-lead law Benzinbleigesetz
petrol separator Benzinabscheider
pF value pF-Wert
phaeozem Chernozem
phaeozem, chernozem Schwarzerde
phage Phage
phagotrophy Phagotrophie
pharmacodynamics Pharmakodynamik
pharmacognosy Pharmakognosie
pharmacokinetics Pharmakokinetik
phenolic resins Phenolharze (PF); Phenoplaste
phenol index Phenolindex
phenology Phänologie
phenols Phenole
phenomenologic(al) phänomenologisch
phenotype Phänotyp
phenotypical phänotypisch

phenoxyacetic acid Phenoxyessigsäure
phenyl mercury acetate Phenylquecksilberacetat
pheromone Pheromon
phloem Phloem
phloem transport Phloemtransport
phosphate Phosphat
phosphate depletion Phosphatabtrag
phosphate elimination Phosphatelimination
phosphate fertilizer Phosphatdünger
phosphate fixation Phosphatfixierung
phosphate glass dosimeter Phosphatglasdosimeter
phosphate influx Phosphateintrag
phosphate leaching Phosphatauswaschung
phosphate precipitation Phosphatfällung
phosphate stripping Phosphatstripping
phosphate substitutes Phosphatersatzstoff
phosphorescence Phosphoreszenz
phosphoric esters Phosphorsäureester
phosphorus Phosphor
phosphorylation Phosphorylierung
photoautotrophic photoautotroph
photo cathode Photokathode
photochemical oxidants Photooxidantien
photoeclector Photoeklektor
photo effect Photo-Effekt
photometer Photometer
photomorphogenesis Photomorphogenese
photon Photon
photoperiodicity Photoperiodizität
photophosphorylation Photophosphorylierung
photoreceptor Photorezeptor
photorespiration Photorespiration
photosynthesis Photosynthese
phototaxis Phototaxis
phototroph phototroph
phototrophic bacteria phototrophe Bakterien
photovoltaic power Solarstrom
photovoltaics Photovoltaik
pH value pH-Wert
phycomycetes Phycomyceten
phyllosphere Phyllosphäre
phylogeny Phylogenese
physical-chemical properties physikalisch-chemische Eigenschaften
physical-fitness test Eignungsprüfung
physical gill physikalische Kieme
physical state of matter Aggregatzustand
physical weathering physikalische Verwitterung
physicochemical properties physikalisch-chemische Eigenschaften
physiological root(ing) depth physiologische Gründigkeit
physiological saline Physiologische Kochsalzlösung
phytic acid Phytinsäure
phytocoenosis Phytozönose
phytogeography Geobotanik
phytohormone Phytohormon
phytohygiene Phytohygiene
phytomedicine Phytomedizin
phytopathology Phytopathologie
phytophagous Phytophag
phytophagous nematodes Phytonematoden
phytophthora Phytophthora
phytoplankton Phytoplankton
phytotelmata Phytotelmen
phytotoxicity Phytotoxizität; Pflanzentoxizität
phytotoxins Phytotoxine
phytotron Phytotron-Anlage

picking belt conveyer Leseband
pickling salt Pökelsalz
pick-up-system Holsystem
piezometric head Grundwasserstand
pigment Pigment
Pigou tax Pigou-Steuer
pig slurry Schweinegülle
pillar Bergfeste
pillar working Festenbau
pilot balloon Pilotballon
pilot conditioning plant Pilot-Konditionierungsanlage
pilot plants Versuchsanlagen
pilus Pilus
pion p-Meson
pioneer organisms Primärbesiedler
pioneer species Erstbesiedler
pit Miete
pitfall trap Barberfalle
plagioclase Natronfeldspat; Plagioklas
plan approval Planfeststellung
plane-crash safety Flugzeugabsturzsicherheit
planetary circulation planetarische Zirkulation
Planipennia Planipennia (Netzflügler)
plankton Plankton
planning Planung
planning and building laws Baurecht
planning instruments Planungsinstrumente
planning procedure Planfeststellungsverfahren
plant Anlage; Pflanze
plant analysis Pflanzenanalyse
plant association Pflanzengesellschaft
plant available residues pflanzenverfügbare Rückstände
plant breeding Pflanzenzüchtung
plant cell cultures pflanzliche Zellkulturen
plant compounds Pflanzeninhaltsstoffe
plant cultivation Pflanzenzüchtung
plant-derived oils and fats pflanzliche Öle und Fette
plant development Pflanzenentwicklung
plant diseases Pflanzenkrankheiten
plant diversity Pflanzenvielfalt
plant ecology Pflanzenökologie
plant for nuclear rechnology kerntechnische Anlage
plant growth factor Pflanzenwuchsstoff
plant-health improvers Pflanzenstärkungsmittel
plant hormones Pflanzenhormone
plant hygiene Pflanzenhygiene
plant law protection Pflanzenschutzrecht
plant litter Streu
plant, lower Pflanzen, niedere
plant nutrient groups Pflanzennährstoffgruppen
plant nutrition Pflanzenernährung
plant operator Anlagenbetreiber
plant parts Pflanzenteile
plant pathology Pflanzenpathologie
plant physiology Pflanzenphysiologie
plant poisons Pflanzengifte
plant population Pflanzenbestand
plant production Pflanzenproduktion
plant rodlet Pflanzenstäbchen
plant safety Anlagensicherheit
plant sociology Pflanzensoziologie
plant species Pflanzenart
plant-strengthening agents Pflanzenstärkungsmittel
plant toxicity Pflanzentoxizität
plant toxins Pflanzengifte
plant tumors Pflanzentumore(n)

plant uptake   Pflanzenaufnahme
plant vectors   Pflanzenvektoren
plant yield   Pflanzenertrag
plasma   Plasma
plasma circulation   Plasmaströmung
plasma membrane   Plasmamembran
plasmide   Plasmid
plasmodesmata   Plasmodesmen
plasticizer   Weichmacher
plastic packing   Kunststoff-Füllelemente
plastics   Kunststoffe; Plastik; Plaste
plastics, fiber-reinforced   Kunststoffe, faserverstärkte
plastic sheet   Kunststoffdichtungsbahn
plastics perspiration (odour)   Kunststoffausdünstungen
plastids   Plastiden
plastified PVC   Weich-PVC
plastron   Plastron
plate aerator   Plattenbelüfter
plate bait   Plättchenköder
plate diffuser   Plattenbelüfter
plate model   Plattenmodell
plating shop waste   Galvanikabwasser
platinum   Platin
pleistocene   Pleistozän
pleuston   Pleuston
plough layer   Pflugsohle
plutonium   Plutonium (Pu)
plutonium bomb/weapon   Plutoniumbombe
pneumatic stowing   Blasversatz
pneumoconiosis   Staublunge (Silikose)
pneumonia   Pneumonie
podsol   Podsol
podsolization   Podsolierung
poikilothermal   poikilotherm
point mutation   Punktmutation
poison   Gift
poisoning   Vergiftung
poisonous   giftig
poisonous fungi   Giftpilze
poisonous plants   Giftpflanzen
Poisons Act   Giftgesetz
Poisson partition   Poisson-Verteilung
polar   polar
polar air   Polarluft
polar front   Polarfront
polarography   Polarographie
polder soils   Polderböden
police law   Ordnungsrecht
polishing pond   Schönungsteich
pollen   Pollen
pollination   Bestäubung
pollutant   Schadstoff
pollutant accumulation   Schadstoffanreicherung
pollutant concentration   Schadstoffkonzentration
pollutant deposition/entry   Schadstoffeintrag
pollutant equivalent   Schadstoff-Äquivalent
pollutant input reduction   Immissionsminderung
polluted region   Belastungsgebiet
pollution   Verunreinigung; Immissionsbelastung
Pollution Control Act   Umweltschutzrecht
pollution control law   Umweltschutzgesetze
pollution-control report   Immissionsschutzbericht
pollution control standard   Immissionsrichtwerte
pollution index   Schmutzbeiwert
pollution monitoring   Immissionsüberwachung
pollution parameters   Immissionskenngrößen
pollution potential   Schadstoff-Potential

pollution register   Immissionskataster
pollution unit   Schadeinheit
pollution values   Immissionswerte
polyacrylamide gel   Polyacrylamid-Gel
polyacrylates   Polyacrylate
polyacrylic resins   Polyacrylharze
polyaddition   Polyaddition
polyadducts   Polyaddukte
polybrominated biphenyls   polybromierte Biphenyle (PBB)
polybrominated dibenzo-p-dioxins and dibenzofurans   Polybromierte Dibenzo-p-dioxine und Dibenzofurane (PBDD/F)
polybrominated diphenyl ethers   Polybromierte Diphenylether (PBDE)
polychlorinated biphenyls   Chlorbiphenyle
polychlorinated dibenzodioxins   polychlorierte Dibenzodioxine (PCDD)
polychlorinated dibenzofuranes   polychlorierte Dibenzofurane (PCDF)
polycondensates   Polykondensate
polycondensation   Polykondensation
polyelectrolytes   Polyelektrolyte
polyester   Polyester
polyester fibers   Polyesterfasern
polyester resins   Polyesterharze
polymer additives   Kunststoffadditive
polymerase   Polymerase
polymerase chain reaction   Polymerase-Kettenreaktion (PCR)
polymer constituents   Kunststoffbestandteile
polymer degradation   Kunststoffabbau
polymer films   Kunststoffolien
polymerization   Polymerisation
polymer recycling   Kunststoffrecycling
polymers   Kunststoffe
polymers   Polymerisate; Polymere
polymers for sewage treatment   Polymere in der Abwasserreinigung
polymictic   Polymixis
polymorphism   Polymorphismus
polynomial regression   Polynom-Regression
polynucleotide   Polynucleotid
polyolefins   Polyolefine (PO)
polyphagous   polyphag
polyphagy   Polyphagie
polyploid   polyploid
polypropylene   Polypropylen (PP)
polysaccharides   Polysaccharide
polysaprobic organisms   Polysaprobien
polysome   Polysom
polystyrene   Polystyrol (PS)
polystyrene resins   Polystyrolharze
polyurethanes   Polyurethane (PUR)
Ponceau dye   Ponceau 6R
pond   Tümpel; Teich
pond aeration   Teichbelüftung
pond types   Beckenarten
pool octane number   Pool-Octanzahl
poor-exchange weather situation   austauscharme Wetterlage
popular action   Popularklage
population   Population
population density   Populationsdichte; Bestandesdichte
population dynamics   Populationsdynamik
population ecology   Populationsökologie; Demökologie

population growth Populationswachstum
population structure Bevölkerungsaufbau; Populationsstruktur
population turnover Umkippen eines Gewässers
pores Poren
pore volume Porenvolumen
pore water velocity Porenwasser-Geschwindigkeit
porosity Hohlraumanteil; Porosität
porosity in fissured rocks Kluftvolumen
porous aquifer Porengrundwasserleiter
positron emitter Positronenstrahler
post cramp Bergfeste
post-emergence Nachauflauf
post precipitation Nachfällung
post-sorting facility Nachsortieranlage
post thickener Nacheindicker
potash Kalisalz
potash fertilizer Kalidünger
potassium Kalium (K)
potassium deficiency Kaliummangel
potassium fixation Kaliumfixierung
potassium magnesia Kalimagnesia
potassium permanganate consumption Kaliumpermanganatverbrauch
potassium sulphate Kaliumsulfat
potential Potential
pourability Ausfließverhalten
power density Leistungsdichte
power factor Leistungsfaktor
power plant firing system Großfeuerungsanlagen
power reactor Leistungsreaktor
Prandtl layer Prandtl-Schicht
pre-aeration Vorbelüftung
precautionary principle Vorsorgeprinzip
precept of optimal conditions Optimierungsgebot
prechamber Vorkammer
precipitable water ausfällbares Wasser
precipitation Ausfällung; Niederschlag; Fällung; Niederschlagshöhe
precipitation intensity Niederschlagsintensität
precision Präzision
precision sowing seed Präzisionssaatgut
precoat filter Anschwemmfilter
predation Episitismus
predator Episit; Räuber
predator pressure Feinddruck
predator-prey system Räuber-Beute-System
predatory arthropods Raubarthropoden
predatory mites Raubmilben
predictability Voraussagbarkeit
pre-emergence treatment Vorauflaufverfahren
preferred temperature Vorzugstemperatur
(pre)financing ordinance Vorausleistungsverordnung
preliminary air pollution Vorbelastung
preliminary decision Vorbescheid
premature start of construction vorzeitiger Baubeginn
premises drainage Grundstücksentwässerung
presentation of documents for public inspection Auslegung, öffentliche
preservation Konservierung
preservatives Konservierungsstoffe
pre-sieving Vorabsiebung
pressure Druck
pressure field Druckfeld
pressure filter Druckfilter
pressure gradient Druckgradientkraft
pressure oscillation Druckschwankungen

pressure-suppression pool Kondensationsbecken
pressure tendency Luftdrucktendenz
pressure topography Druckfläche
pressure tube reactor Druckröhrenreaktor
pressure vessel Druckbehälter
pressure wave Druckschwankungen
pressurized water reactor Druckwasserreaktor
pre-thickener Voreindicker
pretreatment Vorbehandlung
prevention Vorsorge
preventive prohibition präventives Verbot
primary air Primärluft
primary consumers Primärkonsumenten
primary coolant Primärkühlmittel
primary cooling circuit Primärkühlkreislauf
primary decomposers Primärzersetzer
primary degradation Primärabbau
primary energy Primärenergie
primary energy consumption Primärenergieverbrauch
primary producers Primärproduzenten
primary production Primärproduktion
primary productivity Primärproduktivität
primary sequence Primär-Sequenz
primary settling tank Vorklärbecken
primary sludge Vorklärschlamm; Primärschlamm
primate test Primatenversuch
primer Primer
primeval forest Urwald
principle of anxiety Besorgnisgrundsatz
principle of compensation Kompensationsprinzip
principle of cooperation Kooperationsprinzip
principle of environmental protection Grundrecht auf Umweltschutz
principle of proportionality Verhältnismäßigkeitsgrundsatz
prion Prion
priority list Prioritätenliste
private costs private Kosten
privatization of environmental protection Privatisierung im Umweltschutz
privy Abortanlagen
probabilistic probabilistisch
probabilistic analysis probabilistische Analyse
probability density Wahrscheinlichkeitsdichte
probability function Wahrscheinlichkeitsfunktion
probe Sonde
probiotics Probiotika
proceeding Verfahren
processing facility for waste Aufbereitungsanlage für Abfälle
processing, mining Aufbereitung, Bergbau
process optimization Verfahrensoptimierung
process supervision Prozeßkontrolle
process water Betriebswasser; Prozeßabwasser; Brauchwasser
producers Produzenten
producer's liability Produzentenhaftung
product contribution Produktabgabe
production monitoring Produktionsüberwachung
production surveillance Serienüberwachung
production test result Serienprüfwert
production volume Produktionsmenge
products Erzeugnisse
professional knowledge Fachkunde
professional/trade associations Berufsgenossenschaften
progesterone Progesteron

prognosis Prognose
prognosis service Prognosedienst
prohibition of application on agricultural land Aufbringungsverbot
prohibition of deterioration Verschlechterungsverbot
prohibitions Verbote
project planning Fachplanung
prokaryotes Prokaryoten
prolongation of activity Wirkungsverlängerung
promotor Promotor
propellants Treibgase
prophage Prophage
proportional counter Proportionalzähler
proteases Proteasen
protected and endangered plants geschützte und gefährdete Pflanzen
protected animals geschützte Tiere
protected forest Schutzwald
protection Unterschutzstellung; Schutz
protection area for drinking water Trinkwasserschutzgebiet
protection duties of the state Schutzpflicht, staatliche
protection of a third party Drittschutz
protection of neighbours Nachbarschaftsschutz
protection of not colonized territory from uncontrolled settlement Freiraumschutz
protection of species Artenschutz
protection of the posteriority Nachweltschutz
protection target Schutzziel
protection zones for medical waters Heilquellenschutzgebiete
protective mechanisms Schutzmechanismen
protective mesures Schutzmaßnahmen
protein Eiweiß; Protein
protein biosynthesis Proteinbiosynthese
protein sequencing Protein-Sequenzierung
proteom Proteom
Proteus Proteus
protista Einzeller
proton Proton
proton buffer regions Protonen-Pufferbereiche
proton production Protonenproduktion
proton pump Protonenpumpe
proton transport Protonentransport
protoplasma Protoplasma
protoplast Protoplast
protozoa Protozoen; Urtierchen; Einzeller
proturans Protura; Beintaster
proventitious shoots Ersatztriebe
pselaphognaths Pinselfüßer (Polyxenidae)
pseudocroup Pseudokrupp
pseudogley Pseudogley
pseudomonas Pseudomonas
Pseudomonas cell multiplication inhibition test Pseudomonas-Zellvermehrungshemmtest
psychrometer Psychrometer
psychrophilic psychrophil
pterobranch Branchiotremata (Eichelwürmer, Flügelkiemer)
pterygote insects Pterygota (geflügelte Insekten)
public good Kollektivgut
public participation Beteiligung der Öffentlichkeit; Öffentlichkeitsbeteiligung
public-pays principle Gemeinlastprinzip
public welfare Wohl der Allgemeinheit
pudding Verschlämmung
pulmonary carcinoma Lungenkrebs
pulmonary edema Lungenödem

pulmonary fibrosis Lungenfibrose
pulp production Zellstoffherstellung
pulse column Pulskolonne
pulsed reactor Pulsreaktor
pulse-height analysis Impulshöhenanalyse
pump characteristics Pumpenkennlinie
pumped-storage plant Pumpspeicheranlage
pumping pit Pumpensumpf
pumping stations Pumpwerke
pumping test Pumpversuch
pure oxygen aeration Sauerstoffverfahren
purgable organic halogen compounds Ausblasbare Organische Halogenverbindungen (POX)
purification stages Reinigungsstufen
purines Purine
putrefaction Fäulnis
pyheliometer Pyrheliometer
pyranometer Pyranometer
pyrazone Chloridazon
pyrethroids Pyrethroide
pyrgeometer Pyrgeometer
pyridates Pyridate
pyro detector Pyrodetektor
pyrolysis Pyrolyse; Schwelung; Verkokung; Entgasung
pyrophosphoric acid Pyrophosphorsäure
pyrradiometer Pyrradiometer
pyrvinium chloride Pyrviniumchlorid

Q-I relation Q-I-Relation
quality factor Qualitätsfaktor; Qualitätssicherung
quality inspection Qualitätsprüfung
quality management Qualitätsmanagement
quality of life Lebensqualität
quality standard Gütestandard
quantity Quantität
quantity-intensity relationship Quantitäts-Intensitäts-Relation
quarantine Quarantäne
quartz Quarz
quartzite Quarzit
quasi equilibrium Quasi-Gleichgewicht
quasi-flow equilibrium Quasi-Fließgleichgewicht
quasi-stationary state quasistationärer Zustand
quaternary Quartär
quaternary ammonium compounds Quats
quinacrine Mepacrin
quinine Chinin

rabble rake Krählwerk
radiation Strahlung
radiation absorber Absorber, Strahlung
radiation biology Strahlenbiologie
radiation chemistry Strahlenchemie
radiation damage Strahlenschäden
radiation detector Strahlungsdetektor
radiation dose Strahlendosis
radiation equilibrium Strahlungsgleichgewicht
radiation exposure Strahlenexposition
radiation fog Strahlungsfrost
radiation hygiene Strahlenhygiene
radiation injury Strahlenschäden
radiation medicine Strahlenmedizin
radiation physics Strahlenphysik
radiation protection Strahlenschutz
radiation protection law Strahlenschutzrecht
radiation protection officer Strahlenschutzbeauftragter

radiation protection ordinance Strahlenschutzverordnung
Radiation Protection Provisions Act Strahlenschutzvorsorgegesetz
radiation sickness Strahlenkrankheit
radiation therapy Strahlentherapie
radiation weighting factor Strahlungs-Wichtungsfaktor
radioactive building materials Radioaktive Baustoffe
radioactive dating Datierung, radioaktive
radioactive decay Umwandlung, radioaktive
radioactive emission Radioaktivitätsabgabe
radioactive exhaust air pathway Abluftpfad, radioaktiv
radioactive industrial products radioaktive industrielle Erzeugnisse
radioactive isotopes radioaktive Isotope
radioactive labeled drugs Radiopharmaka
radioactive labeling radioaktive Markierung
radioactive liquid effluent pathway Abwasserpfad, radioaktiv
radioactive material radioaktive Stoffe
radioactive radiation radioaktive Strahlung
radioactive substances radioaktive Substanzen
radioactive tracing radioaktive Markierung
radioactive waste Atommüll; radioaktiver Abfall
radioactive waste treatment radioaktive Abfallbehandlung
radioactive waste utilization Abfallverwertung, radioaktiv
radioactive wastewater radioaktive Abwässer
radioactivity Radioaktivität
radioactivity hypothesis Radioaktivitätshypothese
radioactivity in food Radioaktivität in Nahrungsmitteln
radiobiology Strahlenbiologie
radiocarbon Radiokohlenstoff
radiochemistry Radiochemie
radioecology Radioökologie
radioelement Radioelement
radiography Radiographie
radioisotope generator Radioisotopengenerator
radiolysis Radiolyse
radiometer Strahlungsmeßgerät
radionuclide Radionuklid
radionuclide laboratory Radionuklidlabor
radionuclide migration Radionuklidmigration
radionuclide retention Radionuklidrückhaltung
radiophotoluminescence Radiophotolumineszenz
radiosonde Radiosonde
radiotherapy Strahlentherapie
radiotoxicity Radiotoxizität
rain Regen
rainbow Regenbogen
rain water Regenwasser, RW
rain watertank with overflow for settled combined sewage and tank overflow Durchlaufbecken (DB)
rainwater trace substances Regeninhaltsstoffe
raised level Stau
rake screen Harkenrechen
random distribution Zufallsverteilung
random error zufällige Fehler
range Areal
range of naturalness Natürlichkeitsgrad
range soils Waldböden
ranking Einstufung (Chemikalien)
rape oil as fuel Rapsöl als Kraftstoff
rape-oil engine Rapsölmotor

rapeseed-oil methyl ester Rapsölmethylester (RME)
Rasmussen report Rasmussen-Bericht
rate Abgabe
raw emissions Rohemission
raw humus Rohhumus
raw materials Rohstoffe
raw sewage Rohwasser
raw sludge Rohschlamm; Frischschlamm
Rayleigh number Rayleigh-Zahl
reaction Reaktion
reaction chain Reaktionskette
reaction coefficient Reaktionskoeffizient
reaction dynamics Reaktionsdynamik
reaction equation Reaktionsgleichung
reaction kinetics Reaktionskinetik
reaction tank Reaktionsbecken
reactive trace gases reaktive Spurengase
reactivity Reaktivität
reactor lines Reaktortypen
reactor Reaktor
reactor period Reaktorperiode
reactor poison Reaktorgift
reactor pressure vessel Reaktordruckgefäß; Reaktordruckbehälter
reactor protection system Reaktorschutzsystem
Reactor Safety Commission Reaktorsicherheitskommission RSK
Reactor-Safety-Study Reaktor-Risikostudie
readily degradable substances leicht abbaubare Substanzen
rear conditions Rückseitenwetter
reasons are required Begründungsgebot
receiving water Vorfluter
receptor Rezeptor
recirculation cooling systems Rückkühlanlagen
reclamation Sanierung; Wiedernutzbarmachung; Rekultivierung
recognition limit Erkennungsgrenze
recolonization Wiederbesiedlung
recording level Aufzeichnungsschwelle
recreational water Badegewässer
rectangular tank Rechteckbecken
rectifier Gleichrichter
recultivation Rekultivierung
recultivation and redevelopment duty Rekultivierungs- und Sanierungspflicht
recyclable materials Wertstoffe
recyclables container Depotcontainer
recycled raffinate Zweitraffinat
recycling Wiederverwertung; Recycling
recycling and waste management act Kreislaufwirtschafts- und Abfallgesetz
recycling of building rubble Bauschuttrecycling
recycling paper Umweltschutzpapier
recycling quota Recyclingquote
recycling station Recyclinghof
red beets Rote Rübe
red data book Rote Liste
redevelopment Sanierung
redox potential Redoxpotential
redox reaction Redoxreaktion
reducer Reduzent
reduction catalyst Reduktionskatalysator
reductive bleaching Naßbleichung
redundancy Redundanz
reed Schilf
reed belt Röhrichtgürtel
reed death Schilfsterben

re-emulsifiability Reemulgierbarkeit
reference fuels Referenzkraftstoffe
reference threshold Referenzschwelle
reference values Bezugsgrößen
refinement of coal Kohleveredlung
refinery Raffinerie
refining Raffination
reflectivity Reflexions-/Transmissionsgrad
reflector Reflektor
reflux ratio Rücklaufverhältnis (RV)
refractometry Refraktometrie
refuelling of cars Betankung von Kraftfahrzeugen
refuse Müll; Abgänge
refuse derived fuel (RDF) Brennstoff aus Müll (BRAM)
refuse transfer station Müllumschlaganlage
refuse utilization Bergewirtschaft
regeneration Regeneration
regional climate Regionalklima
regional climatology regionale Klimatologie
regional model Gebietsmodell
Regional Planning Act Raumordnungsrecht
region with pollutions Belastungsgebiet
registered animals Geschützte Tiere
register for industrial waste Gewerbeabfallkataster
registration Anmeldung
registration center Anmeldestelle
regosol, arenosol Regosol
regression analysis Regressionsananlyse
regularization of reponsibility Haftungsregelungen
regulated carburetor geregelter Vergaser (G-Kat)
regulated catalyst geregelter Katalysator
regulation Regulation
regulation of maximum limits of pollutants Schadstoff-Höchstmengenverordnung (SHmV)
regulations Verordnungen
regulations on combatting harmful organisms Bekämpfungsverordnungen
regulation to protect bees Bienenschutzverordnung
reject Abgänge
(relative) air-fuel-ratio Luftzahl
relative biological effectiveness relative biologische Wirksamkeit
relative density relative Dichte (D_{20})
relative level of output Ertragsniveau
relative sunshine duration relative Sonnenscheindauer
release categories Freisetzungskategorien
release into the environment Freisetzung in die Umwelt
relief sewer Entlastungskanal
remaining population Restpopulationen
remaining risk Restrisiko
remedial action Sanierungsmaßnahme; Sanierung
remote monitoring of nuclear power plants Kernreaktor-Fernüberwachungssystem
renaturation Renaturierung
rendering Tierkörperbeseitigung
rendering plant Abdeckerei
rendzina Rendzina
renewable energy erneuerbare Energien; regenerative Energien
renewable resources nachwachsende Rohstoffe
repair mechanism Reparaturmechanismus
reparcelling of land Flurbereinigung
repeat(ability) conditions Wiederholbedingungen
repellent Repellent
replacement Verdrängung

report of pollution control officer Bericht des Immissionsschutzbeauftragten
reports Mitteilungen
repository financing ordinance Endlagervorausleistungsverordnung
representativity Repräsentanz
repressive prohibition repressives Verbot
reprocessing Wiederaufarbeitung
reprocessing plants Wiederaufarbeitungsanlagen
reproducibility/comparable conditions Vergleichbedingungen
reproduction Fortpflanzung
reproduction toxicity Reproduktionstoxizität
research octane number Researchoctanzahl (ROZ)
research reactor Forschungsreaktor
research ships Forschungsschiffe
reserve Rücklage
reserve of biosphere Biosphärenreservat
reservoir Stauanlagen
reservoir power plant Speicherkraftwerk
residence time Aufenthaltszeit; Verweilzeit
residential areas Wohnbereiche
residual chlorine Restchlor
residual material Reststoff
residual monomers Restmonomere
residual pollution Restverschmutzung
residual risk Restrisiko
residual saturation Restsättigung
residual waste Restmüll; Restabfall
residual waste barrel Restmülltonne
residual waste bin Restabfalltonne
residual waste composting Restmüllrotte
residual waste disposal Restmüllbeseitigung
residual water Restwasser
residue Rückstand; Abgänge
residue analysis Rückstandsanalytik
residue assessment Rückstandsbeurteilung
residue behaviour Rückstandsverhalten
residue evaluation Rückstandsbewertung
residue excretion Rückstandsausscheidung
residue problems Rückstandsproblematik
residue recycling Rückstandsverwertung
residues from plants pflanzliche Reststoffe
residues from waste water Abwasserrückstände
residue utilization Rückstandsverwertung
resins Harze; Plaste
resistance Resistenz
resistance breeding Resistenzzüchtung
resistance development Resistenzbildung
resistance of rolling friction Rollwiderstand
resistance to fatigue Ermüdungsfestigkeit
resistance to pathogens Pathogenresistenz
resistance to viruses Virusresistenz (Pflanzen)
resorcinol (1,3-dihydroxybenzene) Resorcin (1,3-Dihydroxybenzol, 1,3-Benzdiol)
resorption Resorption
resource economical environmental protection Ressourcenökonomischer Umweltschutz
resource economics Ressourcenökonomik
resources Ressourcen
respiration Respiration; Atmung
respiration activity Atmungsaktivität
respiration chain Atmungskette
respiration inhibition test Respirationshemmtest
respiratory tract disease influenced by environment Atemwegserkrankungen durch Umwelteinflüsse
responsible declaration verantwortliche Erklärung (VE)

rest energy Ruheenergie
rest mass Ruhemasse
restricted (access) area Sperrbereich
restriction Beschränkung (ChemG)
restriction of use Anwendungsverbote, -beschränkungen
restriction regulation Beschränkungsrichtlinie (EG)
restrictions Anwendungsverbote, -beschränkungen
retail packaging Verkaufsverpackung
retarder Retardpräparate
retention Retention
retention time Retentionszeit
retention time of water Verweilzeit (Erneuerungszeit) des Wassers
retread (tyre) Runderneuerung
retrofitting Nachrüstung
returnable bottle Mehrwegflasche
returnable products Mehrwegprodukte
returnable system Mehrwegsystem
return sludge Rücklaufschlamm
reversal of the burden of proof Beweislastumkehr
reverse osmosis Umkehrosmose; Reversosmose
reversible reversibel
revocable permit granting a water right Erlaubnis, wasserrechtlich
revocation Widerruf
Reynolds number Reynolds'sche Zahl
rheotaxis Rheotaxis
Rhizobium Rhizobium
rhizopods Wurzelfüßer
rhizosphere Wurzelraum; Rhizosphäre
rhizosphere effect Rhizosphäreneffekt
rhythmics Rhythmik
rhythm of activity Aktivitätsrhythmus
ribocym Ribozym
ribosome Ribosom
ribosome binding site Ribosom-Bindungsstelle (Shine-Dalgarno)
ribside Abbaukante
rich in bases basenreich
rich mixture fettes Gemisch
rich mixture for full load Volllastanreicherung
ridge Rücken; Keil
rift erosion Grabenerosion
right of action Klagebefugnis
right of connection Anschlußrecht
right of contribution Ausgleichsanspruch
rights of nature Rechte der Natur
rime Reif; Rauhreif
rime ice Rauheis
ringed worms Ringelwürmer
Ringelmann scale Ringelmann-Skala
riparian vegetation Ufergehölze
rising air Aufwind
risk Risiko
risk acceptance Risikoakzeptanz
risk analysis Risikostudie; Risikoanalyse
risk and safety instructions R- und S-Sätze
risk-benefit analysis Risiko/Nutzen-Analyse
risk characteristics Gefährlichkeitsmerkmale
risk factors Risikofaktoren
risk provision Risikovorsorge
risk reduction Konsequenzminderung
river bed Gewässerbett
river canalization Kanalisierung
river clarifying plant Flußkläranlage
river restoration Renaturierung der Fließgewässer
river straightening Flußbegradigung

road octane number Straßenoctanzahl
road side animals Straßenrandfauna
road side vegetation Straßenrandvegetation
road traffic Straßenverkehr
rock burst Gebirgsschlag
rock flour Gesteinsmehle
rock mass Gebirge
rock mechanics Gebirgsmechanik
rock salt Steinsalz
rodent Nager
rodenticide Rodentizide
rod power Stableistung
roentgen Röntgen
rolling resistance Rollwiderstand
roofing systems for wastewater tanks Abdeckelemente für Klärwerksbecken
roof-mounted absorber Dachabsorber
root Wurzel
root cap Wurzelhaube
root crop Hackfrucht
root decomposers Wurzelzersetzer
root depth Wurzeltiefe
root-eater (rhizophage) Wurzelfresser (Rhizophage)
root hair Wurzelhaar
root hair disease Wurzelhaar-Krankheit
root herbicide Wurzelherbizid
rooting depth Durchwurzelungstiefe
root nodule Wurzelknöllchen
Rossby circulation/regime Rossby-Zirkulation
rotary distributor Drehsprenger
rotary engine Kreiskolbenmotor; Rotationskolbenmotor
rotating biological contactor Scheibentauchkörper
rotating biological trickling filter Scheibentropfkörper
rotating filter Drehfilter
rotating kiln Drehrohrofen
rotenoide Rotenoide
rotifers Rotatoria; Rädertierchen
rotor Rotor
rotting process Rotte
roughness length Rauhigkeitslänge
roughness parameter Rauhigkeitsparameter
round garbage can Ringtonne
roundworms Schlauchwürmer (Nemathelminthes)
rows of wells Brunnengalerien
rubber Gummi; Kautschuk
rubbish Müll
ruby xanthine Rubixanthin
ruffe zone Kaulbarsch-Flunder-Region
rule of diligence Sorgfaltsgebot
rule of minimization Minimierungsgebot
rule of sustainability Nachhaltigkeitsgebot
running waters Fließgewässer
run-off Abfluß
run-off measuring Abflußmeßwesen
run-of-river hydroelectric power plant Laufwasserkraftwerk
rust fungus Rostpilz
rusty concretions Rostflecken

saccharose Saccharose
safeguarding Sicherung
safeguards measures Safeguard-Maßnahmen
safety Sicherheit
safety advice Sicherheitsratschläge
safety analysis Sicherheitsanalyse
safety assessment Sicherheitsbetrachtung

safety criteria Sicherheitskriterien
safety data sheets (SDB) Sicherheitsdatenblätter (SDB)
safety indicators Sicherheitsindikatoren
safety instructions S-Sätze
safety report Sicherheitsbericht
safety requirements Schutzziel
safflower Färberdistel
saffron Safran
saline soils Salzböden
salinity Salinität; Salzgehalt
salmen region Äschenregion
salmonella species Salmonella-Arten
salmonid (fishes) Salmoniden
salmonid region Salmonidenregion
salmonids Lachsfische
salt brine Salzlauge
salt content Salzgehalt
salt dome Salzstock
salting Versalzung
salting-out effect Aussalzeffekt
salt load Salzbelastung
salt rock Salzgestein
salt rock radiolysis Radiolyse im Salzgestein
sal volatile Hirschhornsalz
sample bag Probenbeutel
sampling Probenahme
sampling plans Stichprobenpläne
sampling time Probenahmezeit
sand Sand
sand-bed filter Sandbettfilter
sand filter Sandfilter
sandstone Sandsteine
sandy soils Sandböden
sanitary detergents Sanitärreiniger
sanitary engineering Siedlungswasserwirtschaft
sanitary landfill Mülldeponie; geordnete Deponie
sanitation Entseuchung; Hygienisierung
saprobic classification Saprobiebereiche
saprobic index Saprobienindex
saprobic organisms Saprobien
saprobic system Saprobiensystem
saprobic valency Saprobielle Valenz
saprobity Saprobie
sapropel Faulschlamm
saprophagous saprophag
saturated solution Lösung, gesättigte
saturated steam Sattdampf; Naßdampf
saturated-steam turbine Sattdampfturbine
saturation Sättigung
saturation adiabat Feuchtadiabate
saturation concentration Sättigungskonzentration
saturation deficit Sättigungsdefizit
saturation humidity Sättigungsfeuchte
saturation mixing ratio Sättigungsmischungsverhältnis
saturation temperature Sättigungstemperatur
saturation vapor pressure of water Sättigungsdampfdruck des Wassers
sawflies Symphyta (Hymenoptera)
scalar wind velocity skalare Windgeschwindigkeit
scale Scale
scanner Scanner
scattering Streuung
scavenger Scavanger
scenarios Szenarien
Scenedesmus cell-multiplication test Scenedesmus-Zellvermehrungshemmtest

schistosomiasis Schistosomiasis
sciarids Trauermücken (Sciaridae)
scintillation counter Szintillationszähler
scintillator Szintillator
Scirpus lacustris Flechtbinse
scoping procedure Scoping-Verfahren
scram Schnellschluß
scrap Schrott
scraper Räumer
scraper bridge Räumerbrücke
scrap yard Schrottplatz
scrap yard for automobiles Autowrackplatz
screen Rechen
screenings Rechengut
screening test Screeningtest
screw pump Schneckenpumpe
scrubber Wäscher
scum board Tauchwand
scum layer Schwimmdecke
sea Meer
sea breeze Seewind; auflandiger Wind
sea dumping Verklappung
sea dumping of spent acid Dünnsäureverklappung
sealed radioactive substances umschlossene radioaktive Stoffe
seal epidemic/epizootic Robbensterben
sealing Kunststoffdichtungsbahn; Deponiefolie
sealing materials Dichtstoffe
seasonal periodicity Jahresrhythmus
sea star plague Seesternplage
seawater Meerwasser
sea water desalting Meerwasserentsalzung
seawater intrusion Meerwasserintrusion
seawater sink Meeresschwinde
seawater (oceanic) nutrients Nährstoffe, Meerwasser
secchi disc transparency Sichttiefe
secondary air Sekundärluft
secondary-air pump Sekundärluftpumpe
secondary consumers Sekundärkonsumenten
secondary contamination Sekundärverunreinigungen
secondary coolant Sekundärkühlmittel
secondary cooling loop Sekundärkühlkreis
secondary energy Sekundärenergie
secondary low Randtief; Teiltief
secondary phloem Bast
secondary producers Sekundärproduzenten
secondary production Sekundärproduktion
secondary raw material fertilizer Sekundärrohstoffdünger
secondary sludge Sekundärschlamm
second purification step Zweite Reinigungsstufe
secretion Sekretion
sediment Bodensatz; Sediment
sedimentary rocks Sedimentgesteine
sedimentation Sedimentation
sedimentation pond Absetzteich
sedimentation tank; settling tank Absetzbecken
sediment load/run-off Bodenfracht
seed Samen
seed coated with pesticide Saatgut, pilliertes
seed dressing Saatgutbeizung
seed-dressing agents Saatgutbehandlungsmittel
seed germination Samenkeimung
seed incrustation Saatgutinkrustierung
seed powder Saatgutpuder
seed rate Saatstärke
seed treatment Saatgutbehandlung
seepage Uferfiltration

seepage water Sickerwasser
seepage water flow Sickerwasserbewegung
segregation Segregation
selection Selektion
selection pressure Selektionsdruck
selection process Ausleseverfahren
selectivity Selektivität
selenium Selen (Se)
self-control Eigenüberwachung
selfdiagnosis system Selbstdiagnosesystem; Eigendiagnosesystem
self-heating Selbsterhitzung
self-purification Selbstreinigung
self-purification power Selbstreinigungskraft
self-regulation power Selbstregulationsvermögen
self-restriction agreement Selbstbeschränkungsabkommen
semiconductor counter Halbleiterzähler
semiquinones Semichinone
semistatic toxicity test semistatischer Toxizitätstest
semivariogram Semivariogramm
senescence Seneszenz
sensitivity analysis Sensitivitätsanalyse
sensitizing sensibilisierend
sensors Sensoren
separate stabilization getrennte Stabilisierung
separation factor Trennfaktor
separation-nozzle process Trenndüsenverfahren
separation of solids Feststoffabtrennung
separation order Trennungsgebot
separation plant Trennanlage
separation system Trennsystem; Trennverfahren
separator Abscheider
seperate collecting of wastes Getrenntsammlung von Abfällen
sequence analysis Sequenzanalyse
sequencing Sequenzierung
sequential injection sequentielle Einspritzung
service for prognosis Prognosedienst
sesquioxide Sesquioxide
sessile soil organisms Sessile Bodenorganismen
settleable solids absetzbare Stoffe; Sinkstoffe
settlement Setzung; Absenkung
settling velocity Absetzgeschwindigkeit; Sinkgeschwindigkeit
sewage farm Rieselfelder
sewage fields Rieselfelder
sewage fish pond Abwasserfischteich
sewage fungus Abwasserpilz; Sphaerotilus
sewage monitoring Abwasserkontrollstation
sewage slick Abwasserfahne
sewage sludge Schlamm
sewage treatment plant Kläranlage; Klärwerk
sewarage Stadtentwässerung
sewer Siel; Abwasserkanal
sewerage system Kanalisation
shaft Schacht
shaft sealing Schachtverschluß
shaft site Schachtansatzpunkt
shallow land burial Vergraben, oberflächennahes
shearing instability Scherungsinstabilität
shear line Scherungslinie
shear turbulence Scherungsturbulenz
shear wind Scherwind
shellfish poisoning Muschelvergiftungen
shelter belt Windschutzstreifen
shield Schild
shielding Abschirmung

shim rod Trimmstab
Shine-Delgarno-sequence Shine-Delgarno-Sequenz
short day Kurztag
short-term dispersion Kurzzeitausbreitung
short term test Kurzzeittest
short-wave radiation kurzwellige Strahlung
shot-horned grasshoppers Caelifera
shoulder program(me) Randstreifenprogramm
showings Ausbiß
shredder waste Shredderabfall
shrinking cracks Schrumpfrisse
shutdown reactivity Abschaltreaktivität
shutdown rod Abschaltstab
shutting down Stillegung
side effect Nebenwirkung
sieve analysis Siebanalyse
silage Gärfutter; Silage
silage juice Gärsaft; Silagesickersaft
silage seepage Silagesickersaft
silencing Schalldämmung
silica Kieselgur
silicic acids Kieselsäuren
silicon Silicium (Si)
siloxanes Siloxane
silt Schluff
silt deposits Mudde
simazine Simazin
simulation Simulation
simulation languages Simulationssprachen
simultaneous precipitation Simultanfällung
simultaneous reaction Simultanreaktion
single-blade wind-energy converter Einflügler
single-crop farming Monokultur
single-failure criterion Einfehlerkriterium
single-well methods Einbohrlochmethoden
sink Schwinden; Senke
sinking air Abwind
site Standort
site investigations Standortuntersuchungen
site model Standortmodell
site production Bodenproduktion
site productivity Standort-Produktivität
site-related factors Standortfaktoren
SI units SI-Einheiten
skin cancer Hautcarcinom; Hautkrebs
skin irritation Hautreizung
skin lesions (dermatosis) caused by cercaria (larval stage of trematoda) Badeallergie
skin sensibilization Hautsensibilisierung
slack water Stauwasser
slag Schlacke
slag lime Hüttenkalk
slag utilization Asche- und Schlackeverwertung
slaked lime Löschkalk
slaughter byproducts Schlachtnebenprodukte
slaughterhouse Schlachthof
slaughterhouse offal/waste Schlachthofabfälle
slaughter wastes Schlachtabfälle
sleeping sickness Schlafkrankheit
slide valve Schieber
slime fungi Schleimpilze (Myxomycetes)
slinger stowing Schleuderversatz
slippage Schlupf
slipper animalcule (Paramecium) Pantoffeltierchen (Paramecium)
slippery frost Reifglätte
slipping agents Gleitmittel
slope Standböschung; Böschung; Endböschung

slope climate   Hangklima
slope fog   Hangnebel
slope stability   Böschungsstandfestigkeit
slope zone   Hangzone
slow sand filter   Langsamfilter
sludge activity   Schlammaktivität
sludge age   Schlammalter
sludge-ash process   Schlamm-Asche-Verfahren
sludge basin   Schlammtrockenbeete; Schlammbeet
sludge circulation   Schlammumwälzung
sludge composting   Schlammkompostierung
sludge conditioning   Schlammkonditionierung
sludge dehydration (dewatering)   Entwässerung, Schlamm
sludge dewatering   Schlammentwässerung
sludge drying   Schlammtrocknung
sludge elutriation   Schlammwaschung
sludge hopper   Schlammtrichter
sludge incineration   Schlammverbrennung
sludge lagoon   Schlammteich; Schlammlagerplatz
sludge lagoons   Schlammplätze
sludge loading   Schlammbelastung
sludge pasteurization   Schlammpasteurisierung
sludge scraper   Schildräumer
sludge silo   Schlammsilo
sludge stabilization   Schlammstabilisierung
sludge sterilization   Klärschlammentseuchung
sludge thickening   Schlammeindickung
sludge treatment   Schlammbehandlung
sludge treatment capacity   Schlammabbauleistung
sludge utilization   Klärschlammverwertung; Schlammverwertung
sludge volume index   Schlammindex
slug   Nacktschnecke (Gastropoda); Schnecke
slurry   Flüssigmist; Jauche; Gülle-Homogenisierung
slurry container   Güllebehälter
slurry distribution   Gülleausbringung
slurry dosage   Güllegaben
slurry nutrients   Güllenährstoffe
slurry sample   Gülleprobe
slurry storage   Güllespeicher
slurry store   Güllebehälter
slurry treatment   Güllebehandlung
slushing   Fließversatz
small-scale sewage treatment plant   Kleinkläranlage
smelting   Einschmelzen
sminthurid   Kugelspringschwänze (Sminthuridae)
smog   Smog
smog alarm   Smog-Alarm
smog decree   Smog-Verordnung
smog warning   Smog-Warnung
smog warning system   Smog-Frühwarnsystem
smoke   Rauch
smoke box/tin   Räucherdose
smoke candle   Räucherkerze
smoke cartridge   Räucherpatrone
smoke damage   Rauchschaden
smoke generator   Räuchermittel
smoke pellet   Räucherwürfel
smoke rodlet/sticks   Räucherstäbchen
smokestack   Schornstein
smoke tablet   Räuchertabletten
snail control   Schneckenbekämpfung
snail   Schnecke
snake venoms   Schlangengifte
soaps   Seifen
social acceptability   Sozialverträglichkeit
social costs   soziale Kosten

social good   Kollektivgut
social indicators   Sozialindikatoren; Wohlfahrtsindikatoren
sociobiology   Soziobiologie
sodium   Natrium (Na)
sodium nitrate   Natronsalpeter
sodium/sulphur battery   Na-S-Batterie
softening agents   Weichspülmittel
softening of drinking water   Enthärtung des Trinkwassers
softening of water   Wasserenthärtung
soft tissue   Weichteilgewebe
soil   Boden
soil acidification   Bodenversauerung
soil acidity   Bodenazidität
soil activity   Bodenaktivität
soil aids   Bodenhilfsstoffe
soil air   Bodenluft
soil algae   Bodenalgen
soil amendment   Bodenverbesserung
soil analysis   Bodenanalyse; Bodenuntersuchung
soil atmosphere   Bodenluft
soil auxiliary agents   Bodenhilfsstoffe
soil bacteria   Bodenbakterien
soil bases   Basen, Boden
soil biocenosis   Bodenbiozönose
soil biology   Bodenbiologie
soil biomass   Bodenbiomasse
soil biota   Bodenbiota
soil burrowers   Bodenwühler
soil catena   Bodencatena
soil classification   Bodenklassifikation
soil-clinging animals   Bodenhafter
soil column   Bodensäule
soil community   Bodengesellschaft
soil compaction   Bodenverdichtung
soil-crawling animals   Bodenkriecher
soil degradation   Bodendegradation; Bodendegradierung; Bodenmüdigkeit
soil dehydration   Entwässerung, Boden
soil density   Bodendichte
soil development   Bodenentwicklung
soil development level   Zustandsstufe
soil drainage   Entwässerung, Boden
soil erosion   Bodenerosion; Bodenabtrag
soil evaluation   Bodenbewertung
soil fauna   Bodentiere; Bodenfauna
soil fertility   Bodenfruchtbarkeitsniveau; Bodenfruchtbarkeit
soil fertility number   Bodenzahl; Ackerzahl
soil filter   Bodenfilter
soil flora   Bodenflora
soil formation   Bodenentwicklung; Bodenbildung
soil fungi   Bodenpilze
soil horizons   Bodenhorizonte
soil humidity   Bodenfeuchte
soil hygiene   Bodenhygiene
soil indicator   Bodenanzeiger
soil inhabitant   Bodenlebewesen
soil insects   Bodeninsekten
soil investigation   Bodenuntersuchung
soil (land) filtration   Bodenfiltration
soil-living creature   Bodenlebewesen
soil load   Bodenbelastung; Bodenfracht
soil loosening   Bodenlockerung
soil macrofauna   Makrofauna des Bodens
soil management   Bodenkultur
soil map   Bodenkarte

soil megafauna   Megafauna des Bodens
soil mesofauna   Mesofauna des Bodens
soil microfauna   Mikrofauna des Bodens
soil micromorphology   Mikromorphologie des Bodens
soil microorganisms   Bodenmikroorganismen
soil mineral   Bodenmineral
soil monolith   Bodensäule
soil myxomycetes   Bodenschleimpilze
soil nitrogen   Bodenstickstoff
soil-nutrient ressources   Bodennährstoffvorrat
soil organisms   Bodenorganismen
soil parameter   Bodenparameter
soil pollution   Bodenbelastung
soil production   Bodenproduktion
soil profile   Bodenprofil
soil properties   Bodeneigenschaften
soil protection   Bodenschutz
soil-protection strategy   Bodenschutzkonzeption
soil rating   Bodenbewertung
soil reaction   Bodenreaktion
soil register   Bodenkataster
soil respiration   Bodenatmung
soil salinization   Bodenversalzung
soil samples   Bodenproben
soil sanitation   Bodenentseuchung
soil science   Bodenkunde; Pedologie
soil solution   Bodenlösung
soil structure   Bodengefüge; Bodenstruktur
soil-swimming animals   Bodenschwimmer
soil taxonomy   Bodensystematik
soil texture   Bodentextur
soil tillage   Bodenbearbeitung
soil trap   Bodenfalle
soil type   Bodentyp; Bodenart
soil use   Bodennutzung
soil vertebrates   Bodenwirbeltiere
soil viruses   Bodenviren
soil water   Bodenwasser
soil zone   Bodenzone
soil zoology   Bodenzoologie
soi-protection law   Bodenschutzgesetz; Bodenschutzrecht
solar cell module   Solarmodul
solar cells   Solarzellen
solar chimney power plant   Aufwindkraftwerk
solar collector   Solarkollektor; Solarabsorber; Flachkollektoren
solar constant   Solarkonstante
solar drive   Solarantrieb
solar energy   Solarenergie; Sonnenenergie
solar energy plant   Solaranlage
solar farm   Solarfarm
solar furnace   Sonnenofen
solar generator   Solargenerator
solar house   Solarhaus
solar hydrogen   Solarwasserstoff
solar influx   Sonneneinstrahlung
(solar) insolation   Einstrahlung
solar pond   Solarteich
solar power plant   Solarkraftwerk
solar radiation   Sonnenstrahlung; Solarstrahlung
solar receiver   Absorber
solar tower power plant   Solarturmanlage
solid manure   Festmist; Stallmist
solid manure composting   Stallmistrotte
solid manure management   Stallmistwirtschaft
solid material   Feststoffe

solid rocks   Festgesteine
solids, filterable   Stoffe, abfiltrierbare
solids loading   Flächenbelastung
solids, suspendable   Feststoffe, absetzbare; Stoffe, absetzbare
solubility   Löslichkeit
soluble in hot water   heißwasserlöslich
solution for seed treatment   Feuchtbeize
solutizer   Lösungsvermittler
solvatation   Solvatation
solvent   Lösungsmittel
solvent vapour   Lösungsmitteldampf
soot emission number   Schwärzungszahl
soot filter   Rußfilter
soot number   Rußzahl
soot trap   Rußfalle
soot value   Rußwert
sorbic acid   Sorbinsäure
sorption   Sorption
sorption capacity   Sorptionskapazität; Sorptionsvermögen
sorption coefficient   Sorptionskoeffizient
sorption of radionuclides   Radionuklidsorption
sorption places   Sorptionsplätze
sorting plant   Sortieranlagen
source material   Ausgangsmaterial
sources, mathematically   Quellen, mathematisch
source term   Quellterm
space loading   Raumbelastung
spaceship economics   Raumschiff-Ökonomie
space speed   Raumgeschwindigkeit
spade diagnosis   Spatendiagnose
spark chamber   Funkenkammer
spatial competition   Raumkonkurrenz
spatial resistance   Raumwiderstand
spatial resolution power   räumliches Auflösungsvermögen
spatial scale   Raummaßstab
special crops   Sonderkulturen
special emission test   Abgassonderuntersuchung
species   Art; Spezies
species-area curve   Arealkurve
species composition   Artenspektrum
species deficiency   Artenfehlbetrag
species density   Artendichte
species diversity   Artendiversität
species frequency   Artenhäufigkeit
species identity   Artenidentität
species list   Artenliste
species numbers of soil fauna   Artenzahlen der Bodentiere
species richness   Artenreichtum
specific air mass, specific air volume   spezifische Luftmenge; spez. Luftvolumen
specific capacity   Kapazität, spezifische
specific emission   spezifischer Schadstoffausstoß
specific fuel consumption   spezifischer Kraftstoffverbrauch
specific humidity   spezifische Feuchte
specificity   Spezifität
specific oxygen consumption   spezifischer Sauerstoffverbrauch
specific power   Leistung, spezifische
specific storage   Speichermenge, spezifische
specific storage capacity   spezifische Speicherfähigkeit
specified normal operation   bestimmungsgemäßer Betrieb

specified risk material   spezifisches Risikomaterial
speed   Geschwindigkeit
speed limit(ation)   Tempolimit; Geschwindigkeitsbeschränkung
spent acid   Dünnsäure; Abfallsäure
spent acid recirculation   Dünnsäurerückführung
spent fuel elements   Brennelemente, abgebrannte
spent fuel storage pond   Abklingbecken
spent oil   Altöl
spent pickling liquor   Abfallbeize
spent sulphite liquor   Sulfitablauge
sphaerotilus   Sphaerotilus
spickling wastes   Beizereiabwässer
spider   Spinne; Zitterspinne (Pholcidae)
spiral-flow tank   Umwälzbecken
spirits of terpentine   Terpentinöl
spoil bank   Abraumhalde; Abraumkippe; Kippe
sponges   Schwämme (Porifera); Porifera (Schwämme)
spores   Sporen
sport facilities   Sportanlagen
spray   Abtrift; Sprühen
spray can   Spraydose
spraying   Spritzen
spraying powder   Spritzpulver
spray irrigation of sewage   Abwasserberegnung; Abwasserverregnung; Verregnung
spray irrigation plant   Verregnungsanlage
spray powder   Spritzpulver
spray solution   Spritzbrühe
spray zone   Supralitoral
spreading of pathogens   Keimverschleppung
spreading oil   Spreitöl
spring   Quelle
spring capacity/discharge   Quellschüttung
spring horizon   Quellhorizont
spring overturn   Frühjahrszirkulation
stability   Stabilität
stability analysis   Stabilitätsanalyse
stability criteria   Stabilitätskriterien
stability of ecosystems   Stabilität von Ökosystemen
stabilized sludge   Schlamm, stabilisierter
stabilizer   Stabilisator
stable   stabil
stable humus   Dauerhumus
stack-height determination   Schornsteinhöhenbestimmung
stage of alert   Alarmstufen
stagnant water   Staunässe; Stauwasser
stagnating water   Staunässe
stain removers   Fleckentfernungsmittel
standard atmosphere   Norm-Atmosphäre; Standardatmosphäre
standard deviation   Standardabweichung
standard legal practice   formell-rechtlich
standard operating procedure   Standard Operating Procedure (SOP)
standard pressure   Normaldruck
standard requirements for wastewater   Normalanforderungen für Abwässer
staphylinid beetles   Kurzflügelkäfer (Staphylinidae)
staple manure   Stapelmist
starch   Stärke
start catalyst   Startkatalysator
starting process   Anfahrvorgang
starting temperature   Anspringtemperatur
State collecting facility   Landessammelstelle

state diagram of water   Zustandsdiagramm des Wassers
state duty of environmental protection   Staatsaufgabe Umweltschutz
state of soil fertility   Bodenfruchtbarkeitsniveau
state of the art   Stand der Technik
state of the art in science and technology   Stand von Wissenschaft und Technik
state variable   Zustandsgröße; Zustandsvariable
state vector   Zustandsvektor
static equation   Statische Grundgleichung
static stability of the atmosphere   Statik der Atmosphäre
static toxicity test   Statischer Toxizitätstest
stationarity   Stationarität
stationary fluidized bed   stationäre Wirbelschicht
stationary state   stationärer Zustand
statistic terms   Statistische Grundbegriffe
    absolute risk   Absolutes Risiko
    attributable risk   Attributives Risiko
    bias   Verzerrung (Bias)
    confounding   Confounding
    incidence   Inzidenz
    independent variable   Zielvariable
    inervening variable   Störvariable
    influence variable   Einflußvariable
    population   Population
    prevalence   Prävalenz
    reference group   Kontrollgruppe
    relative risk   Relatives Risiko
    reliability   Reliabilität (Zuverlässigkeit)
    representative sample   Repräsentativität
    sample   Stichproben
    validity   Validität (Gültigkeit)
steady state   Fließgleichgewicht
steel industry   Stahlindustrie
stellarator   Stellarator
stenoecious   stenök
stenophagous   stenophag
stenothermal/stenothermous   stenotherm
stenotopic   stenotop
step aeration   Stufenbelüftung
stepping-stone habitat   Trittstein-Biotope
sterilizing agent   Entkeimungsmittel
sterility   Keimfreiheit
sterilization   Entkeimung; Sterilisation
steroid alkaloids   Steroidalkaloide
sticker   Kleber
stimulant   Stimulans; Genußmittel
Stirling engine   Stirlingmotor
stirring device   Rührwerk
stochastic   stochastisch
stochastic radiation effect   stochastische Strahlenwirkung
stochiometric combustion   stöchiometrische Verbrennung
stock density   Bestandsdichte
stock exchange for scrap material   Altstoffbörse
stock fertilization   Vorratsdüngung
stock-taking   Bestandsaufnahme
stoichiometry   Stöchiometrie
Stokes' Law   Stokes'sches Gesetz
stop-and-go automatic   Start-Stop-Automatik
stop contrivance   Absperrorgan
stoppage   Betriebsstörungen
storage capacity   Speicherfähigkeit
storage coefficient   Speicherkoeffizient
storage of latent heat   Latentwärmespeicher

storage pond Stapelteich
storage ring Speicherring
storage stability Lagerstabilität
storage/storing tank Lagertank
storm surge Spülstoß
storm water Regenwasser
storm-water outfall structure Regenauslaß
storm-water overflow Regenüberlauf
storm-water overflow tank Regenüberlaufbecken
storm-water retention tank Regenrückhaltebecken
storm-water sedimentation tank Regenklärbecken
storm-water tank Regenbecken
stowing Versatz; Spülversatz
strain Zellstamm
strata Gebirge
strategy Strategie
strategy for soil protection Bodenschutzkonzeption
stratification Stagnation (See)
stratification in lakes Schichtung in Seen
stratified charge engine Schichtlademotor
stratospheric aerosol layer stratosphärische Aerosolschicht
stratospheric circulation stratosphärische Zirkulation
stratospheric warming up Stratosphärenerwärmung
straw cutter Häcksler
streams Fließgewässer
stripping Vorabraum
structural formula Strukturformel
structure loss Strukturverlust
structure of overburden Abraumbeschaffenheit
Student's distribution Student-Verteilung
„Sturm" test Sturmtest
styrene Styrol
subacute toxicity Subakute Toxizität
subaquatic soil Unterwasserboden
subcritical assembly unterkritische Anordnung
subcritical mass unterkritische Masse
subject knowledge Sachkunde
sublimation Sublimation
sublimation nuclei Sublimationskerne
sublittoral (zone) Sublitoral
submarine spring Quelle, submarine
submerge submers
submerge culture Submerskulturen
submerged-combustion burner Tauchbrenner
submerged macrophytes Unterwasserpflanzen
submerged pump Tauchpumpe
submergible pump Tauchpumpe
submersion Submersion
subrosion Subrosion
subsequent directive nachträgliche Anordnung
subsequent registering Nachmeldung
subsidence Absenkung
subsidiary sewer Nebensammler
subsoil Unterboden
substance cycle Stoffkreislauf
substances Stoffe
substances law Stoffrecht
substitute substances Ersatzstoffe
subsurface groundwater runoff Grundwasserabstrom
subsurface water Wasser, unterirdisches
subterranean storage Untergrundspeicher
subtropic(al) front Subtropikfront
subtropical high Subtropenhoch
subtropical jet stream Subtropenstrahlstrom
subtropical regions; subtropics Subtropen
succession Sukzession
succession of species Artensukzession

succinic acid Bernsteinsäure
succinic anhydride Bernsteinsäureanhydrid
sucrose Saccharose
suction engine Saugmotor
suction filter Zellenfilter
sufficient Suffizienz
sugar Zucker
sugar beet Zuckerrüben
sugar cane Zuckerrohr
sugar esters Zuckerester
sugar factories Zuckerfabriken
sugar substitutes Zuckeraustauschstoffe
suitability for drainage Dränwürdigkeit
suitability test Eignungsprüfung
suitable for final disposal endlagerfähig
sulphite reducing bacteria sulfitreduzierende Clostridien
sulphur Schwefel (S)
sulphur bacteria Schwefelbakterien
sulphur compounds, biogenic Schwefelverbindungen, biogene
sulphur content Schwefelgehalt
sulphur cycle Schwefelkreislauf
sulphuric acid Schwefelsäure
summary proceedings Verfahrensbeschleunigung
summer stagnation Sommerstagnation
summer stratification Sommerstagnation
sum parameter Summenparameter
sunburn Sonnenbrand
sunset yellow Gelborange S
super charging Aufladung
superchlorination Stoßchlorung
supercritical mass überkritische Masse
supercritical reactor überkritischer Reaktor
super diesel fuel Superdiesel
superheating Überhitzung
superoxide dismutases Superoxiddismutasen
supersaturated solution Lösung, übersättigte
supervised area Überwachungsbereich
supervision Aufsicht
supervision of trade Gewerbeaufsicht
supplementary equipment Nebeneinrichtung
supply of poisons Abgabe, Gift
supporting substances Gerüststoffe
support pillar Feste
supralittoral Supralitoral
surface active agents Tenside; Surfactants
surface aerator Oberflächenbelüfter
surface (boundary) layer bodennahe Grenzschicht
surface drainage Oberflächenabfluß
surface formation Deckschicht
surface friction Bodenreibung
surface-heat budget Bodenwärmehaushalt
surface-heat flux Bodenwärmestrom
surface installation Tagesanlagen
surface inversion Bodeninversion
surface overflow rate Flächenbeschickung
surface reinstatement Wiedernutzbarmachung; Rekultivierung
surface requirement Flächenbedarf
surface roughness Bodenrauhigkeit
surface temperature Oberflächentemperatur; Bodentemperatur
surface tension Oberflächenspannung
surface thermometer Erdbodenthermometer
surface treatment (facilities) Oberflächenbehandlungsanlagen
surface visibility Horizontalsicht

surface water Oberflächenwasser
surfactants Tenside; grenzflächenaktive Stoffe; Surfactants
surficial destruction of soil structure Verschlämmung
surveillance area Überwachungsbereich
survival distribution Überlebensverteilung
survival function Überlebensfunktion
survival rate Überlebensrate
suspended matter suspendierte Stoffe
suspended particulate matter/ particulates Schwebstaub
suspended solids Schwebstoffe
suspension Suspension
suspension concentrate Suspensionskonzentrat
suspension stability Suspensionsstabilität
suspo-emulsion Suspoemulsion
sustainable development Nachhaltigkeit; nachhaltige Entwicklung
sustainability Nachhaltigkeit; nachhaltige Entwicklung
swamp forest Bruchwald
sweeteners Süßstoffe
swelling Quellung
swimming-pool reactor Schwimmbadreaktor
swimming soil organisms natante Bodenorganismen
swirl chamber Wirbelkammer
symbiosis Symbiose
Symphyla Zwergfüßer; Symphyla
synanthropic synanthrop
synchrocyclotron Synchrozyklotron
synchronization Synchronisation
synchronizer Zeitgeber
synchronous generator Synchrongenerator
synchrotron Synchrotron
synecology Synökologie
synergism Synergismus
synergistic effect synergistische Wirkung
synoptic Synoptik
synoptic analysis synoptische Analyse
synoptic meteorology synoptische Meteorologie
synoptic weather chart synoptische Wetterkarte
synoptic (weather) observation synoptische Beobachtungen
synoptic (weather) observation date synoptische Termine
synthetic fibers Kunstfasern
synthetic resins Kunstharze
synusia Synusie
system System
system analysis Systemanalyse
systematic error Systematische Fehler
system boundary Systemgrenze
systemic systemisch
system of low pressure Tiefdrucksystem
system of the „green dot" Grüner Punkt
systems theory Systemtheorie

tabacco smoke Tabakrauch
tablet Tablette
tailings Abgänge
take-out Ausbiß
tandem accelerator Tandem-Beschleuniger
tandem solar cell Tandemzelle
tank mix Tankmix
tank model Tankmodell
tank types Beckenarten
tank ventilation Tankentlüftung
tapping of a spring Quellfassung

tap root Pfahlwurzel
tar Teer
tardigrades Bärtierchen
tartaric acid Weinsäure
tax Abgabe
tax allowance Steuerermäßigung
tax incentive steuerlicher Anreiz
taxis Taxis; Einstellreaktion
taxonomy Taxonomie
t-distribution t-Verteilung
tear gases Tränengas
technical barriers technische Barrieren
technical clause Technikklausel
technical climatology technische Klimatologie
technical concentrate Vorlösung; Vormischung
Technical Instruction Technische Anleitung (TA)
Technical Instruction for Noise Reduction TA Lärm
Technical Instruction on Hazardous Waste TA Sonderabfall
Technical Instruction on Waste TA Abfall, allgemein
Technical Instructions Municipal Waste TA Siedlungsabfall (TASi)
technical law Technikrecht
Technical Rules for Dangerous Substances Technische Regeln für Gefahrstoffe (TRGS)
technical water treatment Wasseraufbereitungstechnik
technology assessment Technikfolgenabschätzung
tectonics Tektonik
teleconnection Telekonnektion
television system for sewers Kanalfernauge
Tellurium Tellur (Te)
temperature Temperatur
temperature anomaly Temperaturanomalie
temperature coefficient of reactivity Temperaturkoeffizient der Reaktivität
temperature gradient Temperaturgradient
temperature inversion Temperatursprungschicht
temporal scale Zeitmaßstab
teratogenic fruchtschädigend
teratogenity Teratogenität
termites Termiten (Isoptera)
termophilic digestion Faulung, thermophile
terpentine oil Terpentinöl
terpolymerization Terpolymerisation
terrestrial radiation terrestrische Strahlung; Ausstrahlung
terricolous terrikol
territory Territorium
testate amoebas beschalte Amöben; Schalenamöbe
test chamber method Prüfkammerverfahren
test cycle Testzyklus
test fuels Prüfkraftstoffe
test gas Testgas; Prüfgase
test(ing) value Prüfwert
test organism Testorganismus
testosterone Testosteron
test procedures Prüfverfahren
test reactor Versuchsreaktor
test reference year Testreferenzjahr
test sieve Prüfsieb
test sticks Teststäbchen
tetraethyl lead Blei-Tetraethyl
tetramethyl lead Blei-Tetramethyl
texture Bodenart; Textur
theoretical degradation theoretischer Abbaugrad
theoretical ecology theoretische Ökologie
theoretical meteorology theoretische Meteorologie

thermal breeder reactor thermischer Brutreaktor
thermal column thermische Säule
thermal-conductivity detector Wärmeleitfähigkeitsdetektor (WLD)
thermal efficacy thermischer Wirkungskomplex
thermal equilibrium thermisches Gleichgewicht
thermal load thermische Belastung
thermal load scheme Wärmelastplan
thermals Thermik
thermal spring Thermalquellen
thermal stratification of the atmosphere thermische
Schichtung der Atmosphäre
thermal turbulence thermische Turbulenz
thermal waste treatment thermische Abfallbehandlung
thermal water Thermalwasser
thermal wind thermischer Wind
thermal wind equation thermische Windgleichung
thermionic conversion thermionische Umwandlung
thermionic detector Thermionischer Detektor (TID)
thermocline Thermokline; Sprungschicht
thermodynamic diagram Diagrammpapier; thermodynamisches Diagramm
thermodynamics Thermodynamik
thermoluminescent dosemeter Thermolumineszenzdosimeter
thermoluminescent dosimeter Thermolumineszenzdosimeter
thermonuclear reactor thermonukleare Reaktion
thermopause Thermopause
thermophilic thermophil
thermoplastics Thermoplaste
thermo reactor Thermoreaktor
thermoregulation Thermoregulation
Thermoselect Process Thermoselect-Verfahren
thermosetting resins Duroplaste
thermosiphon solar-power plant Thermosiphonanlage
thermosphere Thermosphäre
thickener Dickungsmittel; Eindicker
thickening agents; thickeners Verdickungsmittel
thickening time Eindickzeit
thickness Mächtigkeit
thin-film solar cell Dünnschichtsolarzelle
Thiospirillum Thiospirillum
third-party applicant Zweitanmelder
thirteen-step test Dreizehn-Stufen-Test
thixotropy Thixotropie
Thomas lime Thomaskalk
threadworms Saitenwürmer (Nematomorpha)
three-field system Dreifelderwirtschaft
three-liter-fuel-consumption car Drei-Liter-Auto
three-way catalyst Dreiwegekatalysator
three-year rotation Dreifelderwirtschaft
threshold detector Schwellendetektor
threshold odour Geruchsschwelle
threshold value Schwellenwert
thrust boring Vorpreßverfahren
thrust shut-off device Schubabschaltung
thrust shut-off switch Schubabschaltung
thymine Thymin
tidal-power plant Gezeitenkraftwerk
tidal zone Gezeitenzone
tide Tide
tide range Tidenhub
tilled soil Ackerkrume
tillering Bestockung
time control Steuerzeiten

time equation Zeitgleichung
time-of-flight analyzer Flugzeitanalysator
time scale Zeitmaßstab
tin Zinn (Sn, Stannum)
tincture Tinktur
tinsel syndrom Lamettasyndrom bei Fichte
tipping site; tipple Kippe
tissue Gewebe
tissue culture Gewebekultur
tissue weighting factor Gewebe-Wichtungsfaktor
titanium dioxide industry Titandioxidindustrie
TLV MAK-Wert
to express exprimieren
to focus fokussieren
tolerable erosion tolerierbarer Abtrag
tolerance range Reaktionsbreite; Toleranzbereich
toleration Duldung
toluene Toluol
tonoplast Tonoplast
top-down approach Top down-Ansatz
top-down control Top-down Kontrolle
topoclimate Geländeklimatologie; Geländeklima
topoclimate mapping Geländeklimakartierung
topographic catchment area Einzugsgebiet
topsoil Oberboden
tortuosity Tortuosität
to secrete sekretieren
to suspend suspendieren
total body exposure Ganzkörperexposition
total energy consumption Endenergieverbrauch
**total number of inhabitants and population equiva-
lent** Einwohnerwert (EW)
total pollution Gesamtbelastung
total residues Gesamtrückstände
totipotency Totipotenz
tourism Tourismus
to weld schweißen
tower biology Turmbiologie
tower type trickling filter Turmtropfkörper
town drainage Ortsentwässerung
toxic toxisch
toxic characteristics toxische Eigenschaften
toxicity Toxizität
toxicity test Toxizitätstest
toxicology Toxikologie
toxicosis Toxikose
toxic waste Giftmüll
toxoplasmosis Toxoplasmose
trace elements Spurenelemente
trace gases Spurengase
trace of combustion Brennverlauf
tracer nuclide Leitnuklid
trachea Trachee
tracheid Tracheide
tracing methods Markierungsverfahren
track Zugbahn; Zugstraße
track compaction Trittschäden
tracking powder Streupulver
trade and industrial law Gewerberecht
trade name Handelsname
traffic Verkehr
traffic-control systems Verkehrsleitsysteme; Leitsysteme
traffic noise Verkehrslärm
traffic noise protection law Verkehrslärmschutzrecht
traffic planning Verkehrsplanung
traffic routes and noise abatement measures Verkehrswege – Schallschutzmaßnahmen

traffic technique Verkehrstechnik
tragacanth gum Tragant
trajectory Trajektorie
tranquil(l)izers Tranquilizer
transcription Transcription
transduction Transduktion
transfection Transfektion
transfer Übertragung
transfer and storage of LPG substances Umfüllen und Lagern von Ottokraftstoffen
transfer coefficient Transferkoeffizient
transfer factor Transferfaktor
transfer function Transferfunktion; Übertragungsfunktion
transfer function models Transferfunktions-Modelle
transfer of waste Abfallverbringung
transformation Transformation; Umwandlung
transgenic transgen
transgenic mouse transgene Maus
transgenic plant transgene Pflanze
transient Transiente
translation Translation
translocation Translokation
transmission Transmission
transmission coefficient Transmissionsgrad
transmission losses Leitungsverluste
transmissivity Transmissivität; Reflexions-/Transmissionsgrad
transmutation Transmutation
transpiration Transpiration
transpiration coefficient Transpirationskoeffizient
transport Transport
Transport-Accident Information and Assistance System Transport-Unfall-Informations- und Hilfeleistungs-System (TUIS)
transportation Beförderung
transport authorization Transportgenehmigung (TG)
transport coefficient Transportkoeffizient
transport, congruent Transport, kongruenter
transport coupling Transportkopplung
transport equation Transportgleichung
transport of radioactive material Transport radioaktiver Stoffe
transport optimization Transportoptimierung
transport parameter Transportparameter
transuranium elements Transurane Elemente
trash burning Müllverbrennung
travel-cost approach Reisekostenansatz
travertine Travertin
tree protection statute Baumschutzsatzung
treshold dose Schwellenwertdosis
Trias Trias
trickling filter Tropfkörper
trigger threshold Auslöseschwelle
triphosphoric acid Triphosphorsäure
triple point Dreiphasenpunkt; Tripelpunkt
trophic food web Nahrungsnetz
trophic groups of soil fauna trophische Struktur der Bodenfauna
trophic level trophische Ebene
trophic pyramid Nahrungspyramide
trophic soil-fauna structure trophische Struktur der Bodenfauna
trophogeneus/trophogenic layer trophogene Zone
tropholytic layer tropholytische Zone
trophy Trophie
tropical animal species Tropentiere
tropical disease Tropenkrankheiten

tropic(al) forest Tropenwald
tropical species of animals Tropentiere
tropics Tropen
tropism Einstellreaktion
tropopause Tropopause
troposphere Troposphäre
trough Trog
trough area Tiefdruckfurche
trough situation Trogwetterlage
trout region Forellenregion
truck Lastkraftwagen; Nutzfahrzeuge
trueness Richtigkeit
true solution Lösung, echte
trypanosomiasis Schlafkrankheit
Tse-Tse fly Tse-Tse-Fliege
tubificidae Tubificiden
tufa Quellkalk (Tuff)
tumor Tumor
tumor virus Tumorvirus
tunicates Tunicata (Manteltiere)
tunnel Stollen
tunnel erosion Tunnelerosion
turbellarians Strudelwürmer
turbidity Trübung
turbine Turbine
turbine aerator Turbinenbelüfter
turbitimetry Trübungsmessung
turbo charger Turbolader
turbo charging Turboaufladung
turbulence of the atmosphere Turbulenz der Atmosphäre
turbulent turbulent
turbulent boundary layer turbulente Grenzschicht
turbulent flow turbulente Strömung
turbulent flux turbulente Flüsse
turgor Turgor
turmeric Curcuma
turnover Umsatz; Turnover
turnover of energy by animals Energieumsatz durch Tiere
two-stage process zweistufiges Verfahren
two-stroke engine Zweitaktmotor
two-winged flies Zweiflügler
type certification Typzulassung
type of dispersion Ausbreitungstypen
types of surface water Gewässertypen
typhus Typhus
tyre abrasion Reifenabrieb
tyre noise Reifengeräusch
tyres Reifen

ubiquinones Ubichinone
ubiquists Ubiquisten
ubiquitous ubiquitär
ultimate biodegradation ultimate biodegradation
ultralow-volume liquid/solution ULV-Lösung
ultralow-volume procedure ULV-Verfahren
ultralow-volume suspension ULV-Suspension
ultramarine Ultramarin
ultrasonic Ultraschall
ultrasonic bath Ultraschallbad
umber Umbra
uncertainty of measurement Meßunsicherheit
uncertainty of result Ergebnisunsicherheit
unconfined groundwater Grundwasser, freies
unconsolidated rocks Lockergesteine
uncontrolled/unregulated catalyst ungeregelter Katalysator

undefined legal term unbestimmter Rechtsbegriff
underground unter Tage, untertägig
underground disposal facility Untertagedeponie
underground mining Tiefbau
underground water Wasser, unterirdisches
underground working Grubenbau
underseed Untersaat
undersize material Unterkorn
underwater soil Unterwasserboden
unicellular organism Einzeller
unit world Unit-World
universal indicator Universalindikator
universal time Weltzeit
unleaded fuel bleifreies Benzin
unleaded gasoline unverbleites Benzin
unleaded petrol bleifreies Benzin
unsealed radioactive sources offene radioaktive Stoffe
uperization Uperisation
upflow velocity Steiggeschwindigkeit
upper-air observation aerologischer Aufstieg
upper-level trough Höhentrog
upper-level winds Höhenströmung
upwelling areas Auftriebsgebiete
up wind power station Aufwindkraftwerk
uranium Uran (U)
uranium glaze Uranglasur
uranium reserves Uranvorräte
urban boundary layer städtische Grenzschicht
urban climate Stadtklima
urban ecosystem Stadt-Ökosystem
urban heat/warm area städtische Wärmeinsel
urea Harnstoff
urea formaldehyde resins UF-Harze
urea melamine formaldehyde Melaminharz (MF)
urine Urin; Harn
use Verwenden; Anwendung
used tires Altreifen
useful beam Nutzstrahlbündel
useful energy Nutzenergie
use of inshore waters Gewässerbenutzungen
use pattern Anwendungsmuster
user costs Nutzungskosten
utility Nutzen
utilization costs Nutzungskosten
utilization of radioactive waste Abfallverwertung, radioaktiv
utilization period Ausnutzungsdauer
utilization ratio Nutzungsgrad
utilization scenarios Nutzungsszenario
UV radiation UV-Strahlung
UV-stabilizer Lichtschutzmittel

vaccination Impfung
vacuoles Vakuolen
vacuum cesspool cleaner Schlammsaugewagen
vacuum filter Vakuumfilter
vacuum rotation evaporizer Vakuumrotationsverdampfer
vacuum tube solar collector Vakuumkollektor
vadose water Kreislaufwasser; Wasser, vadoses
validation Validierung
valley fog Talnebel
valley haze Taldunst
valley wind Talwind
VA mycorrhiza (VAM) VA-Mykorrhiza
vanadium (V) Vanadium (V)
Van de Graaff generator Van-de-Graaff-Generator

vane-type pump Propellerpumpe
vanilla Vanille
van't Hoff's rule Temperaturregel, RGT-Regel
vaporization Eindampfen
vapor-liquid-ratio Dampf-Flüssigkeits-Verhältnis
vapor pressure Dampfdruck; Wasserdampfdruck
variability Variabilität
variable charges variable Ladungen
variance Varianz
variation coefficient Variationskoeffizient
variety Sorte
variety mixture Sortenmischung
variety resistance Sortenresistenz
variogram Variogramm
vascular bundle Leitbündel
vascular plants Leitpflanzen
vascular tissue Leitgewebe
vector Vektor
vector average Vektormittel
veering Recht(s)drehen
vegetable farming Gemüsebau
vegetable oils as fuel Pflanzenöle als Kraftstoff
vegetation Vegetation
vegetation end Vegetationsende
vegetation of farmlands Ackervegetation
vegetation of forests Waldvegetation
vegetation of meadows Wiesenvegetation
vegetation period Vegetationsperiode; Vegetationszeit
vegetation point Vegetationskegel
vegetation rest Vegetationsruhe
vehicle for collection of hazardous waste Schadstoffmobil
vehicle noise Fahrzeuglärm
vehicle safety Fahrzeugsicherheit
velocity-of-fall Fallgeschwindigkeit
venturi flume Venturi-Kanal
verification Verifizierung
vermiculite Vermiculit
vertical migration Vertikalwanderung
veterinary authority Veterinärbehörde
veterinary medicines Tierarzneimittel
viable bacteria lebensfähige Bakterien
vibrio species Vibrio-Arten
viricide Virizid
virion Virion
viroid Viroid
virology Virologie
virtual temperature virtuelle Temperatur
virulence Virulenz
virus Virus
viscose Viscose
viscose fibers Viscoseseide
viscosifier Dickungsmittel
viscosity Viskosität
visible depth Sichttiefe
vital environmental protection vitaler Umweltschutz
vitamins Vitamine
vitrification Verglasung; Abfallverglasung
void coefficient Dampfblasenkoeffizient
void effect Void-Effekt
volatility Flüchtigkeit; Volatilität
volatilization Verflüchtigung; Volatilisation
voles Wühlmäuse (Microtidae)
volume filtration Raumfiltration
volumetric flux Volumenfluß
vomitoxin Vomitoxin

vortex chamber Wirbelkammer
vulcanization Vulkanisation

Wagner-Meerwein rearrangement Wagner-Meerwein-Umlagerung
waiting period Karenzzeit
waiting time Wartezeit
Wankel engine Wankelmotor
warfare agents Kampfstoffe
warfarin Warfarin
warmed slope zone Hangzone, warme
warmfront Warmfront
warming up of atmosphere Aufwärmung der Atmosphäre
warm sector Warmsektor
warning label Warnetikett
warning sign Warntafel
washer Wäscher
washing agent Waschmittel
washing and cleaning agents Wasch- und Reinigungsmittel
Washington species-protection protocol Washingtoner Artenschutzübereinkommen
wasps Wespen
waste Müll; Abfall; Abfallstoffe
waste-accompanying document Abfallbegleitschein
waste acid Abfallsäure
waste air Abluft
waste air from animal house Stallabluft
waste air purification Abluftreinigung
waste analysis Abfallanalyse
waste and residual control rule Abfall- und Reststoffüberwachungs-Verordnung (AbfRestÜberwV)
waste avoidance Abfallvermeidung
waste bags Müllsäcke
waste balance Abfallbilanz
waste bin Mülltonne
waste can Mülltonne
waste classification Zuordnung der Abfälle
waste classification rule Abfallbestimmungsverordnung
waste code Abfallschlüssel
waste commissioner Abfallbeauftragter
waste compaction Müllverdichtung
waste composition Müllzusammensetzung
waste compost Müllkompost
waste concept Abfallkonzept
waste container Abfallbehälter
waste conveyance Abfallbeförderung
waste designation Abfallschlüssel; Abfallbezeichnung
waste disposal act Abfallgesetz (AbfG); Abfallbeseitigungsgesetz (AbfG)
waste disposal facility Abfallentsorgungsanlage
waste disposal into the sea Meereseinleitung
waste disposal on the ocean floor Meeresversenkung
waste disposal plans Abfallentsorgungspläne
waste disposal plant Abfallbeseitigungsanlage
waste disposal site Deponie, geordnete
waste disposal site; waste dump Mülldeponie; Deponie
waste fee Abfallgebühren; Müllgebühr
waste filling Einbau, hochverdichtet
waste fraction Abfallfraktion
waste gas Abgas
waste gas cleaning Abgasreinigung
waste gas dedusting Abgasentstaubung
waste gas desulphurization Abgasentschwefelung

waste gas dust removal Abgasentstaubung; Abgasreinigung
waste gasification Müllvergasung
waste gas limit values Abgasgrenzwerte, Emissionswerte
waste gas purification Abgasreinigung
waste gas removal Abgasableitung
waste gas temperature Abgastemperatur
waste gas volume flow Abgasvolumenstrom
waste generation Abfallaufkommen
waste glass Altglas
waste glazing Abfallverglasung
waste groups Abfallarten
waste heat Abwärme
waste heating value Müllheizwert
waste incineration Müllverbrennung
waste incineration plant Müllverbrennungsanlagen; Anlagen zur thermischen Abfallbehandlung
waste investigation Mülluntersuchung
wasteland Ödland
waste law Abfallrecht
waste leachate Müllsickerwasser
waste management Abfallwirtschaft
waste management concept Abfallwirtschaftskonzept
waste management concept and waste balance rule Verordnung über Abfallwirtschaftskonzepte und Abfallbilanzen
waste management consultant Abfallberater
waste management plan Abfallwirtschaftsplan; Abfallwirtschaftsprogramm
waste owner Abfallbesitzer
waste paper Altpapier
waste pretreatment Abfallvorbehandlung
waste quantitiy Abfallmengen
waste recovery and disposal evidence rule Verordnung über Verwertungs- und Beseitigungsnachweise
waste register Abfallkataster
waste removal Müllabfuhr
waste reprocessing Abfallaufbereitung
waste salt Abraumsalz; Altsalze
wastes for recovery classification rule Verordnung zur Bestimmung von überwachungsbedürftigen Abfällen zur Verwertung
wastes from slaughter Schlachtabfälle
wastes homogenization Homogenisierung von Abfällen
waste solidification Abfallverfestigung
waste sorting Müllsortierung
waste stock exchange Abfallbörse
waste substances Abfallstoffe
waste tip Deponie
waste transfer station Abfallumschlagstation
waste transportation Abfallbeförderung
waste treatment Abfallbehandlung; Abfallverwertung
waste triangle Mülldreieck
waste utilization Abfallverwertung
waste volume Abfallvolumen; Müllvolumen
wastewater Abwasser; Schmutzwasser
wastewater administration rule Abwasserverwaltungsvorschrift
wastewater analysis Abwasseranalyse
wastewater biology Abwasserbiologie
wastewater charges Abwasserabgabe
wastewater charges act Abwasserabgabengesetz
waste water disposal Abwasserbeseitigung
wastewater engineering Abwassertechnik
wastewater lagoon Abwasserteich

wastewater load Abwasserlast
wastewater load plan Abwasserlastplan
wastewater purification Abwasserreinigung
wastewater transportation Abwasserableitung
wastewater treatment Abwasserbehandlung; Abwasseraufbereitung; Abwasserreinigung
wastewater treatment plant Abwasseranlage; Kläranlage
water Wasser; Gewässer; Gewässer; Vorflut
water balance Wasserbilanz
water balance, total hydrological cycle Wasserbilanz, hydrologischer Gesamtkreislauf
water bodies Gewässer
water capacity Wasserkapazität; Feldkapazität
water conducting element Wasserleitungsbahn
water conductivity Wasserleitfähigkeit
water conductor Wasserleitungsbahn
water consumption Wasserverbrauch
water content Wassergehalt
water cycle, water balance equations Wasserkreislauf, Bilanzgleichungen
water demand Wasserbedarf
water dispersable granules wasserdispergierbares Granulat
(water) drainage Wasserhaltung
water equivalent of snow cover Wasseräquivalent der Schneedecke
water eutrophication Gewässereutrophierung
water fleas Cladoceren; Wasserflöhe
waterfront zone Gewässerrandstreifen
water gallery Wasserstollen
water gas Wassergasreaktion
water hardness Härte des Wassers
water holding capacity Wasserspeicherkapazität; Wasserhaltevermögen
water hygiene Wasserhygiene
water injection Wassereinspritzung
water intake/uptake Wasseraufnahme; Wasserfassung; Fassung
water legislation Wasserrecht
water loss Wasserverlust
water maintenance Gewässerpflege
water management Wasserwirtschaft; Wasserhaushalt; Wassermengenwirtschaft
water monitoring Gewässerüberwachung
water plants Wasserpflanzen
water pollution Gewässerverschmutzung, Gewässerbelastung; Wasserverschmutzung; Wasserbelastung; Gewässerbelastung
water potential Wasserpotential
water protection Gewässerschutz
water-protection area Wasserschutzgebiete
water-protection impost Wasserschutzauflage
water-protection zone Wasserschutzzone
water quality Wassergüte; Gewässergüte
water quality classes Gewässergüteklassen
water quality management Wassergütewirtschaft
water quality status Gewässergütezustand
water regulation Gewässerregulierung
water resources policy act Wasserhaushaltsgesetz
water retention tank Wasserrückhaltebecken
water sanitation Gewässersanierung
watershed Wasserscheide
water softener Wasserenthärter
water solubility Wasserlöslichkeit
water soluble wasserlöslich
water-soluble concentrate wasserlösliches Konzentrat

water-soluble granules wasserlösliches Granulat
water-soluble powder wasserlösliches Pulver
water supply Wasserversorgung; Wasserdargebot
water tension Wasserspannung
water transport Wassertransport
water-transport equation Wassertransportgleichung
water treatment Wasseraufbereitung
water utilization Wasserhaushalt
water vapor pressure Wasserdampfdruck
water warming Gewässererwärmung
waterworks Wasserwerk
wave disturbance Wellenstörung
wave stage Wellenstadium
waxes Wachse
weather Witterung; Wetter
weather bulletin Wetterbericht
weather chart/map Wetterkarte
weather forecast Wettervorhersage
weathering Verwitterung
weather modification Wetterbeeinflussung
weather observation Wetterbeobachtung
weather-patrol ship Wetterschiff
weather period Witterungsperiode
weather service Wetterdienst
weather situation Wetterlage
weather station Wetterstation
weather warning service Wetterwarndienst
weed Unkraut; Wildkraut
weed control Unkrautbekämpfung
weed covering Unkrautbesatz
weed flora Wildkrautflora; Unkrautflora
weediness Verkrautung
weed potential Unkrautpotential
weed pressure Unkrautdruck
WEEE Elektronikschrott
weevil Rüsselkäfer (Curculionidae)
Weibull distribution Weibull-Verteilung
weighing up Abwägung, juristisch
weighting factor Wichtungsfaktor
well Brunnen
well loss Filterwiderstand
well screen Brunnenfilter
well yield Brunnenleistung
westerly belt (westerlies) Westwindzone
westerly flow Westwinddrift; Westlage
westerly weather Westwetter
wet adiabat Feuchtadiabate
wet-bulb temperature Feuchttemperatur
wet cooling tower Naßkühlturm
wet core Naßkern
wet dust remover Naßentstauber
wet oxidation Naßoxidation
wet scrubber Naßabscheider
wet steam Naßdampf
wettable powder wasserdispergierbares Pulver
wetting agent Netzmittel
wetting time Benetzungszeit
whales Wale
white arsenic Arsenik
white smoke Weißrauch
Wigner effect Wigner-Effekt
Wigner energy Wigner-Energie
wild plants Wildpflanzen
willingness to pay Zahlungsbereitschaft
wilting Welken
wind Wind
wind-break Windschutzstreifen
wind-chill temperature gefühlte Temperatur

wind direction   Windrichtung
wind-energy converter   Windenergieanlage; Windenergiekonverter
wind erosion   Winderosion
wind force   Windstärke
wind-jet effect   Düseneffekt
window-cleaning agents   Fensterreiniger
wind pressure   Winddruck
wind shear   Windscherung
wind vector   Windvektor
wind velocity   Windgeschwindigkeit
wind velocity profile   Windspirale
windward   Luvlage
wintering   Hibernation (Überwinterung)
winter smog   Wintersmog
winter time   Winterperiode
wiping test   Wischtest
wireworm   Elateridae (Drahtwürmer, Schnellkäfer)
wireworms   Schnellkäfer (Elateridae)
withdrawal and pledge duty   Rücknahme- und Pfandpflicht
wolf spider   Wolfsspinnen (Lycosidae)
wood   Holz
wood dust   Holzstaub
wood dust regulation   Holzstaub-Verordnung
woodlice   Asseln
wood louse   Oniscus; Kellerassel (Porcellio scaber)
wood protectants   Holzschutzmittel
worked-out open cut   Tagebaurestloch
working boundary   Abbaukante
working capacity   Nutzinhalt (V)
working site regulation   Arbeitsstätten-Verordnung
World Climate Program   Weltklimaprogramm
World Organization of Meteorology   Weltorganisation für Meteorologie
worst case accident   Unfall, größter anzunehmender

xenon poisoning   Xenonvergiftung
xeromorphic   xeromorph
xerophilous   xerophil
xerophily   Xerophilie
X-ray   Röntgenaufnahmen; X-Strahlung
X-ray diagnostics   Röntgendiagnostik

X-ray diffraction   Röntgendiffraktometrie
X-ray Protection Ordinance   Röntgenverordnung
X-rays   Röntgenstrahlung
X-ray treatment   Röntgenbehandlung
xylem   Xylem
Xylene   Xylole

yardstick concept   Yardstick-Konzept
year ring   Jahresring
yeast   Hefe
Yellow bag   Gelber Sack
yellowing   Vergilbung
yellow matter   Gelbstoffe
yield capacity   Ertragspotential
yield increase   Ertragssteigerung
yield index   Ergiebigkeitsziffer
yield per unit (area)   Flächenertrag
yield stability   Ertragssicherheit
Yousho disease   Yousho-Krankheit

Zahn-Wellens test   Zahn-Wellens-Standtest
zebra mussel   Dreikantmuschel
zeolites   Zeolithe
zero growth   Nullwachstum
zero power reactor   Nulleistungsreaktor
zero value   Nullwert
zirconium dioxide probe   Zirkondioxidsonde
zonal   zonal
zonal current   zonaler Grundstrom
zonal index   zonaler Index
zonal trough of low pressure   zonale Tiefdruckrinne
zonal weather type/condition   zonale Wetterlage
zonation/zoning   Zonierung
zone of affected overburden   Einwirkungsbereich
zone of disintegration   Auflockerungszone
zonobiome   Zonobiome
zoobenthos   Zoobenthos
zoocoenosis   Zoozönose
zooecology   Tierökologie
zoology   Zoologie
zoonoses   Zoonosen
zooplankton   Zooplankton
zygomycetes   Zygomyceten

MIX
Papier aus verantwortungsvollen Quellen
Paper from responsible sources
FSC® C105338

If you have any concerns about our products,
you can contact us on
ProductSafety@springernature.com

In case Publisher is established outside the EU,
the EU authorized representative is:
Springer Nature Customer Service Center GmbH
Europaplatz 3, 69115 Heidelberg, Germany

Printed by Libri Plureos GmbH
in Hamburg, Germany